钢结构设计手册

第四版

（下册）

但泽义　主编

柴　昶　李国强　童根树　副主编

中国建筑工业出版社

目　录

上　册

下　册

第 12 章　多层与高层钢结构

12.1　结　构　体　系

12.1.1　结构体系基本概念

一、多高层建筑钢结构的功能

建筑结构的基本功能是抵御可能遭遇的各种荷载（作用），保持结构的完整性，以满足建筑的使用要求。对于多高层建筑，需要承受的荷载主要有：①由建筑物本身及其内部人员、设施等引起的重力；②由风或地震引起的侧向力。因此，多高层建筑钢结构的功能要求是：

1）在重力作用下，见图 12.1-1 所示：①结构水平构件（楼板或梁）不发生破坏；②结构整体不发生失稳。

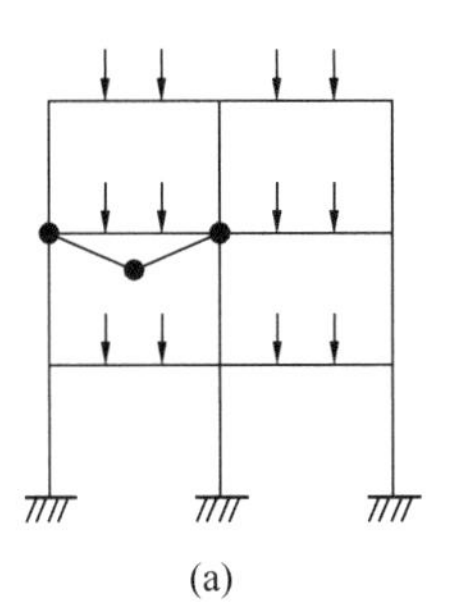

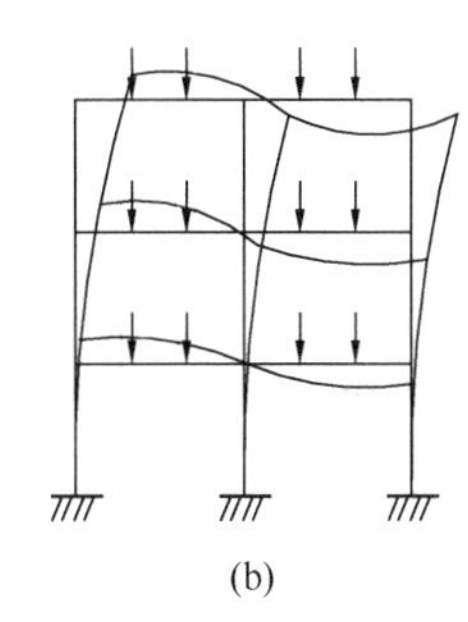

图 12.1-1　抵抗重力作用
（a）水平构件破坏；（b）结构整体失稳

2）在侧向力作用下，见图 12.1-2 所示：①结构不倾覆；②结构不发生整体弯曲或剪切破坏；③结构侧向变形不能过大，以致影响建筑或结构的功能要求。

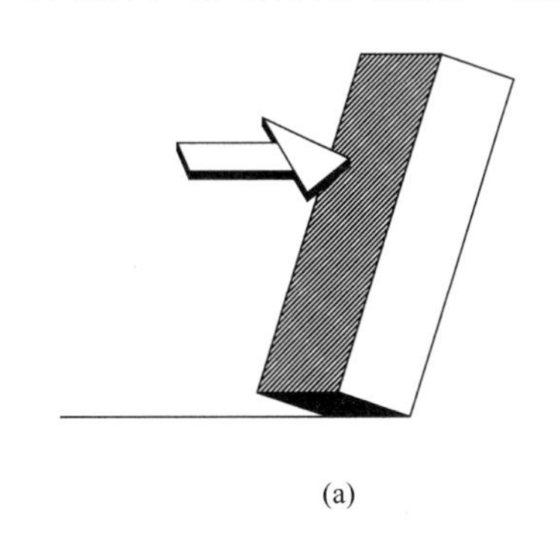

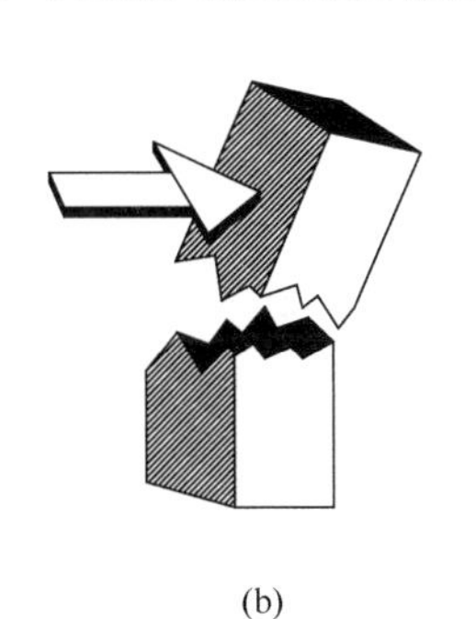

图 12.1-2　抵抗侧向力作用
（a）结构倾覆；（b）结构整体弯曲或剪切破坏；（c）结构侧向变形过大

二、多高层钢结构的基本体系

由结构的功能要求知，多高层钢结构的结构体系应区分抗重力结构体系和抗侧力结构体系。多高层建筑钢结构通过楼盖体系抵抗重力，通过抗侧力结构体系抵抗由风或地震引起的水平荷载。

多高层钢结构抗侧力结构体系按其组成形式，可分为四类，见图 12.1-3 所示：框架

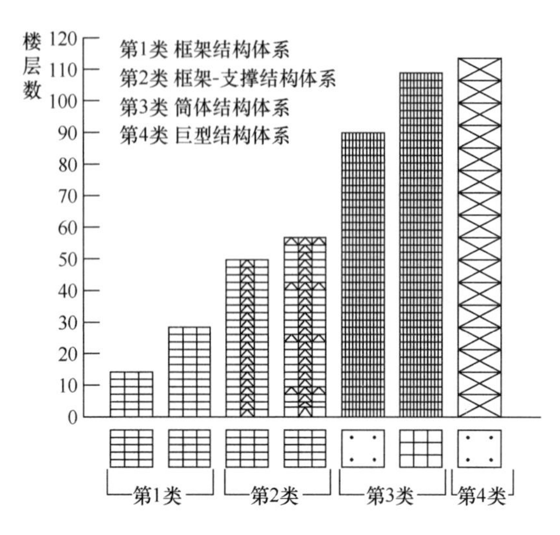

图 12.1-3　多高层钢结构体系分类

结构体系、框架-支撑结构体系、筒体结构体系和巨型结构体系。

三、选择合理的结构体系的重要性

结构体系对高层钢结构建筑的经济指标影响很大。1931 年建造的帝国大厦，采用框架结构体系，用钢量达 206kg/m^2。而 1974 年建造的更高的 Sears 大楼，由于采用了先进的束筒结构体系，用钢量只有 161kg/m^2。试算表明，如果 Sears 大楼也采用传统的框架结构体系，用钢量将达 290～338kg/m^2。另一个更显著的例子是纽约 1961 年的 60 层 248m 高的万蔡斯曼哈顿广场大楼，采用框架结构体系，用钢量达 270kg/m^2。而美国明尼阿波利斯 1972 年建成的 57 层 235m 高的 IDS 中心，采用了有带状水平支撑的框架-支撑结构，提高了抗侧力系统的有效性，用钢量仅为 87.5kg/m^2。

进行高层钢结构设计时，为确定最合理的结构体系方案，有必要进行多种结构方案分析比较。

12.1.2　各种结构体系的受力性能

一、框架体系

1. 刚接与半刚接框架

框架结构为由梁与柱构成的结构。对于钢结构框架，按梁与柱的连接形式又可分为半刚接框架和刚接框架。根据受力变形特征，钢结构框架梁柱连接可分为三类：

（1）半刚性连接梁柱间有相对转动，连接能承受弯矩，如图 12.1-4c 所示。

（2）刚性连接梁柱间无相对转动，连接能承受弯矩，如图 12.1-4a 所示。

（3）铰支连接梁柱间有相对转动，连接不能承受弯矩，如图 12.1-4b 所示。

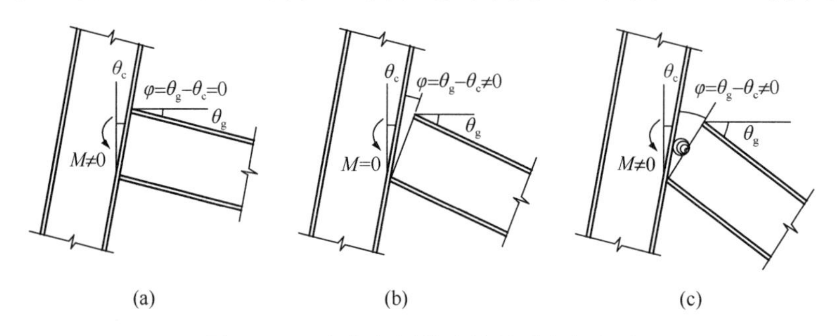

图 12.1-4　钢框架梁柱连接的受力与变形

（a）刚性连接；（b）铰支连接；（c）半刚性连接

实际钢结构框架梁与柱之间通过焊缝或螺栓（多采用高强螺栓）连接。在梁端弯矩作用下，梁柱连接或多或少会产生一定的变形，表现为梁柱间的相对转动，如图 12.1-5 所示。为区分梁柱连接的类型，欧洲规范 EC3 给出了图 12.1-5 的分类方法，当梁柱连接的

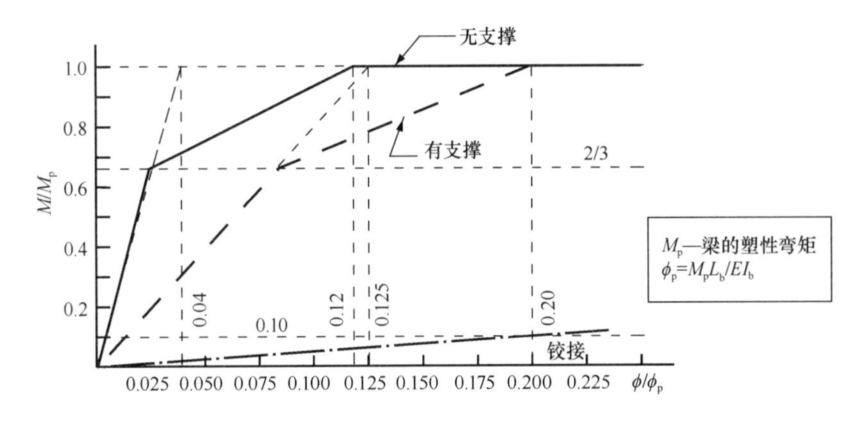

图 12.1-5 欧洲规范 EC3 的梁柱连接分类方法

弯矩一转角关系曲线处于粗实线（无支撑框架）或粗虚线（有支撑框架）以左时，为刚性连接；当梁柱连接的弯矩一转角关系曲线处于粗点划线以右时，为铰支连接；介于两者之间的为半刚性连接。

在实际工程中，一般将梁柱连接中在梁翼缘部位有可靠连接且刚度较大的连接形式，当作刚接，如图 12.1-6c、d、e 的连接形式；否则，当作铰接，如图 12.1-6a、b 的连接形式。当梁柱连接按刚接或铰接进行框架计算与设计时，其构造应尽量符合刚接或铰接假定，如图 12.1-6e 或图 12.1-6a 所示，以使结构内力分析准确，设计安全。

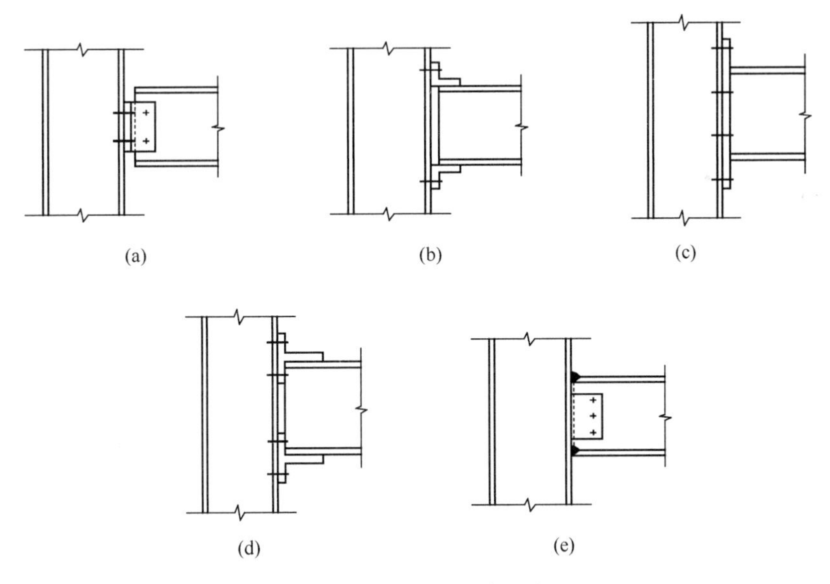

图 12.1-6 梁柱连接形式

（a）铰接形式之一；（b）铰接形式之二；（c）刚接形式之一；
（d）刚接形式之二；（e）刚接形式之三

2. 刚接框架的变形特征

在水平力作用下，刚接框架的侧移由两部分构成。第一部分侧移由结构倾覆力矩造成柱拉压变形而导致结构整体弯曲引起，如图 12.1-7a 所示，第二部分侧移由结构剪力造成的梁柱受弯而引起，如图 12.1-7b 所示，一般框架整体弯曲侧移分量小于总侧移的

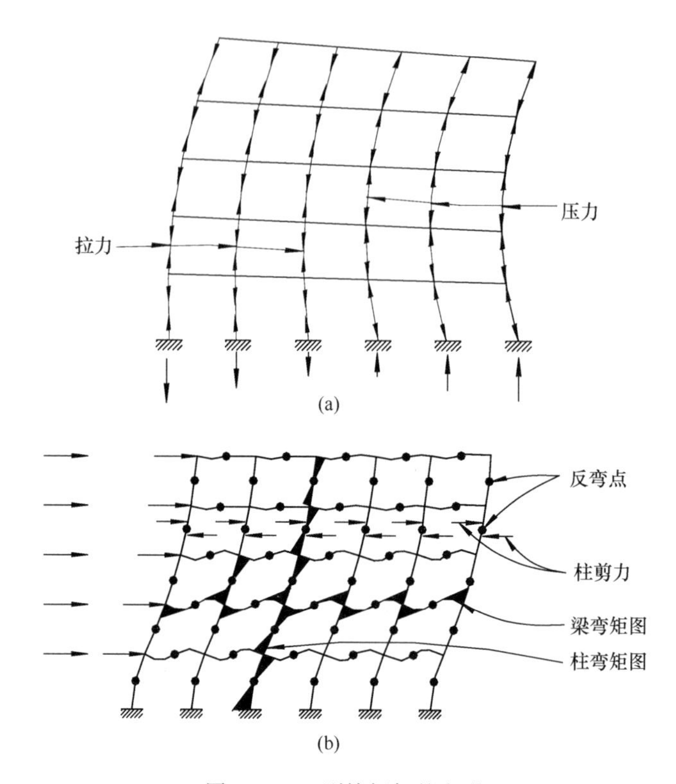

图 12.1-7　刚接框架的变形

(a) 由倾覆力矩引起的力和变形；(b) 由外部剪力引起的力和变形

10%～20%。

在由水平力引起的框架侧移的剪切侧移分量中，柱的弯曲变形所引起位移 δ'_i，直接构成框架的侧移，如图 12.1-8a 所示；而梁的弯曲变形引起的框架节点的转动 φ_i，间接地引起框架的侧移 δ''_i，如图 12.1-8b 所示，两者之和（$\delta_i = \delta'_i + \delta''_i$）就是框架在水平力作用下的总剪力侧移，如图 12.1-8c 所示。可见，框架结构的抗侧移能力，主要取决于梁与柱的抗弯能力与刚度。而要提高梁、柱的抗弯能力和刚度，只有加大梁、柱的截面。

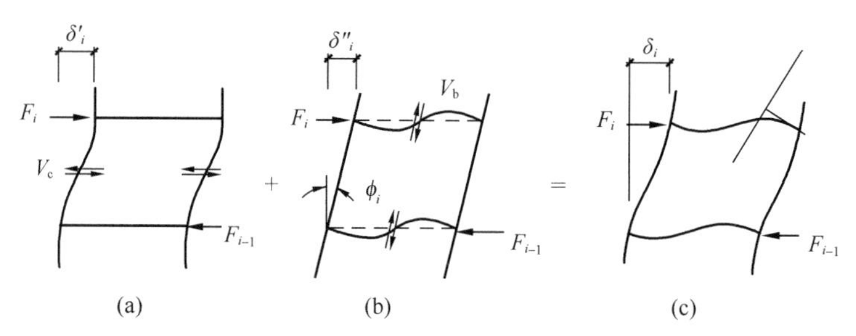

图 12.1-8　框架结构的剪切侧移及其组成

(a) 拉弯曲变形引起的侧移；(b) 梁弯曲变形引起的侧移；(c) 柱、梁变形叠加后的总侧移

二、框架-支撑体系

1. 中心支撑框架结构

框架结构依靠梁柱受弯承受荷载，其抗侧刚度相对较小。当结构的高度较高时，如仍

采用框架结构，在风或地震作用下，结构的抗侧刚度难以满足设计要求，或结构梁柱截面过大，结构失去了经济合理性，此时可在框架结构中布置支撑构成中心支撑框架结构，如图 12.1-9 所示。各种典型的中心支撑形式及抗侧力传力路径如图 12.1-10 所示。

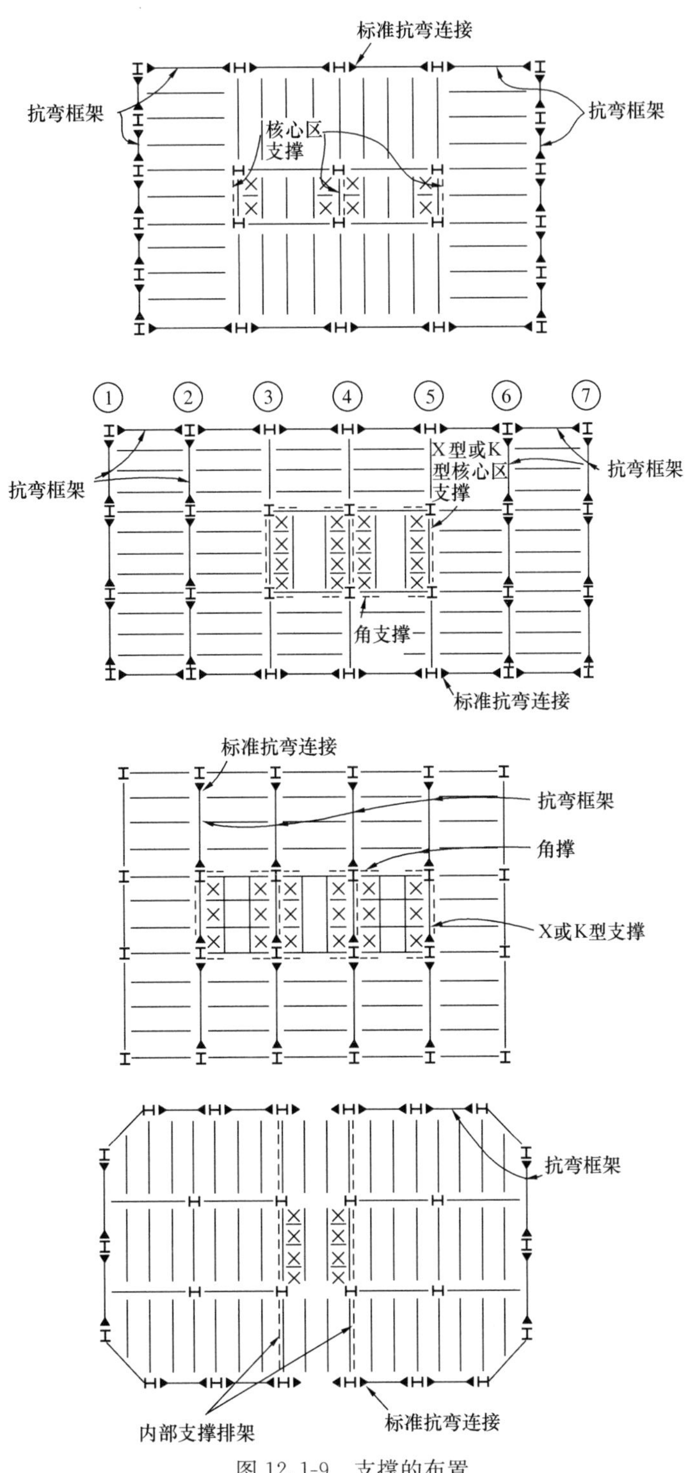

图 12.1-9 支撑的布置

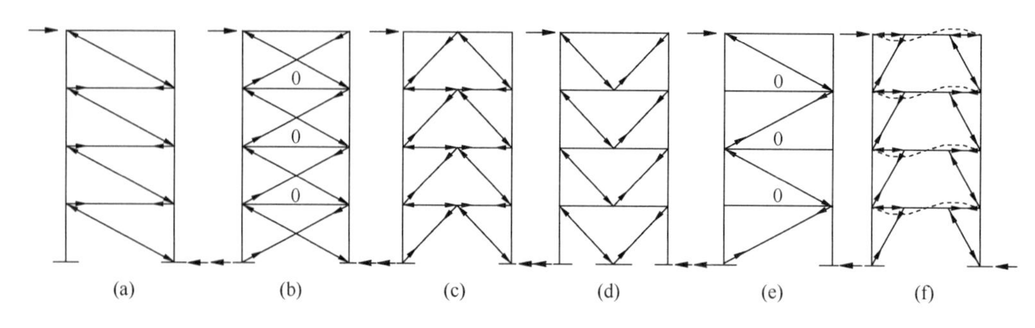

图 12.1-10 典型中心支撑形式及抗侧力传力路径

(a) 单斜杆支撑；(b) X形支撑；(c) 人字支撑；(d) V型支撑；(e) K型支撑；(f) 角支撑

框架-支撑结构中的支撑系统，可以认为是主要通过柱与支撑的轴向刚度以抵抗侧向荷载的悬臂竖向桁架。在抵抗侧向荷载的倾覆力矩作用时，支撑系统中柱的作用有如桁架弦杆，如图 12.1-11a 所示，而在抵抗水平剪力时，支撑系统中的支撑斜杆与梁的作用有如桁架腹杆，如图 12.1-11b 所示，其中斜杆的受压或受拉，取决于其倾斜方向。一般支撑系统的侧向变形以整体弯曲变形为主，另有小部分剪切变形，如图 12.1-11 所示。

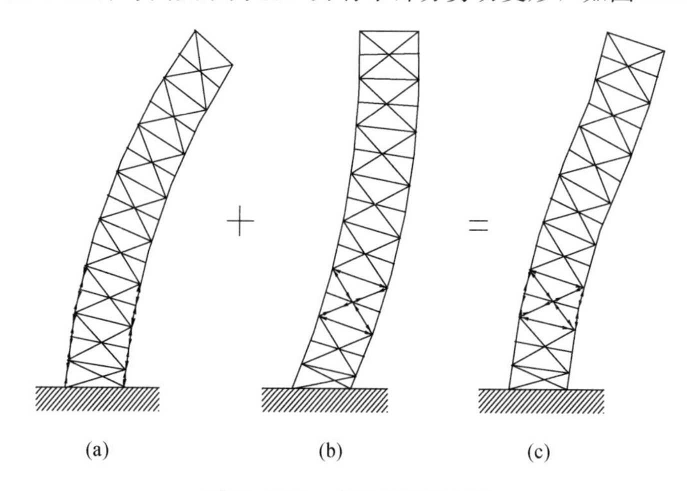

图 12.1-11 支撑系统的变形

(a) 弯曲变形；(b) 剪切变形；(c) 组合变形

在中心支撑框架结构中，框架系统部分是剪切型结构，底部层间位移较大，顶部层间位移较小；支撑系统部分是弯曲型结构，底部层间位移较小，而顶部层间位移较大，两者并联，可以显著减小结构底部的层间位移，同时结构顶部层间位移也不至过大，如图 12.1-12所示。

2. 偏心支撑框架结构

偏心支撑框架，如图 12.1-13 所示，是根据结构抗震要求提出的。中心支撑框架虽然具有良好的强度和刚度，但由于支撑的受压屈曲使得结构的能量耗散性能较差。无支撑纯框架虽然具有稳定的弹塑性滞回性质和优良的耗能性能，但是它的刚度较差，要获得足够的刚度，有时会使设计很不经济。为了同时满足抗震对结构刚度、强度和耗能的要求，结构应兼有中心支撑框架刚度与强度好和纯框架耗能大的优点。基于这样的思想，提出了一

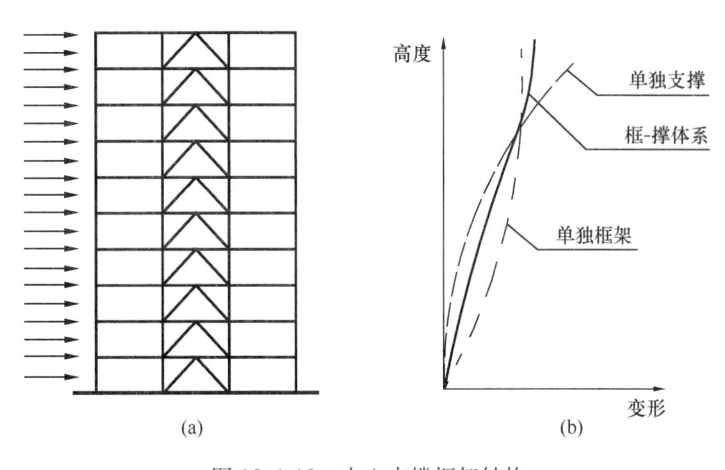

图 12.1-12　中心支撑框架结构
(a) 中心支撑框架；(b) 中心支撑框架的变形

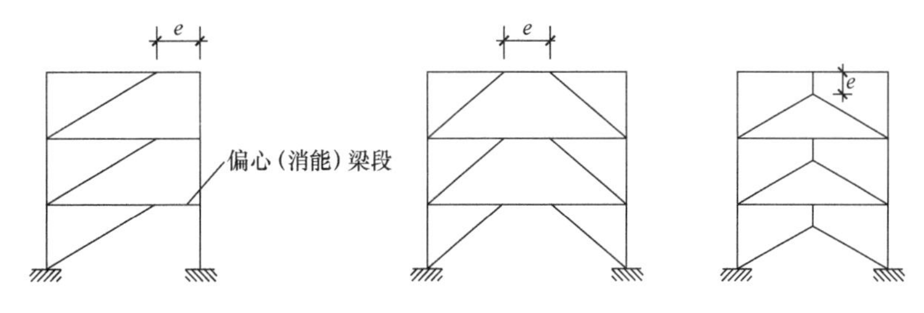

图 12.1-13　偏心支撑框架结构

种介于中心支撑框架和纯框架之间的抗震结构形式-偏心支撑框架。

偏心支撑框架的工作原理是：在中、小地震作用下，所有构件弹性工作，这时支撑提供主要的抗侧力刚度，其工作性能与中心支撑框架相似；在大地震作用下，保证支撑不发生受压屈曲，而让偏心梁段屈服消耗地震能，这时偏心支撑框架的工作性能与纯框架相似。可见，偏心支撑框架的设计应注意两点：①支撑应足够强，以保证偏心梁段先于支撑屈曲而屈服；②在梁截面一定的条件下，偏心梁段的长度不能太大，应设计为剪切屈服梁，以使偏心梁段的承载能力增强进而偏心支撑框架的抗侧力能力最大，且延性和耗能性好。

3. 钢框架-混凝土剪力墙（芯筒）结构

在钢框架中通过布置混凝土剪力墙，同样可以起到大大提高框架结构的抗侧力刚度的作用，而构成钢框架-混凝土剪力墙结构，如图 12.1-14 所示。很多情况下，将混凝土剪力墙做成闭合的混凝土筒体，与建筑电梯井功能配合，布置在建筑平面中心部位，构成钢

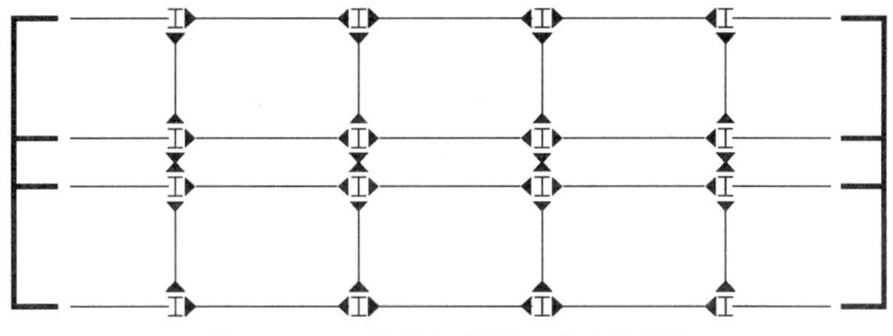

图 12.1-14　钢框架-混凝土剪力墙结构

框架-混凝土芯筒结构，如图 12.1-15 所示。

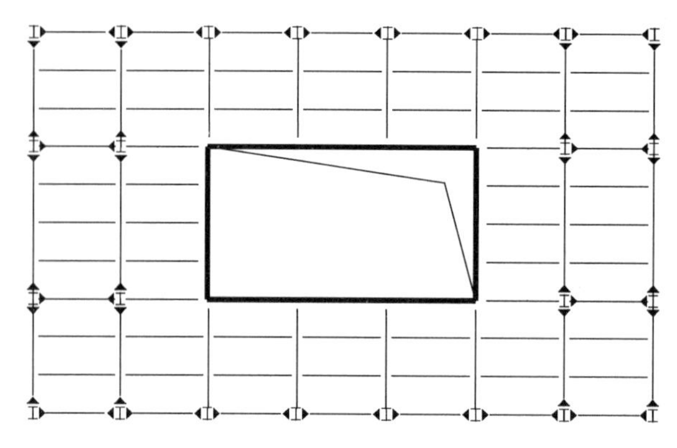

图 12.1-15　钢框架-混凝土芯筒结构

框架-剪力墙（芯筒）结构中的剪力墙（芯筒），可以认为是一悬臂结构，其侧向变形特征与剪力墙的高宽比及开洞大小有关，一般情况下，与支撑系统一样，如图 12.1-11 所示，以弯曲变形为主，连带部分剪切变形，如图 12.1-16 所示。因此，框架-剪力墙（芯筒）结构的工作性能与支撑框架的工作性能类似。

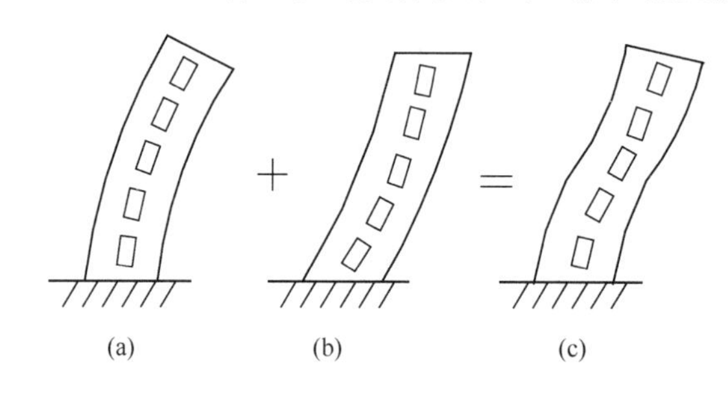

图 12.1-16　剪力墙的变形

(a) 弯曲变形；(b) 剪切变形；(c) 组合变形

在钢框架-混凝土剪力墙（芯筒）结构中，两种不同的材料结构是相对独立的，但并联在一起共同工作，故称之为钢-混凝土混合结构。混合结构中风或地震引起的水平力主要由混凝土剪力墙（芯筒）承受，而建筑物重力主要由钢框架承受。混合结构体系充分综合利用了钢结构强度高、延性（抗震性）好、跨度大、施工速度快和混凝土结构刚度大、成本低、防火性能好的优点，是一种符合中国国情的较好的多高层（特别是高层）建筑结构形式。

4. 伸臂及带状桁架结构

在支撑框架结构中，因竖向支撑系统的整体变形属弯曲性质，其抗侧刚度的大小与支撑系统的高宽比成反比。当建筑很高时，由于支撑系统高宽比过大，抗侧力刚度会显著降低。此时，为提高结构的刚度，可在建筑的顶部和中部每隔若干层加设刚度较大的伸臂桁架，如图 12.1-17b 所示，使建筑外围柱参与结构体系的整体抗弯，承担结构整体倾覆力矩引起的轴向压力或拉力，使外围柱由原来刚度较小的弯曲构件转变为刚度较大的轴力构件，如图 12.1-18 所示。其效果相当于在一定程度上加大了竖向支撑系统的有效宽度，减小了它的高宽比，从而提高了整体结构的抗侧力刚度。

同样对于框架-剪力墙结构，也可以通过加设伸臂桁架使框架柱参与结构整体抗倾覆力矩，如图 12.1-19 所示，提高结构的抗侧力刚度。

伸臂桁架的设置，仅使伸臂桁架位置处的柱发挥了较大的抗侧刚度作用。为使建筑周边柱也能发挥抵抗建筑整体倾覆力矩作用，还可在伸臂桁架位置沿建筑物周边设带状桁架，如图 12.1-20 所示。

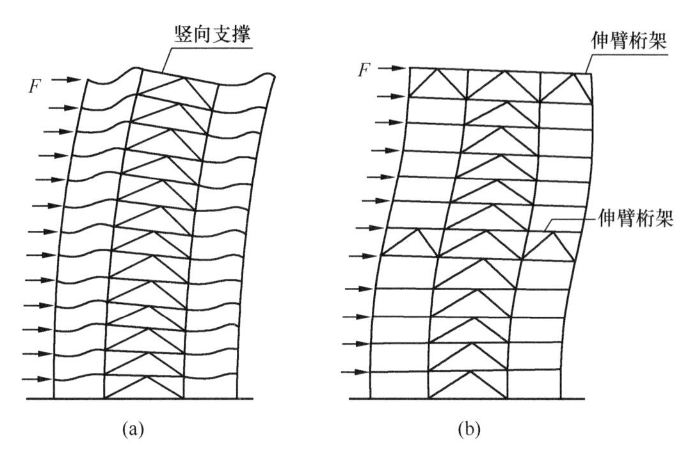

图 12.1-17　有无伸臂桁架的支撑框架结构侧移变形对比

（a）无伸臂桁架；（b）有伸臂桁架

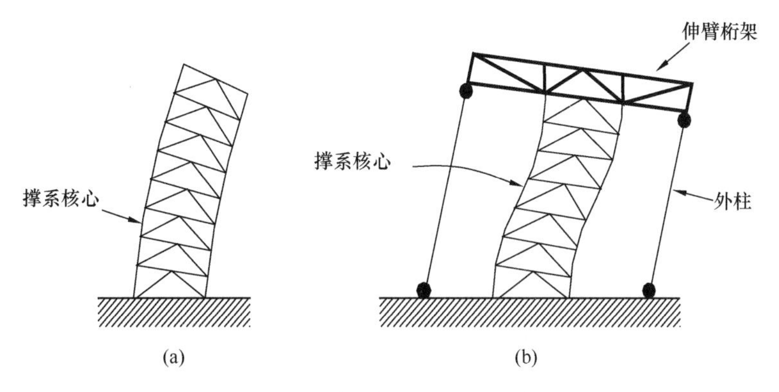

图 12.1-18　伸臂桁架结构的工作原理

（a）无伸臂桁架（b）有伸臂桁架

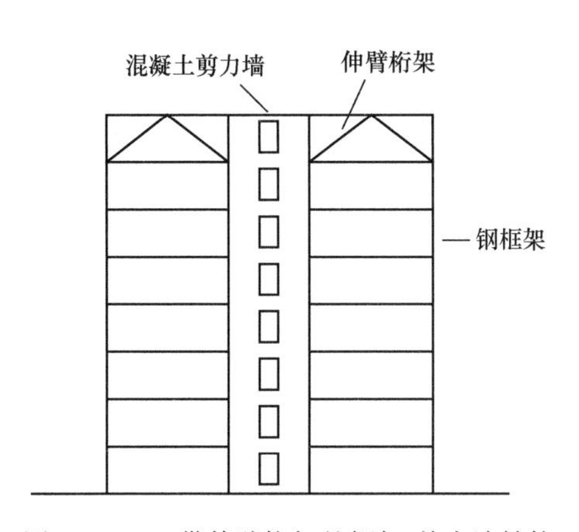

图 12.1-19　带伸臂桁架的框架-剪力墙结构

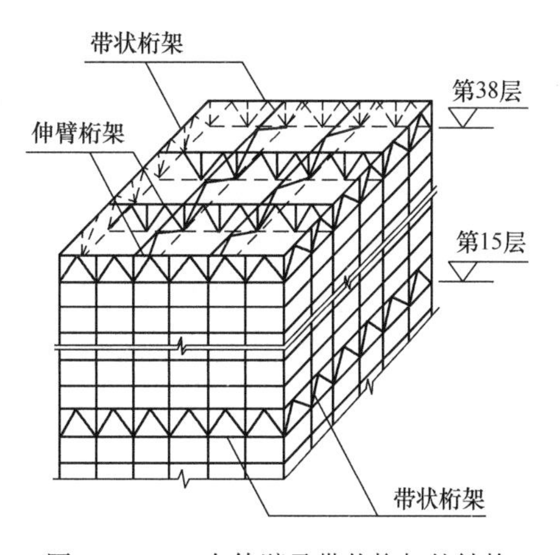

图 12.1-20　有伸臂及带状桁架的结构

设置伸臂桁架的主要目的是为了减小结构侧移，如以结构顶部侧移最小为目标，伸臂桁架沿结构高度在理论上是有优化位置的。一般如设一道伸臂桁架，优化位置在 $0.55H$

（H 为结构总高）处，如设两道伸臂桁架，优化位置分别在 $0.3H$ 和 $0.7H$ 处。一般伸臂桁架沿结构高度不超过三道，且其位置还受建筑功能布置的限制。因伸臂桁架会影响建筑空间的使用，实际工程中通常将伸臂桁架设置在建筑物的设备层。

三、筒体体系

1. 框筒结构

当建筑的高度较高时，可采用密柱深梁方式构成框筒结构，如图 12.1-21 所示。在水平力作用下，框筒的梁以剪切变形为主，或为剪弯变形，有较大的刚度，而框筒的柱主要产生与结构整体弯曲相适应的轴向变形，即基本为轴力构件。由于框筒梁的剪切变形，使得框筒柱的轴力分布与实体筒体不完全一致，而出现“剪力滞后”现象，见图 12.1-21 所示。“剪力滞后”会削弱框筒结构的筒体性能，降低结构的抗侧刚度。一般框筒结构的柱距越大，剪力滞后效应越大。

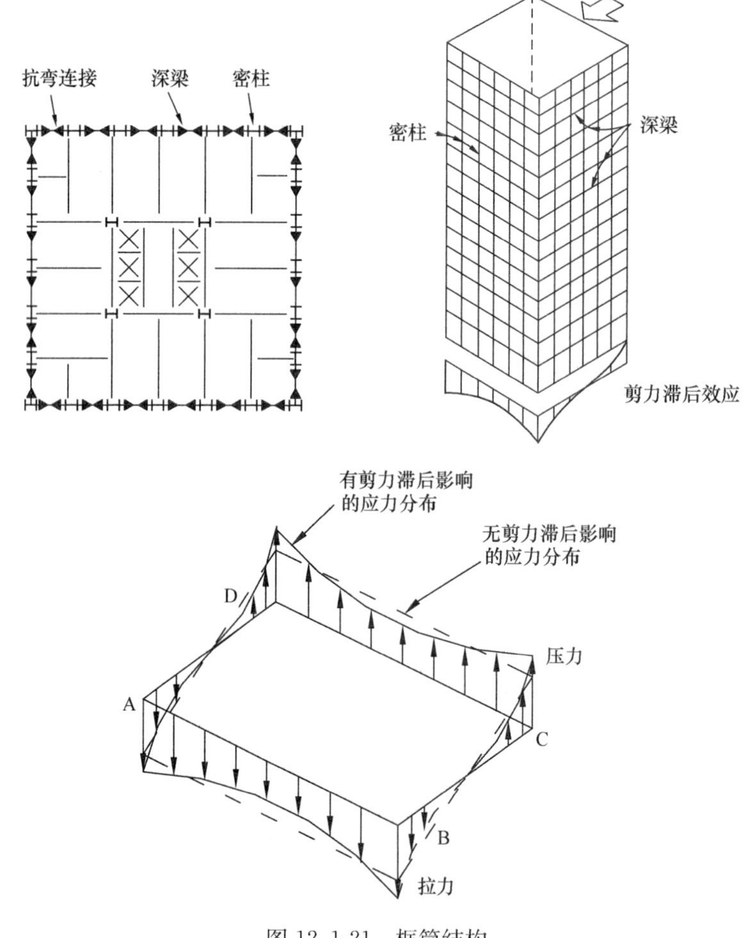

图 12.1-21　框筒结构

2. 束筒结构

在框筒垂直于水平力的翼缘的宽度过大时，由于剪力滞后效应，筒体的整体抗弯将较大地减弱，筒体效果显著降低。为解决这一问题，可将一个大框筒分割成若干个小框筒，构成框筒束结构，如图 12.1-22 所示。由于小框筒翼缘的宽度减小，剪力滞后效应大大降

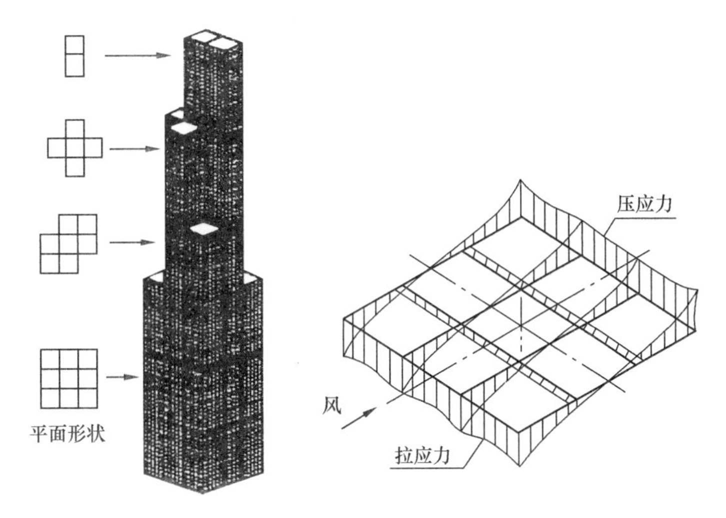

图 12.1-22 束筒结构

低，筒体的整体抗侧刚度将大大提高。

3. 筒中筒结构

在框筒结构内部，利用建筑中心部位电梯竖井的可封闭性，将其周围的一般框架改成密柱内框筒，如图 12.1-23a 所示，或采用混凝土芯筒，如图 12.1-23b 所示，可构成筒中筒结构。

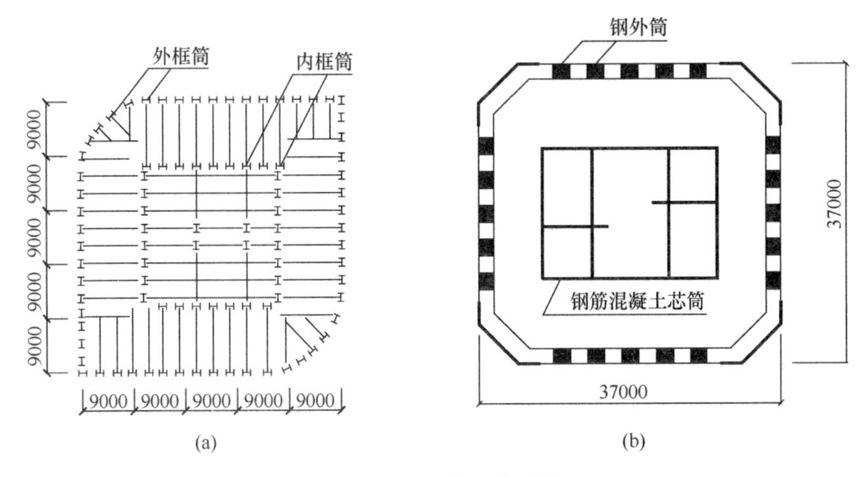

图 12.1-23 筒中筒结构

(a) 内钢框筒；(b) 内混凝土芯筒

筒中筒结构与框筒结构相比，不仅增加了一个内筒而提高了结构的抗侧刚度，而且还有以下两方面的优点：①内筒轮廓尺寸比外筒小，剪力滞后效应弱，故更接近于弯曲型构件，因此建筑下部各层的层间侧移将因增设了内筒也显著减小；②在顶层及中部设备层沿内筒的四个面可设置伸臂桁架，以加强内外筒连接，使外框筒柱发挥更大的作用，弥补外框筒剪力滞后效应所带来的不利影响。

四、巨型结构体系

一般高层钢结构的梁、柱、支撑为一个楼层和一个开间内的构件，如果将梁、柱、支撑的概念扩展到数个楼层和数个开间，则可构成巨型框架结构，如图 12.1-24 所示，和巨型支撑结构，如图 12.1-25 所示。

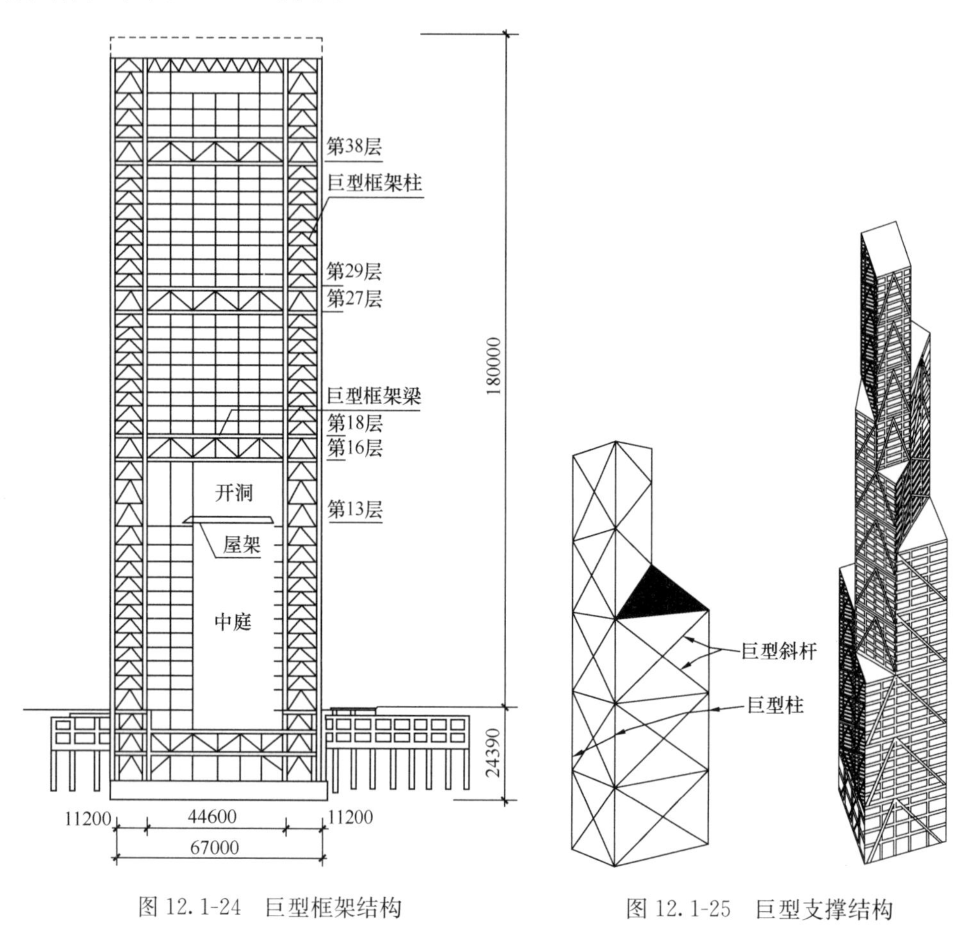

图 12.1-24　巨型框架结构

图 12.1-25　巨型支撑结构

12.1.3　结构布置的基本要求

一、结构平面布置

多高层钢结构的平面布置宜符合下列要求：

1）建筑平面宜简单规则，如图 12.1-26 所示，建筑的开间、进深宜统一。简单规则的建筑平面有利于结构的抗风与抗震。

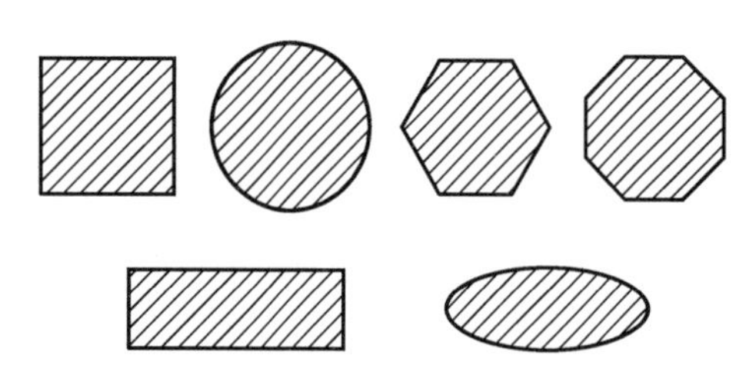

图 12.1-26　规则平面

2）为避免地震作用下发生强烈的扭转振动或水平地震力在建筑平面上的不均匀分布，建筑平面的尺寸关系应符合表 12.1-1 和图 12.1-27 的要求。

3）为减小结构的扭转导致的结构效率的降低，应使结构各层的抗侧力刚度中心与水平作用力合力中心尽量重合，同时各层接近在同一竖直线上。

4）结构平面应尽量避免表 12.1-2 列的不规则性。对于符合表 12.1-2 中任一类型的平面不规则结构，在结构分析计算时，需符合特殊要求。

L，l，l'，B'的限值 表 12.1-1

L/B	L/B_{max}	l/b	l'/B_{max}	B'/B_{max}
≤5	≤4	≤1.5	≥1	≤0.5

5）一般情况下，多高层钢结构不宜设防震缝。当结构特别不规则（符合至少两个不规则类型）需设防震缝时，防震缝的最小宽度应符合下列要求：①框架结构的防震缝宽度，当高度不超过 15m 时可采用 105mm；超过 15m 时，6 度、7 度、8 度、9 度相应每增加高度 5m、4m、3m、2m，宜加宽 30mm；②框架-支撑体系结构的防震缝宽度可采用①项规定数值的 70%，筒体体系和巨型结构体系结构的防震缝宽度可采用①项规定数值的 50%，但均不宜小于 70mm。

6）一般情况下，多高层钢结构可不设温度伸缩缝。当建筑平面尺寸大于 90m 时，可考虑设温度伸缩缝。

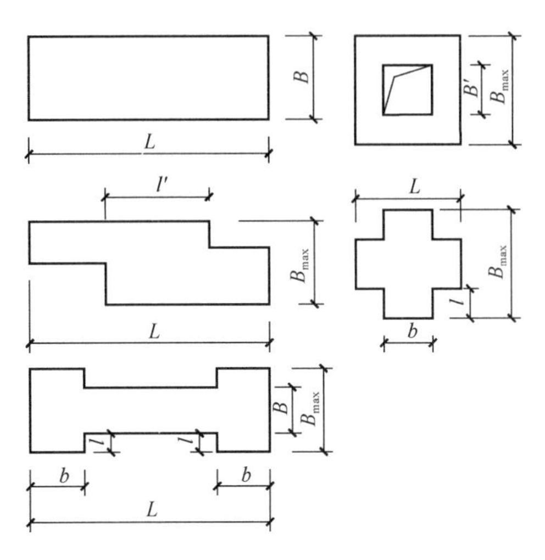

图 12.1-27 不规则结构凸角和凹角示意图

平面不规则结构类型 表 12.1-2

不规则类型	定义
扭转不规则	楼层的最大弹性水平位移（或层间位移），大于该楼层两端弹性水平位移（或层间位移）平均值的 1.2 倍
凹凸不规则	结构平面凹进的一侧尺寸，大于相应投影方向总尺寸的 30%
楼板局部不连续	楼板的尺寸和平面刚度急剧变化，例如，有效楼板宽度小于该层楼板典型宽度的 50%，或开洞面积大于该层楼面面积的 30%，或有较大的楼层错层

二、结构竖向布置

多高层钢结构的竖向布置宜符合下列要求：

1）按经济合理原则，各种结构体系适用的最大高度如表 12.1-3 所示，适用的最大高宽比如表 12.1-4 所示。对于超过表 12.1-3 和表 12.1-4 的结构，应加强结构分析计算，并采取有效的加强措施。

适用的结构最大高度（m） 表 12.1-3

结构体系	6 度 7 度（0.10g）	7 度 （0.15g）	8 度 （0.20g）	 （0.30g）	9 度 （0.40g）
框架	110	90	90	70	50
框架-中心支撑	220	200	180	150	120

续表

结构体系	6度 7度（0.10g）	7度 （0.15g）	8度 （0.20g）	8度 （0.30g）	9度 （0.40g）
框架-偏心支撑 框架-屈曲约束支撑 框架-延性墙板	240	220	200	180	160
筒体（框筒，筒中筒，桁架筒，束筒）巨型框架	300	280	260	240	180

注：1. 房屋高度指室外地面到主要屋面板板顶的高度（不包括局部突出屋顶部分）；
2. 超过表内高度的房屋，应进行专门研究和论证，采取有效的加强措施；
3. 表内筒体不包括混凝土筒；
4. 框架柱包括全钢柱和钢管混凝土柱。

适用的结构最大高宽比　　表12.1-4

非抗震设防	抗震设防烈度		
	6、7	8	9
7.0	6.5	6.0	5.5

2）结构竖向布置应尽量避免表12.1-5所列的不规则性。对于符合表12.1-5中任一类型的竖向不规则结构，在结构分析计算时，需符合特殊要求。

竖向不规则结构类型　　表12.1-5

不规则类型	定　义
侧向刚度不规则	该层的侧向刚度小于相邻上一层的70%，或小于其上相邻三个楼层侧向刚度平均值的80%；除顶层外，局部收进的水平向尺寸大于相邻下一层的25%
竖向抗侧力构件不连续	竖向抗侧力构件（柱、抗震墙、抗震支撑）的内力由水平转换构件（梁、桁架等）向下传递
楼层承载力突变	抗侧力结构的层间受剪承载力小于相邻上一楼层的80%

3）超过12层的钢结构宜设置地下室。其基础埋置深度，当采用天然地基时不宜小于房屋总高度的1/15；当采用桩基时，桩承台埋深不宜小于房屋总高度的1/20。对于设置了地下室的钢结构，框架-支撑结构体系中竖向连续布置的支撑或剪力墙应延伸至基础，框架柱应至少延伸至地下一层。

三、抗侧力构件布置

抗侧力构件的布置宜符合下列要求：

1）支撑在结构平面两个方向的布置均宜基本对称，支撑之间楼盖的长宽比不宜大于3。

2）框筒结构若采用矩形平面，长边与短边的比值不宜大于1.5。若超过该比值，则当外部侧向力平行短边时，框筒的剪力滞后效应将严重，而不能发挥一个筒体结构的作用。

3）为减小剪力滞后效应，框筒结构的柱距一般取1.5～3.0m，且不宜大于层高。

4）对于筒中筒结构，内筒的边长不宜小于相应外筒边长的 1/3，且内框筒与外框筒的柱距宜相同，以便于钢梁与内、外框筒柱的连接。

5）剪力墙或芯筒在结构平面两个方向的布置宜基本对称，墙厚不应小于 140mm，剪力墙间楼盖的长宽比不宜超过表 12.1-6 的数值。

剪力墙之间楼盖的长宽比 **表 12.1-6**

抗震设防烈度	≤7	8	9
楼盖长宽比	4	3	2

12.1.4 主要结构构件形式

多高层建筑钢结构的主要构件种类有：梁、柱和支撑。下面介绍各种构件的主要截面形式。

一、梁

梁的常用截面形式有：①焊接 H 型钢；②热轧 H 型钢；③焊接箱形钢，如图 12.1-28 所示。

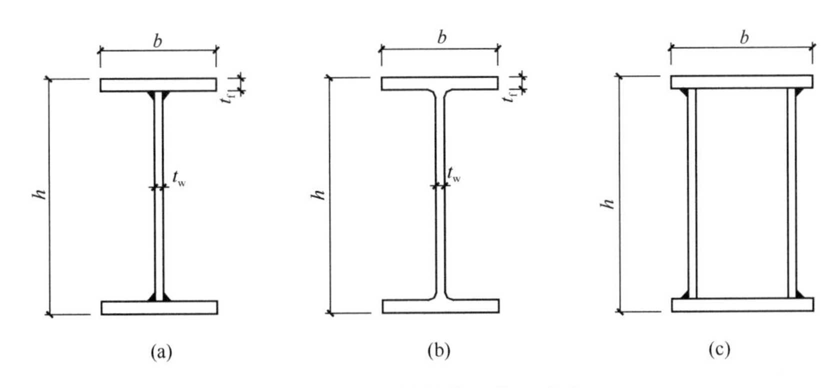

图 12.1-28 梁的常用截面形式
（a）焊接 H 型钢；（b）热轧 H 型钢；（c）焊接箱形钢

一般情况下，梁为单向受弯构件，通常采用 H 型截面。在截面积一定的条件下，为使截面惯性矩、抵抗矩较大，H 型梁的高度宜设计成远大于翼缘宽度，而翼缘的厚度远大于腹板的厚度，一般满足：$h \geqslant 2b$，$t_f \geqslant 1.5t_w$。当梁受扭时，或由于梁高的限制，必须通过加大梁的翼缘宽度来满足梁的刚度或承载力时，也可采用箱形截面。

二、柱

柱的常用截面形式有：（a）焊接 H 型钢；（b）热轧 H 型钢；（c）焊接箱形钢；（d）焊接十字型钢；（e）圆钢管；（f）钢管混凝土；（g）型钢混凝土，如图 12.1-29 所示。

一般情况下，多高层钢结构柱为双向受弯构件，采用 H 型钢作为柱时，为使截面的两个主轴方向均有较好的抗弯性能，截面的翼缘宽度不宜太小，一般取 $0.5h \leqslant b \leqslant h$。而柱由于受有较大轴压力，与 H 形梁相比，宜加大 H 形柱腹板的厚度，有利于抗压，故一般取 $0.5t_f \leqslant t_w \leqslant t_f$。

与 H 形截面相比，箱形截面、十字形截面与圆形截面的双向抗弯性能接近，一般用于双向弯矩均较大的柱。箱形截面、十字形截面与圆形截面相比，前者抗弯性能更好。

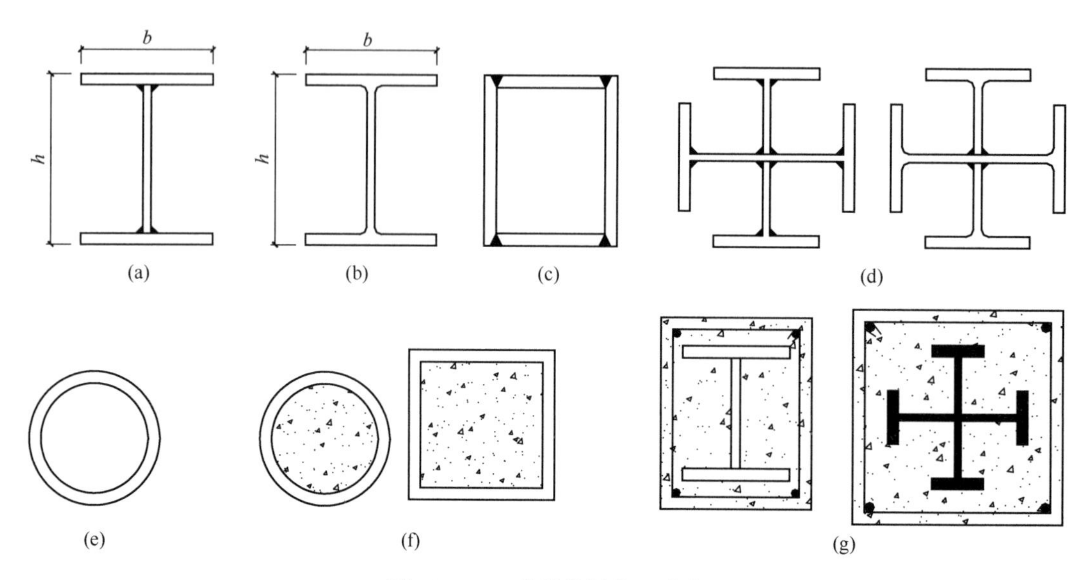

图 12.1-29　柱的常用截面形式

（a）焊接 H 型钢；（b）热轧 H 型钢；（c）焊接箱形钢；（d）焊接十字型钢；（e）圆钢管；（f）钢管混凝土；（g）型钢混凝土

在箱形钢和钢管内填充混凝土，以及在各种型钢外包裹混凝土，构成两类钢-混凝土组合构件：钢管混凝土和型钢混凝土。组合构件较纯钢构件相比，提高了构件的承载力与抗火性能，但也增加了浇注混凝土的工作量及结构的重量。

三、支撑

支撑的常用截面形式有：（a）单角钢；（b）双角钢；（c）单槽钢；（d）双槽钢；（e）H 型钢，如图 12.1-30 所示。

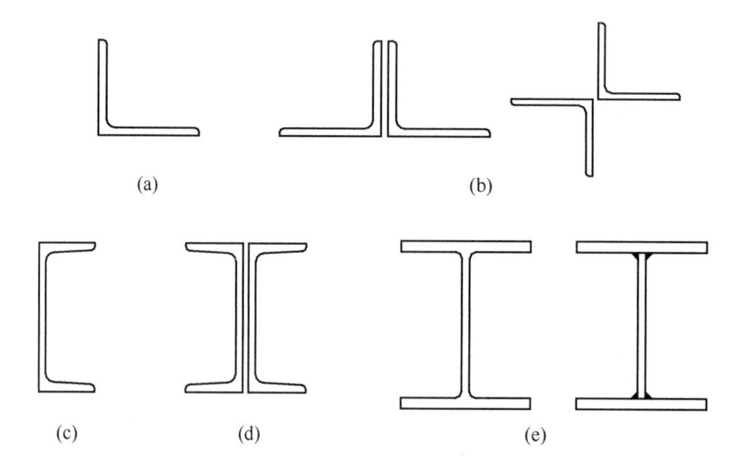

图 12.1-30　支撑的常用截面形式

（a）单角钢；（b）双角钢；（c）单槽钢；（d）双槽钢；（e）H 型钢

当支撑受力较小时，可采用单角钢与单槽钢；当支撑受力较大时，可采用双角钢、双槽钢或 H 型钢；当支撑的受力再大时（如结构转换层处支撑），也可采用箱形截面，但应注意与相邻梁或柱截面相适应，以使支撑内力的传递通畅。

12.2 结构设计基本要求

多高层钢结构设计在规定的荷载效应或荷载效应组合下应满足如下三方面验算要求：

1）结构承载力验算要求；

2）结构变形验算要求；

3）结构舒适度验算要求。

12.2.1 结构承载力验算要求

一、无地震作用时

非抗震设防的多高层钢结构，以及抗震设防的多高层钢结构在不包含地震作用的效应组合中，结构各构件的承载力应满足下式要求：

$$\gamma_0 S \leqslant R \quad (12.2\text{-}1)$$

式中 γ_0——结构重要性系数；

S——荷载效应组合设计值；

R——结构构件承载力设计值。

结构重要性系数 γ_0 应根据结构构件安全等级或结构设计使用年限确定，如表 12.2-1。

结构重要性系数 **表 12.2-1**

结构构件安全等级	一级	二级	三级
结构使用年限	100 年	50 年	5 年
γ_0	1.1	1.0	0.9

建筑物中各类结构构件的安全等级，宜与整个结构的安全等级相同，而整个结构的安全等级可依据结构破坏后果的严重性确定，对于破坏后果很严重的重要建筑，其结构安全等级为一级，对于破坏后果严重的一般建筑，其结构安全等级为二级，对于破坏后果不严重的次要建筑，其结构安全等级为三级。

二、有地震作用时

进行多遇地震作用下多高层钢结构的设计验算时，结构各构件的承载力应满足下式要求：

$$S \leqslant R/\gamma_{RE} \quad (12.2\text{-}2)$$

式中 S——包含地震作用的荷载效应组合设计值；

R——结构构件承载力设计值；

γ_{RE}——结构构件承载力的抗震调整系数，按表 12.2-2 采用。

承载力抗震调整系数 **表 12.2-2**

材料	结构构件	受力状态	γ_{RE}
钢	柱、梁、支撑、节点板件、螺栓、焊缝柱，支撑	强度 稳定	0.75 0.80
钢筋混凝土 钢管混凝土 型钢混凝土	梁 轴压比小于 0.15 的柱 轴压比不小于 0.15 的柱 抗震墙 各类构件	受弯 偏压 偏压 偏压 受剪、偏拉	0.75 0.75 0.80 0.85 0.85

进行结构抗震设计时，对结构构件承载力加以调整提高（注意 $\gamma_{RE}<1$），主要考虑到下列因素：

1）地震作用是动力荷载，动力荷载下材料强度比静力荷载下高；

2）地震是偶然作用，结构的抗震可靠度要求可比承受其他荷载的可靠度要求低。

12.2.2　结构变形验算要求

一、重力荷载作用下构件容许挠度

为保证楼盖有较好的整体刚度和使用性能，要求在重力荷载作用下楼盖主梁和次梁的挠度不大于下列容许挠度：

主梁 $l/400$；

次梁 $l/250$；

其中 l 为梁的跨度。

二、风载作用下结构的侧移限值

风载作用下结构的侧移应满足下列要求：

1）对于纯钢结构，最大层间侧移不宜超过楼层高度的 1/250；

2）对于钢-混凝土混合结构，当结构高度不大于 150m 时，层间侧移不宜大于最大楼层高度的 1/800；当结构高度大于 250m 时，最大层间侧移不宜大于楼层高度的 1/500；当结构高度为 150～250m 时，最大层间位移限值按楼层高度的 1/800～1/500 的线性插值取；

3）在保证主体结构不开裂和装修材料不出现较大破坏的情况下，最大层间位移限值可适当放宽；

4）结构顶点平面端部侧移不得超过顶点质心侧移的 1.2 倍。

三、地震作用下结构的侧移限值

为满足“小震不坏，大震不倒”的抗震要求，应分别进行多遇地震与罕遇地震作用下结构侧移验算。

1. 多遇地震结构侧移限值

多遇地震作用时，结构的侧移应满足下列要求：

（1）对于纯钢结构，最大层间侧移不得超过楼层高度的 1/250；

（2）对于钢-混凝土混合结构，当结构高度不大于 150m 时，最大层间位移不宜大于楼层高度的 1/800；当结构高度大于 250m 时，最大层间侧移不宜大于数层高度的 1/500；当结构高度为 150～250m 时，最大层间位移限值可按楼层高度的 1/800～1/500 的线性插值取；

（3）在保证主体结构不开裂和装修材料不出现较大破坏的情况下，最大层间位移限值可适当放宽；

（4）结构顶点平面端部侧移不得超过顶点质心侧移的 1.3 倍。

2. 罕遇地震结构侧移限值

罕遇地震作用时，结构的侧移应满足下列要求，以防止结构倒塌。

（1）对于纯钢结构，最大层间侧移不得超过层高的 1/50；

（2）对于钢-混凝土混合结构，最大层间侧移不得超过层高的 1/100。

《建筑抗震设计规范》GB 50011 规定，下列结构应进行弹塑性变形验算：

1）高度大于 150m 的钢结构；

2）甲类建筑和 9 度时乙类建筑中的钢结构。

下列结构宜进行弹塑性变形验算：

1）8 度时乙类建筑中的钢结构；

2）高度不大于 150m 的高层钢结构；

12.2.3 结构舒适度验算要求

一、风作用下结构的舒适度

结构受风在顺风向和横风向均有风振现象，而风振导致结构振动，超过一定数值，会使在其中生活或工作的人群有不舒适的感觉。研究表明，人体对由振动造成的不舒适感，主要与加速度有关，但多大的加速度会使人体不舒适，则对不同的个体差异较大，与人种、性别、年龄、体质等均有关系，表 12.2-3 是研究人员建议的人体风振反应分级标准。一般认为，满足人体舒适度的加速度限值宜取为 $1\%g \sim 3\%g$（g 为重力加速度），公寓建筑取低限，办公建筑取高限。

人体风振反应分级标准 **表 12.2-3**

结构风振加速度	$<0.005g$	$0.005 \sim 0.015g$	$0.015 \sim 0.05g$	$0.05 \sim 0.15g$	$>0.15g$
人体反应	无感觉	有感觉	令人烦躁	令人很烦躁	无法忍受

一般结构顶点加速度最大，因此可只对结构顶点进行舒适度验算。结构顶点加速度除与结构的阻尼比有关外，还与风的重现期有关。结构的阻尼比越小，结构的加速度越大；风的重现期越大，结构的加速度也越大。

二、风作用下结构顶点最大加速度计算

结构顺风向顶点最大加速度，可按脉动风引起的结构振动进行分析，并加以简化得到下列计算式

$$a_{\mathrm{w}} = \frac{\beta_z \mu_s \mu_z \omega_0 A}{M_{\mathrm{tot}}} \tag{12.2-3}$$

式中 a_{w}——结构顺风向顶点最大加速度（$\mathrm{m/s^2}$）；

ω_0——基本风压（$\mathrm{kN/m^2}$）；

μ_s——风荷载体型系数；

μ_z——风压高度变化系数；

β_z——风振系数，按现行国家标准《建筑结构荷载规范》GB 50009 的规定采用；

A——建筑物总迎风面面积（$\mathrm{m^2}$）；

M_{tot}——建筑物的总质量（t）。

建筑结构在风作用下发生横向风振的机理比较复杂，目前主要通过风洞试验加以研究，经统计分析得出如下结构横风向顶点最大加速度计算式：

$$a_{\mathrm{tr}} = \frac{b_{\mathrm{r}}}{T_{\mathrm{t}}^2} \cdot \frac{\sqrt{BL}}{\gamma_{\mathrm{B}} \sqrt{\zeta_{\mathrm{t,cr}}}} \tag{12.2-4}$$

$$b_{\mathrm{r}} = 2.05 \times 10^{-4} \left(\frac{V_{\mathrm{n,m}} T_{\mathrm{t}}}{\sqrt{BL}} \right)^{3.3} \tag{12.2-5}$$

式中 a_{tr}——结构横向顶点最大加速度横向顶点最大加速度（$\mathrm{m/s^2}$）；

$V_{n,m}$——建筑物顶点平均风速（m/s），$V_{n,m}=40\sqrt{\mu_s\mu_z\omega_0}$；

μ_z——风压高度变化系数；

γ_B——建筑物的总体重度（建筑物总重除以建筑物体积），单位：kN/m^3；

$\zeta_{t,cr}$——建筑物横风向的临界阻尼比值；

T_t——建筑物横风向第一自振周期（s）；

B、L——分别为建筑物平面的宽度与长度（m）。

按式（12.2-3）、（12.2-4）计算结顺风向和横风向的顶点最大加速度，均要用到结构的阻尼比，建议按结构类型不同取用下列值：

钢结构 0.01；

有填充墙的钢结构 0.02；

钢一混凝土混合结构 0.04。

三、风振加速度限值

进行结构舒适度验算的加速度限值建议取为：

住宅、公寓建筑 $0.20m/s^2$；

办公、旅馆建筑 $0.28m/s^2$。

四、楼盖加速度限值

楼盖竖向振动加速度限值 表 12.2-4

人员活动环境	峰值加速度限值（m/s^2）	
	竖向自振频率不大于 2Hz	竖向自振频率不小于 4Hz
住宅、办公	0.07	0.05
商场及室内连廊	0.22	0.15

注：楼盖结构竖向频率为 2～4Hz 之间时，峰值加速度限值可按线性插值选取。

多高层钢结构建筑楼盖结构应具有适宜的舒适度。楼盖结构的竖向振动频率不宜小于3Hz，竖向振动加速度峰值不应超过表 12.2-4 的限值。一般情况下，当楼盖结构竖向振动频率小于 3Hz 时，应验算其竖向振动加速度。

五、楼盖加速度计算

楼盖结构的竖向振动加速度宜采用时程分析方法计算。

人行走引起的楼盖振动峰值加速度可按下列公式近似计算：

$$a_p=\frac{F_p}{\beta w}g \tag{12.2-6}$$

$$F_P=p_0e^{-0.35f_n} \tag{12.2-7}$$

式中 a_p——楼盖振动峰值加速度（m/s^2）；

F_p——接近楼盖结构自振频率时人行走产生的作用力（kN）；

p_0——人们行走产生的作用力（kN），按表 12.2-5 采用；

f_n——楼盖结构竖向自振频率（Hz）；

β——楼盖结构阻尼比，按表 12.2-5 采用；

w——楼盖结构阻抗有效重量（kN），可按式（12.2-8）计算；

g——重力加速度，取 $9.8m/s^2$。

人行走作用力及楼盖结构阻尼比　　表 12.2-5

人员活动环境	人员行走作用力 p_0（kN）	结构阻尼比 β
住宅、办公、教堂	0.3	0.02～0.05
商场	0.3	0.02
室内人行天桥	0.42	0.01～0.02
室外人行天桥	0.42	0.01

注：1. 表中阻尼比用于普通钢结构和混凝土结构，轻钢混凝土组合楼盖的阻尼比取该值乘以 2；
2. 对住宅、办公、教堂建筑，阻尼比 0.02 可用于无家具和非结构构件情况，如无纸化电子办公区、开敞办公区和教堂；阻尼比 0.03 可用于有家具、非结构构件，带少量可拆卸隔断的情况；阻尼比可 0.05 用于含全高填充墙的情况；
3. 对室内人行天桥，阻尼比可 0.02 用于天桥带干挂吊顶的情况。

楼盖结构的阻抗有效重量 w 可按下列公式计算：

$$w = \bar{w}BL \tag{12.2-8}$$

$$B = CL \tag{12.2-9}$$

式中　$\bar{w}$——楼盖单位面积有效重量（kN/m^2），取恒载和有效分布活荷载之和。楼层有效分布活荷载：对办公建筑可取 0.55 kN/m^2；对住宅可取 0.3 kN/m^2；

L——梁跨度（m）；

B——楼盖阻抗有效质量的分布宽度（m）；

C——垂直于梁跨度方向的楼盖受弯连续性影响系数，对边梁取 1，对中间梁取 2。

12.3 结构计算的基本要求

12.3.1 一般规定

1. 在竖向荷载、风荷载以及多遇地震作用下，高层民用建筑钢结构的内力和变形可采用弹性方法计算；罕遇地震作用下，高层民用建筑钢结构的弹塑性变形可采用弹塑性时程分析法或静力弹塑性分析法计算。

2. 计算高层民用建筑钢结构的内力和变形时，可假定楼盖在其自身平面内为无限刚性，设计时应采取相应措施保证楼盖平面内的整体刚度。当楼盖可能产生较明显的面内变形时，计算时应采用楼盖平面内的实际刚度，考虑楼盖的面内变形的影响。

3. 高层民用建筑钢结构弹性计算时，钢筋混凝土楼板与钢梁间有可靠连接，可计入钢筋混凝土楼板对钢梁刚度的增大作用，两侧有楼板的钢梁其惯性矩可取为 $1.5I_b$，仅一侧有楼板的钢梁其惯性矩可取为 $1.2I_b$，I_b 为钢梁截面惯性矩。弹塑性计算时，不应考虑楼板对钢梁惯性矩的增大作用。

4. 结构计算中一般不应计入非结构构件对结构承载力和刚度的有利作用。

5. 计算各振型地震影响系数所采用的结构自振周期，应考虑非承重填充墙体的刚度予以折减。当非承重墙体为填充轻质砌块、填充轻质墙板或外挂墙板时，自振周期折减系数可取 0.9～1.0。

6. 高层民用建筑钢结构的整体稳定性应符合下列规定：

1）框架结构应符合下式要求：

$$D_i \geqslant 5\sum_{j=i}^{n} G_j / h_i \quad (i = 1,2,\cdots,n) \tag{12.3-1}$$

2）框架-支撑结构、框架-延性墙板结构、筒体结构和巨型框架结构应符合下式要求：

$$EJ_d \geqslant 0.7H^2 \sum_{i=1}^{n} G_i \tag{12.3-2}$$

式中　D_i——第 i 楼层的抗侧刚度；可取该层剪力与层间位移的比值；

h_i——第 i 楼层层高；

G_i，G_j——分别为第 i,j 楼层重力荷载设计值，取 1.2 倍的永久荷载标准值与 1.4 倍的楼面可变荷载标准值的组合值；

H——房屋高度；

EJ_d——结构一个主轴方向的弹性等效侧向刚度，可按倒三角形分布荷载作用下结构顶点位移相等的原则，将结构的侧向刚度折算为竖向悬臂受弯构件的等效侧向刚度。

12.3.2　结构弹性分析计算

1. 高层民用建筑钢结构的弹性计算模型应根据结构的实际情况确定，应能较准确地反映结构的刚度和质量分布以及各结构构件的实际受力状况；可选择空间杆系、空间杆-墙板元及其他组合有限元等计算模型。

2. 高层民用建筑钢结构弹性分析时，应计入重力二阶效应的影响。

3. 高层民用建筑钢结构弹性分析时，应考虑下述变形：梁的弯曲和扭转变形，必要时虑轴向变形；柱的弯曲、轴向、剪切和扭转变形；支撑的弯曲、轴向和扭转变形；延性墙板的剪切变形；消能梁段的剪切变形和弯曲变形。钢框架-支撑结构的支撑斜杆两端宜按铰接计算；当实际构造为刚接时，也可按刚接计算。

4. 梁柱刚性连接的钢框架计入节点域剪切变形对侧移的影响时，可将节点域作为一个单独的剪切单元进行结构整体分析，也可按下列规定作近似计算：

（1）对于箱形截面柱框架，可按结构轴线尺寸进行分析，但应将节点域作为刚域，梁柱刚域的总长度，可取柱截面宽度和梁截面高度的一半两者的较小值。

（2）对于 H 形截面柱框架，可按结构轴线尺寸进行分析，不考虑刚域。

（3）当结构弹性分析模型不能计算节点域的剪切变形时，可将上述框架分析得到的楼层最大层间位移角与该楼层柱下端的节点域在梁端弯矩设计值作用下的剪切变形角平均值相加，得到计入节点域剪切变形影响的楼层最大层间位移角。任一楼层节点域在梁端弯矩设计值作用下的剪切变形角平均值可按下式计算：

$$\theta_{\mathrm{m}} \geqslant \frac{1}{n}\sum_{i=1}^{n} \frac{M_i}{GV_{\mathrm{p},i}} \quad (i = 1,2,\cdots,n) \tag{12.3-3}$$

式中　θ_{m}——楼层节点域的剪切变形角平均值；

M_i——该楼层第 i 个节点域在所考虑的受弯平面内的不平衡弯矩，由框架分析得出，即 $M_i = M_{\mathrm{b1}} + M_{\mathrm{b2}}$，$M_{\mathrm{b1}}$、$M_{\mathrm{b2}}$ 分别为受弯平面内该楼层第 i 个节点左、

右梁端同方向的地震作用组合下的弯矩设计值；

n——该楼层的节点域总数；

G——钢材的剪切模量；

$V_{p,j}$——第 i 个节点域的有效体积，参见本手册式（12.5-28）-式（12.5-32）。

5. 钢框架-支撑（墙板）结构的框架部分按刚度分配计算得到的地震层剪力应乘以调整系数，达到不小于结构总地震剪力的 25%和框架部分计算最大层剪力 1.8 倍二者的较小值。

6. 体型复杂、结构布置复杂以及特别不规则的高层民用建筑钢结构，应采用至少两个不同力学模型的结构分析软件进行整体计算。对结构分析软件的分析结果，应进行分析判断，确认其合理、有效后方可作为工程设计的依据。

12.3.3 结构弹塑性分析计算

1. 高层民用建筑钢结构进行弹塑性计算分析时，可根据实际工程情况采用静力或动力时程分析法，并应符合下列规定：

（1）当采用结构抗震性能设计时，应根据《高层民用建筑钢结构技术规程》JGJ 99—2015 的有关规定，预定结构的抗震性能目标。

（2）结构弹塑性分析的计算模型应包括全部主要结构构件，应能较正确反映结构的质量、刚度和承载力的分布以及结构构件的弹塑性性能。

（3）弹塑性分析宜采用空间计算模型。

（4）高层民用建筑钢结构弹塑性分析时应考虑构件的下述变形：梁的弹塑性弯曲变形，柱在轴力和弯矩作用下的弹塑性变形，支撑的弹塑性轴向变形，延性墙板的弹塑性剪切变形，消能梁段的弹塑性剪切变形；宜考虑梁柱节点域的弹塑性剪切变形；采用消能减震设计时还应考虑消能器的弹塑性变形，隔震结构还应考虑隔震垫的弹塑性变形。

（5）结构构件上应作用重力荷载代表值，其效应应与水平地震作用产生的效应组合，分项系数可取 1.0。

（6）钢材强度可取屈服强度 f_y。

（7）应计入重力荷载二阶效应的影响。

（8）钢柱、钢梁、屈曲约束支撑及偏心支撑消能梁段恢复力模型的骨架线可采用二折线型，其滞回模型可不考虑刚度退化；钢支撑和延性墙板的恢复力模型，应按其受力特性确定，也可由试验确定。

2. 采用静力弹塑性分析法进行罕遇地震作用下的变形计算时，应符合下列规定：

（1）可在结构的两个主轴方向分别施加单向水平力进行静力弹塑性分析。

（2）水平力可作用在各层楼盖的质心位置，可不考虑偶然偏心的影响。

（3）结构的每个主轴方向宜采用不少于两种水平力沿高度分布模式，其中一种可与振型分解反应谱法得到的水平力沿高度分布模式相同。

（4）采用能力谱法时，需求谱曲线可由现行国家标准《建筑抗震设计规范》GB 50011 的地震影响系数曲线得到，或由建筑场地的地震安全性评价提出的加速度反应谱曲线得到。

3. 采用弹塑性时程分析法进行罕遇地震作用下的变形计算，应符合下列规定：

（1）一般情况下，采用单向水平地震输入，在结构的两个主轴方向分别输入地震加速度时程；对体型复杂或特别不规则的结构，宜采用双向水平地震或三向地震输入。

（2）地震地面运动加速度时程的选取，时程分析所用地震加速度时程的最大值等，应符合《高层民用建筑钢结构技术规程》JGJ 99—2015 的规定。

12.4 结构分析

12.4.1 结构分析方法

1. 由于当前计算机的普及，采用有限元理论进行结构分析已成为最通用且精度较高的方法。对于多高层钢结构建筑，可将其构件（如梁、柱、支撑、楼层墙段、梁区格内楼板等）当作单元，分别采用不同性质的单元理论建立其单元刚度方程。将结构所有单元的单元刚度方程集成可建立结构总体刚度方程。结构的总体刚度方程实际为未知量很多的线性方程组，需利用计算机程序求解，从而得出结构各单元节点位移进而内力效应。

2. 由于目前计算机速度越来越快，以减少计算时间为目的，对结构进行简化的有限元分析的意义越来越小，除非一些特殊情况（如结构弹塑性分析，结构地震反应时程分析），一般结构的弹性静力有限元分析，可不对结构分析模型进行简化。

3. 对结构进行简化的手算方法仍是极有意义的。首先，计算机方法结果的合理性与正确性不能直接判断时，采用手算方法进行检验是较为可靠的。其次，结构初步设计时几乎总要进行数个方案的比较，从中选出最好的方案。在众多的结构方案中，可先采用手算方法进行结构方案合理判断与初选，定出 2～3 个方案后再进一步采用计算机方法进行细致分析，从而定出最佳结构方案。

12.4.2 结构分析有限元方法

一、有限元方法的基本思想

有限元方法是结构分析方法的革命，由于有限元方法的提出，加上计算机技术提供的手段，使得任何复杂的结构分析都变得简单。

有限元方法的基本思想是，将一个完整的结构离散成很多结构单元，这些单元可以归类为少数几种标准单元，只要建立这几种标准单元的分析方法，即可对结构各个单元进行分析，而对结构全部单元分析的集成，也即完整结构的分析。

采用有限元方法进行结构分析的步骤如下：

1）划分单元将结构分解细分为很多单元，单元与单元之间通过节点联系。

2）建立单元刚度方程单元刚度（简称单刚）方程为单元节点位移与单元节点力间的关系方程。

3）建立结构的总体刚度方程由单元刚度方程，根据单元节点与结构节点的对应关系及结构各节点的力平衡条件，可组装形成总体刚度（简称总刚）方程。

4）确定结构变形引入边界条件，求解结构总刚方程，可获得结构各节点的变形。

5）确定单元内力由单元节点与结构节点的对应关系及结构各节点的变形，确定各单元的变形，再由单元刚度方程求得单元节点力。

二、单元的类型与划分

多高层钢结构体系中会用到两种类型的结构，如图 12.4-1 所示，一类为杆系结构，由结构体系中的梁、柱、支撑等构成；另一类为墙板结构，由结构体系中的墙、楼板构成。

对于杆系结构，一般可将结构中的每一杆件当作一个单元，如图 12.4-2 所示，梁柱为主要受弯杆件，可采用同一类单元，通称为梁单元。支撑为主要受轴力杆件，应采用另一种特殊单元，称为支撑单元（或二力杆单元）。图 12.4-2 中，单元 1～15 为梁单元，单元 16～18 为支撑单元。另应指出，当进行结构非线性分析时，如果梁柱杆件中段某位置会进入塑性，如图 12.4-3 所示，则应在杆件可能进入塑性的位置设置单元节点，对杆件进行单元细分。

图 12.4-1 多高层钢结构中的杆系结构与墙板结构

对于墙板结构，单元的划分除与墙板的开洞有关外，单元划分的大小主要考虑计算精度与计算时间两个因素，单元划分越细结构计算精度一般越高，但结构计算自由度增大，所需计算时间增长；反之，单元划分越粗，结构计算精度降低，但结构计算自由度减小，所需计算时间缩短。此外应该指出，多高层钢结构体系中的混凝土墙及混凝土楼板，可采用同一类单元，通称墙单元。并应注意，划分墙单元时，相邻实际墙及墙与楼板上的单元节点位置应对应；且杆系结构与墙板结构相连接时，杆件单元与墙单元的节点位置应对应，如图 12.4-4所示。

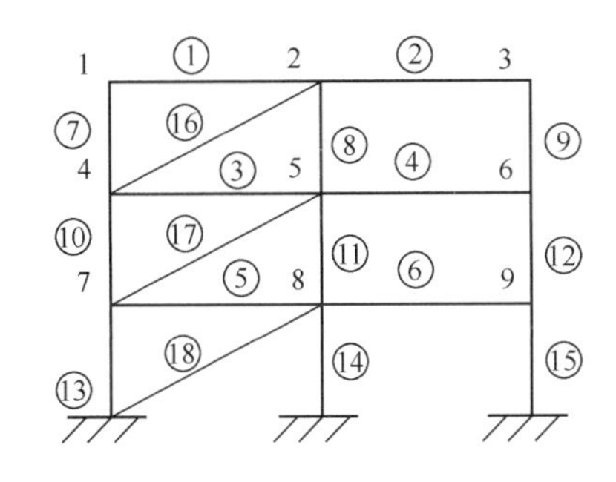

图 12.4-2 杆系结构单元划分

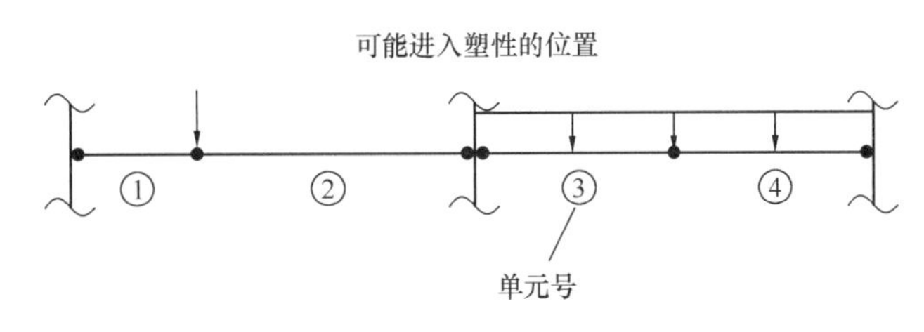

图 12.4-3 杆系结构单元的细分

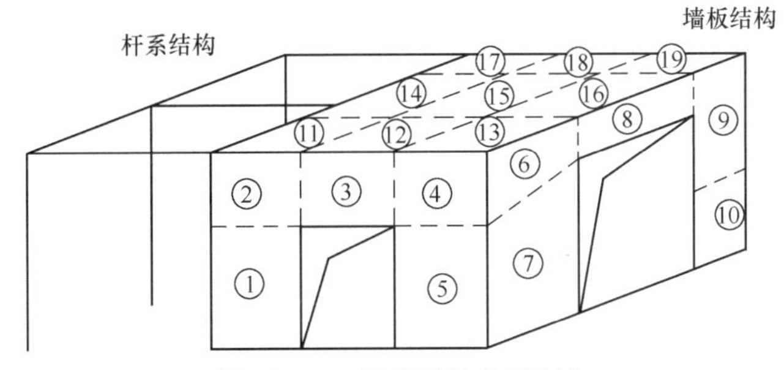

图 12.4-4 墙板结构单元划分

三、采用有限元方法对几个问题的处理

1. 楼面无限刚性假定处理

多高层钢结构的楼板通常采用压型钢板现浇混凝土组合板或现浇混凝土板，整体性好，平面内刚度大，如无较大开洞一般可采用楼面无限刚性假定，以减少结构分析自由度。当认为楼面为无限刚性时，在该楼面内所有单元的结点沿该楼面两个正交方向的水平位移及绕该楼面法线的转角自由度均可用该楼面的一个特征点的两个方向水平位移 u_0、v_0和转角 φ_0 表示，如图 12.4-5 所示，即

$$\begin{aligned} u_i &= u_0 - b_i\varphi_0 \\ v_i &= v_0 + a_i\varphi_0 \\ \varphi_i &= \varphi_0 \end{aligned} \tag{12.4-1}$$

式中　u_i，v_i ——楼面任一单元节点沿两个水平方向的位移；

φ_i ——楼面上任一单元节点在楼面内的扭转角；

a_i，b_i ——楼面上任一单元节点相对于楼面特征点的整体坐标。

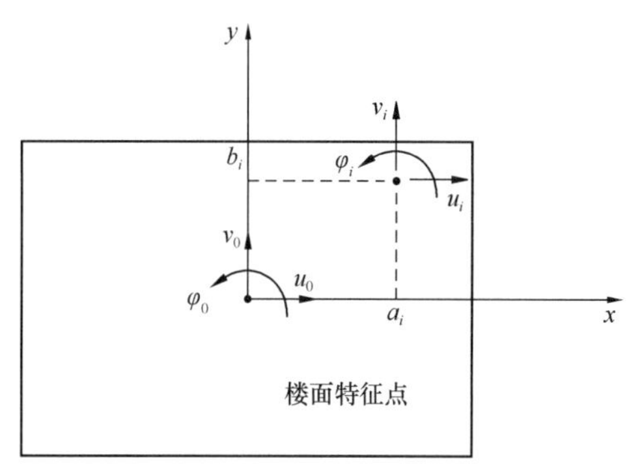

图 12.4-5　楼面水平位移与单元节点水平位移

这样，整体结构的计算自由度可大为减少。

如楼板整体性较差，或楼板开孔面积大，或楼板有较长外伸段，或楼板平面内有局部刚度突变，或结构同一方向两个主要抗侧力体系的间距较大，则宜按弹性楼板进行结构分析，将全部楼板或平面刚度较小的楼板局部划分为一定数量的墙单元。

2. 梁柱连接变形影响的处理

在梁端弯矩作用下，梁柱连接或多或少产生一定的变形，表现为梁柱间的相对转动，如图 12.4-6 所示。如果能正确地确定连接弯矩 M 与转角 φ 的M-φ 关系，则可将该连接处理为一转动弹簧单元，如图 12.4-7 所示，并与梁单元相连接，如图 12.4-8 所示。

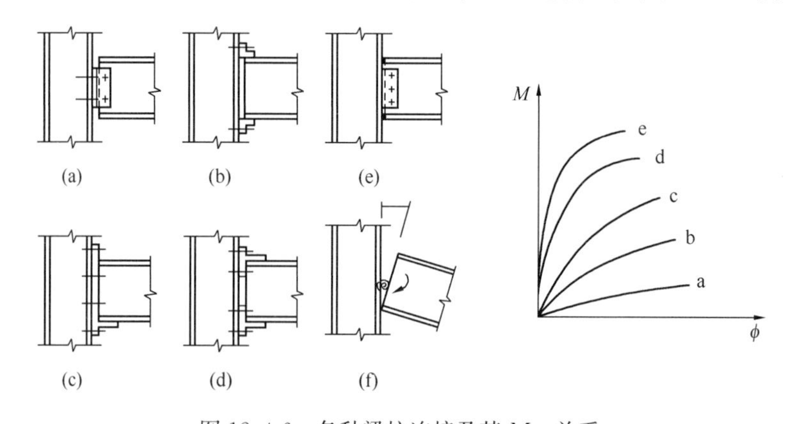

图 12.4-6　各种梁柱连接及其 M-φ 关系

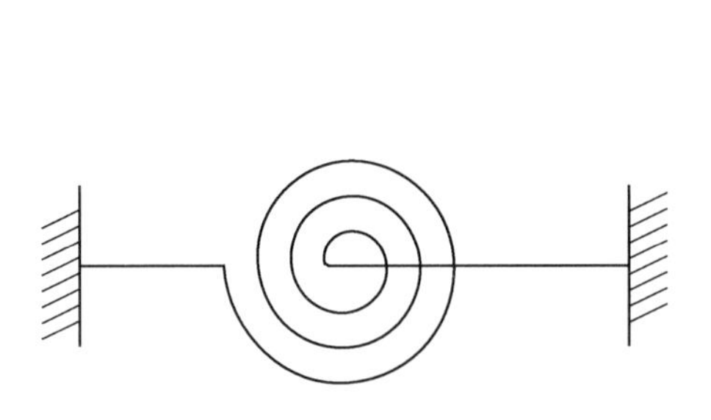

图 12.4-7 转动弹簧单元

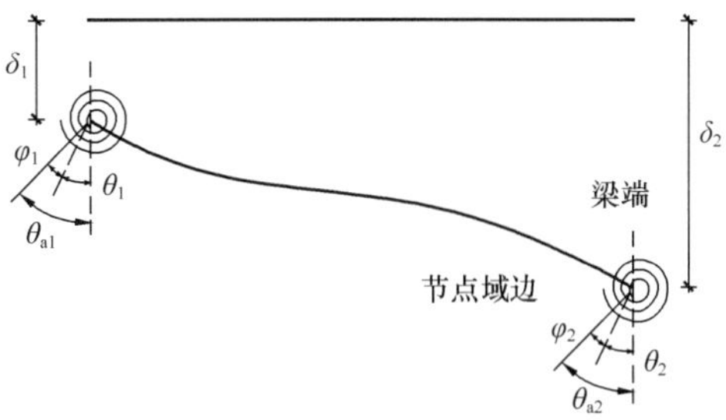

图 12.4-8 连带连接单元的梁单元图

3. 框架节点域剪切变形影响的处理

多高层钢结构的节点域是指梁柱结合部分的区域，如图 12.4-9 所示。在与节点域相邻梁端和柱端反力作用下，节点域可能产生以下几种变形：（a）伸缩变形；（b）弯曲变形；（c）剪切变形，如图 12.4-10 所示。

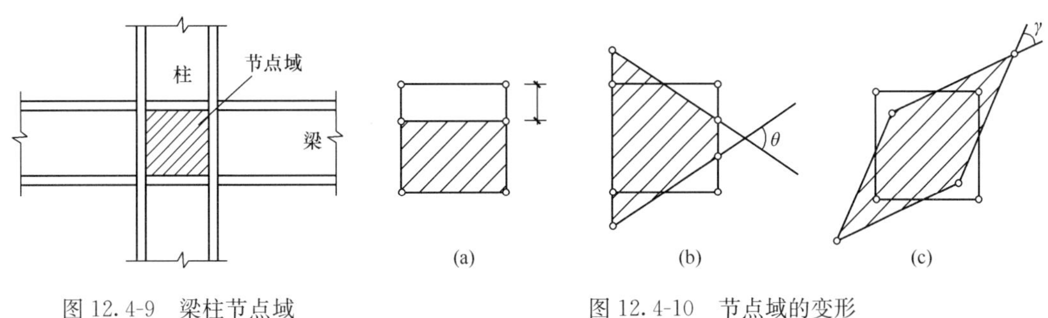

图 12.4-9 梁柱节点域

图 12.4-10 节点域的变形

（a）伸缩变形；（b）弯曲变形；（c）剪切变形

由于梁的约束，节点域的变形以剪切变形为主，而伸缩变形和弯曲变形很小，可以忽略。图 12.4-11 是由试验得到的节点域变形情况。

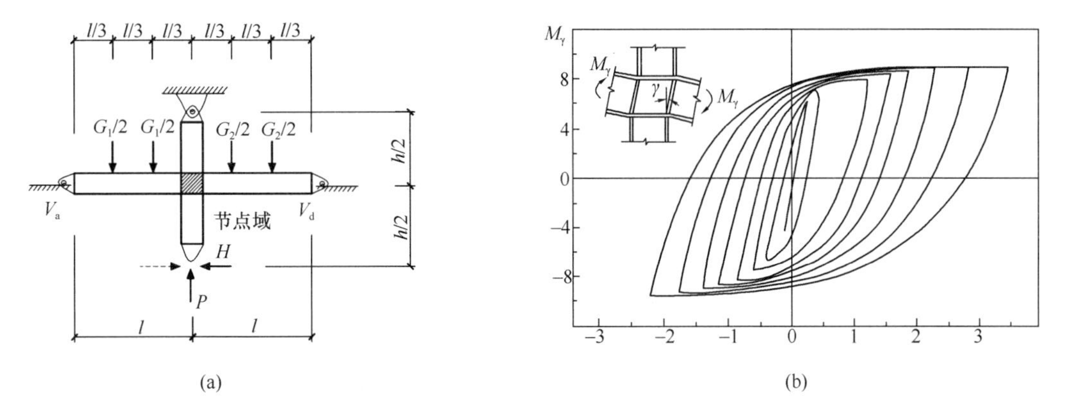

图 12.4-11 节点域试验

（a）节点域试验；（b）节点域变形情况

采用商业有限元软件进行多高层钢结构设计分析时，很可能没有框架梁柱节点域的单元，来考虑节点域剪切变形对钢框架结构的影响，此时可以采用如下方法近似加以考虑：

（1）对于箱形截面柱钢框架，可将节点域当作刚域，刚域的尺寸取节点域尺寸的一半；

（2）对于H形截面柱钢框架，可忽略节点域，框架梁、柱单元的长度按结构轴线尺寸取。

4. 梁单元剪切变形及轴力的影响

分析研究发现：

（1）梁单元长细比（按单元长度与其截面回转半径之比确定）$\lambda < 30$ 时，剪切变形对梁单元刚度的影响不能忽略；而当 $\lambda > 50$ 时，剪切变形对梁单元刚度的影响可近似忽略。

（2）梁单元轴力与Euler临界荷载（按 $\pi^2 EI/l^2$ 计算，l 为单元长度，I 为截面惯性矩）的比值 $c>0.1$ 时，轴力对梁单元刚度的影响不能忽略，而当 $c<0.05$ 时，轴力对梁单元刚度影响可近似忽略。

可采用Timoshenko梁单元考虑剪切变形对梁单元刚度的影响，采用Euler梁单元或Timoshenko-Euler梁单元考虑轴力对梁单元刚度的影响。

当考虑轴力对梁单元刚度的影响时，单元刚度与单元中的轴力有关，而由于单元轴力又与外荷载有关，因此结构分析成为如下非线性问题。

$$\{F\} = [K(F)]\{u\} \tag{12.4-2}$$

式中 $\{F\}$ ——结构外荷载向量；

$\{u\}$ ——结构位移向量；

$[K(F)]$ ——与外荷载有关的结构刚度矩阵。

对于工程设计，求解式（12.4-2）形式的非线性方程是较为不便的。作为一种工程实用处理，可近似取结构在重力荷载标准值作用下各构件的轴力，作为常值考虑其对结构的影响，步骤为：

1）采用简单梁单元或Timoshenko梁单元，计算结构在重力荷载标准值 G_0 作用下的各构件的轴力；

2）将上述确定的轴力作为常数，采用Euler梁单元或Timoshenko-Euler梁单元的总体刚度矩阵 $[K(G_0)]$；

3）采用下式进行结构分析

$$\{F\} = [K(G_0)]\{u\} \tag{12.4-3}$$

显然式（12.4-3）为一线性方程，可一步分析得其解。

12.4.3 结构分析近似手算方法

下面针对多高层钢结构的几种常用结构形式，介绍近似手算分析方法。

一、框架结构

1. 竖向荷载作用下的近似计算

弯矩及剪力的计算：

（1）为简化计算，采用下列假定：

1）在竖向荷载作用下，框架的侧移忽略不计。

2）每层梁上荷载对其他层的梁及非相邻层柱的内力影响忽略不计。

由上述假定，多层框架在竖向荷载作用下便可分层计算。例如图12.4-12a所示的3

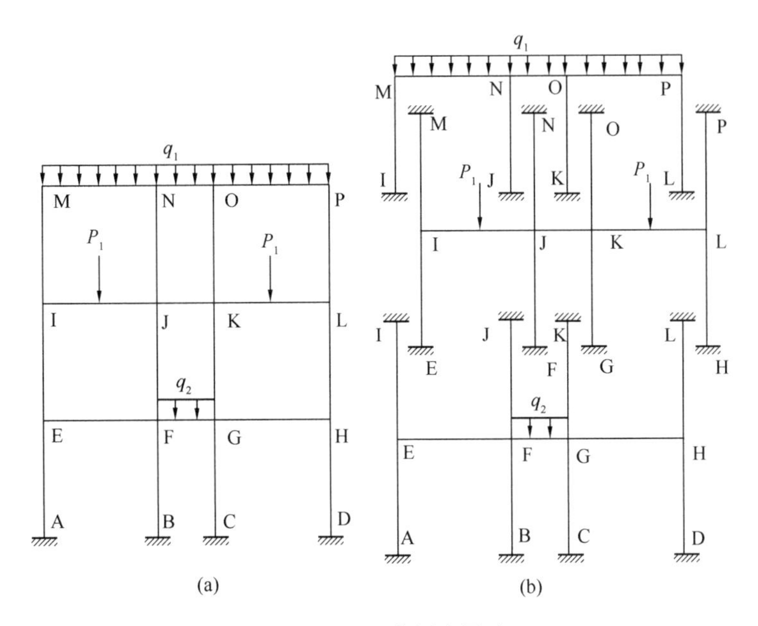

图 12.4-12 分层法图示
(a) 原结构；(b) 分层结构简图

层框架可分解成图 12.4-12b 所示的 3 个独立楼层计算简图，采用弯矩分配法分别进行计算。

分层法计算所得梁的弯矩即为其最后弯矩。而柱同时属于上下两个楼层，所以柱的弯矩为上下两层计算弯矩之和。分层法计算所得的结果，在框架各节点上的弯矩可能不平衡，但不平衡弯矩不致很大。若节点不平衡弯矩较大，可对节点不平衡弯矩再进行一次分配。

(2) 轴力的计算

首先可将各楼层竖向总荷载按楼面面积平均为楼面均布荷载，然后近似按各柱分担的楼面荷载面积，计算框架各柱在竖向荷载作用下产生的轴力。例如对于图 12.4-13 所示的柱布置情况，柱 A、柱 B 及柱 C 分担的楼面荷载面积（图中阴影部分）分别为 $a_2b_1/4$、$(a_1+a_2)(b_1+b_2)/4$、$(a_1+a_2)b_1/4$。则柱的轴力为柱所在楼层及以上各楼层（包括顶层）柱分担楼面荷载面积的所有均布荷载之和。

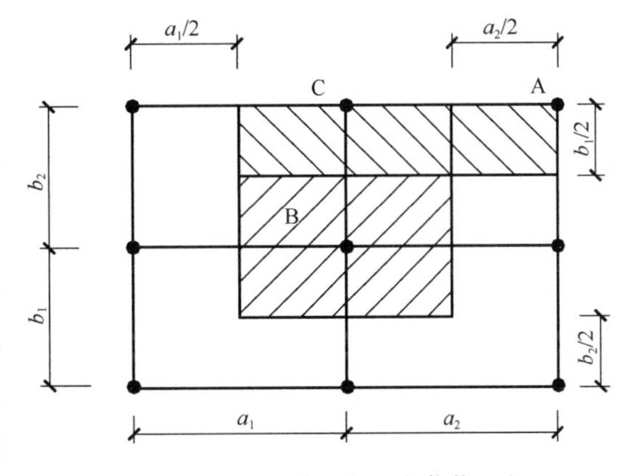

图 12.4-13 柱分担的竖向荷载面积

2. 水平荷载作用下的近似计算

(1) 弯矩及剪力的计算

为简化计算，采用下列假定：

1) 框架各梁柱在水平荷载作用下的反弯点位于梁柱长度方向的中点。

2) 由水平荷载引起的楼层剪力在框架各跨进行分配，各跨的剪力与跨度成正比。

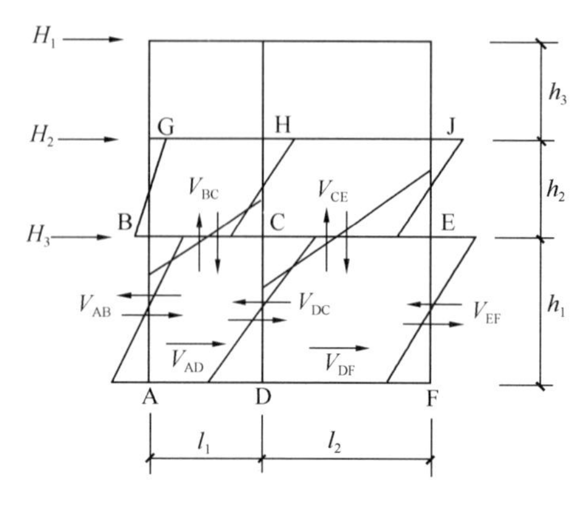

图 12.4-14　反弯点法示意图

由上述假定，可很容易地进行水平荷载下框架的内力分析（称之为反弯点法）。下面以图 12.4-14 所示的框架为例，通过底层的内力分析对反弯点法加以说明：

楼层剪力 $V = H_1 + H_2 + H_3$　　(12.4-4)

V 在跨 AD 和 DF 间的分配为

$$V_{AD} = Vl_1/(l_1 + l_2) \qquad (12.4\text{-}5)$$

$$V_{DF} = Vl_2/(l_1 + l_2) \qquad (12.4\text{-}6)$$

各跨剪力分配至各柱为

柱 AB　$V_{AB} = V_{AD}/2$　　(12.4-7)

柱 DC　$V_{DC} = (V_{AD} + V_{DF})/2$　　(12.4-8)

柱 FE　$V_{FE} = V_{DE}/2$　　(12.4-9)

计算柱的弯矩

$$M_{AB} = M_{BA} = V_{AB}h_1/2 \qquad (12.4\text{-}10)$$

$$M_{DC} = M_{CD} = V_{DC}h_1/2 \qquad (12.4\text{-}11)$$

$$M_{FE} = M_{EF} = V_{FE}h_1/2 \qquad (12.4\text{-}12)$$

各梁的弯矩为

$$M_{BC} = M_{BA} + M_{BG} = M_{CB} \qquad (12.4\text{-}13)$$

$$M_{EC} = M_{EF} + E_{EJ} = M_{CE} \qquad (12.4\text{-}14)$$

各梁的剪力为

$$V_{BC} = M_{BC}\Big/\frac{l_1}{2} \qquad (12.4\text{-}15)$$

$$V_{CE} = M_{CE}\Big/\frac{l_2}{2} \qquad (12.4\text{-}16)$$

节点 C 处满足力矩平衡条件

$$M_{CB} + M_{CE} = M_{CD} + M_{CH} \qquad (12.4\text{-}17)$$

而 $V_{BC} = V_{CE}$，即各跨梁的剪力相等（可以证明，对于多跨框架这一结论也成立），从而使框架边柱承受由水平荷载引起的轴力。

（2）轴力的计算

尽管按上述方法可同时得出框架柱在水平荷载作用下的轴力，但由于是考虑楼层剪力平衡条件得到的，忽略了楼层倾覆力矩平衡条件。因此当结构较高时（或高宽比较大时），其柱轴力结果有可能偏于不安全。建议按框架各楼层倾覆力矩计算水平荷载作用下框架柱的轴力。为简化计算，可采用仅框架边柱承受由水平荷载引起的轴力假定。例如对于图 12.4-14所示的底层柱其边柱轴力为

$$N_{AB} = N_{FE} = [H_1(h_3 + h_2 + 0.5h_1) + H_2(h_2 + 0.5h_1) + 0.5H_3h_1]/(l_1 + l_2) \qquad (12.4\text{-}18)$$

第二层边柱的轴力为

$$N_{\mathrm{BG}}=N_{\mathrm{EJ}}=[H_1(h_3+0.5h_2)+0.5H_2h_2)]/(l_1+l_2) \tag{12.4-19}$$

对于由水平荷载所引起框架梁轴力，由于楼板的存在，一般可近似忽略。

二、框架-支撑结构

1. 竖向荷载作用下的近似计算

可近似忽略支撑对竖向荷载作用下框架内力的影响，即可采用与框架结构相同的分层法，近似计算竖向荷载作用下框架-支撑结构各构件的弯矩、剪力与轴力。

2. 水平荷载作用下的近似计算

(1) 框架弯矩、剪力及支撑轴力的计算

考虑整个框架-支撑结构在水平荷载作用下任一楼层的水平剪力 V_i 由剪力方向的各榀框架及楼层该方向的所有支撑共同承担，并按楼层侧移刚度分配，即

$$V_{\mathrm{f}i}=\frac{K_{\mathrm{f}i}V_i}{\sum K_{\mathrm{f}i}+\sum K_{\mathrm{b}i}} \tag{12.4-20}$$

$$V_{\mathrm{b}i}=\frac{K_{\mathrm{b}i}V_i}{\sum K_{\mathrm{f}i}+\sum K_{\mathrm{b}i}} \tag{12.4-21}$$

式中 $K_{\mathrm{f}i}$ ——剪力方向第 i 榀框架的楼层侧移刚度；

$K_{\mathrm{b}i}$ ——剪力方向第 i 个支撑的楼层侧移刚度。

图 12.4-15 是所考虑楼层上的某个支撑，设支撑在楼面上的投影方向与楼层剪力方向夹角为 ϕ，则该支撑的楼层侧移刚度为：

$$K_{\mathrm{b}i}=\frac{EA}{l}\cos^2\theta\cos^2\varphi \tag{12.4-22}$$

式中 A 为支撑截面面积；l 为支撑长度；E 为弹性模量。

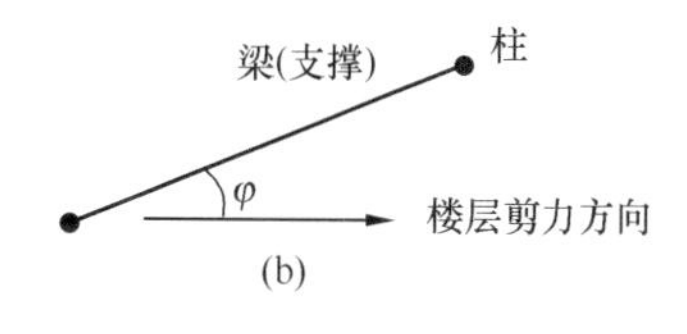

图 12.4-15 支撑平面与立面

(a) 立面；(b) 平面

图 12.4-16 是框架—支撑结构中的任一榀框架及所考虑的楼层段，假设梁柱的反弯点均在其长度方向的中点。该楼层段的侧移有两部分组成：第一部分为由柱的弯曲变形引起的 Δ_1，如图 12.4-17a 所示，可按两个 $h/2$ 长的悬臂柱侧移之和计算。考虑该楼层上所有柱子的刚度贡献

$$\Delta_1=\frac{h^3V_{\mathrm{f}i}}{12E\sum I_{\mathrm{c}}} \tag{12.4-23}$$

式中 $\sum I_{\mathrm{c}}$ ——所考虑楼层上该榀框架所有柱子惯性矩之和。

框架楼层的第二部分侧移由梁弯曲变形造成的梁端转动变形所引起，如图 12.4-17b 所示。假设梁端的转角为 θ，则梁端的弯矩为 $6EI_{\mathrm{b}}\theta/L$。该楼层段总的内弯矩等于所有梁端弯矩之和，即 $12E\theta\sum(I_{\mathrm{b}}/L)$。而由楼层剪力 $V_{\mathrm{f}i}$ 产生的楼层段外弯矩为 $V_{\mathrm{f}i}h$，并注意 $\Delta_2=\theta h$，则由楼层段内外弯矩相等条件可得

$$\Delta_2=\frac{h^2V_{\mathrm{f}i}}{12E\sum(I_{\mathrm{b}}/L)} \tag{12.4-24}$$

式中 $\sum(I_{\mathrm{b}}/L)$ ——所考虑楼层上该榀框架所有梁惯性矩与长度的比值之和。

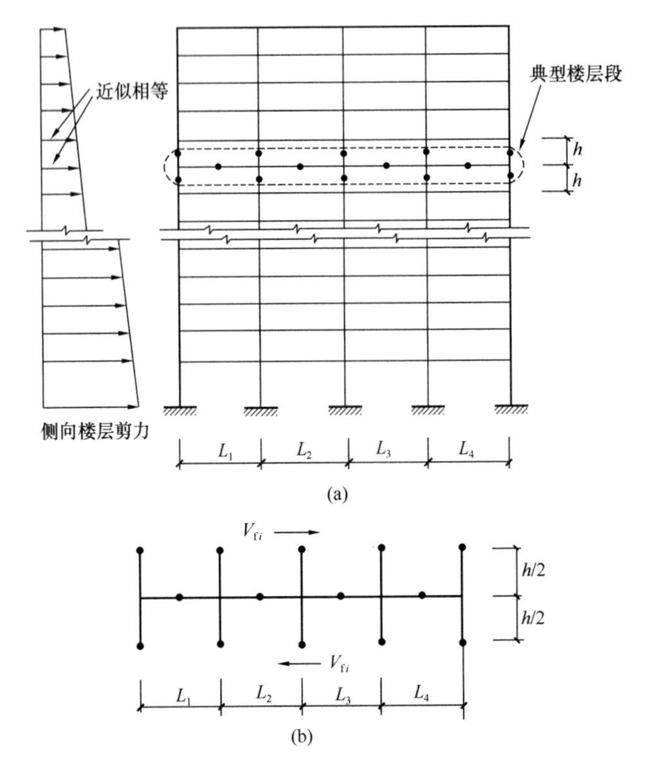

图 12.4-16　一榀框架及典型楼层段

（a）框架；（b）典型楼层段

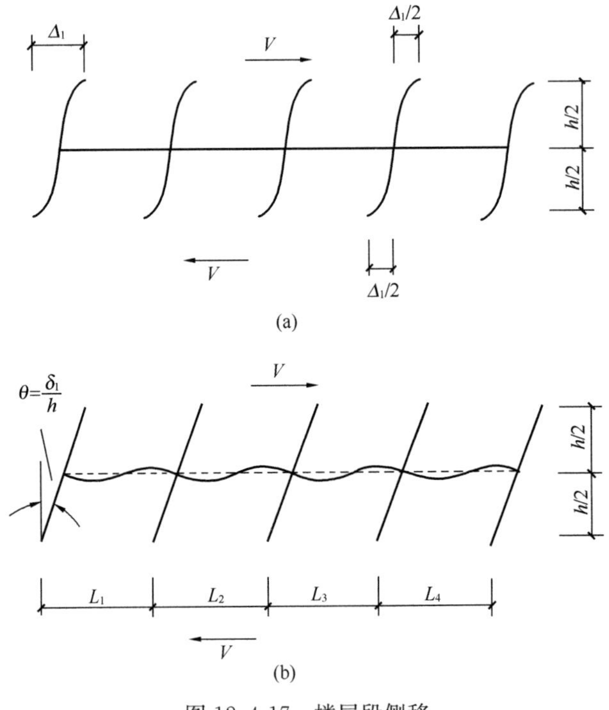

图 12.4-17　楼层段侧移

（a）由柱弯曲变形产生的侧移；（b）由梁弯曲变形产生的侧移

则框架楼层的总侧位移为

$$\Delta_{fi}=\Delta_1+\Delta_2=\frac{V_{fi}h^2}{12}\left\{\frac{h}{\Sigma(EI_c)}+\frac{1}{\Sigma(EI_b/L)}\right\} \tag{12.4-25}$$

因此框架楼层的侧移刚度为

$$K_{fi}=\frac{V_{fi}}{\Delta_{fi}}=\frac{12}{h^2\left[\frac{h}{\Sigma(EI_c)}+\frac{1}{\Sigma(EI_b/L)}\right]} \tag{12.4-26}$$

尽管框架楼层段的侧移与楼层的侧移会有差异，但作为近似计算可忽略这种差异，可采用所考虑楼层柱的惯性矩 I_c及梁的惯性矩 I_b按式（12.4-26）计算该楼层侧移刚度。

按式（12.4-20）确定了框架-支撑结构体系中的某榀框架分担的楼层剪力后，即可按框架结构的近似计算方法计算该框架各构件的弯矩与剪力。

而支撑的轴力可由支撑分配的剪力 V_{bi}按下式计算

$$N_{bi}=\frac{V_{bi}}{\cos\theta\cos\varphi} \tag{12.4-27}$$

（2）框架轴力的计算

首先计算与支撑相邻的框架柱的轴力，可按梁-柱-支撑共享节点的平衡条件计算。

然后按框架结构同样的近似方法计算各榀框架的边柱在水平荷载作用下产生的轴力。如该榀框架有支撑，则计算框架边柱轴力时，所采用的框架楼层倾覆力矩应按水平荷载所引起的倾覆力矩减去与支撑相邻柱的轴力所抵抗的倾覆力矩后所剩余的倾覆力矩计算。

三、钢框架-混凝土芯筒（剪力墙）结构

混合结构体系的混凝土结构部分的侧移刚度一般远大于钢框架部分的侧移刚度，则可采用下列假定，对混合结构进行近似计算：

1）钢框架与混凝土芯筒（剪力墙）所承担的竖向荷载，在按分担的楼面荷载面积分配的基础上，适当加大芯筒部分的荷载。

2）全部水平荷载由混凝土芯筒（剪力墙）承受，钢框架仅承受竖向荷载；

由上述假定，则可分别对钢框架和混凝土芯筒进行近似计算。

1. 竖向荷载作用分析

竖向荷载作用下，可按面积分担的原则计算计算竖向柱、墙的轴力。柱、墙受荷面积的计算如图 12.4-18 所示。柱与柱之间、柱与墙之间取间距的一半划分。

当框架柱、核心筒体之间的钢梁两端为铰接时，按跨度中间划分的荷载面积计算框架柱及核心筒的承担的竖向荷载。

当框架柱、核心筒体之间的钢梁与柱刚接与墙铰接时，存在核心筒与周边柱由于轴向压缩变形不同而通过水平梁剪力传递竖向荷载，因此在前面按跨中划分计算的基础上，还需进行调整。对于平面荷载分布、竖向结构布置及荷载分布较为均匀的结构，可近似按下述方式进行调整。

$$N_w=N_{w0}+Q_b \tag{12.4-28a}$$

$$N_c=N_{c0}-Q_b \tag{12.4-28b}$$

$$Q_b=\xi(N_c+N_w)=\xi(N_{c0}+N_{w0}) \tag{12.4-28c}$$

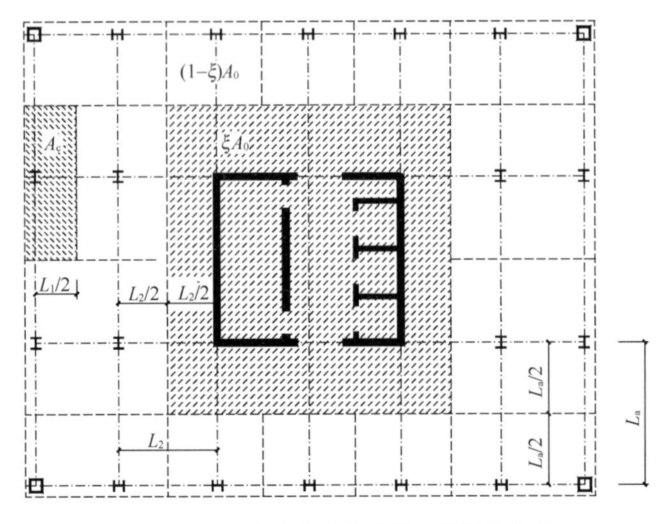

图 12.4-18　竖向荷载的在柱、墙间的分配

其中　N_{w0}、N_{c0}——为按跨度中线划分分担面积计算得到的核心筒、外围框架柱承担的一层竖向荷载；

N_w、N_c——为调整后承担的荷载；

Q_b——为通过框架梁传递的剪力。

ξ 值可取结构中一个最有代表性的楼层，按如下公式计算：

$$\xi=\frac{1}{A_0}\left(\frac{A_c}{K_c}-\frac{A_w}{K_w}\right)K_b n\frac{H}{3} \tag{12.4-29}$$

式中　A_0——为该楼层总受荷面积；

A_w、A_c——为按跨中划分计算核心筒、外围柱的受荷总面积；

n——为结构总层数，H 为结构总高度；

$K_c=\Sigma(EA)_c$——为该层各框架柱的轴压截面刚度总和；

$K_w=\Sigma(EA)_w$——为该层核心筒各墙体的轴压截面刚度总和；

$K_b=\Sigma\frac{6EI_b}{L_b^3}$——为该层筒体与外围框架柱之间连接梁的竖向侧移刚度总和（按一端铰接一端嵌固考虑）。其中 I_b 为梁抗弯模量，对于钢梁可以忽略剪切变形的影响。

框架柱承担的荷载 N_c，可按分担面积分配到各柱上。核心筒承担的荷载 N_w，如可以明确划分分担面积，可以按分担面积计算分配各墙肢的荷载。如不能明确划分，或层数较多，可直接按墙肢的截面积比例分配。

框-筒结构中框架梁的内力和框架柱的弯矩、剪力，可按前面框架部分的简化计算方法计算。

2. 水平荷载作用分析

根据前面假定，结构全部水平荷载由混凝土核心筒承受。核心筒在侧向荷载作用下的变形，可简化分为整体弯剪变形和纯剪切变形的叠加，如图 12.4-19 所示。

图 12.4-19（a）表示整体弯曲变形。筒体作为一个完整性很好的竖向悬臂构件，呈现

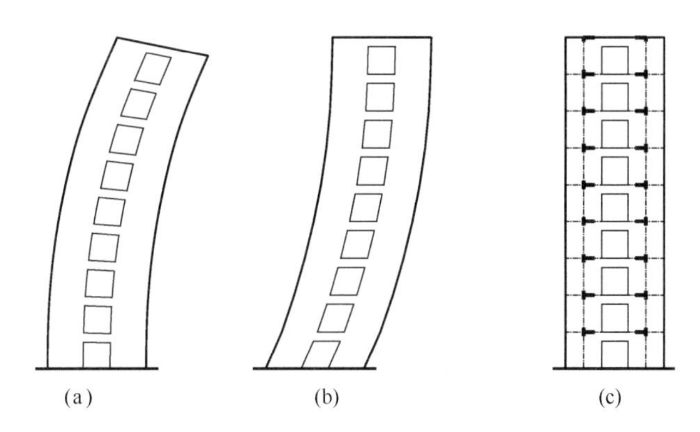

图 12.4-19 芯筒剪力墙变形

弯曲变形的形态，在墙肢内力中表现为满足平截面假定的弯曲应力。

筒体中一片墙的弯曲刚度可按下面的方法计算，包括平行于受力方向的墙肢，和横向墙肢，如图 12.4-21 所示。横向墙肢长度可取两片墙距离的一半。

$$I_w = \Sigma(I_{wi} + A_{wi}D_i^2 + A_{wj}D_j^2) \tag{12.4-30}$$

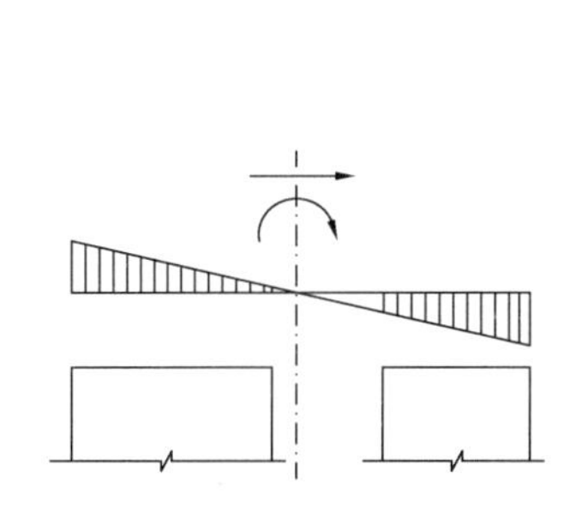

图 12.4-20 整体弯曲变形的墙肢应力

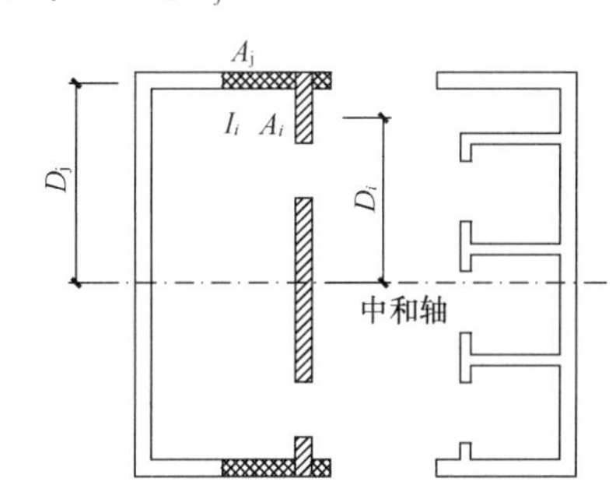

图 12.4-21 一片墙的抗弯模量

图 12.4-19（b）表示纯剪切变形，类似于框架的受力特点。由连梁的弯剪变形，和洞口侧边墙肢的局部弯剪变形产生。在墙肢中表现为局部弯曲应力，如图 12.4-22 所示。

纯剪切变形可按框架结构的侧向刚度法计算，但须加上节点域刚臂，如图 12.4-23 所示。在端弯矩 M 与端转角 θ 相同的等效原则下，同时考虑截面剪切变形，两端带刚臂梁或墙肢的等效抗弯模量为：

$$I = \frac{1}{(1-a-b)^3(1+\gamma)}I_0 \quad \gamma = \frac{12\mu EI_0}{GAL_0^2} \tag{12.4-31}$$

式中 I_0 ——为截面本身的抗弯模量；

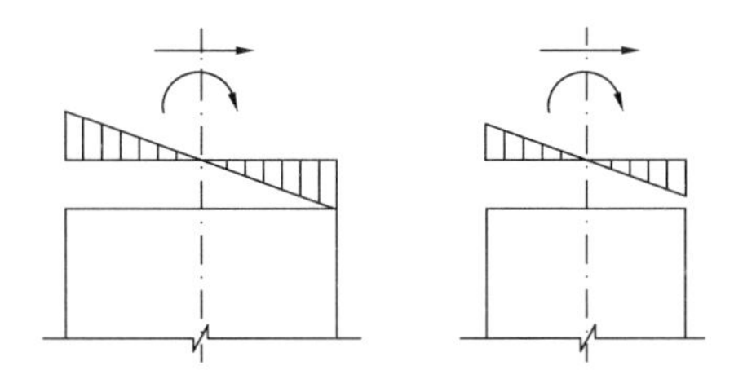

图 12.4-22 纯剪变形中的墙肢应力

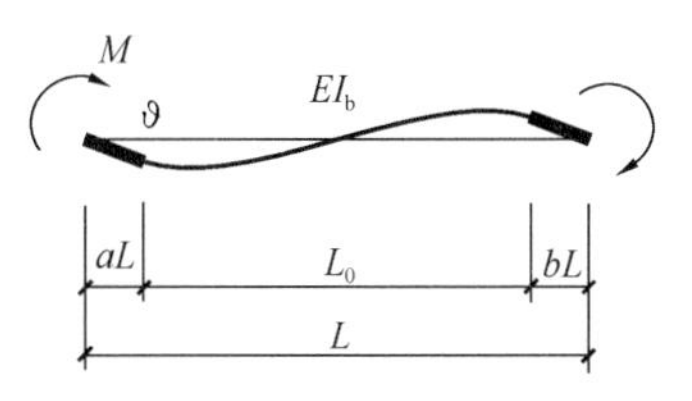

图 12.4-23 带刚臂连梁

γ——为考虑弹性段剪切变形的折减系数；

a、b——为连梁或墙肢的刚臂长度与梁、墙轴线长度的比值，按图 12.4-24 确定。

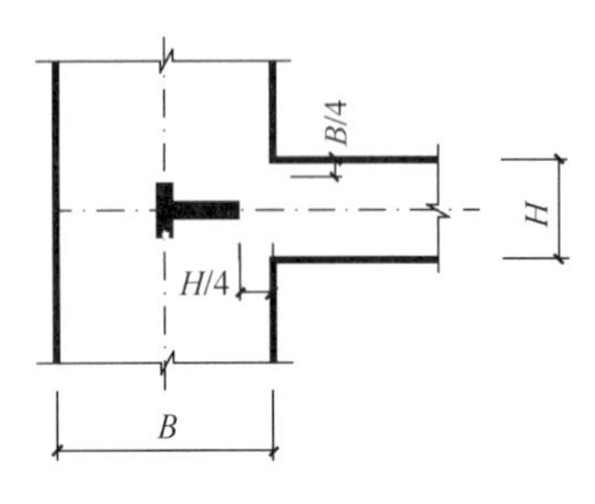

图 12.4-24　刚臂长度

用考虑刚臂影响的抗弯模量，即可采用前面介绍框架结构的简化计算方法计算一片墙的侧向刚度 C_f。

在某一特定的外加荷载作用下，用墙的整体抗弯模量 I_w 即可计算整体弯曲变形的侧向刚度 C_w。C_w 与 C_f 相当于串联刚度，实际的变形是两者之和，即：

$$\delta = \frac{P}{C_f} + \frac{P}{C_w} \tag{12.4-32}$$

可得到该片墙的等效抗侧刚度 C' 为：

$$C' = \frac{C_f C_w}{C_f + C_w} \tag{12.4-33}$$

芯筒各片墙变形协调，相当于并联刚度。将各片墙的抗侧刚度叠加，即得到芯筒承担水平荷载作用的总体刚度。

12.4.4　结构弹塑性地震反应分析

在罕遇地震（大震）下，允许结构开裂和产生塑性变形，但不允许结构倒塌。为保证结构“大震不倒”，则需进行结构弹塑性地震反应分析。

结构超过弹性变形极限，进入弹塑性变形状态后，结构的刚度发生变化，这时结构弹性状态下的动力特征（自振频率和振型）不再存在。因而，基于结构弹性动力特征的振型分解反应谱法或底部剪力法不适用于结构弹塑性地震反应分析。本节将讨论如何进行结构弹塑性地震反应计算。在此之前，需了解结构的弹塑性性质。

一、结构的弹塑性性质

1. 滞回曲线

将结构或构件在反复荷载作用下的力与弹塑性变形间的关系曲线定义为滞回曲线。滞回曲线可反映在地震反复作用下的结构弹塑性性质，可通过反复加载试验得到。图 12.4-25 为钢筋混凝土剪力墙的滞回曲线，图 12.4-26 为几种典型的钢构件的滞回曲线。

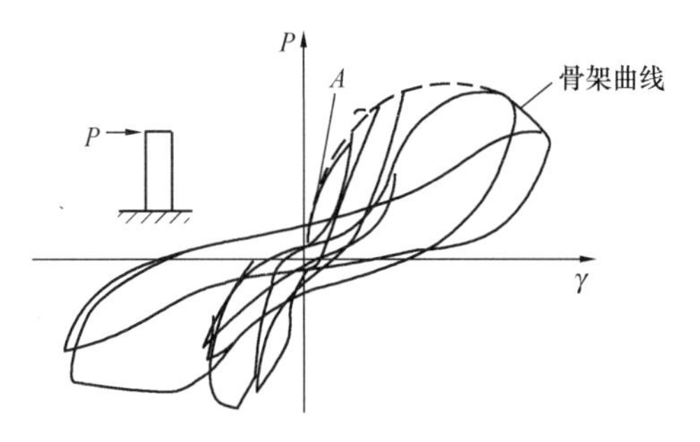

图 12.4-25　剪力墙滞回曲线

描述结构或构件滞回关系的数学模型称为滞回模型，考虑各种构件滞回曲线的特点，及工程应用简单实用的要求，多高层钢结构的主要构件可采用下列滞回模型：

（1）钢梁与柱可采用双线性模型，如图 12.4-27 所示。图中，M、φ 分别为梁柱截面的弯矩与曲率；M_p 为截面塑性弯矩；EI 为截面弯曲刚度；β 为钢材强化系数，可取 $\beta = 0.01 \sim 0.02$。

（2）钢框架节点域可采用双线性模型，如图 12.4-28 所示。图中，M_r 与 γ 分别为节点域剪切力矩与剪切变形；$M_{\gamma p}$ 为节点域剪切屈服力矩，$M_{\gamma p} = k_{\gamma e} f_{vy}$；$k_{\gamma e}$ 为节点域的弹性刚度，$k_{\gamma e} = GV_P$；G 为剪切模量；V_P 为节点域有效体积，见式（12.5-28～12.5-32），f_{vy} 为剪切屈服强度；β 为钢材强化系数，可取 β=0.01～0.02。

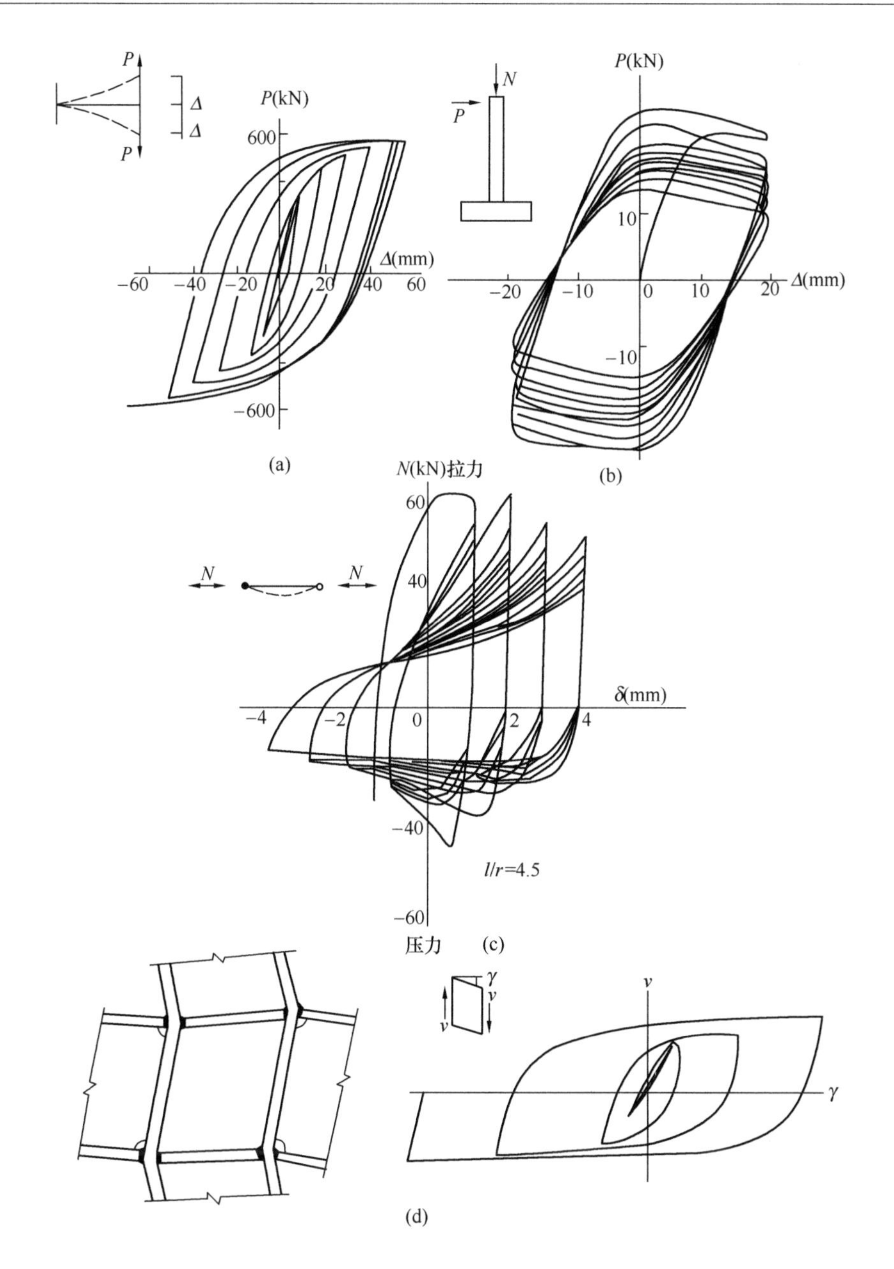

图 12.4-26 几种钢构件的滞回曲线

（a）悬臂梁滞回曲线；（b）柱独立滞回曲线；（c）支撑的滞回曲线；（d）节点域的滞回曲线

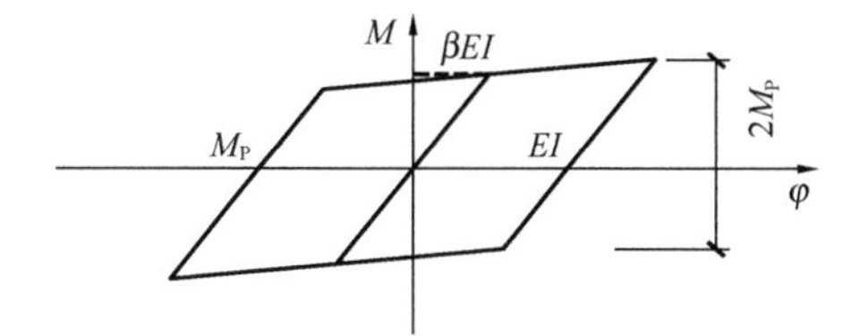

图 12.4-27 钢梁与柱滞回模型

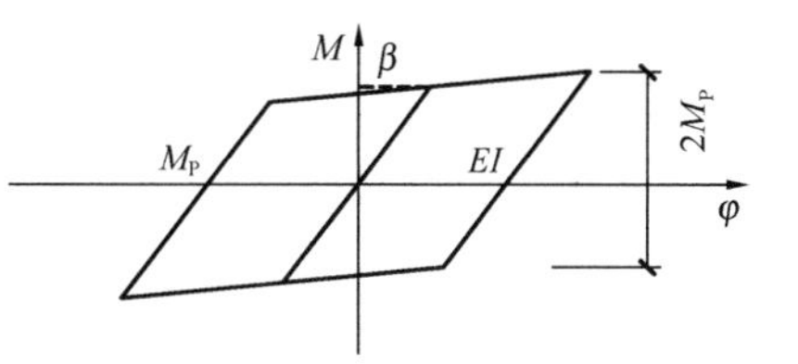

图 12.4-28 节点域滞回模型

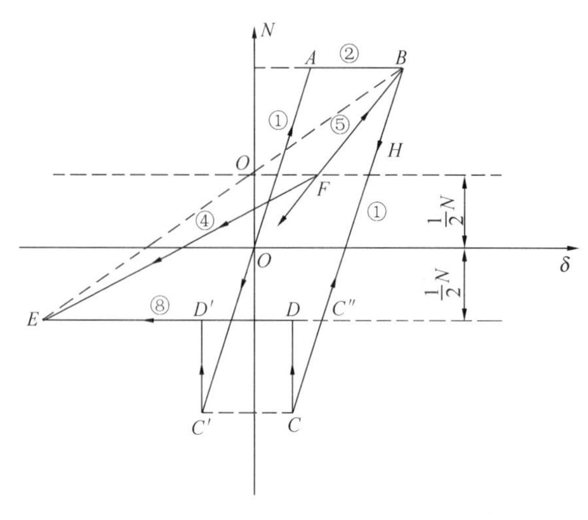

图 12.4-29　钢支撑滞回模型

（3）钢支撑可采用多折线模型，如图 12.4-29 所示。图中，N 与 δ 分别为支撑的轴向力与轴向变形；N_p 为支撑的受拉屈服承载力；N_{cr} 为支撑受压屈曲承载力；EA/l 为支撑的轴向弹性刚度。

（4）剪力墙如采用前述弹性分析时的墙单元分析模型，则与之相应的滞回模型较为复杂，进行结构弹塑性地震反应时，可对剪力墙的分析模型加以简化，如图 12.4-30a 所示，分别用一个压缩弹簧和一个扭转弹簧来把握剪力墙的剪切和弯曲变形特征，则相应的剪力墙的剪切变形刚度与弯曲变形刚度滞回模型可采用退化三线性型，如图 12.4-30b，c 所示。图中，V_c、M_c 分别为

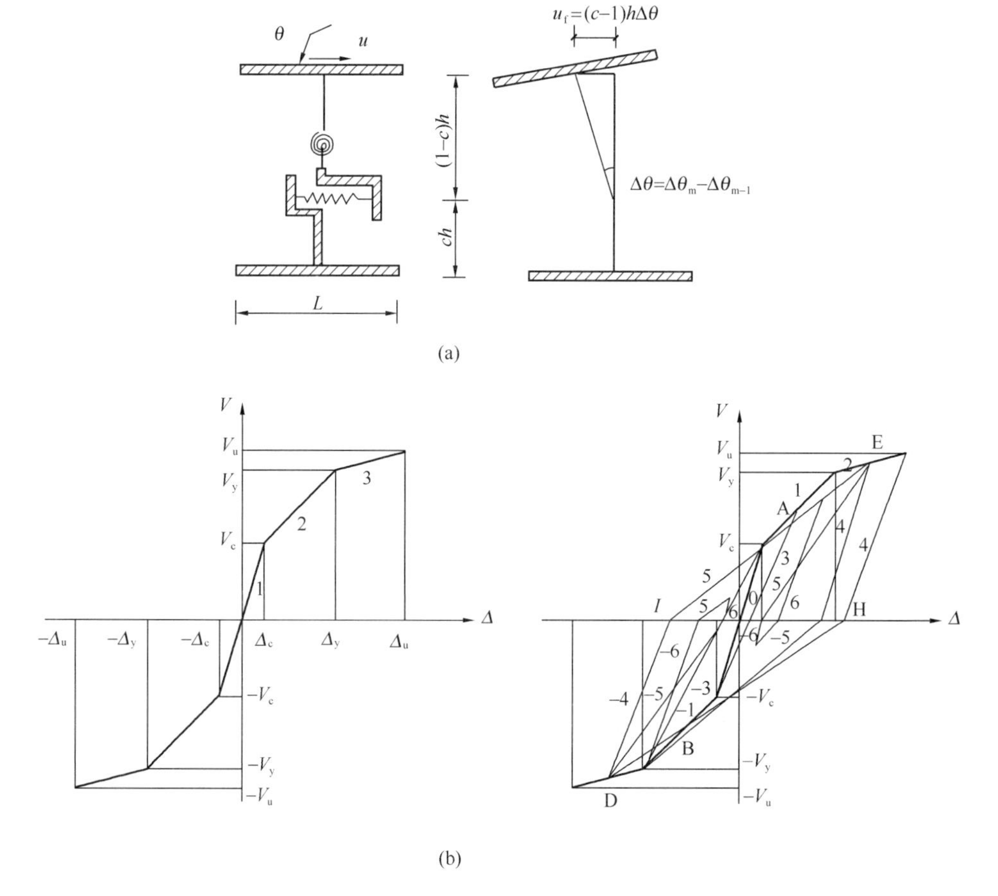

图 12.4-30　剪力墙滞回模型（一）

（a）剪力墙两元件模型；（b）剪切滞回模型

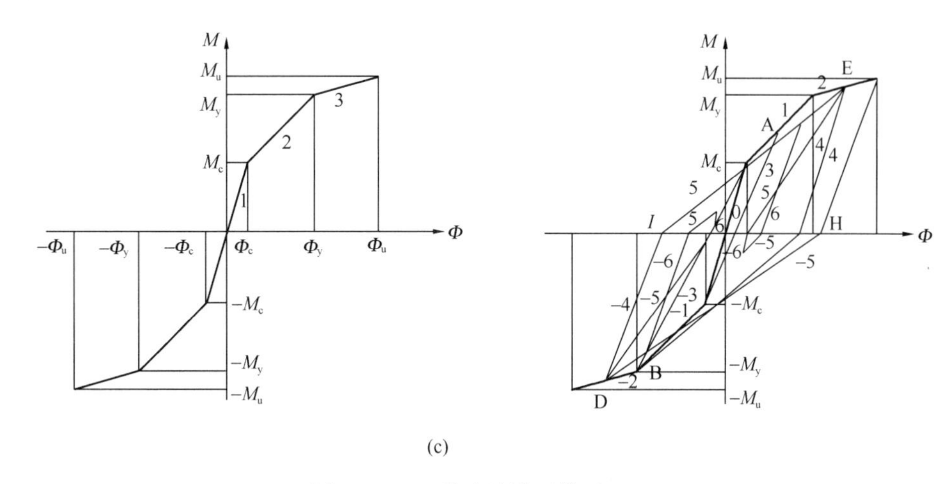

(c)

图 12.4-30 剪力墙滞回模型（二）

(c) 弯曲滞回模型

剪力墙的开裂剪力与开裂弯矩；V_y、M_y 分别为剪力墙的屈服剪力与屈服弯矩；V_u、M_u 分别为剪力墙的极限剪力与极限弯矩。

二、结构弹塑性地震反应分析的逐步积分法

1. 运动方程

多质点有阻尼体系的运动方程中，$[K]\{x\}$ 实际上是结构变形状态 $\{x\}$ 时的弹性恢复力向量 $\{F_e\}$。但是，当结构进入非弹性变形状态后，结构的恢复力不再与 $[K]\{x\}$ 对应，而与结构运动的时间历程 $\{x(t)\}$ 及结构的弹塑性性质有关。因此，结构的弹塑性运动方程应表达为

$$[M]\{\ddot{x}(t)\}+[C]\{\dot{x}(t)\}+\{F(t)\}=-[M]\{1\}\ddot{x}_g(t) \tag{12.4-34}$$

2. 方程的求解

由于方程（12.4-34）中 $[K(t)]$ 随时间发生变化（即为时间的函数），使该方程成为非常系数微分方程组，一般情况下无解析解，但可通过逐步积分，获得方程的数值解。为此，采用泰勒（Taylor）级数展开式，由结构 t 时刻的位移、速度、加速度等向量 $\{x(t)\}$、$\{\dot{x}(t)\}$、$\{\ddot{x}(t)\}$，…，分别表示 $t+\Delta t$ 时刻的位移和速度向量，即

$$\{x(t+\Delta t)\}=\{x(t)\}+\{\dot{x}(t)\}\Delta t+\{\ddot{x}(t)\}\frac{\Delta t^2}{2}+\{\dddot{x}(t)\}\frac{\Delta t^3}{6}+\cdots \tag{12.4-35a}$$

$$\{\dot{x}(t+\Delta t)\}=\{\dot{x}(t)\}+\{\ddot{x}(t)\}\Delta t+\{\dddot{x}(t)\}\frac{\Delta t^2}{2}+\cdots \tag{12.4-35b}$$

假定在 Δt 的时间间隔内，结构运动加速度的变化是线性的，则

$$\{\dddot{x}(t)\}=\frac{1}{\Delta t}(\{\ddot{x}(t+\Delta t)\}-\{\dot{x}(t)\})=\frac{1}{\Delta t}\{\ddot{x}\}=\text{常量} \tag{12.4-36}$$

$$\frac{d^r\{x(t)\}}{dt^r}=\{0\}\quad r=4,5,\cdots \tag{12.4-37}$$

将式（12.4-36）、(12.4-37) 代入式（12.4-35）得

$$\{x(\Delta t)\}=\{\dot{x}(t)\}\Delta t+\{\ddot{x}(t)\}\frac{\Delta t^2}{2}+\{\dddot{x}(t)\}\frac{\Delta t^3}{6} \tag{12.4-38a}$$

$$\{\dot{x}(\Delta t)\}=\{\ddot{x}(t)\}\Delta t+\{\dddot{x}(t)\}\frac{\Delta t^2}{2} \tag{12.4-38b}$$

由上两式可解得

$$\{\ddot{x}\}=\frac{6}{\Delta t^{2}}\{\Delta x\}-\frac{6}{\Delta t}\{\dot{x}(t)\}-3\{\ddot{x}(t)\} \tag{12.4-39a}$$

$$\{\Delta\dot{x}\}=\frac{3}{\Delta t}\{\Delta x\}-3\{\dot{x}(t)\}-\frac{\Delta t}{2}\{\ddot{x}(t)\} \tag{12.4-39b}$$

将式（12.4-39）代入式（12.4-34）得

$$[K^{*}(t)]\{\Delta x\}=\{F^{*}(t)\} \tag{12.4-40}$$

其中

$$[K^{*}(t)]=[K(t)]+\frac{6}{\Delta t^{2}}[M]+\frac{3}{\Delta t}[C] \tag{12.4-41}$$

$$\{F^{*}(t)\}=-[M]\{1\}\Delta\ddot{x}_{g}+[M]\left(\frac{6}{\Delta t}\{\dot{x}(t)\}+3\{\ddot{x}(t)\}\right)+[C]\left(3\{\dot{x}(t)\}+\frac{\Delta t}{2}\{\ddot{x}(t)\}\right) \tag{12.4-42}$$

由以上公式按图12.4-31所示流程，可逐步求得结构的弹塑性地震反应。

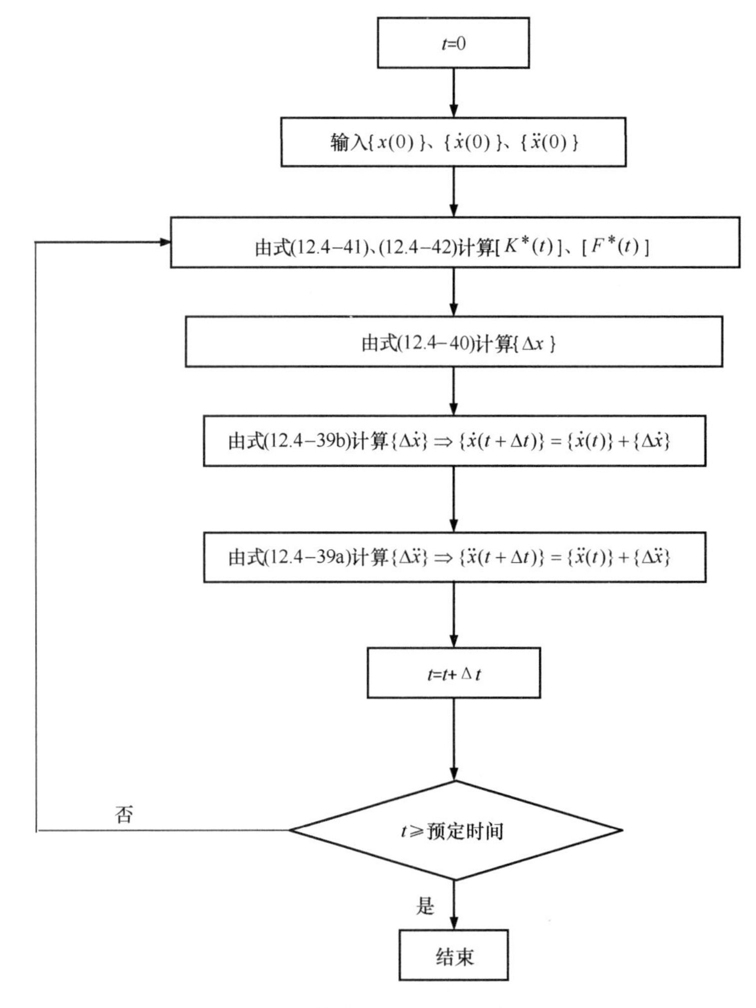

图12.4-31 计算结构非弹性地震反应流程图

3. $[K(t)]$ 的确定

采用逐步积分法计算结构弹塑性地震反应的关键是，确定任意 t 时刻的总体楼层侧移刚度矩阵 $[K(t)]$，为此，可根据 t 时刻的结构受力和变形状态，采用结构构件滞回模型，先确定 t 时刻各构件的刚度，再按照一定的结构分析模型确定 $[K(t)]$。

可采用两种分析模型确定 $[K(t)]$：一种是层模型，如图 12.4-32a 所示，另一种是杆模型，如图 12.4-32b 所示。层模型适用于强梁弱柱型框架结构，杆模型则适用于任意框架结构。一般层模型自由度少，而杆模型自由度多，但计算精度高。

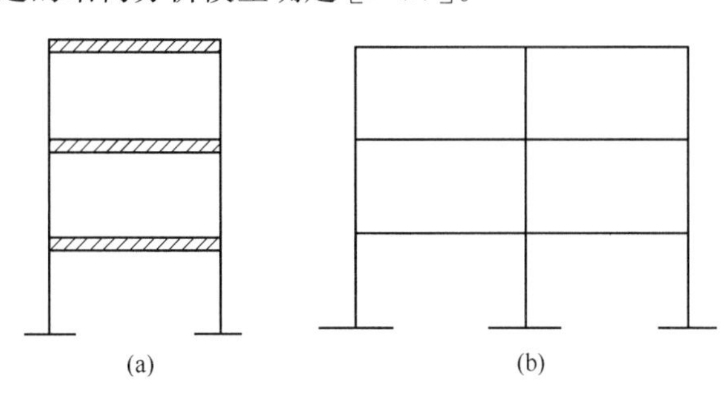

图 12.4-32 结构计算模型

(a) 层模型；(b) 杆模型

应该指出，上述结构弹塑性地震反应分析的逐步积分法，也适用于结构弹性地震反应时程分析，此时结构的刚度矩阵 $[K(t)]$ 保持为弹性不变。

4. 阻尼矩阵 $[C]$ 的确定

$[C]$ 可采用如下瑞雷（Rayleigh）阻尼矩阵形式

$$[C]=a[M]+b[K] \tag{12.4-43}$$

因$[M]$、$[K]$均具有正交性，故瑞雷阻尼矩阵也一定具有正交性。为确定其中待定系数 a、b，任取体系两阶振型$\{\varphi_i\}$、$\{\varphi_j\}$，关于式(12.4-43)作如下运算

$$\{\varphi_i\}^T[C]\{\varphi_i\}=a\{\varphi_i\}^T[M]\{\varphi_i\}+b\{\varphi_i\}^T[K]\{\varphi_i\} \tag{12.4-44}$$

$$\{\varphi_j\}^T[C]\{\varphi_j\}=a\{\varphi_j\}^T[M]\{\varphi_j\}+b\{\varphi_j\}^T[K]\{\varphi_j\} \tag{12.4-45}$$

根据 $\omega_i^2=\dfrac{\{\phi_i\}^T[K]\{\phi_i\}}{\{\phi_i\}^T[M]\{\phi_i\}}$

并令 $2\omega_i\xi=\dfrac{\{\phi_i\}^T[C]\{\phi_i\}}{\{\phi_i\}^T[M]\{\phi_i\}}$

将式（12.4-44）、式（12.4-45）两边分别同除以 $\{\varphi_i\}^T[C]\{\varphi_i\}$、$\{\varphi_j\}^T[C]\{\varphi_j\}$ 得

$$2\omega_i\xi_i=a+b\omega_i^2 \tag{12.4-46}$$

$$2\omega_j\xi_j=a+b\omega_j^2 \tag{12.4-47}$$

由上两式可解得

$$a=\frac{2\omega_i\omega_j(\xi_i\omega_j-\xi_j\omega_i)}{\omega_j^2-\omega_i^2} \tag{12.4-48a}$$

$$b=\frac{2(\xi_j\omega_j-\xi_i\omega_i)}{\omega_j^2-\omega_i^2} \tag{12.4-48b}$$

实际计算时，可取对结构地震反应影响最大的两个振型的频率，并取 $\xi_i=\xi_j=\xi$。进行结构弹塑性地震反应分析时，可取结构阻尼 $\xi=0.05$。

三、结构弹塑性地震反应分析的简化方法

为便于工程应用，对于结构平面及竖向分布较规则的钢框架、钢框架-支撑及钢框架-

混凝土芯筒（剪力墙）结构，通过数千个算例的计算统计，得出了结构最大弹塑性地震反应的简化计算方法，适用于不超过 20 层的钢框架结构和钢框架-支撑结构，以及不超过 100m 高的钢框架-混凝土芯筒（剪力墙）结构。

1. 钢框架及钢框架-支撑结构弹塑性地震位移简化计算

钢框架及钢框架-支撑结构任意 i 层最大弹塑性地震层间位移可按下式计算

$$\Delta u_{\mathrm{p}}(i)=\eta_{\mathrm{p}}\Delta u_{\mathrm{e}}(i) \tag{12.4-49}$$

其中

$$\Delta u_{\mathrm{e}}(i)=\frac{V_{\mathrm{e}}(i)}{k_i} \tag{12.4-50}$$

式中 $\Delta u_{\mathrm{p}}(i)$——i 层层间弹塑性位移；

$\Delta u_{\mathrm{e}}(i)$——i 层层间弹性位移；

$V_{\mathrm{e}}(i)$——罕遇地震下结构楼层 i 的弹性地震剪力，无论什么结构，阻尼比均取 $\xi=0.05$；

k_i——楼层 i 的弹性层间刚度；

η_{p}——弹塑性位移增大系数，见表 12.4-1。

钢框架及框架-支撑结构弹塑性位移增大系数　　表 12.4-1

R_s	层数	屈服强度系数 ζ_y			
		0.6	0.5	0.4	0.3
0（无支撑）	5	1.05	1.05	1.10	1.20
	10	1.10	1.15	1.20	1.20
	15	1.15	1.15	1.20	1.30
	20	1.15	1.15	1.20	1.30
1	5	1.50	1.65	1.70	2.10
	10	1.30	1.40	1.50	1.80
	15	1.25	1.35	1.40	1.80
	20	1.10	1.15	1.20	1.80
2	5	1.60	1.80	1.95	2.65
	10	1.30	1.40	1.55	1.80
	15	1.25	1.30	1.40	1.80
	20	1.10	1.15	1.25	1.80
3	5	1.70	1.85	2.15	3.20
	10	1.30	1.40	1.70	2.10
	15	1.25	1.30	1.40	1.80
	20	1.10	1.15	1.25	1.80
4	5	1.70	1.85	2.35	3.45
	10	1.30	1.40	1.70	2.50
	15	1.25	1.30	1.40	1.80
	20	1.10	1.15	1.25	1.80

注：R_s为框架-支撑结构支撑部分抗侧移承载力与该层框架部分抗侧移承载力的比值。

表 12.4-1 中，楼层屈服强度系数 ζ_y 的定义为：

$$\zeta_y(i)=\frac{V_y(i)}{V_e(i)} \tag{12.4-51}$$

式中 $V_y(i)$——按框架梁、柱、支撑实际截面和材料强度标准值计算的楼层 i 的抗剪承载力；

$$V_y(i)=V_{fy}(i)+V_{by}(i) \tag{12.4-52}$$

$V_{fy}(i)$——楼层 i 框架部分抗剪承载力；

$V_{by}(i)$——楼层 i 支撑部分抗剪承载力。

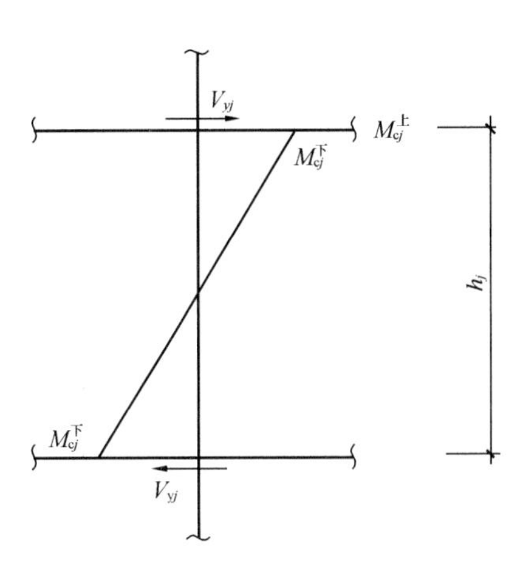

图 12.4-33 一个框架柱的抗剪承载力

任一楼层框架部分的抗剪承载力可由下式计算（见图 12.4-33）

$$V_{fy}=\sum_j V_{fyj}=\sum_j \frac{M_{cj}^{上}+M_{cj}^{下}}{h_j} \tag{12.4-53}$$

式中 $M_{cj}^{上}$、$M_{cj}^{下}$——分别为楼层屈服时柱 j 上、下端弯矩；

h_j——楼层柱 j 净高。

楼层屈服时，$M_{cj}^{上}$、$M_{cj}^{下}$ 可按下列情形分别计算：

（1）强梁弱柱型节点，如图 12.4-34a 所示：

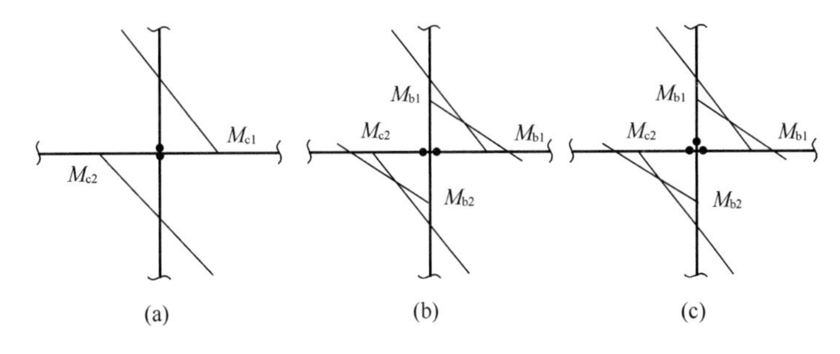

图 12.4-34 楼层屈服时梁柱节点的弯矩

（a）强梁弱柱型节点；（b）强柱弱梁型节点；（c）混合型节点

此时柱端屈服，则柱端弯矩为：

对于 H 型截面绕强轴弯曲及箱形截面

$$M_c=M_{cy}=W_p f_y \quad 0<\frac{N}{N_y}\leqslant 0.13 \tag{12.4-54a}$$

$$M_c=M_{cy}=1.15\left(1-\frac{N}{N_y}\right)W_p f_y \quad 0.13<\frac{N}{N_y}\leqslant 1.0 \tag{12.4-54b}$$

对于 H 型截面绕弱轴弯曲

$$M_c=M_{cy}=W_p f_y \quad \frac{N}{N_y}\leqslant\frac{A_w}{A} \tag{12.4-55a}$$

$$M_c=M_{cy}=\left[1-\left(\frac{N-A_w f_y}{N_y-A_w f_y}\right)^2\right]W_p f_y \quad \frac{N}{N_y}>\frac{A_w}{A} \tag{12.4-55b}$$

式中 W_p——构件截面塑性抵抗矩；

f_y——钢材屈服强度标准值；

N——重力荷载代表值作用下柱的轴力；

N_y——构件截面轴向屈服力；

A_w——H型截面腹板面积；

A——构件截面面积。

（2）强柱弱梁型节点，如图12.4-34b所示：

此时梁端屈服，而柱端不屈服。因梁端所受轴力可以忽略，则梁端屈服弯矩为：

$$M_{by}=f_yW_p \tag{12.4-56}$$

考虑节点平衡，可将柱两侧梁端弯矩之和按节点处上、下柱的线刚度之比分配给上、下柱，即

$$M_{c1}=\frac{i_{c1}}{i_{c1}+i_{c2}}\Sigma M_{by} \tag{12.4-57a}$$

$$M_{c2}=\frac{i_{c2}}{i_{c1}+i_{c2}}\Sigma M_{by} \tag{12.4-57b}$$

式中 ΣM_{by}——节点两侧梁端屈服弯矩之和；

i_{c1}、i_{c2}——相交于同一节点上、下柱的线刚度（弯曲刚度与柱净高之比）。

（3）混合型节点，如图12.4-34c所示：

此时，相交于同一节点的梁端屈服，而相交于同一节点的其中一个柱端屈服，而另一柱端未屈服，则由节点弯矩平衡，容易得出节点上、下柱的柱端弯矩为

$$M_{c1}=M_{cy} \tag{12.4-58a}$$

$$M_{c2}=\Sigma M_{by}-M_{c1} \tag{12.4-58b}$$

任一楼层支撑部分的抗剪承载力可由下式计算，见图12.4-35所示。

$$V_{by}=\sum_j V_{byj}^{压}+\sum_k V_{byk}^{拉} \tag{12.4-59}$$

$$V_{byj}^{压}=N_{byj}^{压}\cos\alpha \tag{12.4-60a}$$

$$V_{byj}^{拉}=N_{byj}^{拉}\cos\alpha \tag{12.4-60b}$$

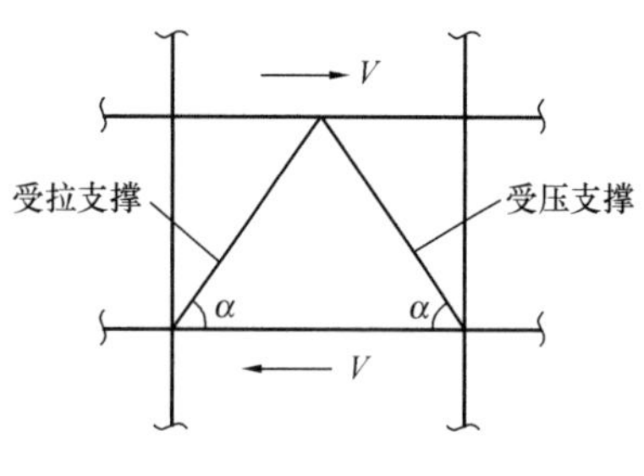

图12.4-35 受拉支撑与受压支撑

式中 $V_{byj}^{压}$、$V_{byk}^{拉}$——分别为受压与受拉支撑的楼层抗剪承载力；

$N_{byj}^{压}$——受压支撑压屈承载力；

$N_{byj}^{拉}$——受拉支撑屈服承载力。

表12.4-1中，R_s由下式确定

$$R_s=\frac{V_{by}(i)}{V_{fy}(i)} \tag{12.4-61}$$

2. 钢-混凝土混合结构弹塑性地震位移简化计算

钢框架-混凝土芯筒（剪力墙）混合结构所有楼层最大弹塑性地震层间位移角可直接按表12.4-2确定。

钢-混凝土混合结构层间位移角的倒数 表 12.4-2

结构高度（m）	$\bar{R}$	$\bar{\zeta}_y$			
		0.2	0.3	0.4	0.5
33	≤0.1	65	100	200	370
	0.2	55	100	160	245
	0.4	55	100	110	170
	≥0.6	50	100	105	170
66	≤0.1	40	70	150	235
	0.2	40	70	145	210
	0.4	40	70	105	150
	≥0.6	40	60	95	150
100	≤0.1	40	60	120	160
	0.2	40	60	115	150
	0.4	40	60	115	145
	≥0.6	40	55	100	125

表 12.4-2 中，$\bar{\zeta}_y$ 为结构楼层屈服强度系数平均值，

$$\bar{\zeta}_y = \frac{1}{n}\sum_{i=1}^{n}\zeta_{yi} \tag{12.4-62}$$

式中 n——结构层数；

ζ_{yi}——结构第 i 层屈服强度系数，$\zeta_i = (V_{cyi} + V_{syi})/V_{Ei}$；

V_{Ei}——罕遇地震下，结构第 i 层地震作用剪力，可认为结构处于弹性，按底部剪力法计算；

V_{syi}——结构第 i 层钢结构部分屈服承载力，按式（12.4-52）计算；

V_{cyi}——结构第 i 层混凝土结构部分屈服承载力，按下式计算。

$$V_w = \frac{1}{0.85}\left[\frac{1}{x-0.5}\left(0.4f_t b_w h_{w0} + 0.1N\frac{A_w}{A}\right) + 0.8f_{yh}\frac{A_{sh}}{S}h_{w0}\right] \tag{12.4-63}$$

式中 N——剪力墙在重力荷载代表值作用下的轴向压力值；当 N 大于 $0.2f_c b_w h_w$ 时，应取 $0.2f_c b_w h_w$；

A——剪力墙截面面积；

A_w——T 形或 I 形截面剪力墙腹板的面积，矩形截面时应取 A；

λ——剪力墙在楼层段内的最大剪跨比即 $M_c/V_c h_{w0}$，其中 M_c、V_c 为剪力墙同一截面的弯矩；当 λ 小于 1.5 时，应取 1.5，当 λ 大于 2.2 时，应取 2.2；当计算 λ 的截面与墙底之间的距离小于 $0.5h_{w0}$ 时，λ 应按距墙底 $0.5h_{w0}$ 处的弯矩值与剪力值计算；

h_{w0}——剪力墙截面有效设计，$h_{w0} = h_w - a'_s$；

h_w——剪力墙截面高度；

S——剪力墙分布钢筋间距；

A_{sh}——剪力墙水平分布钢筋的全部截面面积；

f_t——混凝土轴心抗拉强度设计值；

f_{yh}——剪力墙水平分布钢筋的抗拉强度设计值。

$\bar{R}$ 为混合结构钢结构部分屈服承载力与混凝土结构部分屈服承载力之比的平均值，

$$\bar{R}=\sum_{i=1}^{n}R_i/n \qquad (12.4\text{-}64)$$

式中　$R_i=V_{syi}/V_{cyi}$。

12.5　抗　震　设　计

12.5.1　抗震设计的设防与计算要求

一、抗震设防要求

1. 三水准设防与两阶段设计

为满足“小震不坏、中震可修、大震不倒”的抗震设计原则，我国《建筑抗震设计规范》GB 50011 明确提出了三个水准的抗震设防要求：

第一水准：当遭受低于本地区设防烈度的多遇地震影响时，建筑物一般不受损坏或不需修理仍可继续使用；

第二水准：当遭受相当于本地区设防烈度是地震影响时，建筑物可能损坏，但经一般修理即可恢复正常使用；

第三水准：当遭受高于本地区设防烈度的罕遇地震影响时，建筑物不致倒塌或发生危及生命安全的严重破坏。

在一般情况下，上述设防烈度采用基本烈度，但对进行抗震设防区划工作并经主管部门批准的城市，按批准的抗震设防区划确立设防烈度或设计地震动参数。

在进行建筑抗震设计的具体做法上，我国建筑抗震设计规范采用了简化的两阶段设计方法。

第一阶段设计：按多遇地震烈度对应的地震作用效应和其他荷载效应的组合验算结构构件的承载能力和结构的弹性变形。

第二阶段设计：按罕遇地震烈度对应的地震作用效应验算结构的弹塑性变形。

第一阶段的设计，保证了第一水准的承载能力要求和变形要求。第二阶段的设计，则旨在保证结构满足第三水准的抗震设防要求。而通过结构抗震构造措施要求，可基本保证第二水准要求的实现。

2. 建筑分类

对于不同使用性质的建筑物，地震破坏所造成的后果的严重性是不一样的。因此，对于不同用途建筑物的抗震设防，不宜采用同一标准，而应根据其破坏后果加以区别对待。为此，我国的建筑抗震设计规范将建筑物按其用途的重要性分为四个抗震设防类别，各类别的划分标准如下：

甲类建筑：指重大建筑工程和地震时可能发生严重次生灾害是建筑。这类建筑的破坏会导致严重的后果，其确定须经国家规定的批准权限批准。

乙类建筑：指地震时使用功能不能中断或需尽快恢复的建筑。例如抗震城市中生命线工程的核心建筑。城市生命线工程一般包括供水、供电、交通、消防、通讯、救护、供气、供热等系统。

丙类建筑：指一般建筑，包括除甲、乙、丁类建筑以外的一般工业与民用建筑。

丁类建筑：指次要建筑，包括一般的仓库、人员较少的辅助建筑物等。

3. 设防标准

各抗震设防类别建筑的抗震设防标准，应符合下列要求：

（1）甲类建筑，地震作用高于本地区抗震设防烈度的要求，其值应按批准的地震安全性评价结果确定；抗震措施，当抗震设防烈度为 6～8 度时，应符合本地区抗震设防烈度提高一度的要求，当为 9 度时，应符合比 9 度抗震设防更高的要求。

（2）乙类建筑，地震作用应符合本地区设防烈度的要求；抗震措施，一般情况下，当抗震设防烈度为 6～8 度，应符合本地区抗震设防烈度提高一度的要求，当为 9 度时，应符合比 9 度抗震设防更高的要求；地基基础的抗震措施，应符合有关规定。

（3）丙类建筑，地震作用和抗震措施均应符合本地区抗震设防烈度的要求。

（4）丁类建筑，一般情况下，地震作用仍应符合本地区抗震设防烈度的要求；抗震措施应允许比本地区抗震设防烈度的要求适当降低，但抗震设防烈度为 6 度时不应降低。

抗震设防烈度为 6 度时，对乙、丙、丁类建筑，其结构内力一般不由地震控制，可不进行地震作用计算。

4. 抗震等级

多高层建筑钢结构抗震设计时，应根据抗震设防分类、烈度和房屋高度采用不同的抗震等级，丙类建筑的抗震等级应按表 12.5-1 采用。

多高层建筑钢结构抗震等级 **表 12.5-1**

房屋高度	烈度			
	6	7	8	9
≤50m		四	三	二
>50m	四	三	二	一

二、抗震计算要求

1. 计算方法规定

如下三种方法可用于结构的抗震计算：

（1）底部剪力法。把地震作用当作等效静力荷载，计算结构的最大地震反应。

（2）振型分解反应谱法。利用振型分解原理和反应谱理论进行结构最大地震反应分析。

（3）时程分析法。选用一定的地震波，直接输入到所设计的结构，然后对结构的运动平衡微分方程进行数值积分，求得结构在整个地震时程范围内的地震反应。时程分析法有两种，一种是振型分解法，另一种是逐步积分法。

底部剪力法是一种静力法，计算量小，但因忽略了高振型的影响且对结构的第一振型也作了简化，因此计算精度较差。振型分解反应谱法是一种拟动力方法，计算量稍大，但计算精度较高，计算误差主要来自振形组合时关于地震动随机特性的假定。时程分析法是一完全动力方法，计算量大，而计算精度高。但时程分析法计算的是某一确定的地震动的时程反应，不像底部剪力法和振型分解反应谱法考虑了不同地震动时程记录的随机性。

底部剪力法、振型分解反应谱法和振型分解时程分析法，因建立在结构的动力特性基础上，只适用于结构弹性地震反应分析。而逐步积分时程分析法，则不仅适用于结构非弹性地震反应分析，也适用于作为非弹性特例的结构弹性地震反应分析。

采用什么方法进行抗震设计，可根据不同的结构和不同的设计要求分别对待，在小地震作用下，结构的地震反应是弹性的，可按弹性分析方法进行计算；在大地震作用下，结构的地震反应是非弹性的，则要按非弹性方法进行抗震计算。对于规则、简单的结构，可以采用简化方法进行抗震计算；对于不规则、复杂的结构，则应采用较精确的方法进行计算。对于次要结构，可按简化方法进行抗震计算；对于重要结构，则应采用精确方法进行抗震计算。为此，我国现行国家标准《建筑抗震设计规范》GB 50011—2010（2016 年修订版）规定，各类建筑结构的抗震计算，采用下列方法：

（1）高度不超过 40m，以剪切变形为主且质量和刚度沿高度分布比较均匀的结构，以及近似于单质点体系的结构，可采用底部剪力法；

（2）除（1）外的建筑结构，宜采用振型分解反应谱法；

（3）特别不规则建筑，甲类建筑和表 12.5-2 所列高度范围的高层建筑，应采用时程分析法进行多遇地震下的补充计算，可取多条时程曲线计算结果的平均值与振型分解反应谱法计算结果的较大值。

采用时程分析法的房屋高度范围　　表 12.5-2

7 度和 8 度时Ⅰ、Ⅱ类场地	>100m
8 度Ⅲ、Ⅳ类场地	>80m
9 度	>60m

2. 时程分析法应注意的问题

采用时程分析法进行结构抗震计算时，应注意下列问题：

（1）地震波的选用。最好选用本地历史上的强震记录，如果没有这样的记录，也可选用震中距和场地条件相近的其他地区的强震记录，或选用主要周期接近的场地卓越周期或其反应谱接近当地设计反应谱的人工地震波。地震波的加速度峰值可按表 12.5-3 取用。

地震波加速度峰值（m/s^2）　　表 12.5-3

设防烈度	6	7	8	9
多遇地震	0.18	0.35（0.55）	0.70（1.10）	1.44
罕遇地震	1.0	2.2（3.10）	4.0（5.10）	6.2

注：括号内数值分别用于设计基本地震加速度取 0.15g 和 0.30g 的地区

（2）最小底部剪力要求。弹性时程分析时，每条时程曲线计算所得结构底部剪力不应小于振型分解反应谱法计算结果的 65%，多条时程曲线计算所得结构底部剪力的平均值不应小于振型分解反应谱法的 80%。如不满足这一最小底部剪力要求，可将地震波加速度峰值提高，以使时程分析的最小底部剪力要求得以满足。

（3）最小地震波数。为考虑地震波的随机性，采用时程分析法进行抗震设计需至少选用 2 条实际强震记录和一条人工模拟的加速度时程曲线，取 3 条或 3 条以上地震波反应计算结果的平均值或最大值进行抗震验算。

3. 结构计算模型的确定

确定多高层钢结构抗震计算模型时，应注意：

（1）进行多高层钢结构地震作用下的内力与位移分析时，一般可假定楼板在自身平面内绝对刚性。对整体性较差、开孔面积大、有较长的外伸段的楼板，宜采用楼板平面内的实际刚度进行计算。

（2）进行多高层钢结构多遇地震作用下的反应分析时，可考虑现浇混凝土楼板与钢梁的共同作用，按组合梁进行计算，在设计中应保证楼板与钢梁间有可靠的连接措施。而进行多高层钢结构罕遇地震反应分析时，考虑到此时楼板与梁的连接可能遭到破坏，则不应考虑楼板与钢梁的共同工作。

（3）多高层钢结构在地震作用下的内力与位移计算，应考虑梁柱的弯曲变形和剪切变形，尚应考虑柱的轴向变形。一般可不考虑梁的轴向变形，但当梁同时作为伸臂桁架或带状桁架弦杆时，则应考虑轴力的影响。

（4）柱间支撑两端应为刚性连接，但可按两端铰接计算。偏心支撑中的偏心梁段应取为单独单元。

（5）宜考虑梁柱节点剪切变形的多高层建筑钢结构地震反应的影响。可将梁柱节点域当作一个独立的单元进行结构分析，也可采用近似方法来分析节点域剪切变形的影响。

三、地震作用内力的调整要求

对于符合表 12.1-5 情况的竖向不规则结构，其薄弱层的地震剪力应乘以 1.15 的增大系数，并应符合下列要求：

1）竖向抗侧力构件不连续时，该构件传递给水平转换构件的地震内力应乘以 1.25～1.5 的增大系数；

2）转换层下的框架柱，地震内力应乘以增大系数，其值可采用 1.5；

3）楼层承载力突变时，薄弱层抗侧力结构的受剪承载力不应小于相邻上一楼层的 65%。

为保证结构的基本安全性，抗震验算时，结构任一楼层的水平地震剪力还应符合下式的最低要求

$$V_{Eki} > \lambda \sum_{j=i}^{n} G_j \qquad (12.5\text{-}1)$$

式中 V_{Eki} ——第 i 层对应于水平地震作用标准值的楼层剪力；

λ ——剪力系数，不应小于表 12.5-4 规定的楼层最小地震剪力系数值，对竖向不规则结构的薄弱层，尚应乘以 1.15 的增大系数；

G_j ——第 j 层的重力荷载代表值。

楼层最小地震剪力系数值 **表 12.5-4**

类别	7 度	8 度	9 度
扭转效应明显或基本周期小于 3.5s 的结构	0.016（0.024）	0.032（0.048）	0.064
基本周期大于 5.0s 的结构	0.012（0.018）	0.024（0.032）	0.040

注：1. 基本周期介于 3.5s 和 5.0s 之间的结构，可插入取值；

2. 括号内数值分别用于设计基本地震加速度为 0.15g 和 0.30g 的地区。

四、考虑扭转效应、偶然偏心与双向水平地震的影响

地震地面运动总是三向运动，即同时存在竖向运动和双向水平运动。很多情况下，竖向地震动对多高层建筑结构的影响比水平地震动的影响要小得多，因而可近似忽略。然而，双向水平地震动的影响却不能忽略。当结构完全理想对称不存在扭转效应时，双向水平地震的影响较小，因为任一方向的水平地震均可通过平行于该方向的抗侧力构件独立承担，但对于水平面两正交方向共同的抗侧力构件（如角柱），则仍需考虑双向水平地震的影响。

即使结构设计完全对称，由于结构施工及使用的不完全精确及不可预测性，结构的刚度和质量分布或多或少总会存在一定的偏心，此称为偶然偏心。一些国家的规范规定结构平面某方向的偶然偏心为该方向结构平面尺寸的5%，结构设计时应考虑这一偶然偏心的影响。分析表明，偶然偏心所造成的结构扭转对结构平面边缘抗侧力构件的影响较大，而对结构平面内部抗侧力构件的影响较小，影响大小与抗侧力构件至结构平面扭转中心的距离成正比。

当结构平面刚度或（和）质量明显不对称时，地震作用下结构产生显著的扭转效应。这时，某一方向的水平地震动，除产生本方向地震作用力外，还将同时产生与地震动方向正交方向的地震作用力，因此双向水平地震动的影响将较大，在考虑结构扭转影响的同时，必须考虑双向水平地震动影响。

当结构平面明显不对称时，结构偶然偏心在结构的扭转反应中所占的比重将较小，且偶然偏心还有可能抵消结构的部分设计偏心，对结构的扭转反应起有利作用，因此，对结构平面明显不对称的结构，可不再考虑偶然偏心的影响。

综上所述，为考虑工程应用方便，进行多高层钢结构抗震设计时，可按下列方法考虑扭转效应，偶然偏心及双向水平地震的影响：

1）通常情况下，可在建筑结构的两个主轴方向分别考虑水平地震作用并进行抗震验算，各方向的水平地震作用主要由该方向抗侧力构件承担；

2）有斜交抗侧力构件的结构，当相交角度大于15°时，应分别考虑各抗侧力构件方向的水平地震作用；

3）质量和刚度明显不对称的结构，应考虑双向水平地震作用下的扭转影响；

4）质量和刚度基本对称的结构，可采用上面（1）所述方法进行抗震计算，并采用调整地震作用效应的方法考虑双向水平地震和偶然偏心扭转的影响。平行地震作用方向的两个边榀，其地震作用效应需乘以增大系数。一般情况下，短边可取1.15，长边可取1.05，角柱可取1.3。

12.5.2 抗震概念设计要求

完整的建筑结构抗震设计包括三个方面的内容与要求，概念设计、抗震计算与构造措施。概念设计在总体上把握抗震设计的主要原则，弥补由于地震作用及结构地震反应的复杂性而造成抗震计算不准确的不足；抗震计算为建筑抗震设计提供定量保证；构造措施则为保证抗震概念与抗震计算的有效提供保障。结构抗震设计上述三个方面的内容是一个不可割裂的整体，忽略任何一部分，都可能使抗震设计失效。

多高层钢结构抗震设计在总体上需把握的主要原则有，保证结构的完整性，提高结构延性，设置多道结构防线。下面介绍实现这些原则的一些抗震概念及具体要求。

一、优先采用延性好的结构方案

刚接框架、防屈曲支撑框架、防屈曲钢板墙框架、偏心支撑框架和框筒结构是延性较好的结构形式，在地震区应优先采用。然而，铰接框架有施工方便及中心支撑框架有刚度大、承载力高的优点，在地震区也可以采用。在具体选择结构形式时应注意：

1）多层钢结构可采用全刚接框架及部分刚接框架，不允许采用全铰接框架及全铰接框架加普通支撑的结构形式，但允许采用全铰接框架加防屈曲支撑或防屈曲钢板墙的结构形式。当采用部分刚架框架时，结构外围周边框架应优先采用刚接框架。

2）高层钢结构应采用全刚接框架、中心支撑框架、钢框架-混凝土芯筒或钢框筒结构形式；在高烈度区（8度和9度区），宜优先采用偏心支撑框架、防屈曲支撑框架、防屈曲钢板墙框架、钢框筒和钢框架-延性混凝土芯筒等延性好的结构。

二、多道结构防线要求

对于钢框架-支撑结构及钢框架-混凝土芯筒（剪力墙）结构，钢支撑或混凝土芯筒（剪力墙）部分的刚度大，可能承担整体结构绝大部分地震作用力。但普通钢支撑或混凝土芯筒（剪力墙）的延性较差，为发挥钢框架部分延性好的作用，承担起第二道结构抗震防线的责任，要求钢框架的抗震承载力不能太小，为此框架部分按计算得到的地震剪力应乘以调整系数，达到不小于结构底部总地震剪力的25%和框架部分地震剪力最大值1.8倍两者的较小值。

当采用防屈曲支撑、防屈曲钢板墙或延性混凝土芯筒等延性好的抗侧力结构时，钢框架-支撑结构及钢框架-混凝土芯筒结构无需满足多道防线结构要求，全部水平地震作用可全部由防屈曲支撑（钢板墙）或延性混凝土芯筒承担。

三、强节点弱构件要求

为保证结构在地震作用下的完整性，要求结构所有节点的极限承载力大于构件在相应节点处的极限承载力，以保证节点不先于构件破坏，防止构件不能充分发挥作用。为此，对于多高层钢结构的所有节点连接，除应按地震组合内力进行弹性设计验算外，还应进行“强节点弱构件”原则下的极限承载力验算。

1. 梁与柱的连接要求

梁与柱连接的极限受弯、受剪承载力，应符合下列要求：

$$M_u \geqslant \alpha M_p \tag{12.5-2}$$

$$V_u \geqslant \alpha\left(\frac{\sum M_p}{l_h}\right)+V_{Gb} \text{ 且 } V_u \geqslant 0.58 h_w t_w f_y \tag{12.5-3}$$

式中 M_u——梁上下翼缘全熔透坡口焊缝的极限受弯承载力；

V_u——梁腹板连接的极限受剪承载力；

M_p——梁（梁贯通时为柱）的全塑性受弯承载力；

α——连接系数，按表12.5-5采用；

V_{Gb}——梁在重力荷载代表值作用下，按简支梁分析的梁端截面剪力设计值；

l_n——梁的净跨（梁贯通时取该楼层柱的净高）；

h_w、t_w——梁腹板的高度和厚度；

f_y——钢材屈服强度。

钢构件连接的连接系数 α　　表 12.5-5

母材牌号	梁柱连接		支撑连接、构件拼接		柱脚	
	母材破坏	高强螺栓破坏	母材或连接板破坏	高强螺栓破坏		
Q235	1.40	1.45	1.25	1.30	埋入式	1.2（1.0）
Q345	1.30	1.35	1.20	1.25	外包式	1.2（1.0）
Q345GJ	1.25	1.30	1.10	1.15	外露式	1.0

注：1. 屈服强度高于 Q345 的钢材，按 Q345 的规定采用；
2. 屈服强度高于 Q345GJ 的 GJ 钢材，按 Q345GJ 的规定采用；
3. 括号内的数字用于箱形柱和圆管柱；
4. 外露式柱脚是指刚接柱脚，只适用于房屋高度 50m 以下。

2. 支撑连接要求

支撑与框架的连接及支撑拼接的极限承载力，应符合下式要求

$$N_{ubr} \geqslant \alpha A_n f_y \tag{12.5-4}$$

式中　N_{ubr}——螺栓连接和节点板连接在支撑轴线方向的极限承载力；
A_n——支撑截面的净面积；
α——连接系数，按表 12.5-5 采用；
f_y——支撑钢材的屈服强度。

3. 梁、柱构件的拼接要求

梁、柱构件拼接的极限承载力应符合下列要求：

$$V_u \geqslant 0.58 h_w t_w f_y \tag{12.5-5}$$

无轴力时
$$M_u \geqslant \alpha M_p \tag{12.5-6}$$

有轴力时
$$M_u \geqslant \alpha M_{pc} \tag{12.5-7}$$

式中　M_u、V_u——分别为构件拼接的极限受弯、受剪承载力；
h_w、t_w——拼接构件截面腹板的高度和厚度；
f_y——被拼接构件的钢材屈服强度；
α——连接系数，按表 12.5-5 采用；
M_p——无轴力时构件截面塑性弯矩；
M_{pc}——有轴力时构件截面塑性弯矩，可按下列情况分别计算

工字形截面（绕强轴）和箱形截面

当 $N/N_y \leqslant 0.13$ 时，　$M_{pc}=M_p$　(12.5-8)

当 $N/N_y > 0.13$ 时，　$M_{pc}=1.15(1-N/N_y)M_p$　(12.5-9)

工字形截面（绕弱轴）

当 $N/N_y \leqslant A_w/A$ 时　$M_{pc}=M_p$　(12.5-10)

当 $N/N_y > A_w/A$ 时　$M_{pc}=\left[1-\left(\frac{N-A_w f_y}{N_y-A_w f_y}\right)^2\right]M_p$　(12.5-11)

式中　N——构件内轴力；
N_y——构件轴向屈服力；
A_w——工字形截面腹板面积；

A——构件截面面积。

当拼接采用螺栓连接时，尚应符合下列要求：

翼缘 $$nN_{cu}^{b} \geqslant \alpha A_{f} f_{y} \tag{12.5-12}$$

且 $$nN_{vu}^{b} \geqslant \alpha A_{f} f_{y} \tag{12.5-13}$$

腹板 $$N_{cu}^{b} \geqslant \sqrt{(V_{u}/n)^{2} + (N_{M}^{b})^{2}} \tag{12.5-14}$$

且 $$N_{vu}^{b} \geqslant \sqrt{(V_{u}/n)^{2} + (N_{M}^{b})^{2}} \tag{12.5-15}$$

式中 N_{vu}^{b}、N_{cu}^{b}——一个螺栓的极限受剪承载力和对应的板件极限承压力；

A_{f}——翼缘的有效截面面积；

N_{M}^{b}——腹板拼接中弯矩引起的一个螺栓的最大剪力；

α——连接系数，按表 12.5-5 采用；

n——翼缘拼接或腹板拼接一侧的螺栓数。

4. 连接极限承载力的计算

焊缝连接的极限承载力可按下列公式计算：

对接焊缝受拉 $$N_{u} = A_{f}^{w} f_{u} \tag{12.5-16}$$

角焊缝受剪 $$V_{u} = 0.58 A_{f}^{w} f_{u} \tag{12.5-17}$$

式中 A_{f}^{w}——焊缝的有效受力面积；

f_{u}——构件母材的抗拉强度最小值。

高强度螺栓连接的极限受剪承载力，应取下列二式计算的较小者：

$$N_{vu}^{b} = 0.58 n_{f} A_{e}^{b} f_{u}^{b} \tag{12.5-18}$$

$$N_{cu}^{b} = d \sum t f_{cu}^{b} \tag{12.5-19}$$

式中 N_{vu}^{b}、N_{cu}^{b}——分别为一个高强度螺栓的极限受剪承载力和对应的板件极限承压力；

n_{f}——螺栓连接的剪切面数量；

A_{e}^{b}——螺栓螺纹处的有效截面面积；

f_{u}^{b}——螺栓钢材的抗拉强度最小值；

d——螺栓杆直径；

$\sum t$——同一受力方向的钢板厚度之和；

f_{cu}^{b}——螺栓连接板的极限承压强度，取 $1.5 f_{u}$。

四、强柱弱梁要求

图 12.5-1 给出了强柱弱梁型框架与强梁弱柱型框架完全屈服时的塑性铰分布情况。显然，强柱弱梁型框架屈服时产生塑性变形而耗能的构件比强梁弱柱型框架多，而在同样的结构顶点位移条件下，强柱弱梁型框架的最大层间变形比强梁弱柱型框架小，因此强柱弱梁型框架的抗震性能较强梁弱柱型框架优越。为保证钢框架为强柱弱梁型，框架的任一梁柱节点处需满足下列要求：

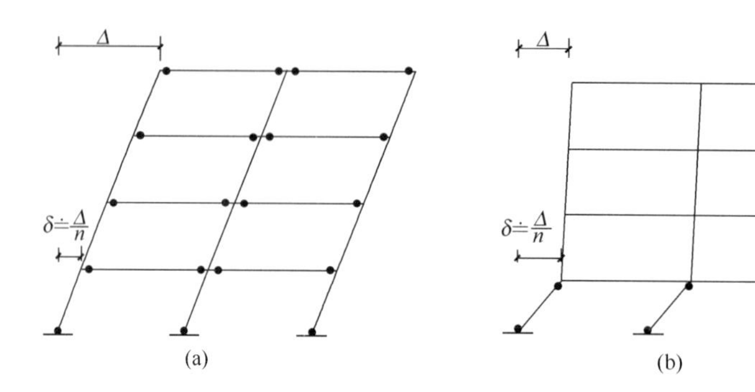

图 12.5-1 框架的屈服

（a）强柱弱梁型框架；（b）强梁弱柱型框架

$$\sum W_{pc}(f_{yc}-N/A_c)\geqslant \eta \sum W_{pb} f_{yb} \tag{12.5-20}$$

式中 W_{pc}、W_{pb}——分别为柱和梁的塑性截面模量；

N——柱轴向压力设计值；

A_c——柱截面面积；

f_{yc}、f_{yb}——分别为柱和梁的钢材屈服强度；

η——强柱系数，超过 6 度的钢框架，6 度Ⅳ类场地和 7 度时可取 1.0，8 度时可取 1.05，9 度时可取 1.15。

当柱所在楼层的受剪承载力比上一层的受剪承载力高出 25%，或柱轴向力设计值与柱全截面面积和钢材抗拉强度设计值乘积的比值不超过 0.4，或作为轴心受压构件在 2 倍地震力下稳定性得到保证时，则无需满足式（12.5-20）的强柱弱梁要求。

五、偏心支撑框架弱消能梁段要求

偏心支撑框架的设计思想是，在罕遇地震作用下通过消能梁段的屈服消减地震能量，而达到保护其他结构构件不破坏和防止结构整体倒塌的目的。因此，偏心支撑框架的设计原则是强柱、强支撑和弱消能梁段。

为实现弱消能梁段要求，可对多遇地震作用下偏心支撑框架构件的组合内力设计值进行调整，调整要求如下：

1）支撑斜杆的轴力设计值，应取与支撑斜杆相连接的消能梁段达到受剪承载力时支撑斜杆轴力与增大系数的乘积，其值在 8 度以下时不应小于 1.4，9 度时不应小于 1.5。

2）位于消能梁段同一跨的框架梁内力设计值，应取消能梁段达到受剪承载力时框架梁内力与增大系数的乘积，其值在 8 度以下时不应小于 1.5，9 度时不应小于 1.6。

3）框架柱的内力设计值，应取消能梁段达到受剪承载力时柱内力与增大系数的乘积，其值在 8 度及以下时不应小于 1.5，9 度时不应小于 1.6。

偏心支撑框架消能梁段的受剪承载力可按下列公式计算：

当 $N\leqslant 0.15Af$ 时

$$V\leqslant \varphi V_l/\gamma_{RE} \tag{12.5-21}$$

$V_l=0.58A_w f_y$ 或 $V_l=2M_{lp}/a$，取较小值

$$A_w=(h-2t_f)t_w \tag{12.5-22}$$

$$M_{lp}=W_p f \tag{12.5-23}$$

当 $N > 0.15Af$ 时

$$V \leqslant \varphi V_{lc}/\gamma_{RE} \tag{12.5-24}$$

$$V_{lc} = 0.58A_{w}f_{y}\sqrt{1-[N/(Af)]^{2}} \tag{12.5-25}$$

或

$$V_{lc} = 2.4M_{lp}[1-N/(Af)]/a \tag{12.5-26}$$

取较小值

式中 φ——系数，可取0.9；

V、N——分别为消能梁段的剪力设计值和轴力设计值；

V_{l}、V_{lc}——分别为消能梁段的受剪承载力和计入轴力影响的受剪承载力；

M_{lp}——消能梁段的全塑性受弯承载力；

a、h、t_{w}、t_{f}——分别为消能梁段的长度、截面高度、腹板厚度和翼缘厚度；

A、A_{w}——分别为消能梁段的截面面积和腹板截面面积；

W_{p}——消能梁段的塑性截面模量；

f、f_{y}——分别为消能梁段钢材的抗拉强度设计值和屈服强度；

γ_{RE}——消能梁段承载力抗震调整系数，取0.75。

六、其他抗震特殊要求

1. 节点域的屈服承载力要求

试验研究发现，钢框架梁柱节点域具有很好的滞回耗能性能，如图12.4-11所示，地震下让其屈服对结构抗震有利。但节点域板太薄，会使钢框架的位移增大较多，而太厚又会使节点域不能发挥耗能作用，故节点域既不能太薄又不能太厚。因此节点域在满足弹性内力设计式的要求条件下，其屈服承载力尚应符合下式要求：

$$\psi(M_{pb1}+M_{pb2})/V_{p} \leqslant (4/3)f_{v} \tag{12.5-27}$$

式中 M_{pb1}、M_{pb2}——分别为节点域两侧梁的全塑性受弯承载力；

V_{p}——节点域体积；

f_{v}——钢材的抗剪强度设计值；

ψ——折减系数，抗震等级三、四级时取0.6，一、二级时取0.7。

节点域的有效体积，可按以下规定计算：

工字形截面柱(绕强轴) $$V_{p} = h_{b1}h_{c1}t_{p} \tag{12.5-28}$$

工字形截面柱(绕弱轴) $$V_{p} = 2h_{b1}bt_{f} \tag{12.5-29}$$

箱形截面柱 $$V_{p} = (16/9)h_{b1}h_{c1}t_{p} \tag{12.5-30}$$

圆管截面柱 $$V_{p} = (\pi/2)h_{b1}h_{c1}t_{p} \tag{12.5-31}$$

十字形截面柱

$$V_{p} = \varphi V_{p1}, V_{p1} = h_{b1}(h_{c1}t_{p}+2bt_{f}) \tag{12.5-32}$$

其中

$$\varphi = \frac{\alpha^{2}+2.6(1+2\beta)}{\alpha^{2}+2.6}$$

$\alpha = h_{b1}/b$，$\beta = A_{f}/A_{w}$，$A_{f} = bt_{f}$，$A_{w} = h_{c1}t_{p}$

式中 h_{b1}——梁翼缘中心间的距离；

h_{c1}——工字形截面柱翼缘中心间的距离、

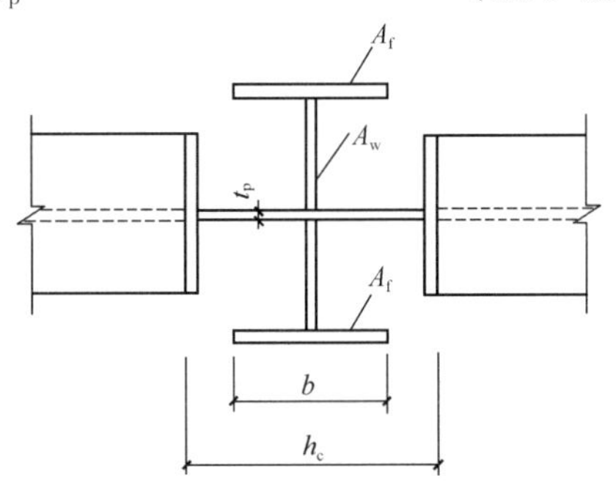

图12.5-2 十字形柱的节点域体积

箱形截面壁板中心间的距离和圆管截面柱管壁中线的直径；

t_p ——柱腹板和节点域补强板厚度之和，或局部加厚时的节点域厚度，箱形柱时为一块腹板的厚度，圆管柱为壁厚；

t_f ——柱的翼缘厚度；

b ——柱的翼缘宽度。

2. 支撑斜杆的抗震承载力

中心支撑框架的支撑斜杆在地震作用下将受反复的轴力作用，支撑即可受拉，也可能受压。由于轴心受力钢构件的抗压承载力要小于抗拉承载力，因此支撑斜杆的抗震应按受压构件进行设计。然而，试验发现支撑在反复轴力作用下有下列现象，如图 12.5-3 所示：

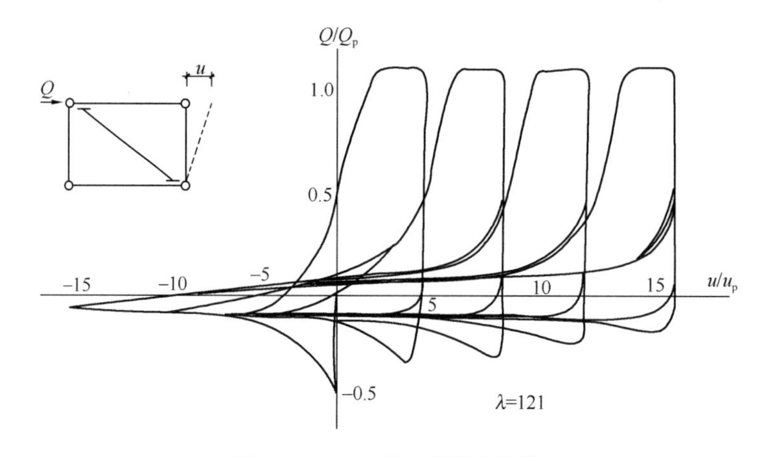

图 12.5-3　支撑试验滞回曲线

(1) 支撑首次受压屈曲后，第二次屈曲荷载明显下降，而且以后每次的屈曲荷载还将逐渐下降，但下降幅度趋于收敛；

(2) 支撑受压屈曲后的抗压承载力的下降幅与支撑长细比有关，支撑长细比，下降幅度越大，支撑长细比越小，下降幅度越小。

考虑支撑在地震反复轴力作用下的上述受力特征，对于中心支撑框架支撑斜杆，其抗震承载力应按下式验算：

$$\frac{N}{\varphi A_{br}} \leqslant \psi f / \gamma_{RE} \tag{12.5-33}$$

其中 $\psi = \dfrac{1}{1 + 0.35\lambda_n}$，$\lambda_n = \dfrac{\lambda}{\pi}\sqrt{f_y / E}$

式中　N ——支撑斜杆的轴向力设计值；

A_{br} ——支撑斜杆的截面面积；

φ ——轴心受压构件的稳定系数；

ψ ——受循环荷载时的强度降低系数；

λ_n ——支撑斜杆的正则化长细比；

E ——支撑斜杆材料的弹性模量；

f_y ——钢材屈服强度；

γ_{RE} ——支撑承载力抗震调整系数，$\gamma_{RE} = 0.8$。

3. 人字形和V形支撑框架设计要求

中心支撑框架采用人字形支撑或V形支撑时，需考虑支撑斜杆受压屈服后在支撑节点处产生的不平衡力问题，如图12.5-4所示。

在确定人字形或V形支撑跨的横梁截面时，不应考虑支撑在跨中的支承作用。横梁除承受大小等于重力荷载代表值的竖向荷载之外，还要承受跨中节点处两根支撑斜杆分别受拉、受压所引起的不平衡竖向分力的作用。在该不平衡力中，支撑的受压力和受拉力分别按压杆稳定承载力的0.3倍及拉杆屈服承载力考虑。为了减小竖向不平衡力引起的梁截面过大，可采用跨层X形支撑或采用"拉链柱"，如图12.5-5所示。

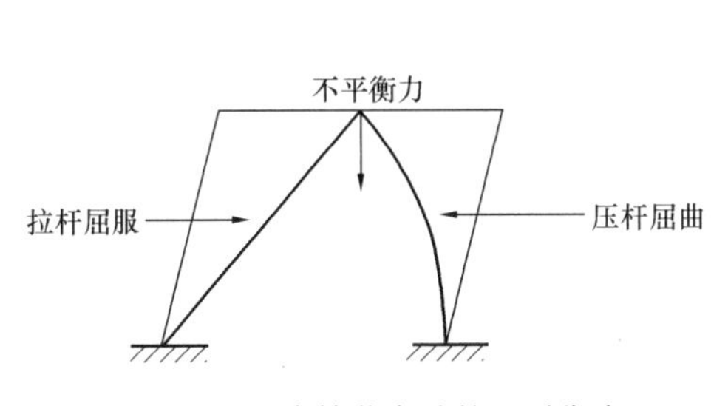

图12.5-4 支撑节点处的不平衡力

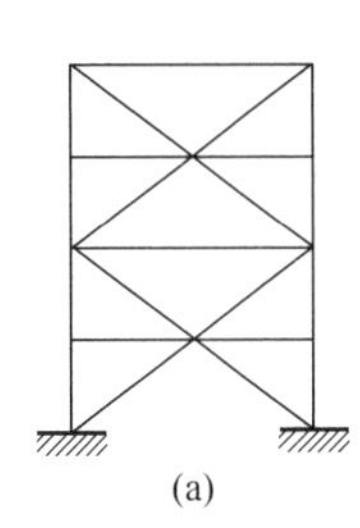

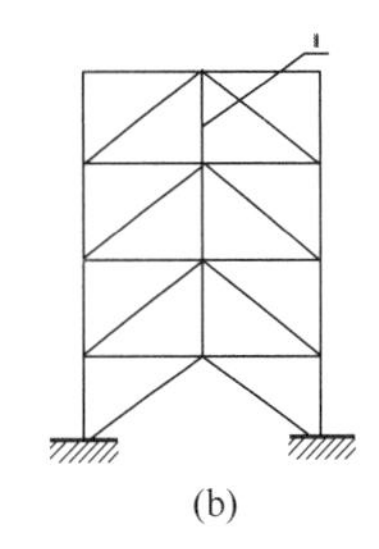

图12.5-5 人字支撑的加强

(a) 跨层X形支撑；(b)"拉链柱"

12.5.3 抗震构造要求

一、纯框架结构抗震构造措施

1. 框架柱的长细比

在一定的轴力作用下，柱的弯矩转角如图12.5-6所示。研究发现，由于几何非线性（P-δ效应）的影响，柱的弯曲变形能力与柱的轴压比及柱的长细比有关，见图12.5-7和图12.5-8所示，柱的轴压比与长细比越大，弯曲变形能力越小。因此，为保障钢框架抗震的变形能力，需对框架柱的轴压比及长细比进行限制。

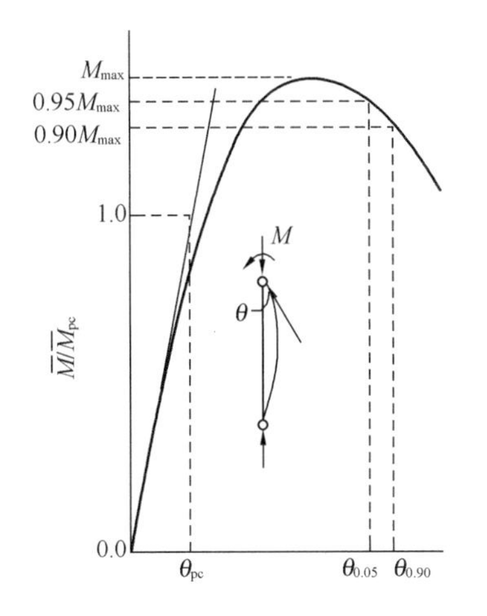

图12.5-6 柱的弯矩转角关系图

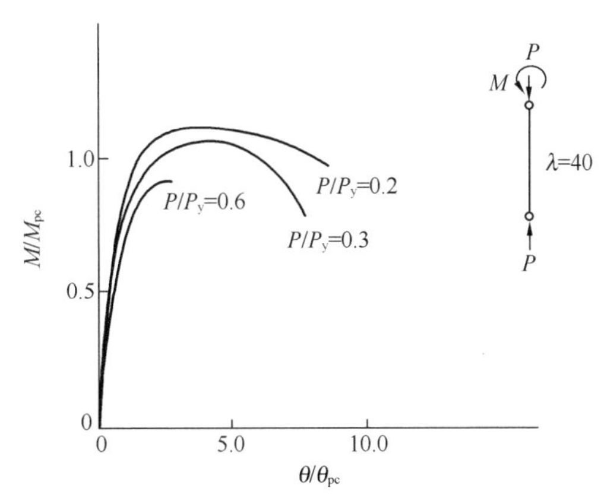

图12.5-7 柱的变形能力与轴压比的关系

我国规范目前对框架柱的轴压比没有提出要求，建议按重力荷载代表值作用下框架柱的地震组合轴力设计值计算的轴压比不大于0.7。

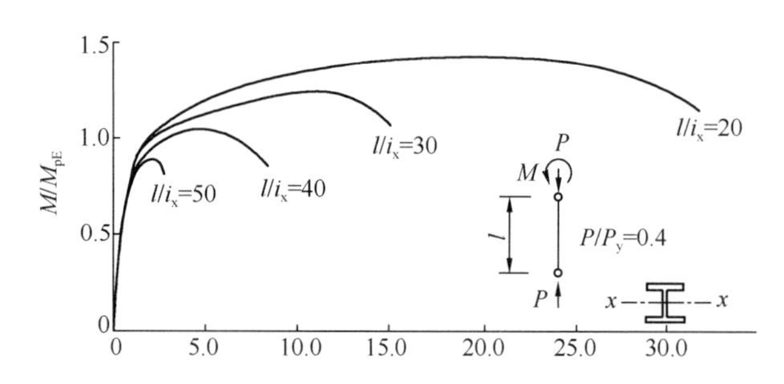

图 12.5-8　柱的变形能力与长细比的关系

对于框架柱的长细比，则应符合下列规定：

抗震等级一级不应大于 $60\sqrt{235/f_y}$，二级不应大于 $70\sqrt{235/f_y}$，三级不应大于 $80\sqrt{235/f_y}$，四级及非抗震设计不应大于 $100\sqrt{235/f_y}$。

2. 梁、柱板件宽厚比

图 12.5-9 是日本所做的一组梁柱试件，在反复加载下的受力变形情况。可见，随着构件板件宽厚比的增大，构件反复受载的承载能力与耗能能力将降低。其原因是，板件宽

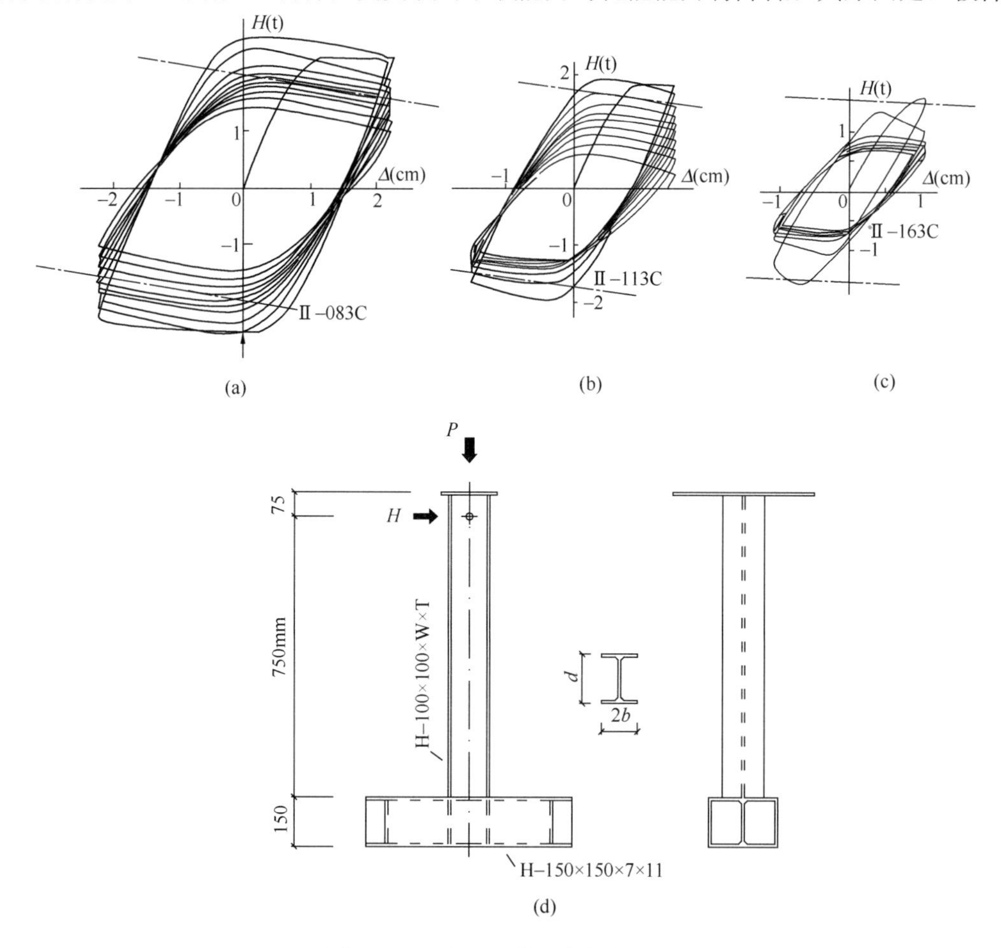

图 12.5-9　梁柱试件反复加载试验

(a) $b/t=8$；(b) $b/t=11$；(c) $b/t=16$；(d) 试件

厚比越大，板件越易发生局部屈曲，从而影响后继承载性能。

考虑到框架柱的转动变形能力要求比框架梁的转动变形能力要求低，因此框架柱的板件宽厚比限值可比框架梁的板件宽厚比限值大，具体要求如表 12.5-6 所示。

钢框架梁柱板件宽厚比限值　　表 12.5-6

板件名称		抗震等级				非抗震设计
		一级	二级	三级	四级	
柱	工字形截面翼缘外伸部分	10	11	12	13	13
	工字形截面腹板	43	45	48	52	52
	箱形截面壁板	33	36	38	40	40
	冷成形方管壁板	32	35	37	40	40
	圆管（径厚比）	50	55	60	70	70
梁	工字形截面和箱形截面翼缘外伸部分	9	9	10	11	11
	箱形截面翼缘在两腹板之间部分	30	30	32	36	36
	工字形截面和箱形截面腹板	$72-120\rho\geqslant30$	$72-100\rho\geqslant35$	$80-110\rho\geqslant40$	$85-120\rho\geqslant45$	$85-120\rho$

注：1. 表中 $\rho=N/(Af)$ 为梁的轴压比；

2. 表列数值适用于 Q235 钢，当材料为其他牌号钢材时，应乘以 $\sqrt{235/f_y}$，圆管应乘以 $235/f_y$；

3. 冷成型方管适用于 Q235GJ 或 Q345GJ 钢。

3. 梁与柱的连接构造

梁柱的连接构造，应符合下列要求：

（1）梁与柱的连接宜采用柱贯通型。

（2）柱在两个互相垂直的方向都与梁刚接时，宜采用箱形截面。当仅在一方向刚接时，宜采用工字形截面，并将柱腹板置于刚接框架平面内。

（3）梁翼缘与柱翼缘应采用全熔透坡口焊缝。

（4）柱在梁翼缘对应位置应设置横向加劲肋，且加劲肋厚度不应小于梁翼缘厚度。

（5）当梁翼缘的塑性截面模量小于梁全截面塑性截面模量的 70%时，梁腹板与柱的连接螺栓不得小于二列；当计算仅需一列时，仍应布置二列，且此时螺栓总数不得小于计算值的 1.5 倍。

为防止框架梁柱连接处发生脆性断裂，可以采用如下措施：

1）严格控制焊接工艺操作，重要的部位由技术等级高的工人施焊，减少梁柱连接中的焊接缺陷；

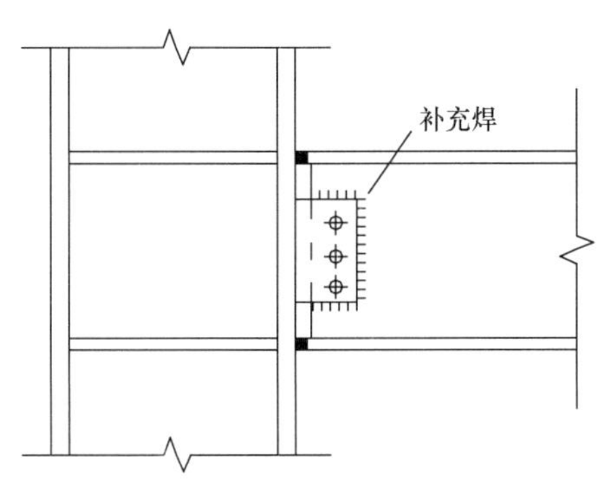

图 12.5-10　梁腹板补焊

2）8 度乙类建筑和 9 度时，应检验梁翼缘处全焊透坡口焊缝 V 形切口的冲击韧性，其冲击韧性在−20℃时不低于 27J；

3）适当加大梁腹板下部的割槽口（位于垫板上面，用于梁下翼缘与柱翼缘的施焊），以便于工人操作，提高焊缝质量；

4）补充梁腹板与抗剪连接板之间的焊缝，如图 12.5-10 所示；

5）采用梁端加盖板和加腋，如图 12.5-11 所

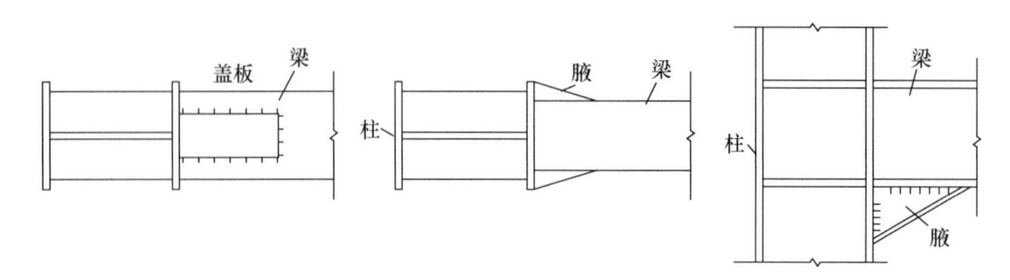

图 12.5-11　梁柱连接的加强

示，或梁柱采用全焊接方式来加强连接的强度；

6）利用节点域的塑性变形能力，为此节点域可先设计成先于梁端屈服，但仍需满足有关公式的要求。

7）利用“强节点弱杆件”的抗震概念，将梁端附近截面局部削弱。试验表明，基于这一理念的梁端狗骨式设计具有优越的抗震性能，如图 12.5-12 所示，可将框架的屈服控制在削弱的梁端截面处。设计与制作时，月牙形切削的切削面应刨光，起点可距梁端约 150mm，切削后梁翼缘最小截面积不宜大于原截面积的 90%，并应能承受按弹性设计的多遇地震下的组合内力。为进一步提高梁端的变形延性，还可根据梁端附近的弯矩分布，对梁端截面的削弱进行更细致的设计，使得梁在一个较长的区段（同步塑性区）能同步地进行塑性耗能，如图 12.5-13 所示。建议梁的同步塑性区 L_3 的长度取为梁高的一半，使梁的同步塑性区各截面的塑性抗弯承载力比弯矩设计值同等地低 5%～10%，在同步塑性区的两端各有一个 $L_2 = L_4 = 100$mm 左右的光滑过渡区，过渡区离柱表面 $L_1 = 50$～100mm，以避开热影响区。

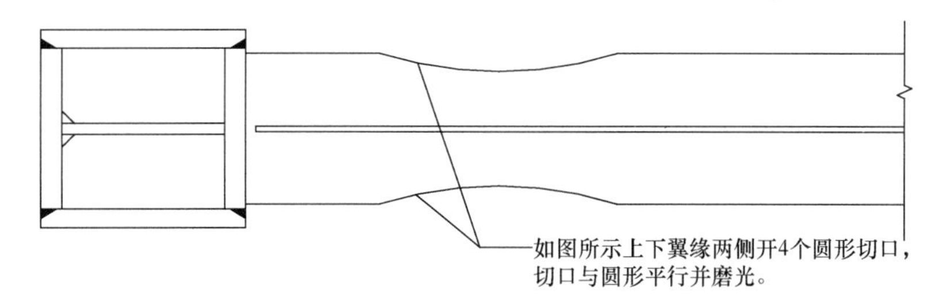

图 12.5-12　狗骨式设计

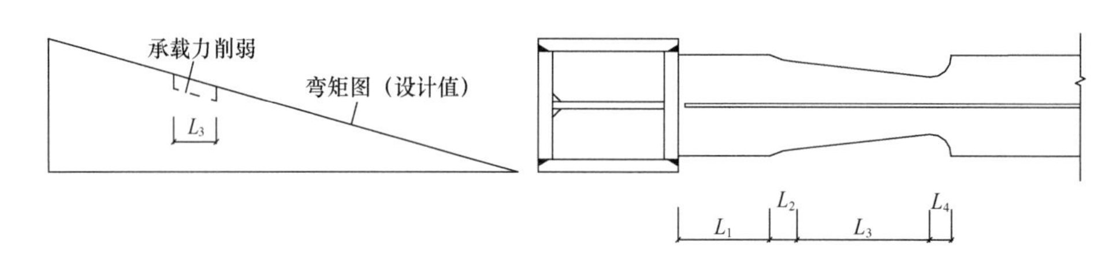

图 12.5-13　同步塑性设计

二、中心支撑框架抗震构造措施

1. 受拉支撑的布置要求

考虑地震作用方向是任意的，且为反复作用，当中心支撑采用只能受拉的斜杆体系时，应同时设置两组不同倾斜方向的斜杆，且两组斜杆的截面面积在水平方向的投影面积之差不得大于10%。

2. 支撑杆件的要求

在地震作用下，支撑杆件可能会经历反复的压曲拉直作用，因此支撑杆件不宜采用焊接截面，应尽量采用轧制型钢。若采用焊接H形截面作支撑构件时，在8、9度区，其翼缘与腹板的连接宜采用全焊透连接焊缝。

为限值支撑压曲造成的支撑板件的局部屈曲对支撑承载力及耗能能力的影响，对支撑板件的宽厚比需限值更严，应不大于表12.5-7规定的限值。

钢结构中心支撑板件宽厚比限值 **表12.5-7**

板件名称	一级	二级	三级	四级、非抗震设计
翼缘外伸部分	8	9	10	13
工字形截面腹板	25	26	27	33
箱型截面壁板	18	20	25	30
圆管外径与壁厚比	38	40	40	42

注：表列数值适用于Q235钢，当材料为其他牌号钢材时，应乘以 $\sqrt{235/f_y}$，圆管应乘以 $235/f_y$。

为使支撑杆件最低具有一定的耗能性能，中心支撑杆件的长细比抗震等级一、二、三级时不应大于 $120\sqrt{235/f_y}$，四级和非抗震设计时，不应大于 $150\sqrt{235/f_y}$。

3. 支撑节点要求

当结构超过12层时，支撑宜采用H型钢制作，两端与框架可采用刚接构造。支撑与框架连接处，支撑杆端宜放大做成圆弧状，梁柱与支撑连接处应设置加劲肋。

当结构不超过12层时，若支撑与框架采用节点板连接，支撑端部至节点板嵌固点在支撑杆件方向的距离，不应小于节点板厚度的2倍，如图12.5-14所示。试验表明，这个不大的间隙允许节点板在强震时有少许屈曲，能显著减少支撑连接的破坏，有积极作用。

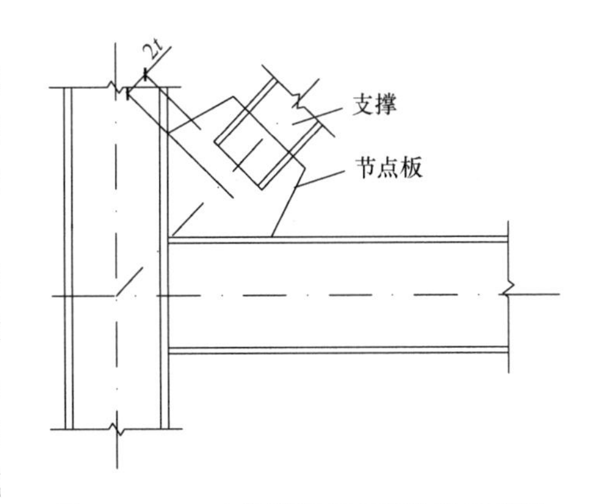

图12.5-14 支撑端部节点板构造示意图

4. 框架部分要求

中心支撑框架结构的框架部分的抗震构造措施要求可与纯框架结构抗震构造措施要求一致。但当房屋高度不高于100m且框架部分承担的地震作用不大于结构底部总地震剪力的25%时，8、9度的抗震构造措施可按框架结构降低一度的相应要求采用。

三、偏心支撑框架抗震构造措施

1. 消能梁段的长度

偏心支撑框架的抗震设计应保证罕遇地震下结构屈服发生消能梁段上，而消能梁的屈服形式有两种，一种是剪切屈服型，另一种是弯曲屈服型。试验和分析表明，剪切屈服型消能梁段的偏心支撑框架的刚度和承载力较大，延性和耗能性能较好，抗震设计时，消能梁段宜设计成剪切屈服型。其净长 a 满足下列公式要求者为剪切屈服型消能梁段

当 $\rho(A_w/A) < 0.3$ 时　　$a \leqslant 1.6\dfrac{M_p}{V_p}$　　(12.5-34)

当 $\rho(A_w/A) \geqslant 0.3$ 时　　$a \leqslant \left(1.15 - 0.5\rho\dfrac{A_w}{A}\right)1.6\dfrac{M_p}{V_p}$　　(12.5-35)

$$V_p = 0.58 f_y h_o f_w \tag{12.5-36}$$

$$M_p = W_p f_y \tag{12.5-37}$$

式中　V_p——消能梁段塑性受剪承载力；

M_p——消能梁段塑性受弯承载力；

h_o——消能梁段腹板高度；

t_w——消能梁段腹板厚度；

W_p——消能梁段截面塑性抵抗矩；

A——消能梁段截面面积；

A_w——消能梁段腹板截面面积。

当消能梁段与柱连接，或在多遇地震作用下的组合轴力设计值 $N > 0.16Af$ 时，应设计成剪切屈服型。

2. 消能梁段的材料及板件宽厚比要求

偏心支撑框架主要依靠消能梁段的塑性变形消能地震能量，故对消能梁段的塑性变形能力要求较高。一般钢材的塑性变形能力与其屈服强度成反比，因此消能梁段所采用的钢材的屈服强度不能太高，应不大于 345MPa。

此外，为保障消能梁段具有稳定的反复受力的塑性变形能力，消能梁段腹板不得加焊贴板提高强度，也不得在腹板上开洞，且消能梁段及与消能梁段同一跨内的非消能梁段，其板件的宽厚比不应大于表 12.5-8 的限值。

偏心支撑框架梁板件宽厚比限值　　**表 12.5-8**

板件名称		宽厚比限值
翼缘外伸部分		8
腹板	当 $N/Af \leqslant 0.14$ 时	$90[1 - 1.65N/(Af)]$
	当 $N/Af > 0.14$ 时	$33[2.3 - N/(Af)]$

注：1. 表列数值适用于 Q235 钢，当材料为其他钢号时，应乘以 $\sqrt{235/f_y}$；

2. N 为偏心支撑框架梁的轴力设计值；A 为梁截面面积；f 为钢材抗拉强度设计值。

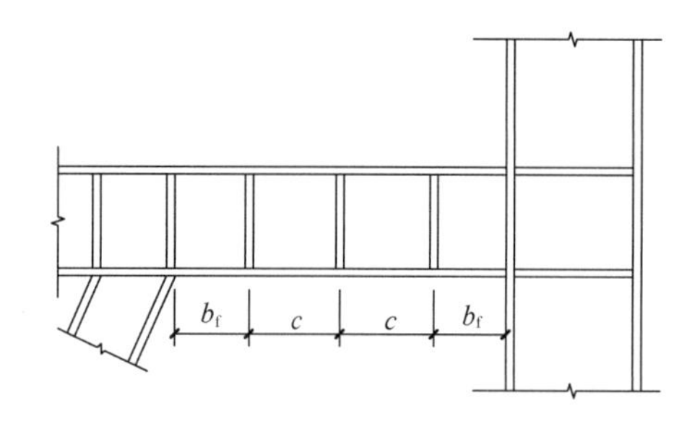

图 12.5-15　偏心支撑框架消能梁段加劲肋的布置

3. 消能梁段加劲肋的设置

为保证在塑性变形过程中消能梁段的腹板不发生局部屈曲，应按下列规定在梁腹板两侧设置加劲肋，如图 12.5-15 所示：

(1) 在与偏心支撑连接处应设加劲肋。

(2) 在距消能梁段端部 b_f 处，应设加劲肋。b_f 为消能梁段翼缘宽度。

(3) 在消能梁段中部应设加劲肋，加劲肋间距 c 应根据消能梁段长度 a 确定。

当 $a \leqslant 1.6M_p/V_p$ 时，最大间距为 $30t_w-(h_o/5)$；

当 $a \geqslant 2.6M_p/V_p$ 时，最大间距为 $52t_w-(h_o/5)$；

当 a 介于以上两者之间时，最大间距用线性插值确定。其中 t_w、h_o 分别为消能梁段腹板厚度与高度。

消能梁段加劲肋的宽度不得小于 $0.5b_f-t_w$，厚度不得小于 t_w 或 10mm。加劲肋应采用角焊缝与消能梁段腹板和翼缘焊接，加劲肋与消能梁段腹板的焊缝应能承受大小为 $A_{st}f_y$ 的力，与翼缘的焊缝应能承受大小为 $A_{st}f_y/4$ 的力。其中 A_{st} 为加劲肋的截面面积，f_y 为加劲肋屈服强度。

4. 消能梁段与柱的连接

为防止消能梁段与柱的连接破坏，而使消能梁段不能充分发挥塑性变形耗能作用，消能梁段与柱的连接应符合下列要求：

（1）消能梁段翼缘与柱翼缘之间应采用坡口全熔透对接焊缝连接，消能梁段腹板与柱之间应采用角焊缝连接；角焊缝的承载力不得小于消能梁段腹板的轴向承载力、受剪承载力和受弯承载力。

（2）消能梁段与柱腹板连接时，消能梁段翼缘与连接板间应采用坡口全熔透焊缝，消能梁段腹板与柱间应采用角焊缝；角焊缝的承载力不得小于消能梁段腹板的轴向承载力、受剪承载力和受弯承载力。

5. 支撑及框架部分要求

偏心支撑框架的支撑杆件的长细比不应大于 $120\sqrt{235/f_y}$，支撑杆件的板件宽厚比不应超过轴心受压构件按弹性设计时的宽厚比限值。

偏心支撑框架结构的框架部分的抗震构造措施要求可与纯框架结构抗震构造要求一致。但当房屋高度不高于 100m 且框架部分承担的地震作用不大于结构底部总地震剪力的 25%时，8、9 度时抗震构造措施可按框架结构降低一度的相应要求采用。

12.5.4 隔震与减震设计

对于多高层钢结构，目前实用的抗震新技术有：隔震技术、耗能减震技术与吸振减震技术。

一、隔震技术

1. 隔震原理

基底隔震是在结构物地面以上部分的底部设置隔震层，使之与固结于地基中的基础顶面分开，限制地震动向结构物的传递。

目前采用的基底隔震，主要用于隔离水平地震作用。隔震层的水平刚度应显著低于上部结构的侧向刚度。此时，可近似认为上部结构是一个刚体，如图 12.5-16 所示。设结构的总质量为 m，绝对水平位移为 y，地震动的水平位移 x_g，隔震层的水平刚度为 k，阻尼系数为 c，则底部隔震系统的运动平衡方程为

$$m\ddot{y}+c\dot{y}+ky=c\dot{x}_g+kx_g \tag{12.5-38}$$

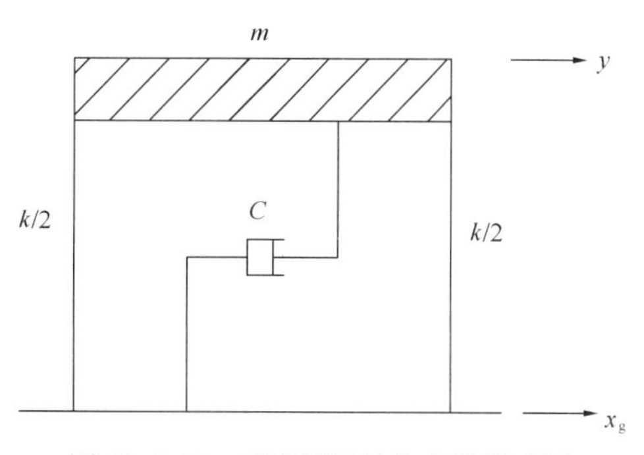

图 12.5-16 基底隔震结构力学模型图

注意：这里 $\ddot{y}$ 为质量 m 相对于定参考系的绝对加速度。

为了解隔震原理，假设地震动是圆频率为 ω_g 的简谐振动，则由振动理论可求得上部结构绝对位移（加速度）振幅与地震动位移（加速度）振幅的比值 R 为，如图 12.5-17 所示：

$$R=\frac{y_{\max}}{x_{\mathrm{gmax}}}=\frac{\ddot{y}_{\max}}{\ddot{x}_{\mathrm{gmax}}}=\frac{1+4\zeta^2\beta^2}{[(1-\beta^2)^2+4\zeta^2\beta^2]^{1/2}} \tag{12.5-39}$$

式中　$\beta=\frac{\omega_g}{\omega}$, $\omega=\sqrt{\frac{k}{m}}$, $\zeta=\frac{c}{2m\omega}$

R 称为绝对隔震传递率。R 值越小，表明上部结构所受的地震作用小，即隔震效果越好。

图 12.5-17 的曲线表明，地震动与隔震结构的频率比 β 大于 $\sqrt{2}$ 时，隔震系统才有隔震能力。而且频率越大，隔震能力越强。因此基底隔震结构设计的一般原则是：

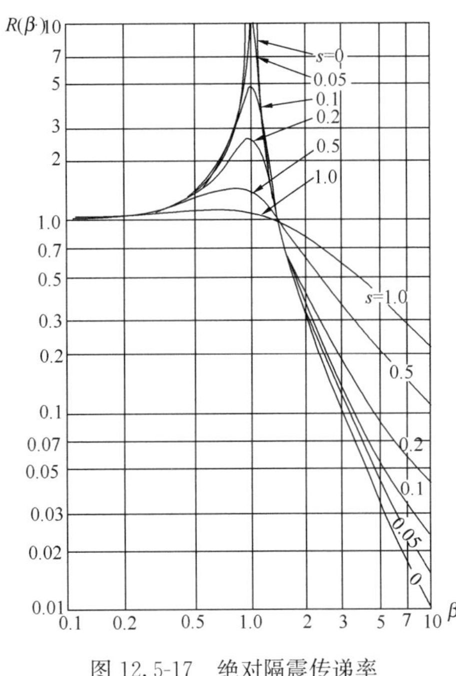

图 12.5-17　绝对隔震传递率

（1）在满足必要的竖向承载力的同时，隔震装置的水平刚度应尽量可能小，以降低隔震结构的自振频率，使之低于地震动的优势频率范围，从而保证结构地震反应有较大的衰减。

（2）在风荷载作用下，隔震结构不能有太大的位移。因此，结构底部隔震系统常需安放风稳定装置，使得在小于设计风载的风力作用下，隔震层几乎不应变形；而在超过设计风载的地震作用下，风稳定装置退出工作，隔震装置开始工作。一些具有风稳定装置功能的阻尼器，常代替风稳定装置配合隔震装置一起用于隔震结构。

2. 常用隔震装置

（1）橡胶支座隔震

橡胶支座是最常用的隔震装置。常见的橡胶支座分为钢板叠层橡胶支座、铅芯橡胶支座、石墨橡胶支座等类型。钢板叠层橡胶支座由橡胶片和薄钢板叠合而成，如图 12.5-18 所示。由于薄钢板对橡胶片的横向变形有限制作用，因而使支座竖向刚度较纯橡胶支座大大增加。支座的橡胶层总厚度较小，所能承受的竖向荷载越大。为了提高叠层橡胶支座的阻尼，发明了铅芯橡胶支座，如图12.5-19所示，这种隔震支座在叠层橡胶支座中间钻孔灌入铅芯而成。铅芯可以提高支座大变形时的吸能能力。一般说来，普通叠层橡胶支座内阻尼较小，常需配合阻尼器一起使用，而铅芯橡胶支座由于集隔震器与阻尼器于一身，因而可以独立使用。另在天

图 12.5-18　垫层橡胶支座

然橡胶中加入石墨，也可大幅度提高橡胶支座阻尼。

通常使用的橡胶支座，水平刚度是竖向刚度的1%左右，且具有显著的非线性变形特征。当小变形时，其刚度很大，这对建筑结构的抗风性能有利。当大变形时，橡胶的剪切刚度可下降至初始刚度的1/5～1/4，这就会进一步降低结构频率，减少结构反应。当橡胶剪应力超过50%以后，刚度又逐渐有所回升，起到安全阀的作用，对防止建筑的过量位移有好处。

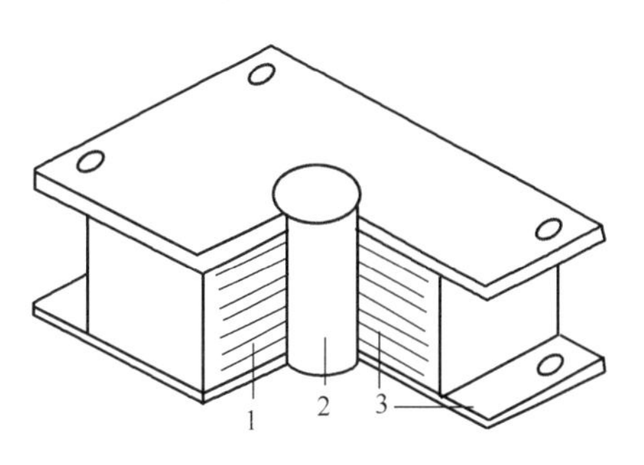

图12.5-19　铝芯橡胶支座

橡胶支座隔震装置设计的关键是合理确定隔震支座承压能力。我国建筑抗震设计规范规定：隔震层各橡胶隔震支座，考虑永久荷载和可变荷载组合的竖向平均压应力设计值不应超过表12.5-9的规定。在罕遇地震作用下，不宜出现拉应力。

橡胶隔震支座平均压应力　　表12.5-9

建筑类别	甲类建筑	乙类建筑	丙类建筑
平均压应力（MPa）	10	12	15

注：1. 对需验算倾覆的结构，平均压应力设计值包括水平地震作用效应；
2. 对需进行竖向地震作用计算的结构，平均压应力设计值应包括竖向地震作用效应；
3. 当橡胶支座的第二形状系数（有效直径与各橡胶层总厚度之比）小于5.0时，应降低平均应力限值，小于5不小于4时降低20%，小于4不小于3时降低40%；
4. 直径小于300mm的支座，其平均压应力限值对丙类建筑为12MPa。

（2）滚子隔震

滚子隔震主要有滚轴隔震和滚珠隔震两种。

图12.5-20为一滚轴隔震装置。在基础与上部结构之间设置上、下两层彼此垂直的滚轴，滚轴在椭圆形的沟槽内滚动，因而该装置具有自己复位的能力。

图12.5-21则为一实际滚珠隔震装置，该装置是在一个直径为50cm的高光洁度的圆钢盘内，安放400个直径为0.97cm的钢珠。钢珠用钢箍圈住，不致散落，上面再覆盖钢盘。一般来说，采用滚子隔震装置时，应注意安装有效的限位、复位机构，以保证被隔震的结构物不致在地震作用下出现永久性变形。

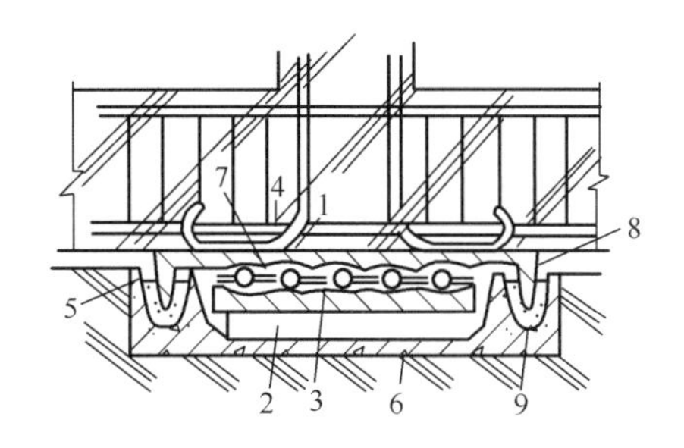

图12.5-20　双排滚轴隔震装置

1—上部滚轴群；2—下部滚轴群；3—呈弧形沟槽的中间板；4—钢制连接件；5—销子；6—底盘；7—盖板；8—盖板向下突壁；9—散粒物

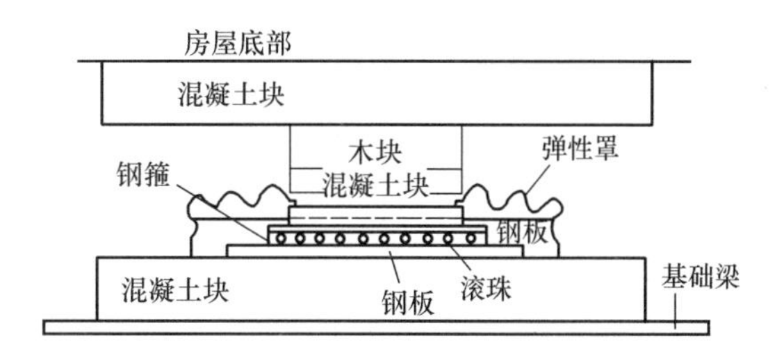

图12.5-21　滚珠隔震装置

3. 计算模型与设计要求

隔震建筑系统的动力分析模型可根据具体情况选用单质点模型、多质点模型，甚至空间分析模型。当上部结构侧移刚度远大于隔震层的水平刚度时，可以近似认为上部结构是一个刚体，从而将隔震结构简化为单质点模型进行分析。当要求分析上部结构的细部地震反应时，可以采用多质点模型或空间分析模型。这些模型可视为在常规结构分析模型底部加入隔震层简化模型的结果。例如，对于多质点模型，隔震层可用一个水平刚度为 K_h，阻尼系数为 ζ_{eq} 的结构层简化之，如图 12.5-22 所示。

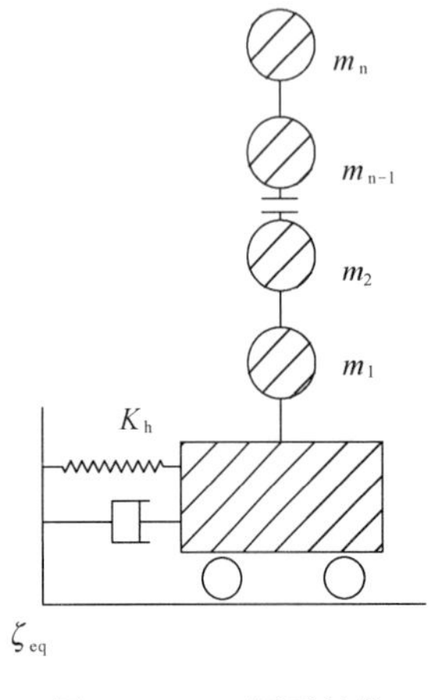

图 12.5-22 隔震结构计算简图

其中，水平刚度计算式为：

$$K_h = \sum_{i=1}^{N} K_i \tag{12.5-40}$$

式中 N——隔震支座数量；

K_i——第 i 个隔震支座的水平动刚度。

等效黏滞阻尼比计算式为，

$$\xi_{eq} = \frac{\sum_{i=1}^{N} K_i \xi_i}{K_h} \tag{12.5-41}$$

式中 ξ_i——第 i 个隔震支座的等效黏滞阻尼比。

一般情况下，隔震结构宜按图 12.5-22 所示模型采用时程分析法进行抗震计算，输入地震波的反应谱特性和数量，应符合结构抗震计算时程分析法的要求，计算结果可取其平均值。

采用隔震装置的隔震结构，可以有效减低隔震层以上结构的水平地震作用。我国抗震规范采用水平向减震系数的概念来反映这一特点，且规定水平地震作用沿高度采用矩形分布，水平向地震影响系数最大值采用非隔震结构水平地震影响系数最大值与水平向减震系数的乘积。而水平向减震系数可根据结构隔震与非隔震两种情况下层间剪力的最大比值按表 12.5-10 确定。水平向减震系数不宜低于 0.25。且隔震后结构的总水平地震作用不得低于非隔震结构在 6 度设防时的总水平地震作用。

层间剪力最大比值与水平向减震系数的对应关系 **表 12.5-10**

层间剪力最大比值	0.53	0.35	0.26	0.18
水平向减震系数	0.75	0.50	0.38	0.25

隔震支座对应于罕遇地震水平剪力的水平位移，应符合下列要求：

$$u_i \leqslant [u_i] \tag{12.5-42}$$

$$u_i = \beta_i u_c \tag{12.5-43}$$

式中 u_i——罕遇地震作用下，第 i 个隔震支座考虑扭转的水平位移；

$[u_i]$——第 i 个隔震支座的水平位移限值；对于橡胶隔震支座，不应超过该支座有效直径的 0.55 倍和支座各橡胶层总厚度 3.0 倍二者的较小值；

u_c——罕遇地震下隔震层质心处或不考虑扭转的水平位移；

β_i——第 i 个隔震支座的扭转影响系数，应取考虑扭转和不考虑扭转时 i 支座计算位移的比值；当隔震层以上结构的质心与隔震层刚度中心在两个主轴方向均无偏心时，边支座的扭转影响系数不应小于 1.15。

对于隔震结构，隔震层以上结构应采取不阻碍隔震层在罕遇地震下发生大变形的措施，上部结构的周边应设置防震缝，缝宽不宜小于各隔震支座在罕遇地震下的最大水平位移值的 1.2 倍。

由于隔震结构的地震作用大大减少，对于丙类建筑，当水平向减震系数不大于 0.5 时，可适当降低隔震层以上结构的抗震构造要求。

二、耗能减震技术

1. 原理

耗能减震技术是通过采用附加子结构或一定的措施，以消耗地震传递给结构的能量为目的的减震手段，但其原理也适用于减小结构的风振。

地震时，结构在任意时刻的能量方程为

$$E_t = E_s + E_f \tag{12.5-44}$$

式中 E_t——为地震过程中输入给结构的能量；

E_s——为主结构本身的耗能；

E_f——为附加子结构的耗能。

主结构耗能由以下几部分组成

$$E_s = E_v + E_e + E_c + E_y \tag{12.5-45}$$

其中，E_v 为结构振动动能；E_e 为结构振动势能；E_c 为结构粘滞阻尼耗能；E_y 为结构塑性变形耗能。E_v 与 E_e 之和为结构的振动能 E_D，即

$$E_D = E_e + E_v \tag{12.5-46}$$

显然，E_D，E_v 与 E_e 均与结构反应有关。结构反应越大，则 $E_s(=E_D+E_c+E_y)$ 越大。

可以从两方面认识耗能减震原理。从能量观点看，地震输入结构的能量 E_t 是一定的。通过耗能减震装置消耗掉一部分能量，则结构本身需消耗的能量减小，意味着结构反应减小。从动力学观点看，耗能装置的作用，相当于增大结构阻尼，从而使整个结构反应减小。

2. 常用耗能减震装置

耗能减震结构的耗能装置，可以是安放在结构物能产生相对位移处的阻尼器，也可以是由结构物的某些非承重构件（如支撑、剪力墙等）设计成的耗能构件。这些耗能装置在风或小震下具有较大的刚度。但强烈地震发生时，耗能装置应率先进入非弹性状态，产生较大阻尼，大量消耗输入结构的地震能量。试验表明，耗能装置可做到消耗地震总输入能量的 90%以上。

下面介绍几种用于多高层钢结构的耗能装置。

（1）阻尼器

阻尼器通常安装在支撑处、框架与剪力墙的连接处、梁柱连接处以及上部结构与基础连接处等有相对变形或相对位移的地方。在基底隔震系统中，阻尼器常与隔震装置相配合使用。常用的阻尼器有以下几种：

1）软钢阻尼器。利用低碳钢具有优良的塑性变形性能，可以在超过屈服应变几十倍的塑性应变下往复变形数百次而不断裂的优点，可按需要将软钢板（棒）做成各种形状的

阻尼器，如图 12.5-23 所示。

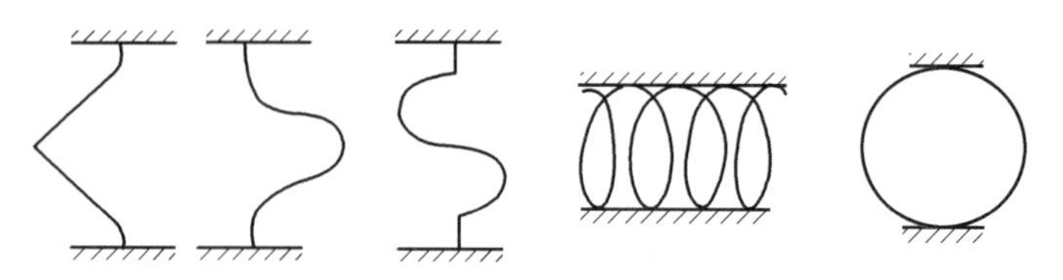

图 12.5-23　各种形状的软钢阻尼器

图 12.5-24 是台湾大学蔡克铨教授提出的三角板耗能阻尼器（Triangular Plate Added Damping and Stiffness Device；简称 TADAS）。TADAS 由数片三角形钢板悬臂地焊接在一块底板上，在垂直于钢板的侧向力作用下，悬臂板的弯矩与钢板宽度呈同样的线性变化，整块钢板会同时发生弯曲屈服，故可提供较大的变形与消耗能力。图 12.5-25 是通过试验得到的 TADAS 的恢复力曲线。

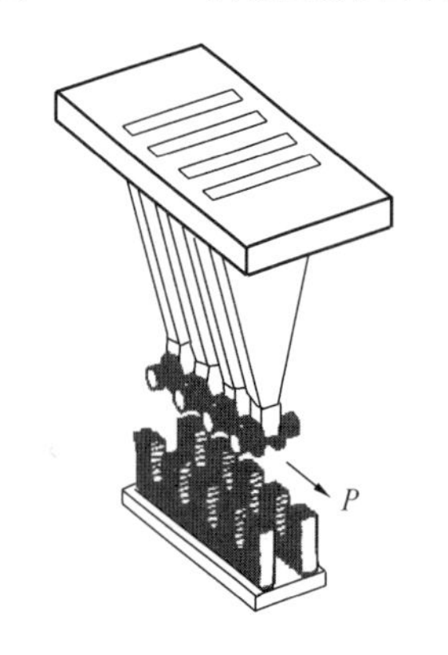

图 12.5-24　三角形钢板耗能阻尼器（TADAS）示意图

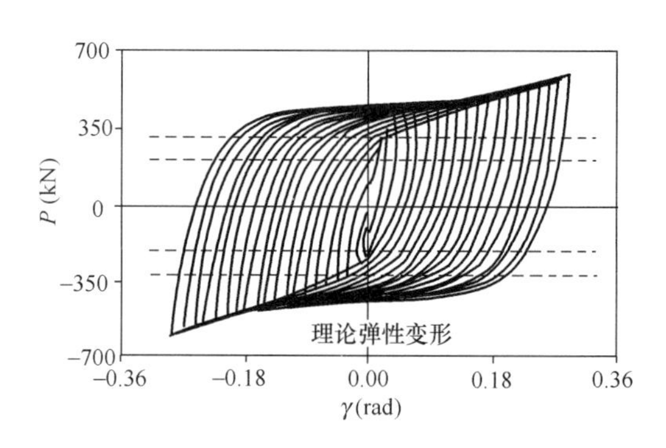

图 12.5-25　TADAS 的恢复力曲线

2）摩擦阻尼器。将几块钢板用高强螺栓连在一起，可做成摩擦阻尼器，如图 12.5-26 所示。通过高强度螺栓的预拉力，可调整钢板间摩擦力的大小。对钢板表面进行处理或加垫特殊摩擦材料，可改善阻尼器的往复动摩擦性能。试验表明，加高效摩擦垫的摩擦阻尼器，具有稳定滞回性能，如图 12.5-27 所示。

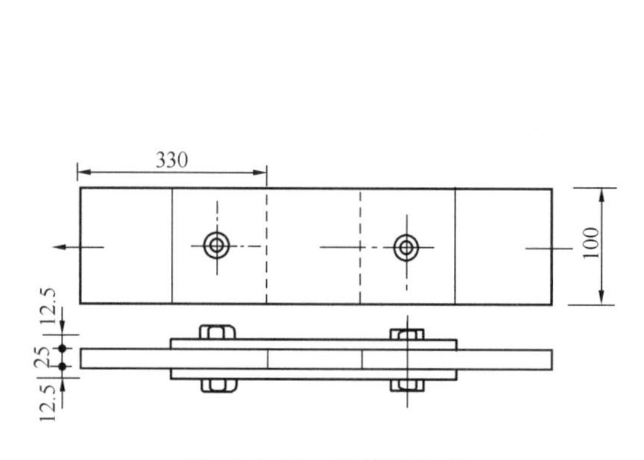

图 12.5-26　摩擦阻尼器

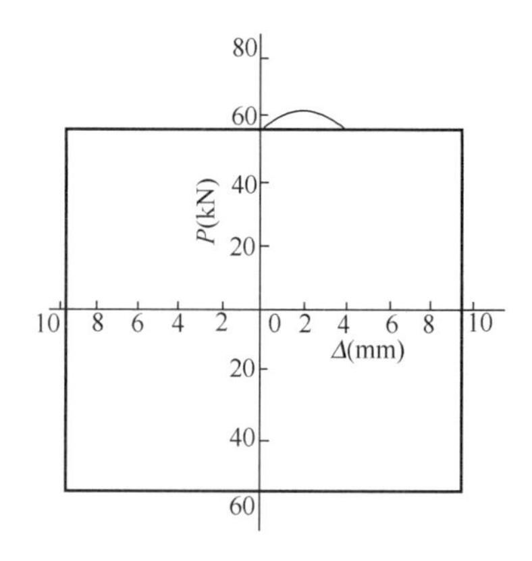

图 12.5-27　摩擦阻尼器的滞回曲线

3）黏滞阻尼器。黏滞阻尼器主要利用活塞在高黏性流体里运动产生黏滞阻尼力来消耗能量。黏滞阻尼力主要与活塞在流体里的运动速度有关，一般与活塞运动的速度成正比。图 12.5-28 是一个黏滞阻尼器的实例。

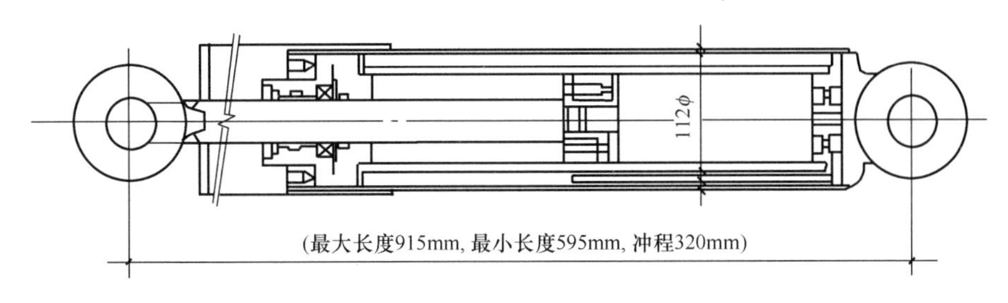

图 12.5-28 黏滞阻尼器

4）黏弹性阻尼器。黏弹性阻尼器采用黏弹性材料制成，黏弹性材料具有弹性（变形后复位）和黏性（变形过程中耗能）两种组合功能。图 12.5-29 是一种典型的由黏弹性材料制成的阻尼器。

（2）耗能支撑

耗能支撑实质上是将各式阻尼器用在结构支撑系统上的耗能构件。常用的耗能支撑有以下几种：

1）耗能交叉支撑。在支撑交叉处利用软钢阻尼器原理，可做成耗能交叉支撑，如图 12.5-30 所示。这种耗能装置通过支撑交叉处的方钢框或圆钢框的塑性变形消耗能量。

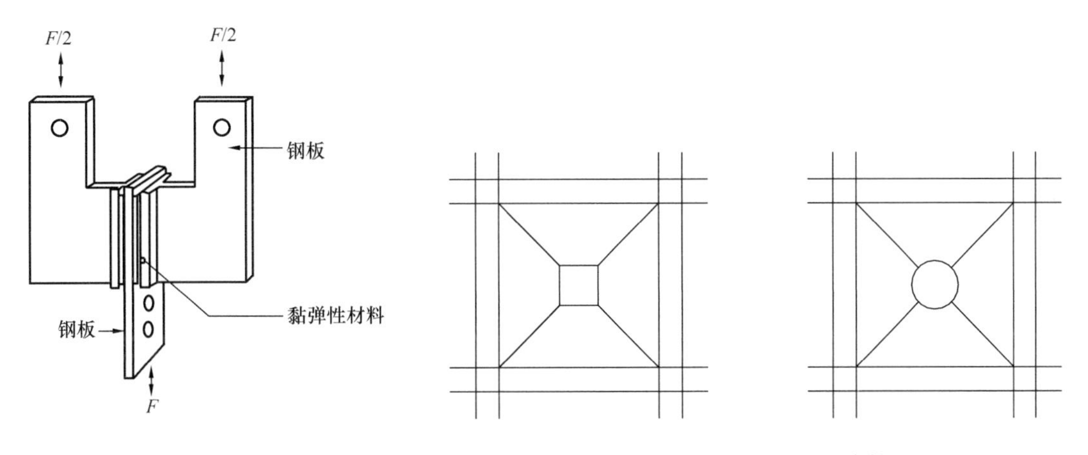

图 12.5-29 典型黏弹性阻尼器　　图 12.5-30 耗能交叉支撑

2）摩擦耗能支撑。将高强螺栓－钢板摩擦阻尼器用于支撑构件，可做成摩擦耗能支撑。图 12.5-31 和图 12.5-32 是两种用于实际工程的摩擦耗能支撑形式。

摩擦耗能支撑在小震下不滑动，能像一般支撑一样提供很大的刚度。而在大震下支撑滑动，降低结构刚度，减小地震作用，同时通过支撑滑动摩擦消能地震能量。

3）耗能隅撑。隅撑两端刚接在梁、柱或基础上，普通支撑简支在隅撑的中部，如图 12.5-33所示。地震作用下，通过隅撑的屈服消耗地震能量。由于隅撑不是结构的主要构件，更换较为方便。

4）屈曲约束支撑（防屈曲支撑）。这是一种新颖的金属屈服耗能支撑构件，如

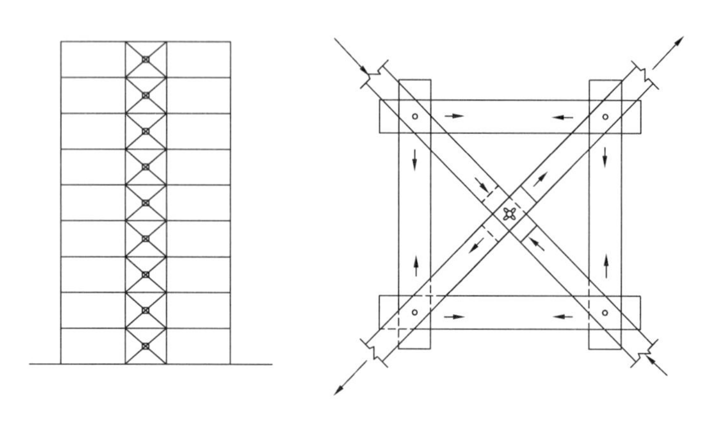

图 12.5-31　摩擦耗能支撑（形式一）

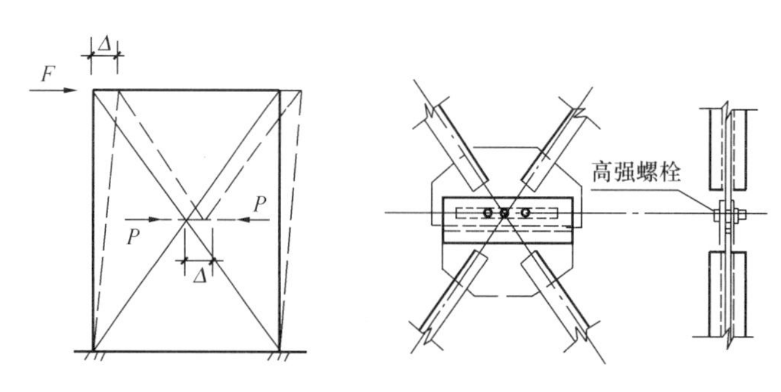

图 12.5-32　摩擦耗能支撑（形式二）

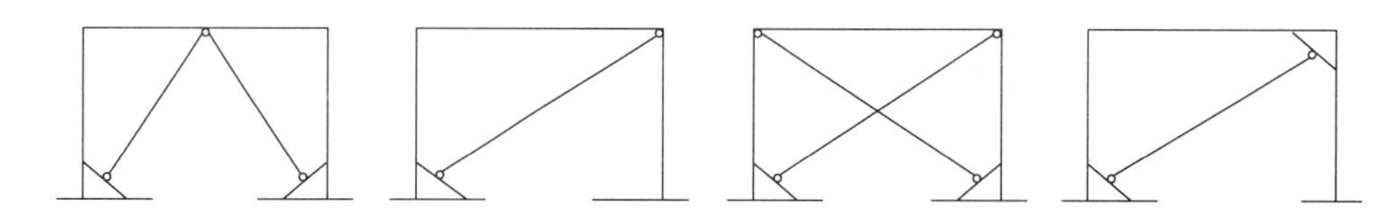

图 12.5-33　耗能隅撑

图 12.5-34所示。在内核钢支撑和外包钢管之间不粘结或在内核钢支撑和外包钢筋混凝土或者钢管混凝土之间涂无粘结漆形成滑动界面，使内核钢支撑与外包钢管或外包混凝土之间能自由滑动。工作时，仅内核钢支撑与框架结构连接，即仅钢支撑受力，而外包钢管或混凝土约束内核钢支撑的横向变形，防止内核钢支撑在压力作用下发生整体屈曲和局部屈曲。因此，无粘结套箍耗能支撑在拉力和压力作用下均可以达到充分的屈服，具有很好的延性，滞回曲线稳定饱满，如图 12.5-35 所示，其滞回特性明显优于普通钢支撑。防屈曲钢支撑的常用截面形式如图 12.5-36 所示。

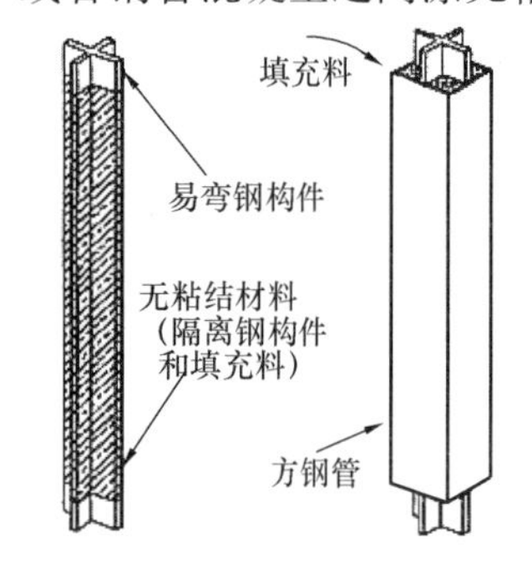

图 12.5-34　防屈曲钢支撑的基本部件

(3) 耗能墙

1) 屈曲约束钢板墙（防屈曲钢板墙）

与防屈曲钢支撑的概念相似，可在钢板墙的两侧采用无粘

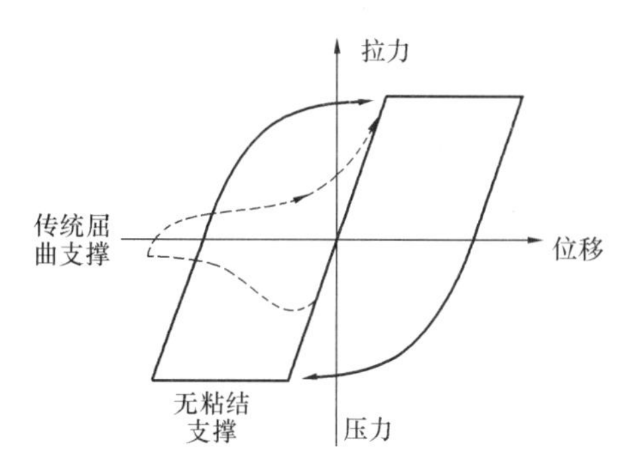

图 12.5-35 防屈曲钢支撑的轴力—位移关系

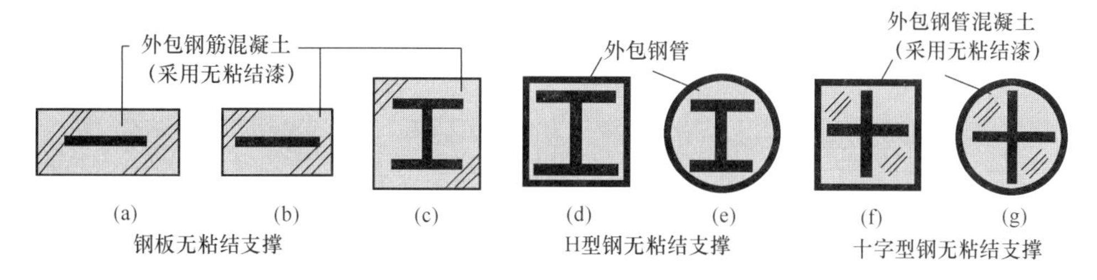

图 12.5-36 各种无粘结套箍钢支撑截面

结钢板，如图 12.5-37 所示，约束钢板在侧向剪力作用下可能发生的屈曲，使钢板墙在剪力 F 下只发生屈服而不屈曲，从而使防屈曲钢板墙有良好的滞回性能，如图 12.5-38 所示。无粘结约束板可采用混凝土板或钢箱板，如图 12.5-39 所示。

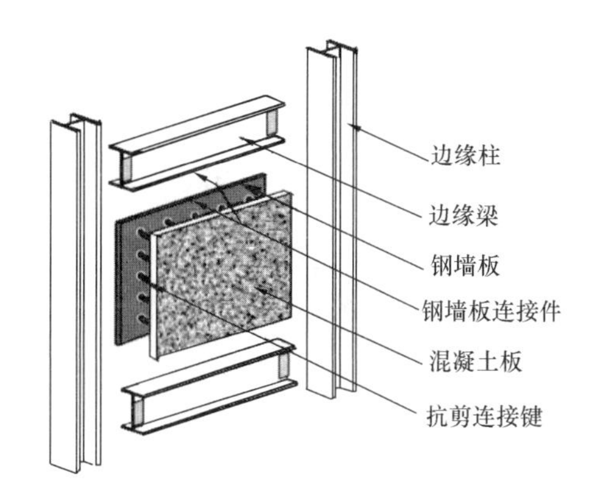

图 12.5-37 防屈曲钢板墙的构造

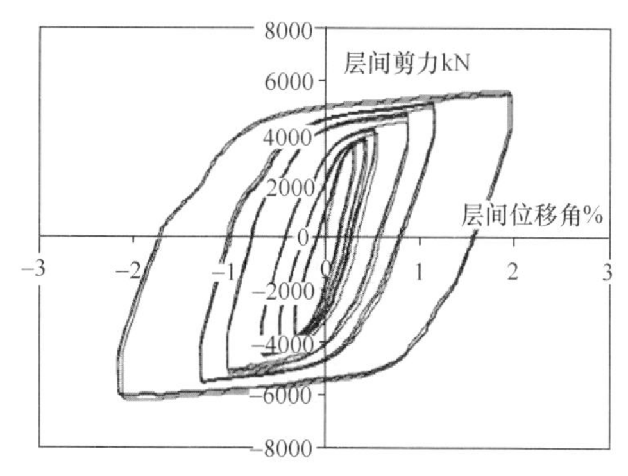

图 12.5-38 防屈曲钢板墙的滞回性能

2）黏滞耗能墙。如图 12.5-40 所示。该黏滞耗能墙由上下两部分构件构成，下部做成容器状，其中装盛黏性液体，上部可做成钢板墙状，可在容器中运动。实际应用时，耗能墙可镶嵌在钢框架中，耗能墙上部与框架上层梁相连，耗能墙下部与框架下层梁相连。地震作用下钢框架将产生层间变形，使耗能墙上部钢板在钢容器中运动，通过黏滞液体产生的阻尼力消耗地震能量。

（4）耗能剪力墙

耗能剪力墙是指通过合理的结构形式及细部构造，保证剪力墙结构在抵抗地震作用

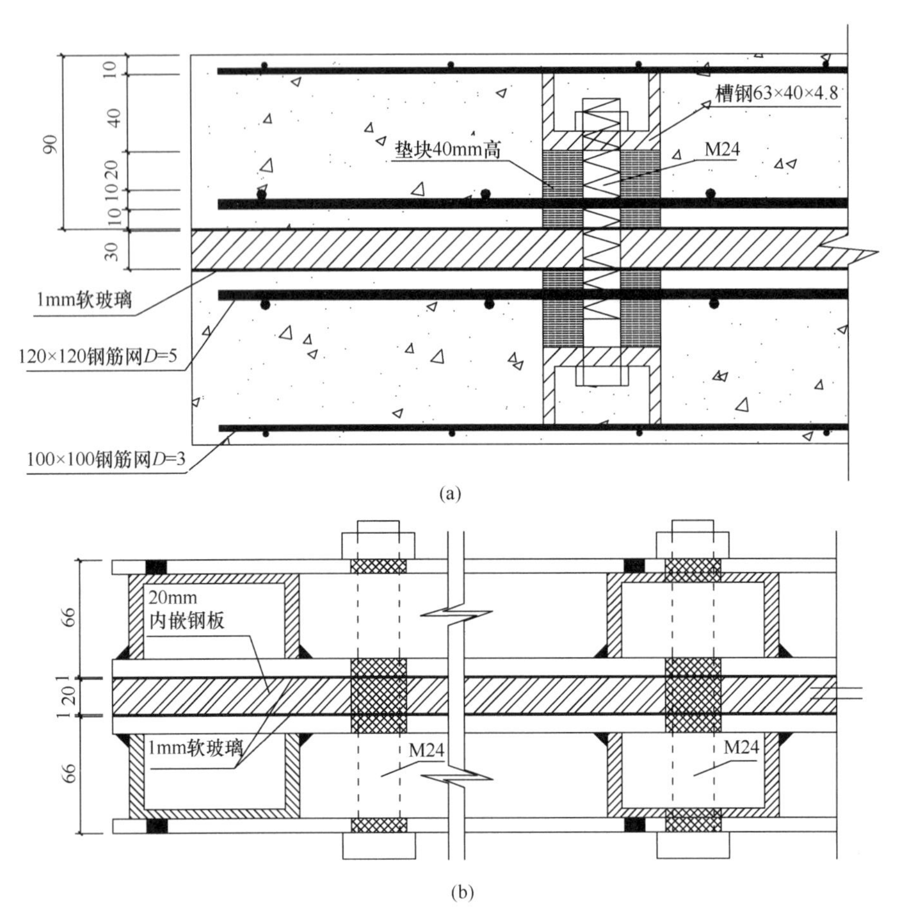

图 12.5-39　防屈曲钢板墙的约束板

(a) 混凝土盖板约束芯板构造；(b) 钢箱盖板约束芯板构造

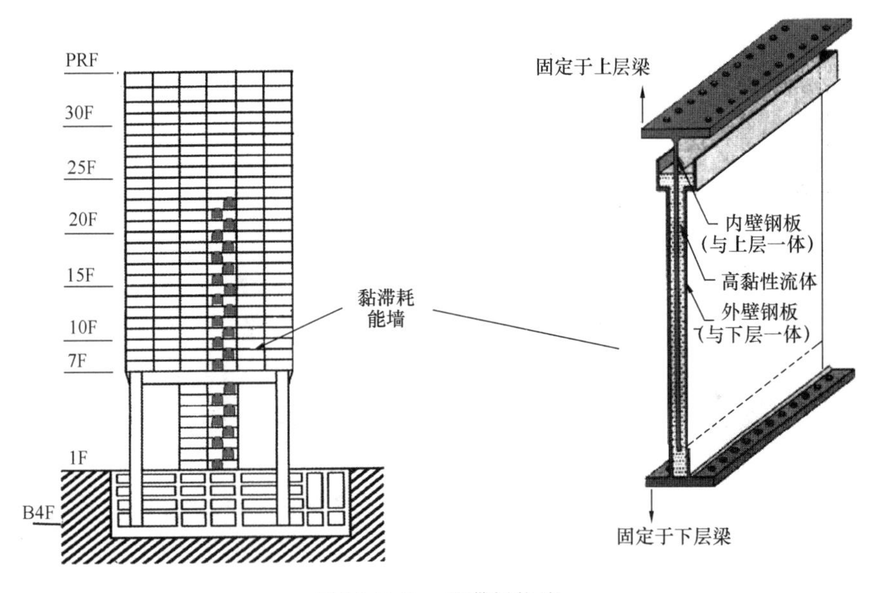

图 12.5-40　黏滞耗能墙

时，可以通过墙肢或墙肢间的连系构件形成有效的塑性铰区域（弯矩塑性铰或剪切塑性铰）进而耗散地震能量的一种结构形式。工程上较容易实现的形式有耗能钢连梁联肢剪力墙和耗能钢板联肢剪力墙。

1）耗能钢连梁联肢剪力墙。如图 12.5-41 所示。这种剪力墙利用钢连梁连接混凝土墙肢以共同工作，形成抵抗侧向力的延性结构。如图 12.5-41 所示，该结构在小震和风作用时，连梁联系联肢墙整体工作，结构刚度较大；中震、大震时，钢连梁屈服，联肢墙独立工作，结构刚度减小、周期增长、地震作用减小，同时连梁屈服耗能减震。

2）耗能钢板联肢剪力墙。墙肢间不采用传统的混凝土连梁或钢连梁进行连接，而采用防屈曲钢板墙进行连接。如图 12.5-42 所示，防屈曲钢板不但具有很大的刚度及抗剪承载力，还具有极其优秀的延性及耗能能力。小震下，防屈曲钢板保持弹性，由于其抗剪刚度大，钢板联肢剪力墙的抗侧刚度可与将钢板与墙肢视为整体的实体墙的抗侧刚度相当。而中震、大震时，防屈曲钢板屈服而不屈曲，消耗地震能量，而且抗侧结构也转化为两混凝土墙肢独立工作。结构刚度减小，周期增长，地震作用减小。

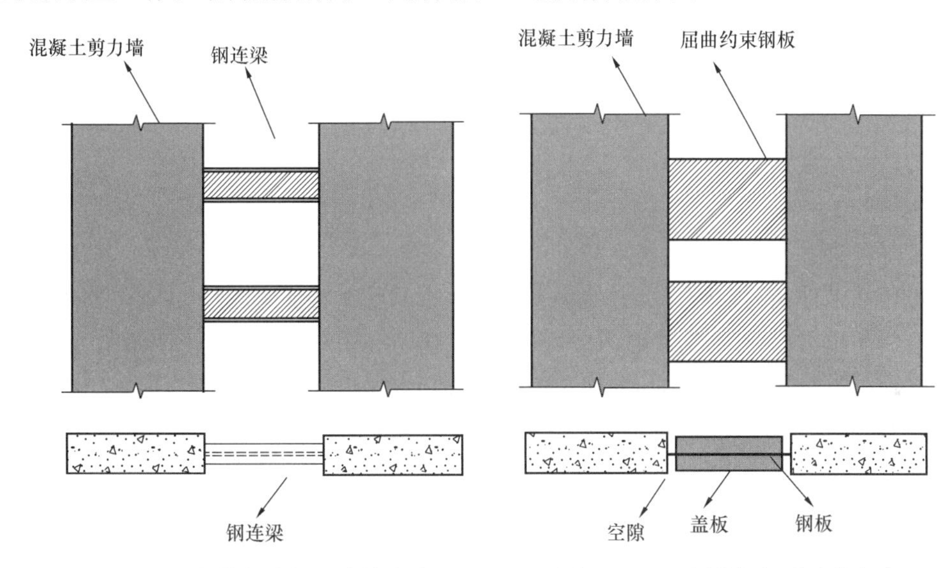

图 12.5-41　耗能钢连梁联肢剪力墙　　图 12.5-42　耗能钢板联肢剪力墙

3. 计算模型与设计要求

采用耗能减震装置的多高层钢结构的抗震计算模型可与未采用耗能减震装置结构的计算模型一样，仅需对耗能减震装置按结构构件对待，采取合适的结构单元进行模拟。

由于耗能减震装置在地震作用下的受力性能通常为非线性，一般情况下，宜采用非线性时程分析方法进行带耗能减震装置结构的抗震计算。但是，当主体结构基本处于弹性工作阶段时，也可采用线性分析法简化估算，并根据结构变形特征和高度等，按未采用耗能减震装置结构同样的要求，分别采用底部剪力法，振型分解反应谱法和时程分析法进行抗震计算。其地震影响系数可根据耗能减震结构的总阻尼比确定。

耗能减震结构的总阻尼比应为结构阻尼比和耗能减震装置附加给结构的有效阻尼比的总和。耗能减震装置附加给结构的有效阻尼比，可按下式确定：

$$\xi_a = W_c/(4\pi W_s) \tag{12.5-47}$$

式中　ξ_a——耗能减震结构的附加有效阻尼比，当 $\xi_a > 20\%$ 时，宜取 $\xi_a = 20\%$；

W_c——所有耗能减震装置在结构预期位移下往复一周所消耗的能量，一般可通过装置的预先试验得到；

W_s——设置耗能减震装置的结构在预期位移下的总应变能。当不计结构扭转影响时，可按下式估算。

$$W_s = 1/2 \sum F_i u_i \tag{12.5-48}$$

F_i——结构质点 i 的水平地震作用标准值；

u_i——结构质点 i 对应于水平地震作用标准值的位移。

采用耗能减震装置的钢框架结构的层间弹塑性位移角限值，宜采用1/80。

三、吸振减震技术

1. 原理

吸振是通过附加子结构使主结构的能量向子结构转移的减震方式。这类减震系统的减震原理可由图12.5-43所示的力学模型承受谐和地面激励时的反应特征加以说明。

设图12.5-43中主体结构质量为 m_0，阻尼系数为 C_0，刚度为 K_0，附加子结构质量、阻尼系数、刚度分别为 m_1、C_1、K_1，则可列出如下运动平衡方程：

$$m_0\ddot{x} + C_0\dot{x} + K_0 x - C_1\dot{\nu} - K_1\nu = -m_0\dot{x}_g \tag{12.5-49}$$

$$m_1(\ddot{x} + \ddot{\nu}) + C_1\dot{\nu} + K_1\nu = -m_1\ddot{x}_g \tag{12.5-50}$$

其中　$\nu = x_1 - x$

当考虑简谐地面运动输入，并考虑无阻尼体系的反应特征时，经过一些数学推导，可以发现，当子结构的频率等于地面运动输入频率时，将会给出主结构振幅为零的结果。即，系统振动能量集中于子结构而使主体结构得到了保护。

实际的地震动包含有多种频率分量，结构系统也必然是有阻尼系统，但在子结构频率 ω_{TMD} 接近或等于主结构频率 ω_0 时，主结构的地震反应总是可以得到一定的降低。图12.5-44表示一个按随机振动原理的分析结果，图中 R 是一个主结构的振动控制频率参数，当 $R<1$ 时，表示具有减震效果。大量理论分析结果表明：主结构的阻尼比越小，吸振装置的减震作用越大；子结构与主结构质量比增加，减震作用增大。

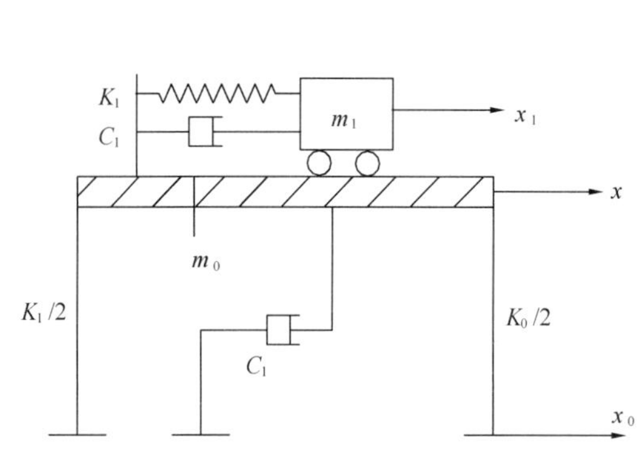

图12.5-43　TMD结构力学模型

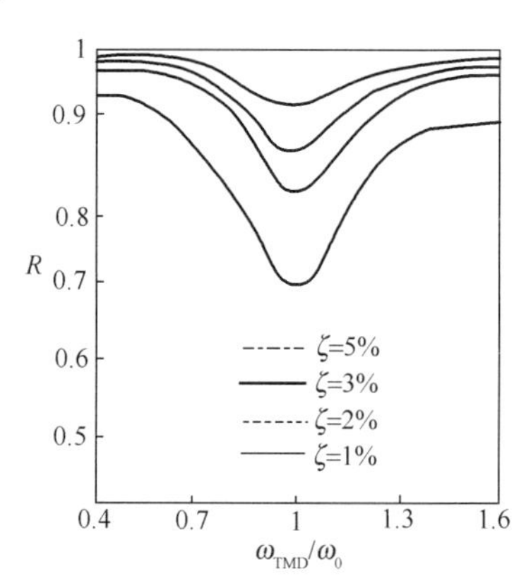

图12.5-44　TMD控制效率

2. 常用吸震减震装置

目前，工程结构常用的吸震减震装置主要有调频质量阻尼器和调谐液体阻尼器。

(1) 调频质量阻尼器

调频质量阻尼器（Tuned Mass Damper，简称TMD），实际上是一个质量一弹簧一阻尼系统，可做成滑动的质量块，支承在建筑物的顶部或悬挂在建筑物的顶部，如图 12.5-45 所示。

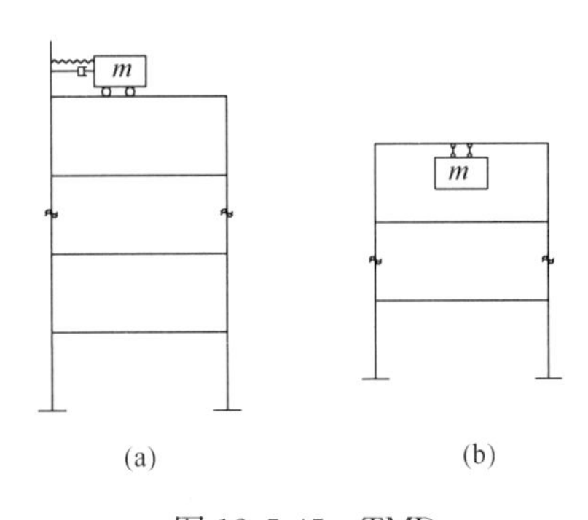

图 12.5-45 TMD

(a) 支承式；(b) 悬挂式

(2) 调谐液体阻尼器（TLD）

将装液体的容器置于结构物上，结构振动，液体的晃荡形成一个调谐液体阻尼器，通常称这类装置为 TLD（Tuned Liquid Damper），如图 12.5-46 所示。为增大阻尼，可在液体（一般用水）中设筛网。

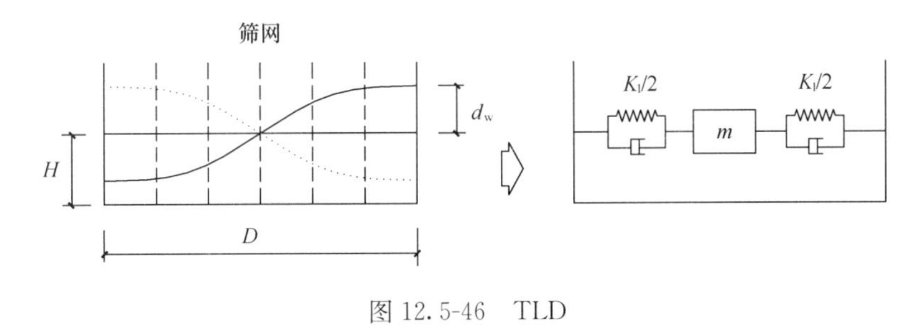

图 12.5-46 TLD

设计 TLD 时，应尽量使水的振荡周期接近结构的固有周期。水是振荡频率公式为：

$$f=\sqrt{\frac{g}{2\pi L}\mathrm{tg}\left(\frac{2\pi H}{L}\right)} \tag{12.5-51}$$

式中 L——水平波的波长；

H——水深；

g——重力加速度。

3. 计算方法与设计要求

采用吸振减震装置结构的抗震计算模型可与未来采用吸振减震装置结构的计算模型完全一致，仅需对吸振减震装置按一个子结构振动系统进行模拟。

对于带吸振减震装置的结构，底部剪力法不再适用，应采用振型分解反应谱法或时程分析法进行抗震计算。

带吸振减震装置结构的抗震设计要求，可与未带吸振减震装置结构的抗震设计要求一致。

12.6 多高层钢结构抗震设计实例

12.6.1 概述

多层结构可采用常规的框架、框撑体系。高层结构水平荷载为主导荷载，水平抗侧体系的选择成为重点，可采用框架-支撑结构体系、框架-抗震墙结构体系、框架-核心筒结构体系和筒体结构体系等。

纯钢结构设计时，结构体系的选择、构件计算依据的国家现行标准主要有《钢结构设计标准》GB 50017、《高层民用建筑钢结构技术规程》JGJ 99 及《建筑抗震设计规范》GB 50011。相关成熟的节点可参考国标图集《多、高层民用建筑钢结构节点构造详图》04SG 519。

多层钢结构，选用纯框架结构时，应注意框架截面、钢材量是否满足相关方要求，必要时可设置支撑以减小构件截面尺寸。另外，多高层钢结构隔墙应尽量采用轻质材料，减轻自重，如各类预制轻质墙板体系。

一般情况下，钢结构构件截面较其他材料构件偏小，结构侧移要求宽松，因而稳定问题需重点关注。钢框架的稳定包括框架平面内、平面外的稳定和构件局部稳定三个方面。

（1）框架平面内稳定可根据抗侧刚度大小，分为无侧移和有侧移两种失稳形式。

（2）框架平面外的稳定可以设置平面外支撑以保证。

（3）构件的局部稳定，可以通过限制板件的宽厚比或设置加劲肋保证。

结构布置完成后，需要进行梁柱截面尺寸的估算，主要是梁、柱和支撑等构件的截面形状和尺寸进行预估优选。根据荷载和支座情况，钢梁的截面高度通常在跨度的 1/50～1/20 之间选择。框架柱、支撑截面按长细比估算，根据抗震等级有不同的限制；截面形状根据轴心受压、双向受弯或单向受弯的不同，可选择钢管或 H 型钢截面等。在柱高或对纵横向刚度有较大要求时，常采用矩形管或圆管截面。

使用软件进行构件截面验算时，对于体型复杂部位，计算长度系数的确定，内力的提取需仔细核查。

楼屋面一般采用组合楼板，采用闭口型或缩口型，总厚度不小于 110mm，可参考现行国标图集《钢与混凝土组合楼屋盖结构构造》05SG 522。也可采用钢筋桁架楼层板，参考《组合楼板设计与施工规范》CECS 273：2010。为阻止压型钢板与混凝土间滑移，在组合楼板端部应设置焊钉焊于钢梁翼缘上，焊钉直径、高度和间距应满足规范要求。当次梁不考虑梁与混凝土楼板的组合作用时，可考虑腹板屈曲后强度利用。

梁与柱的刚性连接，通常采用柱贯通的连接形式。当从柱悬伸短梁时，短梁与中间区段梁的连接，应按梁与梁的等强拼接连接进行设计。梁柱连接常见的有全熔透焊连接和翼缘熔透焊接、腹板高强螺栓连接。当采用前者时，假定全截面传递弯矩；采用后者时，常假定翼缘传递弯矩，腹板抗剪。故后者梁柱连接处截面加强程度比前者大。

柱脚构造形式可分为外露式，埋入式和外包式。高层钢结构宜采用埋入式和外包式。

12.6.2　多层框架结构

设计流程中，首先需明确设计输入条件。如设防标准、安全等级、耐久性、经济性要求等；需明确建筑要求，暖通、水电管线对结构的局部要求，整体上同各个专业相互配合。其次进行结构体系的选择并进行分析论证。

一、设计资料

某办公楼，钢框架结构，较为规则，耐火等级一级，安全等级二级，设计使用年限 50 年。建筑物横向和纵向均为 3 跨，每跨 6m，底层高度 3.90m，2～4 层层高 3.6m。采用 PKPM 的 STS 和 SATWE 软件进行建模和分析。结构基本设计参数见表 12.6-1，结构标准层及整体模型见图 12.6-1。

设计参数 表 12.6-1

设防烈度	抗震等级	基本风压 kN/m²	恒载/活载 kN/m²
8 度（0.2g） T_0=0.35s	三级	0.45	6/3

选择框架结构是由于可为建筑平面提供较大的灵活性，结构刚度可满足要求，构造简单，便于施工。结构平面次梁的布置可根据荷载传递方向确定，为了减小截面，沿短向布置，但是主梁截面会加大，此时最好梁下有分隔，同时顶层边柱内力较大；也可沿长向布置，支撑在较短的主梁上。次梁一般按两端铰接构造和设计，而不像混凝土结构做成多跨连续。楼面采用压型钢板组合楼板，次梁考虑与组合楼板形成组合梁。框架梁柱截面见表 12.6-2，钢材采用 Q345B。

图 12.6-1 结构标准层和整体模型

主要梁柱截面表 表 12.6-2

层数	层顶高度（m）	框架柱截面	框架梁截面
1～3	11.1	箱 300×16	H400×200×8×12
4	14.7	箱 300×12	HN350×175×7×11

二、计算结果整理及分析

结构周期、位移比指标分析采用刚性楼板假定，钢结构截面校核采用弹性楼板假定。地震计算考虑偶然偏心的影响。主要计算结果见表 12.6-3 和表 12.6-4，整理分析如下：

1. 周期比 T_θ/T_1=1.18/1.36=0.87，多层建筑规范未限定周期比的要求，只有高层建筑才需要控制周期比；有效质量均大于 90%；基底地震剪力与建筑物总重量之比能够满足最小剪重比 3.2%的要求；结构层间位移比，层间侧移刚度比，抗剪承载力比均满足平面、竖向规则性要求。

结构自振周期 表 12.6-3

T_1	T_2	T_θ
1.36（平动）	1.23（平动）	1.18（扭转）

2. 水平位移，结构弹性最大层间位移角满足地震作用下 1/250 的限值，满足风荷载作用下的限值 1/250，最大位移角限值 1/250 的要求。

结构在风和地震作用下的位移 表 12.6-4

荷载	顶点位移（mm）	最大层间位移角
地震 X 向	33	1/356
地震 Y 向	36	1/323
风载 X 向	6.5	1/1797
风载 Y 向	8.8	1/1307

3. 截面复核：构件强度，平面内、平面外的稳定应力比，挠度，柱的轴压比、长细比根据计算结果进行复核。特别注意洞口边缘无楼板范围梁的稳定和加强；跃层柱的计算长度；斜梁、斜柱由于软件简化导致的截面复核时内力不完全的情况；悬挑梁的稳定和节点连接可靠性；大跨度梁施工稳定性等。

若构件截面不足，可分两种情况区别对待：

（1）截面强度不足：可加大腹板或翼缘厚度，在条件允许时优先加高截面。

（2）变形超限：加大截面高度或改变边界条件。

框架梁由于负弯矩区影响一般不考虑组合作用。次梁通过抗剪连接件与混凝土楼板形成组合梁，可提高整体上楼面刚度，减小钢梁截面，节约钢材。

12.6.3　高层框架-支撑筒结构

一、设计资料

某办公楼，结构平立面简图见图 12.6-2，钢框架-中心支撑筒结构，较为规则，耐火等级一级，安全等级二级，设计使用年限 50 年。建筑物外形 47m×38m，长方形中部设计为核心筒，由电梯、楼梯、卫生间及管道竖井组成。核心筒外围开放式办公。核心筒柱网为（9+9+9）×9m，核心筒柱与外围柱之间跨距为 14m。地上 12 层，地下 2 层。一层，十一层层高 5m，其余层高为 4.2m，结构高度 49.5m。核心筒采用人字形支撑，楼面采用压型钢板组合楼板，次梁考虑与组合楼板形成组合梁。采用 SATWE 软件进行分析。基本参数见表 12.6-5。

结构设计参数　　　　表 12.6-5

设防烈度	抗震等级	基本风压 kN/m²	标准层办公区附加恒载/活载 kN/m²
8 度（0.2g）T_0=0.45s	三级	0.45	2.8/2

构件部分截面见表 12.6-6，部分位置采用日字形柱 660×400×60×60，材料采用 Q345B 钢，部分采用 Q345GJ 钢。

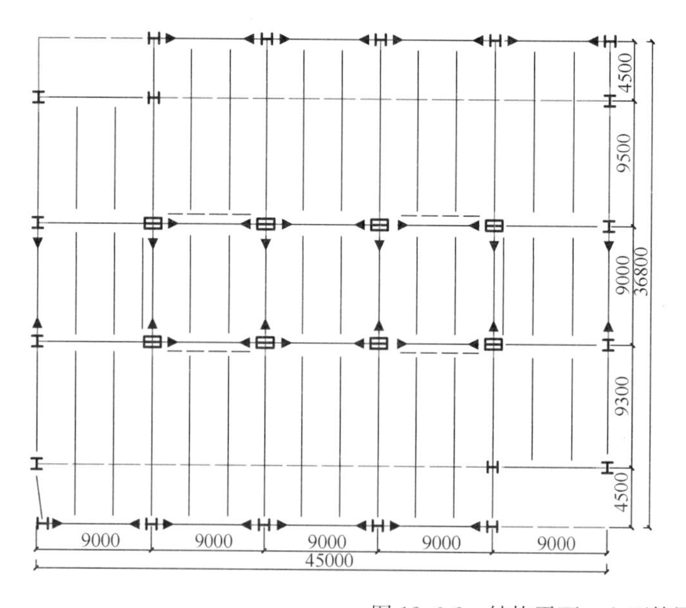

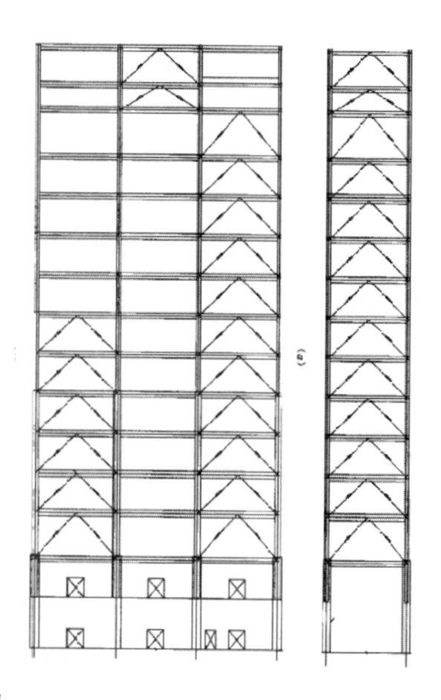

图 12.6-2　结构平面、立面简图

主要框架梁柱截面表 表 12.6-6

层数	高度（m）	部分框架柱截面	部分框架梁截面	支撑
1～2	9.2	H550×550×45×60	H720×327×15×24 H720×300×15×24	H400×300×8×12
3～4	17.6	H500×450×40×60		
5～6	26	H425×409×32×52		
7～8	34.4	H399×401×24×39		H400×250×8×12
9～11	47.8	H380×395×18×30		

二、主要计算结果及分析

1. 结构自振周期见表 12.6-7，考虑刚性楼板和偶然偏心，振型分析周期比 $T_\theta/T_1=2.14/2.71=0.88<0.9$；有效质量均大于 90%；基底地震剪力与建筑物总重量之比能够满足最小剪重比 3.2%的要求。

结构自振周期 表 12.6-7

T_1	T_2	T_θ
2.71（平动）	2.38（平动）	2.14（扭转）

2. 水平位移见表 12.6-8，结构弹性最大层间位移角满足地震作用下 1/250 的限值，满足风荷载作用下的限值 1/250，最大位移角限值 1/250 的要求。

结构在风和地震作用下的位移 表 12.6-8

荷载	顶点位移（mm）	最大层间位移角
地震 X 向	74.15	1/474
地震 Y 向	119.6	1/342
风载 X 向	24.9	1/1714
风载 Y 向	53.5	1/846

偏心率宜满足《高层民用建筑钢结构技术规程》JGJ 99—2015 不大于 0.15 的要求，否则为平面不规则；层侧移刚度比、受剪承载力比是结构竖向不规则的主要判断指标；结构整体稳定决定是否考虑二级效应；当竖向有个别层为薄弱层时，需进行内力放大；

3. 节点连接，当非抗震设防时，应按结构处于弹性受力阶段设计；当抗震设防时，应按结构进入弹塑性阶段设计，节点的连接承载力应高于构件截面的承载力。抗震设防的高层建筑钢结构框架，从梁端或柱端算起的 1/10 跨长或两倍截面高度范围内，节点设计应验算节点连接的最大承载力、构件塑性区的板件宽厚比、受弯构件塑性区侧向支撑点间的距离、节点域的受剪承载力和稳定。

4. 对于有地下室的多高层建筑钢结构，若钢柱伸至地下室底部，此时的钢柱柱脚宜采用铰接，使其构造简单，且地下室以上结构的整体刚度与实际也较为接近。

12.6.4 大悬挑钢结构桁架转换结构

一、设计资料

某建筑主体采用框架-核心筒结构，单侧悬挑 16.5m，悬挑端层数 14 层，层高 4m，在底部 8 层设置越层悬挑桁架。建筑立面图见图 12.6-3。

工程建筑场地类别为Ⅱ类，场地特征周期为 0.35s，抗震设防烈度为 7 度（0.1g），地震分组为第一组，风荷载为 0.75kN/m^2（50 年一遇），0.9kN/m^2（100 年一遇）。主塔楼典型柱距为 8.8m，核心筒尺寸为 41.5m×9.5m，筒体外墙墙厚为 500～600mm，与悬挑相邻的墙厚 700mm，内设十字形 1300mm×1500mm 型钢混凝土端柱；框架柱截面尺

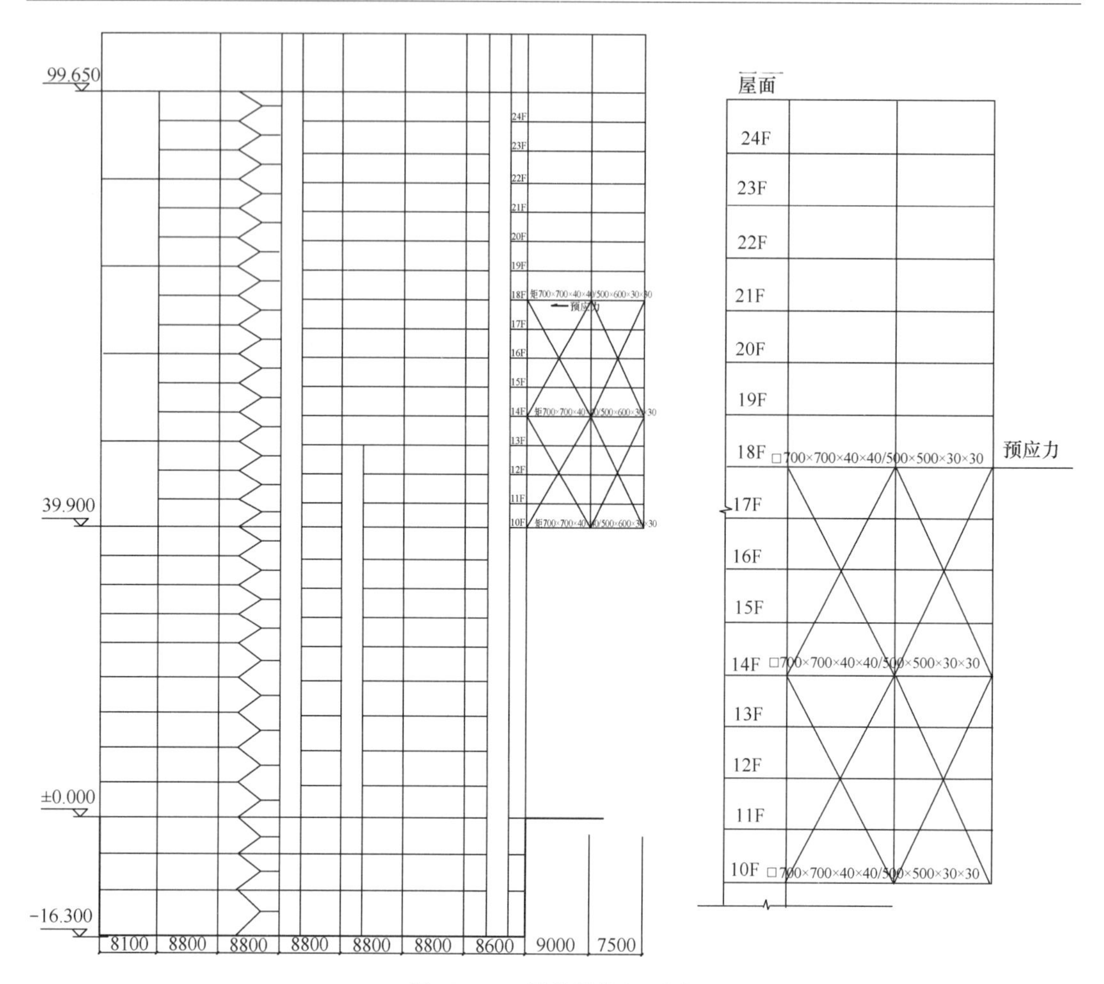

图 12.6-3　悬挑结构立面图

寸为 1000mm×1000mm～1000mm×1200mm，与悬挑相邻位置框架柱为十字形 1300mm×1300mm 型钢混凝土柱，楼盖系统为混凝土梁板体系。竖向构件混凝土强度等级由下至上为 C60～C30，梁板构件为 C30。

悬挑部分采用钢结构以减少结构自重。钢材采用 Q345B，下部由两个 4 层高的桁架上下叠合组成共 8 层高的转换桁架，桁架上下弦杆为 700×700×40（mm），500×600×30（mm）的钢箱梁，斜腹杆为 500×700（mm），500×500（mm）的钢箱梁，竖向腹杆为 600×600（mm），500×500（mm）的钢箱梁；外挑部分楼板体系采用压型钢板-钢筋混凝土板组合楼盖体系。

悬挑桁架设置成交叉桁架，以保证悬挑部分拥有两道防线，并进行一向斜杆构件损坏后的防倒塌分析；悬挑桁架上下弦杆边跨向核心筒方向延伸一跨；桁架与柱相连部位及桁架与竖向钢柱相连的节点经过仔细设计，确保为“强节点，弱构件”。

二、计算方法及分析

在设计方法上采取的主要措施有：采用了两种软件对结构整体进行分析；对安评报告提供的反应谱与抗震规范反应谱进行了对比，确保采用两者中较安全的波谱进行设计；采用安评报告提供的场地时程曲线以及地震记录进行了弹性时程分析，确保反应谱分析能够比较准确地反映结构在地震作用下的反应；对重要结构构件如交叉斜杆、底部剪力墙等提出抗震性能目标，要求小震下连接钢柱弹性，悬挑桁架弹性；中震下钢柱不屈服，桁架弹性；大震下钢柱部分屈服，桁架压（拉）弯不屈服。进行竖向地震作用计算，竖向地震作用标准值取结构重力荷载代表值的10%，计算采用含竖向地震组合的工况来检查悬挑部分构件的位移及应力。加厚桁架顶层楼板，板内除加强设置双层拉通钢筋外，还加设预应力，以抵消自重作用下的楼板拉应力。用ABAQUS软件对悬臂桁架与钢骨混凝土柱相交位置悬臂桁架与钢骨混凝土墙相交位置及桁架中间节点分别做了节点分析，根据分析结果对应力集中区域作加强处理。对悬挑部分结构受力特点进行施工的可行性分析。

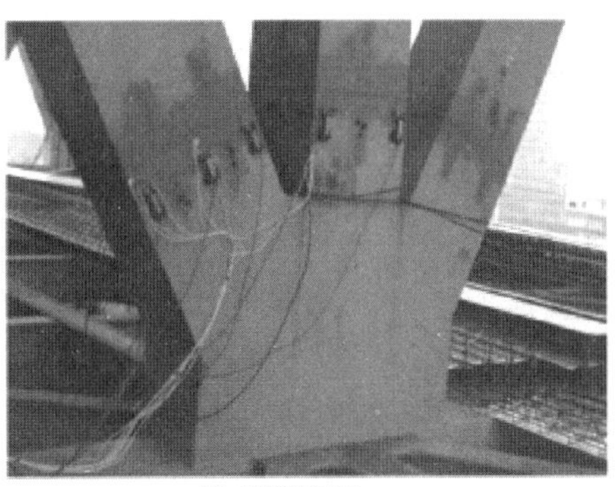

施工检测现场

图 12.6-4　悬挑桁架节点监测

悬挑部分的卸载过程中各结构构件的受力顺序及变形是否符合设计的理论分析，在胎架卸载过程中对悬挑外端的位移变形和转换桁架的关键节点处应力应变进行现场监测，现场应力应变监测见图12.6-4。

大量人群在悬挑楼盖结构上活动时，容易造成共振，采用多点调频质量阻尼器-黏滞流体阻尼器（TMD）减振系统技术可有效降低结构的振动反应，满足《高层建筑混凝土结构技术规程》JGJ 3的要求。

12.6.5　多层钢结构隔震住宅

隔震措施是在结构底部与基础面之间设置柔性隔震层，旨在解除结构与地面运动的耦联，当地震发生时，结构在柔性隔震层上水平滑动，房屋就像浮在柔性层上，而隔震装置耗散地震能量以减少地震能量向上部结构传递，有效降低结构的地震反应，实现地震时建筑物只发生轻微的运动和变形，从而保证结构在地震作用下不损坏或不倒塌。隔震装置应具有一定的竖向承载力，能够安全地支承上部结构的所有重量和使用荷载，确保建筑物在正常使用或强地震下的安全性。

一、隔震层设计时具备下述四项特性

（1）承载特性。隔震装置具有一定的竖向承载力，能够安全地支承上部结构的所有重量和使用荷载，确保建筑物在正常使用或强地震下的安全性。

（2）隔震特性。隔震装置具有可变的水平刚度。在强风时，具有足够大的水平初始刚度，不影响使用要求。在地震发生时，其水平刚度较小，上部结构水平滑动，使“刚性”的抗震结构体系变为“柔性”隔震结构体系，结构固有自振周期大大延长，远离上部结构的自振周期和场地特征周期，从而明显地降低上部结构的地震反应。并且，由于隔震装置的水平刚度远远小于上部结构的层间水平刚度，上部结构的水平变形集中于隔震层，上部结构在地震中变为整体平动，基本处于弹性状态。这样，既能保护结构本身，也能保护建筑物内部的装饰、精密设备仪器等不遭损坏，确保结构物和生命财产在强地震中的安全性。

（3）复位特性。隔震装置具有水平弹性恢复力，地震后，上部结构能够回复至初始状态，满足正常使用要求。

（4）阻尼耗能特性。铅芯叠层橡胶隔震支座具有足够的阻尼，并且由于铅芯的存在，

其耗能特性也十分优越。在选用时可根据隔震层的阻尼和刚度要求选用部分铅芯支座，部分普通橡胶支座。

二、设计资料

多层框架结构，6 层住宅，柱网 6.6m，计算参数见表 12.6-9，结构梁柱截面见表 12.6-10。本工程选取型号为 LRB600-120 的铅芯叠层橡胶隔震支座，有效直径 600mm，铅芯直径 120mm，支座总高度 185mm，设计竖向荷载承载力为 2827kN。每根框架柱下设置 1 只，预期结构整体成本有所增加（5～10）%。

结构计算参数　　**表 12.6-9**

设防烈度	抗震等级	基本风压 kN/m²
7 度（0.1g）T_0=0.45s	四级	0.40

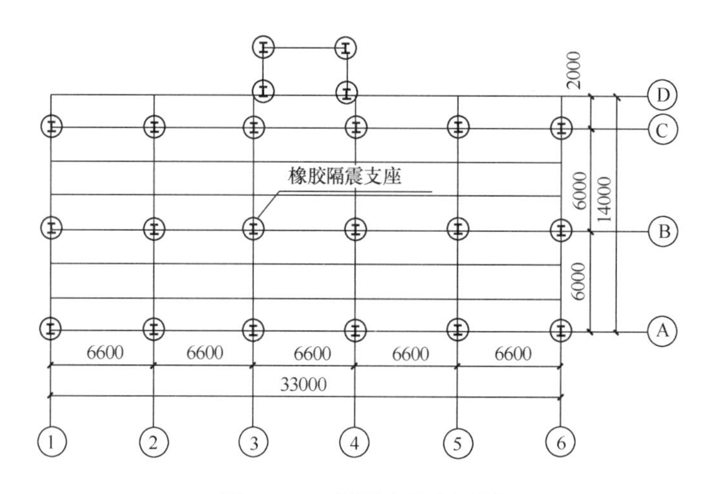

图 12.6-5　隔震支座布置图

结构梁柱截面表　　**表 12.6-10**

层数	顶部高度（m）	框架柱截面	框架梁截面	次梁截面
1～2	7.8	H500×500×12×24	H500×300×12×18	H400×300×10×18
3～6	20.6	H500×400×12×24		

分析对比结构隔震与非隔震两种情况下各层的最大层间剪力，二者的比值见表 12.6-11，可知，采用隔震支座之后，各楼层的水平地震作用明显减小水平向减震系数应通过隔震房屋与非隔震房屋在多遇地震作用下各层层间剪力的比值确定，层间剪力比值为 0.34～0.63，对应的水平向减震系数取值为 0.5～0.75。

隔震计算层间剪力对比表　　**表 12.6-11**

层号	非隔震时的层间剪力 V_1	隔震时的层间剪力 V_1'	V_1'/V_1
1	1206	761	0.63
2	1142	594	0.52
3	1041	485	0.47
4	913	386	0.42
5	721	273	0.38
6	518	174	0.34

采用 EL centro 波、天津波以及人工波进行时程分析，计算结果表明：隔震后，结构

第 1 阶频率由 6.5Hz 降到了 2.4Hz，结构固有自振周期大大延长，远离上部结构的自振周期和场地特征周期，从而明显地降低了上部结构的地震反应。绝对加速度反应明显得到控制，隔震时峰值加速度仅为普通结构反应的 1/5 左右，隔震效果明显。比较底层与顶层的结构反应，可以明显看出反应的时程曲线基本差不多，幅值大小也很接近，说明上部结构在地震作用下，整体运动状态隔震效果良好。

与初始设计未考虑隔震的抗震结构体系相比较，该结构隔震体系具有下述优越性：有效地减轻结构的地震反应，确保安全。采用隔震设计较抗震设计自振周期有较大幅度延长，使得建筑物的自振周期得以避开地震波的卓越周期，避免了共振引起的震害。该自定义钢结构隔震体系加速度反应相当于未考虑隔震的钢结构体系加速度反应的 1/5，特别是对于高层住宅的居民，居住的舒适程度将大大提升。

钢结构体系的阻尼通常在 0.02 左右，属于小阻尼体系，如果隔震系统结合消能减震构件使用，将是一种更加有效的减震（振）体系。

12.6.6 防屈曲支撑

防屈曲支撑是一种特殊的中心支撑，它通过引入约束机制解决了普通中心支撑受压易失稳的问题，改善了支撑的耗能能力和延性。其核心单元由特定强度的钢材制成，一般采用低强度钢材，常见的截面形式有“一”字形、“十”字形、“T”形、双“T”形、管形等，分别用于满足刚度和耗能需求不同的防屈曲耗能支撑；根据约束构件的不同材料形式，将防屈曲耗能支撑划分为混凝土约束形防屈曲耗能支撑、全钢形防屈曲耗能支撑和装配式防屈曲耗能支撑。

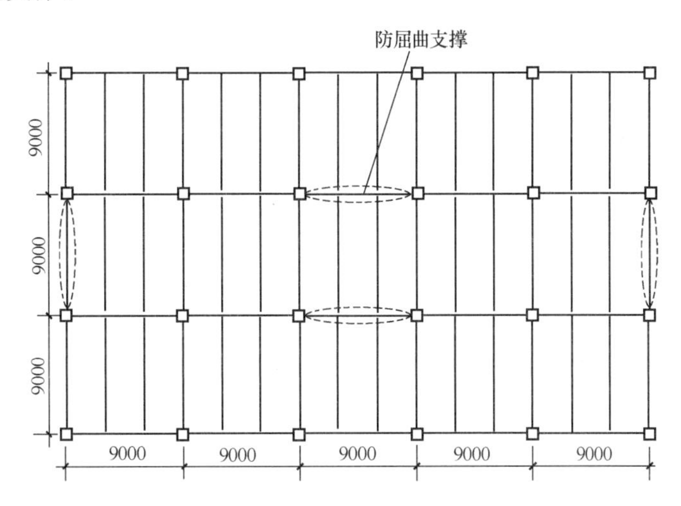

图 12.6-6 结构平面布置图

《建筑抗震设计规范》GB 50011—2010（2016 年修订版）的“隔震和消能减震结构设计”设计要求中，对位移相关性消能器的设计参数及性能检验指标进行了规定，防屈曲耗能支撑作为一种位移相关型消能器，可以参照执行。上海市建筑产品推荐性应用标准《TJ 屈曲约束支撑应用技术规程》中，对耗能型屈曲约束支撑、屈曲约束支撑型阻尼器和承载型屈曲约束支撑 3 种类型的产品进行了介绍，并对产品的设计、施工和质量验收提出了相关的技术要求。东南大学组织编制的行业标准《建筑消能阻尼器》专门给出了防屈曲耗能支撑的外观、材料、耐久性等技术要求以及试验方法和检验规则。广州大学会同有关高等院校、研究机构、设计及施工单位编制的行业标准《建筑消能减震技术规程》单独给出了防屈曲耗能支撑的技术性能指标及支撑结构设计与构造的方法。

多遇地震下，中心钢支撑和防屈曲支撑都能为结构提供抗侧刚度，减小框架柱承担的剪力和倾覆弯矩，减小结构的层间位移；而在罕遇地震下，中心钢支撑发生屈曲，结构的刚度退化严重，结构的抗侧能力较差，而防屈曲支撑屈服不屈曲，结构的刚度减小，但不会产生严重退化，结构的抗侧能力较好，二者的力学性能见图 12.6-7。

一、设计资料

多层框架结构，6 层住宅，层高 3.6m，柱网 9m，结构平面布置见图 12.6-6。楼板采用钢筋混凝土楼板，混凝土强度等级为 C30，各层楼板厚度均为 100mm。周期折减系数取 0.7，结构阻尼比取 0.04。梁、柱、支撑的钢材强度均为 Q235B，框架梁上均布线荷载值为 6kN/m，结构计算参数见表 12.6-12。

结构计算参数　　表 12.6-12

设防烈度	抗震等级	基本风压 kN/m^2	标准层恒载/活载 kN/m^2
9 度（0.4g）T_0=0.35s	二级	0.40	5/2

在 ETABS 软件中建立结构模型，钢梁、钢柱和普通中心支撑采用杆单元模拟，楼板采用膜单元模拟，防屈曲支撑采用等代杆单元模拟，等代杆单元的截面尺寸见表 12.6-13。

主要构件截面表　　表 12.6-13

层数	高度（m）	框架柱截面	框架梁截面	支撑截面	等刚度替换屈曲约束支撑	减刚度替换屈曲约束支撑
1～2	7.2	方 450×25	H500×300×11×15	φ351×16	130×130	80×80
3～4	14.4	方 450×22		φ299×16	120×120	70×70/45×45
5～6	21.6	方 450×19		φ273×12	100×100	25×25

采用静力弹塑性分析法考察结构在罕遇地震下的弹塑性行为，通过指定塑性铰模拟构件的非线性属性，对钢梁指定 M 铰，对钢柱指定 PMM 铰，对普通支撑指定 P 铰，对防屈曲支撑指定修正后的 P 铰。

二、结果分析

当采用等刚度法将普通支撑替换为防屈曲支撑后，结构中梁铰和柱铰的个数均减少，框架梁的损伤较轻，但首层与支撑相连的柱损伤较严重；当采用减刚度法将普通支撑替换为防屈曲支撑后，结构中柱铰的个数减少，而梁铰的个数增加，与等刚度替换的情况相比，首层与支撑相连的损伤较轻，防屈曲支撑的耗能能力发挥得更加充分。

12.6.7 钢管混凝土框架-钢支撑筒体结构

一、设计资料

昆明某改建项目主楼为高度 169.9m 的高层建筑，采用钢管混凝土框架-钢支撑筒体结构体系，外框和内筒柱均采用矩形钢管混凝土柱。主楼共 40 层，东西长 41.6m，南北长 36m。主楼主要为办公楼，10 层、38 层为避难层，层高均为 3.8m，24 层为设备层，层高 4.5m。满足《建筑抗震设计规范》中全钢筒体结构限值 260m 的要求。结构主要梁柱截面见表 12.6-14，典型平面见图 12.6-8，内筒典型支撑布置图见图 12.6-9。

结构主要梁柱截面表 表 12.6-14

	最大框架柱截面	框架梁截面	支撑截面
外框	方 950×25	H750×300×14×22	—
内筒	矩 1300×850×65	H650×200×12×14	φ500×30

本工程主楼结构体系为钢管混凝土框架-钢支撑筒全钢结构，地下室顶板作为上部结构的嵌固端，为充分满足建筑对使用功能的要求，±0.000m 以下地下室不设结构缝，仅在施工期间于适当位置设置沉降后浇带，±0.000m以上按《建筑抗震设计规范》GB 50011—2010（2016 年修订版）的要求设置永久抗震缝将主楼和裙房分为独立的抗震结构单元。根据《建筑抗震设计规范》的要求，主楼抗震等级为二级，裙房高度范围内为一级。结构计算参数见表 12.6-15。

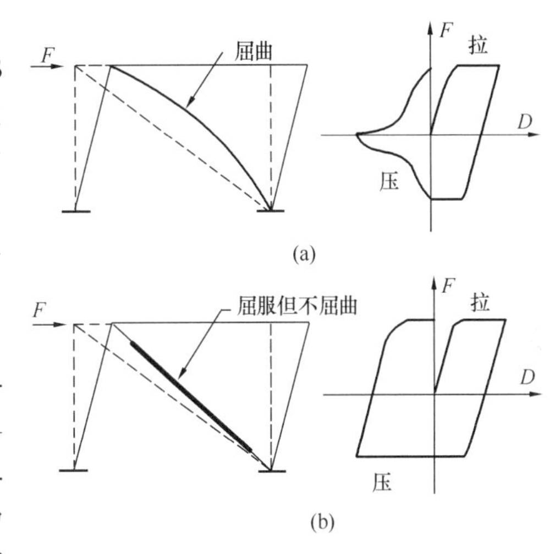

图 12.6-7 普通支撑与屈曲支撑力学性能
（a）普通支撑；（b）防屈曲耗能支撑

结构计算参数表 表 12.6-15

设防烈度	抗震等级	基本风压 kN/m^2
8 度（0.2g）T_0=0.65s	二级	0.33

钢管混凝土柱内灌混凝土强度等级为 C40～C60，钢结构材质根据钢板厚度确定，钢板厚度＜40mm 为 Q345B，40≤厚度＜60 为 Q345GJC、Z15，60＜厚度为 Q345GJC、Z25。

计算模型采用 SATWE 和 ETABS 两种不同力学模型的三维空间分析软件进行了多遇地震作用和风荷载作用下结构的内力和位移计算。计算时采用刚性楼板假定，考虑双向地震作用及扭转耦联的振动影响。中梁刚度放大系数按规范取值，周期折减系数为 0.9，结构阻尼比 0.35，连梁刚度折减系数为 0.7。结构抗震性能目标见表 12.6-16。

结构抗震性能目标表 表 12.6-16

性能水平		小震	中震	大震
层间位移角限值		h/350		h/70
构件性能	与支撑连接的框架柱	弹性	弹性	允许进入塑性，控制塑性变形
	框架柱		不屈服	
	支撑		不屈服	
	连梁、框架梁		部分屈服	
材料强度		弹性	不屈服设计取标准值，弹性取设计值	
内力调整系数			1.0	
承载力抗震调整系数			不屈服设计取 1.0	

二、主要计算结果整理分析

（1）本工程分析过程中，计算振型数为18个，通过2个程序的计算对比可以看出，SATWE和ETBAS的主要计算结果基本一致。第1阶扭转周期与平动周期之比均不大于0.85，有效质量系数大于90%，结构自振周期见表12.6-17。

结构自振周期　　表12.6-17

T_1	T_2	T_θ
4.91（平动）	4.87（平动）	4.17（扭转）

（2）水平位移

结构层间位移见表12.6-18。

结构层间位移　　表12.6-18

	地震X向	地震Y向	风载X向	风载Y向
最大层间位移角	1/379	1/387	1/1368	1/1209

《高层民用建筑钢结构技术规程》JGJ 99规定层间最大位移与层高之比$<h/250$，考虑柱为矩形钢管混凝土柱，并结合抗震设防专项审查专家委员会审查意见将结构在地震作用下的位移限值按偏安全的$h/350$控制。根据《建筑抗震设计规范》要求的1/50、《高层民用建筑钢结构技术规程》规定1/50，《矩形钢管混凝土结构技术规程》CECS 159：2004规定1/50，取弹塑性最大层间位移角限值为1/50。

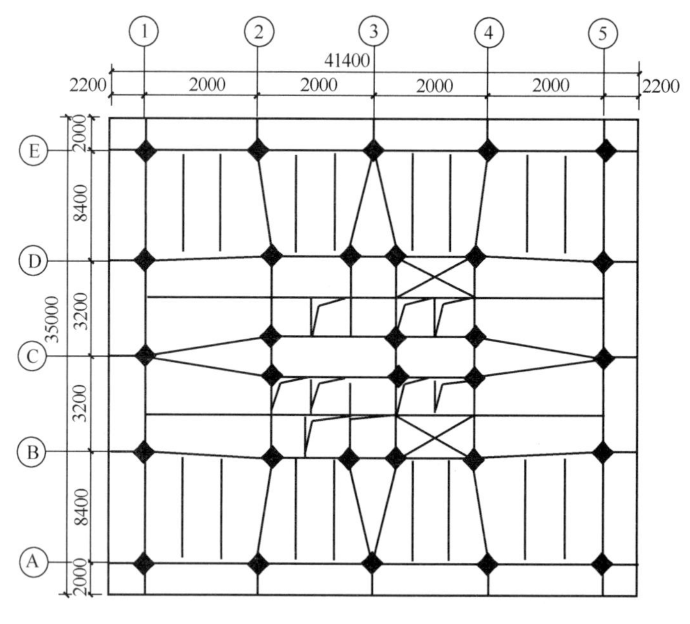

图12.6-8　典型平面图

（3）抗震二道设防结构分析与措施

钢管混凝土框架-钢支撑筒结构体系中，钢支撑筒体承担了大部分的地震水平剪力，当罕遇地震时内筒部分钢支撑会屈曲失稳，地震作用在钢支撑内筒和外围钢管混凝土框架之间会进行再分配，外围钢管混凝土框架承受的地震力会增加，且外围钢管混凝土框架作为重要的承重构件，对整体结构的安全有着重要意义，因此有必要对外围钢管混凝土框架承担的地震力作更严格的要求。根据《建筑抗震设计规范》GB 50011—2010（2016 年修订版）要求，抗震设计时，为满足外框矩形钢管混凝土框架的抗侧能力要求，在 SATEW 计算软件中通过 $0.25Q_0$ 剪力调整系数，确保各层框架柱承担的地震剪力不小于结构底部总地震剪力的 25% 和框架部分计算最大层间剪力 1.8 倍二者的较小值。

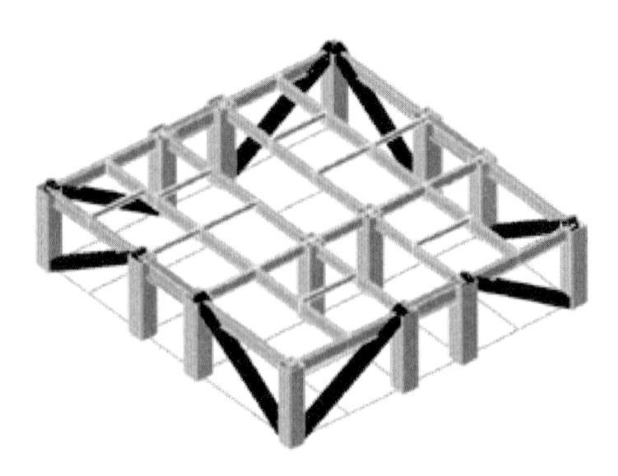

图 12.6-9 内筒典型支撑布置图

考虑本工程结构体系简单，构件均为杆系单元，故弹塑性分析选用静力推覆分析（Pushover 分析），计算软件采用 PKPM 的 PUSH 模块。在性能点时：X 向最大层间位移角为 1/92，Y 向的最大层间位移角为 1/93，均满足规范要求的 1/50。在整个结构的推覆过程中，随着荷载的增大，结构中的连梁和部分框架梁开始屈服，荷载进一步加大，内筒中的支撑进入塑性阶段，随后与支撑连接的部分框架柱进入塑性阶段，而外围框架柱基本保持弹性状态。

本次结构设计过程中，选用两种不同力学模型的三维空间分析软件进行计算校核分析，计算结果差异较小，并且其主要涉及指标均满足规范要求。根据规范及审查专家意见，对钢管混凝土框架-钢支撑筒全钢结构多遇地震下的层间位移角限值为 $h/350$ 是合理的，对多遇地震作用下进行了弹性时程分析补充计算，罕遇地震作用下进行了静力弹塑性推覆分析，采用抗震性能设计并采取相应措施保证了结构的抗震性能和延性。分析结果表明设计是可行的，结构设计是可靠的。

参 考 文 献

[1] B. S. Taranath, Steel, Concrete, and Composite Design of Tall Buildings (2nd Edition), The McGraw-Hill Companies, Inc. 1998

[2] 林同炎，S. D. 思多应斯伯利：结构概念和体系．北京：中国建筑工业出版社，1985

[3] 沃尔夫岗·舒勒尔．高层房屋结构．上海：上海科学技术出版社，1981.

[4] 李国强，沈祖炎．钢结构框架体系弹性及弹塑性分析与计算理论．上海：上海科学技术出版社，1998

[5] Eurocode 3：Design of steel structures——English Version. July 1995.

[6] 徐永基，刘大海，钟锡根，杨翠如．高层建筑钢结构设计．西安：陕西科学技术出版社，1993

[7] 高层民用建筑钢结构技术规程：JGJ 99—2015[S]. 北京：中国建筑工业出版社，2016

[8] 建筑抗震设计规范：GB 50011—2010. 北京：中国建筑工业出版社，2010.

[9] 袁兴隆：高层建筑加强层的研究与应用分析，贵州工程学报，1995 年 4 月，第 24 卷第 2 期第 29 页。

[10] 钢结构设计标准：GB 50017—2017[S]. 北京：中国建筑工业出版社，2018.

[11] 建筑结构可靠度设计统一标准：GB 50068—2001[S]. 北京：中国建筑工业出版社，2001.

[12] 黄本才．高层建筑中人体的舒适度．结构工程师，1988 年总第 7 期．

[13] F. K. Chang: Human Response to Motion in Tall Buildings, Journal of Structural Engineering, ASCE, Vol. 99, No. 6, 1973.

[14] National Building Code of Canada, 1980.

[15] 上海市标准：高层建筑钢结构设计规程(DG/T J08－32－2008)，2008.

[16] 李国强，李杰，苏小卒．建筑结构抗震设计．北京：中国建筑工业出版社，2002.

[17] 李国强．多高层建筑钢结构设计．北京：中国建筑工业出版社，2004.

[18] 包世华，方鄂华主编．高层建筑结构设计．北京：清华大学出版社，1985.

[19] T：J. MacGinley：Steel Structures，E. & F. N. SPON，Londn and New York.

[20] [美]本格尼．S. 塔拉纳特：高层建筑钢、混凝土、组合结构设计，中国建筑工业出版社，1999年11月．

[21] 高层建筑混凝土结构技术规程：JGJ 3—2010[S]. 北京：中国建筑工业出版社，2010.

[22] 李国强，石文龙，王静峰．半刚性连接钢框架结构设计，北京：中国建筑工业出版社，2009.

[23] 李国强、周昊圣、周向明：高层钢-混凝土混合结构弹塑性地震位移的工程实用计算，建筑结构学报，2003年1期，pp40-45.

[24] 李国强、冯健：罕遇地震下多高层建筑钢结构弹塑性位移的实用计算，建筑结构学报，2000年1期，pp77-83.

[25] 上海市标准：高层建筑钢-混凝土混合结构设计规程(DG/TJ 08—015—2004)，2004.

[26] 陈生金：钢结构设计，科技图书股份有限公司，台北，2001年9月．

[27] Allman D. J.，A Quadrilateral finite element including Vertex Ratations for Plane Elasticity Analysis，Int J for Numerical Methods in Engineering，Vol. 26，1988.

[28] 龙驭球，须寅，构造几何不敏感的四边形膜单元的广义协调方法，力学学报，Vol. 29，No. 6，1997.

[29] 袁明武，SAP84使用手册，1992，北京．

[30] 陈富生，邱国桦，范重．高层建筑钢结构设计，中国建筑工业出版社，2000年4月第一版．

[31] 高层钢结构建筑设计资料集编写组，高层钢结构建筑设计资料集，机械工业出版社，1999年5月．

[32] 李和华主编，钢结构连接节点设计手册，中国建筑工业出版社，1992年11月第一版．

[33] 陈生金，钢结构设计-极限设计法与容许应力设计法，科技图书股份公司，2001年9月．

[34] 钢结构焊接规范：GB 50661—2011[S].

[35] 加利福利亚结构工程师协会．抗侧力要求规程，第四章，1988.

[36] 李国强，厚钢板的层间撕裂，建筑钢结构进展，2000年第3期，Vol. 2，No. 3，P31～37.

[37] 多、高层民用建筑钢结构节点构造详图，01SG 519，中国建筑标准设计研究所出版，2001年．

[38] 中国建筑标准设计研究所，高层建筑钢结构设计参考资料．

[39] V. V. Bertero，J. C. Anderson，H. Krawinkler，Performance of Steel Buildings Structures during the Northridge Earthquake，Report No. UCB/EERC-94/09，Aug. 1994，Earthquake Engineering Research Center，Univ. of California，Berkeley.

[40] H. Akiyama，S. Yamada，Damage of Steel Buildings in the Hyogoken-Nanbu Earthquake，第二届中日建筑结构技术交流会，上海，1995. 11.：pp. 41-52.

[41] S. J. Chen，C. H. Yeh，J. M. Chu. Ductile Steel Beam-to-Column Connections for Seismic Resistance. J. Struc. Engng.，V122，N11，1996：pp. 1292-1299.

[42] C. W. Roeder，D. A. Foutch. Experimental Results for Seismic Resistant Steel Moment Frame Connections. J. Struc. Engng.，V122，N6，1996：pp. 581-588.

[43] M. D. Engelhardt，A. S. Husain. Cyclic-Loading Performance of Welded Flange-Bolted Web Connec-

tions, V119, ST12, ASCE, Dec. 1993: pp. 3537-3550.

[44] 美国钢结构学会，钢结构细部设计，中国建筑工业出版社，1987.6.

[45] 李国强．地震作用下高层钢-混凝土混合结构钢梁与混凝土墙节点受力分析研究，上海市建设技术发展基金项目(项目编号：0006131)，高层建筑钢-混凝土混合结构抗震性能与抗震设计方法研究．

[46] 肖振宇，徐忠根，周福霖．隔震钢结构的实例介绍．建筑钢结构进展，4(2)，2002.

[47] 蔡益燕，张锡云．北岭地震和阪神地震后美日钢框架节点设计的改进．海峡两岸及香港钢结构技术研讨会，2000年．

[48] E. P. Popov, T. S. Yang, S. P. Chang, Design of steel MRF connections before and after 1994 Northridge earthquake.

[49] AISC Seismic Provisions for Structural steel buildings, April 15, 1997.

[50] T. T. Soong and G. F. Dargush, Passive energy dissipation systems in structural engineering, John Wiley & Sons, 1997.

[51] T. T. Soong and B. F. Spencer Jr, Supplemental energy dissipation: state-of-the-art and state-of-the-practice, Engineering Structures, 24(2002), 243-259.

[52] M. C. Constantinou, T. T. Soong, G. F. Dargush, Passive Energy Dissipation Systems for Structural Design and Retrofit, MCEER Monograph No. 1, MCEER, Buffalo, New York, 1998.

[53] J. J. Connor, Introduction to structural motion control, MIT.

[54] Pall A. S., Marsh C. and Fazio P. (1980), Friction Joints for Seismic Control of Large Panel Structures, J. Prestressed Concrete Inst., 25(6), 38-61.

[55] Pall A., Vezina S., Proulx P. and Pall R., Friction-dampers for seismic control of Canadian Space Agency Headquarters, Earthquake Spectra, 9(3), 1993, 547-557.

[56] Pall A. and Pall R., Friction-dampers used for Seismic Control of New and Existing Buildings in Canada, Proc. 17-1 on Seismic Isolation, Energy Dissipation, and Active Control, 2, 1993, 675-686.

[57] Grigorian CE, Yang TS, Popov EP, Slotted bolted connection energy dissipators, Earthquake Spectra, 1993, 9(3), 491-504.

[58] Virgina Fairweather, Rebuilding Mexico City, Civil Engineering, ASCE, 36-37, 1986.

[59] 沈聚敏，周锡元，高小旺，刘晶波，抗震工程学，中国建筑工业出版社，2000.

[60] 国家标准抗震规范管理组编．建筑抗震设计规范(GB 50011—2001)统一培训教材．北京：中国建筑工业出版社，2002.

[61] 邓长根，何永超．日本建筑结构隔震减震研究新进展．世界地震工程，18(3)，2002.

[62] 蔡克铨，黄立宗．含三角形加劲阻尼装置构架之设计方法与应用．海峡两岸及香港钢结构技术研讨会，2000年．

[63] 苏幼坡，金树达，刘天适．日本阪神地震中房屋结构的震害及教训．河北理工学院学报，1996年，第3期．

[64] 黄炳生．日本神户地震中建筑钢结构的震害及启示．建筑结构，30卷9期，2000年．

[65] Wakabayashi Minoru, Design of Earthquake-resistant buildings, McGraw-Hill Book Company, 1986.

[66] 陈福松，王庆明，蒋志强．特殊耐震消能系统在建筑结构之应用．建筑钢结构进展，Vol. 4, No. 2, 2002.

[67] 邓雪松，张耀春，程晓杰．钢支撑性能对高层钢结构动力反应的影响．地震工程与工程振动，Vol. 17, No. 3, 1997, pp52-59.

[68] Remennikov A. M. and Walpole W. R., Modeling the Inelastic Cyclic Behavior of Bracing Member

for Work-Hardening Material, International Journal of Solids and Structures, Vol. 34, No. 27, 1997, pp3491-3515.

[69] 上海市标准．高层建筑钢一混凝土结构设计规范(送审稿).2003 年 4 月．

[70] 若林實，耐震构造．森北出版株式会社．东京：1981 年．

[71] 李杰，李国强．地震工程学导论．北京：地震出版社，1992.

[72] 陈福松，王庆明，蒋志强．消能、隔震系统在建筑结构之应用．海峡两岸及香港钢结构技术研讨会，2000 年 5 月，上海，pp43～59.

[73] 戴忠．主动谐调质量阻尼器在超高层钢结构建筑上之应用．海峡两岸及香港钢结构技术研讨会，2000 年 5 月，上海，pp85～97.

[74] 张相勇．建筑钢结构设计方法与实例解析．北京：中国建筑工业出版社，2013

[75] 卫文，陈星．中广核大厦结构设计[J]. 建筑结构，Vol. 43(16)，2013，73-77

[76] 赵风华，杨俊．某多层自定义钢结构住宅隔震设计[J]. 工业建筑，vol. 44(7)，2014，170-175

[77] 张文鑫，周云．不同方案的防屈曲支撑框架的地震反应对比分析[J]. 土木工程学报，Vol. 47(S1)，2014，102-106

[78] 张卫东，孙学水．昆明某框架支撑筒全钢结构主楼设计[J]. 建筑结构，vol43(S1)，2013，394-398

第13章 节 点 连 接

13.1 节 点 的 分 类

13.1.1 按节点部位

一、拼接节点

1. 柱与柱的拼接

钢构件的制作和安装过程中，为运输方便及满足吊装因素等，一般采用三层一根作为柱的安装单元，长度10～12m。这样就需要做拼接接头。有时柱截面需发生变化，也要进行拼接。根据设计和施工的具体要求，柱拼接可采用焊接或高强螺栓连接。焊接接头无需拼接节点板，传力简捷、外形整齐、用料节省。但高空焊接作业，需要采取措施保证焊接质量。

(1) 等截面柱的拼接

框架柱等强拼接构造可采用以下两种定位方法：图13.1-1a为采用定位角钢和安装螺栓定位的情况，即定位后施焊，然后割去引弧板和定位角钢，再补焊焊缝。图13.1-1b为采用定位耳板和安装螺栓定位的情况，采用这种定位方式，焊缝可一次施焊完成。

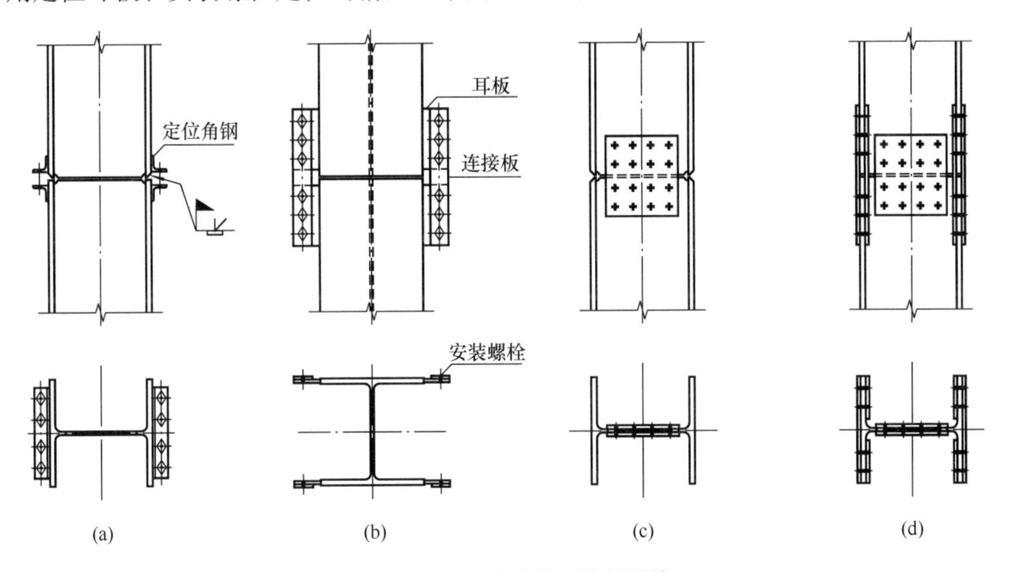

图13.1-1 工字形截面柱的拼接

(a) 角钢定位；(b) 耳板定位；(c) 栓焊混合连接；(d) 全栓接连接

框架柱的拼接点应设在弯矩较小以及方便于现场施焊的位置，一般宜位于框架梁上方1.2～1.3m附近。在抗震设防区，应使框架柱的拼接与柱自身等强，应采用全熔透对接坡口焊缝，也可栓焊混合连接或全部摩擦型高强螺栓连接，如图13.1-1c、d所示。在非抗震设防区，当框架柱的拼接不产生拉力时，可不按等强连接设计。焊缝连接可采用坡口部分熔透焊缝。

（2）变截面柱的拼接

柱截面变化时，宜保持截面高度不变，而改变其板件厚度，此时柱拼接构造与等截面时相同，可采用图 13.1-1 的拼接构造。当柱截面高度改变时，可采用图 13.1-2 的构造形式。

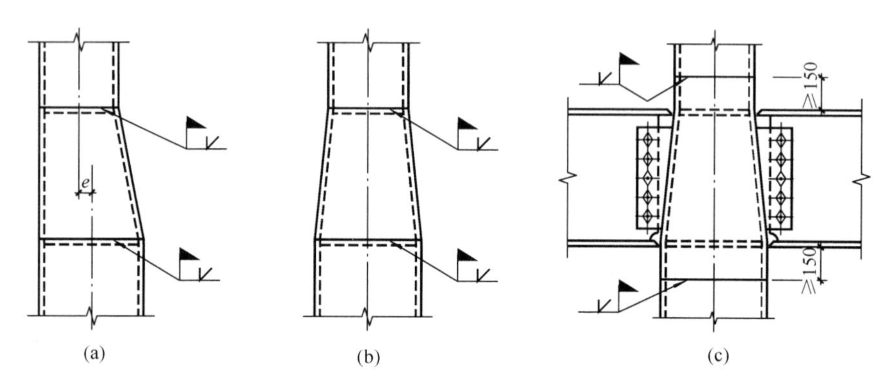

图 13.1-2　变截面柱的拼接

（a）边柱拼接；（b）中柱拼接之一；（c）中柱拼接之二

2. 梁与梁的拼接

梁与梁的连接包括梁与梁的拼接、主梁和次梁的连接。梁与梁的拼接可采用图 13.1-3 所示形式。图 13.1-3a 的梁翼缘和腹板全部采用高强度螺栓连接；图 13.1-3b 的梁翼缘和腹板全部采用全熔透焊缝连接；图 13.1-3c 为栓焊混合拼接，梁翼缘采用全熔透焊缝连接，腹板用高强度螺栓连接。

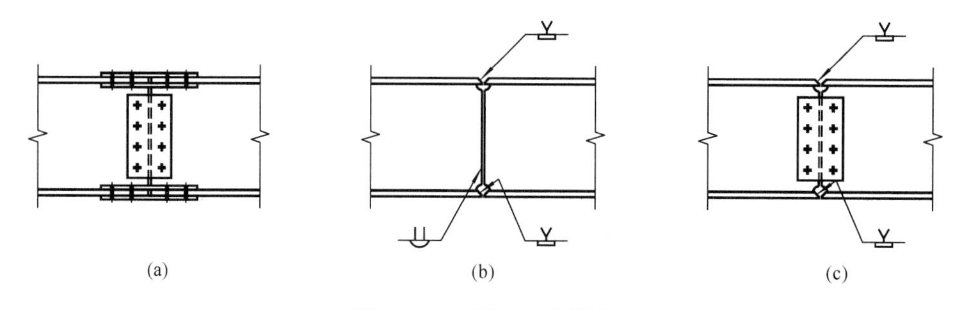

图 13.1-3　梁与梁的拼接

（a）高强螺栓拼接；（b）全熔透焊缝拼接；（c）栓焊混合拼接

次梁与主梁的连接应将主梁作为次梁的支点，可有两种做法，即简支连接和刚性连接。实际工程中主次梁节点一般采用简支连接，常用形式如图 13.1-4 所示。从图 13.1-5 所示的主次梁刚接形式可以看出，连接构造和制作上比较复杂，需要把次梁作为连续梁时才采用刚性连接，这样可以节约钢材并可减少次梁的挠度。

二、梁柱节点

梁柱连接节点分为刚接连接节点、半刚接连接节点以及铰接连接节点，如图 13.1-6 所示，其具体形式可采用栓焊混合连接、螺栓连接、焊接连接、端板连接、顶底角钢连接

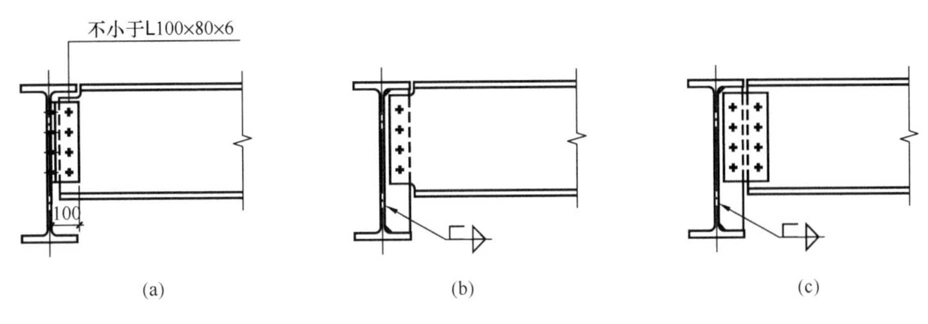

图 13.1-4 主次梁铰接

（a）铰接连接之一；（b）铰接连接之二；（c）铰接连接之三

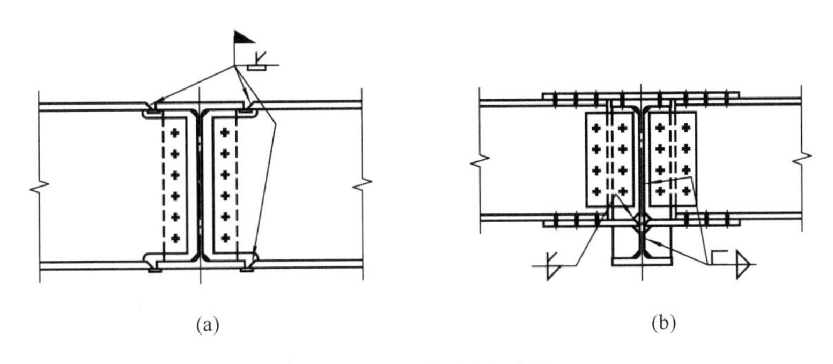

图 13.1-5 主次梁刚接

（a）栓焊混合连接；（b）高强螺栓连接

等传统构造形式，也可采用新型抗震节点连接形式。

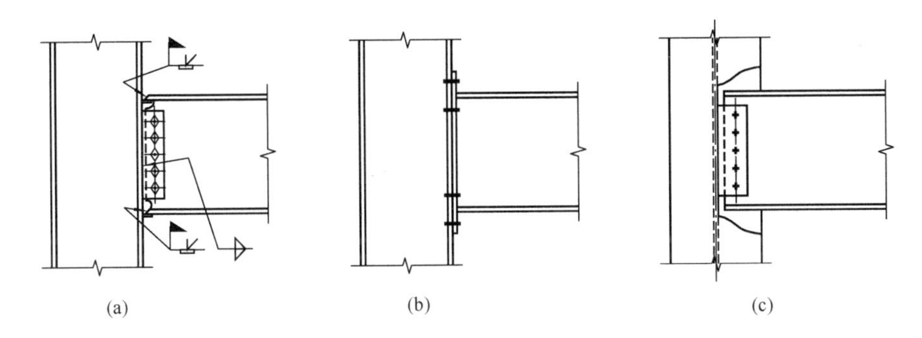

图 13.1-6 部分梁柱节点示意图

（a）刚性连接节点；（b）半刚性连接节点；（c）铰接连接节点

图 13.1-7 为两侧梁高不等时的连接形式。柱腹板在每个梁的翼缘处均应设置水平加劲肋，加劲肋的间距不应小于 150mm，且不应小于水平加劲肋的宽度，如图 13.1-7（a）所示。当不满足此要求时，应调整梁的端部高度，可将截面高度较小的梁腹板高度局部加大，加腋坡度应小于 1∶3，如图 13.1-7b 所示。当与柱相连的梁在柱的两个相互垂直的方向高度不等时，应分别设置柱的水平加劲肋，如图 13.1-7（c）所示。

三、支承节点

1. 梁或桁架支于砌体或混凝土结构的平板支座，其底板应有足够面积将支座压力传给砌

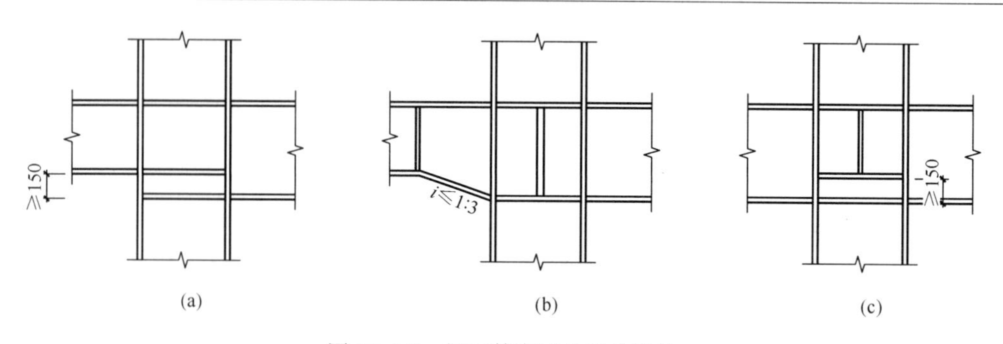

图 13.1-7　梁不等高时的梁柱连接
（a）连接形式之一；（b）连接形式之二；（c）连接形式之三

体或混凝土，厚度应根据支座反力对底板产生的弯矩进行计算。底板厚度不宜小于 12mm，如图 13.1-8（a）所示。

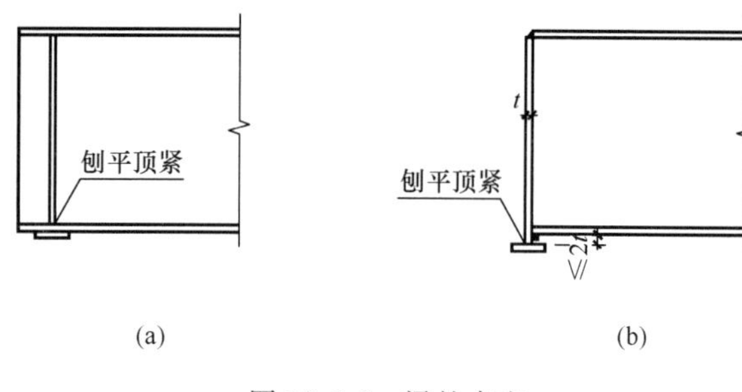

图 13.1-8　梁的支座
（a）平板式支座；（b）突缘式支座

梁的端部支承加劲肋的下端，按端面承压强度设计值进行计算时，应刨平顶紧，其中突缘加劲板的伸出长度不得大于其厚度的 2 倍，并宜采取限位措施，如图 13.1-8（b）所示。

2. 弧形支座节点中的圆柱形弧面支座板与平板为线接触，如图 13.1-9所示，其支座反力 R 应满足下式要求：

$$R \leqslant 40ndlf^2/E \tag{13.1-1}$$

式中　d——弧形表面接触点曲率半径 r 的 2 倍；

n——辊轴数目，对弧形支座 $n=1$；

l——弧形表面或滚轴与平板的接触长度（mm）。

3. 铰轴支座节点中，当两相同半径的圆柱形弧面自由接触面的中心角 $\theta \geqslant 90°$时，如图 13.1-10 所示，其圆柱形枢轴的承压应力应按下式计算：

$$\sigma = \frac{2R}{dl} \leqslant f \tag{13.1-2}$$

式中　d——枢轴直径（mm）；

l——枢轴纵向接触面长度（mm）。

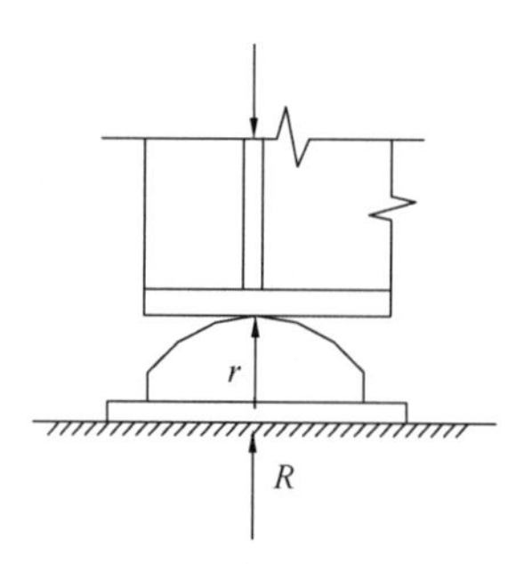

图 13.1-9　弧形支座示意图

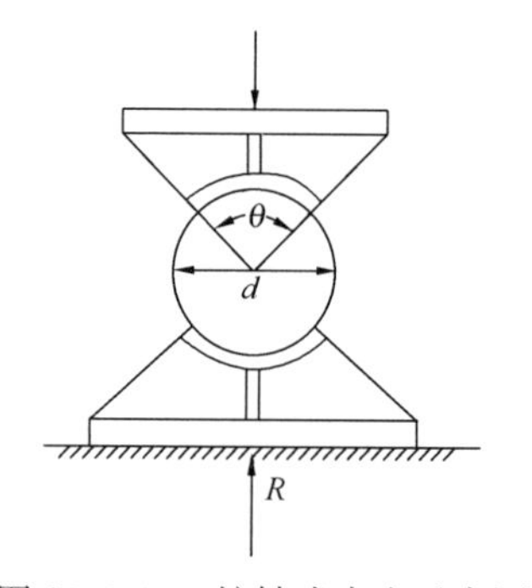

图 13.1-10　铰轴式支座示意图

4. 对于受力复杂或大跨度结构，宜采用球形支座。球形支座应根据使用条件采用固定、单向滑动或双向滑动等形式。球形支座上盖板、球芯、底座和箱体均应采用铸钢加工制作，滑动面应采用相应的润滑措施、支座整体应采用防尘及防锈措施。

13.1.2 按节点构造形式

一、连接板节点

连接板节点是指直接用板件（节点板或构件自身的板件）单独与被连接构件相连接，内力通过焊缝或紧固件在板平面内传递，并忽略板平面外的弯曲和扭转的一种节点形式。格构式构件中腹杆与节点板的连接，如图 13.1-11a 所示；支撑节点中支撑杆与节点板的连接，如图 13.1-11b 所示；梁腹板与梁或柱柔性连接时，开口梁腹板与连接板之间的连接，如图 13.1-11c 所示；梁翼缘采用外贴板（或 T 形件）与柱翼缘 T 形连接时，连接板（或 T 形件腹板）与梁翼缘的连接，如图 13.1-11d、e 所示等，是常见的几种连接板节点形式。上述节点连接板与构件之间通常采用搭接方式连接。

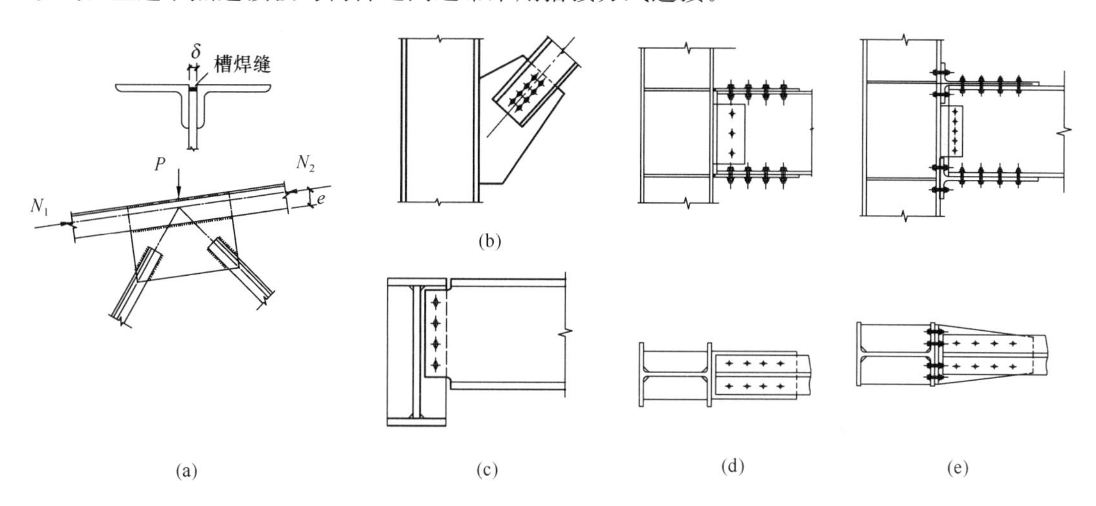

图 13.1-11 连接板节点的几种形式

(a) 腹杆通过节点板与弦杆连接；(b) 柱间支撑通过节点板与柱连接；(c) 梁腹板与连接板连接；(d) 梁翼缘通过外贴板与柱翼缘连接；(e) 梁翼缘通过 T 形件与柱翼缘连接

二、球节点

在网架结构中，球节点是一种常见的结构形式，通常有空心球节点和螺栓球节点两种。

1. 焊接空心球节点

空心钢球可采用焊接成型或铸造成型。焊接成型的空心钢球是将按要求确定的两块圆钢板经热压或冷压成两个半圆球壳（一般采用钢板热压成型的加工方法），而后再对焊成一个整球；由两个半球焊接而成的空心球可分为不加肋和加肋两种，如图 13.1-12 和图 13.1-13 所示，适用于连接钢管杆。

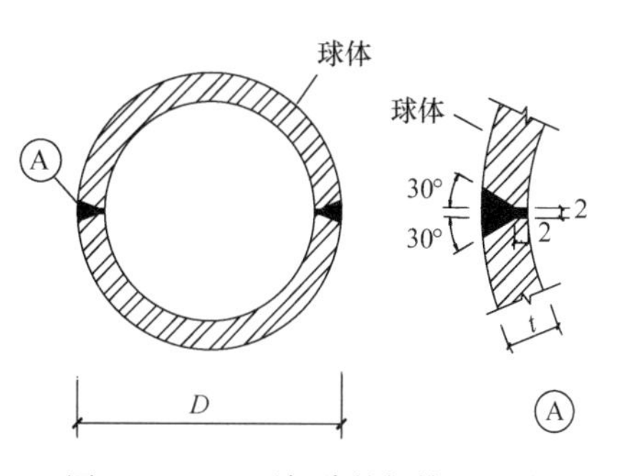

图 13.1-12 不加肋的焊接空心球

2. 螺栓球节点

螺栓球连接节点是在设有螺纹孔的钢球体上，

通过高强度螺栓将汇交于节点处的焊有锥头或封板的圆钢管杆件连接起来的节点。

螺栓球节点应由螺栓、钢球、销子（或螺钉）、套筒和锥头或封板等零件组成，如图 13.1-14所示，适用于连接钢管杆件。

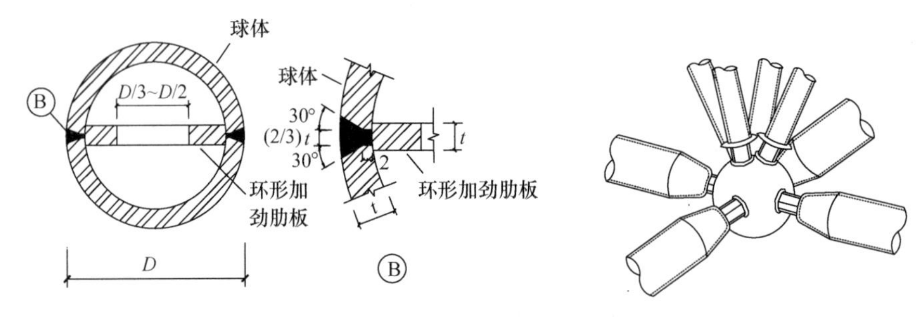

图 13.1-13　加肋的焊接空心球　　　图 13.1-14　螺栓球节点

三、相贯节点

相贯节点又称简单节点、无加劲节点或直接焊接节点。在其节点处，只有在同一轴线上的两个最粗的相邻杆件贯通，其余杆件通过端部相贯线加工后，直接焊接在贯通杆件的外表。

按几何形式分类，节点可以分为平面节点和空间节点两大类。

平面节点为所有杆件轴线处于同一平面或几乎处于同一平面内的节点，否则便是空间节点。工程中较多遇到的平面节点，如图 13.1-15 所示：T 形（或 Y 形）、X 形、K 形、YK 形（即在弦杆一有三根腹板的情况）。此外还有 KK 形。方管节点主要形式亦然。

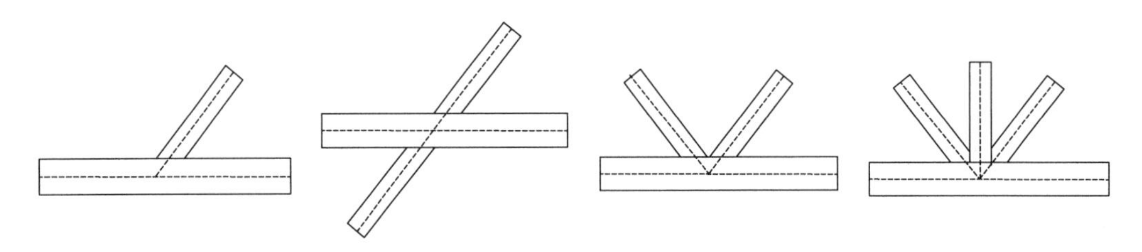

图 13.1-15　常见平面相贯节点示意图

常见的空间节点形式见图 13.1-16，包括 TT、XX、KK、KT、KX 形等。

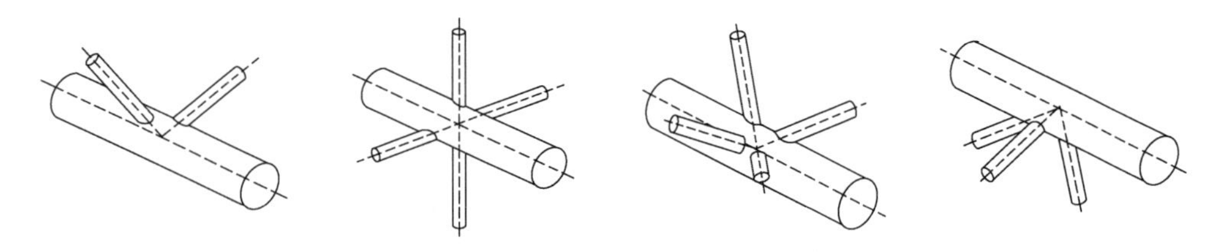

图 13.1-16　常见空间相贯节点示意图

13.1.3　按节点刚度

梁与柱的连接，按梁对柱的约束刚度（转动刚度）可分为三类：刚接连接、半刚接连接和铰接连接。刚性连接承受弯矩和剪力，柔性连接不能承受弯矩，半刚性连接能承受剪力和一定的弯矩。为了简化计算，通常假定梁柱节点为完全刚接或完全铰接，但实际工程中的节点并非完全刚接或完全铰接，梁柱节点处的弯矩及其转角关系呈非线性连接状态，如图 13.1-17 所示。

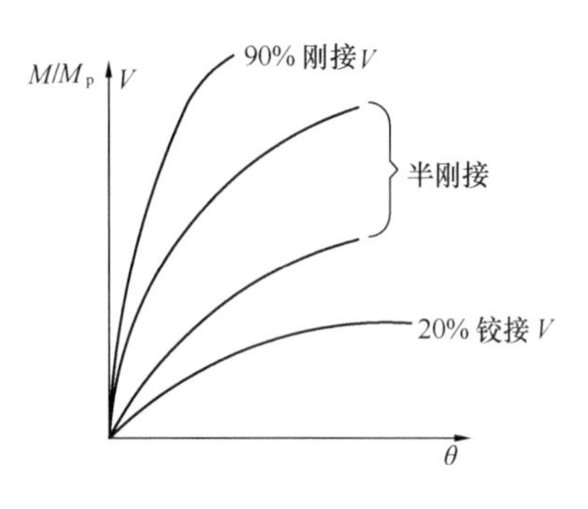

图 13.1-17　梁柱节点处的弯矩及其转角关系

一、刚性节点

刚性节点能够传递剪力和梁端弯矩，且这种连接能保持被连接件的连续性，按构造形式分为普通节点和抗震节点两类。

1. 普通节点

常用的刚性连接形式有全焊接连接节点、栓焊混合连接节点和全栓接连接节点，具体形式如图 13.1-18 所示。

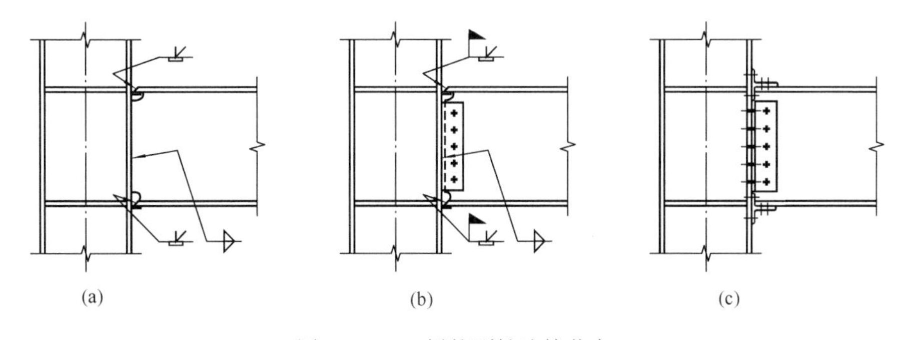

图 13.1-18　梁柱刚性连接节点

（a）全焊接连接节点；（b）栓焊混用连接节点；（c）全栓接连接节点

（1）全焊接连接节点：梁的翼缘和腹板与钢柱的连接全部采用焊缝连接。若因抗震设计需要，在现场框架梁直接与柱进行全焊连接，宜采用双片连接板将梁腹板与柱焊接。

（2）栓焊混合连接节点：梁翼缘与柱翼缘或柱水平加劲肋之间采用焊缝连接，梁腹板与焊接于柱翼缘或柱腹板上的剪切板采用高强度螺栓连接。

（3）全栓接连接节点：梁采用端板或 T 形连接件及角钢连接件（用于腹板连接）与柱通过高强度螺栓连接。

2. 抗震改进节点

1994 年美国 Northridge 地震后发现一些钢框架梁柱栓焊混用连接节点，如图 13.1-18b所示，出现了脆性断裂现象，且多发生在梁下翼缘的连接处，破坏程度由细小的微裂纹到完全的柱截面断裂破坏不等，对节点承载力的影响较大。钢框架梁柱连接处几何形状复杂，应力集中严重，对应力和应变的需求较大，在强烈地震作用下节点的延性和塑性不足是造成焊缝撕裂发生脆性破坏的主要原因。为避免强震作用下梁与柱连接处焊缝发生破坏，宜采用能将塑性铰外移的做法：

（1）骨形连接，也称 RBS（Reduced Beam Section）节点，通过梁翼缘削弱来保护梁

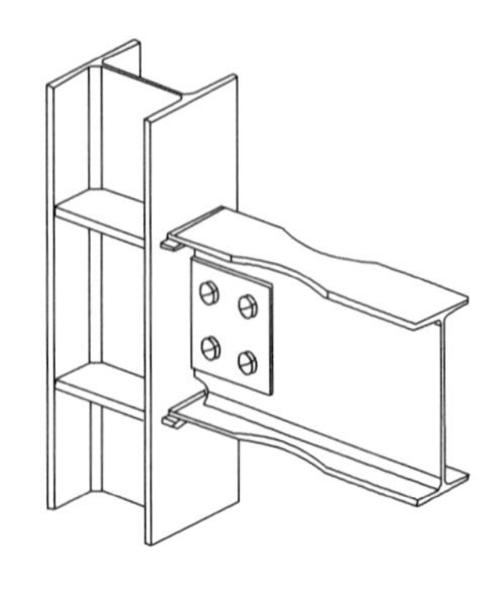

图 13.1-19 骨形连接

柱节点，如图 13.1-19 所示。在距梁端一定距离处，对梁翼缘两侧进行圆弧形切削，形成薄弱截面，使强震时梁的塑性铰自柱面外移至削弱区域，可以避免节点焊缝区域出现裂缝发生脆性破坏，以达到延性设计目的。

（2）加强型抗震节点，是对梁翼缘加设过渡板或盖板等构造措施，促使梁端塑性变形在加强区末端的位置出现并扩展，使强震时梁的塑性铰自柱面外移。目前常用的有翼缘板加强型节点、盖板加强型节点、圆弧扩翼型节点和侧板加强型节点等，如图 13.1-20 所示。

二、半刚性节点

多层框架依靠梁柱组成的刚架体系提供抗侧刚度较为经

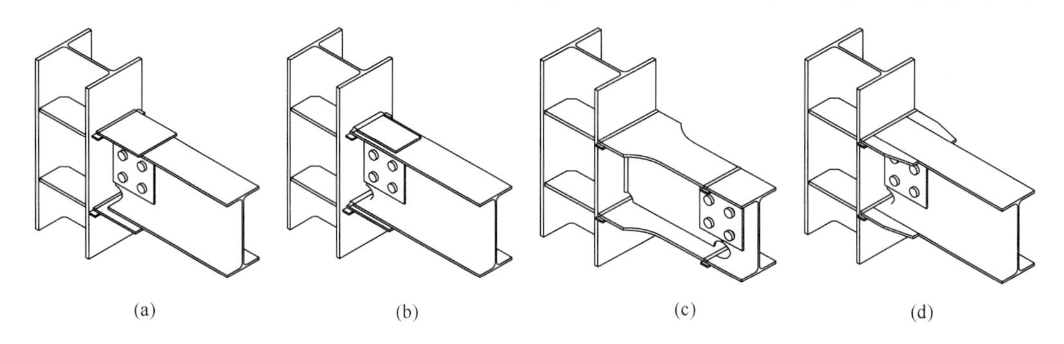

图 13.1-20 梁端加强式连接节点

（a）翼缘板加强式；（b）盖板加强式；（c）圆弧扩翼式；（d）侧板加强式

济。层数不多或水平力不大的建筑结构，梁与柱可以设计为半刚性连接。半刚性连接节点构造形式简单，节点易于制作和现场安装，由于一般采用全栓连接，还可以避免焊接应力和焊接变形。半刚性连接节点在梁、柱端弯矩作用下，梁与柱在节点处的夹角会产生改变。这种连接在水平荷载作用下起刚性节点的作用，而在竖向荷载作用下可以看作梁简支于柱。显然，半刚性连接必须有抵抗弯矩的能力，但无需像刚性连接那么大。这类节点多采用高强螺栓连接，图 13.1-21 是一些典型的半刚性连接。图 13.1-21a 为梁上下翼缘处采用角钢连接，刚度较弱；图 13.1-21b、c 采用端板将梁柱连接，图 13.1-21b 中的端板

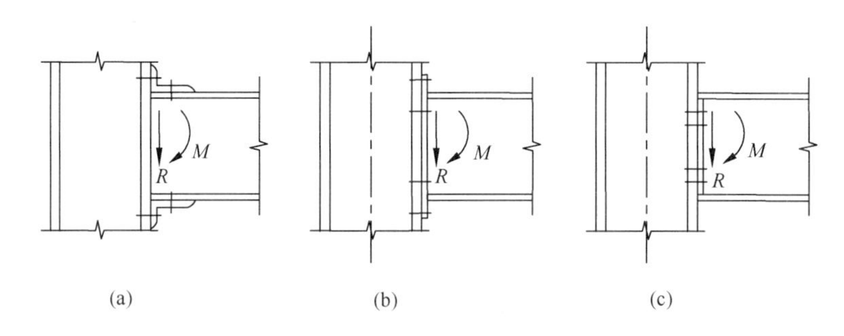

图 13.1-21 梁和柱的半刚性连接节点

（a）梁端仅在翼缘用角钢与柱连接；（b）梁端板外伸与柱连接；

（c）梁端板不外伸与柱连接

上下伸出梁高，刚度较大，如端板厚度足够大，这种连接可以成为刚性连接。

三、铰接节点

梁柱的铰接连接，又称为柔性连接。铰接连接构造简单、传力简捷、施工方便，在实际工程中也有广泛应用。多层钢框架中可由部分梁和柱刚性连接组成抗侧力结构，而另一部分梁铰接于柱，这些柱只承受竖向荷载。设有足够支撑的非地震区多层框架原则上可全部采用柔性连接，图 13.1-22 是一些典型的柔性连接，包括用连接角钢、端板和支托三种方式。连接角钢和图 13.1-22c 的端板都只把梁的腹板和柱相连，连接角钢也可用焊于柱上的板代替。连接角钢和端板或是放在梁高度中央，如图 13.1-22a 所示，或是偏上放置，如图 13.1-22b、c 所示。偏上的好处是梁端转动时上翼缘处变形小，对梁上面的铺板影响小。当梁用承托连于柱腹板时，宜用厚板作为承托构件，如图 13.1-22d 所示，以免柱腹板承受较大弯矩。在需要用小牛腿时，则应如图 13.1-22e 所示做成工字形截面，并把它的两块翼缘都焊于柱翼缘，使偏心力矩 $M=R\cdot e$ 以力偶的形式传给柱翼缘。

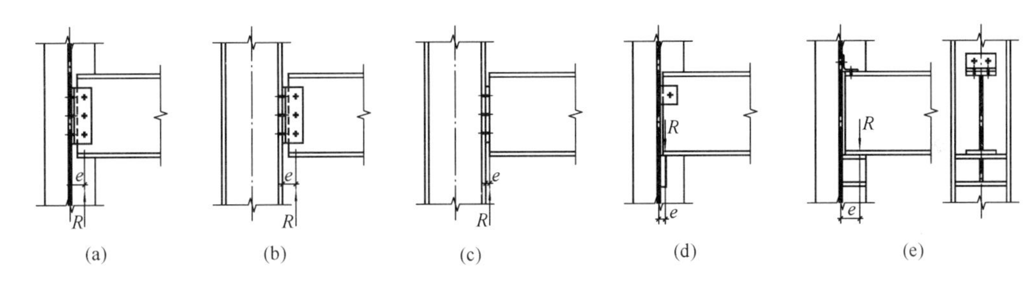

图 13.1-22 梁与柱的柔性连接节点

13.1.4 按材料材质

一、铸钢节点

1. 铸钢节点应满足结构受力、铸造工艺、连接构造与施工安装的要求，适用于几何形式复杂、杆件汇交密集、受力集中的部位。铸钢节点与相邻构件可采取焊接、螺纹或销轴等连接方式。

2. 焊接结构用铸钢节点的碳当量及硫、磷含量应符合现行国家标准《焊接结构用铸钢件》GB/T 7659 的规定。

3. 铸钢节点应根据铸件轮廓尺寸、夹角大小与铸造工艺确定最小壁厚、内圆角半径与外圆角半径。铸钢件壁厚不宜大于 150mm，应避免壁厚急剧变化，壁厚变化斜率不宜大于 1/5。内部肋板厚度不宜大于外侧壁厚。

4. 铸造工艺应保证铸钢节点内部组织致密、均匀，铸钢件宜进行正火或调质热处理，设计文件应注明铸钢件毛皮尺寸的容许偏差。

二、销轴节点

销轴连接适用于铰接柱脚或拱脚以及拉索、拉杆端部的连接，销轴与耳板宜采用 Q345、Q390 与 Q420，必要时也可采用 45 号钢、35CrMo 或 40Cr 等钢材。

当销孔和销轴表面要求机加工时，其质量要求应符合相应的机械零件加工标准的规定。当销轴直径大于 120mm 时，宜采用锻造加工工艺制作。

三、索节点

1. 预应力高强拉索的张拉节点应保证节点张拉区有足够的施工空间，便于施工操作，且锚固可靠。预应力索张拉节点与主体结构的连接应考虑超张拉和使用荷载阶段拉索的实际受力大小，确保连接安全。

2. 预应力索锚固节点应采用传力可靠、预应力损失低且施工便利的锚具，尤其应保证锚固区的局部承压强度和刚度，应设置必要的加劲肋、加劲环或加劲构件等加强措施。应对锚固节点区域的主要受力杆件、板域进行应力分析和连接计算，并采取可靠、有效的构造措施。节点区应避免出现焊缝重叠、开孔等易导致严重残余应力和应力集中的情况。

3. 预应力索转折节点应设置滑槽或孔道，滑槽或孔道内可采用润滑剂或衬垫等摩擦系数低的材料；应验算转折节点的局部承压强度，并采取加强措施。

4. 不同方向连续索的交叉节点可采用U形索夹具或螺栓夹板，如图13.1-23a所示。索体在夹具中不得滑移，不得损坏索体防护层。在同一平面内不同方向多根索可采用连接板节点，如图13.1-23b所示，应根据拉索的交叉角度优化连接板的外形，避免连接板偏心受力及拉索因角度过小而相碰。

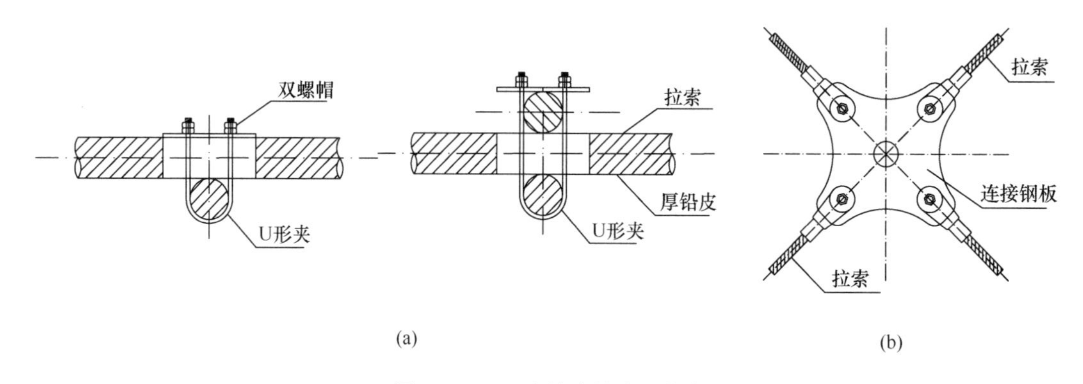

图13.1-23　连续索的交叉节点

(a) 双向索的U形夹具；(b) 多根索的连接板

13.2 设计基本规定

13.2.1　节点设计的极限状态

节点设计应满足承载力极限状态要求，防止节点因强度破坏、局部失稳、变形过大、连接开裂等引起节点失效。当有抗震设防要求时，尚应按照现行国家标准的规定进行地震作用组合验算，其承载力应不低于与其连接构件的承载力，符合结构抗震性能指标的要求。

节点的安全性主要决定于其强度与刚度，应防止焊缝与螺栓等连接部位开裂引起节点失效，或节点变形过大造成结构内力重分配。在抗震设计时，尚应满足“强节点、弱构件”的设计原则。

13.2.2　节点连接的承载力

一、节点连接的极限承载力

1. 梁与柱连接节点

梁与柱连接的极限受弯和受剪承载力按照现行国家标准《钢结构设计标准》GB

50017—2017、《建筑抗震设计规范》GB 50011—2010（2016 版）、《高层民用建筑钢结构技术规程》JGJ 99—2015 相关内容计算。

梁、柱构件有轴力时的全塑性受弯承载力 M_p 由 M_{pc} 代替，M_{pc} 按本手册式（12.5-8）～（12.5-11）计算。

2. 抗侧力支撑连接节点

支撑与框架的连接及支撑拼接的极限承载力按本手册式（12.5-4）计算。

3. 钢柱脚

钢柱脚连接的极限受弯承载力应大于柱的全塑性受弯承载力 1.2 倍，其设计与计算按本章 13.8 节的相关内容进行。

4. 梁、柱构件拼接的极限承载力按本手册式（12.5-5）～（12.5-7）计算。

二、焊接连接的极限承载力

焊缝的极限承载力按本手册式（12.5-16）、（12.5-17）计算。

三、高强度螺栓的极限承载力

高强度螺栓受剪的极限承载力按照现行国家标准《钢结构设计标准》GB 50017—2017、《建筑抗震设计规范》GB 50011—2010（2016 版）、《高层民用建筑钢结构技术规程》JGJ 99—2015 相关内容计算。

13.2.3 节点的构造原则

钢结构的节点设计是结构设计的重要环节。一般应遵循以下原则：

1. 节点传力应力求简捷、明了；

2. 节点受力的计算分析模型应与节点的实际受力情况相一致，节点构造应尽量与设计计算的假定相符合；

3. 保证节点连接有足够的强度和刚度，避免由于节点强度或刚度不足而导致整体结构破坏；

4. 节点连接应具有良好的延性，避免采用约束程度大和易产生层状撕裂的连接形式，以利于抗震；

5. 尽量简化节点构造，以便于加工、安装时的就位和调整，并减少用钢量；

6. 尽可能减少工地拼装的工作量，以保证节点质量并提高工作效率。

13.3 拼接节点

13.3.1 型材拼接的类别与构造配置要求

由于型材原料需接长或构件需分段运输、安装等原因，各类型材或构件常要求在工厂或现场进行拼接，拼接节点也常是承载力和传力的关键部位，在工程设计中，设计人员（包括工厂钢结构制作详图设计人员）应重视并作好拼接节点的设计。

1. 按拼接方法分类，可分为焊接拼接、高强度螺栓拼接和栓-焊混用拼接三类，H 型钢梁的各类拼接构造见图 13.3-1。

2. 按拼接设计的强度计算方法分，可分为等强法及内力法两种方法，前者按拼接强度（包括拼材与拼接连接）不小于所拼接母材 H 型钢截面的强度进行设计；后者按拼接强度不小于拼接处母材最大内力（弯矩、轴力、剪力）进行设计。其翼缘拼接与腹板拼接

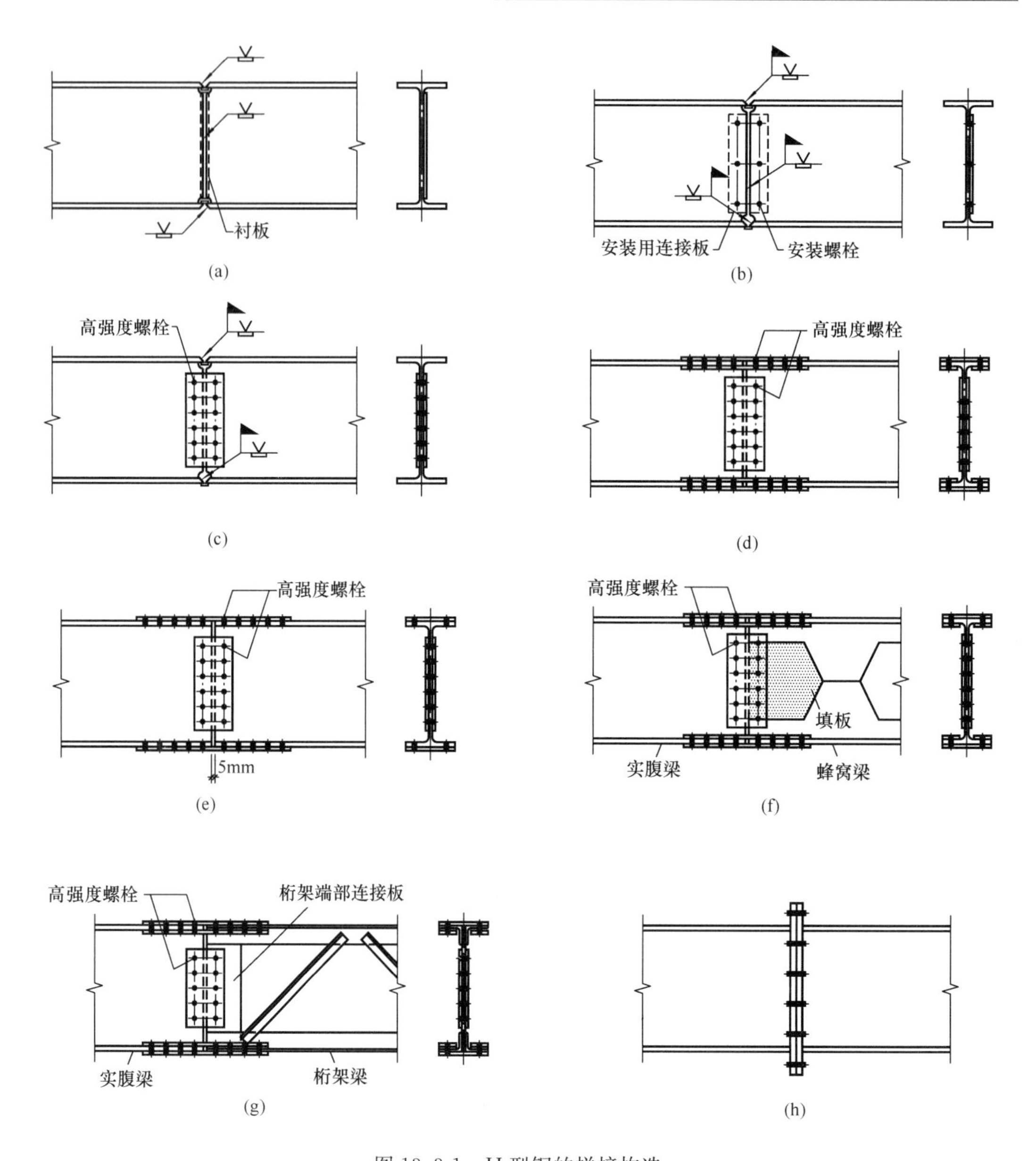

图 13.3-1 H 型钢的拼接构造

(a) 全焊透拼接；(b) 翼缘焊透腹板带拼材的焊接拼接；(c) 翼缘焊透腹板带高强螺栓的混合拼接；(d) 全高强螺栓拼接；(e) 全高强螺栓拼接；(f) H 型钢与蜂窝梁拼接；(g) H 型钢与桁架梁拼接；(h) 端板法兰拼接

强度均按翼缘与腹板所分担的最大内力计算。

3. H 型钢的工厂全焊拼接构造示例见图 13.3-2，现场栓-焊与全焊拼接构造示例见图 13.3-3。

4. H 型钢拼接处翼缘锁口焊接构造见图 13.3-4。

13.3.2 拼接节点设计一般规定

1. H 型钢柱的拼接宜采用全截面等强拼接，当受条件限制且构件长期承载条件不变

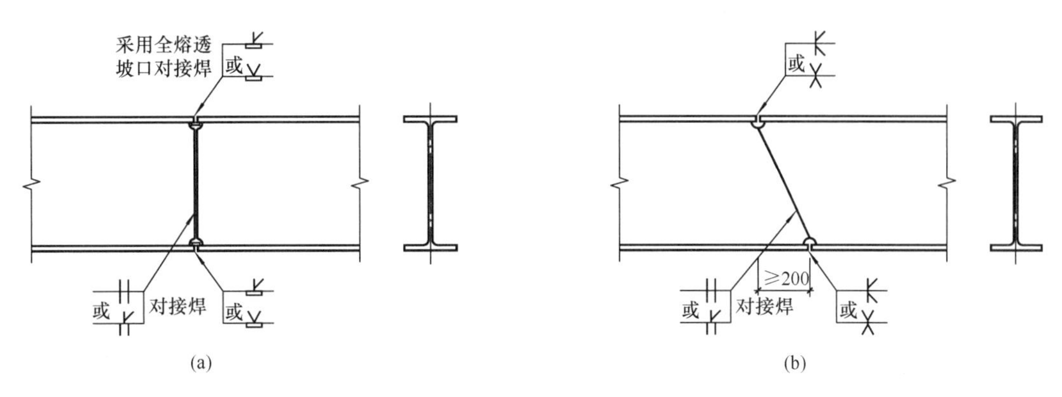

图 13.3-2 H 型钢的全焊工厂拼接

(a) 腹板直缝对接；(b) 腹板斜缝对接（适用于重要构件）

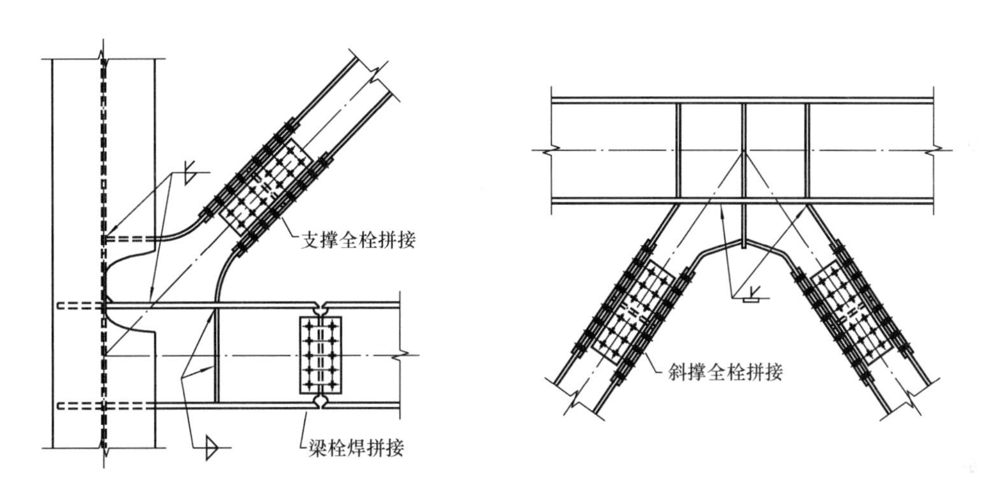

图 13.3-3 H 斜梁与梁柱连接处的现场拼接

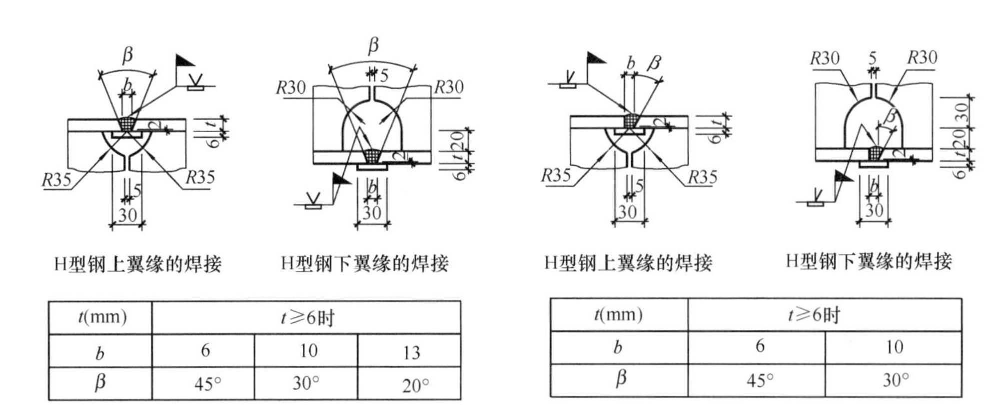

t(mm)	t≥6时		
b	6	10	13
β	45°	30°	20°

t(mm)	t≥6时	
b	6	10
β	45°	30°

图 13.3-4 翼缘锁口的焊缝构造

化时，也可采用内力法拼接计算。

2. H 型钢的工厂拼接应采用等强拼接，现场拼接宜采用翼缘熔透焊接和腹板高强度螺栓连接的栓-焊拼接。全高强螺栓等强拼接所用拼材较多，仅适用于焊接条件受限制的现场拼接。法兰式端板拼接适用于按内力法计算并内力不大的梁现场拼接，为减小撬力的影响，其端板厚度不宜小于梁翼缘厚度或螺栓直径，螺栓应紧凑布置。

3. 拼材应采用与母材强度、性能相同的钢材，焊接拼接所用的焊条强度性能也应与拼材及母材相匹配。当采用栓接拼接时，在同类拼接节点中应采用同一性能等级及同一直径的同类高强度螺栓。

4. H 型钢梁、柱的拼接设计，应考虑拼接强于母材的原则，在计算与确定拼材及拼接连接的截面与数量时，应留有一定的裕度。对塑性设计的截面拼接以及抗震设防（7～9度）地区 H 型钢梁、柱拼接抗弯承载力应不小于该拼接截面最大计算弯矩值的 1.1 倍，同时尚不得低于 $0.25W_{p}f_{y}$，W_{p} 及 f_{y} 分别为梁、柱截面的塑性截面模量及屈服强度。

5. 为了保证拼接截面承载力的连续性，受弯或偏心受压的 H 型钢构件的拼接，除翼缘拼接（包括拼材与拼接连接）及腹板拼接的承载力应分别大于构件翼缘及腹板的承载力外，还应保证拼材全截面的抗弯承载力大于构件全截面的抗弯承载力。

6. 等强拼接一般按拼接承载力不小于母材净截面承载力设计计算，但对承受静载 H 型钢的翼缘摩擦型高强度螺栓等强拼接，当有必要考虑孔前传力影响时，也可按下述方法计算：

1）当翼缘截面扣孔面积率≤15％时，所需高强螺栓数量按翼缘毛截面计算；

2）当翼缘截面扣孔面积率＞15％时，所需高强螺栓数量按 1.18 倍的实际翼缘净面积计算。

7. 受拉 H 型钢构件及受弯 H 型钢构件受拉翼缘栓接拼接处的栓孔削弱面积不宜超过其所拼接毛截面面积的 25％。当按内力法计算 H 型钢构件拼接时，其腹板拼接（包括拼材及拼接连接）的承载力除大于拼接截面的最大剪力外，还应不小于腹板全截面抗剪承载力的 50％。

8. 对栓-焊混用拼接，当采用先拧后焊操作方法时，其腹板拼接高强螺栓的承载力应降低 10％采用。

9. 当采用无拼材熔透焊接拼接时，应采用加引弧板（翼缘拼焊处）及单面坡口熔透对接焊（加垫板及设扇形切口）的构造，腹板熔透对焊仅受单面焊条件限制时，应在背面侧加设垫板，如图 13.3-1b 所示。现场焊接（或栓-焊）拼接应避免仰焊作业，在设计中应给出拼接节点图，同时在详图设计中应考虑预设相拼构件的定位夹具或耳板等零件。

10. 梁、柱的拼接位置应由设计确定，一般宜设在内力较小处，同时综合考虑运输分段、安装方便等条件合理确定，多（高）层框架的拼接位置可设在距梁端 1.0m 左右，柱的拼接宜设在距楼板面上方 1.1～1.3m 便于站立操作处。

13.3.3　H 型钢栓-焊拼接的计算与构造

1. 计算假定

1）H 型钢翼缘为全熔透对接焊接，不再计算其拼接强度。

2）腹板拼接板及每侧的高强螺栓，按拼接处的弯矩和剪力设计值计算，即腹板拼接及每侧的高强螺栓承受拼接截面的全部剪力及按刚度分配到腹板上的弯矩，其拼接强度不应低于原腹板。

3）当翼缘为焊接、腹板为高强度螺栓摩擦型连接，并采用先栓后焊的方法时，在计算中应考虑对翼缘施焊时其焊接高温对腹板连接螺栓预拉力损失的影响，连接螺栓的抗剪

承载力取 $0.9N_v^b$。

4）计算拼接螺栓时，计入拼缝中心线至栓群中心的偏心附加弯矩。

2. 梁腹板用高强螺栓拼接的计算公式

梁腹板用螺栓拼接时，应以螺栓群角点处螺栓的受力满足其抗剪承载力要求与控制条件，结合梁截面尺寸合理的布置螺栓群，如图 13.3-5 所示。

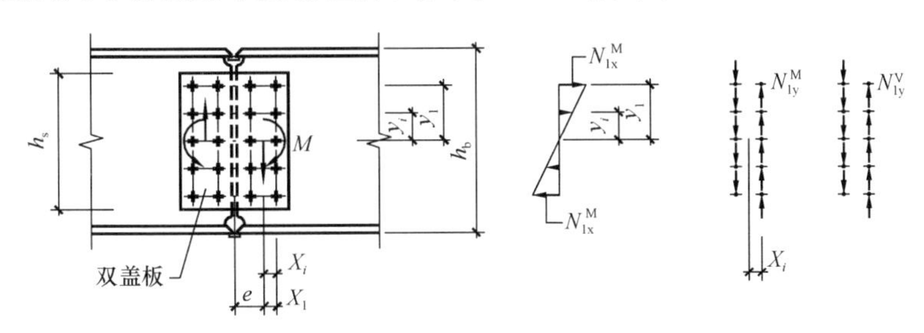

图 13.3-5 螺栓群弯矩和剪力作用示意图

（1）螺栓群在弯矩和剪力作用下，角点螺栓所受剪力的计算公式如下：

$$\sqrt{(N_{1y}^V+N_{1y}^M)^2+(N_{1x}^M)^2}\leqslant 0.9N_v^b \tag{13.3-1}$$

式中 $N_{1y}^V=\dfrac{V}{mn}$

$$N_{1y}^M=\frac{(M_x+Ve)(I_{wj}/I_{xj})x_1}{\Sigma(x_i^2+y_i^2)}$$

$$N_{1x}^M=\frac{(M_x+Ve)(I_{wj}/I_{xj})y_1}{\Sigma(x_i^2+y_i^2)}$$

M_x、V——分别为梁拼接处的弯矩和剪力设计值；

m、n——分别为螺栓的行数和列数；

e——拼接缝至螺栓群中心处的偏心距；

I_{xj}、I_{wj}——分别为梁和梁腹板绕 x 轴的净截面惯性矩。

（2）确定腹板拼接板的厚度（应取下列四项中最大者）

1）根据螺栓群受的弯矩求板厚 t_s^m

拼接板弯曲应力应满足 $\dfrac{Mh_s}{n_f I_j}\leqslant f$

其中拼接板净截面惯性矩为 $I_j=\left[\dfrac{1}{12}t_s^M h_s^3-t_s^M(\Sigma y_i^2/n)\times d_0\right]n_f$

按拼接板受弯确定板的厚度为：

$$t_s^m=\frac{M\cdot h_s}{n_f f[h_s^3/12-(\Sigma y_i^2/n)\times d_0]} \tag{13.3-2}$$

式中 h_s——拼接板高度；

d_0——螺栓孔径；

n_f——拼接板数量。

2）根据螺栓群受的剪力求板厚 t_s^V

假定全部剪力由拼接板均匀承受，则拼接板的厚度为：

$$t_s^V = \frac{V}{n_f(h_s - md_0)f_v} \tag{13.3-3}$$

3）根据螺栓间距 s 确定板的厚度 t_s^s

$$t_s^s \geqslant s/12 \tag{13.3-4}$$

4）按拼接板截面面积不小于腹板的截面面积确定板厚 t_s^A

$$t_s^A \geqslant \frac{(h_w - md_0)t_w}{n_f(h_s - md_0)} \tag{13.3-5}$$

式中 h_w、t_w——分别为梁腹板净高和厚度。

3. 各类H型钢拼接构造要求见表13.3-1

各类H型钢拼接拼材与其连接的配置要求 **表13.3-1**

拼接方法	拼材配置与构造	拼接连接要求	说明
全拼材焊接拼接 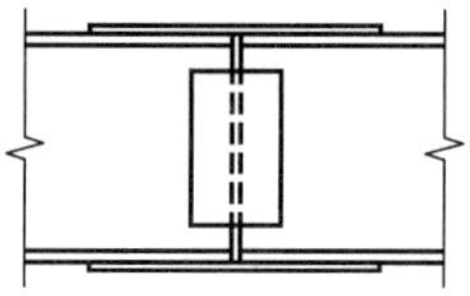	1. 翼缘拼接板均采用外侧单层拼板，为增加焊缝长度其外形亦可做成鱼尾板。拼板在拼缝一侧的长度不宜超过 $60h_f$（h_f 为拼接板纵向连接焊缝厚度）； 2. 当采用现场高空拼焊时，可选用上翼缘拼板较翼缘窄而下翼缘拼板较翼缘宽的构造以保证焊缝的俯焊作业； 3. 腹板拼板一般为双面设置，其外形宜选用窄而长的外形；当为柱拼接时，可选用鱼尾形拼接板； 4. 所有拼材应有安装螺栓定位	1. 翼缘拼接焊缝宜只采用侧面纵向角焊缝（不同时采用端缝），焊缝长度不应超过 $60h_f$； 2. 腹板拼板在拼缝每侧为角焊缝三面围焊，且应明确要求焊缝的拐角处连续施焊，不得起弧灭弧	耗材一般较多，高空施焊时作业难度大，现较少采用
全截面高强螺栓拼接 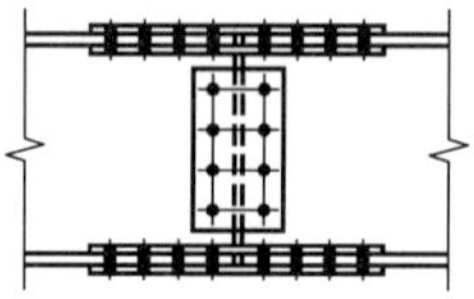	1. 翼缘拼板一般在翼缘上下两侧设置，并宜采用同一厚度，在拼缝一侧的拼板长度一般不大于 $30d_0$（d_0 为螺栓孔径）；拼板宽度不大于翼缘宽度； 2. 腹板拼板一般在腹板双侧配置，其外形应尽量选用窄而长的外形； 3. 所有拼材及拼接区母材表面均应按摩擦面要求进行处理	1. 翼缘拼接螺栓的排列应注意保证有施拧空间进行施拧操作； 2. 拼缝一侧的腹板拼接螺栓宜尽量按单排布置，当为双排布置并构件截面较高时，靠近中和轴区的螺栓可采用较大的栓距	可避免焊接作业，但耗材量与造价较高

续表

拼接方法	拼材配置与构造	拼接连接要求	说明
栓-焊混用拼接	1. 翼缘按熔透焊要求坡口，并设置单面坡口焊的下垫板及引弧板； 2. 腹板栓接拼接可单侧或双侧设置，外形宜窄而长，在腹板拼缝的上下端应开设扇形锁口，以便设置垫板及连续施焊； 3. 腹板及拼板摩擦面按设计要求处理	1. 翼缘板熔透焊为加垫板的单面坡口对接焊缝，坡口可按国标或焊接规程采用； 2. 腹板拼接高强螺栓在拼缝一侧宜尽量按单排布置	一般按先拧后焊工序施工
端板拼接	1. 端板厚度不应小于构件翼缘板厚度与螺栓直径； 2. 为增加抗弯能力，端板亦可伸出翼缘以增加螺栓布置	1. 螺栓的布置应按较小容许间距紧凑布置； 2. 当拼接主要承受弯矩时，在靠近中和轴区可按构造布置螺栓； 3. 受拉翼缘与端板连接焊缝应按传力计算确定	

13.3.4　H 型钢栓-焊拼接计算示例

梁截面 H500×250×8×16，钢材牌号 Q235B，采用焊接与摩擦型连接高强度螺栓的栓焊拼接，梁拼接处的弯矩和剪力设计值为 $M_x = 320\text{kN}\cdot\text{m}$、$V = 230\text{kN}$，拼接构造如图 13.3-6 所示。

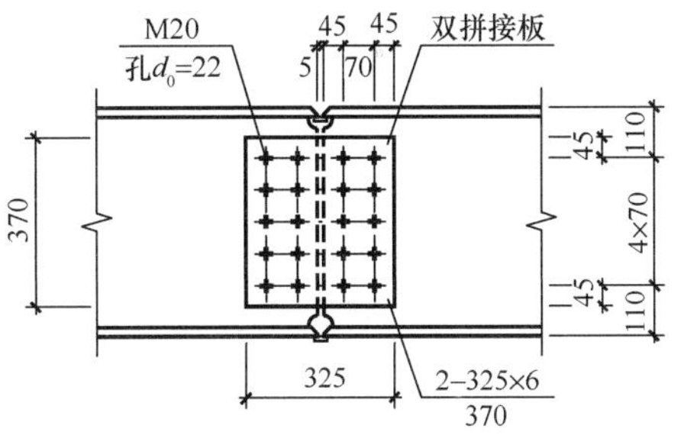

图 13.3-6　H 型钢梁栓-焊拼接示例

拼接按内力法计算。

1. 腹板拼接螺栓计算

螺栓的性能等级 8.8s，预拉力 $P = 125\text{kN}$，抗滑移系数 $\mu = 0.4$，拼接处内力计算：

梁的腹板高度 $h_w = 500 - 2 \times 16 = 468\text{mm}$，

梁腹板惯性矩 $I_w = 8 \times 468^3/12 = 68.335 \times 10^6\ \text{mm}^4$

梁腹板的净截面惯性矩 $I_{wj} = I_w - 2 \times 8 \times 22 \times (70^2 + 140^2) = 59.711 \times 10^6\ \text{mm}^4$

梁翼缘的毛截面惯性矩 $I_f = 2 \times 250 \times 16 \times (250 - 8)^2 = 468.512 \times 10^6\ \text{mm}^4$

梁的全截面惯性矩 $I_x = I_f + I_w = 536.847 \times 10^6\ \text{mm}^4$

梁的净截面惯性矩 $I_{xj} = I_f + I_{wj} = 528.223 \times 10^6\ \text{mm}^4$

$e = 2.5 + 45 + 70/2 = 82.5\text{mm}$、$m = 5$、$n = 2$、$n_f = 2$

拼接螺栓承受剪力　　$N_{1y}^V = \dfrac{V}{mn} = \dfrac{230}{5 \times 2} = 23.0\text{kN}$

拼接螺栓承受弯矩　$M_x + Ve = 320 + 230 \times 0.0825 = 338.975\text{kN}\cdot\text{m}$

按式 13.3-1 计算螺栓受力

$$\frac{I_{wj}}{I_{xj}}=\frac{59.711}{528.223}=0.113$$

$$\Sigma(x_i^2+y_i^2)=10\times35^2+4\times(70^2+140^2)=110250\ \mathrm{mm}^2$$

$$N_{1y}^{M}=\frac{(M_x+Ve)(I_{wj}/I_{xj})x_1}{\Sigma(x_i^2+y_i^2)}=\frac{338.975\times0.113\times0.035}{110250\times10^{-6}}=12.16\mathrm{kN}$$

$$N_{1x}^{M}=\frac{(M_x+Ve)(I_{wj}/I_{xj})y_1}{\Sigma(x_i^2+y_i^2)}=\frac{338.975\times0.113\times0.14}{110250\times10^{-6}}=48.64\mathrm{kN}$$

角点处螺栓所受剪力为：

$$N=\sqrt{(N_{1y}^{V}+N_{1y}^{M})^2+(N_{1x}^{M})^2}=\sqrt{(23.0+12.16)^2+48.64^2}=62.02\mathrm{kN}$$

一个螺栓抗剪承载力

$$0.9N_v^b=0.9\times0.9n_f\mu P=0.9\times0.9\times2\times0.4\times125=81.0\mathrm{kN}$$

满足要求

2. 腹板拼接板按图双面设置，可按 468×12 净矩形截面承受弯矩（320×0.113)kN·m 和剪力 230kN 分别验算其抗弯、抗剪强度，计算从略。

3. 梁翼缘焊接拼接当采用加引弧板熔透对接焊缝时，与母材等强，可不验算其强度，当为非熔透焊缝时，其强度验算如下：

$$\sigma_f=\frac{M}{b_f t_f(h-t_f)}=\frac{320\times10^6}{250\times16\times(500-16)}=165.29\mathrm{N/mm^2}<f_t^w=185\mathrm{N/mm^2}$$

13.4 框架梁柱刚性节点

梁与柱刚性连接时，可采用全焊接连接节点、栓焊混合连接节点、全栓接连接节点，如图 13.1-18 所示，以及抗震节点，如图 13.1-19、图 13.1-20 所示。

1. 全焊接连接的传力最充分，不会滑移，良好的焊接构造和焊接质量可提供足够的延性，但要求对焊缝的焊接质量进行探伤检查，此外，采用全焊接连接节点不可避免地会出现焊接应力及焊接残余变形。

2. 全栓接连接施工较方便，但连接或拼接全部采用高强度螺栓，会使接头尺寸过大，板材消耗较多，且高强螺栓价格也较贵，此外，螺栓连接不能避免在大震时滑移。在高层钢结构的工程实践中，柱的拼接多采用全焊接，而抗震支撑的连接或拼接，为了施工方便，大多用高强度螺栓连接。

3. 栓焊混合连接应用比较普遍，即翼缘用焊接，腹板用螺栓连接。先用螺栓安装定位然后对翼缘施焊，具有施工上的优点。试验表明，其滞回曲线与全焊接时的相近。翼缘焊接对螺栓预拉力有一定的影响，试验表明，焊接热影响可使螺栓预拉力平均降低约10%，因此腹板连接用的高强度螺栓，其实际应力宜留有余度。

4. 抗震节点，此类新型节点通过在梁上、下翼缘局部范围焊接钢板或加大梁截面，也可对梁翼缘进行局部削弱，达到提高节点延性，在强震作用下获得在远离梁柱节点处梁截面塑性发展的设计目标，塑性铰外移梁端连接节点设计原理，如图 13.4-1 所示。

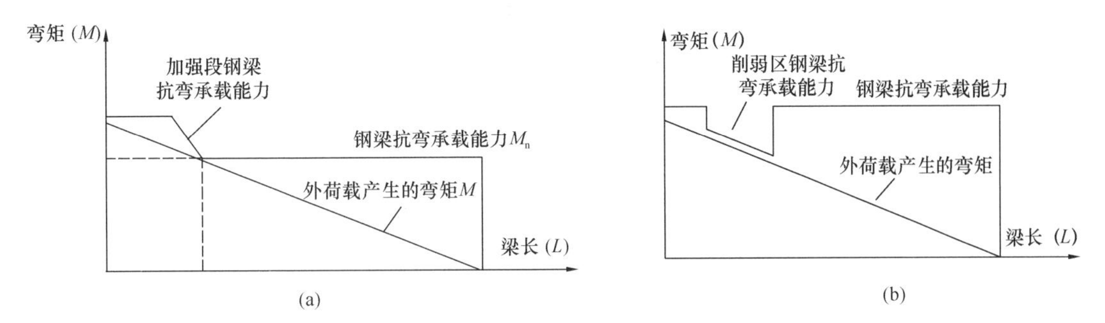

图 13.4-1 塑性铰外移梁端连接节点设计原理

(a) 加强式节点；(b) 削弱式节点

5. 梁与柱刚性连接验算内容

(1) 梁与柱的连接承载力——在弹性阶段验算其连接强度，在弹塑性阶段验算其极限承载力；

(2) 在梁翼缘的压力和拉力作用下，分别验算柱腹板的受压承载力和柱翼缘板的刚度；

(3) 节点域的抗剪承载力。

13.4.1 栓焊连接刚性节点

一、栓焊连接节点的形式与构造

(1) 梁翼缘与柱翼缘焊接时，应全部采用全熔透坡口焊缝（设有引弧板）；

(2) 连接板与柱翼缘采用双面角焊缝连接；

(3) 连接板与梁腹板采用摩擦型高强度螺栓连接；

(4) 在柱腹板设置横向加劲肋，具体位置应和梁翼缘对齐，若柱两端梁截面不等高，具体构造参考图 13.1-7，加劲肋厚度不应小于梁翼缘厚度，强度与梁翼缘相同；

(5) 梁腹板的过焊孔宜采用扇形切角，如图 13.4-2 所示。扇形切角端部与梁翼缘连

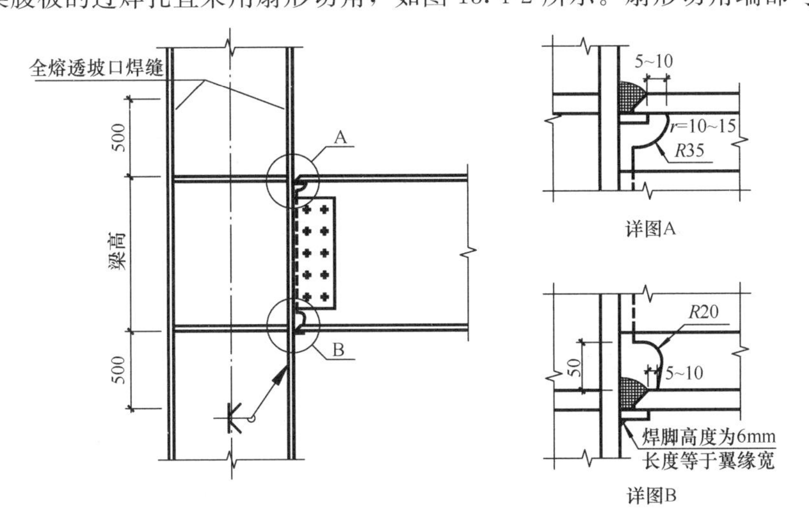

图 13.4-2 框架梁柱的刚性连接节点及详图

接处，应采用圆弧过渡，圆弧半径 $r=10\sim15$mm，且端部与梁翼缘的全熔透焊缝应隔开梁翼缘焊接衬板的反面与柱翼缘相接处应采用角焊缝沿衬板全长焊接，焊脚高度宜取 6mm。

二、栓焊连接节点计算的一般规定

栓焊连接刚性节点的构造如图 13.4-3 所示。

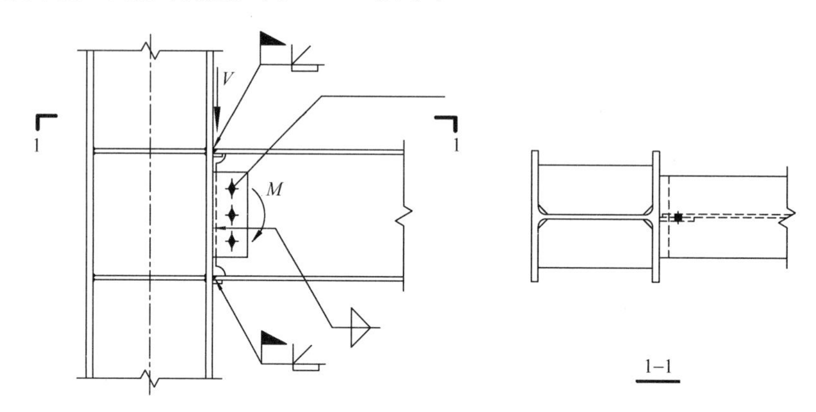

图 13.4-3　梁柱栓焊连接刚性连接节点

1. 主梁与柱连接的承载力

(1) 简化设计法

主梁翼缘的抗弯承载力大于主梁整个截面抗弯承载力的 70%，即梁翼缘提供的塑性截面模量大于梁全截面塑性模量的 70%，可以采用简化设计法。简化设计法是指假设梁翼缘承担全部梁端弯矩，梁腹板承担全部梁端剪力。

梁翼缘与柱翼缘对接焊缝的抗拉强度验算公式如下：

$$\sigma_f=\frac{M}{b_f t_f(h-t_f)}\leqslant f_t^w \tag{13.4-1}$$

式中　M——梁端弯矩设计值；

b_f、t_f——梁翼缘宽度和厚度；

h——梁的高度；

f_t^w——对接焊缝的抗拉强度设计值。

由于栓焊混合连接一般采用先栓后焊的方法，此时应考虑翼缘焊接热影响引起的高强螺栓预应力损失，故梁腹板高强螺栓的抗剪承载力验算宜计入 0.9 的热损失系数，计算公式如下：

$$N_v=\frac{V}{n}\leqslant 0.9N_v^b \tag{13.4-2}$$

式中　V——梁端受剪承载力；

n——梁腹板高强螺栓的数目；

N_v——一个高强螺栓所承受的剪力；

N_v^b——单个高强螺栓的抗剪承载力设计值。

(2) 全截面精确设计法

梁翼缘提供的塑性截面模量小于梁全截面塑性模量的 70%时，应考虑全截面的抗弯承载力，可采用以下全截面精确设计法。全截面精确设计法是指梁腹板除承担全部剪力外，还与梁翼缘一起承担弯矩。梁翼缘和腹板分担弯矩的大小根据其刚度比确定，即：

$$M_{\mathrm{f}}=M\cdot\frac{I_{\mathrm{f}}}{I},\ M_{\mathrm{w}}=M\cdot\frac{I_{\mathrm{w}}}{I} \tag{13.4-3}$$

式中 M_{f}、M_{w}——梁翼缘、腹板分别分担的弯矩；

I_{f}、I_{w}——梁翼缘、腹板分别对梁形心的惯性矩；

I——梁全截面的惯性矩。

M_{f} 作用下，梁翼缘与柱翼缘对接焊缝的抗拉强度验算公式如下：

$$\sigma_{\mathrm{f}}=\frac{M_{\mathrm{f}}}{b_{\mathrm{f}}t_{\mathrm{f}}(h-t_{\mathrm{f}})}\leqslant f_{\mathrm{t}}^{\mathrm{w}} \tag{13.4-4}$$

梁腹板高强螺栓的抗剪承载力计算公式如下：

$$N_{\mathrm{v}}=\sqrt{\left(\frac{M_{\mathrm{w}}y_1}{\sum y_i^2}\right)^2+\left(\frac{V}{n}\right)^2}\leqslant 0.9N_{\mathrm{v}}^{\mathrm{b}} \tag{13.4-5}$$

式中 y_i——各螺栓到螺栓群中心的 y 方向距离；

y_1——最外侧螺栓至螺栓群中心的 y 方向距离。

2. 连接板验算

连接板与柱翼缘之间的双面角焊缝验算公式如下：

$$\tau_{\mathrm{v}}=\frac{V}{2\times 0.7h_{\mathrm{f}}l_{\mathrm{w}}}\leqslant f_{\mathrm{f}}^{\mathrm{w}} \tag{13.4-6}$$

式中 τ_{v}——双面角焊缝抗剪强度；

h_{f}——双连接梁腹板与柱翼缘的角焊缝尺寸；

l_{w}——连接梁腹板与柱翼缘的角焊缝的计算长度；

$f_{\mathrm{f}}^{\mathrm{w}}$——角焊缝的强度设计值。

连接板净截面强度验算公式如下：

$$\tau=\frac{V}{A_{\mathrm{n}}}\leqslant f_{\mathrm{v}} \tag{13.4-7}$$

式中 A_{n}——连接板净截面面积；

f_{v}——钢材抗剪强度设计值。

3. 梁与柱刚性连接的极限承载力

（1）按照现行国家标准《钢结构设计标准》GB 50017—2017 的规定，梁与柱刚性连接的极限承载力应按下列公式验算：

$$M_{\mathrm{u}}^{\mathrm{j}}\geqslant\eta_{\mathrm{j}}W_{\mathrm{E}}f_{\mathrm{y}} \tag{13.4-8}$$

$$V_{\mathrm{u}}^{\mathrm{j}}\geqslant 1.2[2(W_{\mathrm{E}}f_{\mathrm{y}})/l_{\mathrm{n}}]+V_{\mathrm{Gb}} \tag{13.4-9}$$

式中，$M_{\mathrm{u}}^{\mathrm{j}}$、$V_{\mathrm{u}}^{\mathrm{j}}$——分别为连接的极限受弯、受剪承载力；

η_{j}——连接系数，按照《钢结构设计标准》GB 50017—2017 的表 17.2.9 取值，当梁腹板采用改进型过焊孔时，梁柱刚性连接的连接系数可乘以不小于 0.9 的折减系数；

W_{E}——构件塑性耗能区截面模量，按照《钢结构设计标准》GB 50017—2017 的表 17.2.2-2 取值；

l_n ——梁的净跨；

V_{Gb} ——梁在重力荷载代表值作用下，按简支梁分析的梁端截面剪力效应；

f_y ——钢材的屈服强度。

(2)《高层民用建筑钢结构技术规程》JGJ 99—2015 给出的验算方法：

1）抗震设计时，梁与柱连接的极限受弯承载力应按照下列规定计算：

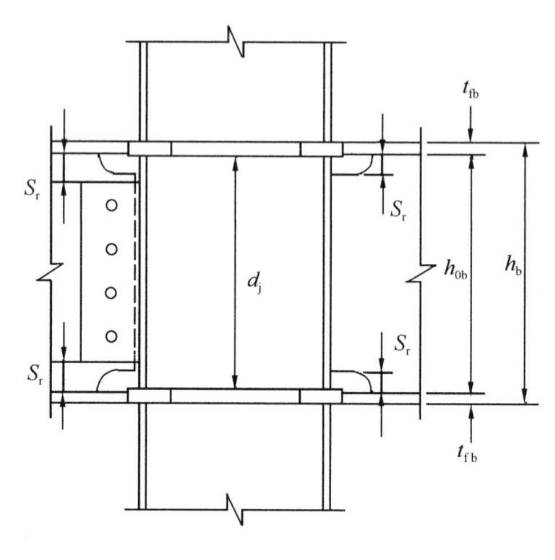

图 13.4-4　梁柱连接

① 梁端连接的极限受弯承载力

$$M_u^j = M_{uf}^j + M_{uw}^j \tag{13.4-10}$$

② 梁翼缘连接的极限受弯承载力

$$M_{uf}^j = A_f(h_b - t_{fb})f_{ub} \tag{13.4-11}$$

③ 梁腹板连接的极限受弯承载力

$$M_{uw}^j = m \cdot W_{wpe} \cdot f_{yw} \tag{13.4-12}$$

$$W_{wpe} = \frac{1}{4}(h_b - 2t_{fb} - 2S_r)^2 t_{wb} \tag{13.4-13}$$

梁腹板连接的受弯承载力系数 m 应按下列公式计算：

H 形柱(绕强柱)　　$m = 1$　　(13.4-14)

箱形柱　　$m = \min\left\{1, 4\frac{t_{fc}}{d_j}\sqrt{\frac{b_j \cdot f_{yc}}{t_{wb} \cdot f_{yw}}}\right\}$　　(13.4-15)

圆管柱　　$m = \min\left\{1, \frac{8}{\sqrt{3}k_1 \cdot k_2 \cdot r}\left(\sqrt{k_2\sqrt{\frac{3k_1}{2}} - 4} + r\sqrt{\frac{k_1}{2}}\right)\right\}$　　(13.4-16)

式中，W_{wpe} ——梁腹板有效截面的塑性截面模量；

h_b ——梁截面高度；

d_j ——柱上下水平加劲肋（横隔板）内侧之间的距离；

b_j ——箱型柱壁板内侧的宽度或圆管柱内直径，$b_j = b_c - 2t_{fc}$；

r ——圆钢管上下横隔板之间的距离与钢管内径的比值，$r = d_j/b_j$；

t_{fc} ——箱形柱或圆管柱壁板的厚度；

f_{yc} ——钢柱的屈服强度；

f_{yf}、f_{yw} ——分别为梁翼缘和梁腹板钢材的屈服强度；

f_{ub} ——为梁翼缘钢材的抗拉强度最小值；

t_{fb}、t_{wb} ——分别为梁翼缘和梁腹板的厚度；

S_r ——梁腹板过焊孔高度，高强螺栓连接时为剪力板与梁翼缘间间隙的距离。

2)《高层民用建筑钢结构技术规程》JGJ 99—2015 指出，高强度螺栓连接的极限受承载力应取下列公式计算得出的较小值：

$$N_{vu}^{b} = 0.58 n_f A_e^b f_u^b \tag{13.4-17}$$

$$N_{cu}^{b} = d \Sigma t f_{cu}^{b} \tag{13.4-18}$$

N_{vu}^{b} ——1 个高强度螺栓的极限受剪承载力（N）；

N_{cu}^{b} ——1 个高强度螺栓对应的板件极限承压力（N）；

n_f ——螺栓连接的剪切面数量；

A_e^b ——螺栓螺纹处的有效截面面积（mm^2）；

f_u^b ——螺栓钢材的抗拉强度最小值（N/mm^2）；

f_{cu}^b ——螺栓连接板件的极限承压强度（N/mm^2），取 $1.5 f_u$；

d ——螺栓杆直径（mm）；

Σt ——同一受力方向的钢板厚度（mm）之和；

高强度螺栓连接的极限受剪承载力，除应计算螺栓受剪和板件承压外，尚应计算连接板件以不同形式的撕裂和挤穿，取各种情况下的最小值。

高强度螺栓连接的极限受剪承载力应按下列公式计算：

仅考虑螺栓受剪和板件承压时：

$$N_u^b = \min\{nN_{vu}^b, nN_{cu1}^b\} \tag{13.4-19}$$

单列高强度螺栓连接时：

$$N_u^b = \min\{nN_{vu}^b, nN_{cu1}^b, N_{cu2}^b, N_{cu3}^b\} \tag{13.4-20}$$

多列高强度螺栓连接时：

$$N_u^b = \min\{nN_{vu}^b, nN_{cu1}^b, N_{cu2}^b, N_{cu3}^b, N_{cu4}^b\} \tag{13.4-21}$$

连接板挤穿或拉脱时，承载力 $N_{cu2}^b \sim N_{cu4}^b$ 可按下式计算：

$$N_{cu}^b = (0.5 A_{ns} + A_{nt}) f_u \tag{13.4-22}$$

式中：N_u^b ——螺栓连接的极限承载力（N）；

N_{vu}^b ——螺栓连接的极限受剪承载力（N）；

N_{cu1}^b ——螺栓连接同一方向的板件承压承载力（N）之和；

N_{cu2}^b ——连接板边拉脱时的受剪承载力（N）；

N_{cu3}^b ——连接板沿螺栓中心线挤穿时的受剪承载力（N）；

N_{cu4}^b ——连接板中部拉脱时的受剪承载力（N）；

f_u ——构件母材的抗拉强度最小值（N/mm^2）；

A_{ns}——板区拉脱时的受剪截面面积（mm^2）；

A_{nt}——板区拉脱时的受拉截面面积（mm^2）；

n——连接的螺栓数。

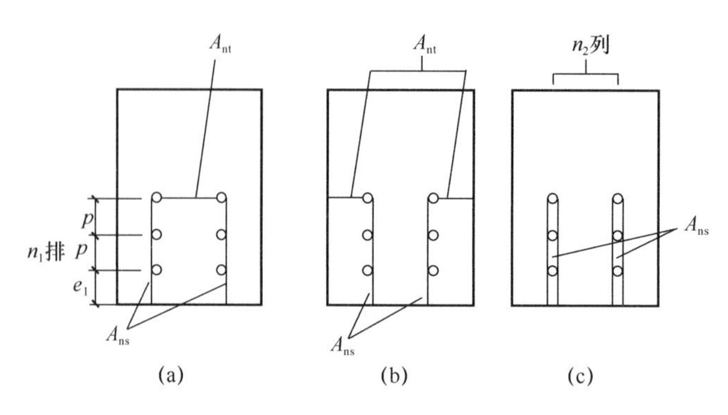

图 13.4-5 拉脱举例（计算示意）

（a）中部拉脱；（b）板边拉脱；（c）整列挤穿

中部拉脱：$A_{ns}=2\{(n_1-1)p+e_1\}t$

板边拉脱：$A_{ns}=2\{(n_1-1)p+e_1\}t$

整列挤穿：$A_{ns}=2n_2\{(n_1-1)p+e_1\}t$

（3）假定 M_u^j 为梁上下翼缘全熔透坡口焊缝的极限受弯承载力，V_u^j 梁腹板连接的极限受剪承载力；

1）梁端连接的极限受弯承载力：$M_u^j=b_f t_{fb}(h-t_f)f_u$ （13.4-23）

2）梁端连接的极限受剪承载力：

梁腹板净截面的极限受剪承载力：$V_{u1}=0.58A_{nw}f_u$ （13.4-24）

连接件净截面的极限受剪承载力：$V_{u2}=0.58A_{nw}^{PL}f_u$ （13.4-25）

连接板和柱翼缘间的角焊缝的极限受剪承载力：$V_{u3}=0.58A_f^w f_u$ （13.4-26）

1个高强度螺栓的极限受剪承载力：$N_{vu}^b=0.58n_f A_e^b f_u^b$ （13.4-27）

1个高强度螺栓对应的板件极限承压力：$N_{cu1}^b=d\Sigma t f_{cu}^b$ （13.4-28）

$$V_u^j=\min\{nN_{vu}^b,nN_{cu1}^b,V_{u1},V_{u2},V_{u3}\} \quad (13.4\text{-}29)$$

式中，A_{nw} ——梁腹板的净截面面积（mm^2）；

A_{nw}^{PL} ——连接件的净截面面积（mm^2）；

A_f^w ——焊缝的有效受力面积；

f_u^b ——板件的抗拉强度最小值；

n_f ——螺栓连接的剪切面数量；

A_e^b ——螺栓螺纹处的有效截面面积（mm^2）；

f_u^b ——螺栓钢材的抗拉强度最小值（N/mm^2）；

f_{cu}^b ——螺栓连接板件的极限承压强度（N/mm^2），取 $1.5f_u$；

d ——螺栓杆直径（mm）；

Σt ——同一受力方向的钢板厚度（mm）之和；

4. 未设置水平加劲肋时，柱腹板或翼缘的承载力

（1）在梁的受压翼缘处，柱腹板厚度 t_{wc} 应同时满足下式要求：

$$t_{wc}\geqslant\frac{A_{fb}f_b}{b_e f_c} \quad (13.4\text{-}30a)$$

$$t_{wc} \geqslant \frac{h_c}{30} \cdot \frac{1}{\varepsilon_{k,c}} \tag{13.4-30b}$$

式中 A_{fb}——梁受压翼缘的截面积；

f_b——梁钢材抗拉、抗压强度设计值；

f_c——柱钢材抗拉、抗压强度设计值；

b_e——在垂直于柱翼缘的集中压力作用下，板计算高度边缘处压应力的假定分布长度，计算公式为 $b_e = t_{fb} + 5(t_{fc} + r_c)$；

t_{fb}——梁受压翼缘的厚度；

t_{fc}——柱翼缘厚度，轧制 H 型钢柱取其翼缘端部厚度，焊接 H 形柱取其翼缘板厚度（图 13.4-6）；

r_c——轧制 H 型钢柱取弧根半径，焊接 H 形柱不予考虑（即 $r_c = 0$）；

h_c——柱腹板的宽度；

$\varepsilon_{k,c}$——柱的钢号修正系数，$\varepsilon_{k,c} = \sqrt{\frac{235}{f_y}}$；

f_y——柱钢材屈服强度。

（2）在梁的受拉翼缘处，柱翼缘板的厚度 t_{fc} 应足：

$$t_{fc} \geqslant 0.4\sqrt{\frac{A_{ft} f_b}{f_c}} \tag{13.4-31}$$

式中 A_{ft}——梁受拉翼缘的截面积（mm^2）。

若柱腹板或翼缘承载力不能满足式（13.4-30）、式（13.4-31）的要求，应将柱腹板加厚或设置柱腹板水平加劲肋。加劲肋的总面积 A_s 不小于：

$$A_s \geqslant (A_{fb} - t_{wc} b_e) \frac{f_b}{f_c} \tag{13.4-32}$$

为防止加劲肋受压屈曲，要求其宽厚比限值为 $b_s/t_s \leqslant 9\sqrt{235/f_y}$。

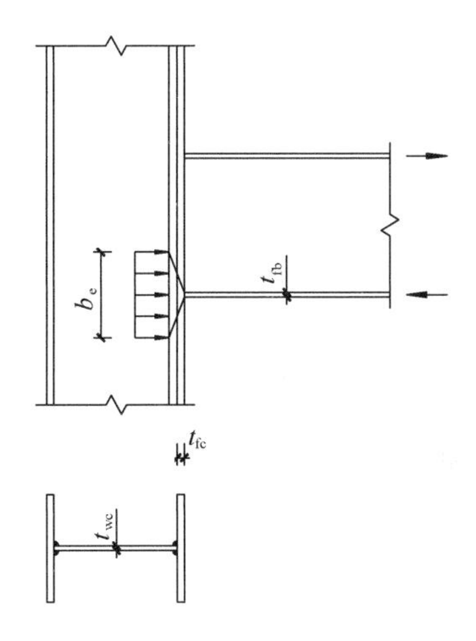

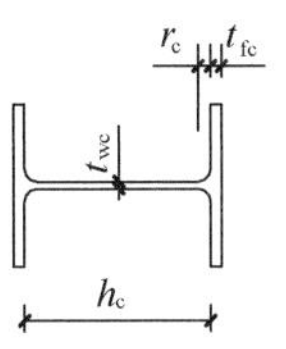

图 13.4-6 柱腹板受压区有效宽度

5. 梁柱节点域的抗剪承载力

（1）当梁柱采用刚性连接，对应于梁翼缘的柱腹板应设置横向加劲肋，当横向加劲肋厚度不小于梁的翼缘板厚度时，节点域的受剪正则化宽厚比 λ_s^{re} 不应大于 0.8；对单层和低层轻型建筑，λ_s^{re} 不得大于 1.2。节点域的受剪正则化宽厚比 λ_s^{re} 应按下式计算：

当 $h_c/h_b \geqslant 1.0$ 时：

$$\lambda_s^{re} = \frac{h_b/t_w}{37\sqrt{5.34 + 4\,(h_b/h_c)^2}} \frac{1}{\varepsilon_k} \tag{13.4-33a}$$

当 $h_c/h_b < 1.0$ 时：

$$\lambda_s^{re} = \frac{h_b/t_w}{37\sqrt{4 + 5.34\,(h_b/h_c)^2}} \frac{1}{\varepsilon_k} \tag{13.4-33b}$$

式中　h_c、h_b——节点域腹板的宽度和高度；

ε_k——钢号修正系数，$\varepsilon_k=\sqrt{\frac{235}{f_y}}$。

（2）节点域的承载力应满足下式要求：

$$\tau=\frac{M_{b1}+M_{b2}}{V_p}\leqslant f_{ps} \tag{13.4-34}$$

H形截面柱

$$V_p=h_{b1}h_{c1}t_w \tag{13.4-35a}$$

箱形截面柱

$$V_p=1.8h_{b1}h_{c1}t_w \tag{13.4-35b}$$

圆管截面柱

$$V_p=(\pi/2)h_{b1}d_c t_c \tag{13.4-35c}$$

式中　M_{b1}、M_{b2}——节点域两侧梁端弯矩设计值；

V_p——节点域的体积；

h_{b1}——梁翼缘中心线之间的高度；

h_{c1}——柱翼缘中心线之间的宽度；

t_w——柱腹板节点域的厚度；

d_c——钢管直径线上管壁中心线之间的距离；

t_c——节点域钢管壁厚；

f_{ps}——节点域的抗剪强度。

（3）节点域的抗剪强度 f_{ps} 应据节点域受剪正则化宽厚比 λ_s^{re} 按下列规定取值：

1）当 $\lambda_s^{re}\leqslant 0.6$ 时，$f_{ps}=\frac{4}{3}f_v$；

2）当 $0.6<\lambda_s^{re}\leqslant 0.8$ 时，$f_{ps}=\frac{1}{3}(7-5\lambda_s^{re})f_v$；

3）当 $0.8<\lambda_s^{re}\leqslant 1.2$ 时，$f_{ps}=[1-0.75(\lambda_s^{re}-0.8)]f_v$；

4）当轴压比 $\frac{N}{Af}>0.4$ 时，受剪承载力 f_{ps} 应乘以修正系数，当 $\lambda_s^{re}\leqslant 0.8$ 时，修正系数可取为 $\sqrt{1-\left(\frac{N}{Af}\right)^2}$。

（4）当节点域厚度不满足式（13.4-34）的要求时，对H形截面柱节点域可采用下列补强措施：

1）加厚节点域的柱腹板。腹板加厚的范围应伸出梁的上下翼缘外不小于150mm；

2）节点域处焊贴补强板加强。补强板与柱加劲肋和翼缘可采用角焊缝连接，与柱腹板采用塞焊连成整体，塞焊点之间的距离不应大于较薄焊件厚度的 $21\varepsilon_k$ 倍；

3）设置节点域斜向加劲肋加强。

6. 节点域抗震验算

（1）《建筑抗震设计规范》GB 50011—2010（2016年版）的第8.2.5条指出，钢框架节点处的抗震承载力验算应符合下列规定：

节点域的屈服承载力应符合下列要求：

$$\phi(M_{pb1}+M_{pb2})/V_p \leqslant (4/3)f_{yv} \tag{13.4-36}$$

工字形截面柱 $$V_p = h_{b1}h_{c1}t_w \tag{13.4-37a}$$

箱型截面柱 $$V_p = 1.8h_{b1}h_{c1}t_w \tag{13.4-37b}$$

圆管截面柱 $$V_p = (\pi/2)h_{b1}h_{c1}t_w \tag{13.4-37c}$$

工字形截面柱和箱形柱的节点域应按下列公式验算：

$$t_w \geqslant (h_{b1}+h_{c1})/90 \tag{13.4-38}$$

$$(M_{b1}+M_{b2})/V_p \leqslant (4/3)f_v/\gamma_{RE} \tag{13.4-39}$$

式中：M_{pb1}，M_{pb2}——分别为节点域两侧梁的全塑性受弯承载力；

V_p——节点域的体积；

f_v——钢材的抗剪强度设计值；

f_{yv}——钢材的屈服抗剪强度，取钢材屈服强度的0.58倍；

ϕ——折减系数；三、四级取0.6，一，二级取0.7；

h_{b1}、h_{c1}——分别为梁翼缘厚度中点间的距离和柱翼缘（或钢管直径线上管壁）厚度中点间的距离；

t_w——柱在节点域的腹板厚度；

M_{b1}，M_{b2}——分别为节点域两侧梁的弯矩设计值；

γ_{RE}——节点域承载力抗震系数，取0.75。

（2）《钢结构设计标准》GB 50017—2017的17.2.10指出：

框架结构的梁柱采用刚性连接，当与梁翼缘平齐的横向加劲肋的厚度不小于梁翼缘厚度时，H形和箱形截面柱的节点域抗震承载力应符合下列规定：

（1）当结构构件延性等级为Ⅰ级或者Ⅱ级时，节点域的承载力验算应符合下式的要求：

$$\alpha_p \frac{(M_{pb1}+M_{pb2})}{V_p} \leqslant \frac{4}{3}f_{yv} \tag{13.4-40}$$

（2）当结构构件延性等级为Ⅲ级、Ⅳ级或Ⅴ级时，节点域的承载力应符合下列要求：

$$\frac{M_{b1}+M_{b2}}{V_p} \leqslant f_{ps} \tag{13.4-41}$$

式中：M_{b1}，M_{b2}——分别为节点域两侧梁端的设防地震性能组合弯矩，按照《钢结构设计标准》GB 50017—2017式（17.2.3-1）计算，非塑性耗能区内力调整系数可取1.0（N·mm）；

M_{pb1}，M_{pb2}——分别为与框架柱节点域的左、右梁端截面的全塑性受弯承载力（N·mm）；

V_p——节点域的体积；

f_{ps}——节点域的抗剪强度，按照《钢结构设计标准》GB 50017—2017式12.3.3条的规定计算其中抗剪强度f_v由抗剪屈服强度f_{yv}代替（N/mm^2）；

α_p——节点域弯矩系数，边柱取0.95，中柱取0.85；

f_{yv}——钢材的屈服抗剪强度，取钢材屈服强度的0.58倍；

三、栓焊刚性连接节点设计例题

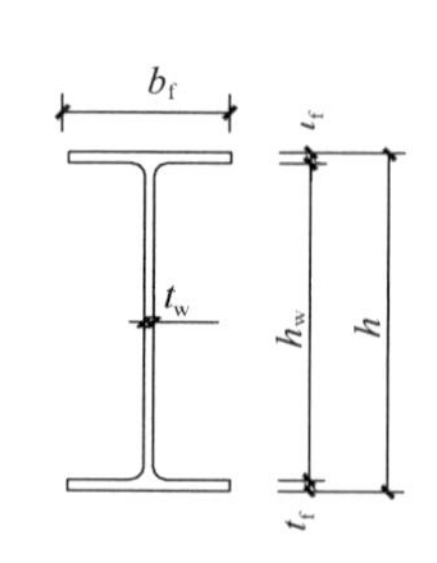

图 13.4-7　梁截面

1. 设计资料

某梁柱节点采用栓焊混合刚性连接，柱的截面采用 HW400×400×13×21，主梁截面采用 HN400×200×8×13，梁翼缘与柱采用完全焊接的坡口对接焊缝连接，梁腹板与柱采用摩擦型高强度螺栓连接。梁柱钢材均选用 Q235B。梁端剪力设计值 $V=102.7\text{kN}$，梁端弯矩设计值 $M=157.5\text{kN}\cdot\text{m}$，重力荷载代表值作用下简支梁梁端截面剪力设计值 $V_{\text{Gb}}=56.62\text{kN}$，梁净跨 $l=6000\text{mm}$。试设计此连接。

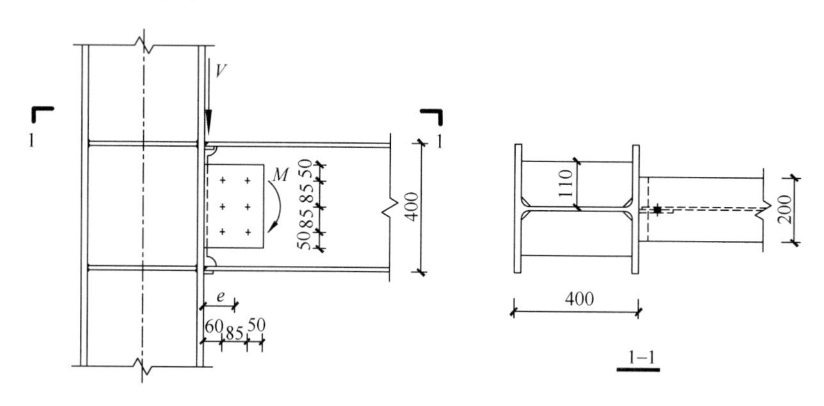

图 13.4-8　梁柱连接

2. 设计及验算

焊条采用 E43 型，二级焊缝，$f_{\text{t}}^{\text{w}}=215\text{N/mm}^2$，$f_{\text{f}}^{\text{w}}=160\text{N/mm}^2$。采用 10.9 级摩擦型高强度螺栓 M22 连接，摩擦面做喷砂处理，摩擦系数 $\mu=0.45$，预拉力 $P=190\text{kN}$。根据构造要求在梁柱连接对应位置设置加劲肋。

梁翼缘的塑性截面模量：

$$W_{\text{pf}}=2b_{\text{f}}t_{\text{f}}\left(\frac{h}{2}-\frac{t_{\text{f}}}{2}\right)=2\times200\times13\times\left(\frac{400}{2}-\frac{13}{2}\right)$$

$$=1006200\text{mm}^3$$

$$0.7W_{\text{pb}}=0.7\times\left[\frac{t_{\text{w}}h_{\text{w}}^2}{4}+2b_{\text{f}}t_{\text{f}}\left(\frac{h}{2}-\frac{t_{\text{f}}}{2}\right)\right]$$

$$=0.7\times\left[\frac{8\times374^2}{4}+2\times200\times13\times\left(\frac{400}{2}-\frac{13}{2}\right)\right]$$

$$=0.7\times1285952=900166.4\text{mm}^3$$

$$W_{\text{pf}}>0.7W_{\text{pb}}$$

可采用简化设计法进行，梁翼缘承担全部梁端弯矩，梁腹板承担全部梁端剪力。

（1）梁翼缘与柱之间的对接焊缝应满足式（13.4-1）的要求：

$$\sigma_{\text{f}}=\frac{M}{b_{\text{f}}t_{\text{f}}(h-t_{\text{f}})}=\frac{157.5\times10^6}{200\times13\times(400-13)}=156.5\text{N/mm}^2<f_{\text{t}}^{\text{w}}=215\text{N/mm}^2$$

满足设计要求。

（2）梁腹板与柱之间的高强螺栓连接设计

单个螺栓抗剪承载力设计值为：$N_v^b = 0.9n_f\mu P = 0.9 \times 1 \times 0.45 \times 190 = 76.95\text{kN}$

梁与柱的受剪承载力：$V_j = (h - 2t_f)t_w f_v = (400 - 26) \times 8 \times 125 = 374\text{kN}$

采用先栓后焊的施工顺序，考虑焊接热效应对摩擦型高强度螺栓预拉力的影响，螺栓的承载能力设计值乘以热影响系数0.9。

需要螺栓数目：$n \geqslant \dfrac{V_j}{0.9N_v^b} = \dfrac{374}{0.9 \times 76.95} = 5.4$个，取$n = 6$

螺栓间距：$p_1 \geqslant 3d_0 = 3 \times 24 = 72\text{mm}$，取$p_1 = 85\text{mm}$。

螺栓端距：$p_2 \geqslant 2d_0 = 2 \times 24 = 48\text{mm}$，取$p_1 = 50\text{mm}$。

规范要求剪力连接板厚度不小于梁腹板厚度，考虑梁腹板与柱翼缘间的空隙尺寸取为270mm×185mm×10mm。

在梁端剪力V作用下，一个高强螺栓所受的力为：$N_v = \dfrac{V}{n} = \dfrac{102.7}{6} = 17.1\text{kN}$

在偏心弯矩$M_e = Ve$作用下，受力最大的一个高强螺栓所受的力为：

$$N_M^x = \frac{M_e y_{max}}{\sum x_i^2 + \sum y_i^2} = \frac{102.7 \times \left(60 + \dfrac{85}{2}\right) \times 85}{6 \times 42.5^2 + 4 \times 85^2} = 22.5\text{kN}$$

$$N_M^y = \frac{M_e x_{max}}{\sum x_i^2 + \sum y_i^2} = \frac{102.7 \times \left(60 + \dfrac{85}{2}\right) \times \dfrac{85}{2}}{6 \times 42.5^2 + 4 \times 85^2} = 11.3\text{kN}$$

在剪力和偏心弯矩共同作用下，受力最大的一个高强螺栓所受的力：

$$N_{max} = \sqrt{(N_M^x)^2 + (N_M^y + N_V^y)^2} = \sqrt{22.5^2 + (11.3 + 17.1)^2}$$

$$= 36.2\text{kN} \leqslant 0.9N_v^b = 69.26\text{kN}$$

满足要求。

（3）梁柱连接极限承载力验算：

$$W_E = W_p = 1285952\text{mm}^3$$

$$M_p = W_E f_y = 1285952 \times 235 \times 10^{-6} = 302.2\text{kN} \cdot \text{m}$$

$$\eta_j W_E f_y = 1.4 \times 1285952 \times 235 \times 10^{-6} = 423.1\text{kN} \cdot \text{m}$$

1）极限受弯承载力验算：

方法1：根据《高层民用建筑钢结构技术规程》JGJ 99—2015进行极限受弯承载力验算 。

a. 梁翼缘连接的极限受弯承载力

$$M_{uf}^j = A_f(h_b - t_{fb})f_{ub} = 200 \times 13 \times (400 - 13) \times 370 = 372.3\text{kN} \cdot \text{m}$$

b. 梁腹板连接的极限受弯承载力

$$W_{wpe} = \frac{1}{4}(h_b - 2t_{fb} - 2S_r)^2 t_{wb} = \frac{1}{4} \times 270^2 \times 8 = 145800\text{mm}^3$$

$$m = 1$$

$$M_{uw}^j = m \cdot W_{wpe} \cdot f_{yw} = 1 \times 145800 \times 235 = 34.3\text{kN} \cdot \text{m}$$

c. $M_u^j = M_{uf}^j + M_{uw}^j = 372.3 + 34.3 = 406.6\text{kN} \cdot \text{m} < \eta_j W_E f_y = 423.1\text{kN} \cdot \text{m}$，但在5%以内。

方法2：假定梁上下翼缘全溶透坡口焊缝的极限受弯承载力为 M_u^j

$$M_{uf}^j = A_f(h_b - t_{fb})f_{ub} = 200 \times 13 \times (400 - 13) \times 370$$
$$= 372.3\text{kN} \cdot \text{m} < \eta_j W_E f_y = 423.1\text{kN} \cdot \text{m}$$

不满足条件。若按此方法验算则需重复上述步骤重新设计连接，直至满足要求。

2）梁柱连接极限受剪承载力验算：

方法：1：根据《高层民用建筑钢结构技术规程》JGJ 99—2015 规定：进行高强度螺栓极限承载力验算：

M22 螺栓钢材的抗拉强度最小值 $f_u^b = 1040\ \text{N/mm}^2$

M22 螺栓螺纹处的有效截面面积 $A_e^b = 303.4\ \text{mm}^2$

钢材的极限承压强度，取 $f_{cu}^b = 1.5f_u = 1.5 \times 370 = 555\text{N/mm}^2$

a. 1个高强度螺栓的极限受剪承载力：

$$N_{vu}^b = 0.58n_f A_e^b f_u^b = 0.58 \times 1 \times 303.4 \times 1040 \times 10^{-3} = 183\text{kN}$$

b. 1个高强度螺栓对应的板件极限承载力：

$$N_{cu1}^b = d\sum t f_{cu}^b = 22 \times 8 \times 555 \times 10^{-3} = 97.7\text{kN}$$

c. 连接板边拉脱时的受剪承载力：

$$A_{ns} = 2\{(n_1 - 1)p + e_1\}t = 2[(2-1) \times 85 + 0] \times 10 = 1700\text{mm}^2$$

$$A_{nt} = 2 \times 50 \times 10 = 1000\text{mm}^2$$

$$N_{cu2}^b = (0.5A_{ns} + A_{nt})f_u = (0.5 \times 1700 + 1000) \times 370 = 684.5\text{kN}$$

d. 连接板沿螺栓中心线挤穿时的受剪承载力：

$$A_{ns} = 2n_2\{(n_1 - 1)p + e_1\}t = 2 \times 2 \times [(2-1) \times 85 + 0] \times 10 = 3400\text{mm}^2$$
$$A_{nt} = 0$$
$$N_{cu3}^b = (0.5A_{ns} + A_{nt})f_u = (0.5 \times 3400 + 0) \times 370 = 629\text{kN}$$

e. 连接板中部拉脱时的受剪承载力：

$$A_{ns} = 2\{(n_1 - 1)p + e_1\}t = 2[(2-1) \times 85 + 0] \times 10 = 1700\text{mm}^2$$
$$A_{nt} = 85 \times 10 = 850\text{mm}^2$$
$$N_{cu4}^b = (0.5A_{ns} + A_{nt})f_u = (0.5 \times 1700 + 850) \times 370 = 629\text{kN}$$

高强度螺栓连接的极限承载力：

$$\min\{nN_{vu}^b, nN_{cu1}^b, N_{cu2}^b, N_{cu3}^b, N_{cu4}^b\}$$
$$= \{2 \times 183\text{kN}, 2 \times 97.7\text{kN}, 684\text{kN}, 629\text{kN}, 629\text{kN}\} = 195.4\text{kN}$$

连接板极限承载力验算从略。

方法2：若假定梁翼缘承担全部弯矩，梁腹板承担剪力。

1个高强度螺栓的极限受剪承载力：$N_{vu}^b = 0.58n_f A_e^b f_u^b = 183\text{kN}$

1个高强度螺栓对应的板件极限承载力：$N_{cu}^b = d\sum t f_{cu}^b = 97.7\text{kN}$

腹板净截面的极限抗剪承载力：$V_{u1} = 0.58A_{nw}f_u = 518.5\text{kN}$

腹板连接板净截面极限抗剪承载力：$V_{u2} = 0.58A_{nw}^{PL}f_u = 425\text{kN}$

连接板和柱翼缘间的角焊缝的极限抗剪承载力：$V_{u3} = 0.58A_f^w f_u = 649\text{kN}$

$$V_u^j = \min\{nN_{vu}^b, nN_{cu1}^b, V_{u1}, V_{u2}, V_{u3}\}$$
$$= \{6\times183\text{kN},\ 6\times97.7\text{kN},\ 518.5\text{kN},\ 425\text{kN},\ 629\text{kN}\}$$

$$1.2[2(W_E f_y)/l_n] + V_{Gb} = 1.2\times\left[2\times\frac{1285952\times235\times10^{-3}}{6000}\right] + 56.62 = 177.5\text{kN}$$

$$V_u^j \geqslant 1.2[2(W_E f_y)/l_n] + V_{Gb}$$

满足要求。

（4）节点域验算

$$V_p = h_{b1}h_{c1}t_w = (400-13)\times(400-21)\times13 = 1906749\text{mm}^3$$

方法1：按照《建筑抗震设计规范》GB 50011—2010（2016版）方法验算：

$$\phi(M_{pb1}+M_{pb2})/V_p = 0.7\times\frac{(302.2+0)\times10^6}{1906749} = 110.9\ \text{N/mm}^2 \leqslant (4/3)f_{yv}$$

$$= \frac{4}{3}\times0.58\times235 = 181.7\text{N/mm}^2$$

$$t_w = 13\text{mm} \geqslant (h_{b1}+h_{c1})/90 = \frac{(400-13)+(400-21)}{90} = 8.5\text{mm}$$

$$(M_{b1}+M_{b2})/V_p = \frac{(157.5+0)\times10^6}{1906749} = 82.6\text{N/mm}^2 \leqslant (4/3)f_v/\gamma_{RE}$$

$$= \frac{\frac{4}{3}\times125}{0.75} = 222.2\text{N/mm}^2$$

节点域验算满足要求。

方法2：按照《钢结构设计标准》GB 50017—2017方法验算：

此例题为边柱节点，延性等级为Ⅱ级。

$$\alpha_p\frac{(M_{pb1}+M_{pb2})}{V_p} = 0.95\times\frac{(302.2+0)\times10^6}{1906749} = 150.6\text{N/mm} \leqslant \frac{4}{3}f_{yv}$$

$$= \frac{4}{3}\times0.58\times235 = 181.73\text{N/mm}^2$$

节点域验算满足要求。

13.4.2　全焊接连接刚性节点

一、全焊接连接节点的形式与构造

（1）梁翼缘与柱翼缘焊接时，应全部采用全熔透坡口焊缝（设有引弧板）；

（2）连接板与柱翼缘采用双面角焊缝连接；

（3）在柱腹板设置横向加劲肋，具体位置和梁翼缘对齐，若柱两端梁截面不等高，具体构造参考图13.1-7；

（4）梁腹板的焊缝通过孔宜采用扇形切角，如图13.4-2所示。扇形切角端部与梁翼缘连接处，应以 $r=10\sim15\text{mm}$ 的圆弧过渡，且端部与梁翼缘的全熔透焊缝应隔开5～10mm。梁翼缘焊接衬板的反面与柱翼缘相接处应采用角焊缝沿衬板全长焊接，焊脚高度宜取6mm。

二、全焊接连接节点计算的一般规定

1. 梁与柱连接的强度

主梁与柱的刚性连接，可按简化设计法和全截面设计法进行连接的抗弯承载力和抗剪承载力的验算。

按构造要求确定角焊缝的焊脚尺寸 h_f 时，角焊缝的焊脚尺寸 h_f 不应过小，以保证焊缝的最小承载能力，并防止焊缝因冷却过快而产生裂纹。因此，角焊缝的最小焊脚尺寸 h_f 宜按现行《钢结构设计标准》GB 50017—2017 中表 11.3.5 取值；角焊缝的焊脚尺寸 h_f 如果太大，则焊缝收缩时将产生较大的焊接变形，且热影响区扩大，容易产生脆裂，较薄焊件容易烧穿。因此，角焊缝的最大焊脚尺寸宜按现行《钢结构设计标准》GB 50017—2017 中 11.3.6 条第 4 款选用。

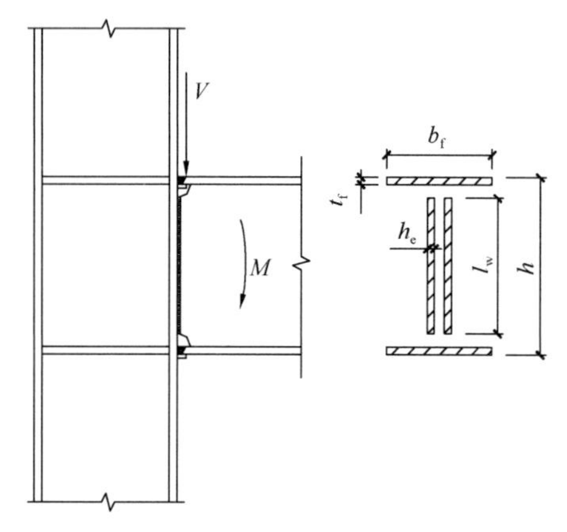

图 13.4-9　梁-柱全焊接刚性连接节点

(1) 简化设计法

当采用全焊接节点连接时，如图 13.4-9 所示，梁翼缘与柱翼缘对接焊缝的抗拉强度验算公式如下：

$$\sigma = \frac{M}{b_f t_f (h - t_f)} \leqslant f_t^w \qquad (13.4\text{-}42)$$

梁腹板与柱相连的双面角焊缝的抗剪强度验算公式如下：

$$\tau = \frac{V}{2 l_w h_e} \leqslant f_f^w \qquad (13.4\text{-}43)$$

式中　M——梁端弯矩设计值；

V——梁端剪力设计值；

b_f——梁翼缘的宽度；

t_f——梁翼缘的厚度；

f_t^w——对接焊缝抗拉强度设计值；

f_f^w——角焊缝抗剪强度设计值；

h_e——角焊缝的计算厚度；

l_w——角焊缝的计算长度。

(2) 全截面设计法

梁翼缘和腹板分担弯矩的大小据其刚度比确定，见式 (13.4-3)。

M_f 作用下，梁翼缘与柱翼缘对接焊缝的抗拉强度验算见式 (13.4-4)。

梁腹板与柱的连接承受剪力 V 和弯矩 M_w，角焊缝的强度验算公式如下：

$$\sqrt{\left(\frac{\sigma}{\beta_f}\right)^2 + \tau^2} \leqslant f_f^w \qquad (13.4\text{-}44a)$$

$$\sigma = \frac{M_w}{W_w} \qquad (13.4\text{-}44b)$$

$$\tau=\frac{V}{A_{n}} \tag{13.4-44c}$$

式中 β_f——正面角焊缝强度设计值增大系数。

2. 梁与柱连接的极限承载力与 13.4.1 中栓焊连接刚性节点计算方法一致。

3. 柱腹板和翼缘板的抗压、抗拉承载力计算方法与 13.4.1 中栓焊连接刚性节点计算方法一致。

4. 梁柱节点域的抗剪承载力计算方法与 13.4.1 中栓焊连接刚性节点计算方法一致。

三、全焊接连接刚性节点设计例题

1. 设计资料

某梁柱节点采用全焊刚性连接，柱的截面采用 HW400×400×13×21，主梁截面采用 HN400×200×8×13，梁翼缘与柱翼缘采用完全焊透的坡口对接焊缝，梁腹板与柱翼缘采用双面角焊缝连接，如图 13.4-10 所示。梁柱钢材均选用 Q235B。梁端剪力设计值 $V=102.7\text{kN}$，梁端弯矩设计值 $M=157.5\text{kN}\cdot\text{m}$。梁净跨 $l=6000\text{mm}$，重力荷载代表值作用下简支梁梁端截面剪力设计值 $V_{Gb}=56.62\text{kN}$。

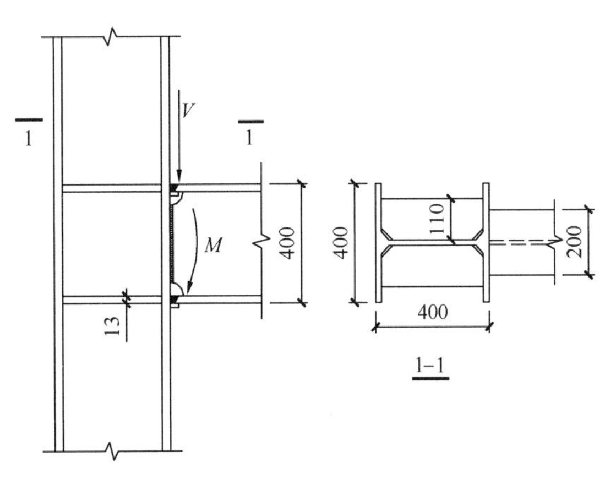

图 13.4-10 全焊刚性设计节点

2. 设计及验算

焊条采用 E43 型，$f_t^w=215\text{N/mm}^2$，$f_f^w=160\text{N/mm}^2$。按构造要求确定角焊缝的焊脚尺寸 h_f，$h_{fmax}\leqslant 1.2t_2$，$h_{fmin}\geqslant 1.5\sqrt{t_1}$，其中 t_1 为较厚焊件厚度，t_2 为较薄焊件厚度，梁腹板厚度为 8mm，柱翼缘厚度为 21mm，故 $t_1=8\text{mm}$，$t_2=21\text{mm}$，由计算得出 $6.9\text{mm}\leqslant h_f\leqslant 9.6\text{mm}$，取 $h_f=7\text{mm}$。按构造要求在柱的梁翼缘对应位置设置横向加劲肋、加劲肋厚度不应小于梁翼缘厚度，取 $t=13\text{mm}$。

梁翼缘的塑性截面模量：

$$W_{pf}=2b_ft_f\left(\frac{h}{2}-\frac{t_f}{2}\right)=200\times 13\times(400-13)=1006200\text{mm}^3>0.7W_{pb}$$

$$=0.7\times\left[\frac{t_wh_w^2}{4}+2b_ft_f\left(\frac{h}{2}-\frac{t_f}{2}\right)\right]=0.7\times\left[\frac{8\times 374^2}{4}+2\times 200\times 13\times\left(\frac{400}{2}-\frac{13}{2}\right)\right]$$

$$=0.7\times 1285952=900166.4\text{mm}^3$$

故该节点计算可采用简化设计法。

（1）梁翼缘完全焊透对接焊缝强度：

$$\sigma=\frac{M}{b_ft_f(h-t_f)}=\frac{157.5\times 10^6}{200\times 13\times(400-13)}=156.5\text{N/mm}^2\leqslant f_t^w=215\text{N/mm}^2$$

腹板角焊缝的抗剪强度：

梁与柱连接的过焊孔尺寸 $r=50\text{mm}$，梁腹板与柱翼缘间的角焊缝采用围焊

$$\tau=\frac{V}{2l_{w}h_{e}}=\frac{V}{2(h-2t_{f}-2r)\times 0.7h_{f}}$$

$$=\frac{102.7\times 10^{3}}{2\times(400-2\times 13-2\times 50)\times 0.7\times 7}$$

$$=38.3\text{N/mm}^{2}\leqslant 160\text{N/mm}^{2}$$

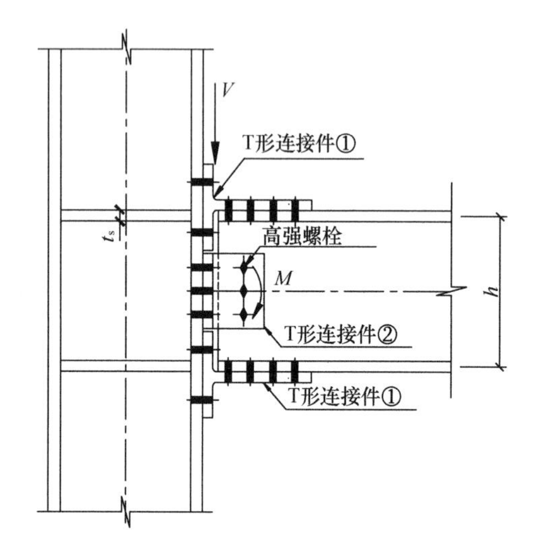

图 13.4-11　梁柱全栓连接刚性节点

（2）梁柱连接极限承载力验算与 13.4.1 中栓焊连接刚性节点设计例题一致。

（3）梁柱节点域的验算过程与 13.4.1 中栓焊连接刚性节点设计例题一致。

13.4.3　全栓连接刚性节点

一、全栓连接节点连接的形式与构造

梁采用端板或 T 形连接件及角钢连接件（用于腹板连接）与柱通过高强度螺栓连接，全栓连接刚性节点最常用的是采用 T 形件连接，如图 13.4-11。

二、全栓连接节点计算的一般规定

梁与柱采用 T 形连接件和高强度螺栓实现刚性连接，如图 13.4-11，通常假定梁端弯矩由梁翼缘承担并通过 T 形件传给柱子，而剪力则由梁腹板承担。

1. 梁翼缘和柱翼缘相连的 T 形连接件尺寸，可按与梁翼缘截面等强度条件确定，同时应符合构造要求。

T 形连接件与梁翼缘和柱翼缘的连接所用高强度螺栓的数目，可按下列公式计算（此时假定撬力 Q 等于 0，如图 13.4-12。

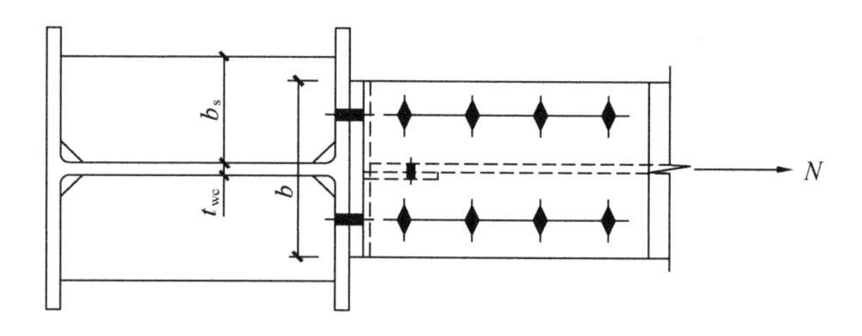

图 13.4-12　T 形连接件与梁柱翼缘螺栓布置

与梁翼缘连接的高强度螺栓数目为：

$$n_{b}\geqslant\frac{M}{hN_{v}^{b}}=\frac{N}{N_{v}^{b}}\qquad(13.4\text{-}45)$$

与柱翼缘连接的高强度螺栓数目为：

$$n_{c}\geqslant\frac{N}{N_{t}^{b}}\qquad(13.4\text{-}46)$$

式中　M——梁端设计弯矩值；

N_v^b ——一个高强螺栓的抗剪承载力设计值；

N_t^b ——一个高强螺栓的抗拉承载力设计值；

h ——梁上下翼缘板形心之间的距离。

2. 与梁腹板和柱翼缘相连的T形连接件的尺寸，可按与梁腹板截面等强度的条件（抗剪承载力）来确定，同时应符合构造上的要求，并与连接梁翼缘的T形连接件的尺寸相协调。T形连接件与梁腹板和柱翼缘相连的高强度螺栓数目，可按下式计算。

与柱翼缘连接的高强度螺栓的数量为：

$$n_c^f \geqslant \frac{V}{N_v^b} \tag{13.4-47}$$

与梁腹板连接的高强度螺栓的数量为：

$$n_b^w \geqslant \frac{V}{N_v^b} \tag{13.4-48}$$

式中 V ——连接处的梁端剪力设计值。

螺栓强度验算与栓焊混合连接一致，T形件连接不考虑焊接热影响对高强度螺栓预拉力损失，所以计算不考虑热损失系数0.9。

3. T形连接件腹板强度验算

由于螺栓孔削弱了板件的截面，为防止板件在净截面上被拉断需要验算净截面的强度。对于承压型螺栓构件净截面强度验算为

$$\sigma = \frac{M}{hA_n} \leqslant f \tag{13.4-49a}$$

对于摩擦型连接要考虑由于摩擦阻力作用，一部分剪力由孔前接触面传递，按照规定，孔前传力占螺栓传力的50%，这样净截面的传力为：

$$\left.\begin{aligned} N' &= N\left(1-0.5\frac{n_1}{n}\right) \\ \sigma &= \frac{N'}{A_n} \leqslant f \\ N_t &= \frac{M}{h} \end{aligned}\right\} \tag{13.4-49b}$$

式中 A_n ——计算截面净截面面积；

n ——T形连接件腹板连接一侧的螺栓总数；

n_1 ——T形连接件腹板计算截面上的螺栓总数。

4. T形连接件翼缘厚度确定

T形连接件翼缘厚度可以有两种设计方法：一种是不允许翼缘板出现弯曲变形，即不考虑撬力作用，此时翼缘板设计较厚，刚度较大；另外一种方法是设计中允许翼缘板发生一定变形，考虑撬力作用，板件设计较薄，可以增加节点的塑性变形能力。

图13.4-13a所示梁柱全栓连接刚性节点梁上下翼缘通过T形件与柱翼缘连接，梁端弯矩作用可简化为作用于梁上下翼缘中心的一对力偶，T形件翼缘与柱翼缘连接螺栓承受拉力。当所受拉力较大时，若T形件翼缘厚度较小、刚度较弱，则会发生弯曲变形，此时的高强螺栓受到撬开作用而出现附加撬力Q以及弯曲变形现象，如图13.4-13b所示。国内外文献的研究结果表明，T形件连接设计中适当考虑翼缘板的部分塑性变形，将撬力

的影响计入，可以减小T形件翼缘板的厚度并提高节点的塑性变形能力。撬力是连接板件之间的一种相互作用，它与连接板的厚度、高强度螺栓的直径、布置及材料性能等诸多因素有关。

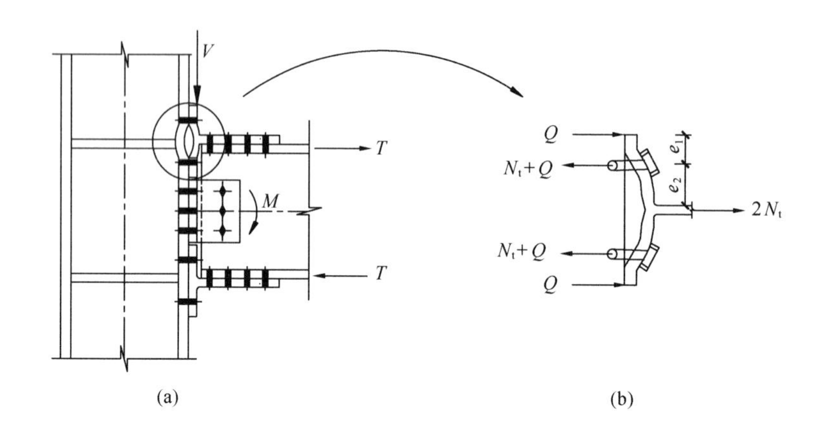

图 13.4-13　T形件翼缘变形及螺栓撬力作用示意图

(a) 梁柱连接T形件翼缘变形示意图；(b) T形件螺栓撬力作用示意图

依据《钢结构高强螺栓连接技术规程》JGJ 82—2011，给出T形连接件考虑撬力及不考虑撬力计算高强螺栓连接设计方法。

(1) 不考虑撬力作用时，设T形连接件翼缘板最小厚度为 t_c，按下式计算：

$$t_c=\sqrt{\frac{4N_t^b e_2}{b'f}} \tag{13.4-50}$$

式中　N_t^b——高强度螺栓抗拉承载力设计值；

e_2——螺栓排到T形连接件翼缘内弧中心的距离，如图 13.4-13 所示；

b'——按一排螺栓覆盖的翼缘板（端板）计算宽度。

(2) 考虑撬力作用时设T形连接件翼缘厚度为 t_p，按以下计算步骤计算，并对高强螺栓在撬力作用下进行强度验算：

$$t_p=\sqrt{\frac{4N_t e_2}{b'f\psi}} \tag{13.4-51a}$$

$$\psi=1+\alpha'\delta \tag{13.4-51b}$$

式中　M——连接处的弯矩；

e_1——T形件翼缘螺栓排的边距，如图 13.4-13 所示；

f——钢材的设计强度；

ψ——撬力影响系数，当不考虑撬力作用时，$\psi=1.0$；

δ——T形件翼缘板截面系数，$\delta=1-\dfrac{d_0}{b}$；

d_0——T形件翼缘板上螺栓孔孔径；

α'——系数，当 $\beta\geqslant1.0$ 时，α' 取1.0；当 $\beta<1.0$ 时，$\alpha'=\dfrac{1}{\delta}\left(\dfrac{\beta}{1-\beta}\right)$，并满足 $\alpha'\leqslant1.0$。其中：β 为螺栓的承载力影响系数，$\beta=\dfrac{1}{\rho}\left(\dfrac{N_t^b}{N_t}-1\right)$，$\rho=\dfrac{e_2}{e_1}$；

N_t——一个高强度螺栓的轴向拉力。

（3）考虑撬力影响时，高强度螺栓的受拉承载力应按以下公式计算：

1）按承载能力极限状态设计时应符合下式的要求：

$$N_t + Q \leqslant 1.25 N_t^b \tag{13.4-52}$$

2）按正常使用极限状态设计时应符合下式的要求：

$$N_t + Q \leqslant N_t^b \tag{13.4-53}$$

式中 Q——撬力，按下式计算：

$$Q = N_t^b \left[\delta\alpha\rho \left(\frac{t_p}{t_c} \right)^2 \right] \tag{13.4-54a}$$

$$\alpha = \frac{1}{\delta} \left[\frac{N_t}{N_t^b} \left(\frac{t_c}{t_p} \right)^2 - 1 \right] \geqslant 0 \tag{13.4-54b}$$

5. 加劲肋的设置与节点域的验算与栓焊连接刚性节点一致。

6. 抗震验算的内容和方法与栓焊连接刚性节点一致。

三、全栓接连接刚性节点设计例题

1. 设计资料

钢梁与柱采用T形件全栓刚性连接，如图13.4-14所示。梁截面尺寸HN400×200×

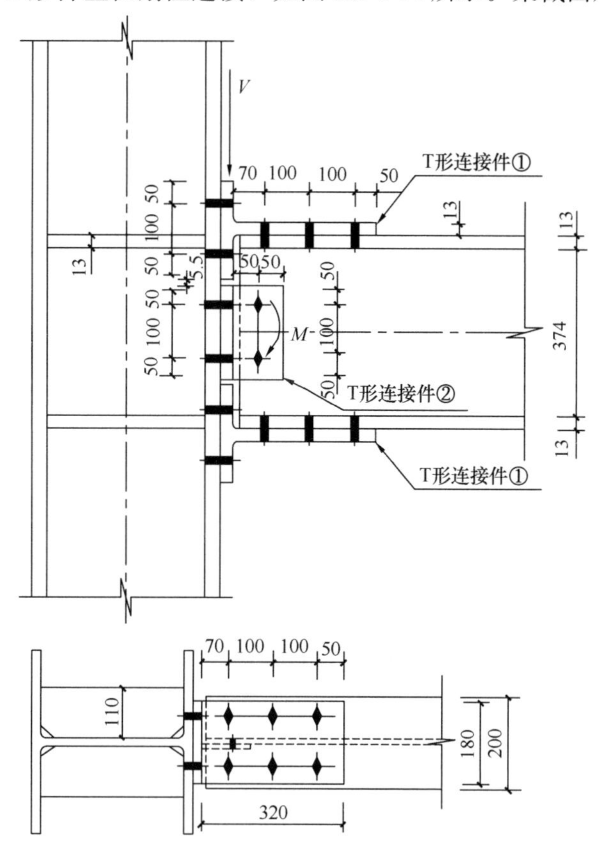

图13.4-14 梁柱全栓连接节点详图

8×13，柱截面尺寸 HW400×400×13×21，钢材选用 Q235 钢，柱翼缘与梁采用 T 形连接件连接，设计采用 10.9 级摩擦型的 M22 螺栓，螺栓的孔径 $d_0 = 23.5\text{mm}$，预拉力设计值 $P = 190\text{kN}$，在连接处构件接触面的处理方法为喷砂处理，截面的抗滑移系数 $\mu = 0.45$，梁端剪力设计值 $V = 102.7\text{kN}$，弯矩设计值 $M = 157.5\text{kN} \cdot \text{m}$。

2. 设计及验算

(1) T 形连接件①高强度螺栓强度验算

单个高强度螺栓抗剪承载力设计值：

$$N_v^b = \alpha_R n_f \mu P = 0.9 \times 1 \times 0.45 \times 190 = 76.95\text{kN}$$

T 形连接件①与梁翼缘连接的高强度螺栓数量为：

$$n_b \geqslant \frac{M}{hN_t^b} = \frac{157.5 \times 10^6}{(400-13) \times 76.95 \times 10^3} = 5.29$$

T 形连接件①与梁翼缘连接的高强螺栓数量 $n_b = 6$

单个高强度螺栓的抗拉承载力设计值：

$$N_t^b = 0.8P = 0.8 \times 190 = 152\text{kN}$$

T 形连接件①与柱翼缘连接高强度螺栓数量为：

$$n_b \geqslant \frac{M}{hN_t^b} = \frac{157.5 \times 10^6}{(400-13) \times 152 \times 10^3} = 2.68$$

T 形连接件①与柱翼缘连接高强度螺栓数量 $n_c = 4$。

(2) T 形连接件②高强度螺栓强度验算

T 形连接件②与柱翼缘连接的高强度螺栓数为：

$$n_c^f \geqslant \frac{V}{N_v^b} = \frac{102.7}{76.95} = 1.33$$

取 T 形连接件②与柱翼缘连接的高强度螺栓数为 4，螺栓布置如图 13.4-14 所示。

$$N_v = \frac{V}{n_c^f} = \frac{102.7}{4} = 25.68\text{kN} < N_v^b = 76.95\text{kN}$$

满足设计要求。

T 形连接件②与梁腹板连接的高强度螺栓数量：

$$n_b^w \geqslant \frac{V}{N_v^b} = \frac{102.7}{76.95} = 1.33$$

取 T 形连接件与梁腹板连接的高强度螺栓数为 2，螺栓的布置如图 13.4-14 所示。

在梁端剪力 V 作用下，一个高强螺栓实际所受的剪力为：

$$N_V = \frac{V}{n_b^w} = \frac{102.7}{2} = 51.35\text{kN}$$

考虑梁端剪力作用：$T = V \cdot e$，则：

$$N_T = \frac{Ty_{max}}{\sum y_i^2} = \frac{102.7 \times 0.05 \times 0.05}{2 \times 0.05^2} = 51.35\text{kN}$$

在 V 和 T 和共同作用下：

$$N_{\max}=\sqrt{(N_{\mathrm{V}})^2+(N_{\mathrm{T}})^2}=\sqrt{51.35^2+51.35^2}=76.62\mathrm{kN}\leqslant N_{\mathrm{v}}^{\mathrm{b}}=76.95\mathrm{kN}$$

满足设计要求。

(3) T 形连接件净截面强度计算

1) T 形连接件①腹板净截面强度：考虑摩擦型高强度螺栓孔前传力，则：

$$N'_{\mathrm{t}}=N_{\mathrm{t}}\left(1-0.5\frac{n_1}{n}\right)=\frac{157.5\times10^6}{(400-13)}\left(1-0.5\times\frac{2}{6}\right)=339.15\mathrm{kN}$$

$$\sigma_{\mathrm{n}}=\frac{N}{A_{\mathrm{n}}}=\frac{339.15\times10^3}{180\times13-23.5\times13\times2}=196.15\mathrm{N/mm^2}<f$$

T 形连接件①腹板净截面强度满足设计要求。

2) T 形连接件②腹板计算：

T 形件②尺寸如图 13.4-14 所示，首先根据螺栓群所受的偏心扭矩确定板厚 t

$$I_{\mathrm{n}}=I-I_0=\left(\frac{1}{12}\times t\times200^3-23.5\times t\times50^2\times2\right)=5.50\times10^5t\mathrm{mm}^3$$

$$\sigma=\frac{M_{\mathrm{e}}(h_{\mathrm{s}}/2)}{I_{\mathrm{n}}}=\frac{102.7\times0.05\times10^6\times(200/2)}{5.5\times10^3\times t}\leqslant f=215\mathrm{N/mm^2}$$

$$t\geqslant\frac{102.7\times0.05\times10^6\times100}{5.5\times10^3\times215}=4.34\mathrm{mm}$$

① 根据螺栓群可承受的最大剪力设计值确定板厚 t

$$\tau=\frac{V}{A_{\mathrm{n}}}=\frac{102.7\times10^3}{(200-23.5\times2)t}\leqslant f_{\mathrm{v}}=125\mathrm{N/mm^2}$$

$$t\geqslant\frac{102.7\times10^3}{(200-23.5\times2)\times125}=5.37\mathrm{mm}$$

② 根据螺栓距离 s 确定板厚 t

$$t\geqslant\frac{s}{12}=\frac{100}{12}=8.3\mathrm{mm}$$

③ 根据 T 形件腹板宽度确定其厚度 t

$$t\geqslant\frac{d_{\mathrm{s}}}{15}=\frac{100}{15}=6.7\mathrm{mm}$$

综上所述，取与梁腹板相连的 T 形件腹板的厚度为 9mm 可以满足要求。

净截面强度验算：

$$\tau=\frac{V}{A_{\mathrm{n}}}=\frac{102.7\times10^3}{200\times9-23.5\times9\times2}=74.58\mathrm{N/mm^2}$$

螺栓连接处腹板的净截面模量

$$W_{\mathrm{n}}=\frac{I_{\mathrm{n}}}{h_{\mathrm{s}}/2}=\frac{\frac{1}{12}\times9\times200^3-2\times23.5\times9\times50^2}{200/2}=49425\mathrm{mm^2}$$

$$\sigma = \frac{M_e}{W_n} = \frac{102.7 \times 0.05 \times 10^6}{49425} = 103.89\text{N/mm}^2$$

腹板在 τ、σ 共同作用下的折算应力：

$$\sqrt{\sigma^2 + 3\tau^2} = \sqrt{103.89^2 + 3 \times 74.58^2} = 165.77\text{N/mm}^2 \leqslant 1.1f = 236.5\text{N/mm}^2$$

强度满足要求。

3）连接件①翼缘厚度计算：

① 不考虑撬力作用时 T 形连接件翼缘厚度由式（13.4-50）得：

$$t_c = \sqrt{\frac{4N_t^b e_2}{bf}} = \sqrt{\frac{4 \times 152 \times 10^3 \times 43.5}{90 \times 215}} = 36.97\text{mm}$$

当不考虑撬力作用时，取 T 形件翼缘厚度为 38mm 时可以满足设计要求。

② 考虑撬力作用时 T 形连接件翼缘厚度按以下计算步骤计算，并对高强螺栓在撬力作用下进行强度验算：

从图 13.4-14 得：

$e_1 = 50\text{mm}$、$e_2 = 100 - 50 - 0.5 \times 13 = 43.5\text{mm}$

由公式（13.4-51b）得：

$$N_t = \frac{M}{hn_c} = \frac{157.5}{0.387 \times 4} = 101.74\text{kN}$$

$$\delta = 1 - \frac{d_0}{b} = 1 - \frac{23.5}{90} = 0.74$$

$$\rho = \frac{e_2}{e_1} = \frac{43.5}{50} = 0.87$$

$$\beta = \frac{1}{\rho}\left(\frac{N_t^b}{N_t} - 1\right) = \frac{1}{0.87}\left(\frac{152}{101.74} - 1\right) = 0.568 < 1$$

$$\alpha' = \frac{1}{\delta}\left(\frac{\beta}{1-\beta}\right) = \frac{1}{0.74} \times \left(\frac{0.568}{1-0.568}\right) = 1.78 > 1$$

所以取 $\alpha' = 1$

由式（13.4-51b）得 $\psi = 1 + \alpha'\delta = 1 + 0.74 = 1.74$

所以由式（13.4-51a）得 $t_p = \sqrt{\dfrac{4N_t e_2}{bf\psi}} = \sqrt{\dfrac{4 \times 101.74 \times 10^3 \times 43.5}{90 \times 215 \times 1.74}} = 22.93\text{mm}$

取 T 形件翼缘厚度为 24mm。

③ 考虑撬力影响时，高强度螺栓的受拉承载力应按以下公式计算：

$$\alpha = \frac{1}{\delta}\left[\frac{N_t}{N_t^b}\left(\frac{t_c}{t_p}\right)^2 - 1\right] = \frac{1}{0.74}\left[\frac{101.74}{152}\left(\frac{36.97}{22.93}\right)^2 - 1\right] = 1.00$$

$$Q = N_t^b\left[\delta\alpha\rho\left(\frac{t_p}{t_c}\right)^2\right] = 152 \times \left[0.74 \times 1.00 \times 0.87 \times \left(\frac{22.93}{36.97}\right)^2\right] = 37.64\text{kN}$$

按承载能力极限状态设计时，由公式（13.4-52）得：

$$N_t + Q = 101.74 + 37.64 = 139.38\text{kN} \leqslant 1.25N_t^b = 190\text{kN}$$

正常使用极限状态设计时，由公式（13.4-53）得：

$$N_t + Q = 101.74 + 37.64 = 139.38\text{kN} < N_t^b = 152\text{kN}$$

考虑撬力影响时，高强度螺栓承载力满足设计要求。

T 形连接件①翼缘净截面强度计算：

与柱翼缘相连的 T 形件仅传递剪力，其翼缘厚度取 24mm。

$$V' = V\left(1 - 0.5\frac{n_1}{n}\right) = 102.7 \times \left(1 - 0.5 \times \frac{2}{4}\right) = 77.03\text{kN}$$

$$\sigma_n = \frac{77.03 \times 10^3}{180 \times 24 - 23.5 \times 24 \times 2} = 24.13\text{N/mm}^2 < f = 215\text{N/mm}^2$$

满足要求。

（4）梁柱连接极限承载力验算与 13.4.1 中栓焊连接刚性节点设计例题一致。

（5）柱节点域验算

梁柱节点域的抗剪承载力验算与栓焊连接刚性节点一致。

13.4.4 抗震改进节点

一、节点连接的形式与构造

在一、二级时，框架梁与柱的刚性节点宜采用可使塑性铰外移的梁端加强（削弱）式连接形式。如翼缘板加强式、盖板加强式、圆弧扩翼式、侧板加强式连接节点等，如图 13.1-19 和图 13.1-20 所示。

1. 翼缘板加强式

翼缘板加强式连接的梁翼缘与柱翼缘不直接焊接，而是在梁端通过加强板过渡，过渡板宽度比梁翼缘略宽，适用于宽翼缘或箱型截面柱。

2. 盖板加强式

盖板加强式连接的梁翼缘与盖板采用同一个坡口与柱翼缘焊接，盖板比梁翼缘上翼缘略窄、下翼缘略宽，适用于中翼缘或窄翼缘截面柱。

3. 圆弧扩翼式

圆弧扩翼式连接是将梁翼缘末端的宽度加大，制作时先制作一段悬臂梁段，悬臂梁段与柱在工厂全焊接连接，运至工地后再完成梁与悬臂梁段的拼接。

4. 侧板加强式

侧板加强式连接是在梁端部采用与梁翼缘等厚度的平板与梁翼缘对接焊接，适用于宽翼缘或箱型截面柱。

5. 骨形削弱式

骨形削弱型连接在距梁端一定距离处，将梁翼缘两侧做成圆弧形切削，但该节点对梁承载力及稳定性有一定影响，工程应用时应给予考虑。

二、节点计算的一般规定

抗震节点设计除要满足一般节点的设计要求外，还应对加强板进行设计，具体步骤如下：

1. 翼缘过渡板加强型节点

当翼缘过渡板（以下简称翼缘板）的长度大于 0.8 倍梁高时，节点域所受的剪力较大，容易受到剪力作用而发生脆性破坏；翼缘板的长度小于 0.5 倍梁高时，翼缘板对塑性铰的加强作用较弱，同时不能满足塑性铰外移构造要求。翼缘板厚度小于梁翼缘的厚度，梁端的抗弯承载力小于梁本身的抗弯抗弯承载力，无法实现塑性铰外移设计目标，所以翼缘板的厚度应大于梁翼缘的厚度。当梁翼缘的厚度取值过大时，节点焊缝处的焊缝质量难以保证，建议采用其他的抗震节点形式。图 13.4-15 所示梁端翼缘板加强式节点具体设计步骤如下：

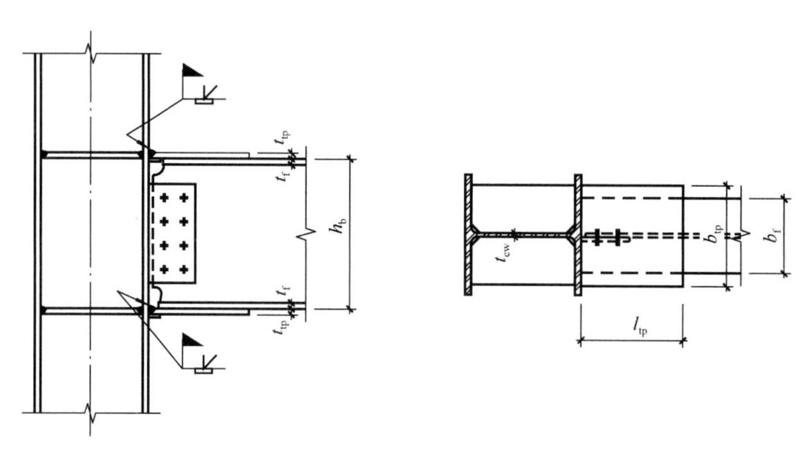

图 13.4-15　梁端翼缘过渡板加强式节点

（1）确定预期塑性铰产生位置，初步选取过渡板各几何参数：

过渡板长度：
$$l_{tp}=(0.5\sim0.8)h_b \tag{13.4-55}$$

过渡板宽度：
$$b_{tp}=b_f+4t_f \tag{13.4-56}$$

过渡板厚度：
$$t_{tp}=(1.2\sim1.4)t_f \tag{13.4-57}$$

（2）计算梁塑性铰处塑性弯矩 M_{pb}：

$$M_{pb}=C_{pr}\cdot R_y\cdot f_y\cdot W_{pb} \tag{13.4-58}$$

$$C_{pr}=\frac{f_y+f_u}{2f_y} \tag{13.4-59}$$

式中　C_{pr}——承载力系数，该系数包括局部约束、额外加强、应变强化等因素，一般连接形式可按上式（13.4-59）计算，设计时取 1.15；

R_y——钢材超强系数；

W_{pb}——梁端塑性铰处有效截面塑性模量；

f_y、f_u——分别指材料的屈服强度和极限抗拉强度。

（3）计算柱翼缘表面塑性弯矩 M_{cp} 和柱翼缘表面屈服弯矩 M_{cy}：

假定塑性铰出现在距加强板末端 $\frac{h_b}{4}$ 的位置，其中柱翼缘表面塑性弯矩计算原理图见下图 13.4-16，V_{pb} 的计算见图 13.4-17。

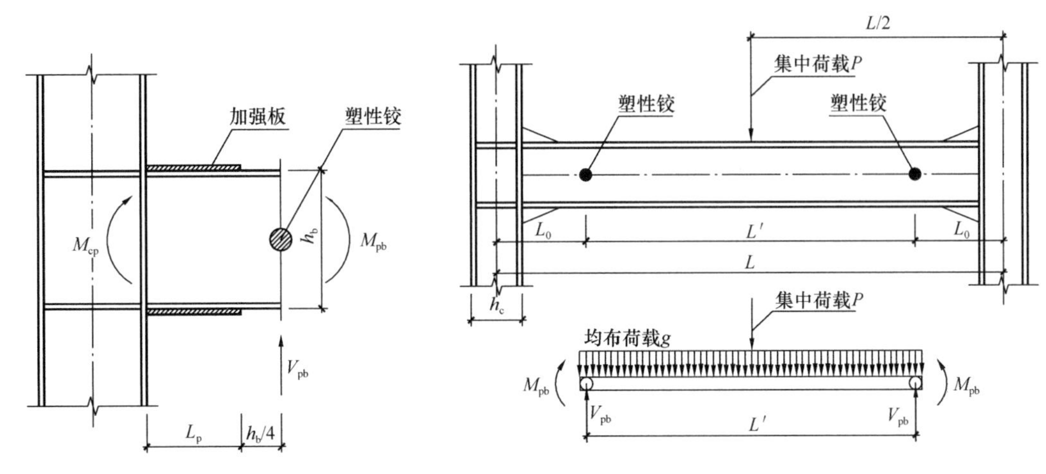

图 13.4-16 柱翼缘表面弯矩计算原理图

图 13.4-17 塑性铰处剪力计算简图

M_{cp} ——为梁塑性铰形成以后柱翼缘表面的塑性弯矩；

M_{cy} ——为塑性铰位置的梁截面开始屈服时柱翼缘表面的屈服弯矩；

$$M_{cp}=M_{pb}+V_{pb}\left(l_{tp}+\frac{h_b}{4}\right) \tag{13.4-60}$$

$$M_{cy}=C_yM_{cp} \tag{13.4-61}$$

$$C_y=\frac{1}{C_{pr}\dfrac{W_{pb}}{W_{eb}}} \tag{13.4-62}$$

$$V_{pb}=\frac{2M_{Pb}+PL'/2+gL'^2/2}{L'} \tag{13.4-63}$$

式中 V_{pb} ——梁塑性铰处剪力；

h_b ——梁高度；

C_y ——系数，按式（13.4-62）进行计算；

W_{eb} ——框架梁在塑性铰处的弹性截面模量。

（4）对初选过渡板的几何参数进行验算：

1）过渡板厚度验算：

梁塑性铰形成后梁截面达到塑性极限承载力状态，假定梁端弯矩全部通过过渡板传递，由柱翼缘表面的塑性弯矩验算过渡板厚度：

$$t_{tp}\geqslant\frac{M_{cp}}{f_yb_{tp}(h_b+t_{tp})} \tag{13.4-64}$$

2）过渡板长度验算（节点域验算）：

过渡板最小长度应该满足构造要求，取 $0.5h_b$；

过渡板最大长度应能满足节点域抗剪承载力设计要求：

$$\alpha \frac{M_{cp1}+M_{cp2}}{V_p} \leqslant \frac{4}{3} f_{yv} \tag{13.4-65}$$

式中　α——系数，三、四级时取0.6，一、二级时应取0.7；

M_{cp1}、M_{cp2}——分别为节点域两侧柱翼缘表面塑性弯矩；

f_{yv}——钢材的屈服抗剪强度，取钢材屈服强度的0.58倍；

V_p——节点域的体积，对H型钢柱，可按下式计算：

$$V_p = h_{b1} h_{c1} t_p \tag{13.4-66}$$

h_{b1}——梁翼缘中心线之间的距离；

h_{c1}——柱翼缘中心线之间的距离；

t_p——节点域板的厚度。

钢框架工字形截面柱和箱形截面柱的节点域尚应满足下式要求

$$t_{cw} \geqslant (h_{b1}+h_{c1})/90 \tag{13.4-67}$$

式中　t_{cw}——柱在节点域的腹板厚度。

当柱节点域腹板厚度不小于梁、柱截面高度之和的1/70时，可不验算节点域的稳定性；当节点域厚度不满足要求时，要对节点域进行增强。

（5）节点强柱弱梁验算：

1）对于等截面梁：

$$\Sigma W_{pc}(f_{yc}-N/A_c) \geqslant \eta \Sigma W_{pb} f_{yb} \tag{13.4-68}$$

2）对梁端翼缘变截面的梁：

$$\Sigma W_{pc}(f_{yc}-N/A_c) \geqslant \Sigma(\eta W_{pb1} f_{yb}+V_{pb} s) \tag{13.4-69}$$

式中　W_{pc}、W_{pb}——分别为柱和梁的塑性截面模量；

W_{pb1}——梁塑性铰所在截面梁的塑性截面模量；

N——地震组合的柱轴向压力设计值；

A_c——框架柱截面面积；

f_{yc}、f_{yb}——分别为柱和梁的钢材屈服强度；

η——强柱系数，一级取1.15，二级取1.10，三级取1.05；

V_{pb}——梁塑性铰剪力；

s——梁塑性铰至柱面的距离。

（6）强节点弱构件验算：

$$M_u \geqslant \eta_j M_{pb} \tag{13.4-70}$$

$$V_u \geqslant 1.2(\Sigma M_{pb}/l_n)+V_{Gb} \tag{13.4-71}$$

式中　M_u——基于极限强度最小值节点的最大受弯承载力，仅由连接的翼缘承担；

M_{pb}——梁（梁贯通时为柱）的全塑性受弯承载力；

V_u——基于极限强度最小值节点的最大受剪承载力，仅由腹板的连接承担；

V_{Gb}——梁在重力荷载代表值（9度时高层建筑尚应包括竖向地震作用标准值）作用下，按简支梁分析的梁端截面剪力设计值；

η_j——连接系数，按《建筑抗震设计规范》GB 50011—2010（2016年修订版）表8.2.8，根据实际连接情况取用；

l_n ——框架梁净跨。

(7) 过渡板焊缝验算

1) 过渡板与柱翼缘对接焊缝强度验算

过渡板与柱翼缘之间对接焊缝的承载力应大于过渡板以外梁截面出现塑性铰时的承载力，即保证梁截面形成塑性铰后，过渡板与柱翼缘之间的对接焊缝不发生破坏。

$$b_{tp}t_{tp}f_t^w \geqslant M_{cp}/(h_b + t_{tp}) \tag{13.4-72}$$

2) 过渡板与梁翼缘角焊缝强度验算

过渡板与梁翼缘角焊缝的承载力应大于过渡板承载力，满足公式（13.4-73）设计要求：

$$0.7(2 \times 1.22 l_{w1} h_{f1} + 2 l_{w2} h_{f2}) f_f^w \geqslant b_{tp} t_{tp} f_y \tag{13.4-73}$$

式中 f_t^w ——对接焊缝的抗拉强度，按与钢材等强验算；

f_f^w ——角焊缝的抗拉、抗剪和抗压强度；

l_{w1} ——加强板正面角焊缝计算长度，当采用引弧板时，可取梁翼缘的宽度；

l_{w2} ——加强板侧面角焊缝的计算长度；

h_{f1}、h_{f2} ——正面角焊缝和侧面角焊缝的焊脚高度。

调整过渡板各参数，重复（4）～（7），直到满足要求为止。

(8) 确定框架柱横向加劲肋的尺寸，其中取横向加劲肋的宽度与加强板宽度相同，厚度比相应位置处梁翼缘的厚度或加强板的厚度大一级。

(9) 对梁腹板进行验算，可以按翼缘加强板承受全部弯矩，腹板承受全部剪力进行计算。

(10) 剪力连接板验算

2. 盖板加强型节点

盖板加强型节点如图 13.4-18 所示，具体设计步骤如下：

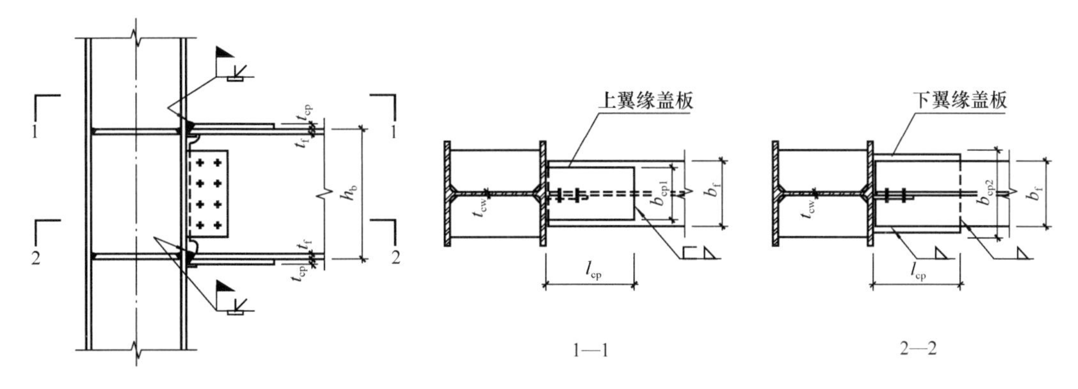

图 13.4-18 梁端翼缘盖板加强型节点

(1) 初步选定盖板的几何参数：

盖板长度：
$$l_{cp} = (0.5 \sim 0.75) h_b \tag{13.4-74}$$

上盖板：
$$b_{cp1} = b_f - 3t_{cp} \tag{13.4-75}$$

下盖板：
$$b_{cp2} = b_f + 3t_{cp} \tag{13.4-76}$$

盖板厚度：

$$t_{cp} \geqslant t_f \tag{13.4-77}$$

(2)、(3) 步的做法同梁端翼缘板加强式节点 (2)、(3) 步的做法，分别计算 M_{pb}、M_{cp}、M_{cy}。

(4) 对初选盖板的几何参数进行验算

1) 盖板厚度验算：

梁塑性铰形成后梁截面达到塑性极限承载力状态，梁端弯矩由盖板和梁翼缘共同传递，由柱翼缘表面的塑性弯矩验算盖板厚度：

$$t_{cp} \geqslant \frac{M_{cp} - f_y b_f t_f h_b}{f_y b_{cpmin}(h_b + t_{cp})} \tag{13.4-78}$$

2) 盖板长度验算（节点域验算）。

盖板最小长度应满足构造要求，取 $0.5h_b$；

盖板最大长度应满足公式 (13.4-65) 的设计要求，同时节点域还应满足式 (13.4-67) 的要求。

(5) 节点强柱弱梁验算：同公式 (13.4-69) 设计要求。

(6) 钢框架强节点弱构件验算：同公式 (13.4-70)、(13.4-71) 的设计要求。

(7) 盖板焊缝验算

1) 盖板与柱翼缘连接焊缝强度验算

盖板、梁翼缘与柱翼缘同时进行焊接。盖板、梁翼缘与柱翼缘之间对接焊缝的承载力应大于盖板以外梁截面出现塑性铰时的承载力，即保证梁截面形成塑性铰后，盖板、梁翼缘与柱翼缘之间的对接焊缝不发生破坏。由于上盖板宽度小于下盖板宽度，因此盖板只要满足下式要求：

$$(b_{cp1} t_{cp} + b_f t_f) f_t^w \geqslant M_{cp}/(h_b + t_{cp}) \tag{13.4-79}$$

2) 盖板与梁翼缘角焊缝强度验算

盖板与梁翼缘之间角焊缝的承载力应大于盖板承载力：

$$0.7(1.22 l_{w1} h_{f1} + \Sigma l_{w2} h_{f2}) f_t^w \geqslant b_{cp} t_{cp} f_y \tag{13.4-80}$$

式中　f_t^w——对接焊缝的抗拉强度；

f_f^w——角焊缝的抗拉、抗剪和抗压强度；

l_{w1}——加强板正面角焊缝计算长度，当采用引弧板时，可取加强板的宽度；

l_{w2}——加强板侧面角焊缝的计算长度；

h_{f1}、h_{f2}——正面角焊缝和侧面角焊缝的焊脚高度。

调整盖板各参数，重复计算步骤 (4) ～ (7)，直到满足要求为止。

(8) 确定框架柱横向加劲肋的尺寸，其中取横向加劲肋的宽度与加强板宽度相同，厚度比相应位置处梁翼缘的厚度或加强板的厚度大一级。

(9) 对梁腹板进行验算，可以按翼缘加强板承受全部弯矩，腹板承受全部剪力进行计算。

(10) 剪力连接板验算

3. 圆弧扩翼加强式节点

梁端翼缘圆弧扩翼型节点如图 13.4-19 所示，设计步骤如下：

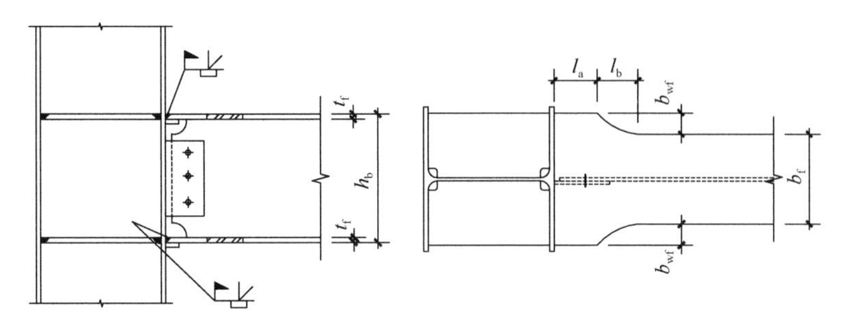

图 13.4-19 梁端翼缘圆弧扩翼型节点

（1）确定预期塑性铰产生位置，选取扩翼直线段长度 l_a 、扩翼圆弧段长度 l_b

$$l_a = (0.5 \sim 0.75)b_f \tag{13.4-81}$$

$$l_b = (0.3 \sim 0.45)h_b \tag{13.4-82}$$

$$b_{wf} = (0.15 \sim 0.25)b_f \tag{13.4-83}$$

（2）、（3）步的做法同梁端翼缘板加强式节点（2）、（3）步的做法，分别计算 M_{pb}、M_{cp}，其中假定塑性铰出现在扩翼圆弧的末端。

（4）扩翼段各参数计验算

梁塑性铰形成后梁截面达到塑性极限承载力状态，通过柱翼缘表面的塑性弯矩计算或验算扩翼段的各参数。

1）扩翼段宽度验算：

$$b_{wf} \geqslant \frac{M_{cp} - f_y b_f t_f h_b}{2f_y(h_b - t_f)t_f} \tag{13.4-84}$$

2）扩翼段圆弧细部尺寸：

$$R = \frac{l_b^2 + b_{wf}^2}{2b_{wf}} \tag{13.4-85}$$

3）扩翼段长度验算（节点域验算）：

扩翼段最大长度应满足节点域抗剪承载力设计要求，即应满足公式（13.4-65）的设计要求，同时节点域还应满足式（13.4-67）的要求。

（5）节点强柱弱梁验算：同公式（13.4-69）设计要求。

（6）钢框架强节点弱构件验算：同公式（13.4-70）、（13.4-71）的设计要求。

（7）梁与柱翼缘对接焊缝强度验算，应满足下式要求：

扩翼段梁翼缘与柱翼缘的对接焊缝承载力应大于扩翼段以外梁截面出现塑性铰时的承载力，即保证梁截面形成塑性铰后，扩翼段梁翼缘与柱翼缘之间的对接焊缝不发生破坏。

$$(2b_{wf} + b_f)t_f f_t^w \geqslant M_{cp}/(h_b - t_f) \tag{13.4-86}$$

式中 f_t^w 为对接焊缝的抗拉强度，焊缝强度按与钢材等强计算。

调整圆弧扩翼段各参数，重复（4）～（7），直到满足要求为止。

（8）确定框架柱横向加劲肋的尺寸，其中取横向加劲肋的宽度与加强板宽度相同，厚度比相应位置处梁翼缘的厚度或加强板的厚度大一级。

（9）对梁腹板进行验算，可以按翼缘加强板承受全部弯矩，腹板承受全部剪力进行计算。

（10）剪力连接板验算。

4. 侧板加强式节点

侧板加强型节点详图如图 13.4-20 所示，设计步骤如下：

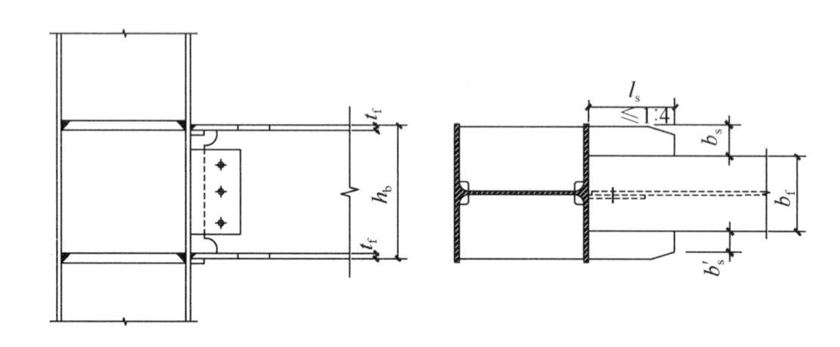

图 13.4-20 梁端翼缘侧板加强型节点

（1）初步选定侧板长度与宽度，侧板厚度与梁翼缘等厚设计：

侧板长度：
$$l_s = (0.5 \sim 0.75)h_b \tag{13.4-87}$$

侧板宽度：
$$b_s = (1/4 \sim 1/3)b_f \tag{13.4-88}$$

侧板末端宽度：
$$b'_s = 2t_f + 6 \tag{13.4-89}$$

侧板厚度：
$$t_s = t_f \tag{13.4-90}$$

其中假定塑性铰出现在距侧板末端 $h_b/4$ 处。

（2）、（3）步的做法同梁端翼缘板加强式节点（2）、（3）步的做法，分别计算 M_{pb}、M_{cp}。

（4）侧板各参数验算

梁塑性铰形成后梁截面达到塑性极限承载力状态，通过柱翼缘表面的塑性弯矩计算侧板各参数。

1）侧板宽度：

$$b_s \geqslant \frac{M_{cp} - f_y b_f t_f h_b}{2f_y(h_b - t_f)t_f} \tag{13.4-91}$$

2）侧板长度验算（节点域验算）：

侧板最大长度应满足节点域抗剪承载力设计要求，即应满足公式（13.4-65）的设计要求，同时节点域还应满足式（13.4-67）的要求。

（5）节点强柱弱梁验算：同公式（13.4-68）设计要求。

（6）钢框架强节点弱构件验算：同公式（13.4-70）、（13.4-71）的设计要求。

（7）连接焊缝强度验算

侧板、梁翼缘与柱翼缘的对接焊缝承载力应大于侧板以外梁截面出现塑性铰时的承载力，即保证梁截面形成塑性铰后，侧板、梁翼缘与柱翼缘之间的对接焊缝不发生破坏。

$$(2b_s + b_f)t_f f_t^w \geqslant M_{cp}/(h_b - t_f) \tag{13.4-92}$$

式中 f_t^w 为对接焊缝的抗拉强度，焊缝强度按与钢材等强计算。

（8）确定框架柱横向加劲肋的尺寸，其中取横向加劲肋的宽度与加强板宽度相同，厚度比相应位置处梁翼缘的厚度或加强板的厚度大一级。

（9）对梁腹板进行验算，可以按翼缘加强板承受全部弯矩，腹板承受全部剪力进行计算。

（10）剪力连接板验算

三、抗震改进节点设计例题

1. 设计资料

某钢框架结构按 8 度抗震设防，梁柱连接节点要求采用抗震连接节点进行设计，框架梁、柱采用焊接 H 形截面，其中框架柱的截面采用焊接工字型截面 600×600×18×24，框架主梁截面采用焊接工字形截面 400×250×12×16，梁柱钢材为 Q235，焊条为 E43 型，主梁集中荷载 $P=54.1\text{kN}$，均布荷载 $g=0.975\text{kN/m}$，梁跨度为 6.0m。计算简图如图 13.4-21 所示。

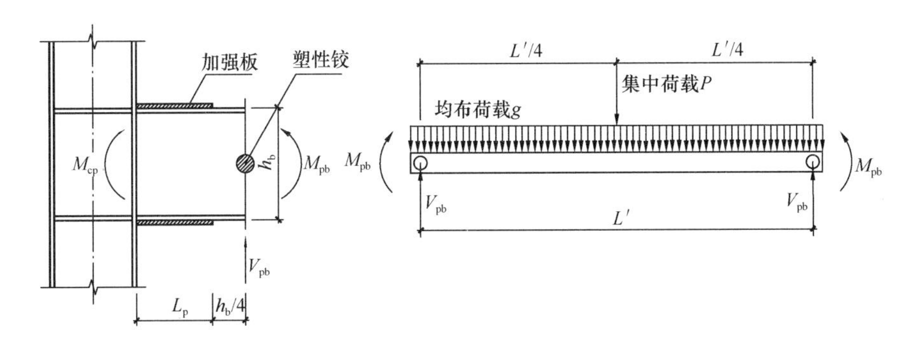

图 13.4-21 计算简图

构件的几何参数和材料参数：

（1）梁截面为 H400×250×12×16，$A=12416\ \text{mm}^2$，塑性截面模量 $W_{pb}=1942272\ \text{mm}^3$，弹性截面模量 $W_{eb}=1724593\ \text{mm}^3$，自重 $g=0.975\text{kN/m}$。

（2）柱截面为 H600×600×18×24，$A=38736\ \text{mm}^2$，塑性截面模量 $W_{pc}=9665568\ \text{mm}^3$，弹性截面模量 $W_{ec}=8808215\ \text{mm}^3$。

（3）钢材：$f_y=235\text{N/cm}^2$，$f_u=370\text{N/cm}^2$，钢材超强系数 $R_y=1.1$。

2. 翼缘过渡板加强式节点设计

（1）确定预期塑性铰产生位置，按构造要求初步选取过渡板各几何参数

由公式（13.4-55）～（13.4-57）计算选取：

过渡板长度：$l_{tp}=(0.5\sim0.8)h_b=(0.5\sim0.8)\times400=200\sim320\text{mm}$，取为 240mm；

过渡板宽度：$b_{tp}=b_f+4t_f=250+4\times16=314\text{mm}$，取为 310mm；

过渡板厚度：$t_{tp}=(1.2\sim1.4)t_f=(1.2\sim1.4)\times16=19.2\sim22.4\text{mm}$，取为 22mm；

假定塑性铰出现在过渡板末端 $\dfrac{h_b}{4}$ 处。

（2）计算梁塑性铰处塑性弯矩 M_{pb}

由公式（13.4-58）～（13.4-59）计算：

$$C_{pr}=\frac{f_y+f_u}{2f_y}=\frac{235+375}{2\times235}=1.3，取 1.15；$$

$M_{pb} = C_{pr} \cdot R_y \cdot f_y \cdot W_{pb} = 1.15 \times 1.1 \times 235 \times 1942.3 \times 10^{-3} = 577.4\text{kN} \cdot \text{m}$

（3）计算柱翼缘表面塑性弯矩 M_{cp} 和柱翼缘表面屈服弯矩 M_{cy}

由公式（13.4-60）～（13.4-63）计算：

计算跨度 $L' = 6000 - 2 \times \dfrac{600}{2} - 2 \times \left(240 + \dfrac{400}{4}\right) = 4720\text{mm}$。

$$V_{pb} = \frac{2M_{Pb} + PL'/2 + gL'^2/2}{L'} = \frac{2 \times 577.4 + 54.1 \times 4.72/2 + 0.975 \times 4.72^2/2}{4.72}$$

$$= 274.0\text{kN}$$

$$M_{cp} = M_{pb} + V_{pb}\left(l_{tp} + \frac{h_b}{4}\right) = 577.4 + 274.0 \times \left(0.24 + \frac{0.4}{4}\right) = 670.6\text{kN} \cdot \text{m}$$

$$C_y = \frac{1}{C_{pr}\dfrac{W_{pb}}{W_{eb}}} = \frac{1}{1.15 \times \dfrac{1942272}{1724592}} = 0.77$$

$$M_{cy} = C_y M_{cp} = 0.77 \times 670.6 = 516.4\text{kN} \cdot \text{m}$$

（4）对初选翼缘过渡板进行验算

1）过渡板厚度验算

由柱翼缘表面的塑性弯矩验算过渡板的厚度 t_{tp}，需满足公式（13.4-64）要求：

$$t_{tp} \geqslant \frac{M_{cp}}{f_y b_f (h_b + t_{tp})} = \frac{670.6 \times 10^6}{235 \times 250 \times (400 + t_{tp})}$$，解方程得 $t_{tp} \geqslant 21.8\text{mm}$；

过渡板厚度 $t_{tp} = 22\text{mm}$，满足要求。

2）过渡板长度验算

由公式（13.4-65）～（13.4-67）验算：

① 取过渡板长度 $l_{tp} = 240\text{mm} > 0.5h_b = 0.5 \times 400 = 200\text{mm}$，满足构造要求；

② 过渡板最大长度应能满足公式（13.4-66）节点域抗剪承载力设计要求，取中柱节点塑性弯矩 M_{cp1} 和 M_{cp2} 之和（$M_{cp1} = M_{cp2} = M_{cp}$）进行验算：

$$V_p = h_{b1} h_{c1} t_p = (400 - 16) \times (600 - 24) \times 18 = 384 \times 576 \times 18$$

$$= 3.98 \times 10^6\ \text{mm}^3$$

$$\alpha \frac{M_{cp1} + M_{cp2}}{V_p} = 0.7 \times \frac{2 \times 670.6 \times 10^6}{3.98 \times 10^6} = 235.9\ \text{N/mm}^2 > \frac{4}{3} f_{yv}$$

$$= \frac{4}{3} \times 0.58 \times 235 = 181.7\ \text{N/mm}^2$$

从上式计算可见，节点域抗剪承载力不满足抗震设计要求，需要对节点域进行加强，在节点域处贴焊补强板，使节点域处柱腹板厚度达到 24mm，并伸出加劲肋以外 150mm，重新验算：

$$V'_p = h_{b1} h_{c1} t'_p = (400 - 16) \times (600 - 24) \times 24 = 5.3 \times 10^6\ \text{mm}^3$$

$$\alpha \frac{M_{cp1} + M_{cp2}}{V'_p} = 0.7 \times \frac{2 \times 670.6 \times 10^6}{5.3 \times 10^6} = 177.2\ \text{N/mm}^2 < \frac{4}{3} f_{yv} = 181.7\text{N/mm}^2$$

过渡板长度满足节点域抗剪承载力设计要求。

③ 节点域腹板厚度尚应满足以下构造要求

$$t'_{p}=24\text{mm}\geqslant(h_{b1}+h_{c1})/90=\frac{[(400-16)+(600-24)]}{90}=10.7\text{mm}$$

满足要求。

(5) 节点强柱弱梁验算

由公式 (13.4-69) 验算 (柱轴向力 $N=3100.8\text{kN}$):

$$\Sigma W_{pc}(f_{yc}-N/A_{c})=2\times9665568\times(235-3100.8\times10^{3}/38736)=3.0\times10^{9}$$
$$>\Sigma(\eta W_{pb1}f_{yb}+V_{pb}s)=2\times(1.05\times1942272\times235+274.0\times10^{3}\times340)=1.1\times10^{9}$$

可以满足强柱弱梁的设计要求。

(6) 强节点弱构件验算

按照 13.4.1 中栓焊刚性节点例题中，梁上下翼缘全熔透坡口焊缝极限受弯承载力为 M_{u}，梁腹板连接极限受剪承载力为 V_{u} 的情况进行验算。

可以满足强节点弱构件设计要求。

(7) 过渡板焊缝验算

1) 过渡板与柱翼缘对接焊缝强度验算

过渡板与柱翼缘对接焊缝 (一级焊缝质量) 应能有效传递塑性弯矩 M_{cp}，对接焊缝设计强度 $f_{t}^{w}=205\text{N/mm}^{2}$，由公式 (13.4-72) 验算:

$$\frac{M_{cp}/(h_{b}+t_{tp})}{b_{tp}t_{tp}}=\frac{670.6\times10^{6}/(400+22)}{310\times22}=233.0\ \text{N/mm}^{2}>f_{t}^{w}$$

过渡板与柱翼缘对接焊缝的强度不满足要求，重新取过渡板厚度为 26mm，显然以上步骤中验算依然满足。

$$\frac{M_{cp}/(h_{b}+t_{tp})}{b_{tp}t_{tp}}=\frac{670.6\times10^{6}/(400+26)}{310\times26}=195.3\ \text{N/mm}^{2}<f_{t}^{w}$$

过渡板与柱翼缘对接焊缝的强度满足要求。

2) 过渡板与梁翼缘角焊缝强度验算

过渡板与梁翼缘采用四面角焊缝连接，角焊缝高度取 $h_{f}=18\text{mm}$，角焊缝设计强度 $f_{f}^{w}=160\text{N/mm}^{2}$，由公式 (13.4-73) 验算:

$$\frac{b_{tp}t_{tp}f_{y}}{0.7(2\times1.22l_{w1}h_{f1}+2l_{w2}h_{f2})}=\frac{310\times26\times235}{0.7(2\times1.22\times250\times18+2\times240\times18)}$$
$$=137.9\ \text{N/mm}^{2}<f_{f}^{w}$$

过渡板与梁翼缘角焊缝的强度满足要求。

(8) 确定框架柱横向加劲肋的尺寸

取横向加劲肋的宽度与加强板宽度相同，厚度比相应位置处加强板的厚度大 2mm，则加劲肋的尺寸为 552×160×28 (mm)。

(9) 高强度螺栓抗剪承载力验算

梁翼缘不与柱翼缘直接连接，而是翼缘过度板直接与柱翼缘连接，全部用来承担弯矩。因为翼缘过度板截面惯性矩大于梁翼缘截面惯性矩，偏保守设计仍可按梁翼缘截面惯性矩计算弯矩分配。

梁翼缘截面惯性矩 $I_{bf} = 294.9 \times 10^6\ \text{mm}^4$

梁全截面惯性矩 $I_b = 344.7 \times 10^6\ \text{mm}^4$

$$\frac{I_{bf}}{I_b} = \frac{294.9 \times 10^6}{344.7 \times 10^6} = 85.6\% > 70\%$$

因此可采用简化设计方法，假定梁翼缘过渡板承担全部弯矩，梁腹板承担全部剪力。

采用10.9级M20摩擦型高强度螺栓，预拉力 $P = 155\text{kN}$，$\mu = 0.45$。

单个高强螺栓抗剪承载力设计值为：

$$N_v^b = 0.9 n_f \mu P = 0.9 \times 1 \times 0.45 \times 155 = 62.78\text{kN}$$

所需的螺栓个数：$n = \dfrac{V_{pb}}{0.9N_v^b} = \dfrac{274}{0.9 \times 62.78} = 4.85$

取高强螺栓数量 $n = 6$，可以满足设计要求。考虑螺栓排列、过焊孔等构造要求，取剪切板长度为260mm，宽度为180mm，厚度取为20mm。

（10）梁腹板和剪切板抗剪承载力验算

梁腹板净截面面积

$$A_1 = 12 \times (400 - 16 \times 2) - 3 \times 22 \times 12 = 4416 - 792 = 3624\text{mm}^2$$

剪切板净截面面积

$$A_2 = 260 \times 20 - 3 \times 22 \times 20 = 5200 - 1320 = 3880\text{mm}^2$$

$$A_1 < A_2$$

$$\tau = V_{pb}/A_1 = \frac{274 \times 10^3}{3624} = 75\text{N/mm}^2$$

$$< f_v = 125\text{N/mm}^2$$

（11）节点设计及加强板细部尺寸、剪切板及高强螺栓排列如图13.4-22所示。

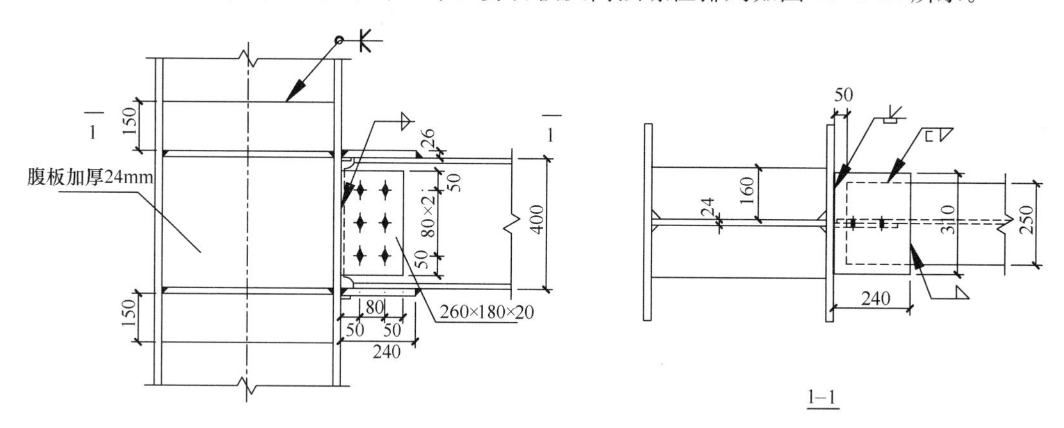

图13.4-22　梁端翼缘过渡板加强式节点详图

3. 盖板加强式节点

设计资料与翼缘板加强型节点相同。

（1）按构造要求初步选定盖板的几何参数

由公式（13.4-74）～（13.4-77）计算选取：

盖板长度：$l_{cp}=(0.5\sim0.75)h_b=(0.5\sim0.75)\times400=200\sim300\text{mm}$，取为 240mm；

盖板厚度：$t_{cp}\geqslant t_f=16\text{mm}$，取为 16mm；

上盖板宽度：$b_{cp1}=b_f-3t_{cp}=250-3\times16=202\text{mm}$，取为 200mm；

下盖板宽度：$b_{cp2}=b_f+3t_{cp}=250+3\times16=298\text{mm}$，取为 300mm；

假定塑性铰出现在盖板末端 $\frac{h_b}{4}$ 处。

（2）计算 M_{pb}、V_{pb}、M_{cp}、M_{cy}

计算步骤与翼缘板加强式节点相同。

$M_{pb}=577.4\text{kN}\cdot\text{m}$，$V_{pb}=274.0\text{kN}$，$M_{cp}=670.6\text{kN}\cdot\text{m}$，$M_{cy}=516.4\text{kN}\cdot\text{m}$。

（3）对初选盖板的几何参数进行验算

① 盖板厚度验算：

由柱翼缘表面的塑性弯矩验算盖板的厚度 t_{cp}，需满足公式（13.4-78）要求：

$$t_{cp}=\frac{M_{cp}-f_y b_f t_f h_b}{f_y b_{cpmin}(h_b+t_{cp})}=\frac{670.6\times10^6-235\times250\times16\times400}{235\times200\times(400+t_{cp})}$$，解方程得 $t_{cp}\geqslant15.1\text{mm}$

所以取盖板厚度为 $t_{cp}=16\text{mm}$，可以满足设计要求。

② 盖板长度验算：

盖板长度与翼缘过渡板相同，验算步骤参见翼缘过渡板。

（4）节点强柱弱梁验算：

强柱弱梁验算同翼缘板加强式节点强柱弱梁验算，能够满足要求。

（5）强节点弱构件验算：

按照 13.4.1 中栓焊刚性节点例题中，梁上下翼缘全熔透坡口焊缝极限受弯承载力为 M_u，梁腹板连接极限受剪承载力为 V_u 的情况进行验算。

（6）盖板焊缝验算

1）盖板与柱翼缘连接对接焊缝强度验算

由公式（13.4-79）验算：

$$\frac{M_{cp}/(h_b+t_{cp})}{b_{cp1}t_{cp}+b_f t_f}=\frac{670.6\times10^6/(400+16)}{200\times16+250\times16}=223.9\text{N/mm}^2>f_t^w=215\text{N/mm}^2$$

盖板与柱翼缘对接焊缝的强度不满足要求，重新取盖板厚度为 20mm，显然以上步骤中验算依然满足。

$$\frac{M_{cp}/(h_b+t_{cp})}{b_{cp1}t_{cp}+b_f t_f}=\frac{670.6\times10^6/(400+20)}{200\times20+250\times16}=199.6\text{N/mm}^2<f_t^w=205\text{N/mm}^2$$

过渡板与柱翼缘对接焊缝的强度满足要求。

2）盖板与梁翼缘三面角焊缝强度验算

盖板与梁翼缘之间角焊缝的承载力应大于盖板承载力，焊脚尺寸取 $h_f=18\text{mm}$，则正面角焊缝计算长度 $l_{w1}=200\text{mm}$，侧面角焊缝计算长度 $l_{w2}=240-18=222\text{mm}$，由公式（13.4-80）验算：

$$\frac{b_{cp1}t_{cp}f_y}{0.7(1.22l_{w1}h_{f1}+2l_{w2}h_{f2})}=\frac{200\times20\times235}{0.7\times(1.22\times200+2\times222)\times18}$$

$$=108.4\text{N/mm}^2<f_f^w=160\text{N/mm}^2$$

满足设计要求。

（7）确定框架柱横向加劲肋的尺寸

其中取横向加劲肋的宽度与梁翼缘宽度相同，厚度比相应位置处梁翼缘的厚度或加强板的厚度大一级，则加劲肋的尺寸为 552mm×160mm×22mm。

（8）节点域验算

计算方法、步骤及结果与翼缘过渡板加强型节点相同，故省略。

（9）剪切板与柱翼缘竖向焊缝承载力验算步骤同翼缘过渡板。

（10）节点设计及加强板细部尺寸、剪切板及高强螺栓排列如图 13.4-23 所示：

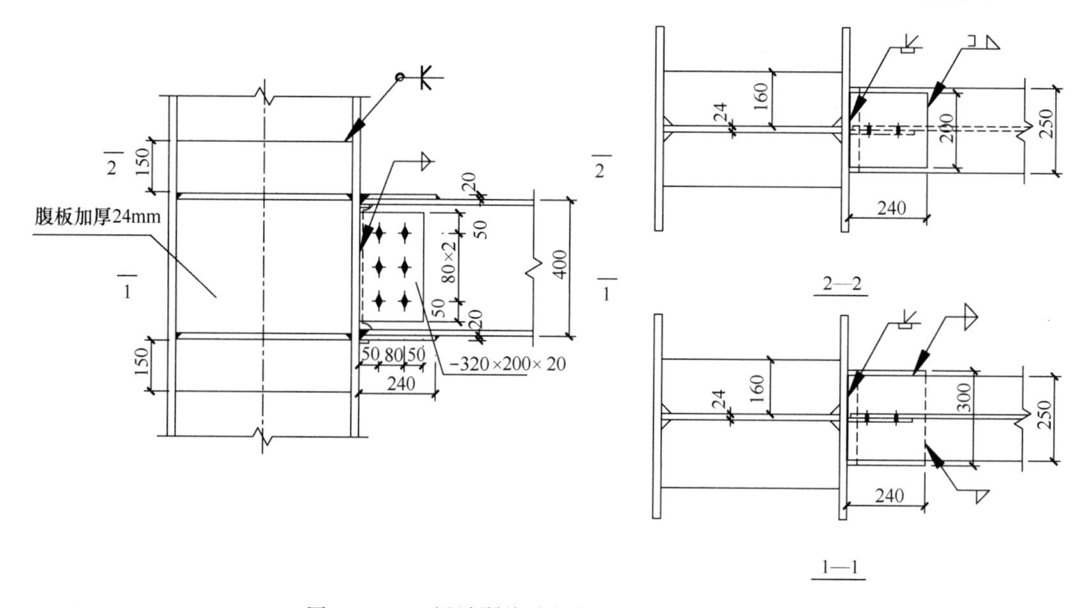

图 13.4-23　梁端翼缘盖板加强型节点设计详图

4. 圆弧扩翼式节点

（1）按构造要求初步确定扩翼段尺寸

由公式(13.4-81)～(13.4-83)计算选取：

扩翼直线段长度 $l_a=(0.5\sim0.75)b_f=(0.5\sim0.75)\times250=125\sim187.5$mm，取为150mm；

扩翼圆弧段长度 $l_b=(0.3\sim0.45)h_b=(0.3\sim0.45)\times400=120\sim180$mm，取为 150mm；

扩翼段宽度 $b_{wf}=(0.15\sim0.25)b_f=(0.15\sim0.25)\times250=37.5\sim62.5$mm，取为60mm。

其中假定塑性铰出现在扩翼圆弧的末端。

（2）计算柱翼缘表面塑性弯矩 M_{cp}：

由公式(13.4-60)～(13.4-63)计算：

$L' = 6000 - 2 \times \frac{600}{2} - 2 \times 300 = 4800\text{mm}$，则：

$$V_{Pb} = \frac{2M_{Pb} + PL'/2 + gL'^2/2}{L'} = \frac{2 \times 577.4 + 51.4 \times 4.8/2 + 0.975 \times 4.8^2/2}{4.8}$$

$$= 268.6\text{kN}$$

$$M_{cp} = M_{pb} + V_{pb}(l_a + l_b) = 577.4 + 268.6 \times (0.15 + 0.15) = 658.0\text{kN} \cdot \text{m}$$

(3) 扩翼段各参数验算

由柱翼缘表面的塑性弯矩计算或验算扩翼段的几何参数，

1) 扩翼段宽度验算：

由公式（13.4-84）验算：

$$b_{wf} \geq \frac{M_{cp} - f_y b_f t_f h_b}{2f_y(h_b - t_f)t_f} = \frac{658.0 \times 10^6 - 235 \times 250 \times 16 \times 400}{2 \times 235 \times (400 - 16) \times 16} = 97.7\text{mm}$$

不满足要求，重新取扩翼段宽度 $b_{wf} = 100\text{mm}$；

2) 扩翼段圆弧细部尺寸：

由公式（13.4-85）计算：

$$R = \frac{l_b^2 + b_{wf}^2}{2b_{wf}} = \frac{150^2 + 100^2}{2 \times 100} = 162.5\text{mm}，取 R = 170\text{mm}；$$

3) 扩翼段长度验算（节点域验算）：

计算从略，验算方法见翼缘过渡板加强式节点

(4) 强柱弱梁验算：

同梁端翼缘板加强式节点，能满足要求。

(5) 强节点弱构件验算：

按照 13.4.1 中栓焊刚性节点例题中，梁上下翼缘全熔透坡口焊缝极限受弯承载力为 M_u，梁腹板连接极限受剪承载力为 V_u 的情况进行验算。

(6) 扩翼段梁翼缘与柱翼缘对接焊缝强度验算

扩翼段梁翼缘与柱翼缘连接对接焊缝强度由公式（13.4-86）验算：

$$\frac{M_{cp}/(h_b - t_f)}{(2b_{wf} + b_f)t_f} = \frac{658.0 \times 10^6/(400 - 16)}{(2 \times 100 + 250) \times 16} = 238.0\text{N/mm}^2 > f_t^w = 215\text{N/mm}^2$$

扩翼段梁翼缘与柱翼缘对接焊缝的强度不满足要求，重新取扩翼段宽度 $b_{wf} = 130\text{mm}$，以上步骤中验算。

$$\frac{M_{cp}/(h_b - t_f)}{(2b_{wf} + b_f)t_f} = \frac{658.0 \times 10^6/(400 - 16)}{(2 \times 130 + 250) \times 16} = 210.0\text{N/mm}^2 < f_t^w = 215\text{N/mm}^2$$

扩翼段梁翼缘与柱翼缘对接焊缝的强度满足要求。

重取扩翼段圆弧细部尺寸：$R = \frac{l_b^2 + b_{wf}^2}{2b_{wf}} = \frac{150^2 + 130^2}{2 \times 130} = 151.5\text{mm}$，仍取 $R = 170\text{mm}$。

(7) 确定框架柱横向加劲肋的尺寸

取横向加劲肋的宽度与梁翼缘宽度相同，厚度比相应位置处梁翼缘的厚度大一级，则加劲肋的尺寸为 552×220×18（mm）。

（8）剪切板与柱翼缘竖向焊缝承载力验算步骤同翼缘过渡板。

（9）节点设计及加强板细部尺寸、剪切板及高强螺栓排列如图 13.4-24 所示：

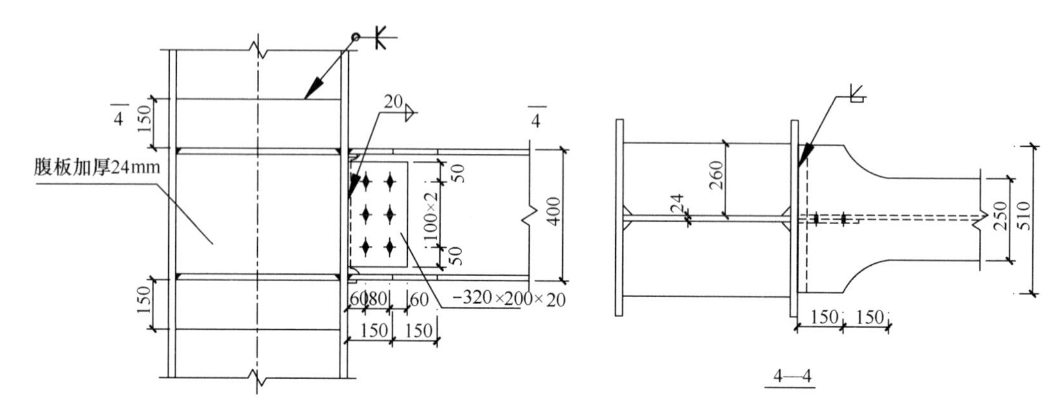

图 13.4-24 梁端翼缘圆弧扩翼型节点详图

5. 侧板加强式节点

（1）按构造要求初步选定侧板几何尺寸

由公式(13.4-87)～(13.4-90)计算选取：

侧板长度：$l_s = (0.50 \sim 0.75)h_b = (0.50 \sim 0.75) \times 400 = 200 \sim 300$mm，取为 240mm；

侧板宽度：$b_s = (1/4 \sim 1/3)b_f = (1/4 \sim 1/3) \times 250 = 62.5 \sim 83.3$mm，取为 80mm；

侧板末端宽度：$b'_s = 2t_f + 6 = 2 \times 16 + 6 = 38$mm，取为 35mm；

侧板厚度：$t_s = t_f = 16$mm。

其中假定塑性铰出现在距侧板末端 $\frac{h_b}{4}$ 处。

（2）计算 M_{pb}、V_{pb}、M_{cp}、M_{cy}

计算步骤见翼缘过渡板。

$M_{pb} = 577.4$kN·m，$V_{pb} = 274.0$kN，$M_{cp} = 670.6$kN·m，$M_{cy} = 516.4$kN·m。

（3）侧板各参数验算

1）侧板宽度验算

由公式（13.4-91）验算：

$$b_s \geqslant \frac{M_{cp} - f_y b_f t_f h_b}{2f_y(h_b - t_f)t_f} = \frac{670.6 \times 10^6 - 235 \times 250 \times 16 \times 400}{2 \times 235 \times (400 - 16) \times 16} = 102.0\text{mm}$$

不满足要求，重新取侧板宽度 $b_s = 130$mm；侧板末端宽度 $b'_s = 90$mm。

2）侧板长度验算（节点域验算）

同梁端翼缘板加强式节点，满足设计要求。

（4）强柱弱梁验算

同梁端翼缘板加强式节点，满足设计要求。

（5）强节点弱构件验算

按照 13.4.1 中栓焊刚性节点例题中，梁上下翼缘全熔透坡口焊缝极限受弯承载力为

M_u，梁腹板连接极限受剪承载力为 V_u 的情况进行验算。

（6）连接焊缝强度验算

侧板及梁翼缘与柱翼缘连接对接焊缝强度由公式（13.4-92）验算：

$$\frac{M_{cp}/(h_b-t_f)}{(2b_{wf}+b_f)t_f}=\frac{670.6\times10^6/(400-16)}{(2\times130+250)\times16}=214.0\text{N/mm}^2<f_t^w=215\text{N/mm}^2$$

侧板及梁翼缘与柱翼缘连接对接焊缝强度满足设计要求。

（7）确定柱横向加劲肋的尺寸

取横向加劲肋的宽度与节点梁翼缘宽度相同，厚度比相应位置处梁翼缘的厚度或加强板的厚度大一级，则加劲肋的尺寸为 552×260×18（mm）。

（8）节点域抗剪承载力验算

因加强侧板与翼缘过渡板取值相同，计算步骤省略。

（9）剪切板与柱翼缘竖向焊缝承载力验算步骤同翼缘过渡板。

（10）节点设计及加强板细部尺寸、剪切板及高强螺栓排列如图 13.4-25 所示。

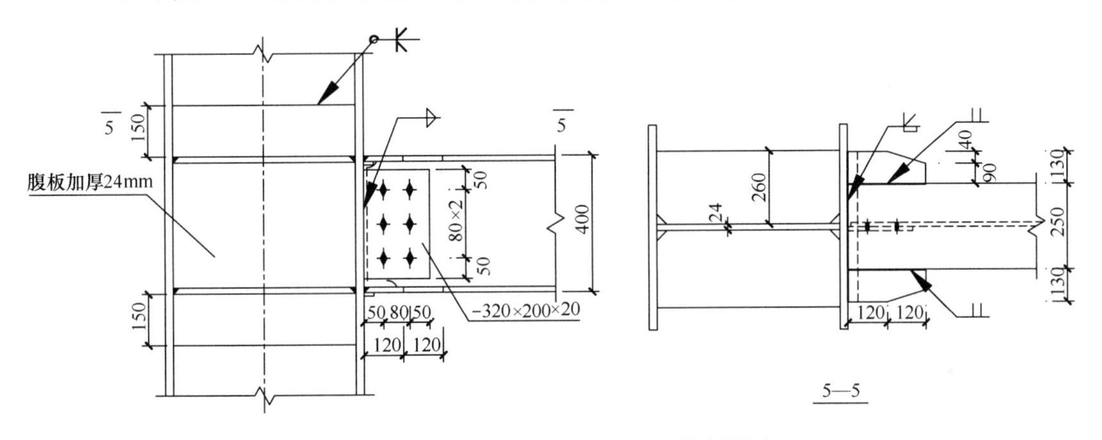

图 13.4-25　梁端翼缘侧板加强型节点详图

13.5　框架梁柱铰接节点

实际工程中不存在完全不传递弯矩的梁柱铰接节点，但为了简化计算，可以假定梁柱节点为完全铰接。对于钢梁来说，其弯矩主要由梁翼缘承受，剪力由梁翼缘和腹板共同承受。因此，铰接节点的通常做法是只与梁的腹板连接，梁翼缘自由。图 13.5-1a 为梁腹板与柱腹板铰接连接，图 13.5-1b 为梁腹板与柱翼缘铰接连接。

梁与柱的铰接连接，当连接板与柱的连接为双面角焊缝连接，且连接板与梁腹板的连接为摩擦型高强度螺栓连接时，如图 13.5-1 所示，焊缝和高强度螺栓的连接计算，除了考虑作用在梁端部的剪力外，尚应考虑由于偏心所产生的附加弯矩（$M_e=Ve$）的影响。此时，其连接可按以下要求确定。

1. 当采用图 13.5-2 所示的单侧连接板连接时，连接板的厚度可按式（13.5-1）计算：

$$t=\frac{t_w h_1}{h_2}+(2\sim4)\text{mm，且不宜小于 8mm} \tag{13.5-1}$$

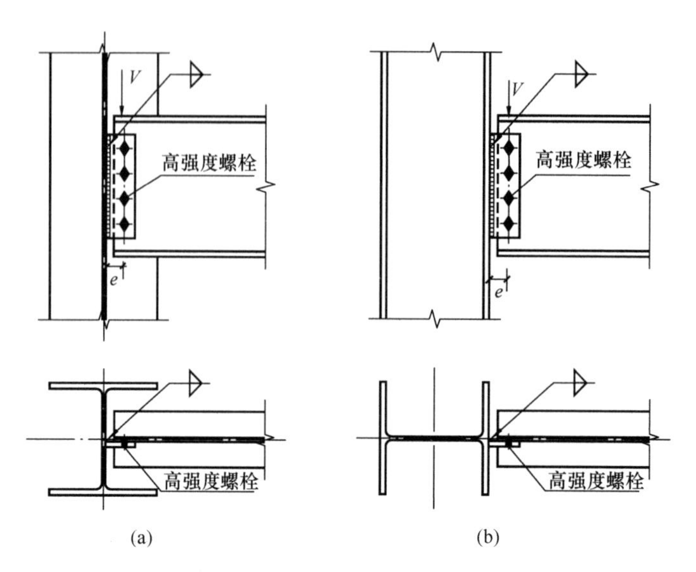

图 13.5-1　梁柱铰接连接节点

(a) 铰接连接节点形式之一；(b) 铰接连接节点形式之二

式中　t_w——梁的腹板厚度；

h_1——梁的腹板高度；

h_2——连接板的（垂直方向）长度。

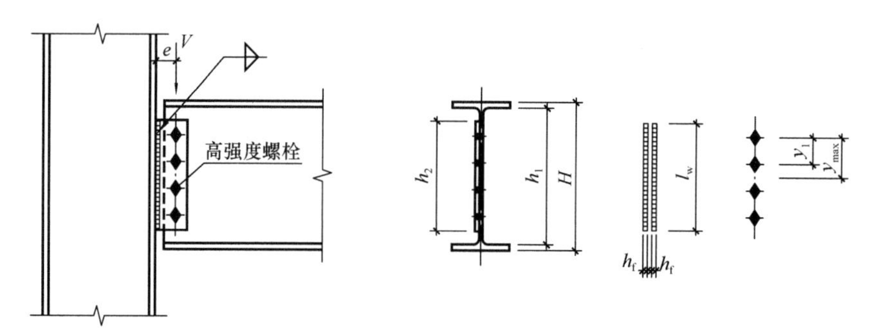

图 13.5-2　梁与柱的铰接连接连接板计算图示

2. 摩擦型高强度螺栓，如图 13.5-2 所示，可按式（13.5-2）、式（13.5-3）和式（13.5-4）计算。即：

在梁端剪力作用下，一个高强度螺栓所受的力为：

$$N_V = \frac{V}{n} \tag{13.5-2}$$

式中　V——作用于梁端部的剪力；

n——实际所选的高强度螺栓数。

在偏心弯矩 $M_e = Ve$ 作用下，边行受力最大的一个高强度螺栓所受的力为：

$$N_M = \frac{M_e y_{max}}{\sum y_i^2} \tag{13.5-3}$$

在剪力和偏心弯矩共同作用下，边行受力最大的一个高强度螺栓所受的力为：

$$N_{smax}=\sqrt{(N_V)^2+(N_M)^2}\leqslant N_V^{bH} \tag{13.5-4}$$

式中 N_V^{bH}——一个摩擦型高强度螺栓的单面抗剪承载力设计值。

3. 连接板与柱相连的角焊缝强度，如图 13.5-2 所示，可按式（13.5-5）、式（13.5-6）和式（13.5-7）计算。即：

$$\tau_V=\frac{V}{2\times0.7h_f l_w} \tag{13.5-5}$$

$$\sigma_M=\frac{M_e}{W_w} \tag{13.5-6}$$

$$\sigma_{fs}=\sqrt{(\tau_V)^2+\left(\frac{\sigma_M}{\beta_f}\right)^2}\leqslant f_f^w \tag{13.5-7}$$

式中 h_f——角焊缝的焊脚尺寸；

l_w——角焊缝的计算长度；

W_w——角焊缝的截面模量；

f_f^w——角焊缝的强度设计值。

β_f——正面角焊缝的强度设计值增大系数。

4. 构造要求

（1）连接板放在梁高度中央，或是偏上放置。偏上的好处是梁端转动时上翼缘处变形小，对梁上面的铺板影响小。

（2）承压型高强度螺栓连接与焊缝变形不协调，难以共同工作；而摩擦型高强度螺栓连接刚度大，受静力荷载作用可考虑与焊缝协同工作。所以连接板与梁腹板采用摩擦型高强度螺栓连接。

13.6 组合梁与柱连接半刚性节点

13.6.1 半刚性连接节点的形式与应用条件

一、半刚性连接节点的形式

半刚性连接有很多形式，其主要构造形式如下。

1. 内缩式端板连接

内缩式端板连接由一个高度比梁高小的端板用焊缝与梁相连，用螺栓与柱相连组成，如图 13.6-1a 所示。这类连接能够承受的弯矩可达梁在工作荷载下的全固端弯矩的20%左右。

2. 顶底角钢连接

这种连接的构造如图 13.6-1b 所示。这种连接的受力特征为：①底角钢主要传递垂直反力，同时对梁端不产生很大的约束弯矩；②顶角钢主要用作保持梁侧向稳定，不承担重力荷载。但是，试验结果表明，这类连接可以抵抗一部分梁端弯矩。

3. 带双腹板角钢的顶底角钢连接

这类连接是顶底角钢连接与双腹板角钢连接的组合，如图 13.6-1c 所示。

4. 外伸/平齐端板连接

当要求连接承受一定弯矩时，平齐或外伸端板连接是梁与柱连接的常用方式，如图

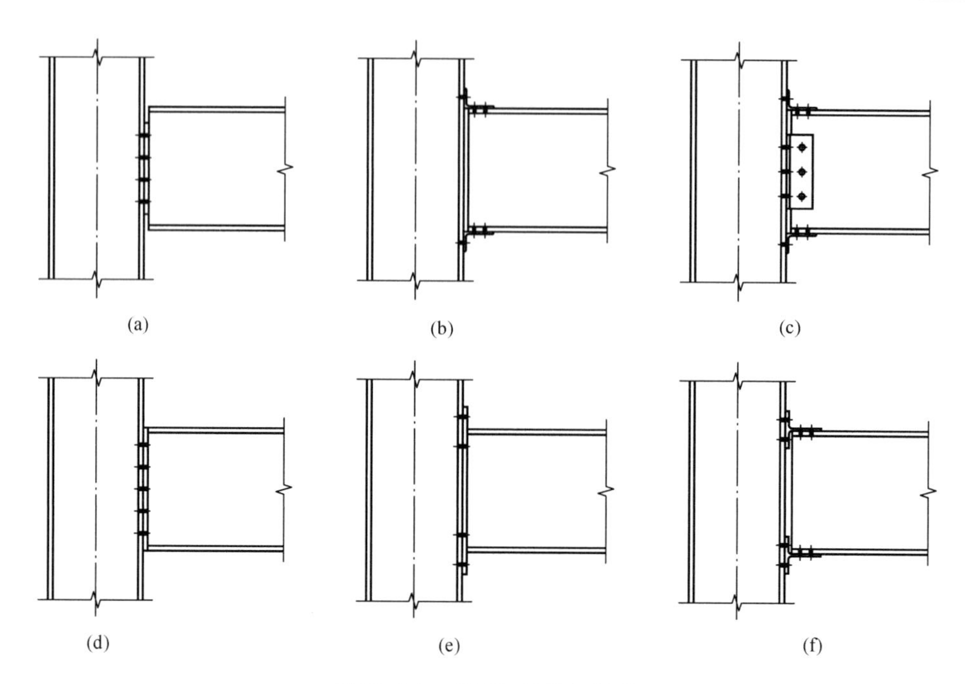

图 13.6-1　半刚性连接的类型

（a）内缩式端板连接；（b）顶底角钢连接；（c）带双腹板角钢的顶底角钢连接；
（d）平齐端板连接；（e）外伸端板连接；（f）短 T 型钢连接

13.6-1d、e 所示。端板在制造厂与梁端两个翼缘及腹板焊接，然后在现场用螺栓与柱连接。外伸端板连接分为两类：仅在受拉边的外伸端板连接，或在受拉及受压两边的延伸端板连接。通常采用的是仅在受拉边的外伸端板连接，当结构承受交变荷载时，则大多采用双边的外伸端板连接。

5. 短 T 型钢连接

短 T 型钢连接由设在梁上、下翼缘处的两个短 T 型钢，用螺栓与梁和柱连接而成，如图 13.6-1f 所示。这类连接被认为是刚度最大的半刚性连接之一，当与双腹板角钢一起使用时，可当作刚性连接，如图 13.6-1c 所示。

在上述各种半刚性连接形式中，平齐端板和外伸端板连接构造简单，连接节点的刚度与承载力可调整范围大，方便应用。

二、半刚性连接钢框架的优越性

由钢-混凝土组合梁与钢柱半刚性连接构成的半刚性连接钢框架具有以下优点：

1. 合理地选择半刚性连接转动刚度和抗弯承载力可以优化结构弯矩分布，使组合梁充分发挥作用，如图 13.6-2c 所示，从而节省材料。

在竖向荷载作用下，铰接组合框架梁跨中承受很大的正弯矩，而梁端不承受负弯矩，使得梁端截面不能充分发挥作用而浪费材料，如图 13.6-2a 所示。而在竖向荷载作用下，刚接组合框架梁端承受较大的负弯矩，由于负弯矩区混凝土受拉开裂退出工作，梁端负弯矩主要由钢梁来承担，因此刚接组合框架梁的负弯矩承载力将小于正弯矩承载力，即 $M_{bp}^{-}<M_{bp}^{+}$。而刚接组合框架梁在竖向荷载作用下正弯矩将小于负弯矩，如图 13.6-2b 所示，故刚接组合框架梁跨中截面不能充分发挥作用。为了克服铰接与刚接框架的缺点，可

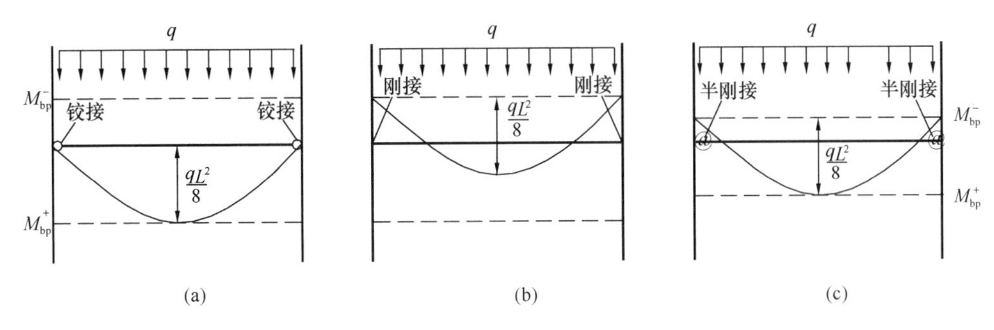

图 13.6-2　竖向荷载下框架结构的梁端弯矩分布

(a) 铰接框架；(b) 刚接框架；(c) 半刚接框架

将梁柱节点设计成半刚性连接，如图 13.6-2c 所示，使梁端负弯矩和跨中正弯矩与相应的弯矩承载力相匹配，从而使梁端与跨中截面均充分发挥作用，而节省钢材。

2. 半刚性连接组合框架具有良好的抗震性能。

1994 年美国 Northbridge 地震和 1995 年日本阪神地震灾害造成数百栋钢框架建筑的严重破坏，虽然地震没有造成房屋的倒塌，但是许多焊接梁柱刚性连接节点因延性较差发生严重的脆性破坏，造成巨大的经济损失，而梁柱螺栓连接的钢框架破坏程度较轻。

与刚接钢框架相比，半刚性连接钢框架抗震性能的优越性体现在以下两个方面。首先，为使框架结构具有较好的侧移变形能力，要求框架梁端具有较好的转动变形能力。我国《建筑抗震设计规范》GB 50011—2010（2016 年修订版）要求，“罕遇地震下钢框架结构的层间变形不应大于层高的 1/50”，与此相应的梁端转角为 0.02rad，如图 13.6-3 所示，因此为保证钢框架具有较好的抗震性能，要求框架梁的转动变形能力大于 0.02rad。对于刚接框架梁，由于梁柱连接的焊缝破坏（如图 13.6-4 所示）或梁翼缘及腹板的屈曲（如图 13.6-5 所示），框架梁要达到 0.02rad 的转动变形能力要求，不太容易。而对于半刚接框架梁，由于可通过端板的弯曲塑性变形使梁产生转动（如图 13.6-6 所示），则框架梁的转动变形能力可远大于 0.02rad。图 13.6-7 是半刚性组合节点（钢柱与钢-混凝土组合梁构成的节点）弯矩-梁端转角试验滞回曲线，梁端转角变形能力大于 0.06rad，节点仍可保持较稳定的弯矩承载力。

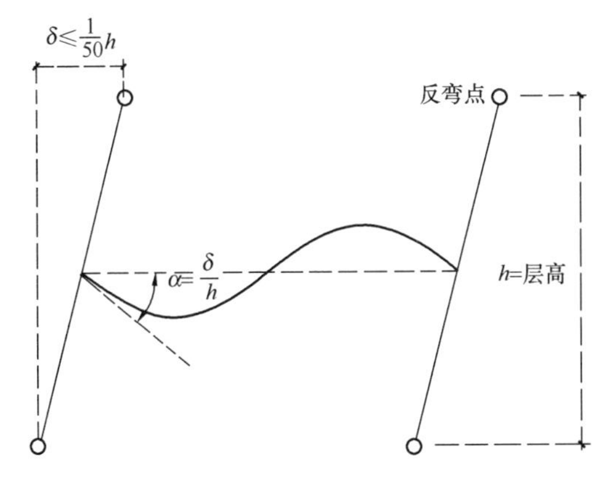

图 13.6-3　框架层间位移与梁端转角的关系

（忽略柱弯曲变形产生的位移）

图 13.6-4　刚接框架梁柱连接破坏照片

图 13.6-5　梁翼缘的屈曲

图 13.6-6　半刚性梁柱端板连接塑性变形照片

其次，对于刚接框架，强柱弱梁型框架比强梁弱柱型框架的抗震性能优越。图 13.6-8 给出了强柱弱梁型框架与强梁弱柱型框架完全屈服时的塑性铰分布情况。显然，强柱弱梁型框架屈服时产生塑性变形而耗能的构件比强梁弱柱型框架多，而在同样的结构顶点位移条件下，强柱弱梁型框架的最大层间变形比强梁弱柱型框架小，因而强柱弱梁型框架对抵抗地震有利。然而当刚接框架层数不多或梁跨较大时，柱的截面无需太大，而梁因需抵抗楼面竖向荷载，其截面需强于柱。此时，如强求强柱弱梁，则需人为加大柱截面，造成结构设计不经济。而如果梁柱采用半刚性连接，总可以通过调整控制连接的弯矩承载力，使梁端屈服弯矩小于柱的弯矩承载力，形成如同刚接强柱弱梁型框架的屈服形式。

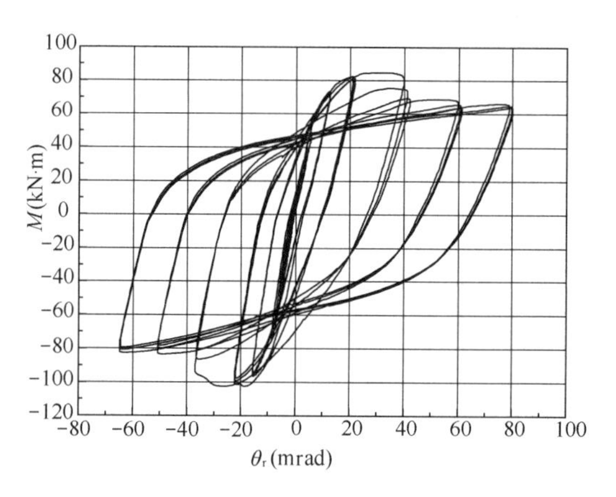

图 13.6-7　半刚性组合节点弯矩—梁端角试验滞回曲线

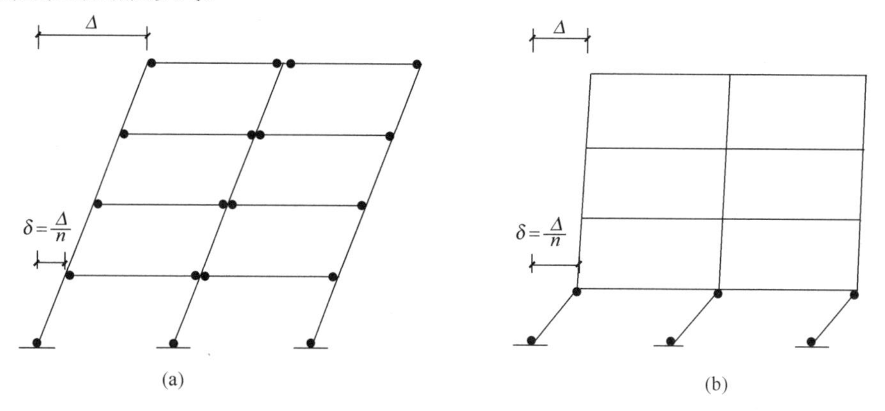

图 13.6-8　框架的屈服形式

（a）强柱弱梁型框架；（b）强梁弱柱型框架

3. 钢框架梁柱半刚性连接，现场安装方便，施工速度快。

半刚性连接钢框架梁柱采用高强度螺栓连接，避免了现场焊接，可以加快施工速度，缩短建设工期，保证施工质量，降低管理成本，符合工业化建造要求。

三、半刚性连接节点应用条件

1. 锚固长度

半刚性梁柱连接节点处混凝土板中抵抗负弯矩钢筋应具有足够的锚固长度，钢筋的锚固长度应从柱边缘开始计算，如图 13.6-9 所示。

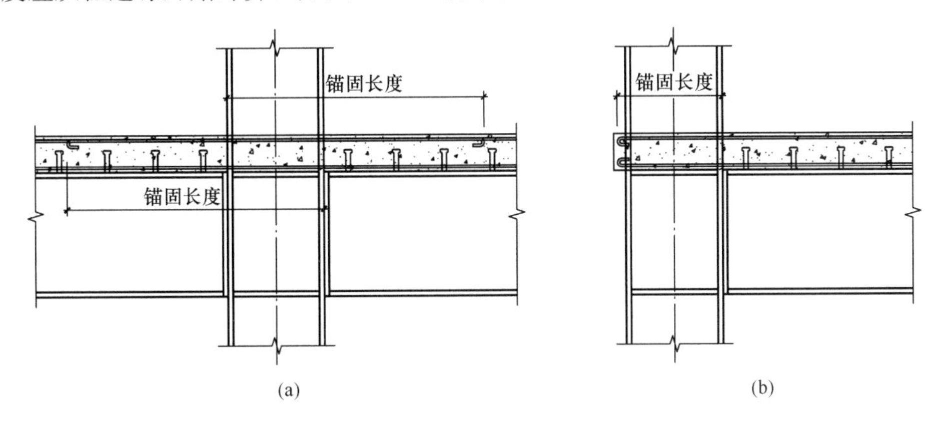

图 13.6-9 钢筋的锚固长度

(a) 中节点；(b) 边节点

(1) 非抗震设计时，楼板内受拉钢筋的最小锚固长度 l_a（从柱翼缘边缘算起的长度）按下式计算

$$l_a = \alpha \frac{f_y}{f_t} d \tag{13.6-1}$$

式中 f_y——钢筋的抗拉强度设计值；

f_t——混凝土轴心抗拉强度设计值；

d——钢筋的公称直径；

α——钢筋的外形系数，按表 13.6-1 取用。

钢筋的外形系数 **表 13.6-1**

钢筋类型	光面钢筋	带肋钢筋	刻痕钢丝	螺旋肋钢丝	三股钢绞线	七股钢绞线
α	0.16	0.14	0.19	0.13	0.16	0.17

注：光面钢筋系指 HPB300 级钢筋，其末端应做 180°度弯钩，弯后平直段长度不应小于 $3d$，但作为受压钢筋时可不做弯钩；带肋钢筋系指 HRB335 级、HRB400 级钢筋及 RRB400 级余热处理钢筋。

当采用 HRB335、HRB400 和 RRB400 级的环氧树脂涂层钢筋，其锚固长度应乘以修正系数 1.25。

(2) 抗震设计时，楼板内受拉钢筋的最小锚固长度按下式计算

$$l_{aE} = 1.10 l_a \tag{13.6-2}$$

式中 l_{aE} 为抗震设计时楼板内受拉钢筋的最小锚固长度。

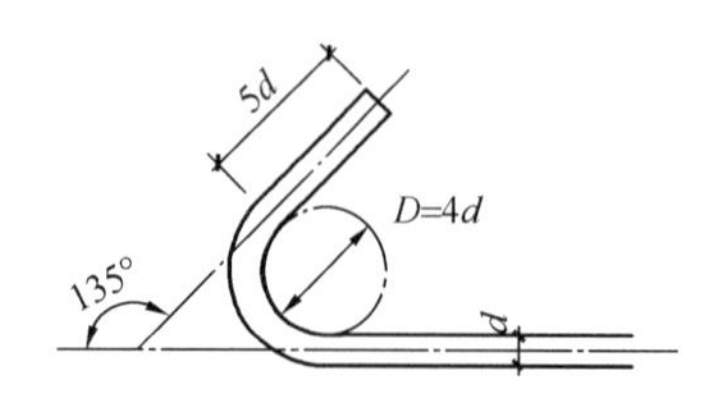

图 13.6-10 末端带 135°弯钩锚固的形式及构造要求

（3）当 HRB335 级、HRB400 级和 RRB400 级楼板内受拉钢筋末端采用带弯钩锚固措施时，如图 13.6-10 所示，所需锚固长度可取为按公式（13.6-1）计算的锚固长度的 0.7 倍。

2. 对外伸式端板梁柱组合连接节点，在钢柱腹板上的钢梁上下翼缘位置，均应设置横向加劲肋，如图 13.6-11a 所示。对平齐式端板梁柱组合连接节点，当抗震设防烈度不高于 7 度（设计基本地震加速度≤0.1g）时，也可仅在钢梁下翼缘位置设加劲肋，如图 13.6-11b 所示。

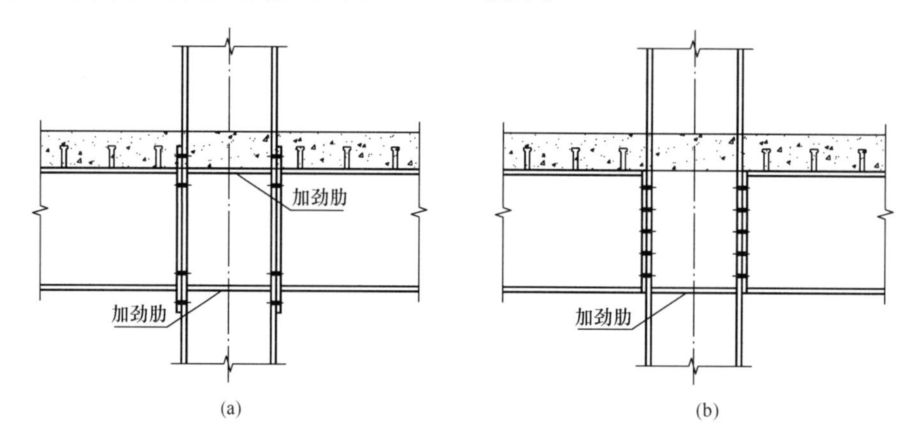

图 13.6-11 钢柱腹板上加劲肋的设置

（a）钢梁上下翼缘位置均设置横向加劲肋；（b）仅在钢梁下翼缘位置设置横向加劲肋

柱腹板加劲肋的设置应满足如下要求：

（1）加劲肋的宽度 b_{st} 应不小于钢梁翼缘宽度 b_{be}，如图 13.6-12 所示。

（2）加劲肋的厚度 t_{st} 应满足：

当 $f_{y.st}=f_{y.be}$ 时，

$$t_{st}\geqslant t_{be} \tag{13.6-3}$$

当 $f_{y.st}\neq f_{y.be}$ 时，

$$f_{y,st}\cdot t_{st}\geqslant f_{y,be}\cdot t_{be} \tag{13.6-4}$$

式中 $f_{y,st}$——加劲肋的屈服强度（N/mm²）；

$f_{y,be}$——钢梁的屈服强度（N/mm²）；

t_{st}——加劲肋的厚度（mm）；

t_{be}——钢梁翼缘厚度（mm）。

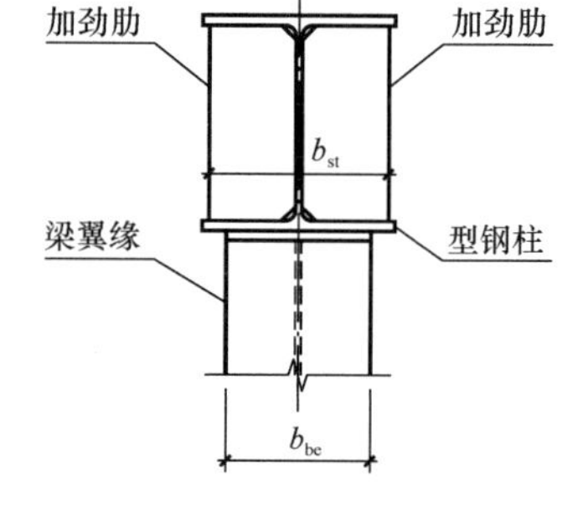

图 13.6-12 加劲肋宽度要求

3. 梁柱连接节点的极限弯矩承载力 M_u 应满足下式要求

$$1.2M_u\leqslant M_{bp} \tag{13.6-5a}$$

$$1.2\sum M_u\leqslant\sum W_c(f-N/A_c) \tag{13.6-5b}$$

式中 M_{bp}——组合梁塑性负弯矩承载力；

$\sum M_u$——梁柱交汇处的左侧梁柱连接节点与右侧梁柱连接节点极限弯矩承载力

之和；

W_c ——汇交于梁柱节点上端或下端柱截面模量；

f ——钢材强度设计值；

N ——按多遇地震作用组合得出的柱轴力；

A_c ——汇交于梁柱节点上端或下端柱截面面积。

组合梁塑性负弯矩承载力 M_{bp} 可按下列公式计算，如图 13.6-13 所示：

$$M_{bp}=M_s+A_{st}f_{st}(y_3+y_4/2) \tag{13.6-6}$$

$$M_s=(S_1+S_2)f \tag{13.6-7}$$

式中 S_1、S_2 ——钢梁塑性中和轴（平分钢梁截面积的轴线）以上和以下截面对该轴的面积矩；

A_{st} ——负弯矩区混凝土翼板有效宽度范围内的纵向钢筋截面面积；

f_{st} ——钢筋抗拉强度设计值；

y_3 ——纵向钢筋截面形心至组合梁塑性中和轴的距离；

y_4 ——组合梁塑性中和轴至钢梁塑性中和轴的距离。当组合梁塑性中和轴在钢梁腹板内时，取 $y_4=A_{st}f_{st}/(2t_wf)$；当该中和轴在钢梁翼缘内时，可取 y_4 等于钢梁塑性中和轴至腹板上边缘的距离。

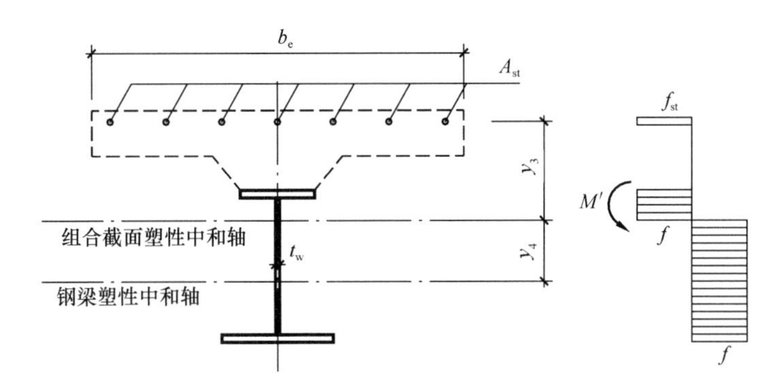

图 13.6-13 负弯矩作用时组合梁截面及应力图形

13.6.2 半刚性连接框架设计要求

一、半刚性连接框架的设计计算

可采用如下简化假定，进行半刚性连接框架的设计计算：

1. 在竖向荷载作用下，可考虑半刚性节点的负弯矩实际刚度与承载力进行半刚性连接框架的设计计算。

2. 在水平荷载作用下，可忽略半刚性节点的刚度与承载力，偏于保守地将节点当作铰接进行半刚性连接框架的设计计算。

二、竖向荷载作用下半刚性连接框架梁挠度验算

1. 进行半刚接框架梁的挠度验算时，宜考虑钢梁与混凝土楼板的组合作用，采用如下等效钢材截面惯性矩计算梁挠度：

$$I_{eq}=0.6I_{sc}+0.4I_s \tag{13.6-8}$$

式中　I_{eq}——考虑钢梁与混凝土楼板的组合作用的组合梁的等效钢材截面惯性矩；

I_s——钢梁截面惯性矩；

I_{sc}——考虑混凝土翼板的组合梁截面的等效钢材截面惯性矩。

2. 半刚接框架梁的挠度可采用下式计算

$$\delta_{sr}=\delta_r+(1-\mu_f)(\delta_p-\delta_r) \tag{13.6-9}$$

式中　δ_{sr}——半刚性连接框架梁挠度；

δ_r——相应刚接框架梁挠度；

δ_p——相应铰接框架梁挠度；

μ_f——半刚性连接影响系数。

3. 半刚性连接影响系数 μ_f 可按下式计算

$$\mu_f=\frac{1}{1+\dfrac{M_f}{\theta_0 K_s}} \tag{13.6-10}$$

式中　M_f——相应刚接框架梁端弯矩；

θ_0——相应铰接框架梁端转角；

K_s——竖向荷载作用下梁端半刚性连接割线刚度，可由下式确定

$$K_s=\eta_1 K_i \tag{13.6-11}$$

K_i——梁端半刚性连接初始转动刚度；

η_1——系数，可查表 13.6-2。

系数 η_1　　**表 13.6-2**

β \ α_0	0	0.01	0.02	0.04	0.08	0.10	0.25	0.50	0.75	1.00	1.50	2.00	10.0
0	0.748	0.729	0.711	0.678	0.625	0.604	0.522	0.479	0.464	0.456	0.448	0.443	0.434
0.1	0.748	0.732	0.717	0.688	0.641	0.621	0.536	0.488	0.470	0.461	0.451	0.446	0.434
0.25	0.748	0.735	0.723	0.699	0.658	0.641	0.556	0.501	0.479	0.468	0.456	0.450	0.435
0.5	0.748	0.738	0.729	0.711	0.678	0.663	0.583	0.522	0.494	0.479	0.464	0.456	0.436
0.75	0.748	0.740	0.732	0.718	0.690	0.678	0.604	0.540	0.508	0.491	0.472	0.462	0.437
1	0.748	0.741	0.735	0.723	0.699	0.688	0.621	0.556	0.522	0.501	0.479	0.464	0.438
1.25	0.748	0.742	0.737	0.726	0.706	0.696	0.635	0.570	0.534	0.512	0.487	0.474	0.440
1.5	0.748	0.743	0.738	0.729	0.711	0.702	0.646	0.583	0.545	0.522	0.494	0.479	0.441
2	0.748	0.744	0.740	0.732	0.718	0.711	0.663	0.604	0.566	0.540	0.508	0.491	0.443
3	0.748	0.745	0.742	0.737	0.726	0.721	0.684	0.635	0.598	0.570	0.534	0.512	0.448
4	0.748	0.745	0.743	0.739	0.731	0.727	0.697	0.655	0.621	0.594	0.556	0.531	0.453
5	0.748	0.746	0.744	0.741	0.734	0.730	0.706	0.670	0.639	0.613	0.575	0.548	0.458
10	0.748	0.747	0.746	0.744	0.740	0.738	0.725	0.704	0.684	0.666	0.635	0.609	0.482

表 13.6-2 中，

$$\alpha_0=\frac{EI_{eq}}{K_i l_b} \tag{13.6-12}$$

$$\beta=\frac{EI_{eq}}{K_c l_b} \tag{13.6-13}$$

其中　K_c——柱节点的转动刚度。

$$K_c=\frac{\alpha_1 EI_{c1}}{l_{c1}}+\frac{\alpha_2 EI_{c2}}{l_{c2}} \tag{13.6-14}$$

式中　E——钢材弹性模量；

l_b——梁跨度；

I_{c1}、I_{c2}——梁柱节点上下柱惯性矩；

l_{c1}、l_{c2}——梁柱节点上下柱高度；

$\alpha_i(i=1,2)$——对于底层柱，当柱脚固接或铰接时，分别取为4或3；对于其他层柱，均取为4。

当梁两端的系数 μ_f 不相等时，则按式（13.6-9）计算梁挠度时，可取梁两端系数 μ_f 的平均值。

三、竖向荷载作用下框架梁承载力验算

1. 竖向荷载作用下，半刚接框架梁跨中最大正弯矩应符合下列要求

$$M_d \leqslant M_{bp}^{+} \tag{13.6-15}$$

式中　M_{bp}^{+}——组合梁正弯矩承载力；

M_d——梁跨中截面最大正弯矩设计值。

2. 当梁跨间横向荷载为均布荷载时，按下式计算

$$M_d = \frac{ql_b^2}{8} - \overline{M}_{bmax} + \frac{(\Delta M_{bmax})^2}{2ql_b^2} \tag{13.6-16}$$

式中　ΔM_{bmax}——梁两端连接极限负弯矩差值；

q——梁跨间均布荷载；

l_b——梁跨度；

$\overline{M}_{bmax}$——梁两端连接极限负弯矩平均值。

3. 梁端极限负弯矩 M_{bmax} 不能超过梁柱连接的极限负弯矩承载力 M_u^-，可按下列情况确定：中柱梁端 $M_{bmax}=M_u^-$；顶层边柱梁端 $M_{bmax}=0.5M_u^-$；其他层边柱梁端 $M_{bmax}=0.75M_u^-$。其中 M_u^- 为梁柱节点连接的极限负弯矩承载力。对于边节点，计算 M_u^- 时应进行如下调整：

（1）钢筋锚固长度不满足式（13.6-1）、（13.6-2）计算值时，M_u^- 的计算不考虑钢筋的抗拉作用；

（2）钢筋锚固长度满足式（13.6-1）、（13.6-2）计算值时，M_u^- 的计算考虑钢筋的抗拉作用，但应乘以折减系数0.85。

4. 组合梁塑性正弯矩承载力 M_{bp}^{+} 可按下列公式计算：

（1）当 $A_s f \leqslant b_e h_{c1} \alpha_1 f_c$ 时，如图13.6-14a所示，塑性中和轴位于混凝土受压翼板内，则组合梁的正弯矩承载力为

$$M_{bp}^{+} = b_e x \alpha_1 f_c y \tag{13.6-17}$$

式中　$x=\dfrac{A_s f}{b_e \alpha_1 f_c}$

x——组合梁截面塑性中和轴至混凝土翼板顶面的距离；

A_s——钢梁截面面积；

y——钢梁截面应力合力至混凝土受压区应力合力之间的距离；

f——塑性设计时钢梁钢材的抗拉、抗压、抗弯强度设计值；

f_c——混凝土轴心抗压强度设计值；

h_{c1}——混凝土翼板计算厚度；

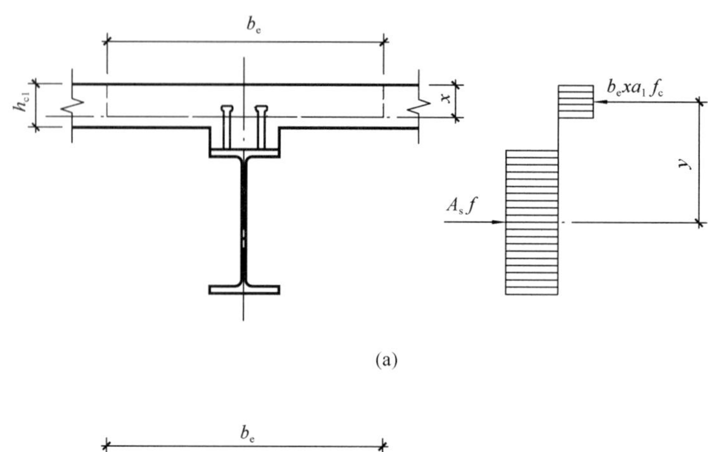

(a)

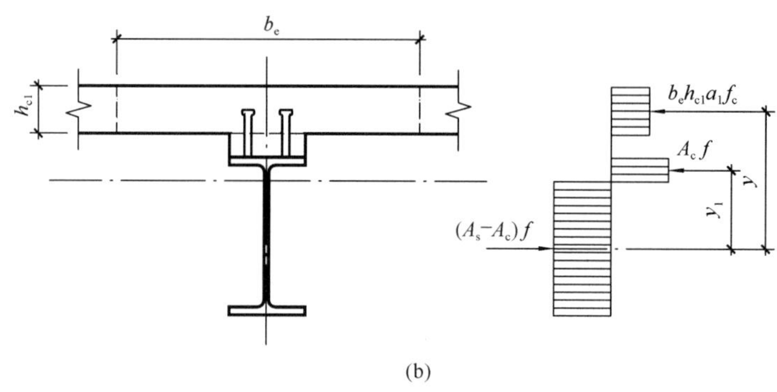

(b)

图 13.6-14　组合梁塑性承载力计算

(a) 塑性中和轴位于混凝土翼板内；(b) 塑性中和轴位于混凝土翼板内

b_e ——混凝土翼板的有效宽度；

α_1 ——受压区混凝土矩形应力图的应力与混凝土轴心抗压强度设计值的比值，当混凝土强度等级不超过 C50 时取 1.0；当混凝土强度等级为 C80 时取 0.94；当混凝土强度等级在 C50～C80 之间时，可按线性内插取值。

(2) 当 $A_s f > b_e h_{c1} \alpha_1 f_c$ 时，如图 13.6-14b 所示，塑性中和轴位于钢梁截面内，则组合梁的正弯矩承载力为

$$M_{bp}^{+} = b_e h_{c1} \alpha_1 f_c y + A_c f y_1 \tag{13.6-18}$$

式中　A_c ——钢梁受压区截面面积，按 $A_c = 0.5(A_s - b_e h_{c1} \alpha_1 f_c / f)$ 计算；

y ——钢梁受拉区截面应力合力至混凝土翼板截面应力合力之间的距离；

y_1 ——钢梁受拉区截面应力合力至钢梁受压区截面应力合力之间的距离。

其他符号意义同前。

注意当 A_c 小于钢梁受压翼缘截面积时，塑性中和轴将位于钢梁受压翼缘面积内。

四、竖向荷载作用下框架柱承载力验算

1. 框架柱在竖向荷载下的柱端弯矩可由与该柱端相连的梁端极限弯矩之和 ΣM_{bmxa}，按梁的上柱和下柱线刚度分配求得，即

$$M_{ct} = \frac{EI_{c1}/l_{c1}}{EI_{c1}/l_{c1} + EI_{c2}/l_{c2}} \Sigma M_{bmxa} \tag{13.6-19}$$

$$M_{cb} = \frac{EI_{c2}/l_{c2}}{EI_{c1}/l_{c1} + EI_{c2}/l_{c2}} \Sigma M_{bmxa} \tag{13.6-20}$$

式中 M_{ct}、M_{cb} ——梁的上柱和下柱端弯矩；

I_{c1}、I_{c2} ——梁的上柱和下柱截面惯性矩；

l_{c1}、l_{c2} ——梁的上柱和下柱高度。

梁端极限弯矩按二．（三）．3 条确定。若与柱端相连的梁端极限弯矩之和 ΣM_{bmxa} 小于较大的梁端极限弯矩 M_{bmxa} 的 10%，则按式（13.6-19～13.6-20）计算 M_{ct}、M_{cb} 时，取 $\Sigma M_{bmxa}=0.1M_{bmxa}$。$\Sigma M_{bmxa}$ 的作用方向应取对柱的稳定不利的方向。

2. 各楼层竖向总荷载可按楼面面积平均为楼面均布荷载，然后近似按各柱分担的楼面荷载面积，计算框架各柱在竖向荷载作用下产生的轴力。楼层有局部集中竖向荷载时，荷载可考虑由相邻的柱分担。

3. 框架柱应参照《钢结构设计标准》GB 50017—2017 进行强度与稳定性验算。

4. 进行竖向荷载下半刚接框架柱稳定性验算时，计算长度系数可以按下列公式计算：

当 $\alpha_k=0$ 时，

$$\mu_0=\sqrt{\frac{1.6+4(K'_1+K'_2)+7.5K'_1K'_2}{K'_1+K'_2+7.5K'_1K'_2}} \tag{13.6-21a}$$

当 $0\leqslant\alpha_k\leqslant60$ 时，

$$\mu_k=\frac{\mu_0}{\sqrt{1+\left(\frac{\mu_0^2}{\mu_\infty^2}-1\right)\left(\frac{\alpha_k}{60}\right)^{0.5}}} \tag{13.6-21b}$$

当 $\alpha_k>60$ 时，

$$\mu_\infty=\frac{3+1.4(K'_1+K'_2)+0.64K'_1K'_2}{3+2(K'_1+K'_2)+1.28K'_1K'_2} \tag{13.6-21c}$$

式中 μ_0 ——侧移失稳纯框架柱的计算长度系数；

K'_1、K'_2 ——分别为相交于柱上端、柱下端的横梁线刚度之和与柱线刚度之和的比值。

μ_k ——任意侧移约束框架柱的计算长度系数；

μ_∞ ——无侧移失稳框架柱的计算长度系数；

α_k ——框架柱支撑侧移刚度系数，$\alpha_k=K_{bs}l_c^2/i_c$

K_{bs} ——支撑对所考虑的框架柱提供的侧移刚度。当框架楼面刚度很大时，可采用框架在考虑的失稳方向的支撑总侧移刚度，按所考虑的框架柱在该方向的侧移刚度占所有框架柱在该方向的侧移刚度的比例确定；

l_c ——柱实际长度；

i_c ——柱线弯曲刚度。

对于无侧移失稳框架柱：

$$K'_1=\frac{\sum_A\alpha_b EI_b/l_b}{\sum_A EI_c/l_c} \tag{13.6-22}$$

$$K'_2=\frac{\sum_B\alpha_b EI_b/l_b}{\sum_B EI_c/l_c} \tag{13.6-23}$$

$$\alpha_b=\left(1+\frac{6EI_b}{l_bK_R}\right)\Big/\left[\left(1+\frac{4EI_b}{l_bK_L}\right)\left(1+\frac{4EI_b}{l_bK_R}\right)-\left(\frac{EI_b}{l_b}\right)^2\frac{4}{K_LK_R}\right] \tag{13.6-24}$$

对于有侧移失稳框架柱：

$$K'_1 = \frac{\sum_A \alpha_u EI_b / l_b}{\sum_A EI_c / l_c} \tag{13.6-25}$$

$$K'_2 = \frac{\sum_B \alpha_u EI_b / l_b}{\sum_B EI_c / l_c} \tag{13.6-26}$$

$$\alpha_u = \left(1 + \frac{2EI_b}{l_b K_R}\right) \Big/ \left[\left(1 + \frac{4EI_b}{l_b K_L}\right)\left(1 + \frac{4EI_b}{l_b K_R}\right) - \left(\frac{EI_b}{l_b}\right)^2 \frac{4}{K_L K_R}\right] \tag{13.6-27}$$

式中　α_b——无侧移失稳纯框架柱修正系数；

I_b、I_c——分别为梁柱的截面惯性矩。

α_u——有侧移失稳纯框架柱修正系数；

K_L、K_R——梁近、远端的节点转动刚度，可取为节点的初始转动刚度；

l_b——梁的实际跨度；

$\sum_A$、$\sum_B$——与柱上端、下端相连有关构件参量之和。

13.6.3　端板式半刚性连接节点受力性能参量

一、负弯矩承载力

1. 组合节点的开裂弯矩

在组合框架中，梁柱连接节点区混凝土板一般位于负弯矩区，处于受拉状态是很普遍的现象。一般情况下，节点区混凝土楼板都是带裂缝工作的，节点开裂弯矩的大小是评价一个节点受力性能好坏的重要指标之一。组合节点的开裂弯矩定义为混凝土楼板上边缘的应力达到其极限抗拉强度时的弯矩。由于混凝土楼板较薄且远离组合梁截面形心轴，对于半刚性连接组合节点可以按楼板均匀受拉状态考虑，来近似计算混凝土楼板的开裂弯矩。

当混凝土楼板出现裂缝时，混凝土已经发展了较大的塑性，这时其弹性模量大约降低至初始弹性模量的一半，即 $E'_c = 0.5E_c$ 。当混凝土楼板出现裂缝时，楼板中钢筋的应力可以根据它与混凝土之间的变形协调条件来确定。

在负弯矩作用下，当节点区混凝土楼板的上表面出现裂缝时，其应力达到它的极限抗拉强度，即

$$f_t = 0.5E_c \times \varepsilon_{cr} \tag{13.6-28}$$

式中　f_t——混凝土的极限抗拉强度；

E_c——混凝土的弹性模量；

ε_{cr}——混凝土楼板上表面开裂处的应变。

假设连接的转动中心位于钢梁下翼缘中心，根据平截面假定，可以计算出此时钢筋的应变：

$$\varepsilon_r = \frac{h_{sl} + h_b + a_s + t_{bf}/2}{h_{sl} + h_b - t_{bf}/2} \times \varepsilon_{cr} \tag{13.6-29}$$

式中　ε_r——混凝土楼板开裂时钢筋的应变；

h_{sl}——混凝土楼板的厚度，如图 13.6-15 所示；

h_b——钢梁的高度，如图 13.6-15 所示；

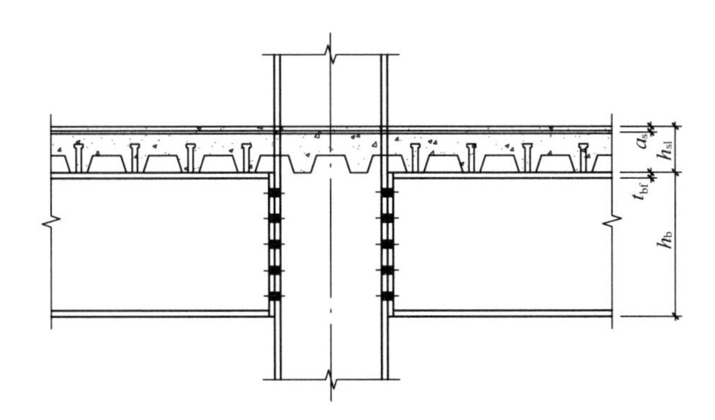

图 13.6-15 组合节点开裂弯矩的计算

a_s ——钢筋的保护层厚度，如图 13.6-15 所示；

t_{bf} ——钢梁翼缘的厚度，如图 13.6-15 所示。

此时钢筋的应力为（假设钢筋与混凝土楼板之间锚固良好，无滑移）：

$$\sigma_r = E_r \cdot \varepsilon_r = E_r \cdot \frac{h_{sl} + h_b + a_s + t_{bf}/2}{h_{sl} + h_b - t_{bf}/2} \cdot \frac{f_t}{0.5E_c} = 2f_t \cdot \frac{E_{rt}}{E_c} \frac{h_{sl} + h_b + a_s + t_{bf}/2}{h_{sl} + h_b - t_{bf}/2} \tag{13.6-30}$$

式中 σ_r ——钢筋的应力；

E_r ——钢筋的弹性模量。

混凝土楼板所承受的拉力 $F_{t,sl}$ 为：

$$F_{t,sl} = f_t \times A_c \tag{13.6-31}$$

式中 A_c 为混凝土楼板的有效横截面积，$A_c = b_e \times h_{sl,cf}$，其中 b_e 为混凝土楼板的有效宽度；$h_{sl,cf}$ 为混凝土楼板与柱翼缘接触面的高度。

钢筋所承受的拉力 $F_{t,r}$ 为：

$$F_{t,r} = \sigma_r \times A_s \tag{13.6-32}$$

式中 A_s 为混凝土楼板有效宽度范围内钢筋的总截面面积。

楼板承受的总的拉力 $N_{t,sl}$ 为：

$$N_{t,sl} = F_{t,sl} + F_{t,r} \tag{13.6-33}$$

当混凝土楼板开裂时，可以近似认为钢梁和螺栓内所发展的拉力为零，因此，对梁下翼缘中心（转动中心）取矩，就可以得到混凝土楼板的开裂弯矩 M_{cr}：

$$M_{cr} = F_{t,sl} \times (h_b + h_{sl}/2 - t_{bf}/2) + F_{t,r} \times (h_b + h_{sl} - a_s) \tag{13.6-34}$$

2. 节点可能的失效模式

本节中所讨论的节点抗弯承载力，是指连接在没有发生应变强化之前所能传递的最大弯矩。识别组合节点所有可能的失效模式是计算其抗弯承载力的基础。根据目前的研究结果，对于平端板连接组合节点来说，当出现下列一个或多个失效模式时，连接就会失去继续承载的能力：

（1）钢筋受拉屈服或者断裂；

（2）抗剪栓钉失效，或者其周围的混凝土局部受压破坏；

（3）螺栓受拉屈服或者断裂；

（4）端板受弯屈服；

（5）柱翼缘受弯屈服；

（6）端板与钢梁之间的连接焊缝断裂；

（7）钢梁翼缘受压屈服或者屈曲；

（8）钢梁腹板受压、受剪屈服或者屈曲；

（9）钢柱腹板受压屈服或者屈曲；

（10）钢柱节点域腹板受剪屈服或者屈曲；

（11）钢筋锚固失效（对于边柱节点来说，通常会发生此种破坏）；

（12）在连接承受较小弯矩作用的一侧，与柱翼缘接触的混凝土楼板受压破坏。

在实际工程中，焊缝强度通常均高于母材，因此，为简化分析，通常不考虑焊缝先于其他组件破坏的情况。另外，焊缝破坏表现为脆性破坏，在实际工程设计中，也应保证焊缝不会首先发生破坏。此外，焊缝断裂和钢筋锚固失效还可以通过采用一些相关设计规范中的构造措施来预防。当然，在实际的设计工作中，我们需要通过采取一些适当的方法和构造措施来防止其中某些破坏模式的出现，要识别和防止各单独组件的提早破坏，以实现我们所需要的设计目的。

3. 对称荷载作用下各组件的承载力

在梁柱组合连接中，弯矩（以负弯矩为例）可以看作为由作用在连接上部的拉力以及连接下部的压力形成的，如图 13.6-16 所示。

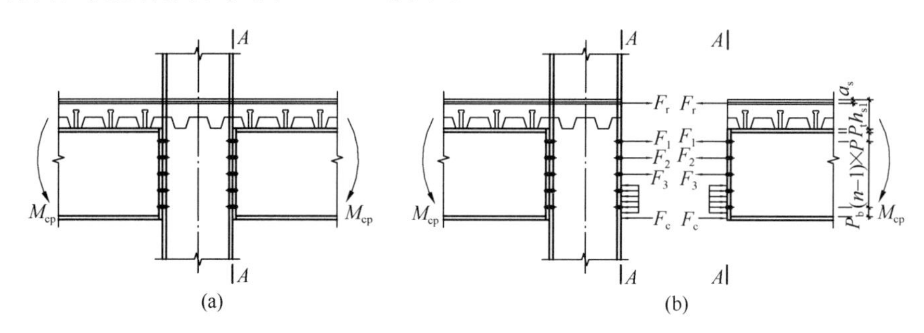

图 13.6-16　对称荷载作用下组合节点的内力

（a）组合节点；（b）隔离体内力图

对于平端板连接组合节点，拉力主要来自于钢筋和螺栓，而压力则来自于钢梁通过端板与柱的直接接触受压。这些组件的力确定之后，就可以根据力的平衡条件，得到连接的抗弯承载力。因此，确定连接抗弯承载力的主要工作就是确定图 13.6-16 中各组件的承载力。

（1）钢筋抗拉承载力

对于承受对称荷载作用的组合节点，钢筋的内力在节点内部是自平衡的。钢筋的抗拉承载力由钢筋本身的抗拉强度以及抗剪栓钉的强度这两者共同控制，取其较小值。钢筋抗拉承载力 F_r 为：

如果压型钢板肋条垂直于梁，见图 13.6-17a 所示，$F_r = A_r f_{y,r}$

如果压型钢板肋条平行于梁，见图 13.6-17b 所示，$F_r = A_r f_{y,r} + A_m f_{y,m}$

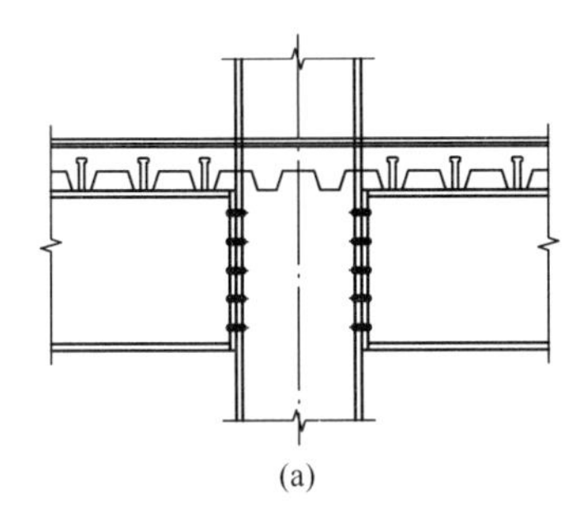
(a)

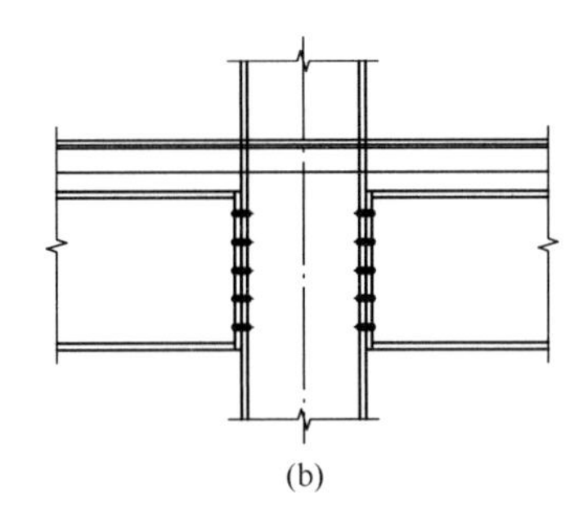
(b)

图 13.6-17 压型钢板与钢梁的位置关系

（a）压型钢板肋条垂直与梁；（b）压型钢板肋条平行于梁

式中 F_r ——钢筋抗拉承载力；

A_r ——混凝土楼板有效宽度范围内纵向钢筋的总面积；

$f_{y,r}$ ——钢筋的屈服强度；

A_m ——混凝土楼板有效宽度范围内压型钢板的截面积；

$f_{y,m}$ ——压型钢板的屈服强度。

抗剪栓钉的抗剪承载力为：

$$F_{sc}=n_{sc}N_v^c \tag{13.6-35}$$

式中 F_{sc} ——栓钉抗剪承载力；

n_{sc} ——梁端负弯矩区段内抗剪栓钉的个数；

N_v^c ——单个栓钉的抗剪承载力，按下式计算：

$$N_v^c=0.43A_{sc}\sqrt{E_c f_c}\leqslant 0.7A_{sc}\gamma f_{sc} \tag{13.6-36}$$

式中 E_c ——混凝土弹性模量；

f_c ——混凝土抗压强度设计值；

A_{sc} ——圆柱头栓钉的钉杆截面面积；

f_{sc} ——圆柱头栓钉的抗拉强度设计值；

γ ——栓钉抗拉强度最小值与屈服强度的比值。

当 $F_r>F_{sc}$ 时，钢筋的抗拉承载力由抗剪栓钉的抗剪承载力确定，为 $F_r=F_{sc}$；

当 $F_r\leqslant F_{sc}$ 时，钢筋的抗拉承载力由其本身强度决定，即取其本身的抗拉承载力。

对于栓钉按照完全抗剪连接设置的情况，钢筋抗拉承载力就不会由抗剪栓钉起控制作用，其值等于钢筋的抗拉承载力。

(2) 螺栓抗拉承载力

1) 端板控制的外排螺栓抗拉承载力

对于梁柱端板连接，可将弯矩简化为一对作用于钢梁上下翼缘的力偶，因此钢柱腹板及其翼缘组合体、端板与钢梁翼缘（腹板）组合体的受力和 T 形连接很相近，在对该部分进行受力分析时，可借鉴 EC3 规范采用的所谓“T 形连接法”（T-stud Method）。EC3 规范中端板的 T 形连接等效示意图参见图 13.6-18，此项承载力以及相关参数的定义如图 13.6-19所示。T 形连接件的尺寸见图 13.6-20。

T 形连接的破坏模式取决于螺栓和连接件翼缘、腹板之间的相对强弱关系，单列螺栓

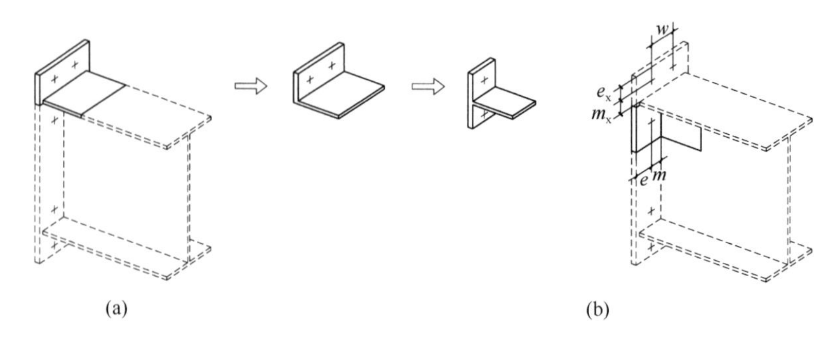

图 13.6-18　EC3 规范中端板的 T 形连接等效

（a）端板外伸部分；（b）端板非外伸部分

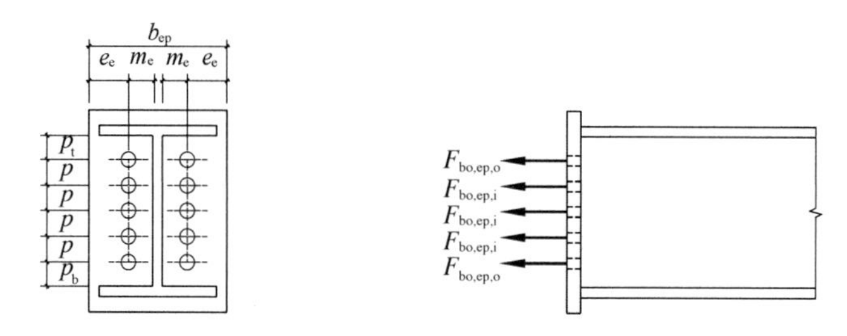

图 13.6-19　端板控制的外排螺栓抗拉承载力

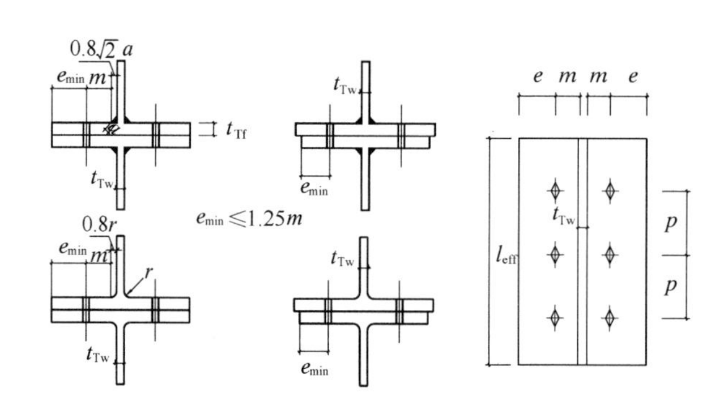

图 13.6-20　T 形连接件的尺寸

布置的 T 形连接有四种可能的破坏机制，见图 13.6-21，分别是：①翼缘在根部和螺栓位

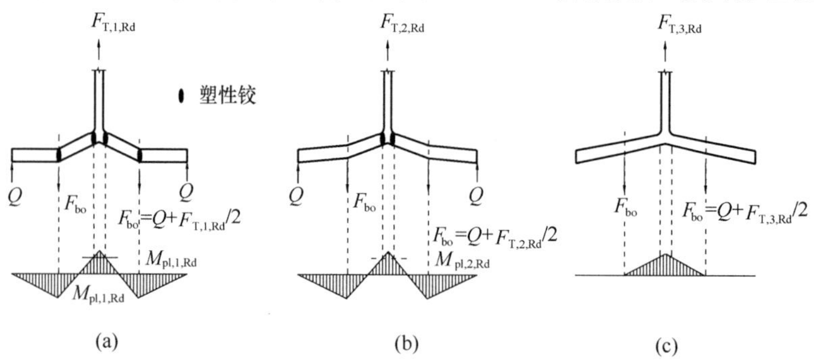

图 13.6-21　T 形连接的破坏模式

（a）破坏模式 1；（b）破坏模式 2；（c）破坏模式 3

置处同时出现屈服，如图 13.6-21a 所示；②翼缘根部屈服的同时螺栓失效，如图 13.6-21b所示；③螺栓失效，如图 13.6-21c 所示；④腹板屈服。

对于图 13.6-21 的破坏模式 2 和 3，螺栓内力均可以达到其极限抗拉承载力；对于破坏模式 4，其为腹板受拉破坏，不是端板起控制作用的情况。因此，对于柱端板起控制作用时螺栓内力的计算，就是对应于破坏模式 1 的情况。此时，端板强度控制下的最外排螺栓力可按下式计算：

$$F_{bo,ep,o}=(5.5-0.021m_e+0.017e_e)\cdot t_{ep}^2\cdot f_{y,ep} \tag{13.6-37}$$

式中 $F_{bo,ep,o}$——平端板连接外排螺栓的抗拉承载力（N）；

t_{ep}——端板厚度（mm）；

m_e——螺栓中心至梁腹板边缘的距离，如图 13.6-19 所示；

$f_{y,ep}$——端板的屈服强度（N/mm²）；

e_e——如图 13.6-19 所示。

2）柱翼缘控制的外排螺栓抗拉承载力

对于梁柱半刚性连接框架，为形成如同刚接框架强柱弱梁型的屈服形式，可以通过调整控制连接的弯矩承载力，使梁端屈服弯矩小于柱的弯矩承载力。满足下列规定可使得端板先于柱翼缘破坏：

当 $f_{y,cf}=f_{y,ep}$ 时，

$$t_{cf}\geqslant 1.2t_{ep} \tag{13.6-38}$$

当 $f_{y,cf}\neq f_{y,ep}$ 时，

$$f_{y,cf}\cdot t_{cf}\geqslant 1.2f_{y,ep}\cdot t_{ep} \tag{13.6-39}$$

式中 $f_{y,cf}$——柱翼缘的屈服强度（N/mm²）；

$f_{y,ep}$——端板的屈服强度（N/mm²）；

t_{cf}——柱翼缘的厚度（mm）；

t_{ep}——端板厚度（mm）。

此外，为避免螺栓先于端板发生脆性破坏，尚应验算：

对于外排螺栓，

不考虑撬力影响：

$$(5.5-0.021m_e+0.017e_e)\cdot t_{ep}^2\cdot f_{y,ep}\leqslant 2A_{bo}f_{y,bo} \tag{13.6-40}$$

考虑撬力影响：

$$(5.5-0.021m_e+0.017e_e)\cdot t_{ep}^2\cdot f_{y,ep}\leqslant 1.6A_{bo}f_{y,bo} \tag{13.6-41}$$

式中 A_{bo}——一个螺栓的横截面积（mm²）；

$f_{y,bo}$——螺栓的屈服强度（N/mm²）。

对于内排螺栓，见图 13.6-19 所示：

$$\frac{p}{m_c}\cdot t_{ep}^2\cdot f_{y,ep}\leqslant 1.6A_{bo}f_{y,bo} \tag{13.6-42}$$

式中 P——各排螺栓的间距（mm）。

（3）连接抗压承载力

当满足 13.6.1 中三、2 条规定时，可不用验算柱腹板受压屈曲承载力及柱腹板受压屈服承载力。此时，连接抗压承载力由梁翼缘受压承载力控制。

在计算梁翼缘的抗压承载力时，其发生哪种破坏模式（屈服或者屈曲）与其翼缘的宽厚比有关。研究表明，当 $b_{bf}/t_{bf}<22\sqrt{235/f_{y,bf}}$ 时，梁翼缘发生受压屈服；当 $b_{bf}/t_{bf}\geqslant 22\sqrt{235/f_{y,bf}}$ 时，梁翼缘发生受压屈曲，具体的计算公式如下：

$$F_{c,j}=\begin{cases} t_{bf}b_{bf}f_{y,bf} & \left(\dfrac{b_{bf}}{t_{bf}}<\sqrt{\dfrac{235}{f_{y,bf}}}\right) \\ 22t_{bf}^2 f_{y,bf}\sqrt{\dfrac{235}{f_{y,bf}}} & \left(\dfrac{b_{bf}}{t_{bf}}\geqslant\sqrt{\dfrac{235}{f_{y,bf}}}\right) \end{cases} \tag{13.6-43}$$

式中　$F_{c,j}$——连接抗压承载力（N）；

t_{bf}——钢梁翼缘厚度（mm）；

b_{bf}——钢梁翼缘宽度（mm）；

$f_{y,bf}$——梁翼缘屈服强度。

4. 非对称荷载作用下各组件的承载力

图 13.6-22 给出了连接承受非对称荷载作用时，其隔离体的内力图。

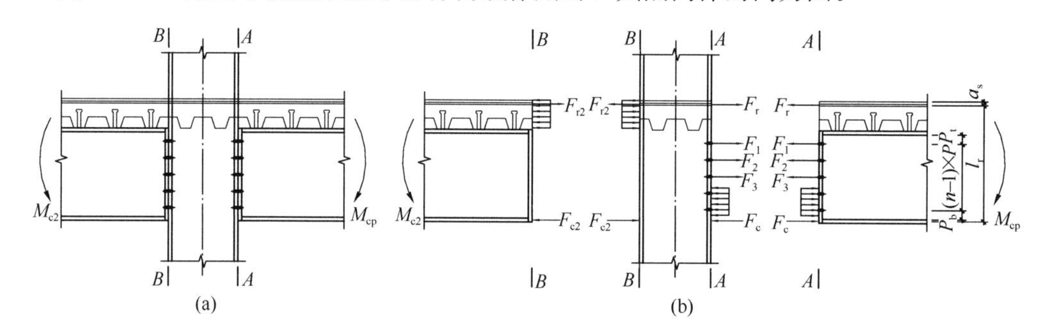

图 13.6-22　非对称荷载作用下组合节点的内力

（a）组合节点；（b）隔离体内力图

从图 13.6-22 中可以看出，各排螺栓的抗拉承载力不受非对称荷载的影响。但是，钢筋的抗拉承载力 F_r 会受到非对称荷载作用的影响，主要与下列因素有关：①混凝土楼板和柱翼缘之间的局部抗压承载力 F_{con}；②柱节点域腹板的抗剪承载力；③作用在连接另一侧的弯矩。

同样，连接的抗压承载力 $F_{c,j}$ 也会受到下列因素的影响：①柱节点域腹板的抗剪强度；②作用在连接另一侧的弯矩。

（1）钢筋抗拉承载力

1）混凝土楼板局部受压承载力控制的钢筋受拉承载力

由图 13.6-22 可以看出，节点两侧承受非对称弯矩作用时，会引起柱两侧钢筋的内力存在差异。为了保持节点内钢筋的内力平衡，承受较小弯矩一侧的混凝土楼板必然会与柱翼缘接触而受压，以平衡两侧钢筋的内力。节点两侧不平衡的钢筋内力主要通过混凝土楼板作用在柱翼缘上，因此，混凝土楼板和柱翼缘之间由于接触而产生的局部压力就等于连接两侧钢筋内力的差值。如果知道混凝土局部受压承载力以及承受较小弯矩一侧的钢筋内力，就可以根据平衡条件，得到节点另一侧钢筋抗拉承载力：

$$F_{r1}=F_{con}+F_{rv} \tag{13.6-44}$$

式中　F_{r1}——混凝土局部受压承载力控制的钢筋受拉承载力；

F_{rv} ——承受较小弯矩一侧的钢筋内力；

F_{con} ——混凝土楼板与柱翼缘的局部受压承载力。

在承受较小弯矩的连接一侧，假设此弯矩由钢筋和梁下翼缘来抵抗，就可以得到这一侧钢筋的内力。因此，在承受较小弯矩的连接一侧，钢筋内力和连接压力在数值上是相等的，可由下式给出：

$$F_{rv}=F_{c,j2}=M_{c2}/l_{r} \tag{13.6-45}$$

式中 F_{rv} ——承受较小弯矩一侧的钢筋内力；

$F_{c,j2}$ ——承受较小弯矩连接一侧的压力；

M_{c2} ——作用在所计算连接另一侧上的弯矩。当 M_{c2} 为负弯矩时，式（13.6-42）的右端取正号；正弯矩时，取负号；

l_{r} ——钢筋中心到梁下翼缘中心的距离。

混凝土楼板和柱翼缘的接触可以看作为混凝土的局部受压问题，可以按下式确定：

$$F_{con}=0.67\beta\cdot b_{cf}\cdot h_{sl,cf}\cdot f_{cu} \tag{13.6-46}$$

式中 F_{con} ——混凝土局部受压承载力；

b_{cf} ——柱翼缘宽度；

$h_{sl,cf}$ ——混凝土楼板与柱翼缘接触处的厚度；

β ——混凝土局部受压强度的增大系数，可偏于保守地取为 1.25；

f_{cu} ——混凝土的立方体抗压强度。

2）柱节点域抗剪强度控制的钢筋抗拉承载力

另外，钢筋的抗拉承载力也与作用在柱节点域腹板上的剪力有关。如果柱节点域腹板相对较弱，钢筋的受拉承载力就会由柱节点域腹板所控制。在此情况下，钢筋的受拉承载力可以表示为：

$$F_{r2}=F_{v,cw}\pm F_{rv} \tag{13.6-47}$$

式中 F_{r2} ——由柱腹板抗剪强度控制的钢筋受拉承载力；

F_{rv} ——承受较小弯矩连接一侧的钢筋内力；

$F_{v,cw}$ ——柱腹板的抗剪屈服承载力，其值可以按下式计算：

$$F_{v,cw}=A_{v,cw}\frac{f_{y,cw}}{\sqrt{3}} \tag{13.6-48}$$

式中 $A_{v,cw}$ ——柱腹板的有效受剪面积；

对于热轧截面：$A_{v,cw}=A_{c}-2b_{cf}t_{cf}+(t_{cw}+2r_{c})\cdot t_{cf}$

对于焊接截面：$A_{v,cw}=h_{cw}t_{cw}$

式中 A_{c} ——柱的全截面面积；

r_{c} ——柱腹板与翼缘间过渡圆弧的半径（根部半径）。

在对称加载连接各组件承载力的计算公式中，考虑混凝土楼板与柱翼缘的局部受压承载力以及柱节点域腹板抗剪承载力的影响，就可以得到非对称加载情况下钢筋抗拉承载力的计算公式

$$F_{r}=\min\begin{cases}A_{r}f_{y,r}(\text{或者 }A_{r}f_{y,r}+A_{m}f_{y,m})\\F_{sc}\\\dfrac{M_{c2}}{l_{r}}+0.67\beta\cdot b_{cf}\cdot h_{sl,cf}\cdot f_{cu}\\\dfrac{M_{c2}}{l_{r}}+\dfrac{A_{v,cw}f_{y,cw}}{\sqrt{3}}\end{cases} \tag{13.6-49}$$

（2）螺栓抗拉承载力

非对称荷载作用下，内、外排螺栓的抗拉承载力与对称荷载条件下的相同，这里不再赘述。

（3）连接抗压承载力

与钢筋的抗拉承载力相似，连接的抗压承载力同样受到柱节点域腹板抗剪强度的限制。在此情况下，其抗压承载力可以表示为：

$$F_{c,j} = F_{v,cw} \pm F_{c,j2} \tag{13.6-50}$$

式中　$F_{c,j}$——由柱腹板抗剪强度控制的抗压承载力；

$F_{v,cw}$——柱腹板的抗剪屈服承载力；

$F_{c,j2}$——承受较小弯矩连接一侧的压力，$F_{c,j2} = M_{c2}/l_r$，M_{c2} 为作用在所计算连接另一侧上的弯矩。当 M_{c2} 为负弯矩时，式（13.6-50）的右端取正号；正弯矩时，取负号。

综上所述，在非对称荷载作用下，钢框架梁柱组合连接节点的抗压承载力可按下式确定

$$F_{c,j} = \min\begin{cases} t_{bf} b_{bf} f_{y,bf} & \left(b_{bf}/t_{bf} < 22\sqrt{235/f_{y,bf}}\right) \\ 22 t_{bf}^2 f_{y,bf}\sqrt{235/f_{y,bf}} & \left(b_{bf}/t_{bf} \geqslant 22\sqrt{235/f_{y,bf}}\right) \\ \dfrac{M_{c2}}{l_r} + \dfrac{A_{v,cw} f_{y,cw}}{\sqrt{3}} & \end{cases} \tag{13.6-51}$$

5. 组合节点的极限抗弯承载力

（1）计算假定

上述各构件的承载力确定之后，钢梁腹板的受压区高度就可以确定下来。然后，根据力学平衡条件，就可以确定节点的抗弯承载力。图 13.6-23 给出了负弯矩作用下节点抗弯承载力的计算流程图。

另外，如果钢梁腹板的受压区高度过大，钢梁腹板的受压承载力就会由腹板的局部受压屈曲所控制。为了简化钢梁腹板受压承载力的计算，需要限制钢梁腹板的有效受压区高度。这个高度可以取为：

$$x_{c,bw,max} = 38 t_{bw}\sqrt{\frac{235}{f_{y,bw}}} \tag{13.6-52}$$

式中　$x_{c,bw,max}$——钢梁腹板受压区的最大高度；

t_{bw}——钢梁腹板的厚度；

$f_{y,bw}$——钢梁腹板的屈服强度。

假定作用在组合梁截面上的剪力全部由钢梁腹板来承担，因此，钢梁腹板的实际屈服强度就要根据腹板内的剪应力进行折减。由于假定钢梁翼缘不承担剪力，因此它的承载力不会受到剪力的影响。根据 Von-Mises 屈服准则，考虑剪应力影响的钢梁腹板屈服强度可以按下式计算：

$$f'_{y,bw} = \sqrt{f_{y,bw}^2 - 3\tau_{xy}^2} \tag{13.6-53}$$

式中　$f'_{y,bw}$——钢梁腹板考虑剪力影响的屈服强度；

$f_{y,bw}$——钢梁腹板的屈服强度；

τ_{xy}——钢梁腹板内的剪应力，按下式计算：

$$\tau_{xy} = V_{bw}/(h_{bw} \cdot t_{bw}) \tag{13.6-54}$$

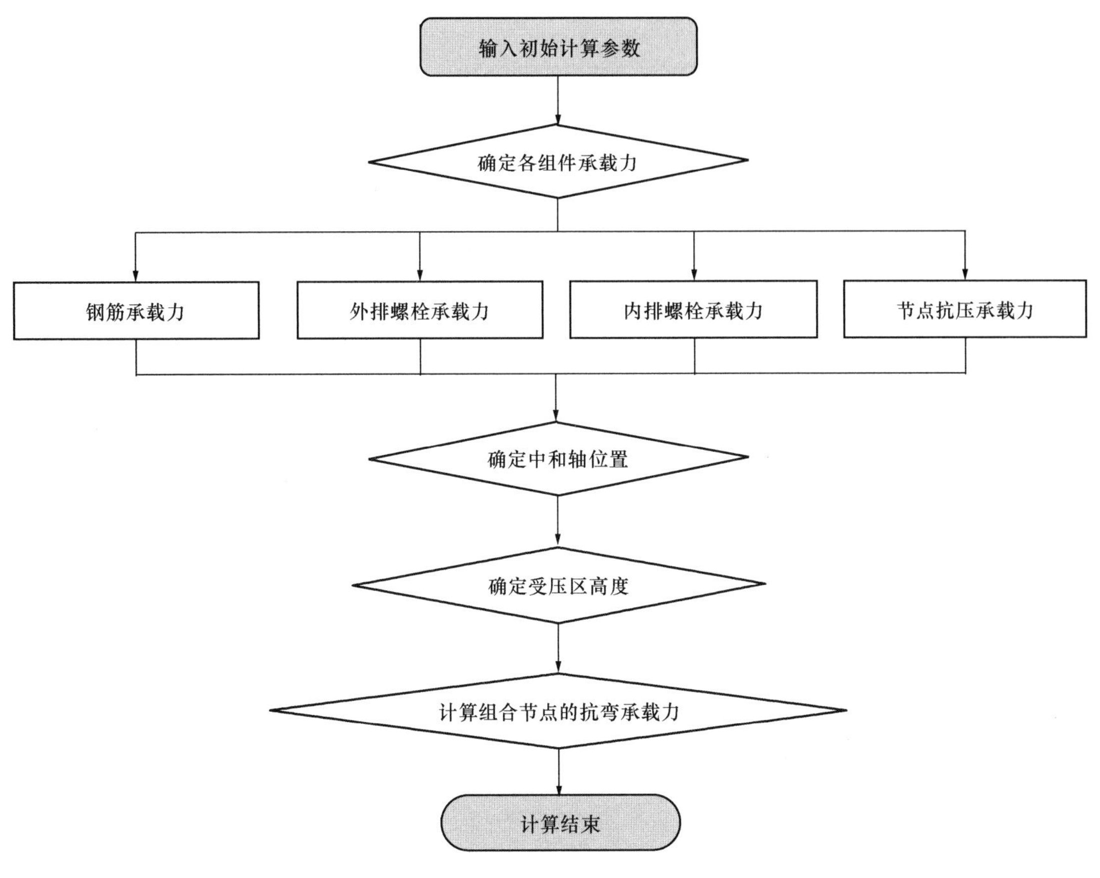

图 13.6-23 节点抗弯承载力计算流程图

式中 V_{bw}——作用在连接上的剪力；

h_{bw}——钢梁腹板的高度；

t_{bw}——梁腹板的厚度。

在推导负弯矩作用下节点的抗弯承载力时，采用下面的计算假定：

1）不考虑混凝土的抗拉作用；

2）钢梁的受拉、受压区，应力均匀分布且均达到其屈服强度；

3）钢梁与混凝土楼板之间有可靠的连接，可以保证组合截面抗弯能力的充分发挥。

假设连接共有 n 排螺栓，在确定节点的抗弯承载力时，共需考虑六种情况，分别阐述如下。

（2）中和轴位于混凝土楼板内

此种情况对应于楼板内配筋率较高的情况，在实际工程中不太可能出现，见图 13.6-24。

混凝土楼板的受压区高度为：

$$x_{c,sl}=(F_r-2F_{c,j}-h_{bw}t_{bw}f_{y,bw})/b_e f_{cu} \tag{13.6-55}$$

式中 b_e——混凝土楼板的有效宽度，其值可按下式计算：

$$b_e=b_a+b_1+b_2 \tag{13.6-56}$$

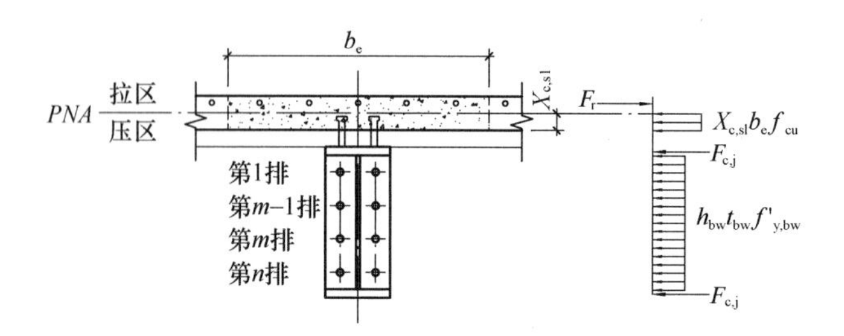

图 13.6-24 中和轴位于混凝土楼板内

式中 b_a ——板托顶部的宽度；当板托倾角 $\alpha<45°$时，应按 $\alpha=45°$计算板托顶部的宽度；当无板托时，则取钢梁上翼缘的宽度；

b_1、b_2 ——分别为梁外侧和内侧的翼板计算宽度，各取梁跨度的 1/6 和翼板厚度的 6 倍中的较小值。此外，b_1 尚不应超过翼板实际的外伸宽度；b_2 不应超过相邻钢梁上翼缘或板托间净距的 1/2。当为中间梁时，$b_1=b_2$ 。

对钢筋中心取矩，有：

$$M_u=F_{c,j}l_r+h_{bw}t_{bw}f'_{y,bw}(l_r-h_b/2+t_{bf}/2)+F_{c,j}(l_r-h_b+t_{bf}) \\ +f_{cu}b_ex_{c,sl}(l_r-h_b+t_{bf}/2-x_{c,sl}/2) \tag{13.6-57}$$

（3）中和轴位于钢梁上翼缘内

此种情况同样对应于楼板内配筋率较高的情况，见图 13.6-25，钢梁上翼缘的受压区高度为：

$$x_{c,bf}=\frac{F_r-F_{c,j}-h_{bw}t_{bw}f'_{y,bw}}{b_{bf}f_{y,bf}} \tag{13.6-58}$$

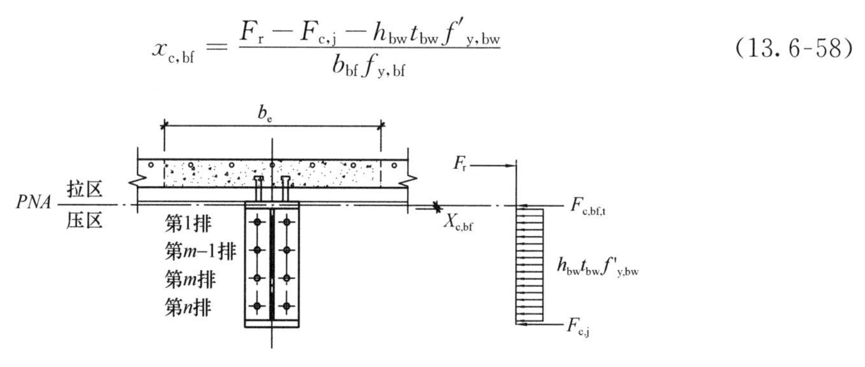

图 13.6-25 中和轴位于钢梁上翼缘内

上翼缘处的压力按照下式确定：

$$F_{c,bf,t}=\min\begin{cases}F_{c,j}\\F_r-F_{c,j}-h_{bw}\cdot t_{bw}\cdot f'_{y,bw}\end{cases} \tag{13.6-59}$$

根据各组件的承载力以及钢梁上翼缘所承受的压力 $F_{c,bf,t}$ ，对钢筋中心取矩，就可以得到组合节点的抗弯承载力：

$$M_u=F_{c,j}l_r+h_{bw}t_{bw}f'_{y,bw}(l_r-h_b/2+t_{bf}/2)+F_{c,bf,t}(l_r-h_b+t_{bf}) \tag{13.6-60}$$

式中 F_r ——钢筋抗拉承载力；

t_{bw} ——钢梁腹板厚度；

h_{bw} ——钢梁腹板高度；

$f'_{y,bw}$——钢梁腹板考虑剪力影响的屈服强度；

t_{bf}——钢梁翼缘厚度；

$F_{c,bf,t}$——钢梁上翼缘处的抗压承载力；

l_r——钢筋中心至钢梁下翼缘中心的距离。

（4）中和轴位于钢梁腹板内，所有螺栓均受压

此种情况下楼板的配筋率也较大，中和轴位于钢梁腹板内第一排螺栓之上，见图13.6-26，有下式成立：

$$l_1 - \frac{t_{bf}}{2} < x_{c,bw} = \frac{F_r - F_{c,j}}{t_{bw} f_{y,bw}} < h_{bw} \tag{13.6-61}$$

式中 l_1——上部第一排螺栓中心至钢梁下翼缘中心的距离。

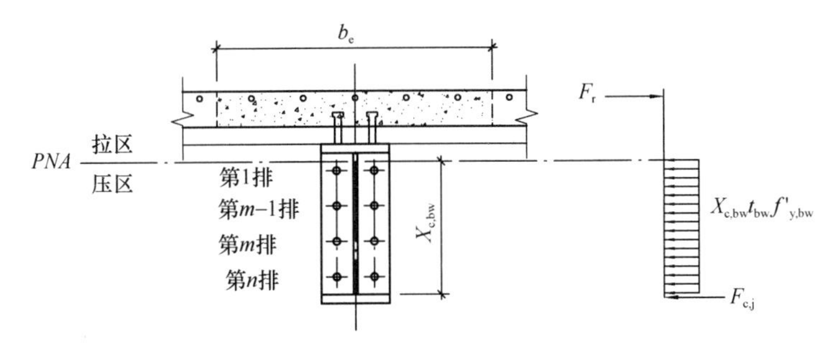

图13.6-26 中和轴位于钢梁腹板内，所有螺栓均受压

此种情况下，钢梁腹板的实际受压区高度由下式给出：

$$x_{c,bw} = \min\begin{cases} \dfrac{F_r - F_{c,j}}{t_{bw} f'_{y,bw}} & (1) \\ 38 t_{bw}\sqrt{\dfrac{235}{f'_{y,bw}}} & (2) \end{cases} \tag{13.6-62}$$

如果钢梁腹板的受压区高度 $x_{c,bw}$ 是由式（13.6-62）的第（2）式确定的，则钢筋的内力需要按照下式重新进行计算：

$$F_r = F_{c,j} + x_{c,bw} t_{bw} f'_{y,bw} \tag{13.6-63}$$

经过推导，可以得到受压中心至钢梁下翼缘中心的距离为：

$$d_c = \frac{x_{c,bw} t_{bw} f'_{y,bw} (x_{c,bw} + t_{bf})}{2(x_{c,bw} t_{bw} f'_{y,bw} + F_{c,j})} \tag{13.6-64}$$

对受压中心取矩，就可以得到连接的抗弯承载力：

$$M_u = F_r (l_r - d_c) \tag{13.6-65}$$

（5）前 m−1 排螺栓受拉，第 m 排部分受拉，其余受压

此种情况下楼板的配筋率适中，部分螺栓处于受拉状态，见图13.6-27，有下式成立：

$$\begin{cases} x_{c,bw,m} = \dfrac{F_r + \sum\limits_{i=1}^{m} F_{bo,i} - F_{c,j}}{t_{bw} f'_{y,bw}} > l - \dfrac{t_{bf}}{2} \\ x_{c,bw,m-1} = \dfrac{F_r + \sum\limits_{i=1}^{m-1} F_{bo,i} - F_{c,j}}{t_{bw} f'_{y,bw}} < l - \dfrac{t_{bf}}{2} \end{cases} \quad (1 \leqslant m \leqslant n) \tag{13.6-66}$$

式中　l_m——上部第 m 排螺栓中心至钢梁下翼缘中心的距离。

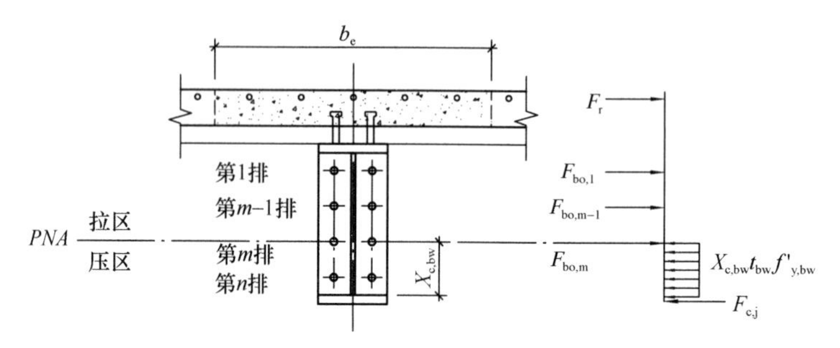

图 13.6-27　前（$m-1$）排螺栓受拉，第 m 排部分受拉，其余受压

钢梁腹板的实际受压区高度按下式计算：

$$x_{c,bw} = \min\begin{cases} l_m - \dfrac{t_{bf}}{2} \\ 38 t_{bw}\sqrt{\dfrac{235}{f'_{y,bw}}} \end{cases} \tag{13.6-67}$$

此种情况下，第 m 排螺栓的抗拉承载力 $F_{bo,m}$ 不能充分发展，它实际的内力 $F_{bo,m,a}$ 应该按下式计算：

$$F_{bo,m,a} = F_{c,j} + x_{c,bw} t_{bw} f'_{y,bw} - F_r - \sum_{i=1}^{m-1} F_{bo,i} \tag{13.6-68}$$

受压中心的位置可以按照下式计算：

$$d_c = \frac{x_{c,bw} t_{bw} f'_{y,bw}(x_{c,bw} + t_{bf})}{2(x_{c,bw} t_{bw} f'_{y,bw} + F_{c,j})} \tag{13.6-69}$$

对受压中心取矩，就可以得到连接的抗弯承载力：

$$M_u = F_r(l_r - d_c) + \sum_{i=1}^{m-1} F_{bo,i}(l_i - d_c) + F_{bo,m,a}(l_m - d_c) \tag{13.6-70}$$

式中　l_i——第 i 排螺栓中心至钢梁下翼缘中心的距离，$i=1,2,\cdots n$，n 为螺栓的中排数。

（6）上部第 1 至 m 排螺栓完全受拉

此种情况对应于配筋率较小的情况，螺栓全部受拉，有下式成立：

$$l_{m+1} - \frac{t_{bf}}{2} < x_{c,bw} = \frac{F_r + \sum\limits_{i=1}^{m} F_{bo,i} - F_{c,j}}{t_{bw} f'_{y,bw}} < l_m - \frac{t_{bf}}{2} \quad (1 \leqslant m \leqslant n) \tag{13.6-71}$$

如果所有的螺栓都完全受拉（即 $m=n$），$l_{m+1} - t_{bf}/2$ 应该取为零。此种情况下，钢梁腹板的受压区高度按下式计算：

$$x_{\mathrm{c,bw}}=\min\begin{cases}\dfrac{F_{\mathrm{r}}+\sum\limits_{i=1}^{m}F_{\mathrm{bo,i}}-F_{\mathrm{c,j}}}{t_{\mathrm{bw}}f'_{\mathrm{y,bw}}}\\38t_{\mathrm{bw}}\sqrt{235/f'_{\mathrm{y,bw}}}\end{cases}\tag{13.6-72}$$

如果钢梁腹板的实际受压区高度由公式（13.6-52）确定，则第 m 排螺栓的抗拉承载力需按照下式重新计算：

$$F_{\mathrm{bo,m,a}}=F_{\mathrm{c,j}}+x_{\mathrm{c,bw}}t_{\mathrm{bw}}f'_{\mathrm{y,bw}}-F_{\mathrm{r}}-\sum_{i=1}^{m-1}F_{\mathrm{bo,i}}\tag{13.6-73}$$

受压中心位置按下式计算：

$$d_{\mathrm{c}}=\frac{x_{\mathrm{c,bw}}t_{\mathrm{bw}}f'_{\mathrm{y,bw}}(x_{\mathrm{c,bw}}+t_{\mathrm{bf}})}{2(x_{\mathrm{c,bw}}t_{\mathrm{bw}}f'_{\mathrm{y,bw}}+F_{\mathrm{c,bf,b}})}\tag{13.6-74}$$

对受压中心取矩，就可以得到连接的抗弯承载力：

$$M_{\mathrm{u}}=F_{\mathrm{r}}(l_{\mathrm{r}}-d_{\mathrm{c}})+\sum_{i=1}^{m}F_{\mathrm{bo,i}}(l_{\mathrm{i}}-d_{\mathrm{c}})\tag{13.6-75}$$

（7）只有钢梁下翼缘受压

此种情况对应于配筋率较小、螺栓较弱，而钢梁下翼缘的抗压承载力相对较大的情形，见图 13.6-28，有下式成立：

$$F_{\mathrm{c,j}}\geqslant F_{\mathrm{r}}+\sum_{i=1}^{n}F_{\mathrm{bo,i}}\tag{13.6-76}$$

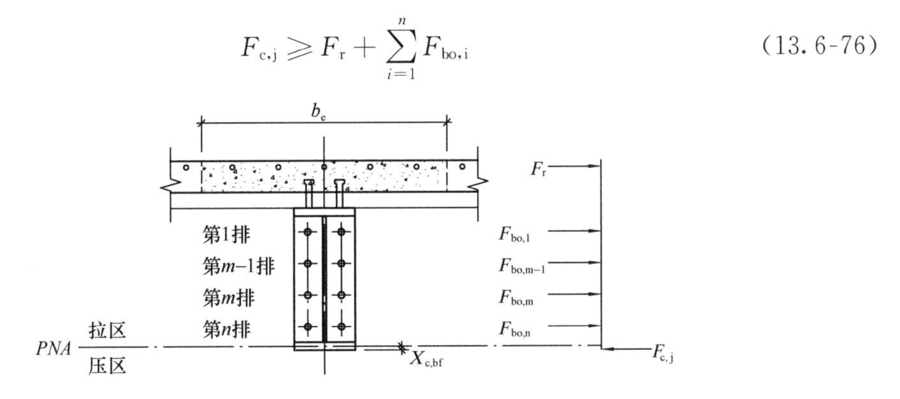

图 13.6-28 只有钢梁下翼缘受压

当只有钢梁下翼缘受压时，钢筋和螺栓的抗拉承载力可以充分发展。由于钢梁下翼缘的压力合力中心至钢梁下翼缘中心的距离很小，可以不计钢梁下翼缘压力的影响。据此，对钢梁下翼缘中心取矩，就可以得到连接的抗弯承载力：

$$M_{\mathrm{u}}=F_{\mathrm{r}}l_{\mathrm{r}}+\sum_{i=1}^{n}F_{\mathrm{bo,i}}l_{\mathrm{i}}\tag{13.6-77}$$

尽管以上给出了所有可能情况下组合节点的抗弯承载力，但是，实际工程中最常见的情况还是连接上部的一排或者几排螺栓受拉，其他情况比较少见。

二、初始转动刚度

同样将梁柱组合节点当作各种组件的组合，则负弯矩作用下，组合节点的初始转动刚度 K_i^- 可按下列公式进行计算，如图 13.6-29 所示：

$$K_i^- = \frac{z_{\mathrm{eq}}^2}{\dfrac{1}{k_{\mathrm{cw,c}}} + \dfrac{1}{k_{\mathrm{cw,v}}} + \dfrac{1}{k_{\mathrm{eq}}}} \tag{13.6-78}$$

式中

$$z_{\mathrm{eq}} = \frac{k_{\mathrm{r}} z^2 + \sum_i k_{\mathrm{eq},i} z_i^2}{k_{\mathrm{r}} z + \sum_i k_{\mathrm{eq},i} z_i} \tag{13.6-79}$$

$$z_{\mathrm{eq}} = \frac{\left(k_{\mathrm{r}} z + \sum_i k_{\mathrm{eq},i} z_i\right)^2}{k_{\mathrm{r}} z^2 + \sum_i k_{\mathrm{eq},i} z_i^2} \tag{13.6-80}$$

$$k_{\mathrm{eq},i} = \frac{1}{\dfrac{1}{k_{\mathrm{cw,t},i}} + \dfrac{1}{k_{\mathrm{cf},i}} + \dfrac{1}{k_{\mathrm{ep},i}}} \tag{13.6-81}$$

$k_{\mathrm{cw,c}}$——柱腹板抗压刚度；

$k_{\mathrm{cw,v}}$——柱腹板抗剪刚度；

k_{eq}——各排螺栓处受拉组件的等效抗拉刚度；

k_{r}——钢筋的抗拉刚度；

$k_{\mathrm{cw,t},i}$——第 i 排螺栓处柱腹板的抗拉刚度；

$k_{\mathrm{cf},i}$——第 i 排螺栓处柱翼缘的抗弯刚度；

$k_{\mathrm{ep},i}$——第 i 排螺栓处端板的抗弯刚度；

z_i——第 i 排螺栓至钢梁下翼缘底部的距离。

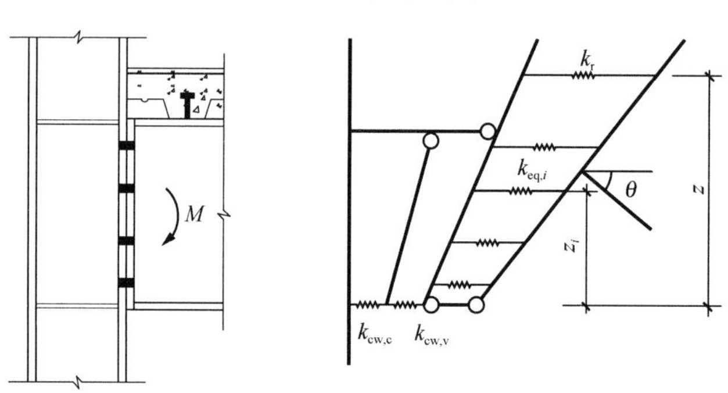

图 13.6-29　负弯矩作用下组合节点初始转动刚度的计算模型

以下分别介绍节点各组件的刚度计算。

1. 柱腹板抗压刚度

当柱腹板在与梁翼缘平齐的位置设有横向加劲肋时，梁翼缘传递来的压力主要由加劲肋来承担。在此情况下，柱腹板抗压刚度为其他细部构造均相同的无加劲肋连接的刚度加上加劲肋的刚度，可按下式计算：

$$k_{\mathrm{cw,c}} = \frac{E(t_{\mathrm{cw}} b'_{\mathrm{eff,cw}} + t_{\mathrm{s}} b_{\mathrm{s}})}{h_{\mathrm{cw}}(1-\nu^2)} \tag{13.6-82}$$

式中　$b'_{\mathrm{eff,cw}}$——用于计算柱腹板受压刚度时的有效宽度；

h_{cw}——柱腹板高度；

t_{cw}——柱腹板厚度；

E——柱腹板钢材的弹性模量；

ν——柱腹板钢材的泊松比；

t_s、b_s——柱横向加劲肋的厚度和宽度。

考虑梁翼缘传递来的压力在柱腹板内按 45°角扩散，如图 13.6-30 所示，柱腹板受压时的有效宽度 $b'_{eff,cw}$ 按下式计算：

柱截面为热轧型钢：

$$b'_{eff,cw} = t_{bf} + 2h_{f,ep} + 2t_{ep} + 2(t_{cf} + r_c) \tag{13.6-83}$$

柱截面为焊接型钢：

$$b'_{eff,cw} = t_{bf} + 2h_{f,ep} + 2t_{ep} + 2(t_{cf} + h_{f,cf}) \tag{13.6-84}$$

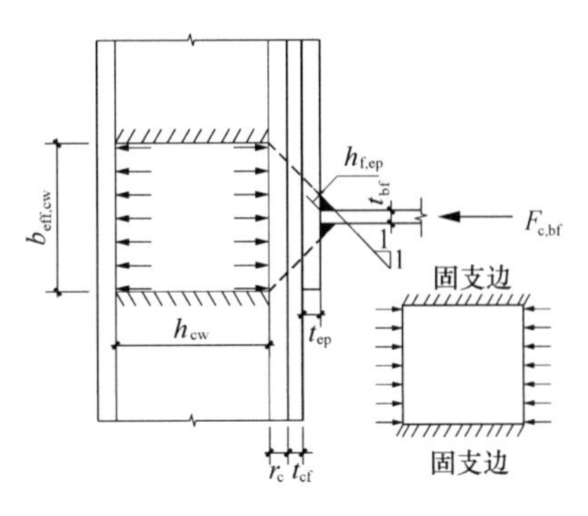

图 13.6-30　柱腹板受压计算模型

式中　t_{bf}——梁翼缘厚度；

$h_{f,ep}$——钢梁与端板之间连接焊缝的有效高度；

t_{ep}——端板厚度；

t_{cf}——柱翼缘厚度；

r_c——柱翼缘根部半径；

$h_{f,cf}$——柱翼缘与腹板连接焊缝的有效高度。

2. 柱腹板抗拉刚度

当柱腹板在受拉区没有设置横向加劲肋时，柱腹板抗拉刚度可按下式计算：

$$k_{cw,t} = \frac{F_{t,bf}}{\delta_{cw,t}} = \frac{Et_{cw}b'_{eff,cw}}{h_{cw}(1-v^2)} \tag{13.6-85}$$

当柱腹板在受拉区设置有横向加劲肋时，按照与柱腹板受压时相同的方法考虑，可以得到此种情况下柱腹板的抗拉刚度：

$$k_{cw,t} = \frac{E(t_{cw}b'_{eff,cw} + t_s b_s)}{h_{cw}(1-v^2)} \tag{13.6-86}$$

3. 柱腹板抗剪刚度

为了计算柱腹板在剪力作用下的变形 $\delta_{cw,v}$，可以将柱腹板假定为一个受剪力作用的短柱来考虑，如图 13.6-31 所示。对于短柱，弯矩引起的变形比剪力引起的变形要小很多，因此，可以忽略弯矩所引起的柱腹板的弯曲变形。

由图 13.6-31 可知，柱腹板在剪力作用下的剪切变形 $\delta_{cw,v}$ 为：

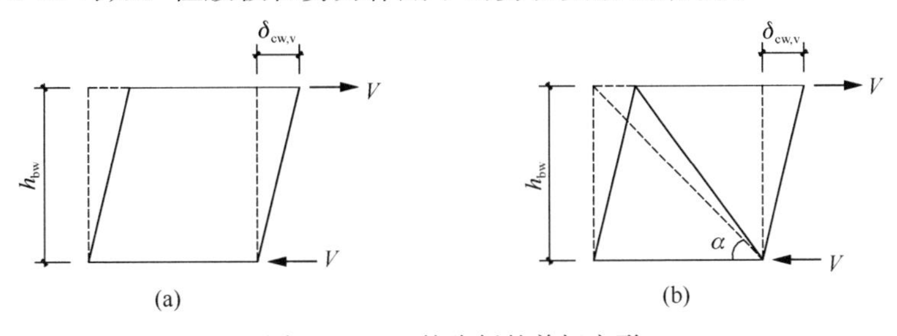

图 13.6-31　柱腹板的剪切变形

(a) 柱腹板无斜向加劲肋；(b) 柱腹板有斜向加劲肋

$$\delta_{\mathrm{cw,v}}=\frac{Vz_{\mathrm{cw,v}}}{GA_{\mathrm{v,cw}}}\tag{13.6-87}$$

式中　G——柱腹板钢材的剪切模量；

$z_{\mathrm{cw,v}}$——柱腹板受剪区域的高度。负弯矩作用下，取为钢筋中心至钢梁下翼缘中心的距离；正弯矩作用下，取为最下一排螺栓至楼板上表面的距离；

$A_{\mathrm{cw,v}}$——柱腹板的有效抗剪面积，可以按照下式计算：

对于热轧截面：$A_{\mathrm{v,cw}}=A_{\mathrm{c}}-2b_{\mathrm{cf}}t_{\mathrm{cf}}+(t_{\mathrm{cw}}+2r_{\mathrm{c}})\cdot t_{\mathrm{cf}}$

对于焊接截面：$A_{\mathrm{v,cw}}=h_{\mathrm{cw}}\cdot t_{\mathrm{cw}}$

式中　A_{c}——柱全截面面积；

r_{c}——柱翼缘根部半径。

剪切模量与弹性模量之间的关系为：

$$G=\frac{E}{2(1+v)}\tag{13.6-88}$$

式中　v——钢材的泊松比，可以取为0.3。

将式（13.6-88）以及$\nu=0.3$代入式（13.6-87）中，可得：

$$\delta_{\mathrm{cw,v}}=2.6\frac{Vz_{\mathrm{cw,v}}}{EA_{\mathrm{v,cw}}}\tag{13.6-89}$$

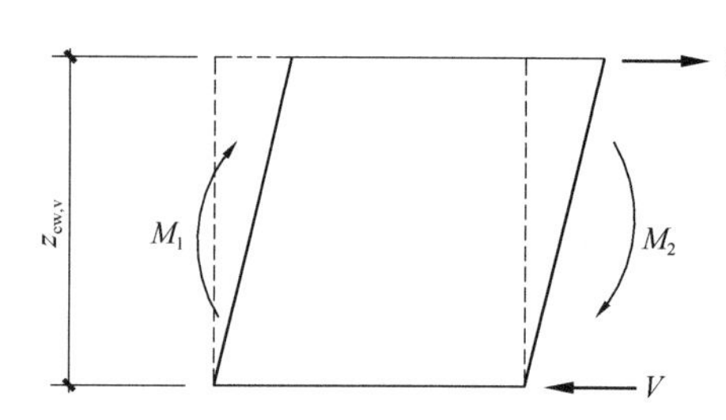

图13.6-32　柱腹板剪切区域

取柱腹板剪切区域为隔离体，令作用在节点左、右两侧的梁端弯矩分别为M_1和M_2，如图13.6-32所示，则作用在腹板上的剪力V可以由M_1和M_2表示：

$$V=\frac{M_1+M_2}{z_{\mathrm{cw,v}}}\tag{13.6-90}$$

梁翼缘拉力与柱腹板所受的剪力之间的关系为：

$$V=\beta F_{\mathrm{t,bf}}=\beta\frac{M}{z_{\mathrm{cw,v}}}\tag{13.6-91}$$

式中　M——作用在节点两侧的梁端弯矩；

β——与连接受剪边数有关的参数，按下式计算：

$$\beta=\begin{cases}1+M_2/M_1 & (M=M_1)\\ 1+M_1/M_2 & (M=M_2)\end{cases}\quad(\beta\leqslant 2)\tag{13.6-92}$$

柱腹板抗剪刚度为：

$$k_{\mathrm{cw,v}}=\frac{F_{\mathrm{t,bf}}}{\delta_{\mathrm{cw,v}}}\tag{13.6-93}$$

将式（13.6-89）和（13.6-91）代入式（13.6-93），可得：

$$k_{\mathrm{cw,v}}=0.385\frac{EA_{\mathrm{v,cw}}}{\beta z_{\mathrm{cw,v}}}\tag{13.6-94}$$

对于边柱的梁柱连接（T形连接），柱腹板单边受剪，$\beta=1$；对于中柱的梁柱连接（十字形连接），讨论如下：

（1）节点两侧所承受的弯矩大小相等、方向相反时，$\beta=0$，即$k_{\mathrm{cw,v}}=\infty$；

（2）节点两侧所承受的弯矩大小相等、方向相同时，$\beta=2$；

（3）其他情况按照公式（13.6-92）计算。

另外，为了简化β的计算，可以利用表13.6-3来估算。

β的估算 **表13.6-3**

节点形式	作用在连接两侧的弯矩	β
M_1 M_1	M_1	$\beta\approx1$
M_2 M_1 M_2 M_1	$M_2=M_1$ M_2 M_1 $M_1/M_2>0$ M_2 M_1 $M_1/M_2<0$ M_2 M_1 $M_1+M_2=0$ M_2 M_1	$\beta\approx0$ $\beta\approx1$ $\beta\approx2$ $\beta\approx2$

对于柱腹板设置有斜向加劲肋的连接，如图13.6-31b所示，柱腹板的剪切变形包括以下两部分：（1）剪切变形δ_1；（2）斜向加劲肋的变形δ_2。设对应于这两个变形的剪力分别为V_1和V_2，这两个剪力以其所引起的变形需要满足以下平衡方程和变形方程：

$$V=V_1+V_2 \tag{13.6-95}$$

$$\delta_{cw,v}=\delta_1=\delta_2 \tag{13.6-96}$$

δ_1的计算可以采用式（13.6-97）计算，并考虑参数β的影响：

$$\delta_1=2.6\frac{\beta V_1 z_{cw,v}}{EA_{v,cw}} \tag{13.6-97}$$

δ_2可以通过与计算格构柱类似的方法来计算，可得：

$$\delta_2=\frac{V_2 l_{st}}{E_{st}A_{st}\cos^2\alpha} \tag{13.6-98}$$

$$\cos\alpha=\frac{h_{cw}}{l_{st}}$$

式中 l_{st}——斜向加劲肋的长度，$l_{st}=\sqrt{z_{cw,v}^2+h_{cw}^2}$；

A_{st}——斜向加劲肋的横截面积，$A_{st}=b_{st}t_{st}$；

E_{st}——斜向加劲肋的弹性模量；

b_{st}、t_{st}——分别为斜向加劲肋的宽度和厚度。

将式（13.6-97）、（13.6-98）代入式（13.6-95）和（13.6-96），就可以得到柱腹板设有斜向加劲肋时，柱腹板的剪切变形：

$$\delta_{cw,v}=\frac{F}{E\left[\dfrac{A_{st}h_{cw}^2}{l_{st}^3}+\dfrac{A_{v,cw}}{2.6\beta z_{cw,v}}\right]} \tag{13.6-99}$$

由此可得此种情况下柱腹板的抗剪刚度：

$$k_{cw,v}=E\left[\frac{A_{st}h_{cw}^2}{l_{st}^3}+\frac{A_{v,cw}}{2.6\beta z_{cw,v}}\right] \tag{13.6-100}$$

4. 钢筋抗拉刚度

当节点承受负弯矩作用时，连接的初始转动刚度必须考虑钢筋抗拉刚度的贡献。在确定钢筋的抗拉刚度时，其计算长度的选取是一个关键问题。研究表明，不同的计算公式差别不是很大。取钢筋的计算长度为柱截面高度的一半，可得钢筋的抗拉刚度为：

$$k_r = \frac{E_r A_r}{h_c/2} = \frac{2E_r A_r}{2h_c} \tag{13.6-101}$$

式中　E_r——钢筋弹性模量；

A_r——混凝土楼板有效宽度范围内纵向受力钢筋的总截面面积；

h_c——柱截面高度。

纵向钢筋的抗拉刚度是组合节点所特有的，正是由于它的参与才使得组合节点的初始转动刚度较纯钢节点相比，有了较大的提高。

为了考虑钢梁与混凝土楼板之间的相对滑移对组合节点初始转动刚度的影响，引入一个折减系数 k_{stud} ，将公式（13.6-101）表示的钢筋抗拉刚度乘以这个折减系数，得到一个新的钢筋抗拉刚度：

$$k_r^T = k_{stud} \cdot k_r \tag{13.6-102}$$

折减系数 k_{stud} 按下式计算：

$$k_{stud} = \frac{1}{1 + E_r k_r / K_{sc}} \tag{13.6-103}$$

其中

$$K_{sc} = \frac{N_{sc} k_{sc}}{v - \left(\frac{v-1}{1+\xi}\right)\frac{h_s}{d_s}} \tag{13.6-104}$$

$$v = \sqrt{\frac{(1+\xi) N_{sc} k_{sc} l_{eff,b} d_s^2}{E_b I_b}} \tag{13.6-105}$$

$$\xi = \frac{E_b I_b}{d_s^2 E_r A_r} \tag{13.6-106}$$

式中　E_r——钢筋弹性模量；

A_r——混凝土楼板有效宽度范围内纵向受力钢筋的总截面面积；

d_s——钢筋中心至钢梁截面高度中心的距离；

N_{sc}——梁长 $l_{eff,b}$ 范围内栓钉的数量；

h_s——混钢筋中心至转动中心的距离；

E_b——钢梁弹性模量；

I_b——钢梁的惯性矩；

$l_{eff,b}$——梁受负弯矩作用的长度，可以近似取为梁长度的 0.15 倍；

k_{sc}——单个栓钉的抗剪刚度，可以取 $k_{sc} = 200\text{kN/mm}$ 。

5. 柱翼缘和端板抗弯刚度

（1）T 形连接件的变形

在推导螺栓的抗拉承载力时，将柱翼缘与加劲肋或腹板的一部分以及端板和梁翼缘看作 T 形连接件进行分析。在推导柱翼缘和端板的抗弯刚度时，我们同样可以应用这种方法，对 T 形连接的变形进行分析。

T形连接件在 $2F_T$ 拉力作用下的受力和变形，如图13.6-33a所示。为了计算此时的变形 δ_T，可以将T形连接件翼缘等效假定为一个三点受力的简支梁，见图13.6-33b。利用结构力学中的图乘法，可以得到 δ_T 的计算公式：

$$\delta_T = \frac{l_T^3}{24E_T I_T}[F_T - F_{bo}(3\alpha_T - 4\alpha_T^3)] \tag{13.6-107}$$

式中 l_T——T形连接件简支梁模型的计算跨度，$l_T = 2(e+m)$；

I_T——T形连接件的惯性矩，$I_T = l_{eff,T}t_{fT}^3/12$；

$l_{eff,T}$——T形连接件翼缘的宽度；

t_{fT}——T形连接件翼缘的厚度；

F_{bo}——T形连接件腹板一侧螺栓的总拉力；

α_T——e 与 l_T 的比值，$\alpha_T = e/l_T$；

m、e——见图13.6-33。

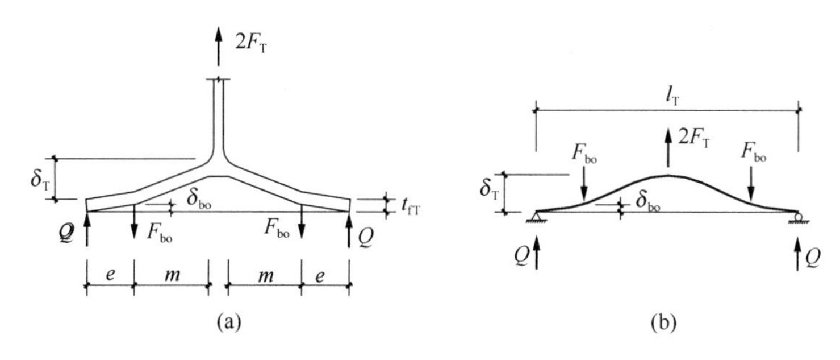

图13.6-33 T形连接件的等效梁模型

(a) T形连接件的受力和变形；(b) 等效梁模型

(2) 柱翼缘和端板抗弯刚度

通过对T形连接件变形的讨论可知，在 $2F_T$ 拉力的作用下，柱翼缘弯曲时，相应于 δ_T 的柱翼缘变形 δ_{cf} 为：

$$\delta_{cf} = \frac{l_{cf}^3}{24E_{cf} I_{cf}}[F_T - F_{bo}(3\alpha_{cf} - 4\alpha_{cf}^3)] \tag{13.6-108}$$

式中 l_{cf}——柱翼缘对应于T形连接件简支梁模型的计算跨度，$l_{cf} = 2(e_c + m_c)$；

I_{cf}——柱翼缘的惯性矩，$I_{cf} = l_{eff,cf}t_{cf}^3/12$；

α_{cf}——$\alpha_{cf} = e_c/l_{cf}$。

端板弯曲时，相应于 δ_T 的端板变形 δ_{ep} 为：

$$\delta_{ep} = \frac{l_{ep}^3}{24E_{ep} I_{ep}}[F_T - F_{bo}(3\alpha_{ep} - 4\alpha_{ep}^3)] \tag{13.6-109}$$

式中 l_{ep}——端板对应于T形连接件简支梁模型的计算跨度，$l_{ep} = 2(e_e + m_e)$；

I_{ep}——端板的惯性矩，$I_{ep} = l_{eff,ep}t_{ep}^3/12$；

α_{ep}——$\alpha_{ep} = e_e/l_{ep}$。

从公式（13.6-107）、（13.6-108）和（13.6-109）可知，要计算柱翼缘以及端板的抗弯刚度，必须给出用作用在T形连接件腹板上的拉力 F_T 表示的螺栓总拉力 F_{bo} 的表达式。由图13.6-33可知，对应于螺栓位置处的柱翼缘变形 δ_{cf}^{bo} 和端板变形 δ_{ep}^{bo} 之和，应等于该处

螺栓的受拉变形 δ_{bo} 。同样，可以利用结构力学中的图乘法，得到 δ_{cf}^{bo} 和 δ_{ep}^{bo} 的计算公式，有：

$$\delta_{bo}=\delta_{cf}^{bo}+\delta_{ep}^{bo}=\frac{l_{cf}^3}{E_{cf}I_{cf}}[\alpha_{cf1}F_T-\alpha_{cf2}F_{bo}]+\frac{l_{ep}^3}{E_{ep}I_{ep}}[\alpha_{ep1}F_T-\alpha_{ep2}F_{bo}] \tag{13.6-110}$$

式中，$\alpha_{cf1}=\frac{\alpha_{cf}}{8}-\frac{\alpha_{cf}^3}{6}$，$\alpha_{cf2}=\frac{\alpha_{cf}^2}{2}-\frac{2\alpha_{cf}^3}{3}$，$\alpha_{ep1}=\frac{\alpha_{ep}}{8}-\frac{\alpha_{ep}^3}{6}$，$\alpha_{ep2}=\frac{\alpha_{ep}^2}{2}-\frac{2\alpha_{ep}^3}{3}$。

根据EC3规范，螺栓受拉的伸长变形 δ_{bo} 可按下式计算：

$$\delta_{bo}=\frac{F_{bo}l_{bo}}{E_{bo}A_{bo}} \tag{13.6-111}$$

式中 A_{bo}——螺栓的有效抗拉面积；

l_{bo}——螺栓的计算长度，可按下式计算，如图13.6-34所示：

$$l_{bo}=t_{ep}+t_{cf}+2t_{wh}+\frac{t_h+t_n}{2} \tag{13.6-112}$$

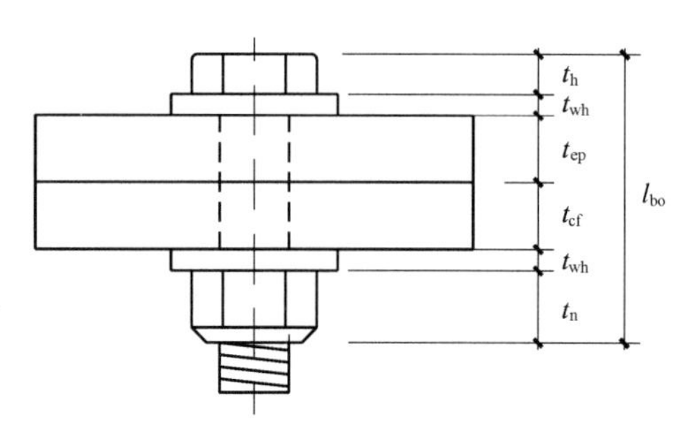

图13.6-34 螺栓的计算长度

式中 t_{ep}、t_{cf}——分别为端板和柱翼缘厚度；

t_{wh}——螺栓垫片厚度；

t_h、t_n——分别为螺帽和螺母厚度。

需要说明的是，公式（13.6-110）和（13.6-111）中，没有考虑螺栓预拉力的影响。

联立求解方程（13.6-110）和（13.6-111），可得：

$$F_{bo}=\frac{F_t(Z_{cf}\alpha_{cf1}+Z_{ep}\alpha_{ep1})}{Z_{cf}\alpha_{cf2}+Z_{cf}\alpha_{cf2}+l_{bo}/A_{bo}}=qF_t \tag{13.6-113}$$

式中，$Z_{cf}=\frac{l_{cf}^3}{I_{cf}}$；$Z_{ep}=\frac{l_{ep}^3}{I_{ep}}$；$q=\frac{Z_{cf}\alpha_{cf1}+Z_{ep}\alpha_{ep1}}{Z_{cf}\alpha_{cf2}+Z_{cf}\alpha_{cf2}+l_{bo}/A_{bo}}$。

将公式（13.6-112）代入公式（13.6-108）和（13.6-109），并注意到T形连接件翼缘所受到的拉力 $F=2F_T$，可以得到拉力 F 作用下柱翼缘和端板的变形：

$$\delta_{cf}=\frac{FZ_{cf}}{48E_{cf}}[1-q(3\alpha_{cf}-4\alpha_{cf}^3)] \tag{13.6-114}$$

$$\delta_{ep}=\frac{FZ_{ep}}{48E_{ep}}[1-q(3\alpha_{ep}-4\alpha_{ep}^3)] \tag{13.6-115}$$

柱翼缘的抗弯刚度 k_{cf} 为：

$$k_{cf}=\frac{F}{\delta_{cf}}=\frac{48E_{cf}}{Z_{cf}[1-q(3\alpha_{cf}-4\alpha_{cf}^3)]} \tag{13.6-116}$$

端板的抗弯刚度 k_{ep} 为：

$$k_{ep}=\frac{F}{\delta_{ep}}=\frac{48E_{ep}}{Z_{ep}[1-q(3\alpha_{ep}-4\alpha_{ep}^3)]} \tag{13.6-117}$$

在上面按照T形连接件的方法计算柱翼缘和端板的变形时，考虑了螺栓撬力的影响。为简化计算，有时也忽略螺栓撬力的影响，认为单侧螺栓的总拉力 $F_{bo}=F_T$。在此情况下，柱翼缘和端板的变形分别为：

$$\delta_{cf}=\frac{F_T l'^3_{cf}}{24E_{cf}I_{cf}}=\frac{Fl'^3_{cf}}{48E_{cf}} \tag{13.6-118}$$

$$\delta_{ep}=\frac{F_T l'^3_{ep}}{24E_{ep}I_{ep}}=\frac{Fl'^3_{ep}}{48E_{ep}} \tag{13.6-119}$$

式中，l'^3_{cf}、l'^3_{ep} 分别为不考虑螺栓撬力影响时，对应于T形连接件简支梁模型的柱翼缘和端板的计算跨度，$l'^3_{cf}=2m_c$，$l'^3_{ep}=2m_e$。

由此，可以得到不考虑螺栓撬力影响时，柱翼缘与端板的抗弯刚度：

$$k_{cf}=\frac{48E_{cf}I_{cf}}{(2m_c)^3}=\frac{6E_{cf}I_{cf}}{m_c^3}=\frac{0.5E_{cf}l_{eff,cf}t^3_{cf}}{m_c^3} \tag{13.6-120}$$

$$k_{ep}=\frac{48E_{ep}I_{ep}}{(2m_e)^3}=\frac{6E_{ep}I_{ep}}{m_e^3}=\frac{0.5E_{ep}l_{eff,ep}t^3_{ep}}{m_e^3} \tag{13.6-121}$$

（3）螺栓预拉力对柱翼缘和端板抗弯刚度的影响

需要指出的是，在以上柱翼缘和端板抗弯刚度的推导过程中，并没有考虑螺栓预拉力的影响。研究表明，螺栓的预拉力对于连接的转动刚度有显著的影响，主要原因在于螺栓杆中的预拉力改变了T形连接件翼缘板梁模型的计算跨度和它的边界约束条件，从而影响了整个T形连接件的受力性能。

在前面分析T形连接件的变形时，并未考虑螺栓预拉力的影响，因此，在分析时假定T形连接件翼缘为一个三点受力的简支梁。当考虑螺栓预拉力的影响时，在螺栓轴线处T形连接件翼缘板的变形受到很大的限制。因此，在分析时可以假定T形连接件翼缘板为跨中作用有一集中力的两端固接梁，如图13.6-35所示，它的计算跨度 l'_T 可取为 $2m$。

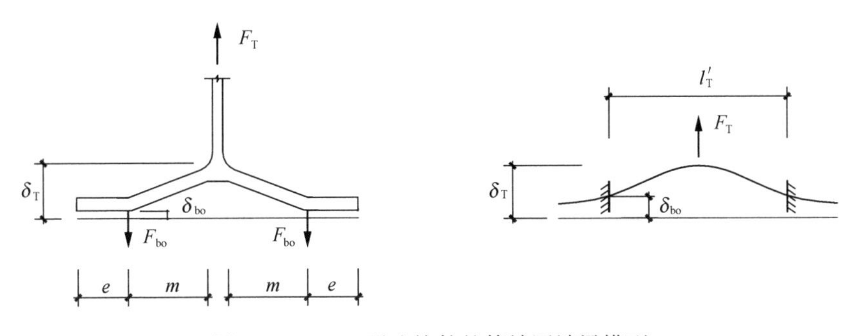

图13.6-35 T形连接件的等效固端梁模型

对于T形连接件翼缘固端梁模型的计算跨度，并未考虑螺栓栓帽和垫圈等因素的影响而进行折减。可以将螺栓的伸长量 δ_{bo} 作为支座的刚体位移来考虑，忽略螺栓撬力的影响，则T形连接件翼缘板的变形 δ_T 可以表示为：

$$\delta_T=\frac{F_T l'^3_T}{192E_T I_T}+\delta_{bo} \tag{13.6-122}$$

螺栓在外荷载 F_T 作用之前，已经有很高的预拉力 P，它和T形连接件翼缘之间接触面的挤压力 F_c 相平衡，即 $P=F_c$。在外荷载 F_T 的作用下，螺栓拉力由 P 增加至 P_f，而接触面之间的挤压力减小至 $F_{c,f}$，因此，有 $P_f=F_T+F_{c,f}$。此时，螺栓的伸长量 δ_{bo} 和板件压缩的恢复量 δ_p 分别为：

$$\delta_{bo}=\frac{P_f-P}{k_{bo}} \tag{13.6-123}$$

$$\delta_p=\frac{F_c-F_{c,f}}{k_p} \tag{13.6-124}$$

式中，k_{bo} 和 k_p 分别为螺栓和板件的线刚度。螺栓的线刚度为 $k_{bo}=E_{bo}A_{bo}/l_{bo}$，板件的线刚度为 $k_p=E_pA_p/t_p$。

根据变形协调条件可知，螺栓的伸长量 δ_{bo} 应等于板件压缩的恢复量 δ_p，即有：

$$\frac{P_f-P}{k_{bo}}=\frac{F_c-F_{c,f}}{k_p} \tag{13.6-125}$$

将 $P=F_c$，$P_f=F_T+F_{c,f}$ 代入式（13.6-123）可得：

$$P_f=P+\frac{F_T}{1+\gamma} \tag{13.6-126}$$

式中　γ——板件与螺栓的线刚度之比，$\gamma=\frac{k_p}{k_{bo}}=\frac{E_pA_p}{t_p}\cdot\frac{l_{bo}}{E_{bo}A_{bo}}$。

当考虑螺栓的预拉力影响时，关键问题就是确定板件的刚度，或者是螺栓与板面接触面的有效承压面积。由于接触面压力 F_c 的不均匀性和不确定性，无法准确确定其分布规律。因此，可以假设接触面承受螺栓预拉力的有效承压面积为 A_p，压力 F_c 均匀分布于面积 A_p 上，如图13.6-36所示，有：

$$A_p=\pi\left[2(t_p+t_{wh})+d_n\right]^2-A_0 \tag{13.6-127}$$

式中　t_p——螺栓连接的板厚；

t_{wh}——螺栓垫圈的厚度；

d_n——螺帽直径；

A_0——螺栓孔面积。

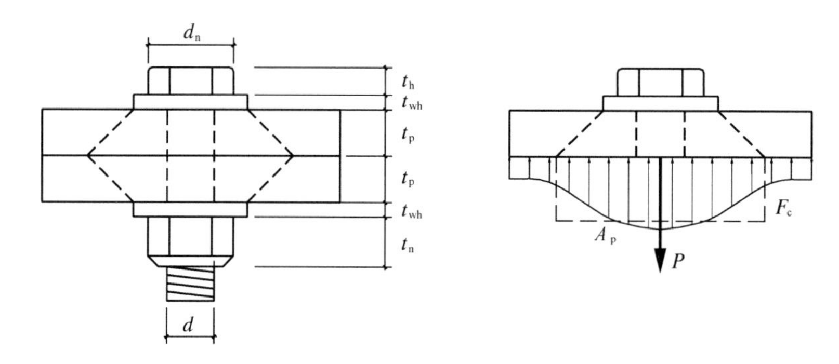

图13.6-36　板件的有效承压面积

螺栓预拉力对柱翼缘和端板抗弯刚度的影响，就是体现在 $(1+\gamma)$ 这一项上。如果忽略螺栓垫圈的厚度，即认为板厚与螺栓杆的有效长度 l_{bo} 相等，同时认为板件与螺栓的弹性模量相同，可得：

$$\gamma=\frac{k_p}{k_{bo}}=\frac{E_pA_p}{t_p}\cdot\frac{l_{bo}}{E_{bo}A_{bo}}=\frac{A_p}{A_{bo}} \tag{13.6-128}$$

一般来说，板件的压缩面积 A_p 比螺栓的有效抗拉面积 A_{bo} 大得多，二者比值在3～20之间不等。建议取 $A_p/A_{bo}=10$，即 $\gamma=10$，代入式（13.6-126），有：

$$P_{\mathrm{f}}=P+\frac{F_{\mathrm{T}}}{11} \tag{13.6-129}$$

将式（13.6-129）代入式（13.6-123），有：

$$\delta_{\mathrm{bo}}=\frac{F_{\mathrm{T}}}{11k_{\mathrm{bo}}} \tag{13.6-130}$$

将式（13.6-130）代入式（13.6-122），有：

$$\delta_{\mathrm{T}}=\frac{F_{\mathrm{T}}l'^{3}_{\mathrm{T}}}{192E_{\mathrm{T}}I_{\mathrm{T}}}+\frac{F_{\mathrm{T}}}{11k_{\mathrm{bo}}}=F_{\mathrm{T}}\left(\frac{l'^{3}_{\mathrm{T}}}{192E_{\mathrm{T}}I_{\mathrm{T}}}+\frac{l_{\mathrm{bo}}}{11E_{\mathrm{bo}}A_{\mathrm{bo}}}\right) \tag{13.6-131}$$

因此，T 形连接件的刚度为：

$$k_{\mathrm{T}}=\frac{1}{\dfrac{l'^{3}_{\mathrm{T}}}{192E_{\mathrm{T}}I_{\mathrm{T}}}+\dfrac{l_{\mathrm{bo}}}{11E_{\mathrm{bo}}A_{\mathrm{bo}}}} \tag{13.6-132}$$

式（13.6-132）即为考虑螺栓预拉力影响时，T 形连接件的刚度。在计算柱翼缘以及端板考虑螺栓预拉力影响的抗弯刚度时，只需将式中的参数换为柱翼缘和端板的相应参数即可：

$$k_{\mathrm{cf}}=\frac{1}{\dfrac{l'^{3}_{\mathrm{cf}}}{192E_{\mathrm{cf}}I_{\mathrm{cf}}}+\dfrac{l_{\mathrm{bo}}}{11E_{\mathrm{bo}}A_{\mathrm{bo}}}} \tag{13.6-133}$$

$$k_{\mathrm{ep}}=\frac{1}{\dfrac{l'^{3}_{\mathrm{ep}}}{192E_{\mathrm{ep}}I_{\mathrm{ep}}}+\dfrac{l_{\mathrm{bo}}}{11E_{\mathrm{bo}}A_{\mathrm{bo}}}} \tag{13.6-134}$$

式中 $l'_{\mathrm{cf}}=2m_{\mathrm{c}}$，$l'_{\mathrm{ep}}=2m_{\mathrm{e}}$。

6. 螺栓抗拉刚度

当柱翼缘和端板的抗弯刚度计算中没有考虑螺栓的影响时，还需要单独考虑螺栓的抗拉刚度。按照 EC3 规范，单排螺栓（两个）T 形连接的螺栓抗拉刚度可以按照下式计算：

$$k_{\mathrm{bo}}=2\times0.8\frac{E_{\mathrm{bo}}A_{\mathrm{bo}}}{l_{\mathrm{bo}}}=1.6\frac{E_{\mathrm{bo}}A_{\mathrm{bo}}}{l_{\mathrm{bo}}} \tag{13.6-135}$$

式中，E_{bo}、A_{bo} 和 l_{bo} 的含义与公式（13.6-111）相同。因为在计算柱翼缘和端板的抗弯刚度时没有考虑螺栓撬力的影响，因此，在公式中采用了“0.8”这一系数，用于考虑螺栓撬力的不利影响。无论对于施加预拉力的螺栓还是未施加预拉力的螺栓，公式（13.6-135）均适用。

在此公式中，螺栓的抗拉刚度没有考虑预拉力的影响。同样，可以应用前面的方法来考虑螺栓预拉力的影响：

$$k_{\mathrm{bo}}=1.6(1+\gamma)\frac{E_{\mathrm{bo}}A_{\mathrm{bo}}}{l_{\mathrm{bo}}} \tag{13.6-136}$$

从上式可以看出，考虑了螺栓的预拉力影响后，螺栓的刚度变大。

13.6.4 端板式半刚性连接节点构造要求

一、端板螺栓布置

螺栓宜采用图 13.6-36 所示的两列对称形式进行布置排列，具体要求见表 13.6-4。螺栓边距如图 13.6-36 中的 e_{e}、端距如图 13.6-36 中的 p_{t}、p_{b} 不宜过大，两列螺栓之间的最大间距不宜超过钢梁翼缘的宽度。如果钢梁腹板中部的螺栓竖向间距不符合要求时，可适量增加几排螺栓。

螺栓布置排列的要求 表 13.6-4

项目	设计要求
螺栓端距 p_t、p_b	$\max\{1.5d_0, 35mm\} \leqslant p_t \leqslant \min\{4d_0, 8t_{min}\}$ $\max\{1.5d_0, 35mm\} \leqslant p_b \leqslant \min\{4d_0, 8t_{min}\}$
螺栓间距 p	$3d_0 \leqslant p \leqslant \min\{8d_0, 12t_{min}\}$
螺栓至梁腹板表面距离 m_e	$\max\{1.5d_0, 35mm\} \leqslant m_e \leqslant \min\{3d_0, 0.4b_{bf}\}$
外伸螺栓至梁翼缘表面的距离 m_x	$\max\{1.5d_0, 35mm\} \leqslant m_e \leqslant \min\{3d_0, 0.4b_{bf}\}$
螺栓至端板边缘距离 e_e 和 e_x	$1.5d_0 \leqslant e_e \leqslant \min\{4d_0, 8t_{min}\}$ $1.5d_0 \leqslant e_x \leqslant \min\{4d_0, 8t_{min}\}$

注：表中 p_t、p_b、p、m_e、m_e、m_x、e_e 和 e_x 的定义见图 13.6-37；d_0 为螺栓孔直径；t_{min} 取端板厚度和柱翼缘厚度的较小值。

二、端板尺寸

1. 端板的高度和宽度

端板的高度和宽度可以根据钢梁截面尺寸、螺栓直径及排列方式等因素共同确定。端板高度 h_{ep} 和宽度 b_{ep} 可按下列公式确定：

$$h_{ep} = h_b + m_x + e_x + e_s \qquad (13.6\text{-}137)$$

$$b_{ep} = t_{bw} + 2(m_e + e_e)，且\ b_{bf} < b_{ep} \leqslant b_{cf} \qquad (13.6\text{-}138)$$

式中 e_s——端板边缘与钢梁边缘之间的距离，可以根据端板与钢梁之间角焊缝的最大焊脚尺寸的要求确定，应满足 $e_s \geqslant 1.2t_{min} + 10(mm)$，$t_{min}$ 取端板厚度与钢梁翼缘厚度的较小值。

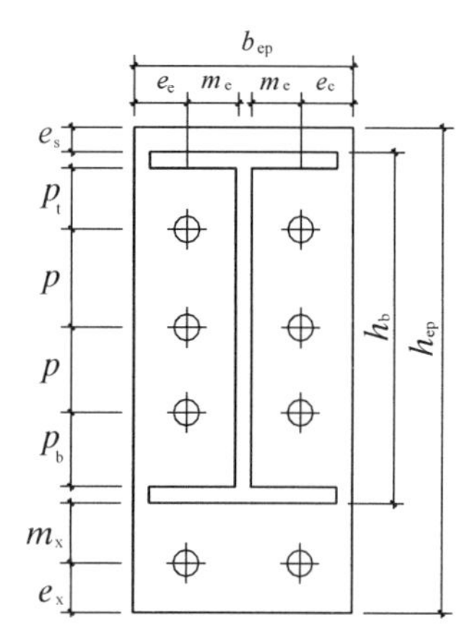

图 13.6-37 螺栓的布置与排列

端板厚度 t_{ep} 应按下式确定

$$t_{ep} \leqslant t_{cf}\sqrt{\frac{k_r(4.32 - 0.039m_c + 0.0116e + 0.009p)}{5.5 - 0.021m_e + 0.017e}} \qquad (13.6\text{-}139)$$

2. 楼板内受力钢筋的连接接头宜避开梁端，钢筋连接可采用机械连接、绑扎搭接或焊接。

三、制造与安装需注意的问题

钢框架结构一般先安装柱，再安装梁，当多高层钢框架梁柱采用端板连接方式时，对梁的制作精度要求较高，不然会造成梁安装的困难。故梁制作时，应满足如下要求：

1. 梁端板表面应平整，只允许凹进缺陷，最大凹进不应大于 $h/500$（h 为梁高），且不应大于 2mm，可采用直角尺和钢尺检查。

2. 梁端板与梁腹板及翼缘应垂直，梁端板与腹板的垂直偏差不应大于 $h/500$，如图 13.6-38 所示，且不应大于 2mm，梁端板与翼缘的垂直偏差不应大于 $h/350$，且不应大于 2mm，如图 13.6-39 所示。

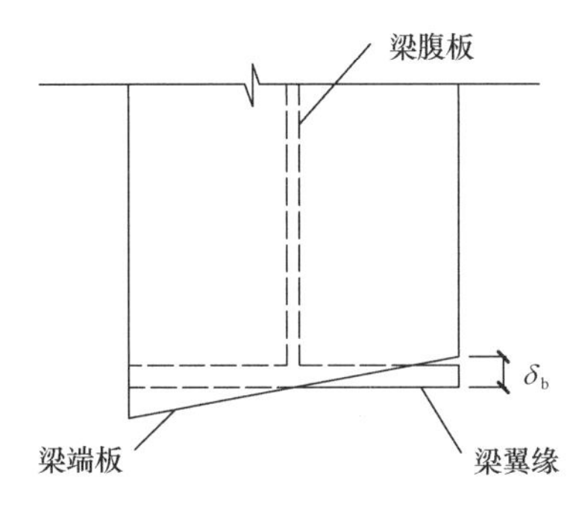

图 13.6-38 梁端板与腹板的垂直偏差

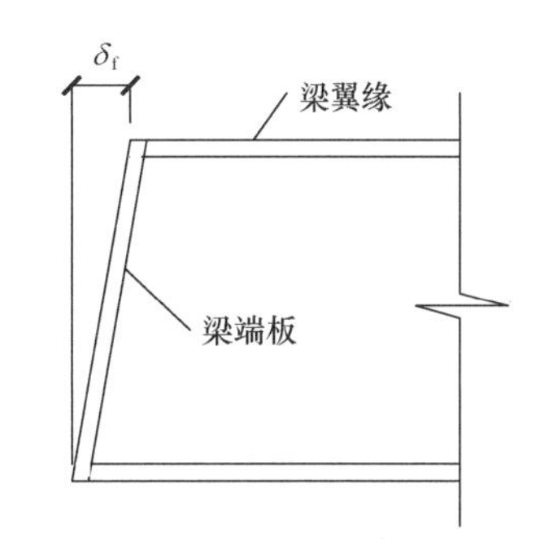

图 13.6-39 梁端板与翼缘的垂直偏差

3. 钢梁制作时，长度宜取负公差，最大负公差不超过梁长的 0.05%，且不应超过 5mm。

钢框架梁柱采用端板连接时，钢梁制作长度取负公差，主要是为便于梁的安装，因梁过长时，梁两端的柱需外推，才能安装梁，但柱外推除可能会使柱不满足安装精度要求外，还会影响到柱另一侧梁的安装。而梁制作时长度取负公差，可减少梁过长的现象，然而可能增加梁过短的现象。当梁过短时，如钢框架梁柱采用端板连接，可在一侧梁端加设垫板，垫板平面尺寸可与梁端板尺寸一致，垫板螺栓孔径取端板孔径加 1.5～2.0mm，厚度可取成 3mm，6mm，9mm，12mm 系列，垫板的最大厚度不应大于端板的厚度，也不应大于螺栓直径的 2/3，垫板材质应与梁端板相同。

13.7 连接板节点

13.7.1 连接板节点的形式和构造要求

一、连接板节点的形式

连接板节点是指直接用板件（节点板或构件自身的板件）单独与被连接构件相连接，内力通过焊缝或紧固件在板平面内传递，并忽略板平面外的弯曲和扭转的一种节点形式。格构式构件中腹杆与节点板的连接见图 13.7-1a、b；支撑节点中支撑杆与节点板的连接见图 13.7-1c、d。

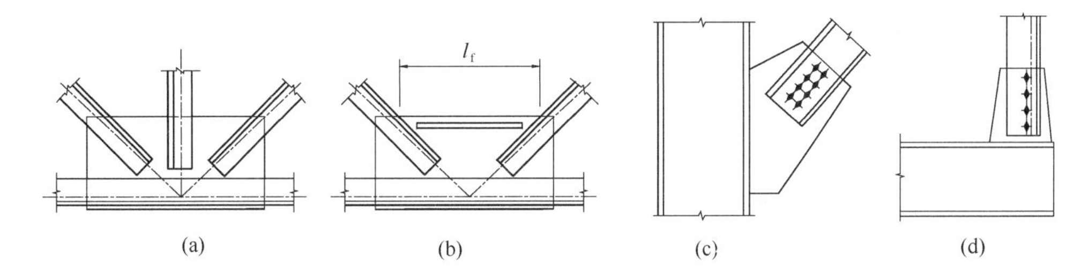

图 13.7-1 连接板节点的形式

(a) 有竖腹杆节点；(b) 无竖腹杆节点；(c) 支撑杆节点；(d) 吊杆节点

格构式构件中的桁架节点，按照腹杆与弦杆的连接构造关系，还有“外贴节点板式”和“整体节点板式”两种形式之分。前者是腹杆通过外加的节点板（与弦杆搭接）与弦杆相连；后者是腹杆连在由弦杆竖壁（腹板）外伸（或对接焊）出弦杆边缘的角撑（注：这里角撑是指突出弦杆的那部分连接板）上，形成腹杆和弦杆板件直接相连的整体构造节点形式，如图 13.7-2 所示。两种形式相比，后者具有节点细部构造单一、节点重量轻、外形比较美观等优点。桁架整体节点板式节点，由于改变了腹杆轴力向弦杆传递的机构，角撑不仅受腹杆轴力的影响，还受弦杆轴力的影响，角撑两端与弦杆相交的角部也会因弦杆断面突变而引起应力集中，尤其在腹杆轴力与弦杆轴力异号的情况下，角部应力集中更为严重，因此角撑受力更为复杂。这一整体式构造所特有的现象，尤其对需要考虑疲劳的结构，应在设计中予以足够的重视。

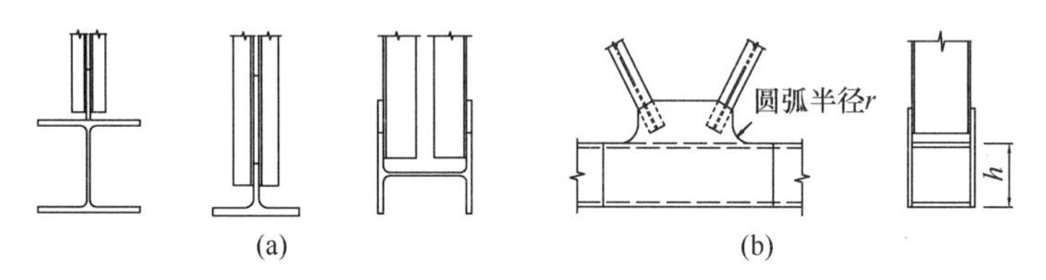

图 13.7-2 桁架整体节点板式节点的腹杆与弦杆的连接

（a）腹杆与 H 型钢、T 型钢弦杆对接的角撑连接；

（b）腹杆与弦杆直接外伸的竖壁连接

本节内容主要适用于节点板连接的格构式桁架节点、吊杆节点、支撑节点的计算，如图 13.7-1a、b、c、d 所示。对于开口梁端部螺栓连接时腹板的抗拉剪撕裂验算，以及梁柱连接节点，本节主要介绍螺栓连接时节点连接板拉剪撕裂形式，具体计算应按本章第 13.3 至 13.6 节的要求进行。

二、连接板节点的构造要求

1. 一般原则

连接板节点的连接构造应满足下列各项要求：

（1）节点的构造应尽可能简单，相连板件之间的应力传递应流畅、明确；

（2）节点的连接不应对构件形心轴构成偏心。即高强度螺栓或者焊缝所传递的合力的作用线应与构件的形心轴线重合；

（3）避免产生不利的应力集中现象。连接长度过长，作用于连接件的应力分布会显著的不均匀，因此应适当控制连接长度。

（4）尽量避免产生不利的残余应力和次应力。

2. 构造要求

（1）连接板的平面尺寸，一般可根据所连接杆件的截面尺寸及其连接焊缝长度或螺栓数目来确定。国外有关规范介绍，对于螺栓连接的节点，为避免螺栓受力不均，沿受力方向一列螺栓线上排列的螺栓数目，以承压型连接的场合不大于 6 个，摩擦型连接的场合不大于 8 个为宜。

（2）对于桁架节点的节点板，按本节方法计算时，应满足下列构造要求：

1）节点板边缘与腹杆轴线之间的夹角不应小于 15°，如图 13.7-3a 所示；

2）斜腹杆与弦杆的夹角应在 30°～60°之间；

（3）节点板的自由边长度 l_f 与厚度 t 之比不得大于 $60\varepsilon_k$，否则应沿自由边设加劲肋予以加强，如图 13.7-1b 所示。

（4）杆件与节点板的连接焊缝，如图 13.7-4 所示，宜采用两面侧焊，也可以三面围焊，所有围焊的转角处必须连续施焊；弦杆与腹杆、腹杆与腹杆之间的间隙不应小于 20mm，相邻角焊缝焊趾间净距不应小于 5mm。

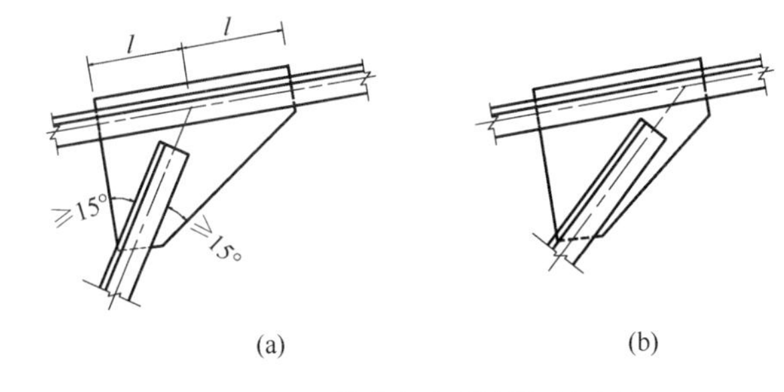

图 13.7-3　节点板与单斜杆的连接

（a）正确；（b）不正确

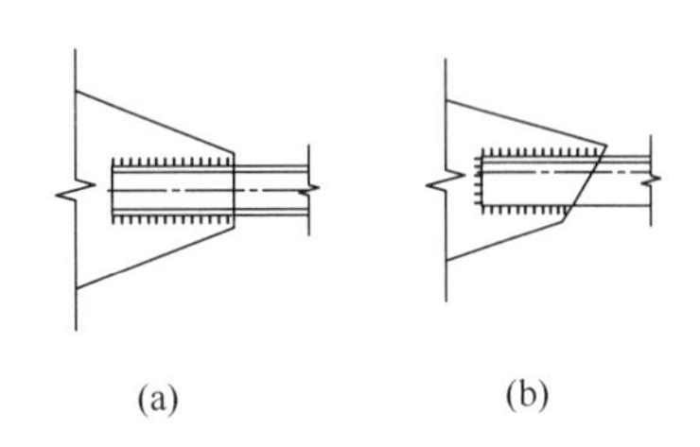

图 13.7-4　杆件与节点板的焊缝连接

（a）两面侧焊；（b）三面围焊

（5）节点板厚度一般根据所连接构件内力的大小确定，但不得小于 6mm。节点板的平面尺寸应适当考虑制作和装配误差。

（6）框架一中心支撑结构的支撑采用节点板与框架连接时，节点板尺寸不仅应有足够的受力有效宽度，还应满足节点板在连接杆件每侧有不小于 30°夹角的要求。对于有抗震要求的框架，当框架抗震等级为一、二级时，支撑端部至节点板最近嵌固点（节点板与框架构件连接焊缝的端部）在沿支撑杆件轴线方向的距离，不应小于节点板厚度的 2 倍，如图 13.7-5 所示，这样可使节点板在大震时产生平面外屈曲（产生非约束的出平面塑性转动），从而减轻对支撑结构的破坏。

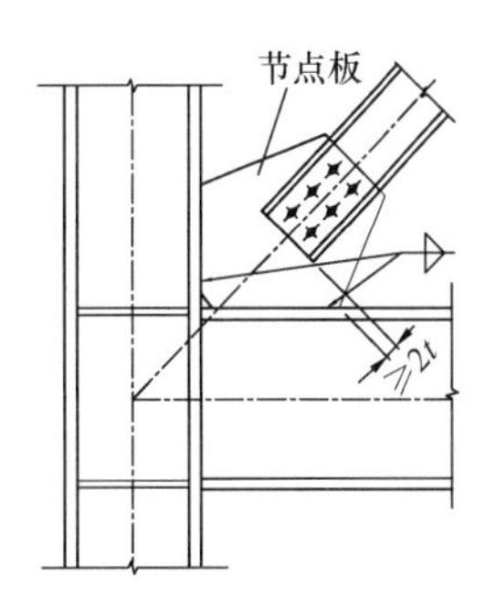

图 13.7-5　抗震等级为一、二级时，支撑端部节点板的构造示意图

（7）对于有抗震要求的支撑的连接板节点，节点板与柱和支撑的连接尚应符合下列要求：

1）对于图 13.7-6 所示的支撑与梁柱连接的连接板节点，节点板与柱的连接和梁腹板与柱的连接应采用相同的连接方式：a）均采用焊缝连接，如图

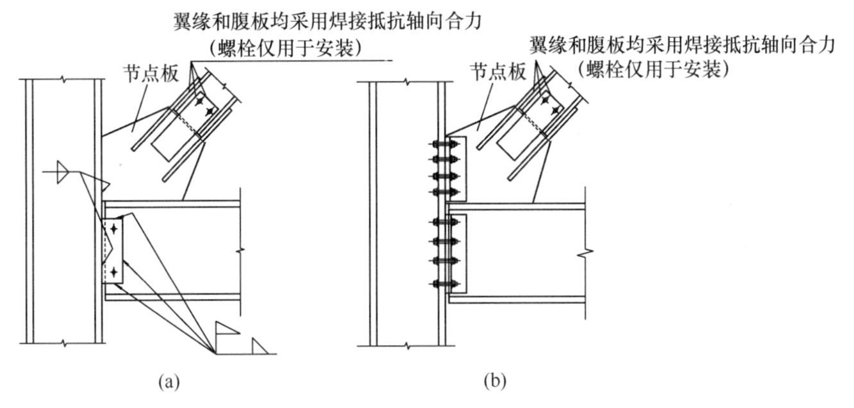

图 13.7-6　节点板和梁腹板与柱连接（可共同分担作用力）的合理节点做法

（a）节点板和梁腹板与柱全焊接；（b）节点板和梁腹板与柱全螺栓连接

13.7-6a 所示，这样可以使两者共同分担支撑力的垂直分力；b）梁腹板和节点板与柱翼缘全采用螺栓连接，如图 13.7-6b 所示，允许共同分担垂直和水平力；

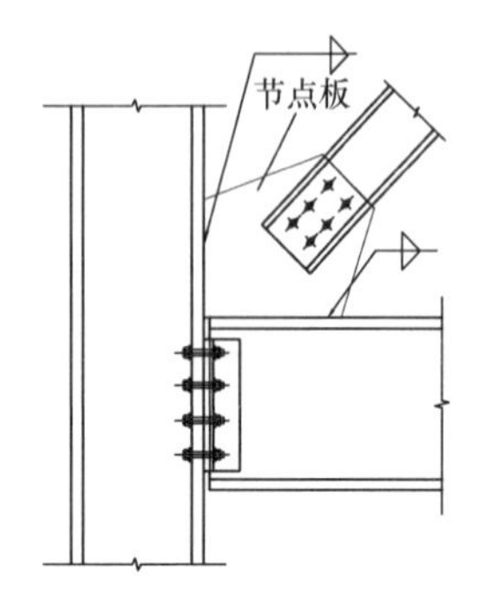

图 13.7-7　节点板和梁腹板与柱连接采用焊-栓混用的不合理节点做法

不应采用图 13.7-7 所示的节点连接方式：支撑节点板与柱和梁翼缘为焊接，而梁腹板与柱翼缘的连接是螺栓连接。这种连接方式，力的传递与上述全焊缝连接或全螺栓连接节点有所不同：节点板与柱的焊缝连接倾向于抵抗柱表面全部的垂直力（支撑力的垂直分力、横梁的支座反力）；同时，通过螺栓连接的梁腹板传给柱表面的水平力将趋于被节点板与梁的连接焊缝这一刚性途径彻底阻止。因此，节点板与梁的连接焊缝将趋向于抵抗全部支撑力的水平分力，通过梁柱节点的力将绕开梁腹板与柱之间的剪力板而经由节点板传递，使节点板受力变得更为复杂。

2）参照国外规范的要求，螺栓和焊缝不应混合使用来共同分担节点连接中同一方向的内力，比如对于图 13.7-6 的斜支撑与节点板的连接节点，应如图所示那样支撑翼缘和腹板均采用相同的连接方式（焊接），不应采用翼缘焊接而腹板螺栓连接或者翼缘螺栓连接而腹板焊接的混合使用连接方式。

应说明的是，如果一个连接中螺栓所抵抗的力与焊缝所抵抗的力垂直时，就不应视为混合使用、共同分担的连接方式。比如承受弯矩的节点中，翼缘采用焊接承受拉、压力，螺栓连接的腹板承受剪切力，就不属于混合使用、共同分担的连接方式。

（8）直接承受动力荷载的桁架，采用整体节点板式节点时，角撑厚度不宜小于弦杆竖壁（腹板）厚度，如图 13.7-2 所示；为减少角撑板与弦杆相连的两侧边角区附近的应力集中，宜将该角区做成圆弧，该圆弧半径不宜小于 60mm。

国外试验研究表明，在组成节点的各种形状尺寸（弦杆腹板宽、厚，弦杆翼缘宽、厚，角撑突出高度、宽度等）以及 r/h（圆弧半径与弦杆腹板高度之比）中，对节点的角部应力集中影响最大的因素是 r/h，其引起的应力集中系数见图 13.7-8。因此，直接承受动力荷载的桁架，采用整体节点板式节点时，圆弧半径与弦杆腹板高度之比 r/h 不应小于 0.2，以避免出现过大的应力集中。

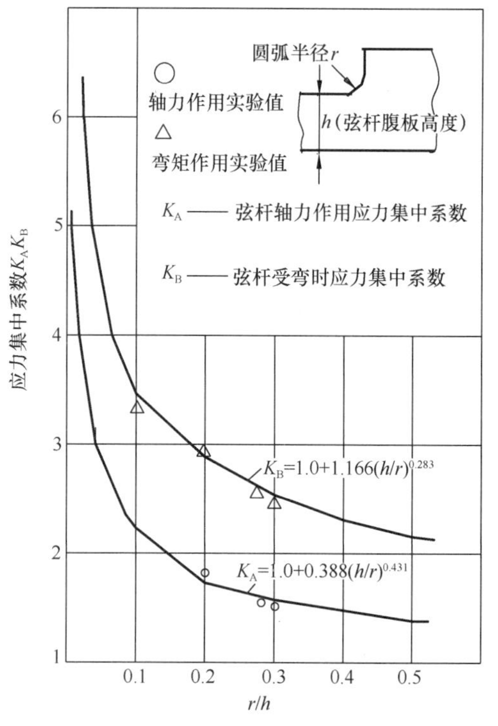

图 13.7-8　整体节点板式节点的角部应力集中系数（弦杆受轴力和弯矩作用场合）

13.7.2　连接板节点的计算方法

连接板节点首先应按本手册第 7 章要求进行焊缝和螺栓等紧固件的连接承载力计算，而后还需对连接板进行承载力计算。

连接板节点的受力特点是：连接板件承受轴力、剪力，有的或还承受平面内的弯矩作用。板件的破坏形式一般是板件屈服，板件受压屈曲，如图 13.7-9 所示，以及板件的板块拉、剪撕裂，如图 13.7-9、图 13.7-10 所示。连接板节点的承载力，除了与板件自身材料强度和尺寸有关外，尚与被连接构件的受力性质、截面形式、尺寸、材料强度和连接方式等因素有关。

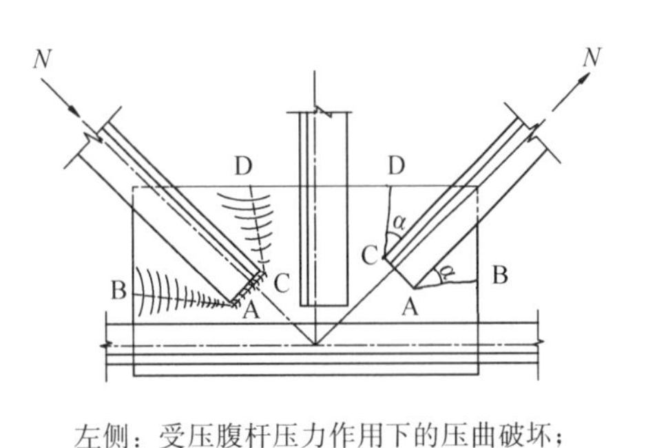

左侧：受压腹杆压力作用下的压曲破坏；
右侧：受拉腹杆拉力作用下的撕裂破坏
图 13.7-9　焊接桁架节点板的破坏形式

一、抗撕裂法

1. 焊缝连接的搭接接头的连接板抗拉剪撕裂承载力计算

对图 13.7-11 所示的焊缝连接的连接节点，应按下列规定对连接板件作抗拉剪撕裂承载力计算。

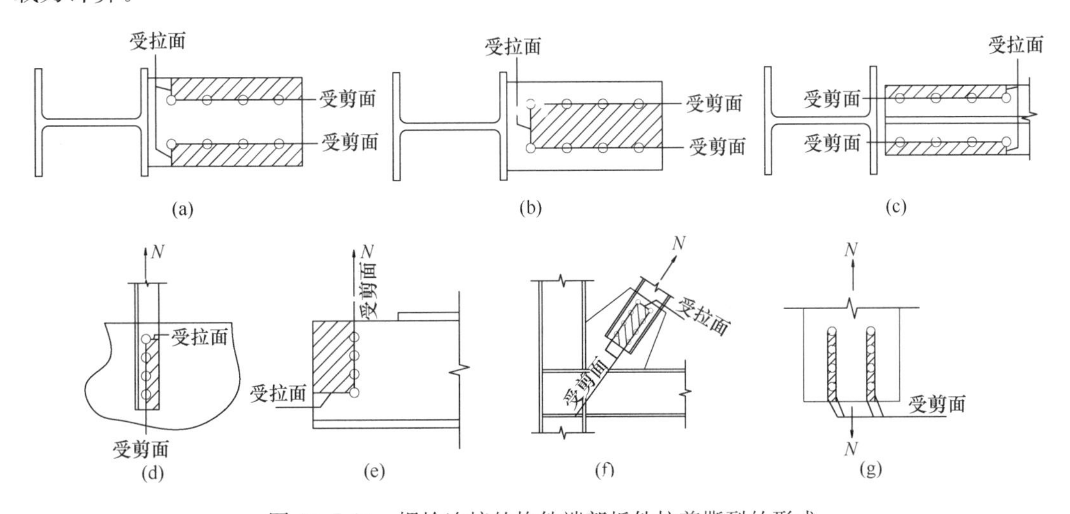

图 13.7-10　螺栓连接的构件端部板件拉剪撕裂的形式
(a) 梁翼缘连接板的边缘扯脱；(b) 梁翼缘连接板的中部拉脱；(c) 梁翼缘的边缘扯脱
(d) 吊杆角钢肢边缘扯脱；(e) 梁端腹板边缘扯脱
(f) 支撑杆槽钢腹板的中部拉脱；(g) 螺栓条形挤穿

板件在拉、剪作用下的破坏特征是沿$\overline{BA}-\overline{AC}-\overline{CD}$三折线撕裂，破裂线$\overline{AB}$、$\overline{CD}$基本上与节点板的边缘线垂直，板件的抗拉剪撕裂承载力应满足下列规定：

$$N \leqslant f \Sigma \eta_i A_i \tag{13.7-1}$$

$$A_i = t l_i \tag{13.7-2}$$

$$\eta_i = \frac{1}{\sqrt{1 + 2\cos^2\alpha_i}} \tag{13.7-3}$$

式中　N——作用于板件的拉力设计值；

A_i——第 i 段破坏面的截面积；

t——板件厚度；

l_i——第 i 破坏段的长度，应取板件中最危险破坏线的长度，如图 13.7-11 所示；

η_i ——第 i 段的拉剪折算系数；

α_i ——第 i 段破坏线与拉力轴线的夹角。

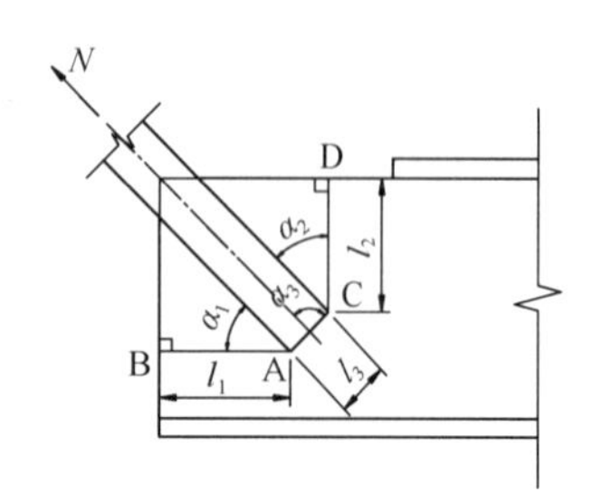

图 13.7-11　焊缝连接板件的拉、剪撕裂

2. 螺栓连接的搭接接头的连接板抗拉剪撕裂承载力计算

对于图 13.7-10 所列举的各种构件端部连接形式，应对它们在受拉剪作用时的端部板件进行抗拉剪撕裂验算。目前，国外（如欧洲、美国和日本等国家的钢结构规范或设计指南）对板块抗拉剪撕裂的验算公式各不相同，但基本原则均是按假想的剪切破坏途径和垂直拉伸破坏途径计算承载力。

我国和欧美等国板件抗拉剪撕裂承载力计算基于下列假定：假想拉力破坏面在图示阴影线所示块体的垂直于受力方向的边界螺栓中心线上；剪切破坏面，除图 13.7-10g 所示的螺栓条形挤穿情况外，均偏于安全地取在阴影线所示块体的受力方向的边界螺栓中心线上，图 13.7-10g 所示的螺栓条形挤穿情况，则取在螺栓孔的两侧边缘线上；根据螺栓群是否承受偏心剪力的不同情况，受拉区的应力分布图形如图 13.7-14 所示。

（1）按《钢结构设计标准》GB 50017—2017 拉剪折算长度系数法计算承载力

对于图 13.7-10 所示的螺栓（或铆钉）连接节点，板件在拉、剪作用下的承载力，也可以按公式（13.7-1）计算，只是公式中的拉、剪面的夹角与焊接情况不同，α_1 、α_2 应分别取为 90°和 0°，如图 13.7-12 所示，并且公式（13.7-2）的 A_i 应取净截面面积；孔洞截面的扣除，直径尺寸可取螺栓公称直径加 4mm（即 d＋4mm）和孔径 d_0 两者中的较大者（见第 7 章有关内容）；

当紧固件是交错排列时，受拉截面夹角 α_1 仍可取为 90°，但净截面面积应取虚线 1 和 2 所示截面中的较小者，如图 13.7-13 所示。

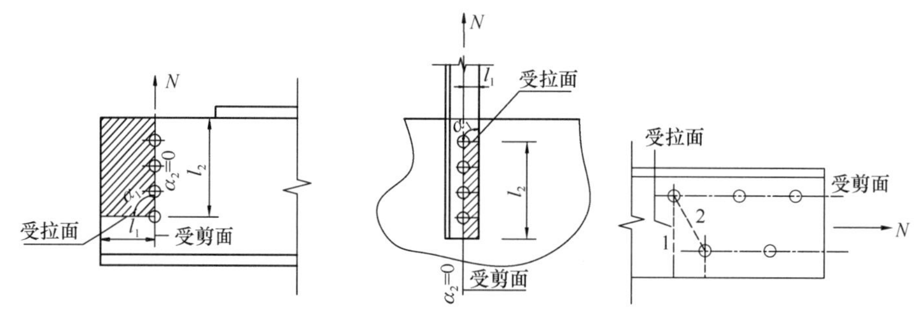

图 13.7-12　螺栓连接板件的拉、剪撕裂假想面　　图 13.7-13　螺栓交错排列和受拉临界破裂面

对于图 13.7-14d 所示的多列螺栓连接的开口梁端部节点，由于承受偏心剪力影响，不适合采用上述公式，可采用下列第（2）款所给出的方法计算。

（2）按剪切破坏途径和垂直拉伸破坏途径计算承载力的方法

图 13.7-10 所示的螺栓连接的节点，剪切面的屈服会在受拉面发生撕裂的时候，端部板件抗拉剪撕裂承载力可由剪切面的抗剪和垂直拉伸面的抗拉两部分组成。参考欧洲和美国钢结构设计规范（EC3-1-8：2005、ANSI/AISC 360-10）相关的板块抗撕裂计算公式；

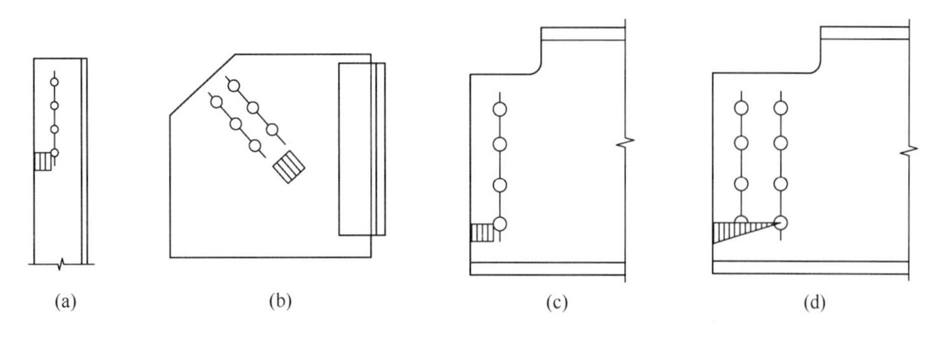

图 13.7-14 螺栓连接板件的拉、剪撕裂拉应力分布图

(a) 角钢端部；(b) 节点板受拉区端部；(c) 开口梁单列螺栓端部；(d) 开口梁多列螺栓端部

并且考虑到各国各类钢材抗力分项系数和强度指标的取值不同，计算结果宜与《钢结构设计标准》GB 50017—2017 公式相协调等因素，这里给出下列计算公式（计算结果较国外规范承载力偏小、偏于安全）。

1）螺栓连接板件拉应力为均匀分布时，见图 13.7-14a～c，抗撕裂承载力按下列公式验算：

$$N \leqslant fA_{nt} + f_{v}A_{nv} \tag{13.7-4}$$

式中 N——作用于节点板的轴力设计值；

A_{nt}——承受拉力的净截面面积，计算时孔洞截面的扣除同前面所述；

A_{nv}——承受剪力的净截面面积；

f——钢材的强度设计值；

f_{v}——钢材的抗剪强度设计值。

2）多排螺栓连接的开口梁端部节点，如图 13.7-14d 所示，拉应力的分布是不均匀的，因为离梁末端最近的螺栓将承受大部分荷载。梁腹板的抗撕裂承载力可按下列公式计算：

$$N \leqslant 0.5fA_{nt} + f_{v}A_{nv} \tag{13.7-5}$$

3）连接板的螺栓条形挤穿情况，对于承压型连接的高强度螺栓，由于承压承载力始终小于螺栓抗挤穿承载力，所以不必进行此项计算；对于摩擦型连接的高强度螺栓，一般应在两个摩擦面传力的情况考虑连接板螺栓条形挤穿破坏，但是经过分析比较，只要连接板厚度与螺栓直径符合表 13.7-1 的要求，可不必考虑螺栓条形挤穿破坏情况。

高强度螺栓摩擦型连接抗螺栓条形挤穿的连接板最小厚度　　表 13.7-1

连接板钢材牌号	螺栓性能等级	螺栓公称直径（mm）						
		M12	M16	M20	M22	M24	M27	M30
Q235	8.8s	6	6	8	10	10	12	12
	10.9s	6	8	10	12	12	14	16
Q345	8.8s	6	6	6	8	8	8	10
	10.9s	6	8	8	10	10	10	12

二、有效宽度法

当连接板的外形不规则时，采用公式（13.7-1）计算焊缝连接的连接板承载力会比较麻烦，而采用“有效宽度法”相对比较方便。这里所谓的“有效宽度”，是假定轴力在连接部位产生的最大应力在节点板内按某一个角度进行扩散并均匀分布，该应力扩散至力作用方向的连接件端部，分布在与力作用方向垂直的一定宽度范围内，该宽度即称为“有效宽度”。

1. 焊缝连接搭接接头的连接板承载力计算

对图 13.7-15 所示的焊缝连接的连接板节点，可按下列规定进行连接板的厚度和承载力的确定：

（1）焊缝连接搭接接头的连接板承载力计算

对图 13.7-15 所示的焊缝连接的节点板承载力，除可按式（13.7-1）验算外，也可按下列规定进行计算：

$$N \leqslant b_e t f \tag{13.7-6}$$

式中　N——作用于节点板的轴力设计值；

b_e——节点板的有效宽度，如图 13.7-15 所示；

t——节点板的厚度；

f——钢材的抗拉、抗压强度设计值。

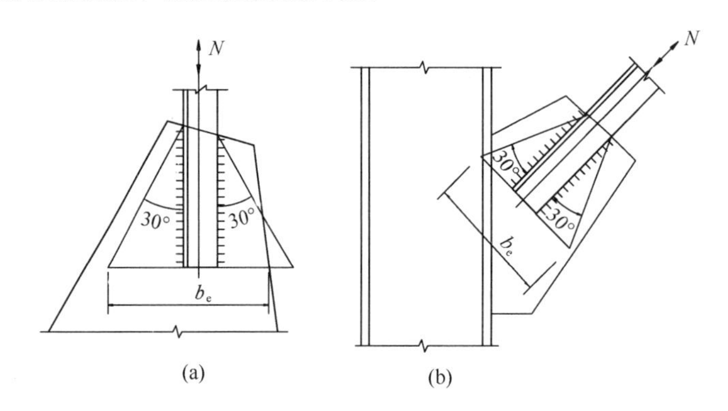

图 13.7-15　焊缝连接时节点板的有效宽度（应力扩散角取 30°）

（a）应力扩散角之一；（b）应力扩散角之二

（2）焊缝连接的桁架节点板厚度选用表

对于焊缝连接的桁架节点板的厚度，除了按上述承载力计算公式计算外，也可以根据桁架杆件（三角形屋架上弦杆端节间；梯形桁架支座斜腹杆）的最大内力，按表 13.7-2 选用。

桁架节点板厚度选用表　　**表 13.7-2**

端斜杆最大内力（kN）		中间节点板厚度（mm）	支座节点板厚度（mm）
节点板钢材牌号			
Q235	Q345		
≤160	≤240	6	8
161～300	241～350	8	10
301～500	351～570	10	12
501～700	571～780	12	14

续表

端斜杆最大内力（kN）		中间节点板厚度（mm）	支座节点板厚度（mm）
节点板钢材牌号			
Q235	Q345		
701～950	781～1050	14	16
951～1200	1051～1300	16	18
1201～1550	1301～1650	18	20
1551～2000	1651～2100	20	22
2001～2500	2101～2600	22	24

选用表 13.7-2 所列的节点板厚度时，除了桁架节点要满足前述第 13.7.1 条关于桁架节点板的构造要求外，尚应满足下列要求：

1）桁架杆件与节点板采用侧焊缝搭接连接；

2）符合不需验算节点板稳定的条件：对有竖腹杆相连的节点板，受压腹杆连接肢端面中点沿腹杆轴线方向至弦杆的净距离 c 满足 $c/t \leqslant 15\varepsilon_k$ 时；对无竖腹杆相连的节点板，当满足 $c/t \leqslant 10\varepsilon_k$ 时，可将受压腹杆的内力乘以增大系数 1.25 来选用节点板厚度。

2. 螺栓连接搭接接头的连接板承载力计算

对图 13.7-16 所示的螺栓连接节点，可按下列规定进行连接板的承载力验算：

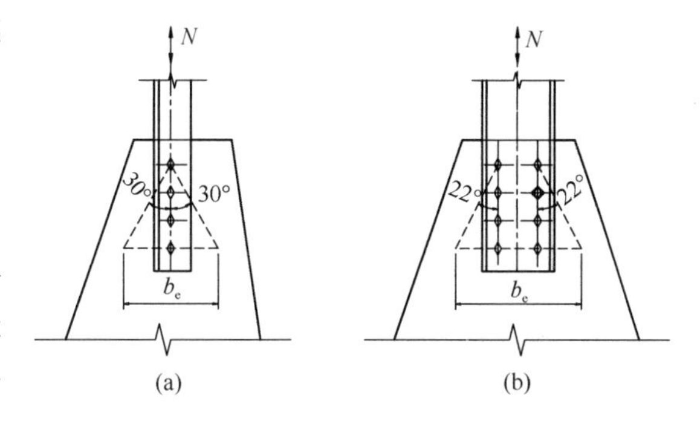

图 13.7-16 螺栓连接时节点板的有效宽度

（a）单排螺栓；（b）多排螺栓

（1）轴心受力的螺栓群搭接接头的承载力，仍然可以按公式（13.7-6）计算。但计算时应力扩散角度：对于单排螺栓节点应力扩散角度可取 30°，对于多排螺栓节点应力扩散角度可取 22°。节点板的有效宽度 b_e 应扣除端部螺栓的孔洞削弱尺寸，孔洞截面的扣除同前面所述。

（2）计算时，受拉构件连接节点中的板件有效净截面面积与毛截面面积之比（A_n/A_g）不应大于 0.85，如果计算的有效净截面面积大于 $0.85A_g$，应取 $A_n = 0.85A_g$。

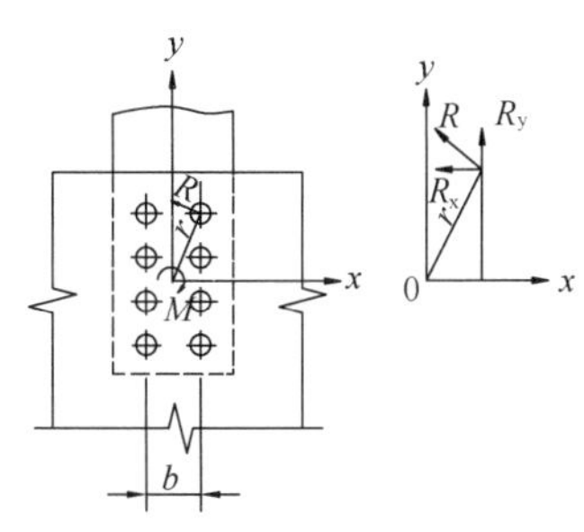

图 13.7-17 弯矩作用下螺栓的剪力分布

（3）对于受偏心轴力作用的螺栓连接的节点板，其弯矩作用的影响，可如图 13.7-17 所示采用下列假定和方法进行计算：

1）螺栓群上的弯矩是以螺栓群重心位置为回转中心进行作用；

2）作用于各螺栓上的剪力 R 与回转中心的距离 r 成比例；

3）与腹杆轴力相同方向上的剪力 γR_{ymax}，在所有螺栓上均相等。R_{ymax} 为腹杆轴力方向的最大剪力，γ 为折减系数，可取为 $\gamma=0.5$ 。

根据上述假定，对于单节点板连接的节点，弯矩作用的影响可以用公式（13.7-7）所示的换算轴力 N' 来替代：

$$N' = nMb/4\sum r_i^2 \tag{13.7-7}$$

式中 M——作用于螺栓群的弯矩；

b——垂直于轴力方向的最远螺栓之间的距离；

n——螺栓的总个数；

r_i——螺栓 i 到回转中心的距离。

因此，受轴力 N 和弯矩 $M(=N \cdot e)$ 作用的螺栓群连接的节点板承载力，可以近似按有效宽度法公式（13.7-8）进行验算：

$$N \leqslant fb_e t \Big/ \left(1 + n\frac{eb}{4\sum r_i^2}\right) \tag{13.7-8}$$

式中 b_e——节点板的有效宽度（应扣除端部螺栓的孔洞削弱尺寸）；

e——轴力相对于螺栓群重心的偏心距。

3. 多层和高层框架结构支撑的连接板节点承载力计算

钢框架结构中的水平支撑杆件与梁、柱以及支撑杆件之间的连接，一般均采用节点板连接节点；钢框架结构高度不超过 50m 且抗震等级不大于三级的框架一中心支撑结构，其竖向支撑可采用节点板连接节点。

（1）非抗震设计的抗侧力支撑的连接板节点的承载力计算应符合下列要求：

1）支撑节点的连接计算，可按本手册第 7 章的规定进行计算。使支撑连接承载力设计值不小于支撑内力设计值，或支撑连接承载力设计值不小于支撑构件的承载力设计值。

2）支撑节点板的承载力计算，可以根据采用的连接方式，在上述所列方法中任选一种进行节点板承载力计算。

（2）抗震设计时，采用二次设计法，首先取构件的承载力设计值进行连接节点承载力的验算；然后按连接板节点的极限承载力进行二次验算。抗侧力支撑的连接板节点的承载力计算应符合下列要求：

1）抗侧力支撑的连接承载力设计值不应小于支撑构件的承载力设计值；连接采用高强度螺栓时，应采用摩擦型连接，连接不得滑移。

2）支撑连接板节点连接的极限承载力应大于支撑构件的屈服承载力。

支撑连接的极限承载力按下列规定进行验算：

① 支撑连接和拼接的极限受压（拉）承载力应按下列公式验算：

$$N_{ubr}^{j}(N_{vu}^{b}, N_{cu}^{b}, N_{u}, N_{vu}, N_{svu}^{p}) \geqslant \eta_j A_{br} f_y \tag{13.7-9}$$

式中 N_{ubr}^{j}——支撑连接和拼接的极限受压（拉）承载力，按下述规定②计算；

A_{br}——支撑杆件的截面面积；

η_j——连接系数，当支撑钢号为 Q235、Q345、Q345GJ 时，对于焊缝连接，分别为 1.25、1.20 和 1.15；对于高强度螺栓连接，分别为 1.30、1.25、1.20；对于屈服强度高于 Q345 的低合金高强度结构钢，按 Q345 的规定采用；屈服强度高于 Q345GJ 的建筑结构用钢板，按 Q345GJ 的规定采用；

f_y ——支撑斜杆和节点板钢材的抗拉、抗压屈服强度。

② 极限承载力 N_{ubr}^{j}（N_{vu}^{b}, N_{cu}^{b}, N_u, N_{vu}, N_{svu}^{p}）是基于连接板极限强度最小值计算出的支撑连接在支撑斜杆轴线方向的最大（极限）承载力，支撑连接的极限承载力按式（13.7-10）至式（13.7-16）计算。高强度螺栓在极限承载力计算时按承压型连接考虑，认为节点连接面已滑移。

a）高强度螺栓群连接的极限抗剪承载力，取下列两式中的较小者：

$$N_{vu}^{b} = 0.58 m n_v A_e^b f_u^b \tag{13.7-10}$$

$$N_{cu}^{b} = md(\Sigma t) f_{cu}^{b} \tag{13.7-11}$$

式中 N_{vu}^{b}、N_{cu}^{b} ——分别为螺栓群的极限抗剪承载力和对应的板件极限承压承载力；

m、n_v ——分别为接头一侧的螺栓数目和一个螺栓的受剪面数目；

f_u^b ——螺栓钢材的抗拉强度最小值；

f_{cu}^b ——螺栓连接钢板的极限承压强度，可取连接钢板抗拉强度最小值（f_u）的 1.5 倍；

A_e^b ——螺纹处的有效截面面积；

d ——螺栓杆径；

Σt ——同一受力方向的板叠总厚度；

b）焊缝连接的极限承载力按下列公式计算：

对接焊缝受拉

$$N_u = A_e^w f_u^w \tag{13.7-12}$$

角焊缝受剪

$$N_{vu} = A_e^w f_u^f \tag{13.7-13}$$

式中 A_e^w ——焊缝的有效受力面积；

f_u^w、f_u^f ——分别为对接焊缝和角焊缝的抗拉强度。

c）节点板的厚度应符合下式的要求：

$$t \geqslant \eta_j \frac{A_{bn} f_y}{b_e f_u^j} \tag{13.7-14}$$

式中 t ——节点板的厚度；

b_e ——节点板的有效计算宽度，按前述规定计算，对于螺栓连接应取净截面尺寸；

A_{bn} ——支撑斜杆的净截面面积；

f_y ——支撑斜杆钢材的抗拉、抗压屈服强度；

f_u^j ——节点板钢材的抗拉强度最小值。

d）对螺栓连接受拉支撑杆件的板件，应按下列两式进行抗撕裂极限承载力计算，取两者中的较小值：

$$N_{svu}^{p} = 0.58 f_u A_{bnv} + f_u A_{bnt} \tag{13.7-15}$$

$$N_{svu}^{p} = 0.58 f_y A_{bgv} + f_u A_{bnt} \tag{13.7-16}$$

式中 A_{bnv}、A_{bgv} ——分别为支撑杆件的板件受剪截面的净截面面积和毛截面面积；

A_{bnt} ——支撑杆件的板件受拉截面的净截面面积；

f_u ——支撑杆件钢材的抗拉强度最小值。

（3）对于图 13.7-6 所示的支撑节点板与梁柱的连接，应将支撑的内力分解为水平分力和垂直分力，将它们分别作用于梁的翼缘和柱的翼缘或腹板上，然后进行连接计算，具体详见算例5。

4. 框排架结构柱间支撑的连接板节点承载力计算

（1）非抗震设计时，连接板节点连接承载力计算要求与上述第3条之（1）款相同。

（2）抗震设计时，支撑的连接板节点的承载力计算应符合下列要求：

1）支撑的连接承载力设计值不应小于支撑构件的承载力设计值；连接采用高强度螺栓时，应采用摩擦型连接，连接不得滑移。

2）柱间支撑与构件的连接的最大承载力不应小于支撑构件塑性承载力的1.2倍，柱间支撑节点连接的承载力验算应符合下列规定，如图13.7-18所示：

①节点板的厚度应符合下式的要求：

$$t_1 \geqslant 1.2\frac{A_{bn}f_y}{b_e f_y^j} \tag{13.7-17}$$

式中　t_1——节点板的厚度；

b_e——节点板的有效计算宽度，按前述有效宽度法的规定计算，对于螺栓连接应取净截面尺寸；

A_{bn}——支撑斜杆的净截面面积；

f_y、f_y^j——分别为支撑斜杆和节点板钢材的抗拉、抗压屈服强度。

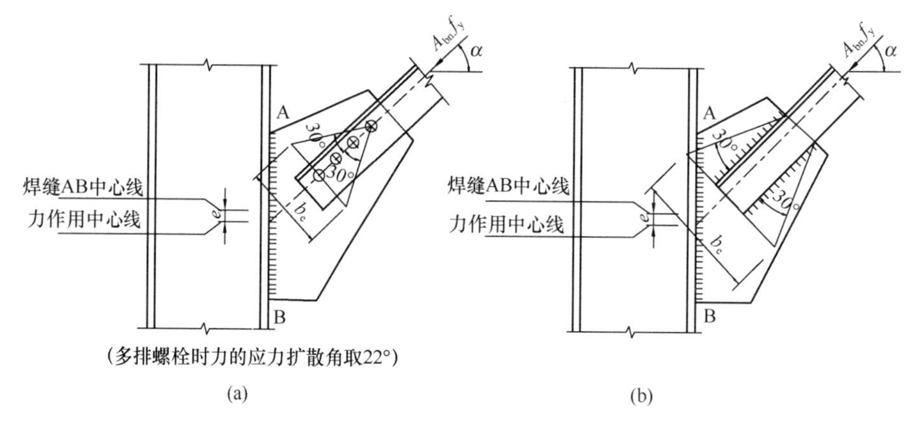

图13.7-18　柱间支撑节点连接计算

（a）杆端螺栓连接；（b）杆端焊缝连接

② 节点板与柱（梁）的连接焊缝，如图13.7-18中AB焊缝，其焊缝的设计强度应符合下式要求：

$$\sqrt{\left(\frac{1.2A_{bn}f_y\sin\alpha}{A_f}\right)^2+\left[1.2A_{bn}f_y\cos\alpha\left(\frac{e}{W_f}+\frac{1}{A_f}\right)\right]^2}\leqslant f_f^w/\gamma_{RE} \tag{13.7-18}$$

式中　e——支撑轴力作用点与连接焊缝中心之间的偏心距；

A_f、W_f——分别为连接焊缝的有效截面面积和有效截面模量；

f_f^w——角焊缝的强度设计值。

③ 杆件与节点板的连接的最大承载力，应按下列要求进行验算：

a）当采用角焊缝连接时：

$$\frac{1.2A_{bn}f_y}{A_f} \leqslant f_f^w/\gamma_{RE} \tag{13.7-19}$$

b）当采用高强度螺栓摩擦型连接时：

$$1.2A_{bn}f_y \leqslant nN_V^b/\gamma_{RE} \tag{13.7-20}$$

式中 A_f——角焊缝的有效截面面积；

n——高强度螺栓的数目；

N_V^b——一个高强度螺栓的受剪承载力设计值；

γ_{RE}——承载力抗震调整系数，取为0.75。

3）交叉形支撑交点的杆端切断处连接板的截面面积不应小于被连接的支撑杆件截面面积的1.2倍，杆端连接焊缝的重心应与杆件重心相重合。

三、轴向压力作用下桁架节点板的稳定计算

1. 斜腹杆压力作用下桁架节点板稳定性要求的规定

（1）有竖腹杆相连的节点板

1）受压斜腹杆连接肢端面中点沿腹杆轴线方向至弦杆的净距离 c 与节点板厚 t 之比满足 $c/t \leqslant 15\varepsilon_k$ 时，可不进行稳定计算；否则应按下列第2项的要求进行稳定计算。

2）在任何情况下，上述净距离 c 与节点板厚 t 之比 c/t 不得大于 $22\varepsilon_k$ 。

3）对于处于 $15\varepsilon_k < c/t \leqslant 22\varepsilon_k$ 范围的节点板，均应按下列第2项的要求进行稳定计算。

（2）无竖腹杆相连的节点板

1）受压斜腹杆连接肢端面中点沿腹杆轴线方向至弦杆的净距离 c 与节点板厚 t 之比满足 $c/t \leqslant 10\varepsilon_k$ 时，节点板的稳定承载力可按公式（13.7-21）计算：

$$N \leqslant 0.8b_e tf \tag{13.7-21}$$

2）在任何情况下，上述净距离 c 与节点板厚 t 之比 c/t 不得大于 $17.5\varepsilon_k$ 。

3）对于处于 $10\varepsilon_k < c/t \leqslant 17.5\varepsilon_k$ 范围的节点板，均应按下列第2项的要求进行稳定计算。

4）当无竖腹杆相连的节点板的自由边长度 l_f 与厚度 t 之比大于或等于 $60\varepsilon_k$ 时，应沿自由边设置加劲肋，如图13.7-19b所示。对于沿自由边设置了加劲肋的无竖腹杆相连的节点板，它的稳定性要求与有竖腹杆相连的节点板的要求相同。

2. 斜腹杆压力作用下桁架节点板的稳定性计算

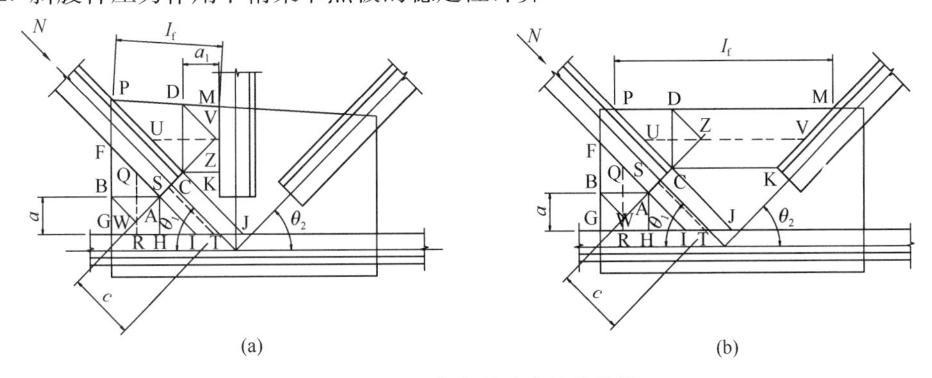

图13.7-19 节点板稳定计算简图

（a）有竖腹杆相连时；（b）无竖腹杆相连时

桁架节点板的稳定性计算可采用下列的基本假定和计算方法：

(1) 有竖腹杆相连的桁架节点板在斜腹杆压力作用下，可近似地划分为三个受压区，共同承受由腹杆传来的内力。桁架节点板失稳时的屈折线，对图13.7-19a所示的有竖腹杆相连的桁架节点板，失稳时的屈折线可假定为B-A-C-D，形成三折线，其中$\overline{BA}$平行于弦杆，$\overline{CD}\perp\overline{BA}$。

(2) 假定在斜腹杆轴向压力N的作用下，三个受压板块$\overline{BA}$区（FGHA板件）、$\overline{AC}$区（AIJC板件）和$\overline{CD}$区（CKMP板件）同时受压，在其中某一板件先失稳后，其他板件即相继失稳。为此要分别计算各区板件的稳定。

(3) 各区板件的稳定应按下列规定分别计算：

$\overline{BA}$区板件应满足下式要求：

$$\frac{b_1}{(b_1+b_2+b_3)}N\sin\theta_1 \leqslant l_1 t\varphi_1 f \tag{13.7-22}$$

$\overline{AC}$区板件应满足下式要求：

$$\frac{b_2}{(b_1+b_2+b_3)}N \leqslant l_2 t\varphi_2 f \tag{13.7-23}$$

$\overline{CD}$区板件应满足下式要求：

$$\frac{b_3}{(b_1+b_2+b_3)}N\cos\theta_1 \leqslant l_3 t\varphi_3 f \tag{13.7-24}$$

$$b_1 = l_1\sin\theta_1 \tag{13.7-25}$$

$$b_2 = l_2 \tag{13.7-26}$$

$$b_3 = l_3\cos\theta_1 \tag{13.7-27}$$

式中　t——节点板厚度；

N——受压斜腹杆的轴向力；

l_1、l_2、l_3——分别为屈折线$\overline{BA}$、$\overline{AC}$、$\overline{CD}$的长度；

φ_1、φ_2、φ_3——各受压区板件的轴心受压稳定系数，可按b类截面查取；其相应的长细比分别为：$\lambda_1 = 2.77\frac{\overline{QR}}{t}$，$\lambda_2 = 2.77\frac{\overline{ST}}{t}$，$\lambda_3 = 2.77\frac{\overline{UV}}{t}$；

$b_1(\overline{WA})$、$b_2(\overline{AC})$、$b_3(\overline{CZ})$——分别为各屈折线$\overline{BA}$、$\overline{AC}$、$\overline{CD}$在有效宽度线上的投影长度。

将$\overline{BA}$、$\overline{AC}$、$\overline{CD}$三区受压板件的中线长度$\overline{QR}$、$\overline{ST}$、$\overline{UV}$，分别记作l_{01}、l_{02}、l_{03}，按下列公式计算：

$$l_{01} = a + \frac{l_1\mathrm{tg}\theta_1}{2} \tag{13.7-28}$$

$$l_{02} = c = \frac{l_2}{2\mathrm{tg}\theta_1} + \frac{a}{\sin\theta_1} \tag{13.7-29}$$

$$l_{03} = a_1 + \frac{l_3}{2\mathrm{tg}\theta_1} \tag{13.7-30}$$

式中　a、a_1——分别为斜腹杆端部与弦杆和竖腹杆边缘的距离，如图13.7-19a所示；

c ——受压腹杆连接肢端面中点沿腹杆轴线方向至弦杆的净距离。

（4）对图 13.7-19b 所示的自由边长度与节点板的厚度之比 $l_f/t > 60\varepsilon_k$ 且沿自由边设有加劲的无竖腹杆相连的节点板，可按有竖腹杆相连的节点板对待，但只要用上述第（3）款所列方法仅对$\overline{BA}$区和$\overline{AC}$区的板件进行稳定计算，不必计算$\overline{CD}$区板件稳定。

（5）外贴节点板式节点的节点板计算时，可以不考虑弦杆轴力的影响。

四、连接板与未加劲截面的 T 形焊接节点设计

连接板与 I 形、H 形或其他未加劲板的截面形成 T 形接头连接时，如图 13.7-20 所示，翼缘和腹板刚度不同，腹板区发生屈服破坏而翼缘区则可能弯曲后在固定边出现塑性铰或连接焊缝被拉开，使连接板的承载能力下降，因此，无论对于母材还是焊缝都应引进有效宽度这一影响因素。此外，T 型接头连接的节点板承载力还与被连接构件的翼缘和腹板的破坏模式有关。

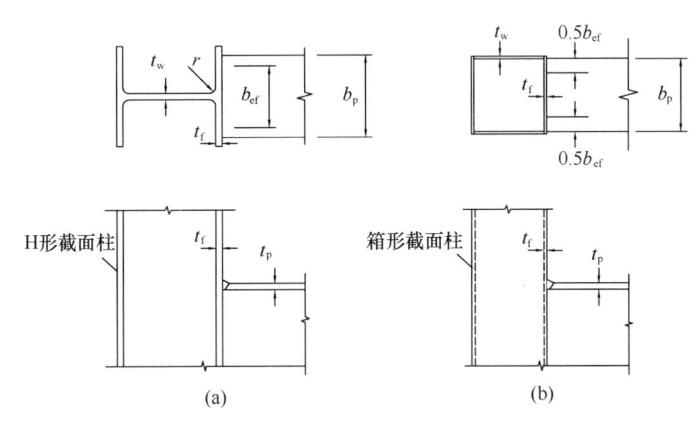

图 13.7-20 未加劲 T 形连接节点的有效宽度

（a）连接板件与 H 形截面构件的连接；（b）连接板件与箱形截面构件的连接

1. 连接板与未加劲截面翼缘连接的有效宽度

垂直于杆件轴向设置的连接板（或梁的翼缘）采用焊接方式与 I 形、H 形或其他截面的未设置水平加劲肋的杆件翼缘相连，形成 T 形接头时，其母材和焊缝都应按有效宽度进行强度计算，有效宽度应按下列规定确定：

（1）对 I 形或 H 形截面杆件，有效宽度应按下列公式计算，如图 13.7-20a 所示：

$$b_{ef} = t_w + 2s + 5kt_f \tag{13.7-31}$$

$$k = \frac{t_f}{t_p} \cdot \frac{f_{y,c}}{f_{y,p}} \tag{13.7-32}$$

式中 b_{ef} ——T 形接头的有效宽度；

$f_{y,c}$ ——被连接杆件的翼缘的钢材屈服强度；

$f_{y,p}$ ——连接板的钢材屈服强度；

t_w ——被连接杆件的腹板厚度；

t_f ——被连接杆件的翼缘厚度；

t_p ——连接柱翼缘的连接板厚度；

s ——对被连接杆件而言，轧制工字形或 H 形截面杆件取为 r（圆角半径）；焊接工字形或 H 形截面杆件取为焊脚尺寸 h_f 。

(2) 当被连接杆件截面为箱形或槽形截面，且其翼缘宽度与连接板件宽度相近时，有效宽度应按下式计算，如图 13.7-20b 所示：

$$b_{ef}=2t_w+5t_f \text{ 但 } b_{ef}\leqslant 2t_w+5kt_f \tag{13.7-33}$$

(3) 有效宽度 b_{ef} 尚应满足下式要求

$$b_{ef}\geqslant\frac{f_{y,p}b_p}{f_{u,p}} \tag{13.7-34}$$

式中 $f_{u,p}$ ——连接板的抗拉强度最小值；

b_p ——连接板宽度。

如果不满足式 (13.7-34) 要求时，应对被连接杆件的翼缘加劲。

2. 连接板与翼缘的焊缝要求

连接板与翼缘的焊缝计算时，即使按上述规定计算的有效宽度 $b_{ef}\leqslant b_p$，连接板与翼缘的有效焊缝宽度仍应按能抵抗板抗力 N_p (按公式 (13.7-35) 计算) 进行设计。

$$N_p=b_pt_pf_{yp} \tag{13.7-35}$$

13.7.3 连接板节点的计算实例

1. 角钢吊杆节点计算 (算例 1)

节点形式如图 13.7-21 所示，吊杆采用两个 Q235 级角钢承受 330kN (设计值) 悬吊荷载，现要求确定角钢、节点板尺寸。设计采用直径 d 为 20mm 的 8.8s 高强度螺栓，承压型连接 (剪切面在螺纹处)。

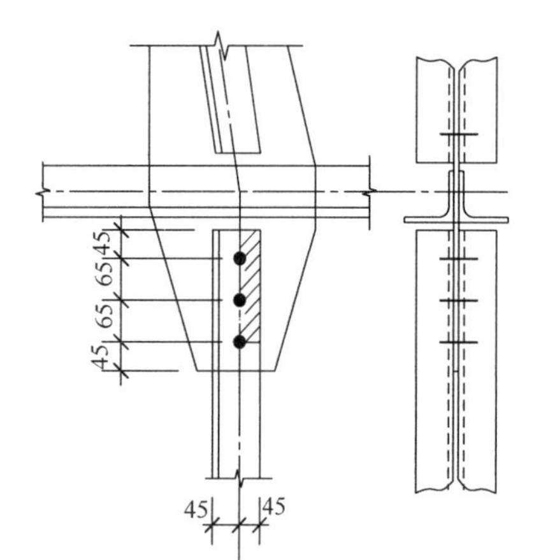

图 13.7-21 角钢吊杆节点计算简图

(1) 螺栓

一个 20mm 的 8.8s 高强度螺栓，承剪面在螺纹处的双剪承载力设计值为 122.3kN，要求设置螺栓

$$n=\frac{N}{N_v^b}=\frac{330}{122.3}=2.70(\text{个})$$

需配置 3 个 8.8sM20 高强度螺栓。

(2) 角钢

由于角钢为单肢传力，有效截面系数 η=0.85，因此，角钢需要的有效截面面积为：

$$A_n=\frac{N}{0.85f}=\frac{330\times10^3}{0.85\times215}=1805.7\text{mm}^2$$

受拉计算时孔洞削弱为螺栓公称直径加 4mm，如果选用肢厚为 6mm 的角钢，则实际要求两个角钢的毛截面积：

$$A_g=1805.7+2\times(20+4)\times6=2093.7\text{mm}^2$$

试选用 2L90×6 角钢 $A_g=2127\text{mm}^2$，节点尺寸及螺栓排列如图 13.7-21 所示。

(3) 节点板厚度 (设计使节点板在验算截面处有足够的宽度)

按有效宽度法计算该节点板的传力计算宽度，单排螺栓时，应力扩散角取 $\theta=30°$，节点板在验算截面处的计算净截面面积不应大于其毛截面面积的 0.85，则

$b_e=130\times2\times\text{tg}\,30°-(20+4)=126.1\text{mm}$

$0.85b_{eg}=0.85\times(130\times2\times\text{tg}\,30°)=127.6\text{mm}$

取 $b_e=126.1\text{mm}$，因此节点板厚度：

$$t \geqslant \frac{330 \times 10^3}{126.1 \times 215} = 12.17\text{mm}$$

取板厚为 14mm。

(4) 承压面验算

角钢承压面验算：

角钢承压板的总厚度为 12mm 厚，已知直径 20mm 的 8.8s 高强度螺栓承压型连接、12mm 厚 Q235 钢承压板的承压承载力设计值为 112.8kN，3 个螺栓的承压面承载力为：

$$N_c = 3 \times 112.8 = 338.4 > 330\text{kN}$$

满足承压要求。

(5) 角钢影线区的板块拉剪撕裂验算

按《钢结构设计标准》GB 50017—2017 拉剪折算长度系数法计算承载力

受拉面 $\alpha_1 = 90°$，$\cos\alpha_1 = 0$，折算长度系数：

$$\eta_1 = \frac{1}{\sqrt{1+0}} = 1$$

受剪面 $\alpha_2 = 0°$，$\cos\alpha_2 = 1$，折算长度系数：

$$\eta_2 = \frac{1}{\sqrt{1+2\cos^2\alpha_2}} = \frac{1}{\sqrt{3}}$$

角钢肢折算应力

$$\frac{N}{\Sigma(\eta_i A_i)} = \frac{0.5 \times 330 \times 10^3}{[45 - 0.5 \times (20+4)] \times 6 + [130 + 45 - 2.5 \times (20+4)] \times 6/\sqrt{3}}$$
$$= 276.7\text{N/mm}^2$$
$$> f = 215\text{N/mm}^2$$

不满足抗撕裂要求。

采用 2L90×8 角钢，则

$$276.7 \times \frac{6}{8} = 207.5\text{N/mm}^2 < 215\text{N/mm}^2$$

可满足抗撕裂要求。

2. 高强度螺栓连接的桁架外加连接板式节点计算（算例 2）

图 13.7-22 所示桁架下弦中间节点，弦杆和腹杆均采用 H 型钢，弦杆与腹杆采用外

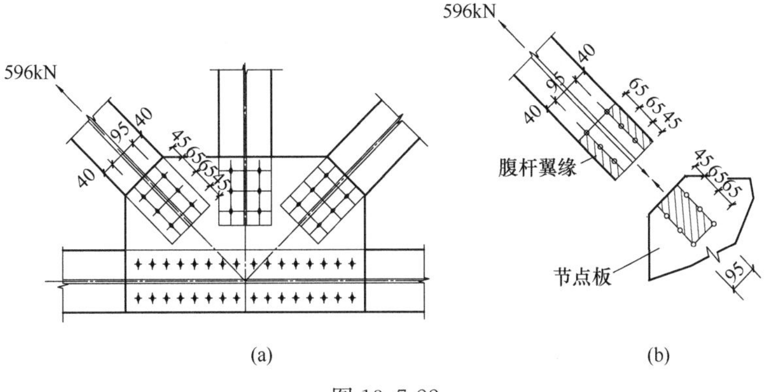

图 13.7-22

(a) 螺栓布置；(b) 腹杆翼缘和节点板撕裂（阴影为撕裂板块）

加式双节点板连接。已知受拉腹杆轴向拉力设计值为596kN，采用Q235级H244×175×7×11热轧H型钢，用10.9s的M20高强度螺栓摩擦型连接，预拉力为155kN，钢材摩擦面抗滑移系数$\mu=0.45$。现进行该受拉腹杆连接节点的计算：

（1）螺栓计算

一个20mm的10.9s高强度螺栓摩擦型连接的单剪承载力设计值为

$$N_V^b=0.9\times1\times0.45\times155=62.78\text{kN}$$

杆件一侧翼缘传力

$$N_1=0.5\times596=298\text{kN}$$

一侧与节点板连接要求设置螺栓的个数

$$n=298/62.78=4.75\text{个}$$

设计选用6个螺栓，布置见图13.7-22。

（2）腹杆翼缘抗拉剪撕裂计算

按《钢结构设计标准》GB 50017—2017拉剪折算长度系数法

受拉面$\alpha_3=90°$，受剪面$\alpha_1=\alpha_2=0°$

两个受剪面拉剪折算系数相同

$$\eta_1=\eta_2=1/\sqrt{1+2\cos^2\alpha_i}=1/\sqrt{3}$$

受拉面拉剪折算系数

$$\eta_3=1$$

受剪面净面积

$$A_{nv}=[(65\times2+45)-2.5\times(20+4)]\times11=1265\text{mm}^2$$

拉伸面净面积

$$A_{nt}=[2\times40-(20+4)]\times11=616\text{mm}^2$$

抗拉剪撕裂承载力

$$f\Sigma\eta_iA_i=215\times(2\times1265/\sqrt{3}+1\times616)\times10^{-3}=446.5\text{kN}>298\text{kN}$$

（3）节点板计算（设计使节点板在验算截面处有足够的宽度）

1）按有效宽度法计算节点板厚度：

按有效宽度法计算该节点板的传力计算宽度，应力扩散角取$\theta=22°$，节点板在验算截面处的计算净截面面积不应大于其毛截面面积的0.85，则

$$b_e=95+2\times\text{tg}\,22°\times(65+65)-2\times(20+4)=152\text{mm}$$

$$0.85b_{eg}=0.85\times[95+2\times(65+65)\times\text{tg}\,22°]=170\text{mm}$$

取$b_e=152\text{mm}$，因此节点板厚度：

$$t=\frac{298\times10^3}{152\times215}=9.12\text{mm}$$

取板厚为10mm。

2）按抗拉剪撕裂法计算节点板承载力：

设节点板厚$t=10\text{mm}$，受剪面净截面面积为：

$$A_{nv}=[(65\times2+45)-2.5\times(20+4)]\times10=1150\text{mm}^2$$

拉伸面净截面面积为：

$$A_{nt}=[95-(20+4)]\times10=710\text{mm}^2$$

与腹杆翼缘一样，按《钢结构设计标准》GB 50017—2017 拉剪折算长度系数法计算承载力

受拉面 $\alpha_3 = 90°$

受剪面 $\alpha_1 = \alpha_2 = 0°$

两个受剪面拉剪折算系数相同

$$\eta_1 = \eta_2 = 1/\sqrt{1 + 2\cos^2\alpha_i} = 1/\sqrt{3}$$

受拉面拉剪折算系数

$$\eta_3 = 1$$

抗撕裂承载力

$$f\sum\eta_i A_i = 215 \times (2 \times 1150/\sqrt{3} + 1 \times 710) \times 10^{-3} = 438.1\text{kN} > 298\text{kN}$$

承载力满足要求。

3. 焊缝连接的桁架节点板在斜腹杆压力作用下的稳定计算（算例 3）

某托架的杆件连接节点详图如图 13.7-23 所示。为方便计算，节点板的分区及相应编号已标明；而且由节点详图放大样得相关线段长度如下：$\overline{QR}$=113mm，$\overline{ST}=c$=155mm，$\overline{UV}$= 213mm；$\overline{WA} = b_1$ = 75mm，$\overline{AC} = b_2$ = 140mm，$\overline{CZ} = b_3$ = 100mm；$\overline{BA} = l_1$ = 106mm，$\overline{AC}=l_2$=140mm，$\overline{CD}=l_3$=141mm。假定，斜腹杆 2L140×90×10 的轴向压力设计值 N=372kN，节点板厚度 t=10mm。钢材均采用 Q235B 钢，焊条采用 E43 型。试进行该托架节点板在斜腹杆压力 N 作用下的稳定性验算。

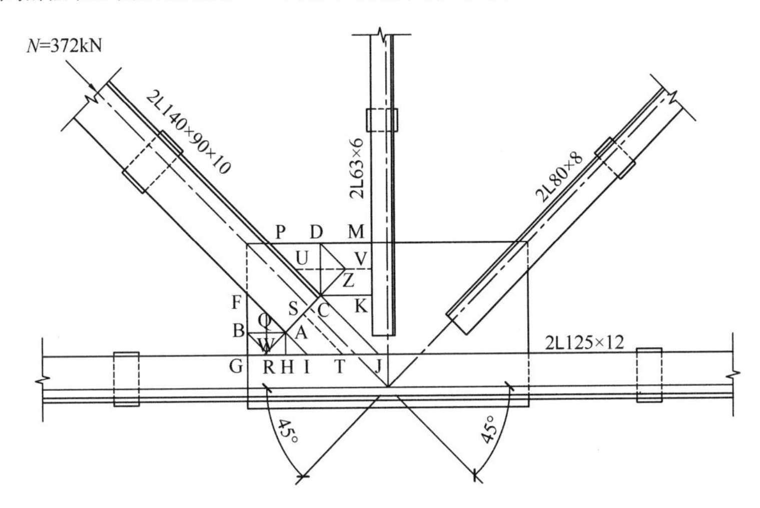

图 13.7-23 焊缝连接的桁架外加式连接板节点计算简图

托架节点板在斜腹杆压力 N 作用下的稳定性验算

首先进行判断：$15\varepsilon_k = 15 < c/t = \frac{155}{10} = 15.5 < 22\varepsilon_k = 22$，应验算该托架节点板在斜腹杆压力 N 作用下的稳定性。

按本手册公式（13.7-22～24）计算：

$$\lambda_1 = 2.77\frac{\overline{QR}}{t} = 2.77 \times \frac{113}{10} = 31.3$$

$$\lambda_2 = 2.77\frac{\overline{ST}}{t} = 2.77\times\frac{155}{10} = 43$$

$$\lambda_3 = 2.77\frac{\overline{UV}}{t} = 2.77\times\frac{213}{10} = 59$$

查《钢结构设计标准》GB 50017—2017 附录表 D.0.2（b 类截面轴心受压构件的稳定系数 φ）：

$\varphi_1 = 0.931$，$\varphi_2 = 0.886$，$\varphi_3 = 0.812$，$\theta_1 = \theta_2 = 45°$，$f = 215\text{N/mm}^2$。

$\overline{BA}$区：

$$\frac{b_1}{(b_1+b_2+b_3)}N\sin\theta_1 = \frac{75}{(75+140+100)}\times 372\times\sin 45° = 63\text{kN}$$

$$< l_1 t\varphi_1 f = 106\times 10\times 0.931\times 215\times 10^{-3} = 212\text{kN}$$

$\overline{AC}$区：

$$\frac{b_2}{(b_1+b_2+b_3)}N = \frac{140}{(75+140+100)}\times 372 = 165\text{kN}$$

$$< l_2 t\varphi_2 f = 140\times 10\times 0.886\times 215\times 10^{-3} = 267\text{kN}$$

$\overline{CD}$区：

$$\frac{b_3}{(b_1+b_2+b_3)}N\cos\theta_1 = \frac{100}{(75+140+100)}\times 372\times\cos 45° = 84\text{kN}$$

$$< l_3 t\varphi_3 f = 141\times 10\times 0.812\times 215\times 10^{-3} = 246\text{kN}$$

该托架节点板在斜腹杆压力 N 作用下的稳定性满足要求。

4. 抗震设计时，框排架结构柱间支撑节点连接计算（算例 4）

某单层钢结构工业厂房，纵向柱列设有柱间支撑，下柱柱间支撑为十字形交叉双片支撑，支撑斜杆采用热轧槽钢 [25a，其与厂房钢柱采用节点板连接，节点详图如图 13.7-24 所示。钢材均采用 Q235B 钢，焊条采用 E43 型。假定，该地区抗震设防烈度为 7 度，试

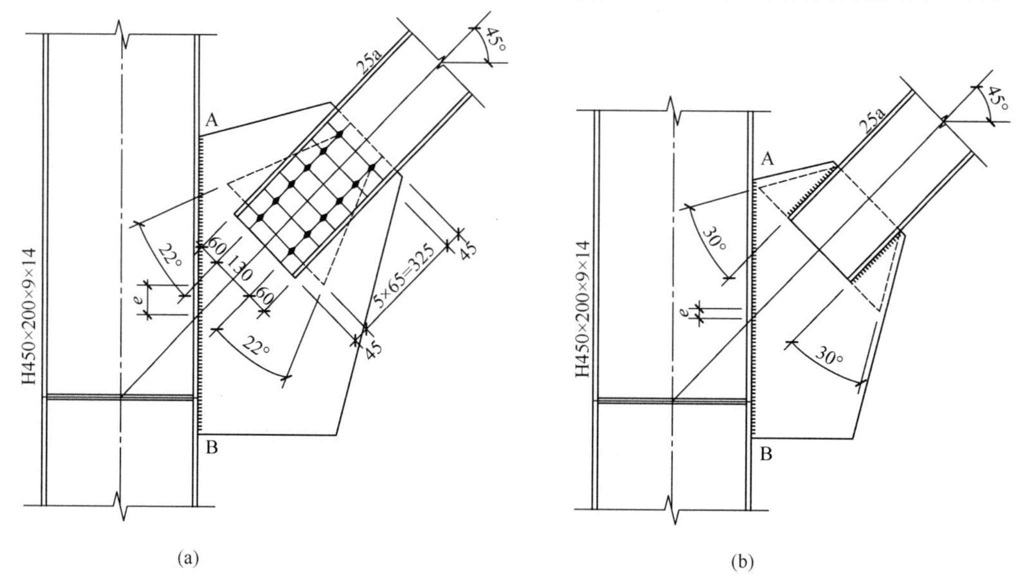

图 13.7-24　框排架结构柱间支撑节点连接计算

（a）杆端高强度螺栓摩擦型连接；（b）杆端焊接连接

验算该连接板节点的抗震承载力。

（1）采用高强度螺栓摩擦型连接时，如图 13.7-24a 所示

根据热轧槽钢的规线距离的构造规定，采用 10.9s 的 M20 高强度螺栓，预拉力 $P=155\text{kN}$，螺栓处开孔 $\phi=22\text{mm}$。假定，钢材在连接处构件接触面的处理方法为喷砂（丸），取摩擦面的抗滑移系数 $\mu=0.45$。

1）确定高强度螺栓的数目

热轧槽钢［25a 的截面面积 $A=3491\text{mm}^2$，腹板厚度 $t_w=7\text{mm}$

$$A_{bn}=3491-2\times(20+4)\times7=3155\text{mm}^2$$

一个 10.9s 的 M20 高强度螺栓的抗剪承载力：

$$N_v^b=0.9n_f\mu P=0.9\times1\times0.45\times155=62.8\text{kN}$$

取高强度螺栓的数目 $n=12$ 个，支撑斜杆钢材的抗拉屈服强度 $f_y=235\text{N/mm}^2$，根据《建筑抗震设计规范》GB 50011—2010（2016 年修订版）第 5.4.2 条的规定：$\gamma_{RE}=0.75$。

按本手册公式（13.7-20）计算：

$$nN_v^b/\gamma_{RE}=12\times62.8/0.75=1005\text{kN}>1.2A_{bn}f_y=1.2\times3155\times235\times10^{-3}=890\text{kN}$$

满足节点连接的抗震要求。

2）确定节点板的厚度（设计使节点板在验算截面处有足够的宽度）

按有效宽度法计算该节点板的传力计算宽度，取应力扩散角 $\theta=22°$，节点板在验算截面处的计算净截面面积不应大于其毛截面面积的 0.85，则

$$b_e=130+2\times325\times\text{tg}\,22°-2\times(20+4)=344.6\text{mm}$$

$$0.85b_{eg}=0.85\times(130+2\times325\times\text{tg}\,22°)=333.7\text{mm}$$

取 $b_e=0.85b_{eg}=333.7\text{mm}$。

节点板钢材的抗拉屈服强度 $f_y^j=235\text{N/mm}^2$，按本手册公式（13.7-17）计算：

$$t_1\geqslant1.2\frac{A_{bn}f_y}{b_ef_y^j}=1.2\times\frac{3155\times235}{333.7\times235}=11.35\text{mm}$$

实际取节点板的厚度 $t_1=12\text{mm}$

3）进行热轧槽钢［25a 腹板（螺栓连接受拉支撑杆件的板件）的抗拉剪撕裂极限承载力验算，受拉面和受剪面如图 13.7-25 所示。

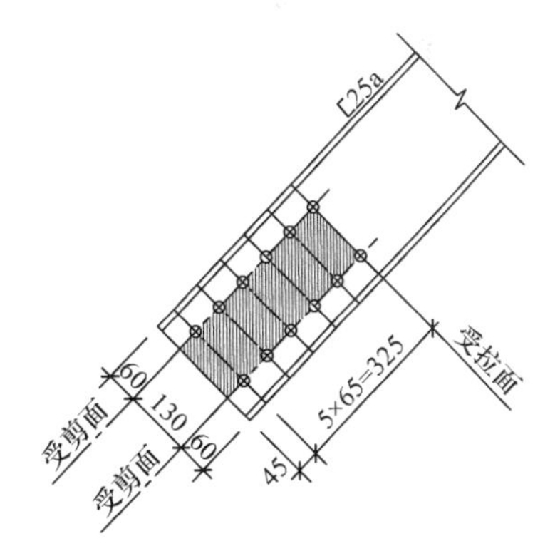

图 13.7-25 热轧槽钢［25a 腹板的拉、剪撕裂假想面

按本手册公式（13.7-15、16）计算：$f_u=370\text{N/mm}^2$，$f_y=235\text{N/mm}^2$

$$A_{bnt}=7\times[130-(20+4)]=742\text{mm}^2$$

$$A_{bnv}=2\times7\times[45+325-5.5\times(20+4)]=3332\text{mm}^2$$

$$A_{bgv}=2\times7\times(45+325)=5180\text{mm}^2$$

$$N_{svu}^p=0.58f_uA_{bnv}+f_uA_{bnt}=(0.58\times370\times3332+370\times742)\times10^{-3}=990\text{kN}$$

$$N_{svu}^p=0.58f_yA_{bgv}+f_uA_{bnt}=(0.58\times235\times5180+370\times742)\times10^{-3}=981\text{kN}$$

取 $N_{svu}^p=981\text{kN}$

按本手册公式（13.7-9）进行判断：

$N_{svu}^{p} = 981\text{kN} > 1.2A_{bn}f_y = 890\text{kN}$，满足螺栓连接受拉支撑杆件的板件的抗拉剪撕裂极限承载力要求。

4）图13.7-24a中AB焊缝的强度验算

假定，节点板与柱采用手工焊接，直角角焊缝的焊脚尺寸 $h_f=8\text{mm}$，实际焊接长度为820mm。

已知，支撑轴力在连接焊缝处的作用点与连接焊缝中心之间的偏心距 $e=82\text{mm}$，$\alpha=45°$

E43型焊条的角焊缝的强度设计值：$f_f^w=160\text{N/mm}^2$

根据《建筑抗震设计规范》GB 50011—2010（2016年修订版）第5.4.2条的规定：$\gamma_{RE}=0.75$

按本手册公式（13.7-18）计算：

$$l_w = 820 - 2 \times 8 = 804\text{mm}$$

$$A_f = 2 \times 0.7 \times 8 \times 804 = 9004.8\text{mm}^2$$

$$W_f = \frac{1}{6} \times 2 \times 0.7 \times 8 \times 804^2 = 1207 \times 10^3\text{mm}^3$$

$$\sqrt{\left(\frac{1.2A_{bn}f_y\sin\alpha}{A_f}\right)^2 + \left[1.2A_{bn}f_y\cos\alpha\left(\frac{e}{W_f} + \frac{1}{A_f}\right)\right]^2}$$

$$= \sqrt{\left(\frac{1.2 \times 3155 \times 235 \times \sin45°}{9004.8}\right)^2 + \left[1.2 \times 3155 \times 235 \times \cos45° \times \left(\frac{82}{1207 \times 10^3} + \frac{1}{9004.8}\right)\right]^2}$$

$$= \sqrt{70^2 + 113^2} = 133\text{N/mm}^2 < f_f^w/\gamma_{RE} = 160/0.75 = 213\text{N/mm}^2$$

满足要求。

（2）采用角焊缝连接时，如图13.7-24b所示

假定，支撑斜杆与节点板采用手工焊接，直角角焊缝的焊脚尺寸 $h_f=10\text{mm}$，实际焊接长度为200mm。

1）确定节点板的厚度（设计使节点板在验算截面处有足够的宽度）

按有效宽度法计算该节点板的传力计算宽度，取应力扩散角 $\theta=30°$，则

$$b_e = 250 + 2 \times 200 \times \text{tg}30° = 481\text{mm}$$

热轧槽钢［25a的净截面面积按无削弱计算：$A_{bn}=A=3491\text{mm}^2$，按本手册公式（13.7-17）计算：

$$t_1 \geqslant 1.2\frac{A_{bn}f_y}{b_e f_y^j} = 1.2 \times \frac{3491 \times 235}{481 \times 235} = 9\text{mm}$$

取节点板的厚度 $t_1=12\text{mm}$。

2）验算支撑斜杆与节点板的角焊缝连接的最大承载力

角焊缝的计算长度：$l_w=200-2\times10=180\text{mm}$

角焊缝的有效截面面积：$A_f=2\times0.7\times10\times180=2520\text{mm}^2$

$$f_f^w=160\text{N/mm}^2，\gamma_{RE}=0.75$$

按本手册公式（13.7-19）计算：

$$\frac{1.2A_{bn}f_y}{A_f} = \frac{1.2 \times 3491 \times 235}{2520} = 391\text{N/mm}^2 > f_f^w/\gamma_{RE} = 160/0.75 = 213\text{N/mm}^2$$

不能满足要求，可加大焊接长度为 370mm

$$l_w = 370 - 2 \times 10 = 350\text{mm}$$

$$A_f = 2 \times 0.7 \times 10 \times 350 = 4900\text{mm}^2$$

$$\frac{1.2A_{bn}f_y}{A_f} = \frac{1.2 \times 3491 \times 235}{4900} = 201\text{N/mm}^2 < f_f^w/\gamma_{RE} = 213\text{N/mm}^2$$

满足要求，而且加大焊接长度对节点板厚度的验算有利。

3）图 13.7-24b 中 AB 焊缝的强度验算

假定，节点板与柱采用手工焊接，直角角焊缝的焊脚尺寸 $h_f=8\text{mm}$，实际焊接长度为 710mm。

已知，支撑轴力在连接焊缝处的作用点与连接焊缝中心之间的偏心距 $e=27\text{mm}$，$\alpha=45°$，$f_f^w=160\text{N/mm}^2$，$\gamma_{RE}=0.75$

按本手册公式（13.7-18）计算：

$$l_w = 710 - 2 \times 8 = 694\text{mm}$$

$$A_f = 2 \times 0.7 \times 8 \times 694 = 7772.8\text{mm}^2$$

$$W_f = \frac{1}{6} \times 2 \times 0.7 \times 8 \times 694^2 = 899 \times 10^3\text{mm}^3$$

$$\sqrt{\left(\frac{1.2A_{bn}f_y\sin\alpha}{A_f}\right)^2 + \left[1.2A_{bn}f_y\cos\alpha\left(\frac{e}{W_f}+\frac{1}{A_f}\right)\right]^2}$$

$$=\sqrt{\left(\frac{1.2 \times 3491 \times 235 \times \sin45°}{7772.8}\right)^2 + \left[1.2 \times 3491 \times 235 \times \cos45° \times \left(\frac{27}{899 \times 10^3}+\frac{1}{7772.8}\right)\right]^2}$$

$$=\sqrt{90^2 + 110^2} = 142\text{N/mm}^2 < f_f^w/\gamma_{RE} = 160/0.75 = 213\text{N/mm}^2$$

满足要求。

5. 抗震设计时，多层和高层框架结构支撑节点连接计算（算例 5）

某多层钢结构房屋，其高度为 49m，采用框架-中心支撑结构体系，在柱列中部设置十字形交叉支撑，支撑斜杆采用热轧槽钢组合截面 2［18a，其与框架柱采用节点板连接，节点详图如图 13.7-26 所示。钢材均采用 Q235B 钢，焊条采用 E43 型。假定，该地区抗震设防烈度为 7 度，试验算该连接板节点抗震设计时的极限承载力。

（1）采用高强度螺栓摩擦型连接时，如图 13.7-26a 所示

根据热轧槽钢的规线距离的构造规定，采用 10.9s 的 M20 高强度螺栓，预拉力 $P=155\text{kN}$，螺栓处开孔 $\phi=22\text{mm}$。

1）确定高强度螺栓的数目

10.9s 的 M20 高强度螺栓的材料性能如下：螺栓钢材的抗拉强度最小值 $f_u^b=1040\text{N/mm}^2$；螺纹处的有效截面面积取公称应力截面积 $A_e^b=245\text{mm}^2$

节点板的厚度取 2 倍的热轧槽钢［18a 的腹板厚度，$t=2t_w=2\times7=14\text{mm}$，螺栓连接钢板的极限承压强度取 Q235B 钢材抗拉强度最小值（$f_u=370\text{N/mm}^2$）的 1.5 倍，

$$f_{cu}^b=1.5f_u=1.5\times370=555\text{N/mm}^2。$$

按本手册公式（13.7-10、11）计算，取高强度螺栓的数目 $m=10$ 个

$$N_{vu}^b = 0.58mn_vA_e^bf_u^b = 0.58 \times 10 \times 2 \times 245 \times 1040 \times 10^{-3} = 2956\text{kN}$$

$$N_{cu}^b = md(\Sigma t)f_{cu}^b = 10 \times 20 \times 14 \times 555 \times 10^{-3} = 1554\text{kN}$$

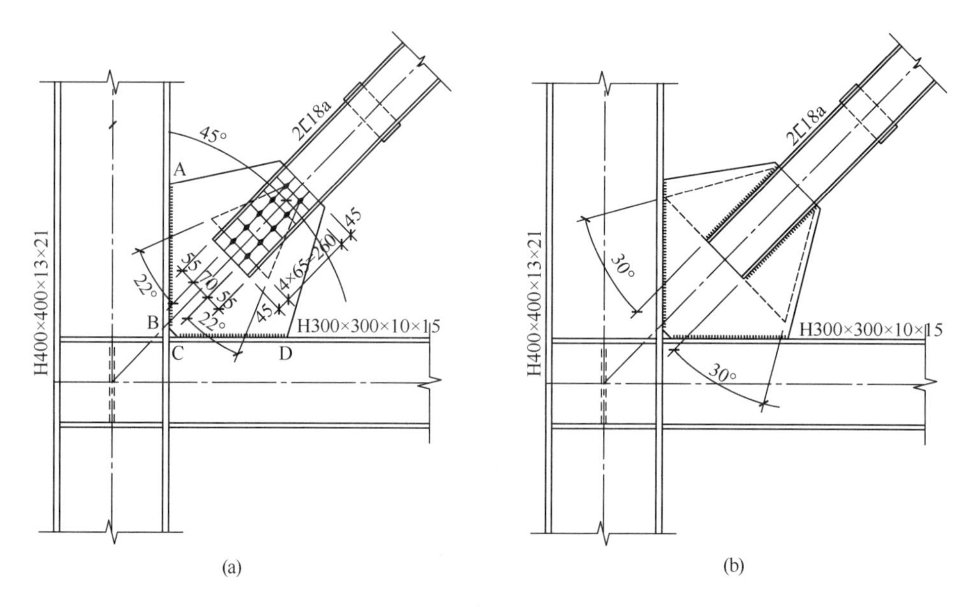

图 13.7-26 多层和高层框架结构支撑节点连接计算

(a) 杆端高强度螺栓摩擦型连接；(b) 杆端焊接连接

取 $N_{cu}^{b}=1554kN$

热轧槽钢［18a 的截面面积 $A_1=2569mm^2$，腹板厚度 $t_w=7mm$；热轧槽钢组合截面 2［18a：毛截面面积 $A=2A_1=2\times2569=5138mm^2$；计算截面面积取净截面面积：

$$A_{br}=A_{bn}=5138-2\times2\times(20+4)\times7=4466mm^2;f_v=235N/mm^2;\eta_j=1.30$$

按本手册公式（13.7-9）进行判断：

$$N_{ubr}^{j}=N_{cu}^{b}=1554kN>\eta_j A_{br}f_y=1.3\times4466\times235\times10^{-3}=1364kN$$

满足要求。

2）确定节点板的厚度（设计使节点板在验算截面处有足够宽度）

假定，节点板的厚度 $t=14mm$。按有效宽度法计算该节点板的传力计算宽度，取应力扩散角 $\theta=22°$；节点板在验算截面处的计算净截面面积不应大于其毛截面面积的 0.85，则

$$b_e=70+2\times260\times tg22°-2\times(20+4)=232mm$$

$$0.85b_{eg}=0.85\times(70+2\times260\times tg22°)=238.1mm$$

取 $b_e=232mm$。

节点板钢材的抗拉强度最小值 $f_u^j=370N/mm^2$，按本手册公式（13.7-14）计算：

$$t=14mm<\eta_j\frac{A_{bn}f_y}{b_e f_u^j}=1.3\times\frac{4466\times235}{232\times370}=15.9mm$$

不能满足要求，有两种措施可以采用：方法一是加大节点板厚度，可取节点板的厚度 $t\geqslant16mm$；方法二是加大螺栓间距。

按方法二验算节点板的厚度，将螺栓间距由 4×65=260mm 改为 4×75=300mm

$$b_e=70+2\times300\times tg22°-2\times(20+4)=264.4mm$$

$$0.85b_{eg}=0.85\times(70+2\times300\times tg22°)=265.6mm$$

取 $b_e=264.4mm$，则

$$t = 14\text{mm} \geqslant \eta_j \frac{A_{bn} f_y}{b_e f_u^j} = 1.3 \times \frac{4466 \times 235}{264.4 \times 370} = 14\text{mm}$$

满足要求。

3）进行热轧槽钢组合截面 2［18a 腹板（螺栓连接受拉支撑杆件的板件）的抗拉剪撕裂极限承载力验算，受拉面和受剪面如图 13.7-27 所示。

按本手册公式（13.7-15、16）计算（螺栓间距为 65mm）：

$$f_u = 370\text{N/mm}^2, f_y = 235\text{N/mm}^2$$

$$A_{bnt} = 2 \times 7 \times [70 - (20 + 4)] = 644\text{mm}^2$$

$$A_{bnv} = 2 \times 2 \times 7 \times [45 + 260 - 4.5 \times (20 + 4)] = 5516\text{mm}^2$$

$$A_{bgv} = 2 \times 2 \times 7 \times (45 + 260) = 8540\text{mm}^2$$

$$N_{svu}^p = 0.58 f_u A_{bnv} + f_u A_{bnt} = (0.58 \times 370 \times 5516 + 370 \times 644) \times 10^{-3} = 1422\text{kN}$$

$$N_{svu}^p = 0.58 f_y A_{bgv} + f_u A_{bnt} = (0.58 \times 235 \times 8540 + 370 \times 644) \times 10^{-3} = 1402\text{kN}$$

取 $N_{svu}^p = 1402\text{kN}$

按本手册公式（13.7-9）进行判断：

$N_{svu}^p = 1402\text{kN} > \eta_j A_{br} f_y = 1364\text{kN}$，满足螺栓连接受拉支撑杆件的板件的抗拉剪撕裂极限承载力要求。

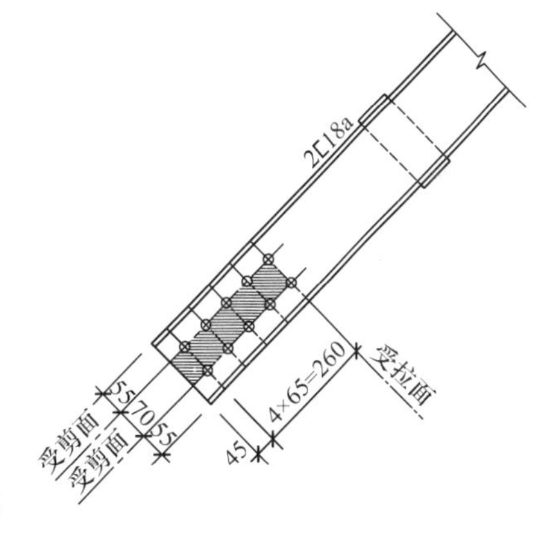

图 13.7-27 热轧槽钢组合截面 2［18a 腹板的拉、剪撕裂假想面

（2）采用角焊缝连接时，如图 13.7-26b 所示

假定支撑斜杆与节点板采用手工焊接，直角角焊缝的焊脚尺寸 $h_f = 8\text{mm}$，实际焊接长度为 300mm。

1）确定节点板的厚度（设计使节点板在验算截面处有足够宽度）

按有效宽度法计算该节点板的传力计算宽度，取应力扩散角 $\theta = 30°$，则

$$b_e = 180 + 2 \times 300 \times \text{tg}30° = 526\text{mm}$$

热轧槽钢组合截面 2［18a 的净截面面积按无削弱计算：$A_{bn} = A = 5138\text{mm}^2$

$$f_y = 235\text{N/mm}^2,\ f_u^j = 370\text{N/mm}^2,\ \eta_j = 1.25$$

按本手册公式（13.7-14）计算：

$$t \geqslant \eta_j \frac{A_{bn} f_y}{b_e f_u^j} = 1.25 \times \frac{5138 \times 235}{526 \times 370} = 7.8\text{mm}$$

取节点板的厚度 $t = 10\text{mm}$

2）验算支撑斜杆与节点板的角焊缝连接的极限承载力

角焊缝的计算长度：

$$l_w = 300 - 2 \times 8 = 284\text{mm}$$

角焊缝的有效受力面积：

$$A_e^w = 4 \times 0.7 \times 8 \times 284 = 6361.6\text{mm}^2$$

角焊缝的抗拉强度：$f_u^f = 240\text{N/mm}^2$

按本手册公式（13.7-13）计算：

$$N_{vu} = A_e^w f_u^f = 6361.6 \times 240 \times 10^{-3} = 1527\text{kN}$$

按本手册公式（13.7-9）进行判断：

$$A_{br}=A=5138\text{mm}^2$$

$$N_{ubr}^{j}=N_{vu}=1527\text{kN}>\eta_j A_{br} f_y=1.25\times5138\times235\times10^{-3}=1509\text{kN}$$

满足要求。

（3）对于图13.7-26所示的支撑节点板与梁、柱的连接，应将支撑的内力分解为水平分力和垂直分力，通过节点板的边缘分别作用于梁的翼缘和柱的翼缘，然后进行连接计算。

1）支撑力的分解应按下列规定进行：

节点板与梁、柱连接面的受力与连接的几何尺寸有关，可采用均布荷载法确定支撑节点板与梁、柱连接的作用力。为控制节点板边缘不存在弯矩，只产生均布力，如图13.7-28所示，节点板竖向和水平连接的边缘的形心位置的参数 b、h 应满足下列等式：

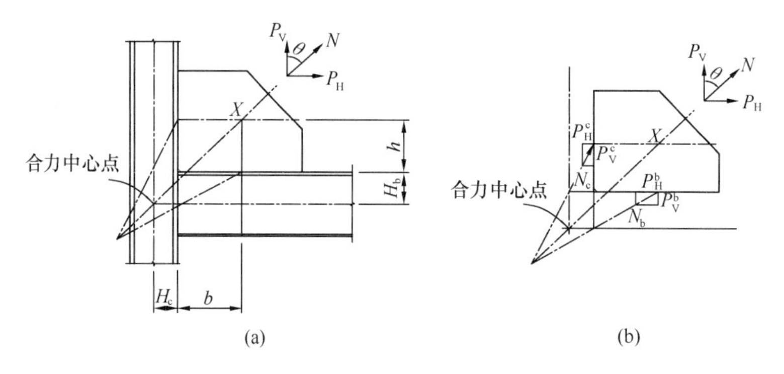

图13.7-28　支撑力分解示意图

（a）节点板边缘无弯矩时力的作用线；（b）作用在梁顶和柱表面的水平力和竖向力

$$b=(H_b+h)\,\text{tg}\theta-H_c$$

此时，节点板与梁、柱连接的边缘的水平力、竖向力可分别按下列各式进行计算：

$$P_H^b=\frac{b}{r}N$$

$$P_V^b=\frac{H_b}{r}N$$

$$P_H^c=\frac{H_c}{r}N$$

$$P_V^c=\frac{h}{r}N$$

$$r=\sqrt{(H_c+b)^2+(H_b+h)^2}$$

式中　P_H^b、P_V^b——分别为节点板与梁连接的边缘的水平力、竖向力；

P_H^c、P_V^c——分别为节点板与柱连接的边缘的水平力、竖向力。

2）对图13.7-26a所示的支撑节点进行支撑力的分解及与梁、柱的连接的计算

已知：$H_c=200$mm，$H_b=150$mm，$\theta=45°$，节点板切角为30mm×30mm，节点板与梁、柱焊接的直角角焊缝的焊脚尺寸 $h_f=8$mm。

为控制节点板边缘不存在弯矩，只产生均布力；节点板设计时，使节点板与柱的连接焊缝长度 $l_{AB}=480$mm，节点板与梁的连接焊缝长度 $l_{CD}=380$mm，则

$$b = 30 + \frac{380}{2} = 220\text{mm}$$

$$h = 30 + \frac{480}{2} = 270\text{mm}$$

$$b = (H_b + h)\text{tg}\theta - H_c = (150 + 270)\text{tg}45^\circ - 200 = 220\text{mm}$$

符合节点板边缘不存在弯矩，只产生均布力控制条件。

取支撑内力为极限承载力，$N=\eta_j A_{br} f_y = 1.3\times4466\times235\times10^{-3}=1364\text{kN}$，则节点板与梁、柱连接的边缘的水平力、竖向力的计算如下

$$r = \sqrt{(H_c + b)^2 + (H_b + h)^2} = \sqrt{(200+220)^2 + (150+270)^2} = 594\text{mm}$$

$$P_H^b = \frac{b}{r}N = \frac{220}{594}\times1364 = 505\text{kN}$$

$$P_V^b = \frac{H_b}{r}N = \frac{150}{594}\times1364 = 344\text{kN}$$

$$P_H^c = \frac{H_c}{r}N = \frac{200}{594}\times1364 = 459\text{kN}$$

$$P_V^c = \frac{h}{r}N = \frac{270}{594}\times1364 = 620\text{kN}$$

节点板与梁的连接强度验算如下

$$l_w = 380 - 2\times8 = 364\text{mm}$$

$$A_f = 2\times0.7\times8\times364 = 4076.8\text{mm}^2$$

$$\sqrt{\left(\frac{P_H^b}{A_f}\right)^2 + \left(\frac{P_V^b}{A_f}\right)^2} = \sqrt{\left(\frac{505\times10^3}{4076.8}\right)^2 + \left(\frac{344\times10^3}{4076.8}\right)^2} = \sqrt{124^2 + 84^2}$$

$$= 150\text{N/mm}^2 < f_u^f = 240\text{N/mm}^2$$

节点板与柱的连接强度验算如下（这里不考虑梁与柱连接的剪力板分担竖向力）

$$l_w = 480 - 2\times8 = 464\text{mm}$$

$$A_f = 2\times0.7\times8\times464 = 5196.8\text{mm}^2$$

$$\sqrt{\left(\frac{P_H^c}{A_f}\right)^2 + \left(\frac{P_V^c}{A_f}\right)^2} = \sqrt{\left(\frac{459\times10^3}{5196.8}\right)^2 + \left(\frac{620\times10^3}{5196.8}\right)^2} = \sqrt{88^2 + 119^2}$$

$$= 148\text{N/mm}^2 < f_u^f = 240\text{N/mm}^2$$

满足要求。

13.8 柱 脚 节 点

13.8.1 柱脚类型与适用范围及基本构造要求

一、柱脚类型与适用范围

柱脚是结构中的重要节点，其作用是将柱下端的轴力、弯矩和剪力传递给基础，使钢柱与基础有效地连接在一起，确保上部结构承受各种外力作用。

柱脚类型按柱脚位置分外露式、外包式、埋入式和插入式四种；按柱脚形式分整体式和分离式两种；按受力情况分铰接和刚接柱脚两大类。建筑类的有关书籍中柱脚分类不统一，本节的内容均按现行国家和行业设计标准的统一分类（外露式、外包式、埋入式、插

入式）进行编写。

外露式柱脚与基础的连接有铰接和刚接之分。外包式、埋入式和插入式柱脚均为刚接柱脚。轻型钢结构房屋和重工业厂房中采用外露式柱脚和插入式柱脚较多，高层钢结构柱脚一般采用外包式、埋入式，近年来也有采用插入式的钢柱脚。

在抗震设防地区的多层和高层钢框架柱脚宜采用埋入式、插入式，也可采用外包式；抗震设防烈度为6、7度且高度不超过50m时可采用外露式。

二、柱脚基本构造

1. 柱脚构造应符合计算假定，传力可靠，减少应力集中，且便于制作、运输和安装。

2. 柱脚钢材牌号不应低于下段柱的钢材牌号。构造加劲肋可采用Q235B钢。对于承受拉力的柱脚底板，当钢板厚度不小于40mm时，应选用符合现行国家标准《厚板方向性能钢板》GB/T 5313中Z15的钢板。

3. 柱脚的靴梁、肋板、隔板应对称布置。

4. 柱脚节点的承载力设计值应不小于下段柱承载力设计值。

5. 柱脚节点焊缝承载力应不小于节点承载力。节点焊缝应根据焊缝形式和应力状态按下述原则分别选用不同的质量等级：

（1）凡要求与母材等强的对接焊缝或要求焊透的T形接头焊缝，其质量等级宜为一级；外露式柱脚的柱身与底板的连接焊缝应为一级。

（2）不要求焊透的T形接头采用的角焊缝或部分焊透的对接与角接组合焊缝，其焊缝的外观质量标准应为二级。其他焊缝的外观质量标准可为三级。

6. 在抗震设防地区的柱脚节点，应与上部结构的抗震性能目标一致，柱脚节点构造应符合"强节点、弱构件"的设计原则。当遭受小震和设防烈度地震作用时，柱脚节点应保持弹性。当遭受罕遇地震作用时，柱脚节点的极限承载力不应小于下段柱全塑性承载力1.2倍。

7. 外露式柱脚构造措施应防止积水，积灰，并采取可靠的防腐、隔热措施。

8. 复杂的大型柱脚节点构造应通过有限元分析确定，并宜试验验证，不断修正和完善节点构造。

13.8.2 外露式柱脚的计算与构造及计算实例

一、实腹柱铰接柱脚

1. 柱脚计算

铰接柱脚计算包括底板、靴梁、肋板、隔板、连接焊缝和抗剪键计算。

（1）柱脚底板确定

底板的平面尺寸如图13.8-1所示，取决于基础混凝土轴心抗压强度值，计算时一般假定柱脚底板和基础之间的压力均匀分布，底板面积按下式计算：

$$A = \frac{N}{f_c} \tag{13.8-1}$$

式中 N——作用于柱脚的轴心压力；

f_c——混凝土轴心抗压强度设计值。

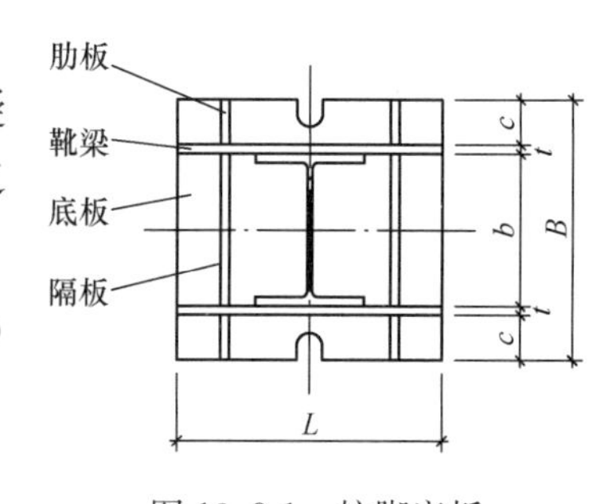

图13.8-1 柱脚底板

柱脚设有靴梁时，底板宽度按下式确定：

$$B = b + 2t + 2c \tag{13.8-2}$$

式中 b——柱截面宽度；

t——靴梁厚度，一般取柱翼缘厚度，且不小于 10mm；

c——底板伸出靴梁外的宽度，一般取 20～30mm。

底板长度 L 按底板对基础顶的最大压应力不大于混凝土强度设计值 f_c 确定：

$$\sigma_{max} = \frac{N}{BL} \leqslant f_c \tag{13.8-3}$$

底板长度 L 应不大于 2 倍宽度 B 并尽量设计成方形。

底板被靴梁、隔板分隔成四边支承板、三边支承板和悬臂板。底板厚度 t 可按下式计算：

$$t = \sqrt{\frac{6M_{max}}{f}} \tag{13.8-4}$$

式中 M_{max}——底板的最大弯矩，取四边支承板、三边支承板和悬臂板计算弯矩中的最大值；

f——钢材的强度设计值。

上述计算简单，但偏于安全。柱脚底板厚度可采用有限元法进行计算分析确定。底板厚度不应小于 20mm，并不小于柱子板件的厚度，以保证底板有足够的刚度，使柱脚易于施工和维护。

柱端与靴梁、底板、隔板以及靴梁、底板、隔板间的相互连接焊缝一般都采用角焊缝。

（2）柱下端与底板的连接焊缝计算

1）熔透的对接焊缝可不进行验算。

2）当柱子下端铣平时，连接角焊缝的焊脚尺寸的承载力应大于轴心压力的 15%，且应满足角焊缝最小焊脚尺寸和抗剪承载力的要求。

3）角焊缝在轴向力和剪力共同作用下，其强度应按下列公式计算：

$$\sigma_f = \frac{N}{h_e l_w} \leqslant \beta_f f_f^w \tag{13.8-5}$$

$$\tau_f = \frac{V}{h_e l_w} \leqslant f_f^w \tag{13.8-6}$$

$$\sqrt{\left(\frac{\sigma_f}{\beta_f}\right)^2 + \tau_f^2} \leqslant f_f^w \tag{13.8-7}$$

式中 V——柱脚剪力；

h_e——角焊缝的计算厚度，对直角角焊缝等于 $0.7h_f$，h_f 为焊脚尺寸；

l_w——角焊缝的计算长度，对每条焊缝取其实际长度减去 $2h_f$；

β_f——正面角焊缝的强度设计值增大系数：对承受静力荷载和间接承受动力荷载的柱脚，$\beta_f = 1.22$；对直接承受动力荷载的柱脚，$\beta_f = 1.0$；

f_f^w——角焊缝的强度设计值。

角焊缝的焊脚尺寸除满足受力要求外，尚应符合构造规定，即焊角尺寸 h_f（mm）不得小于 $1.5\sqrt{t}$，t（mm）为较厚焊件厚度，不宜大于较薄焊件厚度的 1.2 倍，侧面角焊缝的计算长度不宜超过 $60h_f$。当超过时，焊缝的承载力设计值应乘以折减系数 α_f，$\alpha_f=1.5-\frac{l_w}{120h_f}$，并不小于 0.5，但有效焊缝计算长度不应超过 $180h_f$。

（3）靴梁、肋板与隔板的计算

靴梁的高度由靴梁与柱的连接焊缝长度确定，一般不小于 250mm，靴梁板的厚度按下列公式计算：

$$t\geqslant\frac{6M_{max}}{h^2f} \tag{13.8-8}$$

$$t\geqslant\frac{1.5V_{max}}{hf_v} \tag{13.8-9}$$

式中　h——靴梁的高度；

M_{max}——靴梁所受的最大弯矩；

V_{max}——靴梁所受的最大剪力；

f_v——钢材的抗剪强度设计值。

靴梁板的厚度取上述计算的最大值，且宜与柱翼缘厚度协调，并不小于 10mm，其局部稳定应符合梁腹板的要求，厚度与底板相协调。

悬挑式靴梁与柱肢的连接角焊缝应按综合应力进行验算：

$$\tau_f=\sqrt{\left(\frac{\sigma_M}{\beta_f}\right)^2+\tau_V^2}\leqslant f_f^w \tag{13.8-10}$$

式中　σ_M、τ_V——角焊缝在底板基础反力作用下产生的正应力和剪应力。

肋板在基础反力作用下的计算内容为：

肋板厚度：

$$t_s=\frac{V_s}{f_vh_s} \tag{13.8-11}$$

式中　V_s——肋板所承担区域的基础反力；

h_s——肋板高度，一般不小于 200mm。

肋板侧面角焊缝：

$$\tau_f=\frac{V_s}{2h_el_w}\leqslant f_f^w \tag{13.8-12}$$

隔板按两端简支于靴梁的简支梁计算，其高度取决于和靴梁的连接焊缝，一般为靴梁高度的 2/3，厚度应不小于 $l/50$（l 为隔板的长度）也不小于 10mm。

2. 抗剪键计算

柱脚锚栓不宜用以承受柱脚底部的水平反力，此水平反力首先通过柱脚底板与混凝土面之间的摩擦力传递给基础混凝土，但当柱脚承受的水平力大于该摩擦时，需要设置抗剪键来抗剪。在工程中常用的抗剪键为 H 型钢或方钢。抗剪键通常焊在底板下面，柱底的水平力由底板传递给焊缝，焊缝再传递给抗剪键，抗剪键通过承压传递给周围的混凝土。抗剪键能否起到抗剪作用，抗剪键的埋深是关键。抗剪键埋深应能保证混凝土达到破坏时的承载力大于柱脚承受的水平力，其埋深 h（mm）可按下式计算：

$$h\geqslant1.45\frac{V}{f_cb} \tag{13.8-13}$$

式中　V——柱脚剪力；

f_c——基础混凝土轴心抗压强度设计值；

b——抗剪键宽度。

抗剪键与柱脚底板的焊缝应等强焊接。

3. 柱脚构造

铰接柱脚的轴心压力由柱脚底板传给混凝土基础，水平力由底板与混凝土之间的摩擦力（摩擦系数为0.4）或者设置抗剪键来承受，柱脚的锚栓不宜用于承受柱脚底板的水平力。铰接柱脚的构造方式有轴承式如图13.8-2a、平板式如图13.8-2b、c和底板加靴梁如图13.8-2d三种，这是最简单的示例，在工程中还有各种形式的铰接柱脚。

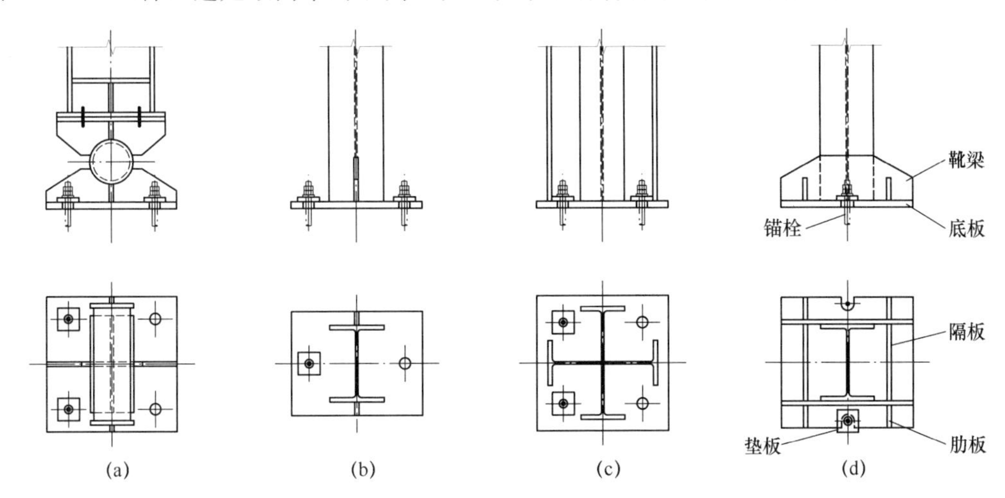

图13.8-2 铰接柱脚

（a）轴承式柱脚；（b）平板式柱脚之一；（c）平板式柱脚之二；（d）靴梁式柱脚

轴承式铰接柱脚，柱可以围绕枢轴自由转动，其构造是理想的铰接，符合计算简图，但这种柱脚制造费工，安装麻烦，且费钢材，在建筑工程中已较少采用，一般用于轴压杆件或者一端因要求压力作用点不应有较大变动的铰接柱脚。

平板式铰接柱脚，在工程中采用较多，适用于轴力较小的轻型柱。这种柱脚构造简单，在柱的端部焊一块中等厚度的底板，柱身的轴力通过焊缝传到底板，底板再将压力传到基础上。当柱身轴力较大，连接焊缝的高度往往超过构造限制，而且基础存在压力不均，这种情况柱脚可以采用底板加靴梁的构造形式，如图13.8-2d所示，柱端通过焊缝将力传给靴梁，靴梁通过与底板的连接焊缝传给底板而后再传给基础。当底板尺寸较大，为提高底板的抗弯能力，可在靴梁之间设置隔板，两侧设置肋板，隔板和肋板与靴梁和底板相焊，这样既可增加传力焊缝的长度，又可减小底板在反力作用下的弯矩值。隔板的数量和底板的厚度可合理优化设计减少钢材用量。

柱脚底板通过锚栓与基础固定，虽然锚栓的直径不是计算确定，但考虑到安装阶段的稳定和构造的需要，锚栓数量为2个或4个，其直径d不应小于24mm，埋入基础内深度不宜小于$25d$，钢材质量等级可为Q235B或Q345B。为安装方便，底板开孔直径为$1.5d$，柱在安装调整后锚栓再套上垫板并与底板相焊，垫板的厚度为（0.4～0.5）d，一般不小于20mm，开孔直径$d_0=d+2$mm，螺母应采用双螺母。

门式刚架轻型钢结构柱脚构造锚栓可按表13.8-1选用。

锚栓构造直径建议值表　　表 13.8-1

跨度	$L\leqslant 15$m	15m$<L\leqslant$24m	24m$<L\leqslant$36m	36m$<L\leqslant$48m	$L>$48m
性能等级	3.6S				
材质	Q235B，Q345B				
锚固长度	$\geqslant 25d$				
锚栓直径 d（mm）	≥24	≥36	≥42	≥50	≥60

4. 计算实例

（1）柱截面采用焊接 H 型钢，截面尺寸为：450×200×14×20，钢材为 Q345B。底板、靴梁及隔板钢材为 Q235B。焊条 E43 型，手工焊接。荷载组合值：$N=3150$kN，$V=145$kN。基础顶面与柱脚底板面积相同。基础混凝土强度等级 C20，抗压强度设计值 $f_c=9.6\text{N/mm}^2$。

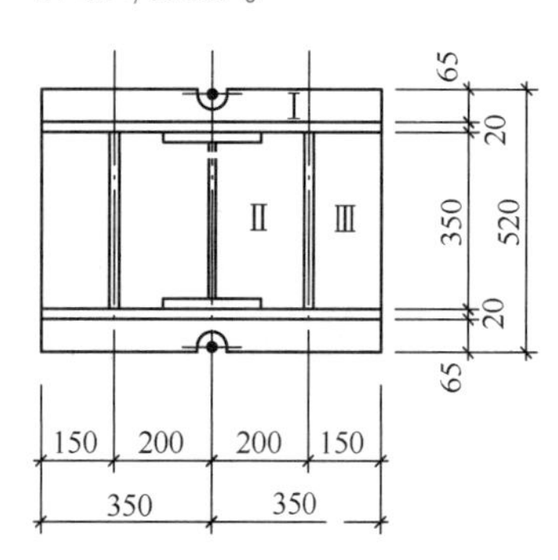

图 13.8-3　柱脚底板尺寸

（2）柱脚底板尺寸，如图 13.8-3 所示

底板面积：$A=\dfrac{3150\times10^3}{9.6}=328125\text{mm}^2$

底板宽：$B=350+2\times20+2\times65=520$mm

底板长：$L=\dfrac{328125}{520}=631$mm，取 $L=700$mm

底板厚度：

不考虑混凝土局部受压时的强度提高系数，底板对基础顶面的压应力。

$$\sigma_c=\frac{3150\times10^3}{520\times700}=8.65\text{N/mm}^2<9.7\text{N/mm}^2$$

底板计算弯矩按区格Ⅰ、Ⅱ、Ⅲ中较大者采用。

板Ⅰ悬臂板：

$$M_{\text{I}}=\frac{1}{2}\times8.65\times65^2=18273\text{N}\cdot\text{mm}$$

板Ⅱ四板支承板：

$a_1=200$mm，$b_1=350$mm，$\dfrac{b_1}{a_1}=\dfrac{350}{200}=1.75$，查表 13.8-2 得：$\beta_1=0.0928$

$$M_{\text{II}}=0.0928\times8.65\times200^2=32108.8\text{N}\cdot\text{mm}$$

板Ⅲ三边支承板：

$b_2=150$mm，$a_2=350$mm，$\dfrac{b_2}{a_2}=\dfrac{150}{350}=0.429$，查表 13.8-3 得：$\beta_1=0.0487$

$$M_{\text{III}}=0.0487\times8.65\times350^2=51603.7\text{N}\cdot\text{mm}$$

底板厚度：

$$t=\sqrt{\frac{6\times51603.7}{205}}=38.9\text{mm}，取板厚\ t=40\text{mm}$$

（3）柱下端与底板连接焊缝计算

取 $h_f=8$mm

$$\sum l_w=(700-2\times8)\times2+(700-200-4\times8)\times2+(200-14-4\times8)\times2$$

$$+(350-2\times8)\times4+(350-20-2\times8)\times2=4536\text{mm}$$

$$\sigma_f=\frac{3150\times10^3}{0.7\times8\times4536}=124\text{N/mm}^2$$

$$\tau_f=\frac{145\times10^3}{0.7\times8\times4536}=5.7\text{N/mm}^2$$

$$\sqrt{\left(\frac{124}{1.22}\right)^2+5.7^2}=101.8\text{N/mm}^2<160\text{N/mm}^2$$

（4）靴梁计算

靴梁高度：

靴梁与柱翼缘采用角焊缝连接，焊脚尺寸 h_f=14mm 得：

$$l_w=\frac{3150\times10^3}{4\times0.7\times14\times160}+2\times14=502.2\text{mm}$$

靴梁高度采用 550mm<60×14=840mm

靴梁强度验算：

靴梁板厚度取 t=20mm

$$M_{max}=\frac{1}{2}\times8.65\times260\times250^2=70.28\times10^6\text{N/mm}^2$$

$$\sigma=\frac{6\times70.28\times10^6}{550^2\times20}=69.7\text{N/mm}^2<205\text{N/mm}^2$$

$$V_{max}=8.65\times250\times260=562.25\times10^3\text{N}$$

$$\tau=\frac{1.5\times562.25\times10^3}{550\times20}=76.7\text{N/mm}^2<120\text{N/mm}^2$$

本例题的悬挑式靴梁板为两块 700×550×20 的钢板，采用角焊缝与柱肢翼缘相焊，角焊缝只传递 H 型钢柱的轴向力，不验算综合应力，其剪应力为：

$$\tau_f=\frac{3150\times10^3}{4\times0.7\times14\times(550-14)}=149.9\text{N/mm}^2<160\text{N/mm}^2$$

肋板厚度取 t=18mm，h_s=370mm

$$V_s=\frac{350}{2}\times(150+100)\times8.65=378438\text{N}$$

$$\tau=\frac{378438}{18\times370}=56.8\text{N/mm}^2<120\text{N/mm}^2$$

肋板侧面角焊缝验算：

角焊缝 h_f=8mm

$$\tau_f=\frac{378438}{2\times0.7\times8\times(370-2\times8)}=95.4\text{N/mm}^2<160\text{N/mm}^2$$

（5）抗剪计算

柱脚底板与混凝土基础顶面的摩擦系数 μ=0.40，柱脚底板所能提供的最大抗剪承载力为：

$$\mu N=0.40\times3150=1260\text{kN}>145\text{kN}$$

（6）地脚锚栓

考虑安装的需要，设置两个构造锚栓，选用锚栓直径 d=36mm。

二、实腹柱刚接柱脚

1. 柱脚计算

(1) 柱脚底板确定

柱脚各板件及其连接除应满足柱脚向基础传递内力的强度要求外，尚应具有承受基础反力及锚栓抗力作用的能力。因此，假定柱脚为刚体，基础反力呈线性变化。

底板宽度 B 可按公式（13.8-2）确定。底板长度 L 应满足下式要求：

$$\sigma_c=\frac{N}{BL}+\frac{6M}{BL^2}\leqslant f_c \tag{13.8-14}$$

式中 N、M——柱下端的框架组合内力，即轴心力和相应的弯矩。若柱的形心轴与底板的形心轴不重合时，底板采用的弯矩应另加偏心弯矩 $N\cdot e$（e 为下柱截面形心轴与底板长度方向的中心线之间的距离）；

f_c——混凝土轴心抗压强度设计值，当计入局部承压的提高系数时，则可取 $\beta_c f_c$ 替代。

底板厚度 t 按下式计算：

$$t=\sqrt{\frac{6M_{max}}{f}} \tag{13.8-15}$$

式中 M_{max}——在基础反力作用下，各区格单位宽度上弯矩的最大值，当锚栓直接锚在底板上时，则取区格弯矩和锚栓产生弯矩的较大值。

底板被靴梁、加劲肋和隔板所分割区格的弯矩值可按下列公式计算：

四边支承板：

$$M=\beta_1\sigma_c a_1^2 \tag{13.8-16a}$$

三边支承板或两相邻边支承板：

$$M=\beta_2\sigma_c a_2^2 \tag{13.8-16b}$$

当 b_1/a_1 或 $b_2/a_2>2$ 及两对边支承时：

$$M=\frac{1}{8}\sigma_c a_3^2 \tag{13.8-16c}$$

悬臂板：

$$M=\frac{1}{2}\sigma_c a_4^2 \tag{13.8-16d}$$

上列式中 σ_c——所计算区格内底板下部平均应力；

β_1、β_2——分别为 b_1/a_1、b_2/a_2 的有关参数，见表 13.8-2、表 13.8-3；

a_1、b_1——分别为计算区格内板的短边和长边；

a_2、b_2——对三边支承板，为板的自由边长度和相邻边的边长；对两相邻边支承板为两支承边对角线的长度和两支承边交点至对角线的距离；

a_3——简支板跨度（即 a_1 或 a_2）；

a_4——悬臂长度（或 $b_2/a_2<0.3$ 中的 b_2 值）。

底板厚度除按上述计算确定外，还应满足构造要求，即底板厚度不应小于 25mm，也不宜大于 100mm。

β_1 值 表 13.8-2

四边支承板	$\frac{b_1}{a_1}$	1.0	1.1	1.2	1.3	1.4	1.5	1.6	1.7	1.8	1.9	2.0	>2.0
	β_1	0.0479	0.0553	0.0626	0.0693	0.0753	0.0812	0.0862	0.0908	0.0948	0.0985	0.1017	0.1250

β_2 值 表 13.8-3

三边支承板	$\frac{b_2}{a_2}$	0.30	0.35	0.40	0.45	0.50	0.55	0.60	0.65	0.70	0.75	0.80
	β_2	0.0273	0.0355	0.0439	0.0522	0.0602	0.0677	0.0747	0.0812	0.0871	0.0924	0.0972
两相邻边支承板	$\frac{b_2}{a_2}$	0.85	0.9	0.95	1.00	1.10	1.20	1.30	1.40	1.50	1.75	2.00
	β_2	0.1015	0.1053	0.1087	0.1117	0.1167	0.1205	0.1235	0.1258	0.1275	0.1302	0.1316

注：当 $b_2/a_2<0.3$ 时，按悬臂长度为 b_2 的悬臂板计算。

（2）锚栓计算

锚栓计算时应选用柱脚荷载组合中最大 M 和相应的较小 N，使底板在最大可能范围内产生底部拉力，见图 13.8-4。

当偏心距 $e=\frac{M}{N}\leqslant\frac{l}{6}$ 或 $\frac{l}{6}<e\leqslant\left(\frac{l}{6}+\frac{x}{3}\right)$ 时，受拉侧锚栓按构造要求设置。

当偏心距 $e>\left(\frac{l}{6}+\frac{x}{3}\right)$ 时，受拉侧单个锚栓有效截面积 A_c 可按下式计算：

$$A_c=\frac{N(e-l/2+x/3)}{n_i(l-c-x/3)f_t^a} \tag{13.8-17}$$

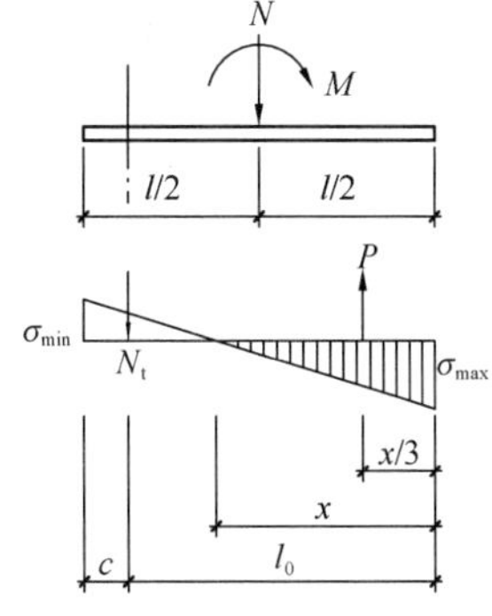

图 13.8-4 锚栓计算简图

式中 M、N——柱下端框架荷载组合中最大弯矩和相应的轴心力；

f_t^a——锚栓抗拉强度设计值；

n_i——柱一侧锚栓数目。

x——底板一侧压应力分布长度，应采用使其产生最大拉力的组合弯矩和相应的轴心力。底板一侧的压应力和另一侧的假想拉应力可分别按下列公式计算：

$$\sigma_{max}=\frac{N}{BL}+\frac{6M}{BL^2}\leqslant f_c \tag{13.8-18a}$$

$$\sigma_{min}=\frac{N}{BL}-\frac{6M}{BL^2} \tag{13.8-18b}$$

按上述两式求出底板一侧压应力和另一侧的假想拉应力后即可求压力分布长度 x 值。锚栓的有效截面积确定后，锚栓的直径、锚固长度及细部尺寸可按表 13.8-4 选用。

Q235、Q345 钢锚栓选用表 表 13.8-4

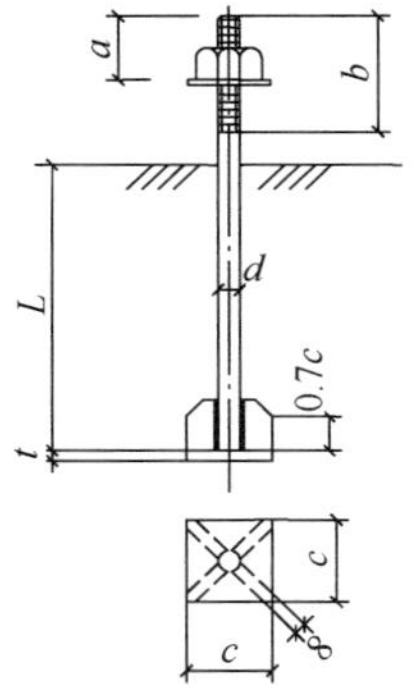

钢材牌号	锚栓直径 d (mm)	锚栓截面有效面积 A_c (cm²)	连接尺寸				锚固长度及细部尺寸											每个锚栓的受拉承载力设计值 N_t^a (kN)
			垫板顶面标高 基础顶面标高				Ⅰ型			Ⅱ型			Ⅲ型					
			单螺母		双螺母		锚固长度 L (mm)									锚板尺寸		
			a	b	a	b	当混凝土的强度等级为									c	t	
			(mm)	(mm)	(mm)	(mm)	C15	C20	C25	C15	C20	C25	C15	C20	C25	(mm)	(mm)	
Q235锚栓选用表	20	2.448	45	75	60	90	500	400	340									34.3
	22	3.034	45	75	65	95	550	440	375									42.5
	24	3.525	50	80	70	100	600	480	410									49.4
	27	4.594	50	80	75	105	675	540	460									64.3
	30	5.606	55	85	80	110	750	600	510									78.5
	33	6.936	55	90	85	120	825	660	565									97.1
	36	8.167	60	95	90	125	900	720	615									114.3
	39	9.758	65	100	95	130	1000	780	665									136.6
	42	11.21	70	105	100	135				1050	840	715	630	505	440	140	20	156.9
	45	13.06	75	110	105	140				1125	900	765	675	540	475	140	20	182.8

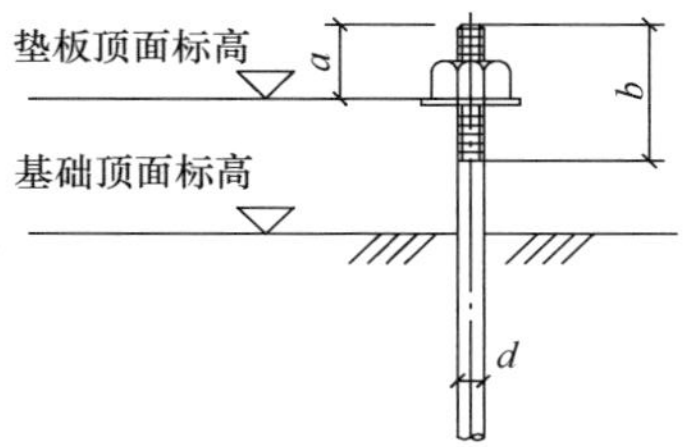

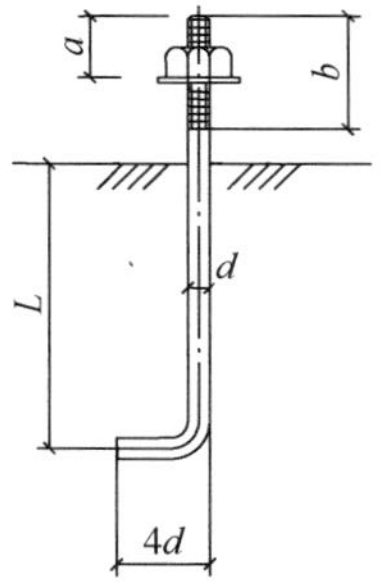

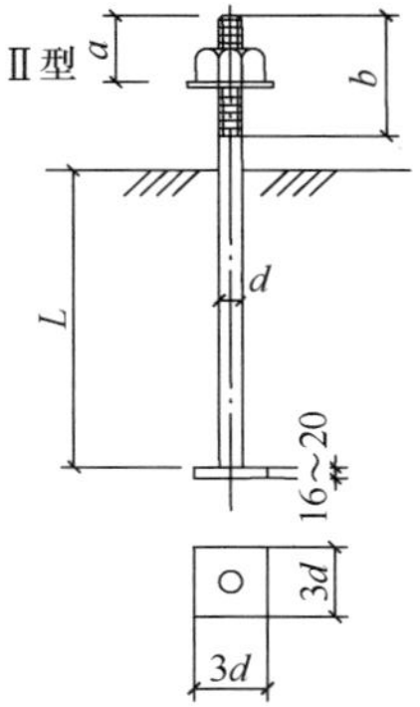

续表

钢材牌号	锚栓直径 d (mm)	锚栓截面有效面积 A_c (cm^2)	连接尺寸				锚固长度及细部尺寸											每个锚栓的受拉承载力设计值 N_t^a(kN)
			垫板顶面标高 基础顶面标高				Ⅰ型			Ⅱ型			Ⅲ型					
			单螺母		双螺母		锚固长度 L (mm) 当混凝土的强度等级为									锚板尺寸		
			a (mm)	b (mm)	a (mm)	b (mm)	C15	C20	C25	C15	C20	C25	C15	C20	C25	c (mm)	t (mm)	
Q235锚栓选用表	48	14.73	80	120	110	150				1200	960	815	720	575	505	200	20	206.2
	52	17.58	85	125	120	160				1300	1040	885	780	625	545	200	20	246.1
	56	20.30	90	130	130	170				1400	1120	950	840	670	590	200	20	284.2
	60	23.62	95	135	140	180				1500	1200	1020	900	720	630	240	25	330.7
	64	26.76	100	145	150	195				1600	1280	1090	960	770	670	240	25	374.6
	68	30.55	105	150	160	205				1700	1360	1155	1020	815	715	280	30	427.7
	72	34.60	110	155	170	215				1800	1440	1225	1080	865	755	280	30	484.4
	76	38.89	115	160	180	225				1900	1520	1290	1140	910	800	320	30	544.5
	80	43.44	120	165	190	235				2000	1600	1360	1200	960	840	350	40	608.2
	85	49.48	130	180	200	250				2125	1700	1445	1275	1020	895	350	40	692.7
	90	55.91	140	190	210	260				2250	1800	1530	1350	1080	945	400	40	782.7
	95	62.73	150	200	220	270				2375	1900	1615	1425	1140	1000	450	45	878.2
	100	69.95	160	210	230	280				2500	2000	1700	1500	1200	1050	500	45	979.3

续表

钢材牌号	锚栓直径 d (mm)	锚栓截面有效面积 A_c (cm²)	连接尺寸				锚固长度及细部尺寸											每个锚栓的受拉承载力设计值 N_t^a(kN)
			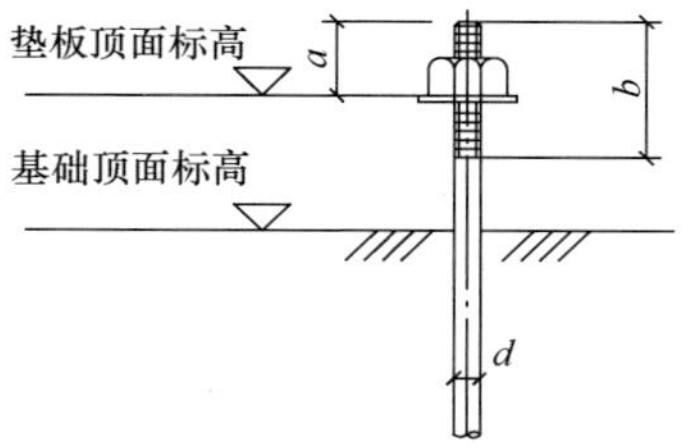 垫板顶面标高 基础顶面标高				Ⅰ型 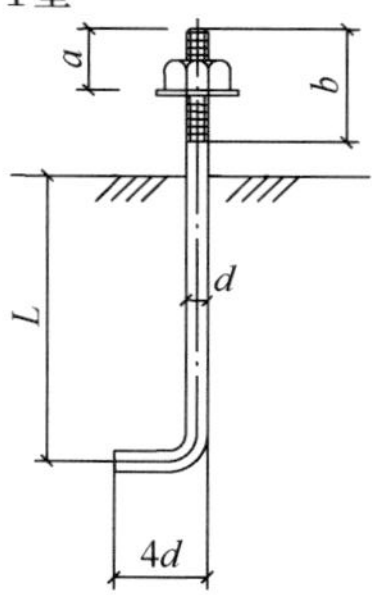			Ⅱ型 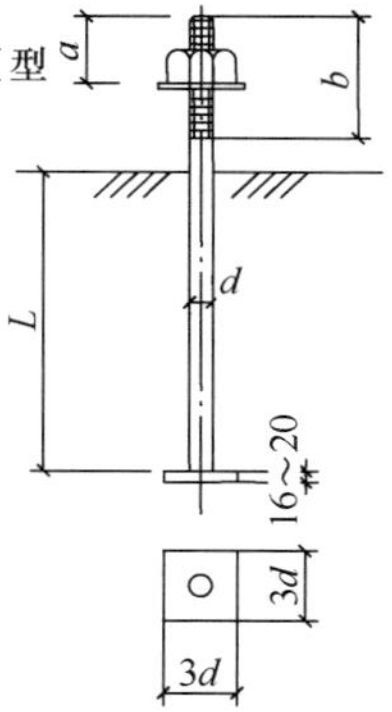			Ⅲ型 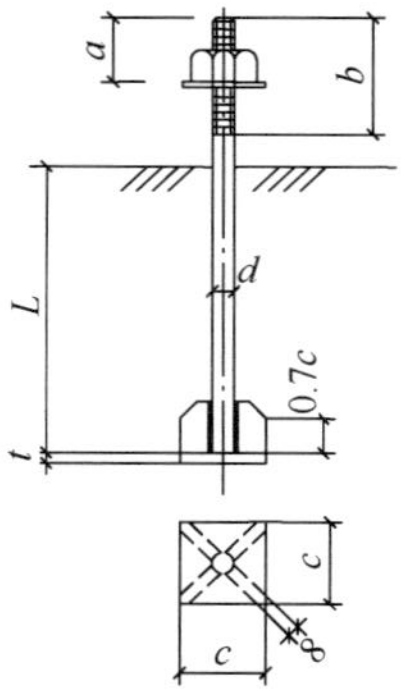					
			单螺母		双螺母		锚固长度 L (mm) 当混凝土的强度等级为									锚板尺寸		
			a (mm)	b (mm)	a (mm)	b (mm)	C15	C20	C25	C15	C20	C25	C15	C20	C25	c (mm)	t (mm)	
Q345锚栓选用表	20	2.448	45	75	60	90	600	500	440									44.1
	22	3.034	45	75	65	95	660	550	485									54.6
	24	3.525	50	80	70	100	720	600	530									63.5
	27	4.594	50	80	75	105	810	675	595									82.7
	30	5.606	55	85	80	110	900	750	660									100.9
	33	6.936	55	90	85	120	990	825	725									124.8
	36	8.167	60	95	90	125	1080	900	790									147.0
	39	9.758	65	100	95	130	1170	1000	860									175.6
	42	11.21	70	105	100	135				1260	1050	925	755	630	545	140	20	201.8
	45	13.06	75	110	105	140				1350	1125	990	810	675	585	140	20	235.1
	48	14.73	80	120	110	150				1440	1200	1055	865	720	625	200	20	265.1

续表

钢材牌号	锚栓直径 d (mm)	锚栓截面有效面积 A_c (cm²)	连接尺寸				锚固长度及细部尺寸											每个锚栓的受拉承载力设计值 N_t^a (kN)
			垫板顶面标高 基础顶面标高				Ⅰ型			Ⅱ型			Ⅲ型					
			单螺母		双螺母		锚固长度 L (mm) 当混凝土的强度等级为									锚板尺寸		
			a (mm)	b (mm)	a (mm)	b (mm)	C15	C20	C25	C15	C20	C25	C15	C20	C25	c (mm)	t (mm)	
Q345 锚栓选用表	52	17.58	85	125	120	160				1560	1300	1145	935	780	675	200	20	316.4
	56	20.30	90	130	130	170				1680	1400	1230	1010	840	730	200	20	365.4
	60	23.62	95	135	140	180				1800	1500	1320	1080	900	780	240	25	425.2
	64	26.76	100	145	150	195				1920	1600	1410	1150	960	830	240	25	481.7
	68	30.55	105	150	160	205				2040	1700	1495	1225	1020	885	280	30	549.9
	72	34.60	110	155	170	215				2160	1800	1585	1300	1080	935	280	30	622.8
	76	38.89	115	160	180	225				2280	1900	1675	1370	1140	990	320	30	700.0
	80	43.44	120	165	190	235				2400	2000	1760	1440	1200	1040	350	40	781.9
	85	49.48	130	180	200	250				2550	2125	1870	1530	1275	1105	350	40	890.6
	90	55.91	140	190	210	260				2700	2250	1980	1620	1350	1170	400	40	1006
	95	62.73	150	200	220	270				2850	2375	2090	1710	1425	1235	450	45	1129
	100	69.95	160	210	230	280				3000	2500	2200	1800	1500	1300	500	45	1259

（3）锚栓支承加劲肋和锚栓支承托座加劲肋计算

1）锚栓支承加劲肋，如图 13.8-6a～e 所示，与底板及柱身的连接，当底板受压时加劲肋所承担的压力按下式计算：

$$P = \sigma_c A \tag{13.8-19}$$

式中　σ_c——加劲肋所应承担区格内底板下部平均应力；

A——加劲肋所应承担的压应力面积。

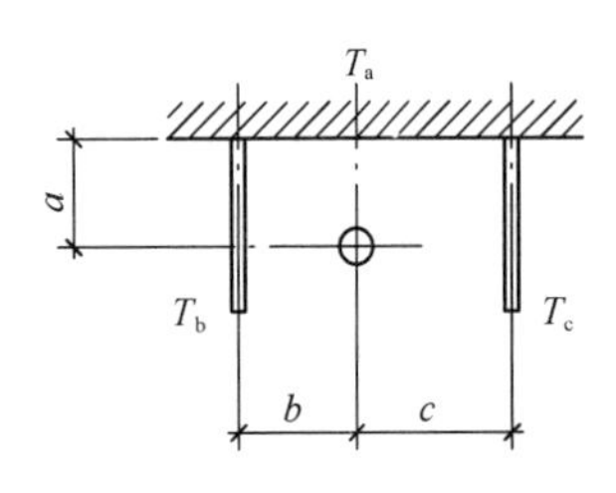

图 13.8-5　支承边受力计算图

当锚栓受拉时，锚栓拉力向各支承边（图 13.8-5）分配的比例按下列公式计算：

$$T_a = \frac{b^3c^3}{a^3b^3 + b^3c^3 + a^3c^3}T_t \tag{13.8-20a}$$

$$T_b = T_c = \frac{a^3c^3}{a^3b^3 + b^3c^3 + a^3c^3}T_t \tag{13.8-20b}$$

当为两边支承时，可按下式计算：

$$T = \frac{b^3}{b^3 + a^3}T_t \tag{13.8-20c}$$

式中　T_t——一个锚栓的拉力。

2）锚栓支承加劲肋及其连接计算，应按底板受压所承担的反力或锚栓各支承边分担的拉力中较大者计算截面强度和角焊缝连接强度。

3）锚栓支承托座加劲肋，如图 13.8-6g 所示及连接计算，当锚栓受拉时，其拉力自加劲肋的顶面向下传递，各加劲肋与托座水平板的连接按锚栓所施加给加劲肋板顶面的力进行计算，此力由加劲肋与柱身及底板的连接共同承担。底板受压时，加劲肋与底板及柱身的连接按公式（13.8.19）进行计算。

（4）柱脚其他部分的计算与铰接柱脚相同，只是柱底反力应按不均匀分布的实际情况考虑。

关于柱脚锚栓能否用于抵抗水平剪力的问题，《钢结构设计标准》GB 50017—2017 和《建筑抗震设计规范》GB 50011—2010（2016 年修订版）明确规定，柱脚锚栓不宜用以承受柱底水平力，柱底剪力应由钢底板与基础间的摩擦力（摩擦系数取 0.4）或设置抗剪键及其措施承担。《高层民用建筑钢结构技术规程》JGJ 99—2015 规定，当柱脚底板的锚栓开孔直径不大于锚栓直径加 5mm，且锚栓垫片下设置盖板，盖板与柱脚底板相焊，角焊缝抗剪承载力大于柱脚剪力就可以承担柱脚剪力。这种构造设计锚栓除承受剪力外还应承受附加弯矩。当锚栓同时受拉和受剪共同作用时，单根锚栓的承载力除满足按高强度承压型连接的技术要求外，尚应考虑附加弯矩的影响。其单根锚栓的承载力可按《高层民用建筑钢结构技术规程》JGJ 99—2015 中第 8.6 节的相关公式计算。

（5）在抗震设防 6、7 度地区的单层厂房和高度不超过 50m 的多层厂房以及民用建筑房层的柱脚，其极限承载力应大于钢柱截面塑性屈服承载力的 1.2 倍。在计算柱脚极限承载力时，锚栓和混凝土强度分别取锚栓屈服强度和混凝土抗压强度标准值。靴梁、锚栓支承托座及加劲肋、底板以及板件间的连接焊缝均满足抗震构造措施要求。

2. 柱脚构造

（1）构造设计原则

刚接柱脚与铰接柱脚不同之处，在于除承受轴心压力和水平力外还要承受弯矩，在构造上应保证传力明确，与基础之间的连接应牢固且便于制作和安装。当作用在柱脚的轴心压力和弯矩比较小，柱脚可采用图 13.8-6a～e 形式，其中蜂窝柱，如图 13.8-6d 所示靠近

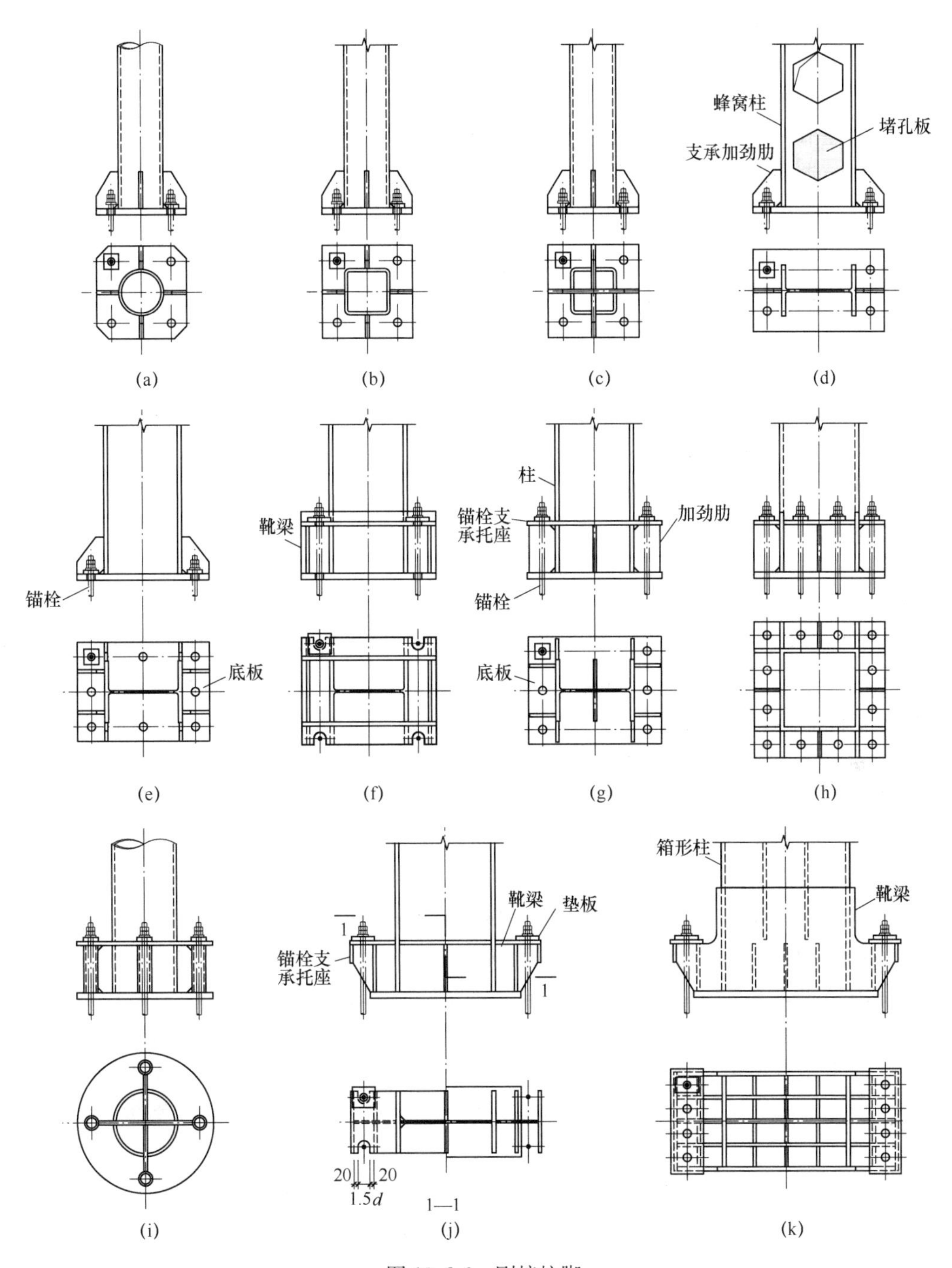

图 13.8-6　刚接柱脚

(a) 支承加劲肋式之一；(b) 支承加劲肋式之二；(c) 支承加劲肋式之三；(d) 支承加劲肋式之四；(e) 支承加劲肋式之五；(f) 靴梁式之一；(g) 靴梁式之二；(h) 靴梁式之三；(i) 靴梁式之四；(j) 靴梁式之五；(k) 靴梁式之六

底板的孔应用堵孔板与腹板相焊；当轴心压力和弯矩较大时，柱脚可采用图 13.8-6f～k 形式，其中图 13.8-6k 为重工业厂房箱型柱脚。

实腹刚接柱脚主要由底板、加劲肋、靴梁、隔板、锚栓及锚栓支承托座等组成，各板件的强度和刚度及相互间的连接应起到增加柱脚整体刚度，提高柱脚承载力和变形能力的作用。刚接柱脚构造设计应符合下列要求：

1）实腹刚接柱脚板件较多，且板件间的净空狭小，选用合理的连接构造是柱脚设计中很重要的环节，连接设计不当将影响柱脚的制作和安全。

2）合理布置靴梁、肋板、隔板、锚栓支承托座等板件，可以提高底板刚度和减少底板厚度。柱脚各板件的构造连接组合，除满足受力要求外，尚应保证组装方便以及施焊的可能性。

3）锚栓的承载能力应大于柱脚的承载力，在三级以上抗震等级时，不应小于柱脚的塑性承载力，且锚栓截面面积不宜小于钢柱下端截面面积的 20%。

4）柱脚底板下的二次浇灌层的强度等级应大于基础混凝土的强度等级且应加微膨胀剂。

（2）构造要求

1）底板尺寸由计算和构造要求确定，底板厚度应大于柱翼缘板厚，且不应小于 25mm 也不宜大于 100mm。当荷载大，应增设靴梁、加劲肋、隔板和锚栓支承托座等措施，以扩展底板平面尺寸，减少底板厚度。当底板平面尺寸较大时，为便于浇灌底板下的二次浇灌层，达到充满紧密，应根据柱脚构造在底板上开设直径 80～100mm 的排气孔，其数量一般每平方米底板面积上开 1～2 个。

2）当柱脚承受荷载较大时一般应设置靴梁，靴梁可设计成单腹壁或双腹壁，对荷载大的重型柱可采用双腹壁甚至三腹壁的形式，如图 13.8-6k 所示，设计双腹壁或者三腹壁靴梁应特别注意施焊的可能性。靴梁高度由计算确定，但不宜小于 400mm，其厚度不宜小于柱翼缘板厚，且应符合梁腹板的构造要求。靴梁板件一般贴焊于柱肢翼缘上，如图 13.8-6f 所示，也可与柱翼缘板或腹板等强度对接焊接，如图 13.8-6k 所示。

3）加劲肋和隔板的截面，应根据柱脚底板的反力由计算确定，其厚度不宜小于 12mm，并应与柱的板件厚度和底板厚度相协调。当设有靴梁的柱脚，中间隔板的高度一般为靴梁高度的三分之二，其间距一般为 500mm 左右。

4）锚栓支承托座是实腹刚接柱脚传递荷载的重要连接加强措施，对称地设置在垂直于弯矩作用平面的受拉和受压侧，其支承托座的加劲肋的高度和厚度取决于锚栓拉力或柱脚底板的反力，当有靴梁时其高度和厚度与靴梁相同，无靴梁时通常高度不宜小于 400mm，厚度不宜小于 16mm，并应与柱子的板件厚度和底板厚度协调。支承托座顶板和锚栓垫板的厚度，一般取底板厚度的（0.8～1.0）倍和（0.5～0.7）倍，垫板的长度应大于锚栓加劲肋的距离。加劲肋上端应刨平与顶板顶紧。

5）锚栓在柱端弯矩作用下承受拉力，同时作为柱安装过程中临时固定之用。锚栓直径由计算确定，一般不宜小于 30mm，锚栓一般对称布置，其数量在垂直于弯矩作用平面的每侧不应小于 2 个，同时尚应与柱子高度和柱身截面，以及安装要求相协调。锚栓的锚固长度应根据承载力的需要和基础混凝土强度等级确定，一般不宜小于 $25d$，当锚固长度较长或锚栓埋深受限时，可设置锚板和锚梁。

6）柱脚底板和锚栓支承托座顶板的锚栓孔径，当柱脚无靴梁仅有锚栓支承加劲肋，底板锚栓孔径宜取 1.2d；当柱脚设有靴梁，为便于柱子的安装和调整，锚栓一般固定在柱脚外伸的锚栓支承托座的顶板上，而不穿过柱脚底板，支承托座顶板宜开 U 形缺口，孔径为 1.5d，缺口边距支承加劲肋的净距为 20mm，如图 13.8-6j 所示。锚栓垫板的锚栓孔径取锚栓直径加 2mm。柱子安装调整后应将垫板与底板或支承托座顶板相焊，焊脚尺寸不宜小于 10mm；锚栓应采用双螺母拧紧并与垫板点焊。

柱脚各板件之间的焊缝连接构造要求与实腹铰接柱脚相同。

3. 计算实例

（1）柱截面采用焊接 H 型钢，截面尺寸为：600×450×10×20，钢材为 Q235B，焊条 E43 型，手工焊接，柱端为铣平端。

柱脚内力：

$$M=810\times10^{6}\,\text{N}\cdot\text{mm}$$

$$N=735\times10^{3}\,\text{N}$$

基础混凝土强度等级 C20，抗压强度设计值 $f_c=9.6\text{N/mm}^2$。

（2）柱脚底板计算

底板截面特性，如图 13.8-7 所示：

$$A=850\times1350=1147.5\times10^{3}\text{mm}^2$$

$$W=\frac{850\times1350^2}{6}=258.1875\times10^{6}\text{mm}^3$$

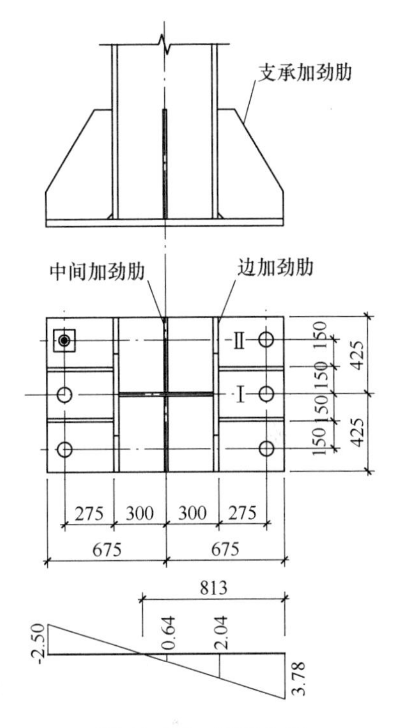

图 13.8-7 刚接柱脚

底板对基础顶面的压应力（未考虑混凝土局部受压时的强度提高系数）

$$\sigma_{\max}=\frac{735\times10^3}{1147.5\times10^3}+\frac{810\times10^6}{258.1875\times10^6}$$

$$=3.78\text{N/mm}^2<9.6\text{N/mm}^2$$

$$\sigma_{\min}=0.64-3.14=-2.50\text{N/mm}^2$$

基础对柱底板的反力如图 13.8-7。

设基础反力为零的点至受压端的距离为 x 则得：

$$x=\frac{3.78\times1350}{2.50+3.78}=813\text{mm}$$

柱脚底板支承加劲肋、中间加劲肋和边肋处底板的反力为：

支承加劲肋边和边加劲肋处应力为：

$$\sigma_c=\frac{3.78\times438}{813}=2.04\text{N/mm}^2$$

中间加劲肋处：

$$\sigma_c=\frac{3.78\times138}{813}=0.64\text{N/mm}^2$$

底板计算弯矩按不同区格最大者采用。

板Ⅰ为三边支承板，$\frac{b_2}{a_2}=\frac{375}{300}=1.25$，查表13.8-3得$\beta_2=0.122$

$$M_{\mathrm{I}}=0.122\times 3.78\times 300^2=41.5\times 10^3\mathrm{N}\cdot\mathrm{mm}$$

板Ⅱ为两邻边支承板，$\frac{b_2}{a_2}=\frac{222}{465}=0.477$，查表13.8-3得$\beta_2=0.0565$

$$M_{\mathrm{II}}=0.0565\times 3.78\times 465^2=46.18\times 10^3\mathrm{N}\cdot\mathrm{mm}$$

底板厚度：$t=\sqrt{\frac{6\times 46.18\times 10^3}{205}}=37\mathrm{mm}$，取板厚40mm。

（3）支承加劲计算

支承加劲肋截面承受底板区域内基础反力

$$V_{\mathrm{s}}=\left(\frac{3.78+2.04}{2}\right)\times 425\times 375=463.78\times 10^3\mathrm{N}$$

$$M_{\mathrm{s}}=\frac{2\times 1.74+3\times 2.04}{6}\times 425\times 375^2=95.625\times 10^3\mathrm{N}\cdot\mathrm{mm}$$

支承加劲肋采用—600×375×20（仅考虑支承加劲肋自身截面，不考虑底板作用）

$$\sigma_{\mathrm{s}}=\frac{6\times 95.625\times 10^6}{20\times 600^2}=79.69\mathrm{N/mm^2}<205\mathrm{N/mm^2}$$

$$\tau_{\mathrm{s}}=\frac{1.5\times 463.78\times 10^3}{20\times 600}=57.97\mathrm{N/mm^2}<120\mathrm{N/mm^2}$$

支承加劲肋与柱翼缘板连接焊缝计算

连接焊缝采用两侧角焊缝$h_{\mathrm{f}}=10\mathrm{mm}$

$$l_{\mathrm{w}}=600-2\times 10=580\mathrm{mm}$$

$$\sigma_{\mathrm{f}}=\frac{6\times 95.625\times 10^6}{0.7\times 10\times 580^2}=121.83\mathrm{N/mm^2}<160\mathrm{N/mm^2}$$

$$\tau_{\mathrm{f}}=\frac{463.78\times 10^3}{0.7\times 2\times 10\times 580}=57.12\mathrm{N/mm^2}<160\mathrm{N/mm^2}$$

$$\sqrt{\left(\frac{121.83}{1.22}\right)^2+57.12^2}=114.33\mathrm{N/mm^2}<160\mathrm{N/mm^2}$$

支承加劲肋与底板的连接焊缝计算

连接焊缝采用两侧角焊缝$h_{\mathrm{f}}=10\mathrm{mm}$

$$l_{\mathrm{w}}=375-2\times 10=355\mathrm{mm}\quad \tau_{\mathrm{f}}=\frac{463.78\times 10^3}{0.7\times 2\times 10\times 355}=93.32\mathrm{N/mm^2}<160\mathrm{N/mm^2}$$

（4）底板中间加劲肋计算

$$V_{\mathrm{s}}=0.64\times 300\times (425-5)=80.64\times 10^3\mathrm{N}$$

$$M_{\mathrm{s}}=80.64\times 10^3\times\frac{420}{2}=16.93\times 10^6\mathrm{N}\cdot\mathrm{mm}$$

加劲肋强度验算

加劲肋采用$-400\times421\times18$

$$\sigma_s=\frac{6\times16.93\times10^6}{18\times400^2}=35.27\text{N/mm}^2<205\text{N/mm}^2$$

$$\tau_s=\frac{1.5\times80.64\times10^3}{18\times400}=16.80\text{N/mm}^2<120\text{N/mm}^2$$

加劲肋与底板连接焊缝计算

采用$h_f=6\text{mm}$，$l_w=421-2\times6=409\text{mm}$

$$\tau_f=\frac{80.32\times10^3}{0.7\times2\times6\times409}=23.38\text{N/mm}^2<160\text{N/mm}^2$$

加劲肋与柱腹板的连接焊缝计算

采用$h_f=6\text{mm}$，$l_w=400-2\times6=388\text{mm}$

$$\tau_f=\frac{80.32\times10^3}{0.7\times2\times6\times388}=24.64\text{N/mm}^2<160\text{N/mm}^2$$

（5）底板边加劲肋

边加劲肋厚度取柱翼缘厚度，采用$-600\times200\times20$并坡口与柱翼缘等强对接焊，焊缝质量等级为二级。与底板连接采用$h_f=8\text{mm}$角焊缝连接。

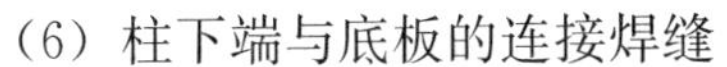

（6）柱下端与底板的连接焊缝

翼缘板和腹板分别采用$h_f=8\text{mm}$，$h_f=6\text{mm}$的两侧角焊缝连接。

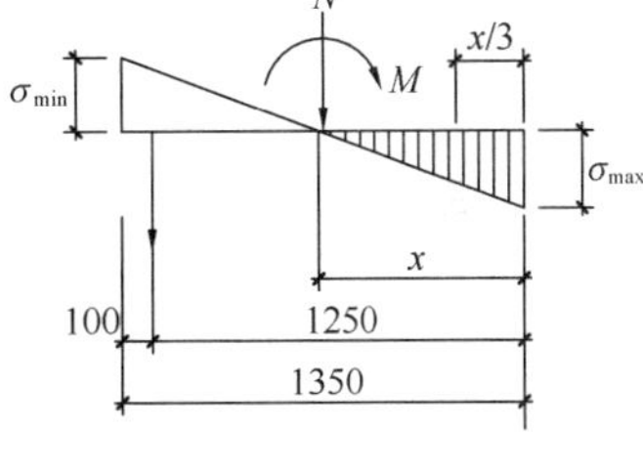

图 13.8-8 锚栓计算简图

（7）锚栓计算

锚栓计算按简图 13.8-8 及式 13.8-17、13.8-18a、18b 计算

对锚栓最不利组合内力：$N=67\times10^3\text{N}$，$M=701\times10^6\text{N}\cdot\text{mm}$

$$\sigma_{max}=\frac{67\times10^3}{1147.5\times10^3}+\frac{701\times10^6}{258.1875\times10^6}=0.06+2.72=2.78\text{N/mm}^2<9.6\text{N/mm}^2$$

$$\sigma_{min}=0.06-2.72=-2.66\text{N/mm}^2$$

受压区长度x：

$$x=\frac{2.78\times1350}{2.66+2.78}=689.9\text{mm}$$

偏心距e：

$$e=\frac{701\times10^6}{67\times10^3}=10462.69\text{mm}>\left(\frac{1350}{6}+\frac{100}{3}\right)=258.3\text{mm}$$

受拉侧单个锚栓的有效截面积

$$A_c=\frac{67\times10^3\times(10462.69-1350/2+689.9/3)}{3\times(1350-100-689.9/3)\times140}=1566.7\text{mm}^2$$

锚栓钢材为 Q235B，查表 13.8-4 选用锚栓直径$d=52\text{mm}$，其有效面积$A_c=1758\text{mm}^2>1566.7\text{mm}^2$。

柱脚底部的剪力由底板与混凝土之间的摩擦传递，摩擦系数取 0.4。当剪力大于底板下的摩擦力时，应设置抗剪键。抗剪键与底板相焊的角焊缝承担全部剪力。抗剪键计算可按本手册式（13.8-13）进行。

三、格构柱柱脚

格构柱在工业厂房中当吊车起重量较大时，一般都采用格构柱。格构柱的柱脚可采用外露式，也可采用插入式。外露式柱脚可采用整体柱脚和分离柱脚两种，整体柱脚构造复杂，制作费工，耗钢量多，现已被插入式柱脚替代，当工程中需要设计格构柱整体柱脚时，可参照实腹柱刚接柱脚的有关内容进行设计。本节只介绍分离柱脚的计算和构造，格构柱插入式柱脚的计算与构造见 13.8.5 节。

1. 柱脚计算

分离柱脚各板件的计算与整体柱脚类似，仅基础的应力系均匀分布，每个分肢受力 N_i 按下列公式计算：

$$N_1 = \frac{Ny_2 \pm M}{a} \tag{13.8-21a}$$

$$N_2 = \frac{Ny_1 \pm M}{a} \tag{13.8-21b}$$

式中 N、M——为计算柱肢轴力时最不利组合内力；

y_1、y_2——分肢形心轴至格构柱全截面形心轴的距离。

若柱肢受压时，柱脚可按铰接柱脚计算。若柱肢受拉时，锚栓数量按下式计算：

$$n = \frac{N_i}{N_i^a} \tag{13.8-22}$$

式中 N_i——柱肢的最大轴心拉力；

N_i^a——一个锚栓的受拉承载力设计值。

柱脚的其他部件按锚栓支承托座加劲肋验算底板、加劲肋及其连接的承载力。

格构柱的分离柱脚一般均设支承托座加劲肋，无论柱肢受拉或受压，其构造应协调。

2. 柱脚构造

分离柱脚在格构柱中采用较多，此种柱脚易于制造和安装，且省钢材，其构造要求原则上与实腹柱刚接柱脚相同。靴板可与柱肢翼缘板对焊连接，也可采用角焊缝与柱肢翼缘贴焊，靴板的构造如图 13.8-9 所示，其厚度与柱肢翼缘相等。联系角钢一般不宜小于 L80×8。

3. 计算实例

（1）本例为多跨厂房中柱的分离式柱脚，柱两侧吊车荷载不同，现以计算荷载最大的右肢为例。柱的左、右肢分别采用 1000×600×14×18 和 1000×600×16×28 焊接 H 型钢。柱脚构造见图 13.8-10。钢材为 Q235B，焊条 E43 型，手工焊接。仅计算右肢柱脚，左肢从略。

柱脚组合内力：

$$N = 5496.8 \times 10^3 \text{N}$$

$$M = 4002.5 \times 10^6 \text{N} \cdot \text{mm}$$

基础混凝土强度等级 C20，抗压强度设计值 $f_c = 9.6\text{N/mm}^2$

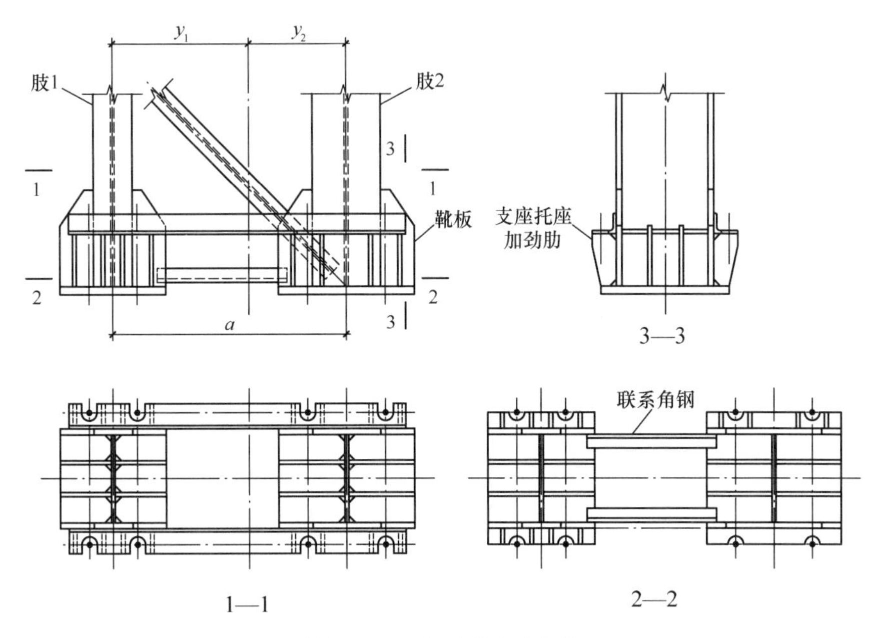

图 13.8-9 格构柱分离柱脚

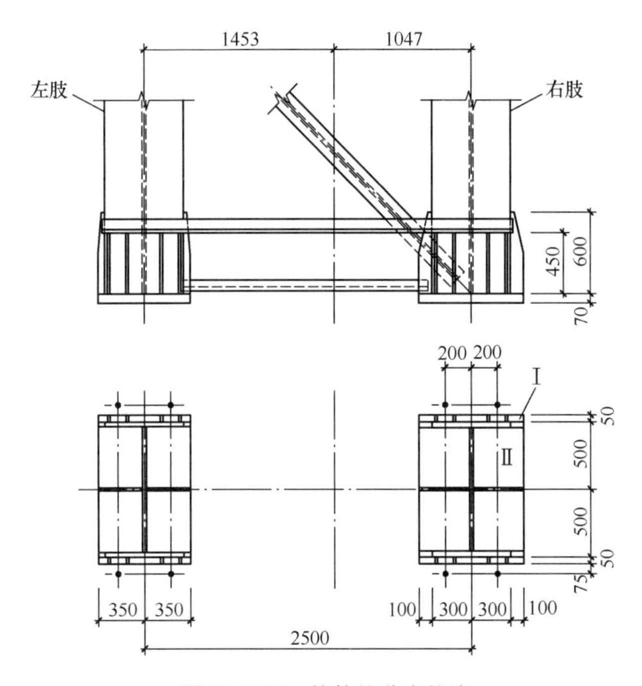

图 13.8-10 格构柱分离柱脚

(2) 右柱肢内力计算

柱肢截面见图 13.8-10：

$$A_{左}=600\times18\times2+964\times14=35096\text{mm}^2$$

$$A_{右}=600\times28\times2+944\times16=48704\text{mm}^2$$

分肢形心轴至格构柱全截面形心轴的距离：

$$y_1=\frac{2500\times48704}{35096+48704}=1453\text{mm}$$

$$y_2=2500-1453=1047\text{mm}$$

右肢内力：

$$N_{右}=\frac{5496.8\times10^3\times1453\times4002.5\times10^6}{2500}=4795.74\times10^3\text{N}$$

（3）右柱肢底板计算：

$$\sigma_c=\frac{4795.74\times10^3}{800\times1100}=5.45\text{N/mm}^2$$

底板计算弯矩按区格Ⅰ、Ⅱ中较大者采用。

板Ⅰ为悬臂板

$$M_{\text{I}}=\frac{1}{2}\times5.45\times50^2=6812.5\text{N}\cdot\text{mm}$$

板Ⅱ为三边支承板，$\frac{b_2}{a_2}=\frac{400}{500}=0.8$，查表13.8-3得$\beta_2=0.0972$

$$M_{\text{II}}=0.0972\times5.45\times500^2=132435\text{N}\cdot\text{mm}$$

$$t=\sqrt{\frac{6\times132435}{200}}=63\text{mm}\ 取板厚\ 70\text{mm}$$

（4）边加劲板计算

加劲板采用－600×10×20

$$V_s=300\times100\times5.45=163.5\times10^3\text{N}$$

$$M_s=163.5\times10^3\times\frac{100}{2}=8175\times10^3\text{N}\cdot\text{mm}$$

$$\sigma_c=\frac{6\times8175\times10^3}{20\times600^2}=6.8\text{N/mm}^2<205\text{N/mm}^2$$

$$\tau=\frac{1.5\times163.5\times10^3}{20\times600}=20.4\text{N/mm}^2<120\text{N/mm}^2$$

加劲肋与柱肢翼缘板连接采用单面坡口对接焊。

加劲肋与底板焊缝计算，取$h_f=10\text{mm}$

$$l_w=2\times(100-2\times10)=160\text{mm}$$

$$\tau_f=\frac{163.5\times10^3}{0.7\times10\times160}=146\text{N/mm}^2<160\text{N/mm}^2$$

（5）中间加劲肋计算

加劲肋采用－750×392×22

$$V_s=500\times392\times5.45=1068.2\times10^3\text{N}$$

$$M_s=1068.2\times10^3\times\frac{392}{2}=209.4\times10^3\text{N}\cdot\text{mm}$$

$$\sigma=\frac{6\times209.4\times10^6}{22\times750^2}=101.5\text{N/mm}^2<205\text{N/mm}^2$$

$$\tau=\frac{1.5\times1068.2\times10^3}{22\times750}=97.1\text{N/mm}^2<120\text{N/mm}^2$$

加劲肋与柱腹板连接采用双侧角焊缝连接，$h_f=14$mm

$$l_w = 750 - 2 \times 14 = 722\text{mm}$$

$$\sigma_f = \frac{6 \times 209.4 \times 10^6}{0.7 \times 2 \times 14 \times 722^2} = 123.0\text{N/mm}^2 < 160\text{N/mm}^2$$

$$\tau_f = \frac{1068.2 \times 10^3}{0.7 \times 2 \times 14 \times 722} = 75.5\text{N/mm}^2 < 160\text{N/mm}^2$$

$$\sqrt{\left(\frac{123.0}{1.22}\right)^2 + 75.5^2} = 126.0\text{N/mm}^2 < 160\text{N/mm}^2$$

加劲肋与柱脚底板的连接采用双侧角焊缝 $h_f=14$mm

$$l_w = 392 - 2 \times 14 = 364\text{mm}$$

$$\tau_f = \frac{1068.2 \times 10^3}{0.7 \times 2 \times 14 \times 364} = 149.7\text{N/mm}^2 < 160\text{N/mm}^2$$

（6）锚栓计算

锚栓最不利组合内力：

$$N=2350\times10^3\text{N}$$

$$M=7635\times10^6\text{N}\cdot\text{mm}$$

锚栓选用 Q235B 钢

$$N_{右}=\frac{2350\times10^3\times1453-7635\times10^6}{2500}=-1688.18\times10^3\text{N}$$

负号表示锚栓受拉，每个锚栓受拉力为$\frac{1688.18\times10^3}{4}=422.0\times10^3$N

查表 13.8-4 选用锚栓直径 $d=72$mm。

（7）锚栓支承托座加劲肋计算

支承加劲肋计算

$$V_s = \frac{422.0 \times 10^3}{2} = 211.0 \times 10^3\text{N}$$

$$M_s = 422.0 \times 10^3 \times 125 = 52.75 \times 10^6\text{N}\cdot\text{mm}$$

支承加劲肋采用$-450\times150\times14$

$$\tau = \frac{1.5 \times 211.0 \times 10^3}{450 \times 14} = 50.2\text{N/mm}^2 < 125\text{N/mm}^2$$

$$\sigma = \frac{6 \times 52.75 \times 10^6}{2 \times 14 \times 450^2} = 55.8\text{N/mm}^2 < 215\text{N/mm}^2$$

加劲肋与加强角钢连接焊缝 $h_f=10$mm

$$\tau_f=\frac{211.0\times10^3}{0.7\times2\times10\times(150-10)}=107.7\text{N/mm}^2<160\text{N/mm}^2$$

支承加劲肋与柱翼缘连接焊缝 $h_f=10$mm

$$l_w = 450 - 2 \times 10 = 430\text{mm}$$

$$\sigma_f = \frac{6 \times 52.75 \times 10^6}{0.7 \times 4 \times 10 \times 430^2} = 61.1\text{N/mm}^2 < 160\text{N/mm}^2$$

$$\sqrt{\left(\frac{61.1}{1.22}\right)^2 + 107.7^2} = 118.8\text{N/mm}^2 < 160\text{N/mm}^2$$

柱肢下端刨平顶紧并采用 $h_f=10$mm 角焊缝与底板焊接。

13.8.3　外包式柱脚的计算与构造及计算实例

一、柱脚计算

1. 柱脚弯矩由外包混凝土和钢柱脚共同承担，柱脚底板应设加劲肋，因此，基础承压面积为底板面积。柱脚轴向压力由钢柱直接传给基础，柱脚底板下混凝土的局部承压按现行国家标准《混凝土结构设计规范》GB 50010—2010 相关规定进行验算。外包式柱脚可用于 6～9 度抗震设防地区。

2. 柱脚弯矩由外包层混凝土和钢柱共同承担，其基本思路是将外包式柱脚分为两部分，一部分弯矩由柱脚底板下的混凝土与锚栓承担，另一部分弯矩由外包的钢筋混凝土承担，柱脚的承载力是这两部分承载力的叠加。在计算基础底板下部混凝土的承载力时，应忽略锚栓的抗压强度。柱脚的受弯承载力按下式验算：

$$M \leqslant 0.9 A_s f_y h_0 + M_1 \tag{13.8-23a}$$

式中　M——柱脚的弯矩设计值；

A_s——外包混凝土中受拉侧的钢筋截面面积；

f_y——受拉钢筋抗拉强度设计值；

h_0——受拉钢筋合力点至混凝土受压区边缘的距离；

M_1——钢柱脚的受弯承载力。

M_1 的计算可按钢筋混凝土压弯构件截面计算的方法计算钢柱脚受弯承载力。设截面为底板面积，由受拉边的锚栓承受拉力，由混凝土基础单独承受压力，受压边的锚栓不参加工作，并假定基础变形符合平面假定，柱脚底板下的反力为线性分布，最大压应力 σ_c 应小于混凝土抗压强度设计值。由图 13.8-11 可得：

$$\frac{\sigma_t}{\sigma_c} = \frac{E}{E_c} \cdot \frac{L_0 - x}{x} \tag{13.8-23b}$$

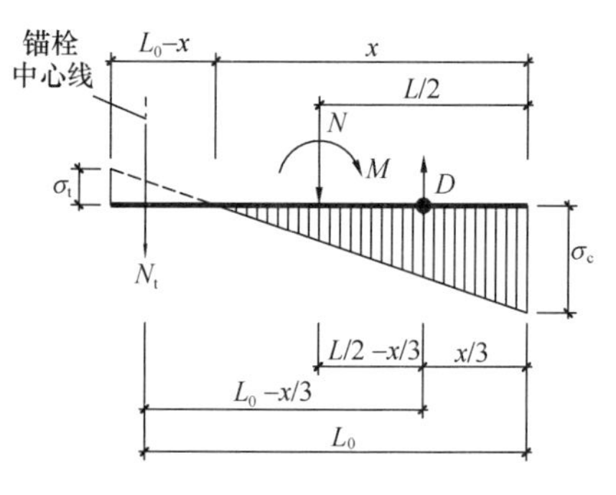

图 13.8-11　钢柱脚受弯承载力计算简图

式中　E、E_c——分别为钢和混凝土的弹性模量；

σ_t——锚栓的拉应力；

σ_c——钢柱脚底板下混凝土基础的最大边缘压应力。

由竖向力之和$\sum Z=0$ 得：

$$N_t + N = \frac{1}{2}\sigma_c B \cdot x \tag{13.8-23c}$$

式中　N——钢柱脚轴心压力；

N_t——受拉边锚栓的拉力；

B——柱脚底板的宽度。

对混凝土受压区合力作用点 D 取矩$\sum M=0$ 得：

$$N_t(L_0 - x/3) = M - N(L/2 - x/3) \tag{13.8-23d}$$

式中　L——钢柱脚底板的长度；

L_0——受拉边锚栓中心至底板边缘的距离。

式中取 $\sigma_t = f_a^t$（f_a^t 为锚栓抗拉强度设计值），$N_t = A_t f_a^t$（A_t 为锚栓有效面积），则在上式中，未知数为 x、σ_c、M_1，联合求解得：

$$M_1 = N_t L_0 + \frac{NL}{2} - \frac{\sigma_c E L_0}{3(\sigma_t E_c + \sigma_c E)}(N_t + N) \tag{13.8-24}$$

3. 外包式柱脚用于抗震设防 7～9 度地区时，柱脚节点除应按地震组合内力进行弹性设计验算外，还应进行“强节点弱杆件”原则下的极限承载验算。外包式柱脚的极限受弯承载力 M_u 取 M_{u1}（考虑轴力影响，外包钢筋混凝土顶部箍筋处钢柱弯矩达到全塑性弯矩 M_{pc}时，按比例放大的外包混凝土底部弯矩）和 M_{u2}（外包钢筋混凝土的极限抗弯承载力加钢柱脚的极限受弯承载力 M_{u3}之和）两者中的最小值。外包式柱脚的极限受弯承载力的弯矩组成方式见图 13.8-12。

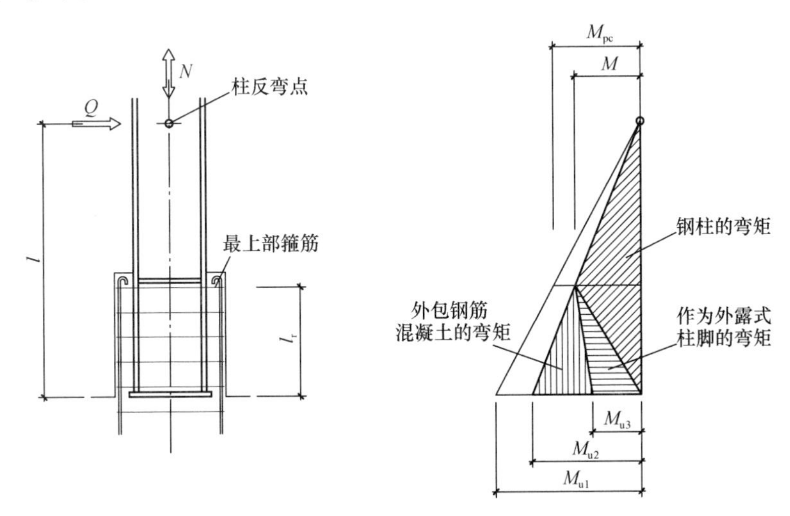

图 13.8-12　极限受弯承载力时柱脚的受力状态

M_{u1}按下式计算：

$$M_{u1} = M_{pc}/(1 - l_r/l) \tag{13.8-25}$$

式中　l——钢柱底板至柱反弯点的距离，可取柱脚所在楼层层高的 2/3；

l_r——外包混凝土顶部箍筋到柱底板的距离；

M_{pc}——考虑轴力影响时，钢柱的全塑性受弯承载力。

M_{pc}按下列情况确定：

（1）对 H 形截面和箱形截面柱

1）对 H 形截面（绕强轴）和箱形截面柱

当 $N/N_y \leqslant 0.13$ 时 $M_{pc} = M_p = W_p f_y$ （13.8-26）

当 $N/N_y > 0.13$ 时 $M_{pc} = 1.15(1 - N/N_y) W_p f_y$ （13.8-27）

2）H 形截面（绕弱轴）

当 $N/N_y \leqslant A_w/A$ 时 $M_{pc} = M_p$；

当 $N/N_y > A_w/A$ 时 $M_{pc} = \left[1 - \left(\frac{N - A_w f_y}{N_y - A_w f_y}\right)^2\right] W_p f_y$ （13.8-28）

（2）圆管空心截面柱的 M_{pc}

当 $N/N_y \leqslant 0.2$ 时 $M_{pc}=M_p$；

当 $N/N_y > 0.2$ 时 $M_{pc}=1.25(1-N/N_y)W_p f_y$ (13.8-29)

式中　N——钢柱轴力设计值；

N_y——钢柱轴向屈服承载力 $N_y=Af_y$；

A——钢柱截面面积；

A_w——钢柱截面腹板面积；

W_p——钢柱的塑性截面模量；

f_y——钢材的屈服强度。

M_{u2} 按下式计算：

$$M_{u2}=0.9A_s f_{yk} h_0 + M_{u3} \tag{13.8-30}$$

式中　f_{yk}——受拉钢筋屈服强度标准值；

M_{u3}——钢柱脚的极限受弯承载力。

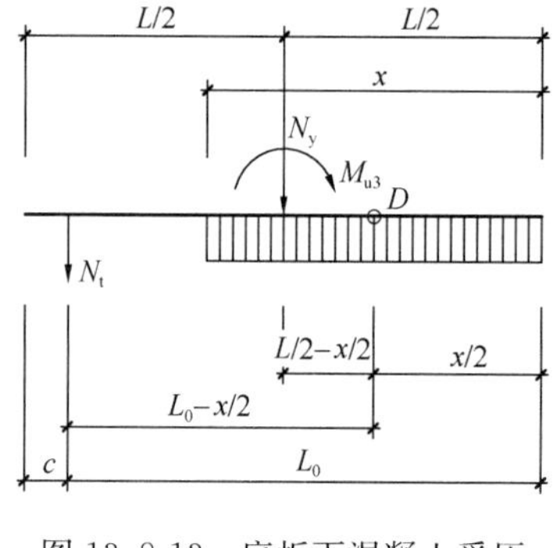

图 13.8-13　底板下混凝土受压承载力计算简图

M_{u3} 在轴力与弯矩作用下可按钢筋混凝土压弯构件截面计算钢柱脚的极限受弯承载力，设截面为钢柱底板面积，由受拉边的锚栓承受拉力混凝土基础单独承受压力，受压锚栓不参加工作，底板下混凝土正截面受压承载力符合图 13.8-13 的规定，由竖向力之和 $\sum Z=0$ 得：

$$N_t + N_y - Bxf_{ck} = 0 \tag{13.8-31}$$

对混凝土受压区合力作用点 D 取矩 $\sum M=0$ 得

$$N_t(L_0 - x/2) + N_y(L/2 - x/2) - M_{u3} = 0 \tag{13.8-32}$$

式（13.8-31、13.8-32）中锚栓和混凝土强度分别取锚栓屈服强度和混凝土轴的抗压强度标准值。联合求解此两式即可求得 M_{u3}。

$$\begin{aligned} M_{u3} &= N_t\left(L_0 - \frac{N_t + N_y}{2Bf_{ck}}\right) + N_y\left(L/2 - \frac{N_t + N_y}{2Bf_{ck}}\right) \\ &= A_t f_y^a\left(L_0 - \frac{A_t f_y^a + Af_y}{2Bf_{ck}}\right) + Af_y\left(L/2 - \frac{A_t f_y^a + Af_y}{2Bf_{ck}}\right) \end{aligned} \tag{13.8-33}$$

式中　A_t——受拉锚栓的面积；

f_y^a——受拉锚栓的屈服强度；

f_{ck}——混凝土抗压标准强度。

外包式柱脚的极限受弯承载力应符合下列要求：

$$M_u \geqslant 1.2M_{pc} \tag{13.8-34}$$

上式中 $M_u=\min(M_{u1}、M_{u2})$，M_{u1} 按式（13.8-25）计算；M_{u2} 按式（13.8-30）计算；M_{pc} 按钢柱的不同截面形式和柱的轴心力影响分别按式（13.8-26、13.8-27、13.8-28、13.8-29）计算确定。

4. 外包式柱脚的剪力主要由外包混凝土承担。外包层混凝土截面的受剪承载力按下式验算：

$$V \leqslant b_e h_0 (0.7f_t + 0.5f_{yv}\rho_{sh}) \tag{13.8-35}$$

式中　V——柱底截面的剪力设计值；

b_e——外包混凝土的截面有效宽度，按图 13.8-14b 采用；

f_t——混凝土轴心抗拉强度设计值；

f_{yv}——箍筋的抗拉强度设计值；

ρ_{sh}——水平箍筋的配箍率；$\rho_{sh}=A_{sh}/b_e s$，当 $\rho_{sh}>1.2\%$时，取 1.2%；A_{sh}为配置在同一截面内箍筋的截面面积；s 为箍筋的间距。

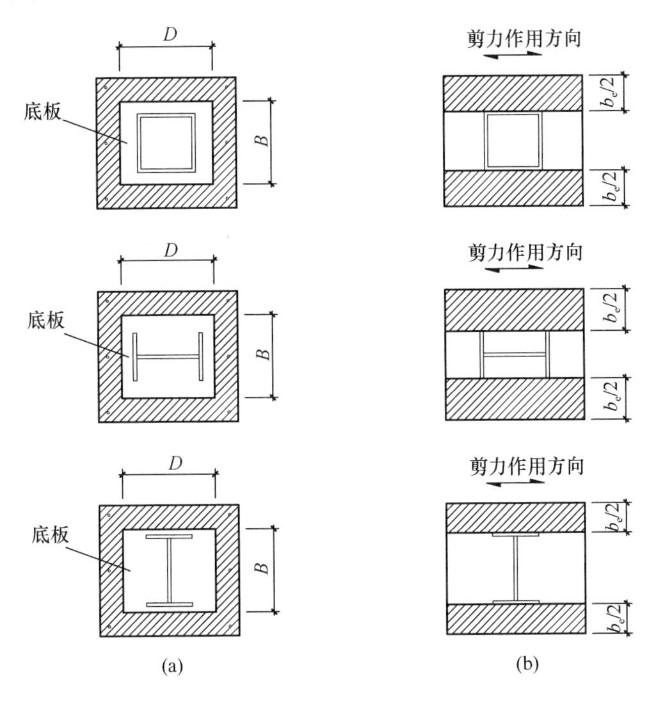

图 13.8-14 外包式钢筋混凝土的有效面积（斜线部分）

（a）受弯时的有效面积；（b）受剪时的有效面积

外包式柱脚极限受剪承载力按下式计算：

$$V_u \leqslant b_e h_0 (0.7 f_{tk} + 0.5 f_{yvk} \rho_{sh}) + M_{u3}/l_r \tag{13.8-36}$$

式中 f_{tk}——混凝土轴心抗拉强度标准值；

f_{yvk}——箍筋的抗拉强度标准值。

且应符合下式要求：

$$V_u \geqslant M_u/l_r \tag{13.8-37}$$

二、柱脚构造

外包式刚接柱脚是柱脚底板用锚栓与基础梁相连，钢柱用混凝土包起来形成刚接的柱脚，如图 13.8-15 所示，柱脚构造规定如下：

1. 钢柱脚和外包混凝土位于基础顶面上，钢柱脚与基础的连接应采用抗弯连接，抗弯连接构造应在底板上设置加劲肋，锚栓直径不宜小于 16mm，锚栓埋入长度不应小于直径的 20 倍。锚栓直径的选取应使基础的最大压应力值不应超过混凝土的局部承压强度设计值。锚栓底部应设锚板或弯钩；

2. 柱脚外包混凝土高度，H 形截面柱应大于柱截面高度的 2 倍，矩形管柱或圆管柱应为柱截面高度或圆管直径的 2.5 倍；当没有地下室时，外包宽度和高度宜增大 20%；

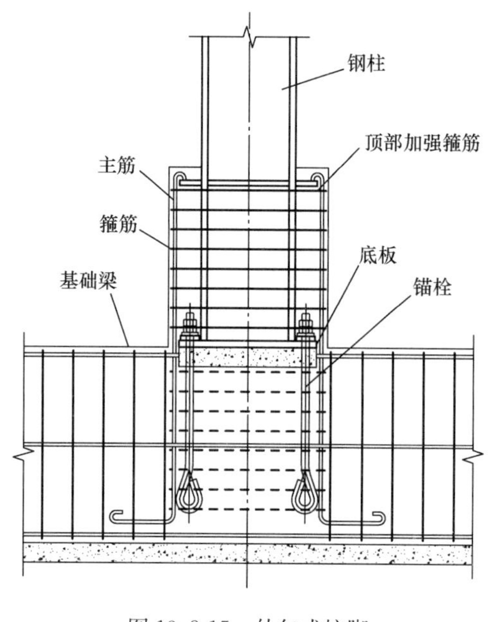

图 13.8-15 外包式柱脚

当仅有一层地下室时，外包宽度宜增加10%；抗震设防地区柱脚外包混凝土高度应符合《建筑抗震设计规范》GB 50011—2010（2016 年修订版）的相关规定；

3. 外包混凝土厚度，对 H 形截面柱不应小于 160mm，对矩形管柱或圆管柱不应小于 180mm，同时不宜小于钢柱截面高度的 0.3 倍，其强度等级不宜低于 C30；

4. 外包层混凝土内主筋伸入基础的长度不应小于 25 倍主筋直径，且四角主筋的两端都应加弯钩，下弯长度不应小于 15d，外包层中应配置受拉主筋和箍筋，其直径、间距和配筋率应符合现行国家标准《混凝土结构设计规范》GB 50010 的有关规定；外包层顶部箍筋应加密，且不小于 3 根直径 12mm 的 HRB335 级热轧钢筋，其间距不应大于 50mm；

5. 当钢柱为矩形管或圆形管时，应在管内浇灌混凝土，强度等级应不小于基础混凝土，浇灌高度应大于外包混凝土高度；

6. 柱脚底板尺寸和厚度在满足受力要求的前提下，柱脚底板宜尽量小，但伸出柱边的长度应满足锚栓最小边距的要求，厚度不应小于翼缘板厚，且不小于 16mm；底板加劲肋应满足受力要求，其厚度不宜小于柱腹板厚度，且不小于 12mm；

7. 柱脚端部应刨平，并与底板顶紧焊透；柱在外包混凝土的顶部箍筋处应设置水平加劲肋或横隔板，其宽厚比应符合《钢结构设计标准》GB 50017—2017 中 3.5 节的相关规定。管柱的横隔板在中部应开空洞，以便浇灌混凝土。加劲肋或横隔板应与柱翼缘板或腹板焊透；

8. 外包部分的钢柱翼缘表面宜按构造设置栓钉，其构造可参见本手册 13.8.4 节埋入式柱脚栓钉的设置。

三、计算实例

（1）本例为框架的外包式柱脚，底层高 6m，柱截面为焊接 H 型钢，截面尺寸 700×450×10×20，柱截面特性 $A=24.6\times10^3\text{mm}^2$，$W=6.624\times10^6\text{mm}^3$，$W_p=7.209\times10^6\text{mm}^3$，钢材 Q345B，$f_y=335\text{N/mm}^2$。焊条 E50 型。基础混凝土强度等级 C30，$f_c=14.3\text{N/mm}^2$，$f_{ck}=20.1\text{N/mm}^2$。外包混凝土强度等级 C35，$f_c=16.7\text{N/mm}^2$，$f_{ck}=23.4\text{N/mm}^2$，$f_t=1.57\text{N/mm}^2$，$f_{tk}=2.2\text{N/mm}^2$。锚栓 Q235，$f_t^a=140\text{N/mm}^2$。钢筋 HRB400（$\Phi$），$f_y=360\text{N/mm}^2$（抗拉强度设计值），$f_{yk}=400\text{N/mm}^2$（屈服强度标准值）。钢材弹性模量 $E=206\times10^3\text{N/mm}^2$，C30 弹性模量 $E=30\times10^3\text{N/mm}^2$。钢柱脚见图 13.8-16。

$$\text{最不利组合内力：}\begin{cases}N=85\times10^3\text{N}\\M=745\times10^6\text{N}\cdot\text{mm}\\V=455\times10^3\text{N}\end{cases}$$

（2）钢柱脚受弯承载力计算

计算钢柱脚受弯承载力时，考虑锚栓和混凝土基础的弹性性质，并假定基础符合平面假定。锚栓选用两个 $d=27\text{mm}$，$A_t=459.4\text{mm}^2$。外包混凝土钢柱脚见图 13.8-17。

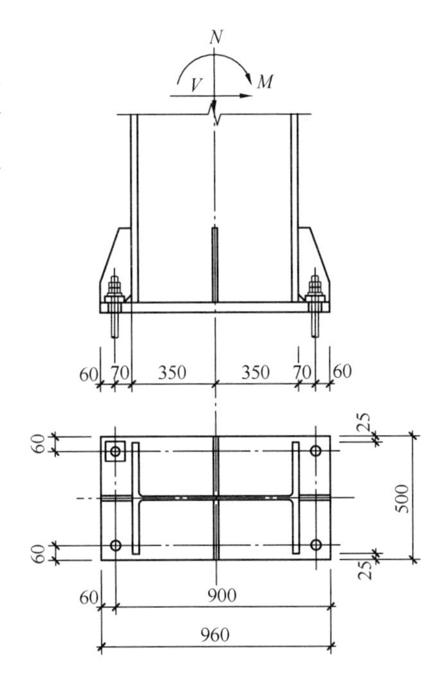

图 13.8-16 外包式柱脚示意

$$N_t = 2\times 459.4\times 140 = 128.6\times 10^3\text{N}$$

$$M_1 = N_tL_0 + \frac{N\cdot L}{2} - \frac{\sigma_c EL_0}{3(\sigma_t E_c + \sigma_c E)}(N_t + N)$$

$$=128.6\times 10^3\times 900 + \frac{85\times 10^3\times 960}{2}$$

$$=\frac{14.3\times 206\times 10^3\times 900}{3(140\times 30\times 10^3 + 14.3\times 206\times 10^3)}$$

$$(128.6\times 10^3 + 85\times 10^3)$$

$$=130.1\times 10^6\text{N}\cdot\text{mm}$$

（3）柱脚外包混凝土配筋计算

外包混凝土承受的弯矩：

$$M_2 = M - M_1 = 745\times 10^6 - 130.1\times 10^6$$

$$=614.9\times 10^6\text{N}\cdot\text{mm}$$

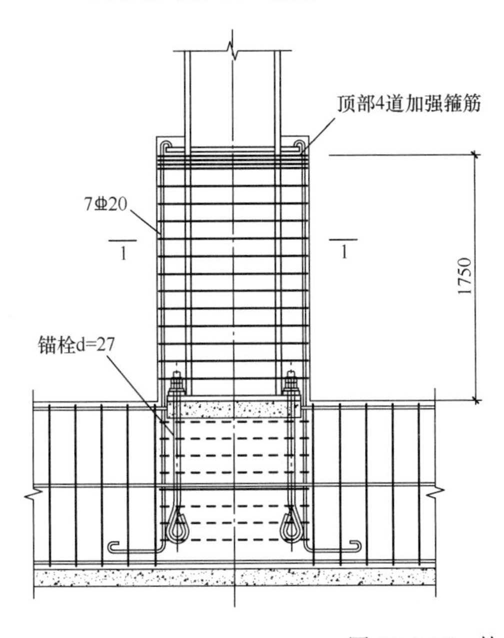

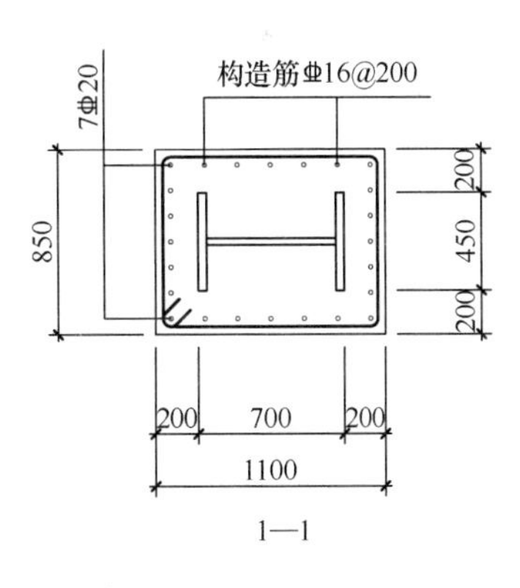

图 13.8-17 外包式柱脚

外包混凝土受拉侧的钢筋面积：

$A_s=\dfrac{M_2}{0.9f_yh_0}=\dfrac{614.9\times 10^6}{0.9\times 360\times 1065}=1782\text{mm}^2$，选用Φ 20 钢筋。

$n=\dfrac{1782}{314.2}=5.7$（根），选用 7 根Φ 20 钢筋。

（4）外包层混凝土截面受剪承载力计算

选用箍筋 HRB400 Φ 10@125，$f_{yv}=360\text{N/mm}^2$，$A_{sh}=78.5\text{mm}^2$。

$$b_e h_0(0.7f_t+0.5f_{yv}\rho_{sh})=200\times2\times1055\times\left(0.7\times1.57+0.5\times360\times\frac{78.5\times2}{2\times200\times125}\right)$$

$$=702.3\times10^3>455\times10^3\text{N}$$

箍筋选用2肢Φ 10@125，外包层顶部用4肢箍筋加密。

（5）钢柱脚底板厚度及加劲肋的计算，参见本节实腹刚接柱脚计算实例（略）。

（6）外包式柱脚极限受弯承载力验算

考虑轴力影响，外包混凝土顶部箍筋处钢柱弯矩达到全塑性弯矩 M_{pc}时，按比例放大的外包混凝土底部弯矩计算：

$$\frac{N}{N_y}=\frac{85\times10^3}{24.6\times10^3\times335}=0.0103<0.13$$

$$M_{pc}=7.209\times10^6\times335=2415\times10^6\text{N}\cdot\text{mm}$$

$$M_{u1}=\frac{M_{pc}}{\left(1-\frac{l_r}{l}\right)}=\frac{2415\times10^6}{\left(1-\frac{1750}{4000}\right)}=4293\times10^6\text{N}\cdot\text{mm}$$

钢柱脚的极限抗弯承载力：

$f_y^a=140\times1.087=152.2\text{N/mm}^2$（其中1.087为Q235钢锚栓的抗力分项系数）

$$M_{u3}=A_t f_y^a\left(L_0-\frac{A_t f_y^a+Af_y}{2Bf_{ck}}\right)+Af_y\left(\frac{L}{2}-\frac{A_t f_y^a+Af_y}{2Bf_{ck}}\right)$$

$$=2\times459.4\times152.2\times\left(900-\frac{2\times459.4\times152.2+24.6\times10^3\times335}{2\times500\times20.1}\right)$$

$$+24.6\times10^3\times335\times\left(\frac{960}{2}-\frac{2\times459.4\times152.2+24.6\times10^3\times335}{2\times500\times20.1}\right)$$

$$=587.1\times10^6\text{N}\cdot\text{mm}$$

外包钢筋混凝土钢柱脚的极限抗弯承载力：

$$M_{u2}=0.9A_s f_{yk}h_0+M_{u3}=0.9\times7\times314.2\times400\times1055+587.1\times10^6$$

$$=1422.4\times10^6\text{N}\cdot\text{mm}<4293\times10^6\text{N}\cdot\text{mm}$$

取 $M_u=1422.4\times10^6\text{N}\cdot\text{mm}$

$$1.2M_{pc}=1.2\times2415\times10^6=2898\times10^6\text{N}\cdot\text{mm}$$

计算结果表明，$M_u=1422.4\times10^6\text{N}\cdot\text{mm}<1.2M_{pc}=2898\times10^6\text{N}\cdot\text{mm}$，不满足抗震极限抗弯承载力的要求，现修改如下：

锚栓选用Q345钢，直径 $d=36\text{mm}$，$f_y^a=180\times1.111=200\text{N/mm}^2$（其中1.111为Q345钢锚栓的抗力分项系数），$A_t=816.7\text{mm}^2$，根数3根。底板锚栓孔边距为80mm，底板 $L=1000\text{mm}$，$L_0=920\text{mm}$。外包混凝土厚度改为250mm，钢筋选用HRB500，$f_{yk}=500\text{N/mm}^2$，7根Φ 28钢筋。

$$M_{u3}=A_t f_y^a\left(L_0-\frac{A_t f_y^a+Af_y}{2Bf_{ck}}\right)+Af_y\left(\frac{L}{2}-\frac{A_t f_y^a+Af_y}{2Bf_{ck}}\right)$$

$$=3\times816.7\times200\times\left(920-\frac{3\times816.7\times200+24.6\times10^3\times335}{2\times500\times20.1}\right)$$

$$+24.6\times10^{3}\times335\times\left(\frac{1000}{2}-\frac{3\times816.7\times200+24.6\times10^{3}\times335}{2\times500\times20.1}\right)$$

$$=778.7\times10^{6}\mathrm{N\cdot mm}$$

$$M_{u2}=0.9A_{s}f_{yk}h_{0}+M_{u3}=0.9\times7\times615.8\times500\times1151+778.7\times10^{6}$$

$$=3011.4\times10^{6}\mathrm{N\cdot mm}$$

取 $M_u=3011.4\times10^6\mathrm{N\cdot mm}>1.2M_{pc}=2898\times10^6\mathrm{N\cdot mm}$，满足要求。

（7）外包式柱脚极限受剪承载力计算

$$V_{pw}=0.58t_{w}h_{w}f_{y}=0.58\times10\times660\times335=1282.4\times10^{3}\mathrm{N}$$

$$V_{u}=b_{e}h_{0}(0.7f_{tk}+0.5f_{yvk}\rho_{sh})+M_{u3}/l_{r}$$

$$=2\times250\times1151\times\left(0.7\times2.2+0.5\times400\times\frac{78.5\times2}{2\times250\times125}\right)+\frac{778.7\times10^{6}}{1750}$$

$$=1620.4\times10^{3}\mathrm{N}>1282.4\times10^{3}\mathrm{N}$$

但因 $V_u=1620.4\times10^3\mathrm{N}<M_u/l_r=\dfrac{3011.4\times10^6}{1750}=1720.8\times10^3\mathrm{N}$，不满足要求，将箍筋$\Phi$10改为$\Phi$12后再次验算：

$$V_{u}=b_{e}h_{0}(0.7f_{tk}+0.5f_{yvk}\rho_{sh})+M_{u3}/l_{r}$$

$$=2\times250\times1151\times\left(0.7\times2.2+0.5\times400\times\frac{113.1\times2}{2\times250\times125}\right)+\frac{778.7\times10^{6}}{1750}$$

$$=1747.8\times10^{3}\mathrm{N}>1720.8\times10^{3}\mathrm{N}$$

满足要求。

13.8.4 埋入式柱脚的计算与构造及计算实例

一、柱脚计算

1. 柱脚底板下混凝土局部承压计算

埋入式柱脚内力的传递是通过柱翼缘接触的混凝土侧压力所产生的弯矩，平衡柱脚弯矩和剪力。在已往的柱脚设计中，柱脚埋入混凝土部分均设置栓钉，栓钉的传力机制在埋入式柱脚中作用不明显，有研究文献认为栓钉的存在，钢柱通过栓钉必然传递一部分轴心压力给周围混凝土，其值是柱子轴力的25%～35%。现行行业标准《高层民用建筑钢结构技术规程》JGJ 99—2015规定柱脚轴向压力由柱脚底板直接传给基础，不考虑栓钉的作用，柱脚底板下混凝土的局部承压按下式计算：

$$\frac{N}{A_{cn}}\leqslant1.35\beta_{c}\beta_{l}f_{c}\tag{13.8-38}$$

式中 N——柱脚轴心压力设计值；

A_{cn}——混凝土局部受压净面积，对埋入式柱脚取底板面积；

f_c——混凝土轴心抗压强度设计值；

β_c、β_l——分别是混凝土强度影响系数和混凝土局部受压时的强度提高系数，其值按现行国家标准《混凝土设计规范》GB 50010的规定取用。

2. 柱脚埋深在构造设计中没有反应出埋深与柱脚内力（M、V）和混凝土强度等级的关系。柱脚在传递弯矩和剪力时，对基础混凝土产生的侧向压应力应不大于混凝土的轴心抗压强度设计值，假定钢柱翼缘侧混凝土的支承反力为矩形分布，支承反力形成的抵抗矩和承压高度范围内混凝土抗力与钢柱的弯矩和剪力平衡，其受力机理与插入式柱脚相同

（见13.8.5节）。H形矩形截面柱埋入深度d可用公式（13.8-54）计算、圆管柱也可用公式（13.8-55）计算。

柱脚埋入混凝土基础中的深度d，尚应满足柱脚埋入深度的构造要求。

在抗震设防地区设计埋入式柱脚时，钢柱下部在强震作用下易出现塑性区段，形成塑性铰。为实现“小震不坏、中震可修、大震不倒”的抗震设防目标，不允许埋入式柱脚首先屈服。埋入深度应大于计算值，使混凝土基础的抗力大于地震作用力，保证柱脚处于嵌固状态。

抗震设防地区，柱脚埋入深度计算时，应考虑轴力的影响。钢柱埋入深度应满足埋入式柱脚的极限受弯承载力不应小于钢柱全塑性抗弯承载力，其埋入深度可按下列公式计算。

$$d \geqslant \frac{V_{pw}}{b_f f_{ck}} + \sqrt{2\left(\frac{V_{pw}}{b_f f_{ck}}\right)^2 + \frac{4M_{pc}}{b_f f_{ck}}} \tag{13.8-39}$$

1）H形截面和矩形截面柱绕强轴：

当$N/N_y \leqslant 0.13$时$M_{pc}=M_p$ （13.8-40）

当$N/N_y > 0.13$时$M_{pc}=1.15(1-N/N_y)M_p$ （13.8-41）

2）H形截面和矩形截面柱绕弱轴：

当$N/N_y \leqslant A_w/A$时$M_{pc}=M_p$

当$N/N_y > A_w/A$时$M_{pc}=\left[1-\left(\frac{N-A_w f_y}{N_y-A_w f_y}\right)^2\right]M_p$ （13.8-42）

3）圆柱截面：

当$N/N_y \leqslant 0.2$时$M_{pc}=M_p$；

当$N/N_y > 0.2$时$M_{pc}=1.25(1-N/N_y)M_p$ （13.8-43）

4）塑性剪力按下列规定计算：

当柱截面为H形和矩形时$V_{pw}=0.58 t_w h_w f_y$ （13.8-44）

当柱截面为圆管时$V_{pw}=0.29 A f_y$ （13.8-45）

式中 N——钢柱轴力设计值；

N_y——钢柱轴向屈服承载力；

A——钢柱截面面积；

A_w——钢柱截面腹板面积；

t_w、h_w——柱腹板的高度和厚度；

f_y——钢材的屈服强度；

f_{ck}——混凝土抗压强度标准值。

3. 埋入式柱脚在传递柱脚弯矩和剪力时，钢柱翼缘对基础混凝土产生侧向压力，边缘混凝土的承压应力可按下式验算：

H形、矩形管柱：

$$\frac{V}{b_f d} + \frac{2M}{b_f d^2} + \frac{1}{2}\sqrt{\left(\frac{2V}{b_f d} + \frac{4M}{b_f d^2}\right)^2 + \frac{4V^2}{b_f^2 d^2}} \leqslant f_c \tag{13.8-46}$$

圆管柱：

$$\frac{V}{d_{c}d}+\frac{2M}{d_{c}d^{2}}+\frac{1}{2}\sqrt{\left(\frac{2V}{d_{c}d}+\frac{4M}{d_{c}d^{2}}\right)^{2}+\frac{4V^{2}}{d_{c}^{2}d^{2}}}\leqslant 0.8f_{c} \tag{13.8-47}$$

式中 M、V——柱脚底部的弯矩和剪力的设计值；

b_f——柱翼缘宽度；

d——钢柱脚埋深；

d_c——钢管外径。

4. 抗震设防地区，埋入式柱脚的极限受弯承载力 M_u 不应小于钢柱全塑性抗弯承载力，并应满足下式要求：

$$M_u \geqslant 1.2M_{pc} \tag{13.8-48}$$

$$M_u = f_{ck}B_f h_0\{\sqrt{(2h_0+d)^2+d^2}-(2h_0+d)\} \tag{13.8-49}$$

式中 h_0——基础顶面到钢柱反弯点的高度，可取底层层高的 2/3；

B_f——与弯矩作用方向垂直的柱身宽度，对 H 形截面柱取等效宽度，见现行行业标准《高层民用建筑钢结构技术规程》JGJ 99；

d——钢柱脚埋深。

埋入式柱脚极限抗剪承载力，应符合下式要求：

$$V_u = M_u/h_0 \leqslant 0.58h_w t_w f_y \tag{13.8-50}$$

5. 钢柱埋入钢筋混凝土基础内时，除需作上述计算外，对于钢柱边（角）柱柱脚埋入混凝土部分的上、下部位布置的 U 形加强钢筋，可按下列公式验算钢筋数量：

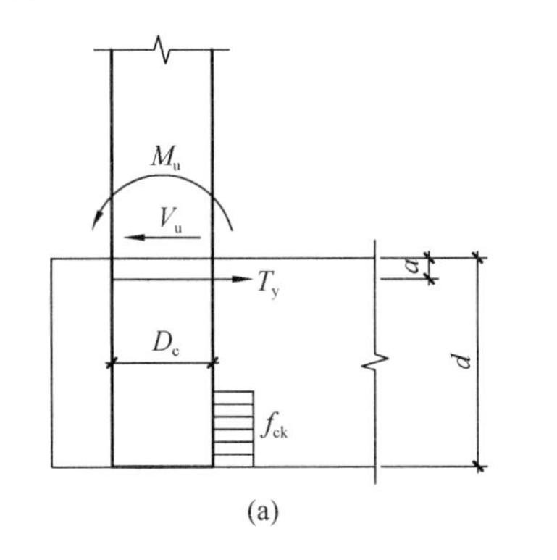

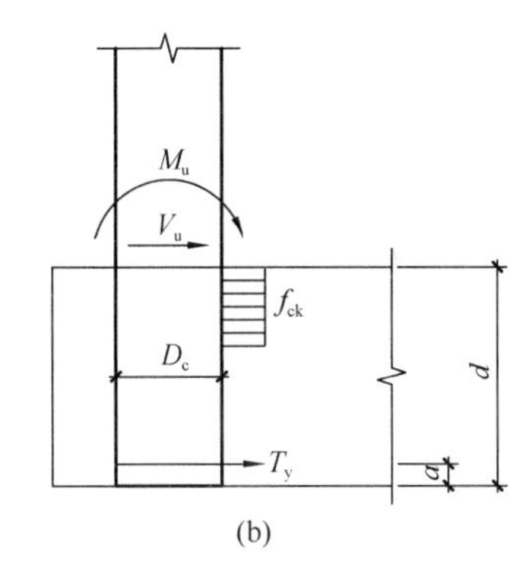

图 13.8-18 埋下式钢柱脚 U 形加强筋计算简图

（a）剪力由内向外作用；（b）剪力由外向内作用

当柱脚受到由内向外作用的剪力时，如图 13.8-18a 所示

$$M_u \leqslant f_{ck}D_c h_0\left\{\frac{T_y}{f_{ck}D_c}-h_0-d+\sqrt{(h_0+d)^2-\frac{2T_y(h_0+a)}{f_{ck}D_c}}\right\} \tag{13.8-51}$$

当柱脚受由外向内作用的剪力时，如图 13.8-18b 所示

$$M_u \leqslant -(f_{ck}D_c h_0^2+T_y h_0)+f_{ck}D_c h_0\sqrt{h_0^2+\frac{2T_y(h_0+d-a)}{f_{ck}D_c}} \tag{13.8-52}$$

式中 M_u——柱脚埋入部分由 U 形加强筋提供的侧向极限受弯承载力，可取 M_{pc}；

T_y——U 形加强筋的受拉承载力 $T_y=A_t f_{yk}$；A_t 为 U 形加强筋的截面面积之和，f_{yk} 为 U 形加强筋的强度标准值；

a——U形加强筋重心到基础上表面或到柱底板下表面的距离，如图13.8-18所示；

D_c——与弯矩作用方向平行的柱身尺寸。

二、柱脚构造

埋入式钢柱脚是将钢柱脚直接埋入钢筋混凝土基础中，基础可以是独立基础、筏板基础和基础梁。高层结构框架柱和抗震设防烈度为8、9度地区的框架柱的柱脚，宜采用埋入式柱脚，其构造如图13.8-19所示。一般厂房钢柱脚不采用埋入式柱脚。

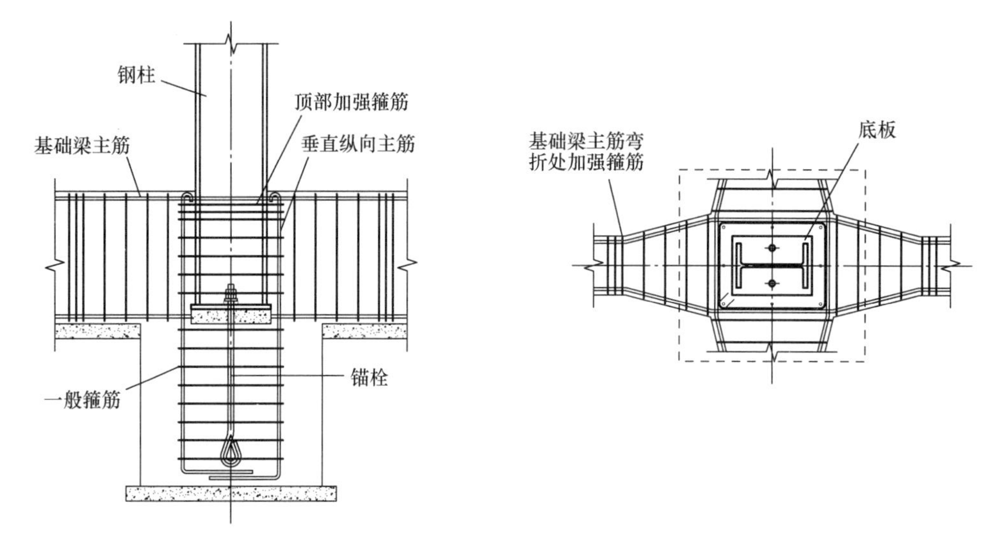

图13.8-19　埋入式柱脚构造示意图

1. 柱脚埋深：H形截面柱的埋置深度不应小于钢柱截面高度的2倍；矩形管柱和圆管柱的埋置深度不应小于截面高度和圆管外径的2.5倍。抗震设防地区柱脚埋深应符合《建筑抗震设计规范》GB 50011—2010（2016年修订版）的相关规定。

2. 钢柱脚的底板应采用抗弯连接，锚栓埋入钢筋混凝土长度不应小于直径的25倍，其底部应设弯钩或锚板。

3. 钢柱埋入部分四周应设置竖向钢筋和箍筋，竖向钢筋的直径应符合现行国家标准《混凝土结构设计规范》GB 50010—2010的构造要求，箍筋直径不应小于10mm，间距不大于250mm，且顶部应加密。在边柱和角柱柱脚中，埋下部分的顶部和底部还需设置U形钢筋加强，如图13.8-20所示。U形钢筋的开口应向内，其锚固长度应从钢柱内侧算起，不小于30倍钢筋直径。

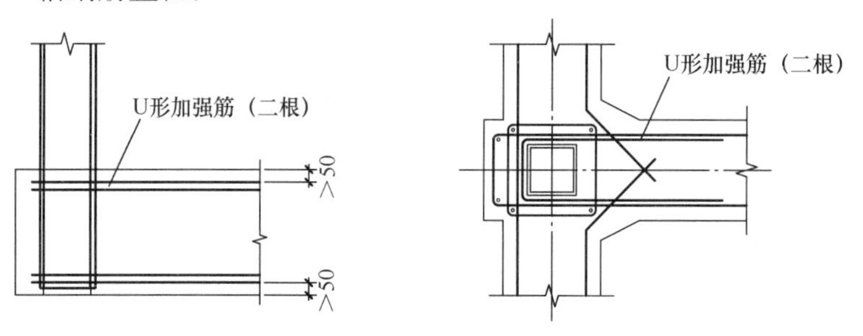

图13.8-20　U形钢筋布置示意图

4. 钢柱埋入部分的侧边混凝土保护层厚度要求见图 13.8-21，保护层厚度 C_1 不得小于钢柱受弯方向截面高度的 1/2，且不小于 250mm，C_2 不得小于钢柱受弯方向截面高度的 2/3，且不小于 400mm。基础梁梁边相交线的夹角应做成钝角，其坡度应不大于 1∶4 的斜角。

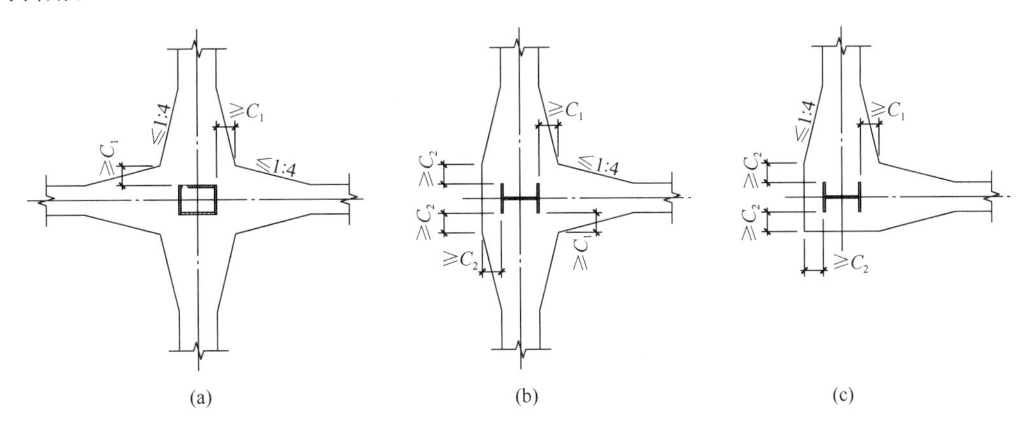

图 13.8-21　埋入式钢柱脚的保护层厚度
(a) 中柱时；(b) 边柱时；(c) 角柱时

5. 钢柱埋入部分的顶部箍筋处，应设置水平加劲肋，矩形柱和圆形管柱应在柱内浇灌混凝土，强度等级应大于基础混凝土，在基础面以上的浇灌高度应大于矩形截高度和圆管直径的 1 倍。

6. 钢柱埋入部分可不设栓钉，对于有拔力的柱可设栓钉，栓钉直径为 19mm 或 22mm，竖向间距不小于 $6d$，横向间距不小于 $4d$，边距为 50mm。拔力由锚钉和钢柱表面与混凝土的粘结力承担。

7. 钢柱脚不宜采用冷成型箱形柱。主要是冷成型箱形柱角部塑性和韧性降低材性变脆，且存在应力集中。

三、计算实例

(1) 本例为框架柱的埋入式柱脚，柱截面为轧制 H 型钢，截面尺寸 700×320×18×28，截面特性 $A=29980\text{mm}^2$，$W=7059\times10^3\text{mm}^3$，$W_p=7887\times10^3\text{mm}^3$，钢材为 Q345B 钢，$f_y=335\text{N/mm}^2$，焊条 E50 型。基础混凝土强度等级 C30，$f_{ck}=20.1\text{N/mm}^2$，$f_c=14.3\text{N/mm}^2$。钢柱脚见图 13.8-22。

最不利组合内力：$\begin{cases} N=2797\times10^3\text{N} \\ M=548\times10^6\text{N}\cdot\text{mm} \\ V=137\times10^3\text{N} \end{cases}$

(2) 柱脚底板计算

底板采用 930×550

$$\sigma=\frac{2797\times10^3}{930\times550}+\frac{6\times548\times10^6}{550\times930^2}=5.47+6.91=12.38\text{N/mm}^2<14.3\text{N/mm}^2$$

按三边支承板计算底板弯矩

$\dfrac{b_2}{a_2}=\dfrac{275}{234}=1.18$ 查表 13.8-3，$\beta_2=0.12$

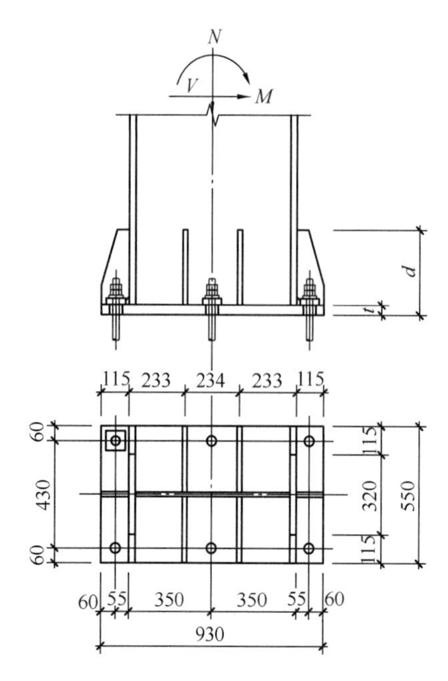

图 13.8-22　柱脚底板示意图

$$M=0.12\times12.38\times234^2=81.35\times10^3\mathrm{N\cdot mm}$$

按悬臂板计算底板弯矩：

$$M=\frac{1}{2}\times12.38\times115^2=81.86\times10^3\mathrm{N\cdot mm}$$

底板厚度

$$t=\sqrt{\frac{6\times81.86\times10^3}{290}}=41.15\mathrm{mm}，取\ t=42\mathrm{mm}$$

（3）柱脚螺栓按构造设置，选用 6 个直径为 30mm 的 Q235 钢锚栓。

（4）柱脚底板下混凝土局部承压计算

根据《混凝土结构设计规范》GB 50010—2010 中 6.6.1 条混凝土局部受压时的强度提高系数：

$$\beta_1=\sqrt{\frac{A_\mathrm{b}}{A_\mathrm{cn}}}=\sqrt{\frac{2030\times1650}{930\times550}}=2.56，取\ \beta_1=1.0$$

$$\frac{N}{A_\mathrm{cn}}=\frac{2797\times10^3}{930\times550}=5.47\mathrm{N/mm^2}$$

$$1.35\beta_\mathrm{c}\beta_1 f_\mathrm{c}=1.35\times2.56\times1.0\times14.3$$

$$=49.42\mathrm{N/mm^2}>5.47\mathrm{N/mm^2}$$

（5）柱脚埋入钢筋混凝土基础深度计算及柱边缘混凝土承压应力验算

埋入深度：

$$d=\frac{V}{b_\mathrm{f}f_\mathrm{c}}+\sqrt{2\left(\frac{V}{b_\mathrm{f}f_\mathrm{c}}\right)^2+\frac{4M}{b_\mathrm{f}f_\mathrm{c}}}=\frac{137\times10^3}{320\times14.3}+\sqrt{2\times\left(\frac{137\times10^3}{320\times14.3}\right)^2+\frac{4\times548\times10^6}{320\times14.3}}$$

$$=723\mathrm{mm}<2\times700=1400\mathrm{mm}$$

承压应力：

$$\frac{V}{b_\mathrm{f}d}+\frac{2M}{b_\mathrm{f}d^2}+\frac{1}{2}\sqrt{\left(\frac{2V}{b_\mathrm{f}d}+\frac{4M}{b_\mathrm{f}d^2}\right)^2+\frac{4V^2}{b_\mathrm{f}^2d^2}}$$

$$=\frac{137\times10^3}{320\times1400}+\frac{2\times548\times10^6}{320\times1400^2}+\frac{1}{2}\sqrt{\left(\frac{2\times137\times10^3}{320\times1400}+\frac{4\times548\times10^6}{320\times1400^2}\right)^2+\frac{4\times(137\times10^3)^2}{320^2\times1400^2}}$$

$$=4.14\mathrm{N/mm^2}<14.3\mathrm{N/mm^2}$$

（6）柱脚抗震极限承载力埋入深度计算及柱边缘混凝土轴心抗压强度验算

最大埋入深度：

$$N_\mathrm{y}=Af_\mathrm{y}=29.98\times10^3\times335=10.043\times10^6\mathrm{N}$$

$$\frac{N}{N_\mathrm{y}}=\frac{2797\times10^3}{10043\times10^3}=0.278>0.13$$

$$M_\mathrm{pc}=1.15\left(1-\frac{N}{N_\mathrm{y}}\right)W_\mathrm{p}f_\mathrm{y}=1.15\times(1-0.278)\times7887\times10^3\times335=2194\mathrm{N\cdot mm}$$

$$V_\mathrm{pw}=0.58t_\mathrm{w}h_\mathrm{w}f_\mathrm{y}=0.58\times18\times644\times335=2.25\times10^6\mathrm{N}$$

$$d_\mathrm{max}=\frac{V_\mathrm{pw}}{b_\mathrm{f}f_\mathrm{ck}}+\sqrt{2\left(\frac{V_\mathrm{pw}}{b_\mathrm{f}f_\mathrm{ck}}\right)^2+\frac{4M_\mathrm{pc}}{b_\mathrm{f}f_\mathrm{ck}}}=\frac{2.25\times10^6}{320\times20.1}+\sqrt{2\times\left(\frac{2.25\times10^6}{320\times20.1}\right)^2+\frac{4\times2194\times10^6}{320\times20.1}}$$

$$=1610\mathrm{mm}>2\times700=1400\mathrm{mm}$$

最大埋入深度选用 $d_{max}=1650$mm

混凝土轴心抗压强度：

$$\frac{V_{pw}}{b_f d_{max}}+\frac{2M_{pc}}{b_f d_{max}^2}+\frac{1}{2}\sqrt{\left(\frac{2V_{pw}}{b_f d_{max}}+\frac{4M_{pc}}{b_f d_{max}^2}\right)^2+\frac{4V_{pw}^2}{b_f^2 d_{max}^2}}\leqslant f_{ck}$$

$$\frac{2.25\times10^6}{320\times1650}+\frac{2\times2194\times10^6}{320\times1650^2}+\frac{1}{2}\sqrt{\left(\frac{2\times2.25\times10^6}{320\times1650}+\frac{4\times2194\times10^6}{320\times1650^2}\right)^2+\frac{4\times(2.25\times10^6)^2}{320^2\times1650^2}}$$

$=24.26\text{N/mm}^2>20.1\text{N/mm}^2$

不满足要求，修改计算有两个方法，改基础混凝土为 C40 或选用 $d_{max}=1750$mm。计算过程略。

13.8.5 插入式柱脚的计算与构造及计算实例

一、概述

20 世纪 70 年代以前，我国的多层和高层建筑一般都是钢筋混凝土框架结构，高层建筑极少数采用钢结构。在单层工业厂房建筑中绝大多数也是采用钢筋混凝土单肢柱和双肢格构柱，柱肢与环口式基础采用插入式连接，因其柱肢有一定的插入深度，柱肢内力是逐渐传入基础的，故可不用外露式的扩大柱脚，其构造极为简单。受插入式钢筋混凝土柱脚的启发，20 世纪 80 年代和 90 年代初，北京钢铁设计研究总院和重庆钢铁设计研究院分别对实腹柱和格构柱的插入式柱脚进行了试验研究，重庆钢铁设计研究院的格构柱插入式柱脚试验结果表明，破坏发生在基础内受拉肢的一侧，受压肢无破坏，从分析破坏机理证明，受拉肢不仅承受拉力，而且在受拉肢插入段的底部还伴随着因角变位而产生的向外水平变位，从而以撬力的形式作用于杯口；导致杯口壁破坏。其研究成果已在单层、多层工业厂房工程中推广使用，效果很好。这种柱脚构造简单、施工方便、节约钢材、安全可靠。而且柱脚经汶川地震作用的实践检验，具有良好的抗震性能。构造示意见图 13.8-23。

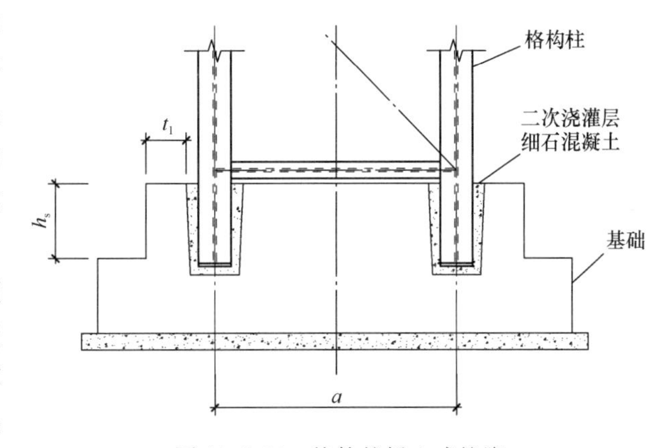

图 13.8-23 格构柱插入式柱脚

实腹柱插入式柱脚传力机理明确，柱脚构造比埋入式简单，施工更简便，近十来年，这种柱脚在非抗震区和抗震设防地区的多层和高层民用建筑钢结构柱脚中得到了广泛应用。

二、实腹柱插入式柱脚计算

在工程中常用的实腹柱有：H 形钢柱、矩形管柱、矩形钢管混凝土柱、圆形钢管柱和圆形钢管混凝土柱。上述这些实腹柱插入式柱脚在《高层民用建筑钢结构技术规范》JGJ 99—2015 中没有相关的规定，在国家现行标准《钢结构设计标准》GB 50017—2017 和《建筑抗震设计规范》GB 50011 中钢柱的插入深度太笼统，设计者在设计中很难使用。

插入式柱脚是指柱脚直接插入已浇灌好的杯口内，经校准后用细石混凝土浇灌至基础顶面。柱脚的作用是将柱下端的内力（轴力、弯矩、剪力）通过二次浇灌的细石混凝土传

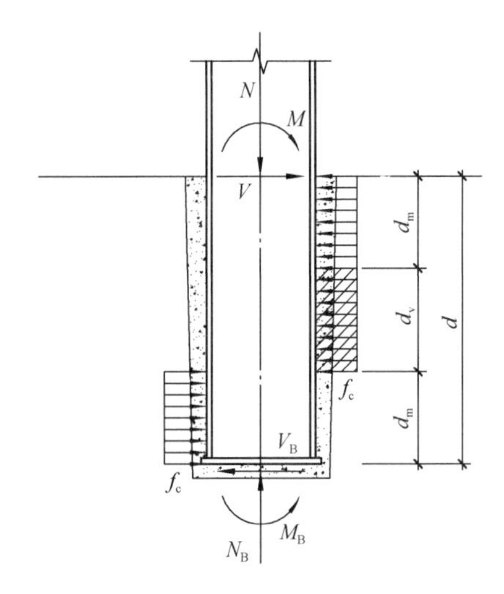

图 13.8-24 插入式柱脚的内力传递

递给基础，使上部结构与基础牢固地连接在一起，承受上部结构各种最不利组合内力或作用。插入式柱脚作用力的传递机理与埋入式柱脚基本相同，柱脚下部的弯矩和剪力，主要是通过二次浇灌层细石混凝土对钢柱翼缘的侧向压力所产生的弯矩来平衡，轴向力由二次浇灌层的黏剪力和柱底板反力承受。

1. H 形实腹柱、矩形管柱插入深度计算

假定钢柱插入杯口深度为 d，柱脚下部在基础顶面的轴力、弯矩和剪力分别为 N、M、V，如图 13.8-24 所示。为保证柱脚与基础的刚性连接，钢柱脚必须有足够的插入深度，保证钢柱受压翼缘侧的细石混凝土不被压溃。现假定钢柱侧面混凝土的支承反力为矩形分布，支承反力形成的抵抗矩和承压高度 d_v 范围内混凝土抗力与钢柱的弯矩和剪力平衡，插入深度 d 应大于 d_v，根据弯矩平衡条件可得：

$$\left.\begin{aligned} & M-M_B+\frac{Vd}{2}-b_f\frac{d-d_v}{2}f_c\left\{d-\frac{1}{2}(d-d_v)\right\}=0 \\ & N_B=N \\ & V_B=V \end{aligned}\right\} \tag{13.8-53}$$

当作用于基础顶面钢柱部分的弯矩等于钢柱的受弯承载力，且柱脚底板处的弯矩 M_B 为零时，经整理可得钢柱的最大插入深度 d_{max} 为：

$$d_{max}=\frac{V}{b_f f_c}+\sqrt{2\left(\frac{V}{b_f f_c}\right)^2+\frac{4M}{b_f f_c}} \tag{13.8-54}$$

式中 M、V——基础顶面钢柱的弯矩和剪力；

b_f——插入部分钢柱的翼缘宽度；

f_c——二次浇灌层细石混凝土轴心抗压强度设计值。

2. 圆管柱插入深度计算

圆管柱的受力情况比 H 形钢柱、矩形钢管柱复杂得多，危险截面上的应力分布很不均匀，与钢管外壁粘结的二次浇灌层混凝土压应力分布亦不均匀，很难精确计算，根据现行行业标准《钢管混凝土结构计算与施工规程》JCJ 01 的规定，其插入深度可按下式计算：

$$d\geqslant 2.7\frac{V}{d_c f_c}+\sqrt{7.2\left(\frac{V}{d_c f_c}\right)^2+4.6\frac{M}{d_c f_c}} \tag{13.8-55}$$

式中 d_c——钢管外直径。

上述 H 形实腹柱、矩形管柱和圆形管柱在抗震设防地区插入基础的深度应大于钢柱全塑性抗弯承载力，柱脚的抗弯承载力应考虑轴力的影响。其插入深度按公式（13.8-54)、(13.8-55）计算时，式中柱脚剪力、弯矩为截面的塑性剪力 V_{pw} 和塑性弯矩 M_{pc}，其值可按公式（13.8-40、13.8-45）计算。杯口内二次浇灌层细石混凝土的强度为轴心抗压强度标准值 f_{ck}，即公式（13.8-54、13.8-55）中混凝土强度为 f_{ck}。

三、格构柱插入式柱脚计算

通过试验研究和工程实践经验证明，格构柱柱肢插入深度，在保证受压脚肢底板下混凝土局部受压承载力和杯口底板抗冲切承载力的前提下，插入深度主要由受拉肢轴心拉力控制，经试验和理论分析的综合研究，插入深度可按下式简化计算：

$$d \geqslant \frac{N_{max}}{sf_t} \tag{13.8-56}$$

式中 N_{max}——受拉肢的最大轴向拉力；

s——受拉肢柱底板的周长，钢管柱 $s=\pi$（d_c+100）mm；

f_t——二次浇灌层细石混凝土的轴心抗拉强度设计值。

在抗震设防地区的插入深度可按下式计算：

$$d \geqslant \frac{Af_y}{sf_{tk}} \tag{13.8-57}$$

式中 f_{tk}——二次浇灌层细石混凝土的轴心抗拉强度标准值。

四、杯口基础设计

插入式柱脚基础可为独立基础、筏板基础、桩基础，其杯口基础的杯底厚度和杯壁厚度以及配筋是承受钢柱下端内力（轴力、弯矩、剪力）的关键。在非抗震设防地区杯口基础的设计应根据钢柱底部内力设计值作用于基础顶面确定杯底和杯壁厚度以及配置钢筋，其要求应符合《建筑地基基础设计规范》GB 50007—2011 的有关规定。抗震设防地区，插入式柱脚的极限承载力不应小于钢柱全塑性承载力的 1.2 倍。

五、柱脚构造及杯口基础的规定

1. H 形实腹柱、矩形管柱、圆管柱插入深度，应由计算确定，且不宜小于柱截面高度的 2.5 倍。双肢格构柱的插入深度除计算外，尚应不小于单肢截面高度（或外径）的 2.5 倍，亦不宜小于 $0.5h_c$，h_c 为两肢垂直于虚轴方向最外边的距离。抗震设防地区插入深度应符合现行国家标准《建筑抗震设计规范》GB 50011—2010（2016 年修订版）的相关规定。

2. H 形实腹柱，可不设柱底板，当内力较大时应设柱底板。矩形管柱、圆形管柱和双肢格构应设柱底板。柱底端至基础杯口底的距离，一般采用 50mm，当有柱底板时，可采用 200mm，且底板下应设置临时调整措施。

3. 格构柱插入式柱脚，为保证受拉肢杯口壁在撬力的作用下不产生破坏，充分发挥受拉肢的抗拔作用，杯口壁的宽高比 t_1/h_s 应不小于 0.75，见图 13.8-23 所示。h_s 可取两柱肢间距离的（1/3～2/3）a。

4. 钢柱脚在插入深度范围内，不得刷油漆。柱脚安装时，应将钢柱表面的泥土、油污、铁锈和焊渣等用砂轮清刷干净。

5. H 形实腹柱、矩形和圆形管柱基础设单杯口。双肢格构柱基础一般设双杯口。杯口内表面在拆模时应立即进行打毛、清刷干净，并施工好杯口底面的水泥砂浆垫层，待钢柱安装调整固定后，杯口与钢柱之间的空隙用细混凝土（一般应比基础混凝土强度等级高一级）振捣浇灌密实并加强养护。

6. 单层框架柱的独立杯口基础和高杯口基础的杯底和杯壁厚度以及短柱截面尺寸与配筋应符合《建筑地基基础设计规范》GB 50007—2011 的有关规定。

7. 多层和高层插入式柱脚的杯口应设在基础梁和筏板基础上，其壁厚与配筋应符合埋入式柱脚构造的有关规定。

8. 矩形管柱和圆形管柱内应浇灌混凝土，其要求与埋入式柱脚相同。

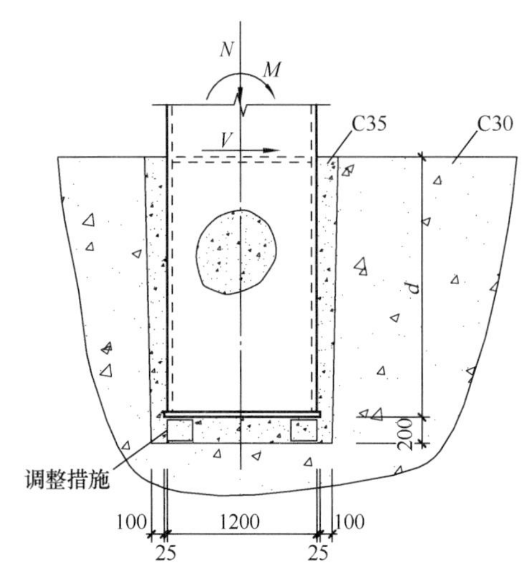

图 13.8-25　插入式柱脚示意图

六、计算实例

1. 实腹插入式柱脚

（1）本例为某高层矩形管柱的插入式柱脚，见图 13.8-25 所示。柱截面为焊接矩形管，截面尺寸为 1200×900×30×30，

截面特性 $A=1200\times30\times2+2\times(900-30\times2)=122.4\times10^3\text{mm}^2$

$$W=\frac{th^2}{3}\left(3\frac{b}{h}+1\right)=\frac{30\times1200^2}{3}\times\left(3\times\frac{900}{1200}+1\right)$$
$$=46.8\times10^6\text{mm}^3$$

钢材为 Q345B 钢，$f=295\text{N/mm}^2$，$f_y=335\text{N/mm}^2$，焊条 E50 型，基础杯口混凝土强度等级 C30，$f_c=14.3\text{N/mm}^2$，$f_{ck}=20.1\text{N/mm}^2$。杯口内二次浇灌的细石混凝土为 C35，$f_c=16.7\text{N/mm}^2$，$f_{ck}=23.4\text{N/mm}^2$，$f_t=1.57\text{N/mm}^2$，$f_{tk}=2.20\text{N/mm}^2$。

$$\text{最不利组合内力：}\begin{cases}N=11.125\times10^6\text{N}\\M=3790\times10^6\text{N}\cdot\text{mm}\\V=947.5\times10^3\text{N}\end{cases}$$

（2）柱脚插入基础杯口深度计算及柱边缘混凝土承压应力验算

插入深度：

$$d=\frac{V}{b_f f_c}+\sqrt{2\left(\frac{V}{b_f f_c}\right)^2+\frac{4M}{b_f f_c}}=\frac{947.5\times10^3}{900\times16.7}+\sqrt{2\times\left(\frac{947.5\times10^3}{900\times16.7}\right)^2+\frac{4\times3790\times10^6}{900\times16.7}}$$
$$=1071\text{mm}<2.5h=2.5\times1200=3000\text{mm},\text{取 }d=300\text{mm。}$$

承压应力：

$$\frac{V}{b_f d}+\frac{2M}{b_f d^2}+\frac{1}{2}\sqrt{\left(\frac{2V}{b_f d}+\frac{4M}{b_f d^2}\right)^2+\frac{4V^2}{b_f^2 d^2}}$$

$$=\frac{947.5\times10^3}{900\times3000}+\frac{2\times3790\times10^6}{900\times3000^2}+\frac{1}{2}\sqrt{\left(\frac{2\times947.5\times10^3}{900\times3000}+\frac{4\times3790\times10^6}{900\times3000^2}\right)^2+\frac{4\times(947.5\times10^3)^2}{900^2\times3000^2}}$$
$$=2.63\text{N/mm}^2<16.7\text{N/mm}^2$$

（3）局部受压时的基础计算

局部承压能力：

柱脚设钢底板，底板面积 $A_{cn}=1250\times950=1187.5\times10^3\text{mm}^2$

$$A_b=(1200+250)\times(900+250)=1667.5\times10^3\text{mm}^2$$

$$\beta_l=\sqrt{\frac{1667.5\times10^3}{1187.5\times10^3}}=1.185$$

$$N_c=1.35\beta_c\beta_l f_c A_{cn}=1.35\times1.0\times1.185\times16.7\times1187.5\times10^3=31.725\times10^6\text{N}$$

黏剪部分的承载能力：

$$N_z=(900\times2+1200\times2)\times3000\times1.57=19.782\times10^6\text{N}$$

$$N_c+N_z=(31.725+19.782)\times10^6=51.507\times10^6\text{N}>11.125\times10^6\text{N}$$

(4) 柱脚抗震极限承载力插入深度计算及柱边缘混凝土轴心抗压强度验算

最大插入深度：

$$N_y=Af_y=122.4\times10^3\times335=41.004\times10^6\text{N}$$

$$\frac{N}{N_y}=\frac{11.125\times10^6}{41.004\times10^6}=0.27>0.13$$

$$M_{pc}=1.15\times(1-0.27)\times51.084\times10^6\times335=14.366\times10^9\text{N}\cdot\text{mm}$$

$$V_{pw}=0.58\times30\times1200\times2\times335=13.9869\times10^6\text{N}$$

$$d_{max}=\frac{V_{pw}}{b_f f_{ck}}+\sqrt{2\left(\frac{V_{pw}}{b_f f_{ck}}\right)^2+\frac{4M_{pc}}{b_f f_{ck}}}$$

$$=\frac{13.9869\times10^6}{900\times23.4}+\sqrt{2\times\left(\frac{13.9869\times10^6}{900\times23.4}\right)^2+\frac{4\times14.366\times10^9}{900\times23.4}}$$

$$=2565\text{mm}<3000\text{mm}$$

取 d=3000mm，满足构造要求

轴心抗压强度：

$$\frac{V_{pw}}{b_f d_{max}}+\frac{2M_{pc}}{b_f d_{max}^2}+\frac{1}{2}\sqrt{\left(\frac{2V_{pw}}{b_f d_{max}}+\frac{4M_{pc}}{b_f d_{max}^2}\right)^2+\frac{4V_{pw}^2}{b_f^2 d_{max}^2}}$$

$$=\frac{13.9869\times10^6}{900\times3000}+\frac{2\times14.366\times10^9}{900\times3000^2}+$$

$$\frac{1}{2}\sqrt{\left(\frac{2\times13.9869\times10^6}{900\times3000}+\frac{4\times14.366\times10^9}{900\times3000^2}\right)^2+\frac{4\times(13.9869\times10^6)^2}{900^2\times3000^2}}$$

$$=18.88\text{N/mm}^2<23.4\text{N/mm}^2$$

2. 格构柱插入式柱脚

(1) 本例为某单层工业厂房四肢圆钢管混凝土格构柱的插入式柱脚，如图 13.8-26 所示。钢管规格为 $\phi500\times10$，$A=15386\text{mm}^2$。钢材为 Q345B，管内混凝土为 C40，$f_c=19.1\text{N/mm}^2$，$f_{ck}=26.8\text{N/mm}^2$，基础混凝土强度等级 C30，$f_c=14.3\text{N/mm}^2$，$f_{ck}=20.1\text{N/mm}^2$，$f_t=1.43\text{N/mm}^2$。杯口二次浇灌层细石混凝土强度等级 C35，$f_c=16.7\text{N/mm}^2$，$f_{ck}=23.4\text{N/mm}^2$，$f_t=1.57\text{N/mm}^2$，$f_{tk}=2.20\text{N/mm}^2$。

内力组合：$\begin{cases}N_{max}=12283.42\times10^3\text{N}\\M_{max}=14047.72\times10^6\text{N}\cdot\text{mm}\end{cases}$

$\begin{cases}N_{min}=1568.77\times10^3\text{N}\\M_{min}=-8714.58\times10^6\text{N}\cdot\text{mm}\end{cases}$

单肢内力：

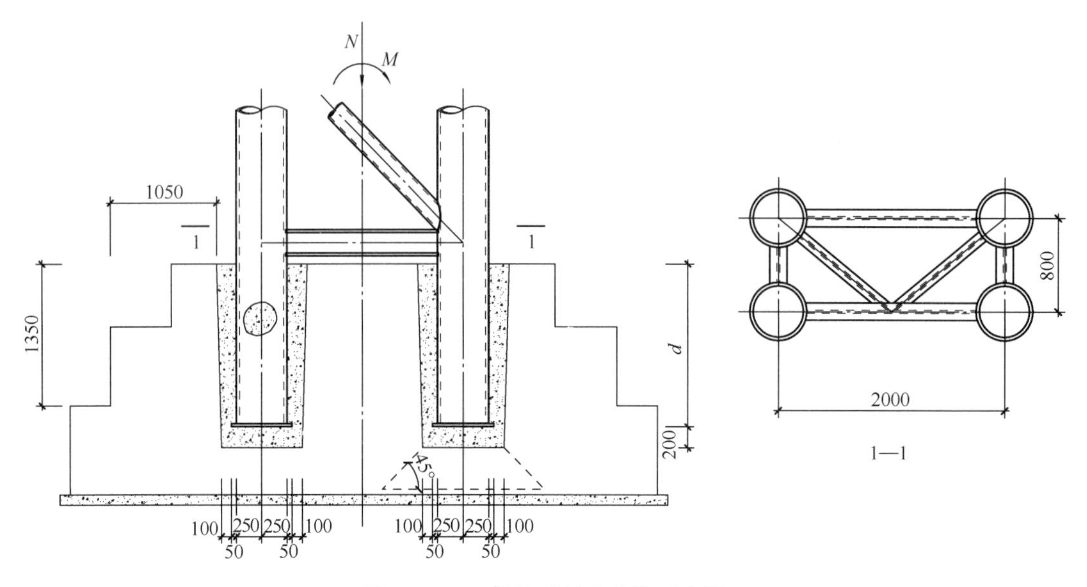

图 13.8-26　格构式插入柱脚示意图

受压肢 $N_1=\frac{12283.42\times10^3}{2\times2}+\frac{14047.72\times10^6}{2\times2000}=6583\times10^3\text{N}$

受拉肢 $N_2=-\frac{1568.77\times10^3}{2\times2}+\frac{8714.58\times10^6}{2\times2000}=1786\times10^3\text{N}$

（2）柱肢插入基础杯口深度计算

$$d=\frac{N_{\max}}{sf_t}=\frac{1786\times10^3}{3.14\times(500+100)\times1.57}=604\text{mm}<0.5\times2500=1250\text{mm}$$

取 $d=1250\text{mm}$

（3）局部受压基础计算

1）承压部分承载力

受压肢底板面积：

$$A_{cn}=2\times3.14\times300^2=565.2\times10^3\text{mm}^2$$

局部受压的计算底面积：

$$A_b=800\times1600=1280\times10^3\text{mm}^2$$

$$\beta_l=\sqrt{\frac{1280\times10^3}{565.2\times10^3}}=1.5$$

$$N_c=1.35\times1.0\times1.5\times14.3\times565.2\times10^3=16.367\times10^6\text{N}$$

2）黏剪部分承载能力：

$$N_z=3.14\times600\times1.57\times1250\times2=7395\times10^3\text{N}$$

3）总的抗压承载力：

$$N_c+N_z=16.367\times10^6+7.395\times10^6=23.762\times10^6\text{N}>6.583\times10^6\times2=13.166\times10^6\text{N}$$

（4）杯口底板冲切强度验算

假定冲切破坏锥体的有效高度 $h_0=400\text{mm}$，锥体底部尺寸为 1600mm×2400mm，距底面 $h_0/2$ 处尺寸为 1200mm×2000mm。杯口底面抗冲切承载力：

$N_v=0.6f_ts_uh_0=0.6\times1.43\times(1200\times2+2000\times2)\times700=3.844\times10^3\text{N}$

黏剪部分承载力 $N_z=7.395\times10^6\text{N}$

总的抗冲切承载力：

$N_v+N_z=3.844\times10^6+7.395\times10^6=11.239\times10^6\text{N}>N_1=6.583\times10^6$

（5）柱脚抗震极限承载力插入深度计算及抗拔极限承载力验算

受拉肢最大插入深度：

$$N_{max}=Af_y=15386\times345=5.308\times10^6\text{N}$$

$$d=\frac{1.2N_{max}}{sf_{tk}}=\frac{5.308\times10^6}{3.14\times(500+100)\times2.20}=1537\text{mm}>1250\text{mm}$$

取 $d=1550\text{mm}$

受拉肢抗拔极限承载力：

$3.14\times600\times2.20\times1550=6.424\times10^6\text{N}>1.2\times5.308\times10^6=6.37\times10^6$

（6）局部受压极限限承载力

承压部分极限承载力：

$$N_c=1.35\times1.0\times1.5\times20.1\times565.2\times10^3=23.005\times10^6\text{N}$$

黏剪部分极限承载力：

$$N_z=3.14\times600\times2.20\times1250\times2=12.849\times10^6\text{N}$$

总的抗压极限承载力：

$$N_c+N_z=23.005\times10^6+12.849\times10^6=35.854\times10^6\text{N}>$$

$$2\times1.2\times(5.308\times10^6+3.14\times240^2\times26.8)=24.372\times10^6\text{N}$$

（7）受拉肢杯口壁混凝土厚度抗撬力的极限承载力。格构柱在弯矩和轴向力作用下，当绕受压肢插入段的顶部转动时，受拉肢除了向上的垂直变位外，在受拉肢插入段的底部还伴随着因角变位而产生的向外水平变位，从而以撬力的形式作用杯口壁，其破裂面自基础杯口外侧的水平段延伸至受压肢内侧的基础顶面，呈斜弧线，其斜弧面较难计算，通过试验研究和工程实践经验表明，当杯口壁的宽高比 t_1/h_s，见图 13.8-26 所示，大于 0.75 时，就能充分发挥插入柱肢的抗拔作用。本例宽高比$\dfrac{t_1}{h_s}=\dfrac{1050}{1350}=0.78>0.75$，能满足抗撬力的承载力。

另外，试验研究结果和汶川地震作用实践表明，格构柱的破坏均发生在基础内受拉肢的一侧，在受压肢一侧无破坏。因此，杯口基础的杯底厚度在满足现行国家标准《建筑地基基础设计规范》GB 50007 相关规定的条件下，可不验算杯口底部的抗冲切能力。

13.9 铸钢节点与支座节点

13.9.1 铸钢节点设计

一、铸钢节点的分类与选用原则

1. 铸钢节点的分类

铸钢件因其良好的造型灵活性、连接便利性、承载适应性，被广泛应用于钢结构节点部位。根据铸钢节点在各工程中应用情况，按铸钢材料的可焊接性分类，可分为焊接铸钢节点和非焊接铸钢节点，按外形分类，可分为管式铸钢节点、板式铸钢节点、组合式铸钢节点，根据外形特点和受力特点可以分为如下几类：

- 铸钢件
  - 截面转换节点铸钢件
    - 铸钢方形——圆形截面转换节点
    - 铸钢矩形——菱形截面转换节点。
  - 相贯节点铸钢件
    - 铸钢圆管相贯节点
    - 铸钢方管相贯节点
    - 铸钢方管、圆管混合相贯节点
  - 球节点铸钢件
  - 索连接铸钢件
    - 铸钢索夹
    - 铸钢预应力索锚固节点
  - 铸钢铰
    - 铸钢固定（滑动）铰支座
    - 铸钢销轴节点
    - 铸钢球铰节点

2. 铸钢节点选用原则

铸钢节点是将钢水利用模具浇注成型的一种产品，其材料的成分均匀性、力学性能稳定性、表面粗糙度等均与轧制钢材存在较大差距。总体上来讲，应尽量不采用或少采用铸钢节点。铸钢节点主要应用于采用常规板材和型材无法拼接焊接的节点、曲面形状极度不规则节点、焊接量大且过于集中的节点、采用一般型材承载力不能满足要求的节点等类型节点。

二、设计一般规定

1. 材料选用

（1）铸钢节点材料种类

铸钢节点材料分非焊接节点铸钢材料与焊接节点铸钢材料两类。

非焊接节点铸钢材料：含碳量0.3%～0.6%，具有较高的强度、硬度及一定的塑性和韧性，但材料淬透性、焊接性能较差，裂纹敏感性较大，难以通过热处理改善材料性能。

非焊接节点铸钢材料可选用符合现行国家标准《一般工程用铸造碳钢件》GB/T 11352的ZG230-450、ZG270-500、ZG340-640等牌号铸钢。化学成分和力学性能见表13.9-1、表13.9-2。

《一般工程用铸造碳钢件》GB/T 11352—2009化学成分　　表13.9-1

<table>
<tr><th rowspan="3">牌号</th><th colspan="11">元素含量≤（%）</th></tr>
<tr><th rowspan="2">C</th><th rowspan="2">Si</th><th rowspan="2">Mn</th><th rowspan="2">S</th><th rowspan="2">P</th><th colspan="6">残余元素</th></tr>
<tr><th>Ni</th><th>Cr</th><th>Cu</th><th>Mo</th><th>V</th><th>残余元素总量</th></tr>
<tr><td>ZG200-400</td><td>0.20</td><td rowspan="5">0.60</td><td>0.80</td><td rowspan="5">0.035</td><td rowspan="5">0.035</td><td rowspan="5">0.40</td><td rowspan="5">0.35</td><td rowspan="5">0.40</td><td rowspan="5">0.20</td><td rowspan="5">0.05</td><td rowspan="5">1.00</td></tr>
<tr><td>ZG230-450</td><td>0.30</td><td rowspan="4">0.90</td></tr>
<tr><td>ZG270-500</td><td>0.40</td></tr>
<tr><td>ZG310-570</td><td>0.50</td></tr>
<tr><td>ZG340-640</td><td>0.60</td></tr>
</table>

注　1. 对上限减少0.01%的碳，允许增加0.04%的锰，对ZG200-400的锰最多至1.00%，其余4个牌号的锰最多至1.2%。

2. 除另有规定外，残余元素不作为验收依据。

《一般工程用铸造碳钢件》GB/T 11352—89 力学性能（≥） 表 13.9-2

<table>
<tr><th rowspan="2">牌号</th><th colspan="3">最小值</th><th colspan="3">根据合同选择</th></tr>
<tr><th>屈服强度
R_{eH}（$R_{P0.2}$）/MPa</th><th>抗拉强度
R_m/MPa</th><th>延伸率
A_s/%</th><th>断面收缩率
Z/%</th><th>冲击吸收功
A_{KV}/J</th><th>冲击吸收功
A_{KU}/J</th></tr>
<tr><td>ZG200-400</td><td>200</td><td>400</td><td>25</td><td>40</td><td>30</td><td>47</td></tr>
<tr><td>ZG230-450</td><td>230</td><td>450</td><td>22</td><td>32</td><td>25</td><td>35</td></tr>
<tr><td>ZG270-500</td><td>270</td><td>500</td><td>18</td><td>25</td><td>22</td><td>27</td></tr>
<tr><td>ZG310-570</td><td>310</td><td>570</td><td>15</td><td>21</td><td>15</td><td>24</td></tr>
<tr><td>ZG340-640</td><td>340</td><td>640</td><td>10</td><td>18</td><td>10</td><td>16</td></tr>
</table>

注 1. 表中所列的各牌号性能，适应于厚度为 100mm 以下的铸件。当铸件厚度超过 100mm 时，表中规定的 R_{eH}（$R_{P0.2}$）屈服强度仅供设计使用。

2. 表中冲击吸收功 A_{KU}的试样缺口为 2mm。

焊接铸钢节点用铸钢材料：含碳量一般不超过 0.25%，强度较高、塑性韧性良好，可通过热处理大幅改善材料性能，可焊性较好。

《铸钢节点应用技术规程》CECS235：2008 推荐了按中国与欧盟标准生产的 5 种牌号的焊接节点用铸钢料，包括符合现行国家标准《焊接结构用铸钢件》GB/T 7659 规定的 ZG200-400H、ZG230-450H、ZG275-485H 铸钢，及符合现行欧盟标准《一般工程用途钢铸件》EN10293 规定的 G17Mn5、G20Mn5 铸钢，其强度与材性与钢结构用钢材 Q235、Q345 相近，是目前国内建筑工程中应用最为广泛的铸钢材料。

常用可焊接铸钢材料牌号的化学成分与力学性能指标见表 13.9-3～表 13.9-6。

ZG200-400H、ZG230-450H、ZG275-485H 铸钢化学成分 表 13.9-3

<table>
<tr><th rowspan="3">牌号</th><th colspan="11">元素最高含量（%）</th><th rowspan="3">碳当量
（%）
不大于</th></tr>
<tr><th rowspan="2">C</th><th rowspan="2">Si</th><th rowspan="2">Mn</th><th rowspan="2">S</th><th rowspan="2">P</th><th colspan="6">残余元素</th></tr>
<tr><th>Ni</th><th>Cr</th><th>Cu</th><th>Mo</th><th>V</th><th>总和</th></tr>
<tr><td>ZG200-400H</td><td>0.20</td><td>0.60</td><td>0.80</td><td>0.025</td><td>0.025</td><td rowspan="3">0.40</td><td rowspan="3">0.35</td><td rowspan="3">0.40</td><td rowspan="3">0.15</td><td rowspan="3">0.05</td><td rowspan="3">1.00</td><td>0.38</td></tr>
<tr><td>ZG230-450H</td><td>0.20</td><td>0.60</td><td>1.20</td><td>0.025</td><td>0.025</td><td>0.42</td></tr>
<tr><td>ZG275-485H</td><td>0.17～0.25</td><td>0.60</td><td>0.8～1.2</td><td>0.025</td><td>0.025</td><td>0.46</td></tr>
</table>

ZG200-400H、ZG230-450H、ZG275-485H 铸钢力学性能 表 13.9-4

<table>
<tr><th rowspan="3">牌号</th><th colspan="3">拉伸性能（≥）</th><th colspan="2">根据合同选择</th></tr>
<tr><th>R_{eH}</th><th>R_m</th><th>A</th><th>Z</th><th rowspan="2">冲击吸收功（≥）
A_{KV2}（J）</th></tr>
<tr><th colspan="2">MPa</th><th>%</th><th>%</th></tr>
<tr><td>ZG200-400H</td><td>200</td><td>400</td><td>25</td><td>40</td><td>45</td></tr>
<tr><td>ZG230-450H</td><td>230</td><td>450</td><td>22</td><td>35</td><td>45</td></tr>
<tr><td>ZG275-485H</td><td>275</td><td>485</td><td>20</td><td>35</td><td>40</td></tr>
</table>

G17Mn5、G20Mn5 铸钢化学成分 表 13.9-5

<table>
<tr><th colspan="2">铸钢钢种</th><th rowspan="2">C</th><th rowspan="2">Si≤</th><th rowspan="2">Mn≤</th><th rowspan="2">P≤</th><th rowspan="2">S≤</th><th rowspan="2">Ni≤</th></tr>
<tr><th>牌号</th><th>材料号</th></tr>
<tr><td>G17Mn5</td><td>1.1131</td><td>0.15～0.20</td><td rowspan="2">0.60</td><td rowspan="2">1.00～1.60</td><td rowspan="2">0.020</td><td rowspan="2">0.020[①]</td><td>/</td></tr>
<tr><td>G20Mn5</td><td>1.6220</td><td>0.17～0.23</td><td>0.8</td></tr>
</table>

G17Mn5、G20Mn5 铸钢力学性能 表 13.9-6

铸钢钢种		热处理状态	铸件壁厚（mm）	室温下			冲击功值	
牌号	材料号			屈服强度 $R_{p0.2}$（MPa）	抗拉强度 R_m（MPa）	伸长率 A（%）	温度	冲击功（J）不小于
G17Mn5	1.1131	调质	t≤50	240	450～600	≥24	室温	70
							−40℃	27
G20Mn5	1.6220	正火	t≤30	300	480～620	≥20	室温	50
							−30℃	27
	1.6220	调质	t≤100	300	500～650	≥22	室温	60
							−40℃	27

（2）铸钢件材料选用

铸钢件的选材应遵循技术可靠、经济合理的原则，综合考虑结构的重要性、荷载特性、节点形式、应力状态、铸件厚度、工作环境和铸造工艺等多种因素，选用适当的铸钢牌号与热处理工艺。

1）铸钢件材料适用范围

各类铸钢件适用哪种类型的铸钢件材料，主要依据节点与构件的连接方式进行选用，节点与构件连接方式为焊接时，选用焊接节点铸钢件材料，如铸钢多管相母节点；节点与构件连接方式为非焊接时，可选用非焊接节点铸钢件材料，如铸钢索球；同一种类型的铸钢件，因连接方式的差异，可能选用非焊接节点铸钢件材料，也可能选用焊接节点用铸钢件材料，如铸钢销轴节点；当同一个铸钢件内包含多个铸钢零件，且各零件间为非焊接方式连接时，视各零件与构件的连接方式，可部分选用非焊接节点铸钢材料、部分选用焊接节点材料，如铸钢固定（滑动）铰支座。各种材料适用的铸钢件类型见表 13.9-7。

焊接铸钢节点用铸钢材料的适用范围 表 13.9-7

序号	荷载特征	节点类型与受力状态	工作环境温度	要求性能项目	适用铸钢牌号
1	承受静力荷载或间接动力荷载	单管节点、单、双向受力状态	高于−20℃	屈服强度、抗拉强度、伸长率、断面收缩率、碳当量、常温冲击功 A_{KV}≥27J	ZG230-450H ZG275-485H G20Mn5N
2			低于或等于−20℃	同第 1 项，但 0℃ 冲击功 A_{KV}≥27J	ZG275-485H G20Mn5N
3		多管节点、三向受力等复杂受力状态	高于−20℃	同第 1 项	
4			低于或等于−20℃	同第 2 项	G20Mn5N
5	承受直接动力荷载或 7-9 度设防的地震作用	单管节点、单、双向受力状态	高于−20℃	同第 2 项	ZG275-485H G17Mn5QT G20Mn5N
6			低于或等于−20℃	同第 1 项，但 −20℃ 冲击功 A_{KV}≥27J	
7		多管节点、三向受力等复杂受力状态	高于−20℃	同第 2 项	G17Mn5QT G20Mn5N G20Mn5QT
8			低于或等于−20℃	同第 6 项，但 9 度地震设防时 −40℃，冲击功 A_{KV}≥27J	

注：1. 铸钢材料的力学性能原则上应与构件母材相匹配，但其屈服强度、伸长率在满足计算强度安全的条件下，允许有一定的调整；
2. 当设计要求−20℃或−40℃冲击功或碳当量限值等保证，而铸钢材料标准中无此相应指标时，应在订货时作为附加保证条件提出要求；
3. 表中直接动荷载不包括需要计算疲劳的动力荷载；
4. 选用 ZG 系列牌号铸钢时，宜要求其碳含量不大于 0.22%，磷、硫含量均不大于 0.03%。

2）铸钢节点热处理工艺的选择

用于建筑结构的铸钢节点必须经过热处理之后方可使用。铸钢节点热处理工艺一般由订货商按性能要求确定并在订货合同中约定。由于国内铸造厂商缺少特大型淬火池，特大型铸件调质后的变形控制也非常困难，故当铸件尺寸较大、壁厚较厚时，宜以正火状态交货，尺寸较小并对性能要求较高时，宜以调质状态交货。但对于低碳钢，由于正火或调质处理的效果基本相近，按国内近年来的生产经验，即使较厚的 G20Mn5 铸件采用正火处理后也可以保证较高的使用性能，故从技术经济综合考虑，在满足设计要求性能指标的前提下，尽量以正火状态交货为宜。

2. 造型设计原则

铸钢节点造型设计总体遵循：铸钢节点外形应与建筑整体造型相协调，体现出与建筑效果的整体协调性与局部一致性；力系汇交点宜尽量与整体分析模型一致，应力传递路径清晰，与设计受力相协调；尽量选用更易于保证浇铸质量的造型。

3. 设计计算依据与设计指标

（1）设计计算依据

节点设计应依据结构整体计算结果中节点受力大小确定节点设计载荷；节点设计应考虑结构安全等级、结构抗震设防烈度、所连接杆件的抗震等级；节点设计应考虑节点工作环境条件。

（2）设计指标

各牌号的铸钢材料强度设计值主要依据《钢结构设计标准》GB 50017—2017 和《铸钢节点应用技术规程》CECS235：2008 取用，常用牌号焊接铸钢和非焊接铸钢的强度设计值见表 13.9-8。

各牌号铸钢强度设计值 **表 13.9-8**

类别	钢号	铸件厚度（mm）	抗拉、抗压和抗弯 f	抗剪 f_v	端面承压（刨平顶紧）f_{ce}
非焊接铸钢	ZG200-400	≤100	155	90	260
	ZG230-450		180	105	290
	ZG270-500		210	120	325
	ZG310-570		240	140	370
可焊接铸钢	ZG230-450H	≤100	180	105	290
	ZG275-485H		215	125	315
	G17Mn5QT	≤50	185	105	290
	G20Mn5N	≤30	235	135	310
	G20Mn5QT	≤100	235	135	325

注：1. 以上强度设计值仅适用于本表规定的厚度；
2. 各牌号铸钢的强度设计值按本表取值时，必须保证其材质的力学性能指标符合《铸钢节点应用技术规程》CECS235 规范附录 A 中相应的规定；
3. 铸件壁厚很厚时，经供货厂家提出，可考虑强度设计值因壁厚过大的折减，具体取值可按双方商定的铸件交货屈服强度计算确定；
4. QT 代表热处理状态为调质，N 代表热处理状态为正火。

铸钢的物理性能指标可按以下取值：弹性模量 $E=206\times10^3\mathrm{N/mm^2}$；剪变模量 $G=79\times10^3\mathrm{N/mm^2}$；线膨胀系数 $\alpha=12\times10^{-6}/℃$；质量密度 $\rho=7850\mathrm{kg/m^3}$。

4. 计算方法与计算模型

（1）计算方法

铸钢节点承载力应按承载能力极限状计算。承载能力极限状态包括节点的强度破坏、局部稳定破坏和因过度变形而不适于继续承载。铸钢节点的计算应优先考虑利用大型有限元程序采用有限单元法。

当铸钢节点为圆管相贯节点或圆管汇交的球节点形式，且铸钢件材料伸长率和屈强比满足与铸钢件强度等级对应的Q235和Q345钢材性能指标时，可以不采用有限元法进行计算分析。圆管相贯节点可按现行国家标准《钢结构设计标准》GB 50017—2017中第13.3.2条的规定验算，空心球节点可按现行行业标准《空间网格结构技术规程》JGJ 7—2010中第5.2.2条的规定验算。

当铸钢节点不是圆管相贯节点或空心球节点形式时，应采用有限元法分析其在设计荷载作用下的应力和变形。

（2）计算模型

铸钢节点的有限元分析模型宜优先考虑采用实体单元，对于径厚比大于10的部位可采用板壳单元。在铸钢节点与构件连接处、内外表面拐角处等部位，实体单元的最大边长不应大于该处最薄壁厚，其余部位的单元尺寸可适当增大，但单元尺寸变化以平缓（一般单元网格最大尺寸可以取最薄壁厚的1/2～1/3）。节点有限元分析宜按不同单元类型、不同单元尺寸的分析模型进行对比计算，以保证计算精度。

有限元分析模型的外荷载与约束条件应与节点在结构中的实际受力和边界条件一致，约束条件过于复杂时可以采用基于结构整体模型的多尺度精细化有限元模型进行分析。对于承受多种荷载工况组合又无法准确判断其设计控制工况时，应分别按节点连接构件的控制工况对应作用力逐一进行计算分析，各工况下的应力应均能满足控制指标要求。复杂应力状态下的强度准则应采用VonMises屈服条件，对处于三向受拉区的部位，宜追加第一强度准则判断该处的失效条件。

铸钢节点的极限承载力可根据弹塑性有限元分析给出的完整的荷载—位移曲线获得，节点设计承载力不应大于极限承载力的1/3。弹塑性有限元分析时，铸钢材料的应力—应变曲线宜采用具有一定强化刚度的二折线模型。

5. 构造要求

铸钢节点的壁厚同时受到受力大小和铸造工艺的限制，壁厚既不宜过厚，也不宜过薄。不考虑受力情况下，满足铸造工艺要求的合理壁厚条件下宜按表13.9-9给出的数值取用，同时，节点壁厚也不应小于表13.9-10规定的最小壁厚。

铸钢节点的合理铸造壁厚（mm） **表13.9-9**

节点最大轮廓尺寸	节点次大轮廓尺寸			
	≤350	350～700	700～1500	1500～3500
≤1500	15～20	20～25	25～30	—
1500～3500	20～25	25～30	30～35	35～40

续表

节点最大轮廓尺寸	节点次大轮廓尺寸			
	≤350	350～700	700～1500	1500～3500
3500～5500	25～30	30～35	35～40	40～45
5500～7000	—	35～40	40～45	45～50

注：1. 形状复杂的铸钢件及流动性较差的钢种，其合理壁厚可是当增加；

2. 形状简单的铸件，其合理壁厚可适当减少。

铸钢节点的最小铸造壁厚（mm） **表 13.9-10**

节点最大轮廓尺寸	<200	200～400	400～800	800～1250	1250～2000	2000～3200
壁厚	9	10	12	16	20	25

铸钢节点的设计应避免壁厚的急剧变化和内外壁厚相差悬殊，壁厚变化斜率不宜小于1/5，节点的内部薄壁部位的壁厚宜小于外部薄壁部位的壁厚。节点的内圆角如图 13.9-1 可按表 13.9-11 设计，外圆角如图 13.9-1 可按表 13.9-12 设计。节点与杆件连接为焊接时，为保证现场焊接的操作空间，节点相连牛腿焊接面之间的距离 L 如图 13.9-2 应大于表 13.9-13 的规定，支座铸钢节点的焊接面距地面或柱顶的距离宜大于 450mm。

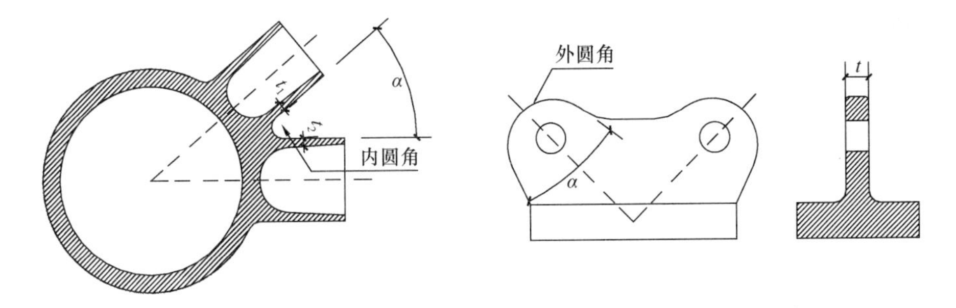

图 13.9-1 内、外圆角示意

铸钢节点内圆角半径 **表 13.9-11**

壁厚 $\frac{t_1+t_2}{2}$ (mm)	内圆角半径 R（mm）					
	相邻壁板内夹角 α					
	<50°	51°～75°	76°～105°	106°～135°	136°～165°	>165°
≤8	4	4	6	8	16	20
9～12	4	4	6	10	16	25
13～16	4	6	8	12	20	30
17～20	6	8	10	16	25	40
21～27	6	10	12	20	30	50
28～35	8	12	16	25	40	60
36～45	10	16	20	30	50	80
46～60	12	20	25	35	60	100
61～80	16	25	30	40	80	120
81～110	20	25	35	50	100	160
111～150	20	30	40	60	100	160
151～200	25	40	50	80	120	200
201～250	30	50	60	100	160	250
251～300	40	60	80	120	200	300
>300	50	80	100	160	250	400

注：表中 t_1、t_2 分别表示相邻两壁的壁厚。

铸钢节点外圆角半径 **表 13.9-12**

壁厚 $\frac{t_1+t_2}{2}$ (mm)	外圆角半径 R（mm）					
	相邻两边或面夹角 α					
	<50°	51°～75°	76°～105°	106°～135°	136°～165°	>165°
≤25	2	2	2	4	6	8
26～60	2	4	4	6	10	16
61～160	4	4	6	8	16	25
161～250	4	6	8	12	20	30
251～400	6	8	10	16	25	40
401～600	6	8	12	20	30	50
601～1000	8	12	16	25	40	60
1001～1600	10	16	20	30	50	80
1601～2500	12	20	25	40	60	100
>2500	16	25	30	50	80	120

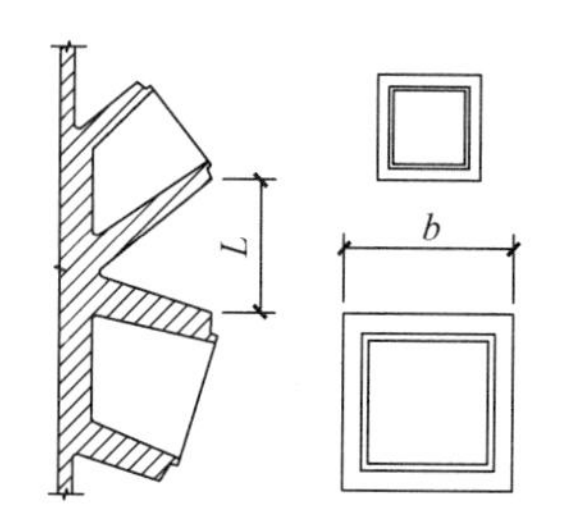

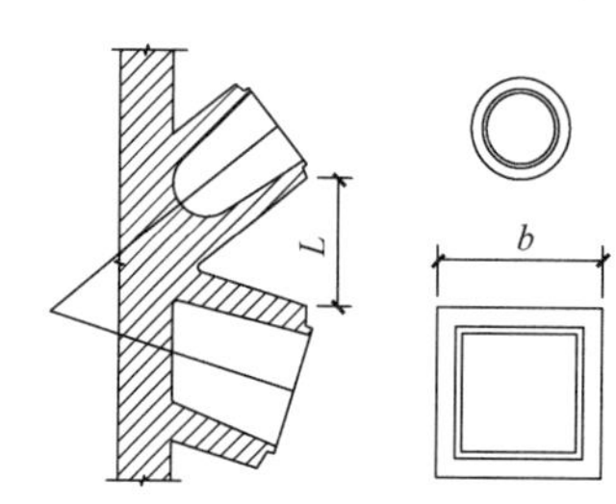

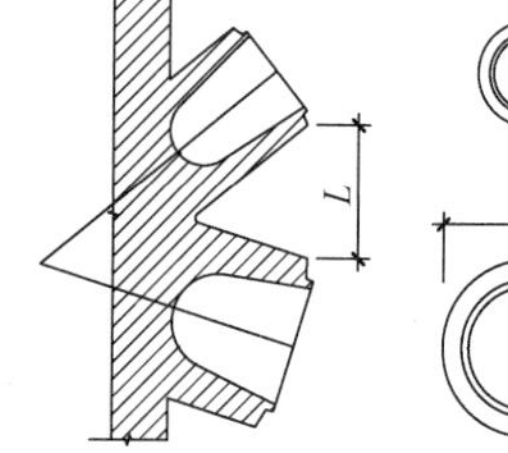

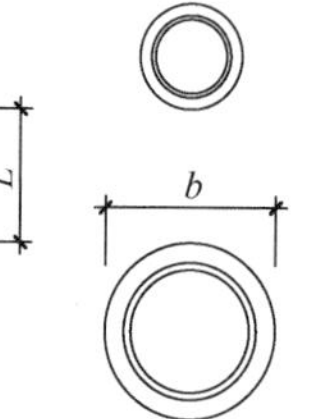

图 13.9-2 铸钢节点焊接面之间的距离示意

焊接面之间的距离 **表 13.9-13**

焊接面之间距离示图	L（mm）大于	
	b<200mm	b≥200mm
两个焊接面均为方管	250	250+（b−200）×350/800
两个焊接面一方一圆	200	200+（b−200）×250/800
两个焊接面均为圆管	150	150+（b−200）×200/800

铸钢节点宜优先考虑整体进行铸造生产，考虑到国内生产建筑结构用铸钢件厂家设备能力，节点设计时应尽量将节点的重量控制在 20t 以内，当节点重量超过 20t 时，可采用分体铸造后拼接成整体的方式生产。

6. 节点的机加工要求

铸钢节点中精度要求较高的配合面应进行机械加工，机械加工可采用车削、铣削、刨削和钻削等，加工表面粗糙度 R_a 不应大于 25μm。常规节点的孔宜用钻削、镗削加工，孔的允许偏差应符合现行国家标准《钢结构工程施工质量验收规范》GB 50205 的规定，A、B 级螺栓孔孔壁表面粗糙度 R_a 不应大于 12.5μm，C 级螺栓孔孔壁表面粗糙度 R_a 不应大于 25μm。常规节点的端口圆和孔机械加工的允许偏差应符合表 13.9-14 要求，平面、端面、边缘机械加工的允许偏差应符合表13.9-15要求。

外圆面和孔机械加工的允许偏差（mm） 表13.9-14

项目	允许偏值
端口圆直径	0 −2.0
孔直径	+2.0 0
圆度	d/200，且不大于2.0
端面垂直度	d/200，且不大于2.0
管口曲线	2.0
同轴度	1.0
相邻两轴线夹角	30′

注：d为铸钢节点端口圆直径或孔径。

平面、端面、边缘机械加工的允许偏差（mm） 表13.9-15

项目	允许偏值
平面间距离	±1.0
平面平行度	0.5
平面垂直度	L/1500，且不应大于2.0
平面度	0.3/m^2
加工边直线度	L/3000，且不应大于2.0
相邻两边夹角	30′

注：L为平面的边长。

7. 质量控制与检验要求

(1) 质量控制

需方应派遣铸造专业技术人员驻厂，对铸钢节点的生产全过程进行监督，确保对铸钢节点生产各环节质量控制准确到位。

1) 技术准备

铸钢节点设计可由结构设计单位和铸造厂家共同完成，节点铸造前，设计图纸应得到设计单位的审批。铸造厂应根据节点图纸要求编制铸造工艺方案和检验方案，并对各道工序负责人员做好技术交底和工艺卡下发。

2) 钢液熔炼

钢液熔炼是铸钢生产过程中的一个重要环节。铸钢件的质量与钢液有很大关系，铸钢的力学性能很大程度上是由钢液的化学成分所决定。钢液熔炼宜遵循如下规定：

① 钢液熔炼宜采用碱性电弧炉，并使用氧化还原的方法使化学成分达到规定的要求。当采用感应炉设备时，应控制原材料及熔炼工艺，确保化学成分达到规定要求。

② 熔炼炉的容量宜满足单件铸件浇注的钢液量需要。当铸件过大，单炉钢液无法满足浇注时，可考虑采用保温包，将两炉钢液合并后再进行浇注，但最多只允许合并两炉。

③ 铸钢节点在浇注之前，应对钢水化学成分进行炉前快速分析，合格后方可浇注。

3）浇注

浇注是把熔炼好的钢液浇注到铸型中去，使钢液完成充型过程并在砂箱中冷却，形成铸件。钢液浇注宜遵循如下要求：

① 铸钢节点的铸造工艺应保证节点的内部组织致密、均匀，形状尺寸符合规定。浇注温度和速度应适当。

② 铸钢节点的重要加工面、主要工作面和宽大平面应处于铸型的底部；壁薄而大的平面应处于铸型的底部或垂直或倾斜布置；应尽量减少分型面的数量，使型腔及主要型芯位于下型。

③ 合型前应检查型腔和砂芯芯头的几何形状及尺寸，损坏的要修补更换，修补的砂芯应重新进一步检查和烘干。应清除型腔、浇注系统和砂芯表面的浮砂与脏物，检查出气孔和砂芯排气道，保证其畅通。

④ 铸钢节点浇注温度应根据铸件大小、炉容量、钢包大小及烘烤情况来确定。形状简单的铸钢节点宜取偏低的温度，形状复杂或壁厚较薄的铸钢节点宜取偏高的温度。薄壁铸钢节点宜采用快速浇注法，厚壁铸钢节点宜采用慢—快—慢的浇注法，并应保持一定的充型压力。

4）热处理

铸钢的铸态组织取决于化学成分和凝固结晶过程，一般存在较严重的枝晶偏析、组织极不均匀以及晶粒大和魏氏（或网状）组织等问题，需要通过热处理消除或减轻其有害影响，改善铸钢件的力学性能。此外由于铸钢节点结构和壁厚的差异，同一铸钢节点的各部位具有不同的组织状态，并产生相当大的残余内应力。因此，铸钢节点一般都以热处理状态供货。对铸钢节点热处理应符合下面规定：

① 铸钢节点的热处理状态宜为正火或调质。

② 铸钢节点热处理时应对炉温进行均匀性检测，并符合现行规范 GB/T 9452 热处理炉有效加热区测定方法标准的要求，热处理工艺应考虑铸钢节点的结构尺寸、化学成分、热处理工艺和质量要求。

③ 低合金铸钢节点在调质处理前宜进行一次正火或正火加回火预处理。对于碳的质量分数在 0.2%以下的低碳低合金铸钢节点可采用正火预处理，当其形状及尺寸不宜淬火时，宜采用正火加回火取代调质处理。

④ 铸钢节点力学性能检验不合格时，应重新热处理，热处理次数不宜超过两次。

5）缺陷修补

铸钢节点在成形过程中，表面及内部常会产生一些铸造缺陷，如气孔、缩松、夹杂、缺肉等，如果这些缺陷的种类、大小、深度、位置、形状和数量等符合技术条件的规定，一般无需处理。如果这些缺陷超出技术条件的允许范围且技术条件又允许修补时，可以对铸件进行修补处理。铸件缺陷的修补方法通常有电焊、水焊、氩弧焊、钎焊、激光焊、粘补等。缺陷修补需遵循如下规定：

① 铸钢节点缺陷的修补不应影响其力学性能。铸钢节点在进行重大焊补之前应经设计同意并编写详细的修补方案，并应进行焊接修补的工艺评定。

② 铸钢节点可用局部加热和整体加热矫正，矫正后铸钢节点的表面不应有明显的凹

面或损伤。

③ 铸钢节点不应有飞边、毛刺、氧化皮、黏砂、热处理锈斑、表面裂纹等缺陷，表面缺陷宜用喷砂（丸）、打磨的方法去除，但打磨深度不应大于允许的负偏差。

④ 当铸钢节点的缺陷较深时，宜先用风铲、砂轮等机械或氧乙炔切割、碳弧气刨等方法去除缺陷后进行焊补。如采用碳弧气刨应对焊接修补部位进行打磨以清除渗碳层与熔渣等杂物。

⑤ 铸钢节点有气孔、缩孔、裂纹等内部缺陷时，对于缺陷深度在铸件壁厚的20%以内且小于25mm或需修补的单个缺陷面积小于65cm^{2}时，允许进行焊接修补；当缺陷大于或等于以上尺寸时的重大焊补，必须经设计同意并编写详细的焊接修补方案后进行焊接修补。

⑥ 铸钢节点焊接修补的焊接工艺应按《铸钢节点应用技术规程》CECS235：2008第7.4节的规定进行，铸钢节点焊补后，其焊接修补部位应进行机械加工或打磨，其表面质量应符合设计要求。焊接修补的部位、区域大小、修补过程和修补质量等应作记录并存档。

6）机械加工

铸钢节点允许进行打磨和机械加工，与其他构件连接端面、接触面等位置宜采用机械加工，对于其他部位外表面可以采用打磨处理满足设计要求的表面精度。需机械加工铸钢节点的毛坯尺寸的允许偏差应符合设计要求或现行国家标准《铸件尺寸公差与机械加工余量》GB/T 6414中CT11级的要求，机械加工铸钢材料的硬度宜控制在170～230HBS的范围。

（2）检验要求

铸钢件质量检查及验收主要分两部分进行控制，分别为外部质量和内部质量。外部质量包括表面粗糙度、表面缺陷、清理状态、几何形状和尺寸，内部质量包括材料本身的化学成分、力学性能以及内部缺陷。

1）验收规则

铸钢节点的验收应由铸件生产厂家按技术质量监督部门的要求，组批提交验收，组批规则、验收的检验项目、取样数量、取样部位和试样方法应符合《铸钢节点应用技术规程》CECS235：2008和相应订货技术要求的规定，铸件生产厂家必须保证铸钢节点符合订货技术要求的规定

2）表观质量

铸钢节点出厂前表面应清理干净，修正飞边、毛刺、去除补贴、黏砂、氧化铁皮、热处理锈斑及可去除的内腔残余物等，不允许有裂纹、未熔合和超过允许标准的气孔、冷隔、缩松、缩孔、夹砂及明显凹坑等缺陷。

铸钢节点的表面粗糙度和表面缺陷应逐件目视检查。节点表面粗糙度R_a应达到25～50μm，并在图样、订货合同中注明；铸钢节点与其他构件连接的焊接端口表面粗糙度应$R_a \leqslant 25\mu$m，有超声波探伤要求的表面粗糙度应达到探伤工艺的要求。表面粗糙度比较样块应按现行国家标准《表面粗糙度比较样块铸造表面》GB 6060.1的要求选定（不同铸造方法的样块表面粗糙度参数值如表13.9-16所示），表面粗糙度评审按现行国家标准《铸造表面粗糙度评定方法》GB/T 15056进行。

样块分类及粗糙度参数值　　表 13.9-16

粗糙度 $R_a\mu m$ ＼ 铸造方法	砂型铸造	壳型铸造	熔模铸造
0.2	—	—	—
0.4	—	—	—
0.8	—	—	×
1.6	—	×	×
3.2	—	×	*
6.3	—	*	*
12.5	×	*	*
25	×	*	—
50	*	*	—
100	*	—	—
200	*	—	—
400	*	—	—

注：×为采取特殊措施方能达到的铸造金属及合金的表面粗糙度；

* 表示可以达到的铸造金属及合金的表面粗糙度；

—表示无法达到的表面粗糙度。

3）尺寸偏差

铸钢节点在出厂前应进行几何形状和尺寸检查。对于一般精度要求的铸钢节点，如果为一模一件生产的方式，应逐件检查，如果为一模多件的生产方式，可以按检验批抽检，但首件必须检验，尺寸检验批的划分的具体要求由合同约定或供需双方商定。对于精度要求较高的铸钢节点，尺寸应逐件检验。

铸钢节点的几何形状与尺寸应符合设计图纸、模样或合同技术条件的要求，尺寸偏差应符合现行国家标准《铸件尺寸公差与机械加工余量》GB/T 6414 中 CT11 级要求，壁厚偏差公差按照粗一级原则制定，即壁厚公差均应满足 CT12 级要求。具体允许尺寸偏差如表 13.9-17 所示。

毛坯铸件尺寸允许偏差　　表 13.9-17

铸件基本尺寸 I（mm）	铸件壁厚允许偏差（mm）	铸件尺寸允许偏差（mm）
$I\leqslant 10$	+4.2	±2.8
$10<I\leqslant 16$	+4.4	±3.0
$16<I\leqslant 25$	+4.6	±3.2
$25<I\leqslant 40$	+5.0	±3.6
$40<I\leqslant 63$	+5.6	±4.0
$63<I\leqslant 100$	+6.0	±4.4
$100<I\leqslant 160$	+7.0	±5.0
$160<I\leqslant 250$	+8.0	±5.6
$250<I\leqslant 400$	+9.0	±6.2
$400<I\leqslant 630$	+10.0	±7.0
$630<I\leqslant 1000$	+11.0	±8.0

续表

铸件基本尺寸 *I*（mm）	铸件壁厚允许偏差（mm）	铸件尺寸允许偏差（mm）
1000＜*I*≤1600	+13.0	±9.0
1600＜*I*≤2500	+15.0	±10.0
2500＜*I*≤4000	+17.0	±12.0
4000＜*I*≤6300	+20.0	±14.0
6300＜*I*≤10000	+23.0	±16.0

注：CT-1～16 详细公差值可参见《铸件尺寸公差与机械加工余量》GB/T 6414 表 1 铸件尺寸公差。

铸钢节点与圆管构件连接部位管口外径尺寸的偏差应符合表 13.9-18 的规定，管壁厚度的负偏差应符合表 13.9-19 的规定，并符合设计图或订货合同技术要求。

钢管的外径允许偏差（mm） **表 13.9-18**

外径（D）	普通精度（PD. A）*	较高精度（PD. B）	高精度（PD. C）
5～20	±0.30	±0.20	±0.10
＞5～20	±0.50	±0.30	±0.15
＞50～80	±1.0%D	±0.50	±0.30
＞80～114.3	±1.0%D	±0.60	±0.40
＞114.3～219.1	±1.0%D	±0.80	±0.60
＞219.1	±1.0%D	±0.75%D	±0.5%D

注：* 不适用于带式输送机托辊用钢管。

钢管的壁厚允许偏差（mm） **表 13.9-19**

<table>
<tr><th>壁厚（t）</th><th>普通精度
（PT. A）</th><th>较高精度
（PT. B）</th><th>高精度
（PT. C）</th><th>同截面壁厚允许差[a]</th></tr>
<tr><td>0.50～0.60</td><td rowspan="2">±0.10</td><td>±0.06</td><td>+0.03
−0.05</td><td rowspan="16">≤7.5%t</td></tr>
<tr><td>＞0.60～0.80</td><td>±0.07</td><td>+0.04
−0.07</td></tr>
<tr><td>＞0.80～1.0</td><td>±0.10</td><td>±0.08</td><td>+0.04
−0.07</td></tr>
<tr><td>＞1.0～1.2</td><td rowspan="9">±10%t</td><td>±0.09</td><td rowspan="2">+0.05
−0.09</td></tr>
<tr><td>＞1.2～1.4</td><td>±0.11</td></tr>
<tr><td>＞1.4～1.5</td><td>±0.12</td><td rowspan="2">+0.06
−0.11</td></tr>
<tr><td>＞1.5～1.6</td><td>±0.13</td></tr>
<tr><td>＞1.6～2.0</td><td>±0.14</td><td rowspan="3">+0.07
−0.13</td></tr>
<tr><td>＞2.0～2.2</td><td>±0.15</td></tr>
<tr><td>＞2.2～2.5</td><td>±0.16</td></tr>
<tr><td>＞2.5～2.8</td><td>±0.17</td><td rowspan="2">+0.08
−0.16</td></tr>
<tr><td>＞2.8～3.2</td><td>±0.18</td></tr>
<tr><td>＞3.2～3.8</td><td rowspan="3">±1.0%t</td><td>±0.20</td><td rowspan="2">+0.10
−0.20</td></tr>
<tr><td>＞3.8～4.0</td><td>±0.22</td></tr>
<tr><td>＞4.0～5.5</td><td>±7.5%t</td><td>±5%t</td></tr>
<tr><td>＞5.5</td><td>±12.5%t</td><td>±10%t</td><td>±7.5%t</td></tr>
</table>

a 不适合普通精度的钢管。

注：同截面壁厚差指同一横截面上实测壁厚的最大值与最小值之差。

铸钢节点与构件连接部位的接管角度偏差及耳板角度偏差应符合设计图纸、模样或合同中的要求，且不应大于1°。

铸钢节点加工部位标准公差等级按现行国家标准《产品几何技术规范（GPS）极限与配合第2部分：标准公差等级和孔、轴极限偏差表》GB/T 1800.2中IT12级执行，管口外径尺寸应按现行国家标准《极限与配合标准公差等级和孔、轴的极限偏差表》GB/T 1800.4中极限负偏差控制，与外接钢管的允许偏差相配合考虑，同时应该满足对口错边量要求。

①外圆面和孔机械加工的允许偏差应符合表13.9-20要求。

端口圆和孔机械加工的允许偏差（mm）　　**表13.9-20**

项　目	允 许 偏 值
端口圆直径	0 −2.0
孔直径	+2.0 0
圆度	d/200，且不大于2.0
端面垂直度	d/200，且不大于2.0
管口曲线	2.0
同轴度	1.0
相邻两轴线夹角	30′

注：d为铸钢节点端口直径或孔径。

② 平面、端面、边缘机械加工的允许偏差应符合表13.9-21要求。

平面、端面、边缘机械加工的允许偏差（mm）　　**表13.9-21**

项　目	允 许 偏 差
宽度、长度	±1.0
平面平行度	0.5
加工面对轴线的垂直度	L/1500，且不应大于2.0
平面度	0.3/m^2
加工边直线度	L/3000，且不应大于2.0
相邻两边夹角	30′

注：L为平面的边长。

③ 气割、坡口的允许偏差应符合表13.9-22要求或设计规定要求。

气割、坡口的允许偏差（mm）　　**表13.9-22**

项　目	允 许 偏 差
零件宽度、长度	±3.0
切割面平面度	0.05t，且不应大于2.0
割纹深度	0.3

续表

项　　目	允 许 偏 差
局部缺口深度	1.0
端面垂直度	2.0
坡口角度	$^{+5°}_{0°}$
钝边	±1.0

注：t 为切割面厚度。

4）理化性能

铸钢节点出厂前应进行化学成分与力学性能检验，检验应由具有 CMA（中华人民共和国计量认证）和 CNAL（中国合格评定国家认可委员会实验室认可）认证的检测中心完成。

铸钢节点应按熔炼炉次进行化学分析，分析结果应符合现行规范《铸钢节点应用技术规程》CECS235 规定与订货技术要求中相应规定。化学分析用试块应在单独铸出的试块上或铸件多余部位处制取。砂型铸造的铸件，其屑状试样应取自铸造表面 6mm 以下。化学分析和试样的取样方法按现行国家标准《钢的成品化学成分允许偏差》GB/T 222 和《钢和铁化学成分测定用试样的取样和制样方法》GB/T 20066 的规定执行。

铸钢节点应按形体类型相似、壁厚及重量相近且由同一冶炼炉次浇注并在同一炉做相同热处理为一力学性能检验批进行检验。力学性能检验用试块可在浇注中途单独铸出，亦可从铸件上取样。单铸试块的形状尺寸和试样的切取位置应符合现行国家标准《一般工程用铸造碳钢件》GB/T11352 中的相应要求。单铸试块与其所代表的铸件同炉进行热处理，并做标记。

拉力试验按现行国家标准《金属材料拉伸试验第 1 部分：室温试验方法》GB/T 228.1 的规定执行，每一批量取一个拉伸试样，试验结果应符合现行规范《铸钢节点应用技术规程》CECS235 规定与订货技术要求。冲击试验按现行国家标准《金属材料夏比摆锤冲击试验方法》GB/T 229 的规定执行，每一批量取三个冲击试样进行试验，三个试样的平均值应符合现行规范《铸钢节点应用技术规程》CECS235 规定与订货技术要求，其中一个实验值可低于规定值，但不得低于规定值的 70%。

当力学性能试验结果不符合要求时，供方可以复验。从同一批里取两个备用拉力试样进行试验，如两个试验结果均符合技术条件要求，则该批铸件的拉力性能仍为合格；当夏比（V 形缺口）冲击试验结果不符合规定时，应从同一批里再取一组三个试样进行试验，前后六个实验结果的平均值不得低于技术条件的规定要求，允许其中两个试样低于规定值，但低于规定值 70%的试样只允许一个。当复验结构不合格时，供方可进行重新热处理，然后重新复验。重复热处理次数不得超过两次。

5）无损检验

铸钢节点不应有裂纹、冷隔、缩孔、疏松等。对目视检查以及形状和尺寸检查符合要求的铸钢节点应逐个进行无损检测，所有具备超声波探伤条件的部位应 100%进行超声波探伤检测，对于主支管相贯处、界面改变处等超声波探伤检测盲区，应采用磁粉或渗透探伤进行检测。无损检测报告应由具备Ⅱ级以上资格的无损检测人员签字。铸钢节点的无损检测应在最终热处理后进行。

铸钢节点与其他构件连接的部位，即支管管口的焊接坡口周围150mm区域，以及耳板上销轴连接孔四周150mm区域，需要进行100%超声波探伤检测。铸钢节点本体的其他部位如具备超声波探伤条件的，也应进行100%的超声波检测。铸钢节点的支管和主管相贯处、界面改变处为超声波探伤盲区，应尽可能改进节点构造，避免或减少超声波探伤的盲区；对于不可避免的超声波探伤盲区或有疑义时，应采用磁粉探伤或渗透探伤进行检测。铸钢节点管口、销轴耳板等节点连接部位，超声波检测结果应不低于《铸钢件 超声检测 第1部分：一般用途铸钢件》GB 7233.1规定的Ⅱ级，节点本体其他部位超声波、磁粉或渗透检测结果应不低于《铸钢件 超声检测 第1部分：一般用途铸钢件》GB 7233.1、《铸钢件磁粉检测》GB 9444或《铸钢件渗透检测》GB 9443规定的Ⅲ级。

进行无损检测时，根据所得到的监测数据对铸钢节点的表面质量和内部质量进行质量等级划分，并依据质量合格等级确定缺陷是否超标，对于超标缺陷应进行返修。当出现铸造裂纹深度超过厚度的70%或二次返修后达不到指标要求情况时，铸钢节点为报废件，不得进行修复处理：

铸钢节点内部缺陷在返修前后的检测应按下列规定进行：

a 缺陷清除可采用碳弧气刨或机械方法进行。当采用碳弧气刨时，必须对焊接修补的坡口进行打磨以消除渗碳层。

b 对焊接修补的坡口进行磁粉或着色探伤，以证明已将缺陷彻底清除。

c 对焊接修补部位修补后的表面进行检查，质量应达到铸钢节点的表面质量要求。

d 应在热处理后对焊接部位进行铸钢节点同一标准的无损检测。

三、铸钢节点的设计与计算

1. 铸钢节点造型及壁厚设计

（1）造型设计的原则

铸钢件造型设计总体遵循以下原则：

a. 外形与建筑效果相协调，体现出与建筑效果的整体协调性与局部一致性；

b. 力系汇交点应与理论计算相符，应力传递路径清晰，与设计受力相协调。

c. 尽量选用更易于保证浇铸质量的造型。

（2）典型复杂节点铸钢件造型设计

1）拉索张拉锚固铸钢节点

当预应力结构拉索锚固节点受力要求高、构造复杂时，可应用此类铸钢件。预应力索锚固节点铸钢件可分为单索张拉锚固铸钢节点和群索张拉锚固铸钢节点。

单索张拉锚固铸钢节点一般会将锚固端相贯节点与对应拉索锚具形式的锚固牛腿（墩头锚、螺杆锚）或锚固耳板（耳式锚）铸成整体。锚固牛腿或耳板应与弦杆铸于同一平面内，避免索力偏心，拉索往往需要沿杆件中心穿过，如图13.9-3所示。

当数根拉索需要同时锚固在一个节点时，可采用群索张拉锚固铸钢节点，这种节点多采取拉索锚头直接利用螺纹连接在铸钢节点上的做法，某典型群索张拉锚固节点如图13.9-4所示。

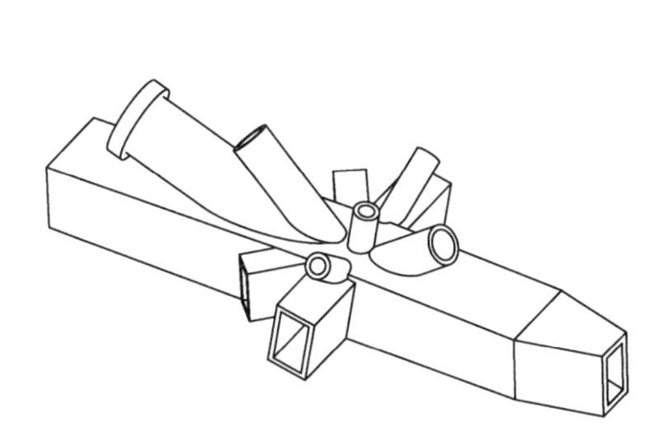

图 13.9-3 单索张弦锚固铸钢节点典型造型

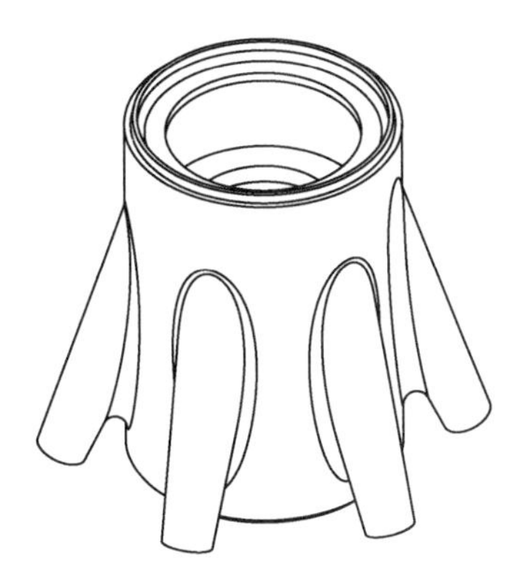

图 13.9-4 群索张拉锚固铸钢节点

2）圆管相贯铸钢节点

圆管相贯铸钢件应用于平面、空间管桁架结构，在结构的重要节点部位连接管件较多、管件间空间关系复杂、焊缝交叉重叠难以保证施工质量的情况下，可应用此类铸钢件。

圆管相贯铸钢节点的形状多由节点连接杆件直接交汇相贯形成，如果连接杆件规格比较相近时，尚需要适当增大主管管径，如果连接杆件规格差异比较大，则直接相贯即可，各管肢的壁厚一般不小于连接钢管壁厚的 1.5 倍，不宜在主管内设置加劲板。为便于铸造，避免尖角缺陷，支管与主管间相贯线应作圆角处理，同时各管口间净距应满足规范构造要求。当建筑师对造型有具体要求时，应协调好建筑造型、受力与铸造工艺之间的矛盾。典型圆管相贯节点如图 13.9-5 所示。

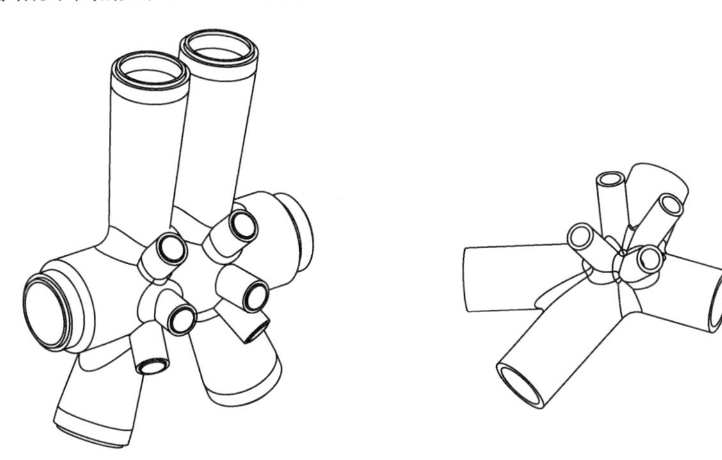

图 13.9-5 圆管相贯铸钢节点典型造型

3）矩形管相贯铸钢节点

矩形管相贯节点铸钢件多应用于单层折板式网壳结构，当三个或三个以上折板面汇交于一点，当用钢板拼接节点难以实现该节点建筑效果或满足该节点受力要求时，可应用此类铸钢件，如图 13.9-6 所示。

矩形管相贯节点铸钢件各管口切向、法向必须与被连接管件一致，各管口间净距应满足规范构造要求，节点内、外表面应视建筑要求处理为平滑曲面或折面，这是该类铸钢件造型设计最大的难点，即多个呈空间相交关系的管件翼缘面在节点内汇交的处理，一般要借助机械设计 CAD 软件进行辅助设计。

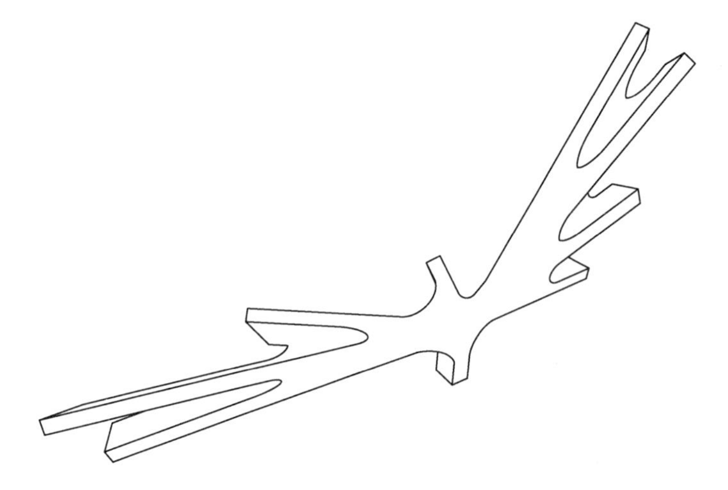

图 13.9-6 方管相贯铸钢节点典型造型

4）截面转换铸钢节点

不同截面形式杆件对接时一般无法直接对接，需要在对接位置设置一个实现两种不同截面的顺滑转换的节点，常见的有矩形——圆形截面转换节点、矩形——菱形截面转换节点等。

以 AUTOCAD 操作为例，矩形——圆形截面转换铸钢件先由一个圆台形实体（台底为矩形外接圆）将 A12、B23、B34、B14 四个平面以外部分切除后得到其外形，再以同样方法得到其内腔，两部分实体布尔差集运算后得到最终造型，如图 13.9-7 所示。

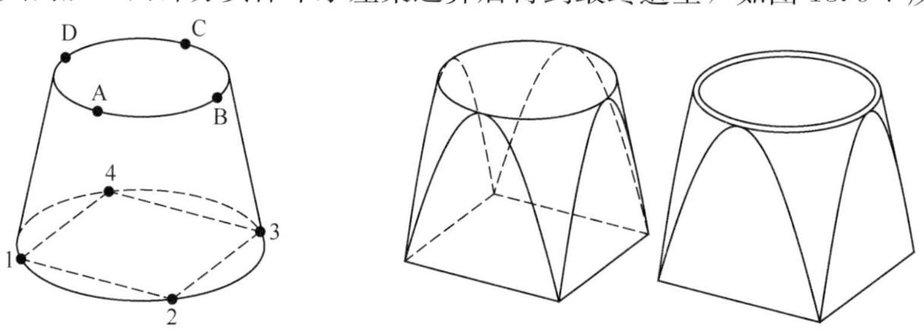

图 13.9-7 矩形—圆形截面转换铸钢节点造型

以 AUTOCAD 操作为例，矩形——菱形截面转换铸钢件先由一个立方体将 A1D、A2B、B3C、C4D 四个平面以外部分切除后得到其外形，再以同样方法得到其内腔，两部分实体布尔差集运算后得到最终造型，如图 13.9-8 所示。

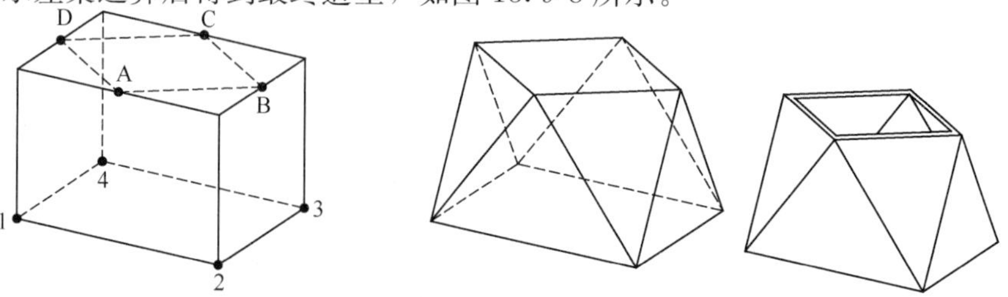

图 13.9-8 矩形—菱形截面转换铸钢件造型

5）铸钢球节点

当常规钢板焊接球在承载力、壁厚、大小等不能满足要求时，可采用铸钢球节点。铸钢球节点多采取球体与连接杆件牛腿和下部托板等一起整体铸造的方式，避免现场T形焊缝对球体的不利影响，典型铸钢球节点如图13.9-9所示。

6）梁、柱和支撑连接铸钢节点

梁、柱和支撑连接节点铸钢件应用于巨型、超高层、异型高层钢结构，当柱、梁、支撑汇交节点处承受较大的力、节点区板件较厚、内隔板分布不规则，其节点装配存在困难、焊缝重叠、层状撕裂问题较为突出时，应用此类铸钢件。

梁、柱和支撑连接节点铸钢件视结构传力特点将支撑或柱贯通，将部分主贯通构件与其余构件的连接牛腿铸成整体，典型梁、柱、支撑连接节点如图13.9-10所示。

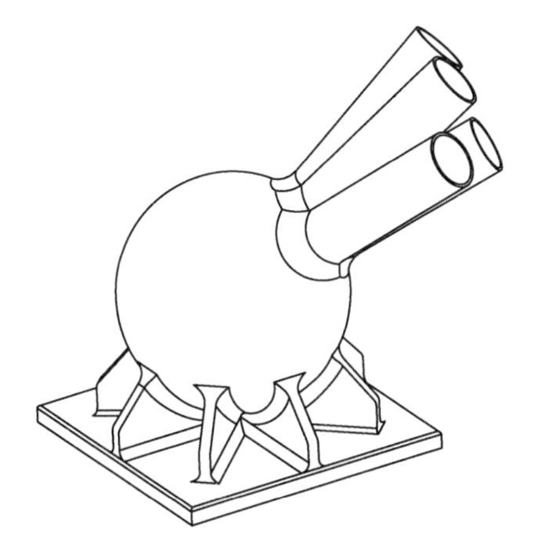

图13.9-9 典型铸钢球节点造型

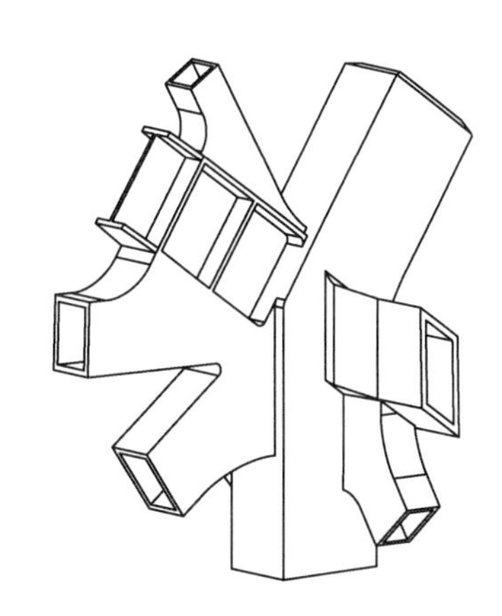

图13.9-10 梁、柱和支撑连接节点铸钢件典型造型

7）铸钢索夹节点

铸钢索夹节点分拉索—撑杆汇交铸钢索夹节点、拉索—拉索汇交铸钢索夹节点等。

拉索—撑杆汇交铸钢索夹节点应用于张弦结构，造型多样，常见造型为两块或多块等径圆盘将索夹在中心，通过双头螺钉或沉头螺钉扣合，该造型通用性较强，适用于单向、双向张弦结构；另一种造型为人字造型，人字上口与撑杆相连，人字下口分别扣紧两根拉索，常见于单向双索张弦结构，典型铸钢索夹节点如图13.9-11所示。

拉索—拉索汇交节点铸钢索夹造型包括矩形索夹与耳板，矩形索夹扣紧贯通索，耳板连接其他方向的拉索，典型铸钢索夹节点如图13.9-12所示。

（3）造型设计工具

造型设计普遍采用计算机辅助设计绘图（CAD）技术，可选用的CAD软件有AutoCAD、SolidWorks，Pro/ENGINEER、Unigraphics NX、CATIA等，各软件特点如表13.9-23所示。

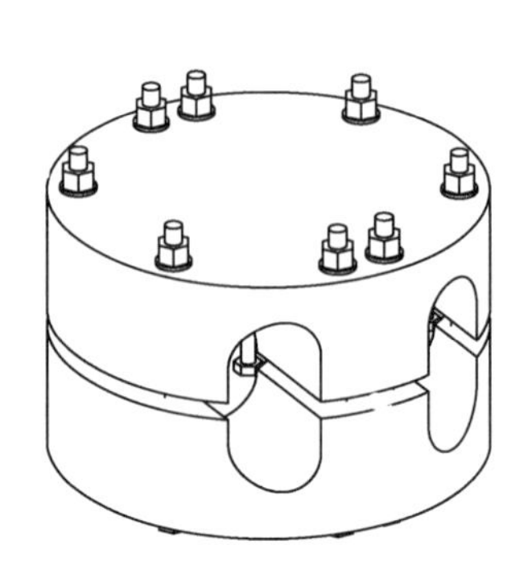

图 13.9-11 典型铸钢索夹造型

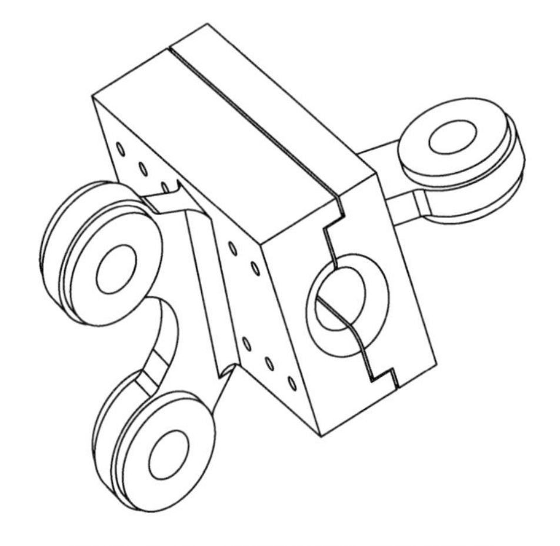

图 13.9-12 典型铸钢索夹节点造型

造型设计软件特点 表 13.9-23

CAD软件名称	发行公司	软件特点
AutoCAD	Autodesk	低阶CAD软件，2D绘图功能强大，命令功能易学，且符合现有图学教育体系的传统思维，但缺乏3D思维，虽然提供了3D的功能，但不符合3D主流架构
SolidWorks	Dassault Systemes	中阶CAD软件，易学易用SolidWorks的特点，使得SolidWorks成为主流的三维CAD解决方案。但在机械设计领域中，其设计精细度逊于高阶CAD软件
Pro/ENGINEER	PTC	高阶CAD软件，集成CAD/CAM/CAE，功能强大是它们的特点，应用方面各有千秋：Pro/ENGINEER在造型设计方面的功能较强；UG在制造方面占有优势；CATIA则更多地应用于飞机及汽车制造领域
Unigraphics NX	Siemens	
CATIA	Dassault Systemes	

（4）铸钢件壁厚设计要求

铸钢件壁厚在造型设计阶段由设计人员根据受力大小和铸造工艺要求对各位置壁厚进行单独预估，单独预估完成后，进行承载力验算，承载力验算满足要求后，应根据铸造工艺对壁厚变化，内外板件壁厚差异大小的可行性进行评估，在保证承载力的前提下对过薄板件进行调整，避免收缩内应力过大造成内部缩松。

2. 铸钢节点的承载力计算

铸钢件承载力应按承载能力极限状态计算。承载能力极限状态包括铸钢件的强度破坏、局部稳定破坏、因过度变形而不适于继续承载。承载力计算方法有理论公式计算法与有限元分析法。

（1）多管相贯节点铸钢件承载力理论公式计算法

铸钢相贯节点中，如铸钢节点的构造形式与《钢结构设计标准》GB 50017—2017的规定相符，铸钢材料伸长率和强屈比满足与铸钢强度等级对应的Q235和Q345钢材的性能指标时，可按《钢结构设计标准》GB 50017—2017中相关规定计算。

（2）球节点铸钢件承载力理论公式计算法

如铸钢材料伸长率和强屈比满足与铸钢强度等级对应的 Q235 和 Q345 钢材的性能指标时，铸钢空心球的受压、受拉承载力设计值可分别按下列公式计算：

受压承载力：

$$N_c = 0.35\,\eta_c \pi \left(1 + \frac{d}{D}\right)(d + r)tf \tag{13.9-1}$$

式中 N_c——受压铸钢空心球的受压承载力设计值；

d——与铸钢球相连的受压钢管外径；

r——外侧倒角半径；

D——铸钢空心球的外径；

t——铸钢空心球的壁厚；

f——铸钢抗压强度设计值；

η_c——受压空心球的加肋承载力提高系数，无加肋时，$\eta_c=1.0$；有加肋时，$\eta_c=1.4$。

受拉承载力：

$$N_t = \frac{\sqrt{3}}{3}\eta_t \pi (d + r)tf \tag{13.9-2}$$

式中 N_t——受拉铸钢空心球的受拉承载力设计值；

f——铸钢抗拉强度设计值；

η_t——受拉空心球的加肋承载力提高系数，无加肋时，$\eta_t=1.0$；有加肋时，$\eta_t=1.1$。

（3）铸钢件承载力计算有限元法

除圆管相贯节点和球节点外，铸钢节点承载力应采用有限元法按弹性计算，其强度应按下列规定计算：

$$\sigma_{zs} \leqslant \beta_f f / \gamma_{RE} \tag{13.9-3}$$

$$\sigma_{zs} = \sqrt{\frac{1}{2}\left[(\sigma_1 - \sigma_2)^2 + (\sigma_2 - \sigma_3)^2 + (\sigma_3 - \sigma_1)^2\right]} \tag{13.9-4}$$

式中 σ_{zs}——折算应力；

σ_1、σ_2、σ_3——计算各点处的第一、第二、第三主应力；

β_f——折算应力的强度设计值增大系数。当计算点各主应力全部为压应力时，$\beta_f=1.2$；当计算点各主应力全部为拉应力时，$\beta_f=1.0$，且最大主应力应满足 $\sigma_1 \leqslant 1.1f$；其他情况时，$\beta_f=1.0$；

γ_{RE}——有地震作用组合时的节点承载力抗震调整系数，取 0.9。

如果铸钢节点试验的破坏承载力不小于荷载设计值的 2 倍，或弹塑性有限元分析所得极限承载力不小于荷载设计值的 3 倍时，铸钢节点的强度可不按弹性有限元分析结果执行。

对于承受多种荷载工况组合又无法准确判断其设计控制工况时，应分别按节点连接构件的控制工况对应作用力逐一进行计算分析，以确定节点的最小承载力设计值。

用有限元分析结果确定铸钢件的承载力设计值时，承载力设计值不宜大于极限承载力的1/3，铸钢件的极限承载力可根据弹塑性有限元分析给出的完整的荷载一位移曲线获得。进行弹塑性有限元分析时，铸钢件材料的应力一应变曲线宜采用具有一定强化刚度的二折线模型，第二折线刚度值取为2%～5%的初始刚度值。

四、节点连接的计算与构造

铸钢节点与钢结构构件的连接方式可采用焊缝连接、螺纹连接、销轴连接以及接触连接等。下表为各连接方式的传力特点和适用范围，各种连接方式使用范围如表13.9-24所示。

各种连接方式使用范围　　表13.9-24

连接方式	传力特点	适用范围
焊缝连接	为刚接连接形式，可同时传递弯矩、剪力及轴力	适用范围广，受节点尺寸和形状限制小。除应用于常规刚接连接节点外，还可应用于大型、异形刚接连接节点。其中半熔透焊缝连接不宜用于直接承受动力荷载的连接
螺纹连接	以传递轴力为主，传递弯矩、剪力为辅	螺纹连接常用于钢拉杆与铸钢件连接节点以及锚具连接节点，适用于节点外形规则，重量不是很大的铸钢，受节点尺寸、重量和形状限制较大
销轴连接	单向弯矩释放铰接连接形式，主要传递轴力和剪力	常用于支座连接节点、拉索锚具等节点
接触连接	铰接连接形式，万向转动球铰节点	接触连接铸钢节点常应用于只传递压力的连接，多为一种万向转动铸钢支座

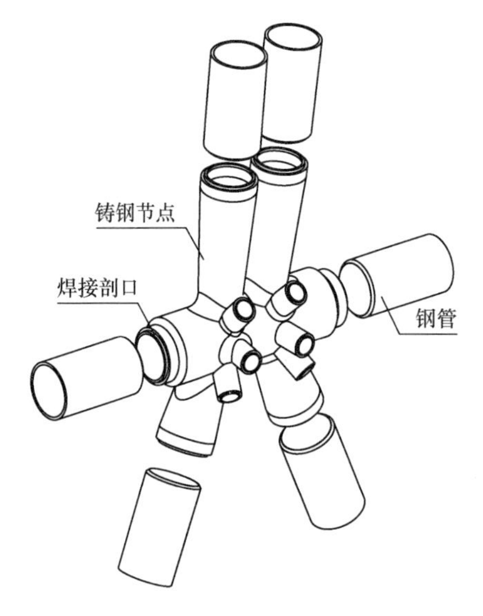

图13.9-13　铸钢件与钢构件采用焊缝连接示意

1. 焊缝连接

铸钢节点与钢结构构件采用焊缝连接时，焊缝通常为部分熔透和完全熔透连接焊缝，当铸钢节点与其他构件连接时，受拉控制为主的焊缝连接宜采用全熔透的对接焊缝，如图13.9-13所示。

焊接结构用铸钢节点与构件母材焊接时，当铸钢的强度设计值低于与其连接的钢材，焊条型号选取时采用低配原则按铸钢材质进行选取。焊缝强度设计值按照铸钢与其连接钢材强度设计值低的一方进行取值，焊缝强度计算时厚度按照铸钢与其连接钢材的较小厚度选取。

完全焊透对接焊缝的强度计算公式 表 13.9-25

项次	受力情况	计算内容	公式	附注
1	N N l_{wa} t	拉应力或压应力	$\sigma=\frac{N}{t\,l_w}\leqslant f_t^w$ 或 f_c^w	正焊缝
2	N N l_{wa} $N\cos\theta$ $N\sin\theta$ θ t	拉应力或压应力	$\sigma_f=\frac{N\sin\theta}{t\,l_w}\leqslant f_t^w$ 或 f_c^w	斜焊缝 当 $\tan\theta\leqslant1.5$ 时，可不计算
		剪应力	$\tau_f=\frac{N\cos\theta}{t\,l_w}\leqslant f_v^w$	

注：表中 N——作用于连接处的轴心力；

t——为连接件的较小厚度；

l_w——焊缝的计算长度，当未采用引弧板施焊时，取实际焊缝长度（l_{wa}）减去 $2h_f$（焊脚高度）；当采用引弧板施焊时，取焊缝实际长度；

f_t^w、f_c^w、f_v^w——对接焊缝的抗拉、抗压和抗剪强度设计值。

部分焊透对接焊缝的强度计算公式 表 13.9-26

项次	受力情况	公式	附注
1	N N l_w t	$\sigma_f=\frac{N}{h_e\sum l_w}\leqslant\beta_f f_t^w$ 当 N 为拉力时，$\beta_f=1.0$； 当 N 为压力时，$\beta_f=1.22$； 当熔合线处焊缝截面边长等于或接近于最短距离时，$\beta_f=0.9$	不宜用于直接承受动力荷载的连接
2	N l_w N t	$\tau_f=\frac{N}{h_e\sum l_w}\leqslant f_t^w$	

注：表中 h_e——部分焊透的对接焊缝有效厚度，按下列情况确定：

a V 形坡口当 $\alpha\geqslant60°$时，$h_e=s$；当 $\alpha<60°$时，$h_e=0.75s$；

b U 形、J 形坡口 $h_e=s$；

同时，有效厚度 h_e 应满足下式要求：$h_e\geqslant1.5\sqrt{t}$。

式中 s——坡口根部至焊缝表面（不考虑余高）的最短距离；

t——坡口所在焊件的较大厚度；

α——V 形坡口的角度。

2. 螺纹连接

螺纹连接常用于钢拉杆、拉索与铸钢件连接节点，适用于节点外形规则，重量较小的铸件，对于大型复杂铸钢件由于受尺寸重量限制，无法上机床加工，造成定位困难，因此螺纹加工难度很大，质量保证困难。在建筑工程中常见螺纹类型有梯形螺纹、锯齿螺纹和普通螺纹。另还有矩形螺纹，常用于机械传动装置中。其中梯形螺纹常用于锚具节点上，锯齿螺纹常用于单向受力构件上，三角形螺纹即普通螺纹由于其效率低，易自锁，多用于静荷载作用下的节点连接。

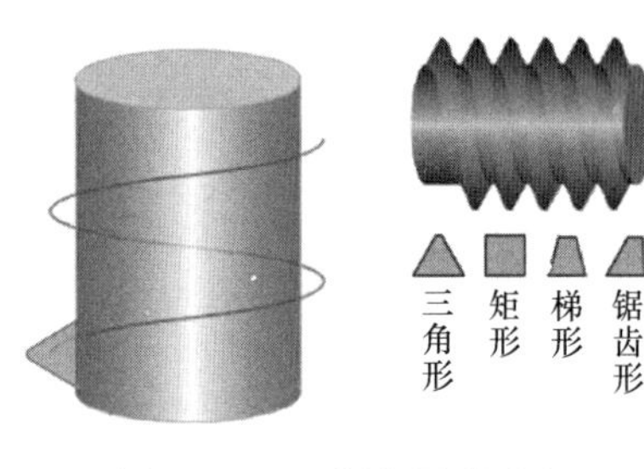

图 13.9-14　螺纹牙形示意

图 13.9-14 所示平面图形沿螺旋线运动（运动时保持平面通过轴线），不同平面图形的轨迹即为不同牙形的螺纹。

（1）螺纹连接方式

铸钢件螺纹连接从本质上讲只有一种，但具体到对铸钢件而言可以分为内螺纹和外螺纹两种连接方式。

1）铸钢件外螺纹方案

钢拉杆两端采用螺纹套筒，铸钢件采用外螺纹，在安装节点钢拉杆与铸钢件采用同向螺纹，在张拉节点拉杆与铸钢件采用反向螺纹。

优点：安装、张拉方便，结构尺寸容易控制。节点尺寸小，结构形式美观。

2）铸钢件内螺纹方案

铸钢件采用内螺纹，钢拉杆两端均为螺纹连接。

优点：节点尺寸小，结构形式美观。

缺点：安装困难，张拉不易控制，结构尺寸不易保证，铸钢件内螺纹质量控制难度大。

（2）螺纹计算

1）螺纹副抗挤压计算：

螺纹的主要参数：

大径 d：螺纹的公称直径，与外螺纹牙顶（或内螺纹牙底）相重合的假想圆柱体的直径。

小径 d_1：常用于强度计算，与外螺纹牙底（或内螺纹牙顶）相重合的假想圆柱体的直径。

中径 d_2：常用于几何计算，一个假想圆柱体的直径，该圆柱的母线上牙型沟槽和凸起宽度相等。

螺距 P：相邻两螺纹牙在中径线上对应点间的轴向距离。

线数 n：螺纹的螺旋线数目。

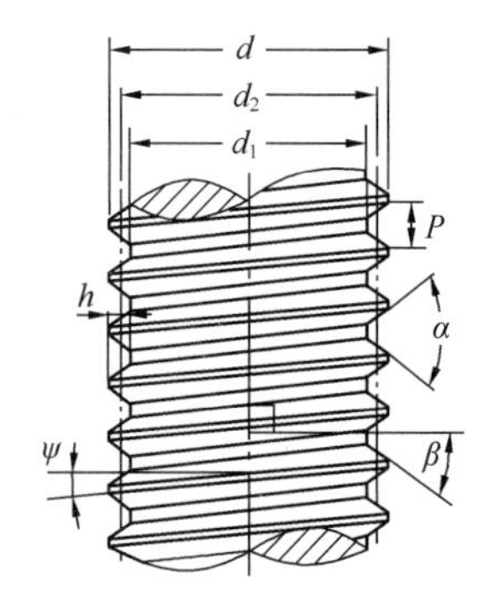

图 13.9-15　螺纹参数示意

导程 S：沿螺纹上同一条螺旋线转一周所移动的轴向距离，$S=n\cdot P$。

h：螺纹工作高度。

螺纹升角 ψ：中径 d_2 圆柱上，螺旋线的切线与垂直于螺纹轴线的平面的夹角，如图 13.9-15 $\tan\psi=n\cdot P/\pi d_2$。

牙型角 α：在轴向截面内，螺纹牙型两侧边的夹角。

牙侧角 β：在轴向截面内，螺纹牙型一侧边与螺纹轴线的垂线之间的夹角。

把螺纹展直后，螺牙相当于一根悬臂梁，抗挤压是指公、母螺纹牙之间的挤压应力不应超过许用挤压应力，否则便会产生挤压破坏。设轴向力为 F，相旋合螺纹圈数为 z，则挤压应力验算为：

$$\sigma_{\mathrm{p}}=\frac{F}{A}=\frac{F}{\pi d_2 hz}\leqslant[\sigma_{\mathrm{p}}] \qquad (13.9\text{-}5)$$

式中 σ_{p}——挤压应力[2]；

$[\sigma_{\mathrm{p}}]$——许用挤压应力；

F——轴向力；

d_2——外螺纹中径；

h——螺纹工作高度，p 为螺距，h 与 p 的关系为：

梯形螺纹：$h=0.5P$
锯齿螺纹：$h=0.75P$
普通螺纹：$h=0.541P$

z——实际工作的螺纹牙圈数。

2）抗剪切强度校核

对螺杆，应满足：

$$\tau=\frac{F}{\pi d_1 bz}\leqslant[\tau] \qquad (13.9\text{-}6)$$

对螺母，应满足：

$$\tau=\frac{F}{\pi Dbz}\leqslant[\tau] \qquad (13.9\text{-}7)$$

式中 F——轴向力；

d_1——计算公扣时使用螺纹小径；

D——计算母扣时使用螺纹大径；

b——螺纹牙底宽度，b 与 p 的关系为：

梯形螺纹：$b=0.63P$
锯齿螺纹：$b=0.736P$
普通螺纹：$b=0.75P$

z——实际工作的螺纹牙圈数。

$[\tau]$：许用剪应力，单位 $\mathrm{N/mm^2}$，对于钢材质，一般可以取 $[\tau]=0.6[\sigma]$，$[\sigma]$ 为材料的许用拉应力，$[\sigma]=\sigma_{\mathrm{s}}/S$，单位 $\mathrm{N/mm^2}$，其中 σ_{s} 为屈服应力，单位 $\mathrm{N/mm^2}$，S 为安全系数，一般取 1.2～1.5（控制预紧力）。

3）抗弯曲强度校核

对螺杆，应满足：

$$\sigma=\frac{3Fh}{\pi d_1 b^2 z}\leqslant[\sigma_{\mathrm{b}}] \qquad (13.9\text{-}8)$$

对螺母，应满足：

$$\sigma = \frac{3Fh}{\pi D b^2 z} \leqslant [\sigma_b] \tag{13.9-9}$$

以校核螺杆为例，每圈螺纹承受的平均作用力 F/z 作用在中径 d_2 的圆周上，则螺纹牙根部危险剖面的弯曲强度条件为：

对螺杆：

$$\sigma_b = \frac{M}{W} = \frac{3F(d-d_2)}{\pi d_1 b^2 z} \leqslant [\sigma_b] \tag{13.9-10}$$

对螺母：

$$\sigma_b = \frac{M}{W} = \frac{3Fh}{\pi D b^2 z} \leqslant [\sigma_b] \tag{13.9-11}$$

式中 D——螺母大径；

d——螺杆大径；

L——弯曲力臂，$L=(d-d_2)/2$，$M=F(d-d_2)/2z$；

W——抗弯模量，$W=\pi d_2 b^2/6$，即单圈外螺纹展开后的A-A截面的抗弯模量；

σ_b——弯曲应力；

b——螺纹牙底宽度；p 为螺距，则 b 与 p 的关系为：

梯形螺纹：$b=0.634p$
锯齿螺纹：$b=0.736p$
普通螺纹：$b=0.75p$

F——轴向力；

H——螺纹工作高度；p 为螺距，则 h 与 p 的关系为：

梯形螺纹：$h=0.5p$
锯齿螺纹：$h=0.75p$
普通螺纹：$h=0.541P$

z——实际工作的螺纹牙圈数；

$[\sigma_b]$——螺纹牙的许用弯曲应力，对钢材，$[\sigma_b]=(1-1.2)[\sigma]$。

4）自锁性能校核

自锁条件为：

$$\psi < \psi_v \tag{13.9-12}$$

式中 Ψ——螺旋升角，在中径圆柱面上螺旋线的切线与垂直于螺旋线轴线的平面的夹角，$\psi = \alpha\tan(nP/\pi d_2)$，$\psi_v = \alpha\tan(f_v)$，$f_v = f/\cos\beta$。

Ψ_v——当量摩擦角；

P——螺距；

S——导程；

N——线数，或称头数；螺纹螺旋线数目，一般为便于制造 $n \leqslant 4$；

螺距、导程、线数之间关系：$S=nP$；

d_2——外螺纹中径，单位 mm；

α——牙型角，螺纹轴向平面内螺纹牙型两侧边的夹角，

梯形螺纹：$\alpha=30°$
锯齿螺纹：$\alpha=33°$
普通螺纹：$\alpha=60°$

β——牙型斜角，螺纹牙型的侧边与螺纹轴线的垂直平面的夹角，对称牙形 $\beta=\alpha/2$，梯形螺纹、普通螺纹都属于对称牙型，锯齿螺纹不是对称牙型；

f——螺旋副的滑动摩擦系数，定期润滑条件下，可取 0.13～0.17；

f_v——螺旋副的当量摩擦系数。

5）螺杆强度校核

由于螺纹对螺杆的断面有一定的削弱，因此，还需要校核螺杆的强度（对于采用车削工艺加工的螺纹，则应选择退刀槽位置断面进行验算），假定螺杆为实心，则有：

$$\sigma=\frac{F}{A}=\frac{4F}{\pi d_1^2}\leqslant[\sigma] \tag{13.9-13}$$

但对普通螺纹，其计算公式为：

$$\sigma=\frac{F}{A}=\frac{4F}{\pi d_c^2}=\frac{24F}{\pi(6d_1-H)^2}\leqslant[\sigma] \tag{13.9-14}$$

若不是实心螺杆，则按实际情况校核。

式中 F——轴向力；

d_c——普通螺纹拉断截面，是一个经验值，其经验计算公式为 $d_c=\pi(6d_1-H)^2/24$，H 为原始三角形高度，对于普通螺纹 $H=0.66P$；

d_1——计算公扣时使用螺纹小径；

$[\sigma]$——材料的许用拉应力，$[\sigma]=\sigma_s/S$，其中 σ_s 为屈服应力，S 为安全系数，一般取 1.2～1.5（控制预紧力）。

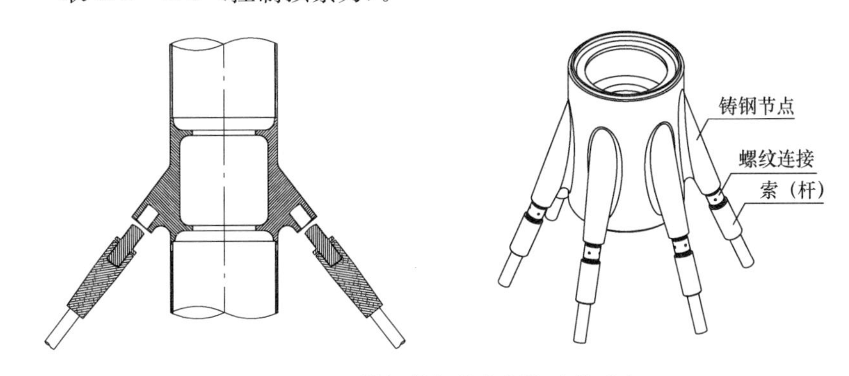

图 13.9-16 铸钢件与拉索螺纹连接示意

3. 销轴连接

销轴连接一般应用于需释放弯矩的连接节点处，常用于支座连接节点、拉索锚具节点等。承受压力的销轴连接应对销轴抗剪、耳板孔壁局部承压进行分别验算，承受拉力的销轴连接应对销轴抗剪、耳板孔壁局部承压、耳板抗剪、耳板受拉进行分别验算。耳板的五

种破坏模式如图 13.9-17 所示。

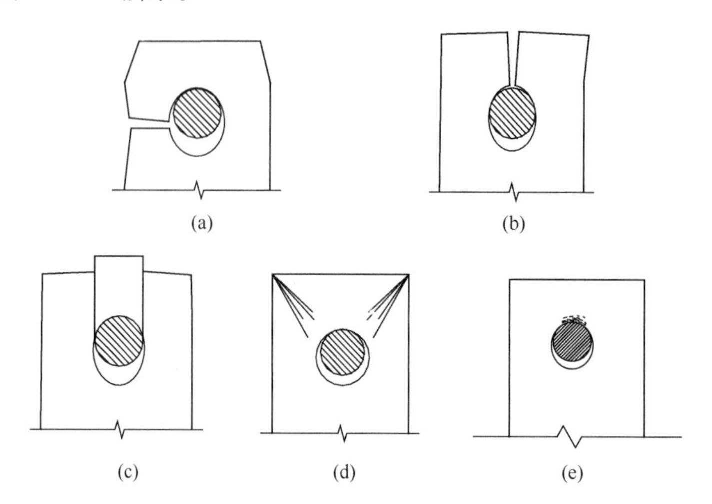

图 13.9.17　销轴连接中耳板五种承载力极限状

（a）耳板净截面受拉；（b）耳板端部劈开；（c）耳板端部剪脱；

（d）耳板面外失稳；（e）耳板局部受压屈服开裂

（1）销轴连接构造要求

1）通过销轴孔中心作垂直于受力方向的切面，孔中心离切面两侧边缘距离应相等（图 13.9-18）；

2）销轴孔径与销轴直径相差不大于 1mm；

3）耳板两侧宽厚比 b/t 宜小于 4，几何尺寸应符合下列规定：

$$a \geqslant \frac{4}{3} b_e \tag{13.9-15}$$

$$b_e = 2t + 16 \leqslant b \tag{13.9-16}$$

式中　b——为连接耳板两侧边缘与销轴孔边缘净距；

t——为耳板厚度；

a——顺受力方向，销轴孔边距板边缘最小距离。

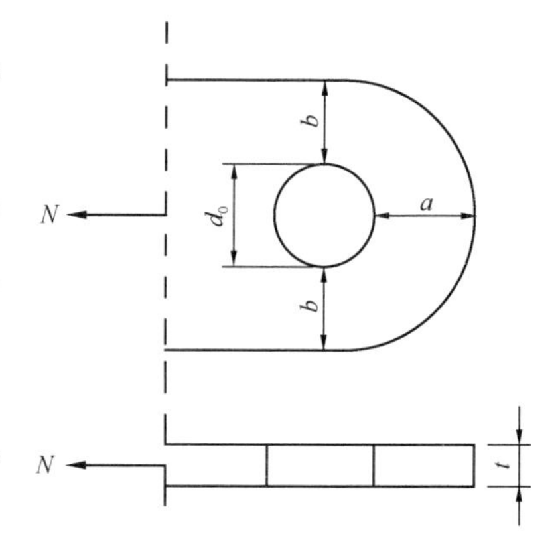

图 13.9-18　销轴连接耳板

（2）销轴设计

1）销轴承压强度按下式验算：

$$\sigma_c = \frac{N}{dt} \leqslant f_c^b \tag{13.9-17}$$

式中　d——销轴直径；

f_c^b——销轴连接中耳板的承压强度设计值。

2）销轴抗剪强度按下式验算：

$$\tau_b = \frac{N}{n_v \pi \frac{d^2}{4}} \leqslant f_y^b \tag{13.9-18}$$

式中　n_v——受剪面数目；

f_v^b——销轴的抗剪强度设计值。

3）销轴的抗弯强度按下式验算：

$$\sigma_b = \frac{M}{1.5\frac{\pi d^3}{32}} \leqslant f^b \tag{13.9-19}$$

$$M = \frac{N}{8}(2t_e + t_m + 4s) \tag{13.9-20}$$

式中 M——销轴计算截面弯矩设计值；

f^b——销轴的抗弯强度设计值；

t_e——端耳板厚度；

t_m——中间耳板厚度；

s——端耳板与中耳板之间的间隙。

4）计算截面同时受弯受剪时组合强度按下式验算：

$$\sqrt{\left(\frac{\sigma_b}{f^b}\right)^2 + \left(\frac{\tau_b}{f_v^b}\right)^2} \leqslant 1 \tag{13.9-21}$$

销轴可按图 13.9-19 荷载模型计算剪力和弯矩

销轴材料可选用 45 号钢、20Cr、40Cr、35CrMo 等牌号的优质碳素结构钢或合金结构钢的锻件制作。各牌号钢材强度应考虑厚度的影响，可参照现行国家标准《锻件用结构钢牌号与力学性能》GB/T 17107 选用。各材料的分项系数可按《钢结构设计标准》GB 50017—2017 关于高强螺栓强度取值的条文说明选用。

（3）连接耳板设计

1）连接耳板抗剪验算

耳板剪切破坏面可能出现在图 13.9-20 所示位置

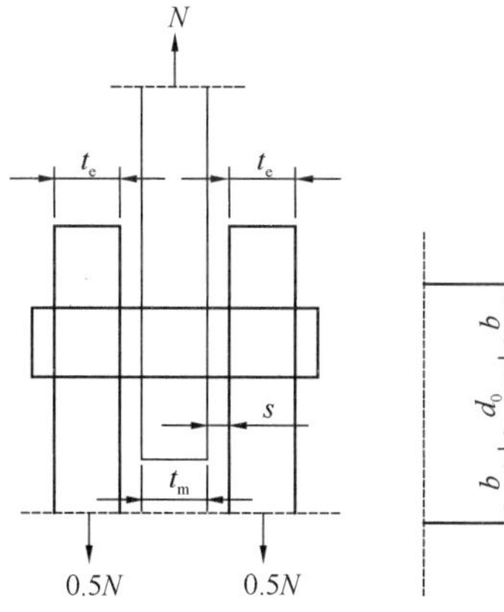

图 13.9-19 销轴计算剪力和弯矩荷载模型

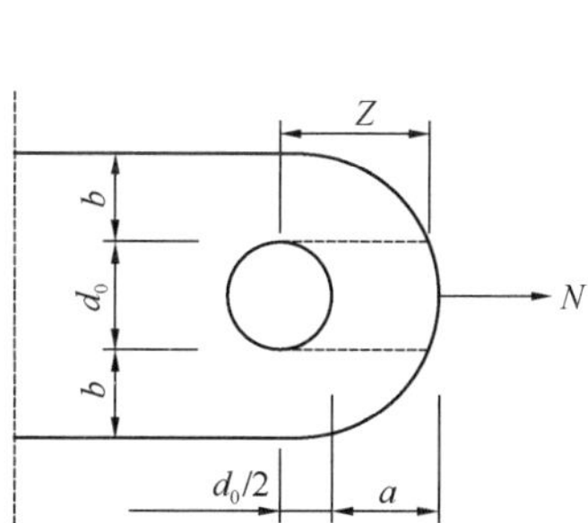

图 13.9-20 冲切破坏控制截面

$$\tau = \frac{N}{2tZ} \tag{13.9-22}$$

$$Z = \sqrt{\left(a + \frac{d_0}{2}\right)^2 + (d_0/2)^2} \tag{13.9-23}$$

2）耳板销轴孔净截面的抗拉验算

$$\sigma=\frac{N}{2tb_1}\leqslant f \tag{13.9-24}$$

$$b_1=\min\left(2t+16, b-\frac{d_0}{3}\right) \tag{13.9-25}$$

式中　N——杆件轴向拉力设计值；

t——耳板厚；

b——耳板两侧边缘与销轴孔边缘净距；

d_0——销轴孔径；

f——耳板抗拉强度设计值。

3）连接耳板端部抗拉（劈开）强度验算

耳板端部抗拉（劈开）强度验算：

$$\sigma=\frac{N}{2t\left(a-\frac{2d_0}{3}\right)}\leqslant f \tag{13.9-26}$$

4）孔壁局部承压验算

耳板局压强度按《钢结构设计标准》GB 50017—2017 中 C 级螺栓连接时的参数采用，相关开孔质量满足现行规范《钢结构工程施工质量验收规范》GB 50205 要求，否则应根据实际情况取相应的局压强度进行计算。对于标准孔径的销轴连接，连接耳板局部承压验算可以考虑按 1/3 圆周范围内承受均匀压力进行计算：

$$N=\int_{-\frac{\pi}{3}}^{\frac{\pi}{3}}\sigma rt\cos\theta\mathrm{d}\theta=\sqrt{3}\sigma rt=\frac{\sqrt{3}}{2}\sigma dt \tag{13.9-27}$$

则

$$\sigma=\frac{2N}{\sqrt{3}dt}\leqslant f_c \tag{13.9-28}$$

式中　f_c——局部承压强度设计值；

d——销轴直径。

4. 接触连接

接触连接铸钢节点常应用于传力形式只传递压力的钢管柱顶或柱脚，为一种隐式万向转动铸钢支座，由下节点铸钢件与上节点铸钢件万向转动连接，通常上节点铸钢件内凹形成一个空腔，下节点铸钢件中央位置有一上凸的球冠，它置于上节点铸钢件的开放空腔内，在上下节点之间，利用两个半圆环球夹通过螺栓与上节点紧固相连，也可利用圆环球夹通过螺纹与上节点紧固相连，并使下节点上凸球冠牢牢锁定在球夹内。使上节点铸钢件的上部与下部圆陀连为一体，从而实现很好的转动性能。接触连接目前已应用于多个实际工程中，如郑州国际会展中心、深圳大运会游泳馆、浙江大学紫金港校区体育馆以及常州市体育馆等工程。

对接触连接铸钢节点求解计算可以利用三维实体建模软件 SolidWorks 或 AutoCAD

建立节点的三维实体模型，导入有限元分析软件 ANSYS 或 ABAQUS 中划分网格，建立能够考虑接触非线性、材料非线性等影响的三维有限元模型，然后加载求解计算。分析铸钢节点在典型荷载效应组合下的受力性能。

球头型万向转动支座的受力计算简图如图 13.9-21 所示。

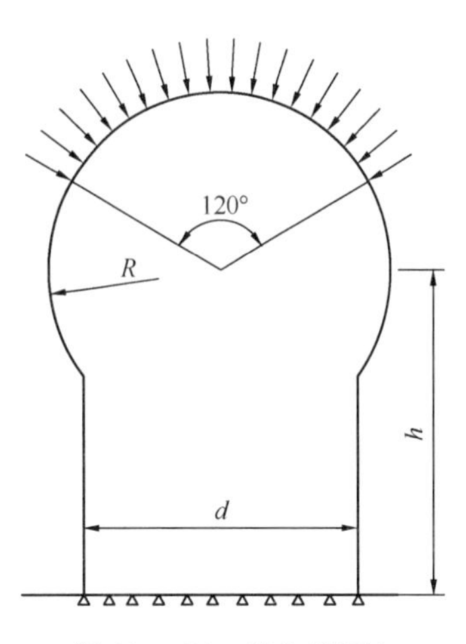

图 13.9-21 球头型万向转动计算简图示意

首先需要对球头球面进行计算，一般可以认为两个配合接触球面的均匀接触面为 120°范围的球面，则受压球面验算为：

$$\sigma=\frac{F}{A}=\frac{F}{\pi R^{2}}\leqslant[\sigma_{\mathrm{p}}] \qquad (13.9\text{-}29)$$

球冠下部的连接柱体验算：

$$\sigma=\frac{F}{A}=\frac{4F}{\pi d^{2}}\leqslant[\sigma] \qquad (13.9\text{-}30)$$

考虑到接触面允许发生转动变形，假定设计允许转角为 α，则需要对连接柱体的弯曲正应力进行验算（考虑到转角一般很小，因此，一般不需要验算剪应力，如果设计转角很大，则需要验算剪应力及复合应力）：

$$\sigma=\frac{F\cos\alpha}{\pi d^{2}}+\frac{32Fh\sin\alpha}{\pi d^{3}}\leqslant[\sigma] \qquad (13.9\text{-}31)$$

式中 F——连接设计压力；

R——接触连接球面半径；

D——球冠连接柱体直径；

H——球冠球心距柱体固定地面高度；

$[\sigma_{\mathrm{p}}]$——允许局部压应力；

$[\sigma]$——允许正应力。

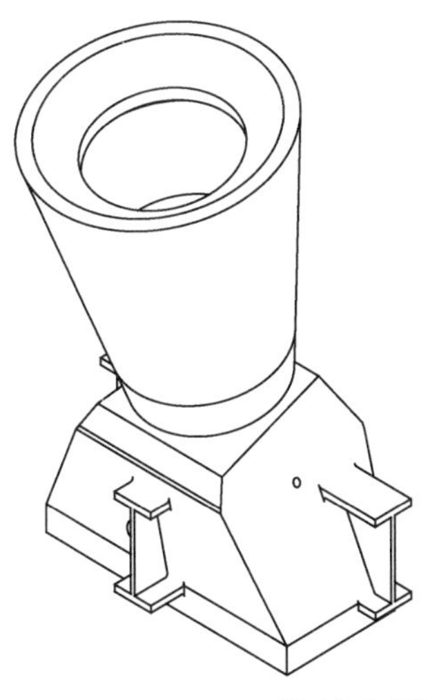

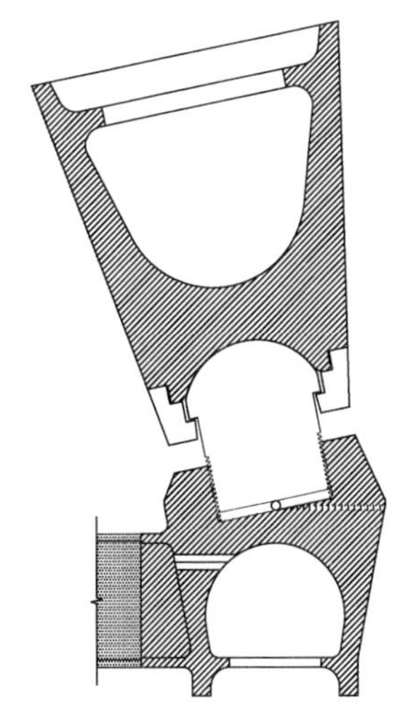

图 13.9-22 接触连接示意

五、铸钢节点的试验验证

铸钢材料的密实性、均匀性、稳定性明显低于轧制钢材，浇注工艺对节点的性能影响也很大；且目前多用于大型工程的复杂节点部位，工程应用数量有限，统计数据偏少；而材料性能等无法通过在有限元分析进行判断，因此，有必要对一些特殊铸钢节点进行试验验证。对试验验证的具体规定如下：

1）铸钢节点属于对结构安全有重要影响的节点或在使用过程中将发展较大程度的塑性的节点或与其他构件采用复杂连接方式的节点的情况时，宜进行节点试验。

2）铸钢节点试验可根据需要做检验性试验或破坏性试验。检验性试验中，同一类型的试件不宜少于2件。

3）用作试件的铸钢节点应采用与实际铸钢节点相同的加工制作参数，并在试验前按实际铸钢节点的检验要求进行检验。

4）铸钢节点试验宜采用足尺试件。当试验设备无法满足时，可采用缩尺试件，缩尺比例不宜小于1/2。

5）试验加载装置应确保铸钢节点具有与实际情况相似的约束条件和荷载作用。加载装置宜使加载值便于验证，且试验时不应发生非试验部位的破坏。

6）铸钢试件应具有一定的外伸尺寸，以消除支座等约束装置对试验部位的应力分布的影响。

7）铸钢节点的应力分布和裂纹发展可采用电阻应变片测试或干涉仪云纹法测试。测点布置时应对应力数值较大及应力集中部位作重点监控。

8）铸钢节点试验必须辅以有限元分析和对比。

9）铸钢节点做检验试验时，试验荷载不应小于荷载设计值的1.3倍；做破坏性实验时，由试验确定的铸钢节点承载力设计值不应大于极限承载力的1/2。

13.9.2 球铰支座节点的计算与构造

球铰支座是一种实现支座释放弯曲约束的同时，可以承担竖向载荷和水平载荷的成品支座节点。这种支座节点广泛应用于大跨结构、桥梁等结构中，根据其约束情况的差异可以分为万向固定铰支座、单向滑动铰支座、双向滑动铰支座等。典型固定铰接支座组成如图13.9-23所示，A-A、B-B剖面见图13.9-24。

一、支座的传力路径

压力传力路径：

外力——上支座板——不锈钢板——聚四氟乙烯平板——球面钢衬板——球面聚四氟乙烯板——下支座板

拉力传力路径：

外力——上支座板——下支座板

剪力传力路径：

外力——上支座板——下支座板

二、承载力及转动验算

由于支座差异较大，对于仅承受单一载荷条件（即拉、压、剪）的支座，仅需要对给定的单一力学状态下分别进行强度验算；对于承受拉、剪或压、剪共同作用载荷条件的支座，可直接对拉、剪或压、剪共同作用状态下进行强度验算（不需要对单一力学状态进行

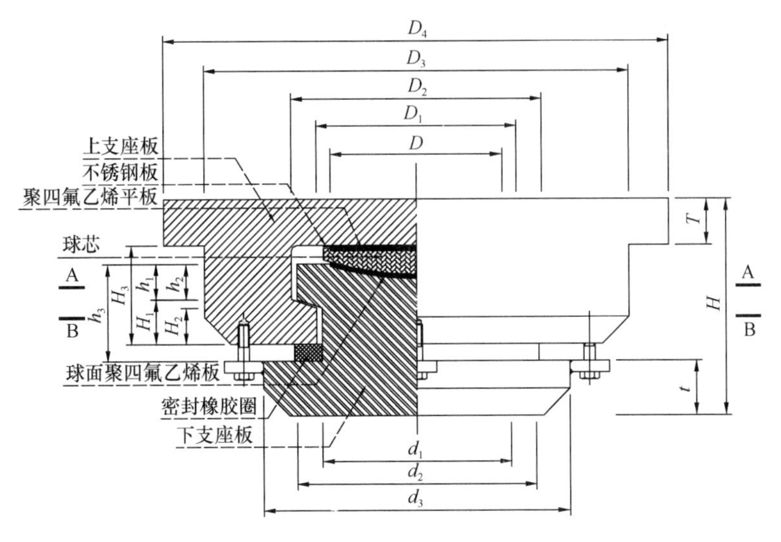

图 13.9-23　典型球铰支座竖向剖面图

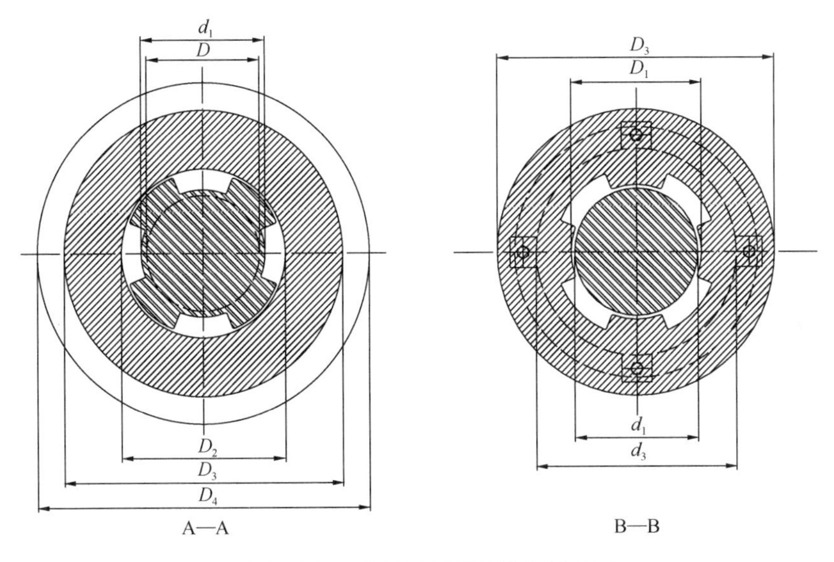

图 13.9-24　典型球铰支座横向剖面图

验算）。

1. 支座在给定的单一力学状态（即拉、压、剪）下强度计算

（1）支座承受压力时计算

承受压力的支座在整个传力路径的各部件中，由于聚四氟乙烯版的允许压应力为60MPa，远低于钢材的设计强度，因此，承受压力的支座只需对聚四氟乙烯板的允许承载力进行验算。

$$\frac{4P}{\pi D^2} < [f_s] \tag{13.9-32}$$

式中　P——支座承受设计压力；

D——支座内部聚四氟乙烯板直径；

f_s——聚四氟乙烯板的允许压应力。

如果支座连接杆件固定在上支座顶板聚四氟乙烯板对应位置外侧，如图 13.9-25 所示，且未在杆件内部设置加劲板时，尚应对上支座板的顶板在承受压力时的剪切和弯曲应力验算。

受力简图件图 13.9-26。

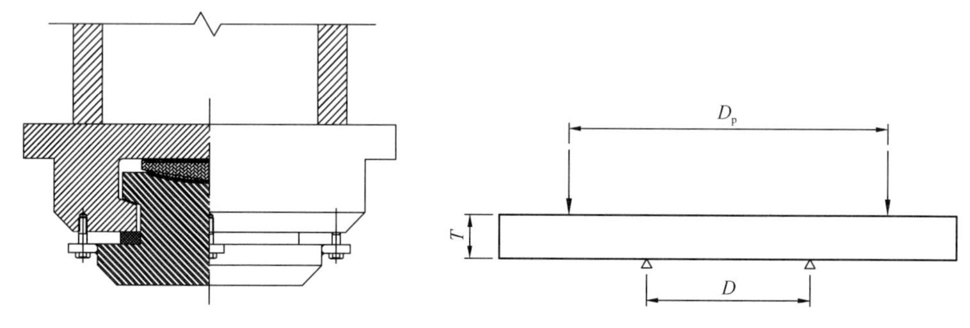

图 13.9-25　支座与杆件连接位置示意一　　图 13.9-26　上支座板计算简图一

正应力：

$$\sigma=\frac{3P(D_p-D)}{\pi D T^3}\leqslant[f] \tag{13.9-33}$$

剪切应力：

$$\tau=\frac{6P}{\pi D^2}\leqslant[\tau] \tag{13.9-34}$$

折算应力：

$$\sqrt{\sigma^2+3\tau^2}\leqslant 1.1[f] \tag{13.9-35}$$

式中　P——支座承受压力设计值；

D——聚四氟乙烯板直径；

D_p——上支座板连接杆件管壁厚度中心位置半径，即（$D_外+D_内$）/2；

T——上支座板顶板厚度。

（2）支座承受拉力时强度计算

承受拉力的支座，拉力主要通过上支座板内凸缘与下支座板外凸缘之间的咬合面接触压应力进行传递，需要验算的内容包括内外凸缘接触面的承压验算、内外凸缘的剪切和弯曲验算。（内外凸缘的厚度一般相等，即 $H_1=h_1$，$H_2=h_2$，内外凸缘沿环向按角度等分。）

上支座板内凸缘与下支座板外凸缘接触面压应力验算：

$$\frac{8F}{(d_2^2-D_1^2)\pi}<[f] \tag{13.9-36}$$

下支座外凸缘弯曲应力验算（上支座板内凸缘根部宽度大于下支座板外凸缘根部宽度，因此，只需要计算下支座板外凸缘即可，如果内外凸缘根部厚度不等则需要分别进行验算）：

$$\sigma = \frac{6F(d_2 + D_1 - d_1)}{\pi d_1 H_1^2} < [f] \tag{13.9-37}$$

下支座外凸缘剪应力验算（上支座板内凸缘根部宽度大于下支座板外凸缘根部宽度，因此，只需要计算下支座板外凸缘即可，如果内外凸缘根部厚度不等则需要分别进行验算）：

$$\tau = \frac{6F}{\pi d_1 H_1} < [\tau] \tag{13.9-38}$$

下支座外凸缘折算应力验算（上支座板内凸缘根部宽度大于下支座板外凸缘根部宽度，因此，只需要计算下支座板外凸缘即可，如果内外凸缘根部厚度不等则需要分别进行验算）：

$$\sqrt{\sigma^2 + 3\tau^2} \leqslant 1.1[f] \tag{13.9-39}$$

式中 F——支座承受设计拉力；

D_1——上支座板内凸缘内径；

d_2——下支座板外凸缘外径；

d_1——下支座板外凸缘内径；

H_1——下支座板外凸缘根部厚度；

$[f]$——支座板材料设计允许正应力强度；

$[\tau]$——支座板材料设计允许剪应力强度。

如果支座连接杆件固定在上支座板筒体对应位置内侧，如图 13.9-27 所示，且杆件外未设置部加劲板时，尚应对上支座板的顶板在承受拉力时的剪切和弯曲应力验算。

计算简图见图 13.9-28。

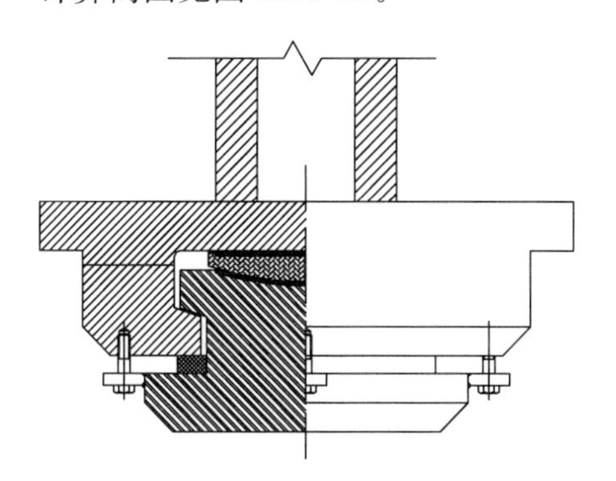

图 13.9-27 支座与杆件连接位置示意二

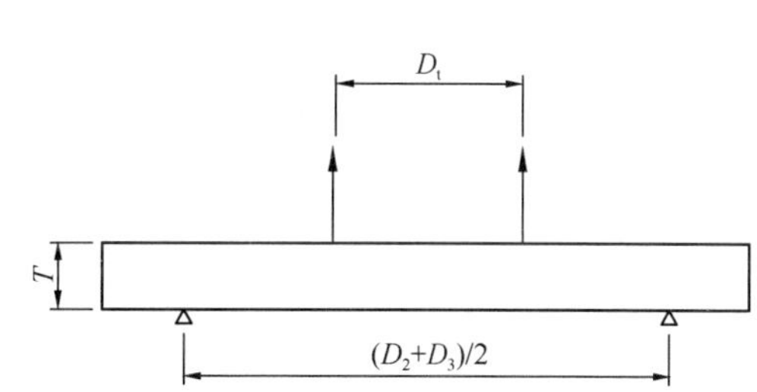

图 13.9-28 上支座板计算简图二

正应力验算：

$$\sigma = \frac{3F(D_2 + D_3 - 2D_t)}{2\pi D_t T^3} \leqslant [f] \tag{13.9-40}$$

剪切应力验算：

$$\tau = \frac{6F}{\pi D_t^2} \leqslant [\tau] \tag{13.9-41}$$

折算应力验算：

$$\sqrt{\sigma^2 + 3\tau^2} \leqslant 1.1[f] \tag{13.9-42}$$

式中 F——支座承受压力设计值；

D_2——上支座板筒体内径；

D_3——上支座板筒体外径；

D_t——上支座板连接杆件管壁厚度中心位置半径，即（$D_{外}+D_{内}$）/2

T——上支座板顶板厚度；

支座在承受拉力作用时，尚应对下支座底板的弯曲与剪切进行验算，验算方法同上支座板。

（3）支座承受水平剪力时强度验算

承受水平剪力的支座，剪力主要通过上支座板内凸缘与下支座芯体之间（或下支座板外凸缘与上支座板筒体之间）的竖向接触面压应力进行传递，验算内容包括凸缘竖向接触面承压验算、上支座板筒体弯曲和剪切验算、下支座板芯体弯曲和剪切验算。

上支座板内凸缘竖向接触面压应力计算（如果内外凸缘竖向接触面高度不等，则需要分别进行验算）：

$$\frac{8V}{\pi D_1 H_2} \leqslant [f] \tag{13.9-43}$$

1）上支座板弯曲和剪切应力验算

筒体弯曲正应力：

$$\sigma = \frac{16V(2H_3 - H_2)D_3}{\pi(D_3^4 - D_2^4)} \leqslant [f] \tag{13.9-44}$$

筒体剪应力：

$$\tau = \frac{8V}{\pi(D_3^2 - D_2^2)} \leqslant [\tau] \tag{13.9-45}$$

2）下支座板弯曲和剪切应力验算

芯体弯曲正应力：

$$\sigma = \frac{32V(H - t)}{\pi d_1^3} \leqslant [f] \tag{13.9-46}$$

芯体剪切应力：

$$\tau = \frac{16V}{3\pi d_1^2} \leqslant [\tau] \tag{13.9-47}$$

上支座板筒体或下支座板芯体折算应力验算：

$$\sqrt{\sigma^2 + 3\tau^2} \leqslant 1.1[f] \tag{13.9-48}$$

式中 V——支座承受的水平设计荷载；

D_1——上支座内凸缘内径；

D_2——上支座板筒体内径；

D_3——上支座板筒体外径；

H_2——上支座板内凸缘边缘高度；

H_3——上支座板筒体高度；

d_1——下支座板芯体直径；

h_2——下支座板外凸缘边缘高度；

h_3——下支座板芯体高度；

$[f]$——支座板材料设计允许正应力强度；

$[\tau]$——支座板材料设计允许剪应力强度。

(4) 支座承受拉、剪共同作用下的强度计算

拉、剪共同作用下需要对上支座板筒体强度和下支座板芯筒强度进行验算。

1) 上支座板筒体强度验算

筒体正应力：

$$\sigma=\frac{4F}{\pi(D_3^2-D_2^2)}+\frac{16V(2H_3-H_2)D_3}{\pi(D_3^4-D_2^4)}\leqslant[f] \tag{13.9-49}$$

筒体剪应力：

$$\tau=\frac{8V}{\pi(D_3^2+D_2^2)}\leqslant[\tau] \tag{13.9-50}$$

折算应力：

$$\sqrt{\sigma^2+3\tau^2}\leqslant 1.1[f] \tag{13.9-51}$$

2) 下支座板芯体强度验算

芯筒正应力：

$$\sigma=\frac{4F}{\pi d_1^2}+\frac{32V(H-t)}{\pi d_1^3}\leqslant[f] \tag{13.9-52}$$

芯筒剪应力：

$$\tau=\frac{16V}{3\pi d_1^2}\leqslant[\tau] \tag{13.9-53}$$

折算应力：

$$\sqrt{\sigma^2+3\tau^2}\leqslant 1.1[f] \tag{13.9-54}$$

(5) 支座承受压、剪共同作用下的强度验算

压、剪共同作用下，需对下支座板的芯筒弯曲和剪切应力进行验算。

芯筒正应力：

$$\sigma=\frac{4P}{\pi d_1^2}+\frac{32V(H-t)}{\pi d_1^3}\leqslant[f] \tag{13.9-55}$$

芯筒剪应力：

$$\tau=\frac{16V}{3\pi d_1^2}\leqslant[\tau] \tag{13.9-56}$$

折算应力：

$$\sqrt{\sigma^2+3\tau^2}\leqslant 1.1[f] \tag{13.9-57}$$

2. 转角验算

支座转动能力计算示意图见图 13.9-29。

一般情况下，支座满足转角 $\theta=0.02\text{rad}$ 即可满足工程要求。

当支座产生 θ 角度的转动时，即支座球芯绕其球面的球心转动 θ，同时上支座板会沿球芯上平面向转动方向相反方向滑

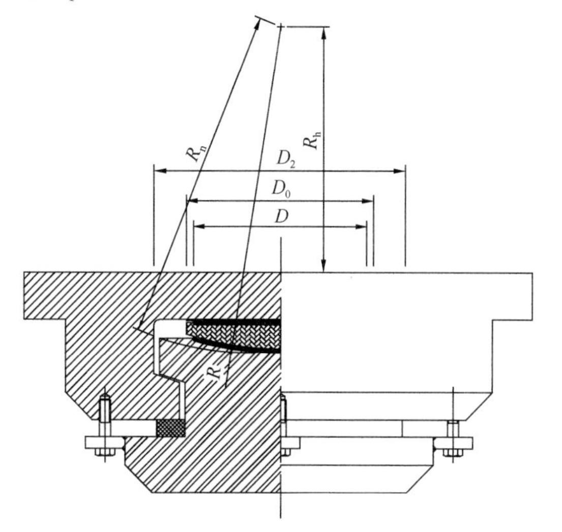

图 13.9-29 支座转动能力计算示意图

动，支座构造上应满足：

1）转动后球芯与上支座板圆筒内壁不接触；

2）聚四氟乙烯板未滑出不锈钢板范围；

3）上支座板与下支座板之间理论上不干涉。

球芯与上支座板圆筒内壁不接触验算：

$$D_2 > D_0 + 2\theta R \tag{13.9-58}$$

聚四氟乙烯板未滑出不锈钢板范围验算：

$$D_0 > D + 2\theta R \tag{13.9-59}$$

上支座板与下支座板之间理论上不干涉验算，即上下支座板之间的水平间隙 a 满足：

$$a \geqslant 2\theta R_{\mathrm{n}} - 2\theta R_{\mathrm{h}} \tag{13.9-60}$$

式中 D_2——上支座板筒体内径；

D_0——球芯上平面直径；

D——平面聚四氟乙烯板直径；

R——球芯半径；

R_{n}——支座内腔体中任意角点距离球芯球心的距离；

R_{h}——球芯球心距离支座顶面的距离。

三、构造要求

球铰支座的上下支座板一般均采用铸钢材料，如果上下支座板与杆件和埋件的连接方式为焊接，则一般选用 ZG275-485H、G20Mn5，如果上下支座板与杆件和埋件的连接方式为螺栓连接，则也可以选用 ZG270-500、ZG310-570。

上下支座板之间应采用有效、可靠的密封措施，避免支座内部腐蚀。支座内外部均应采取与连接杆件相同的要求进行防腐处理。支座的防火处理应与连接钢结构同等要求。

支座在运输、存放、安装过程中应采取有效临时固定措施，避免上下支座板之间产生相对转动和滑动（设计特殊要求除外）。上下支座板之间的临时固定措施应在结构合拢后，卸载前完全松开，确保支座在使用状态能够灵活转动或滑动。

支座与杆件和埋件之间的连接焊缝或螺栓应严格按规范进行计算。

上下支座板之间的竖向间隙不宜过大，也应保证实现转动的最小间隙要去，一般为5～8mm。上下支座板之间的水平间隙也不宜过大，最小间隙应按计算要求。

13.9.3 销轴支座节点的计算与构造

销轴支座节点的计算与构造按本手册 13.9.1 节中的铸钢节点销轴连接的规定进行。

13.10 单向螺栓连接节点

13.10.1 单向螺栓

一、构造及安装

单向螺栓是指能够在被连接件一侧就能完成上紧的螺栓紧固件，主要用于封闭的管状结构或一端不易触及的结构等普通高强螺栓不便使用的特殊应用场合，如图 13.10-1 所示。

钢结构用自锁式单向螺栓由 5 个部件组成，如图 13.10-2，包括：锥头、套筒、橡胶垫圈、钢垫圈、全螺纹螺杆 5 个部件。按图示顺序拼装单向螺栓即可成型，拼装时要保证锥头已经与套筒卡紧。

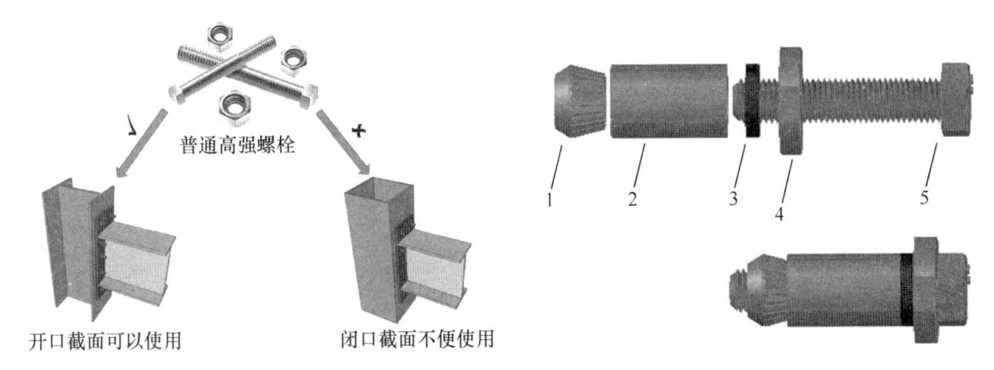

图 13.10-1 常规螺栓在闭口截面中使用不便

图 13.10-2 钢结构用自锁式单向螺栓组成部件

1—锥头；2—套筒；3—橡胶垫圈；4—钢垫圈；5—全螺纹螺杆

自锁式单向螺栓的安装方法如图 13.10-3，首先，把单向螺栓穿入连接板件，至钢垫圈已经与连接板贴紧（橡胶垫圈需进入螺栓孔内）；然后，使用扳手固定住钢垫圈，同时，使用扭矩扳手或电动扳手拧紧螺栓头，此时，由于锥头已经被套筒锁住，螺杆和锥头间则发生相对转动，使锥头不断地往螺栓头方向移动，进而使套筒撑开，套筒撑开的四肢卡住连接钢板；拧紧螺栓头至安装扭矩则安装完成，图 13.10-4 为钢结构用自锁式单向螺栓安装前后示意图。

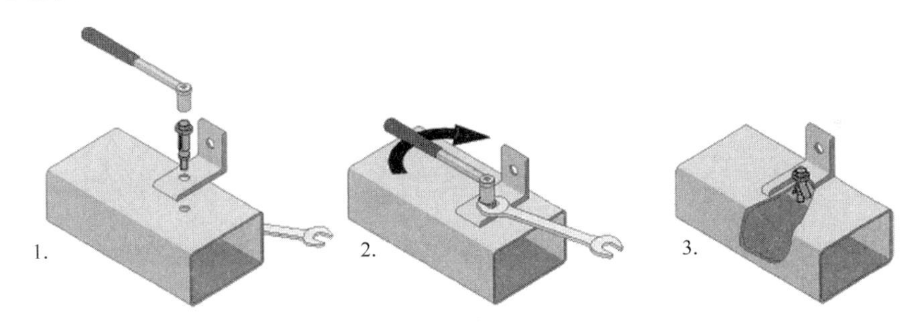

图 13.10-3 钢结构用自锁式单向螺栓安装方法

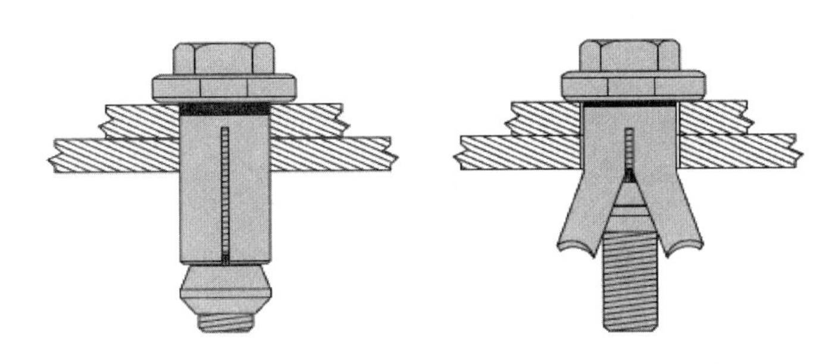

图 13.10-4 钢结构用自锁式单向螺栓安装前后示意图

二、规格

钢结构用国产自锁式单向螺栓按承载力划分有两种级别，8.8 级与 10.9 级，分别代表螺杆使用标准 8.8 级高强度螺栓全螺纹螺杆和使用标准 10.9 级高强度螺栓全螺纹螺杆，每种强度等级螺栓均设有 6 种型号，螺栓型号与部件规格尺寸如表 13.10-1 和表 13.10-2 所示。

螺栓型号及部件规格尺寸　　表 13.10-1

型号	螺杆尺寸	套筒尺寸（mm）内径×外径×长度×开缝长度	钢垫圈尺寸（mm）内径×外径×厚度	橡胶垫圈尺寸（mm）内径×外径×厚度
8.8-ZD16-075	M16×75	17×25×47×35	17×38×8	16.5×25.8×5
8.8-ZD16-100	M16×100	17×25×69×48		
8.8-ZD16-120	M16×120	17×25×90×59		
8.8-ZD20-090	M20×90	21×32×58×46	21×51×10	20.5×32.8×6
8.8-ZD20-120	M20×120	21×32×82×61		
8.8-ZD20-150	M20×150	21×32×108×72		
10.9-ZD16-075	M16×75	17×25×47×35	17×38×8	16.5×25.8×5
10.9-ZD16-100	M16×100	17×25×69×48		
10.9-ZD16-120	M16×120	17×25×90×59		
10.9-ZD20-090	M20×90	21×32×58×46	21×51×10	20.5×32.8×6
10.9-ZD20-120	M20×120	21×32×82×61		
10.9-ZD20-150	M20×150	21×32×108×72		

注：表中内径、外径均指直径，其中钢垫圈的外径指六角形钢垫圈的外接圆直径。

锥头规格尺寸　　表 13.10-2

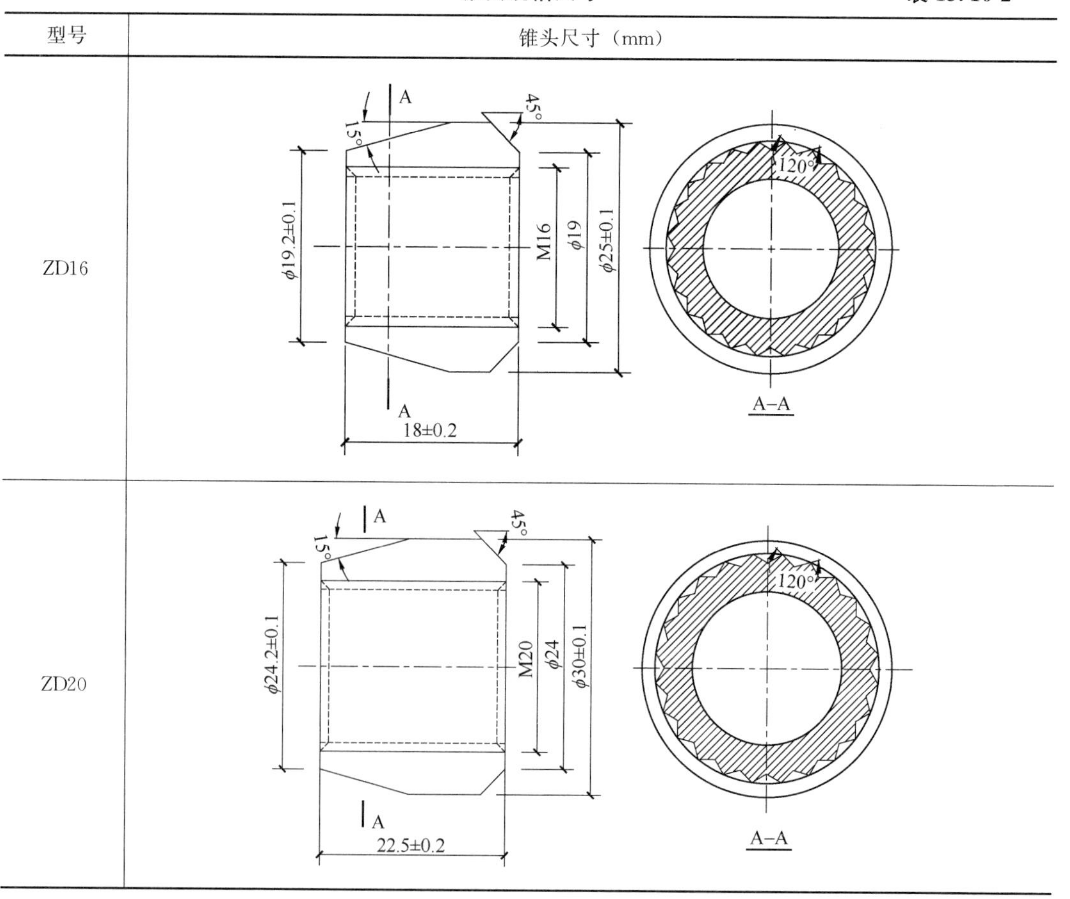

钢结构用国产自锁式单向螺栓的使用范围和要求如表 13.10-3 所示。

钢结构用国产自锁式单向螺栓使用要求 **表 13.10-3**

型号	适用板厚（mm）	最小螺栓中距（mm）	最小螺栓内边距（mm）	最小螺栓外边距（mm）	安装扭矩（N·m）	
					8.8 级	10.9 级
ZD16-075	12-29	78	20	52	400	500
ZD16-100	29-50					
ZD16-120	50-71					
ZD20-090	20-36	96	25	64	750	900
ZD20-120	36-60					
ZD20-150	60-86					

自锁式单向螺栓应满足表 13.10-4 的使用要求。此外，其他要求如下：

1. 安装前把锥头旋上螺杆顶部再旋下，确保锥头能流畅旋上螺杆；若锥头不能流畅旋上螺杆，更换螺杆或锥头再次尝试。

2. 靠近钢垫圈的钢板厚度不得小于 8mm。

三、基本受力性能

钢结构用国产自锁式单向螺栓的基本受力性能如表 13.10-4 所示。

钢结构用国产自锁式单向螺栓受力性能（kN） **表 13.10-4**

螺栓型号	抗拉极限承载力	抗拉承载力设计值	抗剪极限承载力	抗剪承载力设计值
8.8-ZD16	140	70	190	55
8.8-ZD20	210	105	300	80
10.9-ZD16	170	85	240	65
10.9-ZD20	280	140	330	100

13.10.2 H 形梁与矩形钢管柱外伸端板连接节点

H 形梁与矩形钢管柱外伸式端板单向螺栓连接节点如图 13.10-5 所示。外伸端板单向螺栓连接节点可同时承受轴力、弯矩与剪力，适用于钢结构框架（钢架）梁柱连接节点。

一、极限弯矩承载力

1. 节点破坏模式

在外弯矩作用下，外伸端板单向螺栓连接节点区域上部受拉，下部受压，节点最终破坏模式取决于单向螺栓、端板、柱壁的相对强弱关系。而节点极限弯矩承载力可分为单向螺栓强度控制，端板强度控制和柱壁强度控制三部分。

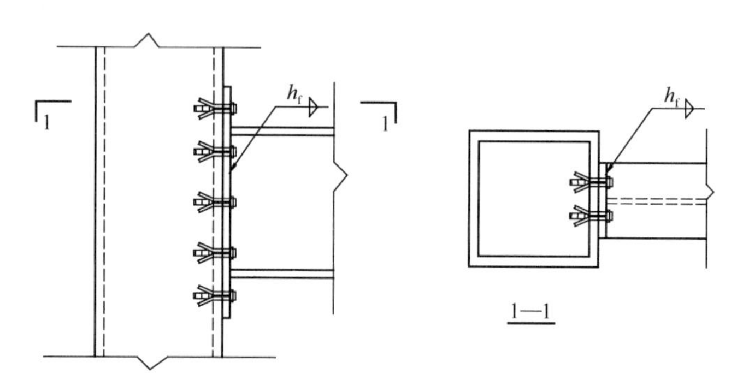

图 13.10-5　H形梁与方钢管柱外伸端板式单向螺栓连接节点

2. 由螺栓承载力控制的节点受弯承载力

此时端板和柱壁相对螺栓强，假定的螺栓受力分布模式为转动轴位于钢梁受压翼缘中心处的最外排T形受力模式，如图 13.10-6 所示。按照此受力模式，由单向螺栓极限拉力值按式 13.10-1 即可算出在螺栓破坏这种失效模式下节点的受弯承载力。

$$M_{bt} = c_b F_t^b (h_1 + h_2) \tag{13.10-1}$$

式中　F_1^b——一个单向螺栓受拉承载力；

h_1、h_2——梁受拉翼缘上下螺栓排到受压翼缘中心的距离，如图 13.10-6 所示；

c_b——螺栓列数，一般为 2。

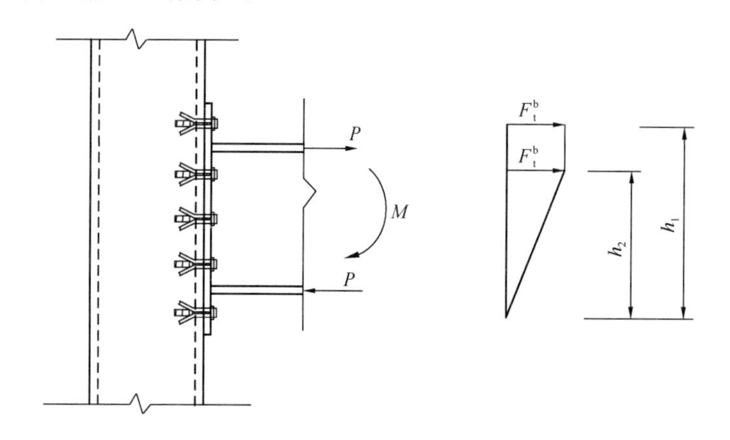

图 13.10-6　单向螺栓外伸式端板连接受力分布

3. 由端板承载力控制的节点受弯承载力

此时端板相对柱壁和螺栓较弱，端板在梁受拉翼缘和腹板的作用下会首先屈服。因此在确定端板强度控制的节点承载力时，可以借鉴 EN1993-1-8 规范采用的“T形连接件法”，首先确定梁受拉翼缘的承载力，然后将其作用在钢梁上下翼缘的力偶，确定节点受弯承载力，如图 13.10-7 所示。

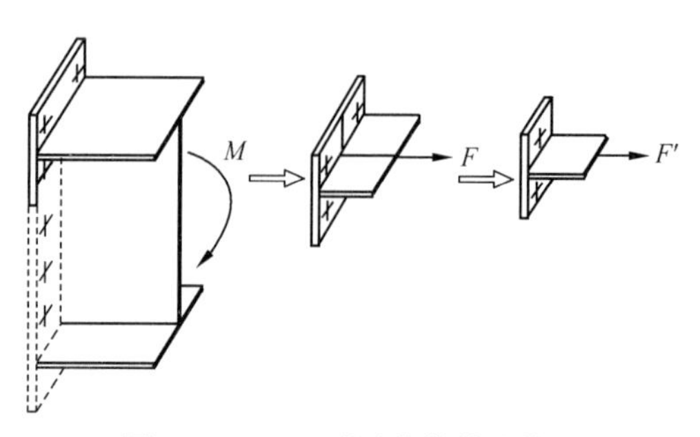

图 13.10-7　T形连接件简化模型

T形连接的破坏模式取决于螺栓和连接

件翼缘、腹板之间的相对强弱关系，有三种可能的破坏模式，如图 13.10-8 所示。

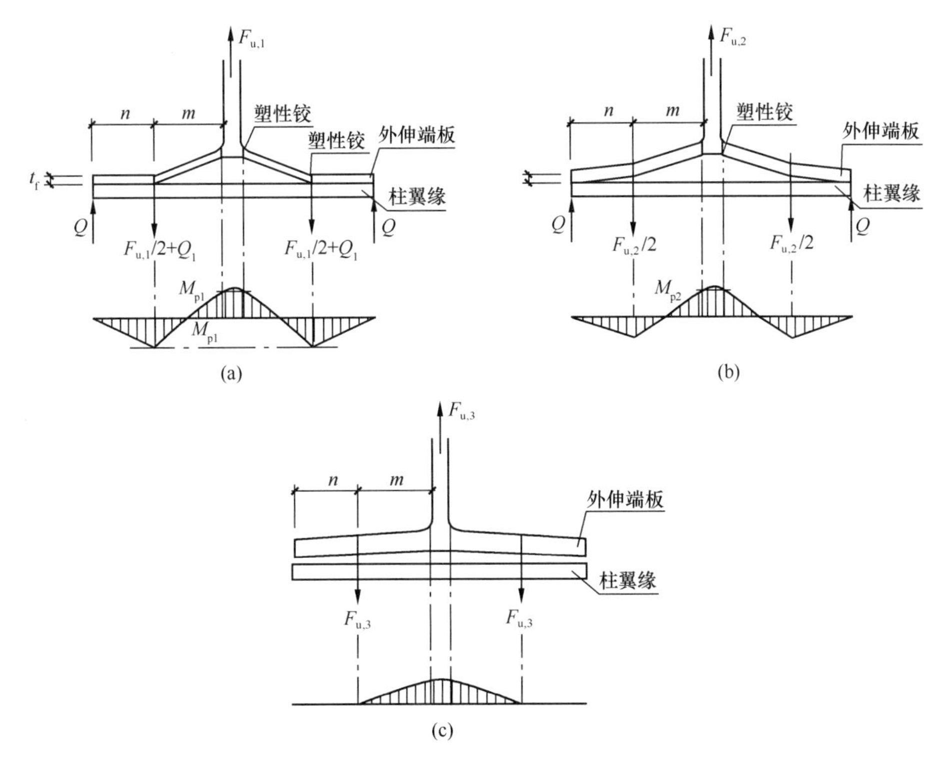

图 13.10-8 T 形连接件的三种破坏模式

(a) 破坏模式 1；(b) 破坏模式 2；(c) 破坏模式 3

对于端板承载力控制的 H 形梁与矩形钢管柱外伸端板单向螺栓节点，T 形件为破坏模式 1。这时，根据受力分析，T 形件的受拉承载力为：

$$(0.5F_{u,1}+Q)m-Q(n+m)=M_{u,1} \tag{13.10-2}$$

$$Qn=M_{u,1} \tag{13.10-3}$$

$$F_{u,1}=\frac{4M_{u,1}}{a} \tag{13.10-4}$$

$$M_{u,1}=0.25l_{eff,1}t_f^2f_y \tag{13.10-5}$$

式中 Q——翼缘端部的撬力；

$M_{u,1}$——T 形件在第 1 种破坏模式下 T 形件翼缘的塑性弯矩；

$l_{eff,1}$——第 1 种破坏模式下 T 形连接翼缘受弯塑性铰线的有效长度，根据 EN1993-1-8 规定可按表 13.10-5 取值；

t_f——端板厚度；

$F_{u,1}$，$F_{u,2}$，$F_{u,3}$——T 形件在 3 种破坏模式下的受拉承载力；

f_y——T 形连接翼缘的屈服强度；

m、n——几何参数，分别表示螺栓到 T 形件腹板焊缝边缘的距离和螺栓到 T 形件翼缘边缘的距离，且应满足 $n\leqslant1.25m$。

T形连接翼缘受弯塑性铰线的有效长度　　**表 13.10-5**

螺栓位置	螺栓排单独简化为T形件 $l_{eff,1}$（mm）	
	圆形模式塑性铰线	折线形模式塑性铰线
受拉翼缘外的螺栓排	取下列最小值： $2\pi m_x$ πm_x+w πm_x+2n	取下列最小值： $4m_x+1.25n_x$ $e+2m_x+0.625n_x$ $0.5b_p$ $0.5w+2m_x+0.625n_x$
受拉翼缘内第一螺栓排	$2\pi m$	αm

注：对外伸部分，计算时用 m_x、n_x 代替 m、n。w、b_p 均为几何参数，如图 13.10.9 所示。

根据式（13.10-4）、式（13.10-5）可得到钢梁受拉翼缘两侧T形件的受拉承载力，于是端板强度控制下的节点受弯承载力可由式（13.10-6）得，即：

$$M_{ep}=F_{u,1}H \tag{13.10-6}$$

4. 由柱壁承载力控制的节点受弯承载力

此时柱壁相对端板和螺栓较弱，可采用屈服线理论计算柱壁的承载力。

对H形梁与矩形钢管柱端板单向螺栓连接节点，结合试验现象，柱壁可采用如图13.10-10所示的屈服线模式。

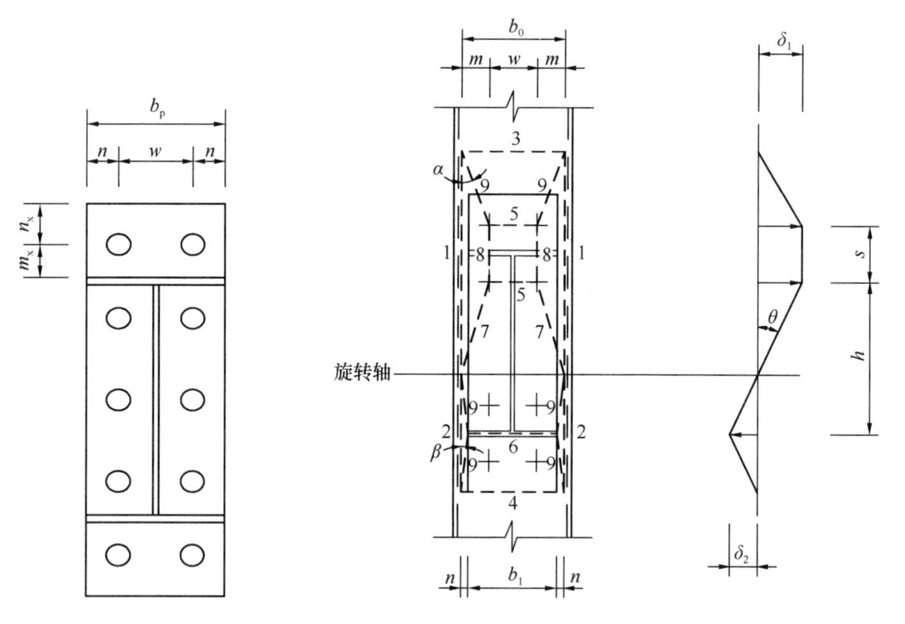

图 13.10-9　T端板几何参数　　图 13.10-10　外伸式端板连接节点屈服线模式

采用如图13.10-10所示的计算参数，节点在柱壁强度控制下的承载力可按下式计算：

$$M=\frac{8m\cot^2\alpha_0+8n\cot^2\beta_0+4s\cot\alpha_0+6b_0}{m\cot\alpha_0+n\cot\beta_0}\times H\times U_L \tag{13.10-7}$$

式中 α_0、β_0——屈服线 7、9 与柱壁之间夹角，其中 $\alpha_0=\arctan\left(\sqrt{\dfrac{8m}{3b_0}}\right)$，$\beta_0=\arctan\left(\sqrt{\dfrac{8n}{3b_0}}\right)$；

m、n、s——几何参数，具体见图 13.10-10；

b_0——矩形钢管柱净宽度（mm）；

U_L——单位长度屈服线的能量，$U_\mathrm{L}=\dfrac{1}{4}t_\mathrm{cf}^2 f_\mathrm{y}$（N）；

t_cf——柱壁厚度（mm）；

f_y——的屈服强度（N/mm²）。

二、初始转动刚度

1. 计算模型

对弯矩作用下 H 形梁与矩形钢管柱外伸端板单向螺栓连接节点，如图 13.10-11 所示，节点区域主要的变形有以下五部分：

（1）单向螺栓伸长变形（受拉区）；

（2）端板受弯变形（受拉区）；

（3）柱壁受拉变形（受拉区）；

（4）柱壁受压变形（受压区）；

（5）端板受弯变形（受压区）。

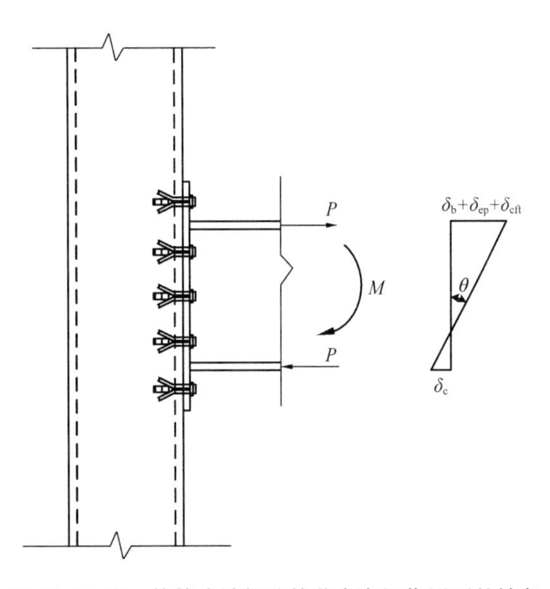

图 13.10-11 外伸式端板连接节点弯矩作用下的转角

在弹性阶段，采用小变形假定，连接节点的初始转动刚度可由各组件自身的刚度计算得到。对于弯矩作用下的 H 形梁与矩形钢管柱外伸式端板单向螺栓连接节点，可采用图 13.10-12 所示的简化力学模型，并遵循以下计算假定：

（1）钢梁在受弯时符合平截面假定；

（2）在弯矩作用下，节点的转动中心位于钢梁下翼缘的底部。

在弯矩 M 作用下，外伸端板单向螺栓连接节点在 z_eq 处由于柱壁受拉，端板受弯，螺栓受拉产生的总拉伸变形 δ_T 为：

$$\delta_\mathrm{T}=\frac{M}{z_\mathrm{eq}(Ek_\mathrm{eq})} \tag{13.10-8}$$

外伸端板单向螺栓连接节点在柱壁处的受压变形 δ_c 为：

$$\delta_\mathrm{c}=\frac{M}{z_\mathrm{eq}E(k_\mathrm{cfc}+k_\mathrm{epc})} \tag{13.10-9}$$

式中 k_epc——受压区外伸端板的受弯刚度。

因此，外伸端板单向螺栓连接节点处梁柱的相对转角 θ 为：

$$\theta=\frac{\delta_\mathrm{T}+\delta_\mathrm{c}}{z_\mathrm{eq}}=\frac{M}{Ez_\mathrm{eq}^2}\left(\frac{1}{k_\mathrm{eq}}+\frac{1}{k_\mathrm{cfc}+k_\mathrm{eqc}}\right) \tag{13.10-10}$$

外伸端板单向螺栓连接节点的初始转动刚度为：

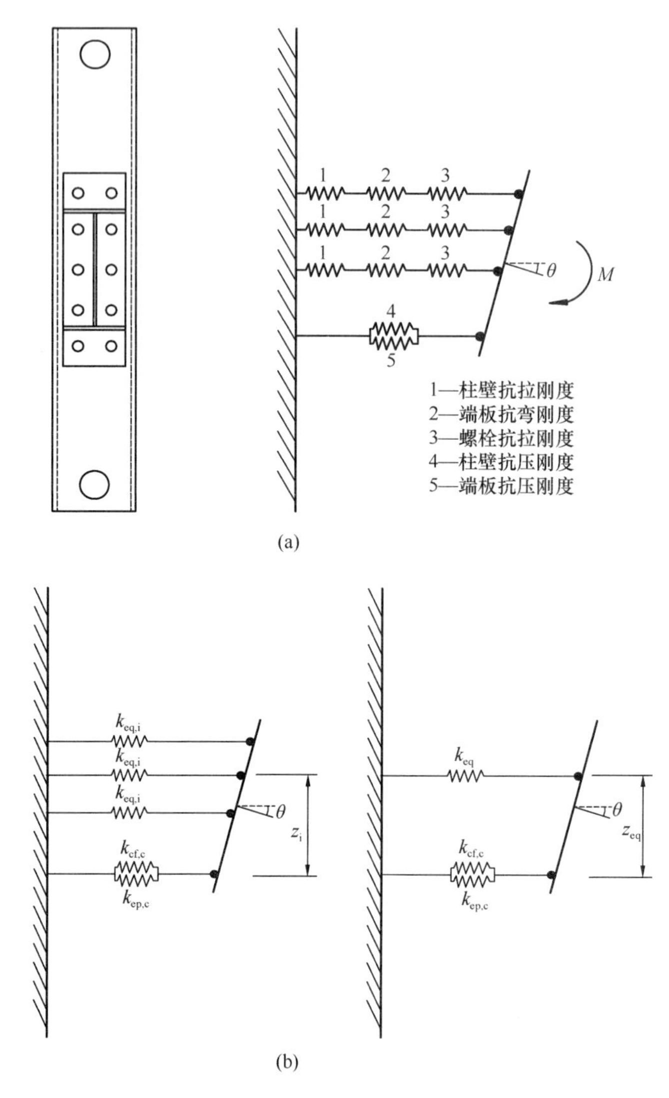

图 13.10-12　外伸式端板连接节点初始转动刚度计算模型

（a）组件模型；（b）简化模型

$$K_i = \frac{M}{\theta} = \frac{Ez_{eq}^2}{\dfrac{1}{k_{eq}} + \dfrac{1}{k_{cfc} + k_{eqc}}} \tag{13.10-11}$$

2. 各组件刚度计算

（1）单向螺栓抗拉刚度

单向螺栓连接的轴向拉伸过程可以分为两个阶段，第一个阶段是螺栓预拉力起作用的阶段，第二个阶段是预拉力消失后的阶段。第一个阶段由于预拉力的存在，单向螺栓连接的两块钢板被夹紧，此时连接的轴向拉伸刚度等于钢板的等效抗压刚度加上螺栓的拉伸刚度。第二个阶段不存在预拉力，此时连接的拉伸刚度只由螺栓提供。

单向螺栓连接轴向拉伸的双折线模型如下图 13.10-13 所示。图中 F_0 表示预拉力值，F_u 表示单向螺栓的螺杆屈服荷载，k_1 表示单向螺栓第一阶段（有预拉力）的轴向拉伸刚度，k_2 表示单向螺栓第二阶段的轴向拉伸刚度。

当单向螺栓的预拉力消失后，在外拉力的作用下，单向螺栓第二阶段的拉伸变形由 3 部分组成：(1) 螺杆的拉伸变形 δ_{bsh}；(2) 套筒收到分肢受到来自钢板和锥头的挤压发生变形 δ_{bsl}；(3) 在拉力下，螺杆与锥头作为一个整体被往上拉，产生从套筒上侧拔出的趋势，使锥头与套筒间发生相对滑移 δ_{slip}，如图 13.10-14 所示。

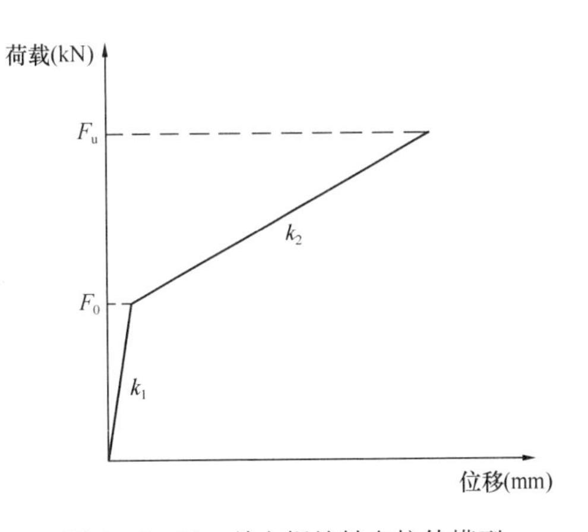

图 13.10-13 单向螺栓轴向拉伸模型

单向螺栓第二阶段的拉伸刚度可以表示为这 3 部分的刚度串联而成，即：

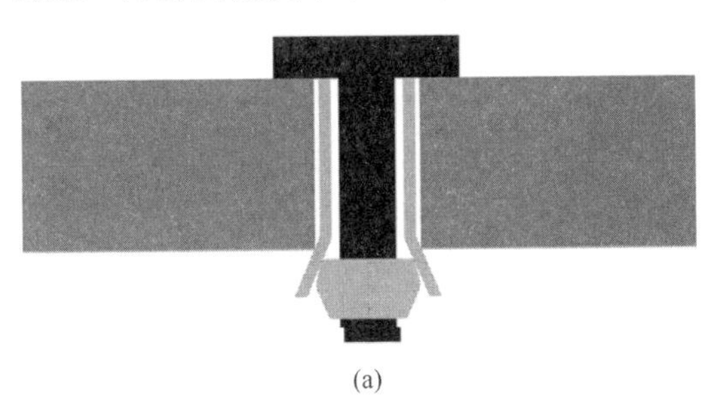

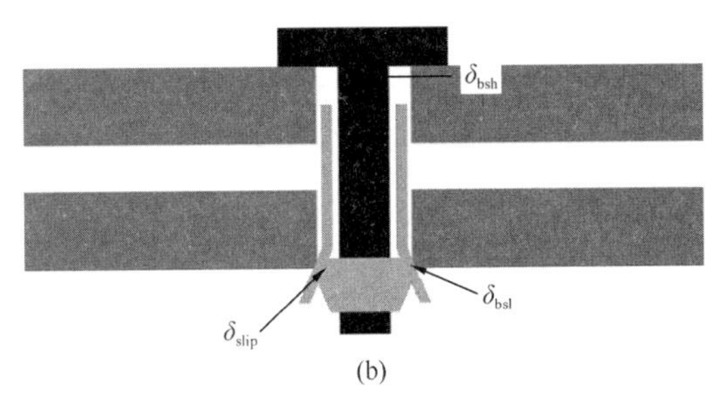

图 13.10-14 单向螺栓变形示意图

(a) 受力前单向螺栓图；(b) 受力后单向螺栓变形图

$$k_2 = \frac{1}{\frac{1}{k_{bsh}} + \frac{1}{k_{bsl}} + \frac{1}{k_{slip}}} \tag{13.10-12}$$

式中 k_{bsh}——单向螺栓螺杆抗拉刚度；

k_{bsl}——单向螺栓套筒抗拉刚度；

k_{slip}——锥头与套筒间的相对滑移贡献的刚度。

螺杆的拉伸刚度可参考 Eurocode3[13.85]给出的计算公式：

$$k_{bsh} = 1.6\frac{A_s}{L_b} \tag{13.10-13}$$

式中 A_s——单向螺栓螺杆横截面积；

L_b——单向螺栓螺杆的有效长度，可由式 (13.10-14) 计算：

$$L_b = t_{ep} + t_{cf} + t_{w1} + t_{w2} + \frac{1}{2}(t_h + t_{tc}) \tag{13.10-14}$$

式中 t_{ep}——连接端板厚度；

t_{cf}——连接柱壁厚度；

t_{w1}——为钢垫圈厚度；

t_{w2}——橡胶垫圈厚度；

t_h——螺栓头厚度；

t_{tc}——锥头厚度。

单向螺栓外套筒抗拉刚度 k_{bs1} 可按式（13.10-15）计算：

$$k_{bs1}=\frac{t_s A_{slp}}{\left[\nu s_1^2 C_3 - s_2^2\left(C_1-\frac{v}{2}C_2\right)\right]\sin\alpha} \tag{13.10-15}$$

式中 t_s——套筒厚度；

A_{slp}——充分撑开的套筒在水平面上的有效投影面积，可按式（13.10-16）计算；

ν——泊松比；

s_1、s_2——几何参数，可按式（13.10-17）、（13.10-18）计算；

C_1、C_2、C_3——计算参数，可按式（13.10-19）～（13.10-21）计算；

α——单向螺栓充分撑开的外套筒与水平面的夹角，如图 13.10-15 所示；

$$A_{slp}=\gamma\frac{\pi(d_{tcm}^2-d_{tct}^2)}{4} \tag{13.10-16}$$

$$s_1=\frac{d_{tct}}{2\cos\alpha} \tag{13.10-17}$$

$$s_2=\frac{d_{tcm}}{2\cos\alpha} \tag{13.10-18}$$

$$C_1=\cos^2\alpha\cot\alpha \tag{13.10-19}$$

$$C_2=\cot\alpha \tag{13.10-20}$$

$$C_3=\frac{1}{\nu}\cos^2\alpha\cot\alpha-\frac{1}{2}\cot\alpha \tag{13.10-21}$$

式中 γ——面积折减系数，可按式（13.10-22）计算；

d_{tct}、d_{tcm}——锥头的上部和中部直径。

$$\gamma=1-\frac{8b_s}{\pi d_{tct}} \tag{13.10-22}$$

式中 b_s——相邻套筒间开槽的宽度。

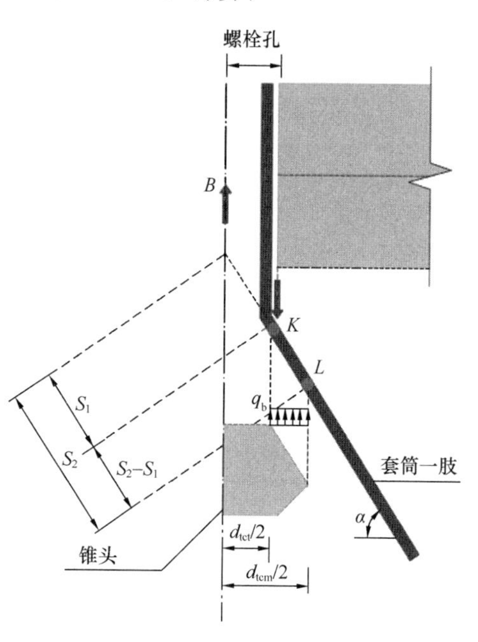

图 13.10-15 套筒几何参数

通过对国产自锁式单向螺栓大量的拉伸试验，给出了锥头与套筒间的相对滑移对单向螺栓抗拉刚度的影响，如表 13.10-6 所示。

国产自锁式单向螺栓 K_{slip} 试验拟合值 **表 13.10-6**

单向螺栓类型	k_{slip}（kN/mm）
8.8-SB16	40
8.8-SB20	30

单向螺栓第一阶段（有预拉力）的轴向拉伸刚度可按式（13.10-23）、（13.10-24）计算。

$$k_1=\lambda k_2 \tag{13.10-23}$$

$$\lambda=6.7+2.95\frac{t_n}{d_b} \tag{13.10-24}$$

式中 k_1——单向螺栓第一阶段（有预拉力）的轴向拉伸刚度；

k_2——单向螺栓第二阶段的轴向拉伸刚度；

λ——计算参数；

t_n——两块被连接板件厚度的平均值；

d_b——螺栓公称直径。

（2）受拉端板抗弯刚度

对钢结构梁柱端板螺栓连接节点，Eurocode 3 采用等效 T 形件法，即将各螺栓排所在的端板与钢梁腹板的组合体简化为一 T 形连接件进行分析。

受拉端板的抗弯刚度 $k_{ep,i}$ 可按下式计算：

$$k_{ep,i}=\frac{0.9l_{eff}t_{ep}^3}{m^3} \tag{13.10-25}$$

式中 l_{eff}——T 形连接件受弯塑性铰线的有效长度，可根据 EN1993-1-8 规定取值；

t_{ep}——端板厚度；

m——几何参数，如图 13.10-16（a）所示。对受拉区外伸端板部分，$m=m_x$，m_x 如图 13.10-16（b）所示。

（3）柱壁抗拉刚度

矩形钢管柱柱壁在受拉区承受螺栓拉力作用。为简化分析，将柱侧壁对承受拉力作用的柱壁的影响用一转动弹簧 k_r 和一轴向拉伸弹簧 k_t 代替，如图 13.10-17 所示。

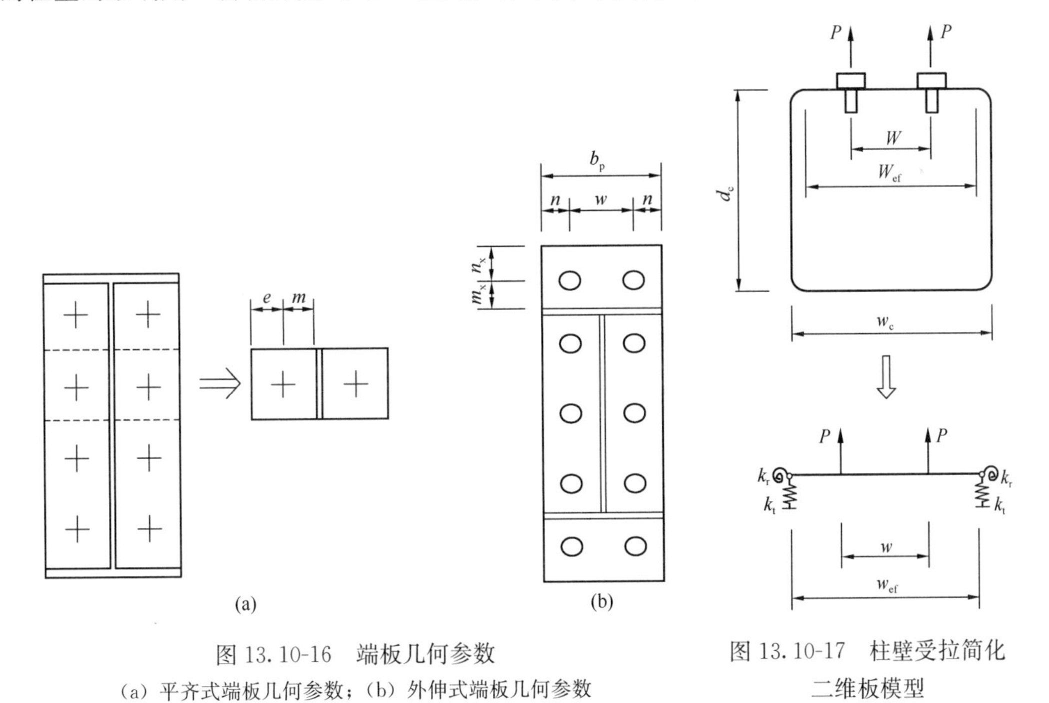

图 13.10-16 端板几何参数
（a）平齐式端板几何参数；（b）外伸式端板几何参数

图 13.10-17 柱壁受拉简化二维板模型

由于矩形钢管柱侧壁连续，钢板平面内刚度远大于面外刚度，因此轴向拉伸弹簧刚度 k_t 可视为无限大。此时可仅考虑柱侧壁转动约束对柱壁受拉刚度的影响。

利用叠加原理，即柱壁在螺栓集中力 P 作用下的面外位移视为简支板在集中力作用

下的位移 w_1（+）与由柱侧壁刚度引起的约束弯矩作用下的位移 w_2（−）两部分之和，可计算柱壁受拉刚度 k_{cft} 为：

$$k_{\mathrm{cft}}=\frac{f_1 t_{\mathrm{cf}}^3}{w_{\mathrm{ef}}^2\cos\left(\frac{w\pi}{2w_{\mathrm{ef}}}\right)} \tag{13.10-26}$$

$$f_1=\frac{11.5w_{\mathrm{ef}}k_{\mathrm{r}}+5.7Et_{\mathrm{cf}}^3}{2.024w_{\mathrm{ef}}k_{\mathrm{r}}S_1-w_{\mathrm{ef}}k_{\mathrm{r}}+ES_1t_{\mathrm{cf}}^3} \tag{13.10-27}$$

$$S_1=0.143\left(\frac{w}{w_{\mathrm{ef}}}\right)^2-0.306\left(\frac{w}{w_{\mathrm{ef}}}\right)+1.076 \tag{13.10-28}$$

$$k_{\mathrm{r}}=\frac{4EI}{d_{\mathrm{c}}}\left(\frac{1.5w_{\mathrm{c}}+d_{\mathrm{c}}}{2w_{\mathrm{c}}+d_{\mathrm{c}}}\right) \tag{13.10-29}$$

式中　t_{cf}——柱壁厚度；

w——螺栓孔水平间距；

w_{ef}——有效屈服宽度；

w_{c}——矩形钢管柱宽度；

d_{c}——矩形钢管柱高度；

k_{r}——柱侧壁的转动刚度；

f_1、S_1——计算参数。

（4）柱壁抗压刚度

矩形钢管柱柱壁在受压区承受钢梁下翼缘传递的均布荷载。与柱壁受拉刚度求解方法类似，可利用叠加原理，即柱壁在压力 P 作用下的面外位移视为简支板在均布力作用下的位移 w_1（−）与由柱侧壁刚度引起的约束弯矩作用下的位移 w_2（+）两部分之和，如图 13.10-18 所示。

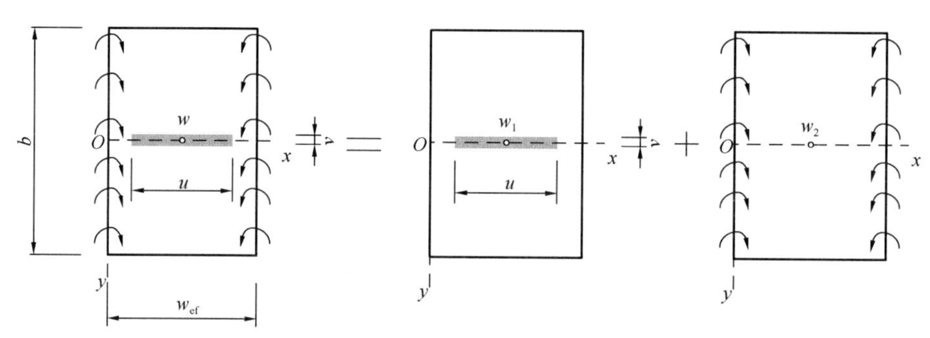

图 13.10-18　外伸端板简化力学模型

柱壁抗压刚度可由下式求得：

$$k_{\mathrm{cfc}}=S_2\left(\frac{t_{\mathrm{cf}}}{w_{\mathrm{ef}}}\right)^3 \tag{13.10-30}$$

$$S_2=\frac{(4.7Et_{\mathrm{cf}}^3+9.555w_{\mathrm{ef}}k_{\mathrm{r}})u}{0.112(4.7Et_{\mathrm{cf}}^3+9.555w_{\mathrm{ef}}k_{\mathrm{r}})\sin\left(\frac{\pi u}{2a}\right)-0.828k_{\mathrm{r}}u\cos\left(\frac{\pi u}{2a}\right)} \tag{13.10-31}$$

(5) 受压区外伸端板抗弯刚度

受压区外伸端板抗弯刚度的推导可采用与受压区端板抗弯刚度相同的思路：将受压区端板简化成一等效 T 形件，假设荷载 P 全部由该 T 形件承担。由于端板外侧为自由边，荷载为 0，根部直接承受下翼缘传递的集中力，荷载数值最大。因此作用在 T 形件上的荷载近似符合三角形分布，如图 13.10-19 所示。因此外伸端板根部在荷载 P 作用下的位移与长度为 l_{ex}的悬臂板在三角形分布荷载 q_{epc}作用下的位移等效，如图 13.10-20 所示。

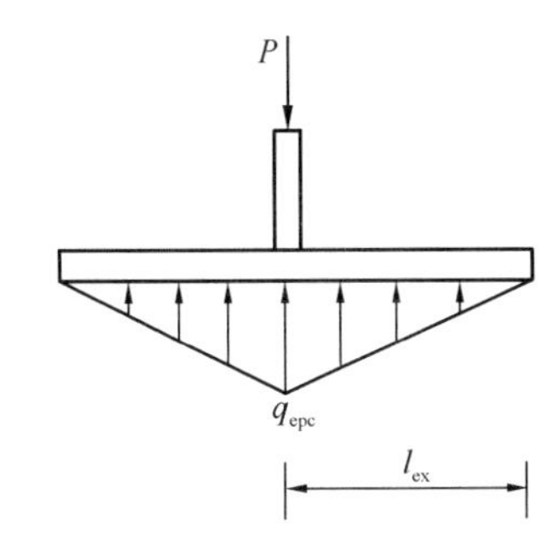

图 13.10-19 外伸端板荷载分布

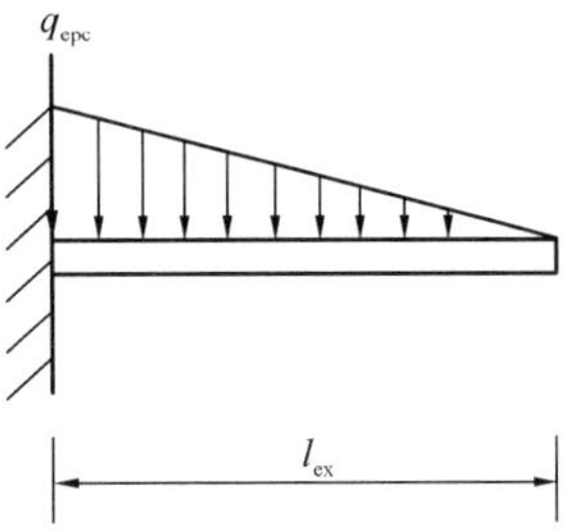

图 13.10-20 外伸端板简化力学模型

于是外伸端板抗弯刚度的求解可转化为图 13.10.20 所示的悬臂板抗弯刚度的求解。

由受力平衡，可得：

$$q_{epc}l_{ex}b_{ep}=P \tag{13.10-32}$$

式中 q_{epc}——三角形分布荷载最大值；

l_{ex}——端板外伸部分的长度，如图 13.10-20 所示；

b_{ep}——端板的宽度。

已知悬臂板在三角形分布荷载作用下的位移值为：

$$\delta_{epc}=\frac{q_{epc}l_{ex}^4}{30EI_{ep}} \tag{13.10-33}$$

厚度为 t_{ep}的悬臂板的截面惯性矩：

$$I_{ep}=\frac{b_{ep}t_{ep}^3}{12} \tag{13.10-34}$$

结合式 (13.10-33) ～ (13.10-34)，可得：

$$\delta_{epc}=\frac{2Pl_{ex}^3}{5Eb_{ep}t_{ep}^3} \tag{13.10-35}$$

因此，受压区外伸端板的抗弯刚度为：

$$k_{epc}=\frac{5b_{ep}t_{ep}^3}{2l_{ex}^3} \tag{13.10-36}$$

三、转动能力

试验表明外伸端板单向螺栓连接节点的转动能力在 0.11～0.18rad 间，远超过现行国家标准《建筑抗震设计规范》GB 50011—2010（2016 年修订版）规定的连接极限能力设计要求。

四、构造要求

1. 采用端板与矩形钢管构件连接时，端板的厚度不宜大于柱壁厚度。

2. 端板与H形构件的腹板可采用双面角焊缝连接，翼缘应采用全熔焊透对接焊缝连接。

3. 角焊缝尺寸 h_f（mm）应符合表13.10-7的规定。

4. 螺栓有关参数要求见附录A。

角焊缝尺寸要求　　**表 13.10-7**

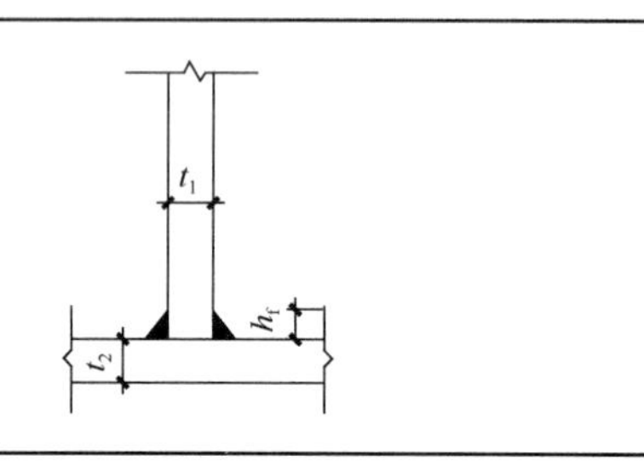	1. $h_f \leqslant 1.2t_1$（且$\leqslant 1.2t_2$） 2. $h_f \geqslant \sqrt{1.5t_2}$

13.10.3　H形梁与矩形钢管柱平齐端板连接节点

H形梁与矩形钢管柱平齐式端板单向螺栓连接节点如图13.10-21所示。平齐端板单向螺栓连接节点可同时承受轴力与剪力，适用于钢结构框架梁柱铰接连接节点，可不承受弯矩，仅承受剪力。

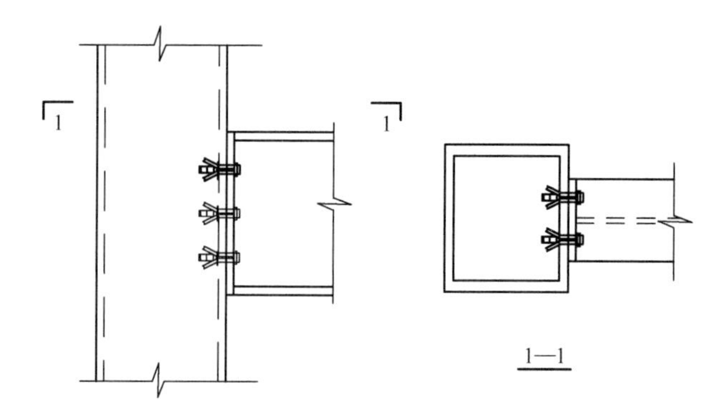

图13.10-21　H形梁与方钢管柱平齐端板式单向螺栓连接节点

一、抗剪承载力

矩形钢管采用单向螺栓连接的节点承受的剪力，应符合下列公式的要求：

$$N_v \leqslant N_v^b \sqrt{1-\left(\frac{N_t}{N_t^b}\right)^2} \tag{13.10-37}$$

$$N_v \leqslant N_c^b \tag{13.10-38}$$

$$N_v = \frac{V_{con}}{n_{bo}} \tag{13.10-39}$$

式中　N_v——某个单向螺栓所承受的剪力；

N_t——某个单向螺栓所承受的拉力；

N_v^b——一个单向螺栓的受剪承载力设计值；

N_t^b——一个单向螺栓的受拉承载力设计值；

N_c^b——一个单向螺栓的承压承载力设计值；

V_{con}——梁端剪力设计值；

n_{bo}——单向螺栓的数量。

二、构造要求

1. 采用端板与矩形钢管构件连接时，端板的厚度不宜大于柱壁厚度。

2. 端板与 H 形构件的腹板可采用双面角焊缝连接，翼缘应采用全熔焊透对接焊缝连接。

3. 角焊缝尺寸 h_f（mm）应符合表 13.10-7 的规定。

4. 螺栓有关参数要求见附录 A。

附录 A　单向螺栓及参数要求

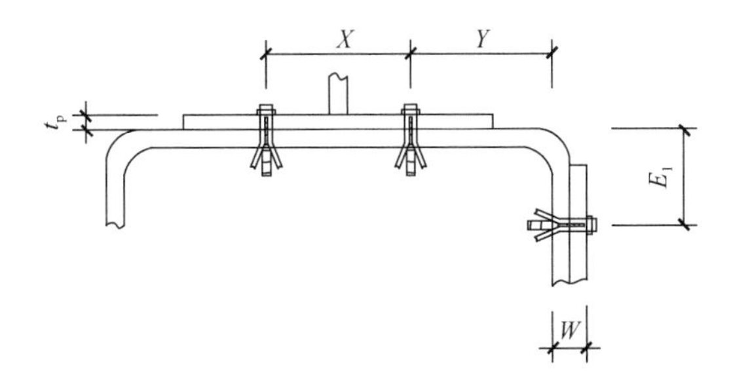

单向螺栓名称	单向螺栓尺寸	适用板厚 W Min～Max（mm）	最小螺栓中距 X（mm）	最小螺栓内边距 Y（mm）	最小螺栓外边距 E_1（mm）	安装扭矩（kN·m）
8.8-ZD16-075	M16×75	12～29	55	20	32.5	400
8.8-ZD16-100	M16×100	29～50				
8.8-ZD16-120	M16×120	50～71				
8.8-ZD20-090	M20×90	20～36	70	25	33	750
8.8-ZD20-120	M20×120	36～60				
8.8-ZD20-150	M20×150	60～86				
10.9-ZD16-075	M16×75	12～29	55	20	32.5	500
10.9-ZD16-100	M16×100	29～50				
10.9-ZD16-120	M16×120	50～71				
10.9-ZD20-090	M20×90	20～36	70	25	33	900
10.9-ZD20-120	M20×120	36～60				
10.9-ZD20-150	M20×150	60～86				

注：1. 当选用 M16 及 M20 的单向螺栓时，外层板的厚度 $t_p \geqslant 8mm$；

2. 所连接的两块板要平整，否则会影响螺栓的承载力；

3. 其中 M16×75 的意义为螺杆的直径为 16mm，总长度为 75mm。

参考文献

[1] 钢结构设计标准：GB 50017—2017[S]. 北京：中国建筑工业出版社，2018
[2] 建筑结构荷载规范：GB 50009—2012[S]. 北京：中国建筑工业出版社，2012
[3] 建筑抗震设计规范：GB 50011—2010[S]. 北京：中国建筑工业出版社，2010
[4] 高层民用建筑钢结构技术规程：JGJ 99—98[S]. 北京：中国建筑工业出版社，1998
[5] 钢结构工程施工质量验收规范：GB 50205—2001[S]. 北京：中国计划出版社，2001
[6] 建筑钢结构焊接技术规程：JGJ 81—102[S]. 北京：中国建筑工业出版社，2002
[7] GB 50191—2012，构筑物抗震设计规范[S]. 北京：中国计划出版社，2012
[8] 钢结构高强螺栓连接技术规程：JGJ 82—2011[S]. 北京：光明日报出版社，2011
[9] 一般工程用铸造碳钢件：GB 11352—2009[S]. 北京：中国计划出版社，2009
[10] 铸钢节点应用技术规程：CECS235：2008[S]. 北京：中国计划出版社，2008
[11] 空间网格结构技术规程：JGJ 7—2010[S]. 北京：中国建筑工业出版社，2010
[12] 钢结构连接节点设计手册编辑委员会．钢结构连接节点设计手册(第二版). 北京：中国建筑工业出版社，2004
[13] 陈绍蕃，顾强主编．钢结构(上册)钢结构基础．北京：中国建筑工业出版社，2013
[14] 沈祖炎，陈扬骥，陈以一．钢结构基本原理．北京：中国建筑工业出版社，2005
[15] 沈祖炎，陈扬骥，陈以一．房屋钢结构设计．北京：中国建筑工业出版社，2008
[16] 王燕著．钢结构新型延性节点的抗震设计理论及其应用．北京：科学出版社，2012
[17] 王燕，李军，刁延松．钢结构设计．北京：中国建筑工业出版社，2009
[18] 李国强．多高层建筑钢结构设计．中国建筑工业出版社，北京，2004
[19] 钟善桐．钢结构．中国建筑工业出版社，北京，1996
[20] 高华杰．支托型半刚性组合节点的试验研究．南京工业大学硕士学位论文，2002.6
[21] 吴家龙．弹性力学．上海：同济大学出版社，2003
[22] 陈绍蕃．钢结构设计原理(第二版)[M]. 北京：科学出版社，2001
[23] 沈泽渊，赵熙元．焊接钢桁架外加式节点板静力性能的研究[J]. 工业建筑 1985 年，8 期
[24] 崔佳，魏明钟，赵熙元，但泽义编著．钢结构规范理解与应用[M]. 北京：中国建筑工业出版社，2004
[25] 钢结构设计手册编辑委员会．钢结构设计手册(下册)(第三版)[M]. 北京：中国建筑工业出版社，2004
[26] 李星荣，魏才昂，丁诗崐，李和华编著．钢结构连接节点设计手册(第二版)[M]. 北京：中国建筑工业出版社，2005
[27] 郑廷银编著．高层钢结构设计[M]. 北京：机械工业出版社，2005
[28] 但泽义．钢柱脚与混凝土基础刚按连接设计方法探讨．钢结构．2010，增刊：417～426
[29] 金波等．埋入式钢柱脚的传力分析和设计计算．工业建筑．2008，38(7)：98～102
[30] 童根树等．外包式钢柱脚设计方法研究．工业建筑．2008，38(10)：102～107
[31] 沈泽渊等．插入式钢柱脚试验研究报告，1992
[32] 赵熙元主编．建筑钢结构设计手册．上册．北京：冶金工业出版社，1995
[33] 柴昶主编．钢结构设计与计算．第二版．北京：机械工业出版社，2006
[34] 陈富生主编．高层建筑钢结构设计．第二版．北京：中国建筑工业出版社，2005
[35] 铸件尺寸公差与机械加工余量：GB/T 6414—1999[S]. 北京：中国标准出版社，1999

[36] 表面粗糙度比较样块铸造表面：GB 6060.1—1997[S]. 北京：中国标准出版社，1997
[37] 铸造表面粗糙度评定方法：GB/T 15056—1994[S]. 北京：中国标准出版社，1994
[38] 产品几何技术规范(GPS)极限与配合　第 2 部分：标准公差等级和孔、轴极限偏差表》：GB/T 1800.2—2009. 北京：中国标准出版社，2009
[39] 钢的成品化学成分允许偏差：GB/T 222—2006[S]. 北京：中国标准出版社，2006
[40] 钢和铁化学成分测定用试样的取样和制样方法：GB/T 20066—2006[S]. 北京：中国标准出版社，2006
[41] 金属材料夏比摆锤冲击试验方法：GB/T 229—2007[S]. 北京：中国标准出版社，2007
[42] 金属材料拉伸试验　第 1 部分：室温试验方法：GB/T 228.1—2010[S]. 北京：中国标准出版社，2010
[43] 铸钢件 超声检测　第 1 部分：一般用途铸钢件：GB 7233.1—2009[S]. 北京：中国标准出版社，2009
[44] 铸钢件磁粉检测：GB 9444—2007[S]. 北京：中国标准出版社，2007
[45] 铸钢件渗透检测：GB 9443—2007[S]. 北京：中国标准出版社，2007
[46] 闻邦椿等编著．机械设计手册第二卷．第五版．北京：机械工业出版社，2010
[47] 锻件用结构钢牌号与力学性能：GB/T 17107—2007[S]. 北京：中国标准出版社，2007
[48] 中国机械工程学会铸造分会组编．铸造手册铸钢第二卷．第三版．北京：机械工业出版社，2011
[49] Nethercot，D. A.，Semi-rigid joint action and the design of non—sway composite frames，Engineer Structure，17(8)，1995，554-567
[50] Kozlowski，analysis of steel and composite braced frames with semi—rigid joints，Advances in Steel Structures，Vol. 1，2002：269-276
[51] F. H. Needham and A. D. Weller，Philosphy of design in multi-story steel frames，Joints in Structural Steelwork，Pentech Press，1981，3-10
[52] Anderson，D. and Najafi，A. A. Performance of composite connections：major axis end plate joints，J. Constr. Steel Res. 1994，31，31-57
[53] Xiao，Y.，Choo，B. S. and Nethercot，D. A.，Composite Connections in Steel and Concrete. Part 1-Experimental behaviour of composite beam-column connections，Journal of Constructional Steel Research，Volume 31，1994，Pages 3-30
[54] Ren，P.，Makelainen，M. & Crisinel，M.，Study on semi-rigid composite beam to column joints. Proc. COST C1 Conference on Semi-rigid Behaviour of Civil Engineering Structural connections. Strasbourg，France，1992，pp. 342-353
[55] SCI report，Partial Strength Moment Resisting Connections in Composite Frames. Document No. SCI-RT-257，Revision 0，April，1992
[56] Commission of the European Communities，Eurocode no. 3：design of steel structures，part 1，general rules and rules for building，DD ENV 1993-1-1：BSI，London，1992
[57] Commission of the European Communities，Eurocode no. 4，design of composite steel and concrete structures，part 1.1：general rules and rules for buildings，DDENV 1994-1-1，BSI，London，1994
[58] Commission of the European Communities，Eurocode no. 3：design of steel structures，part 1，general rules and rules for building，DD ENV 1993-1-1：BSI，London，1992
[59] Commission of the European Communities，Eurocode no. 4，design of composite steel and concrete structures，part 1.1：general rules and rules for buildings，DDENV 1994-1-1，BSI，London，1994
[60] Commission of the European Communities，Eurocode no. 3：design of steel structures，part 1.8，Design of Joints，prEN 1993-1-8，2003

[61] Li, T. Q., Choo, B. S. and Nethercot, D. A., Behaviour of flush end-plate composite connections with unbalanced moment and variable shear/moment ratios-II. Prediction of Moment capacity, Journal of Constructional Steel Research, 1996, 38(2), 165-198

[62] CEN Eurocode3-Part1. 1 Revised Annex J: Joint in Building Frames. Commission of the European Communities, CEN/TC250/SC7, Approved Draft. January, 1997

[63] A. P. Mann and L. J. Morris. Limit Design of Extended End-Plate Connections. Journal of the Structural Division. ASCE. 1979, Vol. 105: 511～526

[64] B. Ahmed & D. A. Nethercot, Effect of High Shear on the Moment Capacity of Composite Cruciform Endplate Connections, Journal of Constructional Steel Research, Volume 40, 1996, Pages 129-163

[65] Yogi, S. K., Bearing strength of concrete-geometric variations. J. Structural Engng., Proc. ASCE, 99 (ST7), (1973) 1471-1490

[66] Yogi, S. K., Concrete bearing strength-support, mix, size effect. J. Structural Engng., Proc. ASCE, 100 (ST8), (1974) 1685-1702

[67] C. Faella, V. Piluso and G. Rizzano. Structural Steel Semirigid Connections. CRC Press. 2000

[68] K. L. Yee and R. E. Melchers. Moment-Rotation Curves for Bolted Connections. Journalof Civil Engineering. ASCE. 1986, Vol. 11 2: 615-635

[69] J. Y. Richard. Liew, T. H. Teo, M. E. Shanmugam, Composite joints subject to reversed of loading-part 2: analytical assessments, Journal of Constructional Steel Research 60 (2004) 247 - 268

[70] G. A. Rassati, R. T. Leon, S. Noe. Component Modeling of Partially Restrained Composite Joints under Cyclic and Dynamic Loading. Journal of Structural Engineering, 2004, 343-351

[71] J. M. Aribert, A. Lachal, Partial shear connection adjacent to a beam-to-column composite joint subject to static and cyclic loads, First International Conference on Steel and Composite Structures, Pusan, Korea, June 14-16, 2001

[72] B. Ahmed, Nethercot, D. A. , Prediction Initial Stiffness and Available Rotation Capacity of Major Axis Composite Flush Endplate Connections, Journal of Constructional Steel Research, Volume 31, 1994, Pages 3-30

[73] C. Poggi and R. Zandonini. Behaviour and Strength of Steel Frames with Semi-Rigid Connections. Connection Flexibility in Steel Frame Behaviour. ASCE. 1995

[74] H. Agerskov. High-Strength Bolted Connection Subject to Prying. Journal of the Structural Division. A SCE. 1976, Vol, 102: 161-175

[75] 美国钢结构协会，ANSI/AISC 360-2010 An American National Standard for Stuctural Steel Buildings[S]Chicacgo Illinois, June 22 2010

[76] 欧洲标准委员会，Eurocode 3: Design of steel structures—Part 1-8: Design of joints EN 1993-1-8 [S], May 2005

[77] 美国钢结构协会，ANSI/AISC 341-2010 An American National Standard Seismic Provisions for Stuctural Steel Buildings[S], Chicacgo Illinois, June 22 2010

[78] Brockenbrough, R. L&F. S. Merritt, Sturctural Steel Designers Handbook[M]，中译本：同济大学钢与轻型结构研究室译，美国钢结构设计手册(上册)同济大学出版社 2006

[79] Recommended Seismic Desigh Criteria for New Steel Moment-Frame Buildings FEMA350[S], 2004

[80] 日本道路協会，道路橋示方書〔Ⅰ共通編・Ⅱ鋼橋編〕・同解説平成 14 年 3 月[S]東京都：神谷印刷株式会社，平成 14 年

[81] 钢结构技术总览〔建筑篇〕[日]日本钢结构协会著陈以一傅功义译[M]北京：中国建筑工业出版

社，2003
[82] 岡本舜三編，鋼構造の研究[M]東京：技報堂出版株式会社，昭和 52 年 532-582
[83] 张杰华．钢结构用国产自锁式单向螺栓力学性能研究[D]. 上海：同济大学，2016
[84] 石文龙．平端板连接半刚性梁柱组合节点试验与理论研究[D]. 上海：同济大学，2006
[85] 王萌，王燕，柴昶，等．欧洲规范 EC3 高强螺栓等效 T 形件的有效长度及承载力研究[J]. 建筑钢结构进展，2009，11(3)：58-62
[86] European Committee for Standardization(CEN). EN 1993-1-8-Eurocode 3：Design of steel structures-Part 1-8：Design of joints[S]. Brussels，2005
[87] Johansen，K. W. (1931). Beregning af krydsarmerede Jaernbetonpladers Brudmoment. Bygningsstatiske Meddelelser，3(1)，1-18
[88] 段炼．H 型钢梁与矩形钢管柱端板单向螺栓连接节点性能研究[D]. 上海：同济大学，2016
[89] Wang Z Y，Tizani W，Wang Q Y. Strength and initial stiffness of a blind-bolt connection based on the T-stub model[J]. Engineering Structures，2010，32(9)：2505-2517
[90] Weynand K，Jaspart J P，Ly L. Application of the component method to joints between hollow and open sections[J]. CIDECT Draft Final Report：5BM，2003
[91] Park A Y，Wang Y C. Developmentofcomponent stiffness equations for bolted connections to RHS columns[J]. Journal of Constructional Steel Research，2012，70：137-152

第 14 章　塑　性　设　计

14.1　塑性设计的基本概念

14.1.1　钢材的弹塑性

我国最常用的钢材为 Q235 和 Q345 两种钢号，图 14.1-1 是 Q235 的拉伸应力应变曲线。

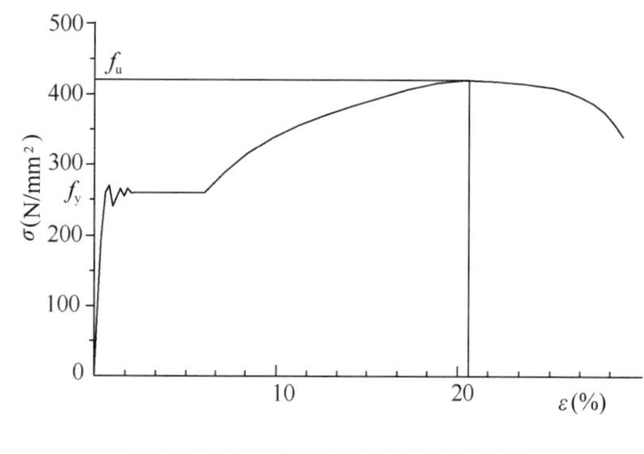

图 14.1-1　钢材的应力应变曲线

从应力应变曲线可以得到几个重要的指标：

1. 钢材的弹性模量 $E=206kN/mm^2$，它是钢材材料层次的刚度；

2. 钢材屈服强度 $f_y=235N/mm^2$ 和 $345N/mm^2$，决定了弹性阶段的范围，同时它是用应力表示的稳定极限承载力的上限。与这个应力对应的应变 $\varepsilon_y=f_y/E$。

3. 钢材具有非常好的延性。应力应变曲线上有一个水平段。由于很多构件在进入极限承载力前材料不会进入强化阶段，这个水平段使得我们在进行理论研究时可以采用材料是理想弹塑性的假设。强化开始的应变记为 ε_{st}，它一般为 1.5%～3%。

4. 强化阶段应力继续上升，强化模量 E_{st} 对碳素钢通常为弹性模量的 1/40～1/30。

5. 极限抗拉强度对 Q235 为 $375N/mm^2$，对 Q345 为 $470N/mm^2$。钢材拉断时的极限拉应变为 $\varepsilon_u=20\%$以上。

钢材应力应变曲线的屈服平台是塑性设计的基础。

14.1.2　截面的受弯和压弯承载力计算

1. 对钢梁，弯矩 M_x（对工字形截面 x 轴为强轴）作用在一个主平面内的受弯构件，其弯曲强度应符合下式要求：

$$M_x \leqslant \gamma_x W_{nx} f \tag{14.1-1}$$

式中　W_{nx}——塑性铰截面对 x 轴的弹性净截面模量；

γ_x——截面塑性开展系数。

关于塑性设计为什么采用 $\gamma_x W_x f$，而不采用塑性弯矩 $M_P=Z_x f$，将在 14.1.16 条中作统一的解释和说明。这里 Z_x 是截面的塑性抵抗矩。

2. 对于压弯或拉弯构件的塑性设计，《钢结构设计标准》GB 50017 采用了如下简化的联合作用方程：

$$当\frac{P}{A_n f} \leqslant 0.13 时：M \leqslant \gamma_x W_{nx} f \tag{14.1-2a}$$

当$\frac{P}{A_{n}f}>0.13$时：$\frac{P}{A_{n}f}+0.87\frac{M}{\gamma_{x}W_{nx}f}=1$ (14.1-2b)

式中 A_n ——净截面面积。

图 14.1-2 给出了表 14.1-1 所列的四种截面的相关曲线以及（14.1-2）式的拟合曲线。表中 A_w，A_f，A 分别是工字形截面的腹板面积、翼缘面积和全截面面积，h，h_w 分别是截面高度和腹板高度，t_w，t_f 分别是腹板和翼缘厚度。由图可见，所有曲线具有外凸的特点。对绕强轴压弯，采用直线式来代替是永远偏于安全的。

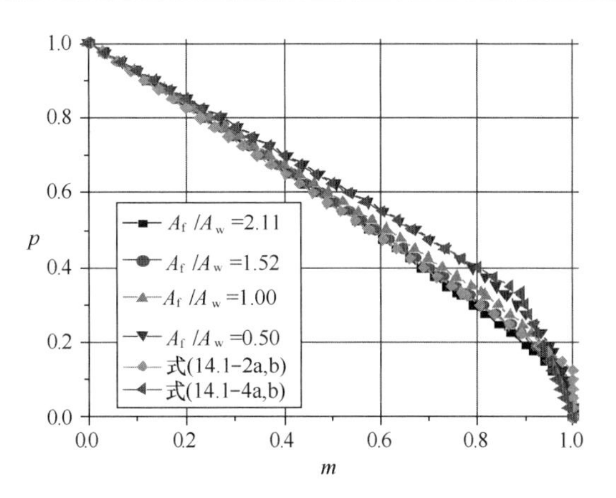

图 14.1-2 工字形截面绕强轴压弯极限强度曲线

工字形截面参数 **表 14.1-1**

h	b	t_w	t_f	A_f	A_w	$\frac{A_f}{A_w}$	h_f	h_w	$\frac{h}{h_w}$	$\frac{h_f}{h_w}$	$\frac{1}{2}+\frac{A_f}{A}$	$\frac{A}{2A_w}+\frac{1}{4}$
180	200	8	13	2600	1232	2.11	167	154	1.169	1.084	0.904	2.860
240	200	8	13	2600	1712	1.52	227	214	1.121	1.061	0.876	2.269
350	200	8	13	2600	2592	1.00	337	324	1.080	1.040	0.834	1.753
680	200	8	13	2600	5232	0.50	667	654	1.040	1.020	0.749	1.247

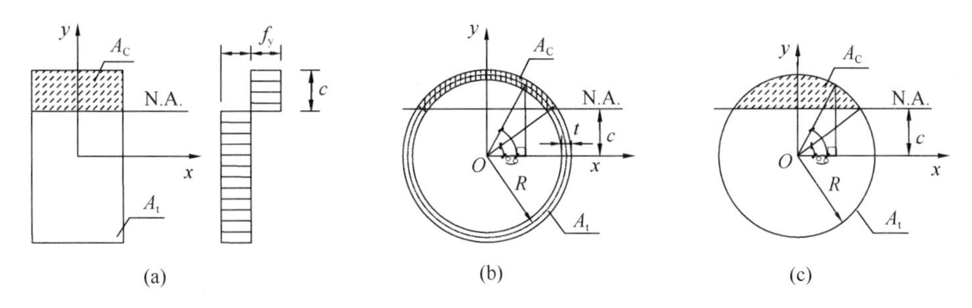

图 14.1-3 三种截面压力和弯矩相关关系的推导

（a）矩形截面；（b）圆管截面；（c）实心圆截面

3. 圆钢管截面轴力 P 和弯矩 M 相关关系是

$$\frac{M}{\gamma_{x}W_{x}f}+\left(\frac{P}{Af}\right)^{5/3}=1 \tag{14.1-3}$$

4. 矩形钢管截面可采用

$$\frac{P}{Af}+0.75\frac{M}{\gamma_{x}W_{x}f}=1 \qquad 0.3\leqslant\frac{P}{Af}\leqslant1 \tag{14.1-4a}$$

$$\frac{P}{3Af}+\frac{M}{\gamma_{x}W_{x}f}=1 \qquad 0\leqslant\frac{P}{Af}\leqslant0.3 \tag{14.1-4b}$$

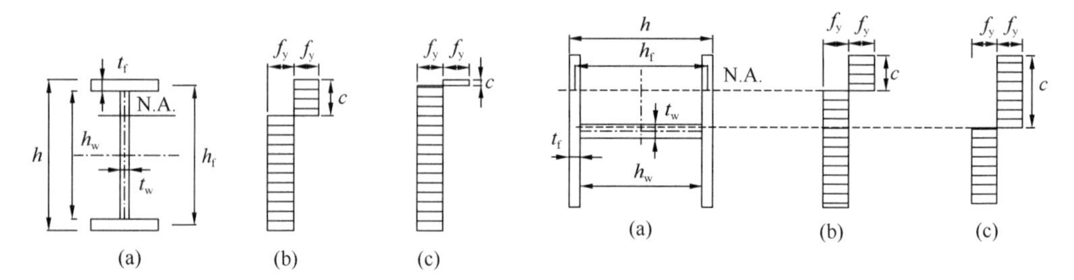

图 14.1-4　工字形截面绕强轴塑性铰状态

(a) 工字形截面；(b) 中性轴在腹板；(c) 中性轴在翼缘

图 14.1-5　工字形截面绕弱轴塑性铰状态

(a) 工字形截面；(b) 中性轴在翼缘；(c) 中性轴在腹板

5. 矩形钢管混凝土和圆钢管混凝土截面拉弯和压弯构件的强度计算

拉弯
$$\frac{N}{A_{\mathrm{s}}f}+\frac{M_{\mathrm{x}}}{M_{\mathrm{uxn}}}\leqslant 1 \tag{14.1-5a}$$

压弯
$$\frac{N}{N_{\mathrm{u}}}+(1-\alpha_{\mathrm{c}})\frac{M_{\mathrm{x}}}{M_{\mathrm{uxn}}}\leqslant 1 \tag{14.1-5b}$$

$$\frac{M_{\mathrm{x}}}{M_{\mathrm{uxn}}}\leqslant 1 \tag{14.1-5c}$$

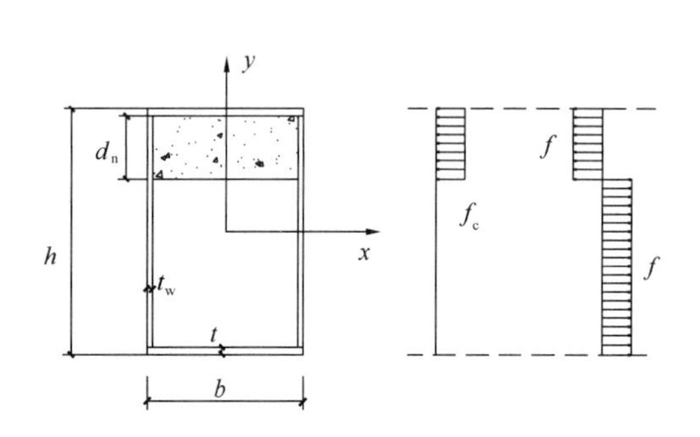

图 14.1-6　矩形钢管混凝土截面塑性铰状态

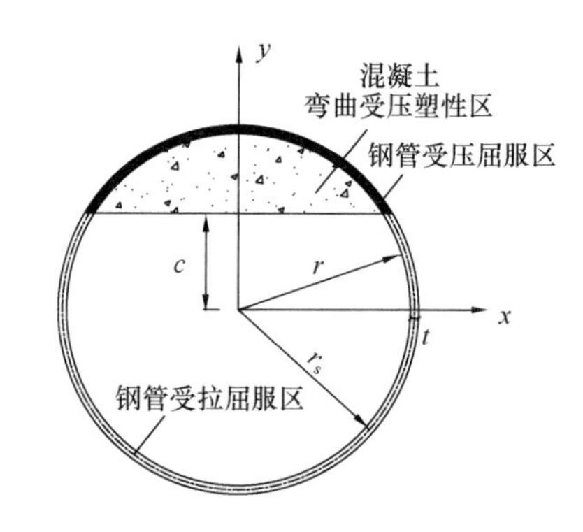

图 14.1-7　圆钢管混凝土截面塑性铰状态

其中

$$M_{\mathrm{uxn}}=\gamma_{\mathrm{x}}W_{\mathrm{x}}f+0.5(1-\alpha_{\mathrm{c}})M_{\mathrm{pxc}} \tag{14.1-6a}$$

式中　M_{pxc}——将混凝土作为实心截面，假设拉压屈服强度均为 f_{c} 时，纯弯时的塑性弯矩。

矩形钢管时：
$$M_{\mathrm{pxc}}=\frac{1}{4}(b-2t_{\mathrm{w}})(h-2t)^{2}f_{\mathrm{c}} \tag{14.1-6b}$$

圆钢管时：
$$M_{\mathrm{pxc}}=\frac{2}{3}r^{3}f_{\mathrm{c}} \tag{14.1-6c}$$

式中　r——圆钢管的内径；

$\alpha_{\mathrm{c}}=\dfrac{A_{\mathrm{c}}f_{\mathrm{c}}}{Af+A_{\mathrm{c}}f_{\mathrm{c}}}$——混凝土分担率；

A_c——混凝土部分的面积；

f_c——混凝土的抗压强度设计值。

6. 压弯构件的压力 N 不应大于 $0.6A_nf$。

14.1.3 受弯构件的抗剪强度计算

1. 剪力 V 假定由腹板承受，剪切强度应符合下式要求：

工字形截面：
$$V \leqslant h_w t_w f_v \tag{14.1-7a}$$

矩形钢管和矩形钢管混凝土截面：
$$V \leqslant 2h_w t_w f_v \tag{14.1-7b}$$

圆钢管混凝土截面：
$$V \leqslant 0.5\pi(r+t)tf_v \tag{14.1-7c}$$

式中 h_w，t_w——腹板高度和厚度；

f_v——钢材抗剪强度设计值；

r——圆管的内半径；

t——钢管的壁厚。

2. 受弯构件的剪力 $V \geqslant 0.5h_w t_w f_v$ 时，截面的塑性极限弯矩应该按照如下的应力分布计算：

上下翼缘的应力是 f，腹板的正应力是 $f\sqrt{1-\left(\frac{V}{h_w t_w f_v}\right)^2}$。

14.1.4 压弯截面形成塑性铰后的塑性流动

梁柱截面在轴压力和弯矩作用下形成塑性铰后，如果继续使这个截面产生拉应变，导致在截面的屈服面上内力位置从 A 流动到了 B（图 14.1-9），即轴压力在下降，弯矩在增加。如果在塑性铰 14.1-8e 状态下继续增加轴向拉应变，则内力状态在屈服面图上是从 B 点向 C 点流动，拉力不断增加，弯矩会减小，直至截面上的弯矩几乎消失，如图 14.1-9 的第四象限所表示的流动方向。

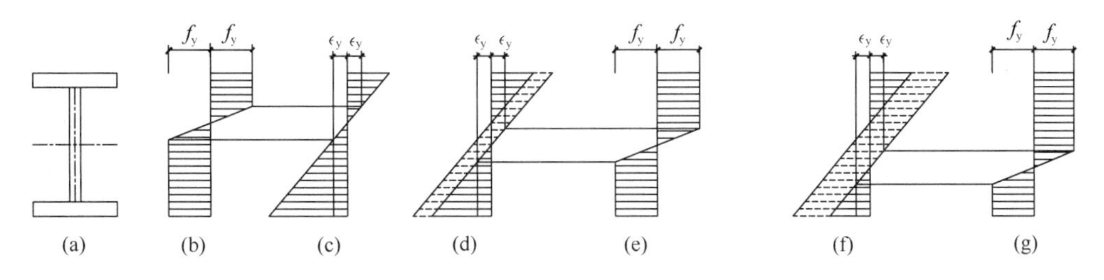

图 14.1-8 塑性铰状态的变化

（a）工字形截面；（b）塑性铰状态 A；（c）应变图；（d）增加均匀应变；（e）新塑性铰状态 B；（f）继续增加均匀应变；（g）新塑性铰状态 C

如果在图 14.1-8b 的状态下，当前的应力为 0 的位置的轴向应变继续保持为 0 不变化，而绕这点的曲率继续增加，则截面上应力的合力在屈服面上保持在 A 点不动。注意此时截面几何形心处的应变也是在增加的，即要截面上的内力在屈服面上不动，曲率和形心的轴向应变都会变化。

14.1.5 在轴力和弯矩作用下的弹塑性性能

1. 表征截面弹塑性工作性能的曲线，对轴心受力杆件是轴力 P —平均轴向应变的关系，见图 14.1-10。全截面屈服的轴力记为 $P_P = Af_y$。

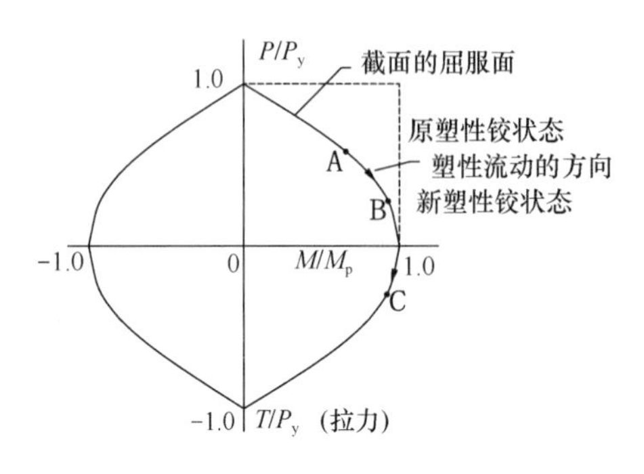

图 14.1-9 塑性铰变化在屈服面上的反映

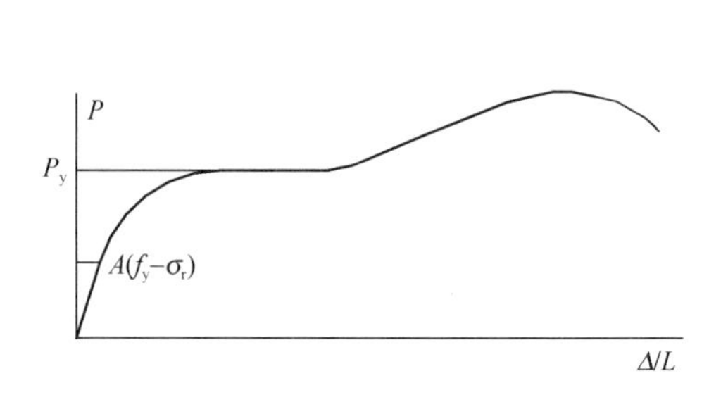

图 14.1-10 轴力—平均轴向应变的关系

2. 在梁的情况下，表征截面弹塑性性能的是弯矩 M-曲率 Φ 关系，示于图 14.1-11。

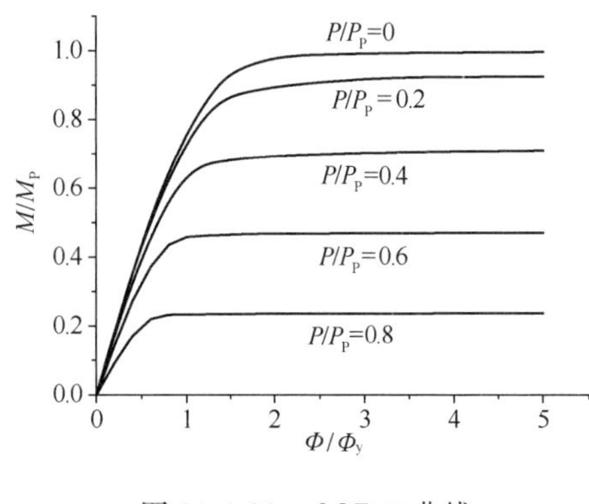

图 14.1-11 M-P-Φ 曲线

3. 截面在压力和弯矩作用下，开始在弹性阶段工作，当残余应力和作用的应力之和达到屈服强度时，截面进入弹塑性阶段，此后弯矩和截面的曲梁之间的关系不再是线性的。而且轴力不同，极限弯矩也不一样。此时表征其弹塑性性能的是 M-P-Φ 曲线。

图 14.1-11 是 M-P-Φ 曲线的一个例子。截面为 H600×300×5/10，残余应力采用三角形分布，最大残余应力是 $0.3f_y$。曲线的终点是截面边缘纤维的最大应变达到钢材最大拉伸应变（伸长率）时对应的曲率。由图可见，由于轴力的存在，截面能够承受的最大弯矩降低了。记轴力为 P 时截面能够承受的最大弯矩为 M_{pc}，它可以通过截面在轴力和弯矩作用下截面形成塑性铰时的应力分布得到。

14.1.6 框架在塑性转动过程中的内力重分布

1. 考察图 14.1-12 柱脚固定框架仅承受竖向荷载的情况。随着竖向荷载的增加，在梁端形成塑性铰，此时竖向荷载继续增大，此时梁端弯矩假设是增大的，则柱子剪力就增大，梁内轴压力增大，弯矩必须减小，由此推断弯矩不会增大。然后又假设梁端弯矩是减小的，则柱内剪力减小，梁内弯矩可以增大。由此正反假设可以得到结论：梁端在形成塑性铰以后弯矩保持不变，梁内轴力也保持不变，新增的荷载按照简支梁的弯矩迭加到梁上直到梁跨中形成塑性铰。

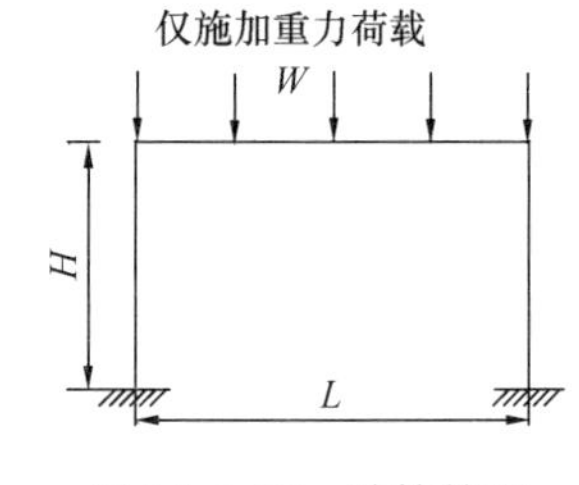

图 14.1-12 计算简图

2. 如果是在柱顶形成塑性铰（强梁弱柱），则情况有所不同：柱顶形成塑性铰之后，梁上荷载还可以增加，柱轴力也增大，则柱顶弯矩必然减小，这样，除了增加的荷载产生的弯矩以简支梁弯矩叠加到原先存在的弯矩图上外，柱顶弯矩减小的部分也被重分布到梁的跨中，使得梁跨中截面更早地形成塑性铰。

3. 图 14.1-13 是一柱脚铰接框架。如果没有竖向荷载，则左右柱顶同时形成塑性铰，一个是拉弯塑性铰，一个是压弯塑性铰；或者在梁内形成左右端的压弯塑性铰。之后继续增加变形，荷载不再增大，塑性铰的内力也不会变化，即塑性铰截面的内力在屈服面上不流动。

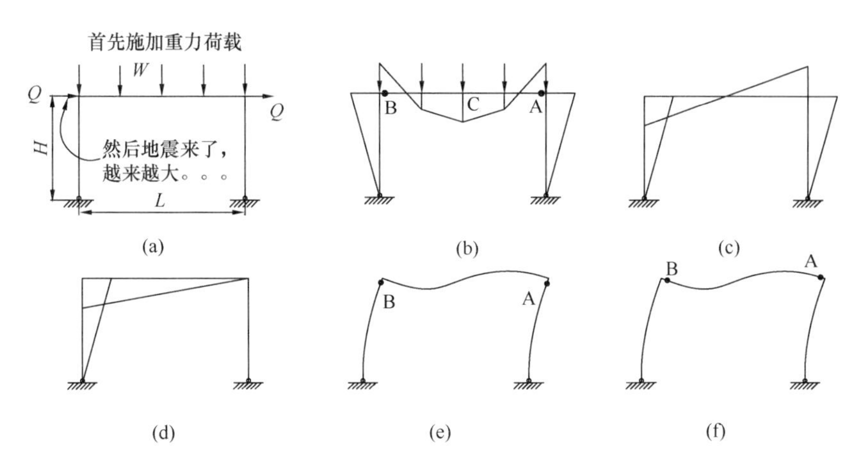

图 14.1-13 框架在水平作用下塑性铰的性能

（a）模型；（b）竖向荷载弯矩；（c）地震弯矩 1；（d）地震弯矩 2；（e）强梁弱柱结构；（f）强柱弱梁结构

如果是先作用竖向荷载，再作用水平荷载，则在 A 处先形成塑性铰，接下去增加的水平力产生的弯矩如图 14.1-13d，直至 B 截面也形成塑性铰。在这个过程中，A 截面的塑性铰弯矩不变。

14.1.7 塑性极限分析的上下限定理

1. 对结构的内力进行塑性分析，须满足平衡条件、所有截面不违背屈服条件（即弯矩≤塑性弯矩）、结构形成塑性形变机构的几何条件，同时满足这三个条件的内力分布是真实的塑性内力分布。对应的荷载是真实的塑性极限荷载。

2. 塑性分析的上限定理：在三大条件中，内力分布只满足平衡条件、结构形成形变机构，但截面的屈服条件不一定处处满足，则此时的荷载是结构真实极限承载力的上限。

3. 塑性分析的下限定理：在三大条件中，只满足平衡条件、所有截面不违背屈服条件，则此时的荷载是结构真实极限承载力的下限。

14.1.8 塑性铰附近的局部失稳

采用塑性设计的结构构件，板件的宽厚比，参照表 14.1-2，应符合如下规定：

（1）形成塑性铰、并发生塑性转动的截面，截面宽厚比应不超过 S1 类截面的宽厚比限值；

（2）最后形成塑性铰的截面，截面宽厚比不应超过 S2 类截面的宽厚比限值；

（3）不形成塑性铰的截面，宽厚比不超过 S3 截面的宽厚比限值。

压弯和受弯构件的截面板件宽厚比等级 **表 14.1-2**

构件	截面板件宽厚比等级		S1 级（限值）	S2 级（限值）	S3 级（限值）
框架柱、压弯构件	H 形截面	翼缘 b/t	$9\varepsilon_k$	$11\varepsilon_k$	$13\varepsilon_k$
		H 形截面腹板 h_0/t_w	$(33+13\alpha_0^{1.3})\varepsilon_k$	$(38+13\alpha_0^{1.39})\varepsilon_k$	$(40+18\alpha_0^{1.5})\varepsilon_k$

续表

构件	截面板件宽厚比等级		S1级（限值）	S2级（限值）	S3级（限值）
框架柱、压弯构件	箱形截面	壁板（腹板）间翼缘 b_0/t	30 ε_k	35 ε_k	$40\varepsilon_k$
	圆管截面	径厚比 D/t	50 ε_k^2	70 ε_k^2	90 ε_k^2
	圆管混凝土柱	径厚比 D/t	70 ε_k^2	85 ε_k^2	100 ε_k^2
	矩形钢管混凝土截面	壁板间翼缘 b_0/t	45 ε_k	50 ε_k	60 ε_k
梁、受弯构件	工字形截面	翼缘 b/t	9 ε_k	11 ε_k	13 ε_k
		腹板 h_0/t_w	65 ε_k	72 ε_k	93 ε_k
	箱形截面	壁板（腹板）间翼缘 b_0/t	25 ε_k	32 ε_k	37 ε_k

注：1. ε_k 为钢号修正系数，其值为235与钢材牌号比值的平方根；

2. b 为工字形、H形截面的翼缘外伸宽度，t、h_0、t_w 分别是翼缘厚度、腹板净高和腹板厚度。对轧制型截面，不包括翼缘腹板过渡处圆弧段；对于箱形截面 b_0、t 分别为壁板间的距离和壁板厚度；D 为圆管截面外径；

3. 箱形截面梁及单向受弯的箱形截面柱，其腹板限值可根据H形截面腹板采用；

4. 腹板的宽厚比，可通过设置加劲肋减小。

14.1.9 弯矩调幅法代替塑性分析，调幅幅度的确定

连续梁和框架梁调幅的幅度、截面分类、挠度验算的规定见表14.1-3和表14.1-4。

钢梁调幅幅度、截面类别和位移验算 **表14.1-3**

调幅幅度	截面类别	跨中截面类别	挠度增大系数	1～5层框架侧移增大系数	支撑-框架结构时侧移增大系数
15	S1	S3	1.0	1.0	1.0
20	S1	S3	1.0	1.05	1.05

钢-混凝土组合梁调幅幅度、截面类别和侧移验算 **表14.1-4**

梁分析模型	调幅幅度	负弯矩截面类别	跨中截面类别	挠度增大系数	侧移增大系数
变截面模型	5	S2	S2	1.0	1.0
	10	S1	S2	1.05	1.05
等截面模型	15	S2	S3	1.0	1.0
	20	S1	S3	1.0	1.05

注：组合梁的弯矩调幅，是楼板混凝土开裂引起，因此可以采用S2截面。

14.1.10 连续梁的弹塑性畸变失稳

当工字钢梁受拉的上翼缘有楼板或刚性铺板与钢梁可靠连接时，形成塑性铰的截面，其截面尺寸应满足下式的要求时，下翼缘可以不设置隅撑等防止受压下翼缘侧向失稳的措施：

$$\sqrt{\frac{f_{y}}{\sigma_{cr,d}}} \leqslant 0.45 \tag{14.1-8}$$

$$\sigma_{cr,d} = \frac{E}{\sqrt{3}}\sqrt{\frac{b_{f2}t_{w}^{3}}{t_{f2}h_{w}^{3}}} \tag{14.1-9}$$

式中 b_{f2}，t_{f2}——分别为工字钢梁受压下翼缘的宽度和厚度；

h_{w}，t_{w}——分别是工字钢截面腹板的高度和厚度。

当不满足（14.1-8）式的要求时，应采取如下措施之一保证受压下翼缘的侧向稳定：

（1）布置间距不大于 1.5 倍梁高的加劲肋或工字钢腹板两侧填充与腹板有可靠拉结的混凝土，使得楼板对钢梁的侧向约束传导到受压下翼缘；填充混凝土时，混凝土应离开柱表面在一倍梁高，以避免梁端形成钢-混凝土组合截面，造成强梁弱柱的情况。

（2）受压下翼缘设置侧向支撑，即隅撑。但应优先采用加劲肋，避免现场焊接。

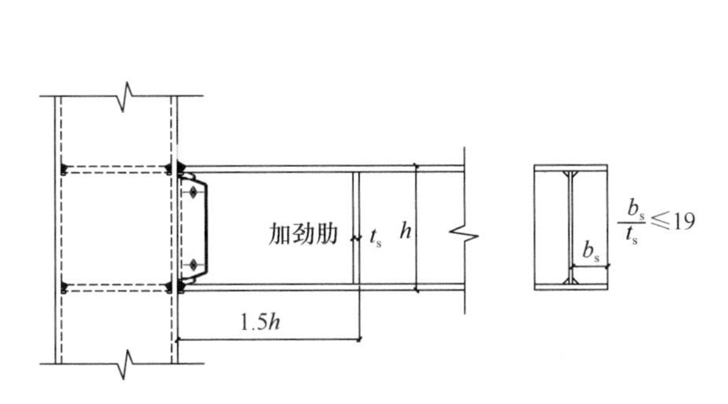

图 14.1-14 避免畸变屈曲的措施之一加劲肋

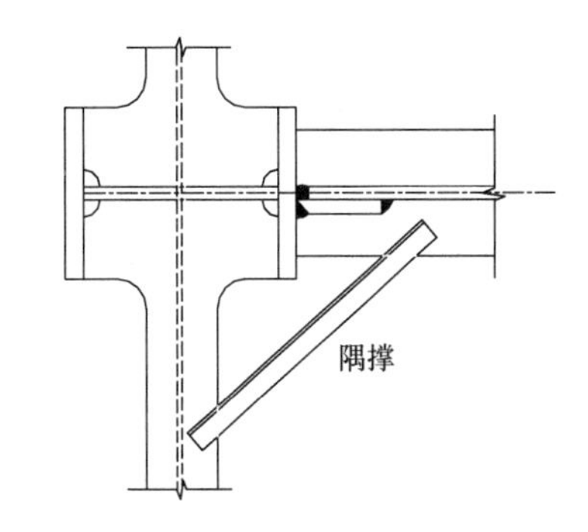

图 14.1-15 避免畸变屈曲的措施之二隅撑

14.1.11 塑性设计的钢梁的侧向长细比限值

1. 受压构件的长细比不宜大于 $120\sqrt{235/f_{y}}$。

2. 当钢梁的上翼缘没有通长的刚性铺板、防止侧向弯扭屈曲的构件时，在构件出现塑性铰的截面处，必须设置侧向支承。该支承点与其相邻支承点间构件的长细比 λ_{y} 应符合下列要求：

当 $-1 \leqslant \frac{M_{1}}{W_{px}f} \leqslant 0.5$ 时：

$$\lambda_{y} \leqslant \left(60 - 40\frac{M_{1}}{\gamma_{x}W_{x1}f}\right)\sqrt{\frac{235}{f_{y}}} \tag{14.1-10}$$

当 $0.5 \leqslant \frac{M_{1}}{W_{px}f} \leqslant 1$ 时：

$$\lambda_{y} \leqslant \left(45 - 10\frac{M_{1}}{\gamma_{x}W_{x1}f}\right)\sqrt{\frac{235}{f_{y}}} \tag{14.1-11}$$

式中 λ_{y}——弯矩作用平面外的长细比，$\lambda_{y} = \frac{l_{1}}{i_{y}}$；

l_{1}——侧向支承点间距离；

i_{y}——截面绕弱轴的回转半径；

M_{1}——与塑性铰相距为 l_{1} 的侧向支承点处的弯矩；当长度 l_{1} 内为同向曲率时，

$M_1/(W_{x1}f)$ 为正；当为反向曲率时，$M_1/(W_{x1}f)$ 为负。

对不出现塑性铰的构件区段，其侧向支承点间距应参考《钢结构设计标准》GB 50017 关于弯矩作用平面外的整体稳定计算确定。

14.1.12　塑性设计构件的平面内稳定计算

1. 有侧移失稳的计算长度系数，按照弹性假定查表得到的值应放大 10%。无侧移失稳的计算长度系数可以取 1.0。对于由支撑架提供支持的框架柱，计算长度系数取值应按照《钢结构设计标准》GB 50017 第 8 章的规定计算，并放大 10%。

2. 弯矩作用在一个主平面内的压弯构件，其平面内稳定性应符合下列公式的要求：

$$\frac{N}{\varphi_x Af}+\frac{\beta_{mx}M_x}{\gamma_x W_{x1}f\left(1-0.8\dfrac{N}{N'_{Ex}}\right)}\leqslant 1 \tag{14.1-12}$$

式中　W_{x1}——对 x 轴按毛截面计算的受压边缘截面模量；

φ_x——轴压失稳的稳定系数；

β_{mx}——等效弯矩系数；

N'_{Ex}——按照有侧移失稳计算长度系数计算的弹性临界力除以 1.1。

3. 钢管混凝土压弯构件的平面内稳定计算公式

$$\frac{N}{\varphi_x Af}+(1-\alpha_c)\frac{\beta_{mx}M_x}{M_{ux}f\left(1-0.8\dfrac{N}{N'_{Ex}}\right)}\leqslant 1 \tag{14.1-13a}$$

$$\frac{\beta_{mx}M_x}{M_{ux}\left(1-0.8\dfrac{N}{N'_{Ex}}\right)}\leqslant 1 \tag{14.1-13b}$$

14.1.13　弯矩作用平面外的稳定性

1. 工字形截面，箱形截面

$$\frac{N}{\varphi_y Af}+\eta\frac{\beta_{tx}M_x}{\varphi_b W_{x1}f}\leqslant 1 \tag{14.1-14}$$

式中　φ_y——压杆弯矩作用平面外的稳定系数；

φ_b——压杆作为梁发生弯扭失稳的稳定系数；

η——工字形截面 1.0，箱形截面 1.4；

β_{tx}——弯扭失稳等效弯矩系数，平面外有侧移失稳时取 1.0，平面外无侧移失稳时取 $\beta_{tx}=0.6+0.4\dfrac{M_2}{M_1}$。

2. 钢管混凝土截面

$$\frac{N}{\varphi_y Af}+\eta\frac{\beta_{tx}M_x}{\varphi_b M_{ux1}}\leqslant 1 \tag{14.1-15}$$

14.1.14　门式刚架梁的隅撑

门式刚架中变截面段的塑性设计，应确保在变截面段内不形成塑性铰。变截面段的平面外稳定，应在每一根檩条与钢梁上设置隅撑，并按式（10.4-5）（10.4-9）式进行平面外稳定验算。此时隅撑及其连接的设计应按照下式取值：

$$N=\frac{Af}{60\cos\theta}\sqrt{\frac{f_y}{235}} \tag{14.1-16}$$

式中　A——实腹斜梁被支撑翼缘的截面面积；

f——实腹斜梁钢材的强度设计值；

f_y——实腹斜梁钢材的屈服强度；

θ——隅撑与檩条轴线的夹角。

当隅撑成对布置时，隅撑的计算轴压力可取按公式（14.1-16）计算值之半。

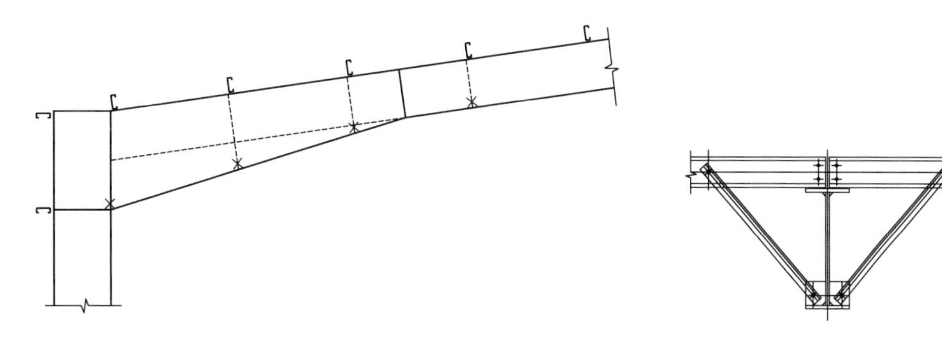

图 14.1-16　塑性设计的轻型门式刚架梁的侧向支撑

14.1.15　塑性设计的抗弯极限承载力设计值的说明

式（14.1-1）的右边采用 $\gamma_x W_{nx} f$，而不是截面的塑性弯矩，原因如下：

1. 在简支梁的情况下，塑性设计方法和《钢结构设计标准》第 6 章的设计方法，结果一致；这保证了塑性设计带来的好处仅限于来自内力的重分布，而不是来自截面的塑性开展深度。

2. 对连续梁采用 $\gamma_x W_{nx} f$，可以使得正常使用状态，弯矩最大截面的屈服区深度得到一定程度的控制，减小使用阶段梁的变形。

例如，承受均布荷载的多跨连续梁的中间跨：假设跨中和支座的塑性弯矩相同，则塑性弯矩满足

$$\frac{1}{16}(1.2q_{Dk}+1.4q_{Lk})l^2=\gamma_x W_x f$$

设

$$q_{Dk}=4\text{kN/m},\ q_{Lk}=2\text{kN/m},$$

$$\frac{1}{16}(1.2\times4+1.4\times2)l^2=0.475l^2=\gamma_x W_x f$$

使用极限状态采用标准值弹性分析：支座弯矩 $\frac{1}{12}ql^2$，

$$\frac{1}{12}(4+2)l^2=0.5l^2=1.053\times0.475l^2=1.053\gamma_x W_x f=1.10565W_x f\approx W_x f_y$$

即使用极限状态刚好是边缘屈服，弹性分析的挠度适宜。如果采用 $M_P=Z_x f$，则使用阶段已经进入塑性状态，虽然承载力没有问题，但是使用极限状态出现了少量塑性变形。

边跨：塑性设计的弯矩是 $\frac{1}{11.66}(1.2q_{Dk}+1.4q_{Lk})l^2=0.652l^2=\gamma_x W_x f$；

使用极限状态采用弹性分析：

设连续梁是三跨或以上，第 1 内支座负弯矩 $0.107q_k l^2=0.642l^2=0.985\times0.652l^2=$

$0.985\gamma_x W_x f = 0.94W_x f_y$，尚未进入弹塑性状态。如果是两跨连续梁，支座弯矩是 $0.125q_k l^2 = 0.75l^2 = 1.15\times 0.652l^2 = 1.15\gamma_x W_x f = \frac{1.15\gamma_x}{1.1}W_x f_y = 1.098W_x f_y$，即使用极限状态已经进入了弹塑性状态，挠度计算值已经不准。如果采用 $M_P = Z_x f$，则使用阶段已经进入深度的塑性状态。

所以采用 $\gamma_x W_x f$ 作为抗弯承载力设计值，基本可以保证使用极限状态仍然处在弹性状态（仅两跨连续梁时是个例外）。

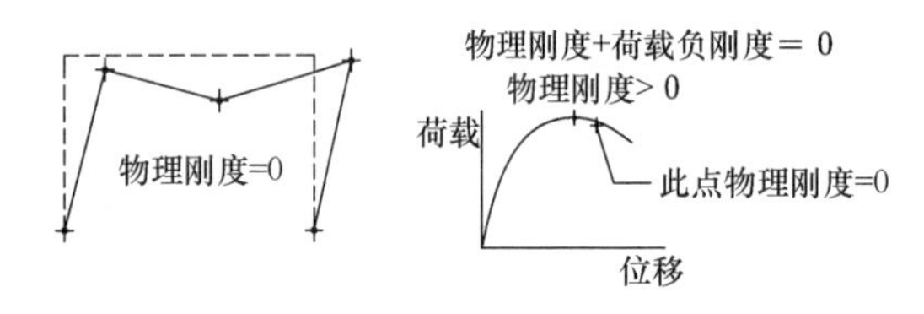

图 14.1-17　塑性机构状态的整体刚度

3. 对单层和没有设置支撑架的多层框架，如果形成塑性机构（几何可变），如图 14.1-17，则框架结构的物理刚度已经达到 0 的状态，但是此时框架上还有竖向重力荷载。重力荷载对于结构是一种负的刚度（几何刚度），因此在物理刚度已经为 0 的情况下，结构的总刚度（物理刚度与几何刚度之和）为负，按照结构稳定理论，此时已经超过了结构稳定承载力极限状态，荷载一位移曲线进入了卸载阶段。为避免这种情况的出现，在塑性弯矩的利用上应进行限制。

4. 式（14.1-12），与弹性设计的公式也完全相同，因为只有轴力具有负刚度，按照稳定性的本质，轴力才是促使压弯杆失稳的因素。但是对于弹塑性压杆，弯矩会使压杆提前屈服，弯矩减小了极限状态下压杆抵抗轴力负刚度的截面正刚度，式（14.1-12）的第二项体现的是压弯杆截面刚度的减小量。根据这个考察，对于塑性设计，目前平面内稳定设计公式的弯矩项也可以理解为对抵抗轴力负刚度的刚度的折减．因此继续使用目前的平面内稳定计算公式，只是《钢结构设计规范》GB 50017—2003 公式中的塑性弯矩 M_P 计算取部分塑性开展的弯矩 $\gamma_x W_x f$，使得验算在真正形成机构之前，结果更加合理一点。

在文献［1］中，分析了图 14.1-18 所示的算例，在竖向荷载与水平荷载按照比例加载的情况下，线性的机构分析，得到的塑性机构如图 14.1-18b，是 10 个塑性铰，但是对框架进行二阶弹塑性分析，则会发现极限状态下仅形成 4 个塑性铰，如图 14.1-18c。这个例子进一步表明，在稳定极限状态，框架不可能形成塑性机构。有必要在塑性设计时采取措施确保按照线性机构分析得到的内力，进行设计的框架结构能够保证安全。

5. 但是，塑性设计相对于弹性设计，毕竟出现了从第一个塑性铰形成到塑性铰机构形成这样的过程，在这个过程中，框架的刚度比弹性刚度下降，柱子的计算长度相应应该适当增大。14.1.12 条规定，增大 10％。计算长度系数增大到 1.1 倍，相当于塑性设计的框架抗侧刚度比弹性设计的框架抗侧刚度小约 20％，从直观判断，这应能够保证框架的可靠度不低于弹性设计的框架。

《钢结构设计标准》GB 50017—2017，引进的保守措施有两项：（1）采用 $\gamma_x W_x f$；（2）计算长度系数放大 10％。

14.1.16　塑性设计连续梁的变形验算

1. 变形验算仍采用荷载的标准值组合；

2. 标准值组合下的挠度计算采用弹性分析；

3. 标准值组合下的弹性分析弯矩超出设计值组合下的塑性弯矩时，应考虑塑性变形

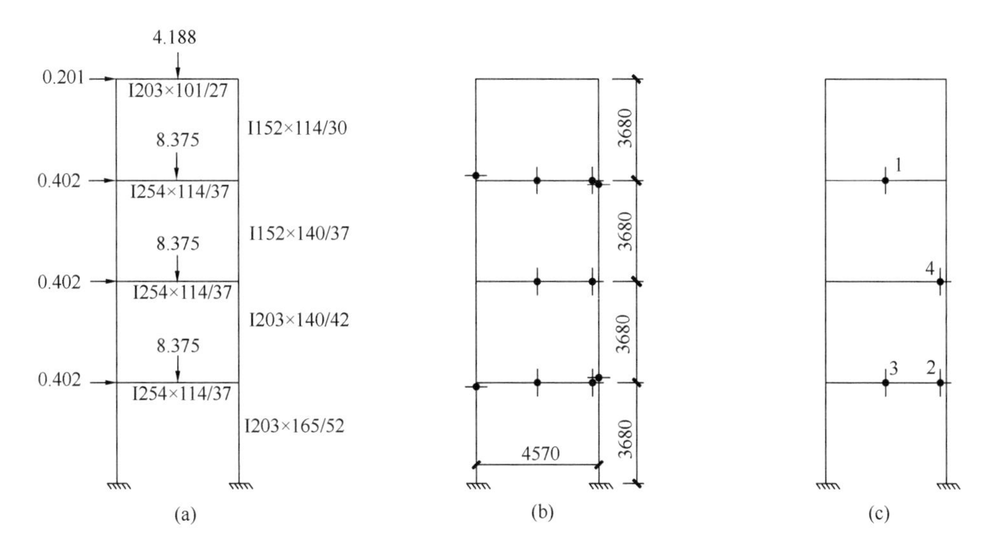

图 14.1-18 塑性机构状态的整体刚度

(a) 框架；(b) 不考虑二阶效应下的机构；(c) 极限状态下塑性铰

对挠度的影响，此时可以直接对挠度值放大，将放大后的挠度与挠度限值进行比较。参见表 14.1-3，表 14.1-4。

14.1.17 双重抗侧力结构中框架部分的塑性设计

1. 在一个结构中，如果设置了支撑，且支撑足够强大（有定量的标准，见下面第 3 项)，则这个结构中的框架梁部分可以进行塑性设计。

2. 此时框架可以按照只承受竖向荷载来设计。即钢梁的设计仅须考虑作用在钢梁上的竖向荷载，其塑性弯矩可以参考本章 14.2 条。求得梁的弯矩后，梁端剪力可以求得，然后柱子的轴力可以得到，柱子的弯矩分为中柱和边柱。对于边柱，梁端弯矩按照上下柱的线刚度分配或各分配一半，就可以保证节点的弯矩平衡。对于中柱，为了获得较大的柱端弯矩，可以考虑一侧作用了 $1.2q_{\mathrm{Dk}}+1.4q_{\mathrm{Lk}}$ 的荷载，另一侧作用了 q_{Dk} 的荷载，然后按照 $M_{\mathrm{Pb}}-\dfrac{1}{12}q_{\mathrm{Dk}}L^2$ 作为梁的弯矩在上下柱中分配，柱的轴力仍取满荷载时的轴力。活荷载产生的轴力部分，可以按照《建筑结构荷载规范》GB 50009 的 5.1.2 条的规定进行折减。

3. 所谓支撑体系足够强，一般是指：

(1) 应能够承受所有水平力，(而不仅仅是按照抗侧刚度分到的水平力)；

(2) 还应能够对整个结构体系中的框架部分提供稳定性支持。为了这个目的，支撑架应能够承担如下的假想水平力设计值

$$Q_{ni}=\frac{1}{250}(D_i+L_i)\sqrt{0.2+\frac{1}{n_{\mathrm{s}}}} \tag{14.1-17}$$

式中 Q_{ni} ——施加与每一层的总假想荷载；

n_{s} ——框架的层数；

D_i ——本层的总的恒载设计值（包括框架承担的恒载）；

L_i ——本层的总的活载设计值（包括框架承担是活载）。

框撑体系中的梁，承受重力荷载的弯矩和水平荷载（包括假想水平力）作用下的

轴力。

支撑架中的柱子，承受重力荷载的轴力和弯矩，水平力（包括假想力）产生的竖向轴力。

支撑架中的斜撑杆，应考虑竖向重力产生的轴力和水平力（包括假想力）产生的轴力。

支撑架如果是联肢的，则连梁不采用塑性设计（跨高比小于等于5的梁）。

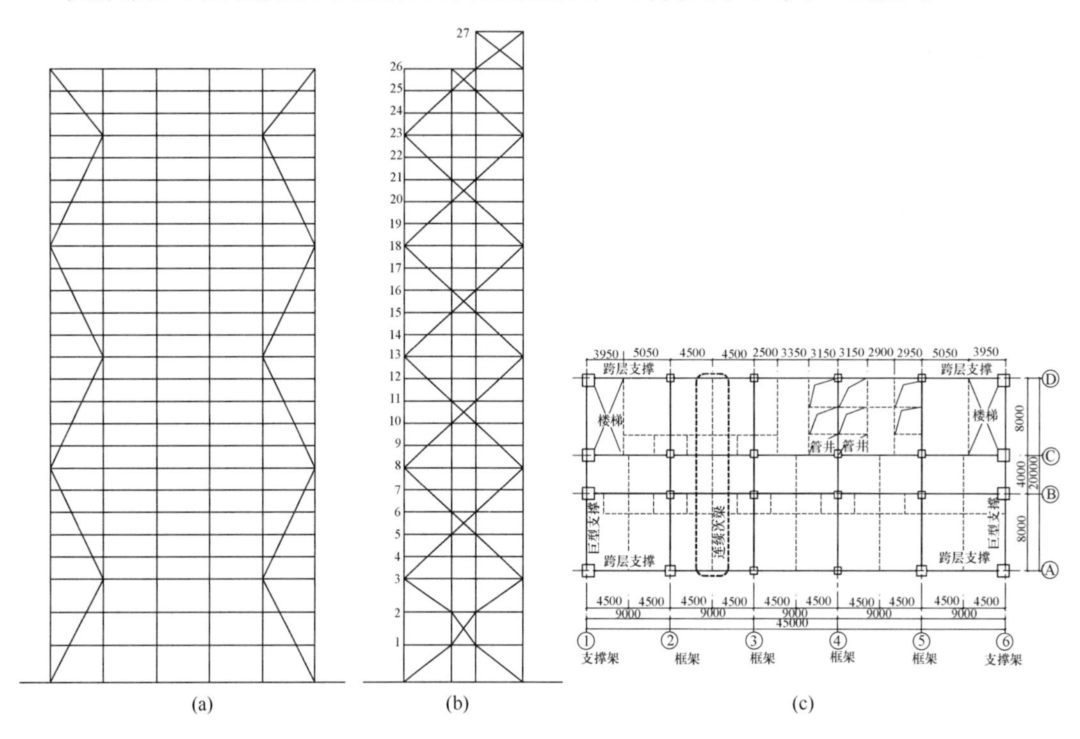

图14.1-19　框架-支撑双重抗侧力结构的塑性设计

(a) 纵向支撑架；(b) 横向支撑架；(c) 平面图

上述承担假想水平力的要求，可以用限制斜撑与支撑架的柱子应力比小于等于$1-3\theta$来替代，θ为2阶效应系数。

14.2　连续梁的塑性内力分析及设计

14.2.1　塑性分析方法的优点和条件

1. 塑性分析方法的优点是：

(1) 无须考虑活荷载的不利分布；

(2) 连续梁各跨可以单独分析。

2. 塑性分析需要满足的三个条件：

(1) 平衡条件：处处满足内力和外力之间的平衡；

(2) 屈服条件：每一个截面上的内力都不违背屈服条件，即形成塑性铰的条件；

(3) 机构条件：形成几何上许可的塑性铰链机构。

14.2.2 超静定连续梁的塑性分析方法

1. 连续梁的边跨

图 14.2-1 是连续组合梁的塑性分析的边跨计算模型和中间跨计算模型。M_{P1} 是跨中截面的塑性极限弯矩，M_{P2} 是支座截面的塑性极限弯矩。

设梁承受均布荷载 q，图 14.2-1（a）中，跨内的塑性铰的位置离开边支座的距离为 L_1，则 $L_2=L-L_1$。形成塑性机构时，内支座塑性铰转角为 θ_2，跨内塑性铰转角为 $\theta_1+\theta_2$，$\theta_1=\dfrac{L_2}{L_1}\theta_2$，内外功相等得到：

$$\frac{1}{2}q(L^2-LL_1)L_1=M_{P1}L+M_{P2}L_1 \tag{14.2-1}$$

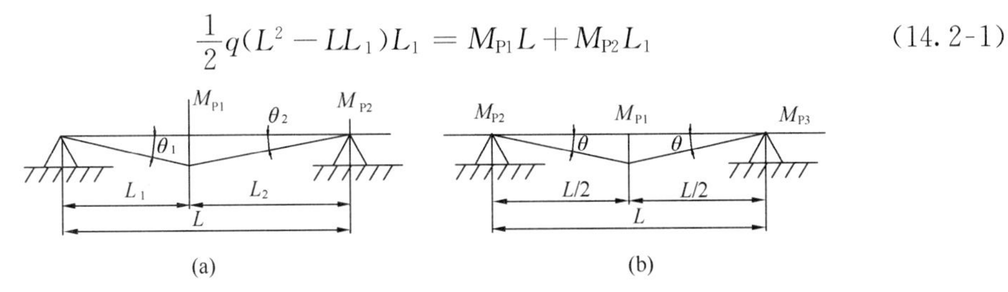

图 14.2-1 连续组合梁的塑性分析

（a）边跨组合梁；（b）中间跨组合梁

（1）对于等截面纯钢梁，则 $M_{P1}=M_{P2}=M_P$，$L_1=(\sqrt{2}-1)L$，所需的塑性铰弯矩为：

$$M_{P1}=M_{P2}=M_P=\frac{1}{11.657}qL^2 \tag{14.2-2}$$

由这个弯矩选择钢梁截面。如果采用调幅法，相当于调幅 31%（两跨连续梁，0.69×0.125=1/11.594）或调幅 17%（三跨及以上的连续梁）。

（2）在组合梁的情况下，支座的塑性弯矩和跨中的塑性铰弯矩不相等。连续组合梁的设计宜要求

$$M_{P2}\geqslant 0.7M_{P1} \tag{14.2-3}$$

设 $M_{P2}=0.7M_{P1}$，则 $L_1=0.434L$。塑性铰弯矩为：

$$M_{P1}=\frac{1}{10.615}qL^2 \tag{14.2-4a}$$

$$M_{P2}=\frac{1}{15.165}qL^2 \tag{14.2-4b}$$

这个相当于等截面连续梁模型弹性分析的支座弯矩调幅 48%（两跨连续梁，0.52×0.125=1/15.38）或调幅 38%（三跨及以上的连续梁）。或相当于变截面连续梁模型弹性分析的支座弯矩调幅 30%～33%或 20%～23%。

2. 连续梁的中间跨

图 14.2-1（b）是连续组合梁的塑性分析的中间跨计算模型。

设两个支座的塑性弯矩不相同，则

$$\frac{1}{2}qL_1L_2L=M_{P1}L+M_{P2}L_2+M_{P3}L_1 \tag{14.2-5}$$

（1）对于等截面纯钢梁，则 $M_{P1}=M_{P2}=M_{P3}=M_P$，$L_1=0.5L$

$$M_{P1}=M_{P2}=M_{P3}=M_P=\frac{1}{16}qL^2 \tag{14.2-6}$$

（2）对于组合梁，设 $M_{P2}=M_{P3}=0.7M_{P1}$，$L_1=0.5L$

$$M_{P1}=\frac{1}{13.6}qL^2 \tag{14.2-7a}$$

$$M_{P2}=M_{P3}=\frac{1}{19.429}qL^2 \tag{14.2-7b}$$

（3）组合梁存在第1内支座和中间的内支座塑性铰弯矩不同的情况。对于第2跨的两个支座的情况经常这样，因为按照弹性分析第1内支座的弯矩比其他内支座的弯矩大得多。对比（14.2-7b）式和（14.2-4b）式。已知 $M_{P2}=\frac{1}{15.165}qL^2$，$M_{P3}=\frac{1}{19.429}qL^2$，从（14.2-5）求得 $L_1=0.5145L$，结果是

$$M_{P1}=\frac{1}{15.06}qL^2 \tag{14.2-8a}$$

$$M_{P2}=\frac{1}{15.165}qL^2 \tag{14.2-8b}$$

$$M_{P3}=\frac{1}{19.429}qL^2 \tag{14.2-8c}$$

即 $M_{P1}\approx M_{P2}$，$M_{P3}\approx 0.777M_{P1}$。此时跨中截面的弯矩一般不控制设计。

也可以假设 $M_{P2}=M_{P3}=\frac{1}{19.429}qL^2$，此时第一跨的跨中弯矩就增大到：$L_1=0.44853L$

$$M_{P1}=\frac{1}{9.941}qL^2 \tag{14.2-9}$$

比（14.2-4a）式增大6.77%。此时第1跨的跨中弯矩是第1内支座弯矩的1.954倍，考虑到跨中是组合梁，这个倍数是能够达到的，但使用极限状态的挠度应加以注意。

14.2.3　计算实例

一、实例一

如图14.2-2所示，三跨连续次梁，跨度分别为8m，4m和8m。

设4.5m是次梁间距，3.45m是次梁上部砌筑的轻质隔墙的高度。楼面均布恒载是3.5+1.5=5 kN/m²，活载是2.5 kN/m²。转化为次梁的线荷载，如图14.1-19c。

$$q_{Dk}=4.5\text{m}\times 5\text{kN/m}^2+3.45\text{m}\times 1.5\text{kN/m}^2=27.675\text{kN/m}$$

$$q_{Lk}=4.5\text{m}\times 2.5\text{kN/m}^2=11.25\text{kN/m}$$

集中力：

$$P_{Dk}=3.45\text{m}\times 1.5\text{kN/m}^2\times 4.5\text{m}=23.3\text{kN}$$

荷载的设计值

$$q=1.2q_{Dk}+1.4q_{Lk}=48.96\text{kN/m},\ P=1.2P_{Dk}=27.945\text{kN}$$

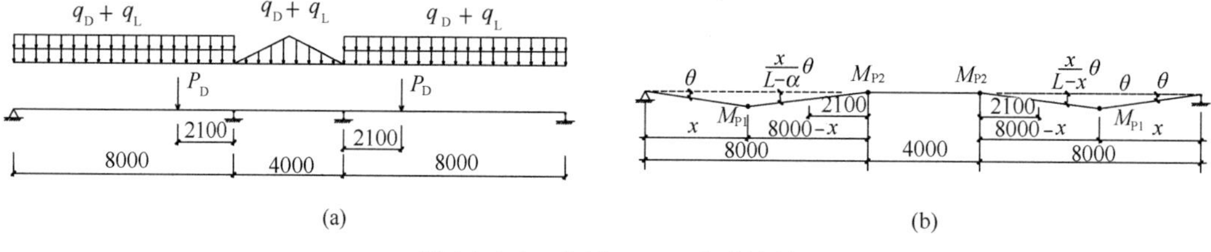

图14.2-2　实例一：三跨连续梁

计算简图图 14.2-2a，塑性机构是图 14.2-2b，其中跨中的塑性铰离开边支座的距离 x 待定。

采用塑性机构分析法：内力虚功等于外力虚功：

$$\frac{1}{2}\cdot x\cdot x\theta\cdot q+\frac{1}{2}\cdot(L-x)\cdot x\theta\cdot q+\frac{x}{L-x}\theta\times 2.1\cdot P=M_{\mathrm{P1}}\left(\theta+\frac{x}{L-x}\theta\right)+M_{\mathrm{P2}}\frac{x}{L-x}\theta$$

$$\frac{1}{2}qx^{2}+\frac{1}{2}q(L-x)x+\frac{2.1x}{8-x}P=M_{\mathrm{P1}}\left(1+\frac{x}{8-x}\right)+M_{\mathrm{P2}}\frac{x}{8-x}$$

$$8M_{\mathrm{P1}}+xM_{\mathrm{P2}}=4qx(8-x)+2.1xP$$

设 $\frac{M_{\mathrm{P2}}}{M_{\mathrm{P1}}}=\mu$，则：

$$M_{\mathrm{P1}}=\frac{4qx(8-x)+2.1xP_{\mathrm{D}}}{8+x\mu}$$

在 $\mu=0.5$ 时，经计算得到 $x=3.72\mathrm{m}$ 时，$M_{\mathrm{P1}}=338.38\mathrm{kNm}$，$M_{\mathrm{P2}}=169.19\mathrm{kN\cdot m}$

选择截面：H340×140×6/10，$\gamma_{x}W_{x}f=1.05\times 544925.5\times 300=171.65\mathrm{kN\cdot m}>169.19$，满足要求。

跨中截面按照组合梁设计，钢截面仍然是 H340×140×6×10，钢-混凝土组合梁（楼板厚度 140，C30 混凝土）组合截面塑性极限弯矩是 $M_{\mathrm{P1}}=400.44\mathrm{kNm}$，满足承载力要求。采用的栓钉是 Φ19@200。梁的挠度约为 28.54mm，满足使用极限状态下的挠度要求。采用有限元软件计算表明，在使用极限状态，该梁处在弹性阶段。为避免负弯矩区的畸变屈曲，应按照图 14.1-14 设置防畸变屈曲的加劲肋。

二、实例二

如图 14.2-3 所示的五跨等跨度的连续次梁。恒载 $4.5\mathrm{kN/m^2}$，活载 $10\mathrm{kN/m^2}$，次梁间距 2.25m，作用在次梁上的线荷载为：

$$q_{\mathrm{Dk}}=2.25\mathrm{m}\times 4.5\mathrm{kN/m^2}=10.125\mathrm{kN/m}$$

$$q_{\mathrm{Lk}}=2.25\mathrm{m}\times 10\mathrm{kN/m^2}=22.5\mathrm{kN/m}$$

设计值：$q=1.2\times 10.125+1.3\times 22.5=41.4\mathrm{kN/m}$

假设第 2，3，4 跨的支座弯矩相同，与跨中弯矩的比值是 0.7，则 $M_{\mathrm{P1}}=194.82\mathrm{kN\cdot m}$，$M_{\mathrm{P2}}=136.4\mathrm{kN\cdot m}$

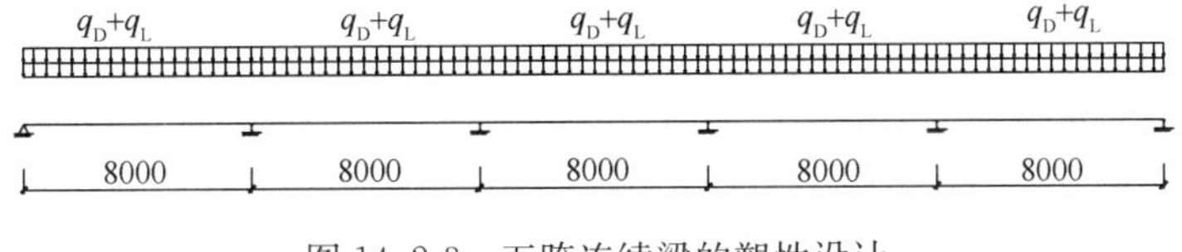

图 14.2-3 五跨连续梁的塑性设计

如果第一内支座的弯矩取为 $M_{\mathrm{P2}}=136.4\mathrm{kN\cdot m}$，则第一跨的跨中塑性铰的位置（离开边支座的距离是 x）和弯矩求算如下：

$$\frac{1}{2}\cdot x\cdot x\theta\cdot q+\frac{1}{2}\cdot(L-x)\cdot x\theta\cdot q=M_{\mathrm{P1}}\left(\theta+\frac{x}{L-x}\theta\right)+M_{\mathrm{P2}}\frac{x}{L-x}\theta$$

$$M_{P1}=\frac{1}{2}qx(L-x)-\frac{x}{L}M_{P2}$$

这样得到：塑性铰位置是 $x=3.59\text{m}$，$M_{P1}=266.52\text{kN}\cdot\text{m}$。

钢截面是 H300×140×6/10，$\gamma_x W_x f=1.05\times465795.6\times300=146.73\text{kN}\cdot\text{m}>136.4\text{kN}\cdot\text{m}$。

跨中截面按照组合梁设计，钢截面仍然是 H300×140×6/10，钢-混凝土组合梁（楼板厚度 120，C30 混凝土）组合截面塑性极限弯矩是 $M_{P1}=322.91\text{kNm}$，满足承载力要求。采用的栓钉是 Φ19@200。梁的挠度约为 24.8mm（边跨）和 13.1mm（中间跨），满足使用极限状态下的挠度要求。采用有限元软件计算表明，在使用极限状态，该梁第 1 内支座的弯矩为 164.8kN・m，已经大于 $W_x f_y=160.7\text{kN}\cdot\text{m}$，但是大得不多，且在内支座的抗弯承载力计算时未考虑楼板内钢筋的作用，因此可以认为，该梁在使用极限状态仍处在弹性阶段。为避免负弯矩区的畸变屈曲，应按照图 14.1-14 设置防畸变屈曲的加劲肋。

14.3 门式刚架的塑性内力分析和设计

14.3.1 静力平衡法

静力平衡法是将假定的塑性机构中各个塑性铰弯矩 M_P 作为未知量，建立各段的平衡方程并求解。此法适用于超静定次数较少的单跨框架和连续梁。对于超静定次数为 n 的超静定结构，应出现 $n+1$ 个塑性铰才能形成塑性铰机构，由此可以建立 $n+1$ 个平衡方程，求解出 $n+1$ 个未知量，得到弯矩图。

计算步骤为：

（1）将结构的超静定约束以赘余力代替，使结构转换为静定的基本体系；超静定次数是 n，则未知量弯矩数是 n 个。

（2）建立各构件段的静力平衡方程。

（3）求解方程。根据塑性分析的下限定理，可以人为确定某个塑性铰弯矩，使之满足平衡条件，依据这样得到的弯矩与荷载之间的关系，去设计截面、验算构件的稳定性，是能够保证安全的。

（4）可以依据经验，或借助弹性分析的内力分布，可以设定各个未知弯矩之间的比值。

14.3.2 单层单跨门式刚架静力法分析

如图 14.3-1 所示单层单跨门式刚架。设屋脊处刚架切开，暴露出该处截面的三个内力 M_D,R,S，基本体系变为左右两个悬臂体系，各控制点的弯矩是（弯矩以外侧受拉为正，内侧受拉为负）：

$$M_A=\frac{1}{8}qL^2-\frac{1}{8}w_3L^2+\frac{1}{2}w_1h_1^2-w_3h_2(h_1+0.5h_2)-M-R(h_1+h_2)+\frac{1}{2}SL \tag{14.3-1a}$$

$$M_B=\left(\frac{1}{8}qL^2-\frac{1}{8}w_3L^2-\frac{1}{2}w_3h_2^2\right)-M-Rh_2+\frac{1}{2}SL \tag{14.3-1b}$$

$$M_D=-M \tag{14.3-1c}$$

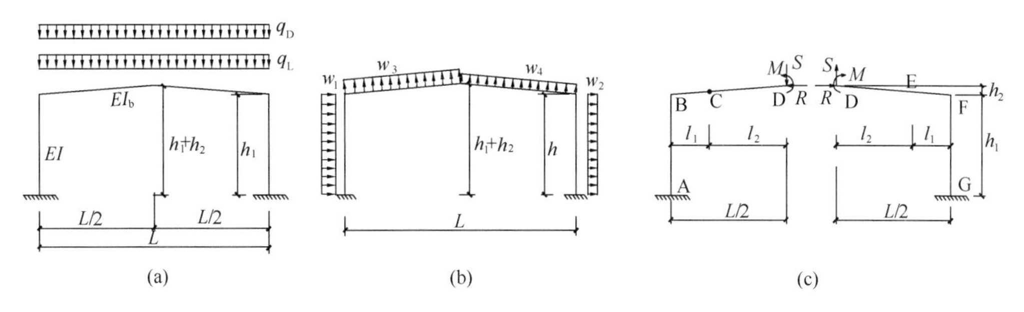

图 14.3-1 单跨柱脚固支门式刚架

(a) 恒载和活载；(b) 风荷载；(c) 中间切开

$$M_F = \frac{1}{8}qL^2 - \frac{1}{8}w_4L^2 - \frac{1}{2}w_4h_2^2 - M - Rh_2 - \frac{1}{2}SL \qquad (14.3\text{-}1d)$$

$$M_G = \frac{1}{8}qL^2 - \frac{1}{8}w_4L^2 - \frac{1}{2}w_2h_1^2 - w_4h_2(h_1 + 0.5h_2) - M - R(h_1 + h_2) - \frac{1}{2}SL \qquad (14.3\text{-}1e)$$

$$M_C = \left(\frac{1}{2}ql_2^2 - \frac{1}{2}w_3l_2^2 - \frac{1}{2}w_3h_2^2\frac{4l_2^2}{L^2}\right) - M - Rh_2\frac{2l_2}{L} + \frac{1}{2}Sl_2 \qquad (14.3\text{-}1f)$$

$$M_E = \left(\frac{1}{2}ql_2^2 - \frac{1}{2}w_4l_2^2 - \frac{1}{2}w_4h_2^2\frac{4l_2^2}{L^2}\right) - M - Rh_2\frac{2l_2}{L} - \frac{1}{2}Sl_2 \qquad (14.3\text{-}1g)$$

$$N_{AB} = \frac{1}{2}qL + S - \frac{1}{2}w_3L \qquad (14.3\text{-}1h)$$

$$Q_{AB} = w_1h_1 - R - w_3h_2 \qquad (14.3\text{-}1i)$$

$$N_{FG} = \frac{1}{2}qL - S - \frac{1}{2}w_4L \qquad (14.3\text{-}1j)$$

$$Q_{GF} = w_2h_1 + R + w_4h_2 \qquad (14.3\text{-}1k)$$

$$Q_{BC} = \frac{(0.5qL + S)0.5L - Rh_2}{\sqrt{0.25L^2 + h_2^2}} - w_3\sqrt{0.25L^2 + h_2^2} \qquad (14.3\text{-}1l)$$

$$N_{BC} = \frac{0.5L \cdot R + h_2(S + 0.5qL)}{\sqrt{0.25L^2 + h_2^2}} \qquad (14.3\text{-}1m)$$

$$Q_{FE} = \frac{(0.5qL - S)0.5L - Rh_2}{\sqrt{0.25L^2 + h_2^2}} - w_4\sqrt{0.25L^2 + h_2^2} \qquad (14.3\text{-}1n)$$

$$N_{FE} = \frac{0.5L \cdot R + h_2(-S + 0.5qL)}{\sqrt{0.25L^2 + h_2^2}} \qquad (14.3\text{-}1o)$$

上面建立的方程满足了平衡条件，未知量仅三个：M，R，S。给定合理的 R 和 S，并给定不同截面塑性铰弯矩的一个比例，就可以求得弯矩及其分布，然后按照这个弯矩（及其轴力和剪力），并检查弯矩图中有可能出现比各控制截面的弯矩更大的弯矩，根据这些弯矩去计算构件的稳定性和截面的强度，就可以获得下限解。

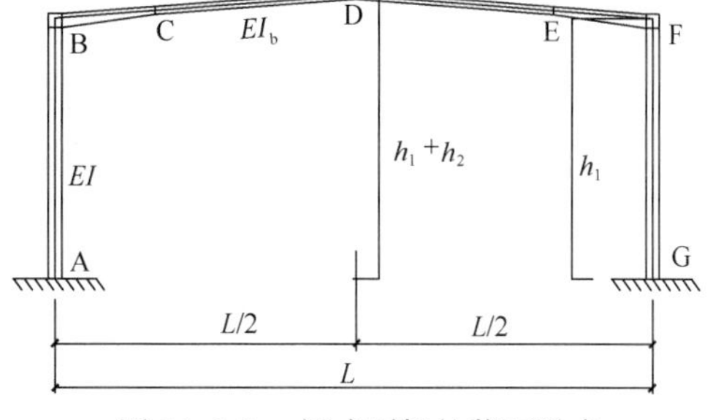

图 14.3-2 门式刚架的截面形式

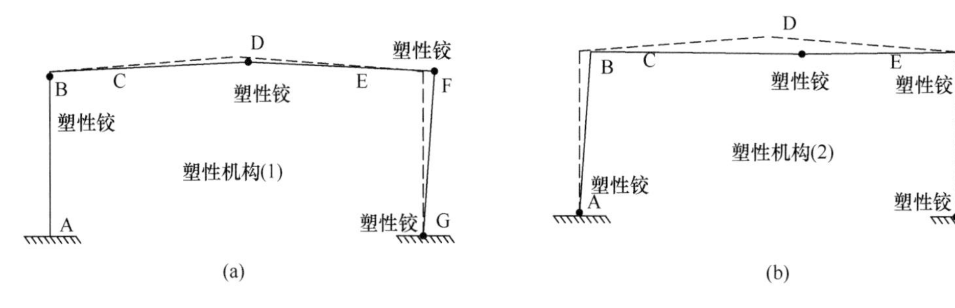

图 14.3-3 塑性铰机构

(a) 塑性机构 1；(b) 塑性机构 2

注意如下关系：

$$M_G = M_F - \frac{1}{2}w_2h_1^2 - w_4h_2h_1 - Rh_1 \tag{14.3-1p}$$

$$M_A = M_B + \frac{1}{2}w_1h_1^2 - w_3h_2h_1 - Rh_1 \tag{14.3-1q}$$

$$R = \frac{M_F - M_G - 0.5w_2h_1^2 - w_4h_2h_1}{h_1} \text{ 或 } R = \frac{M_B - M_A + 0.5w_1h_1^2 - w_3h_2h_1}{h_1} \tag{14.3-1r}$$

图 14.3-2 是希望设计成的门式刚架的形式，并且要求 $M_{P,D} = M_{P,C} = M_{P,E}$，$M_{P,A} = M_{P,B} = M_{P,F} = M_{P,G} = \beta M_{P,D}$，$\beta$是一个人为给定的从经验上判断应该是合理的一个数。下面根据可能的塑性铰机构进行分析，并进行设计。

（1）设塑性铰机构如图 14.3-3a。设 $M_G = -M_F$，$M_B = M_F$，则 $R = \dfrac{2M_F - 0.5w_2h_1^2 - w_4h_2h_1}{h_1}$。（14.3-1b）式和（14.3-1d）式可以分别化为

$$M_F + M - \left(\frac{1}{8}qL^2 - \frac{1}{8}w_3L^2 - \frac{1}{2}w_3h_2^2\right) + \frac{2M_F - 0.5w_2h_1^2 - w_4h_2h_1}{h_1}h_2 = \frac{1}{2}SL$$

$$M_F + M - \left(\frac{1}{8}qL^2 - \frac{1}{8}w_4L^2 - \frac{1}{2}w_4h_2^2\right) + \frac{2M_F - 0.5w_2h_1^2 - w_4h_2h_1}{h_1}h_2 = -\frac{1}{2}SL$$

两式相加，除以 2，得到

$$M_F\left(1 + \frac{2h_2}{h_1}\right) + M = \frac{1}{8}qL^2 - \frac{1}{16}(w_3 + w_4)L^2 + \frac{1}{4}(3w_4 - w_3)h_2^2 + \frac{1}{2}w_2h_1h_2$$

设 $M_F = \beta M$，得到（下标 1 表示是第一种塑性机构的结果）

$$M = M_{(1)} = \frac{\frac{1}{8}qL^2 - \frac{1}{16}(w_3 + w_4)L^2 + \frac{1}{4}(3w_4 - w_3)h_2^2 + \frac{1}{2}w_2h_1h_2}{1 + \beta + 2\beta h_2/h_1}$$

$$M_{F1} = \beta M, M_{G1} = -M_{F1} = -\beta M,\ M_{B1} = M_{F1} = \beta M$$

$$M_{A1} = -M_{F1} + \frac{1}{2}(w_1 + w_2)h_1^2 + (w_4 - w_3)h_2h_1$$

$$R_1 = \frac{2M_{F1} - 0.5w_2h_1^2 - w_4h_2h_1}{h_1}$$

$$S_1 = \frac{2}{L}\left[M_{B1} + M + Rh_2 - \left(\frac{1}{8}qL^2 - \frac{1}{8}w_3L^2 - \frac{1}{2}w_3h_2^2\right)\right]$$

$$M_{C1}=\left(\frac{1}{2}ql_2^2-\frac{1}{2}w_3l_2^2-\frac{1}{2}w_3h_2^2\frac{4l_2^2}{L^2}\right)-M_1-R_1h_2\frac{2l_2}{L}+\frac{1}{2}Sl_2$$

$$M_{E1}=\left(\frac{1}{2}ql_2^2-\frac{1}{2}w_4l_2^2-\frac{1}{2}w_4h_2^2\frac{4l_2^2}{L^2}\right)-M_1-R_1h_2\frac{2l_2}{L}-\frac{1}{2}Sl_2$$

（2）设塑性铰机构如图 14.3-3b，设 $M_G=-M_F$，$M_A=M_F$，则 $R_2=\frac{2M_F-0.5w_2h_1^2-w_4h_2h_1}{h_1}$，由（14.3-1a）（14.3-1c）两式得到：

$$M_F+M-\left[\frac{1}{8}qL^2-\frac{1}{8}w_3L^2+\frac{1}{2}w_1h_1^2-w_3h_2(h_1+0.5h_2)\right]+R(h_1+h_2)=\frac{1}{2}SL$$

$$M_F+M-\left(\frac{1}{8}qL^2-\frac{1}{8}w_4L^2-\frac{1}{2}w_4h_2^2\right)+Rh_2=-\frac{1}{2}SL$$

两式相加得到：

$$2M_F\left(1+\frac{h_2}{h_1}\right)+M=\frac{q}{8}L^2-\frac{w_3+w_4}{16}L^2+\frac{3w_4-w_3}{4}h_2^2+\frac{w_1}{4}h_1^2$$

$$+\frac{1}{2}(w_4-w_3)h_2h_1+\frac{w_2}{4}(h_1^2+2h_1h_2)$$

$$M_{(2)}=\frac{\frac{1}{8}qL^2-\frac{1}{16}(w_3+w_4)L^2+\frac{1}{4}(3w_4-w_3)h_2^2+\frac{1}{4}(w_1+w_2)h_1^2+\frac{1}{2}(w_2+w_4-w_3)h_2h_1}{1+2\beta(1+h_2/h_1)}$$

$$M_{F2}=\beta M,\ M_{G2}=-\beta M,\ M_{A2}=\beta M$$

$$M_{B2}=3M_{F2}+(w_3-w_4)h_2h_1-\frac{1}{2}(w_1+w_2)h_1^2$$

$$R_2=\frac{2M_{F2}-0.5w_2h_1^2-w_4h_2h_1}{h_1}$$

$$S_2=\frac{2}{L}\left(\frac{1}{8}qL^2-\frac{1}{8}w_4L^2-\frac{1}{2}w_4h_2^2-M-Rh_2-M_{F2}\right)$$

$$M_{C2}=\frac{1}{2}ql_2^2-\frac{1}{2}w_3l_2^2-\frac{1}{2}w_3h_2^2\frac{4l_2^2}{L^2}-M_{(2)}-R_2h_2\frac{2l_2}{L}+\frac{1}{2}Sl_2$$

$$M_{E2}=\frac{1}{2}ql_2^2-\frac{1}{2}w_4l_2^2-\frac{1}{2}w_4h_2^2\frac{4l_2^2}{L^2}-M_{(2)}-R_2h_2\frac{2l_2}{L}-\frac{1}{2}Sl_2$$

$$M_{D2}=\frac{\frac{1}{8}qL^2+\frac{1}{4}(w_1+w_2)h_1^2+\frac{1}{2}(w_4-w_3)h_2h_1-\frac{1}{16}(w_3+w_4)L^2}{1+2\beta}$$

（3）设塑性铰机构如图 14.3-4a，$M_G=-M_F$，$M_A=M_F=-M_B$，则由（14.3-1f），（14.3-1g）得到：

$$M_F=M_{F(3)}=\frac{1}{8}(w_1+w_2)h_1^2+\frac{1}{4}(w_4-w_3)h_2h_1$$

$$M_{G3}=-M_{F3},\ M_{A3}=M_{F3},\ M_{B3}=-M_{F3}$$

$$R_3=\frac{2M_{F3}-0.5w_2h_1^2-w_4h_2h_1}{h_1}$$

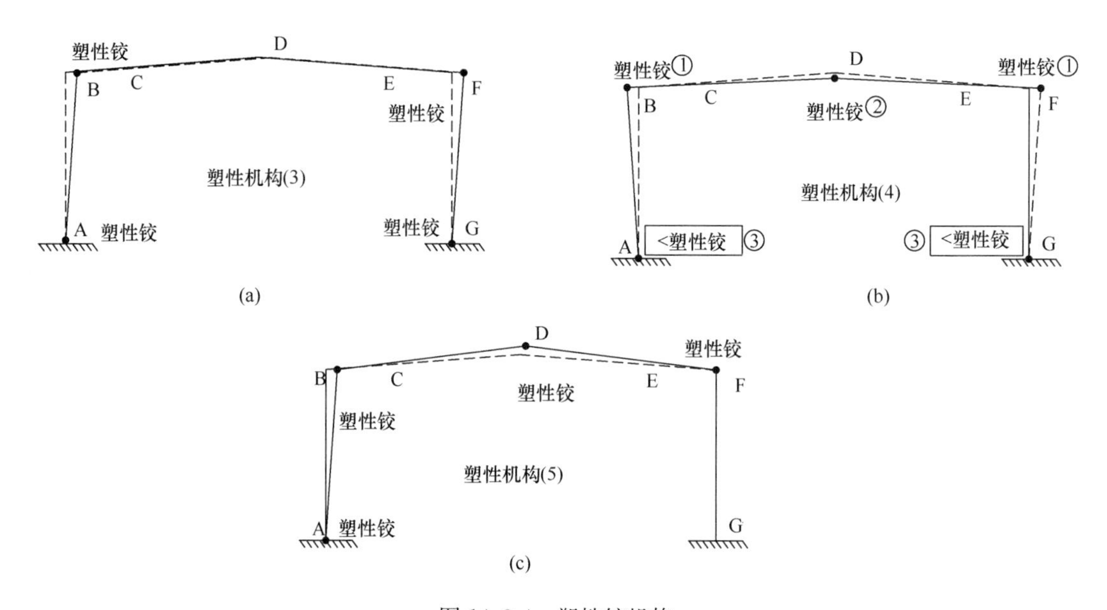

图 14.3-4　塑性铰机构

（a）塑性机构 3；（b）塑性机构 4；（c）塑性机构 5

$$M=M_{(3)}=\frac{1}{8}qL^2-\frac{1}{16}(w_3+w_4)L^2-\frac{1}{4}(w_3+w_4)h_2^2-\frac{2M_{F3}-0.5w_2h_1^2-w_4h_2h_1}{h_1}h_2$$

$$S_3=\frac{2}{L}\left(\frac{1}{8}qL^2-\frac{1}{8}w_4L^2-\frac{1}{2}w_4h_2^2-M-Rh_2-M_F\right)$$

（4）设塑性铰机构如图 14.3-4b，这种塑性铰机构与风荷载无关，因此只需考虑重力荷载。其中柱脚不能形成塑性铰（柱脚形成塑性铰的话，塑性铰的数量多了一个）。设

$$M_F=M_B=\beta_4M,\ M_A=M_G=-\beta_5M$$

$$M_G=M_F-Rh_1,\quad M_A=M_B-Rh_1,\quad M_D=-M,$$

$$M_A=\frac{1}{8}qL^2-M-R(h_1+h_2),\quad M_B=\frac{1}{8}qL^2-M-Rh_2=\beta_4M,$$

$$M_F=\frac{1}{8}qL^2-M-Rh_2=\beta_4M,\quad M_G=\frac{1}{8}qL^2-M-R(h_1+h_2),$$

$$M_F=\frac{1}{8}qL^2-M-Rh_2=\beta_4M,\quad R=\frac{qL^2/8-(1+\beta_4)M}{h_2}$$

$$M_G=\frac{1}{8}qL^2-M-\frac{qL^2/8-(1+\beta_4)M}{h_2}(h_1+h_2)=\left[(1+\beta_4)M-\frac{qL^2}{8}\right]\frac{h_1}{h_2}+\beta_4M=-\beta_5M$$

$$M=M_{(4)}=\frac{qL^2}{8(1+\beta_4+(\beta_4+\beta_5)h_2/h_1)}$$

$$M_{C4}=\frac{1}{2}ql_2^2-M_{(4)}-Rh_2\frac{2l_2}{L},\quad M_{E4}=\frac{1}{2}ql_2^2-M_{(4)}-Rh_2\frac{2l_2}{L}$$

要控制柱脚不要形成塑性铰（如果柱脚形成塑性铰的话，塑性铰的数量超出了 4，所以要控制柱脚弯矩稍小于塑性弯矩），比如可以先设 $\beta_5=\beta_4$ 从以上各式求得弯矩，然后在截面设计时取 $\beta_5=1.2\beta_4$，这样设计的柱是超强的，不会形成超塑性机构。

(5) 设塑性铰机构如图 14.3-4c，设 $M_B = -M_A = M_F = \beta M$，则 $R_5 = \dfrac{2\beta M + 0.5w_1h_1^2 - w_3h_2h_1}{h_1}$，式 (14.3-1b) (14.3-1f) 变为

$$-\beta M - \left[\frac{1}{8}qL^2 - \frac{1}{8}w_3L^2 + \frac{1}{2}w_1h_1^2 - w_3h_2(h_1 + 0.5h_2)\right] + M + R(h_1 + h_2) = \frac{1}{2}SL$$

$$\beta M - \left(\frac{1}{8}qL^2 - \frac{1}{8}w_4L^2 - \frac{1}{2}w_4h_2^2\right) + M + Rh_2 = -\frac{1}{2}SL$$

两式相加，将 R 代入可以得到 $R_5 = \dfrac{2\beta M + 0.5w_1h_1^2 - w_3h_2h_1}{h_1}$

$$M = M_5 = \frac{\frac{1}{8}qL^2 - \frac{1}{16}w_3L^2 + \frac{3}{4}w_3h_2^2 - \frac{1}{16}w_4L^2 - \frac{1}{4}w_4h_2^2 - \frac{1}{2}w_1h_1h_2}{1 + \beta + 2\beta h_2/h_1}$$

$$S_5 = \frac{-(\beta+1)M + \left(\frac{1}{8}qL^2 - \frac{1}{8}w_4L^2 - \frac{1}{2}w_4h_2^2\right) - Rh_2}{0.5L}$$

下面举例说明。

1) 门式刚架的几何尺寸：设 $L = 24\text{m}$，$h_1 = 8\text{m}$，$h_2 = 0.6\text{m}$，$l_2 = 8\text{m}$，纵向柱距 8m；

2) 荷载：恒载 $q_{Dk} = 0.3 \times 8 = 2.4\ \text{kN/m}$，活载 $q_{Lk} = 0.45 \times 8 = 3.6\ \text{kN/m}$

风荷载：基本风压 $w_{0k} = 0.5\text{kN/m}^2$，$w_{1k} = 0.8 \times 0.5 \times 8 = 3.2\text{kN/m}$

$w_{2k} = w_{4k} = 0.5 \times 0.5 \times 8 = 2\text{kN/m}$，$w_{3k} = 0.6 \times 0.5 \times 8 = 2.4\ \text{kN/m}$

3) 荷载组合

组合 1：$1.2D + 1.4L$

组合 2：$1.2D + 1.4L + 0.6 \times 1.4W$

组合 3：$1.2D + 0.7 \times 1.4L + 1.4W$

组合 4：$D + 1.4W$

表 14.3-1 是各塑性机构在不同的荷载组合下各截面弯矩的计算结果，表 14.3-2 是对求得的弯矩与设定的塑性机构是否符合的判定。其中 $\beta = 2.459$。

不同塑性机构不同荷载组合下控制截面的弯矩　　表 14.3-1

	组合	M_A	M_B	M_C	M_D	M_E	M_F	M_G	R	S
机构 1 B、D、F、G 是塑性铰	2	−145.45	283.61	52.20	−115.34	54.90	283.61	−283.61	63.17	1.01
	3	71.74	158.54	28.83	−64.47	33.32	158.54	−158.54	26.75	1.68
	4	257.12	−26.84	−5.50	10.92	−1.01	−26.84	26.84	−19.59	1.68
机构 2 A、D、F、G 是塑性铰	2	199.70	460.94	138.26	−81.21	53.87	199.70	−199.70	42.20	11.90
	3	141.56	194.41	46.24	−57.57	33.11	141.56	−141.56	22.51	3.89
	4	28.69	−144.20	−62.45	−11.67	−0.33	28.69	−28.69	−5.71	−5.52
机构 3 A、B、F、G 是塑性铰	2	34.54	−34.54	−256.01	−436.78	−229.97	34.54	−34.54	0.91	−1.91
	3	57.57	−57.57	−155.00	−238.95	−111.60	57.57	−57.57	1.51	−3.18
	4	57.57	−57.57	5.32	49.63	48.72	57.57	−57.57	1.51	−3.18
机构 4	1	−307.74	369.29	69.41	−150.18	69.41	369.29	−307.74	84.63	0.0
机构 5	4	37.9	−37.9	−11.4	15.4	−6.9	−37.9	−192.3	6.4	1.7

弯矩分布合理性判断 表 14.3-2

	组合	判 定
机构 1B，D，F，G 是塑性铰	2	机构 1 是成立的，但是该荷载组合下的弯矩小于机构 4 荷载组合 1 下的弯矩
	3	机构 1 是成立的，但是该荷载组合下的弯矩小于机构 4 荷载组合 1 下的弯矩
	4	塑性铰弯矩比其他截面弯矩小，不可能是机构 1
机构 2A，D，F，G 是塑性铰	2	塑性铰弯矩比其他截面弯矩小，不可能是机构 2
	3	塑性铰弯矩比其他截面弯矩小，不可能是机构 2
	4	塑性铰弯矩比其他截面弯矩小，不可能是机构 2
机构 3A，B，F，G 是塑性铰	2	塑性铰弯矩比其他截面弯矩小，不可能是机构 3
	3	塑性铰弯矩比其他截面弯矩小，不可能是机构 3
	4	所有截面弯矩都小，不控制
机构 4	1	机构 4 成立，且弯矩最大，是控制机构和控制荷载组合
机构 5	4	不成立

判定结果表明：塑性机构 4 荷载组合 1 是控制工况。

14.3.3 单层门式刚架塑性设计

下面依据机构 4 荷载组合 1 下弯矩图，求出各构件的轴力和剪力。

1. 设梁截面是 H700－360×180×8/12，$l_1 = 4\text{m}$，有侧移屈曲时，变钢梁对柱子提供的转动约束是 $K_z = 13.7485 \times 10^9 \text{Nmm}$，柱子截面是 H440×260×8/16，计算长度系数 1.5，放大 1.1 倍得到 1.65，平面外计算长度取为 4m，Q235B。

柱截面绕弱轴惯性矩 $I_y = 46869333\text{mm}^4$，翘曲惯性矩 $I_\omega = 2.1065 \times 10^{12}\text{mm}^6$，强轴惯性矩 $I_x = 419389781.3\text{mm}^4$，$A = 11584\text{mm}^2$，$I_k = 779605.3\text{mm}^4$，$i_x = 190.27\text{mm}$，$i_y = 63.61\text{mm}$，$\lambda_x = \dfrac{1.65 \times 8000}{190.27} = 69.37$，$\varphi_x = 0.755$，$\lambda_y = \dfrac{4000}{63.61} = 62.88$，$\varphi_y = 0.791$。

2. 立柱弯扭失稳的弯矩项的弯扭屈曲稳定系数计算：

弹性屈曲临界弯矩：$L = 0.5 \times 8 = 4\text{m}$

等效弯矩系数：$C_1 = \dfrac{1}{\sqrt{0.285(1+m^2)+0.43m}} = 1.763(m = 0.1)$

弹性临界弯矩是：

$$M_{cr} = C_1 \frac{\pi^2 EI_y}{L^2}\sqrt{\frac{I_\omega}{I_y}\left(1+\frac{GI_k L^2}{\pi^2 EI_\omega}\right)} = 2434.49\text{kN}\cdot\text{m}$$

立柱截面（Q235）塑性弯矩：$M_P = 492.74\text{kN}\cdot\text{m}$

正则化长细比 $\lambda_b = \sqrt{\dfrac{M_P}{M_{cr}}} = 0.450$

稳定系数公式中的指数 $n = \dfrac{1.51}{\lambda_b^{0.1}}\sqrt[3]{\dfrac{b}{h}} = \dfrac{1.51}{0.45^{0.1}}\sqrt[3]{\dfrac{260}{440}} = 1.372$

稳定系数公式中的起始长细比 $\lambda_{b0} = 0.55 - 0.25 \times \left(\dfrac{-307.74}{369.29}\right) = 0.758 > 0.450$，所以稳定系数 $\varphi_b = 1.0$。

3. 立柱平面内稳定计算：

立柱轴力：$P=95\text{kN}$

$$P'_{\text{Ex}}=\frac{\pi^2\times206000\times419389781.3}{1.1\times1.65^2\times8000^2}=4448.814\text{kN}$$

$$\frac{P}{\varphi_{\text{x}}A}+\frac{M_{\text{x}}}{\gamma_{\text{x}}W_{\text{x}}(1-0.8P/P'_{\text{Ex}})}=\frac{95\times10^3}{0.755\times11584}+\frac{1.0174\times369.3\times10^6}{1.05\times1906317}=198.56\text{N/mm}^2$$

平面外稳定计算：

$$\frac{P}{\varphi_{\text{y}}A}+\frac{M_{\text{x}}}{\varphi_{\text{b}}\gamma_{\text{x}}W_{\text{x}}}=\frac{95\times10^3}{0.791\times11584}+\frac{369.3\times10^6}{1.0\times1906317\times1.05}=194.86\text{N/mm}^2$$

强度计算：

$$\frac{P}{A}+\frac{M_{\text{x}}}{\gamma_{\text{x}}W_{\text{x}}}=\frac{95\times10^3}{11584}+\frac{369.3\times10^6}{1906317\times1.05}=192.7\text{N/mm}^2$$

（本算例，弹性分析，跨中弯矩 144.4kN·m，檐口弯矩 387.1kN·m，与塑性分析的 150.18 和 369.29 非常接近）。

檐口截面梁端抗弯承载力：

$$\text{H}700\times180\times8/12,\ \gamma_{\text{x}}W_{\text{x}}f=1.05\times2049163\times215=462.6\text{kN}\cdot\text{m}$$

立柱截面 $\gamma_{\text{x}}W_{\text{x}}f=1.05\times1906317\times215=430.35\text{kN}\cdot\text{m}$，因此塑性铰只会出现在柱顶，而不会出现在梁端。

4. 梁的验算

梁跨中弯矩 150.18kN·m，截面 H360×180×8/12，$\gamma_{\text{x}}W_{\text{x}}f=1.05\times867404\times215=195.8\text{kN}\cdot\text{m}$，满足要求。

梁的稳定性要通过隅撑来保证，隅撑在每道檩条处都布置。

梁截面 H700×180×8/12 绕弱轴惯性矩 $I_{\text{y}}=11664000\text{mm}^4$，翘曲惯性矩 $I_{\omega}=1.38027\times10^{12}\text{mm}^6$，强轴惯性矩 $I_{\text{x}}=717207210.7\text{mm}^4$，$A=9728\text{mm}^2$，$I_{\text{k}}=322730.7\text{mm}^4$，$i_{\text{x}}=271.52\text{mm}$，$i_{\text{y}}=34.63\text{mm}$，$L=4000$，$e_1=430\text{mm}$，$e=780\text{mm}$，$k_{\text{b}}=0.2367\text{N/mm}^2$，$M_{\text{P}}=564.0\text{kN}\cdot\text{m}$，$\gamma=0.944$。

$$M_{\text{xcr}}=1061.44\text{kN}\cdot\text{m},\ \lambda_{\text{b}}=\sqrt{\frac{M_{\text{P}}}{M_{\text{cr}}}}=0.729,\ \lambda_{\text{b0}}=\frac{0.55-0.25\times0.1}{(1+0.944)^{0.2}}=0.460<0.729$$

$$n=\frac{1.51}{\lambda_{\text{b}}^{0.1}}\sqrt[3]{\frac{b}{h}}=\frac{1.51}{0.729^{0.1}}\sqrt[3]{\frac{180}{700}}=0.991$$

$$\varphi_{\text{b}}=\frac{1}{(1-0.46^{2n}+\lambda_{\text{b}}^{2n})^{1/n}}=0.806$$

$$0.806\times1.05\times2049163.46\times215=372.35\text{kN}\cdot\text{m}>369.28$$，满足要求。

对上述设计结果，采用弹性设计的软件进行计算，结果是：立柱的强度、平面内稳定和平面外稳定应力比是 0.98，1.01，1.00（净毛截面比为 1.0），梁的应力比是变截面段强度和平面外稳定 0.91，0.98，等截面段是 0.82，0.86）。

可见上述塑性设计的结果与弹性设计的结果接近。原因在于，上述例题采用了机构控制的设计思路：根据经验人为控制截面塑性弯矩的相对大小，在弹性分析中弯矩大的地方，设定了比梁中部大的塑性弯矩，并且，这个倍数也是按照设计拟采用的截面确定的。

挠度和侧移也满足 GB 51022—2015 的规定。

5. 讨论

假设风荷载增大，恒载和活载不变，经试算发现，直到基本风压增大到 1.7kN/m² 之前，控制机构和组合不变。在基本风压增大到 1.7kN/m² 以上才会出现机构 5 荷载组合 4 控制的情况。$w_{0k}=1.8\text{kN/m}^2$ 时，不同机构不同荷载组合下的弯矩见表 14.3-3，不同机构不同荷载组合下的判断结果见表 14.3-4。

组合弯矩值　　表 14.3-3

	组合	M_A	M_B	M_C	M_D	M_E	M_F	M_G	R	S
机构 1 B、D、F、G 是塑性铰	2	428.8	68.6	11.6	−27.9	21.3	68.6	−68.6	−10.7	3.6
	3	1028.9	−199.9	−38.9	81.3	−22.7	−199.9	199.9	−96.3	6.1
	4	1214.2	−385.3	−73.2	156.7	−57.1	−385.3	385.3	−142.7	6.1
机构 2 A、D、F、G 是塑性铰	2	139.0	−80.3	−60.7	−56.5	22.1	139.0	−139.0	6.9	−5.5
	3	40.4	−707.7	−285.4	−16.4	−19.8	40.4	−40.4	−36.3	−25.1
	4	−72.4	−1046.3	−394.0	29.5	−53.3	−72.4	72.4	−64.5	−34.5
机构 3 A、B、F、G 是塑性铰	2	124.3	−124.3	−98.0	−89.8	−4.2	124.3	−124.3	3.3	−6.9
	3	207.2	−207.2	108.4	339.4	264.7	207.2	−207.2	5.4	−11.4
	4	207.2	−207.2	268.7	627.9	425.0	207.2	−207.2	5.4	−11.4
机构 4	1	−307.7	369.3	69.4	−150.2	69.4	369.3	−307.7	84.6	0.0
机构 5	4	425.2	−425.2	−94.5	172.9	−78.3	−425.2	−403.8	−49.0	6.1

判断结果　　表 14.3-4

	组合	判　　定
机构 1 B、D、F、G 是塑性铰	2	塑性铰弯矩比截面 A 弯矩小，不可能是机构 1
	3	塑性铰弯矩比截面 A 弯矩小，不可能是机构 1
	4	塑性铰弯矩比截面 A 弯矩小，不可能是机构 1
机构 2 A、D、F、G 是塑性铰	2	机构 2 是成立的，但是该荷载组合下的弯矩小于机构 4 荷载组合 1 下的弯矩
	3	塑性铰弯矩比截面 B 弯矩小，不可能是机构 2
	4	塑性铰弯矩比截面 B 弯矩小，不可能是机构 2
机构 3 A、B、F、G 是塑性铰	2	塑性铰弯矩比其他截面 B 弯矩小，不可能是机构 3
	3	塑性铰弯矩比其他截面弯矩小，不可能是机构 3
	4	所有截面弯矩都小，不控制
机构 4	1	机构 4 成立，且弯矩最大，是控制机构和控制荷载组合
机构 5	4	机构 5 成立，是控制机构

14.3.4 刚架内力塑性分析的机构控制法

1. 采用塑性机构分析法决定刚架的内力分布并依此进行截面和构件的设计，塑性铰的位置可以人为地加以控制。在上述门式刚架例题中，设置变截面就是用于控制塑性铰不要出现在梁端，并使得截面的大小与弹性弯矩图接近。

2. 内力分析的塑性机构法的原理：

在 n 次超静定结构上布置 $n+1$ 个塑性铰，使结构形成塑性铰机构。此时各塑性铰上均作用着各截面的塑性铰弯矩，记为 M_{Pi}。利用虚功原理求这些塑性铰弯矩与外荷载的关系，并利用求得的塑性铰弯矩，计算各构件的轴力和剪力和其他截面的弯矩，然后进行截面的强度验算和构件的稳定性验算。

虚功原理如下：给塑性铰机构一个机构变形（虚位移），外力在这个虚位移上做的虚功等于个塑性铰弯矩做的内虚功，即

$$\sum_{k}\int_{l} q_{k}(x)v_{k}(x)\mathrm{d}x+\sum_{j} F_{j}v_{j}=\sum_{i} M_{Pi}\theta_{i} \tag{14.3-2}$$

式中 $q_k(x)$——第 k 个构件上的分布荷载；

$v_k(x)$——虚位移，方向与 q_k 的方向一致。如果某个构件上的分布荷载可以分解为垂直于构件轴线和平行于构件轴线方向的，则两个方向上的荷载的虚功应叠加；

F_j——集中荷载；

v_j——F_j 作用点在 F_j 方向上的虚位移；

θ_i——塑性铰处的塑性转角。

（14.3-2）式看似仅有一个方程，而未知量却有很多个，其实不完全是这样。例如结构中可能形成局部性的塑性机构，如梁式机构，仅某根（或某些）梁自身出现了三个塑性铰，形成了机构，此时对局部的机构也可以采用（14.3-2）式计算截面的弯矩。因此（14.3-2）式可以应用多次。

如果事先指定各个塑性铰弯矩之间的比例，从（14.3-2）式可以马上得到塑性弯矩，并计算出刚架的弯矩图。

14.3.5 刚架内力塑性分析的机构控制法算例

本节主要讲述刚架内力塑性分析的机构控制法的变截面刚架算例。

1. 塑性机构 1：图 14.3-5a，确定各个塑性铰转角 θ_B，θ_D，θ_F 和侧移 Δ 之间的关系：

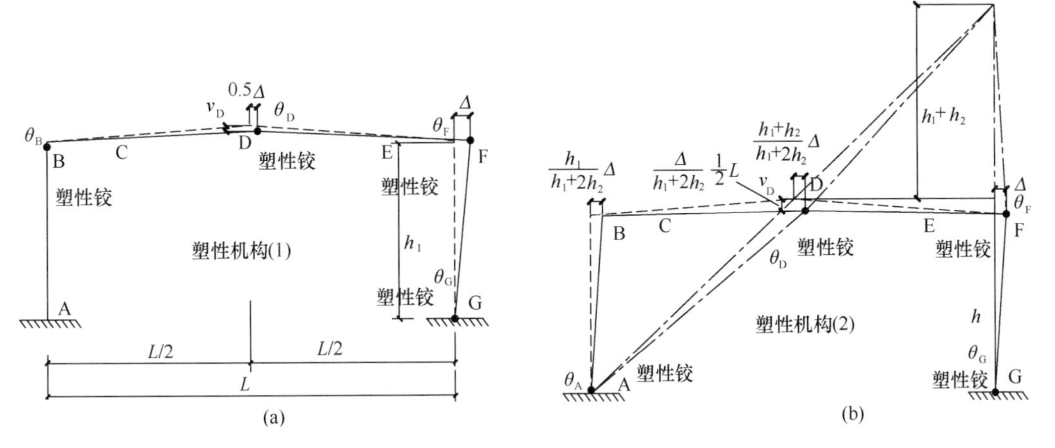

图 14.3-5 各塑性机构下的变形

（a）塑性机构 1；（b）塑性机构 2

由出现塑性机构运动前后构件长度不变：$\frac{1}{4}L^2+h_2^2=\frac{1}{4}(L+\Delta)^2+(h_2-v_D)^2$，得到

$\frac{1}{4}L\Delta=h_2v_D$

因此

$$v_{\mathrm{D}}=\frac{1}{4}\frac{L}{h_2}\Delta,\ \theta_{\mathrm{B}}=\frac{2v_{\mathrm{D}}}{L}=\frac{1}{2h_2}\Delta,\ \theta_{\mathrm{D}}=\frac{4v_{\mathrm{D}}}{L}=\frac{1}{h_2}\Delta,\ \theta_{\mathrm{F}}=\frac{1}{2h_2}\Delta+\frac{1}{h_1}\Delta,\ \theta_{\mathrm{G}}=\frac{\Delta}{h_1}$$

约定 $M_{\mathrm{P,D}}=M_{\mathrm{P,C}}=M_{\mathrm{P,E}}$，$M_{\mathrm{P,A}}=M_{\mathrm{P,B}}=M_{\mathrm{P,F}}=M_{\mathrm{P,G}}=\beta M_{\mathrm{P,D}}$。内力虚功是：

$$M_{\mathrm{B}}\theta_{\mathrm{B}}+M_{\mathrm{D}}\theta_{\mathrm{D}}+M_{\mathrm{F}}\theta_{\mathrm{F}}+M_{\mathrm{G}}\theta_{\mathrm{G}}=\left(M_{\mathrm{B}}\frac{1}{2h_2}+M_{\mathrm{D}}\frac{1}{h_2}+M_{\mathrm{F}}\frac{1}{2h_2}+M_{\mathrm{F}}\frac{1}{h_1}+M_{\mathrm{G}}\frac{1}{h_1}\right)\Delta$$

$$=\left(\beta\frac{1}{h_2}+\frac{1}{h_2}+\beta\frac{2}{h_1}\right)M_{\mathrm{D}}\Delta$$

外荷载虚功：$\frac{1}{8}qL^2\frac{\Delta}{h_2}+w_2h_1\frac{1}{2}\Delta+\frac{3}{4}w_4h_2\Delta-\frac{1}{16}w_3L^2\frac{\Delta}{h_2}-\frac{1}{4}w_3h_2\Delta-\frac{1}{16}w_4L^2\frac{\Delta}{h_2}$

两者相等。

$$M_{\mathrm{D1}}=\frac{2qL^2+8w_2h_1h_2+12w_4h_2^2-(w_3+w_4)L^2-4w_3h_2^2}{16(1+\beta+2\beta h_2/h_1)}$$

与前面的结果一样。

2. 塑性机构 2（图 14.3-5b）

$$\theta_{\mathrm{A}}=\frac{\Delta}{h_1+2h_2},\ \theta_{\mathrm{G}}=\frac{\Delta}{h_1},\ v_{\mathrm{D}}=\frac{L}{2}\frac{\Delta}{h_1+2h_2},\ \theta_{\mathrm{D}}=\frac{2\Delta}{h_1+2h_2},\ \theta_{\mathrm{F}}=\frac{\Delta}{h_1+2h_2}+\frac{\Delta}{h_1}$$

$$M_{\mathrm{A}}\theta_{\mathrm{A}}+M_{\mathrm{D}}\theta_{\mathrm{D}}+M_{\mathrm{F}}\theta_{\mathrm{F}}+M_{\mathrm{G}}\theta_{\mathrm{G}}=\left(1+2\beta+2\beta\frac{h_2}{h_1}\right)\frac{2M_{\mathrm{D}}\Delta}{h_1+2h_2}$$

外荷载虚功

$$\frac{1}{4}qL^2\frac{\Delta}{h_1+2h_2}+w_1h_1\frac{1}{2}\frac{h_1}{h_1+2h_2}\Delta+w_2h_1\frac{1}{2}\Delta+w_4h_2\frac{h_1+1.5h_2}{h_1+2h_2}\Delta$$

$$-\frac{1}{8}w_3L^2\frac{\Delta}{h_1+2h_2}-w_3h_2\frac{h_1+0.5h_2}{h_1+2h_2}\Delta-\frac{1}{8}w_4L^2\frac{\Delta}{h_1+2h_2}$$

$$=\left[\frac{1}{4}qL^2+\frac{1}{2}w_1h_1^2+\frac{1}{2}w_2h_1(h_1+2h_2)+w_4h_2(h_1+1.5h_2)\right.$$

$$\left.-\frac{1}{8}(w_3+w_4)L^2-w_3h_2(h_1+0.5h_2)\right]\frac{\Delta}{h_1+2h_2}$$

内外虚功相等得到

$$M_{\mathrm{D2}}=\frac{2qL^2-(w_3+w_4)L^2+4(w_1+w_2)h_1^2+8(w_2+w_4-w_3)h_1h_2+4(3w_4-w_3)h_2^2}{16(1+2\beta+2\beta h_2/h_1)}$$

3. 塑性机构 3（图 14.3-6a）

此时 $\theta_{\mathrm{A}}=\theta_{\mathrm{B}}=\theta_{\mathrm{F}}=\theta_{\mathrm{G}}=\frac{\Delta}{h_1}$

内力虚功：$M_{\mathrm{A}}\theta_{\mathrm{A}}+M_{\mathrm{B}}\theta_{\mathrm{B}}+M_{\mathrm{F}}\theta_{\mathrm{F}}+M_{\mathrm{G}}\theta_{\mathrm{G}}=(M_{\mathrm{A}}+M_{\mathrm{D}}+M_{\mathrm{F}}+M_{\mathrm{G}})\frac{\Delta}{h_1}=4\beta M_{\mathrm{D}}\frac{\Delta}{h_1}$

外荷载虚功：$w_4h_2\Delta-w_3h_2\Delta+w_1h_1\frac{1}{2}\Delta+w_2h_1\frac{1}{2}\Delta$

两者相等得到

$$M_{\mathrm{F3}}=\beta M_{\mathrm{D3}}=\frac{1}{4}(w_4-w_3)h_1h_2+\frac{1}{8}(w_1+w_2)h_1^2$$

4. 塑性机构 4（图 14.3-6b）

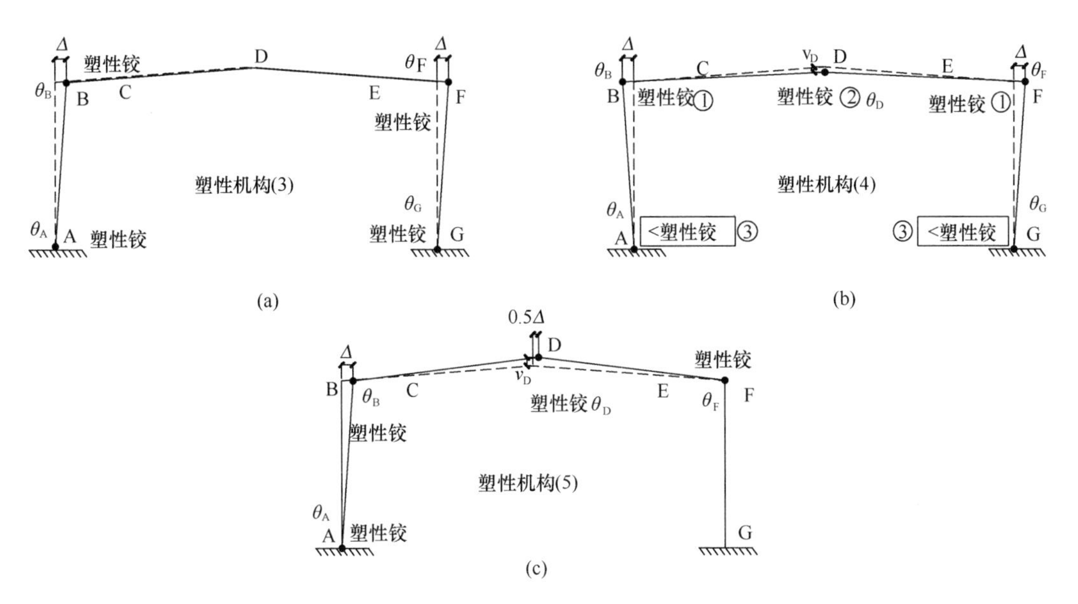

图 14.3-6 各塑性机构下的变形

(a) 塑性机构 3；(b) 塑性机构 4；(c) 塑性机构 5

$$\theta_A=\theta_G=\frac{\Delta}{h_1},\theta_B=\theta_F=\frac{\Delta}{h_1}+\frac{\Delta}{h_2},\ v_D=\frac{L\Delta}{2h_2},\ \theta_D=\frac{2\Delta}{h_2}$$

$$M_A\theta_A+M_B\theta_B+M_D\theta_D+M_F\theta_F+M_G\theta_G=\left[\beta_5\frac{1}{h_1}+\beta\left(\frac{1}{h_1}+\frac{1}{h_2}\right)+\frac{1}{h_2}\right]2M_D\Delta$$

外荷载虚功：$\frac{1}{4}qL^2\frac{\Delta}{h_2}-w_1h_1\frac{1}{2}\Delta+w_2h_1\frac{1}{2}\Delta+\frac{1}{2}w_3h_2\Delta+\frac{1}{2}w_4h_2\Delta-\frac{1}{8}w_3L^2\frac{\Delta}{h_2}-\frac{1}{8}w_4L^2\frac{\Delta}{h_2}$

内外虚功相等得到

$$M_{D4}=\frac{2qL^2-(w_3+w_4)L^2+4(w_2-w_1)h_1h_2+4(w_3+w_4)h_2^2}{16[1+\beta+(\beta+\beta_5)h_2/h_1]}$$

5. 塑性机构 5（图 14.3-6c）

$$\theta_A=\frac{\Delta}{h_1},\theta_B=\frac{\Delta}{h_1}+\frac{\Delta}{2h_2},\theta_D=\frac{2L\Delta}{4h_2 0.5L}=\frac{\Delta}{h_2},\theta_F=\frac{\Delta}{2h_2},v_D=\frac{L\Delta}{4h_2}$$

$$M_A\theta_A+M_B\theta_B+M_D\theta_D+M_F\theta_F+M_G\theta_G=\left(1+\beta+\beta\frac{2h_2}{h_1}\right)M_D\frac{\Delta}{h_2}$$

外荷载虚功

竖向均布荷载的虚功：$-\frac{1}{8}qL^2\frac{\Delta}{h_2}$

风荷载的虚功 $\frac{1}{16}w_3L^2\frac{\Delta}{h_2}-\frac{3}{4}w_3h_2\Delta+\frac{1}{16}w_4L^2\frac{\Delta}{h_2}+\frac{1}{4}w_4h_2\Delta+w_1h_1\frac{1}{2}\Delta$

内外虚功相等得到

$$M_{D5}=\frac{-2qL^2+w_3L^2-12w_3h_2^2+w_4L^2+4w_4h_2^2+8w_1h_1h_2}{16(1+\beta+2\beta h_2/h_1)}$$

上面获得的弯矩与前面获得的完全一样。

14.4　多层规则框架的塑性破坏机构控制和塑性设计

14.4.1　多层框架的塑性分析

1. 可以采用塑性机构控制的方法，限定塑性机构的类型。例如，最适用的方法是进行强柱弱梁验算，确保塑性铰不出现在柱上。

在强柱弱梁满足的前提下，塑性铰只可能出现在梁上和柱脚部位。

2. 为了叙述简单，设三层的重力荷载是均布荷载 q，q 在不同的荷载组合中取不同的值。水平力（风或者是地震作用力）被简化为作用在楼层位置，大小为 W_1, W_2, W_3。三层三跨框架，跨度 L，层高 h，总高 H。

3. 如果形成图 14.4-1（a）所示的塑性铰，则梁的弯矩可以采用（14.2-7a，b，c）或（14.2-2）式，梁的弯矩与水平荷载无关。柱的弯矩是按照悬臂柱计算的，设边柱的塑性弯矩分别是 M_{Ps1}，M_{Ps2}，M_{Ps3}，中柱的塑性铰弯矩是 M_{Pm1}，M_{Pm2}，M_{Pm3}，其中 s 表示边柱，m 表示中柱，1，2，3 表示楼层。柱的弯矩分别是

$$2M_{\mathrm{Ps3}} + 2M_{\mathrm{Pm3}} = W_3 h$$

$$2M_{\mathrm{Ps2}} + 2M_{\mathrm{Pm2}} = 2W_3 h + W_2 h$$

$$2M_{\mathrm{Ps1}} + 2M_{\mathrm{Pm1}} = 3W_3 h + 2W_2 h + W_1 h$$

给定中柱和边柱的塑性弯矩比，就可以从上式决定柱子弯矩中的由水平力产生的部分，

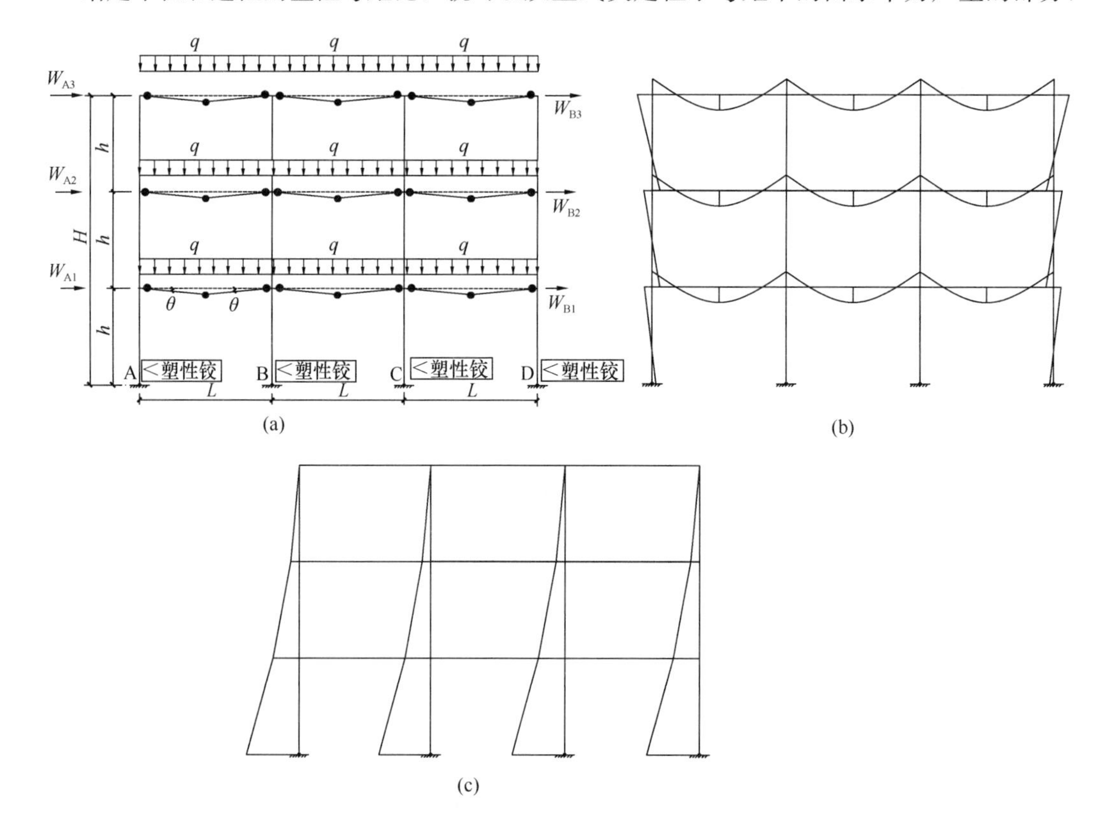

图 14.4-1　梁式机构下弯矩分布

（a）梁式机构；（b）竖向荷载下的弯矩图；（c）水平荷载下的弯矩图

并与重力荷载产生的弯矩相加，得到总的柱内的塑性弯矩。其中重力荷载产生的弯矩是

$$M_{Ps3}=M_{Pb},\ M_{Ps2}=0.5M_{Pb},\ M_{Ps1}=0.5M_{Pb}$$

$$M_{Pm3}=M_{Pm2}=M_{Pm1}=0$$

因为在图 14.4-2（a）的塑性机构中，柱内并没有形成塑性铰，所以，如果这个工况控制柱子的截面，在设计时，可以将求得的弯矩乘以 1.2 的系数，确保柱内不形成塑性铰。同时进行强柱弱梁验算。

这种塑性铰机构对应的荷载组合是：$1.2D+1.4L$ 和 $1.2D+1.4L+0.6\times1.4W$

4. 对图 14.4-2a 所示的塑性侧移机构，虚功方程是

$$W_1h\theta+W_2 2h\theta+W_3 3h\theta=2M_{Ps1}\theta+2M_{Pm1}\theta+2M_{Pb}\theta\times9$$

$$W_1h+2W_2h+3W_3h=18M_{Pb}+2M_{Ps1}+2M_{Pm1}$$

在顶层，因为一个中柱截面与两个梁截面的弯矩平衡，顶层柱的轴力小，强柱弱梁可以不要满足，此时会出现图 14.4-2b 所示的塑性机构。对图 14.4-2b 所示的塑性侧移机构，虚功方程是

$$W_1h\theta+W_2 2h\theta+W_3 3h\theta=2M_{Ps1}\theta+2M_{Pm1}\theta+2M_{Pb}\theta+2M_{Pm3}\theta+2M_{Pb}\theta\times6$$

$$W_1h+2W_2h+3W_3h=14M_{Pb}+2M_{Ps1}+2M_{Pm1}+2M_{Pm3}$$

弯矩图如图 14.4-2c 所示。可能的荷载组合是 $1.2D+0.7\times1.4L+1.4W$ 和 $D+1.4W$，$1.2G_e+1.3F_E$

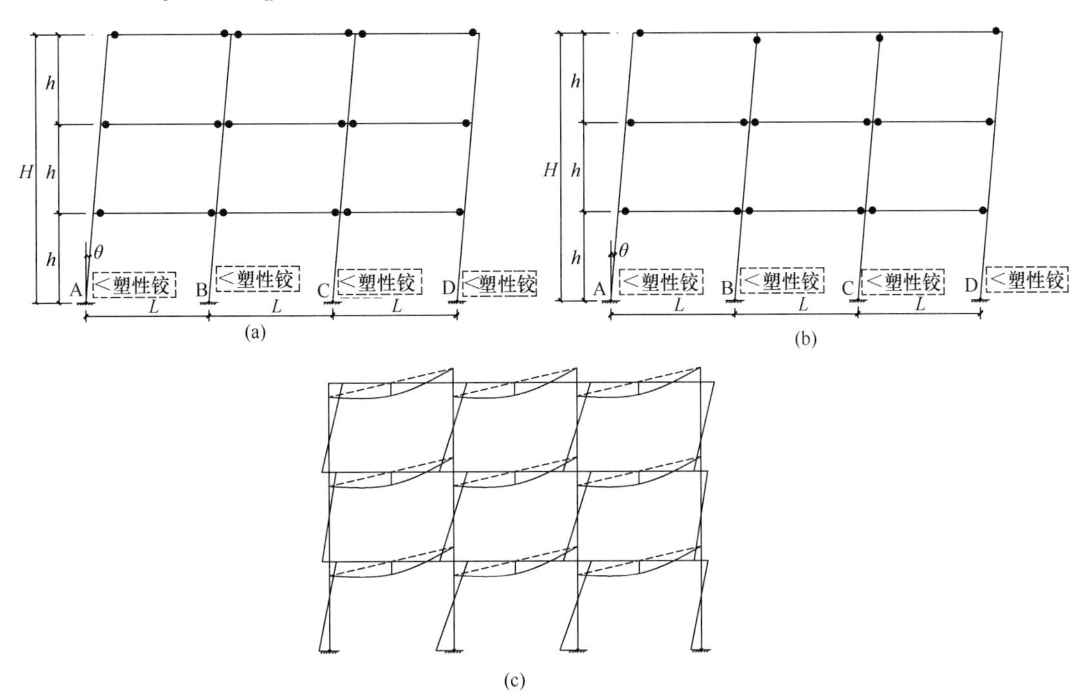

图 14.4-2 多层框架的塑性侧移机构

（a）侧移机构 1；（b）侧移机构 2；（c）弯矩图

5. 对图 14.4-3（a）所示的机构，采用塑性内力分析的机构法，可以求得塑性弯矩

$$W_1h\theta+W_2 2h\theta+W_3 3h\theta+\frac{1}{2}\times\frac{1}{2}qL\times(0.5L\theta)\times2\times9$$

$$= 9(2M_{Pb}\theta + 2M_{Pb}\theta) + 2M_{Ps1}\theta + 2M_{Pm1}\theta$$

即：
$$W_1h + 2W_2h + 3W_3h + 2.25qL^2 = 36M_{Pb} + 2M_{Ps1} + 2M_{Pm1}$$

$$W_1h\theta + W_2 2h\theta + W_3 3h\theta + \frac{1}{2} \times \frac{1}{2}qL \times (0.5L\theta) \times 2 \times 6$$
$$= 6(2M_{Pb}\theta + 2M_{Pb}\theta) + 2M_{Ps1}\theta + 2M_{Pm1}\theta + 2M_{Pb}\theta + 2M_{Pm3}\theta$$

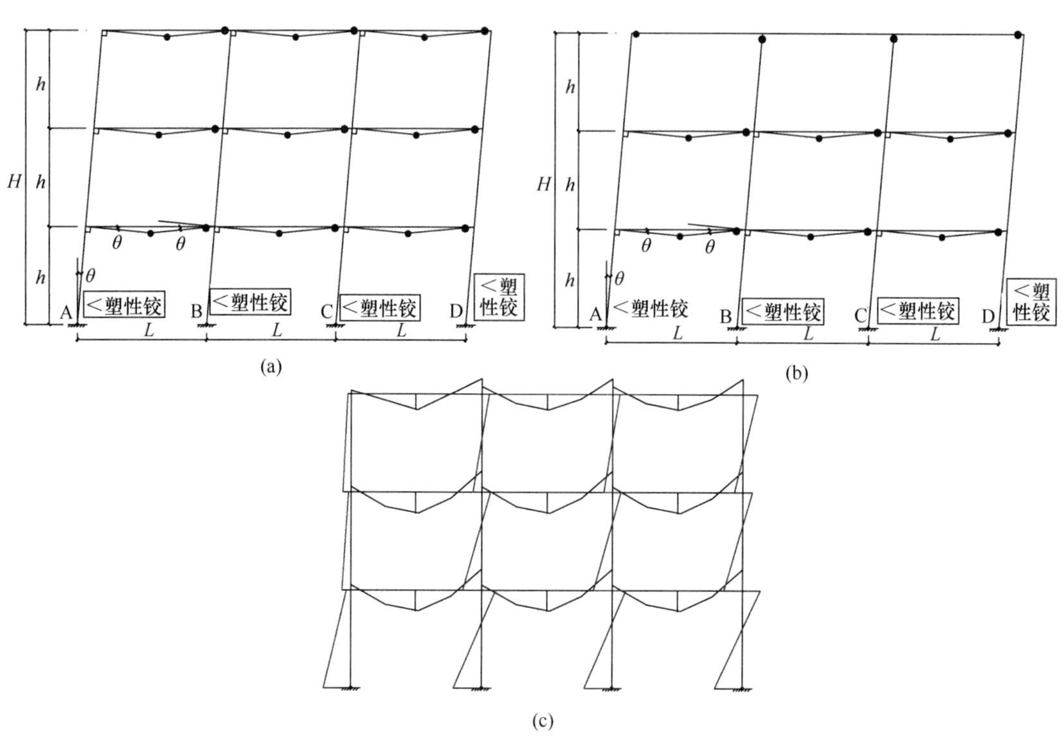

图 14.4-3　多层框架的塑性复合机构

(a) 复合机构 1；(b) 复合机构 2；(c) 弯矩图

$$W_1h + 2W_2h + 3W_3h + \frac{3}{2}qL^2 = 26M_{Pb} + 2M_{Ps1} + 2M_{Pm1} + 2M_{Pm3}$$

对图 14.4-3（b）所示的机构，可能的荷载组合是 $1.2D + 0.7 \times 1.4L + 1.4W$ 和 $D + 1.4W$，$1.2G_e + 1.3F_E$，塑性机构分析法只获得一个方程，但是从上式看有三个未知量。从中柱的塑性机构控制的要求，可以知道

$$M_{Pm2} + M_{Pm1} \geqslant 1.2 \times 2M_{Pb}$$
$$M_{Pm3} + M_{Pm2} \geqslant 1.2 \times 2M_{Pb}$$

决定了各个截面的塑性弯矩的相对比例后，可以决定各个截面的弯矩。还有一种塑性侧移机构是仅在柱子内形成塑性铰，这是我们必须避免的。

14.4.2　多层框架的弯矩调幅法

图 14.4-4 是一个四层八跨工业厂房，跨度 9m，层高 5.4m，纵向柱距 8m，次梁间距是 2.25m。

图 14.4-4a 是恒载和活载图，其中楼层的活载和恒载是相同的。

表 14.4-1 给出了第四层第三跨的楼面梁的弯矩调幅设计表。

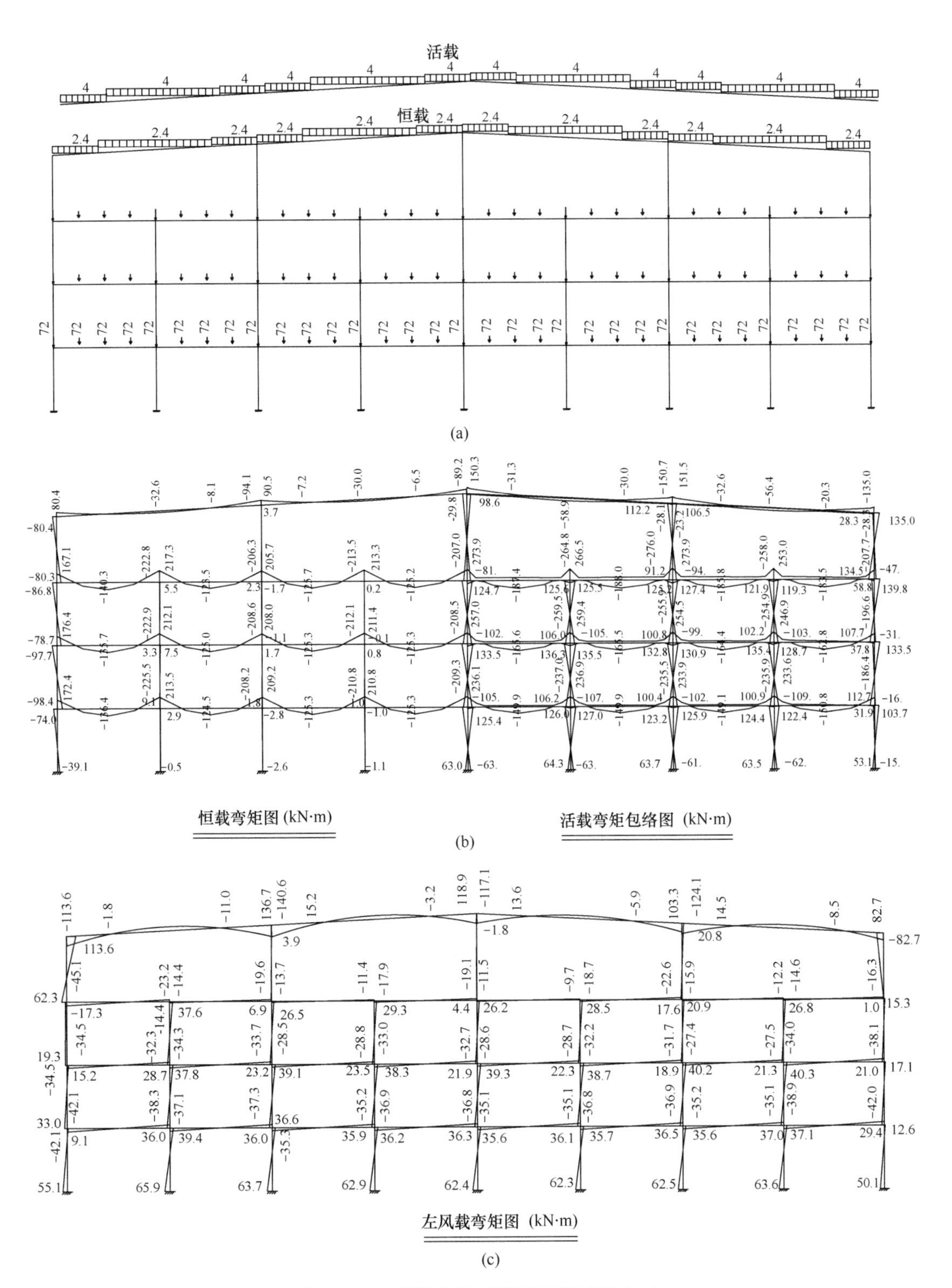

图 14.4-4 框架及各工况下的弯矩图（一）

（a）恒载和活载图；（b）恒载和活载弯矩图；（c）左风弯矩图

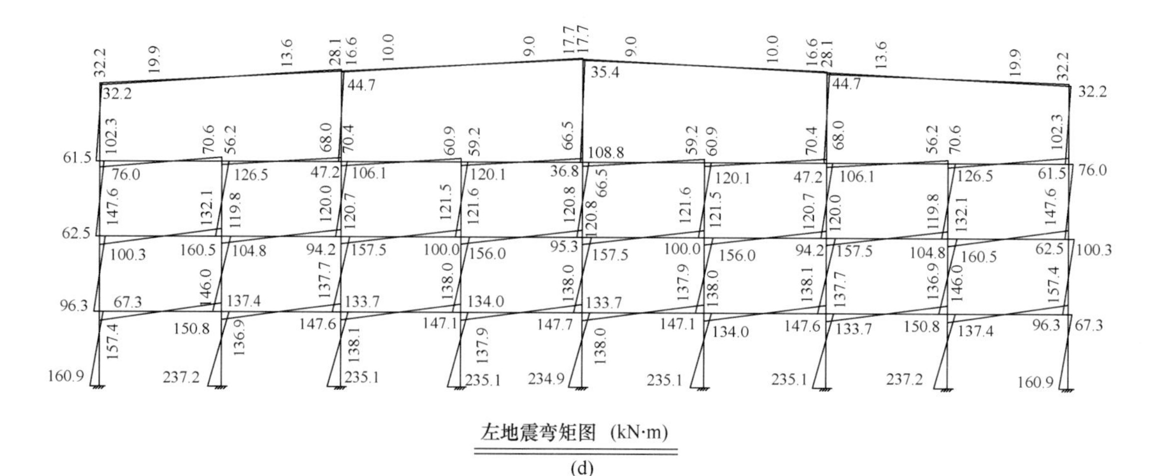

左地震弯矩图 (kN·m)

(d)

图 14.4-4 框架及各工况下的弯矩图（二）

（d）左地震弯矩图

结果是：调幅系数为 0.8 的钢梁截面 H500×200×10×14；调幅系数为 0.85 钢梁截面 H520×200×10×14；不调幅的钢梁截面为 H550×220×10×14。

四层第三跨框架梁弯矩调幅设计表 表 14.4-1

调幅系数		恒载	活载	风载	地震	恒载跨中	活载跨中
	荷载系数	1.2	1.4	1.4	1.3	1.2	1.4
	弯矩标准值	213.5	266.5	22.6	70.4	125.7	188
0.8	0.85	170.8	213.2			168.4	241.3
	弯矩设计值	205.0	298.5	31.6	91.5	202.1	337.8
0.85	0.85	181.5	226.5			157.7	228.0
	弯矩设计值	217.8	317.1	31.6	91.5	189.3	319.2
1.0	弯矩设计值	256.2	373.1	31.6	91.5	150.8	263.2
		组合后弯矩设计值：梁端			组合后弯矩设计值：跨中		
调幅系数		0.8	0.85	1.0	0.8	0.85	1.0
1.2D+1.4L		503.4	534.9	629.3	539.9	508.4	414.0
1.2D+1.4L+0.84W		522.4	553.9	648.3			
1.2D+0.98L+1.4W		445.5	471.4	549.0			
1.2D+0.6L+1.3E		445.7	467.9	534.3			

14.5 高层结构中框架部分的塑性设计

1. 设计方法参照 14.1.17 的规定

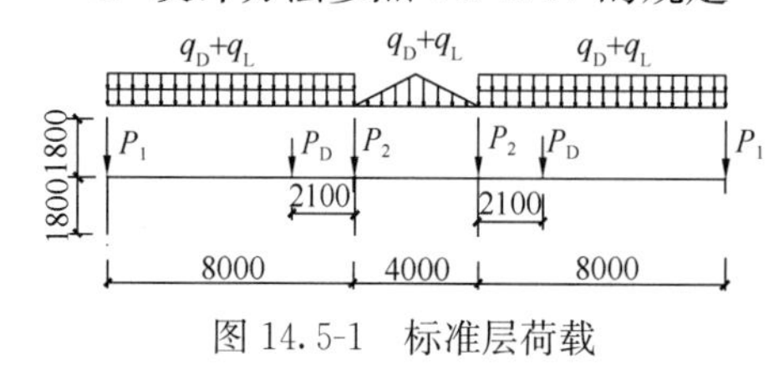

图 14.5-1 标准层荷载

2. 参考图 14.1-19c，框架②③④⑤按照仅承受竖向荷载设计，其中标准层框架梁上和梁柱节点荷载见图 14.5-1。

图 14.5-1 所示，三跨框架梁，跨度分别为 8m，4m 和 8m。荷载标准值和设计值如下：

$$q_{Dk} = 4.5\text{m} \times 5\text{kN/m}^2 + 3.45\text{m} \times 1.5\text{kN/m}^2 + 1.5\text{kN/m} = 29.2\text{kN/m}$$

$$q_{Lk} = 4.5\text{m} \times 2.5\text{kN/m}^2 = 11.25\text{kN/m}$$

$$P_{Dk} = 3.45\text{m} \times 1.5\text{kN/m}^2 \times 4.5\text{m} = 23.3\text{kN}$$

$$q = 1.2q_{Dk} + 1.4q_{Lk} = 50.79\text{kN/m},\ P = 1.2P_{Dk} = 27.945\text{kN}$$

$$P_{1Dk} = 29.2 \times 4.3 + 40 + 1.5 \times 9 = 179.1\text{kN},\ P_{1Lk} = 11.25 \times 4.3 = 48.4\text{kN},$$

$$P_{2Dk} = 29.2 \times (4 + 2 + 1) + 40 + 1.5 \times 9 = 257.9\text{kN},\ P_{2Lk} = 11.25 \times 7 = 78.75\text{kN}$$

框架梁虽然跨中正弯矩部分实际上仍是组合梁，但是，为了在使用极限状态下不要进入塑性状态，仍然按照纯钢梁设计。

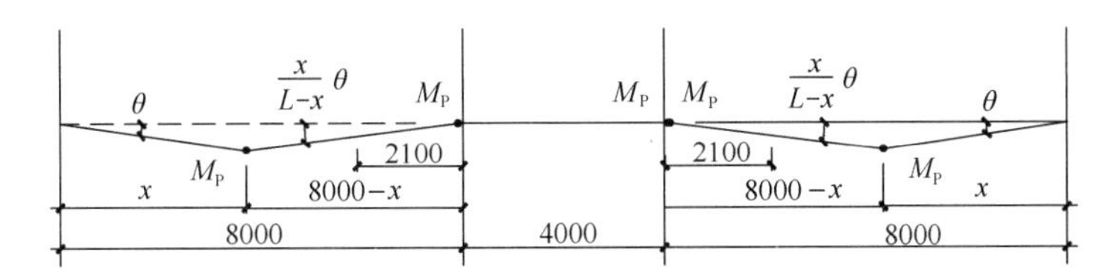

图 14.5-2 框架梁塑性机构

采用塑性机构分析法：内力虚功等于外力虚功：

$$\frac{1}{2} \cdot x \cdot x\theta \cdot q + \frac{1}{2} \cdot (L - x) \cdot x\theta \cdot q + \frac{x}{L-x}\theta \times 2.1 \cdot P = 2M_P(\theta + \frac{x}{L-x}\theta)$$

$$\frac{1}{2}qx^2 + \frac{1}{2}q(L-x)x + \frac{2.1x}{8-x}P = 2M_P(1 + \frac{x}{8-x})$$

$$M_P = \frac{4qx(8-x) + 2.1xP}{16}$$

求最大值，得到塑性铰的位置是 $x = 4 + \frac{2.1P}{8q} = 4 + \frac{2.1 \times 27.945}{8 \times 50.79} = 4.1444$，塑性铰弯矩是 $M_P = 218.1\text{kN} \cdot \text{m}$。框架梁按照此弯矩进行设计即可。

下面的计算假设下部三层的活荷载是上部标准层的 1.5 倍。恒载则补足 1.8m 层高差带来的隔墙重量。

表 14.5-1 是框架立柱的设计内力，采用简单的逐层相加的方式获得，弯矩则是梁端弯矩在上下柱之间的分配。(也可以采用弹性分析两端固支梁的固端弯矩在上下柱之间的分配)。其中活荷载乘以荷载规范 5.1.2 条允许的活荷载折减。

表 14.5-2 是一片横向支撑架分担的假想水平力和风荷载，其中计算风荷载时采用的参数是：周期 3.12s。

框架柱设计内力 **表 14.5-1**

楼层	层高	边柱轴力设计值		中柱轴力设计值		活荷载折减系数	中柱内力设计值 1.2D+1.4L		边柱内力设计值 1.2D+1.4L		一榀框架的假想荷载
		恒载	活载	恒载	活载		轴力	弯矩	轴力	弯矩	
27		365.6	130.8	484.7	189	1	673.7	218.1	496.4	80	7.50
26	3600	731.2	261.5	969.4	378	0.95	1328.5	110	979.6	80	7.31
25	3600	1096.8	392.3	1454.0	567	0.9	1964.3	110	1449.8	80	7.13

续表

楼层	层高	边柱轴力设计值		中柱轴力设计值		活荷载折减系数	中柱内力设计值 1.2D+1.4L		边柱内力设计值 1.2D+1.4L		一榀框架的假想荷载
		恒载	活载	恒载	活载		轴力	弯矩	轴力	弯矩	
24	3600	1462.4	523.0	1938.7	756	0.85	2581.3	110	1907.0	80	6.95
23	3600	1828.0	653.8	2423.4	945	0.8	3179.4	110	2351.0	80	6.76
22	3600	2193.6	784.6	2908.1	1134	0.75	3758.6	110	2782.0	80	6.58
21	3600	2559.1	915.3	3392.8	1323	0.7	4318.9	110	3199.9	80	6.40
20	3600	2924.7	1046.1	3877.4	1512	0.65	4860.2	110	3604.7	80	6.22
19	3600	3290.3	1176.8	4362.1	1701	0.6	5382.7	110	3996.4	80	6.03
18	3600	3655.9	1307.6	4846.8	1890	0.6	5980.8	110	4440.5	80	6.76
17	3600	4021.5	1438.4	5331.5	2079	0.6	6578.9	110	4884.5	80	6.76
16	3600	4387.1	1569.1	5816.2	2268	0.6	7177.0	110	5328.6	80	6.76
15	3600	4752.7	1699.9	6300.8	2457	0.6	7775.0	110	5772.6	80	6.76
14	3600	5118.3	1830.6	6785.5	2646	0.6	8373.1	110	6216.7	80	6.76
13	3600	5483.9	1961.4	7270.2	2835	0.6	8971.2	110	6660.7	80	6.76
12	3600	5849.5	2092.2	7754.9	3024	0.6	9569.3	110	7104.8	80	6.76
11	3600	6215.1	2222.9	8239.6	3213	0.6	10167.4	110	7548.8	80	6.76
10	3600	6580.7	2353.7	8724.2	3402	0.6	10765.4	110	7992.9	80	6.76
9	3600	6946.2	2484.4	9208.9	3591	0.6	11363.5	110	8436.9	80	6.76
8	3600	7311.8	2615.2	9693.6	3780	0.6	11961.6	110	8881.0	80	6.76
7	3600	7677.4	2746.0	10178.3	3969	0.55	12361.2	110	9187.7	80	4.85
6	3600	8043.0	2876.7	10663.0	4158	0.55	12949.9	110	9625.2	80	6.67
5	3600	8408.6	3007.5	11147.6	4347	0.55	13538.5	110	10062.7	80	6.67
4	3600	8774.2	3138.2	11632.3	4536	0.55	14127.1	110	10500.2	80	6.67
3	5400	9182.9	3328.1	12162.4	4811.1	0.55	14808.5	165	11013.3	120	7.72
2	5400	9591.6	3517.9	12692.4	5086.2	0.55	15489.8	165	11526.4	120	7.72
1	6000										

基本风压0.4 kN/m^2，B类地貌。表中给出了支撑架的立柱承担的重力荷载的轴力。

表14.5-3中，对支撑斜杆假想了设计计算，钢材是Q345B。并给出层间剪切侧移角。

表14.5-4支撑架的边立柱设计。因为假想荷载和风荷载均乘以1.1，相当于近似地考虑了二级效应，因此，计算长度系数取1.0。对比框架柱，支撑立柱的截面大很多，这是因为把所有水平力都吸引到了巨型跨层支撑的缘故。其缺点是角柱拉力较大。

也可以在弹性分析方法中对框架梁进行弯矩调幅，然后再进行钢梁的设计，立柱的设计则与平常相同，柱子的计算长度系数取1.0，对支撑架的应力比，则与弹性设计方法相同。

在一个结构中，如果设置了支撑，且支撑足够强大（有定量的标准），则这个结构中的框架部分可以利用塑性设计。此时框架可以按照只承受竖向荷载来设计。即钢梁的设计仅须考虑作用在钢梁上的竖向荷载，其塑性弯矩可以参考（图 14.5-2 确定）。求得梁的弯矩后，梁端剪力可以求得，然后柱子的轴力可以得到，柱子的弯矩分为中柱和边柱。对于边柱，梁端弯矩按照上下柱的线刚度分配或各分配一半，就可以保证节点的弯矩平衡。对于中柱，为了获得较大的柱端弯矩，可以考虑一侧作用了 $1.2q_{Dk}+1.4q_{Lk}$ 的荷载，另一侧作用了 q_{Dk} 的荷载，然后按照 $M_{Pb}-\frac{1}{12}q_{Dk}L^2$ 作为梁的弯矩在上下柱中分配，柱的轴力仍取满荷载时的轴力。

一片支撑架（分担宽度 23m）的内力 **表 14.5-2**

	标高	风压高度系数	风振和高度综合系数 $\beta_z\mu_z$	楼层风力 W	楼层假想力 $1.1Q_n$	$1.1W+1.1Q_n$	层剪力	倾覆力矩标准值	中柱轴力 $1.2D+1.4L$	边柱轴力 $1.2D+1.4L$	倾覆验算 $D+1.4W$
27	99.6	1.99	4.12	95.59	21.44	126.6	126.6	0.0			
26	96	1.97	4.02	186.59	20.92	226.2	352.8	455.7	356.8	268.2	123.3
25	92.4	1.95	3.92	181.98	20.39	220.6	573.3	1725.6	704.2	529.8	42.5
24	88.8	1.93	3.82	177.34	19.87	214.9	788.3	3789.6	1042.2	784.9	−88.8
23	85.2	1.90	3.72	172.67	19.35	209.3	997.5	6627.3	1370.7	1033.5	−269.4
22	81.6	1.88	3.62	167.96	18.82	203.6	1201.1	10218.5	1689.7	1275.5	−497.9
21	78	1.85	3.52	163.22	18.30	197.8	1399.0	14542.6	1999.3	1511.0	−773.1
20	74.4	1.83	3.42	158.44	17.78	192.1	1591.0	19578.9	2299.4	1739.9	−1093.6
19	70.8	1.80	3.31	153.62	17.26	186.2	1777.3	25306.6	2590.1	1962.3	−1458.1
18	67.2	1.77	3.21	148.76	19.35	183.0	1960.3	31704.9	2871.4	2178.2	−1865.3
17	63.6	1.74	3.10	143.84	19.35	177.6	2137.8	38761.8	3190.4	2420.2	−2314.3
16	60	1.71	3.00	138.87	19.35	172.1	2309.9	46458.1	3509.4	2662.3	−2804.1
15	56.4	1.68	2.89	133.84	19.35	166.6	2476.5	54773.9	3828.5	2904.3	−3333.3
14	52.8	1.65	2.78	128.75	19.35	161.0	2637.5	63689.4	4147.5	3146.3	−3900.6
13	49.2	1.61	2.67	123.57	19.35	155.3	2792.8	73184.3	4466.6	3388.3	−4504.9
12	45.6	1.58	2.55	118.32	19.35	149.5	2942.3	83238.3	4785.6	3630.4	−5144.7
11	42	1.54	2.44	112.97	19.35	143.6	3085.9	93830.5	5104.6	3872.4	−5818.7
10	38.4	1.50	2.32	107.51	19.35	137.6	3223.5	104939.6	5423.7	4114.4	−6525.6
9	34.8	1.45	2.20	101.92	19.35	131.5	3354.9	116544.2	5742.7	4356.4	−7264.1
8	31.2	1.41	2.07	96.17	19.35	125.1	3480.1	128622.0	6061.8	4598.5	−8032.7
7	27.6	1.36	1.95	90.25	13.86	113.1	3593.2	141150.3	6380.8	4840.5	−8830.0
6	24	1.30	1.81	84.10	19.09	111.6	3704.8	154085.8	6600.6	5013.9	−9653.1
5	20.4	1.24	1.67	77.66	19.09	104.5	3809.3	167423.1	6914.9	5252.6	−10501.9
4	16.8	1.17	1.53	88.55	19.09	116.5	3925.8	181136.6	7229.2	5491.4	−11374.5
3	11.4	1.04	1.28	89.30	22.08	120.3	4046.1	202335.9	7543.6	5730.1	−12723.6
2	6	0.86	0.99	72.41	22.08	101.7	4147.8	224184.8	7904.2	6006.7	−14096.0
1								249071.8	8264.9	6283.2	−15679.7

支撑架的斜支撑设计（Q345B）及层间剪切侧移　　表 14.5-3

楼层	斜杆轴力标准值	计算面积	方钢管支撑		长细比	作为压杆的稳定系数	$2EA_d \times \cos^2\alpha\sin\alpha$	层间剪切侧移
			厚度	宽度				
27								
26	85.2	595.7	8	200	68.6	0.667	935419102.5	0.37
25	237.3	1660.2	8	200	68.6	0.667	935419102.5	1.09
24	385.7	2698.2	8	200	68.6	0.667	935419102.5	1.79
23	530.4	3709.8	8	200	68.6	0.667	935419102.5	2.47
22	671.2	4694.8	8	200	68.6	0.667	935419102.5	3.13
21	808.1	5652.9	8	200	68.6	0.667	935419102.5	3.78
20	941.3	5694.0	8	200	68.6	0.667	935419102.5	4.41
19	1070.5	6475.8	10	250	54.9	0.771	1461592348	3.21
18	1195.8	7233.8	10	250	54.9	0.771	1461592348	3.59
17	1318.9	7978.6	10	250	54.9	0.771	1461592348	3.96
16	1438.4	8080.6	10	250	54.9	0.771	1461592348	4.31
15	1554.2	8731.1	10	250	54.9	0.771	1461592348	4.65
14	1666.2	9360.7	10	250	54.9	0.771	1461592348	4.98
13	1774.5	9969.2	12	300	45.7	0.831	2104692981	3.68
12	1879.0	10556.1	12	300	45.7	0.831	2104692981	3.89
11	1979.6	10649.3	12	300	45.7	0.831	2104692981	4.09
10	2076.2	11169.1	14	350	39.2	0.867	2864721001	3.15
9	2168.8	11667.2	14	350	39.2	0.867	2864721001	3.28
8	2257.3	12142.9	14	350	39.2	0.867	2864721001	3.41
7	2341.5	12595.9	16	400	34.3	0.892	3741676410	2.71
6	2417.6	13005.3	16	400	34.3	0.892	3741676410	2.79
5	2492.7	13409.2	16	400	34.3	0.892	3741676410	2.87
4	2563.0	13787.5	18	450	30.5	0.911	4735559206	2.33
3	2368.2	16913.9	18	450	54.7	0.773	4925423985	3.46
2	3398.7	18712.5	20	500	34.3	0.893	4504310093	3.89
1	2592.1	17137.5	20	500	51.0	0.798	6075361579	3.27

支撑架的边立柱设计　　表 14.5-4

楼层	支撑架边立柱		钢管内混凝土	方钢管		弯曲层间侧移	总层间侧移	层间侧移角	其他立柱截面	
	轴力	拉力		厚度	宽度				厚度	宽度
27										
26	300.1	123.3	C30	8	400	4.64	5.01	718.4	8	350
25	650.6	42.5	C30	8	400	4.64	5.73	628.4	8	350
24	1050.2	−88.8	C30	8	400	4.64	6.42	560.4	8	350
23	1497.4	−269.4	C30	8	400	4.62	7.09	507.6	8	350

续表

楼层	支撑架边立柱		钢管内混凝土	方钢管		弯曲层间侧移	总层间侧移	层间侧移角	其他立柱截面	
	轴力	拉力		厚度	宽度				厚度	宽度
22	1990.8	−497.9	C30	8	400	4.59	7.73	465.8	8	350
21	2529.0	−773.1	C30	8	400	4.54	8.32	432.5	8	350
20	3110.5	−1093.6	C30	8	400	4.47	8.87	405.7	8	350
19	3733.8	−1458.1	C30	10	500	4.37	7.58	474.9	10	400
18	4397.6	−1865.3	C40	10	500	4.27	7.85	458.3	10	400
17	5133.6	−2314.3	C40	10	500	4.15	8.10	444.3	10	400
16	5914.3	−2804.1	C40	10	500	4.00	8.31	433.1	10	400
15	6738.5	−3333.3	C40	10	500	3.82	8.47	424.8	10	450
14	7604.6	−3900.6	C40	10	500	3.61	8.59	419.1	10	450
13	8511.2	−4504.9	C40	12	600	3.38	7.06	510.0	12	500
12	9457.0	−5144.7	C40	12	600	3.16	7.05	510.9	12	500
11	10440.5	−5818.7	C40	12	600	2.92	7.02	513.2	12	500
10	11460.2	−6525.6	C40	14	700	2.68	5.83	618.0	14	550
9	12514.5	−7264.1	C40	14	700	2.44	5.72	629.1	14	550
8	13602.0	−8032.7	C50	14	700	2.19	5.61	642.0	14	550
7	14721.0	−8830.0	C50	16	800	1.95	4.65	773.8	14	550
6	15799.9	−9653.1	C50	16	800	1.71	4.50	799.6	14	550
5	16972.2	−10501.9	C50	16	800	1.47	4.34	829.4	14	600
4	18170.9	−11374.5	C50	18	900	1.22	3.55	1015.0	14	600
3	19893.6	−12723.6	C50	18	900	1.38	4.83	1117.5	14	600
2	21699.6	−14096.0	C50	20	1000	0.85	4.73	1140.8	16	600
1	23718.2	−15679.7	C50	20	1000	0.32	3.60	1667.7	16	600

参 考 文 献

[1] 童根树. 钢结构的平面内稳定. 北京：中国建筑工业出版社，2015

[2] Chen,W. F. , Atsuta, T. , Theory of beam-columns, Vol. 2, McGraw-hill Book Company, 1977

[3] White D W. Plastic hinge methods for advanced analysis of steel frames. [J]. **Journal of Constructional Steel Research,** 1993, 24(2): 121-152.

[4] Joint Committee of Welding Research Council and American Society of Civil Engineering, Plastic Design in steel, a guide and commentary, 2nd Edition, 1971

[5] A Mrazik, M Skaloud, M Tochacek, Plastic Design of Steel Structures, Ellis Horwood Limited, 1987

[6] 王仁. 塑性力学. 北京：科学出版社，1982

第15章 钢 管 结 构

15.1 概 述

15.1.1 钢管结构的种类、特点及技术标准

钢管结构一般是指由圆钢管（CHS）或矩形钢管（RHS）作为构件组成的结构，方钢管（SHS）是矩形钢管的特殊规格。广义地说，钢管网架、网壳、钢管混凝土也属于钢管结构，本章所述的钢管结构主要是指采用直接相贯焊接节点的钢管桁架或框架。

一、钢管结构的特点

圆管和矩形钢管结构的特点，大致可归纳如下：

（1）圆管和方（矩）形截面都具有双轴对称、截面形心和剪心重合等特点；圆管和方管截面，截面惯性矩对各轴相同，作为受弯和受压构件的优势最突出；截面闭合，抗扭刚度大、板件局部稳定好。尤其是圆管截面，截面按极轴对称分布均匀，抵抗扭矩特别有效。可以节约钢材用量，在工业建筑中可节省钢材约20%，在塔架结构中节约量可达50%。

（2）外观简洁、平滑，杆件可直接焊接，可不用节点板，构造简洁，省料省工。

（3）圆管和方（矩）形截面具有表面平整、无死角以及外表面积小等特点，其外露表面积约为开口截面的50%～60%，有利于节省防腐和防火涂料，也便于除尘。

（4）钢管截面有利于减小流体阻力，尤其是圆管截面，应用于暴露在流体（如风、水流）中时有着显著的优点。

（5）钢管结构的内部空间可利用。填充混凝土（钢管混凝土结构）不仅能提高构件的承载力，而且还能延长构件的耐火极限（平均可达2h）；管内注水，可利用内部水循环进行防火；传输液体，如输油管桥、排雨水管等；管内还可以放置预应力索，施加体内预应力。

（6）与开口截面相比，其材料单价一般较高。

（7）钢管结构采用直接焊接连接时要求施工准确度高，对相贯线下料、焊接、安装等技术要求较高。

钢管结构可根据构件的受力情况、供货条件、制作加工和安装条件、外观要求及经济性等具体情况综合考虑采用圆管或矩形管结构，也可以两种钢管混合使用。混合使用时，一般弦杆采用矩形管，腹杆采用圆管。弦杆也可以采用H型钢，腹杆用矩形管或圆管。圆管、矩形管和H型钢的性能比较见表15.1-1。

圆管、矩形管和H型钢截面的性能比较表 **表15.1-1**

	圆管	矩管	H型钢
力学性能及适用构件类型	适用于轴心受力和受扭构件，轴心受压时稳定性最好	适用于轴心受力、受弯、偏心受力及受扭构件，矩形管可有两个方向不等的回转半径，适应两个方向不同的计算长度	适用于受弯、偏心受力构件，抗弯性能最好

续表

	圆管	矩管	H型钢
防腐与防火	相同截面积下，表面积最小，无棱角，防腐和防火涂料最省	表面积略大，有棱角，防腐和防火涂料稍多	表面积大，棱角多，防腐和防火涂料多
抗流体阻力	阻力最小，最有利	阻力较大，较差	阻力最大，最不利
节点连接	相贯焊接时，支管端一般要求自动相贯切割，手工切割难度大，制作费用高	相贯面是平面，加工简便，制作费用低	相贯面是平面，但常需要增设节点板，加工简便，制作费较低
制作、运输、安装	相对不方便	方便	方便

二、钢管结构的设计标准

1. 国外钢管结构技术标准情况

在世界发达国家，由于圆管结构使用较早，应用范围较广，在技术标准方面比较完善。钢管结构研究国际委员会（CIDECT）组织了对钢管结构较系统全面的研究总结，陆续出版了《受静载为主的圆管（CHS）节点设计指南》、《管截面结构稳定性》、《承受疲劳作用的圆管和矩形管节点设计指南》等标准技术文件，这些内容在《欧洲钢结构设计规范》Eurocode 3 中已经完全采纳。日本建筑学会（AIJ）的《钢管结构设计与施工指南》则主要适用于冷成型钢管结构，美国的《建筑建筑钢结构设计规范》AISC 360 在 2005 版增加了钢管结构节点的设计内容。

2. 国内钢管结构技术标准情况

在我国，由于钢材供应等原因，钢管结构在近二十年才逐渐得到应用，但在近十年快速发展。与钢管结构有关的设计标准主要有《钢结构设计标准》GB 50017、《钢管结构技术规程》CECS280：2010 及《冷弯薄壁型钢结构技术规范》GB 50018。本章编写主要以 GB 50017 为基础，但钢管结构节点疲劳计算，在 GB 50017 中没有列入相关规定，因此可采用 CECS280 的规定。涉及冷弯成型钢管材料方面，采用 GB 50018 的相关规定。

15.1.2 钢管结构对材料的性能要求

一、钢管的品种

结构用圆管和矩形管，可采用热轧、热扩无缝钢管，或采用辊压成型、冷弯成型、热完成成型的直缝焊接管，不宜采用螺旋焊管，矩形管也可用钢板焊接成型。焊接可采用高频焊、自动焊或半自动焊以及手工焊，焊接材料应与母材匹配。

钢管按照成型方法不同分为热轧无缝钢管和冷弯焊接钢管，热轧钢管又分为热挤压和热扩两种；冷轧圆管则分为冷卷制与冷压制两种；而冷弯矩形管也有圆变方与直接成方两种。不同的成型方法会对管材产品的性能有不同的影响，热轧无缝钢管残余应力小，在轴心受压构件的截面分类中属于 a 类，但是产品规格少，其壁厚误差较大；冷弯焊接钢管品种规格范围广，价格比无缝钢管低，但是其残余应力大，在轴心受压构件的截面分类中属于 b 类。热成型钢管与冷成型钢管的比较见表 15.1-2。

结构用钢管的选用，应根据结构的重要性、荷载特征、结构形式、应力状态、钢材厚度、成型方法和工作环境等因素合理选取钢材牌号、质量等级与性能指标，并在设计文件中注明。焊接钢管结构的钢材宜采用 B 级及以上等级的钢材。钢管结构中的非加劲直接焊接相贯节点，其管材的屈强比不宜大于0.8；与受拉构件焊接连接的钢管，当管壁厚度大于25mm且沿厚度方向受较大拉应力作用时，应采取措施防止层状撕裂。

热成型钢管与冷成型钢管的比较　　表15.1-2

	热成型	冷成型
制作方法	成型温度：钢材正火温度，约800℃	成型温度：常温
角部特征	圆角半径小（$R=2t$），材质均匀	圆角半径大（$R=3\sim4t$），圆角范围内材质不均匀，需严格控制原材的化学成分
设计特性	抗压性能好沿截面全周均可焊接，与面宽相同的方管可直接对焊。热轧圆管受压构件稳定性曲线采用a类	受压杆件稳定性曲线采用b类，抗压性能好；由于圆角区域可焊接性差，同面宽方管不能直接对焊，要采用特殊节点
制作、安装及造价	截面残余应力较小，几乎可以忽略。 材料价格高，制作安装价格低	由于截面残余应力较大，断面裁切、安装过程中变形较大。材料价格低，制作安装价格高
应用限制		不宜用在直接承受动力荷载的结构

二、钢管产品标准及允许偏差

目前国产圆钢管的产品标准有《结构用无缝钢管》GB/T 8162—2008、《直缝电焊钢管》GB/T 13793—2008及《建筑结构用冷成型焊接圆钢管》JG/T 381—2012，国产矩形钢管的产品标准有《结构用冷弯空心型钢尺寸、外形及允许偏差》GB/T 6728—2002、《双焊缝冷弯方形及矩形钢管》YB/T 4181—2008及《建筑结构用冷弯矩形钢管》JG/T 178—2005。上述材料标准中对外形尺寸及壁厚的允许偏差要求见表15.1-3。

热轧、热扩无缝钢管、热定径的和经过热处理的直缝焊接管均属于热成型管，未经加热定径的焊接管为冷成型管。按照上述产品标准，圆钢管壁厚的容许误差一般在±10%～±12.5%之间，热扩圆管壁厚允许偏差可达±15%，矩形钢管壁厚的容许误差一般在±6%～±10%之间，这在设计和订货时应引起注意。选用圆钢管时，宜优先选用直缝焊接圆钢管。螺旋焊管及流体输送用焊接钢管不宜用于钢管结构。

国产钢管标准产品规格及允许偏差表　　表15.1-3

	钢管产品标准	直径（边长）允许偏差	壁厚t允许偏差	产品规格范围
圆钢管	GB/T 8162—2008 结构用无缝钢管	±1%d或±0.5mm 中大者	$d\leqslant$102mm时，±12.5%t 或±0.5mm $d>$102mm时，±12.5%t～ ±15%t或±0.4mm 热扩管 ±15%t	
	GB/T 13793—2008 直缝电焊钢管	±5%d	t=0.5～1.0mm时，±0.10mm $t>$1.0～5.5mm时，±10%t $t>$5.5mm时，±15%t	
	JG/T 381-2012 建筑结构用冷成型 焊接圆钢管	±1%d且$\leqslant$±5.0mm	$t\leqslant$5.0mm时，±0.1mm $t>$5mm时，±0.5mm $d>$400mm时，±0.1t且$\leqslant$2mm	

续表

	钢管产品标准	直径（边长）允许偏差	壁厚 t 允许偏差	产品规格范围
矩形钢管	GB/T 728—2002 结构用冷弯空心型钢尺寸、外形、重量及允许偏差	详见截面表，约 0.8%b （±0.5 ～±4.0mm）	t≤10mm 时，±10%t t>10mm 时，±8%t	方管 20×2 ～500×16 矩形管 300×200×1.5～600×400×16
	YB/T 4181—2008 双焊缝冷弯方形及矩形钢管	详见允许误差表，约 0.8%b （±2.2 ～±5.0mm）	平板段，执行 GB 709（原板规定） 圆角部分减薄量≤0.03t	方管 300×8 ～1000×40 矩形管 350×250×8～1000×900×40
	JG/T 178-2005 建筑结构用冷弯矩形钢管Ⅰ级	详见截面表，约 0.8%b （±0.8 ～±3.6mm）	4≤t<10mm 时，±8%t 10≤t<22mm 时，±6%t	方管 100×4～500×22 矩形管 120×80×4～500×480×22

三、钢管截面构造要求

钢管构件截面的径厚比、宽厚比及转角弧段应符合下列要求：

1. 圆钢管径厚比（钢管外径与厚度之比），当作为桁架构件和其他两端铰接的轴心受力构件时，径厚比不应超过 $100(235/f_y)$；当作为受弯构件和压弯构件时，如按弹性设计，径厚比不应超过 $100(235/f_y)$，如考虑塑性发展，不宜超过 $90(235/f_y)$；如对结构采用塑性设计，以及对抗震设计中需发展塑性铰的构件，受弯构件的径厚比不应超过 $40(235/f_y)$，压弯构件的径厚比不应超过 $60(235/f_y)$。

2. 矩形钢管和箱形截面板件宽厚比，当作为桁架构件和其他两端铰接的轴心受力构件时，矩形钢管的最大外缘尺寸与壁厚之比不应超过 $40\sqrt{235/f_y}$；当作为受弯构件和压弯构件，或考虑塑性发展时，宽厚比限值应符合现行国家标准《钢结构设计标准》GB 50017 的规定；有抗震设防要求的结构构件，宽厚比应符合现行国家标准《建筑抗震设计规范》GB 50011 的规定。

3. 冷成型矩形钢管截面，其四角的转角弧段及其相邻的 $5t$（t 为壁厚）范围的直段部分属于冷加工影响区，该区域是焊接影响敏感区，当需要在该区域焊接连接时，主管材料截面应满足表 15.1-4 的要求。

矩形钢管冷加工影响区焊接时对主杆截面的要求　　表 15.1-4

r/t	冷弯产生的应变（%）	最大厚度（mm）	
		静力荷载为主	疲劳作用控制
≥25	≤2	不限	不限
≥10	≤5	不限	16
≥3.0	≤14	24	12
≥2.0	≤20	12	10
≥1.5	≤25	8	8
≥1.0	≤33	4	4

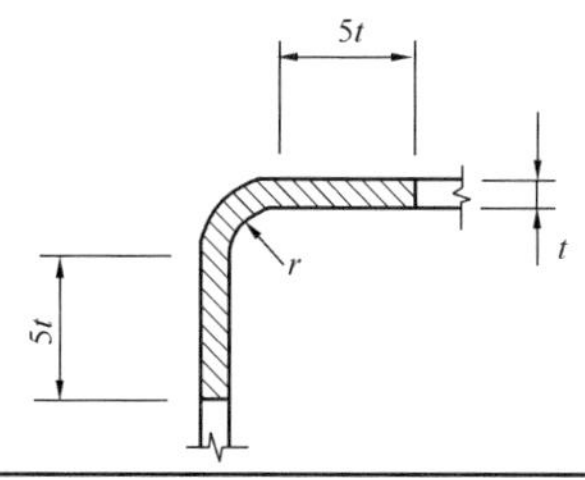

15.2 结构选型及构件设计

15.2.1 构件及结构选型

平面钢管桁架和立体桁架是钢管结构中最常使用的类型，桁架按弦杆轴线的形状可分为直线桁架（见图15.2-1）和曲线桁架（见图15.2-2）。在大跨度结构和工业厂房中也常用钢管钢架结构及钢管格构柱。单管梭形柱和锥形柱，因其外形的视觉效果，常用于公共建筑中。

一、平面钢管桁架

平面桁架按腹杆形式可选用单斜式、人字式、芬克式和空腹式。人字式桁架和单斜式桁架的斜腹杆与主管的夹角宜取40°～50°，钢管桁架的高跨比应根据建筑净高要求、荷载、材料及运输条件等因素决定，一般可取1/15～1/10。

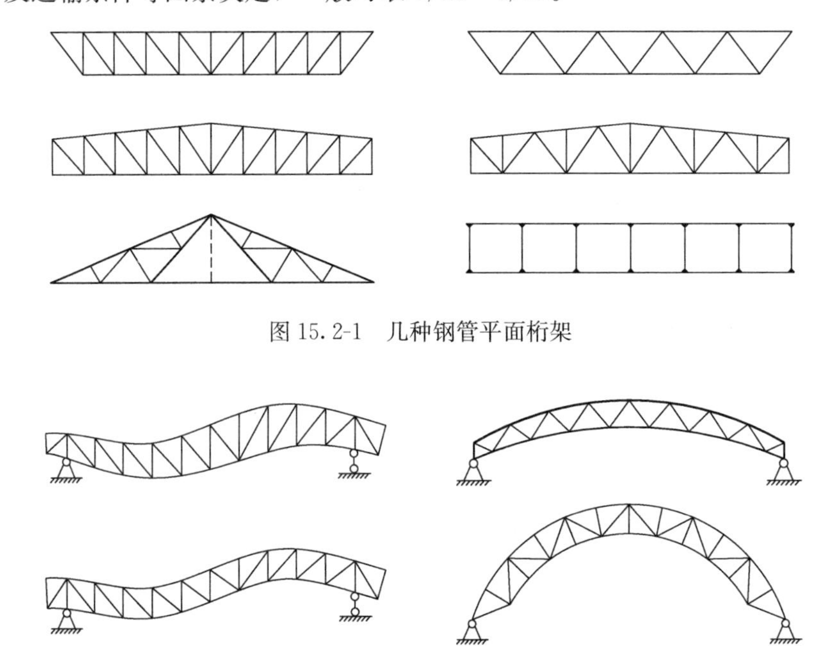

图15.2-1 几种钢管平面桁架

图15.2-2 曲线桁架及拱形桁架

二、立体钢管桁架

立体桁架（见图15.2-3）可选用三角形截面（正放和倒放）、四边形截面和梯形截面（见图15.2-4）等。

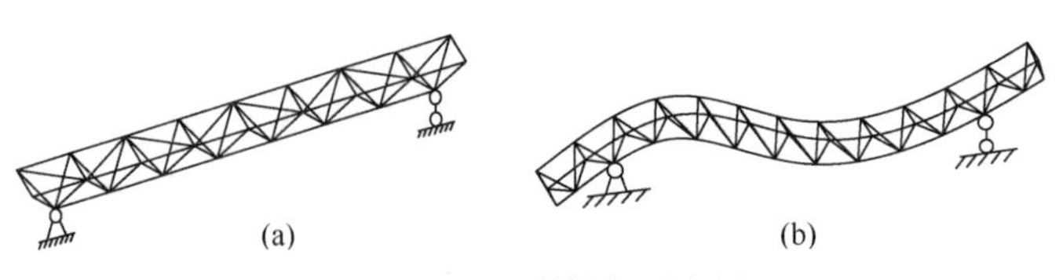

图15.2-3 立体桁架示意图

(a) 三角形截面立体直线桁架；(b) 三角形截面立体曲线桁架

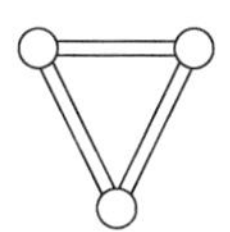
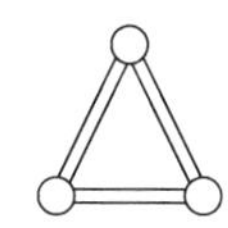
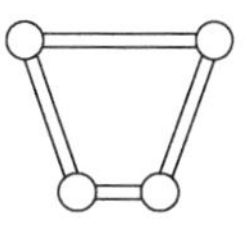
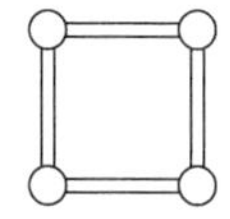

图 15.2-4 常用立体桁架截面形式

正三角形截面与倒三角形截面各有优缺点，正三角形上小下大，自身稳定性好，且上弦压杆为一根，与倒三角形（上弦压杆分为二根）相比较，当上弦相同的截面面积下，用一根比分为二根可以承受较大的压力，也就是说上弦用一根比用二根更经济。倒三角形断面上弦为二根，除斜腹杆与上弦连接外，上弦之间还设有水平连接杆，因此上弦的支撑条件比正三角形断面要好，同时上弦杆的间距缩小了屋面檩条的计算跨度。从建筑外观上，倒三角形断面的下弦只有一根杆件，给人的感觉更轻巧美观。

各榀桁架结构之间应合理设置支撑系统，以保证桁架的稳定性。

三、钢管刚架

钢管刚架可采用平面刚架和立体格构式刚架（见图 15.2-5）。平面刚架可采用单管构件和平面格构式构件，立体刚架可采用立体格构式构件，其常见形式有两铰刚架和三铰刚架。立体格构式刚架，根据刚架梁的形状要求可采用曲线（拱式）梁刚架与直线梁刚架。柱脚连接可选择刚接和铰接两种，刚架柱脚铰接时，宜把各分肢在柱脚处收于一点；刚架柱脚刚接时，其单个分肢可与基础刚接或铰接。

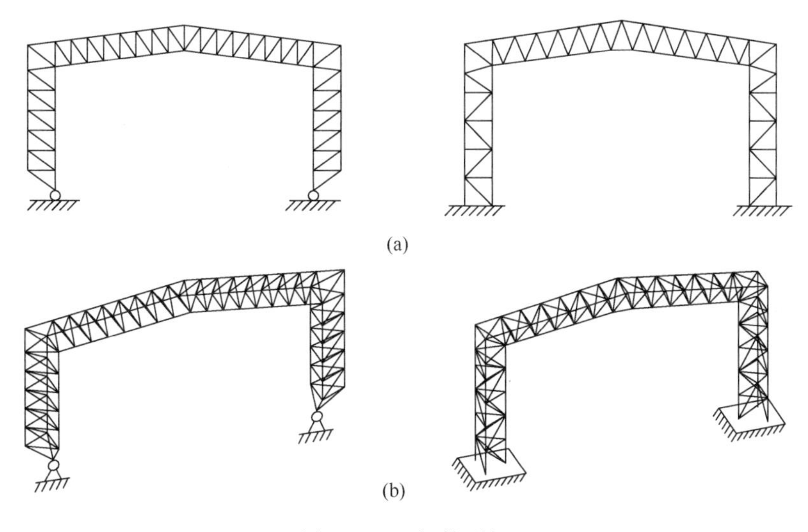

图 15.2-5 钢管刚架

（a）平面刚架；（b）立体刚架

四、单管梭形柱及锥形柱

单管梭形柱及单管锥形柱的截面形式可选用圆钢管、方钢管和矩形钢管如图 15.2-6。梭形柱用于柱两端铰接的轴心受压构件，锥形柱用于柱脚刚接的悬臂柱。

钢管格构柱可选用双肢、三肢及多肢等，横向缀件形式可选用缀管和缀板（图 15.2-7）。

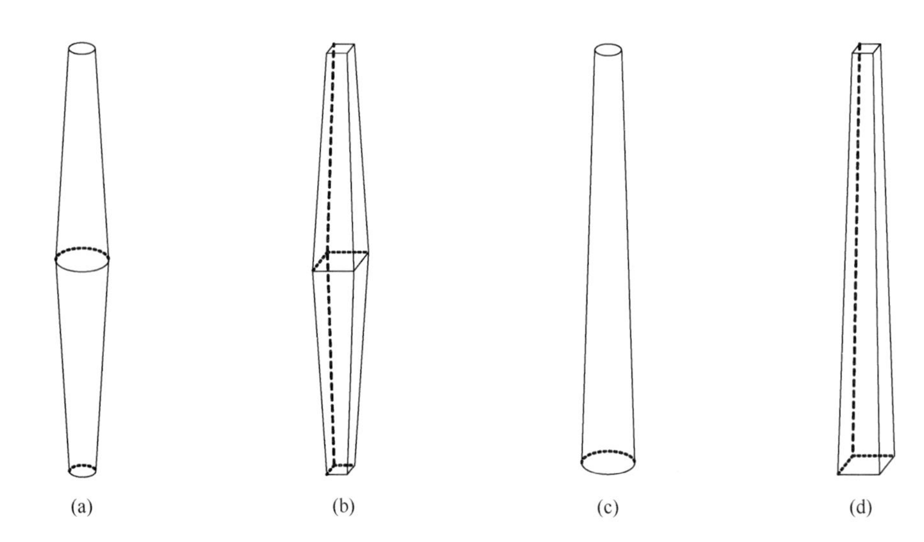

图 15.2-6　单管梭形柱与锥形柱

(a) 圆管梭形柱；(b) 方管梭形柱；(c) 圆管锥形柱；(d) 方管锥形柱

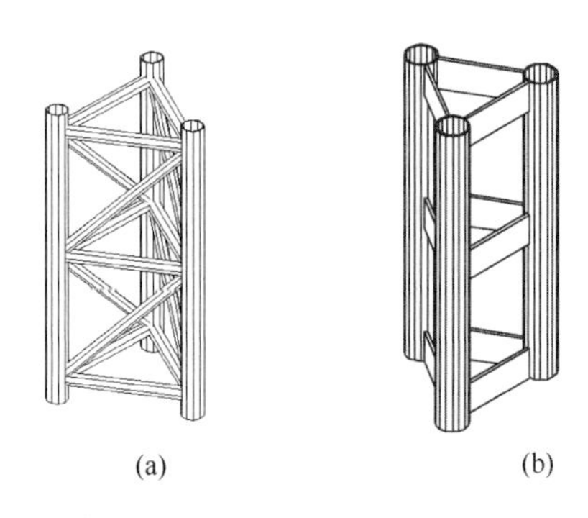

图 15.2-7　钢管格构柱

(a) 缀管格构柱；(b) 缀板竖放格构柱

15.2.2　设计的一般规定

一、构件计算要求及分析方法

钢管结构应进行强度、刚度及稳定性验算；构件应满足强度、刚度（长细比控制要求）及稳定性要求；桁架和刚架结构应满足结构变形限值的要求。

钢管结构宜采用弹性分析方法计算结构内力，采用构件计算长度系数法直接验算构件的稳定性；对于偏心节点的钢管结构，构件承载力校核应考虑偏心产生的弯矩影响，并按偏心受力构件计算其稳定性（偏心符合本节 15.2-1 式的受拉主管除外）。

二、计算简图

1. 在满足下列条件的情况下，分析桁架杆件内力时可将节点视为铰接，否则宜按刚接节点模型计算桁架内力。

(1) 符合各类节点相应的几何参数的适用范围；

(2) 杆件的节间长度或杆件长度与截面高度（或直径）之比不小于 12（主管）和 24（支管）。

2. 钢管相贯焊接节点，当支管与主管连接节点的偏心不超过式（15.2-1）的限制时，在计算节点和受拉主管承载力时，可忽略因偏心引起的弯矩的影响，但受压主管必须考虑此偏心弯矩 $M=\Delta N\times e$（ΔN 为节点两侧主管轴力之差）的影响。

$$-0.55\leqslant e/h\ (e/D)\leqslant 0.25 \tag{15.2-1}$$

式中　e——偏心距，符号如图 15.2-8 所示；

D——圆主管外径；

h——连接平面内的矩形主管截面高度。

3. 主管上因节间荷载产生的弯矩应在设计主管和节点时加以考虑。此时可将主管按

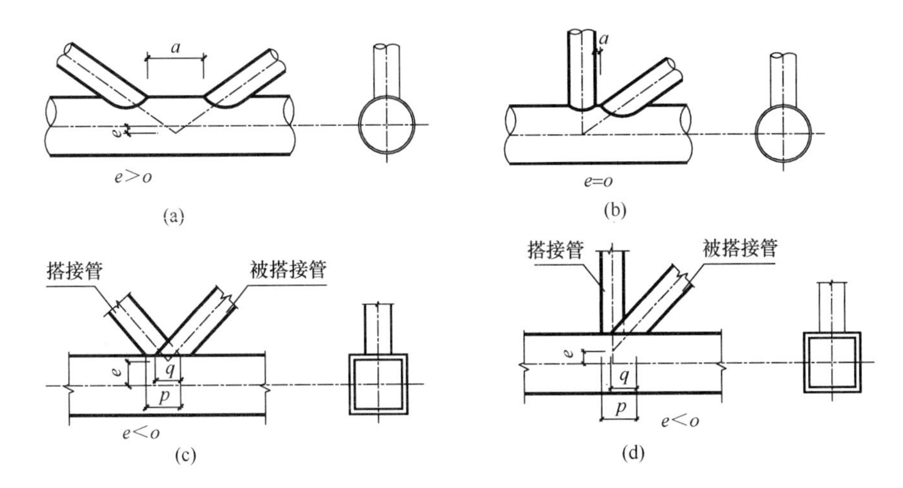

图 15.2-8 K形和N形管节点的偏心和间隙

(a) 有间隙的K形节点 ($e>0$)；(b) 有间隙的N形节点 ($e=0$)；(c) 搭接的K形节点 ($e<0$)；(d) 搭接的N形节点 ($e<0$)

连续杆件单元模型进行计算如图 15.2-9。

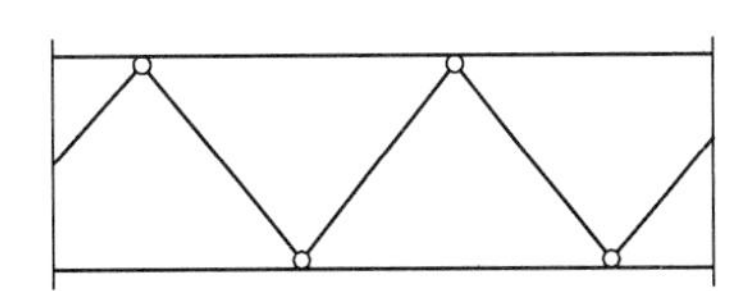

图 15.2-9 无偏心的腹杆端铰接桁架内力计算模型

当节点偏心超过式 (15.2-1) 规定时，应考虑偏心弯矩对节点强度和杆件承载力的影响，可按图 15.2-10 和图 15.2-11 所示模型进行计算。对分配有弯矩的每一个支管应按照节点在支管轴力和弯矩共同作用下的相关公式验算节点的强度，同时对分配有弯矩的主管和支管按偏心受力构件进行验算。

4. 无斜腹杆的空腹桁架和单层网格结构中，采用无加劲钢管直接焊接节点时，应符合现行国家标准《钢结构设计标准》GB 50017 附录 H 的规定计算节点刚度，并判别节点是作为刚接还是半刚接模型。

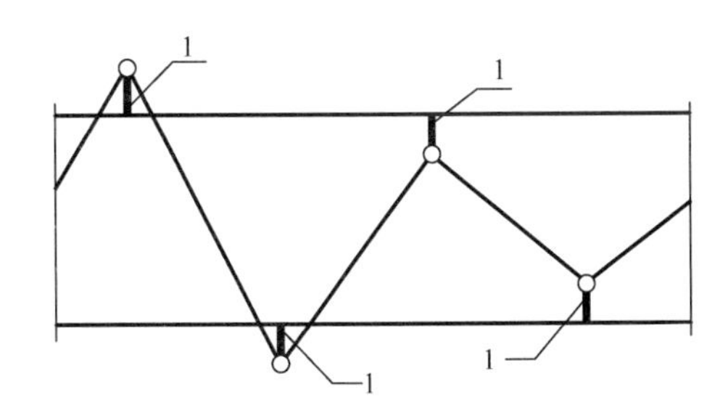

图 15.2-10 节点偏心的腹杆端铰接桁架内力计算模型

1——刚性杆件

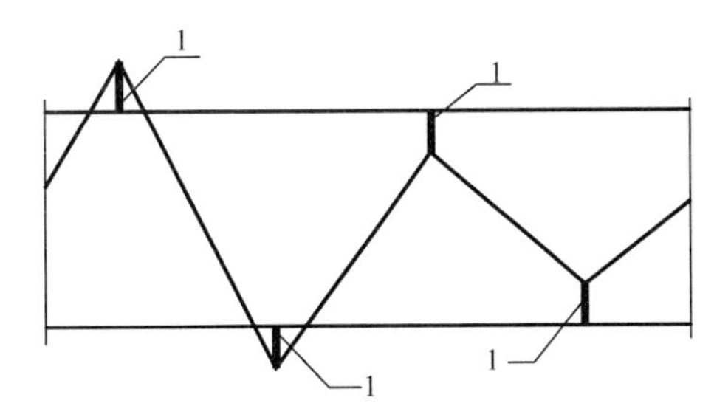

图 15.2-11 节点偏心的腹杆端刚接桁架内力计算模型

1——刚性杆件

三、构件长细比

采用相贯焊接连接的钢管桁架，其构件计算长度系数可按表 15.2-1 取值。

钢管桁架构件计算长度系数　　表 15.2-1

桁架类别	弯曲方向	弦杆	腹杆	
			支座斜杆和支座竖杆	其他腹杆
平面桁架	平面内	$0.9l$	l	$0.8l$
	平面外	l_1	l	l
立体桁架		$0.9l$	l	$0.8l$

注：1. l_1 为平面外无支撑长度；l 是杆件的节间长度；

2. 对端部缩头或压扁的圆管腹杆，其计算长度取 $1.0l$。

15.2.3　钢管构件设计

一、钢管梁及钢管柱

等截面钢管梁及钢管柱的设计按现行国家标准《钢结构设计标准》GB 50017 或《冷弯薄壁型钢结构技术规范》GB 50018 的有关规定执行。对于圆钢管受弯或受拉弯、压弯的构件，计算弯矩应取构件的最大弯矩或几个平面内的最大合成弯矩。

$$\frac{N}{\varphi A}+\frac{\beta_m M_m}{\gamma W\left(1-0.8\frac{N}{N'_E}\right)}\leqslant f \tag{15.2-2}$$

$$M_m=\sqrt{M_x^2+M_y^2} \tag{15.2-3}$$

式中　φ——轴向受压构件稳定系数，确定该系数时，柱构件的计算长度系数取两个框架平面内的最大计算长度，但当仅一个框架平面内有弯矩作用时，柱构件的计算长度应按该平面内的计算长度确定；

M_m——框架柱最大弯矩，取柱构件段内双向弯矩设计值的最大矢量；

M_x，M_y——同一截面上绕 x 轴、y 轴的弯矩设计值；

β_m——等效弯矩系数，按现行国家标准《钢结构设计标准》GB 50017 有关规定采用。

二、钢管梭形柱

二端铰接的圆（方）钢管梭形柱（见图 15.2-12）轴心受压时的整体稳定承载力按公式（15.2-4）计算，公式中的稳定系数 φ 应按等效长细比 λ_{eff} 和截面类别按 GB 50017 的规定计算。

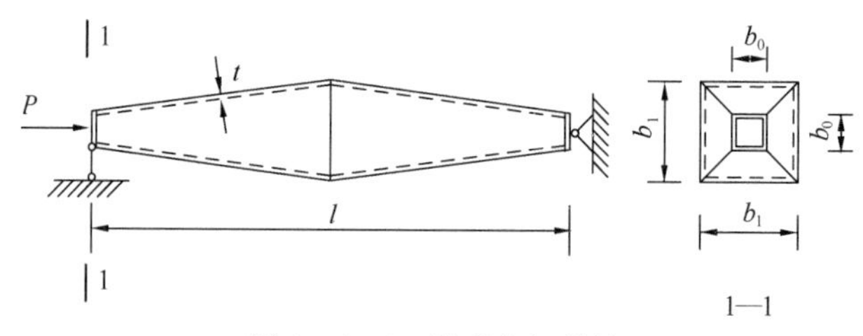

图 15.2-12　梭形方钢管柱

$$\frac{N}{\varphi A_0}\leqslant f \tag{15.2-4}$$

$$\lambda_{eff}=\frac{\mu l}{\sqrt{I_{eff}/A_0}} \tag{15.2-5}$$

$$\gamma=(d_1-d_0)/d_0 \text{ 或 } \gamma=(b_1-b_0)/b_0 \tag{15.2-6}$$

$$\mu=\frac{1}{2}[1+(1+0.853\gamma)^{-1}] \tag{15.2-7}$$

式中 A_0——梭形柱端部截面面积；

I_{eff}——等效惯性矩，$I_{eff}=\sqrt{I_0 I_1}$；

l——构件长度；

γ——梭形柱楔率，其值在 0～1.5 之间；

μ——计算长度系数；

d_1（或 b_1）——柱中间截面外径（或边长）；

d_0（或 b_0）——端部截面外径（或边长）；

I_0，I_1——柱端部截面、中间截面的惯性矩。

15.2.4 钢管格构柱设计

一、整体稳定

等截面钢管格构柱采用相贯式连接缀管时，整体稳定应按公式（15.2-8）计算：

$$\frac{N}{\varphi A}\leqslant f \tag{15.2-8}$$

式中 A——分肢截面面积总和；

φ——轴心受压构件的稳定系数，应根据等截面格构柱的换算长细比 λ_m，按照现行国家标准《钢结构设计标准》GB 50017 或《冷弯薄壁型钢结构技术规范》GB 50018 确定。

1. 对于仅设置水平横向缀管的钢管格构柱，换算长细比 λ_m 应按照下列规定确定：

双肢和四肢等截面钢管格构柱的换算长细比 λ_m 按式（15.2-9）计算：

$$\lambda_m^2=\lambda_0^2+\frac{\pi^2}{12}\lambda_1^2(1+2\beta_l) \tag{15.2-9}$$

三肢等截面钢管格构柱的换算长细比 λ_m 按式（15.2-10）计算：

$$\lambda_m^2=\lambda_0^2+\frac{\pi^2}{48}\lambda_1^2(5+8\beta_l) \tag{15.2-10}$$

$$\beta_l=i_1/i_b$$

式中 λ_0——钢管格构柱长细比；

λ_1——分肢长细比，其计算长度取相邻缀杆间中到中的距离；

i_1——分肢线刚度；

i_b——横缀管的线刚度；

β_l——分肢线刚度与缀管线刚度的比值。

2. 对有单斜缀管的两肢和四肢钢管格构柱，当斜缀管与柱轴线夹角 α 在 40°～70°时，换算长细比应按公式（15.2-11）计算。

$$\lambda_m^2=\lambda_0^2+\frac{27A}{A_1} \tag{15.2-11}$$

式中 A——各分肢钢管面积之和；

A_1——每个节间内两侧斜缀管面积之和。

对有单斜缀管的肢管为等边三角形布置的三肢钢管格构柱，当斜缀管与柱轴线夹角在

40°～70°时，换算长细比可按公式（15.2-12）计算。

$$\lambda_{\mathrm{m}}^{2}=\lambda_{0}^{2}+\frac{56A}{A_{1}} \tag{15.2-12}$$

3. 钢管格构柱的稳定系数，应按现行国家标准《钢结构设计标准》GB 50017 附录 D 表 D.0.2 中 b 类截面柱子曲线或现行国家标准《冷弯薄壁型钢结构技术规范》GB 50018 取值。

二、分肢稳定性计算

等截面钢管格构柱分肢稳定性应按轴心受压构件或偏心压弯构件计算。

1. 当格构柱既设置横缀管也设置斜缀管，且分肢长细比 λ_1 不大于格构柱不同方向整体换算长细比最大值 λ_{m} 的 0.7 倍时，可不验算分肢稳定性。

2. 当分肢长细比不满足上述规定时，应验算柱中部及端部分肢段的稳定性。柱中部弯矩按公式（15.2-13）计算。

$$M_{\mathrm{m}}=\frac{N\delta_{0}}{1-N/N_{\mathrm{cr}}} \tag{15.2-13}$$

$$N_{\mathrm{cr}}=\frac{\pi^{2}EA}{\lambda_{\mathrm{m}}} \tag{15.2-14}$$

式中 N——柱轴力设计值；

δ_0——柱中部挠曲幅值，$\delta_0=l/500$；

N_{cr}——考虑格构柱剪切变形效应的屈曲承载力，按公式（15.2-14）计算。

1）当缀件是斜缀管时，柱中部分肢的轴力应按公式（15.2-15）计算，分肢稳定性按轴心受压构件验算。

$$N_{1}=\frac{N}{n}+\frac{M_{\mathrm{m}}c_{1}}{\sum_{i=1}^{n}c_{i}^{2}} \tag{15.2-15}$$

式中 c_1——最远的分肢距弯曲主轴的距离；

c_i——第 i 个分肢距弯曲主轴的距离；

n——分肢数。

2）当缀件仅是横缀板（竖放）或仅是横缀管时，除应按公式（15.2-15）验算跨中分肢的稳定性外，还必须验算柱端部分肢的稳定性。在柱端部截面，分肢除承受轴力外，还承受由剪力引起的弯矩，分肢稳定性应按压弯构件验算。其端部单个分肢承受的轴力和弯矩应按公式（15.2-16）计算。

$$N_{1}=\frac{N}{n},\ M_{1}=\frac{\chi Vl_{1}}{2n} \tag{15.2-16}$$

$$V=\frac{Af}{85}\sqrt{\frac{f_{\mathrm{y}}}{235}} \tag{15.2-17}$$

式中 V——剪力，按公式（15.2-17）取值；

χ——考虑分肢分担剪力的不均匀性的增大系数，对两肢和四肢格构柱，$\chi=1.0$；对其他分肢格构柱，$\chi=2.0$。

15.2.5 钢管桁架的设计步骤

钢管桁架可以按照以下流程进行设计：

（1）选择管桁架形式、几何图形尺寸及腹杆构造。根据屋面坡度、建筑对结构外观的要求选择桁架形式，结构选型时还要考虑受力合理、减少节点数量、减少施工难度等。然后根据荷载大小选定桁架的合理高跨比，再根据屋面材料、檩条间距等选择上弦节点间距，由腹杆的合理角度构成桁架整体外形及尺寸。

（2）按照设计条件，计算作用于桁架节点及节间的荷载。

（3）按照铰接桁架或腹杆两端铰接弦杆连续的计算模型进行桁架内力分析。当有节间荷载时，也可近似按照连续梁计算跨中支座节点处的弯矩。

（4）按杆件内力及径厚比（或宽厚比）等条件初选截面，进行杆件承载力计算。进行截面初选时，应使弦杆 $l_0/d_0>12$，腹杆 $l_i/d_i>24$；截面的径厚比或宽厚比应满足 15.1.2 节第三条的要求。钢管截面规格应进行适当的归并，一般不超过 5 种截面。杆件截面选择时必须同时考虑节点构造，要合理选择腹杆与弦杆的直径之比、腹杆与弦杆的壁厚之比以及相交腹杆之间的间隙。通常钢管的径厚比或宽厚比取为 20～30，腹杆壁厚小于弦杆壁厚，腹杆直径小于弦杆直径的 0.8 倍。受压弦杆的径厚比应尽量选大一些，对抗压稳定性有利。

（5）进行节点设计。可优先选加工制作和组装焊接简单经济的间隙型节点，并尽量避免偏心节点。验算支管在节点处承载力设计值，应使支管轴心内力设计值不超过节点承载力设计值。若腹杆（支管）节点承载力不足时，则应调整杆件截面或节点类型（如间隙节点改为搭接节点）后重新核算，必要时采用加强型节点。应避免在组装焊接过程中可能出现的隐蔽焊缝。

（6）桁架节点的连接焊缝计算。

（7）检查作用在弦杆节间的荷载引起的弦杆受弯的影响，以及腹杆偏心产生的弯矩的影响，对弦杆进行压（拉）弯构件验算。

（8）验算标准值荷载作用下桁架的挠度。当挠度较大或跨度较大（$L>24$m）时，宜起拱。

15.3 钢管结构节点承载力计算

15.3.1 一般规定

本节关于“钢管结构节点”的规定，适用于被连接构件中至少有一根为圆钢管或方钢管、矩形钢管，不包含椭圆钢管与其他异型钢管，也不含用四块钢板焊接而成的箱型截面构件。本节规定适用于不直接承受动力荷载的钢管桁架、拱架、塔架等结构中的钢管间连接节点。

采用无加劲直接焊接节点的钢管桁架，如节点偏心不超过本手册式（15.4-1）限制时，在计算节点和受拉主管承载力时，可忽略因偏心引起的弯矩的影响，但受压主管应考虑此偏心弯矩 $M=\Delta N\cdot e$（ΔN 为节点两侧主管轴力之差值，e 为偏心矩，符号如图 15.2-8 所示）的影响。

主管上因节间荷载产生的弯矩应在设计主管和节点时加以考虑。此时可将主管按连续

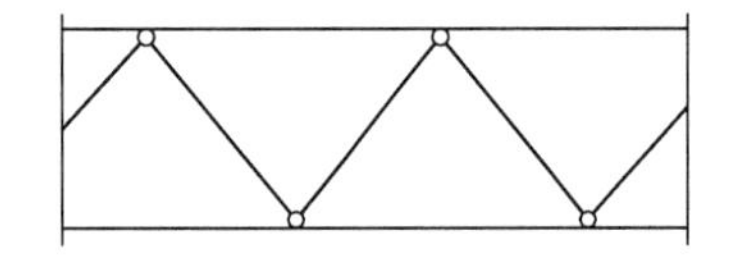

图 15.3-1 无偏心的腹杆端铰接桁架内力计算模型

杆件单元模型进行计算，如图 15.3-1。

当节点偏心超过本手册式（15.4-1）限制时，应考虑偏心弯矩对节点强度和杆件承载力的影响，可按图 15.3-2 和图 15.3-3 所示模型进行计算。对分配有弯矩的每一个支管应按照节点在支管轴力和弯矩共同作用下的相关公式验算节点的强度，同时对分配有弯矩的主管和支管按偏心受力构件进行验算。

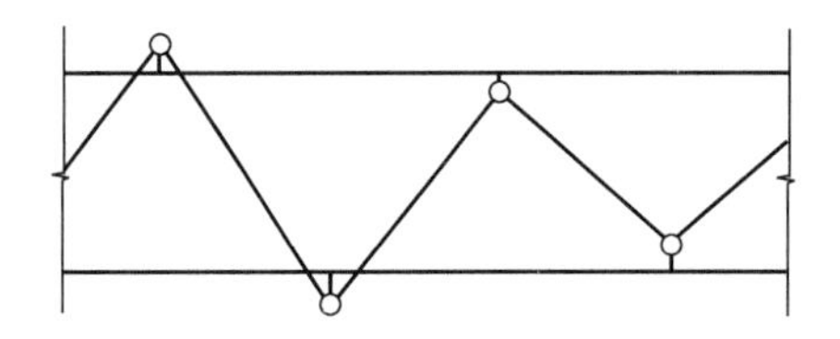

图 15.3-2 节点偏心的腹杆端铰接桁架内力计算模型

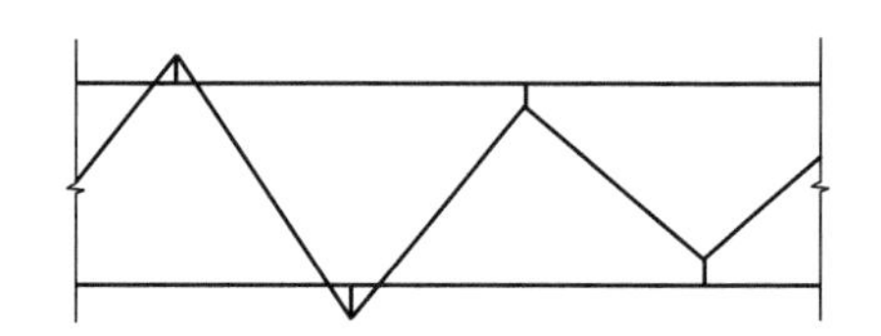

图 15.3-3 节点偏心的腹杆端刚接桁架内力计算模型

15.3.2 圆钢管直接焊接节点和局部加劲节点的计算

一、参数适用范围

本节各计算公式适用如下参数范围：$0.2\leqslant\beta\leqslant1.0$；$\gamma\leqslant50$；$D_i/t_i\leqslant60$；$0.2\leqslant\tau\leqslant1.0$；$\theta\geqslant30°$；$60°\leqslant\varphi\leqslant120°$。其中 $\beta=D_i/D$，D、D_i 分别为主管和支管的外径；$\gamma=D/(2t)$，t 为主管壁厚；$\tau=t_i/t$，t_i为支管壁厚；θ 为主支管轴线间小于直角的夹角，φ 为空间管节点支管的横向夹角，即支管轴线在主管横截面所在平面投影的夹角。

二、无加劲直接焊接平面圆钢管节点的轴心受力计算

无加劲直接焊接的平面圆钢管节点，当支管按仅承受轴心力的构件设计时，平面节点的承载力设计值应按下列规定计算，支管在节点处的承载力设计值不得小于其轴心力设计值。

1. 平面 X 形节点，如图 15.3-4：

受压支管在管节点处的承载力设计值 N_{cX}应按下式计算：

$$N_{cX}=\frac{5.45}{(1-0.81\beta)\sin\theta}\psi_n t^2 f \tag{15.3-1}$$

$$\psi_n=1-0.3\frac{\sigma}{f_y}-0.3\left(\frac{\sigma}{f_y}\right)^2 \tag{15.3-2}$$

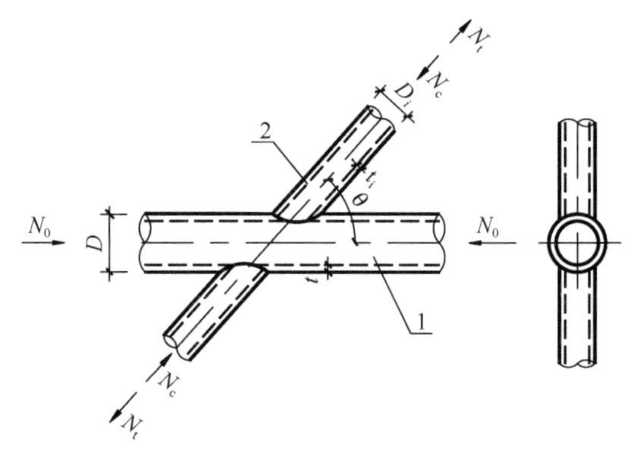

图 15.3-4 X形节点

1—主管；2—支管

式中 ψ_n——参数，当节点两侧或者一侧主管受拉时，取 $\psi_n=1$，其余情况按式（15.3-2）计算；

f——主管钢材的抗拉、抗压和抗弯强度设计值；

f_y——主管钢材的屈服强度；

σ——节点两侧主管轴心压应力的较小绝对值。

受拉支管在管节点处的承载力设计值 N_{tX}应按下式计算：

$$N_{tX} = 0.78\left(\frac{D}{t}\right)^{0.2} N_{cX} \tag{15.3-3}$$

2. 平面T形（或Y形）节点，图15.3-5和图15.3-6：

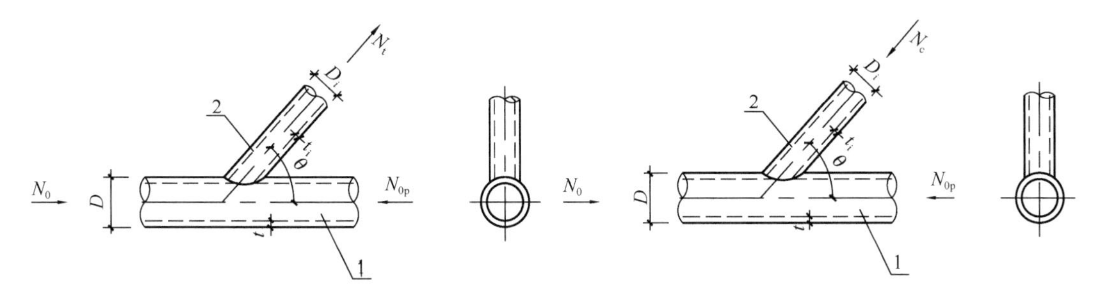

图15.3-5 T形（或Y形）受拉节点
1—主管；2—支管

图15.3-6 T形（或Y形）受压节点
1—主管；2—支管

1）受压支管在管节点处的承载力设计值 N_{cT}应按下式计算：

$$N_{cT} = \frac{11.51}{\sin\theta}\left(\frac{D}{t}\right)^{0.2} \psi_n \psi_d t^2 f \tag{15.3-4a}$$

当$\beta \leqslant 0.7$时：

$$\psi_d = 0.069 + 0.93\beta \tag{15.3-4b}$$

当$\beta > 0.7$时：

$$\psi_d = 2\beta - 0.68 \tag{15.3-4c}$$

2）受拉支管在管节点处的承载力设计值 N_{tT}应按下式计算：

当$\beta \leqslant 0.6$时：

$$N_{tT} = 1.4 N_{cT} \tag{15.3-5}$$

当$\beta > 0.6$时：

$$N_{tT} = (2-\beta) N_{cT} \tag{15.3-6}$$

3. 平面K形间隙节点，如图15.3-7：

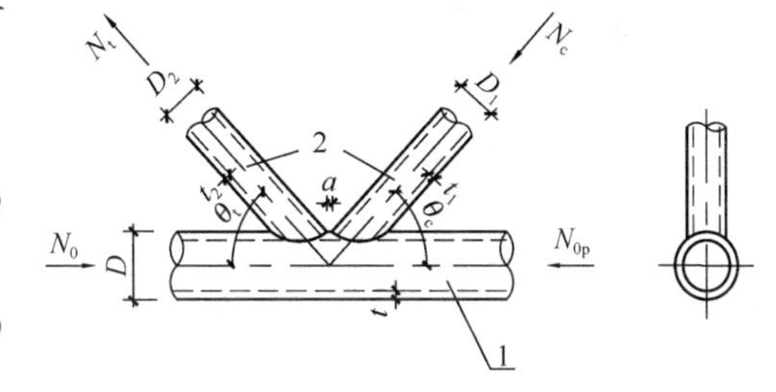

图15.3-7 平面K形间隙节点
1—主管；2—支管

1）受压支管在管节点处的承载力设计值 N_{cK}应按下式计算：

$$N_{cK} = \frac{11.51}{\sin\theta_c}\left(\frac{D}{t}\right)^{0.2} \psi_n \psi_d \psi_a t^2 f \tag{15.3-7}$$

$$\psi_a = 1 + \left(\frac{2.19}{1+7.5a/D}\right)\left(1 - \frac{20.1}{6.6+D/t}\right)(1-0.77\beta) \tag{15.3-8}$$

式中 θ_c——受压支管轴线与主管轴线的夹角；

ψ_a——参数，按式（15.3-8）计算；

ψ_d——参数，按式（15.3-4b）或（15.3-4c）计算；

a——两支管之间的间隙。

2）受拉支管在管节点处的承载力设计值 N_{tK}应按下式计算：

$$N_{tK}=\frac{\sin\theta_c}{\sin\theta_t}N_{cK} \tag{15.3-9}$$

式中 θ_t——受拉支管轴线与主管轴线的夹角。

4. 平面K形搭接节点，如图15.3-8：

支管在管节点处的承载力设计值应按下列公式计算：

受压支管

$$N_{cK}=\left(\frac{29}{\psi_q+25.2}-0.074\right)A_c f \tag{15.3-10}$$

受拉支管

$$N_{tK}=\left(\frac{29}{\psi_q+25.2}-0.074\right)A_t f \tag{15.3-11}$$

$$\psi_q=\beta^{\eta_{ov}}\gamma\tau^{0.8-\eta_{ov}} \tag{15.3-12}$$

式中 ψ_q——参数；

A_c——受压支管的截面面积；

A_t——受拉支管的截面面积；

f——支管钢材的强度设计值；

N_{cK}——受压支管在管节点处的承载力设计值；

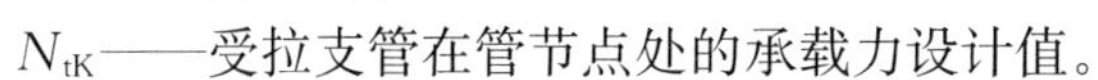

N_{tK}——受拉支管在管节点处的承载力设计值。

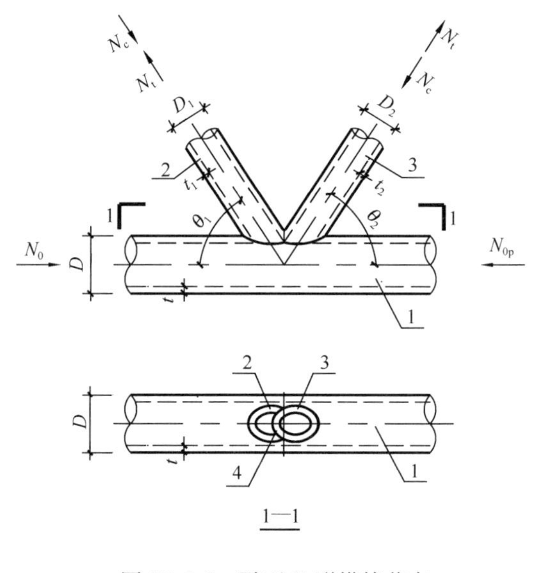

图15.3-8 平面K形搭接节点

1—主管；2—搭接支管；3—被搭接支管；4—被搭接支管内隐藏部分

5. 平面DY形节点，如图15.3-9：

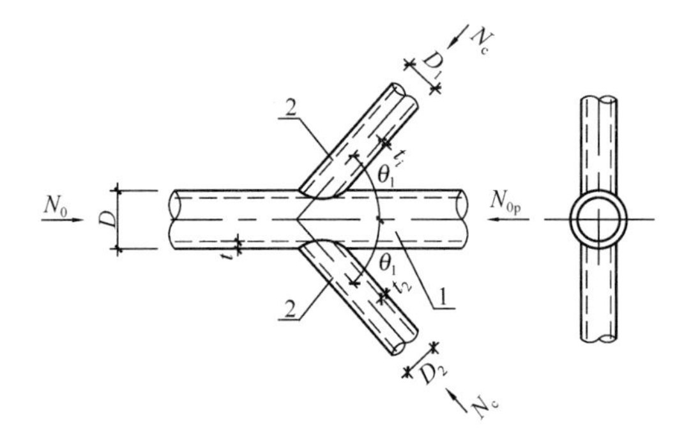

图15.3-9 平面DY形节点

1—主管；2—支管

两受压支管在管节点处的承载力设计值N_{cDY}应按下式计算：

$$N_{cDY}=N_{cX} \tag{15.3-13}$$

式中 N_{cX}——X形节点中受压支管极限承载力设计值。

6. 平面DK形节点：

1）荷载正对称节点，如图15.3-10：

四支管同时受压时，支管在管节点处的承载力应按下列公式验算：

$$N_1\sin\theta_1+N_2\sin\theta_2\leqslant N_{cXi}\sin\theta_i \tag{15.3-14a}$$

$$N_{cXi}\sin\theta_i=\max(N_{cX1}\sin\theta_1, N_{cX2}\sin\theta_2) \tag{15.3-14b}$$

四支管同时受拉时，支管在管节点处的承载力应按下列公式验算：

$$N_1\sin\theta_1+N_2\sin\theta_2\leqslant N_{tXi}\sin\theta_i \tag{15.3-15a}$$

$$N_{tXi}\sin\theta_i=\max(N_{tX1}\sin\theta_1, N_{tX2}\sin\theta_2) \tag{15.3-15b}$$

式中 N_{cX1}，N_{cX2}——X形节点中支管受压时节点承载力设计值；

N_{tX1}，N_{tX2}——X 形节点中支管受拉时节点承载力设计值。

2）荷载反对称节点，如图 15.3-11：

$$N_1 \leqslant N_{cK} \tag{15.3-16}$$

$$N_2 \leqslant N_{tK} \tag{15.3-17}$$

对于荷载反对称作用的间隙节点，如图 15.3-11，还需补充验算截面 a-a 的塑性剪切承载力：

$$\sqrt{\left(\frac{\sum N_i \sin\theta_i}{V_{pl}}\right)^2 + \left(\frac{N_a}{N_{pl}}\right)^2} \leqslant 1.0 \tag{15.3-18}$$

$$V_{pl} = \frac{2}{\pi} A f_v \tag{15.3-19}$$

$$N_{pl} = \pi(D-t)tf \tag{15.3-20}$$

式中 N_{cK}——平面 K 形节点中受压支管承载力设计值；

N_{tK}——平面 K 形节点中受拉支管承载力设计值；

V_{pl}——主管剪切承载力；

A——主管截面面积；

f_v——主管钢材抗剪强度设计值；

N_{pl}——主管轴向承载力；

N_a——截面 a-a 处主管轴力设计值。

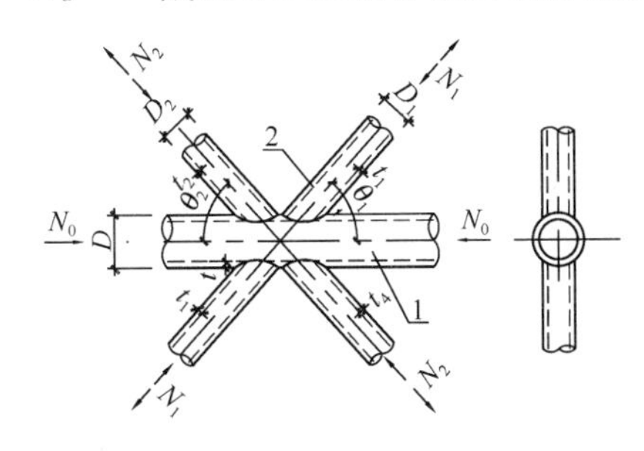

图 15.3-10 荷载正对称平面 DK 形节点

1—主管；2—支管

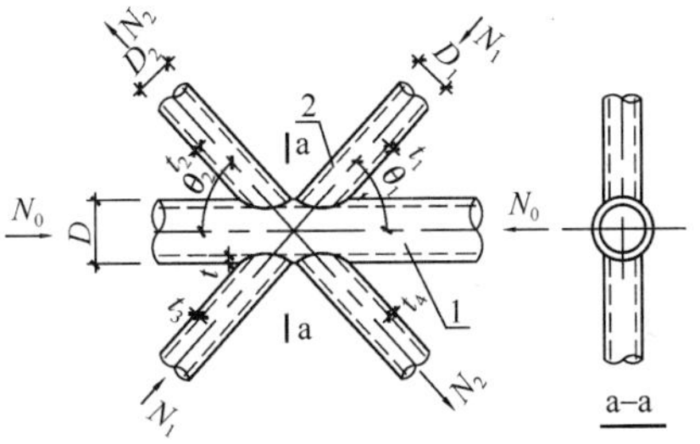

图 15.3-11 荷载反对称平面 DK 形节点

1—主管；2—支管

7. 平面 KT 形，如图 15.3-12：

对有间隙的 KT 形节点，当竖杆不受力，可按没有竖杆的 K 形节点计算，其间隙值 a 取为两斜杆的趾间距；当竖杆受压力时，按下式计算：

$$N_1 \sin\theta_1 + N_3 \sin\theta_3 \leqslant N_{cK1} \sin\theta_1 \tag{15.3-21}$$

$$N_1 \sin\theta_2 \leqslant N_{cK1} \sin\theta_1 \tag{15.3-22}$$

当竖杆受拉力时，尚应按下式计算：

$$N_1 \leqslant N_{cK1} \tag{15.3-23}$$

式中 N_{cK1}——K 形节点支管承载力设计值，由式（15.3-7）计算，公式中用 $\frac{D_1+D_2+D_3}{3D}$代替$\frac{D_1}{D}$；

a——受压支管与受拉支管在主管表面的间隙。

8. T、Y、X 形和有间隙的 K、N 形、平面 KT 形节点的冲剪验算，支管在节点处的

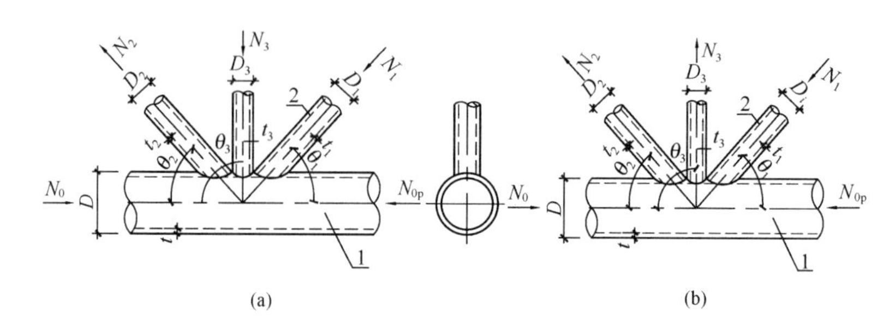

图 15.3-12 平面 KT 形节点

(a) N_1、N_3 受压；(b) N_2、N_3 受拉

1—主管；2—支管

冲剪承载力设计值 N_{si} 应按下式进行补充验算：

$$N_{si}=\pi\frac{1+\sin\theta_i}{2\sin^2\theta_i}tD_if_v \tag{15.3-24}$$

对上述主要计算公式和规定说明如下。

关于第 1 款至第 3 款。《钢结构设计规范》GBJ 17—88 对平面 X、Y、T 形和 K 形节点处主管强度的支管轴心承载力设计值的公式是比较、分析国外有关规范和国内外有关资料的基础上，根据近 300 个各类型管节点的承载力极限值试验数据，通过回归分析归纳得出的承载力极限值经验公式，然后采用校准法换算得到的。《钢结构设计规范》GB 50017—2003 修订时，根据同济大学的研究成果，对平面节点承载力计算公式进行了若干修正。修正时主要对照了新建立的国际管节点数据库中的试验结果，并考虑了公式表达的合理性。经与日本建筑学会（AIJ）公式、国际管结构研究和发展委员会（CIDECT）公式的比较，所修正的计算公式与试验数据对比，其均值和置信区间都较之前更加合理。《钢结构设计标准》GB 50017 修订时，除了对 K 形节点考虑搭接影响之外未作进一步改动。

关于第 4 款。K 型搭接节点中，两支管中垂直于主管的内力分量因支管搭接直接相互平衡了一部分，使得主管连接面所承受的作用力相对减小；同时，搭接部位的存在也增大了约束主管管壁局部变形的刚度。近年来的搭接节点试验和有限元分析结果均表明，搭接节点的破坏模式主要为支管局部屈曲破坏、支管局部屈曲与主管管壁塑性的联合破坏、支管轴向屈服破坏等三种模式，与平面圆钢管连接节点的主管壁塑性破坏模式相比有很大差别。因此，目前国外各规程中均将搭接节点的承载力计算公式特别列出，有两种主要方法：其一，如 Eurocode3 规程，保持与 K 型间隙节点公式的连续性，通过调整搭接（间隙）关系参数，给出搭接节点的计算公式；其二，如 ISO 规程（草案），根据搭接节点的破坏模式，摒弃了原来环模型计算公式，给出与间隙节点完全不同的计算公式。本节采用方法二。由于搭接节点的破坏主要发生在支管而非主管上，因此将节点效率表示为几何参数的函数，即采用 $f(\beta,\gamma,\tau,\eta O_v)$ * Aifi 的公式形式；通过研究节点几何参数对节点效率的影响，选定 $f(\beta,\gamma,\tau,\eta O_v)$ 的函数形式；以同济大学 11 个搭接节点的单调加载试验、540 个节点有限元计算结果、以及国际管节点数据库的资料为基础，经回归分析得到 K 型搭接节点承载力计算公式。

关于第 5 款和第 6 款。目前平面 DY 和 DK 型节点已经应用于网架、网壳结构中。本节平面 DY 和 DK 型节点承载力设计值公式引自欧洲规范（Eurocode3-1-8：2005）。

关于第7款。平面KT形节点计算公式（15.3-21）、（15.3-22）来源Eurocode3-1-8：2005，本条补充了关于间隙 a 的取值规定。Eurocode的计算方公式依据各支管垂直于主管轴线的竖向分力合力为零的假定，但当竖杆受拉力时，仅按（15.3-22）计算，可能对节点受压的计算偏于不安全，本条补充了按（15.3-23）进行计算的规定。

关于第8款。J. A. Packer在《空心管结构连接设计指南》（曹俊杰译，科学出版社，1997）中认为，平面节点的失效模式由主管管壁塑性控制，因而可以不计算主管管壁冲剪破坏。但是在管节点数据库中仍存在冲剪破坏的记录。日本建筑学会（AIJ）设计指南（1990）、Eurocode3-1-8：2005要求T、Y、X型和间隙K、N节点进行冲剪承载力计算。考虑到这类破坏发生的可能性，本次《钢结构设计标准》GB 50017修订规定对这类节点进行支管在节点处的冲剪承载力补充验算。本条公式引自欧洲规范（Eurocode3-1-8：2005）。

三、无加劲直接焊接空间圆钢管节点的轴心受力计算

无加劲直接焊接的空间圆钢管节点，当支管按仅承受轴力的构件设计时，空间节点的承载力设计值应按下列规定计算，支管在节点处的承载力设计值不得小于其轴心力设计值。

1. 空间TT形节点，如图15.3-13：

受压支管在管节点处的承载力设计值 N_{cTT} 应按下式计算：

$$N_{cTT}=\psi_{ao}N_{cT} \tag{15.3-25}$$

$$\psi_{ao}=1.28-0.64\frac{a_0}{D}\leqslant 1.1 \tag{15.3-26}$$

式中　a_o——两支管的横向间隙。

受拉支管在管节点处的承载力设计值 N_{tTT} 应按下式计算：

$$N_{tTT}=N_{cTT} \tag{15.3-27}$$

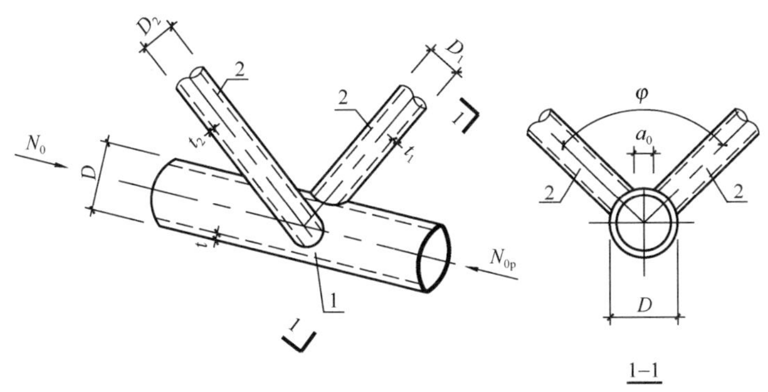

图15.3-13　空间TT形节点

1—主管；2—支管

2. 空间KK形节点，如图15.3-14：

受压或受拉支管在空间管节点处的承载力设计值 N_{cKK} 或 N_{tKK} 应分别按平面K形节点相应支管承载力设计值 N_{cK} 或 N_{tK} 乘以空间调整系数 μ_{KK} 计算。

当支管为非全搭接型时：

$$\mu_{KK}=0.9 \tag{15.3-28a}$$

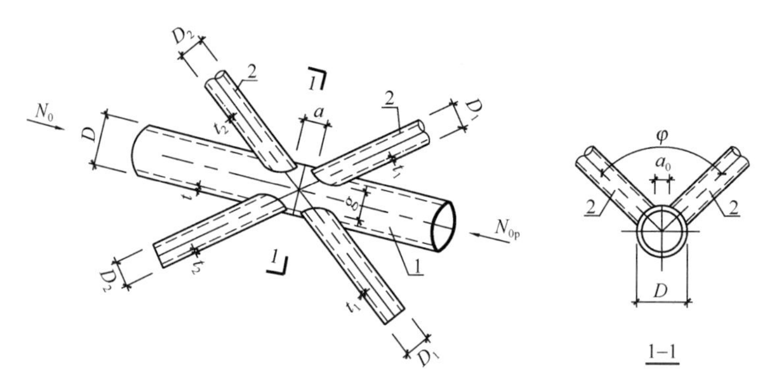

图 15.3-14 空间 KK 形节点

1—主管；2—支管

当支管为全搭接型时：

$$\mu_{KK} = 0.74\gamma^{0.1}\exp(0.6\zeta_t) \tag{15.3-28b}$$

$$\zeta_t = \frac{q_0}{D} \tag{15.3-29}$$

式中 ζ_t——参数；

q_0——平面外两支管的搭接长度。

3. 空间 KT 形圆管节点，如图 15.3-15：

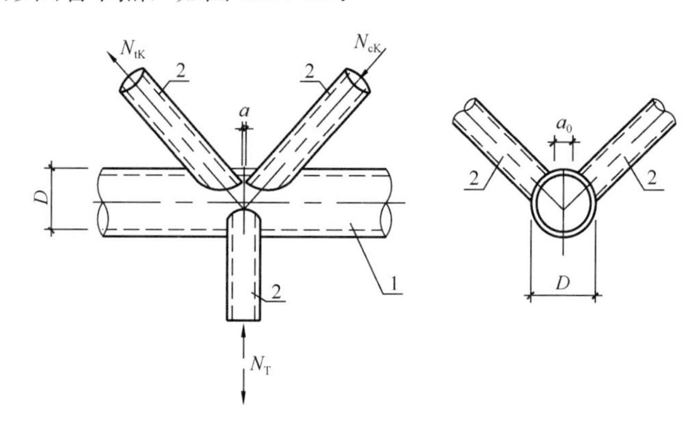

图 15.3-15 空间 KT 形节点

1—主管；2—支管

1）K 形受压支管在管节点处的承载力设计值 N_{cKT}应按下式计算：

$$N_{cKT} = Q_n\mu_{KT}N_{cK} \tag{15.3-30}$$

2）K 形受拉支管在管节点处的承载力设计值 N_{tKT}应按下式计算：

$$N_{tKT} = Q_n\mu_{KT}N_{tK} \tag{15.3-31}$$

3）T 形支管在管节点处的承载力设计值 N_{KT}应按下式计算：

$$N_{KT} = n_{TK}N_{cKT} \tag{15.3-32}$$

$$Q_n = \frac{1}{1+\dfrac{0.7n_{TK}^2}{1+0.6n_{TK}}} \tag{15.3-33}$$

$$n_{TK} = N_T/|N'_{cK}| \tag{15.3-34}$$

$$\mu_{KT}=\begin{cases}1.15\beta_T^{0.07}\exp(-0.2\zeta_0) & \text{空间 KT 形间隙节点}\\ 1.0 & \text{空间 KT 形平面内搭接节点}\\ 0.74\gamma^{0.1}\exp(-0.25\zeta_0) & \text{空间 KT 形全搭接节点}\end{cases} \tag{15.3-35}$$

$$\zeta_0=\frac{a_0}{D}\text{或}\frac{q_0}{D} \tag{15.3-36}$$

式中 Q_n——支管轴力比影响系数；

n_{TK}——支管轴心力比，按式（15.3-34）计算，$-1\leqslant n_{TK}\leqslant 1$。

N_T、N'_{cK}——分别为T形支管和K形受压支管的轴力设计值，以拉为正，以压为负；

μ_{KT}——空间调整系数，根据图15.3-16的支管搭接方式分别取值；

β_T——T形支管与主管的直径比；

ζ_0——参数；

a_0——K形支管与T形支管的平面外间隙；

q_0——K形支管与T形支管的平面外搭接长度。

对上述主要计算公式和规定说明如下。

《钢结构设计规范》GB 50017—2003修订时，在分析管节点数据库相关数据和对照同济大学实施的试验基础上，补充了空间TT形和KK形节点的计算规定。与日本建筑学会（AIJ）公式、国际管结构研究和发展委员会（CIDECT）公式相比，按所提出的计算公式和试验数据作比较，无论其均值还是置信区间都更加合理。详见《钢结构设计规范》GB 50017—2003条文说明第10.3.3条的条文说明表12最后2组数据。

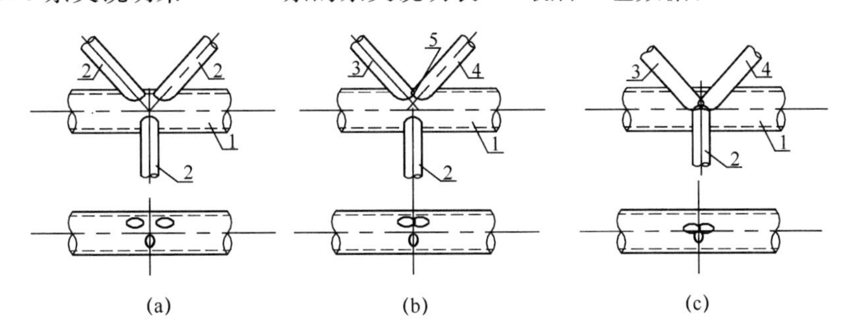

图15.3-16 空间KT形节点分类

(a) 空间KT形间隙节点 (b) 空间KT形平面内搭接节点 (c) 空间KT形全搭接节点

1—主管；2—支管；3—贯通支管；4—搭接支管；5—内隐蔽部分

但制订GB 50017—2003时所依据的管节点数据库和同济大学试验研究的空间KK形节点，都是间隙节点，而工程实践中，因支管搭接与否有多种组合，除全间隙节点外，还可能遇到支管全搭接型和支管非全搭接型。对搭接型节点的极限承载力进行分析，将支管全搭接型的KK形节点的空间调整系数采用不同于GB 50017—2003的形式，其余情况则仍采用0.9。

原《钢结构设计规范》GB 50017—2003没有空间KT形圆管节点强度计算公式，而近年的工程实践表明这类形式的节点在空间桁架和空间网壳中并不少见。本条第3款的计算公式采用在平面K形节点强度计算公式基础上乘以支管轴力比影响系数Q_n和空间调整系数μ_{KT}的方法。其中，μ_{KT}反映了空间几何效应，Q_n反映了荷载效应。分三种情况规定

了 μ_{KT}的取值，即（1）三支管间均有间隙（空间 KT-Gap 型）；（2）K 形支管搭接，但与 T 形支管间有间隙（空间 KT-IPOv 型）；（3）三支管均搭接（空间 KT-Ov 型）。

四、无加劲直接焊接平面圆钢管节点的受弯、压弯、拉弯计算

无加劲直接焊接的平面 T、Y、X 形节点，当支管承受弯矩作用时，如图 15.3-17 和图 15.3-18，节点承载力应按下列规定计算：

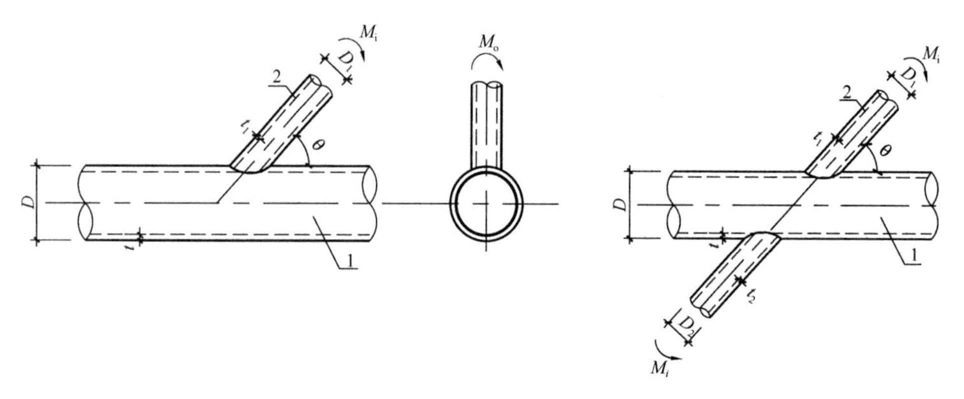

图 15.3-17　T 形（或 Y 形）节点的平面内受弯与平面外受弯
1—主管；2—支管

图 15.3-18　X 形节点的平面内受弯与平面外受弯
1—主管；2—支管

1. 支管在管节点处的平面内受弯承载力设计值 M_{iT}应按下列公式计算：

$$M_{iT} = Q_x Q_f \frac{D_i t^2 f}{\sin\theta_i} \tag{15.3-37}$$

$$Q_x = 6.09\beta\gamma^{0.42} \tag{15.3-38}$$

当节点两侧或一侧主管受拉时：

$$Q_f = 1 \tag{15.3-39a}$$

当节点两侧主管受压时：

$$Q_f = 1 - 0.3n_p - 0.3n_p^2 \tag{15.3-39b}$$

$$n_p = \frac{N_{op}}{Af_y} + \frac{M_{op}}{Wf_y} \tag{15.3-40}$$

当 $D_i \leqslant D - 2t$ 时，平面内弯矩不应大于下式规定的抗冲剪承载力设计值：

$$M_{siT} = \left(\frac{1 + 3\sin\theta_i}{4\sin^2\theta_i}\right) D_i^2 t f_v \tag{15.3-41}$$

式中　Q_x——参数；

Q_f——参数；

N_{op}——节点两侧主管轴心压力的较小绝对值；

M_{op}——节点与 N_{op}对应一侧的主管平面内弯矩绝对值；

A——与 N_{op}对应一侧的主管截面积；

W——与 N_{op}对应一侧的主管截面模量。

2. 支管在管节点处的平面外受弯承载力设计值 M_{oT}应按下式计算：

$$M_{oT} = Q_y Q_f \frac{D_i t^2 f}{\sin\theta} \tag{15.3-42}$$

$$Q_{\mathrm{y}}=3.2\gamma^{(0.5\beta^2)} \tag{15.3-43}$$

当 $D_i \leqslant D-2t$ 时，平面外弯矩不应大于下式规定的抗冲剪承载力设计值：

$$M_{\mathrm{soT}}=\left(\frac{3+\sin\theta}{4\sin^2\theta}\right)D_i^2 t f_{\mathrm{v}} \tag{15.3-44}$$

3. 支管在平面内、外弯矩和轴力组合作用下的承载力应按下式验算：

$$\frac{N}{N_j}+\frac{M_i}{M_{\mathrm{T}i}}+\frac{M_{\mathrm{y}}}{M_{\mathrm{oT}}}\leqslant 1.0 \tag{15.3-45}$$

式中 N、M_i、M_{o}——支管在管节点处的轴心力、平面内弯矩、平面外弯矩设计值；

N_j——支管在管节点处的承载力设计值，根据节点形式按本手册式（15.3-1）～（15.3-6）计算。

对上述主要计算公式和规定说明如下。

无斜腹杆的桁架（空腹桁架）、单层网壳等结构，其构件承受的弯矩在设计中是不可忽略的。这类结构采用非加劲直接焊接节点时，设计中应考虑节点的抗弯计算。本次标准修订时，在分析国外有关规范和国内外有关资料的基础上，根据近 160 个管节点的抗弯承载力极限值试验数据，通过回归分析、考虑了可靠度与安全系数后得出了主管和支管均为圆管的平面 T、Y、X 型相贯节点抗弯承载力设计值公式。对应于主管冲剪破坏模式的相贯节点抗弯承载力计算公式的主要来源为 CIDECT 设计指南。

无斜腹杆的桁架（空腹桁架）、单层网壳结构中的杆件，同时承受轴力和弯矩作用。本条第 3 款适用于这种条件下的节点计算。标准修订时，对比了各国规范对于节点在弯矩与轴力共同作用下的承载力相关方程。从安全和简化出发，规范修订时直接采用了 AIJ 公式的形式。

五、主管呈弯曲状的平面或空间圆钢管焊接节点计算

主管呈弯曲状的平面或空间圆管焊接节点，当主管曲率半径 $R\geqslant 5\mathrm{m}$ 且主管曲率半径 R 与主管直径 D 之比不小于 12 时，可采用本节之前给出的计算公式进行承载力计算。

同济大学进行了主管为向内弯曲、向外弯曲和无弯曲（直线状）的圆管焊接节点静力加载对比试验共 15 件，节点型式有平面 K 形、空间 TT 形、KK 形、KTT 形。同时，应用有限元分析方法对节点进行了弹塑性分析，考虑的节点参数包括 β 变化范围 0.5～0.8，主管径厚比 2γ 变化范围 36～50，支管与主管的厚度比 τ 变化范围 0.5～1.0，主管轴线弯曲曲率半径 R 变化范围 5～35m，以及轴线弯曲曲率半径 R 与主管直径 d 之比变化范围 12～110。研究表明，无论主管轴线向内还是向外弯曲，以上各种形式的圆管节点与直线状的主管节点相比，节点受力性能没有大的差别，节点极限承载力相差不超过 5%。

六、局部加劲的圆管焊接节点计算

对于主管采用 15.4.4 节包覆半圆加强板加劲的节点，如图 15.4-7a：当支管受压时，节点承载力设计值，取相应未加强时节点承载力设计值的（$0.23\tau_{\mathrm{r}}^{1.18}\beta^{-0.68}+1$）倍；当支管受拉时，节点承载力设计值，取相应未加强时节点承载力设计值的 $1.13\tau_{\mathrm{r}}^{0.59}$ 倍；τ_{r} 为加强板厚度与主管壁厚的比值。

圆管加强板的几何尺寸，国外有若干试验数据发表，同济大学补充实施了新的试验，据此校验了有限元模型。采用校验过的模型对 T 形连接的极限承载力进行了数值计算。计算表明，当支管受压时，加强板和主管分担支管传递的内力，但并非如此前文献认为的那样可以用加强板的厚度加上主管壁厚代入强度公式；根据计算结果回归分析，采用图15.4-7a加强板的节点承载力，是无加强时节点承载力的（$0.23\tau_r^{1.18}\beta^{-0.68}+1$）倍。计算也表明，当支管受拉时，由于主管对加强板有约束，并非只有加强板在起作用，根据回归分析，用图15.4-7a加强板的节点承载力是无加强时节点承载力的$1.13\tau_r^{0.59}$倍。

七、支管为方矩形钢管、主管为圆钢管的无加劲直接焊接平面节点的计算

近年来，工程实践中出现了主管为圆管、支管为方矩形管的情况。但国内对此研究不多，仅有少数几例试验。参考Eurocode3-1-8的规定给出相关计算公式，与同济大学的试验资料相比较后得出，支管为方矩形钢管的平面T、X形节点，支管在节点处的承载力应按下列规定计算：

1. T形节点：

1）支管在节点处的轴向承载力设计值应按下式计算：

$$N_{TR}=(4+20\beta_{RC}^2)(1+0.25\eta_{RC})\psi_n t^2 f \tag{15.3-46a}$$

$$\beta_{RC}=\frac{b_1}{D} \tag{15.3-46b}$$

$$\eta_{RC}=\frac{h_1}{D} \tag{15.3-46c}$$

2）支管在节点处的平面内受弯承载力设计值应按下式计算：

$$M_{iTR}=h_1 N_{TR} \tag{15.3-47}$$

3）支管在节点处的平面外受弯承载力设计值应按下式计算：

$$M_{oTR}=0.5b_1 N_{TR} \tag{15.3-48}$$

式中　β_{RC}——支管的宽度与主管直径的比值，且需满足$\beta_{RC}\geqslant0.4$；

η_{RC}——支管的高度与主管直径的比值，且需满足$\eta_{RC}\leqslant4$；

b_1——支管的宽度；

h_1——支管的平面内高度；

t——主管壁厚；

f——主管钢材的抗拉、抗压和抗弯强度设计值。

2. X形节点：

1）节点轴向承载力设计值应按下式计算：

$$N_{XR}=\frac{51+0.25\eta_{RC}}{1-0.81\beta_{RC}}\psi_n t^2 f \tag{15.3-49}$$

2）节点平面内受弯承载力设计值应按下式计算：

$$M_{iXR}=h_i N_{XR} \tag{15.3-50}$$

3）节点平面外抗弯受弯承载力设计值应按下式计算：

$$M_{oXR}=0.5b_i N_{XR} \tag{15.3-51}$$

3. 节点尚还应按下式进行冲剪计算：

$$\sigma_{max}t_1=(N_1/A_1+M_{x1}/W_{x1}+M_{y1}/W_{y1})t_1\leqslant tf_v \tag{15.3-52}$$

式中　N_1——支管的轴向力；

A_1——支管的横截面积；

M_{y1}——支管轴线与主管表面相交处的平面内弯矩；

W_{y1}——支管轴线与主管表面相交处的平面内弹性抗弯截面模量；

M_{y1}——支管轴线与主管表面相交处的平面外弯矩；

W_{y1}——支管轴线与主管表面相交处的平面外弹性抗弯截面模量；

t_1——支管壁厚；

f_v——主管钢材的抗剪强度设计值。

八、无加劲直接焊接圆钢管节点的焊缝计算

在节点处，支管沿周边与主管相焊；支管互相搭接处，搭接支管沿搭接边与被搭接支管相焊。为防止焊缝先于节点发生破坏，焊缝承载力应不小于节点承载力。T（Y）、X或K形间隙节点及其他非搭接节点中，支管为圆管时的焊缝承载力设计值应按下列规定计算：

1. 支管仅受轴力作用时：

非搭接支管与主管的连接焊缝可视为全周角焊缝进行计算。角焊缝的计算厚度沿支管周长取 $0.7h_f$，焊缝承载力设计值 N_f 可按下式计算：

$$N_f = 0.7h_f l_w f_f^w \tag{15.3-53}$$

当 $D_i/D \leqslant 0.65$ 时：

$$l_w = (3.25D_i - 0.025D)\left(\frac{0.534}{\sin\theta_i} + 0.446\right) \tag{15.3-54}$$

当 $0.65 < D_i/D \leqslant 1$ 时：

$$l_w = (3.81D_i - 0.389D)\left(\frac{0.534}{\sin\theta_i} + 0.446\right) \tag{15.3-55}$$

式中 h_f——焊脚尺寸；

f_f^w——角焊缝的强度设计值；

l_w——焊缝的计算长度。

2. 平面内弯矩作用下：

支管与主管的连接焊缝可视为全周角焊缝进行计算。角焊缝的计算厚度沿支管周长取 $0.7h_f$，焊缝承载力设计值 M_{fi} 可按下列公式计算：

$$M_{fi} = W_{fi} f_f^w \tag{15.3-56}$$

$$W_{fi} = \frac{I_{fi}}{x_c + D/(2\sin\theta_i)} \tag{15.3-57}$$

$$x_c = (-0.34\sin\theta_i + 0.34)\cdot(2.188\beta^2 + 0.059\beta + 0.188)\cdot D_i \tag{15.3-58}$$

$$I_{fi} = \left(\frac{0.826}{\sin^2\theta} + 0.113\right)\cdot(1.04 + 0.124\beta - 0.322\beta^2)\cdot\frac{\pi}{64}\cdot\frac{(D + 1.4h_f)^4 - D^4}{\cos\phi_{fi}} \tag{15.3-59}$$

$$\phi_{fi} = \arcsin(D_i/D) = \arcsin\beta \tag{15.3-60}$$

式中 W_{fi}——焊缝有效截面的平面内抗弯模量，按式（15.3-57）计算；

x_c——参数，按式（15.3-58）计算；

I_{fi}——焊缝有效截面的平面内抗弯惯性矩，按式（15.3-59）计算。

3. 平面外弯矩作用下：

支管与主管的连接焊缝可视为全周角焊缝进行计算。角焊缝的计算厚度沿支管周长取 $0.7h_f$，焊缝承载力设计值 M_{fo} 可按下式计算：

$$M_{fo} = W_{fo} f_f^w \tag{15.3-61}$$

$$W_{fo} = \frac{I_{fo}}{D/(2\cos\phi_{fo})} \tag{15.3-62}$$

$$\phi_{fo} = \arcsin(D_i/D) = \arcsin\beta \tag{15.3-63}$$

$$I_{fo} = (0.26\sin\theta + 0.74) \cdot (1.04 - 0.06\beta) \cdot \frac{\pi}{64} \cdot \frac{(D+1.4h_f)^4 - D^4}{\cos^3\phi_{fo}} \tag{15.3-64}$$

式中　W_{fo}——焊缝有效截面的平面外抗弯模量，按式（15.3-62）计算；

I_{fo}——焊缝有效截面的平面外抗弯惯性矩，按式（15.3-64）计算。

上述非搭接管连接焊缝在轴力作用下的强度计算公式沿用了《钢结构设计规范》GB 50017—2003 的有关规定。关于非搭接管连接焊缝在平面内与平面外弯矩作用下的强度计算公式是采用空间解析几何原理，经数值计算与回归分析后提出的。经对所收集的近 70 个管节点的极限承载力、杆件承载力、焊缝承载力与破坏模式的计算比较，可以保证静力荷载下焊缝验算公式的适用性。

15.3.3　矩形钢管直接焊接节点和局部加劲节点的计算

一、参数适用范围

本节规定适用于直接焊接且主管为矩形管，支管为矩形管或圆管的钢管节点，如图 15.3-19，其适用范围应符合表 15.3-1 的要求。对于间隙 K、N 形节点，如果间隙尺寸过大，满足 $a/b > 1.5(1-\beta)$，则两支管间产生错动变形时，两支管间的主管表面不形成或形成较弱的张拉场作用，可以不考虑其对节点承载力的影响，节点分解成单独的 T 形或 Y 形节点计算。

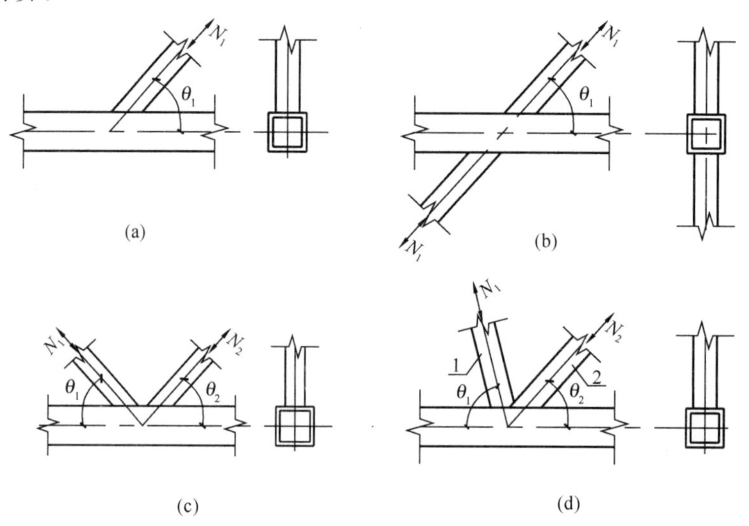

图 15.3-19　矩形管直接焊接平面节点

（a）T、Y 形节点；（b）X 形节点；（c）有间隙的 K、N 形节点；

（d）搭接的 K、N 形节点

1—搭接支管；2—被搭接支管

主管为矩形管、支管为矩形管或圆管的节点几何参数适用范围 **表 15.3-1**

<table>
<tr><th colspan="2" rowspan="3">截面及节点形式</th><th colspan="6">节点几何参数，i=1 或 2，表示支管；j 表示被搭接支管</th></tr>
<tr><th rowspan="2">$\frac{b_i}{b}$、$\frac{h_i}{b}$ 或 $\frac{D_i}{b}$</th><th colspan="2">$\frac{b_i}{t_i}$、$\frac{h_i}{t_i}$ 或 $\frac{D_i}{t_i}$</th><th rowspan="2">$\frac{h_i}{b_i}$</th><th rowspan="2">$\frac{b}{t}$、$\frac{h}{t}$</th><th rowspan="2">a 或 η_{ov}
$\frac{b_i}{b_j}$、$\frac{t_i}{t_j}$</th></tr>
<tr><th>受压</th><th>受拉</th></tr>
<tr><td rowspan="3">支管为矩形管</td><td>T、Y与X</td><td>$\geqslant 0.25$</td><td rowspan="2">$\leqslant 37\varepsilon_{k,i}$
且 $\leqslant 35$</td><td rowspan="3">$\leqslant 35$</td><td rowspan="3">$0.5 \leqslant \frac{h_i}{b_i} \leqslant 2.0$</td><td rowspan="2">$\leqslant 35$</td><td>—</td></tr>
<tr><td>K与N间隙节点</td><td>$\geqslant 0.1+0.01\frac{b}{t}$
$\beta \geqslant 0.35$</td><td>$0.5(1-\beta) \leqslant \frac{a}{b} \leqslant 1.5(1-\beta)$
$25\% \leqslant \eta_{ov} \leqslant 100\%$
$a \geqslant t_1+t_2$</td></tr>
<tr><td>K与N搭接节点</td><td>$\geqslant 0.25$</td><td>$\leqslant 33\varepsilon_{k,i}$</td><td>$\leqslant 40$</td><td>$\frac{t_i}{t_j} \leqslant 1.0$
$0.75 \leqslant \frac{b_i}{b_j} \leqslant 1.0$</td></tr>
<tr><td colspan="2">支管为圆管</td><td>$0.4 \leqslant \frac{D_i}{b} \leqslant 0.8$</td><td>$\leqslant 44\varepsilon_{k,i}$</td><td>$\leqslant 50$</td><td colspan="3">取 $b_i = D_i$ 仍能满足上述相应条件</td></tr>
</table>

注：1. 当$\frac{a}{b}>1.5(1-\beta)$，则按 T 形或 Y 形节点计算。

2. b_i、h_i、t_i 分别为第 i 个矩形支管的截面宽度、高度和壁厚；

D_i、t_i 分别为第 i 个圆支管的外径和壁厚；

b、h、t 为矩形主管的截面宽度、高度和壁厚；

a 为支管间的间隙；

η_{ov}为搭接率；

$\varepsilon_{k,i}$为第 i 个支管钢材的钢号调整系数；

β 为参数：对 T、Y、X 形节点，$\beta=\frac{b_1}{b}$或$\frac{D_1}{b}$；对 K、N 形节点 $\beta=\frac{b_1+b_2+h_1+h_2}{4b}$ 或 $\beta=\frac{D_1+D_2}{b}$。

二、无加劲直接焊接平面矩形钢管节点的轴心受力计算

无加劲直接焊接的平面节点，当支管按仅承受轴心力的构件设计时，平面节点的承载力设计值应按下列规定计算，支管在节点处的承载力设计值不得小于其轴心力设计值。

1. 支管为矩形管的平面 T、Y 和 X 形节点：

1）当 $\beta \leqslant 0.85$ 时，支管在节点处的承载力设计值 N_{ui}应按下列公式计算：

$$N_{ui} = 1.8\left(\frac{h_i}{bC\sin\theta_i}+2\right)\frac{t^2 f}{C\sin\theta_i}\psi_n \tag{15.3-65a}$$

$$C = (1-\beta)^{0.5} \tag{15.3-65b}$$

主管受压时：

$$\psi_n = 1.0 - \frac{0.25\sigma}{\beta f} \tag{15.3-65c}$$

主管受拉时：

$$\psi_n = 1.0 \tag{15.3-65d}$$

式中 C——参数，按式（15.3-65b）计算；

ψ_n——参数，按式（15.3-65c）计算；

σ——节点两侧主管轴心压应力的较大绝对值。

2）当 β=1.0 时，支管在节点处的承载力设计值 N_{ui}应按下式计算：

$$N_{ui}=\left(\frac{2h_i}{\sin\theta_i}+10t\right)\frac{tf_k}{\sin\theta_i}\psi_n \tag{15.3-66a}$$

对于X形节点，当$\theta_i<90°$且$h\geqslant h_i/\cos\theta_i$时，尚应按下式计算：

$$N_{ui}=\frac{2htf_v}{\sin\theta_i} \tag{15.3-66b}$$

当支管受拉时：

$$f_k=f \tag{15.3-67a}$$

当支管受压时：

对T、Y形节点

$$f_k=0.8\varphi f \tag{15.3-67b}$$

对X形节点

$$f_k=(0.65\sin\theta_i)\varphi f \tag{15.3-67c}$$

$$\lambda=1.73\left(\frac{h}{t}-2\right)\sqrt{\frac{1}{\sin\theta_i}} \tag{15.3-67d}$$

式中 f_v——主管钢材抗剪强度设计值；

f_k——主管强度设计值，按式（15.3-67）计算；

φ——长细比按（15.3-67d）确定的轴心受压构件的稳定系数。

3）当$0.85<\beta\leqslant1.0$时，支管在节点处的承载力设计值N_{ui}应按公式（15.3-65）、（15.3-66）所计算的值，根据β进行线性插值。此外，尚应不超过式（15.3-68）的计算值：

$$N_{ui}=2.0(h_i-2t_i+b_{ei})t_if_i \tag{15.3-68a}$$

$$b_{ei}=\frac{10}{b/t}\cdot\frac{tf_y}{t_if_{yi}}\cdot b_i\leqslant b_i \tag{15.3-68b}$$

4）当$0.85\leqslant\beta\leqslant1-2t/b$时，$N_{ui}$尚应不超过下列公式的计算值：

$$N_{ui}=2.0\left(\frac{h_i}{\sin\theta_i}+b'_{ei}\right)\frac{tf_v}{\sin\theta_i} \tag{15.3-69a}$$

$$b'_{ei}=\frac{10}{b/t}\cdot b_i\leqslant b_i \tag{15.3-69b}$$

式中 f_i——支管钢材抗拉（抗压和抗弯）强度设计值。

2. 支管为矩形管的有间隙的平面K形和N形节点：

1）节点处任一支管的承载力设计值应取下列各式的较小值：

$$N_{ui}=\frac{8}{\sin\theta_i}\beta\left(\frac{b}{2t}\right)^{0.5}t^2f\psi_n \tag{15.3-70}$$

$$N_{ui}=\frac{A_vf_v}{\sin\theta_i} \tag{15.3-71}$$

$$N_{ui}=2.0\left(h_i-2t_i+\frac{b_i+b_{ei}}{2}\right)t_if_i \tag{15.3-72}$$

当$\beta\leqslant1-2t/b$时，尚应不超过式（15.3-73）的计算值：

$$N_{ui}=2.0\left(\frac{h_i}{\sin\theta_i}+\frac{b_i+b'_{ei}}{2}\right)\frac{tf_v}{\sin\theta_i} \tag{15.3-73a}$$

$$A_v=(2h+\alpha b)t \tag{15.3-73b}$$

$$\alpha=\sqrt{\frac{3t^2}{3t^2+4a^2}} \tag{15.3-73c}$$

式中 A_v——主管的受剪面积，按式（15.3-73b）计算；

α——参数，按式（15.3-73c）计算，（支管为圆管时 $\alpha=0$）。

2）节点间隙处的主管轴心受力承载力设计值为：

$$N = (A - \alpha_v A_v) f \quad (15.3\text{-}74a)$$

$$\alpha_v = 1 - \sqrt{1 - \left(\frac{V}{V_p}\right)^2} \quad (15.3\text{-}74b)$$

$$V_p = A_v f_v \quad (15.3\text{-}74c)$$

式中 α_v——剪力对主管轴心承载力的影响系数，按式（15.3-74b）计算；

V——节点间隙处弦杆所受的剪力，可按任一支管的竖向分力计算；

A——主管横截面面积。

3. 支管为矩形管的搭接的平面 K 形和 N 形节点：

搭接支管的承载力设计值应根据不同的搭接率 η_{ov} 按下列公式计算（下标 j 表示被搭接支管）：

1）当 $25\% \leqslant \eta_{ov} < 50\%$ 时：

$$N_{ui} = 2.0\left[(h_i - 2t)\frac{\eta_{ov}}{0.5} + \frac{b_{ei} + b_{ej}}{2}\right] t_i f_i \quad (15.3\text{-}75a)$$

$$b_{ej} = \frac{10}{b_j / t_j} \cdot \frac{t_j f_{yj}}{t_i f_{yi}} \cdot b_i \leqslant b_i \quad (15.3\text{-}75b)$$

2）当 $50\% \leqslant \eta_{ov} < 80\%$ 时：

$$N_{ui} = 2.0\left(h_i - 2t_i + \frac{b_{ei} + b_{ej}}{2}\right) t_i f_i \quad (15.3\text{-}76)$$

3）当 $80\% \leqslant \eta_{ov} < 100\%$ 时：

$$N_{ui} = 2.0\left(h_i - 2t_i + \frac{b_i + b_{ej}}{2}\right) t_i f_i \quad (15.3\text{-}77)$$

被搭接支管的承载力应满足下式要求：

$$\frac{N_{uj}}{A_j f_{yj}} \leqslant \frac{N_{ui}}{A_i f_{yi}} \quad (15.3\text{-}78)$$

4. 支管为矩形管的平面 KT 形节点：

当为间隙 KT 形节点时，若垂直支管内力为零，则假设垂直支管不存在，按 K 形节点计算。若垂直支管内力不为零，可通过对 K 形和 N 形节点的承载力公式进行修正来计算，此时 $\beta \leqslant (b_1 + b_2 + b_3 + h_1 + h_2 + h_3)/(6b)$，间隙值取为两根受力较大且力的符号相反（拉或压）的腹杆间的最大间隙。对于图 15.3-20a、b 所示受荷情况（P 为节点横向荷载，可为零），应满足式（15.3-79）、（15.3-80）及（15.3-81）的要求：

$$N_{u1}\sin\theta_1 \geqslant N_2\sin\theta_2 + N_3\sin\theta_3 \quad (15.3\text{-}79)$$

$$N_{u1} \geqslant N_1 \quad (15.3\text{-}80)$$

$$N_{u1}\sin\theta_1 = N_{u2}\sin\theta_2 \quad (15.3\text{-}81)$$

式中 N_1、N_2、N_3——腹杆所受的轴向力。

当为搭接 KT 形方管节点时，可采用搭接 K 形和 N 形节点的承载力公式检验每一根支管的承载力。计算支管有效宽度时应注意支管搭接次序。

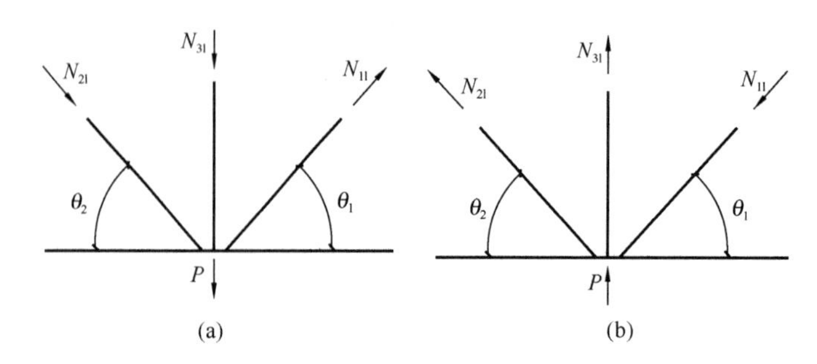

图 15.3-20　KT 形节点受荷情况

5. 支管为圆管的各种形式平面节点：

支管为圆管的 T、Y、X、K 及 N 形节点时，支管在节点处的承载力，可用上述相应的支管为矩形管的节点的承载力公式计算，这时需用 D_i 替代 b_i 和 h_i，并将计算结果乘以 $\pi/4$。

上述第 1 款第 1）项针对主管与支管相连一面发生弯曲塑性破坏的模式，第 2）项针对主管侧壁破坏的模式。T 形节点是 Y 形节点的特殊情况。$\beta \leqslant 0.85$ 的节点承载力主要取决于主管平壁形成的塑性铰线状况。$\beta = 1.0$ 的节点主要发生主管侧壁失稳破坏。经与收集到的国外 27 个试验结果和哈尔滨工业大学 5 个主管截面高宽比 $h/b \geqslant 2$ 的等宽 T 形节点的有限元分析结果相比，精度远高于国外公式。以屈服应力 f_y 代入修订后的公式所得结果与试验结果的比值作为统计值，27 个试验的平均值为 0.830，其方差为 0.111，而按国外的公式计算，这两个值分别为 0.531 和 0.195。对于 X 形节点，主管侧壁变形较 T 形节点大很多，因此 f_k 的取值减少到 T 形节点的 $0.81\sin\theta_i$ 倍；当 $\theta_i < 90°$ 且 $h \geqslant h/\cos\theta_i$ 时，尚应验算主管侧壁的抗剪承载力。

对于所有 $\beta \geqslant 0.85$ 的节点，支管荷载主要由平行主管轴线的支管侧壁承担，另外两个侧壁承担的荷载较少，需计算“有效宽度”失效模式控制的承载力。此时，主管表面也存在冲剪破坏的可能，需验算节点抗冲剪的承载能力。由于主管表面冲剪破坏面应在支管外侧与主管壁内侧，因此进行冲剪承载力验算的上限为 $\beta = 1 - 2t/b$。

对于间隙 K、N 形节点，需计算主管壁面塑性失效承载力、主管在节点间隙处的抗剪承载力，还需依据有效宽度计算支管承载力和主管抗冲剪承载力。

采用有效宽度概念计算搭接节点的承载力。搭接节点最小搭接率为 25%，搭接率从 25%增至 50%的过程中，承载力线性增长；从 50%至 80%，承载力为常数；80%以上，承载力为另一较高常数。KT 形节点的计算采用了 CIDECT 建议的设计方法。

三、无加劲直接焊接平面矩形钢管节点的受弯、压弯、拉弯计算

无加劲直接焊接的 T 形方管节点，当支管承受弯矩作用时，节点承载力应按下列规定计算：

1. 当 $\beta \leqslant 0.85$ 且 $n \leqslant 0.6$ 时，按式（15.3-82a）验算；当 $\beta \leqslant 0.85$ 且 $n > 0.6$ 时，按式（15.3-82b）验算；当 $\beta > 0.85$ 时，按式（15.3-82b）验算。

$$\left(\frac{N}{N_{u1}^{*}}\right)^2 + \left(\frac{M}{M_{u1}}\right)^2 \leqslant 1.0 \tag{15.3-82a}$$

$$\frac{N}{N_{u1}^{*}} + \frac{M}{M_{u1}} \leqslant 1.0 \tag{15.3-82b}$$

式中 N_{u1}^{*}——支管在节点处的轴心受压承载力设计值；

M_{u1}——支管在节点处的受弯承载力设计值；

n——主管的轴压比，受拉时取 $n=0$。

2. N_{u1}^{*}的计算应符合下列规定：

1）当$\beta \leqslant 0.85$时，按下式计算：

$$N_{u1}^{*}=t^{2} f\left[\frac{h_{1} / b}{1-\beta}\left(2-n^{2}\right)+\frac{4}{\sqrt{1-\beta}}\left(1-n^{2}\right)\right] \tag{15.3-83}$$

2）当$\beta>0.85$时，按支管仅承受轴力的相关规定计算。

3. M_{u1}的计算应符合下列规定：

当$\beta \leqslant 0.85$时：

$$M_{u1}=t^{2} h_{1} f\left(\frac{b}{2 h_{1}}+\frac{2}{\sqrt{1-\beta}}+\frac{h_{1} / b}{1-\beta}\right)\left(1-n^{2}\right) \tag{15.3-84a}$$

$$n=\frac{\sigma}{f} \tag{15.3-84b}$$

当$\beta>0.85$时，其受弯承载力设计值取式（15.3-85）和（15.3-86）或（15.3-87）计算结果的较小值：

$$M_{u1}=\left[W_{1}-\left(1-\frac{b_{e}}{b}\right) b_{1} t_{1}\left(h_{1}-t_{1}\right)\right] f_{1} \tag{15.3-85a}$$

$$b_{e}=\frac{10}{b / t} \cdot \frac{t f_{y}}{t_{1} f_{y1}} b_{1} \leqslant b_{1} \tag{15.3-85b}$$

当$t \leqslant 2.75 \mathrm{mm}$：

$$M_{u1}=0.595 t\left(h_{1}+5 t\right)^{2}(1-0.3 n) f \tag{15.3-86}$$

当$t>2.75 \mathrm{mm}$：

$$M_{u1}=0.0025 t\left(t^{2}-26.8 t+304.6\right)\left(h_{1}+5 t\right)^{2}(1-0.3 n) f \tag{15.3-87}$$

式中 n——参数，按式（15.3-84b）计算，受拉时取 $n=0$；

σ——主管轴压力产生的压应力；

b_{e}——腹杆翼缘的有效宽度，按式（15.3-85b）计算；

W_{1}——支管截面模量。

式（15.3-87）中，t、h_{1} 的单位为 mm，f 的单位为 MPa，M_{1} 的单位为 N·mm。

四、局部加强的方矩形钢管焊接节点计算

当桁架中个别节点承载力不能满足要求时，进行节点加强是一个可行的方法。如果主管连接面塑性破坏模式起控制作用，可以采用主管与支管相连一侧采用加强板的方式加强节点，这通常发生在$\beta<0.85$的节点中。对于主管侧壁失稳起控制作用的节点，可采用侧板加强方式。主管连接面使用加强板加强的节点，当存在受拉的支管时，只考虑加强板的作用，而不考虑主管壁面。采用局部加强的方（矩）形管节点时，支管在节点加强处的承载力设计值应按下列规定计算：

1. 主管与支管相连一侧采用加强板，如图 15.4-7b：

对支管受拉的 T、Y 和 X 形节点，支管在节点处的承载力设计值应按下列公式计算：

$$N_{ui}=1.8\left(\frac{h_{i}}{b_{p} C_{p} \sin \theta_{i}}+2\right) \frac{t_{p}^{2} f_{p}}{C_{p} \sin \theta_{i}} \tag{15.3-88a}$$

$$C_p = (1-\beta_p)^{0.5} \tag{15.3-88b}$$

$$\beta_p = b_i/b_p \tag{15.3-88c}$$

式中　f_p——加强板强度设计值；

C_p——参数，按式（15.3-88b）计算；

b_p——水平加强贴板的宽度。

1）对支管受压的T、Y和X形节点，当$\beta_p \leqslant 0.8$时可应用下式进行加强板的设计。

$$l_p \geqslant 2b/\sin\theta_i \tag{15.3-89a}$$

$$t_p \geqslant 4t_1 - t \tag{15.3-89b}$$

2）对K型间隙节点，可按15.3.3（二、三）节中相应的公式计算承载力，这时用t_p代替t，用加强板设计强度f_p代替主管设计强度f。

2. 对于侧板加强的T、Y、X和K型间隙方管节点，可用15.3.3（二、三）中相应的计算主管侧壁承载力的公式计算，此时用$t+t_p$代替侧壁厚t，A_v取为$2h(t+t_p)$。

五、无加劲的直接焊接方矩形钢管节点的焊缝计算

方（矩）形管节点连接焊缝的计算，应符合下列规定：

1. 在节点处，支管沿周边与主管相焊，焊缝承载力应不小于节点承载力。

2. 直接焊接的方（矩）管节点中，轴心受力支管与主管的连接焊缝可视为全周角焊缝按下式计算：

$$\frac{N_i}{h_e l_w} \leqslant f_f^w \tag{15.3-90}$$

式中　N_i——支管轴力设计值；

h_e——角焊缝计算厚度，当支管承受轴力时，平均计算厚度可取$0.7h_f$；

l_w——焊缝的计算长度，按本条第3款计算；

f_f^w——角焊缝的强度设计值。

3. 支管为方（矩）管时，角焊缝的计算长度可按下列公式计算：

1）对于有间隙的K形和N形节点：

当$\theta_i \geqslant 60°$时：

$$l_w = \frac{2h_i}{\sin\theta_i} + b_i \tag{15.3-91a}$$

当$\theta_i \leqslant 50°$时：

$$l_w = \frac{2h_i}{\sin\theta_i} + 2b_i \tag{15.3-91b}$$

当$50° < \theta_i < 60°$时：l_w按插值法确定。

2）对于T、Y和X形节点：

$$l_w = \frac{2h_i}{\sin\theta_i} \tag{15.3-92}$$

4. 当支管为圆管时，焊缝计算长度应按下式计算：

$$l_w = \pi(a_0 + b_0) - D_i \tag{15.3-93a}$$

$$a_0 = \frac{R_i}{\sin\theta_i} \tag{15.3-93b}$$

$$b_0 = R_i \tag{15.3-93c}$$

式中　a_0——椭圆相交线的长半轴；

b_0——椭圆相交线的短半轴；

R_i——圆支管半径；

θ_i——支管轴线与主管轴线的交角。

根据已有K形间隙节点的研究成果，当支管与主管夹角大于60°时，支管跟部的焊缝可以认为是无效的。在50°～60°间跟部焊缝从全部有效过渡到全部无效。尽管有些区域焊缝可能不是全部有效的，但从结构连续性以及产生较少其他影响角度考虑，建议沿支管四周采用同样强度的焊缝。

15.3.4 支管端部压扁节点的计算

一、支管端部压扁形式

常用的支管（圆管）端部压扁形式，如图15.3-21，可分为楔形压扁、部分压扁和全压扁三种，适用于小型或非主要承重结构中节点的连接。

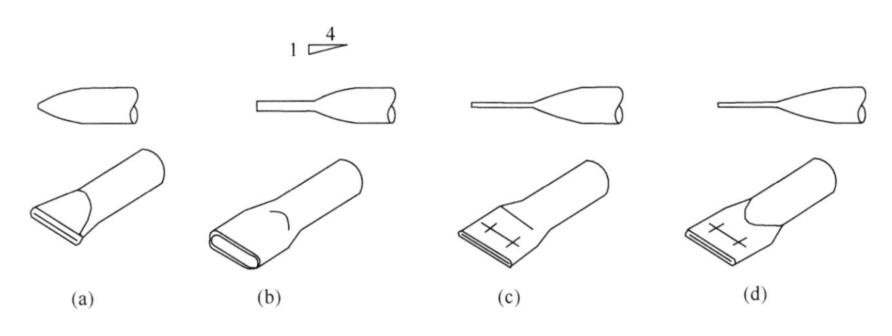

图15.3-21 支管端部压扁形式

(a) 楔形压扁；(b) 部分压扁；(c)、(d) 全压扁

二、主管为圆钢管的支管端部压扁节点的计算

对主管为圆管的连接节点，应按下列规定计算节点承载力设计值：

1. 支管端部为楔形压扁的N形节点，如图15.3-22：

1）受压支管在管节点处的承载力设计值N_{cN}^{pj}应按下式计算：

$$N_{cN}^{pj}=\left(16.8+64.96\beta^2-\frac{137.6}{\gamma}\right)\left(\frac{t_1}{d_1}\right)\gamma\psi_n t^2 f \tag{15.3-94}$$

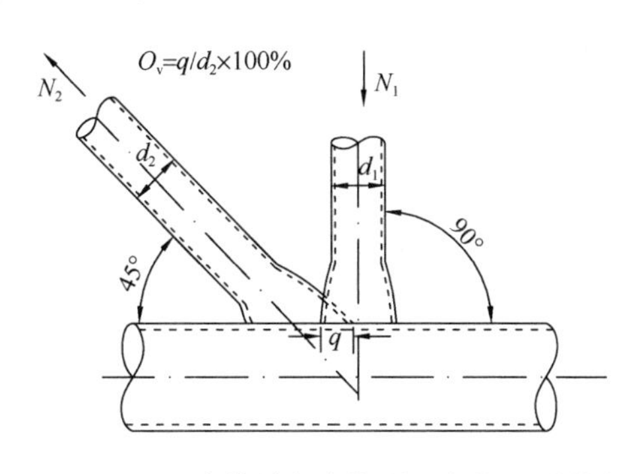

图15.3-22 支管端部为楔形压扁的N形节点

式中 ψ_n——参数，$\psi_n=1-0.2\frac{\sigma}{f_y}$，且$0\leqslant\frac{\sigma}{f_y}\leqslant0.8$；当节点两侧或一侧主管受拉时取$\psi_n=1$；

f——主管钢材的抗拉、抗压和抗弯强度设计值；

f_y——主管钢材的屈服强度；

σ——节点两侧主管轴心压应力的较小绝对值；

β——支管与主管外径之比，$\beta=\frac{d_1}{d}$；

γ——主管外径的一半与壁厚之比，$\gamma=\frac{d}{2t}$；

d——主管外径；

t——主管壁厚；

d_1——受压支管外径；

d_2——受拉支管外径；

t_1——受压支管壁厚；

式（15.3-94）的适用范围见表15.3-2：

N形节点支管几何参数的适用范围（主管为圆管） **表 15.3-2**

$114\text{mm} \leqslant d \leqslant 168\text{mm}$	$42\text{mm} \leqslant d_1 \leqslant 90\text{mm}$	$\theta_1=90°$，$\theta_2=45°$ $t_1=t_2$，$d_1=d_2$
$3\text{mm} \leqslant t \leqslant 8\text{mm}$	$3\text{mm} \leqslant t_1 \leqslant 4.5\text{mm}$	$O_v \leqslant 75\%$
$7.0 \leqslant \gamma \leqslant 28.5$	$0.35 \leqslant \beta \leqslant 0.80$	$f_y \leqslant 345\text{N/mm}^2$

注：1. θ_1、θ_2 分别为支管1、2与主管的夹角；

2. O_v 为搭接率，$O_v=q/d_2 \times 100\%$。

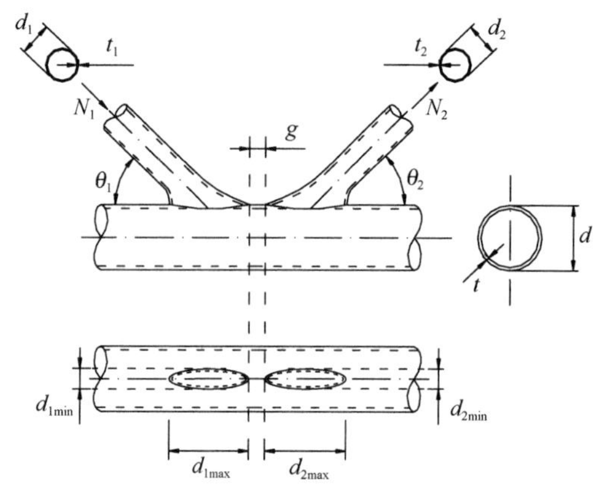

图15.3-23 支管端部部分压扁的节点

2）受拉支管在管节点处的承载力设计值 N_{tN}^{pj} 应按下式计算：

$$N_{tN}^{pj} = \sqrt{2} N_{cN}^{pj} \quad (15.3\text{-}95)$$

2. 支管端部为部分压扁的T形、X形和K形间隙节点，如图15.3-23

此类节点在管节点处的承载力设计值可通过对相应端部未压扁的直接焊接节点承载力设计值公式进行如下修正得到：

对受压的T形、X形节点：用 d_{1min} 代替 d_1；

对K形间隙节点：用（d_1+d_{1min}）/2代替 d_1。

三、主管为方钢管的支管端部压扁节点的计算

对主管为方管的连接节点，应按下列规定计算节点承载力设计值：

1. 支管端部为楔形压扁的N形节点：

1）受压支管在管节点处的承载力设计值 N_{cN}^{pj} 应按下式计算：

$$N_{cN}^{pj} = \left[0.403 + 4.88\beta^3 - 17.32\frac{\beta^2}{\gamma}\right]\psi_n t b f \quad (15.3\text{-}96)$$

式中 ψ_n——参数，取值与公式（15.3-94）中的 ψ_n 相同；

b——主管宽度；

t——主管壁厚。

式15.3-96的适用范围见表15.3-3。

2）受拉支管在管节点处的承载力设计值 N_{tN}^{pj} 应按下式计算：

$$N_{tN}^{pj} = \sqrt{2} N_{cN}^{pj} \quad (15.3\text{-}97)$$

N形节点几何参数的适用范围（主管为方管） **表 15.3-3**

$102mm \leqslant b \leqslant 152mm$	$42mm \leqslant d_1 \leqslant 73mm$	$\theta_1=90°$，$\theta_2=45°$，$t_1=t_2$，$d_1=d_2$
$5mm \leqslant t \leqslant 8mm$	$3mm \leqslant t_1 \leqslant 6mm$	$O_v \leqslant 75\%$
$6.5 \leqslant \gamma \leqslant 16$	$0.32 \leqslant \beta \leqslant 0.72$	$f_y \leqslant 345N/mm^2$

3）支管端部为楔形压扁的K形节点，图 15.3-24：

两支管之间既无搭接也无间隙时，支管承载力设计值 N_K^{pj} 应按下式计算：

$$N_K^{pj} = 0.4N_{y1}(1+0.042\gamma)(1+1.71\beta) \tag{15.3-98a}$$

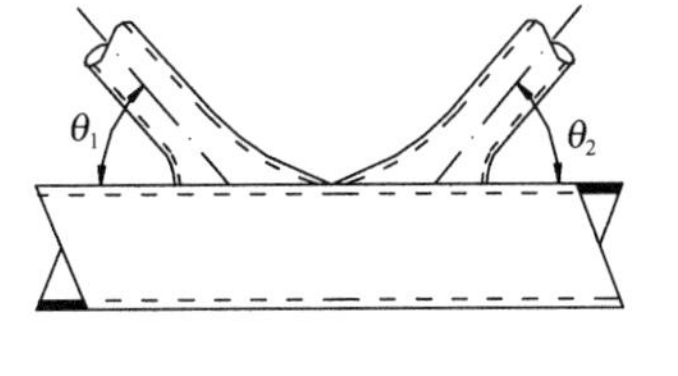
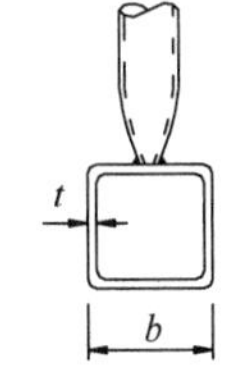

图 15.3-24 主管为方管的K形节点

其中
$$N_{y1} = \frac{2}{\sqrt{3}}\left[\frac{\pi}{2}+\frac{b_{1a}+2h_{1a}}{b_a-b_{1a}}+\frac{1.74}{t}\sqrt{\frac{f_{y1}}{f_y}\cdot b_a\cdot t_{1a}}\right]\psi_n t^2 f \tag{15.3-98b}$$

式中 ψ_n——参数，当主管受压时，$\psi_n=1-\frac{0.25}{\beta}\cdot\frac{\sigma}{f_y}$；当主管受拉时，取 $\psi_n=1.0$；

σ——节点两侧主管轴心压应力的较大绝对值；

θ_1——支管与主管的夹角；

b_a——主管壁厚中线之间的宽度，$b_a=b-t$；

b_{1a}——压扁支管的宽度，取 $b_{1a}=2t_1$，若采用角焊缝，取 $b_{1a}=2(t_1+h_f)$（h_f 为焊脚尺寸）；

h_{1a}——按式 $h_{1a}=\frac{\pi(d_1-t_1)+t_1}{\sqrt{3}}$ 计算。

式（15.3-98）的适用范围见表 15.3-4：

K形节点几何参数的适用范围（主管为方管） **表 15.3-4**

$102.0mm \leqslant b \leqslant 152.0mm$	$42.0mm \leqslant d_1 \leqslant 102.0mm$	$\theta_1=\theta_2=60°$，$t_1=t_2$，$d_1=d_2$
$4.0mm \leqslant t \leqslant 13.0mm$	$3.0mm \leqslant t_1 \leqslant 6.0mm$	$O_v=0\%$
$6 \leqslant \gamma \leqslant 16$	$0.32 \leqslant \beta \leqslant 0.88$	$f_y \leqslant 345N/mm^2$

15.3.5 节点板与圆管连接节点计算

管结构采用节点板连接节点时，节点板可沿圆管纵向，如图 15.3-25，或横向，如图 15.3-26 布置，T形（在杆件一边连接）与X形（在杆件两边连接）均可使用。节点板可按照相应设计规范进行计算。

一、纵向板与圆管连接节点的计算

纵向板与圆管连接节点的设计承载力按下列规定计算：

1. X形节点，如图 15.3-25a

1）当纵向板受压时，节点轴向承载力设计值应按下式计算：

$$N_{cXP}^{pj} = 7.3[\gamma^{-0.1}+0.55\beta_1\gamma^{-0.3}]t^2 f \tag{15.3-99}$$

式中 β_1——连接板宽度与主管直径的比值，$\beta_1=b_z/d$；

γ——主管半径与壁厚之比，$\gamma=d/2t$

b_z——纵向板平行钢管轴线方向的宽度；

d——钢管直径；

t——钢管壁厚；

f——圆管钢材的抗拉、抗压和抗弯强度设计值。

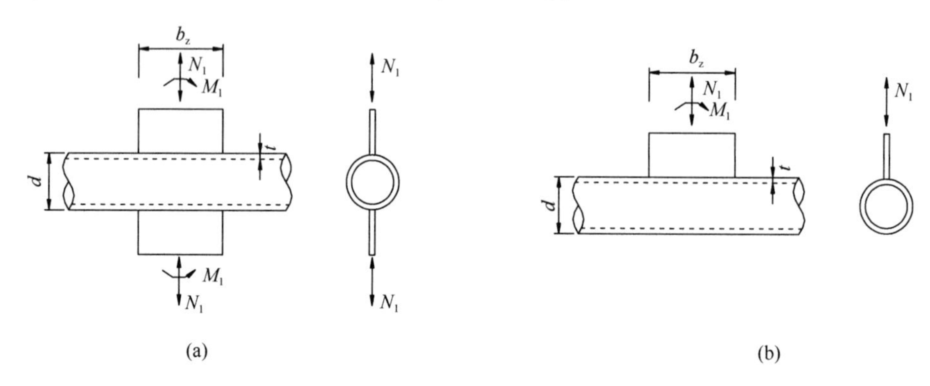

图 15.3-25　纵向板-圆管连接节点

(a) X形；(b) T形

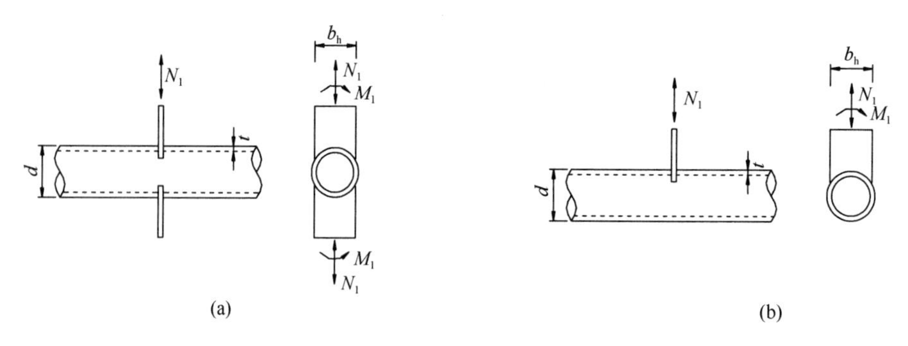

图 15.3-26　横向板-圆管连接节点

(a) X形；(b) T形

2）当纵向板受拉时，节点轴向承载力设计值应按下式计算：

$$N_{\mathrm{tXP}}^{\mathrm{pj}} = 0.77\gamma^{0.2} N_{\mathrm{cXP}}^{\mathrm{pj}} \tag{15.3-100}$$

3）节点抗弯承载力设计值应按下式计算：

$$M_{\mathrm{XP}}^{\mathrm{pj}} = 6.8 b_z \left(\gamma^{-0.1} + 0.55\frac{\beta_1}{2}\gamma^{-0.3}\right) t^2 f \tag{15.3-101}$$

2. T形节点，如图15.3-25b

1）当纵向板受压时，节点轴向承载力设计值应按下式计算：

$$N_{\mathrm{cTP}}^{\mathrm{pj}} = 1.7(\gamma^{0.2} + 1.5\beta_1\gamma^{-0.1}) t^2 f \tag{15.3-102}$$

2）当纵向板受拉时，节点轴向承载力设计值应按下式计算：

$$N_{\mathrm{tTP}}^{\mathrm{pj}} = 0.23\gamma^{0.6} N_{\mathrm{cTP}}^{\mathrm{pj}} \tag{15.3-103}$$

3）节点抗弯承载力设计值应按下式计算：

$$M_{\mathrm{TP}}^{\mathrm{pj}} = 2.49 b_z \left(\gamma^{0.2} + 1.5\frac{\beta_1}{2}\gamma^{-0.1}\right) t^2 f \tag{15.3-104}$$

二、横向板与圆管连接节点的计算

横向板与圆管连接节点的设计承载力按下列规定计算：

1. X形节点，如图15.3-26a

1）当横向板受压时，节点轴向承载力设计值应按下式计算：

$$N_{cXP}^{pj}=4.5\left(\frac{\gamma^{-0.1}}{1-0.81\beta_2}\right)t^2 f \tag{15.3-105}$$

式中 β_2——横向板宽度与主管直径的比，$\beta_2=b_h/d$；

b_h——横向板垂直钢管轴线方向的宽度。

2）当横向板受拉时，节点轴向承载力设计值应按下式计算：

$$N_{tXP}^{pj}=1.5\gamma^{0.2}N_{cXP}^{pj} \tag{15.3-106}$$

3）节点抗弯承载力设计值应按下式计算：

$$M_{XP}^{pj}=0.5b_h\left(\frac{5}{1-0.81\beta_2}\right)t^2 f \tag{15.3-107}$$

2. T形节点，如图15.3-26b

1）当横向板受压时的节点轴向承载力设计值应按下式计算：

$$N_{cTP}^{pj}=1.37(1+4.9\beta_2^2)\gamma^{0.2}t^2 f \tag{15.3-108}$$

2）当横向板受拉时，节点轴向承载力设计值应按下式计算：

$$N_{tTP}^{pj}=0.38\gamma^{0.6}N_{cTP}^{pj} \tag{15.3-109}$$

3）节点抗弯承载力设计值应按下式计算：

$$M_{XP}^{pj}=0.5b_h\left(\frac{5}{1-0.81\beta_2}\right)t^2 f \tag{15.3-110}$$

4）节点板连接节点还应按下式进行冲剪验算：

$$\left(\frac{N_1}{A_1}+\frac{M_1}{W_1}\right)t_1\leqslant 1.16tf \tag{15.3-111}$$

式中 N_1——板的轴向力；

A_1——板的横截面面积；

M_1——板管相交处的弯矩；

W_1——板与管相交截面的弹性截面模量；

t_1——板的厚度。

15.4 钢管结构节点构造要求

15.4.1 一般构造要求

为保证节点连接的施工质量，从而保证实现计算规定的各种性能，钢管节点的构造应符合下列要求：

1. 主管的外部尺寸不应小于支管的外部尺寸，主管的壁厚不应小于支管壁厚，在支管与主管连接处不得将支管插入主管内；

2. 当主管采用冷成型方矩形管时，其弯角部位的钢材受加工硬化作用产生局部变脆，不宜在此部位焊接支管；

3. 主管与支管或两支管轴线之间的夹角不宜小于30°，以便于施焊时焊根熔透，也有利于减少尖端处焊缝的撕裂应力；

4. 支管与主管的连接节点处，除搭接型节点外，应尽可能避免偏心；偏心不可避免时，其值不宜超过下式的限制；

$$-0.55 \leqslant e/D(\text{或 } e/h) \leqslant 0.25 \tag{15.4-1}$$

式中　e——偏心距，其正负规定如图15.3-1所示；

D——圆管主管外径；

h——连接平面内的方（矩）形管主管截面高度。

5. 支管端部宜使用自动切割，支管壁厚小于6mm时可不切剖口。

6. 由于断续焊缝易产生咬边、夹渣等焊缝缺陷，以及不均匀热影响区的材质缺陷，恶化焊缝的性能，因此支管与主管的连接焊缝，除支管搭接符合本手册15.4.2节规定外，应沿全周连续焊接并平滑过渡；焊缝形式可沿全周采用角焊缝，或部分采用对接焊缝，部分采用角焊缝，其中支管管壁与主管管壁之间的夹角大于或等于120°的区域宜采用对接焊缝或带坡口的角焊缝，角焊缝的焊脚尺寸不宜大于支管壁厚的2倍；搭接支管周边焊缝宜为2倍支管壁厚。相贯焊缝的构造要求应符合《建筑钢结构焊接技术规程》JGJ 81的有关规定。

7. 圆管支管与圆管主管相贯焊缝上坡口部位焊缝根部2～3mm范围内的焊缝检测可不作全熔透要求。

15.4.2　多个支管搭接节点的构造要求

钢管桁架节点处多个支管搭接时，可采用如下构造：

1. 多根钢管搭接时，按如下顺序考虑：直径较大支管作为被搭接管；管壁较厚支管作为被搭接管；承受轴心压力的支管作为被搭接管。

2. 管壁较薄支管作为被搭接管时，对搭接区的管壁抗弯承载力应进行计算；不能满足强度要求时，搭接部位应考虑加劲措施。

3. 搭接型连接中，位于下方的被搭接支管在组装、定位后，该支管与主管接触的一部分区域被搭接支管从上方覆盖，称为隐蔽部位。隐蔽部位无法从外部直接焊接，施焊十分困难。圆钢管直接焊接节点中，当搭接支管轴线在同一平面内时，除需要进行疲劳计算的节点、抗震设防烈度不低于7度地区的节点以及对结构整体性能有重要影响的节点外，被搭接支管的隐蔽部位可不焊接。

4. 被搭接管隐蔽部位必须焊接时，允许在搭接管上设焊接手孔，在隐蔽部位施焊结束后封闭，或将搭接管在节点近旁处断开，隐蔽部位施焊后再接上其余管段。

在有间隙的K形或N形节点中，如图15.3-1a、b，支管间隙a应不小于两支管壁厚之和。在搭接的K形或N形节点中，如图15.3-1c、d，其搭接率$O_v=q/p\times100\%$应满足$25\%\leqslant O_v\leqslant100\%$，且应确保在搭接部分的支管之间的连接焊缝能可靠地传递内力。

15.4.3 支管端部压扁节点的构造要求

楔形压扁端部宜符合图 15.4-1 所示的构造要求。

部分压扁的支管，其端部与主管表面的间隙不应大于 3mm，如图 15.4-2。

全压扁和部分压扁的圆管，如图 15.4-3 过渡段 l 的长度应尽量短，但其表面斜率不应大于 1∶4。

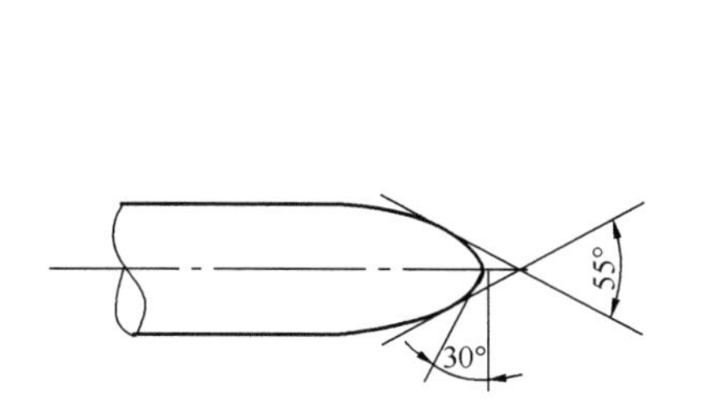

图 15.4-1 楔形压扁端部几何参数

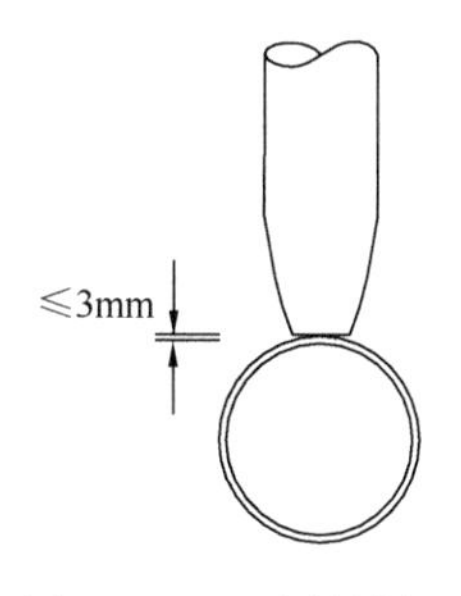

图 15.4-2 支管端部与主管表面的间隙

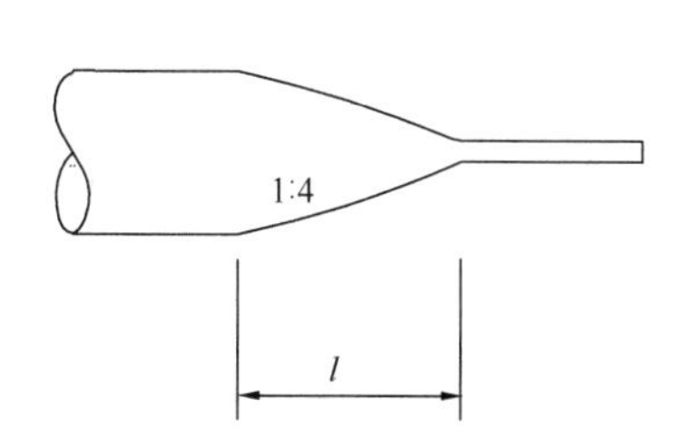

图 15.4-3 全压扁或部分压扁的过渡段

支管外径与壁厚之比不宜大于 25。

当主管为圆管时，支管端部楔形压扁的方向可分为平行于主管和垂直于主管，如图 15.4-4，宜优先选用平行于主管方向布置。

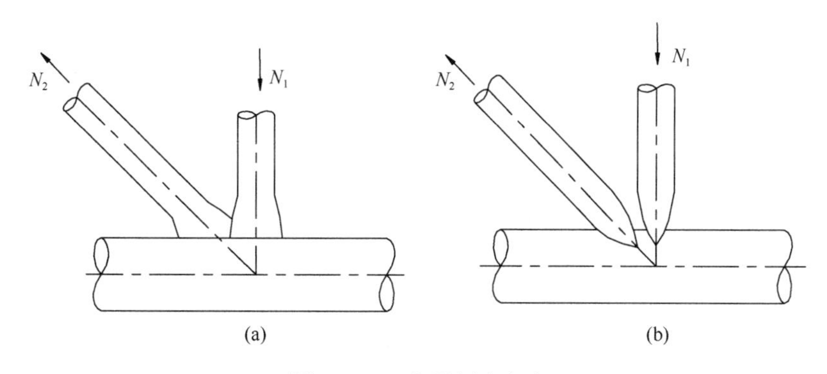

图 15.4-4 楔形压扁方向

(a) 平行于主管；(b) 垂直于主管

15.4.4 加劲钢管节点的构造要求

非加劲直接焊接节点不能满足承载能力要求时，在节点区域采用管壁厚于杆件部分的钢管是提高其承载力有效的方法之一，也是便于制作的首选办法。此外也可以采用其他局部加强措施，如：(1) 在主管内设实心的或开孔的横向加劲板；(2) 在主管外表面贴加强板；(3) 在主管内设置纵向加劲板；(4) 在主管外周设环肋等。加强板件和主管是共同工作的，但其共同工作的机理分析复杂，因此，在采取局部加强措施时，除非能采用验证过的计算公式确定节点承载力，或采用数值方法计算节点承载力，应以所采取的措施能够保证节点承载力高于支管承载力为原则。

当采用在主管内设置横向加劲板方式时应符合下列要求：

1. 支管以承受轴力为主时，可在主管内设 1 道或 2 道加劲板，如图 15.4-5a，b；节点需满足抗弯连接要求时，应设2道加劲板；加劲板中面宜垂直主管轴线；当主管为圆管，设置1道加劲板时，加劲板宜设置在支管与主管相贯面的鞍点处，设置2道加劲板时，加劲板宜设置在距相贯面冠点0.1D_1附近，如图15.4-5b，D_1为支管外径；主管为方管时，加劲肋宜设置2块，如图15.4-6；

2. 加劲板厚度不得小于支管壁厚，也不宜小于主管壁厚的2/3和主管内径的1/40；加劲板中央开孔时，环板宽度与板厚的比值不宜大于15ε_k；

3. 加劲板宜采用部分熔透焊缝焊接，主管为方管的加劲板靠支管一边与两侧边宜采用部分熔透焊接，与支管连接反向一边可不焊接；

4. 当主管直径较小，加劲板的焊接必须断开主管钢管时，主管的拼接焊缝宜设置在距支管相贯焊缝最外侧冠点80mm以外处，如图15.4-5c。

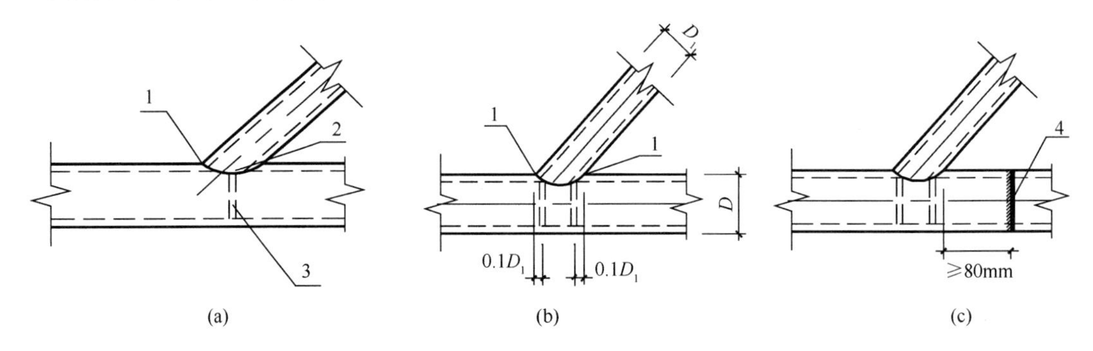

图15.4-5　支管为圆管时横向加劲板的位置

1—冠点；2—鞍点；3—加劲板；4—主管拼缝

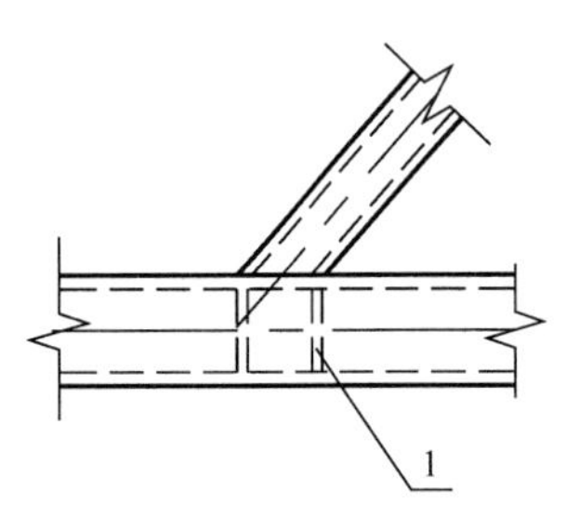

图15.4-6　支管为方管或矩形管时内加劲板的位置

1—内加劲板

主管为圆管的表面贴加强板方式，适用于支管与主管的直径比β不超过0.7时，此时主管管壁塑性可能成为控制模式。主管为方矩形管时，如为提高与支管相连的主管表面的抗弯承载力，可采用该连接表面贴加强板的方式，如主管侧壁承载力不足时，则可采用主管侧表面贴加强板的方式。此时应符合下列要求：

1. 主管为圆管时，加强板宜包覆主管半圆，如图15.4-7a，长度方向两侧均应超过支管最外侧焊缝50mm以上，但不宜超过支管直径的2/3，加强板厚度不宜小于4mm；

2. 主管为方（矩）形管且在与支管相连表面设置加强板，如图15.4-7b时，加强板长度l_p可按下式确定：

对T、Y和X形节点：

$$l_p \geqslant \frac{h_1}{\sin\theta_1} + \sqrt{b_p(b_p - b_1)} \tag{15.4-2a}$$

对K形间隙节点：

$$l_p \geqslant 1.5\left(\frac{h_1}{\sin\theta_1} + a + \frac{h_2}{\sin\theta_2}\right) \tag{15.4-2b}$$

式中 l_p、b_p——加强板的长度和宽度；

h_1、h_2——支管 1、2 的截面高度；

b_1——支管 1 的截面宽度；

θ_1、θ_2——支管 1、2 轴线和主管轴线的夹角；

a——两支管在主管表面的距离。

加强板宽度 b_p 宜接近主管宽度，并预留适当的焊缝位置，加强板厚度不宜小于支管最大厚度的 2 倍；

3. 主管为方（矩）形管且在与主管两侧表面设置加强板，如图 15.4-7c，时，加强板长度 l_p 可按下式确定：

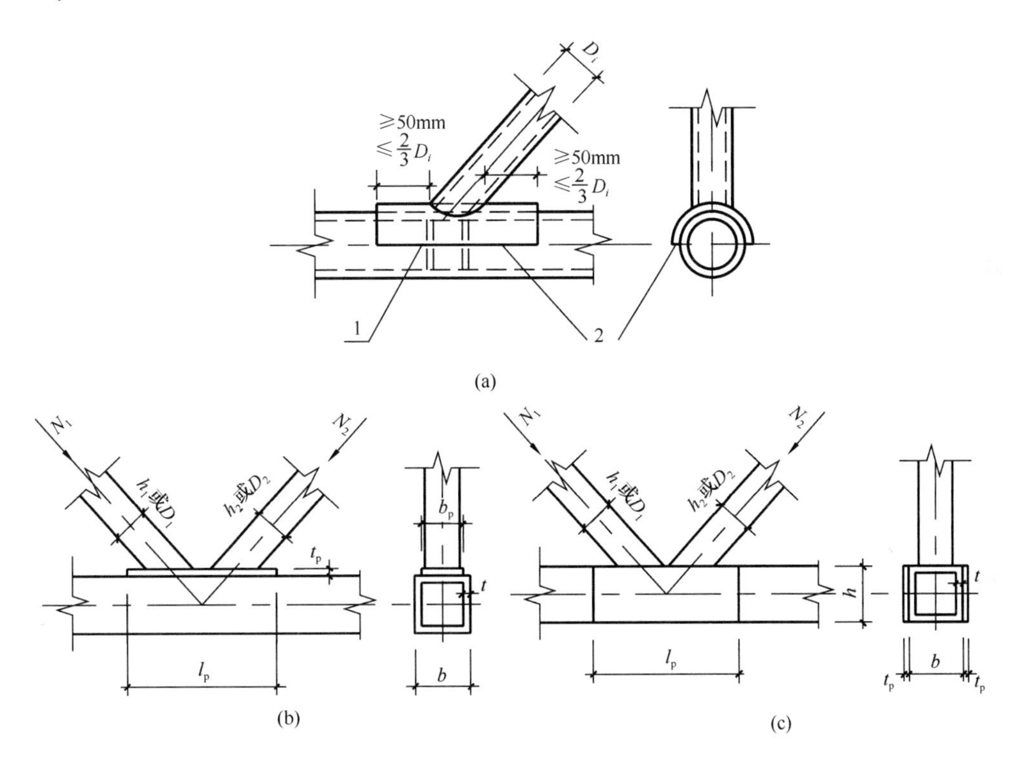

图 15.4-7 主管外表面贴加强板的加劲方式

(a) 圆管表面的加强板；(b) 方（矩）形主管与支管连接表面的加强板；(c) 方（矩）形主管侧表面的加强板

1—四周围焊；2—腹板

对 T 和 Y 形节点：

$$l_p \geqslant \frac{1.5h_1}{\sin\theta_1} \tag{15.4-3}$$

对 K 形间隙节点：可按式（15.4-2b）确定；

对 X 形节点：加强板长度 $l_p = 1.5c$，其中 c 为支管与主管接触线相隔最远的两端点之间的距离，即：

$$c = \frac{h_1}{\sin\theta_1} + \frac{h}{\tan\theta_1} \tag{15.4-4}$$

4. 加强板与主管应采用四周围焊。对K、N形节点焊缝有效高度应不小于腹杆壁厚。焊接前宜在加强板上先钻一个排气小孔，焊后应用塞焊将孔封闭。

15.4.5　钢管拼接的构造

钢管拼接时的构造可参照现行标准《矩形钢管混凝土结构技术规程》CECS 159 第7.2.2条执行。

15.4.6　柱脚和支座的构造

矩形钢管柱的刚接柱脚构造可按现行标准《矩形钢管混凝土结构技术规程》CECS 159第7.3节执行。圆钢管柱的埋入式与外包式柱脚的构造与矩形钢管柱相同。外露式柱脚构造可采用图15.4-8的形式。矩形、圆形钢管柱的刚接柱脚的计算和构造亦可参见本手册13.8节的相关内容。

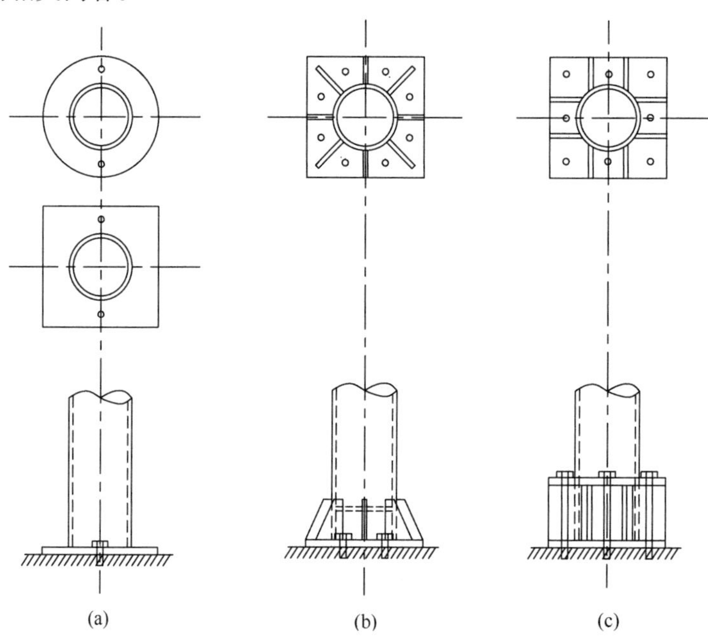

图15.4-8　圆钢管柱外露式柱脚

(a) 单向铰连接柱脚；(b) 带加劲肋的刚接柱脚；(c) 带靴梁的刚接柱脚

钢管柱铰接柱脚可采用图15.4-9所示的铰接构造。

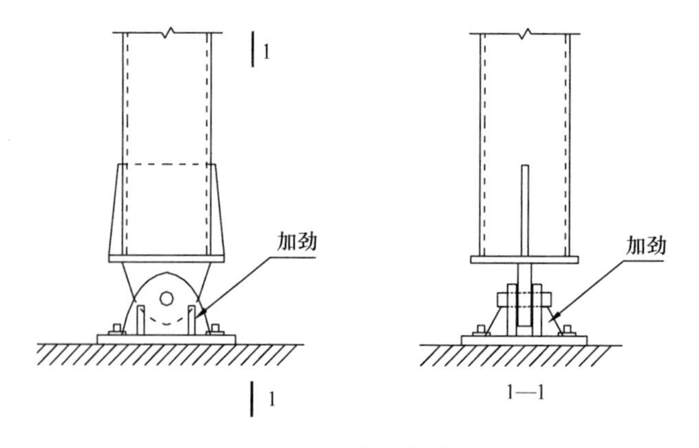

图15.4-9　钢管柱铰接柱脚

梭形柱与基础连接宜采用销轴支座节点。对单管梭形柱支座节点宜采用钢板（销轴）支座节点，对多肢梭形格构柱可采用铸钢（销轴）节点或钢板（销轴）支座节点。

管桁架支座与柱子的连接可采用图 15.4-10 构造。

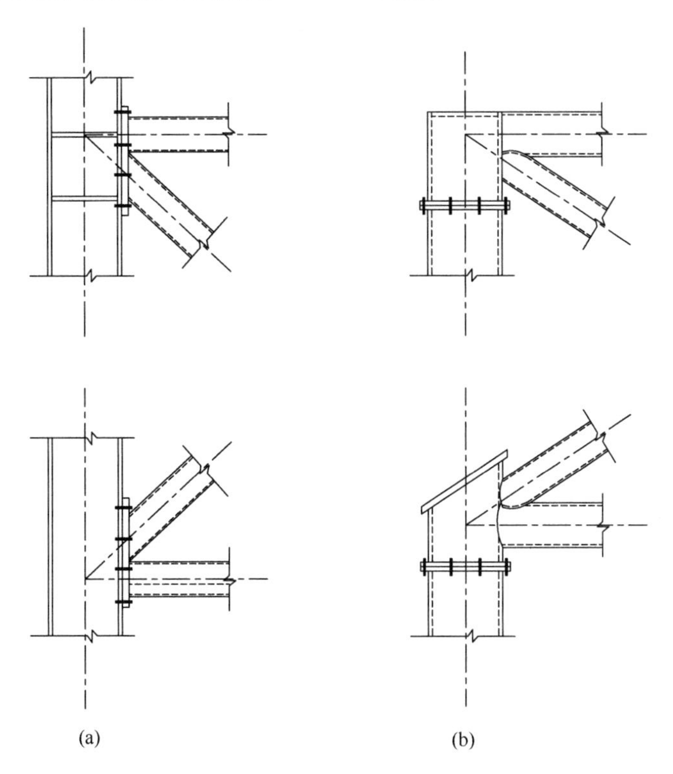

图 15.4-10 管桁架与柱子的连接

（a）方管；（b）圆管

15.4.7 管桁架上弦与屋面构件的连接构造

管桁架上弦与屋面结构连续次梁的连接构造可采用图 15.4-11 的构造。管桁架上弦与屋面檩条连接可采用图 15.4-12 的构造。

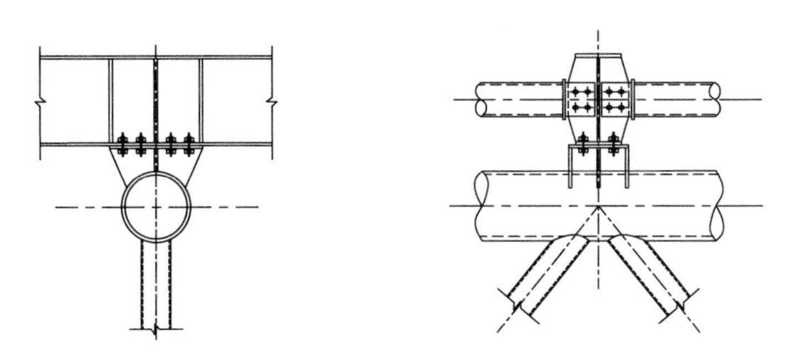

图 15.4-11 屋面次梁与桁架上弦连接构造

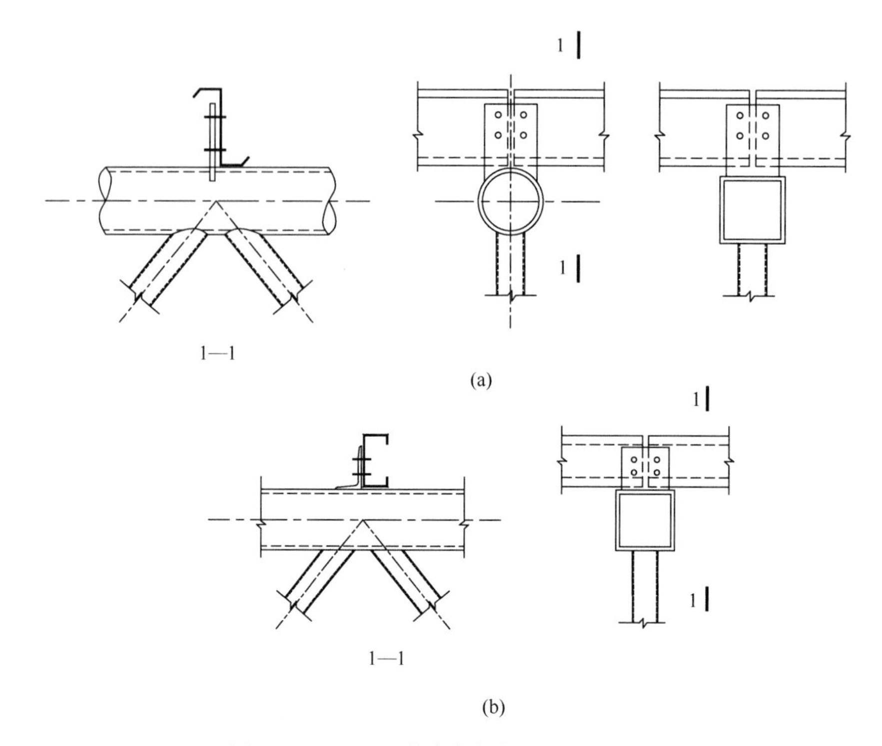

图 15.4-12 屋面檩条与桁架上弦连接构造

(a) 采用单板节点板的连接；(b) 采用角钢的连接

15.5 无加劲直接焊接钢管节点的刚度

15.5.1 圆管节点刚度

无加劲钢管直接焊接节点受荷载作用后，其相邻杆件的连接面发生局部变形，从而引起相对位移或转动，表现出不同于铰接或完全刚接的半刚性性能。《钢结构设计标准》GB 50017 增加了平面 T、Y 形和平面或微曲面 X 形节点的刚度计算公式，与 15.5.3 节节点的刚度判别原则配套使用，可以确定结构计算时节点的合理约束模型。

空腹桁架、单层网格结构中无加劲圆钢管直接焊接节点的刚度应按下列规定计算。

1. 平面 T 形（或 Y 形）节点：

1）支管轴力作用下的节点刚度 K^{j}_{nT} 应按下式计算：

$$K^{j}_{nT} = 0.105ED(\sin\theta)^{-2.36}\gamma^{-1.90}\tau^{-0.12}e^{2.44\beta} \tag{15.5-1}$$

2）支管平面内弯矩作用下的节点刚度 K^{j}_{mT} 应按下式计算：

$$K^{j}_{mT} = 0.362ED^{3}(\sin\theta)^{-1.47}\gamma^{-1.79}\tau^{-0.08}\beta^{2.29} \tag{15.5-2}$$

其中，$30° \leqslant \theta \leqslant 90°$，$0.2 \leqslant \beta \leqslant 1.0$，$10 \leqslant \gamma \leqslant 50$，$0.2 \leqslant \tau \leqslant 1.0$。

2. 平面/微曲面 X 形节点：

1）支管轴力作用下的节点刚度 K^{j}_{nX} 应按下式计算：

$$K^{j}_{nX} = 0.952ED(\sin\theta)^{-1.74}\gamma^{0.97\beta^{2.58}-2.65}\exp(1.16\beta) \tag{15.5-3}$$

其中，$60° \leqslant \theta \leqslant 90°$，$0° \leqslant \phi \leqslant 10°$，$0.5 \leqslant \beta \leqslant 0.9$，$5 \leqslant \gamma \leqslant 25$，$0.5 \leqslant \tau \leqslant 1.0$。

2）支管平面内弯矩作用下的节点刚度 K_{mX}^{j} 应按下式计算：

$$K_{mX}^{j}=0.303ED\beta^{2.35}\gamma^{0.3\beta^{13.62}-1.75}(\sin\theta)^{2.89\beta-2.52} \tag{15.5-4}$$

3）支管平面外弯矩作用下的节点刚度 K_{moX}^{j} 应按下式计算：

$$K_{moX}^{j}=2.083ED^{3}(\sin\theta)^{-1.23}(\cos\theta)^{6.85}\gamma^{-2.44}\beta^{2.27} \tag{15.5-5}$$

其中，$30°\leqslant\theta\leqslant90°$，$0°\leqslant\varphi\leqslant30°$，$0.2\leqslant\beta\leqslant0.9$，$5\leqslant\gamma\leqslant50$，$0.2\leqslant\tau\leqslant0.8$。

式中 E——弹性模量；

D——主管的外径；

β、γ、τ、θ、φ——按本手册 15.3.2 款第一节的规定采用。

上述平面 T、Y 形和平面或微曲面 X 形节点的刚度计算公式是在比较、分析国外有关规范和国内外有关资料的基础上，根据同济大学近十年来进行的试验、有限元分析和数值计算结果，通过回归分析归纳得出的。同时，将这些刚度公式的计算结果与 23 个管节点刚度试验数据进行了对比验证，吻合良好。

15.5.2 矩形管节点刚度

空腹桁架中无加劲方管直接焊接节点的刚度计算宜符合下列规定。

1. 当 $\beta\leqslant0.85$ 时，T 形节点的轴向刚度 K_n 可按下列公式计算：

$$K_{n}=\frac{2Et^{3}}{b^{2}(1-\beta)^{3}}[(1+\beta)(1-\beta)^{3/2}+2\eta+\sqrt{1-\beta}]\mu_{1} \tag{15.5-6}$$

$$\mu_{1}=(2.06-1.75\beta)(1.09\eta^{2}-1.37\eta+1.43) \tag{15.5-7}$$

2. 当 $\beta\leqslant0.85$ 时，T 型节点的弯曲刚度 K_m 可按下式计算：

$$K_{m}=5.49(\beta^{3}-1.298\beta^{2}+0.59\beta-0.073)(\eta^{2}+0.066\eta+0.1)(t^{2}-1.659t+0.711) \tag{15.5-8}$$

式中 t——矩形主管的壁厚；

b——矩形主管的宽度；

β——支管截面宽度与主管截面宽度的比值；

η——支管截面高度与主管截面宽度的比值。

15.5.3 空腹桁架无加劲钢管焊接节点的刚度判别条件

空腹桁架的主管与支管以 90°夹角相互连接，因此支管与主管连接节点不能作为铰接处理，需承担弯矩，否则体系几何可变。空腹桁架采用无加劲钢管直接焊接节点时的刚度判别条件如下：

1. 符合 T 形节点相应的几何参数的适用范围。

2. 当空腹桁架跨数为偶数时，在节点平面内弯曲刚度与支管线刚度之比不小于 $\frac{60}{1+G}$ 时，可将节点视为刚接，否则应视为半刚接；其中 G 为该节点相邻的支管线刚度与主管线刚度的比值。

3. 当空腹桁架跨数为奇数时，在与跨中相邻节点的平面内弯曲刚度与支管线刚度之比不小于 $\frac{1080G}{(3G+1)(3G+4)}$ 时，可将该节点视为刚接；在除与跨中相邻节点以外的其他节点的平面内弯曲刚度与支管线刚度之比不小于 $\frac{60}{1+G}$ 时，可将该节点视为刚接。

15.6　设　计　实　例

15.6.1　圆管三角立体桁架及节点设计实例

如图 15.6-1 所示三角形空间桁架。下弦为一根 $\phi 219 \times 14$ 钢管（$A=9016\text{mm}^2$），上弦由两根 $\phi 219 \times 8.0$ 钢管（$A=5303\text{mm}^2$）组成，斜腹杆及水平腹杆钢管规格为 $\phi 140 \times 5.0$（$A=2121\text{mm}^2$）。桁架跨度为 $L=6\times 6\text{m}=36\text{m}$，桁架高度为 $2400\times\cos30°=2078\text{mm}$，见图 15.6-3，钢管材料为 Q345 钢。

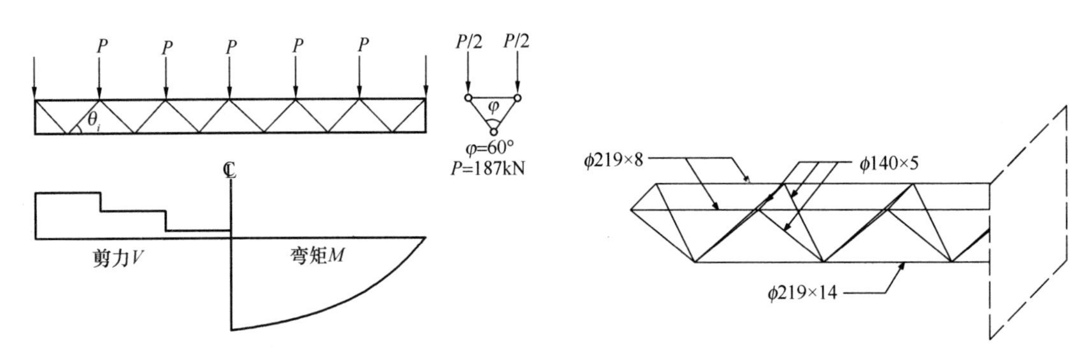

图 15.6-1　三角形空间桁架简图

图 15.6-2　桁架构件尺寸

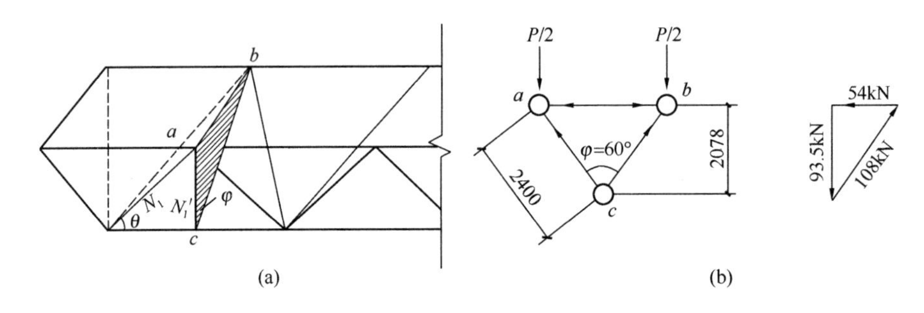

图 15.6-3　三角桁架横截面

1. 杆件内力：

假定节点为铰接，可用平面桁架的方法进行计算，即弦杆内力 $N_0=\dfrac{M}{h}$（h 为桁架高度）。因上弦有两根，故其内力将为 $N_0/2$。斜腹杆的内力 N_i 由图 15.6-3 可知：

$$N_i\sin\theta = N'_i$$

$$N'_i\cos\frac{\varphi}{2}=\frac{V}{2}$$

$$\therefore \qquad N_i=\frac{N'_i}{\sin\theta}=\frac{V}{2\cos\left(\dfrac{\varphi}{2}\right)\sin\theta}$$

式中　φ——两斜平面之间的夹角

　　　θ——两斜平面之间的夹角

V——桁架节间剪力

另一种简化方法即将空间三角桁架分解成两个斜平面桁架，作用在每一个桁架侧斜平面上的节点荷载为，见图 15.6-4：

$$P=\frac{187}{2\cos30^{\circ}}=108\text{kN}$$

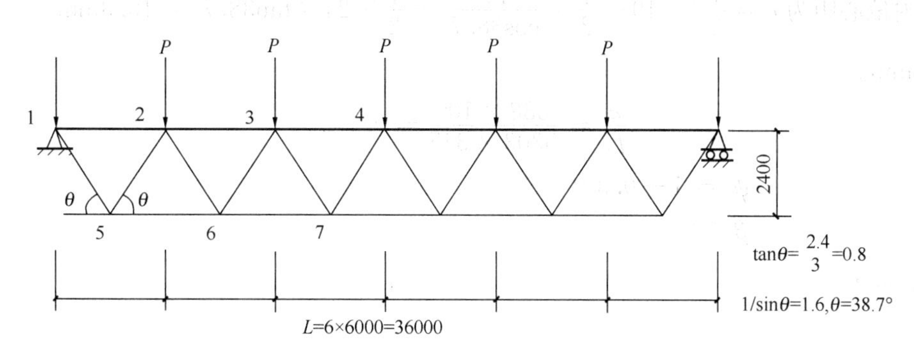

图 15.6-4　三角桁架计算简图

每一个斜平面桁架内力示于图 15.6-5，

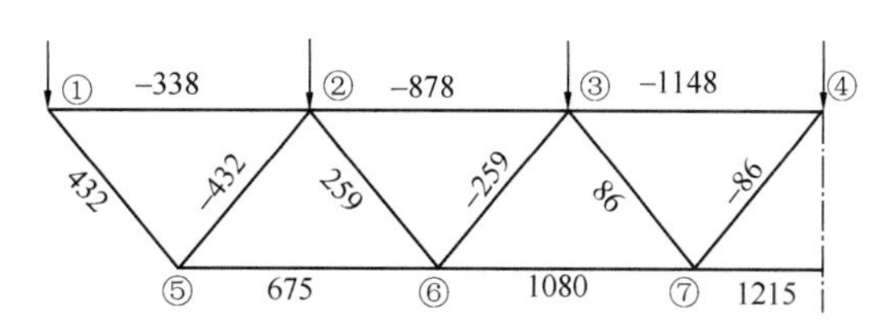

图 15.6-5　单侧斜平面桁架杆件内力

2. 杆件验算

（1）上弦杆

采用相贯焊接连接的钢管桁架中，对于立体桁架，弦杆平面内或平面外的计算长度，$l_0=0.9l=0.9\times6000=5400\text{mm}$，$N_0=-1148\text{kN}$。长细比 $\lambda=\frac{l_0}{i}=\frac{5400}{74.7}=72.3$，$\lambda/\varepsilon_k=72.3\Big/\sqrt{\frac{235}{345}}=87.6$，对于 a 类截面，轴压稳定系数 $\varphi=0.731$。

$M=\frac{1}{2}\times5.51=2.76\text{kN}\cdot\text{m}$，$\varphi fA=0.731\times300\times5303=1163\text{kN}>1148\text{kN}$，满足。

（2）下弦杆

下弦杆为受拉构件，$N_0=2\times1215=2430\text{kN}$。

$fA=300\times9016=2705\text{kN}>2430\text{kN}$，满足。

（3）腹杆

由于腹杆采用相同规格的钢管，所以仅需验算受压斜腹杆 2-5 的强度。斜腹杆 2-5 的计算长度，$l_0=0.8l=0.8\times\sqrt{3000^2+2400^2}=3074\text{mm}$，$N_1=-432\text{kN}$。长细比 $\lambda=\frac{l_0}{i}=\frac{3074}{47.8}=64.3$，$\lambda/\varepsilon_k=64.3\Big/\sqrt{\frac{235}{345}}=77.9$，对于 a 类截面，轴压稳定系数 $\varphi=0.796$。

$\varphi fA=0.796\times300\times2121=506\text{kN}>432\text{kN}$，满足。

3. 节点强度验算

（1）节点 1

由于节点 1 的水平腹杆受力为 0，可按照平面 K 形节点进行验算。

(2) 节点 2

节点 2 按照空间 KT 形节点进行验算。为了便于施工，采用空间间隙节点，设 K 形支管的平面内间距 $a=24\text{mm}$，K 形支管与 T 形支管的平面外间隙为 $a_0=24\text{mm}$。K 形支管平面内偏心距为 $e=\frac{1}{2}\times219-\frac{1}{2}\times\frac{140}{\cos38.7°}-\frac{1}{2}\times24\times\tan38.7°=10.3\text{mm}<0.25D=54.8\text{mm}$。

$$\frac{\sigma}{f_y}=\frac{338\times10^3}{5303\times345}=0.185$$

$$\psi_n=1-0.3\times0.185-0.3\times0.185^2=0.934$$

$$\beta\leqslant0.7,\ \psi_d=0.069+0.93\times0.639=0.663$$

$$\psi_a=1+\left(\frac{2.19}{1+7.5\times24/219}\right)\left(1-\frac{20.1}{6.6+219/8}\right)(1-0.77\times0.639)=1.249$$

平面 K 形节点受压支管承载力

$$\begin{aligned}N_{cK}&=\frac{11.51}{\sin\theta}\left(\frac{D}{t}\right)^{0.2}\psi_n\psi_d\psi_a t^2 f\\&=\frac{11.51}{\sin38.7°}\left(\frac{219}{8}\right)^{0.2}\times0.934\times0.663\times1.249\times8^2\times300\\&=531\text{kN}\end{aligned}$$

平面 K 形节点受拉支管承载力

$$N_{tK}=\frac{\sin38.7°}{\sin38.7°}N_{cK}=531\text{kN}$$

T 形支管受力 $N_T=54\text{kN}$，则

$$n_{TK}=54/43254/432=0.125$$

$$Q_n=\frac{1}{1+\frac{0.7n_{TK}^2}{1+0.6n_{TK}}}=0.990$$

$$\mu_{KT}=1.15\times(140/219)^{0.07}\times\exp\left(-0.2\times\frac{24}{219}\right)=1.090$$

K 形受压支管在管节点处的承载力

$N_{cKT}=Q_n\mu_{KT}N_{cK}=0.990\times1.090\times531=573\text{kN}>432\text{kN}$，满足。

K 形受拉支管在管节点处的承载力

$N_{tKT}=Q_n\mu_{KT}N_{tK}=0.990\times1.090\times531=573\text{kN}>259\text{kN}$，满足。

T 形支管在管节点处的承载力

$N_{KT}=n_{TK}N_{cKT}=0.125\times573=72\text{kN}>54\text{kN}$，满足。

还需进行支管在节点处的冲剪承载力验算：

$N_{si}=3.14\times\frac{1+\sin38.7°}{2\sin^2 38.7°}\times8\times140\times175=1282\text{kN}>432\text{kN}$，满足。

(3) 节点 3

由于上弦压杆 3-4 轴压力较大，由节点 3 引起的附加弯矩可能引起上弦压杆 3-4 压弯破坏，因此将节点 3 的 K 形支管的平面内间距调整为 $a=50\text{mm}$，此时 $e\approx0$。

(4) 节点 5

对于节点 5，同样采用空间间隙节点形式，取 $a=a_0=24\text{mm}$。应按空间 KK 形节点进行验算。因为其主管外径与节点 2 相同，但主管壁厚（$t=14$）远高于节点 2（$t=8$），且最大支管荷载与节点 2 相同，既然节点 2 已满足强度要求，因而节点 5 自然满足强度要求（取空间调整系数 $\mu_{\text{KK}}=0.9$）。

4. 杆件补充验算

节点 2 的 K 形支管平面上的节点偏心距 $e=10.3\text{mm}$，该偏心距引起一个偏心弯矩 $M=(873-338)\times10^3\times10.3=5.51\text{kN}\cdot\text{m}$，由于节点 2 两侧上弦节间段长度和刚度（$EI$）均相同，$M$ 可平均分配于节点两侧弦杆上，故节点两侧弦杆设计的附加弯矩 $M=\frac{1}{2}\times5.51=2.76\text{kN}\cdot\text{m}$，需要对受压弦杆 2-3 按压弯构件进行补充验算。通常验算压弯构件在弯矩作用平面内和平面外的稳定性。$N=878\text{kN}$，$M=2.76\text{kN}\cdot\text{m}$

弯矩作用平面内稳定性应满足下式要求

$$\frac{N}{\varphi_{\text{x}}Af}+\frac{\beta_{\text{mx}}M_{\text{x}}}{\gamma_{\text{x}}W_{1\text{x}}(1-0.8N/N'_{\text{Ex}})f}\leqslant1.0$$

其中

$$\beta_{\text{mx}}=0.6+0.4\frac{M_2}{M_1}=0.6+0=0.6$$

$$W_{1\text{x}}=2.6990\times10^5\text{mm}^3$$

$$\lambda_{\text{x}}=72.3,\ N'_{\text{EX}}=\pi^2EA/(1.1\lambda_{\text{x}}^2)=3.14^2\times2.06\times10^5\times5303/(1.1\times72.3^2)=1873\text{kN}$$

$$\gamma_{\text{x}}=1.15,\ \varphi_{\text{x}}=0.731$$

$$\begin{aligned}&\frac{878\times10^3}{0.731\times5303}+\frac{0.6\times2.76\times10^6}{1.15\times2.6990\times10^5\times(1-0.8\times878/1873)}\\&=226.5+8.5\\&=235.0\text{N/mm}^2<300\text{N/mm}^2\text{。}\end{aligned}$$

弯矩作用平面外稳定性应满足下式要求

$$\frac{N}{\varphi_{\text{y}}Af}+\eta\frac{M_{\text{x}}}{\varphi_{\text{b}}\gamma_{\text{x}}W_{1\text{x}}f}\leqslant1.0$$

其中

$$\eta=0.7,\ \varphi_{\text{b}}=1.0$$

$$\lambda_{\text{y}}=72.3,\ \varphi_{\text{y}}=0.731$$

$$\begin{aligned}&\frac{878\times10^3}{0.731\times5303}+\frac{0.7\times2.76\times10^6}{1.0\times1.15\times2.6990\times10^5}\\&=226.5+6.2\\&=232.7\text{N/mm}^2<300\text{N/mm}^2\end{aligned}$$

满足。

15.6.2 圆管空腹桁架及节点设计实例

有一跨度为 $6\times3\text{m}=18\text{m}$ 的空腹桁架，高 2.5m，所有杆件均为 $\phi194\times7$ 钢管（$A=4112\text{mm}^2$，$W=1.8557\times10^5\text{mm}^3$），Q345 钢。其简图见图 15.6-6。（设荷载 $P=14\text{kN}$）

(1) 内力计算

假定其上、下弦的线刚度相等，节点均为刚性连接，荷载均作用于节点，且可忽略弦杆的纵向变位，这时可采用简化的计算方法，其计算模型如图 15.6-7 所示。

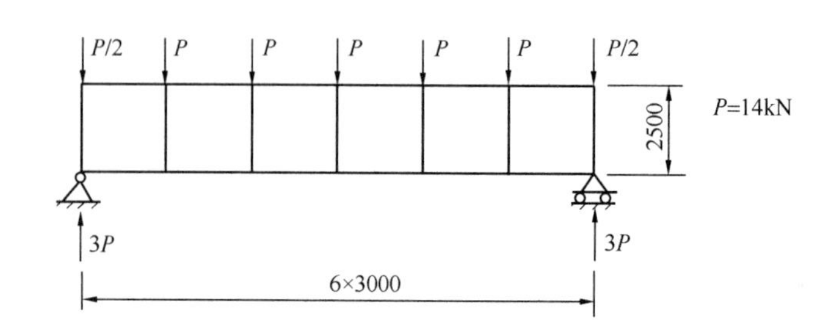

图 15.6-6　空腹桁架

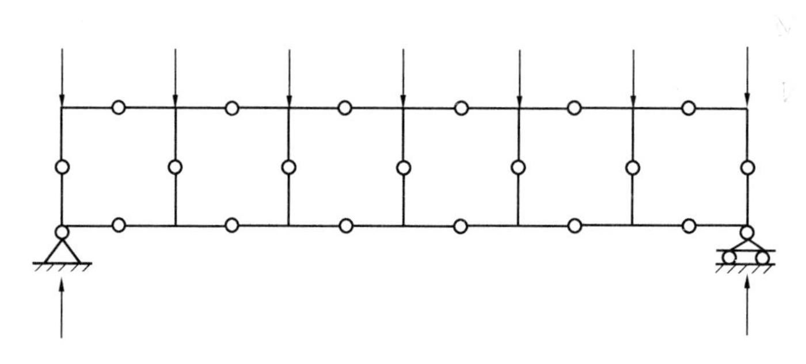

图 15.6-7　计算模型

按此计算模型，根据力平衡的原理，可以算出各反弯点的轴向内力和剪力。

如端节间上、下弦的轴力为 $\left(3P-\frac{P}{2}\right)\times1.5/2.5=1.5P$；节间的剪力应平均分配于上、下弦的反弯铰点，即 $V=\frac{3P-0.5P}{2}=1.25P$；在端竖杆的反弯点处，其剪力应与弦杆的轴力平衡，故 $V=1.5P$，其轴力应与隔离体上的外荷载及剪力相平衡，故 $N=(0.5+1.25)P=1.75P$。以此类推，可以求出各节间反弯铰点的轴向力和剪力。刚节点的弯矩等于剪力乘力臂。应注意，在节点处各杆端的弯矩应该是平衡的，并可以此来校核前面计算结果的正确性。按上述方法求出的各反弯点内力和刚节点的弯矩均标于图 15.6-8 中。

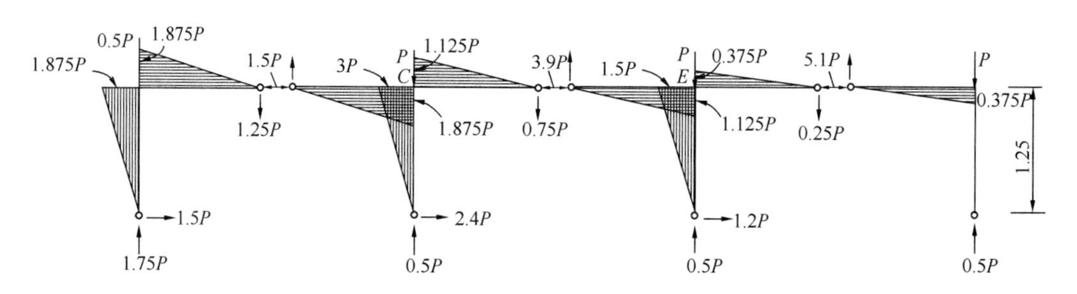

图 15.6-8　空腹桁架各杆件的轴力、剪力和弯矩图（半跨上部）

（2）截面验算

在杆件的截面验算时，一般来说，弯矩最大的弦杆将起控制作用。靠近支座的第一根竖杆，弯矩和剪力最大（$M=3.0P=42\text{kN}\cdot\text{m}$，$N=-0.5P=-7\text{kN}$，$Q=2.4\text{kN}$，$P=34\text{kN}$）一般亦起控制作用，按压弯构件进行验算，结果见表 15.6-1：

杆件截面验算 **表 15.6-1**

内力	强度	平面内稳定	平面外稳定
	$\frac{N}{A_n f}+\frac{M_x}{W_{nx} f}$	$\frac{N}{\varphi_x A f}+\frac{\beta_{mx} M_x}{\gamma_x W_{1x}(1-0.8N/N'_{Ex})f}$	$\frac{N}{\varphi_y A f}+\eta\frac{M_x}{\varphi_b \gamma_x W_{1x} f}\leqslant 1.0$
$M=3.0P=42\text{kN}\cdot\text{m}$ $N=-0.5P=-7\text{kN}$	0.662	0.137	0.465

(3) 节点验算

对节点的验算，因为上、下弦截面相同，上弦受压，因此可只验算上弦节点。其中第二个节点，支管弯矩最大 $M=3.0P=42\text{kN}\cdot\text{m}$，主管的较小轴力 $N=1.5P=21\text{kN}$。

支管在节点处的平面内受弯承载力：

$$M_{1T}=Q_x Q_f \frac{D_1 t^2 f}{\sin\theta_1}$$

其中，$Q_x=6.09\times1.0\times\left(\frac{194}{2\times7}\right)^{0.42}=18.37$

$$n_p=\frac{21\times10^3}{4112\times345}+\frac{1.875\times14\times10^6}{1.8557\times10^5\times345}=0.015+0.410=0.425$$

$$Q_f=1-0.3n_p-0.3n_p^2=1-0.3\times0.671-0.3\times0.671^2=0.818$$

则，$M_{rT}=18.37\times0.818\times\frac{194\times7^2\times300}{\sin90^\circ}=42.85\text{kN}\cdot\text{m}$

支管在节点处的轴压承载力：

$$N_{cT}=\frac{11.51}{\sin\theta}\left(\frac{D}{t}\right)^{0.2}\psi_n\psi_d t^2 f$$

其中，$\frac{\sigma}{f_y}=\frac{21\times10^3}{4112\times345}=0.0148$，$\psi_n=1-0.3\times0.0148-0.3\times0.0148^2=0.996$

$$\psi_d=2\times1.0-0.68=1.32$$

则 $N_{cT}=\frac{11.51}{\sin90^\circ}\times\left(\frac{194}{7}\right)^{0.2}\times0.996\times1.32\times7^2\times300=432\text{kN}$

支管在平面内弯矩和轴力的组合作用下的承载力验算如下：

$\frac{N}{N_j}+\frac{M_1}{M_{T1}}=\frac{0.5\times14}{432}+\frac{42}{42.85}=0.016+0.980=0.996<1.0$，满足。

(4) 讨论

本算例中假设了节点为刚接，现利用现行《钢结构设计标准》GB 50017 附录 H 中的方法对节点的刚度进行判定。

支管平面内弯矩作用下的节点刚度按下式计算：

$$\begin{aligned}K_{mT}^{j}&=0.362ED^3(\sin\theta)^{-1.47}\gamma^{-1.79}\tau^{-0.08}\beta^{2.29}\\&=0.362\times2.06\times10^5\times194^3\times(\sin90^\circ)^{-1.47}\times\left(\frac{194}{2\times7}\right)^{-1.79}\times1.0^{-0.08}\times1.0^{2.29}\\&=4924.8\text{kN}\cdot\text{m/rad}\end{aligned}$$

支管线刚度：

$$K_1=\frac{EI}{l_1}=\frac{2.06\times10^5\times1.800\times10^7}{2500}=1483.2\text{kN}\cdot\text{m/rad}$$

主管线刚度：

$$K_0=\frac{EI}{l_0}=\frac{2.06\times10^5\times1.800\times10^7}{3000}=1236.2\text{kN}\cdot\text{m/rad}$$

支管线刚度与主管线刚度的比值为 $G=\frac{K_1}{K_0}=1.20$

节点平面内弯曲刚度与支管线刚度之比为 $4924.8/1483.2=3.32<\frac{60}{1+1.2}=27.27$，因此该节点应视为半刚性节点。

即便如此，当节点作为半刚性节点考虑时，其支管弯矩计算值将低于按刚性节点考虑的情况，从本算例中可以看出支管轴力对节点强度的影响很小，而支管弯矩对节点强度起控制作用，因此若按半刚性节点考虑，节点承载力仍然应是符合要求的。

15.6.3 矩形管节点设计实例

某X形节点，$\theta=45°$，管件尺寸及荷载设计值示于图15.6-9，钢管均为Q345热轧钢管，验算节点强度是否足够。

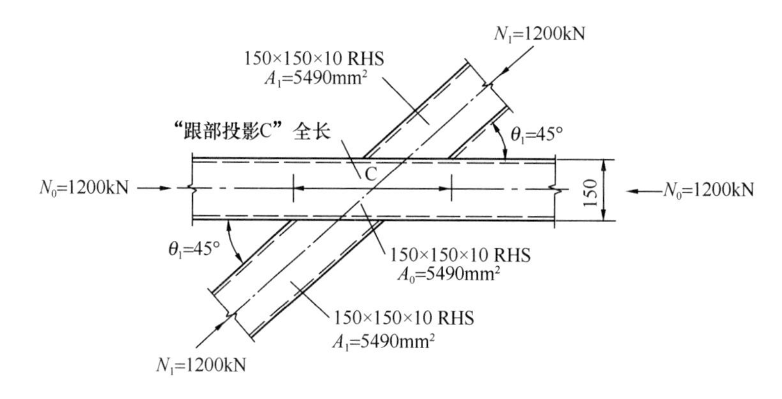

图15.6-9 矩形X形节点

1. 支管的局部屈服验算

对支管极限状态的局部屈服，有 $N_{u1}=2.0\ (h_1-2t_1+b_{e1})\ t_1f_1$

其中，$b_{e1}=\frac{10}{b/t}\cdot\frac{tf_y}{t_1f_{y1}}\cdot b_1=\frac{10}{150/10}\times\frac{10\times345}{10\times345}\times150=100\text{mm}<b=1500\text{mm}$

所以，$N_{u1}=2.0\times(150-20+100)\times10\times300=1380\text{kN}>1200\text{kN}$，满足

2. 弦杆侧壁破坏验算

对主管侧壁破坏极限状态，有：$N_{u1}=\left(\frac{2h_1}{\sin\theta_1}+10t\right)\frac{tf_k}{\sin\theta_1}\psi_n$

这里，$\lambda=1.73\left(\frac{150}{10}-2\right)\sqrt{\frac{1}{\sin45°}}=26.75$，按现行《钢结构设计标准》GB 50017a类截面查得 $\varphi=0.958$

$$f_k=(0.65\sin\theta_1)\varphi f=(0.65\times\sin45°)\times0.958\times300=132.1\text{N/mm}^2$$

$$\psi_n=1.0-\frac{0.25\sigma}{\beta f}=1.0-\frac{0.25\times1200\times10^3/5490}{1.0\times300}=0.818$$

所以，$N_{u1}=\left(\frac{2\times150}{\sin45°}+10\times10\right)\times\frac{10\times132.1}{\sin45°}\times0.818=801\text{kN}<1200\text{kN}$

这说明主管侧壁强度不足，应予加强。

3. 主管加强板加固

在主管侧壁附加上一对侧板，该对侧板与管件同为 Q345 钢，侧板厚度为 10mm。这样，计算主管侧壁承载力时，侧壁厚度按 10+10=20mm 计算，可得：

$$\lambda = 1.73\left(\frac{150}{10}-2\right)\sqrt{\frac{1}{\sin 45^\circ}} = 26.75，\varphi = 0.991，f_{\mathrm{k}} = 136.6\mathrm{N/mm^2}。$$

$$N_{\mathrm{ul}} = \left(\frac{2\times 150}{\sin 45^\circ}+10\times 10\right)\times\frac{20\times 132.1}{\sin 45^\circ}\times 0.818 = 1657\mathrm{kN} \approx 2\times 801$$

$$= 1602\mathrm{kN} > 1200\mathrm{kN}$$

满足。

加强板长度 $l_{\mathrm{p}}=1.5c$，其中 c 为支管与主管接触线相隔最远的两端点之间的距离，亦即 $c=\frac{h_1}{\sin\theta_1}+\frac{h}{\tan\theta_1}=\frac{150}{\sin 45^\circ}+\frac{150}{\tan 45^\circ}=362.1\mathrm{mm}$，$l_{\mathrm{p}}=1.5\times 362.1=543\mathrm{mm}$。最后选用侧壁加强板的尺寸为 600mm×150mm×10mm，与主管侧壁相焊的焊缝沿板周边围焊。

参 考 文 献

[1] 钢结构设计标准：GB 50017—2017[S]. 北京：中国计划出版社，2018.

[2] 钢管结构技术规程：CECS 280：2010[S]. 北京：中国计划出版社，2010.

[3] 王伟著. 圆钢管相贯节点非刚性性能及对结构整体行为的影响效应. 上海：同济大学出版社，2017.

[4] 王伟，陈以一. 圆钢管相贯节点的非刚性性能与计算公式. 工业建筑，2005，35(381)：5-9.

[5] 陈以一，王伟等. 圆钢管相贯节点抗弯刚度和承载力实验. 建筑结构学报，2001，22(6)：25-30.

[6] 王伟、顾青. X 型方圆汇交钢管节点的焊缝轴拉性能试验研究与承载力计算，建筑结构学报，2015，36(3)：99-106.

[7] 陈誉，赵宪忠. 平面 KT 型圆钢管搭接节点有限元参数分析与承载力计算. 建筑结构学报，2011，32(4)：134-141.

[8] 隋伟宁，陈以一等. 垫板加强圆主管和支管 T 型相贯节点抗拉性能研究. 土木工程学报，2013，46(5)：22-30.

[9] 陈以一，沈祖炎等. 直接汇交节点三重屈服线模型及试验验证. 土木工程学报，1999，32(6)：26-31.

[10] 陈以一，陈扬骥. 钢管结构相贯节点的研究现状. 建筑结构，2002，32(7)：52-55.

第16章 预 应 力 钢 结 构

16.1 概　　述

16.1.1 预应力钢结构应用发展概况

预应力结构的构想早在古代就产生了，如弓箭的张弦、木桶的铁箍等就是最古朴的预应力结构。但是直到在20世纪50年代，第二次世界大战战后重建时期，由于材料匮乏、资金短缺和降低成本的要求，才开始出现了在传统钢结构中引入预应力的学科和工程实践。20世纪60年代以后，传统钢结构涌现大量新型空间结构体系，如网架、网壳、折板、悬索及索膜结构等。而且计算机技术得到了迅速发展，为解决高难度计算与高精度加工问题提供了保障。由此，预应力钢结构由初始的探索和试验阶段发展为技术不断进步，应用日益广泛的新阶段，而大跨度预应力钢结构也成为体现一个国家建筑科技水平的重要标志。

我国现代预应力钢结构的发展始于20世纪50年代后期和60年代。北京工人体育馆和浙江人民体育馆是当时的两个代表作。尽管存在几个杰出工程，直到20世纪80年代初期，我国预应力钢结构的总体发展水平还比较落后，工程实践有限，理论储备也不足，同国际发展水平差距很大。自20世纪80年代中期起，预应力钢结构进入了一种较好的发展状态。工程实践的数量有较大增长，结构的应用形式趋向多样化，理论研究也逐步配套，包括柔性结构的形态分析、风效应分析、地震效应分析等基础性的理论研究也逐步开展。

多个工程项目的建设实践促进了设计与理论研究的不断进步。进入新世纪后，我国预应力钢结构在结构体系、设计理论、施工技术以及工程应用等诸多方面获得了前所未有的发展。新世纪初期，单向张弦结构开始在一些重要的工程中得到应用，代表性的工程如广州国际会议展览中心、哈尔滨国际会展体育中心和全国农业展览馆等。从2005年开始，以2008年奥运会为契机，激起了工程师在建筑领域创新的热情。预应力钢结构开始在奥运场馆中大量应用，其中有一些结构体系是首次在大型场馆应用，如国家体育馆的双向张弦结构，平面尺寸114m×144m，北京工业大学羽毛球馆的弦支穹顶结构，直径93m，北京大学乒乓球馆的辐射式布置的空间张弦结构等。奥运场馆预应力钢结构的成功应用，为之后的推广应用产生了巨大的示范效应，使得预应力钢结构逐渐为业内工程师和业主广泛理解和接受。从2008年以后，每年都有许多预应力钢结构建成，规模越来越大，结构体系也越来越多样化。典型工程如佛山世纪莲体育场、宝安体育场、盘锦体育场的大跨度索膜结构、徐州奥体中心体育场大开口弦支穹顶结构、鄂尔多斯伊金霍洛旗索穹顶结构、天津理工大学索穹顶结构等，建成后使用情况良好。至今在我国新建大跨度空间屋盖结构工程项目中，预应力钢结构已占有十分重要的地位。

16.1.2 预应力钢结构的分类、特点及适用范围

1. 分类

预应力钢结构的结构形式丰富多彩。根据这些新型结构体系的受力性能、布置形式，对近 10 多年来工程领域中预应力钢结构进行归类，通常可以分为以下两类：

（1）由刚性构件和柔性拉索组合而成的半刚半柔结构体系如单向张弦结构、双向张弦结构、空间张弦结构、弦支穹顶结构、预应力桁架结构、斜拉结构等；

（2）以柔性拉索为主的索穹顶结构、悬索结构等。

2. 特点

预应力钢结构具有以下特点：

（1）便于建筑造型，适应多种多样的平面布置及外形轮廓，能较自由地满足各种建筑功能和表达形式的要求，建筑形式丰富多样。建筑是城市的诗篇，好的建筑除了满足功能要求，还能给人以美的享受。钢结构和拉索经过建筑师的巧妙结合，可以创造出全新的建筑形式，满足人们对现代建筑的需求。

（2）通过拉索的轴向拉伸来抵抗外荷载的作用，可以充分发挥材料强度。采用高强拉索，可以有效减轻结构自重，节省材料并跨越更大的跨度。当结构跨度很大时，自重则成为制约其技术经济合理性的主要因素，采用预应力钢结构可以有效解决这一问题。

（3）通过调整预应力可以改善刚性结构的受力性能，尽量减少弯矩效应，使构件处于轴力或小偏心受力状态。预应力还可以调整结构的刚度与变形，免除结构制作过程中的预变形。

（4）与全刚性结构不同，预应力钢结构设计与施工紧密相关。特别是对于一些复杂的预应力钢结构，在优选施工方案的基础上，实现施工过程仿真分析与结构设计的无缝对接已经成为优化设计和保证结构安全的重要措施。

3. 适用范围

随着近年来新材料、新工艺、新结构发展迅猛，在钢结构领域中预应力钢结构的应用有着很大的覆盖面。尤其对大跨度空间结构，其技术经济效益更为显著。预应力钢结构应用广泛的领域可包括公共建筑的体育场馆、会展中心、剧院、商场、飞机库、候机楼等，和工业建筑的大跨度屋盖结构及连廊结构等；而在高层建筑中也有采用预应力钢结构的实例，如南非约翰内斯堡市的发展银行大楼、北京新保利大厦等；另一应用较多的领域是桥梁结构，国内外许多悬索桥，斜拉桥都是技术成熟的工程应用范例；高耸构筑物是利用预应力增强结构刚度的一种类型，由于拉索作用大大提高了塔桅结构的水平刚度，如悉尼电视塔、巴塞罗那电讯塔、北京华北电力调度塔以及许多高压输电线路塔架等。把预应力技术用于服役钢结构的加固补强上更是种类繁多，并具有特殊效果。此外，预应力技术在轻钢结构、钢板结构中的应用研究也在进行中，可以预期预应力钢结构的应用发展具有广阔的前景。

常用预应力钢结构体系、特点及相应适用范围见表 16.1-1 所示。

常用预应力钢结构结构体系、特点及适用范围　　表 16.1-1

编号	名称		体系简图	特点及适用范围
01	张弦结构体系	单向张弦	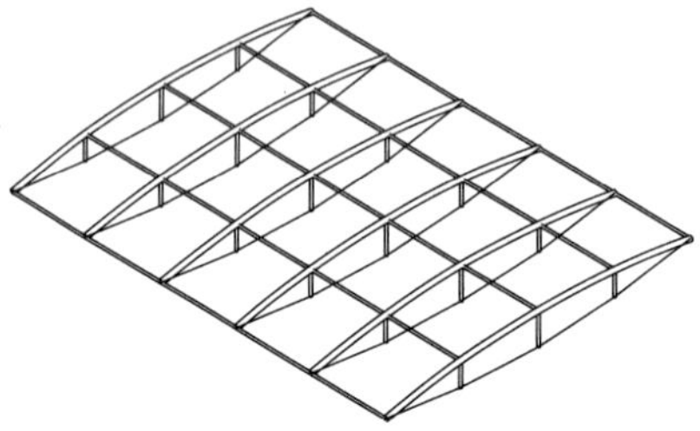	1. 自平衡体系，可以有效减小下部支承结构的水平推力； 2. 通过调节下弦拉索预应力，可以调节结构的变形，避免反拱； 3. 通过调节下弦拉索预应力，可以调节上弦钢梁的弯矩分布，使受力更合理； 4. 可以有效抵抗向下的荷载，但当风吸力较大时，拉索可能会出现松弛； 5. 受力明确，节点构造相对比较简单，在实际工程中采用最多； 6. 适用于矩形及椭圆形平面，跨度范围 20～120m，矢跨比可取 1/8～1/14
		双向张弦梁	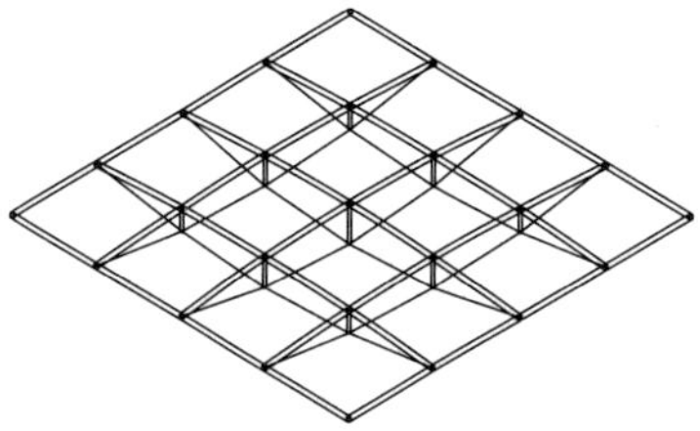	1. 自平衡体系，可以有效减小下部支承结构的水平推力； 2. 通过调节下弦拉索预应力，可以调节结构的变形，避免反拱； 3. 通过调节下弦拉索预应力，可以调节上弦钢梁的弯矩分布，使受力更合理； 4. 可以有效抵抗向下的荷载，但当风吸力较大时，拉索可能会出现松弛； 5. 受力明确，节点构造相对复杂，在实际工程中采用不多； 6. 适用于长度和宽度比较接近的矩形、圆形及椭圆形平面，跨度范围 40～120m，矢跨比可取 1/8～1/14
		空间张弦梁	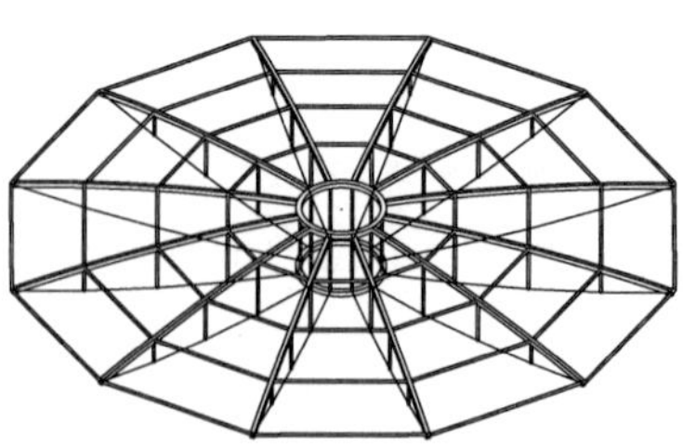	1. 自平衡体系，可以有效减小下部支承结构的水平推力； 2. 通过调节下弦拉索预应力，可以调节结构的变形，避免反拱； 3. 通过调节下弦拉索预应力，可以调节上弦钢梁的弯矩分布，使受力更合理； 4. 可以有效抵抗向下的荷载，但当风吸力较大时，拉索可能会出现松弛； 5. 受力明确，节点构造相对简单，在实际工程中采用较多； 6. 适用于正方形、圆形和长度与宽度比较接近的矩形及椭圆形平面，跨度范围 40～120m，矢跨比可取 1/8～1/14

续表

编号	名称	体系简图	特点及适用范围
02	弦支穹顶体系	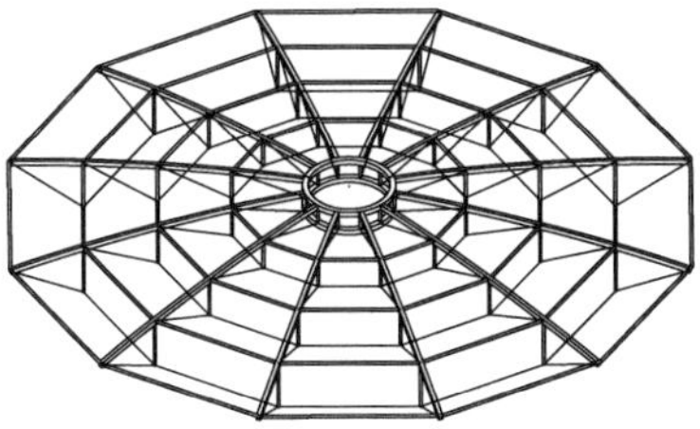	1. 自平衡体系，可以有效减小下部支承结构的水平推力； 2. 通过调节下弦拉索预应力，可以调节结构的变形，避免反拱； 3. 通过调节下弦拉索预应力，可以调节上弦钢梁的弯矩分布，使受力更合理； 4. 可以有效抵抗向下的荷载，但当风吸力较大时，拉索可能会出现松弛； 5. 受力明确，节点构造相对较复杂，在实际工程中采用较多； 6. 适用于正方形、圆形和长度与宽度比较接近的矩形及椭圆形平面，跨度范围 40～120m
03	索穹顶结构体系	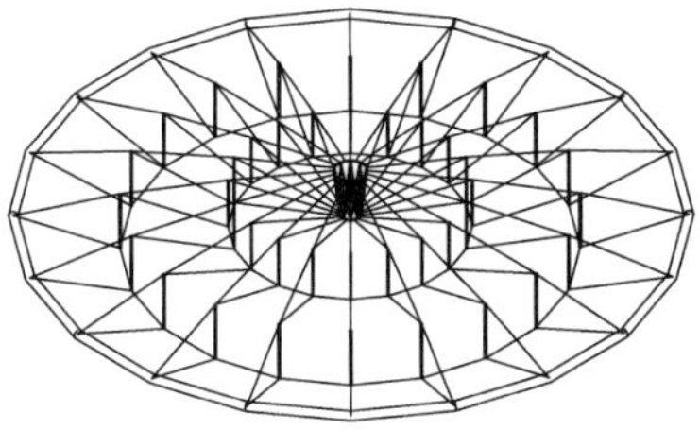	1. 由自内至外的若干道斜索、脊索、环索、撑杆及内圈刚性环和刚度很大的外环梁组成； 2. 根据几何拓扑形式的不同，索穹顶结构分为 Geiger 型、Levy 型、混合型等多种形式； 3. 索穹顶体系受压构件极少，能够充分发挥钢材的抗拉强度，结构效率极高； 4. 通过合理的预应力分布可以有效抵抗向上及向下的荷载； 5. 在大跨度体育馆等公共建筑中采用较多，多与轻型屋面结合，用钢量极低； 6. 适用于圆形和长短轴比较接近的椭圆形平面
04	斜拉结构体系	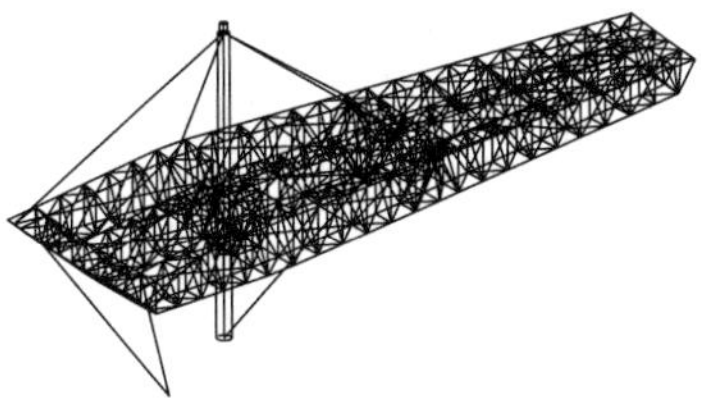	1. 结构体系一般由桅杆、斜拉索、悬挑屋面组成，有时还要加上抗风索； 2. 桅杆和斜拉索抵抗向下的荷载，抗风索承受风吸力的作用； 3. 适用于体育场看台等悬挑屋面，悬挑跨度 15～50m

续表

编号	名称		体系简图	特点及适用范围
05	悬索结构体系	双层索系		1. 结构体系由承重索、稳定索、竖向吊索及强大的边缘构件组成； 2. 承重索抵抗向下的荷载，稳定索抵抗向上的荷载； 3. 承重索和稳定索的拉力均传递给边缘构件，因而需要将边缘构件做得比较强； 4. 由于采用高强材料，可以有效地降低结构自重，节省材料； 5. 适用于轻型屋面如膜结构等
		双向索桁架		1. 结构体系由上层索、下层索、竖向撑杆、纵向联系索及强大的边缘构件组成； 2. 下层索抵抗向下的荷载，上层索抵抗向上的荷载； 3. 上层索和下层索的拉力均传递给边缘构件，因而需要将边缘构件做得比较强； 4. 由于采用高强材料，可以有效地降低结构自重，节省材料； 5. 适用于轻型屋面如膜结构等
06	预应力桁架结构体系			1. 上弦可以是网架、桁架等结构，下弦为钢管结构体内穿预应力拉索，上下弦之间通过竖向和斜向撑杆连接； 2. 可以改善下弦钢管的受力，降低重量，节省材料； 3. 可以通过调节预应力，改善结构的竖向变形； 4. 由于拉索在钢管体内，拉索的防腐、防火性能均有较大程度改善； 5. 适用于矩形及椭圆形平面，跨度范围 40～120m

16.2 材 料

预应力钢结构的主要材料是钢材和拉索，钢材在本书第二章中已有详细介绍，本节主要对拉索材料的工艺、力学性能等及设计选用等进行介绍。按照目前预应力钢结构索体设计仍采用按索体破断强度考虑安全系数的计算方法，故对索体材料不规定抗力分项系数与强度设计值指标。

16.2.1 拉索的类别与构造要求

1. 从力学意义上来说，“索”是理想柔性，不能抗压、抗弯；从工程意义上来说，“索”是指截面尺寸远小于其长度，可不考虑抗压和抗弯刚度的柔性构件。因此，建筑用索可以归纳为钢丝缆索、钢拉杆和劲性索等。其中，钢丝缆索包括钢绞线、钢丝绳和平行钢丝束等。

预应力钢结构中的索按受力要求可选用仅承受拉力的柔性索和可承受拉力和部分弯矩的劲性索。柔性索可采用钢丝缆索或钢拉杆，劲性索可采用型钢。预应力钢结构中经常使用的拉索如下：钢丝束拉索、锌-5%铝-混合稀土合金镀层钢绞线拉索（高钒拉索）、钢拉杆等。本节着重介绍新型柔性索的构成和工艺以及相关的锚具系统。

2. 拉索的组成与构造应符合下列要求

（1）拉索一般由索体、锚固体系及配件等组成。

（2）拉索索体宜采用钢丝束、钢绞线、钢丝绳或钢拉杆。

（3）拉索两端锚固体系的构造应由建筑外观、索体类型、索力、施工安装、索力调整、换索等多种因素确定。

（4）室外长拉索宜考虑风振和雨振影响并应设置适当的阻尼减振装置。

（5）索体与拉杆应采取必要的防腐蚀及防火等防护措施。

3. 拉索性能和试验要求

（1）在制索前钢丝绳索应进行初张拉。初张拉力值应为采用材料极限抗拉强度的40%～55%。初张拉不应少于2次，每次持载时间不少于50min。

（2）拉索制作完毕后进行超张拉试验。其试验力宜为设计荷载的1.2～1.4倍，且宜调整到最接近50kN的整数倍，试验时可分为5级加载。成品拉索在卧式张拉设备上超张拉后，锚具的回缩量不应大于6mm。

（3）当成品拉索的长度不大于100m时，其长度偏差不应大于20mm；当成品拉索长度大于100m时，其偏差不应大于长度的1/5000。

（4）钢丝束拉索静载破断力不应小于索体标称破断力的95%，钢丝绳拉索的最小破断力不应低于相应产品标准和设计文件规定的最小破断力。

（5）索体的静破断力，包括锚具的抗拉承载力、铸体的锚固力，不应小于标称破断力的95%。锚具的抗拉承载力不应小于索体的抗拉力，锚具与索体间的锚固力不应小于索体抗拉力的95%。

（6）当拉索需要进行疲劳试验时，其试验方法应符合下列要求：

1）采用2.0×10^{6}次循环脉冲加载。

2）钢丝束拉索的加载应力上限取0.40～0.55极限抗拉应力，对一级耐疲劳拉索，应力幅采用200MPa；对二级耐疲劳拉索，应力幅采用250MPa。

3）钢丝绳拉索加载应力上限取0.55极限抗拉应力，应力幅采用80MPa。

4）钢丝拉断数不应大于索中钢丝总数的5%。护层不应有明显损伤，锚具无明显损坏。锚杯与螺母旋合正常。

5）经疲劳试验后静载不应小于索体标称极限抗拉力的95%，拉断时延伸率不应小于2%。

（7）拉索的盘绕直径不应小于30倍索的直径。拉索在盘绕弯曲后，截面外形不应有明显变化。

（8）设计时索体材料的膨胀系数采用厂家提供的数据，也可参照表16.2-1取值，必要时索体材料的弹性模量由试验确定。

索体材料的弹性模量 表 16.2-1

索体类型		弹性模量（N/mm²）
钢丝束		（1.9～2.0）×10⁵
钢丝绳	单股钢丝绳	1.4×10⁵
	多股钢丝绳	1.1×10⁵
钢绞线	镀锌钢绞线	（1.85～1.95）×10⁵
	高强度低松弛预应力钢绞线	（1.85～1.95）×10⁵
高钒拉索		1.6×10⁵
不锈钢拉索		1.3×10⁵
钢拉杆		2.06×10⁵

（9）设计时索体材料的膨胀系数采用厂家提供的数据，也可参照表 16.2-2 取值，必要时索体材料的膨胀系数由试验确定。

索体材料的膨胀系数 表 16.2-2

索材种类	线膨胀系数	索材种类	线膨胀系数
钢丝束索	1.84×10^{-5}	高钒拉索	1.2×10^{-5}
钢绞线索	1.32×10^{-5}	不锈钢索	1.6×10^{-5}
钢丝绳索	1.59×10^{-5}	钢拉杆	1.2×10^{-5}

注：以上数据主要由拉索加工厂家提供，并参考《预应力钢结构技术规程》CECS212：2006。

（10）当使用条件对拉索有防火要求时应进行防火性能化设计，并采取相应的防护措施。

16.2.2 钢丝绳拉索

1. 起源与发展

钢丝绳无论从用途还是制作工艺都是源自于绳索的应用。1835 年，德国的一名采矿工程师，注意到了麻绳的优点就是受力都是沿着纤维方向平行的传递。另外，铁链具有非常高的强度。他有了将两种提升材料的优点结合到一起的想法，这是钢丝绳诞生的第一个构想。世界上第一根钢丝绳也由此产生，即是一个由三个股构成的 18mm 直径的钢丝绳，每个股由四根直径 3.50mm 的铁丝捻成。整个捻制是由手工完成，如图 16.2-1 所示。

随着技术的发展和需求，钢丝绳逐渐演变成以下结构形式，如图 16.2-2 所示。

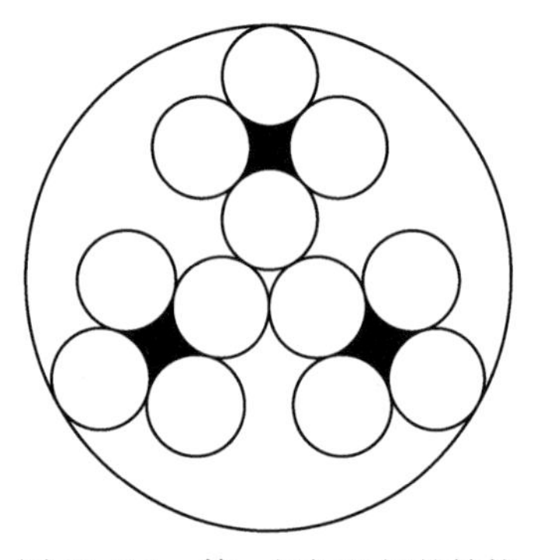
图 16.2-1 第一根钢丝绳的结构

2. 钢丝绳捻法

捻绕，使钢丝绳的受力性能、变形性能较捻绕前的钢丝变差。但要使钢丝成为钢丝绳，捻绕又是不可避免的。钢丝绳的捻法主要包括以下形式。

（1）交互捻

交互捻是一种最常用的钢丝绳捻制方式。优点是不易松散和扭转性能好，且承受横向压力的能力比同向捻要好；缺点是不够柔软，使用寿命短。结构用钢丝绳多为此种。

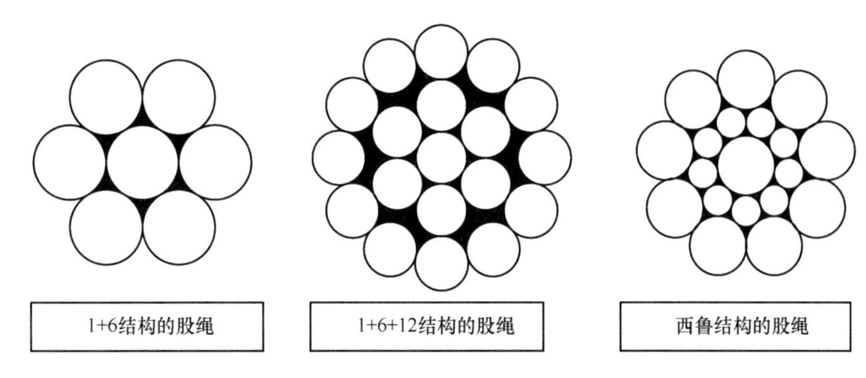

图 16.2-2 钢丝绳结构发展

（2）同向捻

钢丝间接触较好，表面比较平滑，柔软性好，耐磨损，使用寿命长；但是容易松散和扭曲。主要用于开采和挖掘设备中。

（3）混合捻

兼具以上两种方法的优点，但是制造困难。主要用于起重设备中。

在理论上，捻绕前钢丝束的有效破断拉力总和等于捻绕后的钢丝绳的有效破断拉力。即，钢丝绳的有效破断拉力从理论上应等于钢丝的公称抗拉强度与其金属截面积的乘积。但是，由于捻绕的缘故，钢丝绳的实际破断拉力要比理论破断拉力低 10%～20%，这种关系用捻绕效率表示如下：捻绕效率＝（钢丝绳破断拉力/钢丝破断拉力总和）×100 %。

经研究得出：钢丝绳的捻绕效率取决于钢丝绳的结构形式。一般而言，在钢丝绳中，股丝数愈少，捻绕效率愈高，则钢丝绳的有效破断拉力也就愈大。

3. 钢丝绳拉索特点

常用钢丝绳拉索主要包括以下特点。

1）钢丝绳由多股钢绞线围绕一核心绳（芯）捻制而成。

2）核心绳的材质分为纤维芯和钢芯。

3）结构用索应采用钢芯。

4）钢丝绳通常由七股钢绞线捻成，以一股钢绞线为核心，外层的六股钢绞线沿同一方向缠绕。由七股 1×7 的钢绞线捻成的钢丝绳，其标记符号为 7×7。常用的另一种型号为 7×19，即外层 6 股钢绞线，每股有 19 根钢丝。

4. 钢丝绳拉索力学性能

（1）钢丝绳是由多股钢丝围绕一核心绳芯捻制而成，绳芯可采用纤维芯或金属芯。纤维芯的特点是柔软性好，便于施工，特别适用于需要弯曲且曲率较大的非主要受力构件。但强度较低，纤维芯受力后直径会缩小，导致索伸长，从而降低索的力学性能和耐久性。

（2）由于其截面含钢率偏低（仅为 60%左右），且钢丝的缠绕重复次数较多，捻角也较大，因而强度和弹性模量均低于钢绞线。

（3）研究表明，钢丝绳的纵向伸长量要比同样的直钢丝束大得多。说明钢丝绳的纵向弹性模量远较钢丝的纵向弹性模量小，并且还不是一个恒定值。钢丝绳的弹性模量比单根钢丝降低 50%～60%同时，单股钢丝绳拉索的弹性模量应不小于 1.4×10^5MPa，多股钢丝绳拉索的弹性模量应不小于 1.1×10^5MPa。

（4）钢丝绳的质量、性能应符合现行国家标准《一般用途钢丝绳》GB/T 20118—2006 的规定，不锈钢钢丝绳的质量、性能应符合现行国家标准《不锈钢丝绳》GB/T 9944—2002 的规定。

（5）钢丝绳索体可分别采用图 16.2-3 的单股钢丝绳和多股钢丝绳。钢丝绳索体应由绳芯和钢丝股组成，结构用钢丝绳应采用无油镀锌钢芯钢丝绳。

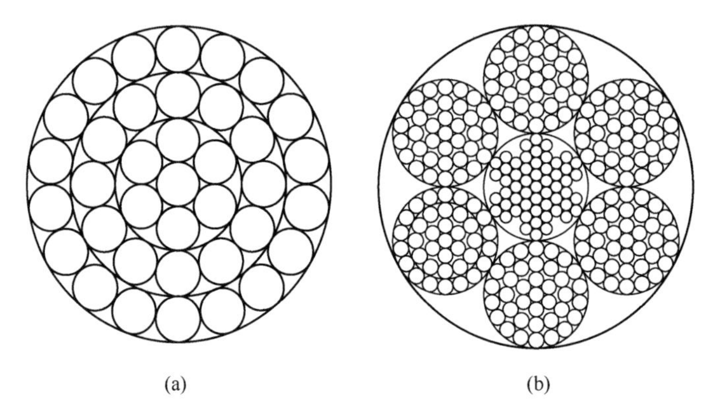

图 16.2-3　钢丝绳索体界面形式

（a）单股钢丝绳；（b）多股钢丝绳

（6）钢丝绳的极限抗拉强度可分别采用 1570、1670、1770、1870、1960MPa 等级别。

（7）钢丝绳拉索的静载破断力应不小于索体公称破断力的 95%，其静载破断延伸率应不小于 2%。

（8）钢丝绳拉索应能弯曲盘绕，索体不得有明显变形，索盘直径不应小于索体直径的 20 倍。

（9）钢丝绳索体应根据设计要求对索体进行测长、标记和下料。当设计提供应力状态下的索长时，应进行应力状态标记下料，或经弹性伸长换算进行无应力状态下料。当设计对拉索所处环境温度有要求时，在制作成品必须考虑温度修正。

16.2.3　钢丝束拉索

1. 钢丝束拉索的制作及特点

（1）钢丝束拉索是由若干相互平行的钢丝压制集束或外包防腐护套制成，断面呈圆形或正六角形。平行钢丝束通常采用由 7、19、37 或 61 根直径为 5mm 或 7mm 高强钢丝组成，钢丝可为光面钢丝或镀锌钢丝，钢丝束截面钢丝呈蜂窝状排列。钢丝束拉索的 HDPE 护套分为单层和双层。双层 HDPE 套的内层为黑色耐老化的 HDPE 层，厚度为 3～4mm；外层为根据业主需要确定的彩色 HDPE 层，厚度为 2～3mm。钢丝束拉索以成盘或成圈方式包装，这种拉索的运输比较方便。

（2）在预应力结构中最常用的是半平行钢丝束，它由若干根高强度钢丝采用同心绞合方式一次扭绞成型，捻角 2°～4°，扭绞后在钢丝束外缠包高强缠包带，缠包层应齐整致密、无破损；然后热挤高密度聚乙烯（HDPE）护套。这种缆索的运输和施工比平行钢丝束方便，目前已基本替代平行钢丝束。

（3）这类钢丝束拉索各根钢丝排列紧凑、相互平行、受力均匀，接触应力低能够充分发挥高强钢丝材料的轴向抗拉强度。

（4）钢丝束拉索缺点主要包括以下方面：①抗扭转稳定性较差。②防火性能差。③抗滑移能力差。

2. 钢丝束拉索力学性能

（1）钢丝的质量应符合现行国家标准《桥梁缆索用热镀锌钢丝》GB/T 17101—2008的规定，钢丝束的质量应符合现行国家标准《斜拉桥热挤聚乙烯高强钢丝拉索技术条件》GB/T 18365—2001 的规定。

（2）半平行钢丝束索体可采用图 16.2-4 的索体截面形式。钢丝直径宜采用 5mm 或 7mm，并宜选用高强度、低松弛、耐腐蚀的钢丝，极限抗拉强度宜采用 1670、1770MPa 等级，索体护套可分别采用单层或双层。

（3）钢丝束外应以高强缠包带缠包，高强缠包带外应有热挤高密度聚乙烯（HDPE）护套，在高温、高腐蚀环境下护套宜采用双层，高密度聚乙烯技术性能应符合现行行业标准《桥梁缆索用高密度聚乙烯护套料》CJ/T 297—2016 的规定。

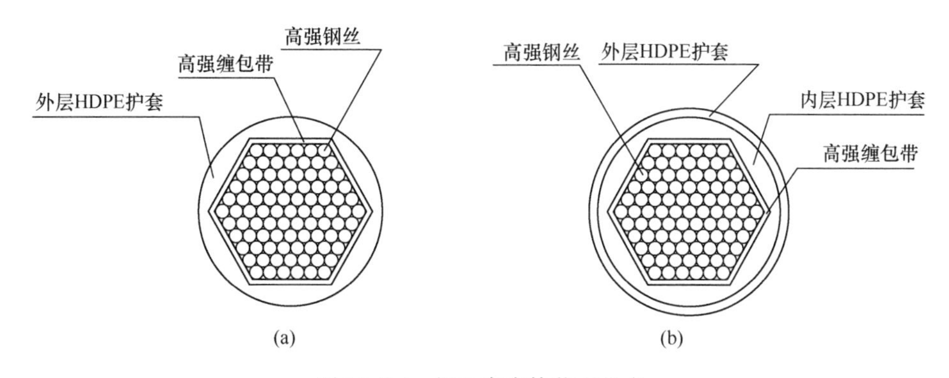

图 16.2-4 钢丝束索体截面形式
（a）单层护套索体；（b）双层护套索体

（4）钢丝束索体应根据设计要求对索体进行测长、标记和下料。当设计提供应力状态下的索长时，应进行应力状态标记下料，或经弹性伸长换算进行无应力状态下料。

（5）钢丝束应力状态下料时，其张拉应力应考虑钢索自重挠度、环境温度影响、锚固效率等，下料时钢丝束张拉强度可取 200～300N/mm^2。同种规格钢丝或钢绞线张拉应力应一致。

常用钢丝束拉索索体参数见表 16.2-3 和表 16.2-4 所示。

钢丝直径采用 5mm 的钢丝束索体参数表 **表 16.2-3**

规格	钢丝束直径（mm）	单护层直径（mm）	双护层直径（mm）	钢丝束单重（kg/m）	索体单重（kg/m）	钢丝束截面积（mm^2）	破断力（kN）
5×7	15	22	0	1.1	1.3	137	230
5×13	22	30	0	2.0	2.4	255	426
5×19	25	35	40	2.9	3.7	373	623
5×31	32	40	45	4.8	5.7	609	1017

续表

规格	钢丝束直径(mm)	单护层直径(mm)	双护层直径(mm)	钢丝束单重(kg/m)	索体单重(kg/m)	钢丝束截面积(mm^2)	破断力(kN)
5×37	35	45	50	5.7	6.9	726	1213
5×55	41	51	55	8.5	9.6	1080	1803
5×61	45	55	59	9.4	10.8	1198	2000
5×73	49	59	63	11.3	12.6	1433	2394
5×85	51	61	65	13.1	14.5	1669	2787
5×91	55	65	69	14.0	15.7	1787	2984
5×109	58	68	72	16.8	18.3	2140	3574
5×121	61	71	75	18.7	20.3	2376	3968
5×127	65	75	79	19.6	21.6	2494	4164
5×139	66	78	82	21.4	23.4	2729	4558
5×151	68	79	83	23.3	25.2	2965	4951
5×163	71	83	88	25.1	27.5	3200	5345
5×187	75	87	92	28.8	31.1	3672	6132
5×199	77	89	94	30.7	33.1	3907	6525
5×211	81	93	98	32.5	35.3	4143	6919
5×223	83	95	100	34.4	37.0	4379	7312
5×241	85	97	102	37.1	39.7	4732	7902
5×253	87	101	106	39.0	42.1	4968	8296
5×265	90	105	110	40.8	44.4	5203	8689
5×283	92	107	112	43.6	46.9	5557	9280
5×301	95	111	116	46.4	50.1	5910	9870
5×313	97	113	118	48.2	52.1	6146	10263
5×337	100	117	122	51.9	55.8	6617	11050
5×349	101	118	123	53.8	57.7	6853	11444
5×367	105	121	126	56.6	60.7	7206	12034
5×379	107	123	128	58.4	62.8	7442	12428
5×409	110	128	133	63.0	67.5	8031	13411
5×421	111	129	134	64.9	69.4	8266	13805
5×439	115	133	138	67.7	72.7	8620	14395
5×451	116	135	140	69.5	74.8	8855	14788
5×475	119	137	142	73.2	78.2	9327	15575
5×499	120	139	148	76.9	82.8	9798	16362
5×511	123	143	152	78.8	85.5	10033	16756
5×547	127	147	156	84.3	90.9	10740	17936
5×583	130	150	159	89.9	96.6	11447	19117
5×595	133	153	162	91.7	99.1	11683	19510
5×649	137	157	166	100.0	107.1	12743	21281

钢丝直径采用7mm的钢丝束索体参数表　　**表16.2-4**

规格	钢丝束直径(mm)	单护层直径(mm)	双护层直径(mm)	钢丝束单重(kg/m)	索体单重(kg/m)	钢丝束截面积(mm^2)	破断力(kN)
7×7	21	30	0	2.1	2.5	269	450
7×13	31	40	0	3.9	4.5	500	835
7×19	35	45	50	5.7	6.8	731	1221
7×31	44	55	60	9.4	10.7	1193	1992
7×37	49	60	65	11.2	12.8	1424	2378
7×55	58	68	72	16.6	18.2	2117	3535
7×61	63	73	77	18.4	20.4	2348	3920
7×73	68	78	82	22.1	23.9	2809	4692
7×85	71	83	87	25.7	27.8	3271	5463
7×91	77	89	93	27.5	30.3	3502	5848
7×109	81	93	97	32.9	35.4	4195	7005
7×121	85	99	103	36.6	39.5	4657	7777
7×127	91	105	109	38.4	42.1	4888	8162
7×139	92	107	111	42.0	45.1	5349	8933
7×151	94	109	113	45.6	48.8	5811	9705
7×163	99	114	118	49.2	53.0	6273	10476
7×187	105	121	125	56.5	60.2	7197	12018
7×199	108	124	128	60.1	64.1	7658	12790
7×211	113	129	133	63.7	68.4	8120	13561
7×223	116	133	137	67.4	71.9	8582	14332
7×241	119	135	139	72.8	77.1	9275	15489
7×253	122	139	143	76.4	81.3	9737	16260
7×265	127	144	148	80.1	85.7	10198	17031
7×283	129	147	151	85.5	90.6	10891	18188
7×301	133	151	155	90.9	96.3	11584	19345
7×313	135	154	158	94.6	100.4	12046	20116
7×337	141	160	164	101.8	107.6	12969	21659
7×349	142	162	166	105.4	111.4	13431	22430
7×367	147	167	171	110.9	117.5	14124	23587
7×379	149	170	174	114.5	121.7	14586	24358
7×409	155	176	180	123.6	130.6	15740	26286
7×421	155	177	181	127.2	134.2	16202	27057
7×439	161	183	187	132.6	140.7	16895	28214
7×451	163	185	189	136.2	144.6	17357	28985
7×475	166	190	194	143.5	151.9	18280	30528

续表

规格	钢丝束直径(mm)	单护层直径(mm)	双护层直径(mm)	钢丝束单重(kg/m)	索体单重(kg/m)	钢丝束截面积(mm^2)	破断力(kN)
7×499	169	193	202	150.7	160.7	19204	32070
7×511	172	197	206	154.4	165.3	19666	32841
7×547	177	204	213	165.3	176.4	21051	35155
7×583	182	209	218	176.1	187.8	22436	37469
7×595	186	213	222	179.8	192.5	22898	38240
7×649	192	220	229	196.1	208.6	24976	41711

16.2.4　钢拉杆

钢拉杆适用于建筑空间结构或桥梁中受拉部位，承受轴向拉力，无弯矩和剪力，从而使钢材的强度潜力得到充分发挥。钢拉杆以优质的合金结构钢为原料，通过锻造和特殊的热处理拥有了优良的力学性能，完全可以满足大型建筑承载时，应具有"强韧性，疲劳寿命长，整体性能好"的需要，且钢拉杆还具有大跨度连接、易于吊运安装和测力、与不同构件连接的优势以及可以借助外来介质防腐等优势。

1. 钢拉杆组成

钢拉杆是近年来开发的一种新型拉锚构件，主要由圆柱形杆体、调节套筒、锁母和两端形式各异的接头拉环组成，调节套筒的数量可根据拉杆长度和调节距离确定，如图 16.2-5 所示。由碳素钢、合金钢制成，具有强度高、韧性好等特点。

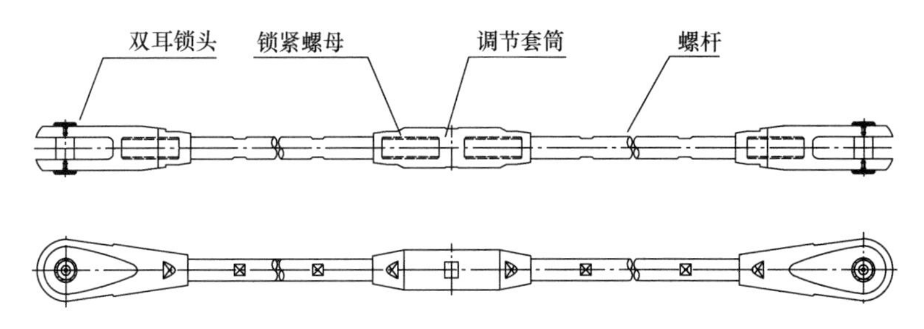

图 16.2-5　钢拉杆组成

2. 钢拉杆接头锚具

钢拉杆的锚具有双（叉）耳式（D 型）、单耳式（S 型）、螺杆式（R 型）等，如图 16.2-6 所示。

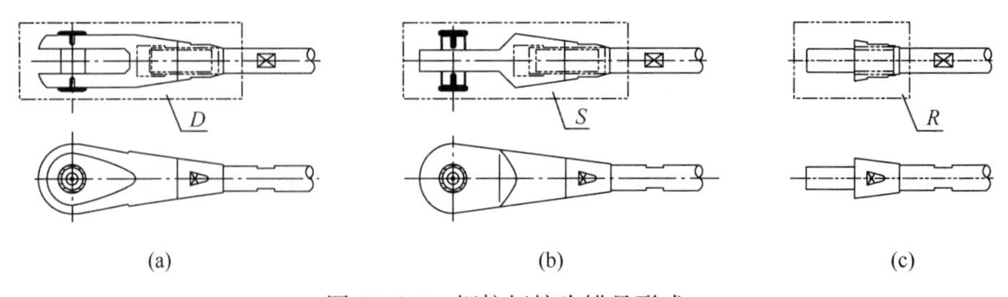

图 16.2-6　钢拉杆接头锚具形式

(a) D 型锚具；(b) S 型锚具；(c) R 型锚具

3. 钢拉杆调节特性

钢拉杆均设有一定调节量。目的是为了满足现代钢结构建筑本身存在的结构误差以及可实现对钢结构预紧张拉，使结构配件之间承载均匀传递，消除内部结构受力不均的承载隐患，使整体结构在工况下稳定、持久、耐用。根据钢拉杆的规格大小不一，调节量范围一般有±20～±112mm。如图 16.2-7 所示：

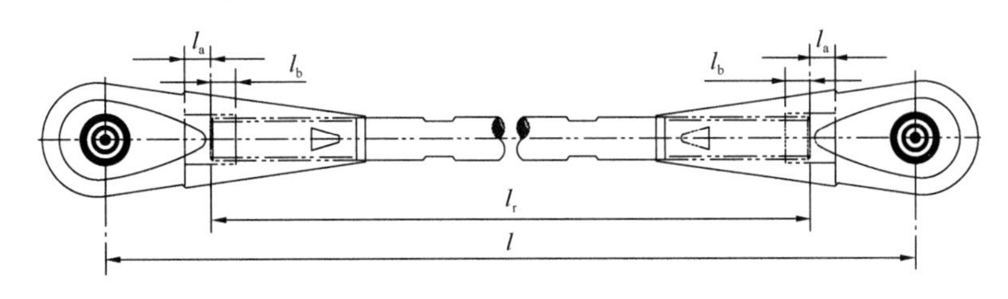

l_a— 一端连接件的正调节长度；l_b— 一端连接件的负调节长度；l_r—杆体长度；
l—设计长度。（钢质拉杆组件两端连接件的销轴中心之间的长度 l）

图 16.2-7　钢拉杆调节量

4. 钢拉杆力学性能

（1）钢拉杆的质量、性能应符合现行国家标准《钢拉杆》GB/T 20934—2016 的规定。

（2）钢拉杆的材料可以为合金钢和不锈钢两个品种。不锈钢一般用于建筑幕墙结构中，其直径一般为 Φ10～Φ100mm；合金钢拉杆的直径一般为 Φ16～Φ120mm。其强度级别有 345 级、460 级、550 级和 650 级，对应的力学性能指标如表 16.2-5 所示。其代号由钢拉杆的汉语拼音字母 GLG 和代表杆体屈服强度值组成。例如：GLG345，其中：G、L、G—分别为钢、拉、杆汉语拼音的首字母；345—杆体屈服强度值。

结构钢拉杆力学性能　　**表 16.2-5**

强度等级	杆体直径 mm	屈服强度 R_{eH} MPa	抗拉强度 R_m MPa	断后伸长率 A %	断面收缩率 Z %	冲击试验（V 型缺口）	
		不小于				温度 ℃	冲击吸收 A_{KV} J，不小于
A	16～120	235	375	21	—	20	27
						0	
						−20	
B	16～210	345	470			0	34
						−20	
						−40	27
C	16～180	460	610	19	50	0	34
						−20	
						−40	27
D	16～150	550	750	17	50	0	34
						−20	
						−40	27

续表

强度等级	杆体直径 mm	屈服强度 R_{eH} MPa	抗拉强度 R_m MPa	断后伸长率 A %	断面收缩率 Z %	冲击试验（V型缺口）	
		不小于				温度 ℃	冲击吸收 A_{KV} J，不小于
E	16～120	650	850	15	45	0	34
						−20	
						−40	27

（3）钢拉杆的弹性模量 $2.06\times10^5 N/mm^2$。

（4）钢拉杆锚具的制作、验收应符合现行国家标准《钢拉杆》GB/T 20934—2007 的规定。

（5）钢拉杆在韧性、疲劳寿命、整体性、防火防腐性能方面均要优于钢丝缆索体系；而且易于吊运安装和测力，易于与不同构件连接。

5. 钢拉杆设计

钢拉杆的设计可按非等强设计和等强设计选择截面。

（1）非等强设计

对杆端螺纹区未墩粗的拉杆，计算时以拉杆螺纹底径处的截面积作为拉杆的有效面积，并以该有效截面积计算拉杆的屈服荷载。其优点是不需特殊订货，供货周期短。

（2）等强设计

对杆端螺纹区墩粗处理的拉杆，计算时，以拉杆杆体的公称直径算得的截面积计算拉杆的屈服荷载，杆体的螺纹处有效截面以及拉杆索头、连接套等零件的屈服荷载均不小于拉杆杆体的屈服荷载。本种设计选材方法可减少用钢量，但需特殊订货。

常用钢拉杆力学性能参数见表 16.2-6 和表 16.2-7。

等强设计时钢拉杆抗拉承载力（kN）　　**表 16.2-6**

等强钢拉杆				
杆体公称直径	强度等级			
	345	460	550	650
	屈服承载力			
20	108	144	173	204
25	169	226	270	319
30	244	325	389	459
35	332	442	529	625
40	433	578	691	816
45	548	731	874	1033
50	677	903	1079	1276
55	819	1092	1306	1544
60	975	1300	1554	1837
65	1144	1526	1824	2156

续表

等强钢拉杆				
杆体公称直径	强度等级			
	345	460	550	650
	屈服承载力			
70	1327	1769	2116	2500
75	1523	2031	2429	2870
80	1733	2311	2763	3266
85	1957	2609	3119	3687
90	2194	2925	3497	4133
95	2444	3259	3897	4605
100	2708	3611	4318	5103
105	2986	3981	4760	5626
110	3277	4369	5224	6174
115	3582	4776	5710	6748
120	3900	5200	6217	7348
125	4232	6542	6746	7973
130	4577	6103	7297	8623
135	4936	6581	7869	9299
140	5308	7078	8462	1001
145	5694	7592	9078	10728
150	6094	8125	9714	11481
155	6507	8675	10373	—
160	6933	9244	11053	—
165	7373	9831	11754	—
170	7827	10436	12478	—
175	8294	11059	13222	—
180	9775	11700	13989	—
185	9269	12359	14777	—
190	9777	13036	—	—
195	10298	13731	—	—
200	10833	14444	—	—
205	11381	15175	—	—
210	11943	15925	—	—

非等强设计时钢拉杆抗拉屈服承载力（kN）　表 16.2-7

非等强钢拉杆				
杆体直径	强度等级			
	345	460	550	650
	屈服承载力			
20	84	113	135	159
25	122	162	194	229
30	193	258	308	364
35	239	319	381	451
40	336	449	536	634
45	450	600	718	848
50	508	677	810	957
55	606	808	966	1142
60	700	933	1116	1319
65	923	1230	1471	1738
70	1054	1405	1680	1935
75	1193	1591	1902	2248
80	1341	1788	2138	2527
85	1498	1997	2388	2822
90	1706	2275	2720	3214
95	1928	2570	3073	3632
100	2163	2884	3448	4075
105	2412	3216	3845	4544
110	2674	3566	4263	5038
115	2950	3934	4703	5558
120	3240	4319	5165	6104
125	3314	4419	5283	6244
130	3620	4827	5771	6821
135	3940	5154	6281	7423
140	4274	6598	6813	8052
145	4621	6161	7366	8705
150	4844	6459	7723	9127
155	5213	5951	8311	—
160	5596	7461	8921	—
165	5992	7989	9552	—
170	6401	8535	10205	—
175	6664	8885	10624	—
180	7096	9461	11312	—

续表

非等强钢拉杆				
杆体直径	强度等级			
	345	460	550	650
	屈服承载力			
185	7541	10054	12022	—
190	8000	10666	—	—
195	8293	11057	—	—
200	8774	11698	—	—
205	9268	12357	—	—
210	9776	13034	—	—

6. 钢拉杆表面处理

(1) 处理方式

钢拉杆表面处理防腐方式主要有两大类：镀层防腐和涂层防腐。

1）镀层防腐：钢拉杆表面镀层防腐处理如图 16.2-8 所示。长期防腐时为抛丸＋冷镀锌处理；重度防腐时为抛丸＋热浸镀锌处理。

图 16.2-8　钢拉杆表面镀层防腐处理方式

2）涂层防腐：喷漆，钢拉杆表面涂层防腐处理方式如图 16.2-9 所示。

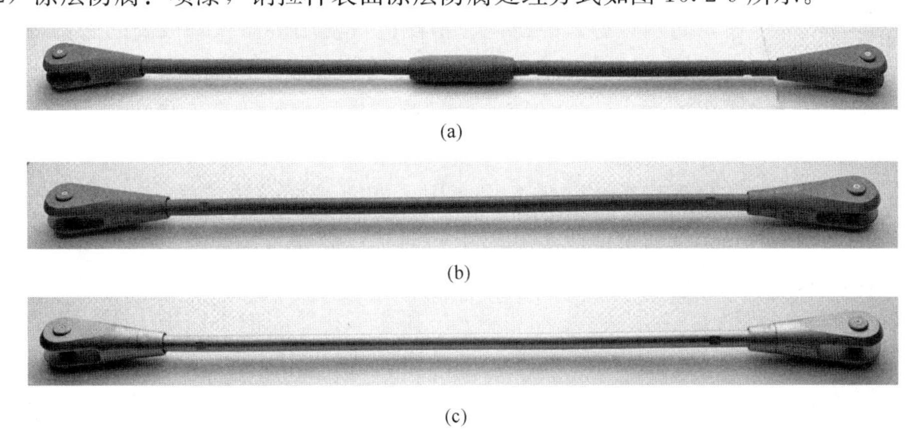

(a)

(b)

(c)

图 16.2-9　钢拉杆表面涂层防腐处理方式

(a) 短期防腐：抛丸＋环氧富锌底漆；(b) 长期防腐：抛丸＋环氧富锌底漆＋云铁中间漆＋聚氨脂面漆；(c) 重度防腐：抛丸＋环氧富锌底漆＋云铁中间漆＋氟碳面漆

(2) 表面处理工艺及特点

1）电镀锌（冷镀锌）

工艺简介：化学除油→水清洗→电解除油→水清洗→酸洗→水清洗→电镀锌→水清洗

→出光→水清洗→钝化→干燥。

特点：锌镀层具有良好的延展性，在进行各种折弯，搬运撞击等都不会轻易掉落，电镀锌美观大方，具有良好的装饰性，多应用于室内钢结构及膜结构上。但是电镀锌耐蚀性较热浸镀锌要差很多。

2）热浸镀锌

工艺简介：化学除油→水清洗→酸洗→水清洗→活化处理→热浸镀锌→冷却→成品整理。

特点：使用寿命长，一般热浸镀锌之钢铁构件在大多数郊区可使用长达50年左右，在市区或近岸区亦可达20年，甚至25年以上。硬度高具有很强的耐磨性，具有良好的延展性，所以它富于挠性，表面光亮美观。

3）环氧富锌底漆

工艺简介：表面抛丸除锈处理→喷涂环氧富锌底漆。

特点：环氧富锌底漆附着力好，防腐效果佳同时还有很好的物理性能，对上层面漆也有良好的黏结力，常温干燥快，对面漆不渗色，在建筑钢结构领域环氧富锌底漆是应用最广泛的底漆。

4）聚氨酯面漆

工艺简介：环氧富锌底漆＋环氧云铁中间漆＋聚氨酯面漆。

特点：具有良好的物理性能及防腐性能，漆膜坚硬耐磨，丰满度好，平滑、光洁，具有很好的装饰性，抗紫外线能力强，故多用于室外。

5）氟碳面漆

工艺简介：环氧富锌底漆＋环氧云铁中间漆＋氟碳面漆。

特点：氟碳漆有优良的防腐蚀性能，该漆膜坚韧，表面硬度高、耐冲击、抗屈曲、耐磨性好，不会粘尘结垢，防污性好，不粉化、不褪色，使用寿命长，极高的装饰性。

16.2.5　高钒拉索（锌-5%铝-混合稀土合金镀层钢绞线拉索）

随着环境的日趋恶化，钢材防腐的重要性日益凸显，促使研究人员更致力于提高钢材的自身防腐能力，从而可以抵御各种自然环境及恶劣气候对钢铁的吞噬。前些年市场也有很多具有一定防腐性能的钢绞线拉索被工程使用，如镀锌钢绞线拉索、铝包钢绞线拉索、镀铜钢绞线拉索等。但随着新型建筑形式的不断涌现，裸露于自然环境的索结构形式也不断增多，前面提到的几种钢绞线拉索防腐形式已经不能完全满足这些工程防腐等级要求。在众多科学家的不懈努力下，高钒拉索应运而生，国际上命名锌-5%铝-混合稀土合金镀层为Galfan（音译“高钒”）。

图16.2-10　高钒拉索

高钒镀层的出现，使得高钒拉索成为钢绞线家族的新成员。高钒拉索作为一种新型的索体，凭借其独特的防腐性能和优良的力学性能及独有的金属质感等特点，受到设计师和工程师的频频关注与青睐。高钒拉索如图16.2-10所示。

1. 普通钢绞线高钒拉索特点

钢绞线是由一层或多层钢丝呈螺旋形绞合而成的索体，结构可按1×3、1×7、1×19、1×37等规格选用。截面样式及结构类型如图16.2-11所示。

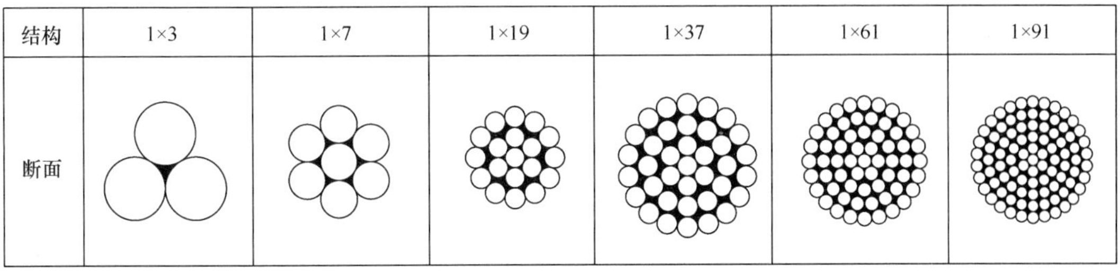

结构	1×3	1×7	1×19	1×37	1×61	1×91
断面						

图16.2-11　钢绞线拉索截面样式及结构分类

钢绞线索体具有破断力大、施工安装方便等特点。钢绞线索体选用应满足下列要求：

（1）钢绞线的质量应符合现行国家标准《预应力混凝土用钢绞线》GB/T 5224—2014、现行行业标准《高强度低松弛预应力热镀锌钢绞线》YB/T 152—1999、《镀锌钢绞线》YB/T 5004—2001的规定。不锈钢绞线的应符合现行行业标准《建筑用不锈钢绞线》JG/T 200—2007的规定。

（2）钢绞线的极限抗拉强度可分别采用1570MPa、1720MPa、1770MPa、1860MPa、1960MPa等级别。

（3）钢绞线可分为镀锌钢绞线、铝包钢绞线、高强度低松弛预应力热镀锌钢绞线、不锈钢钢绞线。

（4）钢绞线的捻制

钢绞线的捻制方向有左捻和右捻之分。多层钢绞线的最外层钢丝的捻向应与相邻内层钢丝的捻向相反。钢绞线受拉时，中央钢丝应力最大，外层钢丝的应力与其捻角大小有关。钢绞线的抗拉强度比单根钢丝降低10%～20%，钢绞线弹性模量比钢丝弹性模量降低15%～35%。

常用国产锌-5%铝-混合稀土合金镀层钢绞线拉索的截面参数与力学性能如表16.2-8和表16.2-9所示。

压制高钒拉索参数表　　**表16.2-8**

钢绞线公称直径 mm	钢绞线公称截面积 mm^2	钢绞线结构	破断力 kN		
			1570MPa	1670MPa	1770MPa
12	93	1×19	118	126	133
14	125	1×19	159	169	179
16	158	1×19	201	214	227
18	182	1×37	226	241	255
20	244	1×37	303	323	342
22	281	1×37	349	372	394
24	352	1×61	438	466	493
26	403	1×61	501	533	565
28	463	1×61	576	612	649
30	525	1×91	653	694	736
32	601	1×91	747	795	843

热铸高钒拉索参数表 **表 16.2-9**

钢绞线公称直径 mm	钢绞线公称截面积 mm^2	钢绞线结构	破断力 kN		
			1570MPa	1670MPa	1770MPa
12	93	1×19	131	140	148
14	125	1×19	177	188	199
16	158	1×19	223	237	252
18	182	1×37	251	267	283
20	244	1×37	337	359	380
22	281	1×37	388	413	438
24	352	1×61	486	517	548
26	403	1×61	557	592	628
28	463	1×61	640	680	721
30	525	1×91	725	772	818
32	601	1×91	830	883	936
34	691	1×91	955	1020	1080
36	755	1×91	1040	1110	1180
38	839	1×127	1160	1230	1310
40	965	1×127	1330	1420	1500
42	1050	1×127	1450	1540	1640
44	1140	1×91	1580	1680	1780
46	1260	1×91	1740	1850	1960
48	1380	1×91	1910	2030	2150
50	1450	1×91	2000	2130	2260
52	1600	1×127	2210	2350	2490
56	1840	1×127	2540	2700	2870
59	2020	1×127	2790	2970	3150
60	2120	1×169	2930	3120	3300
63	2340	1×169	3230	3440	3650
65	2450	1×169	3390	3600	3820
68	2690	1×169	3720	3950	4190
71	3010	1×217	4160	4420	4690
73	3150	1×217	4350	4630	4910
75	3300	1×217	4560	4850	5140
77	3450	1×217	4770	5070	5370
80	3750	1×271	5180	5510	5840
82	3940	1×271	5440	5790	6140
84	4120	1×271	5690	6060	6420
86	4310	1×271	5960	6330	6710

续表

钢绞线公称直径 mm	钢绞线公称截面积 mm²	钢绞线结构	破断力 kN		
			1570MPa	1670MPa	1770MPa
88	4590	1×331	6340	6750	7150
90	4810	1×331	6650	7070	7490
92	5030	1×331	6950	7390	7840
95	5260	1×331	7270	7730	8190
97	5500	1×397	7600	8080	8570
99	5770	1×397	7970	8480	8990
101	6040	1×397	8350	8880	9410
104	6310	1×397	8720	9270	9830
105	6500	1×469	8980	9550	10120
108	6810	1×469	9410	10010	10610
110	7130	1×469	9850	10480	11110
113	7460	1×469	10310	10960	11620
116	7940	1×547	10970	11670	12370
119	8320	1×547	11500	12230	12960
122	8700	1×547	12020	12790	13550
125	9160	1×631	12370	13160	13940
128	9590	1×631	12950	13770	14600
131	10040	1×631	13560	14420	15280
133	10470	1×721	14140	15040	15940
136	10960	1×721	14800	15740	16680
140	11470	1×721	15490	16470	17460

2. 密封高钒拉索特点

密封钢绞线拉索，见图 16.2-12，与普通钢绞线拉索一样，都是一层或多层钢丝呈螺旋形绞合而成，以下简称密封拉索。不同的是密封拉索的外层钢丝采用异型钢丝螺旋扣合而成，有效地增加了钢丝绳的密实度，从而增加了单位截面积上的含钢量。与一般的捻制方法相比，尽管这样的做法只能少许提高索的极限承载力，但它仍被应用于工程是因为其以下优势：①防腐蚀性能得到改善；②更佳的美学效果；③可以承受更高的锚固握裹力；④更强的抗磨损性能。

图 16.2-12 密封拉索索体截面

除此以外，密封拉索还具有以下特点：1）截面含钢率较高，可达到85%以上（普通钢绞线一般为75%左右），因而张拉刚度（EA）较高。2）由于外层异形钢丝的紧密连接作用，使得密封钢绞线的耐腐蚀和耐磨损性能均有所提高。3）由于异形钢丝不能冷拔到圆形钢丝的强度，因此密封式钢绞线的破断强度要低于普通钢绞线。4）价格也要比普通钢绞线略高。

常用密封拉索主要由国外几家拉索生产厂家生产：瑞士布鲁克（BRUGG)、英国布顿（BRIDON）和德国法尔福（PFEIFER）等。其常用密封拉索主要有高强度非合金钢丝和高强度不锈钢钢丝两种，其规格型号及力学性能可见表16.2-10和表16.2-11。

高强度非合金钢丝：圆钢丝为DIN EN 10264-2，Z型钢丝：DIN EN 10264-3；弹性模量：$160kN/mm^2 \pm 10kN/mm^2$，直径公差：0%/+3%，索头连接：按照DIN EN 13411-4标准进行浇注连接；腐蚀防护：内层为钢丝表面热浸锌处理，富锌复合材料填充，外二层为钢丝表面高钒镀层，无填充。

密封钢丝绳（FLC）高强度非合金钢丝（高钒镀层）参数表　　表16.2-10

公称直径ϕ (mm)	最小破断拉力 (kN)	特征破断拉力 (kN)	最大设计张拉力 (kN)	公称金属截面 (mm^2)	单重（kg/m）
25	596	596	397	440	3.8
30	858	858	572	648	5.6
35	1170	1170	780	842	7.3
40	1580	1580	1053	1125	9.7
45	2000	2000	1333	1382	12
50	2470	2470	1647	1731	15
55	3020	3020	2013	2106	18
60	3590	3590	2393	2424	21
65	4220	4220	2813	2929	25
70	4890	4890	3260	3444	30
75	5620	5620	3747	3791	33
80	6390	6390	4260	4379	38
85	7210	7210	4807	4952	42
90	8090	8090	5393	5568	48
95	9110	9110	6073	6095	52
100	10100	10100	6733	6804	58
105	11100	11100	7400	7567	65
110	12200	12200	8133	8341	71
115	13400	13400	8933	9149	78
120	14500	14500	9667	9729	83

续表

公称直径 ϕ (mm)	最小破断拉力 (kN)	特征破断拉力 (kN)	最大设计张拉力 (kN)	公称金属截面 (mm^2)	单重(kg/m)
125	15800	15800	10533	10636	91
130	16200	16200	10800	11385	97
135	17400	17400	11600	12368	106

注：根据标准 EN1993-1-11：①$F_{uk}=F_{min}\cdot k_e$，$k_e=1.0$（树脂或金属浇铸），其中 F_{uk} 为特征破断拉力，F_{min} 为最小破断力；②$F_{RD}=F_{uk}/(1.5\cdot\gamma_R)$，其中 F_{RD} 为最大设计张拉力，$\gamma_R=1.0$。

高强度不锈钢丝：材料为 1.4401（aIsI316），根据需要可提供 DIN EN 10264-4 标准 1.4436 或 1.4462 材质钢丝绳；弹性模量：$130kN/mm^2 \pm 10kN/mm^2$；直径公差：0% / +3%；索头连接：按照 DIN EN 13411-4 标准进行浇注连接；腐蚀防护：不锈钢，内部无填充。

密封钢丝绳（FLC）高强度不锈钢丝参数表　　表 16.2-11

公称直径 ϕ (mm)	最小破断拉力 (kN)	特征破断拉力 (kN)	最大设计张拉力 (kN)	公称金属截面 (mm^2)	单重 (kg/m)
25	520	520	347	417	3.5
30	748	748	499	587	4.9
35	1020	1020	680	796	6.6
40	1362	1362	908	1039	8.7
45	1726	1726	1151	1317	11
50	2147	2147	1431	1638	14
55	2598	2598	1732	1966	16
60	3032	3032	2021	2296	19
65	3638	3638	2425	2745	23
70	4169	4169	2779	3128	26
75	4708	4708	3138	3537	29
80	5469	5469	3646	4099	34

注：根据标准 EN1993-1-11：①$F_{uk}=F_{min}\cdot k_e$，$k_e=1.0$（树脂或金属浇铸），其中 F_{uk} 为特征破断拉力，F_{min} 为最小破断力；②$F_{RD}=F_{uk}/(1.5\cdot\gamma_R)$，其中 F_{RD} 为最大设计张拉力，$\gamma_R=1.0$。

3. 高钒镀层特点

（1）高钒镀层的产生

国外在 20 世纪 80 年代研制开发出锌-5%铝-混合稀土合金镀层，作为钢材防腐的新型镀层。锌-5%铝-混合稀土合金镀层独有的抗腐蚀机理使得它的寿命是普通镀锌板的 2～4 倍。鉴于其优良的防腐性能，高钒镀层索具有很大的竞争力和发展前途。

（2）防腐机理

1）锌-5%铝-混合稀土合金镀层的保护作用比一般镀锌要好，因为它表面存在富 Al

层，这样就不易与大气中的腐蚀性物质发生反应。锌-5%铝-混合稀土合金镀层的保护作用比Al更好，因为它的电位低于Al。

2）合金熔点低，只有382℃比纯锌419.5℃低37.5℃，最大程度降低高温对钢丝力学性能的影响且能耗也低。该合金镀层钢丝可焊接性能优于镀锌钢丝。

3）合金成分里锌的优良的阴极保护和三氧化二铝的保护作用。

（3）材料控制

1）钢丝镀层

锌-5%铝-混合稀土合金对其配制的原材料纯度有严格的要求：锌的纯度要达到99.995%，铝的纯度不低于99.8%。热浸镀用的锌-5%铝-混合稀土合金必须用预合金化的母合金重熔。其成分如表16.2-12所示。

锌-5%铝-混合稀土合金锭成分质量百分数（%）　　表16.2-12

Al	Ce+La	Fe	Si	Pb	Cd	Sn	其他元素	其他元素总量	Zn
4.7～6.2	0.03～0.1	≤0.075	≤0.015	≤0.005	≤0.005	≤0.002	≤0.02	≤0.04	余量

对于一步镀法，合金镀槽内熔体中的铝含量应控制在4.2%～6.2%；对于两步镀法，先镀锌，然后镀锌-5%铝-混合稀土合金，合金镀槽内熔体中的铝含量允许达到7.2%，以防止镀液中铝含量贫化。

钢丝镀层中的铝含量不小于4.2%。钢丝表面镀层应连续、光滑、均匀，不应有影响使用的表面缺陷，其色泽在空气中暴露后可呈青灰色。钢丝镀层牢固性应按钢丝直径4～5倍紧密螺旋缠绕至少8圈，镀层不得开裂或起层到用裸手指能够擦掉的程度。钢丝的镀层重量应符合《锌-5%铝-混合稀土合金镀层钢丝、钢绞线》GB/T 20492—2006的规定。

2）钢丝质量

制造钢丝用盘条牌号由供方选择，但硫、磷含量均不应超过0.025%，铜的含量不应超过0.20%；应采用经索氏体化处理后的盘条。

成品钢丝不允许有任何形式的接头，在制造过程中的焊接头应在成品中切除。

验收钢丝直径时确定各项检验结果都应以公称直径为基础。钢丝实测直径是指在同一横截面互相垂直的方向上，两次测量所得直径的算术平均值。其允许偏差应符合表16.2-13的规定。

实测直径允许偏差（mm）　　表16.2-13

钢丝公称直径（d）	允许偏差
$1.60 \leqslant d < 2.40$	±0.04
$2.40 \leqslant d < 3.70$	±0.05
$3.70 \leqslant d < 5.0$	±0.06

注：偏差值应用于检验镀层钢丝镀层均匀部位。

在钢丝同一横截面上最大直径与最小直径之差为钢丝的不圆度，其值不得大于钢丝直径公差之半。钢丝盘应规整，当打开钢丝盘时，钢丝不得散乱、扭转或成“∞”字形。工字轮卷线应平整等规定，钢丝的力学性能应符合《制绳用钢丝》YB/T 5343—2009的规定。

（4）拉索特点

采用高强度锌-5%铝-混合稀土合金镀层钢丝，以钢绞线结构形式捻制成索体，加上两端锚具而组成的拉索，称为高钒拉索。高钒拉索主要具有以下特点。

1）钢绞线结构形式在捻制成型后会有一定的强度折减系数（0.86～0.87），但其螺旋正反绞制结构形式，决定了其索体的抗扭转稳定性会很好，因此拥有良好的径向承载性能。

2）应用范围比较灵活，金属质感好，适用各种预应力体系。

3）施工比较方便，索夹可以直接夹持在索体上不需做任何处理。

4）小直径的拉索锚具可以采用压制连接。

（5）规范标准

2000年冶金信息标准研究组织编制了《钢芯铝绞线用锌-5%铝-混合稀土合金镀层钢丝》YB/T 180—2000和《锌-5%铝-混合稀土合金镀层钢绞线》YB/T 179—2000两项行业标准，对推广和应用锌-5%铝-混合稀土合金镀层钢丝、钢绞线起到了积极的作用。随着生产工艺和设备的进一步发展与完善，我国在2006年编制了《锌-5%铝-混合稀土合金镀层钢丝、钢绞线》GB/T 20492—2006国家标准，此标准的出台使得锌-5%铝-混合稀土合金镀层的生产、研究有据可依，确保产品质量的稳定性。

16.2.6 锚固体系及配件

1. 热铸锚锚具和冷铸锚锚具的质量、性能、检验和验收应符合现行行业标准《塑料护套半平行钢丝拉索》CJ 3058—1996的规定。

2. 挤压锚具、夹片锚具的质量、性能、检验和验收应符合现行国家标准《预应力筋用锚具、夹具和连接器》GB/T 14370—2007、《预应力筋用锚具、夹具和连接器应用技术规程》JGJ 85—2010的规定。

3. 钢拉杆锚具的制作验收应符合现行国家标准《钢拉杆》GB/T 20934—2007的规定。

4. 拉索常用锚具及连接的构造形式应满足安装和调节的需要，见图16.2-13。钢丝束、钢丝绳索体可采用热铸锚锚具或冷铸锚锚具。钢绞线索体可采用夹片锚具，也可采用挤压锚具或压接锚具。承受低应力或动荷载的夹片锚具应有防松装置。

5. 钢拉杆宜采螺母连接接头，并宜采用连接器进行连接或调节，见图16.2-14。

6. 热铸锚的锚杯坯件可采用锻件和铸件，冷铸锚的锚杯坯件宜采用锻件，销轴和螺杆的坯件应采用锻件。毛坯锻件应符合现行行业标准《冶金设备制造通用技术条件锻件》YB/T 036.7—1992的规定，锻件材料应采用优质碳素结构钢或合金结构钢，其性能应分别符合现行国家标准《优质碳素结构钢》GB/T 699—2015和《合金结构钢》GB/T 3077—2015的规定；采用铸件材料时，其性能应符合现行国家标准《一般工程用铸造碳钢件》GB/T 11352的规定；当采用优质碳素结构钢时，宜采用45号钢。

7. 锻钢成型锚具的无损探伤应按现行国家标准《锻轧钢棒超声检验方法》GB/T 4162—2008中A级或B级、现行行业标准《锻钢件磁粉检验方法》JB/T 8468—2014的有关规定执行。铸造成型锚具的无损探伤应准《铸钢件超声检测第1部分：一般用途铸钢件》GB/T 7233.1—2009中3级的有关规定执行。

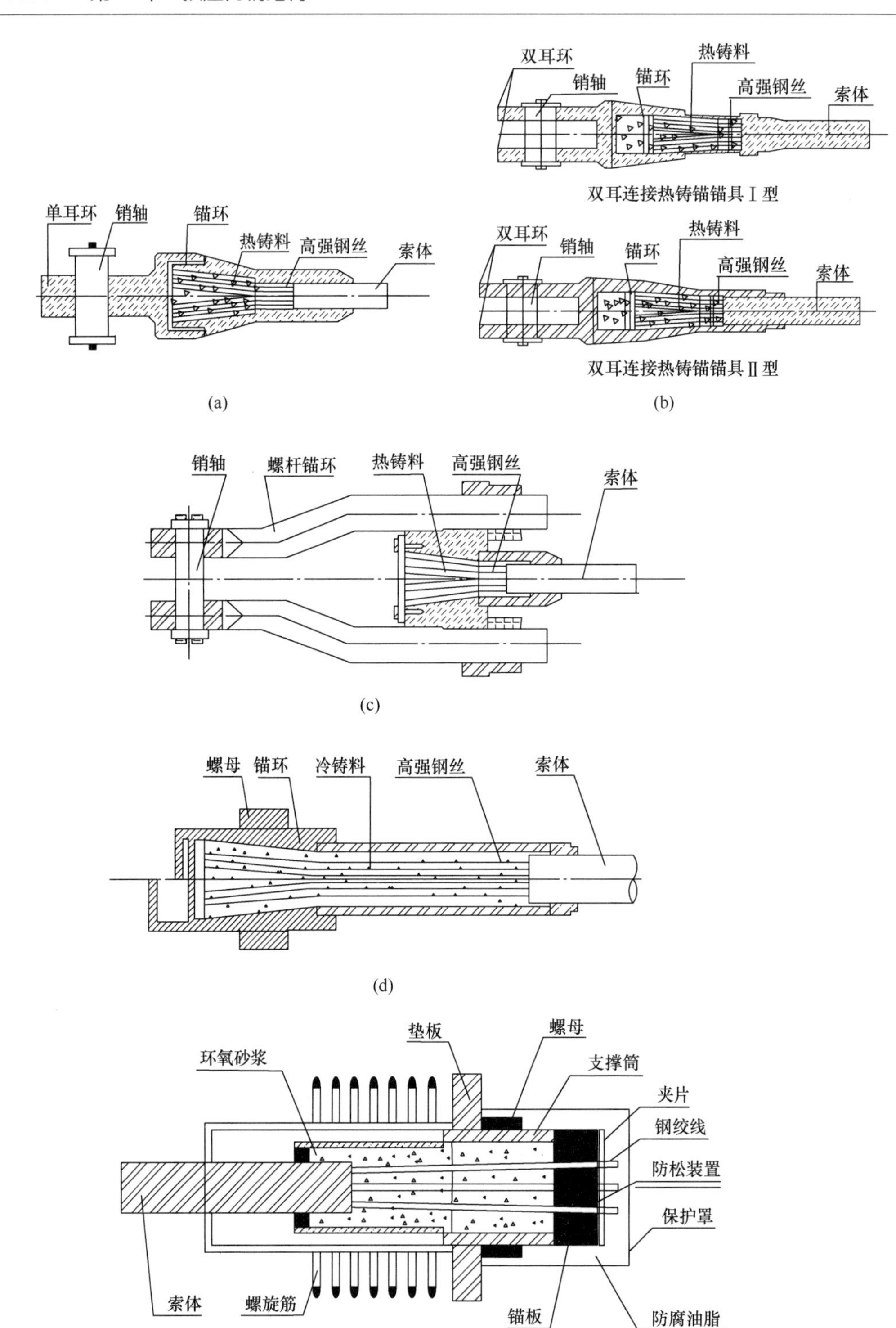

图 16.2-13　拉索锚具构造形式及调节方式（一）

(a) 单耳连接热铸锚锚具；(b) 双耳连接热铸锚锚具；(c) 双螺杆连接热铸锚锚具；
(d) 螺纹螺母连接冷铸锚锚具；(e) 夹片锚具；

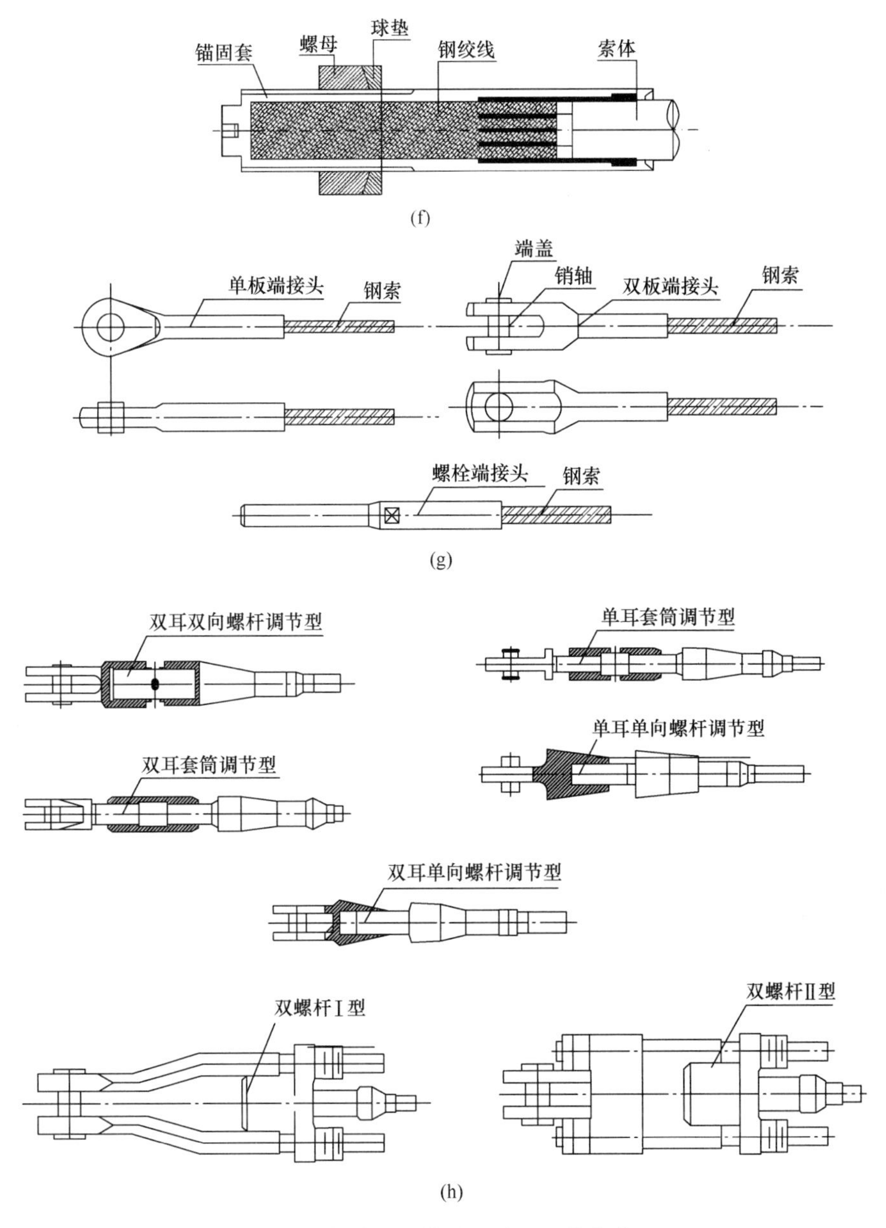

图 16.2-13　拉索锚具构造形式及调节方式（二）

（f）挤压锚具；（g）压接锚具；（h）锚具调节方式图

8. 锚具及其组装件的极限承载力不应低于索体的最小破断拉力。钢拉杆接头的极限承载力不应低于杆体的最小破断拉力。

9. 拉索需要进行疲劳试验时，应按现行行业标准《预应力筋用锚具、夹具和连接器应用技术规程》JGJ 85—2010、《塑料护套半平行钢丝拉索》CJ 3058—1996 有关规定执行。

10. 对于预应力钢结构的预应力损失问题，由于拉索在体外，摩擦损失不存在；制作拉索的钢丝采用低松弛钢丝，且拉索的应力水平较低，由钢丝松弛引起的预应力损失也可

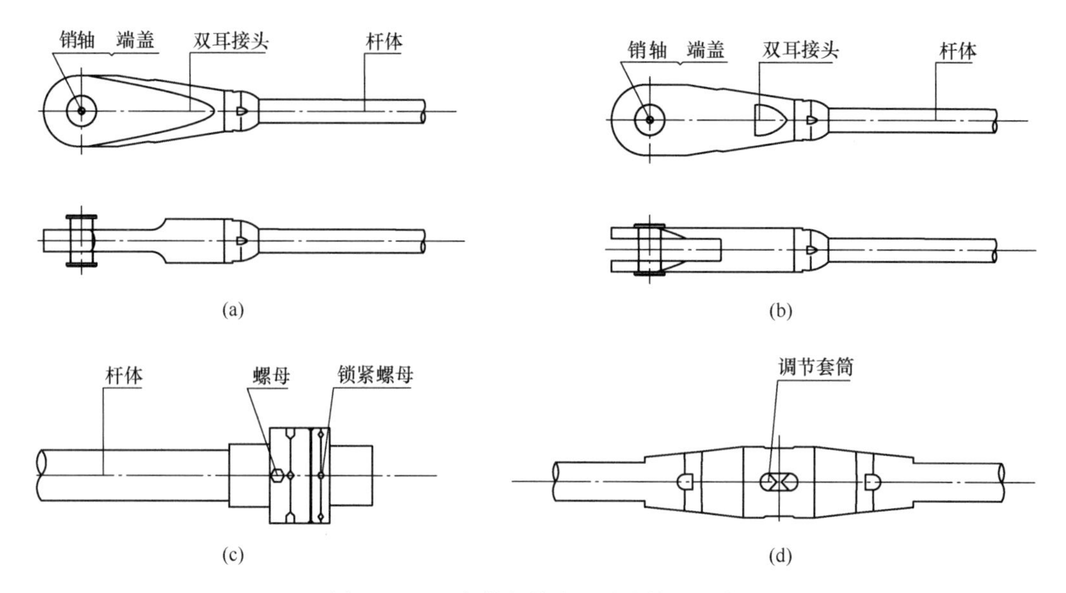

图 16.2-14 钢拉杆接头及连接构造形式

(a) 单耳板连接钢拉杆接头；(b) 双耳板连接刚拉接头；(c) 螺纹螺母连接钢拉杆接头；(d) 钢拉杆连接器

以不考虑；由于锚具压缩变形产生的预应力损失量很小，可以在施工过程中采用适当的超张拉措施予以消除（一般情况下可对拉索超张拉 3%～5%）。

11. 锚具选择可根据节点的构造要求以及预应力施加方式确定。

16.3 结构体系与选型

16.3.1 常用预应力钢结构体系及分类

预应力钢结构具有多样结构类型，经过近 20 年的快速发展，理论研究和工程实践相互促进，在学习和吸收国外先进经验的同时，也产生了一些具有中国特色的结构体系。近年来国内在工程实践中所采用的预应力钢结构体系如表 16.1-1 所列，包括张弦结构体系、弦支穹顶结构体系、索穹顶结构体系、斜拉结构体系、悬索结构体系以及预应力桁架结构体系等。

16.3.2 张弦结构体系

1. 基本形式

(1) 张弦结构是近 20 年发展起来的一种预应力自平衡体系，特别适用于大跨度空间结构，因其结构形式简洁、富有建筑表现力，深受建筑师青睐。张弦结构根据平面布置形式的不同，一般可分为单向张弦结构、双向张弦结构及空间张弦结构。

(2) 单向张弦结构为张弦梁沿着单向布置的结构，由于其受力明确，结构体系简洁明了，设计方法也比较简单，是目前在实际工程中采用最多的预应力结构体系。单向张弦结构一般由上弦刚性受弯构件、下弦高强度拉索以及连接二者的受压撑杆组成。上弦一般向上拱起，其受力性能类似于拱，下弦一般为悬垂的拉索，其受力类似于悬索，上弦和下弦通过竖向撑杆联系起来，形成稳定的受力体系。

其上弦根据跨度、使用要求以及建筑要求的不同，可采用实腹钢梁，也可采用桁架或

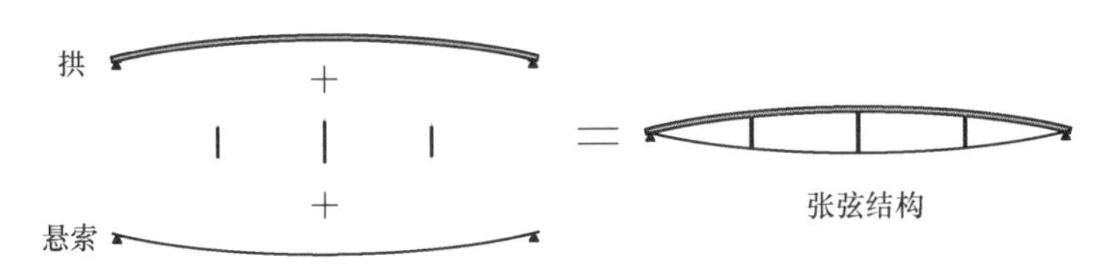

图 16.3-1 单向张弦结构的构成

网架结构。单向张弦结构工程实例见图 16.3-2、图 16.3-3 和图 16.3-4 所示。

图 16.3-2 枣庄体育馆（上弦为箱型钢梁）

图 16.3-3 北京农业展览馆（上弦为三角桁架）

(3) 双向张弦结构是由单榀张弦结构的上弦钢梁和下弦拉索均沿着两个方向交叉布置而形成的空间受力体系，见图 16.3-5。由于两个方向的平面张弦梁互为对方提供面外弹性约束，平面张弦结构常遇到的面外失稳问题得以控制，整体稳定性能表现良好，其受力性能及整体刚度均优于单向张弦结构，是一种值得推广的结构体系。

由于其计算及节点构造比单向张弦结构复杂，目前在实际工程中的实例不多，最典型的代表工程为中石油大厦中庭采光顶（平面尺寸 40m×40m，上弦为正交矩形钢梁）和国家体育馆屋面结构（平面尺寸 114m×140m，上弦为正交的刚性桁架）见图 16.3-6。

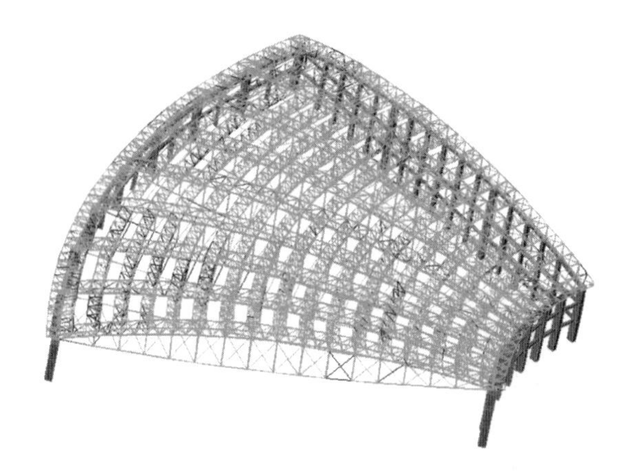

图 16.3-4　山东东营黄河口模型厅（上弦为抽空焊接球网架）

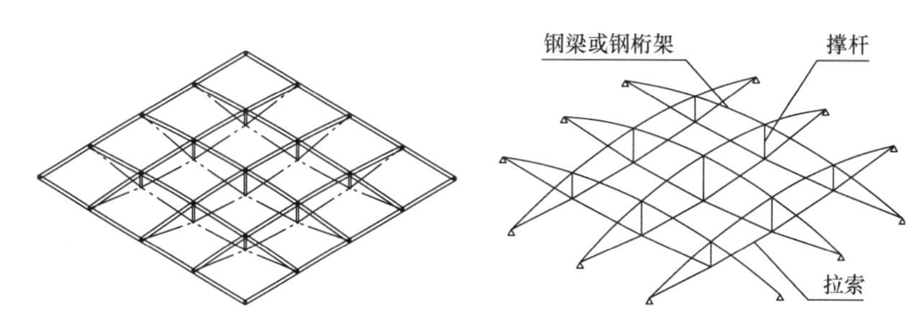

图 16.3-5　双向张弦结构的构成

(a)

(b)

图 16.3-6　双向张弦结构工程实例
(a) 中石油大厦中庭；(b) 国家体育馆屋面

（4）空间张弦结构包括辐射式布置的张弦结构、三向及多向张弦结构等，见图 16.3-7。辐射式布置的张弦结构一般需要在中央放置刚性环，张弦梁或张弦桁架按照辐射状布置且与中央内环相连。辐射式张弦梁结构具有传力途径直接，易于施工和刚度大的优点，代表性工程北大乒乓球馆，见图 16.3-8、额济纳体育馆等。多向张弦结构是将数榀平面张弦结构多向交叉布置，工程上多应用三向交叉布置。相比单向、双向张弦结构，三向交叉布置的张弦结构空间传力作用更大，但制作更为复杂，尤其是多根上弦相交时节点构造复杂与连接焊缝复杂，目前实际工程采用较少。

2. 受力性能

(1) 张弦结构可以理解为用高强度拉索替换常规桁架结构中受拉下弦而形成的结构体系，不仅充分利用了拉索的高强度性能，还可以通过预应力来改善结构的受力性能；

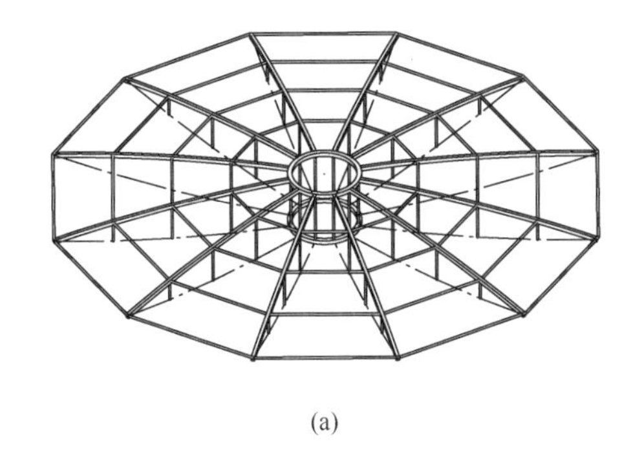

(a)

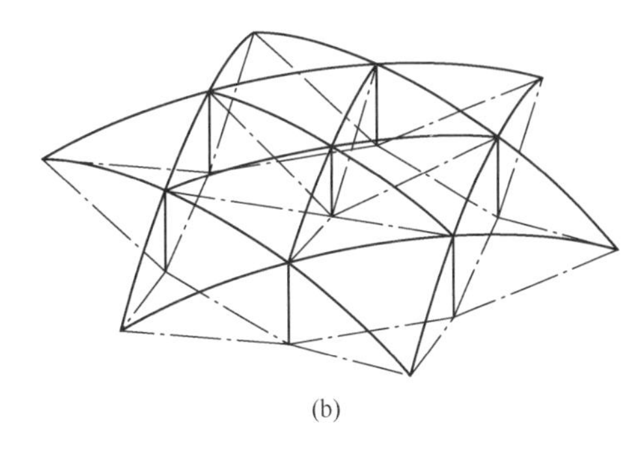

(b)

图 16.3-7 空间张弦结构

(a) 辐射式布置张弦结构；(b) 多向张弦结构

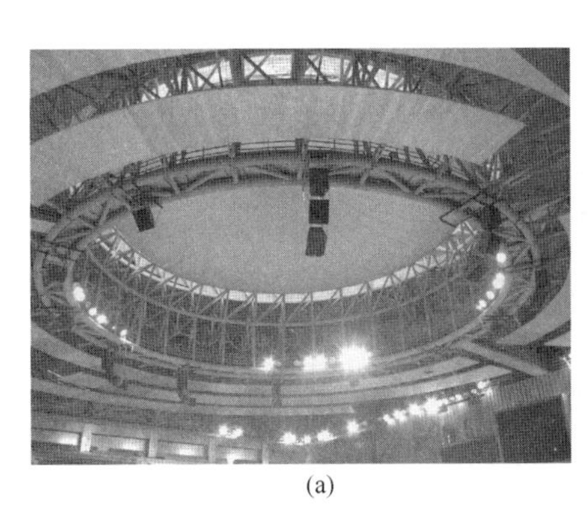

(a)

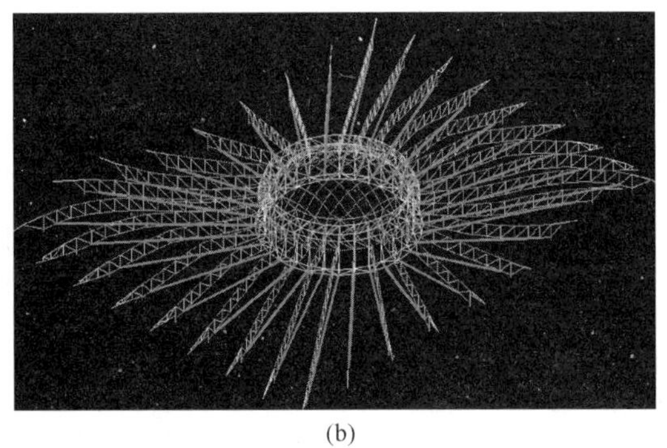

(b)

图 16.3-8 北大乒乓球馆

(a) 实物照片；(b) 结构布置图

(2) 可进行内力、变形控制，利用下弦预拉力来调整上弦受弯构件的弯矩分布，可以减小上弦刚性结构中的弯矩幅值，减小受弯构件的截面并控制结构变形；

(3) 通过施加合适的预应力，能够消除因自重及屋面恒载引起的挠度，使得在正常使用条件下，结构的挠度接近于零，因而可免除构件加工时的预起拱；

(4) 自平衡功能和轴压结构功能：拱结构在承受竖向荷载时会在支座处产生比较大的推力，而悬索结构则会对边缘构件产生比较大的拉力，张弦结构结合了这两种受力特点，上弦推力与下弦拉力相互平衡，形成自平衡结构，消减了水平推力，有效地减小下部结构和基础的负荷；

(5) 可以有效抵抗向下的荷载，但当风吸力较大时，拉索可能会出现松弛，所以在风吸力较大的地区，应适当增加屋面的重量或设置抗风索来抵抗风吸力的作用，保证在风吸力作用下，拉索不松弛；

(6) 使用预应力拉索等高强材料，可以充分发挥材料的强度，减轻结构的自重，使结构看起来简洁、轻盈，更具建筑艺术效果。

3. 设计特点

（1）确定合适的矢跨比。张弦结构的矢跨比（结构的矢高是指上弦刚性构件的中心线到下弦拉索中心线的最大距离）是一个很重要的参数，对结构的刚度有很大的影响。矢跨比越大，刚度越大，下弦拉索对上弦刚性构件的支承作用越明显。但矢跨比也不宜过大，否则会影响结构的使用空间。根据工程经验，单向张弦结构的矢跨比可取 1/8 至 1/14，且不宜小于 1/16；

（2）选择合适的上弦刚性构件。由于下弦拉索的支承作用，在均布荷载作用下，上弦刚性构件的弯矩比较小，但在不均匀的活荷载或局部集中荷载作用下，仍然会在上弦构件中产生比较大的弯矩，因而需要上弦构件具有一定的抗弯刚度。当跨度较小时，上弦构件宜选择 H 型钢、矩形钢管、圆钢管等实腹式截面，但当跨度较大时，为了增加抗弯刚度，上弦构件宜选用桁架、网架等结构形式。根据工程经验，对于跨度小于 60m 的单向张弦结构，上弦钢梁宜采用实腹式钢梁，跨度大于 60m 的单向张弦结构，上弦钢梁宜采用桁架、网架等格构式构件；

（3）确定合适的竖向撑杆数量。竖向撑杆是连接上弦刚性构件及下弦拉索的关键构件，使得上弦构件和下弦拉索整体协同工作，同时对上弦构件起到弹性支承作用。撑杆数量过少，则对降低上弦弯矩的作用有限，数量过多，不但浪费，而且建筑效果不佳。根据工程经验，对于单向张弦结构，上弦构件为实腹式钢梁的张弦结构，其竖向撑杆的间距不宜大于 10m，上弦为桁架、网架等网格式结构的张弦结构，其竖向撑杆的间距不宜大于 20m。撑杆方向一般为垂直地面竖向布置，但有时为了降低撑杆下节点两侧索段的不平衡力，避免拉索在索夹中滑动，也可以将撑杆的方向沿着拉索的法向布置。为便于施加预应力，撑杆与上弦钢梁的连接节点宜采用铰接；

以上参数均针对单向张弦结构，而对于空间受力的双向和空间张弦结构，由于其整体刚度和稳定性均优于单向张弦结构，以上各参数的取值范围可适当放宽。

（4）单向张弦结构的上弦刚性构件宜采用上拱形式，但有时为了满足一些特殊的要求，也可以采用平直构件。需要注意的是，当上弦采用平直构件时，从理论上讲，拉索可以以上弦为轴转到任意平面而保持平衡，因而是不稳定的。因此，当上弦刚性构件为平直构件时，需要采取一定的措施（如加稳定索或侧向撑杆，限制拉索的平面外位移），避免拉索的平面外失稳。上弦刚性构件不宜采用下凹形式。

（5）张弦结构适用于屋面结构，但也可以在大跨度楼面中采用。此时，由于跨度大，刚度相对较小，结构的自振频率比较低。楼面的振动频率有可能与人行走频率接近，从而引起共振，产生舒适度问题，因而需要进行舒适度分析。当舒适度不满足要求时，需采取措施增加结构刚度，提高自振频率，或采用调谐质量阻尼器来进行减振；

（6）为了减少预应力施加以及使用过程中温度变形等对下部支承结构带来的不利影响，张弦结构支座与下部支承结构宜采用铰接连接。单向张弦结构宜采用一端固定铰接，另一端滑动铰接。双向及多向张弦结构宜采用部分固定铰接、部分滑动铰接的形式，或采用具有一定刚度的弹性支座。支座沿哪个方向需要约束，哪个方向需要释放，支座弹性刚度取多少，需预留多少滑动量等需仔细分析。对于辐射式布置的张弦结构，其支座一般沿径向释放，沿环向约束；

（7）单向张弦结构适用于矩形、椭圆形等长宽比较大的平面布置形式，受力明确，节点构造比较简单，在实际工程中应用最多，适用跨度范围 20～120m。双向张弦结构适用于长度和宽度比较接近的矩形、圆形及椭圆形平面，受力明确，整体性好，节点构造相对复杂，双向张弦结构适用跨度范围 40～120m。空间张弦结构适用于圆形、椭圆形及多边形平面，适用跨度范围 40～120m，由于节点构造非常复杂，在实际工程中很少采用。

16.3.3 弦支穹顶结构体系

1. 基本形式

典型的弦支穹顶结构一般由上层刚性穹顶、下层悬索体系以及竖向撑杆组成。上层穹顶结构一般为单层焊接球网壳，可以采用肋环型、葵花型、凯威特型等多种布置形式。上弦钢结构也可是由辐射状布置的钢梁与环向联系梁组成的单层壳体。弦支穹顶结构一般要求有一个比较强大的外环梁，外环梁可以采用粗钢管或钢桁架。下层悬索体系由环索和径向索组成，径向索由于长度较短，在实际工程中一般采用高强拉杆。索系与上层穹顶通过竖向撑杆联系起来，竖向撑杆对上层穹顶有一定的支承作用，改善穹顶的受力性能。

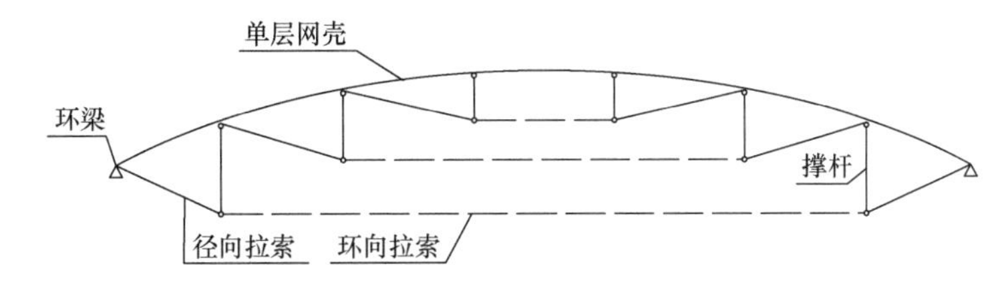

图 16.3-9 弦支穹顶结构体系简图

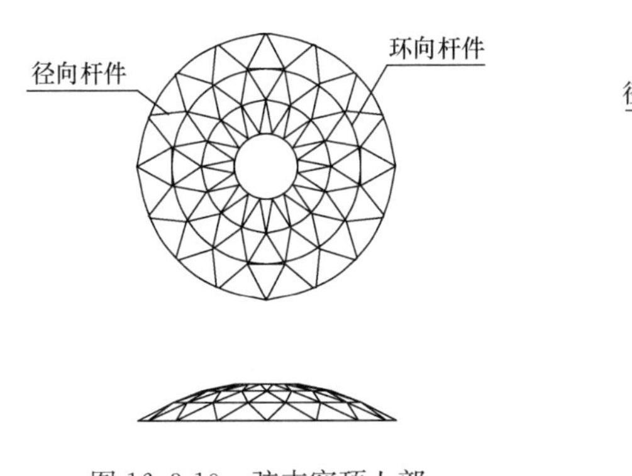

图 16.3-10 弦支穹顶上部

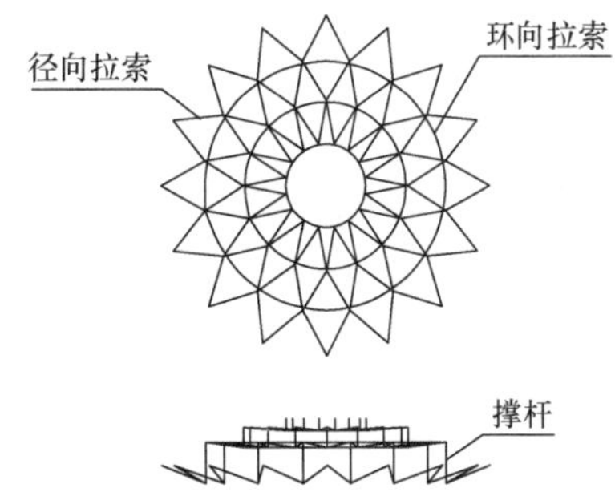

图 16.3-11 弦支穹顶下部

目前国内圆形弦支穹顶结构的代表性工程为北京工业大学羽毛球体育馆，见图 16.3-12，上层穹顶为单层焊接球网壳，外环为三角桁架，最大跨度达 93m，矢高为 9.3m。上层刚性穹顶采用辐射式布置钢梁的典型工程如渝北体育馆，见图 16.3-12，平面为三角形布置，最大跨度达到 83m。

2. 受力性能

（1）弦支穹顶结构的力学机理与张弦结构类似，通过撑杆将上层刚性穹顶和下层预应力拉索联系起来，形成协同受力的空间受力体系。通过对下层拉索施加预应力，使竖向撑杆产生向上的支撑力，为上层穹顶提供弹性支承，改善穹顶的受力性能；

（2）单层网壳在承受竖向荷载的时候，杆件主要承受轴力，可以充分发挥材料强度，但是由于单层网壳的整体稳定性不好，限制了其在工程中的应用。但在弦支穹顶结构中，

(a)

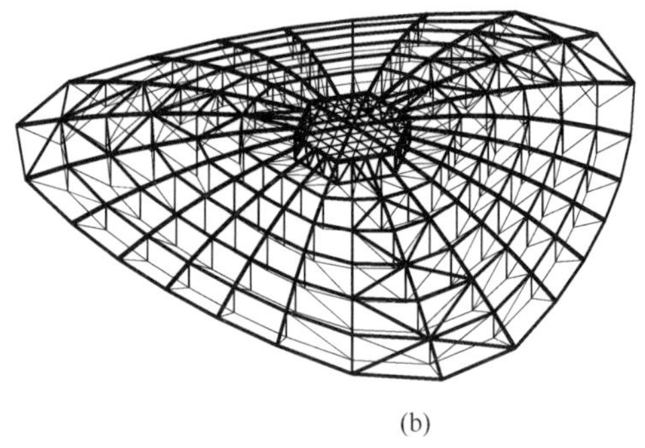

(b)

图 16.3-12　弦支穹顶工程实例

(a) 北工大羽毛球馆；(b) 渝北体育馆

由于下层索系的支承，使得穹顶结构的整体稳定性能大为改善；

(3) 弦支穹顶与下部结构的连接宜采用铰接连接。在径向宜采用滑动连接，或采用具有一定刚度的弹性连接，这样可以避免预应力张拉对下部支承结构造成影响，并在温度作用下产生一定的变形来释放温度效应。如果采用完全固定的铰支座，也应在完成预应力张拉并安装屋面维护构件后再固定支座；

(4) 与张弦结构类似，通过施加合适的预应力，能够消除因自重及屋面恒载引起的挠度，使得在正常使用条件下，结构可处于无挠度状态，从而免除了构件加工时的预起拱；

(5) 弦支穹顶也是自平衡结构，通过施加合适的预应力，调节支座的刚度，可以有效地减小下部结构和基础的负荷；

(6) 可以有效抵抗向下的荷载，但当风吸力较大时，拉索可能会出现松弛，所以在风吸力较大的地区，应适当增加屋面的配重；

(7) 使用预应力拉索等高强材料，可以充分发挥材料的强度，减轻结构的自重，使结构简洁、轻盈，改善建筑艺术效果。

3. 设计特点

(1) 上层穹顶宜采用球形或椭球形曲面，其拱高与跨度的比值宜取为 1/6～1/14；

(2) 环索的布置不宜少于两圈，也不宜多于 5 圈，环索的间距不宜大于 8m；

(3) 径向索沿着环向布置，每个节点可以连接一根径向索或两根径向索。每个节点连接一根径向索时，环向刚度较差，可以在对称轴位置增加交叉索，以增加索系的环向刚度；

(4) 为了保证结构的整体性，有必要增加外环梁的刚度，可以采用钢桁架或粗钢管对外环进行加强；

(5) 为了改善结构的整体性及抗连续倒塌的能力，跨度较大时，宜在穹顶中增加几道桁架，形成带有桁架刚性支承带的新型弦支穹顶结构，见图 16.3-13。虽然对建筑效果有一定的影响，却可以有效地提高结构的冗余度；

(6) 弦支穹顶结构的适用跨度范围 40～120m。适用于圆形、多边形及椭圆形平面，椭圆形平面的长宽比不宜大于 1.5。

16.3.4　索穹顶结构体系

1. 基本形式

(1) 索穹顶是在 19 世纪 50 年代发展起来的一种适用于大跨度屋面的结构体系，这种

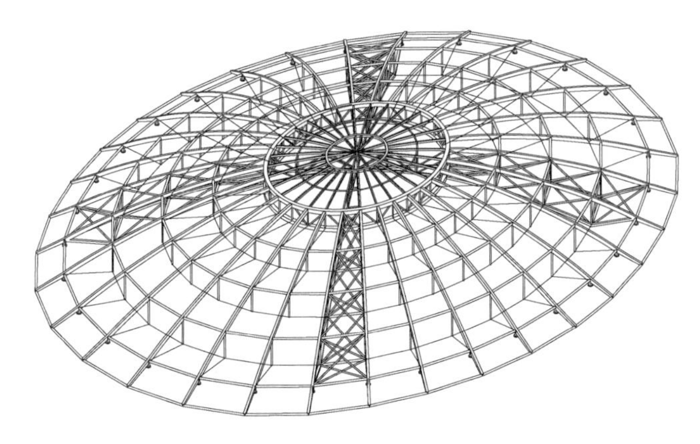

图 16.3-13 桁架加强的弦支穹顶结构体系

结构体系是根据 Fuller 的张拉整体结构的思想，经过专家学者和工程师坚持不懈地努力，才逐渐形成和发展起来的。这种结构体系一出现，即以其造型新颖、构思巧妙、施工简便的特点以及比较经济的造价，引起了建筑师和结构工程师的关注，国内外已有的工程实践也显示了其广阔的应用和发展前景。

(2) 索穹顶结构可以分为两种体系：Geiger 体系和 Levy 体系。

美国工程师 D. H. Geiger 根据 Fuller 的思想构造了 Geiger 体系索穹顶，荷载从中央的拉力环通过一系列辐射状的脊索、环向索和中间斜索传递至周边的压力环。除了撑杆和外压环受压外，其他构件均受拉力，屋盖刚度完全来自预应力。通过控制撑杆的高度实现屋面凹凸起伏的建筑造型，通过受压环给拉索提供支承而形成张力场。

这种结构可以跨越很长的距离（已建成的索穹顶最大跨度 240m，经结构分析，该结构跨度可以达到 400m），且其单位重量并不随着跨度的增加而明显加大，因此造价增加也很少。

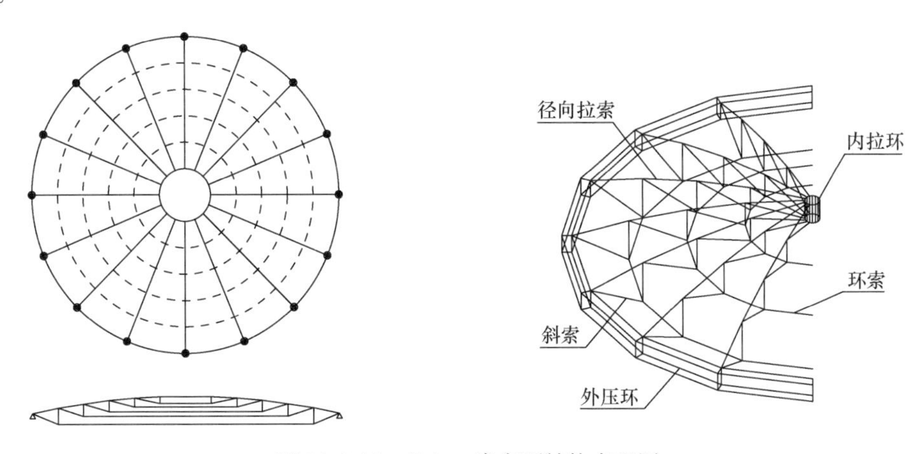

图 16.3-14 Geiger 索穹顶结构布置图

Geiger 的工作启发了其他工程师，Weidlinger Associates 公司的 M. Levy 和 T. F. Jing 等对 Geiger 构造的索穹顶结构进行研究，认为 Geiger 索穹顶中索网平面外刚度不足、易于发生局部失稳，所以将 Geiger 索穹顶结构中辐射状的脊索改为联方形。这一改动消除了结构存在的机构风险，提高了结构的几何稳定性和空间协同工作能力，较好地解决了穹顶上部薄膜的铺设和屋面自由外排水等问题。同时，也使索穹顶结构能够适用于更多的平面形状。除了已建成的圆形和椭圆形（接近正方形或矩形）外，还可建成中间大开口的形状。人们通常将这种结构形式称为 Levy 体系索穹顶，见图 16.3-15。

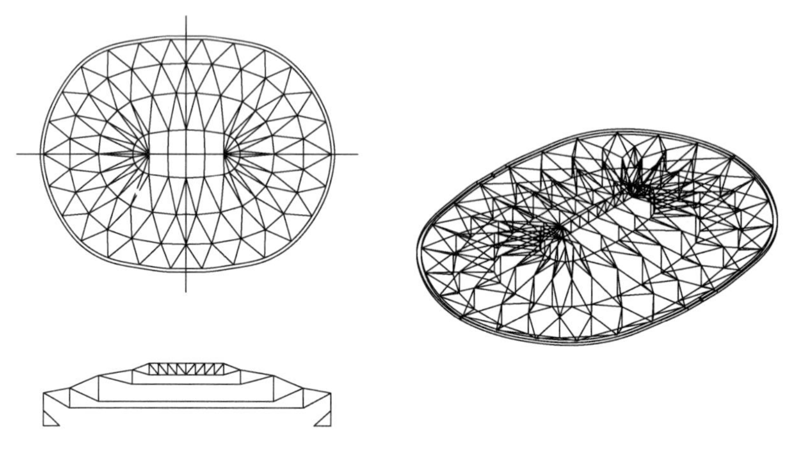

图 16.3-15　Levy 体系索穹顶结构布置图

2. 力学原理

索穹顶结构一般都具有很强的几何非线性，通常将其分析过程分为两个阶段：形态分析阶段和荷载分析阶段。在形态分析阶段，索穹顶结构在施加预应力之前，其结构形态是不稳定的，只有在适当的预应力作用下，结构才具有刚度。形态分析的目的是找到具有合理的预应力分布的曲面几何形状；荷载分析阶段是在第一阶段求出的具有一定预应力分布的几何形态上，施加外部荷载，求出在外部静、动荷载作用下结构的反应，并判断这些反应是否能够满足各种标准的要求。下面对这两个阶段分别进行介绍：

（1）形态分析

形态分析理论是近年来才被重新重视和正在逐步完善的理论，形态分析是力的平衡分析的逆问题，包括结构外形和拓扑分析及状态分析。索穹顶分析中所涉及的形态分析包括外形判定和内力判定（Force Finding），分析的过程就是不断求出能满足平衡条件的形状。目前形态分析所普遍采用的理论方法主要有：非线性刚度法、动力松弛法和力密度法，它们均可适用于索穹顶结构的形态分析。

（2）荷载分析

荷载态研究即静、动力分析，研究外部荷载作用下结构的反应。荷载态的分析一般采用非线性有限单元法。这些方法都是依据经典的数学和力学原理，在一般的张拉结构的分析基础上发展起来。

当荷载（活荷载、风载、雪载等）作用在张拉结构上时，结构的平衡依靠结构各组成部分内部应力的变化与整个结构几何形状的变化二者来共同维持。与有很大剪切刚度和弯曲刚度的结构不同，索穹顶结构在外加荷载作用下其几何变形通常很大，在分析中必须加以考虑。

3. 设计特点

（1）索穹顶结构一般都具有很强的几何非线性，分析过程复杂，需要采用专业软件进行形态分析来找到具有合适预应力的几何形态；

（2）除了外压环和不连续分布的竖向撑杆承受压力外，其余全是拉力构件，可以充分发挥高强材料的抗拉特性，有效减轻结构自重；

（3）外压环是最关键的受力构件，为拉索系统提供支承。外压环不仅承受压力，还会承受一定的弯矩，还可能出现失稳问题，因而需要外压环具有较大刚度，尽量采用抗弯惯性矩较大的截面，还需要对外压环的整体稳定问题进行认真分析；

（4）屋面材料宜采用膜结构等轻型屋面，特别对于跨度较大的索穹顶结构，屋面重量对拉索张力的影响会比较大；

（5）可以跨越很大的跨度，且随着跨度的增加，屋面结构的自重增加不多；

（6）适用于圆形和长宽比较接近的椭圆形平面。由于所有拉索的拉力最终都要传到外压环上，采用圆形平面可以避免在外压环中产生比较大的弯矩，因而对结构受力是有利的；

（7）适用的跨度范围比较广，从20m到200m以上都有工程应用实例，更大跨度的应用尚需要进一步的探索；

4. 工程实例

第一个成功的索穹顶建于1986年，用于在韩国汉城举办的亚运会，后来这种结构体系又被用于1988年举办的奥运会，见图16.3-16。其中体操馆的直径为120m，而击剑馆的直径为90m。

图16.3-16 汉城奥运会体操馆

美国的第一个索穹顶是由Geiger设计的伊利诺斯州立大学的红鸟体育馆，见图16.3-17。体育馆的平面为椭圆形，尺寸为90m×77m，1989年完工。该工程在设计上的独特之处为在中心受拉环和外部受压环之间只有一道下弦受拉环，这就在视觉上突出了由竖向压杆所形成的一个个顶尖，使整个屋面看起来更像一个王冠。

1990年，太阳海岸穹顶（图16.3-18）竣工，该穹顶位于佛罗里达的圣·彼德斯堡。体育馆的设计由HOK（建筑师）完成，屋面部分的结构设计由Geiger公司完成，这是第一个用于棒球运动的索穹顶结构。为了提供更多的座位，直径210m的屋面倾斜了6度。这个结构共用了4道受拉下弦环索来支撑上部的玻璃纤维膜以及用于吸音的衬膜。

到现在为止，最大的索穹顶结构是美国亚特兰大的佐治亚穹顶（图16.3-19），该穹顶于1992竣工，主要用于足球运动。穹顶的平面投影为椭圆形，尺寸为235m×186m，在屋面结构的中部是一条56m长的桁架。屋面部分的设计由工程师Matthys Levy完成。

图 16.3-17　红鸟体育馆

图 16.3-18　太阳海岸穹顶

在中央桁架和外部受压环之间有 3 道受拉下弦环索。该穹顶和其他索穹顶的不同之处在于它的呈放射状的索桁架的上弦脊索并不是位于一个平面内，而是和竖向压杆系统一起形成一个个的三角形，这样做的好处是可以使屋面的织物板形成一个个菱形的双曲抛物面。

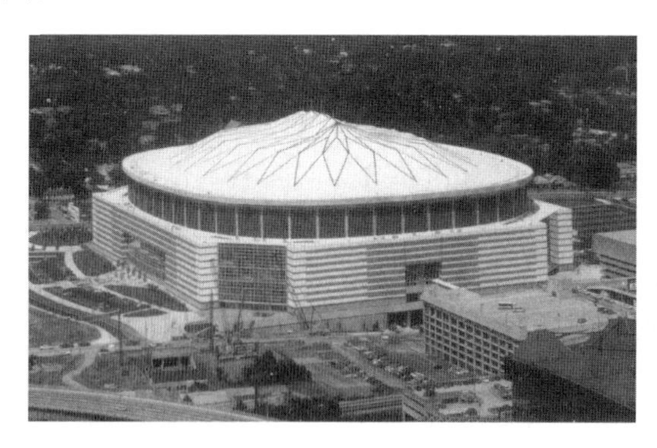

图 16.3-19　亚特兰大佐治亚穹顶（1992）

我国目前也建成了若干个索穹顶结构，但跨度还不是很大。无锡太湖国际高科技园区科技交流中心的屋盖采光顶采用了肋环型 Geiger 体系索穹顶，跨度 24m。山西太原煤炭交易中心索穹顶，采用玻璃屋面，跨度36m。随后我国第一个大型的索穹顶结构为鄂尔多斯伊金霍洛旗体育馆，见图16.3-20，于2012年建成。屋盖建筑平面呈圆形，设计直径71.2m，矢高约5.5m，采用Geiger体系。共20道脊索、20道谷索以及2道环索。内环为刚性环，外压环形状有一定起伏，与谷索相连处为低点，与脊索相连处为高点，因此可以在屋面形成很好的排水坡度。

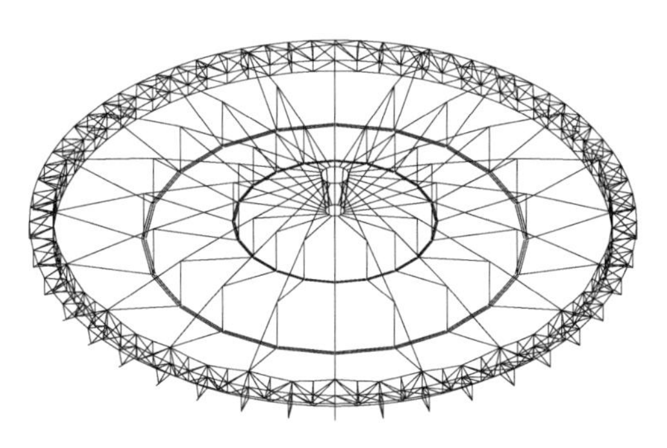

图16.3-20 鄂尔多斯伊金霍洛旗体育馆

16.3.5 斜拉结构体系

1. 基本形式

斜拉体系一般由高出屋面的桅杆或塔柱、悬挂屋面以及由桅杆或塔柱顶部斜伸下来的拉索系统组成，类似桥梁工程中的斜拉桥。悬挂屋面可以采用实腹钢梁，当屋面跨度较大时，可以采用桁架或网架等网格结构。拉索一端连接在悬挂体上，一端连接在塔柱上。如果拉索在桅杆两侧对称布置，则桅杆两侧拉索的水平分力可以相互平衡，桅杆所受的弯矩也不大。如果拉索在桅杆一侧分布，则在桅杆另一侧需要布置平衡索以平衡桅杆所受的水平力，否则，桅杆则要承担水平力产生的巨大弯矩。斜拉结构的基本形式如图16.3-21所示。

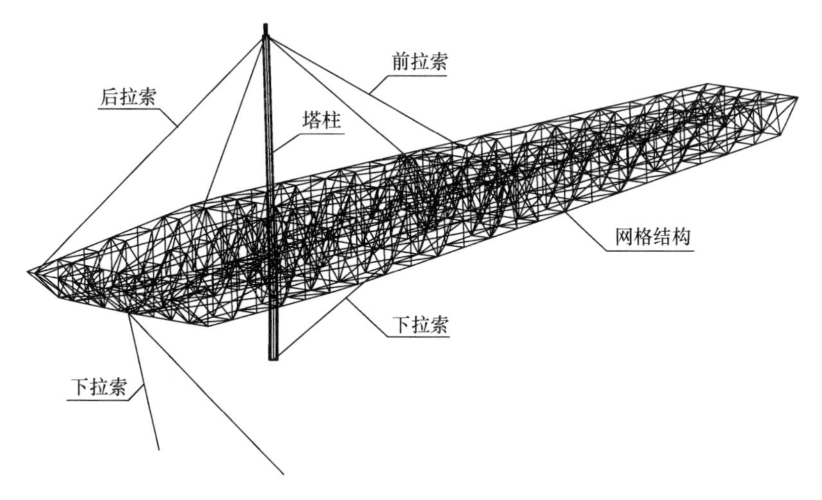

图16.3-21 斜拉结构的基本形式

斜拉结构在国内外的应用较多。北京奥体中心体育馆是1990年亚运会的主体育馆，见图 16.3-22，屋盖采用斜拉结构。屋盖由中部屋脊钢箱梁和两侧曲面桁架组成，平面尺寸 80m×112m。在屋脊两端是分别高 60m 和 70m 的混凝土塔柱，每个塔柱内侧斜伸下来4 根拉索拉住屋脊钢箱梁。在塔柱另一侧不设置平衡索，依靠混凝土塔柱自身强大的抗侧刚度抵抗拉索内力的水平分量。辽宁营口体育场，见图 16.3-22 所示，为斜拉网架结构，看台屋面为曲面网架，屋面两端有两根高 80m 的梭形桅杆，由顶部向内侧斜伸下来的拉索拉住悬挑屋面的前端。桅杆另一侧设置平衡拉索，因而桅杆只承受轴向力，不承受弯矩，桅杆底部为铰接。

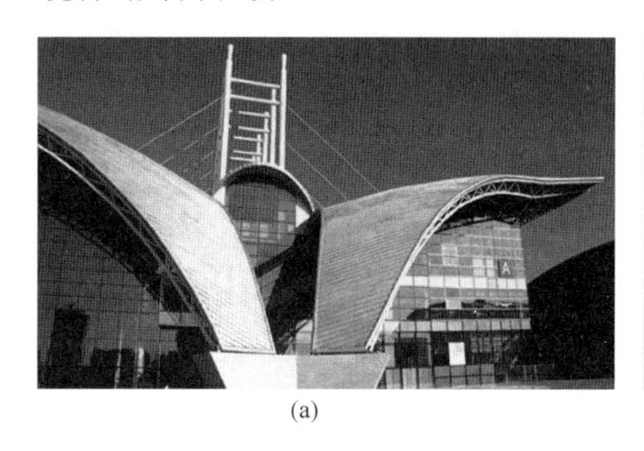
(a)

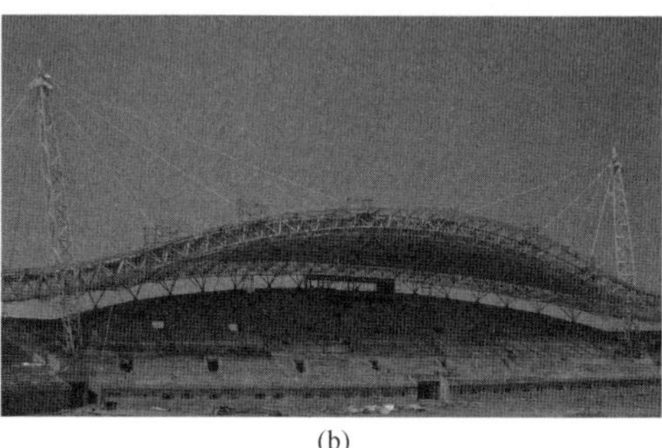
(b)

图 16.3-22　斜拉结构工程实例
(a) 北京奥体中心体育馆；(b) 辽宁营口体育场

2. 受力性能

斜拉体系的原理是由桅杆或塔柱顶部伸下来的斜拉索为悬挂屋面的结构体提供了一系列中间弹性支承，可使悬挂结构体的内力与变形峰值降低、分布均匀，使得这些横跨结构不需要增加结构高度和构件截面就可以跨越比较大的跨度，从而达到节省材料和美化造型的目的。

3. 设计特点

(1) 在设计斜拉结构时，首先要选择合适布索方式。如采用在桅杆两侧对称布置拉索的方式，可选择辐射式、扇形式、星形式等多种布索方式，见图 16.3-23 所示。一般说来，辐射式布置能够保证拉索与水平面的夹角在较为合理的范围内，从而给屋盖提供足够的竖向支承力，但是多索汇聚在同一节点时，节点处理难度加大。其他布索方式增加了桅杆上的锚固点数量，但有时会减小拉索与水平面的夹角，降低拉索的效率；

(2) 尽量采用均衡对称的布索方案。斜拉索应尽可能地对称布置，以减小拉索对塔顶的不平衡力。尽量避免单侧布索。当塔柱位于屋面侧边时，宜设置必要的平衡索；

(3) 选择合理的塔柱结构形式及底部边界连接方式。塔柱是斜拉结构中最具建筑表现力的部分，同时也承担着绝大部分的荷载作用，塔柱结构的合理与否将直接影响工程造价。塔柱的截面形式与边界连接方式主要由整体屋盖的受力特点决定。如采用单侧布索方式，则桅杆底部必须刚接，塔柱宜设计成下大上小的变截面。如果采用两侧布索方式，则塔柱底部可以刚接也可以铰接。塔柱应尽可能设计成两端铰接的桅杆形式，此时它只承受轴力，节省材料，又简化了塔柱底端的构造；

(4) 确定适宜的拉索倾角。根据斜拉桥的经验，拉索与水平面的夹角在 25°以上较为有利，否则将导致弹性支承作用减弱、内力过大和连接节点构造上的困难。但也不宜过

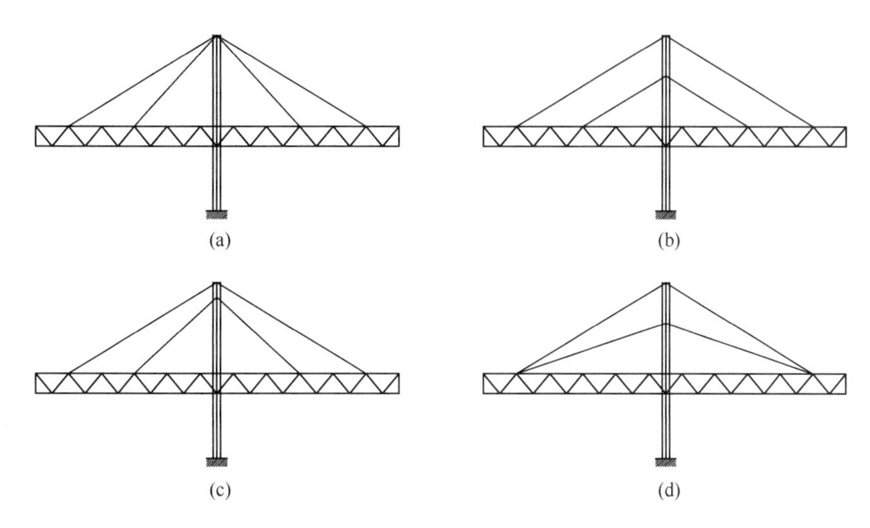

图 16.3-23 斜拉结构的布索方式
(a) 辐射式；(b) 竖琴式；(c) 扇形式；(d) 星式

大，因为这样会导致塔柱过高和索的用料增加；

（5）确定合适的拉索数量。如果屋面的跨度较大或刚度比较小时，为了满足承载力或挠度控制的要求，宜多设置若干根拉索以增加屋盖的支撑点数量。拉索数量也不宜过多，否则将造成材料浪费；

（6）对斜拉体系中的索应施加一定的预张力，以保证索与刚性构件共同工作并防止风吸力作用下拉索发生松弛。有些情况下，还可通过索的张拉，对刚性构件施加反变形，使其具有更好的结构性能，并取得更好的经济效果；

（7）寻求合理的刚度比（即屋盖结构抗弯刚度/拉索的抗拉刚度），以使中间弹性支座具有适宜的弹性系数，降低屋盖结构的内力峰值；

（8）在设计斜拉结构时，还要注意各斜拉索之间预应力的比例关系以及幅值大小。当采用多根拉索共同拉起一个屋盖结构时，对屋盖而言相当于有多个跨中支承点，因此是超静定结构。应依据各拉索在屋盖连接点处的位移协调关系决定他们之间的预应力关系，否则，会导致某个拉索受力过大，在屋盖结构中产生局部次内力，形成安全隐患。确定拉索预应力幅值时主要保证整个屋盖满足刚度控制指标为条件。

（9）拉索的预应力不宜过小，否则在风吸力作用下可能发生松弛，但也不宜过大，因为拉索预应力的水平分量对于屋面结构产生一种压力作用，尤其当悬挂体为网架结构时，局部构件可能会因索力过大而受压失稳。

16.3.6 悬索结构体系

1. 基本形式

悬索结构是一种张力结构，它以一系列受拉的索作为主要承重构件，这些索按一定规律组成各种不同形式的体系，并悬挂在相应的支承结构上。

悬索结构形式多样，可使建筑造型丰富多彩。根据组成方法和受力特点可将常见的悬索结构分为：单层悬索体系、预应力双层悬索体系、预应力马鞍形索网。

（1）单层悬索体系由一系列按一定规律布置的单根悬索组成，索两端锚固在稳固的支承结构上，其构造和计算都比较简单。单层悬索体系见图 16.3-24 所示。

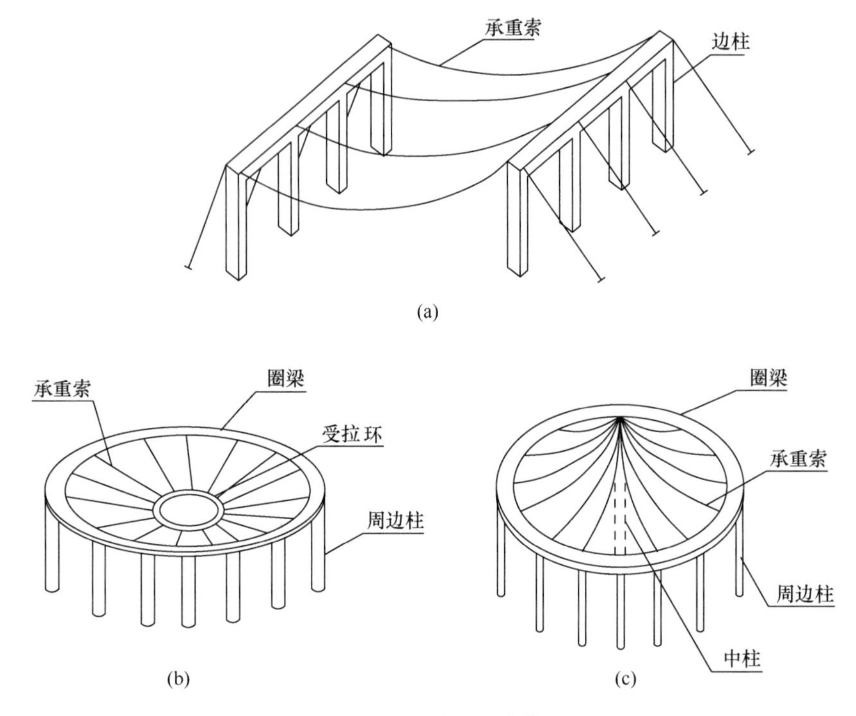

图 16.3-24 单层悬索体系

(2) 双层悬索体系由一系列下凹的承重索和上凸的稳定索，以及它们之间的联系杆组成。双层索系的承重索、稳定索和联系杆一般布置在同一竖向平面内，由于其外形和受力特点类似于平面桁架又常称为索桁架。与单层索系相比，预应力双层索系具有良好的刚度和形状稳定性。双层悬索体系见图 16.3-25 所示。

(3) 马鞍形索网由相互正交、曲率相反的两组钢索直接连接形成的一种负高斯曲率的曲面悬索结构。两组索中，下凹的承重索在下，上凸的稳定索在上，两组索在交点处利用夹具相互连接一起，索网周边悬挂在强大的边缘构件上。马鞍形索网见图 16.3-27 所示。

2. 力学原理

悬索结构体系与索穹顶结构类似，在离散化理论中，其初始预应力状态也需要根据平衡条件由计算确定，也就是初始形态分析。目前形态分析所普遍采用的理论方法：非线性刚度法、动力松弛法和力密度法。形态分析的结果为结构的荷载分析提供了一个起始态，形态分析完成以后，进入下一阶段的荷载分析。

由于索网体系为柔性结构，在荷载作用下会产生很大的变形，具有很强的几何非线性。当荷载作用在悬索体系上时，结构的平衡依靠结构各组成部分内部应力的变化与整个结构几何形状的变化二者来共同维持，体系在外加荷载作用下其几何变形通常很大，在分析中必须加以考虑。

3. 设计特点

(1) 单层悬索体系的工作与单根悬索相似，其形状稳定性不好，不同的荷载分布模式

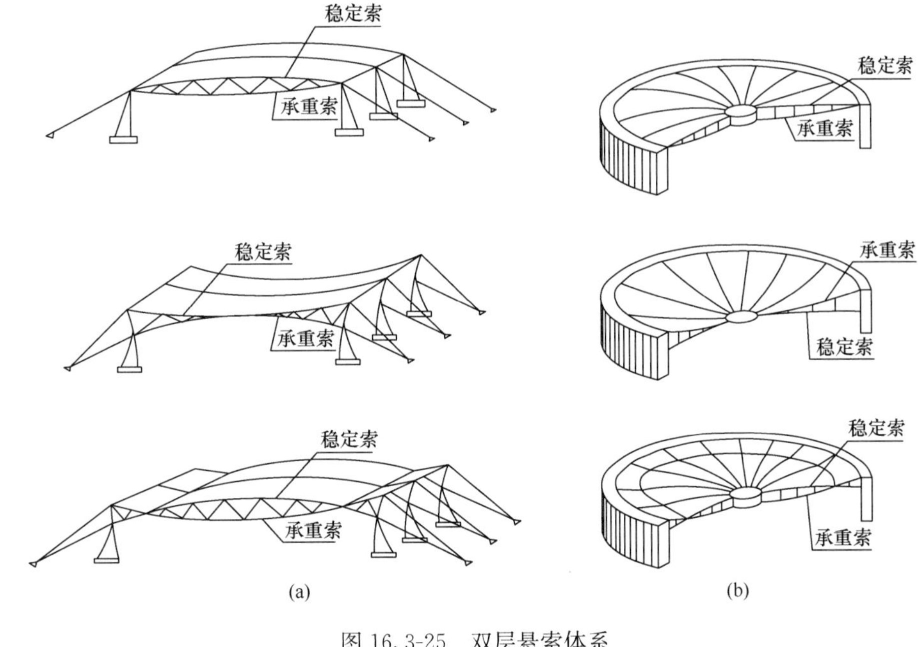

图 16.3-25 双层悬索体系

(a) 矩形平面；(b) 圆形平面

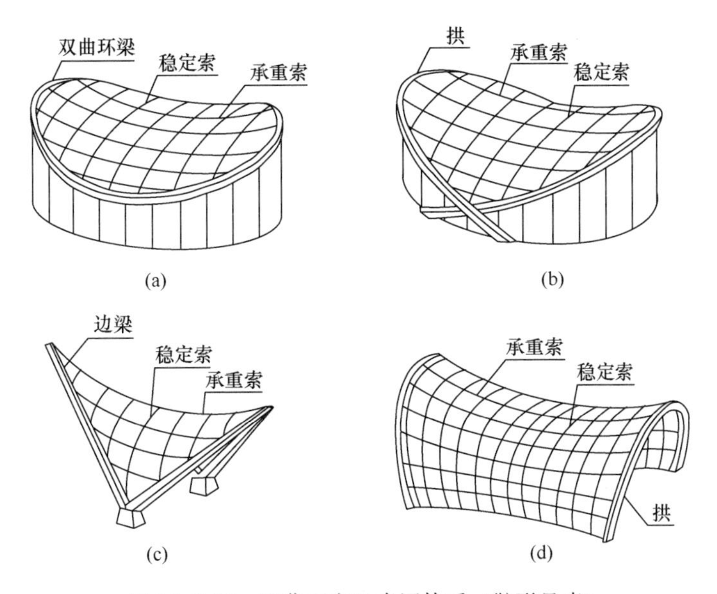

图 16.3-26 双曲面交叉索网体系（鞍形悬索）

会导致不同的悬索形状，其抗风能力也比较差；

（2）为了使单层悬索体系具有必要的形状稳定性，可以通过采用预应力钢筋混凝土悬挂薄壳，或采用横向加劲构件来改善其工作性能，当采用重屋面时，可选用此种结构体系；

（3）单层悬索体系的垂跨比经验取值为 1/10～1/20；

（4）对于预应力双层索系，由于有相反曲率的承重索和稳定索存在，可以通过对体系

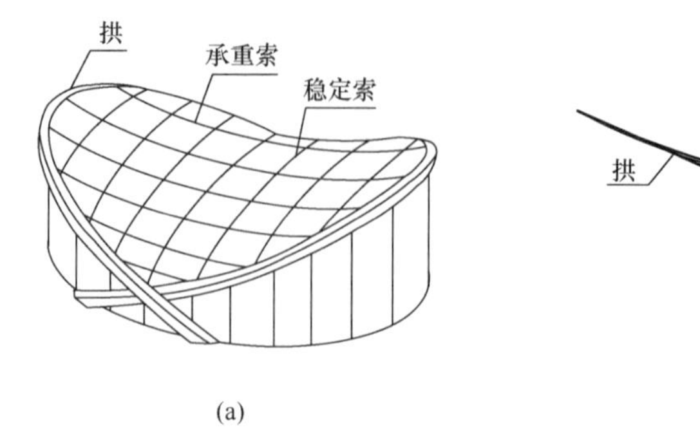

(a)

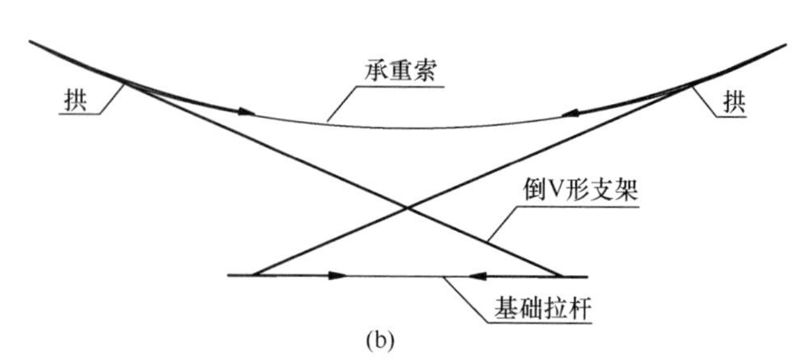

(b)

图 16.3-27 马鞍形索网

施加预应力以保证索系具有必要的形状稳定性，提高整个体系的刚度，并共同承受竖向荷载作用；

(5) 预应力双层索系具有良好的刚度和形状稳定性，可以采用轻屋面；

(6) 双层索系承重索的垂跨比经验取值为 1/15～1/20，稳定索的拱跨比经验取值为 1/20～1/25；

(7) 马鞍形索网与双层索系的工作原理基本相同，两者的区别在于双层索系属于平面结构体系，而马鞍形索网则属于空间结构体系，因而其受力分析更为复杂；

(8) 马鞍形索网的造型比较丰富，适用于矩形、菱形、圆形、椭圆形等平面布置；

(9) 为了使索网具有必要的刚度和形状稳定性，需要使索网具有必要的矢跨比，过于扁平的索网需要施加很大的预应力，往往是不经济的，设计时应予以避免；

(10) 马鞍形索网边缘构件可采用刚性构件，也可采用柔性的边界索。为了保证索网具有必要的刚度，不致产生过大的变形，无论采用哪种形式的边缘构件，都要有足够强大的截面。

16.3.7 预应力桁架结构体系

1. 基本形式

桁架结构是屋面结构中常见的一种结构形式，其断面形式常见的有倒三角形、矩形等形状。一榀桁架的受力类似于简支梁，在竖向荷载作用下，上弦杆受压，下弦杆受拉。通过在下弦钢管中穿入钢绞线拉索，对拉索张拉施加预应力，可以使桁架下弦的拉力由下弦钢管和预应力拉索共同承担。由于预应力拉索为高强材料，因而可以减轻结构的自重，并通过施加预应力改善结构的变形，这种结构体系在北京新国展的屋面钢结构中得到了应用。由于这种结构体系是在桁架下弦中施加预应力，称之为预应力桁架体系。北京新国展和天津水动力实验厅预应力桁架体系及端部节点见图 16.3-28 和图 16.3-29 所示。

2. 受力性能

(1) 预应力桁架结构的原理可以解释为在桁架下部施加一对大小相等、方向相反的偏心压力。此压力对桁架产生向上的反弯矩，与竖向荷载的作用相反，改善桁架的受力状态。拉索与桁架下弦共同受力，拉索预应力对桁架下弦产生的压力与竖向荷载对下弦产生的拉力相抵消，减小下弦的受力，减轻结构的自重，节省材料。同时由于反弯矩的作用，桁架会向上反拱，因而也可以适当减小桁架的挠度。

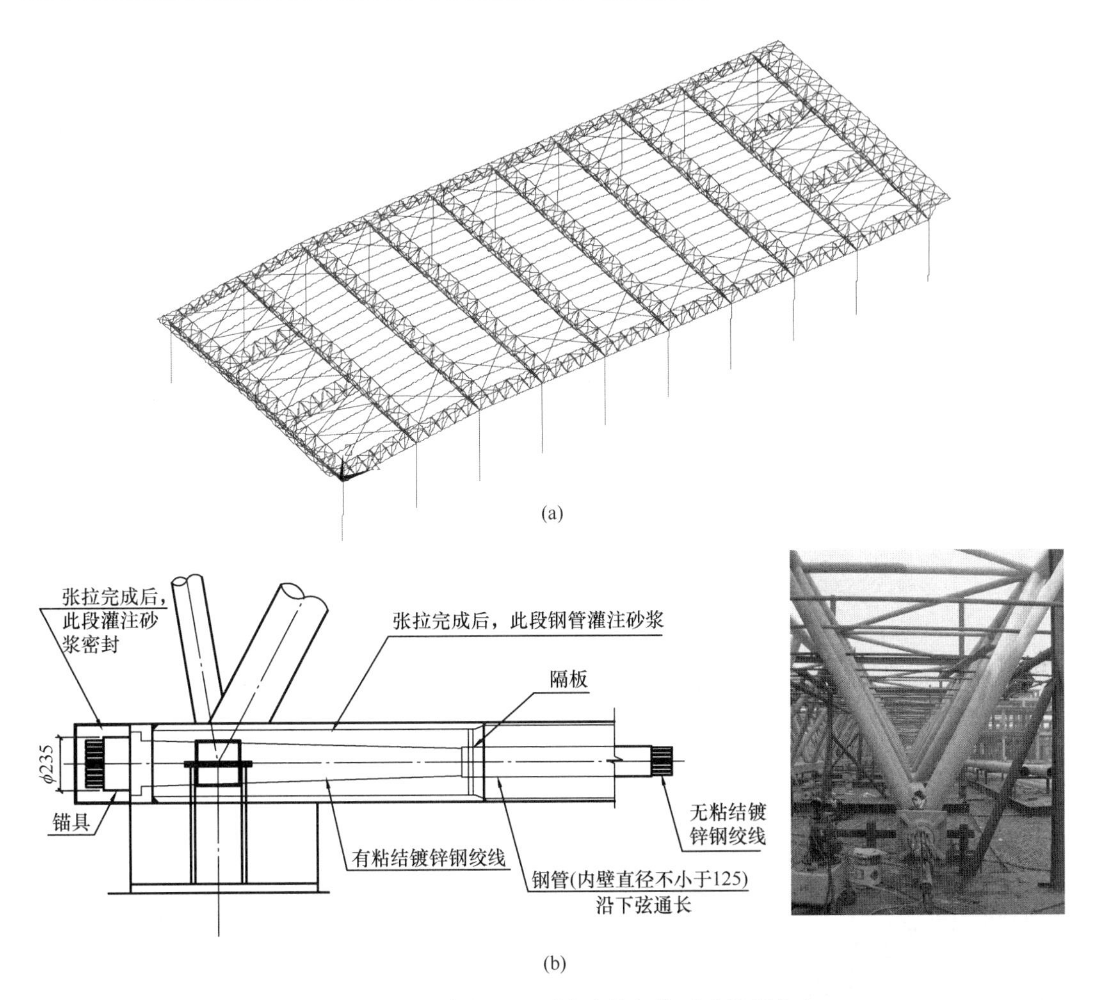

图 16.3-28 北京新国展预应力桁架体系及端部节点

(a) 北京新国展整体结构布置图；(b) 桁架端部节点图及照片

(2) 对于改进型的预应力桁架，其力学原理类似于单向张弦结构，所以受力性能要比单纯的预应力桁架要好得多，同时由于斜撑杆的存在，并比张弦结构具有更好的整体刚度。

3. 设计特点

(1) 预应力桁架体系在下弦钢管中所穿入的拉索可以采用预应力钢绞线，预应力钢绞线比常用的 PE 拉索、高钒索等成品拉索价格低，且强度更高，具有更好的技术经济性；

(2) 由于拉索被封闭在钢管内部，其防腐条件比暴露在外的拉索要好得多，而且连很难处理的拉索防火问题也得到了很好的解决；

(3) 为施工便捷，保证杆件与拉索共同工作，同时也保证施加预应力时杆件的稳定性，需要将布置拉索的直径较大管内设置小直径圆管，通常圆管内径需要大于拉索外径 30～60mm，且每隔 40～50 倍截面最小回转半径的距离用隔板将拉索与杆件连接。隔板沿接触边与杆肢焊牢，隔板上设置孔洞允许布置拉索的小直径圆管穿越。

(4) 对于张弦结构来说，当风吸力比较大，向下的恒荷载不足以抵消风吸力时，下弦拉索可能出现松弛，有时不得不增加屋面的重量来加以解决。而预应力桁架体系在下弦除

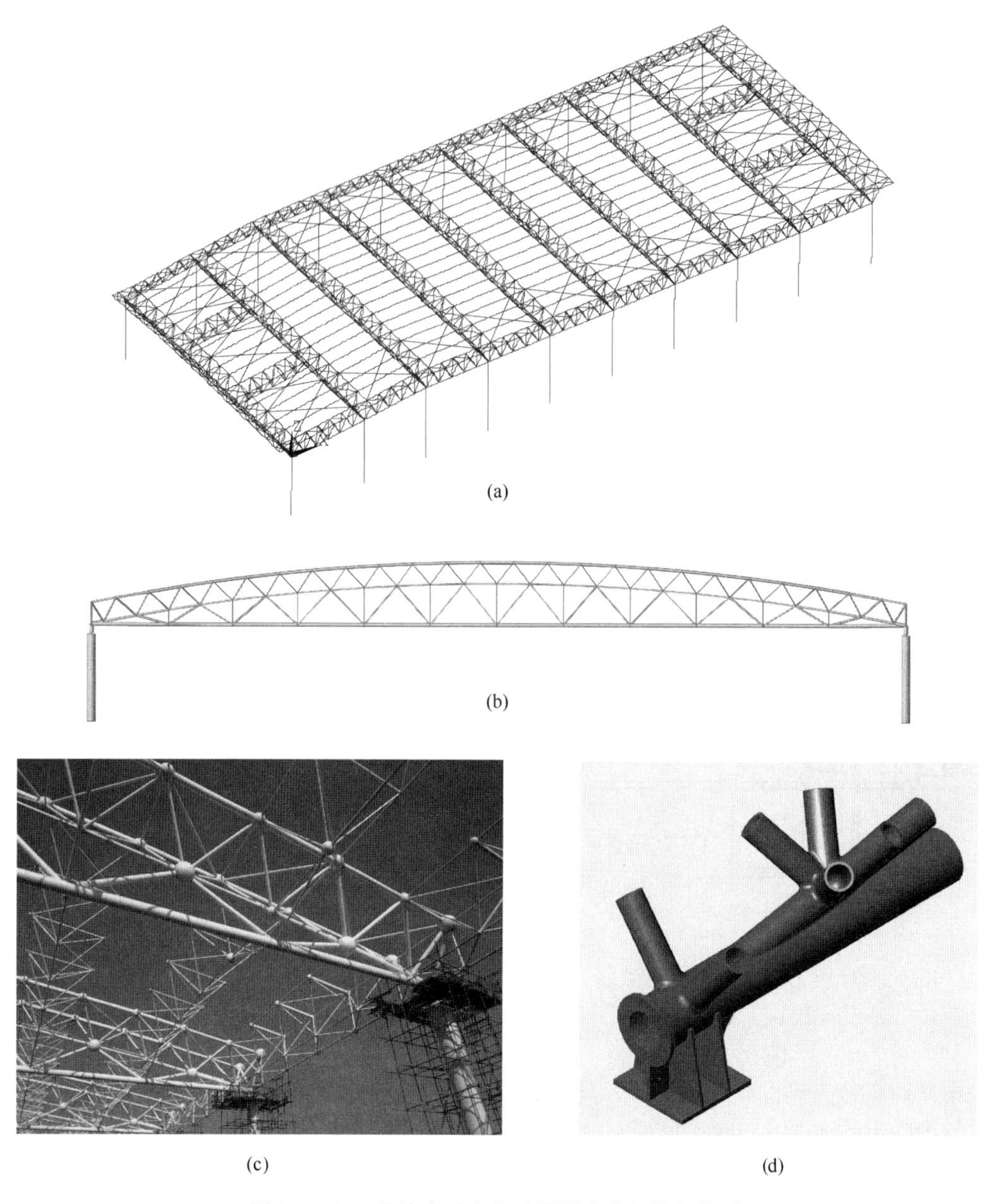

(a)

(b)

(c)　(d)

图 16.3-29　天津水动力实验厅预应力钢桁架体系

(a) 整体结构布置图；(b) 单榀桁架立面图；(c) 工程照片；(d) 下弦端部铸钢节点

了拉索，还有外包钢管的存在，使得下弦除了能抵抗拉力，也可以抵抗一定程度的压力，从而有效解决了风吸力的问题；

(5) 改进型的预应力桁架体系具有单向张弦结构的力学性能的所有优点，且有效避免了单向张弦结构的一些缺点。不仅解决了在风吸力作用下拉索松弛的问题，而且由于上弦桁架与最下弦水平杆之间斜撑杆的存在，比仅有竖向撑杆的单向张弦体系具有更好的截面刚度和整体性，对于局部集中荷载和半跨活荷载作用的抵抗力要好得多。

16.3.8　结构选型

1. 预应力钢结构的选型应根据建筑要求、平面布置，综合考虑使用功能、荷载性质、材料供应、制作安装、施工条件等因素，选择合理的结构体系；

2. 由于预应力钢结构体系一般均属于新型结构体系，结构形式丰富多彩、复杂多变，导致其施工安装也具有一定的特殊性，因而在结构选型时，需考虑施工安装的可行性和方便性；

3. 预应力钢结构体系一般较柔，在荷载作用下，容易产生较大的变形，因而除了悬索体系中的单索体系，需要重屋面来为拉索提供刚度外，其他预应力钢结构体系宜采用轻屋面；

4. 在风荷载较大的地区，在进行结构选型时，需考虑风吸力可能引起的拉索松弛问题，对于索穹顶、马鞍形索网等风敏感性体系，需考虑结构体系在风荷载作用下的动力稳定性问题；

5. 对于风吸力比较大的地区，或重屋面如上人屋面、屋顶花园等的使用条件，可选用预应力桁架体系；

6. 对于长宽比相等或比较接近的圆形、椭圆形、方形、矩形平面，可选择双向张弦结构、空间张弦结构、弦支穹顶结构、索穹顶结构体系；对于平面布置比较狭长的屋面结构，可选用单向张弦结构；

7. 对于通透性要求比较高，并有自然采光要求的膜结构屋面宜采用双层索系、马鞍形悬索体系或索穹顶结构体系；

8. 对于跨度比较大的索穹顶结构体系，宜采用联方型布置的 levy 体系或部分联方形的体系（指最外圈一圈或两圈径向索采用联方型，其他内圈径向索采用辐射状布置的形式如天津理工大学索穹顶。），以增加结构的整体刚度；

9. 在进行结构选型时，可不限于单一的结构形式，在有些情况下，采用混合结构体系可能更具有优化结构的效果。如乐清体育馆（图 16.3-30）就是具有斜拉结构＋张弦结构＋弦支结构特点的混合结构体系。

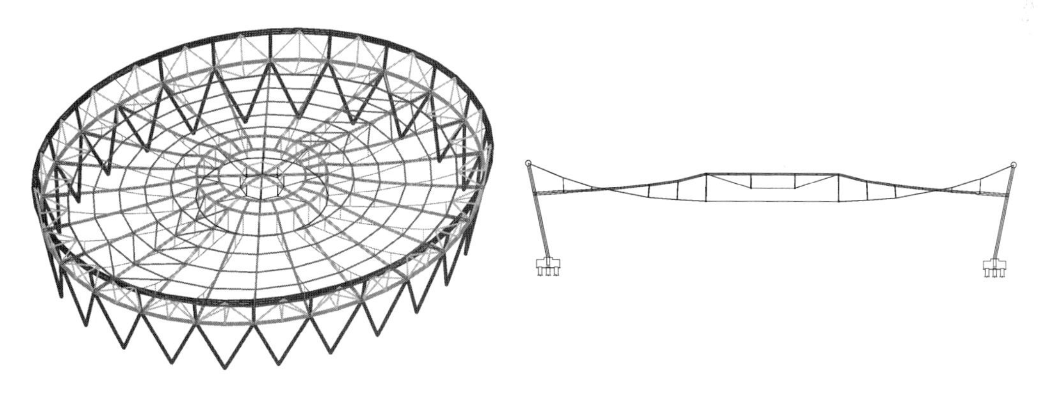

图 16.3-30 混合预应力结构体系

16.4 结构分析与设计

16.4.1 一般规定

1. 预应力钢结构分析与设计，应依据现行国家标准《钢结构设计标准》GB 5007、

《索结构技术规程》JGJ 257和《预应力钢结构技术规程》CECS212：2006等相关标准进行；结构的安全等级与重要性系数的取值应符合《工程结构可靠性设计统一标准》GB 50153的规定；

2. 预应力钢结构应分别进行初始预应力状态及荷载作用下的计算分析，计算中应考虑几何非线性的影响；

3. 预应力钢结构的荷载状态分析应在初始预应力状态的基础上考虑永久荷载与活荷载、雪荷载、风荷载、地震作用、温度作用的组合，并应根据具体情况考虑施工安装荷载。拉索截面及节点设计应采用荷载的基本组合或偶然组合，位移计算应采用荷载的标准组合；

4. 预应力钢结构计算时，应考虑其与下部支承结构的相互影响，宜采用包含支承结构的整体模型进行分析；

5. 在永久荷载控制的荷载组合作用下，预应力钢结构中的索不得松弛，在可变荷载控制的荷载组合作用下，预应力钢结构不得因个别索的松弛而导致结构失效；

6. 对于斜拉索，其作用点与水平夹角宜大于30°；

7. 温度影响应在设计计算中详细考虑。对于温度影响，当结构条件许可时可考虑释放温度效应的措施，即允许屋盖结构可实现一定程度的温度变形，这可通过采用滑动支座或具有一定变形能力的弹性支座来实现；

8. 对于使用中需要更换拉索的情况，在计算和节点构造上应做专门处理；

9. 对于跨度较大或比较复杂重要并存在受压构件的结构体系，需要对结构进行整体稳定性分析，在分析过程中应遵照《空间网格结构技术规程》的规定，考虑几何非线性和材料非线性的影响；

10. 对重要结构或人员比较密集的建筑，需对其结构体系进行抗连续性倒塌分析，并适当增加结构冗余度，对断索情况进行分析，以保证个别拉索失效不会导致结构整体垮塌；

11. 当使用条件对预应力钢结构有防火设防要求时，应进行防火性能化设计并采取相应的防护措施。

16.4.2　初始预应力状态确定

1. 预应力钢结构的初始预应力状态确定，应综合考虑建筑造型、使用功能、边界条件及荷载效应等进行合理取值，并应通过试算确定；

2. 对张弦结构、弦支穹顶、斜拉结构及预应力桁架体系等具有一定初始刚度的半刚性结构体系，其结构外形的确定与普通钢结构相同。对于索穹顶、马鞍形索网等柔性结构其外形在引入预应力之前是不确定的，需要根据力学原理利用专业软件来确定结构初始形态；

3. 张弦结构、弦支穹顶结构体系，可以根据在正常使用条件下结构的变形接近于零这一原则来初步确定结构的预应力水平，再经荷载效应分析调整，最终确定结构的初始预应力状态；

4. 对于柔性结构屋面，在确定屋盖的几何形状时，应避免形成扁平区域，以增加屋面的竖向刚度，并避免形成雪兜；

5. 对于索穹顶、马鞍形索网等柔性结构应先进行找形分析初步确定结构的预应力状态，再经荷载分析试算调整，最终确定结构的预应力状态。

16.4.3 静力分析

1. 预应力钢结构的静力分析应在初始预应力状态的基础上对结构在永久荷载和可变荷载作用下的效应进行分析，当计算结果不能满足要求时，应重新确定初始预应力状态。

2. 为了在设计中能对荷载与作用进行正确的取项与取值，可以将预应力钢结构所承受的荷载情况归纳如下：

（1）屋面材料的自重应根据实际重量进行计算，一般为 0.3～1.0 kN/m²，膜材重量一般按不大于 0.05kN/m² 考虑。

（2）屋面活荷载可以根据建筑物使用条件与维护要求来取值。

（3）风荷载应根据《建筑结构荷载规范》GB 50009 计算，并考虑风振影响，刚性围护结构时应考虑阵风影响；对异形屋面其体型系数应经风洞试验确定，对轻型屋盖的大跨度结构应注意进行结构风吸力工况的验算。

（4）雪荷载根据《建筑结构荷载规范》GB 50009 确定，应考虑雪荷载的不均匀分布所产生的不利影响，复杂形状的结构屋面积雪分布系数应进行专门研究。对于索穹顶等采用织物屋面的柔性结构，中等的雪可以通过结构中的预张力来抵抗，这要求结构中的预张力足够大，能够阻止大的变形的发展，并且不会在结构的表面形成雪兜而产生附加变形，从而导致整个屋面超载。相对陡一点的屋面坡度有利于雪从屋面上滑下来，并有利于防止形成雪兜。在雪荷载很大的地区，可以采用融雪设备通过在膜的下面产生热风来阻止结构表面雪荷载的积累。

（5）对于柔性屋面，因易于变形，设计时应考虑如照明灯具、标志牌、计分牌等大的集中荷载，通常由刚性桅杆来承担。

（6）当结构的跨度较大时，温度作用的影响不容忽视，当温度作用对下部支承结构影响较大时，宜采用可滑移支座进行释放。

3. 对于张弦结构、弦支穹顶、斜拉结构及预应力桁架体系等具有一定初始刚度的半刚性结构体系，在方案确定阶段，为了提高分析效率，可先不考虑几何非线性的影响。方案确定后，进行正式分析时，必须考虑几何非线性的影响。

4. 当在结构分析中考虑几何非线性效应时，由于荷载与内力、变形等不是线性关系，若对内力、变形等荷载效应进行直接组合计算，会带来比较大的误差，此时应先对荷载进行组合叠加，再对组合后的荷载进行效应分析。

16.4.4 风效应分析

1. 风荷载作用是空间与时间的随机变量。某一点的风速可以分解为平均风和脉动风。可以认为平均风不随时间变化，对结构产生静位移，其分析与静荷载相同；脉动风速在平均风速上下波动，使得结构在静位移附近产生振动。在对预应力钢结构设计时应考虑风荷载的静力和动力效应，风荷载的动力效应通过风振系数考虑；

2. 在对结构进行风效应分析时，风荷载高度系数、体型系数应按现行国家标准《建筑结构荷载规范》GB 50009 的规定取值。对于简单结构，风荷载的取值根据荷载规范近似的选取，对于大型的或者复杂体型的结构，特别是位于地形变化比较大的地区的结构，通常需要风洞实验来对风荷载做出正确的估计。也可以通过数值风洞技术对风荷载做出初步估计。数值风洞技术是基于计算流体力学和计算结构力学，利用计算机对结构在风场中的响应进行数值模拟，并考虑结构与风场之间的流固耦合效应，是研究风与结构相互作用的前沿技术；

3. 对于形状较为简单的预应力钢结构，可采用对平均风荷载乘以风振系数的方法近似考虑风荷载的动力效应。风振系数根据《建筑荷载规范》GB 50009 计算，并在 1.3～1.8 范围内取值，其中结构跨度较大且自振频率较低者取大值；

4. 由于大跨度屋盖自重较轻，特别当用于体育场挑蓬结构时，其风荷载作用影响较大，应对各风向角下最大正风压，负风压进行分析，并需认真考虑其屋盖的体型系数与风振系数；

5. 对于柔性结构屋面，风荷载是起支配作用的荷载。结构必须有足够的预张力来抵抗风荷载的作用并不产生连续的振动；

6. 对于墙面或屋面开洞的非封闭式结构，应根据具体情况考虑内压与外压的负风压增大叠加效应。

16.4.5 地震效应分析

预应力钢结构的抗震计算分析应符合《建筑抗震设计规范》GB 50011 第 10.2 节的规定。

1. 屋盖结构抗震分析的计算模型应符合下列要求：

(1) 应合理确定计算模型，屋盖与主要支承部位的连接假定应与构造相符。

(2) 计算模型应计入屋盖结构与下部结构的协同作用。

(3) 单向传力体系支承构件的地震作用，宜按屋盖结构整体模型计算。

2. 屋盖钢结构和下部支承结构协同分析时，阻尼比应符合下列规定：

(1) 当下部支承结构为钢结构或屋盖直接支承在地面时，阻尼比可取 0.02；

(2) 当下部支承为混凝土结构时，阻尼比可取 0.025～0.035。

3. 屋盖结构的水平地震作用计算，应符合下列要求：

(1) 对于单向传力体系，可取主结构方向和垂直主结构方向分别计算水平地震作用。

(2) 对于空间传力体系，应至少取两个主轴方向同时计算水平地震作用；对于有两个以上主轴或质量、刚度明显不对称的屋盖结构，应增加水平地震作用的计算方向。

4. 一般情况，预应力钢结构屋盖结构的多遇地震作用计算可采用振型分解反应谱法；体型复杂或跨度较大的结构，也可采用多向地震反应谱或时程分析法进行补充计算。

5. 对于抗震设防烈度为 7 度及 7 度以上地区，预应力钢结构应进行多遇地震作用效应分析。

6. 对于抗震设防烈度为 7 度或 8 度地区、体型较规则的中小跨度预应力钢结构，可采用振型分解反应谱法进行地震效应分析。对于其他情况应采用时程分析法进行地震作用抗震计算。对于超大跨度预应力钢结构，并应考虑地震波的行波效应，进行多维多点地震效应时程分析。

7. 采用时程分析法时应按建筑场地类别和设计地震分组选用不少于两组的实际强震记录和一组人工模拟的加速度时程曲线，其平均地震影响系数曲线应与现行国家标准《建筑抗震设计规范》GB 50011 所给出的地震影响系数曲线在统计意义上相符。加速度时程曲线最大值应根据与抗震设防烈度相应的多遇地震的加速度时程曲线最大值进行调整，并应选择足够长的地震动持续时间。

8. 预应力钢结构与多高层结构不同，其振型一般比较复杂，频谱比较密集，在采用地震分解反应谱法进行地震效应分析时，需要考虑更多的振型。且预应力钢结构多用于屋面结构，横向尺度比较大，因而要考虑竖向地震作用的影响。

9. 在进行地震效应分析时，对于计算模型中仅含索元的结构阻尼比值宜取 0.01，对于由索元与其他构件单元组成的结构体系的阻尼比值应进行调整。

10. 预应力钢结构一般用作上部结构，下部支承结构一般刚度较大。可在上部钢结构和下部支承结构之间设置弹性支座，通过调整弹性支座的刚度，以延长上部结构的自振周期，减小上部结构的地震效应。

11. 预应力钢结构在重力荷载代表值和多遇竖向地震作用标准值下的组合挠度不宜超过如下限制：

（1）张弦梁：屋盖结构（短向跨度 L_1）不宜超过 $L_1/250$，悬挑结构（悬挑跨度 L_2）不宜超过 $L_2/125$。

（2）弦支穹顶：屋盖结构（短向跨度 L_1）不宜超过 $L_1/300$，悬挑结构（悬挑跨度 L_2）不宜超过 $L_2/150$。

16.4.6 结构设计流程

1. 根据建筑功能、平面布置、荷载条件等因素选择合适的结构体系，并根据工程经验初步确定结构布置、构件截面、重要的结构参数等；抗震设防地区大跨度屋盖结构的布置尚应符合《建筑抗震设计规范》GB 50011 相应规定的要求。

2. 选择合适的计算软件。常用的计算软件有 Sap2000、Midas/gen、3D3S、ANSYS 等，这些软件有丰富的单元库，可对索单元进行准确的模拟，并且边界条件也很丰富，可对不同的边界连接进行模拟。对于张弦结构、弦支穹顶、斜拉结构及预应力桁架等半刚性结构体系的分析，Sap2000、Midas/gen、3D3S 等软件均可以胜任；对于索穹顶、悬索结构等柔性体系可采用 ANSYS 等分析能力比较强的软件，或采用专门针对此类结构开发的软件进行分析，对于重要的大跨度结构，需要两种软件对比分析。

3. 建模。计算软件自身均有建模功能，可以在计算软件中直接建模计算。但通常都是利用自己熟悉的建模软件建立三维单线模型，然后导入计算软件中赋截面、添加荷载及边界条件并计算。例如当采用 Midas/gen 作为分析软件时，可以利用 AutoCad 建模，在建模过程中将不同杆件进行分类，并存入不同图层，建模完成后将图形文件存为 Dxf 格式，导入 Midas/gen。在 Midas/gen 中会将 AutoCad 中的不同图层默认为相应的结构组，大大方便了各种选择及操作。

4. 加载。首先对荷载进行认真统计，正确取值，不要遗漏荷载。在进行荷载组合时，要考虑活荷载的不利分布。在进行风吸力计算时，屋面与结构恒载的荷载分项系数应取为 1.0 或略小于 1.0。

5. 分析。在加载以后，添加边界条件，然后运行分析。分析完成后，根据结构的变形和内力分布情况，以及周期与振型等动力特性，分析结构的受力性能，找出薄弱部位并进行调整。

6. 构件设计。

（1）构件设计包括普通钢构件设计和拉索设计。普通的钢构件设计验算可以利用设计软件进行。Sap2000、Midas/gen、3D3S等设计软件均符合中国规范的要求，在分析完成后，应依据相应的规范对钢构件进行验算；拉索设计包括选择合适的拉索和拉索强度设计，主要由设计工程师而不是设计软件来完成。

（2）当索用于预应力钢结构中时，设计选材时，必须考虑荷载的类型、荷载的持续时间、潜在的徐变、防腐措施及其他必要的因素，合理选用索的类型。

拉索的强度设计根据《索结构技术规程》JGJ 257—2012进行，其承载力设计值应符合下式要求：

$$F = F_{tk}/\gamma_R \geqslant \gamma_0 N_d \tag{16.4-1}$$

式中　F——拉索的抗拉力设计值（kN）；

F_{tk}——拉索的极限抗拉力标准值（kN）；

γ_R——拉索的抗力分项安全系数，取2.0，当为钢拉杆时取1.7；

N_d——拉索承受的最大轴向拉力设计值（kN）；

γ_0——结构的重要性系数（$\gamma_0 N_d \leqslant F$）。

16.4.7　概念设计要点

1. 概念设计——预应力钢结构有其自身特点，其设计要求与普通钢结构有诸多不同，如索强度按破断力与安全系数考虑，各类索体材料弹性模量不同，结构体系的多样性与合理选用，初始预应力与找形，考虑几何非线性影响及其荷载组合，负风压的敏感性与索体松弛的控制等，作为概念设计的基本要求，设计时应注意了解这些要点的原理与概念。如果概念设计考虑比较全面，选择了合理的结构体系，后续的设计过程就会比较顺利。这就要求设计工程师对各种结构体系的受力性能、技术特点有深刻的理解，在设计初期，即可综合考虑各种因素做出准确的判断。

2. 整体稳定——钢结构的整体稳定非常复杂，其失稳模态与结构体系自身的特点、边界支承的刚度、缺陷模式、荷载分布模式等很多因素有关。到目前为止，对这些结构体系的失稳机理、破坏模式尚属研究课题。而由于失稳破坏的突然性，一旦失稳会造成很严重的损失，设计中对此应给予足够的重视。对于预应力钢结构中的张弦结构、弦支穹顶，由于下弦拉索系统的存在，结构的整体稳定性能有了很大的提高，但上弦或上层结构仍然是受压系统，仍然存在失稳的可能性。另外，圆形或椭圆形平面的索穹顶结构、悬索体系中的受压外环，也存在失稳的可能性。设计时应进行仔细的验算，并采取必要的加强措施。另外，为防止结构失稳，应利用有限元分析软件，尽量模拟可能的不利荷载分布、缺陷分布模式，在分析过程中，考虑几何非线性和材料非线性的影响，给出关键节点的荷载位移曲线，帮助我们进一步理解结构体系的变形机理、失稳机理，弥补概念判断上可能的遗漏。

3. 施工的可实施性与方便性——预应力钢结构施工本身也具有一定的特殊性，包括预应力钢结构的成形过程、预应力施加方式、索锚具的选择、拉索的精确下料、安装与张拉顺序、安装与张拉空间、张拉工装的设计等等，都要在早期设计过程中予以考虑，这是预应力钢结构设计程序中的一个非常重要的特点。这就要求设计工程师尽早与专业的预应力钢结构施工单位结合与沟通，对施工中的一些细节进行讨论，保证设计方案是可实施的，并尽量为施工带来方便。

4. 模型实验——对于大型的、新的结构体系，虽然现在的有限元分析软件可以对其受力性能、施工方法在虚拟空间里进行模拟。但仍会有不可预见的问题。此外，预应力钢结构目前仍然处在不断向前发展的过程中，经常会出现一些新的体系，或对一些经典的体系做一些改变。这种情况下，模型实验就显得很有必要。按照一定的比例，建立起实验模型，进行各种静动力实验以及施工模拟实验，可以使我们更深入的了解结构体系的受力性能、安全性以及施工的可行性，从而帮助我们判断设计方案的合理性，对缺陷进行改善，使设计方案更加优化。

5. 健康监测——对于一些重要的大型工程，进行使用期内的健康监测是必要的。通过在结构上安装一些传感器，进行实时监测，可以使我们随时跟踪结构的应力和变形情况，做到有问题早发现、早解决，避免造成重大损失。也可以积累一些数据，为以后的设计作参考。健康监测的要求也应在设计文件中明确提出。

6. 拉索与钢拉杆的承载破坏机理——钢丝拉索和钢拉杆都是预应力钢结构中经常采用的高强构件，但二者的受力性能和破坏机理有所不同。对于钢丝拉索而言，其破坏一般是从钢丝断裂开始，钢丝断裂会发出一定的声音或导致拉索振动，从而引起人们的警觉并采取相应措施，避免进一步破坏或造成重大损失，而且钢丝往往是一根一根的断，不会同时出现大量钢丝断裂，这也可给人们留出一定的预警时间。而钢拉杆的破坏可能从内部微裂纹开始，根据断裂力学，如果在钢拉杆内部存在微裂纹，会在微裂纹处产生应力集中，导致微裂纹缓慢发展，初期由于裂纹发展缓慢，人们往往难以察觉，而当裂纹发展到一定阶段，对截面的削弱达到临界点后，可能会导致薄弱截面屈服后即很快断裂。由于钢拉杆材料强度高，延性比较差，从屈服到破坏的时间很短，破坏具有一定的突然性，人们往往来不及采取措施。因此对于重要的预应力构件如张弦结构的下弦拉索、弦支穹顶的环索等应选择钢丝拉索，而对于一些非主受力索如屋面的一些稳定索等，可以选择高强拉杆。

7. 断索分析——一般超静定结构的某个构件破坏之后，结构中的刚度和内力可进行重新分布，如果材料塑性发展能够满足内力重分布的要求，则结构的变形就逐渐稳定，可以继续承载，否则即发生倒塌。但很多预应力钢结构体系在几何组成分析上是机构体系，靠预应力使得机构“硬化”为结构。预应力在索系中的平衡关系类似电路中的“封闭回路”，索的断裂会使预应力“封闭回路”中断，从而改变结构的刚度，甚至导致结构不再成立。此外，预应力钢结构自重相对较轻，预应力在结构中产生的内力比结构自重和外荷载在结构中产生的内力一般要大，因此拉索破断所产生的内力和位移变化是十分剧烈的。所以，在设计时，应将防止断索作为保证安全的基本要求予以特别的关注。

8. 设计施工一体化——在进行结构设计时，一般是按照结构设计位形建立分析模型，施加各种荷载工况，进行荷载效应分析，检验结构的刚度、强度与稳定性指标等。但是，在结构施工成型过程中，结构常常会积累一定的附加内力和变形，而通常的设计手段无法考虑这部分内力与变形对结构性能的影响。如果把结构施工过程视为一时变模型，结构设计模型用施工完成后的结构成型模型代替，即将施工与设计完全融为一体，从而可以反映结构逐步成型到服役这一全过程的力学行为。这种处理方法，既考虑了施工过程的累积变形与内力，也考虑了结构服役期间的所有可变荷载的作用。近年来，预应力钢结构工程按照自身特点，普遍应用了这种合理的设计方法。一些大型预应力钢结构工程在设计初期即有专业施工人员参与合作，均取得了良好效果。

16.5　节点设计与构造

16.5.1　一般规定

1. 根据预应力钢结构的特点和拉索节点的连接功能，节点可分为张拉节点、锚固节点、转折节点、索杆连接节点和拉索交叉节点等主要类型。各类节点的设计与构造应符合《钢结构设计标准》等相关规范的规定。

2. 节点设计是预应力钢结构设计中非常重要的一环。一般情况下，节点设计需经历前期设计和深化设计两个阶段。在前期设计阶段，根据设计计算模型及受力大小，初步确定节点连接的基本形式和要求。在深化设计阶段，综合考虑拉索产品构造、节点加工条件、施工安装方法等，并结合必要的有限元分析计算，最终确定节点的具体构造和尺寸。

3. 预应力钢结构节点的构造通常较复杂，一般需采用三维建模软件对节点建立实体模型，在虚拟空间中对实际结构进行模拟观察。这不仅方便于节点的加工制作，同时也是拉索精确下料、拉索安装及张拉空间模拟所必需的。此外对于构造和受力均比较复杂的节点，其应力分布不易直观判断，手工简化计算可能造成比较大的误差，建立三维模型后可利用 ANSYS、ABAQUS、Midas FEA 等有限元软件对节点受力进行模拟计算。预应力钢结构节点的钢材及节点连接材料应按现行国家标准《钢结构设计标准》GB 50017 的规定选用。节点采用轧制钢材时，其材质应符合现行国家标准《低合金高强度结构钢》GB/T 1591 和《碳素结构钢》GB/T 700 的有关规定选用；所用的铸钢件材质应符合《焊接结构用铸钢件》GB/T 7659 的规定。

4. 预应力钢结构节点的承载力和刚度应按现行国家标准《钢结构设计标准》GB 50017、《预应力钢结构技术规程》CECS 212、《铸钢节点应用技术规程》CECS 235 等规定进行验算。根据节点的重要性、受力大小和复杂程度，节点计算应满足其承载力设计值不小于拉索内力设计值 1.25～1.5 倍的要求。

5. 在张拉节点、锚固节点和转折节点的局部承压区，应验算其局部承压强度并采取可靠加强措施满足设计要求。对构造、受力复杂的节点大量采用铸钢节点时，宜经技术经济论证。

6. 节点的构造设计应考虑预应力施加的方式、结构安装偏差、进行二次张拉及使用过程索力调整的可能性，以及夹具、锚具在张拉时预应力损失的调整取值。对于张拉节点，应保证节点张拉区有足够的施工空间，便于施工操作。对于多根拉索和结构构件的连接节点，在构造上应使拉索轴线汇交于一点，避免连接板偏心受力。

7. 预应力拉索全长及其节点应采取可靠的防腐措施，且便于施工和修复。拉索节点构造尽量不要隐蔽，要便于检查与维护。如采用外包材料防腐，外包材料应连续、封闭和防水；除拉索和锚具本身应采用耐锈蚀材料外包外，节点锚固区亦应采用外包膨胀混凝土、低收缩水泥砂浆、环氧砂浆密封或具有可靠防腐和耐火性能的外层保护套结合防腐油脂等材料将锚具密封。

8. 当拉索受力较大、节点形状复杂或采用新型节点时，应对节点进行有限元分析，全面了解节点的应力分布状况。对重要、复杂的节点，根据设计需要，宜进行足尺或缩尺模型的承载力试验，且节点模型试验的荷载工况应尽量与节点的实际受力状态一致。施工及使用过程中亦应辅以必要的监测手段。

16.5.2 节点设计原则

大跨度预应力钢结构工程进行节点设计时，需遵循以下原则：

1. 预应力钢结构节点的设计构造应保证有足够的强度与刚度，能有效传递各种内力，传力路径明确；节点构造应符合计算假定，尽量减小偏心传力、应力集中、次应力和焊接残余应力；应避免材料多向受拉，防止出现脆性破坏，同时便于制作、安装和维护。半刚性节点在结构分析时应考虑节点刚度的影响。除满足以上力学和功能上的要求外，还宜在选形及外形构造上尽量满足建筑设计的美观要求。

2. 预应力高强拉索的张拉节点应保证节点张拉区有足够的施工空间，便于施工操作，且锚固可靠。预应力索张拉节点与主体结构的连接应考虑施工过程超张拉和使用荷载阶段拉索的实际受力大小，确保连接安全。

3. 预应力拉索锚固节点应采用传力可靠、预应力损失低且施工便利的锚具，应保证锚固区的局部承压强度和刚度。应对锚固节点区域的主要受力杆件、板域进行应力分析和连接计算。节点区应避免焊缝重叠。

4. 预应力拉索转折节点应设置滑槽或孔道，滑槽或孔道内可涂润滑剂或加衬垫，或采用抗滑移系数低的材料；应验算转折节点处的局部承压强度，并采取加强措施。

16.5.3 节点设计流程

节点设计需综合考虑各种因素精心设计，并反复对节点设计进行优化。一般应按照以下流程展开：

1. 在前期设计阶段，根据节点所处位置和设计要求实现的功能，确定节点基本形式与构造，选用合适的材质，并就加工工艺、施工安装工艺方面征询加工单位及施工单位的意见与建议。对于某些复杂节点，采用铸钢节点时，因铸钢材质不如轧制钢材，且价格昂贵，故宜进行技术经济论证后选用。

2. 深化设计阶段，根据节点受力大小、拉索型号、锚具形式等条件初估节点板厚度等主要尺寸。

3. 在设计提供的三维轴线模型基础上，借助 CAD 三维绘图工具，按实际角度和尺寸绘制节点三维模型图。

4. 三维模型图绘制完成后，置于整体结构三维图中，检查节点在施工安装阶段及使用阶段与周边构件如拉索锚具、连接螺栓、其他钢结构构件等是否会发生冲突，外观形式是否满足建筑要求等。对于张拉端节点还需要检验安装张拉时是否有足够操作空间。通过反复调整形成满足以上要求的节点设计。

5. 采用有限元软件对设计完成的三维节点进行力学分析，模拟各种不利工况下的受力状态，检验其是否满足节点强度和刚度要求。在安全性得到保证的情况下可继续对某些构造尺寸进行优化和调整。

6. 编制节点设计计算书，绘制节点加工图纸。对于特别重要的节点，还需要进行设计评审，甚至开展节点模型试验对理论分析结果进行验证。

16.5.4　节点与连接的计算

1. 节点中板件强度与局部稳定的计算，及螺栓与焊接连接的计算与构造应符合《钢结构设计标准》的相关规定。节点连接板件与连接的承载力应大于拉索最大拉力设计值，并宜留有20%～30%的余度。

2. 常用的索端销轴板铰节点，其计算与构造应符合以下规定：

（1）耳板宜采用Q345、Q390与Q420钢，必要时也可采用45号钢、35CrMo或40Cr等钢材。当销孔和销轴表面要求机加工时，其质量要求应符合相应的机械零件加工标准的规定。

（2）连接耳板应按下列公式进行抗拉、抗剪强度的计算：

1）耳板孔净截面处的抗拉强度，见本手册第7章式（7.2-19）、式（7.2-20）。

2）耳板端部截面抗拉（劈开）强度，计算见本手册第7章式（7.2-21）。

3）耳板抗剪强度，计算见本手册第七章式（7.2-22）、式（7.2-23）。

3. 采用不可滑动的索夹节点时，见图16.5-1，应进行拉索抗滑移验算以保证索体在夹具中有足够的夹紧力而不产生滑移。此处拉索抗滑移主要是通过高强度螺栓拧紧后的夹紧力使索体与夹具之间接触面产生足够抗滑移力。索体与夹具之间的抗滑移力应大于夹具两侧索力的差值，即拉索不平衡力，并留有一定余度。另外，索夹盖板受到的螺栓压力较大，需要根据螺栓预拉力对其截面厚度进行验算。

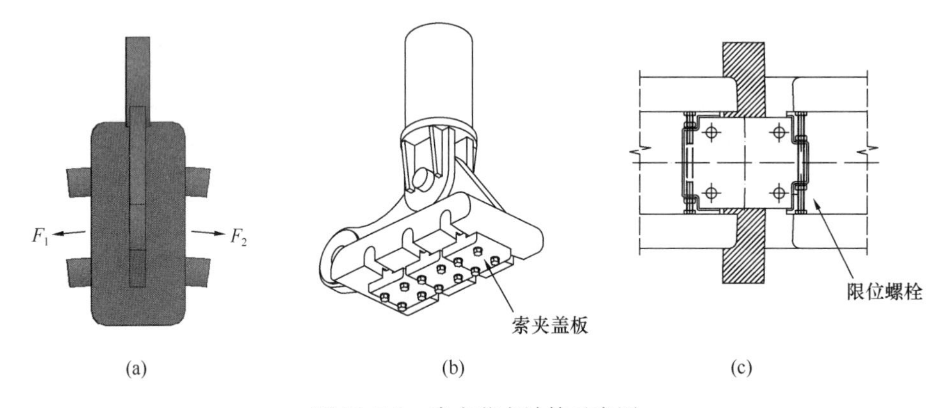

图16.5-1　索夹节点计算示意图

索夹抗滑移计算应按下式进行：

$$R_{sj} \geqslant \gamma(F_2 - F_1) \tag{16.5-1}$$

式中　R_{sj}为索夹抗滑移承载力，可按照下式估算：

$$R_{sj} = 2 \times \mu \times P \quad \text{对于索夹盖板沿拉索滑移方向受到约束的情况} \tag{16.5-2}$$

$$R_{sj} = \mu \times P \quad \text{对于索夹盖板沿拉索滑移方向无约束的情况} \tag{16.5-3}$$

F_2、F_1——分别为最不利状态下，索夹沿滑移方向两侧索力的较大值和较小值；

μ——索体与索夹之间摩擦系数，应通过试验确定。初步设计估算时，可根据接触面粗糙度在0.1～0.2之间取值；

P——索夹上所有高强螺栓的预拉力之和；

γ——为安全系数，可取1.3。

上式中考虑到，在节点设计时采取措施有效防止索夹盖板同拉索一起滑移时，如图 16.5-1(c) 所示，可按 2 个摩擦面考虑，从而大大提高索夹抗滑移能力。

4. 复杂节点应进行有限元分析，全面掌握节点的应力大小和应力分布状况，判断节点的安全性。图 16.5-2 为对穿心式拉索锚固节点进行有限元分析的结果。

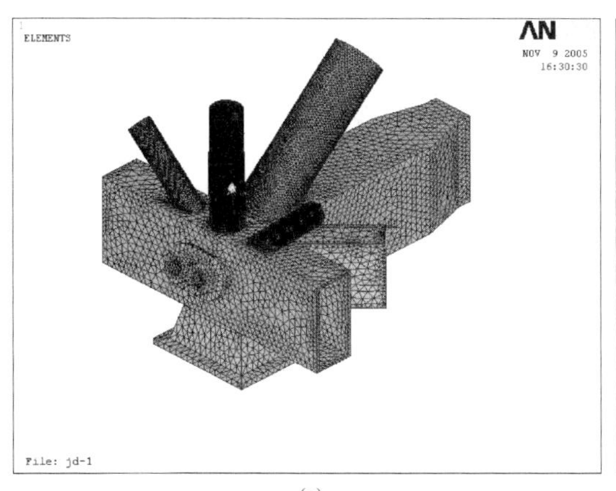

(a)

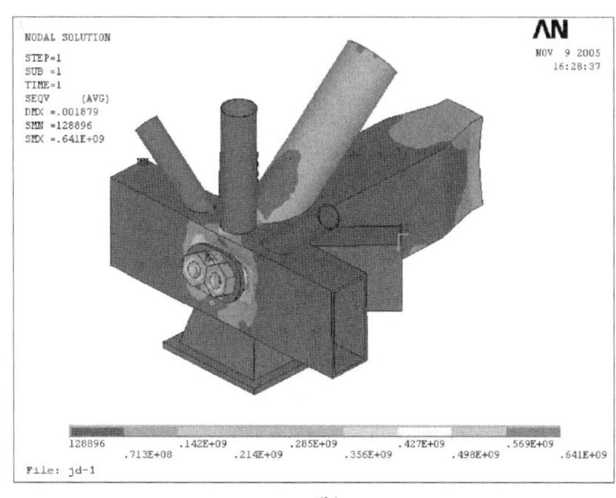

(b)

图 16.5-2 穿心式拉索锚固节点有限元模型及分析结果

根据《预应力钢结构技术规程》CECS 212 规定，对重要、复杂的节点，根据设计需要，必要时宜进行足尺或缩尺模型的承载力试验，以对有限元分析计算结果进行验证。

5. 根据《铸钢节点应用技术规程》CECS 235 的规定，铸钢节点的极限承载力可按弹塑性有限元分析得出的荷载一位移全过程曲线确定。进行弹塑性有限元分析时，铸钢节点材料的应力一应变曲线宜采用具有一定强化刚度的二折线模型。复杂应力状态下的强度准则应采用 Von Mises 屈服条件。用弹塑性有限元分析结果确定铸钢节点的承载力设计值时，承载力设计值不应大于极限承载力的 1/3。

16.5.5 节点设计构造示例

根据不同结构形式，拉索锚具形式、节点所处不同位置，节点连接功能要求等，实际工程中的节点设计构造多种多样。以下列出工程中具有代表性的节点实例供设计人员参考。

1. 斜拉结构体系连接节点

斜拉结构广泛应用于带桅杆的结构，以及通过单根或多根拉索对结构施加预应力的结构。其节点形式相对来说较简单，主要依据拉索锚具形式而定。

(1) 对于常见的叉耳式锚具，锚固节点一般设计为销轴板铰构造，见图 16.5-3。为减小节点板厚度，可在销轴孔周围增加双面贴板。拉索受力较大且相连钢管管壁较薄时，最好将耳板插入钢管内部。耳板不能插入钢管内部时，为防止管壁有过大局部应力，应在锚板上下加设环形肋板。

对于拉索数量较多，连接板布置集中的桅杆节点，需要对该处节点局部进行加强处理，并进行有限元分析以保证节点的安全性。必要时采用铸钢节点。

(2) 对于穿心式或螺杆式锚具，节点形式一般采用堵板或套管加堵板形式，如

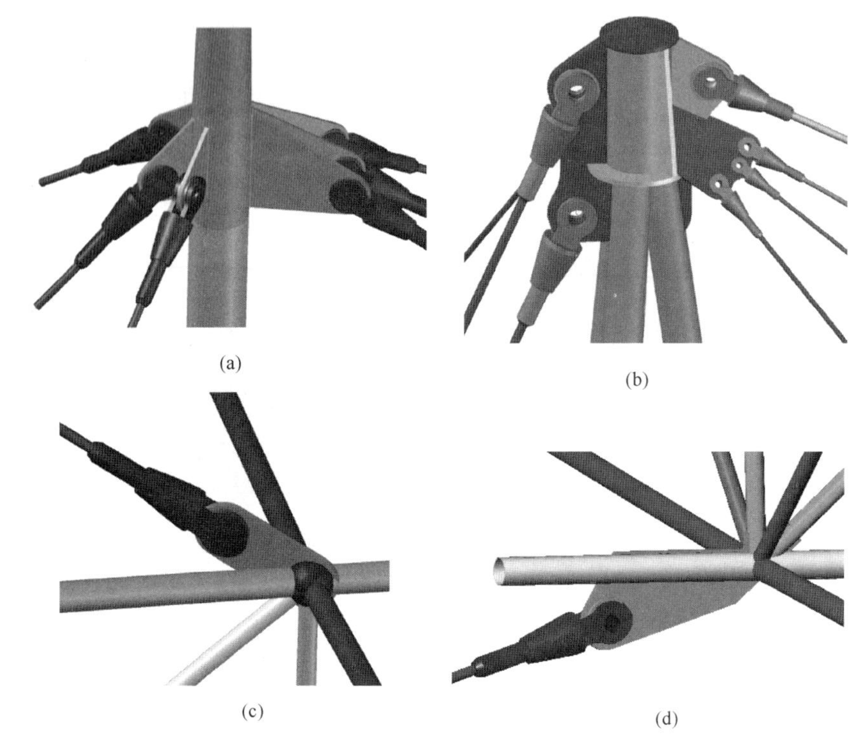
(a)　(b)　(c)　(d)

图 16.5-3　斜拉结构体系连接节点

图 16.5-4 所示。需要注意的是，由于穿心式锚具端部能够承受的转动能力有限，在使用期间拉索可能产生较大变形的结构中应避免采用。

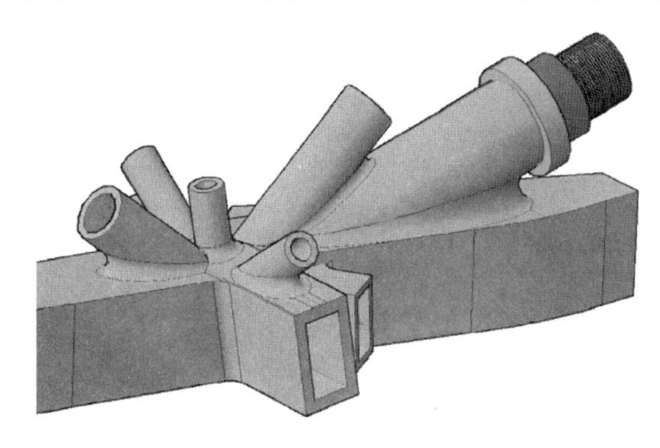
图 16.5-4　穿心式锚具连接节点

2. 张弦结构体系连接节点

(1) 单向张弦结构体系

单向张弦结构体系连接节点主要包括拉索端部锚固节点，以及拉索与撑杆连接节点。其中拉索锚固节点一般是将拉索固定在张弦梁支座节点上，有些情况下也会将拉索直接固定在钢管构件上或节点上，此时其节点形式类似于斜拉结构节点，如图 16.5-5b 所示。根据拉索锚具形式不同，拉索锚固节点形式也有较大区别。对于常用的叉耳式锚具，多采用连接板形式，连接板最好插进张弦结构支座节点内部，传力更为可靠，同时亦可对支座节点起到加强作用，如图 16.5-5(a) 所示。

当支座采用板式支座时，拉索连接板可直接与支座连接板连为一体，如图 16.5-6 所示。

对于穿心式锚具，通常采用拉索外套钢管穿过支座球节点的形式。施工时拉索连同锚具一起穿过套管，在球节点外侧锚固。如图 16.5-7 所示。

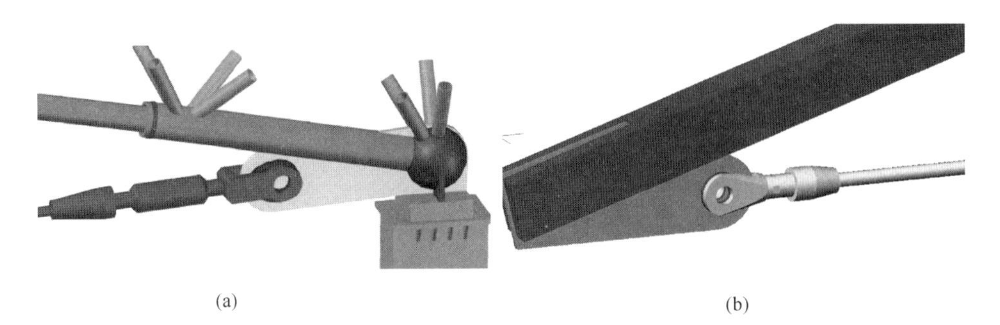

(a) (b)

图 16.5-5 张弦结构支座连接节点

(a) 拉索锚固于支座节点；(b) 拉索锚固于张弦梁上

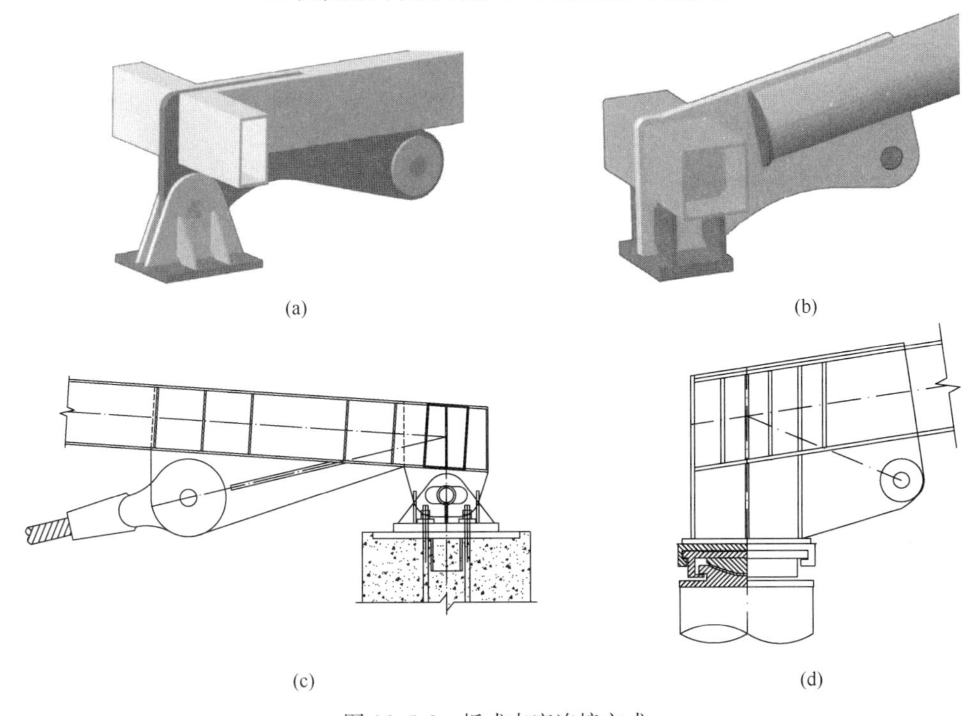

(a) (b)

(c) (d)

图 16.5-6 板式支座连接方式

(a) 铰接支座；(b) 固定支座；(c) 可滑动支座；(d) 成品支座

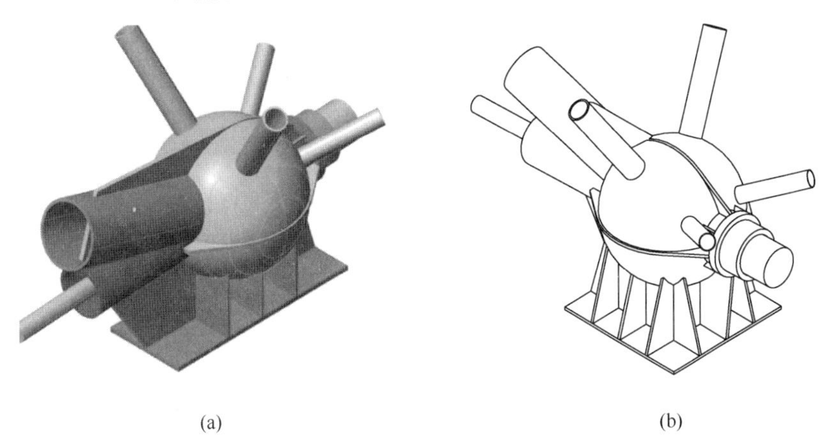

(a) (b)

图 16.5-7 穿心式锚具套管穿过支座球节点

拉索受力较大时，设计采用双索的，需要将连接板或套管设计为两个平行布置，此时平行布置的两块耳板之间间距需要预留足够的安装操作空间。如图 16.5-8 所示。

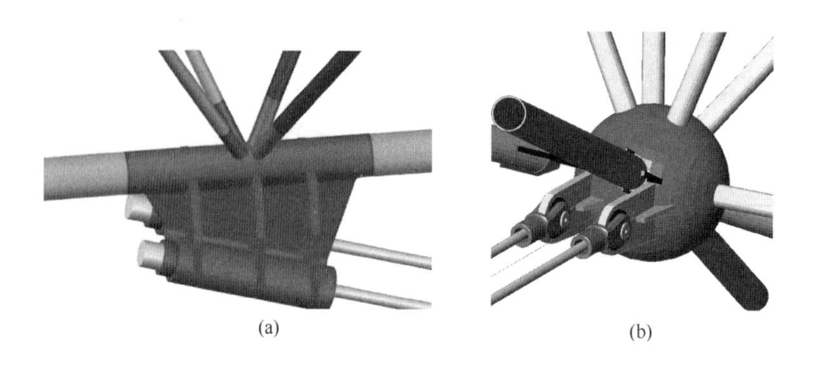

(a)　(b)

图 16.5-8　双根拉索时的支座锚固节点

单向张弦结构撑杆上节点一般采用单向铰接形式，此时连接板直接焊接于空心管壁，管壁会产生较大局部应力，应采用加肋板等补强措施。如图 16.5-9 所示。

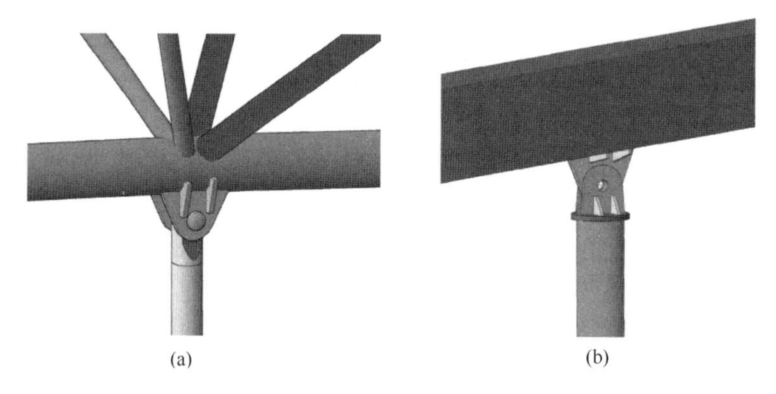

(a)　(b)

图 16.5-9　单向张弦结构撑杆上节点

撑杆下节点是实现拉索与撑杆之间传力的连接节点，一般情况下拉索从节点中心穿过，且要求节点能够承受一定的不平衡力，拉索不产生滑移，为产生足够夹紧力，节点螺栓可采用高强螺栓 8.8 或 10.9 级的六角螺栓。对单向张弦结构采用单根拉索的情况，撑杆下节点可采用球节点或圆柱节点形式，如图 16.5-10 所示。

对双根拉索情况，拉索在节点两侧平行或按结构布置要求排列，可参考采用下图 16.5-11 的形式。

(2) 双向张弦结构体系

双向张弦结构的拉索呈双方向交叉布置，其支座处的拉索锚固节点与单向张弦结构类似。而撑杆节点则与单向张弦结构不同，由于撑杆可能发生任意方向的转动，双向张弦结构的撑杆上节点通常需设计为万向铰形式，如图 16.5-12 所示。

而对于撑杆下节点，可以仍采用类似于单向张弦结构的节点形式，但连接节点需要增加另一个方向拉索。通常，拉索在一个方向为主受力拉索，另一个方向为稳定索。在节点两侧角度变化不大时，稳定索可采用与主受力索相同的节点连接方式，使拉索从节点中穿

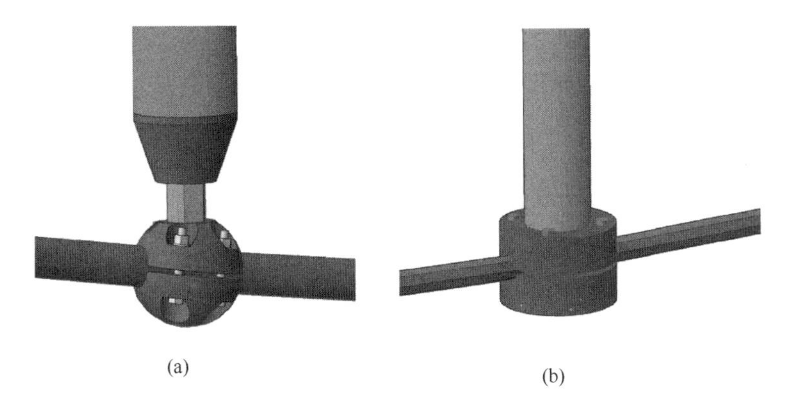

(a) (b)

图 16.5-10 单向张弦结构撑杆下节点（单根拉索情况）

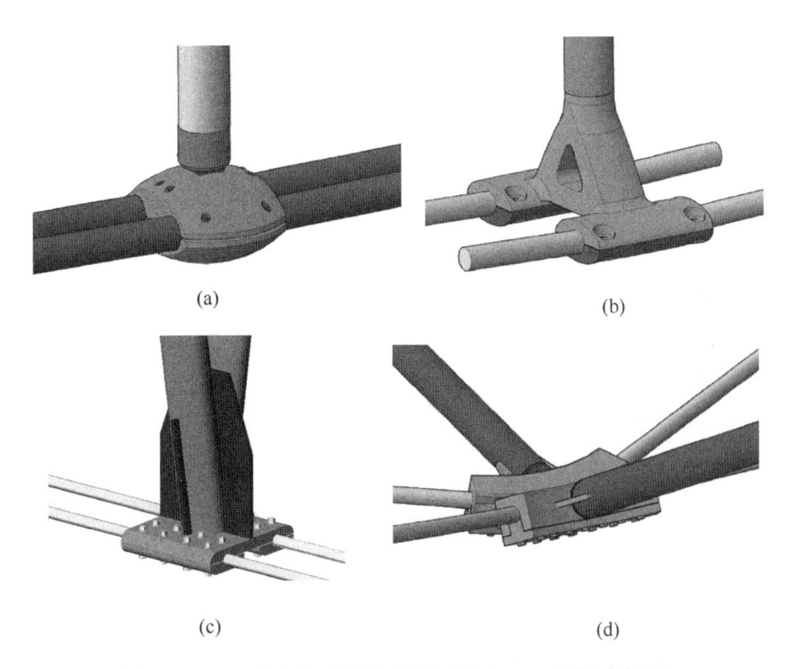

(a) (b) (c) (d)

图 16.5-11 单向张弦结构撑杆下节点（双根拉索情况）

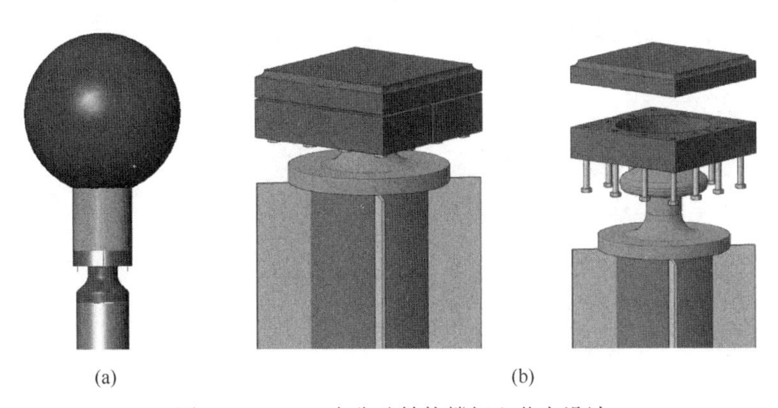

(a) (b)

图 16.5-12 双向张弦结构撑杆上节点设计

过，如图 16.5-13(a)～(d) 所示。当稳定索在节点两侧角度变化较大时，可使拉索断开，采用节点板形式连接两侧拉索，如图 16.5-13(e)、(f) 所示。

(3) 空间张弦结构体系

空间张弦结构又称辐射式张弦梁结构，是由中央按照辐射状放置上弦梁（拱），梁下设置撑杆，撑杆底部由环向构件及斜索连接而成的空间受力体系。该结构形式适用于圆形平面或椭圆形平面的屋盖。预应力拉索节点主要由两部分组成：拉索锚固端和撑杆上下节点。撑杆上节点通常为沿径向单向铰接，节点形式与单向张弦梁类似。撑杆下节点如果未设置环向拉索，节点形式与单向张弦梁类似；如果撑杆下端有环向拉索，其节点通常采用索夹形式，如图 16.5-15(a) 所示；环向拉索在内环也可能用刚性构件代替，节点形式如图 16.5-15(b) 所示。

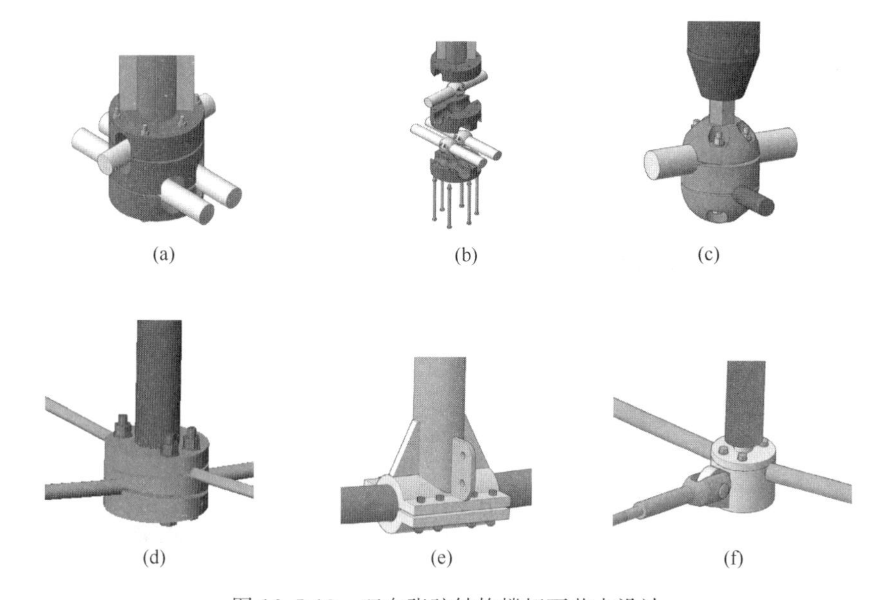

图 16.5-13　双向张弦结构撑杆下节点设计

图 16.5-14　双向张弦结构撑杆下节点实例照片

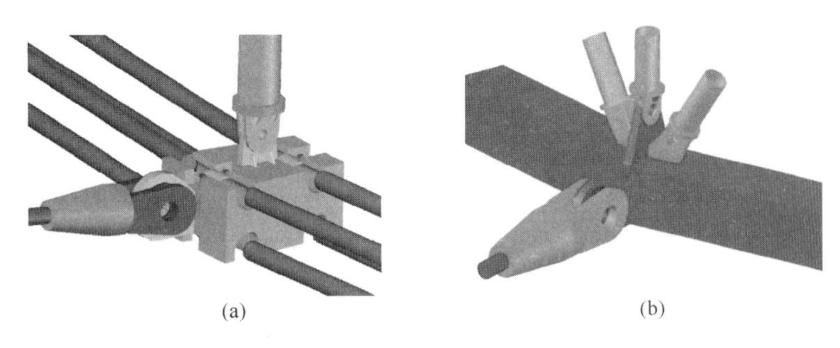

(a) (b)

图 16.5-15 空间张弦结构撑杆下节点形式

(a) (b)

图 16.5-16 空间张弦结构撑杆下节点实例照片

3. 弦支穹顶结构体系连接节点

弦支穹顶结构在张拉和使用阶段，在各种荷载作用下，径向索和环向索由于拉应力产生的附加变形量并不相同，这就导致了撑杆下端与索相连节点必然在径向产生位移。为了避免在撑杆中产生附加弯矩和剪力，实际结构中的撑杆应设计成在径向能绕上部单层网壳连接节点转动。因此，撑杆与上部单层网壳的连接节点在径向应设计为铰接节点。实际工程中由于结构布置的原因，撑杆下端往往也会产生沿环向产生一定位移，故此处大多设计为球铰节点，如图 16.5-17 所示。

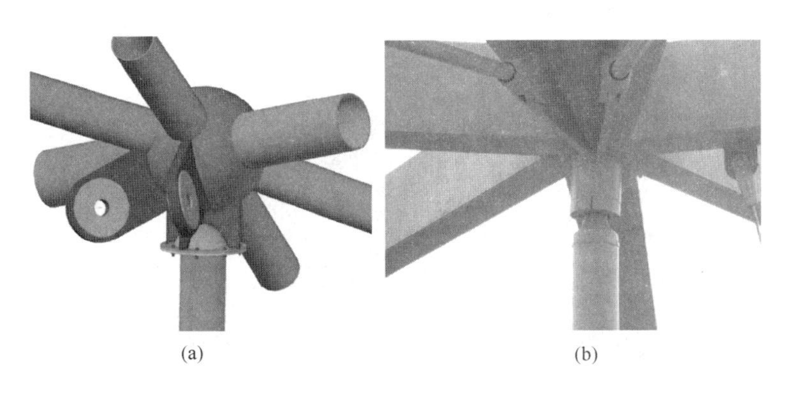

(a) (b)

图 16.5-17 弦支穹顶结构体系撑杆上节点及实例照片

弦支穹顶结构撑杆下节点通常由环向索、径向索以及竖向撑杆汇交而成，称为索撑节点。环索通常为单根或多根拉索组成，需要穿过节点中心，设计成索夹形式。根据设计要求，索夹可设计为可滑动节点和不可滑动节点。对于可滑动节点，要求施工张拉阶段环索在索夹内可以滑动，预应力张拉完成后，要保证索体与节点卡紧，保证正常使用过程的整体结构稳定性。此类可滑动节点通常需要在施工阶段通过环索对结构施加预应力。工程中采用的可滑动下节点如图 16.5-18 所示。

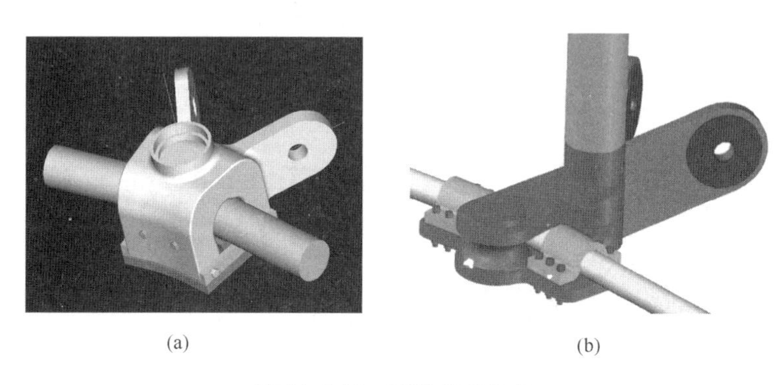

(a)　(b)

图 16.5-18　可滑动下节点

对于不可滑动节点，张拉阶段与使用阶段都要将索体与节点卡紧，通过预应力下料，并在环向索索体上做出撑杆位置标记点，保证最终满足设计要求。此类节点要求节点内部与环向索直接接触面上应设置有麻点或采取其他措施增大摩擦力，并对螺栓数量进行验算，确保拉索与节点之间能产生足够摩擦力防止发生相对滑移。此种节点应用较为广泛，如图 16.5-19(a)～(c) 所示。有些节点两侧环索规格大小不同，需在节点处断开，可设计为连接板形式，如图 16.5-19(d) 所示。

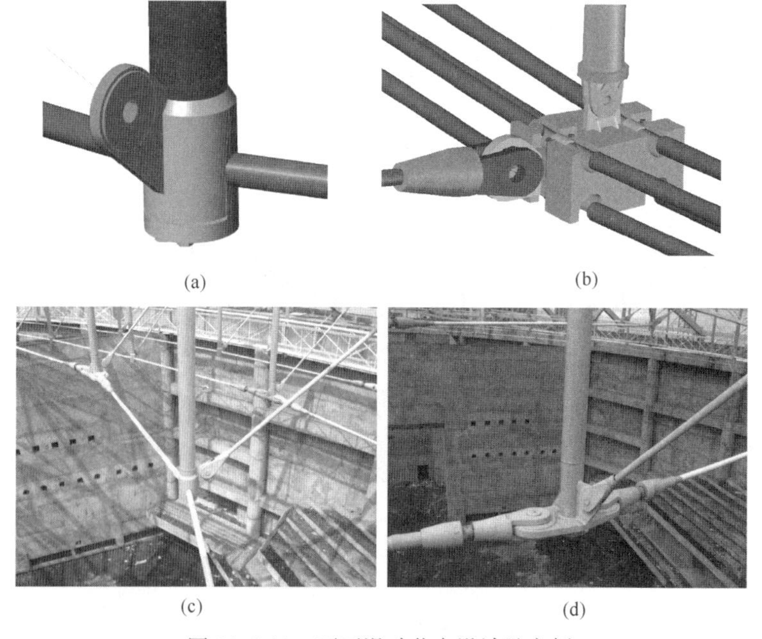

(a)　(b)

(c)　(d)

图 16.5-19　不可滑动节点设计及实例

4. 索穹顶结构体系连接节点

索穹顶结构的节点主要分为脊索、斜索与撑杆上部连接节点，斜索、环索与撑杆下部连接节点，拉索与受压环梁连接节点，中心撑杆节点或内拉环节点等。外环梁处节点需要承受外脊索和外斜索的拉力，而索穹顶结构体系中的外脊索和外斜索内力都很大，因此对外环梁节点承载力要求很高，尤其是在钢结构环梁有较多杆件交汇处，一般建议采用铸钢节点，见下图 16.5-20(b)。通常外斜索节点需要进行张拉，在节点设计时需要考虑拉索张拉需要的操作空间。

索穹顶结构体系撑杆上节点需连接多个方向拉索和撑杆，可采用节点板连接。如图 16.5-21 所示。需要注意的是，当采用焊接加工节点，且不同直径拉索共用一块节点板时，此板件厚度通常由较小拉索决定，大直径拉索销轴处采用外焊贴板局部加厚处理。

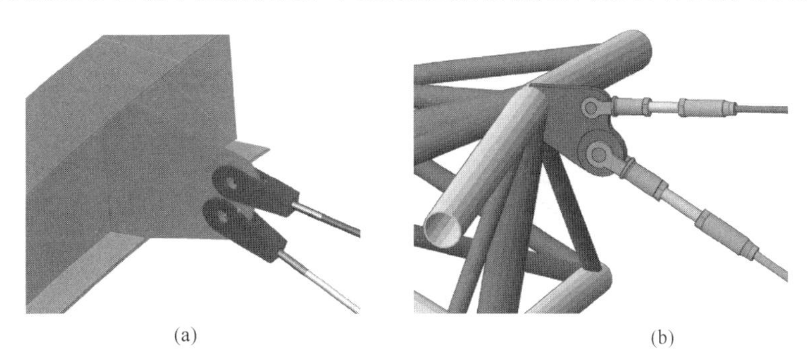

(a) (b)

图 16.5-20 索穹顶结构外环梁处节点形式

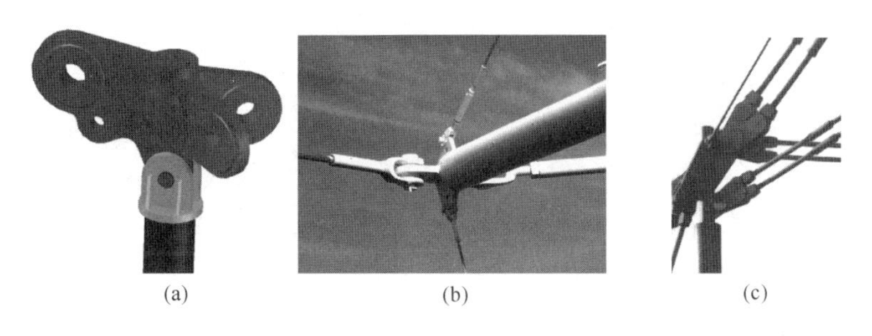

(a) (b) (c)

图 16.5-21 撑杆上节点连接形式

撑杆下节点需要连接斜索、环索和撑杆。且大跨度索穹顶的外圈环索受力很大，根数较多，需考虑多根拉索的布置如在高度方向分上下两排，在径向分 2 列或者 3 列布置等，见下图 16.5-22(c) 和图 16.5-22(d) 所示。

索穹顶结构撑杆下节点汇集杆件多，形状和受力较为复杂，大多采用铸钢节点（图 16.5-23）且需要通过有限元分析确定节点连接的安全性。图 16.5-24 即为对鄂尔多斯伊金霍洛旗全民健身体育中心索穹顶工程中的撑杆下节点的验算。

对于内拉环来说，由于所有轴线的内脊索和内环索都需要连接到内拉环上，内拉环受力一般较大，且多根拉索节点板布置比较密集，设计时需注意控制其拉应力不宜过高。下图 16.5-25 为部分工程内拉环节点设计实例。其中图 16.5-25(b) 中的索穹顶结构为改善结构受力性能，在内斜索下部局部增加了 10 道连接内撑杆与中撑杆下节点的拉索。图 16.5-25(c) 中由于内拉环直径较大，其下层受拉构件改由环索代替，在内拉环撑杆下部

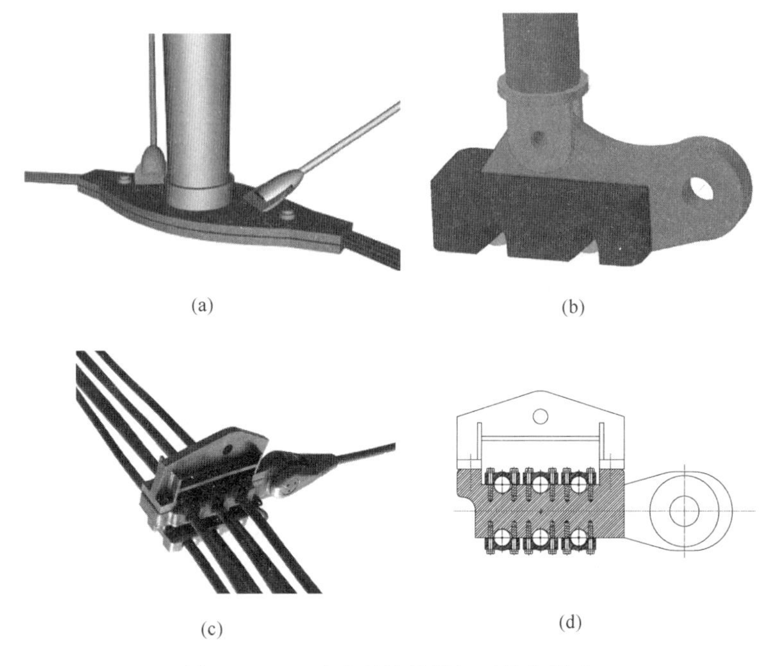
(a)　(b)　(c)　(d)

图 16.5-22　索穹顶结构撑杆下节点形式

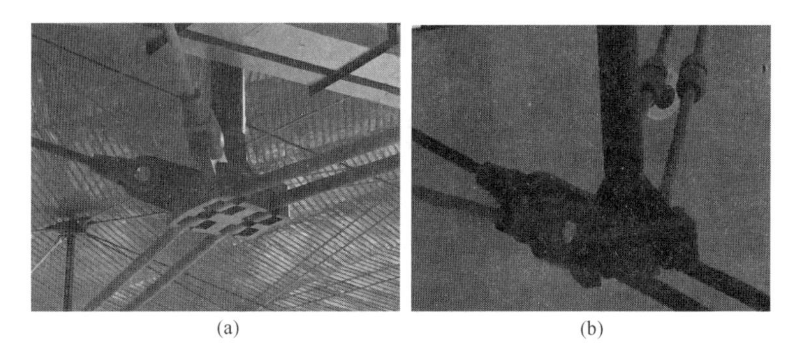
(a)　(b)

图 16.5-23　索穹顶结构撑杆下节点实例照片

采用了索夹节点。

5. 悬索结构体系连接节点

对于悬索结构，主索和竖向索连接处是最常见的连接节点。一般主索连续，竖向索呈丁字形与主索相交。这种情况一般采用索夹节点如图 16.5-26 所示。

对单层索网结构，拉索与屋面体系的交叉节点一般采用如下索夹结构实现。也可使拉索在节点处断开，采用节点板对各方向拉索进行连接，如图 16.5-27 所示。

对于单层索网主索与空间任意角度的联系索相连的情况，可参考如图 16.5-28 中的 U 形索夹连接形式，其优点是可以连接多根拉索。但联系索需要采用单叉耳形式的锚具。

双层索网在上下层拉索之间通常会设置撑杆或竖向拉索，其中竖向索与上下层拉索之间的连接方式类似于悬索结构中竖向索与主索之间连接节点，撑杆与上下层拉索之间的连接方式类似于单向或双向张弦结构。如图 16.5-29 所示。

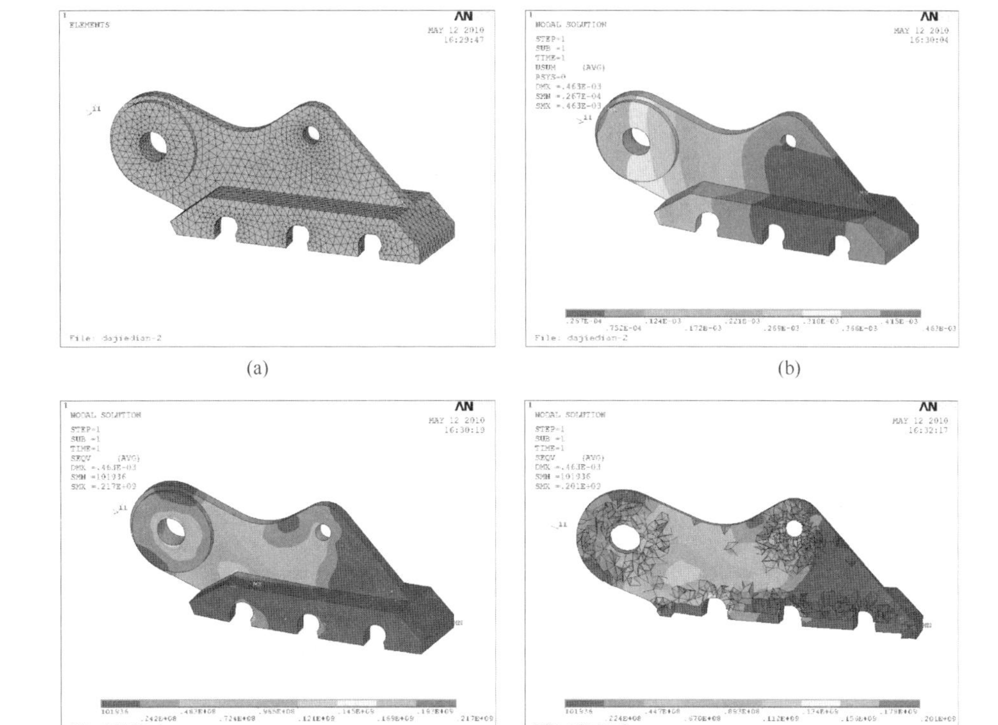

(c) (d)

图 16.5-24 铸钢节点验算

(a) 计算模型；(b) 变形；(c) 应力图；(d) 内部应力图

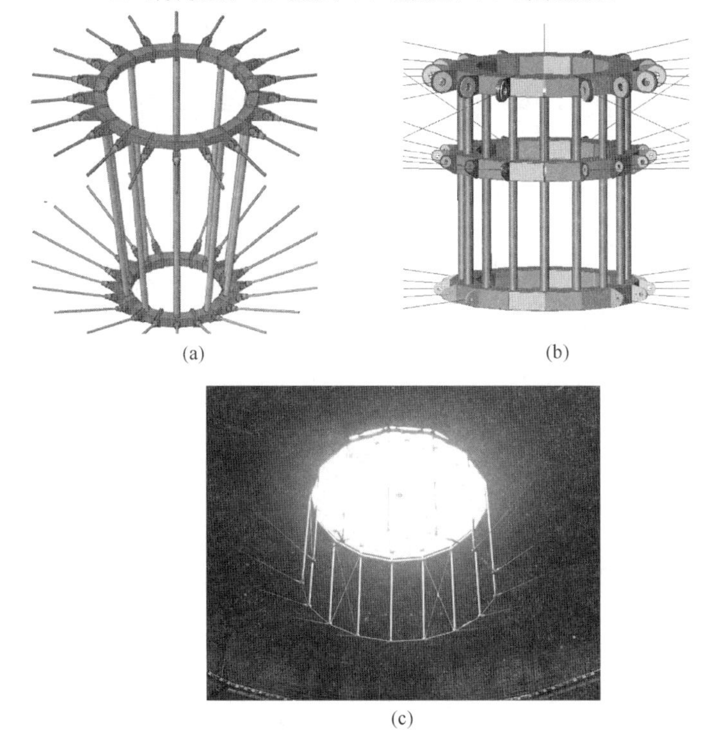

图 16.5-25 内拉环节点形式

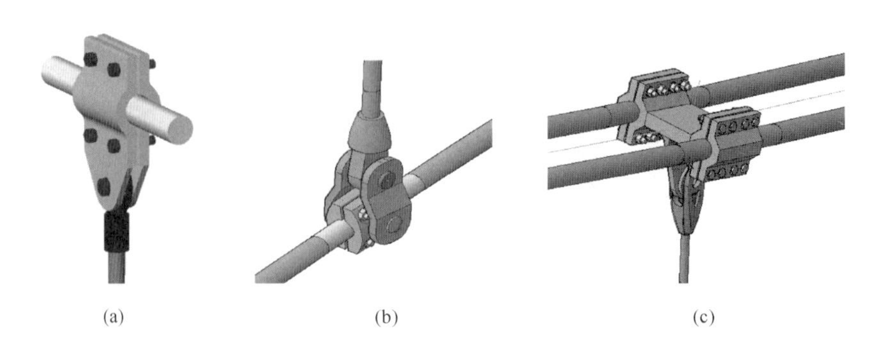

图 16.5-26 悬索结构连接节点

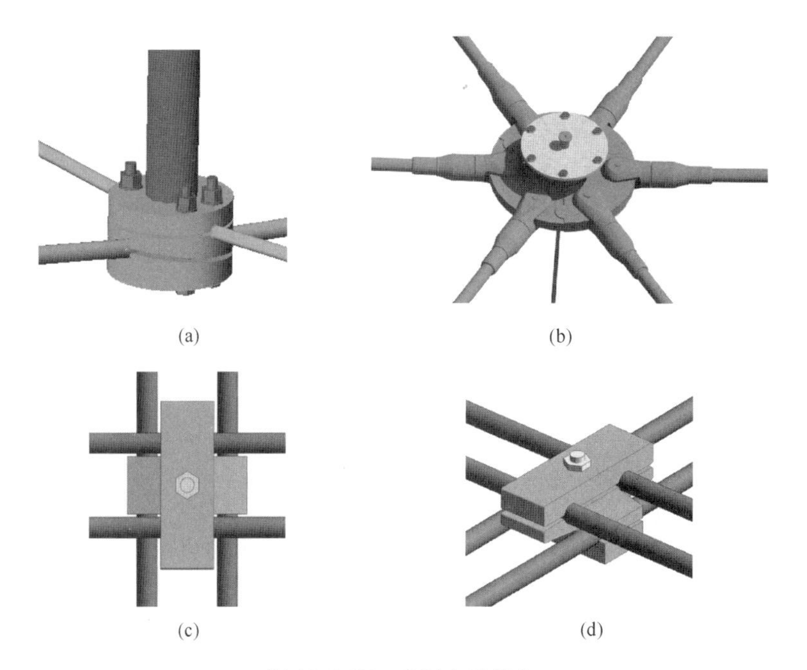

图 16.5-27 索网交叉节点

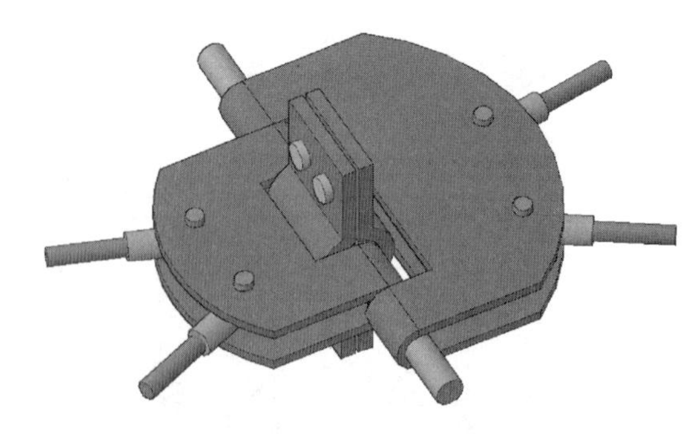

图 16.5-28 U形索夹连接节点

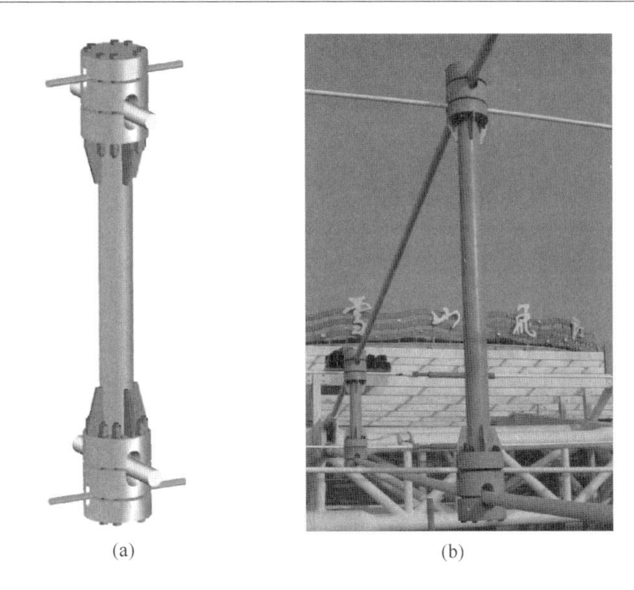

(a) (b)

图 16.5-29 双层索网结构撑杆连接节点照片

6. 预应力桁架结构体系连接节点

预应力桁架结构体系的特点是在下弦钢管中穿入钢绞线拉索，并在两端对拉索施加预应力。因此端部连接节点也是张拉节点。通常钢绞线拉索采用穿心式锚具，直接锚固在钢管端部以外的端板上，节点形式比较简洁，如图 16.5-30 所示。

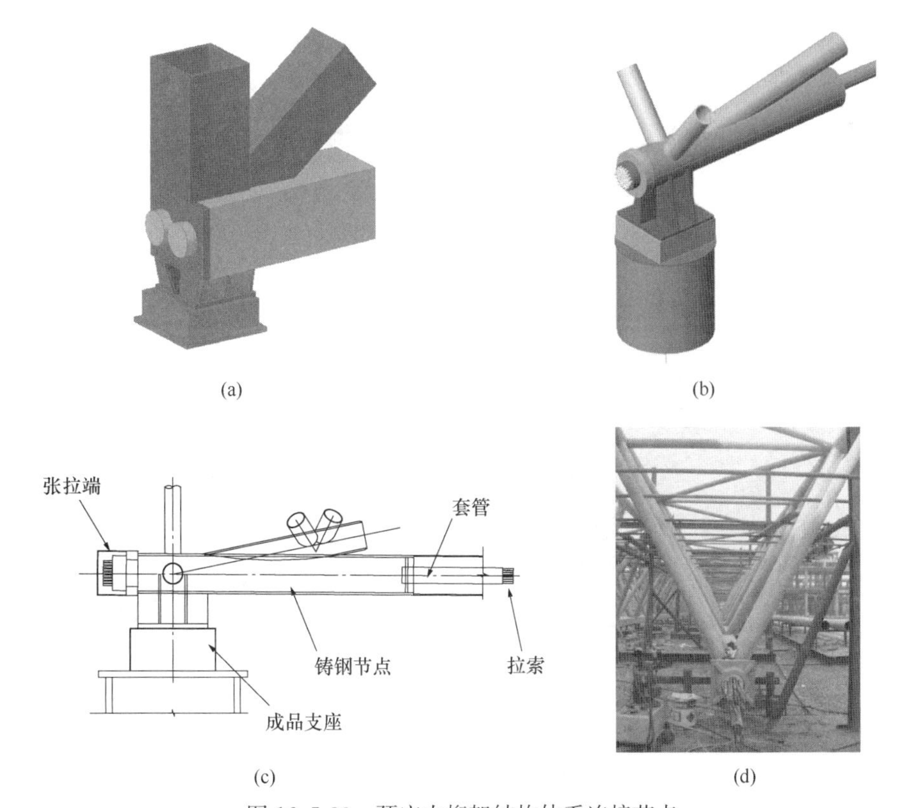

(a) (b)

(c) (d)

图 16.5-30 预应力桁架结构体系连接节点

对于预应力桁架结构体系，根据结构特点，施工完成后对拉索索体外套钢管内、锚具密封盒内进行灌浆处理，可大大提高拉索及锚具的防腐能力。

16.6　设　计　实　例

16.6.1　单向张弦梁-北京北站雨棚钢结构设计

1. 工程概况

北京北站原名西直门站，位于北京市西城区，始建于1905年，于2007年10月开始进行改扩建，将原有的旧式雨棚改为大跨度无站台柱雨棚。

改建后的站台结构南北纵向长度680m，东西横向宽度由南向北逐段缩小，靠南侧的最大宽度为118m，北侧末端最小宽度84.5m，结构的最大跨度107m。人行天桥将整个结构划分成南北2个部分，其中北侧结构又通过3道温度伸缩缝分成4个相互独立的区域，如图16.6-1所示。雨棚总投影面积7.5万余m^2。雨棚的立面设计充分考虑了与周边建筑的有机融合。由3段连续弧线构成的外轮廓线韵律优美，如图16.6-2所示，与矗立在其旁的3栋100m高的法式通透型建筑交相呼应，共同组成了城市新地标。建成后实景照片见图16.6-3所示。

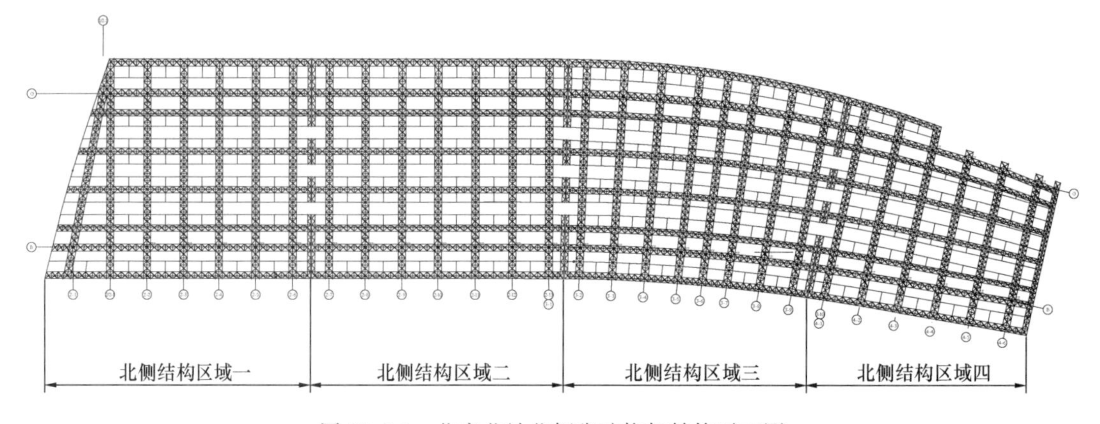

图16.6-1　北京北站北侧张弦桁架结构平面图

图16.6-2　北京北站北侧张弦桁架结构立面图

2. 结构体系

北京北站无柱雨棚考虑了两种结构方案。

方案1是格构柱支承双层网架结构体系。该方案体形规则，用钢量相对较小，施工简

图 16.6-3 建成后实景照片

便。但对于基础的水平推力较大，给支座及基础设计带来一定困难。

方案 2 为钢管混凝土柱支承张弦桁架结构体系。该方案设计轻盈简洁，造型优美，具有建筑表现力。可以适当地施加预应力改善结构的整体受力性能，充分利用体系的自平衡性，将结构对于基础的水平推力大大减小，并且易于控制结构的变形。

经综合考虑建筑美学、结构受力性能、经济性及施工难易程度等因素，最终确定采用钢管混凝土柱支承张弦桁架结构体系，其建筑效果图及典型结构剖面图如图 16.6-4、图 16.6-5。

图 16.6-4 建筑效果图

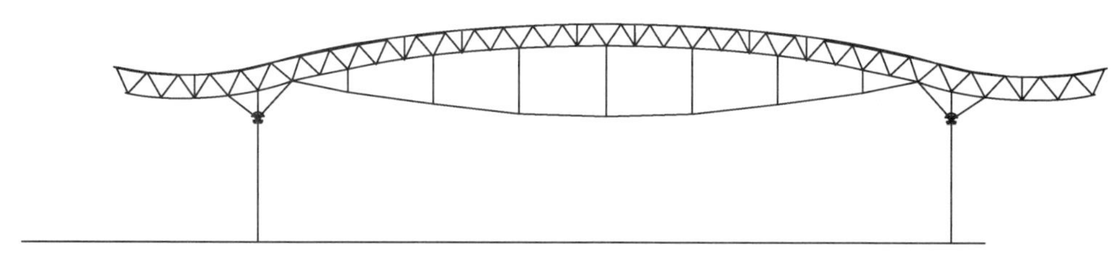

图 16.6-5 结构剖面图

北京北站张弦雨棚结构共布置 36 榀横向张弦主桁架和 8 榀与之垂直相连的纵向通长联系桁架，主桁架间距 20m，其两端支承于钢管混凝土柱上。张弦桁架是整个结构中的主要受力构件，如图 16.6-6 所示，每榀张弦桁架由倒三角式刚性立体管桁架和柔性钢索通过竖向撑杆及铸钢节点组装成力学自平衡体系。其中管桁架上下弦主管为通长的圆钢管，腹杆通过相贯节点与主管连接。竖向撑杆均匀分布于管桁架和拉索之间，两端通过平面铰节点分别与桁架下弦与拉索相连，从而使两者能协调工作，共同受力。拉索则布置成平行双索的形式，目的是增强结构的可靠性及方便日后拉索的置换。

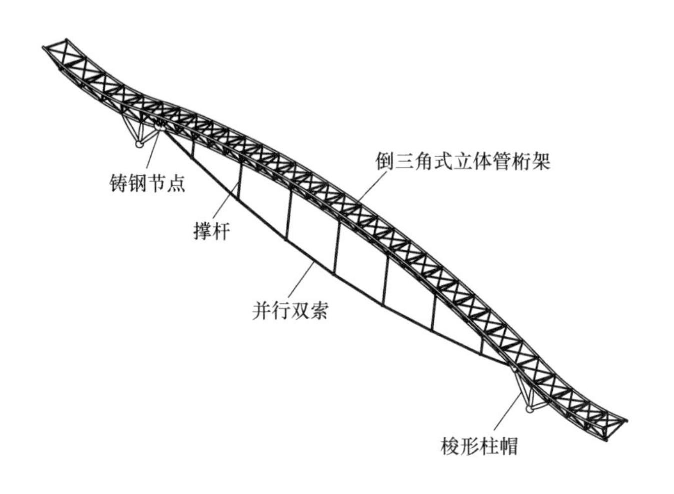

图 16.6-6　单榀张弦桁架布置图

联系桁架也采用倒三角式的刚性管桁架，它的存在增强了雨棚结构的空间刚度，保证了张弦桁架的平面外稳定，同时也减小了檩条的跨度。

3. 荷载确定

北京北站站台雨棚中各个温度区间的结构是完全分开的，因此在设计时采用了分区建模，分区设计的方法。其中北侧区域Ⅱ内的张弦桁架结构平面较为规整，具有代表性，因此以下论述主要针对北侧区域Ⅱ内的张弦桁架结构。

（1）恒荷载；

恒荷载包括结构自重及屋面板、檩条、马道、悬挂液晶导向屏等重量。其中结构上弦层恒载根据屋面建筑做法取 0.5kN/m^2。

（2）活荷载：

取不上人屋面活荷载及雪荷载两者较大值 0.5kN/m^2，并考虑半跨活荷载情况；

（3）风荷载：

张弦结构通过拉索及其预应力效应提升自身的受力性能，因此拉索的正常工作是张弦结构维持其卓越力学性能的前提与保证。但在风吸力作用下，张弦结构中的拉索索力会显著减小，甚至有发生索力松弛、拉索退出工作的可能，因此风荷载是张弦结构设计中的重要荷载。

风载体型系数和风振系数的取值是计算风荷载的 2 个难点问题。首先通过风洞试验及数值模拟方法研究了北京北站雨棚结构的风载体型系数，发现四面敞开雨棚结构的上、下表面会受到同量级的风荷载作用，图 16.6-7 给出了最不利风向角下结构的净风载体型系数分布。随后采用线性滤波器的自回归法编制了脉动风速的模拟程序，利用程序计算了雨棚结构各节点的脉动风速时程，分析了结构的风致动力响应，最后得到结构的位移风振系数。图 16.6-8 给出了最不利风向角下结构的位移风振系数分布。由于分布较为均匀，设计时按均值 1.48 取用。

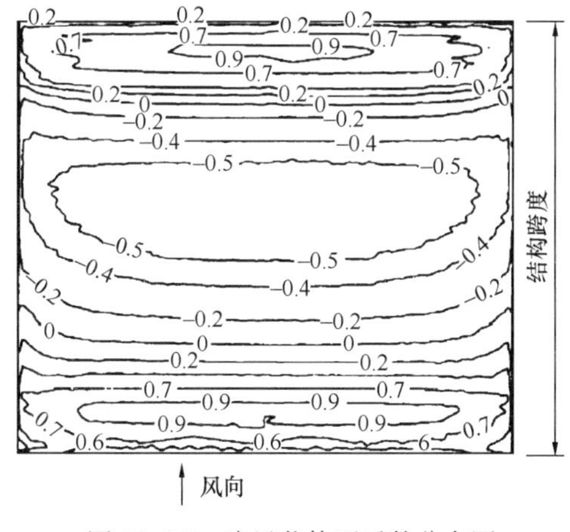

图 16.6-7 净风载体型系数分布图

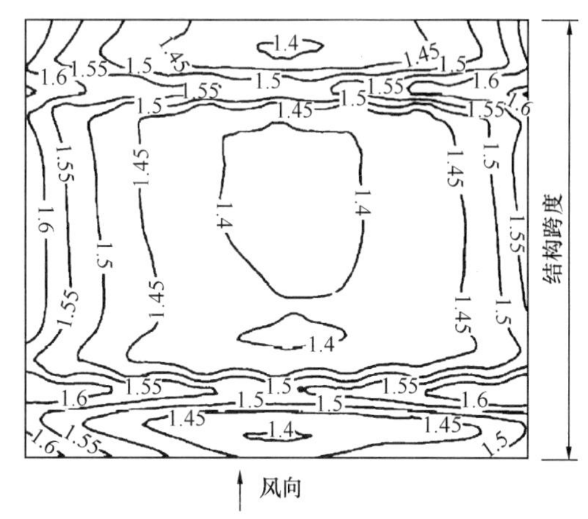

图 16.6-8 位移风振系数分布图

(4) 地震作用：

抗震设防烈度 8 度（0.2g），Ⅱ类场地，设计地震分组第一组。

(5) 温度作用：

根据北京气象局近 30 年统计数据，北京地区年平均最低气温－9.4℃，年平均最高气温 30.8℃。根据计划工期，假设结构合拢时气温处于 0～15℃，取结构温度作用为±30℃。

4. 结构分析与设计

(1) 无地震作用下的结构受力分析

采用考虑几何非线性的有限单元法分析结构在基本组合工况下的受力情况。为了对比各种活荷载作用效应的不同，表 16.6-1 给出了在恒荷载＋预应力工况以及在此基础上附加 1 种其他荷载工况下，结构主要构件的内力值。从表 16.6-1 可见，在恒荷载＋预应力工况下，张弦结构的拉索很好地平衡了桁架在支承点处由恒荷载产生的外推力，柱脚最大弯矩仅为 14kN·m，结构具备较好的自平衡性能。附加活荷载作用在张弦结构上后，各构件的内力明显增加，且除柱脚处的弯矩外，其余各内力均为表 16.6-1 中所示表格中所列工况中的最大值，因此结构大多数构件的截面大小主要受有活荷载参与组合工况的控制。风荷载的作用效应主要体现在其能使拉索内力显著减小，柱脚反力显著增加。与活荷载和风荷载相比，升温及降温作用对结构受力的影响相对较小。

(2) 结构位移分析

在荷载标准组合下，结构跨中、悬挑端及柱顶的位移见表 16.6-2。与恒荷载＋预应力工况相比，结构在附加上活荷载后，跨中竖向位移显著增加，柱顶 Y 向（跨度方向）水平位移与恒荷载工况相反，说明活荷载使桁架支承点产生了向外的水平推力，使得支承柱发生弯曲变形，这与受力分析中活荷载使柱脚弯矩增大的结果相对应。

典型荷载基本组合工况下结构主要构件内力　　表 16.6-1

工况	桁架主管轴力最大值/kN	拉索内力最大值/kN	撑杆轴力最大值/kN	支承柱轴力最大值/kN	柱脚弯矩最大值/(kN·m)
1.2恒荷载+1.0预应力	−1410	1342	−97	−1275	14
1.2恒荷载+1.4活荷载+1.0预应力	−2336	2166	−163	−2065	260
1.2恒荷载+1.4风荷载+1.0预应力	−1878	658	−42	−1340	568
1.2恒荷载+1.4升温+1.0预应力	−1482	1401	−102	−1272	27
1.2恒荷载+1.4降温+1.0预应力	−1337	1282	−92	−1277	6

注：拉力为正。

典型荷载标准组合工况下结构变形（mm）　　表 16.6-2

工况	跨中竖向最大位移	悬挑端竖向最大位移	柱顶Y向水平最大位移
1.0恒荷载+1.0预应力	27	35	3
1.0恒荷载+1.0活荷载+1.0预应力	86	30	−9
1.0恒荷载+1.0风荷载+1.0预应力	−17	113	31
1.0恒荷载+1.0升温+1.0预应力	−21	54	2
1.0恒荷载+1.0降温+1.0预应力	75	15	4

注：竖向位移向下为正，向上为负。

参照最不利工况下结构表面风载体型系数分布图，该张弦结构在悬挑部分承受的是净风压力作用，而在跨中则承受净风吸力作用。风荷载的这一特点也在结构的位移模式中得到了体现，在恒荷载＋风荷载＋预应力工况下，在风吸力作用下张弦桁架结构跨中节点位移向上，而在风压作用下悬挑端位移则向下。另外，由于风荷载是沿屋面法向作用的，因此除竖向作用力外，其对结构还有水平方向的作用力，从而使柱顶水平位移明显增大。

在附加了温度作用后结构位移发生明显变化。其原因是：在升温或降温作用下，张弦桁架在水平面内会伸长或缩短，由于本工程中张弦桁架通过柱帽与支承柱“铰接”连接，使得大部分由温度引起的伸长和缩短变形可通过柱头铰节点的转动位移得以释放，因此释放掉温度变形后，桁架位移发生较明显的变化，而内力值则变化较小。

(3) 结构地震内力计算

通过模态分析得到的结构前几阶典型振型及频率如图 16.6-9 和图 16.6-10 所示。可

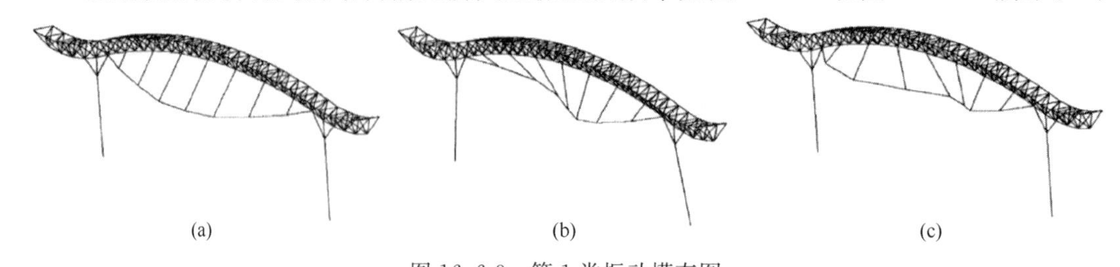

(a)　(b)　(c)

图 16.6-9　第1类振动模态图

(a) f_1=0.194Hz；(b) f_2=0.518Hz；(c) f_3=0.826Hz

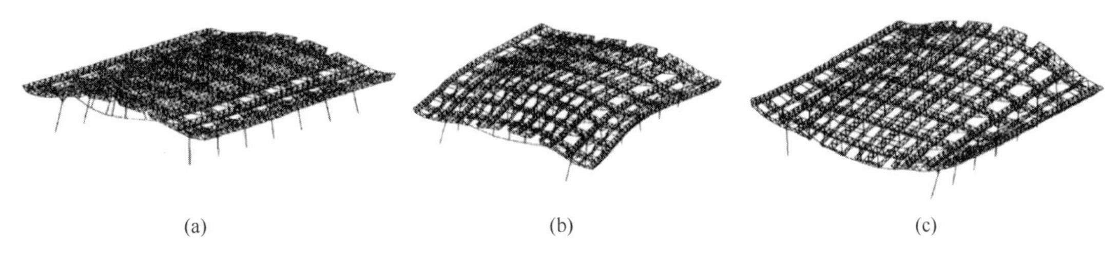

图 16.6-10 第 2 类振动模态图

(a) f_1=0.788Hz；(b) f_2=1.026Hz；(c) f_3=1.246Hz

见，张弦桁架结构的振动可以分为两类形式：第 1 类振动为拉索在其自身平面外的振动，而桁架结构不发生振动，这类振动的频率较小，最小值为 0.194Hz；第 2 类振动为结构的整体振动，这类振动频率相对较高，最先出现的第 2 类振动频率为 0.788Hz，对应振型表现为上部张弦桁架带动支承柱在水平面内的扭转振动。

以模态分析为基础，采用考虑扭转耦联效应的振型分解反应谱法计算了结构的地震响应，分析时参照《建筑抗震设计规范》取重力荷载代表值为 1.0 恒荷载+0.5 活荷载，水平地震影响系数最大值为 0.16，竖向地震影响系数最大值为水平向最大值的 65%。计算得到的主要结果见表 16.6-3 和表 16.6-4。

地震作用产生的构件内力（kN） **表 16.6-3**

工况	桁架轴力最大值	拉索内力最大值	撑杆轴力最大值	柱帽轴力最大值
X 向水平地震	76	22	2	59
Y 向水平地震	147	3	1	67
竖向地震	183	23	6	80

地震作用产生的支座反力 **表 16.6-4**

工况	X 向支反力最大值/kN	Y 向支反力最大值/kN	竖向支反力最大值/kN	柱脚弯矩最大值/(kN·m)
X 向水平地震	69	8	37	1053
Y 向水平地震	3	68	14	1036
竖向地震	1	4	70	51

从表 16.6-3 可以看出，水平及竖向地震作用在张弦桁架构件中产生的轴力都比较小，如桁架主管由地震作用产生的最大轴力仅为恒载作用下的 10%左右。因此对于张弦桁架的构件来说，地震内力不起控制作用。表 16.6-4 表明虽然桁架构件的地震内力较小，但地震作用对支承柱产生的效应较为明显。将表 16.6-4 所列表格计算所得的结果按《建筑抗震设计规范》进行组合，结果表明支承柱柱脚弯矩受有地震作用参与组合工况的控制。因此在设计支承柱及其基础时必须考虑地震作用的组合工况。

(4) 结构构件设计

本工程张弦桁架结构杆件均采用圆管截面，材质 Q345；支承柱由于建筑空间的需要，采用直径较小的钢管混凝土柱，钢管材质 Q345，混凝土强度 C30。拉索采用直径 7mm 的

PE护套半平行钢丝索，钢丝抗拉强度1570MPa。由于各温度区间结构的跨度有所变化，因此构建的截面大小也有所区别，其中主要构件的截面见表16.6-5（单位mm），钢管最大应力比0.7，拉索最大应力比0.3。工程总用钢量3900t，约54kg/m²。

主要构件的截面　　　　表16.6-5

构件	最大截面	最小截面	备注
张弦桁架主管上弦	325×22	245×14	直径×壁厚
张弦桁架主管下弦	325×22	273×16	直径×壁厚
钢管混凝土柱	900×30	700×30	直径×壁厚
并行双索	2-163ϕ7	2-127ϕ7	
竖向撑杆	180×14	180×8	直径×壁厚

（5）节点设计

张弦桁架中拉索节点分两类，一为撑杆与拉索的相交节点，二为索端与拉索的连接节点，这些节点是保证两类构件协同工作的重要元件。但由于拉索材料无法焊接，索端锚固工艺复杂，锚固处相交杆件较多且内力较大等原因，拉索的节点设计较为复杂。本工程节点设计时的主要目标由3点：一是节点的外形必须与现代化的张弦桁架结构相匹配，力求做到简洁美观；二是节点传力情况应与计算假定相符，保证两种材质构件间的位移协调；三是要保证节点的承载力满足设计要求，确保节点安全可靠。

针对以上3个要求，本工程张弦桁架中所有拉索节点均采用了对特殊造型适应性高的铸钢节点形式。其中撑杆与拉索的节点采用了新式“碟形”铸钢构件（专利号ZL200820120298.X），如图16.6-11所示。该节点通过球面接触与上部撑杆连接，因此其能适应各段拉索与撑杆所形成的不同夹角，且能适应在实际使用时拉索与撑杆间因荷载变化而产生的相对转角位移，避免在索截面中形成次生弯矩，保证实际与计算相符。

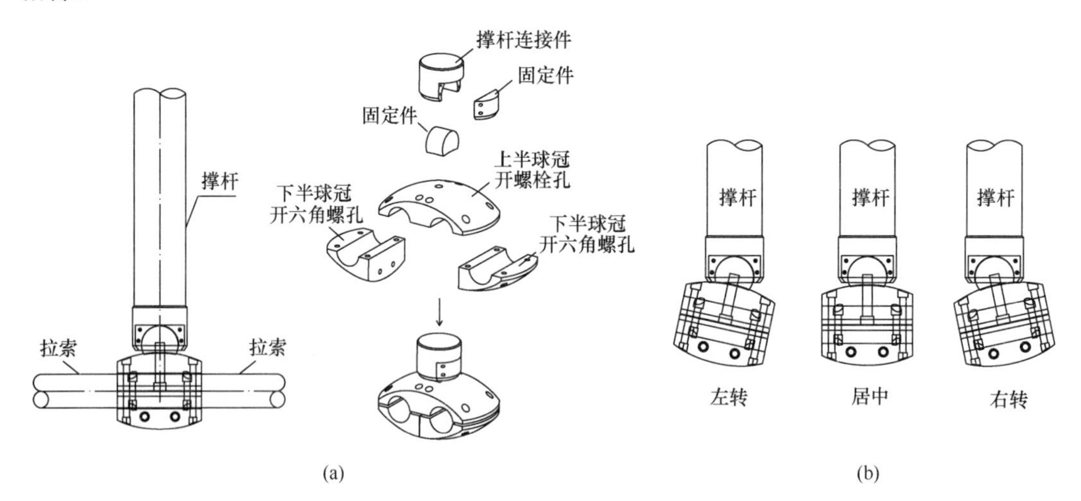

图16.6-11　拉索与撑杆连接节点图

（a）节点组装示意图；（b）节点旋转示意图

拉索与桁架主管的连接节点（专利号ZL200820120297.5），如图16.6-12（a）所示。

该节点由于交汇杆件多，受力大，因此力学分析较为关键。图 16.6-12（b）和（c）给出了该节点的有限元分析模型及最不利工况下的等效应力图，从中可见节点等效应力分布均匀，无明显应力集中区，且整体应力水平较低，节点安全可靠。

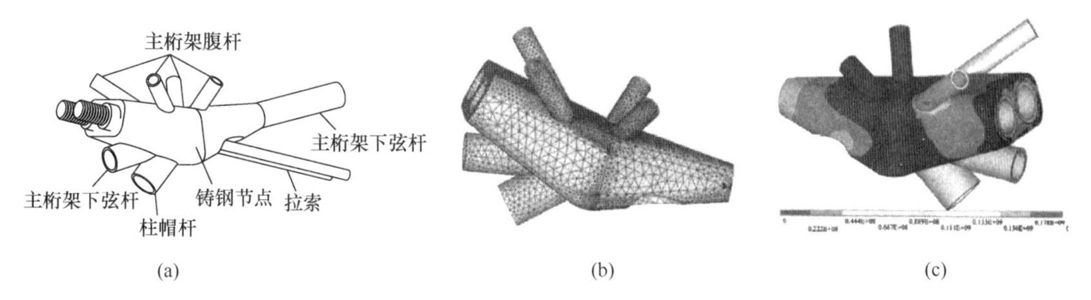

图 16.6-12 拉索与桁架连接节点图

（a）节点拼接示意图；（b）节点网格划分；（c）节点应力云图

5. 结语

（1）风荷载是张弦结构设计时的重要荷载。当张弦结构用于站台雨棚时，由于在气流作用下雨棚上下表面均会受到风荷载作用，且在雨棚表面大多数区域，上下表面的风荷载形成“叠加效应”，因此计算风荷载时应采用风载体型系数；

（2）风荷载作用会使张弦结构中的拉索索力显著减小，一旦索力松弛，拉索便会退出工作。此时雨棚的结构形式由张弦桁架结构变为普通管桁架结构，结构刚度突然减小，变形及内力突然增加，设计时应力求避免该种情况的发生；

（3）站台张弦结构雨棚通常采用独立柱支承，水平地震作用会在柱中产生较大的弯矩和剪力，结构基础及支承柱的设计受有地震作用参与组合工况的控制；

（4）站台雨棚结构的整体稳定性由支承柱的稳定性和张弦桁架的稳定性两者共同决定。当支承柱抗侧刚度较小时，支承柱将先于张弦桁架发生失稳破坏。随着支撑柱抗侧刚度的增加，其稳定承载力也不断增加，当支承柱的抗侧刚度达到一定值之后，张弦桁架将先于支承柱发生失稳破坏。

6. 同类工程应用

单向张弦梁是国内应用最广的预应力钢结构形式，主要应用工程：全国农业展览馆，见图 16.6-13 所示、黄河口模型厅、枣庄体育馆和游泳馆、兖州体育馆、滇池国际会展中心，见图 16.6-14 所示等。

图 16.6-13 全国农业展览馆

图 16.6-14　昆明滇池国际会展中心

（注：第 16.1 节主要参考了参考文献中第 55 篇的内容）

16.6.2　双向张弦梁-国家体育馆屋盖钢结构设计

1. 工程概况

国家体育馆是北京 2008 年奥运会三大比赛场馆中，建筑方案、结构方案以及施工图设计完全有国内设计单位独立完成。体育馆位于北京奥林匹克公园中心区，建筑面积 80476m^2，固定座席 1.8 万座，活动座席 2000 座。体育馆在建筑空间上划分为两个馆——比赛馆和热身馆，如图 16.6-15 所示。其中比赛馆的外轮廓尺寸为 123m×171.5m，训练馆的外轮廓尺寸为 57m×63m。整个屋顶呈单向波浪形，投影面积约为 23700m^2，屋顶最高点 43m。

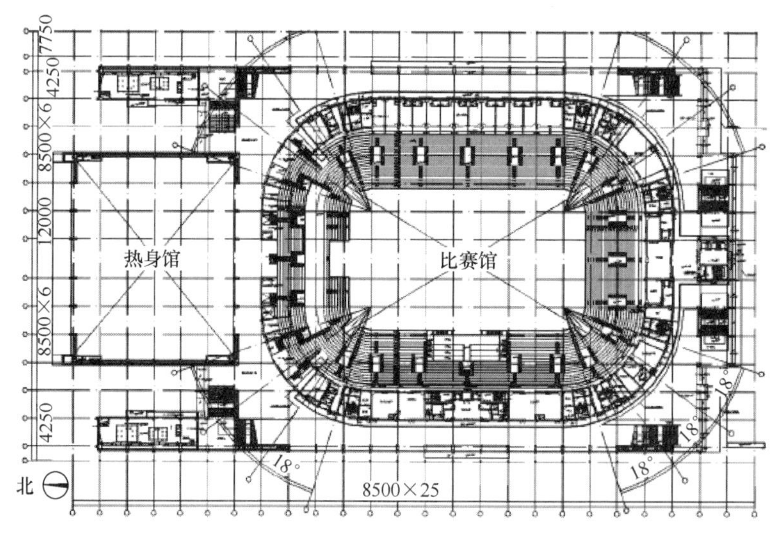

图 16.6-15　国家体育馆总平面图

2. 结构体系

屋盖表面由南北方向不同半径的柱面组合形成。体育馆在功能上划分为比赛馆和热身馆两部分，但屋盖结构在两个区域连成整体，即采用正交正放的空间网架结构连续跨越比赛馆和热身馆两个区域，形成一个连续跨结构。空间网格结构在南北方向的网格尺寸为 8.5m，东西方向的网格有两种尺寸，其中中间（轴Ⓙ和Ⓚ之间）的网格尺寸为 12.0m，其他轴的网格尺寸为 8.5m。按照建筑造型要求，网架结构厚度在 1.518～3.973m 之间。不包括悬挑结构在内，比赛馆的平面尺寸为 114m×144m，跨度较大，为减小结构用钢量，增加结构刚度，充分发挥结构的空间受力性能，在空间网架结构的下部还布置了双向正交正放的钢索，钢索通过钢撑杆与其上部的网架结构相连，形成双向张弦空间网格结构。其中最长撑杆的长度为9.237m，钢索形状根据撑杆高度通过圆弧拟合确定。在热身馆区域，不包括悬挑结构，结构跨度为51m×63m，跨度较小，空间网架结构的高度与跨度比较协调，不需要在网架结构下部布置钢索。图16.6-16是结构屋面杆件布置图。

除在四周边设有支座外，在热身区域和比赛区域交界处还有一排柱子支承，整个屋盖结构为东西方向单跨简支，南北方向两跨简支。具体支座的方式为在屋盖结构的8个角点为三向固定球铰支座，其余为单向（法向）滑动球铰支座或双向滑动支座。

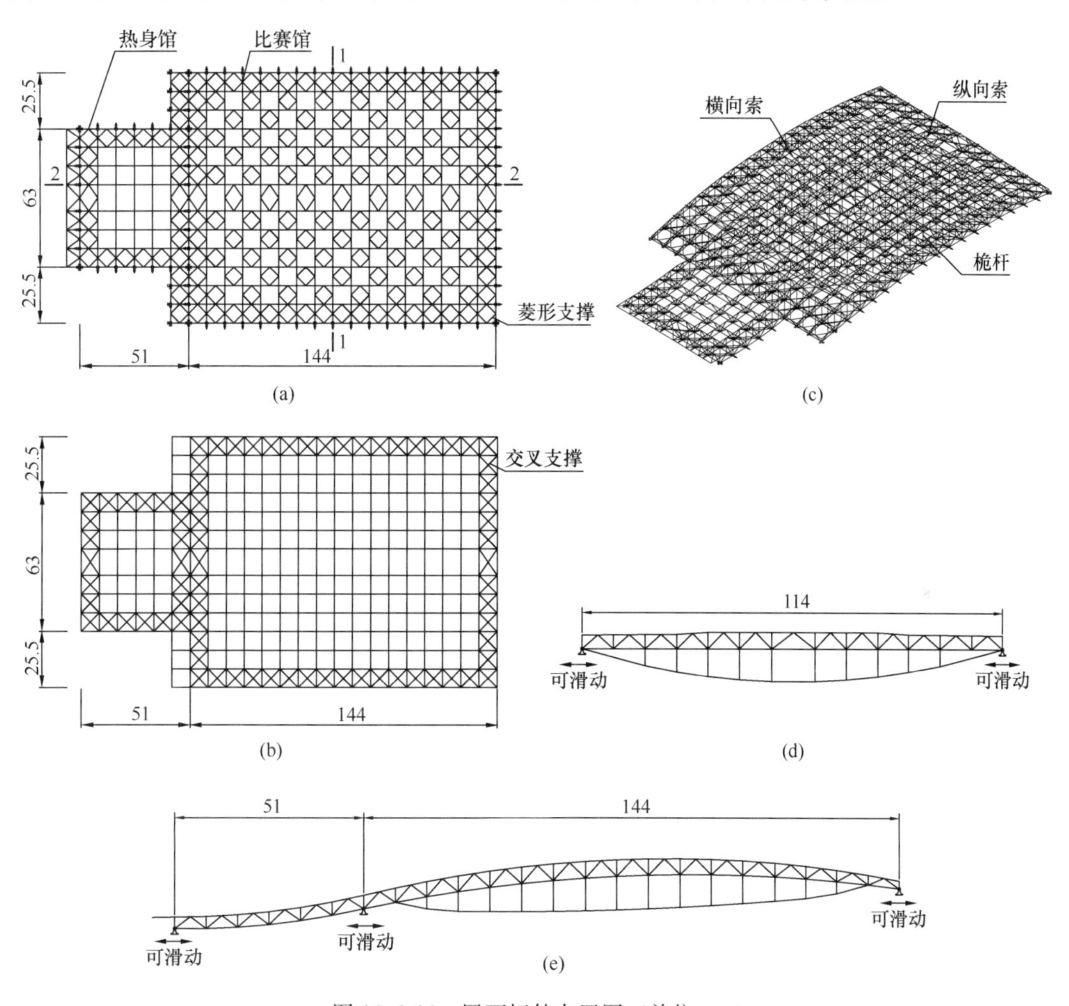

图16.6-16 屋面杆件布置图（单位：m）

（a）上弦杆件布置图；（b）下弦杆件布置图；（c）轴侧图；（d）1-1剖面图；（e）2-2剖面图

上弦面内所有杆件、腹杆以及撑杆为圆钢管，钢管直径介于159～480mm之间，下弦面内所有杆件为矩形钢管，截面尺寸为275mm×450mm和200mm×300mm。圆管和方管材质均为Q345C，钢索采用挤包双保护层大节距扭绞型缆索，强度等级1670MPa。上弦杆件相交点采用焊接球节点，上弦节间内和腹杆以及与支撑相交的节点采用相贯节点；为满足建筑效果要求，下弦采用铸钢节点；撑杆上端与网架结构的下弦采用万向球铰节点连接，下端与拉索采用索夹节点连接，钢索张拉和锚固端采用铸钢节点。建成后实物照片见图 16.6-17 所示。

图 16.6-17　建成后的实物照片

3. 荷载确定

（1）基本荷载

1）结构自重：钢结构自重由程序自动统计，乘以 1.3 的放大系数来考虑节点重量；

2）屋面横载：上弦 0.9kN/m²，下弦 0.2kN/m²；

3）屋面活荷载：0.5kN/m²，要考虑活荷载的不利分布；

4）风荷载：基本风压按 100 年一遇取值 0.5kN/m²，风压高度变化系数按 C 类地面粗糙度采用，风振系数取 1.5，根据风洞试验结果，风荷载以吸力为主；

5）温度作用：假定合拢温度 15℃，设计温度取值±15℃；

6）地震作用：抗震设防烈度 8 度（0.2g），Ⅲ类场地，设计地震分组第一组。

（2）荷载组合

验算构件承载力极限状态时，共取 59 种荷载组合。

4. 结构分析与设计

（1）分析模型

为了比较全面、准确的分析下部结构和屋顶结构的相互影响，特别是罕遇地震下整体结构的抗震性能，建立了考虑下部混凝土结构的整体分析模型。

（2）预应力确定准则

预应力的确定是张弦结构设计的一个重要问题。按照以下原则确定本工程的初始预应力水平：

1）在任何荷载工况下，钢索不退出工作，并且保持一定的张力水平，要求钢索的最小应力为 50MPa；

2）满足结构位移要求；

3）调整结构构件的应力水平以满足设计标准；

4）保证施工过程中钢索能够张紧；

5）钢索张拉完成后，能够使结构脱离施工支撑。

本工程的施工支撑为结构整体累积滑移的中间滑轨。

（3）屋顶结构承载力验算

对钢构件的强度、构件稳定、局部稳定、长细比等进行验算，以保证结构安全。

1）杆件强度、稳定验算

圆钢管、矩形钢管按照现行国家标准《钢结构设计标准》GB 50017 验算，拉索按照设计拉力小于 0.3 倍的钢索破断力进行强度验算。在非地震组合和小震组合下绝大部分杆件应力比不大于 0.85，仅有 11 根杆件应力比大约 0.9，还有 50 根杆件应力比介于 0.85～0.90 之间。在中震作用下，仅有两根杆件应力比超过材料设计强度，但小于材料强度的标准值，绝大多数杆件的应力比都较低。在大震作用下，有 30 根杆件应力比超过材料设计强度，但小于材料强度的标准值，绝大多数杆件的应力比都较低。钢索内力均小于 0.3 倍的钢索破断力。

2）局部稳定

圆管截面的受压构件，其外径和壁厚之比不超过 100，矩形截面的受压构件，翼缘板的宽厚比不超过 40，腹板的高厚比不做限制，考虑屈曲后强度。

3）构件长细比限值

压杆长细比控制在 150 以内，拉杆长细比控制在 180 以内。

(4) 屋顶结构变形验算

在恒荷载＋活荷载＋预应力组合下，各部分变形验算如下：

比赛馆区域最大挠度 310mm，与跨度比值 1/367，小于 1/300，满足要求；

热身馆区域最大挠度 43mm，与跨度比值 1/1127，小于 1/300，满足要求；

四个角点最大挠度 112mm，与跨度比值 1/88，大于 1/125，通过预起拱消除恒荷载下的变形，控制活荷载位移在 1/300 之内。

(5) 断索分析

在结构使用期间内，由于检修或其他原因，钢索可能要更换，此外在突发或意外情况下，个别钢索可能发生破断，此时结构不应丧失基本承载力或发生倒塌事故，也是对重要建筑结构设计的要求。

对完成优化的屋顶结构，取消部分关键部位的钢索后验算结构的承载能力。取消钢索模式为横向取消三根或纵向取消三根或者横向、纵向同时取消两根。

由于屋盖的空间受力性能好，内力重分布能力强，经计算，各模式下构件的应力比均小于 1.0。验算时，强度指标取材料强度的标准值。

5. 节点设计

单向张弦结构为平面体系，撑杆上、下端节点仅要求在受力平面内转动。本工程采用的双向张弦结构为空间受力体系，撑杆的上、下端节点能够空间转动，这样就增加了节点构造的复杂性。另外，钢索张拉端和锚固端节点受力复杂，内力特别大，关系到整体结构的安全，也是工程中的关键节点。

(1) 撑杆下端节点

撑杆下端节点除连接撑杆外，还连接钢索。其中在比赛馆中间区域，撑杆下端节点连接东西方向双根拉索和南北方向单根拉索，在比赛馆角部区域，撑杆下端节点仅连接东西方向双根拉索。图 16.6-18 是中心区域典型撑杆下端节点示意图。图 16.6-19 是机加工件三和东西方向钢索及半球的关系示意图。由于机加工件一～三之间组合成锥形长孔，使钢索可以空间转动，不会在撑杆下端产生弯矩。经对节点的局部承压、抗剪、抗滑移验算，节点满足强度要求。

(2) 撑杆上端节点

撑杆上端节点为万向球铰节点，具体构造如图 16.6-19 所示，主要由三个机加工件组

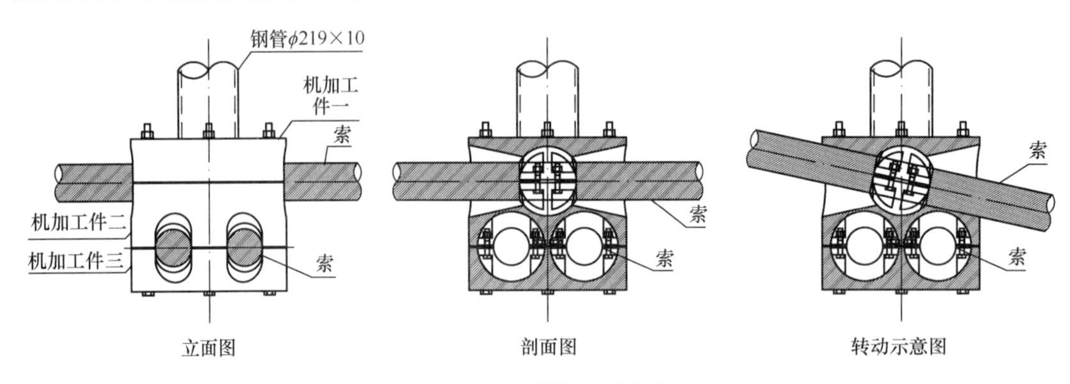

图 16.6-18　撑杆下端节点

成。机加工件一的顶部为球面，下面平板连接撑杆上端，其中球面镀铬。机加工件三焊接于网架的下弦杆件上，其内凹球面与机加工件一的球面配合，满足转动要求。

（3）索端铸钢节点

拉索端部节点构造复杂，受力特别大，采用了铸钢节点。根据拉索端部位置，索端节点有三种类型，如图 16.6-21 所示。第一类为连在支座上、东西方向的索端节点，第二类为跨中东西方向的索端节点，第三类为跨中南北方向的索端节点。节点强度由有限元分析和模型试验确定。

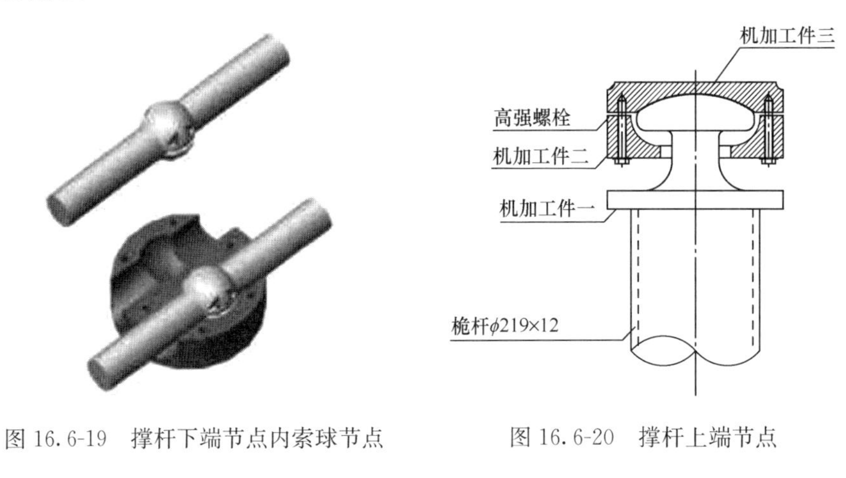

图 16.6-19　撑杆下端节点内索球节点　　图 16.6-20　撑杆上端节点

图 16.6-21　拉索端部节点

6. 结语

（1）国家体育馆采用的双向张弦空间网格结构的空间受力性能好，结构体系合理，包括节点的用钢量为 95kg/m^2；

(2) 双向张弦空间网格结构的内力重分布能力强，对各种意外情况引起的结构内力变化有较高的安全储备；

(3) 考虑施工过程，进行施工过程分析是结构设计优化的一个方面；

(4) 结合工程特点设计的节点能够适应结构的变形要求，与计算模型吻合；

(5) 结构实验为工程设计和施工提供了验证依据。

7. 同类工程应用

与本工程类似项目还包括：中石油大厦采光顶，见图 16.6-22 所示、顺义体育馆、高级人民法院屋盖等。

图 16.6-22 中石油大厦采光顶

（注：第 16.2 节主要参考了参考文献中第 60 篇的内容）

16.6.3 弦支穹顶结构-北京工业大学体育馆屋盖钢结构设计

1. 工程概况

北京工业大学体育馆是第 29 届奥运会羽毛球及艺术体操比赛用场馆。体育馆钢结构屋盖平面呈椭圆形，长轴方向最大尺寸为 141m，短轴方向最大尺寸为 105m，立面为球冠造型，最高点高度为 26.550m，最低点高度为 5.020m。

2. 结构体系

钢结构屋盖支撑于 36 根平面分布呈圆形的混凝土柱上，钢结构屋盖采用弦支穹顶结构体系，由上弦单层圆形网壳（直径 93m）、下弦环索与径向拉杆、竖向撑杆组成，弦支穹顶的外沿部分钢结构采用变截面、腹板开孔的 H 型钢悬臂梁，沿环向呈放射状分布，通过混凝土柱顶环向空间桁架与弦支穹顶连接，并通过下部看台混凝土柱与混凝土结构层连为整体结构，共同工作。羽毛球馆屋盖钢结构及建成后实物照片如图 16.6-23 和图 16.6-24 所示。

图 16.6-23 羽毛球馆屋面钢结构图

图 16.6-24 建成后的实物照片

弦支穹顶是一种将刚性的单层网壳和柔性索撑体系组合在一起的杂交预应力结构体系。通过索撑体系引入预应力，减小了结构位移，降低了杆件应力，减少了结构对支座的水平推力，提高了结构整体稳定性。奥运会羽毛球馆是目前世界上采用弦支穹顶结构体系的最大跨度钢结构工程之一，结构体系具有很多创新性，很多方面均超过现有技术规范的涵盖范围，其设计、加工制作及安装均有极大的难度及技术挑战性。设计过程中在上弦网壳形式确定、下弦索撑体系的布置，预应力度的确定等方面，都经过了大量的分析、研究，对结构几何力学体系和构件进行优化设计；通过模型试验研究，对体系的理论计算进行了论证；进行了施工模拟计算分析并进行施工全过程监测，保证预应力体系的有效施加和施工过程结构的安全；为了解全周期的结构安全使用情况，设置了健康监测系统以保证该建筑结构体系的永久安全性。

3. 荷载确定

(1) 设计使用年限与安全等级

按照设计任务书要求和相关建筑结构设计规范，奥运会羽毛球馆结构设计使用年限为100年，设计基准期为50年，下部看台结构的安全等级为二级，结构重要性系数为1.0，屋盖钢结构的安全等级取为一级，结构安全系数 $\gamma_0=1.1$。

(2) 恒荷载与活荷载

屋面恒荷载和活荷载标准值如表16.6-6所示。作为奥运会羽毛球比赛场馆，工艺要求较高，活动照明设备、风管、马道等局部吊挂荷载大。对于弦支穹顶结构，上弦网壳构件以承担轴向力为主，外部设备仅能吊挂于节点上，因此荷载取值时应充分考虑其过渡支架的重量以及动力系数等因素。钢构件连接节点以及焊缝的重量应作为恒荷载单独考虑。此外，屋面活荷载与雪荷载不同时发生，但必须考虑屋面活荷载或雪荷载分布不均匀性的影响，设计采用半跨活荷载考虑其不利影响；

屋面恒荷载和活荷载标准值 表16.6-6

荷载情况		取值
恒荷载	屋面建筑做法	0.50kN/m²
	均布吊重	0.15kN/m²
	檩条及节点	0.20kN/m²
	马道（局部）	1.0kN/m²
	暖通风管（局部）	0.70kN/m²
	活动照明系统（总重）	430kN
活荷载	屋顶维修活荷载/屋面积雪	0.50kN/m²
	马道检修活荷载（局部）	1.0kN/m²

（3）风荷载

100年一遇的基本风压0.5kN/m^2，地面粗糙度C类，体形系数按照荷载规范取值，风振系数通过数值分析取值。设计应用随机振动理论，采用工程实用的频域法编写了风振计算程序，计算出屋盖钢结构风振系数分布图（图16.6-25）。

（4）温度作用

北京地区近30年统计数据表明，北京地区年平均最低气温为−9.4℃，年平均最高气温为30.8℃。结构设计将主体结构合拢时的温度作为结构的初始温度，考虑到施工顺序及施工进度计划，本工程将主体钢结构上弦网壳安装完毕时的温度（约1月10日）作为结构降温计算时的初始温度，施工张拉下弦索时的温度（约2月10日）作为结构升温计算时的初始温度，并预留一定的允许温度偏差范围。

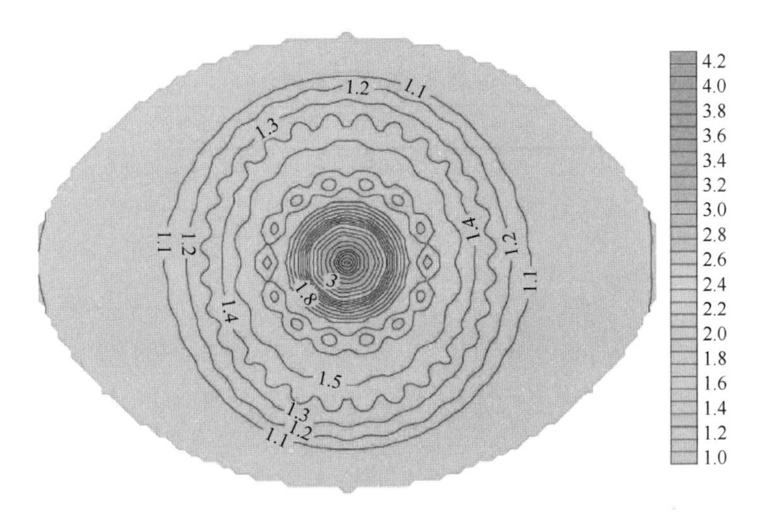

图16.6-25 风振系数分布图

设计采用的初始温度与正负温差如下：

初始温度：+12℃（降温计算用），−1℃（升温计算用）；

最大正温差：30.8℃−（−1）℃，取35℃；

最大负温差：−9.4℃−12℃，取−30℃。

（5）地震作用

抗震设防烈度为8度，设计基本地震加速度峰值为0.2g，设计地震分组为第一组，场地类别为Ⅲ类。

（6）荷载组合

荷载组合共计200余种，为节省篇幅，仅列出主要的荷载组合(表16.6-7和表16.6-8)。

非抗震设计时荷载组合 **表16.6-7**

项目	组合公式
1	γ_0[1.2恒+1.4活+1.0预拉力]
2	γ_0[1.35恒+0.98活+1.0预拉力]
3	γ_0[1.2恒+1.4活+0.84风(压)+1.0预拉力]
4	γ_0[1.2恒+0.98活+1.4风(压)+1.0预拉力]

续表

项目	组合公式
5	0.75恒$+\gamma_0$[1.4风(吸)+1.0预拉力]
6	0.75恒$+\gamma_0$[1.4风(吸)+1.2预拉力]
7	γ_0[1.2恒+1.4升温+0.98活]+1.0预拉力
8	γ_0[1.0恒+1.4升温+1.0预拉力+0.98活]
9	γ_0[1.2恒+1.4升温+0.84风(压)+1.0预拉力+0.98活]
10	0.75恒$+\gamma_0$[1.4升温+0.84风(吸)+1.0预拉力]
11	γ_0[1.2恒+1.4降温+1.0预拉力+0.98活]
12	γ_0[1.0恒+1.4降温+1.0预拉力+0.98活]
13	γ_0[1.2恒+1.4降温+0.84风(压)+1.0预拉力+0.98活]
14	0.75恒$+\gamma_0$[1.4降温+0.84风(吸)+1.0预拉力]

多遇地震时的荷载组合　　表16.6-8

项目	组合公式
1	1.2[恒+0.5活]$\pm 1.3E_h$+1.0预拉力
2	1.0[恒+0.5活]$\pm 1.3E_h$+1.0预拉力
3	1.2[恒+0.5活]$\pm 1.3E_v$+1.0预拉力
4	1.0[恒+0.5活]$\pm 1.3E_v$+1.0预拉力
5	1.2[恒+0.5活]$\pm 1.3E_v \pm 0.5E_h$+1.0预拉力
6	1.2[恒+0.5活]$\pm 1.3E_h \pm 0.5E_v$+1.0预拉力
7	1.2[恒+0.5活]$\pm 1.3E_v \pm 0.5E_h \pm$0.28风+1.0预拉力
8	1.2[恒+0.5活]$\pm 1.3E_h \pm 0.5E_v \pm$0.28风+1.0预拉力

4. 结构分析与设计

(1) 分析模型

针对不同的设计内容，采用了多种计算模型对结构进行计算分析。

模型一：整体设计建立了屋盖钢结构与下部看台结构整体计算模型，应用Midas软件进行整体结构上下部共同工作计算分析，以此计入下部结构对屋盖钢结构设计的影响，同时可准确计算屋盖钢结构对下部看台结构的内力的影响。

模型二：屋盖钢结构与看台以上混凝土柱的单独计算模型。在下弦索撑节点处设置变刚度弹簧单元来准确模拟环索与钢结构节点接触面的真实几何形态，并可较为准确的模拟预应力损失，应用Midas、Sap2000两套软件进行体系静动力分析和模拟预应力张拉施工过程结构分析。

模型三：对下弦索撑节点建立了环索、铸钢节点带摩擦接触面的三维实体单元有限元模型，应用Ansys软件进行带摩擦的接触非线性有限元分析，从理论上计算出索撑节点的预应力损失，同时验算铸钢节点的安全性。

(2) 屋盖钢结构与下部看台结构整体计算及共同工作分析

屋盖上部钢结构与下部看台结构从材料属性到各自刚度、动力响应、安全控制因素等方面均有本质的区别，在结构电算精度、地震动参数等结构计算设计方法方面两种结构也存在很大的差异。因此屋盖钢结构工程设计的实际通用方法是通过对比模型一和模型二两种模型分析方法的主要计算结果，分析下部看台结构对屋盖钢结构的影响，并分析屋盖钢结构对下部看台结构的影响，然后在考虑共同工作条件下，利用模型二进行屋盖钢结构专项计算设计。

两种模型结构主要力学响应对比分析如表 16.6-9。

两种模型结构主要力学响应对比 **表 16.6-9**

主要力学响应指标			模型一	模型二
屋盖最大支座反力 kN	静力	X 向	718.27	744.59
		Y 向	779.46	911.60
		Z 向	451.12	458.83
	X 向地震	X 向	161.80	177.48
		Y 向	132.70	91.22
		Z 向	73.50	36.58
	Y 向地震	X 向	88.05	74.16
		Y 向	117.85	137.12
		Z 向	49.00	53.76
屋盖垂直位移/mm	中心点		30.93	30.22
	第五圈索最大点		16.70	15.92
	第四圈索最大点		35.21	34.43
屋盖构件内力/kN	第一圈索		4811.36	4821.90
	第一径向拉杆		907.69	909.92
	第一圈撑杆		179.38	180.47
屋盖结构自振周期/s	T_1		0.685386	0.682694
	T_2		0.677638	0.677230
	T_3		0.672686	0.668172
屋盖 X 向地震作用下总剪力/kN	X 向		3006.71	3512.33
	Y 向		302.77	353.69
屋盖 Y 向地震作用下总剪力/kN	X 向		261.61	334.21
	Y 向		2555.70	3264.99
屋盖 Z 向地震作用下总剪力/kN	Z 向		2051.10	2281.50

1）下部看台结构对屋盖钢结构的影响分析

通过上述两个模型的对比分析，可见下部看台结构是否参与屋盖结构的共同工作，对屋盖结构的整体位移影响约为 3.15%，对屋盖结构的整体内力影响约为 0.2%，对屋盖结构自振周期及振型几乎没有影响。对屋盖地震总剪力影响：模型二比模型一偏大，X 向偏大 17%，Y 向偏大 28%，Z 向偏大 11%。由于地震作用组合对结构安全设计不起控制作用，且模型二的地震作用偏大，设计偏于安全，故使用模型二进行屋盖钢结构设计。

2）屋盖钢结构对下部看台结构的影响分析

屋盖钢结构对下部看台结构的最大支座反力：模型一与模型二相差约为 6.5%。进行下部看台结构设计时应按共同工作整体计算模型分析结果，考虑钢屋盖结构对下部看台结构影响。

5. 钢结构屋盖单独计算与设计主要结果

(1) 构件应力比

上弦单层网壳钢构件设计应力比不大于0.85，为合理控制用钢量，70%以上的构件应力比在0.5～0.8之间。

(2) 结构变形

屋盖钢结构最大位移103mm，结构计算位移为跨度的1/700（小于1/400），满足《网壳结构技术规程》要求。

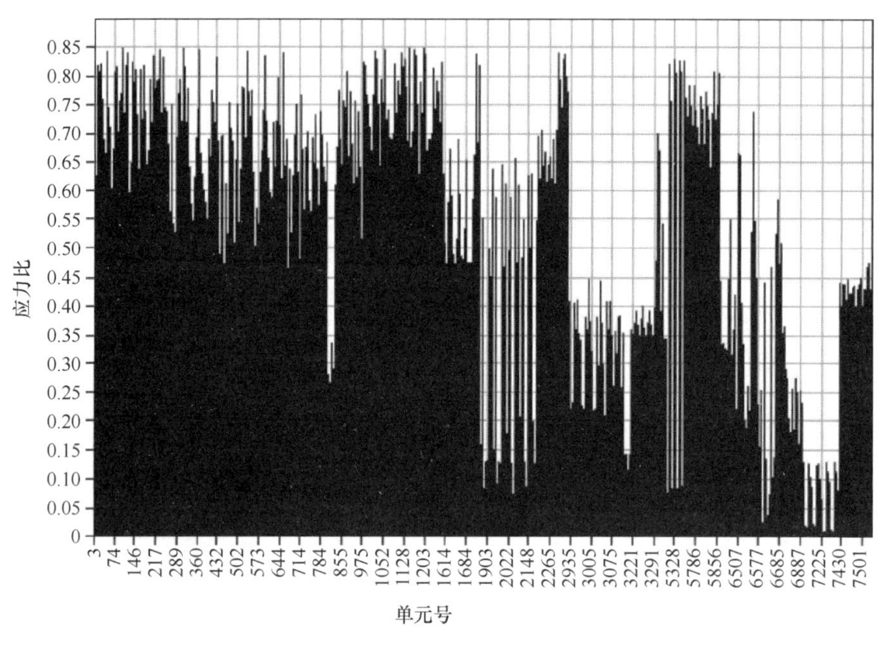

图16.6-26　网壳构件应力比分布图

(3) 整体稳定分析

结构整体稳定分析将实际施工偏差作为结构初始缺陷时，整体稳定承载力系数为5.4；按照现行国家标准《空间网格结构技术规程》JGJ 7取最不利失稳模态作为初始缺陷时（最大值取计算跨度的1/300），整体稳定承载力系数为4.5。整体稳定屈曲模态如图16.6-27。

(4) 抗震设计

通过对结构三维模型的动力时程分析和反应谱分析，屋面钢结构第一自振周期为0.68s，主振型模态为竖向振动，无扭转见图16.6-28，说明结构刚度分布均匀，竖向地震作用是屋面钢结构的主震方向。X向、Y向水平地震作用及竖向地震作用总剪力分别为重力荷载代表值的13.3%、11.7%和9.1%，地震作用对结构设计不起控制作用。根据弹塑性时程分析结果，罕遇地震作用下结构最大位移530mm，约为跨度的1/175，远小于1/50，满足罕遇地震作用下变形要求。

6. 节点设计

本工程节点种类较多，主要介绍以下两种钢节点的设计、构造。

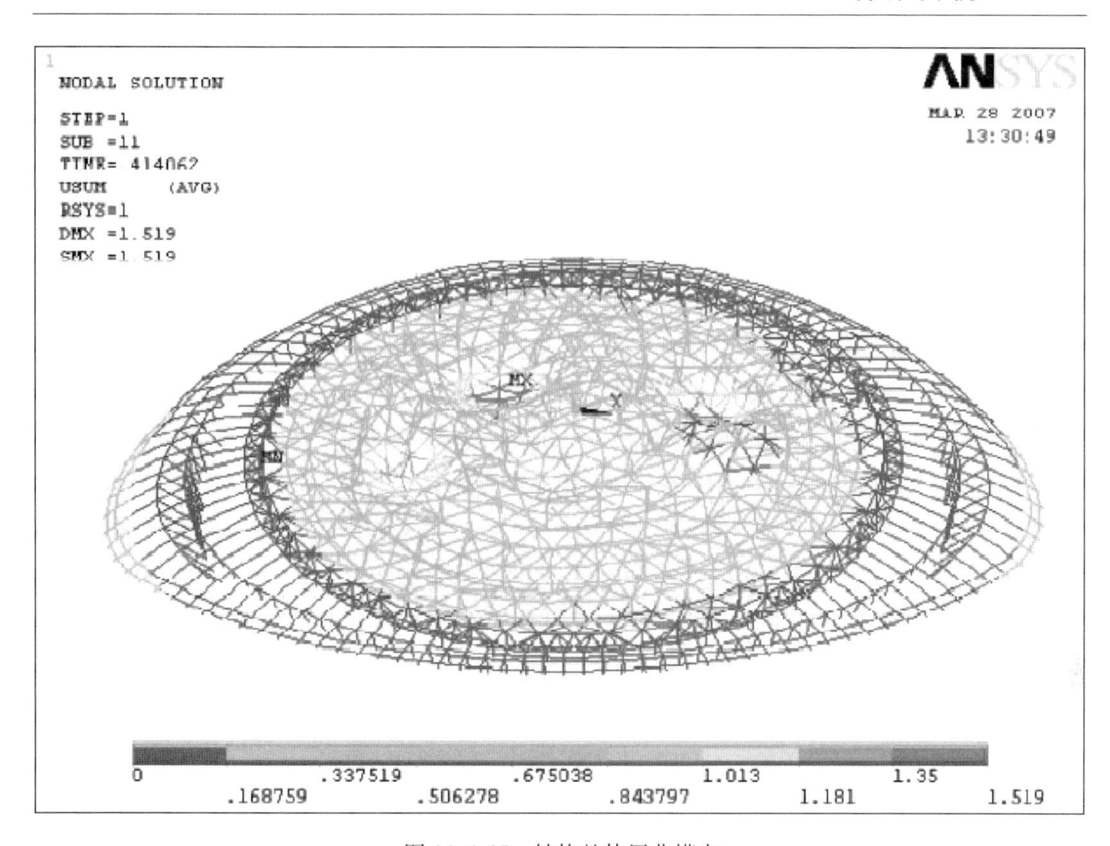

图 16.6-27 结构整体屈曲模态

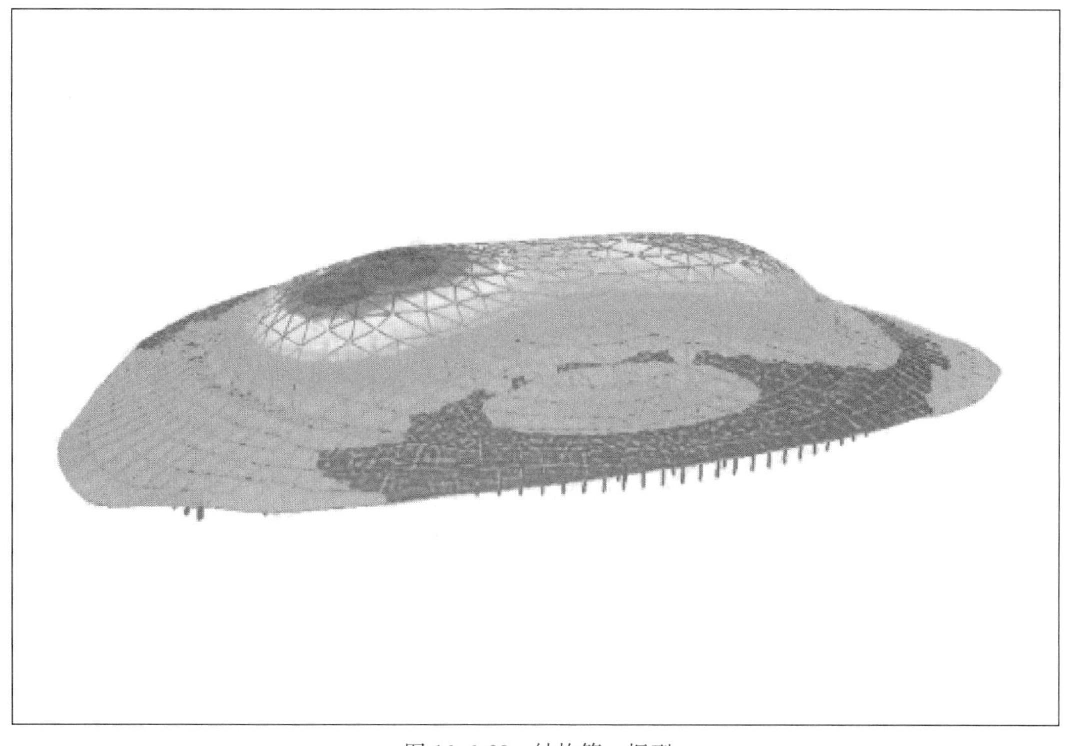

图 16.6-28 结构第一振型

（1）上弦网壳结构焊接球节点

本工程结构的力学特点要求上弦网壳杆件端部均为刚性连接。焊接球节点应能承担在结构使用时钢件传来的压应力、拉应力、剪切应力等复杂组合应力。另外，部分节点是构件相贯与焊接球组合的节点形式（图 16.6-29）。此类较复杂的焊接球节点，已经突破了国家相关规范的涵盖范围。设计时首先参照国家现行相关规范（规程）和技术手册进行计算，然后建立三维实体有限元模型进行节点应力、应变分析，在有限元分析基础上对高应力区采取构造加强措施，保证节点设计安全。

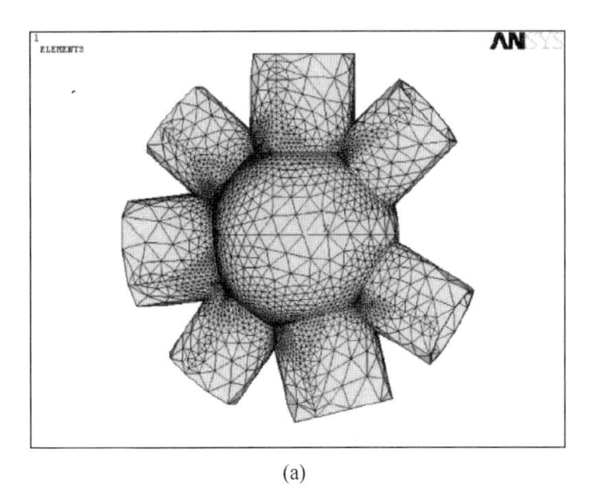

(a)

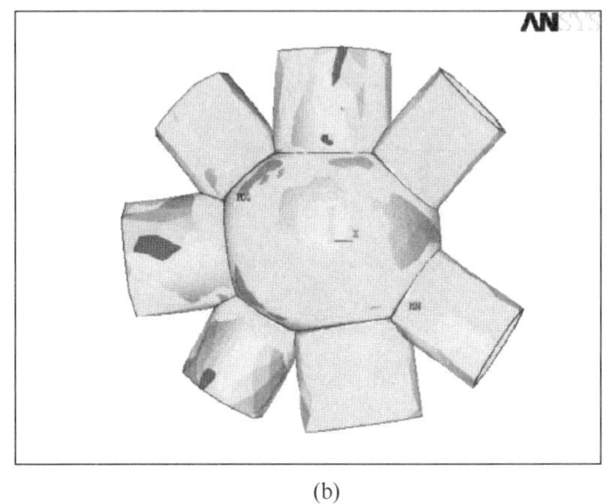

(b)

图 16.6-29　焊接球节点有限元分析
（a）有限元网格划分；（b）应力云图

（2）索撑杆节点

索撑杆节点采用铸钢节点。该节点是将环索预拉力转换为体系预应力平衡荷载的关键部位。本工程采用张拉环索的方法对结构施加预应力，索撑节点的构造设计应确保预应力张拉过程中索体与节点间的摩擦力最小，进而减小预应力损失，同时要求预应力张拉完成后索体与铸钢节点卡紧，保证正常使用过程的整体结构稳定性。通过在铸钢节点内表面涂刷聚四氟乙烯涂料以及在钢索接触面包裹聚四氟乙烯板来减小摩擦力。

7. 结语

（1）弦支穹顶结构下弦索撑系统的设置是设计的关键，需综合考虑结构体系受力特点、体系整体稳定性、钢网壳受力的均匀性、建筑室内美学效果等多方面因素，进行综合优化设计；

（2）结构体系的整体稳定是弦支穹顶结构安全的控制因素。弦支穹顶为风敏感结构，风振响应大，风荷载是结构安全主控荷载之一。地震作用对于结构体系和构件安全设计不是控制因素；

（3）弦支穹顶预应力张拉过程实际上是体系的形状、刚度和内力分布不断改变与适应的过程。因此，模拟预应力张拉过程的结构分析是保证结构施工安全、验证结构设计安全所必需的；

（4）本工程室内跨度 93m，在考虑了建筑对结构构件规格统一、室内美观等要求，并充分考虑到结构体系的创新性，而留有较大安全度的情况下，主体钢结构用钢量为

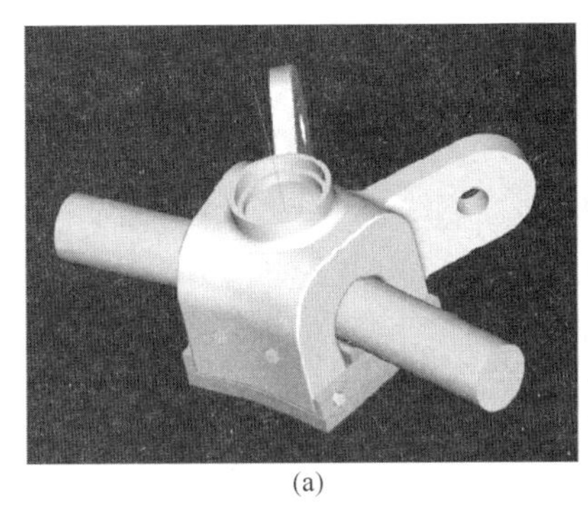
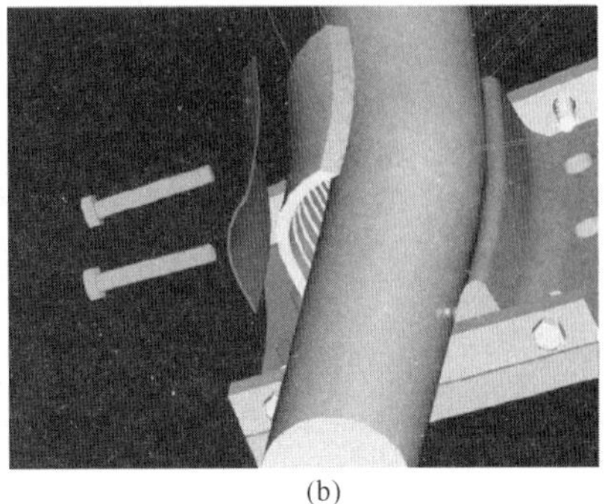

(a) (b)

图 16.6-30 索撑杆节点

(a) 整体三维图；(b) 内部构造图

756.5t，平均 63kg/m²，证明了弦支穹顶结构体系具有优良的技术经济性。

8. 同类工程应用

与本工程类似项目还包括：连云港体育馆、重庆渝北体育馆，见图 16.6-31 所示、安徽大学体育馆、济南奥体中心体育馆等。

图 16.6-31 重庆渝北体育馆

（注：第 16.3 节主要参考了参考文献中第 67 篇的内容）

16.6.4 索穹顶结构-鄂尔多斯伊旗索穹顶结构设计

1. 工程概况

内蒙古伊金霍洛旗全民健身体育中心屋盖工程是我国第一座跨度超过 70m 的索穹顶建筑。建筑总高度 30m，建筑效果图见图 16.6-32。屋面为 120m×120m 正方形平面，外围采用放射状布置大跨度钢管相贯桁架结构，屋盖中心为跨度 71.2m 肋环型索穹顶结构，矢高 5.5m，设 20 道径向索、2 道环索，上部覆盖膜材作为屋面围护体系。结构体系效果图见图 16.6-33。

2. 结构体系

本工程为典型 Geiger 式索穹顶，从中心向外辐射式布置 20 道径向索，所有轴线结构布置相同。外圈支承结构为钢结构环形桁架。索系结构三维图及典型剖面布置如图 16.6-34 所示。表 16.6-10 为各位置拉索和撑杆规格列表，拉索采用的是碳钢高钒拉索，抗拉强度为 1670MPa，撑杆及内拉力环材质均为 Q345B。建成后的实物照片见图 16.6-35 所示。

图 16.6-32　体育中心效果图

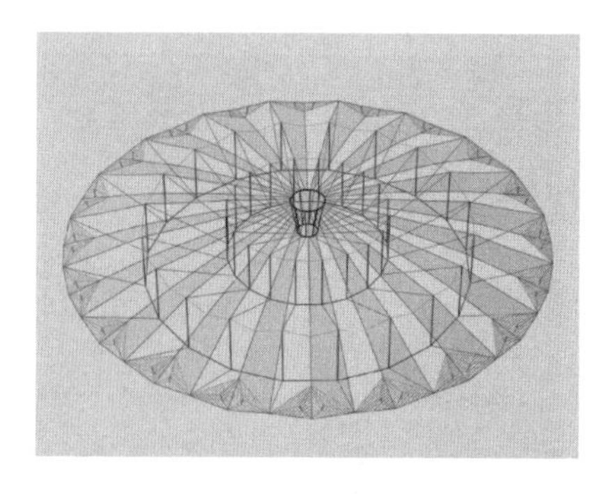

图 16.6-33　索穹顶结构体系效果图

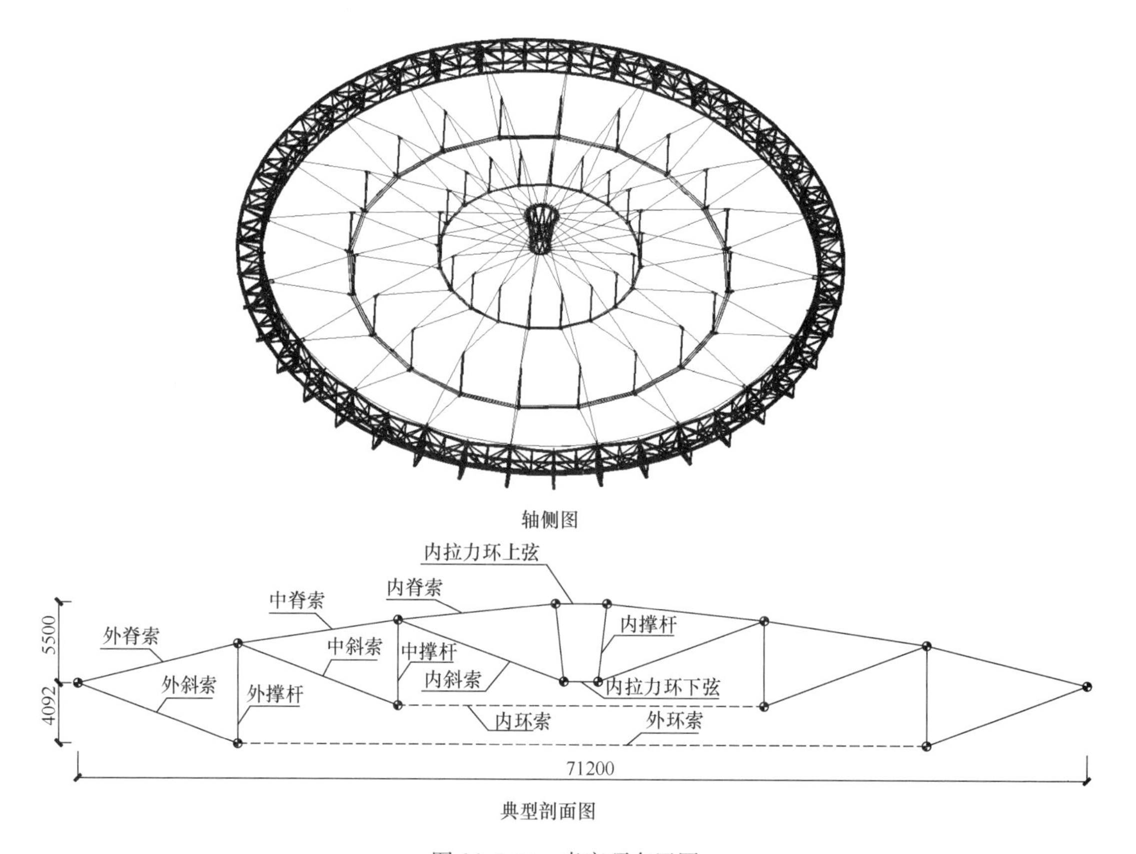

图 16.6-34　索穹顶布置图

图 16.6-35　建成后的实物照片

构 件 列 表　　表 16.6-10

位置	原型规格	数量/根	单根长度/mm	材料类型
内脊索	ϕ38	20	10425	碳钢高钒钢索，强度 1670MPa
中脊索	ϕ48	20	10736	
外脊索	ϕ56	20	10835	
内斜索	ϕ32	20	11735	
中斜索	ϕ38	20	11300	
外斜索	ϕ65	20	12030	
内环索（内）	ϕ40	2	39780	
内环索（中）	ϕ40	2	40260	
内环索（外）	ϕ40	2	40730	
外环索（内）	ϕ65	2	74990	
外环索（中）	ϕ65	2	75820	
外环索（外）	ϕ65	2	76640	
内撑杆	ϕ194×8	20	5334	Q345B
中撑杆	ϕ194×8	20	5800	
外撑杆	ϕ219×12	20	6800	
内拉环	□300×300×20			

3. 荷载确定

本工程结构设计使用年限为 50 年，建筑结构安全等级为二级。荷载取值如下：

恒载取值：本工程恒载除结构自重外，考虑了膜材、膜内保温材料及连接附件的重量 0.025kN/m^2。另外，考虑屋盖悬挂的马道、灯具及其他设备管线重量 0.40kN/m。

活载取值：(1) 屋面活荷载 0.50kN/m^2；

(2) 风荷载 50 年一遇基本风压 0.55kN/m^2，风振系数 1.5，体型系数按《建筑结构荷载规范》GB 50009 中表 7.3.1 表 4 取值，高度系数按地面粗糙度 B 类、30m 高度按《建筑结构荷载规范》GB 50009 中表 8.2.1 取值；

(3) 雪荷载取 50 年一遇基本雪压 0.30kN/m^2；

(4) 温度作用取±30C°。

预张力：包括膜材预张力和拉索预张力。其中膜材包括内外双层膜，PTFE 外膜预张力为 4kN/m，ETFE 外膜预张力为 0.5kN/m，PVC 及 ETFE 内膜预张力为 0.2kN/m。拉索预张力由形态分析确定。

4. 静力分析

设计依据规范要求进行了多种荷载组合，进行结构体系与构件节点设计。现提取如下典型荷载组合工况进行结构静力性能对比分析：(0) 预应力；(1) 自重+预应力；(2) 自重+全跨活荷载+预应力+降温；(3) 自重+半跨活荷载+预应力+降温；(4) 自重+四分之一跨活荷载+预应力+降温；(5) 自重+吸风荷载+预应力+升温。其中工况 0 为零应力态，对应于构件的加工状态，是施工张拉的开始状态；工况 1 为所有的索杆构件张拉完成后形成的结构内力和位形状态，即成形态；工况 2～5 为外部荷载作用下的内力和位形状态，即荷载态。在结构静力特性分析中所取的节点位移值是“荷载态-成形态”的值，这样可以对结构抵抗外荷载的能力判断更加清晰。进行构件最大内力及应力设计时取荷载设计组合工况。工况 0～5 下结构各构件最大内力、节点最大位移结果列于表 16.6-11。

通过下述图 16.6-36 和表 16.6-11 分析可知：

（1）各荷载组合工况下，结构主索应力比均小于 0.4，节点最大竖向位移 186mm，为跨度的 1/383，满足强度和刚度设计要求；也未出现索力松弛现象，结构安全。

（2）在全跨、半跨、1/4 跨活荷载不同组合工况下，外环索的最大内力值呈递减趋势，分别比全跨活荷载组合工况降低 5.5%和 16.67%，中环索内力最大值变化不大。外斜索和中斜索内力变化规律同环索，而内斜索内力峰值呈递增趋势，分别比全跨活荷载组合工况增加 27.8%和 43.5%。各圈脊索最大内力值呈递增趋势，半跨和 1/4 跨活荷载组合工况，内力峰值最大增长 22.9%和 46.8%。

各工况下结构构件的最大内力和位移 **表 16.6-11**

荷载工况	0	1	2	3	4	5
外环索 N_{max}/kN	0	1750	2350	2220	1960	1450
中环索 N_{max}/kN	0	747	877	881	799	1020
外斜索 N_{max}/kN	2588	580	779	738	651	481
中斜索 N_{max}/kN	1215	247	291	295	268	338
内斜索 N_{max}/kN	852	136	115	147	165	316
外脊索 N_{max}/kN	0	683	575	672	710	844
中脊索 N_{max}/kN	0	434	301	370	442	595
内脊索 N_{max}/kN	0	301	198	243	285	361
竖向位移 u_{zmax}/mm	0	517	−110	−153	−186	149

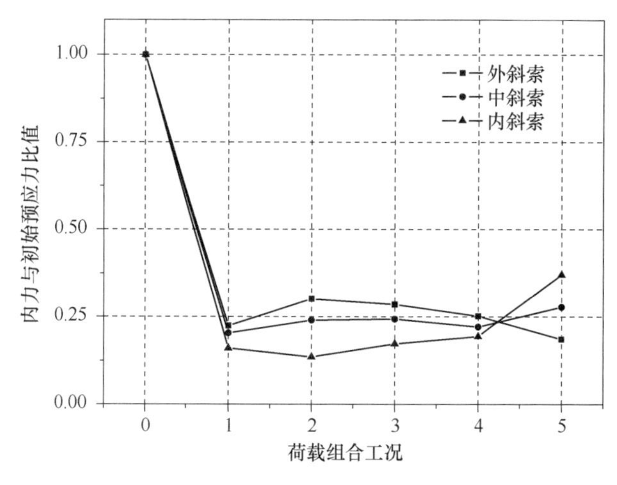

图 16.6-36 斜索各工况内力与初始预应力比值关系

（3）各工况下斜索内力与其初拉力比值关系见图 16.6-36，由图可以看出，成形态各圈斜索内力分别为其初拉力的 0.224、0.203、0.160。对于以索为主体的结构体系，在预应力张拉过程中结构体系发生较大变形，产生很大的结构响应，因此斜索的内力永远无法达到其初拉力值，这是半刚性和全柔性预应力结构中预应力索构件的共性。

（4）对于活荷载不均匀分布的工况 3 和 4，最大竖向位移是满跨活荷载工况的 9 倍以上。最大竖向位移出现位置也有所不同，均布荷载组合工况作用下最大位移发生在内撑杆上节点，结构变形均匀对称；不均匀分布荷载组合工况作用下最大位移发生在活荷载分布区中间位置的外中脊索交界节点，无活荷载分布区域还发生了竖向向上位移，结构变形严重不均，因此受力均匀对于索穹顶结构较为有利，设计过程中要特别注意荷载不均匀分布的工况。

5. 基于性能的索穹顶结构体系设计

通过以上大量的索穹顶结构非线性全过程分析可知，索穹顶结构力学体系具有结构效率高的特性，但也具有非对称荷载作用下水平向稳定性能差的特点。工程所采用肋环型索穹顶为完全轴对称结构，其计算模型可取一榀平面径向桁架，由平面桁架的对称性，在引入边界约束条件（包括对称面的对称条件）后，可进一步简化为如图 16.6-37 所示的半榀平面桁架。

由机构分析和节点平衡理论可知，肋环型索穹顶按照通常的结构构成判别准则属于几何可变体系，结构内部存在机构，属于静不定体系，也就是说结构自身刚度不能维持一个稳定的初始平衡形状；而预应力提供的几何刚度可对结构内部的机构位移进行强化，保证其初始形状的稳定性，从而使体系可以成为结构。但是当荷载尤其是不对称荷载达到一定程度时，某些机构位移会丧失预应力对其产生的约束，从而引起整个结构出现几何失稳现象。所以肋环型索穹顶是一种结构效率极高的结构体系，但由于结构体系具有甚少的冗余单元，极易发生几何不稳定。

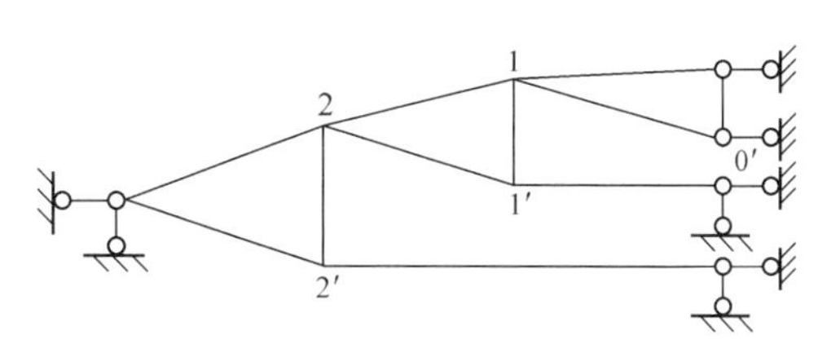

图 16.6-37 简化半榀平面桁架

在正常使用荷载作用值附近存在脊索预应力松弛，结构刚度突变，稳定性能陡降的状态；在超载时内环索进入屈服状态后、结构刚度再次突变、稳定性能再次突降的状态，因此索穹顶结构体系的延性性能是其安全控制的控制因素。

（1）结构承载力

通过索穹顶工程分析研究可知，在设计荷载作用下索穹顶构件处于弹性状态，结构竖向位移呈小变形线弹性特征。但在设计荷载值附近存在脊索松弛状态，尽管结构构件此时处于初期弹性状态，但结构体系呈现第一次屈服拐点，结构刚度发生突变，位移迅速增加。而随着荷载逐步加大，部分主索进入弹塑性，结构体系呈现第二次屈服拐点，体系承载能力进一步退化，位移再加速增大，直至体系主索破断破坏。因此索穹顶结构体系的承载力性能设计包括三个方面：主索应力比、脊索松弛、体系弹塑性稳定承载力。

1）主索应力比

若设定结构主索在设计荷载组合作用下应力比分别为 0.4、0.5、0.55，即设计应力控制值为 668MPa、835MPa、919MPa，仅依据构件强度性能无法判别其合理性。在设计主索控制应力比为 0.4 的荷载作用下，结构体系在外环索屈服时荷载系数达 6.4，体系大变形破坏时荷载系数可达 8.4。在主索截面尺寸不变，通过加大荷载将主索应力比调为 0.5、0.55 时结构体系的屈服荷载系数依次为 4.16、3.56，破坏荷载系数为 5.45、4.67。由此可见，索穹顶结构体系稳定承载能力的下降速度明显快于主索应力比下降速度，从结构体系整体稳定承载力性能方面考虑，在设计荷载组合工况下主索应力比应小于 0.4，外环索应力比应小于 0.4 更为安全合理。

2）脊索松弛

脊索松弛后结构刚度突变，结构内力重分布，重新达到新的平衡，理论分析与计算结果表明，脊索松弛导致局部变形过大，虽不致影响整体结构安全，但脊索松弛后，将影响建筑美观且排雪排水不利，受压撑杆上端无法形成有效的结构弹性约束，仅靠柔性膜约束，其稳定性能是不可靠的。因此设计应尽可能延迟脊索松弛时机。根据工程计算分析研究，建议在1.5倍所有荷载设计组合工况索穹顶脊索不发生松弛。

3）体系弹塑性稳定承载力

大量的计算分析表明，索穹顶结构的荷载一应力全过程曲线均存在二次屈服过程，且各性能曲线出现拐点时对应的结构体系稳定承载力性能指标（即荷载系数）基本一致。第一次屈服时主索处于弹性状态，第二次屈服时主索进入弹塑性状态，因此分别定义两次屈服转折点对应的荷载系数为体系弹性荷载系数 P、体系屈服荷载系数 P_y、体系破坏荷载系数 P_u。

工程在满跨活荷载组合工况作用下，各阶段荷载系数 $P:P_y:P_u=1.5:6.5:12.3$，$P_y/P=4.3$，$P_u/P_y=1.89$；工程在半跨活荷载组合工况下 $P:P_y:P_u=1.0:6.4:8.4$，$P_y/P=6.4$，$P_u/P_y=1.31$。由此可见，索穹顶结构体系在脊索松弛后进入弹性屈服状态时，结构体系仍具有4倍以上的稳定承载力提高能力，弹性荷载系数不能作为体系稳定承载力性能目标；索穹顶在环索屈服后结构体系进入弹塑性屈服状态时，结构体系仍具有1.3～1.9倍以上的稳定承载力提高能力。根据以上分析，建议索穹顶结构体系非线性计算弹塑性稳定承载力系数取 P_y 与 $P_u/1.4$ 中的小值，且要求大于4.0。

（2）索穹顶结构变形能力

与常规大跨度钢结构、预应力钢结构不同，索穹顶结构施工成形态与由构件初始几何长度决定的结构初始态会有很大不同，实际上没有预应力的引入，结构初始形态将会是机构，因此结构变形延性分析与设计的基准形态不应是结构初始几何形态，而应是预应力张拉完成的“自重＋预应力”结构几何成形态。

工程分析研究表明，索穹顶结构在非对称正常使用荷载作用下，极易发生水平侧向失稳。与弹塑性稳定承载力一样，索穹顶荷载一位移全过程曲线同样存在二次屈服过程。分别定义两次屈曲转折点及破坏极限对应的大变形值为索穹顶体系弹性极限变形 D，体系弹塑性屈服变形 D_y，体系弹塑性破坏变形 D_u。索穹顶结构体系的变形延性性能包括四个方面：正常使用荷载作用下弹性竖向变形、弹性水平变形；超载作用下体系弹塑性水平大变形、竖向大变形能力。

1）正常使用荷载作用下，考虑到索穹顶的主索及覆膜特点，弹性竖向变形建议取小于跨度的1/350；考虑到索穹顶结构体系侧向稳定性能的特点，撑杆弹性水平位移建议取小于撑杆高度的1/250。

2）工程在满跨活荷载组合工况作用下，各阶段 z 向变形值 D：$D_y:D_u=0.25:1.96:6.0$ 分别为跨度的1/284.8、1/36.3、1/11.9，$D_y/D=7.84$，$D_u/D_y=3.06$。工程在半跨活荷载组合工况作用下，各阶段 z 向变形值 $D:D_y:D_u=1.6:2.9:4.1$ 分别为跨度的1/44.5、1/24.5、1/17.4，$D_y/D=1.8$，$D_u/D_y=1.41$。可见索穹顶结构体系在脊索松弛后进入弹性屈服状态时，结构体系 z 向变形仍具有1.8倍以上的延性变形能力，弹塑性 z 向大变形的 D_u/D_y 在不同荷载组合工况下均大于1.4，具有足够的大变形延性能力。仅从大变形延性能力考虑，取弹塑性屈服变形值作为其延性性能指标是合理安全的，但此时结构体系在半跨活荷载组合作用下，大变形达跨度的 1/24.5，结构体系虽仍有继续变形能力，但实际已处于大变形倒塌状态。因此索穹顶弹塑性大变形能力指标可取 D_y，$D_u/1.4$ 中小值，同时要求小于索穹顶跨度的 1/40。

6. 动力分析

结构的自振频率和振型特性是承受动态荷载结构设计中的重要参数，也是进行结构风谱分析和地震谱分析的基础。在对柔性结构体系进行模态分析时，必须考虑初始预应力的影响，需先通过静力分析把预应力和几何形状加到结构上去，得到结构的静力平衡位置，即结构成形态。动力分析时，取结构成形态的内力和几何坐标作为动力初态。

通过模态分析得出索穹顶结构主索成形态、膜成形态的自振频率和振型，分析了索穹顶结构的自振特性以及覆膜刚度对结构自振特性的影响。提取结构两种状态的前 16 阶自振频率和振型见表 16.6-12，前 5 阶振型图见图 16.6-38。

结构索成形态和膜成形态前 16 阶自振频率（Hz）和振型　　表 16.6-12

	阶数	1	2	3	4	5	6	7	8
索成形态	频率	1.0675	1.5428	1.5428	1.6144	2.0441	2.0441	2.0490	2.0490
	振型	整体扭转	竖向扭转	竖向扭转	整体扭转	脊索扭转	脊索扭转	脊索扭转	脊索扭转
	阶数	9	10	11	12	13	14	15	16
	频率	2.0496	2.0496	2.0498	2.0498	2.0499	2.0499	2.0499	2.0499
	振型	脊索扭转	脊索扭转	脊索扭转	脊索扭转	脊索扭转	脊索扭转	脊索扭转	脊索扭转
膜成形态	阶数	1	2	3	4	5	6	7	8
	频率	1.3014	1.3014	1.5535	2.0212	2.0224	2.1203	2.1312	2.1312
	振型	竖向	竖向	整体扭转	水平竖向	水平竖向	谷索竖向	谷索竖向	谷索竖向
	阶数	9	10	11	12	13	14	15	16
	频率	2.1627	2.1630	2.1905	2.1906	2.2124	2.2124	2.2459	2.2594
	振型	谷索竖向	谷索竖向	水平竖向	水平竖向	谷索竖向	谷索竖向	整体扭转	水平竖向

根据表 16.6-12 及图 16.6-38 分析可得以下结论：

1）索成形态自振振型的特征为：第 1 和 4 阶振型为整体扭转，第 2 和 3 阶为扭转和竖向混合振型，第 5～16 阶均为脊索平面外扭转振型。膜成形态自振振型的特征为：第 1 和 2 阶为竖向振型，第 3 和 15 阶振型为整体扭转，第 4、5、11、12 阶为水平和竖向混合振型，其余均为谷索位置处竖向上下振动振型。

2）结构自振频率和振型的分析表明：两种状态自振频率密集，且集中在几个不连贯的区间内，出现多个相等频率组，这是因为肋环型索穹顶是中心对称结构，有多个对称轴，观察各阶振型图，相应于相同频率的振型形式也大致相同，只不过是变换了一个角度（如索成形态的第 2 阶和第 3 阶、膜成形态的第 1 阶和第 2 阶）。

3）索成形态结构各榀桁架之间侧向联系较少，结构整体扭转刚度弱于水平和竖向刚度，结构主要表现为整体扭转和脊索扭转振型。膜成形态基频比索成形态大，即结构整体刚度增大，且第一振型为竖向振动，说明上覆膜材和谷索有效地充当了平面外联系，提高了结构的扭转刚度，前 16 阶振型未出现脊索平面外扭转振动，结构的三个方向刚度相对

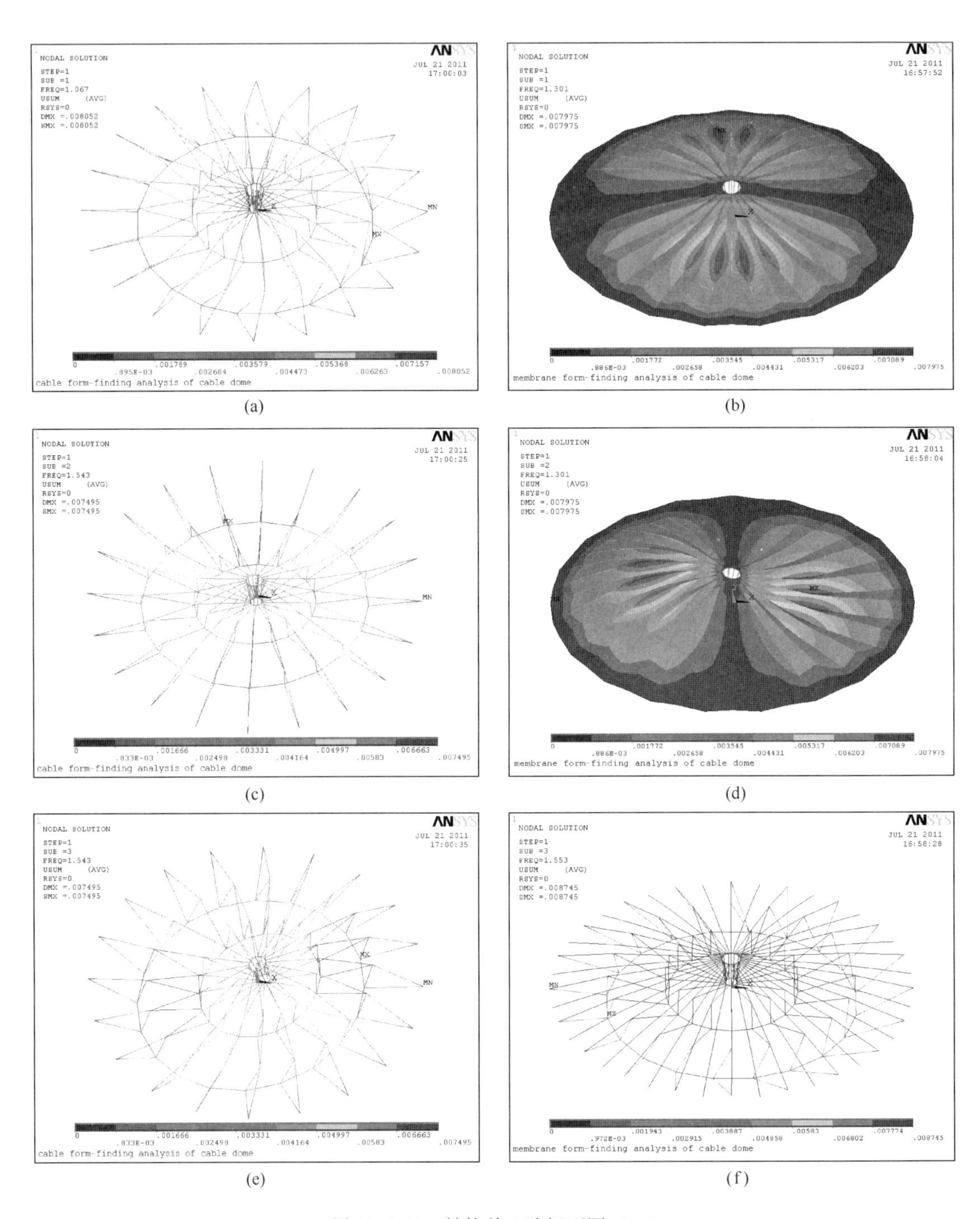

图 16.6-38　结构前 5 阶振型图（一）

(a) 索成形态第 1 阶振型；(b) 膜成形态第 1 阶振型；(c) 索成形态第 2 阶振型；(d) 膜成形态第 2 阶振型；(e) 索成形态第 3 阶振型；(f) 膜成形态第 3 阶振型

索成形态更均匀。对于索穹顶这种轻型大跨度结构屋盖，地震作用不起控制作用，而且实际工程中脊索和膜材之间仍有相当数量的膜索充当平面外联系，因此对抗震不利的索穹顶扭转不规则特性可不作为主要设计因素考虑。

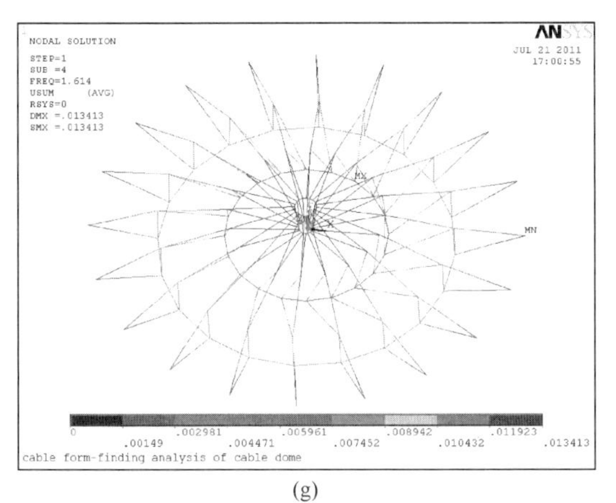

(g)

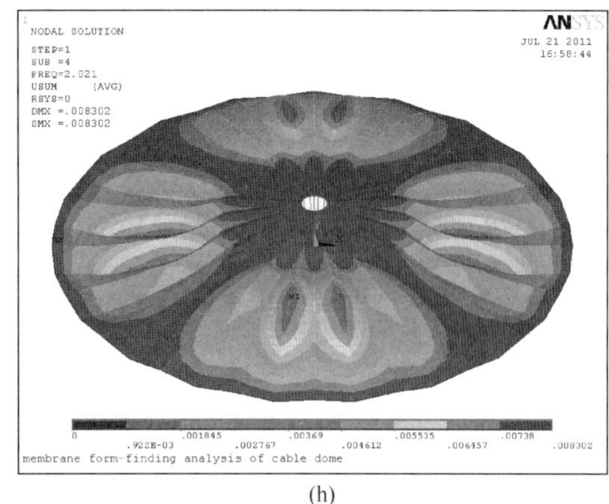

(h)

(i)

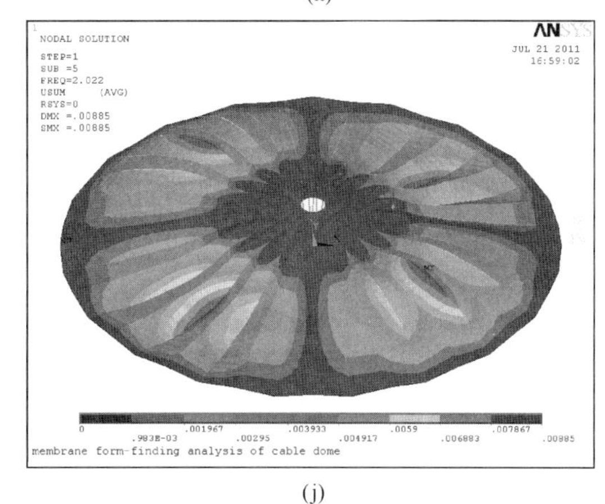

(j)

图 16.6-38 结构前 5 阶振型图（二）

(g) 索成形态第 4 阶振型；(h) 膜成形态第 4 阶振型；(i) 索成形态第 5 阶振型；(j) 膜成形态第 5 阶振型

7. 节点设计

本工程的节点设计综合考虑了受力性能以及施工安装和建筑功能的要求。

外斜索与外环梁连接节点，如图 16.6-39 所示，环索与撑杆的连接节点采用铸钢节点，如图 16.6-40 所示。内环节点采用单耳板形式，如图 16.6-41 所示。

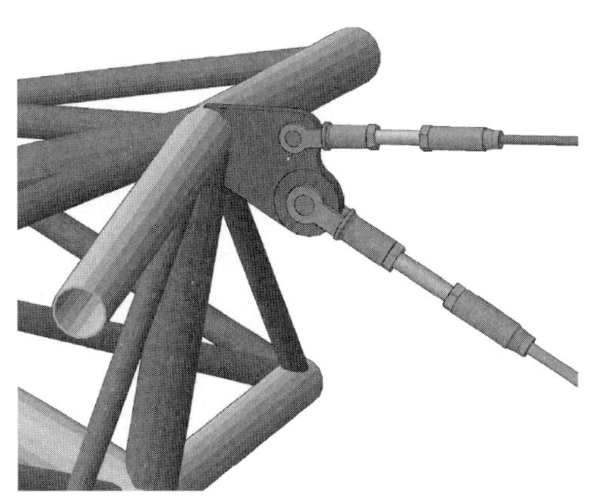

图 16.6-39 外斜索与外环梁连接节点

图 16.6-40 撑杆上下节点

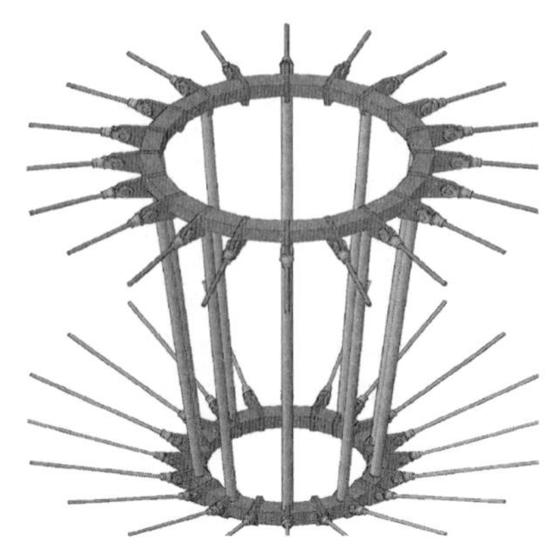

图 16.6-41　内蒙古伊旗索穹顶内拉环形式

8. 结论

通过对给出的索穹顶结构算例的分析研究得出如下结论：

(1) 各荷载组合工况下，工况结构索应力比均小于 0.4，未出现索力松弛现象，结构安全。施加预应力的斜索内力无法达到初拉力值。受力不均匀对索穹顶结构不利，设计时要注意不均匀荷载工况。索穹顶结构主要表现为整体扭转和脊索扭转振型。覆膜后第一振型为竖向振动，说明覆膜提高了结构的扭转刚度。实际工程中有相当数量的膜索充当平面外联系，因此索穹顶结构扭转刚度差对结构安全影响不大。

(2) 对于索穹顶结构体系承载全过程分为三个阶段：结构构件处于初期弹性状态，当脊索出现松弛，结构体系呈现第一次屈服拐点，结构刚度发生突变，位移迅速增加；部分主索进入弹塑性，结构体系呈现第二次屈服拐点，体系承载能力进一步退化；位移再加速增大，直至体系主索破断破坏。

(3) 索穹顶结构的厚跨比愈大，初始刚度愈大，结构厚跨比对提高结构整体弹塑性性能效果明显。索穹顶结构的矢跨比愈大，脊索松弛荷载愈小，结构初始刚度和松弛后刚度愈小，结构弹塑性延性性能降低。环索采用多索布置有效地解决了索穹顶在不对称荷载作用下体系大变形延性安全性能低的问题。

(4) 索穹顶结构体系的强度及承载力性能设计：在设计荷载组合工况下主索应力比应小于 0.5，外环索应力比应小于 0.4；建议在 1.5 倍所有荷载设计组合工况索穹顶脊索不发生松弛；建议索穹顶结构体系非线性计算弹塑性稳定承载力系数取环索屈服时荷载系数 P_y，及 1/1.4（破坏荷载系数 P_u）中的小值，且要求大于 4.0。

(5) 索穹顶结构体系的变形延性性能设计：正常使用荷载作用下，弹性竖向变形建议取小于跨度的 1/350，撑杆弹性水平位移建议取小于撑杆高度的 1/250；索穹顶弹塑性大变形能力指标取环索屈服时变形值（D_y）与 1/1.4 破坏变形值 D_u 中的小者，同时要求小于跨度的 1/40。

9. 同类工程应用

与本工程类似项目还包括：天津理工大学体育馆索穹顶（图 16.6-42）、成都天全体育馆索穹顶等。

图 16.6-42 天津理工大学体育馆

（注：第 16.4 节主要参考了参考文献中第 82 篇的内容）

16.6.5 悬索结构-良乡污水处理厂屋盖结构设计

1. 工程概况

工程现场位于北京良乡，平面尺寸 196m×30m，见图 16.6-43。地面是水池，沿 196m 长度方向有一条中间道路，将水池分开。中间道路可以作为结构支点，但只能承受竖向力，不能承受水平力。水池左右两边地面可作为结构支承点。

业主想在水池上方做一结构，结构上铺太阳能光伏板。这样既可以保证原有污水处理池的正常使用，又不增加新的结构用地，还为污水处理厂产生源源不断的清洁能源，可谓一举两得。

对结构体系的要求有两条：一是所选结构体系在经济性上要有优势。由于涉及发电成本，结构的造价必须受到限制。二是在结构的安装施工期间，不能影响下部污水池的正常使用。

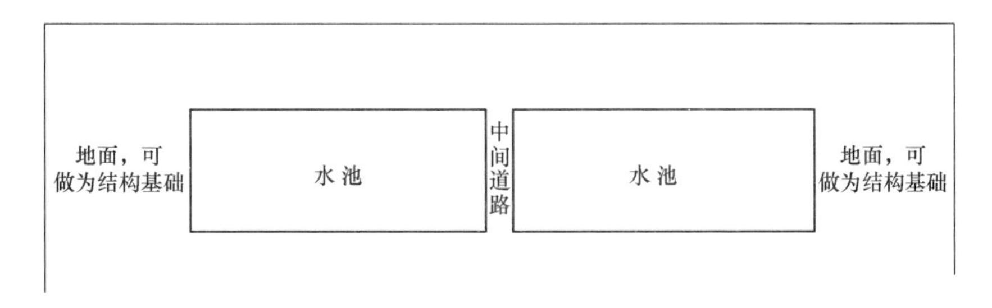

图 16.6-43 施工现场布置图

2. 结构体系

在进行结构选型的时候，考虑了网架结构和悬索结构，在悬索结构中又分别考虑了单层索系和预应力双层索系。

网架结构整体刚度好，结构制作和施工工艺都很成熟，结构的经济性也比较好。但对于本工程来说，由于施工条件比较苛刻，需要在水池上方安装结构，又不能影响水池的使用，造成很多成熟的网架施工方法都不能使用。采用滑移的方法，无论是施工工艺的复杂程度和施工成本都是无法接受的，因此网架结构体系对于本工程来说是不适合的。

悬索结构的特点是自重轻，刚度相对较柔。但对于本工程来说，在施加一定预应力后，其刚度可以满足光伏面板的变形要求。并且在预应力拉索结构越来越普及的情况下，成品拉索的价格也有所下降，因此在本工程悬索结构的造价也可以和网架结构持平。虽然悬索结构的施工有其特殊性，相对比较复杂（需要对拉索长度精确下料，对张拉施工进行全过程的模拟计算，设计相应的张拉工装等。），但对于本工程，其施工方法却有一定的优势。可以借鉴悬索桥的施工方法，在水池两边的刚性构件上挂上工装牵引索，再利用牵引索将悬索体系的主索牵引到位，然后再完成整个索系的安装。此施工方法可以保证在拉索安装过程中不影响其下部污水处理池的正常使用，正好可以满足业主的要求。经综合比较，最终确定悬索体系作为本工程的解决方案。

在确定了悬索体系后，又对单层索系和双层索系进行了比较。单层索系更加简洁，但是其整体刚度和稳定性较差。为了使结构体系达到一定刚度，需要采用重屋面或对拉索施加更大的预应力。由于本工程屋面光伏材料很轻，施加太大的预应力又会对两侧的钢结构和基础带来负担，增加工程成本。而预应力双层索系与单层索系相比则具有较好的刚度，其预张力大小也可以接受，最终确定采用预应力双层索系，见图 16.6-44。在索系两侧采用钢框架结构作为索系的支点，在水池的中间道路上立一排摇摆柱将索系的跨度减小至70m 以下。

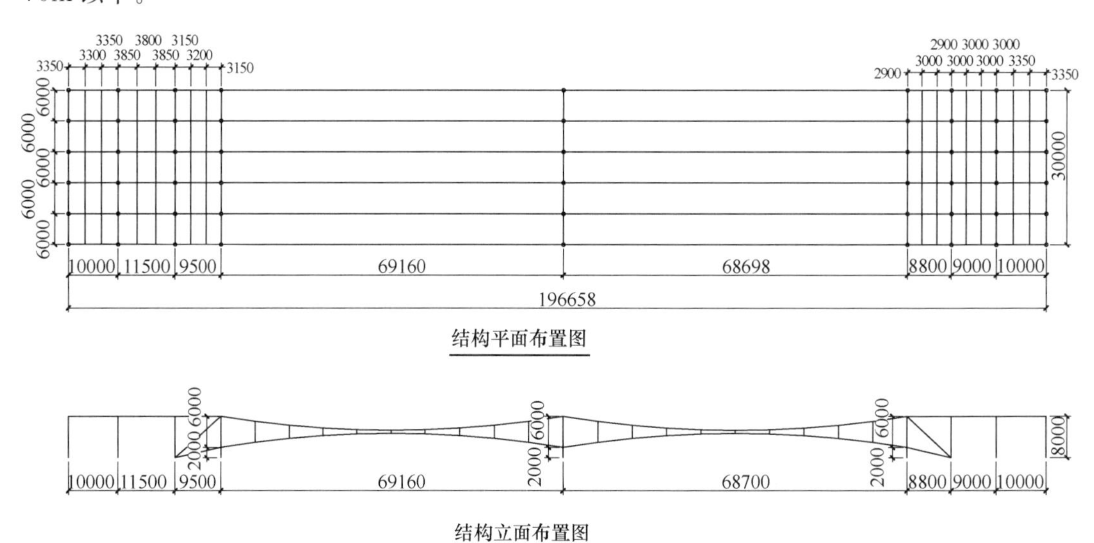

图 16.6-44 屋面杆件布置图

3. 荷载确定

（1）基本荷载

1）结构自重：钢结构自重由程序自动统计，乘以 1.3 的放大系数来考虑节点重量；

2）屋面横载：0.2kN/m^2；

3）屋面活荷载：0.5kN/m^2，要考虑活荷载的不利分布；

4）风荷载：基本风压：0.45kN/m^2

风振系数：1.2，高度系数：1.0（粗糙度类别：B 类，高度：10m），体型系数：—1.2。因屋面有一些空隙，考虑空隙的卸风作用，使风荷载有所减小，取风荷载折减系数：0.9，算出风荷载标准值（吸力）：0.58kN/m^2；

5）温度作用：设计温度取值±25℃。

（2）荷载组合

验算构件承载力极限状态时，共取 22 种荷载组合（表 16.6-13）。

承载力计算时的荷载组合 **表 16.6-13**

组合	荷载组合	组合	荷载组合
组合 1	$1.35D+1.4(0.7)L$	组合 12	$1.0D+1.4(0.7)L+1.4$ 风载
组合 2	$1.2D+1.4L$	组合 13	$1.2D+1.4L+$ 升温
组合 3	$1.0D+1.4$ 风载(左)	组合 14	$1.0D+1.4$ 风载(左)＋升温
组合 4	$1.0D+1.4$ 风载(右)	组合 15	$1.0D+1.4$ 风载(右)＋升温
组合 5	$1.2D+1.4L+1.4(0.6)$ 风载(左)	组合 16	$1.0D+1.4$ 风载＋升温
组合 6	$1.2D+1.4L+1.4(0.6)$ 风载(右)	组合 17	$1.2D+1.4L+$ 降温
组合 7	$1.0D+1.4(0.7)L+1.4$ 风载(左)	组合 18	$1.0D+1.4$ 风载(左)＋降温
组合 8	$1.0D+1.4(0.7)L+1.4$ 风载(右)	组合 19	$1.0D+1.4$ 风载(右)＋降温
组合 9	$1.2D+1.4L$(左)	组合 20	$1.0D+1.4$ 风载＋降温
组合 10	$1.2D+1.4L$(右)	组合 21	$1.0D+1.0L$
组合 11	$1.0D+1.4$ 风载	组合 22	$1.0D+1.0$ 风载

4. 结构分析与设计

（1）初始形态分析

初始形态分析是悬索结构分析的重要阶段，是进行下一步荷载分析的前提和基础，在此阶段，要确定结构的初始形状和合适的预应力水平。对于马鞍形索网等形状复杂的结构体系，其形态分析一般比较复杂，需要采用专业软件进行找形分析。而对于本工程所采用的双层索系，其形态分析相对简单，可以通过解析的方法或采用有限元法进行简单的迭代既可以找到结构的平衡形态。双层索系的初始预应力态如图 16.6-45 所示。

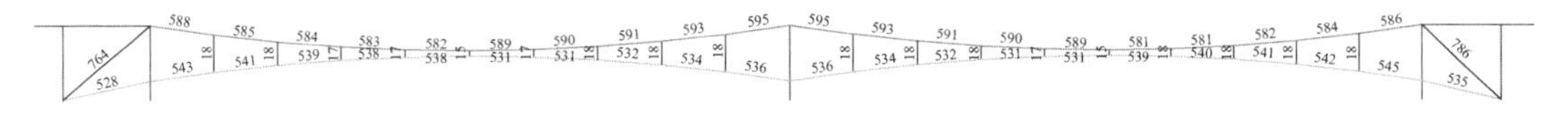

图 16.6-45 双层索系的初始状态

需要说明的是一次试算往往并不能确定合适的预应力形态。一般情况下先根据建筑要求和工程经验初步确定结构的预应力初始形态，然后进行下一步的荷载分析，对计算结果进行观察，发现不合理的地方再回到第一步形态分析，对结构的初始形态进行调整，然后再进行荷载分析，不断重复上述过程，直到找到满足各方面要求的形态分析结果。因此，上述过程是一个不断重复和不断优化的过程。

（2）荷载分析

在荷载分析阶段，对结构施加各种可能的荷载，并考虑各种可能的最不利荷载组合，在分析过程中，考虑几何非线性的影响。分析完成后，观察结构的变形和应力等指标是否满足要求，钢结构应力比见图 16.6-48，拉索最大应力见图 16.6-49。

从图 16.6-46 和图 16.6-47 可以看出，在组合 $1.0D+1.0L$ 作用下，结构最大竖向位移－448mm，为跨度的 1/153，在组合 $1.0D+1.0$ 风吸力作用下，结构最大竖向位移 160mm，为跨度的 1/429，结构的竖向变形可以满足太阳能光伏板的使用要求。

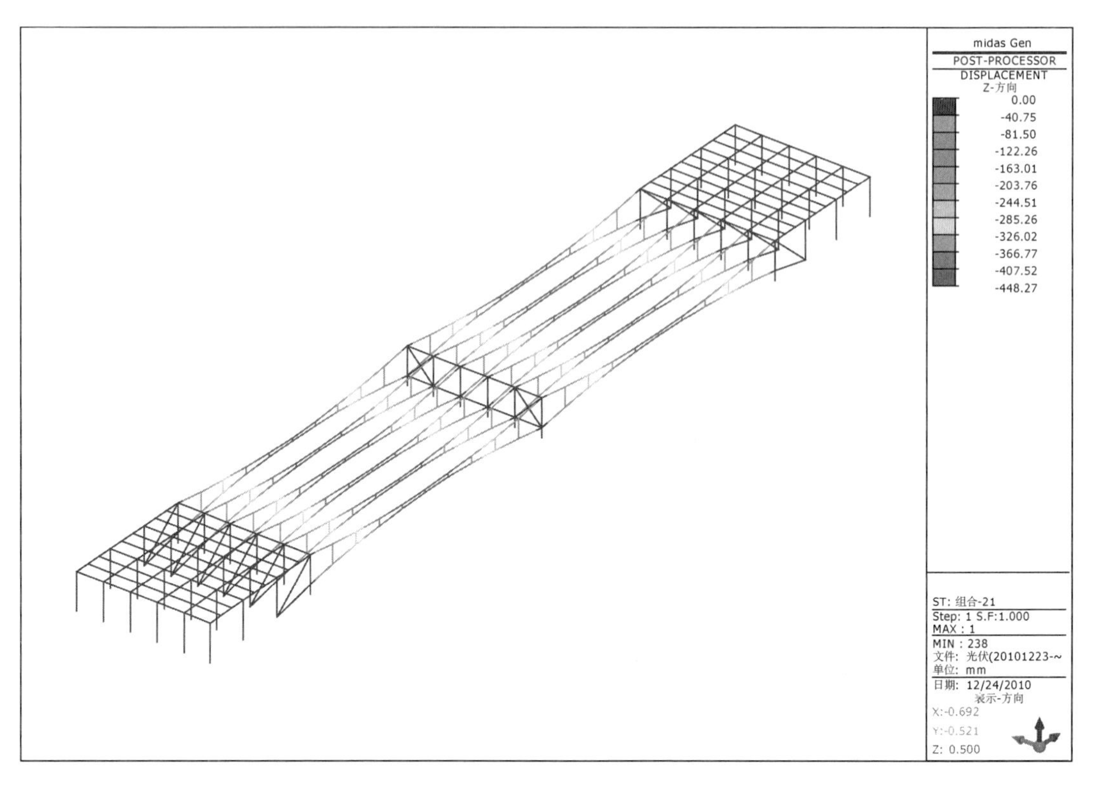

图 16.6-46　结构竖向位移（组合 21：1.0D+1.0L）

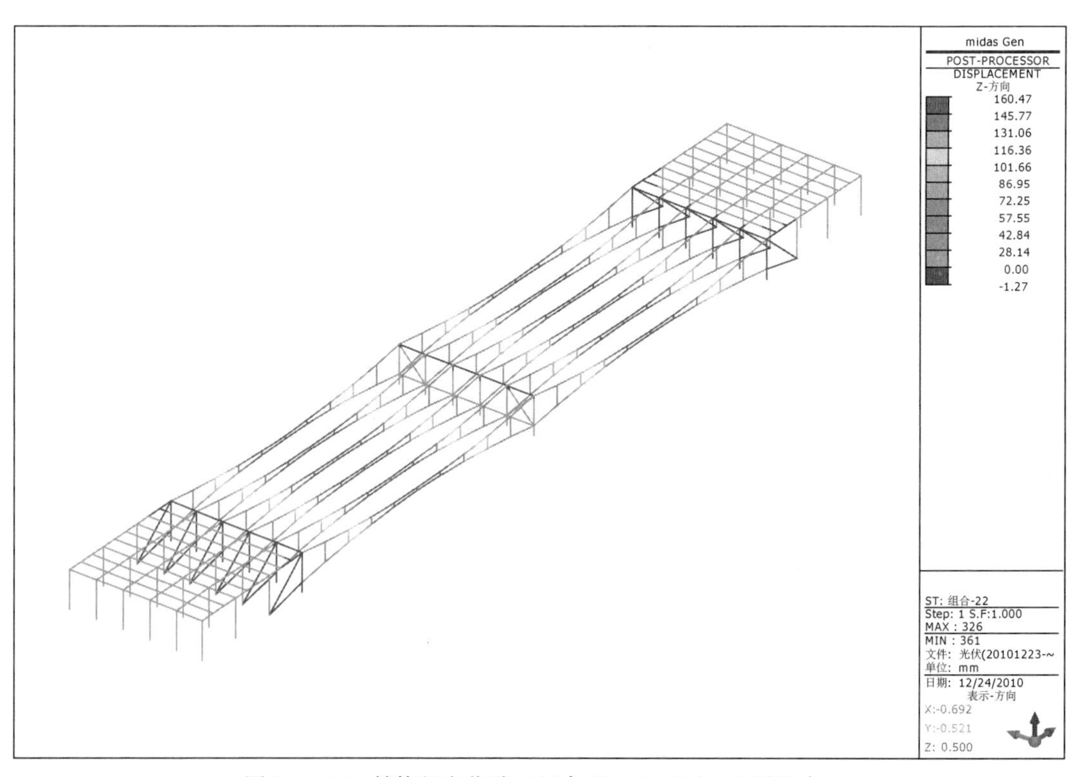

图 16.6-47　结构竖向位移（组合 22：1.0D+1.0 风吸力）

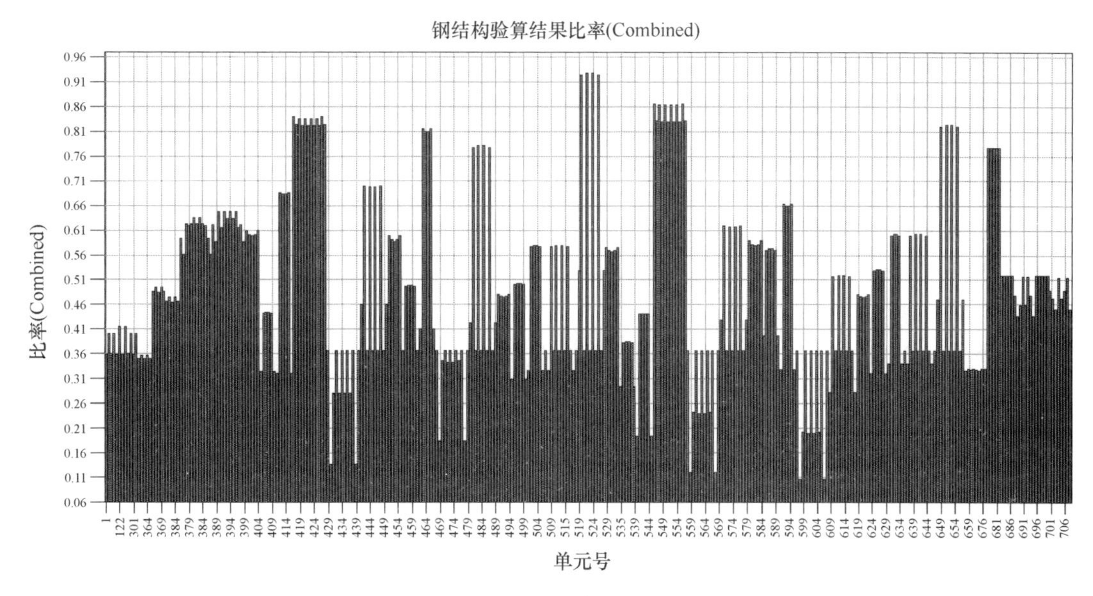

图 16.6-48 钢结构应力比

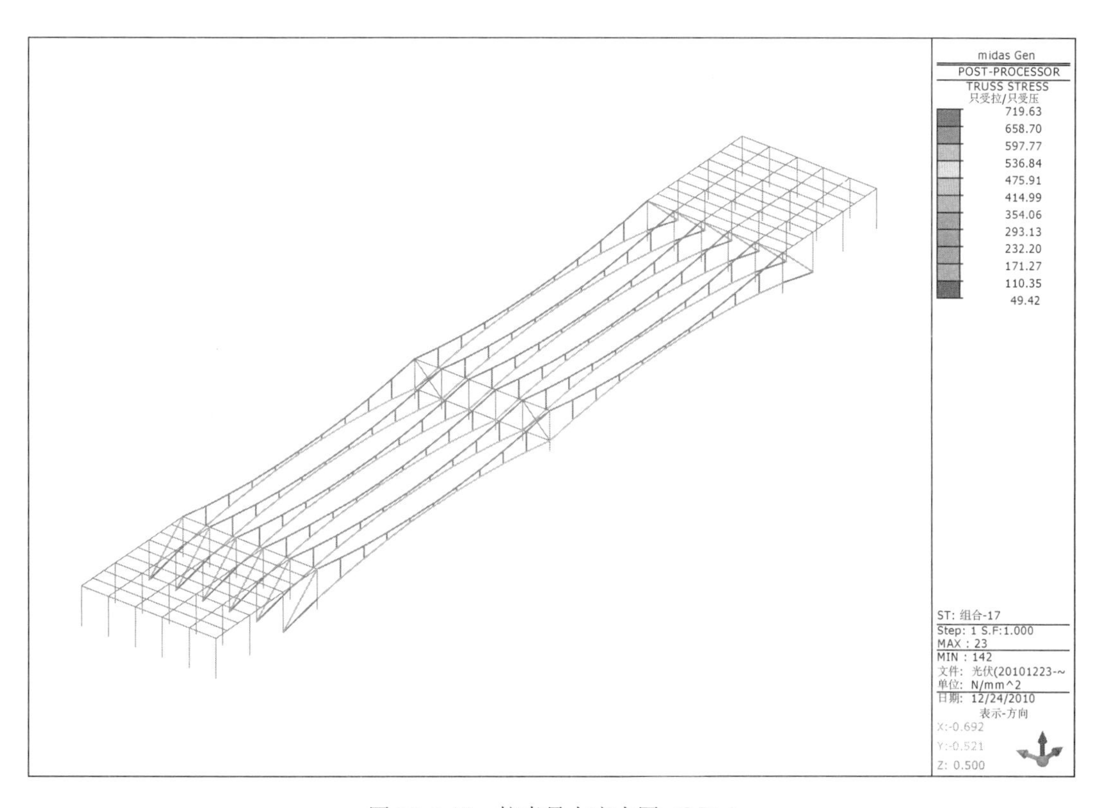

图 16.6-49 拉索最大应力图（MPa）

（3）构件验算

索系两侧的钢框架和中间摇摆柱按照现行国家标准《钢结构设计标准》GB 50017 进行验算，拉索按《索结构技术规程》进行验算。

从图16.6-48可以看出，大部分钢结构构件的应力比在0.85以下，个别构件应力比超过0.9，最大应力比达到0.96，结构承载力满足要求；拉索选择ϕ52的高钒拉索，拉索的强度级别1670MPa，从图16.6-50可以看出，拉索最大应力720MPa，拉索的安全系数为2.3，拉索强度满足要求。

5. 节点设计

双层索系的主要节点有竖向联系索与上下主索的连接节点以及拉索端部与钢结构的连接节点，下面分别进行介绍。

（1）联系索与主索连接节点

竖向联系索与主索的连接节点采用索夹节点，见图16.6-50，用两块机加工的索夹通过4个M16的高强螺栓夹紧主索，利用索夹和主索间的夹紧力所产生的摩擦力抵抗索夹的滑移。两块索夹间留有5mm的间隙，以保证螺栓能够拧紧。索夹下部开槽，以便与联系索耳板相连。

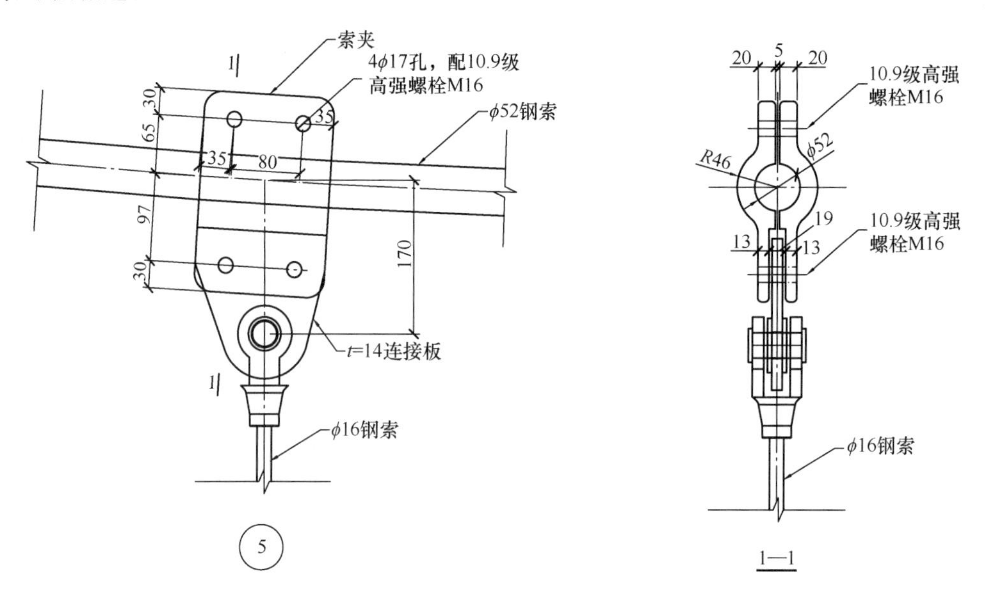

图16.6-50　联系索与主索连接节点

（2）拉索端部节点

承重索和稳定索端部采用热铸双耳调节式索具，与焊接在钢结构上的连接耳板相连。拉索端部连接节点一般受力较大，在进行节点设计时要保证节点的强度，与耳板相连的钢结构构件在与耳板连接处要通过加肋或加隔板的方式进行加强。另外，拉索端部节点一般还作为张拉端对结构施加预应力，因此，在进行节点设计时，还要注意留够张拉操作空间。

6. 结语

（1）由于本工程施工现场的特殊性，经过方案比较，选择悬索结构是比较合适的结构体系；

（2）虽然钢索的单价高于普通钢材，但由于钢索的强度很高，使结构整体用钢量降低，因而悬索体系的造价与普通钢结构相比仍然具有一定的优势；

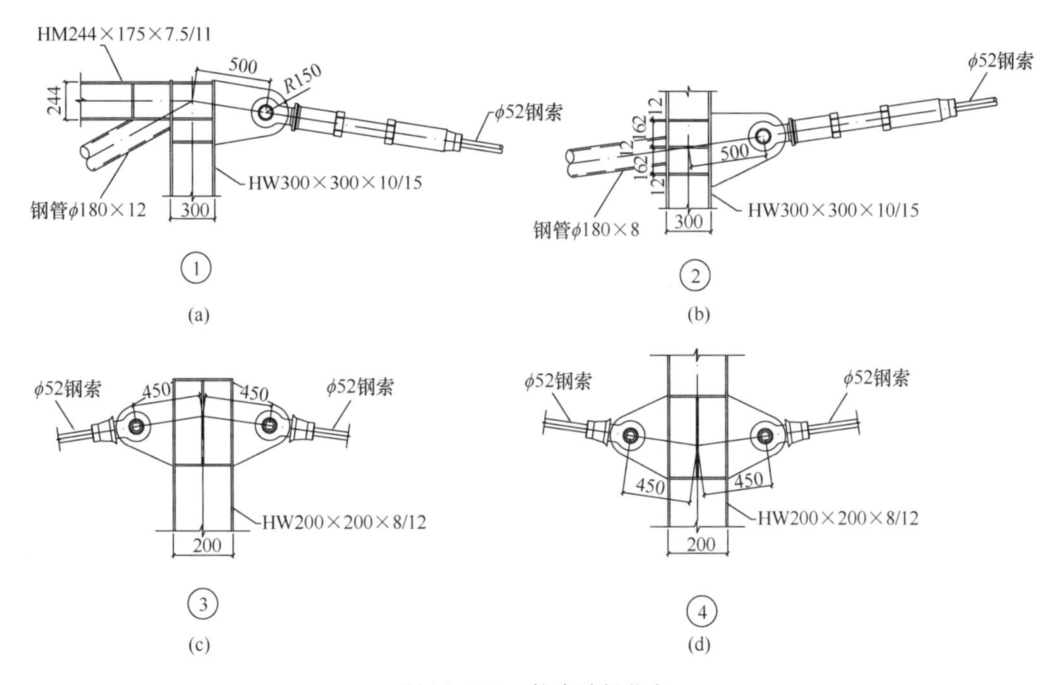

图 16.6-51 拉索端部节点

(a) 承重索端部节点；(b) 稳定索端部节点；(c) 承重索中间和摇摆柱连接节点；(d) 稳定索中间和摇摆柱连接节点

(3) 悬索体系属于柔性结构体系，结构的变形相对较大，但可以满足太阳能光伏板的要求；

(4) 清洁能源代替煤炭等资源是发展趋势，本工程的成功运行为悬索体系在太阳能发电领域的应用做出了探索，可以为今后的类似工程作为参考。

7. 同类工程应用

与本工程类似项目还包括：扬州游泳馆、成都金沙遗址博物馆、苏州游泳馆等。

图 16.6-52 成都金沙遗址博物馆采光顶

16.6.6 桁架预应力-天津水运厅屋盖钢结构设计

1. 工程概况

交通运输部天津水运工程科学研究所大型水动力实验室（一期）屋盖工程位于天津市，单体建筑跨度 99m，长度方向 217.5m，共两座，总覆盖面积达 43000m^2。经多次方案比较分析，采用体内张拉的预应力空间桁架结构体系，其中上部结构部分为单层四角锥网壳纵向抽空后形成的主次立体桁架结构，节点采用焊接空心球节点。下部张弦结构由内穿预应力钢绞线的弦管和连接弦管与上部结构的撑杆组成。本工程已于2011年10月竣工并投入使用，效果良好，具有受力合理、造价经济、施工简便等综合优势，是体内预应力桁架结构体系在大跨度工程中成功应用的典型实例。

2. 结构体系

工程单体结构平面布置如图16.6-53所示，平面尺寸100m×217.5m，沿纵向A轴和L轴布置两道直径1000mm的SRC钢骨混凝土柱，标准柱距20m，每个柱顶上设置抗震球铰弹簧支座。

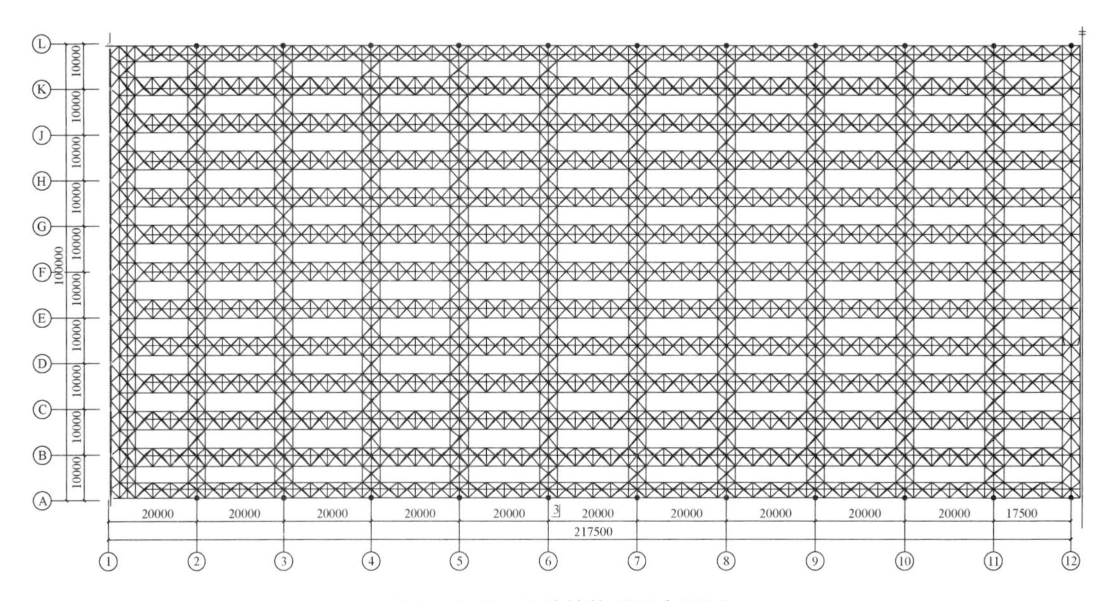

图16.6-53　屋盖结构平面布置图

屋盖桁架结构横向跨度99m，厚度2.5m，矢高7.5m。在横向每道主轴线两端节点之间设置通长弦杆，内穿预应力拉索。在通长弦杆与网壳结构之间设置空间斜向支撑，形成单向张弦体系。横向剖面如图16.6-54所示。

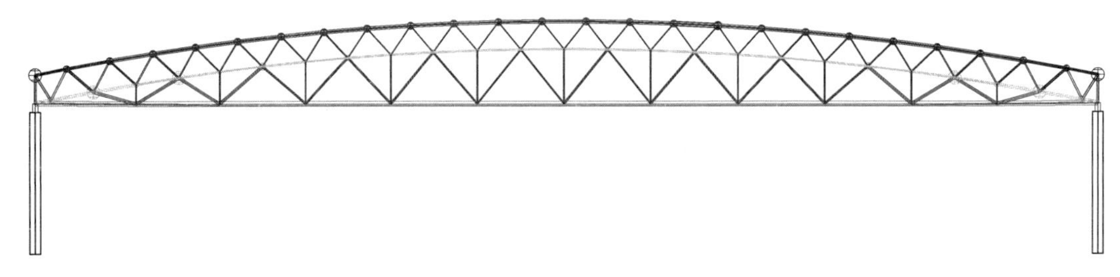

图16.6-54　屋盖结构横剖面图

为了降低超长超大跨度结构由于温度作用对下部结构产生的水平力，网壳底部与型钢混凝土柱顶之间采用双向弹性支座连接，支座弹性刚度为3kN/mm。

横向主受力结构组成示意图如图16.6-55所示：

图 16.6-55 横向受力结构组成示意图

3. 荷载确定

本工程结构设计使用年限为 50 年，建筑结构安全等级为一级，荷载取值如下。

(1) 恒载取值：本工程恒载除结构自重外，考虑在上弦平面由屋面板和檩条传来的恒载 0.25kN/m^2，以及下弦平面由灯具等吊挂物传来的恒载 0.25kN/m^2。

(2) 活载取值：

1) 屋面活荷载 0.50kN/m^2；

2) 风荷载 50 年一遇基本风压 0.50kN/m^2，风振系数 1.8，体型系数按《建筑结构荷载规范》GB 50009 中表 7.3-1 表 4 取值，高度系数按地面粗糙度 A 类、19m 高度按《建筑结构荷载规范》GB 50009 中表 8.2-1 取值；GB 50009 中一致，均为表 7.3-1 和表 8.2-1。

3) 雪荷载取 50 年一遇基本雪压 0.40kN/m^2；

4) 温度作用取±28℃。

(3) 地震作用：本工程建筑抗震设防类别为丙类。抗震措施设防烈度 7 度，设计基本地震加速度为 0.15g，设计分组一组。由于本工程跨度较大，设计时考虑了竖向地震作用的影响。

本工程设计时主要考虑了如下荷载组合（表 16.6-14）：

荷载组合表 **表 16.6-14**

$1.35(D)+1.4(0.7)(L)$	$1.0(D+0.5(L))+1.3(1.0)R_H$
$1.2(D)+1.4(L)$	$1.2(D+0.5(L))+1.3(1.0)R_H+0.5(1.0)R_z$
$1.0(D)+1.4(L)$	$1.0(D+0.5(L))+1.3(1.0)R_H+0.5(1.0)R_z$
$1.2(D)+1.4W$	$1.35(D)+1.4(0.7)(L)+T$
$1.0(D)+1.4W$	$1.2(D)+1.4(L)+T$
$1.2(D)+1.4(L)+1.4(0.6)W$	$1.0(D)+1.4W+T$
$1.0(D)+1.4(L)+1.4(0.6)W$	$1.35(D)+1.4(0.7)(L)-T$
$1.2(D)+1.4(0.7)(L)+1.4W$	$1.2(D)+1.4(L)-T$
$1.0(D)+1.4(0.7)(L)+1.4W$	$1.0(D)+1.4W-T$
$1.2(D+0.5(L))+1.3(1.0)R_H$	

其中 D 为屋面恒载及吊挂荷载；L 为屋面活荷载；W 为风荷载，考虑了东西南北四种不同风向模式；R_H 代表水平地震作用，包括 R_x 和 R_y 两个方向水平地震；R_z 代表竖向地震作用；T 代表温度作用。

4. 静力分析

本工程设计计算采用同济大学 3D3S 结构软件（10.0 版本），并采用国际著名结构有限元计算软件 MIDAS-GEN 进行校核。

静力分析首先需要确定结构的预应力水平。通常应根据结构、跨度、荷载大小等情况反复调整，寻找使结构在各种设计荷载组合下的位移和受力状态满足规范要求的最佳力值。预拉力过大，将导致结构内部受压力过大从而增大用钢量，预拉力过小，将使得预应力对于提高结构刚度作用有限，达不到规范对于位移的限值要求。本工程最终确定拉索预拉力为 2000kN，选用下弦钢管为 ϕ425 的钢管，体内穿高强预应力钢绞线，钢绞线采用 37 根 ϕ15.2 无粘结预应力钢绞线。结构自重及预拉力共同作用下的受力及变形情况如图所示（图 16.6-56、图 16.6-57、图 16.6-58 和图 16.6-59）：

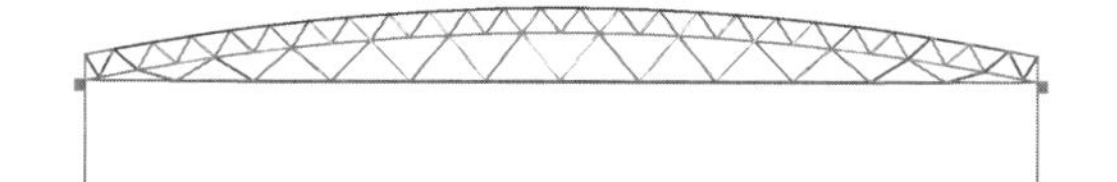

图 16.6-56 自重作用下杆件应力分布

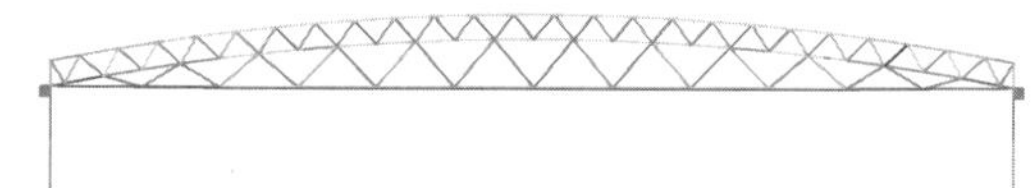

图 16.6-57 自重与预应力组合作用下杆件应力分布

预应力施加后，结构在自重作用下的应力分布产生变化，主要是下部通长弦杆由受拉转为受压，全部横向弦杆呈现均匀受压的状态。

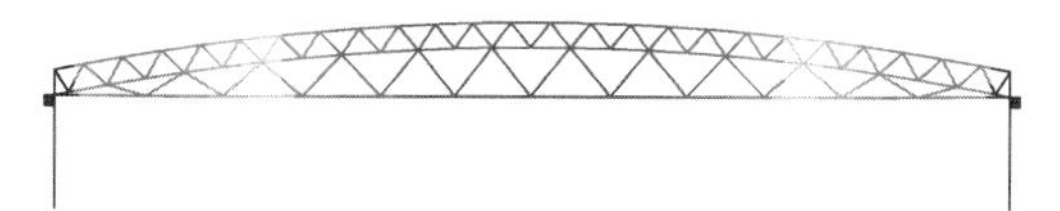

图 16.6-58 自重作用下竖向变形

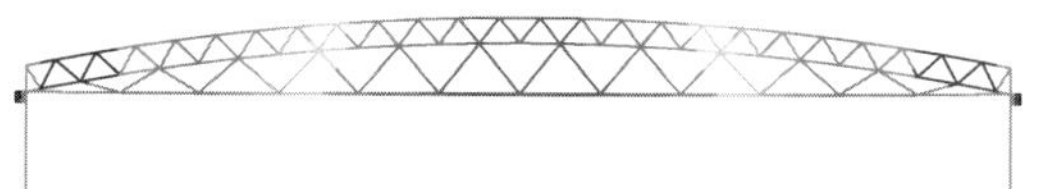

图 16.6-59 自重与预应力组合作用下竖向变形

由于预应力的施加，结构发生向上起拱，在自重作用标准值下的竖向变形值由−83mm减小为−18mm。

优化设计完成后最终采用的构件截面如表 16.6-16 所示。设计应力比如图 16.6-60 所示。本工程上部屋盖用钢量为 43.3kg/m^2（不含节点及屋面檩条）。本工程在方案设计比较阶段建立了相同跨度的 5m 厚度网壳结构，相同荷载作用下其竖向变形控制在跨度的 1/250 以内时，其用钢量约为 55kg/m^2（不含节点及屋面檩条）。

结构在恒荷载+活荷载标准组合下的竖向变形情况如图 16.6-61 所示。最大竖向变形为−264mm，远小于结构跨度的 1/250。

主要结构杆件截面尺寸表 **表 16.6-15**

网壳横向杆件	网壳纵向杆件	下弦钢绞线	水平下弦杆	水平下弦撑杆
ϕ76×4、ϕ89×4、ϕ114×4 133×4、ϕ159×6、ϕ159×8 ϕ219×6、ϕ219×8、ϕ245×10 ϕ273×10、ϕ273×16 ϕ325×12、ϕ325×14 ϕ325×16、ϕ425×12	ϕ76×4、ϕ89×4 ϕ114×4、ϕ133×4、ϕ219×6	37 根 ϕ15.2	ϕ425×12 ϕ425×16 ϕ425×20 ϕ425×25	ϕ114×4、ϕ133×4 ϕ159×6、ϕ159×8 ϕ219×8、ϕ245×10 ϕ273×10

5. 整体稳定性分析及动力性能分析

对本工程屋盖结构进行了考虑几何非线性的整体稳定性分析，其稳定系数为 8.7，满足相关规范的要求。结构整体荷载位移曲线如图 16.6-62 所示。

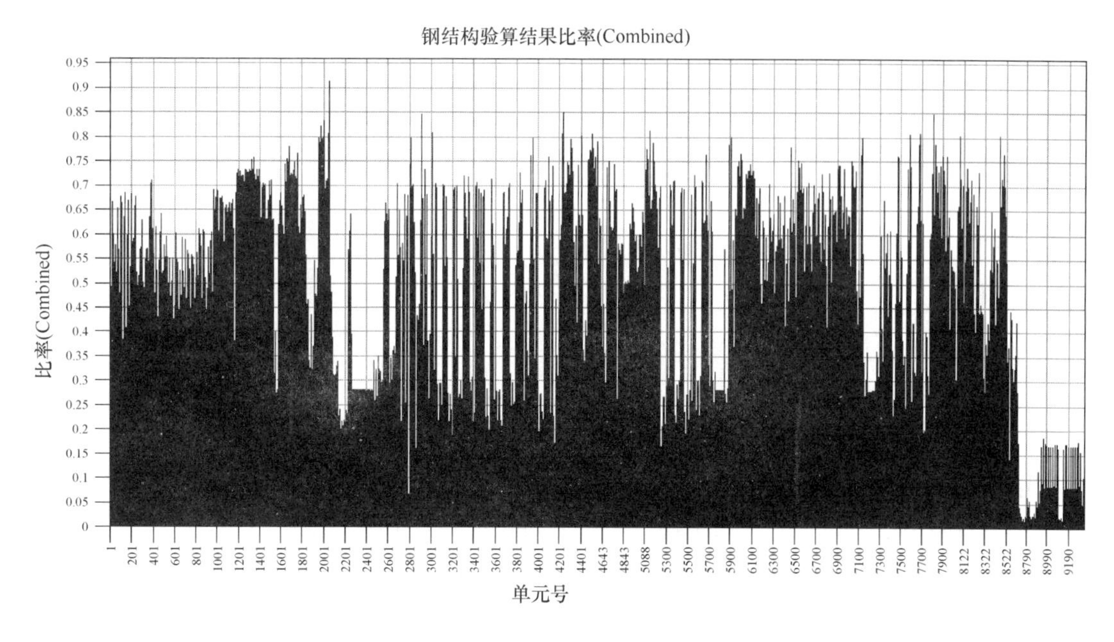

图 16.6-60 屋盖结构设计应力比

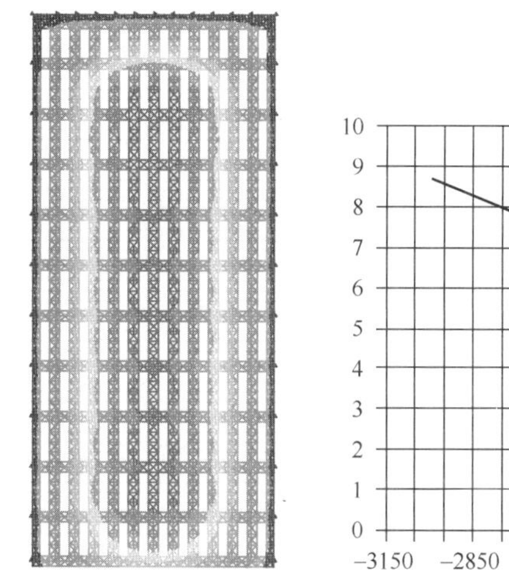

图 16.6-61 屋盖结构竖向变形图

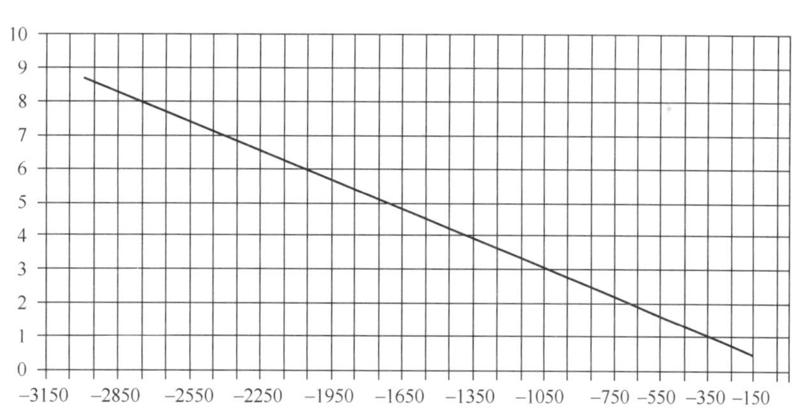

图 16.6-62 结构荷载位移曲线

对本工程屋盖结构进行了动力性能分析，前二十阶自振频率如图 16.6-63 所示。总体来说本工程自振频率较低，且较为密集，集中在 1～4Hz 之间。

6. 拉索节点设计

拉索节点设计详见图 16.6-64、图 16.6-65。

7. 结论

本工程采用的张弦网壳结构体系与传统的网壳结构

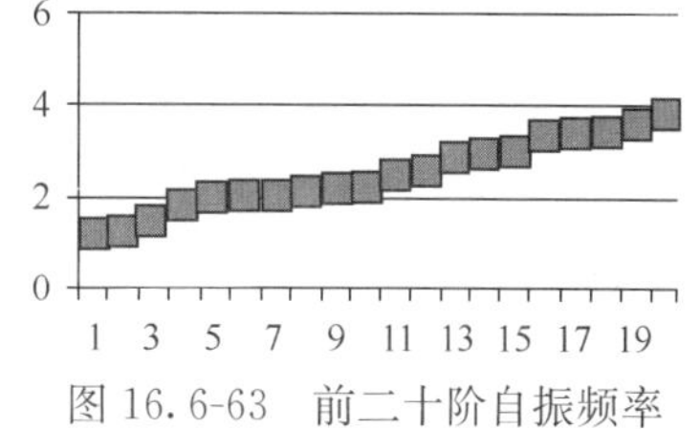

图 16.6-63 前二十阶自振频率

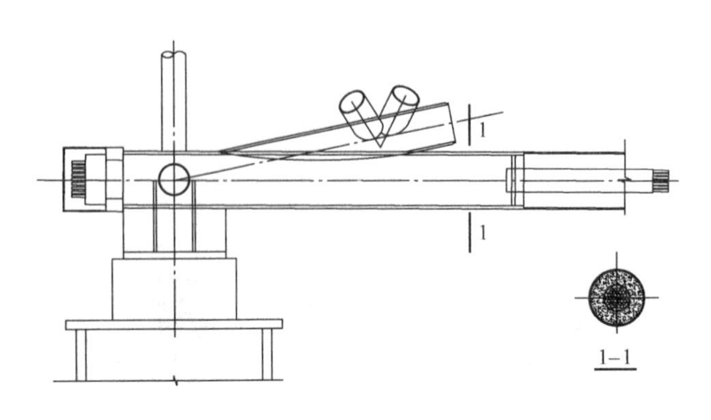

图 16.6-64　支座节点大样图

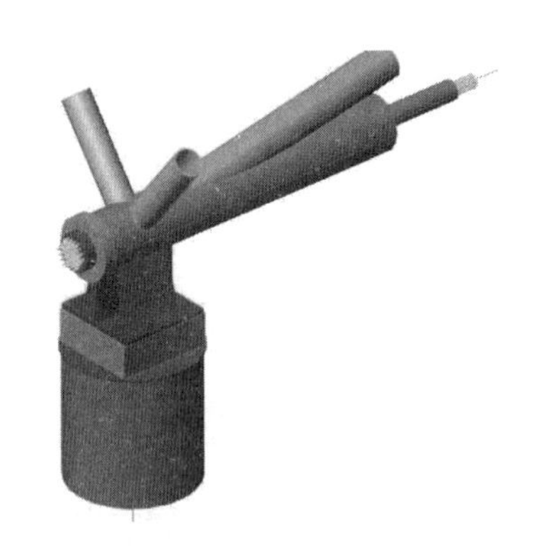

图 16.6-65　支座节点透视图

体系相比，具有如下优点：

（1）张弦网壳结构为自平衡结构，因此对下部支承结构不产生推力，解决了大跨度柱壳结构对下部水平推力过大的问题，能够大大节省支承结构及基础的造价。

（2）由于增加了下部通长弦杆和支撑杆，网架厚度选取时，可不受横向跨度控制，而应按纵向跨度控制，因此网架厚度可降低，从而降低用钢量。本工程跨度 100m，用钢量指标仅为 43.3kg/m^2（不含节点）。

（3）张弦网壳结构为张弦构件和网壳体系结合共同受力，结构安全具有多重防线。当某根拉索破坏时，网壳结构仍具备一定承载力，不至于发生整体倒塌破坏，因此抗连续倒塌能力更强。

（4）稳定性分析结果表明，张弦网壳结构具有更好的整体稳定性。

（5）另外，本工程所采用的张弦网壳结构与现有其他结构体系比较，还具有以下优势：

1）抗风吸能力强。由于网壳结构具有一定重量，在风吸作用下拉索不容易发生松弛，能够充分发挥拉索的受拉性能；

2）由于下部通长弦杆采用空间斜撑杆与网壳结构连接，既保证了弦杆自身的稳定性，又增加了对网壳结构的支撑点，因此结构整体性好，抵抗半跨活荷载及局部荷载的能力强；

3）由于预应力拉索设置在钢管内，可在张拉后对其进行密封，解决了拉索的防腐防火问题；

4）预应力拉索可采用钢绞线，与成品索相比能提高强度、降低造价，使该结构体系具有明显的经济性。

综上所述，张弦网壳结构体系是一种受力合理、综合优势明显的新型空间结构体系，特别适合于在大跨度空间结构中推广使用。

8. 同类工程应用

与本工程类似项目还包括：新国际展览中心，见图 16.6-66、东北师范大学体育馆、蚌埠龙湖体育馆、宁夏国际会议中心等。

图 16.6-66 新国际展览中心

参 考 文 献

[1] 钢结构设计标准：GB 50017[S]. 北京：中国建筑工业出版社，2018
[2] 建筑结构荷载规范：GB 50009[S]. 北京：中国建筑工业出版社，2012
[3] 建筑抗震设计规范：GB 50011[S]. 北京：中国建筑工业出版社，2010
[4] 钢结构工程施工规范：GB 50755[S]. 北京：中国建筑工业出版社，2012
[5] 钢结构工程施工质量验收规范：GB 50205[S]. 北京：中国建筑工业出版社，2002
[6] 一般用途钢丝绳：GB/T 20118[S]. 北京：中国标准出版社，2006
[7] 斜拉桥热挤聚乙烯高强钢丝拉索技术条件：GB/T 18365[S]. 北京：中国标准出版社，2001
[8] 桥梁缆索热镀锌钢丝：GB/T 17101 [S]. 北京：中国标准出版社，2008
[9] 桥梁缆索用高密度聚乙烯护套料：CJ/T 297[S]. 北京：中国标准出版社，2008
[10] 塑料护套半平行钢丝拉索：CJ 3058[S]. 北京：中国标准出版社，1996
[11] 钢拉杆：GB/T 20934[S]. 北京：中国标准出版社，2007
[12] 锌-5%铝-混合稀土合金镀层钢丝、钢绞线：GB/T 20492－2006[S]. 北京：中国标准出版社，2006
[13] 不锈钢丝绳：GB/T 9944[S]. 北京：中国标准出版社，2002
[14] 建筑用不锈钢绞线：JG/T 200[S]. 北京：中国标准出版社，2007
[15] 密封钢丝绳：YB/T 5297[S]. 北京：中国标准出版社，2006
[16] 高强度低松弛预应力热镀锌钢绞线：YB/T 152[S]. 北京：中国标准出版社，1999
[17] 镀锌钢绞线：YB/T 5004[S]. 北京：中国标准出版社，2012
[18] 制绳用钢丝：YB/T 5343[S]. 北京：中国标准出版社，2009
[19] 建筑与桥梁结构监测技术规范：GB 50982 [S]. 北京：中国建筑工业出版社，2014
[20] 索结构技术规程：JGJ 257[S]. 北京：中国建筑工业出版社，2012
[21] 预应力钢结构技术规程：CECS 212[S]. 北京：中国计划出版社，2006
[22] 建筑结构用索应用技术规程：DG/TJ 08-019[S]. 上海：中国建筑工业出版社，2005
[23] 铸钢节点应用技术规程：CEC S235[S]. 北京：中国计划出版社，2008
[24] 预应力混凝土用钢绞线：GB/T 5224[S]. 北京：中国建筑工业出版社，2014
[25] 预应力筋用锚具、夹具和连接器：GB/T 14370[S]. 北京：中国建筑工业出版社，2015
[26] 预应力筋用锚具、夹具和连接器应用技术规程：JGJ 85[S]. 北京：中国建筑工业出版社，2010
[27] 优质碳素结构钢：GB/T 699[S]. 北京：中国建筑工业出版社，2015

[28] 合金结构钢：GB/T 3077[S]. 北京：中国建筑工业出版社，2015
[29] 一般工程用铸造碳钢件：GB/T 11352[S]. 北京：中国建筑工业出版社，2009
[30] 锻轧钢棒超声检验方法：GB/T 4162[S]. 北京：中国建筑工业出版社，2008
[31] 铸钢件超声检测第 1 部分：一般用途铸钢件：GB/T 7233.1[S]. 北京：中国建筑工业出版社，2009
[32] 冶金设备制造通用技术条件锻件：YB/T 036.7[S]. 北京：中国标准出版社，1992
[33] 建筑工程施工过程结构分析与监测技术规范：JGJ/T302 [S]. 北京：中国建筑工业出版社，2013
[34] 结构健康监测系统设计标准：CECS 333 [S]. 北京：中国建筑工业出版社，2012
[35] 网壳结构技术规程：JGJ 61[S]. 北京：中国建筑工业出版社，2003
[36] 网架结构设计与施工规程：JGJ 7[S]. 北京：中国建筑工业出版社，1991
[37] 周黎光，刘占省，王泽强．大跨度预应力钢结构施工技术．北京：中国电力出版社，2017
[38] 钟善桐．预应力钢结构．哈尔滨：哈尔滨工业出版社，1986
[39] 陆赐麟，尹思明，刘锡良．现代预应力钢结构. 北京：人民交通出版社，2007
[40] 陈绍蕃．钢结构设计原理. 北京：科学出版社，2005
[41] 郭彦林，田广宇．索结构体系、设计原理与施工控制. 北京：科学出版社，2014
[42] 沈世钊，徐崇宝，赵臣，武岳等．悬索结构设计. 北京：中国建筑工业出版社，2006
[43] 张毅刚，秦杰，郭正兴，徐瑞龙，王德勤．索结构典型工程集. 北京：中国建筑工业出版社，2013
[44] 丁洁民，张峥．大跨度建筑钢屋盖结构选型与设计．上海：同济大学出版社，2013
[45] 张其林．新型建筑索结构设计与监测. 北京：中国电力出版社，2012
[46] 黄明鑫．大型张弦梁结构的设计与施工．山东：山东科学技术出版社，2005
[47] 张毅刚，雪素铎，杨庆山，范锋．大跨度空间结构. 北京：机械工业出版社，2013
[48] 懂军，唐柏鉴．预应力钢结构. 北京：中国建筑工业出版社，2008
[49] 陈志华．弦支穹顶结构. 北京：科学出版社，2010
[50] 董石麟．预应力大跨度空间钢结构的应用与展望．空间结构．2001，7(4)：3～12
[51] 张毅刚．建筑索结构的类型及其应用．施工技术．2010，39(8)：8～12
[52] 沈世钊．中国悬索结构的发展．工业建筑．1994(6)：3～9
[53] 沈世钊，蒋兆基．亚运会朝阳体育馆组合索网屋盖．建筑结构学报．1990，11(3)：1～9
[54] 汪大绥，张富林，高承勇等．上海浦东国际机场(一期工程)航站楼钢结构研究与设计．建筑结构学报．1999，20(2)：2～8
[55] 罗尧治，余佳亮．北京北站站台大跨度张弦桁架雨棚设计研究．中国铁道科学．2013，34(1)：35～41
[56] 沈雁彬，郑君华，罗尧治．北京北站张弦桁架结构模型试验研究．建筑结构学报．2010，31(11)：51～56
[57] 杨惠东，邹国萍、罗尧治，郑君华．北京北站无柱雨棚结构设计．2009 中国铁路客站技术国际交流会论文集，2009：323～328
[58] 崔育家，张杰，李艳．北京北站无柱雨棚风洞试验．四川建筑．2007，27(3)：143～144
[59] 王泽强，秦杰，李开国．山西寺河矿体育馆预应力钢结构施工技术．施工技术．2008，37(3)：23～25
[60] 覃阳，朱忠义，柯长华，秦凯，王毅．北京 2008 年奥运会国家体育馆屋顶结构设计．建筑结构．2008，38(1)：12～15、29
[61] 覃阳，朱忠义，陈金科等．国家体育馆双向张弦空间网格结构设计．预应力技术．2011，Vol 2：6～19

[62] 夏兵，李振宝，樊珂，闫维明，周锡元．国家体育馆屋盖模型二维地震反应试验研究．2008，24(4)：47～53

[63] 秦杰，徐亚柯，覃阳．国家体育馆钢屋盖工程设计、施工、科研一体化实践．建筑结构．2009，第39卷增刊：162～167

[64] 李国立，王泽强，秦杰，徐瑞龙．双椭形弦支穹顶张拉成型试验研究．建筑技术．2007，38(5)：348～351

[65] 王泽强，秦杰，徐瑞龙，张然，陈新礼．环形椭圆平面弦支穹顶的环索和支承条件处理方式及静力试验研究．空间结构．2006，12(3)：12～17

[66] 王泽强，秦杰，李国立，陈新礼．两种布索方式对双椭型弦支穹顶静力性能影响的试验研究．工业建筑．2006，Vol36 增刊：477～480

[67] 葛家琪，王树，梁海彤，张爱林，张国军，管志忠，杨霄．2008奥运会羽毛球馆新型弦支穹顶预应力大跨度钢结构结构设计研究．建筑结构学报．2007，28(6)：10～21

[68] 张爱林，葛家琪，刘学春．2008奥运会羽毛球馆大跨度新型弦支穹顶结构体系的优化设计选定．建筑结构学报．2007，28(6)：1～9

[69] 王树，张国军，张爱林，葛家琪，秦杰．2008奥运会羽毛球馆索撑节点预应力损失分析研究. 建筑结构学报．2007，28(6)：39～44

[70] 张爱林，王冬梅，刘学春，葛家琪．2008奥运会羽毛球馆弦支穹顶结构模型动力特性试验及理论分析．建筑结构学报．2007，28(6)：68～75

[71] 葛家琪，张国军，王树，张爱林，梁海彤，管志忠．2008奥运会羽毛球馆弦支穹顶结构整体稳定性能分析研究．建筑结构学报．2007，28(6)：22～30

[72] 张国军，葛家琪，秦杰，王树，王泽强，王敬仁．2008奥运会羽毛球馆弦支穹顶预应力张拉模拟施工过程分析研究．建筑结构学报．2007，28(6)：31～38

[73] 张爱林，刘学春，王冬梅，王敬仁，张庆亮，李鹏飞，鞠晓晨．2008奥运会羽毛球馆新型预应力弦支穹顶结构全寿命健康监测研究．建筑结构学报．2007，28(6)：92～99

[74] 秦杰，王泽强，张然，李国立，张爱林．2008奥运会羽毛球馆预应力施工监测研究．建筑结构学报．2007，28(6)：83～91

[75] 王泽强，秦杰，徐瑞龙，张然，李国立，陈新礼．2008奥运会羽毛球馆弦支穹顶结构预应力施工技术．施工技术．2007，36(11)：9～11

[76] 张志宏，傅学怡，董石麟等．济南奥体中心体育馆弦支穹顶结构设计．空间结构．2008，14(4)：8～13

[77] 王泽强，秦杰，李国立，陈新礼，葛家琪．金沙遗址采光顶预应力悬索结构设计与施工．工业建筑．2008，38(12)：26～29

[78] 袁英占，苏浩，苏国柱，李建伟，孟书斌．扬州体育公园游泳跳水馆预应力双层索网结构设计与施工．施工技术．2010，39(10)：36～39

[79] 王泽强，张迎凯，付炎，王立维．重庆市渝北体育馆弦支穹顶结构预应力施工技术研究．空间结构．2012，18(3)：60～67

[80] 卫东，王志刚，刘季康，丁大益．全国农业展览馆中西广场展厅张弦桁架屋盖设计．建筑结构．2006，36(6)：76～79

[81] 李丛笑，丁大益．北京某展馆新馆张弦桁架设计．建筑科学．2005，21(5)：54～59

[82] 张国军，葛家琪，王树，张爱林，王文胜，王明珠，许可冉．内蒙古伊旗全民健身体育中心索穹顶结构体系设计研究．建筑结构学报. 2012，33(4)：12～22

[83] 葛家琪，徐瑞龙，李国立，王文胜，周文胜，尤德清，张国军，王泽强．索穹顶结构整体张拉成形模型试验研究．建筑结构学报. 2012，33(4)：23～30

[84]　葛家琪，张爱林，刘鑫刚，张国军，叶小兵，王树，刘学春．索穹顶结构张拉成形与承载全过程仿真分析．建筑结构学报. 2012，33(4)：1～11

[85]　王泽强，程书华，尤德清，杨国莉，陈新礼，葛家琪，徐瑞龙．索穹顶结构施工技术研究．建筑结构学报. 2012，33(4)：67～76

[86]　张爱林，刘学春，李健，葛家琪，张国军．大跨度索穹顶结构模型静力试验研究．建筑结构学报. 2012，33(4)：54～59

[87]　刘学春，张爱林，谢伟伟，葛家琪，张国军．大跨度索穹顶结构抗火性能分析．建筑结构学报．2012，33(4)：31～39

[88]　陈荣毅，董石麟，孙文波．大跨度预应力张弦桁架结构的设计与分析．空间结构．2003，9(1)：45～47

[89]　王泽强，王丰，尤德清，周黎光，吕品．大跨度非对称马鞍形索网结构关键施工技术研究与应用. 广西科技大学学报．2016，27：86～94

[90]　张翠翠，王泽强，徐瑞龙，喻馨，马建．盘锦体育场索网成形过程模型试验研究．建筑结果. 2017，47(4)：87～90

[91]　吕品．大跨度非双层索系预应力钢结构的结构分析和施工技术研究．全国钢结构设计与施工学术会议论文集．2014：196～200

[92]　余流，张嗣谦．大跨度体内预应力桁架结构施工过程仿真分析与监测．施工技术．2013，42(20)：28～30

[93]　葛家琪，王树，张国军，李健，候君坚．东北师范大学体育馆体内预应力大跨度钢管桁架结构设计研究．建筑结构．2009，39(10)：58～61

[94]　王泽强，秦杰，李国立，陈新礼等．印度尼西亚全运会主体育场预应力钢结构施工技术．工业建筑．2008，38(12)：8～11

[95]　司波，高晋栋，王泽强等．双层轮辐式空间张弦钢屋架预应力施加仿真分析与监测．建筑结构. 2010，40(10)：71～73

第 17 章　钢-混凝土组合结构

17.1　概　　述

17.1.1　钢-混凝土组合结构的特点

通常，钢-混凝土组合结构（Composite Steel and Concrete Structures）是指将钢结构及钢筋混凝土结构通过某种方式组合在一起共同工作的一种结构形式，两种结构材料组合后的整体工作性能要明显优于二者性能的简单叠加。

众所周知，钢结构和混凝土结构各有所长。钢结构重量轻、强度高、延性好、施工速度快、工厂制作质量高，而混凝土结构材料成本低、刚度大、抗火及抗腐蚀性能好。组合结构综合利用了这两种结构的优点，使其综合性能得到了进一步的提升。同钢筋混凝土结构相比，组合结构可以减小构件截面尺寸、减轻结构自重、减小地震作用、增加有效使用空间、降低基础造价、方便安装、缩短施工周期、增加构件和结构的延性等；同钢结构相比，可以减少用钢量、增大刚度、增加结构的稳定性和整体性、提高结构的抗火性和耐久性等。经过几十年的研究及工程实践，钢-混凝土组合结构已经发展成为既区别于传统的钢筋混凝土结构和钢结构，又与之密切相关和交叉的一类结构形式，其结构类型和适用范围涵盖了结构工程应用的各个领域，并已成功应用于许多超高层建筑及大跨度桥梁。

钢-混凝土组合梁（Steel-Concrete Composite Beams）是广泛使用的一类横向承重组合构件，通过抗剪连接件将钢梁与混凝土翼板组合在一起，充分发挥了混凝土抗压强度高和钢材抗拉性能好的优势。组合梁的基本工作原理可以参见图 17.1-1 所示。对于普通钢梁与混凝土板所组成的结构，如果钢梁上翼缘与混凝土板下表面之间不采取任何构造措

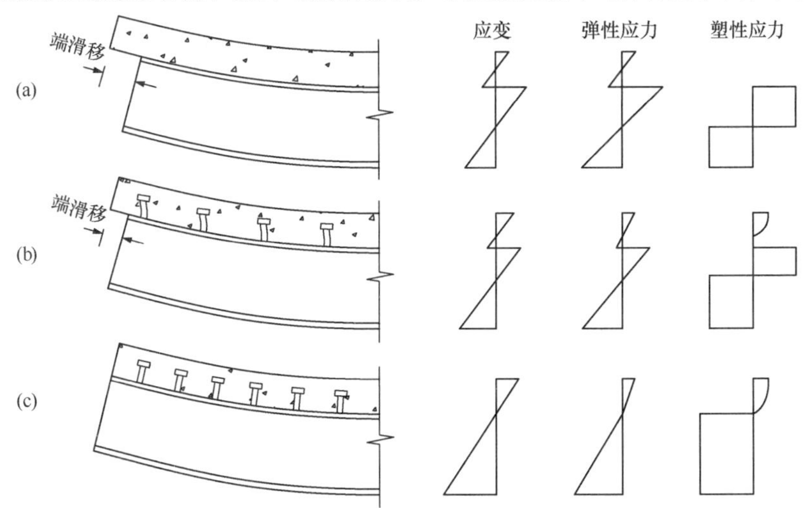

图 17.1-1　组合作用与截面应变、应力分布的关系

（a）无组合；（b）部分组合；（c）完全组合

施，两者之间可以自由相对滑动，则在外荷载作用下，混凝土板截面与钢梁截面分别绕自身的中和轴发生变形，整个结构的承载力相当于二者承载力的简单叠加，如图 17.1-1(a) 所示。又由于混凝土板截面高度较小，因此开裂弯矩和抗弯承载力都很低，当钢梁进入塑性阶段后混凝土板已经丧失其抗弯能力；而钢梁上翼缘由于缺乏侧向支撑，钢梁易发生整体及局部屈曲，极限抗弯承载力也往往难以充分发挥。当采取一定的机械或其他构造措施保证钢梁与混凝土板之间的可靠连接，使二者不发生任何滑移并绕同一中和轴发生变形，则截面应变及应力分布如图 17.1-1(c) 所示。此时，混凝土翼板基本处于受压状态，钢梁大部分处于受拉状态，同时混凝土翼板对钢梁的支撑作用可以防止结构发生失稳，从而使两种材料的力学性能均能够得到充分发挥。对于通常使用的钢—混凝土组合梁，其抗剪构造措施往往无法也没有必要完全避免钢梁与混凝土翼板之间相对滑移的产生，则结构的应变和应力分布介于上述两种情况之间，如图 17.1-1(b) 所示。

钢—混凝土组合梁具有截面高度小、自重轻、延性好等优点。一般情况下，建筑结构中钢-混凝土简支组合梁的高跨比可以做到 1/18～1/20，连续组合梁的高跨比可以做到 1/25～1/35。同钢筋混凝土梁相比，组合梁可以使结构高度降低 1/3～1/4，自重减轻 40%～60%，施工周期缩短 1/2～1/3，同时现场湿作业量减小，施工扰民程度减轻，保护了环境，并且延性大大提高。同钢梁相比，组合梁同样可以使结构高度降低 1/3～1/4，刚度增大 1/3～1/4，整体稳定性和局部稳定性增强，耐久性提高，动力性能改善。组合梁另一个显著优点是当采用混凝土叠合板翼板或压型钢板组合板翼板时减少了施工支模工序和模板，从而可以多层立体交叉施工，省掉满堂红脚手架。目前，钢-混凝土组合梁已广泛应用于多、高层建筑和多层工业厂房的楼盖结构、工业厂房的吊车梁、工作平台、栈桥等。在跨度比较大、荷载比较重及对结构高度要求较高等情况下，采用组合梁作为横向承重构件均能够产生显著的技术经济效益和社会效益。

钢管混凝土（Concrete Filled Steel Tubes，CFT）是在型钢混凝土及螺旋配箍混凝土的基础上发展起来的一类构件，由圆形或矩形截面钢管及内填混凝土所构成。圆钢管混凝土在受力过程中，钢管对混凝土的套箍作用使混凝土处于多向受压状态，从而提高了混凝土的极限强度，并且塑性和韧性大为改善。同时，由于混凝土的支撑作用可以避免或延缓钢管发生局部屈曲，保证了钢材的性能得以充分发挥。圆钢管混凝土柱在轴压下的受力模式参见图 17.1-2 所示。

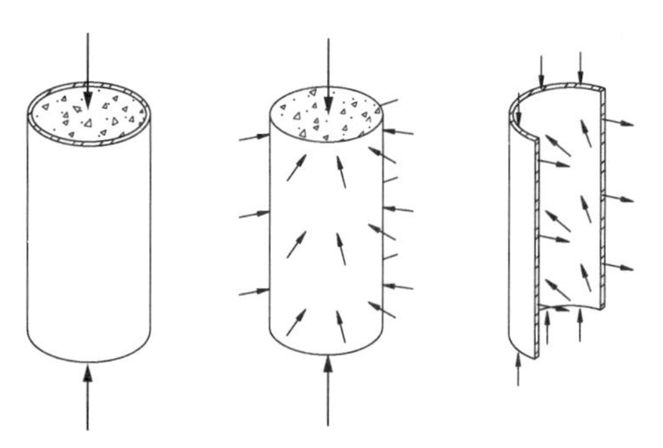

图 17.1-2　钢管混凝土短柱受力模式

钢管与混凝土相互约束、共同工作，提高了构件的整体性能，具有承载力高、延性及抗震性能好等优点。钢管本身兼有纵向钢筋和箍筋的作用，而现场安装远比制作钢筋骨架方便快捷。钢管本身也作为耐侧压的模板使用，便于浇筑混凝土，同时也是劲性承重骨架，在施工阶段可起支撑作用，因此钢管混凝土具有良好的施工性能。此外，钢管与核心混凝土在抗火性能上具有相互贡献、协同互补、共同工作的特点，使得钢管混凝土结构具有较好的抗火性能。火灾后，随着外界温度的降低，钢管混凝土已屈服钢管的强度可得到不同程度的恢复，截面力学性能比高温状态下有所改善，结构的整体性比火灾中也将有所提高，从而为结构的加固补强提供了一个比较安全的工作环境，并可减少加固工作量，降低维修费用。理论分析和工程实践均表明，钢管混凝土柱与纯钢柱相比，在保持结构自重和承载力相同的条件下，可节省钢材 50%，同时大幅度减少焊接工作量。与普通钢筋混凝土结构相比，在保持用钢量和承载能力相近的条件下，构件横截面面积可减小约 50%，从而增大了建筑的有效使用面积，并使构件自重减少约 50%。钢管混凝土以其上述优点，在我国的高层建筑、工业厂房以及大跨桥梁等领域得到了广泛应用。

型钢混凝土（Steel Reinforced Concrete，SRC）结构是指在型钢周围配置钢筋，并浇筑混凝土所形成的结构，也称为钢骨混凝土或劲性钢筋混凝土。型钢混凝土梁与型钢混凝土柱所组成的型钢混凝土框架结构可参见图 17.1-3 所示。型钢混凝土最初是出于防火的目的在钢柱或钢梁的外部包裹混凝土。进一步的试验研究发现，通过一定的构造措施，内部型钢与外包钢筋混凝土可形成整体共同受力，其受力性能要优于型钢部分和钢筋混凝土部分的简单叠加。对型钢混凝土构件来说，型钢腹板虽然具有很强的抗剪能力，但仍需要配置一定数量的箍筋。配置箍筋的目的一是对外包混凝土起约束作用，避免混凝土过早剥落而导致承载力迅速丧失，二是提高配箍率可以防止型钢与混凝土间的粘结破坏，增强二者间的组合作用。与纯钢结构相比，外包的钢筋混凝土可以约束钢构件，防止发生局部屈曲，从而提高了构件的整体刚度，并使钢材强度得以充分发挥。分析表明，型钢混凝土构件一般可比纯钢结构构件节约钢材 50%以上。此外，型钢混凝土结构比纯钢结构的刚度和阻尼均有明显提高，有利于控制结构变形。与钢筋混凝土结构相比，型钢混凝土由于含钢率大幅度提高，使得构件的承载力和延性增强，有利于改善结构的抗震性能。此外，钢骨架本身可作为施工阶段的支撑使用，当配筋构造比较简单时有利于加快施工速度。

组合结构也可包括多种结构体系之间的组合，如组合筒体与组合框架所形成的组合体系、巨型组合框架体系等。将钢筋混凝土核心筒或剪力墙与钢框架联合使用，使具有较大抗侧移刚度的钢筋混凝土核心筒或剪力墙主要承受水平荷载，而具有较高材料强度的钢框架主要承受竖向荷载，这样可利用轻巧灵活的钢框架做成跨度较大的楼面结构，避免了单一结构体系带来的弊端。组合结构体系兼有钢结构施工速度快和混凝土结构刚度大、成本低的优点，在很多情况下被认为是一种符合我国国情的超高层建筑结构形式。

相对于传统的结构体系，钢-混凝土组合结构体系具有以下优点：

（1）组合结构体系具有良好的力学性能和使用性能。组合结构体系具有较强的抗侧移刚度。例如，混凝土核心筒-钢框架体系以侧向刚度较大的钢筋混凝土内筒作为主要的抗侧力结构，通过伸臂桁架等措施与外框架组合后，侧向刚度大于通常的钢结构体系，可以减少风荷载作用下的侧移和 $P\text{-}\Delta$ 效应对结构的不利影响。同时，钢筋混凝土内筒和外钢框架可以形成多道抗震防线，提高结构的延性和抗震性能。相对于钢筋混凝土结构，组合结构使用高强度钢材可以减轻自重，从而减小了地震作用和构件截面尺寸，并相应降低了基础造价。

（2）钢-混凝土组合结构发挥了混凝土的力学及防护性能，使得结构的总体用钢量小于相应的纯钢结构，同时可节省部分防腐、防火涂装的费用。有统计表明，高层建筑采用钢-混凝土组合结构的用钢量低于相应纯钢结构约 30%。从施工角度看，组合结构体系与钢结构的施工速度相当，相对于混凝土结构，则由于节省了大量支模、钢筋绑扎等工序，

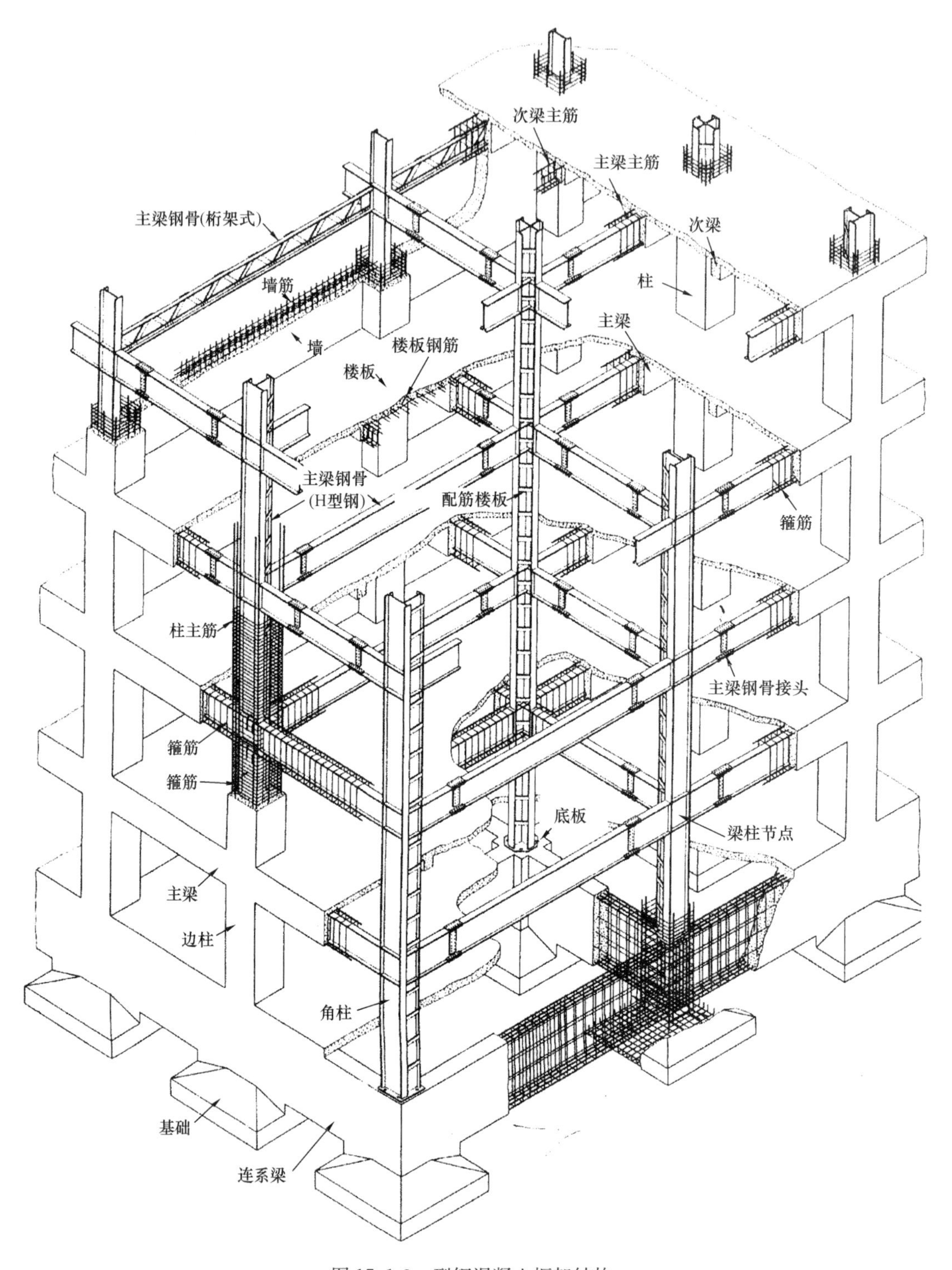

图 17.1-3　型钢混凝土框架结构

（引自《图说　建筑结构》，日本建筑构造技术者协会，中国建筑工业出版社）

同时钢构架又可作为施工平台使用，使得施工速度可以大大增快、工期缩短。在考虑施工时间的节省、使用面积的增加以及结构高度降低等因素后，组合结构体系的综合经济指标一般要优于纯钢结构和混凝土结构。

17.1.2 组合结构构件

钢-混凝土组合构件是目前应用最广泛、研究最成熟的组合结构形式，包括钢-混凝土组合柱、钢-混凝土组合梁、钢-混凝土组合楼板和钢-混凝土组合剪力墙等。

组合柱包括钢管混凝土柱和型钢混凝土柱两类。这两类组合柱所利用的组合概念有所不同。型钢混凝土柱主要利用混凝土对钢柱的支持，而钢管混凝土则同时利用了钢管对混凝土的横向约束作用提高了后者的强度和延性。

型钢混凝土柱内部型钢分为实腹式和空腹式两种。实腹式型钢可采用由焊接或轧制的工字形、箱形、十字形截面。由于实腹式型钢具有很强的抗剪能力，因此抗震性能较强。而空腹式型钢则采用角钢或小型钢通过缀板连接所形成的格构式钢骨架，其受力性能与普通钢筋混凝土柱相似。因此，目前在抗震结构中多采用实腹式型钢混凝土柱。图 17.1-4(a～d)为应用于中柱的型钢混凝土柱截面形式，图 17.1-4(e～h) 为应用于边柱或角柱的型钢混凝土柱截面形式，其中图 17.1-4(c、f、h) 为实腹式型钢，其余为格构式型钢。型钢混凝土将钢材置于构件截面内部，因此钢材强度的发挥程度将小于将钢材布置在构件周边的钢管混凝土。当仅依靠型钢与混凝土间的粘结力时，难以充分保证型钢与混凝土的协同工作性能，需要沿型钢周边布置一定数量的构造钢筋，从而给施工带来困难。此外，将型钢混凝土应用于框架梁时，混凝土裂缝宽度有时难以控制，从而影响到型钢混凝土梁的应用。

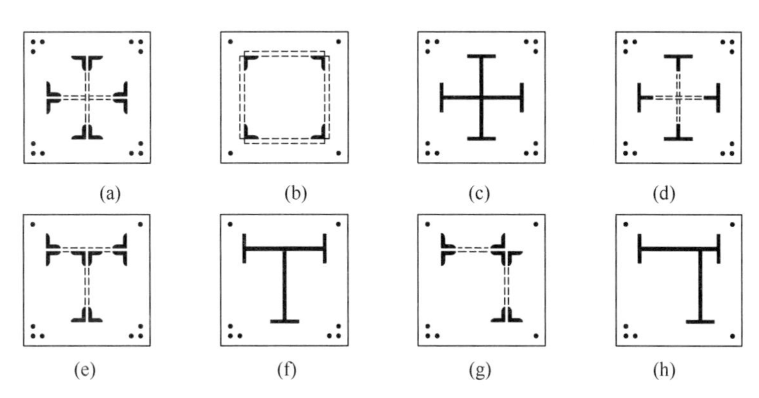

图 17.1-4 型钢混凝土柱的截面形式

钢管混凝土由于能够同时提高钢材和混凝土的性能并方便施工而成为研究和应用的热点。按截面形式不同，钢管混凝土可分为圆钢管混凝土、方钢管混凝土和多边形钢管混凝土等（图 17.1-5）。目前，我国高层建筑中圆钢管混凝土的应用实例较多，也有部分采用矩形截面的钢管混凝土。与圆钢管混凝土相比，方钢管混凝土在轴压作用下的约束效果降

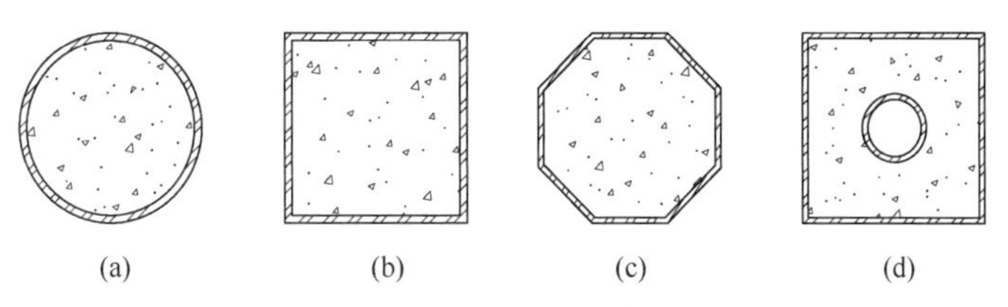

图 17.1-5 钢管混凝土柱的截面形式

低，但相对圆钢管混凝土的截面惯性矩更大，因此在压弯作用下具有更好的性能。同时，这种截面形式制作比较简单，尤其是节点处与梁的连接构造比较易于处理，因而在国外的应用较多，在我国的应用也呈上升趋势。对于八角形等多边形钢管混凝土，其工作状态则介于二者之间。目前，钢管混凝土与泵送混凝土、逆作法、顶管法施工技术相结合，在我国超高层建筑以及桥梁建设中已取得了相当多的成果。

组合梁是一类重要的横向承重组合构件。采用不同的结构材料并通过不同的组合方式，可以形成多种多样的组合梁。早期的组合梁将钢梁包裹在混凝土内（型钢混凝土梁），自重较大，并难以控制裂缝宽度。将钢梁与混凝土翼板组合在一起的组合梁，见图 17.1-6a，减轻了自重，并避免了混凝土开裂等问题。除了工字形截面钢梁之外，采用箱形钢梁与混凝土翼板组合所形成的闭口截面组合梁，具有更大的承载力和刚度，并具有很强的抗扭性能，可应用于高层建筑中的转换梁和加强层等对结构强度和刚度有较高要求的部位。将钢桁架或蜂窝形钢梁与混凝土翼板组合，则可以形成桁架组合梁或蜂窝形钢-混凝土组合梁，见图 17.1-6b，具有结构自重轻、通透效果好等特点，并易于布置水、电、消防等设备管线。蜂窝形钢梁通常由轧制工字型钢或 H 型钢先沿腹板纵向切割成锯齿形后再错位焊接相连而成，有时也可以直接在钢梁腹板挖孔而形成。在一般情况下，蜂窝形钢梁的加工制作工艺比一般钢梁要复杂一些，而且腹板的抗剪能力有所削弱。采用预制钢筋混凝土板与钢梁形成的组合梁，见图 17.1-6c，安装施工时仅需要浇筑槽口处的混凝土，可减少现场湿作业工作量，加快施工进度，减少混凝土收缩等不利因素的影响。这种组合梁形式通常应用于桥梁结构，对预制板的加工精度要求高，不仅需要在预制板端部预留槽口，而且要求两板端预留槽口在组合梁的抗剪连接件位置处对齐，同时槽口处需附加构造钢筋，因此对施工水平的要求较高。采用叠合板混凝土作为翼板的组合梁，见图 17.1-6d，在保留预制板组合梁优点的基础上，进一步降低了施工难度，提高了施工质量。混凝土预制板在施工时作为施工平台和永久模板使用，在后浇层硬化后则作为楼面的一部分参与板的受力，同时还作为组合梁混凝土翼板的一部分参与组合梁的整体受力。在高层建筑内，钢-混凝

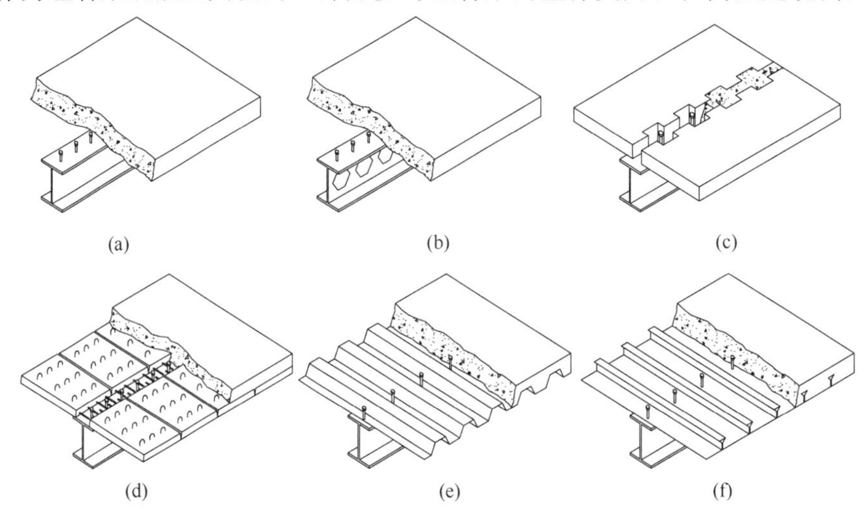

图 17.1-6　组合梁的结构形式

（a）钢-现浇混凝土组合梁；（b）蜂窝形钢-混凝土组合梁；（c）钢-预制混凝土板组合梁；
（d）钢-混凝土叠合板组合梁；（e）钢-开口板混凝土组合梁；（f）钢-闭口板混凝土组合梁

土组合楼盖的应用日渐普及，通过与钢梁的组合后所形成的钢-压型钢板混凝土组合梁，见图 17.1-6e、f，具有施工方便、外形美观等特点。为进一步提高组合梁的性能，将预应力技术与组合梁相结合可形成预应力组合梁。在钢梁内施加预应力，可减小在使用荷载下组合梁正弯矩区钢梁的最大拉应力，增大钢梁的弹性范围，满足对钢梁应力水平的控制要求。在组合梁负弯矩区的混凝土翼板中施加预应力，则可以降低组合梁负弯矩区混凝土翼板的拉应力以控制混凝土开裂。对于连续预应力组合梁，可以曲线、折线或分离式布置预应力筋，在正弯矩区和负弯矩区都引入预应力，以同时达到上述两方面的目的。除了采用张拉钢丝束之外，调整支座相对高程、预压荷载等方法也可以在组合梁内施加预应力。对于是否需要在组合梁内施加预应力，取决于梁的高跨比、荷载大小和结构的使用要求等，设计时需特别注意混凝土收缩、徐变等长期效应所导致的预应力损失问题。

抗剪连接件是保证钢结构和混凝土形成组合作用共同工作的关键元件。在钢-混凝土组合梁内，抗剪连接件通常焊接于钢梁翼缘，通过横向钢筋和混凝土的作用将钢梁内的剪力传递到混凝土翼板相对较宽的范围内。除了传递混凝土与钢梁间的水平剪力外，抗剪连接件还需要发挥抗掀起的作用，以防止翼板与钢梁间竖向分离。在型钢混凝土柱、钢管混凝土柱以及钢板剪力墙、组合节点等构件内，为有效传递钢材与混凝土间的作用有时也需要使用抗剪连接件，如组合柱的柱脚、组合节点的内壁等。早期的抗剪连接件形式主要为弯筋、槽钢和角钢等，其基本形式如图 17.1-7(a、b、c) 所示。与现今广泛使用的栓钉抗剪连接件相比，这些早期连接件的制作及焊接均比较复杂，但单个连接件的承载力相对较高。栓钉连接件在各个方向上具有相同的受力性能，焊接质量易于保证，并能透过压型钢板直接进行熔透焊，给设计施工均带来很大方便。常用栓钉的直径为16～22mm，高度与直径之比大于 4。直径过大的栓钉一方面给现场焊接带来很大困难，同时也要求钢梁翼缘必须具备较大的厚度才能充分发挥栓钉的抗剪承载力。自 20 世纪 80 年代中期以后，随着栓钉焊接设备国产化的成功，栓钉成为国内研究及应用的主要抗剪连接件形式。

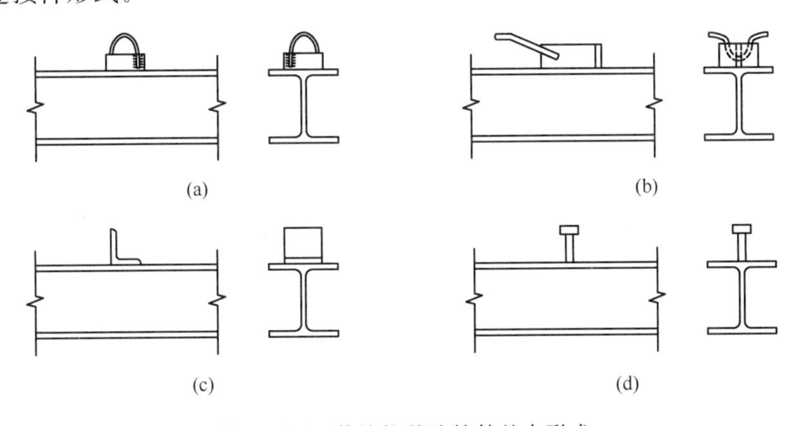

图 17.1-7　传统抗剪连接件基本形式

(a) 弯筋方钢连接件；(b) T 钢连接件；(c) 角钢连接件；(d) 栓钉连接件

组合节点是指连接两种不同类型构件的节点，其内力传递路径及可能产生的破坏模式要比纯钢结构或钢筋混凝土节点复杂，EC4 已经将组合节点明确定义为一类连接单元。组合节点可以连接不同形式的混凝土梁柱、钢结构梁柱或组合结构梁柱，框架结构中常见的组合节点形式如图 17.1-8 所示。

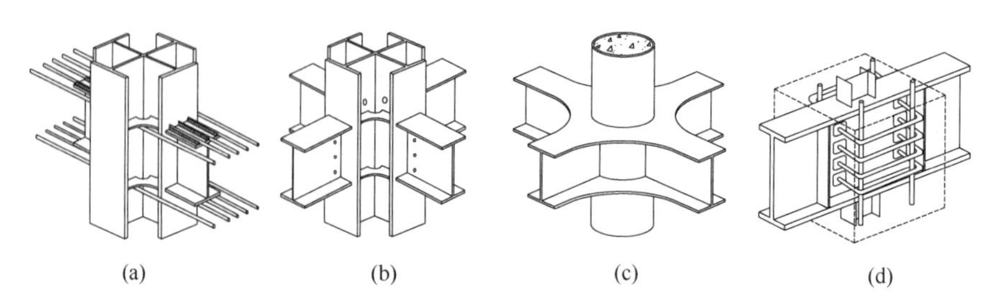

图 17.1-8　组合节点的形式图

(a) 型钢混凝土柱与混凝土梁节点；(b) 型钢混凝土柱与钢梁节点；(c) 钢管柱与钢梁节点；(d) 混凝土柱与钢梁节点

此外，压型钢板混凝土组合楼盖、钢板混凝土组合剪力墙、钢-混凝土组合桁架等也根据不同的组合概念和组合方式，在刚度、强度、延性和稳定性等方面发挥出了各种材料的优势，并得到了不断发展。例如，在高层与超高层建筑中，为加快施工进度，压型钢板-混凝土组合楼盖的应用越来越广泛。压型钢板在施工阶段可以代替模板，对于带有压痕和抗剪键的开口型压型钢板以及近年来发展起来的闭口型和缩口型压型钢板，在使用阶段还可以代替混凝土板中的下部受力钢筋。再如，北美和日本地震高烈度区的许多高层建筑中近年来开始采用钢板-混凝土组合剪力墙。这种剪力墙通常采用梁、柱构成的框架来加强，以防止钢板产生剪切屈曲。组合剪力墙的优点是能提高结构的刚度、强度和延性，并具有稳定的滞回特性，耗能能力强，同时比相应的钢筋混凝土剪力墙自重小，从而减少了作用在基础上的荷载和动力效应。

17.1.3　组合结构体系

随着建筑材料、设计理论和设计方法的发展，组合结构也由构件层次向结构体系方向发展。组合结构体系是由组合承重构件或组合抗侧力构件形成的结构体系，可以充分发挥不同材料和体系的优势，克服传统结构体系的固有缺点。例如，纯钢结构随着建筑高度的增加，存在侧向刚度小、抗侧移能力差的问题，难以避免在地震和强风作用下产生过大的振动，正常使用的舒适度和安全性较差。同时，钢结构存在抗火能力较差、防腐代价高等不足。对于钢筋混凝土结构而言，随着建筑层数的增加和柱网尺寸的增大，单柱荷载的提高使得柱截面也不断加大，从而形成对抗震不利的短柱。而且混凝土本身延性较差，为提高结构安全性所采取的很多构造措施大大增加了施工的难度和成本。通过组合概念则可以充分发挥钢材和混凝土的材料特性，形成一系列新颖、高效的结构体系。

根据结构体系间不同的组合方式，钢-混凝土组合结构体系可以分为以下几种类型：

(1) 组合框架结构体系。组合框架体系主要由三部分组成：钢管或型钢混凝土柱、钢-混凝土组合梁、钢-混凝土组合板。结构中的竖向荷载和侧向荷载均由组合框架承受。其中，组合楼盖除了作为水平承重构件承担竖向荷载之外，还具有很大的水平刚度以保证各框架间的协同工作，提高结构抗侧力性能。典型的多层组合框架结构见图 17.1-9 所示。

连接不同组合构件的组合节点，对组合框架体系的基本性能也有重要影响。由于组合节点连接的是两种类型不同的构件，其内力传递路径及可能产生的破坏模式要比纯钢结构或钢筋混凝土节点复杂。工程中为简化构造、加快安装速度所大量采用的高强螺栓连接节点属于典型的非线性半刚性连接。这种节点降低了梁单元对柱单元的约束刚度，节点耗能性能较强，是一种较为理想的抗震节点形式。

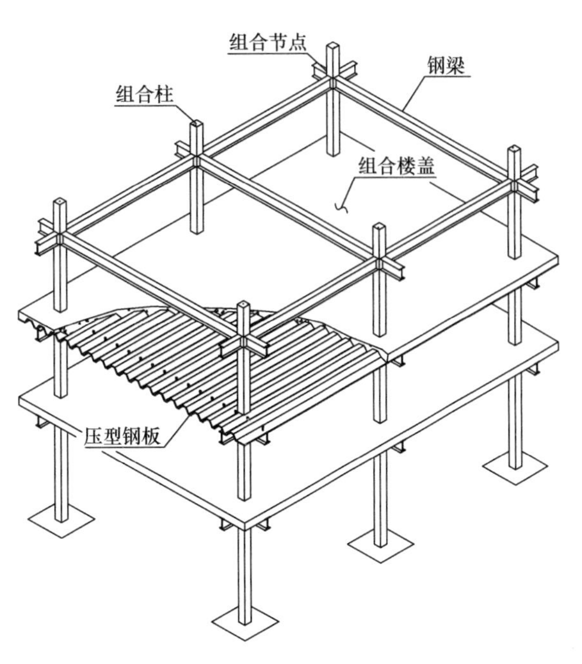

图 17.1-9 钢-混凝土组合框架体系

(2) 横向组合结构体系。这种体系的一种典型形式为组合筒体-组合框架结构体系。如采用高性能钢管混凝土或钢板组合剪力墙形成框筒或实腹筒，主要承受侧向荷载；由钢-混凝土组合梁与组合柱形成外框架，主要承担竖向荷载。二者之间通过组合楼盖或伸臂桁架的作用保持协调工作。合理设计的组合筒体在承载力、稳定性、延性和结构自重等方面均具有较大的优势，并可以灵活地调整结构体系各部分之间的侧向刚度和荷载分配，有利于结构抗震；组合框架具有较大的柱网间距，易于满足建筑使用要求，并具有一定的抗侧移刚度，发挥第二道抗震防线的作用；组合楼盖具有很强的空间作用，使筒体和框架能够协同工作，减小剪力滞后效应的不利影响。这种结构体系的一种布置方案可参见图 17.1-10 所示。

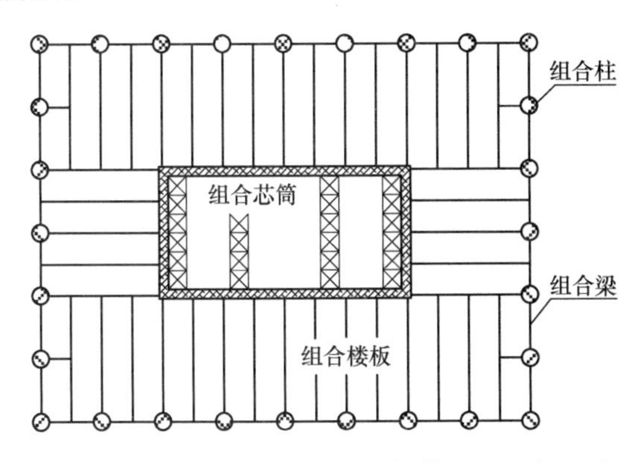

图 17.1-10 组合筒体-组合框架体系平面布置图

(3) 竖向混合结构体系。高层建筑各楼层的使用功能往往不同，如地下层作为停车场，底层作为商场、展厅或办公室，而顶部则作为公寓和住宅使用。使用功能的不同对结构形式提出了不同的要求。如公共活动区域需要较大空间，对结构提出了大跨度的要求；而居住区域则需要结构外观更加平整。因此，一种合理的做法是沿竖向分别使用不同的结构形式，从而形成了竖向混合的结构体系。另外，高层建筑从受力的角度出发，顶部与底部具有不同的结构性能要求，如顶部需要较轻的自重，底部则需要较强的抗侧移刚度。此时，在下部各层采用钢筋混凝土结构，而在上部各层采用钢结构，则可以获得较好的综合效果。这种结构体系的方案可参见图 17.1-11 所示。

(4) 巨型组合结构体系。巨型组合结构体系是由巨型组合构件组成的简单而巨型的桁架或框架等作为主体结构，与其他结构构件组成的次结构共同工作的一种超高层建筑结构体系。与一般组合结构体系中的实腹杆件不同，巨型组合结构的承重及抗侧力构件

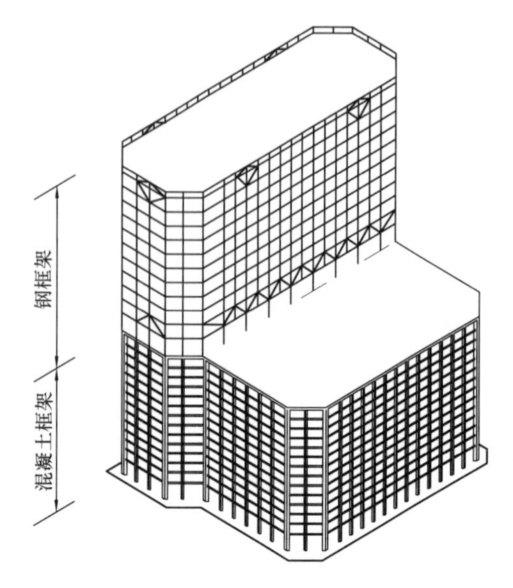

图 17.1-11　竖向混合结构体系方案

都是空心的或格构式的立体构件，截面尺寸通常很大，具有超常规的巨大抗侧移刚度及整体工作性能。其中巨型柱尺寸超过一个普通框架的柱距，一般布置在结构的四角，可以采用格构式钢管混凝土柱或组合筒体；巨型梁采用高度在一层或一层以上的空间组合桁架或巨型组合梁，通常每隔 10～15 个楼层设置一根。主结构为主要的抗侧力体系，次结构只承担竖向荷载并将其传递给主结构。这种结构体系的一种布置方案可参见图 17.1-12 所示。

组合结构的构件应满足承载力极限状态和正常使用极限状态的设计要求，计算或验算的主要内容包括：

（1）承载力及稳定计算。所有结构构件均应进行承载力的计算，必要时尚应进行结构的倾覆和滑移验算。

（2）变形验算。对使用中需要控制变形的构件，应进行变形验算。

（3）抗裂及裂缝宽度验算。对使用中不允许出现裂缝的构件，应进行混凝土拉应力验算；对使用中允许出现裂缝的构件，应进行裂缝宽度验算。

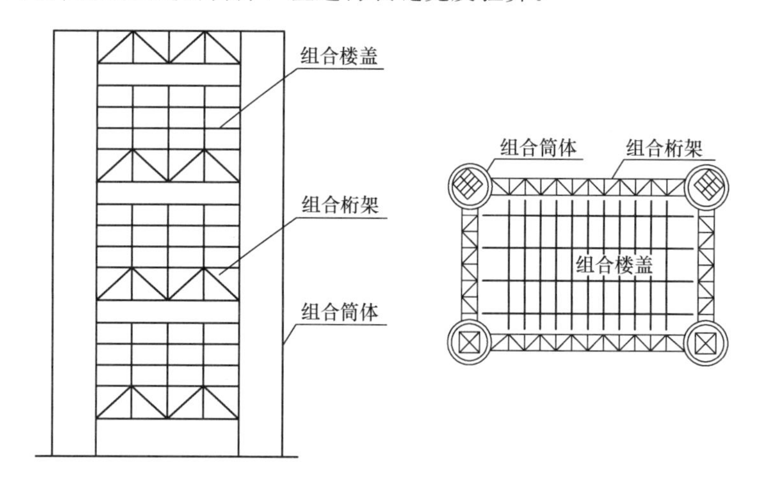

图 17.1-12　巨型组合结构体系布置图

17.2　组合结构设计的一般规定

此外，还应根据结构所处的环境类别和设计使用年限，充分考虑其对耐久性的要求。

结构构件的承载力（包括柱的压屈失稳和梁的整体、局部稳定）计算和倾覆、滑移验算均应采用荷载设计值。变形、抗裂及裂缝宽度验算则应采用相应的荷载代表值。其中，对于长期效应作用的结构，应采用相应的长期效应组合，同时考虑材料时间效应的影响。

对于预制构件尚应按照制作、运输及安装的荷载设计值进行施工阶段的验算，预制构件自身吊装验算时应将构件自重乘以动力系数 1.50。对于现浇结构、装配整体式结构，必要时应进行施工阶段的验算。

对结构进行变形验算时，受弯构件的挠度应不超过表 17.2-1 的限值；

受弯构件挠度容许值表 **表 17.2-1**

项次	构件类别	挠度容许值	
		$[\nu_T]$	$[\nu_Q]$
1	吊车梁和吊车桁架（按自重和起重量最大的一台吊车计算挠度） (1) 手动起重机和单梁起重机（含悬挂起重机） (2) 轻级工作制桥式起重机 (3) 中级工作制桥式起重机 (4) 重级工作制桥式起重机	 $l/500$ $l/750$ $l/900$ $l/1000$	—
2	手动或电动葫芦的轨道梁	$l/400$	—
3	有重轨（重量等于或大于 38kg/m）轨道的工作平台梁 有轻轨（重量等于或小于 24kg/m）轨道的工作平台梁	$l/600$ $l/400$	—
4	楼（屋）盖梁或桁架、工作平台梁（第 3 项除外）和平台板 (1) 主梁或桁架（包括设有悬挂起重设备的梁和桁架） (2) 仅支承压型金属板屋面和冷弯型钢檩条 (3) 除支承压型金属板屋面和冷弯型钢檩条外，尚有吊顶 (4) 抹灰顶棚的次梁 (5) 除 (1) ～ (4) 款外的其他梁（包括楼梯梁） (6) 屋盖檩条 支承压型金属板屋面者 支承其他屋面材料者 有吊顶 (7) 平台板	 $l/400$ $l/180$ $l/240$ $l/250$ $l/250$ $l/150$ $l/200$ $l/240$ $l/150$	 $l/500$ $l/350$ $l/300$ — — — —
5	墙架构件（风荷载不考虑阵风系数） (1) 支柱（水平方向） (2) 抗风桁架（作为连续支柱的支承时，水平位移） (3) 砌体墙的横梁（水平方向） (4) 支承压型金属板的横梁（水平方向） (5) 支承其他墙面材料的横梁（水平方向） (6) 带有玻璃窗的横梁（竖直和水平方向）	 — — — — — $l/200$	 $l/400$ $l/1000$ $l/300$ $l/100$ $l/200$ $l/200$

注：1. l 为受弯构件的跨度（对悬臂梁和伸臂梁为悬臂长度的 2 倍）。

2. $[\nu_T]$ 为永久和可变荷载标准值产生的挠度（如有起拱应减去拱度）的容许值；$[\nu_Q]$ 为可变荷载标准值产生的挠度的容许值。

3. 当吊车梁或吊车桁架跨度大于 12m 时，其挠度容许值 $[\nu_T]$ 应乘以 0.9 的系数。

4. 当墙面采用延性材料或与结构采用柔性连接时，墙架构件的支柱水平位移容许值可采用 $l/300$，抗风桁架（作为连续支柱的支承时）水平位移容许值可采用 $l/800$。

单层框架结构在风荷载标准值作用下，柱顶水平位移不宜超过表 17.2-2 的限值。

多层钢结构层间位移角限值宜符合下列规定：

（1）在风荷载标准值作用下，有桥式起重机时，多层钢结构的弹性层间位移角不宜超过1/400。

（2）在风荷载标准值作用下，无桥式起重机时，多层钢结构的弹性层间位移角不宜超过表17.2-3的数值。

框架柱顶水平位移和层间相对位移容许值　　表17.2-2

项次	类别	限值
1	无桥式吊车的单层框架的柱顶位移	$\leqslant H/150$
2	有桥式吊车的单层框架的柱顶位移	$\leqslant H/400$

注：1. H 为柱高度。

2. 无桥式起重机时，当围护结构采用砌体墙，柱顶水平位移不应大于 $H/240$；当围护结构采用轻型钢墙板且房屋高度不超过18m，柱顶水平位移可放宽至 $H/60$。

3. 有桥式起重机时，当房屋高度不超过18m，采用轻型屋盖，吊车起重量不大于20t工作级别为A1～A5且吊车由地面控制时，柱顶水平位移可放宽至 $H/180$。

多层框架结构层间位移角容许值　　表17.2-3

结构体系			层间位移角
框架、框架-支撑			1/250
框-排架	侧向框-排架		1/250
	竖向框-排架	排架	1/150
		框架	1/250

注：1. 对室内装修要求较高的建筑，层间位移角宜适当减小；无墙壁的建筑，层间位移角可适当放宽。

2. 当围护结构可适应较大变形时，层间位移角可适当放宽。

3. 在多遇地震作用下多层钢结构的弹性层间位移角不宜超过1/250。

对于钢-混凝土组合楼盖和型钢混凝土构件，可参照《混凝土结构设计规范》GB 50010将构件正截面的裂缝控制等级分为三级。各级的划分原则为：

一级为严格要求不出现裂缝的构件，按荷载效应标准组合计算时，构件受拉边缘混凝土不应产生拉应力。

二级为一般要求不出现裂缝的构件，按荷载效应标准组合计算时，构件受拉边缘混凝土拉应力不应大于混凝土轴心抗拉强度标准值；按荷载效应准永久组合计算时构件受拉边缘混凝土不宜产生拉应力，当有可靠经验时可适当放松。

三级为允许出现裂缝的构件，按荷载效应标准组合并考虑长期作用影响计算时，构件的最大裂缝宽度应根据结构类别和环境类别，不超过表17.2-4所规定的最大裂缝宽度限值。

最大裂缝宽度限值　　表17.2-4

环境类别	钢筋混凝土结构		预应力混凝土结构	
	裂缝控制等级	w_{lim}（mm）	裂缝控制等级	w_{lim}（mm）
一	三	0.3（0.4）	三	0.2
二	三	0.2	二	—
三	三	0.2	一	—

17.3　钢-混凝土组合梁设计

17.3.1　组合梁选型及设计要求

一、组合梁的选型和概念设计

本节所述的钢-混凝土组合梁是指钢梁与混凝土翼板通过抗剪连接件组合成整体共同受力的T型截面的横向承重构件。当梁上作用的荷载较大（如高层建筑中的组合转换梁等）或有较高抗扭要求（如组合匝道桥等）时，也可以采用箱形截面的钢梁与混凝土翼板形成组合梁。对于此类箱形截面的组合梁，可以采用与T型截面组合梁相同的正截面抗弯承载力、纵向抗剪以及变形等设计方法。

组合梁按照截面型式可以分为外包混凝土组合梁和T形组合梁，如图17.3-1所示。外包混凝土组合梁又称为劲性混凝土梁，主要依靠钢材与混凝土之间的粘结力协同工作，T形组合梁则依靠抗剪连接件将钢梁与混凝土翼板组合在一起。

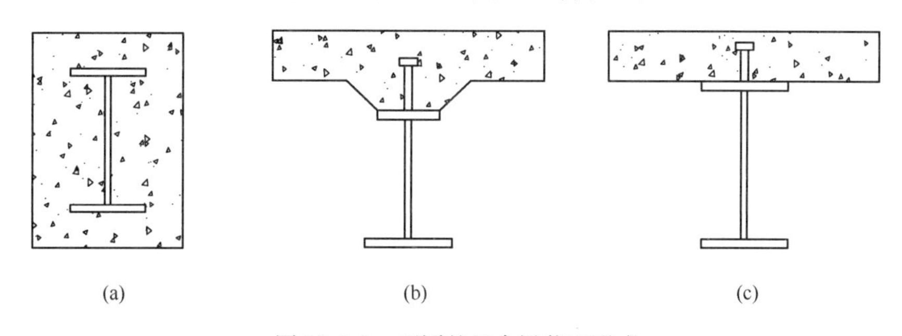

图17.3-1　不同的组合梁截面形式
(a) 外包混凝土组合梁；(b) 有托座的T形组合梁；(c) 无托座的T形组合梁

T形钢-混凝土组合梁按照混凝土翼板的构造不同又可以分为现浇混凝土翼板组合梁、预制板翼板组合梁、叠合板翼板组合梁以及压型钢板混凝土翼板组合梁，如图17.3-2所示。

现浇混凝土翼板组合梁如图17.3-2a的混凝土翼板全部现场浇注，优点是混凝土翼板整体性好，缺点是需要现场支摸，湿作业工作量大，施工速度慢。

预制混凝土翼板组合梁如图17.3-2b的特点是混凝土翼板预制，现场仅需要在预留槽口处浇注混凝土，可以减小现场湿作业量，施工速度快，但是对预制板的加工精度要求高，不仅需要在预制板端预留槽口，而且要求两板端预留槽口在组合梁的抗剪连接件位置处对齐，同时槽口处需附加构造钢筋。由于槽口构造及现浇混凝土是保证混凝土翼板和钢梁共同工作的关键，因此槽口构造及混凝土浇筑质量直接影响到混凝土翼板和钢梁的整体工作性能。作为大规模推广应用的结构形式，实现预制混凝土翼板组合梁的精确施工并确保其质量尚有一定困难。

叠合板翼板组合梁如图17.3-2c是我国科技工作者在现浇混凝土翼板组合梁和预制混凝土翼板组合梁的基础上发展起来的新型组合梁，具有构造简单、施工方便、受力性能好等优点。预制板在施工阶段作为模板，在使用阶段则作为楼面板或桥面板的一部分参与板的受力，同时还作为组合梁混凝土翼板的一部分参与组合梁的受力，做到了物尽其用。这种形式的组合梁可以用传统的简单施工工艺取得优良的结构性能，适合我国基本建设的国

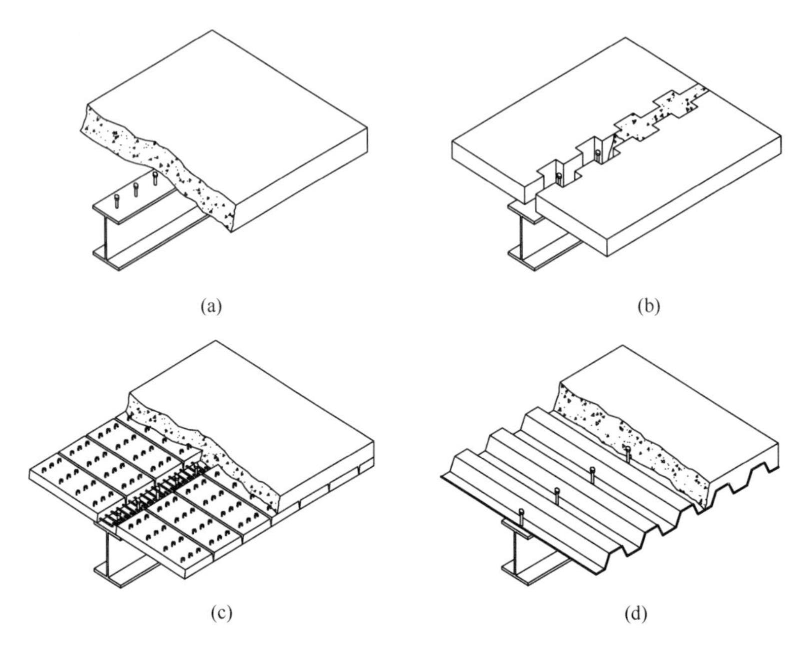

图 17.3-2　不同混凝土翼缘的钢-混凝土组合梁截面形式
(a) 钢-现浇混凝土组合梁；(b) 钢-预制混凝土板组合梁；
(c) 钢-混凝土叠合板组合梁；(d) 钢-压型钢板混凝土组合梁

情，是对传统组合梁的重要发展。

近年来，随着我国钢材产量和加工技术的提高，压型钢板的应用越来越广泛，尤其是在高层建筑中的应用越来越多如图 17.3-2d。压型钢板在施工阶段可以代替模板，在使用阶段的功能则取决于压型钢板的形状和构造。对于带有压痕和抗剪键的开口型压型钢板以及近年来发展起来的闭口型和缩口型压型钢板，还可以代替混凝土板中的下部受力钢筋，其他类型的压型钢板一般则只作为永久性模板使用。

混凝土翼板还有带托座和无托座之分，如图 17.3-1b，c 所示。带托座的组合梁增大了截面惯性矩，可以获得更大的刚度和承载力，但托座部分的施工和构造较为复杂。从方便施工的角度出发，目前带托座的组合梁应用较少，无托座的组合梁在工程应用中占据了主导地位。

组合梁所采用的钢梁形式有工字型（轧制工字型钢、H 型钢或焊接组合工字型钢）、箱型、钢桁架、蜂窝形钢梁等，如图 17.3-3 所示。箱型钢梁可以分为开口截面和闭合截面两类。开口箱梁的优点是节省钢材，缺点是在施工阶段抗扭刚度较小；闭口箱梁在施工阶段的整体性好，抗扭刚度较大，但在正弯矩作用下钢梁上翼缘发挥的作用较小，相对于开口箱梁用钢量略有增加。桁架组合梁在结构跨度较大时具有一定的优越性，在施工阶段桁架梁的刚度较大，可以分段运输和现场拼装，适用于桥梁结构和建筑中的大跨连体和连廊结构。蜂窝形钢梁通常由轧制工字型钢或 H 型钢先沿腹板纵向切割成锯齿形后再错位焊接相连而成，有时也可以直接在钢梁腹板挖孔而形成。采用蜂窝形钢梁的优点是利用钢梁腹板的开孔可以方便地布置设备及电器管道等。在一般情况下，蜂窝形钢梁腹板的抗剪能力有所削弱，一般情况下由腹板抗剪控制设计。因此，当没有加工制作蜂窝形钢梁的专用设备时，采用蜂窝形组合梁的经济效益并不显著。目前，我国有关规范规程与组合梁相

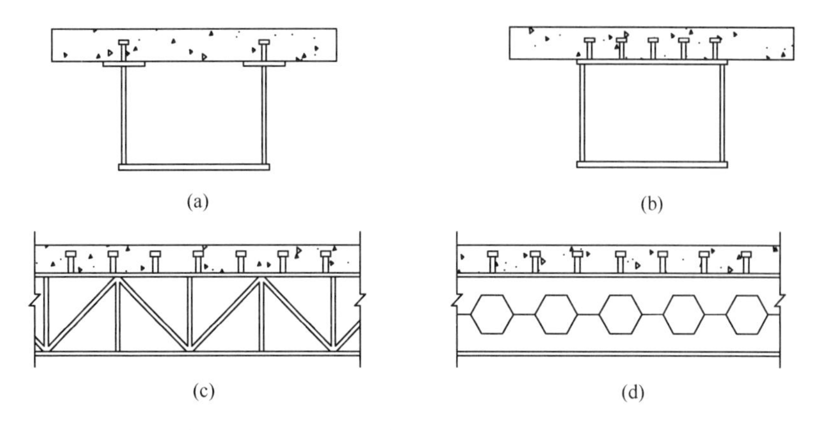

图 17.3-3 不同形式钢梁的钢-混凝土组合梁

(a) 开口箱型钢梁；(b) 闭口箱型钢梁；(c) 钢桁架梁；(d) 蜂窝形钢梁

关的内容还没有涉及蜂窝形组合梁。

按照是否对组合梁施加预应力，组合梁可以分为非预应力组合梁和预应力组合梁。预应力组合梁又可以分为：(1) 仅在钢梁内施加预应力，目的是减小在使用荷载下组合梁正弯矩区钢梁的最大拉应力，增大钢梁的弹性范围，以满足设计对钢梁应力水平的控制要求；(2) 仅在组合梁负弯矩区的混凝土翼板中施加预应力，目的是降低组合梁负弯矩区混凝土翼板的拉应力以控制混凝土开裂或减小裂缝宽度；(3) 在正弯矩区和负弯矩区都施加预应力，可以曲线形式布置预应力筋，也可以在正弯矩区和负弯矩区分别布置预应力筋，以同时达到 (1) 和 (2) 的目的。是否需要对组合梁施加预应力，取决于梁的高跨比、荷载大小和结构的使用要求等。预应力钢-混凝土组合梁在桥梁结构中已经得到了较为广泛的应用，在建筑结构中的大跨组合梁中也有应用，具有很好的技术经济效益和社会效益。

二、组合梁混凝土翼板的有效翼缘宽度

钢-混凝土组合梁的设计主要包括三方面的内容：钢梁、钢筋混凝土翼板以及将二者组合成整体的抗剪连接件。钢梁的设计与普通钢结构梁的设计相似。翼板通常由支承于钢梁上的钢筋混凝土板构成，板主筋的方向与钢梁轴线方向垂直。沿梁的方向，混凝土翼板与钢梁形成组合截面受弯。对于简支梁，混凝土翼板沿梁方向主要受压。在垂直于梁的方向，混凝土翼板的受力模式则与连续板相似。

在实际工程中，组合楼盖或组合桥梁的桥面系通常由一系列平行或交叉的钢梁以及上部浇筑的混凝土板所构成。在荷载作用下，钢梁与混凝土翼板共同受弯，混凝土的纵向应力主要由这一弯曲作用引起。混凝土板的纵向剪应力在钢梁与翼板交界面处最大，向两侧逐渐减小。由于混凝土板的剪切变形，会引起混凝土板内的纵向应力沿梁的宽度方向分布不均匀。在钢梁附近的混凝土纵向应力较大，距钢梁较远处的混凝土纵向应力则较小，如图 17.3-4 所示。这一现象称为梁的剪力滞效应。剪力滞效应使得混凝土翼板的宽度较大时，远离钢梁的混凝土不能完全参与组合梁的整体受力。

在实际设计时，为考虑剪力滞效应的影响并简化计算，通常用一个折减的宽度来代替混凝土翼板的实际宽度，假设这部分混凝土翼板内纵向应力沿宽度方向均匀分布，同时用这一模型进行计算而得到的混凝土翼板弯曲应力也与其实际的最大应力相等，这样即可按照 T 型截面和平截面假定来计算梁的刚度、承载力和变形等。通常，将这一折减的混凝

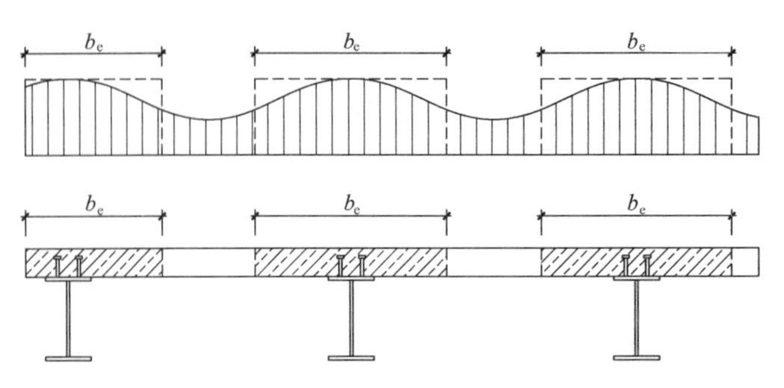

图 17.3-4　翼板有效宽度及应力分布

土翼板宽度称为有效宽度。图 17.3-4 中阴影面积内为实际的纵向应力分布，虚线所包围的部分为混凝土有效宽度范围的混凝土翼板。

影响组合梁混凝土翼板有效宽度的因素很多，如梁跨度与翼板宽度比、荷载形式及作用位置、混凝土翼板厚度、抗剪连接程度以及混凝土翼板和钢梁的相对刚度等。一般认为，其中前三点是影响混凝土翼板有效宽度的主要因素。例如，大量试验和分析表明，混凝土翼板有效宽度随梁跨度的增加而增大，当梁的跨宽比 L/b 超过 4 时，翼板有效宽度约等于混凝土板的实际宽度。再如，在集中荷载作用下，荷载作用处的混凝土翼板有效宽度最小，向两端逐渐增大；而在均布荷载作用下，梁跨中的混凝土翼板有效宽度最大，向两端支座方向逐渐减小。荷载作用方式对混凝土翼板有效宽度的影响如图 17.3-5 所示。

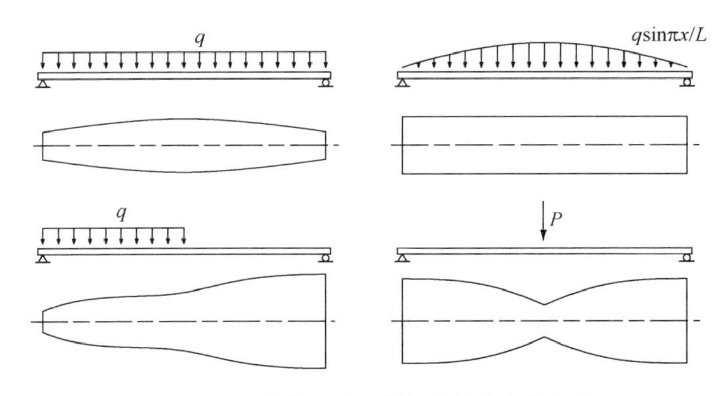

图 17.3-5　荷载形式对翼板有效宽度的影响

由于翼板有效宽度沿梁跨的分布规律很复杂，影响因素众多，因此在实际工程设计中，对于简支组合梁通常沿梁长采用统一的翼板有效宽度值，这种处理方式在绝大多数情况下都可以满足工程设计的实际需要。目前，各国规范均根据组合梁的跨度、混凝土翼板实际宽度、翼板厚度等参数来确定混凝土翼板有效宽度。这些方法基本都是依据组合梁在弹性阶段的受力性能所建立起来的。而当组合梁达到极限承载力时，混凝土翼板已进入塑性状态，此时受压翼板中的应力分布趋向均匀，塑性阶段混凝土翼板的有效宽度大于弹性阶段。因此，将根据弹性分析得到的翼板有效宽度应用于塑性计算，计算结果偏于安全。

我国现行国家标准《钢结构设计标准》GB 50017 对混凝土翼板有效宽度的规定如下，图 17.3-6：

（1）对于中间位置的组合梁，$b_e = b_2 + b_0 + b_2$，b_0 为钢梁上翼缘宽度或者板托顶部宽

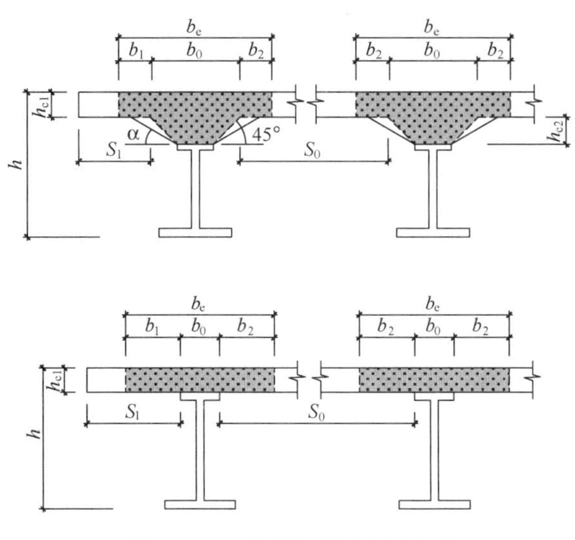

图 17.3-6　混凝土翼板有效宽度

度，当 $\alpha \leqslant 45°$时，取 $\alpha=45°$，b_2 为梁内侧的翼板计算宽度，取 $L_e/6$ 和 $S_0/2$ 中的较小值。

(2) 对于位于侧边的组合梁 $b_e=b_1+b_0+b_2$，b_1 为梁外侧的翼板计算宽度，取 $L_e/6$ 和 S_1 中的较小值。

(3) 对于单独的一根组合梁，$b_e=b_1+b_0+b_1$。

其中 L_e为等效跨径：对于简支组合梁，取为简支组合梁的跨度 l；对于连续组合梁，中间跨正弯矩区取为 $0.6l$，边跨正弯矩区取为 $0.8l$，支座负弯矩区取为相邻两跨跨度之和的 0.2 倍。

三、组合梁的基本设计方法和要求

组合梁可以采用有临时支撑和无临时支撑的施工方法。有临时支撑施工时，在浇筑翼板混凝土时应在钢梁下设置足够多的临时支撑，使得钢梁在施工阶段基本不承受荷载，当混凝土达到一定强度并与钢梁形成组合作用后拆除临时支撑，此时由组合梁来承担全部荷载。临时支撑按满堂布置考虑时，要求在梁跨度大于 7m 时应设置不少于 3 个支撑点，支撑等间距布置；当梁跨度小于 7m 时，支撑点数量可适当减少；也可视施工场地条件按一定间距布置临时支撑作为临时支点，但应考虑对应拆除的临时支撑点支反力反向作用于组合梁的效应。采用无临时支撑的施工方法时，施工阶段混凝土硬化前的荷载均由钢梁承担，混凝土硬化后所增加的二期恒载及活荷载则由组合截面承担。这种方法在施工过程中钢梁的受力和变形较大，因此用钢量较有临时支撑的施工方法偏高，但比较方便快捷。对于大跨度组合梁，通常施工阶段钢梁的刚度比较小，一般都采用有临时支撑的施工方法。

采用有临时支撑的施工方法时，组合梁承担全部的恒载及活荷载，无论采用弹性设计方法或塑性设计方法均能够充分发挥钢材和混凝土材料的性能。采用无临时支撑的施工方法时，则应分阶段进行计算。第一阶段，即混凝土硬化前的施工阶段，应验算钢梁在湿混凝土、钢梁和施工荷载下的强度、稳定及变形，并满足《钢结构设计标准》的相关要求。第二阶段，即混凝土与钢梁形成组合作用后的使用阶段，应对组合梁在二期恒载以及活荷载作用下的受力性能进行验算。按弹性方法设计时，可以将两阶段的应力和变形进行叠加；按塑性方法设计时，承载力极限状态时的荷载则均由组合梁承担。

组合梁在使用阶段，由于混凝土翼板提供了很强的侧向约束，因此一般不需要进行整体稳定性的验算。但在施工阶段，特别是采用无临时支撑的施工方法时，则必须予以考虑。此外，当按照塑性方法进行设计时，为防止钢梁在达到全截面塑性极限弯矩前发生局部失稳，钢梁翼缘和腹板的宽厚比应满足一定的要求。

组合梁的挠度均应采用弹性方法进行验算，并符合现行国家标准《钢结构设计标准》GB 50017 的有关挠度限制要求。验算时，应考虑钢梁与混凝土翼板间滑移效应的影响，对组合梁的刚度进行折减。对于恒荷载引起的变形，可以通过钢梁预拱来抵消，这也是组合梁的优点之一。

17.3.2　简支组合梁弹性承载力计算

对于直接承受动力荷载的组合梁，需要用弹性分析方法来计算其强度，包括弯曲应力、剪切应力及折算应力等。

对正弯矩作用下的组合梁进行弹性分析时，采用如下基本假设：

(1) 钢和混凝土材料均为理想的线弹性体。组合梁在弹性受力阶段，钢梁中应力小于其屈服强度，混凝土翼板中的压应力通常小于极限强度的一半，此时将钢材与混凝土简化为理想弹性体计算，具有足够的精度。

(2) 钢梁与混凝土翼板之间连接可靠，忽略二者之间的相对滑移，组合梁受弯后截面保持平面，应变符合平截面假定即三角形分布。

(3) 有效宽度范围内的混凝土翼板不区分受压与受拉区，按实际面积计算截面惯性矩，并忽略混凝土翼板内纵向钢筋的作用。组合梁在正弯矩作用下，弹性阶段内混凝土翼板基本处于受压状态，即使有部分混凝土受拉，受拉区也在中和轴附近，拉应力较小，一般不会开裂，即使这部分混凝土开裂，对组合截面刚度的影响也很小，因此可不扣除混凝土翼板中受拉开裂的部分。基于同样的原因，板托及压型钢板板肋内的混凝土则可以忽略不计。同时，因为弹性阶段混凝土翼板应变较小，钢筋发挥的作用也较小，因此是否考虑钢筋对截面应力及组合梁变形分析的影响很小。

本节的主要内容为简支组合梁的抗弯承载力、抗剪承载力以及温度应力和混凝土收缩应力的计算。

一、组合梁的换算截面

组合梁截面一般指由钢梁和有效宽度范围内混凝土翼板所组成的截面，在同一高度处，正应力在截面内沿横向均匀分布。组合梁的弹性计算方法可以利用材料力学公式，但材料力学公式是针对单一材料，因此，对于由钢和混凝土两种材料组成的组合梁截面，首先应把它换算成同一种材料的截面。

定义钢材与混凝土的短期弹性模量比为：

$$\alpha_{\mathrm{E}}=\frac{E_{\mathrm{s}}}{E_{\mathrm{c}}} \tag{17.3-1}$$

实际计算时，可以将混凝土翼板的有效宽度除以 α_{E} 换算为钢截面（以下简称为换算截面），如图 17.3-7 所示。短期荷载效应组合下混凝土翼板的换算宽度按下式计算：

$$b_{\mathrm{eq}}=\frac{b_{\mathrm{e}}}{\alpha_{\mathrm{E}}} \tag{17.3-2}$$

换算时由于仅改变了混凝土翼板部分的宽度而未改变其厚度，因此换算前后的组合截面形心高度保持不变，即保证了换算截面对于组合截面横向主轴的惯性矩保持不变。利用换算截面计算出的某一截面高度处的弯曲应变即为该处的实际应变，而此处的应力则可以根据相应材料的弹性模量求得。

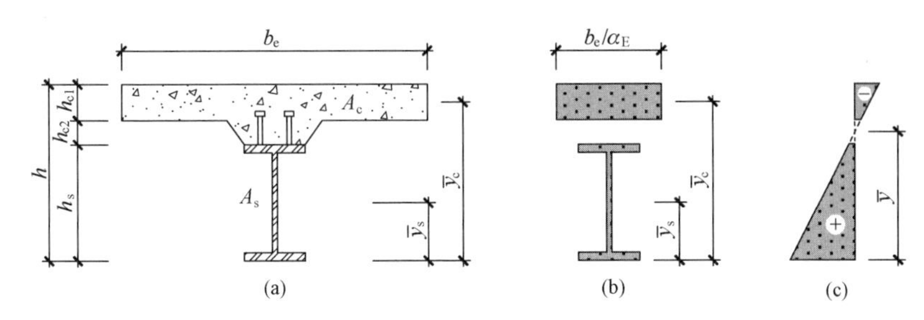

图 17.3-7　组合梁换算截面计算图

(a) 有效宽度内的实际截面；(b) 换算截面；(c) 应变分布

将组合梁截面换算成等效的钢截面以后，即可根据材料力学方法计算截面的中和轴位置、面积矩 S 和惯性矩 I 等几何特征，用于截面应力和变形分析。组合梁截面形状比较复杂，一般可以将换算截面划分为若干单元，用求和办法计算截面几何特征。根据前述的基本假定，计算时将板托全部忽略而翼板全部计入。

根据材料力学的移轴公式，换算截面的惯性矩可按下式计算：

$$I = I_0 + A_0 d_c^2 \tag{17.3-3}$$

式中　$I_0 = I_s + \frac{I_c}{\alpha_E}$, $A_0 = \frac{A_s A_c}{\alpha_E A_s + A_c}$;

I_s、I_c ——分别为钢梁和混凝土翼板的惯性矩；

d_c ——钢梁形心到混凝土翼板形心的距离，$d_c = \bar{y}_c - \bar{y}_s$。

换算截面的弹性中和轴至钢梁底部的距离为：

$$\bar{y} = \frac{A_s \bar{y}_s + A_c \bar{y}_c / \alpha_E}{A_s + A_c / \alpha_E} \tag{17.3-4}$$

式中　$\bar{y}_s$，$\bar{y}_c$ ——分别为钢梁和混凝土翼板形心到钢梁底面的距离。

混凝土在荷载长期作用下会发生徐变，引起组合截面内力重分布。通常情况下，徐变效应使得混凝土翼板的应力降低，而钢梁的应力增加。影响混凝土徐变的因素很多，如应力水平、加载龄期、混凝土的配合比及成分、制作养护条件、结构的使用环境条件以及构件尺寸等。由于影响因素众多且不易精确考虑，目前各国规范均采用经验系数法来考虑徐变作用。

根据徐变理论，混凝土中的应变由初始应变 ε_{ce} 和徐变 ε_{cc} 两部分组成。对于钢-混凝土组合梁，可以近似认为混凝土徐变系数 $\phi_u = \varepsilon_{cc}/\varepsilon_{ce}$ 为 1，则在长期荷载作用下混凝土割线弹性模量为：

$$E'_c = \frac{\sigma_c}{\varepsilon_{ce} + \varepsilon_{cc}} = \frac{1}{2}\frac{\sigma_c}{\varepsilon_{ce}} = \frac{1}{2}E_c \tag{17.3-5}$$

因此，对荷载的准永久组合，可以将混凝土翼板有效宽度除以 $2\alpha_E$ 换算为钢截面（以下简称为徐变换算截面），并将换算截面法求得的混凝土高度处的应力除以 $2\alpha_E$ 以得到混凝土的实际应力。

二、组合梁弹性抗弯承载力计算

按弹性方法设计组合梁时，应根据施工方法和荷载作用方式来分别验算各阶段的截面应力，保证叠加后的应力小于材料的相应设计强度值。

根据不同的施工方法，组合梁的验算可能由两个阶段组成：

(1) 施工阶段。当采用无临时支撑的施工方法时，施工阶段的荷载 q_0 包括钢梁、模板和混凝土板的自重以及施工荷载，施工荷载则包括模板及其支撑的自重、机具设备等施工活荷载等，上述荷载均由钢梁承担（截面惯性矩 I_s）。当采用有临时支撑的施工方法时，一般不需要对钢梁应力进行验算，相当于令 $q_0=0$，但应校核临时支撑在这一阶段的强度、刚度及稳定性，特别注意防止支撑产生过大变形引起钢梁下挠。

(2) 使用阶段。对于无临时支撑的施工方法，这一阶段的荷载为混凝土硬化后结构上所新增加的荷载，包括建筑面层、吊顶等恒载以及活荷载，同时，从中扣除第一阶段模板和支撑等荷载。对于有临时支撑的施工方法，这一阶段的荷载则包括全部的恒载及活荷载。

在使用阶段，荷载均由钢梁与混凝土翼板所形成的组合截面承担。对于荷载长期效应部分（包括恒载及活载中的准永久部分），由考虑徐变效应的徐变换算截面（截面惯性矩 I_1）承担；对于荷载的短期效应部分（活载中的非准永久部分），由组合梁的换算截面（截面惯性矩 I_2）承担。

综上所述，当考虑施工过程中体系转换的影响时，对等截面组合梁进行弹性分析时，应确定三个抗弯刚度分别与施工阶段荷载、短期荷载以及长期荷载相对应：

(1) 施工阶段钢梁截面 EI_s，用于施工阶段钢梁与混凝土未形成组合截面前的内力分析；

(2) 长期荷载作用下的 EI_1，其中 I_1 为根据换算截面法得到的组合截面惯性矩，并考虑了混凝土的徐变效应；

(3) 短期荷载作用下的 EI_2，其中 I_2 为根据换算截面法得到的组合截面惯性矩。

进行组合梁正截面抗弯验算时，应验算混凝土翼板顶部（a点）、钢梁顶部（b点）以及钢梁底部（c点）的应力，验算点的位置参见图17.3-8所示。

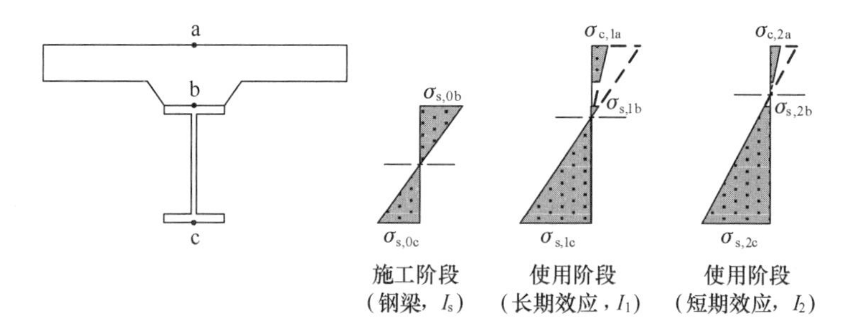

图17.3-8　组合梁弹性承载力计算

抗弯验算时各控制点的应力按以下各式计算：

混凝土翼板顶部压应力

$$\sigma_{c,a}=\frac{M_1 y_{1a}}{2\alpha_E I_1}+\frac{M_2 y_{2a}}{\alpha_E I_2}\leqslant f_c \tag{17.3-6}$$

钢梁顶部应力

$$\sigma_{s,b}=\frac{M_0 y_{0b}}{I_s}+\frac{M_1 y_{1b}}{I_1}+\frac{M_2 y_{2b}}{I_2}\leqslant f \tag{17.3-7}$$

钢梁底部拉应力

$$\sigma_{s,c}=\frac{M_0 y_{0c}}{I_s}+\frac{M_1 y_{1c}}{I_1}+\frac{M_2 y_{2c}}{I_2}\leqslant f \tag{17.3-8}$$

以上各式中，下标 a、b、c 表示截面上的验算点位置；下标数字 0、1、2 表示施工阶段、长期效应作用和短期效应作用 3 个阶段；M 为各阶段所对应的截面弯矩；y 为验算点距各阶段截面弹性中和轴的距离；f_c 为混凝土轴心抗压强度设计值；f 为钢材强度设计值。

三、组合梁弹性抗剪承载力计算

由于组合梁在各阶段的组合截面中和轴位置不相同，因此难以确定最大剪应力的确切位置。作为一种偏于安全的简化处理，可以将钢梁与混凝土翼板在各阶段的最大剪应力直接进行叠加并作为设计应力。

采用无临时支撑的施工方法时，施工阶段的钢梁最大剪应力位置可以取腹板的中间高度。在使用阶段，当换算截面中和轴位于钢梁腹板内时，钢梁的最大剪应力验算点取换算截面的中和轴处（见图 17.3-9 中 a 点），混凝土翼板的剪应力验算点取混凝土与钢梁上翼缘连接处（b′点）或板托截面最窄处（b 点）。当换算截面中和轴位于钢梁腹板之外时，钢梁的最大剪应力验算点取钢梁腹板上边缘处（c 点）。混凝土翼板的剪应力验算点则取换算截面中和轴处（d 点）或板托截面最窄处（b 点）。

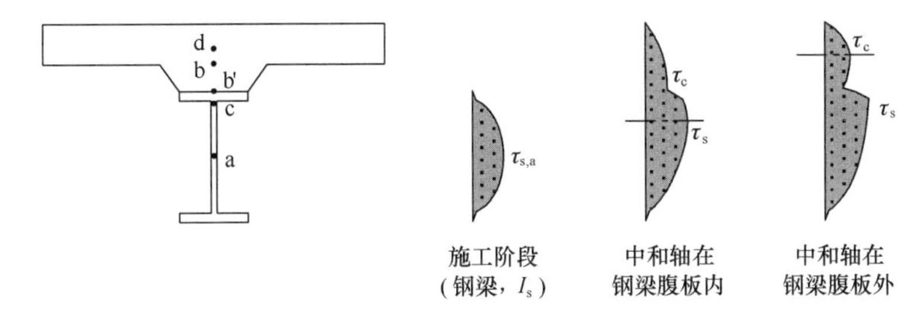

图 17.3-9 中和轴位于钢梁内时组合梁剪应力

抗剪验算时各控制点的应力按以下各式计算：

混凝土最大剪应力

$$\tau_c=\frac{V_1 S_{1c}}{2\alpha_E I_1 b_{1c}}+\frac{V_2 S_{2c}}{\alpha_E I_2 b_{2c}}\leqslant 0.6 f_t \text{ 或 } 0.25 f_c \tag{17.3-9}$$

钢梁最大剪应力

$$\tau_s=\frac{V_0 S_{0s}}{I_s t_w}+\frac{V_1 S_{1s}}{I_1 t_w}+\frac{V_2 S_{2s}}{I_2 t_w}\leqslant f_v \tag{17.3-10}$$

以上各式中，下标字母 c、s 分别表示混凝土与钢梁；下标数字 0、1、2 表示施工阶段、长期效应作用和短期效应作用 3 个阶段；V 为各阶段所对应的截面剪力；S 为各验算点以上截面的面积矩；b 为各验算点位置处的混凝土截面宽度；t_w 为钢梁腹板宽度；f_t 为混凝土的轴心抗拉强度设计值；f_v 为钢材的抗剪强度设计值。其中，$\tau_c\leqslant 0.6 f_t$ 适用于混凝土翼板内不配置横向钢筋（当有板托时按构造配置）的情况；当板托内按计算配置有横向钢筋时则按 $\tau_c \leqslant 0.25 f_c$ 验算。

如钢梁在同一位置的正应力 σ 和剪应力 τ 都较大时，还应验算折算应力 σ_{eq} 是否满足设计要求，计算式为：

$$\sigma_{eq} = \sqrt{\sigma^2 + 3\tau^2} \leqslant 1.1 f \tag{17.3-11}$$

折算应力的验算点通常取正应力和剪应力均较大的钢梁腹板上、下边缘处。

17.3.3　简支组合梁塑性承载力计算

混凝土为弹塑性材料，只有当混凝土的最大压应力小于 $0.5 f_c$ 且钢材的最大拉应力小于其屈服强度 f 时，组合梁按弹性理论分析才是准确的。在弹性阶段，组合梁中混凝土和钢梁截面的应力分别按三角形或梯形分布；随着荷载的进一步增加，截面应力逐渐发展成为接近于矩形分布。此时的弯矩称为组合梁的全截面塑性极限弯矩，是理想弹塑性材料所能产生的极限弯矩。此后梁的曲率可以继续增长而弯矩仍保持为全截面塑性极限弯矩，组合梁在该截面位置形成了塑性铰。对于简支组合梁，当最大弯矩截面形成塑性铰后即形成机构而丧失承载力，本节以下内容将主要介绍组合梁这种破坏形态的计算方法。对于超静定结构，如连续组合梁或框架组合梁，在承载力极限状态会由于构件截面内塑性应变的发展而引起整个结构内部的内力重分布，相关内容将在连续组合梁一节进行说明。

用弹性方法决定组合梁的承载力时，由于未曾考虑塑性变形发展带来的强度潜力，计算结果偏于保守，且也不符合承载力极限状态的实际情况。因此，对于不直接承受动力荷载作用的简支组合梁，一般均可以按照塑性设计方法来计算极限承载力。按塑性方法计算极限承载力时，不需要考虑各施工阶段及使用阶段的应力叠加，因此初始应力以及有无临时支撑的施工方法均不影响组合梁的极限承载力。但是，在设计时需要验算施工阶段和正常使用极限状态的挠度，防止组合梁过大的变形。

采用塑性方法设计组合梁时，必须保证结构在达到承载力极限状态之前钢梁截面的各板件不发生局部屈曲，同时混凝土翼板在截面尚未全部屈服前不会发生压碎破坏。

一、组合梁抗弯承载力计算

1. 完全抗剪连接

在计算完全抗剪连接简支组合梁的塑性极限抗弯承载力时，采用以下基本假定：

（1）在承载力极限状态，抗剪连接件能够有效传递钢梁和混凝土翼板之间的剪力，抗剪连接件的破坏不会先于钢梁的屈服和混凝土的压溃；

（2）忽略受拉区及板托内混凝土的作用，受压区混凝土则能达到其轴心抗压强度设计值；

（3）钢材均达到塑性设计强度设计值，即受压区钢材达到抗压强度设计值，受拉区钢材达到抗拉强度设计值，抗剪的钢梁腹板达到抗剪强度设计值；

（4）忽略混凝土板托及钢筋混凝土翼板内的钢筋的作用。

根据以上假定，简支组合梁弯矩最大截面在承载力极限状态可能存在两种应力分布情况，即组合截面塑性中和轴位于混凝土翼板内或者塑性中和轴位于钢梁内。

（1）塑性中和轴位于混凝土翼板内，即 $Af \leqslant b_e h_{c1} f_c$ 时，其极限状态的应力分布如图17.3-10a 所示。

此时组合梁的正截面抗弯承载力应当满足：

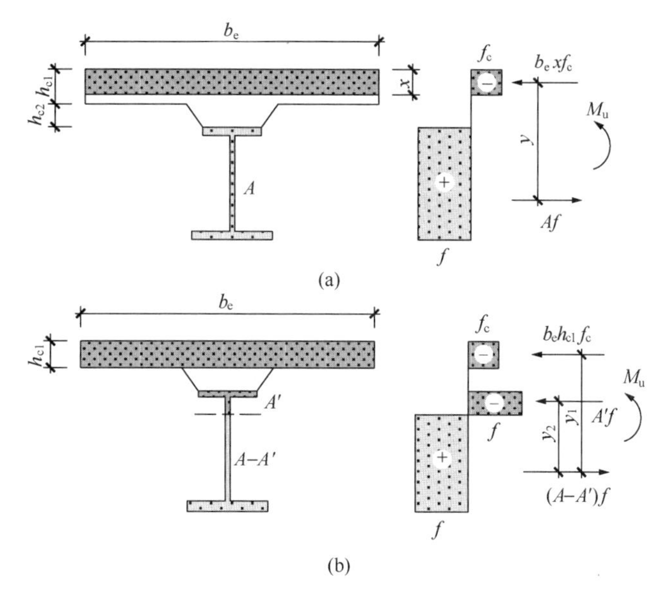

图 17.3-10 组合梁塑性承载力计算

（a）塑性中和轴在混凝土翼板内；（b）塑性中和轴在钢梁内

$$M \leqslant b_e x f_c y \quad (17.3\text{-}12)$$

式中 M——全部荷载引起的弯矩设计值；

x——混凝土翼板受压区高度；

y——钢梁截面应力合力至混凝土受压区应力合力间的距离。

混凝土翼板受压区高度 x 按下式计算：

$$x = Af / b_e f_c \quad (17.3\text{-}13)$$

钢梁截面应力合力至混凝土受压区应力合力间的距离 y 可按下式计算：

$$y = y_s + h_{c2} + h_{c1} - 0.5x \quad (17.3\text{-}14)$$

式中 y_s——钢梁截面形心至钢梁顶面的距离；

h_{c2}——混凝土板托的高度。

（2）塑性中和轴位于钢梁截面内，即 $Af > b_e h_{c1} f_c$ 时，其极限状态的应力图形如如图 17.3-10b 所示。

此时组合梁的正截面抗弯承载力应当满足：

$$M \leqslant b_e h_{c1} f_c y_1 + A' f y_2 \quad (17.3\text{-}15)$$

式中 A'——钢梁受压区截面面积；

y_1——钢梁受拉区截面应力合力至混凝土翼板截面应力合力间的距离；

y_2——钢梁受拉区截面应力合力至钢梁受压区截面应力合力间的距离。

钢梁受压区截面面积 A' 按下式计算：

$$A' = 0.5(A - b_e h_{c1} f_c / f) \quad (17.3\text{-}16)$$

2. 部分抗剪连接

对于采用组合楼板的组合梁，当受压型钢板尺寸的限制而无法布置足够数量的栓钉时，需要按照部分抗剪连接进行设计。此外，在满足承载力和变形要求的前提下，有时也没有必要充分发挥组合梁的承载力，也可以设计为部分抗剪连接的组合梁。试验和分析表明，采用柔性抗剪连接件（如栓钉、槽钢、弯筋等）的组合梁，随着连接件数量的减少，钢梁和混凝土翼板间协同工作程度下降，极限抗弯承载力随抗剪连接程度的降低而减小。由于混凝土翼板的截面高度较小，当抗剪连接程度 $n_r/n_f=0$ 时，组合梁极限抗弯承载力的下限即为钢梁的塑性极限弯矩，如图 17.3-11 中 A 点所示。当组合梁的抗剪连接程度 $0<n_r/n_f<1$ 时，其抗弯承载力 M_u 与连接件数量 n_r 的关系如图 17.3-11 中曲线 ABC 所示。

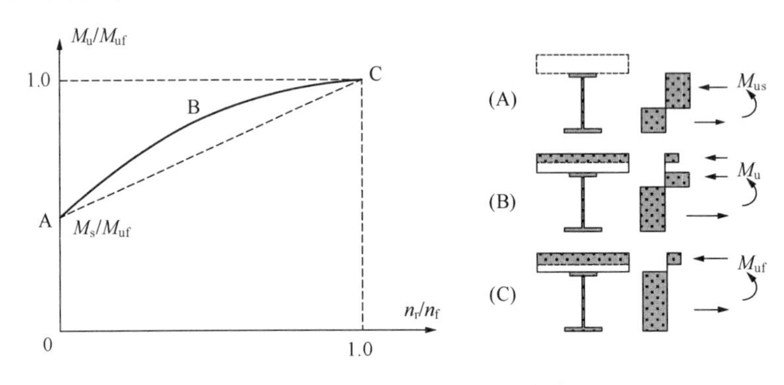

图 17.3-11 M_u 与 n_r 的关系曲线

部分抗剪连接组合梁的极限抗弯承载力也可以按照矩形应力块根据极限平衡的方法计算。计算所基于的假定为：

（1）抗剪连接件具有充分的塑性变形能力；

（2）计算截面呈矩形应力块分布，混凝土翼板中的压应力达到抗压强度设计值 f_c，钢梁的拉、压应力分别达到屈服强度 f；

（3）混凝土翼板中的压力等于最大弯矩截面一侧抗剪连接件所能够提供的纵向剪力之和；

（4）忽略混凝土的抗拉作用。

根据上述假定（3），极限状态下混凝土翼板受压区高度 x 为：

$$x = n_r N_v^c / b_e f_c \tag{17.3-17}$$

式中 x——混凝土翼板受压区高度；

n_r——部分抗剪连接时最大弯矩截面一侧剪跨区内抗剪连接件的数量，当两侧数量不一样时取较小值；

N_v^c——每个抗剪连接件的抗剪承载力。

部分抗剪连接组合梁的应力分布如图 17.3-12 所示，根据平衡关系，钢梁受压区的截面面积 A' 按下式计算：

$$A' = (Af - n_r N_v^c)/(2f) \tag{17.3-18}$$

则部分抗剪连接简支组合梁的抗弯承载力为：

$$M_u = n_r N_v^c y_1 + A' f y_2 = n_r N_v^c y_1 + 0.5(Af - n_r N_v^c) y_2 \tag{17.3-19}$$

式中 M_u——部分抗剪连接时截面抗弯承载力；

y_1——钢梁受拉区截面应力合力至混凝土翼板截面应力合力间的距离；

y_2——钢梁受拉区截面应力合力至钢梁受压区截面应力合力间的距离。

除极限平衡法之外，欧洲规范 4 还给出了线性插值的简化方法来计算部分抗剪连接组

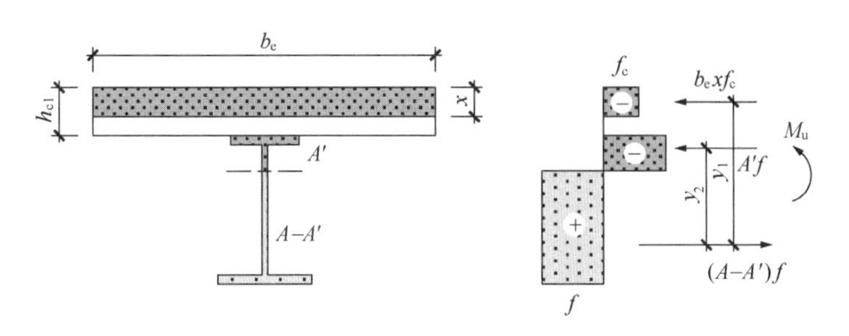

图 17.3-12 部分抗剪连接组合梁计算简图

合梁的极限抗弯承载力，即偏于安全地采用图 17.3-11 中的直线 AC 来计算：

$$M_u = M_s + \frac{n_r}{n_f}(M_{uf} - M_s) \tag{17.3-20}$$

式中 M_{uf}——完全抗剪连接组合梁的极限抗弯承载力；

M_s——钢梁的极限抗弯承载力；

n_f——对应于 n_r 的完全抗剪连接时所需要的抗剪连接件数量。

二、组合梁抗剪承载力计算

对于简支组合梁，梁端主要受到剪力的作用。当采用塑性方法计算组合梁的竖向抗剪承载力时，可以认为组合梁截面上的全部竖向剪力仅由钢梁腹板承担而忽略混凝土翼板的贡献。同时，在竖向抗剪极限状态时钢梁腹板均匀受剪并且达到了钢材抗剪强度设计值。

组合梁的塑性极限抗剪承载力按下式计算：

$$V \leqslant h_w t_w f_v \tag{17.3-21}$$

式中 h_w，t_w——钢梁腹板的高度及厚度；

f_v——钢材的抗剪强度设计值。

对于简支梁在较大集中荷载作用下的情况，截面会同时作用有较大的弯矩和剪力。根据 von Mises 强度理论，钢梁同时受弯剪作用时，由于腹板中剪应力的存在，截面的极限抗弯承载能力有所降低，在设计时需要予以考虑。

17.3.4 连续组合梁承载力计算

组合梁能够充分发挥钢材抗拉和混凝土抗压强度高的材料特性，而在连续组合梁的负弯矩区会出现钢梁受压、混凝土翼板受拉的情况。但是，综合考虑到连续组合梁具有较高的承载力、刚度和整体性，并更利于控制梁端混凝土板的开裂，在很多情况下采用连续组合梁较简支组合梁仍具有较大优势。

通常情况下，楼盖结构中的次梁可以作为连续组合梁设计。当钢梁采用分段预制，现场组装的施工方式时，应能够保证节点处梁端负弯矩的有效传递。楼盖结构中可采用如图 17.3-13 所示的简支组合梁与连续组合梁的连接构造。

本章前面有关简支组合梁的设计理论和方法都适用于连续组合梁的正弯矩区。本节主要内容为连续组合梁设计所依据的基本理论和方法，包括内力分析和承载力计算等。其中有关组合梁负弯矩作用下的受力性能及设计方法，也适用于于悬臂组合梁。

一、连续组合梁的有效截面

在负弯矩作用下，混凝土受拉而钢梁受压，在混凝土翼板有效宽度内的钢筋能够发挥

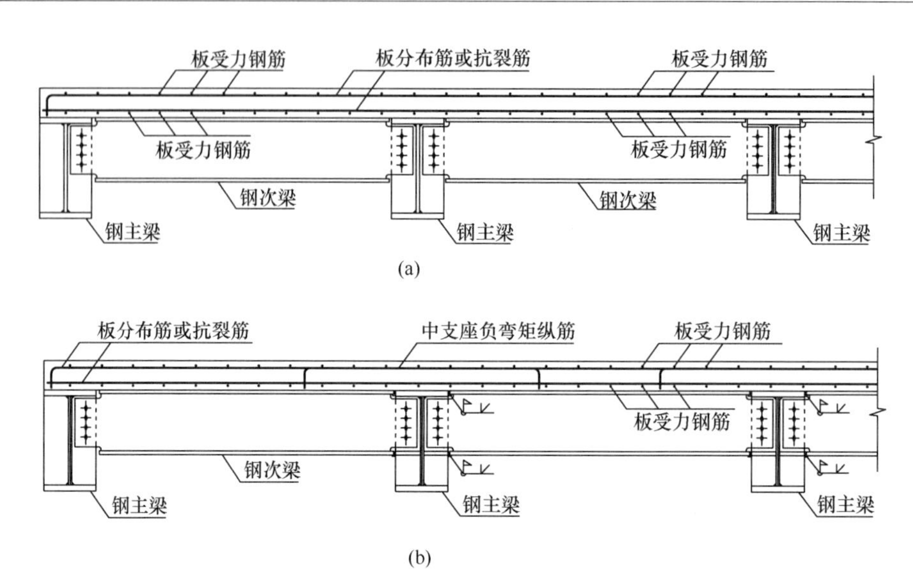

图 17.3-13　组合梁节点连接构造

(a) 简支组合梁节点构造；(b) 连续组合梁节点构造

其抗拉作用，而开裂后混凝土的抗拉作用则被忽略。无论是弹性分析还是塑性分析，由于负弯矩作用下组合截面的中和轴总是位于混凝土翼板下方，因此在计算抗弯承载力时都不包括混凝土受压的作用。

由于剪力滞后现象，混凝土翼板有效宽度沿梁长度方向发生改变。通常情况下，负弯矩作用下组合梁混凝土翼板的有效宽度小于正弯矩区。

如考虑梁跨度的影响，则正、负弯矩区具有不同的有效宽度 b_e^+ 和 b_e^-。b_e^+ 和 b_e^- 分别取决于正弯矩区和负弯矩区的有效长度 L_0^+ 和 L_0^-，可根据连续组合梁在不同荷载条件下的反弯点位置确定。为方便设计，欧洲规范 4 提供了一种连续组合梁正、负弯矩区划分的简化方法，如图 17.3-14 所示。对于连续组合梁的中间支座区段，负弯矩区长度取为相邻两跨跨度的 1/4，则混凝土翼板有效宽度可按下式计算：

$$b_e^- = \frac{2}{8} \times \frac{L_1 + L_2}{4} = \frac{L_1 + L_2}{16} \tag{17.3-22}$$

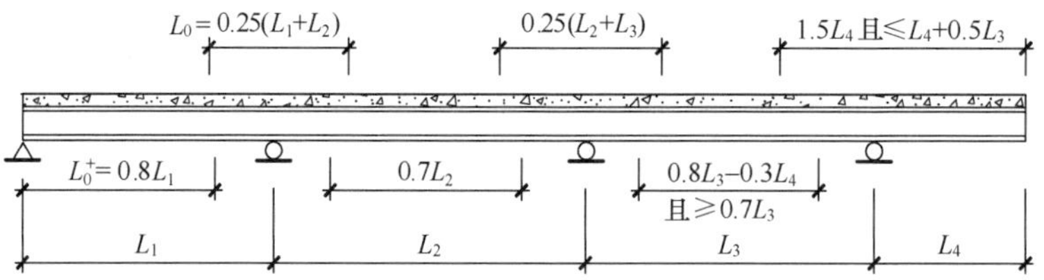

图 17.3-14　连续组合梁混凝土翼板有效宽度

上式同时要求钢梁腹板两侧混凝土翼板的实际宽度均应大于 $b_e^-/2$。

组合梁在正弯矩作用下，混凝土翼板的约束作用限制了钢梁受压翼缘的局部屈曲和钢梁的整体侧扭屈曲。同时，弯曲破坏时，组合梁的塑性中和轴通常位于混凝土翼板或钢梁上翼缘内，钢梁腹板不会受压或受压高度很小，也不会发生局部屈曲。因此，连续组合梁正弯矩区具有良好的转动能力和延性，其塑性转动能力主要取决于混凝土的极限压应变。

连续组合梁负弯矩区的钢梁则处于受压状态，其转动能力受到翼缘和腹板局部屈曲的控制。按塑性方法设计连续组合梁时，为保证结构在形成机构丧失承载力之前各控制截面不会发生突然破坏，负弯矩区应具有良好的转动能力以形成塑性铰。

负弯矩作用下，混凝土翼板内的纵向钢筋参与组合截面的整体受力，组合截面的中和轴高度与纵向钢筋的数量及强度有关。作为一种简化处理方式，可以假定极限状态时负弯矩区有效宽度内的纵向钢筋全部屈服，作用在钢梁截面上的压力可以用纵向钢筋所能提供的最大合力 $A_{st}f_{st}$ 来表示。则按塑性方法设计连续组合梁时，负弯矩区钢梁翼缘及腹板的宽厚比应满足钢结构规范有关塑性设计的要求，如表 17.3-1 所示。表中 A_{st} 为负弯矩区截面有效宽度内纵向受拉钢筋的截面面积；f_{st} 为钢筋抗拉强度设计值。钢梁宽厚比满足表 17.3-1 要求时，达到承载能力极限状态前不发生局部失稳，而且当钢材屈服以后具有较大的转动能力，此类截面称为密实截面。不符合表 17.3-1 要求的钢梁则称为非密实截面钢梁，应采用弹性方法计算内力和承载力。

塑性设计时负弯矩区钢梁板件宽厚比限值 **表 17.3-1**

截面形式	翼缘	腹板
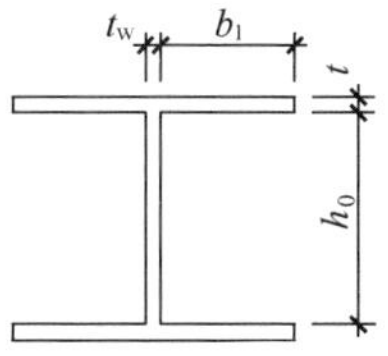 t_w, b_1, t, h_0	$\frac{b_1}{t} \leqslant 9\sqrt{\frac{235}{f_y}}$	$\frac{h_0}{t_w} \leqslant (33+13\alpha_0^{1.3})\sqrt{\frac{235}{f_y}}$
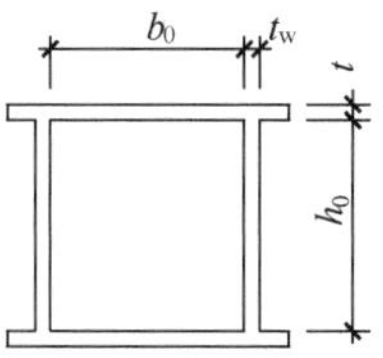 b_0, t_w, t, h_0	$\frac{b_0}{t} \leqslant 30\sqrt{\frac{235}{f_y}}$	$\alpha_0 = \frac{\sigma_{max} - \sigma_{min}}{\sigma_{max}}$

二、连续组合梁内力分析

连续组合梁的内力分析主要包括如何计算在正常使用极限状态和承载力极限状态下各控制截面的弯矩。连续组合梁在正常使用极限状态下的挠度计算则在下一节中讨论。

连续组合梁内力计算包括弹性分析方法和塑性分析方法。基于线弹性理论的设计方法可适用于正常使用极限状态和承载力极限状态；塑性分析方法则只适用于承载力极限状态。塑性分析时组合梁需要具有较大的塑性变形能力，因此要求组合梁各控制截面，特别是钢梁处于受压状态的负弯矩区组合梁具有较高的延性。塑性分析时可按照极限平衡的方法计算结构内力，因此某一梁跨所能够承担的极限弯矩与相邻跨的荷载、沿跨度方向截面刚度的变化、施工的顺序和方法以及混凝土的徐变和收缩等因素都没有关系。按塑性方法计算连续组合梁内力时可假设结构在极限状态形成充分的塑性变形机构，各控制截面的材料强度能够充分发挥。而按弹性理论进行内力分析时，连续组合梁达到破坏状态的条件是某一控制截面达到其弹性极限承载力。这对于简支梁静定结构是合理的，因为一个截面的失效就可以使结构形成机构而导致破坏。但对于超静定的连续组合梁，仅当一处截面达到其强度后，只要结构具有足够的延性，仍能够承担一定的附加荷载。因此，弹性分析得到的极限荷载往往低于塑性分析的结果，而按塑性方法设计出的构件相对于按弹性方法设计的构件更为经济，同时塑性分析不需要考虑施工过程及温度效应等约束作用的影响，计算过程也相对简单。对于建筑结构中无特殊使用要求的连续组合梁，应尽可能采用塑性方法来进行承载力极限状态的设计。

当抗剪连接件能够满足承载力极限状态的受力要求时，连续组合梁的破坏主要取决于各控制截面的弯矩、剪力或二者的组合。需要进行承载力验算的控制截面一般取在弯矩最大的截面（包括正弯矩和负弯矩）、剪力最大的截面（通常位于支座附近）、有较大集中力作用的位置以及组合梁截面突变处。

1. 弹性分析

建筑结构中的组合梁通常都可以按照塑性理论设计，但在直接承受动力荷载等情况下，有时也需要采用弹性方法进行内力计算。此外，如钢梁翼缘或腹板的宽厚比过大而不满足表 17.3-1 关于塑性设计的要求时，连续组合梁无法实现完全的塑性内力重分布，此时也应当按照弹性理论进行内力分析。

弹性分析时，连续组合梁的弯矩和剪力分布取决于各梁跨及正、负弯矩区之间的相对刚度，而对构件延性不做要求。对于普通钢筋混凝土连续梁，在荷载作用下正负弯矩区的混凝土都可能开裂，开裂后正弯矩区与负弯矩区的相对刚度变化不大，因对弯矩分布的影响较小。而对于未施加预应力的连续组合梁中，混凝土受拉发生在负弯矩区，完全开裂后组合梁截面的抗弯刚度可能只有未开裂截面的 1/3～2/3，所以一根等截面连续组合梁在负弯矩区混凝土开裂后沿跨度方向刚度的变化可能较大，在进行内力分析及挠度计算时应当充分考虑到这种刚度变化的影响。此外，按弹性方法进行内力计算时，还应当考虑连续组合梁各施工阶段和使用阶段的应力叠加关系，并对施工阶段和使用阶段的承载力分别进行验算。

连续组合梁正弯矩区的刚度与同样截面和跨度的简支组合梁相同，负弯矩区的刚度则取决于钢梁和钢筋所形成的组合截面。当考虑施工过程中体系转换的影响时，对等截面连续组合梁进行弹性分析时，每个截面应确定与施工阶段荷载、可变荷载以及永久荷载相对应的抗弯刚度。其中，可变荷载以及永久荷载所对应的抗弯刚度还与截面所受弯矩的符号有关。

（1）不考虑混凝土开裂的分析方法。计算时假定连续梁各部分均可以采用未开裂截面的换算截面惯性矩进行计算。这种方法计算简便，但由于没有考虑组合梁沿长度方向刚度的变化，负弯矩区刚度取值偏大，导致负弯矩计算值要高于实际情况，不利于充分发挥组合梁的承载力潜力。

（2）考虑混凝土开裂区影响的分析方法。在混凝土开裂区的长度范围内采用负弯矩区的截面惯性矩，而在未开裂区域仍采用正弯矩作用下的换算截面惯性矩。计算负弯矩开裂区的截面惯性矩时应包括钢梁和翼板有效宽度内纵向受力钢筋的作用，但不计混凝土的抗拉作用。按这种方法计算时，还应当确定负弯矩区的开裂范围，而开裂范围又取决于内力的分布，因此需要通过迭代方法才能够计算反弯点的准确位置。由于内力计算结果对混凝土开裂区的长度并不敏感，因此在满跨布置荷载的条件下，通常可以假定每个连续组合梁内支座两侧各 15％的范围为开裂区域。

按弹性方法计算组合梁的内力并进行承载力验算往往与实际情况有较大差别，因此可按照未开裂的模型计算连续组合梁的内力并采用弯矩调幅法来考虑混凝土开裂的影响。而考虑混凝土开裂的计算模型则主要用于连续组合梁在正常使用极限状态的挠度分析。

2. 弯矩调幅法

钢-混凝土连续组合梁在加载过程中，由于负弯矩区混凝土开裂、钢梁及钢筋的塑性变形引起结构内力的重分布，其内力和变形与弹性计算结果有明显的差异。因此，考虑结构非线性行为所引起的内力重分布可以使计算结果更符合实际受力情况，从而更充分地发挥组合梁的受力性能。

弯矩调幅法是普遍应用于钢筋混凝土框架结构和梁板结构的一种简单有效的计算方法。应用于连续组合梁的内力计算时，弯矩调幅法通过对弹性分析结果的调整可以反映各种材料的非线性行为，同时也可以反映混凝土开裂的影响。

连续组合梁弯矩调幅法的具体做法是减少位于内侧支座截面负弯矩的大小，同时增大与之异号的跨中正弯矩的大小，调幅后的内力应满足结构的平衡条件。由于组合梁在正弯矩作用下的承载力要明显高于负弯矩作用下的承载力，因此采用弯矩重分配可以显著提高设计的经济性。

连续组合梁弯矩调幅的程度主要取决于负弯矩区截面的承载力及其延性和转动能力。《钢结构设计标准》规定，考虑塑性发展时的负弯矩区内力调幅系数不应超过 20%。需要指出的是，悬臂梁组合梁为静定结构，其内力由平衡条件确定，因此对悬臂组合梁以及相邻梁跨的端部负弯矩都不能进行调幅。

3. 塑性分析

如果连续组合梁各潜在的控制截面都具有充分的延性和转动能力，允许结构形成一系列塑性铰而达到极限状态，则可以根据极限平衡的方法计算其极限承载力。

极限塑性分析时假定连续组合梁的全部非弹性应变集中发生在塑性铰区，极限状态下结构的内力分布只取决于构件的强度和延性，而与各截面间的相对刚度无关。结构每形成一个塑性铰后减少一个冗余自由度，直到形成足够的塑性铰并产生了荷载最低的破坏机构时连续组合梁达到其极限承载力。如果能够预知结构的破坏模式，塑性内力分析的计算工作量很小。对于连续梁，其破坏机构为在支座负弯矩最大及跨中正弯矩最大的位置分别形成塑性铰。根据塑性铰的分布情况及其抗弯强度，利用极限平衡方法则可以很方便地计算出连续组合梁的极限承载力。

为保证结构能够达到塑性极限平衡状态，除最后形成的塑性铰，其他塑性铰都应当具有足够的转动能力以维持抗弯承载力不下降直至形成破坏机构。影响塑性铰转动能力的因素很多，如混凝土开裂、钢梁的屈曲以及材料本构关系等，设计时一般通过限制截面形式及构造措施来保证各控制截面特别是负弯矩最大部位的延性。欧洲规范 4 规定，当采用塑性极限平衡方法设计连续组合梁时应满足如下要求：

(1) 塑性铰处有足够的侧向约束，钢梁为第 1 类密实截面且关于其腹板对称；

(2) 构件的全部截面都为第 1 或第 2 类；

(3) 相邻梁跨的跨度之差不能大于短跨跨度的 50%；

(4) 边跨跨度不能大于相邻跨跨度的 115%；

（5）构件不易发生侧扭屈曲。

塑性分析克服了弹性分析需要计算各截面弯曲刚度的困难，计算较为简便，同时得到的计算承载力也较弹性分析或调幅法得到的承载力更高。但塑性分析允许结构在极限状态有较大的变形，因此对正常使用阶段混凝土裂缝开展或变形有较高要求的连续组合梁，不宜采用这种计算方法。

三、负弯矩作用下的承载力计算

1. 弹性抗弯承载力

按弹性方法计算时，需要考虑施工阶段对组合梁受力性能的影响。通常情况下，施工阶段的荷载单独由钢梁截面承担；使用状态下，弯矩则由钢梁与有效宽度内纵向受力钢筋所形成的组合截面共同承担。弹性状态下组合梁在负弯矩作用下的截面应力分布如图 17.3-15所示。

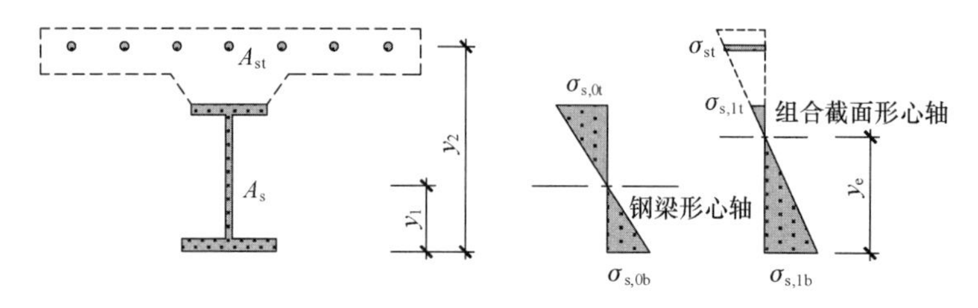

图 17.3-15 负弯矩作用下的弹性应力图

组合截面弹性中和轴至钢梁底部的距离为：

$$y_e = \frac{A_s y_1 + A_{st} y_2}{A_s + A_{st}} \tag{17.3-23}$$

式中 y_1、y_2——分别为钢梁形心和钢筋形心至钢梁底部的距离。

根据移轴公式，相对于组合截面中和轴的惯性矩为：

$$I = I_s + A_0 d_c^2 \tag{17.3-24}$$

式中 $A_0 = \dfrac{A_s A_{st}}{A_s + A_{st}}$；$I_s$ 为钢梁的惯性矩；$d_c = y_2 - y_1$，为钢梁形心到钢筋形心的距离。

进行弹性阶段组合梁在负弯矩作用下的正截面抗弯验算时，应验算钢筋、钢梁顶部以及钢梁底部等控制点的应力。抗弯验算时各控制点的应力按以下各式计算：

混凝土翼板内纵向钢筋的拉应力

$$\sigma_{st} = \frac{M_1 y_{st}}{I} \leqslant f_{st} \tag{17.3-25}$$

钢梁顶部应力

$$\sigma_{s,t} = \frac{M_0 y_{0t}}{I_s} + \frac{M_1 y_{1t}}{I} \leqslant f \tag{17.3-26}$$

钢梁底部压应力

$$\sigma_{s,b} = \frac{M_0 y_{0b}}{I_s} + \frac{M_1 y_{1b}}{I} \leqslant f \tag{17.3-27}$$

以上各式中，下标 t、b 表示钢梁截面上端及下端的验算点位置；下标数字 0、1 分别表示施工阶段和使用阶段；M 为各阶段所对应的截面设计弯矩；y 为验算点距各阶段截面弹性中和轴的距离；f_{st}为钢筋抗拉强度设计值。

2. 塑性抗弯承载力

组合梁在负弯矩作用下的试验表明，对于截面宽厚比满足塑性设计要求且不会发生侧扭屈曲的组合梁，在接近极限弯矩时钢梁下翼缘和钢筋都已经大大超过其屈服应变，截面的塑性应变发展较充分，可以将钢梁部分的应力图简化为等效矩形应力图，并根据全截面塑性极限平衡的方法计算其抗弯承载力。此时，应忽略混凝土的抗拉作用，而包括了混凝土翼板有效宽度内纵向钢筋的抗拉作用。极限状态时，负弯矩作用下组合截面中和轴通常位于钢梁腹板内，截面应力分布如图 17.3-16 所示。

极限抗弯承载力为：

$$M'_u = M_s + A_{st} f_{st}(y_3 + y_4/2) \tag{17.3-28}$$

$$M_s = (S_1 + S_2) f \tag{17.3-29}$$

式中 M'_u——负弯矩承载力设计值；

S_1、S_2——钢梁塑性中和轴以上和以下截面对该轴的面积矩；

A_{st}——负弯矩区混凝土翼板有效宽度范围内的纵向钢筋截面面积；

f_{st}——钢筋抗拉强度设计值；

y_3——纵向钢筋截面形心至组合梁塑性中和轴的距离；

y_4——组合梁塑性中和轴至钢梁塑性中和轴的距离。当组合梁塑性中和轴在钢梁腹板内时，取 $y_4 = A_{st} f_{st}/(2t_w f)$，$t_w$为钢梁腹板厚度。

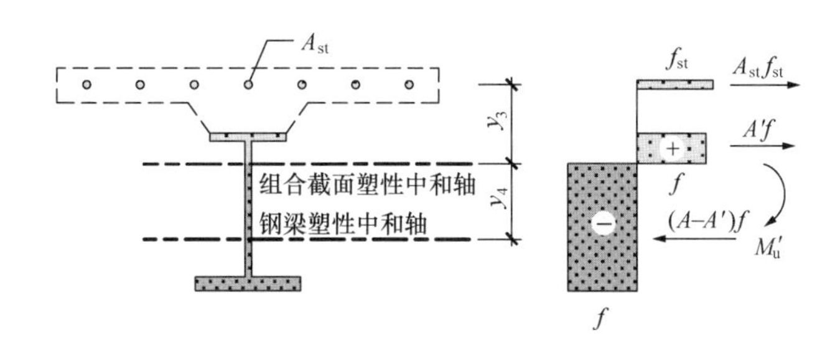

图 17.3-16 负弯矩作用时截面塑性应力图

3. 负弯矩区竖向抗剪计算

连续组合梁的中间支座截面的弯矩和剪力都较大。钢梁由于同时受弯、剪作用，截面的极限抗弯承载能力有所降低。现行国家标准《钢结构设计标准》GB 50017 规定，当采用弯矩调幅设计法计算组合梁的强度时，负弯矩区组合梁截面按下述方法考虑弯矩和剪力的相互影响：

当 $V \leqslant 0.5 h_w t_w f_v$ 时，可不对验算负弯矩受弯承载力所用的腹板钢材强度设计值进行折减；当剪力设计值 $V > 0.5 h_w t_w f_v$ 时，验算负弯矩受弯承载力所用的腹板钢材强度设计值 f 折减为 $(1-\rho)f$，折减系数 ρ 按下式计算：

$$\rho = [2V/(h_w t_w f_v) - 1]^2 \tag{17.3-30}$$

17.3.5　组合梁正常使用极限状态验算

一、简支组合梁挠度计算

组合梁充分发挥了钢材抗拉和混凝土抗压性能好的优点，具有较高的承载力和刚度。当组合梁采用高强钢材和高强混凝土且跨度较大时，正常使用极限状态下的挠度就可能成为控制设计的关键因素。抗剪连接件是保证钢梁和混凝土翼板组合成整体共同工作的关键部件，而广泛应用的栓钉等柔性抗剪连接件在传递界面剪力时会产生一定的变形，从而使钢梁和混凝土翼板间产生滑移，导致截面曲率和结构挠度增大。

计算组合梁挠度可以采用材料力学的有关公式，如本章前面所述的换算截面法，将混凝土和钢材根据弹性模量比换算为同一种材料后计算其刚度和变形。但已有的试验结果表明，由于换算截面法没有考虑钢梁和混凝土翼板之间的滑移效应，得到的刚度计算值较实际刚度值偏大而挠度计算值偏小。因此，更可靠的方法是在计算组合梁变形时考虑滑移效应的影响。本节将介绍组合梁考虑滑移效应的刚度及变形计算方法。

此外，需要指出的是，如果组合梁的计算挠度偏大，可以通过以下三种方法减少其在恒载作用下的挠度：

(1) 如采用无临时支撑的施工方式，刚度较大的钢梁以减少组合梁在施工阶段的挠度；

(2) 将钢梁起拱以补偿组合梁在恒载作用下的挠度；

(3) 施工时设置临时支撑以减少混凝土硬化前钢梁的挠度。

从经济可行的角度出发，设计组合梁时应尽量同时采用第（2）和第（3）种方法，即在条件允许的情况下尽可能多布置临时支撑，同时使钢梁产生预拱以抵消部分恒载挠度。

1. 考虑滑移效应的组合梁刚度及变形计算

组合梁在正常使用极限状态下钢梁通常处于弹性状态，混凝土翼板的最大压应力也位于应力—应变曲线的上升段。因此，在分析滑移效应时可以近似地将组合梁作为弹性体来考虑，并作如下假定：(1) 交界面上的水平剪力与相对滑移成正比；(2) 钢梁和混凝土翼板具有相同的曲率并分别符合平截面假定；(3) 忽略钢梁与混凝土翼板间的竖向掀起作用，假设二者的竖向位移一致。其中，相对滑移定义为同一截面处钢梁与混凝土翼板间的水平位移差。

以如图17.3-17所示的计算模型来分析集中荷载作用下简支组合梁的滑移效应。设抗剪连接件间距为 p，钢与混凝土交界面单位长度上的水平剪力为 ν，组合梁的微段变形模型如图17.3-18。

由假定（1）可以得到：

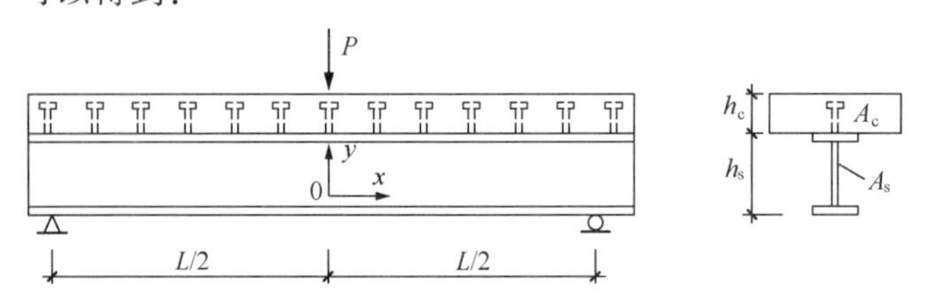

图17.3-17　简支组合梁挠度计算模型

$$p\nu = Ks \quad (17.3\text{-}31)$$

式中 K——抗剪连接件的刚度。根据试验结果，可取 $K=0.66n_{s}V_{u}$；

n_s——同一截面栓钉个数；

V_u——单个栓钉的极限承载力；

s——钢梁与混凝土翼板间的相对滑移。

由水平方向上力的平衡关系有：

$$\frac{\mathrm{d}C}{\mathrm{d}x}=-\nu \quad (17.3\text{-}32)$$

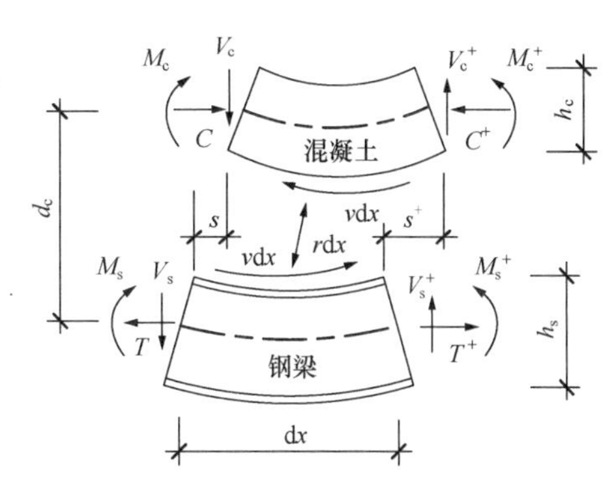

图 17.3-18 微段梁变形模型

分别对混凝土单元和钢梁单元体左侧形心取弯矩平衡关系可以得到：

$$\frac{\mathrm{d}M_{c}}{\mathrm{d}x}+V_{c}=\frac{\nu h_{c}}{2}-\frac{r\mathrm{d}x}{2} \quad (17.3\text{-}33)$$

$$\frac{\mathrm{d}M_{s}}{\mathrm{d}x}+V_{s}=\nu y_{1}+\frac{r\mathrm{d}x}{2} \quad (17.3\text{-}34)$$

式中 h_c——混凝土翼板的高度；

y_1——钢梁形心至钢梁上翼缘顶面的距离；

r——单位长度上的界面法向压力。

式（17.3-33）与式（17.3-34）相加并将 $V_c+V_s=P/2$ 代入，可以得到：

$$\frac{\mathrm{d}M_{c}}{\mathrm{d}x}+\frac{\mathrm{d}M_{s}}{\mathrm{d}x}+\frac{P}{2}=\nu d_{c} \quad (17.3\text{-}35)$$

式中 P——跨中集中荷载；

d_c——钢梁形心至混凝土翼板形心的距离，$d_{c}=y_{1}+\frac{h_{c}}{2}$。

由假定（2），可得：

$$\phi=\frac{M_{s}}{E_{s}I_{s}}=\frac{\alpha_{E}M_{c}}{E_{s}I_{c}} \quad (17.3\text{-}36)$$

式中 ϕ——截面曲率；

I_s、I_c——分别表示钢梁和混凝土翼板的惯性矩；

E_s——钢梁的弹性模量；

α_E——钢梁与混凝土的弹性模量比。

交界面上混凝土翼板底部应变 ε_{tb} 和钢梁顶部应变 ε_{tt} 分别为：

$$\varepsilon_{tb}=\frac{\phi h_{c}}{2}-\frac{\alpha_{E}C}{E_{s}A_{s}} \quad (17.3\text{-}37)$$

$$\varepsilon_{tt}=\frac{T}{E_{s}A_{s}}-\phi y_{1} \quad (17.3\text{-}38)$$

定义 ε_{tb} 与 ε_{tt} 之差为滑移应变，则：

$$\varepsilon_{s}=s'=\varepsilon_{tb}-\varepsilon_{tt}=\phi d_{c}-\frac{\alpha_{E}C}{E_{s}A_{s}}-\frac{T}{E_{s}A_{s}} \quad (17.3\text{-}39)$$

将式（17.3-36）代入式（17.3-35），并考虑到式（17.3-31），则有：

$$\frac{\mathrm{d}\phi}{\mathrm{d}x}=\frac{Ksh/p-P/2}{E_{s}I_{0}} \tag{17.3-40}$$

式中　$I_0=I_s+I_c/\alpha_E$。

对式（17.3-39）求导，并将式（17.3-40）和式（17.3-32）代入，就可以得到：

$$s''=\alpha^{2}s+\frac{\alpha^{2}\beta P}{2} \tag{17.3-41}$$

式中　$\alpha^2=\frac{KA_1}{E_sA_0P}$，$\beta=\frac{hp}{2KA_1}$，$A_1=\frac{I_0}{A_0}+d_c^2$，$\frac{1}{A_0}=\frac{1}{A_s}+\frac{\alpha_E}{A_c}$，其中$A_s$和$A_c$分别表示钢梁和混凝土翼板的截面积。

求解方程（17.3-41），并将边界条件 $s(0)=0$ 和 $s'(L/2)=0$ 代入，可以得到沿梁长度方向上的滑移分布规律：

$$s=\frac{\beta P(1+e^{-\alpha L}-e^{-\alpha x-\alpha L}-e^{-\alpha x})}{2(1+e^{-\alpha L})} \tag{17.3-42}$$

对上式求导得滑移应变 ε_s：

$$\varepsilon_{s}=\frac{\alpha\beta P(e^{-\alpha x}-e^{\alpha x-\alpha L})}{2(1+e^{-\beta L})} \tag{17.3-43}$$

考虑滑移效应的截面应变分布如图 17.3-19 中实线所示，可近似取 ε_s引起的附加曲率 $\Delta\phi$ 为：

$$\Delta\phi=\frac{\varepsilon_{sc}}{h_c}=\frac{\varepsilon_{ss}}{h_s} \tag{17.3-44}$$

由 $\varepsilon_{sc}+\varepsilon_{ss}=\varepsilon_s$，将式（17.3-44）改写为：

$$\Delta\phi=\frac{\varepsilon_s}{h} \tag{17.3-45}$$

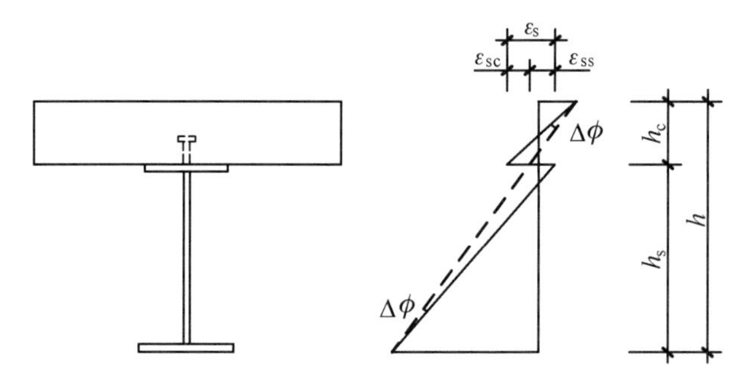

图 17.3-19　截面应变分布

沿梁长进行积分，可求得滑移效应引起的跨中附加挠度 $\Delta\delta_1$：

$$\Delta\delta_1=\frac{\beta P}{2h}\left[\frac{1}{2}+\frac{1-e^{\alpha L}}{\alpha(1+e^{\alpha L})}\right] \tag{17.3-46}$$

根据同样方法可以得到跨中两点对称加载和均布荷载作用下滑移效应引起的跨中附加挠度计算公式：

$$\Delta\delta_2=\frac{\beta P}{2h}\left[\frac{L}{2}-b+\frac{e^{\alpha b}-e^{\alpha L-\alpha b}}{\alpha(1+e^{\alpha L})}\right] \tag{17.3-47}$$

$$\Delta\delta_3 = \frac{\beta q}{h}\left[\frac{L^2}{8} + \frac{2e^{\alpha L/2} - 1 - e^{\alpha L}}{\alpha^2(1 + e^{\alpha L})}\right] \tag{17.3-48}$$

式中 b——集中荷载到跨中的距离；

P——总的外荷载；

q——均布荷载。

对于工程实用范围内的组合梁，$e^{-\alpha L}\approx 0$，因此，式（17.3-46）～式（17.3-48）可分别简化为：

$$\Delta\delta_2 = \frac{\beta P}{2h}\left[\frac{L}{2} - b - \frac{e^{-\alpha b}}{\alpha}\right] \tag{17.3-49}$$

$$\Delta\delta_2 = \frac{\beta P}{2h}\left[\frac{L}{2} - b - \frac{e^{-\alpha b}}{\alpha}\right] \tag{17.3-50}$$

$$\Delta\delta_3 = \frac{\beta q}{h}\left[\frac{L^2}{8} - \frac{1}{\alpha^2}\right] \tag{17.3-51}$$

得到各工况下的附加挠度计算公式后，组合梁考虑滑移效应后的挠度可根据叠加原理按下式计算：

$$\delta = \delta_e + \Delta\delta_i \tag{17.3-52}$$

式中 δ_e——根据弹性换算截面法得到的计算挠度；

$\Delta\delta_i$——由滑移效应引起的附加挠度。

将式（17.3-49）～式（17.3-51）代入式（17.3-52）可分别得到跨中集中荷载、两点对称荷载和满跨均布荷载条件下简支组合梁的跨中挠度计算公式：

$$\begin{cases} \delta_1 = \dfrac{PL^3}{48EI} + \dfrac{\beta P}{2h}\left(\dfrac{L}{2} - \dfrac{1}{\alpha}\right) \\ \delta_2 = \dfrac{P}{12EI}\left[2\left(\dfrac{L}{2} - b\right)^3 + 3b\left(\dfrac{L}{2} - b\right)(L - b)\right] + \dfrac{\beta P}{2h}\left(\dfrac{L}{2} - b - \dfrac{e^{-\alpha b}}{\alpha}\right) \\ \delta_3 = \dfrac{5qL^4}{384EI} + \dfrac{\beta P}{h}\left(\dfrac{L^2}{8} - \dfrac{1}{\alpha^2}\right) \end{cases} \tag{17.3-53}$$

将式（17.3-53）改写成如下形式：

$$\begin{cases} \delta_1 = \dfrac{PL^3}{48B} \\ \delta_2 = \dfrac{P}{12B}\left[2\left(\dfrac{L}{2} - b\right)^3 + 3b\left(\dfrac{L}{2} - b\right)(L - b)\right] \\ \delta_3 = \dfrac{5qL^4}{384B} \end{cases} \tag{17.3-54}$$

式中 B 即为考虑滑移效应影响时组合梁的折减刚度，它可以表达为

$$B = \frac{EI}{1 + \xi_i} \tag{17.3-55}$$

其中刚度折减系数 ξ_i 分别为：

$$\begin{cases}\xi_1 = \eta\left(\dfrac{1}{2}-\dfrac{1}{\alpha L}\right)\\[2ex] \xi_2 = \dfrac{\eta\left(\dfrac{1}{2}-\dfrac{b}{L}-\dfrac{e^{-\alpha b}}{\alpha L}\right)}{4\left[2\left(\dfrac{1}{2}-\dfrac{b}{L}\right)^3+3\left(\dfrac{1}{2}-\dfrac{b}{L}\right)\left(1-\dfrac{b}{L}\right)\dfrac{b}{L}\right]}\\[2ex] \xi_3 = \eta\left[\dfrac{1}{2}-\dfrac{4}{(\alpha L)^2}\right]\Big/1.25\end{cases} \tag{17.3-56}$$

式中 $\eta = 24\dfrac{EI\beta}{L^2 h}$。

组合梁截面刚度 EI 可以表示为：

$$EI = E_s(I_0 + A_0 d_c^2) = E_s A_0 / A_1 \tag{17.3-57}$$

因此 $\eta = 24E_s d_c p A_0/(KhL^2)$，与荷载作用模式无关。影响 ξ_i 的主要变量为 αL 和 b/L。对于实用范围内的组合梁，αL 在 5～10 范围变化，不同荷载作用模式下 ξ 随 αL 的变化曲线如图 17.3-20 所示。可见三种荷载模式下 ξ 之间的差异较小，且 b/L 对 ξ 的影响也不明显。从简化计算并满足工程应用的角度出发，刚度折减系数可以式（17.3-56）为基础统一按下式计算：

$$\xi = \eta\left[0.4 - \frac{3}{(\alpha L)^2}\right] \tag{17.3-58}$$

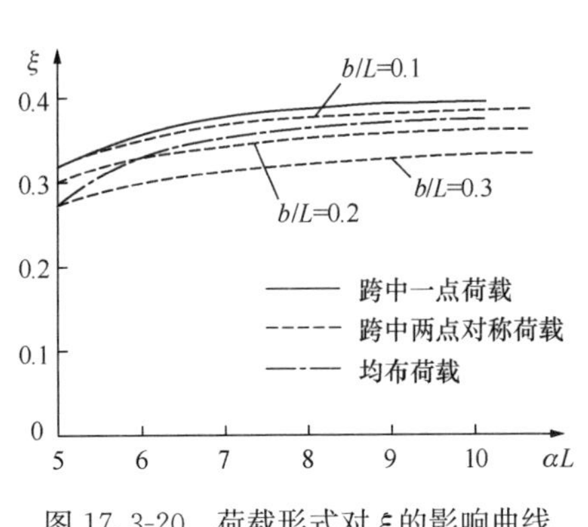

图 17.3-20 荷载形式对 ξ 的影响曲线

因此，折减刚度可按统一的简化公式计算：

$$B = \frac{EI}{1+\xi} \tag{17.3-59}$$

将式（17.3-59）代入式（17.3-54），得到考虑滑移效应的挠度计算公式为：

$$\delta = \delta_e(1+\xi) \tag{17.3-60}$$

2.《钢结构设计标准》关于组合梁挠度计算的规定

《钢结构设计标准》计算组合梁挠度的公式是基于折减刚度法，即考虑滑移效应后用折减刚度 B 来代替组合梁的换算截面刚度，然后按照结构力学的有关方法进行计算。

组合梁考虑滑移效应的折减刚度 B 按下式计算：

$$B = \frac{EI_{eq}}{1+\zeta} \tag{17.3-61}$$

式中 E——钢梁的弹性模量；

I_{eq}——组合梁的换算截面惯性矩，对荷载的标准荷载组合，将混凝土翼板有效宽度除以钢材与混凝土弹性模量的比 α_E 换算为钢截面宽度；对荷载的准永久组合，则除以 $2\alpha_E$ 进行换算。对钢梁与压型钢板混凝土组合板构成的组合梁，可取薄弱截面的换算截面进行计算，且不计压型钢板的作用；

ζ——刚度折减系数，按下式计算（当 $\zeta \leqslant 0$ 时，取 $\zeta = 0$）：

$$\zeta = \eta\left[0.4 - \frac{3}{(\alpha L)^2}\right] \tag{17.3-62}$$

$$\eta = \frac{36Ed_c pA_0}{n_s khL^2} \tag{17.3-63}$$

$$\alpha = 0.81\sqrt{\frac{n_s kA_1}{EI_0 p}} \tag{17.3-64}$$

$$A_0 = \frac{A_{cf}A}{\alpha_E A + A_{cf}} \tag{17.3-65}$$

$$A_1 = \frac{I_0 + A_0 d_c^2}{A_0} \tag{17.3-66}$$

$$I_0 = I + \frac{I_{cf}}{\alpha_E} \tag{17.3-67}$$

式中　A_{cf}——混凝土翼板截面面积，对压型钢板组合板翼缘，取薄弱截面的面积，且不考虑压型钢板；

A——钢梁截面面积；

I——钢梁截面惯性矩；

I_{cf}——混凝土翼板的截面惯性矩，对压型钢板组合板翼缘，取薄弱截面的惯性矩，且不考虑压型钢板；

d_c——钢梁截面形心到混凝土翼板截面（对压型钢板组合板为薄弱截面）形心的距离；

h——组合梁截面高度；

L——组合梁的跨度；

k——抗剪连接件刚度系数，$k = N_v^c$（N/mm），N_v^c 为抗剪连接件承载力设计值；

p——抗剪连接件的平均间距；

n_s——抗剪连接件在一根梁上的列数；

α_E——钢材与混凝土弹性模量的比值。

按以上各式计算组合梁挠度时，应分别按荷载的标准组合和准永久组合进行计算，并且不得大于现行国家标准《钢结构设计标准》GB 50017 所规定的限值。其中，当按荷载效应的准永久组合进行计算时，式（17.3-65）和（17.3-67）中的 α_E 应乘以 2。

二、连续组合梁挠度计算

连续梁与简支梁相比，挠度通常不会成为设计中的控制因素。但如果组合梁是根据塑性极限平衡方法进行承载力极限状态设计时，仍需要对正常使用状态下的挠度进行验算。

由于连续组合梁在荷载作用下会引起负弯矩区混凝土翼板开裂，导致刚度沿长度方向改变，因此各国规范均采用调整后的简化弹性分析方法来计算连续组合梁的挠度。

根据试验和分析，可以在连续组合梁正弯矩区和负弯矩区分别采用不同的抗弯刚度。对于各跨满布均布荷载的情况，假设中间支座两侧各 15%的跨度范围内采用负弯矩区开裂截面的抗弯刚度（即忽略混凝土的抗拉作用而包括了纵向受力钢筋的作用），其余区段则采用正弯矩作用下的组合截面刚度（应采用考虑滑移效应的折减刚度），然后根据结构力学方法计算组合梁的挠度。对于不同的荷载工况，连续组合梁的挠度计算可参照表 17.3-2 和表 17.3-3 的公式进行。

连续组合梁边跨变形计算公式表 **表 17.3-2**

	S_l　B　B/α_1　S_r
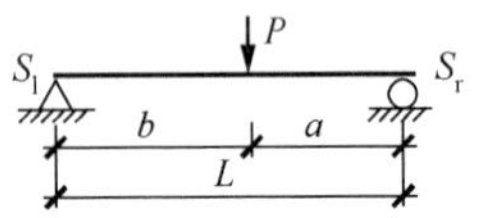 S_l　P　S_r　b　a　L	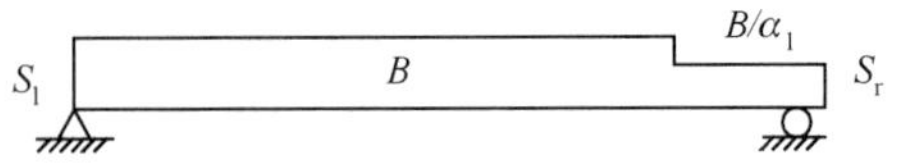 $\delta=\frac{Pl^3}{48B}\left[\frac{3a}{L}-\frac{4a^3}{L^3}+\frac{8b\beta_1^3}{L}(\alpha_1-1)\right]$　$a\leqslant\frac{l}{2}$ $\delta=\frac{Pl^3}{48B}\left[\frac{4ab^2}{L^3}+\frac{b}{L^2}(3a-b)+\frac{8b}{L}\beta_1^3(\alpha_1-1)\right]$　$a>\frac{l}{2}$ $\theta_{sr}=\frac{PL^2}{6B}\left[\frac{a^2b^2}{L^4}+\frac{ab}{L^2}-\frac{2b}{L}\beta_1^2+\frac{2b}{L}\beta_1+\frac{b\beta_1^2(3-2\beta_1)(\alpha_1-1)}{L}\right]$ $\theta_{sl}=\frac{PL^2}{6B}\left[\frac{2a^3b}{L^4}+\frac{ab^2(3+2\beta_1)}{L^3}+\frac{2b\beta_1^3(\alpha_1-1)}{L}+\frac{2ab\beta_1(1-\beta_1)}{L^2}\right]$
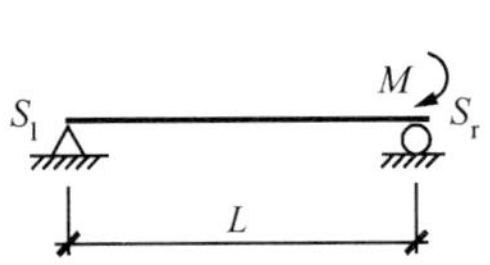 S_l　M　S_r　L	$\delta=\frac{ML^2}{48B}[3+4\beta_1^2(3-2\beta_1)(\alpha_1-1)]$ $\theta_{sr}=\frac{ML}{6B}[2(1-\beta_1)^3+3\alpha_1\beta_1(1-\beta_1)(2-\beta_1)+\alpha_1\beta_1^2(3-\beta_1)]$ $\theta_{sl}=\frac{ML}{6B}[(1-\beta_1)^2(1+2\beta_1)+\alpha_1\beta_1^2(3-2\beta_1)]$
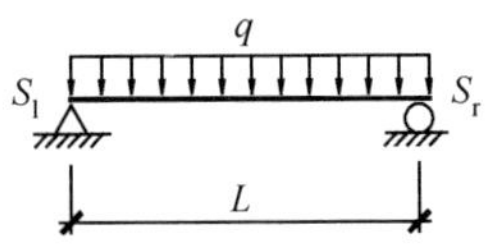 q　S_l　S_r　L	$\delta=\frac{qL^4}{384B}[5+8(4\beta_1^3-3\beta_1^4)(\alpha_1-1)]$ $\theta_{sr}=\frac{qL^3}{24B}\{\alpha_1+(1-\alpha_1)[4(1-\beta_1)^3-3(1-\beta_1)^4]\}$ $\theta_{sl}=\frac{qL^3}{24B}[1+(4\beta_1^3-3\beta_1^4)(\alpha_1-1)]$

注：α_1—组合梁正弯矩段的折减刚度 B_s 或 B_l 与中支座段的刚度之比，$\beta_1=0.15$；
θ_{sr}—梁右端的转角；θ_{sl}—梁左端的转角。

连续组合梁边跨变形计算公式表 **表 17.3-3**

	S_l　B/α_1　B　B/α_1　S_r
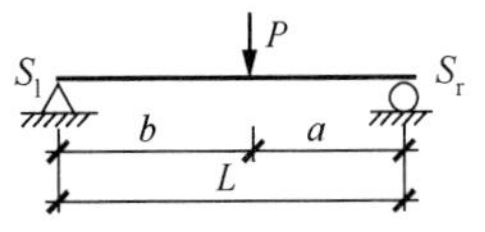 S_l　P　S_r　b　a　L	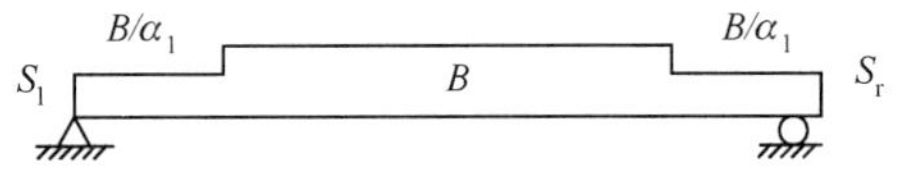 $\delta=\frac{PL^3}{48B}\left[\frac{3ab}{L^2}+\frac{4ab^2}{L^3}-\frac{b^2}{L^2}+8\beta_1^3(\alpha_1-1)\right]$ $\theta_{sr}=\frac{PL}{6B}\left[\frac{ab}{L}\left(1+\frac{b}{L}-\frac{b}{L}\beta_1+3\beta_1\right)+\beta_1^3(3b-2b\beta_1+2a\beta_1)(\alpha_1-1)\right]$ $\theta_{sl}=\frac{PL}{6B}\left[\frac{ab}{L}\left(1+\frac{a}{L}-\frac{a}{L}\beta_1+3\beta_1\right)+\beta_1^3(3a-2a\beta_1+2b\beta_1)(\alpha_1-1)\right]$
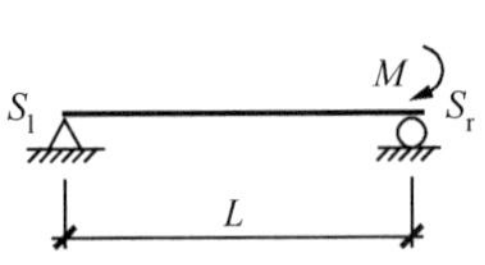 S_l　M　S_r　L	$\delta=\frac{ML^2}{48B}[12\beta_1^2(\alpha_1-1)+3]$ $\theta_{sr}=\frac{ML}{6B}[2\beta_1(3-3\beta_1+\beta_1^2)(\alpha_1-1)+2]$ $\theta_{sl}=\frac{ML}{6B}[2\beta_1^2(3\beta_1-2\beta_1^2)(\alpha_1-1)+1]$
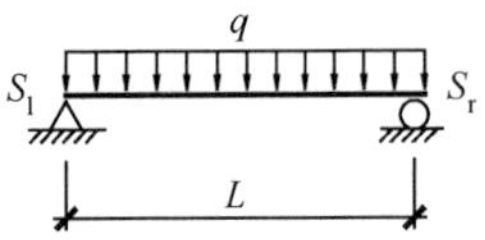 q　S_l　S_r　L	$\delta=\frac{qL^4}{384B}[5+16\beta_1^3(4-3\beta_1)(\alpha_1-1)]$ $\theta_{sr}=\frac{qL^3}{24B}[1+2\beta_1^2(3-2\beta_1)(\alpha_1-1)]$ $\theta_{sl}=-\theta_{sr}$

三、混凝土翼板裂缝计算

混凝土的抗拉强度很低，因此对于没有施加预应力的连续组合梁，负弯矩区的混凝土翼板很容易开裂，且往往贯通混凝土翼板的上下表面，但下表面裂缝宽度一般均小于上表面，计算时可不予验算。引起组合梁翼板开裂的因素很多，如材料质量、施工工艺、环境条件以及荷载作用等。混凝土翼板开裂后会降低结构的刚度，并影响其外观及耐久性，如板顶面的裂缝容易渗入水分或其他腐蚀性物质，加速钢筋的锈蚀和混凝土的碳化等。因此，对正常使用条件下的连续组合梁的裂缝应进行验算，其最大裂缝宽度不得超过《混凝土结构设计规范》GB 50010 的限值。

1. 混凝土翼板裂缝宽度计算

组合梁负弯矩区混凝土翼板的受力状况与钢筋混凝土轴心受拉构件相似，因此可采用《混凝土结构设计规范》的有关公式计算组合梁负弯矩区的最大裂缝宽度：

$$w_{max} = 2.7\psi\frac{\sigma_{sk}}{E_s}\left(1.9c + 0.08\frac{d_{eq}}{\rho_{te}}\right) \tag{17.3-68}$$

式中　ψ——裂缝间纵向受拉钢筋的应变不均匀系数：当 $\psi<0.2$ 时取 $\psi=0.2$；当 $\psi>1$ 时取 $\psi=1$；对直接承受重复荷载的情况取 $\psi=1$；

σ_{sk}——受拉钢筋的应力；

c——最上层纵向钢筋的保护层厚度，当 $c<20\text{mm}$ 时取 $c=20\text{mm}$，当 $c>65\text{mm}$ 时取 $c=65\text{mm}$；

d_{eq}——纵向受拉钢筋的等效直径；

ρ_{te}——以混凝土翼板薄弱截面处受拉混凝土的截面积计算得到的受拉钢筋配筋率，$\rho_{te}=A_{st}/(b_e/h_c)$，$b_e$ 和 h_c 是混凝土翼板的有效宽度和高度。

受拉钢筋应变不均匀系数 ψ 按下式计算：

$$\psi = 1.1 - 0.65\frac{f_{tk}}{\rho_{te}\sigma_{sk}} \tag{17.3-69}$$

式中　f_{tk}——混凝土的抗拉强度标准值。

纵向受拉钢筋的等效直径 d_{eq} 按下式计算：

$$d_{eq} = \frac{\sum n_i d_i^2}{\sum n_i \nu_i d_i} \tag{17.3-70}$$

式中　n_i——受拉区第 i 种纵向钢筋的根数；

d_i——受拉区第 i 种纵向钢筋的公称直径；

ν_i——受拉区第 i 种纵向钢筋的表面特征系数，对带肋钢筋 $\nu=1.0$，对光面钢筋 $\nu=0.7$。

对于连续组合梁的负弯矩区，受拉钢筋的应力 σ_{sk} 按下式计算：

$$\sigma_{sk} = \frac{M_k y_{st}}{I} \tag{17.3-71}$$

式中　y_{st}——钢筋形心至钢筋和钢梁形成的组合截面中和轴的距离；

I——组合截面惯性矩；

M_k——考虑了弯矩调幅的标准荷载作用下截面负弯矩组合值，可按下式计算。

$$M_k = M_e(1-\alpha_r) \tag{17.3-72}$$

式中 M_e——标准荷载作用下按照弹性方法得到的连续组合梁中支座负弯矩值；

α_r——连续组合梁中支座负弯矩调幅系数，可取15%。

需要指出的是，对于悬臂组合梁，M_k应根据平衡条件计算。

2. 组合梁翼板裂缝的控制原则

混凝土裂缝的生成和发展过程非常复杂，受到诸多因素的影响：混凝土的配合比、施工工艺及养护条件、配筋率、外界温度和湿度、边界条件等。同时，各因素变化幅度大，使得混凝土的开裂具有很大随机性。这些都决定了裂缝宽度计算的复杂性，因此在设计阶段通过合理的构造措施等，往往可以取得到更好的实际效果。

根据组合梁的受力特点以及对混凝土翼板裂缝的计算分析，采取以下一个或几个措施对控制混凝土翼板开裂具有很好的作用：

（1）在钢筋总量不变的条件下，采用数量较多而直径较小的带肋钢筋，可以有效增大钢筋和混凝土之间的粘结作用从而减小裂缝宽度；

（2）加强养护和采用合适的配合比以减少混凝土的收缩，可以避免收缩效应对柔性抗剪连接件发展的不利影响；

（3）提高钢梁和混凝土间的抗剪连接程度，减小滑移的不利影响；

（4）施工时最后浇筑负弯矩区的混凝土，使该部位的混凝土不承担恒载作用下的拉应力。

此外，如果对结构的使用要求较高，通过张拉高强钢束或预压等方式在负弯矩区混凝土翼板内施加预应力也可以有效控制混凝土的开裂。

17.3.6 抗剪连接件设计

一、连接件的形式和构造要求

抗剪连接件是将钢梁与混凝土翼板组合在一起共同工作的关键部件。除了传递钢梁与混凝土翼板之间的纵向剪力外，抗剪连接件还起到防止混凝土翼板与钢梁之间竖向分离的作用。除了抗剪连接件之外，钢梁与混凝土间的粘结力和摩擦力也可以发挥一定的抗剪作用。型钢混凝土梁即主要依靠此类粘结力和摩擦力来保证两种材料的共同工作。但与抗剪连接件所能够提供的承载力相比，粘结作用往往无法有效保证组合作用的发挥。因此，目前几乎所有形式的钢-混凝土组合梁都采用连接件作为钢梁与混凝土翼板间的剪力传递构造。

抗剪连接件的构造型式很多。根据变形能力的大小，抗剪连接件可以分为刚性连接件和柔性连接件两类。抗剪连接件的典型荷载-滑移曲线如图17.3-21a所示。刚性连接件变形能力较小，组合梁内各个连接件的受力很不均匀，因此在受力较大的连接件附近会出现应力集中的情况如图17.3-21b，不利于结构承载力的充分发挥。柔性连接件的刚度较小而延性较好，在剪力作用下会发生一定程度的变形，即混凝土翼板与钢梁之间会产生一定的滑移，但此时连接件提供的抗剪承载力不会降低。利用柔性连接件的这一特点可以使组合梁在极限状态下的界面剪力发生重分布，剪跨内的剪力分布比较均匀如图17.3-21c，因此可以减少抗剪连接件的数量并方便布置。

刚性连接件的主要形式为方钢连接件（图17.3-22a），此外还有T型钢、马蹄型钢等形式（图17.3-22b、c）。柔性连接件则有栓钉、弯筋、槽钢、角钢、L型钢、锚环、摩擦型高强螺栓等多种类型（图17.3-22d、e、f、g、h、i、j）。刚性抗剪连接件通常用于不考

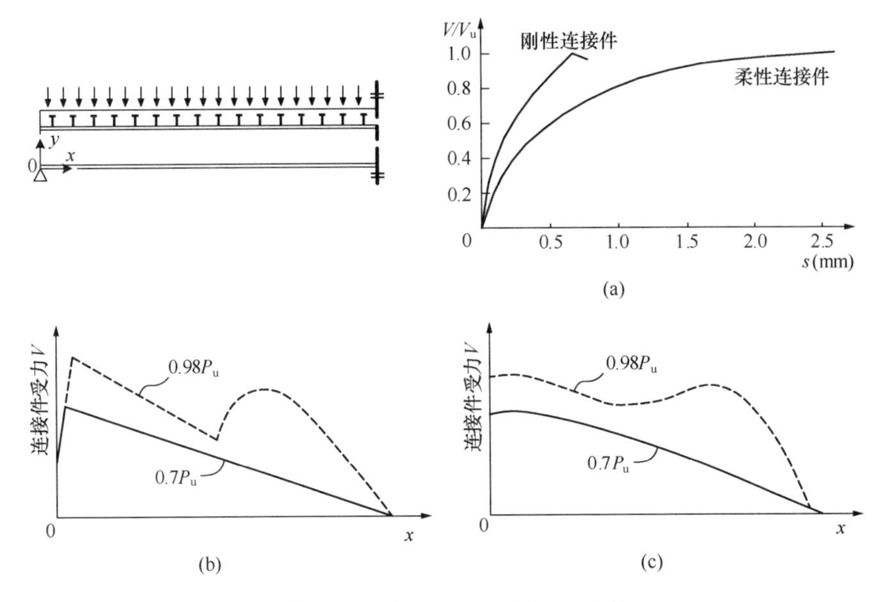

图 17.3-21 刚性与柔性抗剪连接件

(a) 连接件的典型荷载-滑移曲线；(b) 刚性连接件的纵向剪力分布；(c) 柔性连接件的纵向剪力分布

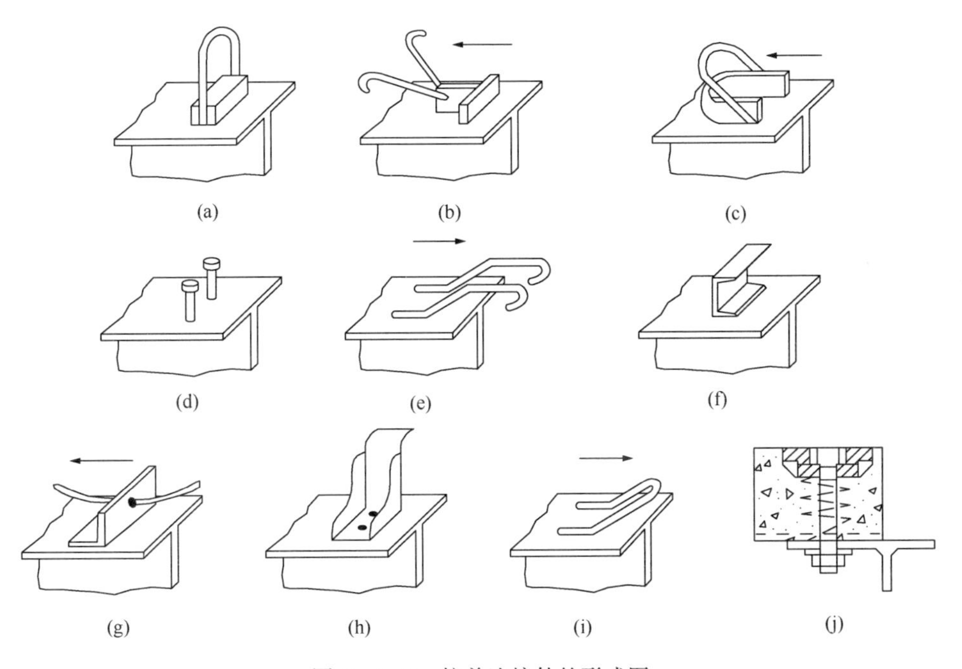

图 17.3-22 抗剪连接件的形式图

虑剪力重分布的结构，目前已较少采用，柔性连接件则广泛应用于建筑和桥梁等结构中。

栓钉（stud，或称为圆柱头焊钉）是目前最常用的抗剪连接件。栓钉可通过锻造加工，制造工艺简单，不需要大型轧制设备。为保证焊接质量，一般应采用专用的半自动拉弧焊机施工。焊接时将栓钉一端外套瓷环，与钢板表面接触并通电引弧，待接触面熔化后，给栓钉施加一定压力从而完成焊接。焊接时要使用配套的瓷环。栓钉焊接质量的检查也比较方便，一般可通过敲击法使栓钉弯曲，如弯曲 30°后其焊缝和热影响区没有肉眼可见的裂纹则可判断焊接合格。此外，栓钉的抗疲劳性能较好，且沿任意方向的强度和刚度相同，有利于方便布置混凝土翼板内的钢筋。当栓钉直径超过 22mm 后，采用熔焊方式施工时难以保证质量。目前，常用栓钉的直径为 16mm、19mm 和 22mm，其中 22mm 直径的栓钉多用于桥梁及荷载较大的情况。

与目前最常用的圆柱头栓钉相比，方钢、槽钢等连接件也具有较强的承载力，但构造及安装都比较复杂，目前已较少应用。但在缺乏栓钉自动焊接设备的地区，采用槽钢及弯筋连接件仍是一种有效的抗剪连接方法。槽钢与弯筋也属于柔性抗剪连接件，在设计时可以应用塑性极限平衡法分析钢梁与混凝土翼板之间的剪力分布。

弯筋连接件是较早使用的抗剪连接件，制作及施工都比较简单。由于它只能利用弯筋的抗拉强度抵抗剪力，所以在剪力方向不明确或剪力方向可能发生改变时，作用效果较低。

槽钢连接件抗剪力强，重分布剪力性能好，翼缘同时可以起到抵抗掀起的作用。槽钢型号多，取材方便，供选择范围大，同时便于手工焊接，具有适用性广的特点。由于槽钢连接件现场焊接的工作量较大，不利于提高施工速度。但是槽钢连接件可以作为栓钉连接件以外的优先选择。

抗剪连接件在组合梁中的实际受力状态非常复杂，不易通过理论方法直接确定其承载力，一般需要通过对试验数据进行分析得到。抗剪连接件的受力性能可以通过梁式试验或推出试验确定。梁试验是对简支组合梁施加两点对称荷载，使剪跨段的钢梁与混凝土翼板间的接触面上纵向受剪，如图 17.3-23 所示。梁式试验可以反映剪跨区内连接件的实际受力状态，但这种试验方法比较复杂，费用较高，不易大量采用。推出试验是目前测定栓钉等抗剪连接件承载力的最常用方法。推出试验在一定程度上可以模拟正弯矩作用下组合梁中栓钉的受力状态。推出试验是将一段工字钢与两块混凝土板通过焊接在工字钢翼缘上的抗剪连接件连接在一起，然后在工字钢的一端施加荷载，使埋在混凝土板内的连接件受到剪切作用。推出试验可以获得连接件的抗剪承载力，并通过量测型钢与混凝土板之间的相对位移获得抗剪连接件的荷载-滑移曲线。试验结果表明，推出试验得到的抗剪连接件承载力较梁式试验得到的承载力偏低，因此将推出试验得到的结果用于设计偏于安全。

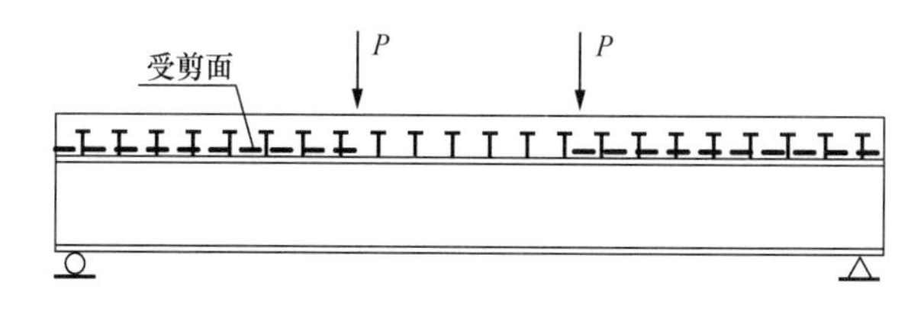

图 17.3-23　梁式试验示意图

推出试件的受力性能受到很多因素的影响，如抗剪连接件的数量、混凝土板及钢梁的尺寸、板内钢筋的布置方式及数量、钢梁与混凝土板交界面的粘结情况、混凝土的强度和密实度等。为统一试验方法，欧洲规范 4 规定了标准推出试验的尺寸，如图 17.3-24 所示。试验时，混凝土板底部应坐浆。如果试验发现横向抗剪钢筋不足而导致抗剪承载力偏低，也可以根据所需的配筋进行试验。对于其他特殊类型的抗剪连接件，欧洲规范 4 也规定了相应的推出试验方法。

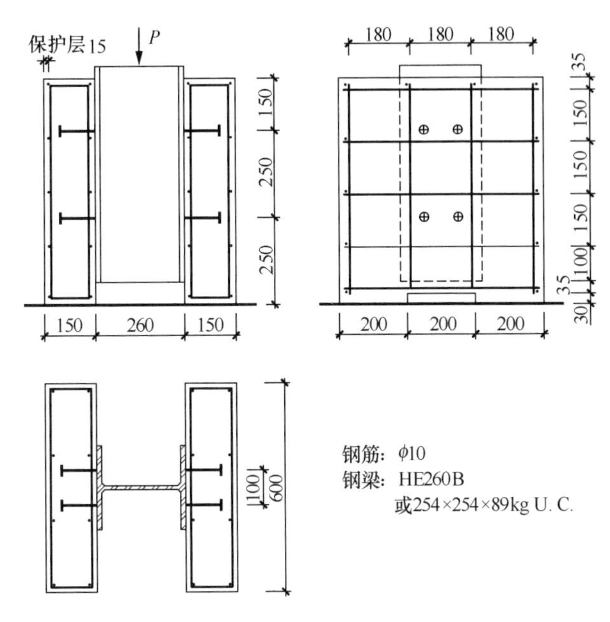

图 17.3-24 欧洲规范 4 的标准推出试件

推出试件同时还需要满足以下要求：

（1）将钢梁翼缘顶面抹油或采用其他适当方法，以消除钢梁与混凝土接触面的粘结作用；

（2）试验时的混凝土强度等级，必须是设计选用的混凝土圆柱体强度等级的 70%±10%，推出试件应在露天养护；

（3）必须检验抗剪连接件材料的屈服强度；

（4）试件加载速度必须均匀，达到破坏荷载时的时间不少于 15min。

由于推出试验结果具有较大的离散性，应当采用以下两种方法确定连接件的承载力设计值：

（1）同样的试件不得少于三个，且其中任一试件的偏差值不得超过三个试件试验平均值的 10%，极限荷载 V_u 取试验的最低值；如任一试件的偏差值超过连接件试验平均值的 10%，则至少再做三个同样试件，极限荷载应取 6 个试验中的最低值；

（2）至少做 10 个试件，取概率分布曲线上 0.05 分位值作为极限荷载 V_u。

抗剪连接件的设计承载能力，可按下式计算：

$$N_v = 0.8\frac{f_y V_u}{\sigma_{yF}} \tag{17.3-73}$$

式中 f_y——抗剪连接件材料屈服强度设计值；

σ_{yF}——抗剪连接件材料实际屈服强度。

由于在组合梁和推出试件中混凝土的受力状态不一样，因此通过推出试验得到的抗剪连接件刚度和强度与实际受力状况也有所不同。正弯矩作用下，组合梁混凝土翼板受压，抗剪连接件在弹性阶段的刚度比推出试验值高，但二者的极限承载力相差不多。在负弯矩作用下，组合梁中混凝土翼板受拉，抗剪连接件的刚度和极限承载力则均比推出试验值低。这也是通常只允许在组合梁的正弯矩区段采用部分抗剪连接的原因之一。

二、连接件的极限承载力验算

1. 栓钉连接件

分析表明，影响栓钉抗剪承载力的主要因素有混凝土抗压强度 f_c、栓钉截面面积 A_s、栓钉抗拉强度 f 和栓钉长度 h。《钢结构设计标准》GB 50017 规定，当栓钉的长径比 $h/d \geqslant 4.0$（d 为栓钉直径）时，抗剪承载力设计值按下式计算：

$$N_v^c = 0.43A_s\sqrt{E_c f_c} \leqslant 0.7A_s f_u \tag{17.3-74}$$

式中 E_c——混凝土弹性模量；

A_s——栓钉钉杆截面面积；

f_c——混凝土抗压强度设计值；

f_u——圆柱头焊钉极限抗拉强度设计值，需满足《电弧螺柱焊用圆柱头焊钉》GB/T 10433 的要求，按规定不得小于 400MPa。

栓钉的抗剪承载力并非随混凝土强度的提高而无限地提高，存在一个与栓钉抗拉强度有关的上限值，即式（17.3-74）的右边项。

2. 栓钉连接件抗剪承载力的折减

式（17.3-74）是根据实心混凝土翼板推出试验得到的栓钉抗剪承载力计算式。近年来，压型钢板混凝土楼板或桥面板的应用已经越来越多。压型钢板既可以作为施工平台和混凝土永久模板使用，也可以代替部分板底的受力钢筋。应用此类组合楼板时，栓钉通常透过压型钢板直接熔焊于钢梁上。此时，栓钉的受力模式与采用实心混凝土翼板时有所不同，其破坏形态的区别可参见图 17.3-25 所示。相对于实心混凝土翼板，板肋内的混凝土对栓钉的约束作用降低，板肋的转动也对抵抗剪力不利。根据大量试验统计，应对采用压型钢板混凝土翼板时栓钉的抗剪承载力予以折减。当为增大组合梁的截面惯性矩而设置板托时，也应对栓钉的抗剪承载力进行相应折减。

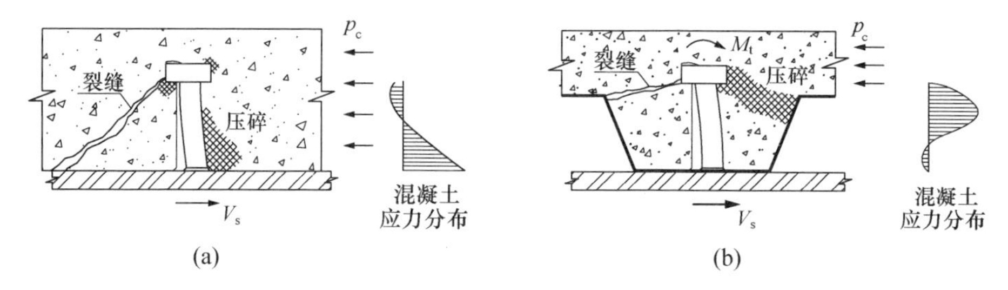

图 17.3-25 栓钉的破坏模式

（a）实心混凝土板；（b）压型钢板组合板

由于栓钉与混凝土间的交互作用主要通过二者间的受压产生，因此栓钉在压型钢板波槽内焊接位置的不同也会影响到抗剪承载力的发挥，如图 17.3-26 所示。

根据《钢结构设计标准》GB 50017，压型钢板对栓钉承载力的影响系数按以下公式计算：

（1）当压型钢板的板肋平行于钢梁布置（图 17.3-27a）且 $b_w/h_e < 1.5$ 时，按公式（17.3-74）算得的 N_v^c 应乘以折减系数 β_v。β_v 值按下式计算：

$$\beta_v = 0.6\frac{b_w}{h_e}\left(\frac{h_d - h_e}{h_e}\right) \leqslant 1 \tag{17.3-75}$$

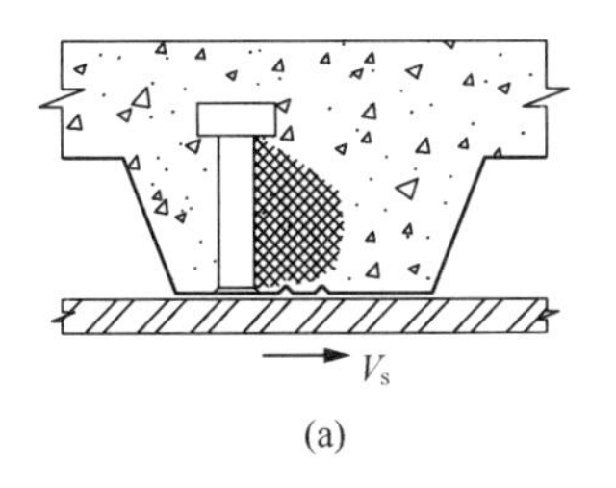

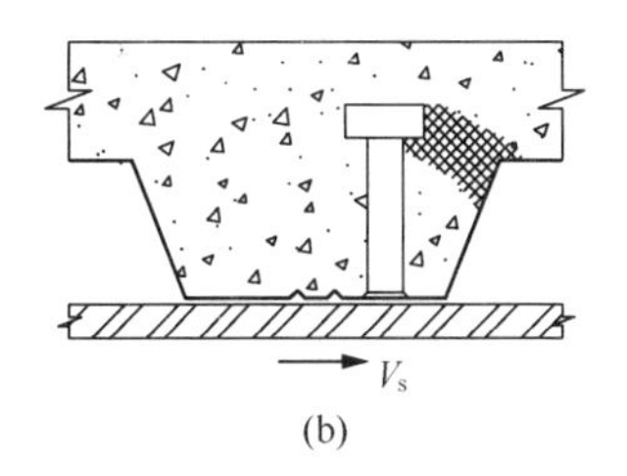

图 17.3-26 压型钢板内栓钉位置对受力的影响示意图
（a）有利的布置方式；（b）不利的布置方式

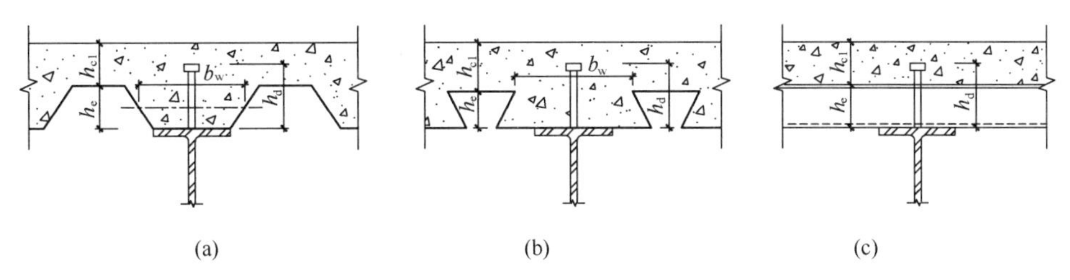

图 17.3-27 用压型钢板作混凝土翼板底模的组合梁

式中 b_w——混凝土凸肋的平均宽度，当肋的上部宽度小于下部宽度时（图 17.3-27b），改取上部宽度；

h_e——混凝土凸肋高度；

h_d——栓钉高度。

（2）当压型钢板的板肋垂直于钢梁布置时（图 17.3-27c），栓钉抗剪连接件承载力设计值的折减系数按下式计算：

$$\beta_v = \frac{0.85}{\sqrt{n_0}} \frac{b_w}{h_e}\left(\frac{h_d - h_e}{h_e}\right) \leqslant 1 \tag{17.3-76}$$

式中 n_0—— 一个肋中布置的栓钉数，当多于 3 个时，按 3 个计算。

当栓钉位于负弯矩区段时，混凝土翼板处于受拉状态，栓钉周围混凝土对其约束程度不如正弯矩区高，所以《钢结构设计标准》GB 50017 规定位于负弯矩区的栓钉抗剪承载力设计值 N_v^c 应乘以折减系数 0.9（对于中间支座两侧）和 0.8（悬臂部分）。

3. 槽钢连接件

在不具备栓钉焊接设备的情况下，槽钢连接件是一种有效的替代方式，推荐优先选用。槽钢连接件的施工比较方便，只需要将槽钢截断成一定长度然后用角焊缝焊接到钢梁上即可。槽钢连接件主要依靠槽钢翼缘内侧混凝土抗压、混凝土与槽钢界面的摩擦力及槽钢腹板的抗拉和抗剪来抵抗水平剪切作用，同时也有较强的抗掀起能力。影响槽钢连接件承载力的主要因素为混凝土的强度和槽钢的几何尺寸及材质等。混凝土强度越高，抗剪连接件的承载力越大。槽钢高度增大有利于腹板抗拉强度的发挥，同时混凝土板的约束作用也更大。而槽钢翼缘宽度较大时也可以产生更大的混凝土压应力区和更高的界面摩擦力。

《钢结构设计标准》GB 50017 规定槽钢连接件的抗剪承载力设计值按下式计算：

$$N_v^c = 0.26(t + 0.5t_w)l_c\sqrt{E_c f_c} \tag{17.3-77}$$

式中 t——槽钢翼缘的平均厚度；

t_w——槽钢腹板的厚度；

l_c——槽钢的长度。

槽钢连接件通过下侧翼缘肢尖肢背的两条通长角焊缝与钢梁上翼缘相连接。角焊缝应根据槽钢连接件的抗剪承载力设计值 N_v^c 按照《钢结构设计标准》GB 50017 的有关内容进行验算。

试验表明槽钢抗剪连接件在顺槽钢背与逆槽钢背方向的剪力作用下，其极限承载力相近，因此《钢结构设计标准》GB 50017 中取消了原规范对槽钢连接件肢尖方向的限制，从而方便了设计和施工。

三、连接件的布置

1. 抗剪连接件的弹性设计方法

按弹性方法设计组合梁的抗剪连接件时采用换算截面法，即根据混凝土与钢材弹性模量的比值，将混凝土截面换算为钢材截面进行计算。按弹性方法计算抗剪连接件时，假定钢梁与混凝土板交界面上的纵向剪力完全由抗剪连接件承担，忽略钢梁与混凝土板之间的粘结作用。

荷载作用下，钢梁与混凝土翼板交界面上的剪力由两部分组成。一部分是准永久荷载产生的剪力，需要考虑荷载的长期效应，即需要考虑混凝土收缩徐变等长期效应的影响，因此应按照长期效应下的换算截面计算；另一部分是可变荷载产生的剪力，不考虑荷载的长期效应，因此应按照短期效应下的换算截面计算。

钢梁与混凝土翼板交界面单位长度上的剪力按下式计算：

$$V_h = \frac{V_g S_0^c}{I_0^c} + \frac{V_q S_0}{I_0} \tag{17.3-78}$$

式中　V_g，V_q——计算截面处分别由准永久荷载和除准永久荷载外的可变荷载所产生的竖向剪力设计值；

S_0^c——考虑荷载长期效应时，钢梁与混凝土翼板交界面以上换算截面对组合梁弹性中和轴的面积矩，计算时可以取钢材与混凝土的弹性模量比为 $2E_s/E_c$；

S_0——不考虑荷载长期效应时，钢梁与混凝土翼板交界面以上换算截面对组合梁弹性中和轴的面积矩，其中钢材与混凝土的弹性模量比取为 E_s/E_c；

I_0^c——考虑荷载长期效应时，组合梁的换算截面惯性矩；

I_0——不考虑荷载长期效应时，组合梁的换算截面惯性矩。

按上式可得到组合梁单位长度上的剪力 V_h 及其剪力分布图。将剪力图分成若干段，用每段的面积即该段总剪力值，除以单个抗剪连接件的抗剪承载力 N_v^c 即可得到该段所需要的抗剪连接件数量。

对于承受均布荷载的简支梁，半跨内所需的抗剪连接件数目可按下列公式计算：

$$n = \frac{1}{2} \times V_{hmax} \times \frac{l}{2} \times \frac{1}{N_v^c} = \frac{V_{hmax} l}{4N_v^c} \tag{17.3-79}$$

式中　V_{hmax}——梁端钢梁与混凝土翼板交界面处单位长度的剪力；

l——组合梁的跨度。

2. 抗剪连接件的塑性设计方法

试验研究表明，组合梁中常用的栓钉等柔性抗剪连接件在较大的荷载作用下会产生滑移变形，导致交界面上的剪力在各个连接件之间发生重分布，使得界面剪力沿梁长度方向的分布趋于均匀（图 17.3-21）。当组合梁达到承载力极限状态时，各剪跨段内交界面上各抗剪连接件受力几乎相等，因此可以不必按照剪力分布图来布置连接件，可以在各段内均匀布置，从而给设计和施工带来极大的方便。

根据极限平衡方法，当采用塑性方法设计组合梁的抗剪连接件时，按以下原则进行布置：

（1）以弯矩绝对值最大点及支座为界限，将组合梁划分为若干剪跨区段（图 17.3-28）。

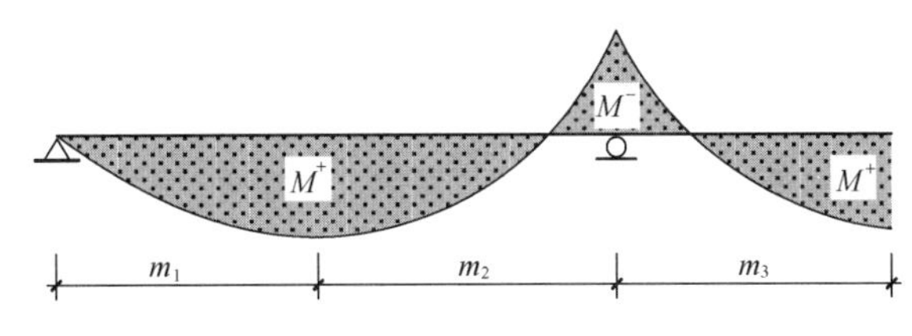

图 17.3-28 连续组合梁剪跨区划分图

（2）逐段确定各剪跨区段内钢梁与混凝土交界面的纵向剪力 V_s。

位于正弯矩最大点到边支座区段，即 m_1 区段：

$$V_s = \min\{Af, b_e h_{c1} f_c\} \tag{17.3-80}$$

位于正弯矩最大点到中支座（负弯矩最大点）区段，即 m_2 和 m_3 区段：

$$V_s = \min\{Af, b_e h_{c1} f_c\} + A_{st} f_{st} \tag{17.3-81}$$

式中 A，f——分别为钢梁的截面面积和抗拉强度设计值；

A_{st}，f_{st}——分别为负弯矩混凝土翼板内纵向受拉钢筋的截面积和受拉钢筋的抗拉强度设计值。

（3）确定每个剪跨内所需抗剪连接件的数目 n_f。

按完全抗剪连接设计时，每个剪跨段内的抗剪连接件数量为：

$$n_f = V_s / N_v^c \tag{17.3-82}$$

对于部分抗剪连接的组合梁，实际配置的连接件数目通常不得少于 n_f 的 50%。

（4）将由式（17.3-82）计算得到的连接件数目 n_f 在相应的剪跨区段内均匀布置。

当在剪跨内作用有较大的集中荷载时，则应将计算得到的 n_f 按剪力图的面积比例进行分配后再各自均匀布置，如图 17.3-29 所示。各区段内的连接件数量为：

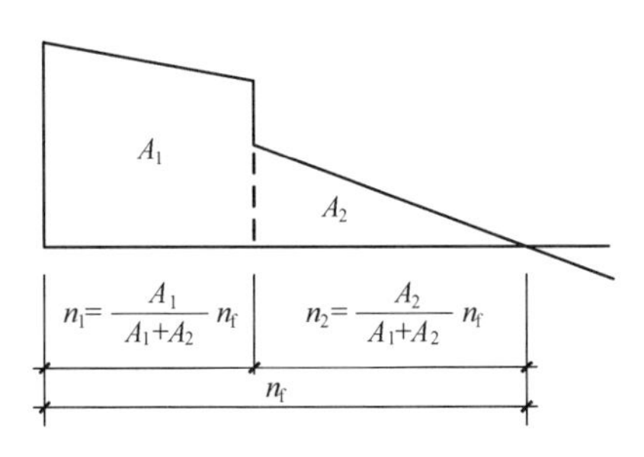

图 17.3-29 有较大集中荷载作用时抗剪连接件的布置

$$n_1 = \frac{A_1}{A_1 + A_2} n_f \tag{17.3-83}$$

$$n_2 = \frac{A_2}{A_1 + A_2} n_f \tag{17.3-84}$$

式中 A_1，A_2——纵向剪力图的面积；

n_1，n_2——相应分段内抗剪连接件的数量。

四、连接件的构造及检验要求

抗剪连接件是保证钢梁和混凝土组合作用的关键部件。为充分发挥连接件的作用，除保证强度以外，应合理地选择连接件的形式、规格以及连接件的设置位置等。以下为《钢结构设计标准》GB 50017 规定的常用抗剪连接件的构造要求。

1. 连接件设置的统一要求

(1) 栓钉连接件钉头下表面或槽钢连接件上翼缘下表面宜高出翼板底部钢筋顶面30mm;

(2) 连接件的纵向最大间距不应大于混凝土翼板(包括板托)厚度的3倍，且不大于300mm;

(3) 连接件的外侧边缘与钢梁翼缘边缘之间的距离不应小于20mm;

(4) 连接件的外侧边缘至混凝土翼板边缘间的距离不应小于100mm;

(5) 连接件顶面的混凝土保护层厚度不应小于15mm。

2. 栓钉连接件的要求

栓钉连接件除应满足上述统一要求外，尚应符合下列规定:

(1) 当栓钉位置不正对钢梁腹板时，如钢梁上翼缘承受拉力，则栓钉杆直径不应大于钢梁上翼缘厚度的1.5倍；如钢梁上翼缘不承受拉力，则栓钉杆直径不应大于钢梁上翼缘厚度的2.5倍;

(2) 栓钉长度不应小于其杆径的4倍;

(3) 栓钉沿梁轴线方向的间距不应小于杆径的6倍，垂直于梁轴线方向的间距不应小于杆径的4倍;

(4) 用压型钢板作底模的组合梁，栓钉杆直径不宜大于19mm，混凝土凸肋宽度不应小于栓钉杆直径的2.5倍；栓钉高度 h_d 应符合 $(h_e+30)\leqslant h_d\leqslant(h_e+75)$ 的要求(图17.3-27)。

3. 槽钢连接件的专项要求

槽钢连接件一般采用Q235钢材，截面不大于[12.6。

4. 栓钉的基本要求及检验方法

根据《电弧螺柱焊用圆柱头焊钉》GB 10433-2002的规定，栓钉材质应满足表17.3-4的要求，其中，抗拉强度采用拉力试验检验。

栓钉材性要求　　　　**表17.3-4**

抗拉强度(MPa)		屈服点(MPa)	伸长率(%)
最小	最大	最小	最小
400	550	240	14

栓钉通常应采用专用焊接设备熔焊于钢梁上翼缘。栓钉焊接部位的抗拉强度应满足表17.3-5的要求。

栓钉焊接部位的材性要求　　　　**表17.3-5**

栓钉直径(mm)		6	8	10	13	16	19	22
拉力荷载(kN)	最大	15.55	27.6	43.2	73.0	111.0	156.0	209.0
	最小	11.31	20.1	31.4	53.1	80.4	113.0	152.0

栓钉焊接部位的质量可通过弯曲试验进行检验。弯曲试验时用锤击打栓钉，使栓钉弯曲至30度时，如果焊缝和热影响区没有肉眼可见的裂缝，则焊接质量合格。

17.3.7 组合梁纵向抗剪验算

一、组合梁的纵向剪切破坏

钢梁与混凝土翼板间的组合作用依靠抗剪连接件的纵向抗剪实现，这种纵向剪力集中分布与钢梁上翼缘布置有连接件的狭长范围内，因此混凝土板在这种集中力作用下可能发生开裂或破坏。混凝土翼板纵向开裂是组合梁的破坏形式之一，如果没有足够的横向钢筋来控制裂缝的发展，或虽有横向钢筋但布置不当时，会导致组合梁无法达到极限状态的受弯承载力，使结构的延性和极限承载能力降低。因此在设计组合梁时，应当验算混凝土翼板的纵向抗剪能力，保证组合梁在达到极限抗弯承载力之前不会出现纵向剪切破坏。

混凝土翼板的实际受力状态比较复杂，抗剪连接件对翼板的作用力沿板厚及板长方向的分布并不均匀。混凝土翼板除了受到抗剪连接件对其作用的轴向偏心压力外，通常还要受到横向弯矩的作用，因此很难精确地分析混凝土翼板的实际内力分布。作为一种简化的处理，在进行纵向抗剪验算时可以假设混凝土翼板仅受到一系列纵向集中力 N_c 的作用，如图 17.3-30 所示。

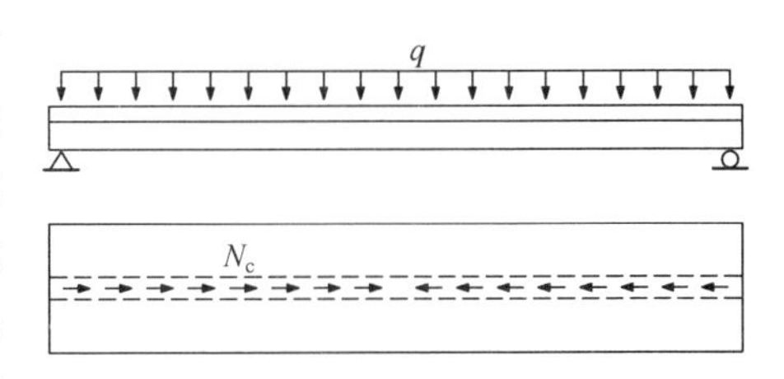

图 17.3-30 混凝土翼板受栓钉作用力示意图

影响组合梁混凝土翼板纵向开裂和纵向抗剪承载力的因素很多，如混凝土翼板的厚度、混凝土强度等级、横向配筋率和横向钢筋的位置、抗剪连接件的种类及排列方式、数量、间距、荷载的作用方式等。这些因素对混凝土翼板纵向开裂的影响程度各不相同。一般来说，采用承压面较大的槽钢连接件有利于控制混凝土翼板的纵向开裂。在数量相同的条件下避免栓钉连接件沿梁长方向的单列布置也有利于减缓混凝土翼板的纵向开裂。混凝土翼板中的横向钢筋对控制纵向开裂具有重要作用。组合梁在荷载的作用下首先在混凝土翼板底面出现纵向微裂缝，如果有适当的横向钢筋，则可以限制裂缝的发展，并可能使混凝土翼板顶面不出现纵向裂缝或使纵向裂缝宽度变小。同样数量的横向钢筋分上下双层布置时比居上、居中及居下单层布置时更有利于抵抗混凝土翼板的纵向开裂。组合梁的加载方式对纵向开裂也有影响。当组合梁作用有集中荷载时，在集中力附近将产生很大的横向拉应力，容易在这一区域较早地发生纵向开裂。作用于混凝土翼板的横向负弯矩也会对组合梁的纵向抗剪产生不利的影响。

若组合梁的横向配筋不足或混凝土截面过小时，在连接件的纵向劈裂力作用下，混凝土翼板将可能发生纵向剪切破坏，潜在破坏界面可能为如图 17.3-31 所示的竖向界面 a-a、d-d 以及包络连接件的纵向界面 b-b、c-c 等。因此在进行组合梁纵向抗剪验算时，除了要验算纵向受剪竖界面 a-a、d-d 以外，还应该验算界面 b-b、c-c。在验算中，对任意一个潜在的纵向剪切破坏界面，要求单位长度上纵向剪力的设计值不得超过单位长度上的界面抗剪强度。

二、混凝土翼板的纵向抗剪验算

《钢结构设计标准》GB 50017 规定，组合梁混凝土翼板的纵向剪力应满足如下的要求：

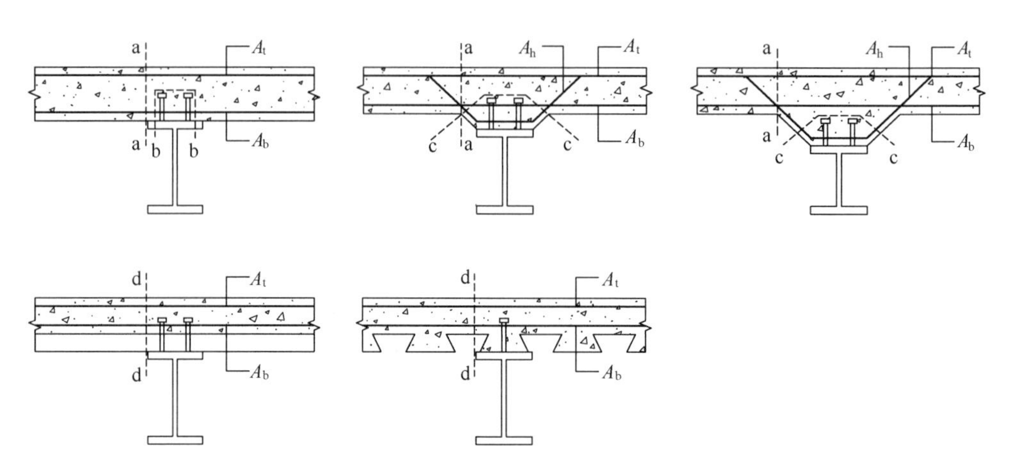

图 17.3-31　混凝土翼板纵向受剪控制界面

$$\nu_{l,1} \leqslant \nu_{ul,1} \tag{17.3-85}$$

式中　$\nu_{l,1}$——荷载作用引起的界面单位长度上的纵向剪力；

$\nu_{ul,1}$——界面单位长度上的抗剪承载力。

1. 界面剪力 $\nu_{l,1}$ 的计算方法

控制截面的剪力 $\nu_{l,1}$ 可以根据组合梁的实际受力状态确定，也可以根据组合梁在极限抗剪状态下的平衡关系确定。当按组合梁的实际受力状态确定时，又分为弹性方法和塑性方法。$\nu_{l,1}$ 的取值还与所验算的控制界面有关，对于不同的控制界面，如混凝土翼板纵向竖界面（图 17.3-32 中的 a-a 界面）和包络连接件的纵向界面（图 17.3-32 中的 b-b、c-c 界面），其界面剪力也有所不同。

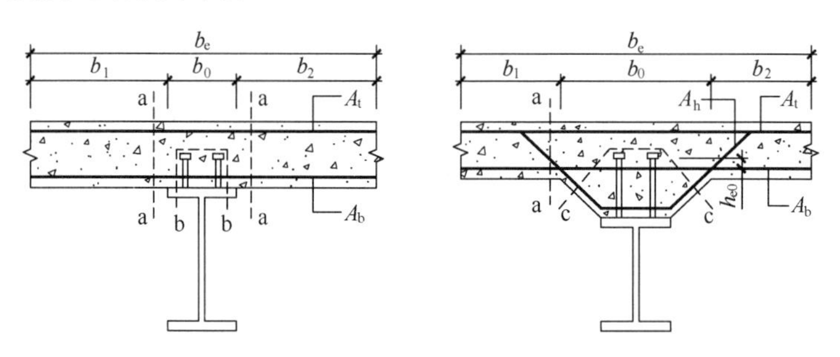

图 17.3-32　板托及翼板的纵向受剪界面及其横向配筋

（1）按实际受力状态计算 $\nu_{l,1}$

a）验算混凝土翼板的竖向控制界面，见图 17.3-32 所示的 a-a 界面。

当采用弹性分析方法计算时，界面剪力设计值为：

$$\nu_{l,1} = \max\left(\frac{VS}{I} \times \frac{b_1}{b_e}, \frac{VS}{I} \times \frac{b_2}{b_e}\right) \tag{17.3-86}$$

式中　V——荷载引起的竖向剪力；

S——混凝土翼板的换算截面相对于组合截面形心的面积矩；

I——整个组合截面的换算惯性矩；

b_e——混凝土翼板有效宽度，b_1 及 b_2 分别为翼板左右两侧的挑出宽度，见图 17.3-32

所示。

b）包络连接件的纵向界面，见图 17.3-32 所示的 b-b、c-c 界面。

当采用弹性分析方法计算时，界面剪力设计值为：

$$\nu_{l,1} = \frac{VS}{I} \tag{17.3-87}$$

（2）按极限状态下的平衡关系计算 $\nu_{l,1}$

当采用塑性方法设计抗剪连接件和进行纵向抗剪验算时，界面单位长度上的纵向剪力 $\nu_{l,1}$ 由剪跨区段的极限平衡所确定。

a）对于如图 17.3-32 中的 a-a 界面，界面剪力设计值为：

$$\nu_{l,1} = \max\left[\frac{V_s}{m_i} \times \frac{b_1}{b_e}, \frac{V_s}{m_i} \times \frac{b_2}{b_e}\right] \tag{17.3-88}$$

式中 V_s——每个剪跨区段内钢梁与混凝土翼板交界面的纵向剪力，按 17.3.6 节计算；

m_i——剪跨区段长度，如图 17.3-28 所示。

b）对于包络连接件的纵向界面，如图 17.3-32 中所示的 b-b、c-c 界面，界面剪力设计值为：

$$\nu_{l,1} = \frac{V_s}{m_i} \tag{17.3-89}$$

《钢结构设计标准》中建议荷载作用引起的界面单位长度上的纵向剪力采用上述的塑性简化方法进行计算。

2. 截面抗剪强度 $\nu_{ul,1}$ 的计算方法

《钢结构设计标准》中规定，纵向单位长度上的抗剪强度 $\nu_{ul,1}$ 按下式计算：

$$\nu_{ul,1} = 0.7 f_t b_f + 0.8 A_e f_r \leqslant 0.25 b_f f_c \tag{17.3-90}$$

式中 f_t——混凝土抗拉强度设计值，单位为 N/mm^2；

b_f——纵向界面的长度，按图 17.3-32 所示的 a-a、b-b、c-c 连线在抗剪连接件以外的最短长度取值，单位为 mm；

A_e——单位长度界面上横向钢筋的截面面积（mm^2/mm）。对于界面 a-a，$A_e = A_b + A_t$；对于界面 b-b，$A_e = 2A_b$。对于有板托的界面 c-c，由抗剪连接件抗掀起端底面（即栓钉头底面、槽钢上翼缘底面或弯筋上部弯起水平段的底面）高出翼板底部钢筋上皮的距离决定。当 $h_{e0} \leqslant 30mm$ 时，$A_e = 2A_h$；当 $h_{e0} > 30mm$ 时，$A_e = 2(A_h + A_b)$；

f_r，f_c——分别为钢筋和混凝土的设计强度。

组合梁的纵向抗剪强度在很大程度上受到横向钢筋配筋率的影响。为保证组合梁在达到承载力极限状态之前不发生纵向剪切破坏，并考虑到荷载长期效应和混凝土收缩等不利因素的影响，《钢结构设计标准》建议混凝土翼板的横向钢筋最小配筋应符合如下条件：

$$A_e f_r / b_f > 0.75 \tag{17.3-91}$$

式中 0.75——常数，单位为 N/mm。

组合梁混凝土翼板的横向钢筋中，除了板托中的横向钢筋 A_h 外，其余的横向钢筋 A_t 和 A_b 可作为混凝土板的受力钢筋使用，并应满足《混凝土结构设计规范》GB 50010-2010 的有关构造要求。

三、横向钢筋及板托的构造要求

板托可以增加组合梁的截面高度和刚度，但板托的构造比较复杂，因此通常情况下建议不设置板托。如需要设置板托时，其外形尺寸及构造应符合以下规定（图 17.3-33）：

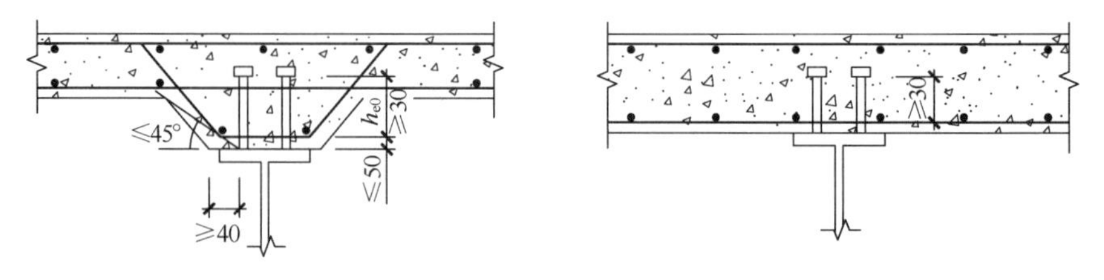

图 17.3-33　板托的构造要求

（1）为了保证板托中抗剪连接件能够正常工作，板托边缘距抗剪连接件外侧的距离不得小于 40mm，同时板托外形轮廓应在自抗剪连接件根部算起的 45°仰角线之外。

（2）因为板托中邻近钢梁上翼缘的部分混凝土受到抗剪连接件的局部压力作用，容易产生劈裂，需要配筋加强，板托中横向钢筋的下部水平段应该设置在距钢梁上翼缘 50mm 的范围以内。

（3）为了保证抗剪连接件可靠地工作并具有充分的抗掀起能力，抗剪连接件抗掀起端底面高出底部横向钢筋水平段的距离不得小于 30mm。横向钢筋的间距应不大于 $4h_{e0}$，且应不大于 200mm。

对于没有板托的组合梁，混凝土翼板中的横向钢筋也应满足后两项的构造要求。

17.3.8　组合梁的疲劳验算

当结构承受荷载多次重复作用时，往往会在断面最大应力远远低于静力试件的极限强度（或屈服点）时就出现破坏，这种现象称为疲劳。《钢结构设计标准》GB 50017 规定直接承受动力荷载重复作用的钢结构构件及其连接，当应力变化的循环次数 n 等于或大于 5×10^4 次时，应进行疲劳计算。

针对直接承受动力荷载的组合梁，当抗剪连接件为圆柱头焊钉时，应按《钢结构设计标准》GB 50017 的规定对承受剪力的圆柱头焊钉进行剪应力幅疲劳验算，构件和连接类别取为 J3；当抗剪连接件焊于承受拉应力的钢梁翼缘时，应按《钢结构设计标准》GB 50017 的规定对焊有焊钉的受拉钢板进行正应力幅疲劳验算，构件和连接类别取为 Z7。同时还应满足下列要求：

对常幅疲劳或变幅疲劳：

$$\frac{\Delta\tau}{\Delta\tau_{\mathrm{R}}}+\frac{\Delta\sigma}{\Delta\sigma_{\mathrm{R}}}\leqslant 1.3 \tag{17.3-92}$$

式中　$\Delta\tau$——焊钉名义剪应力幅或等效名义剪应力幅（N/mm²），按《钢结构设计标准》GB 50017 第 16.2 节的规定计算；

$\Delta\tau_{\mathrm{R}}$——焊钉容许剪应力幅（N/mm²），按《钢结构设计标准》GB 50017 式（16.2.2-6、7）计算，构件和连接类别取为 J3；

$\Delta\sigma$——焊有焊钉的受拉钢板名义正应力幅或等效名义正应力幅（N/mm²），按《钢结构设计标准》GB 50017 第 16.2 节的规定计算；

$\Delta\sigma_{\mathrm{R}}$——焊有焊钉的受拉钢板容许正应力幅（N/mm²），按《钢结构设计标准》GB

50017—2017 式（16.2.2-2、3、4）计算，构件和连接类别取为 Z7。

对于重级工作制吊车梁和重级、中级工作制吊车桁架：

$$\frac{\alpha_f \Delta\tau}{\Delta\tau_{2\times10^6}}+\frac{\alpha_f \Delta\sigma}{\Delta\sigma_{2\times10^6}}\leqslant 1.3 \tag{17.3-93}$$

式中　α_f ——欠载系数，按《钢结构设计标准》GB 50017-2017 表 16.2.4 的规定计算；

$\Delta\tau_{2\times10^6}$ ——循环次数 n 为 2×10^6 次焊钉的容许剪应力幅（N/mm^2），按《钢结构设计标准》GB 50017-2017 表 16.2.1-2 的规定计算，构件和连接类别取为 J3；

$\Delta\sigma_{2\times10^6}$ ——循环次数 n 为 2×10^6 次焊有焊钉受拉钢板的允许正应力幅（N/mm^2），按《钢结构设计标准》GB 50017-2017 表 16.2.1-1 的规定计算，构件和连接类别取为 Z7。

17.3.9　组合桁架梁的计算和构造

钢-混凝土桁架组合梁是一种新型组合结构形式，它是在钢-混凝土组合梁的基础上发展起来的，以钢桁架来代替组合梁中的钢梁，以混凝土翼板加强桁架结构的上弦杆，从而达到改善桁架结构的杆件受力性能又能提高桁架结构的整体稳定性。钢桁架-混凝土组合梁具有相同于钢-混凝土组合梁的优点，但在设计方法、构造措施、受力特性等方面与普通组合梁存在差别，特别是在重载、铁路桥梁结构及大跨度公路桥结构中，可以节省钢材用量、提高经济效益，因此，具有较好的应用前景。

一、组合桁架梁的构造及特点

钢桁架-混凝土组合梁中的混凝土翼板和上弦杆的一般连接截面构造形式有：无压型钢板无托板平板连接、压型钢板连接、有托板连接以及上弦杆开孔板连接等，如图 17.3-34 所示，其中有压型钢板的栓钉连接应用最广泛。

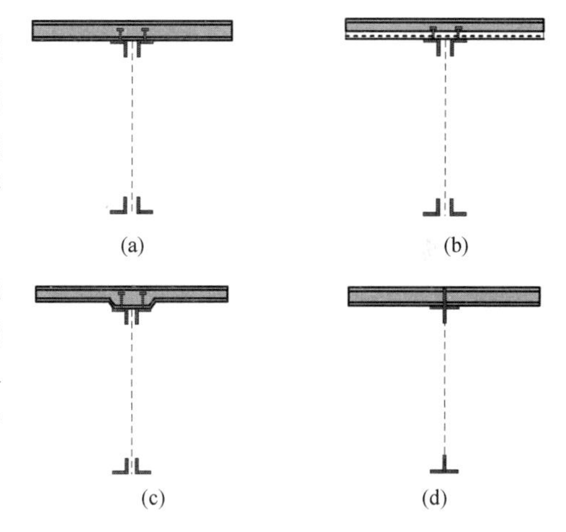

图 17.3-34　桁架组合梁的混凝土翼板和上弦杆连接截面构造图

(a) 无压型钢板；(b) 压型钢板；(c) 有托板；(d) 开孔板连接件

由于钢桁架-混凝土组合梁具有良好的经济效益和较高的承载能力，因此，在大跨度结构和高层建筑中得到了一定的应用。钢桁架-混凝土组合梁除具有钢-混凝土组合梁所共有的特点以外，还具有以下优点。

1）承载力高

钢-混凝土桁架组合梁结合钢筋混凝土与桁架结构的优点，以混凝土翼板与钢桁架组成整体进行工作之后，其抗弯承载能力和刚度显著提高。普通的组合梁可以将钢梁的有效承载力提高 20%～30%，而采用桁架组合梁结构时，其抗弯承载力和整体刚度还可以再进一步提高。桁架组合梁由于具有刚度大的特点，因此较适合应用于大跨度结构中。

2）施工方便

桁架组合梁楼层和楼盖结构中一般采用压型钢板混凝土板，其施工过程简单，一般为：布置柱网、安装主梁（主梁可为钢梁或桁架组合梁）、安装桁架组合梁次梁、铺设压型钢板、铺设钢筋网、浇注混凝土。在施工的过程中，荷载全部由钢桁架来承担，无需加设临时支撑，压型钢板可作为施工平台和模板，可节省模板和脚手架，因此，达到快速简便施工。

3）用钢量小

空腹桁架组合梁结构应用于楼层和楼盖结构时，其用钢量比实腹式组合楼盖结构减少10%～30%，是楼层和楼盖结构中经济性最好的一种。

4）管线布置灵活方便和增加有效使用空间

桁架组合梁的空腹形式为电、气、暖通管线提供了极大的方便，这样可以有效增大楼层的净空高度、增加有效使用空间；下弦杆节点处也方便各种类吊顶布置。钢桁架-混凝土组合楼层和楼盖体系如图 17.3-35 所示。

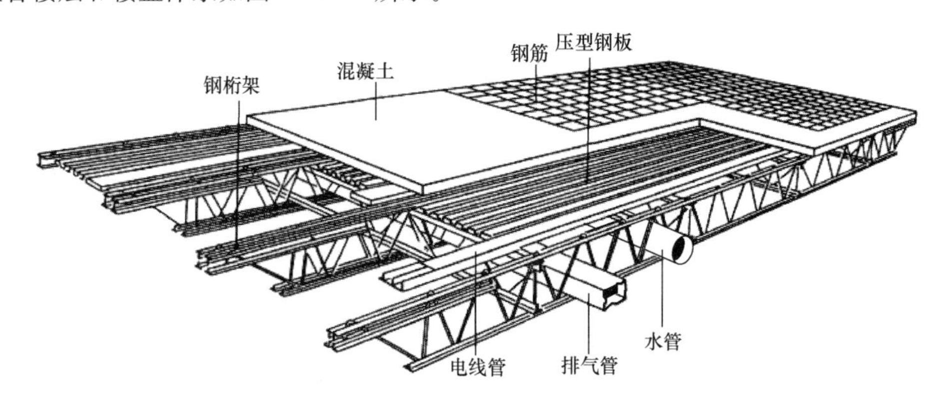

图 17.3-35　桁架组合梁楼层和楼盖体系图

另外，与纯钢桁架结构相比，钢桁架-混凝土组合梁具有更大的优势，如：可以减小结构截面高度、提高结构整体刚度和承载力、提高结构延性、提高结构整体稳定性、不必要设置上弦支撑、节省用钢量等。

二、钢桁架-混凝土组合梁的极限抗弯承载力计算

1. 完全抗剪连接

与简支组合梁相同，简支桁架组合梁的抗弯承载力由构件截面强度来控制，因此其极限抗弯承载力主要由截面的最大弯矩决定。桁架组合梁的截面极限抗弯承载力计算采用如下假设：

（1）在极限状态的荷载作用下，钢桁架和混凝土翼板之间的剪力可通过抗剪连接件有效传递；

（2）忽略钢桁架上弦和混凝土之间的滑移效应；

（3）不考虑混凝土的受拉贡献；

（4）忽略腹杆变形对桁架组合梁高度的影响；

（5）桁架组合梁截面应变符合平截面假定；

（6）钢材和混凝土采用理想材料应力-应变关系，如图 17.3-36 所示。

根据以上假定，桁架组合梁的极限抗弯承载力可以按照下面两种情况进行计算：

1）当 $(A_{ch,t}+A_{ch,b})f_y \leqslant b_e h_c f_c$ 时，即桁架组合梁的截面塑性中和轴在混凝土翼板截面内，计算简图如图 17.3-37 所示。

由图 17.3-37 所示的计算简图，得到极限抗弯承载力为：

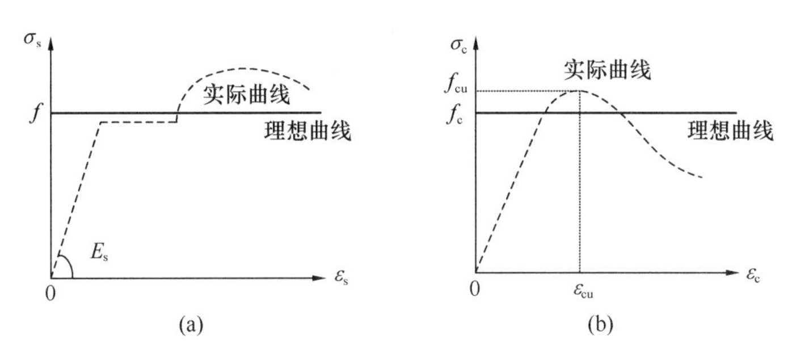

图 17.3-36 钢和混凝土的理想材料应力-应变关系

(a) 钢材理想曲线；(b) 混凝土理想曲线

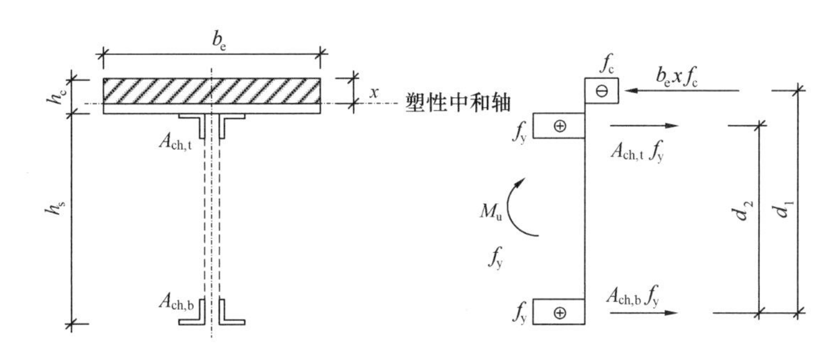

图 17.3-37 桁架组合梁的截面塑性中和轴在混凝土翼板截面内的计算简图

$$M_u \leqslant b_e x f_c d_1 - A_{ch,t} f_y d_2 \tag{17.3-94}$$

混凝土翼板的受压区高度为：

$$x = (A_{ch,t} + A_{ch,b}) f_y / b_e f_c \tag{17.3-95}$$

式中 $A_{ch,t}$——桁架上弦截面面积；

$A_{ch,b}$——桁架下弦杆截面面积；

x——混凝土翼板的受压区高度；

d_1——桁架下弦杆的合力点与混凝土的受压区合力点之间的距离；

d_2——桁架下弦杆的合力点与上弦杆的合力点之间的距离。

2）当 $(A_{ch,t}+A_{ch,b})f_y > b_e h_c f_c$时，即桁架组合梁的截面塑性中和轴在钢桁架截面内，计算简图如图 17.3-38 所示。

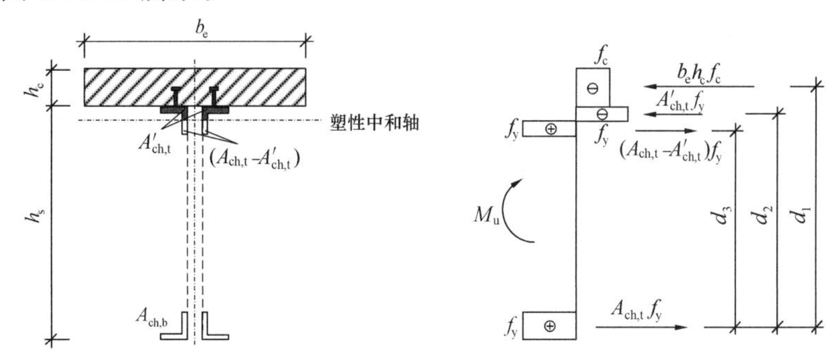

图 17.3-38 桁架组合梁的截面塑性中和轴在钢桁架截面内的计算简图

由图 17.3-38 所示的计算简图，得到极限抗弯承载力为：

$$M_u \leqslant b_e h_c f_c d_1 + A'_{ch,t} f_y d_2 - (A_{ch,t} - A'_{ch,t}) f_y d_3 \tag{17.3-96}$$

钢桁架的上弦杆受压取截面面积为：

$$A'_{ch,t} = \frac{1}{2}[(A_{ch,t} + A_{ch,b}) - b_e h_c f_c / f_y] \tag{17.3-97}$$

当 $A'_{ch,t} > A_{ch,t}$ 时，取 $A'_{ch,t} = A_{ch,t}$，

$$M_u \leqslant b_e h_c f_c d_1 + A_{ch,t} f_y d_2 \tag{17.3-98}$$

式中　$A'_{ch,t}$——钢桁架的上弦杆受压面积；

d_1——桁架下弦杆的合力点与混凝土的受压区合力点之间的距离；

d_2——桁架下弦杆的合力点与上弦杆的受压区合力点之间的距离；

d_3——桁架下弦杆的合力点与上弦杆的受拉区合力点之间的距离。

2. 部分抗剪连接

国内外的组合梁研究表明，随着抗剪连接程度的减小，组合梁中的钢梁和混凝土翼板的交界面产生相对滑移量增大，导致钢梁和混凝土翼板的共同作用程度降低，使钢梁部分的钢材抗拉塑性性能不能充分发挥，因此降低了组合梁的极限抗弯承载力。

在对部分抗剪连接程度的桁架组合梁进行其极限抗弯承载力的计算时采用以下假定：

（1）抗剪连接件的塑性变形能力能够保证界面剪力的重分布；

（2）截面应力采用等效矩形应力分布，钢桁架的上弦和下弦都达到屈服强度，混凝土达到轴心抗压强度；

（3）混凝土板的截面合力与抗剪连接件传递的纵向总剪力相等；

（4）忽略混凝土受拉区的贡献；

（5）忽略腹杆变形对桁架组合梁高度的影响。

部分抗剪连接桁架组合梁的极限抗弯承载力计算简图如图 17.3-39 所示。

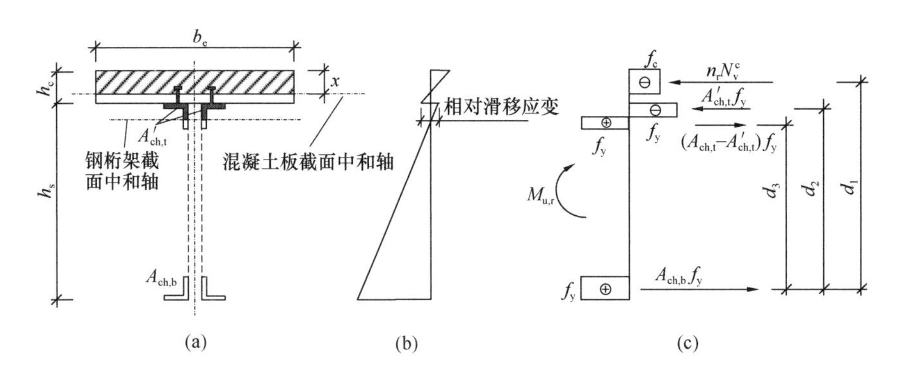

图 17.3-39　部分抗剪连接桁架组合梁的极限抗弯承载力计算简图

（a）桁架组合梁截面；（b）应变；（c）最大弯矩截面应力

由假设（3），得到混凝土翼板的受压区高度为：

$$x = n_r N_v^c / b_e f_c \tag{17.3-99}$$

钢桁架的上弦杆受压区面积为：

$$A'_{ch,t} = \frac{1}{2}[(A_{ch,t} + A_{ch,b}) - n_r N_v^c / f_y] \tag{17.3-100}$$

部分抗剪连接桁架组合梁的极限抗弯承载力为：

$$M_{u,r}=n_r N_v^c d_1+A'_{ch,t}f_y d_2-(A_{ch,t}-A'_{ch,t})f_y d_3 \tag{17.3-101}$$

当 $A'_{ch,t}>A_{ch,t}$ 时，取 $A'_{ch,t}=A_{ch,t}$，

$$M_{u,r}=n_r N_v^c d_1+A_{ch,t}f_y d_2 \tag{17.3-102}$$

式中 n_r——计算截面的两侧剪跨区内布置的抗剪连接件个数的较小值；

N_v^c——单根栓钉的纵向抗剪承载力；

d_1——桁架下弦杆的合力点与混凝土的受压区合力点之间的距离；

d_2——桁架下弦杆的合力点与上弦杆的受压区合力点之间的距离；

d_3——桁架下弦杆的合力点与上弦杆的受拉区合力点之间的距离。

17.3.10 简支组合蜂窝梁的计算和构造

蜂窝梁由热轧工字梁切割并重新焊接而成，或通过在钢梁腹板上开孔而成，在其翼缘上焊接连接件后与混凝土板浇筑在一起则形成组合蜂窝梁结构。当作为楼盖梁时，蜂窝梁与楼盖产生组合作用，其跨度和承载力都将大大提高。

对于蜂窝梁的强度计算，基于费氏空腹桁架计算假定建立的简化公式得到了广泛的应用，但是针对简支蜂窝组合梁的设计，目前国内外规范都缺乏条文规定。Lawson 等根据欧洲组合结构规范 EC4-1-1 给出了如下的设计方法。

简支组合蜂窝梁的设计计算可大致分为以下几部分：

一、整体弯曲

整体弯曲主要由下 T 型截面的拉力 T 和混凝土板的压力 C 承担如图 17.3-40 所示。为了保证轴力能够有效传递到下 T 型截面，支座处到第一个孔洞需要留有足够的距离以保证腹板的水平抗剪能力。对于第 i 个孔洞，需满足下式：

$$M_i \leqslant T_i d_{eff}+C_i(D_{s,eff}+y_t) \tag{17.3-103}$$

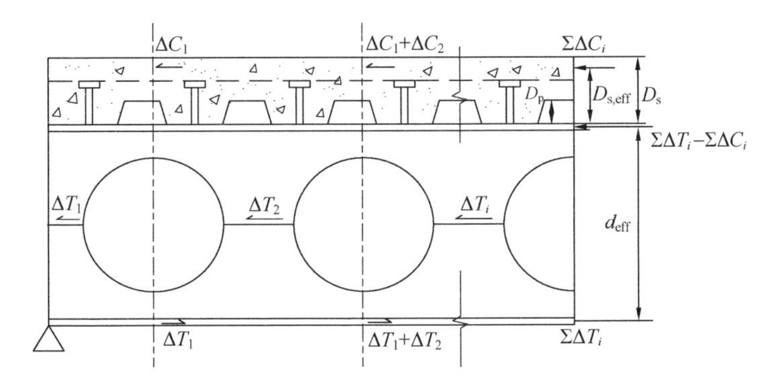

图 17.3-40 组合蜂窝梁整体弯曲时内力分布图

其中 T_i——支座到第 i 个孔洞处下 T 型截面轴拉力的增量之和，$T_i=\Sigma\Delta T_i$；

C_i——混凝土板轴压力增量之和，$C_i=\Sigma C_i$。并同时由抗剪连接件的承载能力决定。当为完全剪力连接时，$C_i=T_i$；

$D_{s,eff}$——为混凝土板的有效厚度，按 $D_{s,eff}=D_s-0.5y_c$ 计算：其中 D_s 为混凝土实际厚度，$y_c=C_i/(0.45f_{cu}b_{eff})\leqslant D_s-D_p$，$D_p$ 为压型钢板的高度，$b_{eff}=2/3x\leqslant L/4$，$x$ 为截面沿梁轴方向的位置；

f_{cu}——混凝土立方体抗压强度；

y_t——上翼缘顶部到上T型截面弹性中和轴的距离。

二、抗剪验算

蜂窝梁的抗剪承载力由上下T型截面及混凝土板三部分提供：

$$V_u = V_{t,u} + V_{b,u} + V_c \tag{17.3-104}$$

式中　$V_{t,u}$，$V_{b,u}$——上下T型截面的抗剪承载力，其抗剪主要由腹板承担，可简化取为腹板全截面塑性抗剪承载力。

V_c——混凝土板的抗剪承载力，根据下式计算：

$$V_c = \nu_c(b_f + 3D_{s,eff})(D_s - D_p) \tag{17.3-105}$$

式中　ν_c——考虑钢筋截面积贡献的混凝土抗剪强度；

b_f——翼缘的宽度。

三、局部弯曲

剪力在洞口处会引起空腹桁架效应，造成T型截面的局部弯曲如图17.3-41所示。空腹桁架效应与洞口的有效宽度有关。有效宽度由下式决定：

$$l_{eff} = \begin{cases} 0.45d_0 & \text{圆孔} \\ l_0 - 0.5d_0 & \text{长圆孔} \\ l_0 & \text{方孔} \end{cases}$$

上下T型截面的局部弯曲需满足下式：

$$V_b \leqslant 2M_{b,red}/l_{eff} \leqslant V_{bu} \tag{17.3-106}$$

$$V_t + V_c \leqslant (2M_{t,red} + M_{vc})/l_{eff} \leqslant V_{tu} + V_c \tag{17.3-107}$$

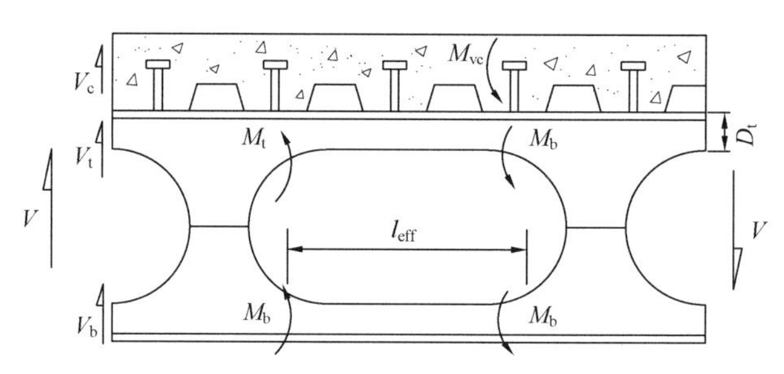

图17.3-41　组合蜂窝梁开孔处局部弯曲受力

其中　V_b、V_t、V_c——分别是作用在下T、上T、混凝土板上的剪力；

$M_{b,red}$、$M_{t,red}$——分别是考虑了弯剪共同作用折减后的下、上T型截面局部抗弯承载能力；

M_{vc}——由下式给出：

$$M_{vc} = k_l \Delta C_0 (D_{s,eff} + y_t) \tag{17.3-108}$$

式中　$\Delta C_0 = N_{sc,0} p_d$，其中$N_{sc,0}$为洞口正上方剪力连接件的数量；

p_d——剪力连接件的设计承载力；

k_l——长孔折减系数，$k_l = 1 - \dfrac{l_{eff}}{25D_t}$；

D_t——上 T 型截面的高度。

为了减小长孔的次级效应并保证上 T 截面的稳定性，建议 $l_{eff} \leqslant 10D_t$，当 $l_{eff} \leqslant 5D_t$ 时可不考虑长孔折减。

17.3.11 组合梁的设计实例

一、简支组合梁设计实例

【例题 17.3-1】某组合楼盖体系，采用简支组合梁，如图 17.3-42 所示，梁跨度 $L=12m$，柱间距 4m，承受均布荷载。已知施工活荷载标准值为 $1kN/m^2$，楼面活荷载标准值为 $3kN/m^2$，准永久值系数为 0.5，楼面铺装及吊顶荷载标准值为 $1.5kN/m^2$。混凝土采用 C30，钢材为 Q235。栓钉采用 $\phi 16$，其 $f=215N/mm^2$，$f_u=400N/mm^2$。试按弹性方法设计该组合梁截面。

解：

（1）初选组合梁截面尺寸

已知混凝土板为单向板，跨度为 4m，经济板厚约为板跨度的 1/30，即 4000/30=133mm，故初选板厚为 120mm。

钢-混凝土简支组合梁的高跨比一般为 1/16～1/20，则组合梁高度 $h=600 \sim 750mm$，初选组合梁高度为 620mm，即钢梁高度为 500mm，初定钢梁截面尺寸如图 17.3-43 所示。

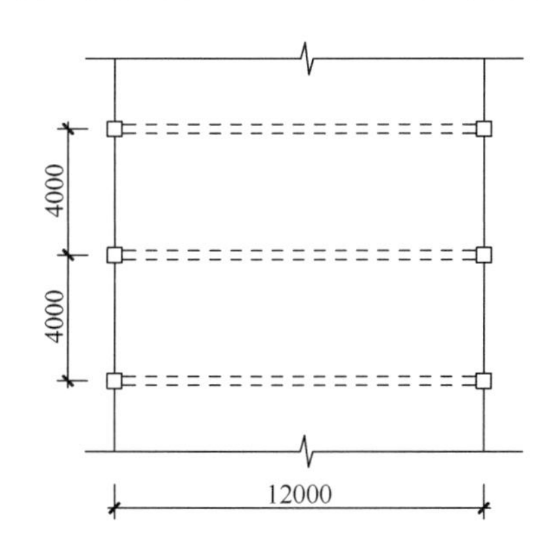

图 17.3-42 例题 17.3-1 组合楼盖布置图

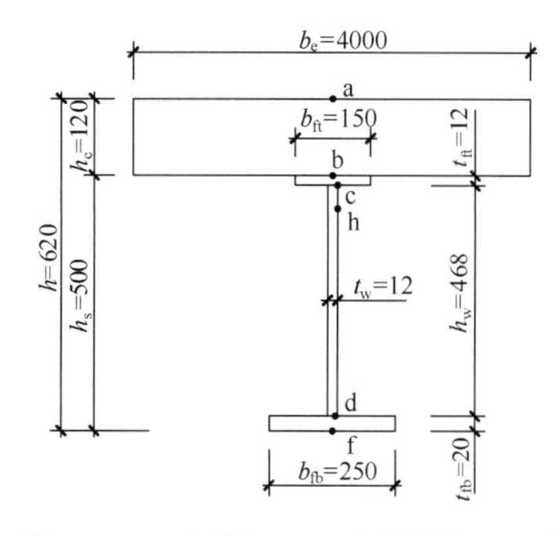

图 17.3-43 例题 17.3-1 组合梁截面尺寸

（2）施工阶段截面特征

钢梁截面参数如下：钢梁上翼缘截面面积 $A_{ft}=150\times12=1800mm^2$，钢梁腹板截面面积 $A_w=468\times12=5616mm^2$，钢梁下翼缘截面面积 $A_{fb}=250\times20=5000mm^2$，钢梁截面面积 $A=1800+5616+5000=12416mm^2$，钢梁截面形心到钢梁梁底的距离 $\bar{y}_s=190.53mm$，钢梁截面惯性矩 $I_s=4.54\times10^8mm^4$。

（3）使用阶段截面特征

钢材的弹性模量 $E_s=2.06\times10^5MP$，C30 混凝土的弹性模量 $E_c=3\times10^4MPa$，

短期效应下的弹性模量比 $\alpha_E=E_s/E_c=6.87$。

钢梁上翼缘宽度 $b_0=150mm$，

梁内侧和外侧的翼缘计算宽度 $b_1=b_2=\min(L/6, S_0/2)=1925mm$，

混凝土翼板有效宽度 $b_e=b_0+b_1+b_2=4000mm$，

混凝土翼板截面积 $A_c=b_eh_c=480000mm^2$，

混凝土翼板惯性矩 $I_c=b_eh_c^3/12=5.76\times10^8\text{mm}^4$，

钢梁形心到混凝土翼板形心的距离 $d_c=500-190.53+120/2=369.47\text{mm}$，

混凝土翼板形心至钢梁底面的距离 $y_c=500+120/2=560\text{mm}$。

短期效应作用下：

$A_{01}=A_sA_c/(\alpha_EA_s+A_c)=10543.32\text{mm}^2$，$I_{01}=I_s+I_c/\alpha_E=5.38\times10^8\text{mm}^4$，

$I_1=I_{01}+A_{01}d_c^2=1.98\times10^9\text{mm}^4$，

$\bar{y}_1=(A_s\bar{y}_s+A_c\bar{y}_c/\alpha_E)/(A_s+A_c/\alpha_E)=504.27\text{mm}$。

长期效应作用下：

$A_{02}=A_sA_c/(2\alpha_EA_s+A_c)=9161.51\text{mm}^2$，$I_{02}=I_s+I_c/2\alpha_E=4.96\times10^8\text{mm}^4$，

$I_2=I_{02}+A_{02}d_c^2=1.75\times10^9\text{mm}^4$，

$\bar{y}_2=(A_s\bar{y}_s+A_c\bar{y}_c/2\alpha_E)/(A_s+A_c/2\alpha_E)=463.16\text{mm}$。

（4）施工阶段内力计算

施工阶段，钢梁承受的荷载如表 17.3-6：

施工阶段荷载表 **表 17.3-6**

荷载	标准值	设计值
钢梁自重	$78.5\times12416/10^6=0.97\text{kN/m}$	$0.97\times1.2=1.17\text{kN/m}$
湿混凝土重量	$25\times4\times0.12=12\text{kN/m}$	$12\times1.2=14.4\text{kN/m}$
施工活荷载	$1\times4=4\text{kN/m}$	$4\times1.4=5.6\text{kN/m}$
荷载合计	$q_{0k}=16.97\text{kN/m}$	$q_0=21.17\text{kN/m}$

施工时，只在钢梁跨中设一个临时支撑，内力如图 17.3-44 所示。

跨中截面 $M_0=-95.26\text{kN}\cdot\text{m}$，$V_0=-79.39\text{kN}$；

支座截面 $V_0'=47.63\text{kN}$。

（5）使用阶段内力计算

使用阶段，组合梁承受的荷载如表 17.3-7：

使用阶段荷载表 **表 17.3-7**

荷载	标准值	设计值
短期效应部分：		
楼面活荷载（非准永久值部分）	$4\times3\times0.5=6\text{kN/m}$	$6\times1.4=8.4\text{kN/m}$
荷载合计	$q_{1k}=6\text{kN/m}$	$q_1=8.4\text{kN/m}$
长期效应部分：		
楼面铺装及吊顶	$4\times1.5=6.0\text{kN/m}$	$6.0\times1.2=7.2\text{kN/m}$
楼面活荷载（准永久值部分）	$4\times3\times0.5=6\text{kN/m}$	$6\times1.4=8.4\text{kN/m}$
荷载合计	$q_{2k}=12\text{kN/m}$	$q_2=15.6\text{kN/m}$
临时支撑反力	$F_k=127.28\text{kN}$	$F=158.78\text{kN}$

跨中截面 $M_1=1/8\times8.4\times12^2=151.2\text{kN}\cdot\text{m}$，$V_1=0$；

$M_2=1/8\times15.6\times12^2+1/4\times158.77\times12=757.16\text{kN}\cdot\text{m}$，$V_2=79.39\text{kN}$。

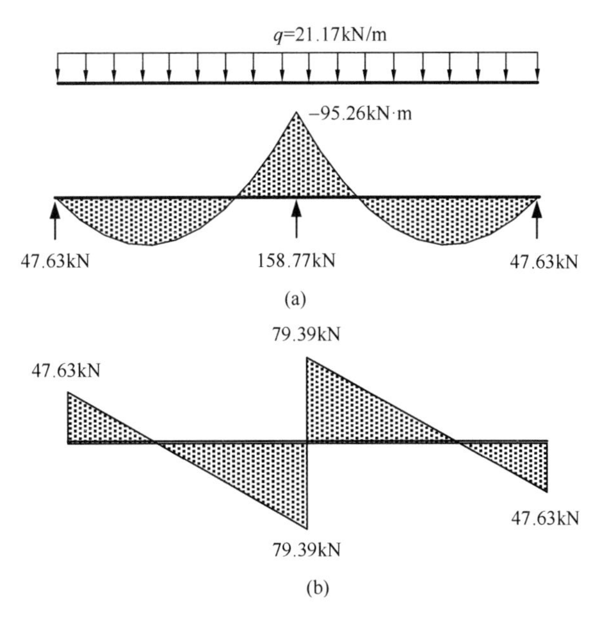

图 17.3-44 例题 17.3-1 施工阶段钢梁设计内力图

（a）弯矩图；（b）剪力图

支座截面 $V_1'=8.4\times12/2=50.4\text{kN}$，$V_2'=15.6\times12/2+58.77/2=172.99\text{kN}$。

（6）截面承载力验算

截面承载力验算如表 17.3-8 所示。C30 混凝土，$f_c=14.3\text{MPa}$；Q235 钢，$f=215\text{MPa}$，$f_v=125\text{MPa}$。验算表明，所选截面的抗弯、抗剪承载力均满足要求。

截面承载力验算（单位：MPa） **表 17.3-8**

	验算项目		施工阶段	使用阶段		总应力
			钢梁截面（I_s）	弹性换算截面（I_1）	徐变换算截面（I_2）	
跨中截面	混凝土翼板边缘压应力 σ_a		—	−1.28	−4.95	−6.24
	钢梁顶部应力 σ_b		64.93	0.32	−15.97	41.29
	钢梁底板应力 σ_f		−39.98	38.56	200.77	199.36
	钢梁腹板最大剪应力 τ_h①		−15.69	0	13.04	−2.65
	钢梁腹部上端点	正应力 σ_c	62.41	1.24	−10.77	52.89
		剪应力 τ_c	−7.96	0	13.03	5.07
		折算应力 σ_{eqc}	53.61			
	钢梁腹部下端点	正应力 σ_d	−35.78	37.03	192.10	193.36
		剪应力 τ_d	−13.15	0	8.58	−4.57
		折算应力 σ_{eqd}	204.10			
支座截面	钢梁腹板最大剪应力 τ_h①		9.42	7.31	28.43	45.15

注：为简化计算，钢梁腹板最大剪应力 τ_h 近似按三种截面的各自最大剪应力（中和轴在钢梁腹板内时取中和轴处，否则取钢梁腹板顶端 c 点处）直接叠加。

（7）栓钉设计

使用阶段由准永久荷载和可变荷载产生的组合梁截面剪力设计值 V_g、V_q 如图 17.3-45 所示。

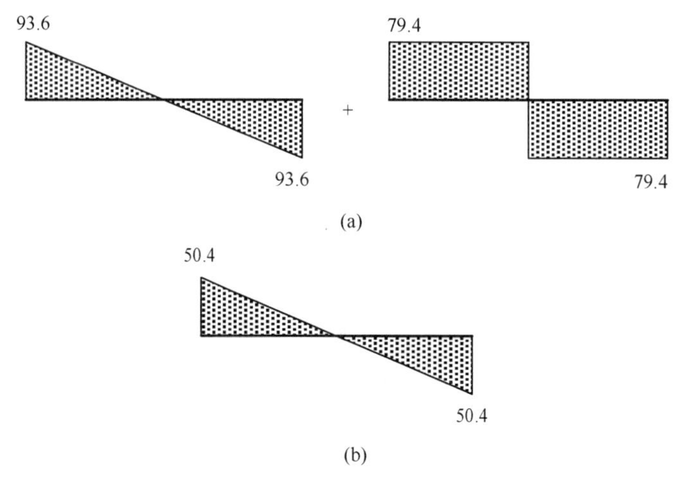

图 17.3-45 例题 17.3-1 使用阶段组合梁剪力图

（a）V_g（kN）；（b）V_q（kN）

单个栓钉抗剪承载力设计值 $N_v^c = 0.43A_s\sqrt{E_c f_c} \leqslant 0.7A_s f_u$，

$0.43A_s\sqrt{E_c f_c} = 0.43 \times \pi \times 8^2 \times \sqrt{3.0 \times 10^4 \times 14.3}/10^3 = 56.63\text{kN}$，

$0.7A_s f_u = 0.7 \times \pi \times 8^2 \times 400/10^3 = 56.30\text{kN}$，

则 $N_v^c = 56.30\text{kN}$。

短期效应作用下，交界面以上换算截面对组合梁弹性中和轴的面积矩

$S_1 = A_s \cdot (\bar{y}_1 - \bar{y}_s) = 3.90 \times 10^6 \text{mm}^3$，

长期效应作用下，交界面以上换算截面对组合梁弹性中和轴的面积矩

$S_2 = h_c b_e / 2\alpha_E \cdot (h - \bar{y}_2 - h_c/2) = 3.38 \times 10^6 \text{mm}^3$。

所以，梁单位长度上的剪力值为 $\tau \cdot b = \dfrac{V_g S_2}{I_2} + \dfrac{V_q S_1}{I_1} = 1.94 \times 10^{-3} V_g + 1.97 \times 10^{-3} V_q$（kN/mm）。

根据图 17.3-45 可知，半跨内所需的抗剪连接件数目为

$n = [1.94 \times 10^{-3} \times (93.6/2 + 79.4) \times 6000 + 1.97 \times 10^{-3} \times 50.4/2 \times 6000] / N_v^c = 32$ 个。

栓钉布置方式为单列，纵向间距为 150mm＞$6d$＝96mm，全跨实配栓钉 80 个。

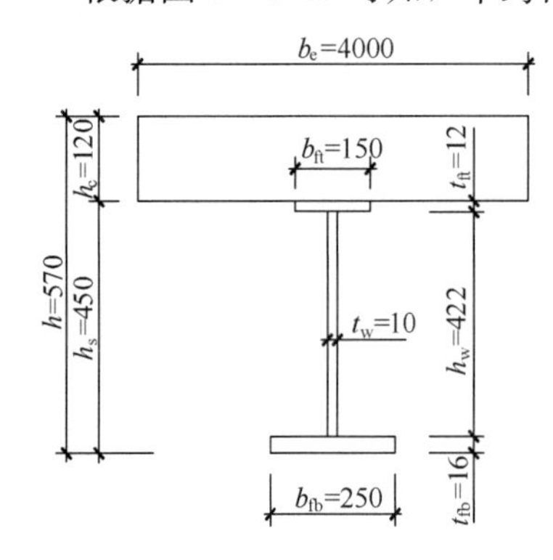

图 17.3-46 例题 17.3-2 组合梁截面尺寸

【例题 17.3-2】 试按塑性方法设计例题 1 中的组合梁截面，设施工时钢梁下设足够临时支撑。

解：

（1）初选组合梁截面尺寸

与例题 1 类似初选板厚仍为 120mm，考虑到组合梁塑性承载力要高于弹性承载力，所以初定组合梁梁高为 570mm，钢梁截面尺寸也比例题 1 中略小，如图 17.3-46

所示。

（2）使用阶段内力计算

使用阶段，组合梁承受荷载如表 17.3-9 所示：

使用阶段荷载表 **表 17.3-9**

荷载	标准值	设计值
钢梁自重	$78.5\times10020/10^6=0.79$kN/m	$0.79\times1.2=0.95$kN/m
湿混凝土重量	$25\times4\times0.12=12$kN/m	$12\times1.2=14.4$kN/m
楼面铺装及吊顶	$1.5\times4=6$kN/m	$6\times1.2=7.2$kN/m
楼面活荷载	$3\times4=12$kN/m	$12\times1.4=16.8$kN/m
荷载合计	$q_k=30.79$kN/m	$q=39.34$kN/m

弯矩设计值 $M=39.34\times12^2/8=708.19$kN·m；

剪力设计值 $V=39.34\times12/2=236.06$kN。

（3）塑性抗弯承载力验算

按完全抗剪连接组合梁进行设计。b_e 的取值同例题 1，$b_e=4000$mm。

$Af=10020\times215/10^3=2154.3\text{kN}\leqslant b_eh_cf_c=4000\times120\times14.3/10^3=6864\text{kN}$，

说明塑性中和轴在混凝土翼板内。

混凝土受压区高度 $x=\dfrac{Af}{b_ef_c}=\dfrac{10020\times215}{4000\times14.3}=37.66$mm，

钢梁截面形心到钢梁梁顶的距离 $y_s=271.44$mm，

$$\begin{aligned}M_u&=b_exf_cy=b_exf_c(y_s+h_c-x/2)\\&=4000\times37.66\times14.3\times(271.44+120-37.66/2),\\&=802.72\text{kN}\cdot\text{m}>M=708.19\text{kN}\cdot\text{m}\end{aligned}$$

满足抗弯承载力要求。

（4）塑性抗剪承载力验算

$V_u=A_wf_v=10\times422\times125/10^3=527.5\text{kN}>V=257.70\text{kN}$，

满足竖向抗剪承载力要求。

（5）栓钉设计

由例题 1 可知 $N_v^c=56.30$kN，

钢梁与混凝土交界面纵向剪力 $V_s=\min\{Af,\ b_eh_cf_c\}=2154.3$kN，

则按完全抗剪连接设计时，跨中截面到支座所需的栓钉数 n_f 为

$n_f=\dfrac{V_s}{N_v^c}=\dfrac{2154.3}{56.30}=38.3\approx39$ 个，全跨 86 个。

栓钉布置方式：单列，纵向间距为 120mm$>6d=96$mm，全跨实配栓钉 100 个。

【例题 17.3-3】 试验算例 17.3-2 中所确定的组合梁在荷载标准组合下的挠度。

解：

按折减刚度法计算组合梁挠度。

已知参数：$A_{cf}=48000\text{mm}^2$，$I_{cf}=5.76\times10^8\text{mm}^4$，$A=10020\text{mm}^2$，$I=3.16\times10^8\text{mm}^4$，$d_c=331.44$mm，$p=120$mm，$n_s=1$，$k=56.30\times10^3$N/mm，则

$$A_0=\frac{A_{cf}A}{\alpha_E A+A_{cf}}=\frac{48000\times10020}{6.87\times10020+48000}=8.76\times10^3\text{mm},$$

$$I_0=I+\frac{I_{cf}}{\alpha_E}=3.16\times10^8+\frac{5.76\times10^8}{6.87}=3.99\times10^8\text{mm}^4,$$

$$A_1=\frac{I_0+A_0d_c^2}{A_0}=\frac{3.99\times10^8+8.76\times10^3\times331.44^2}{8.76\times10^3}=1.55\times10^5\text{mm}^2,$$

$$\eta=\frac{36Ed_cpA_0}{n_skhl^2}=\frac{36\times2.06\times10^5\times331.44\times120\times8.76\times10^3}{1\times56.30\times10^3\times570\times12000^2}=0.559,$$

$$j=0.81\sqrt{\frac{n_skA_1}{EI_0p}}=0.81\times\sqrt{\frac{1\times56.30\times10^3\times1.55\times10^5}{2.06\times10^5\times3.99\times10^8\times120}}=7.62\times10^{-4},$$

$$\zeta=\eta\left[0.4-\frac{3}{(jl)^2}\right]=0.559\times\left[0.4-\frac{3}{(7.62\times10^{-4}\times12000)^2}\right]=0.204,$$

$$I_{eq}=I_0+A_0d_c^2=3.99\times10^8+8.76\times10^3\times331.44^2=1.36\times10^9\text{mm}^4,$$

$$B=\frac{EI_{eq}}{1+\zeta}=\frac{2.06\times10^5\times1.36\times10^9}{1+0.204}=2.33\times10^{14}\text{N}\cdot\text{mm}^2,$$

由楼面活荷载引起的挠度

$$\delta=\frac{5q_kl^4}{384B}=\frac{5\times12\times12000^4}{384\times2.33\times10^{14}}=13.90\text{mm}<L/500=24,$$ 满足规范要求。

由楼面恒、活荷载引起的总挠度

$$\delta=\frac{5q_kl^4}{384B}=\frac{5\times30.79\times12000^4}{384\times2.33\times10^{14}}=35.65\text{mm}>L/400=30,$$

说明挠度不满足规范要求，需起拱。

预拱度一般取为恒载标准值加 1/2 活载标准值所产生的挠度值

$$\delta=\frac{5q_kl^4}{384B}=\frac{5\times24.79\times12000^4}{384\times2.33\times10^{14}}=28.70\text{mm},$$ 实际预拱度取为 30mm。

【例题 17.3-4】 试设计例题 17.3-2 中组合梁的横向钢筋。

解： 假定横向钢筋双层布置，且 $A_t=A_b$，Ⅰ级钢筋，$f_t=1.43\text{N/mm}^2$，$f_r=210\text{N/mm}^2$。

钢梁与混凝土交界面纵向剪力 $V_s=\min\{Af,\ b_eh_cf_c\}=2154.3\text{kN}$，

$$\nu=\frac{V_s}{m_i}=\frac{2154.3\times10^3}{6000}=359.05\text{N/mm},$$

由 $V_{ul.1}=0.7f_tb_f+0.8A_ef_r\geqslant V_{l.1}$ 可得 $A_e\geqslant\frac{V_{l.1}-0.7f_tb_f}{0.8f_r}$，

由 $V_{ul.1}=0.7f_tb_f+0.8A_ef_r\leqslant0.25b_ff_c$ 可得 $A_e\leqslant\frac{0.25b_ff_c-0.7f_tb_f}{0.8f_r}$，

由 $A_ef_r/b_f>0.75$ 可得 $A_e>\frac{0.75b_f}{f_r}$。

(1) 验算纵向界面 a-a

$$V_{l.1}=\max\left(\nu\frac{b_1}{b_e},\ \nu\frac{b_2}{b_e}\right)=359.05\times\frac{1925}{4000}=172.79\text{N/mm},$$

$b_f=120\text{mm}$，

$\therefore\quad A_e \geqslant \dfrac{172.79-0.7\times1.43\times120}{0.8\times210}=0.314\text{mm}^2/\text{mm}$，

$A_e \leqslant \dfrac{0.25\times120\times14.3-0.7\times1.43\times120}{0.8\times210}=1.839\text{mm}^2/\text{mm}$，

$A_e > \dfrac{0.75\times120}{210}=0.429\text{mm}^2/\text{mm}$，

（2）验算纵向界面 b-b

$V_{l,1}=\nu=421.12\text{N/mm}$，

取栓钉高度为 100mm，栓钉头宽为 29mm 则 $b_f=100\times2+29=229\text{mm}$，

$\therefore\quad A_e \geqslant \dfrac{359.05-0.7\times1.43\times229}{0.8\times210}=0.773\text{mm}^2/\text{mm}$，

$A_e \leqslant \dfrac{0.25\times229\times14.3-0.7\times1.43\times229}{0.8\times210}=4.158\text{mm}^2/\text{mm}$，

$A_e > \dfrac{0.75\times229}{210}=0.818\text{mm}^2/\text{mm}$，

综上可知，要求 $0.773\text{mm}^2/\text{mm}\leqslant A_e\leqslant1.839\text{mm}^2/\text{mm}$。

$\because\quad A_e=A_t+A_b=2A_b \quad \therefore\quad 0.386\text{mm}^2/\text{mm}\leqslant A_b\leqslant0.919\text{mm}^2/\text{mm}$，取 $\phi8@120$，则 $A_e=0.838\text{mm}^2/\text{mm}$，满足要求。

$\therefore$ 选取横向钢筋双层布置，$A_t=A_b$，Ⅰ级钢筋，每层为 $\phi8@120$。

二、连续组合梁设计实例

【例题 17.3-5】 某 7 跨连续组合梁，每跨跨度均为 $L=12\text{m}$，荷载及跨中正弯矩区的截面形式与例题 17.3-2 相同。弯矩区混凝土板内配有 Φ16-150 纵向 HRB335 钢筋，如图 17.3-47 所示。试验算该连续梁中间跨的承载力及变形。

解：

（1）组合梁截面参数计算

设正弯矩区长度为 $0.7\times12000=8400\text{mm}$，混凝土翼板有效宽度由跨度的 1/3 确定，$b_e=b_2+b_0+b_2=2950\text{mm}$。负弯矩区长度为 $0.3\times12000=3600\text{mm}$，混凝土翼板有效宽度由跨度的 1/3 确定，$b'_e=3600/3+150=1350\text{mm}$。支座负弯矩区混凝土板内配 Φ16@150 纵向 HRB335 钢筋 9 根，$A_{st}=1810\text{mm}^2$，$f_{st}=300\text{MPa}$。

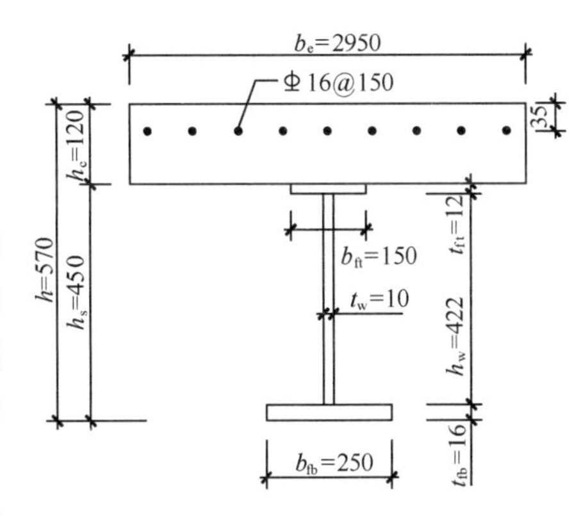

图 17.3-47 例题 17.3-5 梁截面及其尺寸

混凝土翼板截面面积 $A_{cf}=150\times1950=292500\text{mm}^2$，

钢梁上翼缘截面面积 $A_{ft}=150\times12=1800\text{mm}^2$，

钢梁腹板截面面积 $A_w=422\times10=4220\text{mm}^2$，

钢梁下翼缘截面面积 $A_{fb}=250\times16=4000\text{mm}^2$，

钢梁截面面积 $A=1800+4220+4000=10020\text{mm}^2$，

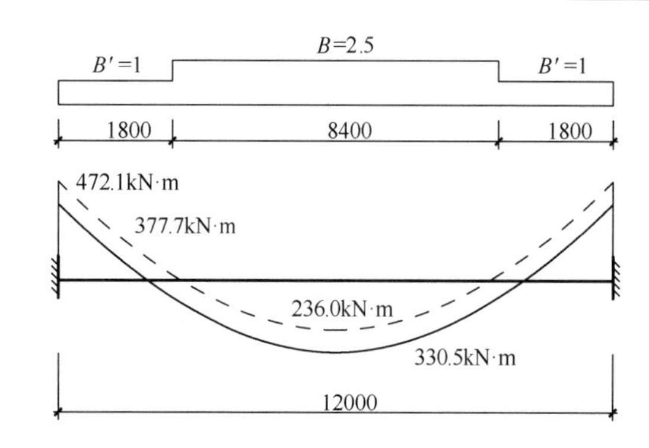

图 17.3-48　例题 17.3-5 弯矩图（中间跨）

（2）内力分析

对于多跨连续梁（跨数≥5 跨），中间跨的内力可以用两端固支梁来计算，这样带来的计算误差可以忽略。图 17.3-48 中实线为连续梁中间跨调幅后（调幅 20%）的弯矩设计值，虚线为两端固支梁的弯矩图。其中，固支梁按变截面梁计算，支座两侧各 0.15 倍跨度范围内取为负弯矩刚度，负弯矩区刚度只考虑了钢梁和钢筋组成的截面。对于本题目所采用的截面形式，正负弯矩区的弯曲刚度之比约为 $B/B'=2.5:1$。

（3）抗剪连接件设计

栓钉采用 $\phi16\times120$，

抗剪承载力设计值 $N_v^c=0.7A_sf_u=56.30\text{kN}<0.43A_s\sqrt{E_cf_c}=56.63\text{kN}$。

正弯矩区所需的栓钉数量：

$$V_s=\min(Af,\ A_{cf}f_c)=\min(10020\times215,\ 354000\times14.3)=2154.3\text{kN},$$

$$n_f=\frac{V_s}{N_v^c}=\frac{2154.3}{56.30}=38.3。$$

负弯矩区所需的栓钉数量：

$$V_s=A_{st}f_{st}=1810\times300=543\text{kN},$$

$$n_f=\frac{V_s}{0.9N_v^c}=\frac{543}{0.9\times56.30}=10.8。$$

实配栓钉 2 列，间距 150，沿梁长均匀分布，正负弯矩区均满足完全抗剪连接的要求。

（4）抗弯和抗剪承载力验算

1）正弯矩抗弯承载力

根据例题 17.3-2 同样方法，$M_u=788.28\text{kN}\cdot\text{m}>M=330.5\text{kN}\cdot\text{m}$，满足要求。

2）负弯矩抗弯承载力

焊接钢梁受压翼缘（下翼缘）$b_1/t=120/16=7.5\leqslant9$，

$$\frac{h_0}{t_w}=\frac{422}{10}=42.2\leqslant\left(72-100\frac{A_{st}f_{st}}{Af}\right)\sqrt{\frac{235}{f_y}}=(72-100\times0.252)=46.8，$$
可应用塑性方法设计。

$A_{st}f_{st}=1810\times300=543\text{kN}\leqslant(A_w+A_{fb}-A_{ft})f=(4220+4000-1800)\times215=1380.3\text{kN}$，故塑性中和轴在钢梁的腹板内。

钢梁塑性中和轴到钢梁梁底的距离 $y_{ps}=117\text{mm}$，则

$$S_1=150\times12\times(450-117-12/2)+321^2\times10/2=1103805\text{mm}^3,$$

$S_2=250\times16\times(117-16/2)+101^2\times10/2=487005\text{mm}^3$，

钢梁绕自身塑性中和轴的塑性抗弯承载力 M_s 为

$M_s=(S_1+S_2)f=(1103805+487005)\times215=342.0\text{kN}\cdot\text{m}$，

组合截面塑性中和轴的位置

$$y_c=\left(\frac{1810\times300+10020\times215}{2\times215}-250\times16\right)\Big/10+16=243.3\text{mm},$$

$y_3=535-243.3=291.8\text{mm}$，

组合梁塑性中和轴至钢梁塑性中和轴的距离 $y_4=\dfrac{A_{st}f_{st}}{2t_wf}=\dfrac{1810\times300}{2\times10\times215}=126.3\text{mm}$，

$$M'_u=M_s+A_{st}f_{st}(y_3+y_4/2)$$

$=342.0+1810\times300\times(291.8+126.3/2)/10^6$，满足要求。

$=534.6\text{kN}\cdot\text{m}>M'=330.5\text{kN}\cdot\text{m}$

由于 $V=236.04\text{kN}\leqslant0.5h_wt_wf_v=0.5\times4220\times125=263.8\text{kN}$，故可以不考虑弯矩和剪力的相关作用。

3）抗剪承载力计算

$V_u=A_wf_v=4220\times125=527.5\text{kN}>39.34\times6=236.04\text{kN}$，满足抗剪承载力要求。

（5）正常使用极限状态下的变形验算

1）按折减刚度法计算正弯矩区折减刚度

已知参数 $A_{cf}=354000\text{mm}^2$，$I_{cf}=4.25\times10^8\text{mm}^4$，$A=10020\text{mm}^2$，$I=3.16\times10^8\text{mm}^4$，$d_c=331.4\text{mm}$，$p=150\text{mm}$，$n_s=2$，$k=56.30\times10^3\text{N/mm}$。

$$A_0=\frac{A_{cf}A}{\alpha_EA+A_{cf}}=\frac{354000\times10020}{6.87\times10020+345000}=8.39\times10^3\text{mm},$$

$$I_0=I+\frac{I_{cf}}{\alpha_E}=3.16\times10^8+\frac{4.25\times10^8}{6.87}=3.78\times10^8\text{mm}^4,$$

$$A_1=\frac{I_0+A_0d_c^2}{A_0}=\frac{3.78\times10^8+8.39\times10^3\times331.4^2}{8.39\times10^3}=1.55\times10^5\text{mm}^2,$$

$$\eta=\frac{36Ed_cpA_0}{n_skhl^2}=\frac{36\times2.06\times10^5\times331.4\times150\times8.39\times10^3}{2\times56.30\times10^3\times570\times8400^2}=0.683,$$

$$j=0.81\sqrt{\frac{n_skA_1}{EI_0p}}=0.81\times\sqrt{\frac{2\times56.30\times10^3\times1.55\times10^5}{2.06\times10^5\times3.78\times10^8\times150}}=9.90\times10^{-4},$$

$$\zeta=\eta\left[0.4-\frac{3}{(jl)^2}\right]=0.683\times\left[0.4-\frac{3}{(9.90\times10^{-4}\times8400)^2}\right]=0.244,$$

$$I_{eq}=I_0+A_0d_c^2=3.78\times10^8+8.39\times10^3\times331.4^2=1.30\times10^9\text{mm}^4,$$

$$B=\frac{EI_{eq}}{1+\zeta}=\frac{2.06\times10^5\times1.30\times10^9}{1+0.244}=2.15\times10^{14}\text{N}\cdot\text{mm}^2。$$

2）负弯矩区截面弯曲刚度

负弯矩区的有效截面由钢梁和纵向受力钢筋组成，组合截面的弹性中和轴高度为233.1mm，$I' = 3.16\times10^8 + 1810\times(535-233.1)^2 + 10020\times(233.1-178.6)^2 = 5.11\times10^8\text{mm}^4$，$B' = 1.05\times10^{14}\text{N}\cdot\text{mm}^2$。

3）挠度计算

按变截面刚度梁计算连续组合梁的挠度，正弯矩区截面取折减刚度，负弯矩区截面取换算截面刚度。由荷载标准值引起的挠度 $\delta = 10.95\text{mm} < L/400 = 30\text{mm}$，满足规范要求。

（6）正常使用极限状态下的裂缝宽度验算

在荷载标准值下的中支座弯矩 $M_e = 369.5\text{kN}\cdot\text{m}$，

考虑15%调幅后 $M_k = M_e(1-\alpha_r) = 314.1\text{kN}\cdot\text{m}$。

负弯矩区混凝土板内配筋率 $\rho_{te} = A_{st}/(b_e h_c) = 1810/(150\times1350) = 0.0089$，

受拉钢筋的应力 $\sigma_{sk} = M_k y_{st}/I = 314.1\times10^6\times(535-233.1)/5.11\times10^8 = 185.7\text{N/mm}^2$，

钢筋应变不均匀系数 $\psi = 1.1 - 0.65 f_{tk}/\rho_{te}\sigma_{sk} = 1.1 - 0.65\times2.01/(0.0089\times185.7) = 0.312$，

$$
\begin{aligned}
w_{max} &= 2.7\psi\frac{\sigma_{sk}}{E_s}\left(1.9c + 0.08\frac{d_{eq}}{\rho_{te}}\right)\\
&= 2.7\times0.312\frac{185.7}{2.06\times10^5}\left(1.9\times27 + 0.8\frac{16}{0.0089}\right),\\
&= 0.148\text{mm} < 0.3\text{mm}
\end{aligned}
$$

满足要求。

17.4　钢-混凝土组合板设计

17.4.1　组合板主要形式和概念设计

压型钢板-混凝土组合楼板是指将压型钢板与混凝土组合成整体而共同工作的受力构件，简称为组合板，如图17.4-1所示。20世纪60年代前后，压型钢板首先在欧美、日本等国家作为浇筑混凝土的永久模板和施工平台开始在多、高层建筑中大量应用。随后，为了提高材料的使用效率，各国开展了大量试验研究，使压型钢板与混凝土能够通过构造措施形成整体共同受力，从而使压型钢板可以全部或部分代替楼板中的板底纵向受力钢筋。随着我国钢材产量的不断提高和相关配套技术的不断完善，组合板在建筑及桥梁领域的应用日益广泛，并具有很好的推广前景。

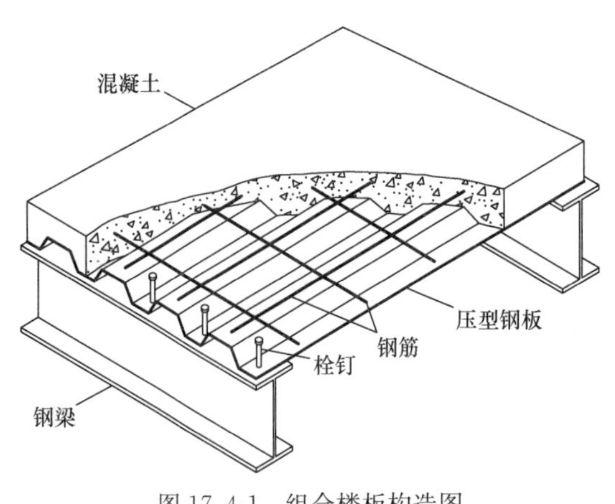

图17.4-1　组合楼板构造图

与普通钢筋混凝土楼板相比，压型钢板-混凝土组合板具有以下优点：

（1）压型钢板可以作为浇筑混凝土的永久模板，省去了楼板的竖向支撑和支模、拆模等工序，从而能够大大加快施工进度；

（2）压型钢板安装好以后可以作为施工平台使用，由于一般情况下不必使用临时支撑，所以不影响其他楼层的施工，同时压型钢板单位面积的重量较轻，易于运输和安装，提高了施工效率；

（3）在使用阶段，通过与混凝土的组合作用，带压痕等构造措施的压型钢板可以部分或全部代替楼板中的下层受力钢筋，从而减少了钢筋的制作与安装工作量；

（4）组合楼板可减少受拉区混凝土，使楼板自重减轻，地震反应降低，并相应可以减少梁、柱和基础的尺寸；

（5）压型钢板的肋部便于安装水、电、通信等设备管线，使结构层与管线合为一体，从而可以增大有效使用空间或降低建筑总高度，提高了建筑设计的灵活性；

（6）在施工阶段，压型钢板可作为钢梁的侧向支撑，提高了钢梁的整体稳定承载力；

（7）压型钢板可以直接作为房屋顶棚使用，具有良好的装饰效果，避免了楼板正弯矩区开裂对结构外观的影响，对于闭口型压型钢板还可以很方便地在槽内固定吊顶挂钩。

本章所述钢-混凝土组合楼板中的压型钢板不仅作为永久模板使用，而且作为楼板的下部受力钢筋与混凝土共同受力。非组合楼板中的压型钢板仅作为永久模板使用，不考虑其与混凝土的共同工作。因此，对于组合楼板，为使压型钢板与混凝土组合在一起共同工作，应采取如下的一种或几种措施：

（1）压型钢板的纵向波槽，纵向波槽同时也作为压型钢板的加劲构造（图 17.4-2a）；

（2）压型钢板上的压痕、开的小洞或冲成的不闭合孔眼（图 17.4-2b）；

（3）压型钢板上焊接的横向钢筋（图 17.4-2c）。

（4）端部锚固是保证组合板纵向抗剪作用的必要措施，当压型钢板代替板底受力钢筋时，应设置端部锚固件（图 17.4-2d）。

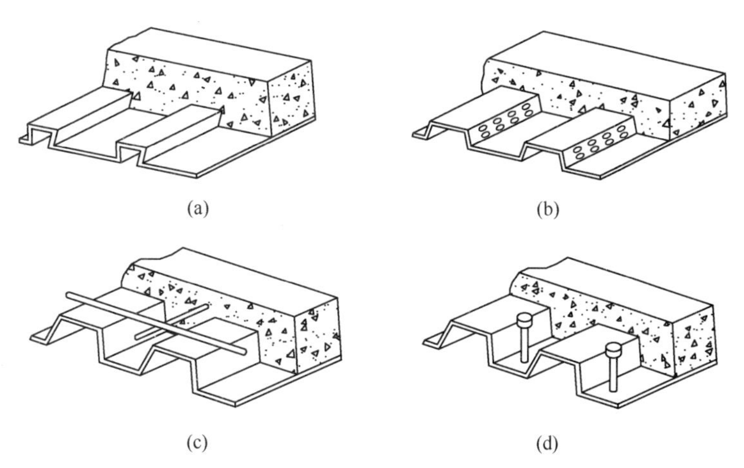

图 17.4-2 组合板的锚固连接措施

组合板应进行施工阶段和使用阶段的设计验算。施工阶段，包括湿混凝土重量在内的荷载由压型钢板单独承担，必要时可以在压型钢板底部设置临时支撑。在使用阶段，则需要验算组合板的承载力、变形、裂缝、振动以及锚固、开孔、防火性能等。

组合板的计算可以用弹性、刚塑性或者弹塑性分析方法。施工阶段的分析应采用弹性方法。在使用阶段，弹性方法也可以用于正常使用极限状态和承载力极限状态的分析。弹性分析时通常可忽略压型钢板与混凝土间的纵向滑移和钢板失稳的影响。塑性方法只适用于使用阶段承载力极限状态的分析验算。对于连续组合板，负弯矩区由于混凝土开裂可能会发生一定程度的内力重分布。为控制板顶裂缝的发展并保证在负弯矩下的抗弯承载力，组合板中支座区域应布置一定数量的钢筋。

需要指出的是，压型钢板的规格很多，性能差别也较大，因此许多压型钢板的生产厂家针对其产品提供有配套的设计图表。图表中一般反映了不同荷载等级、跨度和支座条件下组合板的适用截面和构造，可以在设计中直接采用。当图表不配套或有特殊要求时，则可按照以下各节的内容对组合板进行分析计算。

17.4.2　组合板设计的一般规定

组合板在使用阶段应防止发生各种可能的破坏模式，验算的内容包括正截面抗弯、纵向抗剪和竖向抗剪能力等。对于承受局部集中荷载或线荷载的组合板，还需进行冲切验算及横向配筋设计。

在使用阶段，当压型钢板之上的混凝土厚度为50～100mm时，组合板沿强边（顺板槽）方向的正弯矩和挠度可按承受全部荷载的简支单向板计算；强边方向的负弯矩可按固端板取值；弱边（垂直于板槽）方向的正、负弯矩可不予考虑。当压型钢板上的混凝土厚度大于100mm时，板的挠度应按强边方向的简支单向板计算，板的承载力应按下列规定计算：

（1）当$0.5<\lambda_e<2.0$时，应按双向板计算；

（2）当$\lambda_e\leqslant 0.5$或$\lambda_e\geqslant 2.0$时，应按单向板计算。

λ_e为组合板的长宽比，按下式计算：

$$\lambda_e = \mu l_x / l_y \tag{17.4-1}$$

式中　μ——板的受力异向性系数，$\mu=(I_x/I_y)^{1/4}$；

l_x、l_y——分别为组合板沿强边和弱边方向的跨度；

I_x、I_y——分别为组合板强边和弱边方向的截面惯性矩（计算I_y时只考虑压型钢板顶面以上的混凝土厚度h_c）。

17.4.3　压型钢板的截面特征和受力性能

一、压型钢板的截面形式与材料特性

1. 压型钢板的截面形式

建筑用压型钢板是薄钢板在连续辊式冷弯成型机上经辊压冷弯制成的，其截面可以有V形、U形和梯形等多种波形。除在建筑中作为组合楼盖应用外，也大量应用于屋面板、墙板和装饰板等。压型钢板的板材可以采用冷轧板、镀锌板、彩色涂层钢板等不同类型的薄钢板。我国国产的建筑用压型钢板的型号代号通常由3部分组成，依次为波高（H）、波距（S）和有效覆盖宽度（B）。压型钢板的公称厚度一般为0.35～1.6mm，其截面尺寸偏差、长度及允许偏差和外形等设计及构造要求可参见《建筑用压型钢板》GB/T 12755和《压型金属板设计施工规程》YBJ 216。

常用的压型钢板一般厚约 0.7～1.4mm，板宽约 75～200mm，截面形式有开口型、缩口型和闭口型三种，如图 17.4-3 所示。与开口型压型钢板相比，使用闭口型和缩口型压型钢板时，组合楼板的板底更加平整，并可根据房间的功能要求提供多种板底饰面处理方式。同时，闭口板和缩口板与混凝土间的粘结握裹力更强，组合作用更强；而且截面重心位置较低，与混凝土组合后的内力臂较大，因此材料强度发挥也更充分，具有更高的抗弯承载力。此外，闭口型和缩口型压型钢板相对于开口型板的抗火时间更长，可节省抗火构造并方便施工。闭口型和缩口型压型钢板的受力性能和使用性能较开口型压型钢板更好，是压型钢板发展和应用的主要方向之一。

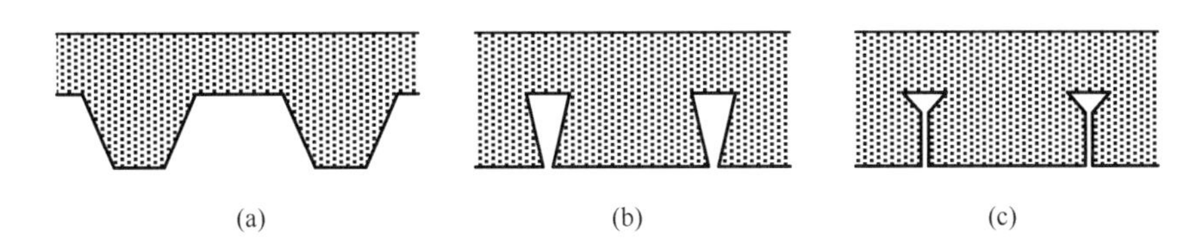

图 17.4-3 主要截面形式
(a) 开口型；(b) 缩口型；(c) 闭口型

2. 压型钢板的材料特性

由于压型钢板在成型过程中产生冷作硬化效应，材料屈服强度有所提高，而在设计时通常并不考虑这种效应。压型钢板的板材应符合国家标准《普通碳素结构钢技术条件》GB/T 700 和《低合金高强度结构钢》GB 1591，其强度设计值应按表 17.4-1 采用。

压型钢板的强度设计值 **表 17.4-1**

钢材牌号	抗拉、抗压和抗弯 f (N/mm^2)	抗剪 f_v (N/mm^2)
Q215	190	110
Q235	205	120
Q345	300	175

作为组合楼板使用的压型钢板宜采用镀锌钢板。目前，镀锌钢板的双面镀锌层的重量可达 250～270g/m^2，一般使用条件下可满足不锈的要求。但使用圆柱头栓钉进行熔透焊时，过厚的镀锌层会影响到焊接质量，因此施工时宜采取局部穿孔或除锌措施，以利于提高熔透焊的质量。

二、压型钢板的截面特征

压型钢板的截面形式很多，对于某些板型，按规范方法计算的有效截面也比较复杂。通常，商品化的压型钢板提供有配套的设计参数，这些参数考虑了钢板有效宽度的影响，可供设计和施工直接取用。

《建筑用压型钢板》GB/T 12755 列出了 27 种压型钢板的板型规格，其中部分板型规格如图 17.4-4 和表 17.4-2 所示。这些开口型压型钢板通常仅作为永久模板和施工平台使用，适合于非组合楼板。

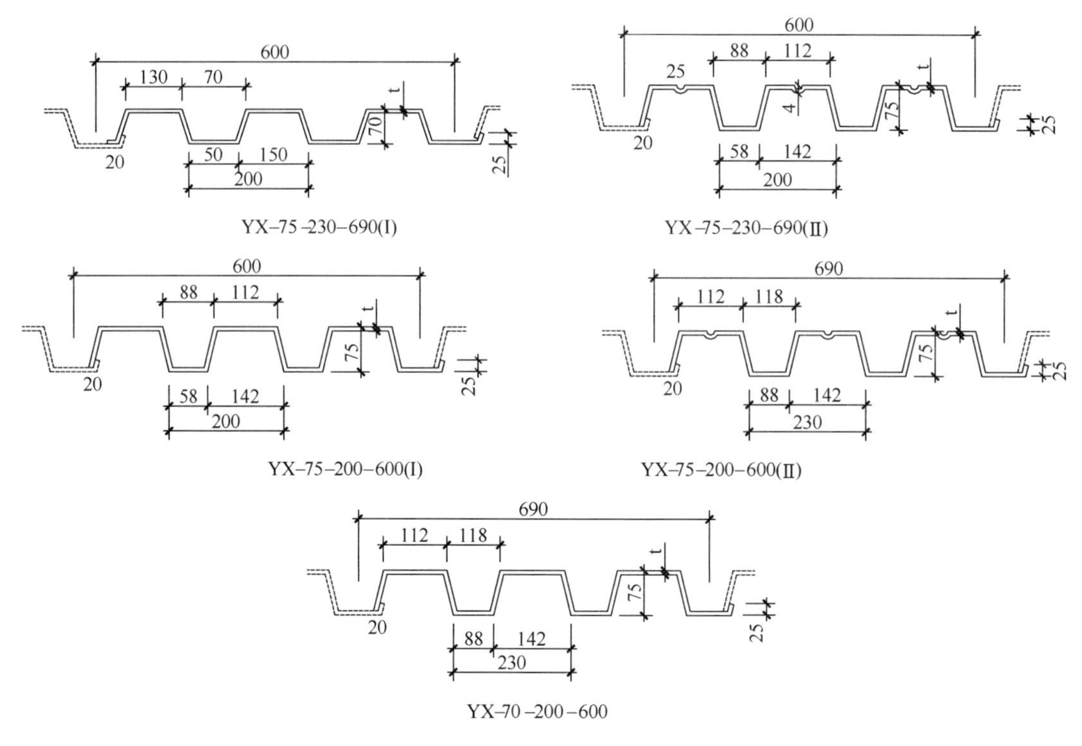

图 17.4-4　国产压型钢板板型尺寸

部分国产压型钢板的规格与参数　　表 17.4-2

板型	板厚 (mm)	压型板重（kg/m²）		截面力学特性（1m 宽）			
				全截面		有效宽度	
		未镀锌	镀锌 Z27	惯性矩 I (cm⁴/m)	抵抗矩 W (cm³/m)	惯性矩 I (cm⁴/m)	抵抗矩 W (cm³/m)
YX-75-230-690 (Ⅰ)	0.8	9.96	10.6	117	29.3	82	18.8
	1.0	12.4	13.0	145	36.3	110	26.2
	1.2	14.9	15.5	173	43.2	140	34.5
	1.6	19.7	20.3	226	56.4	204	54.1
	2.3	28.1	28.7	316	79.1	316	79.1
YX-75-230-690 (Ⅱ)	0.8	9.96	10.6	117	29.3	82	18.8
	1.0	12.4	13.0	146	36.5	110	26.2
	1.2	14.8	15.4	174	43.4	140	34.5
	1.6	19.7	20.3	228	57.0	204	54.1
	2.3	28.0	28.6	318	79.5	318	79.5
YX-75-200-600 (Ⅰ)	1.2	15.7	16.3	168	38.4	137	35.9
	1.6	20.8	21.3	220	50.2	200	48.9
	2.3	29.5	30.2	306	70.1	306	70.1
YX-75-200-600 (Ⅱ)	1.2	15.6	16.3	169	38.7	137	35.9
	1.6	20.7	21.3	220	50.7	200	48.9
	2.3	29.5	30.2	309	70.6	309	70.6

续表

板型	板厚（mm）	压型板重（kg/m²）		截面力学特性（1m 宽）			
				全截面		有效宽度	
		未镀锌	镀锌 Z27	惯性矩 I（cm⁴/m）	抵抗矩 W（cm³/m）	惯性矩 I（cm⁴/m）	抵抗矩 W（cm³/m）
YX-70-200-600	0.8	10.5	11.1	110	26.6	76.8	20.5
	1.0	13.1	13.6	137	33.3	96	25.7
	1.2	15.7	16.2	164	40.0	115	30.6
	1.6	20.9	21.5	219	53.3	153	40.8

近年来，我国也开发出包括开口、缩口和闭口型在内的多种可应用于组合楼板的新型压型钢板，其截面形状和规格可参考图 17.4-5 和表 17.4-3 所示。

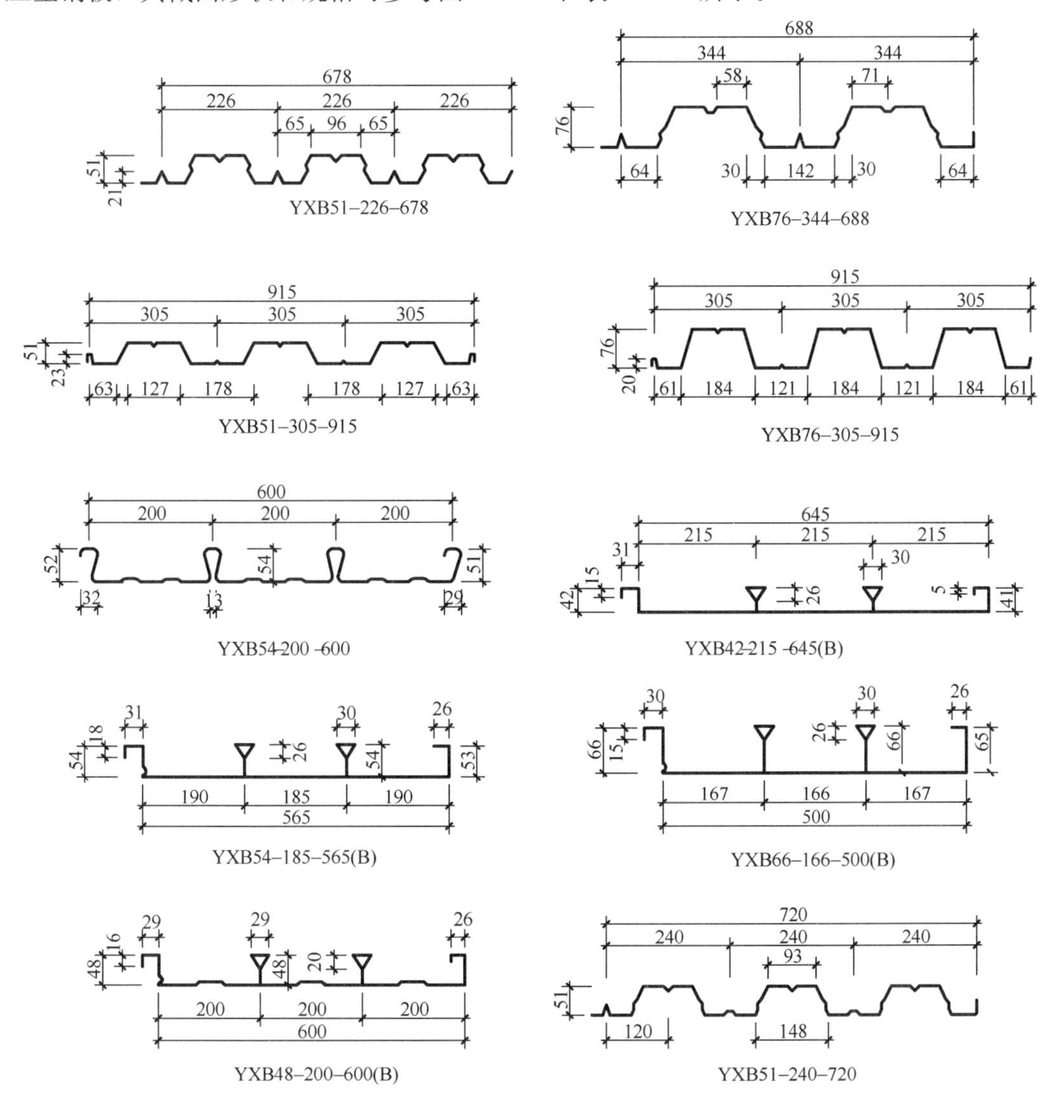

图 17.4-5 国产压型钢板板型尺寸

部分国产压型钢板的规格与参数　　表 17.4-3

板型	板厚 (mm)	压型板重 (kg/m²)	截面力学特性（1m宽）	
			惯性矩 I（cm⁴/m）	抵抗矩 W（cm³/m）
YXB51-226-678	0.80	9.68	52.20	19.86
	1.00	11.98	65.26	24.75
	1.20	14.31	78.32	29.39
YXB76-344-688	0.80	9.53	117.63	29.53
	1.00	11.80	147.06	36.84
	1.20	14.10	176.49	44.12
YXB51-305-915	0.75	7.96	51.90	16.02
	0.90	9.52	63.50	21.34
	1.20	12.55	82.10	28.76
	1.50	15.67	102.70	36.02
YXB76-305-915	0.75	8.20	105.00	23.28
	0.90	9.96	128.10	29.57
	1.20	13.18	172.10	41.94
	1.50	16.40	216.00	52.47
YXB54-200-600(S)	0.75	10.30	47.98	12.50
	1.00	13.60	64.08	16.69
	1.20	16.30	76.90	20.03
YXB42-215-645(B)	0.80	9.74	27.10	8.94
	0.90	10.95	30.49	10.03
	1.00	12.17	33.88	11.11
	1.20	14.60	40.65	13.24
YXB54-185-565(B)	0.80	11.12	52.72	15.34
	0.90	12.50	64.37	17.21
	1.00	13.89	71.52	19.07
	1.20	16.67	85.83	22.77
YXB66-166-500(B)	0.80	12.56	96.08	21.94
	0.90	14.13	108.09	24.62
	1.00	15.70	120.10	27.30
	1.20	18.84	144.13	32.61
YXB48-200-600(B)	0.80	10.46	43.24	12.35
	0.90	11.77	48.65	13.90
	1.00	13.08	54.05	15.44
	1.20	15.70	64.86	18.53
YXB51-240-720	0.80	8.72	51.64	16.55
	0.90	9.81	58.10	18.62
	1.00	10.90	64.55	20.69
	1.20	13.08	77.46	24.83

表 17.4-4 和表 17.4-5 为中国的台湾行家钢承板公司和澳大利亚 BHP 来实钢品公司生产的几种压型钢板的截面形式和设计参数，这些压型钢板均能够与混凝土组合后形成组合楼板。

行家钢承板生产的板型规格与参数 **表 17.4-4**

压型钢板型号	钢板厚度		单位重量 (kg/m^2)	A_s截面积 (m^2/m)	I 惯性矩 (cm^4/m)	S_p正弯矩截面系数 (cm^3/m)	S_n负弯矩截面系数 (cm^3/m)
	Ga. No.	mm					
闭口型 BD-40	22	0.76	10.3	12.5	28.94	9.51	8.12
	20	0.91	12.3	15.0	34.81	11.66	10.00
	18	1.20	16.0	19.8	46.55	15.59	13.92
	16	1.52	20.1	25.0	58.43	19.46	17.95
	 40; 185 185 185; 有效覆盖宽度 550						
闭口型 BD-65	22	0.76	12.4	15.0	95.29	18.97	16.23
	20	0.91	14.7	18.0	114.68	24.13	21.07
	18	1.20	19.1	23.6	152.91	33.32	29.35
	16	1.52	24.1	30.0	191.82	42.25	37.95
	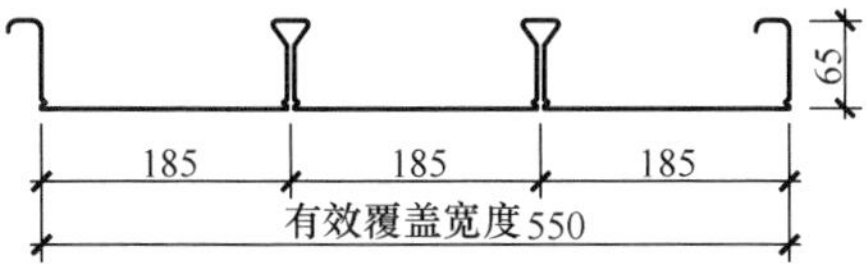 65; 185 185 185; 有效覆盖宽度 550						
缩口型	22	0.76	11.0	14.0	56.1	15.75	13.66
	20	0.91	13.2	16.7	66.2	19.52	17.26
	18	1.20	17.6	22.0	85.6	25.43	23.17
	16	1.52	22.5	27.7	105.3	31.24	29.46
	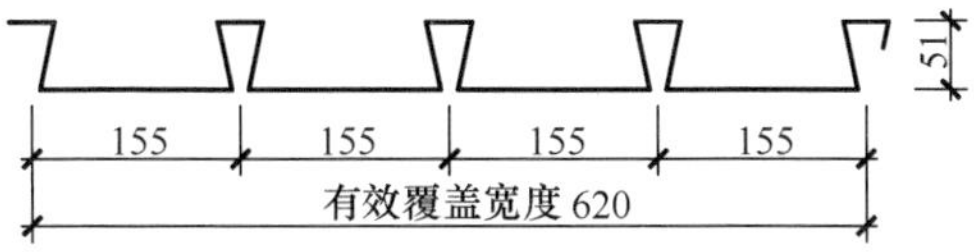 51; 155 155 155 155; 有效覆盖宽度 620						

BHP 来实公司生产的板型规格与参数 **表 17.4-5**

压型钢板型号	板宽度 (mm)	钢板厚度 (mm)	单位重量 (kg/m^2)	I 惯性矩 (cm^4/m)	S_p正弯矩截面系数 (cm^3/m)	S_n负弯矩截面系数 (cm^3/m)
2W	915	0.75	7.96	51.9	16.02	18.23
		0.90	9.52	63.5	21.34	22.10
		1.20	12.55	82.1	28.76	28.92
		1.50	15.67	102.7	36.02	36.02
		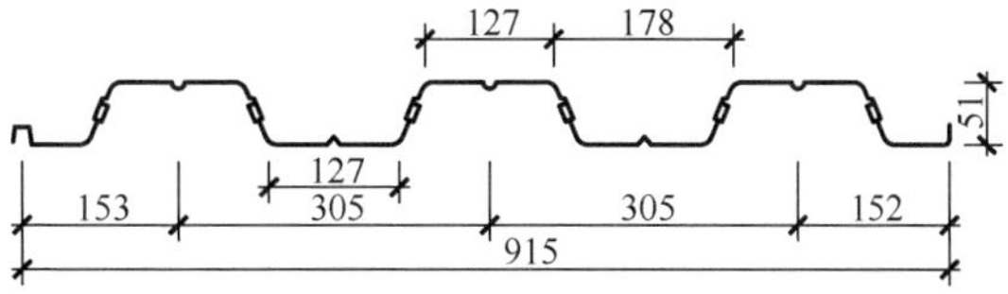 127 178; 51; 127; 153 305 305 152; 915				

续表

压型钢板型号	板宽度 (mm)	钢板厚度 (mm)	单位重量 (kg/m^2)	I 惯性矩 (cm^4/m)	S_p正弯矩截面系数 (cm^3/m)	S_n负弯矩截面系数 (cm^3/m)
3W	915	0.75	8.20	105.0	23.28	25.32
		0.90	9.96	128.1	29.57	30.86
		1.20	13.18	172.1	41.94	41.77
		1.50	16.40	216.0	52.47	52.42
		121 184 76 153 121 305 305 152 915				

三、压型钢板的受力性能

压型钢板与混凝土间的组合效应，主要依靠二者之间沿板受力方向的粘结力和机械咬合作用来实现。对于不同的截面形式及受力模式，组合板主要有以下三种破坏形态：

(1) 弯曲破坏，如图 17.4-6 中截面 1-1 和曲线①所示。极限状态时组合板表现为受弯破坏，压型钢板全截面受拉屈服，组合板顶部的混凝土压碎。组合板弯曲破坏的必要条件为压型钢板和混凝土完全共同工作，破坏时板端部压型钢板和混凝土间的相对滑移较小，破坏形态与一般的钢筋混凝土适筋梁相似。

(2) 纵向剪切破坏，如图 17.4-6 中截面 2-2 和曲线②所示。破坏时表现为压型钢板和混凝土间丧失粘结力并产生较大相对滑移，二者不能共同工作。由于滑移效应，组合板变形迅速增加，构件很快丧失承载力。组合板的承载力主要取决于两者之间的粘结强度。

(3) 竖向剪切破坏，如图 17.4-6 中截面 3-3 和曲线③所示。这种破坏形态一般只发生在板的跨高比较小而荷载又很大的情况，表现为支座处混凝土的剪切破坏。

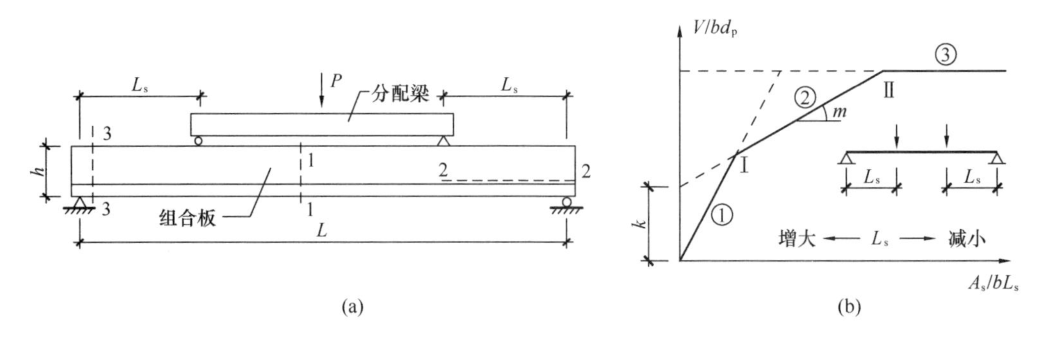

图 17.4-6　破坏模式示意图

17.4.4　施工阶段压型钢板的验算

在施工阶段，压型钢板作为浇筑混凝土的底模，应采用弹性方法对其强度与变形进行验算。沿强边（顺板槽）方向的正、负弯矩和挠度应按单向板计算，弱边方向不计算。施工阶段应考虑的荷载包括压型钢板与混凝土、钢筋自重等永久荷载以及施工荷载。施工荷载指工人和施工机具、设备，并考虑到施工时可能产生的冲击和振动。此外，尚应以工地实际荷载为依据，若有过量冲击、混凝土堆放、管线、泵荷等应增加附加荷载。

一、受弯承载力验算

压型钢板的正截面抗弯承载力应满足下式要求：

$$M \leqslant fW_S \tag{17.4-2}$$

式中 M——单位宽度的弯矩设计值，需考虑施工阶段全部的永久荷载和可变荷载；

f——压型钢板的抗拉、抗压强度设计值；

W_S——单位宽度压型钢板的截面弹性模量，取受压区 W_{Sc} 与受拉区 W_{St} 二者中的较小值，$W_{Sc}=I_s/X_c$，$W_{St}=I_s/(h_a-X_c)$。

I_s——单位宽度压型钢板对截面重心轴的惯性矩；

X_c——压型钢板从受压翼缘外边缘到重心轴的距离；

h_a——压型钢板的总高度。

压型钢板由薄钢板压制成波状，使截面刚度较钢板有显著提高。为增大截面刚度和提高与混凝土的粘结作用，通常还在压型钢板的翼缘及腹板上进一步压制槽纹。对于组合楼板，由于剪力滞效应的影响，在施工阶段压型钢板翼缘上的纵向应力分布并不均匀，以腹板与翼缘交接处的应力最大，距腹板越远应力越小。为简化分析，设计时通常定义压型钢板受压翼缘的有效宽度，假设在有效宽度之内的纵向应力均匀分布，而忽略掉有效宽度之外的钢板。对于受压翼缘的有效计算宽度 b_{et}，可以参照《冷弯薄壁型钢结构技术规范》GB 50018 给出的方法进行计算。当压型钢板受压翼缘的宽厚比小于最大容许宽厚比（见表 17.4-6）时，截面特征则可采用全截面进行计算；否则应采用有效截面进行计算，此时作为一种简化处理方式可取受压翼缘有效宽度 $b_{et}=50t$，t 为压型钢板的厚度，如图 17.4-7 所示。计算截面惯性矩等截面特征时，只考虑有效宽度范围内的受压区钢板，而压型钢板受拉部分则全部有效。

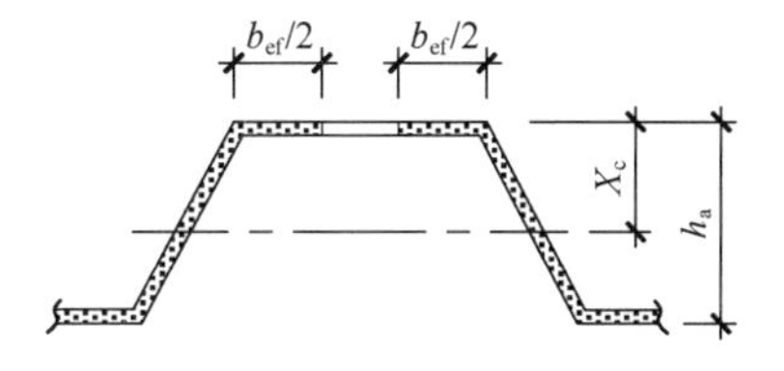

图 17.4-7 压型钢板有效截面

压型钢板受压翼缘最大容许宽厚比 **表 17.4-6**

翼缘板件的支承条件	最大容许宽厚比
两边支承（有中间加劲肋时）	500
一边支承，一边卷边	60
一边支承，一边自由	60

二、变形验算

压型钢板在施工阶段，还应进行正常使用极限状态下的挠度验算，需满足下式要求：

$$w_s \leqslant [w] \tag{17.4-3}$$

式中 $[w]$——容许挠度，取 $L/180$ 及 20mm 中的较小值；

w_s——压型钢板在其自重和湿混凝土重量作用下的最大挠度，可按以下各式计算：

对于简支板

$$w_s = \frac{5}{384}\frac{S_s L^4}{EI_s} \tag{17.4-4}$$

对于两跨连续板

$$w_{s} \frac{1}{185} \frac{S_{s}L^{4}}{EI_{s}} \tag{17.4-5}$$

式中　S_s——施工阶段荷载短期效应组合的设计值；

L——压型钢板的跨度。

当压型钢板跨中挠度 w_s 大于 20mm 时，计算湿混凝土重量时应考虑“凹坑”效应，在全跨增加混凝土厚度 $0.7w_s$。

施工阶段压型钢板的验算通常由变形控制，当不满足式（17.4-3）的要求时，需在板下增设临时支撑或改用更强的压型钢板。

17.4.5　组合板承载力验算

一、板的正截面抗弯承载力验算

根据《高层建筑民用钢结构技术规程》JGJ 99，对于压型钢板与混凝土能共同受力的组合板，正截面抗弯承载力可采用塑性方法进行计算，计算时假定截面受拉区和受压区的材料均能够达到强度设计值。极限状态时组合板的截面应力分布如图 17.4-8 所示，其中，压型钢板钢材的强度设计值 f 与混凝土的抗压强度设计值 f_c 应分别乘以折减系数 0.8。

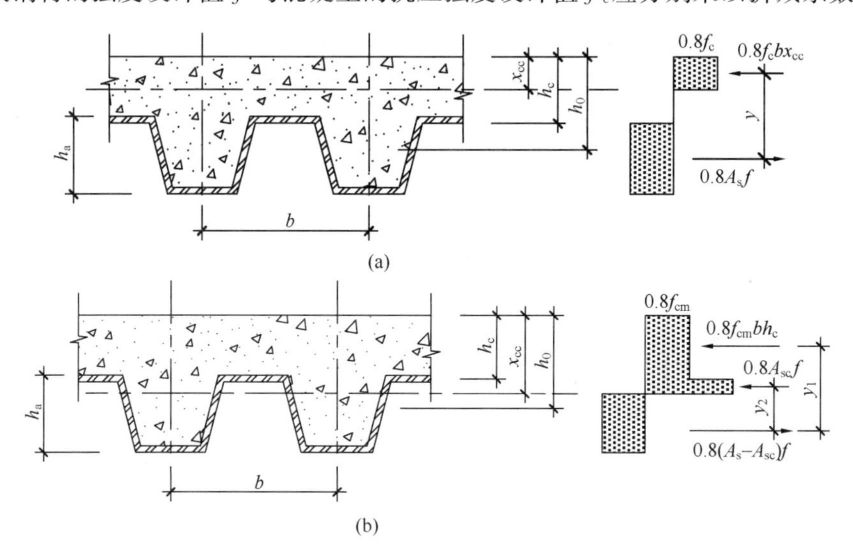

图 17.4-8　组合板正截面抗弯承载力计算简图

（a）塑性中和轴在混凝土内；（b）塑性中和轴在压型钢板内

当 $A_s f \leqslant f_c h_c b$ 时，即塑性中和轴在压型钢板上翼缘以上的混凝土内时，如图 17.4-8a，组合板的抗弯承载力按下式计算：

$$M \leqslant M_u = 0.8 f_c x_{cc} b y \tag{17.4-6}$$

式中　M——组合板正截面弯矩设计值；

M_u——组合板正截面抗弯承载力；

x_{cc}——组合板受压区高度，$x_{cc}=A_s f/f_c b$，当 $x_{cc}>0.55h_0$ 时，取 $x_{cc}=0.55h_0$；

h_0——组合板的有效高度，即从压型钢板形心轴至混凝土受压边缘的距离；

h_c——压型钢板上翼缘以上的混凝土厚度；

y——压型钢板截面应力合力至混凝土受压区截面应力合力的距离，$y=h_0-x_{cc}/2$；

b——压型钢板单位宽度；

A_s——单位宽度内压型钢板的截面面积。

当$A_s f>f_c h_c b$时，即塑性中和轴在压型钢板内时，如图 17.4-8b，组合板的抗弯承载力按下式计算：

$$M\leqslant M_u=0.8(f_c h_c b y_1+A_{sc} f y_2) \tag{17.4-7}$$

式中 A_{sc}——塑性中和轴以上部分的压型钢板截面面积，$A_{sc}=0.5\ (A_s-f_c h_c b/f)$；

y_1、y_2——压型钢板受拉区截面拉应力合力分别至受压区混凝土板截面和压型钢板截面压应力合力的距离。

需要说明的是，以上公式中对压型钢板和混凝土强度进行折减，是建立在原冶金工业部建筑研究总院对部分国产光面开口型压型钢板组合楼板试验的基础上的，对目前国内使用的带压痕压型钢板（包括开口型、闭口型及缩口型）组合板，试验表明，由于压痕的存在，增强了压型钢板和混凝土协同工作能力，压型钢板和混凝土强度设计值可不予以折减。

对于仅依靠压型钢板与混凝土的组合而无法满足抗弯承载力要求的情况，可以在波槽内设置钢筋来进一步提高板的承载力。增设钢筋后的组合板抗弯承载力仍可以按照塑性方法进行计算，计算过程与式（17.4-6）或式（17.4-7）相似。

二、板的纵向抗剪承载力验算

设计组合板时通常应控制其为受弯破坏，即在达到全截面受弯破坏前不会发生压型钢板与混凝土间的纵向剪切破坏。对于端部不设抗剪连接件的组合板，压型钢板和混凝土之间的粘结强度主要来源于界面的化学黏着力、接触面的摩擦力和压型钢板表面凸起产生的机械咬合力。其中化学粘结力一般可忽略不计，摩擦力主要存在于支座反力较大处，而机械咬合力对压型钢板与混凝土间粘结强度的贡献最大。由于组合板的纵向粘结强度与压型钢板的外形和构造，混凝土的强度等级等诸多因素有关，难以根据理论公式建立精确的计算公式，一般均通过对各种形式的压型钢板进行大量的试验并回归得到可用于设计的经验公式。我国原冶金工业部建筑研究总院通过对部分国产光面开口型压型钢板的试验，得到的纵向抗剪承载力计算公式如下：

$$V_f\leqslant V_u=\alpha_0-\alpha_1 L_v+\alpha_2 W_r h_0+\alpha_3 t \tag{17.4-8}$$

式中 V_f——组合板纵向剪力设计值（kN/m），组合板在达到抗弯承载力极限状态时，$V_f=A_s f$；

V_u——组合板纵向抗剪承载力（kN/m）；

L_v——组合板的剪跨长度（mm）；

W_r——压型钢板的平均波槽宽度（mm），如图 17.4-9 所示，对于开口型压型钢板，按平均槽宽计，对于缩口型压型钢板，按上槽口宽度计；

t——压型钢板的厚度（mm）；

α_i——剪力粘结系数，由试验确定，也可以参考下列数值：

$\alpha_0=78.142$、$\alpha_1=0.098$、$\alpha_2=0.0036$、$\alpha_3=38.625$

组合板的剪跨长度L_v按如下方法计算：对于均布荷载，取为板跨的1/4；对于两点对

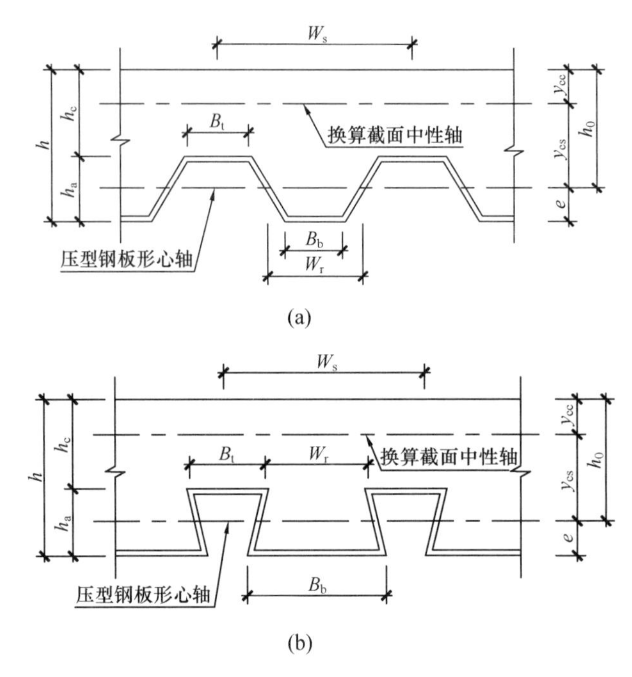

图 17.4-9　组合板截面参数

(a) 开口型；(b) 缩口型

称加载，取为加载点到最近支座的距离；对于其他的荷载形式，将其剪力图与两点对称加载的剪力图进行等效后取用剪跨长度，可参见图 17.4-10 的示例。

式（17.3-8）是以部分国产光面开口型压型钢板组合板试验建立的，对带压痕的压型钢板组合板并不适用。目前，国外规范广泛采用的是由美国学者 Porter 和 Ekbery 建议的 m-k 方法。欧洲规范 4 在标准试验方法（见下节）的基础上，提出了如下的组合板纵向抗剪承载力计算公式：

$$V_c \leqslant V_u = \frac{bh_0}{\gamma_{vs}}\left[m\frac{A_s}{bL_v}+k\right] \tag{17.4-9}$$

式中　V_c——组合板竖向剪力设计值；

m、k——剪力粘结系数（N/mm^2），由试验确定；

γ_{vs}——安全系数，取 1.25。

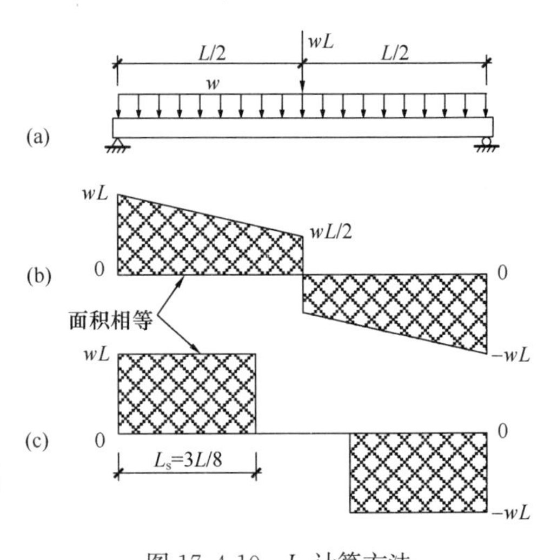

图 17.4-10　L_v计算方法

(a) 组合板；(b) 剪力；(c) 剪力

此外，欧洲规范 4 还建议，如果标准试验结果表明组合板呈延性破坏行为，则可以采用部分抗剪连接设计方法，将正截面抗弯验算和纵向抗剪验算统一起来。其基本原理是：假设压型钢板与混凝土之间的相对滑移集中发生在压型钢板上翼缘与混凝土之间的交界面上，纵向抗剪能力主要由压型钢板与混凝土间的机械咬合力提供。

考虑部分抗剪连接作用后，组合板任意截面的抗弯承载力 $M_{u,r}$可按以下各式计算：

$$M_{u,r} = N_c z + M_{pr} \tag{17.4-10}$$

$$N_c = \tau_{u,Rd} b L_x \leqslant N_{cf} \tag{17.4-11}$$

$$z = h - 0.5x - e_p + (e_p - e)\frac{N_c}{N_{cf}} \tag{17.4-12}$$

$$x = \frac{N_c}{0.8 f_c b} \leqslant h_c \tag{17.4-13}$$

$$M_{pr} = 1.25 M_{pa}\left(1 - \frac{N_c}{N_{cf}}\right) \leqslant M_{pa} \tag{17.4-14}$$

式中 $\tau_{u,Rd}$——压型钢板和混凝土间的剪切粘结强度设计值；

L_x——计算截面到最近支座间的距离；

N_{cf}——组合板完全抗剪连接时，压型钢板上翼缘以上部分混凝土的压应力合力，取 $N_{cf}=\min(0.8A_s f,\ 0.8f_c h_c b)$；

e——压型钢板形心轴距板底的距离；

e_p——压型钢板塑性中和轴距板底的距离；

M_{pa}——压型钢板的塑性抗弯承载力。

任意截面的弯矩设计值 M_x应小于抗弯承载力 $M_{u,r}$，即满足下式：

$$M_x \leqslant M_{u,r} \tag{17.4-15}$$

需要指出的是，大量试验表明，在压型钢板端部焊接栓钉等锚固件可以显著提高组合板的纵向抗剪能力。因此，建议在压型钢板端部应设置抗剪栓钉，即采用熔透焊方法将栓钉穿过压型钢板直接焊于钢梁上翼缘上。

三、板的竖向抗剪承载力验算

当剪跨比较小时，组合板有可能发生竖向剪切破坏。根据无腹筋钢筋混凝土板的斜截面抗剪计算公式，组合板竖向抗剪承载力应符合下式要求：

$$V_c \leqslant 0.7 f_t b h_0 \frac{W_r}{W_s} \tag{17.4-16}$$

式中 f_t——混凝土轴心抗拉强度设计值；

W_s——压型钢板的波槽间距，如图 17.4-9 所示。

四、局部冲切承载力验算

当组合板承受一个很大的局部集中荷载时，组合板可能发生局部冲切破坏。如图 17.4-11 所示，设集中荷载的作用面积为 $a_p \times b_p$，假设荷载在铺装层（面层厚度为 h_f）中沿 45°角扩散，破坏发生在长度为 C_p的临界周长上，则临界周长 C_p按下式计算：

$$C_p = 2\pi h_c + 2(2h_0 + a_p - 2h_c) + 2b_p + 8h_f \tag{17.4-17}$$

采用与式（17.4-16）类似的思路，组合板局部冲切承载力按下式计算：

$$V_p \leqslant 0.6 f_t C_p h_c \tag{17.4-18}$$

五、组合板的有效工作宽度

当组合板上作用有局部荷载或线荷载时，为保证混凝土与压型钢板间剪力的有效传递，组合板的有效工作宽度不应超过按以下公式计算的 b_{ef}值（见图 17.4-12）：

（1）抗弯及纵向抗剪计算

简支板及连续板边跨：

$$b_{ef} = b_{fl} + 2l_p(1 - l_p/l) \tag{17.4-19}$$

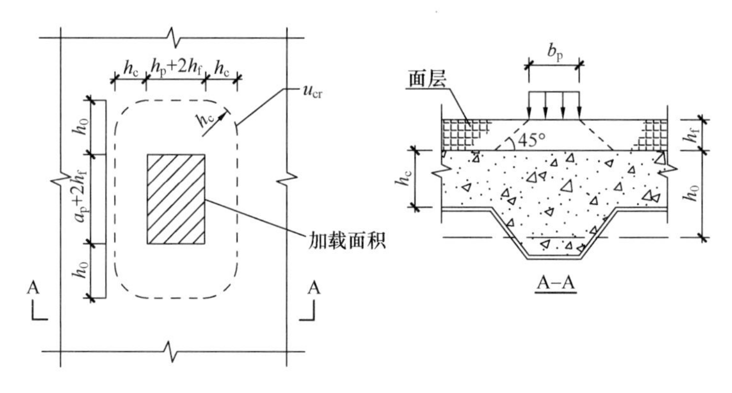

图 17.4-11　集中荷载作用下的冲切计算示意图

连续板中跨：

$$b_{ef}=b_{f1}+4l_p(l-l_p/l)/3 \quad (17.4\text{-}20)$$

（2）竖向抗剪计算

$$b_{ef}=b_{f1}+l_p(1-l_p/l) \quad (17.4\text{-}21)$$

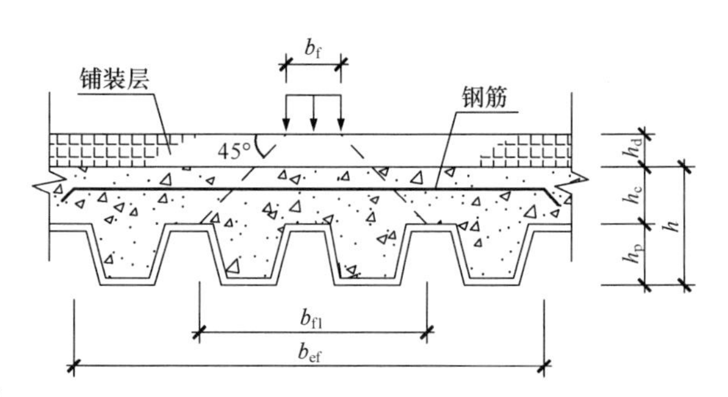

图 17.4-12　局部荷载下的组合板有效工作宽度

式中　l——组合板的跨度；

l_p——荷载作用点距较近支座的距离，当跨度内有多个集中荷载时，l_p应取产生较小 b_{ef}值的相应荷载作用点距较近支座点的距离；

b_{f1}——集中荷载在组合板中的分布宽度，取 $b_{f1}=b_f+2(h_c+h_d)$；

b_f——荷载宽度；

h_c——压型钢板顶面以上的混凝土计算厚度；

h_d——楼板铺装层的厚度。

按以上格式计算的 b_{ef}应不大于楼板的实际宽度。

由于局部荷载的作用，组合板中会产生横向弯矩，欧洲规范 4 建议，当集中荷载小于 7.5kN 时，无需对横向弯矩进行计算，仅按构造要求配置横向钢筋即可。

17.4.6　组合板正常使用极限状态的验算

在施工阶段，应对压型钢板在施工荷载及湿混凝土自重作用下的变形进行验算，如果压型钢板挠度偏大时应在计算混凝土自重时考虑“凹坑”效应或设置临时支撑。

在使用阶段，组合板的挠度应分别按荷载短期效应组合和荷载长期效应组合计算，并取其较大值。计算时将组合板作为沿强边（板槽）方向的简支单向板。对于无临时支撑的施工方式，组合板的总挠度则为施工阶段的挠度与二期恒载和活荷载在组合板内引起的挠度之和。当采用有临时支撑的施工方式时，压型钢板与混凝土间的组合作用形成以后，拆除临时支撑引起的挠度相当于反向施加支撑反力于组合板所产生的挠度；二期恒载和活荷载也会引起组合板的挠度进一步增大。拆除支撑引起的挠度、活载挠度与压型钢板在施工阶段产生的挠度相叠加，即为组合板的总挠度。按以上方法计算的总挠度不得超过组合板计算跨度的 1/360。

计算组合板在使用荷载下的挠度时，应考虑混凝土开裂的影响。其中，开裂截面的惯性矩只考虑了受压区混凝土和压型钢板的贡献，未开裂截面的惯性矩则用整个截面进行计算。组合板的截面惯性矩可根据美国土木工程系协会的《组合板设计施工标准》按如下方法进行（公式中的参数定义可参见图 17.4-9）：

（1）开裂截面惯性矩

$$I_c = \frac{b}{3}y_{cc}^3 + nA_s y_{cs}^2 + nI_s \tag{17.4-22}$$

式中 ρ——截面含钢率，取 $\rho = A_s / bh_0$；

n——钢与混凝土的模量比，取 $n = E/E_c$；

y_{cc}——开裂截面换算截面中和轴位置，可按下式计算：

$$y_{cc} = h_0(\sqrt{2\rho n + (\rho n)^2} - \rho n) \leqslant h_c \tag{17.4-23}$$

（2）未开裂截面惯性矩

$$I_u = \frac{bh_c^3}{12} + bh_c(y_{cn} - 0.5h_c)^2 + nI_s + nA_s y_{cs}^2 + \frac{W_r bh_a}{W_s}\left[\frac{h_a^2}{12} + (h - y_{cn} - 0.5h_a)^2\right] \tag{17.4-24}$$

式中 y_{cn}——未开裂截面换算截面中和轴位置，可按下式计算：

$$y_{cn} = \frac{0.5bh_c^2 + nA_s h_0 + W_r h_a(h - 0.5h_a)b/W_s}{bh_c + nA_s + W_r h_a b/W_s} \tag{17.4-25}$$

在正常使用阶段，组合截面的惯性矩 I_d 可取开裂截面惯性矩 I_c 和未开裂截面惯性矩 I_u 的算术平均值：

$$I_d = \frac{I_u + I_c}{2} \tag{17.4-26}$$

得到组合截面的惯性矩 I_d 后，就可以按照弹性方法计算形成组合截面后组合板的挠度。

组合板在弯矩作用下混凝土会发生开裂。由于板底有压型钢板包覆，故不需要验算组合板在正弯矩作用下的裂缝宽度。对于组合板负弯矩区的裂缝，则应按《混凝土结构设计规范》GB 50010 的相关规定计算其最大裂缝宽度。当处于正常环境时，连续组合板负弯矩区的最大裂缝宽度不应超过 0.3mm，当处于室内高湿度环境和露天时不应超过 0.2mm。

组合楼板如果刚度较低，使用者在行走和跑跳时会导致结构振动过大，影响建筑的使用舒适度。对于组合楼板，应限制其最低自振频率不得小于 15Hz。组合板的自振频率可以按下式估算：

$$f = 1/(0.178\sqrt{w}) \tag{17.4-27}$$

式中 w——永久荷载产生的挠度（cm）。

17.4.7 组合板的构造要求

一、截面尺寸及配筋要求

当考虑组合板中压型钢板的受力作用时，压型钢板（不包括镀锌层和饰面层）的净厚度不应小于 0.75mm，浇筑混凝土的平均槽宽 W_r 不应小于 50mm。当在槽内设置栓钉抗剪连接件时，压型钢板的总高度 h_a（包括压痕）不应大于 80mm。

组合板的总厚度 h 不应小于 90mm，压型钢板顶部的混凝土厚度 h_c 不应小于 50mm，混凝土强度等级不宜低于 C20。浇筑混凝土的骨料大小不应超过 $0.4h_c$、$W_r/3$ 及 30mm。

组合板在下列情况下，应配置钢筋：

（1）当仅考虑压型钢板时组合板的承载力不满足设计要求时，应在板内混凝土中配置附加的抗拉钢筋；

（2）在连续组合板或悬臂组合板的负弯矩区应配置连续钢筋；

（3）在集中荷载区段和孔洞周围应配置分布钢筋；

（4）为改善防火效果所增加的抗拉钢筋。

连续组合板按简支板设计时，抗裂钢筋截面不应小于混凝土截面的 0.2%；从支承边缘算起，抗裂钢筋的长度不应小于跨度的 1/6，且必须与至少 5 根分布钢筋相交。抗裂钢筋最小直径为 4mm，最大间距为 150mm，顺肋方向抗裂钢筋的保护层厚度为 20mm。与抗裂钢筋垂直的分布钢筋直径不应小于抗裂钢筋直径的 2/3，其间距不应大于抗裂钢筋间距的 1.5 倍。

组合板在集中荷载作用处，应设置横向钢筋，其截面面积不应小于肋上混凝土截面面积的 0.2%，其延伸宽度不应小于集中荷载在组合板上分布的有效宽度 b_{em}，如图 17.4-12 所示。

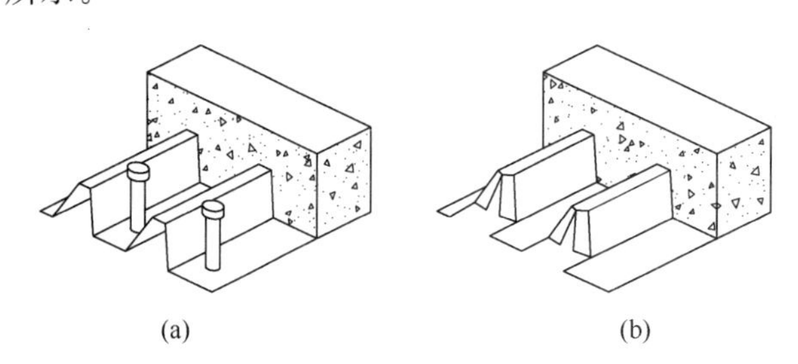

图 17.4-13 组合板支承于钢梁时的端部锚固方法

二、端部锚固要求

组合板端部的锚固措施可以防止压型钢板与混凝土之间发生滑移，增强二者间的组合作用。因此，组合板端部均应设置锚固措施。

当焊接栓钉进行锚固时，栓钉应设置在端支座的压型钢板凹肋处并穿透压型钢板将钢板焊牢于钢梁上，如图 17.4-13a 所示。简支组合板端部支座处和连续组合板各跨端部都应设置栓钉锚固件。锚固栓钉的直径可按下列规定采用：

（1）跨度在 3m 以下的板，栓钉直径为 13～16mm；

（2）跨度在 3～6m 的板，栓钉直径为 16～19mm；

（3）跨度大于 6m 的板，栓钉直径为 19mm。

不使用栓钉时，可以将压型钢板端头压脚后点焊固定于钢梁上翼缘，如图 17.4-13b 所示。

当组合板支撑于钢筋混凝土梁或剪力墙上时，端部可采用以下的锚固方法：

（1）在预制混凝土梁上表面预埋钢板，然后用熔焊栓钉进行锚固。锚固方法与钢结构锚固方法相同。

（2）射钉法，如图 17.4-14a 所示。射钉法用于预制钢筋混凝土梁，用射钉枪将射钉打入压型钢板并固定于混凝土预制梁上，射钉至混凝土边缘距离为 30mm，钉入长度约 25～30mm。

（3）钢筋插入法，如图 17.4-14b 所示。将组合板中的钢筋弯入现浇梁或剪力墙中；

或将压型钢板端头打圆孔后将钢筋插入并点焊固定。

（4）拧“麻花”法，如图 17.4-14c 所示。将压型钢板端部冲切出多个鱼尾状条后拧成麻花状后支承在钢筋混凝土梁或剪力墙的侧边模板上，待浇筑混凝土后，板端部麻花条与混凝土梁或墙锚固在一起。

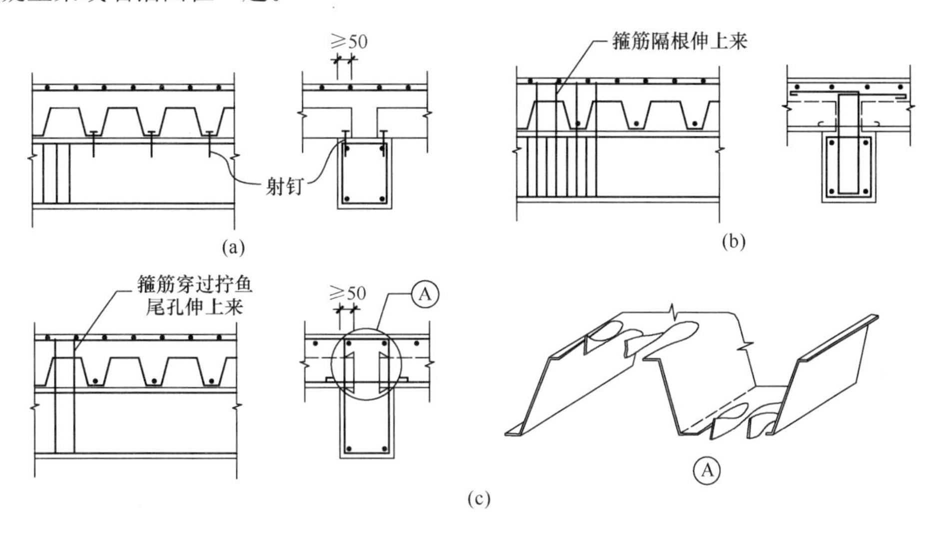

图 17.4-14　组合板支承于混凝土梁时的端部锚固方法

组合板中的压型钢板在钢梁、混凝土梁及剪力墙上的支承长度不应小于 50mm。

三、收边构造

为防止浇筑混凝土时漏浆，压型钢板支承处应进行收边。压型钢板支座处收边的构造可参见图 17.4-15。设计收边构造时应注意：①压型钢板收边构造仅适用于楼板边缘，以及压型板板槽走向改变处；②应根据不同板型，采用相应的堵头板。

在组合楼盖的边梁处，如果楼板的悬挑长度较小，可以用 L 型的包边钢板直接挑出

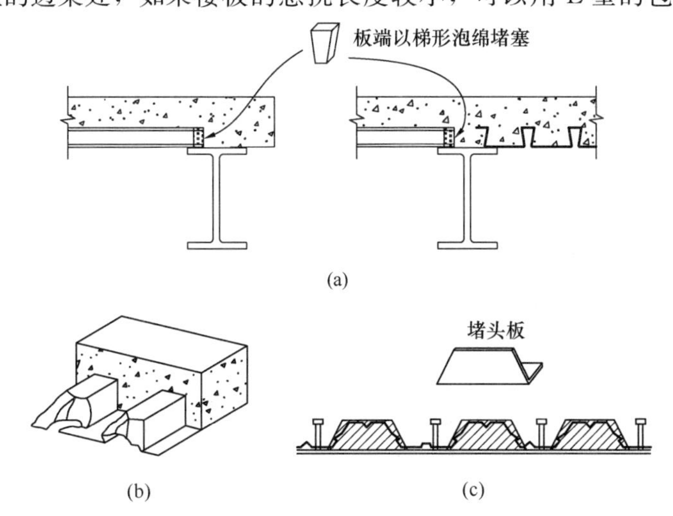

图 17.4-15　压型钢板支座处收边构造

（a）压型钢板端头泡绵收边；（b）压型钢板端头压扁式收边；

（c）压型钢板端头堵头板收边

钢梁。包边钢板的厚度应满足浇筑混凝土需要，可根据悬挑长度确定。当波槽与边梁垂直且悬挑长度较长时，可以将压型钢板直接挑出并在端头用横向收边板进行封堵。压型钢板的最大悬挑长度应根据不同的板型和荷载大小确定。为抵抗负弯矩，组合楼板悬挑处应配置一定数量的负钢筋。组合楼板悬挑收边构造可参见图 17.4-16。

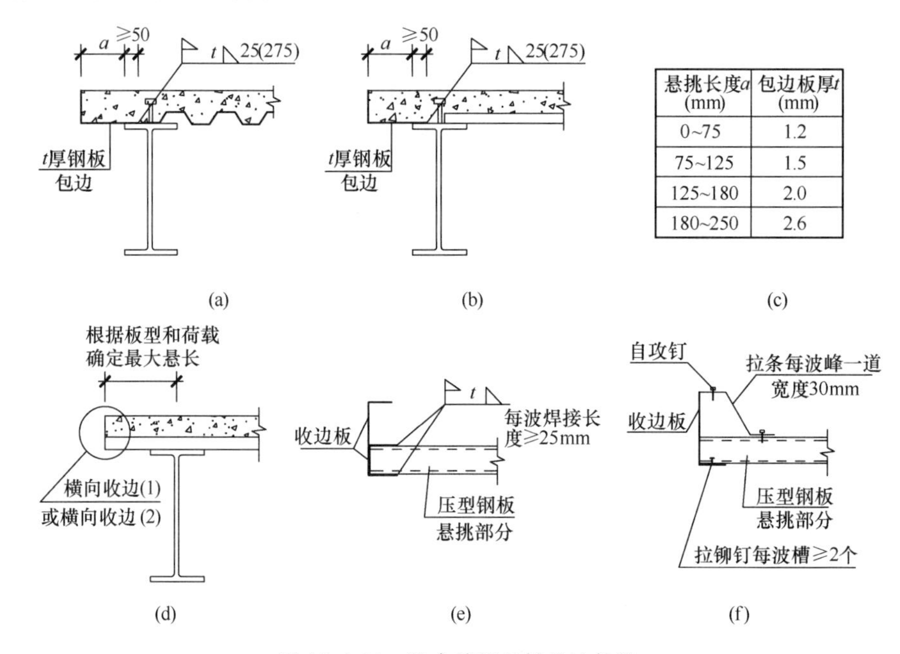

悬挑长度a (mm)	包边板厚t (mm)
0~75	1.2
75~125	1.5
125~180	2.0
180~250	2.6

图 17.4-16　组合楼板悬挑收边构造

（a）波槽与梁平行且悬挑较短时；（b）波槽与梁垂直且悬挑较短时；（c）不同悬挑长度与板厚的要求；（d）波槽与梁垂直且悬挑较长时；（e）横向收边（1）；（f）横向收边（2）

四、组合楼板板下吊挂连接

闭口形和缩口形压型钢板可以通过专用的夹片将吊杆或钢线直接固定于板底，而不需要在板底钻孔和设置螺栓。板底的悬吊系统可供吊顶、水电及空调管路等吊挂设施使用。闭口形压型钢板悬吊系统构造可参见图 17.4-17，缩口形压型钢板悬吊系统构造可参见图 17.4-18。悬吊系统设计和施工时应注意：当压型钢板上混凝土达到 75%的设计强度后，悬吊系统才允许安装、负荷；吊件的标准吊重等设计参数应参见各厂家的使用说明或通过试验确定。

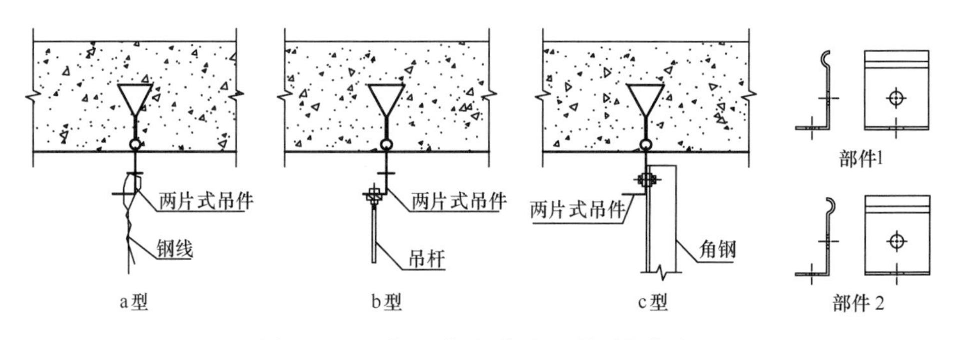

图 17.4-17　闭口形压型钢板悬吊系统构造

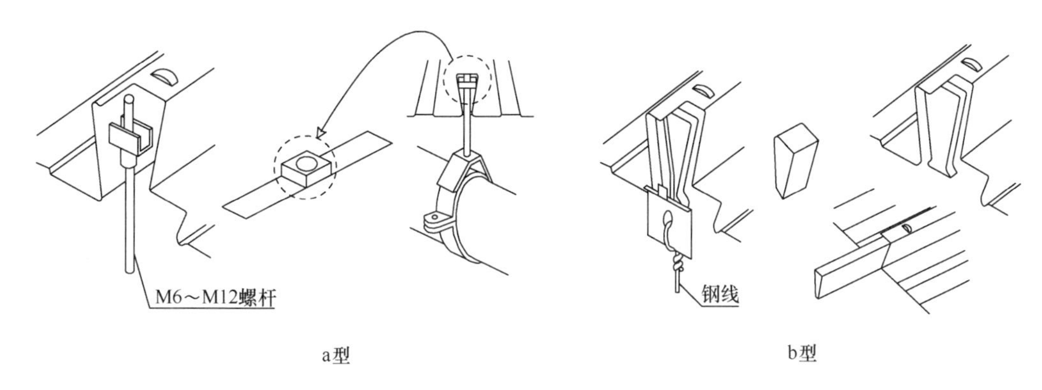

图 17.4-18 缩口形压型钢板悬吊系统构造

五、开孔补强措施

组合楼板中开设的洞口尺寸超过 300mm 时，应采取措施对洞口处进行加强；对于尺寸小于 300mm 的洞口可以不进行额外的加强。当洞口边长介于 300mm 和 750mm 之间的情况，应在洞口设置加强角钢或者在混凝土内布置加强钢筋。浇筑混凝土前可以在洞口位置用压型钢板、木板或聚苯乙烯等材料做成盒子状模板，待浇筑的混凝土达到 75%强度后再切割形成洞口。在已经硬化的混凝土中开孔时，不宜采用敲击方式凿除混凝土，这样可能破坏压型钢板与混凝土间的粘结作用。当洞口边长超过 750mm 时，则应在洞口四周布置次梁进行加强。组合楼板开孔时的补强措施可参见图 17.4-19。

按图 17.4-19 中的做法进行设计施工时还应注意：

（1）本图适用于压型钢板的波高不小于 50mm 的楼板开孔。

（2）当圆形开孔孔径小于等于 300mm，长方形开孔与压型板沟肋垂直的边长小于等于 300mm 时，可以现场直接切割。如果开孔处未损及压型钢板波槽时，可无需补强。

（3）开孔周边应依钢筋混凝土结构开孔补强的方式，配置补强钢筋。补强钢筋的总面积应不少于压型钢板被削弱部分的面积。

六、组合板防火要求

根据《高层民用建筑钢结构技术规程》JGJ 99，压型钢板作承重结构时应进行防火保护，其楼板厚度和保护层厚度应符合表 17.4-7 的要求。

耐火极限为 1.5h 时压型钢板组合楼板厚度和保护层厚度　　表 17.4-7

类别	无保护层的楼板		有保护层的楼板	
图例	h_1	h	h_1, a	h_1, a
楼板厚度 h_1 或 h（mm）	≥80	≥110	≥50	
保护层厚度 a（mm）	—	—	≥15	

当开口型的压型钢板作为组合楼板的受力构件使用时，由于压型钢板升温很快而容易

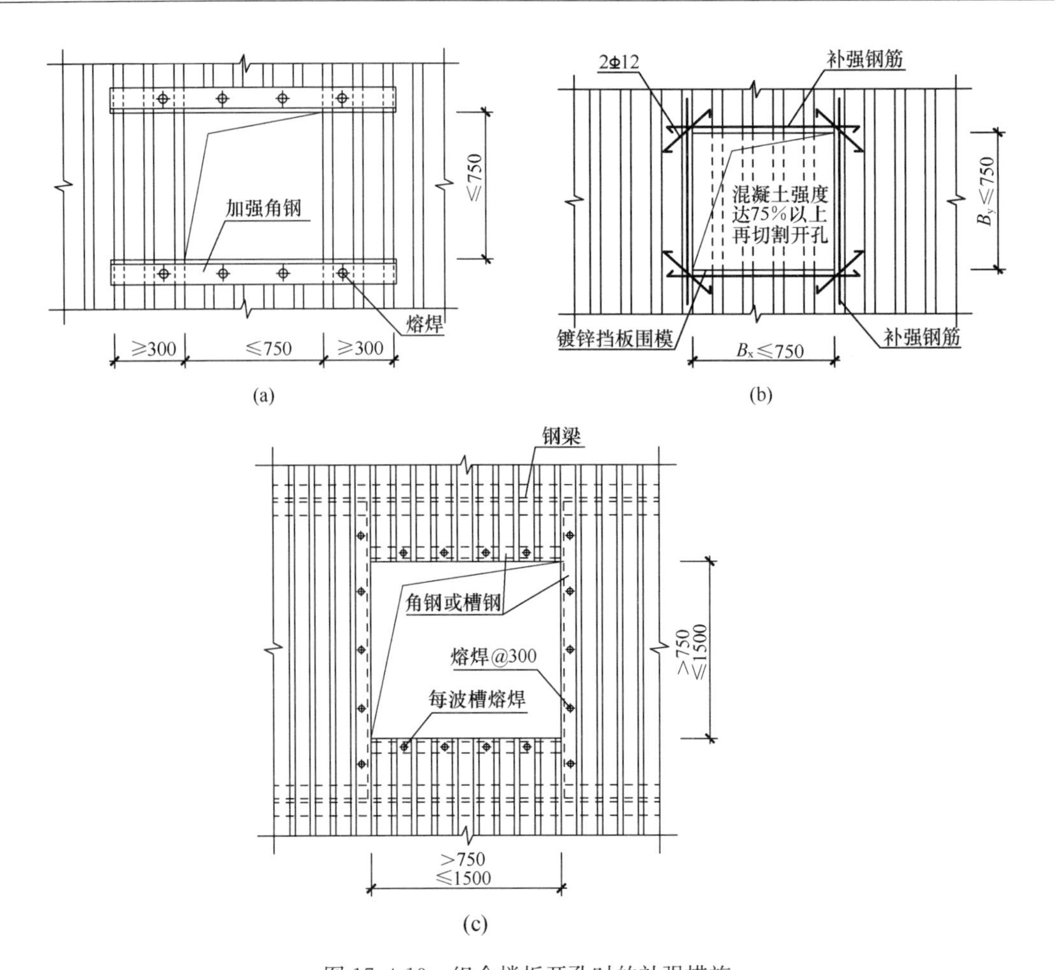

图 17.4-19　组合楼板开孔时的补强措施

(a) 开孔 300～750 时的加强措施一；(b) 开孔 300～750 时的加强措施二；

(c) 开孔 750～1500 时的加强措施

失效，如不采取喷涂防火涂料或粘贴防火板材时需要在板内配置一定数量的受力钢筋来满足楼板抗火的需要。目前，国内外生产的部分闭口型压型钢板，通过试验证明只要保证一定的楼板厚度，在不另外附加防火措施的条件下也可以满足结构的耐火极限要求。

17.4.8　组合板设计实例

某建筑长廊，柱网布置如图 17.4-20 所示，采用压型钢板-混凝土组合楼盖。经初步分析，确定采用某进口带压痕开口型压型钢板 CF 700/9，截面尺寸如图 17.4-21所示。压型钢板的参数如所示。

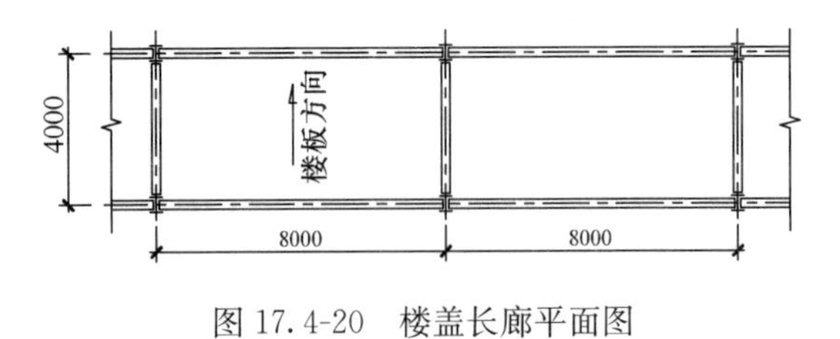

图 17.4-20　楼盖长廊平面图

组合板厚度 h=150mm，混凝土强度等级 C30，施工活荷载标准值 1.5kN/m^2，楼面铺装及吊顶荷载标准值 2.5kN/m^2，楼面活荷载标准值 5.0kN/m^2，试对该楼盖组合板的承载力及变形进行验算。验算组合板局部冲切承载力时，取集中荷载标准值 7.5kN，荷载作用面积为 $a_p \times b_p$=50mm×50mm。

压型钢板设计参数 **表 17.4-8**

屈服强度 f=280MPa	板厚 t=0.86mm
截面面积 A_s=1185mm^2/m	截面惯性矩 I_s=0.57×10^{6}mm^4/m
截面塑性抵抗弯矩 M_{pa}=4.92kN·m/m	弹性中和轴位置 e=30mm
塑性中和轴位置 e_p=33mm	纵向抗剪参数 m=184N/mm^2，k=0.0530N/mm^2
压型钢板-混凝土设计剪切粘结强度 $\tau_{u,Rd}$=0.23N/mm^2	组合板自重 g_k=2.41kN/m^2

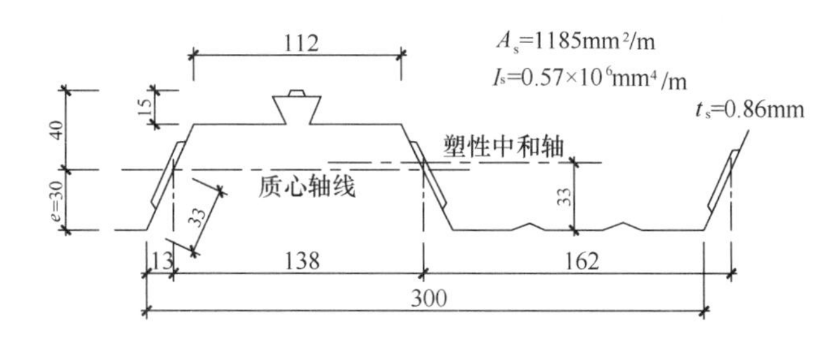

图 17.4-21 CF 700/9 型压型钢板截面尺寸

1. 施工阶段压型钢板验算

每延米宽压型钢板的截面弹性模量 W_S=0.57×10^6/40=1.425×10^{4}mm^3/m。

压型钢板的弹性抗弯承载力 $M_{ea}=fW_S$=280×1.425×10^4/10^6=3.99kN·m/m。

施工阶段，压型钢板承受的荷载如表 17.4-9 所示：

施工阶段荷载 **表 17.4-9**

	标准值	设计值
压型钢板自重及湿混凝土重量	2.41kN/m^2	×1.2=2.89kN/m^2
施工活荷载	1.5kN/m^2	×1.4=2.1kN/m^2
荷载合计	q_{0k}=3.91kN/m^2	q_0=4.99kN/m^2

如不设支撑，压型钢板跨中最大弯矩 M_0=4.99×4^2/8=9.98kN·m>M_{ea}，不满足要求，因此施工时需在压型钢板跨中设一个临时支撑。

设置临时支撑后组合板在施工阶段的弯矩图如图 17.4-22a 所示，跨中最大正弯矩 M_0^+=1.40kN·m，支座最大负弯矩 M_0^-=2.50kN·m，均小于 M_{ea}，满足要求。

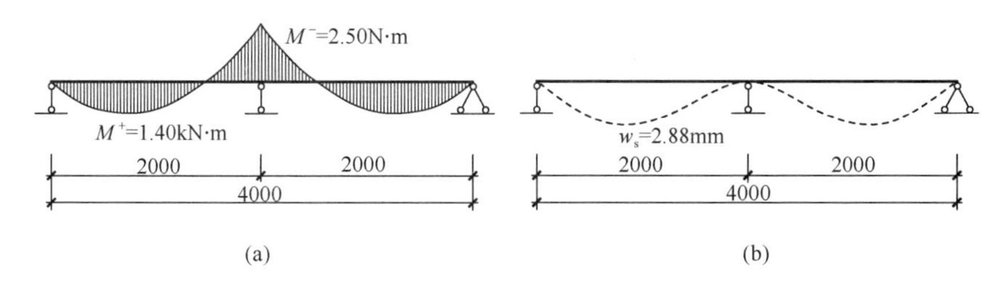

图 17.4-22 施工阶段压型钢板计算模型

(a) 弯矩图；(b) 挠度曲线

压型钢板的截面惯性矩 I_s=0.57×10^{6}mm^4/m，E_s=2.06×10^{5}N/mm^2，包括湿混凝土自重及施工活载在内的荷载标准值 q_{0k}=3.91kN/m^2。压型钢板挠度如图 17.4-22b 所

示，最大挠度 w_s＝2.88mm＜min（2000/180，20）＝11.1mm，满足挠度要求且不需考虑“坑凹”效应。

2. 使用阶段组合板承载力验算

使用阶段，组合板承受的荷载如表 17.4-10 所示：

使用阶段荷载　　表 17.4-10

	标准值	设计值
组合板自重	$2.41kN/m^2$	$\times1.2=2.89kN/m^2$
表面铺装及吊顶荷载	$2.5kN/m^2$	$\times1.2=3kN/m^2$
楼面活荷载	$5kN/m^2$	$\times1.4=7kN/m^2$
荷载合计	$q_k=9.91kN/m$	$q=12.89kN/m^2$

（1）正截面抗弯承载力验算

组合板 $\lambda_e=\mu l_x/l_y>2$，按单向板计算。

假设塑性中和轴在压型钢板上翼缘以上的混凝土内，则

$x_{cc}=A_s f/f_c b=1185\times280/14.3\times1000=23.2mm<h_c=95mm$，假设成立。

由式（17.4-6）可得：

$$M_u=0.8f_c x_{cc} by=0.8\times14.3\times23.2\times1000\times(120-23.2/2)/10^6=28.77kN\cdot m/m,$$

而简支组合板最大跨中弯矩 $M=12.89\times4^2/8=25.78kN\cdot m<M_u$，满足要求。

（2）竖向抗剪承载力验算

支座处设计剪力值 $V_c=12.89\times4/2=25.78kN/m$，

$$V_c<0.7f_t bh_0\frac{W_r}{W_s}=0.7\times1.43\times1000\times120\times\frac{162}{300}/10^3=64.86kN/m$$，满足要求。

（3）纵向抗剪承载力验算

1）m-k 方法

由式（17.4-10）可得，

$$V_u=\frac{bh_0}{\gamma_{vs}}\left[m\frac{A_s}{bL_v}+k\right]=\frac{1000\times120}{1.25}\left[184\times\frac{1185}{1000\times4000/4}+0.0530\right]/10^3=26.02kN/m$$

$>V_c$，满足要求。

2）部分抗剪连接方法

组合板完全抗剪连接时，作用在压型钢板上翼缘以上的混凝土的塑性压应力合力为

N_{cf}＝min（$0.8\times1185\times280$，$0.8\times14.3\times80\times1000$）$/10^3=265.44kN/m$。

不考虑端部锚固的影响，从板端到达到完全抗剪连接的截面的距离 L_{sf} 为，

$$L_{sf}=\frac{N_{cf}}{b\tau_{u,Rd}}=\frac{265.44}{0.23}=1154mm。$$

由此可得，距板端距离为 L_x（$<L_{sf}$）的截面，剪力连接度 η 为

$$\eta=\frac{N_c}{N_{cf}}=\frac{L_x}{L_{sf}}=\frac{x}{x_{cc}}。$$

由式（17.4-10）～（17.4-12）可得，

$z/mm=150-0.5\eta x_{cc}-e_p+(e_p-e)\eta=150-0.5\eta\times23.20-33+(33-30)\eta=117-8.6\eta$，

M_{pr}/kN−m/m＝1.25×4.92×（$1-\eta$）＝6.15×（$1-\eta$），

$M_{u,r}=\eta N_{cf}z+M_{pr}$，

由平衡条件可得，任意截面的弯矩设计值 $M_x=\frac{qL_x}{2}(L-L_x)=\frac{q\eta L_{sf}}{2}(L-\eta L_{sf})$，

各截面设计弯矩 M_x 及抗弯承载力 $M_{u,r}$ 随板跨的变化如图 17.4-23 所示，由图可见，各截面均满足要求。

（4）局部冲切承载力验算

假设组合板表面铺装层厚度 h_f＝50mm，

由式（17.4-17）得：

$$
\begin{aligned}
C_p &= 2\pi h_c + 2(2h_0 + a_p - 2h_c) + 2b_p + 8h_f \\
&= 2\times 3.14\times 95 + 2\times(2\times 120 + 50 - 2\times 95) \\
&\quad + 2\times 50 + 8\times 50, \\
&= 1297\text{mm}
\end{aligned}
$$

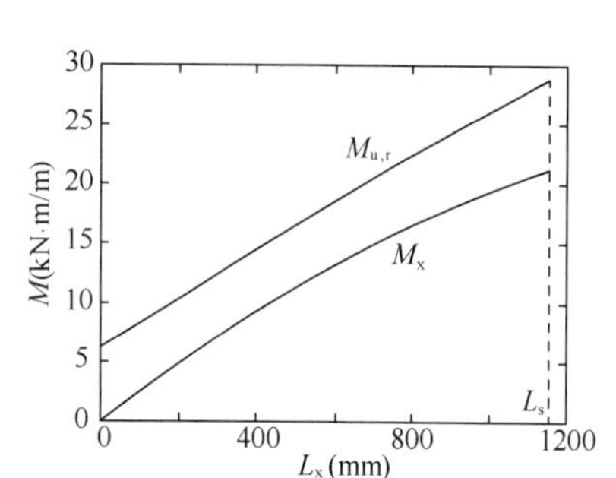

图 17.4-23 部分抗剪连接方法设计示意图

由式（17.4-18），$V_p=7.5\times1.4=10.5\text{kN}<0.6f_tC_ph_c=0.6\times1.43\times1297\times95/10^3=105.96\text{kN}$，满足要求。

由于集中荷载不大于 7.5kN，故无需计算，可按构造要求配置横向钢筋，截面面积不小于 0.2% bh_c＝0.2%×1000×95＝190mm²/m，实配 ϕ8-150，面积为 335mm²/m。

由式（17.4-19），组合板的有效工作宽度 $b_{em}=340+2\times2000\times(1-0.5)=2340$mm，其中 $b_m=50+2\times(95+50)=340$mm。

由构造要求，每根横向钢筋的延伸宽度不应小于 2340mm。

3. 使用阶段组合板挠度验算

为简化起见，取长期模量比和短期模量比的平均值 $n=1.5\frac{E_s}{E_c}=1.5\times\frac{2.06\times10^5}{3\times10^4}=10.3$。

分别按式（17.4-22）～（17.4-26）计算组合板的截面惯性矩，计算中取

$$W_r=(112+138)/2=125\text{mm}^4/\text{m},\ W_s=300\text{mm}^4/\text{m}。$$

开裂截面 y_{cc}＝43.28mm，$I_c=1.047\times10^8\text{mm}^4/\text{m}$；

未开裂截面 y_{cn}＝67.51mm，$I_u=2.241\times10^8\text{mm}^4/\text{m}$。

因此，组合截面的惯性矩 $I_d=(I_u+I_c)/2=1.644\times10^8\text{mm}^4/\text{m}$。

施工阶段形成组合作用之前，临时支撑的最大反力 R＝6.02kN/m。

组合板的总挠度为：

$$
\begin{aligned}
w &= \frac{L^3}{48E_cI_d}\left(R_k+\frac{5q'_kL}{8}\right) \\
&= \frac{4000^3}{48\times3\times10^4\times1.644\times10^8}\left[6025+\frac{5\times(2.5+5)\times4000}{8}\right] \\
&= 1.629+5.069 \\
&= 6.70\text{mm} = L/597 < [w] = L/360
\end{aligned}
$$

满足使用要求。

17.5 圆形钢管混凝土柱及节点设计

17.5.1 圆钢管混凝土基本原理

圆钢管混凝土是将混凝土填入薄壁圆形钢管内而形成的组合结构，一般简称为钢管混凝土。设计合理的圆钢管混凝土柱具有承载力高和延性大等优点。

混凝土是复杂的非均匀体材料，其非均匀性主要来源于砂浆和骨料间存在的过渡区。过渡区内材料的物理化学性质非常复杂，并存在大量微裂缝。单轴压缩试验中混凝土试块破坏的一个主要原因就是垂直于轴向压力方向的拉应力引起微裂缝的扩展。当轴压力达到极限承载力的70%～90%时，微细裂缝显著增加并相互连通，将混凝土分割成若干与轴向压力方向大致平行的棱柱体。当压应力达到混凝土的抗压强度时，混凝土即因微小棱柱失稳或折断而破坏。破坏后可观察到粗骨料基本完好，破坏面大多沿粗骨料表面发展。如果承受轴向压力的混凝土还同时受有侧向压力，则混凝土微裂缝的扩展将受到侧向压力的限制，此时只有在更高的压应力下才会发生破坏，其结果就表现为混凝土抗压强度和变形能力的提高。

钢材基本属于各向同性的均匀材料，但薄壁钢材在压力作用下容易产生失稳破坏。通过在薄壁钢管内填充混凝土，可以使混凝土对钢管壁起到平面外的支撑作用，从而能够减缓钢管壁的屈曲。

圆钢管混凝土短柱在受压的初始阶段，由于外侧的钢材的泊松比（$\mu_s \approx 0.3$）大于内部混凝土的泊松比（$\mu_c \approx 0.167$），因此二者之间不发生挤压作用而分别承受竖向压力。随着荷载的增加，混凝土内部开裂并不断发展，混凝土的泊松比由低应力状态的0.167增长到0.5左右甚至更大。混凝土的这种膨胀趋势受到钢管的横向约束，并使得钢管管壁开始受到环向拉力的作用。此后，钢管管壁即处于竖向受压-环向受拉的应力状态，管内的混凝土则处于三向受压的应力状态。

在钢管混凝土的受压过程中，通常认为钢材屈服后符合 von Mises 屈服法则，即：

$$\sigma_1^2 + \sigma_1\sigma_2 + \sigma_2^2 = f_s^2 \tag{17.5-1}$$

式中 σ_1、σ_2——分别为钢管中的纵向及环向应力；

f_s——钢材强度。

随着钢管环向拉应力 σ_2 的不断增大，纵向压应力 σ_1 不断减小，在钢管与核心混凝土之间产生纵向应力重分布。一方面，钢管承受的压力减小而混凝土承受的压力增大；另一方面，核心混凝土因受到较大的约束而具有更高的抗压强度。钢管由主要承受纵向压力转变为主要承受环向拉力。最后当钢管和核心混凝土所能承担的纵向压力之和达到最大值时，钢管混凝土即达到承载力极限状态。此后，随着应变的增加，钢管管壁会发生皱曲，钢材也将进入强化阶段，应力状态将变得更为复杂。

综上所述，钢管混凝土工作的基本原理为：利用钢管对受压混凝土施加侧向约束，使后者处于三向受压的应力状态，延缓了混凝土纵向微裂缝的产生和发展，从而提高核心混凝土的抗压强度和压缩变形能力；利用钢管内填充的混凝土的支撑作用，增强钢管管壁的稳定性，改变钢管的失稳模态，从而提高钢管混凝土承载能力。

17.5.2 圆钢管混凝土的设计要求

一、基本要求

圆钢管混凝土是一种高强、高性能的结构形式，同时又具有良好的施工性能。根据钢管混凝土的特点，最适合应用于大跨、高层、重载及抗震防爆结构中的受压杆件。

钢管可采用直缝焊接管、螺旋形缝焊接管或无缝管。焊接时必须采用对接焊缝，并达到与母材等强的要求。混凝土可采用普通混凝土，其强度等级不宜低于C30。

根据钢管焊接及耐久性的要求，钢管管壁厚度不宜小于4mm。钢管外径与壁厚的比值D/t则应限制在20到$85\sqrt{235/f_y}$之间，f_y为钢材的屈服强度。限制钢管径厚比D/t小于$85\sqrt{235/f_y}$主要是为防止空钢管受力时管壁发生局部失稳。如果不存在空钢管受力的情况，径厚比的限制条件可以放宽。对于一般的承重柱可取$D/t=70$；对于桁架结构可取$D/t=25$左右。

套箍指标是反映钢管混凝土柱组合作用和受力性能的重要参数，按下式计算：

$$\theta = A_s f_s / (A_c f_c) \tag{17.5-2}$$

式中 A_s、A_c——分别为钢管和钢管内混凝土的横截面面积；

f_s——钢管的抗拉、抗压强度设计值；

f_c——混凝土的抗压强度设计值。

套箍指标θ宜限制在0.3～3。下限0.3是为了防止钢管对混凝土的约束作用不足而引起脆性破坏；上限3则是为防止因混凝土强度等级过低而使结构在使用荷载下产生塑性变形。试验表明，当套箍指标满足$0.3\leqslant\theta\leqslant3$时，钢管混凝土构件在正常使用条件下处于弹性工作阶段，同时在达到极限荷载后仍具有足够的延性。

当采用C60以上等级的高强混凝土时，为充分发挥钢管混凝土柱抗压承载力高的优势，防止失稳引起承载力降低过多和大偏心受弯的情况，应限制柱的长径比$L/D\leqslant20$，轴压力的偏心率$e_0/r_c\leqslant1$。

钢管混凝土构件之间的连接，以及施工安装阶段（包括混凝土浇筑前的空钢管和浇筑后混凝土硬结前的阶段）的强度、变形和稳定性验算须遵照《钢结构设计标准》GB 50017的有关规定。设计钢管混凝土结构节点时，应注意使荷载以尽量短的途径作用于钢管混凝土的整个杆件截面上，避免单纯依靠钢管壁传力导致套箍作用的削弱。

钢管混凝土的耐腐蚀性能与钢结构相似，但由于内表面不需要做防腐处理而使表面积减小了一半。钢管的防腐措施可参照钢结构的有关规定和方法。此外，当钢管混凝土表面温度超过100℃时应采取有效的防护措施。

二、极限状态设计要求

钢管混凝土构件在设计中需要满足承载力极限状态和正常使用极限状态的要求。

在使用荷载作用下，钢管混凝土构件应基本处于弹性状态，具有较大刚度。此时，钢管混凝土的套箍作用可以忽略，钢管与普通钢筋混凝土中纵向钢筋发挥的作用相似。结构构件应分别按照荷载的短期效应组合和长期效应组合计算其内力和变形，并限制变形值不应超过规范所规定的容许值。

根据钢管与核心混凝土的弹性变形协调条件，钢管混凝土的组合刚度可按以下各式计算：

轴向压缩刚度

$$(EA)_e = E_s A_s + E_c A_c \tag{17.5-3}$$

弯曲刚度

$$(EI)_e = E_s I_s + E_c I_c \tag{17.5-4}$$

式中 I_s——钢管截面对其重心轴的惯性矩；

I_c——钢管内混凝土截面对其重心轴的惯性矩；

E_s、E_c——分别为钢材和混凝土的弹性模量。

钢管混凝土结构在正常使用极限状态下的变形限值可参照《钢结构设计标准》GB 50017、《建筑抗震设计规范》GB 50011 和《高层建筑混凝土结构技术规程》JGJ 3 的要求。

在承载力极限状态，则应保证钢管混凝土及其连接不发生强度失效或产生过大的塑性变形，同时钢管和钢管混凝土构件均不会丧失稳定性。

三、钢管混凝土抗震设计要求

对于有抗震要求的钢管混凝土结构，应在承载力极限状态设计中对地震效应进行验算。

大量试验已经证明，由于核心混凝土受到钢管的良好约束作用，钢管混凝土柱较相同条件下的钢筋混凝土柱或型钢混凝土柱具有更好的延性，有利于抗震性能的充分发挥。

对于长径比 $L/D>4$ 的钢管混凝土柱，在轴压力和水平力共同作用下表现为弯曲型破坏。即使在很高轴压比的条件下，仍可在受压区发展塑性变形，形成具有较大转动能力的"压铰"，而不会出现普通钢筋混凝土柱受压区混凝土压溃或钢结构受压翼缘屈曲失稳等破坏形式。

对于长径比 $L/D\leqslant 4$ 的钢管混凝土短柱，在轴压力和水平力共同作用下则表现出剪切型破坏形态。在这种情况下对于普通钢筋混凝土柱，依靠限制轴压比来提高柱的延性已无明显效果，更有效的措施则是应当提高其配箍特征值。钢管混凝土规程规定套箍指标 $\theta\geqslant 0.3$，该配箍特征值已远大于普通钢筋混凝土柱箍筋加密区所能达到的配箍特征值，因此钢管混凝土短柱的延性也要明显优于普通钢筋混凝土柱。需要指出的是，像钢管混凝土这样高的配箍特征值，普通钢筋混凝土柱在构造和施工上是无法实现的。

17.5.3 圆钢管混凝土单肢柱设计

一、钢管混凝土柱的破坏形式和极限分析

钢管混凝土短柱的典型荷载-轴向应变曲线如图 17.5-1 所示。加载初期，在混凝土出现裂缝之前，由于钢管与混凝土间粘结作用的存在，二者之间可以传递剪力，同时钢管也受到一定的侧压力，但数值很小可以忽略。此阶段，荷载-混凝土轴向应变（N-ε_c）曲线大致为直线（图中的 b 点之前）。随着荷载的增加，混凝土内部开始出现微裂缝并侧向膨胀，钢管内逐渐产生环向拉力。同时，钢管与混凝土间的粘结力逐渐破坏，但摩擦力仍存在。随着荷载的继续增大，钢管中主要表现为环向应力，而核心混凝土则处于三向受压状态，并使其轴向抗压强度显著提高。当荷载增长至 b 点，钢管表面或出现滑移斜线或开始掉皮，说明钢管已经屈服，组合截面发生内力重分布，N-ε_c曲线明显偏离其初始的直线。此后，

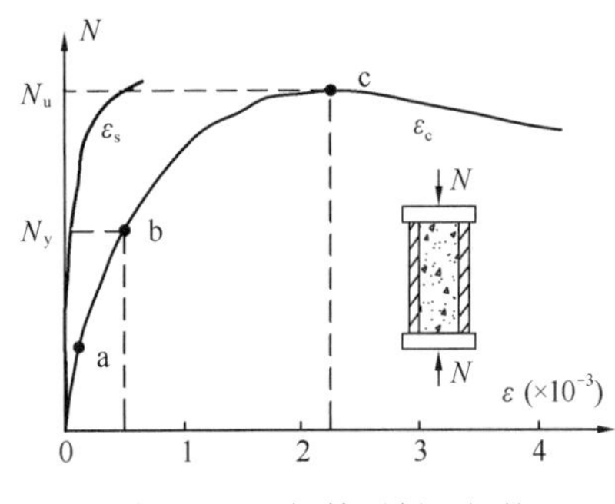

图 17.5-1 钢管混凝土短柱的典型荷载-应变曲线

钢管环向变形迅速增大，直至c点核心混凝土达到极限压应变而破坏。破坏时钢管处于纵向受压、环向受拉的应力状态，而混凝土则处于三向受压状态。在c点之前，钢管混凝土柱应变沿轴向的分布大体均匀，钢管鼓而不曲。之后曲线进入下降段，钢管出现明显鼓曲，其变形程度随钢管壁的厚薄不同而有所差异。对于含钢率较小的薄壁钢管混凝土，曲线下降段较陡；对于含钢率较大的厚壁钢管混凝土试件，曲线下降段则较为平缓。另外，加载方式、钢管管壁厚度或含钢率、混凝土强度等级以及加载速度等都对 N-ε_c 曲线的特征有一定影响。

对于轴心受压的钢管混凝土长柱，其纵向变形从加载初期就不均匀，柱表现出明显的弯曲特征。随着荷载的增加，柱弯曲程度加剧。对应于最大荷载时的钢管平均纵向应变随着柱长细比的增大而不断减小。当柱的长细比较小时，纵向应变可进入塑性范围；当长细比增大超过约20之后，最大荷载时的钢管通常仍处于弹性范围，并且随着长细比的增大极限应变在减小。随着长细比的增大，柱的承载能力也不断下降。

对于钢管混凝土偏心受压柱，在最大荷载时钢管受压区的边缘纤维通常均能够屈服，而另一侧的钢管边缘纤维则根据偏心率和长细比的不同而处于弹性受压、弹性受拉或塑性受拉状态。偏心受压柱的极限承载能力随偏心率和长细比的增大而迅速下降。

二、钢管混凝土轴心受压柱承载力计算

实际结构中通常并不存在理想的轴心受压构件，因此设计时应注意荷载偏心、构件初始缺陷等引起的影响。

1. 轴心受压短柱承载力计算

所谓钢管混凝土短柱，是指其有效长径比 $l_e/D\leqslant4$ 的受压构件，其中 l_e 为柱的等效计算长度，D 为钢管外径。

对于轴心受压柱，柱的等效计算长度 l_e 取为其计算长度：

$$l_e = l_0 \tag{17.5-5}$$

式中　l_0——框架柱或杆件的计算长度。

钢管混凝土轴心受压短柱的承载力按下式计算：

$$N \leqslant N_0 \tag{17.5-6}$$

式中　N——轴向压力设计值；

N_0——钢管混凝土轴心受压短柱的承载力设计值。

钢管混凝土轴心受压短柱承载力设计值 N_0 按下式计算：

$$N_0 = f_c A_c(1+\sqrt{\theta}+\theta) \tag{17.5-7}$$

2. 轴心受压长柱承载力计算

对于轴心受压长柱，即 $l_e/D>4$ 的钢管混凝土柱，其受压承载力随着长细比的增加而降低，破坏形态逐渐由材料强度破坏改变为失稳破坏，其受压承载力按下式计算：

$$N \leqslant \varphi_l N_0 \tag{17.5-8}$$

式中　φ_l——考虑长细比影响的承载力折减系数。

对于 $l_e/D\leqslant4$ 的钢管混凝土短柱，不需要考虑长细比的影响，即取 $\varphi_l=1$。对于 $l_e/D>4$ 的钢管混凝土长柱，根据对大量试验结果的计算分析，考虑长细比影响的承载力折减系数可按下式计算：

$$\varphi_l = 1-0.115\sqrt{l_e/D-4} \tag{17.5-9}$$

对于轴心受压柱，将式（17.4-5）代入，则有：

$$\varphi_l = 1 - 0.115\sqrt{l_0/D - 4} \tag{17.5-10}$$

三、钢管混凝土偏心受压构件计算方法

钢管混凝土偏心受压柱的承载力应满足下式要求：

$$N \leqslant N_u \tag{17.5-11}$$

式中　N_u——钢管混凝土单肢柱的承载力设计值。

对于钢管混凝土偏心受压柱，其承载力设计值按下式计算：

$$N_u = \varphi_l \varphi_e N_0 \tag{17.5-12}$$

式中　φ_e——考虑偏心率影响的承载力折减系数。

同时，在任何情况下均应满足下式的要求：

$$\varphi_l \varphi_e \leqslant \varphi_0 \tag{17.5-13}$$

式中　φ_0——按轴心受压柱考虑的 φ_l 值。

上述考虑 φ_l、φ_e 影响的双系数计算公式是根据国内已完成的大量试验所得到的经验公式，并采用国外的试验结果进行了验证。其中，对于 $l_e/D>4$ 的钢管混凝土长柱，考虑长细比影响的承载力折减系数 φ_l 按式（17.5-9）计算。

1. 钢管混凝土柱及构件的等效长度计算

对于弯矩分布形状对钢管混凝土柱承载力的影响，采用等效长度的方法予以考虑，即将格构柱的实际计算长度用等效长度 l_e 来代换。对于两支承点间无横向荷载作用的框架柱和杆件，其等效计算长度 l_e 按下式计算：

$$l_e = k\mu l_0 \tag{17.5-14}$$

式中　l_0——框架柱或构件的计算长度；

　　μ——计算长度系数，对于无侧移框架柱其取值应按照《钢结构设计标准》附录 E 表 E. 0. 1 选取；对于有侧移框架柱则应按照附录 E 表 E. 0. 2 选取；

　　k——等效长度系数。

等效长度系数 k 按以下情况取用，如图 17. 5-2 所示：

（1）对于轴心受压柱，取 $k=1$。

（2）对于无侧移框架柱，取 $k=0.5+0.3\beta+0.2\beta^2$，其中 β 为柱两端弯矩设计值中绝对值较小者与绝对值较大者的比值，柱两端弯矩同号时 β 为正值，异号时 β 为负值。

（3）对于有侧移框架柱，当 $e_0/r_c \geqslant 0.8$ 时，$k=0.5$；当 $e_0/r_c < 0.8$ 时，$k=1-0.625e_0/r_c$，式中 r_c 为钢管的内半径。

（4）对于悬臂柱，当自由端有力偶 M_1 作用时，$k=(1+\beta_1)/2$，并与情况（3）的计算结果比较，取其中较大者。其中 β_1 为悬臂柱自由端的弯矩与嵌固端的弯矩之比值。当 β_1 为负值时，则按反弯点以下高度为 L_2 的悬臂柱计算，如图 17. 5-3 所示。

上述无侧移框架指框架中设有支撑架、剪力墙、电梯井等支撑结构，且支撑结构的抗侧移刚度等于或大于框架抗侧移刚度 4 倍的情况。有侧移框架则是未设支撑结构或支撑结构的抗侧移刚度小于框架抗侧移刚度 4 倍的情况。

2. 考虑偏心率影响的承载力折减系数

考虑偏心率影响的承载力折减系数 φ_e 按以下各式计算。

当 $e_0/r_c \leqslant 1.55$ 时：

$$\varphi_e = 1/(1 + 1.85e_0/r_c) \tag{17.5-15}$$

$$e_0 = M_2/N \tag{17.5-16}$$

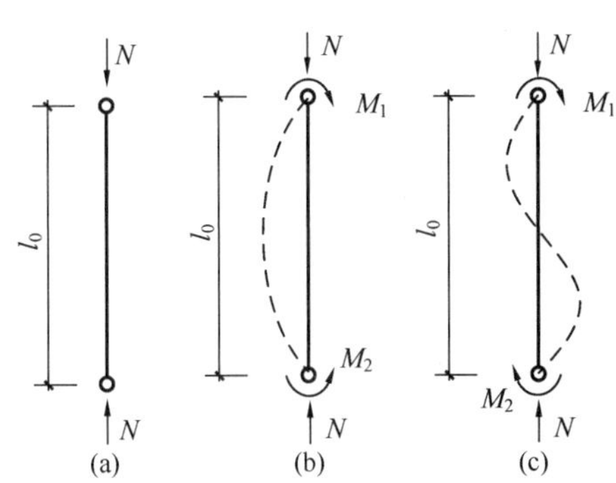

图 17.5-2 无侧移框架柱计算简图

(a) 轴心受压；(b) 单曲受压；(c) 双曲受压

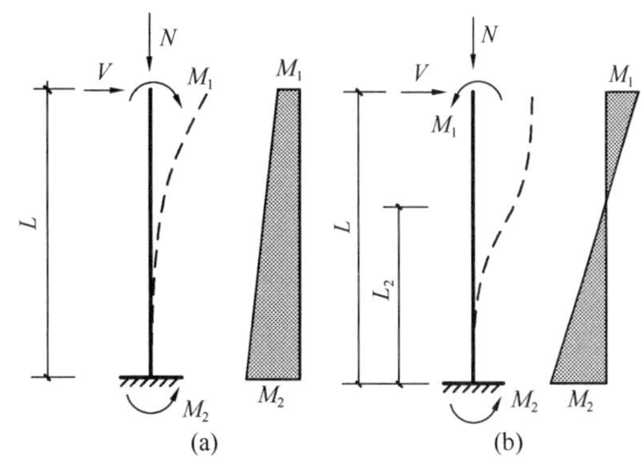

图 17.5-3 悬臂柱计算简图

(a) 单曲压弯；(b) 双曲压弯

当 $e_0/r_c > 1.55$ 时：

$$\varphi_e = 0.4/(e_0/r_c) \tag{17.5-17}$$

式中 e_0——柱较大弯矩端的轴向压力对构件截面重心的偏心距；

M_2——柱两端弯矩设计值之较大者；

N——轴力设计值；

r_c——钢管的内半径。

四、钢管混凝土柱的轴心受拉承载力计算

虽然钢管混凝土的优势在于受压承载力高，主要用作受压构件，但在特殊情况下受压构件也可能处于受拉状态，如高层建筑的底层边柱或角柱有可能在水平地震作用下出现拉力。此时也需要验算钢管混凝土柱的抗拉承载力。

由于混凝土受拉易开裂，因此可假设混凝土开裂后退出工作，全部拉力均由空钢管承担。因此钢管混凝土柱轴心受拉承载力可按下式计算：

$$T \leqslant f_s A_s \tag{17.5-18}$$

式中 T——轴向拉力设计值；

A_s——空钢管的净截面面积。

五、局部受压验算

钢管混凝土柱柱顶、柱脚或节点处常收到局部压力作用。局部受压时，压力按一定的规律扩散到整个钢管混凝土截面上。此时如果按整个截面进行受压验算，有可能出现构件局部抗压强度不足而发生破坏。因此，对钢管混凝土整个构件进行承载力验算外，还要进行局部承压验算。

钢管混凝土局部受压时应满足以下条件：

$$N \leqslant N_{ul} \tag{17.5-19}$$

式中 N——轴压力设计值；

N_{ul}——钢管混凝土在局部压力作用下的承载力设计值。

1. 钢管混凝土局部受压承载力设计值

在局部压力作用下，受压处的混凝土抗压强度受周围混凝土及钢管的约束而提高。试验研究表明，钢管混凝土局部受压承载力为，见图 17.5-4：

$$N_{ul}=A_l f_c(1+\sqrt{\theta}+\theta)\beta \tag{17.5-20}$$

$$\beta=\sqrt{A_c/A_l} \tag{17.5-21}$$

式中　A_l——局部受压面积；

β——钢管混凝土局部受压强度提高系数，当 β 大于 3 时取 $\beta=3$；

θ——钢管混凝土的套箍指标；

A_c、f_c——分别为钢管内的核心混凝土面积和混凝土的抗压强度设计值。

2. 配有螺旋箍筋加强的钢管混凝土局部受压压承载力计算

在混凝土内配置横向钢筋或螺旋箍筋，可以增强对混凝土的横向约束作用，从而提高其抗压强度。配置螺旋箍筋后，钢管混凝土在局部压力作用下的承载力设计值为，见图 17.5-5：

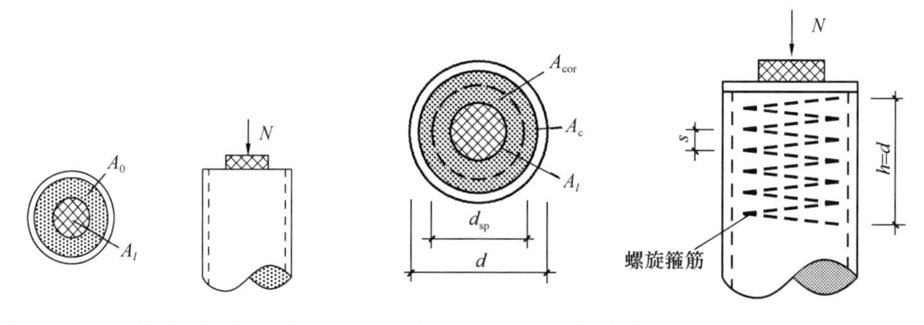

图 17.5-4　钢管混凝土局部受压　　　图 17.5-5　配有螺旋箍筋的钢管混凝土局部受压

$$N_{ul}=A_l f_c[(1+\sqrt{\theta}+\theta)\beta+(\sqrt{\theta_{sp}}+\theta_{sp})\beta_{sp}] \tag{17.5-22}$$

$$\beta_{sp}=\sqrt{A_{cor}/A_l} \tag{17.5-23}$$

$$\theta_{sp}=\rho_{v,sp}f_{sp}/f_c \tag{17.5-24}$$

$$\rho_{v,sp}=\frac{4A_{sp}}{sd_{sp}} \tag{17.5-25}$$

式中　β_{sp}——螺旋筋套箍混凝土局部受压时的强度提高系数；

θ_{sp}——螺旋筋套箍混凝土的套箍指标；

A_{cor}——螺旋筋套箍内核心混凝土的横截面面积；

f_{sp}——螺旋筋的抗拉强度设计值；

$\rho_{v,sp}$——螺旋箍筋的体积配筋率；

A_{sp}——螺旋箍筋的横截面面积；

d_{sp}——螺旋圈的直径；

s——螺旋圈的间距。

17.5.4　圆钢管混凝土格构柱设计

钢管混凝土主要作为受压构件使用，当钢管混凝土柱为大偏心受压或柱的长细比较大时，采用单肢柱有时不能满足要求，并且材料强度也不能得以充分发挥。此时可以采用钢管混凝土格构柱，当荷载较大、柱身较宽时会较节省钢材用量。钢管混凝土格构柱一般由两个或多个钢管混凝土柱用缀板或缀条组成，如图 17.5-6 所示。格构柱中缀板和缀条的

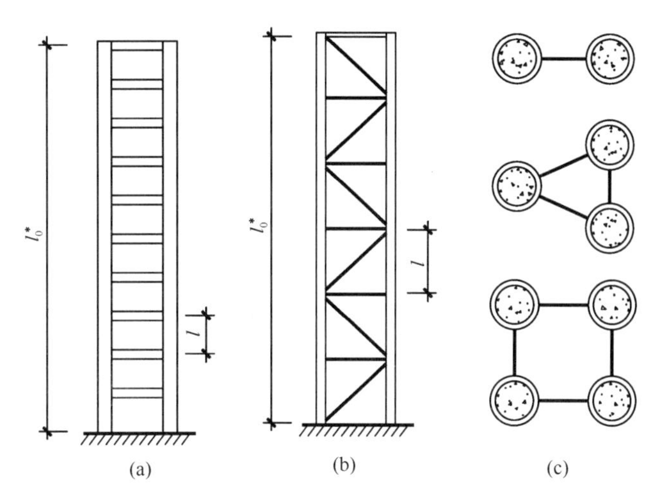

图 17.5-6　钢管混凝土格构柱
(a) 缀板连接体系；(b) 缀条体系；(c) 截面形式

作用是把格构柱的各柱肢连接成整体，保证在荷载作用下各个柱肢能够共同受力。对于由缀板和单肢钢管混凝土组成的格构柱，可以近似采用多层平面刚架模型进行计算，在剪力作用下缀板和柱肢均能够承受弯矩和剪力。对于由缀条和单肢钢管混凝土组成的格构柱，可以近似采用平面桁架模型进行计算，在剪力作用下缀条和各柱肢将主要承受轴力。缀板体系的抗剪刚度较缀条体系偏小，且缀板与钢管间的连接构造比较复杂，因此对于圆钢管混凝土组成的格构柱，为充分发挥钢管混凝土轴压性能好的特点并方便制造安装，通常使用缀条体系。

目前，这种格构柱主要应用于工业厂房中，将来在超高层建筑和大跨桥梁中也可以作为巨型柱或桥塔使用。设计格构柱时应计算其强度、刚度、整体稳定和各个单肢及部件的稳定性，计算方法与实腹柱相似。由于格构柱中缀板或缀条体系的抗剪刚度相对较差，当格构柱绕虚轴弯曲受力时，柱将发生较大的剪切变形，这一点与实腹柱不同，需要在设计时注意。需要注意的是，钢管混凝土柱肢的抗压强度和抗拉强度有明显的差异，在计算时要加以区分。

本节将首先介绍钢管混凝土格构柱等效长度的计算、考虑偏心率影响的整体承载力折减系数、考虑长细比影响的整体承载力折减系数，然后给出整体承载力计算公式，最后通过例题对整个设计计算过程进行说明。

一、计算原则

钢管混凝土格构柱的承载力计算包括单肢钢管混凝土承载力和整体承载力计算两部分。计算缀条连接格构柱中单肢钢管混凝土的承载力时，首先应按桁架模型确定其单肢的轴向力，然后按压肢和拉肢分别验算承载力。其中，受压单肢钢管混凝土的承载力按16.6.3节的有关公式进行计算，杆件长度在桁架平面内取格构柱的节间长度 l，如图 17.5-6；在垂直于桁架平面方向则取侧向支撑点间的距离。受拉肢的承载力，则可参考式（17.5-18）按不考虑混凝土抗拉强度的空钢管受拉构件计算。

格构柱的缀件起到传递柱肢间剪力的作用，应按《钢结构设计标准》的有关条款和公式进行构造设计和验算。计算平面内各缀件所承受的总剪力取下式各项剪力中之较大者：

$$V = \max\{\text{实际作用于格构柱上的横向剪力}, N_0^* / 85\} \tag{17.5-26}$$

式中　N_0^*——格构柱轴压短柱的整体承载力，即格构柱各柱肢轴压短柱承载力之和，按式（17.5-28）计算。

按上式计算得到的剪力值可以认为沿格构柱全长均匀分布。

与单肢柱相似，钢管混凝土格构柱的承载力也随着偏心率和长细比的增加而降低。计算时可假设各柱肢只承受轴向压力或轴向拉力，而偏心率和长细比对承载力的影响可采用以下的双系数公式来表达：

$$N_u^* = \varphi_l^* \varphi_e^* N_0^* \tag{17.5-27}$$

$$N_0^* = \sum_1^i N_{0i} \tag{17.5-28}$$

式中　N_{0i}——格构柱各单肢柱的轴心受压短柱承载力设计值；

φ_l^*——考虑长细比影响的整体承载力折减系数；

φ_e^*——考虑偏心率影响的整体承载力折减系数。

上述系数在任何情况下都应满足

$$\varphi_l^* \varphi_e^* \leqslant \varphi_0^* \tag{17.5-29}$$

式中　φ_0^*——按轴心受压柱考虑的 φ_l^* 值。

钢管混凝土格构柱的整体承载力应满足以下条件：

$$N \leqslant N_u^* \tag{17.5-30}$$

式中　N——格构柱的轴向压力设计值；

N_u^*——格构柱的整体承载力设计值。

二、格构柱的等效计算长度

格构式钢管混凝土柱的等效计算长度与单肢钢管混凝土柱相似。对于两侧向支撑点间无横向力作用的格构式框架柱，其等效计算长度按下式计算：

$$l_e^* = k\mu l^* \tag{17.5-31}$$

式中　l^*——格构柱或杆件的实际长度；

μ——柱的计算长度系数，与单肢钢管混凝土柱的计算长度系数取法相同，对于无侧移框架柱其取值应按照《钢结构设计标准》附表E.0.1选取；对于有侧移框架柱则应按照附表E.0.2选取；

k——考虑柱身弯矩分布梯度影响的等效长度系数，分别根据格构柱的受力类型（轴心受压、无侧移、有侧移）计算。

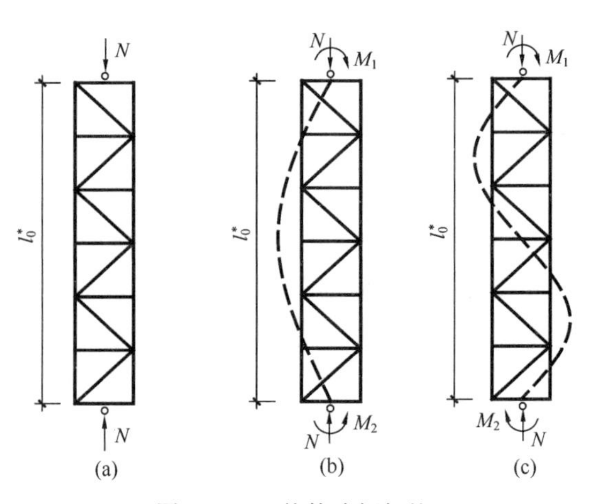

图17.5-7　格构式框架柱

（a）轴心受压柱；（b）单曲压弯柱；（c）双曲压弯柱

钢管混凝土格构柱的等效长度系数按下列规定计算，见图17.5-7、图17.5-8，其中无侧移框架和有侧移框架的定义与单肢钢管混凝土柱相同。

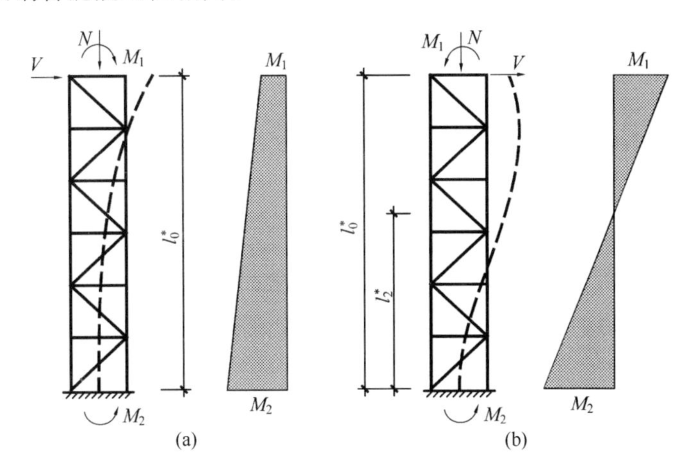

图 17.5-8 格构式悬臂柱

(a) 单曲压弯柱；(b) 双曲压弯柱

(1) 轴心受压柱和构件：

$$k=1 \tag{17.5-32}$$

(2) 无侧移框架柱：

$$k=0.5+0.3\beta+0.2\beta^2 \tag{17.5-33}$$

式中 β——柱两端弯矩中较小者与较大者的比值，$\beta=M_1/M_2$，其中单曲压弯时为正值，双曲压弯时为负值，见图 17.5-7。

(3) 有侧移框架格构柱：

$$k=1-(e_0/h)/\varepsilon_b\geqslant 0.5 \tag{17.5-34}$$

式中 ε_b——界限偏心率，按式（17.5-47）或式（17.5-48）计算；

h——在弯矩作用平面内的柱肢重心之间的距离。

(4) 悬臂格构柱，如图 17.5-8 所示：

$$k=1-(e_0/h)/\varepsilon_b\geqslant 0.5 \tag{17.5-35}$$

当悬臂柱自由端有力偶 M_1 作用时

$$k=(1+\beta)/2 \tag{17.5-36}$$

式中 β——悬臂柱自由端的弯矩与嵌固端的弯矩之比值，$\beta=M_1/M_2$，当 β 为负值时（双曲压弯），则按反弯点分割后高度为 l_2^* 的悬臂柱计算，见图 17.5-8b。

在工业厂房中，常在支承吊车梁的位置变化柱截面形成阶形柱。阶形柱的荷载偏心较小，钢材用量通常较使用牛腿支撑吊车梁的等截面柱少，是应用于工业厂房的一种合理柱形。阶形柱根据台阶变截面的次数可分为单阶柱和双阶柱，如图 17.5-9 所示。对于

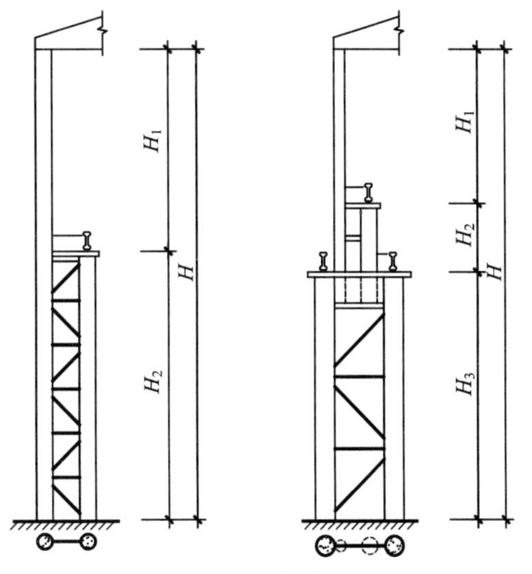

图 17.5-9 格构式阶形柱

阶形柱，下柱段通常都采用格构式。

对于单层厂房框架下端刚性固定的阶形格构柱，各阶柱段在框架平面内的等效计算长度应按下列公式确定：

$$l_{ei}^{*} = \mu_i H_i \tag{17.5-37}$$

式中　H_i——相应各阶柱段的长度；

μ_i——相应各阶柱段的计算长度系数。

各阶柱段的计算长度系数按以下方法计算：

（1）对于格构式单阶柱，当柱上端与横梁铰接时，下段柱的计算长度系数 μ_2 等于《钢结构设计标准》GB 50017 附录 E 表 E. 0. 3 的数值乘以表 17. 5-1 的折减系数（相当于柱上端自由的单阶柱）；当柱上端与横梁刚接时，等于按附录 E 表 E. 0. 4 的数值乘以表 17. 5-1 的折减系数（相当于柱上端可移动但不转动的单阶柱）。

上段柱的计算系数 μ_1，按下式计算：

$$\mu_1 = \mu_2 / \eta_1 \tag{17.5-38}$$

式中　η_1——参数，按《钢结构设计标准》GB 50017 附录 E 表 E. 0. 3 或 E. 0. 4 取值。

（2）对于格构式双阶柱，当柱上端与横梁铰接时，下段柱的计算长度系数 μ_3 等于按《钢结构设计标准》GB 50017 附表 E. 0. 5 的数值乘以表 17. 5-1 的折减系数；当柱上端与横梁刚接时，μ_3 等于按附表 E. 0. 5 的数值乘以表 17. 5-1 的折减系数。

上段柱和中段柱的计算长度系数 μ_1 和 μ_2，则按下列公式计算：

$$\mu_1 = \mu_3 / \eta_1 \tag{17.5-39}$$

$$\mu_2 = \mu_3 / \eta_2 \tag{17.5-40}$$

式中　η_1、η_2、——参数，按《钢结构设计标准》附录 E 表 E. 0. 5 或 E. 0. 6 取值。

单层厂房阶形柱计算长度的折减系数　　　　**表 17. 5-1**

<table>
<tr><th colspan="4">厂　房　类　型</th><th rowspan="2">折减系数</th></tr>
<tr><th>单跨或多跨</th><th>纵向温区段内一个柱列的柱子数</th><th>屋面情况</th><th>厂房两侧是否有通长的屋盖纵向水平支撑</th></tr>
<tr><td rowspan="4">单 跨</td><td>≤6 个</td><td>—</td><td>—</td><td rowspan="2">0. 9</td></tr>
<tr><td rowspan="3">>6 个</td><td rowspan="2">非大型屋面板屋面</td><td>无纵向水平支撑</td></tr>
<tr><td>有纵向水平支撑</td><td rowspan="3">0. 8</td></tr>
<tr><td>大型屋面板屋面</td><td>—</td></tr>
<tr><td rowspan="3">多 跨</td><td rowspan="3">—</td><td rowspan="2">非大型屋面板屋面</td><td>无纵向水平支撑</td></tr>
<tr><td>有纵向水平支撑</td><td rowspan="2">0. 7</td></tr>
<tr><td>大型屋面板屋面</td><td>—</td></tr>
</table>

注：有横梁的露天结构（如落锤车间等），其折减系数可采用 0. 9。

三、格构柱考虑偏心率影响的整体承载力折减系数

由于钢管混凝土的抗压强度通常均显著高于抗拉强度，因此钢管混凝土格构柱在轴力 N 和弯矩 M 共同下将可能出现压区柱肢强度控制的压坏型和拉区柱肢强度控制的拉坏型两种破坏模式。

其中，以压肢强度控制的格构柱极限弯矩为：

$$M_0^* = N_0^c h = \frac{\gamma}{1+\gamma} N_0^* h \tag{17.5-41}$$

以拉肢强度控制的格构柱极限弯矩为：

$$M_s^* = N_s^t h = \frac{1}{\eta(1+\gamma)} N_0^* h \tag{17.5-42}$$

式中 γ——压区柱肢与拉区柱肢轴压承载力之比，$\gamma = N_0^c / N_0^t$；

η——柱肢的压、拉强度比，$\eta = N_0^* / N_s^* = N_0^t / N_s^t$。

在轴力 N 和弯矩 M 共同作用下，钢管混凝土格构柱压坏型的屈服条件见图 17.5-10 中曲线Ⅰ-Ⅰ：

$$\frac{N}{N_0^*} + \frac{M}{M_0^*} = 1 \tag{17.5-43}$$

式中 M_0^*——格构柱的整体抗弯承载力。

在轴力 N 和弯矩 M 共同作用下，钢管混凝土格构柱拉坏型的屈服条件见图 17.5-10 中曲线Ⅱ-Ⅱ)：

$$\frac{M}{M_s^*} - \frac{N}{N_s^*} = 1 \tag{17.5-44}$$

式中 M_s^*、N_s^*——分别为钢管的抗弯、抗拉承载力。

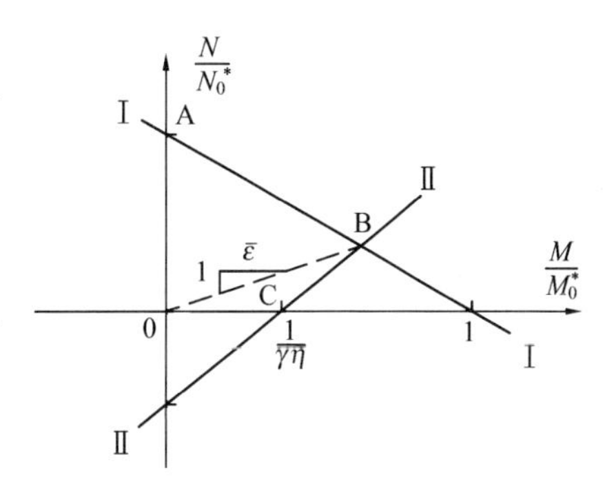

图 17.5-10 钢管混凝土格构柱的 M-N 相关曲线

格构柱在偏压作用下破坏时的 M-N 相关曲线如图 17.5-10 中 ABC 折线所示，其中 B 点即为拉区和压区同时发生破坏的临界破坏点。

将式（17.5-41）和（17.5-42）分别代入式（17.5-43）和（17.5-44），可得压坏型的折减系数为：

$$\varphi_e^* = \frac{1}{1 + \frac{e_0}{a_t}} \tag{17.5-45}$$

拉坏型的折减系数为：

$$\varphi_e^* = \frac{1}{\eta\left(\frac{e_0}{a_c} - 1\right)} \tag{17.5-46}$$

式中 e_0——荷载的偏心距；

a_t——压强重心轴至拉区柱肢重心轴的距离；

a_c——压强重心轴至压区柱肢重心轴的距离。

令式（17.5-45）和（17.5-46）中的 φ_e^* 相等，可得到对应于压肢和拉肢同时破坏的界限偏心率为：

$$\varepsilon_b = \frac{2N_0^t}{N_0^*}\left(0.5 + \frac{\theta_t}{1+\sqrt{\theta_t}}\right) \tag{17.5-47}$$

式中 θ_t——拉区柱肢的套箍指标，$\theta_t = A_s^t f_s^t / A_c^t f_c^t$。

上式适用于三肢柱和不对称的多肢柱等情况，对于对称的多肢柱和四肢柱有 $\gamma=1$，$\alpha_t = \alpha_c = h/2$，则式（17.5-47）可简化为：

$$\varepsilon_{b}=0.5+\frac{\theta_{t}}{1+\sqrt{\theta_{t}}} \tag{17.5-48}$$

按照《钢管混凝土结构设计与施工规程》，钢管混凝土格构柱考虑偏心率影响的整体承载力折减系数按下列规定计算：

（1）当偏心率 $e_0/h \leqslant \varepsilon_b$ 时，对于对称截面的双肢柱和四肢柱取：

$$\varphi_{e}^{*}=\frac{1}{1+2e_{0}/h} \tag{17.5-49}$$

对于三肢柱和不对称截面的多肢柱取：

$$\varphi_{e}^{*}=\frac{1}{1+e_{0}/a_{t}} \tag{17.5-50}$$

（2）当偏心率 $e_0/h > \varepsilon_b$ 时，对于对称的双肢柱和四肢柱取：

$$\varphi_{e}^{*}=\frac{1}{\eta(2e_{0}/h-1)} \tag{17.5-51}$$

对于三肢柱和不对称的双肢柱，取：

$$\varphi_{e}^{*}=\frac{1}{\eta(2e_{0}/a_{c}-1)} \tag{17.5-52}$$

式中　ε_b——界限偏心率，按式（17.5-47）或式（17.5-48）计算；

e_0——柱较大弯矩端的轴向压力对格构柱压强重心轴的偏心距，$e_0=M_2/N$，其中 M_2 为柱两端弯矩中之较大者；

h——在弯矩作用平面内的柱肢重心之间的距离；

a_t、a_c——分别为弯矩单独作用下的受拉区柱肢重心和受压区柱肢重心至格构柱压强重心轴的距离见图 17.5-11。$a_t=hN_0^c/N_0^*$，$a_c=hN_0^t/N_0^*$，其中 N_0^c 为受压区各柱肢短柱轴心受压承载力设计值的总和；N_0^t 为受拉区各柱肢短柱轴心受压承载力设计值的总和，$N_0^*=N_0^c+N_0^t$。

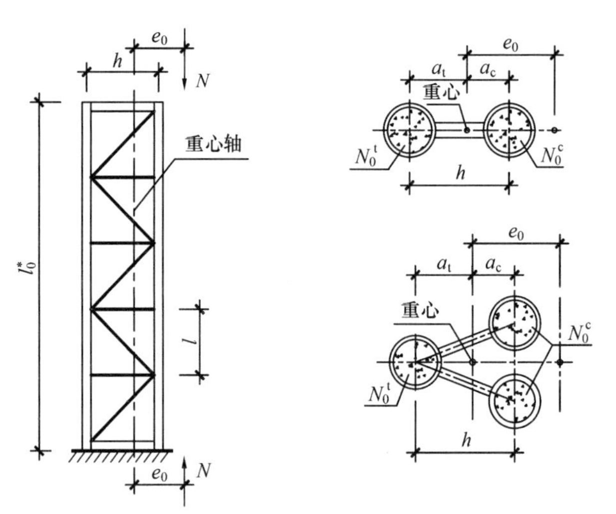

图 17.5-11　格构柱计算简图

η——拉区柱肢的压拉强度比，按下式计算：

$$\eta=(1+\sqrt{\theta_{t}}+\theta_{t})/\theta_{t} \tag{17.5-53}$$

四、格构柱考虑长细比影响的整体承载力折减系数

钢管混凝土格构柱丧失稳定性时往往表现为弯曲屈曲，一般不会发生扭转屈曲和弯扭屈曲，因此设计时通常只考虑其抗弯整体稳定性。对于长细比为 λ 的钢管混凝土格构柱，其轴心受压状态下的临界承载力将低于长细比相同的实腹式柱，而与长细比为 λ^*（$\lambda^*>$

λ）的实腹柱相同。因此，如果能求得 λ^*，则钢管混凝土格构柱的整体稳定性计算将与实腹柱相同。其中，λ^* 称为钢管混凝土格构柱的换算长细比。

目前，国内外研究者均假定钢管混凝土格构柱的整体承载能力因长细比的增大而降低的规律与单肢钢管混凝土柱相同。单肢钢管混凝土柱考虑长细比影响的承载力折减系数可按式（17.5-9）计算。将 $l_e/D=\lambda/4$ 代入可得 $\varphi_l=1-0.0575\sqrt{\lambda-16}$，并将式中的长细比以格构柱的换算长细比 λ^* 替换，则得到格构柱考虑长细比影响的承载力折减系数为：

$$\varphi_l^* = 1-0.0575\sqrt{\lambda^*-16} \tag{17.5-54}$$

当 $\lambda^* \leqslant 16$ 时，取

$$\varphi_l^* = 1 \tag{17.5-55}$$

式中　λ^*——格构柱的换算长细比，对于双肢、三肢或四肢格构柱，见图 17.5-12，换算长细比分别按以下公式计算。

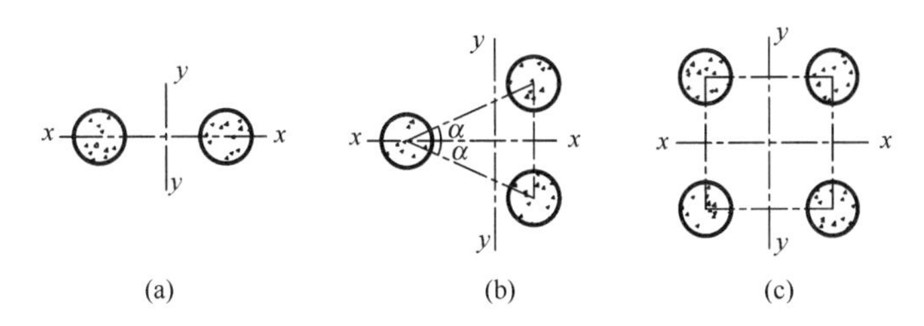

图 17.5-12　格构柱截面形式

（a）双肢柱；（b）三肢柱；（c）四肢柱

（1）双肢格构柱，见图 17.5-12a：

当缀件为缀板时：

$$\lambda_y^* = \sqrt{\lambda_y^2+16\left(\frac{l}{d}\right)^2} \tag{17.5-56}$$

当缀件为缀条时：

$$\lambda_y^* = \sqrt{\lambda_y^2+27A_0/A_{1y}} \tag{17.5-57}$$

（2）缀件为缀条的三肢格构柱，见图 17.5-12b：

$$\lambda_x^* = \sqrt{\lambda_x^2+\frac{42A_0}{A_1(1.5-\cos^2\alpha)}} \tag{17.5-58}$$

$$\lambda_y^* = \sqrt{\lambda_y^2+\frac{42A_0}{A_1\cos^2\alpha}} \tag{17.5-59}$$

（3）四肢格构柱，见图 17.5-12c：

当缀件为缀板时：

$$\lambda_x^* = \sqrt{\lambda_x^2+16\left(\frac{l}{d}\right)^2} \tag{17.5-60}$$

$$\lambda_y^* = \sqrt{\lambda_y^2+16\left(\frac{l}{d}\right)^2} \tag{17.5-61}$$

当缀件为缀条时：

$$\lambda_x^* = \sqrt{\lambda_x^2+40A_0/A_{1x}} \tag{17.5-62}$$

$$\lambda_y^* = \sqrt{\lambda_y^2+40A_0/A_{1y}} \tag{17.5-63}$$

以上各式中，等效长细比按以下两式计算：

$$\lambda_x = \frac{l_e^*}{\sqrt{\dfrac{I_x}{A_0}}} \tag{17.5-64}$$

$$\lambda_y = \frac{l_e^*}{\sqrt{\dfrac{I_y}{A_0}}} \tag{17.5-65}$$

式中　l_e^*——格构柱的等效计算长度；

l——格构柱节间长度；

d——钢管外径；

I_x——格构柱横截面换算面积对 x 轴的惯性矩；

I_y——格构柱横截面换算面积对 y 轴的惯性矩；

A_0——格构柱横截面所截各分肢换算截面面积之和，$A_0 = \sum_1^i A_{ai} + \frac{E_c}{E_a}\sum_1^i A_{ci}$，其中 A_{ai}、A_{ci}分别为第 i 分肢的钢管横截面面积和钢管内混凝土横截面面积；

A_{1x}——格构柱横截面中垂直于 x 轴的各斜缀条毛截面面积之和；

A_{1y}——格构柱横截面中垂直于 y 轴的各斜缀条毛截面面积之和；

α——格构柱截面内缀条所在平面与 x 轴的夹角，见图 17.5-12b，应在 40°～70°范围内。

17.5.5　圆钢管混凝土节点设计

一、钢管的连接

由于在极限状态钢管需要对混凝土提供很大的约束作用，因此必须保证钢管不得断裂破坏，设计时应使得连接处与钢管混凝土做到等强。钢管可采用对接焊接或法兰连接，如图 17.5-13 所示。钢管接长时，如管径不变，宜采用等强度的坡口焊缝，见图 17.5-13a；如管径改变，则可采用法兰盘和螺栓连接，见图 17.5-13b，并加设一定数量的加劲肋，以满足等强要求。为使钢管内混凝土保持连续，法兰盘中部应开圆孔。

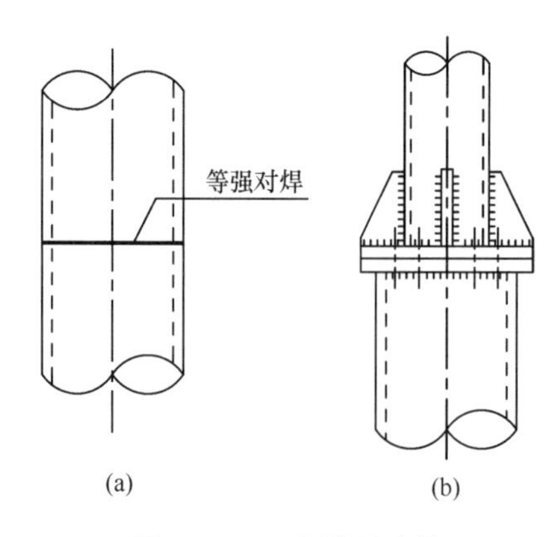

图 17.5-13　钢管的连接
(a) 对焊连接；(b) 法兰连接

为增强钢管与核心混凝土的共同工作能力并方便现场定位施焊，钢管各制作段接头处的下段柱顶端宜设置一块环形封顶板，如图 17.5-14 所示。封顶板厚度可按如下的要求采用：当钢管厚度 $t<30$mm 时，取 12mm；$t>30$mm 时，取 16mm。

二、钢管混凝土梁柱节点设计

试验和大量震害调查表明，节点构造不当是引起结构在地震中发生破坏的重要原因。因此，合理的节点设计是保证结构安全可靠的关键问题。对于任何结构来说，连接和节点的设计都应当做到构造简单、整体性好、传力明确、安全可靠、节约材料和方便施工。

框架结构中钢管混凝土与梁之间通常按刚接设计，在排架结构中则采用铰接连接。无

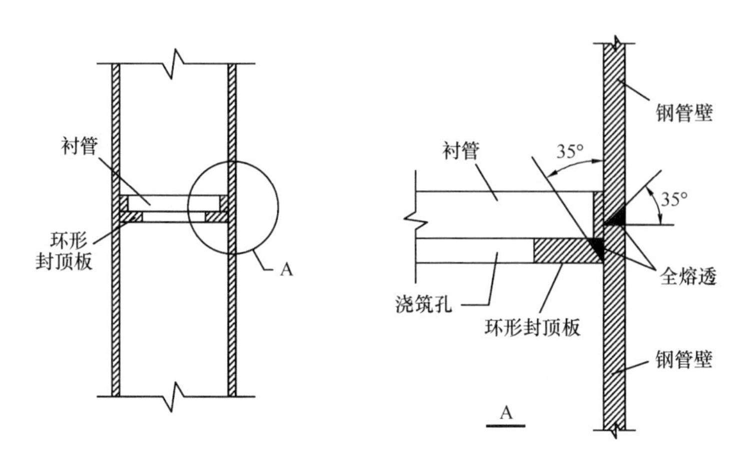

图 17.5-14 柱接头封顶板

论是采用刚接还是铰接连接，为做到强柱弱梁，钢管混凝土柱均应尽量做到连续，而在侧面与各层的横梁进行连接。

对于梁柱连接处的梁端剪力，主要依靠牛腿、抗剪环箍、钢梁腹板和抗剪销等钢构件传递梁柱间的剪力，而节点区混凝土与钢管壁间的粘结力和摩擦力则通常不予考虑。其中，与混凝土梁相连的节点，可用焊接于柱钢管上的钢牛腿来实现传剪，如图 17.5-15a 所示。牛腿的腹板不宜穿过管心，以免妨碍钢管内混凝土的浇灌，如必须穿过管心时，可先在钢管壁上开槽，将腹板插入后，以双面贴角焊缝固定。与钢梁相连的节点，可按钢结构的做法，用焊接于柱钢管上的连接腹板来实现，如图 17.5-15b 所示。

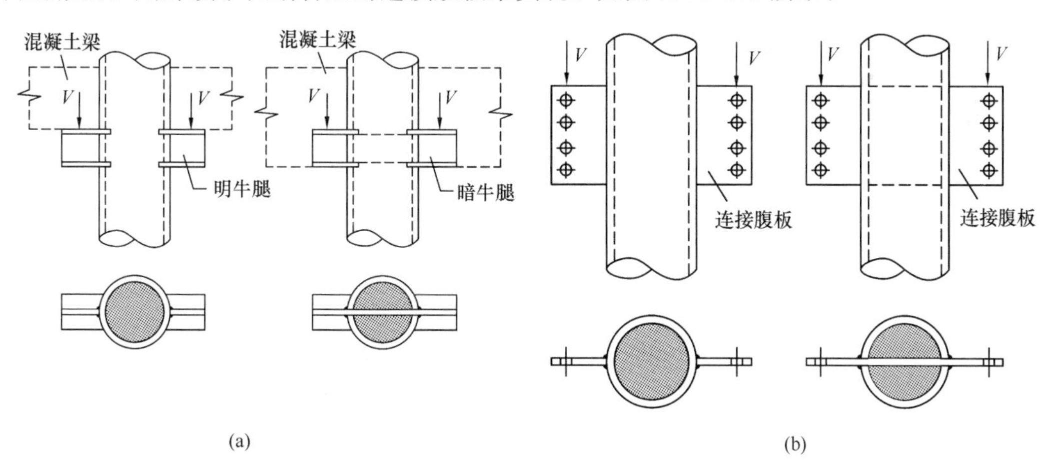

图 17.5-15 梁柱间的传剪构造

（a）连接混凝土梁；（b）连接钢梁

梁端弯矩则主要依靠加强环板、内隔板、混凝土圈梁、连续钢筋、穿心螺栓等传递。如果节点区存在型钢牛腿，则牛腿也可以承担一定的弯矩。

目前，工程中应用的钢管混凝土节点形式很多，如加强环式节点、半穿心牛腿节点、双梁节点、环梁式节点、十字板式节点等。这些节点构造形式多样，施工难易程度及抗震性能也各有优劣。本节以下将对国内应用比较成熟的几种钢管混凝土节点进行介绍。

1. 加强环式节点

根据剪力传递方式的不同，加强环式节点可分为加强环肋板式节点、加强环承重销式节点、加强环穿心钢板式节点和加强环腹板式节点等。加强环式节点利用上下加强环分别承受梁翼缘的拉力和压力来传递梁端弯矩，利用竖向加劲板、承重销、穿心钢板或明牛腿等来传递梁端剪力，其基本构造如图 17.5-16 所示。混凝土梁端与钢管之间的空隙用高一级的细石混凝土填实。加强环的板厚及连接宽度 B，根据与钢梁翼缘板或混凝土梁的纵筋等强的厚度确定，环带的最小宽度 C 不小于 0.7B，见图 17.5-16c。当框架有抗震要求时，在梁的上下沿均须设置加强环，为避免在弯矩最大的部位施焊以影响结构的延性，加强环与梁间焊接的位置应离开柱边至少 1 倍梁高的距离。

加强环式节点的传力路径简洁明确，节点刚度大，承载力高，用于钢梁与钢管柱的连接时施工方便，在我国应用较多。但这种节点形式的用钢量较大，用于钢管混凝土与钢筋混凝土楼盖的连接时施工较为困难。

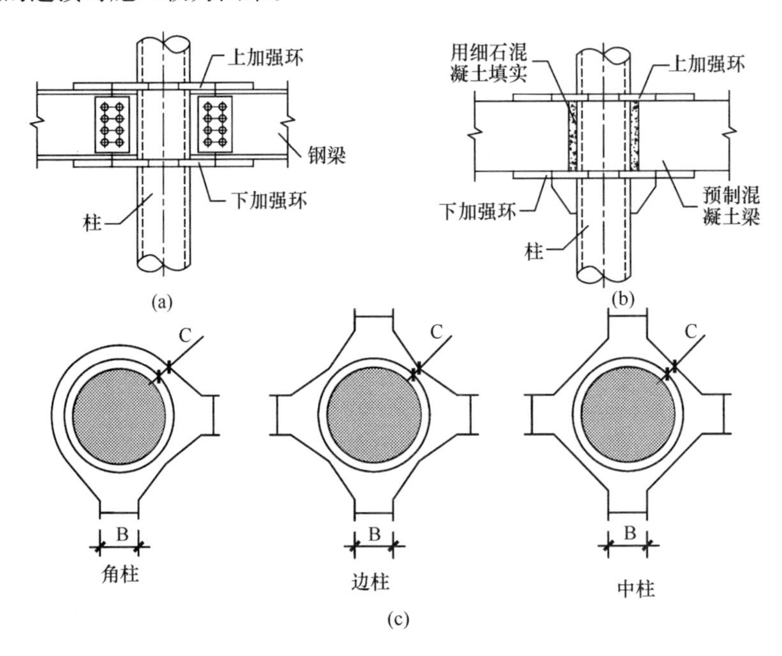

图 17.5-16　加强环式节点

（a）钢梁；（b）混凝土梁；（c）加强环

2. 钢筋环绕式节点

钢筋环绕式节点包括连续双梁节点和变宽度单梁节点，其中梁内纵向钢筋连续绕过钢管，节点构造形式如图 17.5-17 所示。梁端加宽的斜度不应小于 1/6，在开始加宽处还需要增设附加箍筋将纵向钢筋包住。钢筋环绕式节点利用连续钢筋传递弯矩，利用明暗牛腿传递剪力，构造简单，施工方便，节省钢材，对钢管柱的削弱较小。但这种节点对楼盖梁的布置影响较大，而且节点的刚度较小，传递弯矩的能力也较差。

3. 劲性环梁节点

劲性环梁节点是将抗剪牛腿提高到梁内，同时起到抗剪和抗弯的作用。在牛腿外侧浇筑混凝土后，可形成刚度较大的劲性钢筋混凝土环梁，利用这个刚性区域来传递梁端弯矩

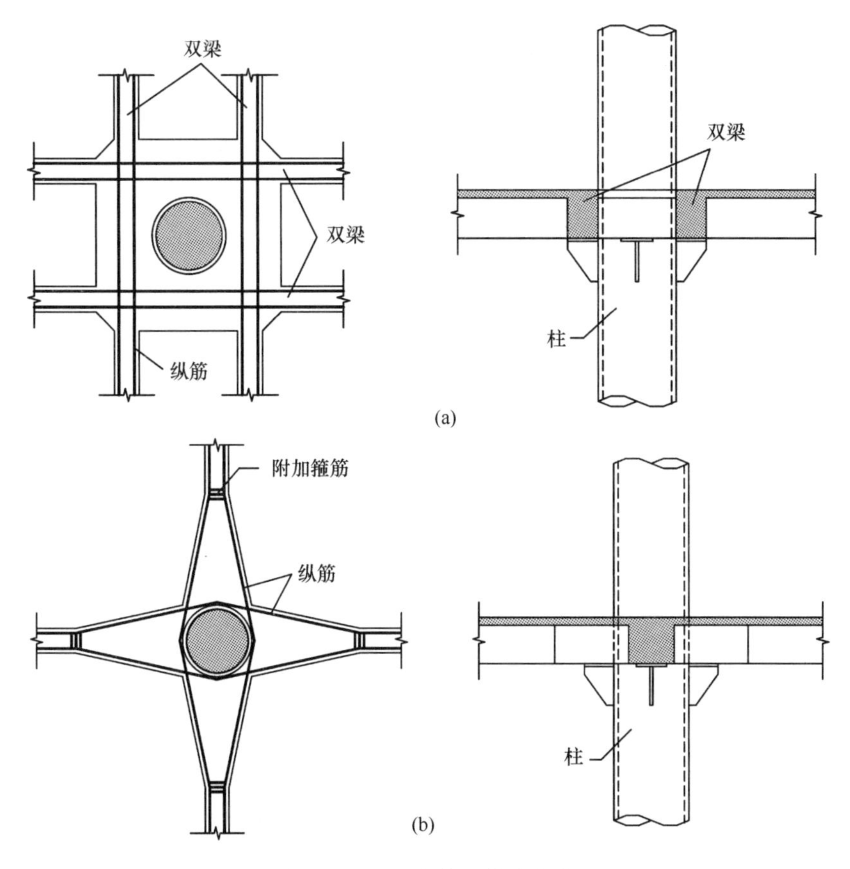

图 17.5-17 钢筋环绕式节点

(a) 双梁节点；(b) 变宽度单梁节点

和剪力，节点构造如图 17.5-18 所示。抗弯剪牛腿可以采用半穿心或不穿心形式。为方便施工，框架梁的纵向钢筋无需焊接，只需要锚入刚性区域一定长度即可。这种节点的刚度较大、承载力较高，在受力性能上比较接近刚性节点，同时可以避免穿心牛腿给施工带来的麻烦，是一种适用于普通钢筋混凝土楼盖的较好的节点形式。其主要缺点则在于环梁内的钢筋较密，影响节点区混凝土的浇筑。

4. 锚定板式节点

锚定板式节点是在钢管内正对钢梁上、下翼缘处各焊接一个 T 型锚定板来承受钢梁翼缘传来的拉力，剪力则依靠钢梁腹板与钢管间的竖直焊缝来传递，节点构造如图 17.5-19 所示。这种节点构造简单，省钢材，但节点的整体刚度较小，仅适用于节点内力不大的情况。

5. 钢筋贯通式节点

钢筋贯通式节点在钢管壁上开孔，使楼盖梁的纵向钢筋贯穿钢管柱，以达到传递弯矩的目的，节点构造如图 17.5-20 所示。其中，钢管壁开孔处需加设加劲肋以补强孔洞对钢管的削弱。这种节点现场穿筋比较困难，对施工精度的要求也较高，同时钢管内密集布置的水平钢筋也会影响管内混凝土的浇筑，因此其施工效果较差。

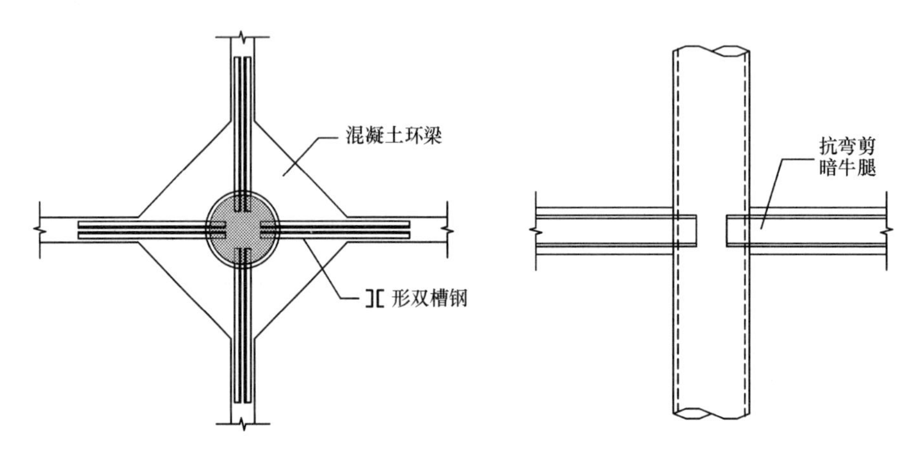

图 17.5-18　劲性环梁节点

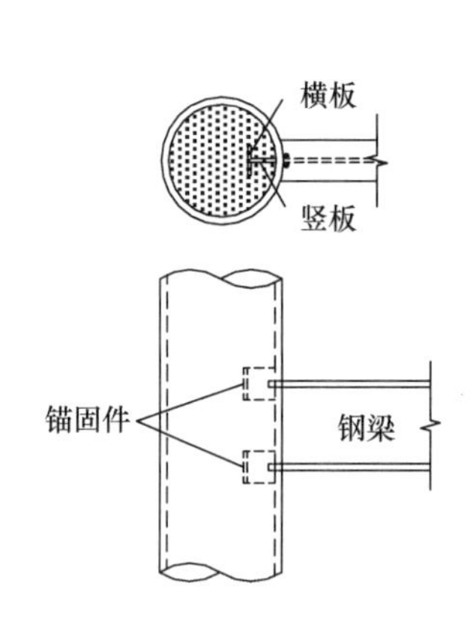

图 17.5-19　锚定板式节点

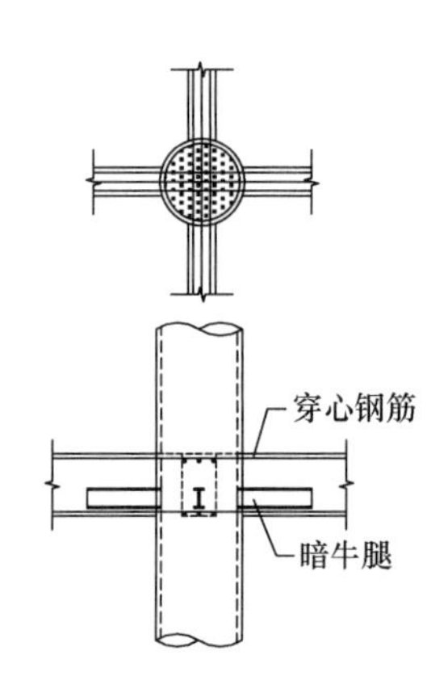

图 17.5-20　钢筋贯通式节点

6. 无梁楼盖板柱节点

无梁楼盖板柱节点的构造是在暗梁轴线方向上设置十字穿心承重暗销，以钢筋混凝土环梁包住承重暗销形成“柱帽”，同时在与楼盖梁钢成 45°方向的位置设小暗销抗剪并提高节点的整体刚度。这种节点的静力性能较好，但在地震作用下的受力性能还缺乏分析和验证，其构造形式如图 17.5-21 所示。

7. 十字板式节点

十字板式节点是在钢管内设置埋于混凝土内的十字加劲板来提高节点区的整体刚度和承载力，其节点构造如图 17.5-22 所示。这种节点的整体刚度较大，但较费钢材，管内施焊不方便，也影响核心混凝土的浇筑，且存在因钢管壁局部破坏而丧失承载力的危险。

三、格构柱节点设计

为方便施工和减少偏心，格构柱的缀件宜采用圆钢管直接与柱肢钢管焊接。除双肢柱和三肢柱内的双肢可采用缀板体系外，宜采用缀条体系。为增大结构在主受力平面外的稳定性，三肢柱的肢间距离 h/b 不宜大于 2.2，如图 17.5-23 所示。

当格构柱采用缀条体系时，缀条间的净距 a 不得小于 50mm。当不能满足时，允许缀条轴线不交于柱肢轴线，但偏心距 e 不得大于 $d/4$；此时，计算中可不考虑此偏心的影响，如图 17.5-24 所示。

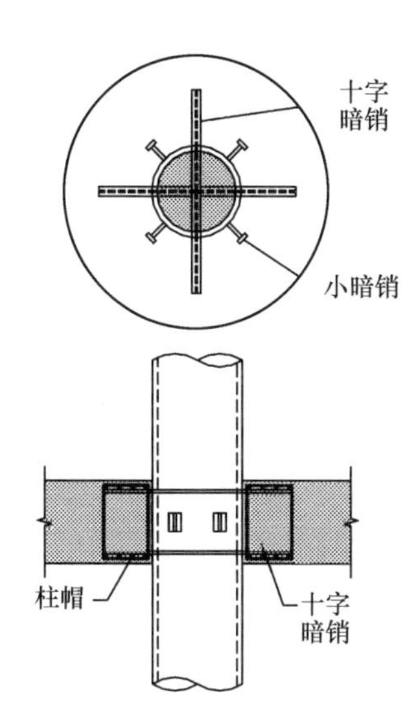

图 17.5-21　无梁楼盖板柱节点

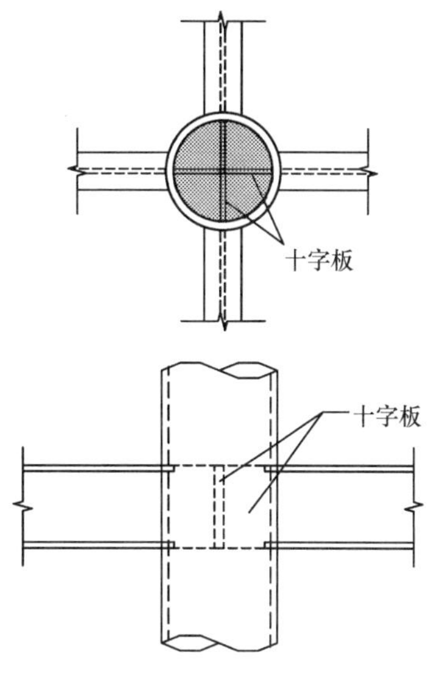

图 17.5-22　十字板式节点

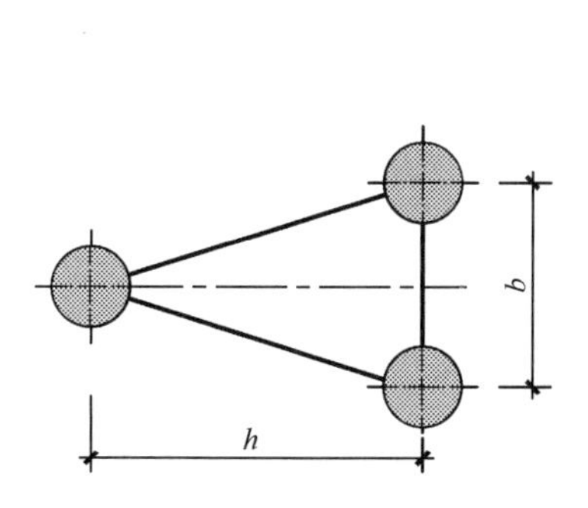

图 17.5-23　三肢格构柱截面形式

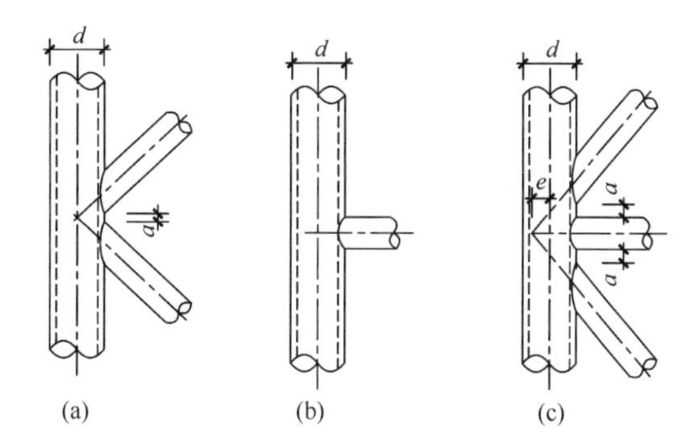

图 17.5-24　缀材与柱肢的连接

为保证缀件的稳定性，其长细比不应大于 150。缀件与柱肢间的焊缝则应按《钢结构设计标准》GB 50017 的规定进行计算。对于受有较大水平力的格构柱，集中力作用处和运输单元的端部均应设置横隔。各横隔间的距离不得大于柱截面较大宽度的 9 倍和 8m，否则应增设中间横隔或减少横隔间距。

对于单层厂房等截面格构柱，可采用牛腿支承吊车梁；对于单层厂房阶形格构柱，则可在变截面处采用肩梁支承吊车梁和上柱。对于支承屋架和构架梁的柱头，可由平台板、肩梁腹板、隔板和加劲肋等组成，如图 17.5-25 所示。为保证混凝土的密实性，平台板上应设灌浆孔或排气孔。

四、桁架节点设计

在桁架体系中，受压弦杆和受压力较大的腹杆可采用钢管混凝土构件，其他构件可采用空钢管或型钢。

腹杆和弦杆可直接连接或借助于节点板连接，如图 17.5-26 所示。直接连接的节点的

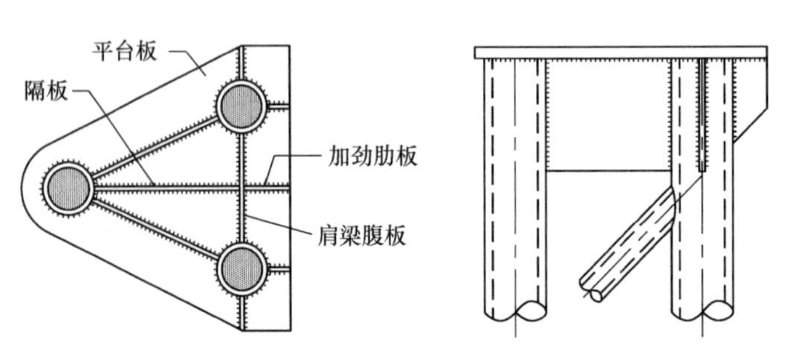

图 17.5-25　钢管混凝土格构柱顶端构造

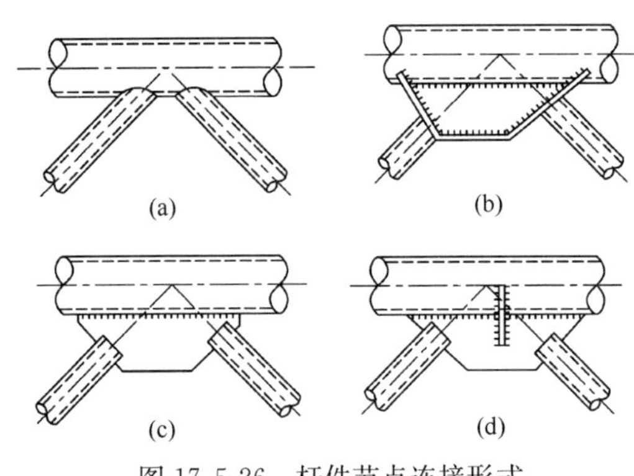

图 17.5-26　杆件节点连接形式

构造要求与格构柱节点的规定相同。使用节点板时，通常都能够保证节点的平面内受力，但设计时仍应使节点具有一定的侧向刚度。桁架节点应尽量避免偏心，否则还应计入偏心的影响。

五、钢管混凝土柱脚设计

钢管混凝土柱脚与基础的连接分为插入式和外露式，如图 17.5-27 所示。插入式和外露式柱脚的节点设计见本手册第 13.8 节。

17.5.6　圆钢管混凝土柱设计实例

一、设计依据

结构方案

某单层工业厂房，中柱采用钢管混凝土双肢格构柱，其中上柱与横梁铰接，下柱与基础固接，结构计算简图和构件截面尺寸如图 17.5-28 所示。

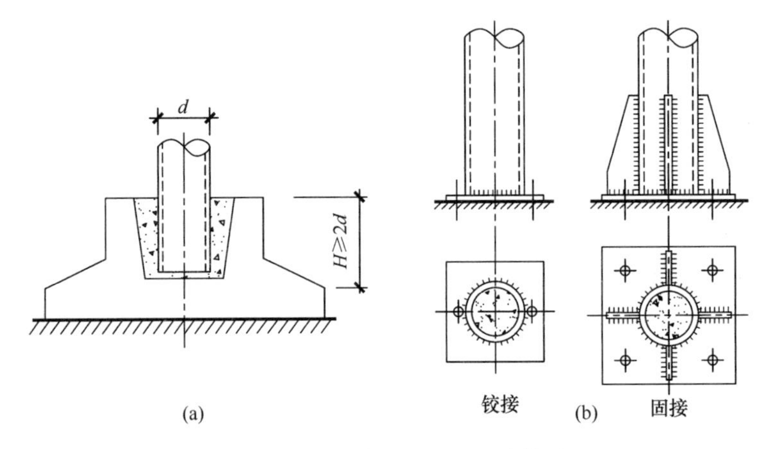

图 17.5-27　钢管混凝土柱柱脚构造

(a) 插入式；(b) 外露式

1) 材料

钢管材质采用 Q235B，$E_s = 206 \times 10^3 \text{N/mm}^2$；钢管内填充混凝土等级为

C40，$E_c=3.25\times10^4\text{N/mm}^2$。

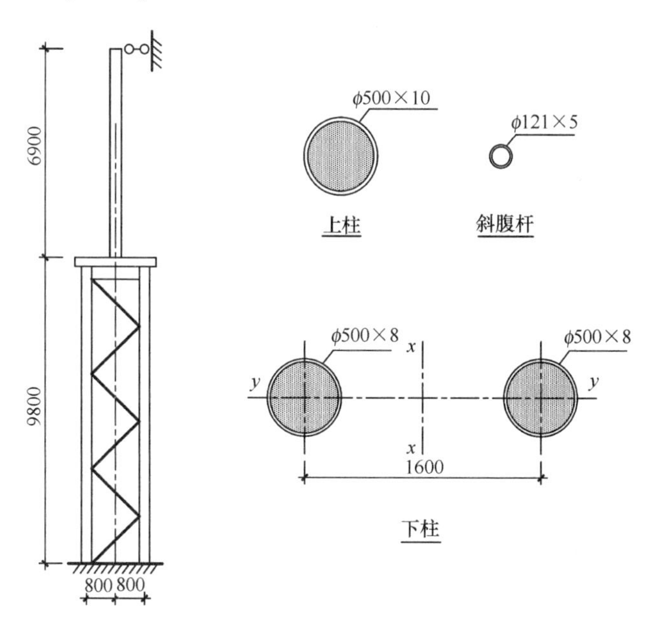

图 17.5-28 例题计算简图

2）设计内力

上柱弯矩设计值 $M_1=360\text{kN}\cdot\text{m}$，轴力设计值 $N_1=1420\text{kN}$，剪力设计值 $Q_1=140\text{kN}$；下柱弯矩设计值 $M_2=2310\text{kN}\cdot\text{m}$，轴力设计值 $N_2=7040\text{kN}$，剪力设计值 $Q_2=200\text{kN}$。

二、截面特征参数

1. 上柱折算截面特性

钢管采用 ϕ500×10，

$A_s=153.9\text{cm}^2$，$I_s=46220\text{cm}^4$，$A_c=1809.6\text{cm}^2$，$I_c=260576\text{cm}^4$，

$$A=A_s+\frac{E_c}{E_s}A_c=153.9+\frac{3.25\times10^4}{206\times10^3}\times1809.6=439.4\text{cm}^2,$$

$$I=I_s+\frac{E_c}{E_s}I_c=46220+\frac{3.25\times10^4}{206\times10^3}\times260576=87330\text{cm}^4。$$

2. 下柱折算截面特性

（1）单肢柱的折算截面特性

钢管采用 ϕ500×8，

$A_s=123.7\text{cm}^2$，$I_s=37425\text{cm}^4$，$A_c=1839.8\text{cm}^2$，$I_c=269371\text{cm}^4$，

$$A=A_s+\frac{E_c}{E_s}A_c=123.7+\frac{3.25\times10^4}{206\times10^3}\times1839.8=413.96\text{cm}^2,$$

$$I=I_s+\frac{E_c}{E_s}I_c=37425+\frac{3.25\times10^4}{206\times10^3}\times269371=79923\text{cm}^4。$$

（2）组合柱的折算截面特性

$A_0=2A=2\times413.96=827.92\text{cm}^2$

$I_y = 2I = 2 \times 79923 = 159846 \text{cm}^4$，

$I_x = 2\ (I + Aa^2)\ = 2 \times\ (79923 + 413.96 \times 80^2)\ = 5.46 \times 10^6 \text{cm}^4$。

三、承载力计算

1. 框架柱等效长度计算

上柱：$H_1 = 690\text{cm}$，$I_1 = 87330\text{cm}^4$，$N_1 = 1420\text{kN}$

下柱：$H_2 = 980\text{cm}$，$I_2 = 5.46 \times 10^6 \text{cm}^4$，$N_2 = 7040\text{kN}$

$$K_1 = \frac{I_1 H_2}{I_2 H_1} = \frac{87330 \times 980}{5.46 \times 10^6 \times 690} = 0.023 < 0.06,$$

$$\eta_1 = \frac{H_1}{H_2}\sqrt{\frac{N_1}{N_2} \cdot \frac{I_2}{I_1}} = \frac{690}{980}\sqrt{\frac{1420}{7040} \times \frac{5.46 \times 10^6}{87330}} = 2.5,$$

查柱计算长度系数表得，$\mu = 5.34$，

厂房阶形柱计算长度系数的折减系数取0.7，相应各阶柱段的计算长度系数：

$$\mu_2 = 0.7\mu = 0.7 \times 5.34 = 3.74; \mu_1 = \mu_2/\eta_1 = 3.74/2.5 = 1.5,$$

各阶柱段在排架平面内的等效计算长度：

$$l_{e1}^* = \mu_1 H_1 = 1.5 \times 690 = 1035\text{cm}; l_{e2}^* = \mu_2 H_2 = 3.74 \times 980 = 3665\text{cm}。$$

2. 上柱承载力计算

上柱为单肢钢管混凝土柱，其套箍指标：

$$\theta = \frac{f_s A_s}{f_c A_c} = \frac{215 \times 153.9}{19.1 \times 1809.6} = 0.957,$$

管柱截面的承载力设计值：

$$N_0 = f_c A_c(1 + \sqrt{\theta} + \theta) = 19.1 \times 1809.6 \times 10^2(1 + \sqrt{0.957} + 0.957) = 10147\text{kN},$$

考虑长细比影响的承载力折减系数：

$$l_{e1}^* = 1035\text{cm}; \varphi_1 = 1 - 0.115\sqrt{l_{e1}^*/d - 4} = 1 - 0.115\sqrt{1035/50 - 4} = 0.53,$$

考虑偏心率影响的承载力折减系数：

$$e_0 = \frac{M}{N} = \frac{360}{1420} = 254\text{mm},$$

$$\frac{e_0}{r_c} = \frac{254}{(500 - 2 \times 10)/2} = 1.06 < 1.55; \varphi_e = \frac{1}{1 + 1.85 e_0/r_c} = \frac{1}{1 + 1.85 \times 1.06} = 0.34,$$

按轴心受压柱考虑时，长细比影响的折减系数：

$$i = \sqrt{I/A} = \sqrt{87330/439.2} = 14\text{cm}; \lambda = l_{e1}^*/i = 1035/14 = 74, \text{查表得}: \varphi_0 = 0.73,$$

上柱承载力：

$$\varphi_1 \varphi_e = 0.53 \times 0.34 = 0.18 < \varphi_0;$$

$$N_u = \varphi_1 \varphi_e N_0 = 0.53 \times 0.34 \times 10267 = 1850\text{kN} > N = 1420\text{kN}。$$

3. 下肢柱单肢承载力计算

（1）轴心力

下柱为钢管混凝土格构柱，其单肢柱承受的轴心力：

$$N = \frac{N_2}{2} \pm \frac{M_2}{h} = \frac{7040}{2} \pm \frac{2310}{1.6} = \begin{cases} 4964\text{kN} \\ 2076\text{kN} \end{cases}, \text{未出现拉力。}$$

（2）套箍指标

$$\theta=\frac{f_sA_s}{f_cA_c}=\frac{215\times123.7}{19.1\times1839.8}=0.757。$$

(3) 管柱截面的承载力设计值

$$N_0=f_cA_c(1+\sqrt{\theta}+\theta)=19.1\times1839.8\times10^2\times(1+\sqrt{0.757}+0.757)=9232\text{kN}。$$

(4) 考虑长细比影响的承载力折减系数

$$l_e=980\text{cm},l_e/d=980/50=19.6>4,$$

$$\varphi_l=1-0.115\sqrt{l_{e1}^*/d-4}=1-0.115\sqrt{19.6-4}=0.55。$$

(5) 考虑偏心率影响的承载力折减系数

构件按轴心受压杆考虑：$e_0=0$，$\varphi_e=1.0$。

(6) 按轴心受压柱考虑时，长细比影响的承载力折减系数

$$i=\sqrt{79923/413.96}=14\text{cm},\lambda=980/14=70,\text{查表 }\varphi_0=0.75。$$

(7) 单肢承载力

$$\varphi_l\varphi_e=0.55\times1.0=0.55<\varphi_0;N_u=0.55\times1.0\times9232=5077\text{kN}$$

$$N_u>N=4964\text{kN}。$$

4. 下肢柱整体承载力计算

(1) 格构柱的换算长细比

$$\lambda_y^*=\sqrt{\left(l_e^*/\sqrt{\frac{I_y}{A_0}}\right)^2+27A_0/A_{1y}}=\sqrt{\left(3665/\sqrt{\frac{5.46\times10^6}{827.92}}\right)^2+27\times827.92/(1\times18.22)}$$

$$=57.1。$$

(2) 受拉区柱肢的套箍指标

$$\theta_t=\frac{f_sA_s}{f_cA_c}=\frac{215\times123.7}{19.1\times1839.8}=0.757。$$

(3) 界限偏心率

$$\varepsilon_b=0.5+\frac{\theta_t}{1+\sqrt{\theta_t}}=0.5+\frac{0.757}{1+\sqrt{0.757}}=0.90。$$

(4) 考虑长细比影响的整体承载力折减系数

$$\varphi_l^*=1-0.0575\sqrt{\lambda_y^*-16}=1-0.0575\sqrt{57.1-16}=0.63。$$

(5) 考虑偏心率影响的整体承载力折减系数

$$e_0=M_2/N_2=2310\times10^2/7040=32.8\text{cm},$$

$$e_0/h=32.8/160=0.21<\varepsilon_b,$$

$$\varphi_e^*=\frac{1}{1+2e_0/h}=\frac{1}{1+2\times0.21}=0.71。$$

(6) 整体承载力

$$N_u^*=\varphi_l^*\varphi_e^*\sum N_0=0.63\times0.71\times(2\times9232)=8259\text{kN}>N=7040\text{kN}。$$

5. 格构斜腹杆设计

斜腹杆承受的设计剪力：$V=N_0^*/85=(2\times9232)/85=217\text{kN}$，

斜腹杆承受的实际剪力：$V=217\text{kN}$，

设计采用二者中的较大值，即 $V=200\text{kN}$。

格构柱的斜腹杆体系，按桁架计算其内力，则：$N=V/\sin\theta=217/\sin45^\circ=307\text{kN}$。

(1) 斜腹杆设计

钢管选用$\phi121\times5$，

$A=18.22\text{cm}^2, i=4.11\text{cm}; l=160/\cos45^\circ=226\text{cm}, \lambda=226/4.11=55$，

查表，a类截面，$\varphi=0.900$。

强度验算：$\sigma=N/A=307\times10^3/18.22\times10^2=168.5\text{N/mm}^2<f=215\text{N/mm}^2$，

稳定验算：$N/\varphi A=307\times10^3/0.900\times18.22\times10^2=187.2\text{N/mm}^2<f=215\text{N/mm}^2$

(2) 斜腹杆与主管连接焊缝计算

$$l_\text{w}=(3.25d_\text{s}-0.025d)\left(\frac{0.534}{\sin\theta_i}+0.466\right)$$

$$=(3.25\times121-0.025\times500)\times\left(\frac{0.534}{\sin45^\circ}+0.466\right)=465\text{mm}$$

$h_\text{f}\leqslant1.2t=1.2\times5=6\text{mm}$，取$h_\text{f}=6\text{mm}$，

$$\sigma_\text{f}=\frac{N}{h_\text{e}l_\text{w}}=\frac{307\times10^3}{0.7\times6\times465}=157.2\text{N/mm}^2<f_\text{f}^\text{w}=160\text{N/mm}^2。$$

(3) 受压支管节点处的承载力设计值计算

$\beta=d_\text{s}/d=121/500=0.242$，

$\psi_\text{d}=0.069+0.93\beta=0.069+0.93\times0.242=0.294$，

$\sigma=N/A=-311\times10^3/18.22\times10^2=-170.69\text{N/mm}^2$，

$$\psi_\text{n}=1+0.3\frac{\sigma}{f_\text{y}}-0.3\left(\frac{\sigma}{f_\text{y}}\right)^2=1+0.3\times\frac{-170.69}{235}-0.3\times\left(\frac{-170.69}{235}\right)^2=0.624,$$

$$N_\text{c}^\text{pj}=\frac{15.17}{\sin45^\circ}\left(\frac{d}{t}\right)^{0.2}\psi_\text{n}\psi_\text{d}t^2f=\frac{15.17}{\sin45^\circ}\times\left(\frac{500}{8}\right)^{0.2}\times0.624\times0.294\times8^2\times215。$$

$$=123.8\text{kN}<N=311\text{kN}$$

可见承载力设计值不满足要求，但主管内填有混凝土，按其共同工作整体考虑，可认为其满足设计要求。

6. 格构柱脚计算

柱脚采用分离式柱脚形式，如图 17.5-29 所示。计算柱脚采用的设计内力为 $N=4964\text{kN}$，基础混凝土等级为C20。

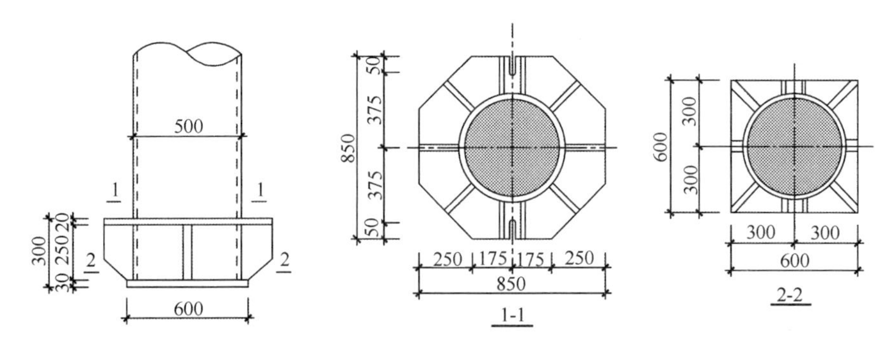

图 17.5-29 格构柱柱脚

设柱脚底板采用600×600，$A=600\times600=3.6\times10^5\text{mm}^2$，

$\sigma=N/A=4964\times10^3/3.6\times10^5=13.79\text{N/mm}^2$，应小于基础混凝土的局部抗压设计强度。当不满足要求时，可提高混凝土的强度等级或在基础顶面配置钢筋网。

（1）柱脚底板厚度计算

柱脚底板近似按悬臂板进行计算，其悬臂长度 $a=50\text{mm}$，

$M_{max}=\frac{1}{2}\times 13.79\times 50^2=17238\text{N}\cdot\text{mm}$，

$t=\sqrt{6M_{max}/f}=\sqrt{6\times 17238/200}=22.7\text{mm}$，取 $t=30\text{mm}$

（2）加劲肋计算

考虑钢管内填混凝土的作用，每肢加劲肋承受的剪力：

$$V=\frac{1}{10}\times 13.79\times\left(600\times 600-\frac{\pi}{4}\times 500^2\right)=2.26\times 10^5\text{N},$$

加劲肋承受的最大弯矩值：

$M=2.26\times 10^5\times\frac{1}{2}\times(300\sqrt{2}-250)=1.97\times 10^7\text{N}\cdot\text{mm}$，

设加劲肋采用 250×10，

$W=\frac{1}{6}\times 10\times 250^2=1.04\times 10^5\text{mm}^3$，

$\sigma=1.97\times 10^7/1.04\times 10^5=189.42\text{N/mm}^2$，

$\tau=1.5\times 2.26\times 10^5/10\times 250=135.6\text{N/mm}^2$，

底板与加劲肋的连接焊缝：考虑钢管端部刨平与底板顶紧，且钢管和混凝土共同工作。

设 $h_f=12\text{mm}$，$l_w=50-10=40\text{mm}$，

$\tau=2.26\times 10^5/2\times 0.7\times 12\times 40=336.3\text{N/mm}^2>f_f^w=160\text{N/mm}^2$，

焊脚尺寸大小不合适，应将底边刨平与底板顶紧，然后用构造焊缝相连。

钢管与加劲肋的连接焊缝：

$h_f=6\text{mm}$，$l_w=250-10=240\text{mm}$，

$\tau_f=2.26\times 10^5/2\times 0.7\times 6\times 240=112.1\text{N/mm}^2<f_f^w=160\text{N/mm}^2$。

（3）柱脚上盖板计算

上盖板按构造要求设置，厚度取 $t=20\text{mm}$。

（4）锚栓计算

格构柱脚均为轴心受压，锚栓按构造要求设置，取 ϕ30。

7. 柱顶局部受压计算

设柱顶垫板尺寸为 300mm×300mm×20mm，承受的荷载设计值为 $N=1300\text{kN}$，由前面的计算结果可知：

$A_c=1809.6\text{cm}^2$，$\theta=0.957$，$A_1=30\times 30=900\text{cm}^2$，

$\beta=\sqrt{A_c/A_1}=\sqrt{1809.6/900}=1.42$，

$N_{ul}=f_cA_1\ (1+\sqrt{\theta}+\theta)\ \beta=19.1\times 900\times 10^2\times\ (1+\sqrt{0.957}+0.957)\ \times 1.42=7165\text{kN}>N=1300\text{kN}$，满足要求。

17.6　矩形钢管混凝土柱及节点设计

17.6.1　矩形钢管混凝土基本原理

矩形钢管混凝土构件是指将混凝土填入薄壁矩形钢管内，并由钢管和混凝土共同承受荷载的组合构件。矩形钢管混凝土结构则是指主要由矩形钢管混凝土构件组成的结构。

矩形钢管内浇筑的混凝土对钢管壁具有约束作用，可以防止钢管发生向内侧的屈曲，提高了钢管壁的受压屈曲承载力；同时，矩形钢管对内部填充的混凝土也具有一定的侧向约束作用，能提高混凝土的抗压强度。因此，矩形钢管与混凝土两者组合后的整体受压承载力要高于其单独承载力之和。但是，矩形钢管混凝土的钢管壁在侧压力作用下会发生侧向外鼓变形，对混凝土的紧箍力主要集中在四个角部位置，且分布不均匀，因此其相对于圆形截面钢管混凝土的约束效应较差，受压承载力提高的成都较低。但矩形截面的钢管混凝土具有较大的弯曲刚度和较强的抗弯能力，整体稳定性较好，与梁之间的节点连接构造比较简单，因此在很多情况下也具有优越的使用及施工性能。

将矩形钢管混凝土应用于高层建筑中的框架柱，具有以下多项优点：

（1）承载力高，延性大，柱截面小。矩形钢管混凝土柱具有较大的抗弯、抗剪截面，相对于钢筋混凝土柱具有较大的延性和较高的强度，同时不受含钢率限制。

（2）矩形钢管对混凝土可起到与箍筋相似的约束作用，能够显著提高结构的抗剪承载力。

（3）施工方便。矩形钢管在施工过程中可兼作柱的模板和临时支撑，节省了材料和人工；钢管内的混凝土可以多层一次浇筑，使施工过程更加方便、快捷。

（4）矩形钢管混凝土可以在柱内外采用不同等级的混凝土。柱内用高等级混凝土以发挥其抗压性能，而梁板可采用较低等级的混凝土，从而避免了将梁、板混凝土等级无谓提高的缺点，降低了工程成本。

（5）矩形钢管混凝土梁柱节点形式简单，外形规整，有利于满足建筑要求，施工时容易处理。矩形钢管混凝土结构中各构件间的交贯线出于一个平面内，便于制作和安装，应用于框架和桁架结构中在成本和施工速度上具有很大优势。

近年来，矩形钢管混凝土正越来越广泛地被应用于各类工业厂房柱、各种支架、送变电塔桅、空间结构、高层和超高层建筑以及桥梁结构中，并取得了良好的经济效益和建筑效果。

本章对矩形钢管混凝土的基本原理、设计方法和构造要求进行了分析说明，供读者参考。

17.6.2　矩形钢管混凝土的设计要求

一、一般设计要求

矩形钢管混凝土结构可依据《钢管混凝土结构技术规范》GB 50936、《矩形钢管混凝土结构技术规程》CECS 159 设计和施工，同时应符合《钢结构设计标准》GB 50017、《冷弯薄壁型钢结构技术规范》GB 50018、《混凝土结构设计规范》GB 50010 等规范规程的要求。其中，荷载组合、荷载标准值、荷载分项系数、荷载组合值系数等应符合《矩形钢管混凝土结构技术规程》CECS 159 的规定。当遇到该规程未规定的情况，应按《建筑结构荷载规范》GB 50009 的规定采用；在抗震设防区还应符合《建筑抗震设计规范》GB 50011 的规定。本章以下所介绍的矩形钢管混凝土的设计方法主要参考了《矩形钢管混凝土结构技术规程》CECS 159 的有关内容。

钢管是矩形钢管混凝土的重要受力组成部分，可采用 Q235、Q345、Q390 和 Q420 等级的钢材制作。钢材的选用应根据结构重要性、荷载特征、应力状态、钢材厚度、连接方式、环境条件等因素合理选取牌号和质量等级。矩形钢管可采用冷成型的直缝钢管或螺旋缝焊接管及热轧管，也可采用冷弯型钢或热轧钢板、型钢焊接成型的矩形管。结构用冷弯矩形钢管宜选用符合国家现行标准《建筑结构用冷弯矩形钢管》JG/T 178 规定的 Q235、Q345、Q390 I 级钢管产品。当钢管构件承受动力荷载或按 8 度、9 度地震设防时，宜要求其 I 级钢管的原料钢板采用符合现行国家标准《建筑结构用钢板》GB/T 19879 的 GJ 钢板。焊接箱形截面构件的原板宜选用符合现行国家标准《碳素结构钢》GB/T 700 与《低合金高强度结构钢》GB/T 1591 的 Q235、Q345、Q390、Q420 钢；对承受动力荷载或按 8 度、9 度地震设防的重要承重构件，宜选用符合《建筑结构用钢板》GB/T 19879 的 Q235GJ、Q345GJ、Q390GJ 钢板。当矩形钢管混凝土柱采用钢板或型钢组合时，其壁板间的连接焊缝应采用全熔透焊缝。对采用冷成型或由冷弯型钢焊接组成的矩形钢管，当钢管截面板件尺寸符合全截面有效条件时，可根据《冷弯薄壁型钢结构技术规范》GB 50018 的规定选取冷弯效应后的强度设计值。

为充分发挥构件的承载力，矩形钢管中浇筑的混凝土强度等级不应低于 C30。对 Q235 钢材的钢管，宜灌注 C30～C40 级混凝土；对 Q345 钢管，宜灌注 C40 或不低于 C50 级的混凝土；对 Q390、Q420 钢管，宜灌注不低于 C50 级的混凝土。对钢管有腐蚀作用的外加剂，易造成构件强度的损伤，对结构安全带来隐患，因此不得使用。矩形钢管柱内浇注混凝土时，应采取有效措施保证混凝土的密实性。混凝土可采用自密实混凝土，浇注方式可采用自下而上的压力泵送方式或者自上而下的自密实混凝土高抛工艺。矩形钢管混凝土柱宜考虑混凝土徐变对稳定承载力的不利影响。

矩形钢管混凝土构件在设计中需要满足承载力极限状态和正常使用极限状态的要求。除此之外，尚应对空钢管在施工阶段的强度、稳定性和变形进行验算。施工阶段的荷载主要包括湿混凝土的重量和实际可能作用于钢管的施工荷载。该阶段的轴向应力不应大于其抗压强度设计值的 60%，并应满足强度和稳定性的要求。施工阶段的验算可依据《钢结构设计标准》GB 50017 和相关的参考资料。

在正常使用阶段，矩形钢管混凝土构件应处于弹性状态。计算内力和变形时，可根据钢管与核心混凝土的弹性变形协调条件，按以下公式计算矩形钢管混凝土构件的刚度和进行弹性分析：

轴向刚度

$$EA = E_s A_s + E_c A_c \tag{17.6-1}$$

弯曲刚度

$$EI = E_s I_s + 0.8 E_c I_c \tag{17.6-2}$$

式中 I_s——钢管截面在所计算方向对其形心轴的惯性矩；

I_c——管内混凝土截面在所计算方向对其形心轴的惯性矩，其中系数 0.8 是考虑了混凝土受拉区开裂的影响；

E_s、E_s——钢材、混凝土的弹性模量。

对矩形钢管混凝土组成的多高层框架结构或以钢结构作为主要抗侧力结构的多高层矩形钢管混凝土房屋结构，在风荷载作用下的层间相对位移与层高之比不宜大于1/400。当采用变形限制要求较高的非结构构件和装饰材料时，层间相对位移与层高之比值宜适当减小；当无隔墙时，则可适当增大。

多高层矩形钢管混凝土框架结构或主要抗侧力结构为钢结构的多、高层矩形钢管混凝土结构房屋，在多遇地震作用下按线弹性方法计算的层间位移角不宜大于1/300，在罕遇地震作用下按弹塑性方法计算的层间位移角不宜大于1/50。

当多、高层矩形钢管混凝土结构的主要抗侧力结构为钢筋混凝土结构时，其层间相对位移与层高之比值应按《高层建筑混凝土结构技术规程》JGJ 3的规定确定。

在工业与民用建筑中，与矩形钢管混凝土柱相连的框架梁宜采用钢梁或钢-混凝土组合梁，也可采用现浇钢筋混凝土梁。

二、矩形钢管混凝土结构的适用条件

矩形钢管混凝土结构可与钢结构、型钢混凝土结构、钢筋混凝土结构和圆形钢管混凝土结构同时适用，结构形式包括多、高层建筑的框架体系、框架-支撑体系、框架-剪力墙体系、框架筒体体系、巨型框架体系和交错桁架体系等。

矩形钢管混凝土结构的最大适用高度应符合表17.6-1的规定。对平面和竖向均不规则的结果或Ⅳ类场地上的结构，适用的最大高度应予以适当降低。

矩形钢管混凝土结构的最大适用高度（m）　　表17.6-1

结构体系	非抗震	抗震设防			
		6度	7度	8度	9度
框架	150	110		90	50
框架-钢支撑（嵌入式剪力墙）	260	220		200	140
框架-混凝土剪力墙、框架-混凝土核心筒	240	220	190	150	70
框筒、筒中筒	360	300		260	180

注：筒中筒的筒体为由钢结构或矩形钢管混凝土结构组成的筒体。

矩形钢管混凝土房屋结构适用的最大高宽比，不宜大于表17.6-2的规定。

矩形钢管混凝土结构民用房屋适用的最大高宽比　　表17.6-2

结构体系	非抗震	抗震设防			
		6度	7度	8度	9度
框架-钢支撑（嵌入式剪力墙）	260	6.5		6	5.5
框架-混凝土剪力墙、框架-混凝土核心筒	240	7		6	4
框筒、筒中筒	360	7		6	5.5

注：筒中筒的筒体为由钢结构或矩形钢管混凝土结构组成的筒体。

矩形钢管混凝土与其他构件组成的结构体系，其布置宜规则，楼层刚度分布宜均匀。结构布置应符合《建筑抗震设计规范》GB 50011 的要求，并应使结构受力明确，满足对承载力、稳定性和刚度的设计要求。

矩形钢管混凝土用于多、高层建筑结构的框架时，框架梁宜采用钢梁或钢-混凝土组合梁，也可采用钢筋混凝土梁、钢桁架、矩形钢管混凝土桁架或组合桁架等；抗侧力构件可采用钢支撑、钢筋混凝土剪力墙、内藏钢支撑的混凝土剪力墙或钢板剪力墙等。楼板可采用压型钢板混凝土组合楼板或现浇非组合楼板，也可采用装配整体式钢筋混凝土楼板、预制板或其他轻型楼板。采用预制楼板时，应将楼板预埋件与钢梁焊接，或采取其他措施增强楼盖的整体性，防止在强烈地震下发生破坏。

对于采用框架-混凝土核心筒的混合结构，框架中的矩形钢管混凝土柱与梁在抗震设防烈度为 7 度及以上地区应采用刚接，在 6 度地区可采用部分铰接，在非抗震设防地区则允许全部采用铰接。

采用框架-支撑结构体系时，支撑在竖向宜连续布置，必要时，可设置结构加强层；采用框架-混凝土剪力墙结构体系时，混凝土剪力墙宜采用带翼墙或有端柱的剪力墙。

三、矩形钢管混凝土的基本构造要求

为便于在钢管内浇筑混凝土，矩形钢管混凝土构件的截面最小边长不宜小于 100mm。矩形钢管混凝土柱边长尺寸不宜小于 150mm，钢管壁厚不应小于 3mm。为防止浇筑混凝土时引起钢管外鼓变形，钢管壁厚不宜小于 4mm。同时，截面的高宽比 h/b 不宜大于 2。当有可靠依据时，上述限值可适当放宽。当矩形钢管混凝土的最大截面边长大于等于 800mm 时，可通过在钢管内壁上焊栓钉或设置纵向加劲肋等构造措施来增强其与混凝土的共同工作能力，防止钢板的屈曲失稳。

为充分发挥混凝土的承载能力，同时又不会过分降低强震作用下钢管对混凝土的约束作用，设计时应控制矩形钢管混凝土受压构件中混凝土的工作承担系数 a_c 在 0.1～0.7。混凝土的工作承担系数 a_c 按下式计算：

$$a_c = \frac{A_c f_c}{A_s f + A_c f_c} \tag{17.6-3}$$

式中 f、f_c——钢材和混凝土的抗压强度设计值；

A_s、A_c——钢管和管内混凝土的截面面积。

对于有抗震设防要求的多高层框架柱，为保证矩形钢管混凝土柱具有较好的延性，宜限制混凝土工作承担系数满足下式要求：

$$a_c \leqslant [a_c] \tag{17.6-4}$$

式中 $[a_c]$——混凝土工作承担系数限值，按表 17.6-3 确定。

混凝土工作承担系数限值 $[a_c]$ **表 17.6-3**

长细比 λ	轴压比（N/N_u）	
	≤0.6	>0.6
≤20	0.50	0.47
30	0.45	0.42
40	0.40	0.37

为充分发挥钢管在轴压作用下的承载能力，使钢管壁在极限状态下能够达到全截面屈服，需要对矩形钢管混凝土的钢管管壁板件的宽厚比 b/t、h/t，如图 17.6-1 进行限制。如能够满足表 17.6-4 的规定，则计算时可以保证构件全截面有效。

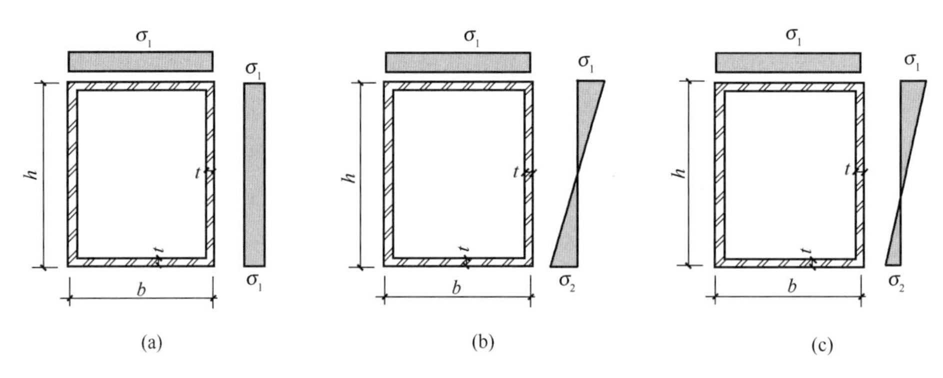

图 17.6-1　矩形钢管截面板件应力分布示意
（a）轴压；（b）纯弯；（c）压弯

矩形钢管管壁板件宽厚比 b/t、h/t 限值　　**表 17.6-4**

构件类型	b/t	h/t
轴压（图 17.6-1a）	60ε	60ε
弯曲（图 17.6-1b）	60ε	150ε
压弯（图 17.6-1c）	60ε	当 $0<\phi\leqslant 1$ 时：$30(0.9\phi^2-1.7\phi+2.8)\varepsilon$ 当 $-1\leqslant\phi\leqslant 0$ 时：$30(0.74\phi^2-1.44\phi+2.8)\varepsilon$

注：1. $\varepsilon=\sqrt{235/f_y}$，$f_y$ 为钢材屈服强度的标准值。
2. $\phi=\sigma_2/\sigma_1$，σ_1、σ_2 分别为板件最外边缘的最大、最小应力，压应力为正，拉应力为负。
3. 施工阶段验算时，表 17.6-4 中的限值应除以 1.5，但 $\varepsilon=\sqrt{235/(1.1\sigma_0)}$，$\sigma_0$ 取为施工阶段荷载作用下的板件实际应力设计值，压弯时 σ_0 取 σ_1。

为防止矩形钢管混凝土构件在压力作用下过早屈曲失效，对其长细比也应进行限制，限值可按《钢结构设计标准》GB 50017 的规定采用。

此外，为保证混凝土浇筑的密实性，并利于火灾时混凝土内部水蒸气的排除，在每层矩形钢管混凝土柱下部的管壁上应对称开两个直径 20mm 的排气孔。

矩形钢管混凝土柱应考虑角部对混凝土约束作用的减弱，当长边尺寸大于 1m 时，应采取构造措施增强矩形钢管对混凝土的约束作用和减小混凝土收缩的影响。

17.6.3　矩形钢管混凝土柱设计

一、矩形钢管混凝土柱轴心受力的计算

1. 轴心受压承载力计算

矩形钢管对混凝土的约束作用非常复杂，同时受混凝土徐变收缩等因素的影响。根据已有的大量试验结果，钢管对混凝土承载力能力提高的影响有限，因此规程中采用直接叠加的方法来计算矩形钢管混凝土轴心受压构件的承载力：

$$N\leqslant\frac{1}{\gamma}N_u \tag{17.6-5}$$

$$N_u = fA_s + f_cA_c \tag{17.6-6}$$

式中 N——轴心压力设计值；

N_u——轴心受压时截面受压承载力设计值；

γ——无地震作用组合时，$\gamma=\gamma_0$；有地震作用组合时，$\gamma=\gamma_{RE}$。γ_0 为结构重要性系数，按《建筑结构可靠度设计统一标准》GB 50068 取用，γ_{RE} 为承载力抗震调整系数，按表 17.6-5 采用。

承载力抗震调整系数 表 17.6-5

构件名称	梁	柱	支撑	节点板件	连接焊缝	连接螺栓
γ_{RE}	0.75	0.80	0.80	0.85	0.9	0.85

注：1. $\varepsilon=\sqrt{235/f_y}$，$f_y$ 为钢材屈服强度的标准值。

当钢管截面有削弱时，式（17.6-6）中的钢管截面面积 A_s 应取为净截面面积 A_{sn}。

2. 轴心受压稳定验算

轴心受压构件的整体稳定性与构件长细比、边界条件、构件截面形式以及残余应力、初弯曲、初偏心等因素有关。根据试验资料，矩形钢管混凝土轴心受压构件的受力较接近于钢结构，因此采用与钢结构类似的设计公式，轴压稳定曲线也采用了《钢结构设计标准》GB 50017 中的 b 类截面的轴压稳定系数曲线，但构件的长细比考虑了管内混凝土的作用。

矩形钢管混凝土轴心受压构件的稳定性验算公式为：

$$N \leqslant \frac{1}{\gamma}\varphi N_u \tag{17.6-7}$$

式中 φ——轴心受压构件的稳定系数，按以下二式计算：

当 $\lambda_0 \leqslant 0.215$ 时，

$$\varphi = 1 - 0.65\lambda_0^2 \tag{17.6-8}$$

当 $\lambda_0 > 0.215$ 时，

$$\varphi = \frac{1}{2\lambda_0^2}\left[(0.965 + 0.300\lambda_0 + \lambda_0^2) - \sqrt{(0.965 + 0.300\lambda_0 + \lambda_0^2)^2 - 4\lambda_0^2}\right] \tag{17.6-9}$$

式中 λ_0——轴心受压构件的相对长细比，可按下式计算：

$$\lambda_0 = \frac{\lambda}{\pi}\sqrt{\frac{f_y}{E_s}} \tag{17.6-10}$$

$$\lambda = \frac{l_0}{r_0} \tag{17.6-11}$$

$$r_0 = \sqrt{\frac{I_s + I_cE_c/E_s}{A_s + A_cf_c/f}} \tag{17.6-12}$$

式中 f_y——钢材的屈服强度；

λ——矩形钢管混凝土轴心受压构件的长细比；

l_0——轴心受压构件的计算长度；

r_0——矩形钢管混凝土轴心受压构件截面的当量回转半径。

3. 轴心受拉承载力计算

由于混凝土的抗拉强度相对于钢材很低，在计算矩形钢管混凝土轴心受拉构件时，可不计入混凝土作用，只考虑由矩形钢管抵抗全部拉力。因此矩形钢管混凝土轴心受拉构件的承载力计算公式为：

$$N \leqslant \frac{1}{\gamma} A_{sn} f \tag{17.6-13}$$

式中　N——轴心拉力设计值；

f——钢材抗拉强度设计值。

二、矩形钢管混凝土柱单轴压弯、拉弯受力的计算

1. 压弯承载力计算

对于单向受弯的矩形钢管混凝土压弯构件，可以根据极限平衡方法计算其承载力。在矩形钢管混凝土压弯构件达到承载力极限时，假定钢管壁未发生屈曲，钢管全截面进入屈服，受压区混凝土达到极限抗压强度，受拉区混凝土则开裂退出工作，如图 17.6-2 所示。根据极限理论可以推导出钢管混凝土压弯构件在极限状态下的弯矩-轴力（$M-N$）相关曲线，如图 17.6-3 中的实线所示，呈抛物线形。为便于设计，可将 M-N 曲线简化为两段折线的形式，如图 17.6-3 中的虚线所示。在简化曲线中，折线转折点可将 M_{un} 代入实际相关曲线得到。

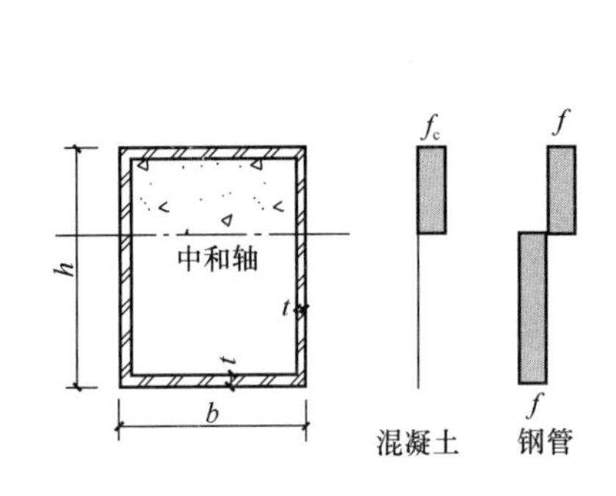

图 17.6-2　极限状态时的截面应力分布

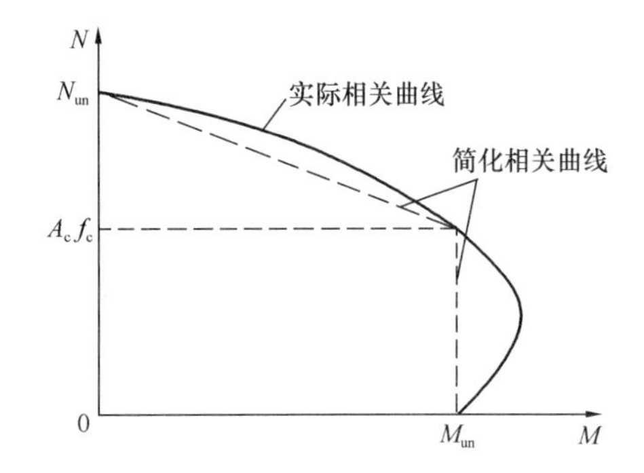

图 17.6-3　M-N 相关曲线图

可用于设计的矩形钢管混凝土单向压弯构件承载力二段式计算公式为：

$$\begin{cases} \dfrac{N}{N_{un}} + (1 - a_c)\dfrac{M}{M_{un}} \leqslant \dfrac{1}{\gamma} \\ \dfrac{M}{M_{un}} \leqslant \dfrac{1}{\gamma} \end{cases} \tag{17.6-14}$$

式中　N——轴心受拉设计值；

N_{un}——轴心受拉时净截面受压承载力设计值，$N_{un} = fA_{sn} + f_c A_c$；

M——弯矩设计值；

a_c——混凝土工作承担系数，按式（17.6-3）计算；

M_{un}——只有弯矩作用时净截面的受弯承载力设计值，可按忽略混凝土抗拉作用的塑性理论计算，如式（17.6-15）所示；

$$M_{un} = [0.5A_{sn}(h - 2t - d_n) + bt(t + d_n)]f \tag{17.6-15}$$

式中　f——钢材抗弯强度设计值；

d_n——管内混凝土受压区高度，可按式（17.6-16）计算。

$$d_{\mathrm{n}}=\frac{A_{\mathrm{s}}-2bt}{(b-2t)\frac{f_{\mathrm{c}}}{f}+4t} \tag{17.6-16}$$

2. 压弯稳定性验算

单向受弯的矩形钢管混凝土压弯构件，在弯矩作用平面内的稳定性可参照单向压弯构件承载力计算公式和《钢结构设计标准》GB 50017 的压弯稳定性计算方法进行验算。在绕 x 轴方向的弯矩作用下，稳定性验算的两段式公式为：

$$\begin{cases}\dfrac{N}{\varphi_{\mathrm{x}}N_{\mathrm{u}}}+(1-a_{\mathrm{c}})\dfrac{\beta M_{\mathrm{x}}}{\left(1-0.8\dfrac{N}{N'_{\mathrm{Ex}}}\right)M_{\mathrm{ux}}}\leqslant\dfrac{1}{\gamma}\\ \dfrac{\beta M_{\mathrm{x}}}{\left(1-0.8\dfrac{N}{N'_{\mathrm{Ex}}}\right)M_{\mathrm{ux}}}\leqslant\dfrac{1}{\gamma}\end{cases} \tag{17.6-17}$$

式中 M_{ux}——绕 x 轴方向的弯矩单独作用时的截面受弯承载力设计值，按式（17.6-15）计算，但式中钢管的净截面面积 A_{sn} 取为全截面面积 A_{s}；

N'_{Ex}——调整后的欧拉临界压力，取 $N'_{\mathrm{Ex}}=\dfrac{N_{\mathrm{Ex}}}{1.1}$；

N_{Ex}——欧拉临界压力，按 $N_{\mathrm{Ex}}=N_{\mathrm{u}}\dfrac{\pi^2E_{\mathrm{s}}}{\lambda_{\mathrm{x}}^2f}$ 计算。

由于矩形钢管混凝土压弯构件在两个主轴方向的长细比可能不同，因此还应按照下式对弯矩作用平面外的稳定性进行验算：

$$\frac{N}{\varphi_{\mathrm{y}}N_{\mathrm{u}}}+\frac{\beta M_{\mathrm{x}}}{1.4M_{\mathrm{ux}}}\leqslant\frac{1}{\gamma} \tag{17.6-18}$$

式中 φ_{x}、φ_{y}——分别为弯矩作用平面内、外的轴心受压稳定系数，按式（17.6-8）或式（17.6-9）计算；

β——等效弯矩系数。

等效弯矩系数 β 用于考虑压弯构件中荷载和弯矩分布图形状的影响，可根据约束情况和荷载条件按下列规定采用：

（1）在弯矩作用平面内有侧移的框架柱以及悬臂构件，$\beta=1.0$；

（2）无侧移的框架柱和两端支承的构件：

1）无横向荷载作用时 $\beta=0.65+0.35M_2/M_1$，M_1 和 M_2 为端弯矩，取值时考虑弯矩的正负号，并且 $|M_1|\geqslant|M_2|$；

2）有端弯矩和横向荷载时，构件全长为同号弯矩时，$\beta=1.0$；构件有正负弯矩作用时，$\beta=0.85$；

3）无端弯矩但有横向荷载作用时，$\beta=1.0$。

3. 拉弯承载力计算

对于矩形钢管混凝土拉弯构件，计算时忽略混凝土的抗拉作用，拉力完全由钢管承担，但弯矩由钢管与受压区的混凝土共同承担。拉弯作用下的承载力计算公式为：

$$\frac{N}{fA_{\mathrm{su}}}+\frac{M}{M_{\mathrm{un}}}\leqslant\frac{1}{\gamma} \tag{17.6-19}$$

三、矩形钢管混凝土柱双向压弯、拉弯受力的计算

1. 压弯承载力计算

将矩形钢管混凝土的单轴压弯承载力计算公式进行推广，可以得到弯矩作用在两个主平面时的双轴压弯承载力计算式：

$$\begin{cases}\dfrac{N}{N_{un}}+(1-a_c)\dfrac{M_x}{M_{unx}}+(1-a_c)\dfrac{M_y}{M_{uny}}\leqslant\dfrac{1}{\gamma}\\[2ex]\dfrac{M_x}{M_{unx}}+\dfrac{M_y}{M_{uny}}\leqslant\dfrac{1}{\gamma}\end{cases} \tag{17.6-20}$$

式中 M_x、M_y——分别为绕主轴 x、y 轴作用的弯矩设计值；

M_{unx}、M_{uny}——分别为绕 x、y 轴的净截面受弯承载力设计值，按式（17.6-15）计算。

2. 压弯稳定性计算

双轴压弯矩形钢管混凝土构件绕主轴 x 轴的稳定性，应满足下式的要求：

$$\begin{cases}\dfrac{N}{\varphi_x N_u}+(1-a_c)\dfrac{\beta_x M_x}{\left(1-0.8\dfrac{N}{N'_{Ex}}\right)M_{ux}}+\dfrac{\beta_y M_y}{1.4M_{uy}}\leqslant\dfrac{1}{\gamma}\\[3ex]\dfrac{\beta_x M_x}{\left(1-0.8\dfrac{N}{N'_{Ex}}\right)M_{ux}}+\dfrac{\beta_y M_y}{1.4M_{uy}}\leqslant\dfrac{1}{\gamma}\end{cases} \tag{17.6-21}$$

绕主轴 y 轴的稳定性，应满足下式的要求：

$$\begin{cases}\dfrac{N}{\varphi_y N_u}+\dfrac{\beta_x M_x}{1.4M_{ux}}+(1-a_c)\dfrac{\beta_y M_y}{\left(1-0.8\dfrac{N}{N'_{Ey}}\right)M_{uy}}\leqslant\dfrac{1}{\gamma}\\[3ex]\dfrac{\beta_x M_x}{1.4M_{ux}}+\dfrac{\beta_y M_y}{\left(1-0.8\dfrac{N}{N'_{Ey}}\right)M_{uy}}\leqslant\dfrac{1}{\gamma}\end{cases} \tag{17.6-22}$$

式中 φ_x、φ_y——分别为绕主轴 x 轴，绕主轴 y 轴的轴心受压稳定系数，可按式（17.6-8）和式（17.6-9）计算；

β_x、β_y——分别为在计算稳定的方向对 M_x、M_y 的弯矩等效系数；

M_{ux}、M_{uy}——分别为绕 x、y 轴的受弯承载力设计值，可按式（17.6-15）计算。

3. 拉弯承载力计算

弯矩作用在两个主平面内的双轴拉弯矩形钢管混凝土构件，其承载力应满足下式要求：

$$\frac{N}{fA_{sn}}+\frac{M_x}{M_{unx}}+\frac{M_y}{M_{uny}}\leqslant\frac{1}{\gamma} \tag{17.6-23}$$

17.6.4 矩形钢管混凝土柱节点设计

一、梁柱节点构造形式

矩形钢管混凝土柱与梁间的连接节点应构造简单、整体性好、传力明确、安全可靠、节约材料和施工方便。节点设计应做到构造合理，使节点具有必要的延性。

1. 矩形钢管混凝土柱和钢梁的连接形式

（1）带短梁的内隔板式连接

矩形钢管内设隔板，柱外预焊短钢梁；钢梁的翼缘与柱边预设短钢梁的翼缘焊接，钢梁的腹板与短钢梁的腹板用双夹板高强度螺栓摩擦型连接，见图 17.6-4。

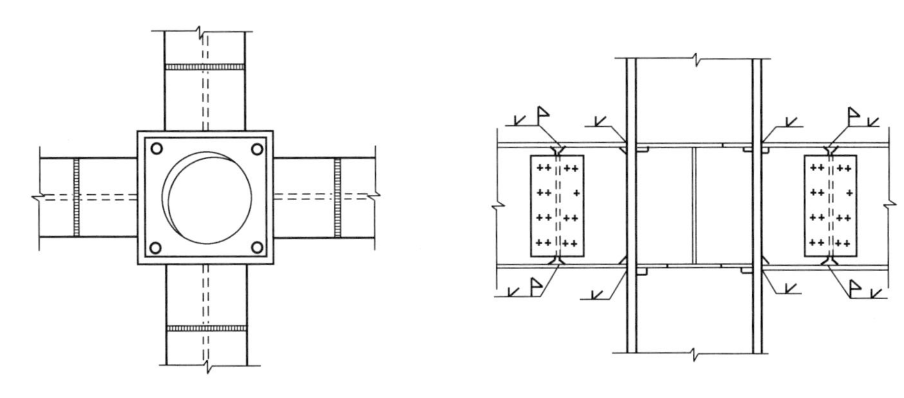
图 17.6-4 带短梁内隔板式梁柱连接

(2) 隔板贯通式连接

矩形钢管内设贯通钢管壁的隔板，钢管与隔板焊接；钢梁腹板与柱钢管壁通过连接板采用高强度螺栓摩擦型连接；钢梁翼缘与外伸的贯通隔板隔板焊接，见图 17.6-5。

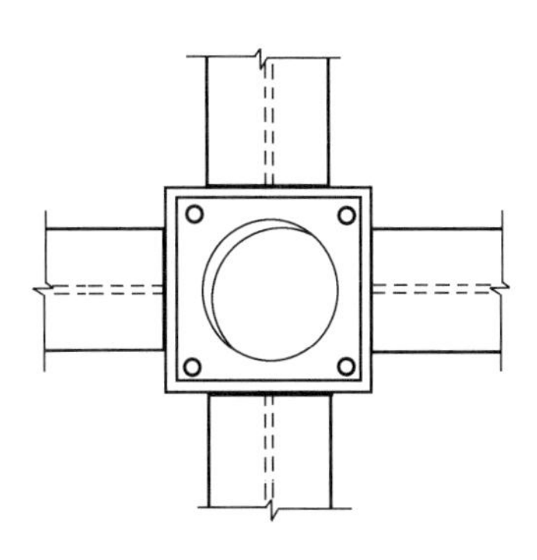
图 17.6-5 隔板贯通式梁柱连接

(3) 外环板式连接

钢梁腹板与柱外预设的连接件采用高强度螺栓摩擦型连接；柱外设水平外环板，钢梁翼缘与外环板连接，见图 17.6-6。

(4) 内隔板式连接

钢梁腹板与柱钢管通过连接板采用高强度螺栓摩擦型连接；矩形钢管混凝土柱内设隔板，钢梁翼缘与柱钢管壁焊接，见图 17.6-7。

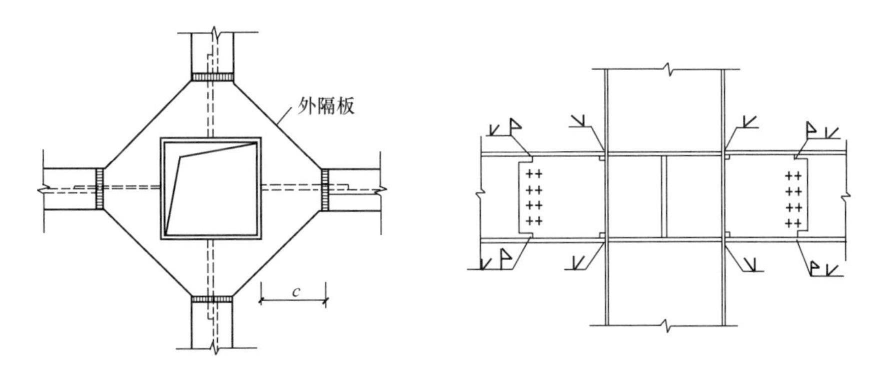

图 17.6-6 外环板式梁柱连接

(5) 骨型连接

当为 8 度设防Ⅲ、Ⅳ类场地和 9 度设防时，柱与钢梁的刚性连接宜采用能将塑性铰外移的骨型连接。骨型连接是在距梁端一定距离处将钢梁翼缘两侧做月牙型切削而形成薄弱截面，使强烈地震时梁的塑性铰自梁柱相接处外移，从而避免焊缝处发生脆性破坏。月牙

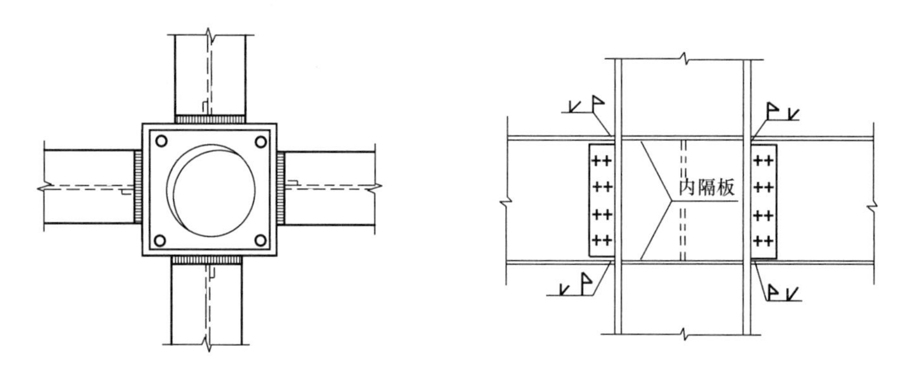

图 17.6-7　内隔板式梁柱连接

型切削的切削面应刨光，起点可位于距梁端约 150mm，宜对上下翼缘均进行切削。切削后的梁翼缘截面不宜大于原截面面积的 90%，并应能承受按弹性设计的多遇地震下的组合内力。这种做法的节点延性较高且能产生较大转角，构造形式参见图 17.6-8。

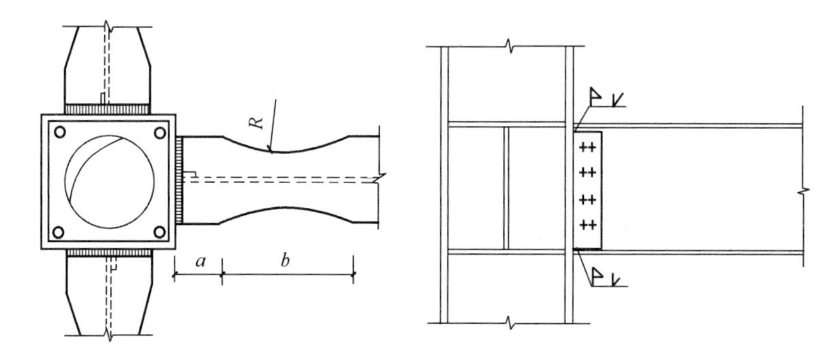

图 17.6-8　骨型梁柱连接

（6）内隔板式连接形式

当钢梁与柱为铰接连接时，钢梁翼缘与钢管不可焊接，腹板连接采用内隔板式连接形式。

2. 矩形钢管混凝土柱与现浇钢筋混凝土梁的连接形式

（1）环梁-钢承重销式连接

在钢管外壁焊半穿心钢牛腿，柱外设八角形钢筋混凝土环梁；梁端纵筋锚入钢筋混凝土环梁传递弯矩，见图 17.6-9。

（2）穿筋式连接

柱外设钢筋混凝土环梁，在钢管外壁焊水平肋钢筋（或水平肋板），通过环梁和肋钢筋（或肋板）传递梁端剪力；框架梁纵筋通过预留孔穿过钢管传递弯矩，见图 17.6-10。

二、梁柱节点验算

1. 设计内力

抗震设计时，钢梁与柱的连接除应按地震组合内力进行强度验算外，还应符合《建筑抗震设计规范》GB 50011 关于“强连接弱构件”的抗震要求：当梁、柱连接按弹性设计时，梁上下翼缘的端弯矩应满足连接的弹性设计要求，梁腹板应计入剪力和弯矩；梁与柱连接的极限受弯、受剪承载力应符合：

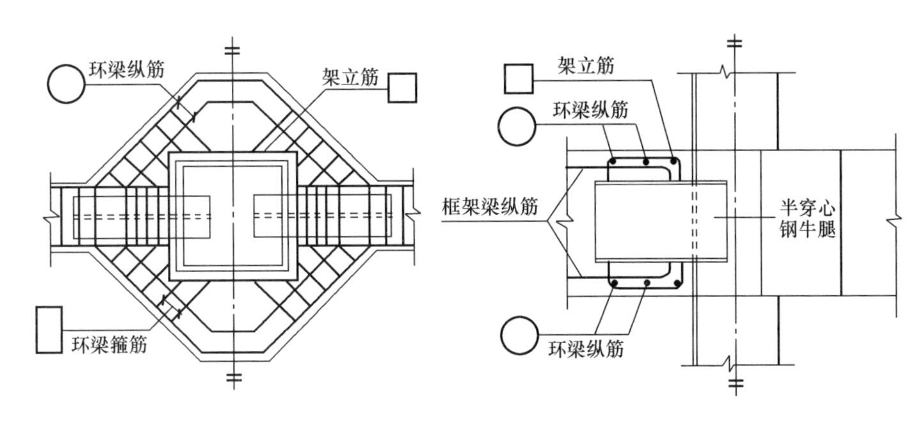

图 17.6-9 环梁-钢承重销式连接节点

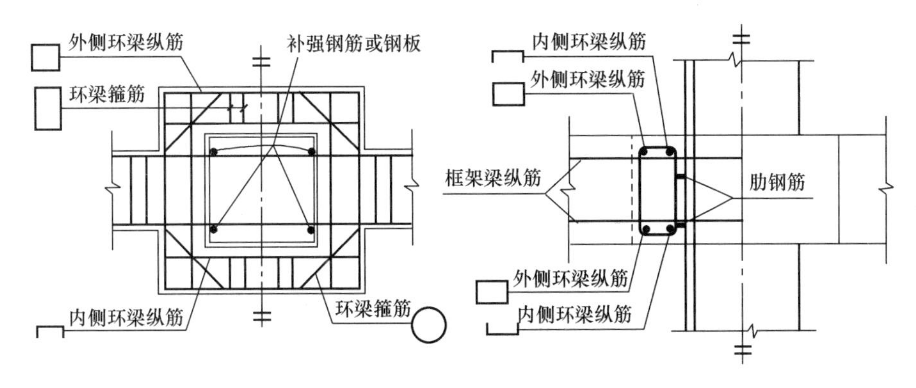

图 17.6-10 穿筋式节点

$$M_u \geqslant 1.2M_p \tag{17.6-24}$$

$$V_u \geqslant 1.3\frac{2M_p}{l_n} \text{且} V_u \geqslant 0.58h_w t_w f_{ay} \tag{17.6-25}$$

式中 M_u——梁上下翼缘全熔透坡口焊缝的极限受弯承载力；

V_u——梁腹板连接的极限受剪承载力，垂直于角焊缝受剪时，可提高 1.22 倍；

M_p——梁的全塑性受弯承载力；

l_n——梁的净跨；

h_w、t_w——梁腹板的高度和厚度；

f_{ay}——钢材的屈服强度。

对于钢筋混凝土梁和矩形钢管混凝土柱的连接节点（图 17.6-9、图 17.6-10），在柱外边处按实际配筋计算所得的抗弯承载力与该处设计弯矩之比值不应小于梁端处响应比值的 η_m 倍；柱边处的抗剪承载力应不小于梁两端出现塑性铰时梁中剪力的 η_v 倍。η_m 和 η_v 可按表 17.6-6 采用。

2. 柱与钢梁间的刚性节点验算

带内隔板的矩形钢管混凝土柱与钢梁的刚性焊接节点，应对其抗剪、抗弯承载力进行验算，除此之外尚应验算连接焊缝和高强度螺栓的强度，如图 17.6-11 所示。

η_m、η_v 的值　　　　**表 17.6-6**

抗震等级	一	二	三、四
η_m	1.3	1.2	1.1
η_v	1.35	1.2	1.1

注：表中框架的抗震等级按《建筑抗震设计规范》GB 50011 确定，对高层建筑尚应符合《高层建筑混凝土结构技术规程》JGJ 3 的规定。

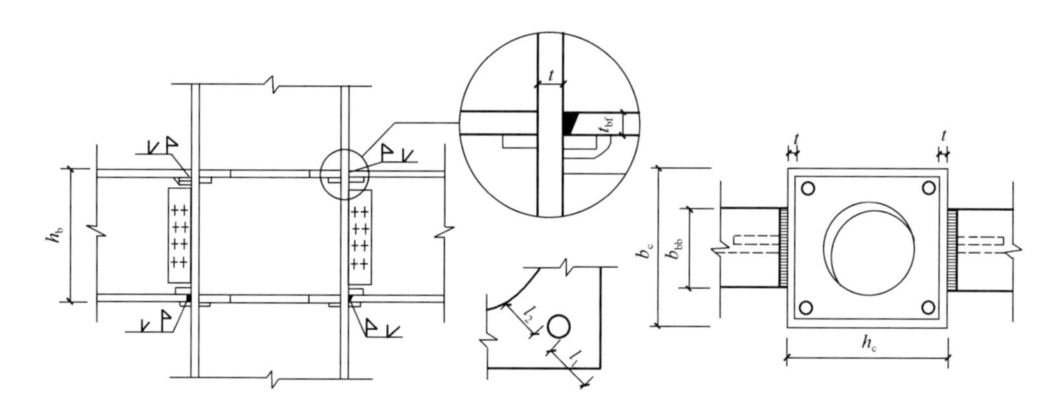

图 17.6-11　带内隔板的刚性节点

《矩形钢管混凝土结构计算规程》CECS 159 给出的抗剪验算公式中包括了柱焊缝（柱腹板）、内隔板和混凝土斜压受力对节点的抗剪贡献。

节点抗剪承载力应符合下式要求：

$$\beta_v V \leqslant \frac{1}{\gamma} V_u^j \tag{17.6-26}$$

其中：

$$V_u^j = \frac{2N_y h_c + 4M_{uw} + 4M_{uj} + 0.5N_{cv} h_c}{h_b} \tag{17.6-27}$$

$$N_y = \min\left(\frac{a_c h_b f_w}{\sqrt{3}}, \frac{t h_b f}{\sqrt{3}}\right) \tag{17.6-28}$$

$$M_{uw} = \frac{h_b^2 t[1-\cos(\sqrt{3}h_c/h_b)]f}{6} \tag{17.6-29}$$

$$M_{uj} = \frac{1}{4} b_c t_j^2 f_j \tag{17.6-30}$$

$$N_{cv} = \frac{2b_c h_c f_c}{4+(h_c/h_b)^2} \tag{17.6-31}$$

$$V = \frac{2M_c - V_b h_c}{h_b} \tag{17.6-32}$$

式中　V——节点所承受的剪力设计值；

η_v——剪力放大系数，抗震设计时取 1.3，非抗震设计时取 1.0；

V_u^j——节点受剪承载力设计值；

M_c——节点上、下柱弯矩设计值的平均值，弯矩对节点顺时针作用时为正；

V_b——节点左、右梁端剪力设计值的平均值，剪力对节点中心逆时针作用时为正；

t、t_j——柱钢管壁、内隔板厚度；

f_w、f、f_j——焊缝、钢柱管壁、内隔板钢材的抗拉强度设计值；

b_c、h_c——管内混凝土截面的宽度和高度；

h_b——钢梁截面的高度；

a_c——钢管角部的有效焊缝的厚度；

节点的抗弯强度应符合下式要求：

$$\beta_m M \leqslant \frac{1}{\gamma} M_u^j \tag{17.6-33}$$

其中：

$$M_u^j = \left[\frac{(4x + 2t_{bf})(M_u + M_a)}{0.5(b - b_b)} + \frac{4bM_u}{x} + \sqrt{2} t_j f_j (l_2 + 0.5l_1)\right](h_b - t_{bf}) \tag{17.6-34}$$

$$M_u = 0.25 f t^2 \tag{17.6-35}$$

$$M_a = \min(M_u, 0.25 f_w a_c^2) \tag{17.6-36}$$

$$x = \sqrt{0.25(b - b_b)b} \tag{17.6-37}$$

式中 M——节点处梁端弯矩设计值；

β_m——弯矩放大系数，抗震设计时，取 1.2；非抗震设计时，取 1.0；

M_u^j——节点的受弯承载力设计值；

x——由 $\partial M_u^j / \partial x = 0$ 确定的值；

b、b_b——柱宽，梁宽；

t_{bf}——梁翼缘宽度；

l_1、l_2——内隔板上气孔到边缘的距离，见图 17.6-11。

3. 柱-混凝土梁节点验算

矩形钢管混凝土柱与现浇钢筋混凝土梁采用穿筋式连接时，节点计算模型如图 17.6-12所示。

环梁的抗剪强度按下式计算：

$$\eta_v V \leqslant \frac{1}{\gamma} V_{su} \tag{17.6-38}$$

$$V_{su} = 2 f_b A_{sb} \sin\theta + f_s A_{sv} \tag{17.6-39}$$

式中 V_{su}——矩形环梁的抗剪承载力设计值；

A_{sb}，f_b——弯起钢筋（置于环梁外侧）的截面面积及其抗拉强度设计值；

V——梁端剪力设计值；

η_v——剪力放大系数，抗震设计时按表 17.6-6 取值，非抗震设计时取 1.0；

A_{sv}、f_s——柱宽或 3 倍框架梁宽两者之较小者范围内的箍筋截面面积及其抗拉强度设计值；

θ——弯起钢筋与水平面间的夹角。

钢管与矩形钢管混凝土环梁间结合面的承载力验算，应包括肋钢筋的焊缝强度、混凝土的直剪承载力、混凝土的局部承压三个方面。

验算肋钢筋焊缝强度时，焊缝在剪力作用下按纯剪切考虑，可按《钢结构设计标准》

GB 50017 的规定计算。

验算结合面混凝土直剪承载力时，混凝土直剪强度设计值可取 $1.5f_t$，结合面直剪承载力可按下式验算：

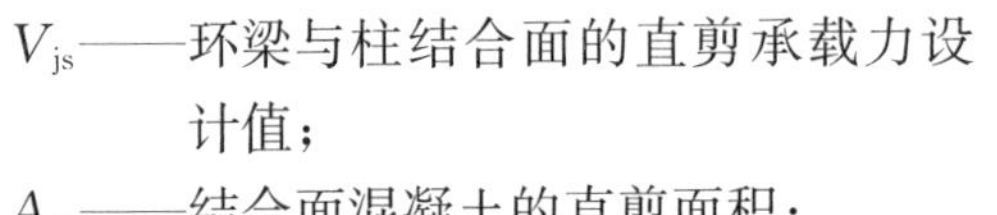

$$\eta_v V_j \leqslant \frac{1}{\gamma} V_{js} \quad (17.6\text{-}40)$$

$$V_{js} = 1.5 f_t A_{cs} \quad (17.6\text{-}41)$$

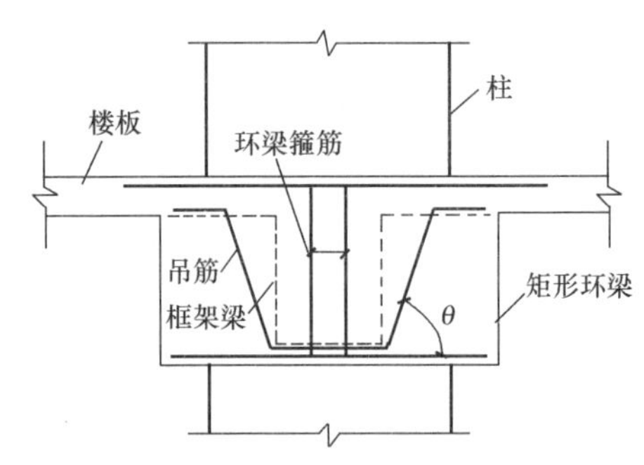

图 17.6-12 穿筋式节点的抗剪构造

式中 V_j——环梁与柱结合面上的剪力设计值；

V_{js}——环梁与柱结合面的直剪承载力设计值；

A_{cs}——结合面混凝土的直剪面积；

f_t——混凝土的抗拉强度设计值。

验算结合面肋钢筋上混凝土的受压承载力时，局部承压混凝土的垂直抗压强度可取 $1.5f_c$，局部承压承载力可按下式验算：

$$\eta_v V_j \leqslant \frac{1}{\gamma} V_{jb} \quad (17.6\text{-}42)$$

$$V_{jb} = 1.5 f_c l d \quad (17.6\text{-}43)$$

式中 V_{jb}——环梁与柱结合面处肋钢筋上混凝土的局部承压力设计值；

l——肋钢筋或肋钢板的长度；

d——肋钢筋直径或肋钢板的挑出宽度。

三、梁柱节点选型与构造要求

(1) 当柱采用冷成型矩形钢管时，梁柱节点宜优先采用隔板贯通式节点。

(2) 节点设计时应尽量减少现场焊接。当确实需要现场焊接时，焊缝质量应符合《钢结构焊接规范》GB 50661、《钢结构工程施工质量验收规范》GB 50205 相应级别的要求。当焊缝用作传递拉力时，宜采用全熔透焊缝，且焊缝至少应与连接件等强。焊缝应避免交叉，减少应力集中。但对于外环板式节点，当有可靠试验依据时，外环板与柱翼缘的连接焊缝可采用双面角焊缝或部分熔透的坡口焊缝。

(3) 当现浇钢筋混凝土梁与钢管混凝土柱连接时，梁钢筋的锚固和箍筋加密区应符合《混凝土结构设计规范》GB 50010 的规定。

(4) 当钢管混凝土柱与钢筋混凝土梁采用穿筋式节点时，孔径宜取 $1.2d$（d 为梁的纵筋直径），最大不应超过 $2d$；不得在现场采用气割扩孔，避免造成刻槽，产生严重的应力集中；柱钢管壁开孔后，应在钢管内壁才去相应的补强措施；贯穿钢管的钢筋之间净距不应小于柱中混凝土骨料最大粒径的 1.5 倍及 40mm。

(5) 当采用环梁-钢承重销式连接时，见图 17.6-9，垂直于梁轴的柱截面宽度 b 不宜小于框架梁宽度的 1.8 倍。钢牛腿里端进入钢管内的长度不应小于 $h/4$（h 为平行于梁轴线的柱边长），外端宜进入框架梁端。钢牛腿高度应尽可能大，但不应影响环梁和框架梁浇筑混凝土。

(6) 当采用在钢管壁上焊接肋钢筋（或钢板）来传递结合面剪力时，肋钢筋的直径（或肋钢板的挑出长度）应由式（17.6-42）确定，且应与环梁混凝土粗骨料的最大粒径相当，可取 20～30mm，最少应设置中部、下部两道肋钢筋；抗震设计时，至少应设上、中、下三道肋钢筋。

(7) 抗震设计中，当梁与矩形钢管混凝土柱刚接，且钢管为四块钢板焊接时，钢管角部的拼接焊缝在框架梁上、下 600mm 范围内应采用全熔透焊缝，其余部位可采用部分熔透焊缝。当钢梁的上下翼缘与柱外短梁、隔板或柱面焊接时，应采用全熔透坡口焊缝，并在梁上下翼缘的底面设置焊接衬板。为便于设置衬板和施焊，梁腹板端头上下应切割成弧形缺口，缺口半径可采用 35mm。抗震设计时，对采用与柱面直接连接的刚接节点，梁下翼缘焊接用的衬板在翼缘施焊完毕后，应在底面与柱用角焊缝沿衬板全长焊接，或将衬板割除在补焊焊根。当柱钢管壁较薄时，在节点处应予加强，以利于与钢梁焊接。

(8) 矩形钢管混凝土柱的内隔板厚度应满足板件宽厚比限值，且不小于钢梁翼缘的厚度。钢管外隔板的挑出宽度 c（图 17.6-6）应满足下式要求：

$$100\text{mm} \leqslant c \leqslant 15t_j\sqrt{235/f_y} \tag{17.6-44}$$

式中 t_j——隔板厚度；

f_y——外隔板材料的屈服强度。

内隔板与柱的焊接应采用坡口全熔透焊。钢管内隔板上应设置混凝土浇注孔，其孔径不应小于 200mm；内隔板四角应设透气孔，其孔径宜为 25mm。具体如图 17.6-13 所示。

(9) 节点设置外环板或外加强环时，外环板的挑出宽度应满足可靠传递梁端弯矩和局部稳定要求。

四、柱脚

柱脚按转动能力通常可分为铰接柱脚和刚接柱脚。多高层建筑中采用矩形钢管混凝土的框架柱柱脚，一般多采用刚性固接柱脚。刚接柱脚除了传递竖向力和水平剪力外，还要传递弯矩，可分为外包混凝土式柱脚、埋入式柱脚和外露式柱脚。矩形钢管混凝土柱宜采用埋入式柱脚；当设置地下室且框架柱延伸至地下一层时，或按 7 度及以下抗震设防时，也可采用外包式柱脚或外露式柱脚；当有确切的依据时，也可采用其他形式的柱脚。

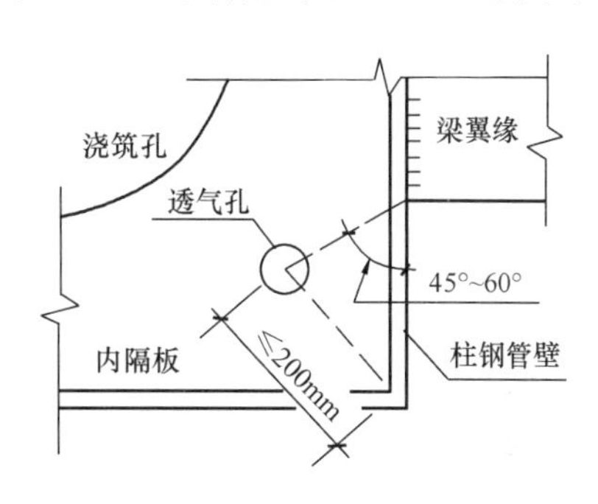

图 17.6-13 矩形钢管混凝土柱隔板开孔

1. 外包混凝土式柱脚

当高层建筑设有地下室时，可采用外包混凝土式柱脚。刚性外包混凝土式柱脚的位置可以在楼面、地面之上，也可以视具体情况设置在楼面、地面之下。当仅有一层地下室时，柱底板可位于基础顶面，见图 17.6-14；当有多层地下室时，柱至少应向地下室延伸一层，柱底板可位于下层地下室梁的顶面，见图 17.6-15。柱底板采用预埋锚柱连接。地下室中的钢管混凝土柱全部采用钢筋混凝土外包，在外包部分的柱身上应设置栓钉，保证外包混凝土与柱共同工作。柱脚部位的轴拉力应由预埋锚栓承受，弯矩应由混凝土承压部分和锚栓共同承受。

2. 埋入式柱脚

埋入式柱脚是指直接将矩形钢管埋入基础或基础梁的混凝土内。施工时可先将钢管柱脚按要求安装固定于设计标高，然后浇筑基础混凝土或基础梁混凝土，或者先浇筑基础混凝土或基础梁混凝土并预留出钢管柱的杯口，待钢柱安装就位后再用高等级的混凝土将杯口内的孔隙填实。通常按前一种方法施工的柱脚的整体刚度较高。钢管的埋入深度是影响柱脚固定程度、承载力和刚度的重要因素，其底板埋入基础的深度宜取为柱截面高度的2～3倍。柱脚底板应采用预埋锚栓连接，必要时可在埋入部分的柱身上设置抗剪连接件传递柱子承受的拉力，如图17.6-16所示。灌入的混凝土应采用微膨胀细石混凝土，其强度等级应高于基础混凝土。

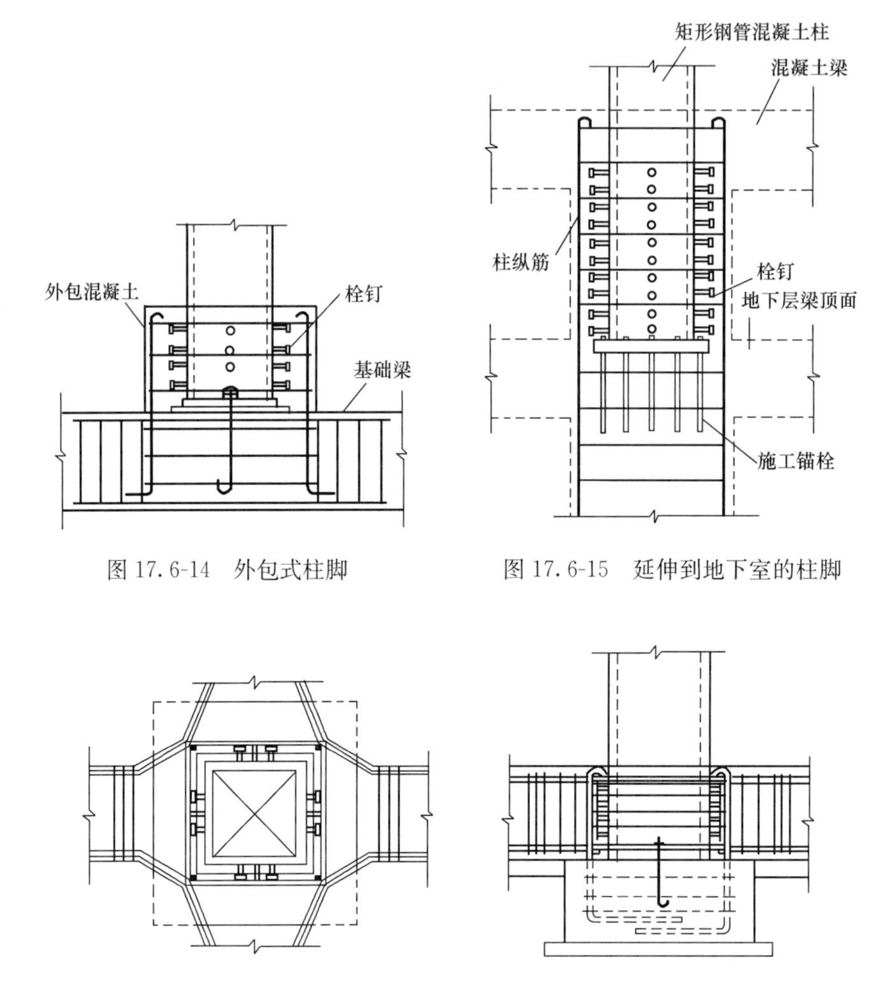

图17.6-14　外包式柱脚

图17.6-15　延伸到地下室的柱脚

图17.6-16　埋入式柱脚

3. 外露式柱脚

外露式柱脚主要由底板、加劲肋、锚栓等组成，各部分的板件均应具有足够的强度和刚度，并且相互之间有可靠的连接。矩形钢管混凝土的外露式柱脚构造形式参见图17.6-17所示，且应满足下列构造要求：

（1）锚栓应有足够的锚固长度，防止柱脚在轴拉力或弯矩作用下将锚栓从基础中拔出。锚栓应采用双重螺帽拧紧或采用其他措施防止松动。

（2）底板除满足强度要求外，尚应具有足够的面外刚度。

（3）底板应与基础顶面密切接触。

(4) 柱底剪力可由底板与混凝土间的摩擦传递，摩擦系数可取0.4。当基础顶面预埋钢板时，柱底板与预埋钢板间应采取剪力传递措施。当剪力大于摩擦力或柱脚受拉时，宜采用抗剪连接件传递剪力。

外包式、埋入式、外露式柱脚更为详细的构造与计算见本手册13.8节。

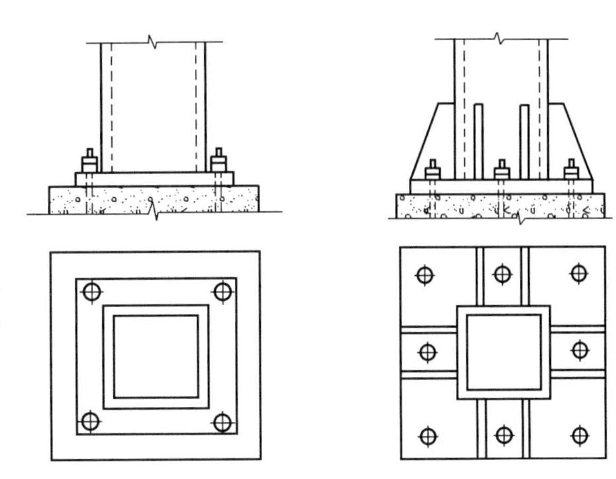

图 17.6-17 外露式柱脚

17.6.5 矩形钢管混凝土柱及节点设计实例

【例题 17.6-1】某工程边柱 Z2 采用矩形钢管混凝土柱。柱截面为800mm×800mm，钢管壁厚 24mm，截面构造如图 17.6-18 所示。钢管采用 Q345 钢材，钢管内核心混凝土为 C50 级。该矩形钢管混凝土柱的轴力设计值 $N=10000\text{kN}$，x 方向的弯矩设计值 $M_x=3000\text{kN}\cdot\text{m}$，$y$ 方向的弯矩设计值 $M_y=2000\text{kN}\cdot\text{m}$。柱计算长度 μl 为 8.92m，试验算该柱的承载力是否满足要求。

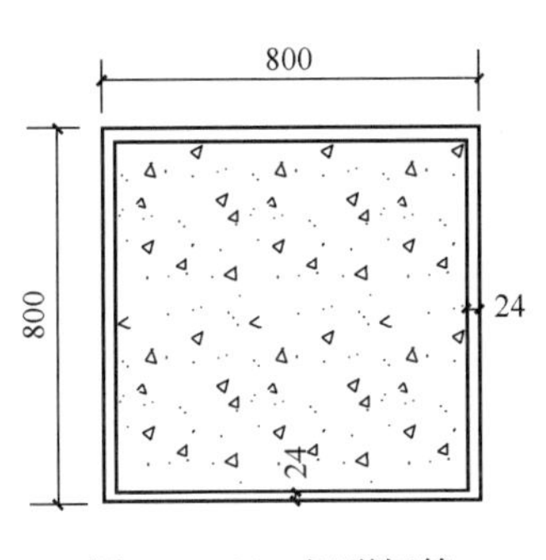

图 17.6-18 矩形钢管混凝土柱截面

解：(1) 承载力验算

24mm 厚 Q345 钢材强度设计值 $f=295\text{N/mm}^2$，C50 混凝土抗压强度设计值 $f_c=23.1\text{N/mm}^2$。钢管截面积 $A_s=74496\text{mm}^2$，混凝土截面积 $A_c=565504\text{mm}^2$。

混凝土工作承担系数 $a_c=\dfrac{A_cf_c}{A_sf+A_cf_c}=0.373$，符合式(17.6-4) 的要求。

由式 (17.6-16)，管内混凝土受压区高度 $d_{nx}=d_{ny}=\dfrac{A_s-2bt}{(b-2t)\dfrac{f_c}{f}+4t}=233\text{mm}$

由式 (17.6-15)，矩形钢管混凝土净截面的抗弯承载力设计值

$$M_{unx}=M_{uny}=[0.5A_{sn}(h-2t-d_n)+bt(t+d_n)]f=7185\text{kN}\cdot\text{m}$$

由式 (17.6-6)，矩形钢管混凝土净截面轴心受压承载力设计值

$$N_{un}=A_{sn}f+A_cf_c=35039\text{kN}$$

该柱为边柱，取 1.2 倍安全系数验算双向压弯承载力。

由式 (17.6-20)

$$1.2\times\left[\frac{N}{N_{un}}+(1-a_c)\frac{M_x}{M_{unx}}+(1-a_c)\frac{M_y}{M_{uny}}\right]=0.87<1$$

$$1.2\times\left[\frac{M_x}{M_{unx}}+\frac{M_y}{M_{uny}}\right]=0.84<1$$

承载力满足要求。

(2) M_x 方向的稳定性验算

矩形钢管截面惯性矩 $I_{sx}=7.48\times10^{9}\mathrm{mm}^4$

核心混凝土截面惯性矩 $I_{cx}=2.66\times10^{10}\mathrm{mm}^4$

当量回转半径 $r_{0x}=315\mathrm{mm}$

矩形钢管混凝土柱计算长度 $l_{0x}=\mu l=1\times8920=8920\mathrm{mm}$

长细比 $\lambda_x=\dfrac{l_{0x}}{r_{0x}}=28.3$，相对长细比 $\lambda_{0x}=\dfrac{\lambda_x}{\pi}\sqrt{\dfrac{f_y}{E_s}}=0.374$

由式（17.6-9），M_x 方向的受压稳定系数 $\varphi_x=0.96$

该柱属于有侧移的框架柱，等效弯矩系数 $\beta_x=\beta_y=1$

欧拉临界力 $N_{Ex}=N_u\dfrac{\pi^2E_s}{\lambda_x^2f}=293097\mathrm{kN}$

由式（17.6-21），计算 M_x 作用方向的稳定性

$$\frac{N}{\varphi_xN_u}+(1-a_c)\frac{\beta_xM_x}{\left(1-0.8\dfrac{N}{N'_{Ex}}\right)M_{ux}}+\frac{\beta_yM_y}{1.4M_{uy}}=0.78<1$$

$$\frac{\beta_xM_x}{\left(1-0.8\dfrac{N}{N'_{Ex}}\right)M_{ux}}+\frac{\beta_yM_y}{1.4M_{uy}}=0.63<1$$

满足在 M_x 方向的稳定性要求。

（3）M_y 方向的稳定性验算

当量回转半径 $r_{0y}=315\mathrm{mm}$

矩形钢管混凝土柱计算长度 $l_{0y}=\mu l=1\times8920=8920\mathrm{mm}$

长细比 $\lambda_y=\dfrac{l_{0y}}{r_{0y}}=28.3$

相对长细比 $\lambda_{0y}=\dfrac{\lambda_y}{\pi}\sqrt{\dfrac{f_y}{E_s}}=0.374$

由式（17.6-9），M_y 方向的受压稳定系数 $\varphi_x=0.92$

因为结构有侧移，等效弯矩系数取 $\beta_x=\beta_y=1$

欧拉临界力 $N_{Ey}=N_u\dfrac{\pi^2E_s}{\lambda_y^2\mathrm{f}}=293097\mathrm{kN}$

M_y 作用方向的稳定性

$$\frac{N}{\varphi_yN_{un}}+(1-a_c)\frac{\beta_yM_y}{\left(1-0.8\dfrac{N}{N'_{Ey}}\right)M_{uny}}+\frac{\beta_xM_x}{1.4M_{unx}}=0.79<1$$

$$\frac{\beta_yM_y}{\left(1-0.8\dfrac{N}{N'_{Ey}}\right)M_{uny}}+\frac{\beta_xM_x}{1.4M_{unx}}=0.59<1$$

柱 Z2 在 M_y 作用方向的稳定性满足要求。

【例题 17.6-2】某工程采用钢-混凝土组合梁楼盖与矩形钢管混凝土柱形成的组合结构体系，其中梁-柱节点为内隔板式。节点构造和梁端内力如图 17.6-19 所示。柱截面构造与例题 17.6-1 相同，内隔板采用 Q345 钢材，厚度均为 24mm；浇注孔直径 240mm，四角通气孔直径 30mm。

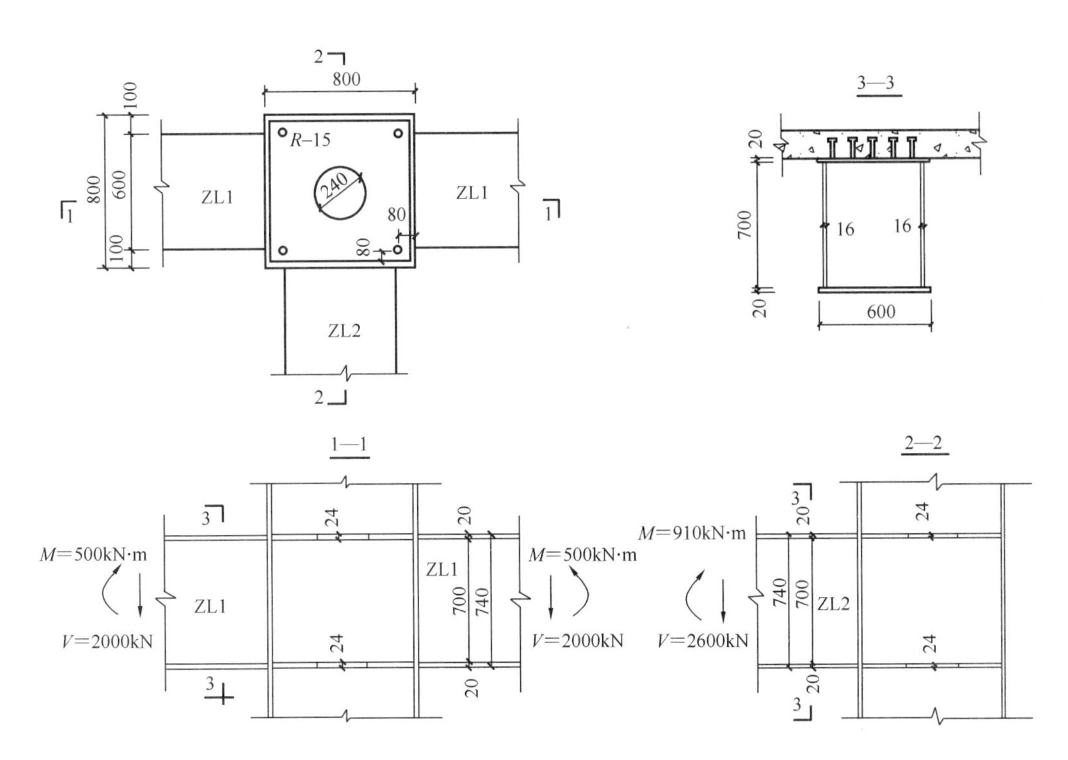

图 17.6-19 内隔板式节点构造图

解:

(1) ZL1 与柱连接焊缝的计算

主梁 ZL1 与柱采用带坡口的全熔透角焊缝连接，采用一级焊缝。

梁端与柱连接焊缝处受力为 $V=2000\text{kN}$，$M=500\text{kN}\cdot\text{m}$。

对接全熔透焊缝抗剪验算截面取最薄板处验算，最大剪应力

$$\tau_{\max}=1.5V/A_{\text{w}}=1.5\times2000/(2\times700\times16)=134\text{N/mm}^2<f_{\text{v}}=180\text{N/mm}^2$$

焊缝满足抗剪要求。

焊缝的抗弯惯性矩 $I=4.69\times10^9\text{mm}^4$

$$\sigma_{\max}=Mh/2I=40\text{N/mm}^2$$

ZL1 与矩形钢管柱壁间的焊缝满足抗弯要求。

(2) ZL2 与柱连接焊缝的计算

主梁 ZL2 与柱采用带坡口的全熔透角焊缝连接，采用一级焊缝。

梁端与柱连接焊缝处受力为 $V=2600\text{kN}$，$M=910\text{kN}\cdot\text{m}$。

对接全熔透焊缝抗剪验算截面取最薄板处验算，最大剪应力

$$\tau_{\max}=1.5V/A_{\text{w}}=1.5\times2600/(2\times700\times16)=174\text{N/mm}^2<f_{\text{v}}=180\text{N/mm}^2$$

焊缝满足抗剪要求。

焊缝的抗弯惯性矩 $I=4.69\times10^9\text{mm}^4$

$$\sigma_{\max}=Mh/2I=73\text{N/mm}^2$$

ZL2 与矩形钢管柱壁间的焊缝满足抗弯要求。

(3) 内隔板式节点抗弯验算

柱宽 $b=800\text{mm}$，梁宽 $b_b=600\text{mm}$，$x=\sqrt{0.25(b-b_b)b}=200\text{mm}$

钢管壁抗拉强度 $f=295\text{N/mm}^2$，$M_u=0.25ft^2=42480\text{N}\cdot\text{mm}$

钢管壁拼接焊缝的有效厚度 $a_c=24\text{mm}$

该焊缝设计抗拉强度 $f_w=295\text{N/mm}^2$

$$M_a=\min(M_u, 0.25f_w a_c^2)=42480\text{N}\cdot\text{mm}$$

内隔板抗拉强度 $f_j=295\text{N/mm}^2$，厚度 $t_j=24\text{mm}$

内隔板气孔到边缘距离 $l_1=330\text{mm}$，保守考虑取 $l_2=0\text{mm}$

梁翼缘厚度 $t_{bf}=20\text{mm}$

代入式（17.6-34）得

$$M_u^j=\left[\frac{(4x+2t_{bf})(M_u+M_a)}{0.5(b-b_b)}+\frac{4bM_u}{x}+\sqrt{2}t_j f_j(l_2+0.5l_1)\right](h_b-t_{bf})=3030\text{kN}\cdot\text{m}$$

节点连接处的设计内力：

x 方向为 $M_{x1}=500\text{kN}\cdot\text{m}$，$V_{x1}=2000\text{kN}$，$M_{x2}=500\text{kN}\cdot\text{m}$，$V_{x2}=2000\text{kN}$；

y 方向为 $M_{y1}=910\text{kN}\cdot\text{m}$，$V_{y1}=2600\text{kN}$

$$\beta_m M=1.2\times910=1092\text{kN}\cdot\text{m}<M_u^j$$

因此内隔板节点满足抗弯承载力要求。

（4）内隔板式节点抗剪验算

柱腹板和柱翼缘之间的焊缝抗剪承载力贡献

$$2N_y h_c/h_b=2h_c\min(a_c h_b f_w, th_b f)/\sqrt{3}h_b=6148\text{kN}$$

钢管腹板抗剪承载力贡献

$$4M_{uw}/h_b=4h_b t[1-\cos(\sqrt{3}h_c/h_b)]f/b=4130\text{kN}$$

内隔板贡献

$$4M_{uj}/h_b=b_c t_j^2 f_j=171\text{kN}$$

混凝土抗剪贡献

$$N_{cv}=b_c h_c^2 f_c/h_b[4+(h_c/h_b)^2]=2627\text{kN}$$

节点抗剪承载力

$$V_u^j=\frac{2N_y h_c+4M_{uw}+4M_{uj}+0.5N_{cv}h_c}{h_b}=13075\text{kN}$$

$$\beta_v V=1.3\times2600=3380\text{kN}<V_u^j$$

因此，节点满足抗剪要求。

参考文献

[1] 聂建国．钢-混凝土组合梁强度、变形和裂缝的研究．博士后出站报告，北京：清华大学，1994.

[2] 王洪全．钢-混凝土叠合板组合梁纵向抗剪及极限抗弯强度的试验研究．硕士学位论文，北京：清华大学，1996.

[3] 崔玉萍．静载作用下简支钢-混凝土叠合板组合梁的试验研究．硕士学位论文，北京：北京市市政工程研究院，1996.

[4] 王挺．钢-压型钢板混凝土组合梁的试验研究．硕士学位论文，北京：清华大学，2000.

[5] Johnson R. P. Composite structures of steel and concrete，vol 1：Beams，columns，frames and applications in building. 2nd Ed. Oxford：Blackwell Scientific，1994.

[6] 聂建国，沈聚敏，袁彦声．钢－混凝土简支组合梁变形计算的一般公式．工程力学，1994，11(1)：21-27.

[7] 钢结构设计标准：GB 50017—2017[S]. 北京：中国建筑工业出版社，2018.

[8] Eurocode 4. Design of composite steel and concrete structures, Part 1. 1: General rules and rules for buildings. European Committee for Standardization (CEN), Brussels, Belgium, 1994.

[9] 聂建国，沈聚敏．钢筋混凝土梁长期斜裂缝宽度的试验研究．建筑结构学报，1996，16(3)：3-9.

[10] 聂建国，沈聚敏．钢筋砼梁在长期荷载作用下的变形．建筑结构学报，1994，15(5)：24-32.

[11] 聂建国，沈聚敏，余志武．考虑滑移效应的钢－混凝土简支组合梁变形计算的折减刚度法．土木工程学报，1995，28(6)：11-17.

[12] 聂建国，沈聚敏．滑移效应对钢－混凝土组合梁弯曲强度的影响及其计算．土木工程学报，1997，30(1)：31-36.

[13] 王聚厚，聂建国，卫军，等．用普通钢筋混凝土叠合板作受压翼缘的钢－混凝土组合梁．工业建筑. 1992，22(2)：6-9.

[14] 李天．简支钢混凝土组合梁在短期静载作用下的试验研究和性能分析．硕士学位论文，郑州：郑州工学院，1984.

[15] 聂建国，等．钢－混凝土叠合板组合梁的试验研究．清华大学结构工程研究所，1995.

[16] Chapman J. C. , Balakrishnan S. Experiments on composite beams. The Structural Engineer. 1964, 42(11).

[17] Davies C. Tests on half-scale steel-concrete composite beams with welded stud connectors. The Structural Engineer, 1969, 47(1).

[18] Johnson R. P. , May I. M. Partial-interaction design of composite beams. The Structural Engineer, 1975, 53(8).

[19] Stark J. W. B. Composite steel and concrete beams with partial shear connection. HERON, 1989, 34(4).

[20] 聂建国，等．钢－混凝土叠合板组合楼层的试验研究．郑州工学院，1988.

[21] Oehlers D. J. The splitting strength of concrete prism subjected to surface stip or path loads. Magazine of concrete research, 1981.

[22] Johnson R. P. Analysis and design for longitudinal shear in composite T-beam, Proc. I. C. E, Part2, 1981.

[23] Mattock A. H. Shear transfer in reinforced concrete-recent research, PCI Jour, 1972.

[24] 聂建国，余志武．钢－混凝土组合梁在我国的研究及应用．土木工程学报，1999，32(2)：3-8.

[25] Johnson R. P. Composite structures of steel and concrete, vol 1: Beams, columns, frames and applications in building. 2nd Ed. Oxford: Blackwell Scientific, 1994.

[26] 朱聘儒．钢－混凝土组合梁设计原理．北京：中国建筑工业出版社，1989.

[27] 陈世鸣．钢－混凝土连续组合梁的稳定．工业建筑，2002，32(9)：1-4.

[28] Heins C. P. , Firmage D. A. Design of modern steel highway bridges. New York: Wiley, 1979.

[29] Aribert J. M. , Raoul J. , Terpereau O. Tests and analysis of a bridge continuous composite beam. Composite construction conventional and innovative, Austria, 1997(9): 217-276.

[30] Salari M. R. , Spacone E. , Shing P. B. , etc. Nonlinear analysis of composite beams with deformableshear connectors. J. Struct. Enrg. , ASCE, 1998, 124(10): 1148-1158.

[31] Mottram J. T. , Johnson R. P. Push tests on studs welded through profiled steel sheeting. Structural engineer, 1990, 68(5): 187-193.

[32] 聂建国，王挺，樊健生．钢－压型钢板混凝土组合梁计算的修正折减刚度法．土木工程学报，

2002，35(4)：1-5.

[33] 聂建国，沈聚敏，袁彦声．钢－混凝土简支组合梁变形计算的一般公式．工程力学，1994，11(1)：21-27.

[34] 陶慕轩．钢-混凝土组合框架结构体系的楼板空间组合效应．博士学位论文．北京：清华大学，2012.

[35] 陶慕轩，聂建国．考虑楼板空间组合作用的组合框架体系设计方法．Ⅱ：刚度及验证．土木工程学报，2013，46(2)：1-12.

[36] 陶慕轩，聂建国．考虑楼板空间组合作用的组合框架体系设计方法．Ⅰ：极限承载力能力．土木工程学报，2012，45(11)：39-50.

[37] 黄远．钢-混凝土组合框架受力性能的试验研究和模型分析．博士学位论文．北京：清华大学，2009.

[38] 汪大绥，周建龙．我国高层建筑钢-混凝土混合结构发展与展望．建筑结构学报，2010，31(6)：62-70.

[39] 聂建国．钢-混凝土组合结构：原理与实例．北京：科学出版社，2009.

[40] 温凌燕．双向钢-混凝土组合梁板体系的试验研究与理论分析．博士学位论文．北京：清华大学，2007.

[41] 聂建国，陶慕轩，黄远，等．钢-混凝土组合结构体系研究新进展．建筑结构学报，2010，31(6)：34-43.

[42] 田淑明．框架-混凝土核心筒混合结构的刚度与抗震性能研究．北京：清华大学，2009.

[43] 聂建国，樊健生．钢与混凝土组合结构设计指导与实例精选．北京：建筑工业出版社，2007.

[44] Bursi O S，Gramola G. Behavior of composite substructures with full and partial shear connection under quasi-static cyclic and pseudo-dynamic displacements. Material and Structures，2000，33(3)：154-163.

[45] Udagawa K，Mimura H. Behavior of composite beam frame by pseudodynamic testing. Journal of Structural Engineering，ASCE，1991，117(5)：1317-1335.

[46] Nakashima M，Matsumiya T，Suita K，et al. Full-scale test of composite frame under large cyclic loading. Journal of Structural Engineering，ASCE，2007，133(2)：297-304.

[47] Tagawa Y，Kato B，Aoki H. Behavior of composite beams in steel frame under hysteretic loading. Journal of Structural Engineering，ASCE，1989，115(8)：2029-2045.

[48] 聂建国，黄远，樊健生．考虑楼板组合作用的方钢管混凝土组合框架受力性能试验研究．建筑结构学报，2011，32(3)：99-108.

[49] Wegmuller A W，Amer H N. Nonlinear response of composite steel-concrete bridges. Composite and Structures，1977，7(2)：161-169.

[50] Hirst M J S，Yeo M F. The analysis of composite beams using standard finite element programs. Composite and Structures，1980，11(3)，233-237.

[51] Razaqpur A G，Nofal M. A finite element for modeling the nonlinear behavior of shear connectors in composite structures. Composite and Structures，1989，32(1)：169-174.

[52] Bursi O S，Sun F F，Postal S. Nonlinear analysis of steel-concrete composite frames with full and partial shear connection subjected to seismic loads. Journal of Constructional Steel Research，2005，61(1)：67-92.

[53] 黄远，聂建国，陶慕轩，等．考虑楼板组合作用的方钢管混凝土组合框架受力性能有限元分析. 建筑结构学报，2011，32(3)：109-116.

[54] Salari M R，Spacone E，Shing P B，et al. Nonlinear analysis of composite beams with deformable

shear connectors. Journal of Structural Engineering, ASCE, 1998, 124(10): 1148-1158.

[55] Salari M R, Spacone E. Analysis of steel-concrete composite frames with bond-slip. Journal of Structural Engineering, ASCE, 2001, 127(11): 1243-1250.

[56] Pi Y L, Bradford M A, Uy B. Second order nonlinear inelastic analysis of composite steel-concrete members. I: Theory. Journal of Structural Engineering, ASCE, 2006, 132(5): 751-761.

[57] Pi Y L, Bradford M A, Uy B. Second order nonlinear inelastic analysis of composite steel-concrete members. Ⅱ: Applications. Journal of Structural Engineering, ASCE, 2006, 132(5): 762-771.

[58] Zona A, Barbato M, Conte J P. Nonlinear seismic response analysis of steel-concrete composite frames. Journal of Structural Engineering, ASCE, 2008, 134(6): 986-997.

[59] Liew J Y R, Chen H, Shanmugam N E. Inelastic analysis of steel frames with composite beams. Journal of Structural Engineering, ASCE, 2001, 127(2): 194-202.

[60] Kim K D, Engelhardt M D. Composite beam element for nonlinear seismic analysis of steel frames. Journal of Structural Engineering, ASCE, 2005, 131(5): 715-724.

[61] R. M. Lawson, J. Lim, S. J. Hicks, W. I. Simms; Design of composite asymmetric cellular beams and beams with large web openings; Journal of Constructional Steel Research 62 (2006)614 - 629.

[62] 聂建国，刘明，叶列平．钢-混凝土组合结构[M]. 北京：中国建筑工业出版社，2005.

[63] 聂建国，沈聚敏．滑移效应对钢-混凝土组合梁抗弯强度的影响及其计算[J]. 土木工程学报，1997，30(1)：31-36.

[64] 潘年．钢桁架-混凝土组合梁的试验研究．硕士学位论文，北京：清华大学，2012.

[65] CECS 159：2004. 矩形钢管混凝土结构技术规程．北京：中国计划出版社，2004.

[66] 李志强、王伟、陈以一．方钢管混凝土柱-钢桁架结构破坏模式分析与试验验证，同济大学学报，2015.

[67] 李志强、王伟、陈以一．钢桁架-圆钢管混凝土柱连接区段抗震性能与承载机理分析，建筑结构学报，2013，34(7)：47-55.

[68] 王伟、李万祺、陈以一．空间钢管混凝土柱-环梁节点抗震机理试验研究，建筑结构学报，2013，34(s1)：21-27.

[69] 王伟、严鹏．钢管混凝土分叉柱节点受力性能试验研究，建筑结构学报，2013，34(s1)：16-20.

[70] 严鹏、王伟、陈以一．钢管混凝土柱与伸臂桁架连接节点试验研究，工程力学，2013，30(suppl)：78-82.

[71] 李志强、王伟、陈以一、张峥、丁洁民．铁路客站钢桁架-方钢管混凝土柱节点构造优化与试验研究，建筑结构，2013，43(13)：63-66.

[72] 赵必大、王伟、陈以一等．钢管混凝土柱-箱梁内加劲节点的性能研究．西安建筑科技大学学报，2010，42(1)：15-21.

[73] 王毅、陈以一、王伟等．钢管混凝土外包式柱脚抗弯性能试验研究，建筑结构，2009，39(6)：5-8.

[74] 徐永基、吕旭东、张又一、陈以一、王伟等．钢管混凝土柱外包式柱脚抗震设计方法探讨，建筑结构，2009，39(6)：1-4.

[75] Zhiqiang Li, Wei Wang, Yiyi Chen, Tak-Ming Chan. (2014). "Test and analysis on the seismic performance of a steel truss-to-circular CFT column sub-assembly." Journal of Constructional Steel Research, 103: 200-214.

[76] Zuyan Shen, Yiyi Chen, Wei Wang, Xianzhong Zhao. (2010). "Tubular structures in China: state of the art and applications." Structures and Buildings, Proceedings of the Institution of Civil Engineers, 163(6): 417-426.

[77]　聂建国．钢-混凝土组合结构原理与实例．北京：科学出版社，2009.
[78]　韩林海．钢管混凝土结构理论与实践(第2版)．北京：科学出版社，2007.
[79]　钟善桐．钢管混凝土结构(第3版)．北京：清华大学出版社，2003.
[80]　钟善桐，白国良．高层建筑组合结构框架梁柱节点分析与设计．北京：人民交通出版社，2006.
[81]　聂建国，樊健生．钢与混凝土组合结构设计指导与实例精选．北京：中国建筑工业出版社，2007.

第18章　钢结构防护

18.1　钢结构防火

18.1.1　钢结构防火设计的一般规定

一、防火要求

1. 钢结构构件的设计耐火极限应根据建筑的耐火等级，按照现行国家标准《建筑设计防火规范》GB 50016 的规定确定。柱间支撑的设计耐火极限应与柱相同，楼盖支撑的设计耐火极限应与梁相同，屋盖支撑和系杆的设计耐火极限应与屋顶承重构件相同。

2. 钢结构构件的耐火极限经验算低于设计耐火极限时，应采取防火保护措施。

3. 钢结构节点的防火保护应与被连接构件中防火保护要求最高者相同。

4. 钢结构的防火设计文件应注明建筑的耐火等级、构件的设计耐火极限、构件的防火保护措施、防火材料的性能要求及设计指标。

二、防火设计

1. 钢结构应按结构抗火承载力极限状态进行耐火验算与防火设计。

2. 钢结构的防火设计应根据结构的重要性、结构类型和荷载特征等选择基于整体结构耐火验算或基于构件耐火验算的防火设计方法，并应符合下列规定：

(1) 跨度不小于 60m 的大跨度建筑和高度大于 250m 的高层建筑中的钢结构，宜采用基于整体结构耐火验算的防火设计方法；

(2) 跨度不小于 120m 的大跨度建筑中的钢结构和预应力钢结构，应采用基于整体结构耐火验算的防火设计方法。

3. 基于整体结构耐火验算的防火设计方法应符合下列规定：

(1) 各防火分区应分别作为一个火灾工况进行验算；

(2) 应考虑结构的热膨胀效应、结构材料性能受高温作用的影响，必要时，还应考虑结构几何非线性的影响。

4. 基于构件耐火验算的防火设计方法应符合下列规定：

(1) 计算火灾下构件的组合效应时，可不考虑热膨胀效应，且火灾下构件的边界约束和在外荷载作用下产生的内力可采用常温下的边界约束和内力；

(2) 计算火灾下构件的承载力时，构件温度应取其截面的最高平均温度，并应采用结构材料在相应温度下的强度与弹性模量。

5. 火灾下钢结构构件的实际耐火极限 t_d 不应小于其设计耐火极限 t_m。在构件耐火验算与防火设计时，可采用承载力法或临界温度法。

(1) 承载力法

在设计耐火极限 t_m 时间内，火灾下构件的承载力设计值不应小于其最不利的荷载（作用）组合效应设计值：

$$S_m \leqslant R_d \tag{18.1-1}$$

式中　S_m——荷载（作用）效应组合的设计值，应根据下面第6条的规定确定；

R_d——结构构件抗力的设计值，应根据本节18.1.5部分的规定确定。

（2）临界温度法

在设计耐火极限 t_m 时间内，火灾下构件的最高温度 T_m 不应高于其临界温度 T_d：

$$T_m \leqslant T_d \tag{18.1-2}$$

式中　T_m——在设计耐火极限时间内构件的最高温度，应根据本节18.1.4部分的规定确定；

T_d——构件的临界温度，应根据本节18.1.5部分的规定确定。

6. 钢结构耐火承载力极限状态的最不利荷载（作用）效应组合设计值 S_m，应考虑火灾时结构上可能同时出现的荷载（作用），按下列组合值中的最不利值确定：

$$S_m = \gamma_{0T}(\gamma_G S_{GK} + \gamma_T S_{TK} + \gamma_Q \phi_f S_{QK}) \tag{18.1-3a}$$

$$S_m = \gamma_{0T}(\gamma_G S_{GK} + \gamma_T S_{TK} + \gamma_Q \phi_l S_{QK} + \gamma_W S_{WK}) \tag{18.1-3b}$$

式中　S_m——荷载（作用）效应组合的设计值；

S_{GK}——按永久荷载标准值计算的荷载效应值；

S_{TK}——按火灾下结构的温度标准值计算的作用效应值；

S_{QK}——按楼面或屋面活荷载标准值计算的荷载效应值；

S_{WK}——按风荷载标准值计算的荷载效应值；

γ_{0T}——结构重要性系数；对于耐火等级为一级的建筑，$\gamma_{0T}=1.1$；对于其他建筑，$\gamma_{0T}=1.0$；

γ_G——永久荷载的分项系数，一般可取 $\gamma_G=1.0$；当永久荷载有利时，取 $\gamma_G=0.9$；

γ_T——温度作用的分项系数，取 $\gamma_T=1.0$；

γ_Q——楼面或屋面活荷载的分项系数，取 $\gamma_Q=1.0$；

γ_W——风荷载的分项系数，取 $\gamma_W=0.4$；

ϕ_f——楼面或屋面活荷载的频遇值系数，应按现行国家标准《建筑结构荷载规范》GB 50009的规定取值；

ϕ_q——楼面或屋面活荷载的准永久值系数，应按现行国家标准《建筑结构荷载规范》GB 50009的规定取值。

18.1.2　结构构件耐火极限要求

一、建筑物耐火等级

1. 民用建筑的耐火等级

民用建筑根据其建筑高度和层数可分为单、多层民用建筑和高层民用建筑。高层民用建筑根据其建筑高度、使用功能和楼层的建筑面积可分为一类和二类。民用建筑的分类应符合表18.1-1的规定。

民用建筑的耐火等级应根据其建筑高度、使用功能、重要性和火灾扑救难度等确定，并应符合下列规定：

（1）地下或半地下建筑（室）和一类高层建筑的耐火等级不应低于一级；

（2）单、多层重要公共建筑和二类高层建筑的耐火等级不应低于二级。

民用建筑的分类 表 18.1-1

名称	高层民用建筑		单、多层民用建筑
	一类	二类	
住宅建筑	建筑高度大于54m的住宅建筑（包括设置商业服务网点的住宅建筑）	建筑高度大于27m，但不大于54m的住宅建筑（包括设置商业服务网点的住宅建筑）	建筑高度不大于27m的住宅建筑（包括设置商业服务网点的住宅建筑）
公共建筑	1. 建筑高度大于50m的公共建筑 2. 任意楼层建筑面积大于1000m²的商店、展览、电信、邮政、财贸金融建筑和其他多种功能组合的建筑 3. 医疗建筑、重要公共建筑 4. 省级及以上的广播电视和防灾指挥调度建筑、网局级和省级电力调度建筑 5. 藏书超过100万册的图书馆、书库	除一类高层公共建筑外的其他高层公共建筑	1. 建筑高度大于24m的单层公共建筑 2. 建筑高度不大于24m的其他公共建筑

注：1. 表中未列入的建筑，其类别应根据本表类比确定；

2. 除本规范另有规定外，宿舍、公寓等非住宅类居住建筑的防火要求，应符合现行《建筑设计防火规范》GB 50016有关公共建筑的规定；裙房的防火要求应符合《建筑设计防火规范》GB 50016有关高层民用建筑的规定。

不同耐火等级建筑的允许建筑高度或层数、防火分区最大允许建筑面积应符合表18.1-2的规定。

不同耐火等级建筑的允许建筑高度或层数、防火分区最大允许建筑面积 表 18.1-2

名称	耐火等级	允许建筑高度或层数	防火分区的最大允许建筑面积（m²）	备注
高层民用建筑	一、二级	按表18.1-1的规定	1500	对于体育馆、剧场的观众厅、防火分区的最大允许建筑面积可适当增加
单、多层民用建筑	一、二级	按表18.1-1的规定	2500	
	三级	5层	1200	—
	四级	2层	600	—
地下或半地下建筑（室）	一级	—	500	设备用房的防火分区最大允许建筑面积不应大于100m²

注：1. 表中规定的防火分区最大允许建筑面积，当建筑内设有自动灭火设备时，可按本表的规定增加1.0倍；局部设置时，防火分区的增加面积可按该局部面积的1.0倍计算；

2. 裙房与高层建筑主体之间设置防火墙时，裙房的防火分区可按单、多层建筑的要求确定。

2. 厂房建筑的耐火等级

厂房建筑的耐火等级与生产的火灾危险性密切相关。我国根据在厂房建筑内使用或生产物质的起火及燃烧性能，将这类建筑的火灾危险性分成五类，如表18.1-3所示。各类厂房的耐火等级除与火灾危险性有关外，还与厂房层数、防火分区等有关，应符合

表18.1-4所列要求。

根据目前我国登高消防车的一般工作高度，现在装备的普通消防车的直接吸水扑救火灾高度及消防员的登高能力，将多、高层厂房的界限高度定于24m，即将高度大于24 m、二层及二层以上的厂房划分为高层厂房，将高度小于或等于24m、二层及二层以上的厂房划为多层厂房。

厂房建筑的耐火等级应符合下列规定：

(1) 高层厂房，甲、乙类厂房的耐火等级不应低于二级，建筑面积大于300m^{2}的独立甲、乙类单层厂房可采用三级耐火等级的建筑。

(2) 单、多层丙类厂房和多层丁、戊类厂房的耐火等级不应低于三级。

(3) 使用或储存特殊贵重的机器、仪表、仪器等设备或物品的建筑，其耐火等级不应低于二级。

生产的火灾危险性分类 **表18.1-3**

生产类别	使用或产生下列物质生产的火灾危险性特征
甲	1. 闪点小于28℃的液体 2. 爆炸下限小于10%的气体 3. 常温下能自行分解或在空气中氧化即能导致迅速自燃或爆炸的物质 4. 常温下受到水或空气中水蒸气的作用，能产生可燃气体并引起燃烧或爆炸的物质 5. 遇酸、受热、撞击、摩擦、催化以及遇有机物或硫磺等易燃的无机物，极易引起燃烧或爆炸的强氧化剂 6. 受撞击、摩擦或与氧化剂、有机物接触时能引起燃烧或爆炸的物质 7. 在密闭设备内操作温度等于或接近物质本身自燃点的生产
乙	1. 闪点不小于28℃，但小于60℃的液体 2. 爆炸下限不小于10%的气体 3. 不属于甲类的氧化剂 4. 不属于甲类的化学易燃危险固体 5. 助燃气体 6. 能与空气形成爆炸性混合物的浮游状态的粉尘、纤维、闪点不小于60℃的液体雾滴
丙	1. 闪点不小于60℃的液体 2. 可燃固体
丁	1. 对非燃烧物质进行加工，并在高热或熔化状态下经常产生强辐射热、火花或火焰的生产 2. 利用气体、液体、固体作为燃料或将气体、液体进行燃烧作其他用的各种生产 3. 常温下使用或加工难燃物质的生产
戊	常温下使用或加工不燃烧物质的生产

注：同一座厂房或厂房的任一防火分区内有不同火灾危险性生产时，其分类应按火灾危险性较大的部分确定；当生产过程中使用或产生的易燃、可燃物质的量较少，不足以构成爆炸或火灾危险时，可以按实际情况确定；当符合下述条件之一时，可按火灾危险性较小的部分确定：

(1) 火灾危险性大的部分占本层或本防火分区面积的比例小于5%或丁、戊类生产厂房的油漆工段小于10%，且发生火灾事故时不足以蔓延到其他部位或火灾危险性较大的生产部分采取了有效的防火措施；

(2) 丁、戊类厂房内的油漆工段，当采用封闭喷漆工艺，封闭喷漆空间内保持负压、喷漆工段设置可燃气体探测报警系统或自动抑爆系统，且喷漆工段占所在防火分区建筑面积的比例不大于20%。

（4）锅炉房的耐火等级不应低于二级，当为燃烧锅炉房且锅炉的总蒸发量不大于4t/h时，可采用三级耐火等级的建筑。

（5）油浸变压室、高压配电装置室的耐火等级不应低于二级。

厂房的耐火等级与层数和楼面面积的关系 表 18.1-4

生产类别	耐火等级	最多允许层数	防火分区最大允许楼面面积（m²）			
			单层厂房	多层厂房	高层厂房	厂房的地下室和半地下室
甲	一级	宜采用单层	4000	3000	—	—
	二级		3000	2000	—	—
乙	一级	不限	5000	4000	2000	—
	二级	6	4000	3000	1500	—
丙	一级	不限	不限	6000	3000	500
	二级	不限	8000	4000	2000	500
	三级	2	3000	2000	—	—
丁	一、二级	不限	不限	不限	4000	1000
	三级	3	4000	2000	—	—
	四级	1	1000	—	—	—
戊	一、二级	不限	不限	不限	6000	1000
	三级	3	5000	3000	—	—
	四级	1	1500	—	—	—

注：1. 防火分区间应用防火墙分隔。除甲类厂房外的一、二级耐火等级的单层厂房，如面积超过本表规定，且设置防火墙有困难时，可用防火水幕带或防火卷帘加水幕分隔。

2. 除麻纱厂外，一级耐火等级的多层纺织厂房和二级耐火等级的单层、多层纺织厂房，其每个防火分区的最大允许建筑面积可按本表的规定增加0.5倍，但上述厂房的原棉开包、清花车间与厂房内其他部位之间均应采用耐火极限不低于2.50h的防火墙分隔，需要开设门、窗、洞口时，应设置甲级防火门、窗。

3. 一、二级耐火等级的单层、多层造纸生产联合厂房，其每个防火分区的最大允许占地面积可按本表的规定增加1.5倍，一、二级耐火等级的湿式造纸联合厂房，当纸机烘缸罩内设置自动灭火系统，完成工段设置有效灭火设施保护时，其每个防火分区的最大允许建筑面积可按工艺要求确定。

4. 一、二级耐火等级的谷物筒仓工作塔，当每层工作人数不超过2人时，其层数不限。

5. 一、二级耐火等级的卷烟生产联合厂房内的原料、备料及组配方、制丝、储丝和卷接包、辅料周转、成品暂存、二氧化碳膨胀烟丝等生产用房应划分独立的防火分隔单元，当工艺条件许可时，应采用防火墙进行分隔。其中制丝、储丝和卷接包车间可划分为一个防火分区，且每个防火分区的最大允许建筑面积可按工艺要求确定，但制丝、储丝和卷接包车间之间应采用耐火极限不低于2.00h的防火隔墙和1.00h的楼板进行分隔。厂房内各水平和竖向防火分隔之间的开口应采取防止火灾蔓延的措施。

6. 厂房内的操作平台、检修平台，当使用人数少于10人时，平台的面积可不计入所在防火分区的建筑面积内。

7. "—"表示不允许。

二、建筑结构构件耐火极限

1. 建筑结构构件耐火极限定义

建筑结构构件的耐火极限定义为：构件受标准升温火灾条件下，失去稳定性、完整性或绝热性所用的时间，一般以小时（h）计。

（1）失去稳定性是指结构构件在火灾中丧失承载能力，或达到不适宜继续承载的变形。对于梁和板，不适于继续承载的变形定义为最大挠度超过 $L/20$，其中 L 为试件的计算跨度。对于柱，不适于继续承载的变形可定义为柱的轴向压缩变形速度超过 $3h$（mm/min），其中 h 为柱的受火高度，单位以 m 计。

（2）失去完整性是指分隔构件（如楼板、门窗、隔墙等）一面受火时，构件出现穿透裂缝或穿火孔隙，使火焰能穿过构件，造成背火面可燃物起火燃烧。

（3）失去绝热性是指分隔构件一面受火时，背火面温度达到 220℃，可造成背火面可燃物（如纸张、纺织品等）起火燃烧。

当进行结构抗火设计时，可将结构构件分为两类，一类为兼作分隔构件的结构构件（如承重墙、楼板），这类构件的耐火极限应由构件失去稳定性或失去完整性或失去绝热性三个条件之一的最小时间确定；另一类为纯结构构件（如梁、柱、屋架等），该类构件的耐火极限则由失去稳定性单一条件确定。

2. 建筑结构构件耐火极限要求

我国现行有关规范，仅考虑了上述（1）、（2）两个因素，对建筑结构构件的耐火极限作了明确规定，如表 18.1-5 所示。表 18.1-5 中不燃性、难燃性和可燃性是指构件材料的燃烧性能，其定义如下：

（1）不燃性。指受到火烧或高温作用时不起火、不燃烧、不炭化的材料。用于结构构件的这类材料有：钢材、混凝土、砖、石等。

（2）难燃性。指在空气中受到火烧或高温作用时难起火，当火源移走后，燃烧立即停止的材料。用于结构构件的这类材料有：经过阻燃、难燃处理后的木材、塑料等。

（3）可燃性。指在明火或高温下起火，在火源移走后能继续燃烧的材料。可用于结构构件的这类材料主要有：天然木材、竹子等。

建筑结构构件的燃烧性能和耐火极限　　表 18.1-5

构件名称		耐火等级			
		一级	二级	三级	四级
墙	防火墙	不燃性 3.00	不燃性 3.00	不燃性 3.00	不燃性 3.00
	承重墙	不燃性 3.00	不燃性 2.50	不燃性 2.00	难燃性 0.50
柱		不燃性 3.00	不燃性 2.50	不燃性 2.00	难燃性 0.50
梁		不燃性 2.00	不燃性 1.50	不燃性 1.00	难燃性 0.50
楼板		不燃性 1.50	不燃性 1.00	不燃性 0.50	可燃性
屋顶承重构件		不燃性 1.50	不燃性 1.00	可燃性 0.50	可燃性
疏散楼梯		不燃性 1.50	不燃性 1.00	不燃性 0.50	可燃性

注：1. 以木柱承重且墙体采用不燃烧材料的建筑，其耐火等级应按四级确定；
2. 住宅建筑构件的耐火极限和燃烧性能可按现行国家标准《住宅建筑规范》GB 50368 的规定执行。

18.1.3 钢结构防火保护措施

一、钢结构防火保护的主要方法与选用应注意的问题

1. 浇筑混凝土或砌筑砌块

采用混凝土或耐火砖完全封闭钢构件，见图 18.1-1。这种方法优点是强度高，耐冲击，但缺点是要占用的空间较大；另外，施工也较麻烦，特别在钢梁、斜撑上，施工十分困难。

2. 涂抹防火涂料

将防火涂料涂覆于钢材表面，见图 18.1-2，这种方法施工简便、重量轻、耐火时间长，而且不受钢构件几何形状限制，具有较好的经济性和实用性。

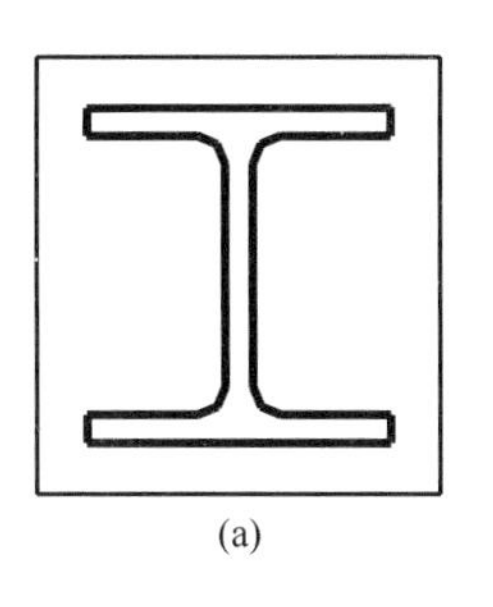

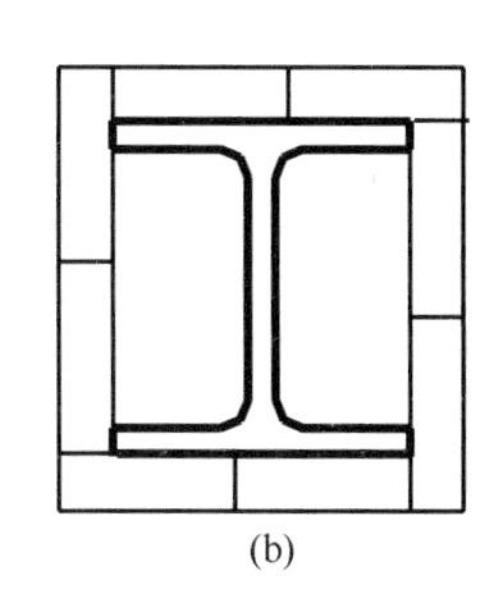

图 18.1-1 浇铸混凝土或砌筑耐火砖
（a）浇铸混凝土；（b）砌筑耐火砖

3. 外包轻质防火板材

采用纤维增强水泥板（如 TK 板，FC 板）、石膏板、硅酸钙板、蛭石板将钢构件包覆起来，见图 18.1-3。防火板由工厂加工，表面平整、装饰性好，施工为干作业。用于钢柱防火具有占用空间少、综合造价低的优点。

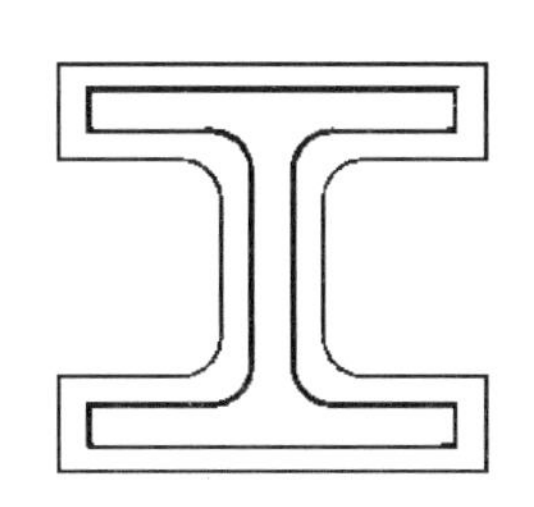

图 18.1-2 涂抹防火涂料

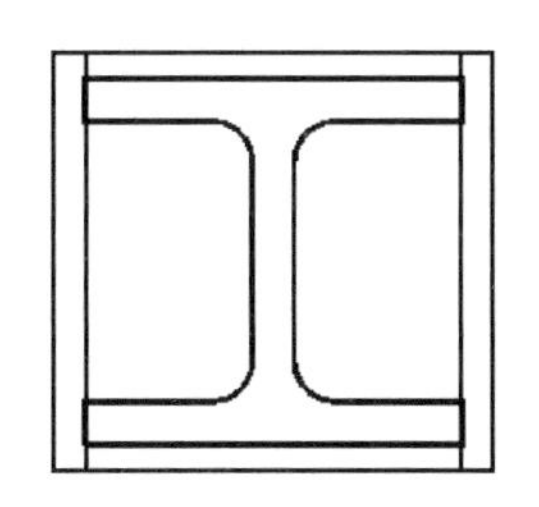

图 18.1-3 外包防火板材

4. 包裹柔性毡状隔热材料

采用隔热毯、隔热膜等柔性毡状隔热材料包裹构件，见图 18.1-4，这种方法隔热性好，施工简便，造价低，适用于室内不易受机械伤害和免受水湿的部位。

5. 选用钢结构防火保护措施应注意的问题

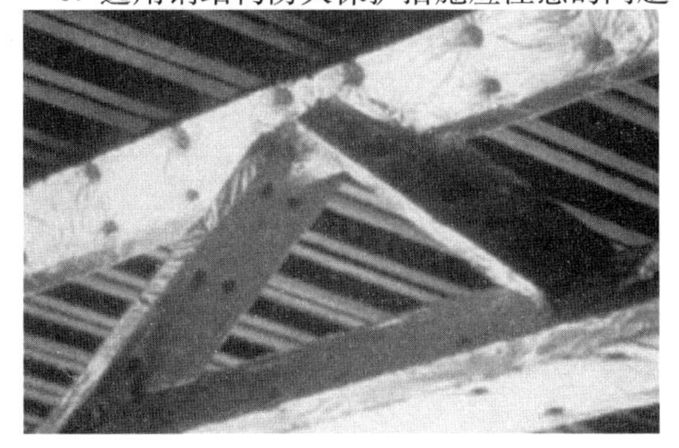

图 18.1-4 包裹毡状隔热材料

（1）钢结构可采用上述防火保护措施之一或其中几种的复合；

（2）防火保护施工时，不应产生对人体有害的粉尘或气体；

（3）钢构件受火后发生允许变形时，防火保护不发生结构性破坏与失效。

二、混凝土或砌体防火保护

钢结构采用外包混凝土、金属网抹砂浆或砌筑砌体保护时，应符合下列规定：

（1）外包混凝土时，混凝土的强度等级不应低于C20；

（2）外包金属网抹砂浆时，砂浆的强度等级不应低于M5；金属丝网的网格不应大于20mm，丝径不应小于0.6mm；砂浆最小厚度不小于25mm；

（3）砌筑砌体时，砌块的强度等级不应低于MU10。

三、钢结构防火涂料

1. 钢结构防火涂料类型

通常根据高温下涂层变化情况将防火涂料分为膨胀型和非膨胀型两大系列：

（1）膨胀型防火涂料

又称薄型防火涂料，厚度一般为1～7mm，其中厚度小于3mm时也称超薄膨胀型防火涂料。膨胀型防火涂料基料为有机树脂，配方中还含有发泡剂、碳化剂等成分，遇火后自身会发泡膨胀，形成比原涂层厚度大十几倍到数十倍的多孔碳质层。多孔碳质层可阻挡外部热源对基材的传热，如同绝热屏障。膨胀型防火涂料用于钢结构防火，耐火极限可达0.5～2.0h。膨胀型防火涂料涂层薄、重量轻、抗振性好，有较好的装饰性，缺点是施工时气味较大，涂层易老化，若处于吸湿受潮状态会失去膨胀性。

（2）非膨胀型防火涂料

又称之厚型防火涂料，涂层厚度从7mm到50mm，主要成分为无机绝热材料，遇火不膨胀，自身具有良好的隔热性。对应耐火极限可达到0.5至3h以上。非膨胀型防火涂料一般不燃、无毒、耐老化、耐久性较可靠，适用于永久性建筑中。

厚型防火涂料又分两类，一类以矿物纤维为骨料采用干法喷涂施工；另一类是以膨胀蛭石、膨胀珍珠岩等颗粒材料为主的骨料，采用湿法喷涂施工。采用干法喷涂纤维材料与湿法喷涂颗粒材料相比，涂层容重轻，但施工时容易散发细微纤维粉尘，给施工环境和人员的保护带来一定问题，另外表面疏松，只适合于完全封闭的隐蔽工程。厚型防火涂料两种类型的性能比较见表18.1-6。

两种类型厚型涂料性能和应用比较　　表18.1-6

涂料类型	颗粒型（蛭石）	纤维型（矿棉）
主要原料	蛭石、珍珠岩、微珠等	石棉、矿棉、硅酸铝纤维
容重（kg/m^3）	350～450	250～350
抗振性	一般	良
吸声系数（0.5～2k）	≤0.5	≥0.7
导热系数（W/mK）	0.1左右	≤0.06
施工工艺	湿法机喷或手抹	干法机喷
一次喷涂厚度（cm）	0.5～1.2	2～3
外观	光滑平整	粗糙
劳动条件	基本无粉尘	粉尘多
修补难易程度	易	难

2. 钢结构防火涂料技术要求

（1）一般要求

钢结构防火涂料技术应符合以下要求：

1）用于制造防火涂料的原料不得使用石棉材料和苯类溶剂。

2）防火涂料可用喷涂、抹涂、辊涂或刷涂等方法中的任何一种或多种方法方便地施工，并能在通常的自然环境条件下干燥固化。

3）防火涂料应呈碱性或偏碱性，复层涂料应相互配套。底层涂料应能同防锈漆或钢板相协调。

4）涂层实干后不应有刺激性气味，燃烧时不产生浓烟和有害人体健康的气味。

（2）性能指标

室内钢结构防火涂料的技术性能应符合表18.1-7的规定。

室内钢结构防火涂料技术性能要求 **表18.1-7**

序号	项目	指标		
		NCB	NB	NH
1	在容器中的状态	经搅拌后呈均匀细腻状态，无结块	经搅拌后呈均匀液态或稠厚流体状态，无结块	经搅拌后呈均匀稠厚流体状态，无结块
2	干燥时间（表干）/h	≤8	12	≤24
3	外观与颜色	涂层干燥后，外观与颜色同样品相比应无明显差别	涂层干燥后，外观与颜色同样品相比应无明显差别	—
4	初期干燥抗裂性	不应出现裂纹	一般不应出现裂纹。如有1～3条裂纹，其宽度应不大于0.5mm	一般不应出现裂纹。如有1～3条裂纹，其宽度应不大于1mm
5	粘结强度/MPa	≥0.20	≥0.15	≥0.04
6	抗压强度/MPa	—	—	≥0.3
7	干密度/（kg/m^3）	—	—	≤500
8	耐水性/h	≥24 涂层应无起层、发泡、脱落现象	≥24 涂层应无起层、发泡、脱落现象	≥24 涂层应无起层、发泡、脱落现象
9	耐冷热循环性/次	≥15 涂层应无开裂、剥落、起泡现象	≥15 涂层应无开裂、剥落、起泡现象	≥15 涂层应无开裂、剥落、起泡现象

注：NCB指室内超薄膨胀型钢结构防火涂料，NB指室内膨胀型钢结构防火涂料，NH指室内非膨胀型钢结构防火涂料。

3. 室外用钢结构防火涂料

室外用钢结构防火涂料主要用于石化企业的露天生产装置、储液罐支框，其他工业设备的框架、塔型支座、石油钻井平台等室外或半室外的钢结构建（构）筑物，除与室内防火涂料具有相同耐火极限要求外，还应具有优良的耐候性。室外钢结构防火涂料的技术性能应符合表18.1-8的规定。

4. 防火涂料的选用

（1）选用钢结构防火涂料时，应考虑结构类型、耐火极限要求、工作环境等，选用原则如下：

1）高层建筑钢结构，单、多层钢结构的室内隐蔽构件，当规定其耐火极限在1.5h以上时，应选用非膨胀型钢结构防火涂料；

室外钢结构防火涂料技术性能要求　　表18.1-8

序号	项目		指标		
			WCB	WB	WH
1	在容器中的状态		经搅拌后呈均匀细腻状态，无结块	经搅拌后呈均匀液态或稠厚流体状态，无结块	经搅拌后呈均匀稠厚流体状态，无结块
2	干燥时间（表干）/h		≤8	12	≤24
3	外观与颜色		涂层干燥后，外观与颜色同样品相比应无明显差别	涂层干燥后，外观与颜色同样品相比应无明显差别	—
4	初期干燥抗裂性		不应出现裂纹	允许出现1～3条裂纹，其宽度应不大于0.5mm	允许出现1～3条裂纹，其宽度应不大于1mm
5	粘结强度/MPa		≥0.20	≥0.15	≥0.04
6	抗压强度/MPa		—	—	≥0.5
7	干密度/（kg/m^3）		—	—	≤650
8	耐曝热性/h		≥720涂层应无起层、脱落、空鼓、开裂现象	≥720涂层应无起层、脱落、空鼓、开裂现象	≥720涂层应无起层、脱落、空鼓、开裂现象
9	耐湿热性/h		≥504涂层应无起层、脱落现象	≥504涂层应无起层、脱落现象	≥504涂层应无起层、脱落现象
10	耐冻融循环性/次		≥15涂层应无开裂、脱落、起泡现象	≥15涂层应无开裂、脱落、起泡现象	≥15涂层应无开裂、脱落、起泡现象
11	耐酸性/h		≥360涂层应无起层、脱落、开裂现象	≥360涂层应无起层、脱落、开裂现象	≥360涂层应无起层、脱落、开裂现象
12	耐碱性/h		≥360涂层应无起层、脱落、开裂现象	≥360涂层应无起层、脱落、开裂现象	≥360涂层应无起层、脱落、开裂现象
13	耐盐雾腐蚀性/次		≥30涂层应无起泡、明显的变质、软化现象	≥30涂层应无起泡、明显的变质、软化现象	≥30涂层应无起泡、明显的变质、软化现象
14	耐火性能	涂层厚度（不大于）/mm	2.00±0.20	5.00±0.50	25.00±2.00
		耐火极限（不低于）/h	1.0	1.0	2.0

说明：WCB指室外超薄膨胀型钢结构防火涂料，WB指室外膨胀钢结构防火涂料，WH指室外非膨胀型钢结构防火涂料。

2）室内裸露钢结构、轻型屋盖钢结构及有装饰要求的钢结构，宜选用膨胀型钢结构防火涂料；

3）钢结构耐火极限要求在2.5h及以上，以及室外钢结构工程不宜选用膨胀型防火涂料；

4）装饰要求较高的室内裸露钢结构、特别是钢结构住宅、设备的承重钢框架、支架、裙座等易被碰撞的部位，规定耐火极限要求在2.5h以上时，宜选用钢结构防火板材。

5）露天钢结构，应选用适合室外用的钢结构防火涂料，并至少应有一年以上室外钢结构工程应用验证，且涂层性能无明显变化；

6）复层涂料应相互配套，底层涂料应能同普通的防锈漆配合使用，或者底层涂料自身具有防锈性能；

7）特殊性能的防火涂料在选用时，必须有一年以上的工程应用，其耐火性能必须符合要求；

8）膨胀型防火涂料的保护层厚度必须以实际构件的耐火试验确定。

（2）选用钢结构防火涂料时，还应注意下列问题：

1）不要把技术性能仅能满足室内的涂料用于室外。

室外使用环境要比室内严酷得多，涂料在室外要经受日晒雨淋，风吹冰冻，应选用耐水、耐冻融、耐老化、强度高的防火涂料。

一般说来，非膨胀比膨胀型耐候性好，而非膨胀型中蛭石、珍珠岩颗粒型厚型涂料并采用水泥为粘结剂要比水玻璃为粘结剂的要好。特别是水泥用量较多，密度较大的更适宜用于室外。

2）不要轻易把饰面型防火涂料选用于保护钢结构。

饰面型防火涂料用于木结构和可燃基材，一般厚度小于1mm，薄薄的涂膜对于可燃材料能起到有效的阻燃和防止火焰蔓延的作用。但其隔热性能一般达不到大幅度提高钢结构耐火极限的目的。

5. 钢结构防火涂料构造

钢结构采用防火涂料的保护方式宜按图18.1-5选用。对于采用厚型防火涂料进行保护的，在下列情况下应在涂层内设置与钢构件相连接的钢丝网作为加固措施：

（1）承受冲击，振动荷载的梁；

（2）涂层厚度大于等于30mm的梁；

（3）粘结强度小于等于0.05MPa的钢结构防火涂料；

（4）腹板高度超过500mm的梁；

（5）涂层长期暴露在室外，幅面又较大（腹板高度超过300mm）的梁柱。

6. 钢结构防火涂料施工措施

（1）一般规定

1）钢结构表面应根据使用要求进行除锈防锈处理。

2）无防锈涂料的钢表面，防火涂料或打底料应对钢表面无腐蚀作用；涂防锈漆的钢表面，防锈漆应与防火涂料相容，不会产生皂化等不良反应。

3）严格按配合比加料和稀释剂（包括水），使浆料稠度合宜。

4）施工过程中和涂层干燥固化前，除水泥系防火涂料外，环境温度宜保持在5～38℃，施工时环境相对湿度不宜大于90%，空气应流通，当构件表面有结露时，不宜作业。

（2）施工要点

1）膨胀型防火涂料可按装饰要求和涂料性质选择喷涂、刷涂或滚涂等施工方式。

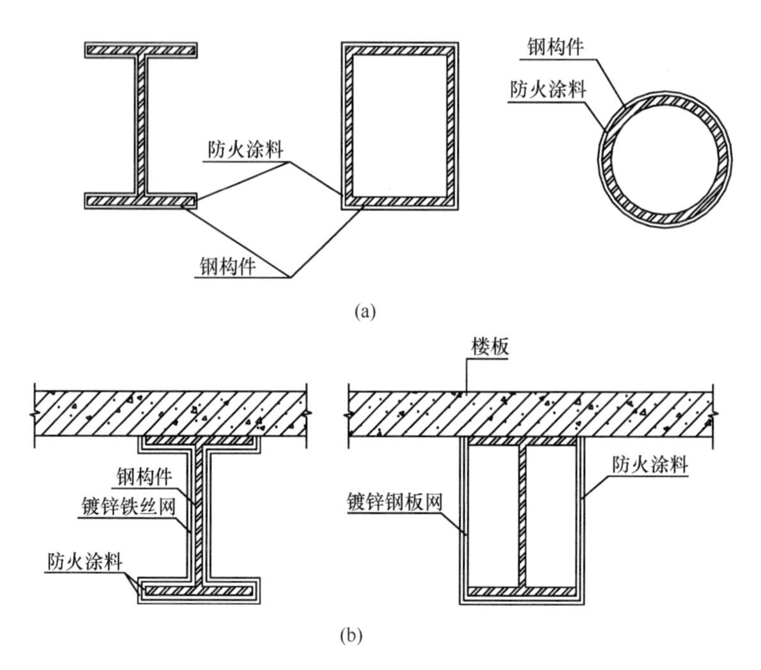

图 18.1-5　钢结构防火涂料构造方式

(a) 不加网的防火涂料保护；(b) 加网的防火涂料保护

2）膨胀型防火涂料每次喷涂厚度不应超过 2.5mm，超薄膨胀型涂料每次涂层不应超过 0.5mm，须在前一遍干燥后方可进行后一遍施工。

3）非膨胀型防火涂料可选用喷涂或手工涂抹施工。

4）非膨胀型防火涂火涂料宜用低速搅拌机，搅拌时间不宜过长，以搅拌均匀即可，以免涂料中轻质骨料被过度粉碎影响涂层质量。

5）非膨胀型防火涂料每遍涂抹厚度宜为 5～10mm，必须在前一道涂层基本干燥或固化后方可进行后一道施工。

6）水泥系非膨胀型防火涂料在天气极度干燥和阳光直射环境下应采取必要养护措施。

7）防火涂料搅拌好后应及时用完，超过其规定使用期不得使用。

8）防火涂层的厚度应符合设计要求，施工时应随时检测涂层厚度。

四、钢结构防火板材

1. 防火板材的基本要求

建筑板材种类繁多，按其燃烧性能可分四类，即：不燃材料（A 级）、难燃材料（B_1 级）、可燃材料（B_2 级）和易燃材料（B_3 级）。防火用板材基本应为不燃材料。按 GB/T5464—85 进行不燃性试验应同时符合下列条件的，方可定为不燃材料（或称 A 级材料）：

（1）由于材料燃烧引起炉内平均温升不超过 50℃；

（2）试样平均持续燃烧时间不超过 20s；

（3）试样平均质量损失率不超过 50％。

一些无机板材（如不少氯氧镁水泥板），虽然本身不会燃烧，但在火灾的高温作用下，极易分解、炸裂失去结构强度，有的还会释放出大量有毒气体。因此，这些板材仍不能用作防火板材。

对结构能起防火保护作用的板材，除了应具有常温状态下的各种良好物理力学性能外，高温下在要求的时间内还应具有如下性能：

（1）在高温下应保持一定强度和尺寸稳定，不产生较大收缩变形；

（2）受火时不炸裂、不产生裂纹，否则将影响板材的整体强度和隔热性；

（3）应具有优异的隔热性，使被保护基材不致温升过快而受到损害。

2. 钢结构用防火板材的类型及性能

钢结构防火用板材分二类，一类是密度大、强度高的薄板；一类是密度较小的厚板。

（1）防火薄板

防火薄板的特点是密度大（800～1800kg/m^3），强度高（抗折强度 10～50MPa），导热系数大（0.2～0.4W/mK），使用厚度大多在 6～15mm 之间，主要用作轻钢龙骨隔墙的面板、吊顶板（又统称为罩面板），以及钢梁、钢柱经厚型防火涂料涂覆后的装饰面板（或称罩面板）。

（2）防火厚板

防火厚板的特点是密度小(小于 500kg/m^3)，导热系数低(0.08W/(mK)以下)，其厚度可按耐火极限需要确定，大致在 20～50mm 之间。由于本身具有优良耐火隔热性，可直接用于钢结构防火，提高结构耐火极限。

防火厚板主要有轻质（或超轻质）硅酸钙防火板及膨胀蛭石防火板两种。

1）轻质硅酸钙防火板是以 CaO 和 SiO_2 为主要原料，经高温高压化学反应生成硬硅钙晶体为主体再配以少量增强纤维等辅助材料经压制、干燥而成的一种耐高温、隔热性优良的板材。

2）膨胀蛭石防火板是以特种膨胀蛭石和无机黏结剂为主要原料，经充分混合成型压制烘干而成的具有防火隔热性能的板材。

用防火厚板作为钢结构防火材料有如下特点：

1）重量轻。容重在 400～500kg/m^3 左右，仅为一般建筑薄板的 1/2～1/4；

2）强度较高。抗折强度为 0.8～2.5MPa；

3）隔热性好。导热系数≤0.08W/（mK），隔热性能要优于同等密度的隔热型厚型防火涂料；

4）耐高温。使用温度 1000℃以上，1000℃加热 3 小时，线收缩≤2%，用这种板保护钢梁钢柱，耐火极限可达 3 小时以上；

5）尺寸稳定。在潮湿环境下可长期使用、不变形；

6）耐久性好。理化性能稳定，不会老化，可长期使用；

7）易加工。可任意锯、钉、刨、削；

8）无毒无害。不含石棉，在高温或发生火灾时不产生有害气体；

9）装饰性好。表面平整光滑，可直接在板材上进行涂装、裱糊等内装饰作业。

3. 防火板材用于钢结构防火保护的构造

防火板的包敷构造必须根据构件形状，构件所处部位，在满足耐火性能的条件下，充分考虑牢固稳定，进行包敷构造设计。同时，固定和稳定防火板的龙骨及粘结剂应为不燃材料，龙骨材料应能便于和构件，防火板连接，粘接剂应能在高温下仍能保持一定的强度，保证结构的稳定和完整。采用防火板保护的钢结构防火保护结构如图 18.1-6 所示。

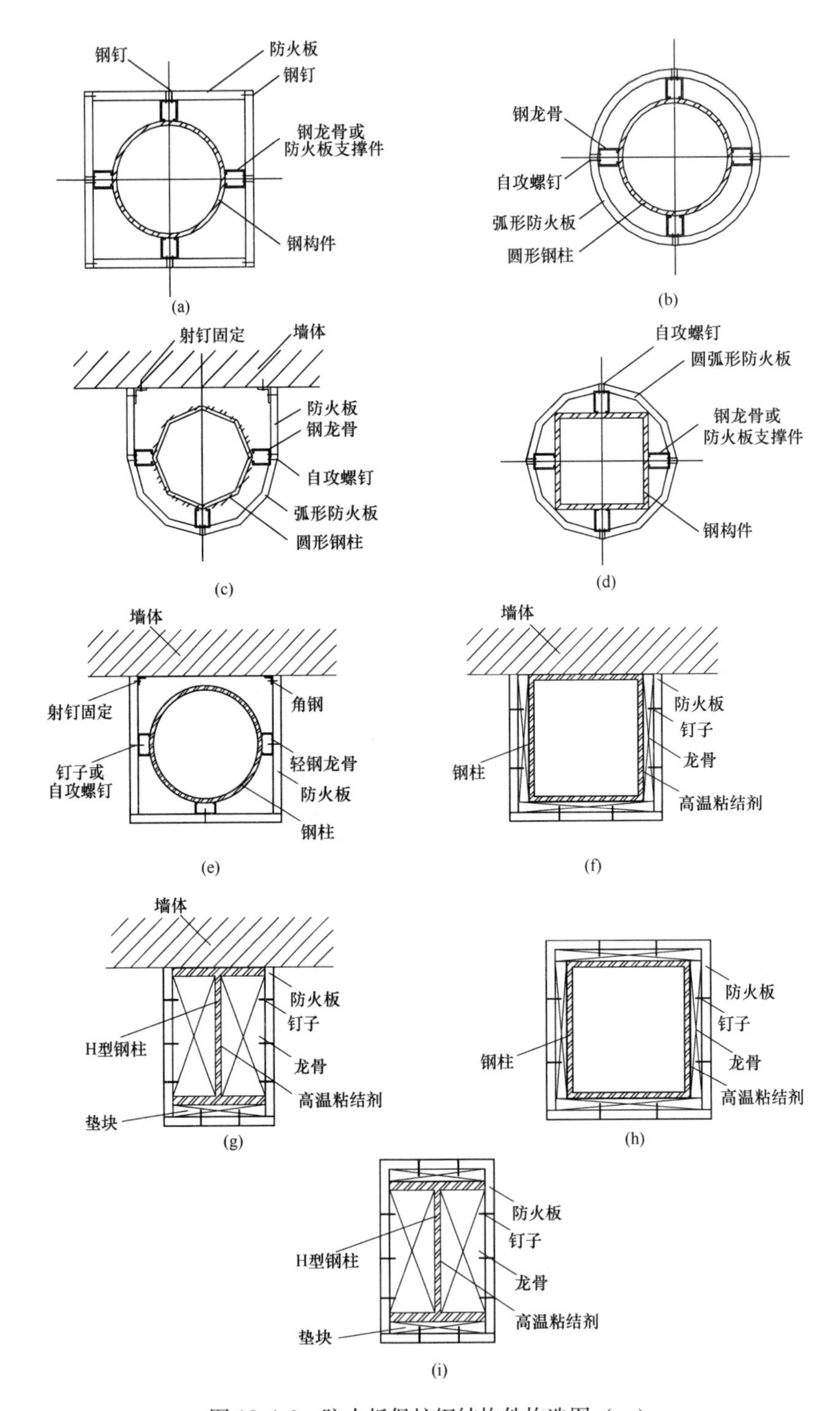

图 18.1-6　防火板保护钢结构件构造图（一）

(a) 圆柱包矩形防火板；(b) 圆柱包圆弧形防火板；(c) 靠墙圆柱包弧形防火板；(d) 矩形柱包圆弧形防火板；(e) 靠墙圆柱包矩形防火板；(f) 靠墙矩形柱包矩形防火板；(g) 靠墙 H 形柱包矩形防火板；(h) 独立矩形柱包矩形防火板；(i) 独立 H 形柱包矩形防火板

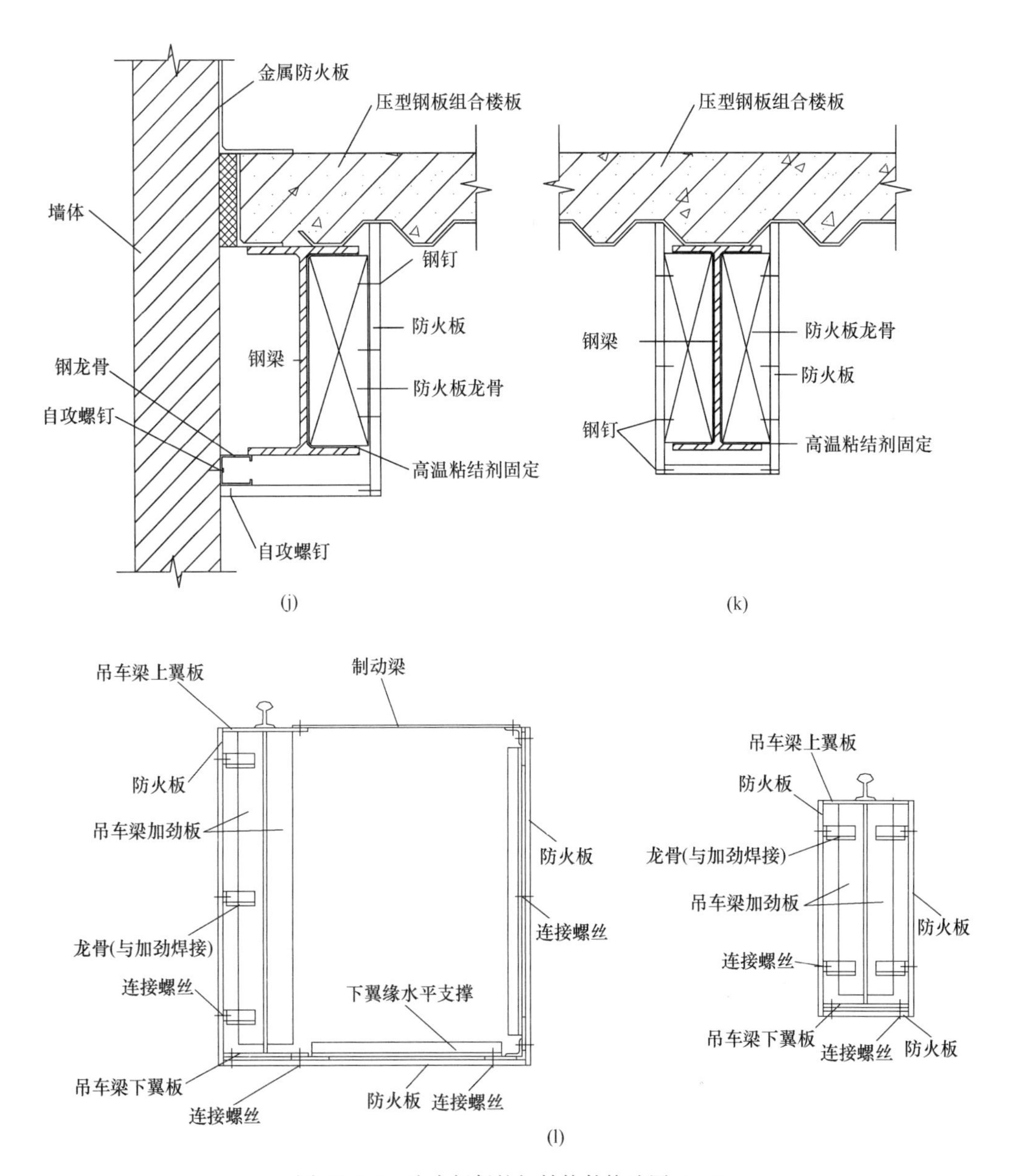

图 18.1-6 防火板保护钢结构件构造图（二）

（j）H 形梁包防火板之一；（k）H 形梁包防水板之二；（l）吊车梁防火板保护

对于同时采用防火涂料或防火毡与防火板进行复合防火保护的构造，应充分考虑外层包敷施工时，不应对内层的防火构造造成结构性破坏的损伤，具体的构性造措施可以按图 18.1-7～图 18.1-9 选用。

4. 防火板材的施工

（1）薄板用作隔墙和吊顶的罩面板

一般采用防火薄板为罩面板，以轻钢龙骨（或铝合金龙骨、木龙骨）为骨架，在民用和工业建筑中作为隔断工程和吊顶工程被广泛应用。

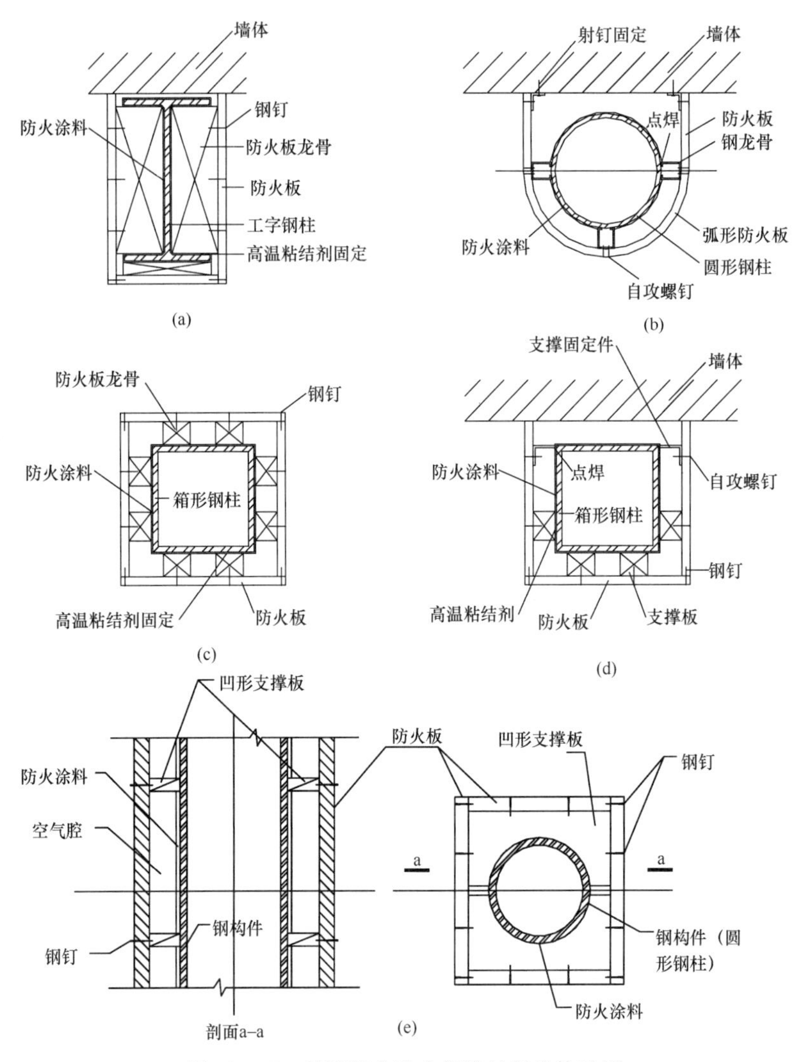

图 18.1-7　采用复合防火保护的钢柱构造图

（a）靠墙 H 形柱；（b）靠墙圆形柱；（c）独立箱形柱；（d）靠墙箱形柱；（e）独立圆形柱

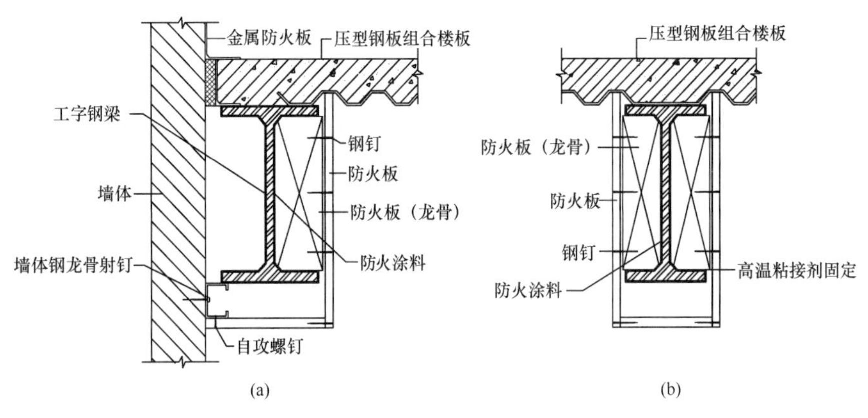

图 18.1-8　采用复合防火保护钢梁构造

（a）靠墙的梁；（b）梁

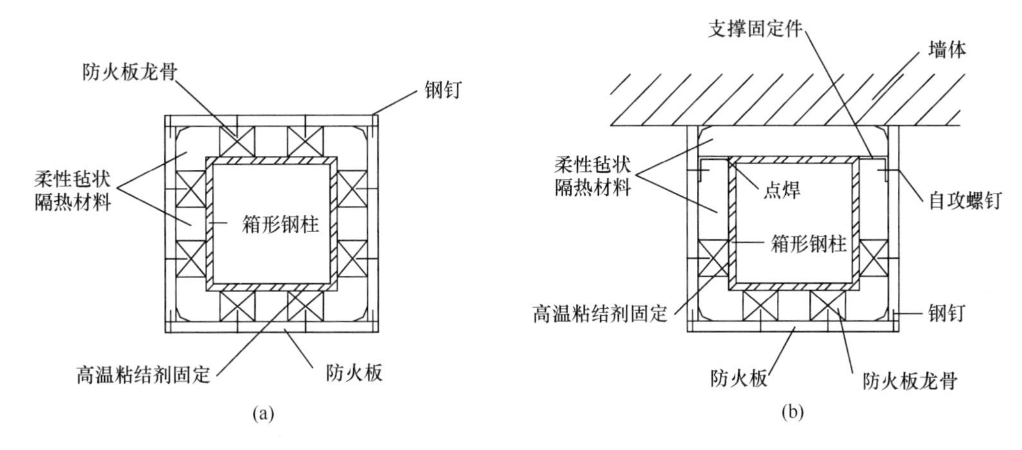

图 18.1-9 采用复合防火保护构造

(a) 独立箱形柱；(b) 靠墙箱形柱

其施工方法国内已有成熟技术，可参见《建筑装饰装修工程质量验收规范》GB 50210 及《石膏板隔墙板及吊顶构造图集》(中国新型建材公司编) 等有关资料。

(2) 薄板用作钢结构上厚质防火涂料的护面板

大多应用于钢柱防火，采用防火薄板作护面板，其施工方法可参照隔墙板和吊顶板施工。

(3) 厚板用作钢构件的防火材料

采用轻质防火厚板可以将防火材料与护面板合二而一。它与传统的作法（厚质防火涂料＋龙骨＋护面板）相比，具有如下优点：

1) 不需再用防火涂料喷涂，完全干作业，有利于现场交叉作业；

2) 高效施工：防火板可直接在工厂或现场锯裁、拼接和组装，可和其他工序（管道设置、送排风系统和电线配置安装等）交叉进行，可缩减工期和工程施工费。

3) 节省空间。用于钢柱保护，占地少，即使楼层有效面积增加。

(4) 厚板用于钢结构保护施工方法

1) 采用龙骨安装。即用龙骨为骨架，防火厚板为罩面板，其施工方法可按一般薄板用于轻质隔墙和吊顶有关规程和图集施工。

2) 不用龙骨，采用自身材料为固定块（底材），辅助以无机胶（如硅溶胶）、铁钉安装。图 18.1-10 为防火厚板用于钢梁防火保护的施工过程示意图。

(5) 各种防火板表面的装修

无论薄板、厚板当安装完毕后，表面均需进一步修饰。防火板表面装修可分涂料装修和裱糊装修两种：

1) 涂料装修主要工序有：表面处理（局部刮腻子、修补、磨平）、贴接缝带、打底、磨光、涂刷底漆、涂刷面漆。

2) 裱糊装修主要工序有：表面处理（局部刮腻子、磨平）、打底磨光、刷粘结剂、粘贴墙布或墙纸（包括墙布拼缝、对花、赶气泡、抹平等）。

涂料装修、裱糊装修施工及验收方法可参照《建筑装饰装修工程质量验收规范》GB 50210 的规定执行。

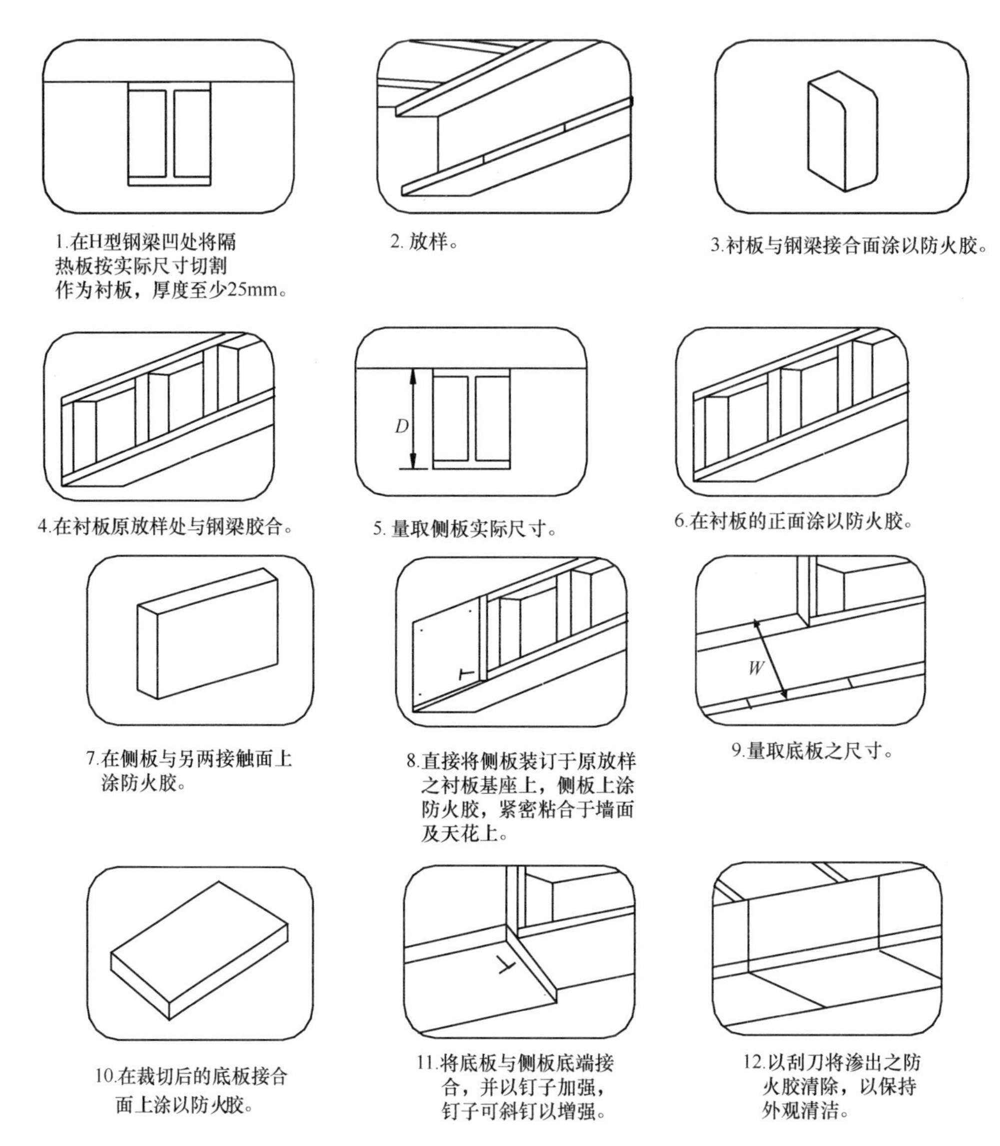

1.在H型钢梁凹处将隔热板按实际尺寸切割作为衬板，厚度至少25mm。
2. 放样。
3.衬板与钢梁接合面涂以防火胶。
D
4.在衬板原放样处与钢梁胶合。
5. 量取侧板实际尺寸。
6.在衬板的正面涂以防火胶。
7.在侧板与另两接触面上涂防火胶。
8.直接将侧板装订于原放样之衬板基座上，侧板上涂防火胶，紧密粘合于墙面及天花上。
W
9.量取底板之尺寸。
10.在裁切后的底板接合面上涂以防火胶。
11.将底板与侧板底端接合，并以钉子加强，钉子可斜钉以增强。
12.以刮刀将渗出之防火胶清除，以保持外观清洁。

图 18.1-10　隔热厚板用于钢梁防火施工过程图

五、柔性毡状隔热材料防火保护

采用柔性毡状隔热材料防火保护的构造宜按图 18.1-11 选用，并符合下列要求：

（1）本方法仅适用于平时不受机械伤害和不易被人为破坏，而且应免受水湿的部位；

（2）包覆构造的外层应设金属保护壳；

（3）包覆构造应满足在材料自重下，不应使毡状材料发生体积压缩不均的现象。金属保护壳应固定在支撑构件上，支撑构件应固定在钢构件上，支撑构件为不燃材料。

18.1.4　火灾高温下结构材料特性

一、钢材

1. 高温下钢材的物理参数应按表 18.1-9 确定。

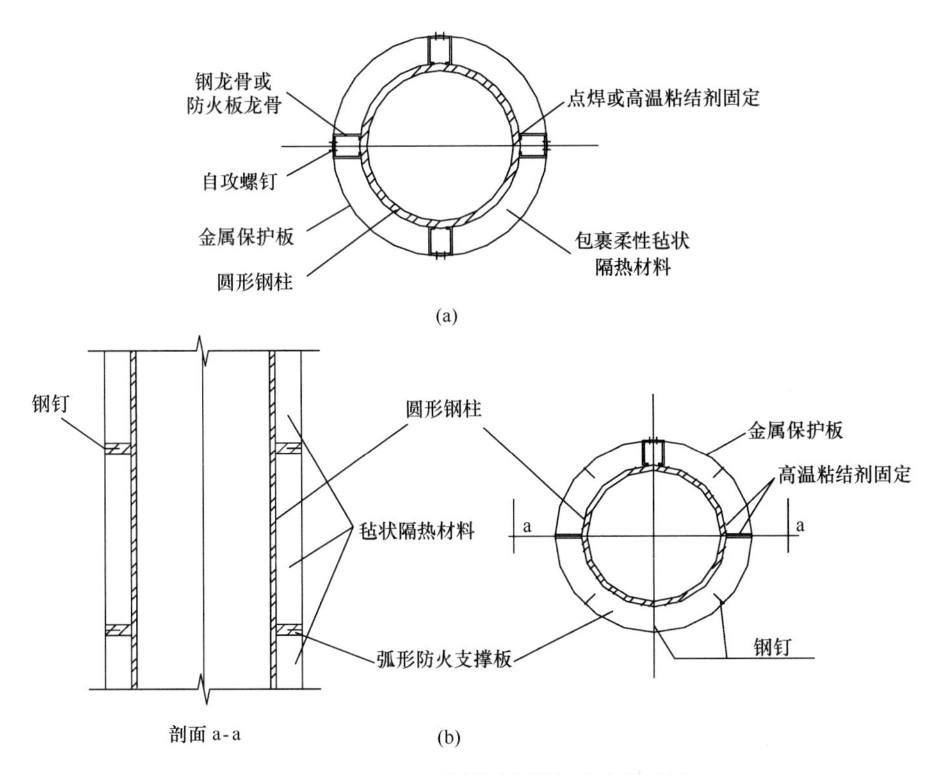

图 18.1-11 柔性毡状隔热材料防火构造图

(a) 用钢龙骨支撑；(b) 用圆弧形防火板支撑

高温下钢材的物理参数 **表 18.1-9**

参数	符号	数值	单位
热膨胀系数	α_s	1.4×10^{-5}	m/（m·℃）
热传导系数	λ_s	45	W/（m·℃）
比热容	c_s	600	J/（kg·℃）
密 度	ρ_s	7850	kg/m^3

2. 高温下结构钢的强度设计值应按下列公式计算。

$$f_T = \eta_{sT} f \tag{18.1-4a}$$

$$\eta_{sT} = \begin{cases} 1.0 & 20℃ \leqslant T_s \leqslant 300℃ \\ 1.24\times10^{-8}T_s^3 - 2.096\times10^{-5}T_s^2 & \\ +9.228\times10^{-3}T_s - 0.2168 & 300℃ < T_s < 800℃ \\ 0.5 - T_s/2000 & 800℃ \leqslant T_s \leqslant 1000℃ \end{cases} \tag{18.1-4b}$$

式中：T_s ——钢材的温度（℃）；

f_T ——高温下钢材的强度设计值（N/mm^2）；

f ——常温下钢材的强度设计值（N/mm^2），应按现行国家标准《钢结构设计规范》GB 50017 的规定取值；

η_{sT} ——高温下钢材的屈服强度折减系数。

3. 高温下结构钢的弹性模量应按下列公式计算。

$$E_{sT}=\chi_{sT}E_s \tag{18.1-5a}$$

$$\chi_{sT}=\begin{cases}\dfrac{7T_s-4780}{6T_s-4760} & 20^\circ C\leqslant T_s<600^\circ C\\[2ex] \dfrac{1000-T_s}{6T_s-2800} & 600^\circ C\leqslant T_s\leqslant 1000^\circ C\end{cases} \tag{18.1-5b}$$

式中：E_{sT} ——高温下钢材的弹性模量（N/mm^2）；

E_s ——常温下钢材的弹性模量（N/mm^2），应按照现行国家标准《钢结构设计规范》GB 50017 的规定取值；

χ_{sT} ——高温下钢材的弹性模量折减系数。

4. 高温下耐火钢的强度可按第 2 点式（18.1-4a）确定。其中，屈服强度折减系数 η_{sT} 应按下式计算。

$$\eta_{sT}=\begin{cases}\dfrac{6(T_s-768)}{5(T_s-918)} & 20^\circ C\leqslant T_s<700^\circ C\\[2ex] \dfrac{1000-T_s}{8(T_s-600)} & 700^\circ C\leqslant T_s\leqslant 1000^\circ C\end{cases} \tag{18.1-6}$$

5. 高温下耐火钢的弹性模量可按第 3 条式（18.1-5a）确定。其中，弹性模量折减系数 χ_{sT} 应按下式计算。

$$\chi_{sT}=\begin{cases}1-\dfrac{T_s-20}{2520} & 20^\circ C\leqslant T_s<650^\circ C\\[2ex] 0.75-\dfrac{7(T_s-650)}{2500} & 650^\circ C\leqslant T_s<900^\circ C\\[2ex] 0.5-0.0005T_s & 900^\circ C\leqslant T_s\leqslant 1000^\circ C\end{cases} \tag{18.1-7}$$

二、混凝土

1. 高温下普通混凝土的热工参数应按下列规定确定：

（1）热膨胀系数 α_c 应为 1.8×10^{-5} m/（m·℃），密度 ρ_c 应为 2300 kg/m^3；

（2）热传导系数 λ_c 应按下式计算：

$$\lambda_c=1.68-0.19\frac{T_c}{100}+0.0082\left(\frac{T_c}{100}\right)^2 \tag{18.1-8a}$$

（3）比热容 c_c 应按下式计算：

$$c_c=890+56.2\frac{T_c}{100}-3.4\left(\frac{T_c}{100}\right)^2 \tag{18.1-8b}$$

式中：T_c ——混凝土的温度(℃)；

λ_c ——混凝土的热传导系数 [W/(m·℃)]；

c_c ——混凝土的比热容 [J/(kg·℃)]。

2. 高温下普通混凝土的轴心抗压强度、弹性模量应分别按下列公式计算确定。

$$f_{cT}=\eta_{cT}f_c \tag{18.1-9a}$$

$$E_{cT}=\chi_{cT}E_c \tag{18.1-9b}$$

式中：f_{cT}——温度为 T_c 时混凝土的轴心抗压强度设计值（N/mm²）；

f_c——常温下混凝土的轴心抗压强度设计值（N/mm²），应按现行国家标准《混凝土结构设计规范》GB 50010 取值；

E_{cT}——高温下混凝土的弹性模量（N/mm²）；

E_c——常温下混凝土的弹性模量（N/mm²），应按现行国家标准《混凝土结构设计规范》GB 50010 取值；

η_{cT}——高温下混凝土的轴心抗压强度折减系数；对于强度等级低于或等于 C60 的混凝土，应按表 18.1-10 取值；其他温度下的值，可采用线性插值方法确定；

χ_{cT}——高温下混凝土的弹性模量折减系数；对于强度等级低于或等于 C60 的混凝土，应按表 18.1-10 取值；其他温度下的值，可采用线性插值方法确定。

高温下普通混凝土的轴心抗压强度折减系数 η_{cT} 及弹性模量折减系数 χ_{cT}　　表 18.1-10

T_c(℃)	20	100	200	300	400	500	600	700	800	900	1000	1100	1200
η_{cT}	1.00	1.00	0.95	0.85	0.75	0.60	0.45	0.30	0.15	0.08	0.04	0.01	0
χ_{cT}	1.000	0.625	0.432	0.304	0.188	0.100	0.045	0.030	0.015	0.008	0.004	0.001	0

3. 高温下轻骨料混凝土的热工性能应符合下列规定确定：

（1）热膨胀系数 α_c 应为 0.8×10^{-5} m/（m·℃），密度 ρ_c 应在 1600kg/m³～2300kg/m³间取值；

（2）热传导系数 λ_c 应按下式计算；

$$\begin{cases}\lambda_c=1.0-\dfrac{T_c}{1600} & 20℃\leqslant T_c<800℃\\ \lambda_c=0.5 & 800℃\leqslant T_c<1200℃\end{cases} \tag{18.1-10}$$

（3）比热容 c_c 应为 840 J/（kg·℃）。

4. 高温下轻骨料混凝土的轴心抗压强度和弹性模量可按本规范公式（18.1-9）计算。当轻骨料混凝土的强度等级低于或等于 C60 时，高温下轻骨料混凝土的轴心抗压强度折减系数 η_{cT}、弹性模量折减系数 χ_{cT} 可按表 18.1-11 确定；其他温度下的值，可采用线性插值方法确定。

高温下轻骨料混凝土的轴心抗压强度折减系数 η_{cT} 及弹性模量折减系数 χ_{cT}　　表 18.1-11

T_c(℃)	20	100	200	300	400	500	600	700	800	900	1000	1100	1200
η_{cT}	1.00	1.00	1.00	1.00	0.88	0.76	0.64	0.52	0.40	0.28	0.16	0.04	0
χ_{cT}	1.000	0.625	0.432	0.304	0.188	0.100	0.045	0.030	0.015	0.008	0.004	0.001	0

5. 高温下其他类型混凝土的热工性能与力学性能，应通过试验确定。

18.1.5 火灾下钢构件的升温

一、火灾下无防火保护钢构件的升温

1. 任意火灾下无防火保护的钢构件的温度

任意火灾下无防火保护的钢构件的温度可按公式（18.1-11）计算。

$$\Delta T_s = \alpha \cdot \frac{1}{\rho_s c_s} \cdot \frac{F}{V} \cdot (T_g - T_s)\Delta t \tag{18.1-11a}$$

$$\alpha = \alpha_c + \alpha_r \tag{18.1-11b}$$

$$\alpha_r = \varepsilon_r \sigma \frac{(T_g + 273)^4 - (T_s + 273)^4}{T_g - T_s} \tag{18.1-11c}$$

式中 t——火灾作用时间（s）；

Δt——时间步长（s）；

ΔT_s——钢构件在时间（t，$t+\Delta t$）内的温升（℃）；

T_s、T_g——分别为 t 时刻钢构件的内部温度和热烟气的温度（℃）；

ρ_s、c_s——分别为钢材的密度（kg/m^3）和比热 [J/（kg·K）]；

F/V——无防火保护钢构件的截面形状系数（m^{-1}）；

F——单位长度钢构件的受火表面积（m^2/m）；

V——单位长度钢构件的体积（m^3/m）；

α——综合热传递系数 [W/（m^3·K）]；

α_c——热对流传热系数 [W/（m^2·K）]，可取 25W/（m^2·K）；

α_r——热辐射传热系数 [W/（m^2·K）]；

ε_r——综合辐射率，可按表 18.1-12 取值；

σ——斯蒂芬—波尔兹曼常数，为 5.67×10^{-8} W/（m^2·K^4）。

综合辐射率 ε_r **表 18.1-12**

钢构件形式			综合辐射率 ε_r
四面受火的钢柱			0.7
钢梁	上翼缘埋于混凝土楼板内，仅下翼缘、腹板受火		0.5
	混凝土楼板放置在上翼缘	上翼缘的宽度与梁高之比≥0.5	0.5
		上翼缘的宽度与梁高之比<0.5	0.7
箱梁、格构梁			0.7

2. 无防火保护钢构件的截面形状系数

公式（18.1-11）中的 F/V 与构件的截面形状有关，称 F/V 为构件的截面形状系数。表 18.1-13 给出部分构件截面形状系数的计算方法。

3. 火灾热烟气的温度

火灾热烟气的温度可按下列规定确定：

（1）对于可燃物以纤维类材料为主的火灾，可采用现行国家标准《建筑构件耐火试验方法第 1 部分：通用要求》GB/T 9978.1 规定的火灾升温曲线计算；

$$T_g - T_{g0} = 345\lg(8t + 1) \tag{18.1-12a}$$

式中 t——火灾作用时间（min）；

T_g——火灾发展到 t 时刻的热烟气温度（℃）；

T_{g0}——火灾前室内环境的温度（℃），可取 20℃。

无保护层构件的截面形状系数 表 18.1-13

截面形状	形状系数 F/V
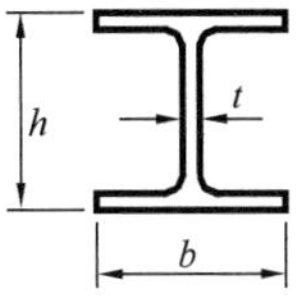 工字形截面（h、b、t），四面受火	$\frac{2h+4b-2t}{A}$
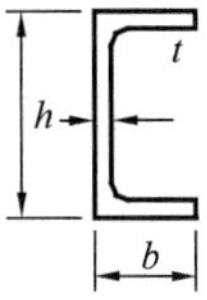 槽形截面（h、b、t），四面受火	$\frac{2h+4b-2t}{A}$
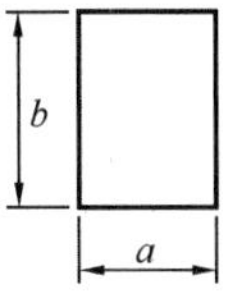 矩形实心截面（a、b）	$\frac{2(a+b)}{a\cdot b}$
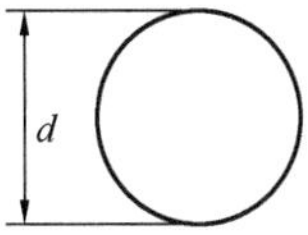 圆形实心截面（d）	$\frac{4}{d}$
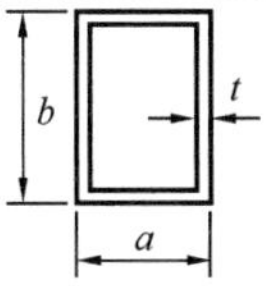 矩形空心截面（a、b、t）	$\frac{a+b}{t(a+b-2t)}$
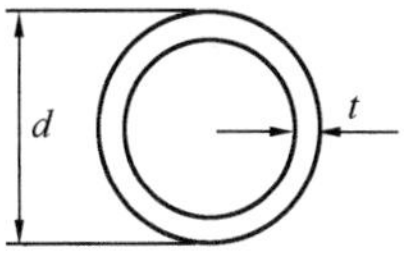 圆形空心截面（d、t）	$\frac{d}{t(d-t)}$
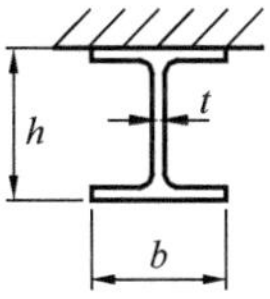 工字形截面（h、b、t），三面受火	$\frac{2h+3b-2t}{A}$
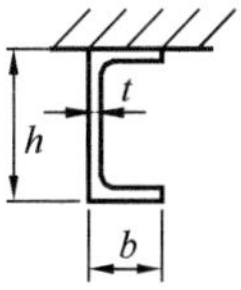 槽形截面（h、b、t），三面受火	$\frac{2h+3b-2t}{A}$
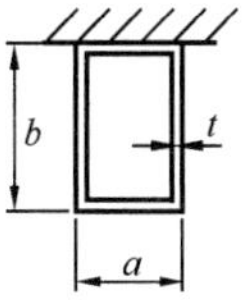 矩形空心截面（a、b、t），三面受火	$\frac{b+a/2}{t(a+b-2t)}$

注：表中 A 为构件截面积。

（2）对于可燃物以烃类材料为主的火灾，可采用现行国家标准《建筑构件耐火试验可供选择和附加的试验程序》GB/T 26784 规定的碳氢升温曲线计算；

$$T_g - T_{g0} = 1080 \times (1 - 0.325e^{-t/6} - 0.675e^{-2.5t}) \quad (18.1\text{-}12b)$$

（3）当能准确确定建筑的火灾荷载、可燃物类型及其分布、几何特征等参数时，火灾热烟气的温度也可按其他有可靠依据的火灾模型计算。

4. 标准火灾条件下无防火保护钢构件的升温

钢构件在 ISO834 标准升温条件下无保护层钢构件的温度可通过表 18.1-14 查得。

式（18.1-5a）火灾升温条件下无保护层钢构件的升温（℃）　　表 18.1-14

时间	空气温度	截面形状系数 F/V（m^{-1}）									
(min)	(℃)	10	20	30	40	50	100	150	200	250	300
0	20	20	20	20	20	20	20	20	20	20	20
5	576	32	44	56	67	78	133	183	229	271	309
10	678	54	86	118	148	178	311	416	496	552	590
15	739	81	138	193	246	295	491	609	669	697	711
20	781	112	197	277	350	416	638	724	752	763	767
25	815	146	261	365	456	533	737	786	798	802	805
30	842	182	327	453	556	636	799	824	830	833	834
35	865	221	396	538	646	721	838	852	856	858	859
40	885	261	464	618	723	787	866	874	877	879	880
45	902	302	531	690	785	835	888	893	896	897	898
50	918	345	595	752	834	871	906	911	913	914	915
55	932	388	655	805	871	898	922	926	928	929	929
60	945	432	711	848	900	919	936	940	941	942	943
65	957	475	762	883	923	936	949	952	954	954	955
70	968	518	807	911	941	951	961	964	965	966	966
75	979	561	846	933	956	963	972	974	976	976	977
80	988	603	880	952	969	975	982	984	986	986	987
85	997	643	908	968	981	985	992	994	995	995	996
90	1006	683	933	981	991	995	1001	1003	1004	1004	1004

注：1. 当 $F/V < 10$ 时，构件温度应按截面温度非均匀分布计算；
2. 当 $F/V > 300$ 时，可认为构件温度等于空气温度。

二、火灾下有防火保护钢构件的升温

1. 任意火灾下有防火保护钢构件的温度

任意火灾下有防火保护钢构件的温度可按式（18.1-13a）和（18.1-13b）计算。

当防火保护层符合式（18.1-13c）规定的条件时，为轻质防火保护层。采用轻质防火保护层保护的钢构件，计算钢构件的温度时可忽略防火保护层的吸热，综合热传递系数 α 可按式（18.1-13d）简化计算。

$$\Delta T_s = \alpha \cdot \frac{1}{\rho_s c_s} \cdot \frac{F_i}{V} \cdot (T_g - T_s)\Delta t \quad (18.1\text{-}13a)$$

$$\alpha = \frac{1}{1 + \frac{\rho_i c_i d_i F_i}{2\rho_s c_s V}} \cdot \frac{\lambda_i}{d_i} \quad (18.1\text{-}13b)$$

$$\rho_s c_s V \geqslant 2\rho_i c_i d_i F_i \quad (18.1\text{-}13c)$$

$$\alpha = \frac{\lambda_i}{d_i} \quad (18.1\text{-}13d)$$

式中 c_i——防火保护材料的比热 [J/(kg·K)]；

ρ_i——防火保护材料的密度（kg/m^3）；

λ_i——防火保护材料的等效热传导系数 [W/（m·K)]；

d_i——防火保护层的厚度（m）；

F_i/V——有防火保护钢构件的截面形状系数（m^{-1}）；

F_i——有防火保护钢构件单位长度的受火表面积（m^2/m）；

V——单位长度钢构件的体积（m^3/m）。

2. 防火保护材料的热物理特性参数

一些主要防火保护材料的导热系数、密度及比热见表 18.1-15。

各种防火保护材料的热物理特性 **表 18.1-15**

材　料	密度 ρ_i (kg/m^3)	导热系数 λ_i [W/（m℃)]	比　热 c_i [kJ/（kg℃)]
膨胀型钢结构防火涂料	600～1000		
非膨胀型钢结构防火涂料	250～500	0.09～0.12	
石膏板	800	0.20	1.7
硅酸钙板	500～1000	0.10～0.25	
矿（岩）棉板	80～250	0.10～0.20	
黏土砖、灰砂砖	1000～2000	0.40～1.20	1.0
加气混凝土	400～800	0.20～0.40	1.0～1.20
轻骨料混凝土	800～1800	0.30～0.90	1.0～1.20
普通混凝土	2200～2400	1.30～1.70	1.20

3. 有防火保护钢构件的截面形状系数

截面形状系数 F_i/V 与构件截面形状和保护层作法有关。表 18.1-16 给出了一些有保护层构件的截面形状系数算法。

有保护层构件的截面形状系数 **表 18.1-16**

截面形状	形状系数 F_i/V	备注
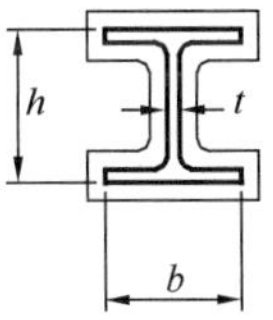	$\frac{2h+4b-2t}{A}$	
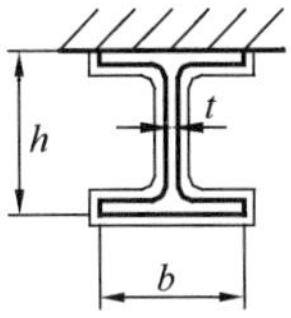	$\frac{2h+3b-2t}{A}$	
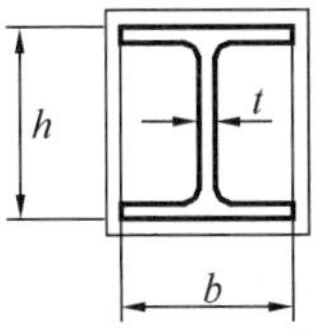	$\frac{2(h+b)}{A}$	

续表

截面形状	形状系数 F_i/V	备注
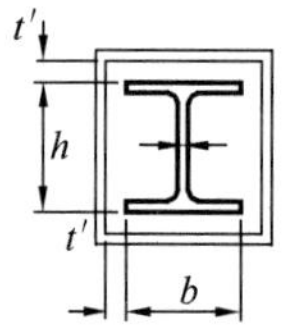	$\frac{2(h+b)}{A}$	应用限制 $t'\leqslant\frac{h}{4}$
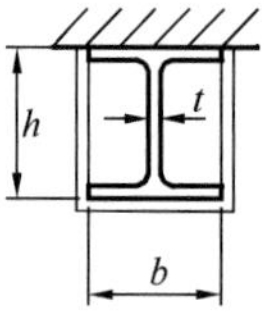	$\frac{2h+b}{A}$	
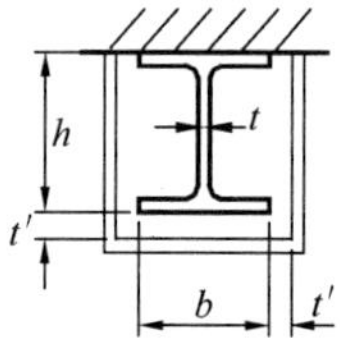	$\frac{2h+b}{A}$	应用限制 $t'\leqslant\frac{h}{4}$
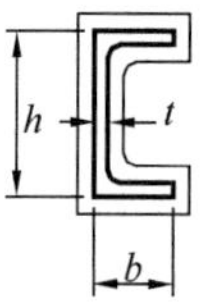	$\frac{2h+4b-2t}{A}$	
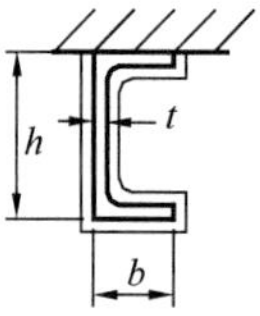	$\frac{2h+3b-2t}{A}$	
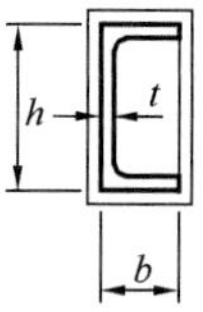	$\frac{2(h+b)}{A}$	
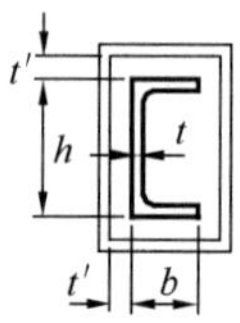	$\frac{2(h+b)}{A}$	应用限制 $t'\leqslant\frac{h}{4}$

续表

截面形状	形状系数 F_i/V	备注
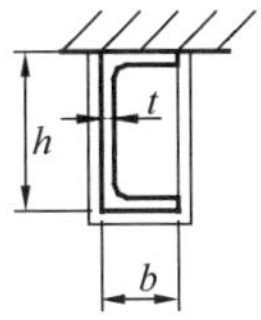	$\frac{2h+b}{A}$	
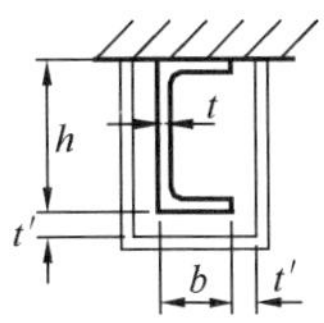	$\frac{2h+b}{A}$	应用限制 $t' \leqslant \frac{h}{4}$
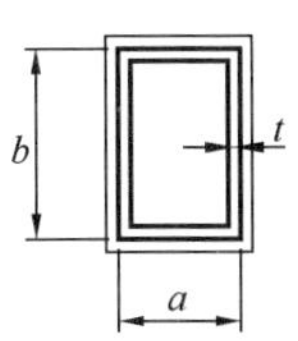	$\frac{a+b}{t(a+b-2t)}$	
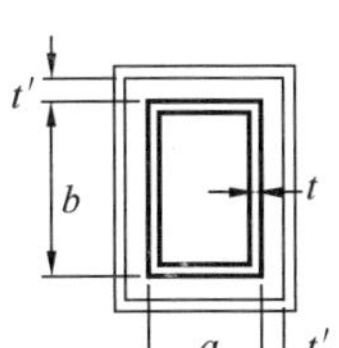	$\frac{a+b}{t(a+b-2t)}$	应用限制 $t' \leqslant \frac{b}{4}$
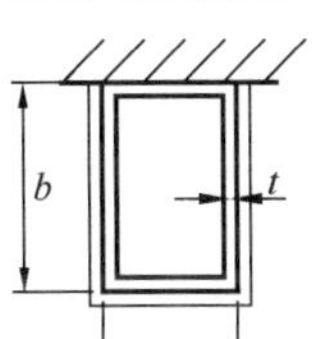	$\frac{a+b/2}{t(a+b-2t)}$	
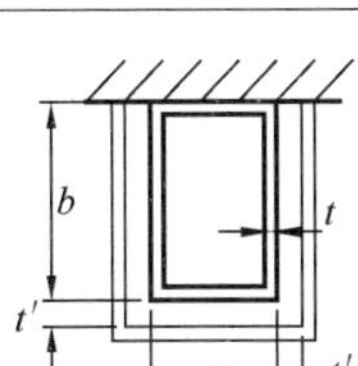	$\frac{a+b/2}{t(a+b-2t)}$	应用限制 $t' \leqslant \frac{b}{4}$
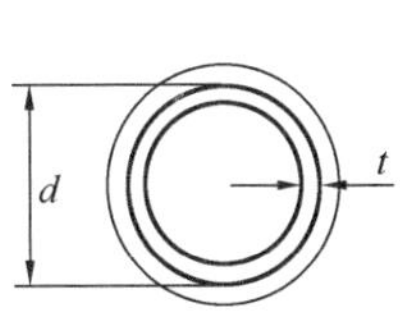	$\frac{d}{t\cdot(d-t)}$	

续表

截面形状	形状系数 F_i/V	备注
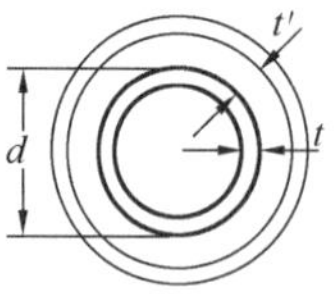	$\frac{d}{t\cdot(d-t)}$	应用限制 $t'\leqslant\frac{d}{4}$
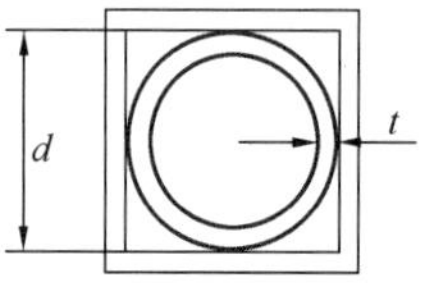	$\frac{d}{t\cdot(d-t)}$	

注：表中 A 为构件截面积。

4. 标准火灾条件下有防火保护钢构件的升温

标准火灾条件下有防火保护钢构件的温度可按式（18.1-14）近似计算：

$$T_s=\left(\sqrt{0.044+5.0\times10^{-5}\frac{\lambda_i}{d_i}\frac{F_i}{V}}-0.2\right)t+20\quad T_s\leqslant700℃\tag{18.1-14}$$

式中　t——火灾持续时间（s）。

三、等效爆火时间

当实际火灾升温曲线不同于式（18.1-12）确定的标准火灾升温曲线时，其等效曝火时间 t_e 可按下式确定：

$$\sum_{i=1}^{t_e-1}T_{g,i}<\sum_{j=1}^{t'}T'_{g,j}\leqslant\sum_{i=1}^{t_e}T_{g,i}\tag{18.1-15}$$

式中　$T_{g,i}$——由式（18.1-12）确定的标准火灾升温曲线中时刻（min）的热烟气平均温度（℃）；

$T'_{g,j}$——实际火灾升温曲线中 j 时刻（min）的热烟气平均温度（℃）；

t'——实际火灾作用时间（min）；

t_e——等效曝火时间（min）。

四、防火保护材料的等效隔热参数

1. 防火涂料保护层的等效热阻

防火涂料保护层的等效热阻可根据权威机构出具的检验报告中给出的标准耐火试验下钢试件的实测升温曲线，按式（18.1-16）计算：

$$R_i=\frac{5\times10^{-5}}{\left(\frac{T_s-T_{s0}}{t_0}+0.2\right)^2-0.044}\cdot\frac{F_i}{V}\tag{18.1-16}$$

式中　R_i——保护层的等效热阻（对应于所标注的防火保护层厚度）$[m^2/(W\cdot K)]$；

F_i/V——有防火保护钢试件的截面形状系数（m^{-1}），应按表18.1-16计算；

T_{s0}——试验开始时钢试件的温度，可取20℃；

T_s——钢试件的平均温度（℃），取540℃；

t_0——钢试件的平均温度达到540℃的时间（s）。

2. 非膨胀型防火涂料的等效热传导系数

非膨胀型防火涂料的等效热传导系数可根据标准耐火试验下钢试件的实测升温曲线和试件的保护层厚度，按公式（18.1-17）计算：

$$\lambda_i = \frac{d_i}{R_i} \tag{18.1-17}$$

式中 λ_i——等效热传导系数［W/（m·K）］；

d_i——防火保护层的厚度（m）。

3. 膨胀型防火涂料等效热传导系数

膨胀型防火涂料应给出最小使用厚度至最大使用厚度下的等效热阻、等效热传导系数。其中，厚度间隔应按等效热传导系数增量不大于最小使用厚度下的等效热传导系数的25%确定，其他厚度下的等效热传导系数可采用线性插值方法确定。

膨胀型防火涂料不同厚度下的等效热传导系数，可根据标准耐火试验下钢试件的实测升温曲线和试件的保护层厚度按本手册式（18.1-16）、式（18.1-17）计算。

18.1.6 钢结构构件抗火计算

一、承载力法—基本钢构件

1. 轴心受力构件

（1）强度验算

火灾下轴心受拉钢构件或轴心受压钢构件的强度应按下式验算：

$$\frac{N}{A_n} \leqslant \eta_{sT} f \tag{18.1-18}$$

式中 N——火灾下钢构件的轴拉力或轴压力设计值；

A_n——钢构件的净截面面积；

η_{sT}——高温下钢材的屈服强度折减系数；

f——常温下钢材的强度设计值。

（2）稳定性验算

火灾下轴心受压钢构件的稳定性应按下式验算：

$$\frac{N}{\varphi_T A} \leqslant \eta_{sT} f \tag{18.1-19a}$$

$$\varphi_T = \alpha_c \varphi \tag{18.1-19b}$$

式中 N——火灾下钢构件的轴向压力设计值；

A——钢构件的毛截面面积；

φ_T——高温下轴心受压钢构件的稳定系数；

α_c——高温下轴心受压钢构件的稳定验算参数，应根据构件长细比和构件温度按表18.1-17确定；

φ——常温下轴心受压钢构件的稳定系数，应按现行国家标准《钢结构设计标准》GB 50017的规定确定。

高温下轴心受压钢构件的稳定验算参数 α_c　　表 18.1-17

构件材料		结构钢构件						耐火钢构件					
$\lambda\sqrt{f_y/235}$		≤10	50	100	150	200	250	≤10	50	100	150	200	250
温度（℃）	≤50	1.000	1.000	1.000	1.000	1.000	1.000	1.000	1.000	1.000	1.000	1.000	1.000
	100	0.998	0.995	0.988	0.983	0.982	0.981	0.999	0.997	0.993	0.989	0.989	0.988
	150	0.997	0.991	0.979	0.970	0.968	0.968	0.998	0.995	0.989	0.984	0.983	0.983
	200	0.995	0.986	0.968	0.955	0.952	0.951	0.998	0.994	0.987	0.980	0.979	0.979
	250	0.993	0.980	0.955	0.937	0.933	0.932	0.998	0.994	0.986	0.979	0.978	0.977
	300	0.990	0.973	0.939	0.915	0.910	0.909	0.998	0.994	0.987	0.980	0.979	0.979
	350	0.989	0.970	0.933	0.906	0.902	0.900	0.998	0.996	0.990	0.986	0.985	0.985
	400	0.991	0.977	0.947	0.926	0.922	0.920	1.000	0.999	0.998	0.997	0.996	0.996
	450	0.996	0.990	0.977	0.967	0.965	0.965	1.000	1.001	1.008	1.012	1.014	1.015
	500	1.001	1.002	1.013	1.019	1.023	1.024	1.001	1.004	1.023	1.035	1.041	1.045
	550	1.002	1.007	1.046	1.063	1.075	1.081	1.002	1.008	1.054	1.073	1.087	1.094
	600	1.002	1.007	1.050	1.069	1.082	1.088	1.004	1.014	1.105	1.136	1.164	1.179
	650	0.996	0.989	0.976	0.965	0.963	0.962	1.006	1.023	1.188	1.250	1.309	1.341
	700	0.995	0.986	0.969	0.955	0.952	0.952	1.008	1.030	1.245	1.350	1.444	1.497
	750	1.000	1.001	1.005	1.008	1.009	1.009	1.011	1.044	1.345	1.589	1.793	1.921
	800	1.000	1.000	1.000	1.000	1.000	1.000	1.012	1.050	1.378	1.722	1.970	2.149

注：温度不大于50℃时，α_c 可取1.0；温度大于50℃时，表中未规定温度时的 α_c 应按线性插值方法确定。

2. 受弯构件

(1) 强度验算

火灾下单轴受弯钢构件的强度应按下式验算：

$$\frac{M}{\gamma W_n} \leqslant \eta_{sT} f \tag{18.1-20}$$

式中　M——火灾下最不利截面处的弯矩设计值；

W_n——最不利截面的净截面模量；

γ——截面塑性发展系数。

(2) 稳定性验算

火灾下单轴受弯钢构件的稳定性应按下式验算：

$$\frac{M}{\varphi_{bT} W} \leqslant \eta_{sT} f \tag{18.1-21a}$$

$$\varphi_{bT} = \begin{cases} \alpha_b \varphi_b & \alpha_b \varphi_b \leqslant 0.6 \\ 1.07 - \dfrac{0.282}{\alpha_b \varphi_b} \leqslant 1.0 & \alpha_b \varphi_b > 0.6 \end{cases} \tag{18.1-21b}$$

式中　M——火灾下钢构件的最大弯矩设计值；

W——按受压纤维确定的构件毛截面模量；

φ_{bT}——高温下受弯钢构件的稳定系数；

φ_b——常温下受弯钢构件的稳定系数，应按现行国家标准《钢结构设计标准》GB

50017 的规定确定；当所计算的 $\varphi_b>0.6$ 时，φ_b 不作修正；

α_b——高温下受弯钢构件的稳定验算参数，应按表 18.1-18 确定。

高温下受弯钢构件的稳定验算参数 α_b **表 18.1-18**

温度（℃） 材料	20	100	150	200	250	300	350	400	450	500	550	600	650	700	750	800
结构钢构件	1.000	0.980	0.966	0.949	0.929	0.905	0.896	0.917	0.962	1.027	1.094	1.101	0.961	0.950	1.011	1.000
耐火钢构件	1.000	0.988	0.982	0.978	0.977	0.978	0.984	0.996	1.017	1.052	1.111	1.214	1.419	1.630	2.256	2.640

3. 拉弯或压弯钢构件

（1）强度验算

火灾下拉弯或压弯钢构件的强度应按下式验算：

$$\frac{N}{A_n}\pm\frac{M_x}{\gamma_x W_{nx}}\pm\frac{M_y}{\gamma_y W_{ny}}\leqslant\eta_{sT}f \tag{18.1-22}$$

式中 M_x、M_y——火灾下最不利截面处对应于强轴 x 轴和弱轴 y 轴的弯矩设计值；

W_{nx}、W_{ny}——对强轴和弱轴的净截面模量；

γ_x、γ_y——绕强轴和绕弱轴弯曲的截面塑性发展系数。

（2）稳定性验算

火灾下绕强轴 x 轴弯曲和绕弱轴 y 轴弯曲时的稳定性应分别按式（18.1-23a）和（18.1-23b）验算：

$$\frac{N}{\varphi_{xT}A}+\frac{\beta_{mx}M_x}{\gamma_x W_x(1-0.8N/N'_{ExT})}+\eta\frac{\beta_{ty}M_y}{\varphi_{byT}W_y}\leqslant\eta_{sT}f \tag{18.1-23a}$$

$$N'_{ExT}=\pi^2E_{sT}A/(1.1\lambda_x^2)$$

$$\frac{N}{\varphi_{yT}A}+\eta\frac{\beta_{tx}M_x}{\varphi_{bxT}W_x}+\frac{\beta_{my}M_y}{\gamma_y W_y(1-0.8N/N'_{EyT})}\leqslant\eta_{sT}f \tag{18.1-23b}$$

$$N'_{EyT}=\pi^2E_{sT}A/(1.1\lambda_y^2)$$

式中 N——火灾下钢构件的轴向压力设计值；

M_x、M_y——火灾下所计算钢构件段范围内对强轴和弱轴的最大弯矩设计值；

A——毛截面面积；

W_x、W_y——对强轴和弱轴的毛截面模量；

N'_{ExT}、N'_{EyT}——高温下绕强轴和弱轴弯曲的参数；

λ_x、λ_y——对强轴和弱轴的长细比；

φ_{xT}、φ_{yT}——高温下轴心受压钢构件对应于强轴和弱轴失稳的稳定系数，应按式（18.1-19b）计算；

φ_{bxT}、φ_{byT}——高温下均匀弯曲受弯钢构件对应于强轴和弱轴失稳的稳定系数，应按式（18.1-21b）计算；

η——截面影响系数，对于闭口截面，取 0.7；对于其他截面，取 1.0；

β_{mx}、β_{my}——弯矩作用平面内的等效弯矩系数，应按现行国家标准《钢结构设计标准》GB 50017 的规定确定；

β_{tx}、β_{ty}——弯矩作用平面外的等效弯矩系数，应按现行国家标准《钢结构设计标准》GB 50017 的规定确定。

二、承载力法—钢框架梁、柱

1. 钢框架梁

火灾下受楼板侧向约束的钢框架梁的承载能力可按下式验算：

$$M \leqslant \eta_{sT} f W_p \tag{18.1-24}$$

式中　M——火灾下钢框架梁上荷载产生的最大弯矩设计值，不考虑温度内力；

W_p——钢框架梁截面的塑性截面模量。

2. 钢框架柱

火灾下钢框架柱的承载力可按下式验算：

$$\frac{N}{\varphi_T A} \leqslant 0.7 \eta_{sT} f \tag{18.1-25}$$

式中　N——火灾下钢框架柱所受的轴压力设计值；

A——钢框架柱的毛截面面积；

φ_T——高温下轴心受压钢构件的稳定系数，应按式（18.1-19b）计算，其中钢框架柱计算长度应取构件高度。

三、临界温度法

1. 轴心受拉钢构件的临界温度

轴心受拉钢构件的临界温度 T_d 应根据截面强度荷载比 R 按表 18.1-19 确定，R 应按下式计算：

$$R = \frac{N}{A_n f} \tag{18.1-26}$$

式中　N——火灾下构件的轴拉力设计值；

A_n——净截面面积；

f——常温下钢材的强度设计值。

按截面强度荷载比 R 确定的钢构件的临界温度 T_d（℃）　　表 18.1-19

R	0.30	0.35	0.40	0.45	0.50	0.55	0.60	0.65	0.70	0.75	0.80	0.85	0.90
结构钢构件	663	641	621	601	581	562	542	523	502	481	459	435	407
耐火钢构件	718	706	694	679	661	641	618	590	557	517	466	401	313

2. 轴心受压钢构件的临界温度

轴心受压钢构件的临界温度 T_d，应按临界温度 T'_d、T''_d 中的较小者确定。临界温度 T'_d 应根据截面强度荷载比 R 按表 18.1-16 确定，R 应按式（18.1-27a）计算；临界温度 T''_d 应根据构件稳定荷载比 R' 和构件长细比 λ 按表 18.1-17 确定，R' 应按式（18.1-27b）计算：

$$R = \frac{N}{A_n f} \tag{18.1-27a}$$

$$R' = \frac{N}{\varphi A f} \tag{18.1-27b}$$

式中 N——火灾下构件的轴压力设计值；

A——毛截面面积；

φ——常温下轴心受压构件的稳定系数。

3. 受弯钢构件的临界温度

单轴受弯钢构件的临界温度 T_d，应按临界温度 T'_d、T''_d 中的较小者确定。

(1) 临界温度 T'_d 应根据截面强度荷载比 R 按表 18.1-19 确定，R 应按式(18.1-28a)计算；

$$R=\frac{M}{\gamma W_n f} \tag{18.1-28a}$$

式中 M——火灾下最不利截面处的弯矩设计值；

W_n——最不利截面的净截面模量；

γ——截面塑性发展系数。

根据稳定荷载比 R' 确定的轴心受压钢构件的临界温度 T''_d (℃) **表 18.1-20**

构件材料		结构钢构件					耐火钢构件				
$\lambda\sqrt{f_y/235}$		≤50	100	150	200	≥250	≤50	100	150	200	≥250
R'	0.30	661	660	658	658	658	721	743	761	776	786
	0.35	640	640	640	640	640	709	727	743	758	767
	0.40	621	623	624	625	625	697	715	727	740	750
	0.45	602	608	610	611	611	682	704	713	724	732
	0.50	582	590	594	596	597	666	692	702	710	717
	0.55	563	571	575	577	578	646	678	690	699	703
	0.60	544	553	556	559	560	623	661	675	686	691
	0.65	524	531	534	537	539	596	638	655	669	676
	0.70	503	507	510	512	513	562	600	623	644	655
	0.75	480	481	480	481	482	521	548	567	586	596
	0.80	456	450	443	442	441	468	481	492	498	504
	0.85	428	412	394	390	388	399	397	395	393	393
	0.90	393	362	327	318	315	302	288	272	270	268

注：表中 λ 为构件的长细比，f_y 为常温下钢材强度标准值。

(2) 临界温度 T''_d 应根据构件稳定荷载比 R' 和常温下受弯构件的稳定系数 φ_b 按表 18.1-21 确定 T''_d，R' 应按式 (18.1-28b) 计算。

$$R'=\frac{M}{\varphi_b W f} \tag{18.1-28b}$$

式中 M——火灾下构件的最大弯矩设计值；

W——钢构件的毛截面模量；

φ_b——常温下受弯钢构件的稳定系数，应根据现行国家标准《钢结构设计标准》GB 50017 的规定计算。

4. 拉弯钢构件的临界温度

拉弯钢构件的临界温度 T_d，应根据截面强度荷载比 R 按表 18.1-19 确定，R 应按下式计算：

$$R=\frac{1}{f}\left[\frac{N}{A_{n}}\pm\frac{M_{x}}{\gamma_{x}W_{nx}}\pm\frac{M_{y}}{\gamma_{y}W_{ny}}\right] \tag{18.1-29}$$

式中 N——火灾下构件的轴拉力设计值；

M_x、M_y——火灾下最不利截面处对应于强轴和弱轴的弯矩设计值；

A_n——最不利截面的净截面面积；

W_{nx}、W_{ny}——对强轴和弱轴的净截面模量；

γ_x、γ_y——绕强轴和绕弱轴弯曲的截面塑性发展系数。

根据构件稳定荷载比 R' 确定的受弯钢构件的临界温度 T''_d（℃） **表 18.1-21**

构件材料		结构钢构件						耐火钢构件					
φ_b		≤0.5	0.6	0.7	0.8	0.9	1.0	≤0.5	0.6	0.7	0.8	0.9	1.0
R'	0.30	657	657	661	662	663	664	764	750	740	732	726	718
	0.35	640	640	641	642	642	642	748	734	724	717	712	706
	0.40	626	625	624	623	623	621	733	720	712	706	701	694
	0.45	612	610	608	606	604	601	721	709	701	694	688	679
	0.50	599	594	591	588	585	582	709	698	688	680	672	661
	0.55	581	576	572	569	566	562	699	685	673	663	653	641
	0.60	563	557	553	549	547	543	688	670	655	642	631	618
	0.65	542	536	532	528	526	523	673	650	631	615	603	590
	0.70	515	511	508	506	505	503	655	621	594	580	569	557
	0.75	482	482	483	483	482	482	625	572	547	535	526	517
	0.80	439	439	452	456	458	459	525	496	483	476	471	466
	0.85	384	384	417	426	431	434	393	393	397	399	400	400
	0.90	302	302	371	389	399	405	267	267	290	299	306	311

5. 压弯钢构件的临界温度

压弯钢构件的临界温度 T_d 应取下列三个临界温度 T'_d、T''_{dx}、T''_{dy}中的较小者：

（1）临界温度 T'_d应根据截面强度荷载比 R 按表 18.1-19 确定，R 应按式（18.1-30a）计算：

$$R=\frac{1}{f}\left[\frac{N}{A_{n}}\pm\frac{M_{x}}{\gamma_{x}W_{nx}}\pm\frac{M_{y}}{\gamma_{y}W_{ny}}\right] \tag{18.1-30a}$$

式中 N——火灾下构件的轴压力设计值。

（2）临界温度 T''_{dx}应根据绕强轴 x 轴弯曲的构件稳定荷载比 R'_x和长细比 λ_x 按表 18.1-22a 和表 18.1-22b 确定，R'_x 应按式（18.1-30b）计算：

$$R'_{x}=\frac{1}{f}\left[\frac{N}{\varphi_{x}A}+\frac{\beta_{mx}M_{x}}{\gamma_{x}W_{x}(1-0.8N/N'_{Ex})}+\eta\frac{\beta_{ty}M_{y}}{\varphi_{by}W_{y}}\right] \tag{18.1-30b}$$

$$N'_{Ex}=\pi^{2}E_{s}A/(1.1\lambda_{x}^{2})$$

式中 M_x、M_y——火灾下所计算构件段范围内对强轴和弱轴的最大弯矩设计值；

W_x、W_y——对强轴和弱轴的毛截面模量；

N'_{Ex}——绕强轴弯曲的参数；

E_s——常温下钢材的弹性模量；

λ_x——对强轴的长细比；

φ_x——常温下轴心受压构件对强轴失稳的稳定系数；

φ_{by}——常温下均匀弯曲受弯构件对弱轴失稳的稳定系数，应按现行国家标准《钢结构设计标准》GB 50017 的规定计算；

γ_x——绕强轴弯曲的截面塑性发展系数；

η——截面影响系数，对于闭口截面，$\eta=0.7$；对于其他截面，$\eta=1.0$；

β_{mx}——弯矩作用平面内的等效弯矩系数，应按现行国家标准《钢结构设计标准》GB 50017 的规定计算；

β_{ty}——弯矩作用平面外的等效弯矩系数，应按现行国家标准《钢结构设计标准》GB 50017 的规定计算。

（3）临界温度 T''_{dy} 应根据绕强轴 y 轴弯曲的构件稳定荷载比 R'_y 和长细比 λ_y 按表 18.1-22a 和表 18.1-22b 确定，R'_y 应按式（18.1-30c）计算。

$$R'_y=\frac{1}{f}\left[\frac{N}{\varphi_y A}+\eta\frac{\beta_{tx}M_x}{\varphi_{bx}W_x}+\frac{\beta_{my}M_y}{\gamma_y W_y(1-0.8N/N'_{Ey})}\right] \tag{18.1-30c}$$

$$N'_{Ey}=\pi^2E_sA/(1.1\lambda_y^2)$$

式中 N'_{Ey}——绕强轴弯曲的参数；

λ_y——钢构件对弱轴的长细比；

φ_y——常温下轴心受压构件对弱轴失稳的稳定系数；

φ_{bx}——常温下均匀弯曲受弯构件对强轴失稳的稳定系数，应按现行国家标准《钢结构设计标准》GB 50017 的规定计算；

γ_y——绕弱轴弯曲的截面塑性发展系数。

6. 钢框架梁的临界温度

受楼板侧向约束的钢框架梁的临界温度 T_d 可按表 18.1-19 确定，其截面强度荷载比 R 应按式（18.1-31）计算。

$$R=\frac{M}{W_p f} \tag{18.1-31}$$

式中 M——钢框架梁上荷载产生的最大弯矩设计值，不考虑温度内力；

W_p——钢框架梁截面的塑性截面模量。

压弯结构钢构件按稳定荷载比 R'_x（或 R'_y）确定的临界温度 T''_{dx}（或 T''_{dy}）（℃）

表 18.1-22a

R'_x（或 R'_y）		0.30	0.35	0.40	0.45	0.50	0.55	0.60	0.65	0.70	0.75	0.80	0.85	0.90
$\lambda_x\sqrt{\frac{f_y}{235}}$或 $\lambda_y\sqrt{\frac{f_y}{235}}$	≤50	657	636	616	597	577	558	538	519	498	477	454	431	408
	100	648	628	610	592	573	553	533	513	491	468	443	416	390
	150	645	625	608	591	572	552	532	510	487	462	434	404	374
	≥200	643	624	607	590	571	552	531	509	486	459	430	400	370

压弯耐火钢构件按稳定荷载比 R'_x（或 R'_y）确定的临界温度 T''_{dx}（或 T''_{dy}）（℃）

表 18.1-22b

R'_x		0.30	0.35	0.40	0.45	0.50	0.55	0.60	0.65	0.70	0.75	0.80	0.85	0.90
$\lambda_x\sqrt{\frac{f_y}{235}}$	≤50	717	705	692	677	660	640	616	587	553	511	459	403	347
	100	722	708	696	682	666	647	622	590	552	504	442	375	308
	150	728	714	701	688	673	655	630	598	555	502	434	360	286
	≥200	731	716	703	690	676	658	635	601	557	501	430	353	276

7. 钢框架柱的临界温度

钢框架柱的临界温度 T_d 可按表 18.1-20 确定，其稳定荷载比 R'应按式（18.1-32）计算。

$$R' = \frac{N}{0.7\varphi A f} \tag{18.1-32}$$

式中　N——火灾时钢框架柱所受的轴压力设计值；

A——钢框架柱的毛截面面积；

φ——常温下轴心受压构件的稳定系数。

8. 防火保护层等效热阻与厚度的确定

当符合下列条件时，钢构件防火保护层的等效热阻可按式（18.1-33a）计算；对于非膨胀型防火涂料、防火板，防火保护层的厚度可按式（18.1-33b）计算；对于膨胀型防火涂料，涂层的厚度宜根据等效热阻查产品检验报告及说明书确定：

（1）火灾热烟气的温度按本手册式（18.1-12）确定；

（2）防火保护层为轻质防火保护层；

（3）钢构件的临界温度不大于 700℃。

$$R_i = \frac{5\times10^{-5}}{\left(\frac{T_d - T_{s0}}{t_m} + 0.2\right)^2 - 0.044} \cdot \frac{F_i}{V} \tag{18.1-33a}$$

$$d_i = R_i\lambda_i \tag{18.1-33b}$$

式中　R_i——防火保护层的等效热阻［m^2/（W·K)］；

T_d——钢构件的临界温度（℃）；

T_{s0}——钢构件的初始温度（℃），可取 20℃；

t_m——钢构件的设计耐火极限（s）；

F_i/V——有防火保护钢构件的截面形状系数（m^{-1}）；

d_i——防火保护层厚度（m）；

λ_i——防火保护材料的等效热传导系数［W/（m·K)］。

18.1.7　钢-混凝土组合结构耐火计算

一、钢管混凝土柱

1. 适用条件

（1）钢管采用 Q235、Q345、Q390 和 Q420 钢，混凝土强度等级为 C30～C80，且含钢率 A_s/A_c 为 0.04～0.20；

（2）柱长细比 λ 为 10～60；

（3）对于圆钢管混凝土柱，其截面外直径为200～1400m，荷载偏心率e/r为0～3.0（e为荷载偏心距；r为钢管截面外半径）；

（4）对于矩形钢管混凝土柱，其截面短边长度为200～1400mm；荷载偏心率e/r为0～3.0（e为荷载偏心距；r为荷载偏心方向边长的一半）；

2. 防火保护判别条件

钢管混凝土柱的荷载比R，大于其火灾下的承载力系数k_T时，应采取防火保护措施；小于k_T时，可不采取防火保护措施。

3. 荷载比计算

钢管混凝土柱的荷载比应按下式计算：

$$R=\frac{N}{N^*} \tag{18.1-34}$$

式中 R——荷载比；

N——火灾下钢管混凝土柱的轴压力设计值；

N^*——常温下钢管混凝土柱的抗压承载力设计值，可按公式（18.1-35）和（18.1-36）计算。

钢管混凝土柱的荷载比R，大于其火灾下的承载力系数k_T时，应采取防火保护措施；小于k_T时，可不采取防火保护措施。

4. 圆钢管混凝土柱抗压承载力计算

常温下圆钢管混凝土柱的抗压承载力设计值N^*，当$M/M_u\leqslant 1$时，应按式（18.1-35a）确定；当$M/M_u>1$时，应按式（18.1-35b）确定：

$$\begin{cases}\dfrac{N^*}{\varphi N_u}+\dfrac{1-2\varphi^2\eta_0}{1-0.4N^*/N_E}\dfrac{\beta_m M}{M_u}=1\\[2ex] 2\varphi^3\eta_0\leqslant\dfrac{N^*}{N_u}\leqslant 1\end{cases} \tag{18.1-35a}$$

$$\begin{cases}\dfrac{0.18}{\varphi^3\eta_0^2}\left(\dfrac{A_s f}{A_c f_c}\right)^{-1.15}\dfrac{N^{*2}}{N_u^2}-\dfrac{0.36}{\eta_0}\left(\dfrac{A_s f}{A_c f_c}\right)^{-1.15}\dfrac{N^*}{N_u}+\dfrac{1}{1-0.4N^*/N_E}\dfrac{\beta_m M}{M_u}=1\\[2ex] \varphi^3\eta_0\leqslant\dfrac{N^*}{N_u}<2\varphi^3\eta_0\end{cases} \tag{18.1-35b}$$

其中
$$N_u=\left(1.14+1.02\frac{A_s f}{A_c f_c}\right)(A_s+A_c)f_c$$

$$M_u=\left(1.14+1.02\frac{A_s f}{A_c f_c}\right)\left[1.1+0.48\ln\left(\frac{A_s f_y}{A_c f_c}+0.1\right)\right]W_{sc}f_c$$

$$N_E=\frac{\pi^2(E_sA_s+E_cA_c)}{\lambda^2}$$

$$\eta_0=\begin{cases}0.5-0.245\dfrac{A_s f_y}{A_c f_{ck}} & \dfrac{A_s f_y}{A_c f_{ck}}\leqslant 0.4\\[2ex] 0.1+0.14\left(\dfrac{A_s f_y}{A_c f_{ck}}\right)^{-0.84} & \dfrac{A_s f_y}{A_c f_{ck}}>0.4\end{cases}$$

$$\varphi=\begin{cases}1 & \lambda\leqslant\lambda_0\\ 1+a(\lambda^2-2\lambda_p\lambda+2\lambda_p\lambda_0-\lambda_0^2)-\dfrac{b(\lambda-\lambda_0)}{(\lambda_p+35)^3} & \lambda_0<\lambda\leqslant\lambda_p\\ \dfrac{b}{(\lambda+35)^2} & \lambda>\lambda_p\end{cases}$$

$$a=\frac{(\lambda_p+35)^3-b(35+2\lambda_p-\lambda_0)}{(\lambda_p-\lambda_0)^2(\lambda_p+35)^3}$$

$$b=\left(13000+4657\ln\frac{235}{f_y}\right)\left(\frac{25}{f_{ck}+5}\right)^{0.3}\left(\frac{10A_s}{A_c}\right)^{0.05}$$

$$\lambda=\frac{4l_0}{D}$$

$$\lambda_p=\frac{1743}{\sqrt{f_y}}$$

$$\lambda_0=\pi\sqrt{\frac{1}{f_{ck}}\times\frac{420\dfrac{A_sf_y}{A_cf_{ck}}+550}{1.02\dfrac{A_sf_y}{A_cf_{ck}}+1.14}}$$

式中 N^*——常温下钢管混凝土柱的抗压承载力设计值；

M——常温下所计算构件段范围内的最不利组合下的弯矩值；

N_u——常温下轴心受压钢管混凝土短柱的抗压承载力设计值；

N_E——欧拉临界力；

M_u——常温下钢管混凝土柱受纯弯时的抗弯承载力设计值；

f——常温下钢材的强度设计值；

f_y——常温下钢材的屈服强度；

f_c——常温下混凝土的轴心抗压强度设计值；

f_{ck}——常温下混凝土的轴心抗压强度标准值；

A_c——钢管混凝土柱中混凝土的截面面积；

A_s——钢管混凝土柱中钢管的截面面积；

E_c——常温下混凝土的弹性模量；

E_s——常温下钢材的弹性模量；

D——截面高度，取柱截面外直径；

l_0——计算长度；

W_{sc}——截面抗弯模量，取柱截面外直径计算；

a、b、η_0——计算参数；

β_m——等效弯矩系数，按现行国家标准《钢结构设计标准》GB 50017 确定；

φ——轴心受压稳定系数；

λ——长细比；

λ_p——弹性失稳的界限长细比；

λ_0——弹塑性失稳的界限长细比。

5. 矩形钢管混凝土柱抗压承载力计算

常温下矩形钢管混凝土柱的抗压承载力设计值 N^*，应取其平面外和平面内失稳承载力的较小值。其中，平面外失稳承载力应按式（18.1-36a）确定；当 $M/M_u \leqslant 1$ 时，平面内失稳承载力应按式（18.1-36b）确定；当 $M/M_u > 1$ 时，平面内失稳承载力应按式（18.1-36c）确定：

$$\frac{N^*}{\varphi N_u} + \frac{\beta_m M}{1.4M_u} = 1 \tag{18.1-36a}$$

$$\begin{cases} \dfrac{N^*}{\varphi N_u} + \dfrac{1-2\varphi^2\eta_0}{1-0.4N^*/N_E}\dfrac{\beta_m M}{M_u} = 1 \\ 2\varphi^3\eta_0 \leqslant \dfrac{N^*}{N_u} \leqslant 1 \end{cases} \tag{18.1-36b}$$

$$\begin{cases} \dfrac{0.14}{\varphi^3\eta_0^2}\left(\dfrac{A_s f_y}{A_c f_{ck}}\right)^{-1.3}\dfrac{N^{*2}}{N_u^2} - \dfrac{0.28}{\eta_0}\left(\dfrac{A_s f_y}{A_c f_{ck}}\right)^{-1.3}\dfrac{N^*}{N_u} + \dfrac{1}{1-0.25N^*/N_E}\dfrac{\beta_m M}{M_u} = 1 \\ \varphi^3\eta_0 \leqslant \dfrac{N^*}{N_u} < 2\varphi^3\eta_0 \end{cases} \tag{18.1-36c}$$

其中

$$N_u = \left(1.18 + 0.85\frac{A_s f}{A_s f_s}\right)(A_s + A_c)f_c$$

$$M_u = \left[1.04 + 0.48\ln\left(\frac{A_s f_y}{A_c f_{ck}} + 0.1\right)\right]\left[1.18 + 0.85\frac{A_s f}{A_c f_c}\right]W_{sc} f_c$$

$$N_E = \frac{\pi^2(E_s A_s + E_c A_c)}{\lambda^2}$$

$$\eta_0 = \begin{cases} 0.5 - 0.318\dfrac{A_s f_y}{A_c f_{ck}} & \dfrac{A_s f_y}{A_c f_{ck}} \leqslant 0.4 \\ 0.1 + 0.13\left(\dfrac{A_s f_y}{A_c f_{ck}}\right)^{-0.81} & \dfrac{A_s f_y}{A_c f_{ck}} > 0.4 \end{cases}$$

$$\varphi = \begin{cases} 1 & \lambda \leqslant \lambda_0 \\ 1 + a(\lambda^2 - 2\lambda_p\lambda + 2\lambda_p\lambda_0 - \lambda_0^2) - \dfrac{b(\lambda - \lambda_0)}{(\lambda_p + 35)^3} & \lambda_0 < \lambda \leqslant \lambda_p \\ \dfrac{b}{(\lambda + 35)^2} & \lambda > \lambda_p \end{cases}$$

$$a = \frac{(\lambda_p + 35)^3 - b(35 + 2\lambda_p - \lambda_0)}{(\lambda_p - \lambda_0)^2(\lambda_p + 35)^3}$$

$$b = \left(13500 + 4810\ln\frac{235}{f_y}\right)\left(\frac{25}{f_{ck} + 5}\right)^{0.3}\left(\frac{10A_s}{A_c}\right)^{0.05}$$

$$\lambda = \frac{2\sqrt{3}l_0}{D}$$

$$\lambda_p = \frac{1811}{\sqrt{f_y}}$$

$$\lambda_0 = \pi\sqrt{\frac{1}{f_{ck}} \times \frac{220\dfrac{A_s f_y}{A_c f_{ck}} + 450}{0.85\dfrac{A_s f_y}{A_c f_{ck}} + 1.18}}$$

式中　D——截面高度；当弯矩作用于截面强轴方向时，取柱截面长边长度；当弯矩作用于截面弱轴方向时，取柱短边长度；

W_{sc}——弯矩作用平面内的截面抗弯模量，取柱截面外边尺寸计算；

其余符号含义同式（8.1-35）。

6. 圆钢管混凝土柱的承载力系数计算

当火灾热烟气的温度按本章式（18.1-12）计算、且钢柱的受火时间不大于3.0h时，火灾下圆钢管混凝土柱的承载力系数k_T可按式（18.1-37）计算。

当火灾热烟气的温度不按本章式（18.1-12）计算时，式（18.1-37）中的受火时间t应取按公式（18.1-15）计算的等效曝火时间t_e。

$$k_T = \begin{cases} \dfrac{1}{1+at_0^{2.5}} & t_0 \leqslant t_1 \\ \dfrac{1}{1+at_1^{2.5}+b(t_0-t_1)} & t_1 < t_0 \leqslant t_2 \\ \dfrac{1}{1+at_1^{2.5}+b(t_2-t_1)}+k(t_0-t_2) & t_0 > t_2 \end{cases} \tag{18.1-37}$$

其中：$a = \left[-0.13\left(\frac{\lambda}{40}\right)^3 + 0.92\left(\frac{\lambda}{40}\right)^2 - 0.39\left(\frac{\lambda}{40}\right) + 0.74\right] \times \left(-2.85\frac{C}{400\pi} + 19.45\right)$

$$b = \left(\frac{C}{400\pi}\right)^{-0.46} \times \left[-1.59\left(\frac{\lambda}{40}\right)^2 + 13.0\left(\frac{\lambda}{40}\right) - 3.0\right]$$

$$k = \left[0.0034\left(\frac{C}{400\pi}\right)^3 - 0.0465\left(\frac{C}{400\pi}\right)^2 + 0.21\left(\frac{C}{400\pi}\right) - 0.33\right] \times \left[-0.1\left(\frac{\lambda}{40}\right)^2 + 1.36\left(\frac{\lambda}{40}\right) + 0.04\right]$$

$$t_1 = \left[-1.31\times10^{-2}\left(\frac{\lambda}{40}\right)^3 + 0.17\left(\frac{\lambda}{40}\right)^2 - 0.72\left(\frac{\lambda}{40}\right) + 1.49\right] \times \left[7.2\times10^{-3}\left(\frac{C}{400\pi}\right)^2 - 0.02\left(\frac{C}{400\pi}\right) + 0.27\right]$$

$$t_2 = \left[0.007\left(\frac{\lambda}{40}\right)^3 + 0.209\left(\frac{\lambda}{40}\right)^2 - 1.035\left(\frac{\lambda}{40}\right) + 1.868\right] \times \left[0.006\left(\frac{C}{400\pi}\right)^2 - 0.009\left(\frac{C}{400\pi}\right) + 0.362\right]$$

$$t_0 = \frac{3t}{5}$$

式中　k_T——火灾下钢管混凝土柱的承载力系数；

t——受火时间（h）；

C——钢管混凝土柱截面周长（mm）；

λ——长细比；

a、b、k、t_1、t_2、t_0——计算参数。

7. 矩形钢管混凝土柱的承载力系数计算

当火灾热烟气的温度按本章式（18.1-12）计算、且钢柱的受火时间不大于 3.0h 时，火灾下矩形钢管混凝土柱的承载力系数 k_T 可按式（18.1-38）计算。

当火灾热烟气的温度不按本章式（18.1-12）计算时，式（18.1-38）中的受火时间 t 应取按公式（18.1-15）计算的等效曝火时间 t_e。

$$k_T=\begin{cases}\dfrac{1}{1+at_0^2} & t_0\leqslant t_1\\ \dfrac{1}{bt_0^2+1+(a-b)t_1^2} & t_1<t_0\leqslant t_2\\ \dfrac{1}{bt_2^2+1+(a-b)t_1^2}+k(t_0-t_2) & t_0>t_2\end{cases}\tag{18.1-38}$$

其中：$a=\left[0.015\left(\dfrac{\lambda}{40}\right)^2-0.025\left(\dfrac{\lambda}{40}\right)+1.04\right]\times\left[-2.56\left(\dfrac{C}{1600}\right)+16.08\right]$

$$b=\left[-0.19\left(\frac{\lambda}{40}\right)^3+1.48\left(\frac{\lambda}{40}\right)^2-0.95\left(\frac{\lambda}{40}\right)+0.86\right]\times\left[-0.19\left(\frac{C}{1600}\right)^2+0.15\left(\frac{C}{1600}\right)+9.05\right]$$

$$k=0.042\times\left[\left(\frac{\lambda}{40}\right)^3-3.08\left(\frac{\lambda}{40}\right)^2-0.21\left(\frac{\lambda}{40}\right)+0.23\right]$$

$$t_1=0.38\left[0.02\left(\frac{\lambda}{40}\right)^3-0.13\left(\frac{\lambda}{40}\right)^2+0.05\left(\frac{\lambda}{40}\right)+0.95\right]$$

$$t_2=\left[0.03\left(\frac{\lambda}{40}\right)^2-0.29\left(\frac{\lambda}{40}\right)+1.21\right]\times\left[0.022\left(\frac{C}{1600}\right)^2-0.105\left(\frac{C}{1600}\right)+0.696\right]$$

$$t_0=\frac{3t}{5}$$

式中：符号含义同式（18.1-37）。

8. 圆钢管混凝土柱的防火保护层厚度计算公式

当火灾热烟气的温度按本章式（18.1-12）计算、且钢柱的受火时间不大于 3.0h 时，圆钢管混凝土柱的防火保护层厚度可按式（18.1-39）计算。

当火灾热烟气的温度不按本章式（18.1-12）计算时，式（18.1-39）中的受火时间 t 应取按公式（18.1-15）计算的等效曝火时间 t_e。

（1）防火保护层采用金属网抹 M5 水泥砂浆

$$d_i=k_{LR}(135-1.12\lambda)(1.85t-0.5t^2+0.07t^3)C^{0.0045\lambda-0.396}\tag{18.1-39a}$$

$$k_{LR}=\begin{cases}\dfrac{R-k_T}{0.77-k_T} & R<0.77\\ \dfrac{1}{3.618-0.15t-(3.4-0.2t)R} & R\geqslant 0.77\text{ 且 }k_T<0.77\\ (2.5t+2.3)\dfrac{R-k_T}{1-k_T} & k_T\geqslant 0.77\end{cases}$$

（2）防火保护层采用非膨胀型钢结构防火涂料

$$d_i = k_{LR}(19.2t + 9.6)C^{0.0019\lambda - 0.28} \tag{18.1-39b}$$

$$k_{LR} = \begin{cases} \dfrac{R - k_T}{0.77 - k_T} & R < 0.77 \\ \dfrac{1}{3.695 - 3.5R} & R \geqslant 0.77 \text{ 且 } k_T < 0.77 \\ 7.2t\dfrac{R - k_T}{1 - k_T} & k_T \geqslant 0.77 \end{cases}$$

式中　d_i——防火保护层厚度（mm）；

k_T——钢管混凝土柱火灾下的承载力系数；

R——荷载比；

t——受火时间（h）；

C——钢管混凝土柱截面周长（mm）；

λ——长细比；

k_{LR}——计算参数，当由公式计算的数值大于1.0时，取$k_{LR}=1.0$；当由公式计算的数值小于0时，取$k_{LR}=0$。

9. 矩形钢管混凝土柱的防火保护层厚度计算公式

当火灾热烟气的温度按本章式（18.1-12）计算、且钢柱的受火时间不大于3.0h时，矩形钢管混凝土柱的防火保护层厚度可按式（18.1-40）计算。

当火灾热烟气的温度不按本章式（18.1-12）计算时，式（18.1-40）中的受火时间t应取按公式（18.1-15）计算的等效曝火时间t_e。

（1）防火保护层采用金属网抹M5水泥砂浆

$$d_i = k_{LR}(220.8t + 123.8)C^{3.25\times10^{-4}\lambda - 0.3075} \tag{18.1-40a}$$

$$k_{LR} = \begin{cases} \dfrac{R - k_T}{0.77 - k_T} & R < 0.77 \\ \dfrac{1}{3.464 - 0.15t - (3.2 - 0.2t)R} & R \geqslant 0.77 \text{ 且 } k_T < 0.77 \\ 5.7t\dfrac{R - k_T}{1 - k_T} & k_T \geqslant 0.77 \end{cases}$$

（2）防火保护层采用非膨胀型钢结构防火涂料

$$d_i = k_{LR}(149.6t + 22)C^{2\times10^{-5}\lambda^2 - 0.0017\lambda - 0.42} \tag{18.1-40b}$$

$$k_{LR} = \begin{cases} \dfrac{R - k_T}{0.77 - k_T} & R < 0.77 \\ \dfrac{1}{3.695 - 3.5R} & R \geqslant 0.77 \text{ 且 } k_T < 0.77 \\ 10t\dfrac{R - k_T}{1 - k_T} & k_T \geqslant 0.77 \end{cases}$$

式中符号含义同式（18.1-39）。

10. 钢管混凝土柱防火保护层厚度表格

将式（18.1-39）和（18.1-40）计算钢管混凝土柱防火保护层厚度列成表格，如表 18.1-23。表 18.1-23 中非膨胀型钢结构防火涂料保护层的厚度是以防火涂料的热传导系数为 0.10W/（m·℃）计算的，当施工采用的防火涂料的热传导系数与该值不同时，应按公式（18.1-41）确定施工厚度：

$$d_{i2} = d_{i1}\frac{\lambda_{i2}}{\lambda_{i1}} \tag{18.1-41}$$

式中 d_{i1}——钢结构防火设计技术文件规定的防火保护层的厚度（mm）；

d_{i2}——防火保护层实际施用厚度（mm）；

λ_{i1}——钢结构防火设计技术文件规定的非膨胀型防火涂料、防火板的等效热传导系数（W/(m·℃)）；

λ_{i2}——施工采用的非膨胀型防火涂料、防火板的等效热传导系数(W/(m·℃))。

标准火灾下钢管混凝土柱防火保护层的设计厚度（mm）：荷载比 0.3 表 18.1-23a

长细比	截面直径或短边宽度（mm）	设计耐火极限（h）																			
		金属网抹 M5 普通水泥砂防火保护层										非膨胀型防火涂料防火保护层									
		圆钢管混凝土柱					矩形钢管混凝土柱					圆钢管混凝土柱					矩形钢管混凝土柱				
		1.0	1.5	2.0	2.5	3.0	1.0	1.5	2.0	2.5	3.0	1.0	1.5	2.0	2.5	3.0	1.0	1.5	2.0	2.5	3.0
10	200	0	0	0	0	0	25	25	25	25	25	0	0	0	0	0	10	10	10	10	10
	400	0	0	0	0	0	25	25	25	25	25	0	0	0	0	0	10	10	10	10	10
	600	0	0	0	0	0	25	25	25	25	25	0	0	0	0	0	10	10	10	10	10
	800	0	0	0	0	0	25	25	25	25	25	0	0	0	0	0	10	10	10	10	10
	1000	0	0	0	0	0	25	25	25	25	25	0	0	0	0	0	10	10	10	10	10
	1200	0	0	0	0	0	25	25	25	25	25	0	0	0	0	0	10	10	10	10	10
	1400	0	0	0	0	0	0	25	25	25	25	0	0	0	0	0	0	10	10	10	10
	1600	0	0	0	0	0	0	25	25	25	25	0	0	0	0	0	0	10	10	10	10
	1800	0	0	0	0	0	0	25	25	25	25	0	0	0	0	0	0	10	10	10	10
	2000	0	0	0	0	0	0	25	25	25	25	0	0	0	0	0	0	10	10	10	10
20	200	0	0	25	25	25	25	25	25	25	25	0	0	10	10	10	10	10	10	10	10
	400	0	0	0	0	25	25	25	25	25	25	0	0	0	0	10	10	10	10	10	10
	600	0	0	0	0	0	25	25	25	25	25	0	0	0	0	0	10	10	10	10	10
	800	0	0	0	0	0	25	25	25	25	25	0	0	0	0	0	10	10	10	10	10
	1000	0	0	0	0	0	25	25	25	25	25	0	0	0	0	0	10	10	10	10	10
	1200	0	0	0	0	0	25	25	25	25	25	0	0	0	0	0	10	10	10	10	10
	1400	0	0	0	0	0	0	25	25	25	25	0	0	0	0	0	0	10	10	10	10
	1600	0	0	0	0	0	0	25	25	25	25	0	0	0	0	0	0	10	10	10	10
	1800	0	0	0	0	0	0	0	25	25	25	0	0	0	0	0	0	0	10	10	10
	2000	0	0	0	0	0	0	0	0	25	25	0	0	0	0	0	0	0	0	10	10
40	200	25	25	25	25	26	25	25	25	29	36	10	10	10	10	10	10	10	10	10	10
	400	0	25	25	25	25	25	25	25	25	28	0	10	10	10	10	10	10	10	10	10
	600	0	0	25	25	25	25	25	25	25	25	0	0	10	10	10	10	10	10	10	10
	800	0	0	0	0	0	25	25	25	25	25	0	0	0	0	0	10	10	10	10	10
	1000	0	0	0	0	0	25	25	25	25	25	0	0	0	0	0	10	10	10	10	10
	1200	0	0	0	0	0	25	25	25	25	25	0	0	0	0	0	10	10	10	10	10
	1400	0	0	0	0	0	25	25	25	25	25	0	0	0	0	0	10	10	10	10	10
	1600	0	0	0	0	0	25	25	25	25	25	0	0	0	0	0	10	10	10	10	10
	1800	0	0	0	0	0	0	25	25	25	25	0	0	0	0	0	0	10	10	10	10
	2000	0	0	0	0	0	0	25	25	25	25	0	0	0	0	0	0	10	10	10	10

续表

长细比	截面直径或短边宽度(mm)	设计耐火极限(h)																			
		金属网抹M5普通水泥砂防火保护层										非膨胀型防火涂料防火保护层									
		圆钢管混凝土柱					矩形钢管混凝土柱					圆钢管混凝土柱					矩形钢管混凝土柱				
		1.0	1.5	2.0	2.5	3.0	1.0	1.5	2.0	2.5	3.0	1.0	1.5	2.0	2.5	3.0	1.0	1.5	2.0	2.5	3.0
60	200	25	25	27	31	35	25	25	29	38	45	10	10	10	10	10	10	10	10	10	10
	400	25	25	25	28	32	25	25	25	30	37	10	10	10	10	10	10	10	10	10	10
	600	0	25	25	25	25	25	25	25	26	33	0	10	10	10	10	10	10	10	10	10
	800	0	0	0	25	25	25	25	25	25	30	0	0	0	10	10	10	10	10	10	10
	1000	0	0	0	0	0	25	25	25	25	27	0	0	0	0	0	10	10	10	10	10
	1200	0	0	0	0	0	25	25	25	25	25	0	0	0	0	0	10	10	10	10	10
	1400	0	0	0	0	0	25	25	25	25	25	0	0	0	0	0	10	10	10	10	10
	1600	0	0	0	0	0	25	25	25	25	25	0	0	0	0	0	10	10	10	10	10
	1800	0	0	0	0	0	25	25	25	25	25	0	0	0	0	0	10	10	10	10	10
	2000	0	0	0	0	0	25	25	25	25	25	0	0	0	0	0	10	10	10	10	10

标准火灾下钢管混凝土柱防火保护层的设计厚度(mm):荷载比0.4　表18.1-23b

长细比	截面直径或短边宽度(mm)	设计耐火极限(h)																			
		金属网抹M5普通水泥砂防火保护层										非膨胀型防火涂料防火保护层									
		圆钢管混凝土柱					矩形钢管混凝土柱					圆钢管混凝土柱					矩形钢管混凝土柱				
		1.0	1.5	2.0	2.5	3.0	1.0	1.5	2.0	2.5	3.0	1.0	1.5	2.0	2.5	3.0	1.0	1.5	2.0	2.5	3.0
10	200	0	0	0	0	0	25	25	28	34	39	0	0	0	0	0	10	10	10	10	10
	400	0	0	0	0	0	25	25	25	26	30	0	0	0	0	0	10	10	10	10	10
	600	0	0	0	0	0	25	25	25	25	25	0	0	0	0	0	10	10	10	10	10
	800	0	0	0	0	0	25	25	25	25	25	0	0	0	0	0	10	10	10	10	10
	1000	0	0	0	0	0	25	25	25	25	25	0	0	0	0	0	10	10	10	10	10
	1200	0	0	0	0	0	25	25	25	25	25	0	0	0	0	0	10	10	10	10	10
	1400	0	0	0	0	0	25	25	25	25	25	0	0	0	0	0	10	10	10	10	10
	1600	0	0	0	0	0	25	25	25	25	25	0	0	0	0	0	10	10	10	10	10
	1800	0	0	0	0	0	25	25	25	25	25	0	0	0	0	0	10	10	10	10	10
	2000	0	0	0	0	0	0	25	25	25	25	0	0	0	0	0	0	10	10	10	10
20	200	25	25	25	25	25	25	25	29	35	41	10	10	10	10	10	10	10	10	10	10
	400	0	25	25	25	25	25	25	25	27	32	0	10	10	10	10	10	10	10	10	10
	600	0	0	0	0	25	25	25	25	25	27	0	0	0	0	10	10	10	10	10	10
	800	0	0	0	0	0	25	25	25	25	25	0	0	0	0	0	10	10	10	10	10
	1000	0	0	0	0	0	25	25	25	25	25	0	0	0	0	0	10	10	10	10	10
	1200	0	0	0	0	0	25	25	25	25	25	0	0	0	0	0	10	10	10	10	10
	1400	0	0	0	0	0	25	25	25	25	25	0	0	0	0	0	10	10	10	10	10
	1600	0	0	0	0	0	25	25	25	25	25	0	0	0	0	0	10	10	10	10	10
	1800	0	0	0	0	0	25	25	25	25	25	0	0	0	0	0	10	10	10	10	10
	2000	0	0	0	0	0	0	25	25	25	25	0	0	0	0	0	0	10	10	10	10

续表

长细比	截面直径或短边宽度(mm)	设计耐火极限(h)																			
		金属网抹M5普通水泥砂防火保护层										非膨胀型防火涂料防火保护层									
		圆钢管混凝土柱					矩形钢管混凝土柱					圆钢管混凝土柱					矩形钢管混凝土柱				
		1.0	1.5	2.0	2.5	3.0	1.0	1.5	2.0	2.5	3.0	1.0	1.5	2.0	2.5	3.0	1.0	1.5	2.0	2.5	3.0
40	200	25	25	25	31	35	25	26	34	43	52	10	10	10	10	10	10	10	10	10	11
	400	25	25	25	25	27	25	25	27	34	41	10	10	10	10	10	10	10	10	10	10
	600	25	25	25	25	25	25	25	25	29	35	10	10	10	10	10	10	10	10	10	10
	800	0	25	25	25	25	25	25	25	25	31	0	10	10	10	10	10	10	10	10	10
	1000	0	0	0	25	25	25	25	25	25	28	0	0	0	10	10	10	10	10	10	10
	1200	0	0	0	0	0	25	25	25	25	26	0	0	0	0	0	10	10	10	10	10
	1400	0	0	0	0	0	25	25	25	25	25	0	0	0	0	0	10	10	10	10	10
	1600	0	0	0	0	0	25	25	25	25	25	0	0	0	0	0	10	10	10	10	10
	1800	0	0	0	0	0	25	25	25	25	25	0	0	0	0	0	10	10	10	10	10
	2000	0	0	0	0	0	25	25	25	25	25	0	0	0	0	0	10	10	10	10	10
60	200	25	28	36	41	46	25	30	40	51	60	10	10	10	11	12	10	10	10	11	13
	400	25	25	29	38	43	25	25	32	41	49	10	10	10	10	11	10	10	10	10	10
	600	25	25	25	28	35	25	25	28	36	44	10	10	10	10	10	10	10	10	10	10
	800	25	25	25	25	25	25	25	25	32	40	10	10	10	10	10	10	10	10	10	10
	1000	0	25	25	25	25	25	25	25	30	37	0	10	10	10	10	10	10	10	10	10
	1200	0	0	0	25	25	25	25	25	28	34	0	0	0	10	10	10	10	10	10	10
	1400	0	0	0	0	0	25	25	25	26	33	0	0	0	0	0	10	10	10	10	10
	1600	0	0	0	0	0	25	25	25	25	31	0	0	0	0	0	10	10	10	10	10
	1800	0	0	0	0	0	25	25	25	25	30	0	0	0	0	0	10	10	10	10	10
	2000	0	0	0	0	0	25	25	25	25	29	0	0	0	0	0	10	10	10	10	10

标准火灾下钢管混凝土柱防火保护层的设计厚度(mm):荷载比0.5　表18.1-23c

长细比	截面直径或短边宽度(mm)	设计耐火极限(h)																			
		金属网抹M5普通水泥砂防火保护层										非膨胀型防火涂料防火保护层									
		圆钢管混凝土柱					矩形钢管混凝土柱					圆钢管混凝土柱					矩形钢管混凝土柱				
		1.0	1.5	2.0	2.5	3.0	1.0	1.5	2.0	2.5	3.0	1.0	1.5	2.0	2.5	3.0	1.0	1.5	2.0	2.5	3.0
10	200	0	25	25	25	25	25	33	41	49	57	0	10	10	10	10	10	10	10	12	15
	400	0	0	0	25	25	25	26	32	38	45	0	0	0	10	10	10	10	10	10	11
	600	0	0	0	0	0	25	25	28	33	38	0	0	0	0	0	10	10	10	10	10
	800	0	0	0	0	0	25	25	25	29	34	0	0	0	0	0	10	10	10	10	10
	1000	0	0	0	0	0	25	25	25	27	31	0	0	0	0	0	10	10	10	10	10
	1200	0	0	0	0	0	25	25	25	25	28	0	0	0	0	0	10	10	10	10	10
	1400	0	0	0	0	0	25	25	25	25	27	0	0	0	0	0	10	10	10	10	10
	1600	0	0	0	0	0	25	25	25	25	25	0	0	0	0	0	10	10	10	10	10
	1800	0	0	0	0	0	25	25	25	25	25	0	0	0	0	0	10	10	10	10	10
	2000	0	0	0	0	0	25	25	25	25	25	0	0	0	0	0	10	10	10	10	10

续表

长细比	截面直径或短边宽度(mm)	设计耐火极限（h）																			
		金属网抹M5普通水泥砂防火保护层										非膨胀型防火涂料防火保护层									
		圆钢管混凝土柱					矩形钢管混凝土柱					圆钢管混凝土柱					矩形钢管混凝土柱				
		1.0	1.5	2.0	2.5	3.0	1.0	1.5	2.0	2.5	3.0	1.0	1.5	2.0	2.5	3.0	1.0	1.5	2.0	2.5	3.0
20	200	25	25	25	25	26	25	33	42	50	59	10	10	10	10	10	10	10	10	12	14
	400	25	25	25	25	25	25	26	33	40	47	10	10	10	10	10	10	10	10	10	10
	600	25	25	25	25	25	25	25	28	34	40	10	10	10	10	10	10	10	10	10	10
	800	25	25	25	25	25	25	25	25	30	36	10	10	10	10	10	10	10	10	10	10
	1000	0	0	25	25	25	25	25	25	27	32	0	0	10	10	10	10	10	10	10	10
	1200	0	0	0	0	0	25	25	25	25	30	0	0	0	0	0	10	10	10	10	10
	1400	0	0	0	0	0	25	25	25	25	28	0	0	0	0	0	10	10	10	10	10
	1600	0	0	0	0	0	25	25	25	25	26	0	0	0	0	0	10	10	10	10	10
	1800	0	0	0	0	0	25	25	25	25	25	0	0	0	0	0	10	10	10	10	10
	2000	0	0	0	0	0	25	25	25	25	25	0	0	0	0	0	10	10	10	10	10
40	200	25	25	32	38	43	26	36	46	57	68	10	10	10	11	12	10	10	10	12	14
	400	25	25	25	29	35	25	29	37	46	54	10	10	10	10	10	10	10	10	10	10
	600	25	25	25	25	28	25	25	32	40	47	10	10	10	10	10	10	10	10	10	10
	800	25	25	25	25	25	25	25	29	36	43	10	10	10	10	10	10	10	10	10	10
	1000	25	25	25	25	25	25	25	26	33	39	10	10	10	10	10	10	10	10	10	10
	1200	25	25	25	25	25	25	25	25	30	37	10	10	10	10	10	10	10	10	10	10
	1400	25	25	25	25	25	25	25	25	29	35	10	10	10	10	10	10	10	10	10	10
	1600	25	25	25	25	25	25	25	25	27	33	10	10	10	10	10	10	10	10	10	10
	1800	25	25	25	25	25	25	25	25	26	32	10	10	10	10	10	10	10	10	10	10
	2000	25	25	25	25	25	25	25	25	25	30	10	10	10	10	10	10	10	10	10	10
60	200	25	36	45	51	58	29	40	52	64	75	10	10	11	13	15	10	10	10	13	16
	400	25	29	38	47	53	25	32	42	52	61	10	10	10	12	14	10	10	10	10	12
	600	25	25	31	39	47	25	28	37	46	55	10	10	10	10	12	10	10	10	10	10
	800	25	25	25	31	38	25	26	33	41	50	10	10	10	10	10	10	10	10	10	10
	1000	25	25	25	25	30	25	25	31	38	46	10	10	10	10	10	10	10	10	10	10
	1200	25	25	25	25	25	25	25	29	36	44	10	10	10	10	10	10	10	10	10	10
	1400	25	25	25	25	25	25	25	28	35	42	10	10	10	10	10	10	10	10	10	10
	1600	25	25	25	25	25	25	25	27	33	40	10	10	10	10	10	10	10	10	10	10
	1800	25	25	25	25	25	25	25	26	32	39	10	10	10	10	10	10	10	10	10	10
	2000	25	25	25	25	25	25	25	25	31	37	10	10	10	10	10	10	10	10	10	10

标准火灾下钢管混凝土柱防火保护层的设计厚度（mm）：荷载比 0.6 表 18.1-23d

长细比	截面直径或短边宽度（mm）	设计耐火极限（h）																			
		金属网抹 M5 普通水泥砂防火保护层										非膨胀型防火涂料防火保护层									
		圆钢管混凝土柱					矩形钢管混凝土柱					圆钢管混凝土柱					矩形钢管混凝土柱				
		1.0	1.5	2.0	2.5	3.0	1.0	1.5	2.0	2.5	3.0	1.0	1.5	2.0	2.5	3.0	1.0	1.5	2.0	2.5	3.0
10	200	25	25	25	25	25	32	43	53	64	74	10	10	10	10	10	10	10	13	16	19
	400	25	25	25	25	25	25	34	43	51	59	10	10	10	10	10	10	10	10	12	14
	600	25	25	25	25	25	25	30	37	44	52	10	10	10	10	10	10	10	10	10	12
	800	25	25	25	25	25	25	27	34	40	47	10	10	10	10	10	10	10	10	10	10
	1000	0	0	25	25	25	25	25	31	37	43	0	0	10	10	10	10	10	10	10	10
	1200	0	0	0	0	0	25	25	29	35	40	0	0	0	0	0	10	10	10	10	10
	1400	0	0	0	0	0	25	25	27	33	38	0	0	0	0	0	10	10	10	10	10
	1600	0	0	0	0	0	25	25	26	31	36	0	0	0	0	0	10	10	10	10	10
	1800	0	0	0	0	0	25	25	25	30	35	0	0	0	0	0	10	10	10	10	10
	2000	0	0	0	0	0	25	25	25	29	33	0	0	0	0	0	10	10	10	10	10
20	200	25	25	25	28	33	32	44	54	65	76	10	10	10	10	11	10	10	12	15	18
	400	25	25	25	25	25	26	35	44	52	61	10	10	10	10	10	10	10	10	11	13
	600	25	25	25	25	25	25	31	38	46	53	10	10	10	10	10	10	10	10	10	11
	800	25	25	25	25	25	25	28	34	41	48	10	10	10	10	10	10	10	10	10	10
	1000	25	25	25	25	25	25	26	32	38	45	10	10	10	10	10	10	10	10	10	10
	1200	25	25	25	25	25	25	25	30	36	42	10	10	10	10	10	10	10	10	10	10
	1400	25	25	25	25	25	25	25	28	34	39	10	10	10	10	10	10	10	10	10	10
	1600	25	25	25	25	25	25	25	27	32	37	10	10	10	10	10	10	10	10	10	10
	1800	25	25	25	25	25	25	25	26	31	36	10	10	10	10	10	10	10	10	10	10
	2000	25	25	25	25	25	25	25	25	29	34	10	10	10	10	10	10	10	10	10	10
40	200	25	31	39	46	52	35	47	59	71	83	10	10	10	13	15	10	10	12	15	17
	400	25	25	31	37	43	28	38	47	57	68	10	10	10	10	12	10	10	10	11	13
	600	25	25	26	31	37	25	33	42	50	59	10	10	10	10	11	10	10	10	10	11
	800	25	25	25	27	32	25	30	38	46	54	10	10	10	10	10	10	10	10	10	10
	1000	25	25	25	25	27	25	28	35	43	50	10	10	10	10	10	10	10	10	10	10
	1200	25	25	25	25	25	25	26	33	40	47	10	10	10	10	10	10	10	10	10	10
	1400	25	25	25	25	25	25	25	31	38	45	10	10	10	10	10	10	10	10	10	10
	1600	25	25	25	25	25	25	25	30	36	43	10	10	10	10	10	10	10	10	10	10
	1800	25	25	25	25	25	25	25	29	35	41	10	10	10	10	10	10	10	10	10	10
	2000	25	25	25	25	25	25	25	28	34	40	10	10	10	10	10	10	10	10	10	10
60	200	31	44	54	61	69	37	50	63	77	90	10	11	13	16	18	10	10	13	16	19
	400	26	38	47	56	64	30	41	52	63	74	10	10	12	14	17	10	10	10	12	14
	600	25	33	42	50	58	27	36	46	55	66	10	10	10	12	15	10	10	10	10	12

续表

长细比	截面直径或短边宽度（mm）	设计耐火极限（h）																			
		金属网抹M5普通水泥砂防火保护层										非膨胀型防火涂料防火保护层									
		圆钢管混凝土柱					矩形钢管混凝土柱					圆钢管混凝土柱					矩形钢管混凝土柱				
		1.0	1.5	2.0	2.5	3.0	1.0	1.5	2.0	2.5	3.0	1.0	1.5	2.0	2.5	3.0	1.0	1.5	2.0	2.5	3.0
60	800	25	29	37	44	52	25	33	42	51	60	10	10	10	11	13	10	10	10	10	10
	1000	25	26	33	39	46	25	31	39	47	56	10	10	10	10	12	10	10	10	10	10
	1200	25	25	29	35	41	25	29	37	45	53	10	10	10	10	10	10	10	10	10	10
	1400	25	25	27	32	37	25	27	35	43	51	10	10	10	10	10	10	10	10	10	10
	1600	25	25	26	30	35	25	26	34	41	49	10	10	10	10	10	10	10	10	10	10
	1800	25	25	25	29	34	25	26	33	40	47	10	10	10	10	10	10	10	10	10	10
	2000	25	25	25	28	32	25	25	31	38	46	10	10	10	10	10	10	10	10	10	10

标准火灾下钢管混凝土柱防火保护层的设计厚度（mm）：荷载比 0.7　　表 18.1-23e

长细比	截面直径或短边宽度（mm）	设计耐火极限（h）																			
		金属网抹M5普通水泥砂防火保护层										非膨胀型防火涂料防火保护层									
		圆钢管混凝土柱					矩形钢管混凝土柱					圆钢管混凝土柱					矩形钢管混凝土柱				
		1.0	1.5	2.0	2.5	3.0	1.0	1.5	2.0	2.5	3.0	1.0	1.5	2.0	2.5	3.0	1.0	1.5	2.0	2.5	3.0
10	200	25	25	25	27	31	40	53	66	79	91	10	10	10	10	11	10	12	16	20	23
	400	25	25	25	25	25	32	43	53	63	74	10	10	10	10	10	10	10	12	15	17
	600	25	25	25	25	25	28	38	47	56	65	10	10	10	10	10	10	10	10	12	14
	800	25	25	25	25	25	26	34	43	51	59	10	10	10	10	10	10	10	10	11	13
	1000	25	25	25	25	25	25	32	40	47	55	10	10	10	10	10	10	10	10	10	12
	1200	25	25	25	25	25	25	30	37	45	52	10	10	10	10	10	10	10	10	10	11
	1400	25	25	25	25	25	25	29	36	43	49	10	10	10	10	10	10	10	10	10	10
	1600	25	25	25	25	25	25	28	34	41	47	10	10	10	10	10	10	10	10	10	10
	1800	25	25	25	25	25	25	27	33	39	46	10	10	10	10	10	10	10	10	10	10
	2000	25	25	25	25	25	25	26	32	38	44	10	10	10	10	10	10	10	10	10	10
20	200	25	25	31	36	41	41	54	67	80	93	10	10	10	11	13	10	12	15	18	22
	400	25	25	25	28	32	33	44	54	65	76	10	10	10	10	11	10	10	12	13	16
	600	25	25	25	25	28	29	39	48	57	67	10	10	10	10	10	10	10	10	11	13
	800	25	25	25	25	25	27	35	44	52	61	10	10	10	10	10	10	10	10	10	12
	1000	25	25	25	25	25	25	33	41	49	57	10	10	10	10	10	10	10	10	10	11
	1200	25	25	25	25	25	25	31	38	46	53	10	10	10	10	10	10	10	10	10	10
	1400	25	25	25	25	25	25	29	37	44	51	10	10	10	10	10	10	10	10	10	10
	1600	25	25	25	25	25	25	28	35	42	49	10	10	10	10	10	10	10	10	10	10
	1800	25	25	25	25	25	25	27	34	40	47	10	10	10	10	10	10	10	10	10	10
	2000	25	25	25	25	25	25	26	33	39	45	10	10	10	10	10	10	10	10	10	10

续表

长细比	截面直径或短边宽度（mm）	设计耐火极限（h）																			
		金属网抹 M5 普通水泥砂防火保护层										非膨胀型防火涂料防火保护层									
		圆钢管混凝土柱					矩形钢管混凝土柱					圆钢管混凝土柱					矩形钢管混凝土柱				
		1.0	1.5	2.0	2.5	3.0	1.0	1.5	2.0	2.5	3.0	1.0	1.5	2.0	2.5	3.0	1.0	1.5	2.0	2.5	3.0
40	200	28	38	46	53	60	43	57	71	85	99	10	10	12	15	17	10	11	14	17	21
	400	25	32	39	45	52	35	46	58	69	81	10	10	10	12	15	10	10	10	13	15
	600	25	29	35	40	46	31	41	51	61	71	10	10	10	11	13	10	10	10	11	13
	800	25	26	32	37	42	28	37	47	56	65	10	10	10	10	12	10	10	10	10	11
	1000	25	25	30	34	39	26	35	44	52	61	10	10	10	10	11	10	10	10	10	10
	1200	25	25	28	32	37	25	33	41	50	58	10	10	10	10	11	10	10	10	10	10
	1400	25	25	27	31	35	25	32	39	47	55	10	10	10	10	10	10	10	10	10	10
	1600	25	25	26	29	33	25	30	38	45	53	10	10	10	10	10	10	10	10	10	10
	1800	25	25	25	28	32	25	29	36	44	51	10	10	10	10	10	10	10	10	10	10
	2000	25	25	25	28	31	25	28	35	42	50	10	10	10	10	10	10	10	10	10	10
60	200	38	52	62	71	81	45	60	75	90	105	10	12	15	18	21	10	11	15	18	22
	400	34	46	56	66	74	37	49	61	74	86	10	11	14	17	19	10	10	11	13	16
	600	32	43	52	61	70	33	44	54	65	76	10	10	12	15	18	10	10	10	11	13
	800	30	40	49	57	65	30	40	50	60	70	10	10	12	14	16	10	10	10	10	12
	1000	29	38	46	54	62	28	37	47	56	66	10	10	11	13	15	10	10	10	10	11
	1200	27	37	44	51	59	27	35	44	53	62	10	10	10	12	15	10	10	10	10	10
	1400	27	36	43	49	56	26	34	42	51	60	10	10	10	12	14	10	10	10	10	10
	1600	26	35	42	48	55	25	33	41	49	57	10	10	10	12	14	10	10	10	10	10
	1800	25	34	41	47	54	25	32	39	47	56	10	10	10	11	13	10	10	10	10	10
	2000	25	33	40	46	53	25	31	38	46	54	10	10	10	11	13	10	10	10	10	10

标准火灾下钢管混凝土柱防火保护层的设计厚度（mm）：荷载比 0.8　　表 18.1-23f

长细比	截面直径或短边宽度（mm）	设计耐火极限（h）																			
		金属网抹 M5 普通水泥砂防火保护层										非膨胀型防火涂料防火保护层									
		圆钢管混凝土柱					矩形钢管混凝土柱					圆钢管混凝土柱					矩形钢管混凝土柱				
		1.0	1.5	2.0	2.5	3.0	1.0	1.5	2.0	2.5	3.0	1.0	1.5	2.0	2.5	3.0	1.0	1.5	2.0	2.5	3.0
10	200	25	25	30	34	38	46	60	74	89	103	10	10	10	11	13	10	14	18	22	26
	400	25	25	25	27	30	37	49	60	72	84	10	10	10	10	11	10	10	13	16	20
	600	25	25	25	25	26	33	43	53	64	74	10	10	10	10	10	10	10	11	14	16
	800	25	25	25	25	25	30	40	49	58	68	10	10	10	10	10	10	10	10	12	15
	1000	25	25	25	25	25	28	37	46	55	64	10	10	10	10	10	10	10	10	11	13
	1200	25	25	25	25	25	27	35	43	52	60	10	10	10	10	10	10	10	10	10	12
	1400	25	25	25	25	25	25	33	41	49	57	10	10	10	10	10	10	10	10	10	12
	1600	25	25	25	25	25	25	32	40	47	55	10	10	10	10	10	10	10	10	10	11

续表

长细比	截面直径或短边宽度（mm）	设计耐火极限（h）																			
		金属网抹M5普通水泥砂防火保护层										非膨胀型防火涂料防火保护层									
		圆钢管混凝土柱					矩形钢管混凝土柱					圆钢管混凝土柱					矩形钢管混凝土柱				
		1.0	1.5	2.0	2.5	3.0	1.0	1.5	2.0	2.5	3.0	1.0	1.5	2.0	2.5	3.0	1.0	1.5	2.0	2.5	3.0
10	1800	25	25	25	25	25	25	31	38	46	53	10	10	10	10	10	10	10	10	10	10
	2000	25	25	25	25	25	25	30	37	44	52	10	10	10	10	10	10	10	10	10	10
20	200	25	30	36	41	47	47	61	76	91	106	10	10	11	13	15	10	13	17	21	24
	400	25	25	29	33	38	38	50	62	74	86	10	10	10	11	12	10	10	12	15	18
	600	25	25	26	30	33	34	44	55	65	76	10	10	10	10	11	10	10	10	13	15
	800	25	25	25	27	31	31	41	50	60	70	10	10	10	10	11	10	10	10	11	13
	1000	25	25	25	25	29	29	38	47	56	65	10	10	10	10	10	10	10	10	10	12
	1200	25	25	25	25	27	27	36	45	53	62	10	10	10	10	10	10	10	10	10	11
	1400	25	25	25	25	26	26	34	43	51	59	10	10	10	10	10	10	10	10	10	11
	1600	25	25	25	25	25	25	33	41	49	57	10	10	10	10	10	10	10	10	10	10
	1800	25	25	25	25	25	25	32	40	47	55	10	10	10	10	10	10	10	10	10	10
	2000	25	25	25	25	25	25	31	38	46	53	10	10	10	10	10	10	10	10	10	10
40	200	32	43	51	59	66	49	64	79	95	110	10	11	13	16	19	10	12	16	19	23
	400	28	37	44	51	57	40	52	65	77	90	10	10	12	14	16	10	10	12	14	17
	600	26	34	40	46	53	35	46	58	69	80	10	10	11	13	15	10	10	10	12	14
	800	25	32	38	44	49	32	43	53	63	73	10	10	10	12	14	10	10	10	10	12
	1000	25	30	36	42	47	30	40	50	59	69	10	10	10	12	14	10	10	10	10	11
	1200	25	29	35	40	45	29	38	47	56	65	10	10	10	11	13	10	10	10	10	10
	1400	25	28	34	39	44	28	36	45	54	62	10	10	10	11	13	10	10	10	10	10
	1600	25	27	33	38	43	27	35	43	52	60	10	10	10	11	12	10	10	10	10	10
	1800	25	27	32	37	42	26	34	42	50	58	10	10	10	10	12	10	10	10	10	10
	2000	25	26	31	36	41	25	33	41	48	56	10	10	10	10	12	10	10	10	10	10
60	200	43	57	69	79	89	51	67	83	99	115	10	14	17	20	24	10	13	16	20	24
	400	40	53	63	72	82	42	55	68	81	94	10	12	15	18	21	10	10	12	15	18
	600	38	50	60	68	78	37	49	61	72	84	10	11	14	17	20	10	10	10	12	15
	800	36	48	58	66	75	34	45	56	67	77	10	11	14	16	19	10	10	10	11	13
	1000	35	47	56	64	73	32	42	52	63	73	10	11	13	16	18	10	10	10	10	12
	1200	35	46	55	63	71	30	40	50	59	69	10	10	13	15	18	10	10	10	10	11
	1400	34	45	54	62	70	29	38	48	57	66	10	10	12	15	17	10	10	10	10	10
	1600	33	44	53	61	69	28	37	46	55	64	10	10	12	14	17	10	10	10	10	10
	1800	33	44	52	60	68	27	36	44	53	61	10	10	12	14	17	10	10	10	10	10
	2000	32	43	51	59	67	26	35	43	51	60	10	10	12	14	16	10	10	10	10	10

11. 排气孔设置

钢管混凝土柱应在每个楼层设置直径为 20mm 的排气孔。排气孔宜在柱与楼板相交位置的上、下方 100mm 处各布置 1 个，并应沿柱身反对称布置。当楼层高度大于 6m 时，应增设排气孔，且排气孔沿柱高度方向间距不宜大于 6m。

二、压型钢板组合楼板

压型钢板组合楼板按是否允许其发生大挠度变形采用以下两种耐火验算与防火设计：

1. 不允许组合楼板发生大挠度变形

当火灾热烟气的温度按本章式（18.1-12）计算时，组合楼板的验算耐火时间 t_d 应按式（18.1-42）进行计算。当组合楼板的验算耐火时间 t_d 不小于其设计耐火极限 t_m 时，组合楼板可不进行防火保护；小于时，应采取防火保护措施：

$$t_d = 114.06 - 26.8\frac{M}{f_t W} \tag{18.1-42}$$

式中 t_d——无防火保护的组合楼板的耐火极限（min）；

M——火灾下单位宽度组合楼板的最大正弯矩设计值；

f_t——常温下混凝土的抗拉强度设计值；

W——常温下素混凝土板的截面正弯矩抵抗矩。

2. 允许组合楼板发生大挠度变形

（1）验算要求

组合楼板的耐火验算可考虑组合楼板的薄膜效应。当火灾下组合楼板考虑薄膜效应时的承载力满足式（18.1-43）时，组合楼板可不进行防火保护；不满足时，应采取防火保护措施。

$$q_r \geqslant q \tag{18.1-43}$$

式中：q_r——火灾下组合楼板考虑薄膜效应时的承载力设计值（kN/m^2）；

q——火灾下组合楼板的荷载设计值（kN/m^2），应按本节第一部分采用。

（2）火灾下组合楼板考虑薄膜效应时的承载力设计值

1）火灾下考虑组合楼板的薄膜效应时，应按下列要求将组合楼板划分为板块设计单元：

① 板块四周应有梁支承，且板块内不得有柱（由主梁围成的板块）；

② 板块应为矩形，且长宽比不应大于 2；

③ 板块应布置双向钢筋网；

④ 板块内可有 1 根以上次梁，且次梁的方向应一致；

⑤ 板块内开洞尺寸不应大于 300mm×300mm。

2）火灾下组合楼板考虑薄膜效应时的承载力应按下式计算：

$$q_r = k_T q_a + q_{b,T} \tag{18.1-44}$$

式中 q_a——火灾下组合楼板承载力（kN/m^2），取肋以上部分混凝土板并考虑该部分混凝土板中双向钢筋网的作用计算；其中，混凝土板的温度按表 18.1-24 中受火时间为 1.5h 的数值确定，钢筋的温度按表 18.1-25 确定。

k_T——火灾下组合楼板考虑薄膜效应时的承载力增大系数，应按下面第 3）条确定；

$q_{b,T}$——火灾下组合楼板内次梁的承载力（kN/m^2）。

火灾下钢与混凝土组合梁中混凝土翼楼板的平均温升（℃）　　表 18.1-24

受火时间（h）		0.5	1.0	1.5	2.0
板厚（mm）	50	405	635	805	910
	100	265	400	510	600

注：1. 表中的受火时间是指在本规范式（18.1-12）确定的火灾下作用的时间；受其他火灾作用时，受火时间应采用等效曝火时间；

2. 表中板厚是指压型钢板肋高以上混凝土板厚度；

3. 当混凝土板厚为 50～100mm 时，升温可按表线性插值确定。

（3）火灾下组合楼板考虑薄膜效应时的承载力增大系数 k_T，应根据板块短跨方向配筋率与长跨方向配筋率的比值 μ、板块长宽比 L/B、混凝土板的有效高度 h_0（混凝土翼板的厚度减去钢筋保护层厚度）、板块中心的最大竖向位移 w 按图 18.1-12 确定。其中，板块中心的最大竖向位移 w 应按下面第 4）条确定。

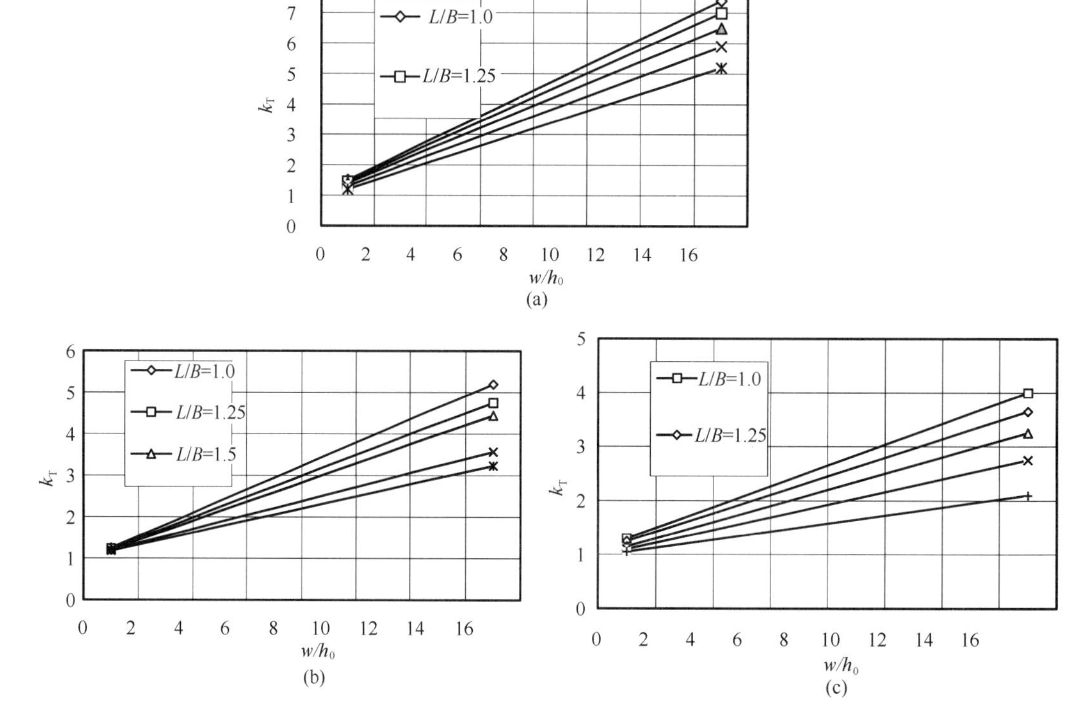

图 18.1-12　火灾下组合楼板考虑薄膜效应时的承载力增大系数 k_T

（μ—板块短跨方向配筋率与长跨方向配筋率的比值；L/B—板块长宽比；

h_0—楼板的有效高度（板的厚度减去钢筋保护层厚度）；w—板块中心的竖向位移）

(a) $\mu=0.5$；(b) $\mu=1.0$；(c) $\mu=1.5$

（4）板块中心的竖向位移 w，可按下式计算（图 18.1-13）：

$$w=\frac{L}{10}(\sqrt{0.15+6\alpha_s\Delta T}+0.15-0.064\lambda) \tag{18.1-45a}$$

$$\Delta T=\left[T_0+\frac{1}{8}\exp(8.95-16.1d)\right]\cdot\left[1+\frac{d}{10h_{c1}}[6\exp(-w_2/w_4)-1]\right]$$

(18.1-45b)

式中 L——板块长跨尺寸（m）；

α_s——钢筋热膨胀系数[m/(m·℃)，取 $\alpha_s=1.4\times10^{-5}$m/(m·℃)；

λ——单位宽度组合楼板内负筋与温度钢筋的面积比；

ΔT——温度钢筋的温升（℃），按表 18.1-25 确定；

T_0——室温（℃），可取 20℃；

d——温度钢筋中心到受火面的距离（m）；

h_{c1}——组合梁中混凝土翼板的厚度；

w_2、w_4——压型钢板的几何参数（m）。

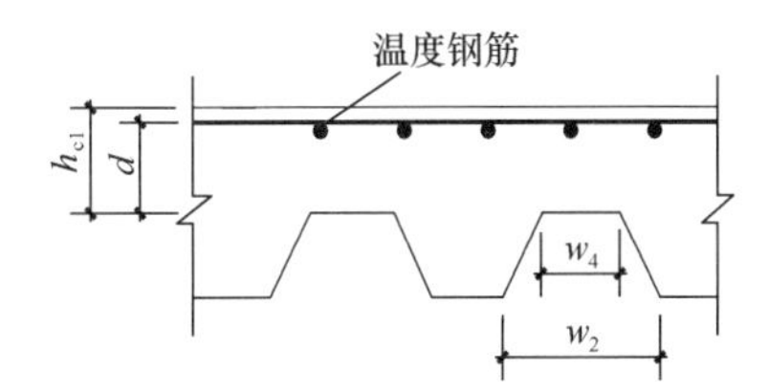

图 18.1-13 组合楼板的几何参数

楼板钢筋在受火 1.5h 时的温度（℃） **表 18.1-25**

d（mm）	10	20	30	40	50
普通混凝土	790	650	540	430	370
轻质混凝土	720	580	460	360	280

三、钢-混凝土组合梁—承载力法

1. 组合梁承载力验算

火灾下钢与混凝土组合梁的承载力验算，两端铰接时，应按式（18.1-46a）进行；两端刚接时，应按式（18.1-46b）进行。

$$M\leqslant M_T^+ \quad (18.1\text{-}46a)$$

$$M\leqslant M_T^+ + M_T^- \quad (18.1\text{-}46b)$$

式中 M——火灾下组合梁的正弯矩设计值；

M_T^+——火灾下组合梁的正弯矩承载力；

M_T^-——火灾下组合梁的负弯矩承载力。

2. 组合梁正弯矩承载力计算

火灾下钢与混凝土组合梁的正弯矩承载力 M_T^+ 应按下列公式计算：

（1）塑性中和轴在混凝土翼板内（图 18.1-14a），即 $b_e h_{cb} f_{cT}\geqslant F_{bf}+F_w+F_{tf}$时

$$M_T^+=(F_{tf}+F_w+F_{bf})y-F_{tf}y_1-F_w y_2 \quad (18.1\text{-}47a)$$

$$F_{tf}=\eta_{sT}\gamma_R f b_{tf} t_{tf}$$

$$F_w = \eta_{sT}\gamma_R f h_w t_w$$

$$F_{bf} = \eta_{sT}\gamma_R f b_{bf} t_{bf}$$

$$y = h - \frac{1}{2}\left(t_{bf} + \frac{F_{bf} + F_w + F_{tf}}{b_e f_{cT}}\right)$$

$$y_1 = h_w + \frac{1}{2}(t_{bf} + t_{tf})$$

$$y_2 = \frac{1}{2}(t_{bf} + h_w)$$

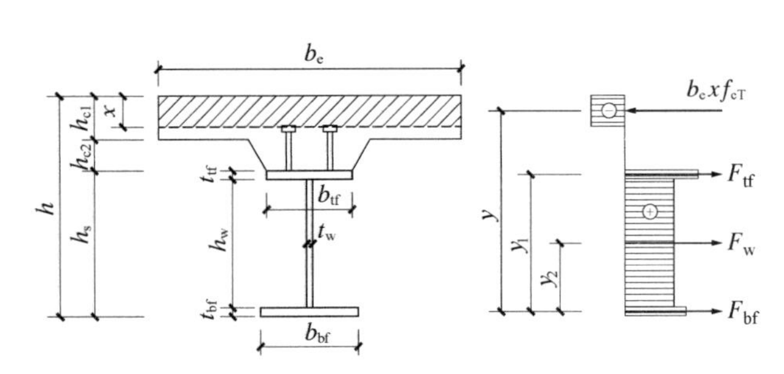

图 18.1-14a　塑性中和轴在混凝土翼板内时组合梁截面的应力分布

式中 f_{cT}——高温下混凝土的抗压强度，应按本现行《建筑钢结构防火技术规范》CECS 200 确定，混凝土板的温度应按表 18.1-21 确定；

f——常温下钢材的强度设计值，应按现行国家标准《钢结构设计标准》GB 50017 的规定确定；

η_{sT}——高温下钢材的屈服强度折减系数，应按钢梁相应部分的温度根据现行《建筑钢结构防火技术规范》CECS 200 确定，其中，钢梁各部分的温度应按本节第四部分确定；

γ_R——钢材的分项系数，取 1.1；

F_{tf}——高温下钢梁上翼缘的屈服承载力；

F_w——高温下钢梁腹板的屈服承载力；

F_{bf}——高温下钢梁下翼缘的屈服承载力；

b_e——混凝土翼板的有效宽度，应按现行国家标准《钢结构设计标准》GB 50017 的规定确定；

b_{tf}——钢梁上翼缘的厚度；

b_{bf}——钢梁下翼缘的厚度；

h——组合梁的高度；

h_{c1}——混凝土翼板的厚度；

h_{c2}——压型钢板托板的高度；

h_{cb}——混凝土翼板的等效厚度，按下面第 5 条确定；

h_s——钢梁的高度；

h_w——钢梁腹板的高度；

t_{tf}——钢梁上翼缘的厚度；

t_w——钢梁腹板的厚度；

t_{bf}——钢梁下翼缘的厚度；

x——混凝土翼板受压区高度；

y——混凝土翼板受压区中心到钢梁下翼缘中心的距离；

y_1——钢梁上翼缘中心到下翼缘中心的距离；

y_2——钢梁腹板中心到下翼缘中心的距离。

（2）塑性中和轴在钢梁上翼缘内，即 $F_{bf}+F_w-F_{tf}<b_e h_{cb} f_{cT}<F_{bf}+F_w+F_{tf}$时

$$M_T^+ = b_e h_{cb} f_{cT} y + F_{tf,c} y_3 - F_{tf,t} y_4 - F_w y_2 \tag{18.1-47b}$$

$$F_{tf} = \eta_{sT} \gamma_R f b_{tf} t_{tf}$$

$$F_w = \eta_{sT} \gamma_R f h_w t_w$$

$$F_{bf} = \eta_{sT} \gamma_R f b_{bf} t_{bf}$$

$$F_{tf,c} = \frac{1}{2}(F_{tf} + F_w + F_{bf} - b_e h_{cb} f_{cT})$$

$$F_{tf,t} = \frac{1}{2}(F_{tf} - F_w - F_{bf} + b_e h_{cb} f_{cT})$$

$$y = h - 0.5h_{cb} - 0.5t_{bf}$$

$$y_2 = \frac{1}{2}(t_{bf} + h_w)$$

$$y_3 = \frac{1}{2}t_{bf} + h_w + t_{tf} - \frac{F_{tf} + F_w + F_{bf} - b_e h_{cb} f_{cT}}{4b_{tf}\eta_{sT}\gamma_R f}$$

$$y_4 = \frac{1}{2}t_{bf} + h_w + \frac{F_{tf} - F_w - F_{bf} + b_e h_{cb} f_{cT}}{4b_{tf}\eta_{sT}\gamma_R f}$$

式中 $F_{tf,c}$——钢梁上翼缘受压区的屈服承载力；

$F_{tf,t}$——钢梁上翼缘受拉区的屈服承载力；

y——混凝土翼板受压区中心到钢梁下翼缘中心的距离；

y_2——钢梁腹板中心到下翼缘中心的距离；

y_3——钢梁上翼缘受压区中心到下翼缘中心的距离；

y_4——钢梁上翼缘受拉区中心到下翼缘中心的距离；

（3）当塑性中和轴在钢梁腹板内，如图 18.1-14b，即 $b_e h_{cb} f_{cT} \leqslant F_{bf}+F_w-F_{tf}$时

$$M_T^+ = b_e h_{cb} f_{cT} y + F_{tf} y_1 + F_{w,c} y_5 - F_{w,t} y_6 \tag{18.1-47c}$$

$$F_{tf} = \eta_{sT} \gamma_R f b_{tf} t_{tf}$$

$$F_w = \eta_{sT} \gamma_R f h_w t_w$$

$$F_{bf} = \eta_{sT} \gamma_R f b_{bf} t_{bf}$$

$$F_{w,c}=\frac{1}{2}(F_w+F_{bf}-F_{tf}-b_e h_{cb} f_{cT})$$

$$F_{w,t}=\frac{1}{2}(F_w-F_{bf}+F_{tf}+b_e h_{cb} f_{cT})$$

$$y=h-0.5h_{cb}-0.5t_{bf}$$

$$y_1=h_w+\frac{1}{2}(t_{bf}+t_{tf})$$

$$y_5=\frac{1}{2}t_{bf}+h_w-\frac{F_w+F_{bf}-F_{tf}-b_e h_{cb} f_{cT}}{4t_w \eta_{sT}\gamma_R f}$$

$$y_6=\frac{1}{2}t_{bf}+\frac{F_w-F_{bf}+F_{tf}+b_e h_{cb} f_{cT}}{4t_w \eta_{sT}\gamma_R f}$$

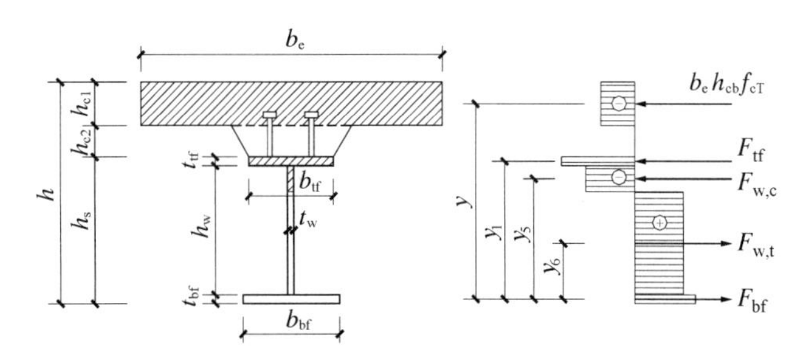

图 18.1-14b　塑性中和轴在钢梁腹板内时组合梁截面的应力分布

式中　$F_{w,c}$——钢梁腹板受压区的屈服承载力；

$F_{w,t}$——钢梁腹板受拉区的屈服承载力；

y——混凝土翼板受压区中心到钢梁下翼缘中心的距离；

y_1——钢梁上翼缘中心到下翼缘中心的距离；

y_5——钢梁腹板受压区中心到下翼缘中心的距离；

y_6——钢梁腹板受拉区中心到下翼缘中心的距离。

3. 组合梁负弯矩承载力计算

火灾下钢与混凝土组合梁的负弯矩承载力 M_T^- 应按下式计算。计算时，可不考虑楼板的作用，如图 18.1-15：

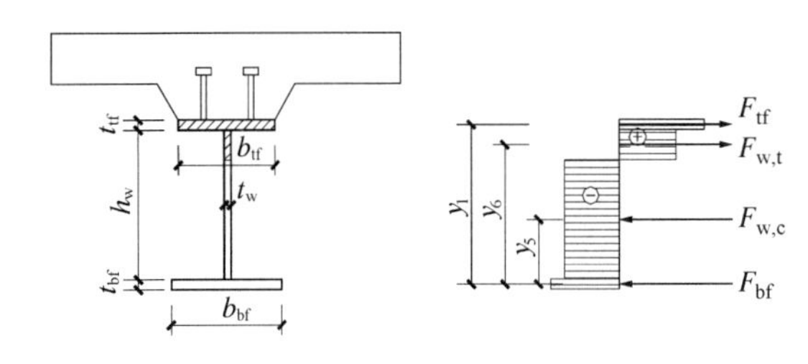

图 18.1-15　负弯矩作用下组合梁截面的应力分布

$$M_T^-=F_{tf}y_1+F_{w,t}y_6-F_{w,c}y_5 \tag{18.1-48}$$

$$F_{tf}=\eta_{sT}\gamma_R f b_{tf} t_{tf}$$

$$F_w=\eta_{sT}\gamma_R f h_w t_w$$

$$F_{bf}=\eta_{sT}\gamma_R f b_{bf} t_{bf}$$

$$F_{w,c}=\frac{1}{2}(F_w-F_{bf}+F_{tf})$$

$$F_{w,t}=\frac{1}{2}(F_w+F_{bf}-F_{tf})$$

$$y_1=\frac{1}{2}(t_{bf}+h_w+t_{tf})$$

$$y_5=\frac{1}{2}t_{\mathrm{bf}}+\frac{F_{\mathrm{w}}-F_{\mathrm{bf}}+F_{\mathrm{tf}}}{4t_{\mathrm{w}}\eta_{\mathrm{sT}}\gamma_{\mathrm{R}}f}$$

$$y_6=\frac{1}{2}t_{\mathrm{bf}}+h_{\mathrm{w}}\frac{F_{\mathrm{w}}+F_{\mathrm{bf}}-F_{\mathrm{tf}}}{4t_{\mathrm{w}}\eta_{\mathrm{sT}}\gamma_{\mathrm{R}}f}$$

4. 组合梁的温度分布计算

火灾下钢与混凝土组合梁中混凝土翼板的平均温升可按表 18.1-21 确定，H 型钢梁的温升应按下翼缘与腹板组成的倒 T 型构件和上翼缘分别计算确定。其中，下翼缘与腹板组成的倒 T 型构件，应按四面受火考虑；上翼缘，可按三面受火考虑。

5. 混凝土翼板的等效厚度计算

混凝土翼板的等效厚度 h_{cb}应按下列规定确定：

（1）对于板肋垂直于钢梁的钢与混凝土组合梁，h_{cb}应取肋以上的混凝土板厚；

（2）对于板肋平行于钢梁的钢与混凝土组合梁，h_{cb}应取 1/2 肋高以上的混凝土板厚。

四、钢-混凝土组合梁—临界温度法

1. 组合梁临界温度

火灾下钢与混凝土组合梁中钢梁腹板与下翼缘的临界温度 T_{d}，应根据其设计耐火极限 t_{m}、荷载比 R 和混凝土翼板的等效厚度 h_{cb} 确定。其中，两端铰接组合梁的临界温度应按表 18.1-26a 确定，两端刚接组合梁的临界温度应按表 18.1-26b确定。

两端铰接组合梁的临界温度 T_{d}（℃） **表 18.1-26a**

t_{m}（h）		1.0			1.5			2.0		
h_{cb}（mm）		50	70	100	50	70	100	50	70	100
R	0.30	668	682	688	609	669	686	588	620	682
	0.35	630	656	663	575	631	661	550	583	656
	0.40	597	632	640	541	592	636	505	546	631
	0.45	562	608	617	504	556	611	447	508	605
	0.50	528	582	591	455	520	588	339	463	579
	0.55	494	556	567	387	481	564	227	408	553
	0.60	455	524	544	319	431	537	—	353	523
	0.65	406	486	517	250	379	508	—	298	492
	0.70	345	442	489	—	326	477	—	—	454
	0.75	285	396	458	—	273	444	—	—	405
	0.80	—	350	426	—	—	411	—	—	355

注：1 表中“—”表示在该条件下组合梁的耐火验算不适合采用临界温度法；
2 对于其他设计耐火极限、荷载比和混凝土翼板等效厚度，组合梁的临界温度可线性插值确定。

2. 荷载比计算

火灾下钢与混凝土组合梁的荷载比 R，两端铰接时，应按式（18.1-49a）计算；两端刚接时，应按式（18.1-49b）计算：

$$R=\frac{M}{M^{+}} \tag{18.1-49a}$$

$$R=\frac{M}{M^{+}+M^{-}} \tag{18.1-49b}$$

两端刚接组合梁的临界温度 T_d（℃）　　表 18.1-26b

t_m（h）		1.00			1.50			2.00		
h_{cb}（mm）		50	70	100	50	70	100	50	70	100
R	0.30	614	630	643	596	609	638	588	594	633
	0.35	587	603	617	566	578	612	556	565	606
	0.40	557	575	591	535	549	585	518	532	573
	0.45	525	543	564	499	514	557	472	495	540
	0.50	492	511	537	452	476	526	412	452	508
	0.55	452	472	505	388	434	492	350	388	464
	0.60	405	429	469	324	379	451	289	324	418
	0.65	336	374	430	261	324	397	—	261	352
	0.70	268	319	364	—	269	323	—	—	286
	0.75	—	264	272	—	—	250	—	—	—
	0.80	—	—	—	—	—	—	—	—	—

注：1　表中"—"表示在该条件下组合梁的耐火验算不适合采用临界温度法。

2　对于其他设计耐火极限、荷载比和混凝土翼板等效厚度，组合梁的临界温度可线性插值确定。

式中　M——火灾下组合梁的正弯矩设计值；

M^{+}——常温下组合梁的正弯矩承载力，应按现行国家标准《钢结构设计标准》GB 50017 的规定计算；

M^{-}——常温下组合梁的负弯矩承载力，可按钢梁的负弯矩承载力确定，不考虑混凝土楼板的作用。

3. 组合梁防火保护设计

钢与混凝土组合梁的防火保护设计，应根据组合梁的临界温度 T_d、无防火保护的钢梁腹板与下翼缘组成的倒T型构件在设计耐火极限 t_m 内的最高温度 T_m 确定。其中，最高温度 T_m 应按本节第四部分计算确定。

（1）当临界温度 T_d 大于最高温度 T_m 时，组合梁可不进行防火保护。

（2）当临界温度 T_d 不大于最高温度 T_m 时，组合梁应进行防火保护。防火保护层的厚度应按本节第五部分第三条的规定计算确定；其中，截面形状系数 F_i/V 应取腹板、下翼缘组成的倒T型构件作为验算截面计算。钢梁上翼缘的防火保护层厚度可与腹板及下翼缘的防火保护层厚度相同。

18.1.8　钢结构防火保护工程施工质量控制与验收

一、一般规定

（1）钢结构防火保护工程的施工必须由具有相应资质等级的施工单位承担。施工现场质量管理应有相应的施工技术标准、健全的质量管理体系、施工质量控制和质量检验制度。

（2）钢结构防火保护工程的承包合同、工程技术文件对施工质量的要求不得低于本规范的规定。

(3) 钢结构防火保护工程的施工，应按照批准的工程设计文件及相应的施工技术标准进行。当需要变更设计、材料代用或采用新材料时，必须征得设计部门的同意、出具设计变更文件，按规定报当地消防监督机构备案、批准。

(4) 钢结构防火保护工程施工前应具备下列条件：

1) 相应工程设计技术文件、资料齐全；

2) 设计单位已向施工、建设、监理单位进行技术交底；

3) 施工现场及施工中使用的水、电、气满足施工要求，并能保证连续施工；

4) 钢结构安装工程检验批施工质量检验合格；

5) 施工现场防火措施、管理措施、灭火器材配备符合消防安全要求；

6) 钢材表面除锈、防腐涂装检验批施工质量检验合格。

(5) 钢结构防火保护工程的施工过程质量控制应按下列规定进行：

1) 采用的原材料、半成品及成品应进行进场检查验收；凡涉及安全、功能的原材料、半成品及成品应按本规范的规定进行复验，并应经监理工程师（建设单位技术负责人）见证取样、送样；

2) 各工序应按施工技术标准进行质量控制，每道工序完成后，应进行检查，并应在检查合格后方可进行下道工序；

3) 相关各专业工种之间应进行交接检验，并应经监理工程师检查认可；

4) 完工后，施工单位应向建设单位提供质量控制资料、施工过程质量检查记录；

5) 施工过程质量检查应由监理工程师组织施工单位人员进行。

(6) 钢结构防火保护工程施工质量的验收，必须采用经计量检定、校准合格的计量器具。

(7) 钢结构防火保护工程应作为钢结构工程的分项工程，分成一个或若干个检验批进行质量验收。检验批可按钢结构制作或钢结构安装工程检验批划分成一个或若干个检验批，一个检验批内应采用相同的防火保护方式、同一批次的材料、相同的施工工艺，且施工条件、养护条件等相近。

(8) 钢结构防火保护分项工程的质量验收，应在所含检验批验收合格的基础上检查质量验收记录。分项工程合格质量标准应符合下列规定：

1) 各检验批均应符合本规范规定的合格质量标准；

2) 各检验批质量验收记录应完整。

(9) 检验批的质量验收应包括下列内容：

1) 实物检查。对采用的原材料、半成品、成品和构配件应进行进场复验，进场复验应按进场的批次和产品的抽样检验方案执行；

2) 资料检查。包括原材料、成品和构配件的产品合格证（中文产品质量合格证明文件、规格、型号及性能检测报告等）及进场复验报告、施工过程中重要工序的自检和交接检记录、抽样检验报告、见证检测报告、隐蔽工程验收记录等。

(10) 检验批的合格质量应符合下列规定：

1) 主控项目的质量经抽样检验应合格；

2) 一般项目的质量经抽样检验应合格；当采用计数检验时，除有专门要求外，一般项目的合格点率应达到80%及以上，且不得有严重缺陷（最大偏差值不应大于其允许偏差值的1.2倍)；

3）应具有完整的施工操作依据和质量验收记录；

4）对验收合格的检验批，宜标示合格标志。

（11）钢结构防火保护工程质量验收的程序和组织，应符合现行国家标准《建筑工程施工质量验收统一标准》GB 50300的规定。

二、防火保护材料进场要求

1. 主控项目

（1）防火涂料、防火板、毡状防火材料等防火保护材料的质量，应符合相关产品国家现行标准的规定和设计要求，并应具备产品合格证、国家检测机构出具的检验报告和型式认可证书。

检查数量：全数检查。

检验方法：防火涂料应按国家现行标准《消防产品现场判定规则》GA588进行市场准入检查、产品一致性检查和现场产品性能检测。

（2）防火涂料、防火板、毡状防火材料等防火保护材料进场后，还应对其隔热性能进行见证抽样、复验。复验实测的等效热传导系数不应大于按型式检验报告计算的等效热传导系数，其允许偏差为+10%。

检查数量：按施工进货的生产批次确定，每一批次应抽检一次。

检查方法：按现行国家标准《建筑构件耐火试验方法》GB/T 9978规定的耐火性能试验方法测试检验，并按公式（18.1-17）计算防火保护材料的等效热传导系数。试件采用I36b或I40b的工字钢，长度不小于500mm，数量3个；试件应四面受火且不加载。

（3）防火涂料的粘结强度应符合现行国家标准的规定，其允许偏差为－10%。

检查数量：按施工进货的生产批次确定，每一进货批次应抽检一次。

检查方法：按国家标准《钢结构防火涂料》GB 14907的规定。

（4）防火板的抗折强度应符合产品标准的规定和设计要求，其允许偏差为－10%。

检查数量：按施工进货的生产批次确定，每一进货批次应抽检一次。

检查方法：按产品标准进行抗折试验。

（5）混凝土、砂浆、砌块的抗压强度应符合现行《建筑钢结构防火技术规范》CECS 200的规定，其允许偏差为－10%。

检查数量：混凝土按现行国家标准《混凝土结构工程施工质量验收规范》GB 50204的规定，砂浆和砌块按现行国家标准《砌体工程施工质量验收规范》GB 50203的规定。

检查方法：混凝土按现行国家标准《混凝土结构工程施工质量验收规范》GB 50204的规定，砂浆和砌块按现行国家标准《砌体工程施工质量验收规范》GB 50203的规定。

2. 一般项目

（1）防火涂料的外观、在容器中的状态等，应符合产品标准的要求。

检查数量：按防火涂料施工进货批次确定，每一进货批次应抽检一次。

检查方法：按现行国家标准《钢结构防火涂料》GB 14907的规定。

（2）防火板表面应平整，无孔洞、凸出物、缺损、裂痕和泛出物。有装饰要求的防火板，表面应色泽一致、无明显划痕。

检查数量：全数检查。

检查方法：直观检查。

三、防火涂料保护工程质量控制

1. 主控项目

(1) 防火涂料涂装时的环境温度和相对湿度应符合涂料产品说明书的要求。当产品说明书无要求时，环境温度宜为 5～38℃，相对湿度不应大于 85%。涂装时，构件表面不应有结露，涂装后 4.0h 内应保护免受雨淋、水冲等，并应防止机械撞击。

检查数量：全数检查。

检验方法：直观检查。

(2) 防火涂料涂装遍数和每遍涂装的厚度均应符合产品说明书的要求。防火涂料涂层的厚度不得小于设计厚度。非膨胀型防火涂料涂层最薄处的厚度不得低于设计要求的 85%；平均厚度的允许偏差为设计厚度的－10%，且不应大于－2mm。膨胀型防火涂料涂层最薄处厚度的允许偏差为设计厚度的－5%，且不应大于－0.2mm。

检查数量：按同类构件基数抽查 10%，且均不应少于 3 件。

检查方法：每一构件选取至少 5 个不同的涂层部位，用测厚仪分别测量其厚度。

(3) 膨胀型防火涂料涂层表面的裂纹宽度，不应大于 0.5mm，且 1m 长度内均不得多于 1 条；当涂层厚度不大于 3mm 时，不应大于 0.1mm。非膨胀型防火涂料涂层表面的裂纹宽度不应大于 1mm，且 1m 长度内不得多于 3 条。

检查数量：按同类构件基数抽查 10%，且均不应少于 3 件。

检验方法：直观和用尺量检查。

2. 一般项目

(1) 防火涂料涂装基层不应有油污、灰尘和泥砂等污垢。

检查数量：全数检查。

检验方法：直观检查。

(2) 防火涂层不应有误涂、漏涂，涂层应闭合无脱层、空鼓、明显凹陷、粉化松散和浮浆等外观缺陷，乳突应剔除。

检查数量：全数检查。

检验方法：直观检查。

四、防火板保护工程质量控制

1. 主控项目

(1) 防火板保护层的厚度不应小于设计厚度，其允许偏差为设计厚度的－10%，且不应大于－2mm。

检查数量：按同类构件基数抽查 10%，且均不应少于 3 件。

检查方法：每一构件选取至少 5 个不同的部位，用游标卡尺分别测量其厚度；防火板保护层厚度为测点厚度的平均值。

(2) 防火板的安装龙骨、支撑固定件等应固定牢固，现场拉拔强度应符合设计要求，其允许偏差为设计值的－10%。

检查数量：按同类构件基数抽查 10%，且均不应少于 3 个。

检查方法：现场手掰检查；查验进场验收记录、现场拉拔检测报告。

(3) 防火板安装应牢固稳定、封闭良好。

检查数量：按同类构件基数抽查10%，且均不应少于3件。

检查方法：直观检查。

2. 一般项目

(1) 防火板的安装允许偏差应符合表18.1-27的规定。

检查数量：全数检查。

检查方法：用2m垂直检测尺、2m靠尺、塞尺、直角检测尺、钢直尺实测。

防火板安装的允许偏差（mm）　　**表18.1-27**

检查项目	允许偏差	检查仪器
立面垂直度	±4	2m垂直检测尺
表面平整度	±2	2m靠尺、塞尺
阴阳角正方	±2	直角检测尺
接缝高低差	±1	钢直尺、塞尺
接缝宽厚	±2	钢直尺

(2) 防火板分层安装时，应分层固定、相互压缝。

检查数量：全数检查。

检查方法：查验隐蔽工程记录和施工记录。

(3) 防火板的安装接缝应严密、顺直，接缝边缘应整齐。

检查数量：全数检查。

检查方法：直观和用尺量检查。

五、柔性毡状材料防火保护工程质量控制

1. 主控项目

(1) 柔性毡状材料防火保护层的厚度应符合设计要求。厚度允许偏差为－10%，且不应大于－3mm。

检查数量：按同类构件基数抽查10%，且均不应少于3件。

检查方法：每一构件选取至少5个不同的涂层部位，用针刺、尺量检查。

(2) 柔性毡状材料防火保护层的厚度大于100mm时，应分层施工。

检查数量：按同类构件基数抽查10%，且均不应少于3件。

检查方法：直观和用尺量检查。

2. 一般项目

(1) 毡状隔热材料的捆扎应牢固、平整，捆扎间距应符合设计要求且间距均匀。

检查数量：按同类构件基数抽查10%，且均不应少于3件。

检查方法：直观和用尺量检查。

(2) 柔性毡状材料防火保护层应拼缝严实、规则；同层错缝、上下层压缝；表面平整，错缝整齐，作严缝处理。

检查数量：按同类构件基数抽查10%，且均不应少于3件。

检查方法：直观和用尺量检查。

(3) 柔性毡状材料防火保护层的固定支撑件应垂直于钢构件表面牢固安装，安装间距应符合设计要求且间距应均匀。

检查数量：按同类构件基数抽查10%，且均不应少于3件。

检查方法：直观和用尺量检查、手掰检查。

六、混凝土、砂浆和砌体保护工程质量控制

1. 主控项目

混凝土保护层、砂浆保护层和砌体保护层的厚度不应小于设计厚度。混凝土保护层、砌体保护层的允许偏差为－10%，且不应大于－5mm。砂浆保护层的允许偏差为－10%，且不应大于－2mm。

检查数量：按同类构件基数抽查10%，且均不应少于3件。

检查方法：每一构件选取至少5个不同的部位，用尺量检查。

2. 一般项目

（1）混凝土保护层的表面应平整，无明显的孔洞、缺损、裂痕等缺陷。

检查数量：全数检查。

检验方法：直观检查。

（2）砂浆保护层表面的裂纹宽度不应大于1mm，且1m长度内不得多于3条。

检查数量：按同类构件基数抽查10%，且均不应少于3件。

检验方法：直观和用尺量检查。

（3）砌体保护层应同层错缝、上下层压缝，边缘整齐。

检查数量：按同类构件基数抽查10%，且均不应少于3件。

检查方法：直观和用尺量检查。

七、复合防火保护工程质量控制

1. 主控项目

（1）采用复合防火保护时，后一种防火保护的施工应在前一种防火保护检验批的施工质量检验合格后进行。

检查数量：全数检查。

检查方法：查验施工记录和验收记录。

（2）采用复合防火保护时，单一防火保护主控项目的施工质量检查应符合本节第七部分第二款的规定。

2. 一般项目

采用复合防火保护时，单一防火保护一般项目的施工质量检查应符合本节第七部分第（二）款的规定。

八、钢结构防火保护工程的验收

1. 一般规定

（1）钢结构防火保护工程应按检验批进行质量验收。防火保护工程的验收按工程进程分为隐蔽验收、施工验收和消防验收。

（2）隐蔽工程验收是对需要隐蔽的防火保护工程进行的检查验收。需进行隐蔽验收的项目有：

1）吊顶内、夹层内、井道内等隐蔽部位的防火保护工程；

2）钢结构表面的涂料涂装工程；

3）复合防火保护的基层防火层的施工质量检查；

4）龙骨，连接固定件的安装；

5）多层防火板、多层柔性毡状隔热材料施工时，层间质量检查。

（3）隐蔽工程验收由建设单位、监理单位和施工单位参加，并签署意见。

（4）施工验收是防火保护工程完工后，由施工单位向建设单位移交工程的验收。施工验收时施工单位应向建设单位提供下列文件和记录：

1）防火工程的竣工图及相关设计文件；

2）材料的性能检测报告（包括燃烧性能检测报告，含水率及容重检测报告）；

3）施工组织设计及施工方案；

4）产品质量合格证明文件；

5）抽检产品的导热系数、密度、粘结强度和抗压强度的检测报告，拉拔强度的检测报告；

6）现场施工质量检查记录；

7）分项工程中间验收记录；

8）隐蔽工程检验项目检查验收记录；

9）分项工程检验批质量验收记录；

10）工程变更记录；

11）材料代用通知单；

12）重大质量问题处理意见。

（5）施工验收应由施工单位组织，建设单位、监理单位、设计单位参加并签署意见。

（6）消防验收是国家消防监督机构依照《消防法》对建筑消防工程进行的验收。

1）消防验收应由建设单位向地方消防监督机构申请建筑工程消防工程验收；

2）消防工程验收时，建设单位应向地方消防监督机构提交上述第4）条规定的文件。

（7）钢结构的防火保护工程应按防火保护分项工程列入建筑消防工程的施工验收。

2. 防火材料的验收与检测

（1）工程施工质量的验收，必须采用经计量检定、校准合格的计量器具。

（2）当采用防火涂料保护钢结构时，验收应符合下列条件：

1）钢结构防火涂料施工前的除锈和防锈应符合设计要求和国家现行标准规定后进行；

2）抽检钢结构防火涂料试验的主要技术性能，应符合生产厂提供的产品质保书要求；

3）钢结构防火涂料涂层的厚度应符合设计要求；

4）钢结构防火涂料的施工工艺应与检测时试验条件一致；

5）钢结构防火涂料的外观、裂缝、抽样检查等其他要求应符合相关国家标准或行业标准—《钢结构防火涂料应用技术规程》CECS24 和《钢结构工程质量检验评定标准》GB 50221 的要求。

（3）当采用防火板保护钢结构时应符合下列条件：

1）抽检钢结构防火板试样的技术性能参数，应符合生产厂提供的产品质保书的要求；

2）钢结构防火板的厚度应符合设计要求；

3）钢结构防火板的施工工艺应与检测时的试验条件一致。

（4）建设单位应委托有检验资质的工程质检单位按照国家现行有关标准及设计要求对钢结构防火保护工程及其材料进行检测，检测项目包括以下内容：

1）施工中留样产品的性能参数检验。检测施工用材料的高温导热系数、容重及比热是否与施工方提供的产品说明书相符；

2）施工中留样产品的强度检验。包括防火涂料的抗压强度和粘结强度；防火板的抗折强度；

3）产品外观情况；

4）防火保护材料的厚度检测。

18.2 钢结构防腐与涂装

18.2.1 概述

一、钢材锈蚀的基本原理

1. 钢材的锈蚀是一种“电化腐蚀”。任何钢材都存在化学成分上的不均匀性，而且研究证明在同一晶体的棱角与侧面之间也存在着微小的电位差，当大气中的水分（天然水都含有杂质）在钢材凝结成一层很薄的水膜时，就作为一种电解液，加上空气中氧的作用使钢材表面形成很多微小的原电池，这些原电池反应的结果，使钢材逐渐破坏。在钢材表面虽然有一层氧化铁的保护层，但并不完善，它有很多微小的空隙和裂缝，无法完全阻挡这些原电池的形成，特别是在钢材加工运输堆放过程中，受到各种物理和化学作用使氧化膜组织变化，部分剥离，此时，氧化膜反而起阴极作用而促使电化学腐蚀的发展。换句话说，只要钢材表面有水膜的存在，锈蚀就是不可避免的。

2. 钢材锈蚀的电化学作用，可简单表现为以下过程：

（1）铁不断离子化，进入电解质溶液，在钢材表面留下多余电子，称为阳极过程：$Fe——Fe^{++}+2e^{-}$；

（2）在电解质溶液中，溶于水中的氧原子吸收了阳极的电子而成氢氧离子，称为阳极过程；

（3）阳极产物铁离子与阴极产物氢氧离子生成初步腐蚀产物氢氧化亚铁沉淀，再遇水和氧后即转变为氢氧化铁，形成疏松的薄膜包覆于钢材表面，有一定的保护作用，这就是铁锈；但其抗渗透能力很弱，故锈蚀将继续进行，不过速度趋缓。

铁锈的成分随腐蚀时所处的条件而异，大多铁锈中含有：$Fe(OH)_3$、$Fe(OH)_2$、$Fe(OH)$、$Fe_2O_3 \cdot H_2O$ 等化合物。铁锈的组织很疏松且具有吸湿性，当水分不断渗入时，铁锈将继续进行。铁锈的体积比受锈蚀钢材的体积大1.5～2.0倍。

3. 防止锈蚀的原理就是使上述的微电池两极间流过的电流尽可能减少。为此，可采用概念性方法有：

（1）使金属表面的性质尽量均匀，以减少各部分之间的电位差；

（2）抑制微电池两极中任一极的反应；

（3）使金属表面钝化；

（4）通过在金属表面上覆盖一层电阻高的物质，即在微电池两极间加入高的电阻，达到使电流变小的防锈效果。

其中，与（1）项相应的方法是进行金属表面预处理，除去钢材表面上的锈和轧制氧化皮，以及将它们化合成保护膜方法。与（2）、（3）项相应的方法是涂装防锈的方法，其中与

(2) 相应的方法是采用包含大量像锌粉那样的比铁电位低的金属颜料作的涂料来涂装金属表面，这样，当锌析出时就会放出电子，并将此电子补给铁起阴极作用而抑制铁反应。与 (3) 项相应的方法是采用含有碱性铅颜料作涂料，由于这种可溶性铅化物的作用，铁显示出较一般速度小得多的腐蚀速度，就如高电位金属所具有的那种性态（钝化）。与 (4) 项相应的方法，一般是采用金属覆盖的方法，例如电镀、化学镀、溶化镀和金属喷镀等。

在建筑钢结构中，对钢材表面采用金属镀层（热喷涂锌或锌铝）防止锈蚀的方法，故价格较高，目前尚限用于有特殊要求的重要结构中。而最常用的方法是钢材表面涂以非金属涂料（如富锌涂料），将钢材表面保护起来使之不受大气中有害介质的侵蚀。这种方法效果好，但缺点是耐久性较差，经一定时期需进行维修。

二、影响钢材锈蚀的因素

1. 大气湿度和雨水使钢材表面水膜的形成是锈蚀的必要条件，研究表明，当空气相对湿度在60%以下时，钢材表面没有足够的水分形成水膜，故几乎不生锈；相对湿度大于60%以后，将逐渐形成水膜而生锈，当相对湿度增加到一定数值后，锈蚀速度会突然升高，这一数值称为锈蚀的临界湿度，钢材的临界湿度约为60%～75%，当大气相对湿度大于75%时，钢材的锈蚀明显加速。此时金属表面存在肉眼看不见的薄液层，液膜厚度约为几十到几百个分子层，形成连续电解液薄层，故锈蚀速度剧增，有时称为潮大气锈蚀。而当金属表面存在肉眼可见的凝结水膜时，如雨、雪等使水膜厚度大大增加，此时氧通过液膜扩散到金属表面比较困难，锈蚀速度反而有所下降，这种情况有时称为湿大气锈蚀。实践证明，在钢结构建筑中，凡漏雨、飘雨之处，锈蚀均严重，而干燥地区，锈蚀就很轻微。

2. 大气中灰尘和有害气体灰尘尘粒组成复杂（在城市中一般含 $2mg/m^3$，在工业大气中可达 $1000mg/m^3$），有些自身有腐蚀性，有些本身虽无腐蚀作用但能吸附腐蚀性物质，有些虽无腐蚀作用但积留在钢材表面后，由于灰尘具有毛细管凝聚作用，即会从空气中吸收水分，形成电解质溶液，促使电化腐蚀作用的进程。

在工业区，一些有害气体，如 SO_2、CO_2、H_2S、NO_x、HCl 溶解在湿空气的水滴中，落在钢材表面上，形成稀酸性溶液的电解质将大大加速锈蚀的过程。在海洋区大气中，包含大量 NaCl、$MgCl_2$ 的微粒，这些微粒能吸潮形成电化学腐蚀，加快钢材锈蚀，故工厂区及沿海地区的建筑物锈蚀相对严重。

3. 温度的作用—当其他条件相同时，温度愈高（但不超过 100℃），同时在高温时（>200℃），侵蚀性气体的活性激增，对钢材表面氧化保护膜的渗透力显著提高，依靠空气中氧作为氧化剂，便能和钢材发生化学反应，强化腐蚀作用，热工艺车间内遭受高温处，钢材表面的腐蚀现象即属于这种腐蚀。化学腐蚀愈快，锈蚀也愈严重。所以南方潮湿的工业环境中钢结构腐蚀速度转快，另外，气温的急剧变化，也能使氧化铁保护层碎裂，促使生锈。

4. 钢与铝等一些金属的接触将在接触处引起电位差而产生电化腐蚀，故钢结构构件与铝制金属件不能直接接触，应在其间设置隔离层，其紧固件也应镀锌隔护。

三、钢材的腐蚀的种类

1. 在侵蚀介质作用下，钢材将产生腐蚀。根据侵蚀性介质的种类，主要可分为酸腐蚀、碱腐蚀和盐腐蚀三种。

2. 从侵蚀性介质的形态来区分，有液相腐蚀和气相腐蚀两大类，而建筑钢结构主要遭受气相腐蚀。

（1）液相（包括吸湿潮解的固体）腐蚀—钢结构与液态侵蚀性介质发生作用后产生的腐蚀。通常由于设备、贮槽和管沟等的“跑、冒、滴、漏”而发生，或者是由于固态的侵蚀性介质（如盐类等）吸湿潮解后与所接触的钢结构作用后产生的腐蚀。液态介质一般属于酸腐蚀，固态潮解的介质一般属于盐腐蚀，有时亦可能是碱腐蚀。

（2）气相（包括酸雾、粉尘、气溶胶）腐蚀—钢结构与气相侵蚀性介质发生作用后产生的腐蚀。气相介质在常温下只有与水化合成液相后才具有侵蚀性。气相腐蚀的程度取决于气相介质的化学性质、浓度及环境湿度和温度。气相腐蚀属于酸腐蚀或盐腐蚀。

3. 钢材腐蚀损坏的类型可分为以下四种类型：

（1）均匀腐蚀—亦称为一般腐蚀，即腐蚀均匀地分布于整个钢材表面。这种腐蚀危险性较小。

（2）不均匀腐蚀—当钢材中杂质分布不匀，或不同部位上电解质溶液的浓度有差异时，将产生不均匀腐蚀，这种腐蚀可使结构产生薄弱截面，故危险性大。在含硫较多的钢材中，硫化锰夹杂物易溶于中性电解质、容易造成局部性腐蚀，腐蚀的深痕处产生应力集中，易成为造成断裂的根源。

（3）点（坑）腐蚀—即腐蚀集中在钢材表面上不同的区域内并向深处发展，甚至能使个别部位蚀穿成孔穴，故亦比较危险。

（4）晶间腐蚀—一般可分为应力腐蚀和氢脆两种情况：

1）应力腐蚀，应力本身并不引起腐蚀，但在拉应力状态下有氧化物的侵蚀性介质（如硝酸盐、氯化物、氢氧基离子等）能沿晶界渗入钢材起腐蚀作用。由试验可知，拉应力愈高，腐蚀愈快。在一般情况下，拉应力集中处易发生这种腐蚀。如高温高压且有较高拉应力的热风炉炉顶外壳，因温差变化而有含硝酸盐等的酸性冷凝液附于顶壁上产生电化腐蚀，曾发生多次裂损事故。

2）氢脆—是钢材受酸性腐蚀时产生的氢渗入晶粒间降低塑性后，在拉应力作用下产生断裂的现象。当腐蚀性介质主要为 SO_2 和 H_2S 且浓度较大时，在钢材表面形成的电解液 $PH \geqslant 3$ 的情况下，其腐蚀过程中产生的氢将局部渗入钢材内部而造成氢脆。

应力腐蚀和氢脆都是在无明显变化征兆的情况下突然发生的脆性断裂，故相当危险。当不同类型的腐蚀同时存在于一个构件上时，结构破坏的危险就更大。

四、钢结构腐蚀的特点及其耐腐蚀性能

1. 钢结构的锈蚀特点

钢结构的锈蚀与建筑物周围环境温度、湿度、大气中侵蚀性介质的含量和活力，大气中的含尘量、构件所处的部位以及钢材材质等因素有关，锈蚀的特点如下：

（1）未加防护的钢材在大气中的锈蚀速度每年不同，开始快，以后逐渐减慢，第一年的锈蚀速度约为第五年的 5 倍。

（2）不同地区钢材的锈蚀程度差异很大，沿海和潮湿地区的锈蚀比气候干燥地区要严重得多。

（3）工业区特别是重工业区钢结构的锈蚀速度高，约为市区的 2 倍，比空气中侵蚀性介质很少的田园和山区要高出 10 倍左右。

（4）室外钢结构的锈蚀速度约为室内钢结构的 4 倍。

（5）与空气隔绝的钢结构几乎不生锈，如两端封闭的钢管，经试验证明，不论管内贮水或不贮水，管内壁得锈蚀均甚微，可以不做任何处理。

（6）低合金钢（特别是含有铜元素）的抗锈蚀能力优于碳素结构钢。

（7）有防锈涂层的钢结构的锈蚀速度比无涂层的约慢3～5倍。

（8）容易积留灰尘的，或易受潮的部位锈蚀严重。

2. 建筑钢结构构件锈蚀的一般规律

（1）整个厂房结构中最严重的部位是屋盖结构，因为屋顶区气相介质的湿度和温度均较高。同时构件外形复杂，厚度较薄，故对承载力的影响较大。吊车梁和柱子的侵蚀较轻，其中柱子和屋架的连接点以及柱子和吊车梁的连接点处容易生锈，混凝土屋面板在钢屋架上的支承处以及钢吊车梁在混凝土柱的支承处锈蚀较严重。

（2）在屋架结构中以弦杆为最严重，其中下弦尤甚，上弦略轻，平均为下弦的80%左右，斜腹杆次之，其侵蚀程度平均为弦杆的80%左右。竖杆最轻，平均为弦杆的60%左右。

3. 钢材与铝、铅的耐腐蚀性能比较可见表18.2-1。

钢材与铝、铅的耐腐蚀性能　　表18.2-1

介质名称	碳素钢、铸铁	奥氏体铬镍不锈钢（18-8型）	铝	铅
硫酸	浓度>70%耐	浓度≤5%尚耐	浓度≤10%耐	浓度≤80%耐
盐酸	不耐	不耐	不耐	浓度≤10%耐
硝酸	不耐	浓度≤95%耐	浓度>95%耐	不耐
醋酸	不耐	耐	耐	不耐
铬酸	不耐	不耐	耐	耐
氢氟酸	浓度≥60%耐	不耐	不耐	浓度≤60%耐
氢氧化钠	耐	耐	不耐	不耐

注：低合金钢的耐腐蚀性能与碳素钢基本相同，但耐蚀能力较高。

4. 表面无防护的钢材在大气中的锈蚀速度（指双面锈蚀的总损失）

（1）根据国内某些地区约的试验资料，在市区大气中的锈蚀速度见表18.2-2。

未防护钢材在大气中的锈蚀速度，mm/5a　　表18.2-2

钢种	成都	广州	武汉	青岛	鞍山	北京	包头
	相对湿度						
	83%	78%	78%	70%	65%	59%	53%
A3F	0.1155	0.111	0.0656	0.1685	0.0628	0.0515	0.0325
A3	0.1375	0.1375	0.071	—	0.078	0.0585	0.0335
16Mn	0.129	0.125	0.0705	—	0.068	0.043	—
A3FCu	0.1055	0.101	0.0525	0.146	0.0526	0.0445	0.0375
A3Cu	0.1070	0.103	0.053	0.137	—	0.0465	0.03
16MnCu	0.1065	0.0995	0.0535	—	0.0644	0.0411	—

注：A3钢即现Q235钢，16Mn钢即现Q345钢。

（2）国外部分锈蚀速度的试验资料数据

1）根据美国的试验资料，裸露钢材在大气中的锈蚀速度为0.032～0.06mm/a。

2）日本试验证明，沿海地区和重工业区的锈蚀速度为0.06～0.12mm/a，一般工业区为 0.03 mm/a ，而在田园和山区则仅约 0.009 mm/a。

5. 有涂层钢材的锈蚀速度

有涂层钢材的锈蚀速度与结构所处的环境以及涂层的种类与质量关系十分密切，因此锈蚀的速度差异很大，现将一些有代表性的测试资料介绍如下，可供参考。

（1）原苏联钢厂区域的露天结构：

1）平炉炼钢厂区域的露天结构 0.16mm/a

2）混铁炉厂房 0.03mm/a

平炉车间原料场 0.06mm/a

炼铁车间出铁场 0.12mm/a

3）湿法或半干法生产的水渣车间，腐蚀速度达 0.8～1.3mm/a

4）铸铁机通廊 1.4mm/a

5）焦化车间及炼钢贮矿场 0.7mm/a

6）轧钢车间的酸洗间 0.07～0.14mm/a

7）炼铜车间 平均 0.16mm/a

8）石棉水泥制品厂 平均 0.12mm/a

9）混凝土制品厂 平均 0.16mm/a

（2）原苏联 1971 年对 8 个钢铁工厂调查表明，在投产后 3～4 年间，有油漆涂层的钢结构的锈蚀速度为：

1）锈蚀较轻微的车间（包括：炼钢车间的成品仓库，整模间，散装料间，线材的拉丝及薄板的轧制间等）平均锈蚀速度为 0.019mm/a。

2）中等锈蚀的车间（包括：炼钢车间的炉子跨，浇筑跨，混铁炉工段，轧钢厂的均热炉跨，加热炉跨，热坯或热卷的仓库等），平均锈蚀速度为 0.025mm/a。

（3）美国的试验资料：钢材涂层后锈蚀速度为 0.009～0.021mm/a。

五、原苏联《建筑结构防腐蚀设计标准》关于气相介质对钢结构腐蚀程度的分类

1. 腐蚀性气相介质对钢结构的腐蚀程度的分类可见表 18.2-3。

气相介质对钢结构的腐蚀程度 **表 18.2-3**

相对湿度（%）	气相介质的分类	对钢结构的腐蚀程度		
		室内有采暖的钢结构	室内无采暖的钢结构	露天钢结构
≤60（干区）	A	无腐蚀	无腐蚀	弱腐蚀
	B	无腐蚀	弱腐蚀	弱腐蚀
	C	弱腐蚀	中等腐蚀	中等腐蚀
	D	中等腐蚀	中等腐蚀	强腐蚀
61～75（正常区）	A	无腐蚀	弱腐蚀	弱腐蚀
	B	弱腐蚀	中等腐蚀	中等腐蚀
	C	中等腐蚀	中等腐蚀	中等腐蚀
	D	中等腐蚀	强腐蚀	强腐蚀
61～75（正常区）	A	弱腐蚀①	中等腐蚀	中等腐蚀
	B	中等腐蚀①	中等腐蚀	中等腐蚀
	C	中等腐蚀①	强腐蚀	强腐蚀
	D	中等腐蚀①	强腐蚀	强腐蚀

注：①当结构表面允许生成凝液时，其腐蚀程度按室内无采暖钢结构考虑。

2. 腐蚀性气相介质的种类和浓度的分类见表 18.2-4。

腐蚀气体按其种类和浓度的分类 **表 18.2-4**

名称	各类气体的浓度，mg/m³			
	A	B	C	D
二氧化碳	≤1000	>1000	—	—
氨	<0.2	大于等于 0.2	—	—
二氧化硫	<0.5	0.5～10	11～200	201～1000
硫化氢	<0.01	0.01～10	11～200	201～1000
二氧化氮	<0.1	0.1～5	5.1～25	26～100
氯	<0.1	0.1～1	1.1～5	5.1～10
氯化氢	<0.05	0.05～5	5.1～10	11～100
氟化氢	<0.02	0.02～5	5.1～10	11～100

注：1. 当气体浓度高于本表所列浓度时，可根据试验研究所得的数据，采用相应的建筑结构材料；
2. 腐蚀介质中，含有数种腐蚀性气体，其中每一种气体的浓度均在本表所列浓度范围之内时，腐蚀程度取最高的一种。

18.2.2 钢结构防腐蚀涂装工程设计

一、环境条件对钢结构腐蚀作用的分类

1. 进行钢结构防腐蚀涂装的设计与施工时，所依据的大气环境腐蚀作用分类，应符合表 18.2-5 规定。

大气环境腐蚀作用的分类 **表 18.2-5**

腐蚀作用类别	腐蚀重量损失（第一年暴露后）(μm)		温性气候下的典型环境（仅作参考）示例	
	低碳钢	锌	室 外	室 内
C1 微腐蚀性	≤1.3	≤0.1		空气洁净并采暖的建筑物内部，如办公室、商店、学校和宾馆
C2 弱腐蚀性	1.3～25	0.1～0.7	大气污染较低，大部分是乡村地带	未采暖，冷凝有可能发生的建筑物，如库房、体育馆
C3 中等腐蚀性	25～50	0.7～2.1	城市和工业大气，有中度二氧化碳污染，或低盐度沿海区	高湿度和有污染空气的生产场所，如食品加工厂、洗衣场、酒厂、牛奶场等
C4 强腐蚀性	50～80	2.1～4.2	较重污染工业区或高盐度沿海区	化工厂、冶炼厂、游泳池、海船和船厂等
C5 很强腐蚀性	80～200	4.2～8.4	高盐度和恶劣天气的工艺区	经常有冷凝和高湿的建筑和场所

注：本表依据国际标准 ISO 12944 中“典型的腐蚀环境分类表”。

2. 进行有腐蚀性气态介质作用的工业建筑和构筑物钢结构防腐蚀涂装设计与施工时，其腐蚀作用的分类规定应符合表18.2-6规定。

气态介质对钢结构的腐蚀性作用的分类 **表18.2-6**

介质名称	介质含量（mg/m³）	环境相对湿度（%）	对碳钢腐蚀作用分类	介质名称	介质含量（mg/m³）	环境相对湿度（%）	对碳钢腐蚀作用分类
氯	1.00～5.00	＞75	强	氟化氢	1.00～10.0	＞75	强
		60～75	中			60～75	中
		＜60	中			＜60	中
	0.10～1.00	＞75	中	二氧化硫	10.00～200.0	＞75	强
		60～75	中			60～75	中
		＜60	弱			＜60	中
氯化氢	1.00～10.00	＞75	强		0.50～10.00	＞75	中
		60～75	强			60～75	中
		＜60	中			＜60	弱
	0.05～1.00	＞75	强	硫酸酸雾	经常作用	＞75	强
		60～75	中		偶尔作用	＞75	强
		＜60	弱			≤75	中
氮氧化物（折合二氧化氮）	5.00～25.00	＞75	强	醋酸酸雾	经常作用	＞75	强
		60～75	中		偶尔作用	＞75	强
		＜60	中			≤75	中
	0.10～5.00	＞75	中	二氧化碳	＞2000	＞75	中
		60～75	中			60～75	弱
		＜60	弱			＜60	弱
硫化氢	5.00～100.00	＞75	强	氨	＞20	＞75	中
		60～75	中			60～75	中
		＜60	中			＜60	弱
	0.01～5.00	＞75	中	碱雾	偶尔作用	—	弱
		60～75	中				
		＜60	弱				

注：本表依据现行国家标准《工业建筑防腐蚀设计规范》GB 50046。

二、一般规定

1. 钢结构防腐蚀涂装工程的设计，应综合考虑结构的重要性、所处腐蚀介质环境、涂装涂层使用年限要求和维护条件等要素，并在全寿命周期成本分析的基础上，选用性价比良好的长效防腐蚀涂装措施。其所选用的环境腐蚀条件分类、设防标准、防护材料与措施及施工技术要求等应符合现行相关标准《工业建筑防腐蚀设计规范》GB 50046与《钢结构防腐蚀涂装技术规程》CECS 343的规定。

2. 钢结构的布置、选型和构造应有利于增强自身的防护能力，对危及人身安全和维修困难的部位，以及重要的承重构件应加强防护措施。

在强腐蚀环境中采用钢结构时，应对其必要性与可行性进行论证。

3. 钢结构的防腐蚀涂装设计应遵循安全实用经济合理的原则，在设计文件中应列入防腐蚀涂装的专项内容与技术要求，其内容应包括：

(1) 对结构环境条件、侵蚀作用程度的评价及防腐蚀涂装设计使用年限的要求；

(2) 对钢材表面锈蚀等级、除锈等级的要求；

(3) 选用的防护涂层配套体系、涂装方法及其技术要求；

(4) 所用防护材料、密封材料或特殊钢材（镀锌钢板、耐候钢等）的材质、性能要求；

(5) 对施工质量及验收应遵技术标准的要求；

(6) 对使用阶段维护（修）的要求。

4. 钢结构表面初始锈蚀等级和除锈质量等级，应按照国家现行标准《涂料涂覆前钢材表面处理 清洁度的目视评定 第一部分 涂装前钢材表面锈蚀等级和除锈等级》GB/T 8923.1 从严要求。构件所用钢材的表面初始锈蚀等级不得低于 C 级；对薄壁（厚度 $t\leqslant$ 6mm）构件或主要承重构件不应低于 B 级；同时钢材表面的最低除锈质量等级应符合表 18.2-7 的规定。

5. 涂层系统应选用合理配套的复合涂层方案。其底涂应与基层表面有较好的附着力和长效防锈性能，中涂应具有优异屏蔽功能，面涂应具有良好的耐候、耐介质性能，从而使涂层系统具有综合的优良防腐性能。常用的防腐涂层配套见表 18.2-8。

钢结构钢材基层的除锈等级　　表 18.2-7

涂料品种	最低除锈等级
富锌底涂料、乙烯磷化底涂料	$S_a\frac{1}{2}$
环氧或乙烯基脂玻璃磷片底涂料	S_a2
氟碳、聚硅氧烷、聚氨酯、环氧、醇酸、丙烯酸环氧、丙烯酸聚氨酯等底涂料	S_a2 或 S_t3
喷铝及其合金	S_a3
喷锌及其合金	$S_a\frac{1}{2}$
热浸镀锌	B_e

注：1. 新建工程重要构件的除锈等级不应低于 $S_a\frac{1}{2}$；

2. 除锈后的表面粗糙度应符合国家现行标准《钢结构工程施工规范》GB 50755 的规定。

6. 钢结构表面防护涂层的最小总厚度应符合表 18.2-9 的规定。

7. 有条件时，重要承重构件可采用热渗锌防护措施；现场需局部补作涂层防护部位，可采用冷涂锌或无机富锌涂料补涂。

8. 钢结构表面防火涂层一般不具有防腐效能，故不应将防火涂料作为防腐涂料使用。应按构件表面涂覆防锈底层涂料、防腐蚀中间层涂料，其上为防火涂料，再作防腐面层涂料的构造进行防护处理。

9. 外露环境或中度以上侵蚀环境中的承重钢结构宜采用耐候钢制作，同时其外表面宜再加涂层进行防护。

钢结构常用防腐涂层配套 表 18.2-8

基层材料	除锈等级	涂层构造									涂层总厚度(mm)	使用年限(a)		
		底层			中间层			面层						
		涂料名称	遍数	厚度(mm)	涂料名称	遍数	厚度(mm)	涂料名称	遍数	厚度(mm)		强腐蚀	中腐蚀	弱腐蚀
钢材	*Sa*2或*St*3	醇酸底涂料	2	60	—	—	—	醇酸面涂料	2	60	120	—	—	2～5
									3	100	160	—	2～5	5～10
		与面层同品种的底涂料或环氧铁红底涂料	2	60	—	—	—	氯化橡胶、高氯化聚乙烯、氯磺化聚乙烯等面涂料	2	60	120	—	—	2～5
			2	60					3	100	160	—	2～5	5～10
			3	100					3	100	200	2～5	5～10	10～15
		环氧铁红底涂料	2	60	环氧云铁中间涂料	1	70		2	70	200	2～5	5～10	10～15
			2	60		1	80		3	100	240	5～10	10～15	>15
			2	60	环氧云铁中间涂料	1	70	环氧、聚氨酯、丙烯酸环氧、丙烯酸聚氨酯等面涂料	2	70	200	2～5	5～10	10～15
			2	60		1	80		3	100	240	5～10	10～15	>15
			2	60		2	120		3	100	280	10～15	>15	>15
	*Sa*2 $\frac{1}{2}$		2	60		1	70	环氧、聚氨酯、丙烯酸环氧、丙烯酸聚氨酯等厚膜型面涂料	2	150	280	10～15	>15	>15
			2	60	—	—	—	环氧、聚氨酯等玻璃鳞片面涂料	3	260	320	>15	>15	>15
								乙烯基酯玻璃鳞片面涂料	2					
	*Sa*2或*St*3	聚氯乙烯萤丹底涂料	3	100	—	—	—	聚氯乙烯萤丹面涂料	2	60	160	5～10	10～15	>15
	*Sa*2 $\frac{1}{2}$		3	100					3	100	200	10～15	>15	>15
			2	80				聚氯乙烯含氟萤丹涂料	2	60	140	5～10	10～15	>15
			3	110					2	60	170	10～15	>15	>15
			3	100					3	100	200	>15	>15	>15
	*Sa*2 $\frac{1}{2}$	富锌底涂料	见表注	70	环氧云铁中间涂料	1	60	环氧、聚氨酯、丙烯酸环氧、丙烯酸聚氨酯等面涂料	2	70	200	5～10	10～15	>15
				70		1	70		3	100	240	10～15	>15	>15
				70		2	110		3	100	280	>15	>15	>15
				70		1	60	环氧、聚氨酯、丙烯酸环氧、丙烯酸聚氨酯等厚膜型面涂料	2	150	280	>15	>15	>15

续表

<table>
<tr><th rowspan="3">基层材料</th><th rowspan="3">除锈等级</th><th colspan="9">涂层构造</th><th rowspan="3">涂层总厚度(mm)</th><th colspan="3">使用年限(a)</th></tr>
<tr><th colspan="3">底层</th><th colspan="3">中间层</th><th colspan="3">面层</th><th rowspan="2">强腐蚀</th><th rowspan="2">中腐蚀</th><th rowspan="2">弱腐蚀</th></tr>
<tr><th>涂料名称</th><th>遍数</th><th>厚度(mm)</th><th>涂料名称</th><th>遍数</th><th>厚度(mm)</th><th>涂料名称</th><th>遍数</th><th>厚度(mm)</th></tr>
<tr><td rowspan="3">钢材</td><td rowspan="3">$Sa3$（用于铝层）、$Sa2\frac{1}{2}$（用于锌层）</td><td colspan="3" rowspan="3">喷涂锌、铝及其合金的金属覆盖层120μm，其上再涂环氧密封底涂料20μm</td><td rowspan="3">环氧云铁中间涂料</td><td rowspan="3">1</td><td rowspan="3">40</td><td rowspan="2">环氧、聚氨酯、丙烯酸环氧、丙烯酸聚氨酯等面涂料</td><td>2</td><td>60</td><td>240</td><td>10～15</td><td>>15</td><td>>15</td></tr>
<tr><td>3</td><td>100</td><td>280</td><td>>15</td><td>>15</td><td>>15</td></tr>
<tr><td>环氧、聚氨酯、丙烯酸环氧、丙烯酸聚氨酯等厚膜型面涂料</td><td>1</td><td>100</td><td>280</td><td>>15</td><td>>15</td><td>>15</td></tr>
</table>

注：1. 涂层厚度系指干膜的厚度。

2. 富锌底涂料的遍数与品种有关，当采用正硅酸乙酯富锌底涂料、硅酸锂富锌底涂料、硅酸钾富锌底涂料时，宜为1遍；当采用环氧富锌底涂料、聚氨酯富锌底涂料、硅酸钠富锌底涂料和冷涂锌底涂料时，宜为2遍。

3. 本表依据现行国家标准《工业建筑防腐蚀设计规范》GB 50046。

钢结构表面防腐涂层的最小总厚度　　表18.2-9

防腐蚀涂层最小厚度（μm）			防护层使用年限（年）
强腐蚀	中腐蚀	弱腐蚀	
280	240	200	10～15
240	200	160	5～10
200	160	120	2～5

注：1. 防腐蚀涂料的品种与配套，应符合表18.2-8的规定。

2. 涂层厚度包括涂料层的厚度或金属层与涂料层复合的厚度。

3. 采用喷锌、铝及其合金时，金属层厚度不宜小于120μm；采用热镀浸锌时，锌的厚度不宜小于85μm。

4. 室外工程的涂层厚度宜增加20～40μm。

10. 对新设计的钢结构，不宜采用带锈涂料进行除锈涂装；对既有建筑钢结构的维修需采用带锈涂料时，宜经论证后采用。

11. 对潮湿环境中（相对湿度>75%）或使用中很难维修的钢结构，宜适当提高其防腐蚀涂装的设防级别，并在建筑设计上，对长期有高温、高湿作用的局部环境，应采取隔护、通风、排湿等措施降温、降湿。同时建筑围护结构的设计构造还应避免钢结构构件表面因热桥影响引起结露或积潮。

三、结构防腐蚀设计

1. 腐蚀性介质环境中钢结构的布置应符合材料集中使用的原则，排架、框架或桁架结构宜采用较大柱距或间距，承重构件宜选用相对较厚实的实腹截面。除有特殊要求外，不应因考虑锈蚀损伤而加大钢材截面的厚度。

2. 腐蚀环境中钢结构构件截面形式的选择，应符合下列规定：

(1) 中等腐蚀环境中的框架、梁、柱等主要承重结构，不宜采用格构式的构件或冷弯薄壁型钢构件；所用实腹组合截面板件厚度不宜小于 6mm，闭口截面壁厚不宜小于 5mm。

(2) 桁架与网格结构的杆件不应采用双角钢组合的 T 形截面或双槽钢组合的 H 形截面，宜采用钢管截面，并沿全长封闭；其节点宜采用相贯线焊接节点或焊接球节点；当采用螺栓球节点时，杆件与螺栓球的接缝应采用密封材料填嵌严密，多余螺栓孔应封堵密实。

3. 轻钢龙骨低层房屋的龙骨钢材应采用符合国家现行标准《连续热镀锌钢板及钢带》GB/T 2518 的热镀锌板，其双面镀锌量不宜低于 $330g/m^2$。

4. 轻型钢结构屋面、墙面围护结构的防腐蚀设计，应符合以下规定：

(1) 金属屋面可选用彩涂钢板；在无氯化氢气体及碱性粉尘作用的环境中可采用镀铝锌板或铝合金板。有侵蚀性粉尘作用的环境中，压型钢板屋面的坡度不宜小于 10%。

(2) 腐蚀环境中屋面压型钢板的厚度不应小于 0.6mm 并宜选用咬边构造的板型；其连接宜采用紧固件不外露的隐藏式连接。当为中等腐蚀环境时，墙面压型钢板的连接亦应采用隐藏式连接。

(3) 门、窗包角板宜采用长板以减少接缝，过水处的接缝应连接紧密并以防水密封胶嵌缝；中等腐蚀环境中板缝搭接处的外露切边宜以冷镀锌涂覆防护。

(4) 屋面排水应避免内落水构造和防止因排水不畅而引起的渗漏；屋面非溢水天沟宜采用薄钢板制作，其容量应经计算确定，其壁厚按受力构件计算确定并不宜小于 4mm，同时应按室外构件并不低于中等腐蚀环境的要求进行防腐蚀涂装；必要时，可采用不锈钢天沟。

5. 预应力钢结构的外露拉索体系应采取可靠的防腐保护措施，并符合以下规定：

(1) 索体防护可采用钢丝镀层加整索挤塑护套，单根钢铰线镀（涂）层加挤塑护套或加整索高密度聚乙烯护套等方法；

(2) 锚固区锚头采用镀层防腐，室外拉索下锚固区应设置排水孔等排水措施；

(3) 对可换索锚头应灌注专用防腐蚀油脂防护，其锚固区与索体应全长封闭。

6. 钢结构杆件与节点的构造应便于涂装作业及检查维护，并避免积水和减少积尘。

7. 构件截面应避免有难以检查、维护的缝隙与死角；组合构件中零件之间需维护涂装的空隙不宜小于 120mm。

8. 应避免或减少易于积尘、积潮的局部封闭空间。构件节点的缝隙、外包混凝土与钢构件的接缝处以及塞焊、槽焊等部位均应以耐腐蚀型密封胶封堵。

9. 钢构件与铝合金构件的接触面，应以铬酸锌底涂与配套面涂或者绝缘层阻隔，其连接件应采用镀锌紧固件。

10. 钢柱脚埋入地下部分应以强度级别不低于 C20 的密实混凝土包裹，并高出室内地面不少于 50mm；高出室外地面或可能有积水作业室内地面应不少于 150mm，顶面接缝应以耐腐蚀型密封胶封堵。

11. 焊接材料、紧固件及节点板等连接材料的耐腐蚀性能不应低于主材材料。承重结构的连接焊缝应采用连续焊缝。任何情况下，构件的组合连接焊缝不应采用单侧焊缝。

12. 所有现场焊缝或补焊焊缝处，均应仔细清理焊渣、污垢，并严格按照构件涂装要求进行补涂，或以冷镀锌进行补涂。

13. 紧固件连接的防腐蚀构造应符合下列规定：

(1) 钢结构的连接不得使用有锈迹或锈斑的紧固件。连接螺栓存放处应有防止受潮生锈、潮湿及沾染赃物等措施；

(2) 高强度螺栓连接应符合以下要求：

1) 高强螺栓连接的摩擦面应严格按设计要求进行处理，并保证抗滑移系数符合承载力要求，无特殊要求时，其除锈等级应与主材除锈等级相同。

2) 连接处于露天或中等腐蚀作用环境时，其除锈后摩擦面宜采用涂覆无机富锌底涂或锌加底漆的涂层摩擦面构造，涂层厚度不应小于 70μm。

3) 终拧完毕并检查合格后的高强螺栓周边未经涂装的摩擦面，应仔细清除污垢，并严格按主材要求进行涂装；连接处的缝隙，应嵌刮耐腐蚀型密封胶。

(3) 中等侵蚀性环境中的普通螺栓应采用镀锌螺栓，其直径不应小于 12mm；并于安装后以与主体结构相同的防腐蚀措施涂覆封闭；当有防松要求时应采用双螺帽紧固，不应采用弹簧垫圈。

(4) 连接铝合金与钢构件的紧固件，应采用热浸镀锌紧固件。

四、防腐蚀工程材料的选用

1. 钢结构防腐蚀涂装工程的材料，必须具有产品质量证明文件，其质量和材料性能不得低于国家现行标准《建筑防腐蚀工程施工规范》GB 50212 或其他相关标准的规定。镀锌钢板、彩涂钢板及耐候钢等钢材应提供质量合格证书。

2. 防腐涂料的质量、性能和检验要求，应符合国家现行标准《建筑用钢结构防腐涂料》JG/T 224 的规定。同一涂层体系中各层涂料的材料性能应能匹配互补，并相互兼容结合良好。

3. 防腐底涂料的选择应符合下列规定：

(1) 锌、铝和含锌、铝金属层的钢材，其底涂料应采用锌黄类，不得采用红丹类；

(2) 在有机富锌或无机富锌底涂料上，宜选用环氧云铁或环氧铁红的涂料，不得采用醇酸涂料。

4. 钢材基层上防腐面涂料的选择应符合下列规定：

(1) 用于酸性介质环境时，宜选用聚氨酯、环氧树脂、丙烯酸聚氨酯、氯化橡胶、聚氯乙烯萤丹、高氯化聚乙烯类涂料；用于弱酸性介质环境时，可选用醇酸涂料。

(2) 用于碱性介质环境时，宜选用环氧树脂涂料，也可选用本条第 1 款所列的其他涂料，但不得选用醇酸涂料。

(3) 用于室外环境时，可选用氟碳、聚硅氧烷、脂肪族聚氨酯、丙烯酸聚氨酯、丙烯酸环氧、氯化橡胶、聚氯乙烯萤丹、高氯化聚乙烯和醇酸等涂料，不应选用环氧、环氧沥青、聚氨酯沥青和芳香族聚氨酯等涂料及过氯乙烯涂料、氯乙烯醋酸乙烯共聚涂料、聚苯乙烯涂料与沥青涂料。

5. 热喷涂锌、铝或锌铝合金所用喷涂材料的质量要求应符合现行国家标准《热喷涂金属和其他无机覆盖层 锌、铝及其合金》GB/T 9793 的规定。铝合金可采用符合现行国家标准《变形铝及铝合金化学成分》GB 3190 中的 LF5，即含镁 5%的铝合金。

6. 金属热喷涂层表面所用的封闭涂层可采用磷化底涂料或双组份环氧涂料、双组份聚氨酯等涂料。

7. 所用镀锌板、镀铝锌板、彩色涂层钢板及耐候钢的质量和材料性能要求应符合以下要求：

(1) 镀锌板应采用符合现行国家标准《连续热镀锌钢板及钢带》GB/T 2518 规定的 S250 或 S350 结构级钢板；板面镀层量应符合设计要求，无要求时，在微侵蚀、弱侵蚀或中等侵蚀环境中，其相应双面镀锌量不应低于 180g/m^2、250g/m^2 或 280g/m^2；

(2) 热镀铝锌合金基板应采用符合现行国家标准《连续热镀铝锌合金镀层钢板及钢带》GB/T 14978 规定的 S250 或 S350 结构级钢板；板面镀层量应符合设计要求，无要求时，在微侵蚀、弱侵蚀或中等侵蚀环境中，其相应双面镀层重量不应低于 100g/m^2、120g/m^2 或 150g/m^2；

(3) 压型钢板用彩色涂层钢板的材质、性能与镀锌量等应符合现行国家标准《建筑用压型钢板》GB/T 12755 的规定；

(4) 耐候钢应采用符合现行国家标准《耐候结构钢》GB/T 4171 规定的焊接结构用耐候钢，其晶粒度不应小于 7 级，耐腐蚀性指数不应小于 6.0。

18.3 钢结构隔热

18.3.1 一般规定

钢结构隔热保护除满足本手册 3.8.2 节的要求外，尚应满足下列规定。

1. 钢结构隔热设计应符合现行国家标准《建筑设计防火规范》GB 50016、《钢铁冶金企业设计防火规范》GB 50414、《石油化工企业设计防火规范》GB 50160 等的有关规定。

2. 高温环境下的钢结构温度超过 100℃时，应根据安全可靠、经济适用的原则，并按不同情况采取预防措施。对处于长时间高温环境工作的钢结构，不应采用膨胀型防火涂料作为隔热保护措施。

3. 钢结构在间隔高温工作环境中的隔热保护措施，应满足结构的承载力不应小于各种作用和组合效应。

4. 钢结构的隔热保护措施在相应的工作环境下应具有耐久性，并应与钢结构的防腐保护措施相容。

18.3.2 隔热材料及选择

钢结构耐火性能差，处于高温工作环境中的钢结构，如果未加隔热保护，只需（10～20）分钟，自身温度就可达 540℃以上，钢材基本丧失全部强度和刚度，因此，无隔热保护措施，结构很容易遭到破坏。

持续高温作用是指钢结构处于长时间或间隔时间的重复高温作用，它与火灾短期高温作用有所不同。这种持续高温作用下结构钢的力学性能与火灾短期高温作用下结构钢的力学性能不完全相同，主要体现在蠕变和松弛上。

持续高温作用，一般为工业建筑物的结构或局部构件处于高温状态，如钢铁企业中的高炉煤气上升管、下降管、热风炉、钢烟囱等壳体结构，长时间受高温煤气流灼烤；转炉炼钢车间和出铁场平台的部分构件，在冶炼操作、铁水或钢液运送以及连铸过程中受到1000℃左右间隔时间的重复高温辐射、火焰烘烤或液态金属喷溅等作用。

上述这些结构或构件的隔热材料主要有：不定型隔热喷涂料 YPZ-1、YPZ-2、CN-130G、CN-140G、MIX-687G、ACT-250、CN-130、耐高温无机纤维喷涂料 HKG-2（导热系数小于 0.12w/m·k，耐热温度不小于 1000℃）、铸钢板、耐火砖、烧结普通砖等。其中 YPZ-1、YPZ-2、CN-130G、CN-140G、MIX-687G、ACT-250、CN-130 的性能指标见表 18.3-1～表 18.3-7。

喷涂料 YPZ-1 性能指标　　　　**表 18.3-1**

项目		单位	指标	保证值	检验标准	
化学分析	Al_2O_3	%	≥50.0	50.0（s）	ISO 12677	GB/T 6900 GB/T 21114
	Fe_2O_3		≤1.0	1.0（i）		
	CaO		≤5.0	5.0（i）		
抗折强度	110℃×24h	MPa	≥8.5		EN 1402-6	YB/T 5201
	600℃×3h		≥6.5			
耐压强度	110℃×24h	MPa	≥35	35（s）	EN 1402-6	YB/T 5201
	600℃×3h		≥30	30（s）		
体积密度	110℃×24h	g/cm³	1.8～2.1		EN 1402-6	YB/T 5200
重烧线变化率	600℃×3h	%	±0.2		EN 1402-6	YB/T 5165
粒度		mm	≤3.0		ISO 13765-5	YB/T 5164
施工反弹率		%	≤25			
使用部位		上升管、五通球或三通管、下降管上部喷涂				

喷涂料 YPZ-2 性能指标　　　　**表 18.3-2**

项目		单位	指标	保证值	检验标准	
化学分析	Al_2O_3	%	≥35	35.0（s）	ISO 12677	GB/T 6900 GB/T 21114
	Fe_2O_3		≤1.5	1.5（i）		
	CaO		≤5.0	5.0（i）		
抗压强度	110℃×24h	MPa	≥6.0		EN 1402-6	YB/T 5201
	600℃×3h		≥5.0			
耐压强度	110℃×24h	MPa	≥28	28（s）	EN 1402-6	YB/T 5201
	600℃×3h		≥20	20（s）		
体积密度	110℃×3h	g/cm³	≤1.8		EN 1402-6	YB/T 5200
重烧线变化率	600℃×3h	%	±3.0		EN 1402-6	YB/T 5165
粒度		mm	≤3.0		ISO 13765-5	YB/T 5164
施工反弹率		%	≤25			
使用部位		下降管下部喷涂				

喷涂料 CN-130G 性能指标 **表 18.3-3**

项目		单位	指标	保证值	检验标准	
化学分析	Al_2O_3	%	≥40.0	40.0 (s)	ISO12677	GB/T 6900 GB/T 21114
耐火度		℃	≥1540		ISO528	GB/T 7321
抗折强度	110℃×24h	MPa	≥4.0	4.0 (s)	EN 1402-6	YB/T 5201
	1300℃×3h		≥5.0			
体积密度	1300℃×24h	g/cm³	1.7～2.0		EN 1402-6	YB/T 5200
重烧线变化率	600℃×3h	%	－1.0～＋1.0	－1.0～＋1.0	EN1402-6	YB/T5165
导热系数 1000℃		W/m·K	≤0.65	0.65 (i)	ASTM C201	YB/T 4130
施工反弹率		%	≤30			
使用部位		热风炉炉壳及热风管道				

喷涂料 CN-140G 性能指标 **表 18.3-4**

项目		单位	指标	保证值	检验标准	
化学分析	Al_2O_3	%	≥45.0	45.0 (s)	ISO 12677	GB/T 6900 GB/T 21114
耐火度		℃	≥1610		ISO 528	GB/T 7321
抗折强度	110℃×24h	MPa	≥4.0	4.0 (s)	EN 1402-6	YB/T 5201
	1400℃×3h		≥5.0			
体积密度	1400℃×3h	g/cm³	1.8～2.1		EN 1402-6	YB/T 5200
重烧线变化率	1400℃×3h	%	－1.0～＋1.0	－1.0～＋1.0	EN 1402-6	YB/T 5165
施工反弹率		%	≤30			
使用部位		热风管道				

喷涂料 MIX-687G 性能指标 **表 18.3-5**

项目		单位	指标	保证值	检验标准	
化学成分	Al_2O_3	%	≥45.0	45 (s)	ISO 12677	GB/T 6900 GB/T 21114
	CaO		≤1.5	1.5 (i)		
抗折强度	110℃×24h	MPa	≥2.0	2.0 (s)	EN 1402-6	YB/T 5201
	1000℃×3h		≥3.0	3.0 (s)		
体积密度	110℃×24h	g/cm³	1.8～2.1		EN 1402-6	YB/T 5200
重烧线变化率	1300℃×3h	%	＋1.0	－1.0～＋1.0	EN 1402-6	YB/T 5165
导热系数 500℃		W/m·K	≤0.75	0.75 (i)	ISO 12987	YB/T 5291
施工反弹率		%	≤30			
使用部位		热风炉拱顶炉壳喷涂				

耐酸涂料 ACT-250 性能指标 表 18.3-6

材质代码	ACT-250	
定义	指标	保证值
黏度	KU（25℃）根据 JISK5400 涂料的一般方法测定	100～150
密度	g/cm³（25℃）	1.15～1.35
耐酸	薄膜，250℃×24h 干燥 1）5%HNO_3溶液 80℃ 2）5%H_2SO_3溶液 80℃	12 天内无变化
使用部位	热风炉拱顶高温段炉壳内表面	

浇铸料 CN-130 性能指标 表 18.3-7

序号	项目		单位	指标
1	最高使用温度		℃	≥1300
2	体积密度	1300℃	g/cm³	≥1.7
3	线变化率	1300℃	%	±1.0
4	抗折强度	1300×3h	MPa	≥0.5
5	耐压强度	110℃	MPa	≥15

长时间受高温气流（200℃～300℃）作用时，结构的隔热材料宜选用 YPZ-1、2 等耐热喷涂料；气流温度不小于 300℃时，第一道隔热材料应采用耐火砖，第二道（喷涂在钢材表面层）用 CN-130G 或 MIX-6879 耐热喷涂料。当气流含有腐蚀性介质时宜选用 ACI-250 耐热喷涂料；当结构件受到 1000℃左右高温辐射、火焰烘烤或液态金属喷溅等作用时，应根据结构型式和位置分别采用石棉耐火板、耐火材料浇铸板、铸钢板、喷涂隔热材料、外砌耐火砖或烧结普通砖等。

18.3.3 隔热结构构造及防护措施

根据《钢铁冶金企业设计防火规范》GB 50414 的有关规定，单层丁、戊类主厂房的承重构件可采用无防火保护的钢结构，其中生产时能受到高温辐射、热气流灼烤和液态溶化物的喷溅或直接侵蚀等的部位，应采取防火隔热保护措施。

1. 高炉煤气上升管、下降管、五通球或三通管壳体隔热措施

高炉在冶炼过程中产生的煤气由上升管经五通球或三通管再由下降管排到除尘器。煤气经重力除尘后再经过二次除尘输送到用户使用。高炉顶部的上升管，由于煤气温度在 200℃～300℃之间，同时承受煤气粉尘的冲刷，以前是在管内衬以耐火砖（拐角处衬锰钢板）起隔热和耐磨损的防护作用，其缺点是载重增加，施工繁重。现在已在上述管和五通球内喷涂 YPZ-1、2 不定型耐火喷涂料，其性能指标见本节表 18.3-1、表 18.3-2。喷涂厚度一般为 100～200mm。为了固定喷涂料，在喷涂之前应先在管和五通球内壁上点焊 Y 形或 V 形锚钉（Φ4mm 钢筋，高度约 90～110mm），间距 200mm 并成梅花型布置。

2. 高炉出铁场平台梁、柱隔热措施

现代化的平坦式出铁场平台梁和柱一般采用钢框架结构，其隔热措施如下：

（1）铁水罐车运行范围内的平台梁，间隔时间反复受铁水罐高温辐射作用，平台梁的

隔热措施主要是在梁的下翼缘设置石棉耐热板，构造措施见图 18.3-1。

(2) 1000℃以上的高温铁水和渣液通过铁沟和渣沟内摆动溜槽流入铁水罐车或渣罐车，摆动溜槽附近的梁距高温热源很近，铁水或渣液对梁的烘烤作用很强，其隔热措施是在梁的下翼缘吊挂隔热浇铸板，其构造措施见图 18.3-2、图 18.3-3。浇铸板材料采用CN-130，其性能见本节表 18.3-7。浇铸板之间的缝隙采用黏土质耐火泥浆勾缝填平。

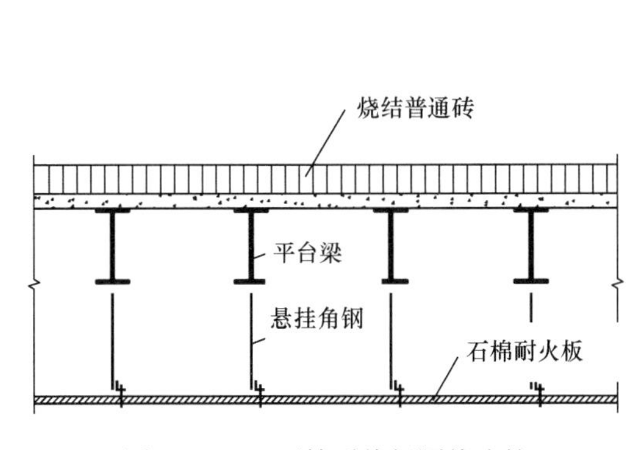

图 18.3-1 石棉耐热板隔热防护

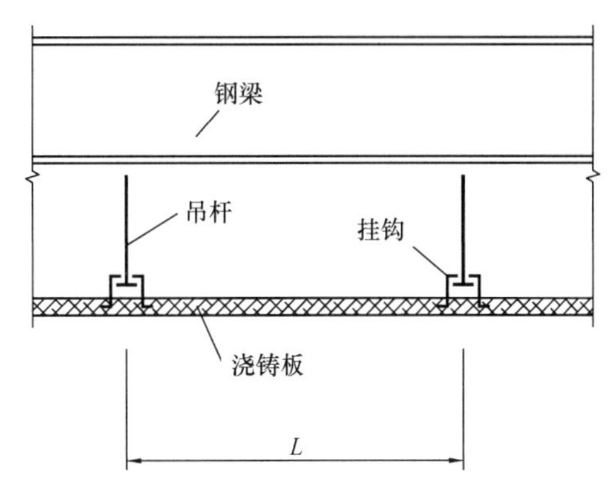

图 18.3-2 浇铸板隔热防护

(3) 平台柱距烘烤或辐射热源较远，并考虑到发生操作事故时，铁水或渣液浸蚀柱脚的情况，摆动溜槽附近的钢柱采用外浇素混凝土（内设钢筋）的隔热保护措施，而铁水罐车和渣罐车运行范围内的钢柱采用外砌黏土空心砖并在四角处加设镶边角钢的保护构造措施。

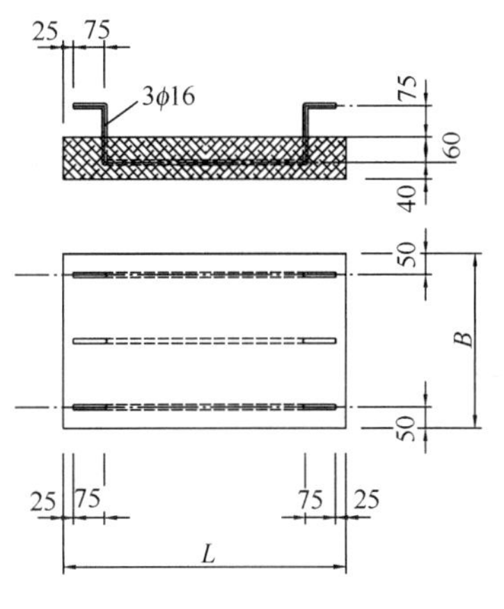

图 18.3-3 浇铸板示意图

3. 热风炉、热风围管和热风主支管壳体隔热措施

热风炉是高炉炼铁生产中的关键设备，其作用是加热风温并持续、稳定为高炉冶炼提供高热风。热风炉内各区段的温度不尽相同，拱顶区段温度最高一般为1300～1450℃。经耐火砖隔热后，炉壳内壁的温度一般约为200℃左右，因此炉壳应予以隔热防护。热风炉炉壳内壁采用不定型耐火涂料，分别为CN-130G（直筒部分）、MIX-687G（拱顶部分）和耐酸涂料 ACT-250 见表 18.3-6（拱顶高温段），喷涂厚度一般为 50～60mm，锚固钉构造与煤气上升管、五通球等相似。喷涂料 CN-130G，MIX-687G、ACT-250 技术性能分别见本节表 18.3-3、表 18.3-5、表 18.3-6。

热风炉炉壳经过喷涂处理后，炉壳外壁的温度，在生产的前期炉身段约为 20～60℃，拱顶区段约为 80～150℃。在生产后期由于耐火材被侵蚀，温度会有所上升。

热风炉围管和热风主支管壳体内壁采用双层不定型喷涂料，第一层（靠壳体内壁）为CN130-G，第二层为 CN140-G（见本节表 18.3-4），第一层厚度约为 60mm，第二层约为 50mm。喷涂料同样采用锚固钉固结。

4. 炼钢厂房隔热措施

转炉炼钢生产是在 1600℃的高温条件下进行冶炼。在冶炼操作和钢液运送以及连铸过程中钢结构将受到1000℃左右的高炉辐射、火焰烘烤或液态金属喷溅。因此，必须对转炉操作平台、吹氩喂丝平台，LF炉平台以及连铸平台等采取隔热防护措施。

(1) 转炉操作平台

转炉操作平台包括炉前与炉后操作平台，供冶炼操作取样、测温、开堵出钢口、挡渣出钢、补炉和进行脱氧加合金料等操作使用。在铁水罐车和钢包车运行范围内以及冶炼中受高温辐射、火焰烘烤部位的钢结构均应进行隔热防护。其措施是在梁的下面挂铸钢板，铸钢板用螺栓与梁的下翼缘相连，连接构造见图18.3-4。钢柱的隔热防护措施是在柱四周设置钢板，并在除锈后的钢板上焊接锚固件喷涂耐高温无机纤维材料HKG-2，其导热应小于0.12（w/m・K)，耐热温度不小于1000℃，喷涂层厚度要求应是经隔热后传导到钢材表面温度不宜大于100℃，经工程实践一般100mm厚均能满足要求。构造措施见图18.3-5。另外，柱子隔热防护还应考虑到发生操作事故时，钢水流浸柱脚的情况，其防护办法是砌砖保护，在砖的转角处包以镶边角钢，角钢之间用扁钢拉起来。也可在图18.3-5中的隔热防护内浇注100mm厚的耐热混凝土。

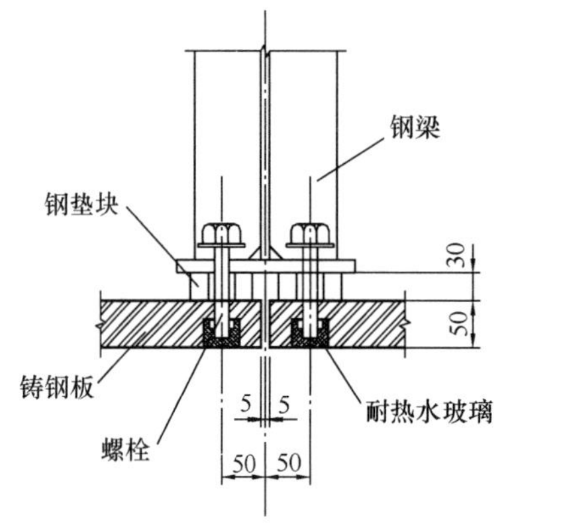

图18.3-4　炼钢厂炉前、炉后主操作平台梁隔热措施示意图

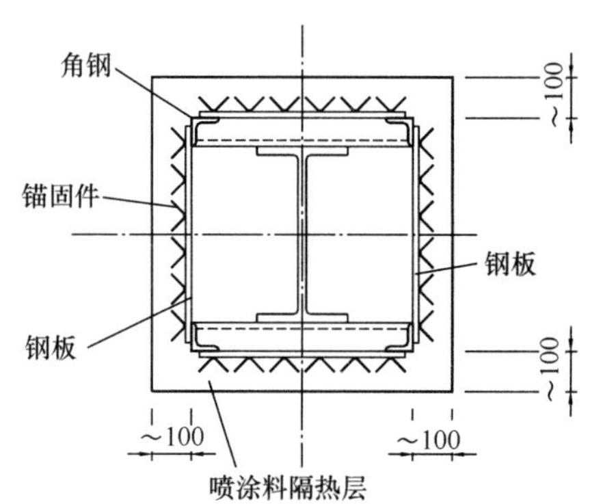

图18.3-5　钢柱隔热措施示意图

(2) 吹氩喂丝平台

吹氩喂丝，是20世纪70年代末发展起来的一种钢包精炼技术，它是将包有炼钢添加剂的合金芯丝或铝丝，用喂丝机以所需的速度加入到待处理的钢液中，用于钢液脱氧、脱硫，进行非金属夹杂物处理和合金化等精炼处理，以提高钢的纯净度和改善钢材力学性能。钢液在精炼处理中，高温钢水将对结构产生辐射和烘烤作用，为保证平台梁的承载力和正常使用，将喷涂料隔热层通过吊挂骨架与平台梁相连，起到隔热防护作用。喷涂料为不定型耐高温无机纤维材料HKG-2，其导热系数应小于0.12（w/m・K)，耐热温度应不小于1000℃，厚度一般为100mm。吊挂骨架由钢板、T型钢、加劲肋、锚固件、角钢、连接钢板、螺栓等组成。吊挂骨架除锈后涂刷耐高温涂料。其构造见图18.3-6和图18.3-7。锚固件间距100mm，梅花型布置。

平台其他面的隔热防护措施，根据构件表面受热温度的高低情况，可参照上述方法实施。

(3) 转炉隔烟室

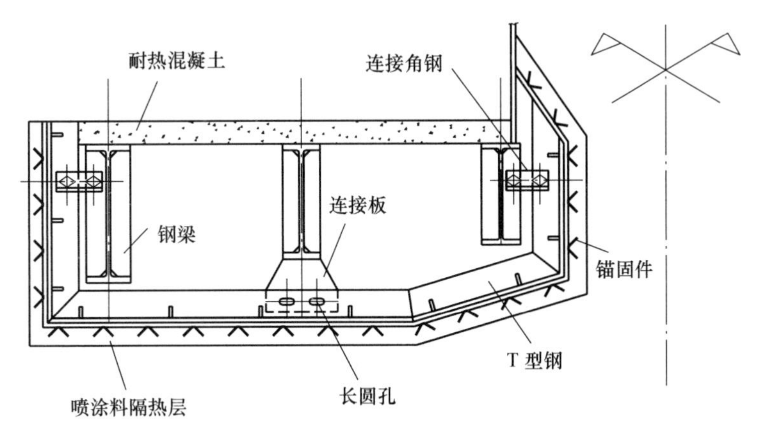

图 18.3-6 吹氩喂丝平台梁隔热措施示意图

转炉吹炼过程中，可观察到在炉口排出红棕色的浓烟，烟气温度很高，一般为 1400～1600℃，而且气量多，含尘量大，气体还具有毒性和爆炸性，气流冲出炉口首先进入隔烟室而后进入净化系统，经净化处理的烟气可以回收利用。

隔烟室由立柱，横梁、斜撑、加强钢板、铸铁板以及隔热石棉板组成，设在转炉周围并与炉前挡火门、二次除尘门形罩、炉后挡火门及二次除尘管道，转炉耳轴挡板及活动烟罩升降横移台车，共同构成一个封闭体，以收集烟气和粉尘，进行除尘处理，达到环保要求。隔烟室的骨架（立柱、横梁、斜撑）间的连接均为对接焊，内侧平整。加强钢板与立柱、横梁相焊并设加劲肋，除锈和涂装要求与吹氩喂丝平台相同。其隔热防护构造见图 18.3-8。

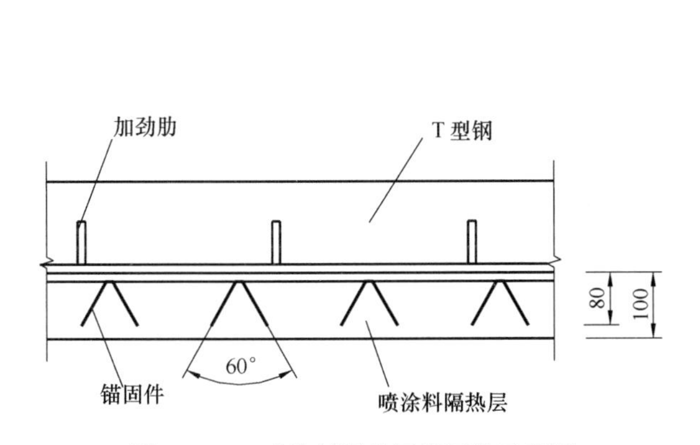

图 18.3-7 喷涂料隔热层锚固件示意图

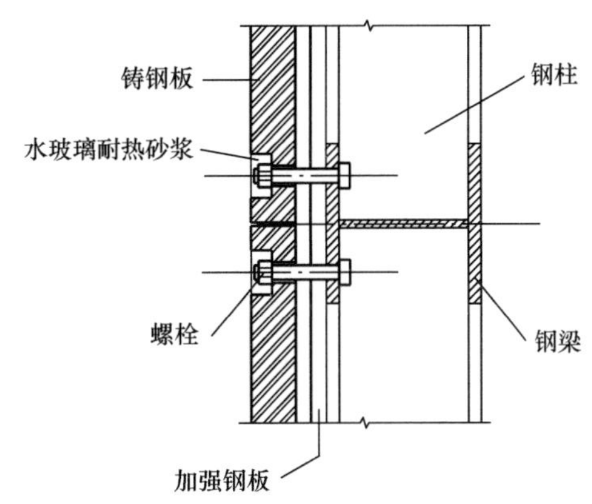

图 18.3-8 转炉隔烟室骨架隔热措施示意图

5. 厂房柱、吊车梁隔热措施

炼铁、炼钢、轧钢厂某些车间的部分柱子和吊车梁有可能长期受高温辐射，如轧钢厂的板坯库在堆放 600～700℃热连铸坯时，柱子、柱间支撑和吊车梁将受到高温连铸坯的辐射。为此，必须进行隔热防护，一般防护措施是砌烧结普通砖或耐火砖，此方法经济适用，施工方便，其构造见图 18.3-9。

柱间支撑一般采用外包薄钢板利用空气流动隔热防护，其构造见图 18.3-10。

吊车梁下翼缘离高温辐射源较远，一般可采用图 18.3-11 较简易的隔热防护措施，均可使吊车梁表面温度小于 100℃。连接角钢严禁与下翼缘相焊，只能与竖向加劲焊接。

6. 其他工业建（构）筑物的钢结构，当有持续高温作用时，其隔热保护措施，可参照本节的相关内容设计。

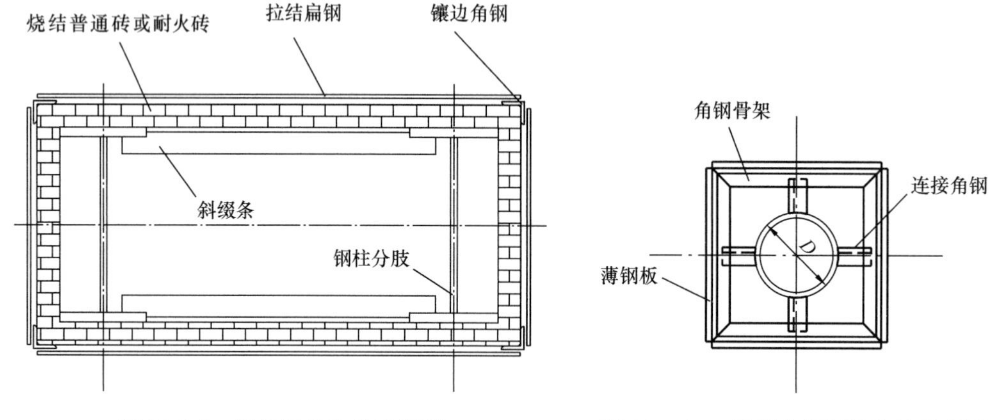

图 18.3-9　钢柱隔热防护示意图　　图 18.3-10　钢管支撑隔热防护示意图

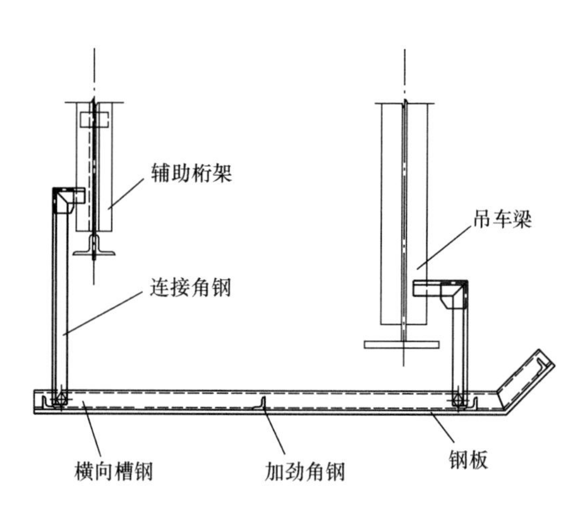

图 18.3-11　吊车梁隔热防护示意图

参 考 文 献

[1]　李国强等．钢结构抗火计算与设计．北京：中国建筑工业出版社，1995.

[2]　建筑设计防火规范：GB 50016[S]. 北京：中国计划出版社，2006.

[3]　高层民用建筑设计防火规范：GB 50045-95[S]. 北京：中国计划出版社，2005.

[4]　钢结构设计标准：GB 50017[S]. 北京：中国建筑工业出版社，2018.

[5]　石油化工企业设计防火规范：GB 50160[S]. 北京：中国计划出版社，2009.

[6]　钢铁冶金企业设计防火规范：GB 50414[S]. 北京：中国计划出版社，2007.

[7]　钢结构防火涂料：GB 14907[S]. 北京：中国计划出版社，2002.

[8]　钢结构防火涂料应用技术规范：CECS 24：90[S]. 北京：中国计划出版社，2005.

[9] 建筑钢结构防火技术规范：CECS 200：2006[S]. 北京：中国计划出版社，2006.
[10] 但泽义等主编．建筑结构构造资料集．钢结构篇．第二版．北京：中国建筑工业出版社，2007.
[11] 建筑结构荷载规范：GB 50009[S]. 北京：中国建筑工业出版社，2012.
[12] 建筑装饰装修工程质量验收规范：GB 50210[S]. 北京：中国建筑工业出版社，2001.
[13] 建筑构件耐火试验方法　第1部分：通用要求：GB/T 9978.1[S]. 北京：中国标准出版社，2009.
[14] 建筑构件耐火试验可供选择和附加的试验程序：GB/T 26784[S]. 北京：中国标准出版社，2011.
[15] 消防产品现场检查判定规则：GA588[S]. 北京：中国计划出版社，2012.
[16] 建筑钢结构防火技术规范：CECS 200[S]. 北京：中国计划出版社，2006.
[17] 混凝土结构工程施工质量验收规范：GB 50204[S]. 北京：中国建筑工业出版社，2011.
[18] 砌体工程施工质量验收规范：GB 50203[S]. 北京：中国建筑工业出版社，2002.
[19] 钢结构工程质量检验评定标准：GB 50221[S]. 北京：中国标准出版社，2001.
[20] 钢结构防腐蚀涂装技术规程：CECS 343：2013[S]. 北京：中国建筑工业出版社，2013.
[21] 工业建筑防腐蚀设计规范：GB 50046—2008[S]. 北京：中国计划出版社，2008.

第19章 钢结构检测、鉴定与加固

19.1 钢结构检测、鉴定与加固设计的基本要求

19.1.1 钢结构检测的基本要求

钢结构检测包括构件及连接材料性能及其损伤检测、连接与节点构造及变形与损伤检测、构件几何及变形与损伤检测、钢结构整体体系构造及变形与损伤检测、结构或构件静力与动力性能检测、结构上荷载与作用的检测与核定。

进行钢结构建筑物或构筑物检测前，首先，应该根据现行有关国家标准或规范确定拟检测与鉴定钢结构的类型，即是属于强制性应检测的钢结构还是非强制性检测的钢结构，同时，根据钢结构物的体系特点及行业类型，确定检测与鉴定应参照的国家现行标准或规范以及应参考的地方标准或规范。然后，根据委托方要求及结构体系构成确定检测与鉴定的范围。最后，进行钢结构现场勘查与初步分析，并根据勘查与初步分析结果提出初步勘查意见以及/或进一步详细检测与鉴定的技术方案。钢结构现场勘查与初步分析的内容包括：查阅结构设计与施工档案资料、调查结构使用与维护历史情况，现场调查结构实际状况、使用条件和环境，对结构可能存在的问题进行初步定性分析。

进行钢结构检测的机构（事业单位或企业）必须具备相应的检测资质；从事检测工作的人员必须是经过培训上岗且持有相应检测等级证书的检测机构专业技术人员；检测所用仪器、设备及测量工具必须在计量检定的有效期内；每一项钢结构工程检测工作的实施，应由两名或两名以上的检测专业技术人员共同参与及承担检测工作；进行检测前，应制定详细的检测方案与工作计划，包括检测参数、检测方法、抽样数量、抽样位置、试验方法、数据分析与处理方法等，同时还包括检测作业实施方法与进度计划、临时措施设置、安全保障措施以及与他方的配合等；当检测与试验数据的数量不足或结果有异常时，还应进行足够的补充检测或试验。

19.1.2 钢结构鉴定的基本要求

钢结构鉴定包括结构可靠性鉴定与结构抗震性能鉴定。结构可靠性鉴定包括安全性鉴定、适用性鉴定和耐久性鉴定，在非抗震设防地区，可不进行结构抗震性能鉴定，但在抗震设防地区，除应进行结构可靠性鉴定外，还应进行结构抗震性能鉴定。

进行钢结构工程鉴定之前，应首先明确确定钢结构物拟鉴定的范围或称为鉴定单元。每个鉴定项目中钢结构鉴定的范围应根据其结构体系组成方式或结构功能特点划分确定，拟鉴定的结构范围可以是整个建（构）筑物的钢结构，也可以是建（构）筑物中结构功能相对独立的子结构部分，结构中不能形成独立传力体系或者不能独立承受荷载的部分钢结构构件不能划分为一个鉴定单元。

进行钢结构可靠性鉴定，应明确确定建（构）筑物的后续目标使用年限。后续目标使用年限通常由业主根据建（构）筑物使用维修、更新改造计划等提出，或者由业主和鉴定

方商议确定。当业主不能明确确定建（构）筑物的后续目标使用年限时，可根据其原设计文件或使用功能综合确定，对于工业建（构）筑，可参照其工艺更新改造周期确定；对于民用建筑，可参照原设计基准期或目标使用年限确定。对于钢结构抗震鉴定，则应根据国家现行有关规范或标准的规定确定后续使用年限。对同一建（构）筑物中的不同子结构单元或承受不同作用类别的相同子结构单元，可取用不同的后续目标使用年限。

进行钢结构鉴定前，首先应制定详细明确的结构检测与鉴定工作方案计划，其中包括鉴定的目的、范围、内容、方法、依据以及工作程序，然后调查、收集结构设计、建造、维护及加固改造的文件资料并进行确认，调查结构当前的使用条件与环境，进行结构现状定性分析，再根据鉴定计算需要进行必要的结构（现场）检测与试验，得到结构的缺陷、损伤状况、性能劣化状况以及各主要参数的准确数值，以获得足够的实测数据。

进行钢结构鉴定计算时，结构上的荷载或作用应根据建（构）筑物的实际状态和使用环境按照国家现行有关结构物可靠性鉴定标准以及结构物所在地地方现行标准规定的方法确定，当国家标准与地方标准的确定方法有差异时，应采用较为保守的计算方法。

钢结构鉴定计算采用的结构计算模型，应采用实际检测与试验得到的数据建立，计算模型应与结构的实际组成体系、受力状况和构造形式吻合，同时应考虑使用环境、基础沉降、施工误差、结构变形、材料缺陷与损伤、构件变形与损伤、连接与节点的变形与损伤、支座实际工作状态等对结构性能的影响。

当鉴定计算手段不成熟或不准确或者计算参数不足时，钢结构构件或节点的实际性能通常需要通过试验进行鉴定。鉴定试验的对象可以是实际构件或节点，也可以是构件或节点的足尺或缩尺模型，当采用模型试验时，应保证模型主要参数的相似性。另外，钢结构性能的静力荷载试验检验分为使用性能检验、承载力检验和破坏性检验，可根据鉴定需要选择。

进行钢结构鉴定计算时，当理论计算结果与结构实际现状反应存在显著差异或不符时，应该对理论计算结果进行仔细分析研究，不能给出合理解释的理论计算结果，不应该作为结构鉴定的数值依据。

19.1.3 钢结构加固设计的基本要求

钢结构加固设计的范围，可为整个建（构）筑物的钢结构，也可为其中某个结构功能相对独立的子结构，也可为结构中指定范围内的构件、连接或节点。对于仅进行局部加固的钢结构，加固设计应考虑结构的整体性及整体效应。

加固设计钢结构的安全等级，应根据结构的重要性、结构破坏后果的严重程度和加固设计使用年限由业主和设计单位参照国家现行设计规范确定。加固设计钢结构的使用年限，应由业主和设计单位根据建（构）筑物的用途并结合原设计文件综合确定。

钢结构加固设计，应根据原结构的特点考虑实际加固可能采用的施工方法及施工作业的可行性，以保证新增加构件与原结构构件的可靠连接与共同受力。钢结构加固设计的计算内容与方法，应根据结构加固方法确定。钢结构的加固方法，应根据原结构的体系特点、实际工作状态和继续使用要求选择。钢结构加固设计结构分析的计算模型，应考虑原结构加固时的实际受力状态、结构或构件已有的变形、实际荷载偏心、原结构构件材料性能退化、温度作用等的影响，使得结构或构件的设计计算模型符合其实际构造与实际受力状态。结构加固设计计算模型可为结构整体模型，也可为结构功能相对独立的子结构模型，但不能仅为包含不能独立承受荷载的局部结构构件的模型。钢结构加固设计的结构分析方法，与新结构设计的分析方法相同，但构件、连接与节点的验算及构造设计，须遵循国家现行《钢结构加固设计规范》的规定。被加固结构与构件的防腐与防火要求，应满足相应国家现行设计标准或规范的规定。

钢结构加固设计应保证加固后的结构刚度分布均匀或无刚度突变，不会因加固出现新的薄弱部位。对原钢结构在使用过程中出现的主要变形、损伤或破坏，在加固设计中应提出有效的防治策略或建议。

钢结构加固设计说明应对结构加固施工过程验算提出要求，以保证施工过程安全以及钢结构加固施工终态的结构内力和变形与加固设计要求基本一致。

19.2 钢结构的检测

19.2.1 一般规定

为了评定建筑结构工程的质量或鉴定既有建筑结构的性能等所实施的检测工作称为建筑结构检测，一般可以分为建筑结构工程质量的检测和既有建筑结构性能的检测两类。根据《建筑结构检测技术标准》GB/T 50344—2004，钢结构的检测与鉴定可分为在建钢结构工程施工质量检测与鉴定和既有钢结构可靠性检测与鉴定。既有建筑是指已完成建设程序，竣工一年后并投入正常使用的房屋，不包括在建、新建工程的房屋和存在质量遗留问题的房屋。

当遇到下列情况之一时，应按在建钢结构的要求进行检测：

(1) 在钢结构材料检查或施工验收过程中需了解质量时；

(2) 材料质量或施工质量有怀疑或争议，需要通过检测进一步分析结构的可靠性；

(3) 发生工程事故，需要通过检测分析事故的原因及对结构可靠性的影响；

(4) 对施工质量的抽样检测结果达不到设计要求；

(5) 建设过程中停工后恢复建设。

当遇到下列情况之一时，应按既有钢结构的要求进行检测：

(1) 钢结构安全鉴定；

(2) 钢结构抗震鉴定；

(3) 钢结构大修前的可靠性鉴定；

(4) 建筑改变用途、改造、加层或扩建前的鉴定；

(5) 受到灾害、环境侵蚀等影响的鉴定；

(6) 对既有钢结构的可靠性有怀疑或争议。

19.2.2 检测的依据与标准

钢结构的检测应根据检测项目、检测目的、建筑结构状况和现场条件选择适宜的检测方法。现场宜检查建筑物使用工况与设计要求的符合程度，施工质量观感和实体的变形、开裂等。现场检测宜优先采用无损检测方法，当必须采用半破损或破损检测方法时，应选在非主要受力部位。

钢结构的检测可选用下列检测方法：

（1）有相应标准的检测方法；
（2）有关规范、标准规定或建议的检测方法；
（3）参照有关检测标准扩大其适用范围的检测方法；
（4）检测单位自行开发或引进的检测方法。

选用有相应标准的检测方法时，应遵守下列规定：
（1）对于通用的检测项目，应选用国家标准或行业标准；
（2）对于有地区特点的检测项目，可选用地方标准；
（3）对同一种方法，地方标准与国家标准或行业标准不一致时，有地区特点的部分宜按地方标准执行，检测的基本原则和基本操作要求应按国家标准或行业标准执行；
（4）当国家标准、行业标准或地方标准的规定与实际情况确有差异或存在明显不适用问题时，可对相应规定做适当调整或修正，但调整与修正应有充分的依据；调整与修正的内容应在检测方案中予以说明，必要时应向委托方提供调整与修正的检测细则。

采用有关规范、标准规定或建议的检测方法时，应遵守下列规定：
（1）当检测方法有相应的检测标准时，应满足相应标准的规定；
（2）当检测方法没有相应的检测标准时，检测单位应有相应的检测细则；检测细则应对检测用仪器设备、操作要求、数据处理等做出规定。

采用扩大相应检测标准适用范围的检测方法时，应遵守下列规定：
（1）所检测项目的目的与相应检测标准相同；
（2）检测对象的性质与相应检测标准检测对象的性质相近；
（3）应采取有效的措施，消除因检测对象性质差异而存在的检测误差；
（4）检测单位应有相应的检测细则，在检测方案中应予以说明，必要时应向委托方提供检测细则。

在建钢结构工程施工质量检测时的组批、抽样及质量标准应符合现行国家标准《钢结构工程施工质量验收规范》GB 50205 有关规定。既有钢结构建筑的检测，可按照下列标准的有关要求进行。

既有钢结构检测标准　　**表 19.2-1**

规范名称	标准编号	标准类型
建筑结构检测技术标准	GB/T 50344—2004	国家标准
钢结构现场检测技术标准	GB/T 50621—2010	国家标准
高耸与复杂钢结构检测与鉴定技术标准	GB 51008—2016	国家标准
钢结构检测与鉴定技术规程	DG-TJ-08-2011-2007	上海市地方标准
钢焊缝手工超声波探伤方法和探伤结果分级	GB/T 11345—2013	国家标准
钢结构超声波探伤及质量分级法	JG/T 203—2007	行业标准

19.2.3　检测的内容与方法

一、钢结构的抽样数量

钢结构现场检测可采用全数检测或抽样检测。当抽样检测时，宜采用随机抽样或约定抽样方法。

1. 当遇到下列情况之一时，宜采用全数检测：

（1）外观缺陷或表面损伤的检查；

（2）受检范围较小或构件数量较少；

（3）构件质量状况差异较大；

（4）灾害发生后对结构受损情况的识别；

（5）委托方要求进行全数检测。

2. 在建钢结构按检验批检测时，其抽样检测的比例及合格判定应按照现行国家标准《钢结构工程施工质量验收规范》GB 50205 规定的要求。

3. 既有钢结构按检验批检测时，其抽样检测的最小样本容量不应小于表 19.2-2 的限定值。

既有钢结构抽样检测的最小样本容量　　表 19.2-2

检验批的容量	检测类别和最小样本容量			检验批的容量	检测类别和最小样本容量		
	A	B	C		A	B	C
3～8	2	2	3	151～280	13	32	50
9～15	2	3	5	281～500	20	50	80
16～25	3	5	8	501～1200	32	80	125
26～50	5	8	13	1201～3200	50	125	200
51～90	5	13	20	3201～10000	80	200	315
91～150	8	20	32	—	—	—	—

注：1. 表中 A、B、C 为检测类别，检测类别 A 适用于一般施工质量的检测，检测类别 B 适用于结构质量或性能的检测，检测类别 C 适用于结构质量或性能的严格检测或复检；

2. 无特别说明时，样本为构件。

既有钢结构计数抽样检测时，检验批的合格判定，计数抽样检测的对象为主控项目时，应按表 19.2-3 判定；计数抽样检测的对象为一般项目时，应按表 19.2-4 判定。

主控项目的判定　　表 19.2-3

样本容量	合格判定数	不合判定数	样本容量	合格判定数	不合判定数
2～5	0	1	80	7	9
8～13	1	2	125	10	11
20	2	3	200	14	15
32	3	4	＞315	21	22
50	5	6	—	—	—

一般项目的判定　　表 19.2-4

样本容量	合格判定数	不合判定数	样本容量	合格判定数	不合判定数
2～5	1	2	32	7	9
8	2	3	50	10	11
13	3	4	80	14	15
20	5	6	≥125	21	22

二、钢结构的检测内容与方法

《建筑结构检测技术标准》GB/T 50344 规定，建筑钢结构的检测可分为钢结构材料性能、连接与构造、构件的尺寸与偏差、变形与损伤以及涂装等项工作，必要时，可进行结构或构件性能的实荷检验或结构的动力测试。对某一具体钢结构的检测可根据实际情况确定工作内容和检测项目。

1. 钢结构的材料性能检测

对结构构件钢材的力学性能检验可分为屈服点、抗拉强度、伸长率、冷弯和冲击功等项目。当工程尚有与结构同批的钢材时，可以将其加工成试件，进行钢材力学性能检验；当工程没有与结构同批的钢材时，可在构件上截取试样，但应确保结构构件的安全。钢材力学性能检验试件的取样数量、取样方法、试验方法和评定标准应符合表 19.2-5 的规定。

材料力学性能检验项目和方法 **表 19.2-5**

检验项目	取样数量（个/批）	取样方法	试验方法	评定标准
屈服点、抗拉强度、伸长率	1	《钢材力学及工艺性能试验取样规定》GB 2975	《金属拉伸试验试样》GB 6397；《金属拉伸试验方法》GB 228	《碳素结构钢》GB 700；《低合金高强度结构钢》GB/T 1591；其他钢材产品标准
冷弯	1		《金属弯曲试验方法》GB 232	
冲击功	3		《金属夏比缺口冲击试验方法》GB/T 229	

2. 钢结构的连接与构造

钢结构的连接质量与性能的检测可分为焊接连接、焊钉（栓钉）连接、螺栓连接、高强螺栓连接等项目。

对设计上要求全焊透的一、二级焊缝的超声波探伤和焊缝内部缺陷分级，宜按《钢焊缝手工超声波探伤方法及质量分级法》GB 11345 的规定执行。对钢结构网架工程焊缝的超声波探伤可同时按《网架结构工程质量检验评定标准》JGJ 78 的规定执行。

高强度大六角头螺栓连接副的连接质量检查按《钢结构工程施工质量验收规范》GB 50205 和《钢结构高强度螺栓连接的设计、施工及验收规范》JGJ 82 的规定执行。连接质量的外观检查包括螺栓螺纹有无生锈及损伤、高强度螺栓连接副有无拧紧、高强度螺栓连接副与钢板之间有无滑移等项目。

对接焊缝外观质量可采取抽样检测的方法。焊缝的外形尺寸和外观缺陷检测方法和评定标准，应按《钢结构现场检测技术标准》GB/T 50621—2010 的规定执行。

钢结构构件的支座形式有刚接、铰接（滑动铰接与转动铰接），应检验实际的支座是否与设计条件相符，支座变形量（位移及转角）应全数检测。

钢结构的构造分为构件长细比、板件宽厚比、结构支撑体系等项目，应根据实测尺寸进行计算，应按设计图纸和相关规范进行评定。

3. 钢结构的尺寸与偏差检测

钢构件尺寸的检测应符合下列规定：

（1）抽样检测构件的数量，可根据具体情况确定，但不应少于表 19.2-2 规定的相应检测类别的最小样本容量；

（2）尺寸检测的范围，应检测所抽样构件的全部尺寸，每个尺寸在构件的 3 个部位量测，取3处测试值的平均值作为该尺寸的代表值；

（3）尺寸量测的方法，可根据实际需要选用卷尺、游标卡尺、超声测厚仪等，可按相关产品标准的规定量测，其中钢材的厚度可用超声测厚仪测定；

（4）构件尺寸偏差的评定指标，应按相应的产品标准确定；

（5）对检测批构件的重要尺寸，应按表19.2-3进行检测批的合格判定；对检测批构件一般尺寸的判定，应按表19.2-4进行检测批的合格判定；

（6）特殊部位或特殊情况下，应选择对构件安全性影响较大的部位或损伤有代表性的部位进行检测；

（7）钢构件的尺寸偏差，应以设计图纸规定的尺寸为基准计算尺寸偏差；偏差的允许值，应按《钢结构工程施工质量验收规范》GB 50205确定；

（8）钢构件安装偏差的检测项目和检测方法，应按《钢结构工程施工质量验收规范》GB 50205确定。

4. 钢结构的损伤和变形检测

钢结构构件的损伤和变形可采用全数普查和重点抽查的抽样方案：

（1）钢结构损伤的检测可分为裂纹、夹渣、未焊透、气孔、局部变形和锈蚀等项目。

（2）钢构件的裂纹、夹渣、未焊透、气孔，可采用超声波、磁粉和渗透方法检测。

（3）钢材锈蚀量，可凿除锈蚀层后，采用超声测厚仪或游标卡尺检测。

（4）构件的弯曲变形和板件凹凸等变形情况，可用观察和尺量的方法检测。

（5）螺栓和铆钉的松动或断裂，可采用观察或锤击的方法检测。

（6）钢结构构件的变形、位移和基础沉降等，可分别参照相应标准规定的方法进行检测；钢结构构件的变形、位移和基础沉降可采用钢尺和水准仪进行检测。

5. 钢结构的涂装检测

钢材表面的除锈等级，可用现行国家标准《涂装前钢材表面锈蚀等级和除锈等级》GB 8923规定的图片对照观察来确定。

不同类型涂料的涂层厚度，应分别采用下列方法检测：

（1）漆膜厚度，可用漆膜测厚仪检测，抽检构件的数量不应少于《建筑结构检测技术标准》(GB/T 50344）表3.3.13中A类检测样本的最小容量，也不应少于3件；每件测5处，每处的数值为3个相距50mm的测点干漆膜厚度的平均值。

（2）对薄型防火涂料涂层厚度，可采用涂层厚度测定仪检测，量测方法应符合《钢结构防火涂料应用技术规程》CECS24的规定。

（3）对厚型防火涂料涂层厚度，应采用测针和钢尺检测，量测方法应符合《钢结构防火涂料应用技术规程》CECS24的规定。

涂层的厚度值和偏差值应按《钢结构工程施工质量验收规范》GB 50205的规定进行评定。

涂装的外观质量，可根据不同材料按《钢结构工程施工质量验收规范》GB 50205的规定进行检测和评定。

6. 结构性能实荷检验与动测

对于大型复杂钢结构体系可进行原位非破坏性实荷检验，直接检验结构性能。结构性能的实荷检验可按《建筑结构检测技术标准》GB/T 50344附录H的规定进行。加荷系数和判定原则可按《建筑结构检测技术标准》GB/T 50344 附录 H.2 的规定确定，也可根据具体情况进行适当调整。

对结构或构件的承载力有疑义时，可进行原型或足尺模型荷载试验。试验应委托具有足够设备能力的专门机构进行。试验前应制定详细的试验方案，包括试验目的、试件的选取或制作、加载装置、测点布置和测试仪器、加载步骤以及试验结果的评定方法等。试验方案可按《建筑结构检测技术标准》GB/T 50344 附录 H 制定，并应在试验前经过有关各方的同意。

对于大型重要和新型钢结构体系，宜进行实际结构动力测试，确定结构自振周期等动力参数。结构动力测试宜符合《建筑结构检测技术标准》GB/T 50344 附录 E 的规定。

钢结构杆件的应力，可根据实际条件选用电阻应变仪或其他有效的方法进行检测。

19.2.4 检测报告的确认与验收

建筑结构工程质量的检测报告应做出所检测项目是否符合设计文件要求或相应验收规范规定的评定。既有建筑结构性能的检测报告应给出所检测项目的评定结论，并能为建筑结构的鉴定提供可靠的依据。检测报告应结论准确、用词规范、文字简练，对于当事方容易混淆的术语和概念可书面予以解释。

检测报告至少应包括以下内容：

（1）委托单位名称；

（2）建筑工程概况，包括工程名称、结构类型、规模、施工日期及现状等；

（3）设计单位、施工单位及监理单位名称；

（4）检测原因、检测目的，以往检测情况概述；

（5）检测项目、检测方法及依据的标准；

（6）抽样方案及数量；

（7）检测日期，报告完成日期；

（8）检测项目的主要分类检测数据和汇总结果；

（9）检测结果、检测结论；

（10）主检、审核和批准人员的签名；

（11）附件。

19.3 钢结构的鉴定

19.3.1 一般规定

为了节省成本和减少可能不必要的检测与鉴定工作，钢结构的可靠性鉴定应分两步按顺序进行，第一步为钢结构整体现状的初步检查与评估，可称之为“检查评估”，第二步为钢结构的详细检测与计算评定，可称之为“检测鉴定”。

“检查评估”中的“检查”为对结构进行的初步勘查与调查。“检查”的基本内容包括：查阅钢结构的设计与施工档案资料、调查结构的使用历史及维护情况、调查结构的使用条件与环境、调查结构的实际现状等；“评估”为根据对结构的“检查”结果，对结构目前的变形、损伤、性能现状以及安全与使用状态等进行定性分析与简化估算。经过“检查评估”后，对可以明确确定其性能状态的钢结构，鉴定机构应该给出明确的“检查评估”结论；对于仅通过“检查评估”不能明确给出结论的钢结构，则需要根据初步“检查评估”结果，提出下一步对该钢结构可采取的措施或建议，如果该钢结构尚需要进一步详细检测才能进行鉴定时，应该提出相应的检测与鉴定方案。

“检测鉴定”是指对初步“检查评估”后不能确定其性能状态的钢结构，进行进一步详细的检测、试验与计算鉴定。进行“检测鉴定”前，应先根据初步“检查评估”结果制定合理可行且详细的“检测鉴定”方案。“检测鉴定”方案的基本内容包括：检测鉴定的目的、检测鉴定的结构范围、检测鉴定的依据、详细调查与检测的工作内容、检测/试验方案和主要检测/试验方法、检测鉴定工作进度计划、结构可靠性分析计算方法、检测鉴定报告内容。检测鉴定报告的主要内容包括：工程概况、检测鉴定的目的与内容、检测鉴定的范围及依据、调查与检测的结果、理论分析计算的结果、鉴定结论、根据鉴定结果提出的处理意见及建议。钢结构经过“检测鉴定”后，即可得到明确的鉴定结论以及进一步维护或处理的建议。

钢结构可靠性鉴定中采用的结构分析方法，应根据结构类型与体系组成、结构的整体刚度特征、验算对应的结构极限状态综合确定。钢结构的承载能力极限状态验算，可采用非线性及弹塑性分析方法；钢结构的正常使用极限状态验，对于刚度较大的刚性结构体系如钢框架、钢网架或网壳、钢桁架等，可采用线弹性分析方法，但对于相对较柔的结构体系如张弦结构、索结构、预应力结构等，可采用非线性弹性分析方法，另外，对于大跨度及空间钢结构的整体稳定性验算，也应采用进行非线性或/弹塑性分析方法。

进行钢结构可靠性鉴定时，需要根据预定的结构后续目标使用年限确定相应的结构重要性系数 γ_0。参照现行国家标准《高耸与复杂钢结构检测与鉴定技术标准》GB 51008，不同后续目标使用年限对应的结构重要性系数 γ_0 可按表 19.3-1 选用，同时，该标准说明，确定结构重要性系数 γ_0 后，结构上的荷载和作用不能因后续目标使用年限的不同进行折减。

不同安全等级或后续目标使用年限的结构重要性系数 γ_0　　表 19.3-1

安全等级或后续目标使用年限	γ_0
一级或≥100	≥1.10
二级或 50	≥1.00
三级或<5	≥0.90

钢结构可靠性鉴定计算过程中，如果发现结构分析所需要的文件资料、检测数据不足或不准确，就应该及时进行所需要的补充调查、补充检测以及试验，当鉴定计算所需要的资料、数据完备且准确后，在进行分析计算。另外，对于检测得道的数据中相对较为异常的数据，需要进行仔细分析，忽略那些异常的数据。

与混凝土结构不同，钢结构节点的构造及受力均很复杂，节点的安全性直接影响结构的安全性，然而，常规的结构整体分析计算不能给出结构节点细部的内应力及变形，因此，仅通过结构整体分析计算不能评定节点的安全性乃至使用性能，因而，在钢结构安全性鉴定中，应该对结构受力复杂的节点进行精细化数值分析，以准确评定其安全性。

进行钢结构动力性能鉴定前，应对结构进行动力性能检测，包括结构动力特性以及结构振动响应检测。进行钢结构动力性能分析时，可根据动力实测结果对结构的初始刚度和阻尼比进行修正。

19.3.2 钢结构可靠性评定的内容

参照现行国家标准《高耸与复杂钢结构检测与鉴定技术标准》GB 51008，钢结构可靠性评定划分为结构构件及节点评定与整体结构评定两个层次。

一、钢构件及节点可靠性评定的内容

1. 钢构件可靠性评定的内容

钢构件可靠性评定的内容包括：构件的安全性、适用性和耐久性。对该三项内容分别进行等级评定，不进行可靠性等级的综合评定。

进行钢结构构件的安全性评定时，首先，按照构件的承载力、构件的构造两个基本项目分别进行等级评定，然后，取两项评定等级中的较低者作为钢构件的安全性等级。当钢构件存在严重缺陷、过大变形、显著损伤和严重腐蚀等实际状况时，还需要按照这些实际状况的严重程度，增加一项钢构件的变形与损伤等级评定，最后，根据钢构件的承载力、构造、变形与损伤三项等级评定结果，取其中的最低等级作为钢构件的安全性等级。

进行钢构件的适用性评定时，首先，按照构件的变形、制作安装偏差、构造、损伤、防火涂层质量等项目分别进行等级评定，然后，取以上各项评定等级中的最低等级作为钢构件的适用性等级。

进行钢构件的耐久性评定时，首先，按照构件表面防腐涂层或外包裹防护质量及腐蚀两个基本项目分别进行等级评定，然后，取两项评定等级中的较低者作为钢构件的耐久性等级。

2. 钢构件连接可靠性评定的内容

钢构件连接主要包括：焊缝连接、螺栓连接与铆钉连接。焊缝连接的可靠性仅包括连接的安全性评定；螺栓与铆钉连接的可靠性包括：连接的安全性、适用性评定。

进行焊缝的安全性评定时，首先，按照焊缝的承载力和构造两个项目分别进行等级评定，然后，取两项评定等级中的较低者作为焊缝的安全性等级。对于腐蚀严重的焊缝，还应实际测量焊缝的剩余长度和剩余厚度，在计算焊缝的承载力时，考虑焊缝受力条件的改变以及腐蚀损失的不利影响。

进行螺栓和铆钉连接的安全性评定时，首先，按照螺栓和铆钉连接的承载力和构造两个项目分别进行等级评定，然后，取两项评定等级中的较低者作为螺栓和铆钉连接的安全性等级。

螺栓和铆钉连接的适用性，根据连接的变形（包括滑移、松动等）与损伤状况，综合评定其适用性等级。

3. 钢结构节点可靠性评定的内容

钢结构节点可靠性评定的内容包括：节点的安全性、适用性和耐久性。对该三项内容分别进行等级评定，不进行可靠性等级的综合评定。

进行钢结构节点的安全性评定时，首先，按照节点的承载力、构造和连接三个项目分别进行等级评定，然后，取三项评定等级中的最低等级作为节点的安全性等级。

节点的适用性，根据节点的变形、损伤状况以及节点功能状态，综合评定其适用性等级。

节点耐久性的评定方法与钢构件耐久性评定方法相同。

二、钢结构可靠性评定的内容

钢结构可靠性评定同样包括：结构安全性评定、结构适用性评定和结构耐久性评定。在抗震设防地区，还应进行结构抗震性能评定。钢结构可靠性评定的等级为对结构安全性、适用性、耐久性的分别评定，不进行钢结构可靠性的综合评定。

钢结构的安全性评定包括对结构体系及构造的整体性、主要受力构件的承载力和稳定性、主要传力节点（包括柱脚节点和支座节点）的承载力、结构整体变形、结构整体稳定性等主要参数安全性等级的分别评定，并根据上述各项主要参数的安全性评定等级，综合确定结构的安全性鉴定等级。

钢结构的适用性评定包括对对结构整体变形、主要受力构件变形、主要传力节点（包括柱脚节点和支座节点）变形、支座的功能等主要使用性参数等级的分别评定，对高层建筑钢结构及有人或设备驻留的高耸钢结构还要包括钢结构或钢构件舒适度和振动的等级评定，并根据上述各项主要参数的适用性评定等级，综合确定结构的适用性鉴定等级。

钢结构的耐久性评定包括对钢结构的防护现状和钢构件（包括节点）腐蚀状况等耐久性参数等级的分别评定，并根据上述主要参数的耐久性评定等级，综合确定结构的耐久性鉴定等级。

对于有抗震要求的钢结构的抗震鉴定，包括对结构整体布置与抗震构造措施的鉴定、以及在多遇地震作用下对结构承载力和结构变形验算的鉴定。对超高层钢结构、特殊设防类（甲类）和重点设防类（乙类）9度区的钢结构、采用隔震层和消能减震措施的钢结构、特别不规则的钢结构、7度设防地区Ⅲ、Ⅳ类场地和8度设防地区的乙类钢结构，同时还应进行在罕遇地震作用下结构的抗倒塌或抗失效性能分析的鉴定。

19.3.3　钢结构可靠性评定的级别

一、钢构件及节点的可靠性评定

参照现行国家标准《高耸与复杂钢结构检测与鉴定技术标准》GB 51008，钢结构结构构件及节点的可靠性，按下述规定评定等级：

1. 钢构件及节点的安全性等级

钢构件及节点的安全性按其现状条件对自身安全的影响程度定性地分为以下四级：

a_u级：在目标使用期内安全，不必采取措施。

b_u级：在目标使用期内不显著影响安全，可不采取措施。

c_u级：在目标使用期内显著影响安全，应采取措施。

d_u级：危及安全，必须及时采取措施。

2. 钢构件及节点的适用性等级

钢构件及节点的适用性按其现状条件对自身正常使用的影响程度定性地分为以下三级：

a_s级：在目标使用期内能正常使用，不必采取措施。

b_s级：在目标使用期内尚可正常使用，可不采取措施。

c_s级：在目标使用期内影响正常使用，应采取措施。

3. 钢构件及节点的耐久性等级为以下三级

钢构件及节点的耐久性按其现状条件对自身防护层的影响程度定性地分为以下三级：

a_d级：在正常维护条件下，能满足耐久性要求，不必采取措施。

b_d级：在正常维护条件下，尚能满足耐久性要求，可不采取措施。

c_d级：在正常维护条件下，不能满足耐久性要求，应采取措施。

二、钢结构的可靠性评定

参照现行国家标准《高耸与复杂钢结构检测与鉴定技术标准》B 51008，钢结构的可靠性，按下述规定评定等级：

1. 钢结构的安全性等级

钢结构的安全性按其现状条件对整体结构安全的影响程度定性地分为以下四级：

A_u级：在目标使用期内安全，不必采取措施。

B_u级：在目标使用期内无显著影响安全的因素，可不采取措施或有少数构件或节点应采取适当措施。

C_u级：在目标使用期内有显著影响安全的因素，应采取措施。

D_u级：有严重影响安全的因素，必须及时采取措施。

2. 钢结构系统的适用性等级

钢结构的适用性按其现状条件对整体结构正常使用的影响程度定性地分为以下三级：

A_s级：在目标使用期内能正常使用，不必采取措施。

B_s级：在目标使用期内尚能正常使用，可不采取措施或有少数构件或节点应采取适当措施。

C_s级：在目标使用期内有影响正常使用的因素，应采取措施。

3. 钢结构系统的耐久性等级

钢结构的耐久性按其现状条件对整体结构防护的影响程度定性地分为以下三级：

A_d级：在正常维护条件下，能满足耐久性要求，不必采取措施。

B_d级：在正常维护条件下，能满足耐久性要求，可不采取措施或有少数构件或节点应采取适当措施。

C_d级：在正常维护条件下，不能满足耐久性要求，应采取措施。

19.3.4 吊车梁系统结构的鉴定评级

根据厂房钢结构系统的构成特点，从体系上通常将厂房钢结构系统划分为承重结构、支撑系统和吊车梁结构三个子结构系统，因此，厂房钢结构系统的可靠性鉴定，通常也是针对其承重结构、支撑系统和吊车梁结构的分别评定。本章参照现行国家标准《高耸与复杂钢结构检测与鉴定技术标准》GB 51008，将厂房钢结构系统的可靠性等级鉴定，按照其组成子结构系统分为承重结构、支撑系统、吊车梁系统的分别评定。

吊车梁钢结构系统的可靠性鉴定，也分为对其安全性、适用性和耐久性的分别鉴定，并不再综合评定吊车梁钢结构系统的可靠性。

一、吊车梁钢结构系统的安全性评定

吊车梁钢结构系统的安全性，分为其结构整体性和承载安全性分别评定等级，然后取两项中的较低等级作为吊车梁钢结构系统的安全性鉴定等级。

1. 吊车梁结构系统的整体性等级，可根据吊车梁结构的选型、制动结构及辅助结构的布置、结构系统整体构造与连接形式，参照表 19.3-2 进行评定。

吊车梁钢结构系统整体性等级　　表 19.3-2

等级	A_u	B_u	C_u	D_u
评定内容	吊车梁选型合理；制动系统及辅助系统布置恰当；吊车梁系统整体构造和连接符合国家现行标准规定	吊车梁选型基本合理；制动系统及辅助系统布置基本恰当；吊车梁系统整体构造和连接基本符合国家现行标准规定	吊车梁选型不合理；制动系统及辅助系统布置不当；吊车梁系统整体构造和连接不符合国家现行标准规定	吊车梁选型不合理；制动系统及辅助系统布置不当；吊车梁系统整体构造和连接严重不符合国家现行标准规定

2. 吊车梁钢结构系统的承载安全性等级，可根据吊车梁结构及其节点、制动结构及其节点的承载力验算结果，按本标准表 19.3-3 进行评定。对于超过原设计寿命但继续使用的吊车梁或有疲劳损坏现象或隐患的吊车梁，其承载安全性还应进行疲劳性能的评定。

吊车梁钢结构承载安全性等级　　表 19.3-3

鉴定等级	A_u	B_u	C_u	D_u
主要构件或主要节点	仅含 a_u级	不含 c_u、d_u级	不含 d_u级	含 d_u级
一般构件或连接或节点	不含 c_u、d_u级	不含 d_u级	—	—

钢构件的疲劳性能可按以下规定评定等级：

1）当钢构件疲劳强度验算满足要求时，其承载安全性可评定为 a_u级，否则，应根据其不满足程度评定为 c_u或 d_u级。

2）当钢构件剩余疲劳寿命不小于构件后续目标使用寿命时，其承载安全性可评定为 a_u级，否则，应根据其不满足的程度评定为 c_u或 d_u级。

3. 当吊车梁的受拉区或吊车桁架受拉杆及其节点板有裂纹时，应该根据其损伤程度直接评定为 c_u级或 d_u级。

二、吊车梁钢结构系统的适用性评定

吊车梁钢结构系统的适用性等级，应根据吊车梁及其辅助结构的变形按表 19.3-4 分别进行评定，然后，取两项中的较低等级作为吊车梁钢结构系统的适用性鉴定等级。

吊车梁结构系统适用性等级　　表 19.3-4

等级	A_s	B_s	C_s
吊车梁	最大挠曲及侧弯不超过国家现行标准的规定	最大挠曲及侧弯超过国家现行标准的规定，尚能使用	最大挠曲及侧弯超过国家现行标准的规定，不能使用
辅助结构	最大变形不超过国家现行标准的规定	最大变形超过国家现行标准的规定，不影响正常使用	最大变形超过国家现行标准的规定，影响正常使用

三、吊车梁钢结构系统的耐久性评定

吊车梁钢结构系统的耐久性等级，可根据吊车梁与其辅助结构构件及其连接节点的表面防护现状与防火现状分别评定，然后，取其中的较低等级作为吊车梁钢结构系统的耐久性鉴定等级。

1. 当根据吊车梁钢结构系统构件及节点表面的防护现状评定耐久性等级时，可根据表 19.3-5 进行评定。

多高层钢结构楼层子结构防护等级 表 19.3-5

等级	A_d	B_d	C_d
主要结构构件及其连接节点	b_d级不多于 20%，且无 c_d级	c_d级不多于 20%	c_d级多于 20%
其他构件及其连接节点	b_d级不多于 50%，且无 c_d级	c_d级不多于 50%	c_d级多于 50%

2. 吊车梁钢结构系统的防火现状等级，可根据其防火措施是否符合国家现行标准规定的要求或基于钢结构系统抗火分析结果是否符合要求进行评定，当钢结构系统防火现状符合要求时，可评定为 A_d级；否则，应根据其不符合程度评定为 B_d级或 C_d级。

19.3.5 有缺损的钢构件承载力的评估

进行钢结构构件检测鉴定前，为了便于工作，通常需要明确检测鉴定的范围、单元与对象，因而，就需要根据检测鉴定的目的要求将钢构件进行划分与定义，常见的钢构件划分与定义方法如下：

柱构件——实腹柱一层中的一根柱为一个构件；格构柱一层中的整根柱（即含所有柱肢）为一个构件。

梁构件——一跨中的整根梁为一个构件；若仅鉴定一根连续梁时，可取整根为一个构件。

杆构件——仅承受拉或压的一根为一个构件。

板构件——一个计算单元为一个构件。

桁架、拱架构件——一榀为一个构件。

柔性构件——仅承受拉力的一根索、杆、棒等为一个构件。

钢构件的缺陷与损伤通常包括：构件的几何尺寸偏差、构件的安装偏差、构件的构造与连接缺陷、构件的变形、构件的损伤、构件的腐蚀、构件涂层的缺陷与损伤。

有缺损钢构件的承载力，可根据钢构件的抗力设计值 R 和作用效应组合设计值 S 及结构重要性系数 γ_0，参照表 19.3-6 进行评定。

钢构件承载力安全等级 表 19.3-6

构件类别	$R/\gamma_0 S$			
	a_u	b_u	c_u	d_u
主要构件	$\geqslant 1.00$	<1.00，$\geqslant 0.95$	<0.95，$\geqslant 0.90$	<0.90
一般构件	$\geqslant 1.00$	<1.00，$\geqslant 0.92$	<0.92，$\geqslant 0.87$	<0.87

验算有缺损钢构件承载力时采用的构件作用效应组合设计值 S，应通过结构整体计算模型分析得到，结构整体计算模型应考虑其所有构件及节点的缺陷、损伤及变形的影响，结构整体计算的分析方法，应根据结构的类型与体系、刚度特征选择线性或非线性计算理论。钢构件的抗力 R 一般按照国家现行《钢结构设计标准》GB 50017、《冷弯薄壁型钢结构技术规范》GB 50018、《空间网格结构技术规程》JGJ 7、《门式刚架轻型房屋钢结构技术规程》CECS 102 等确定。但与设计新构件不同，在计算有缺损钢构件的抗力 R 时，应计入实际构件的材料性能、结构构造、缺陷、损伤、腐蚀、过大变形和偏差等的影响。

当有缺损钢构件的腐蚀损伤较为严重时，可参照下列方法考虑腐蚀对其钢材性能和截面损伤的影响：

1）当腐蚀损伤量不超过构件初始厚度的25％且残余厚度大于5mm时，可不考虑腐蚀对构件钢材强度的影响，但应考虑对构件截面损伤的影响。

2）对于普通钢结构构件，当腐蚀损伤量超过其初始厚度的25％或残余厚度不大于5mm时，构件钢材强度应乘以0.8的折减系数；对于冷弯薄壁钢结构，当截面腐蚀损伤量大于10％时，构件钢材强度应乘以0.8的折减系数。

3）构件强度和整体稳定性验算时，其截面面积和截面模量的取值应考虑腐蚀对截面的削弱。

4）构件疲劳强度验算时，当构件表面发生明显的锈坑、但腐蚀损伤量不超过初始厚度的5％时，构件疲劳计算类别不高于4类；当腐蚀损伤量超过初始厚度的5％时，构件疲劳计算类别不高于5类。

特别地，当钢构件的损伤为裂纹或部分断裂时，则应根据其损伤程度直接评定其承载力为c_u级或d_u级。当钢构件出现超过规范或设计要求的显著变形或屈曲迹象时，同样，也应根据其变形程度直接评定其承载力为c_u级或d_u级。

19.3.6　结构试验

一、钢结构试验的基本要求

钢结构性能检验可采用静力荷载试验的方法，钢结构静力荷载试验常分为使用性能试验、承载力试验和破坏性试验。使用性能试验和承载力试验的对象，可以是实际的结构或构件，也可以是结构或构件的足尺或缩尺模型，而破坏性试验的对象，可以是不再使用的结构或构件，也可以是结构或构件的足尺模型。

进行钢结构或构件的缩尺模型试验时，缩尺模型设计应尽可能保证试验模型主要参数的相似性，同时，试验时模型的边界约束条件、荷载作用方式应与实际结构或构件吻合。

采用模型试验时，对试验模型采用的结构材料应预先进行材性试验，获得结构材料的实际材性数值结果，用于试验前试验模型的理论分析。材性试验内容应根据试验模型承载性能分析中需要的材料性能指标确定。

在正式试验前，应先进行预加载试验。预加载试验为先对试验系统施加一定的初始荷载，静置数分钟，然后卸载，观察构件和检验装置是否正确到位，必要时，进行调整修正。

在试验过程中，试验荷载应分级且缓慢施加，每级施加的荷载不宜超过理论计算最大荷载的20％。在每级荷载施加后，应保持试验过程静止足够长时间（常取15min），以检查结构或构件是否出现变形、屈服、屈曲、断裂的迹象。试验加载过程中，应记录荷载-变形曲线及进行其他需要的数据采集。当试验荷载-变形曲线表现出明显的非线性时，试验过程应减小荷载增量。当试验荷载达到结构或构件使用性能或承载力检验的最大荷载时，试验过程静止状态应保持至少1h，且每隔15min测试记录一次荷载和对应的变形值，直至变形值在15min内不再明显增加为止。此后，进行分级卸载试验，每一级卸载也应保持试验过程静止足够长时间（常取15min），每一级卸载和全部卸载后测试记录荷载和对应的变形值。

试验过程中测试得到的结构或构件的变形数据，在进行试验数据处理时，应考虑试验模型支座位移的影响进行修正。

二、钢结构使用性能试验

钢结构使用性能试验，常用于验证结构或构件在规定荷载作用下产生的弹性变形是否满足设计要求，即通过该试验检验结构或构件是否满足设计规定的正常使用要求。

钢结构使用性能试验的荷载，如果没有明确的具体要求，通常可取下列荷载之和：

1.0×实际自重；1.15×其他恒载；1.25×可变荷载。

结构或构件通过使用性能试验后，若其试验结果满足下列要求，则该结构或构件的使用性能满足设计规定的正常使用要求：

1）试验得到的荷载-变形曲线基本呈线性特征；

2）试验卸载后，结构或构件的残余变形不超过试验记录得到最大变形值的20%。

如果试验后上述两条不满足时，可重新进行试验。若第二次试验得到的荷载-变形曲线基本上呈线性，且新的残余变形不超过第二次试验记录得到的最大变形的10%，则该结构或构件的使用性能满足设计规定的正常使用要求，否则，其使用性能不满足设计规定的正常使用要求。

试验过程中，在规定荷载作用下，如果结构或构件出现局部变形，但这些局部变形的出现是事先已确定的，且不会给结构或构件造成损伤，则这类变形是允许出现的，不影响结构或构件的正常使用性能。

三、钢结构承载力试验

钢结构或构件的承载力试验，常用于检验或验证结构或构件的设计承载力。在进行承载力检验试验前，应该先进行上述结构或构件的使用性能检验试验，且结构或构件的使用性能满足相应的设计要求。

进行承载力试验前，应预先进行钢结构或构件的承载力极限状态理论分析，并得到其承载力极限状态设计荷载。承载力极限状态理论分析所采用的荷载模式为结构上永久荷载和可变荷载的适当组合。钢结构或构件承载力试验的荷载，常采用计算得到的结构或构件的承载力极限状态设计荷载的1.2倍。

承载力试验中，在试验荷载作用下，钢结构或构件的任何部位未出现屈曲或断裂破坏，且在卸载后，结构或构件的残余变形不超过试验测得的总变形量的20%，则钢结构或构件的承载力满足设计要求，否则，其承载力不满足设计要求。

进行承载力试验后，基于试验的承载力设计值可按下式计算确定：

$$R_{\mathrm{d}} \leqslant \left(\frac{R_{\min}}{k_{\mathrm{t}}}\right) / \gamma_{\mathrm{R}}^{\mathrm{t}} \tag{19.3-1}$$

式中 R_{d}——基于试验的承载力设计值；

$R_{\min}$——承载力试验结果的最小值；

k_{t}——考虑结构试件变异性的因子，根据结构特性变异系数 k_{sc} 按表19.3-7取用；

$\gamma_{\mathrm{R}}^{\mathrm{t}}$——基于试验的抗力分项系数，可依据试验原型设计时对应的可靠指标 β 确定，$\gamma_{\mathrm{R}}^{\mathrm{t}}=1.0+0.15(\beta-2.7)$。

结构特性变异系数 k_{sc}，可按下式计算

$$k_{\mathrm{sc}} = \sqrt{k_{\mathrm{f}}^{2} + k_{\mathrm{m}}^{2}} \tag{19.3-2}$$

式中 k_{f}——几何尺寸不定性变异系数，对于连接可取0.10；

k_{m}——材料强度不定性变异系数，对于连接可取0.10。

考虑结构试件变异性的因子 k_t 表 19.3-7

试件数量	结构特性变异系数 k_{sc}					
	5%	10%	15%	20%	25%	30%
1	1.18	1.39	1.63	1.92	2.25	2.63
2	1.13	1.27	1.42	1.60	1.79	2.01
3	1.10	1.22	1.34	1.48	1.63	1.79
4	1.09	1.19	1.29	1.40	1.52	1.65
5	1.08	1.16	1.25	1.35	1.45	1.56
10	1.05	1.10	1.16	1.22	1.28	1.34
100	1.00	1.00	1.00	1.00	1.00	1.00

四、钢结构破坏性试验

钢结构或构件的破坏性检验试验，常用于确定结构或构件的实际承载力。进行破坏性试验前，应该先进行上述结构或构件的设计承载力的检验试验，且结构或构件的设计承载力满足相应的设计要求。

进行破坏性试验前，应先根据结构或构件的设计承载力试验情况以及理论分析结果估算拟试验结构或构件的实际承载力，以合理确定加载步及测试仪器。

破坏性试验中，试验荷载应分阶段施加。首先，应参照设计承载力试验，将荷载分级加载到设计承载力的检验荷载-即承载力极限状态设计荷载的 1.2 倍，然后，根据试验测得的荷载-变形曲线确定后续加载步的荷载增量（当变形显著增大时，应减小荷载增量），此后，试验加载到不能继续加载为止，此时测试得到的承载力即为结构或构件的实际承载力。

破坏性试验中，当荷载施加至某一级、且在规定的荷载持续时间内结构或构件出现标志性破坏现象（如屈服、失稳、断裂、变形超限等）时，说明此时结构或构件已达到其破坏或失效状态，则常取本级荷载值与前一级荷载值的平均值作为其承载力荷载的实测值；但当在规定的荷载持续时间结束后才出现上述标志性破坏时，通常取本级荷载作为其承载力荷载实测值。

19.3.7 鉴定与评估报告的确认与验收

一、钢结构检测鉴定报告的基本要求

钢结构检测鉴定报告是检测鉴定工作的最终技术成果文件，是对被鉴定钢结构进行后续维护或处理的依据，因此，检测鉴定报告应遵循规定的标准格式及要求进行编制。

鉴定报告中，检测鉴定依据应完整、准确、合理，不宜罗列与检测鉴定内容没有直接关系的标准、规范或其他资料。钢结构检测的参数、抽样数量、抽样位置、检测或试验方法应具体明确且符合国家现行有关钢结构检测与鉴定标准及规程的规定，检测的数据结果、图表、曲线应真实、准确，不得随意修改或增加检测数据；钢结构鉴定的计算模型，应根据实际检测结果建立，且与结构的实际构造符合。钢结构的可靠性应根据鉴定验算结果按照国家现行有关钢结构检测与鉴定标准及规程的规定进行评定。钢结构鉴定报告的鉴定结论应明确、具体、简洁、易懂，鉴定建议应适当，不宜提出与结构工程科学或技术无关的建议。

二、钢结构检测鉴定报告的内容及格式

参考我国现行有关钢结构检测鉴定标准、规程等技术文件，本节以下给出钢结构检测鉴定报告的格式及内容，供钢结构检测鉴定单位参考使用。

1. 报告的封面

包括：报告的名称、委托单位、工程名称、检测项目、检测单位以及日期。

2. 报告的目录

应根据报告的内容及其编号按顺序列出。主要包括：委托单位基本情况、工程概况、检测鉴定的目的、范围及主要技术依据、检测结果与分析、鉴定计算分析、检测与鉴定结论及建议、检测单位及主要检测负责人、附录。

报告的内容

1）委托单位基本情况

包括：委托单位名称、委托单位地址、委托单位联系电话、工程名称、工程地址。

2）工程概况

对被检测鉴定建（构）筑物及钢结构的具体描述或说明，特别要说明被检测鉴定的区域或部位及其现状。

3）检测鉴定的目的、范围及主要技术依据

包括：检测的范围、检测的参数或内容、鉴定的目的、检测与鉴定的技术依据。

技术依据既包括相应的现行技术规范、标准、规程，也包括原建（构）筑物的设计、施工、维护、改造等技术文件或资料。

4）检测结果与分析

首先，根据检测内容，详细给出检测参数及其抽样数量、位置，说明所采用的检测仪器及检测方法。然后，详细给出个检测参数的详细检测结果，若在检测过程中出现特殊问题或现象，也应进行说明或分析。

5）鉴定计算分析

根据检测得到的数据结果，结合原结构的设计、施工、维护、改造等技术文件或资料，建立结构鉴定计算模型进行分析计算，按国家现行钢结构鉴定标准或规程验算评定钢结构的可靠性中的安全性、使用性，同时，根据钢结构防护现状，评定钢结构的耐久性。

6）检测与鉴定结论及建议

根据检测结果及鉴定验算数据结果，提出准确合理的检测鉴定结论，并针对钢结构的后续维护或处理提出合理可行的建议。

7）检测单位及主要检测负责人

说明执行检测鉴定工作的检测单位及主要检测负责人，包括：检测单位、单位负责人、技术负责人、项目负责人、报告审核人、报告编写人、主要参加人。

8）附录

为了减小报告正文的篇幅，使报告正文简洁明确，可将报告中用到的计算公式、计算及/或试验的数据表格、计算及/或试验的曲线、建筑或结构设计简图、检测照片等分类在附录中给出。附录的数量根据内容确定，附录的顺序根据正文中的引用顺序确定。

如果关于钢结构的检测鉴定工作只涉及检测、不包括鉴定，则在以上报告格式中只需给出有关钢结构检测的数据报告，同时也不再提供鉴定结论及建议。

三、钢结构检测鉴定报告的确认与验收

钢结构检测鉴定报告经检测鉴定技术人员编制完成后，应由专门的技术负责人员进行审查，审查内容包括：报告内容是否完整或超出报告应涉及的范围；报告章节顺序是否合理、正确；报告描述用词是否合适、正确（是否有非技术的感情用词）；报告格式是否符合标准或规范规定的格式要求；报告的结论是否明确、易懂、恰当、合适，且不涉及政策、法规等方面的内容，且未超出鉴定工作范围；报告的建议是否仅包含技术内容且具体可行。检测鉴定报告在审查并修改完成后，应经检测鉴定单位的主管人员确认，然后才能出具正式的检测鉴定报告。

钢结构检测鉴定委托单位在收到鉴定单位提交的钢结构检测鉴定报告后，应根据委托合同对检测鉴定报告进行验收。首先，检查检测鉴定报告的内容及范围是否与委托合同规定的内容及范围相符，然后，根据国家或地方现行的有关钢结构的检测与鉴定标准的要求，检查报告是否符合相关规定，最后，在检查符合相关要求后，向检测鉴定单位提供确认单。

19.4　钢结构的加固设计

19.4.1　一般规定

一、加固的原因、原则与方法

1. 钢结构加固原因

当结构的强度、刚度及稳定性不满足使用要求时，则应进行加固。钢结构一般可通过焊接、高强度螺栓或栓焊连接进行加固，因而是一种便于加固的结构。引起加固的原因一般有下列几种：

（1）使用条件的变化。如使用功能改变、生产设备更新、工艺流程变革或生产规模的扩大等，对原有结构提出了新的功能要求，这些改变引起了建筑结构的布置和受力状况发生变化。

（2）荷载增加。如厂房内吊车起重量加大，无吊车厂房增加吊车，屋面增设保温层等。

（3）意外损伤。如战争、爆炸破坏，自然灾害（如地震、风、雪）等引起的损害。

（4）设计考虑不周或设计错误，以及由于施工质量事故造成的各种缺陷。如设计荷载取值偏差或荷载漏项；焊缝长度不足或焊接缺陷；桁架杆件重心未交汇于一点所产生的附加弯矩引起杆件承载力不足等；使用的钢材质量不符合要求等。

（5）规范标准的提高。随着社会的发展，建筑结构设计标准（特别是抗震标准）也在逐渐提高，以前的结构许多不能满足现行设计标准的要求，从保障生命财产安全的角度出发，相当数量的建筑结构需要加固（特别是抗震加固）。

（6）结构经过长期使用，出现不同程度的锈蚀、磨损以及操作不正常等造成结构缺陷，使结构构件截面削弱致承载力不足等。

（7）年久失修，目前仍需要继续使用等。

2. 钢结构加固原则

（1）钢结构加固设计，应做到技术可靠、经济适用、施工简便、确保质量以及便于维护。当钢结构经可靠性鉴定不满足要求时，就需要进行加固。加固时，应根据可靠性鉴定所评定的等级和结论，以及委托方提出的要求，由专业技术人员进行加固设计。

(2) 钢结构加固设计，应充分考虑在加固施工过程中和加固完成后，对原有结构的不利影响，避免出现结构刚度突变和因加固出现新的薄弱部位。应以不损伤原结构为原则，对于承载力满足国家现行规范要求的构件应尽量保留，避免不必要的拆除或更换。加固设计应选择合理的结构体系，要有明确的传力路线和计算简图。对结构加固或更换时的实际情况进行验算，以确定原结构是否可继续使用。对原钢结构在使用过程中出现的主要变形、损伤或破坏，在加固设计中应提出有效的防治策略或建议。

(3) 加固后钢结构的安全等级，应根据加固后结构破坏后果的严重程度、结构的重要性和下一个使用期的具体要求按照《工程结构可靠性设计统一标准》GB 50153 确定，对于已经使用多年的老建筑物及特殊的建筑物，加固后的安全等级由委托方和设计单位根据建（构）筑物实际情况确定。

(4) 钢结构加固设计应与实际施工方法紧密结合，充分考虑现场条件对施工方法、加固效果和施工工期的影响，并应采取有效措施，保证新增截面、杆件和原结构连接可靠，形成整体共同工作，应避免对未加固的部分或杆件造成不利的影响。钢结构加固设计说明应对结构加固施工过程验算提出要求，以保证施工过程安全以及钢结构加固施工终态的结构内力和变形与加固设计要求基本一致。尽可能采用不停产加固。

在结构施工过程中，若发现原结构或相关工程隐蔽部位有未预计的损伤或严重缺陷时，应立即停止施工，并会同加固设计单位采取有效措施进行处理后再继续施工。对于加固时可能出现倾斜、失稳或倒塌等不安全因素的钢结构，在加固施工前，应采取相应的临时安全措施，以防止事故的发生。

根据检测鉴定结果，依据构件对可靠性的影响程度，鉴定结论将加固内容分为首要加固项目和次要加固项目。当现场条件不允许加固首要项目时，不应对与其相关的次要加固项目进行加固，若先加固与其相关的次要项目，势必会导致更不利的后果发生，必须予以避免。

(5) 当有条件时，在加固施工前应尽可能卸除作用于结构上的荷载并采取可靠的安全防护措施。

(6) 对于结构变形超过规范规定的限值，但不影响正常使用时，可不进行加固；对于杆件长细比超过规范限值，但其变形和承载力仍满足要求者，也可不进行加固。

(7) 对于寒冷地区，加固时应按照现行国家标准《钢结构设计标准》GB 50017 第16.4 节进行防脆断设计和施工。

(8) 对于使用期间处于高温区域的结构，应按照现行国家标准《钢结构设计标准》GB 50017 第 18.3 节进行隔热设计和施工；对于处于腐蚀环境的结构，应根据腐蚀后的截面进行加固设计、考虑相应地降低系数，并按照现行国家标准《钢结构设计标准》GB 50017 第 18.2 节进行防腐蚀设计和施工。

(9) 对于振动等因素造成的结构损坏，应尽可能消除或减轻振动源或采用改变结构跨度、设置支撑、改变结构截面等措施来改变结构周期，减小由共振引起的结构损伤。

3. 钢结构加固方法

钢结构的加固方法，应根据原结构的体系特点、实际工作状态和继续使用要求选择。

根据加固对象的不同，钢结构加固可分为柱子系统的加固、楼面系统的加固、屋盖系统的加固、吊车梁系统的加固、连接和节点的加固、裂纹的修复和加固等。

根据加固对象的损伤不同，钢结构的加固可分为两大类：一是整体加固，是对整个结构进行的加固；二是局部加固，根据可靠性鉴定报告的要求，针对承载能力不足的杆件和连接节点进行加固。对于仅进行局部加固的钢结构，加固设计应考虑结构的整体性及整体效应。

钢结构加固的主要方法，从设计角度来讲，可分为两大类：改变结构计算简图的加固方法和不改变结构计算简图的加固方法。不改变结构计算简图的加固方法也叫加大截面法。从施工的角度来讲，也可分为两大类：卸载加固和负荷状态下加固。

二、材料、设计指标与加固设计

1. 材料

待加固的钢结构，应对其材料质量状况进行评价：

（1）根据设计文件、钢材质量证明书、施工记录、竣工报告、可靠性鉴定报告等文档资料或样品试验报告，对于待加固钢结构的原材料性能给出评价。

（2）如果没有充足的文档资料，或者给出的数据不充分、不完全、有疑虑，或者发现有影响结构和材料性能的缺陷或损伤时，应按照国家现行有关标准进行抽样检验。

（3）对于符合现行国家标准规定的钢材，其强度设计值应按现行国家标准《钢结构设计标准》GB 50017 的规定取值，否则应按（1）和（2）确定的屈服强度数值除以抗力分项系数 γ_R 取值：$f=f_y/\gamma_R$，且抗力分项系数取 1.1。

（4）对于气相腐蚀的钢结构构件，当其截面面积损失大于 25%，或其板件剩余厚度小于 5mm 时，其材料强度设计值尚应根据腐蚀程度乘以表 19.4-1 所列相应地降低系数。对于特殊环境中腐蚀钢结构加固应专门研究确定。

（5）钢结构加固材料的选择，应按《钢结构设计标准》GB 50017 和《钢结构焊接规范》GB 50661 的规定，并在保证设计意图的前提下，便于施工，使新老截面、构件或结构能共同工作，并应注意新老材料之间的强度、塑性、韧性及焊接性能匹配，以利于充分发挥材料的性能。

腐蚀程度降低系数（CECS77）　　表 19.4-1

腐蚀程度（按 GB 50046 分类）	降低系数	腐蚀程度（按 GB 50046 分类）	降低系数	腐蚀程度（按 GB 50046 分类）	降低系数
弱腐蚀	0.90	中等腐蚀	0.85	强腐蚀	0.80

（6）加固用连接材料应符合现行《钢结构设计标准》GB 50017 的要求，并与加固件和原有构件的钢材相匹配。当加固件的钢号与原有构件的钢号不同时，连接材料应与强度较低的钢号相匹配。

（7）按增加截面的加固方法计算时，钢材强度设计值采用加固件和原有构件两个钢材强度设计值中较小者。

2. 设计指标

在负荷状态下进行加固，控制原有构件加固时的应力水平是关键。《钢结构加固技术规范》CECS77 和《钢结构检测评定及加固技术规程》YB9257 对负荷状态下的加固设计指标规定如下：

(1)《钢结构加固技术规范》CECS77 规定：焊接结构加固时，原有构件或连接的实际名义应力值应小于 $0.55f_y$，且不得考虑加固构件的塑性变形发展；非焊接钢结构加固时，其实际名义应力值应小于 $0.7f_y$。对于直接承受动力荷载的一般结构最大名义应力值不得超过 $0.4f_y$。当现有结构的名义应力值大于上述规定时，则不得在负荷状态下进行加固。

(2)《钢结构检测评定及加固技术规程》YB 9257 规定：在负荷状态下，采用焊接方法增加构件截面，应首先根据原有构件的受力、变形和偏心状况，校核其在加固施工阶段的强度和稳定性。原有构件的 β 值（$\sigma\leqslant\beta f$）满足下列要求时，方可在负荷状态下进行加固：

承受静力荷载或间接承受动力荷载的构件　　$\beta\leqslant 0.8$

承受动力荷载的构件　　$\beta\leqslant 0.4$

(3)《钢结构加固技术规范》CECS77 对负荷状态下焊接加固时的名义最大应力限值，远远小于《钢结构检测评定及加固技术规程》YB 9257 的 β 值，特别是在静力荷载作用下的限值，CECS77 显得太严格了，而《钢结构检测评定及加固技术规程》YB9257 对静力荷载作用下的加固较为贴合生产实际。

因此建议：在负荷状态下加固范围的确定，可按照《钢结构检测评定及加固技术规程》YB 9257 的规定执行。

3. 加固设计

(1) 结构经可靠性鉴定不满足要求时，就必须进行加固处理。加固的范围和内容应根据可靠性鉴定结论和加固后的使用要求，由设计单位和业主协商确定。

(2) 钢结构的加固是一项复杂的工作，不仅要有在技术上合理的加固方案，而且方案的实施尚需生产、施工、必要时还需要科研单位的配合。一个好的加固方案，不仅技术先进、经济合理、加固效果良好，还要尽可能不影响生产，方便施工。当前的加固工作多数出现在改扩建工程中，不影响生产往往成为方案中的一个主要因素，因为停产造成的损失往往是非常巨大的，其损失往往是加固费用的若干倍。

(3) 加固设计应遵守现行《钢结构设计标准》GB 50017，但对具体工程应分别情况灵活处理，如仅是构造上没有满足规范的要求，而使用中并未发生问题，强度是足够的，一般可不加固。

(4) 为尽量减少加固工作量，可采取下列措施，以充分发挥原有结构的潜力：

1) 根据实际情况确定各种荷载的代表值，如考虑临近建筑物对风荷载的影响，用吊车的实际吊重来计算吊车轮压等。

2) 设法减轻荷载取值。如改用轻质屋面材料或限制吊车小车的极限位置，甚至可考虑改造吊车，加大相邻吊车的轮距等方法来减轻荷载值。

3) 利用计算机技术，按荷载的实际分布情况及实际工作状况进行空间计算，以挖掘结构的潜力，减少加固工作量。

4) 在负荷状态下加固时，首先应尽量减轻施工荷载，减轻或卸掉活荷载，以减小原有结构构件在加固时的应力。

三、荷载与作用

1. 钢结构加固荷载取值原则

在钢结构加固设计前，应对其作用的荷载进行实地调查，其荷载取值应符合下列规定：

（1）对符合现行国家标准《建筑结构荷载规范》GB 50009 的荷载，应按规范的规定取值；

（2）对不符合《建筑结构荷载规范》GB 50009 规定或规范未做规定的荷载，如积灰荷载、管道荷载等，可根据实际情况进行抽样实测确定。抽样数应根据实际情况确定，但不少于五年，且应以其平均值乘以 1.2 系数作为该荷载的标准值；

（3）对于规范未作规定的工艺、吊车等使用荷载，应根据使用单位提供的原始资料和现场实际情况取值；

结构的实际荷载情况与原结构设计时所采用的荷载有可能有出入，不能简单地套用原设计采用的荷载。按照结构实际情况准确的确定荷载，就有可能避免对结构进行大规模的加固处理，其经济意义重大。但要有可靠的实际测量数据为依据，并且只对原有结构的验算才可以调整荷载的标准值及有关参数，对加固设计还应该偏于安全的按规范采用。

2. 加固钢结构可按下列原则进行承载能力及正常使用极限状态验算

（1）结构的计算简图应根据结构作用的荷载和实际状况确定；

（2）结构的计算截面，应充分考虑结构的损伤、缺陷、裂纹和锈蚀等影响，采用实际有效截面积进行验算。同时，尚应考虑加固部分与原构件协同工作的程度，并考虑结构在加固时的实际受力状况，以及原结构的应力超前和加固部分的应变滞后特点，对其总的承载力予以适当的折减；

（3）加固后如改变传力路线或使结构重量增大，除应验算上部结构的承载力外，尚应对建筑物地基基础进行必要的验算。

四、计算的基本规定

钢结构加固设计结构分析的计算模型，应考虑原结构加固时的实际受力状态、结构或构件已有的变形、实际荷载偏心、原结构构件材料性能退化、温度作用等的影响，使得结构或构件的设计计算模型符合其实际构造与实际受力状态。结构加固设计计算模型可为结构整体模型，也可为结构功能相对独立的子结构模型，但不能仅为包含不能独立承受荷载的局部结构构件的模型。钢结构加固设计的结构分析方法，与新结构设计的分析方法相同，但构件、连接与节点的验算及构造设计，须遵循国家现行《钢结构加固设计规范》CECS77 的规定。

1. 卸载下的补强加固

在原位置上使构件完全卸载或将构件卸下进行补强加固时，构件承载能力按补强或加固后的截面进行计算，其计算方法与新结构相同。

2. 负荷下的补强加固

在负荷状态下加固或补强时，应先根据加固时的实际荷载设计值，按强度和稳定验算原构件承载力，仅当承载力满足加固规范的要求时，才允许在负荷状态下进行加固。加固计算分别按照下列两种情况进行：

（1）补强加固后，对承受静荷载或间接承受动力荷载且整体和局部稳定有可靠保证的构件，可按原有构件和加固零部件之间产生塑性内力重分布的原则进行。其广义表达式为：

$$\frac{S}{a} \leqslant kf\varphi \tag{19.4-1}$$

式中 S——考虑荷载分项系数后的荷载效应；

a——加固后构件截面的几何特征；

φ——加固后按照整个截面计算的构件稳定系数，当强度计算时 $\varphi=1$；

f——钢材的强度设计值；

k——加固折减系数。

（2）补强加固后，对直接承受动力荷载或不符合（1）中要求的构件，应按弹性阶段进行计算，其广义表达式为：

$$\frac{S_1}{a_1} + \frac{\Delta S}{a} \leqslant f\varphi \tag{19.4-2}$$

式中 S_1——加固时作用在原结构上实际荷载所产生的荷载效应设计值；

ΔS——加固后增加的荷载效应设计值；

a_1——加固时原有构件截面的几何特征；

a——加固后构件整个截面的几何特征。

19.4.2 受弯构件的加固计算

1. 在主平面内受弯的实腹构件加固，应按下式计算其抗弯强度

（1）承受静力荷载的构件：

$$\frac{M_x}{\gamma_x W_{nx}} + \frac{M_y}{\gamma_y W_{ny}} \leqslant \eta_m f \tag{19.4-3}$$

（2）承受动力荷载的构件：

$$\frac{M_{x1}}{W_{0nx}} + \frac{(M_x - M_{x1})y_1}{I_{nx}} + \frac{M_{y1}}{W_{0ny}} + \frac{(M_y - M_{y1})x_1}{I_{ny}} \leqslant f \tag{19.4-4}$$

式中 M_x、M_y——加固后构件中绕 x 轴和 y 轴的加固前弯矩与加固后增加的弯矩之和；

M_{x1}、M_{y1}——加固过程中的实际荷载（包括施工荷载）作用下绕 x 轴和 y 轴的弯矩；

W_{nx}、W_{ny}——加固后整个构件对 x 轴和 y 轴的净截面模量；

W_{0nx}、W_{0ny}——加固前截面对 x 轴和 y 轴的净截面模量；

I_{nx}、I_{ny}——加固后整个构件对 x 轴和 y 轴的净截面惯性矩；

γ_x、γ_y——截面塑性发展系数，对Ⅰ、Ⅱ类结构取$\gamma_x=\gamma_y=1.0$；对Ⅲ、Ⅳ类结构，根据截面形状按《钢结构设计标准》GB 50017 采用；

x_1、y_1——加固后整个构件截面的形心轴沿 x 轴和 y 轴方向距原有构件最远边缘的垂直距离；

η_m——受弯构件的加固强度折减系数；对Ⅰ、Ⅱ类焊接结构取$\eta_m=0.85$；对其他结构取$\eta_m=0.9$；

f——截面中最低强度级别钢材的抗弯强度设计值。

被加固构件的设计工作条件分类见表 19.4-2。

构件的设计工作类别（CECS77）　　表 19.4-2

类别	使用条件
Ⅰ	特繁重动力荷载作用下的焊接结构
Ⅱ	除Ⅰ外直接承受动力荷载或振动荷载的结构
Ⅲ	除Ⅳ外仅承受静力荷载或间接动力荷载作用的结构
Ⅳ	受有静力荷载并允许按塑性设计的结构

2. 抗剪强度

Ⅰ、Ⅱ、Ⅲ类结构的受弯构件截面的抗剪强度 τ，组合梁腹板计算高度边缘处的局部承压强度σ_c和折算应力可分别按《钢结构设计标准》GB 50017 进行计算；按塑性设计的Ⅳ类构件，可按其第 10.3.2 条的规定计算腹板的抗剪强度，计算时钢材强度值取计算部位钢材强度设计值。

（1）承受静力荷载的构件：

$$\tau = \frac{VS}{I(t_w + t_{w1})} \leqslant \eta_m f_v \tag{19.4-5}$$

（2）承受动力荷载的构件：

$$\tau = \frac{V_1 S_0}{I_0 t_w} + \frac{(V - V_1)S}{I(t_w + t_{w1})} \leqslant f_v \tag{19.4-6}$$

式中　V——加固后构件所受的剪力；

V_1——加固过程中实际荷载（包括施工荷载）作用下的剪力；

I_0、I——加固前和加固后构件的毛截面惯性矩；

S_0、S——加固前和加固后构件在计算剪力处以上毛截面对中和轴的面积矩；

t_w——加固前原有构件腹板的厚度；

t_{w1}——加固后构件腹板增加的厚度；

f_v——钢材的抗剪强度设计值。

3. 局部承压强度

当梁上翼缘受有沿腹板平面作用的集中荷载、且该荷载处又未设置支承加劲肋时，腹板计算高度上边缘的局部承压强度应按下式计算：

$$\sigma_c = \frac{\psi F}{t_w l_z} \leqslant f \tag{19.4-7}$$

式中　F——集中荷载，对动力荷载应考虑动力系数；

ψ——集中荷载增大系数；对重级工作制吊车梁，ψ=1.35；对其他梁，ψ=1.0；

l_z——集中荷载在腹板计算高度上边缘的假定分布长度，按下式计算：

$$l_z = a + 5h_y + 2h_R \tag{19.4-8}$$

a——集中荷载沿梁跨度方向的支承长度，对钢轨上的轮压可取 50mm；

h_y——自梁顶面至腹板计算高度上边缘的距离；

h_R——轨道的高度，对梁顶无轨道的梁h_R=0 ；

f——钢材的抗压强度设计值。

在梁的支座处，当不设置支承加劲肋时，也应按公式（19.4-7）计算腹板计算高度下边缘的局部应力，但 ψ=1.0。支座集中反力的假定分布长度，应根据支座具体尺寸参照公式（19.4-7）计算。

4. 折算应力

在组合梁的腹板计算高度边缘处，若同时受有较大的正应力、剪应力和局部压应力，或同时受有较大的正应力和剪应力（如连续梁中部支座处或梁的翼缘截面改变处等）时，其折算应力应按下式计算：

$$\sqrt{\sigma^2+\sigma_c^2-\sigma\sigma_c+3\tau^2}\leqslant\beta_1 f \tag{19.4-9}$$

式中 σ、τ、σ_c——腹板计算高度边缘同一点上同时产生的正应力、剪应力和局部压应力，τ 和 σ_c 应按公式（19.4-5 或 19.4-6）和公式（19.4-7）计算，σ 应按下式计算：

$$\sigma=\frac{M}{I_n}y_1 \tag{19.4-10}$$

σ 和 σ_c 以拉应力为正值，压应力为负值；

I_n——梁净截面惯性矩；

y_1——所计算点至梁中和轴的距离；

β_1——计算折算应力的强度设计值增大系数；当 σ 与 σ_c 异号时，取 $\beta_1=1.2$；当 σ 与 σ_c 同号或 $\sigma_c=0$ 时，取 $\beta_1=1.1$。

5. 在主平面内受弯的实腹加固构件的稳定性

（1）在最大刚度主平面内受弯的实腹加固构件，当符合下列情况之一时，可不计算梁的整体稳定性：

1）有铺板（各种钢筋混凝土板和钢板）密铺在梁的受压翼缘上并与其牢固连接、能阻止梁受压翼缘的侧向位移时。

2）H 型钢或等截面工字形简支梁受压翼缘的自由长度 l_1 与其宽度 b_1 之比不超过表 19.4-3所规定的数值时。

H 型钢或等截面工字形简支梁不需计算整体稳定的最大 l_1/b_1 值 **表 19.4-3**

钢号	跨中无侧向支承点的梁		跨中受压翼缘有侧向支承点的梁，不论荷载作用于何处
	荷载作用在上翼缘	荷载作用在下翼缘	
Q235	13.0	20.0	16.0
Q345	10.5	16.5	13.0
Q390	10.0	15.5	12.5
Q420	9.5	15.0	12.0

注：其他钢号的梁不需要计算整体稳定性的最大 l_1/b_1 值，应取 Q235 钢的数值乘以 $\sqrt{\frac{235}{f_y}}$。对跨中无侧向支承点的梁，l_1 为其跨度；对跨中有侧向支承点的梁，l_1 为受压翼缘侧向支承点间的距离（梁的支座处视为有侧向支承）。

（2）在最大刚度主平面内受弯的实腹加固构件，当不满足（1）时，其整体稳定性按下列公式计算：

1）承受静力荷载的构件：

$$\frac{M_x}{\varphi_b W_x}+\frac{M_y}{W_y}\leqslant\eta_m f^* \tag{19.4-11}$$

2）承受动力荷载的构件：

$$\frac{M_{x1}}{\varphi_{0b}W_{0x}}+\frac{M_x-M_{x1}}{\varphi_b W_x}+\frac{M_{y1}}{W_{0y}}+\frac{M_y-M_{y1}}{W_y}\leqslant f^* \tag{19.4-12}$$

式中　φ_{0b}——加固前按原有构件截面确定的整体稳定系数，对工字形和T形截面可按《钢结构设计标准》GB 50017确定，对箱形截面可取1.4；

φ_b——加固后按整个构件截面确定的整体稳定系数；

f^*——钢材换算强度设计值，按下列规定采用。

加固构件整体稳定计算时，钢材换算强度设计值可按下列规定采用：

当$f_0\leqslant f_s\leqslant 1.15f_0$时，取$f^*=f_0$；

当$1.15f_0<f_s$时，按式（19.4-13）计算确定：

$$f^*=\sqrt{\frac{(A_s f_s+A_0 f_0)(I_s f_s+I_0 f_0)}{(A_s+A_0)(I_s+I_0)}} \tag{19.4-13}$$

式中　f_0、f_s——分别为构件原来用钢材和加固用钢材的强度设计值；

A_0、A_s——分别为加固构件原有截面和加固截面的面积；

I_0、I_s——分别为加固构件原有截面和加固截面对加固后截面形心主轴的惯性矩。

19.4.3　轴心受力构件的加固计算

1. 轴心受拉或轴心受压构件的原有截面一般是对称的，若其损伤非对称性不大，可采用对称的加固形式；若其损伤非对称性较大宜采用不改变截面形心位置的加固方式，以减少附加受力影响。当采用非对称或改变形心位置的加固截面时，应按照偏心受力构件（压弯或拉弯）处理。

2. 轴心受拉和轴心受压的加固构件强度，应按照下列公式计算：

（1）承受静力荷载的构件：

$$\sigma=\frac{N}{A_n}=\frac{N}{A_{0n}+A_{1n}}\leqslant\eta_n f \tag{19.4-14}$$

摩擦型高强度螺栓连接处的强度按下式计算：

$$\sigma=\left(1-0.5\frac{n_{01}}{n_0}\right)\frac{N}{A_{0n}+A_{1n}}\leqslant f \tag{19.4-15}$$

$$\sigma=\frac{N}{A}=\frac{N}{A_0+A_1}\leqslant\eta_n f \tag{19.4-16}$$

（2）承受动力荷载的构件：

$$\sigma=\frac{N_1}{A_{0n}}+\frac{N-N_1}{A_{0n}+A_{1n}}\leqslant f \tag{19.4-17}$$

摩擦型高强度螺栓连接处的强度按下式计算：

$$\sigma=\left(1-0.5\frac{n_{01}}{n_0}\right)\frac{N_1}{A_{0n}}+\left(1-0.5\frac{n_1}{n}\right)\frac{N-N_1}{A_{0n}+A_{1n}}\leqslant f \tag{19.4-18}$$

$$\sigma=\frac{N_1}{A_0}+\frac{N-N_1}{A_0+A_1}\leqslant f \tag{19.4-19}$$

式中　N——加固后构件所承受的轴心力；

N_1——加固过程中实际荷载（包括施工荷载）作用下的轴心力；

A_0、A_{0n}——加固前构件原有毛截面和净截面面积；

A_1、A_{1n}——加固时增加构件的毛截面和净截面面积；

n_0、n——加固前和加固后在拼接处或节点处构件一端连接的高强度螺栓数目；

n_{01}、n_1——加固前和加固后所计算截面（最外列螺栓处）高强度螺栓数目；

f——截面中最低强度级别钢材的强度设计值；

η_n——轴心受力加固构件的强度降低系数。对非焊接加固的轴心受力或焊接加固的轴心受拉Ⅰ、Ⅱ类构件取$\eta_n=0.85$；Ⅲ、Ⅳ类构件取$\eta_n=0.9$。对焊接加固的受压构件按公式（19.4-20）取值。

$$\eta_n = 0.85 - 0.23\frac{\sigma_0}{f_y} \tag{19.4-20}$$

式中 σ_0——构件未加固时的名义应力。

f_y——原构件钢材的屈服强度标准值。

当采用非对称或形心位置改变的截面加固时，应按本节拉弯、压弯构件的相关公式计算。

3. 轴心受压的加固构件稳定性计算

实腹式轴心受压构件，当无初弯曲和损伤且对称或形心位置不改变加固截面时，其稳定性按下列公式验算：

（1）承受静力荷载的构件：

$$\sigma = \frac{N}{\varphi A} \leqslant \eta_n f^* \tag{19.4-21}$$

式中 N——加固时和加固后构件所承受的轴心压力；

φ——轴心受压构件稳定系数，按《钢结构设计标准》GB 50017 附录表格查取，或按其表后所附公式计算，计算时取$f_y=1.1f^*$；

A——加固后构件的截面面积；

η_n——轴心受力加固构件的强度降低系数；

f^*——钢材换算强度设计值，按19.4.2节规定采用。

（2）承受动力荷载的构件：

$$\sigma = \frac{N}{\varphi_0 A_0} + \frac{N - N_1}{\varphi(A_0 + A_1)} \leqslant f^* \tag{19.4-22}$$

式中 φ_0——加固前轴心受压构件的稳定系数；

φ——加固后整个截面的轴心受压构件的稳定系数。

当轴心受压构件有初始弯曲等损伤或非对称或形心位置改变的加固截面引起附加偏心时，应按实腹式压弯构件计算其稳定性。

加固格构式轴心受压构件，当无初始弯曲且对称加固截面时，可按本节计算其强度，按式（19.4-21）或（19.4-22）计算其稳定性，但对虚轴的长细比应按《钢结构设计标准》GB 50017 规定取用换算长细比。当构件有初始弯曲损伤或非对称加固截面引起的附加偏心时，应根据损伤和附加偏心的实际情况，按格构式压弯构件来考虑加固。

19.4.4 拉弯、压弯构件的加固计算

1. 拉弯和压弯构件的截面加固应根据原构件的截面特性，受力性质和初始几何变形状况，综合考虑选择适当的加固截面形式，其截面强度应按下列规定计算：

（1）受静力荷载的构件：

$$\frac{N}{A_{0n}+A_{1n}} \pm \frac{M_x + N\omega_{Tx}}{\gamma_x W_{nx}} \pm \frac{M_y + N\omega_{Ty}}{\gamma_y W_{ny}} \leqslant \eta_{EM} f \tag{19.4-23}$$

（2）承受动力荷载的构件：

$$\left(\frac{N_1}{A_{0n}} \pm \frac{M_{x1}}{W_{0nx}} \pm \frac{M_{y1}}{W_{0ny}}\right) + \left(\frac{N-N_1}{A_{0n}+A_{1n}} + \frac{M_x - M_{x1}}{W_{nx}} + \frac{M_y - M_{y1}}{W_{ny}}\right) \leqslant f \tag{19.4-24}$$

式中　N——加固后构件所承受的轴心力；

N_1——加固过程中实际荷载（包括施工荷载）作用下的轴心力；

M_x、M_y——加固后构件中绕 x 轴和 y 轴的弯矩；

M_{x1}、M_{y1}——加固过程中的实际荷载（包括施工荷载）作用下绕 x 轴和 y 轴的弯矩；

W_{nx}、W_{ny}——加固后整个构件对 x 轴和 y 轴的净截面模量；

W_{0nx}、W_{0ny}——加固前截面对 x 轴和 y 轴的净截面模量；

A_{0n}——加固前构件原有净截面面积；

A_{1n}——加固时增加构件的净截面面积；

ω_{Tx}、ω_{Ty}——构件对 x 轴和 y 轴的总挠度，按公式（19.4-39）计算；

γ_x、γ_y——塑性发展系数，对Ⅰ、Ⅱ类结构构件，取$\gamma_x=\gamma_y=1.0$；对Ⅲ、Ⅳ类结构构件按《钢结构设计标准》GB 50017 采用；

η_{EM}——拉弯和压弯加固构件的强度降低系数；对Ⅰ、Ⅱ类结构构件取$\eta_{EM}=0.85$；Ⅲ、Ⅳ类结构构件取$\eta_{EM}=0.9$；当$\frac{N}{A_{0n}+A_{1n}} \geqslant 0.55 f_y$时，取$\eta_{EM}=\eta_n$（$\eta_n$见 19.4.3 节第 2 条）；

f——截面中最低强度级别钢材的抗弯强度设计值。

关于是否在计算中考虑ω_{Tx}和ω_{Ty}的影响，说明如下：

1）在《钢结构检测评定及加固技术规程》YB 9257 中，并未考虑加固构件的总挠度ω_{Tx}对构件强度的影响。

2）通过本节〔例 19.4-1〕计算可知：加固构件的总挠度ω_{Tx}对截面强度的影响为6%，可以说影响不是很大。

结论：在《钢结构加固技术规范》CECS77 中，加固构件的总挠度ω_T的计算非常繁琐，考虑到其对构件的影响也不是很大。因此，建议在实际的工程设计中，可以按照《钢结构检测评定及加固技术规程》YB 9257 的规定，在计算中可以不考虑ω_T（在公式 19.4-23～19.4-36 中的ω_x、ω_y、ω_{Tx}、ω_{Ty}）的影响，但应在计算结果中留出约 5%～10%的富裕度以考虑ω_T的影响。

也就是说，在计算时可不考虑加固构件的总挠度影响，而将计算结果增加 5%～10%以考虑其影响。

2. 加固实腹式压弯构件，弯矩作用在对称轴平面内（绕 x 轴）的稳定性，应按下列规定计算：

（1）在弯矩作用平面内的稳定性计算

1）承受静力荷载的构件：

$$\frac{N}{\varphi_x (A_0 + A_1)} + \frac{\beta_{mx} M_x + N\omega_x}{\gamma_x W_{1x}(1-0.8N/N_{Ex})} \leqslant \eta_{EM} f^* \tag{19.4-25}$$

式中 N——所计算构件段范围内的轴心压力；

φ_x——加固后整个构件在弯矩作用平面内轴心受压构件稳定系数；

β_{mx}——等效弯矩系数，按《钢结构设计标准》GB 50017 取用；

M_x——加固后所计算的构件段范围内的最大弯矩；

W_{1x}——加固后整个构件截面在弯矩作用平面内较大受压纤维毛截面模量；

N_{Ex}——加固后整个截面的欧拉临界力，按公式（19.4-26）计算：

$$N_{Ex}=\pi^2 E(A_0+A_1)/\lambda_x^2 \tag{19.4-26}$$

λ_x——加固后整个截面对 x 轴的长细比；

A_1——加固时构件增加的截面面积；

ω_x——构件对 x 轴的初始挠度ω_0及焊接加固残余挠度ω_w之和，ω_w按公式（19.4-40）计算；

f^*——钢材换算强度设计值，按 19.4.2 节规定采用。

对于轧制或组合成的 T 形和槽形单轴对称截面如图 19.4-1，当弯矩作用在对称轴平面内且使较大受压翼缘受压时，除按公式（19.4-25）计算外，尚应按下式补充计算：

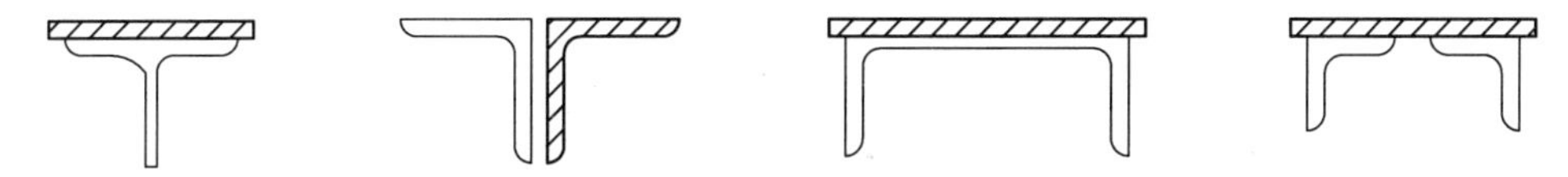

图 19.4-1 加固后的单轴对称截面

$$\left|\frac{N}{A_0+A_1}+\frac{\beta_{mx}M_x+N\omega_x}{\gamma_x W_{2x}(1-1.25N/N_{Ex})}\right|\leqslant\eta_{EM}f^* \tag{19.4-27}$$

式中 W_{2x}——加固后构件在弯矩作用平面内，对较小翼缘的毛截面模量。

2）承受动力荷载的构件：

$$\frac{N_1}{\varphi_{0x}A_0}+\frac{\beta_{mx}M_{x1}}{W_{01x}(1-0.8N_1/N_{0Ex})}+\frac{N-N_1}{\varphi_x(A_0+A_1)}+\frac{\beta_{mx}(M_x-M_{x1})}{W_{1x}(1-0.8(N-N_1)/N_{Ex})}\leqslant f^* \tag{19.4-28}$$

式中 φ_{0x}——加固前原有构件在弯矩作用平面内轴心受压构件稳定系数；

W_{01x}——加固前原有构件截面在弯矩作用平面内较大受压纤维毛截面模量；

A_0——加固前构件原有毛截面面积；

A_1——加固时增加构件的毛截面面积；

N_{0Ex}——加固前原有构件截面的欧拉临界力，按公式（19.3-39）计算：

$$N_{0Ex}=\pi^2 EA_0/\lambda_{0x}^2 \tag{19.4-29}$$

λ_{0x}——加固前原有构件对 x 轴的长细比；

对于轧制或组合成的 T 形和槽形单轴对称截面如图 19.4-1，当弯矩作用在对称轴平面且使较大受压翼缘受压时，除按公式（19.4-28）计算外，尚应按下式补充计算：

$$\left|\frac{N_1}{A_0}+\frac{\beta_{mx}M_{x1}}{W_{02x}(1-1.25N_1/N_{0Ex})}+\frac{N-N_1}{A_0+A_1}+\frac{\beta_{mx}(M_x-M_{x1})}{W_{2x}(1-1.25(N-N_1)/N_{Ex})}\right|\leqslant f^* \tag{19.4-30}$$

式中 W_{02x}——加固前原有构件截面在弯矩作用平面内对较小翼缘的毛截面模量。

（2）在弯矩作用平面外的稳定性计算

1）承受静力荷载的构件：

$$\frac{N}{\varphi_{y}(A_{0}+A_{1})}+\eta\frac{M_{x}+N\omega_{x}}{\varphi_{b}W_{1x}}\leqslant\eta_{EM}f^{*}\tag{19.4-31}$$

式中　φ_y——加固后截面在弯矩作用平面外的轴心受压构件稳定系数，参照19.4-22的规定采用；

φ_b——加固后构件均匀弯曲的受弯构件的整体稳定系数，对工字形和T形截面可按《钢结构设计标准》GB 50017确定；

η——截面影响系数，闭口截面 $\eta=0.7$，其他截面 $\eta=1.0$。

2）承受动力荷载的构件：

$$\frac{N_{1}}{\varphi_{0y}A_{0}}+\eta\frac{M_{x1}}{\varphi_{0b}W_{01x}}+\frac{N-N_{1}}{\varphi_{y}(A_{0}+A_{1})}+\eta\frac{M_{x}-M_{x1}}{\varphi_{b}W_{1x}}\leqslant f^{*}\tag{19.4-32}$$

式中　φ_{0y}——加固前原有构件截面在弯矩作用平面外轴心受压构件稳定系数；

φ_{0b}——加固前构件均匀弯曲的受弯构件的整体稳定系数，对工字形和T形截面可按《钢结构设计标准》GB 50017确定；

3. 弯矩绕虚轴作用的格构式压弯构件的稳定性计算

仅有弯矩绕虚轴（x轴）作用的格构式压弯构件的稳定性，在静力荷载作用下，弯矩作用平面内的整体稳定应按下列公式计算。

（1）按格构式构件的整体计算

$$\frac{N}{\varphi_{x}(A_{0}+A_{1})}+\frac{\beta_{mx}M_{x}+N\omega_{x}}{W_{1x}(1-\varphi_{x}N/N_{Ex})}\leqslant\eta_{EM}f^{*}\tag{19.4-33}$$

式中　W_{1x}——压力较大分肢边缘的截面模量，$W_{1x}=I_x/y_0$；

I_x——加固后的截面对x轴的毛截面惯性矩；

y_0——由x轴到压力较大分肢的轴线距离或者到压力较大分肢腹板边缘的距离，二者取较大值；

φ_x——按格构式构件的换算长细比确定的轴心受压构件稳定系数；

N_{Ex}——按格构式构件的换算长细比确定的构件对x轴的欧拉临界力。

（2）按格构式构件的分肢计算

弯矩作用平面外的稳定性可不计算，但应计算分肢的稳定性。分肢的轴力可按桁架计算，将分肢作为桁架的弦杆，并考虑附加偏心，计算出在N和M_x作用下的轴心力，然后将加固后的分肢按轴心受压构件计算其稳定性。计算中应考虑加固折减系数0.9。对于用缀板连接的格构式构件，尚应考虑由剪力引起的局部弯矩。

4. 弯矩绕实轴作用的格构式压弯构件的稳定性计算

仅有弯矩绕实轴作用，且无弯矩作用平面外的初始弯曲损伤、附加偏心的格构式压弯构件，其弯矩作用平面内和平面外的稳定性计算均与加固的实腹式压弯构件的相同，但在计算弯矩作用平面外的稳定性时，长细比应取换算长细比且φ_b取1.0。

5. 弯矩作用在两个主平面的实腹式压弯构件的稳定性计算

弯矩作用在两个主平面的双轴对称加固实腹式工字形和箱形截面压弯构件，其稳定性可按下列公式计算：

$$\frac{N}{\varphi_x A}+\frac{\beta_{mx}M_x+N\omega_x}{\gamma_x W_{1x}(1-0.8N/N_{Ex})}+\frac{\beta_{ty}M_y+N\omega_y}{\varphi_{by}W_{1y}}\leqslant\eta_{EM}f^* \tag{19.4-34}$$

$$\frac{N}{\varphi_y A}+\frac{\beta_{my}M_y+N\omega_{xy}}{\gamma_y W_{1y}(1-0.8N/N_{Ey})}+\frac{\beta_{tx}M_x+N\omega_x}{\varphi_{bx}W_{1x}}\leqslant\eta_{EM}f^* \tag{19.4-35}$$

式中 φ_x、φ_y——对强轴和弱轴的轴心受压构件稳定系数，参照 19.4-22 的规定采用；

φ_{bx}、φ_{by}——均匀弯曲的受弯构件整体稳定系数；对箱形截面取$\varphi_{bx}=\varphi_{by}=1.4$；对工字形截面，取$\varphi_{by}=1.0$，$\varphi_{bx}$可按《钢结构设计标准》GB 50017 规定计算，计算时取$f_y=1.1f^*$；

M_x、M_y——所计算构件段范围内的对强轴和弱轴的最大弯矩；

N_{Ex}、N_{Ey}——构件分别对 x 轴和 y 轴的欧拉临界力；

ω_x——构件对 x 轴的初始挠度ω_{0x}及焊接加固残余挠度ω_{wx}之和；

ω_y——构件对 y 轴的初始挠度ω_{0y}及焊接加固残余挠度ω_{wy}之和；

W_{1x}、W_{1y}——对强轴和弱轴的毛截面模量；

β_{mx}、β_{my}——等效弯矩系数，按《钢结构设计标准》GB 50017 取用；

β_{tx}、β_{ty}——等效弯矩系数，按《钢结构设计标准》GB 50017 取用；

f^*——钢材换算强度设计值，按公式（19.3-21）采用。

6. 弯矩作用在两个主平面的格构式压弯构件的稳定性计算

弯矩作用在两个主平面和有双向初弯曲和附加偏心的双肢格构式压弯构件的加固，其稳定性按以下规定计算：

（1）按格构式构件的整体计算

$$\frac{N}{\varphi_x A}+\frac{\beta_{mx}M_x+N\omega_x}{W_{1x}(1-\varphi_x N/N_{Ex})}+\frac{\beta_{ty}M_y+N\omega_y}{W_{1y}}\leqslant\eta_{EM}f^* \tag{19.4-36}$$

式中 φ_x——按格构式构件的换算长细比确定的轴心受压构件稳定系数；

N_{Ex}——按格构式构件的换算长细比确定的构件对 x 轴的欧拉临界力；

其他符号同公式（19.4-34）。

（2）按格构式构件的分肢计算

在 N 和M_y作用下，将分肢作为桁架弦杆计算其轴心力，M_y可按公式（19.4-37）和公式（19.4-38），分配给两肢如图 19.4-2，然后按实腹式压弯构件规定计算分肢的稳定性。

分肢 1：

$$M_{y1}=\frac{\frac{I_1}{y_1}}{\frac{I_1}{y_1}+\frac{I_2}{y_2}}M_y \tag{19.4-37}$$

分肢 2：

$$M_{y2}=\frac{\frac{I_2}{y_2}}{\frac{I_1}{y_1}+\frac{I_2}{y_2}}M_y \tag{19.4-38}$$

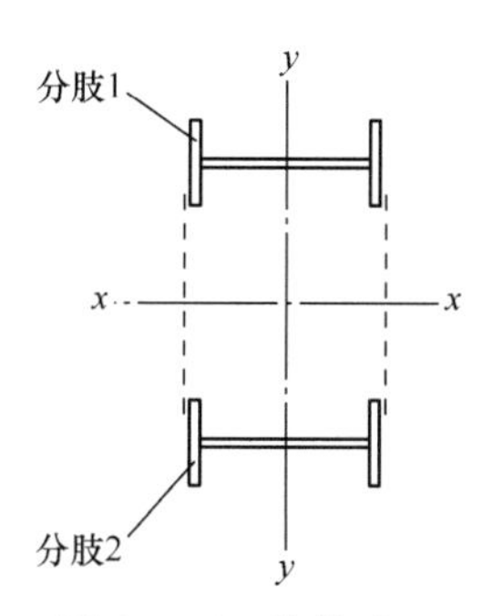

图 19.4-2 格构式构件截面

式中 I_1、I_2——分肢 1、分肢 2 对 y 轴的惯性矩；

y_1、y_2——M_y作用的主轴平面至分肢 1、分肢 2 轴线的距离。

7. 对实腹式轴心受压、压弯构件和格构式构件单肢的板件，应按《钢结构设计标准》GB 50017 第 7、8 章有关规定验算局部稳定性。

19.4.5　加固后构件挠度的计算

1. 在卸荷状态下加固时，其挠度的计算方法与新结构相同。

2. 当在负荷状态下加固时，所加固构件的总挠度ω_T，一般可按下式计算确定：

$$\omega_T = \omega_0 + \omega_w + \Delta\omega \leqslant [\omega] \tag{19.4-39}$$

式中　ω_0——初始挠度，按实测资料或加固时由加固前的荷载和截面特性计算确定；

ω_w——焊接加固时的焊接残余挠度，可按公式（19.4-40）计算确定；

$\Delta\omega$——挠度增量，按加固后增加荷载标准值和已加固截面特征计算确定；

$[\omega]$——受弯构件的容许挠度，按《钢结构设计标准》GB 50017 取用。

3. 焊接残余挠度ω_w

焊接残余挠度ω_w应专门研究或近似由下式确定：

$$\omega_w = \frac{\delta h_f^2 L_s (2L_0 - L_s)}{200 I_0} \sum_{i=1}^{m} \xi_i \Psi_i y_i \tag{19.4-40}$$

式中　δ——考虑加固件间断焊缝连续性的系数，当为连续焊缝时，取$\delta = 1.0$，当为间断焊缝时，取加固焊缝实际施焊段长度与延续长度之比；

h_f——焊脚尺寸；

L_s——加固件焊缝延续总长度；

L_0——受弯构件在弯曲平面内的计算长度，简支单跨梁时取梁的跨度；

I_0——原有构件的截面惯性矩；

y_i——第 i 条加固焊缝至构件截面形心的距离；

ξ_i——与加固焊缝处结构应力水平σ_{0i}有关的系数，按表 19.4-4 取值；

与加固焊缝处结构应力水平σ_{0i}有关的系数ξ_i　　**表 19.4-4**

σ_0/f_y	0.1	0.2	0.3	0.4	0.5	0.6	0.7
ξ_i	1.25	1.50	1.75	2.00	2.50	3.00	3.50

f_y——原有构件钢材的屈服强度标准值；

Ψ_i——系数，结构构件受拉和受压区均有加固焊缝时取 1.0，仅拉或压区有加固焊缝时取 0.8，计算稳定性时取 0.7。

通过本节〔例 19.4-1〕的计算可知：焊接残余挠度ω_w仅占初始挠度的 4.5%，对截面强度的影响也仅为 0.3%，其影响完全可以忽略不计。因此，在实际工程设计中，一般可以不考虑焊接残余变形对构件的影响。

19.4.6　节点与连接的加固计算

一、一般规定

1. 连接的加固方法应根据加固的原因、目的、受力状态、构造及施工条件，并考虑原有结构的连接方法而确定。在钢结构加固工作中，连接和节点加固占有非常重要的位置，而且连接和节点的加固，是结构满足预定功能的重要保证，在加固工作中必须非常重视连接和节点的加固。

加固中的连接包括以下情况：原有构件承载能力不足而进行加固；加固件与原有构件的连接；节点加固。

2. 与新建钢结构一样，钢结构加固的连接方法，也包括焊接连接、精制螺栓和高强度螺栓连接，以及并用连接方法。所谓并用连接，就是在同一个构件的连接中使用了两种不同的连接方式，如高强螺栓与铆钉、焊缝与高强螺栓、焊缝与铆钉等都是并用连接。当各种连接在荷载作用下的变形相近时，才能保证各种连接同时达到极限状态，共同承担荷载。

3. 加固连接方式的选择，既不能破坏原有结构的功能，又能参与共同工作的要求。在钢结构的连接中，精制螺栓连接的刚度最小，焊接连接的刚度最大，整体性最好，高强度螺栓连接介于这两者之间。由于结构加固时的各种限制，采用何种连接方式需要慎重考虑：由于施工繁琐，铆钉连接目前已经被淘汰，不宜再使用，对于铆钉连接结构的加固，可以采用高强度螺栓连接的方式；钢结构加固中最常用的是焊接连接，焊接连接施工方便，加固工作量小；在焊接连接有困难时，可采用高强度螺栓连接或精制螺栓连接，不得使用粗制普通螺栓连接进行结构加固。

4. 焊接连接加固，对钢材的材料性能要求较高，在原有结构资料不全、材料性能不明确的情况下，焊接加固时必须对原有钢材取样检验，以保证其可焊性。

5. 负荷状态下连接的加固，当采用焊接连接时，如沿构件横截面连接施焊，会使构件全截面金属的温度急剧升高，短时间内失去承载能力，因此不应在负荷下沿构件横截面焊接加固；当采用增加非横向焊缝长度的方法加固焊缝连接时，原有焊缝中的应力不得超过该焊缝的强度设计值。当采用摩擦型高强度螺栓加固而需要拆除原有连接、扩大或增加螺栓孔时，必须采取合理的施工工艺和安全措施，并作核算以保证结构和连接在加固负荷下具有足够的承载能力。

二、焊缝连接加固

1. 原有结构采用焊接连接的结构，应采用焊接连接加固；原有结构虽然不是焊接连接，但加固处允许采用焊接连接的，也应采用焊接连接的加固。

2. 焊接加固方式有两种：

(1) 用堆焊的方式加大焊缝高度。为确保安全，焊条直径不宜大于 4mm，每道焊缝的堆高不宜超过 2mm，后一道焊缝堆焊前应待前一道堆焊冷却到 100℃以下才能施焊，这是为了使施焊过程尽量不影响原有的焊缝强度。

(2) 加长焊缝长度。在原有节点允许增加焊缝长度时，应首先采用加长焊缝的加固连接方式。尤其在负荷状态下加固时，焊条直径宜在 4mm 以下，电流在 220A 以下，每一道焊缝高度不超过 4mm，宜逐次分层施焊，后一道焊缝应待前一道焊缝冷却到 100℃以下才能施焊。

3. 卸荷后用新焊缝对原有焊缝进行加固，可按加固后新旧焊缝共同工作考虑，按现在《钢结构设计标准》GB 50017 进行计算，但总的焊缝承载能力应予以折减。根据试验结果得知，负荷下用新焊缝对原有焊缝加固，因焊缝凝结过程中受应力作用使焊缝总承载能力受到影响，其结果为不受应力焊缝的 90%～95%。

4. 负荷状态下用堆焊增加角焊缝有效厚度的办法加固焊缝连接时，应按下式计算和限制焊缝应力：

$$\sqrt{\sigma_f^2 + \tau_f^2} \leqslant \eta_f f_f^w \tag{19.4-41}$$

式中 σ_f、τ_f——分别为角焊缝有效面积($h_e l_w$)计算的垂直于焊缝长度方向的应力和沿焊缝长度方向的剪应力；

η_f——焊缝强度影响系数，可按表19.4-5采用；

f_f^w——角焊缝的强度设计值。

焊缝强度影响系数η_f **表19.4-5**

加固焊缝总长度（mm）	≥600	300	200	100	50	≤30
η_f	1.0	0.9	0.8	0.65	0.25	0

引入焊缝强度折减系数η_f，是考虑在负荷状态下在原有焊缝上面堆焊焊脚尺寸时，由于施焊加热了原有焊缝，考虑600℃影响区域焊缝暂时退出工作，失去承载能力，致使原有焊缝的设计强度降低。η_f的取值是根据国内外试验研究结果，经计算分析后确定的。

5. 加固后直角角焊缝的强度按下列公式计算，并可考虑新增和原有焊缝的共同受力作用：

(1) 在通过焊缝形心的拉力、压力或剪力作用下：

正面角焊缝（作用力垂直于焊缝长度方向）：

$$\sigma_f = \frac{N}{h_e l_w} \leqslant f_f^w \tag{19.4-42}$$

侧面角焊缝（作用力平行于焊缝长度方向）：

$$\tau_f = \frac{N}{h_e l_w} \leqslant 0.85 f_f^w \tag{19.4-43}$$

(2) 在各种作用力的综合作用下，σ_f和τ_f共同作用处：

$$\sqrt{\sigma_f^2 + \tau_f^2} \leqslant 0.95 f_f^w \tag{19.4-44}$$

在公式（19.4-42）～公式（19.4-44）中

σ_f——按角焊缝有效截面($h_e l_w$)计算，垂直于焊缝长度方向的应力；

τ_f——按角焊缝有效截面($h_e l_w$)计算，沿焊缝长度方向的剪应力；

h_e——角焊缝的有效厚度，对于直角角焊缝等于0.7h_f，h_f为较小焊脚尺寸；

l_w——角焊缝的计算长度，对每条焊缝其实际长度减去10mm；

f_f^w——角焊缝的强度设计值，根据加固结构原有和加固用钢材强度较低的钢材，按《钢结构设计标准》GB 50017确定。

6. 在采用加长焊缝加固时，应按下式验算在加固施工阶段原有焊缝的承载力：

$$N_0 = h_e^0 (l_w - C) f_f^w \tag{19.4-45}$$

式中 N_0——补强阶段连接中的内力；

h_e^0——补强前原有角焊缝的有效厚度，对于直角角焊缝等于0.7h_f，h_f为较小焊脚尺寸；

l_w——补强阶段原有角焊缝的计算长度，对每条焊缝其实际长度减去10mm；

C——补强时，由于焊接加热而退出工作的焊缝长度，其值可根据被焊接的金属总厚度和被补强焊缝的焊脚尺寸有图19.4-3或表19.4-6查得：

$1-h_e^0=4$；$2-h_e^0=6$；$3-h_e^0=8$；$4-h_e^0=10$；$5-h_e^0=12$

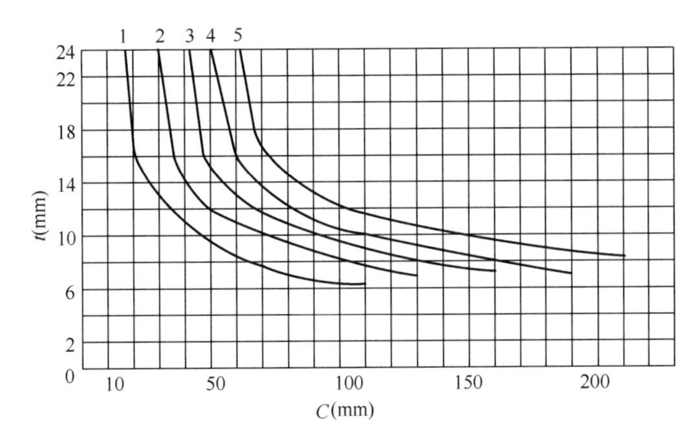

图 19.4-3 施焊加热使焊缝退出工作的长度表

施焊时退出工作的焊缝长度 **表 19.4-6**

角焊缝焊脚尺寸（mm）		被焊接零件厚度（mm）		
加固前	加固后	12+8	16+10	20+12
6	8	29	23	21
7	9	31	24	22
8	10	34	25	23

7. 当仅用增加焊缝长度、有效厚度或两者共同的办法不能满足连接加固的要求时，可采用附加连接板的办法，附加连接板可以用角焊缝与基本构件相连，也可用附加节点板与原节点板对接。不论采用何种方法，都需要进行连接的受力分析并保证连接能够承受各种可能的作用力。

8. 节点板的补强示例：

图 19.4-4 所示为节点焊缝加固的一个示例。

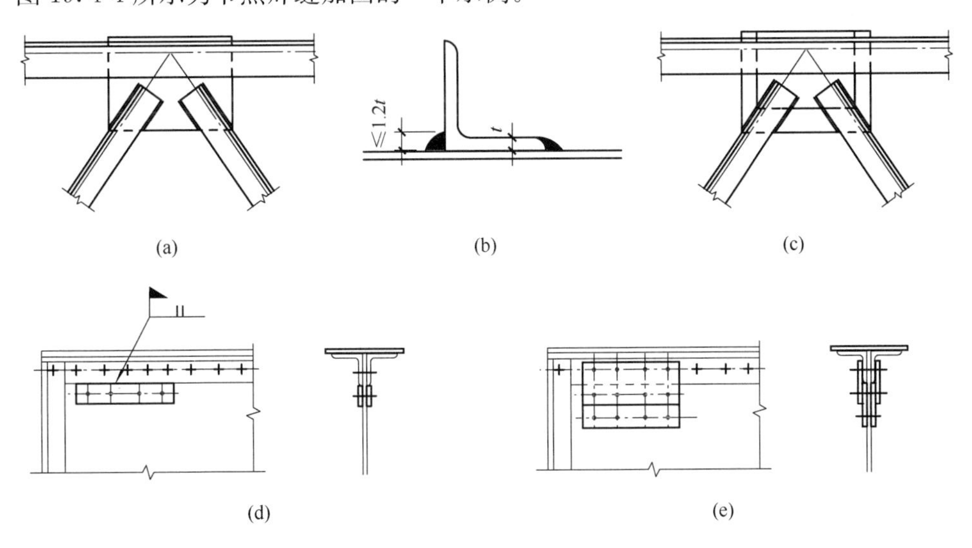

图 19.4-4 节点补强示例

腹杆只用侧焊缝连接于节点板时，可以加设端焊缝，如图 19.4-4a。如果加设端焊缝还不满足承载力时，则可以加高原有焊缝（增加焊脚尺寸），角钢肢背焊缝最多不得超过角钢厚度的 1.2 倍，如图 19.4-4b。当增大焊脚尺寸有困难时，可以按图 19.4-4c 那样在加大节点板的基础上再加长焊缝。图 19.4-4d、e 是梁翼缘铆钉的加固方法。

焊脚杆件加长角焊缝还可以借助于短斜板，如图 19.4-5 所示，这种做法比加大节点板要简单得多。当加焊短斜板时，短斜板与节点板连接焊缝的强度应为短斜板与腹杆连接焊缝强度的 1.5 倍。

在桁架中，当腹杆内力增加时，除应考虑杆件、连接的补强外，还应对节点板的强度和稳定性进行验算。若不能满足要求时，宜加固节点板或采取其他措施，以减小腹杆传给节点板的内力。当节点板自由边长度大于 $912\ t_{\mathrm{p}}/\sqrt{f_{\mathrm{y}}}$时（$t_{\mathrm{p}}$为节点板厚度），应补焊加劲肋加强节点板（图 19.4-6）。

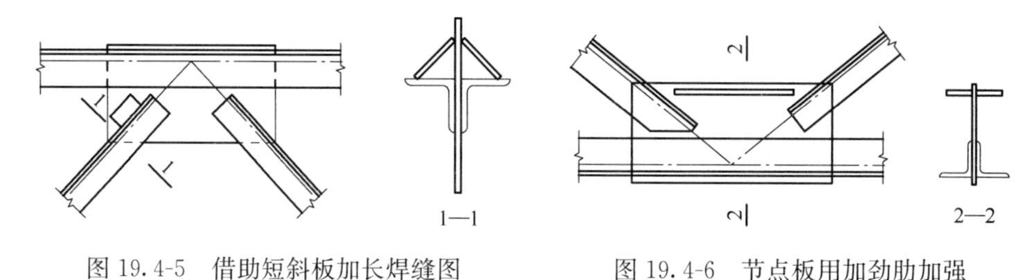

图 19.4-5　借助短斜板加长焊缝图　　　图 19.4-6　节点板用加劲肋加强

三、螺栓连接的加固

1. 在钢结构加固中，当不能用焊接连接进行加固时，可采用螺栓连接进行加固。下列情况宜采用螺栓连接加固：

（1）被加固构件原为螺栓或铆钉连接的，因螺栓松动、损坏失效或连接强度不足需要更换或新增时，应首先考虑高强度螺栓连接；

（2）螺栓连接施工较方便的场所；

（3）原有构件钢材的可焊性不满足要求。焊接连接除了要求配备有适用的焊机及合格的焊工外，最关键的是钢材必须符合可焊性要求。尤其是施工现场，由于很难实施特殊的焊接工艺要求，因此，对不符合可焊性要求的钢材，就只能用螺栓等机械式连接方式。

（4）加固过程中不允许产生变形和残余应力。焊接过程是一个不均匀的热循环过程，其结果必然在构件内产生焊接应力或焊接变形，对于要求加固过程中不产生附加焊接变形的构件，采用焊接连接的难度很大，应改用高强螺栓连接。

2. 铆接连接节点不宜采用焊接加固，因焊接的加热过程，将使焊缝附近的铆钉松动、工作性能恶化；焊接连接比铆钉连接刚度大，二者受力不协调，而且往往铆接连接的钢材可焊性较差，易产生微裂纹。铆钉连接仍可用铆钉连接加固或更换铆钉，但铆钉施工繁杂，且因新加铆钉紧压程度太强，会导致相邻完好铆钉受力性能变弱，削弱的结果，可能不得不将原有铆钉全部更换。由于铆钉连接已被淘汰，因此铆钉连接加固的最好方式是采用高强度螺栓，它不仅简化施工，而且高强度螺栓的工作性能比铆钉更加可靠，还能提高连接的刚度和疲劳强度。

3. 用高强度螺栓置换普通螺栓或铆钉时，根据其工作特性，应保证接触面的质量，孔洞附近钢材表面的污垢、油漆和锈皮等必须清理干净。此外，为使高强度螺栓顺利穿过，螺栓直径应比原孔洞小 1～3mm。当螺栓承载力不满足要求时，在满足强度和构造要求的前提下，可扩大螺栓孔径，改用更大直径的螺栓。

4. 原为螺栓连接的节点，通过增加螺栓补强，不论在卸荷状态下或在负荷状态下，节点总承载力均取原有连接承载能力与新增连接承载能力之和。也就是说，构件应按新旧两部分截面共同工作来确定螺栓数量及布置方式。

5. 采用螺栓连接加固钢构件及其节点，除验算总承载能力外，必须注意因增加螺栓数量或扩大螺栓孔径后对构件（包括节点板）净截面的削弱，应再次校核净截面强度。

6. 无论是在卸荷状态或在负荷状态下，铆接连接用高强度螺栓补强时，可考虑高强度螺栓和原有铆钉共同工作。补强后连接的承载能力按下列公式计算：

用高强度螺栓补强时：

$$N = N_{r}^{0} + N_{b}^{n} \tag{19.4-46}$$

式中 N——连接的总承载力；

N_{r}^{0}——原有铆钉的承载力；

N_{b}^{n}——新加的高强度螺栓的承载力。

7. 高强度螺栓连接的补强

用增加新的同类型高强度螺栓来补强时，应遵守螺栓连接的构造要求。补强后连接的承载能力按下式计算：

$$N = N_{b}^{0} + N_{b}^{n} \tag{19.4-47}$$

式中 N_{b}^{0}——原有高强度螺栓的承载力。

四、栓焊并用连接加固

1. 栓焊并用连接接头，如图 19.4-7，宜用于改造、加固的工程。其连接构造应符合下列规定：

（1）平行于受力方向的侧焊缝起弧点距板边不应小于 h_{f}，且与最外端的螺栓距离不小于 $1.5d_{0}$；同时侧焊缝末端应连续绕角焊缝不小于 $2h_{f}$；

（2）栓焊并用连接的连接板边缘与焊件边缘不应小于 30mm。

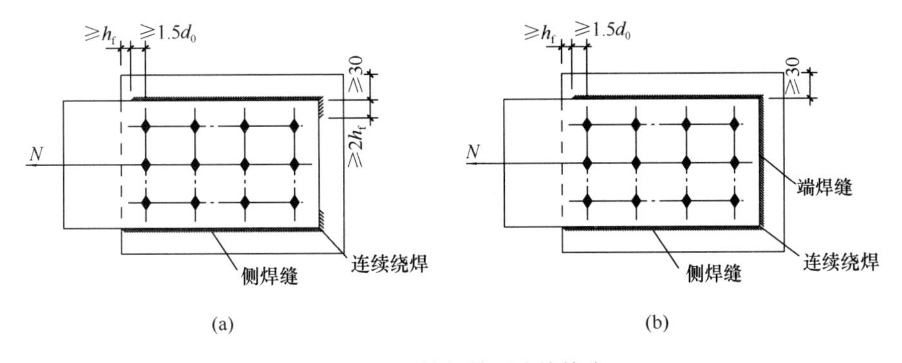

图 19.4-7 栓焊并用连接接头

（a）高强度螺栓与侧焊缝并用；（b）高强度螺栓与侧焊缝及端焊缝并用

不同形式的连接可同时用在同一构件，形成并用连接。当各种连接的变形性能相近时，并用连接可按共同工作进行计算。

2. 用焊接连接加固普通螺栓或铆钉连接时，不考虑两种连接共同工作，应按焊缝承担全部作用力进行计算，但不宜拆除原有连接件。

由于焊缝连接的刚度比普通螺栓和铆钉大得多，并用连接中焊缝达到极限状态时，普通螺栓或铆钉承担的荷载还很小，因此应按焊缝承担全部作用力考虑。

3. 用焊缝与高强度螺栓并用连接，应符合《钢结构高强度螺栓连接技术规程》JGJ 82的规定。栓焊并用连接的施工顺序应先高强度螺栓紧固，后实施焊接。焊缝形式应为贴脚焊缝。高强度螺栓的直径和焊缝尺寸应按照栓、焊各自受剪承载力设计值相差不超过3倍的要求进行匹配。若比值超过这一范围，荷载将主要由强的连接承担，较弱的连接起不到分担作用，一旦荷载超过强连接的极限承载力，两种连接会同时出现破坏，造成严重后果。

4. 栓焊并用连接的受剪承载力应分别按照下列公式计算

(1) 高强度螺栓与侧焊缝并用连接

$$N_{wb} = N_{fs} + 0.75N_{bv} \tag{19.4-48}$$

式中 N_{bv}——连接接头中摩擦型高强度螺栓受剪承载力设计值（kN）；

N_{fs}——连接接头中侧焊缝受剪承载力设计值（kN）；

N_{wb}——连接接头的栓焊并用连接受剪承载力设计值（kN）。

(2) 高强度螺栓与侧焊缝及端焊缝并用连接

$$N_{wb} = 0.85N_{fs} + N_{fe} + 0.25N_{bv} \tag{19.4-49}$$

式中 N_{fe}——连接接头中端焊缝受剪承载力设计值（kN）。

5. 在既有摩擦型高强度螺栓连接接头上新增角焊缝进行加固补强时，其栓焊并用连接应符合下列规定：

(1) 摩擦型高强度螺栓连接和角焊缝连接应分别承担加固焊接补强前的荷载和加固焊接补强后所增加的荷载；

(2) 当加固前进行结构卸载或加固补强前的荷载小于摩擦型高强度连接承载力设计值的25%时，可按上述第4条进行计算。

6. 当栓焊并用连接采用先栓后焊的施工工序时，应在焊接24h对距离焊缝100mm范围内的高强度螺栓补拧，补拧扭矩应为施工终拧扭矩值。

7. 摩擦型高强度螺栓连接不宜与垂直受力方向的贴脚焊缝（端焊缝）单独并用连接。

19.4.7 结构加固实例

一、实腹柱的加固

【例题 19.4-1】 某工程有一工字形截面实腹柱，如图19.4-8所示。原设计荷载为轴心压力设计值1150kN，跨中有一水平集中荷载设计值207.5kN，在跨中产生弯矩700kN·m。钢材采用Q235B。现由于使用条件改变，轴心压力设计值增加了1000kN，因此，需要加固该柱子截面。该柱在弯矩作用平面内的计算长度为13.5m，弯矩作用平面外有两道水平支撑，支撑间距为4.5m。

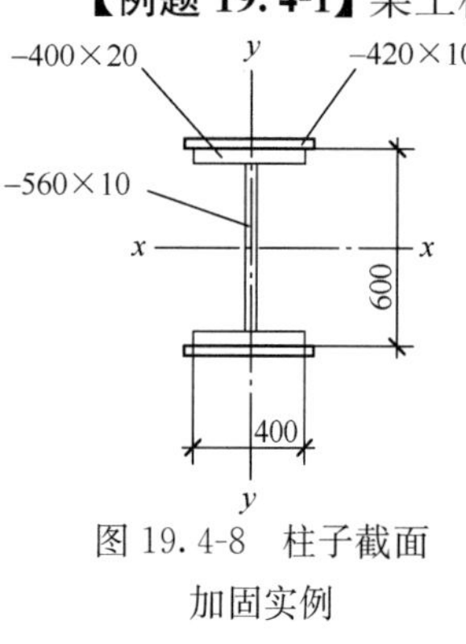

图19.4-8 柱子截面加固实例

解：

1. 最大名义应力计算

柱截面参数：$h=600$mm，$b=400$mm，$t=20$mm，$t_w=10$mm，$h_w=560$mm，$l_{0x}=13500$mm，$l_{0y}=4500$mm，$E=206$

$\times 10^3 N/mm^2$，$N_0=1150kN$，$P=207.5kN$，$M_{0x}=700kN \cdot m$，$A_{0n}=A_0=400\times 20\times 2+560\times 10=21600mm^2$

$$I_{0x}=\frac{1}{12}\times 10\times 560^3+400\times 20\times\left(\frac{600}{2}-\frac{20}{2}\right)^2\times 2=1.49\times 10^9 mm^4$$

$$I_{0y}=\frac{1}{12}\times 20\times 400^3\times 2=2.13\times 10^8\ mm^4$$

$$W_{0nx}=\frac{I_{0x}}{\frac{h}{2}}=\frac{1.49\times 10^9}{300}=4.97\times 10^6\ mm^3$$

$$W_{0ny}=\frac{I_{0y}}{\frac{b}{2}}=\frac{2.13\times 10^8}{200}=1.065\times 10^6\ mm^3$$

$$i_{0x}=\sqrt{\frac{I_{0x}}{A_{0n}}}=\sqrt{\frac{1.49\times 10^9}{21600}}=262.6mm$$

$$i_{0y}=\sqrt{\frac{I_{0y}}{A_{0n}}}=\sqrt{\frac{2.13\times 10^8}{21600}}=99.4mm$$

$$\lambda_{0x}=\frac{l_{0x}}{i_{0x}}=\frac{13500}{262.6}=51.4$$

$$\lambda_{0y}=\frac{l_{0x}}{i_{0x}}=\frac{4500}{99.4}=45.3$$

查《钢结构设计标准》GB 50017 附录 D 表 D.0.2 得

$$\varphi_{0x}=0.85$$

$$\varphi_{0y}=0.877$$

$$\alpha_{Nx}=1-\frac{N_0\lambda_{0x}^2}{\pi^2 EA_0}=1-\frac{1150000\times 51.4^2}{\pi^2\times 206\times 10^3\times 21600}=0.931$$

初始挠度ω_0，按受弯构件计算挠度，近似按两端简支考虑：

$$\omega_0=\frac{Pl_{0x}^3}{48EI_{0x}}=\frac{207.5\times 10^3\times 13500^3}{48\times 206\times 10^3\times 1.49\times 10^9}=34.65mm$$

焊接残余挠度ω_w

$$\sigma_{0max}=\frac{N_0}{A_{0n}}\pm\frac{M_{0x}+N_0\omega_{0x}}{\alpha_{Nx}W_{0nx}}$$

$$=\frac{1150\times 10^3}{21600}\pm\frac{700\times 10^6+1150\times 10^3\times 34.65}{0.931\times 4.97\times 10^6}=53.2\pm 159.9$$

$$=\begin{matrix}213.1\\-106.7\end{matrix}N/mm^2$$

该构件的工作类别为Ⅲ类，负荷下焊接加固时的名义最大应力$\sigma_{0max}\leqslant 0.8f$

$$0.8f=172N/mm^2<\sigma_{0max}=213.1N/mm^2$$

因此，不能在负荷状态下加固，加固时卸掉作用在柱中间的集中荷载，这样，柱可按轴心受压柱计算，这时，柱子的名义最大应力$\sigma_{0max}=53.2<172N/mm^2$，可以不再加支撑卸荷进行加固。

2. 加固所需钢板面积估算

采用柱翼缘增加钢板的补强方案，所需钢板面积可按新增轴力850kN初步估算：

$$A_1=\frac{N_1}{\eta_n f}=\frac{1000\times10^3}{0.9\times215}=5168\ \mathrm{mm}^2$$

由于加固验算中引入了折减系数η_n，会减小原柱截面的承载能力，所减小的承载能力也要由新补强的钢板来承受。因此，必须将初步估算的A_1扩大。至于扩大多少合适，往往需要经过多次试算确定。通过名义最大应力的计算，本例原截面的承载能力已达极限，因此，决定采用2块420mm×10mm钢板分别焊接于柱翼缘的外侧进行加固。

3. 强度验算：

（1）加固后柱截面参数：$h=620\mathrm{mm}$，$b=420\mathrm{mm}$，$t=20\mathrm{mm}$，$t_w=10\mathrm{mm}$，$h_w=560\mathrm{mm}$，$l_{0x}=13500\mathrm{mm}$，$l_{0y}=4500\mathrm{mm}$，$E=206\times10^3\ \mathrm{N/mm^2}$，$N=1150+1000=2150\mathrm{kN}$，$M_x=700\mathrm{kN\cdot m}$

$$A_n=400\times20\times2+560\times10+420\times10\times2=30000\mathrm{mm}^2$$

$$I_x=\frac{1}{12}\times10\times560^3+400\times20\times\left(\frac{600}{2}-\frac{20}{2}\right)^2\times2+420\times10\times\left(\frac{620}{2}-\frac{10}{2}\right)^2\times2$$

$$=2.27\times10^9\ \mathrm{mm}^4$$

$$I_y=\frac{1}{12}\times20\times400^3\times2+\frac{1}{12}\times10\times420^3\times2=3.36\times10^8\ \mathrm{mm}^4$$

$$W_{nx}=\frac{I_x}{\frac{h}{2}}=\frac{2.27\times10^9}{310}=7.32\times10^6\ \mathrm{mm}^3$$

$$i_x=\sqrt{\frac{I_x}{A_n}}=\sqrt{\frac{2.27\times10^9}{30000}}=275\mathrm{mm}$$

$$i_y=\sqrt{\frac{I_y}{A_n}}=\sqrt{\frac{3.36\times10^8}{30000}}=105.8\mathrm{mm}$$

$$\lambda_x=\frac{l_{0x}}{i_{0x}}=\frac{13500}{275}=49.1$$

$$\lambda_y=\frac{l_{0x}}{i_{0x}}=\frac{4500}{105.8}=42.5$$

查《钢结构设计标准》GB 50017附录D表D.0.2得

$$\varphi_x=0.861$$

$$\varphi_y=0.889$$

（2）加固构件的总挠度计算：

按受弯构件计算挠度，近似按两端简支考虑：

初始挠度ω_0

$$\omega_0=\frac{Pl_{0x}^3}{48EI_{0x}}=\frac{207.5\times10^3\times13500^3}{48\times206\times10^3\times1.49\times10^9}=34.65\mathrm{mm}$$

焊接残余挠度ω_w

$$\omega_w=\frac{\delta h_f^2 L_s(2L_0-L_s)}{200I_0}\sum_{i=1}^{m}\xi_i\Psi_i y_i$$

加固钢板与柱翼缘板之间采用连续焊接，$\delta=1.0$

共有四条加固焊缝，焊脚尺寸$h_f=8\mathrm{mm}$

每条加固焊缝至构件截面形心的距离相等，$y_i=300\text{mm}$

加固焊缝延续的总长度$L_s=13500\text{mm}$，构件计算长度$L_0=13500\text{mm}$

$$\frac{\sigma_0}{f_y}=\frac{215.9}{235}=0.918 \quad 查表 19.4\text{-}4,\xi_i=3.5$$

结构构件受拉和受压区均有焊缝，$\Psi_i=1.0$

$$\omega_w=\frac{\delta h_f^2 L_s(2L_0-L_s)}{200I_0}\sum_{i=1}^{m}\xi_i\Psi_i y_i$$

$$=\frac{1.0\times8^2\times13500(2\times13500-13500)}{200\times1.49\times10^9}(3.5\times1.0\times300)\times4$$

$$=1.64\text{mm}$$

挠度增量$\Delta\omega$，按加固后增加荷载标准值和加固后截面进行计算，未增加水平荷载，故$\Delta\omega=0$

$$\omega_{rk}=\omega_0+\omega_w+\Delta\omega=34.65+1.64+0=36.3\text{mm}$$

（3）强度验算

$$\frac{N}{A_{0n}+A_{1n}}+\frac{M_x+N\omega_{Tx}}{\gamma_x W_{nx}}<\eta_{Em}f$$

截面塑性发展系数γ_x，对工字形截面，$\gamma_x=1.05$

该构件的工作类别为Ⅲ类，$\eta_{Em}=0.9$

$$\frac{N}{A_{0n}+A_{1n}}+\frac{M_x+N\omega_{Tx}}{\gamma_x W_{nx}}=\frac{2150\times10^3}{30000}+\frac{700\times10^6+2200\times10^3\times36.3}{1.05\times7.32\times10^6}$$

$$=71.7+101.5=173.2\text{N/mm}^2$$

$$<\eta_{Em}f=0.9\times215=193.5\text{N/mm}^2$$

满足要求。

如果不考虑焊脚残余挠度的影响，仅考虑初始挠度的影响，即$\omega_{Tx}=\omega_0=34.65\text{mm}$

$$\frac{N}{A_{0n}+A_{1n}}+\frac{M_x+N\omega_{Tx}}{\gamma_x W_{nx}}=\frac{2150\times10^3}{30000}+\frac{700\times10^6+2200\times10^3\times34.65}{1.05\times7.32\times10^6}$$

$$=71.7+101=172.7\text{N/mm}^2$$

通过计算可知：焊脚残余挠度ω_w仅占初始挠度的 4.5%，对截面强度的影响仅为0.3%，完全可以忽略不计。因此，在实际工程设计中，完全可以不考虑焊接残余变形影响。

在《钢结构检测评定及加固技术规程》YB 9257 中，并未考虑加固构件的总挠度ω_{Tx}的影响。

如果不考虑ω_{Tx}的影响，即取$\omega_{Tx}=0$，

$$\frac{N}{A_{0n}+A_{1n}}+\frac{M_x+N\omega_{Tx}}{\gamma_x W_{nx}}=\frac{2150\times10^3}{30000}+\frac{700\times10^6+2200\times10^3\times0}{1.05\times7.32\times10^6}$$

$$=71.7+91.1=162.8\text{N/mm}^2$$

通过计算可知：加固构件的总挠度ω_{Tx}对截面强度的影响为 6%，可以说影响不是很大，考虑到ω_{Tx}的计算非常繁琐，因此，在实际工程设计中，可以按照《钢结构检测评定及加固技术规程》YB 9257 的规定，在计算中不考虑ω_{Tx}的影响，但在计算结果留出约5%～10%的富裕度来考虑ω_{Tx}的影响。

4. 整体稳定计算

（1）弯矩作用平面内稳定

$$\frac{N}{\varphi_x(A_0+A_1)}+\frac{\beta_{mx}M_x+N\omega_x}{\gamma_x W_{1x}(1-0.8N/N_{Ex})}\leqslant \eta_{Em}f^*$$

等效弯矩系数 β_{mx}，按《钢结构设计标准》GB 50017 第 8.2.1 条，无端弯矩但有横向荷载作用时，经计算，$\beta_{mx}=1.0$

弯矩作用平面内对最大受压纤维的毛截面模量，$W_{1x}=W_{nx}=7.32\times10^6\text{mm}^3$

欧拉临界力N_{Ex}

$$N_{Ex}=\frac{\pi^2 EA}{\lambda_x^2}=\frac{\pi^2\times206\times10^3\times30000}{49.1^2}=2.53\times10^7\text{N}$$

$$\omega_x=\omega_0+\omega_w=34.65+1.64=36.3\text{mm}$$

钢材换算强度设计值f^*，加固钢材与原钢材相同，$f^*=f=215\text{N/mm}^2$

$$\frac{N}{\varphi_x(A_0+A_1)}+\frac{\beta_{mx}M_x+N\omega_x}{\gamma_x W_{1x}(1-0.8N/N_{Ex})}$$

$$=\frac{2150\times10^3}{0.861\times30000}+\frac{1.0\times700\times10^6+2200\times10^3\times36.3}{1.05\times7.32\times10^6(1-0.8\times2150\times10^3/2.53\times10^7)}$$

$$=83.2+108.9=192.1\text{N/mm}^2$$

$$<\eta_{Em}f=0.9\times215=193.5\text{N/mm}^2$$

满足要求。

在《钢结构检测评定及加固技术规程》YB 9257 中，并未考虑加固构件的总挠度ω_x的影响。

如果不考虑ω_{Tx}的影响，即取$\omega_x=0$，

$$\frac{N}{\varphi_x(A_0+A_1)}+\frac{\beta_{mx}M_x+N\omega_x}{\gamma_x W_{1x}(1-0.8N/N_{Ex})}$$

$$=\frac{2150\times10^3}{0.861\times30000}+\frac{1.0\times700\times10^6+2200\times10^3\times0}{1.05\times7.32\times10^6(1-0.8\times2150\times10^3/2.53\times10^7)}$$

$$=83.2+97.7=180.9\text{N/mm}^2$$

通过计算可知：加固构件的总挠度ω_{Tx}对截面强度的影响为 6%，可以说影响不是很大，考虑到ω_x的计算非常繁琐，因此，在实际工程设计中，可以按照《钢结构检测评定及加固技术规程》YB 9257 的规定，在计算中不考虑ω_x的影响，但在计算结果留出约 5%～10%的富裕度来考虑ω_x的影响。

（2）弯矩作用平面外稳定

$$\frac{N}{\varphi_y(A_0+A_1)}+\eta\frac{M_x+N\omega_x}{\varphi_b W_{1x}}\leqslant \eta_{Em}f^*$$

受弯构件整体稳定系数φ_b，按《钢结构设计标准》GB 50017 附录 C.0.1-1 公式计算均匀弯曲的受弯构件整体稳定系数，计算得：$\varphi_b=1$。$\eta=1$

$$\frac{N}{\varphi_y(A_0+A_1)}+\eta\frac{M_x+N\omega_x}{\varphi_b W_{1x}}=\frac{2150\times10^3}{0.889\times30000}+1.0\frac{700\times10^6+2200\times10^3\times36.3}{1.0\times7.32\times10^6}$$

$$=80.6+106.5=187.1\text{N/mm}^2$$

$$<\eta_{Em}f^*=0.9\times215=193.5\text{N/mm}^2$$

满足要求。

在《钢结构检测评定及加固技术规程》YB 9257 中，并未考虑加固构件的总挠度ω_x的影响。

如果不考虑ω_{Tx}的影响，即取$\omega_x=0$，

$$\frac{N}{\varphi_y(A_0+A_1)}+\eta\frac{M_x+N\omega_x}{\varphi_b W_{1x}}=\frac{2150\times10^3}{0.889\times30000}+1.0\frac{700\times10^6+2200\times10^3\times0}{7.32\times10^6}$$

$$=80.6+95.6=176.2\text{N/mm}^2$$

通过计算可知：加固构件的总挠度ω_{Tx}对截面强度的影响为 6%，可以说影响不是很大，考虑到ω_x的计算非常繁琐，因此，在实际工程设计中，可以按照《钢结构检测评定及加固技术规程》YB 9257 的规定，在计算中不考虑ω_x的影响，但在计算结果留出约 5%～10%的富裕度来考虑ω_x的影响。

5. 局部稳定计算

（1）翼缘：因加固增厚了翼缘，故不必验算。

（2）腹板：

按《钢结构设计标准》GB 50017 第 3.5.1 条验算腹板的局部稳定性：

腹板计算高度边缘的最大压应力σ_{max}：

$$\sigma_{max}=\frac{N}{A}+\frac{M_x}{I_x}\frac{h_0}{2}=\frac{2150\times10^3}{30000}+\frac{700\times10^6}{2.27\times10^9}\times560$$

$$=71.7+86.3=158\text{N/ mm}^2$$

腹板计算高度边缘的最小压应力σ_{min}：

$$\sigma_{min}=\frac{N}{A}-\frac{M_x}{I_x}\frac{h_0}{2}=\frac{2150\times10^3}{30000}-\frac{700\times10^6}{2.27\times10^9}\times\frac{280}{2}$$

$$=71.7-86.3=-14.6\text{N/mm}^2$$

$$\alpha_0=\frac{\sigma_{max}-\sigma_{min}}{\sigma_{max}}=\frac{158+14.6}{158}=1.09$$

翼缘宽厚比：

$$\frac{b}{t}=\frac{420}{30}=14$$

$$\frac{h_0}{t_w}\leqslant(45+\alpha_0^{1.66})\varepsilon_k=(45+25\times1.09^{1.66})\sqrt{\frac{235}{235}}=73.8$$

$$\frac{h_0}{t_w}=\frac{560}{10}=56<73.8$$

满足要求。

二、屋架杆件的加固

【例题 19.4-2】某承受静载的屋面桁架，受压腹杆长度（节点中心距离）3m，原有截面为热轧等边角钢 2L100×8，用 Q235B 制作。轴向压力的设计值为 360kN。与节点板的连接焊缝在角钢背的焊脚尺寸$h_f=8$mm，焊缝长度 210mm，焊条为 E4303。由于荷载加大，该受压腹杆的轴向压力增至 600kN，需进行加固设计。

解：

1. 名义最大应力计算

$$N_0=360\text{kN}\qquad N=600\text{kN}$$

$$2L100\times8 \qquad A_0=A_{0n}=2\times1563.8=3128\text{mm}^2$$

$$i_{0x}=30.8\text{mm} \qquad z_0=27.6\text{mm}$$

$$I_{0x}=1482400\times2=2964800\text{mm}^4$$

$$\sigma_{0\max}=\frac{N_0}{A_{0n}}=\frac{360\times10^3}{3128}=115.1\text{N/mm}^2$$

该构件的工作类别为Ⅲ类，负荷下焊接加固时的名义最大应力$\sigma_{0\max}\leqslant0.8f$

$$0.8f=175\text{N/mm}^2>\sigma_{0\max}=115.5\text{N/mm}^2$$

可以在负荷状态下加固。

2. 荷载增加后原有截面承载力验算

该构件的工作类别为Ⅲ类，$\eta_n=0.9$

钢材换算强度设计值f^*，加固钢材与原钢材相同，$f^*=f=215\text{N/mm}^2$

$$\frac{N}{\varphi_x A_0}=\frac{600\times10^3}{0.701\times3128}=273.6\text{N/mm}^2>0.9\times215=193.5\text{N/mm}^2$$

不满足要求，需要补强。

肢背焊缝应力校核，传力分配系数为0.7

$$\tau_f=\frac{N}{h_e l_w}\leqslant f_f^w$$

$$\tau_f=\frac{N}{h_e l_w}=\frac{0.7\times600\times10^3}{2\times0.7\times8\times(210-10)}=187.5\text{N/mm}^2>f_t^w=160\text{N/mm}^2$$

不满足要求，需要加长焊缝长度或加高焊脚尺寸。

3. 补强所需钢板面积估算

采用增加角钢的补强方案，所需角钢面积可按新增轴力240kN初步估算：

$$A_1=\frac{N_1}{\eta_n f}=\frac{240\times10^3}{0.9\times215}=1240\text{mm}^2$$

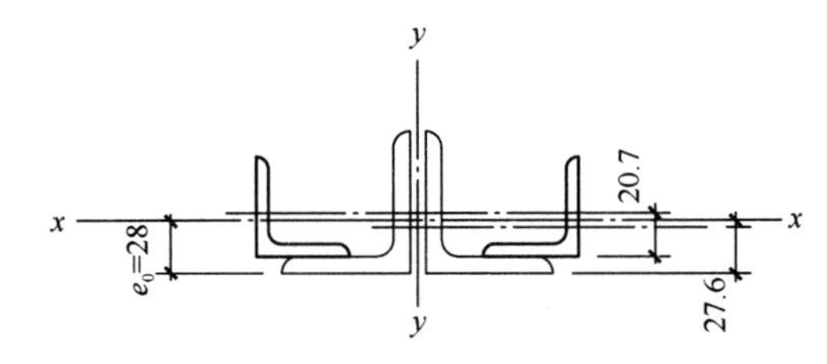

图19.4-9　补强零件的截面形式

由于加固验算中引入了折减系数η_n，会减小原有截面的承载能力，所减小的承载能力也要由新补强的角钢来承受。因此，必须将初步估算的A_1扩大。至于扩大多少合适，往往需要经过多次试算确定。

选用2L75×6热轧角钢补强，其截面形式见图19.4-9。

$$2L75\times6 \qquad A_1=A_{1n}=2\times879.7=1759\text{mm}^2$$

$$I_{1x}=469500\times2=939000\text{mm}^4$$

$$z_0=20.7\text{mm}$$

4. 补强后截面校核

补强后截面的形心位置：

$$e_0=\frac{3128\times27.6+1759\times(20.7+8)}{3128+1759}=28\text{mm}$$

补强后截面的形心轴的偏移值：

$$e_1=28-27.6=0.4\text{mm}$$

$$e_2 = 28 - (20.7 + 8) = -0.7\text{mm}$$

$$I_x = 2964800 + 3128 \times 0.4^2 + 939000 + 1759 \times (-0.7)^2 = 3905162\text{mm}^4$$

$$W_{nx} = \frac{I_x}{e_0} = \frac{3905162}{28} = 139470\text{mm}^3$$

$$i_x = \sqrt{\frac{I_x}{A_n}} = \sqrt{\frac{3905162}{(3128 + 1759)}} = 28.3\text{mm}$$

附加弯矩 M_x

$$M_x = Ne_1 = 600 \times 0.004 = 0.24\text{kN} \cdot \text{m}$$

（1）强度校核：

按压弯构件承受静荷载计算：

$$\frac{N}{A_{0n} + A_{1n}} + \frac{M_x + N\omega_{Tx}}{\gamma_x W_{nx}} < \eta_{Em} f$$

由于附加弯矩很小，因此，不考虑ω_{Tx}的影响，并取$\gamma_x = 1.0$

$$\frac{N}{A_{0n} + A_{1n}} + \frac{M_x + N\omega_{Tx}}{\gamma_x W_{nx}} = \frac{600 \times 10^3}{3128 + 1759} + \frac{0.24 \times 10^6}{1.0 \times 139470} = 122.8 + 1.7$$

$$= 124.5\text{N/mm}^2 < 0.9 \times 215 = 193.5\text{N/mm}^2$$

满足要求

（2）稳定校核：

$$\frac{N}{\varphi_x(A_0 + A_1)} + \frac{\beta_{mx} M_x + N\omega_x}{\gamma_x W_{1x}(1 - 0.8N/N_{Ex})} \leqslant \eta_{Em} f^*$$

平面内计算长度：

$$l_x = 0.8 \times 3000 = 2400\text{mm}$$

$$\lambda_x = \frac{l_x}{i_x} = \frac{2400}{28.3} = 84.8$$

查《钢结构设计标准》GB 50017 附录 D 表 D.0.2，b 类截面，得

$$\varphi_x = 0.65$$

等效弯矩系数 β_{mx}，按《钢结构设计标准》GB 50017 第 8.2.1 条，因$M_1 = M_2$，

$$\beta_{mx} = 0.6 + 0.4\frac{M_1}{M_2} = 1.0$$

欧拉临界力N_{Ex}

$$N_{Ex} = \frac{\pi^2 EA}{\lambda_x^2} = \frac{\pi^2 \times 206 \times 10^3 \times (3128 + 1759)}{84.8^2} = 1381719\text{N}$$

$$\frac{N}{\varphi_x(A_0 + A_1)} + \frac{\beta_{mx} M_x + N\omega_x}{\gamma_x W_{1x}(1 - 0.8N/N_{Ex})}$$

$$= \frac{600 \times 10^3}{0.65 \times (3128 + 1759)} + \frac{1.0 \times 0.24 \times 10^6}{1.0 \times 139470\left(1 - 0.8 \times \frac{600 \times 10^3}{1381719}\right)}$$

$$= 188.9 + 2.6 = 191.5\text{N/mm}^2 < 0.9 \times 215 = 193.5\text{N/mm}^2$$

满足要求。

从上述计算可知：附加弯矩所产生的应力仅为总应力的 0.014，可忽略不计。本例由于补强形心轴的偏移仅为 0.4mm，小于 5%截面高度（5mm）。所以当形心轴偏移小于截面高度的 5%式，可忽略其附加弯矩的影响，按轴向受压构件计算。

同理，本例可不再对较小翼缘进行补充验算。

5. 连接焊缝验算

（1）当采用侧面延长焊缝补强时：

需要的肢背焊缝长度l_w：

$$\tau_f = \frac{N}{h_e l_w} \leqslant 0.85 f_f^w$$

$$l_w = \frac{N}{0.85 \times h_e f_f^w} = \frac{600 \times 10^3}{2 \times 0.7 \times 8 \times 0.85 \times 160} = 275\text{mm}$$

需要增加的焊缝长度l_1：

$$l_1 = 275 - (210 - 10) = 75\text{mm}$$

$$\text{取} \quad l_1 = 100\text{mm}$$

（2）当采用增加正面角焊缝补强时：

原有焊缝的承载力：

$$N_0 = 2 \times 8 \times 160 \times (210 - 10) \times 0.85 = 435200\text{N}$$

新增正面焊缝的承载力：

$$\sigma_f = \frac{N_1}{h_e l_w} \leqslant f_f^w$$

$$N_1 = 2 \times 0.7 \times 8 \times 100 \times 160 = 179200\text{N}$$

$$N_0 + N_1 = 435200 + 179200 = 614400\text{N} > 600 \times 10^3\text{N}$$

满足要求。

三、吊车梁构件的加固

【例题 19.4-3】某单位轧钢车间为 30m 和 36m 两跨等高厂房，总长度 180m，柱距 12m。30m 跨内设有 50t、20t 中级工作制桥式吊车各一台；36m 跨内设有 100t、75t 中级工作制桥式吊车各一台，均采用实腹式吊车梁，截面如 19.4-10 图所示，全部吊车梁总重达 500t。

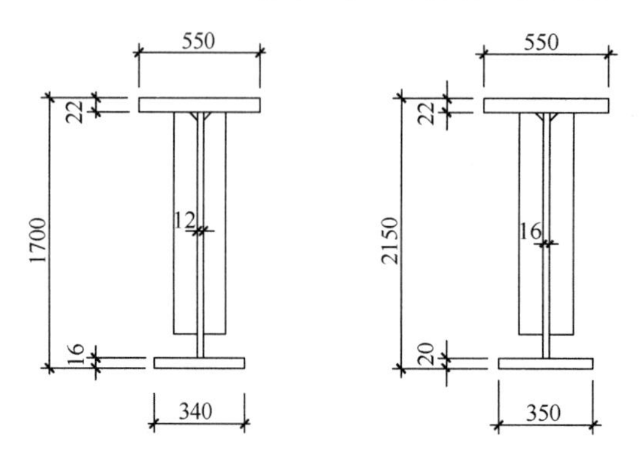

图 19.4-10　吊车梁截面图

该工程竣工时发现吊车梁有许多裂纹，上下翼缘最多，其次是腹板，加劲板上无裂纹，而且所有裂缝附近均未发现裂缝，裂缝均在钢板表面，一般深度为 1～2mm，宽度小于 0.7mm，长度 200～300mm，裂缝的方向也不一致，没有规律，如图 19.4-11 所示。经放大镜和超声波检测，60 根吊车梁只有 3 根没有裂纹，有 4 根裂纹严重，部分裂纹深度 3mm。

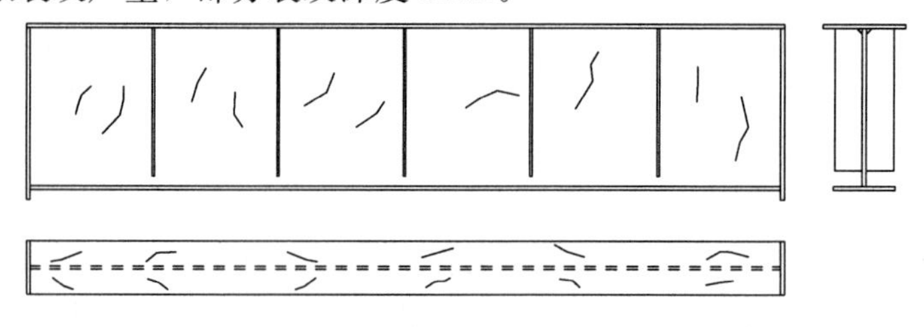

图 19.4-11　吊车梁裂纹示意图

经过分析，最终认为是钢材生产工艺所致。但是吊车梁出现裂纹会影响其使用安全，由于数量较多，若报废损失过大。考虑裂纹不是材质不合格、内部缺陷、焊接应力引起，可以经过适当处理继续应用。

首先通过设计验算，确认吊车梁的强度和挠度满足规范要求，可以继续使用。因此，对于深度小于 1mm 的裂纹，用小圆头风铲局部雕除，不作补强。对深度超过 1mm 的裂纹，先铲除后补强。补强采用韧性好的小直径低氢焊条，将局部铲薄处用焊缝补强，为确保安全，在有裂缝的吊车梁下翼缘，加焊接一块长 9m、宽 200mm、厚 20mm 的补强钢板，如图 19.4-12 所示。

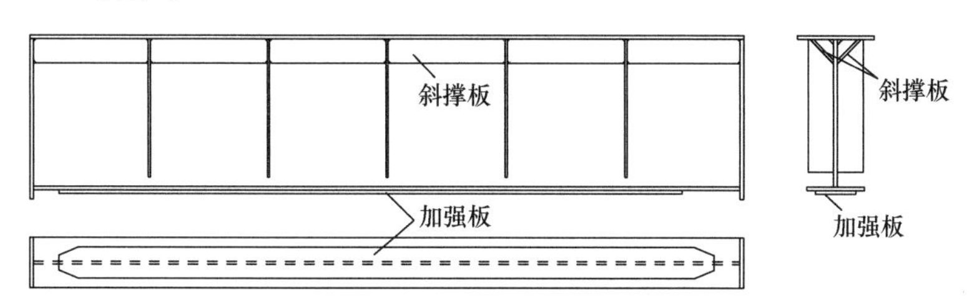

图 19.4-12 吊车梁加固示意图

对腹板有不规则裂缝的吊车梁，除了翼缘板采用上述方法处理外，还在上翼缘和腹板之间增设斜撑板，如图 19.4-11 所示。

【例题 19.4-4】某炼钢主厂房于 1985 年 9 月建成投产使用，主厂房吊车梁均为实腹式工字形截面焊接梁，跨度有 7m、12m、15m、20m、21m、25m、28m 和 30m 等 8 种。其中 7m、12m、15m 跨吊车梁为等截面梁，截面高度为 2m。为了肩梁顶面标高的统一，其余梁采用圆弧过渡变截面形式，端部截面高度均为 2m，中部截面高度对于 20m、21m 跨吊车梁为 2.8m，对于 28m 跨吊车梁为 3.5～3.8m，对于 30m 跨吊车梁为 3.9m。圆弧段 28m 吊车梁示意图见图 19.4-13。

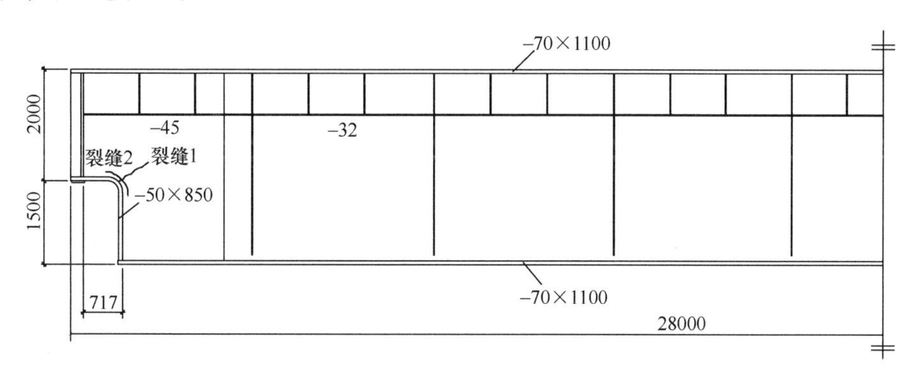

图 19.4-13 28m 跨吊车梁示意图

1999 年 12 月，在使用过程中检查发现有许多吊车梁在 A8 工作制起重机长期的往复荷载作用下，在吊车梁圆弧变截面处出现了垂直圆弧段在腹板出现的斜裂缝，如图 19.4-13 裂缝 1，沿着腹板与翼缘连接焊缝的裂纹，如图 19.4-13 裂缝 2。主要发生在 AB 跨（原料跨）和 DE 跨（连铸接受跨）。

当时对这些裂缝进行了应急性焊补处理。同时，委托检测单位进行吊车梁圆弧端可靠性评估和补强技术研究。但是未等到研究工作完成，原料跨几根吊车梁在修补处很快又出现了新裂缝，反复焊补，反复开裂。从2000年开始，陆续更换了AB跨吊车梁。2002年，对DE跨7～11线吊车梁圆弧端进行了焊接加固；加固示意图见图19.4-14。焊接结构的要求为：加固前检查圆弧区段，如发现裂纹，用碳弧汽刨清除，并刨出剖口，将剖口清除干净，填补新焊缝，焊后打磨平整；若腹板和翼缘上发现裂纹，应先进行修补，然后再进行圆弧区焊缝的修复，对腹板和翼缘上的裂纹，坡口应沿裂纹方向加工并超出尖端20～30mm，然后再进行修复。对圆弧段的原有焊缝和新焊缝的焊趾应进行TIG（钨极氩弧）重熔，将焊趾重新隆化，清除缺陷，形成过渡均匀的重熔区。2009年对D列、E列6～16线吊车梁（除2002年加固的）进行圆弧端和碳纤维加固。碳纤维加固示意图见图19.4-15。碳纤维加固选用的碳纤维材料厚度为0.111mm、重量为200g/m^2，抗拉强度为3500MPa，弹性模量为2.3×10^{5}MPa；加固粘结剂为SCR-3快干型粘结剂，抗拉强度为30MPa，压缩强度80MPa，抗剪强度20MPa。碳纤维及粘结剂的性能指标应符合《碳纤维片材加固混凝土结构技术规程》CECS146的规定。

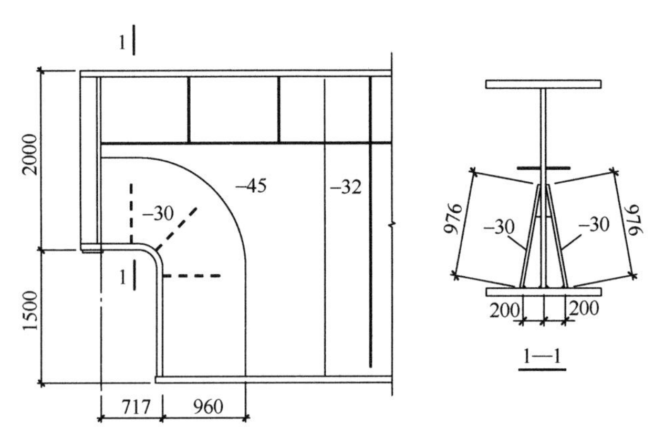

图19.4-14　吊车梁圆弧端加固示意图

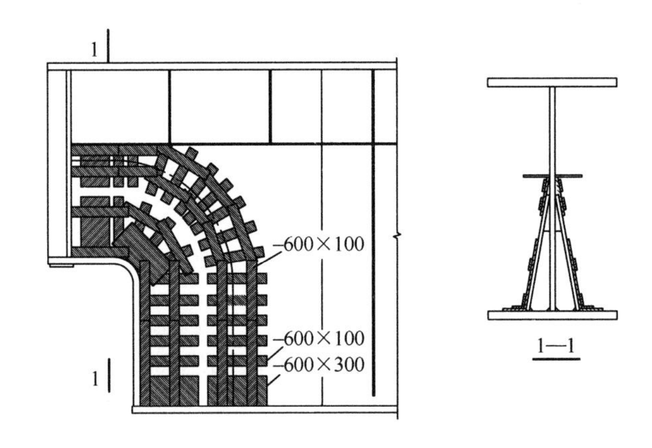

图19.4-15　吊车梁碳纤维加固示意图

经过10余年的使用，2014年7月对加固吊车梁进行检查，未发现加固板焊缝处和圆弧处、吊车梁本体上翼缘和腹板连接焊缝、跨中肋板与腹板的连接和下翼缘与腹板的连接焊缝有疲劳裂缝。吊车梁达到了加固设计的目标使用寿命。

19.5 FRP加固钢结构技术

19.5.1 FRP材料简介

1. 纤维增强复合材料（Fiberglass-Reinforced Plastics），简称FRP，是由纤维材料与基体材料按一定的比例混合并经过一定工艺复合形成的高性能新型材料。

纤维增强复合材料是由增强纤维和基体组成：

（1）纤维（或晶须）的直径很小，一般在10μm以下，断裂应变在30‰以内，是脆性材料，易损伤、断裂和受到腐蚀。

根据纤维的长短，可分为短纤维增强复合材料和长纤维（或称连续纤维）增强复合材料。根据纤维性能可以分为高性能纤维复合材料和工程复合材料。

工程中常用的FRP增强纤维主要为碳纤维、玻璃纤维和芳纶纤维，以长纤维增强为主。

（2）基体：常用的FRP基体材料有不饱和聚酯、环氧树脂、酚醛树脂、陶瓷等。基体相对于纤维来说，其强度和弹性模量都要低很多，但可以经受住大的应变，往往具有黏弹性和弹塑性，是韧性材料。

根据采用的纤维不同分为玻璃纤维增强复合材料（GFRP），碳纤维增强复合材料（CFRP），芳纶纤维增强复合材料（AFRP）等，其材料形式主要有片材、棒材和型材。

FRP复合材料的性能各异，在拉伸强度及拉伸模量方面，玻璃纤维和芳纶纤维一般比碳纤维低1/3左右。在断裂延伸率方面，芳纶纤维一般是碳纤维的2倍左右，玻璃纤维一般比碳纤维高70%左右。在韧性、抗冲击性能方面，芳纶纤维和玻璃纤维要比碳纤维好得多。在抗碱腐蚀方面，芳纶纤维和玻璃纤维则不如碳纤维好。

2. FRP复合材料的特性

（1）轻质高强。FRP复合材料的相对密度在1.5～2.0之间，只有碳钢的1/4～1/5，可是拉伸强度却接近甚至超过碳素钢，而比强度（材料的拉伸强度与密度的比值）可以与高级合金钢相比。因此，在航空、火箭、宇宙飞行器、高压容器以及在其他需要减轻自重的制品应用中，都具有卓越成效。某些环氧FRP的拉伸、弯曲和压缩强度均能达到400MPa以上。

部分材料的密度、强度和比强度见表19.5-1，部分树脂基体的性能参数见表19.5-2。

代表性纤维轴向力学性能参数与钢、铝的比较表　　表19.5-1

材料种类		密度 (kg/m^3)	拉伸强度 (GPa)	弹性模量 (GPa)	热胀系数 (10^{-6}/℃)	延伸率 (%)	比强度 (GPa)	比模量 (GPa)
玻璃纤维	E	2.55	3.5	74	5.0	4.8	1.37	29
	S，R	2.49	4.9	84	2.9	5.7	1.97	34
	M	2.89	3.5	110	5.7	3.2	1.21	38
	AR	2.70	3.2	73.1	6.5	4.4	1.19	27
	C	2.52	3.3	68.9	6.3	4.8	1.31	27

续表

材料种类		密度 (kg/m³)	拉伸强度 (GPa)	弹性模量 (GPa)	热胀系数 (10^{-6}/℃)	延伸率 (%)	比强度 (GPa)	比模量 (GPa)
碳纤维	标准型（T300）	1.75	3.5	235	−0.41	1.5	2.00	134
	高强型（T800H）	1.81	5.6	300	−0.56	1.7	3.09	166
	高模型（M50J）	1.88	4.0	485	−0.6	0.8	2.13	213
	极高模型（P120）	2.18	2.2	830	−1.4	0.3	1.01	381
芳纶纤维	Kelvar 49	1.44	3.6	125	−2.0	2.5	2.50	87
	Kelvar 149	1.45	2.9	165	−3.6	1.3	2.00	114
	HM-50	1.39	3.1	77	−1.0	4.2	2.23	55
钢	HRB400 钢筋	7.8	0.42	206	12	18	0.05	26
	高强钢绞线	7.8	1.86	200	12	3.5	0.24	26
铝	—	2.7	0.63	74	22	3.0	0.23	27

代表性树脂基体的性能参数表 **表 19.5-2**

名称	热变形温度 (℃)	拉伸强度 (MPa)	延伸率 (%)	压缩强度 (MPa)	弯曲强度 (MPa)	弯曲模量 (GPa)
环氧树脂	50～121	98～210	4	210～260	140～210	2.1
不饱和聚酯树脂	80～180	42～91	5	91～250	59～162	2.1～4.2
乙烯基树脂	137～155	59～85	2.1～4	—	112～139	3.8～4.1
酚醛树脂	120～151	45～70	0.4～0.8	154～252	59～84	5.6～12

（2）耐腐蚀性能好。FRP 复合材料是良好的耐腐材料，对大气、水和一般浓度的酸、碱、盐以及多种油类和溶剂都有较好的抵抗能力，这是传统材料难以企及的。FRP 复合材料已经广泛应用到化工防腐的各个方面，正在取代碳钢、不锈钢、木材、有色金属等。

（3）具有很好的可设计性。FRP 复合材料是人工材料，可以根据需要，通过不同的纤维材料、纤维含量，灵活地设计出各种具有各种强度指标、弹性模量及特殊性能的结构产品，来满足使用要求，可以使产品有很好的整体性。如：可以设计出耐腐的、耐瞬时高温的、产品某方向上有特别高强度的、绝缘、隔热、不导磁、热膨胀系数小的产品等。

（4）工艺性优良。可以根据产品的形状、技术要求、用途及数量来灵活地选择成型工艺。FRP 适合在工厂生产，现场安装，经济效果突出。尤其对形状复杂、不易成型的数量少的产品，更突出它的工艺优越性。

3. FRP 复合材料的缺点

（1）弹性模量低。FRP 复合材料的弹性模量比木材大两倍，但仅是钢（$E=2.1\times10^{6}$）的十分之一，因此在产品结构中常感到刚性不足，容易变形。

可以做成薄壳结构、夹层结构，也可通过高模量纤维或者做加强筋等形式来弥补。

（2）长期耐温性差。一般 FRP 复合材料不能在高温下长期使用，通用聚酯 FRP 在 50℃以上强度就明显下降，一般只在 100℃以下使用；通用型环氧 FRP 在 60℃以上，强度有明显下降。但可以选择耐高温树脂，使长期工作温度在 200～300℃是可能的。

（3）老化现象。老化现象是塑料的共同缺陷，FRP复合材料也不例外，在紫外线、风沙雨雪、化学介质、机械应力等作用下容易导致性能下降。

（4）层间剪切强度低。层间剪切强度是靠树脂来承担的，所以很低。可以通过选择工艺、使用偶联剂等方法来提高层间粘结力，最主要的是在产品设计时，尽量避免使层间受剪。

19.5.2 FRP加固钢结构技术的特点

1. FRP加固钢结构，是利用粘结剂将FRP粘贴到钢结构损伤部位的表面，提高或改善其受力性能。一部分荷载通过粘结材料层传递到FRP上，降低了钢结构损伤部位的应力水平，使裂纹扩展速率降低或阻止了裂纹的扩展，从而延长了结构的使用寿命。FRP与钢结构之间的荷载传递是通过两种材料之间的粘结界面及粘结胶层的剪切变形来实现的。

另外，由于FRP具有良好的耐腐蚀性能，粘贴FRP在钢结构表面，相当于在钢结构表面与外部空气之间形成了一道屏障，能防止钢结构腐蚀，起到防腐的作用。用FRP加固钢结构，不会导致应力集中、不会产生残余应力、施工方便、易于维护等。

2. 与传统的钢结构加固方法相比，FRP加固钢结构在技术上具有明显的优势：

（1）FRP的比强度和比刚度（材料的弹性模量与其密度的比值）高，加固后基本不增加原有结构的自重和原有构件的尺寸；

（2）由于FRP的可设计性，可以根据损伤结构的应力应变场来设计FRP的性能，从而适应钢结构的要求，最大限度提高结构的加固效果；

（3）FRP具有良好的抗疲劳性能和耐腐蚀性能。粘贴加固不减少构件横截面面积，荷载从原有结构传递到FRP将更加均匀，产生的应力集中程度也更低。用FRP加固，不需要对原有构件钻孔，不会形成新的应力集中源，从而消除了产生新的孔边裂纹的可能，改善了应力集中和承载情况，提高了结构抗疲劳性能和损伤极限能力。

（4）柔性的FRP对于任意封闭结构和形状复杂的被加固结构表面具有特别的优势。密封性好，减少了渗漏甚至腐蚀的隐患；

（5）用FRP加固，简便易行、成本低、效率高，可在狭小空间施工，特别适合现场修复；

（6）FRP加固钢结构，施工过程中无明火，安全可靠，适用于各种特殊环境。

3. FRP加固的方式

（1）在梁、板构件的受拉区粘贴FRP片材进行受弯加固，纤维方向与加固处的受拉方向一致。

（2）采用封闭粘贴、U形粘贴或侧面粘贴对梁、柱构件进行受剪加固，纤维方向宜与构件轴向垂直。

（3）采用封闭粘贴对柱构件进行抗震加固，纤维方向宜与柱轴向垂直。

（4）当有可靠依据时，FRP也可用于其他形式和其他受力状况的结构构件加固。

19.5.3 FRP加固钢结构的设计方法

1. 轴心受力构件的加固

（1）轴心受拉构件：

对于无局部缺陷的轴心受拉构件，以构件的平均拉应力达到材料的屈服强度作为承载能力极限状态，如果粘贴 FRP 对整个构件进行加固，由于连接节点用 FRP 加固不方便，则加固构件的端部与其他构件的连接处成为薄弱部位。因此，FRP 不适宜于构件的整体加固，主要用于加固存在缺陷的轴心受拉构件。

轴心受拉构件粘贴 FRP 加固后，其承载力为钢构件和 FRP 二者的综合效果，但不能将二者的作用简单地叠加，对于 FRP 材料的贡献引入了作用系数，根据试验结果，FRP 材料的应变采用有效应变。

轴心受拉构件粘贴 FRP 加固后，其承载力按式 19.5-1 计算，即

$$N = fA_n + kE_{cf}[\varepsilon_{cf}]A_{cf} \tag{19.5-1}$$

式中　N——构件的轴力设计值；

F——钢材的抗拉强度设计值；

A_n——钢构件缺陷处的净截面面积；

E_{cf}——FRP 材料的弹性模量；

ε_{cf}——FRP 材料的有效应变，对于 Q235 钢，取$\varepsilon_{cf}=1500$，对于 Q345 钢，取$\varepsilon_{cf}=2000$；

A_{cf}——FRP 材料的截面面积；

k——FRP 材料的作用系数，取 0.85。

（2）轴心受压构件：

对于两端铰支、理想的轴心受压构件（即无初始弯曲、初始偏心和残余应力），其临界荷载为：

$$P_c = \frac{\pi^2 EI}{L^2} \tag{19.5-2}$$

式中　P_c——轴心受压构件的弹性屈曲荷载；

E——材料的弹性模量；

I——构件的截面惯性矩；

L——构件的长度。

对于完好的轴心受压钢构件，见图 19.5-1a，在中部区域进行加固。由于腐蚀构件截

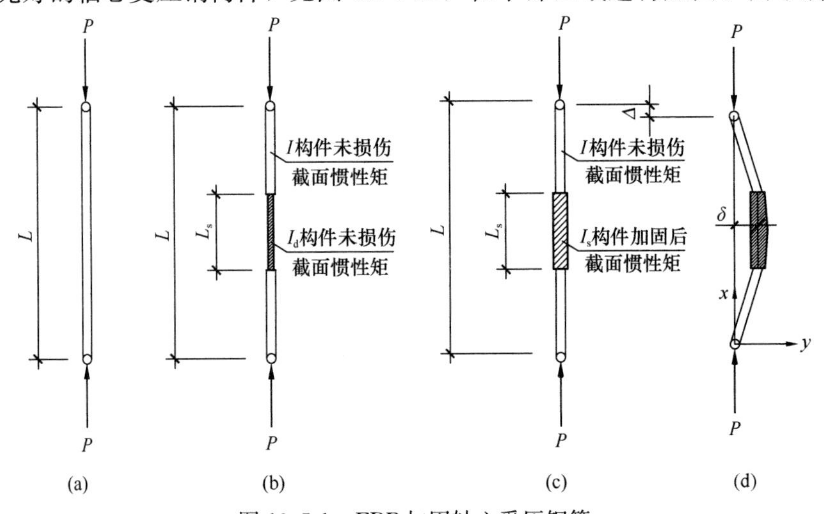

图 19.5-1　FRP 加固轴心受压钢管

面减小，假定构件损伤区位于最危险的构件中部，见图 19.5-1b；沿构件的轴线方向粘贴 FRP 进行加固，见图 19.5-1c。在轴心压力作用下构件由挺直状态变成微弯状态，如图 19.5-1d 所示。

假定加固后的构件发生弯曲时仍符合平截面假定，则组合截面的抗弯刚度为：

$$(EI)_t = E_P \frac{\pi[(D_d + 2t_p)^4 - D_d^4]}{64} + E_s \frac{\pi[D_d^4 - d^4]}{64} \tag{19.5-3}$$

式中 $(EI)_t$——加固区域截面的组合抗弯刚度；

E_P——FRP 沿钢构件轴线方向的弹性模量；

E_s——钢构件的弹性模量；

D_d——钢管中部损伤区域的外径；

t_p——FRP 的厚度；

d——钢管的内径。

当构件由挺直状态变成微弯状态时，设构件中部的侧向位移为 δ，建立如图 19.5-1d 所示的坐标系，并假定构件的挠曲线方程为：

$$y = \delta \sin\left(\frac{\pi x}{L}\right) \tag{19.5-4}$$

略去构件的轴向应变，只计弯曲应变能，则加固构件的应变能为：

$$\Delta U = \int_0^{\frac{L-L_d}{2}} \frac{M^2}{2E_s I} dx + \int_{\frac{L-L_d}{2}}^{\frac{L}{2}} \frac{M^2}{2(EI)_t} dx \tag{19.5-5}$$

式中 L_d——钢构件中部损伤区域的长度；

L——钢构件的长度；

M——为构件的截面弯矩，$M=Py$；

I——构件未损伤截面的惯性矩，$I = \frac{\pi[D_d^4 - d^4]}{64}$；

D——钢管未损伤时的外径。

将相关方程代入式（19.5-5）得：

$$\Delta U = \frac{P^2\delta^2 L}{4\pi}\left(\frac{1}{E_s I} - \frac{1}{(EI)_t}\right)\left\{\frac{\pi(L-L_d)}{L} - \sin\left[\frac{\pi(L-L_d)}{L}\right]\right\} + \frac{P^2\delta^2 L}{4(EI)_t} \tag{19.5-6}$$

构件发生弯曲变形时，端部的竖向位移为：

$$\Delta = \int_0^{\frac{L}{2}} \left(\frac{dy}{dx}\right)^2 dx = \frac{\delta^2\pi^2}{4L} \tag{19.5-7}$$

则外力功为：

$$\Delta W = \frac{P\delta^2\pi^2}{4L} \tag{19.5-8}$$

根据应变能和外力功相等，即 $\Delta U = \Delta W$，可得加固后构件的屈曲荷载为：

$$P_{cr} = \frac{\pi^2 (EI)_t}{L^2} \frac{1}{1 + \frac{1}{\pi}\left[\frac{(EI)_t}{E_s I} - 1\right]\left\{\frac{\pi(L-L_d)}{L} + \sin\left[\frac{\pi(L-L_d)}{L}\right]\right\}} \tag{19.5-9}$$

为了验证公式 19.5-9 的精确程度，通过例题将公式 19.5-9 与有限元的计算结果进行了对比分析，见例 19.5-1。

【例题 19.5-1】 两端铰支的轴心受压钢管长度为 4.0m，内径为 75mm，外径为 80mm。钢材的弹性模量为 206×10^3 N/mm²，钢管外部纵向粘贴 FRP 的弹性模量为 235×10^3 N/mm²。

对于未损伤的轴心受压钢管，当纵向粘贴 FRP 的长度为 1.0m 时，FRP 的厚度对其弹性屈曲荷载的影响见表 19.5-3。

当 FRP 长度为 1m 时，其厚度对未损伤钢管 P_{cr} 的影响（单位 kN） **表 19.5-3**

FRP 的厚度（mm）	0	1	2	3	4	5
式 19.5-9 计算结果	930.09	1029.61	1110.73	1178.02	1234.72	1283.13
有限元计算结果	920.47	1008.54	1077.89	1133.72	1179.55	1217.78
误差（%）	1.03	2.05	2.96	3.76	4.47	5.09

当 FRP 的厚度为 2.0mm 时，FRP 的粘贴长度对其弹性屈曲荷载的影响见表 19.5-4。

当 FRP 厚度为 2.0mm 时，其长度对未损伤钢管 P_{cr} 的影响（单位 kN） **表 19.5-4**

FRP 的长度（mm）	0	500	1000	1500	2000	2500	3000
式 19.5-9 计算结果	930.09	1015.94	1110.73	1206.42	1292.05	1357.06	1396.12
有限元计算结果	920.47	996.11	1077.89	1160.15	1234.42	1291.29	1325.45
误差（%）	1.03	1.95	2.96	3.84	4.46	4.85	5.06

对于损伤钢管，假设损伤区域截面厚度减小 2.0mm，损伤区域长度为 1.0m，位于钢管中部，在损伤区域纵向粘贴 FRP 进行加固，即 FRP 的粘贴长度为 1.0m，FRP 的厚度对其弹性屈曲荷载的影响见表 19.5-5。

当 FRP 长度和损伤区域长度均为 1m 时，其厚度对未损伤钢管 P_{cr} 的影响（单位 kN） **表 19.5-5**

FRP 的厚度（mm）	0	1	2	3	4	5
式 19.5-9 计算结果	689.61	838.77	955.62	1049.55	1126.63	1190.94
有限元计算结果	696.76	996.11	1077.89	1160.15	1234.42	1291.29
误差（%）	−1.04	0.05	1.13	2.13	3.02	3.82

2. 受弯构件的加固

由于 FRP 的抗拉强度较高，因此，在受弯构件的受拉区粘贴 FRP 加固钢结构受弯构件，可以提高构件的承载能力。

粘贴 FRP 加固的组合构件截面各点的正应力可按下列公式 19.5-10 计算，即

$$\sigma_i=\frac{E_i yM}{\Sigma E_i I_i} \tag{19.5-10}$$

式中 σ_i——截面计算点的正应力；

E_i——第 i 种材料的弹性模量；

y——计算点至中性轴的距离；

M——截面上的弯矩；

I_i——第 i 种材料的面积对中性轴的惯性矩。

截面中性轴的位置按式 19.5-11 计算，即

$$y_0 = \frac{\sum E_i y_i A_i}{\sum E_i A_i} \tag{19.5-11}$$

式中 y_0——中性轴至参考轴的距离；

A_i——第 i 种材料的面积；

y_i——第 i 种材料面积的形心至参考轴的距离。

FRP 加固钢梁的主要步骤为：确定材料属性；评估原有构件性能；计算加固所需 FRP 面积；计算界面应力；考虑疲劳荷载下性能；细节设计。

FRP 加固钢梁的截面形式如图 19.5-2 所示。

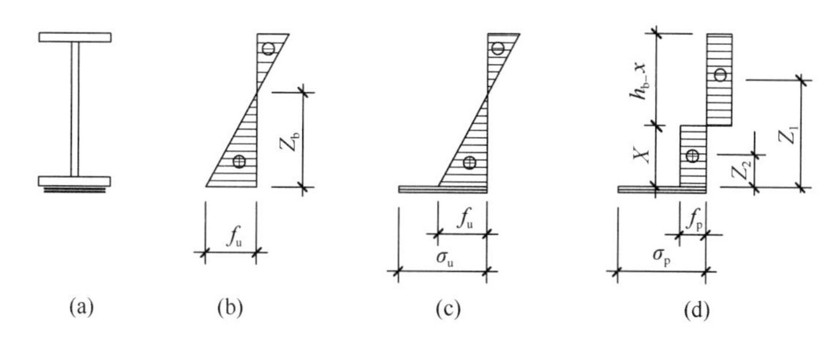

图 19.5-2 加固梁截面及应力

(a) 加固梁截面；(b) 应力；(c) 弹性应力；(d) 塑性应力

(1) 确定材料属性：

要确定的材料属性包括：FRP 的弹性模量 E_p、极限变形 ε_{pu} 及粘接胶的弹性模量 E_a、剪切模量 G 和强度 f_a。如不能确定构件中钢材的材料属性，还需要对它进行测定，包括弹性模量 E_b 和屈服变形 ε_{by}。准确测量粘接胶的物理属性是比较困难的，特别是对强度的确定。可考虑用小尺寸的加固钢梁三点弯曲试验，得到破坏荷载，然后由本文推荐的界面应力计算公式来确定粘接胶强度。

(2) 评估原有构件性能：

对需要加固的钢梁进行计算，求出构件的弹性抗弯承载力 M_u 和刚度（$E_b I_b$），加固前负载（恒载）产生的弯矩 M_0、面积 A_b 及中性轴到梁下底面的距离 Z_b。应力图见图 19.5-2b。

(3) 计算加固所需的 FRP 截面面积：

已知加固后所需达到的抗弯承载力为 M_{ru}，计算所需 FRP 板的截面积 A_p。

1) 弹性理论分析。如果钢梁直接承受动荷载，则以梁底边的弹性极限应变为设计极限状态。应力图见图 19.5-2c。计算中同时考虑了各项因素的影响，包括恒载的弯矩 M_0，加固前的抗弯承载力 M_u 及加固所需达到的承载力 M_{ru}、钢梁的温度应变（α_b、ΔT）、加固前反拱卸载引起的弯矩 M_f 及作用在 FRP 上的预拉力 F_f 等。计算所需的 FRP 截面积为：

$$A_p = \frac{E_b}{E_p}\left[\frac{M_{ru} - M_u - \left(Z_b + \dfrac{I_b}{Z_b A_b}\right)F_f}{M_u - M_0 - M_f + \alpha_b \Delta T \dfrac{E_b I_b}{Z_b}}\right]\left[\frac{1}{\dfrac{Z_b^2 A_b}{I_b} + 1}\right] A_b \tag{19.5-12}$$

从式中可看出，反拱卸载及预张拉 FRP 均能减小所需 FRP 板的面积。当温度增加时

A_p 减小，温度减小时 A_p 增加。

2）塑性理论分析。如果钢梁间接承受动荷载或承受静荷载，则可考虑钢梁的塑性承载力。假设在梁的受拉区为均匀受拉，受压区为均匀受压，钢材的抗拉和抗压强度 $f_p=0.9f$，f 为钢材的抗拉或抗压强度设计值。应力图如图 19.5-2d 所示。由中性轴的位置 x 结合截面尺寸可得梁受压区形心和受拉区形心到底边的距离 Z_1 和 Z_2。根据弯矩平衡可得：

$$M_{ru}=E_b(A_1Z_1-A_2Z_2) \tag{19.5-13}$$

式中 A_1、A_2——分别为受压区和受拉区的面积。

此式可解得 x。根据平截面假定及材料极限应变，确定 FRP 板的应变，再由截面应力的平衡方程，可求得所需的 FRP 板截面积 A_p。

（4）计算界面应力：

由于粘接层往往是钢结构加固系统中最薄弱的环节，该处的破坏也就成为加固构件的主要破坏模式。因此，对界面应力，特别是对 FRP 板端的应力集中必须进行计算。在板端，$x=0$，最大剪应力 τ_{max} 和正应力 σ_{max} 可表示为：

$$\tau_{max}=\sqrt{\frac{G}{t_a b\lambda}}\left[(\alpha_b-\alpha_p)\Delta T+\frac{F_f}{E_pA_p}\right]+g\sqrt{\frac{G}{t_a b\lambda}}[M_1(0)-M_f(0)]$$
$$+\frac{g}{b\lambda}[V_1(0)+V_f(0)] \tag{19.5-14}$$

$$\sigma_{max}=-2\beta Z_p\tau_{max}+\frac{t_pG}{2t_a}\left[(\alpha_b-\alpha_p)\Delta T+\frac{F_f}{E_pA_p}+gM_1(0)-gM_f(0)\right] \tag{19.5-15}$$

式中 t_a——胶层厚度；

b——FRP 板宽；

M_1——加固后负载（活载）所产生的弯矩；

V_1——加固后负载（活载）所产生的剪力；

Z_p——FRP 板底面到中性轴的距离。

3 个与截面尺寸和材料属性相关的系数分别为：

$$g=\frac{Z_b}{E_bI_b} \tag{19.5-16}$$

$$\lambda=\frac{(Z_b+Z_p)Z_b}{E_bI_b}+\frac{1}{E_bA_b}+\frac{1}{E_pA_p} \tag{19.5-17}$$

$$\beta=\sqrt[4]{\frac{E_ab}{4t_aE_pI_p}} \tag{19.5-18}$$

在以上计算中，包括了活载、温度应力、反拱卸载及预张拉 FRP 等因素作用下的界面应力。经计算得知温度变化及预应力能产生很大的端部界面应力集中，反拱产生的应力集中相对较小。最大界面主应力可由下式求得：

$$\sigma_{1max}=\frac{\sigma_{max}}{2}+\sqrt{\left(\frac{\sigma_{max}}{2}\right)^2+\tau_{max}^2} \tag{19.5-19}$$

如果最大界面主应力小于粘接胶的强度 f_a，则该加固梁在静载下不会发生剥离破坏。

3. FRP 加固钢结构，尚处于理论研究和试验阶段，尚无统一的计算公式与方法，本手册推荐的计算方法，均取自相关研究人员的论文，可供钢结构加固设计者参考使用。

常用的 FRP 加固为碳纤维加固。碳纤维加固实例见例 19.4-4。

19.6 钢结构加固施工的技术要求

19.6.1 吊车梁结构构件的加固

一、一般规定

1. 吊车梁系统的加固包括吊车梁、制动结构、辅助桁架、支撑和各种连接的加固和修复，以及轨道调整。

2. 加固材料、连接材料的选用，荷载组合、水平荷载增大系数的确定和构造要求尚应符合国家现行标准的有关规定。

3. 因加固处理改变了构件和连接的疲劳计算类别时，重级工作制吊车梁或重级、中级工作制吊车桁架应根据现行《钢结构设计标准》GB 5001 的规定按照加固后的类别重新验算疲劳强度。

二、吊车梁加固

1. 上翼缘与腹板的 K 形连接焊缝和腹板受压区出现的裂缝，可进行修补。修补裂缝时，应沿裂缝加工剖口，剖口两端超出裂缝端头 50mm 以上，然后补充新焊缝。条件允许时，宜同时在轨道下设置直接铺设在上翼缘的垫梁或垫板。在保证焊缝质量的前提下，应根据裂纹的严重程度和吊车工作制类别，参照图 19.6-1 中的措施加固。

2. 吊车梁受拉翼缘和腹板受拉区或吊车桁架受拉区及其节点板上出现疲劳裂缝时，应更换整个结构或整个零部件。

3. 上翼缘和腹板受压区的局部凹凸变形可用机械矫正法矫平，也可用加劲肋加固。下翼缘和腹板受拉区的局部凹凸变形，不得用加劲肋加固。

三、制动结构和支撑

1. 制动桁架破坏较严重时，宜改用制动板。制动板与吊车梁上翼缘的连接宜采用高强度螺栓连接，也可用采用焊接。

2. 垂直支撑发生破坏但不牵连其他结构构件时，在保证系统有足够的空间稳定性的情况下，可以不进行修复或加固。

四、连接加固和轨道调整

1. 松动的高强螺栓应及时更换新螺栓，不得将松动的螺栓拧紧后继续使用。

2. 制动结构与吊车梁或吊车桁架的连接发生破坏时，宜改用高强度螺栓连接。吊车梁与柱子的连接发生破坏时，宜改用板铰连接，如图 19.6-2。

3. 轨道在垂直方向的偏差不满足要求时，可以抬高吊车梁或在轨道下加设垫板或垫梁来调整。轨道在水平方向上的偏差不满足要求时，宜移动吊车梁来调整。移动轨道调整时，必须采取措施防止吊车梁上翼缘与腹板的连接处出现疲劳破坏。

19.6.2 荷载作用下结构构件的加固

这种方法是加固工作量最小，最简单的方法。但为保证结构的安全，应根据加固时的实际荷载设计值，按强度和稳定性验算原构件的承载力，仅当构件的承载力富余 20%以上时，才允许在负荷状态下进行加固。在负荷状态下进行结构加固时，必须制定详细的加固施工工艺，保证被加固件的截面因焊接加热，附加钻孔、扩孔洞等所引起的削弱影响尽可能的小。

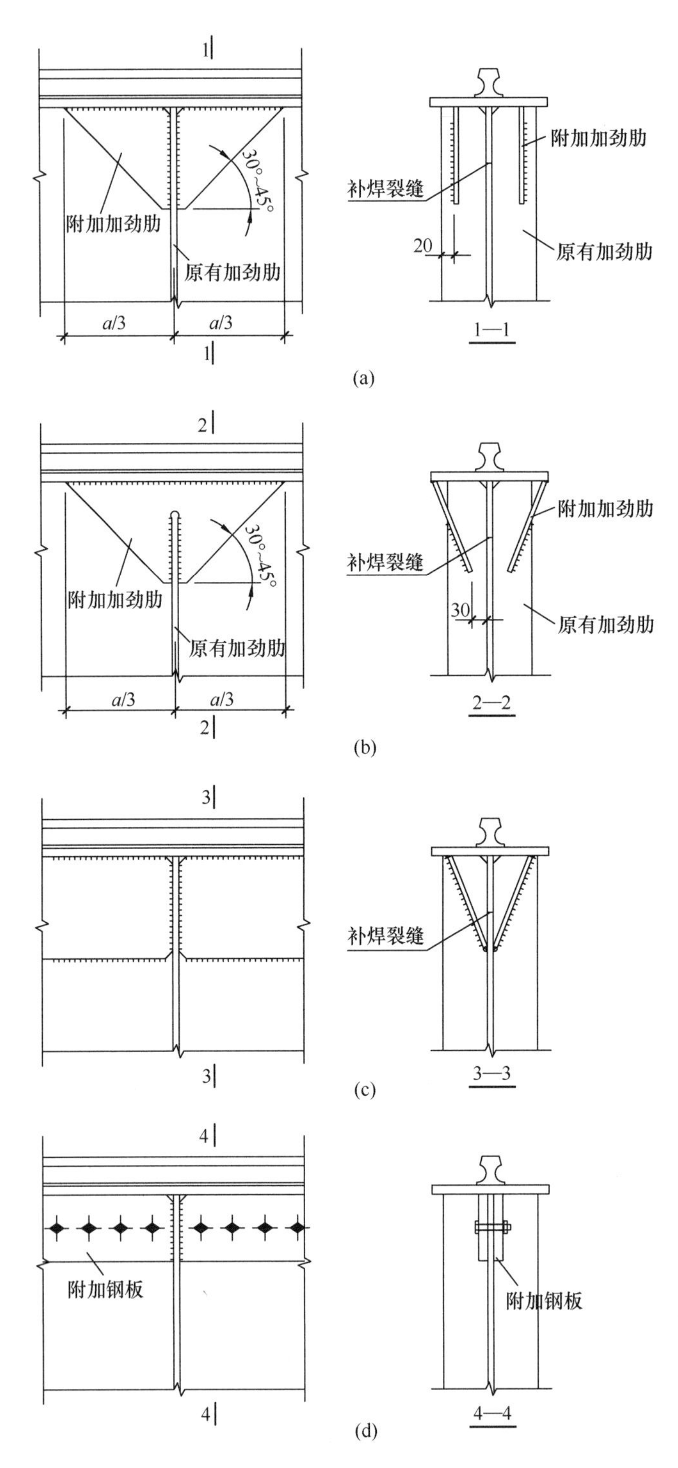

图 19.6-1 吊车梁加固方案（一）

（a）翼缘附加焊接局部垂直肋板；（b）翼缘附加焊接局部斜肋板；（c）翼缘附加焊接全长斜肋板；（d）翼缘附加栓焊全长垂直肋板。

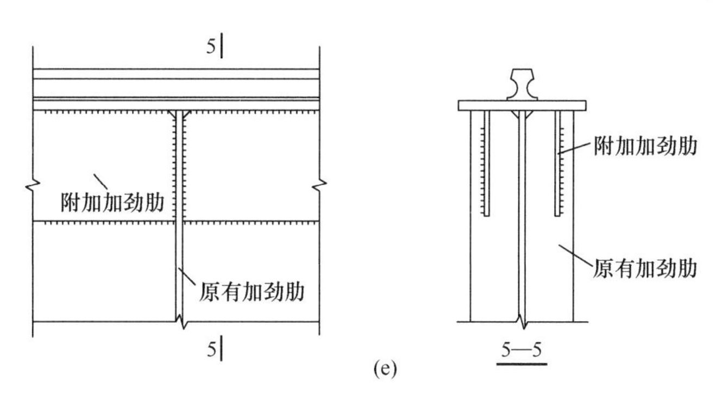

图 19.6-1 吊车梁加固方案（二）
（e）翼缘附加焊接全长垂直肋板

在负荷状态下加大角焊缝高度时，原有焊缝在扣除焊接热影响区长度后的承载力，应不小于外荷载产生的内力。研究表明，当角焊缝焊接厚度为 10～14mm 的焊件时，强度影响的最大范围仅在 26mm 以内，且热滞留时间仅为 12s。只要采取措施保证焊接区小范围退出工作引起的应力重分布不致损坏整体结构，焊后承载力将会迅速提高。对高应力的对接焊缝和搭接焊缝所作的补焊试验证明，在按规定顺序施焊时，试验机荷载下降 10%～15%，冷却后回升 5%，施焊后新旧焊缝共同受力。对压杆的焊接试验亦证明了压杆在接近临界荷载之前加固的可能性。总之，上述试验证明在较高负荷下进行焊接加固是完全可行的。

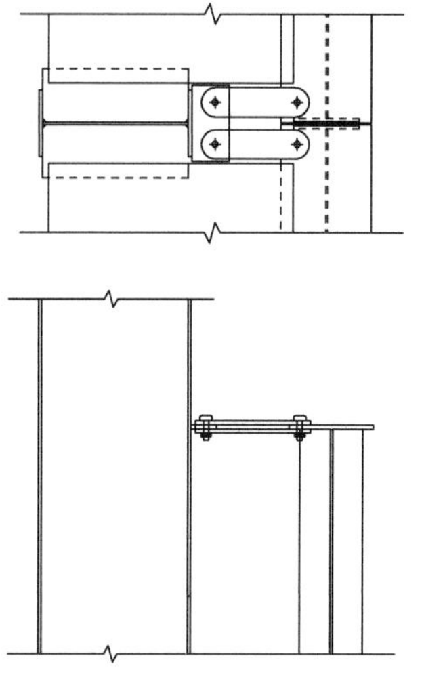

图 19.6-2 吊车梁与柱子的板铰连接

一、在负荷状态下钢结构焊缝补强工程

1. 在负荷状态下钢结构焊缝补强工程的施工顺序应符合以下规定：

（1）核算施工荷载，并采取严格的安全与控制措施；

（2）清理原结构、休整施焊区域；

（3）制订合理、安全的焊接工艺，并进行施焊；

（4）进行焊区表面处理；

（5）焊缝补强施工；

（6）焊缝质量检测；

（7）重新涂装工程。

2. 在负荷状态下焊缝连接补强施工，其现场环境气温应符合以下规定：

（1）施焊镇静钢板厚度不大于 30mm 时，环境空气温度不应低于－15℃；当厚度超过 30mm 时，温度不应低于 0℃；最好在大于或等于 10℃的环境下施焊；

（2）施焊沸腾钢板时，环境空气温度不应低于 5℃。

（3）雨雪天气时，严禁露天焊接；4 级以上风力时，焊接作业区应有挡风措施。

3. 焊区表面处理

（1）钢结构焊缝连接补强施工之前，应清除待焊区间及其两端以外各 50mm 以内的尘土、漆皮、涂料层、铁锈及其他污垢，并打磨至露出金属光泽。

（2）当发现旧焊缝或其母材有裂纹时，应按照国家现行推荐性标准《钢结构加固技术规范》CECS 77 和《建筑结构加固工程施工质量验收规范》GB 50550 规定的修补方法进行修复。

（3）焊接前，焊接作业人员应复查钢构件焊区表面处理的质量，并做好检查记录。若不符合要求，应经重新修整后方可施焊。钢结构焊区表面若有冷凝水或结冰现象时，应经清除和烘干后方可施焊。

4. 焊缝补强工程

（1）在下列情况下，焊缝补强施工，应先进行焊接工艺试验：

1）原构件钢材的品种和钢号系加固施工单位首次采用；

2）补强用的焊接材料型号需要改变；

3）焊接方法需要改变，或因焊接设备的改变而需要改变焊接参数；

4）焊接工艺需要改变；

5）需要预热、后热或焊后需作热处理。

（2）在负荷状态下焊接施工，应先对结构、构件最薄弱部位进行补强，并应采取下列措施：

1）对立即能起到补强作用，且对原结构影响较小的部位应先施焊，如加固桁架的腹杆时宜先焊接杆件两端节点的焊缝，然后再焊接中段焊缝，并且在腹杆的悬出肢（应力较小处）上施焊；如加大角焊缝的厚度时，必须从焊缝受力较低的部位开始施焊；对节点板上腹杆焊缝加固时，应首先施焊端焊缝；先加固最薄弱的部位和应力较高的杆件；

2）应慎重选择焊接参数（如电流、电压、焊条直径、焊接速度等），应尽可能减小焊接时输入的热能量，避免由于焊接输入的热量过大，而使结构构件丧失过多的承载能力；当需要加大焊缝厚度时，应从原焊缝受力较小的部位开始施焊，且每次敷焊的焊缝厚度不宜大于 2mm；

3）根据原构件钢材的品种，选用相应的低氢焊条，且焊条直径不宜大于 4mm；焊条电流不宜大于 200A；若需多道施焊时，层间温度差应低于 100℃；

4）确定合理的焊接顺序，以使焊接应力尽可能减小，并能够促使构件卸载。如在实腹梁中宜先加固下翼缘，然后再加固上翼缘；在桁架结构中宜先加固下弦、后加固上弦等；

5）应采用有效控制焊接变形的措施；

6）轻钢结构中的小角钢和圆钢杆件，不宜在负荷状态下进行焊接，必要时应采取可靠的措施；圆钢拉杆严禁在负荷状态下用焊接方法加固。

（3）对于双角钢与节点板用角焊缝连接加固时，如图 19.6-3，应先从一个角钢一端的肢尖端头 1 开始施焊，继而施焊同一角钢另一端 2 的肢尖焊缝，再按上述顺序和方法施焊角钢的肢背焊缝 3、4 以及另一角钢的焊缝 5、6、7、8。

（4）负荷状态下焊缝补强的焊接施工，应指派有经验的焊接专业工程师在现场指导，并应在施工记录上签字。

（5）焊缝质量检测

1）对一级、二级焊缝应进行焊缝探伤，其探伤方法及探伤结果分析应符合现行国家

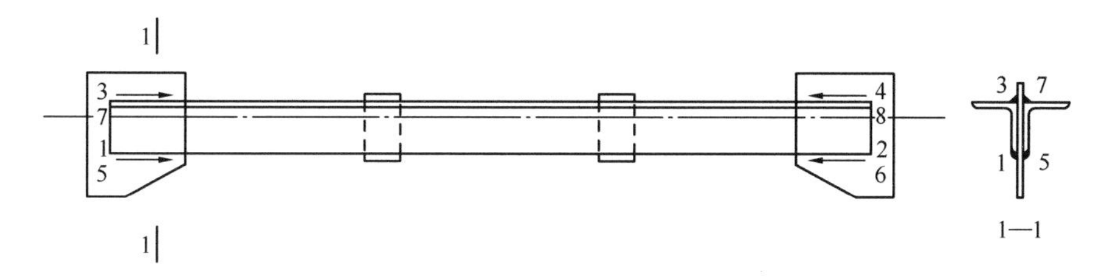

图 19.6-3 焊接顺序示意图

标准《钢结构工程施工质量验收规范》GB 50205 的规定；

2）焊缝的外观质量、焊缝的焊波、焊道的施工质量以及焊缝尺寸偏差的检查结果应符合《建筑结构加固工程施工质量验收规范》GB 50550 的规定。

二、在负荷状态下钢构件增大截面工程

1. 在负荷状态下钢构件增大截面工程的施工顺序应符合以下规定：

（1）核算施工荷载，并采取严格的安全与控制措施；

（2）清理、休整原结构、构件；

（3）加工、制作新增的部件和连接件；同时制订合理的施工工艺和技术条件；

（4）界面处理；

（5）安装、结合新部件；

（6）施工质量检测；

（7）重新涂装工程。

2. 在负荷状态下钢构件增大截面工程进入焊接工序时，其施工现场环境气温应符合负荷状态下焊缝连接补强施工的相关规定。

3. 负荷状态下钢构件增大截面工程，应要求由具有相应技术等级的专业单位进行施工；其焊接作业必须由取得相应位置的焊接合格证、且经过现场考核合格的焊工施焊。

4. 界面处理

原结构、构件的加固部位经除锈和休整后，其表面应显露出金属光泽，且不应有明显的凹面或损伤，若有划痕，其深度不得大于 0.5mm。待焊区钢材焊接面应无明显凹面、损伤和划痕；对原有的焊疤、飞溅物及毛刺应清除干净。

加固施焊前应复查待焊区间及其两端以外各 50mm 范围内的清除质量。若有新锈或新沾的尘土、油迹及其他污垢，应重新进行清理。

5. 新增钢部件加工

（1）钢材的切割面或剪切面应无裂纹、夹渣、分层和大于 1mm 的缺棱；

（2）气割或机械剪切的零部件，需要进行边缘加工时，其刨削量不应小于 2.0mm；

（3）当采用高强度螺栓连接时，钢结构制作和安装单位应按国家标准《钢结构工程施工质量验收规范》GB 50205 的规定进行高强度螺栓连接摩擦面的抗滑移系数试验和复验；现场处理的构件摩擦面应单独进行摩擦面抗滑移系数试验；其结果应符合设计要求。

（4）A、B 级螺栓孔（Ⅰ内孔）应具有 H12 的精度；C 级螺栓孔（Ⅱ类孔）的孔径允许偏差为$^{+1}_{0}$mm；A、B 级螺栓孔壁表面粗糙度 R_a 不应大于 12.5μm；C 螺栓孔壁表面粗糙度 R_a 不应大于 25μm；

（5）气割的偏差、机械切割和边缘加工的偏差应满足《建筑结构加固工程施工质量验收规范》GB 50550 的规定；

(6) 螺栓孔孔径的偏差应符合现行国家标准《钢结构工程施工质量验收规范》GB 50205 对允许偏差的规定；

6. 新增部件安装、拼接施工

(1) 在负荷状态下进行钢结构加固时，必须制定详细的施工技术方案，并采取有效的安全措施，防止被加固钢构件的结构性能受到焊接加热、补加钻孔、扩孔等作业的损害；

(2) 新增钢结构与原结构的连接采用焊接时，必须制定合理的焊接顺序和施焊工艺。其制定原则应符合在负荷状态下进行钢结构焊缝补强工程的要求；

(3) 负荷下采用焊接方法对钢结构构件进行加固时，应先将加固件与被加固件沿全长相互压紧，用长 20～30mm、间距 300～500mm 的定位焊缝焊接后，再由加固件端部向内分区段（每段不大于 70mm）进行施焊。每焊好一个区段，应间隙 3～5min。对于截面有对称的成对焊缝时，应平行施焊；当有多条焊缝时，应按交错顺序施焊；对上下侧有加固件的截面，应先施焊受拉侧的加固件，然后施焊受压侧的加固件；对一端为嵌固的受压杆件，应从嵌固端向另一端施焊；若为受拉杆，则应从非嵌固端向嵌固端施焊；

(4) 采用螺栓连接新增钢板件时，应先将原构件与被加固板件相互压紧，然后应从加固件端向中间逐个制孔并随即安装、拧紧螺栓。以便尽可能减小加固过程中截面的过大削弱；采用螺栓连接时，在保证加固件能够和原有构件共同工作的前提下，应选用较小直径的螺栓，并尽量采用高强度螺栓连接；

(5) 采用增大截面法加固静不定结构时，应首先将全部加固件与被加固件压紧并点焊定位，然后按上述要求从受力最大构件依次连续地进行加固连接；

7. 尺寸偏差、螺栓、焊缝等施工质量检验应符合《建筑结构加固工程施工质量验收规范》GB 50550 的规定。

19.6.3　结构的卸荷加固

若不影响生产，一般在原位置上使构件完全卸荷或部分卸荷下进行结构加固。采用的卸荷方法必须受力明确、措施合理、确保安全，尤其要注意卸荷时可能有的构件受力性质的改变，如受拉杆件变为受压杆件等。

当结构损伤严重或构件及接头应力较大，或者补强施工临时削弱构件截面或连接时，需要暂时减轻其负荷进行加固。当结构损伤严重或原构件承载力过小，不宜就地补强时，还需要考虑将构件拆下补强或更换。

1. 工业厂房的屋架，可以在下弦节点下增设临时支柱，如图 19.6-4a，或组成撑杆式结构，如图 19.6-4b，张紧其拉杆对屋架进行改变内力的方法卸荷。当厂房内桥式起重机有足够的强度时，也可支承在桥式起重机上，如图 19.6-4c。

由于屋架从两点支承变为多点支承，所以需要进行内力验算，特别应注意内力符号改变的杆件。当个别杆件（如中间斜杆）由于临时支点反力的作用，其承载能力不能满足要求时，应在卸荷之前予以加固。验算时可将临时支座的反力作为外力作用在屋架上，然后对屋架进行内力分析。临时支座反力可近似地按支座的负荷面积求得，并在施工时通过千斤顶的读数加以控制，使其符合计算中采用的数值。临时支承节点处的局部受力情况也应进行核算，该处的构造处理应注意不要妨碍加固施工。施工时尚应根据下弦支撑的布置情况，采取临时措施防止支承点在平面外失稳。

2. 托架的卸荷可以采用屋架的卸荷方法，也可利用吊车梁作为支点使托架卸荷。当吊车梁制动系统中辅助桁架的强度较大时，可在其上设临时支座来支托托架。利用杠杆原理，以吊车梁作为支点，外加配重使托架卸荷的方法也是一种可取的方法，如图 19.6-5。通过控制配重 Q，可以较精确地计算出托架卸荷的数量。利用吊车梁和辅助桁架卸荷时，应验算其强度。尤其应注意当利用杠杆原理卸荷时，作为支点的吊车梁所受的荷载除外加配重 Q 外，尚应叠加上托架被卸掉的荷载。

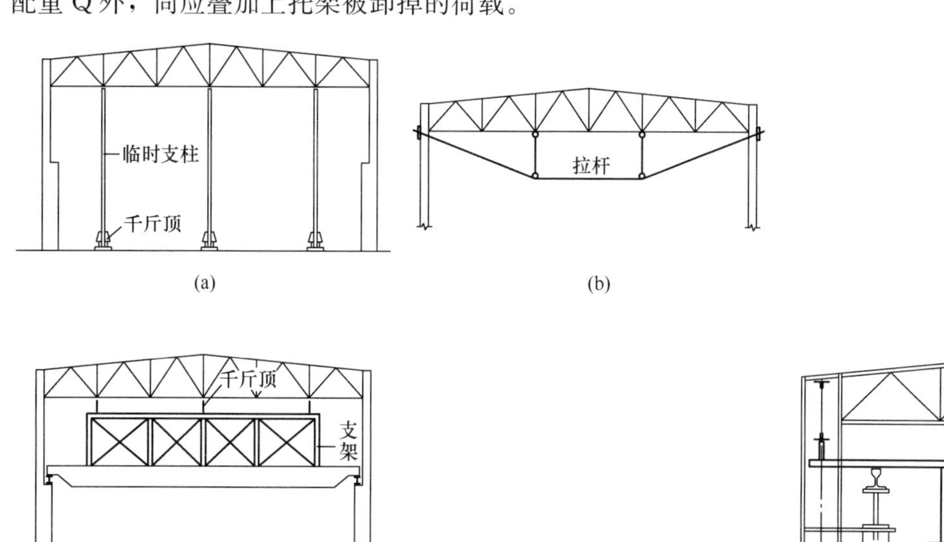

图 19.6-4 屋架卸荷示意图

（a）用临时支柱卸荷；（b）用撑杆式构架卸荷；（c）利用吊车卸荷

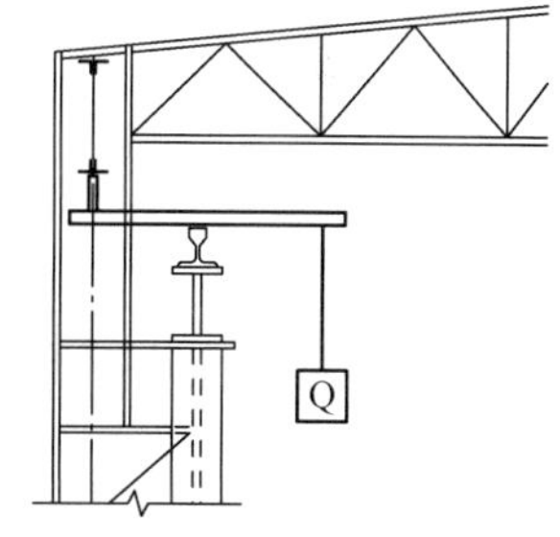

图 19.6-5 用撑杆式构架卸荷

3. 柱子一般采用设置临时支柱卸去屋架和吊车梁的荷载，如图 19.6-6 所示。临时支

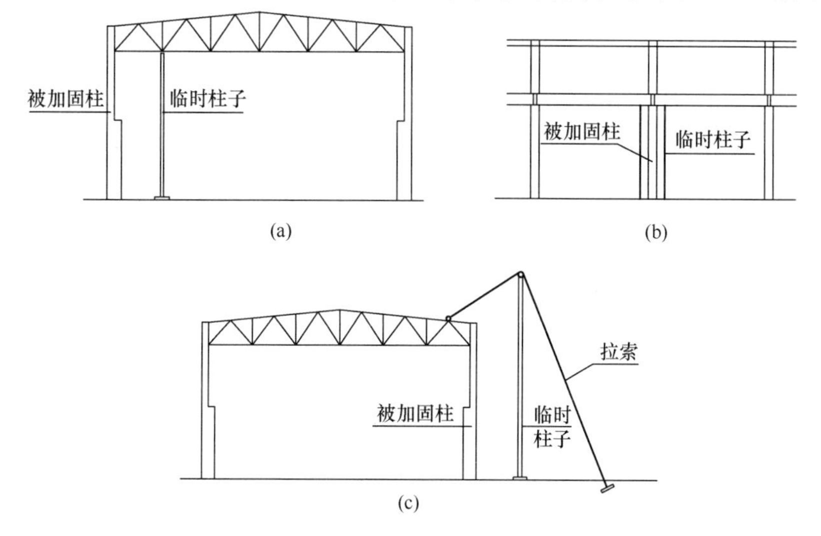

图 19.6-6 柱子卸荷示意图

（a）用临时支柱卸荷；（b）用撑杆式构架卸荷；（c）临时支柱

柱一般立于厂房内，如图 19.6-6a、b 所示；也可立于厂房外面，这样可以不影响厂房内的生产（图 19.6-6c）。当仅需加固上段柱时，也可利用吊车桥架支托屋架使上段柱卸荷，如图 19.6-4c 所示。

当下段柱需要加固甚至截断拆换时，一般采用“托梁换柱”的方法，如图 19.6-7 所示。

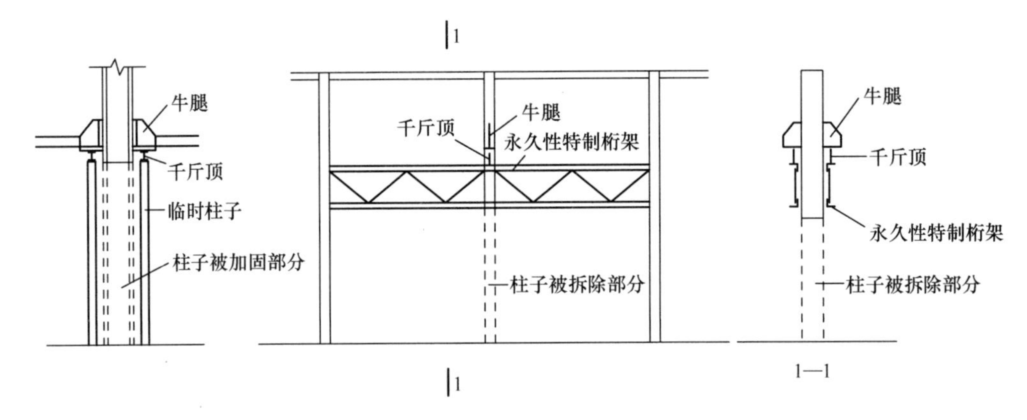

图 19.6-7　柱子卸荷示意图

“托梁换柱”的方法也可用于整根柱子的更换。当需要加固柱子基础时，可采用“托柱换基”的方法。

4. 工作平台的卸荷：工作平台因其高度不高，一般都采用临时支柱进行卸荷。

参　考　文　献

[1]　建筑结构检测技术标准：GB/T 50344—2004[S]. 北京：中国建筑工业出版社，2010.

[2]　钢结构现场检测技术标准：GB/T 50621—2010[S]. 北京：中国建筑工业出版社，2010.

[3]　高耸与复杂钢结构检测与鉴定技术标准：GB 51008—2016[S]. 北京：中国建筑工业出版社，2016.

[4]　钢结构检测与鉴定技术规程：DG/T J08—2011—2007[S]. 上海：上海市建设和交通委员会，2007.

[5]　工业建筑可靠性鉴定标准：GB 50144—2008[S]. 北京：中国建筑工业出版社，2008.

[6]　清华大学等.《既有大型公共建筑质量安全管理办法》建议稿.2008.

[7]　罗永峰等.上海市《钢结构检测与鉴定技术规程》编制简介.钢结构，2009，24：57-61.

[8]　罗永峰.国家标准《高耸与复杂钢结构检测与鉴定技术规程》编制简介，钢结构，2014，29(4)：44-49.

[9]　刘晓.既有大型刚性空间钢结构整体安全性评定研究.上海：同济大学博士学位论文，2008.

[10]　罗永峰等.既有钢结构构件安全性评定分析方法.第十一届全国建筑物鉴定与加固改造学术交流会议论文集.2012：471-476.

[11]　罗立胜等.考虑节点几何位置误差的既有网壳结构稳定计算方法.湖南大学学报，2013，40(3)：26-30.

[12]　俞国音等.新编《钢结构检测评定及加固技术规程》YB 9257—96 介绍.钢结构，1998，13(39)：37-59.

[13]　X Liu，Y Luo，Z Wang. Safety Assessment Method for Existing Large Span Steel Structures[J]，Journal of the International Association for Shell and Spatial Structures，2008，149(2)：113-121.

[14] 李庆典等．对钢结构加固技术规程可靠度水平的评价．四川建筑科学研究．2003，29(3)：71-73.
[15] 张颂乃．大跨度钢结构桥架的检测鉴定及加固处理．工业安全与环保．2004.30(5)：30-32.
[16] 尹德钰等．20年来中国空间结构的施工与质量问题[C]. 第十届空间结构学术会议论文集，2002，53-63.
[17] 王东晶．既有结构体系安全性的综合评定方法．西安：西安建筑科技大学硕士学位论文，2011.
[18] 焦铁涛等．某高层建筑的结构可靠性鉴定及剩余寿命预测．工业建筑，2008，38：993-997.
[19] 赵婷婷．腐蚀钢结构受弯构件刚度及稳定性退化模型分析．西安：西安建筑科技大学硕士学位论文，2010.
[20] 白烨等．在役锈蚀钢结构承载性能研究现状与展望．水利与建筑工程学报，2009，7 (4)：11-12.
[21] 罗永峰等．考虑节点损伤的钢框架结构分析模型．计算力学学报，2009，5：710-714.
[22] 罗立胜等．既有钢结构构件安全性评定方法．湖南大学学报，2014，03，41(3)：20～25.
[23] 刘晓等．既有大型空间钢结构构件权重计算方法研究武汉理工大学学报，2008，30(1)：125-129.
[24] 罗永峰等．既有钢结构鉴定评估研究现状．中国建筑金属结构协会钢结构分会年会，2014，04，15～27.
[25] Yongfeng LUO, Lisheng LUO, Xiaonong GUO. A Practical Method for Evaluation of the Member Importance of Existing Spatial Structures[C]. Beyond the Limits of Man, Proceedings of the IASS 2013 Symposium, pp145, Wroclaw, Poland 23-27 Sept. 2013.
[26] 刘晓等，既有大跨空间钢结构安全性评定方法[J]，东南大学学报，2008，38(4)：709-712.
[27] YF Luo, HJ Song, A Mechanical model of steel frames with joint damages[C], 'Bridge Maintenance, Safety, Management, Health Monitoring and Informatics'. 4th International Conference on Bridge Maintenance, Safety and Management (IABMAS'08), Seoul Korea, 13-17 July 2008, 405.
[28] 赵熙元，柴昶，武人岱．钢结构设计手册．北京：冶金工业出版社，1995.
[29] 钢结构设计标准：GB50017－2017[S]. 北京：中国建筑工业出版社，2018.
[30] 钢结构加固技术规范：CECS77：1996[S]. 北京：中国计划出版社，1996.
[31] 钢结构检测评定及加固技术规程：YB 9257－1996[S]. 北京：冶金工业出版社，1997.
[32] 建筑结构加固工程施工质量验收规范：GB 50550—2010[S]. 北京：中国建筑工业出版社，2010.
[33] 王全风，黄奕辉，杨勇新．结构加固设计及实用计算．北京：中国电力出版社，2010.
[34] 郭兵，雷淑忠．钢结构的检测鉴定与加固改造．北京：中国建筑工业出版社，2006.
[35] 曹双寅，邱洪兴，王恒华．结构可靠性鉴定与加固技术．北京：中国水利水电出版社，2001.
[36] 彭福明，郝际平，岳清瑞，杨勇新．FRP加固钢结构轴心受压构件的弹性稳定分析．钢结构，2005.
[37] 邓军，黄培彦．FRP加固钢梁的设计方法研究．世界桥梁，2007.
[38] 叶列平，冯鹏．FRP在工程结构中的应用与发展．土木工程学报，2006.
[39] 上官子昌．钢结构加固设计与施工细节详解．北京：中国建筑工业出版社，2012.
[40] 碳纤维片材加固混凝土结构技术规程 CECS 146—2003. 北京：中国计划出版社，2003.
[41] 佟晓利，杨建平，姜华，周有淮等．吊车梁圆弧端头的疲劳破坏和补强加固．钢结构，2002.
[42] 钢结构高强度螺栓连接技术规程：JGJ 82—2011[S]. 北京：中国建筑工业出版社，2011.

第 20 章　钢结构制作与安装的技术要求

20.1　概　　述

钢结构制作与安装具有精度要求高、工业化程度高的特点，其作业过程中大量采用现代化的施工作业设备和工具，包括数控切割机等加工制作设备，塔式起重机等大型起重设备等，其现场施工劳动力投入较土建等其他专业施工也相对较少。钢结构制作与安装施工与其他建筑结构施工一样，必须遵守相应的具有法律效应的国家现行规范标准，除了需遵循相关设计标准要求外，其常用法规文件、标准见表 20.1-1～表 20.1-5。

钢结构施工常用法规文件表　　表 20.1-1

序号	名　　称
1	中华人民共和国建筑法
2	中华人民共和国安全生产法
3	国务院令第 279 号《建设工程质量管理条例》
4	国务院令第 393 号《建设工程安全生产管理条例》
5	建设部令 81 号《实施工程建设强制性标准监督规定》
6	住建部 37 号令《危险性较大的分部分项工程安全管理规定》

常用设计施工标准　　表 20.1-2

序号	名　　称	编号
1	钢结构设计标准	GB 50017
2	钢结构工程施工规范	GB 50755
3	钢结构工程施工质量验收规范	GB 50205
4	钢结构焊接规范	GB 50661
5	钢结构现场检测技术标准	GB/T 50621
6	工程测量规范	GB 50026
7	钢结构防火涂料通用技术条件	GB 14907
8	建筑工程施工现场供用电安全规范	GB 50194
9	建筑钢结构防腐技术规程	JGJ/T 251

常用材质标准　　表 20.1-3

序号	名　称	编号
1	厚度方向性能钢板	GB 5313
2	热轧 H 型钢和剖分 T 型钢	GB/T 11263
3	低合金高强度结构钢	GB/T 1591
4	结构用无缝钢管	GB/T 8162
5	建筑用压型钢板	GB/T 12755
6	碳素结构钢	GB/T 700
7	建筑结构用钢板	GB/T 19879
8	合金结构钢	GB/T 3077
9	建筑结构用冷弯薄壁型钢	JG/T 380
10	建筑结构用冷成型焊接圆钢管	JG/T 381

常用焊接材料标准　　表 20.1-4

序号	名　称	编号
1	埋弧焊用低合金钢焊丝和焊剂	GB 12470
2	碳钢药芯焊丝	GB 10045
3	埋弧焊用碳钢焊丝和焊剂	GB 5293
4	气体保护电弧焊用碳钢、低合金钢焊丝	GB/T 8110
5	电弧螺柱焊用圆柱头焊钉	GB/T 10433
6	堆焊焊条	GB/T 984
7	低合金钢焊条	GB/T 5118
8	碳钢焊条	GB/T 5117
9	熔化焊用钢丝	GB/T 14957
10	气体保护焊用钢丝	GB/T 14598

常用紧固件标准　　表 20.1-5

序号	名　称	编号
1	钢结构用扭剪型高强度螺栓连接副	GB/T 3632
2	钢结构用高强度大六角头螺栓、大六角螺母、垫圈技术条件	GB/T 1231
3	钢结构用高强度大六角头螺栓	GB/T 1228
4	钢结构用高强度垫圈	GB/T 1230
5	钢网架螺栓球节点用高强度螺栓	GB/T 16939
6	钢结构高强度螺栓连接技术规程	JGJ 82

工程施工前必须编制施工组织设计，它是指导一个拟建工程进行施工准备和实施作业的基本技术经济文件，其任务是对具体拟建工程的整个施工过程，在人力和物力、时间和空间、组织和技术上，做出一个全面、合理的计划安排。施工组织设计既包含了工程项目总体的施工思路和全局部署，同时还包括了局部工程、分部分项工程的施工方法、质量控制措施和安全文明施工措施，以保证拟建工程的工程质量、工程进度以及施工安全，进而

取得良好的经济、社会和环境效益。

钢结构工程施工组织设计是针对建筑工程中钢结构部分施工组织、制造、安装全过程施工的技术指导文件，其编制内容主要包括钢结构工程概况、工程施工重难点分析、施工部署、资源需求计划、钢构件加工制造方案、现场安装方案、进度质量保障措施、安全文明施工等内容。

1. 钢结构工程概况。在编制此部分内容时，首先应对拟建工程整体的建筑情况进行简要介绍，如工程建筑功能、建筑高度、建筑面积、周边环境等，使方案阅读人员对工程整体情况有一个整体了解。之后，应对工程结构情况，尤其是钢结构情况进行重点介绍，如建筑结构形式，建筑用钢量、钢结构分布情况、主要构件及节点形式、钢材材质情况、防火防腐要求等。

2. 工程施工重难点分析。主要针对钢结构施工作业时可能遇到的重点、难点环节进行分析介绍，并提出总体解决思路。重难点内容通常包括施工部署、工期保障、质量保障、专业协调、技术和安全施工（如厚板焊接、精度控制、安全保障）等方面。工程施工重难点分析为施工组织设计的核心内容，后续方案的编制均围绕其进行和展开。

3. 施工部署。此部分为工程施工前的整体规划，主要根据工程结构施工需求及现场实际情况，制定施工设备需求计划、劳动力计划、物资需求计划、施工进度计划、施工总平面布置等内容。

4. 钢构件加工制造方案。主要介绍工程钢构件加工制作方法，包括工程钢构件情况介绍，钢板采购、检验、堆放要求、加工制作设备介绍、构件加工制造工艺、焊接方法、构件包装及运输要求等。

5. 现场安装方案。根据重难点分析内容，介绍工程钢结构现场安装方法，包括构件现场堆放要求，施工前技术准备，构件吊装工艺、焊接工艺、测量工艺、关键部位施工方法、冬雨季施工作业方案等。

6. 进度质量保障措施。此部分根据进度计划、质量目标提出劳动力和资源投入保障措施、焊接环节质量控制措施、精度控制措施、涂装质量控制措施等。

7. 安全文明施工。重点针对安全文明施工提出相应的解决方案，包括安全文明施工目标、工程安全组织体系的建立，明确工程安全生产责任制，安全风险源的识别，工程现场施工安全防护措施，应急预案等。

20.2　钢材的订购与验收

20.2.1　钢材订购

钢材的订购是工程实施的重要环节，是工程质量控制和进度控制的源头。钢材订购前应根据工程设计图纸制定采购计划、并进行考察工作，保证材料按时、保质保量进行供应，满足钢结构制作及现场施工需要。

一、材料采购计划编制

材料采购计划作为工程备料的依据，直接影响工程用料是否充足、材料是否满足加工制作要求、材料损耗控制效果是否良好，须严格保证采购计划的及时性、准确性以及合理性。

材料采购计划编制的依据包括深化设计的材料清单、深化设计图纸、深化设计总说明以及国家现行相关标准、规范等。为保证工程质量及结构安全，材料必须严格执行设计总说明及国家现行相关标准的要求。责任人员在编制材料采购计划前，必须仔细研读并理解设计总说明及国家现行标准中相关的要求等。在采购计划中须具体、清晰地标出材料的性能要求及其质量标准、质检标准等。

材料采购清单的编制应遵循节约的原则。在满足工程用料的前提下，应尽量减少材料富余量；根据工艺原则进行零件组合排版，尽量减少余量并尽可能使用余量制作较小的零件；尽量采购标准材料，降低采购成本。

为保证材料采购计划的准确性、合理性，须由相关负责人严格校审采购部门编制的采购计划。

在材料采购阶段，责任工艺师及材料库管人员应实时监督，发现问题及时反馈、纠正。在招标期间，因现货采购不能满足定制的板幅要求时，需根据理论需求量和新板幅进行最新采购量换算，避免出现采购量不足的情况；当某种材料对应的材料或规格购买不到时，在征得设计部门同意并得到相关变更通知后进行相应的采购变更；由于实际板幅、损耗控制、下料失误、材料挪用、设计变更等引起材料量增加时，应根据相关要求及时进行增补采购。

采购的材料包括钢材、焊材、栓钉、油漆等所有施工中用到的材料，其中钢材的采购成本占整个制作成本的大部分，其采购存在不确定性，需随着工程进度适时跟进，保证供应。

二、考察、确定合格供货商

当业主指定品牌时，须在其范围内进行材料采购。更换业主指定品牌材料将通过商务变更流程，并报业主审批同意后，方可进行采购。

当业主未指定采购品牌时，应根据材料采购和进场计划，对相应材料供货商资质进行审查和实地考察，选定合格供货商。供货商选定后，及时通知供货商，报送相应资料。

在订购各种材料前，应向业主代表、工程监理呈示有关材料样品并附上该材料的材质证明书、出厂合格证及生产厂家资质等相关资料，经业主代表、监理同意后，方与材料供应商签订购货合同。必要时与业主、监理对生产厂家进行实地考察。

采购考察的内容包括生产状况、人员状况、原料来源、机械设备应用情况，对供应商的质量保证能力审核，对供应商支付能力和提供保险、保函能力的调查。供货商选择的全部记录资料由相关部门负责保存。

20.2.2 钢材验收

钢材根据运输计划运输至工厂后，需进行材料验收。原材料进场后先卸于“待检区”，由材料管理人员对其进行检查。材料管理员依据合同确定所需钢材的项目名称、规格型号和数量，通知车间成本员、质检人员共同对钢材的规格型号、数量、外观尺寸进行验收，并配合质检人员及时取样送检。若钢材有探伤要求，须经现场探伤合格后方能验收。材料收货后，可建立物资验收记录台账，合格品入库手续，不合格品根据合同规定进行退换处理。

钢材物理性能和化学成分需进行复验：物理性能检验包括原材料的拉伸（包括 Z 向性能）、弯曲、冲击试验、超声等，化学成分分析包括原材料的 C 、Si、Mn 、S 、P 等元素成分分析试验。试样需送往具有国家相应检验资质的实验室进行相关实验。其检验、试验的方案包括次数、方法及程序等均须符合国家现行标准和设计文件的规定，亦同时须符合合同要求，检验和试验方案必须报业主和监理审核后才能实施。对于采购材料复试检验的批次、组成和频率，制作单位将制定复试方案，报业主和监理并组织专家评审，同时报当地质监站备案。若试验未能达至上述要求，应更换材料及重新试验，直至达标为止。

验收完成的材料即可入库。钢材在存放时，需根据其特性选择合适的存储场所，并保持场地清洁干净，不得与酸、碱、盐、水泥等对钢材有侵蚀性的材料堆放在一起，做好防腐、防潮、防损坏工作。材料进场应根据库房布局合理堆放，尽量减少二次转运。入库钢材必须分类、分批次堆放，做到按产品性能分堆并明确标示。堆垛之间宜根据体积大小和运输机械规格留出大小合适的通道。钢材堆放见图 20.2-1 所示。

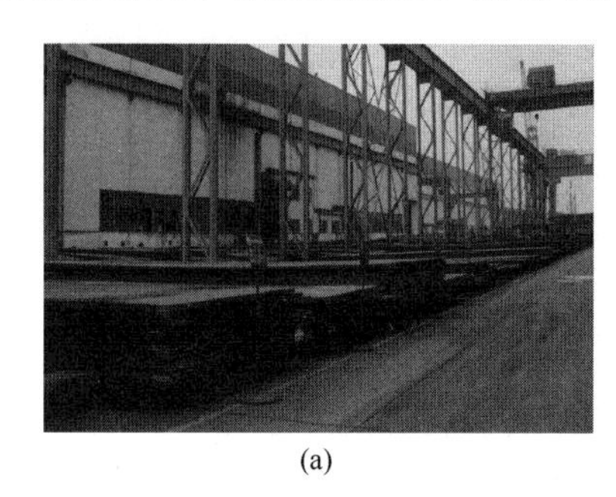

(a)

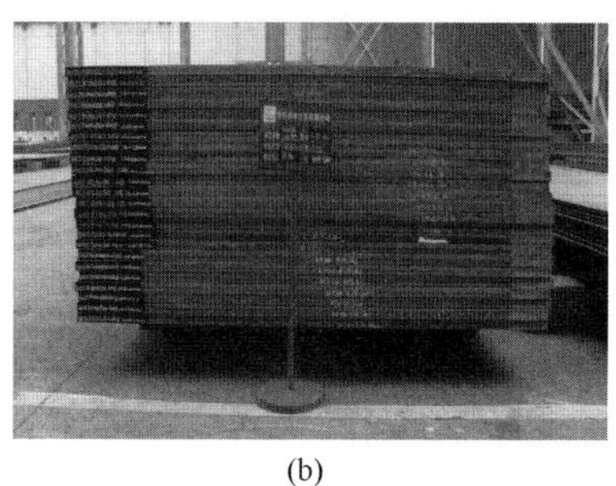

(b)

图 20.2-1　钢材堆放

材料的领用和发放时，工艺技术人员应依照材料采购计划中定制材料规格进行排版套料，并开具材料领用单；材料发放人员应依照材料领用单发放材料；车间人员应依照材料领用单核对所接材料，核实无误后双方签字确认。

下料过程中产生的余料还可能在工程现场施工中继续使用时，余料可对车间退料，并按照规定的流程进行收料、登记，建立专门的台账。余料应按照工程项目、类别进行存放，保证场地清晰、易查询、易调运，便于工艺技术部门再次发料使用。

20.3　制作详图设计

20.3.1　设计概述

钢结构制作详图设计也叫钢结构深化设计、二次设计，是以设计单位设计施工图、计算书及其他相关资料（包括招标文件、答疑补充文件、技术要求、工厂制作条件、运输条件，现场拼装与安装方案、设计分区及土建条件等）为依据，依托专业软件平台，建立三维实体模型，开展施工过程仿真分析，进行施工过程安全验算，计算节点坐标定位调整值，并生成结构安装布置图、构件与零部件下料图和报表清单的过程。作为连接设计与施工的桥梁，钢结构深化设计立足于协调配合其他专业，对施工的顺利进行、实现设计意图具有重要作用。

依据设计单位设计文件的深度，钢结构制作详图设计内容可区分为如下三种情况：

1. 在设计单位完成建筑和其他专业施工图设计文件及结构专业初设阶段设计文件的

情况下，由具有钢结构专项设计资质的加工制作单位完成钢结构制作详图。

2. 在设计单位出具全套钢结构设计施工图但未给出结构节点大样图的情况下，由施工详图设计单位完成结构节点大样、构件与零部件下料图与报表清单设计。

3. 在设计单位出具完整的钢结构设计施工图已达到施工要求的情况下，由施工详图设计单位根据施工流程进行构件与零部件下料图与报表清单设计。

钢结构制作详图必须满足钢结构设计施工图的技术要求，并应符合相关设计与施工的国家现行标准规定，达到工厂加工制作、现场安装的要求。

钢结构制作详图设计是工程施工前最重要的环节之一，其重要性具体表现为如下几个方面：

1. 通过三维建模，消除构件碰撞隐患；通过施工过程仿真分析和全过程安全验算，消除吊装过程中的安全隐患；通过节点坐标放样调整值计算，将建筑偏差控制在容许范围之内。

2. 通过对设计施工图纸的继续深化，对具体的构造方式、工艺做法和工序安排进行优化调整，使钢结构制作详图完全具备可实施性，满足钢结构工程按图精确施工的要求。

3. 通过制作详图设计对设计施工图纸中未表达详尽的构造、节点、剖面等进行优化补充，对工程量清单中未包括的施工内容进行补漏拾遗，准确调整施工预算，为工程结算提供依据。

4. 通过制作详图设计对设计施工图纸的补充、完善及优化，进一步明确钢结构与土建、幕墙及其他相关专业的施工界面，明确彼此交叉施工的内容，为各专业顺利配合施工创造有利条件。

5. 制作详图可为物资采购提供准确的材料清单，并为竣工验收提供详细技术资料。

制作详图设计的工作内容主要包括如下几个方面：

一、节点设计

详图设计时参照相应的节点大样图进行设计；若结构设计施工图中无明确要求时，同种类型的节点形式可参照相应的典型节点进行设计；若无典型节点大样图，应由原设计单位确定计算原则后由制作详图设计单位补充完成。

二、构件与零件加工图

构件加工图是工厂加工制作的重要依据，包括构件大样图和零件图。构件大样图主要表达构件的出厂状态，主要内容为在工厂内进行零件组装和拼装的要求，通常包括拼接尺寸，制孔要求、坡口形式、表面处理等内容；零件图表达的是在工厂不可拆分的构件最小单元，如板材、铸钢节点等，是下料放样的重要依据。

三、构件安装图

安装图为指导现场构件吊装与连接的图纸，构件制作完成后，将每个构件安装至正确位置，并用正确的方法进行连接，是安装图的主要任务。一套完整的安装图纸，通常包括构件的平面布置图，立面图、剖面图、节点大样图、构件编号、节点编号等内容，同时还应包括详细的构件信息表，清晰的表达构件编号、材质、外形尺寸、重量等重要信息。

四、材料表

材料表是制作详图中重要的组成部分，它包括构件、零件、螺栓等材料的数量、尺寸、重量和材质等信息，是钢材采购，现场吊装，工程结算的重要参考资料和依据。

20.3.2　常用软件介绍

常用钢结构制作详图设计软件主要包括以下两种：

一、Tekla Structures

Tekla Structures是三维智能钢结构模拟设计软件，其独有的多用户同步操作功能创建了新的信息管理和实时协作方式，用户可以同时在同一个虚拟的空间内搭建完整的钢结构模型，模型中不仅包含零部件的几何尺寸，也包含了材料规格、截面、材质、编号、定位、用户批注等信息。操作者可以从不同视角连续旋转地观看模型中任意零部件，能直观地审查模型中各杆件的空间逻辑关系。在创建模型时可在3D视图中创建辅助点再输入杆件，也可在平面视图内搭建。Tekla Structures包含了多种常用节点，在创建节点时非常方便，只需点取某类型节点，填写参数，然后依次选取主、次部件即可，并可随时查询所有制造及安装的相关信息，校核选中部件的碰撞关系。能依据模型生成所需要的图纸、报表清单。所有信息均储存在模型的数据库内，供随时调用。当需要变更设计时，只需改变模型，其他数据均相应的改变。Tekla Structures适用于大型多高层建筑物、民用建筑、单层或多层工业厂房等。

二、AutoCAD

AutoCAD全称为Auto Computer Aided Design，即计算机辅助设计，该软件具有完善的图形绘制功能和强大的图形编辑功能，且具有较强的数据交换能力，钢结构深化设计主要运用其二维性能进行图纸管理和辅助设计，随着软件的版本不断更新，其三维性能也日益强大，同时由于Tekla Structures软件的局限性，AutoCAD也越来越多地用于异型变截面或空间弯扭结构的深化设计。

AutoCAD本身仅能进行几何方面的设计，但其拥有开放的二次开发平台，用户可采用多种方式进行二次开发各种功能性接口软件包。目前，在钢结构深化设计领域，基于CAD的软件平台，已开发出了一系列钢结构详图设计辅助软件，如批量生成实体模型、导出材料表、坐标值等信息、精确统计模型中各类材料的长度、重量等，大大扩展了其三维模型处理能力，并与之配套开发了相应的计算分析工具包，使其除能够自动标注图纸尺寸、焊接与螺栓连接信息，出具材料清单外，还可完成施工过程仿真计算、安全验算与坐标预调值计算等。AutoCAD软件适用于工业厂房、普通高层建筑、倾斜或曲面高层、单曲或双曲管桁空间结构、桥梁（箱梁式、桁架式）等。

20.3.3　设计流程

一、制作详图设计流程与前期准备

制作详图设计通常按照图20.3-1所示流程图进行：

详图设计前应进行充分的技术准备工作。设计人员接到任务后，应首先收集完整的正式纸质设计文件（施工蓝图、设计补充文件、设计变更单等）和工程合同，同步收集相关专业施工配合的正式纸质技术文件，主要包括：

1. 安装专业的构件分段分节、起重设备方案、安装临时措施、吊装方案等；

2. 制作专业的工艺技术要求；

3. 土建专业的钢筋穿孔、连接器和连接板等技术要求，混凝土浇筑孔、流淌孔等技术要求；

4. 机电设备专业的预留孔洞技术要求；

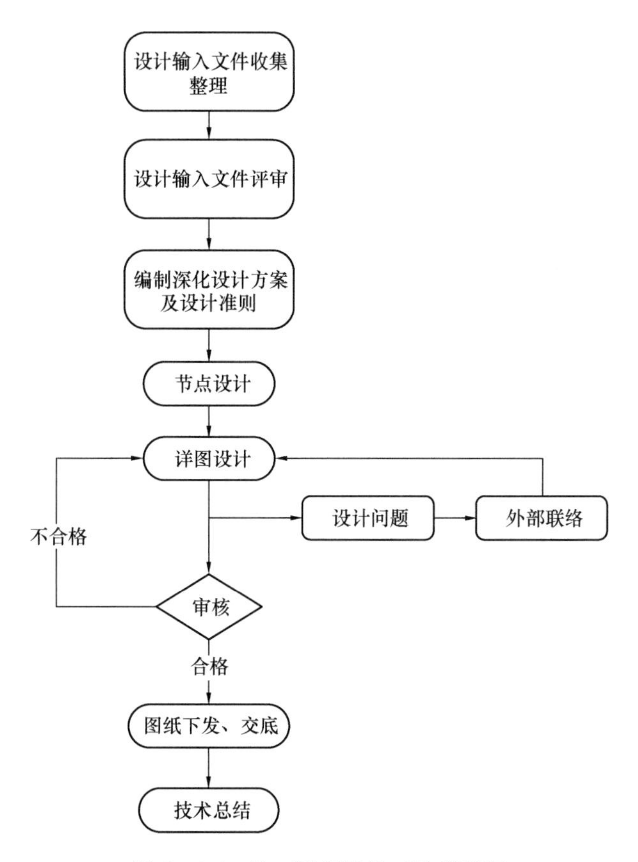

图 20.3-1 施工详图设计工作流程图

注：设计输入文件通常指设计施工图、设计补充文件、设计变更单等相关资料。

5. 幕墙及擦窗机专业的连接技术要求等。

详图设计负责人应组织相关人员熟悉图纸及技术文件，召开技术评审会议，达到以下要求：

1. 理解设计意图，消化结构设计施工图；
2. 对图纸中存在疑问、不清楚的地方以联络单的形式进行汇总；
3. 开展技术评审，对不合理的点进行分析，提出合理化建议，形成书面记录；
4. 安排人员参与现场图纸会审并形成书面的图纸会审记录；
5. 编制制作详图设计方案和设计准则，编排制作详图设计进度计划；
6. 制定针对该工程的图纸编号原则，构件、零件编号原则。

二、深化设计步骤

本节基于 Tekla Structures 软件，以某工程为例，介绍钢结构深化设计的相关步骤。

1. 建立定位轴线与结构几何模型

深化设计计算机建模的第一步为建立定位轴线与结构几何模型，一般均按照施工蓝图的定位轴线与几何模型确定，必要时可根据需要增设辅助轴线。待轴线建立完成后，应与施工蓝图中轴线间距、编号等逐一对照核查，确保无误后生成轴线视图。轴线与几何模型一经生成不得随意变动。

2. 建立结构物理模型

该工作需首先在 Tekla Structures 材料库中增加工程所需相应的材质、杆件截面、螺栓栓钉型号等基础信息，然后在结构几何模型中根据施工图纸的构件布置图和截面规格、材质等信息，进行杆件的搭设工作。在完成模型的初步搭设并经审查无误后，可导出较为准确的项目主材采购清单，包括后期构件的油漆、防火涂料的涂刷面积等，为今后的施工方案编制、生产进度的合理安排，以及商务的初步算量提供技术支持。

3. 节点深化设计

节点建模应尽可能按原设计施工图执行，若发现原设计的确不合理，应及时提出合理化建议，经原设计单位认可后方可执行。所有节点的设计应与计算简图相符，除满足强度要求外，尚应考虑构造简洁、传力清晰，减小应力集中，便于制作、现场安装可操作性强等。设计文件无明确要求时，刚接节点按等强连接计算，铰接节点按设计要求的相关规范进行验算，所有节点设计均须向原设计单位提交节点计算书，并取得认可后方可执行。节点建模完成后，须再次审核模型。

4. 完成构件编号

节点的完成标志着详图设计建模任务的基本完成。此时，详图设计负责人应组织相关人员进行模型审核。待反复审核及修改无误后，由专人进行编号。Tekla Structures 可根据预先设定的构件、零件编号原则进行智能顺序编号。从而大大缩短构件人工编号时间，确保编号的准确性。

5. 形成制作详图设计图纸

运用 Tekla Structures 的自动出图功能，形成节点大样图、构件与零部件大样图、构件安装布置图等。图纸可从三维模型中直接生成，准确性高。对形成的图纸只需对其标注信息等进行适当修改，需要时补充部分视图后即可使用。

6. 制作详图设计图纸变更

如需对制作详图变更，应按变更要求修改模型，再次进行编号并更新图纸，编号时，宜尽量保证原编号不变。

三、制作详图输出内容

制作详图成果作为构件加工和安装的指导性文件，要求其具有正确性、完整性和条理性。具体输出内容如下：

1. 钢结构制作详图设计总说明

钢结构制作详图设计总说明应在深化设计建模之前完成，并随第一批图纸发放，内容包含除原结构设计施工图中的技术要求外，还包括下列内容：

（1）设计依据，包括原结构设计施工图、设计修改通知单、安装单位的构件分段分节（塔吊方案）以及相关国家现行标准等内容，图纸及技术文件均应注明编号和出处；

（2）软件说明，包括节点计算、建模和绘图采用软件的说明及版本号；

（3）材料说明，包括钢材、焊接材料、螺栓等的规格性能、执行标准和复验要求；

（4）焊缝质量等级及焊接质量检查要求；

（5）高强螺栓摩擦面技术要求，包括处理方法、摩擦系数等；

（6）制作和安装工艺技术要求及验收标准；

（7）涂装技术要求；

(8) 构件编号说明，包括工程中所有出现的构件编号代码说明，并举例说明；

(9) 构件视图说明，以典型构件说明构件绘制的视图方向；

(10) 图例和符号说明，列表说明施工详图中的常用图例和符号；

(11) 其他需加以说明的技术要求。

2. 图纸封面和目录

图纸封面按册编制（每册图纸应有一个图纸封面，一批图纸按多册装订时应有多个图纸封面），图纸封面图幅应与图纸相同，且应包含下列内容：

(1) 工程名称；

(2) 本册图纸的主要内容；

(3) 图纸的批次编号；

(4) 设计单位和制图时间。

图纸目录应与图纸内容相一致，包含序号、图纸编号、构件号、构件数量、单重、总重、版本号、出图时间等信息。其中，序号不得出现空号，图纸编号和构件号应按序排列，一一对应，不得重复。图纸目录的信息要随着图纸内容的变更做即时的调整与更新，图纸目录中的版本编号，随着图纸内容的变更次数需要做相应的升级。

3. 平、立面布置图

制作详图结构布置图可分为结构平面图、立面图和剖面图等，也可在布置图中附加安装节点图、构件表和说明等内容。结构布置图的绘制应符合下列规定：

(1) 应标明构件的准确空间位置关系，相对位置与原结构设计施工图相同；

(2) 布置图应按比例绘制，且同一工程比例应一致；

(3) 应绘出轴线及编号，并标注轴线间距以及总尺寸、平面和立面标高、柱距、跨度等；

(4) 应将构件全数绘出，不得用对称、相反或其他省略方式表示；

(5) 构件在布置图上宜用轮廓线表示，若能用单线表示清楚时，也可用单线表示；

(6) 应标注每根构件的构件号，同一构件的构件号在平面图、立面图或剖面图上原则上宜标注一次，当构件在一个视图上无法表达清楚时，可在多个视图上标注编号；

(7) 布置图上应编制该图所反映的所有构件的构件清单表格。

4. 构件详图

构件详图应完整表达单根构件加工的详细信息，应依据布置图的构件编号按类别顺序绘制。选择合适的视图面进行绘制，并采用剖视图的方式将构件的每个部分表达清晰，剖视图应按剖视的方向位置绘制，不得旋转。

构件图尺寸标注应包含下列信息：

(1) 加工尺寸线，包括构件长和宽的最大尺寸，牛腿的尺寸等；

(2) 装备尺寸线，包括零部件在主部件上的装配定位和角度；

(3) 安装尺寸线，包括工安装和验收用的现场螺栓孔孔距和间距、吊装孔距等。

此外，还需对梁、柱等构件进行标高标注，对各零部件的组装焊缝予以标注，对相应工艺处理措施予以标注并说明等。

复杂构件还需增加三维轴测图，轴测图视角应以尽可能显示构件中各零件的位置关系为原则。

5. 零件图

零件图原则上应采用1∶1的比例绘制，零件图应包含下列信息：

（1）零件编号和规格；

（2）尺寸标注，包括特征点的定位尺寸、总尺寸；

（3）螺栓孔、工艺孔等细部标注；

（4）材料表，包含零件的规格、数量、材质等信息；

（5）零件所属构件列表。

复杂的零件，如折弯板、三维弯扭板等，应绘制其展开图、弯扭零件图（成型坐标图、表）、组拼定位图（组拼定位图、表）。两端带贯口的弯扭管件，应绘制两端贯口的角度定位图。

6. 清单

三维模型完成后，应生成钢材材料清单、螺栓/栓钉清单、构件清单等报表。

（1）钢材摘料清单应包括材料规格、材质、Z向性能、重量（分净重、毛重，线材还须提供长度）等，以及摘料依据、钢材技术标准及其他特殊要求等。

（2）螺栓/栓钉清单应包括规格、长度、标准、数量等信息。

（3）构件清单应包括构件号、构件名称、数量、单重、总重、所在图号等信息。

四、制作详图设计审查

钢结构制作详图设计须严格执行“二校三审”制度，各级审查人员承担相应的责任：

1. 自检（自校）

设计人员在完成设计文件和图纸初稿后，应进行自检，仔细检查有无错误、遗漏及与其他专业的相关部分有无矛盾或冲突，自检的主要内容如下：

（1）符合任务书记有关协议文件要求，达到规定的设计目标；

（2）符合原设计图纸的要求；

（3）符合国家或行业现行规范、规程、图集等标准的有关规定；

（4）图纸中的尺寸、数量应正确且无遗漏；

（5）图面质量符合要求。

2. 校对（专校）

在自检的基础上，由设计人员互相校对，或由专职校对人员校对，校对的主要内容如下：

（1）校对详图中构件截面规格、材质等符合原设计图纸和要求；

（2）符合现行规范、规程、图集等标准的有关规定；

（3）图纸中的尺寸、数量等正确且无遗漏。

3. 审核

经过校对的设计文件和图纸，由深化设计负责人进行审核，审核的主要内容如下：

（1）结构布置符合原设计结构体系；

（2）构件的截面规格、材质等符合原设计图纸和要求；

（3）关键节点符合原设计意图和国家或行业现行规范、规程、图集等标准的有关规定；

（4）关键图纸无差错；

（5）施工详图格式、图面表达满足要求，图纸数量齐全。

4. 审定

审定工作由制作详图设计单位的总工程师负责，审定的主要内容如下：

(1) 制作详图符合设计任务书要求，达到设计目标；

(2) 结构布置符合原设计结构体系和相关国家现行标准的规定；

(3) 制作详图格式、图面表达满足要求，图纸数量齐全；

5. 审批

审批工作由原设计单位负责，详图经过原设计审批并签字后，方可下发使用。

20.4 钢结构加工制作

20.4.1 制作工艺流程

钢结构制作工艺流程图 20.4-1 所示：

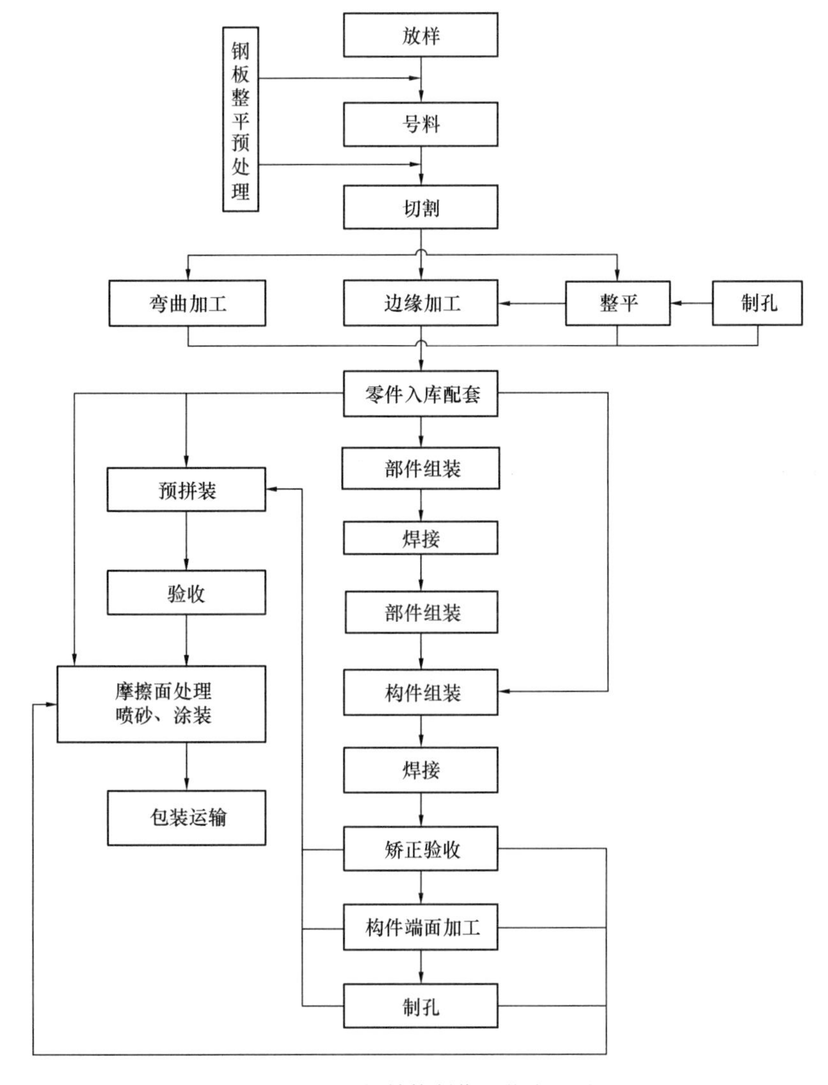

图 20.4-1 钢结构制作工艺流程图

20.4.2　零部件加工

一、放样、号料

当钢构件深化设计完成之后，其尺寸只是最终成品的尺寸，由于加工时需要考虑焊接变形、起拱等因素，所用钢板尺寸往往要大于其成品尺寸，将构件成品尺寸换算成加工所用钢板尺寸的过程，即为放样。号料是指将放样号料图上所示零件的外形尺寸、坡口形式与尺寸、加工符号、质量检验线、工艺基准线等绘制在相应的型材或钢板上的工艺过程。放样、号料时应当注意以下几点：

（1）放样人员放样前应熟悉构件的制作详图，掌握构件施工工艺文件中的焊接收缩余量和切割、端铣及现场施工所需余量，构件材质与使用钢板规格等。

（2）放样时应根据构件的制作详图进行1∶1放样，并核查构件所在位置和编号。

（3）放样人员应核对节点部位的外形尺寸、标高与相邻构件接合是否一致，构件断面尺寸与材质，构件的零件数量等。

（4）放样人员应编制零件配套表，绘制零件放样号料图，制作样板、样杆等基准件作为检查的标准。

（5）号料划线时线条精度应满足零件加工精度要求。一般零件的线条宽度≤0.8mm；精度高的零件线条宽度≤0.3mm。

（6）需弯曲加工零件的弧形外表面及重要受力构件的受拉面，不得有在钢板中心线处及任何伤及母材表面的硬记号。

（7）零件与零件间应留有应有的切割缝余量。

二、切割

常用的钢材切割方法有机械切割、火焰切割（气割）、等离子切割等。机械切割指使用机械设备，如剪切机、锯切机，砂轮切割机等，对钢材进行切割，一般用于型材及薄钢板的切割。火焰切割（气割）指利用气体（氧气—乙炔、液化石油气等）火焰的热能将工件切割处预热到一定温度后，喷出高速切割氧流，使材料燃烧并放出热量实现切割的方法，主要用于厚钢板的切割。等离子切割是利用高温等离子电弧的热量使工件切口处的金属局部熔化（和蒸发），并借高速等离子的动量排除熔融金属以形成切口的一种加工方法，通常用于不锈钢、铝、铜、钛、镍钢板的切割。切割时应严格遵守工艺规定。

机械剪切的允许偏差应符合表20.4-1的规定。

机械剪切的允许偏差　　表20.4-1

项　　目	允许偏差　mm	检查方法
零件的长度、宽度	±2.0	用钢尺、直尺
边缘缺棱	1.0	用直尺
型钢端头垂直度	2.0	用角尺、塞尺

锯切的允许偏差应符合表20.4-2的规定。

锯切的允许偏差　　表20.4-2

项　　目	允许偏差　mm	检查方法
零件的长度、宽度	±2.0	用钢尺、直尺
H型钢型材端头垂直度	带锯：4/1000	用角尺、塞尺

钢材切割方法选用应符合表 20.4-3 的规定。

钢材切割方法选用表 表 20.4-3

项　　目	加工方法
$\delta<12$mm	机械剪切
$\delta\geqslant12$mm	火焰切割
H 型钢	锯切
型材	锯切

火焰切割的允许偏差应符合表 20.4-4 的规定。

火焰切割的允许偏差 表 20.4-4

项目	允许偏差　mm	检查方法
零件的长度、宽度	±2.0	用钢尺、直尺
切割平面度	0.05t 且<2.0	用直尺、塞尺
割纹深度	0.2	用焊缝量规
局部缺口深度	1.0	用焊缝量规
表面粗糙度 R_a	一级 0.25. 二级 0.50	用直尺

注：t 为割面厚度

当切割的钢板存在缺陷时，通常采用如下办法：对于 1mm<缺棱<3mm 的缺陷，采用磨光机修磨平整，坡口不超过 $t/10$ 的缺棱，采用直径 3.2 的低氢型焊条补焊，焊后修整平整，断口上不得有裂纹或夹层。

三、矫正

为保证钢构件的加工制作质量，钢板如有较大弯曲、凹凸不平等问题时，应进行矫平。钢板矫平时优先采用矫平机对钢板进行矫平，当矫平机无法满足时采用液压机进行钢板的矫平。

矫正方法包括冷矫正和热矫正。冷矫正一般在常温下进行，热矫正主要是采用火焰矫正法。钢板矫平后的允许偏差见表 20.4-5。

碳素钢在环境温度低于－16℃，低合金钢在环境温度低于 12℃时不得进行冷矫正。

钢材矫正后的允许偏差 表 20.4-5

项目		允许偏差	图例
钢板的局部平面度	≤14	1.5	f t 1000
	>14	1.0	
型钢弯曲矢高		l/1000 且不大于 5.0	
工字钢、H 型钢翼缘对腹板的垂直度		b/100 且不大于 2.0	f b f b

采用加热矫正时，加热温度，冷却方式应符合表 20.4-6 规定（600～800℃）。

加热矫正允许偏差　　表20.4-6

加热温度、冷却方式	允许偏差	图例
加热至800～900℃然后水冷	不可实施	不可实施
加热至850～900℃然后自然冷却	可实施	可实施
加热至850～900℃然后自然冷却到650℃然后水冷	可实施	不可实施
加热至600～650℃然后直接水冷	可实施	不可实施

上述温度为钢板表面温度，冷却时当温度下降到200～400℃，需将外力全部解除，使其自然收缩。

矫正后的钢板不应有明显的凹面或损伤，划痕深度不得大于0.5mm，且不应大于该钢板厚度允许偏差的1/2。

四、弯曲

弯曲成型加工原则在常温下进行（冷弯曲），碳素结构钢在环境温度低于－16℃、低合金结构钢在环境温度低于－12℃时不应进行冷弯曲，弯曲成型加工后钢材表面，不应有明显的凹面或损伤，划痕深度不得大于0.5mm，且不应大于该钢材厚度负允许偏差的1/2。

五、坡口与端部铣平加工

1. 坡口加工

（1）构件的坡口加工，采用半自动火焰切割机进行。

（2）坡口面应无裂纹、夹渣、分层等缺陷。坡口加工后，坡口面的割渣、毛刺等应清除干净，并应打磨坡口面露出良好金属光泽。

（3）坡口加工的允许偏差应符合表20.4-7的规定。

（4）坡口加工质量如割纹深度、缺口深度缺陷等超出上述要求的情况下，须用打磨机打磨平滑。必要时须先补焊，再用砂轮打磨。

坡口加工允许偏差　　表20.4-7

项目	允许偏差
坡口角度	±5°
坡口钝边	±1.0mm
坡口面割纹深度	0.3mm
局部缺口深度	1.0mm

2. 端部铣平加工

（1）圆管柱现场焊接的下段柱顶面应进行端部铣平加工，箱型截面内隔板电渣焊衬垫为保证加工精度需进行端部铣平加工。

（2）端部铣平加工应在矫正合格后进行。

（3）钢柱端部铣平采用端面铣床加工，零件铣平加工采用铣边机加工。

（4）端部铣平加工的精度应符合规范要求。

六、制孔

制孔即采用加工机具在钢板或者型钢上面加工孔的工艺作业。制孔的方法通常分为冲孔和钻孔两种。冲孔是在冲床上进行的，适用于较薄的钢板或非圆孔加工，孔径大于钢材的厚度。钻孔是在钻床上进行的，可应用于各种厚度的钢板，具有精度高，孔壁损伤小的优点。

构件制孔主要包括普通（高强）螺栓连接孔，地脚锚栓连接孔等，孔（A.B级螺栓孔－Ⅰ类孔）的直径应与螺栓公称直径相匹配，孔应有H12的精度，孔壁表面的粗糙度不大于12.5μm，螺栓孔的允许偏差应符合表20.4-8的规定。孔（C级螺栓孔－Ⅲ类孔），包括高强螺栓孔等孔直径应比螺栓、铆钉直径大1.0～3.0mm孔壁粗糙度 R_a 不大于25μm，孔的允许偏差应符合表20.4-9、表20.4-10的规定。

精制螺栓孔的允许偏差表 **表20.4-8**

螺栓公称直径	螺栓允许偏差	孔允许偏差	检查方法
10－18	0－0.18	＋0.18－0	用游标卡尺
18－30	0－0.21	＋0.21－0	用游标卡尺
30－50	0－0.25	＋0.25－0	用游标卡尺

粗制孔的允许偏差 **表20.4-9**

项目	允许偏差 mm	检查方法
直径	±1.0－0	用游标卡尺
圆度	2.0	用游标卡尺
垂直度	0.03t且≤2.0	用角尺、塞尺

螺栓孔距的允许偏差 **表20.4-10**

项目	允许偏差 mm				检查方法
	≥500	501～1200	1201～3000	＞3000	
同一组内任意两孔间距离	±1.0	±1.5	/	/	用钢尺
相邻两孔的端孔间距离	±1.5	±2.0	±2.5	±3.0	用钢尺

七、摩擦面处理

1. 高强螺栓连接构件摩擦面应采用喷砂作表面处理。连接板摩擦面应紧贴，紧贴面不得小于接触面的70%，边缘最大间隙不应大于0.8mm。凡采用高强螺栓连接的构件部位表面不允许涂油漆，待高强螺栓拧紧固定后，外表面用油漆补刷。除上述注明外，高强螺栓连接的施工，应按《钢结构高强螺栓连接的设计、施工及验收规程》JGJ 82规定执行。

2. 在钢构件制作的同时，按制造批为单位（每2000t为一批，不足2000t视为一批）进行抗滑移系数试验，并出具试验报告。同批提供现场安装复验用抗滑移试件。

3. 高强度螺栓连接摩擦面应保持干燥、整洁。不应有飞边、毛刺、焊接飞溅物、焊疤、氧化铁皮、污垢等。

4. 加工处理后的摩擦面，应采用塑料薄膜包裹，以防止油污和损伤。

八、组装

1. 组装前按施工详图要求检查各零部件的标识、规格尺寸、形状是否与图纸要求一致，并应复核前道工序加工质量，确认合格后按组装顺序将零部件归类整齐堆放。选择基准面作为装配的定位基准。清理零部件焊接区域水分、油污等杂物。

2. 对于复杂的构件应根据其各部位的结构特点将其整体分解为若干个结构较为简单

的部件。

3. 焊接H型钢的翼缘板拼接缝和腹板拼接缝的间距不宜小于200mm。翼缘板拼接长度不宜小于2倍板宽；腹板拼接宽度不应小于300mm，长度不应小于600mm。

4. 箱形构件的翼缘板拼接缝和腹板拼接缝的间距不宜小于500mm。翼缘板拼接长度应不小于其本身宽度的2倍；腹板拼接缝拼接长度也应不小于其本身宽度的2倍，且应大于600mm。翼缘板和腹板在宽度方向一般不宜拼接，尽量选择整块宽度板；对宽度超过2400mm以上的若要拼接，其最小宽度也不宜小于其板宽的1/4，且至少应大于600mm。

5. 圆筒体构件的最短拼接长度应不小于其直径且不小于1000mm。在单节圆筒体中，相邻两条纵缝的最短间距，其弧长应不小于500mm；直接对接的两节圆筒体节间，其上、下筒体相邻两条纵缝间的最短间距，其弧长应大于$5t$（t为圆筒管板厚），且不小于200mm。

6. 圆管、锥管构件在沿长度方向和圆周方向拼接时，应符合下列规定：管段拼接宜在专用工装上进行；相邻管段的纵向焊缝错开距离应大于5倍板厚，且不应小于200mm。

7. 部件组装经检验（自检）合格后方可焊接。

8. 构件组装完成后应按现行国家标准《钢结构工程施工质量验收规范》GB 50205中相关规定进行验收。

20.4.3　钢结构焊接

一、焊接方法

钢结构工程中使用的焊接方法常见的有：焊条电弧焊、气体保护焊、埋弧焊、栓钉焊及电渣焊，每种焊接方法有其适用的范围见表20.4-11。

焊接方法一览表　　表20.4-11

序号	焊接方法	代号	适用范围	图示
1	焊条电弧焊	SMAW	定位焊、返修	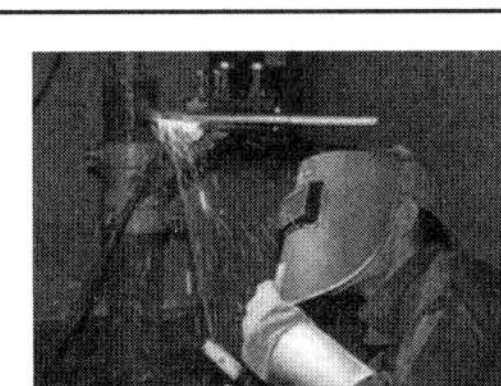
2	气体保护焊	GMAW	不规则构件的焊接；规则构件的打底；横、立和仰位置的焊接	
3	埋弧焊	SAW	规则构件主要焊缝的焊接，如桥面板对接焊缝；箱型主焊缝；H型梁主焊缝等	

续表

序号	焊接方法	代号	适用范围	图示
4	栓钉焊	SW	专门用于栓钉（剪力钉）的焊接	
5	电渣焊	ESW	小截面箱型隔板与箱型壁板间的焊接	

二、焊接工艺评定

焊接作业开始前，应首先根据深化设计、工程特点和自身的生产条件制定详细的焊接工艺。对特殊的或首次使用的焊接工艺应进行焊接工艺评定，以确保所采用焊接工艺的可靠性。

1. 焊接工艺评定程序

焊接工艺评定根据国家现行标准《钢结构工程施工质量验收规范》GB 50205 和《钢结构焊接规范》GB 50661 的具体条文进行。具体的焊接工艺评定流程如图 20.4-2 所示。

焊接工程师根据现场记录参数、检测报告确定出最佳焊接工艺参数，整理编制完整的《焊接工艺评定报告》并报有关部门审批认可。《焊接工艺评定报告》批准后，焊接工程师再根据焊接工艺报告结果制定详细的工艺流程、工艺措施、施工要点等编制成《焊接作业指导书》用于指导实际构件的焊接作业，并对从事工程焊接的人员进行焊接施工技术专项交底。

2. 确定焊接工艺评定的连接种类

焊接技术人员要结合具体项目的设计文件和技术要求，并依照现行国家标准《钢结构焊接规范》GB 50661 的具体规定来确定需要进行焊接工艺评定的焊接连接类型。焊接工艺评定的类型一定要覆盖工程项目所涉及的母材类别、母材厚度、焊接方法、焊接位置和接头形式等。除了符合免除工艺评定条件的连接类型外，制作工厂首次采用的钢材、焊接材料、焊接方法、接头形式、焊接位置、焊后热处理等，均应该在钢构件制作和安装前进行焊接工艺评定。对于焊接难度等级为 A、B、C 级的钢结构焊接工程，其焊接工艺评定的有效期为 5 年；对于焊接难度等级为 D 的钢结构焊接工程，应对每个工程项目进行独立的焊接工艺评定。

三、焊工资质要求

从事焊接工作的焊工、焊接操作工及定位焊工，必须经《钢结构焊接从业人员资格认证标准》CECS 331 标准考试，并取得有效的焊工合格证。焊工所从事的焊接工作须具有对应的资格等级，不允许低资质焊工施焊高级的焊缝。如持证焊工已连续中断焊接 6 个月以上，必须重新考核。焊接施工前，根据工程特点、材料和接头要求，有针对性地对焊工

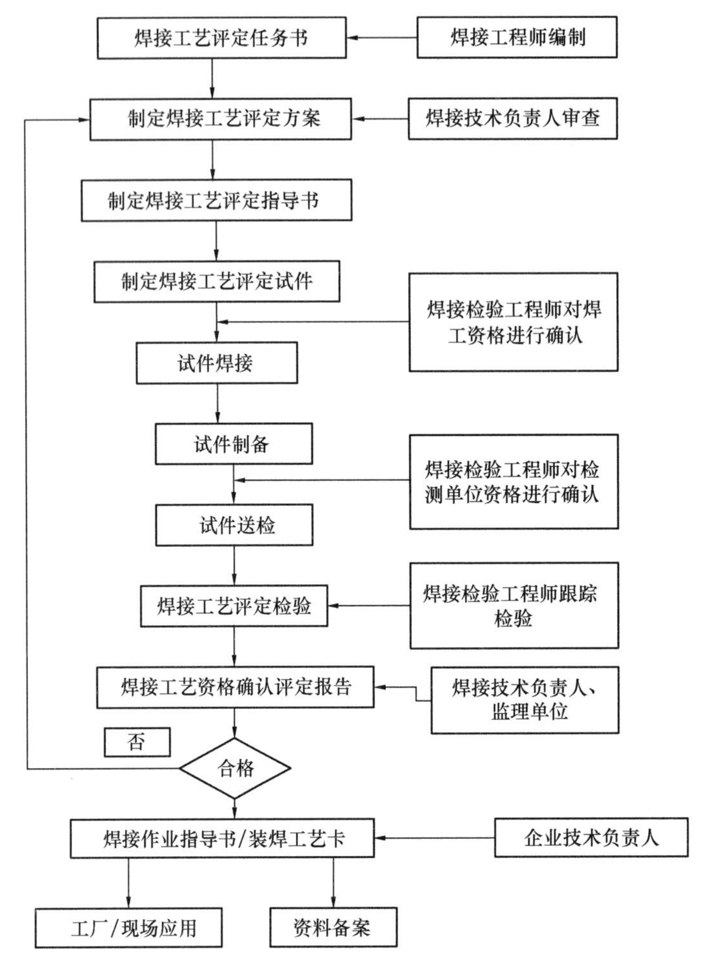

图 20.4-2　焊接工艺评定流程

作好生产工艺技术交底培训，以保证焊接工艺和技术要求得到有效实施，确保接头的焊缝质量。

为了提高车间焊工的技能水平，及时解决车间常见的焊接问题，应定期对车间焊工进行焊接理论和操作技能培训，如图 20.4-3 所示。

四、焊接材料

焊接材料主要指在钢结构焊接工程（包括手工电弧焊、埋弧自动焊、电渣焊、气体保护焊等）中所使用的焊条、焊丝、焊剂、电渣焊熔嘴和保护气体等。

焊接材料的品种、规格、性能等应符合国家现行有关产品标准和设计要求。焊条、焊丝、焊剂、电渣焊熔嘴等焊接材料应与设计选用的钢材相匹配，且应符合现行国家标准《钢结构焊接规范》GB 50661 的有关规定。

1. 焊条

建筑钢结构中使用的碳素钢和低合金高强钢，宜按以下的原则选用焊条：

（1）熔缝金属的力学性能（抗拉强度、塑性和冲击韧性）达到母材金属标准的指标下限值；

焊工理论考试

焊工实操考试

焊工理论培训

焊工实操培训

图 20.4-3 焊工考试及培训

（2）对于重要结构工程的构件，板厚或截面尺寸较大、连接节点较复杂、刚性较大时，应选用低氢型焊条，以提高接头抗冷裂能力；

（3）由不同强度的钢材组成的接头，按强度较低的钢材选用焊条；

（4）大型结构可选用熔敷速度较高的铁粉焊条。

2. 焊丝、焊剂

（1）焊丝

CO_2 气体保护焊用焊丝可分为实芯焊丝和药芯焊丝两大类。其中，药芯焊丝亦称粉芯焊丝，即在空心焊丝中填充焊剂而焊丝外表并无药皮，其具有电弧稳定，飞溅小、焊缝质量好、熔敷速度高及综合使用成本低等优点。

（2）焊剂

埋弧焊焊剂在焊接过程中起隔离空气、保护焊缝金属不受空气侵害和参与熔池金属冶金反应的作用。按制造方法的不同，焊剂可分为熔炼焊剂和非熔炼焊剂。对于非熔炼焊剂，根据焊剂烘焙温度的不同，又分为黏结焊剂和烧结焊剂。

（3）焊丝、焊剂的组合与选配

埋弧焊所用的焊接材料焊丝和焊剂，当两者的组配方式不同所产生的焊缝性能完全不同，因此设计和施工时要根据焊缝要求的化学成分和力学性能合理选择焊剂和焊丝的匹配。

五、焊接工艺

1. 接头焊接条件

接头间隙中严禁填塞焊条头、铁块等杂物。

坡口组装间隙偏差超过标准规定但不大于较薄板厚度 2 倍或 20mm（取其较小值）时，可在坡口单侧或两侧堆焊。

对接接头的错边量不应超过相关规范的规定。当不等厚部件对接接头的错边量超过

3mm时，较厚部件应按不大于1：2.5坡度平缓过渡。

采用角焊缝及部分焊透焊缝连接的T型接头，两部件应密贴，根部间隙不应超过5mm；当间隙超过5mm时，应在待焊板端表面堆焊并修磨平整使其间隙符合要求后再焊接。

T型接头的角焊缝连接部件的根部间隙大于1.5mm且小于5mm时，角焊缝的焊脚尺寸应按根部间隙值而增加。

2. 焊接环境

对焊条电弧焊，其焊接作业区最大风速不宜超过8m/s；气体保护电弧焊不宜超过2m/s。如果超出上述范围，应采取有效措施以保障焊接电弧区域不受影响。

当焊接作业区的相对湿度大于90%，或焊件表面潮湿或暴露于雨、冰、雪中时严禁焊接。

焊接环境温度低于0℃但不低于−10℃时，应采取加热或防护措施，应确保接头焊接处各方向大于等于2倍板厚且不小于100mm范围内的母材温度不低于20℃或规定的最低预热温度（二者取高值），且在焊接过程中不应低于这一温度。

焊接环境温度低于−10℃时，必须进行相应焊接环境下的工艺评定试验，并应在评定合格后再进行焊接，如果不符合上述规定，严禁焊接。

现场高空焊接时，应搭设操作平台，为高空焊接操作提供安全作业空间。

高空焊接时弧光污染较为严重，且焊液飞溅易引发火灾。应采取有效措施和防控预案，杜绝事故的发生。

图20.4-4 引弧（出）板设置

3. 引弧板和衬垫

在焊接接头的端部应设置焊缝引弧板，应使焊缝在延长段上引弧和熄弧，如图20.4-4所示。焊条电弧焊和气体保护电弧焊焊缝引弧板长度应大于25mm，埋弧焊引弧板长度应大于80mm。

引弧板和钢衬垫板的钢材，其屈服强度不应大于被焊钢材的强度，且其焊接性能应相近。

焊缝焊完后引弧板宜采用火焰切割、碳弧气刨或机械等方法去除，割除过程中不得伤及母材，并应将割口处修磨至焊缝端部并整平。严禁锤击去除引弧板。

采用衬垫板焊接时，除焊接坡口根部间隙尺寸须符合要求外，应使衬垫板和焊件紧密贴合，使焊缝金属溶入衬垫板，并符合下述要求：

（1）衬垫板的技术要求应与所焊材料相同。

（2）衬垫板的预处理方法应与所焊构件相同。

（3）焊接完成后，该衬垫用切割法拆除。构件与衬垫连接的部位，应修磨平滑，并检查有无任何裂纹。

4. 定位焊

定位焊必须由持相应合格证的焊工施焊，所用焊接材料应与正式焊缝的焊接材料相当。定位焊缝厚度不应小于3mm，长度不应小于40mm，其间距宜为300～600mm。箱型加劲肋板定位焊如图20.4-5所示。

采用钢衬垫的焊接接头，定位焊宜在接头坡口内进行；

定位焊缝与正式焊缝应具有相同的焊接工艺和焊接质量要求；定位焊焊缝存在裂纹、气孔等缺陷时，应完全清除。

5. 预热和道间温度

图 20.4-5 箱型加劲肋定位焊

焊前预热可控制焊接冷却速度，减少或避免热影响区中淬硬马氏体的产生，降低热影响区的硬度。同时，还可以降低焊接应力，有助于氢的逸出。但过高的预热和道间温度易使收缩应变增大，损害焊接接头的性能。因此应选择合理的焊前预热温度。预热的方法可采用电脑控制的电加热系统或采用火焰加热，当采用火焰加热器加热时，应自边缘向中部，又自中部向边缘均匀加热，严禁热源集中指向焊接处局部区域。预热区域的范围为焊接坡口两侧，其宽度为焊件施焊处厚度的 1.5 倍以上，且不小于 100mm。温度测量应在加热停止后，采用专用的测温仪测量；测温点宜在焊件施焊处的反面，且离电弧经过处各方向不小于 75mm 处。

预热温度和道间温度应根据钢材的化学成分、接头的约束状态、热输入大小、熔敷金属含氢量水平及所用的焊接方法等综合因素确定或由焊接试验确定。电渣焊在环境温度为 0℃以上施焊时可不进行预热，但当板厚大于 60mm 时，宜对引弧区的母材预热且不低于 50℃。钢材采用中等热输入焊接时，最低预热温度宜符合表 20.4-12 的规定。

构件母材最低预热温度要求（℃） **表 20.4-12**

钢材牌号	接头最厚部件的板厚 t（mm）				
	$t<20$	$20\leqslant t\leqslant 40$	$40<t\leqslant 60$	$60<t\leqslant 80$	$t>80$
Q235、Q295	—	—	40	50	80
Q345	—	40	60	80	100
Q390、Q420	20	60	80	100	120
Q460	20	80	100	120	150

注：1. “/” 表示可不进行预热；

2. 当采用非低氢型焊接材料或焊接方法焊接时，预热温度应该比该表规定的温度提高 20℃；

3. 当母材施焊温度低于 0℃时，应该将表中母材预热温度增加 20℃，且应在焊接过程中保持这一最低道间温度；

4. 中等热输入是指焊接热输入为 15－25kJ/cm，热输入每增加 5kJ/cm，预热温度可降低 20℃；

5. 焊接接头板厚不同时，应按接头中较厚板的板厚选择最低预热温度和道间温度；

6. 焊接接头材质不同时，应按接头中较高高强度、较高碳当量的钢材选择最低预热温度；

7. 本表各数值不适用于供货状态为调质处理的钢材；控轧控冷（热机械轧制）钢材最低预热温度可下降的数值由试验确定。

焊接过程中，最低道间温度不应低于预热温度，最高道间温度不宜超过 250℃。全熔透Ⅰ级焊缝的焊前预热、道间温度控制可采用电加热法，如图 20.4-6；加劲板的焊缝可采用火焰预热，如图 20.4-7。温度的测量应采用专用的测温仪器进行，并宜在焊件受热面的背面测量。预热的加热区域应在焊缝坡口两侧，宽度应为焊件施焊处板厚的 1.5 倍以上，且不应小于100mm。

图20.4-6 电加热预热

图20.4-7 火焰预热

6. 焊后热处理与保温

焊后热处理能使扩散氢逸出，在一定程度上能消除、降低焊后残余应力的影响，对一些淬硬倾向较大的钢材还能韧化热影响区的焊接组织。对钢板焊缝，当碳当量 Ceq＜0.4%，钢材厚度 $t \geqslant 40$mm 或碳当量 Ceq≥0.4%，钢材厚度 $t \geqslant 25$mm 时，焊后需要进行热处理（消氢处理），其要求如下：

（1）焊后热处理应在焊缝完成后立即进行，加热的方法可采用电脑控制的电加热系统，如图20.4-8所示；

（2）后热温度应由试验确定，一般应达到200℃～250℃，保温时间依据焊件厚度而定，以每25mm厚度1h计算，然后缓慢冷却至常温。保温可采用包裹4层石棉布，满足保温时间工件缓冷至环境温度后拆除石棉布，如图20.4-9所示；

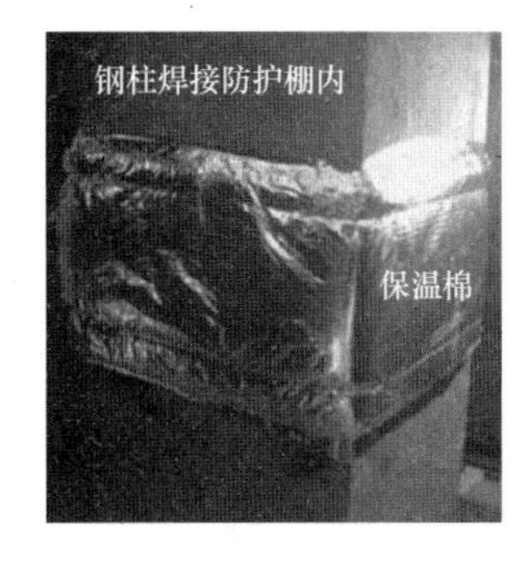

图20.4-8 焊后加热

图20.4-9 焊后保温

（3）后热区应在焊缝两侧，每侧宽度均应大于焊件厚度的1.5倍，且不应小于100mm。

对于熔嘴电渣焊，其焊缝温度集中，焊缝金属晶粒粗大，故焊接后需要进行正火处理，处理温度不应超过钢材的正火温度。

7. 焊接裂纹的控制

高强超厚板高建钢碳当量较高，淬硬倾向较为严重，可焊性较差，对冷裂纹尤其是延迟裂纹较为敏感。应采取以下措施防止冷裂纹产生：

（1）控制材质和氢原子的来源

1）对于厚度>40mm的低合金钢板，下料切割前应采取适当的预热措施，切割后应对切割表面进行检查。当有裂纹、夹渣、分层，难以确认时，应辅以MT检查。

2）选用低氢或超低氢焊条或焊剂，严格控制焊接材料在储存、烘焙与发放过程中在空气中暴露的时间，避免焊接材料受潮后直接使用，以达到严格控制氢的来源、降低氢侵入焊缝的可能性。

3）保护气体要做好脱水处理。气瓶经倒置排水，正置放气后方可使用。将混合气瓶倒置1～2h后，打开阀门放水2～3次，每次放水间隔30min，放水结束后将钢瓶扶正。气瓶经放水处理后正置2h，打开阀门放气2～3次。当瓶中的压力低于1个大气压时应停止使用，重新更换新气瓶。焊接时必须使用干燥器。

（2）工艺上预防冷裂纹出现

1）焊前严格清理焊接坡口，不得有油污、水、铁锈等杂质，为了防止淬硬层可能导致的微裂纹，板厚≥40mm时，焊接坡口在火焰切割后应再进行机械加工。

2）采取预热措施降低冷裂纹倾向。

3）采用焊后热处理使扩散氢逸出。

4）焊接过程中应严格控制层间温度。每道焊缝焊接应连续焊接，以保证稳定的热输入。焊缝过于密集的复杂节点区域的厚板接头，焊前应适当提高预热温度，焊后应采取必要的缓冷措施。

5）在厚板焊接过程中，应坚持多层多道焊接的原则，严禁“摆宽道”焊接。当厚板焊缝的坡口较大，单道焊缝无法填满截面内的坡口时，一些焊工可能采取“摆宽道焊接”。这种焊接将使母材对焊缝约束度增大，容易引起焊缝开裂或导致延迟裂纹的产生。而坚持多层多道焊接则可获得有利的一面：前一道焊缝对后一道焊缝来说是一个“预热”的过程；后一道焊缝对前一道焊缝来说相当于一个“后热处理”的过程，这些过程都将有效改善焊缝的焊接质量。

（3）做好焊后检验

1）凡厚度≥30mm的钢板，焊后应对焊道中心线两侧各两倍的板厚加30mm的区域进行超声波检测；

2）对于十字全熔透焊接接头，母材的探伤应在T形接头焊接完成后与T字接头焊缝的探伤一并进行，待探伤合格后，再组焊成十字接头；

经探伤检查，该区域的母材不得有裂纹、夹层及分层等缺陷存在。

8. 层状撕裂控制

层状撕裂是在焊接厚钢板的角接接头、T形接头和十字接头中，由于沿板厚方向的焊缝收缩受到了较大的约束而产生的过大Z向（板厚方向）焊接应力，导致在焊缝附近焊接热影响区内的母材产生沿轧制方向发展的具有阶梯状的裂纹。该裂纹是一种不同于一般热裂纹和冷裂纹的特殊裂纹。层状撕裂的预防措施主要包括以下四个方面。

（1）减小夹杂物含量提高Z向塑性性能

影响层状撕裂因素是比较复杂的，但夹杂物是造成钢材各向异性的发源地，它对层状撕裂敏感性的影响是最重要的。尽管所有出厂材料均有质保书，但仍有材质问题不断发生。其直观缺陷为夹层与杂质，微观缺陷为硫、磷含量严重偏析。为此，应首先从钢材质量上采取控制层状撕裂的措施。

1）加强冶金脱硫与脱氧，降低夹杂物含量

试验表明Z向断面收缩率的下降主要是由于硫化物夹杂所引起的，减少母材中的含硫量可提高Z向塑性性能。Z向断面收缩率与含硫量的关系如表20.4-13所示。

含硫量与断面收缩率的关系　　表20.4-13

含硫量%	0.010	0.008	0.006
断面收缩率%	15	25	35

从上表中可以看出，当母材的含硫量从0.01%降低到0.006%时，Z向断面收缩率增加了1倍还多。此外，氧化物夹杂也会引起Z向塑性的下降。所以，采取有效的脱硫、脱氧措施，可以大大地提高母材抗层状撕裂的能力。

2）对夹杂物进行球化

Z向断面收缩率的大小，除了与夹杂物的含量多少有关外，还与夹杂物的形状有关。薄片状夹杂物边界尖锐，相当于在金属内部存在着尖锐的缺口。球状夹杂物，形状圆钝，会大大降低层状撕裂的敏感性。所以在冶炼过程中，可促进夹杂物球状化，从而提高材料的Z向断面收缩率。

（2）减小热影响区母材的脆化

在焊接过程中，过热产生的粗晶组织、快冷产生的淬硬组织、氢集聚产生的富氢组织均使热影响区的母材变脆，增加了层状撕裂的敏感性。为此采取措施减小热影响区的脆化措施，将有效提高母材抗层状撕裂的能力。通常采取的措施包括预热与缓冷，其不仅可减少热影响区母材的脆硬组织和焊接应力，还同时有利于氢的逸出。母材中含硫量越高，预热温度就得越高。此外预热温度还与板厚、接头形式有关。一般防止层状撕裂的预热温度为150～250℃。

（3）选择合理的节点和坡口形式

改善接头设计，选用合理的节点形式，也可提高接头抗层状撕裂的能力，具体措施如表20.4-14所示。

防止层状撕裂的节点形式　　表20.4-14

编号	不良节点形式	可改善节点形式	说明
1	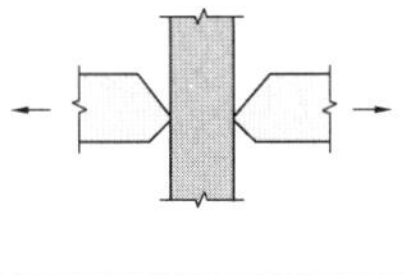	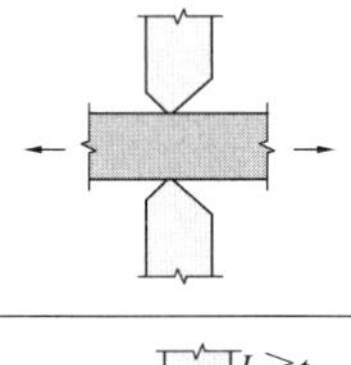	将垂直贯通板改为水平贯通板，变更焊缝位置，使接头总的受力方向与轧层平行，可大大改善抗层状撕裂性能
2	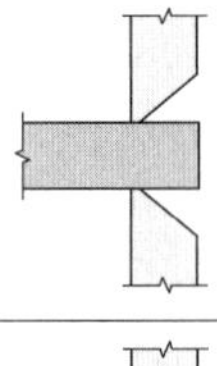	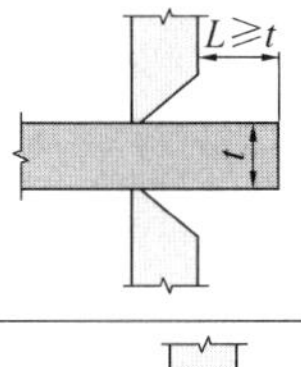 $L \geq t$	将贯通板端部延伸一定长度，有防止启裂的效果。此类节点多用于钢管与加劲板的连接接头
3	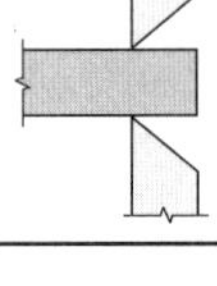	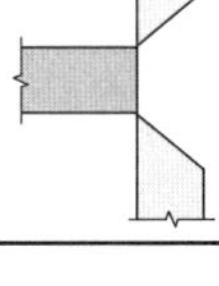	将贯通板缩短，避免板厚方向受焊缝收缩应力的作用。此类节点多用于钢板T字形连接接头

由表 20.4-14 可见，在满足设计焊透深度要求的前提下，选择合理的坡口形式、角度和间隙，可以有效地减少焊缝截面积或改变焊缝收缩应力的方向，从而可通过减小母材厚度方向拉应力峰值或改变焊接拉应力方向达到防止层状撕裂的目的。

（4）采用合理的焊接工艺

1）采用低氢型、超低氢型焊条或气体保护电弧焊施焊，可降低冷裂倾向，有利于改善抗层状撕裂性能。

2）采用低强组配的焊接材料，或先在坡口内母材板面上采用低屈服强度的焊条堆焊塑性过渡层，使焊缝金属或焊缝塑性过渡层具有低屈服点、高延性的特点，导致在焊缝冷却过程中焊缝塑性过渡层提前屈服，从而减小了母材热影响区焊接应力的峰值，达到改善母材抗层状撕裂性能的目的。

3）采用对称多道次施焊，使应力分布均衡，减少应力集中。采用适当小热输入的多层多道焊，以减少热集中作用，从而减小收缩应变。

4）对Ⅱ级及Ⅱ级焊缝以上的箱形柱、梁角接头，当板厚≥80mm，侧板边火焰切割面宜用机械方法去除淬硬层，如图 20.4-10，以防止层状撕裂起源于板端表面的硬化组织。

5）采用焊后消氢热处理加速氢的扩散，使得冷裂倾向减小，提高抗层状撕裂性能。

6）采用或提高预热温度施焊，降低冷却速度，改善接头区组织韧性，但采用的预热温度较高时易使收缩应变增大，在防止层状撕裂的措施中只能作为次要的方法。

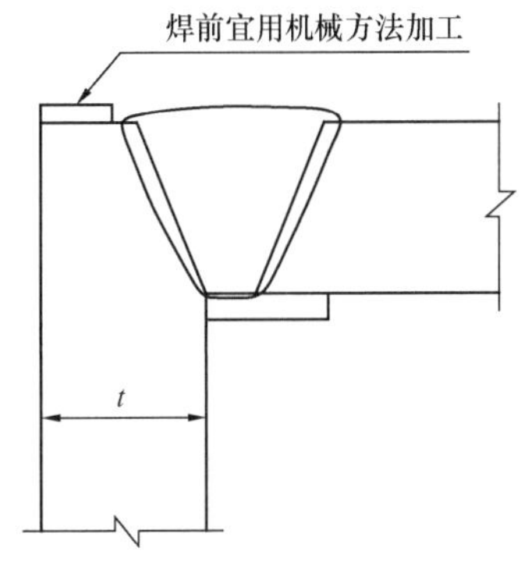

图 20.4-10 特厚板角接头防层状撕裂工艺措施

9. 焊接变形的控制

焊接过程形成的不均匀温度场和热塑性变形，使焊后焊件（包括焊缝）在冷却过程中的不均匀收缩受到约束而产生的内应力称为焊接应力。在焊接应力的作用下，焊件将产生变形，该变形被称为焊接残余变形，简称焊接变形。实际上焊缝的基本变形只有焊缝的横向缩短和纵向缩短，但由于焊缝截面形状、焊缝在焊件中的位置不同，最后导致焊件产生了各种不同的焊接变形，其主要类型有如下几种：

（1）收缩变形，如图 20.4-11（a）所示。收缩变形分为焊接纵向收缩变形和焊接横向收缩变形两种。

（2）弯曲变形，如图 20.4-11（b）所示。弯曲变形是焊接梁、柱类构件常见的变形，主要是焊缝在结构上分布不对称引起的，可分为焊缝纵向收缩引起的弯曲变形和焊缝横向收缩引起的弯曲变形。

（3）角变形，如图 20.4-11（c）所示。角变形分为对接焊缝角变形和 T 形接头角变形。对接焊缝角变形由焊缝截面不对称、焊缝横向收缩上下不均匀引起；焊缝截面对称时施焊顺序不当，也会产生角变形。T 形接头角变形是由角焊缝的横向收缩引起。

（4）波浪变形，如图 20.4-11（d）所示。波浪变形又称失稳变形。薄板、较薄的构件焊接时易产生波浪变形。产生的原因为：由于焊缝冷却过程中的纵、横向收缩，使薄板焊件受单向或双向压应力的作用，当该应力超过薄板屈曲临界应力时将导致薄板发生多波

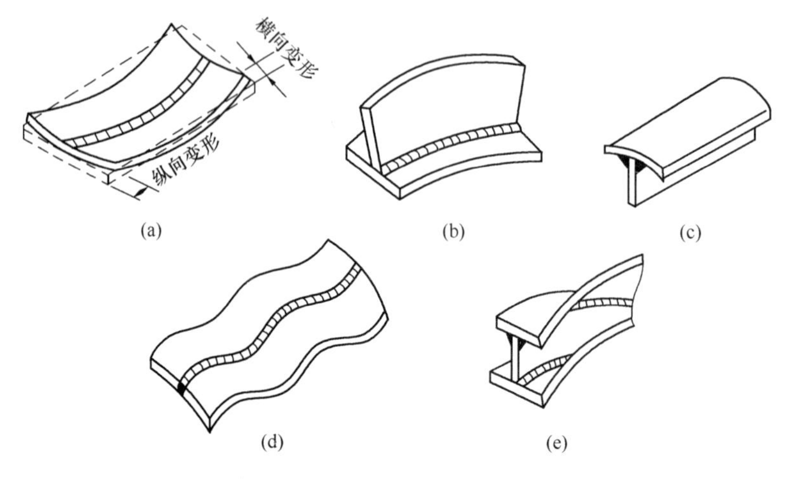

图 20.4-11　焊接残余变形

屈曲，从而发生波浪式的焊接变形。

(5) 扭曲变形，如图 20.4-11 (e) 所示。施焊时焊件放置不平，焊接顺序和焊接方向也不合理，导致焊缝纵、横向的收缩变形不均匀不对称，将引起梁、柱类焊件绕轴线产生扭曲变形。

为保证构件或结构尺寸施工精度的要求，需对焊接变形进行有效控制，但有时焊接变形控制的同时会使焊接应力和焊接裂纹倾向随之增大。因此，在钢结构焊接施工过程中，应根据不同的节点构造及焊缝形式，采取合理的焊接工艺、装焊顺序、热量平衡等方法来降低或平衡焊接变形，杜绝采取刚性固定或强制措施控制焊接变形。

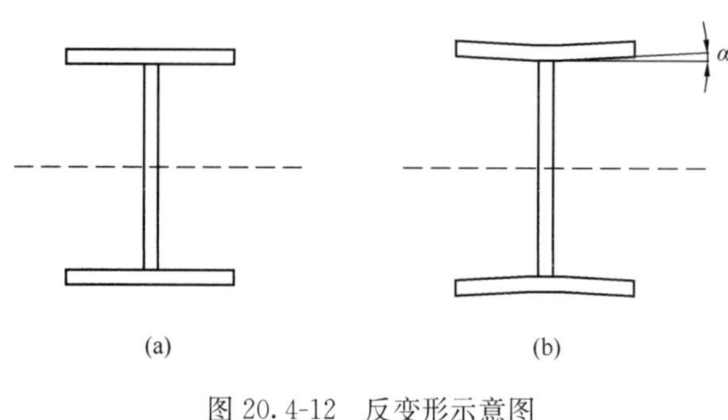

图 20.4-12　反变形示意图

1) 采用反变形法

在大型构件焊接时常用反变形法消除焊接变形。反变形法是在焊接前使构件预先发生与焊接变形方向相反、大小基本相等的变形，焊接完成并冷却至常温后构件又基本恢复到原来形状的方法。例如，将图 20.4-12 中焊接 H 型钢的上、下翼缘板按图 20.4-12 (a) 所示压制成反变形后再进行焊接组装，焊接完成后由于焊接应力的作用翼缘板又可基本恢复到平直状态，如图 20.4-12 (b) 所示。

2) 采用稳固的装配平台与合理的焊接顺序

①采用稳固的装配平台：钢结构的制作、组装应该在一个标准的水平平台上进行。应确保组件具有足够承受自重的能力，并不会出现组件失稳或下挠现象，以满足构件组装的基本要求。组装过程中应尽可能地先装配成整体再焊接。

②对称施焊法：该方法利用焊缝的收缩应力平衡来控制焊件的变形，尤其是弯曲变形，因此在条件许可的情况下对截面形状、焊缝布置均匀对称的钢构件宜尽可能采用对称施焊的方法。不对称焊缝先焊焊缝少的一侧，后焊焊缝多的一侧，以减少构件总的焊接

变形。

③穿插施焊法：对于非对称的双面坡口焊缝，无法进行对称施焊，此时应对焊缝两侧进行合理的穿插施焊，通过一侧的施焊矫正另一侧焊接时引起的弯曲变形，以控制焊件最终的弯曲变形。当双面坡口深度不同时一般应先从深坡口一侧焊起。

④分段退焊法：对于钢结构中的长焊缝，焊接时若持续使用从一端到另一端的焊接顺序，将会导致焊件沿焊缝长度方向出现较大的弯曲变形，此时宜采用沿焊缝长度方向对称布置的分段退焊法或多人对称分段退焊法，以实现沿焊缝长度方向对称焊接。

⑤跳焊法：当连续施焊可能导致工件局部热量集中，引起较大变形时，宜采用跳焊法。

3）适当采用焊件夹具

大型构件或节点在焊接过程中各个组件在自重和焊接应力作用下，其位置会不断发生变化，为使其位置基本固定，除采用焊接平台固定外，有时还需要用焊件夹具将焊件夹紧，以防止组件间发生错位。

4）合理地选择焊接方法和焊接工艺参数

一般来说，不同的焊接方法，将产生不同的温度场，形成的热变形也不同。CO_2 气体保护焊焊丝细，热影响区小，焊接变形小。选用热影响区较窄的 CO_2 气体保护焊焊接方法代替手弧焊、埋弧焊，可减少钢结构焊接变形。

焊接工艺参数包括焊接电流、电弧电压和焊接速度。线能量越大，焊接变形越大。焊接变形随焊接电流和电弧电压的增大而增大，随焊接速度的增大而减小。在三个参数中，电弧电压的作用明显。选用较小的焊接热输入及合适的焊接工艺参数，可减少钢结构受热范围，从而减少焊接变形。

10. 焊接应力处理

有疲劳问题的结构中承受拉应力的对接接头、焊缝密集的节点或构件，宜采用电加热器局部退火和加热炉整体退火等方法进行焊接应力的消除处理；仅为稳定结构尺寸时，可采用振动法消除应力。

(1) 焊接应力的产生及影响

如前所述，焊接过程形成的不均匀温度场和热塑性变形，使焊后焊件（包括焊缝）在冷却过程中的不均匀收缩受到约束而产生的内应力称为焊接残余应力，简称为焊接应力。焊接残余应力为三向应力，包括沿焊缝长度方向的纵向残余应力、沿焊缝宽度方向的横向残余应力和沿厚度方向的竖向残余应力，钢板厚度较薄时，厚度方向的焊接残余应力很小可不考虑其影响。

存在焊接应力的焊接构件，当外力产生的工作应力与焊接应力方向相同时其应力互相叠加，相反时则互相抵消；因残余应力为三向自平衡力系，致使构件内“有应力增加的地方就必然有应力减少的地方”；构件还会因残余应力改变自身的应力状态，如从单向应力状态变为双向或三向应力状态。可见，焊接应力不仅会改变屈服顺序、截面刚度，也会改变构件的应力分布状态，从而降低构件的刚度、稳定承载力、韧性性能和疲劳承载力。

(2) 焊接应力消除方法

对于需要避免应力腐蚀，或需要经过机械加工以保持精确外形尺寸，或要求在动载荷下工作不产生疲劳破坏的构件，宜在焊后采取措施消除焊接应力。

1）整体退火消除法

对构件采取整体消除应力一般采用加热炉进行。受炉体限制，大型壳体结构可采用在壳体外壁覆盖绝热保温层，而在壳体内部采用火焰加热器加热的方法进行退火。

2）局部退火消除应力法。对于接头形式较简单的构件，可以采取用加热器局部加热接头两侧一定范围的方法消除应力。局部加热方法只能部分消除残余应力，但便于实施。加热器的种类有电阻加热器，感应加热器、红外加热器。加热过程应使用微机自动温控装置进行有效控制。

3）振动消除应力法。振动法一般应用于要求尺寸精度稳定的构件消除应力。在固定约束状态下焊接的构件，如在焊后卸开夹具之前进行振动时效处理，则构件的焊接变形可得到一定的控制。

各种消除应力的方法中整体退火处理的效果为最好，同时有改善金属组织性能的作用，在构件和容器的消除应力中应用较为广泛。其他消除应力方法均对材料的塑性、韧性有不利影响。局部消除应力热处理通常用于重要焊接接头的应力消除。振动消除应力虽能达到一定的应力消除目的，但消除应力的效果目前学术界还难以准确界定。如果是为了结构尺寸的稳定，采用振动消除应力方法对构件进行整体处理既可操作也经济。

11. 焊接变形的矫正

影响焊接变形的因素很多，生产中无法面面俱到，难免产生焊接变形。当焊接残余变形超出技术要求时，必须矫正焊件的变形。针对厚板焊接常用的矫形方法有机械矫正、加热矫正、加热与机械联合矫正等方法。宜采取先总体后局部、先主要后次要、先下部后上部的顺序。

（1）机械矫正法

机械矫正法是利用机械工具，如千斤顶、拉紧器、压力机等来矫正焊接变形。

（2）火焰加热矫正法

火焰加热矫正法是利用火焰局部加热，使焊件产生反向变形，抵消焊接变形。火焰加热矫正法主要用于矫正弯曲变形、角变形、波浪变形、扭曲变形等。火焰矫正的加热温度如下：

1）加热矫正一般温度为600～800℃。同一位置加热次数不应超过两次；

2）采用外力辅助矫正，冷却时当温度下降到200～250℃时，须将外力全部解除，使其自然收缩；

3）加热顺序：先矫正变形大的部位，然后矫正变形小的部位；

4）加热温度的判定可从钢材加热时所呈现的颜色进行判断，如表20.4-15所示：

钢材加热时所呈现的颜色列表　　**表20.4-15**

颜色	温度（℃）	矫正	颜色	温度（℃）	矫正
黑色	470以下	×	樱红色	780～800	√
暗褐色	520～580	×	亮樱红色	800～830	×
赤褐色	580～650	×	亮红色	830～880	×
暗樱红色	650～750	√	黄赤色	880～1050	×
深樱红色	750～780	√	暗黄色	1050～1750	×

5）加热矫正后宜采用自然冷却，严禁急冷。

低合金结构钢在环境温度低于−12℃时，不应进行冷矫正和冷弯曲。碳素结构钢和低合金结构钢在加热矫正时，加热温度最高严禁超过900℃，最低温度不得低于600℃。矫正后的钢材表面，不应有明显的凹痕或损伤，划痕深度不得大于0.5mm，且不应超过该钢材厚度允许负偏差的1/2。

12. 焊接质量检测

焊缝施工质量检测总体上包含三方面内容：焊缝内部质量检测、焊缝外观质量检测和焊缝尺寸偏差检测等。

焊缝质量检测方法和指标应按照国家现行标准《钢结构工程施工质量验收规范》GB 50205和《钢结构焊接规范》GB 50661的规定执行。

（1）焊缝内部质量检测

焊缝内部质量缺陷主要有裂纹、未熔合、根部未焊透、气孔和夹渣等，检验主要是采用无损探伤的方法，一般采用超声波探伤，当超声波不能对缺陷作出判断时，应采用射线探伤。具体参见下列标准：《钢结构焊接规范》GB 50661，《钢结构工程施工质量验收规范》GB 50205，《钢焊缝手工超声波探伤方法和探伤结果分级》GB 17345，《钢结构超声波探伤及质量分级法》JG/T 203，《钢熔化焊对接接头射线照相及质量分级》GB 3323。

（2）焊缝外观质量检测

常见的焊缝表面缺陷如图20.4-13所示，其质量检验标准如表20.4-16和表20.4-17所示。外观检验主要采用肉眼观察或使用放大镜观察，当存在疑义时，可采用表面渗透探伤（着色或磁粉）检验。

承受静载的结构焊缝外观质量要求　　表20.4-16

焊缝质量等级 检验项目	一级	二级	三级
裂纹	不允许		
未焊满	不允许	$\leqslant 0.2+0.02t$ 且 $\leqslant$ 1mm，每100mm长度焊缝内未焊满累积长度 $\leqslant$ 25mm	$\leqslant 0.2+0.04t$ 且 $\leqslant$ 2mm，每100mm长度焊缝内未焊满累积长度 $\leqslant$ 25mm
根部收缩	不允许	$\leqslant 0.2+0.02t$ 且 $\leqslant$ 1mm，长度不限	$\leqslant 0.2+0.04t$ 且 $\leqslant$ 2mm，长度不限
咬边	不允许	$\leqslant 0.05t$ 且 $\leqslant$ 0.5mm，连续长度 $\leqslant$ 100mm，且焊缝两侧咬边总长 $\leqslant$ 10%焊缝全长	$\leqslant 0.1t$ 且 $\leqslant$ 1mm，长度不限
电弧擦伤	不允许		允许存在个别电弧擦伤
接头不良	不允许	缺口深度 $\leqslant 0.05t$ 且 $\leqslant$ 0.5mm，每1000mm长度焊缝内不得超过1处	缺口深度 $\leqslant 0.1t$ 且 $\leqslant$ 1mm，每1000mm长度焊缝内不得超过1处
表面气孔	不允许		每50mm长度焊缝内允许存在直径 $<0.4t$ 且 $\leqslant$ 3mm的气孔2个；孔距应 $\geqslant$ 6倍孔径
表面夹渣	不允许		深 $\leqslant 0.2t$，长 $\leqslant 0.5t$ 且 $\leqslant$ 20mm

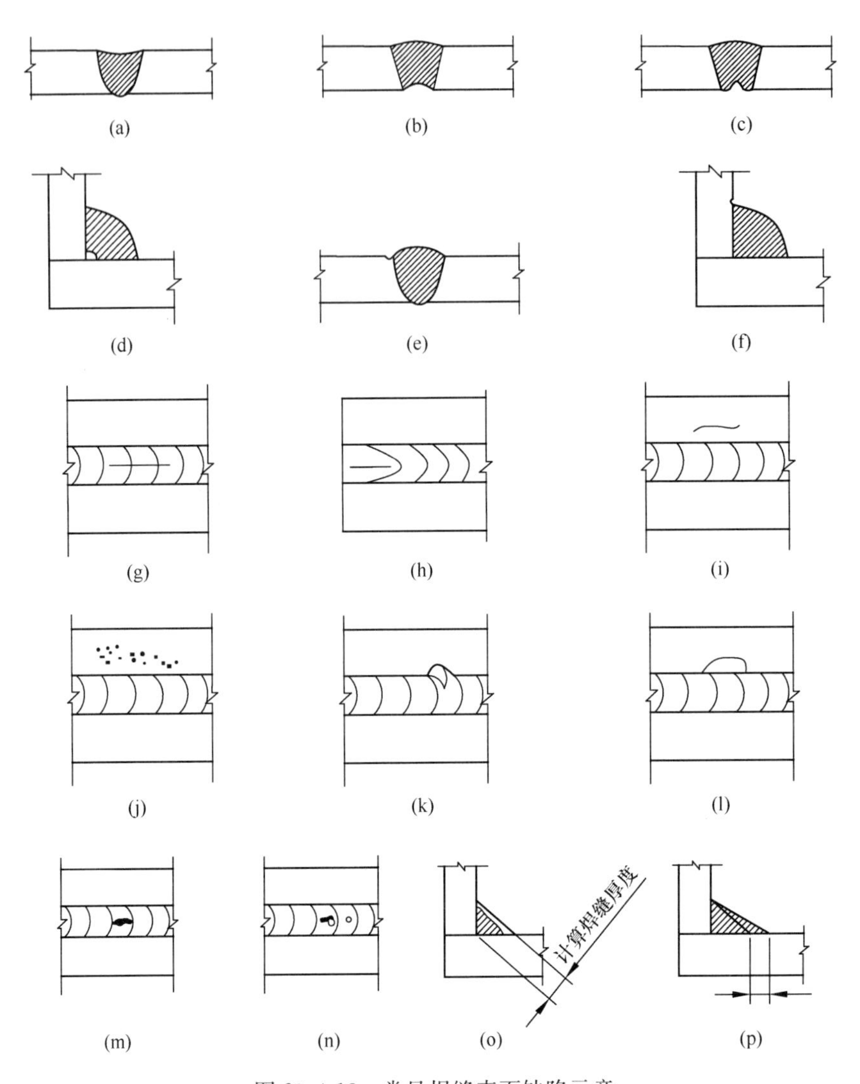

图 20.4-13　常见焊缝表面缺陷示意

(a) 未焊满；(b) 未焊满；(c) 根部收缩；(d) 根部收缩；(e) 咬边；(f) 咬边；(g) 裂纹；(h) 弧坑裂纹；(i) 电弧擦伤；(j) 飞溅；(k) 接头不良；(l) 焊瘤；(m) 表面夹渣；(n) 表面气孔；(o) 角焊缝厚度不足；(p) 角焊缝焊脚不对称

需验算疲劳的结构焊缝外观质量要求　　表 20.4-17

项目	焊缝种类	质量标准
气孔	横向对接焊缝	不允许
	纵向对接焊缝、主要角焊缝	直径小于 1.0，每米不多于 3 个，间距不小于 20
咬边	受拉杆件横向对接焊缝及竖加劲肋角焊缝（腹板侧受拉区）	不允许
	受压杆件横向对接焊缝及竖加劲肋角焊缝（腹板侧受压区）	≤0.3
	纵向对接焊缝、主要角焊缝	≤0.5
	其他焊缝	≤1.0

续表

项目	焊缝种类	质量标准
焊脚尺寸	主要角焊缝	$h_{f}{}_{0}^{+2.0}$
	其他角焊缝	$h_{f}{}_{-1.0}^{+2.0}$①
焊波	角焊缝	≤2.0（任意 25mm 范围高低差）
余高	对接焊缝	≤3.0（焊缝宽 $b\leqslant12$）
		≤4.0（$12<b\leqslant25$）
		≤$4b/25$（$b>25$）
余高铲磨后表面	横向对接焊缝	不高于母材 0.5
		不低于母材 0.3
		粗糙度 50

注：焊条电弧焊角焊缝全长的 10%允许 $h_{f}{}_{-1.0}^{+3.0}$。

角焊缝焊脚尺寸允许偏差 **表 20.4-18**

序号	项目	示意图	允许偏差（mm）	
1	一般全焊透的角接与对接组合焊缝	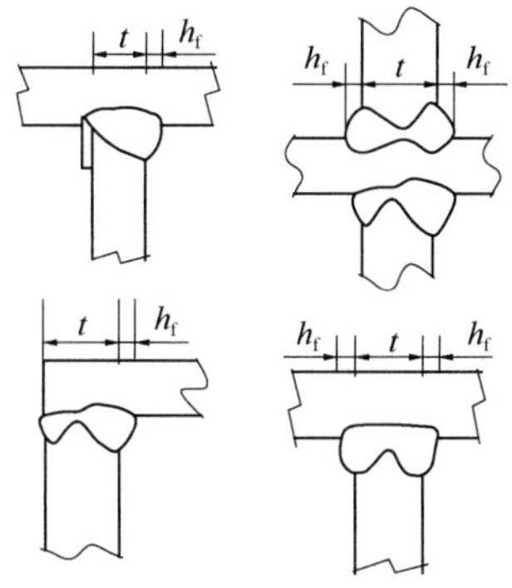	$h_f\geqslant\left(\frac{t}{4}\right)_0^{+4}$ 且≤10	
2	需经疲劳验算的全焊透角接与对接组合焊缝		$h_f\geqslant\left(\frac{t}{2}\right)_0^{+4}$ 且≤10	
3	角焊缝及部分焊透的角接与对接组合焊缝	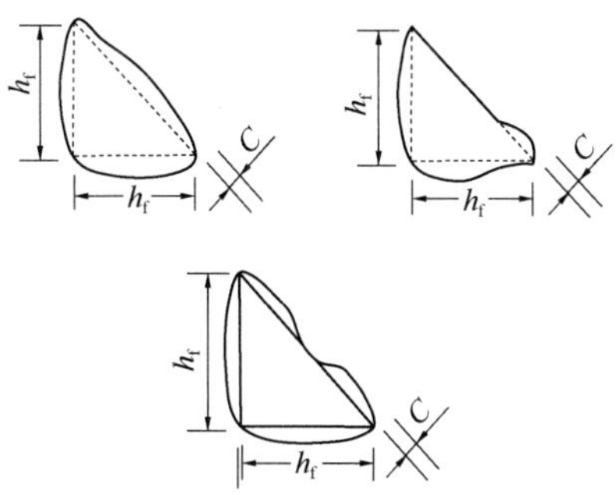	$h_f\leqslant6$ 时 0～1.5	$h_f>6$ 时 0～3.0

注：1. $h_f>17.0$mm 的角焊缝其局部焊脚尺寸允许低于设计要求值 1.0mm，但总长度不得超过焊缝长度的 10%；
2. 焊接 H 形梁腹板与翼缘板的焊缝两端在其两倍翼缘板宽度范围内，焊缝的焊脚尺寸不得低于设计要求值。

（3）焊缝尺寸偏差检测

焊缝尺寸偏差主要是采用焊缝尺寸圆规进行检验，如图 20.4-14 所示。焊缝焊脚尺寸、焊缝余高及错边等尺寸偏差应满足表 20.4-18 和表 20.4-19 的要求。

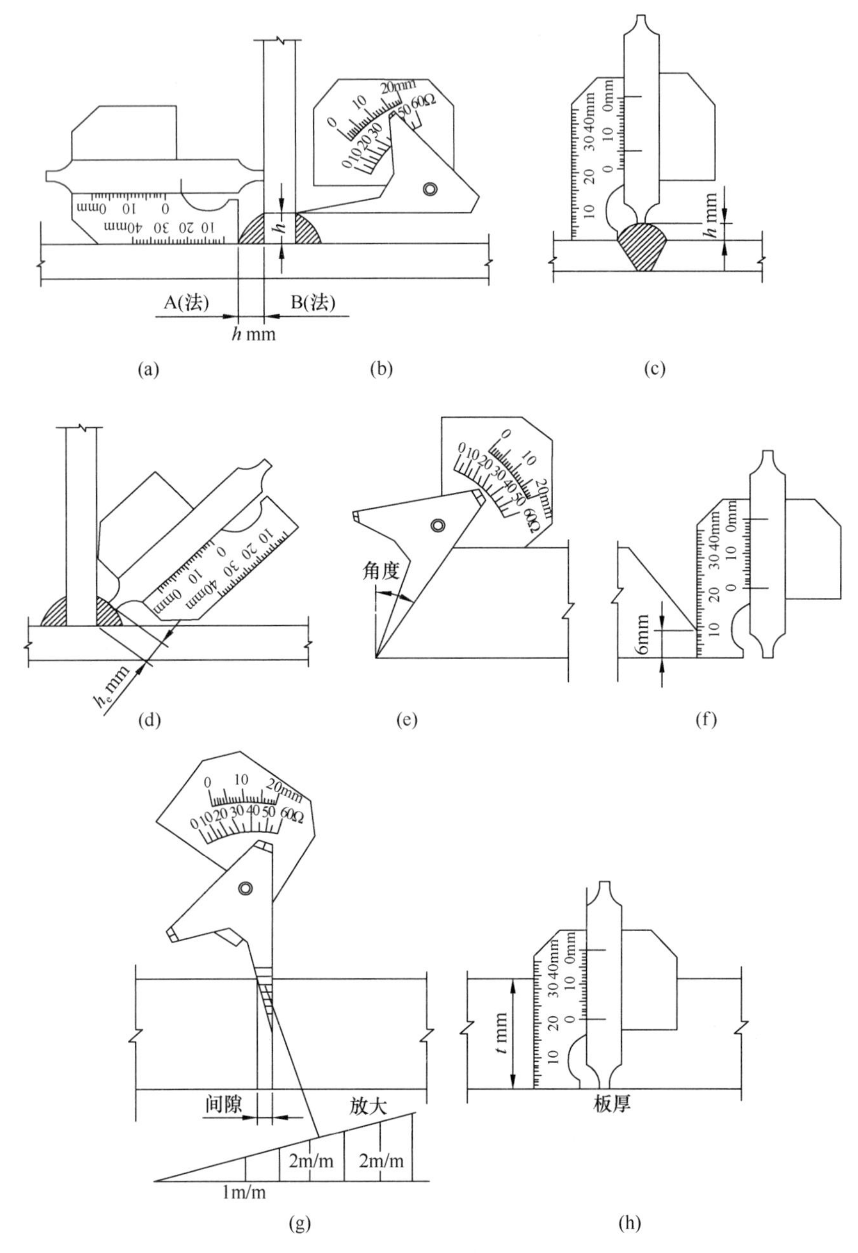

图 20.4-14　用量规检查焊缝质量示意

(a) ～ (d) 为测量焊缝尺寸；(e) ～ (g) 为测量焊前加工尺寸；(h) 为测量板厚

焊缝余高和错边允许偏差　　　　表 20.4-19

序号	项目	示意图	允许偏差（mm）	
			一、二级	三级
1	对接焊缝余高（C）		B<20 时，C 为 0～3；B≥20 时，C 为 0～4	B<20 时，C 为 0～3.5；B≥20 时，C 为 0～5

续表

序号	项目	示意图	允许偏差（mm）	
			一、二级	三级
2	对接焊缝错边（d）		$d<0.1t$ 且≤2.0	$d<0.15t$ 且≤3.0
3	角焊缝余高（C）		h_f≤6 时 C 为 0～1.5； h_f>6 时 C 为 0～3.0	

（4）栓钉焊机焊接接头的质量检测

采用专用的栓钉焊机所焊的接头，焊后应进行弯曲试验抽查，具体方法为将栓钉弯曲30°后焊缝及其热影响区不得有肉眼可见的裂纹。对采用其他电弧焊所焊的栓钉接头，可按角焊缝的外观质量和外形尺寸的检测方法进行检查。

13. 返修焊

焊缝金属和母材的缺陷超过相应的质量验收标准时，可采用砂轮打磨、碳弧气刨、铲凿或机械等方法彻底清除。然后对焊缝进行返修。返修应按下列要求进行：

返修前，应清洁修复区域的表面；

焊瘤、凸起或余高过大，采用砂轮或碳弧气刨清除过量的焊缝金属；

焊缝凹陷或弧坑、焊缝尺寸不足、咬边、未熔合、焊缝气孔或夹渣等应在完全清除缺陷后进行焊补；

焊缝或母材的裂纹应采用磁粉、渗透或其他无损检测方法确定裂纹的范围及深度，用砂轮打磨或碳弧气刨清除裂纹及其两端各50mm长的完好焊缝或母材，修整表面或磨除气刨渗碳层后，并用渗透或磁粉探伤方法确定裂纹是否彻底清除，再重新进行焊补。对于约束度较大的焊接接头的裂纹用碳弧气刨清除前，宜在裂纹两端钻止裂孔；

焊接返修的预热温度应比相同条件下正常焊接的预热温度提高30～50℃，并采用低氢焊接方法和焊接材料进行焊接；

返修部位应连续焊成，如中断焊接时，应采取后热、保温措施，防止产生裂纹，厚板返修焊宜采用消氢处理；

焊接裂纹的返修，应由焊接技术人员对裂纹产生的原因进行调查和分析，制定专门的返修工艺方案后进行；

同一部位两次返修后仍不合格时，应重新制定返修方案，并经业主或监理工程师认可后方可实施。

返修焊的焊缝应按原检测方法和质量标准进行检测验收，填报返修施工记录及返修前后的无损检测报告，作为工程验收及存档资料。

20.4.4　典型构件制作

1. 焊接H形构件

(1) 焊接H形构件组装制作流程见图20.4-15。

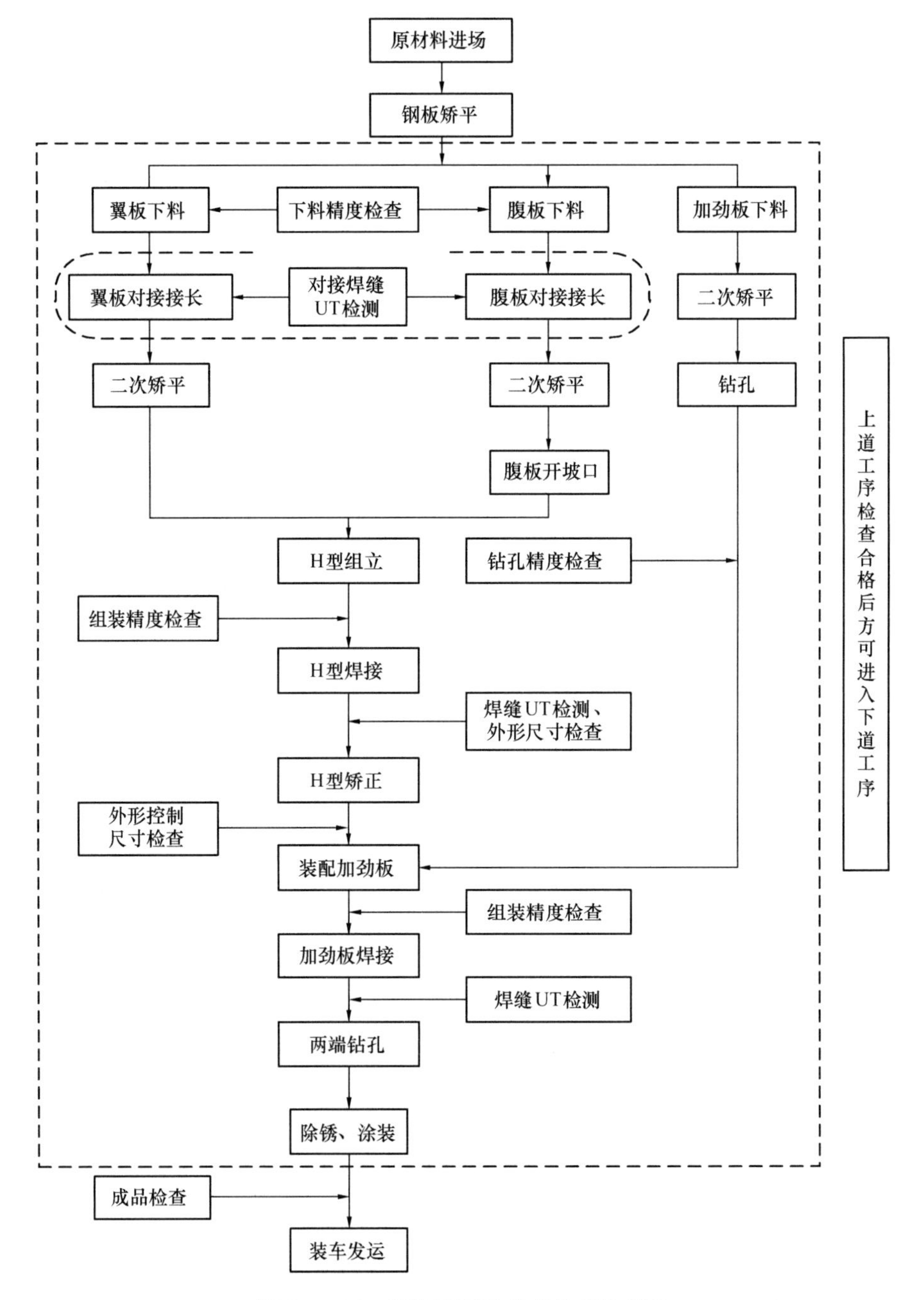

图20.4-15　焊接H形构件组装制作流程

(2) 焊接H形构件制作方法及加工流程见图20.4-16～图20.4-18。

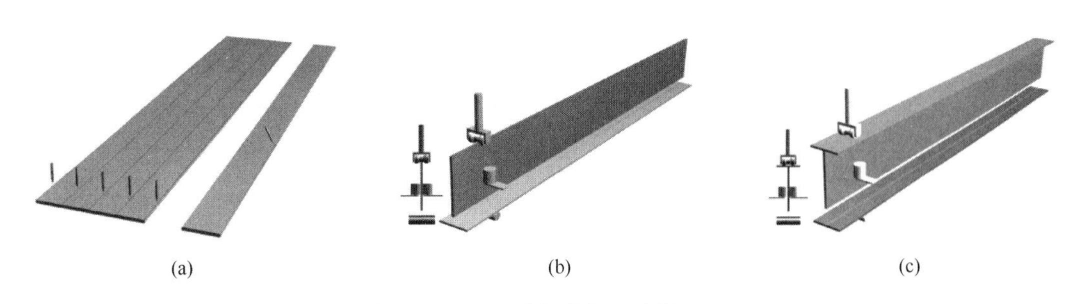

(a)　(b)　(c)

图 20.4-16　H 形构件加工流程（一）

（a）腹板、翼缘板放样与下料；（b）腹板与翼缘板 T 形组立；（c）T 型与翼缘板 H 形组立

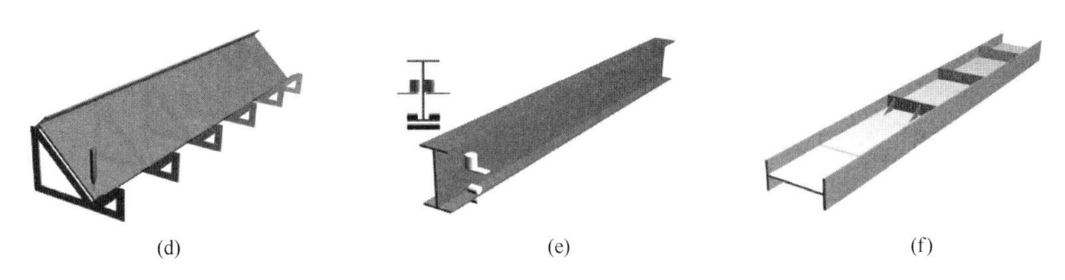

(d)　(e)　(f)

图 20.4-17　H 形构件加工流程（二）

（d）H 形腹板与翼缘板焊接；（e）H 形钢矫正；（f）装焊加劲板（连接板）

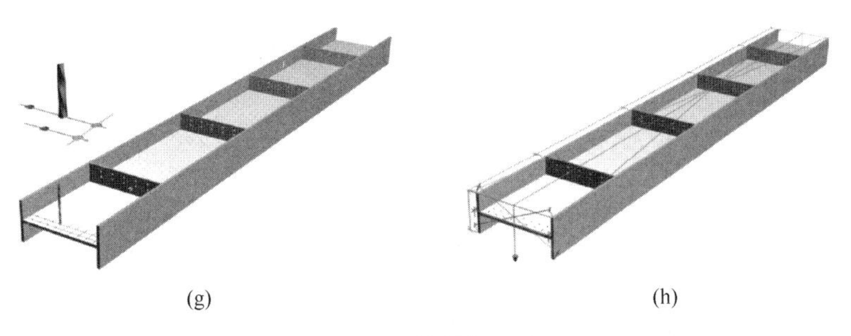

(g)　(h)

图 20.4-18　H 形构件加工流程（三）

（g）端部数控钻孔；（h）整体尺寸检测

1）腹板、翼缘板放样与下料

下料前在计算机上对钢板进行精确展开放样，然后采用数控火焰切割机对零件进行精密切割下料。零件切口采用半自动火焰切割机进行。

2）腹板与翼缘板 T 形组立

组立前首先在翼缘板上画出腹板位置线，组立时腹板务必与定位线对齐，并通过顶紧装置将其固定，然后将腹板与翼缘板电焊固定。

3）T 形与翼缘板 H 形组立

H 形组立前首先在翼缘板上画出腹板位置线，组立时将腹板与位置线对齐，并通过顶紧装置将其固定，然后将腹板与翼缘板点焊固定。

4）H 形腹板与翼缘板焊接

H 形组立合格后，将其吊至 LHT 或 LHC H 形钢自动埋弧焊接机上进行焊接。焊接时严格控制电流、电压及焊接行进速度。焊后 24h 进行焊缝 UT 探伤。

5）H形钢矫正

H形钢腹板与翼缘板焊接完成并经UT检测合格后对H形腹板及翼缘板进行矫正，在H形钢自动矫正机上进行。矫正后对其外观尺寸进行检查，直至满足规范规定的装配要求。

6）装焊加劲板（或连接板）

H形钢矫正并检查合格后，装配加劲板或者连接板，装配前首先在H形钢腹板及翼缘板上画出加劲板（连接板）位置线，并根据位置线装配加劲板（连接板），装配合格后采用CO_2气体保护焊进行焊接。

7）端部数控钻孔

H形构件端部钻孔在数控三维钻床上进行，钻孔前必须将H形构件放置平稳，并通过顶紧装置将其固定。

8）整体尺寸检测

H形构件装配焊接完成后，应派专职质检员对其进行外观及整体尺寸检查，主要检查H形构件的长度、宽度、高度、扭曲度、旁弯、侧弯、螺栓孔距、劲板位置等控制尺寸。

2. 圆管构件组装制作

（1）圆管构件制作流程见图20.4-19。

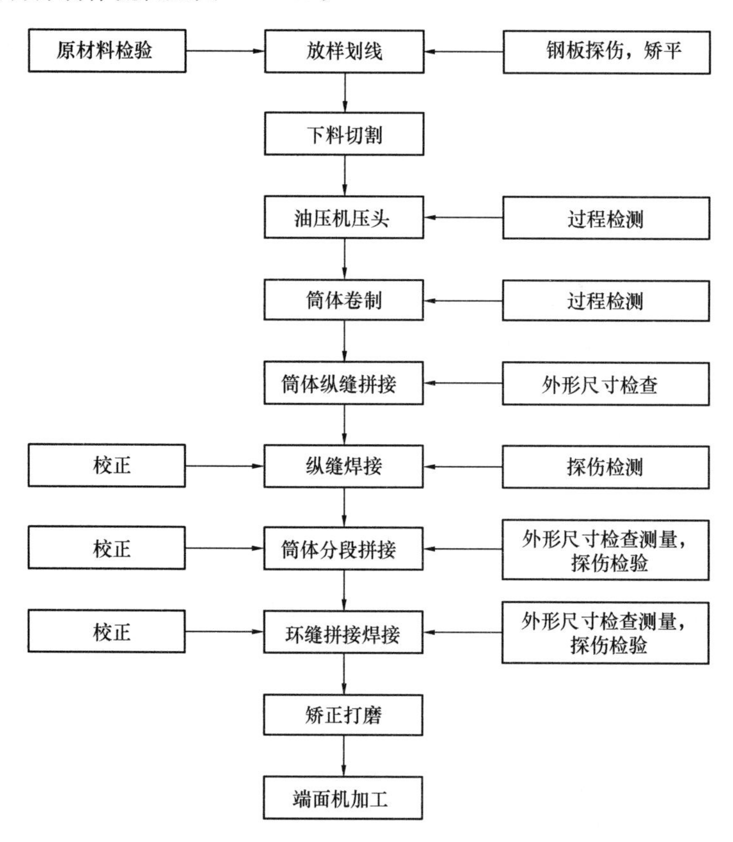

图20.4-19　圆管构件制作流程

（2）圆管构件制作方法及加工流程见图 20.4-20～图 20.4-22。

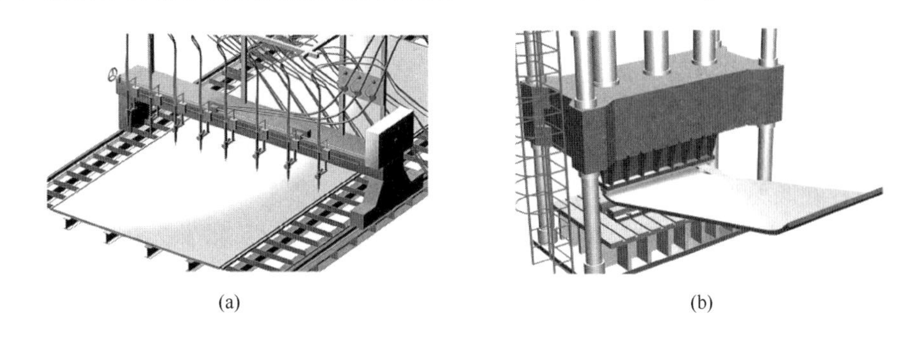

(a) (b)

图 20.4-20 圆管构件加工流程（一）

（a）零件的下料切割；（b）两侧预压圆弧

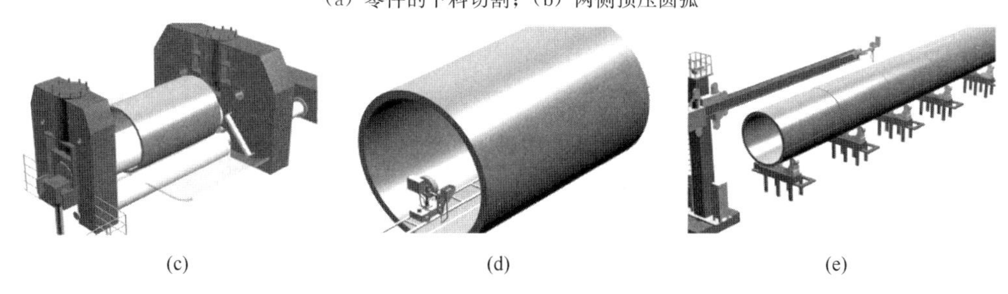

(c) (d) (e)

图 20.4-21 圆管构件加工流程（二）

（c）卷管成型；（d）纵缝焊接；（e）环缝焊接

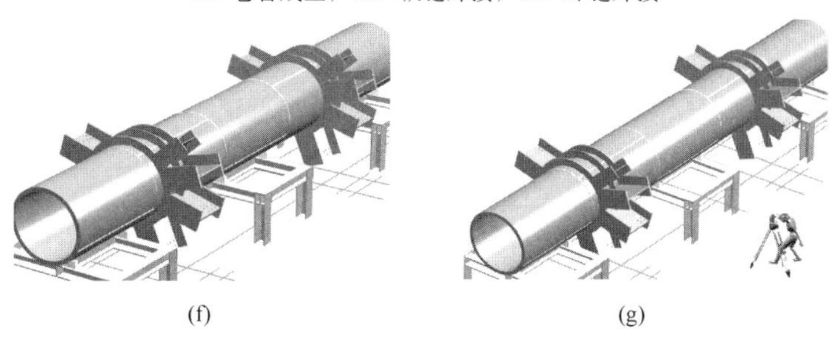

(f) (g)

图 20.4-22 圆管构件加工流程（三）

（f）装焊内外环板及牛腿；（g）总体检测

1）零件矫平、下料、拼板

钢板下料前用矫正机进行矫平，防止钢板不平影响切割质量，并进行钢板预处理。零件下料采用数控精密切割，对接坡口采用半自动精密切割，切割后进行二次矫平。

2）两侧预压圆弧

卷管前采用油压机进行两侧预压成型，并用样板检测，压头后切割两侧余量，并切割坡口。

3）卷管成型

采用大型数控卷板机进行卷管，用渐进式卷制，不得强制成型。在数控卷管机上进行反复的滚压，直至成型，检查加工精度，否则进行再次滚压矫正。

4）纵缝焊接

筒体段节的纵缝采用自动埋弧焊接，焊接前进行预加热，焊接时先焊内侧后焊外侧，焊后24h进行探伤。

5）环缝焊接

将焊好的筒体段节进行对接接长，并进行环缝的焊接，焊接采用伸臂式焊接，中心用自动埋弧焊进行焊接。

6）装焊内外环板及牛腿

将钢管柱在胎架上进行精确定位，同时根据地样在钢管外表面上弹出牛腿及环板定位线，检查合格后进行牛腿装配，并用全站仪对牛腿装配精度进行检查。合格后方可进行焊接，牛腿及外环板与钢管之间的焊接采用 CO_2 气体保护焊进行。

3. 箱形构件组装制作

（1）箱形构件组装制作流程见图20.4-23。

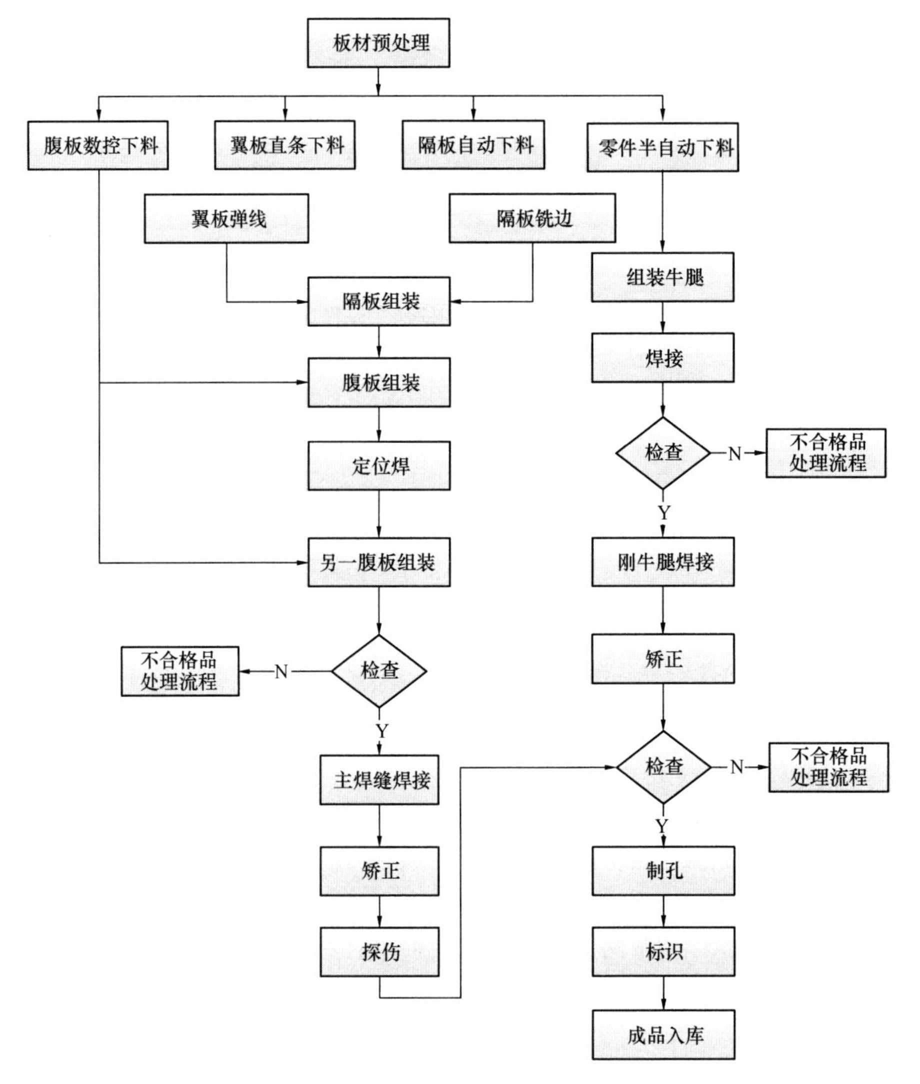

图20.4-23　箱形构件制作流程

（2）箱形构件制作方法及加工流程见图20.4-24～图20.4-27。

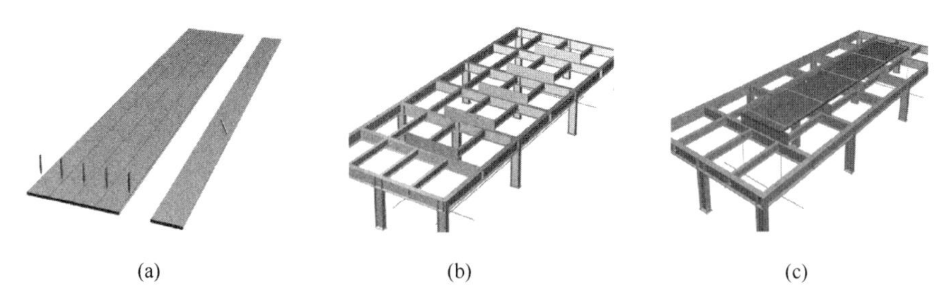

(a) (b) (c)

图 20.4-24 箱形构件加工流程（一）

（a）零件放样、下料；（b）设置胎架及地样；（c）装配下面板

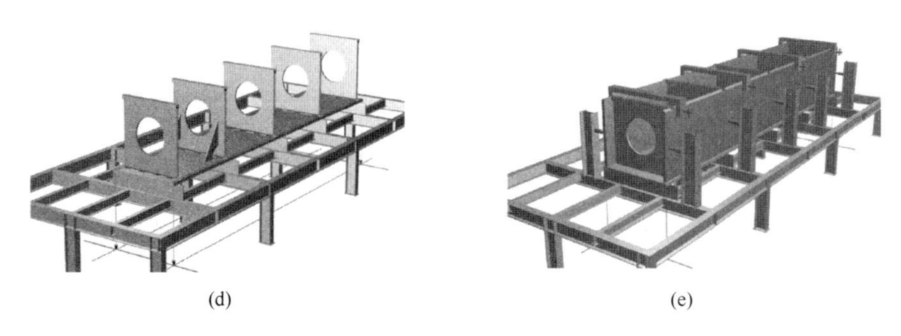

(d) (e)

图 20.4-25 箱形构件加工流程（二）

（d）装配隔板；（e）装配两侧腹板

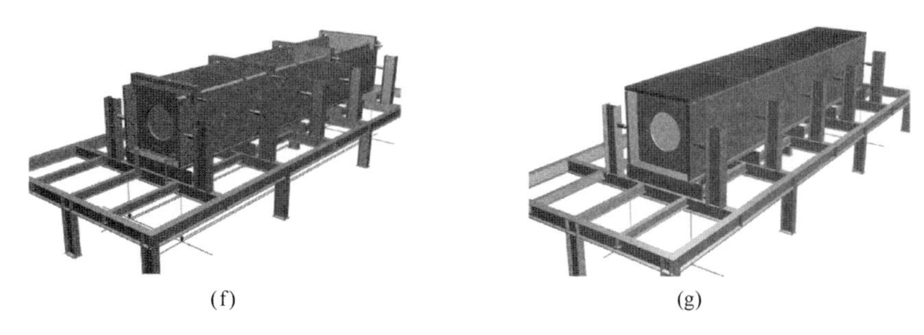

(f) (g)

图 20.4-26 箱形构件加工流程（三）

（f）隔板焊接；（g）装配上面板

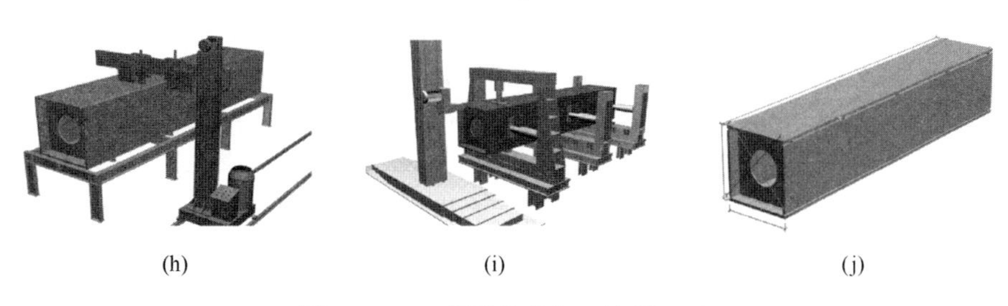

(h) (i) (j)

图 20.4-27 箱形构件加工流程（四）

（h）隔板电渣焊；（i）端面铣平；（j）外形控制检查

1）零件放样、下料

下料前在计算机上对零件进行精确展开放样，然后采用数控火焰切割机对零件进行精密切割下料。

2）设置胎架及地样

正式装配前，在地面上铺设钢板并保证平整，然后在钢板上1∶1画出构件轮廓线，同时设置装配用胎架，胎架设置必须保证具有足够的强度、刚度和水平度。

3）装配下面板

下面板装配时通过线坠与地样进行精确定位，定位后通过夹具将下面板与胎架进行刚性固定，并弹出隔板位置线。

4）装配隔板

装配时通过线坠与定位线进行准确定位，同时保证垂直度，并用靠板将其临时固定，然后点焊固定。

5）装配两侧腹板

装配时通过线坠与定位线进行准确定位，并保证垂直度，然后用夹具将腹板与隔板夹紧固定，最后将腹板与下面板进行点焊。

6）隔板焊接

隔板与腹板及面板之间采用CO_2气体保护焊进行焊接，焊接采用双面坡口，焊后自然冷却，进行UT探伤。

7）装配上面板

装配时通过线坠与定位线进行准确定位，通过点焊与两侧腹板固定。

8）隔板电渣焊

焊接在数控电渣焊焊接机上进行，焊接时严格控制焊接电流、电压及送丝速度。

9）端面铣平

端面铣平在数控端面铣床上进行，端铣前必须将其放平，夹紧固定。

10）外形控制检查

箱型柱装焊完成并经UT检查合格后，应派专职质检员对外形尺寸进行检查，超差应进行矫正。

20.4.5　构件的预拼装

为检验构件制作精度、保障现场顺利安装，应根据设计要求、构件的复杂程度选定需预拼装的构件，并确定预拼装方案。

构件预拼装方法主要有两种，一种是实体预拼装、一种是用计算机辅助的模拟预拼装。实体预拼装效果直观，被广泛采用，但其费时费力、成本较高。随着科技的进步，模拟预拼装也日趋成熟，由于其具有效率高、成本低等优点，目前已被逐步推广应用。

（1）实体预拼装

实体预拼装是将构件实体按照图纸要求，依据地样逐一定位，然后检验各构件实体尺寸、装配间隙、孔距等数据，确保满足构件现场安装精度。实体预拼装主要有立式拼，如图20.4-28，卧式拼装，如图20.4-29两种。具体采用哪种方法可依据设计要求及结构整体尺寸等综合确定。由于立式拼装相对施工难度较大，大部分构件选用卧式拼装方式。

实体预拼装基本要求如下：

1）构件预拼装应在坚实、稳固的胎架上进行。

2）预拼装中所有构件应按施工图控制尺寸，各杆件的重心线应交汇于节点中心，并不允许用外力强制汇交。单构件预拼时不论柱、梁、支撑均应至少设置两个支承点。

图 20.4-28 立式预拼装

图 20.4-29 卧式预拼装

3）预拼装构件控制基准、中心线应明确标示，并与平台基线和地面基线相对一致。控制基准应按设计要求基准一致，如需变换预拼装基准位置，应得到工艺设计认可。

4）所有需进行预拼装的构件，制作完毕后必须经质检员验收合格后才能进行预拼装。

5）高强度螺栓连接件预拼装时，可采用冲钉定位和临时螺栓紧固，不必使用高强度螺栓。

6）在施工过程中，错孔的现象时有发生。如错孔在 3.0mm 以内时，一般采用绞刀铣或锉刀锉扩孔。孔径扩大不应超过原孔径的 1.2 倍；如错孔超过 3.0mm，一般采用焊补堵孔或更换零件，不得采用钢块填塞。

7）构件露天预拼装的检测时间，建议在日出前和日落后定时进行。所使用卷尺精度应与安装单位相一致。

8）预拼装检查合格后，对上、下定位中心线、标高基准线、交线中心点等应标注清楚、准确；对管结构、工地焊接连接处，除应标注上述标记外，还应焊接一定数量的卡具、角钢或钢板定位器等，以便按预拼装结果进行定位安装。

（2）模拟预拼装

模拟预拼装是采用全站仪对构件关键控制点坐标进行测量，经计算机对测量数据处理后与构件计算模型数据进行对比，得出其偏差值，从而达到检验构件精度的方法。

如某巨型柱段分为 4 个制作单元，如图 20.4-30 所示。各制作单元完成后，分别测量各单元图中各点的坐标，经计算机换算处理后得出实测控制点坐标，如图 20.4-31 所示。然后与计算模型坐标值进行比较得出偏差值。

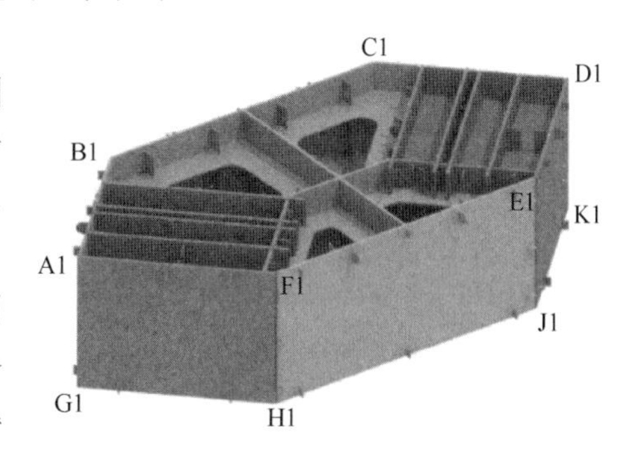

图 20.4-30 某巨型柱段

模拟预拼装的要求如下：

（1）首先依据构件结构尺寸特征，确定各关键测量点。测量点一般选择在构件各端面、牛腿端面等与其他构件相连的位置，且每端面应选择不少于 3 个测量点。

（2）构件应放置在稳定的平台上进行测量，并保持自由状态。测量时应合理选择测量仪器架设点，以尽量减少转站而带来的测量误差。

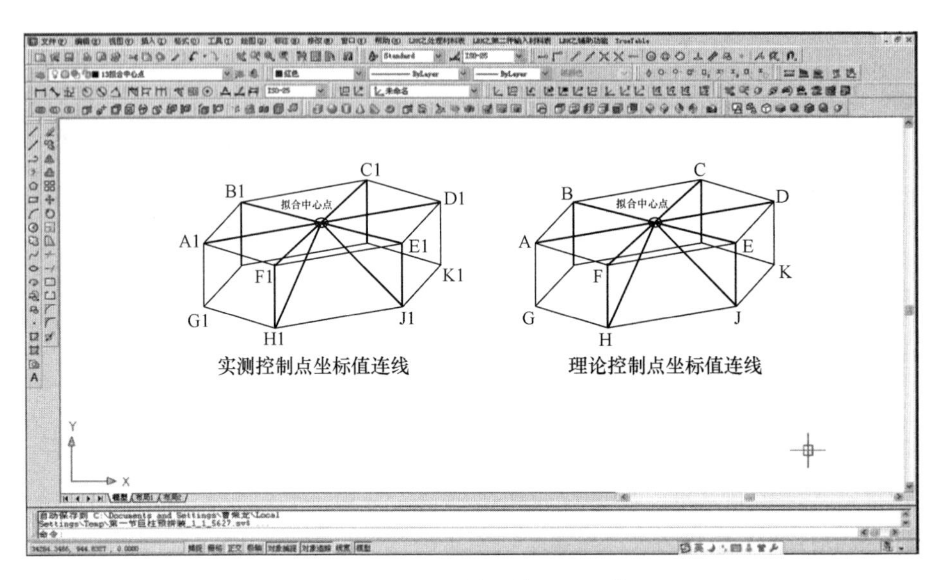

图 20.4-31　计算机模拟预拼装

（3）通过计算机，利用测量数据生成实测构件模型。对实测构件模型和计算模型构件进行复模对比，如发现有超过规范要求的尺寸偏差应对实体构件进行修整。构件修整完成后，应重新进行测量、建模、复模等工作，直至构件合格为止。

（4）所有参与模拟预拼装的构件，必须经验收合格后才能进行预拼。

（5）预拼时应建立构件模拟预拼装坐标系，并根据该在坐标系确定各构件定位基准点坐标。预拼时将预拼构件的各制作组件按实测坐标放入模拟预拼装坐标系的指定位置，检验各连接点尺寸是否符合要求，包括装配间隙、定位板位置、连接孔距等。

（6）构件模拟预拼装检查合格后，应对实体构件上、下定位中心线、标高基准线、交线中心点等进行标注，以便按预拼装效果进行安装工作。

20.4.6　除锈与涂装

一、除锈

（1）钢构件表面存在有油脂或污物等，应用毛刷、铲刀等进行清扫和清理，具体方法请参照《涂覆涂料前钢材表面处理 表面处理方法》GB/T 18839 执行。

（2）在选择表面处理方法时，应考虑所要求的处理等级。必要时，还应考虑与拟用涂料配套体系相适应的表面粗糙度。

（3）根据构件大小、外形尺寸及表面处理要求等级选择合适的除锈方式，常用的钢材表面处理（除锈）方法及特点见表 20.4-20。

常用钢材表面处理（除锈）方法及特点　　表 20.4-20

处理方法	工艺特点	效　果
手工工具除锈	手工作业，主要工具为铲刀、钢丝刷、砂纸尖锤等	只能满足一般涂装要求。保留了无锈的氧化皮，能基本清除浮锈和其他附着物。工具简单、操作方便、费用低；但劳动强度大、效率低、质量较差

续表

处理方法	工艺特点	效果
手工动力机械除锈	手工采用电动砂轮机、钢丝刷轮或风动除锈机等	除锈效果尚可，局部可见表面灰白色金属光泽，适于管型构件或面积不大的钢板以及现场局部涂装修补，施工灵活
抛丸（喷砂）除锈	用多抛头机械抛丸机将钢丸高速抛向钢材表面或用压缩空气把磨料或钢丸高速喷射到钢材表面，产生冲击和磨削作用，将表面铁锈和附着物清除干净	工效高，除锈彻底，能控制除锈质量，露出粗糙的金属本色，是目前工厂表面处理的首选方法。但构件凹角部位不易清理

（4）对于已超出抛丸机工作条件的大形或异形构件，采用喷砂机对此类构件进行喷砂除锈。

二、涂装

（1）底漆涂装

1）涂装开始：抛丸（喷砂）完成后4h内应进行喷涂作业。

2）预涂：对于孔内侧、边缘、拐角处、焊缝、缝隙、不规则面等喷涂难以喷到的部位，可先采用毛刷或滚筒进行预涂装。

3）无气喷涂：主要施工区域应采用高压无气喷涂机进行喷涂。每道喷涂厚度要符合油漆使用说明要求，喷涂过程中，随时监测湿膜厚度（根据说明书要求，可把湿膜厚度换算成干膜厚度），以保证涂层厚度。根据设计要求漆膜厚度，可多层多道喷涂。前一层的油漆必须干后，方可涂下一层油漆。

4）涂装过程中，要先涂难涂面，后涂易涂面。

5）在施工过程中，对调和后油漆要实施机械搅拌以避免沉淀。特别对于锌粉含量较高等易沉淀油漆，要经常搅拌。

（2）中间漆涂装

1）按不同中间漆说明书中的使用方法进行分别配制，充分搅拌。

2）采用无气喷涂机进行中间漆的喷涂，底漆与中间漆的覆涂时间间隔符合使用说明书要求，喷涂方法同底漆喷涂。

（3）面漆涂装

除设计有特别要求外，面漆一般在安装现场涂装。涂装按涂料使用说明书施工，涂装方法参考中间漆施工。

20.4.7 构件标识、包装和发运

一、钢构件的标识

（1）过程构件标识

1）构件组立时应进行构件标识，由组立班组打钢印。

2）特殊异型小构件不宜打钢印，应采用悬挂标识牌进行构件标识；悬挂标识牌内容及钢印号应统一。

（2）成品构件标识

成品构件采用油漆喷涂标识，标识位置要与钢印号位置在构件的同一侧，字体、行间

距要规范；如构件上有栓钉或构件截面（小型构件和异型构件）不能满足喷涂标识时采用手写标识，标识应字迹端正、清晰整齐，只标识构件编号；同一工程项目标识颜色一致。

二、包装

产品包装是保护产品性能，提高其使用价值的手段。通过储存、运输等一系列流通过程使产品完整无损地运到目的地。

（1）钢结构包装在油漆完全干燥、构件编号、接头标记、焊缝和高强度螺栓连接面保护完成并检查验收后才能进行；

（2）包装是根据钢结构的特点、储运、装卸条件和客户的要求进行作业，做到包装紧凑、防护周密、安全可靠；

（3）包装钢结构的外形尺寸和重量应符合公路运输方面的有关规定；

（4）钢结构的包装方式有：包装箱包装、裸装、捆装等形式；

（5）需海运的构件，除大型构件外，均需打捆或装箱。螺栓、螺纹杆及连接板应用防水材料外套封装。每个包装箱、裸装件及捆装件的两边均要有标明船运所需标志，标明包装件的重量、数量、中心和起吊点。

三、发运

运输时应事先对运输路径进行调查、确保车辆运输时不出现问题。另外，对工程现场及工程现场周边的情况应与吊装单位进行磋商，确保运输道路的宽度、门的高度以及不会发生如台阶的斜坡碰到车辆底盘等问题发生。

（1）大型构件运输时，要对交通法规对车辆的限制进行调查，必要时应取得当地相关机关的许可。

（2）钢结构运输时绑扎必须牢固，防止松动。钢构件在运输车上的支点、两端伸出的长度及绑扎方法均能保证构件不产生变形、不损伤涂层且保证运输安全。

（3）钢构配件分类标识打包，各包装体上作好明显标志，零配件应标明名称、数量。螺栓等有可靠的防水、防雨淋措施。

（4）专人负责汽车装运，专人押车到的构件临时堆场或工地，全面负责装卸质量。

20.5　现场安装施工

20.5.1　钢构件吊装

1. 构件的分段

钢构件的分段、分节涉及材料定制、工厂制作、构件运输、现场吊装等诸多方面，其分段、分节的合理性、经济性至关重要。构件分段主要遵循以下原则：

（1）分段构件必须满足起重设备的吊装范围及起重性能要求；

（2）分段构件便于运输，不超长超重；

（3）构件分段对接位置处应便于搭设操作平台，满足焊接施工需求；

（4）构件对接位置便于工人焊接作业，钢柱宜在楼层上方 1.2m 处分段；

（5）钢构件分段处应利于布料机设置及钢管混凝土浇筑作业等；

（6）构件应尽量少分段，减少现场焊接工作量，提高施工效率。

2. 构件的吊装

(1) 构件进场

钢构件由工厂制作完成后，一般通过公路运输至施工现场。到场后首先派专人按随车货运清单对构件数量及编号进行核对，如发现问题，应及时通知制作厂更换或补全所需构件。核对完成后，利用现场起重设备或汽车吊进行卸车作业。

卸车后，组织技术人员进行构件质量和资料现场验收与交接。验收交接的主要内容包括焊缝质量、构件外观和尺寸、材质以及加工制作资料等。对缺陷超出允许范围的构件，必须进行修补，满足要求后方可重新验收。缺陷修补尽可能在现场进行，当现场无法进行修补时应送回工厂进行返修。常用构件现场验收与修补方法如表 20.5-1 所示。

构件进场验收及常用修补方法 **表 20.5-1**

序号	验收项目	验收工具、验收方法	拟采用修补方法
1	焊角高度尺寸	量测	补焊
2	焊缝错边、气孔、夹渣	目测检查	焊接修补
3	构件表面外观	目测检查	焊接修补
4	多余外露的焊接衬垫板	目测检查	去除
5	节点焊缝封闭	目测检查	补焊
6	相贯节点夹角	专用仪器量测	制作厂重点控制
7	现场焊接剖口方向角度	对照设计图纸	现场修正
8	构件截面尺寸	卷尺	制作厂重点控制
9	构件长度	卷尺	制作厂重点控制
10	构件表面平直度	水准仪	制作厂重点控制
11	加工面垂直度	靠尺	制作厂重点控制
12	铸钢节点	全站仪	制作厂重点控制
13	构件运输过程变形	经纬仪	变形修正
14	预留孔大小、数量	卷尺、目测	补开孔
15	螺栓孔数量、间距	卷尺、目测	铰孔修正
16	连接摩擦面	目测检查	小型机械补除锈
17	构件吊耳	目测检查	补漏或变形修正
18	表面防腐油漆	目测、测厚仪检查	补刷油漆
19	表面污染	目测检查	清洁处理
20	质量保证资料与供货清单	按规定检查	补齐

(2) 构件现场存放

构件进场后，应根据施工组织设计规定的位置进行堆放。对大型重要构件可协调运输与吊装时间，进场后直接吊装至安装位置并进行临时连接。

构件堆场的设置应注意以下事项：

1) 构件堆场的布置应满足施工组织设计施工平面布置总图的要求。并尽量将构件堆场布置在起重设备工作范围之内或安装位置附近，以减少构件的二次搬运。

2) 当施工现场平面布置较为紧张或满足不了构件堆放要求时，可在外部租赁其他场地进行构件的堆放，并采用平板车、汽车吊等设备进行构件的二次搬运。

3）构件可根据工程的结构特点，依照工程施工进度堆放于结构楼板上，但堆放前应进行结构施工阶段的验算，当结构本身不能承受构件堆放所产生的荷载时，应进行结构加固。

图 20.5-1　某工程钢平台堆场

4）可搭设专用钢平台进行构件的堆放，如图 20.5-1，钢平台的设计应满足相应国家设计规范的要求。

5）若堆场土质较差时，需对堆场进行硬化处理，通常采用夯实或者铺设碎石的硬化方法。

6）构件堆场应有良好的排水条件。

钢构件的堆放应注意以下事项：

1）构件堆放应将钢柱、钢梁、节点、压型钢板等构件分类堆放，并按照便于安装的原则，将先安装的构件靠近吊机堆放，后安装的构件紧随其后堆放在方便吊装的地方。

2）构件堆放层数不宜超过 2 层，构件与地面之间应设置木支垫或者工装措施，如图 20.5-2，当构件堆放 2 层时，构件之间亦应垫设木支垫等构件保护措施。

图 20.5-2　钢构件现场堆放示意图

3）构件堆放时应将构件的编号、标识外露，便于查看，如图 20.5-3 所示。

4）雨雪天气时，构件周围应铺设彩条布等措施对构件进行保护。

图 20.5-3　构件标号清晰外露

（3）钢构件与混凝土连接部件的施工

钢构件与混凝土连接部件的预埋质量直接影响到后续钢结构工程的施工质量。预埋部件主要包括柱脚锚栓、混凝土柱或墙与钢梁连接预埋件，埋入式柱脚或柱段、埋入式梁段等。

柱脚锚栓进行施工时，应首先再次对测量基准进行核对；然后根据原始轴线控制点及标高控制点对现场轴线进行加密，再根据加密轴线测放出每一个埋件群的中心点和至少两个标高控制点；之后进行定位板与锚栓的就位，先找准定位板与锚栓的定位中心线（预先量定并刻画好），并使其与测放中心点基本吻合；然后将定位板与预先埋设的措施埋件连接固定，如图 20.5-4，或者将锚栓与土建钢筋点焊，如图 20.5-5，防止后续土建钢筋绑扎及混凝土浇筑造成定位板与锚栓的移位；最后进行轴线网和标高复测，对部分误差较大者进行调整。

图 20.5-4 措施埋件

图 20.5-5 柱脚锚栓埋设完毕

在混凝土浇灌前应再次复核，确认其位置及标高准确、复核无误后方可进行混凝土浇筑。混凝土浇灌前，螺纹上要涂黄油并包上油纸，外面再装上套管，浇灌过程中，要对其进行监控，防止野蛮施工对螺杆造成损伤。对已安装就位但产生弯曲变形的柱脚锚栓，钢柱安装前应将已弯曲变形的螺杆调直、已损伤的螺牙修复。

当柱脚锚栓用于插入式柱脚时，通常在锚栓下方设置刚性较大的支撑架，以确保锚栓的安装精度，如图 20.5-6 所示。

巨型钢柱配置的地脚锚栓直径大、数量多，如深圳京基 100 工程，每个柱脚的地脚锚栓，如图 20.5-7，由 84 根直径 85mm 的锚杆组成，重量达 22t；天津 117 工程巨型柱柱脚锚栓采用 75mm 直径高强锚栓，埋入深度约 5.5m，数量 1348 根。

图 20.5-6 某工程插入式柱脚施工

图 20.5-7 深圳京基 100 项目柱脚锚栓

在巨型柱脚锚栓施工前，需预先设置锚栓支架，如图 20.5-8。锚栓支架通过预埋件

图 20.5-8 巨型柱脚锚栓支架

固定在桩基承台上，以保证在锚栓安装过程中固定锚栓的位置并保证在后续钢筋混凝土施工过程中锚栓群不发生移动。

钢梁预埋件施工时，首先根据轴线控制点及标高基准点，引测作业面的轴线控制网及高程控制点，并将其与土建测放的轴线及高程控制点进行复核。测量放样完成后，在墙体竖向钢筋与水平钢筋能够形成稳定的钢筋网片时，将预埋件初步就位，等土建钢筋基本绑扎完，再对预埋件进行精确校正。此时除检查轴线定位、标高是否正确外，还应复核预埋件到各主要洞口、墙体等的尺寸是否与图纸一致，避免不同专业之间的尺寸标注错误。待混凝土工程浇筑、养护、拆除模板后，清理预埋件板面并复核其位置，最后再测量放线，精确定位钢梁受剪连接板的位置。

钢梁预埋件安装流程如图 20.5-9 所示。

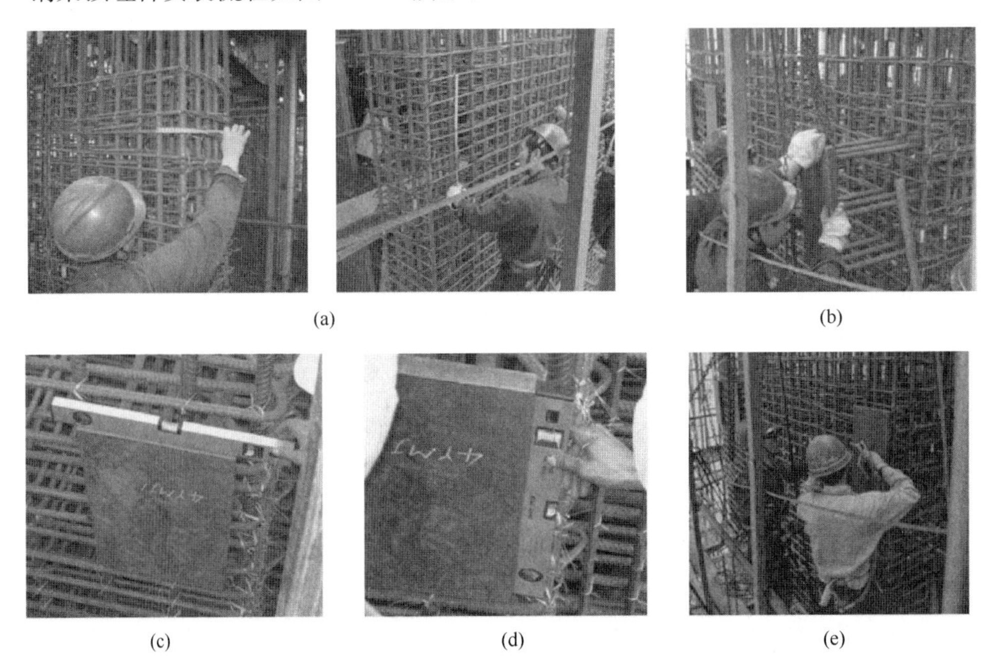

图 20.5-9　钢梁预埋件安装流程图

（a）测量放线，确定埋件中心线位置；（b）埋件就位；（c）埋件水平度测量；（d）埋件垂直度测量；（e）校正后点焊固定

（4）钢柱吊装

1）首节钢柱吊装

首节钢柱吊装时，根据钢柱的底标高调整锚栓杆下螺帽位置，并备好垫铁块；缓慢起吊钢柱，至钢柱处于垂直状态后缓慢下落；当钢柱底板接近锚栓顶部时，停机稳定；使锚栓孔对准锚栓，使钢柱轴线对准十字线；然后继续缓慢下落，下落中应避免磕碰地脚锚栓丝扣，如图 20.5-10（a）所示；当下部锚栓插入柱底板后，核查钢柱四边中心线与安装位置混凝土表面“十字轴线”的对准情况（兼顾四边），当钢柱的就位偏差调整在 3mm 以内后，再继续下落钢柱，并使之落在锚栓的定位螺帽之上。柱底偏差，包括柱底中心线的就位偏差可通过千斤顶移动柱底板位置来调节，如图 20.5-10（b）所示；通过揽风绳上的倒链进行钢柱垂直度调节，如图 20.5-10（c）所示。钢柱校正完毕后拧紧锚栓、收紧缆

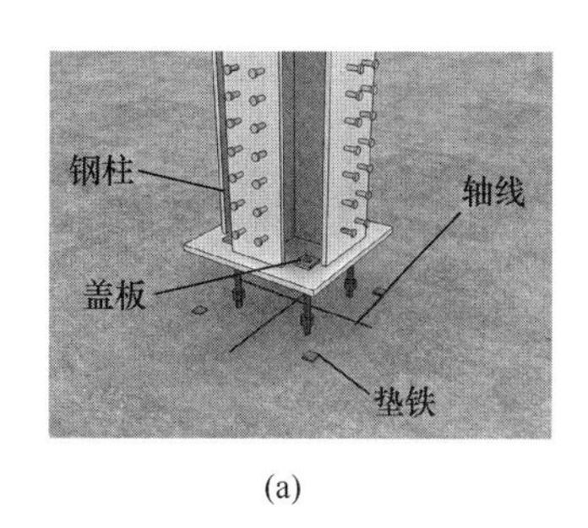

(a)

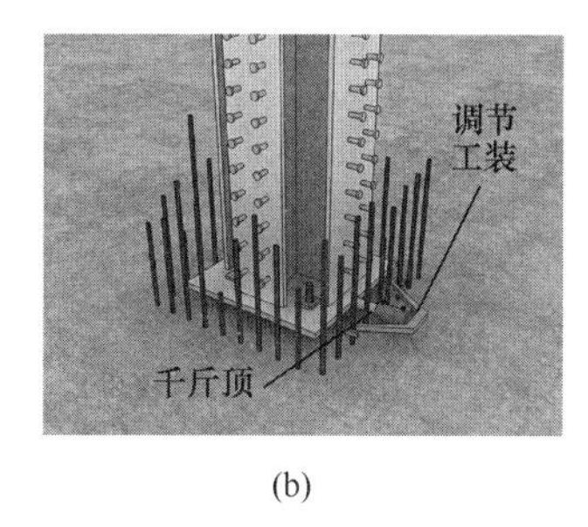

(b)

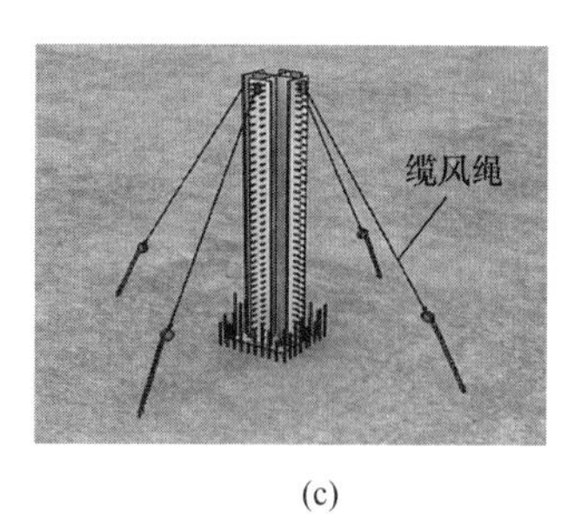

(c)

图 20.5-10 首节钢柱吊装示意

风绳，并将柱脚垫铁块与柱底板点焊，然后移交下道工序施工。

2）首节以上钢柱吊装

吊装前，清除下节钢柱顶面和本节钢柱底面的渣土和浮锈。缓慢起吊钢柱至垂直状态；升高并移至吊装位置上空；下降与下段柱头对接；调整被吊柱段中心线与下段柱的中心线重合（四面兼顾）；将活动双夹板平稳插入下节柱对应的安装耳板上，穿好连接螺栓并形成临时连接。拉设缆风绳对钢柱进行稳固，通过缆风绳上的倒链进行钢柱垂直度初步调整，如图 20.5-11。钢柱校正完毕后拧紧连接耳板处的螺栓、收紧缆风绳，为钢梁安装提供条件。

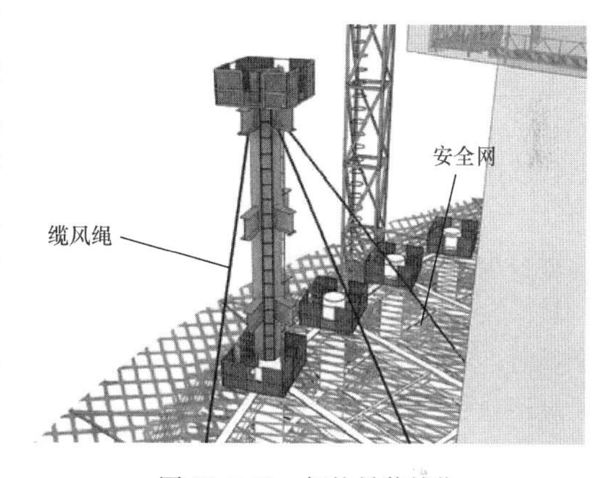

图 20.5-11 钢柱吊装就位

(5) 钢梁、桁架等钢构件吊装

构件吊装时，应将其吊至安装位置上方，缓慢下降使梁平稳就位，等周围结构对准后，将采用码板或安装螺栓、冲钉等措施进行临时固定，当使用安装螺栓、冲钉固定时，每个节点上使用的安装螺栓和冲钉总数不少于安装总孔数的 1/3，其中临时螺栓最少两套，冲钉不宜多于临时螺栓的 30%；构件吊装就位后，调节构件两端的焊接坡口间隙，并用水平尺校正构件的水平度达到设计和规范规定后，拧紧安装螺栓等；在构件安装后与结构形成稳定的框架单元时，对整体结构的安装精度进行复校，复校合格后，将各节点上安装螺栓拧紧或者进行焊接作业，使各节点处的连接板贴合好以保证后续更换高强度连接螺栓时对安装精度的要求。

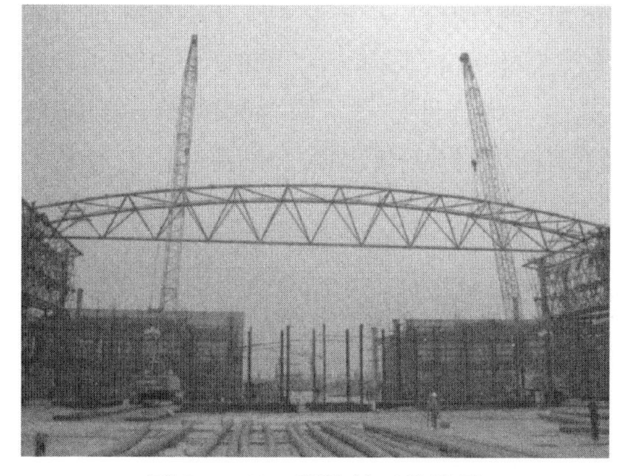
图 20.5-12 钢构件双机抬吊

(6) 钢构件抬吊

当构件重量超过单台起重设备额定起重量范围时，构件可采用抬吊的方式吊装，如图 20.5-12 所示。采用抬吊方式时，起重设备应进行合理的负荷分配，构件起重量不得超过两台起重设备额定起重量总和的75%，单台起重设备的负荷量不得超过额定起重量的80%。吊装作业应进行安全验算并采取相应的安全措施，应有经批准的抬吊作业专项方案。吊装操作时应保持两台起重设备升降和移动同步，两台起重设备的吊钩、滑车组均应基本保持垂直状态。

20.5.2　典型结构的安装方法

一、单层钢结构

单层钢结构安装工程施工前，需做好技术准备、机具设备准备、材料准备、作业条件准备等。

技术准备工作主要包含钢结构施工组织设计的编制，现场基础施工移交准备等。施工组织设计的编制可参照本书20.1节内容。基础施工移交准备包括测量控制网对基础轴线、标高进行技术复核，检查地脚锚栓外露情况，如锚栓是否有外露变形、螺纹损坏等，并及时修复。

单层钢结构安装工程普遍存在面积大、跨度大的特点，所以在一般情况下应选择可移动式起重设备，如汽车吊、履带吊等。对于较轻的单层钢结构，且现场施工作业道路情况比较好时，可选用汽车吊进行作业；对于重型单层钢结构，或者现场作业道路情况较差时，宜选用履带吊进行安装作业。选用汽车吊或履带吊进行施工作业时应注意其技术参数。

材料准备主要包括现场安装构件的进场和验收、普通螺栓和高强螺栓准备和检测、焊接材料准备等工作，钢构件运至现场验收合格后，应进行分类堆放。当钢结构设计使用高强螺栓时，应根据图样分规格统计所需高强螺栓数量并配套运至现场。钢结构焊接施工前应对焊接材料的品种、规格、性能进行检查，各项指标应符合现行国家标准和设计要求，应检查焊接材料的质量合格证明文件、检验报告及中文标识等，对重要钢结构采用的焊接材料应进行抽样复验。

单层钢结构施工工艺如图20.5-13所示。单层钢结构的安装主要包括钢柱的安装，钢梁安装，以及钢屋架安装等。

1. 钢柱安装

钢柱的刚性较好，吊装时为了便于校正一般采用一点吊装法，常用的钢柱吊装法有旋转法，递送发和滑行法，对于重型钢柱可采用双机抬吊法。钢柱吊装应按照各分区的安装顺序进行，并及时形成稳定的结构体系；起吊前，钢构件应横放在垫木上。起吊时不得使构件在地面上有拖拉现象。当钢柱分段重量较大、长度较长时，为了防止巨柱在地面上拖拉，可采用汽车吊等设备在另一端进行辅助起吊，将构件扶直。回转时需有一定的高度，起钩、旋转、移动三个动作应交替进行，就位时应缓慢下落。钢柱安装工艺可参照本书20.5.1节内容。

2. 钢梁安装

钢梁吊装通常采用吊耳吊装、开孔吊装和捆绑吊装的方法。

设置吊耳是钢结构吊装最常用方法，根据吊装设计要求，在钢结构深化设计时，需在构件上设置吊装耳板，钢梁的吊装耳板通常为专用吊耳，垂直设置于钢梁上翼缘，与腹板在同一竖向平面内。

开吊装孔是钢梁吊装时常用方法之一，如图20.5-14所示。该方法是在钢梁翼缘长向

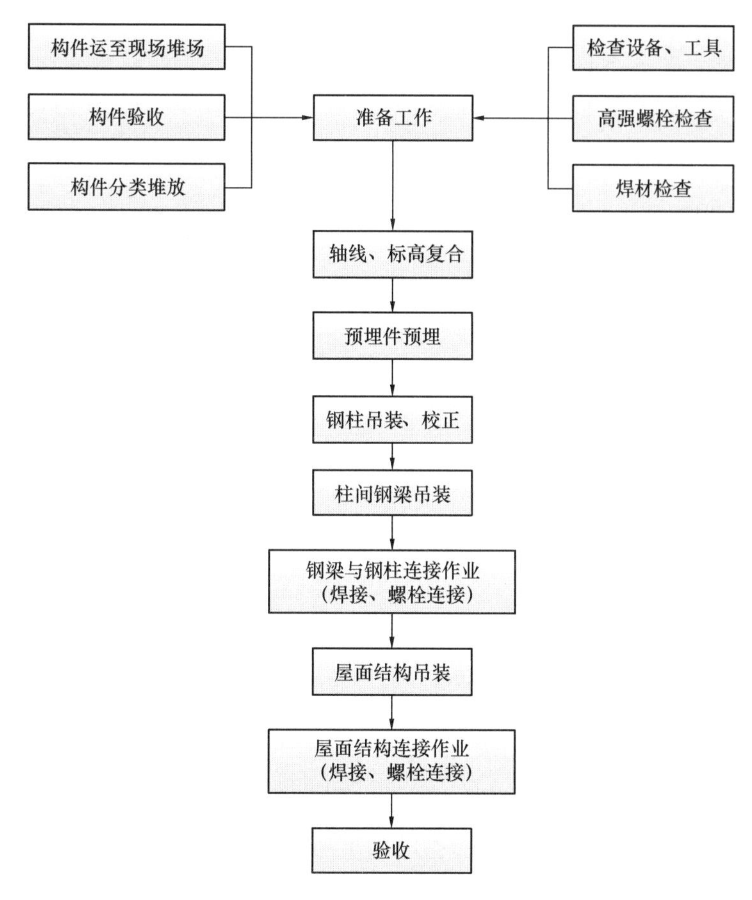

图 20.5-13 单层钢结构安装流程

中心线边缘开设小孔，小孔的大小满足吊环穿过即可。这种做法不仅可节约钢材，而且便于吊装、安全可靠。但对于重量较大、板厚较厚的构件不宜采取该方法，一般根据表 20.5-2 的条件确定采用哪种吊装方式。

钢梁吊装孔开设要求　　表 20.5-2

翼缘＼重量	重量小于 4.0t	重量大于 4.0t
翼缘板厚≤16mm	开吊装孔	焊接吊耳
翼缘板厚＞16mm	焊接吊耳	焊接吊耳

捆绑吊装通常用于吊装钢梁及大型节点等，如图 20.5-15 所示。捆绑吊装实施方便，免去了焊接、割除耳板，开设孔洞的工序，但捆绑吊装对钢丝绳要求较高，绑扎必须认真仔细，需防止绑扎不牢导致构件滑落事故。绑扎吊装通常与“保护铁”联合使用，以防构件边缘处尖锐而导致钢丝绳受损，甚至出现被划断的现象。钢梁安装工艺可参照本书 20.5.1 节内容。

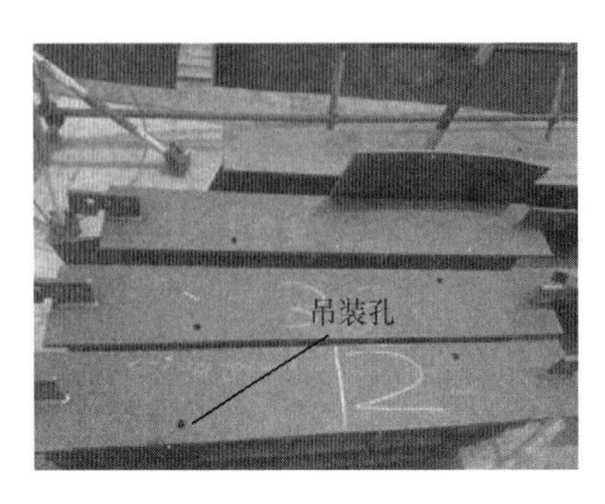

图 20.5-14　钢梁设置吊装孔

图 20.5-15　钢梁捆绑吊装

3. 钢屋架安装

由于钢屋架侧向刚度较差，因此安装前必须进行稳定性验算。钢屋架吊装过程中，钢屋架绑扎时必须在屋架节点上进行绑扎。屋架吊装就位时应以屋架下弦两端的定位标记和柱顶的轴线标记严格定位，并通过点焊临时固定。屋架吊装就位后应在屋架上弦两侧对称设缆风绳固定。

二、多高层钢结构

多层与高层钢结构主要是指框架结构、框架-剪力墙结构、框架-支撑结构、框架-核心筒结构、筒体结构、巨型结构中的钢结构。

多层与高层钢结构安装工程的施工准备综合性强，涉及技术、计划、经济、质量、安全、现场管理等多个方面，主要包括技术准备、资源准备、管理协调准备等。

1. 技术准备。主要包括设计交底与图纸会审，钢结构安装施工组织设计编制，钢结构验收标准及技术要求的制定、计量管理和测量管理计划等。参加图纸会审时，应与业主、设计、监理充分沟通以确定钢结构各节点，构件分段分节情况等。编写施工组织设计及其他专项方案应按照相关的法规标准进行，施工组织设计主要包括工程概况、施工重难点分析，施工部署，施工方法，安全防护措施等。其他专项方案应包括施工临时用电方案，安全专项方案，重点部位施工专项方案，吊装专项方案、测量专项方案等。

2. 材料准备。材料准备包括劳动力、机械设备、钢构件、连接材料，测量器具等的准备工作。目前，国内多层与高层建筑钢结构的钢材主要采用 Q235 碳素结构钢和 Q345、Q390 低合金高强度结构钢，当有可靠根据时也可采用其他牌号的钢材，若涉及文件中要求采用其他牌号的结构钢时应符合相对应的国家现行标准。目前，多层与高层钢结构的连接材料主要采用 E43、E50 系列焊条或 H80 系列焊丝；高强度螺栓主要采用 45 号钢、20MnTiB 钢；栓钉主要采用 ML15、DL15 钢。

3. 主要机具准备。在多层与高层钢结构安装施工中，由于建筑较高、较大，吊装机械多采用塔式起重机进行作业，履带式起重机、汽车时起重机辅助作业。目前塔式起重机按结构形式可分为附着式塔吊和行走式塔吊，按变幅方式可分为小车变幅式塔吊和动臂变幅式塔吊等。施工过程中，除了起重设备外，还会使用到其他器具，如测量设备，焊接设备，安防器具等。施工准备阶段，应根据现场施工要求编制施工机具设备需求计划，同时还应根据现场施工现状，场地情况确定各机具设备的进场日期、安装日期及临时堆放场地，应确保在不影响其他单位施工活动的同时，保证机具设备按要求安装到位。

多层与高层钢结构安装工艺流程如图 20.5-16。

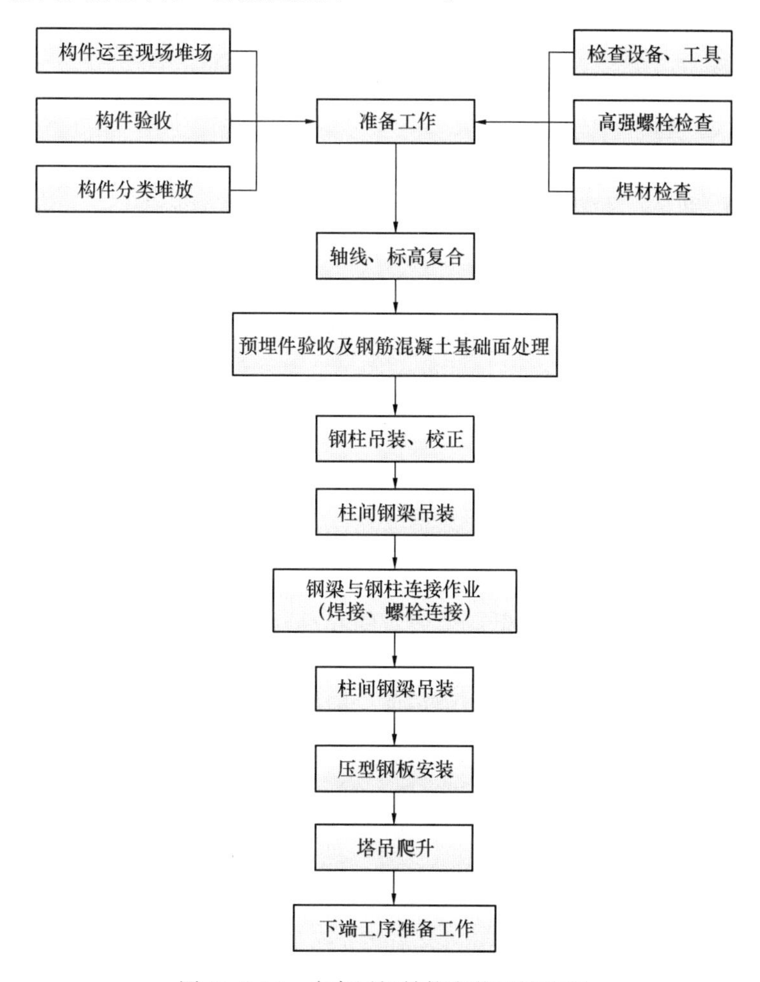

图 20.5-16 多高层钢结构安装工艺流程

吊装前应做好准备工作以满足作业条件要求，钢结构吊装作业前应具备的基本条件是钢筋混凝土基础已经完成并验收合格；各专项施工方案的编制已审核完成；施工临时用电，用水已按方案规划布置完成；施工机具已安装调试完毕并验收合格；构件已进场并验收合格等。

多层与高层钢结构吊装应按顺序进行，通常进行对称吊装。一般先划分吊装作业区域，然后按划分的区域、平行顺序同时进行。当一片区吊装完毕后应进行测量、校正、高强螺栓初拧等工序，待几个片区安装完毕后再对整体结构进行测量、校正、高强螺栓终拧，焊接工作，接着可进行下一节钢柱的吊装。钢结构吊装前应对所有施工人员进行技术交底和安全交底，应严格按照交底的吊装步骤实施作业，严格遵守吊装、焊接等操作规程。钢结构吊装时，为便于识别和管理，原则上应按照塔式起重机的作业范围或钢结构安装工程的特点划分吊装区域，以利于钢构件吊装作业按平行顺序同时进行。应重视连接件的预埋的检查工作，确保安装精度。具体吊装工艺可参照本书 20.5.1 节内容。

三、大跨空间结构

大跨钢结构的施工技术，一般主要包含安装技术及卸载技术（若有临时支承），这里主要介绍安装技术。根据结构受力和构造特点（包括结构形式、刚度分布、支承形式等），在满足质量、安全、进度及经济效益的前提下，应结合现场施工条件和设备机具等资源落实情况等因素综合确定安装方案。常用的安装方法主要有：

（1）高空原位单元安装法；（2）滑移安装法；（3）整体提升法；（4）大悬挑钢结构无支承安装法。

从近年的发展看，钢结构工程将日趋大型化、复杂化，单一的安装方法可能不再适应单一工程的需要，一个工程中往往采用多种不同的安装技术，安装方法在朝集成化的方向发展。深圳机场 T3 航站楼指廊钢结构，就采用了“高空原位单元安装法”及“胎架滑移安装法”。

1. 高空原位单元安装法

“高空原位单元安装法”（以下简称单元安装法）是由“高空原位散装法”（以下简称散装法）演变而来。所谓“散装法”一般是指将构（杆）件直接在设计位置进行安装的一种方法，采用该法安装时，需搭设满堂支承，以提供构件高空放置及工人的操作平台，由于单件的重量较轻，此法可有效降低起重设备的起重要求。原则上，“散装法”可用于任意大跨钢结构的安装，但大规模的支承体系需用大量支承材料，且支承搭设时间长，高空作业多，工期跨度大，占用大量建筑物内场地，因此“散装法”多应用在跨度不大、工期要求不紧的网架、网壳等空间结构。

“单元安装法”则是把结构进行合理分块，然后将这些分块单元吊装至设计位置安装，如图 20.5-17 所示。与“散装法”相比，“单元安装法”虽然也是将结构在原位进行安装，但大部分的焊接和拼接工作在工厂或地面完成，有利于提高工程质量，减少高空作业量，加快施工进度，并且所需临时支承相对较少，措施成本也得到降低。

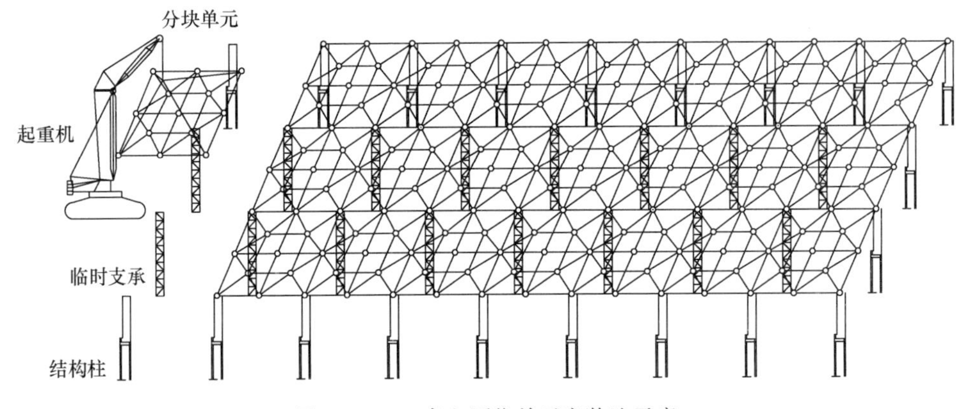

图 20.5-17　高空原位单元安装法示意

2. 滑移安装法

“滑移安装法”（以下简称滑移法）一般又可分结构滑移法和支承滑移法。以下分别介绍两种方法的施工特点。

（1）结构滑移法

所谓结构滑移法，其基本思路是将结构整体（或局部）先在具备拼装条件的场地组装成型，再利用滑移系统整体移位至设计位置的一种安装方法。采用这种安装技术，拼装场地和组装用机械设备可集中于一块相对固定的场地，与原位安装法相比，可减少临时支承与操作平台的措施用量，节约了场地处理和管理成本。

结构滑移法还包括逐榀滑移和累积滑移两种不同的工艺。以桁架结构为例，简单说明两种工艺的区别。

1）逐榀滑移：将一榀或由若干榀组成的滑移单元从一端滑移至设计位置，各滑移单元之间分别在高空进行连接，直至形成整体结构。

2）累积滑移：即将滑移单元在滑轨上只滑移一段（暂不移至设计位置），待连接好下一单元后再滑移一段距离，如此反复，逐榀积累，直至将各榀单元推至设计位置。

总的来说，在大跨及空间钢结构的安装方法中，当无法设置临时支承或使用安装吊车的条件不好，即直接在建筑物位置施工有问题时，结构滑移工法可作为解决方案之一。

（2）支承滑移法

支承滑移法是在结构的设计位置搭设支承架，以给结构在原位安装提供支承和操作平台，待该部分结构安装完成后，支承滑移并与已装毕的结构脱离。

这样即为相邻结构的原位安装创造了条件，如此循环，直至结构完成整体安装。由此，与结构滑移法不同，支承滑移法可总结为“结构不滑而支承机构滑”，而结构滑移法则是“结构滑而支承机构不滑”。

采用支承滑移法时，支承构架的设计除满足常规的整体及局部稳定外，还要考虑水平动荷载（启动及刹车作用引起的水平惯性力），必要时可增设大斜撑以提高其抗侧刚度。总结起来，由于此法需占用结构跨内场地，故当周边环境难以提供结构拼装场地时，支承滑移法可作为解决方案之一。

3. 整体提升安装法

整体提升安装法（以下简称提升法），是将待安装的结构在地面或适宜的楼层投影位置组装成型，再利用“提升系统”将成型结构整体向上提升至设计标高的一种安装方法，如图20.5-18所示。当大跨度钢结构高度较高，不利于搭设支承胎架，提升钢结构形状规则时，整体提升的施工方法可作为选择方案之一。

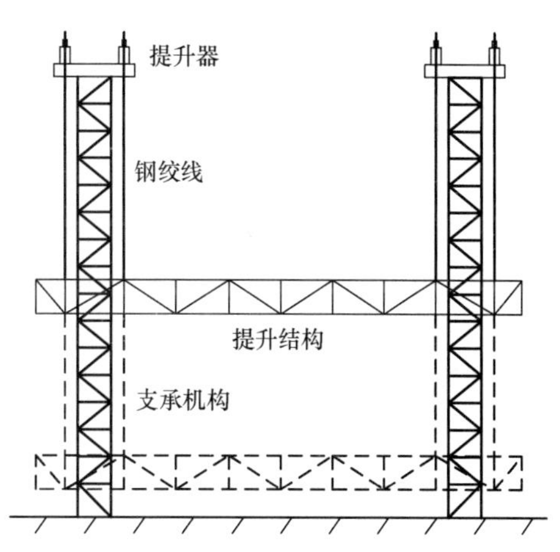

图 20.5-18 整体提升过程示意

以实际例子较多的大屋顶工程为例，提升过程一般分为四个阶段：地面拼装→支承胎架→提升阶段→结构就位。与采用高空原位安装法比较，该法具体以下优势：①大量减少了高空作业，极大提高了作业的安全性；②结构拼装、焊接的质量和效率相应也得到提高；③能够尽量减少脚手架或胎架为主的临时工程材料，也减少了临时工程的施工；④安装高度降低后，还可节省大型吊车；⑤设备工程的大部分可同时进行，并随结构提升，当然必须考虑全部重量和提升机械之间的平衡，以及物件的保洁措施及费用。

需要指出，此工法适合于提升单元刚度较大，且对边界安装精度要求不高的大跨钢结构。若边界的安装精度很高，提升至设计位置后，由于结构的整体变形，相应边界也很难精确就位。

（1）提升系统同步性

早期提升系统采用卷扬机或人工绞盘提供提升力，钢丝绳承重，多应用在一些同步性要求不高的中、小型网架工程中。进入21世纪以来，这些超大型钢结构对提升的同步性提出了很高的要求，因为体量和跨度均较大，各点提升力对不同步引起的高差十分敏感，而且结构在空中改变姿态时，动力效应引起的惯性力也不容忽视。计算显示，很多工况下，若某点的提升量超前1cm，则该点的提升力将增长数倍，这必然会立刻加重提升系统及支承机构的负担，若承载力储备不足，后果不堪设想。

（2）反力支承机构

结构提升过程中，自重及风载引起的反力必须有支承机构，根据场地条件、提升机械的及起吊结构物的类型，支承机构多种多样，主要有以下三类：利用主体结构（柱）；设置临时支承构架；主体结构与临时支承并用。从另外一个观点来看，可以有垂直荷载和水平荷载用同一个构架以及两种荷载分别处理的方法，两种方法各有长短，但一般总是希望能够利用结构主体的方式。

利用永久结构柱作为提升支承，还有一个重要的考虑是希望结构在提升阶段与使用阶段的边界条件尽量一致，这样结构的受力状态就比较符合设计意图，不致对结构做过多的临时加固。此时，应该从设计开始就要考虑施工方法，要求结构工程师有充分利用工法优势的概念，真正实现设计与施工的紧密结合。

（3）提升过程中的结构响应

掌握提升过程中的结构响应是提升工法的另一个要点，这是因为很多时候提升中的支承条件与最终固定后的设计边界条件不同，提升结构的受力状态相应与设计有所出入，此时必须定量分析各种可能工况下的结构响应。

从安装的角度讲，结构在提升过程中的变形不能太大，否则结构提升至设计位置后，与边界的拼接就会遇到困难。所以，一般可通过数值分析对结构的变形做出估计，必要时采取对策抑制提升结构的变形。

从提升的安全性角度讲，提升过程中结构的整体及局部（杆件）均不能失稳，尤其对整体稳定较为敏感的拱形单层网壳结构，这一点显得特别重要。

20.5.3　安装精度控制

钢结构安装精度控制贯穿钢结构工程施工的全过程，是衔接各分部分项工程的关键工序之一。

一、常用测量仪器

常用测量仪器主要有：经纬仪、水准仪、测距仪、全站仪。

经纬仪是测量最常用设备，如图20.5-19（a）所示，主要用于测量水平角、竖直角或控制垂直度。经纬仪按精度分为精密经纬仪和普通经纬仪；按读数方法可分为光学经纬仪和游标经纬仪。

水准仪主要原理是建立水平视线测定地面两点间高差。主要部件有望远镜、管水准器（或补偿器）、垂直轴、基座、脚螺旋，如图20.5-19（b）所示。按结构分为微倾水准仪、自动安平水准仪、激光水准仪和数字水准仪（又称电子水准仪）。按精度分为精密水准仪和普通水准仪。

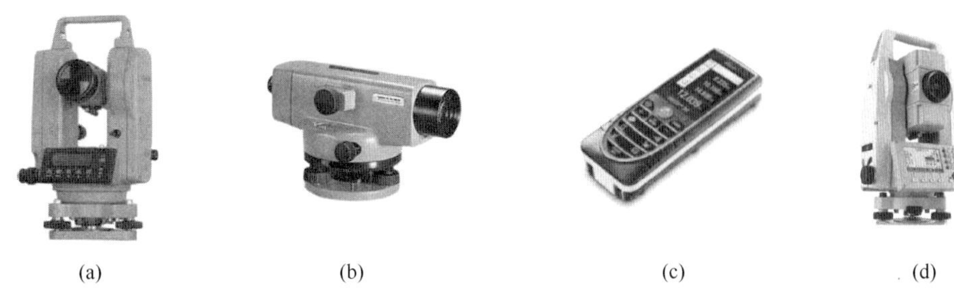

(a) (b) (c) (d)

图 20.5-19 施工测量设备

(a) 经纬仪；(b) 水准仪；(c) 测距仪；(d) 全站仪

测距仪主要用于距离测量，根据光学、声学和电磁波学原理设计而成，如图 20.5-19（c）所示。按测距原理可分为三类：超声波测距、激光测距和红外测距，其中激光测距应用最广。全站型电子速测仪，如图 20.5-19（d）所示。是一种集光、机、电为一体的高技术测量仪器，集水平角、垂直角、距离（斜距、平距）、高差测量功能于一体。因其一次安置仪器就可完成该测站全部测量工作，所以称之为全站仪。广泛用于建筑、隧道工程测量或变形监测。

二、施工测量控制网建立及引测

1. 控制网的建立

平面控制一般布设三级控制网，由高到低逐级控制。

（1）首级平面控制网

首级平面控制网是其他各级控制网建立和复核的依据，并可作为钢结构吊装等测量定位的空中导线网，一般由建设单位提供，控制点布设在视野开阔、远离施工现场，地基基础稳定可靠的地方。

（2）二级平面控制网

二级平面控制网在首级平面控制网基础上加密，并作为三级平面控制网建立和校核的基准，同时也可作为重要部位定位放样的基准。二级平面控制网紧邻施工现场，受施工作业影响较大，点位稳定性较差，必须利用首级网定期复测校核。二级施工控制网多采用环绕施工现场的闭合导线或为十字形轴线网。

（3）三级平面控制网

三级平面控制网主要用于定位放样建筑细部，起始一般布置在基础底板。当结构施工至地面以上时，为便于设站，应及时将三级平面控制网转换到±0.000 楼板面，并和二级平面控制网连测校核，作为随后上部结构施工测量控制的基准。三级平面控制网一般布设于建筑内部，受施工作业和建筑沉降的影响大，因此必须定期复核校验。

2. 控制点的向上引测

（1）平面控制网点引测

1）一般情况下，地下室施工阶段的定位放线采用“外控法”，即在基坑周边的二级测量控制点上架设全站仪，用极坐标法或直角坐标法进行平面控制网点引测。

2）当施工至±0.000m 楼板时，在基坑周边的二级测量控制点上重新架设全站仪，将该层控制网点（即三级平面控制网）测设在塔楼核心筒外周。由于在±0.000m 层楼板上人员走动频繁，控制点测放到楼面后需进行特殊的保护。具体的做法是在±0.000m层混凝土楼面预埋铁件，待楼板混凝土浇筑完成且具有强度后，再次测设该楼层平面控制网点并进行多边形闭合复测、点位误差平差处理，确定坐标数据后打上十字样冲眼，如图20.5-20。

3）引测上部各楼层平面轴线控制点时，在±0.000m层混凝土楼面平面控制网点上架设激光铅直仪，垂直向上投递平面轴线控制点，如图20.5-21所示。为方便引测工作沿垂直方向直接进行，通常在每层楼板上首层控制网点对应位置预留200mm×200mm的孔洞。在保证塔楼控制网点投测精度的基础上，最大限度地减少测量难度和加快测量速度，尽量使测量基准平台接近上部施工部位，通常需要进行测量基准平台转换，一般相隔约20层设一个测量基准平台。为消除累积误差，所有测量基准平台的平面控制网点均应直接从首层引测，并在该层进行复测闭合控制网、点位平差处理。其精度应满足角度偏差不大于5″，相对距离误差不大于1/20000的要求。如点位误差较大，应重新投测平面控制网点。

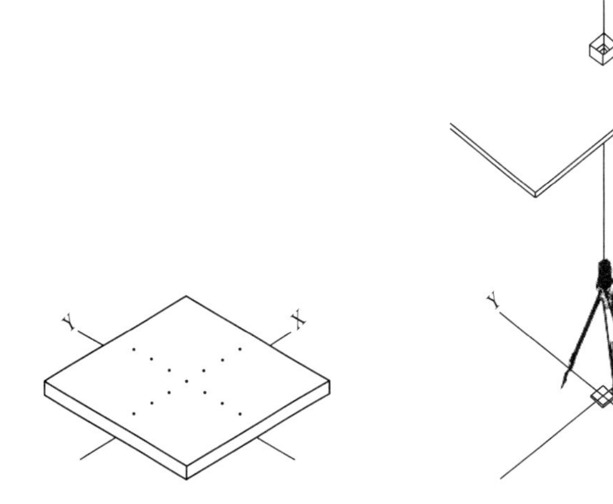

图20.5-20 十字样冲眼示意图　　图20.5-21 垂直传递控制点图

测量基准平台之间的楼层，以该平台为基准，在该平台上架设激光铅直仪，通过楼层预留测量孔，垂直向上引测。

在引测过程中，为提高激光点位的捕捉精度，减少分段引测误差的积累，通常采用激光捕捉靶辅助进行，如表20.5-3所示。

激光靶点测量 **表20.5-3**

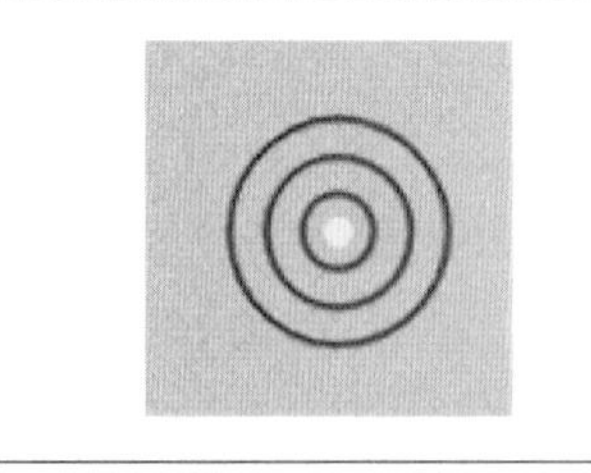		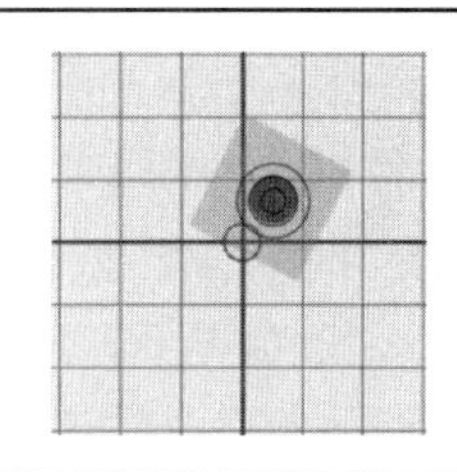
透明塑料薄片，雕刻环形刻度	第一次接收激光点	蒙上薄片使环形刻度与光斑吻合

续表

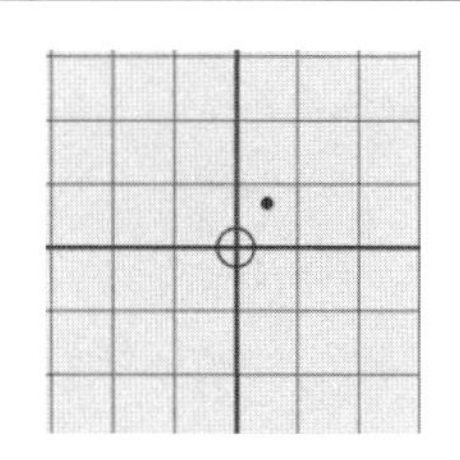	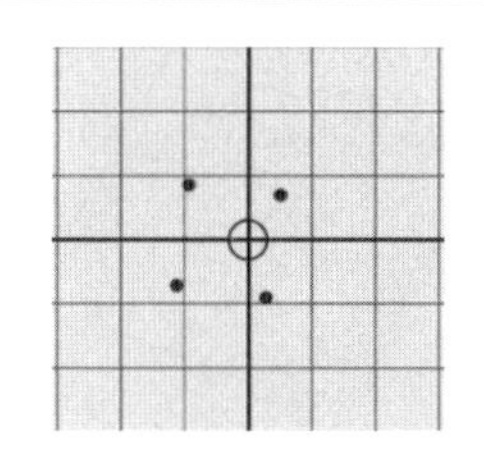	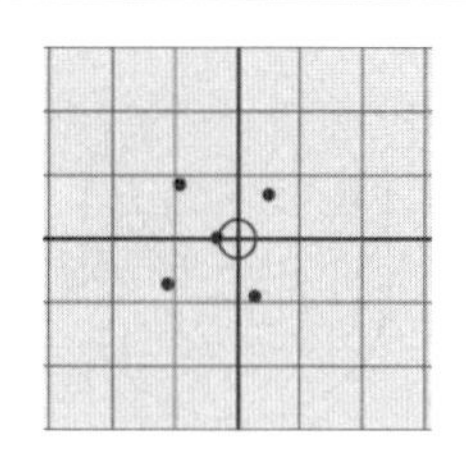
通过塑料薄片中间空洞捕捉第一个激光点在接收靶上	旋转铅直仪，在0°、90°、180°、270°四个位置捕捉点	四个激光点组成四边形，取中心点为本次投测的点位

4）由于钢结构施工在楼板之前，平面控制网点所在位置的上部楼层尚未浇筑混凝土楼板，故需在主楼核心筒外墙搭设吊装测量钢平台，并把平面控制点投测到该平台上同时做好标记。

（2）高程控制点引测

将地下室施工阶段的高程基点与基坑外围二级平面控制网点合二为一，点位布置在基础沉降及大型施工机械行走影响的区域之外。点位之间要求相互通视，便于联测。

1）地下室高程基准点引测

在基坑外周选择3～4个点位，用水准仪配合塔尺和钢卷尺顺着基坑围护桩往下量测至地下室基础。基坑内3～4个标高点组成水准环路，复测计算闭合差。当闭合差超限时重新引测。

2）首层＋1.000m标高基准点引测

用水准仪按二等水准要求，在首层核心筒外墙易于向上传递标高的位置分别布设四个高程基准点，经与场区高程控制点联测后，用红色油漆画"▼"标高标识线，如图20.5-22所示。

图20.5-22 标高标识线

3）首层以上各楼层＋1.000m高程基准点引测

首层以上每约50m引测一次楼层高程基准点，引测起始基准点均为首层＋1.000m高程基准点，50m之间各楼层的标高可用钢卷尺顺主楼核芯筒外墙面往上量测，每约50m引测时常用全站仪，其工作流程如下：

①在±0.000m层的混凝土楼面架设全站仪，对气温、气压、仪器常数等进行设置。

②全站仪后视核心筒墙面＋1.000m标高基准线，测得高差，计算得出仪器高度值。

③采用反射棱镜配合全站仪进行远距离测量，按表20.5-4放置反射棱镜。

④全站仪望远镜垂直向上，顺着楼层控制点的预留测量洞口测量垂直距离，得出顶点高程。顶部反射棱镜放在需要测量标高楼层的钢平台或土建提模架上，镜头向下对准全站仪。

⑤调整全站仪视准轴至仰角90度竖直，照准上部楼层反射棱镜测距，得出测量高度。

⑥测量高度＋仪器高度＋1.000m，即为所测楼层＋1.000m高程位置。

反射棱镜放置方法　　表 20.5-4

反射镜镜头	反射镜定位板	放置完成

⑦按前述同样方法，分别在本楼层的不同位置测量 3～4 个楼层标高控制点，组成闭合网并复测、平差。

⑧将平差后的＋1.000m 标高控制点在核心筒外墙面弹墨线标示。

(3) 外围控制网建立

通常用外控网复核、校准内控网的精度。一般由 3～4 个外控点组成外控网，点位应布设在周围建筑或其他永久基础上。根据外围控制网，可对每层引测的内控网进行复核。

三、钢构件安装精度控制

钢构件埋件预埋时，安装精度控制可参见本书 20.5.1 节内容。

钢柱的柱顶标高以及轴线测量时，通常采用水准仪和全站仪进行。测量时，可制作专用工具将水准仪和全站仪、激光反射棱镜固定在钢柱顶部进行操作，如图 20.5-23 所示。

钢柱测定标高低于设计值时，可在上、下节钢柱对接耳板处间隙打入斜铁或在接缝间隙内塞入厚度不同的钢片或采用千斤顶进行调节，如图 20.5-24。需要注意的是衬垫板宜在现场进行焊接，否则钢柱因焊接衬板与柱头隔板冲突，无法向下调节柱顶标高。

图 20.5-23　钢柱标高水准测量

图 20.5-24　千斤顶调节钢柱安装标高

钢柱垂直度的测量采用两台经纬仪分别置于相互垂直的轴线控制线上，如图 20.5-25 (a)，精确对中整平后，后视前方的同一轴线控制线，并固定照准部，然后转动望远镜，照准钢柱头上的标尺并读数，与设计控制值对比后，判断校正方向并指挥测校人员对钢柱进行校正，直到两个正交方向上均校正到正确位置为止。钢柱垂直度的校正采用设有倒链的三个方向的缆风绳进行，如图 20.5-25 (b)。

两节钢柱对接时，用直尺测量接口处错边量，其值不应大于 3mm。当不满足要求时，

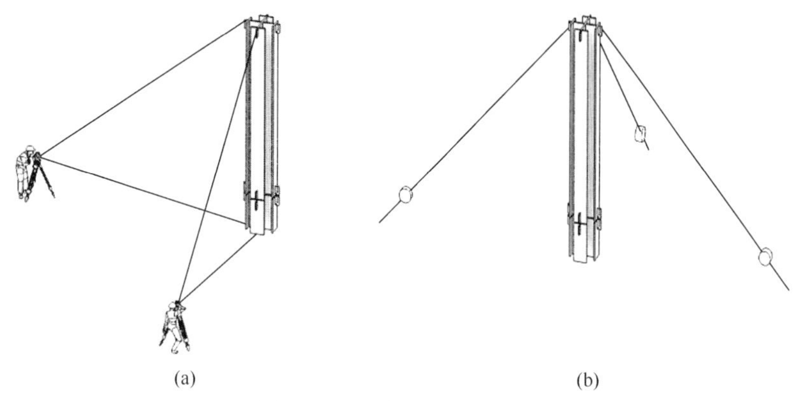

图 20.5-25　钢柱校正示意图

在下面一节钢柱上焊接码板，如图 20.5-26，并用千斤顶校正上部钢柱的接口。

四、允许偏差

钢结构安装允许偏差在现行国家标准《钢结构工程施工质量验收规范》GB 50205 中有明确要求，施工过程中需按照其要求进行精度控制。单层钢结构安装允许偏差如表 20.5-5 和表 20.5-6 所示。

图 20.5-26　钢柱错边校正示意图

多层钢结构安装允许偏差如表 20.5-7～表 20.5-9 所示。

其他安装允许偏差可参见现行国家标准《钢结构工程施工质量验收规范》GB 50205 中相关要求。

钢屋（托）架、桁架、梁及受压杆件垂直度和侧向弯曲矢高的允许偏差（mm）

表 20.5-5

项目	允许偏差	图例
跨中的垂直度	$h/250$，且不应大于 15.0	1 1 Δ h 1-1
侧向弯曲矢高 f	$l\leqslant 30\text{m}$	
	$30\text{m}<l\leqslant 60\text{m}$	f l
	$30\text{m}\leqslant l$	f l

整体垂直度和整体平面弯曲的允许偏差（mm）　　表 20.5-6

项　目	允许偏差	图例
主体结构的整体垂直度	H/1000，且不应大于 25.0	
主体结构的整体平面弯曲	L1000，且不应大于 25.0	

建筑物定位轴线、基础上柱的定位轴线和标高、地脚锚栓的允许偏差（mm）　　表 20.5-7

项　目	允许偏差	图例
建筑物定位轴线	L/20000，且不应大于 3.0	
基础上柱的定位轴线	1.0	
基础上柱底标高	±2.0	基准点
地脚螺栓（锚栓）位移	2.0	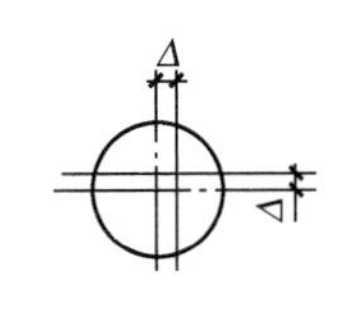

柱子安装的允许偏差（mm） 表 20.5-8

项 目	允许偏差	图例
底层柱柱底轴线对定位轴线偏移	3.0	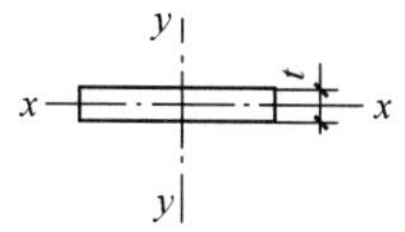
柱子定位轴线	1.0	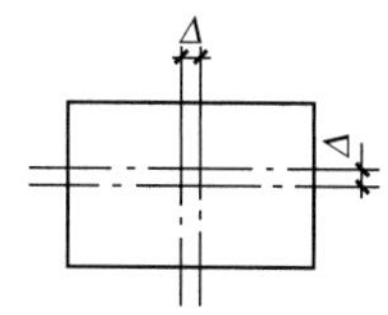
单节柱的垂直度	$h/1000$，且不应大于 10.0	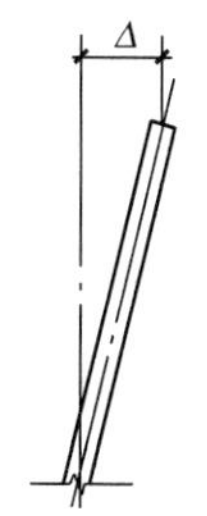

整体垂直度和整体平面弯曲的允许偏差（mm） 表 20.5-9

项 目	允许偏差	图例
主体结构的整体垂直度	($H/2500+10.0$)，且不应大于 50.0	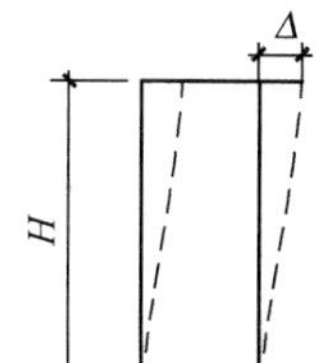
主体结构的整体平面弯曲	$L/1500$，且不应大于 25.0	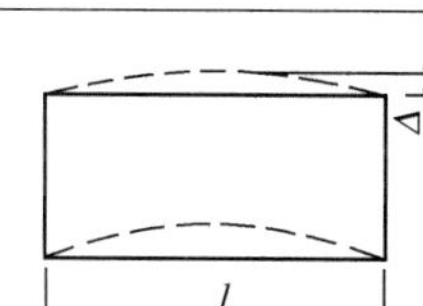

20.6 屋面、墙面压型钢板的制作与安装

20.6.1 压型钢板的材料及板型

一、压型钢板材料

1. 概述

（1）压型钢板是将涂层板或镀层板经辊压冷弯，沿板宽方向形成波形截面的成型钢板。压型钢板用途广泛，用于建筑物围护结构（屋面、墙面）及组合楼盖并单独使用的压型钢板称为建筑用压型钢板，本节所述压型钢板仅为建筑用压型钢板。

（2）建筑物屋面、墙面用压型钢板通常采用建筑内、外用途的彩色涂层钢板或钢带制成，组合楼盖用压型钢板通常用连续热镀锌钢板或钢带制成。

（3）彩色涂层钢板（简称彩涂板），是在经过表面预处理的基板上连续涂覆有机涂料，然后进行烘烤固化而成的产品。用于制作镀层板的各类薄钢板或钢带称为原板，用于涂覆涂料的有表面镀层的钢板或钢带称为基板（镀层板），涂层板有正面和反面区别，正面通常指彩涂板两个表面中对颜色、涂层性能、表面质量等有较高要求的一面，反面通常指彩涂板相对于正面的另一个表面，对颜色、涂层性能、表面质量等要求较低的一面，正面用在压型钢板的外表面，反面用在压型钢板的内表面。彩涂板的性能除跟镀层板的强度、屈强比、韧性及镀层的种类、镀层工艺和厚度有关外，更与涂料的种类、涂层工艺、涂层厚度等有关。

2. 彩涂板类型及代号

彩涂板通常根据其用途、基板类型、涂层表面状态、面漆种类、涂层结构、热镀锌基板表面结构及基板的强度等进行分类，彩涂板的分类及代号见表20.6-1。

彩涂板的分类及代号　　表20.6-1

分类方法	类别	代号
按用途分	建筑外用	JW
	建筑内用	JN
	家电	JD
	其他	QT
按基板类型分	热镀锌基板	Z
	热镀锌铁合金基板	ZF
	热镀铝锌合金基板	AZ
	热镀锌铝合金基板	ZA
	电镀锌基板	ZE
按涂层表面状态分	涂层板	TC
	压花板	YA
	印花板	YI
按面漆种类分	聚酯	PE
	硅改性聚酯	SMP
	高耐久性聚酯	HDP
	聚偏氟乙烯	PVDF
按涂层结构分	正面二层、反面一层	2/1
	正面二层、反面二层	2/2
按热镀锌基板表面结构分	光整小锌花	MS
	光整无锌花	FS

彩涂板的牌号由彩涂代号、基板特性代号和基板类型代号三部分组成，其中基板特性代号和基板类型代号之间用加号“+”连接。彩涂代号用“T”表示。

3. 彩涂板基板类型及代号

彩涂板的基板特性代号表示法：电镀基板时由三个部分组成，其中第一部分为字母“D”，代表冷成型用钢板；第二部分为字母“C”，代表轧制条件为冷轧；第三部分为两位数字序号，即01、03和04。热镀基板时由四个部分组成，其中第一部分和第二部分与电镀基板相同，第三部分为两位数字序号，即51、52、53和54；第四部分为字母“D”，代表热镀。对于结构钢由四部分组成，其中第一部分为字母“S”，代表结构钢；第二部分为三位数字，代表规定的最小屈服强度（单位为MPa），即250、280、300、320、350、550；第三部分为字母“G”，代表热处理；第四部分为字母“D”，代表热镀。

基板类型代号：“Z”代表热镀锌基板、“ZF”代表热镀锌铁合金基板、“AZ”代表热镀铝锌合金基板、“ZA”代表热镀锌铝合金基板、“ZE”代表热镀锌基板。

彩涂板牌号及用途见表20.6-2。

彩涂板的牌号及用途 **表20.6-2**

彩涂板的牌号					用途
热镀锌基板	热镀锌铁合金基板	热镀铝锌合金基板	热镀锌铝合金基板	电镀锌基板	
TDC51D+Z	TDC51D+ZF	TDC51D+AZ	TDC51D+ZA	TDC01+ZE	一般用
TDC52D+Z	TDC52D+ZF	TDC52D+AZ	TDC52D+ZA	TDC03+ZE	冲压用
TDC53D+Z	TDC53D+ZF	TDC53D+AZ	TDC53D+ZA	TDC04+ZE	深冲压用
TDC54D+Z	TDC54D+ZF	TDC54D+AZ	TDC54D+ZA	—	特深冲压用
TS250GD+Z	TS250GD+ZF	TS250GD+AZ	TS250GD+ZA	—	结构用
TS280GD+Z	TS280GD+ZF	TS280GD+AZ	TS280GD+ZA	—	
—	—	TS300GD+AZ	—	—	
TS320GD+Z	TS320GD+ZF	TS320GD+AZ	TS320GD+ZA	—	
TS350GD+Z	TS350GD+ZF	TS350GD+AZ	TS350GD+ZA	—	
TS550GD+Z	TS550GD+ZF	TS550GD+AZ	TS550GD+ZA	—	

4. 彩涂板规格及镀层质量

彩涂板的厚度为基板的厚度，不包含涂层厚度，厚度范围一般为0.2～2.0mm，宽度一般为600～1600mm，钢卷内径为450mm、508mm或610mm。彩涂板基板镀层以镀层重量表示，如AZ150表示基板双面镀铝锌量和为150g/m^2，单面镀铝锌量则为75g/m^2，若计算镀层的厚度，每50g/m^{2}镀层（纯锌和锌合金）的厚度约为7.1μm。各种类型基板在不同腐蚀环境中推荐使用的公称镀层重量见表20.6-3。

推荐的基板公称镀层重量 单位：g/m^2 **表20.6-3**

基板类型	公称镀层重量		
	使用环境的腐蚀性		
	低	中	高
热镀锌基板	180(90/90)	250（125/125）	280（140/140）
热镀锌铁合金基板	120（60/60）	150（75/75）	180（90/90）
热镀铝锌合金基板	100（50/50）	120（60/60）	150（75/75）
热镀锌铝合金基板	130（65/65）	180（90/90）	220（110/110）
电镀锌基板	80（40/40）	120（60/60）	—

注：使用环境的腐蚀性很低或很高时，镀层重量由供需双方在订货时协商。表中括号内数字为每面镀层重量。

电镀锌基板的镀层纯净度高，要获得较厚的电镀锌镀层技术难度较大，且耗电量大成本高，市场上产品的镀锌量大多为双面 40g/m^2 左右，再加上电镀产品表面粗糙，一般的产品须进行如钝化、磷化或耐指纹处理等后处理工序，作为彩涂基板，很少使用于建筑业，主要用于家电以及钢制家具、门窗等。

热镀锌基板是我国在建筑上应用最为广泛的镀层板，目前在彩涂板基板市场也占有很大的份额。热镀铝锌基板又称高铝钢板，其镀层成分为：55%铝、43.5%锌、1.5%硅，这种合金镀层具有优良的耐大气腐蚀性，耐腐蚀性是相同条件下镀锌板的 2～5 倍，同时还具有铝板的耐高温腐蚀性，表面光滑，外观良好，因其优良的性能，现已广泛应用于建造业彩涂板基板。热镀锌铁合金基板及热镀锌铝合金基板作为彩涂板基板，目前在国内较少使用。

5. 彩涂板力学性能和化学性能

热镀基板彩涂板的力学性能见表 20.6-4 及表 20.6-5，可以用基板的力学性能代替彩涂板的力学性能，化学成分见表 20.6-6。

热镀基板彩涂板的力学性能 1　　表 20.6-4

牌　号	屈服强度 MPa	抗拉强度 MPa	断后伸长率(%)不小于 L_0=80mm，b=20mm 公称厚度≤0.7	断后伸长率(%)不小于 L_0=80mm，b=20mm 公称厚度>0.7
TDC51D+Z、TDC51D+ZF、TDC51D+AZ、TDC51D+ZA	—	270～500	20	22
TDC52D+Z、TDC52D+ZF、TDC52D+AZ、TDC52D+ZA	140～300	270～420	24	26
TDC53D+Z、TDC53D+ZF、TDC53D+AZ、TDC53D+ZA	140～260	270～380	28	30
TDC54D+Z、TDC54D+AZ、TDC54D+ZA	140～220	270～350	34	36
TDC54D+ZF	140～220	270～350	32	34

热镀基板彩涂板的力学性能 2　　表 20.6-5

牌　号	屈服强度不小于 MPa	抗拉强度不小于 MPa	断后伸长率(%)不小于 L_0=80mm，b=20mm 公称厚度≤0.7mm	断后伸长率(%)不小于 L_0=80mm，b=20mm 公称厚度>0.7mm
TS250GD+Z、TS250GD+ZF、TS250GD+AZ、TS250GD+ZA	250	330	17	19
TS280GD+Z、TS280GD+ZF、TS280GD+AZ、TS280GD+ZA	280	360	16	18
TS300GD+Z、TS300GD+ZF、TS300GD+AZ、TS300GD+ZA	300	380	16	18
TS320GD+Z、TS320GD+ZF、TS320GD+AZ、TS320GD+ZA	320	390	15	17
TS350GD+Z、TS350GD+ZF、TS350GD+AZ、TS350GD+ZA	350	420	14	16
TS550GD+Z、TS550GD+ZF、TS550GD+AZ、TS550GD+ZA	550	560	—	3

热镀锌、镀铝锌钢板基板的化学成分 **表 20.6-6**

结构钢强度级别(MPa)	化学成分(熔炼分析)(质量分数)(%)				
	C	Si	Mn	P	S
250	≤0.20	≤0.60	≤0.170	≤0.10	≤0.045
280					
300					
320					
350					
550					

彩涂板使用寿命等级 **表 20.6-7**

使用寿命	使用寿命等级	使用时间/年
短	L1	≤5
中	L2	>5～10
较长	L3	>10～15
长	L4	>15～20
很长	L5	>20

6. 彩涂板涂层质量

彩涂板的涂层质量直接影响到彩涂板的耐久性进而影响其使用寿命，所谓耐久性是指彩涂板涂层达到使用寿命的能力，使用寿命是指彩涂板从生产结束时开始到原始涂层性能下降到必须对其进行大修才能维持其对基板的保护作用时的间隔时间。了解彩涂板的涂层性能，对正确选择使用彩涂板具有重要意义。彩涂板的使用寿命和耐久性是工程设计、产品设计时考虑的重要指标，并与投资、选材、维护等工作密切相关。彩涂板的使用寿命可分为 5 个等级见表 20.6-7，耐久性也可分为 5 个等级见表 20.6-8。

彩涂板耐久性等级 **表 20.6-8**

耐久性	耐久性等级	使用时间/年
低	D1	≤5
中	D2	>5～10
较高	D3	>10～15
高	D4	>15～20
很高	D5	>20

7. 彩涂板涂层涂料

(1)彩涂板涂层涂料组成通常包含颜料、树脂、溶剂、助剂及其他原材料。按涂层不同，可将涂料分为底漆、面漆和背面漆三大类。树脂是成膜物质，是组成涂料的基础，它具有粘结涂料中其他组分形成涂膜的功能，它对涂料和涂膜的性能起决定性的作用。通常彩涂板涂层的种类是以彩涂板正面面漆命名，而正面面漆则以树脂的类型命名，一般有聚酯涂层(PE)、硅改性聚酯涂层(SMP)、高耐久性聚酯涂层(HDP)、聚偏二氟乙烯(PVDF)等。

1)聚酯涂层(PE)是目前我国建筑用彩涂板主要的涂层种类，耐久性一般，使用8年～10年后，其涂层一般会失去装饰性，甚至产生锈蚀现象，但涂层的硬度和柔韧性较好，成本较低。

2)硅改性聚酯涂层(SMP)，传统的硅改性聚酯涂层是用有机硅树脂和聚酯树脂冷拼进行改性，以提高涂层的耐候性。普通硅改性聚酯涂层较聚酯涂层，其耐候性和光泽、颜色的保持性有所提高，可保证室外10年～12年的耐候性，成本中等。

3)高耐久性聚酯涂层(HDP)采用高分子量树脂，聚合物支链少，键能稳定，不易光解，因此不易粉化和降低光泽，同时高耐久性聚酯涂层采用无机陶瓷颜料，在日光中不易褪色，有很好的颜色保护性和抗紫外线性能，耐候性显著提高，可保证室外15年的耐候性。成本较高，但性价比优异。

4)聚偏二氟乙烯涂层(PVDF)又称氟碳涂层，氟原子最大的电负性能形成十分稳健的氟碳键，加上其分子独特的对称性，使PVDF涂层具有很强的稳定性、独特的抗紫外光光解性能、优异的绝缘性和机械性能，可以保证20年以上室外使用涂层不失光、不脱落、不粉化，被认为是现有建筑涂层中具有最好保护作用的有机涂层，但可提供的颜色较少，使用成本高。

随着彩涂板应用数量和范围迅速扩大，彩涂板及其涂料的发展趋势将趋向高性能、绿色环保和经济性。而且彩涂板品种也会趋于多样，以满足多种使用需求，如自洁板、抗静电板、压花板、印花板及厚膜彩涂产品等。

(2)彩涂板涂层的底漆根据成膜树脂不同分为聚酯底漆、聚氨酯底漆、环氧底漆等，常用的是环氧底漆和聚氨酯底漆。背面漆一般对耐候性和耐腐蚀性要求不高，通常选用底漆或聚酯涂层一道漆、底漆加聚酯涂层两道漆。彩涂板涂层漆膜厚度为初涂和精涂厚度之和，也就是底漆和面漆之和，正面涂层厚度应不小于20μm，反面涂层为一层时，其厚度应不小于5μm，涂层为二层时，其厚度应不小于12μm，底漆厚底一般为3～6μm，厚膜彩涂产品膜厚在30μm以上。

(3)彩涂板的涂层结构类型

1)2/1：正面涂二次(厚度不小于20μm)，反面涂一次(厚度5～7μm)，烘烤二次。因一层背面漆的耐腐蚀性、抗划伤性较差，但具有良好的粘结性，主要应用于夹芯板，要求涂层有良好的粘结发泡性能。

2)2/1M：正面涂二次(厚度不小于20μm)，反面涂二次(厚度8～10μm)，烘烤二次。双层背面漆的耐腐蚀性、抗划伤性和加工成型性较好，要求背面能发泡，粘结性较好，主要应用于夹芯板或单层压型钢板。

3)2/2：正面涂二次(厚度不小于20μm)，反面涂二次(厚度13～18μm)，烘烤二次。双层背面漆的耐腐蚀性、抗划伤性和加工成型性较好，背面不要求发泡性能，粘结性不良，主要应用于单层压型钢板，不宜用于夹芯板。

8. 彩涂板的腐蚀机理

了解彩涂板的腐蚀原因及腐蚀过程，对正确选择和使用彩涂板具有重要意义。彩涂板的腐蚀主要包括基板腐蚀和涂层腐蚀两个方面，有机涂层是一种隔离性物质，它将基板与腐蚀介质隔离开来，以达到防腐蚀的目的。涂层腐蚀主要表现为涂膜劣化，而劣化过程首先表现为光泽降低，即所谓的失光、褪色，然后从表面引起粉化、涂层表面开裂、涂层起泡脱落，进而表面产生白锈或红锈。其中涂层失光、变色其主要原因是树脂、颜料的变化和分解；涂层粉化、开裂的主要原因是树脂分解使涂层表面出现粉末状龟裂；涂层起泡、脱落的主要原因是锌生锈在表面渗出；而涂层表面出现的白锈、红锈的主要原因是局部的初期腐蚀和铁的腐蚀。

对于相同厚度、相同镀层和涂层的彩涂板，使用在不同的环境里，其腐蚀性是不同的；彩涂板使用时若直接暴露在外部环境环境中，则主要考虑大气环境的腐蚀，若在相对封闭的内部环境中使用，则主要考虑内部气氛的腐蚀。影响彩涂板耐大气腐蚀性和内部气氛腐蚀性的关键因素是腐蚀介质的种类、浓度和涂层表面被潮湿薄膜覆盖的时间即潮湿时间。腐蚀介质的种类越多、浓度越高，潮湿时间越长，腐蚀性就越高。对于彩涂板使用环境腐蚀性等级，可将大气环境和内部气氛腐蚀性分为 5 个等级即 C1、C2、C3、C4、C5，其腐蚀性依次增强。不同腐蚀性等级对应的典型大气环境和内部气氛见表 20.6-9。

不同腐蚀性等级对应的典型大气环境和内部气氛　　表 20.6-9

腐蚀性	腐蚀性等级	典型大气环境示例	典型内部气氛示例
很低	C1	—	干燥清洁的室内场所，如办公室、学校、住宅、宾馆
低	C2	大部分乡村地区、污染较轻的城市	室内体育场、超级市场、剧院
中	C3	污染较重的城市、一般工业区、低盐度海滨地区	厨房、浴室、面包烘烤房
高	C4	污染较重的工业区、中等盐度海滨地区	游泳池、洗衣房、酿酒车间、海鲜加工车间、蘑菇栽培场
很高	C5	高湿度和腐蚀性工业区、高盐度海滨地区	酸洗车间、电镀车间、造纸车间、制革车间、染房

除大气和内部气氛外，光照(特别是紫外光)是导致涂层老化的主要原因之一，另外温度、化学品、沉积物、微生物、机械磨损、水和土壤腐蚀等因素也是涂层老化的因素。在实际使用环境中往往存在多种影响因素并存且相互影响情况，此时应先找出主要影响因素，并尽可能确定这些因素之间的关系，从而对彩涂板使用环境做出全面、准确的判断。

对处于相同腐蚀环境中的彩涂板，其腐蚀性根据彩涂板镀层和涂层的不同而呈现很大差异，一般来说镀层越厚、镀层的品质越高，涂层越厚、涂层的品质越高，则彩涂板的抗腐蚀性越好，使用时可根据实际情况选择。

9. 彩涂板选择原则及注意事项

如何正确选择和使用彩涂板不仅是用户需要关心的问题，在彩涂板的推广应用及节能环保领域也具有重要意义。合理的选材不仅可以满足使用要求，还可以最大限度地为用户降低使用成本，避免因选择材料性能超过了使用要求而造成不必要的浪费，或者因选择材料性能不能满足使用要求而造成降级或无法使用。

彩涂板的选择是要确定所用彩涂板的厚度、强度、基板类型和镀层重量、涂层的类型及性能等，即主要从彩涂板的力学性能、耐腐蚀性、建筑美学等方面考虑。

(1)在确定彩涂板的厚度、强度时，主要从其基板的力学性能角度考虑，彩涂板的厚度为基板的厚度，不包含涂层厚度。彩涂板通常用做屋面板或墙面板，在确定屋面板、墙面板的厚度和强度时，一般要考虑屋面板、墙面板所受的风荷载、雪荷载、积灰荷载等受力情况，同时要考虑屋面墙面檩条的檩距、屋面板墙面板的板型、节点连接构造及固定方式、板的加工方式和变形程度等综合因素。例如当屋面板所受荷载较大或屋面檩条的檩距较大时，所选彩涂板的厚度较厚或强度较高，当屋面板采用扣合连接时要采用高强度彩涂板，而采用360度咬合连接时采用的彩涂板则较薄，当要加工弧形板时，彩涂板的厚度和强度要适宜等。确定彩涂板厚度、强度的正确方法是结合板型及受力情况，考虑其他因素，通过对压型钢板进行强度和稳定性计算确定；对于重要工程或特殊形状的屋面墙面工程，彩涂板的厚度和强度除进行强度和稳定性计算外必须结合实验确定。

(2)在确定彩涂板的基板类型和镀层重量、涂层的类型及性能时，主要从彩涂板耐腐蚀性角度考虑，选择时主要依据彩涂板的用途、使用环境的腐蚀性、紫外线照射强度、要求使用寿命和耐久性等因素确定。防腐是彩涂板的主要功能之一，基板类型和镀层重量是影响彩涂板耐腐蚀性的主要因素，建筑用彩涂板一般选用热镀锌基板或热镀铝锌基板，镀层重量应根据使用环境的腐蚀性来确定，在腐蚀性高的环境中应使用耐腐蚀性好、镀层重量大的基板，以确保达到规定的使用寿命和耐久性。

1)彩涂板涂层涂料的类型及涂层的厚度与彩涂板的耐腐蚀性有密切关系，涂层常用的面漆有聚酯、硅改性聚酯、高耐久性聚酯和聚偏氟乙烯，不同面漆的硬度、柔韧性、附着力、耐久性等方面存在差异。聚酯是目前使用量最大的涂料，耐久性一般，涂层的硬度和柔韧性好，价格适中。硅改性聚酯通过有机硅对聚酯进行改性，耐久性和光泽、颜色的保持性有所提高，但涂层的韧性略有降低。高耐久性聚酯既有聚酯的优点，又在耐久性方面进行了改进，性价比较高。聚偏氟乙烯的耐久性优异，涂层的柔韧性好，但硬度相对较低，可提供的颜色较少，价格昂贵。

彩涂板涂层底漆常用的有环氧、聚酯和聚氨酯，不同底漆的附着力、柔韧性、耐腐蚀性等方面存在差异。环氧与基板的粘结力良好，耐腐蚀性较高，但柔韧性不如其他底漆。聚酯底漆与基板粘结力好，柔韧性优异，但耐腐蚀性不如环氧底漆。聚氨酯底漆综合性能相对较好。

2)彩涂板反面涂层应根据其用途、使用环境来选择。当使用环境的腐蚀性不高时，彩涂板反面涂层可只涂覆一层，使用环境腐蚀性较高时应涂覆二层，若彩涂板反面要求粘帖隔热材料，应选择反面涂覆有粘结性能良好的涂料。

3)彩涂板涂层的厚度，一般正面漆涂层厚度不小于20μm，在腐蚀性高的环境中还可以选择增加涂层厚度，反面漆可以相对选择薄一些。涂层硬度是涂层抵抗擦划伤、摩擦、碰撞、压入等机械作用的能力，与彩涂板的耐划伤性、耐磨性、耐压痕性等性能有密切联系，主要依据用途、加工方式、储运条件等因素进行选择。

(3)建筑用彩涂板的涂层通常选用中、低光泽，但有时为满足建筑美学要求，可能选择高光泽彩涂板，也可能选择涂层表面压花、印花等有装饰效果的彩涂板。

综上所述，彩涂板的选择跟很多因素有关，但基本原则是在满足使用功能的前提下，尽可能的考虑其经济性及美观。

二、压型钢板的板型

在我国压型金属板经过 30 年的发展，各类压型钢板的板型种类越来越多，且基本实现了国产化，只要能设计出的板型，在国内大型设备生产厂家都可以按图生产出来，板型的变化主要关注以下几个方面即板的固定方式、板的横向搭接方式、板的波高、板的波距及板的有效覆盖宽度等。

1. 压型钢板的板型表示法

按国家标准《建筑用压型钢板》GB/T 12755—2008 要求，建筑用压型钢板分为屋面用板、墙面用板与楼盖用板，其型号由压型代号、用途代号与板型特征代号三部分组成。

压型代号以“压”字汉语拼音的第一个大写字母“Y”来表示。

用途代号以“屋”字汉语拼音的第一个大写字母“W”来表示屋面板，以“墙”字汉语拼音的第一个大写字母“Q”来表示墙面板，以“楼”字汉语拼音的第一个大写字母“L”来表示楼盖板。

板型特征代号对于只有一个波距的压型钢板由波高尺寸(mm)与覆盖宽度(mm)组合表示，对于有两个波距以上的压型钢板由波高尺寸(mm)、波距尺寸(mm)与覆盖宽度(mm)组合表示。当两种板型用途一样，板的波高尺寸、波距尺寸与覆盖宽度均一样，只是板的局部加劲有区别时，则在板型特征代号编号后冠以“A、B、C”等字样组合表示。

例如压型钢板代号为 YW114-300-600 表示：压型钢板为屋面板，其波高为 114mm，波距为 300mm，板的有效覆盖宽度为 600mm。

2. 压型钢板板型分类

通常屋面压型钢板的板型根据其固定方式和板的横向搭接方式的不同可分为：搭接型屋面板、扣合型屋面板、咬合型屋面板。屋面压型钢板典型板型示意见图 20.6-1。

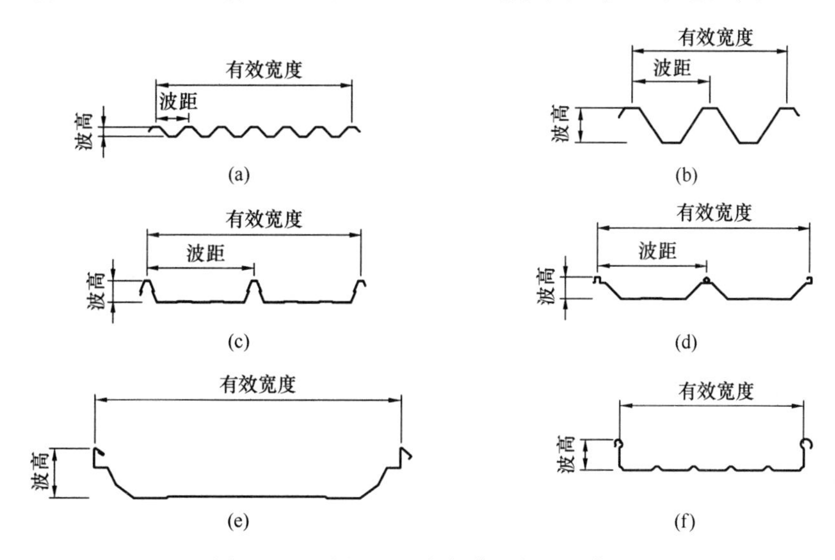

图 20.6-1　屋面压型钢板典型板型示意图

(a)搭接型屋面板(无固定支架)；(b) 搭接型屋面板(有固定支架)；(c)扣合型屋面板；(d)咬合型屋面板(180°)；(e)咬合型屋面板(360°)；(f) 咬合型屋面板(直立锁边)

墙面压型钢板的板型根据紧固件的固定方式可分为外露式墙面板、隐藏式墙面板。墙面板的横向连接一般为搭接型连接，但也有用咬合型屋面板作为墙面板使用，此时应参照屋面板连接构造。墙面压型钢板典型板型示意如图 20.6-2。

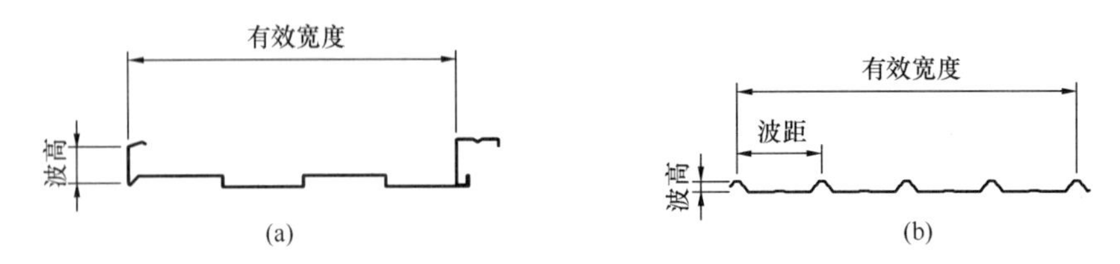

图 20.6-2　墙面压型钢板典型板型示意图

(a)搭接型墙面板(紧固件隐藏)；(b)搭接型墙面板(紧固件外露)

目前我国具有一定研发能力的大型压型钢板设备制造企业有数家，各种型号的压型钢板有数百种之多，压型钢板生产厂家也遍布全国各地，各种型号的板型基本大同小异，无非是波高、波距、有效覆盖宽度或局部加劲有所变化而已，各种板型的数据非常容易获得，在此不一一列举，设计时根据实际情况进行选择即可。

3. 压型钢板型号的选择

压型钢板型号的选择对正确使用压型钢板具有重要意义，设计时应予以高度重视，许多工程事故，是由于压型钢板板型选择使用不当造成的。

(1)选择屋面板的原则

由于屋面板不仅有建筑物围护功能，同时还要承受自重、风、雪、雨、积灰及施工等荷载，并且还要求排水顺畅；这就要求所选择的屋面板必须要满足使用所要求的强度、刚度、稳定性及排水量，屋面板型号一般应选择承载能力较强，排水组织迅速的中、高波板，且此种板型应尽量减少搭接、尽量少选用外露钉连接构造、尽量选用施工效率较高的板型；在确定屋面板具体型号时，应根据所选涂层钢板的厚度及强度，结合屋面承受荷载和屋面檩距，对预选屋面板型号进行承载能力的验算及排水量演算，待满足条件时才可以确定。如果建筑有造型要求，需要用到弧形板时，如体育场馆屋面、拱形厂房屋面、航站楼屋面等，还要根据屋面的圆弧半径选择可以加工成型的屋面板型号。

(2)选择墙面板的原则

相对于屋面板来说，墙面板除了围护功能外，主要承受自重及风荷载，尤其是风荷载，是影响墙面板板型的主要因素。当然墙面板板型选择时，对于板的美观要求也是很重要的因素。墙面板型号必须要满足使用所要求的强度、刚度、稳定性，其型号一般应选择中波板及低波板，据美观要求此种板型应尽量减少搭接，可以选用外露钉连接构造，也可以选择螺钉不外露的连接构造；在确定墙面板具体型号时，应根据所选涂层钢板的厚度及强度，结合墙面板承受荷载和墙面檩距，对预选墙面板型号进行承载能力的验算，待满足条件时才可以确定。

值得注意的是，在我国由于南北方气候条件差异较大，南方多风雨，北方多冰雪、沙尘，在选择压型钢板的型号时一定要考虑到各种不同的气候条件，在高风压地区要考虑到瞬时强风压等各种不利因素结合在一起时对屋面板及墙面板造成破坏的影响，在这种条件下风荷载是主要考虑因素，其破坏力也是巨大的，此时应结合压型钢板的型号进行必要的防风加固设计及防渗漏设计。而在北方多冰雪及沙尘地区，应多考虑压型钢板板的承载能力及板的密封性能。屋面板、墙面板在风荷载中破坏实例见图 20.6-3 及图 20.6-4。

图 20.6-3 屋面板在风荷载中破坏实例

图 20.6-4 墙面板在风荷载中破坏实例

20.6.2 压型钢板的连接构造及节点

一、压型钢板的连接构造

压型钢板是通过一定的连接方式与屋面、墙面檩条相连，从而固定压型钢板并将压型钢板所承受的荷载及自重传给檩条。合理设置连接构造，选择合适的连接配件，对压型钢板围护系统具有重要意义，许多压型钢板工程质量事故的发生，并不是压型钢板的材料和板型选择错误，而是连接构造设计错误或者选择了劣质的连接配件导致的。

压型钢板的连接构造与板的固定方式和其横向搭接方式密切相关，据此可对压型钢板的连接构造进行分类。屋面压型钢板典型的连接构造可分为搭接型连接构造、扣合型连接构造、咬合型连接构造及复合型连接构造，见图 20.6-5。

墙面压型钢板典型的连接构造基本为搭接型连接构造，一般是墙面板直接由紧固件与檩条相连，见图 20.6-6。

对于不同的板型，其连接构造会有所差异，但不管何种构造，必须要保证压型钢板受力可靠、传力明确，而且严丝合缝，确保密封防水及外表美观。

值得注意的是，压型钢板与安装配件的匹配非常重要，尤其是一些咬合式或扣合式板型的安装配件，其材质、叶片厚度、零件尺寸等一定要满足受力要求并与压型钢板尺寸相匹配，使用的固定螺栓必须选择合格的标准产品，许多压型钢板的工程事故并不是压型钢板的材料或者板型选择错误，而是其安装配件或固定螺栓选择使用不当造成的。对于压型钢板的安装配件，目前国内没有统一的使用标准，许多施工单位并非专业的压型钢板及安

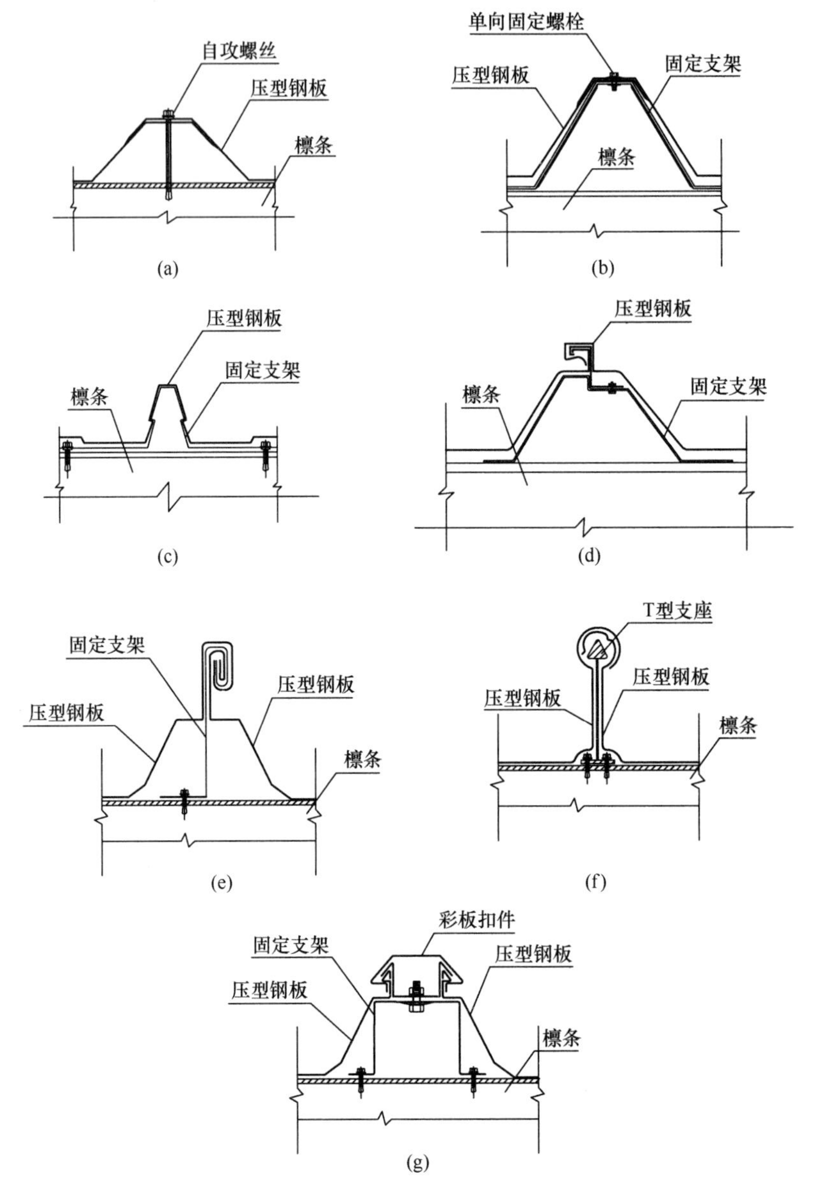

图 20.6-5　屋面压型钢板典型的连接构造

(a)搭接型连接构造(无固定支架)；(b)搭接型连接构造(有固定支架)；(c)扣合型连接构造；(d)咬合型连接构造(180°)；(e)咬合型连接构造(360°)；(f)直立锁边连接构造；(g)复合型连接构造

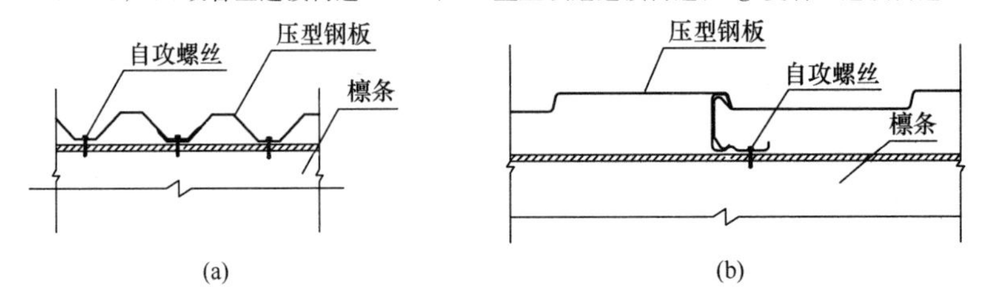

图 20.6-6　墙面压型钢板典型的连接构造

(a)搭接型连接构造(紧固件外露)；(b)搭接型连接构造(紧固件隐藏)

装配件生产厂家，选择与采购的安装配件与所使用的压型钢板并不匹配，设计时最好能对压型钢板的安装配件予以明确要求，避免施工单位选择错误或利益驱使而偷工减料。

二、压型钢板的连接节点

压型钢板的连接构造明确了压型钢板自身的搭接连接方式以及与固定支架或者与檩条的固定方式。其连接节点则更进一步明确诸如屋面压型钢板如何通过固定支架或螺栓与屋面檩条相连，固定支架如何与屋面檩条相连，是通过焊接还是螺栓连接，焊缝要求或螺栓大小及数量；以及压型钢板如何与收边、包角连接，如何与堵头板、挡水板以及其他构配件连接，如何敷设防水密封材料以及用何种防水密封材料等。压型钢板节点设计时首先要弄清楚各个节点的工作原理，如屋脊节点如何处理才即安全又美观且不漏水，伸缩缝节点如何处理才能即保证伸缩又能防水且安全美观等。

压型钢板的节点设计应着重解决以下几方面问题：

1. 明确压型钢板与屋面、墙面檩条的详细连接方式。
2. 明确压型钢板与收边、包角的详细连接方式。
3. 明确压型钢板与堵头板、挡水板以及其他构配件的连接方式。
4. 明确所使用的防水密封材料及如何敷设。
5. 对于一些复杂的节点，明确材料构成及做法。

例如高波屋面板 YW130-300-600 型板屋脊节点示意见图 20.6-7。

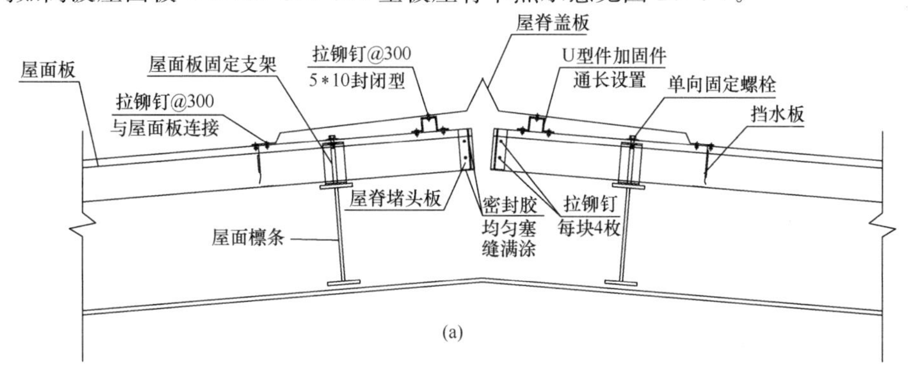

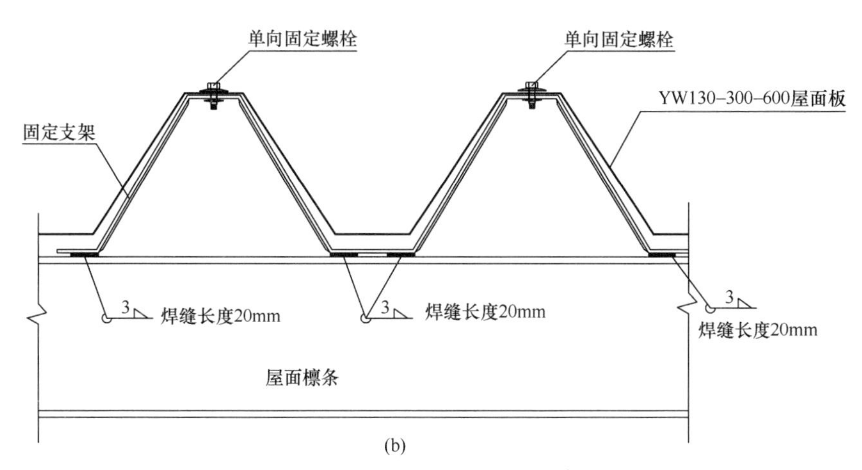

图 20.6-7 YW130-300-600 型屋面板屋脊节点图

(a) 屋脊节点示意图；(b) 固定支架连接节点示意图

由于压型钢板规格型号较多，连接构造形式各异，针对不同的材料，各节点形式可能都不相同，况且厂家众多，每家都有习惯做法，要完全做到统一很难，但压型钢板节点设计的原则是统一的，即压型钢板节点设计应遵循安全、防水、密封、简洁、施工方便、美观等原则，在具体工程中应根据实际情况设计确定。在国家建筑标准设计图集中，有多种压型钢板建筑构造及节点图，可参考使用。

20.6.3　压型钢板的制作与安装

压型钢板的制作与安装在钢结构围护系统工程中占据重要地位，压型钢板制作、安装时往往与其他工序交叉作业，涉及施工人员的人身安全，同时安装质量的好坏，直接影响到建筑物的使用功能及建造师的设计意图及建筑效果。在实际工程中，由于安装原因而导致的下雨漏水、刮大风被吹起的例子太多了，应引起足够的重视。

一、压型钢板的排板图

压型钢板制作安装前，必须要进行压型钢板排板图的设计，也就是压型钢板施工详图的设计。压型钢板的排板图的设计必须是具有一定设计、施工能力的压型钢板生产及安装配件配套能力的专业厂家，或是具有钢结构设计专项资质并具有围护结构设计经验的设计单位，最终的压型钢板排板图必须要由原设计单位审核确认后方可进行制作安装。对于重大工程及比较复杂的围护结构工程，压型钢板的排板图需经设计、施工、监理单位及相关专家参与的专项审核批准。

压型钢板排板图在实际围护结构制作、安装作业中具有重要意义。首先作为深化设计图，将传递设计意图，细化设计单位施工图中关于压型钢板的文字说明及设计内容，并进行进一步的全面、深化设计；其次排板图是制作安装单位原材料采购、板材加工制作、收边包角加工制作、安装配件采购配套的依据；再次排板图是施工单位制定施工方案、安全方案、施工质量及进度控制措施的依据；施工完毕后经整理和完善，可作为施工结算和施工验收的依据，同时可作为竣工图成为工程档案资料的组成部分存档备查。

压型钢板排板图设计的原则：简洁、全面、合理、明晰、规范。

1. 压型钢板排板图的设计依据

(1)工程设计单位发布的建筑、结构施工图，依据设计的板型进行排板。

(2)与工程相关的现行国家、行业标准、规范、规程及相关图集等。

(3)压型钢板及安装配件生产单位的企业标准、安装图集、技术资料及压型钢板板型与配套件的详细资料。

2. 压型钢板排板图的设计内容

一套完整的压型钢板排板图应包含封面、图纸目录、设计总说明、屋面板系统图、墙面板系统图、太阳能集热或发电系统图等。

(1)压型钢板排板图设计总说明中应包括：设计所依据的现行国家、行业标准、规范、规程及相关图集等；设计单位发布的建筑、结构施工图最新版本号；图纸要求的屋面、墙面压型钢板的板型，压型钢板材料的材质、厚度、颜色(正反面要求)、镀层类型及重量、涂层类型及厚度(正反面)等；安装配件的材质、表面处理、尺寸精度要求；保温材料的品种、容重、导热系数、防火等级；保温材料粘贴薄膜的类型、厚度及质量要求；屋面板墙面板的具体做法、构造要求、搭接长度要求；防水材料的品种、材质要求及做法；门窗洞口、开孔、压型钢板与其他建筑物交接处的设计要求；避雷系统说明；在高风压下防风加固设计说明；太阳能系统设计说明；施工质量及施工安全要求；其他与压型钢板工程相关的说明等。

(2)屋面板系统图应包括：屋面板的排列布置平面图，在排列布置平面图中必须有屋面板的编号、详细尺寸、屋面板的数量、铺板基准线及起始尺寸、铺板过程控制线、天沟处及悬挑板的控制线和控制尺寸，屋面板排板控制图示意见图 20.6-8；压型钢板与相关檩条处的纵向、横向剖面图；固定支架排列布置图，在排列布置图中必须有固定支架的类型编号、详细尺寸、固定支架的数量、固定支架放置基准线及起始尺寸、过程控制线，屋面板固定支架排板控制图示意见图 20.6-9；屋面采光板的排列布置平面图，在采光板排列布置平面图中必须有屋面采光板的编号、详细尺寸、屋面采光板的数量、铺板基准线及起始尺寸、铺板过程控制线、天沟处及悬挑板的控制线和控制尺寸；收边、包角布置图；屋面压型钢板与安装配件材料表；屋面压型钢板节点详图，在节点详图中应包括屋脊处详图、檐口处系统、山墙与屋面板交接处详图、女儿墙详图、采光板与压型钢板搭接处详图、风机口详图、高低跨交接处详图、采光通风天窗与屋面板交接处详图、屋面伸缩缝处详图、屋面开洞口详图、屋面保温及天沟保温做法详图、避雷器与屋面连接详图、太阳能支座与屋面板连接详图及其他要求的详图等。

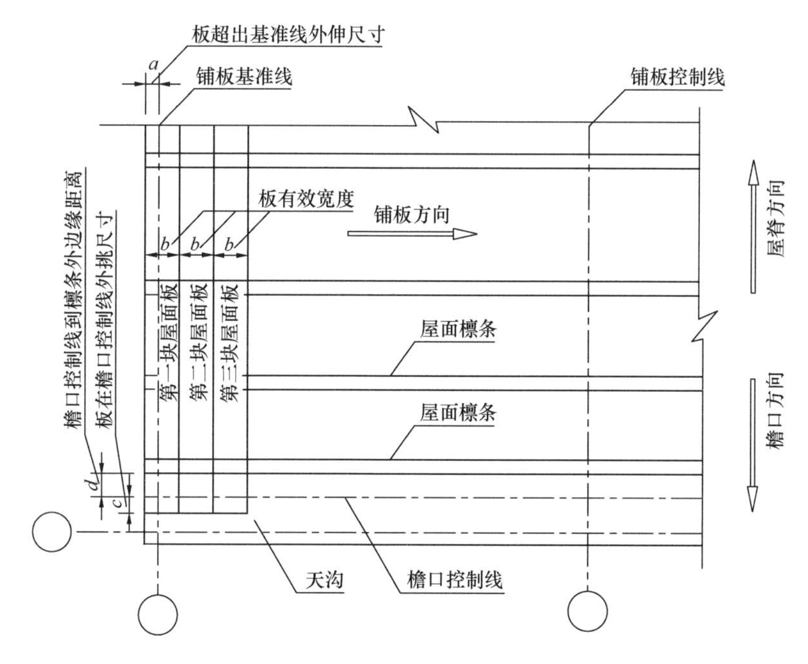

图 20.6-8 屋面板排板控制图

(3)墙面板系统图应包括：墙面板的排列布置立面图，在排列布置平面图中必须有墙面板的编号、详细尺寸、墙面板的数量、铺板基准线及起始尺寸、铺板过程控制线，门窗洞口尺寸必须明确标出；压型钢板与相关檩条处的纵向、横向剖面图；自攻螺丝的排列布置图，在排列布置图中必须有自攻螺丝的规格、固定位置及间距，墙面板固定螺栓控制图示意见图 20.6-10；墙面采光板的排列布置图，在采光板排列布置立面图中必须有墙面采光板的编号、详细尺寸、墙面采光板的数量、铺板基准线及起始尺寸、铺板过程控制线；收边、包角布置图；墙面压型钢板与安装配件材料表；墙面压型钢板节点详图，在节点详

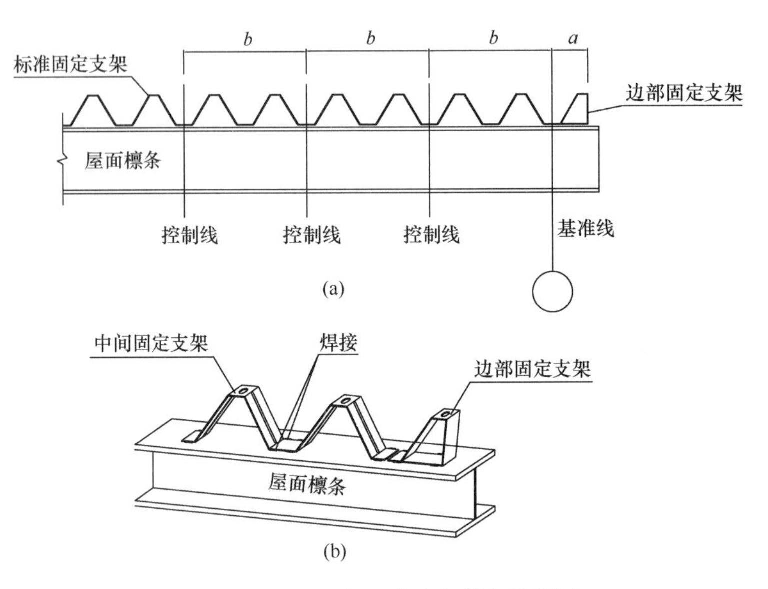

图 20.6-9　屋面板固定支架排板控制图

(a)固定支架布置断面图；(b)固定支架布置透视图

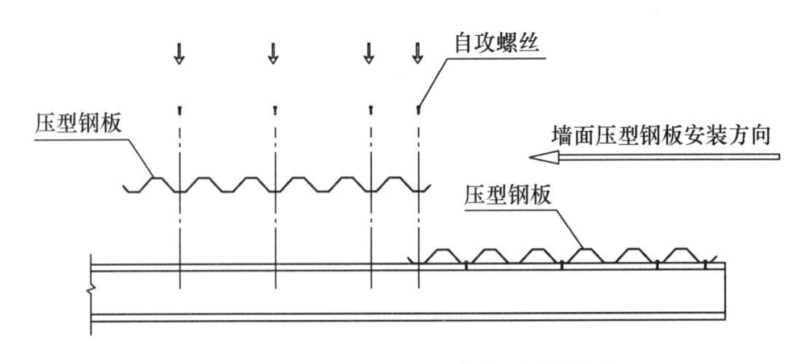

图 20.6-10　墙面板固定螺栓控制图

图中应包括檐口处墙面板与屋面板或天沟交接详图、山墙与屋面板交接处详图、女儿墙详图、采光板与压型钢板搭接处详图、高低跨交接处详图、门窗与墙面板交接处详图、墙面伸缩缝处详图、墙面开洞口详图、墙面保温做法详图、墙面板阳角与阴角处详图、墙面压型钢板与砖墙交接处节点详图、外露式落水管与墙面压型钢板固定详图及其他要求的详图等。

二、压型钢板的制作

压型钢板的排板图设计并审核完成，便可以着手进行压型钢板的制作。制作前一定要落实现场结构有无变更，并进行必要的现场实测，以确保压型钢板的排板图与实际结构吻合。压型钢板制作要点如下：

1. 选择好设备，精准调试

压型钢板加工设备为冷弯成型设备，每种板型都有其冷弯成型加工原理，为保证压型钢板板型的截面尺寸及加工表面质量，对压型钢板加工设备轧辊的道数、辊轮的精度及表面质量均有一定的要求。好的加工设备不仅能精确控制压型钢板的断面尺寸及长度数量，而且能保证细部尺寸如加劲、搭接边、咬合边、扣合边等的精度，还能保证压型钢板表面涂层及镀层不受损伤，加工时压型钢板板不易走样、不易变形、不易鼓包。当压型钢板材料厚度或强度变化时，对上下轧辊的间距要进行适当调整，以确保材料合理的伸缩及变形控制。

所以在压型钢板加工时，选择专业化工厂生产的精良的加工设备并正确调试使用是压型钢板加工制作的基础，只有保证了板的加工精度及尺寸，才有可能安装出优质工程。选择设备时切忌贪图便宜，选作坊式工厂生产的简陋设备，这种设备是无法保证压型钢板的加工质量的。

2. 看准图纸，选对材料

压型钢板加工制作的依据是压型钢板的排板图，加工制作前，一定要对排板图有一个清晰全面的认识，并依据排板图做出压型钢板加工计划单，加工计划单中必须要明确压型板的使用部位、板的型号、板的编号、板的长度、板的数量、板的材料品种、材料厚度、材料正反面颜色等，若是弧形板或扇形板等异形板，加工计划单中还必须要有板的详图，说明板的弯曲半径、弯点、大小头尺寸等要求。

3. 合理选择加工场地

压型钢板可选择在工厂加工制作，也可以选择在施工现场加工制作。在工厂加工制作时，生产环境不受现场因素影响，因设备是固定的，生产效率较高，加工质量也容易保证，但压型钢板的长度受到运输条件的限制，一般情况下板长≤12m，而且为保证压型钢板在起吊及运输的过程中不被损坏，在工厂加工的压型钢板必须要经过一定的包装，若需长途运输或经海洋运输，必须要有符合各种要求的包装方案。因此选择在工厂加工时会增加一定的包装成本。

压型钢板选择在施工现场加工制作时，板的长度可以按照现场实际要求长度制作，在现场制作的压型钢板要合理堆放，避免交叉作业时损坏，加工设备最好放置在集装箱中，以利于设备的保护，从而更好地保证压型钢板的尺寸与加工精度，确保板的加工质量。现场加工制作时一定要选择合适的加工地点，以确保加工人员、加工设备及加工材料的安全。

4. 控制尺寸及精度

控制压型钢板的加工尺寸及加工精度是压型钢板加工制作的关键，加工前一定要检查设备的调试状态，尤其是在现场加工的设备，由于设备长途运输及各种原因，轧辊可能有一定的松动，设备在现场就位后必须要进行检查并试压，确认设备完好后方可开始加工。专业的压型钢板设备对压型钢板的长度和数量一般都是自动控制的，要调试好跑码计数器，确保准确计量压型钢板的长度及数量。加工时，要进行首检及过程检验，即加工每一批的首件必须要检验，并且每加工 20 件左右必须要进行过程检验，以确保加工质量。依据国家规范《钢结构工程施工质量验收规范》GB 50205－2001 的要求，压型钢板制作的尺寸允许偏差见表 20.6-10。

对于泛水板、收边包角板的加工制作，因需要分条及折弯设备，且制作专业性较强，为保证加工制作质量，一般放置在工厂由专业人员加工，泛水板、收边包角板制作的尺寸允许偏差见表 20.6-11。

压型钢板制作的尺寸允许偏差(mm)　　表 20.6-10

序号	项目		允许偏差
1	波距		±2.0
2	波高	波高≤70	±1.5
		波高>70	±2.0
3	有效宽度	波高≤70	±10.0，−2.0
		波高>70	±6.0，−2.0
4	板长		±9.0
5	侧向弯曲	在测量长度 L_1 的范围内	20.0
6	横向剪切偏差		6.0

注：L_1 为测量长度，指板长扣除两端各 0.5m 后的实际长度(小于 10m)或扣除后任选的 10m 长度。

泛水板、收边包角板制作的尺寸允许偏差(mm)　　表 20.6-11

序号	项目		允许偏差
1	泛水板、包角板尺寸	板长	±6.0
		折弯面宽度	±3.0
		折弯面夹角	2°

5. 精心配料节约用材

压型钢板加工制作时，必须要依据加工计划单或加工图纸对原材料合理使用、精心配料，尤其是在泛水板、包角板加工制作时，要掌握收边包角板的确保断面尺寸和可调断面尺寸，根据加工原材料的宽度，合理套裁利用，节约用料，避免浪费。目前在市场所使用的彩涂板或镀锌板产品，一般在外包装标识中都有材料详细的净重及板材长度，加工制作前完全可以对本卷材料加工的产品做到心中有数，考虑一定的卷头、卷尾材料的损耗外，其他材料完全可以全部利用。压型钢板卷材加工制作明细表可参考表 20.6-12。

6. 合理堆放与包装

压型钢板加工制作时，为防止成品因外力而受到损坏或者因长途运输需要，必须要对加工制作好的压型钢板进行合理的堆放及包装，若设备在施工现场加工制作，对加工好的压型钢板只要进行合理的堆放、简单的捆绑及覆盖即可，堆放场地应平整且地势较高，尽可能宽敞并尽量避开交叉施工作业区域，加工好的压型钢板下必须用垫木，垫木与压型钢板的接触面不应小于 50mm，垫木离压型钢板的板端的距离不宜大于 500mm，中间垫木与垫木之间的距离不宜大于 2000mm，垫木位置示意图见图 20.6-11。在现场加工制作时尽量不要堆放太多，最好是边施工边加工制作，若需要将成品放置很长时间，则一定要将加工制作好的压型钢板捆绑及覆盖好，以免被风吹及污染。

若压型钢板选择在工厂加工制作，为保证产品在厂内的堆放、吊运及运输过程中，产品的质量不受影响，必须要将压型钢板进行合理的包装，包装时应根据不同的运输方式制定不同的包装方案，包装箱必须要保证起吊的强度，保证运输途中不散架、不变形。

压型钢板卷材加工制作明细表 **表 20.6-12**

<table>
<tr><td colspan="9">工程名称：</td></tr>
<tr><td rowspan="3">原材料</td><td>材料名称</td><td colspan="4"></td><td>厚　度</td><td></td><td>mm</td></tr>
<tr><td>钢卷号</td><td colspan="4"></td><td>实际长度</td><td></td><td>m</td></tr>
<tr><td>正面颜色</td><td></td><td>反面颜色</td><td colspan="2"></td><td>净 重</td><td></td><td>kg</td></tr>
<tr><td colspan="2">材料管理员</td><td></td><td>领料人</td><td colspan="2"></td><td>领料日期</td><td colspan="2"></td></tr>
<tr><td colspan="9">材料实际使用情况</td></tr>
<tr><td>序号</td><td>规格型号</td><td>产品编号</td><td>数 量
(片)</td><td>长度
(m)</td><td>合计长度
(m)</td><td>使用部位</td><td>作业人</td><td>备 注</td></tr>
<tr><td>1</td><td></td><td></td><td></td><td></td><td></td><td></td><td></td><td></td></tr>
<tr><td>2</td><td></td><td></td><td></td><td></td><td></td><td></td><td></td><td></td></tr>
<tr><td>3</td><td></td><td></td><td></td><td></td><td></td><td></td><td></td><td></td></tr>
<tr><td>4</td><td></td><td></td><td></td><td></td><td></td><td></td><td></td><td></td></tr>
<tr><td>5</td><td></td><td></td><td></td><td></td><td></td><td></td><td></td><td></td></tr>
<tr><td>6</td><td></td><td></td><td></td><td></td><td></td><td></td><td></td><td></td></tr>
<tr><td>7</td><td></td><td></td><td></td><td></td><td></td><td></td><td></td><td></td></tr>
<tr><td>8</td><td></td><td></td><td></td><td></td><td></td><td></td><td></td><td></td></tr>
<tr><td>9</td><td></td><td></td><td></td><td></td><td></td><td></td><td></td><td></td></tr>
<tr><td>10</td><td></td><td></td><td></td><td></td><td></td><td></td><td></td><td></td></tr>
<tr><td colspan="3">本卷合计加工长度</td><td></td><td></td><td></td><td></td><td></td><td></td></tr>
<tr><td colspan="9">余料去向说明及其他：</td></tr>
</table>

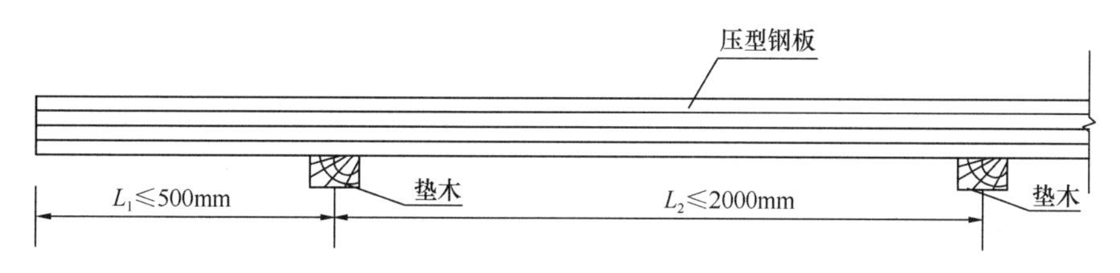

图 20.6-11　垫木位置示意图

三、压型钢板的安装

压型钢板的安装涉及现场材料管理、机械设备安全使用、人力资源组织调配、合理的施工方案选择及安全文明施工等方方面面，科学的管理、合理的流程是保证压型钢板安装工程质量、安全及进度的前提。压型钢板的安装主要控制以下几个方面：

1. 安装前的准备工作

图纸是所有施工作业的依据，压型钢板安装前首先要详细查看压型钢板排板图，掌握图纸内容及细节，领会施工范围及深度。其次通过查看现场，了解钢结构制作安装情况，做好工序验收交接，检查高低跨、门窗洞口、开孔、天窗四周结构、天沟四周结构、女儿墙与屋面交接处、伸缩缝处、外露钢构件等处的钢结构安装情况，如有不完整或其他压型钢板无法安装的情况，及时提出修改。检查屋面、墙面檩条的平整度必须符合国家规格要求，否则会影响压型钢板的安装质量。再次根据工程施工图、压型钢板排板图及施工现场的实际情况，编制压型钢板安装施工方案，详细制定屋面板墙面板的安装方案、机械设备使用计划、劳动力使用计划、材料使用计划、工期计划及保证措施、质量计划及保证措施、文明施工方案及环境保护措施、专项安全方案及保证措施等，以利于压型钢板的安装有序按计划进行。

2. 压型钢板安装的过程控制

施工过程控制是压型钢板施工安装的关键，保证一次性按设计要求施工合格，避免返修或返工，对压型钢板安装工程是很重要的。压型钢板施工安装过程控制主要从"人、机、料、法、环"这几个方面来实施：

(1)人的因素。人是决定压型钢板安装成败的决定性因素，有一个好的管理团队和一个专业的施工人员队伍，才能做好压型钢板的施工安装。管理团队要高效、务实、责任心强，要有强烈的质量、安全意识。专业的施工队伍一定要有压型钢板施工安装经验，要根据本工程的施工方案，根据工程量、工期要求及劳动力水平合理组织劳动力，根据工程特点合理配备劳动力工种。施工前必须要对施工人员进行培训，对图纸内容、安装质量、施工方法、安全、文明施工等进行详细交底，在施工过程在还要定期进行培训，对出现的错误及不满足要求的地方及时进行纠正，以确保施工质量及安全。

(2)机械设备。根据施工方案及现场情况，合理选择使用起重吊装设备，调配好加工设备和施工机具，对于屋面板、墙面板施工所需要的特殊专用设备，如长尺屋面板施工所设置的高架平台等设备，必须要专人看管及操作。机械设备的使用一定要注意安全，不懂机械设备的人员，不得擅自使用。

(3)材料。在施工现场，材料必须要有专人负责，必须按材料属性分类放置，标识醒目，并做好防潮、防雨保护。对所有进入施工现场的材料，必须要严格检查，看是否与图纸要求的材料品牌、规格型号、材质、色标等要求相符，材质证明是否齐全。对主材、辅材及安装配件要根据施工方案及工期要求制定材料供应计划，合理安排订货及进场。切忌材料订货进场迟缓，造成现场停工待料影响施工，或者现场材料堆放积压太多，造成材料不必要损耗浪费及占用项目部流动资金。

(4)施工方法。压型钢板的安装应重视施工方法，并在实际施工过程中根据工程特点不断改进和创新压型钢板的施工方法，以使压型钢板的施工更加安全高效。

屋面板的安装方法：屋面板安装时，首先要考虑的是屋面板的垂直运输及板在屋顶平面上的水平运输，屋面板的垂直运输及板在屋顶平面上的水平运输涉及板的长度、现场施工条件及钢结构施工工序的交叉作业，一定要统筹考虑，在作施工方案时，一定要考虑到现场的实际情况，选择合适的时间进场安装。屋面板的垂直运输较常用的有两种方法：当屋面板长度较长、屋面面积较大、屋面没有高低跨且厂房檐口高度较低时(一般小于

30m)，可用移动式高架平台施工法或固定式高架平台施工法。移动式高架平台施工法即在厂房檐口外搭设移动式高架平台，屋面压型钢板加工设备可放置在高架平台上，屋面板压制成型后直接放置在屋面檩条上，压制一块便可安装一块。每压制一个柱距或每两个天窗架之间的屋面板后，移动一次高架平台的位置，直到屋面板压制完成为止。用移动式高架平台施工法减少了屋面板在地面压制抬板和屋面板地面水平运输及垂直运输的工作，有益于成品的保护，施工速度大大加快；屋面板一边压制一边安装，压制完就等于安装完；与钢结构安装交叉作业少，安全保证有力，施工协调简便；因屋面板加工后直接铺设在屋面上，所以成型板损坏率极低。移动式高架平台施工法示意见图 20.6-12。固定式高架平台施工法的施工原理同移动式高架平台施工法，不同的是固定式高架平台搭设在檐口外固定的位置不可移动，压制好的屋面板必须在屋顶平面上进行水平运输。

图 20.6-12 移动式高架平台施工法示意图

在屋顶平面上对屋面板进行水平运输基本上靠人力完成，此工作有一定的危险性，尤其是屋面板还未铺设、铺设不牢固、屋面洞口处或屋面板临边处，一定要有专项安全措施，确保施工人员的安全。许多屋面板铺设的安全事故就发生在这道工序上，须引起足够的重视。屋面板在屋顶平面上的水平运输施工示意见图 20.6-13。

图 20.6-13 屋面板在屋顶平面上的水平运输施工示意图

当屋顶平面跨数较多且分布有多个高低跨时，屋面板的垂直运输适合使用专用吊具用吊车起吊的方法。高低跨较多且建筑物较长时，对中间跨屋面板必须要跟钢结构施工同步吊装，否则只能在山墙处起吊，势必会增加屋面板在屋顶平面上水平运输的难度。屋面板用吊车起吊的方法施工时，都涉及屋面板在屋顶平面上的水平运输问题，起吊的每摞板受到屋面板长及起吊设备的限制，必须在屋面檩条上合理分布放置，尽量减少屋面板在屋顶

图 20.6-14　屋面板用吊车起吊施工法示意图

平面上水平运输是距离。屋面板用吊车起吊施工法示意见图 20.6-14。

屋面板用吊车起吊方法施工时，对于长尺压型钢板，吊具的设计及吊点的设置是关键，吊具、起吊钢丝绳、吊点的设置必须要经施工演算，确保施工安全，捆绑压型钢板时必须使用吊带，严禁使用钢丝绳直接捆绑起吊压型钢板，吊带的间距不宜大于 3m，屋面板伸出吊具的悬挑尺寸不宜大于 3m。吊车每钩起吊屋面板的数量必须要通过板的重量及起吊的角度计算，满足起重设备的工作性能要求，起吊每钩屋面板的数量不宜过多，以免起吊过程中屋面板变形损坏，影响安装质量。

屋面压型钢板一般为中波或高波板，安装时大多数都须用到固定支架，有些咬合式或扣合式屋面板的固定支架要求边安装屋面板边安装固定支架，一般用自攻螺丝直接固定。但对于檩距较大、压型钢板波高较高的屋面板，必须要先安装固定支架，再安装屋面板，若檩条为高频焊接等薄壁檩条，可用自攻螺丝固定，若檩条为翼缘板较厚的型钢檩条，固定支架可通过焊接固定。自攻螺丝、固定支架及所有构配件必须符合设计要求的材料性能及外形尺寸，若采用焊接形式，其焊点、焊角尺寸、焊缝长度必须符合设计要求，且焊接后必须按要求清除焊渣，按要求涂刷防腐涂料。固定支架安装质量的好坏直接影响到屋面板的安装质量，许多压型钢板屋面板被风掀起的工程事故，并不是压型钢板的材料及板型选择有误，而是选择了不合要求的劣质的固定支架及配件或者安装时偷工减料，缺钉少焊没按要求安装所致。因此屋面板固定支架的安装必须引起足够的重视，建立从进货检验、安装技术质量交底、施工工序交接、过程验收等质量控制措施，以确保屋面板的安装质量。固定支架的型号尺寸一定要和所使用的板型相匹配，且其材质、材料厚度、表面防腐处理要满足设计要求。固定支架安装前须先在屋面檩条上放线，放线时一定要按设计要求找准基准线和控制线，并进行醒目标识，安装固定支架的基准线一般分布在靠近山墙处或厂房伸缩缝处某一垂直于屋脊线上，固定支架在安装方向上的控制线一般都是压型钢板整块板或半块板的有效宽度模数，放线时每隔一个柱距必须对放线进行校核检查，及时消除误差，确保固定支架放线定位准确。

在确认放线无误后便可进行固定支架的安装，屋面板固定支架安装时一定要按放线标识进行，对于在运输或起吊过程中变形的支架，必须要经矫正，安装时随时控制安装误差，确保一次安装合格，不返工。屋面板固定支架安装后示意见图 20.6-15。

经垂直运输和在屋顶平面上水平运输后的屋面板，若不进行施工铺设，则必须要成捆与屋面檩条绑扎牢固，若进行施工铺设，必须当天铺设当天扣合、咬合或固定完毕，以免被风吹起。若遇到刮风、下雨天，为保证施工人员的安全，不可进行压型钢板的施工作业。

墙面压型钢板板的安装重点应控制板的垂直度、板与板的搭接、固定螺栓的位置及数

图 20.6-15 屋面板固定支架安装后示意图

量、窗洞口及门洞口的细部处理等，墙面压型钢板的安装基准线一般设置在靠近一面墙的端部或伸缩缝的某处，墙面板的控制线就是每块墙板有效宽度的垂直线，对于外露式板型，自攻螺丝施工必须横平竖直，必要时可拉线或预钻孔。墙面板安装时一般采用方形移动梯或吊篮，对方型移动梯或吊篮必须要经施工演算，要有足够的强度，且有可靠的安全措施，确保施工人员的安全。墙面板安装示意见图 20.6-16。

(a)

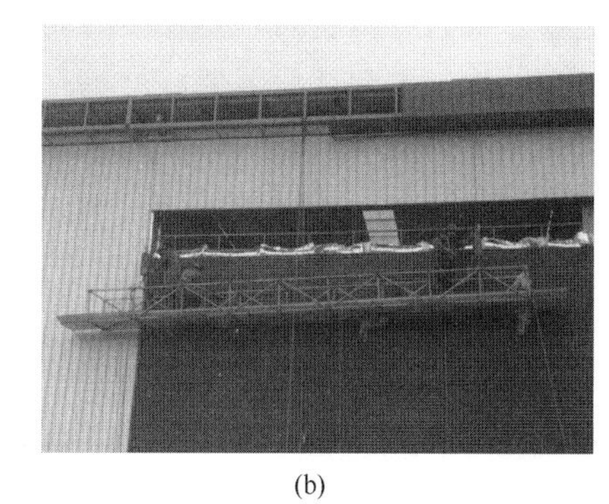

(b)

图 20.6-16 墙面板安装示意图

(a)使用方型梯安装墙面板；(b)使用吊篮安装墙面板

收边、泛水板对于压型钢板屋面板、墙面板来说，不仅具有美观装饰效果，还具有重要的刚性防水功能，同时对屋面、墙面板具有一定的防风加固功能，尤其对屋面、墙面的边区、角区部位，收边、包角板通过与檩条及结构的牢固连接，与屋面板、墙面板形成一个整体，对边区、角区屋面及墙面板抵抗高风压起到重要作用。收边包角板安装时，必须要注意收边、包角搭接部位的先后顺序，按设计要求敷设防水密封材料，收边包角与墙面檩条连接时要用自攻螺丝固定，与墙面板连接时用封闭性抽心铝铆钉。在窗洞口、高低跨交界处、墙面板与砖墙交接处等部位，最好先装收边泛水板，再装墙面板，以确保安装质量。对于屋面系统的收边包角，涉及屋脊节点、屋面伸缩缝节点、屋面天窗周边节点、屋面开孔节点、屋面天沟节点及女儿墙周边节点等，这些节点处理的好坏，直接关系到屋面板的渗漏，因此在做屋面系统的收边包角时，一定要详细掌握节点详图，严格按图施工，正确敷设密封材料并牢固连接，确保一次成型不漏水。

考虑到金属材料的热胀冷缩性能，在进行压型钢板设计时，必须要考虑到压型钢板的热胀冷缩性，要根据材料厚度、板的波高、气候温差大小等因素，确定压型钢板沿长度方向的伸缩设置，一般来说，板的波高越高、材料越厚，板沿长度方向的刚度就越大，板沿长度方向的热胀冷缩效果就越强。必要时要考虑板长度方向的搭接，对于一些扣合或咬合的长尺屋面板，要设置可滑移支座，来解决板的热胀冷缩问题。压型钢板若考虑纵向搭接，应在支撑构件上可靠搭接，搭接长度应符合设计要求，且不应小于表 20.6-13 所规定的数值。

压型钢板在支撑构件上的搭接长度(mm)　　**表 20.6-13**

<table>
<tr><th colspan="2">项　目</th><th>搭接长度(不小于)</th></tr>
<tr><td colspan="2">截面高度>70</td><td>375</td></tr>
<tr><td rowspan="2">截面高度≤70</td><td>屋面坡度<1/10</td><td>250</td></tr>
<tr><td>屋面坡度≥1/10</td><td>200</td></tr>
<tr><td colspan="2">墙　面</td><td>120</td></tr>
</table>

在压型钢板安装过程中，会受到各种因素的影响，安装误差在所难免，压型钢板安装的允许偏差应符合表 20.6-14 的规定。

在实际施工作业中，由于屋面、墙面压型钢板规格型号较多，板的连接安装方式可能相差很大，一定要根据板型的特点，做详细的安装策划，在保证安全、质量的前提下，提高安装效率。压型钢板安装时还应该要注意：

在安装屋面板、墙面板或屋面板固定支架时，安装基准线非常重要，要用经纬仪进行定位放线，安装好第一块板后要进行核准，确保和安装基准线相符，每安装 10 块板或每跨检查一次安装误差，发现误差及时在下一区域安装时予以消除，避免误差累计。

压型钢板安装的允许偏差(mm)　　**表 20.6-14**

<table>
<tr><th colspan="2">项　目</th><th>允许偏差</th></tr>
<tr><td rowspan="4">屋面</td><td>檐口与屋脊的平行度</td><td>12.0</td></tr>
<tr><td>压型钢板波纹线对屋脊的垂直度</td><td>$L/800$，且不应大于 25.0</td></tr>
<tr><td>檐口相邻两块压型钢板端部错位</td><td>6.0</td></tr>
<tr><td>压型钢板卷边板件最大波浪高</td><td>4.0</td></tr>
<tr><td rowspan="3">墙面</td><td>墙板波纹线的垂直度</td><td>$H/800$，且不应大于 25.0</td></tr>
<tr><td>墙板包角板的垂直度</td><td>$H/800$，且不应大于 25.0</td></tr>
<tr><td>相邻两块压型钢板的下端部错位</td><td>6.0</td></tr>
</table>

注：1. L 为屋面半坡或单坡长度；

2. H 为墙面高度；

在安装屋面板时，必须边铺板边咬合、扣合或螺栓固定，不可大面积铺开而不固定，万一有瞬时大风，会有很大的安全隐患。另外，若屋面板不及时固定，在板的临边或搭接处，施工人员会有安全风险。

在安装好的屋面板上放置成捆的压型钢板或其他构件时，应用木板垫起，不可直接放置在屋面压型钢板上，以免造成已铺设好的压型钢板受损。不可在已铺设好的屋面压型钢板上未加防护措施直接进行焊接、切割等作业，对安装时产生的铁屑等金属杂物必须及时清理，以免生锈。屋面压型钢板安装完后，表面应清洁，无胶痕与油污，无划痕，磕碰损伤现象。

对于成品保温板或现场组合式保温板，其施工原理同单层板是一样的，但值得注意的是现场组合式保温板施工时一定要按设计要求铺设好保温材料及其他防水透气层材料，要计划好施工顺序，注意天气变化，以免雨水浸泡。

(5)施工环境

在压型钢板的施工作业中，要始终把施工人员的生命安全及职业健康放在第一位。建立和健全安全管控制度和措施，使所有的施工作业在安全可控下有序推进。注重安全教育及技能培训，牢固树立质量安全意识，贯彻预防为主的安全方针，确保施工安全。

注重过程检查验收，完善工序交接，对施工过程中检查验收数据要真实记录，并及时整理报验，资料同步提交，以备工程交工验收备案。

施工过程中要树立环境保护意识，不乱扔垃圾，施工当天产生的施工废料、余料等当天收集整理，工完料清。不高空抛物，不在施工现场焚烧有毒、有害垃圾，未使用材料要整齐有序堆放，并醒目标识。

施工用电要严格按规范接入和使用，不胡拉乱接。

在施工现场应设置各种安全警示牌，施工区域应设置施工警戒线，所有施工人员进入施工现场必须穿戴好安全防护用品，服装力求统一。

屋面施工时应设置上屋面安全通道，在屋面周边及洞口周边应设安全防护线，当屋面坡度较大时还应设置防滑措施，雨雪天、大风天应禁止压型钢板室外施工作业。

考虑到施工安全及质量，尽量不在夜间进行压型钢板的施工，若不可避免，应有足够的照明，且确保施工人员不疲劳作业。

压型钢板施工基本上属于高空作业，在施工前对所有作业人员要进行健康体检，对不适合高空作业的人员，禁止上高空进行施工作业。

注重成品保护，珍惜劳动成果，尤其要注意压型钢板与混凝土交接部位、压型钢板与管道设备支架等交接部位等部位，涉及混凝土的浇筑、抹灰及焊接、打磨、补漆等作业，若这些工序是在压型钢板安装好后再作业，对压型钢板一定要有成品保护措施。

3. 安装完成后收尾

压型钢板安装完成后，首先要彻底清理施工现场，施工垃圾清理出场，多余材料退库。组织施工负责人员、技术人员、质量管理人员对所有施工区域先进行自检检查，重点检查屋面板咬合、扣合、螺栓固定及屋面板搭接部位设计施工要求，检查屋面开孔处、高低跨交界处、气楼周边、屋面伸缩缝、屋脊、檐口、女儿墙部位、门窗洞口等重要节点是否满足设计施工要求，对检查出不符合要求或有缺陷的地方及时进行整改。

整理施工过程检查记录，按要求进行施工资料的上报及归档，完善竣工图，提交竣工报告，总结工程经验及施工得失，清算工程量并做好工程结算。

4. 现阶段压型钢板制作安装工程存在的问题

(1)许多施工单位施工人员安装素质差，有的根本无压型钢板安装技能，甚至无任何技能培训就上岗，对压型钢板制作安装造成很大的安全、质量隐患，安装不好责怪材料及板型设计不好。

(2)对压型钢板材料未按设计要求使用，或者材料强度不够或者材料厚度不够或者镀层涂层厚度不够或者镀层涂层品质很差或者材料以次充好。

(3)安装配件选择不合适，尤其是屋面板的固定支架，要么其型号尺寸与压型钢板不配套，要么选用材料强度和材料厚度不符合要求的简易支架，这样安装出来的屋面板是没有安全保障的。固定螺栓选择劣质的非标产品。

(4)利益驱使、施工方偷工减料，固定螺栓、固定支架、铆钉、密封胶条等材料数量未按要求设置。

(5)片面追求展开面积，提出不合理的负公差要求。有些施工单位甚至业主单位为了节约成本，不顾及板的安全性，自作主张修改板的型号使板的有效宽度变大或者使板的屈服强度变低或者使板的厚度变薄。

(6)加工设备简陋，压型钢板成型很差，误差很大甚至变形严重。

(7)施工方法有误，或者未按图施工，没有达到设计意图。

(8)设计缺陷。有些设计单位对于压型钢板其板型、材料、配件及节点等无设计经验，即使委托也不是专业的制作安装单位，设计图往往有很大的缺陷和不足，任凭施工单位随意选择、随意施工，施工时又无经验改进，这样能做好压型钢板的制作安装是不可能的。

(9)业主只在乎价格，市场无序竞争，呼吁规范市场，有序作为。

20.7　钢结构工程验收

施工单位应在钢结构主体工程验收7个工作日前将验收时间地点、验收组名单报质量监督机构。

20.7.1　验收依据

钢结构工程验收应依据国家现行标准《建筑工程施工质量验收统一标准》GB 50300,《钢结构工程施工质量验收规范》GB 50205和经审图机构审核后的工程设计图纸要求以及合同约定的各项内容进行。

20.7.2　验收程序

验收组织工作根据《建筑工程施工质量验收统一标准》GB 50300—2001第6.0.2条要求，对钢结构工程的验收应由监理单位组织，勘察、设计、检测、施工和建设单位参加，监督站对验收实行监督。验收会议的工作程序一般按施工、检测、监理、勘察、设计、建设单位的顺序进行陈述和认可。并由监督站作监督验收的执法检查的评价。

20.7.3 验收单位及职责

主体钢结构子分部验收需由施工单位提出申请，监理单位组织，会同设计、施工、建设单位、质监站共同验收。参加人员包括：钢结构施工单位项目经理，试验(检测)单位技术负责人，监理单位总监理工程师，勘察单位项目技术负责人，设计单位项目负责人，建设单位项目负责人。

1. 施工单位

主体钢结构施工完成后，各组成钢结构子分部的各分项工程验收合格且相应的质量控制资料齐全，完整，向总监理工程师提出子分部验收申请。验收申请经监理批准后，确定验收时间，并提前一天将主体分部验收汇报材料报监理审核。验收时，施工单位项目经理，技术负责人、质量负责人均应到现场。

2. 监理单位

根据施工方申报的验收申请，首先核查主体分部质量控制资料是否完整、齐全、有效(重点检查钢材原材复试次数超声波探伤检测是否达到施工验收规范和设计图纸要求)。检查，复核、评定合格后，用监理工程师联系单及时联系业主方商洽验收时间。主体结构分部工程验收由总监理工程师主持，项目监理组人员参加。

3. 勘察、设计单位、

勘察、设计单位在接到验收通知后，应派项目负责人至现场参加验收，并对所验收分部工程质量做出专业性评议。

4. 建设单位

根据监理方报告确定主体分部验收时间，及时提前通知本工程设计单位项目负责人和质监站项目负责人，告知主体分部验收时间。

20.7.4 验收内容

钢结构子分部工程质量验收前应满足国家法律法规、合同、技术质量标准等要求，因钢结构建筑类型种类多变，具体的验收内容也不尽相同，但主要验收模块包括以下三个方面：

1. 工程资料方面

(1)钢材、钢铸件的出厂质量合格证明文件及需抽样复验的应有复验报告，重要钢结构焊接材料的出厂质量证明书和抽样复验报告；

(2)焊工合格证书；考试合格项目及施焊认可范围；

(3)设计要求全焊透的一、二级焊缝超声波、射线探伤检测报告；

(4)制作和安装的高强度螺栓连接摩擦面的抗滑移系数试验和复验报告；

(5)钢结构主体结构的整体垂直度和整体平面弯曲的允许偏差值检查记录表；

(6)钢网架结构总拼完成后及屋面工程完成后的挠度测量值检查记录表；

(7)钢结构用防腐和防火涂料产品质量证明书；

(8)钢结构拼装记录；

(9)钢结构施工图、竣工图和设计变更文件；

(10)隐蔽工程验收记录；

(11)钢结构的防腐及防火涂装检查记录；

(12)沉降观测记录及评价报告；

(13)钢结构工程检验批、分项、分部工程质量验收记录；

(14)主体结构分部工程质量控制资料核查记录；

(15)主体结构分部工程安全和功能检验和抽样检测记录；

(16)主体结构分部工程观感质量检查记录；

(17)其他内容。

2. 实物质量

(1)隐蔽工程验收，原辅材(钢材、焊丝、高强螺栓、油漆、防火涂料等)进场验收；

(2)钢结构测量的质量验收；

(3)焊接质量验收；

(4)高强螺栓质量验收；

(5)涂装质量验收；

(6)防火涂料施工质量验收；

(7)其他关键工序的质量验收。

20.7.5　不合格项的处理

当工程质量不符合验收要求时，应按下列规定处理：

一般情况下，不合格现象在最基层的验收单位检验批时就应发现并及时处理，否则将影响后续检验批和相关的分项工程、分部工程的验收。不合格项的处理分以下情况：

1. 在检验批验收时，其主控项目不能满足验收规范规定或一般项目超过偏差限值的子项不符合检验规定的要求时，应及时进行处理。其中，严重的缺陷推倒重来；一般的缺陷通过翻修或更换器具、设备予以解决，应允许施工单位在采取相应的措施后重新验收。如能够符合相应的专业工程质量验收规范，则应认为该检验批合格。

2. 个别检验批存在问题，难以确定是否验收时，应请具有资质的法定检测单位检测。当鉴定结果能够达到设计要求时，该检验批仍应认为通过验收。

3. 如经检测鉴定达不到设计要求，但经原设计单位核算，仍能满足结构安全和使用功能的情况，该检验批可以予以验收。一般情况下，规范标准给出了满足安全和功能的最低限度要求，而设计往往在此基础上留有一些余量。不满足设计要求和符合相应规范标准的要求，两者并不矛盾。

4. 更为严重的缺陷或者超过检验批的更大范围内的缺陷，可能影响结构的安全性和使用功能。若经法定检测单位检测鉴定以后认为达不到规范标准的相应要求，既不能满足最低限度的安全储备和使用功能，则必须按一定的技术方案进行加固处理，使之能保证其满足安全使用的基本要求。为了避免社会财富更大的损失，在不影响安全使用功能条件下可按处理技术方案和协商文件进行验收，责任方应承担经济责任，但不能作为轻视质量而回避责任的一种出路。

5. 分部工程、单位(子单位)工程存在严重的缺陷，经返修或加固仍不能满足安全使用要求的，严禁验收。

参 考 文 献

[1] 建筑用压型钢板：GB/T 12755—2008[S]. 北京：中国标准出版社，2009.
[2] 彩色涂层钢板及钢带：GB/T 12754—2006 [S]. 北京：中国标准出版社，2006.
[3] 连续热镀锌钢板及钢带：GB/T 2518—2008[S]. 北京：中国标准出版社，2008.
[4] 宝钢建筑用彩涂钢板应用指南 . 宝山钢铁股份有限公司 .
[5] 金属压型板紧固件设计施工规程：BEQ(TJ)0016—89[S]. 宝钢工程指挥部 .
[6] 热镀铝锌彩涂钢板产品技术手册 . 宝山钢铁股份有限公司 .
[7] 钢结构工程施工质量验收规范：GB 50205—2001[S] . 北京：中国标准出版社，2002.

第21章 设计参考资料

21.1 基本参考资料

21.1.1 普钢结构、轻钢结构、预应力钢结构、钢-混组合结构相关现行技术标准

一、设计、施工国家规范

设计、施工国家规范 表21.1-1

序号	标准号	名 称	备注
1	GB 50009—2012	建筑结构荷载规范	
2	GB 50011—2010	建筑抗震设计规范（2016年版）	
3	GB 50016—2014	建筑设计防火规范（2018年版）	
4	GB 50017—2017	钢结构设计标准	
5	GB 50018—2002	冷弯薄壁型钢结构技术规范	
6	GB 51022—2015	门式刚架轻型房屋钢结构技术规范	
7	GB 50023—2009	建筑抗震鉴定标准	
8	GB 50046—2008	工业建筑防腐蚀设计规范	
9	GB 50068—2018	建筑结构可靠性设计统一标准	
10	GB 50144—2008	工业建筑可靠性鉴定标准	
11	GB 50153—2008	工程结构可靠性设计统一标准	
12	GB 50191—2012	构筑物抗震设计规范	
13	GB 50205—2001	钢结构工程施工质量验收规范	
14	GB 50212—2014	建筑防腐蚀工程施工规范	
15	GB 50224—2018	建筑防腐蚀工程施工质量验收规范	
16	GB 50300—2013	建筑工程施工质量验收统一标准	
17	GB 50550—2010	建筑结构加固工程施工质量验收规范	
18	GB/T 50621—2010	钢结构现场检测技术标准	
19	GB 50661—2011	钢结构焊接规范	
20	GB 50755—2012	钢结构工程施工规范	
21	GB 50896—2013	压型金属板工程应用技术规范	
22	GB 14907—2018	钢结构防火涂料	
23	GB/T 8923.1—2011/ ISO 8501—1：2007	涂覆涂装前钢材表面处理 表面清洁度的目视评定 第1部分：未涂覆过的钢材表面和全面清除原有涂层后的钢材表面的锈蚀等级和处理等级	

续表

序号	标准号	名　　称	备注
24	GB/T 8923.2—2008/ ISO 8501—2：1994	涂覆涂装前钢材表面处理　表面清洁度的目视评定 第2部分：已涂覆过的钢材表面局部清除原有涂层后的处理等级	
25	GB/T 8923.3—2009/ ISO 8501—3：2006	涂覆涂装前钢材表面处理　表面清洁度的目视评定 第3部分：焊缝、边缘和其他区域的表面缺陷的处理等级	

二、设计、施工行业标准

设计、施工行业标准　　表 21.1-2

序号	标准号	名　　称	备注
1	JGJ 7—2010	空间网格结构技术规程	
2	JGJ 82—2011	钢结构高强度螺栓连接技术规程	
3	JGJ 85—2010	预应力筋用锚具、夹具和连接器应用技术规程	
4	JGJ 99—2015	高层民用建筑钢结构技术规程	
5	JGJ 116—2009	建筑抗震加固技术规程	
6	JGJ 138—2016	组合结构设计规范	
7	JGJ 209—2010	轻型钢结构住宅技术规程	
8	JGJ 227—2011	低层冷弯薄壁型钢房屋建筑技术规程	
9	JGJ/T 395—2017	铸钢结构技术规程	
10	JGJ/T 279—2012	建筑结构体外预应力加固技术规程	
11	YB 9238—92	钢-混凝土组合楼盖结构设计与施工规程	已替代或取消
12	YB/T 9256—96	钢结构、管道涂装技术规程	已替代或取消
13	YB 9257—96	钢结构检测评定及加固技术规程	已替代或取消
14	YB 9082—2006	钢骨混凝土结构技术规程	
15	CECS 24：90	钢结构防火涂料应用技术规程	
16	CECS 28：2012	钢管混凝土结构技术规程	
17	CECS 159：2004	矩形钢管混凝土结构技术规程	
18	CECS 167：2004	拱形波纹钢屋盖结构技术规程（试用）	
19	CECS 180：2005	建筑工程预应力施工规程	
20	CECS 188：2005	钢管混凝土叠合柱结构技术规程	
21	CECS 200：2006	建筑钢结构防火技术规范	
22	CECS 212：2006	预应力钢结构技术规程	
23	CECS 226：2007	栓钉焊接技术规程	
24	CECS 230：2008	高层建筑钢-混凝土混合结构设计规程	
25	CECS 235：2008	铸钢节点应用技术规程	
26	CECS 261：2009	钢结构住宅设计规范	
27	CECS 273：2010	组合楼板设计与施工规范	
28	CECS 280：2010	钢管结构技术规程	

续表

序号	标准号	名　　称	备注
29	CECS 300：2011	钢结构钢材选用与检验技术规程	
30	CECS 330：2013	钢结构焊接热处理技术规程	
31	CECS 343：2013	钢结构防腐蚀涂装技术规程	

三、钢材、钢制品与材料标准

钢材、钢制品与材料标准　　表 21.1-3

序号	标准号	名　　称	备注
1	GB/T 699—2015	优质碳素结构钢	
2	GB/T 700—2006	碳素结构钢	
3	GB/T 702—2017	热轧钢棒尺寸、外形、重量及允许偏差	
4	GB/T 706—2016	热轧型钢	
5	GB/T 709—2006	热轧钢板和钢带的尺寸、外形、重量及允许偏差	
6	GB/T 714—2015	桥梁用结构钢	
7	GB 716—1991	碳素结构钢冷轧钢带	
8	GB 912—2008	碳素结构钢和低合金结构钢热轧薄钢板和钢带	已替代
9	GB/T 1591—2018	低合金高强度结构钢	
10	GB/T 2518—2008	连续热镀锌钢板及钢带	
11	GB/T 3274—2017	碳素结构钢和低合金结构钢热轧厚钢板和钢带	
12	GB/T 33974—2017	热轧花纹钢板及钢带	
13	GB/T 3524—2015	碳素结构钢和低合金结构钢热轧钢带	
14	GB/T 4171—2008	耐候结构钢	
15	GB/T 5223—2014	预应力混凝土用钢丝	
16	GB/T 5224—2014	预应力混凝土用钢绞线	
17	GB/T 5313—2010	厚度方向性能钢板	
18	GB/T 6723—2017	通用冷弯开口型钢	
19	GB/T 6725—2017	冷弯型钢通用技术要求	
20	GB/T 6728—2017	结构用冷弯空心型钢	
21	GB/T 7659—2010	焊接结构用铸钢件	
22	GB/T 8162—2018	结构用无缝钢管	
23	GB 8918—2006	重要用途钢丝绳	
24	GB/T 9711—2017	石油天然气工业管线输送系统用钢管	螺旋焊管
25	GB/T 11253—2007	碳素结构钢冷轧薄钢板及钢带	
26	GB/T 11263—2017	热轧 H 型钢和剖分 T 型钢	
27	GB/T 11352—2009	一般工程用铸造碳钢件	
28	GB/T 12754—2006	彩色涂层钢板及钢带	
29	GB/T 12755—2008	建筑用压型钢板	

续表

序号	标准号	名　称	备注
30	GB/T 13793—2016	直缝电焊钢管	
31	GB/T 14370—2015	预应力筋用锚具、夹具和连接器	
32	GB/T 14975—2012	结构用不锈钢无缝钢管	
33	GB/T 17101—2008	桥梁缆索用热镀锌钢丝	
34	GB/T 17395—2008	无缝钢管尺寸、外形、重量及允许偏差	
35	GB/T 17955—2009	桥梁球型支座	
36	GB/T 19879—2015	建筑结构用钢板	
37	GB/T 20934—2016	钢拉杆	
38	GB/T 21835—2008	焊接钢管尺寸及单位长度重量	
39	GB 2585—2007	铁路用热轧钢轨	
40	GB/T 14978—2008	连续热镀铝锌合金镀层钢带和钢板	
41	GB/T 28905—2012	建筑用低屈服强度钢板	
42	GB/T 33814—2017	焊接 H 型钢	
43	JG/T 8—2016	钢桁架构件	
44	JG/T 10—2009	钢网架螺栓球节点	
45	JG/T 11—2009	钢网架焊接空心球节点	
46	JG/T 137—2007	结构用高频焊接薄壁 H 型钢	
47	JG/T 144—2016	门式刚架轻型房屋钢构件	
48	JG/T 178—2005	建筑结构用冷弯矩形钢管	
49	JG/T 203—2007	钢结构超声波探伤及质量分级法	
50	JG/T 224—2007	建筑用钢结构防腐涂料	
51	JG/T 378—2012	冷轧高强度建筑结构用薄钢板	
52	JG/T 380—2012	建筑结构用冷弯薄壁型钢	
53	JG/T 381—2012	建筑结构用冷成型焊接圆钢管	
54	YB/T 5055—2014	起重机用钢轨	
55	YB/T 4574—2016	高强度低松弛预应力热镀锌-5%铝-稀土合金镀层钢绞线	
56	YB/T 4001.1—2007	钢格栅板及配套件　第 1 部分：钢格栅板	已替代或取消
57	YB/T 5004—2012	镀锌钢绞线	已替代或取消
58	CJ 3058—1996	塑料护套半平行钢丝拉索	已替代或取消
59	CJ 3077—1998	建筑缆索用钢丝	已替代或取消

四、紧固件产品标准

紧固件产品标准　　表 21.1-4

序号	标准号	名　称	备注
1	GB/T 3098.1—2010	紧固件机械性能螺栓、螺钉和螺柱	
2	GB/T 1228—2006	钢结构用高强度大六角头螺栓	

续表

序号	标准号	名　称	备注
3	GB/T 1229—2006	钢结构用高强度大六角螺母	
4	GB/T 1230—2006	钢结构用高强度垫圈	
5	GB/T 1231—2006	钢结构用高强度大六角头螺栓、大六角螺母、垫圈技术条件	
6	GB/T 3632—2008	钢结构用扭剪型高强度螺栓连接副	
7	GB/T 5780—2016	六角头螺栓　C级	
8	GB/T 41—2016	1型六角螺母　C级	
9	GB/T 95—2002	平垫圈　C级	已替代或取消
10	GB/T 5782—2016	六角头螺栓	
11	GB/T6170—2015	1型六角螺母	
12	GB/T 97.1—2002	平垫圈　A级	
13	GB/T 97.2—2002	平垫圈倒角型　A级	
14	GB 852—88	工字钢用方斜垫圈	已替代或取消
15	GB 853—88	槽钢用方斜垫圈	已替代或取消
16	GB/T 10433—2002	电弧螺柱焊用圆柱头焊钉	
17	GB/T 5282～5285—2017	自攻螺钉	
18	GB/T 15856.1～5—2002	自钻自攻螺钉	
19	GB/T 16939—2016	钢网架螺栓球节点用高强度螺栓	

五、焊接材料标准

焊接材料标准　　**表 21.1-5**

序号	标准号	名　称	备注
1	GB/T 3429—2015	焊接用钢盘条	
2	GB/T 5117—2012	非合金钢及细晶粒钢焊条	
3	GB/T 5118—2012	热强钢焊条	
4	GB/T 5293—2018	埋弧焊用非合金钢及细晶粒钢实心焊丝、药芯焊丝和焊丝-焊剂组合分类要求	
5	GB/T 8110—2008	气体保护电弧焊用碳钢、低合金钢焊丝	
6	GB/T 10045—2018	非合金钢及细晶粒钢药芯焊丝	
7	GB/T 12470—2018	埋弧焊用热强钢实心焊丝、药芯焊丝和焊丝-焊剂组合分类要求	
8	GB/T 14957—94	熔化焊用钢丝	
9	GB/T 17493—2018	热强钢药芯焊丝	

六、钢结构检测与评定标准

钢结构检测与评定标准　　**表 21.1-6**

序号	标准号	名　称	备注
1	GB/T 228.1—2010	金属材料　拉伸试验　第1部分　室温试验方法	
2	GB/T 228.2—2015	金属材料　拉伸试验　第2部分　高温试验方法	

续表

序号	标准号	名　　称	备注
3	GB/T 229—2007	金属材料　夏比摆锤冲击试验方法	
4	GB/T 232—2010	金属材料　弯曲试验方法	
5	GB/T 1720—79（89）	漆膜附着力测定法	
6	GB/T 2650—2008	焊接接头冲击试验方法	
7	GB/T 2651—2008	焊接接头拉伸试验方法	
8	GB/T 2653—2008	焊接接头弯曲试验方法	
9	GB/T 2970—2016	厚钢板超声检验方法	
10	GB/T 3323—2005	金属熔化焊焊接接头射线照相	
11	GB/T 7233.1—2009	铸钢件　超声检测　第1部分：一般用途铸钢件	
12	GB/T 7233.2—2010	铸钢件　超声检测　第2部分：高承压铸钢件	
13	GB/T 9286—1998	色漆和清漆　漆膜的划格试验	
14	GB/T 9978.1～9—2008	建筑构件耐火试验方法	
15	GB/T 11345—2013	焊缝无损检测　超声检测　技术、检测等级和评定	
16	GB/T 15822.1—2005	无损检测　磁粉检测　第1部分：总则	
17	GB/T 15822.2—2005	无损检测　磁粉检测　第2部分：检测介质	
18	GB/T 15822.3—2005	无损检测　磁粉检测　第3部分：设备	
19	GB/T 50344—2004	建筑结构检测技术标准	
20	GB/T 50621—2010	钢结构现场检测技术标准	
21	GB 51008—2016	高耸与复杂钢结构检测与鉴定标准	
22	GB/T 50378—2014	绿色建筑评价标准	
23	JG/T 203—2007	钢结构超声波探伤及质量分级法	
24	JB/T 6061—2007	无损检测　焊缝磁粉检测	
25	JB/T 6062—2007	无损检测　焊缝渗透检测	

七、设计标准图集

当下表所列标准图集与现行国家标准不相适应时，读者应在满足现行国家标准要求的前提下参考选用。

设计标准图集　　表 21.1-7

序号	标准号	名　　称	备注
1	03G102	钢结构设计制图深度和表示方法	已替代或取消
2	03SG519-1	多、高层建筑钢结构节点连接（次梁与主梁的简支螺栓连接；主梁的栓焊拼接）	已替代或取消
3	04SG519-2	多高层建筑钢结构节点连接（主梁的全拼接连接）	已替代或取消
4	04G337	吊车走道板	已替代或取消
5	02（04）SG518-1	门式刚架轻型房屋钢结构	
6	04SG518-2	门式刚架轻型房屋钢结构（有悬挂吊车）附：构件详图	

续表

序号	标准号	名　称	备注
7	04SG518-3	门式刚架轻型房屋钢结构（有吊车）附：构件详图	
8	07SG518-4	多跨门式刚架轻型房屋钢结构（无吊车）	已替代或取消
9	05SG105	民用建筑工程设计互提资料深度及图样　结构专业	已替代或取消
10	05G336	柱间支撑	已替代或取消
11	05G359-4	悬挂运输设备轨道	已替代或取消
12	05G511	梯形钢屋架	
13	05G512	钢天窗架	
14	05G513	钢托架	
15	05G514-1	12m实腹式钢吊车梁　轻级工作制（A1～A3）Q 235 钢	
16	G514-2～3	12m实腹式钢吊车梁　中级工作制（A4～A5）Q 235 钢、Q345 钢（2005 年合订本）	
17	05G514-4	12m实腹式钢吊车梁　重级工作制（A6～A7）Q345 钢	
18	05G515	轻型屋面梯形钢屋架	
19	05G516	轻型屋面钢天窗架	
20	05G517	轻型屋面三角形钢屋架	
21	06SG517-1	轻型屋面三角形钢屋架（圆钢管、方钢管）	
22	06SG517-2	轻型屋面三角形钢屋架（剖分 T 型钢）	
23	SG520-1～2	钢吊车梁（中轻级工作制 Q235 钢、Q345 钢（2003 年合订本）	
24	08SG520-3	钢吊车梁（H 型钢工作级别 A1～A5）	
25	05SG522	钢与混凝土组合楼（屋）盖结构构造	
26	04SG523	型钢混凝土组合结构构造	已替代或取消
27	16G523-2	复杂型钢混凝土组合结构构造	已替代或取消
28	05G525	吊车轨道联结及车挡（适用于钢吊车梁）	
29	05G359-1～4	悬挂运输设备轨道（2005 年合订本）	已替代或取消
30	06SG515-1	轻型屋面梯形钢屋架（圆钢管、方钢管）	
31	06SG515-2	轻型屋面梯形钢屋架（剖分 T 型钢）	
32	06SG529-1	单层房屋钢结构节点构造详图（工字形截面钢柱柱脚）	
33	06SG501	民用建筑钢结构防火构造	
34	07SG359-5	悬挂运输设备轨道（适用于门式刚架轻型房屋钢结构）	
35	07SG528-1	钢雨篷（一）	
36	07SG531	钢网架结构设计	
37	08SG510-1	轻型屋面平行弦钢屋架（圆钢管、方钢管）	
38	08G118	单层工业厂房设计选用（上、下册）	
39	08SG115-1	钢结构施工图参数表示方法制图规则和构造详图	
40	09SG117-1	单层工业厂房设计示例（一）	
41	G103～104	民用建筑工程结构设计深度图样（2009 年合订本）	

续表

序号	标准号	名　　称	备注
42	10SG533	钢抗风柱	已替代或取消
43	11G521-1～2	钢檩条钢墙梁（2011年合订本）	
44	11GS102-3	钢吊车梁系统设计图平面表示方法和构造详图	
45	11G336-2	柱间支撑（柱距7.5m）	
46	11G329-3	建筑物抗震构造详图（单层工业厂房）	
47	12SG619-3	房屋建筑抗震加固（三）（单层工业厂房、烟囱、水塔）	
48	15G909-1	钢结构连接施工图示（焊接连接）	
49	16G519	多、高层民用建筑钢结构节点构造详图（替代01SG519、01（04）SG519）	
50	16G108-7	《高层民用建筑钢结构技术规程》图示	
51	05CG02	钢结构设计图实例-多、高层房屋（参考图集）	
52	06CG04	钢结构设计示例-单层工业厂房（参考图集）	
53	08CG03	轻型钢结构设计实例（参考图集）	

21.1.2 钢结构工程设计文件的深度规定

一、钢结构工程的设计阶段

钢结构工程设计一般分为方案设计、初步设计和施工图设计三个阶段。各阶段设计文件均应由有设计资质的设计单位依据住建部发布的建质函［2016］247号文件《建筑工程设计文件编制深度规定》（2016年版）的有关规定进行编制。

设计单位在施工图设计阶段所出图纸称为钢结构设计施工图，该图一般不直接用于施工，其间还要对其进行二次设计，将其转化成适于构件加工制作的钢结构制作详图，故钢结构设计施工图的内容和深度应能满足进行钢结构制作详图设计的要求。钢结构制作详图一般应由具有钢结构专项设计资质的加工制作单位完成，也可由具有该项资质的其他单位完成，其设计深度由制作单位确定。钢结构设计施工图不包括钢结构制作详图的内容，但编制完成的钢结构制作详图应通过编制钢结构设计施工图的原设计单位审查签认。国家标准图集《钢结构设计制图深度和表示方法》03G102采用图文结合的方式，比较完整地表达了编制钢结构设计施工图和钢结构制作详图的设计制图深度和表示方法，方便读者参照设计。

二、钢结构设计施工图

1. 钢结构施工图设计阶段的设计文件内容包括图纸目录、设计总说明、柱脚平面图及节点详图、结构布置图、构件与节点详图以及钢材订货表等。

2. 每个工程项目（或单元）的图纸目录应按图纸序号排列编写，先列新绘制图纸（一般按布置图、构件图及节点图的顺序编排），后列所选的重复利用图和标准图。

3. 设计总说明应包括以下内容：

（1）工程概况

1）工程地点，工程周边环境（如轨道交通），工程分区，主要功能；

2）各单体（或分区）建筑的长、宽、高，地上与地下层数，各层层高，结构体系的类型、结构规则性判别，主要结构跨度，特殊结构及造型，工业厂房的吊车配置及吨位等。

(2) 设计依据及设计资料

1) 工程设计合同书，初步设计的审查、批复文件；

2) 主体结构设计使用年限；

3) 自然条件：基本风压，地面粗糙度，基本雪压，气温（必要时提供），抗震设防烈度等；

4) 工程地质勘查报告；

5) 场地地震安全性评估报告（必要时提供）；

6) 风洞试验报告（必要时提供）；

7) 相关节点和构件试验报告（必要时提供）；

8) 振动台试验报告（必要时提供）

9) 建设单位提出的与结构有关的，符合有关标准、法规的书面要求；

10) 对于超限高层建筑，应有建筑结构工程超限设计可行性论证报告的批复文件；

11) 本专业设计所执行的主要法规和所采用的主要标准（包括标准的名称、编号、年号和版本号）。

(3) 建筑分类等级

1) 建筑结构安全等级；

2) 地基基础设计等级；

3) 建筑抗震设防类别；

4) 主体结构类型及抗震等级；

5) 建筑防火分类等级和耐火等级；

6) 对超限建筑，注明结构抗震性能目标、结构及各类构件的抗震性能水准。

(4) 主要荷载（作用）取值及设计参数

1) 楼（屋）面面层荷载、吊挂（含吊挂顶）荷载；

2) 楼（屋）面活荷载与栏杆荷载；

3) 楼（屋）面特殊设备（擦窗机、冷却器、微波塔、屋顶直升机等）荷载；

4) 墙体荷载；

5) 风荷载（包括地面粗糙度、体型系数、风振系数等）；

6) 雪荷载（包括积雪分布系数等）；

7) 地震作用（包括设计基本地震加速度、设计地震分组、场地类别、场地特征周期、结构阻尼比、水平地震影响系数最大值、选用的地震波等）；

8) 温度作用；

9) 工业厂房的吊车荷载（包括必要的吊车技术规格参数）。

(5) 设计计算程序

1) 结构整体计算及其他计算所采用的程序名称、版本号、编制单位；

2) 结构分析所采用的计算模型，多、高层建筑整体计算的嵌固部位和底部加强区范围等。

(6) 主要结构材料及连接材料的选用

1）钢结构材料

注明钢材牌号和质量等级及所对应的产品标准，必要时提出力学性能和化学成分要求及其他要求，如Z向性能、碳当量、耐候性能、交货状态等；

2）焊接方法和材料

各种钢材的焊接方法及所对应焊材（焊条、焊丝和焊剂的型号）的要求；

3）螺栓材料

注明螺栓种类、性能等级，高强度螺栓的接触面处理方法、摩擦面抗滑移系数、以及各类螺栓所对应的产品标准；

4）焊钉种类及对应产品标准；

5）应注明钢构件的成形方式（热轧、焊接、冷弯、冷压、热弯、铸造等），圆钢管种类（无缝管或焊管等）；

6）压型钢板的截面形式及产品标准；

（7）钢构件加工制作和安装要求

1）制作详图转化的要求；

2）加工制作（包括下料、切割以及构件组装顺序）的技术要求及允许偏差；

3）焊缝质量等级及焊缝质量检验要求；

4）螺栓连接精度和施拧要求；

5）对跨度较大钢构件的起拱要求；

6）运输和安装要求（包括大型构件分段运输时现场拼接点位的设置、现场拼装以及是否要求出厂前的预组装，预应力结构施工技术等）；

7）防腐涂装应注明除锈等级、除锈方法以及对应的标准，注明防腐底漆的种类、干漆膜最小厚度和产品要求，当存在中间底漆和面漆时，也应分别注明漆膜最小厚度和要求，并提出防腐年限及定期维护要求。防火措施应注明各类钢构件所要求的耐火时限、防火涂料类型及产品要求；

8）必要时，应提出结构检测要求（包括结构使用期间的健康检测）以及特殊节点的试验要求。

4. 柱脚平面图及节点详图：应表达钢柱柱脚（包括锚栓）的平面位置及其与下部混凝土构件的连结构造详图。

5. 结构（平面、立面及剖面）布置图：对平面（包括各层楼面、屋面等）及竖向（包括柱间支撑或剪力墙等）构件（可用粗单线绘制）的位置、定位关系、标高、构件编号、截面形式和尺寸、节点详图索引号等进行标注，必要时应绘制表达结构整体关系的剖面图。空间网架应绘制上、下弦杆及腹杆平面图和关键剖面图，平面图中应有杆件编号及截面形式和尺寸、节点编号及形式和尺寸。

6. 构件与节点详图。

1）简单的钢梁、柱可用统一详图和列表法表示，注明构件钢材牌号、必要的尺寸、规格，绘制各种类型连接节点详图（可引用标准图）；

2）格构式构件应绘出平面图、剖面图、立面图或立面展开图（对弧形构件），注明定位尺寸、分尺寸、总尺寸，注明单构件型号、规格，绘制节点详图和与其他构件的连接详图；

3）节点详图应包括：连接板厚度及必要的尺寸、焊缝要求，螺栓的型号及其布置，焊钉布置等。

三、钢结构制作详图

钢结构制作详图应根据钢结构设计施工图进行编制，其设计深度由编制单位结合制造厂的设备能力及制作工艺流程、施工现场的运输条件及安装能力等确定。目前国内具备编制钢结构制作详图的单位有近万家，其编制深度各不相同，但应包括以下内容：总说明、柱脚平面图（包括锚栓）布置图、构件平立面布置图、构件制作及零件加工详图和材料表以及安装节点图。钢结构制作详图设计可参见本手册20.3节的相关内容。

21.2 钢材规格与截面特性

21.2.1 热轧型钢（GB/T 706—2016）

一、工字钢规格及截面特性

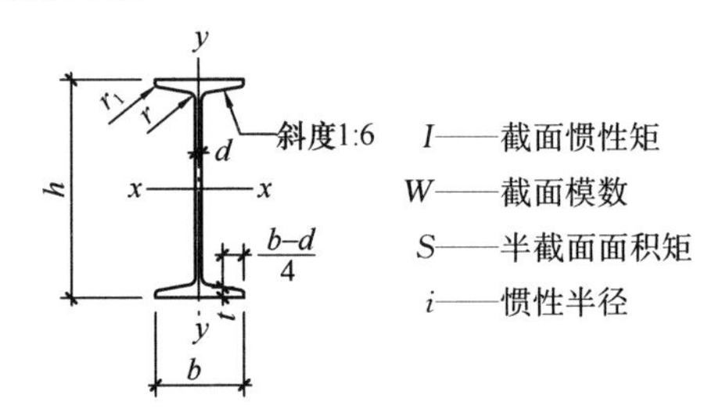

工字钢规格及截面特性 **表21.2-1**

型号	截面尺寸/mm						截面面积/cm²	理论重量/(kg/m)	外表面积(m²/m)	惯性矩/cm⁴		惯性半径/cm		截面模量/cm³	
	h	b	d	t	r	r_1				I_x	I_y	i_x	i_y	W_x	W_y
10	100	68	4.5	7.6	6.5	3.3	14.33	11.3	0.432	245	33.0	4.14	1.52	49.0	9.72
12	120	74	5.0	8.4	7.0	3.5	17.80	14.0	0.493	436	46.9	4.95	1.62	72.2	12.7
12.6	126	74	5.0	8.4	7.0	3.5	18.10	14.2	0.505	488	46.9	5.20	1.61	77.5	12.7
14	140	80	5.5	9.1	7.5	3.8	21.50	16.9	0.553	712	64.4	5.76	1.73	102	16.1
16	160	88	6.0	9.9	8.0	4.0	26.11	20.5	0.621	1130	93.1	6.58	1.89	141	21.2
18	180	94	6.5	10.7	8.5	4.3	30.74	24.1	0.681	1660	122	7.36	2.00	185	26.0
20a	200	100	7.0	11.4	9.0	4.5	35.55	27.9	0.742	2370	158	8.15	2.12	237	31.5
20b		102	9.0				39.55	31.1	0.746	2500	169	7.96	2.06	250	33.1
22a	220	110	7.5	12.3	9.5	4.8	42.10	33.1	0.817	3400	225	8.99	2.31	309	40.9
22b		112	9.5				46.50	36.5	0.821	3570	239	8.78	2.27	325	42.7
24a	240	116	8.0	13.0	10.0	5.0	47.71	37.5	0.878	4570	280	9.77	2.42	381	48.4
24b		118	10.0				52.51	41.2	0.882	4800	297	9.57	2.38	400	50.4
25a	250	116	8.0				48.51	38.1	0.898	5020	280	10.2	2.40	402	48.3
25b		118	10.0				53.51	42.0	0.902	5280	309	9.94	2.40	423	52.4

续表

型号	截面尺寸/mm						截面面积/cm²	理论重量/(kg/m)	外表面积(m²/m)	惯性矩/cm⁴		惯性半径/cm		截面模量/cm³	
	h	b	d	t	r	r_1				I_x	I_y	i_x	i_y	W_x	W_y
27a	270	122	8.5	13.7	10.5	5.3	54.52	42.8	0.958	6550	345	10.9	2.51	485	56.6
27b		124	10.5				59.92	47.0	0.962	6870	366	10.7	2.47	509	58.9
28a	280	122	8.5				55.37	43.5	0.978	7110	345	11.3	2.50	508	56.6
28b		124	10.5				60.97	47.9	0.982	7480	379	11.1	2.49	534	61.2
30a	300	126	9.0	14.4	11.0	5.5	61.22	48.1	1.031	8950	400	12.1	2.55	597	63.5
30b		128	11.0				67.22	52.8	1.035	9400	422	11.8	2.50	627	65.9
30c		130	13.0				73.22	57.5	1.039	9850	445	11.6	2.46	657	68.5
32a	320	130	9.5	15.0	11.5	5.8	67.12	52.7	1.084	11100	460	12.8	2.62	692	70.8
32b		132	11.5				73.52	57.7	1.088	11600	502	12.6	2.61	726	76.0
32c		134	13.5				79.92	62.7	1.092	12200	544	12.3	2.61	760	81.2
36a	360	136	10.0	15.8	12.0	6.0	76.44	60.0	1.185	15800	552	14.4	2.69	875	81.2
36b		138	12.0				83.64	65.7	1.189	16500	582	14.1	2.64	919	84.3
36c		140	14.0				90.84	71.3	1.193	17300	612	13.8	2.60	962	87.4
40a	400	142	10.5	16.5	12.5	6.3	86.07	67.6	1.285	21700	660	15.9	2.77	1090	93.2
40b		144	12.5				94.07	73.8	1.289	22800	692	15.6	2.71	1140	96.2
40c		146	14.5				102.1	80.1	1.293	23900	727	15.2	2.65	1190	99.6
45a	450	150	11.5	18.0	13.5	6.8	102.4	80.4	1.411	32200	855	17.7	2.89	1430	114
45b		152	13.5				111.4	87.4	1.415	33800	894	17.4	2.84	1500	118
45c		154	15.5				120.4	94.5	1.419	35300	938	17.1	2.79	1570	122
50a	500	158	12.0	20.0	14.0	7.0	119.2	93.6	1.539	46500	1120	19.7	3.07	1860	142
50b		160	14.0				129.2	101	1.543	48600	1170	19.4	3.01	1940	146
50c		162	16.0				139.2	109	1.547	50600	1220	19.0	2.96	2080	151
55a	550	166	12.5	21.0	14.5	7.3	134.1	105	1.667	62900	1370	21.6	3.19	2290	164
55b		168	14.5				145.1	114	1.671	65600	1420	21.2	3.14	2390	170
55c		170	16.5				156.1	123	1.675	68400	1480	20.9	3.08	2490	175
56a	560	166	12.5				135.4	106	1.687	65600	1370	22.0	3.18	2340	165
56b		168	14.5				146.6	115	1.691	68500	1490	21.6	3.16	2450	174
56c		170	16.5				157.8	124	1.695	71400	1560	21.3	3.16	2550	183
63a	630	176	13.0	22.0	15.0	7.5	154.6	121	1.862	93900	1700	24.5	3.31	2980	193
63b		178	15.0				167.2	131	1.866	98100	1810	24.2	3.29	3160	204
63c		180	17.0				179.8	141	1.870	102000	1920	23.8	3.27	3300	214

二、槽钢规格及截面特性

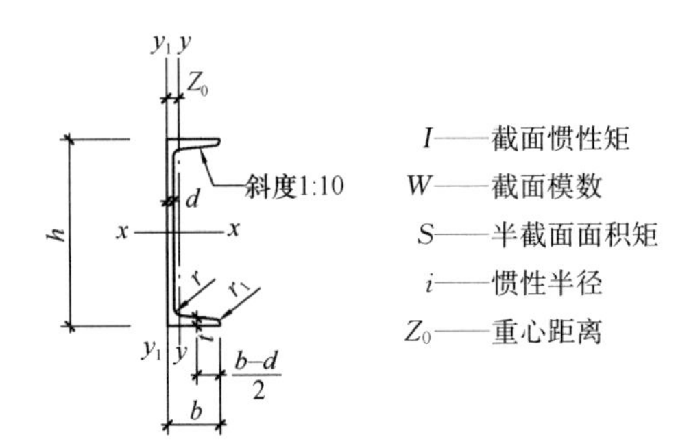

槽钢规格及截面特性　　　　表 21.2-2

型号	截面尺寸/mm						截面面积/cm²	理论重量/(kg/m)	外表面积/(m²/m)	惯性矩/cm⁴			惯性半径/cm		截面模量/cm³		重心距离/cm
	h	b	d	t	r	r_1				I_x	I_y	I_{y1}	i_x	i_y	W_x	W_y	Z_0
5	50	37	4.5	7.0	7.0	3.5	6.925	5.44	0.226	26.0	8.30	20.9	1.94	1.10	10.4	3.55	1.35
6.3	63	40	4.8	7.5	7.5	3.8	8.446	6.63	0.262	50.8	11.9	28.4	2.45	1.19	16.1	4.50	1.36
6.5	65	40	4.3	7.5	7.5	3.8	8.292	6.51	0.267	55.2	12.0	28.3	2.54	1.19	17.0	4.59	1.38
8	80	43	5.0	8.0	8.0	4.0	10.24	8.04	0.307	101	16.6	37.4	3.15	1.27	25.3	5.79	1.43
10	100	48	5.3	8.5	8.5	4.2	12.74	10.0	0.365	198	25.6	54.9	3.95	1.41	39.7	7.80	1.52
12	120	53	5.5	9.0	9.0	4.5	15.36	12.1	0.423	346	37.4	77.7	4.75	1.56	57.7	10.2	1.62
12.6	126	53	5.5	9.0	9.0	4.5	15.69	12.3	0.435	391	38.0	77.1	4.95	1.57	62.1	10.2	1.59
14a	140	58	6.0	9.5	9.5	4.8	18.51	14.5	0.480	564	53.2	107	5.52	1.70	80.5	13.0	1.71
14b		60	8.0				21.31	16.7	0.484	609	61.1	121	5.35	1.69	87.1	14.1	1.67
16a	160	63	6.5	10.0	10.0	5.0	21.95	17.2	0.538	866	73.3	144	6.28	1.83	108	16.3	1.80
16b		65	8.5				25.15	19.8	0.542	935	83.4	161	6.10	1.82	117	17.6	1.75
18a	180	68	7.0	10.5	10.5	5.2	25.69	20.2	0.596	1270	98.6	190	7.04	1.96	141	20.0	1.88
18b		70	9.0				29.29	23.0	0.600	1370	111	210	6.84	1.95	152	21.5	1.84
20a	200	73	7.0	11.0	11.0	5.5	28.83	22.6	0.654	1780	128	244	7.86	2.11	178	24.2	2.01
20b		75	9.0				32.83	25.8	0.658	1910	144	268	7.64	2.09	191	25.9	1.95
22a	220	77	7.0	11.5	11.5	5.8	31.83	25.0	0.709	2390	158	298	8.67	2.23	218	28.2	2.10
22b		79	9.0				36.23	28.5	0.713	2570	176	326	8.42	2.21	234	30.1	2.03
24a	240	78	7.0	12.0	12.0	6.0	34.21	26.9	0.752	3050	174	325	9.45	2.25	254	30.5	2.10
24b		80	9.0				39.01	30.6	0.756	3280	194	355	9.17	2.23	274	32.5	2.03
24c		82	11.0				43.81	34.4	0.760	3510	213	388	8.96	2.21	293	34.4	2.00
25a	250	78	7.0				34.91	27.4	0.722	3370	176	322	9.82	2.24	270	30.6	2.07
25b		80	9.0				39.91	31.3	0.776	3530	196	353	9.41	2.22	282	32.7	1.98
25c		82	11.0				44.91	35.3	0.780	3690	218	384	9.07	2.21	295	35.9	1.92

续表

型号	截面尺寸/mm						截面面积/cm²	理论重量/(kg/m)	外表面积/(m²/m)	惯性矩/cm⁴			惯性半径/cm		截面模量/cm³		重心距离/cm
	h	b	d	t	r	r_1				I_x	I_y	I_{y1}	i_x	i_y	W_x	W_y	Z_0
27a	270	82	7.5	12.5	12.5	6.2	39.27	30.8	0.826	4360	216	393	10.5	2.34	323	35.5	2.13
27b		84	9.5				44.67	35.1	0.830	4690	239	428	10.3	2.31	347	37.7	2.06
27c		86	11.5				50.07	39.3	0.834	5020	261	467	10.1	2.28	372	39.8	2.03
28a	280	82	7.5				40.02	31.4	0.846	4760	218	388	10.9	2.33	340	35.7	2.10
28b		84	9.5				45.62	35.8	0.850	5130	242	428	10.6	2.30	366	37.9	2.02
28c		86	11.5				51.22	40.2	0.854	5500	268	463	10.4	2.29	393	40.3	1.95
30a	300	85	7.5	13.5	13.5	6.8	43.89	34.5	0.897	6050	260	467	11.7	2.43	403	41.1	2.17
30b		87	9.5				49.89	39.2	0.901	6500	289	515	11.4	2.41	433	44.0	2.13
30c		89	11.5				55.89	43.9	0.905	6950	316	560	11.2	2.38	463	46.4	2.09
32a	320	88	8.0	14.0	14.0	7.0	48.50	38.1	0.947	7600	305	552	12.5	2.50	475	46.5	2.24
32b		90	10.0				54.90	43.1	0.951	8140	336	593	12.2	2.47	509	49.2	2.16
32c		92	12.0				61.30	48.1	0.955	8690	374	643	11.9	2.47	543	52.6	2.09
36a	360	96	9.0	16.0	16.0	8.0	60.89	47.8	1.053	11900	455	818	14.0	2.73	660	63.5	2.44
36b		98	11.0				68.09	53.5	1.057	12700	497	880	13.6	2.70	703	66.9	2.37
36c		100	13.0				75.29	59.1	1.061	13400	536	948	13.4	2.67	746	70.0	2.34
40a	400	100	10.5	18.0	18.0	9.0	75.04	58.9	1.144	17600	592	1070	15.3	2.81	879	78.8	2.49
40b		102	12.5				83.04	65.2	1.148	18600	640	1140	15.0	2.78	932	82.5	2.44
40c		104	14.5				91.04	71.5	1.152	19700	688	1220	14.7	2.75	986	86.2	2.42

三、等边角钢规格及截面特性

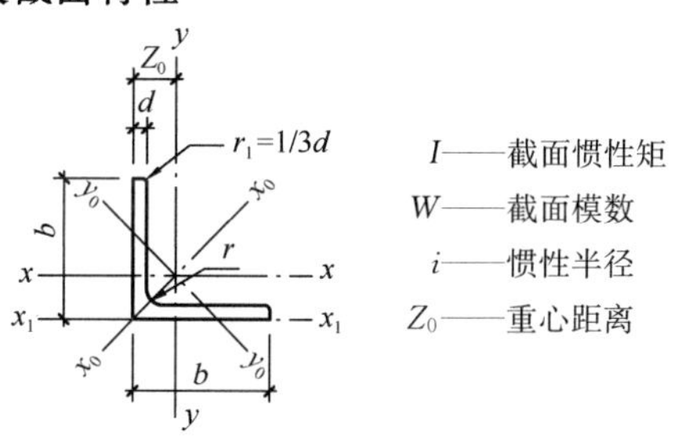

等边角钢规格及截面特性 表 21.2-3

型号	截面尺寸/mm			截面面积/cm²	理论重量/(kg/m)	外表面积/(m²/m)	惯性矩/cm⁴				惯性半径/cm			截面模量/cm³			重心距离/cm
	b	d	r				I_x	I_{x1}	I_{x0}	I_{y0}	i_x	i_{x0}	i_{y0}	W_x	W_{x0}	W_{y0}	Z_0
2	20	3	3.5	1.132	0.89	0.078	0.40	0.81	0.63	0.17	0.59	0.75	0.39	0.29	0.45	0.20	0.60
		4		1.459	1.15	0.077	0.50	1.09	0.78	0.22	0.58	0.73	0.38	0.36	0.55	0.24	0.64
2.5	25	3		1.432	1.12	0.098	0.82	1.57	1.29	0.34	0.76	0.95	0.49	0.46	0.73	0.33	0.73
		4		1.859	1.46	0.097	1.03	2.11	1.62	0.43	0.74	0.93	0.48	0.59	0.92	0.40	0.76

续表

型号	截面尺寸/mm			截面面积/cm²	理论重量/(kg/m)	外表面积/(m²/m)	惯性矩/cm⁴				惯性半径/cm			截面模量/cm³			重心距离/cm
	b	d	r				I_x	I_{x1}	I_{x0}	I_{y0}	i_x	i_{x0}	i_{y0}	W_x	W_{x0}	W_{y0}	Z_0
3	30	3	4.5	1.749	1.37	0.117	1.46	2.71	2.31	0.61	0.91	1.15	0.59	0.68	1.09	0.51	0.85
		4		2.276	1.79	0.117	1.84	3.63	2.92	0.77	0.90	1.13	0.58	0.87	1.37	0.62	0.89
3.6	36	3		2.109	1.66	0.141	2.58	4.68	4.09	1.07	1.11	1.39	0.71	0.99	1.61	0.76	1.00
		4		2.756	2.16	0.141	3.29	6.25	5.22	1.37	1.09	1.38	0.70	1.28	2.05	0.93	1.04
		5		3.382	2.65	0.141	3.95	7.84	6.24	1.65	1.08	1.36	0.70	1.56	2.45	1.00	1.07
4	40	3	5	2.359	1.85	0.157	3.59	6.41	5.69	1.49	1.23	1.55	0.79	1.23	2.01	0.96	1.09
		4		3.086	2.42	0.157	4.60	8.56	7.29	1.91	1.22	1.54	0.79	1.60	2.58	1.19	1.13
		5		3.792	2.98	0.156	5.53	10.7	8.76	2.30	1.21	1.52	0.78	1.96	3.10	1.39	1.17
4.5	45	3		2.659	2.09	0.177	5.17	9.12	8.20	2.14	1.40	1.76	0.89	1.58	2.58	1.24	1.22
		4		3.486	2.74	0.177	6.65	12.2	10.6	2.75	1.38	1.74	0.89	2.05	3.32	1.54	1.26
		5		4.292	3.37	0.176	8.04	15.2	12.7	3.33	1.37	1.72	0.88	2.51	4.00	1.81	1.30
		6		5.077	3.99	0.176	9.33	18.4	14.8	3.89	1.36	1.70	0.80	2.95	4.64	2.06	1.33
5	50	3	5.5	2.971	2.33	0.197	7.18	12.5	11.4	2.98	1.55	1.96	1.00	1.96	3.22	1.57	1.34
		4		3.897	3.06	0.197	9.26	16.7	14.7	3.82	1.54	1.94	0.99	2.56	4.16	1.96	1.38
		5		4.803	3.77	0.196	11.2	20.9	17.8	4.64	1.53	1.92	0.98	3.13	5.03	2.31	1.42
		6		5.688	4.46	0.196	13.1	25.1	20.7	5.42	1.52	1.91	0.98	3.68	5.85	2.63	1.46
5.6	56	3	6	3.343	2.62	0.221	10.2	17.6	16.1	4.24	1.75	2.20	1.13	2.48	4.08	2.02	1.48
		4		4.390	3.45	0.220	13.2	23.4	20.9	5.46	1.73	2.18	1.11	3.24	5.28	2.52	1.53
		5		5.415	4.25	0.220	16.0	29.3	25.4	6.61	1.72	2.17	1.10	3.97	6.42	2.98	1.57
		6		6.420	5.04	0.220	18.7	35.3	29.7	7.73	1.71	2.15	1.10	4.68	7.49	3.40	1.61
		7		7.404	5.81	0.219	21.2	41.2	33.6	8.82	1.69	2.13	1.09	5.36	8.49	3.80	1.64
		8		8.367	6.57	0.219	23.6	47.2	37.4	9.89	1.68	2.11	1.09	6.03	9.44	4.16	1.68
6	60	5	6.5	5.829	4.58	0.236	19.9	36.1	31.6	8.21	1.85	2.33	1.19	4.59	7.44	3.48	1.67
		6		6.914	5.43	0.235	23.4	43.3	36.9	9.60	1.83	2.31	1.18	5.41	8.70	3.98	1.70
		7		7.977	6.26	0.235	26.4	50.7	41.9	11.0	1.82	2.29	1.17	6.21	9.88	4.45	1.74
		8		9.020	7.08	0.235	29.5	58.0	46.7	12.3	1.81	2.27	1.17	6.98	11.0	4.88	1.78
6.3	63	4	7	4.978	3.91	0.248	19.0	33.4	30.2	7.89	1.96	2.46	1.26	4.13	6.78	3.29	1.70
		5		6.143	4.82	0.248	23.2	41.7	36.8	9.57	1.94	2.45	1.25	5.08	8.25	3.90	1.74
		6		7.288	5.72	0.247	27.1	50.1	43.0	11.2	1.93	2.43	1.24	6.00	9.66	4.46	1.78
		7		8.412	6.60	0.247	30.9	58.6	49.0	12.8	1.92	2.41	1.23	6.88	11.0	4.98	1.82
		8		9.515	7.47	0.247	34.5	67.1	54.6	14.3	1.90	2.40	1.23	7.75	12.3	5.47	1.85
		10		11.66	9.15	0.246	41.1	84.3	64.9	17.3	1.88	2.36	1.22	9.39	14.6	6.36	1.93
7	70	4	8	5.570	4.37	0.275	26.4	45.7	41.8	11.0	2.18	2.74	1.40	5.14	8.44	4.17	1.86
		5		6.876	5.40	0.275	32.2	57.2	51.1	13.3	2.16	2.73	1.39	6.32	10.3	4.95	1.91
		6		8.160	6.41	0.275	37.8	68.7	59.9	15.6	2.15	2.71	1.38	7.48	12.1	5.67	1.95
		7		9.424	7.40	0.275	43.1	80.3	68.4	17.8	2.14	2.69	1.38	8.59	13.8	6.34	1.99
		8		10.67	8.37	0.274	48.2	91.9	76.4	20.0	2.12	2.68	1.37	9.68	15.4	6.98	2.03

续表

型号	截面尺寸/mm			截面面积/cm^2	理论重量/(kg/m)	外表面积/(m^2/m)	惯性矩/cm^4				惯性半径/cm			截面模量/cm^3			重心距离/cm
	b	d	r				I_x	I_{x1}	I_{x0}	I_{y0}	i_x	i_{x0}	i_{y0}	W_x	W_{x0}	W_{y0}	Z_0
7.5	75	5	9	7.412	5.82	0.295	40.0	70.6	63.3	16.6	2.33	2.92	1.50	7.32	11.9	5.77	2.04
		6		8.797	6.91	0.294	47.0	84.6	74.4	19.5	2.31	2.90	1.49	8.64	14.0	6.67	2.07
		7		10.16	7.98	0.294	53.6	98.7	85.0	22.2	2.30	2.89	1.48	9.93	16.0	7.44	2.11
		8		11.50	9.03	0.294	60.0	113	95.1	24.9	2.28	2.88	1.47	11.2	17.9	8.19	2.15
		9		12.83	10.1	0.294	66.1	127	105	27.5	2.27	2.86	1.46	12.4	19.8	8.89	2.18
		10		14.13	11.1	0.293	72.0	142	114	30.1	2.26	2.84	1.46	13.6	21.5	9.56	2.22
8	80	5	9	7.912	6.21	0.315	48.8	85.4	77.3	20.3	2.48	3.13	1.60	8.34	13.7	6.66	2.15
		6		9.397	7.38	0.314	57.4	103	91.0	23.7	2.47	3.11	1.59	9.87	16.1	7.65	2.19
		7		10.86	8.53	0.314	65.6	120	104	27.1	2.46	3.10	1.58	11.4	18.4	8.58	2.23
		8		12.30	9.66	0.314	73.5	137	117	30.4	2.44	3.08	1.57	12.8	20.6	9.46	2.27
		9		13.73	10.8	0.314	81.1	154	129	33.6	2.43	3.06	1.56	14.3	22.7	10.3	2.31
		10		15.13	11.9	0.313	88.4	172	140	36.8	2.42	3.04	1.56	15.6	24.8	11.1	2.35
9	90	6	10	10.64	8.35	0.354	82.8	146	131	34.3	2.79	3.51	1.80	12.6	20.6	9.95	2.44
		7		12.30	9.66	0.354	94.8	170	150	39.2	2.78	3.50	1.78	14.5	23.6	11.2	2.48
		8		13.94	10.9	0.353	106	195	169	44.0	2.76	3.48	1.78	16.4	26.6	12.4	2.52
		9		15.57	12.2	0.353	118	219	187	48.7	2.75	3.46	1.77	18.3	29.4	13.5	2.56
		10		17.17	13.5	0.353	129	244	204	53.3	2.74	3.45	1.76	20.1	32.0	14.5	2.59
		12		20.31	15.9	0.352	149	294	236	62.2	2.71	3.41	1.75	23.6	37.1	16.5	2.67
10	100	6	12	11.93	9.37	0.393	115	200	182	47.9	3.10	3.90	2.00	15.7	25.7	12.7	2.67
		7		13.80	10.8	0.393	132	234	209	54.7	3.09	3.89	1.99	18.1	29.6	14.3	2.71
		8		15.64	12.3	0.393	148	267	235	61.4	3.08	3.88	1.98	20.5	33.2	15.8	2.76
		9		17.46	13.7	0.392	164	300	260	68.0	3.07	3.86	1.97	22.8	36.8	17.2	2.80
		10		19.26	15.1	0.392	180	334	285	74.4	3.05	3.84	1.96	25.1	40.3	18.5	2.84
		12		22.80	17.9	0.391	209	402	331	86.8	3.03	3.81	1.95	29.5	46.8	21.1	2.91
		14		26.26	20.6	0.391	237	471	374	99.0	3.00	3.77	1.94	33.7	52.9	23.4	2.99
		16		29.63	23.3	0.390	263	540	414	111	2.98	3.74	1.94	37.8	58.6	25.6	3.06
11	110	7	12	15.20	11.9	0.433	177	311	281	73.4	3.41	4.30	2.20	22.1	36.1	17.5	2.96
		8		17.24	13.5	0.433	199	355	316	82.4	3.40	4.28	2.19	25.0	40.7	19.4	3.01
		10		21.26	16.7	0.432	242	445	384	100	3.38	4.25	2.17	30.6	49.4	22.9	3.09
		12		25.20	19.8	0.431	283	535	448	117	3.35	4.22	2.15	36.1	57.6	26.2	3.16
		14		29.06	22.8	0.431	321	625	508	133	3.32	4.18	2.14	41.3	65.3	29.1	3.24
12.5	125	8	14	19.75	15.5	0.492	297	521	471	123	3.88	4.88	2.50	32.5	53.3	25.9	3.37
		10		24.37	19.1	0.491	362	652	574	149	3.85	4.85	2.48	40.0	64.9	30.6	3.45
		12		28.91	22.7	0.491	423	783	671	175	3.83	4.82	2.46	41.2	76.0	35.0	3.53
		14		33.37	26.2	0.490	482	916	764	200	3.80	4.78	2.45	54.2	86.4	39.1	3.61
		16		37.74	29.6	0.489	537	1050	851	224	3.77	4.75	2.43	60.9	96.3	43.0	3.68

续表

型号	截面尺寸/mm			截面面积/cm²	理论重量/(kg/m)	外表面积/(m²/m)	惯性矩/cm⁴				惯性半径/cm			截面模量/cm³			重心距离/cm
	b	d	r				I_x	I_{x1}	I_{x0}	I_{y0}	i_x	i_{x0}	i_{y0}	W_x	W_{x0}	W_{y0}	Z_0
14	140	10	14	27.37	21.5	0.551	515	915	817	212	4.34	5.46	2.78	50.6	82.6	39.2	3.82
		12		32.51	25.5	0.551	604	1100	959	249	4.31	5.43	2.76	59.8	96.9	45.0	3.90
		14		37.57	29.5	0.550	689	1280	1090	284	4.28	5.40	2.75	68.8	110	50.5	3.98
		16		42.54	33.4	0.549	770	1470	1220	319	4.26	5.36	2.74	77.5	123	55.6	4.06
15	150	8	14	23.75	18.6	0.592	521	900	827	215	4.69	5.90	3.01	47.4	78.0	38.1	3.99
		10		29.37	23.1	0.591	638	1130	1010	262	4.66	5.87	2.99	58.4	95.5	45.5	4.08
		12		34.91	27.4	0.591	749	1350	1190	308	4.63	5.84	2.97	69.0	112	52.4	4.15
		14		40.37	31.7	0.590	856	1580	1360	352	4.60	5.80	2.95	79.5	128	58.8	4.23
		15		43.06	33.8	0.590	907	1690	1440	374	4.59	5.78	2.95	84.6	136	61.9	4.27
		16		45.74	35.9	0.589	958	1810	1520	395	4.58	5.77	2.94	89.6	143	64.9	4.31
16	160	10	16	31.50	24.7	0.630	780	1370	1240	322	4.98	6.27	3.20	66.7	109	52.8	4.31
		12		37.44	29.4	0.630	917	1640	1460	377	4.95	6.24	3.18	79.0	129	60.7	4.39
		14		43.30	34.0	0.629	1050	1910	1670	432	4.92	6.20	3.16	91.0	147	68.2	4.47
		16		49.07	38.5	0.629	1180	2190	1870	485	4.89	6.17	3.14	103	165	75.3	4.55
18	180	12	16	42.24	33.2	0.710	1320	2330	2100	543	5.59	7.05	3.58	101	165	78.4	4.89
		14		48.90	38.4	0.709	1510	2720	2410	622	5.56	7.02	3.56	116	189	88.4	4.97
		16		55.47	43.5	0.709	1700	3120	2700	699	5.54	6.98	3.55	131	212	97.8	5.05
		18		61.96	48.6	0.708	1880	3500	2990	762	5.50	6.94	3.51	146	235	105	5.13
20	200	14	18	54.64	42.9	0.788	2100	3730	3340	864	6.20	7.82	3.98	145	236	112	5.46
		16		62.01	48.7	0.788	2370	4270	3760	971	6.18	7.79	3.96	164	266	124	5.54
		18		69.30	54.4	0.787	2620	4810	4160	1080	6.15	7.75	3.94	182	294	136	5.62
		20		76.51	60.1	0.787	2870	5350	4550	1180	6.12	7.72	3.93	200	322	147	5.69
		24		90.66	71.2	0.785	3340	6460	5290	1380	6.07	7.64	3.90	236	374	167	5.87
22	220	16	21	68.67	53.9	0.866	3190	5680	5060	1310	6.81	8.59	4.37	200	326	154	6.03
		18		76.75	60.3	0.866	3540	6400	5620	1450	6.79	8.55	4.35	223	361	168	6.11
		20		84.76	66.5	0.865	3870	7110	6150	1590	6.76	8.52	4.34	245	395	182	6.18
		22		92.68	72.8	0.865	4200	7830	6670	1730	6.73	8.48	4.32	267	429	195	6.26
		24		100.5	78.9	0.864	4520	8550	7170	1870	6.71	8.45	4.31	289	461	208	6.33
		26		108.3	85.0	0.864	4830	9280	7690	2000	6.68	8.41	4.30	310	492	221	6.41
25	250	18	24	87.84	69.0	0.985	5270	9380	8370	2170	7.75	9.76	4.97	290	473	224	6.84
		20		97.05	76.2	0.984	5780	10400	9180	2380	7.72	9.73	4.95	320	519	243	6.92
		22		106.2	83.3	0.983	6280	11500	9970	2580	7.69	9.69	4.93	349	564	261	7.00
		24		115.2	90.4	0.983	6770	12500	10700	2790	7.67	9.66	4.92	378	608	278	7.07
		26		124.2	97.5	0.982	7240	13600	11500	2980	7.64	9.62	4.90	406	650	295	7.15
		28		133.0	104	0.982	7700	14600	12200	3180	7.61	9.58	4.89	433	691	311	7.22
		30		141.8	111	0.981	8160	15700	12900	3380	7.58	9.55	4.88	461	731	327	7.30
		32		150.5	118	0.981	8600	16800	13600	3570	7.56	9.51	4.87	488	770	342	7.37
		35		163.4	128	0.980	9240	18400	14600	3850	7.52	9.46	4.86	527	827	364	7.48

四、不等边角钢规格及截面特性

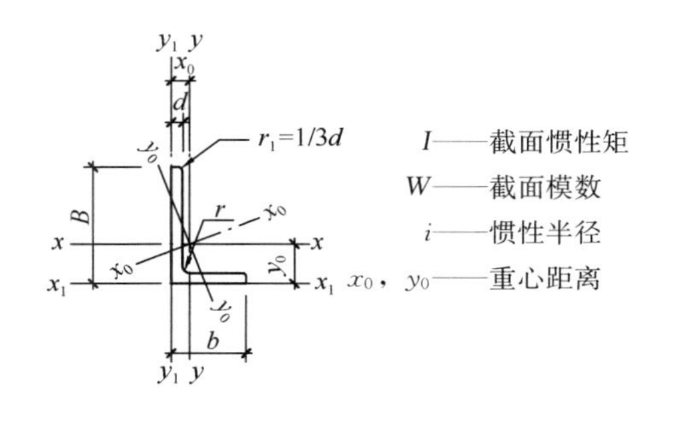

不等边角钢规格及截面特性 **表 21.2-4**

型号	截面尺寸/mm				截面面积/cm²	理论重量/(kg/m)	外表面积/(m²/m)	惯性矩/cm⁴					惯性半径/cm			截面模量/cm³			tgα	重心距离/cm	
	B	b	d	r				I_x	I_{x1}	I_y	I_{y1}	I_u	i_x	i_y	i_u	W_x	W_y	W_u		x_0	y_0
2.5/1.6	25	16	3	3.5	1.162	0.91	0.080	0.70	1.56	0.22	0.43	0.14	0.78	0.44	0.34	0.43	0.19	0.16	0.392	0.42	0.86
			4		1.499	1.18	0.079	0.88	2.09	0.27	0.59	0.17	0.77	0.43	0.34	0.55	0.24	0.20	0.381	0.46	0.90
3.2/2	32	20	3	3.5	1.492	1.17	0.102	1.53	3.27	0.46	0.82	0.28	1.01	0.55	0.43	0.72	0.30	0.25	0.382	0.49	1.08
			4		1.939	1.52	0.101	1.93	4.37	0.57	1.12	0.35	1.00	0.54	0.42	0.93	0.39	0.32	0.374	0.53	1.12
4/2.5	40	25	3	4	1.890	1.48	0.127	3.08	5.39	0.93	1.59	0.56	1.28	0.70	0.54	1.15	0.49	0.40	0.385	0.59	1.32
			4		2.467	1.94	0.127	3.93	8.53	1.18	2.14	0.71	1.36	0.69	0.54	1.49	0.63	0.52	0.381	0.63	1.37
4.5/2.8	45	28	3	5	2.149	1.69	0.143	4.45	9.10	1.34	2.23	0.80	1.44	0.79	0.61	1.47	0.62	0.51	0.383	0.64	1.47
			4		2.806	2.20	0.143	5.69	12.1	1.70	3.00	1.02	1.42	0.78	0.60	1.91	0.80	0.66	0.380	0.68	1.51
5/3.2	50	32	3	5.5	2.431	1.91	0.161	6.24	12.5	2.02	3.31	1.20	1.60	0.91	0.70	1.84	0.82	0.68	0.404	0.73	1.60
			4		3.177	2.49	0.160	8.02	16.7	2.58	4.45	1.53	1.59	0.90	0.69	2.39	1.06	0.87	0.402	0.77	1.65
5.6/3.6	56	36	3	6	2.743	2.15	0.181	8.88	17.5	2.92	4.70	1.73	1.80	1.03	0.79	2.32	1.05	0.87	0.408	0.80	1.78
			4		3.590	2.82	0.180	11.5	23.4	3.76	6.33	2.23	1.79	1.02	0.79	3.03	1.37	1.13	0.408	0.85	1.82
			5		4.415	3.47	0.180	13.9	29.3	4.49	7.94	2.67	1.77	1.01	0.78	3.71	1.65	1.36	0.404	0.88	1.87

续表

型号	截面尺寸/mm				截面面积/cm^2	理论重量/(kg/m)	外表面积/(m^2/m)	惯性矩/cm^4					惯性半径/cm			截面模量/cm^3			tgα	重心距离/cm	
	B	b	d	r				I_x	I_{x1}	I_y	I_{y1}	I_u	i_x	i_y	i_u	W_x	W_y	W_u		x_0	y_0
6.3/4	63	40	4	7	4.058	3.19	0.202	16.5	33.3	5.23	8.63	3.12	2.02	1.14	0.88	3.87	1.70	1.40	0.398	0.92	2.04
			5		4.993	3.92	0.202	20.0	41.6	6.31	10.9	3.76	2.00	1.12	0.87	4.74	2.07	1.71	0.396	0.95	2.08
			6		5.908	4.64	0.201	23.4	50.0	7.29	13.1	4.34	1.96	1.11	0.86	5.59	2.43	1.99	0.393	0.99	2.12
			7		6.802	5.34	0.201	26.5	58.1	8.24	15.5	4.97	1.98	1.10	0.86	6.40	2.78	2.29	0.389	1.03	2.15
7/4.5	70	45	4	7.5	4.553	3.57	0.226	23.2	45.9	7.55	12.3	4.40	2.26	1.29	0.98	4.86	2.17	1.77	0.410	1.02	2.24
			5		5.609	4.40	0.225	28.0	57.1	9.13	15.4	5.40	2.23	1.28	0.98	5.92	2.65	2.19	0.407	1.06	2.28
			6		6.644	5.22	0.225	32.5	68.4	10.6	18.6	6.35	2.21	1.26	0.98	6.95	3.12	2.59	0.404	1.09	2.32
			7		7.658	6.01	0.225	37.2	80.0	12.0	21.8	7.16	2.20	1.25	0.97	8.03	3.57	2.94	0.402	1.13	2.36
7.5/5	75	50	5	8	6.126	4.81	0.245	34.9	70.0	12.6	21.0	7.41	2.39	1.44	1.10	6.83	3.30	2.74	0.435	1.17	2.40
			6		7.260	5.70	0.245	41.1	84.3	14.7	25.4	8.54	2.38	1.42	1.08	8.12	3.88	3.19	0.435	1.21	2.44
			8		9.467	7.43	0.244	52.4	113	18.5	34.2	10.9	2.35	1.40	1.07	10.5	4.99	4.10	0.429	1.29	2.52
			10		11.59	9.10	0.244	62.7	141	22.0	43.4	13.1	2.33	1.38	1.06	12.8	6.04	4.99	0.423	1.36	2.60
8/5	80	50	5	8	6.376	5.00	0.255	42.0	85.2	12.8	21.1	7.66	2.56	1.42	1.10	7.78	3.32	2.74	0.388	1.14	2.60
			6		7.560	5.93	0.255	49.5	103	15.0	25.4	8.85	2.56	1.41	1.08	9.25	3.91	3.20	0.387	1.18	2.65
			7		8.724	6.85	0.255	56.2	119	17.0	29.8	10.2	2.54	1.39	1.08	10.6	4.48	3.70	0.384	1.21	2.69
			8		9.867	7.75	0.254	62.8	136	18.9	34.3	11.4	2.52	1.38	1.07	11.9	5.03	4.16	0.381	1.25	2.73
9/5.6	90	56	5	9	7.212	5.66	0.287	60.5	121	18.3	29.5	11.0	2.90	1.59	1.23	9.92	4.21	3.49	0.385	1.25	2.91
			6		8.557	6.72	0.286	71.0	146	21.4	35.6	12.9	2.88	1.58	1.23	11.7	4.96	4.13	0.384	1.29	2.95
			7		9.881	7.76	0.286	81.0	170	24.4	41.7	14.7	2.86	1.57	1.22	13.5	5.70	4.72	0.382	1.33	3.00
			8		11.18	8.78	0.286	91.0	194	27.2	47.9	16.3	2.85	1.56	1.21	15.3	6.41	5.29	0.380	1.36	3.04

续表

型号	截面尺寸/mm				截面面积/cm²	理论重量/(kg/m)	外表面积/(m²/m)	惯性矩/cm⁴					惯性半径/cm			截面模量/cm³			tgα	重心距离/cm	
	B	b	d	r				I_x	I_{x1}	I_y	I_{y1}	I_u	i_x	i_y	i_u	W_x	W_y	W_u		x_0	y_0
10/6.3	100	63	6	10	9.618	7.55	0.320	99.1	200	30.9	50.5	18.4	3.21	1.79	1.38	14.6	6.35	5.25	0.394	1.43	3.24
			7		11.11	8.72	0.320	113	233	35.3	59.1	21.0	3.20	1.78	1.38	16.9	7.29	6.02	0.394	1.47	3.28
			8		12.58	9.88	0.319	127	266	39.4	67.9	23.5	3.18	1.77	1.37	19.1	8.21	6.78	0.391	1.50	3.32
			10		15.47	12.1	0.319	154	333	47.1	85.7	28.3	3.15	1.74	1.35	23.3	9.98	8.24	0.387	1.58	3.40
10/8	100	80	6	10	10.64	8.35	0.354	107	200	61.2	103	31.7	3.17	2.40	1.72	15.2	10.2	8.37	0.627	1.97	2.95
			7		12.30	9.66	0.354	123	233	70.1	120	36.2	3.16	2.39	1.72	17.5	11.7	9.60	0.626	2.01	3.00
			8		13.94	10.9	0.353	138	267	78.6	137	40.6	3.14	2.37	1.71	19.8	13.2	10.8	0.625	2.05	3.04
			10		17.17	13.5	0.353	167	334	94.7	172	49.1	3.12	2.35	1.69	24.2	16.1	13.1	0.622	2.13	3.12
11/7	110	70	6	10	10.64	8.35	0.354	133	266	42.9	69.1	25.4	3.54	2.01	1.54	17.9	7.90	6.53	0.403	1.57	3.53
			7		12.30	9.66	0.354	153	310	49.0	80.8	29.0	3.53	2.00	1.53	20.6	9.09	7.50	0.402	1.61	3.57
			8		13.94	10.9	0.353	172	354	54.9	92.7	32.5	3.51	1.98	1.53	23.3	10.3	8.45	0.401	1.65	3.62
			10		17.17	13.5	0.353	208	443	65.9	117	39.2	3.48	1.96	1.51	28.5	12.5	10.3	0.397	1.72	3.70
12.5/8	125	80	7	11	14.10	11.1	0.403	228	455	74.4	120	43.8	4.02	2.30	1.76	26.9	12.0	9.92	0.408	1.80	4.01
			8		15.99	12.6	0.403	257	520	83.5	138	49.2	4.01	2.28	1.75	30.4	13.6	11.2	0.407	1.84	4.06
			10		19.71	15.5	0.402	312	650	101	173	59.5	3.98	2.26	1.74	37.3	16.6	13.6	0.404	1.92	4.14
			12		23.35	18.3	0.402	364	780	117	210	69.4	3.95	2.24	1.72	44.0	19.4	16.0	0.400	2.00	4.22
14/9	140	90	8	12	18.04	14.2	0.453	366	731	121	196	70.8	4.50	2.59	1.98	38.5	17.3	14.3	0.411	2.04	4.50
			10		22.26	17.5	0.452	446	913	140	246	85.8	4.47	2.56	1.96	47.3	21.2	17.5	0.409	2.12	4.58
			12		26.40	20.7	0.451	522	1100	170	297	100	4.44	2.54	1.95	55.9	25.0	20.5	0.406	2.19	4.66
			14		30.46	23.9	0.451	594	1280	192	349	114	4.42	2.51	1.94	64.2	28.5	23.5	0.403	2.27	4.74

续表

型号	截面尺寸/mm				截面面积/cm^2	理论重量/(kg/m)	外表面积/(m^2/m)	惯性矩/cm^4					惯性半径/cm			截面模量/cm^3			tgα	重心距离/cm	
	B	b	d	r				I_x	I_{x1}	I_y	I_{y1}	I_u	i_x	i_y	i_u	W_x	W_y	W_u		x_0	y_0
15/9	150	90	8	12	18.84	14.8	0.473	442	898	123	196	74.1	4.84	2.55	1.98	43.9	17.5	14.5	0.364	1.97	4.92
			10		23.26	18.3	0.472	539	1120	149	246	89.9	4.81	2.53	1.97	54.0	21.4	17.7	0.362	2.05	5.01
			12		27.60	21.7	0.471	632	1350	173	297	105	4.79	2.50	1.95	63.8	25.1	20.8	0.359	2.12	5.09
			14		31.86	25.0	0.471	721	1570	196	350	120	4.76	2.48	1.94	73.3	28.8	23.8	0.356	2.20	5.17
			15		33.95	26.7	0.471	764	1680	207	376	127	4.74	2.47	1.93	78.0	30.5	25.3	0.354	2.24	5.21
			16		36.03	28.3	0.470	806	1800	217	403	134	4.73	2.45	1.93	82.6	32.3	26.8	0.352	2.27	5.25
16/10	160	100	10	13	25.32	19.9	0.512	669	1360	205	337	122	5.14	2.85	2.19	62.1	26.6	21.9	0.390	2.28	5.24
			12		30.05	23.6	0.511	785	1640	239	406	142	5.11	2.82	2.17	73.5	31.3	25.8	0.388	2.36	5.32
			14		34.71	27.2	0.510	896	1910	271	476	162	5.08	2.80	2.16	84.6	35.8	29.6	0.385	2.43	5.40
			16		39.28	30.8	0.510	1000	2180	302	548	183	5.05	2.77	2.16	95.3	40.2	33.4	0.382	2.51	5.48
18/11	180	110	10	14	28.37	22.3	0.571	956	1940	278	447	167	5.80	3.13	2.42	79.0	32.5	26.9	0.376	2.44	5.89
			12		33.71	26.5	0.571	1120	2330	325	539	195	5.78	3.10	2.40	93.5	38.3	31.7	0.374	2.52	5.98
			14		38.97	30.6	0.570	1290	2720	370	632	222	5.75	3.08	2.39	108	44.0	36.3	0.372	2.59	6.06
			16		44.14	34.6	0.569	1440	3110	412	726	249	5.72	3.06	2.38	122	49.4	40.9	0.369	2.67	6.14
20/12.5	200	125	12	14	37.91	29.8	0.641	1570	3190	483	788	286	6.44	3.57	2.74	117	50.0	41.2	0.392	2.83	6.54
			14		43.87	34.4	0.640	1800	3730	551	922	327	6.41	3.54	2.73	135	57.4	47.3	0.390	2.91	6.62
			16		49.74	39.0	0.639	2020	4260	615	1060	366	6.38	3.52	2.71	152	64.9	53.3	0.388	2.99	6.70
			18		55.53	43.6	0.639	2240	4790	677	1200	405	6.35	3.49	2.70	169	71.7	59.2	0.385	3.06	6.78

21.2.2 热轧H型钢和剖分T型钢（GB/T 11263—2017）

一、热轧H型钢规格及截面特性

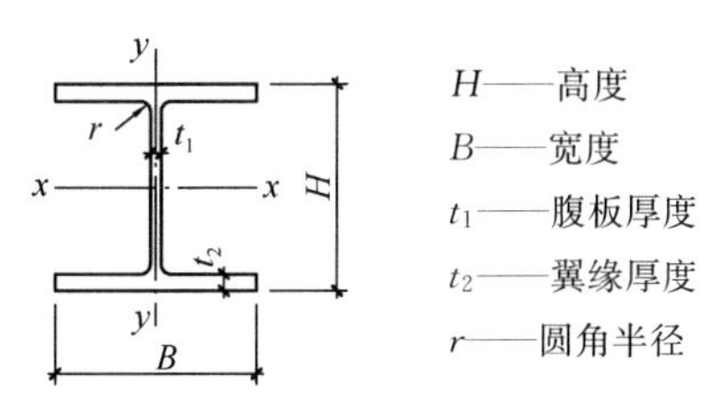

热轧H型钢规格及截面特性 表21.2-5

类别	型号（高度×宽度）mm×mm	截面尺寸/mm					截面面积/cm²	理论重量/（kg/m）	惯性矩/cm⁴		惯性半径/cm		截面模量/cm³	
		H	B	t_1	t_2	r			I_x	I_y	i_x	i_y	W_x	W_y
HW	100×100	100	100	6	8	8	21.58	16.9	378	134	4.18	2.48	75.6	26.7
	125×125	125	125	6.5	9	8	30.00	23.6	839	293	5.28	3.12	134	46.9
	150×150	150	150	7	10	8	39.64	31.1	1620	563	6.39	3.76	216	75.1
	175×175	175	175	7.5	11	13	51.42	40.4	2900	984	7.50	4.37	331	112
	200×200	200	200	8	12	13	63.53	49.9	4720	1600	8.61	5.02	472	160
		*200	204	12	12	13	71.53	56.2	4980	1700	8.34	4.87	498	167
	250×250	*244	252	11	11	13	81.31	63.8	8700	2940	10.3	6.01	713	233
		250	250	9	14	13	91.43	71.8	10700	3650	10.8	6.31	860	292
		*250	255	14	14	13	103.9	81.6	11400	3880	10.5	6.10	912	304
	300×300	*294	302	12	12	13	106.3	83.5	16600	5510	12.5	7.20	1130	365
		300	300	10	15	13	118.5	93.0	20200	6750	13.1	7.55	1350	450
		*300	305	15	15	13	133.5	105	21300	7100	12.6	7.29	1420	466
	350×350	*338	351	13	13	13	133.3	105	27700	9380	14.4	8.38	1640	534
		*344	348	10	16	13	144.0	113	32800	11200	15.1	8.83	1910	646
		*344	354	16	16	13	164.7	129	34900	11800	14.6	8.48	2030	669
		350	350	12	19	13	171.9	135	39800	13600	15.2	8.88	2280	776
		*350	357	19	19	13	196.4	154	42300	14400	14.7	8.57	2420	808
	400×400	*388	402	15	15	22	178.5	140	49000	16300	16.6	9.54	2520	809
		*394	398	11	18	22	186.8	147	56100	18900	17.3	10.1	2850	951
		*394	405	18	18	22	214.4	168	59700	20000	16.7	9.64	3030	985
		400	400	13	21	22	218.7	172	66600	22400	17.5	10.1	3330	1120
		*400	408	21	21	22	250.7	197	70900	23800	16.8	9.74	3540	1170
		*414	405	18	28	22	295.4	232	92800	31000	17.7	10.2	4480	1530
		*428	407	20	35	22	360.7	283	119000	39400	18.2	10.4	5570	1930
		*458	417	30	50	22	528.6	415	187000	60500	18.8	10.7	8170	2900
		*498	432	45	70	22	770.1	604	298000	94400	19.7	11.1	12000	4370
	500×500	*492	465	15	20	22	258.0	202	117000	33500	21.3	11.4	4770	1440
		*502	465	15	25	22	304.5	239	146000	41900	21.9	11.7	5810	1800
		*502	470	20	25	22	329.6	259	151000	43300	21.4	11.5	6020	1840

续表

类别	型号（高度×宽度）mm×mm	截面尺寸/mm					截面面积/cm^2	理论重量/（kg/m）	惯性矩/cm^4		惯性半径/cm		截面模量/cm^3	
		H	B	t_1	t_2	r			I_x	I_y	i_x	i_y	W_x	W_y
HM	150×100	148	100	6	9	8	26.34	20.7	1000	150	6.16	2.38	135	30.1
	200×150	194	150	6	9	8	38.10	29.9	2630	507	8.30	3.64	271	67.6
	250×175	244	175	7	11	13	55.49	43.6	6040	984	10.4	4.21	495	112
	300×200	294	200	8	12	13	71.05	55.8	11100	1600	12.5	4.74	756	160
		*298	201	9	14	13	82.03	64.4	13100	1900	12.6	4.80	878	189
	350×250	340	250	9	14	13	99.53	78.1	21200	3650	14.6	6.05	1250	292
	400×300	390	300	10	16	13	133.3	105	37900	7200	16.9	7.35	1940	480
	450×300	440	300	11	18	13	153.9	121	54700	8110	18.9	7.25	2490	540
	500×300	*482	300	11	15	13	141.2	111	58300	6760	20.3	6.91	2420	450
		488	300	11	18	13	159.2	125	68900	8110	20.8	7.13	2820	540
	550×300	*544	300	11	15	13	148.0	116	76400	6760	22.7	6.75	2810	450
		*550	300	11	18	13	166.0	130	89800	8110	23.3	6.98	3270	540
	600×300	*582	300	12	17	13	169.2	133	98900	7660	24.2	6.72	3400	511
		588	300	12	20	13	187.2	147	114000	9010	24.7	6.93	3890	601
		*594	302	14	23	13	217.1	170	134000	10600	24.8	6.97	4500	700
HN	*100×50	100	50	5	7	8	11.84	9.30	187	14.8	3.97	1.11	37.5	5.91
	*125×60	125	60	6	8	8	16.68	13.1	409	29.1	4.95	1.32	65.4	9.71
	150×75	150	75	5	7	8	17.84	14.0	666	49.5	6.10	1.66	88.8	13.2
	175×90	175	90	5	8	8	22.89	18.0	1210	97.5	7.25	2.06	138	21.7
	200×100	*198	99	4.5	7	8	22.68	17.8	1540	113	8.24	2.23	156	22.9
		200	100	5.5	8	8	26.66	20.9	1810	134	8.22	2.23	181	26.7
	250×125	*248	124	5	8	8	31.98	25.1	3450	255	10.4	2.82	278	41.1
		250	125	6	9	8	36.96	29.0	3960	294	10.4	2.81	317	47.0
	300×150	*298	149	5.5	8	13	40.80	32.0	6320	442	12.4	3.29	424	59.3
		300	150	6.5	9	13	46.78	36.7	7210	508	12.4	3.29	481	67.7
	350×175	*346	174	6	9	13	52.45	41.2	11000	791	14.5	3.88	638	91.0
		350	175	7	11	13	62.91	49.4	13500	984	14.6	3.95	771	112
	400×150	400	150	8	13	13	70.37	55.2	18600	734	16.3	3.22	929	97.8
	400×200	*396	199	7	11	13	71.41	56.1	19800	1450	16.6	4.50	999	145
		400	200	8	13	13	83.37	65.4	23500	1740	16.8	4.56	1170	174
	450×150	*446	150	7	12	13	66.99	52.6	22000	677	18.1	3.17	985	90.3
		*450	151	8	14	13	77.49	60.8	25700	806	18.2	3.22	1140	107
	450×200	446	199	8	12	13	82.97	65.1	28100	1580	18.4	4.36	1260	159
		450	200	9	14	13	95.43	74.9	32900	1870	18.6	4.42	1460	187
	475×150	*470	150	7	13	13	71.53	56.2	26200	733	19.1	3.20	1110	97.8
		*475	151.5	8.5	15.5	13	86.15	67.6	31700	901	19.2	3.23	1330	119
		482	153.5	10.5	19	13	106.4	83.5	39600	1150	19.3	3.28	1640	150

续表

类别	型号(高度×宽度)mm×mm	截面尺寸/mm					截面面积/cm²	理论重量/(kg/m)	惯性矩/cm⁴		惯性半径/cm		截面模量/cm³	
		H	B	t_1	t_2	r			I_x	I_y	i_x	i_y	W_x	W_y
HN	500×150	*492	150	7	12	13	70.21	55.1	27500	677	19.8	3.10	1120	90.3
		*500	152	9	16	13	92.21	72.4	37000	940	20.0	3.19	1480	124
		504	153	10	18	13	103.3	81.1	41900	1080	20.1	3.23	1660	141
	500×200	*496	199	9	14	13	99.29	77.9	40800	1840	20.3	4.30	1650	185
		500	200	10	16	13	112.3	88.1	46800	2140	20.4	4.36	1870	214
		*506	201	11	19	13	129.3	102	55500	2580	20.7	4.46	2190	257
	550×200	*546	199	9	14	13	103.8	81.5	50800	1840	22.1	4.21	1860	185
		550	200	10	16	13	117.3	92.0	58200	2140	22.3	4.27	2120	214
		*596	199	10	15	13	117.8	92.4	66600	1980	23.8	4.09	2240	199
	600×200	600	200	11	17	13	131.7	103	75600	2270	24.0	4.15	2520	227
		*606	201	12	20	13	149.8	118	88300	2720	24.3	4.25	2910	270
	625×200	*625	198.5	11.5	17.5	13	138.8	109	85000	2290	24.8	4.06	2720	231
		630	200	13	20	13	158.2	124	97900	2680	24.9	4.11	3110	268
		*638	202	15	24	13	186.9	147	118000	3320	25.2	4.21	3710	328
	650×300	*646	299	10	15	13	152.8	120	110000	6690	26.9	6.61	3410	447
		*650	300	11	17	13	171.2	134	125000	7660	27.0	6.68	3850	511
		*656	301	12	20	13	195.8	154	147000	9100	27.4	6.81	4470	605
	700×300	*692	300	13	20	18	207.5	163	168000	9020	28.5	6.59	4870	601
		700	300	13	24	18	231.5	182	197000	10800	29.2	6.83	5640	721
	750×300	*734	299	12	16	18	182.7	143	161000	7140	29.7	6.25	4390	478
		*742	300	13	20	18	214.0	168	197000	9020	30.4	6.49	5320	601
		*750	300	13	24	18	238.0	187	231000	10800	31.1	6.74	6150	721
		*758	303	16	28	18	284.8	224	276000	13000	31.1	6.75	7270	859
	800×300	*792	300	14	22	18	239.5	188	248000	9920	32.2	6.43	6270	661
		800	300	14	26	18	263.5	207	286000	11700	33.0	6.66	7160	781
	850×300	*834	298	14	19	18	227.5	179	251000	8400	33.2	6.07	6020	564
		*842	299	15	23	18	259.7	204	298000	10300	33.9	6.28	7080	687
		*850	300	16	27	18	292.1	229	346000	12200	34.4	6.45	8140	812
		*858	301	17	31	18	324.7	255	395000	14100	34.9	6.59	9210	939
	900×300	*890	299	15	23	18	266.9	210	339000	10300	35.6	6.20	7610	687
		900	300	16	28	18	305.8	240	404000	12600	36.4	6.42	8990	842
		*912	302	18	34	18	360.1	283	491000	15700	36.9	6.59	10800	1040
	1000×300	*970	297	16	21	18	276.0	217	393000	9210	37.8	5.77	8110	620
		*980	298	17	26	18	315.5	248	472000	11500	38.7	6.04	9630	772
		*990	298	17	31	18	345.3	271	544000	13700	39.7	6.30	11000	921
		*1000	300	19	36	18	395.1	310	634000	16300	40.1	6.41	12700	1080
		*1008	302	21	40	18	439.3	345	712000	18400	40.3	6.47	14100	1220

续表

类别	型号（高度×宽度）mm×mm	截面尺寸/mm					截面面积/cm²	理论重量/(kg/m)	惯性矩/cm⁴		惯性半径/cm		截面模量/cm³	
		H	B	t_1	t_2	r			I_x	I_y	i_x	i_y	W_x	W_y
HT	100×50	95	48	3.2	4.5	8	7.620	5.98	115	8.39	3.88	1.04	24.2	3.49
		97	49	4	5.5	8	9.370	7.36	143	10.9	3.91	1.07	29.6	4.45
	100×100	96	99	4.5	6	8	16.20	12.7	272	97.2	4.09	2.44	56.7	19.6
	125×60	118	58	3.2	4.5	8	9.250	7.26	218	14.7	4.85	1.26	37.0	5.08
		120	59	4	5.5	8	11.39	8.94	271	19.0	4.87	1.29	45.2	6.43
	125×125	119	123	4.5	6	8	20.12	15.8	532	186	5.14	3.04	89.5	30.3
	150×75	145	73	3.2	4.5	8	11.47	9.00	416	29.3	6.01	1.59	57.3	8.02
		147	74	4	5.5	8	14.12	11.1	516	37.3	6.04	1.62	70.2	10.1
	150×100	139	97	3.2	4.5	8	13.43	10.6	476	68.6	5.94	2.25	68.4	14.1
		142	99	4.5	6	8	18.27	14.3	654	97.2	5.98	2.30	92.1	19.6
	150×150	144	148	5	7	8	27.76	21.8	1090	378	6.25	3.69	151	51.1
		147	149	6	8.5	8	33.67	26.4	1350	469	6.32	3.73	183	63.0
	175×90	168	88	3.2	4.5	8	13.55	10.6	670	51.2	7.02	1.94	79.7	11.6
		171	89	4	6	8	17.58	13.8	894	70.7	7.13	2.00	105	15.9
	175×175	167	173	5	7	13	33.32	26.2	1780	605	7.30	4.26	213	69.9
		172	175	6.5	9.5	13	44.64	35.0	2470	850	7.43	4.36	287	97.1
	200×100	193	98	3.2	4.5	8	15.25	12.0	994	70.7	8.07	2.15	103	14.4
		196	99	4	6	8	19.78	15.5	1320	97.2	8.18	2.21	135	19.6
	200×150	188	149	4.5	6	8	26.34	20.7	1730	331	8.09	3.54	184	44.4
	200×200	192	198	6	8	13	43.69	34.3	3060	1040	8.37	4.86	319	105
	250×125	244	124	4.5	6	8	25.86	20.3	2650	191	10.1	2.71	217	30.8
	250×175	238	173	4.5	8	13	39.12	30.7	4240	691	10.4	4.20	356	79.9
	300×150	294	148	4.5	6	13	31.90	25.0	4800	325	12.3	3.19	327	43.9
	300×200	286	198	6	8	13	49.33	38.7	7360	1040	12.2	4.58	515	105
	350×175	340	173	4.5	6	13	36.97	29.0	7490	518	14.2	3.74	441	59.9
	400×150	390	148	6	8	13	47.57	37.3	11700	434	15.7	3.01	602	58.6
	400×200	390	198	6	8	13	55.57	43.6	14700	1040	16.2	4.31	752	105

注 1. 表中同一型号的产品，其内侧尺寸高度一致；

2. 表中截面面积计算公式为：“$t_1(H-2t_2)+2Bt_2+0.858r^2$”；

3. 表中“*”表示的规格为市场非常用规格。

二、剖分 T 型钢规格及截面特性

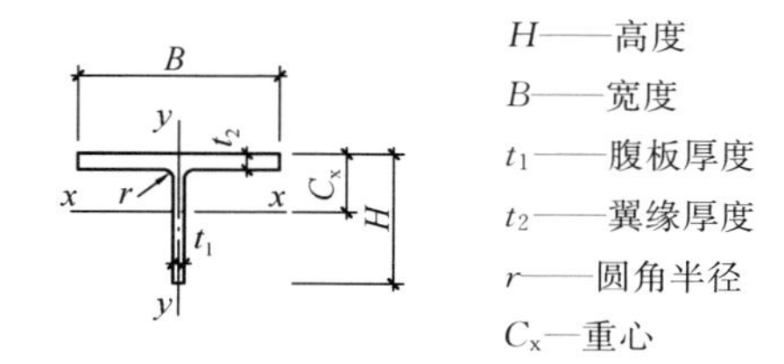

H——高度

B——宽度

t_1——腹板厚度

t_2——翼缘厚度

r——圆角半径

C_x—重心

剖分 T 型钢规格与截面特性表 **表 21.2-6**

类别	型号（高度×宽度）mm×mm	截面尺寸/mm					截面面积/cm²	理论重量/（kg/m）	惯性矩/cm⁴		惯性半径/cm		截面模量/cm³		重心 C_x cm	对应 H 型钢系列型号
		H	B	t_1	t_2	r			I_x	I_y	i_x	i_y	W_x	W_y		
TW	50×100	50	100	6	8	8	10.79	8.47	16.1	66.8	1.22	2.48	4.02	13.4	1.00	100×100
	62.5×125	62.5	125	6.5	9	8	15.00	11.8	35.0	147	1.52	3.12	6.91	23.5	1.19	125×125
	75×150	75	150	7	10	8	19.82	15.6	66.4	282	1.82	3.76	10.8	37.5	1.37	150×150
	87.5×175	87.5	175	7.5	11	13	25.71	20.2	115	492	2.11	4.37	15.9	56.2	1.55	175×175
	100×200	100	200	8	12	13	31.76	24.9	184	801	2.40	5.02	22.3	80.1	1.73	200×200
		100	204	12	12	13	35.76	28.1	256	851	2.67	4.87	32.4	83.4	2.09	
	125×250	125	250	9	14	13	45.71	35.9	412	1820	3.00	6.31	39.5	146	2.08	250×250
		125	255	14	14	13	51.96	40.8	589	1940	3.36	6.10	59.4	152	2.58	
	150×300	147	302	12	12	13	53.16	41.7	857	2760	4.01	7.20	72.3	183	2.85	300×300
		150	300	10	15	13	59.22	46.5	798	3380	3.67	7.55	63.7	225	2.47	
		150	305	15	15	13	66.72	52.4	1110	3550	4.07	7.29	92.5	233	3.04	
	175×350	172	348	10	16	13	72.00	56.5	1230	5620	4.13	8.83	84.7	323	2.67	350×350
		175	350	12	19	13	85.94	67.5	1520	6790	4.20	8.88	104	388	2.87	
	200×400	194	402	15	15	22	89.22	70.0	2480	8130	5.27	9.54	158	404	3.70	400×400
		197	398	11	18	22	93.40	73.3	2050	9460	4.67	10.1	123	475	3.01	
		200	400	13	21	22	109.3	85.8	2480	11200	4.75	10.1	147	560	3.21	
		200	408	21	21	22	125.3	98.4	3650	11900	5.39	9.74	229	584	4.07	
		207	405	18	28	22	147.7	116	3620	15500	4.95	10.2	213	766	3.68	
		214	407	20	35	22	180.3	142	4380	19700	4.92	10.4	250	967	3.90	

续表

类别	型号（高度×宽度）mm×mm	截面尺寸/mm					截面面积/cm²	理论重量/(kg/m)	惯性矩/cm⁴		惯性半径/cm		截面模量/cm³		重心 C_x cm	对应H型钢系列型号
		H	B	t_1	t_2	r			I_x	I_y	i_x	i_y	W_x	W_y		
TM	75×100	74	100	6	9	8	13.17	10.3	51.7	75.2	1.98	2.38	8.84	15.0	1.56	150×100
	100×150	97	150	6	9	8	19.05	15.0	124	253	2.55	3.64	15.8	33.8	1.80	200×150
	125×175	122	175	7	11	13	27.74	21.8	288	492	3.22	4.21	29.1	56.2	2.28	250×175
	150×200	147	200	8	12	13	35.52	27.9	571	801	4.00	4.74	48.2	80.1	2.85	300×200
		149	201	9	14	13	41.01	32.2	661	949	4.01	4.80	55.2	94.4	2.92	
	175×250	170	250	9	14	13	49.76	39.1	1020	1820	4.51	6.05	73.2	146	3.11	350×250
	200×300	195	300	10	16	13	66.62	52.3	1730	3600	5.09	7.35	108	240	3.43	400×300
	225×300	220	300	11	18	13	76.94	60.4	2680	4050	5.89	7.25	150	270	4.09	450×300
	250×300	241	300	11	15	13	70.58	55.4	3400	3380	6.93	6.91	178	225	5.00	500×300
		244	300	11	18	13	79.58	62.5	3610	4050	6.73	7.13	184	270	4.72	
	275×300	272	300	11	15	13	73.99	58.1	4790	3380	8.04	6.75	225	225	5.96	550×300
		275	300	11	18	13	82.99	65.2	5090	4050	7.82	6.98	232	270	5.59	
	300×300	291	300	12	17	13	84.60	66.4	6320	3830	8.64	6.72	280	255	6.51	600×300
		294	300	12	20	13	93.60	73.5	6680	4500	8.44	6.93	288	300	6.17	
		297	302	14	23	13	108.5	85.2	7890	5290	8.52	6.97	339	350	6.41	
TN	50×50	50	50	5	7	8	5.920	4.65	11.8	7.39	1.41	1.11	3.18	2.95	1.28	100×50
	62.5×60	62.5	60	6	8	8	8.340	6.55	27.5	14.6	1.81	1.32	5.96	4.85	1.64	125×60
	75×75	75	75	5	7	8	8.920	7.00	42.6	24.7	2.18	1.66	7.46	6.59	1.79	150×75
	87.5×90	85.5	89	4	6	8	8.790	6.90	53.7	35.3	2.47	2.00	8.02	7.94	1.86	175×90
		87.5	90	5	8	8	11.44	8.98	70.6	48.7	2.48	2.06	10.4	10.8	1.93	
	100×100	99	99	4.5	7	8	11.34	8.90	93.5	56.7	2.87	2.23	12.1	11.5	2.17	200×100
		100	100	5.5	8	8	13.33	10.5	114	66.9	2.92	2.23	14.8	13.4	2.31	

续表

类别	型号（高度×宽度）mm×mm	截面尺寸/mm					截面面积/cm²	理论重量/（kg/m）	惯性矩/cm⁴		惯性半径/cm		截面模量/cm³		重心 C_x cm	对应H型钢系列型号
		H	B	t_1	t_2	r			I_x	I_y	i_x	i_y	W_x	W_y		
TN	125×125	124	124	5	8	8	15.99	12.6	207	127	3.59	2.82	21.3	20.5	2.66	250×125
		125	125	6	9	8	18.48	14.5	248	147	3.66	2.81	25.6	23.5	2.81	
	150×150	149	149	5.5	8	13	20.40	16.0	393	221	4.39	3.29	33.8	29.7	3.26	300×150
		150	150	6.5	9	13	23.39	18.4	464	254	4.45	3.29	40.0	33.8	3.41	
	175×175	173	174	6	9	13	26.22	20.6	679	396	5.08	3.88	50.0	45.5	3.72	350×175
		175	175	7	11	13	31.45	24.7	814	492	5.08	3.95	59.3	56.2	3.76	
	200×200	198	199	7	11	13	35.70	28.0	1190	723	5.77	4.50	76.4	72.7	4.20	400×200
		200	200	8	13	13	41.68	32.7	1390	868	5.78	4.56	88.6	86.8	4.26	
	225×150	223	150	7	12	13	33.49	26.3	1570	338	6.84	3.17	93.7	45.1	5.54	450×150
		225	151	8	14	13	38.74	30.4	1830	403	6.87	3.22	108	53.4	5.62	
	225×200	223	199	8	12	13	41.48	32.6	1870	789	6.71	4.36	109	79.3	5.15	450×200
		225	200	9	14	13	47.71	37.5	2150	935	6.71	4.42	124	93.5	5.19	
	237.5×150	235	150	7	13	13	35.76	28.1	1850	367	7.18	3.20	104	48.9	7.50	475×150
		237.5	151.5	8.5	15.5	13	43.07	33.8	2270	451	7.25	3.23	128	59.5	7.57	
		241	153.5	10.5	19	13	53.20	41.8	2860	575	7.33	3.28	160	75.0	7.67	
	250×150	246	150	7	12	13	35.10	27.6	2060	339	7.66	3.10	113	45.1	6.36	500×150
		250	152	9	16	13	46.10	36.2	2750	470	7.71	3.19	149	61.9	6.53	
		252	153	10	18	13	51.66	40.6	3100	540	7.74	3.23	167	70.5	6.62	
	250×200	248	199	9	14	13	49.64	39.0	2820	921	7.54	4.30	150	92.6	5.97	500×200
		250	200	10	16	13	56.12	44.1	3200	1070	7.54	4.36	169	107	6.03	
		253	201	11	19	13	64.65	50.8	3660	1290	7.52	4.46	189	128	6.00	

续表

类别	型号（高度×宽度）mm×mm	截面尺寸/mm					截面面积/cm²	理论重量/（kg/m）	惯性矩/cm⁴		惯性半径/cm		截面模量/cm³		重心 C_x cm	对应H型钢系列型号
		H	B	t_1	t_2	r			I_x	I_y	i_x	i_y	W_x	W_y		
TN	275×200	273	199	9	14	13	51.89	40.7	3690	921	8.43	4.21	180	92.6	6.85	550×200
		275	200	10	16	13	58.62	46.0	4180	1070	8.44	4.27	203	107	6.89	
	300×200	298	199	10	15	13	58.87	46.2	5150	988	9.35	4.09	235	99.3	7.92	600×200
		300	200	11	17	13	65.85	51.7	5770	1140	9.35	4.15	262	114	7.95	
		303	201	12	20	13	74.88	58.8	6530	1360	9.33	4.25	291	135	7.88	
	312.5×200	312.5	198.5	11.5	17.5	13	69.38	54.5	6690	1140	9.81	4.06	294	115	9.92	625×200
		315	200	13	20	13	79.07	62.1	7680	1340	9.85	4.11	336	134	10.0	
		319	202	15	24	13	93.45	73.6	9140	1660	9.89	4.21	395	164	10.1	
	325×300	323	299	10	15	12	76.26	59.9	7220	3340	9.73	6.62	289	224	7.28	650×300
		325	300	11	17	13	85.60	67.2	8090	3830	9.71	6.68	321	255	7.29	
		328	301	12	20	13	97.88	76.8	9120	4550	9.65	6.81	356	302	7.20	
	350×300	346	300	13	20	13	103.1	80.9	11200	4510	10.4	6.61	424	300	8.12	700×300
		350	300	13	24	13	115.1	90.4	12000	5410	10.2	6.85	438	360	7.65	
	400×300	396	300	14	22	18	119.8	94.0	17600	4960	12.1	6.43	592	331	9.77	800×300
		400	300	14	26	18	131.8	103	18700	5860	11.9	6.66	610	391	9.27	
	450×300	445	299	15	23	18	133.5	105	25900	5140	13.9	6.20	789	344	11.7	900×300
		450	300	16	28	18	152.9	120	29100	6320	13.8	6.42	865	421	11.4	
		456	302	18	34	18	180.0	141	34100	7830	13.8	6.59	997	518	11.3	

三、热轧H型钢和剖分T型钢的其他型号

国家标准《热轧H型钢和剖分T型钢》GB/T 11263—2017附录A～附录D和附录G中列有表21.2-5、表21.2-6以外型号的型钢截面规格与截面特性参数（需协议供货），设计中如有需要可自行按标准选用。

21.2.3 结构用高频焊接薄壁 H 型钢（JG/T 137—2007）

一、普通高频焊接薄壁 H 型钢规格及截面特性

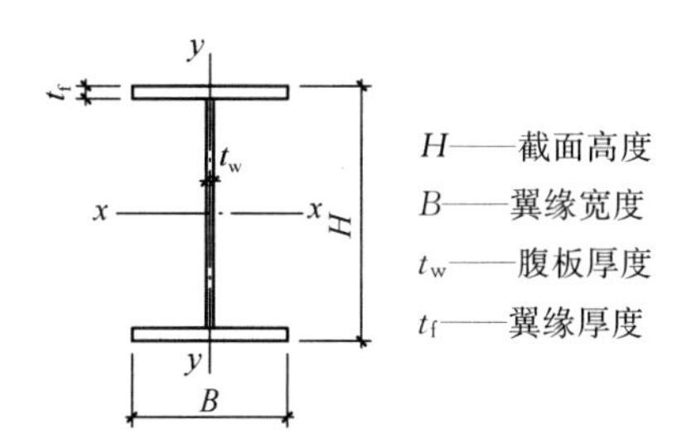

普通高频焊接薄壁 H 型钢规格及截面特性　　表 21.2-7

截面尺寸/mm				A/cm^2	理论重量/(kg/m)	x—x			y—y		
H	B	t_w	t_f			I_x/cm^4	W_x/cm^3	i_x/cm	I_y/cm^4	W_y/cm^3	i_y/cm
100	50	2.3	3.2	5.35	4.20	90.71	18.14	4.12	6.68	2.67	1.12
		3.2	4.5	7.41	5.82	122.77	24.55	4.07	9.40	3.76	1.13
	100	4.5	6.0	15.96	12.53	291.00	58.20	4.27	100.07	20.01	2.50
		6.0	8.0	21.04	16.52	369.05	73.81	4.19	133.48	26.70	2.52
120	120	3.2	4.5	14.35	11.27	396.84	66.14	5.26	129.63	21.61	3.01
		4.5	6.0	19.26	15.12	515.53	85.92	5.17	172.88	28.81	3.00
150	75	3.2	4.5	11.26	8.84	432.11	57.62	6.19	31.68	8.45	1.68
		4.5	6.0	15.21	11.94	565.38	75.38	6.10	42.29	11.28	1.67
	100	3.2	4.5	13.51	10.61	551.24	73.50	6.39	75.04	15.01	2.36
		3.2	6.0	16.42	12.89	692.52	92.34	6.50	100.04	20.01	2.47
		4.5	6.0	18.21	14.29	720.99	96.13	6.29	100.10	20.02	2.34
	150	3.2	6.0	22.42	17.60	1003.74	133.83	6.69	337.54	45.01	3.88
		4.5	6.0	24.21	19.00	1032.21	137.63	6.53	337.60	45.01	3.73
		6.0	8.0	32.04	25.15	1331.43	177.52	6.45	450.24	60.03	3.75
200	100	3.0	3.0	11.82	9.28	764.71	76.47	8.04	50.04	10.01	2.06
		3.2	4.5	15.11	11.86	1045.92	104.59	8.32	75.05	15.01	2.23
		3.2	6.0	18.02	14.14	1306.63	130.66	8.52	100.05	20.01	2.36
		4.5	6.0	20.46	16.06	1378.62	137.86	8.21	100.14	20.03	2.21
		6.0	8.0	27.04	21.23	1786.89	178.69	8.13	133.66	26.73	2.22
	150	3.2	4.5	19.61	15.40	1475.97	147.60	8.68	253.18	33.76	3.59
		3.2	6.0	24.02	18.85	1871.35	187.14	8.83	337.55	45.01	3.75
		4.5	6.0	26.46	20.77	1943.34	194.33	8.57	337.64	45.02	3.57
		6.0	8.0	35.04	27.51	2524.60	252.46	8.49	450.33	60.04	3.58
	200	6.0	8.0	43.04	33.79	3262.30	326.23	8.71	1067.00	106.70	4.98

续表

截面尺寸/mm				A/cm²	理论重量/(kg/m)	$x-x$			$y-y$		
H	B	t_w	t_f			I_x/cm⁴	W_x/cm³	i_x/cm	I_y/cm⁴	W_y/cm³	i_y/cm
250	125	3.0	3.0	14.82	11.63	1507.14	120.57	10.08	97.71	15.63	2.57
		3.2	4.5	18.96	14.89	2068.56	165.48	10.44	146.55	23.45	2.78
		3.2	6.0	22.62	17.75	2592.55	207.40	10.71	195.38	31.26	2.94
		4.5	6.0	25.71	20.18	2738.60	219.09	10.32	195.49	31.28	2.76
			8.0	30.53	23.97	3409.75	272.78	10.57	260.59	41.70	2.92
		6.0	8.0	34.04	26.72	3569.91	285.59	10.24	260.84	41.73	2.77
	150	3.2	4.5	21.21	16.65	2407.62	192.61	10.65	253.19	33.76	3.45
			6.0	25.62	20.11	3039.16	243.13	10.89	337.56	45.01	3.63
		4.5	6.0	28.71	22.54	3185.21	254.82	10.53	337.68	45.02	3.43
			8.0	34.53	27.11	3995.60	319.65	10.76	450.18	60.02	3.61
			9.0	37.44	29.39	4390.56	351.24	10.83	506.43	67.52	3.68
		6.0	8.0	38.04	29.86	4155.77	332.46	10.45	450.42	60.06	3.44
			9.0	40.92	32.12	4546.65	363.73	10.54	506.67	67.56	3.52
	200	4.5	8.0	42.53	33.39	5167.31	413.38	11.02	1066.84	106.68	5.01
			9.0	46.44	36.46	5697.99	455.84	11.08	1200.18	120.02	5.08
			10.0	50.35	39.52	6219.60	497.57	11.11	1333.51	133.35	5.15
		6.0	8.0	46.04	36.14	5327.47	426.20	10.76	1067.09	106.71	4.81
			9.0	49.92	39.19	5854.08	468.33	10.83	1200.42	120.04	4.90
			10.0	53.80	42.23	6371.68	509.73	10.88	1333.75	133.37	4.98
	250	4.5	8.0	50.53	39.67	6339.02	507.12	11.20	2083.51	166.68	6.42
			9.0	55.44	43.52	7005.42	560.43	11.24	2343.93	187.51	6.50
			10.0	60.35	47.37	7660.43	612.83	11.27	2604.34	208.35	6.57
		6.0	8.0	54.04	42.42	6499.18	519.93	10.97	2083.75	166.70	6.21
			9.0	58.92	46.25	7161.51	572.92	11.02	2344.17	187.53	6.31
			10.0	63.80	50.08	7812.52	625.00	11.07	2604.58	208.37	6.39
300	150	3.2	4.5	22.81	17.91	3604.41	240.29	12.57	253.20	33.76	3.33
			6.0	27.22	21.36	4527.17	301.81	12.90	337.58	45.01	3.52
		4.5	6.0	30.96	24.30	4785.96	319.06	12.43	337.72	45.03	3.30
			8.0	36.78	28.87	5976.11	398.41	12.75	450.22	60.03	3.50
			9.0	39.69	31.16	6558.76	437.25	12.85	506.46	67.53	3.57
			10.0	42.60	33.44	7133.20	475.55	12.94	562.71	75.03	3.63
		6.0	8.0	41.04	32.22	6262.44	417.50	12.35	450.51	60.07	3.31
			9.0	43.92	34.48	6839.08	455.94	12.48	506.76	67.57	3.40
			10.0	46.80	36.74	7407.60	493.84	12.58	563.00	75.07	3.47

续表

截面尺寸/mm				A/cm^2	理论重量/(kg/m)	$x-x$			$y-y$		
H	B	t_w	t_f			I_x/cm^4	W_x/cm^3	i_x/cm	I_y/cm^4	W_y/cm^3	i_y/cm
300	200	4.5	8.0	44.78	35.15	7681.81	512.12	13.10	1066.88	106.69	4.88
			9.0	48.69	38.22	8464.69	564.31	13.19	1200.21	120.02	4.96
			10.0	52.60	41.29	9236.53	615.77	13.25	1333.55	133.35	5.04
		6.0	8.0	49.04	38.50	7968.14	531.21	12.75	1067.18	106.72	4.66
			9.0	52.92	41.54	8745.01	583.00	12.85	1200.51	120.05	4.76
			10.0	56.80	44.59	9510.93	634.06	12.94	1333.84	133.38	4.85
	250	4.5	8.0	52.78	41.43	9387.52	625.83	13.34	2083.55	166.68	6.28
			9.0	57.69	45.29	10370.62	691.37	13.41	2343.96	187.52	6.37
			10.0	62.60	49.14	11339.87	755.99	13.46	2604.38	208.35	6.45
		6.0	8.0	57.04	44.78	9673.85	644.92	13.02	2083.84	166.71	6.04
			9.0	61.92	48.61	10650.94	710.06	13.12	2344.26	187.54	6.15
			10.0	66.80	52.44	11614.27	774.28	13.19	2604.67	208.37	6.24
350	150	3.2	4.5	24.41	19.16	5086.36	290.65	14.43	253.22	33.76	3.22
			6.0	28.82	22.62	6355.38	363.16	14.85	337.59	45.01	3.42
		4.5	6.0	33.21	26.07	6773.70	387.07	14.28	337.76	45.03	3.19
			8.0	39.03	30.64	8416.36	480.93	14.68	450.25	60.03	3.40
			9.0	41.94	32.92	9223.08	527.03	14.83	506.50	67.53	3.48
			10.0	44.85	35.21	10020.14	572.58	14.95	562.75	75.03	3.54
		6.0	8.0	44.04	34.57	8882.11	507.55	14.20	450.60	60.08	3.20
			9.0	46.92	36.83	9680.51	553.17	14.36	506.85	67.58	3.29
			10.0	49.80	39.09	10469.35	598.25	14.50	563.09	75.08	3.36
	175	4.5	6.0	36.21	28.42	7661.31	437.79	14.55	536.19	61.28	3.85
			8.0	43.03	33.78	9586.21	547.78	14.93	714.84	81.70	4.08
			9.0	46.44	36.46	10531.54	601.80	15.06	804.16	91.90	4.16
			10.0	49.85	39.13	11465.55	655.17	15.17	893.48	102.11	4.23
		6.0	8.0	48.04	37.71	10051.96	574.40	14.47	715.18	81.74	3.86
			9.0	51.42	40.36	10988.97	627.94	14.62	804.50	91.94	3.96
			10.0	54.80	43.02	11914.77	680.84	14.75	893.82	102.15	4.04
	200	4.5	8.0	47.03	36.92	10756.07	614.63	15.12	1066.92	106.69	4.76
			9.0	50.94	39.99	11840.01	676.57	15.25	1200.25	120.03	4.85
			10.0	54.85	43.06	12910.97	737.77	15.34	1333.58	133.36	4.93
		6.0	8.0	52.04	40.85	11221.81	641.25	14.68	1067.27	106.73	4.53
			9.0	55.92	43.90	12297.44	702.71	14.83	1200.60	120.06	4.63
			10.0	59.80	46.94	13360.18	763.44	14.95	1333.93	133.39	4.72

续表

截面尺寸/mm				A/cm^2	理论重量/(kg/m)	$x-x$			$y-y$		
H	B	t_w	t_f			I_x/cm^4	W_x/cm^3	i_x/cm	I_y/cm^4	W_y/cm^3	i_y/cm
350	250	4.5	8.0	55.03	43.20	13095.77	748.33	15.43	2083.59	166.69	6.15
			9.0	59.94	47.05	14456.94	826.11	15.53	2344.00	187.52	6.25
			10.0	64.85	50.91	15801.80	902.96	15.61	2604.42	208.35	6.34
		6.0	8.0	60.04	47.13	13561.52	774.94	15.03	2083.93	166.71	5.89
			9.0	64.92	50.96	14914.37	852.25	15.16	2344.35	187.55	6.01
			10.0	69.80	54.79	16251.02	928.63	15.26	2604.76	208.38	6.11
400	150	4.5	8.0	41.28	32.40	11344.49	567.22	16.58	450.29	60.04	3.30
			9.0	44.19	34.69	12411.65	620.58	16.76	506.54	67.54	3.39
			10.0	47.10	36.97	13467.70	673.39	16.91	562.79	75.04	3.46
		6.0	8.0	47.04	36.93	12052.28	602.61	16.01	450.69	60.09	3.10
			9.0	49.92	39.19	13108.44	655.42	16.20	506.94	67.59	3.19
			10.0	52.80	41.45	14153.60	707.68	16.37	563.18	75.09	3.27
	200	4.5	8.0	49.28	38.68	14418.19	720.91	17.10	1066.96	106.70	4.65
			9.0	53.19	41.75	15852.08	792.60	17.26	1200.29	120.03	4.75
			10.0	57.10	44.82	17271.03	863.55	17.39	1333.62	133.36	4.83
		6.0	8.0	55.04	43.21	15125.98	756.30	16.58	1067.36	106.74	4.40
			9.0	58.92	46.25	16548.87	827.44	16.76	1200.69	120.07	4.51
			10.0	62.80	49.30	17956.93	897.85	16.91	1334.02	133.40	4.61
	250	4.5	8.0	57.28	44.96	17491.90	874.59	17.47	2083.62	166.69	6.03
			9.0	62.19	48.82	19292.51	964.63	17.61	2344.04	187.52	6.14
			10.0	67.10	52.67	21074.37	1053.72	17.72	2604.46	208.36	6.23
		6.0	8.0	63.04	49.49	18199.69	909.98	16.99	2084.02	166.72	5.75
			9.0	67.92	53.32	19989.30	999.46	17.16	2344.44	187.56	5.88
			10.0	72.80	57.15	21760.27	1088.01	17.29	2604.85	208.39	5.98
450	200	4.5	8.0	51.53	40.45	18696.32	830.95	19.05	1067.00	106.70	4.55
			9.0	55.44	43.52	20529.03	912.40	19.24	1200.33	120.03	4.65
			10.0	59.35	46.59	22344.85	993.10	19.40	1333.66	133.37	4.74
		6.0	8.0	58.04	45.56	19718.15	876.36	18.43	1067.45	106.74	4.29
			9.0	61.92	48.61	21536.80	957.19	18.65	1200.78	120.08	4.40
			10.0	65.80	51.65	23338.68	1037.27	18.83	1334.11	133.41	4.50
	250	4.5	8.0	59.53	46.73	22604.03	1004.62	19.49	2083.66	166.69	5.92
			9.0	64.44	50.59	24905.46	1106.91	19.66	2344.08	187.53	6.03
			10.0	69.35	54.44	27185.68	1208.25	19.80	2604.49	208.36	6.13
		6.0	8.0	66.04	51.84	23625.86	1050.04	18.91	2084.11	166.73	5.62
			9.0	70.92	55.67	25913.23	1151.70	19.12	2344.53	187.56	5.75
			10.0	75.80	59.50	28179.52	1252.42	19.28	2604.94	208.40	5.86

续表

截面尺寸/mm				A/cm²	理论重量/(kg/m)	x—x			y—y		
H	B	t_w	t_f			I_x/cm⁴	W_x/cm³	i_x/cm	I_y/cm⁴	W_y/cm³	i_y/cm
500	200	4.5	8.0	53.78	42.22	23618.57	944.74	20.96	1067.03	106.70	4.45
			9.0	57.69	45.29	25898.98	1035.96	21.19	1200.37	120.04	4.56
			10.0	61.60	48.36	28160.53	1126.42	21.38	1333.70	133.37	4.65
		6.0	8.0	61.04	47.92	25035.82	1001.43	20.25	1067.54	106.75	4.18
			9.0	64.92	50.96	27298.73	1091.95	20.51	1200.87	120.09	4.30
			10.0	68.80	54.01	29542.93	1181.72	20.72	1334.20	133.42	4.40
	250	4.5	8.0	61.78	48.50	28460.28	1138.41	21.46	2083.70	166.70	5.81
			9.0	66.69	52.35	31323.91	1252.96	21.67	2344.12	187.53	5.93
			10.0	71.60	56.21	34163.87	1366.55	21.84	2604.53	208.36	6.03
		6.0	8.0	69.04	54.20	29877.53	1195.10	20.80	2084.20	166.74	5.49
			9.0	73.92	58.03	32723.66	1308.95	21.04	2344.62	187.57	5.63
			10.0	78.80	61.86	35546.27	1421.85	21.24	2605.03	208.40	5.75

注 1：经供需双方协商，也可采用本表规定以外的型号和截面尺寸。

注 2：根据不同的钢种，H 型钢板材的宽厚比超过现行国家标准和规范时，应按照相应的规范处理。

二、卷边高频焊接薄壁 H 型钢规格及截面特性

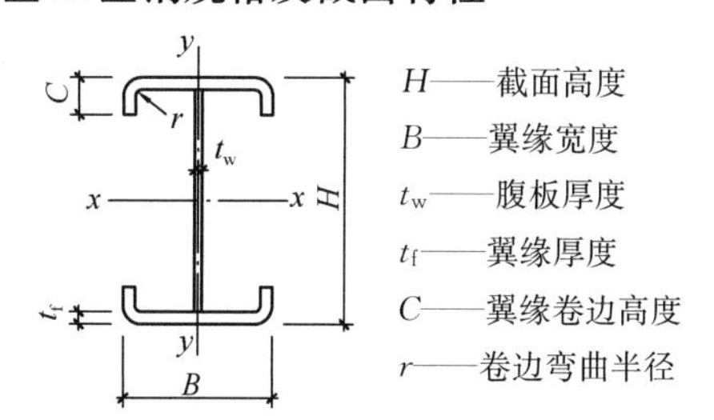

卷边高频焊接薄壁 H 型钢规格及截面特性 **表 21.2-8**

截面尺寸/mm						A/cm²	理论重量/(kg/m)	x—x			y—y		
H	B	C	t_w	t_f	r			I_x/cm⁴	W_x/cm³	i_x/cm	I_y/cm⁴	W_y/cm³	i_y/cm
100	100	20	2.3	2.3	3.5	8.29	6.50	147.08	29.42	4.21	73.63	14.73	2.98
			3.0	3.0	4.5	10.63	8.34	184.88	36.98	4.17	91.38	18.28	2.93
			3.2	3.2	4.8	11.28	8.86	195.07	39.01	4.16	96.01	19.20	2.92
150	100	20	2.3	2.3	3.5	9.44	7.41	367.48	49.00	6.24	73.64	14.73	2.79
			3.0	3.0	4.5	12.13	9.52	465.35	62.05	6.19	91.39	18.28	2.75
			3.2	3.2	4.8	12.88	10.11	492.08	65.61	6.18	96.02	19.20	2.73
200	100	25	3.2	3.2	4.8	15.12	11.87	988.57	98.86	8.09	111.54	22.31	2.72
	200	40	4.5	6.0	9.0	39.69	31.16	2876.80	287.68	8.51	1461.78	146.18	6.07
250	125	25	3.2	3.2	4.8	18.32	14.38	1900.11	152.01	10.18	196.55	31.45	3.28
	200	40	4.5	6.0	9.0	41.94	32.93	4750.62	380.05	10.64	1461.82	146.18	5.90

续表

截面尺寸/mm						A/cm²	理论重量/(kg/m)	$x-x$			$y-y$		
H	B	C	t_w	t_f	r			I_x/cm⁴	W_x/cm³	i_x/cm	I_y/cm⁴	W_y/cm³	i_y/cm
300	150	25	3.2	3.2	4.8	21.52	16.89	3238.12	215.87	12.27	314.46	41.93	3.82
	200	40	4.5	6.0	9.0	44.19	34.69	7148.73	476.58	12.72	1461.86	146.19	5.75
350	200	40	4.5	6.0	9.0	46.44	36.46	10099.25	577.10	14.75	1461.89	146.19	5.61
	250	40	4.5	6.0	9.0	52.44	41.17	11875.37	678.59	15.05	2614.48	209.16	7.06
400	200	40	4.5	6.0	9.0	48.69	38.22	13630.30	681.52	16.73	1461.93	146.19	5.48
	250	40	4.5	6.0	9.0	54.69	42.93	15959.92	798.00	17.08	2614.52	209.16	6.91

21.2.4 冷弯方形和矩形钢管

一、冷弯正方形钢管规格及截面特性

表 21.2-10 按《建筑结构用冷弯矩形钢管》JG/T 178—2005，表 21.2-9 按《结构用冷弯空心型钢》GB/T 6728—2017 中的部分小规格型号。

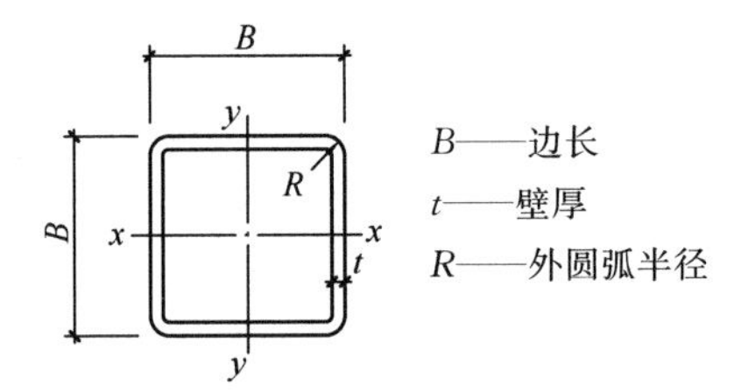

冷弯方形型钢规格及截面特性（按 GB/T 6728—2017） 表 21.2-9

边长 mm	尺寸允许偏差 mm	壁厚 mm	理论重量 kg/m	截面面积 cm²	惯性矩 cm⁴	惯性半径 cm	截面模量 cm³	扭转常数	
B	$\pm\Delta$	t	M	A	$I_x=I_y$	$r_x=r_y$	$W_x=W_y$	I_t/cm⁴	C_t/cm³
20	±0.50	1.2	0.679	0.865	0.498	0.759	0.498	0.823	0.75
		1.5	0.826	1.052	0.583	0.744	0.583	0.985	0.88
		1.75	0.941	1.199	0.642	0.732	0.642	1.100	0.98
		2.0	1.050	1.340	0.692	0.720	0.692	1.215	1.06
25	±0.50	1.2	0.867	1.105	1.025	0.963	0.820	1.655	1.24
		1.5	1.061	1.352	1.216	0.948	0.973	1.998	1.47
		1.75	1.215	1.548	1.357	0.936	1.086	2.261	1.65
		2.0	1.363	1.736	1.482	0.923	1.186	2.502	1.80
30	±0.50	1.5	1.296	1.652	2.195	1.152	1.463	3.555	2.21
		1.75	1.490	1.898	2.470	1.140	1.646	4.048	2.49
		2.0	1.677	2.136	2.721	1.128	1.814	4.511	2.75
		2.5	2.032	2.589	3.154	1.103	2.102	5.347	3.20
		3.0	2.361	3.008	3.500	1.078	2.333	6.060	3.58
40	±0.50	1.5	1.767	2.525	5.489	1.561	2.744	8.723	4.13
		1.75	2.039	2.598	6.237	1.549	3.117	10.009	4.69
		2.0	2.305	2.936	6.939	1.537	3.469	11.238	5.23
		2.5	2.817	3.589	8.213	1.512	4.106	13.539	6.21
		3.0	3.303	4.208	9.320	1.488	4.660	15.628	7.07
		4.0	4.198	5.347	11.064	1.438	5.532	19.152	8.48

续表

边长 mm	尺寸允许偏差 mm	壁厚 mm	理论重量 kg/m	截面面积 cm^2	惯性矩 cm^4	惯性半径 cm	截面模量 cm^3	扭转常数	
B	$\pm\Delta$	t	M	A	$I_x=I_y$	$r_x=r_y$	$W_x=W_y$	I_t/ cm^4	C_t/ cm^3
50	±0.50	1.5	2.238	2.852	11.065	1.969	4.426	17.395	6.65
		1.75	2.589	3.298	12.641	1.957	5.056	20.025	7.60
		2.0	2.933	3.736	14.146	1.945	5.658	22.578	8.51
		2.5	3.602	4.589	16.941	1.921	6.776	27.436	10.22
		3.0	4.245	5.408	19.463	1.897	7.785	31.972	11.77
		4.0	5.454	6.947	23.725	1.847	9.490	40.047	14.43
60	±0.60	2.0	3.560	4.540	25.120	2.350	8.380	39.810	12.60
		2.5	4.387	5.589	30.340	2.329	10.113	48.539	15.22
		3.0	5.187	6.608	35.130	2.305	11.710	56.892	17.65
		4.0	6.710	8.547	43.539	2.256	14.513	72.188	21.97
		5.0	8.129	10.356	50.468	2.207	16.822	85.560	25.61
70	±0.65	2.5	5.170	6.590	49.400	2.740	14.100	78.500	21.20
		3.0	6.129	7.808	57.522	2.714	16.434	92.188	24.74
		4.0	7.966	10.147	72.108	2.665	20.602	117.975	31.11
		5.0	9.699	12.356	84.602	2.616	24.172	141.183	36.65
80	±0.70	2.5	5.957	7.589	75.147	3.147	17.787	118.520	28.22
		3.0	7.071	9.008	87.838	3.122	21.959	139.660	33.02
		4.0	9.222	11.747	111.031	3.074	27.757	179.808	41.84
		5.0	11.269	14.356	131.414	3.024	32.853	216.628	49.68
90	±0.75	3.0	8.013	10.208	127.277	3.531	28.283	201.108	42.51
		4.0	10.478	13.347	161.907	3.482	35.979	260.088	54.17
		5.0	12.839	16.356	192.903	3.434	42.867	314.896	64.71
		6.0	15.097	19.232	220.420	3.385	47.982	365.452	74.16

外圆弧半径 R（mm）：当 $t\leqslant$3mm 时，碳素钢 $R=$（1.0～2.5）t，低合金钢 $R=$（1.5～2.5）t；
当 3mm$<t\leqslant$6mm 时，碳素钢 $R=$（1.5～2.5）t，低合金钢 $R=$（2.0～3.0）t

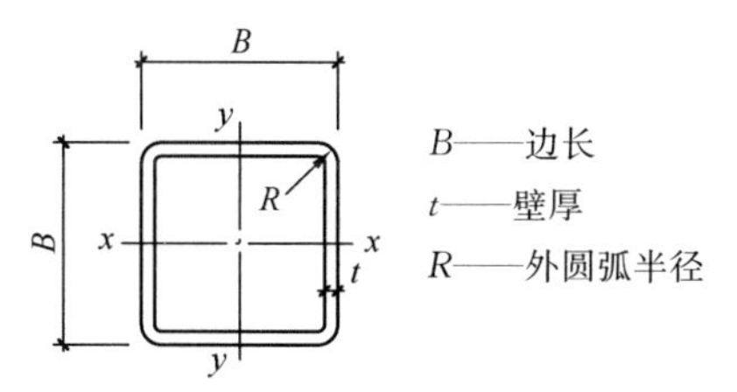

冷弯正方形钢管规格及截面特性（按 JG/T 178—2005） **表 21.2-10**

边长 mm	尺寸允许偏差 mm	壁厚 mm	理论重量 kg/m	截面面积 cm^2	惯性矩 cm^4	惯性半径 cm	截面模量 cm^3	扭转常数	
B	$\pm\Delta$	t	M	A	$I_x=I_y$	$r_x=r_y$	$W_{el,x}=W_{el,y}$	I_t/ cm^4	C_t/ cm^3
100	±0.80	4.0	11.7	11.9	226	3.9	45.3	361	68.1
		5.0	14.4	18.4	271	3.8	54.2	439	81.7
		6.0	17.0	21.6	311	3.8	62.3	511	94.1
		8.0	21.4	27.2	366	3.7	73.2	644	114
		10	25.5	32.6	411	3.5	82.2	750	130

续表

边长 mm	尺寸允许偏差 mm	壁厚 mm	理论重量 kg/m	截面面积 cm^2	惯性矩 cm^4	惯性半径 cm	截面模量 cm^3	扭转常数	
B	$\pm\Delta$	t	M	A	$I_x = I_y$	$r_x = r_y$	$W_{el,x} = W_{el,y}$	I_t/cm^4	C_t/cm^3
110	±0.90	4.0	13.0	16.5	306	4.3	55.6	486	83.6
		5.0	16.0	20.4	368	4.3	66.9	593	100
		6.0	18.8	24.0	424	4.2	77.2	695	116
		8.0	23.9	30.4	505	4.1	91.9	879	143
		10	28.7	36.5	575	4.0	104.5	1032	164
120	±0.90	4.0	14.2	18.1	402	4.7	67.0	635	101
		5.0	17.5	22.4	485	4.6	80.9	776	122
		6.0	20.7	26.4	562	4.6	93.7	910	141
		8.0	26.8	34.2	696	4.5	116	1155	174
		10	31.8	40.6	777	4.4	129	1376	202
130	±1.00	4.0	15.5	19.8	517	5.1	79.5	815	119
		5.0	19.1	24.4	625	5.1	96.3	998	145
		6.0	22.6	28.8	726	5.0	112	1173	168
		8.0	18.9	36.8	883	4.9	136	1502	209
		10	35.0	44.6	1021	4.8	157	1788	245
		12	39.6	50.4	1075	4.6	165	1998	268
135	±1.00	4.0	16.1	20.5	582	5.3	86.2	915	129
		5.0	19.9	25.3	705	5.3	104	1122	157
		6.0	23.6	30.0	820	5.2	121	1320	183
		8.0	30.2	38.4	1000	5.0	148	1694	228
		10	36.6	46.6	1160	4.9	172	2021	267
		12	41.5	52.8	1230	4.8	182	2271	294
		13	44.1	56.2	1272	4.7	188	2382	307
140	±1.10	4.0	16.7	21.3	651	5.5	53.1	1022	140
		5.0	20.7	26.4	791	5.5	113	1253	170
		6.0	24.5	31.2	920	5.4	131	1475	198
		8.0	31.8	40.6	1154	5.3	165	1887	248
		10	38.1	48.6	1312	5.2	187	2274	291
		12	43.4	55.3	1398	5.0	200	1567	321
		13	46.1	58.8	1450	4.9	207	1698	336
150	±1.20	4.0	18.0	22.9	808	5.9	108	1265	162
		5.0	22.3	28.4	982	5.9	131	1554	197
		6.0	26.4	33.6	1146	5.8	153	1833	230
		8.0	33.9	43.2	1412	5.7	188	2364	289
		10	41.3	52.6	1652	5.6	220	2839	341
		12	47.1	60.1	1780	5.4	237	3230	380
		14	53.2	67.7	1915	5.3	255	3566	414

续表

边长 mm	尺寸允许偏差 mm	壁厚 mm	理论重量 kg/m	截面面积 cm^2	惯性矩 cm^4	惯性半径 cm	截面模量 cm^3	扭转常数	
B	$\pm\Delta$	t	M	A	$I_x=I_y$	$r_x=r_y$	$W_{el,x}=W_{el,y}$	I_t/cm^4	C_t/cm^3
160	±1.20	4.0	19.3	24.5	987	6.3	123	1540	185
		5.0	23.8	30.4	1202	6.3	150	1894	226
		6.0	28.3	36.0	1405	6.2	176	2234	264
		8.0	36.9	47.0	1776	6.1	222	2877	333
		10	44.4	56.6	2047	6.0	256	3490	395
		12	50.9	64.8	2224	5.8	278	3997	443
		14	57.6	73.3	2409	5.7	301	4437	186
170	±1.30	4.0	20.5	26.1	1191	6.7	140	1856	210
		5.0	25.4	32.3	1453	6.7	171	2285	256
		6.0	30.1	38.4	1702	6.6	200	2701	300
		8.0	38.9	49.6	2118	6.5	249	3503	381
		10	47.5	60.5	2501	6.4	294	4233	453
		12	54.6	69.6	2737	6.3	322	4872	511
		14	62.0	78.9	2981	6.1	351	5435	563
180	±1.40	4.0	21.8	27.7	1422	7.2	158	2210	237
		5.0	27.0	34.4	1737	7.1	193	2724	290
		6.0	32.1	40.8	2037	7.0	226	3223	340
		8.0	41.5	52.8	2546	6.9	283	4189	432
		10	50.7	64.6	3017	6.8	335	5074	515
		12	58.4	74.5	3322	6.7	269	5865	584
		14	66.4	84.5	3635	6.6	404	6569	645
190	±1.50	4.0	23.0	29.3	1680	7.6	176	2607	265
		5.0	28.5	36.4	2055	7.5	216	3216	325
		6.0	33.9	43.2	2413	7.4	254	3807	381
		8.0	44.0	56.0	3208	7.3	319	4958	486
		10	53.8	68.6	3599	7.2	379	6018	581
		12	62.2	79.3	3985	7.1	419	6982	661
		14	70.8	90.2	4379	7.0	461	7847	733
200	±1.60	4.0	24.3	30.9	1968	8.0	197	3049	295
		5.0	30.1	38.4	2410	7.9	241	3763	362
		6.0	35.8	45.6	2833	7.8	283	4459	426
		8.0	46.5	59.2	3566	7.7	357	5815	544
		10	57.0	72.6	4251	7.6	425	7072	651
		12	66.0	84.1	4730	7.5	473	8230	743
		14	75.2	94.7	5217	7.4	522	9276	828
		16	83.8	107	5625	7.3	562	10210	900

续表

边长 mm	尺寸允许偏差 mm	壁厚 mm	理论重量 kg/m	截面面积 cm^2	惯性矩 cm^4	惯性半径 cm	截面模量 cm^3	扭转常数	
B	$\pm\Delta$	t	M	A	$I_x=I_y$	$r_x=r_y$	$W_{el,x}=W_{el,y}$	I_t/ cm^4	C_t/ cm^3
220	±1.80	5.0	33.2	42.4	3238	8.7	294	5038	442
		6.0	39.6	50.4	3813	8.7	347	5976	521
		8.0	51.5	65.6	4828	8.6	439	7815	668
		10	63.2	80.6	5782	8.5	526	9533	804
		12	73.5	93.7	6487	8.3	590	11149	922
		14	83.9	107	7198	8.2	654	12625	1032
		16	93.9	119	7812	8.1	710	13971	1129
250	±2.00	5.0	38.0	48.4	4805	10.0	384	7443	577
		6.0	45.2	57.6	5672	9.9	454	8843	681
		8.0	59.1	75.2	7729	9.8	578	11598	878
		10	72.7	92.6	8707	9.7	697	14197	1062
		12	84.8	108	9859	9.6	789	16691	1226
		14	97.1	124	11018	9.4	881	18999	1380
		16	109	139	12047	9.3	964	21146	1520
280	±2.20	5.0	42.7	54.4	6810	11.2	486	10513	730
		6.0	50.9	64.8	8054	11.1	575	12504	863
		8.0	66.6	84.8	10317	11.0	737	16436	1117
		10	82.1	104	12479	10.9	891	20173	1356
		12	96.1	122	14232	10.8	1017	23804	1574
		14	110	140	15989	10.7	1142	27195	1779
		16	124	158	17580	10.5	1256	30393	1968
300	±2.40	6.0	54.7	69.6	9964	12.0	664	15434	997
		8.0	71.6	91.2	12801	11.8	853	20312	1293
		10	88.4	113	15519	11.7	1035	24966	1572
		12	104	132	17767	11.6	1184	29514	1829
		14	119	153	20017	11.5	1334	33783	2073
		16	135	172	22076	11.4	1472	37837	2299
		19	156	198	24813	11.2	1654	43491	2608
320	±2.60	6.0	58.4	74.4	12154	12.8	759	18789	1140
		8.0	766	97	15653	12.7	978	24753	1481
		10	94.6	120	19016	12.6	1188	30461	1804
		12	111	141	21843	12.4	1365	36066	2104
		14	128	163	24670	12.3	1542	41349	2389
		16	144	183	27276	12.2	1741	46393	2656
		19	167	213	30783	12.0	1924	53485	3022

续表

边长 mm	尺寸允许偏差 mm	壁厚 mm	理论重量 kg/m	截面面积 cm^2	惯性矩 cm^4	惯性半径 cm	截面模量 cm^3	扭转常数	
B	$\pm\Delta$	t	M	A	$I_x=I_y$	$r_x=r_y$	$W_{el,x}=W_{el,y}$	I_t/cm^4	C_t/cm^3
350	±2.80	6.0	64.1	81.6	16008	14.0	915	24683	1372
		7.0	74.1	94.4	18329	13.9	1047	28684	1582
		8.0	84.2	108	20618	13.9	1182	32557	1787
		10	104	133	25189	13.8	1439	40127	2182
		12	124	156	29054	13.6	1660	47598	2552
		14	141	180	32916	13.5	1881	54679	2905
		16	159	203	36511	13.4	2086	61481	3238
		19	185	236	41414	13.2	2367	71137	3700
380	±3.00	8.0	91.7	117	26683	15.1	1404	41849	2122
		10	113	144	32570	15.0	1714	51645	2596
		12	134	170	37697	14.8	1984	61349	3043
		14	154	197	42818	14.7	2253	70586	3471
		16	174	222	47621	14.6	2506	79505	3878
		19	203	259	54240	14.5	2855	92254	4447
		22	231	294	60175	14.3	3167	104208	4968
400	±3.20	8.0	96.5	123	31269	15.9	1564	48934	2362
		9.0	108	138	34785	15.9	1739	54721	2630
		10	120	153	38216	15.8	1911	60431	2892
		12	141	180	44319	15.7	2216	71843	3395
		14	163	208	50414	15.6	2521	82735	3877
		16	184	235	56153	15.5	2808	93279	4336
		19	215	274	6411	15.3	3206	107410	4982
		22	245	312	71304	15.1	3565	122676	5578
450	±3.40	9.0	122	156	50087	17.9	2226	78384	3363
		10	135	173	55100	17.9	2449	86629	3702
		12	160	204	64164	17.7	2851	103150	4357
		14	185	236	73210	17.6	3254	119000	4989
		16	209	267	81802	17.5	3636	134431	5595
		19	245	312	93853	17.3	4171	156736	6454
		22	279	355	104919	17.2	4663	177910	7257
480	±3.50	9.0	130	166	61128	19.1	2547	95412	3845
		10	144	184	67289	19.1	2804	105488	4236
		12	171	218	78517	18.9	3272	125698	4993
		14	198	252	89722	18.8	3738	145143	5723
		16	224	285	100407	18.7	4184	164111	6426
		19	262	334	115475	18.6	4811	191630	7428
		22	300	382	129413	18.4	5392	217978	8369

续表

边长 mm	尺寸允许偏差 mm	壁厚 mm	理论重量 kg/m	截面面积 cm^2	惯性矩 cm^4	惯性半径 cm	截面模量 cm^3	扭转常数	
B	$\pm\Delta$	t	M	A	$I_x=I_y$	$r_x=r_y$	$W_{el,x}=W_{el,y}$	I_t/cm^4	C_t/cm^3
500	±3.60	9.0	137	174	69324	19.9	2773	108034	4185
		10	151	193	76341	19.9	3054	119470	4612
		12	179	228	89187	19.8	3568	142420	5440
		14	207	264	102010	19.7	4080	164530	6241
		16	235	299	114260	19.6	4570	186140	7013
		19	275	350	131591	19.4	5264	217540	8116
		22	314	400	147690	19.2	5908	247690	9155

外圆弧半径 R(mm)：当 $t\leqslant 6$mm　$R=(1.5\sim2.5)t$；
当 6mm $<t\leqslant$ 10mm　$R=(2\sim3)t$；
当 $t>$ 10mm　$R=(2.5\sim3.5)t$。

二、冷弯长方形钢管规格及截面特性

表 21.2-12 按《建筑结构用冷弯矩形钢管》JG/T 178—2005，表 21.2-11 按《结构用冷弯空心型钢》GB/T 6728—2017 中的部分小规格型号。

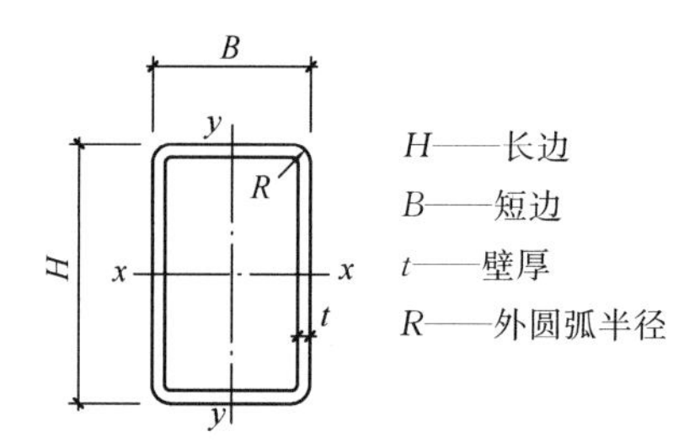

冷弯矩形型钢规格及截面特性（按 GB/T 6728—2017）　　**表 21.2-11**

边长 mm		尺寸允许偏差 mm	壁厚 mm	理论重量 kg/m	截面面积 cm^2	惯性矩 cm^4		惯性半径 cm		截面模量 cm^3		扭转常数	
H	B	$\pm\Delta$	t	M	A	I_x	I_y	r_x	r_y	W_x	W_y	I_t/cm^4	C_t/cm^3
30	20	±0.50	1.5	1.06	1.35	1.59	0.84	1.08	0.788	1.06	0.84	1.83	1.40
			1.75	1.22	1.55	1.77	0.93	1.07	0.777	1.18	0.93	2.07	1.56
			2.0	1.36	1.74	1.94	1.02	1.06	0.765	1.29	1.02	2.29	1.71
			2.5	1.64	2.09	2.21	1.15	1.03	0.742	1.47	1.15	2.68	1.95
40	20	±0.50	1.5	1.30	1.65	3.27	1.10	1.41	0.815	1.63	1.10	2.74	1.91
			1.75	1.49	1.90	3.68	1.23	1.39	0.804	1.84	1.23	3.11	2.14
			2.0	1.68	2.14	4.05	1.34	1.38	0.793	2.02	1.34	3.45	2.36
			2.5	2.03	2.59	4.69	1.54	1.35	0.770	2.35	1.54	4.06	2.72
			3.0	2.36	3.01	5.21	1.68	1.32	0.748	2.60	1.68	4.57	3.00

续表

边长 mm		尺寸允许偏差 mm	壁厚 mm	理论重量 kg/m	截面面积 cm^2	惯性矩 cm^4		惯性半径 cm		截面模量 cm^3		扭转常数	
H	B	$\pm\Delta$	t	M	A	I_x	I_y	r_x	r_y	W_x	W_y	I_t/ cm^4	C_t/ cm^3
40	25	±0.50	1.5	1.41	1.80	3.82	1.84	1.46	1.010	1.91	1.47	4.06	2.46
			1.75	1.63	2.07	4.32	2.07	1.44	0.999	2.16	1.66	4.63	2.78
			2.0	1.83	2.34	4.77	2.28	1.43	0.988	2.39	1.82	5.17	3.07
			2.5	2.23	2.84	5.57	2.64	1.40	0.965	2.79	2.11	6.15	3.59
			3.0	2.60	3.31	6.24	2.94	1.37	0.942	3.12	2.35	7.00	4.01
40	30	±0.50	1.5	1.53	1.95	4.38	2.81	1.50	1.199	2.19	1.87	5.52	3.02
			1.75	1.77	2.25	4.96	3.17	1.48	1.187	2.48	2.11	6.31	3.42
			2.0	1.99	2.54	5.49	3.51	1.47	1.176	2.75	2.34	7.07	3.79
			2.5	2.42	3.09	6.45	4.10	1.45	1.153	3.23	2.74	8.47	4.46
			3.0	2.83	3.61	7.27	4.60	1.42	1.129	3.63	3.07	9.72	5.03
50	25	±0.50	1.5	1.65	2.10	6.65	2.25	1.78	1.040	2.66	1.80	5.52	3.41
			1.75	1.90	2.42	7.55	2.54	1.76	1.024	3.02	2.03	6.32	3.54
			2.0	2.15	2.74	8.38	2.81	1.75	1.013	3.35	2.25	7.06	3.92
			2.5	2.61	3.34	9.89	3.28	1.72	0.991	3.95	2.62	8.43	4.60
			3.0	3.07	3.91	11.17	3.67	1.69	0.969	4.47	2.93	9.64	5.18
50	30	±0.50	1.5	1.767	2.252	7.535	3.415	1.829	1.231	3.014	2.276	7.587	3.83
			1.75	2.039	2.598	8.566	3.868	1.815	1.220	3.426	2.579	8.682	4.35
			2.0	2.305	2.936	9.535	4.291	1.801	1.208	3.814	2.861	9.727	4.84
			2.5	2.817	3.589	11.296	5.050	1.774	1.186	4.518	3.366	11.666	5.72
			3.0	3.303	4.206	12.827	5.696	1.745	1.163	5.130	3.797	13.401	6.49
			4.0	4.198	5.347	15.239	6.682	1.688	1.117	6.095	4.455	16.244	7.77
50	40	±0.50	1.5	2.003	2.552	9.300	6.602	1.908	1.608	3.720	3.301	12.238	5.24
			1.75	2.314	2.948	10.603	7.518	1.896	1.596	4.241	3.759	14.059	5.97
			2.0	2.619	3.336	11.840	8.348	1.883	1.585	4.736	4.192	15.817	6.673
			2.5	3.210	4.089	14.121	9.976	1.858	1.562	5.648	4.988	19.222	7.965
			3.0	3.775	4.808	16.149	11.382	1.833	1.539	6.460	5.691	22.336	9.123
			4.0	4.826	6.148	19.493	13.677	1.781	1.492	7.797	6.839	27.820	11.06
55	25	±0.50	1.5	1.767	2.252	8.453	2.460	1.937	1.045	3.074	1.968	6.273	3.458
			1.75	2.039	2.598	9.606	2.779	1.922	1.034	3.493	2.223	7.156	3.916
			2.0	2.305	2.936	10.689	3.073	1.907	1.023	3.886	2.459	7.992	4.342
55	40	±0.50	1.5	2.121	2.702	11.674	7.158	2.078	1.627	4.245	3.579	14.017	5.794
			1.75	2.452	3.123	13.329	8.158	2.065	1.616	4.847	4.079	16.175	6.614
			2.0	2.776	3.536	14.904	9.107	2.052	1.604	5.419	4.553	18.208	7.394
55	50	±0.60	1.75	2.726	3.473	15.811	13.660	2.133	1.983	6.441	6.119	23.173	8.415
			2.0	3.090	3.936	17.714	15.298	2.121	1.971	5.014	3.385	26.142	9.433
60	30	±0.60	2.0	2.620	3.337	15.046	5.078	2.123	1.234	5.015	3.385	12.570	5.881
			2.5	3.209	4.089	17.933	5.998	2.094	1.211	5.977	3.998	15.154	6.981
			3.0	3.774	4.408	20.496	6.794	2.064	1.188	6.832	4.529	17.335	7.950
			4.0	4.826	6.147	24.691	8.045	2.004	1.143	8.230	5.363	21.141	9.523

续表

边长 mm		尺寸允许偏差 mm	壁厚 mm	理论重量 kg/m	截面面积 cm^2	惯性矩 cm^4		惯性半径 cm		截面模量 cm^3		扭转常数	
H	B	$\pm\Delta$	t	M	A	I_x	I_y	r_x	r_y	W_x	W_y	I_t/ cm^4	C_t/ cm^3
60	40	±0.60	2.0	2.934	3.737	17.412	9.831	2.220	1.622	6.137	4.915	20.702	8.116
			2.5	3.602	4.589	22.069	11.734	2.192	1.596	7.356	5.867	25.045	9.722
			3.0	4.245	5.408	25.374	13.436	2.166	1.576	8.458	6.718	29.121	11.175
			4.0	5.451	6.947	30.974	16.269	2.111	1.530	10.324	8.134	36.298	13.653
70	50	±0.60	2.0	3.562	4.537	31.475	18.758	2.634	2.033	8.993	7.503	37.454	12.196
			3.0	5.187	6.608	44.046	26.099	2.581	1.987	12.584	10.439	53.426	17.060
			4.0	6.710	8.547	54.663	32.210	2.528	1.941	15.618	12.884	67.613	21.189
			5.0	8.129	10.356	63.435	37.179	2.171	1.894	18.121	14.871	79.908	24.642
80	40	±0.70	2.0	3.561	4.536	37.355	12.720	2.869	1.674	9.339	6.361	30.881	11.004
			2.5	4.387	5.589	45.103	15.255	2.840	1.652	11.275	7.627	37.467	13.283
			3.0	5.187	6.608	52.246	17.552	2.811	1.629	13.061	8.776	43.680	15.283
			4.0	6.710	8.547	64.780	21.474	2.752	1.585	16.195	10.737	54.787	18.814
			5.0	8.129	10.356	75.080	24.567	2.692	1.540	18.770	12.283	64.110	21.744
80	60	±0.70	3.0	6.129	7.808	70.042	44.886	2.995	2.397	17.510	14.962	88.111	24.143
			4.0	7.966	10.147	87.945	56.105	2.943	2.351	21.976	18.701	112.583	30.332
			5.0	9.699	12.356	103.247	65.634	2.890	2.304	25.811	21.878	134.503	35.673
90	40	±0.75	3.0	5.658	7.208	70.487	19.610	3.127	1.649	15.663	9.805	51.193	17.339
			4.0	7.338	9.347	87.894	24.077	3.066	1.604	19.532	12.038	64.320	21.441
			5.0	8.914	11.356	102.487	27.651	3.004	1.560	22.774	13.825	75.426	24.819
90	50	±0.75	2.0	4.190	5.337	57.878	23.368	3.293	2.093	12.862	9.347	53.366	15.882
			2.5	5.172	6.589	70.263	28.236	3.266	2.070	15.614	11.294	65.299	19.235
			3.0	6.129	7.808	81.845	32.735	3.237	2.047	18.187	13.094	76.433	22.316
			4.0	7.966	10.147	102.696	40.695	3.181	2.002	22.821	16.278	97.162	27.961
			5.0	9.699	12.356	120.570	47.345	3.123	1.957	26.793	18.938	115.436	36.774
90	55	±0.75	2.0	4.346	5.536	61.750	28.957	3.313	2.287	13.733	10.530	62.724	17.601
			2.5	5.368	6.839	75.049	33.065	3.329	2.264	16.678	12.751	76.877	21.357
90	60	±0.75	3.0	6.600	8.408	93.203	49.764	3.329	2.432	20.711	16.588	104.552	27.391
			4.0	8.594	10.947	117.199	62.387	3.276	2.387	26.111	20.795	133.852	34.501
			5.0	10.484	13.356	138.653	73.218	3.222	2.311	30.811	24.406	160.273	40.712
95	50	±0.75	2.0	4.347	5.537	66.084	24.521	3.455	2.104	13.912	9.808	57.458	16.804
			2.5	5.369	6.839	80.306	29.647	3.247	2.082	16.906	11.895	70.324	20.364
100	50	±0.80	3.0	6.600	8.408	106.451	36.053	3.558	2.070	21.290	14.421	88.311	25.012
			4.0	8.594	10.947	134.124	44.938	3.500	2.026	26.824	17.975	112.409	31.350
			5.0	10.484	13.356	157.155	52.429	3.441	1.981	31.631	20.971	133.758	36.804
120	50	±0.90	2.5	6.350	8.089	143.970	36.704	4.219	2.130	23.995	14.682	96.026	26.006
			3.0	7.543	9.608	168.580	42.693	4.189	2.108	28.097	17.077	112.870	30.317
120	60	±0.90	3.0	8.013	10.208	189.113	64.398	4.304	2.511	31.581	21.466	156.029	37.138
			4.0	10.478	13.347	240.724	81.235	4.246	2.466	41.120	27.078	200.407	47.048
			5.0	12.839	16.356	286.941	95.968	4.188	2.422	47.823	31.989	240.869	55.846
			6.0	15.097	19.232	327.950	108.716	4.129	2.377	54.658	36.237	277.361	63.507

外圆弧半径 R（mm）：当 $t\leqslant3$mm 时，碳素钢 $R=(1.0\sim2.5)t$，低合金钢 $R=(1.5\sim2.5)t$；
当 3mm $<t\leqslant6$mm 时，碳素钢 $R=(1.5\sim2.5)t$，低合金钢 $R=(2.0\sim3.0)t$

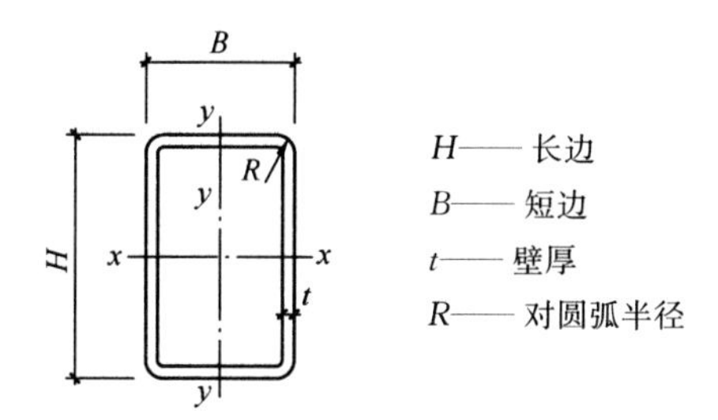

冷弯长方形钢管规格及截面特性（按 JG/T 178—2005） **表 21.2-12**

边长 mm		尺寸允许偏差 mm	壁厚 mm	理论重量 kg/m	截面面积 cm²	惯性矩 cm⁴		惯性半径 cm		截面模量 cm³		扭转常数	
H	B	$\pm\Delta$	t	M	A	I_x	I_y	r_x	r_y	$W_{el,x}$	$W_{el,y}$	I_t/cm^4	C_t/cm^3
120	80	±0.90	4.0	11.7	11.9	294	157	4.4	3.2	49.1	39.3	330	64.9
			5.0	14.4	18.3	353	188	4.4	3.2	58.8	46.9	401	77.7
			6.0	16.9	21.6	406	215	4.3	3.1	67.7	53.7	466	83.4
			7.0	19.1	24.4	438	232	4.2	3.1	73.0	58.1	529	99.1
			8.0	21.4	27.2	476	252	4.1	3.0	79.3	62.9	584	108
140	80	±1.00	4.0	13.0	16.5	429	180	5.1	3.3	61.4	45.1	411	76.5
			5.0	15.9	20.4	517	216	8.0	3.2	73.8	53.9	499	91.8
			6.0	18.8	24.0	570	248	4.9	3.2	85.3	61.9	581	106
			8.0	23.9	30.4	708	293	4.8	3.1	101	73.3	731	129
150	100	±1.20	4.0	14.9	18.9	594	318	5.6	4.1	79.3	63.7	661	105
			5.0	18.3	23.3	719	384	5.5	4.0	95.9	79.8	807	127
			6.0	21.7	27.6	834	444	5.5	4.0	111	88.8	915	147
			8.0	28.1	35.8	1039	519	5.4	3.9	138	110	1148	182
			10	33.4	42.6	1161	614	5.2	3.8	155	123	1426	211
160	60	±1.20	4.0	13.0	16.5	500	106	5.5	2.5	62.5	35.4	294	63.8
			4.5	14.5	18.5	552	116	5.5	2.5	69.0	38.9	325	70.1
			6.0	18.9	24.0	693	144	5.4	2.4	86.7	48.0	410	87.0
160	80	±1.20	4.0	14.2	18.4	598	203	5.7	3.3	71.7	50.9	493	88.0
			5.0	17.5	22.4	722	214	5.7	3.3	90.2	61.0	599	106
			6.0	20.7	26.4	836	286	5.6	3.3	104	76.2	699	122
			8.0	26.8	33.6	1036	344	5.5	3.2	129	85.9	876	149
180	65	±1.20	4.0	14.5	18.5	709	142	6.2	2.8	78.8	43.8	396	79.0
			4.5	16.3	20.7	784	156	6.1	2.7	87.1	48.1	439	87.0
			6.0	21.2	27.0	992	194	6.0	2.7	110	59.8	557	108

续表

边长 mm		尺寸允许偏差 mm	壁厚 mm	理论重量 kg/m	截面面积 cm^2	惯性矩 cm^4		惯性半径 cm		截面模量 cm^3		扭转常数	
H	B	$\pm\Delta$	t	M	A	I_x	I_y	r_x	r_y	$W_{el,x}$	$W_{el,y}$	I_t/cm^4	C_t/cm^3
180	100	±1.30	4.0	16.7	21.3	926	374	6.6	4.2	103	74.7	853	127
			5.0	20.7	26.3	1124	452	6.5	4.1	125	90.3	1012	154
			6.0	24.5	31.2	1309	524	6.4	4.1	145	104	1223	179
			8.0	31.5	40.4	1643	651	6.3	4.0	182	130	1554	222
			10	38.1	48.5	1859	736	6.2	3.9	206	147	1858	259
200	100	±1.30	4.0	18.0	22.9	1200	410	7.2	4.2	120	82.2	984	142
			5.0	22.3	28.3	1459	197	7.2	4.2	146	99.4	1204	172
			6.0	26.1	33.6	1703	577	7.1	4.1	170	115	1413	200
			8.0	34.4	43.8	2146	719	7.0	4.0	215	144	1798	249
			10	41.2	52.6	2444	818	6.9	3.9	244	163	2154	292
200	120	±1.40	4.0	19.3	24.5	1353	618	7.4	5.0	135	103	1345	172
			5.0	23.8	30.4	1649	750	7.4	5.0	165	125	1652	210
			6.0	28.3	36.0	1929	874	7.3	4.9	193	146	1947	245
			8.0	36.5	46.4	2386	1079	7.2	4.8	239	180	2507	308
			10	44.4	56.6	2806	1262	7.0	4.7	281	210	3007	364
200	150	±1.50	4.0	21.2	26.9	1584	1021	7.7	6.2	158	136	1942	219
			5.0	26.2	33.4	1935	1245	7.6	6.1	193	166	2391	267
			6.0	31.1	39.6	2268	1457	7.5	6.0	227	194	2826	312
			8.0	40.2	51.2	2892	1815	7.4	6.0	283	242	3664	396
			10	49.1	62.6	3348	2143	7.3	5.8	335	286	4428	471
			12	56.6	72.1	3668	2353	7.1	5.7	367	314	5099	532
			14	64.2	81.7	4004	2564	7.0	5.6	400	342	5691	586
220	140	±1.50	4.0	21.8	27.7	1892	948	8.3	5.8	172	135	1987	224
			5.0	27.0	34.4	2313	4455	8.2	5.8	210	165	2447	274
			6.0	32.1	40.8	2714	1352	8.1	5.7	247	193	2894	321
			8.0	41.5	52.8	3389	1685	8.0	5.6	308	241	3746	407
			10	50.7	64.6	4017	1989	7.8	5.5	365	284	1523	484
			12	58.5	74.5	4408	2187	7.7	5.4	401	312	5206	546
			13	62.5	79.6	4624	2292	7.6	5.4	420	327	5517	575
250	150	±1.60	4.0	24.3	30.9	2697	1234	9.3	6.3	216	165	1665	275
			5.0	30.1	38.4	3304	1508	9.3	6.3	264	201	3285	337
			6.0	35.8	45.6	3886	1768	9.2	6.2	311	236	3886	396
			8.0	46.5	59.2	4886	2219	9.1	6.1	391	296	5050	504
			10	57.0	72.6	5825	2634	9.0	6.0	466	351	6121	602
			12	66.0	84.1	6458	2925	8.8	5.9	517	390	7088	684
			14	75.2	94.7	7114	3214	8.6	5.8	569	429	7954	759

续表

边长 mm		尺寸允许偏差 mm	壁厚 mm	理论重量 kg/m	截面面积 cm^2	惯性矩 cm^4		惯性半径 cm		截面模量 cm^3		扭转常数	
H	B	$\pm\Delta$	t	M	A	I_x	I_y	r_x	r_y	$W_{el,x}$	$W_{el,y}$	I_t/cm^4	C_t/cm^3
250	200	±1.70	5.0	34.0	43.4	4055	2885	9.7	8.2	324	289	5257	457
			6.0	40.5	51.6	4779	3397	9.6	8.1	382	340	6237	538
			8.0	52.8	67.2	6057	4304	9.5	8.0	485	430	8136	691
			10	64.8	82.6	7266	5154	9.4	7.9	591	515	9950	832
			12	75.4	96.1	8159	5792	9.2	7.8	653	579	11640	955
			14	86.1	110	9066	6430	9.1	7.6	725	643	13185	1069
			16	96.4	123	9853	6983	9.0	7.5	788	698	14596	1171
260	180	±1.80	5.0	33.2	42.4	4121	2350	9.9	7.5	317	261	4695	426
			6.0	39.6	50.4	4856	2763	9.8	7.4	374	307	5566	501
			8.0	51.5	65.6	6145	3493	9.7	7.3	473	388	7267	642
			10	63.2	80.6	7363	4174	9.5	7.2	566	646	8850	772
			12	73.5	93.7	8245	1679	9.4	7.1	634	520	10328	884
			14	84.0	107	9147	5182	9.3	7.0	703	576	11673	988
300	200	±2.00	5.0	38.0	48.4	6241	3361	11.4	8.3	416	336	6836	552
			6.0	45.2	57.6	7370	3962	11.3	8.3	491	396	8115	651
			8.0	59.1	75.2	9389	5042	11.2	8.2	626	504	10627	838
			10	72.7	92.6	11313	6058	11.1	8.1	754	606	12987	1012
			12	84.8	108	12788	6854	10.9	8.0	853	685	15236	1167
			14	97.1	124	14287	7643	10.7	7.9	952	764	17307	1311
			16	109	139	15617	8340	10.6	7.8	1041	834	19223	1442
350	200	±2.10	5.0	41.9	53.4	9032	3836	13.0	8.5	516	384	8475	647
			6.0	49.9	63.6	10682	4527	12.9	8.4	610	453	10065	764
			8.0	65.3	83.2	13662	5779	12.8	8.3	781	578	13189	986
			10	80.5	102	16517	6961	12.7	8.2	944	696	16137	1193
			12	94.2	120	18768	7915	12.5	8.1	1072	792	18962	1379
			14	108	138	21055	8856	12.4	8.0	1203	886	21578	1554
			16	121	155	24114	9698	12.2	7.9	1321	970	24016	1713
350	250	±2.20	5.0	45.8	58.4	10520	6306	13.4	10.4	601	504	12234	817
			6.0	54.7	69.6	12457	7458	13.4	10.3	712	594	14554	967
			8.0	71.6	91.2	16001	9573	13.2	10.2	914	766	19136	1253
			10	88.4	113	19407	11588	13.1	10.1	1109	927	23500	1522
			12	104	132	22196	13261	12.9	10.0	1268	1060	27749	1770
			14	119	152	25008	14921	12.8	9.9	1429	1193	31729	2003
			16	134	171	27580	16434	12.7	9.8	1575	1315	35497	2220

续表

边长 mm		尺寸允许偏差 mm	壁厚 mm	理论重量 kg/m	截面面积 cm^2	惯性矩 cm^4		惯性半径 cm		截面模量 cm^3		扭转常数	
H	B	$\pm\Delta$	t	M	A	I_x	I_y	r_x	r_y	$W_{el,x}$	$W_{el,y}$	I_t/cm^4	C_t/cm^3
350	300	±2.30	7.0	68.6	87.4	16270	12874	13.6	12.1	930	858	22599	1347
			8.0	77.9	99.2	18341	14506	13.6	12.1	1048	967	25633	1520
			10	96.2	122	22298	17623	13.5	12.0	1274	1175	31548	1852
			12	113	144	25625	20257	13.3	11.9	1464	1350	37358	2161
			14	130	166	28962	22883	13.2	11.7	1655	1526	42837	2454
			16	146	187	32046	25305	13.1	11.6	1831	1687	48072	2729
			19	170	217	36204	28569	12.9	11.5	2069	1904	55439	3107
400	200	±2.40	6.0	54.7	69.6	14789	5092	14.5	8.6	739	509	12069	877
			8.0	71.6	91.2	18974	6517	14.4	8.5	949	652	15820	1133
			10	88.4	113	23003	7864	14.3	8.4	1150	786	19368	1373
			12	104	132	26248	8977	14.1	8.2	1312	898	22782	1591
			14	119	152	29545	10069	13.9	8.1	1477	1007	25956	1796
			16	134	171	32546	11055	13.8	8.0	1627	1105	28928	1983
400	250	±2.50	5.0	49.7	63.4	14440	7056	15.1	10.6	722	565	14773	937
			6.0	59.4	75.6	17118	8352	15.0	10.5	856	668	17580	1110
			8.0	77.9	99.2	22048	10744	14.9	10.4	1102	860	23127	1440
			10	96.2	122	26806	13029	14.8	10.3	1340	1042	28423	1753
			12	113	144	30766	14926	14.6	10.2	1538	1197	33597	2042
			14	130	166	34762	16872	14.5	10.1	1738	1350	38460	2315
			16	146	187	38448	19628	14.3	10.0	1922	1490	43083	2570
400	300	±2.60	7.0	74.1	94.4	22261	14376	15.4	12.3	1113	958	27477	1547
			8.0	84.2	107	25152	16212	15.3	12.3	1256	1081	31179	1747
			10	104	133	30609	19726	15.2	12.2	1530	1315	38407	2132
			12	122	156	35284	22747	15.0	12.1	1764	1516	45527	2492
			14	141	180	39979	25748	14.9	12.0	1999	1717	52267	2835
			16	159	203	44350	28535	14.8	11.9	2218	1902	58731	3159
			19	185	236	50309	32326	14.6	11.7	2515	2155	67883	3607
450	250	±2.70	6.0	64.1	81.6	22724	9245	16.7	10.6	1010	740	20687	1253
			8.0	84.2	107	29336	11916	16.5	10.5	1304	953	27222	1628
			10	104	133	35737	14470	16.4	10.4	1588	1158	33473	1983
			12	123	156	41137	16663	16.2	10.3	1828	1333	39591	2314
			14	141	180	46587	18824	16.1	10.2	2070	1506	45358	2627
			16	159	203	51651	20821	16.0	10.1	2295	1666	50857	2921

续表

边长 mm		尺寸允许偏差 mm	壁厚 mm	理论重量 kg/m	截面面积 cm^2	惯性矩 cm^4		惯性半径 cm		截面模量 cm^3		扭转常数	
H	B	$\pm\Delta$	t	M	A	I_x	I_y	r_x	r_y	$W_{el,x}$	$W_{el,y}$	I_t/cm^4	C_t/cm^3
450	350	±2.80	7.0	85.1	108	32867	22448	17.4	14.4	1461	1283	41688	2053
			8.0	96.7	123	37151	25360	17.4	14.3	1651	1449	47354	2322
			10	120	153	45418	30971	17.3	14.2	2019	1770	58458	2842
			12	141	180	52650	35911	17.1	14.1	2340	2052	69468	3335
			14	163	208	59898	40823	17.0	14.0	2662	2333	79967	3807
			16	184	235	66727	45443	16.9	13.9	2966	2597	90121	4257
			19	215	274	76195	51834	16.7	13.8	3386	2962	104670	4889
450	400	±3.00	9.0	115	147	45711	38225	17.6	16.1	2032	1911	65371	2938
			10	127	163	50259	42019	17.6	16.1	2234	2101	72219	3272
			12	151	192	58407	48837	17.4	15.9	2596	2442	85923	3746
			14	174	222	66554	55631	17.3	15.8	2958	2782	99037	4398
			16	197	251	74264	62055	17.2	15.7	3301	3103	111766	4926
			19	230	293	85024	71012	17.0	15.6	3779	3551	130101	5671
			22	262	334	94835	79171	16.9	15.4	4215	3959	147482	6363
500	200	±3.10	9.0	94.2	120	36774	8847	17.5	8.6	1471	885	23642	1584
			10	104	133	40321	9674	17.4	8.5	1613	967	26005	1734
			12	123	156	46312	11101	17.2	8.4	1853	1110	30620	2016
			14	141	180	52390	12496	17.1	8.3	2095	1250	34934	2280
			16	159	203	58015	13771	16.9	8.2	2320	1377	38999	2526
500	250	±3.20	9.0	101	129	42199	14521	18.1	10.6	1688	1161	35044	2017
			10	112	143	46324	15911	18.0	10.6	1853	1273	38624	2214
			12	132	168	53457	18363	17.8	10.5	2138	1469	45701	2585
			14	152	194	60659	20776	17.7	10.4	2426	1662	58778	2939
			16	172	219	67389	23015	17.6	10.3	2696	1841	37358	3272
500	300	±3.30	10	120	153	52328	23933	18.5	12.5	2093	1596	52736	2693
			12	141	180	60604	27726	18.3	12.4	2424	1848	62581	3156
			14	163	208	68928	31478	18.2	12.3	2757	2099	71947	3599
			16	184	235	76763	34994	18.1	12.2	3071	2333	80982	4019
			19	215	274	87609	39838	17.9	12.1	3504	2656	93845	4606
500	400	±3.40	9.0	122	156	58474	41666	19.4	16.3	2339	2083	76740	3318
			10	135	173	64334	45823	19.3	16.3	2573	2291	84403	3653
			12	160	204	74895	53355	19.2	16.2	2996	2668	100471	4298
			14	185	236	85466	61848	19.0	16.1	3419	3042	115881	4919
			16	209	267	95510	67957	18.9	16.0	3820	3398	130866	5515
			19	245	312	109600	77913	18.7	15.8	4384	3896	152512	6360
			22	279	356	122539	87039	18.6	15.6	4902	4352	173112	7148

续表

边长 mm		尺寸允许偏差 mm	壁厚 mm	理论重量 kg/m	截面面积 cm^2	惯性矩 cm^4		惯性半径 cm		截面模量 cm^3		扭转常数	
H	B	$\pm\Delta$	t	M	A	I_x	I_y	r_x	r_y	$W_{el,x}$	$W_{el,y}$	I_t/cm^4	C_t/cm^3
500	450	±3.50	10	143	183	70337	59941	19.6	18.1	2813	2664	101581	4132
			12	170	216	82040	69920	19.5	18.0	3282	3108	121022	1869
			14	196	250	93376	79865	19.4	17.9	3749	3550	139716	5580
			16	222	283	104884	89340	19.3	17.8	4195	3971	157943	6264
			19	260	331	120595	102683	19.1	17.6	4824	4564	184368	7238
			22	297	378	135115	115003	18.9	17.4	5405	5111	209643	8151
500	480	±3.60	10	148	189	73939	69499	19.8	19.2	2958	2896	112236	4420
			12	175	223	86328	81146	19.7	19.1	3453	3381	133767	5211
			14	203	258	98697	92763	19.6	19.0	3948	3865	154499	5977
			16	229	292	110508	103853	19.4	18.8	4420	4327	174736	6713
			19	269	342	127193	119515	19.3	18.7	5088	4980	204127	7765
			22	307	391	142660	134031	19.1	18.5	5706	5585	232306	8753

圆弧外半径 R（mm）：当 $t \leqslant 6$mm $R=$（1.5～2.5）t；

当 $6 < t \leqslant 10$mm $R=$（2～3）t；

当 $t > 10$mm $R=$（2.5～3.5）t。

21.2.5　建筑结构用冷成型焊接圆钢管规格及截面特性（JG/T 381—2012）

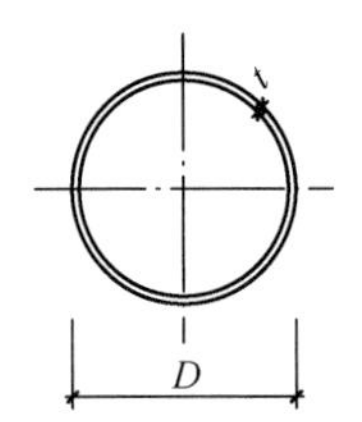

D——钢管外径

t——钢管壁厚

I——截面惯性矩

W——截面模量

i——截面回转半径

建筑结构用冷成型焊接圆钢管规格及截面特性　　表 21.2-13

直径 D/mm	壁厚 t/mm	理论重量 M/(kg/m)	截面面积 A/cm^2	惯性矩 I/cm^4	惯性半径 i/cm	截面模量 Z/cm^3	表面面积 $S/(m^2/m)$
200	3	14.57	18.56	901.14	6.97	90.11	0.628
	4	19.33	24.62	1183.53	6.93	118.35	
	5	24.04	30.62	1457.24	6.90	145.72	
	6	28.71	36.55	1722.44	6.86	172.24	
	8	37.88	48.23	2228.02	6.80	222.80	
	10	46.86	59.66	2701.68	6.73	270.17	

续表

直径 D/mm	壁厚 t/mm	理论重量 M/(kg/m)	截面面积 A/cm²	惯性矩 I/cm⁴	惯性半径 i/cm	截面模量 Z/cm³	表面面积 S/(m²/m)
250	3	18.27	23.27	1776.02	8.74	142.08	0.79
	4	24.27	30.90	2339.65	8.70	187.17	
	5	30.21	38.47	2889.49	8.67	231.16	
	6	36.10	45.97	3425.74	8.63	274.06	
	8	47.74	60.79	4458.43	8.56	356.67	
	10	59.19	75.36	5439.49	8.50	435.16	
	12	70.43	89.68	6370.69	8.43	509.65	
300	3	21.97	27.98	3087.50	10.51	205.83	0.942
	4	29.20	37.18	4075.55	10.47	271.70	
	5	36.38	46.32	5043.50	10.44	336.23	
	6	43.50	55.39	5991.64	10.40	399.44	
	8	57.61	73.35	7829.53	10.33	521.97	
	10	71.52	91.06	9591.39	10.26	639.43	
	12	85.23	108.52	11279.34	10.20	751.96	
	14	98.74	125.73	12895.47	10.13	859.70	
350	4	34.13	43.46	6509.05	12.24	371.95	1.100
	6	50.90	64.81	9596.88	12.17	548.39	
	8	67.47	85.91	12577.01	12.10	718.69	
	10	83.85	106.76	15451.97	12.03	882.97	
	12	100.03	127.36	18224.26	11.96	1041.39	
	14	116.01	147.71	20896.36	11.89	1194.08	
	16	131.79	167.80	23470.72	11.83	1341.18	
	18	147.38	187.65	25949.74	11.76	1482.84	
400	5	48.71	62.02	12106.05	13.97	605.30	1.257
	6	58.30	74.23	14418.23	13.94	720.91	
	8	77.34	98.47	18936.53	13.87	946.83	
	10	96.18	122.46	23315.82	13.80	1165.79	
	12	114.82	146.20	27558.98	13.73	1377.95	
	14	133.27	169.69	31668.85	13.66	1583.44	
	16	151.52	192.92	35648.27	13.59	1782.41	
	18	169.57	215.91	39500.02	13.53	1975.00	
	20	187.43	238.64	43226.85	13.46	2161.34	
450	6	65.70	83.65	20632.46	15.71	917.00	1.414
	8	87.20	111.03	27143.79	15.64	1206.39	
	10	108.51	138.16	33477.56	15.57	1487.89	
	12	129.62	165.04	39637.01	15.50	1761.65	
	14	150.53	191.67	45625.38	15.43	2027.79	
	16	171.25	218.04	51445.87	15.36	2286.48	
	18	191.77	244.17	57101.64	15.29	2537.85	
	20	212.09	270.04	62595.82	15.23	2782.04	
	22	232.21	295.66	67931.53	15.16	3019.18	

续表

直径 D/mm	壁厚 t/mm	理论重量 M/(kg/m)	截面面积 A/cm^2	惯性矩 I/cm^4	惯性半径 i/cm	截面模量 Z/cm^3	表面面积 $S/(m^2/m)$
500	6	73.10	93.07	28416.31	17.47	1136.65	1.571
	8	97.07	123.59	37434.46	17.40	1497.38	
	10	120.84	153.86	46231.77	17.33	1849.27	
	12	144.42	183.88	54811.88	17.27	2192.48	
	14	167.80	213.65	63178.39	17.20	2527.14	
	16	190.98	243.16	71334.87	17.13	2853.39	
	18	213.96	272.43	79284.88	17.06	3171.40	
	20	236.75	301.44	87031.91	16.99	3481.28	
	22	259.34	330.20	94579.46	16.92	3783.18	
	25	292.86	372.88	105534.31	16.82	4221.37	
550	6	80.50	102.49	37946.55	19.24	1379.87	1.728
	8	106.93	136.15	50044.22	19.17	1819.79	
	10	133.17	169.56	61873.07	19.10	2249.93	
	12	159.21	202.72	73437.11	19.03	2670.44	
	14	185.06	235.63	84740.31	18.96	3081.47	
	16	210.71	268.28	95786.64	18.90	3483.15	
	18	236.16	300.69	106580.01	18.83	3875.64	
	20	261.41	332.84	117124.32	18.76	4259.07	
	22	286.47	364.74	127423.42	18.69	4633.58	
	25	323.68	412.13	142420.69	18.59	5178.93	
600	6	87.89	111.91	49399.93	21.01	1646.66	1.885
	8	116.80	148.71	65208.75	20.94	2173.63	
	10	145.50	185.26	80696.05	20.87	2689.87	
	12	174.01	221.56	95866.21	20.80	3195.54	
	16	230.44	293.40	125272.54	20.66	4175.75	
	18	258.35	328.95	139517.33	20.59	4650.58	
	20	286.07	364.24	153462.25	20.53	5115.41	
	22	313.60	399.28	167111.52	20.46	5570.38	
	25	354.51	451.38	187040.31	20.36	6234.68	
	28	394.98	502.90	206327.45	20.26	6877.58	
	30	421.71	536.94	218835.95	20.19	7294.53	
650	8	126.66	161.27	83163.73	22.71	2558.88	2.042
	10	157.83	200.96	102995.30	22.64	3169.09	
	12	188.81	240.40	122452.70	22.57	3767.78	
	16	250.17	318.52	160263.91	22.43	4931.20	
	18	280.55	357.21	178627.11	22.36	5496.22	
	20	310.73	395.64	196634.89	22.29	6050.30	
	22	340.72	433.82	214291.89	22.23	6593.60	
	25	385.34	490.63	240129.69	22.12	7388.61	
	28	429.50	546.86	265203.86	22.02	8160.12	
	30	458.70	584.04	281503.26	21.95	8661.64	

续表

直径 D/mm	壁厚 t/mm	理论重量 M/(kg/m)	截面面积 A/cm^2	惯性矩 I/cm^4	惯性半径 i/cm	截面模量 Z/cm^3	表面面积 S/(m^2/m)
700	8	136.53	173.83	104144.85	24.48	2975.57	2.199
	10	170.16	216.66	129065.44	24.41	3687.58	
	12	203.61	259.24	153550.11	24.34	4387.15	
	14	236.85	301.57	177603.98	24.27	5074.40	
	16	269.90	343.64	201232.14	24.20	5749.49	
	18	302.74	385.47	224439.62	24.13	6412.56	
	20	335.40	427.04	247231.46	24.06	7063.76	
	22	367.85	468.36	269612.65	23.99	7703.22	
	25	416.16	529.88	302425.31	23.89	8640.72	
	28	464.03	590.82	334341.79	23.79	9552.62	
	30	495.70	631.14	355129.69	23.72	10146.56	
	32	527.16	671.21	375531.46	23.65	10729.47	
750	8	146.39	186.39	128387.77	26.25	3423.67	2.356
	10	182.50	232.36	159201.05	26.18	4245.36	
	12	218.40	278.08	189511.96	26.11	5053.65	
	14	254.11	323.55	219325.97	26.04	5848.69	
	16	289.62	368.76	248648.56	25.97	6630.63	
	18	324.94	413.73	277485.16	25.90	7399.60	
	20	360.06	458.44	305841.15	25.83	8155.76	
	22	394.98	502.90	333721.92	25.76	8899.25	
	25	446.99	569.13	374663.69	25.66	9991.03	
	28	498.56	634.78	414566.10	25.56	11055.10	
	30	532.69	678.24	440599.05	25.49	11749.31	
	32	566.62	721.45	466183.16	25.42	12431.55	
	36	633.90	807.11	516025.63	25.29	13760.68	
800	8	156.26	198.95	156128.19	28.01	3903.20	2.513
	10	194.83	248.06	193696.75	27.94	4842.42	
	12	233.20	296.92	230691.76	27.87	5767.29	
	14	271.38	345.53	267119.08	27.80	6677.98	
	16	309.35	393.88	302984.56	27.73	7574.61	
	18	347.14	441.99	338293.99	27.67	8457.35	
	20	384.72	489.84	373053.16	27.60	9326.33	
	22	422.11	537.44	407267.81	27.53	10181.70	
	25	477.82	608.38	457581.31	27.43	11439.53	
	28	533.08	678.74	506701.67	27.32	12667.54	
	30	569.68	725.34	538795.12	27.25	13469.88	
	32	606.08	771.69	570372.33	27.19	14259.31	
	36	678.29	863.63	632000.27	27.05	15800.01	
	40	749.71	954.56	691629.67	26.92	17290.74	

续表

直径 D/mm	壁厚 t/mm	理论重量 M/(kg/m)	截面面积 A/cm^2	惯性矩 I/cm^4	惯性半径 i/cm	截面模量 Z/cm^3	表面面积 $S/(m^2/m)$
850	10	207.16	263.76	232847.13	29.71	5478.76	2.670
	12	248.00	315.76	277443.04	29.64	6528.07	
	14	288.64	367.51	321395.75	29.57	7562.25	
	16	329.08	419.00	364711.47	29.50	8581.45	
	18	369.33	470.25	407396.40	29.43	9585.80	
	20	409.38	521.24	449456.69	29.36	10575.45	
	22	449.23	571.98	490898.45	29.30	11550.55	
	25	508.64	647.63	551914.69	29.19	12986.23	
	28	567.61	722.70	611573.40	29.09	14389.96	
	30	606.67	772.44	650601.71	29.02	15308.28	
	32	645.54	821.93	689041.67	28.95	16212.75	
	36	722.68	920.15	764180.27	28.82	17980.71	
	40	799.03	1017.36	837036.37	28.68	19694.97	
900	10	219.49	279.46	276946.78	31.48	6154.37	2.827
	12	262.79	334.60	330119.31	31.41	7335.98	
	14	305.90	389.49	382568.41	31.34	8501.52	
	16	348.81	444.12	434300.68	31.27	9651.13	
	18	391.53	498.51	485322.67	31.20	10784.95	
	20	434.04	552.64	535640.93	31.13	11903.13	
	22	476.36	606.52	585261.96	31.06	13005.82	
	25	539.47	686.88	658400.31	30.96	14631.12	
	28	602.14	766.66	730006.15	30.86	16222.36	
	30	643.67	819.54	776902.62	30.79	17264.50	
	32	685.00	872.17	823133.91	30.72	18291.86	
	36	767.07	976.67	913626.18	30.59	20302.80	
	40	848.36	1080.16	1001533.16	30.45	22256.29	
	45	948.85	1208.12	1107857.00	30.28	24619.04	
950	10	231.82	295.16	326290.32	33.25	6869.27	2.985
	12	277.59	353.44	389074.09	33.18	8191.03	
	14	323.16	411.47	451049.50	33.11	9495.78	
	16	368.54	469.24	512223.52	33.04	10783.65	
	18	413.72	526.77	572603.09	32.97	12054.80	
	20	458.70	584.04	632195.10	32.90	13309.37	
	22	503.49	641.06	691006.45	32.83	14547.50	
	25	570.30	726.13	777774.69	32.73	16374.20	
	28	636.66	810.62	862824.81	32.63	18164.73	
	30	680.66	866.64	918581.65	32.56	19338.56	
	32	724.46	922.41	973591.77	32.49	20496.67	
	36	811.46	1033.19	1081398.57	32.35	22766.29	
	40	897.68	1142.96	1186298.42	32.22	24974.70	
	45	1004.34	1278.77	1313415.62	32.05	27650.86	

续表

直径 D/mm	壁厚 t/mm	理论重量 M/(kg/m)	截面面积 A/cm^2	惯性矩 I/cm^4	惯性半径 i/cm	截面模量 Z/cm^3	表面面积 $S/(m^2/m)$
1000	10	244.15	310.86	381172.33	35.02	7623.45	3.142
	12	292.39	372.28	454660.91	34.95	9093.22	
	14	340.43	433.45	527251.48	34.88	10545.03	
	16	388.27	494.36	598951.38	34.81	11979.03	
	18	435.92	555.03	669767.92	34.74	13395.36	
	20	483.37	615.44	739708.39	34.67	14794.17	
	22	530.62	675.60	808780.05	34.60	16175.60	
	25	601.12	765.38	910774.31	34.50	18215.49	
	28	671.19	854.58	1010854.25	34.39	20217.09	
	30	717.65	913.74	1076522.61	34.32	21530.45	
	32	763.91	972.65	1141357.97	34.26	22827.16	
	36	855.85	1089.71	1268558.00	34.12	25371.16	
	40	947.00	1205.76	1392510.57	33.98	27850.21	
	45	1059.83	1349.42	1542969.41	33.81	30859.39	
	50	1171.42	1491.50	1688549.00	33.65	33770.98	
1100	12	321.98	409.96	607144.74	38.48	11039.00	3.456
	14	374.95	477.41	704467.82	38.41	12808.51	
	16	427.73	544.60	800707.53	38.34	14558.32	
	18	480.31	611.55	895871.96	38.27	16288.58	
	20	532.69	678.24	989969.13	38.20	17999.44	
	22	584.87	744.68	1083007.05	38.14	19691.04	
	25	662.78	843.88	1220595.31	38.03	22192.64	
	28	740.24	942.50	1355845.02	37.93	24651.73	
	30	791.63	1007.94	1444725.47	37.86	26267.74	
	32	842.83	1073.13	1532586.27	37.79	27865.20	
	36	944.63	1202.75	1705280.20	37.65	31005.09	
	40	1045.65	1331.36	1873989.09	37.52	34072.53	
	45	1170.80	1490.72	2079365.31	37.35	37806.64	
	50	1294.73	1648.50	2278731.00	37.18	41431.47	
	55	1417.42	1804.72	2472204.59	37.01	44949.17	
1200	12	351.57	447.64	790398.95	42.02	13173.32	3.770
	14	409.48	521.37	917516.95	41.95	15291.95	
	16	467.19	594.84	1043340.03	41.88	17389.00	
	18	524.70	668.07	1167877.03	41.81	19464.62	
	20	582.01	741.04	1291136.74	41.74	21518.95	
	22	639.13	813.76	1413127.93	41.67	23552.13	
	25	724.43	922.38	1593755.31	41.57	26562.59	
	28	809.29	1030.42	1771577.50	41.46	29526.29	
	30	865.62	1102.14	1888581.61	41.40	31476.36	
	32	921.75	1173.61	2004360.56	41.33	33406.01	
	36	1033.42	1315.79	2232277.28	41.19	37204.62	
	40	1144.29	1456.96	2455395.94	41.05	40923.27	
	45	1281.78	1632.02	2727650.29	40.88	45460.84	
	50	1418.04	1805.50	2992645.00	40.71	49877.42	
	55	1553.06	1977.42	3250510.29	40.54	54175.17	
	60	1686.85	2147.76	3501375.21	40.38	58356.25	

续表

直径 D/mm	壁厚 t/mm	理论重量 M/(kg/m)	截面面积 A/cm^2	惯性矩 I/cm^4	惯性半径 i/cm	截面模量 Z/cm^3	表面面积 S/(m^2/m)
1300	14	444.01	565.33	1169698.38	45.49	17995.36	4.084
	16	506.65	645.08	1330619.75	45.42	20471.07	
	18	569.09	724.59	1490025.38	45.35	22923.47	
	20	631.33	803.84	1647924.84	45.28	25352.69	
	22	693.38	882.84	1804327.63	45.21	27758.89	
	25	786.09	1000.88	2036146.31	45.10	31325.33	
	28	878.34	1118.34	2264650.73	45.00	34840.78	
	30	939.60	1196.34	2415161.44	44.93	37156.33	
	32	1000.67	1274.09	2564222.61	44.86	39449.58	
	36	1122.20	1428.83	2858033.70	44.72	43969.75	
	40	1242.94	1582.56	3146158.31	44.59	48402.44	
	45	1392.76	1773.32	3498429.94	44.42	53822.00	
	50	1541.34	1962.50	3842075.00	44.25	59108.85	
	55	1688.70	2150.12	4177235.48	44.08	64265.16	
	60	1834.82	2336.16	4504052.20	43.91	69293.11	
	65	1979.70	2520.64	4822664.80	43.74	74194.84	
1400	14	478.53	609.29	1464311.64	49.02	20918.74	4.398
	16	546.10	695.32	1666317.56	48.95	23804.54	
	20	680.66	866.64	2065047.01	48.81	29500.67	
	22	747.64	951.92	2261791.12	48.74	32311.30	
	25	847.74	1079.38	2553660.31	48.64	36480.86	
	28	947.40	1206.26	2841663.75	48.54	40595.20	
	30	1013.59	1290.54	3031535.34	48.47	43307.65	
	32	1079.58	1374.57	3219714.18	48.40	45995.92	
	36	1210.98	1541.87	3591033.94	48.26	51300.48	
	40	1341.59	1708.16	3955703.40	48.12	56510.05	
	45	1503.73	1914.62	4402309.88	47.95	62890.14	
	50	1664.65	2119.50	4838805.00	47.78	69125.79	
	55	1824.33	2322.82	5265342.54	47.61	75219.18	
	60	1982.78	2524.56	5682075.11	47.44	81172.50	
	65	2140.00	2724.74	6089154.13	47.27	86987.92	
	70	2295.99	2923.34	6486729.84	47.11	92667.57	
1500	16	585.56	745.56	2054204.36	52.49	27389.39	4.712
	18	657.87	837.63	2301720.88	52.42	30689.61	
	20	729.98	929.44	2547216.87	52.35	33962.89	
	22	801.89	1021.00	2790703.36	52.28	37209.38	
	25	909.39	1157.88	3152189.31	52.18	42029.19	
	28	1016.45	1294.18	3509215.60	52.07	46789.54	
	30	1087.57	1384.74	3744773.73	52.00	49930.32	
	32	1158.50	1475.05	3978377.03	51.93	53045.03	
	36	1299.76	1654.91	4439762.50	51.80	59196.83	
	40	1440.23	1833.76	4893458.41	51.66	65246.11	
	45	1614.71	2055.92	5449895.69	51.49	72665.28	
	50	1787.96	2276.50	5994619.00	51.32	79928.25	
	55	1959.97	2495.52	6527793.89	51.14	87037.25	
	60	2130.75	2712.96	7049584.74	50.98	93994.46	
	65	2300.30	2928.84	7560154.77	50.81	100802.06	
	70	2468.62	3143.14	8059666.01	50.64	107462.21	

续表

直径 D/mm	壁厚 t/mm	理论重量 M/(kg/m)	截面面积 A/cm^2	惯性矩 I/cm^4	惯性半径 i/cm	截面模量 Z/cm^3	表面面积 $S/(m^2/m)$
1600	16	625.02	795.80	2498051.01	56.03	31225.64	5.027
	18	702.26	894.15	2799752.50	55.96	34996.91	
	20	779.30	992.24	3099148.01	55.89	38739.35	
	22	856.15	1090.08	3396249.31	55.82	42453.12	
	25	971.05	1236.38	3837625.31	55.71	47970.32	
	28	1085.50	1382.10	4273905.32	55.61	53423.82	
	30	1161.56	1478.94	4561946.99	55.54	57024.34	
	32	1237.42	1575.53	4847752.91	55.47	60596.91	
	36	1388.54	1767.95	5412703.84	55.33	67658.80	
	40	1538.88	1959.36	5968850.53	55.19	74610.63	
	45	1725.69	2197.22	6651792.99	55.02	83147.41	
	50	1911.27	2433.50	7321301.00	54.85	91516.26	
	55	2095.61	2668.22	7977551.91	54.68	99719.40	
	60	2278.72	2901.36	8620721.89	54.51	107759.02	
	65	2460.60	3132.94	9250985.94	54.34	115637.32	
	70	2641.25	3362.94	9868517.87	54.17	123356.47	
	80	2998.84	3818.24	11066074.73	53.84	138325.93	
1700	18	746.65	950.67	3364896.36	59.49	39587.02	5.341
	20	828.63	1055.04	3725554.02	59.42	43830.05	
	22	910.40	1159.16	4083613.92	59.35	48042.52	
	25	1032.70	1314.88	4615860.31	59.25	54304.24	
	28	1154.55	1470.02	5142331.94	59.15	60498.02	
	30	1235.54	1573.14	5490125.53	59.08	64589.71	
	32	1316.33	1676.01	5835383.59	59.01	68651.57	
	36	1477.32	1880.99	6518342.44	58.87	76686.38	
	40	1637.52	2084.96	7191306.98	58.73	84603.61	
	45	1836.67	2338.52	8018607.37	58.56	94336.56	
	50	2034.57	2590.50	8830635.00	58.39	103889.82	
	55	2231.25	2840.92	9627579.01	58.21	113265.64	
	60	2426.69	3089.76	10409627.37	58.04	122466.20	
	65	2620.90	3337.04	11176966.83	57.87	131493.73	
	70	2813.88	3582.74	11929783.01	57.70	140350.39	
	80	3196.13	4069.44	13392581.99	57.37	157559.79	
1800	18	791.04	1007.19	4001394.70	63.03	44459.94	5.655
	20	877.95	1117.84	4431148.52	62.96	49234.98	
	22	964.66	1228.24	4857982.17	62.89	53977.58	
	25	1094.35	1393.38	5492786.31	62.79	61030.96	
	28	1223.60	1557.94	6121094.52	62.68	68012.16	
	30	1309.53	1667.34	6536379.76	62.61	72626.44	
	32	1395.25	1776.49	6948810.82	62.54	77209.01	
	36	1566.10	1994.03	7765162.80	62.40	86279.59	
	40	1736.17	2210.56	8570254.95	62.27	95225.06	
	45	1947.64	2479.82	9560944.42	62.09	106232.72	
	50	2157.88	2747.50	10534405.00	61.92	117048.94	
	55	2366.89	3013.62	11490837.60	61.75	127675.97	
	60	2574.66	3278.16	12430441.96	61.58	138116.02	
	65	2781.20	3541.14	13353416.64	61.41	148371.30	
	70	2986.51	3802.54	14259959.02	61.24	158443.99	
	80	3393.42	4320.64	16024530.53	60.90	178050.34	
	90	3795.40	4832.46	17725711.98	60.56	196952.36	

续表

直径 D/mm	壁厚 t/mm	理论重量 M/(kg/m)	截面面积 A/cm²	惯性矩 I/cm⁴	惯性半径 i/cm	截面模量 Z/cm³	表面面积 S/(m²/m)
1900	20	927.27	1180.64	5220645.09	66.50	54954.16	5.969
	22	1018.91	1297.32	5724539.00	66.43	60258.31	
	25	1156.01	1471.88	6474295.31	66.32	68150.48	
	28	1292.66	1645.86	7216792.08	66.22	75966.23	
	30	1383.51	1761.54	7707780.06	66.15	81134.53	
	32	1474.17	1876.97	8195576.37	66.08	86269.22	
	36	1654.89	2107.07	9161649.38	65.94	96438.41	
	40	1834.82	2336.16	10115121.64	65.80	106474.96	
	45	2058.62	2621.12	11289409.76	65.63	118835.89	
	50	2281.19	2904.50	12444395.00	65.46	130993.63	
	55	2502.53	3186.32	13580290.06	65.28	142950.42	
	60	2722.63	3466.56	14697306.47	65.11	154708.49	
	65	2941.50	3745.24	15795654.57	64.94	166270.05	
	70	3159.14	4022.34	16875543.52	64.77	177637.30	
	80	3590.71	4571.84	18980774.76	64.43	199797.63	
	90	4017.36	5115.06	21014649.95	64.10	221206.84	
2000	20	976.60	1243.44	6098757.35	70.03	60987.57	6.283
	22	1073.17	1366.40	6688469.38	69.96	66884.69	
	25	1217.66	1550.38	7566279.31	69.86	75662.79	
	28	1361.71	1733.78	8436023.67	69.75	84360.24	
	30	1457.49	1855.74	9011396.85	69.68	90113.97	
	32	1553.08	1977.45	9583222.00	69.62	95832.22	
	36	1743.67	2220.11	10716286.67	69.48	107162.87	
	40	1933.46	2461.76	11835334.25	69.34	118353.34	
	45	2169.60	2762.42	13214608.97	69.16	132146.09	
	50	2404.50	3061.50	14572389.00	68.99	145723.89	
	55	2638.16	3359.02	15908898.81	68.82	159088.99	
	60	2870.60	3654.96	17224361.70	68.65	172243.62	
	65	3101.80	3949.34	18518999.81	68.48	185190.00	
	70	3331.77	4242.14	19793034.09	68.31	197930.34	
	80	3788.01	4823.04	22280169.06	67.97	222801.69	
	90	4239.31	5397.66	24687510.64	67.63	246875.11	
	100	4685.69	5966.00	27016784.00	67.29	270167.84	
2200	22	1181.68	1504.56	8929190.64	77.04	81174.46	6.911
	25	1340.97	1707.38	10105240.31	76.93	91865.82	
	28	1499.81	1909.62	11271485.10	76.83	102468.05	
	30	1605.46	2044.14	12043561.45	76.76	109486.92	
	32	1710.92	2178.41	12811320.53	76.69	116466.55	
	36	1921.23	2446.19	14333951.29	76.55	130308.65	
	40	2130.75	2712.96	15839506.02	76.41	143995.51	
	45	2391.55	3045.02	17697631.45	76.24	160887.56	
	50	2651.11	3375.50	19529525.00	76.06	177541.14	
	55	2909.44	3704.42	21335434.73	75.89	193958.50	
	60	3166.54	4031.76	23115607.53	75.72	210141.89	
	65	3422.40	4357.54	24870289.07	75.55	226093.54	
	70	3677.03	4681.74	26599723.89	75.38	241815.67	
	80	4182.59	5325.44	29983825.51	75.04	272580.23	
	90	4683.22	5962.86	33269844.97	74.70	302453.14	

续表

直径 D/mm	壁厚 t/mm	理论重量 M/(kg/m)	截面面积 A/cm^2	惯性矩 I/cm^4	惯性半径 i/cm	截面模量 Z/cm^3	表面面积 $S/(m^2/m)$
2500	25	1525.93	1942.88	14889544.31	87.54	119116.35	7.854
	28	1706.97	2173.38	16616158.46	87.44	132929.27	
	30	1827.42	2326.74	17760191.97	87.37	142081.54	
	32	1947.67	2479.85	18898612.89	87.30	151188.90	
	36	2187.57	2785.31	21158690.53	87.16	169269.52	
	40	2426.69	3089.76	23396538.09	87.02	187172.30	
	45	2724.48	3468.92	26162809.25	86.85	209302.47	
	50	3021.03	3846.50	28894859.00	86.67	231158.87	
	55	3316.36	4222.52	31592970.73	86.50	252743.77	
	60	3610.44	4596.96	34257426.66	86.33	274059.41	
	65	3903.30	4969.84	36888507.85	86.15	295108.06	
	70	4194.92	5341.14	39486494.17	85.98	315891.95	
	80	4774.47	6079.04	44584295.78	85.64	356674.37	
	90	5349.08	6810.66	49553046.88	85.30	396424.38	
	100	5918.76	7536.00	54394944.00	84.96	435159.55	
2800	28	1914.13	2437.14	23428986.24	98.05	167349.90	8.796
	30	2049.37	2609.34	25048572.40	97.98	178918.37	
	32	2184.42	2781.29	26661080.99	97.91	190436.29	
	36	2453.92	3124.43	29864948.05	97.77	213321.06	
	40	2722.63	3466.56	33040752.23	97.63	236005.37	
	45	3057.41	3892.82	36971294.38	97.45	264080.67	
	50	3390.96	4317.50	40858565.00	97.28	291846.89	
	55	3723.27	4740.62	44702882.84	97.11	319306.31	
	60	4054.35	5162.16	48504565.48	96.93	346461.18	
	65	4384.20	5582.14	52263929.32	96.76	373313.78	
	70	4712.81	6000.54	55981289.58	96.59	399866.35	
	80	5366.34	6832.64	63291254.37	96.24	452080.39	
	90	6014.94	7658.46	70436958.06	95.90	503121.13	
	100	6658.61	8478.00	77420880.00	95.56	553006.29	
3000	30	2197.34	2797.74	30874959.09	105.05	205833.06	9.425
	32	2342.25	2982.25	32867269.71	104.98	219115.13	
	36	2631.48	3350.51	36827534.06	104.84	245516.89	
	40	2919.92	3717.76	40755469.93	104.70	271703.13	
	45	3279.36	4175.42	45620196.53	104.53	304134.64	
	50	3637.57	4631.50	50435029.00	104.35	336233.53	
	55	3994.55	5086.02	55200309.65	104.18	368002.06	
	60	4350.29	5538.96	59916379.62	104.01	399442.53	
	65	4704.80	5990.34	64583578.89	103.83	430557.19	
	70	5058.07	6440.14	69202246.25	103.66	461348.31	
	80	5760.93	7335.04	78295334.50	103.32	521968.90	
	90	6458.85	8223.66	87198331.12	102.97	581322.21	
	100	7151.84	9106.00	95913904.00	102.63	639426.03	
	110	7839.89	9982.06	104444702.19	102.29	696298.01	
	120	8523.01	10851.84	112793355.88	101.95	751955.71	

21.2.6 结构用无缝钢管规格及截面特性（GB/T 8162—2018）

《结构用无缝钢管》GB/T 8162—2018 对钢管外径和壁厚，要求应符合《无缝钢管尺寸、外形、重量及允许偏差》GB/T 17395—2008 的规定。据此，为方便使用，表 21.2-14 按钢结构设计习惯摘录了其中部分常用规格并计算截面特性。

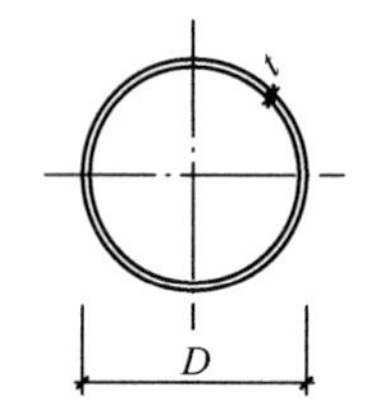

D——钢管外径
t——钢管壁厚
I——截面惯性矩
W——截面模量
i——截面回转半径

结构用无缝钢管规格及截面特性（按 GB/T 17395—2008 计算） **表 21.2-14**

尺寸		截面面积	每米重量	截面特性			尺寸		截面面积	每米重量	截面特性		
D (mm)	t (mm)	(cm²)	(kg/m)	I (cm⁴)	W (cm³)	i (cm)	D (mm)	t (mm)	(cm²)	(kg/m)	I (cm⁴)	W (cm³)	i (cm)
32	2.5	2.32	1.82	2.54	1.59	1.05	54	3.0	4.81	3.77	15.68	5.81	1.81
	3.0	2.73	2.15	2.90	1.82	1.03		3.5	5.55	4.36	17.79	6.59	1.79
	3.5	3.13	2.46	3.23	2.02	1.02		4.0	6.28	4.93	19.76	7.32	1.77
	4.0	3.52	2.76	3.52	2.20	1.00		4.5	7.00	5.49	21.61	8.00	1.76
38	2.5	2.79	2.19	4.41	2.32	1.26		5.0	7.70	6.04	23.34	8.64	1.74
	3.0	3.30	2.59	5.09	2.68	1.24		5.5	8.38	6.58	24.96	9.24	1.73
	3.5	3.79	2.98	5.70	3.00	1.23		6.0	9.05	7.10	26.46	9.80	1.71
	4.0	4.27	3.35	6.26	3.29	1.21	57	3.0	5.09	4.00	18.61	6.53	1.91
42	2.5	3.10	2.44	6.07	2.89	1.40		3.5	5.88	4.62	21.14	7.42	1.90
	3.0	3.68	2.89	7.03	3.35	1.38		4.0	6.66	5.23	23.52	8.25	1.88
	3.5	4.23	3.32	7.91	3.77	1.37		4.5	7.42	5.83	25.76	9.04	1.86
	4.0	4.78	3.75	8.71	4.15	1.35		5.0	8.17	6.41	27.86	9.78	1.85
45	2.5	3.34	2.62	7.56	3.36	1.51		5.5	8.90	6.99	29.84	10.47	1.83
	3.0	3.96	3.11	8.77	3.90	1.49		6.0	9.61	7.55	31.69	11.12	1.82
	3.5	4.56	3.58	9.89	4.40	1.47	60	3.0	5.37	4.22	21.88	7.29	2.02
	4.0	5.15	4.04	10.93	4.86	1.46		3.5	6.21	4.88	24.88	8.29	2.00
48	2.5	3.57	2.81	9.28	3.86	1.61		4.0	7.04	5.52	27.73	9.24	1.98
	3.0	4.24	3.33	10.78	4.49	1.59		4.5	7.85	6.16	30.41	10.14	1.97
	3.5	4.89	3.84	12.19	5.08	1.58		5.0	8.64	6.78	32.94	10.98	1.95
	4.0	5.53	4.34	13.49	5.62	1.56		5.5	9.42	7.39	35.32	11.77	1.94
50	2.5	3.73	2.93	10.55	4.22	1.68		6.0	10.18	7.99	37.56	12.52	1.92
	3.0	4.43	3.48	12.28	4.91	1.67	63.5	3.0	5.70	4.48	26.15	8.24	2.14
	3.5	5.11	4.01	13.90	5.56	1.65		3.5	6.60	5.18	29.79	9.38	2.12
	4.0	5.78	4.54	15.41	6.16	1.63		4.0	7.48	5.87	33.24	10.47	2.11
	4.5	6.43	5.05	16.81	6.72	1.62		4.5	8.34	6.55	36.50	11.50	2.09
	5.0	7.07	5.55	18.11	7.25	1.60		5.0	9.19	7.21	39.60	12.47	2.08

续表

尺寸		截面面积	每米重量	截面特性			尺寸		截面面积	每米重量	截面特性		
D (mm)	t (mm)	(cm^2)	(kg/m)	I (cm^4)	W (cm^3)	i (cm)	D (mm)	t (mm)	(cm^2)	(kg/m)	I (cm^4)	W (cm^3)	i (cm)
63.5	5.5	10.02	7.87	42.52	13.39	2.06	80	3.5	8.41	6.60	61.66	15.42	2.71
	6.0	10.84	8.51	45.28	14.26	2.04		4.0	9.55	7.50	69.15	17.29	2.69
65	3.0	5.84	4.59	28.14	8.66	2.19		4.5	10.67	8.38	76.32	19.08	2.67
	3.5	6.76	5.31	32.07	9.87	2.18		5.0	11.78	9.25	83.20	20.80	2.66
	4.0	7.67	6.02	35.81	11.02	2.16		5.5	12.87	10.11	89.79	22.45	2.64
	4.5	8.55	6.71	39.35	12.11	2.14		6.0	13.95	10.95	96.11	24.03	2.62
	5.0	9.42	7.40	42.71	13.14	2.13		6.5	15.01	11.78	102.15	25.54	2.61
	5.5	10.28	8.07	45.88	14.12	2.11		7.0	16.05	12.60	107.92	26.98	2.59
	6.0	11.12	8.73	48.89	15.04	2.10	83	3.5	8.74	6.86	69.19	16.67	2.81
68	3.0	6.13	4.81	32.42	9.54	2.30		4.0	9.93	7.79	77.64	18.71	2.80
	3.5	7.09	5.57	36.99	10.88	2.28		4.5	11.10	8.71	85.76	20.67	2.78
	4.0	8.04	6.31	41.34	12.16	2.27		5.0	12.25	9.62	93.56	22.54	2.76
	4.5	8.98	7.05	45.47	13.37	2.25		5.5	13.39	10.51	101.04	24.35	2.75
	5.0	9.90	7.77	49.41	14.53	2.23		6.0	14.51	11.39	108.22	26.08	2.73
	5.5	10.80	8.48	53.14	15.63	2.22		6.5	15.62	12.26	115.10	27.74	2.71
	6.0	11.69	9.17	56.68	16.67	2.20		7.0	16.71	13.12	121.69	29.32	2.70
70	3.0	6.31	4.96	35.50	10.14	2.37	85	3.5	8.96	7.03	74.54	17.54	2.88
	3.5	7.31	5.74	40.53	11.58	2.35		4.0	10.18	7.99	83.68	19.69	2.87
	4.0	8.29	6.51	45.33	12.95	2.34		4.5	11.38	8.93	92.47	21.76	2.85
	4.5	9.26	7.27	49.89	14.26	2.32		5.0	12.57	9.86	100.92	23.75	2.83
	5.0	10.21	8.01	54.24	15.50	2.30		5.5	13.74	10.78	109.04	25.66	2.82
	5.5	11.14	8.75	58.38	16.68	2.29		6.0	14.89	11.69	116.84	27.49	2.80
	6.0	12.06	9.47	62.31	17.80	2.27		6.5	16.03	12.58	124.32	29.25	2.78
73	3.0	6.60	5.18	40.48	11.09	2.48		7.0	17.15	13.47	131.50	30.94	2.77
	3.5	7.64	6.00	46.26	12.67	2.46	89	3.5	9.40	7.38	86.05	19.34	3.03
	4.0	8.67	6.81	51.78	14.19	2.44		4.0	10.68	8.38	96.68	21.73	3.01
	4.5	9.68	7.60	57.04	15.63	2.43		4.5	11.95	9.38	106.92	24.03	2.99
	5.0	10.68	8.38	62.07	17.01	2.41		5.0	13.19	10.36	116.79	26.24	2.98
	5.5	11.66	9.16	66.87	18.32	2.39		5.5	14.43	11.33	126.29	28.38	2.96
	6.0	12.63	9.91	71.43	19.57	2.38		6.0	15.65	12.28	135.43	30.43	2.94
76	3.0	6.88	5.40	45.91	12.08	2.58		6.5	16.85	13.22	144.22	32.41	2.93
	3.5	7.97	6.26	52.50	13.82	2.57		7.0	18.03	14.16	152.67	34.31	2.91
	4.0	9.05	7.10	58.81	15.48	2.55	95	3.5	10.06	7.90	105.45	22.20	3.24
	4.5	10.11	7.93	64.85	17.07	2.53		4.0	11.44	8.98	118.60	24.97	3.22
	5.0	11.15	8.75	70.62	18.59	2.52		4.5	12.79	10.04	131.31	27.64	3.20
	5.5	12.18	9.56	76.14	20.04	2.50		5.0	14.14	11.10	143.58	30.23	3.19
	6.0	13.19	10.36	81.41	21.42	2.48		5.5	15.46	12.14	155.43	32.72	3.17

续表

尺寸		截面面积	每米重量	截面特性			尺寸		截面面积	每米重量	截面特性		
D (mm)	t (mm)	(cm^2)	(kg/m)	I (cm^4)	W (cm^3)	i (cm)	D (mm)	t (mm)	(cm^2)	(kg/m)	I (cm^4)	W (cm^3)	i (cm)
95	6.0	16.78	13.17	166.86	35.13	3.15	127	6.5	24.61	19.32	447.92	70.54	4.27
	6.5	18.07	14.19	177.89	37.45	3.14		7.0	26.39	20.72	476.63	75.06	4.25
	7.0	19.35	15.19	188.51	39.69	3.12		7.5	28.16	22.10	504.58	79.46	4.23
102	3.5	10.83	8.50	131.52	25.79	3.48		8.0	29.91	23.48	531.80	83.75	4.22
	4.0	12.32	9.67	148.09	29.04	3.47	133	4.0	16.21	12.73	337.53	50.76	4.56
	4.5	13.78	10.82	164.14	32.18	3.45		4.5	18.17	14.26	375.42	56.45	4.55
	5.0	15.24	11.96	179.68	35.23	3.43		5.0	20.11	15.78	412.40	62.02	4.53
	5.5	16.67	13.09	194.72	38.18	3.42		5.5	22.03	17.29	448.50	67.44	4.51
	6.0	18.10	14.21	209.28	41.03	3.40		6.0	23.94	18.79	483.72	72.74	4.50
	6.5	19.50	15.31	223.35	43.79	3.38		6.5	25.83	20.28	518.07	77.91	4.48
	7.0	20.89	16.40	236.96	46.46	3.37		7.0	27.71	21.75	551.58	82.94	4.46
114	4.0	13.82	10.85	209.35	36.73	3.89		7.5	29.57	23.21	584.25	87.86	4.45
	4.5	15.48	12.15	232.41	40.77	3.87		8.0	31.42	24.66	616.11	92.65	4.43
	5.0	17.12	13.44	254.81	44.70	3.86	140	4.5	19.16	15.04	440.12	62.87	4.79
	5.5	18.75	14.72	276.58	48.52	3.84		5.0	21.21	16.65	483.76	69.11	4.78
	6.0	20.36	15.98	297.73	52.23	3.82		5.5	23.24	18.24	526.40	75.20	4.76
	6.5	21.95	17.23	318.26	55.84	3.81		6.0	25.26	19.83	568.06	81.15	4.74
	7.0	23.53	18.47	338.19	59.33	3.79		6.5	27.26	21.40	608.76	86.97	4.73
	7.5	25.09	19.70	357.53	62.73	3.77		7.0	29.25	22.96	648.51	92.64	4.71
	8.0	26.64	20.91	376.30	66.02	3.76		7.5	31.22	24.51	687.32	98.19	4.69
121	4.0	14.70	11.54	251.87	41.63	4.14		8.0	33.18	26.04	725.21	103.60	4.68
	4.5	16.47	12.93	279.83	46.25	4.12		9.0	37.04	29.08	798.29	114.04	4.64
	5.0	18.22	14.30	307.05	50.75	4.11		10	40.84	32.06	867.86	123.98	4.61
	5.5	19.96	15.67	333.54	55.13	4.09	146	4.5	20.00	15.70	501.16	68.65	5.01
	6.0	21.68	17.02	359.32	59.39	4.07		5.0	22.15	17.39	551.10	75.49	4.99
	6.5	23.38	18.35	384.40	63.54	4.05		5.5	24.28	19.06	599.95	82.19	4.97
	7.0	25.07	19.68	408.80	67.57	4.04		6.0	26.39	20.72	647.73	88.73	4.95
	7.5	26.74	20.99	432.51	71.49	4.02		6.5	28.49	22.36	694.44	95.13	4.94
	8.0	28.40	22.29	455.57	75.30	4.01		7.0	30.57	24.00	740.12	101.39	4.92
127	4.0	15.46	12.13	292.61	46.08	4.35		7.5	32.63	25.62	784.77	107.50	4.90
	4.5	17.32	13.59	325.29	51.23	4.33		8.0	34.68	27.23	828.41	113.48	4.89
	5.0	19.16	15.04	357.14	56.24	4.32		9.0	38.74	30.41	912.71	125.03	4.85
	5.5	20.99	16.48	388.19	61.13	4.30		10	42.73	33.54	993.16	136.05	4.82
	6.0	22.81	17.90	418.44	65.90	4.28	152	4.5	20.85	16.37	567.61	74.69	5.22

续表

尺寸		截面面积	每米重量	截面特性			尺寸		截面面积	每米重量	截面特性		
D (mm)	t (mm)	(cm²)	(kg/m)	I (cm⁴)	W (cm³)	i (cm)	D (mm)	t (mm)	(cm²)	(kg/m)	I (cm⁴)	W (cm³)	i (cm)
152	5.0	23.09	18.13	624.43	82.16	5.20	194	5.0	29.69	23.31	1326.54	136.76	6.68
	5.5	25.31	19.87	680.06	89.48	5.18		5.5	32.57	25.57	1447.86	149.26	6.67
	6.0	27.52	21.60	734.52	96.65	5.17		6.0	35.44	27.82	1567.21	161.57	6.65
	6.5	29.71	23.32	787.82	103.66	5.15		6.5	38.29	30.06	1684.61	173.67	6.63
	7.0	31.89	25.03	839.99	110.52	5.13		7.0	41.12	32.28	1800.08	185.57	6.62
	7.5	34.05	26.73	891.03	117.24	5.12		7.5	43.94	34.50	1913.64	197.28	6.60
	8.0	36.19	28.41	940.97	123.81	5.10		8.0	46.75	36.70	2025.31	208.79	6.58
	9.0	40.43	31.74	1037.59	136.53	5.07		9.0	52.31	41.06	2243.08	231.25	6.55
	10	44.61	35.02	1129.99	148.68	5.03		10	57.81	45.38	2453.55	252.94	6.51
159	4.5	21.84	17.15	652.27	82.05	5.46		12	68.61	53.86	2853.25	294.15	6.45
	5.0	24.19	18.99	717.88	90.30	5.45	203	6.0	37.13	29.15	1803.07	177.64	6.97
	5.5	26.52	20.82	782.18	98.39	5.43		6.5	40.13	31.50	1938.81	191.02	6.95
	6.0	28.84	22.64	845.19	106.31	5.41		7.0	43.10	33.84	2072.43	204.18	6.93
	6.5	31.14	24.45	906.92	114.08	5.40		7.5	46.06	36.16	2203.94	217.14	6.92
	7.0	33.43	26.24	967.41	121.69	5.38		8.0	49.01	38.47	2333.37	229.89	6.90
	7.5	35.70	28.02	1026.65	129.14	5.36		9.0	54.85	43.06	2586.08	254.79	6.87
	8.0	37.95	29.79	1084.67	136.44	5.35		10	60.63	47.60	2830.72	278.89	6.83
	9.0	42.41	33.29	1197.12	150.58	5.31		12	72.01	56.52	3296.49	324.78	6.77
	10	46.81	36.75	1304.88	164.14	5.28		14	83.13	65.25	3732.07	367.69	6.70
168	4.5	23.11	18.14	772.96	92.02	5.78		16	94.00	73.79	4138.78	407.76	6.64
	5.0	25.60	20.10	851.14	101.33	5.77	219	6.0	40.15	31.52	2278.74	208.10	7.53
	5.5	28.08	22.04	927.85	110.46	5.75		6.5	43.39	34.06	2451.64	223.89	7.52
	6.0	30.54	23.97	1003.12	119.42	5.73		7.0	46.62	36.60	2622.04	239.46	7.50
	6.5	32.98	25.89	1076.95	128.21	5.71		7.5	49.83	39.12	2789.96	254.79	7.48
	7.0	35.41	27.79	1149.36	136.83	5.70		8.0	53.03	41.63	2955.43	269.90	7.47
	7.5	37.82	29.69	1220.38	145.28	5.68		9.0	59.38	46.61	3279.12	299.46	7.43
	8.0	40.21	31.57	1290.01	153.57	5.66		10	65.66	51.54	3593.29	328.15	7.40
	9.0	44.96	35.29	1425.22	169.67	5.63		12	78.04	61.26	4193.81	383.00	7.33
	10	49.64	38.97	1555.13	185.13	5.60		14	90.16	70.78	4758.50	434.57	7.26
180	5.0	27.49	21.58	1053.17	117.02	6.19		16	102.04	80.10	5288.81	483.00	7.20
	5.5	30.15	23.67	1148.79	127.64	6.17	245	6.5	48.70	38.23	3465.46	282.89	8.44
	6.0	32.80	25.75	1242.72	138.08	6.16		7.0	52.34	41.09	3709.06	302.78	8.42
	6.5	35.43	27.81	1335.00	148.33	6.14		7.5	55.96	43.93	3949.52	322.41	8.40
	7.0	38.04	29.87	1425.63	158.40	6.12		8.0	59.56	46.76	4186.87	341.79	8.38
	7.5	40.64	31.91	1514.64	168.29	6.10		9.0	66.73	52.38	4652.32	379.78	8.35
	8.0	43.23	33.93	1602.04	178.00	6.09		10	73.83	57.95	5105.63	416.79	8.32
	9.0	48.35	37.95	1772.12	196.90	6.05		12	87.84	68.95	5976.67	487.89	8.25
	10	53.41	41.92	1936.01	215.11	6.02		14	101.60	79.76	6801.68	555.24	8.18
	12	63.33	49.72	2245.84	249.54	5.95		16	115.11	90.36	7582.30	618.96	8.12

续表

尺寸		截面面积	每米重量	截面特性		
D (mm)	t (mm)	(cm²)	(kg/m)	I (cm⁴)	W (cm³)	i (cm)
273	6.5	54.42	42.72	4834.18	354.15	9.43
	7.0	58.50	45.92	5177.30	379.29	9.41
	7.5	62.56	49.11	5516.47	404.14	9.39
	8.0	66.60	52.28	5851.71	428.70	9.37
	9.0	74.64	58.60	6510.56	476.96	9.34
	10	82.62	64.86	7154.09	524.11	9.31
	12	98.39	77.24	8396.14	615.10	9.24
	14	113.91	89.42	9579.75	701.81	9.17
	16	129.18	101.41	10706.8	784.38	9.10
299	7.5	68.68	53.92	7300.02	488.30	10.31
	8.0	73.14	57.41	7747.42	518.22	10.29
	9.0	82.00	64.37	8628.09	577.13	10.26
	10	90.79	71.27	9490.15	634.79	10.22
	12	108.20	84.93	11159.5	746.46	10.16
	14	125.35	98.40	12757.6	853.35	10.09
	16	142.25	111.67	14286.5	955.62	10.02
325	7.5	74.81	58.73	9431.80	580.42	11.23
	8.0	79.67	62.54	10013.9	616.24	11.21
	9.0	89.35	70.14	11161.3	686.85	11.18
	10	98.96	77.68	12286.5	756.09	11.14
	12	118.00	92.63	14471.4	890.55	11.07
	14	136.78	107.38	16571.0	1019.75	11.01
	16	155.32	121.93	18587.4	1143.84	10.94
351	8.0	86.21	67.67	12684.4	722.76	12.13
	9.0	96.70	75.91	14147.6	806.13	12.10
	10	107.13	84.10	15584.6	888.01	12.06
	12	127.80	100.32	18381.6	1047.39	11.99
	14	148.22	116.35	21077.9	1201.02	11.93
	16	168.39	132.19	23675.8	1349.05	11.86
	18	188.31	147.82	26177.7	1491.61	11.79
402	9.0	111.12	87.23	21463.9	1067.85	13.90
	10	123.15	96.67	23670.1	1177.62	13.86
	12	147.03	115.42	27979.9	1392.03	13.80
	14	170.65	133.96	32155.0	1599.75	13.73
	16	194.02	152.31	36198.2	1800.91	13.66
	18	217.15	170.46	40112.5	1995.64	13.59
	20	240.02	188.41	43900.4	2184.10	13.52

尺寸		截面面积	每米重量	截面特性		
D (mm)	t (mm)	(cm²)	(kg/m)	I (cm⁴)	W (cm³)	i (cm)
450	9.0	124.69	97.88	30324.9	1347.77	15.59
	10	138.23	108.51	33469.0	1487.51	15.56
	12	165.12	129.62	39626.8	1761.19	15.49
	14	191.76	150.53	45613.7	2027.27	15.42
	16	218.15	171.25	51432.7	2285.90	15.35
	18	244.29	191.77	57087.0	2537.20	15.29
	20	270.18	212.09	62579.7	2781.32	15.22
	22	295.81	232.21	67914.1	3018.40	15.15
480	9.0	133.17	104.54	36942.3	1539.26	16.66
	10	147.65	115.91	40789.7	1699.57	16.62
	12	176.43	138.50	48335.3	2013.97	16.55
	14	204.96	160.89	55684.9	2320.20	16.48
	16	233.23	183.09	62842.0	2618.42	16.41
	18	261.25	205.09	69809.9	2908.75	16.35
	20	289.03	226.89	76592.0	3191.33	16.28
	22	316.55	248.49	83191.7	3466.32	16.21
500	9.0	138.83	108.98	41849.7	1673.99	17.36
	10	153.94	120.84	46219.9	1848.80	17.33
	12	183.97	144.42	54797.8	2191.91	17.26
	14	213.75	167.80	63162.2	2526.49	17.19
	16	243.28	190.98	71316.5	2852.66	17.12
	18	272.56	213.96	79264.5	3170.58	17.05
	20	301.59	236.75	87009.6	3480.38	16.99
	22	330.37	259.34	94555.2	3782.21	16.92
610	9.0	169.93	133.39	76740.2	2516.07	21.25
	10	188.50	147.97	84846.6	2781.85	21.22
	12	225.44	176.97	100814	3305.37	21.15
	14	262.13	205.78	116457	3818.27	21.08
	16	298.58	234.38	131781	4320.70	21.01
	18	334.77	262.79	146791	4812.81	20.94
	20	370.71	291.01	161490	5294.74	20.87
	22	406.40	319.02	175882	5766.63	20.80
660	10	204.20	160.30	107871	3268.80	22.98
	12	244.29	191.77	128267	3886.88	22.91
	14	284.13	223.04	148282	4493.40	22.84
	16	323.71	254.11	167921	5088.52	22.78
	18	363.04	284.99	187188	5672.37	22.71

尺寸		截面面积	每米重量	截面特性			尺寸		截面面积	每米重量	截面特性		
D (mm)	*t* (mm)	(cm²)	(kg/m)	*I* (cm⁴)	*W* (cm³)	*i* (cm)	*D* (mm)	*t* (mm)	(cm²)	(kg/m)	*I* (cm⁴)	*W* (cm³)	*i* (cm)
660	20	402.12	315.67	206088	6245.11	22.64	813	32	785.15	616.34	599641	14751.3	27.64
	22	440.95	346.15	224626	6806.86	22.57		34	832.08	653.18	632379	15556.7	27.57
	25	498.73	391.50	251764	7629.21	22.47		36	878.77	689.83	664594	16349.2	27.50
	28	555.94	436.41	278113	8427.66	22.37		38	925.20	726.28	696292	17129.0	27.43
720	12	266.91	209.52	167288	4646.90	25.04		40	971.38	762.53	727478	17896.1	27.37
	14	310.52	243.75	193541	5376.14	24.97		45	1085.73	852.30	803239	19759.9	27.20
	16	353.87	277.79	219342	6092.84	24.90		48	1153.59	905.57	847212	20841.6	27.10
	18	396.97	311.62	244697	6797.15	24.83	914	25	698.22	548.10	690317	15105.4	31.44
	20	439.82	345.26	269611	7489.21	24.76		28	779.37	611.80	765513	16750.8	31.34
	22	482.42	378.70	294090	8169.16	24.69		30	833.15	654.02	814775	17828.8	31.27
	25	545.85	428.49	330001	9166.71	24.59		32	886.68	696.05	863350	18891.7	31.20
	28	608.71	477.84	364961	10137.8	24.49		34	939.96	737.87	911244	19939.7	31.14
	30	650.31	510.49	387747	10770.8	24.42		36	992.99	779.50	958463	20972.9	31.07
	32	691.65	542.95	410123	11392.3	24.35		38	1045.77	820.93	1005014	21991.6	31.00
762	20	466.21	365.98	321083	8427.37	26.24		40	1098.30	862.17	1050904	22995.7	30.93
	22	511.45	401.49	350398	9196.8	26.17		42	1150.58	903.20	1096137	23985.5	30.87
	25	578.84	454.39	393461	10327.1	26.07		45	1228.52	964.39	1162772	25443.6	30.76
	28	645.66	506.84	435449	11429.1	25.97		48	1305.90	1025.13	1227968	26870.2	30.66
	30	689.89	541.57	462853	12148.4	25.90		50	1357.17	1065.38	1270642	27804.0	30.60
	32	733.88	576.09	489793	12855.4	25.83	1016	25	778.33	610.99	956086	18820.6	35.05
	34	777.61	610.42	516273	13550.5	25.77		28	869.09	682.24	1061298	20891.7	34.95
	36	821.09	644.55	542299	14233.6	25.70		30	929.28	729.49	1130352	22251.0	34.88
	38	864.31	678.49	567877	14904.9	25.63		32	989.22	776.54	1198545	23593.4	34.81
	40	907.29	712.22	593011	15564.6	25.57		34	1048.91	823.40	1265883	24919.0	34.74
	45	1013.63	795.70	653939	17163.8	25.40		36	1108.35	870.06	1332374	26227.8	34.67
	48	1076.69	845.20	689214	18089.6	25.30		38	1167.54	916.52	1398026	27520.2	34.60
813	20	498.26	391.13	391909	9641.1	28.05		40	1226.48	962.79	1462845	28796.2	34.54
	22	546.70	429.16	427905	10526.6	27.98		42	1285.16	1008.85	1526838	30055.9	34.47
	25	618.89	485.83	480856	11829.2	27.87		45	1372.72	1077.58	1621294	31915.2	34.37
	28	690.52	542.06	532573	13101.4	27.77		48	1459.71	1145.87	1713933	33738.8	34.27
	30	737.96	579.30	566374	13932.9	27.70		50	1517.39	1191.15	1774693	34934.9	34.20

21.2.7 建筑结构用冷弯薄壁型钢规格及截面特性（JG/T 380—2012）

一、JL-JD 冷弯等边角钢规格及截面特性

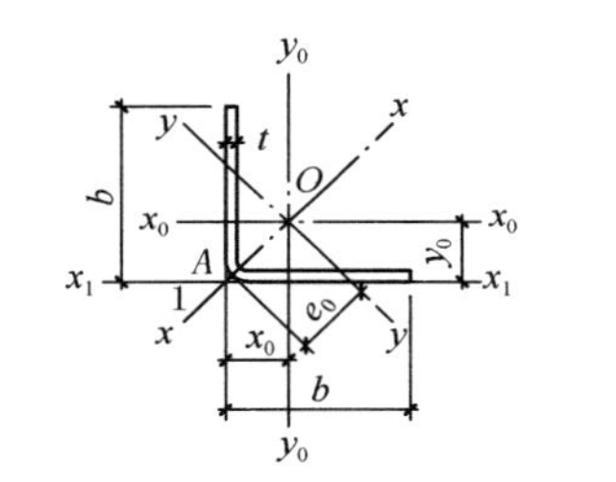

b——边长

t——截面厚度

x_0——对 y_0 轴的重心距

y_0——对 x_0 轴的重心距

e_0——重心至弯心的距离

1——弯心

JL-JD 冷弯等边角钢规格及截面特性 表 21.2-15

尺寸 mm		截面面积 cm²	每米质量 kg/m	y_0 cm	x_0-x_0				x-x		y-y		x_1-x_1	e_0 cm	I_t cm⁴
h	t				I_{x0} cm⁴	i_{x0} cm	W_{x0max} cm³	W_{x0min} cm³	I_x cm⁴	i_x cm	I_y cm⁴	i_y cm	I_{x1} cm⁴		
50	2.0	1.92	1.50	1.35	4.83	1.59	3.57	1.33	7.85	2.02	1.82	0.97	8.35	1.67	0.026
50	2.2	2.10	1.65	1.36	5.28	1.59	3.86	1.45	8.58	2.02	1.97	0.97	9.19	1.66	0.034
50	2.5	2.37	1.86	1.38	5.92	1.58	4.29	1.64	9.66	2.02	2.19	0.96	10.45	1.64	0.049
60	2.2	2.54	1.99	1.61	9.24	1.91	5.73	2.11	14.99	2.43	3.50	1.17	15.86	2.01	0.041
60	2.5	2.87	2.25	1.63	10.41	1.90	6.38	2.38	16.90	2.43	3.91	1.17	18.04	2.00	0.060
60	3.0	3.41	2.68	1.66	12.29	1.90	7.41	2.83	20.03	2.42	4.54	1.15	21.66	1.97	0.102
70	2.5	3.37	2.65	1.88	16.71	2.23	8.89	3.26	27.09	2.83	6.34	1.37	28.63	2.35	0.070
70	3.0	4.01	3.15	1.91	19.78	2.22	10.38	3.88	32.15	2.83	7.41	1.36	34.37	2.32	0.120
70	3.5	4.65	3.65	1.93	22.76	2.21	11.77	4.49	37.10	2.83	8.42	1.35	40.13	2.30	0.190
80	3.0	4.61	3.62	2.16	29.83	2.54	13.84	5.11	48.39	3.24	11.28	1.56	51.28	2.68	0.138
80	3.5	5.35	4.20	2.18	34.39	2.54	15.75	5.91	55.91	3.23	12.87	1.55	59.86	2.65	0.218

续表

尺寸 mm		截面面积	每米质量	y_0	x_0-x_0				x-x		y-y		x_1-x_1	e_0	I_t
h	t	cm^2	kg/m	cm	I_{x0} cm^4	i_{x0} cm	W_{x0max} cm^3	W_{x0min} cm^3	I_x cm^4	i_x cm	I_y cm^4	i_y cm	I_{x1} cm^4	cm	cm^4
80	4.0	6.07	4.76	2.21	38.83	2.53	17.57	6.71	63.30	3.23	14.36	1.54	68.46	2.63	0.321
80	4.5	6.78	5.32	2.24	43.15	2.52	19.29	7.49	70.53	3.23	15.78	1.53	77.08	2.60	0.458
90	3.5	6.05	4.75	2.43	49.43	2.86	20.32	7.53	80.20	3.64	18.65	1.76	85.20	3.00	0.247
90	4.0	6.87	5.39	2.46	55.89	2.85	22.73	8.54	90.89	3.64	20.88	1.74	97.42	2.98	0.366
90	4.5	7.68	6.03	2.49	62.20	2.85	25.02	9.55	101.39	3.63	23.01	1.73	109.67	2.96	0.518
90	5.0	8.48	6.66	2.51	68.36	2.84	27.20	10.54	111.70	3.63	25.08	1.72	121.93	2.93	0.707
100	4.0	7.67	6.02	2.71	77.32	3.18	28.5	10.60	125.52	4.05	29.12	1.95	133.58	3.33	0.409
100	4.5	8.58	6.74	2.74	86.15	3.17	31.50	11.88	140.14	4.04	32.16	1.94	150.35	3.31	0.579
100	5.0	9.48	7.44	2.76	94.80	3.16	34.32	13.10	154.53	4.04	35.07	1.92	167.15	3.29	0.790
100	5.5	10.37	8.14	2.79	103.26	3.16	37.02	14.32	168.68	4.03	37.84	1.91	183.97	3.26	1.046
120	4.5	10.38	8.15	3.23	151.04	3.81	46.70	17.23	244.95	4.86	57.12	2.35	259.62	4.01	0.701
120	5.0	11.48	9.01	3.26	166.48	3.81	51.05	19.05	270.45	4.85	62.51	2.33	288.57	3.99	0.957
120	5.5	12.57	9.87	3.29	181.66	3.80	55.25	20.85	295.61	4.85	67.71	2.32	317.57	3.97	1.268
120	6.0	13.65	10.72	3.31	196.58	3.79	59.30	22.63	320.43	4.84	72.72	2.31	346.60	3.94	1.638
150	4.5	13.08	10.27	3.98	299.24	4.78	75.13	27.16	483.89	6.08	114.60	2.96	506.77	5.07	0.883
150	5.0	14.48	11.37	4.01	330.39	4.78	82.40	30.06	534.95	6.08	125.84	2.95	563.22	5.05	1.027
150	5.5	15.87	12.46	4.04	361.12	4.77	89.47	32.94	585.47	6.07	136.78	2.94	619.70	5.05	1.601
150	6.0	17.25	13.54	4.06	391.44	4.76	96.35	35.75	635.47	6.07	147.42	2.93	676.24	5.02	2.070

二、JL-JB冷弯不等边角钢规格及截面特性

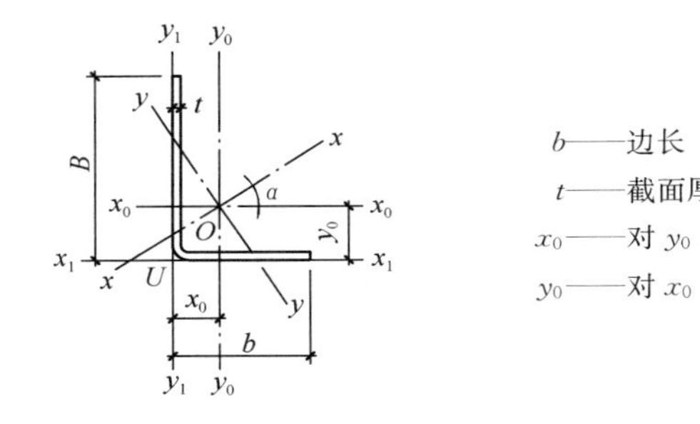

b——边长

t——截面厚度

x_0——对 y_0 轴的重心距

y_0——对 x_0 轴的重心距

JL-JB冷弯不等边角钢规格及截面特性 **表 21.2-16**

尺寸 mm			截面面积 cm²	每米质量 kg/m	x_0 cm	y_0 cm	x_0-x_0				y_0-y_0				$x-x$		$y-y$		I_t cm⁴	tgα
B	b	t					I_{x0} cm⁴	i_{x0} cm	W_{x0max} cm³	W_{x0min} cm³	I_{y0} cm⁴	i_{y0} cm	W_{y0max} cm³	W_{y0min} cm³	I_x cm⁴	i_x cm	I_y cm⁴	i_y cm		
50	30	2.0	1.53	1.20	1.67	0.65	4.061	1.63	2.424	0.934	1.164	0.87	1.784	0.496	4.577	1.73	0.640	0.65	0.0257	0.3886
50	30	2.2	1.67	1.31	1.69	0.66	4.428	1.63	2.626	1.021	1.267	0.87	1.915	0.542	4.493	1.73	0.702	0.65	0.0340	0.3893
50	30	2.5	1.88	1.48	1.70	0.68	1.964	1.62	2.914	1.148	1.417	0.87	2.099	0.609	5.602	1.72	0.779	0.64	0.0497	0.3904
60	40	2.2	2.11	1.66	1.92	0.90	8.079	1.96	4.209	1.584	3.006	1.19	3.340	0.97	9.482	2.12	1.602	0.87	0.0411	0.4655
60	40	2.5	2.38	1.87	1.94	0.91	9.084	1.95	4.692	1.786	3.374	1.19	3.693	1.093	10.671	2.12	1.787	0.87	0.0601	0.4664
60	40	3.0	2.83	2.22	1.96	0.94	10.707	1.94	5.452	2.115	3.967	1.18	4.235	1.295	12.598	2.11	2.077	0.86	0.1030	0.4680
70	40	2.5	2.63	2.07	2.37	0.84	13.817	2.29	5.832	2.243	3.516	1.16	4.190	1.112	15.334	2.41	2.009	0.87	0.0705	0.3572
70	40	3.0	3.13	2.46	2.40	0.86	16.314	2.28	6.802	2.658	4.137	1.15	4.802	1.318	18.108	2.40	2.342	0.86	0.1210	0.3584
70	40	3.5	3.62	2.84	2.43	0.88	18.722	2.27	7.712	3.061	4.733	1.14	5.362	1.519	20.801	2.40	2.654	0.86	0.1908	0.3597
80	50	3.0	3.73	2.93	2.63	1.10	24.469	2.61	9.692	3.689	8.081	1.47	7.369	2.070	29.111	2.79	4.439	1.09	0.1390	0.4162
80	50	3.5	4.32	3.39	2.66	1.12	29.310	2.60	11.035	4.260	9.278	1.47	8.287	2.391	33.534	2.79	5.054	1.08	0.2194	0.4173

续表

尺寸 mm			截面面积 cm^2	每米质量 kg/m	x_0 cm	y_0 cm	x_0-x_0				y_0-y_0				x-x		y-y		I_t cm^4	tgα
B	b	t					I_{x0} cm^4	i_{x0} cm	W_{x0max} cm^3	W_{x0min} cm^3	I_{y0} cm^4	i_{y0} cm	W_{y0max} cm^3	W_{y0min} cm^3	I_x cm^4	i_x cm	I_y cm^4	i_y cm		
80	50	4.0	4.90	3.85	2.68	1.14	33.038	2.60	12.307	1.818	10.434	1.46	9.133	2.705	37.837	2.78	5.635	1.07	0.3255	0.4186
80	50	4.5	5.47	4.30	2.71	1.17	36.652	2.59	13.509	5.363	11.551	1.45	9.910	3.012	42.021	2.77	6.182	1.06	0.4606	0.4198
90	60	3.5	5.02	3.94	2.89	1.36	43.175	2.93	14.937	5.650	16.051	1.79	11.811	3.458	50.694	3.18	8.532	1.30	0.2480	0.4659
90	60	4.0	5.70	4.48	2.92	1.38	48.762	2.92	16.71	6.401	18.096	1.78	16.094	3.919	57.311	3.17	9.457	1.29	0.3681	0.4669
90	60	4.5	6.37	5.00	2.95	1.41	54.206	2.92	18.399	7.137	20.082	1.78	14.292	4.371	63.776	3.16	10.512	1.28	0.5213	0.4680
90	60	5.0	7.04	5.52	2.97	1.43	59.508	2.91	20.008	7.859	22.011	1.77	15.409	4.815	70.089	3.16	11.430	1.27	0.7113	0.4691
100	70	4.0	6.50	5.10	3.16	1.62	68.717	3.25	21.775	8.204	28.790	2.10	17.726	5.355	82.623	3.56	14.883	1.51	0.4108	0.5083
100	70	4.5	7.27	5.74	3.18	1.65	76.503	3.24	24.033	9.159	32.008	2.10	19.430	5.980	92.077	3.56	16.435	1.50	0.5821	0.5092
100	70	5.0	8.04	6.31	3.21	1.67	84.114	3.24	26.198	10.099	35.146	2.09	21.037	6.595	101.341	3.55	1.7920	1.49	0.7946	0.5101
100	70	5.5	8.79	6.90	3.24	1.69	91.550	3.23	28.270	11.022	38.205	2.09	22.553	7.200	110.416	3.54	19.339	1.48	1.0525	0.5111
120	80	4.5	8.62	6.77	3.84	1.80	131.968	3.91	34.325	12.944	49.083	2.39	27.203	7.922	154.914	4.24	26.138	1.74	0.7036	0.4656
120	80	5.0	9.45	7.49	3.87	1.83	145.339	3.90	37.533	14.287	54.984	2.38	29.542	8.746	170.736	4.23	28.588	1.73	0.9613	0.4664
120	80	5.5	10.44	8.19	3.90	1.85	158.456	3.90	40.628	15.612	58.779	2.37	31.765	9.558	186.285	4.22	30.949	1.72	1.2743	0.4672
120	80	6.0	11.33	8.89	3.93	1.87	171.318	3.89	43.613	16.918	63.470	2.37	33.876	10.360	201.564	4.22	33.224	1.71	1.6477	0.4680
150	120	4.5	11.77	9.24	4.40	2.88	278.839	4.87	63.396	22.999	162.25	3.71	56.411	17.783	363.245	5.55	77.844	2.57	0.8858	0.6480
150	120	5.0	13.04	10.23	4.42	2.90	307.813	4.86	69.571	25.439	179.01	3.71	61.732	19.671	401.300	5.55	85.520	2.56	1.2113	0.6485
150	120	5.5	14.29	11.22	4.45	2.92	336.391	4.85	75.583	27.855	195.52	3.70	66.881	21.540	438.903	5.54	93.003	2.55	1.6071	0.6490
150	120	6.0	15.53	12.19	4.48	2.95	364.574	4.84	81.436	30.247	211.78	3.69	71.863	23.393	476.058	5.54	100.30	2.54	2.0797	0.6495

三、JL-JJ 冷弯等边卷边角钢规格及截面特性

a——卷边高度

b——边长

t——截面厚度

x_0——对 y_0 轴的重心距

y_0——对 x_0 轴的重心距

e_0——重心至弯心的距离

1——弯心

JL-JJ 冷弯等边卷边角钢规格及截面特性 表 21.2-17

尺寸 mm			截面面积 cm^2	每米质量 kg/m	y_0 cm	x_0-x_0				x-x		y-y		x_1-x_1	e_0 cm	I_t cm^4	I_ω cm^6	k $\times 10^3$ cm^{-1}	W_ω cm^4
h	b	t				I_{x0} cm^4	i_{x0} cm	W_{x0max} cm^3	W_{x0min} cm^3	I_x cm^4	i_x cm	I_y cm^4	i_y cm	I_{x1} cm^4					
50	15	2.0	2.38	1.87	1.65	7.51	1.78	4.55	2.24	11.31	2.18	3.70	1.25	13.96	2.63	0.032	5.90	4.55	1.06
50	15	2.2	2.59	2.03	1.65	8.08	1.77	4.89	2.141	12.18	2.17	3.98	1.24	15.14	2.61	0.042	6.23	5.08	1.14
50	15	2.5	2.90	2.28	1.65	8.88	1.75	5.37	2.66	13.40	2.15	4.37	1.23	16.83	2.59	0.060	6.66	5.91	1.24
60	15	2.2	3.03	2.38	1.90	13.48	2.11	7.11	3.29	20.69	2.61	6.28	1.44	24.40	2.92	0.049	9.41	4.47	1.41
60	15	2.5	3.40	2.67	1.90	14.90	2.09	7.84	3.63	22.87	2.59	6.92	1.43	27.19	2.90	0.071	10.12	5.19	1.54
60	15	3.0	4.00	3.14	1.91	17.04	2.06	8.94	4.16	26.20	2.56	7.89	1.40	31.57	2.86	0.120	11.04	6.46	1.75
70	20	2.5	4.15	3.26	2.28	25.81	2.49	11.31	5.47	39.09	3.07	12.53	1.74	47.36	3.62	0.086	35.47	3.06	3.37
70	20	3.0	4.90	3.85	2.28	29.80	2.47	13.05	6.32	45.16	3.04	14.44	1.72	55.35	3.58	0.147	39.61	3.78	3.87
70	20	3.5	5.62	4.41	2.29	33.41	2.44	14.59	7.09	50.68	3.00	16.15	1.70	62.86	3.54	0.229	42.88	4.54	4.31
80	20	3.0	5.50	4.32	2.53	43.38	2.81	17.14	7.93	66.57	3.48	20.20	1.92	78.60	3.89	0.165	53.61	3.44	4.52
80	20	3.5	6.32	4.96	2.54	48.86	2.78	19.27	8.94	75.03	3.45	22.69	1.90	89.49	3.85	0.258	58.34	4.12	5.05

续表

尺寸 mm			截面面积 cm^2	每米质量 kg/m	y_0 cm	x_0-x_0				x-x		y-y		x_1-x_1	e_0 cm	I_t cm^4	I_ω cm^6	k $\times 10^3$ cm^{-1}	W_ω cm^4
h	b	t				I_{x0} cm^4	i_{x0} cm	W_{x0max} cm^3	W_{x0min} cm^3	I_x cm^4	i_x cm	I_y cm^4	i_y cm	I_{x1} cm^4					
80	20	4.0	7.11	5.58	2.54	53.86	2.75	21.20	9.87	82.79	3.41	24.94	1.87	99.76	3.81	0.379	62.03	4.85	5.52
80	20	4.5	7.87	6.18	2.55	58.41	2.72	22.94	10.71	89.86	3.38	26.96	1.85	109.44	3.77	0.531	64.76	5.62	5.94
90	20	3.5	7.02	5.51	2.78	68.30	3.12	24.54	10.99	105.81	3.88	30.80	2.10	122.66	4.16	0.287	76.44	3.80	5.80
90	20	4.0	7.91	6.21	2.79	75.57	3.09	27.11	12.16	117.17	3.85	33.96	2.07	137.02	4.12	0.422	81.63	4.46	6.36
90	20	4.5	8.77	6.89	2.79	82.24	3.06	29.45	13.25	127.64	3.81	36.84	2.05	150.63	4.08	0.592	85.63	5.16	6.85
90	20	5.0	9.61	7.54	2.80	88.34	3.03	31.59	14.24	137.25	3.78	39.44	2.03	163.49	4.04	0.801	88.56	5.90	7.29
100	25	4.0	9.11	7.15	3.17	111.40	3.50	35.19	16.30	170.99	4.33	51.81	2.39	202.71	4.84	0.486	212.21	2.97	11.57
100	25	4.5	10.12	7.94	3.17	121.82	3.47	38.41	17.84	187.11	4.30	56.53	2.36	223.61	4.80	0.683	225.66	3.41	12.58
100	25	5.0	11.11	8.72	3.18	131.50	3.44	41.40	19.27	202.13	4.27	60.88	2.34	243.56	4.76	0.926	236.61	3.88	13.49
100	25	5.5	12.06	9.47	3.18	140.47	3.41	44.15	20.60	216.07	4.23	64.87	2.32	262.58	4.72	1.216	245.23	4.37	14.31
120	25	4.5	11.92	9.36	3.67	204.85	4.15	55.88	24.58	318.66	5.17	91.03	2.76	365.02	5.43	0.805	343.09	3.00	15.57
120	25	5.0	13.11	10.29	3.67	222.07	4.12	60.51	26.66	345.71	5.14	98.43	2.74	398.59	5.39	1.029	361.63	3.41	16.75
120	25	5.5	14.26	11.20	3.67	238.25	4.09	64.84	28.62	371.17	5.10	105.32	3.72	430.81	5.35	1.438	376.93	3.83	17.83
120	25	6.0	15.39	12.08	3.68	253.39	4.06	68.88	30.45	395.09	5.07	111.70	2.69	461.70	5.31	1.847	389.20	4.27	18.81

四、JL-CD冷弯等边槽钢规格及截面特性

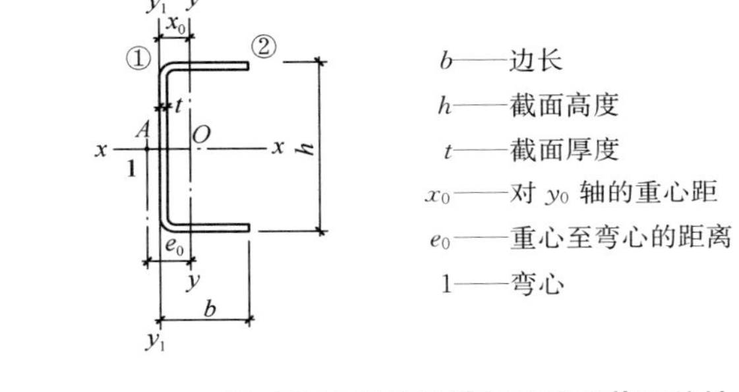

b——边长
h——截面高度
t——截面厚度
x_0——对 y_0 轴的重心距
e_0——重心至弯心的距离
1——弯心

JL-CD冷弯等边槽钢规格及截面特性 表 21.2-18

尺寸 mm			截面面积 cm^2	每米质量 kg/m	x_0 cm	x-x			y-y				y_1-y_1	e_0 cm	I_t cm^4	I_ω cm^6	k $\times 10^2$ cm^{-1}	$W_{\omega 1}$ cm^4	$W_{\omega 2}$ cm^4
h	b	t				I_x cm^4	i_x cm	W_x cm^3	I_y cm^4	i_y cm	W_{ymax} cm^3	W_{ymin} cm^3	I_{y1} cm^4						
60	25	2.0	2.05	1.61	0.86	10.73	2.29	3.58	1.20	0.76	1.80	0.65	2.10	1.45	0.027	6.57	4.00	3.03	1.52
60	25	2.5	2.52	1.98	0.69	12.86	2.26	4.29	1.44	0.76	2.10	0.80	2.63	1.45	0.052	7.55	5.17	3.69	1.81
60	25	3.0	2.97	2.33	0.71	14.78	2.23	4.93	1.67	0.75	2.35	0.94	3.18	1.44	0.089	8.27	6.43	4.30	2.05
80	30	2.0	2.65	2.08	0.74	24.49	3.04	6.12	2.19	0.91	2.97	0.97	3.62	1.67	0.035	22.33	2.47	6.39	3.10
80	30	2.5	3.27	2.57	0.76	29.63	3.01	7.41	2.66	0.90	3.50	1.19	4.54	1.67	0.068	26.23	3.16	7.87	3.73
80	30	3.0	3.87	3.03	0.78	34.40	2.98	8.60	3.10	0.90	3.96	1.40	5.47	1.66	0.116	29.46	3.89	9.28	4.29
100	40	2.0	3.45	2.71	0.98	51.47	3.86	10.29	5.23	1.23	5.32	1.73	8.56	2.29	0.046	85.36	1.44	13.75	7.04
100	40	2.5	4.27	3.35	1.01	62.76	3.83	12.55	6.40	1.22	6.36	2.14	10.72	2.29	0.089	101.96	1.83	16.99	8.56
100	40	3.0	5.07	3.98	1.03	73.43	3.81	14.69	7.51	1.22	7.30	2.53	12.89	2.29	0.152	116.67	2.24	20.13	9.97
120	40	2.5	4.77	3.74	0.91	96.90	4.51	16.15	6.75	1.19	7.39	2.19	10.73	2.12	0.099	159.17	1.55	23.41	10.71
120	40	3.0	5.67	4.45	0.94	113.70	4.48	18.95	7.93	1.18	8.47	2.59	12.91	2.11	0.170	183.04	1.89	27.87	12.52
120	40	3.5	6.54	5.14	0.96	129.66	4.45	21.61	9.07	1.18	9.45	2.98	15.10	2.11	0.267	204.27	2.24	32.23	14.21

续表

尺寸 mm			截面面积 cm^2	每米质量 kg/m	x_0 cm	x-x			y-y				y_1-y_1	e_0 cm	I_t cm^4	I_ω cm^6	k $\times 10^2$ cm^{-1}	$W_{\omega 1}$ cm^4	$W_{\omega 2}$ cm^4
h	b	t				I_x cm^4	i_x cm	W_x cm^3	I_y cm^4	i_y cm	W_{ymax} cm^3	W_{ymin} cm^3	I_{y1} cm^4						
140	50	2.5	5.77	4.53	1.16	164.22	5.34	23.46	13.19	1.51	11.41	3.43	20.91	2.73	0.120	428.34	1.04	40.81	19.73
140	50	3.0	6.87	5.39	1.18	193.45	5.31	27.64	15.57	1.51	13.20	4.08	25.12	2.73	0.206	496.90	1.26	48.64	23.19
140	50	3.5	7.94	6.24	1.20	220.51	5.28	31.64	17.87	1.50	14.86	4.71	29.36	2.72	0.324	559.76	1.49	56.32	26.48
160	60	3.0	8.07	6.33	1.42	303.38	6.13	37.92	26.98	1.83	18.94	5.90	43.34	3.35	0.242	1136.69	0.90	77.76	38.55
160	60	3.5	9.34	7.34	1.45	348.36	6.11	43.55	31.04	1.82	21.44	6.82	50.62	3.35	0.382	1288.32	1.07	90.13	44.19
160	60	4.0	10.61	8.33	1.47	391.80	6.08	48.97	34.98	1.82	23.78	7.72	57.93	3.34	0.566	1429.12	1.23	102.30	49.59
180	70	3.0	9.27	7.27	1.67	448.28	6.96	49.81	42.91	2.15	25.69	8.05	68.76	3.97	0.278	2306.00	0.68	116.63	59.45
180	70	3.5	10.74	8.43	1.69	515.81	6.93	57.31	49.46	2.15	29.20	9.32	80.29	3.97	0.439	2624.84	0.80	135.31	68.33
180	70	4.0	12.21	9.58	1.72	581.35	6.90	64.59	55.84	2.14	32.51	10.57	91.84	3.96	0.651	2924.89	0.93	153.71	76.89
200	70	3.5	11.44	8.98	1.60	661.88	7.60	66.19	50.98	2.11	31.84	9.44	80.31	3.79	0.467	3386.50	0.73	162.38	77.68
200	70	4.0	13.01	10.21	1.62	746.64	7.58	74.66	57.58	2.10	35.45	10.71	91.89	3.79	0.694	3779.37	0.84	184.74	87.50
200	70	4.5	14.55	11.42	1.65	829.00	7.55	82.90	64.02	2.10	38.86	11.96	103.50	3.78	0.982	4149.44	0.95	206.83	96.97
200	70	5.0	16.07	12.62	1.67	909.00	7.52	90.90	70.29	2.09	42.07	13.19	115.15	3.78	1.339	4496.78	1.07	228.63	106.10
220	70	4.5	15.45	12.13	1.56	1042.18	8.21	94.74	65.75	2.06	42.02	12.10	103.56	3.62	1.043	5235.49	0.88	245.19	109.00
220	70	5.0	17.07	13.40	1.59	1143.62	8.18	103.97	72.21	2.06	45.49	13.34	115.23	3.62	1.423	5681.52	0.98	271.44	119.36
220	70	5.5	18.68	14.66	1.61	1242.28	8.16	112.93	78.52	2.05	48.76	14.57	126.96	3.61	1.883	6100.45	1.09	297.40	129.35
220	70	6.0	20.26	15.91	1.63	1338.17	8.13	121.65	84.68	2.04	51.84	15.78	138.75	3.61	2.431	6192.42	1.20	323.05	138.95
250	75	4.5	17.25	13.54	1.61	1488.25	9.29	119.06	82.71	2.19	51.44	14.04	127.31	3.78	1.164	8644.89	0.72	335.86	145.25
250	75	5.0	19.07	14.97	1.63	1635.24	9.26	130.82	90.93	2.18	55.76	15.49	141.65	3.78	1.589	9406.00	0.81	372.28	159.31
250	75	5.5	20.88	16.39	1.65	1778.64	9.23	142.29	98.97	2.18	59.86	16.93	156.05	3.77	2.105	10127.14	0.89	408.44	172.93
250	75	6.0	22.66	17.79	1.68	1918.50	9.20	153.48	106.83	2.17	63.73	18.34	170.51	3.77	2.719	10808.44	0.98	444.30	186.11

五、JL-CN冷弯内卷边槽钢规格及截面特性

a——卷边高度
b——边长
h——截面高度
t——截面厚度
x_0——对 y_0 轴的重心距
e_0——重心至弯心的距离
1——弯心

JL-CN冷弯内卷边槽钢规格及截面特性 表21.2-19

尺寸 mm				截面面积 cm^2	每米质量 kg/m	x_0 cm	x-x			y-y				y_1-y_1	e_0 cm	I_t cm^4	I_ω cm^6	k $\times 10^2$ cm^{-1}	$W_{\omega 1}$ cm^4	$W_{\omega 2}$ cm^4
h	b	a	t				I_x cm^4	i_x cm	W_x cm^3	I_y cm^4	i_y cm	W_{ymax} cm^3	W_{ymin} cm^3	I_{y1} cm^4						
120	50	20	1.50	3.73	2.93	1.72	83.54	4.73	13.92	13.97	1.93	8.12	4.26	25.02	4.18	0.028	476.43	0.475	33.35	34.53
120	50	20	1.80	4.44	3.48	1.72	98.53	4.71	16.42	16.34	1.92	9.51	4.98	29.44	4.14	0.048	552.24	0.578	39.49	40.29
120	50	20	2.00	4.90	3.85	1.72	108.22	4.70	18.04	17.84	1.91	10.39	5.43	32.29	4.11	0.065	599.33	0.648	43.47	43.92
120	50	20	2.20	5.36	4.21	1.72	117.66	4.69	19.61	19.28	1.90	11.24	5.87	35.05	4.09	0.086	643.73	0.719	47.38	47.40
120	50	20	2.50	6.04	4.74	1.71	131.36	4.67	21.89	21.34	1.88	12.46	6.49	39.05	4.05	0.126	705.35	0.828	53.08	52.31
120	50	20	2.75	6.59	5.17	1.71	142.36	4.65	23.73	22.95	1.87	13.41	6.98	42.24	4.02	0.166	752.25	0.921	57.68	56.13
120	50	20	3.00	7.13	5.60	1.71	152.98	4.63	25.50	24.47	1.85	14.32	7.44	45.30	3.98	0.214	795.17	1.017	62.15	59.71
140	50	20	1.50	4.03	3.17	1.60	119.95	5.45	17.14	14.72	1.91	9.21	4.33	25.02	3.94	0.030	644.05	0.425	40.34	38.36
140	50	20	1.80	4.80	3.77	1.60	141.67	5.43	20.24	17.22	1.89	10.79	5.06	29.45	3.91	0.052	747.53	0.516	47.82	44.84
140	50	20	2.00	5.30	4.16	1.59	155.73	5.42	22.25	18.81	1.88	11.79	5.52	32.29	3.88	0.071	812.03	0.579	52.70	18.95
140	50	20	2.20	5.80	4.55	1.59	169.46	5.41	24.21	20.33	1.87	12.76	5.97	35.06	3.85	0.094	873.01	0.642	57.49	52.89
140	50	20	2.50	6.54	5.13	1.59	189.44	5.38	27.06	22.50	1.86	14.14	6.60	39.06	3.82	0.136	957.98	0.739	64.50	58.49

续表

尺寸 mm				截面面积 cm^2	每米质量 kg/m	x_0 cm	x-x			y-y				y_1-y_1	e_0 cm	I_t cm^4	I_ω cm^6	k $\times 10^2$ cm^{-1}	$W_{\omega1}$ cm^4	$W_{\omega2}$ cm^4
h	b	a	t				I_x cm^4	i_x cm	W_x cm^3	I_y cm^4	i_y cm	W_{ymax} cm^3	W_{ymin} cm^3	I_{y1} cm^4						
140	50	20	2.75	7.14	5.60	1.59	205.53	5.37	29.36	24.21	1.84	15.23	7.10	42.25	3.78	0.180	1022.95	0.823	70.19	62.87
140	50	20	3.00	7.73	6.07	1.59	221.12	5.35	31.59	25.82	1.83	16.26	7.57	45.32	3.75	0.232	1082.73	0.908	75.72	67.00
160	60	20	1.50	4.63	3.64	1.86	183.28	6.29	22.91	23.63	2.26	12.68	5.71	39.72	4.60	0.035	1284.08	0.323	60.11	53.32
160	60	20	1.80	5.52	4.33	1.86	216.92	6.27	27.12	27.73	2.24	14.90	6.70	46.85	4.56	0.060	1496.70	0.391	71.36	62.48
160	60	20	2.00	6.10	4.79	1.86	238.80	6.26	29.85	30.35	2.23	16.32	7.33	51.46	4.54	0.081	1630.59	0.438	78.72	68.32
160	60	20	2.20	6.68	5.24	1.86	260.25	6.24	32.53	32.89	2.22	17.70	7.94	55.95	4.51	0.108	1758.29	0.486	85.96	73.95
160	60	20	2.50	7.54	5.92	1.86	291.60	6.22	36.45	36.52	2.20	19.69	8.81	62.47	4.47	0.157	1938.40	0.558	96.59	81.99
160	60	20	3.00	8.93	7.01	1.85	341.69	6.19	42.71	42.16	2.17	22.77	10.16	72.76	4.40	0.268	2208.76	0.683	113.71	94.36
180	70	20	2.00	6.90	5.42	2.12	346.73	7.09	38.53	45.67	2.57	21.54	9.36	76.72	5.18	0.092	2997.10	0.344	112.00	92.50
180	70	20	2.20	7.56	5.93	2.12	378.28	7.07	42.03	49.57	2.56	23.39	10.16	83.51	5.16	0.122	3239.06	0.381	122.39	100.26
180	70	20	2.50	8.54	5.70	2.12	424.58	7.05	47.18	55.19	2.54	26.08	11.30	93.41	5.12	0.178	3583.21	0.437	137.68	111.41
180	70	20	2.75	9.34	7.33	2.11	462.20	7.04	51.36	59.68	2.53	28.23	12.21	101.39	5.08	0.235	3853.04	0.485	150.17	120.26
180	70	20	3.00	10.13	7.95	2.11	498.96	7.02	55.44	63.98	2.51	30.31	13.09	109.14	5.05	0.304	4107.70	0.533	162.41	128.71
200	70	20	2.00	7.30	5.73	2.01	443.49	7.79	44.35	47.22	2.54	23.49	9.46	76.73	4.97	0.097	3756.12	0.316	130.25	101.81
200	70	20	2.20	8.00	6.28	2.01	474.05	7.78	48.40	51.25	2.53	25.52	10.27	83.52	4.95	0.129	4061.32	0.350	142.42	110.43
200	70	20	2.50	9.04	7.09	2.01	543.62	7.76	54.36	57.07	2.51	28.45	11.43	93.42	4.91	0.188	4496.18	0.401	160.35	122.83
200	70	20	2.75	9.89	7.76	2.00	592.09	7.74	59.21	61.71	2.50	30.80	12.35	101.41	4.87	0.249	4837.81	0.445	175.01	132.70
200	70	20	3.00	10.73	8.42	2.00	639.52	7.72	63.95	66.17	2.48	33.06	13.24	109.16	4.84	0.322	5160.89	0.490	189.41	142.14
220	75	20	2.00	7.90	6.20	2.09	578.62	8.56	52.60	57.47	2.70	27.53	10.62	91.90	5.20	0.105	5437.02	0.273	163.05	122.30

续表

尺寸 mm				截面面积 cm^2	每米质量 kg/m	x_0 cm	x-x			y-y				y_1-y_1	e_0 cm	I_t cm^4	I_ω cm^6	k $\times10^2$ cm^{-1}	$W_{\omega1}$ cm^4	$W_{\omega2}$ cm^4
h	b	a	t				I_x cm^4	i_x cm	W_x cm^3	I_y cm^4	i_y cm	W_{ymax} cm^3	W_{ymin} cm^3	I_{y1} cm^4						
220	75	20	2.20	8.66	6.80	2.09	631.90	8.54	57.45	62.42	2.68	29.93	11.53	100.09	5.17	0.140	5885.13	0.302	178.35	132.76
220	75	20	2.50	9.79	7.68	2.08	710.29	8.52	64.57	69.58	2.67	33.40	12.87	112.04	5.13	0.204	6526.05	0.347	200.95	147.86
220	75	20	2.75	10.71	8.41	2.08	774.21	8.50	70.38	75.31	2.65	36.19	13.90	121.69	5.09	0.270	7031.86	0.384	219.46	159.91
220	75	25	3.00	11.93	9.37	2.21	859.84	8.49	78.17	88.95	2.73	40.23	16.82	147.29	5.39	0.358	8766.29	0.396	259.81	210.34
250	75	20	2.20	9.32	7.32	1.95	854.16	9.57	68.33	64.82	2.64	33.31	11.67	100.10	4.90	0.150	7803.12	0.272	216.91	150.39
250	75	20	2.50	10.54	8.27	1.94	960.75	9.55	76.86	72.25	2.62	37.18	13.00	112.05	4.86	0.219	8659.44	0.312	244.63	167.66
250	75	20	2.75	11.54	9.06	1.94	1047.78	9.53	83.82	78.21	2.60	40.27	14.07	121.71	4.82	0.291	9336.60	0.346	267.38	181.47
250	75	25	3.00	12.83	10.07	2.07	1164.73	9.53	93.18	92.52	2.69	44.77	17.03	147.31	5.11	0.385	11535.70	0.358	313.60	235.88
280	80	20	2.20	10.20	8.01	1.99	1160.80	10.67	82.91	78.42	2.77	39.48	13.04	118.67	5.05	0.165	11715.40	0.232	279.80	184.40
280	80	20	2.50	11.54	9.06	1.98	1306.74	10.64	93.34	87.51	2.75	44.10	14.55	132.93	5.01	0.240	13020.74	0.266	315.80	205.81
280	80	20	2.75	12.64	9.92	1.98	1426.12	10.62	101.87	94.79	2.74	47.81	14.75	144.48	4.97	0.319	14057.08	0.295	345.40	222.99
280	80	25	3.00	14.03	11.01	2.11	1584.90	10.63	113.21	111.93	2.82	53.13	18.99	174.21	5.26	0.421	17206.80	0.307	402.21	285.85
300	80	20	2.20	10.64	8.35	1.91	1368.03	11.34	91.20	79.91	2.74	41.86	13.12	118.68	4.89	0.172	13680.37	0.220	312.60	197.80
300	80	20	2.50	12.04	9.45	1.91	1540.51	11.31	102.70	89.16	2.72	46.75	14.63	132.94	4.85	0.251	15209.71	0.252	353.00	220.86
300	80	20	2.75	13.19	10.35	1.91	1681.69	11.29	112.11	96.59	2.71	50.68	15.85	144.49	4.82	0.332	16424.92	0.279	386.24	239.38
300	80	25	3.00	14.63	11.49	2.03	1869.34	11.30	124.62	114.14	2.79	56.33	19.11	174.22	5.10	0.439	20035.85	0.290	448.11	305.37

六、JL-ZJ 冷弯斜卷边 Z 形钢规格及截面特性

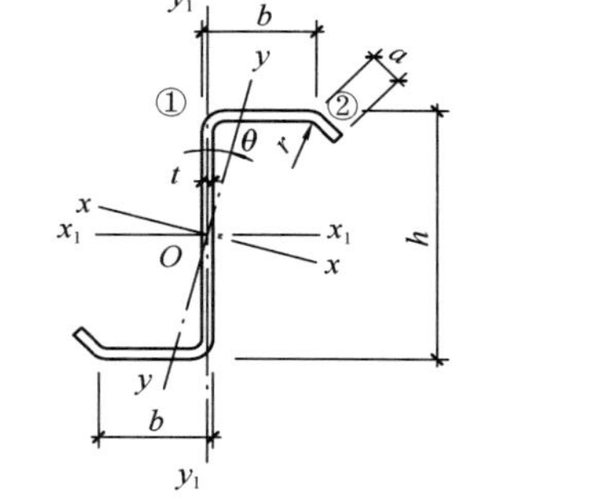

a——卷边高度

b——边长

h——截面高度

t——截面厚度

r——转角半径

JL-ZJ 冷弯斜卷边 Z 形钢规格及截面特性 **表 21.2-20**

尺寸 mm				截面面积	每米质量	θ	x_1-x_1			y_1-y_1			x-x				y-y				I_{x1y1}	I_t	I_ω	k	$W_{\omega 1}$	$W_{\omega 2}$
h	b	a	t	cm²	kg/m	(°)	I_{x1} cm⁴	i_{x1} cm	W_{x1} cm³	I_{y1} cm⁴	i_{y1} cm	W_{y1} cm³	I_x cm⁴	i_x cm	W_{x1} cm³	W_{x2} cm³	I_y cm⁴	i_y cm	W_{y1} cm³	W_{y2} cm³	cm⁴	cm⁴	cm⁶	$\times 10^2$ cm⁻¹	cm⁴	cm⁴
120	50	20	1.50	3.75	2.95	25.81	85.99	4.79	14.33	28.01	2.73	4.53	103.70	5.26	19.34	13.89	10.31	1.66	4.02	5.54	36.16	0.028	650.46	0.408	62.67	35.35
120	50	20	1.80	4.47	3.51	25.54	101.66	4.77	16.94	32.68	2.70	5.32	122.31	5.23	22.82	16.44	12.03	1.64	4.74	6.41	43.02	0.048	755.37	0.496	74.41	41.10
120	50	20	2.00	4.94	3.88	25.53	111.83	4.76	18.64	35.53	2.69	5.83	134.34	5.22	25.07	18.10	13.12	1.63	5.21	6.95	47.14	0.066	82.095	0.555	82.08	44.70
120	50	20	2.20	5.40	4.24	25.41	121.77	4.75	20.30	38.45	2.67	6.32	146.06	5.20	27.26	19.73	14.16	1.62	5.66	7.46	51.13	0.087	883.11	0.616	89.64	48.12
120	50	20	2.50	6.09	4.78	25.24	136.28	4.73	22.71	42.45	2.64	7.03	163.10	5.18	30.44	22.12	15.64	1.60	6.31	8.17	56.88	0.127	970.13	0.709	100.77	52.94
120	50	20	2.75	6.65	5.22	25.10	148.01	4.72	24.67	45.58	2.62	7.59	176.79	5.16	33.01	24.05	16.79	1.59	6.84	8.72	61.45	0.168	1037.07	0.789	109.84	56.66
120	50	20	3.00	7.21	5.66	24.95	159.39	4.70	26.57	48.52	2.59	8.14	190.03	5.13	35.49	25.94	17.88	1.58	7.35	9.22	65.85	0.216	1099.10	0.870	118.73	60.13
140	50	20	1.50	4.05	3.18	21.12	123.02	5.51	17.57	28.01	2.63	4.53	139.69	5.87	21.56	16.99	11.34	1.67	4.58	5.39	43.15	0.030	917.50	0.357	82.43	40.86
140	50	20	1.80	4.83	3.79	20.97	145.59	5.49	20.80	32.68	2.60	5.32	165.02	5.85	25.48	20.14	13.24	1.66	5.40	6.25	50.72	0.052	1066.5	0.434	98.05	47.56
140	50	20	2.00	5.34	4.19	20.87	160.26	5.48	22.89	35.63	2.58	5.83	181.45	5.83	28.03	22.19	14.44	1.65	5.93	6.79	55.58	0.071	1159.9	0.486	108.31	51.78
140	50	20	2.20	5.84	4.59	20.76	174.64	5.47	24.95	38.45	2.57	6.32	197.50	5.81	30.52	24.21	15.59	1.63	6.45	7.30	60.30	0.094	1248.5	0.539	118.44	55.80
140	50	20	2.50	6.59	5.17	20.61	195.67	5.45	27.95	42.45	2.54	7.03	220.9	5.79	34.16	27.17	17.23	1.62	7.20	8.01	67.10	0.137	1373.0	0.620	133.40	61.46

续表

尺寸 mm				截面面积	每米质量	θ	x_1-x_1			y_1-y_1			x-x				y-y				I_{x1y1}	I_t	I_ω	k	$W_{\omega1}$	$W_{\omega2}$
h	b	a	t	cm^2	kg/m	(°)	I_{x1} cm^4	i_{x1} cm	W_{x1} cm^3	I_{y1} cm^4	i_{y1} cm	W_{y1} cm^3	I_x cm^4	i_x cm	W_{x1} cm^3	W_{x2} cm^3	I_y cm^4	i_y cm	W_{y1} cm^3	W_{y2} cm^3	cm^4	cm^4	cm^6	$\times 10^2$ cm^{-1}	cm^4	cm^4
140	50	20	2.75	7.20	5.65	20.48	212.7	5.43	30.38	45.58	2.52	7.59	239.8	5.77	37.10	29.57	18.50	1.60	7.81	8.56	72.51	0.182	1469.0	0.689	145.67	65.86
140	50	20	3.00	7.81	6.13	20.35	229.3	5.42	32.75	48.53	2.49	8.14	258.1	5.75	39.95	31.92	19.71	1.59	8.39	9.06	77.71	0.234	1558.3	0.76	157.75	69.97
160	60	20	1.50	4.65	3.65	21.36	187.0	6.34	23.37	43.19	3.05	6.01	212.9	6.77	28.77	22.35	17.24	1.93	6.01	6.54	66.37	0.035	1830.9	0.271	124.34	57.83
160	60	20	1.80	5.55	4.35	21.22	221.7	6.32	27.71	50.58	3.02	7.08	252.1	6.74	34.08	26.54	20.20	1.91	7.11	7.62	78.23	0.060	2136.8	0.328	148.04	67.57
160	60	20	2.00	6.14	4.82	21.13	244.3	6.31	30.54	55.28	3.00	7.77	277.5	6.73	37.53	29.28	22.09	1.90	7.82	8.30	85.89	0.082	2330.2	0.367	153.62	73.75
160	60	20	2.20	6.72	5.28	21.04	266.6	6.30	33.32	59.81	2.98	8.44	302.5	6.71	40.92	31.97	23.91	1.89	8.51	8.95	93.34	0.108	2515.3	0.407	179.03	79.67
160	60	20	2.50	7.59	5.96	20.90	299.2	6.28	37.40	66.29	2.96	9.42	339.0	6.68	45.88	35.94	26.51	1.87	9.53	9.87	104.16	0.158	2777.7	0.468	201.84	88.10
160	60	20	2.75	8.30	6.52	20.79	325.8	6.26	40.72	71.41	2.93	10.20	368.6	6.66	49.91	39.18	28.57	1.86	10.35	10.59	112.83	0.209	2982.8	0.519	220.56	94.71
160	60	20	3.00	9.01	7.07	20.67	351.7	6.25	43.97	76.27	2.91	10.95	397.5	6.64	53.84	42.35	30.53	1.84	11.15	11.26	121.21	0.270	3175.8	0.572	239.03	100.96
180	70	20	1.50	5.25	4.12	21.52	269.8	7.17	29.98	62.98	3.46	7.69	307.9	7.66	36.99	28.42	24.89	2.18	7.64	7.85	96.59	0.039	3350.7	0.213	178.11	79.09
180	70	20	1.80	6.27	4.92	21.40	320.28	7.15	35.59	73.96	3.44	9.08	365.0	7.63	43.87	33.79	29.24	2.16	9.05	9.17	114.08	0.068	3922.7	0.258	212.21	92.67
180	70	20	2.00	6.94	5.45	21.32	353.3	7.14	39.26	80.99	3.42	9.98	402.3	7.62	48.4	37.30	32.03	2.15	9.97	10.02	125.41	0.092	4286.7	0.288	234.66	101.34
180	70	20	2.20	7.60	5.97	21.24	385.86	7.12	42.87	87.79	3.40	10.86	438.9	7.60	52.79	10.77	34.74	2.14	10.87	10.83	136.49	0.12	4637.1	0.32	256.90	109.70
180	70	20	2.50	8.59	6.74	21.12	433.73	7.11	48.19	97.59	3.37	12.14	492.7	7.57	59.28	45.89	38.64	2.12	12.19	11.99	152.62	0.18	5137.6	0.37	289.84	121.66
180	70	20	2.75	9.40	7.38	21.02	472.77	7.09	52.53	105.38	3.35	13.17	536.42	7.55	64.56	50.08	41.74	2.11	13.26	12.90	165.63	0.24	5532.3	0.41	343.67	131.13
180	70	20	3.00	10.21	8.01	20.92	511.05	7.08	56.78	112.84	3.32	14.17	589.18	7.53	69.73	54.19	44.71	2.09	14.30	13.77	178.24	0.31	5907.0	0.45	343.67	140.14
200	70	20	2.00	7.34	5.76	18.54	451.21	7.84	45.12	80.99	3.32	9.98	198.14	8.24	52.95	43.08	34.06	2.15	10.89	10.02	139.91	0.098	5436.30	0.263	284.35	112.81
200	70	20	2.20	8.04	6.31	18.47	492.94	7.83	49.29	87.79	3.30	10.86	543.80	8.22	57.83	47.10	36.94	2.14	11.88	10.84	152.28	0.130	5882.59	0.291	311.51	122.16
200	70	20	2.50	9.09	7.13	18.35	554.39	7.81	55.44	97.59	3.28	12.14	610.89	8.20	65.00	53.04	41.09	2.13	13.33	12.01	170.30	0.189	6520.86	0.334	351.82	135.58

续表

尺寸 mm				截面面积	每米质量	θ	x_1-x_1			y_1-y_1			x-x				y-y				I_{x1y1}	I_t	I_ω	k	$W_{\omega1}$	$W_{\omega2}$
h	b	a	t	cm^2	kg/m	(°)	I_{x1} cm^4	i_{x1} cm	W_{x1} cm^3	I_{y1} cm^4	i_{y1} cm	W_{y1} cm^3	I_x cm^4	i_x cm	W_{x1} cm^3	W_{x2} cm^3	I_y cm^4	i_y cm	W_{y1} cm^3	W_{y2} cm^3	cm^4	cm^4	cm^6	$\times 10^2$ cm^{-1}	cm^4	cm^4
200	70	20	2.75	9.95	7.81	18.26	604.57	7.79	60.46	105.38	3.25	13.17	665.56	8.18	70.85	57.91	44.40	2.11	14.51	12.93	184.83	0.251	7024.74	0.371	385.04	146.21
200	70	20	3.00	10.81	8.48	18.17	653.80	7.78	65.38	112.85	3.23	14.17	719.08	8.16	76.59	62.69	47.57	2.10	15.65	13.81	198.94	0.324	7503.67	0.408	417.93	156.34
220	75	20	2.00	7.94	6.23	17.61	587.54	8.60	53.41	96.36	3.48	11.19	642.59	9.00	61.74	50.95	41.32	2.28	12.61	10.99	173.40	0.106	7884.28	0.227	361.66	136.54
220	75	20	2.20	8.70	6.83	17.54	642.20	8.59	58.38	104.55	3.47	12.18	701.90	8.98	67.46	55.74	44.85	2.27	13.76	11.90	188.84	0.140	8540.01	0.251	396.37	148.00
220	75	20	2.50	9.84	7.72	17.44	722.80	8.57	65.71	116.35	3.44	13.63	789.21	8.96	75.90	62.81	49.94	2.25	15.45	13.20	211.38	0.205	9480.96	0.288	447.97	164.50
220	75	20	2.75	10.78	8.46	17.35	788.71	8.55	71.70	125.77	3.42	14.79	860.47	8.94	82.79	68.61	54.02	2.24	16.83	14.24	229.60	0.272	10226.7	0.320	490.54	177.61
220	75	25	3.00	12.01	9.43	18.44	880.16	8.56	80.01	156.67	3.61	17.77	970.68	8.99	94.02	77.08	66.16	2.35	19.46	18.64	271.44	0.360	12732.3	0.330	565.18	229.31
250	75	20	2.20	9.36	7.35	14.74	866.71	9.62	69.34	104.55	3.34	12.18	923.38	9.93	76.97	66.70	47.87	2.26	15.30	11.97	215.43	0.151	11387.2	0.225	502.76	168.90
250	75	20	2.50	10.59	8.31	14.65	976.04	9.60	78.08	116.36	3.32	16.63	1039.1	9.91	86.67	75.20	53.32	2.24	17.18	13.29	241.17	0.221	12647.7	0.259	568.91	187.84
250	75	20	2.75	11.60	9.11	14.57	1065.6	9.58	85.25	125.78	3.29	14.79	1133.7	9.89	94.61	82.18	57.68	2.23	18.72	14.34	261.99	0.292	13648.0	0.287	623.62	202.92
250	75	25	3.00	12.91	10.13	15.50	1189.5	9.60	95.16	156.68	3.48	17.77	1275.5	9.94	106.97	92.16	70.68	2.34	21.63	18.65	310.20	0.387	16972.1	0.296	717.17	260.89
280	75	20	2.20	10.24	8.04	13.59	1175.8	10.71	83.98	123.29	3.47	13.57	1241.1	11.01	91.84	80.92	58.01	2.38	17.91	13.15	270.11	0.165	17061.6	0.193	660.13	207.96
280	75	20	2.50	11.59	9.10	13.50	1325.1	10.69	94.65	137.36	3.44	15.20	1397.7	10.98	103.50	91.30	64.69	2.36	20.13	14.63	302.63	0.241	18976.3	0.221	747.51	231.60
280	75	20	2.75	12.70	9.97	13.43	1447.5	10.68	103.39	148.62	3.42	16.51	1526.0	10.96	113.06	99.83	70.05	2.35	21.95	15.80	328.98	0.320	20500.8	0.245	819.91	250.48
280	75	25	3.00	14.11	11.07	14.25	1614.4	10.70	115.31	183.95	3.61	19.74	1713.0	11.02	127.44	111.73	85.33	2.46	25.26	20.29	388.32	0.423	25327.2	0.254	940.38	318.80
300	80	20	2.20	10.68	8.38	12.34	1384.7	11.39	92.32	123.29	3.40	13.57	1448.2	11.64	99.50	89.32	59.86	2.37	18.94	13.22	289.88	0.172	19912.0	0.182	751.94	223.43
300	80	20	2.50	12.09	9.49	12.26	1561.0	11.36	104.07	137.36	3.37	15.20	1631.6	11.62	112.17	100.79	66.76	2.35	21.30	14.70	324.80	0.252	22150.8	0.209	852.02	248.88
300	80	20	2.75	13.25	10.40	12.20	1705.6	11.34	113.71	148.62	3.35	16.51	1781.9	11.60	122.57	110.23	72.29	2.34	23.23	15.89	353.09	0.334	23934.2	0.232	935.05	269.23
300	80	25	3.00	14.71	11.55	12.95	1902.2	11.37	126.81	183.95	3.54	19.74	1998.1	11.66	137.92	123.29	88.08	2.45	26.72	20.35	417.03	0.441	29556.8	0.240	1071.6	342.06

21.2.8 焊接H形钢（GB/T 33814—2017）

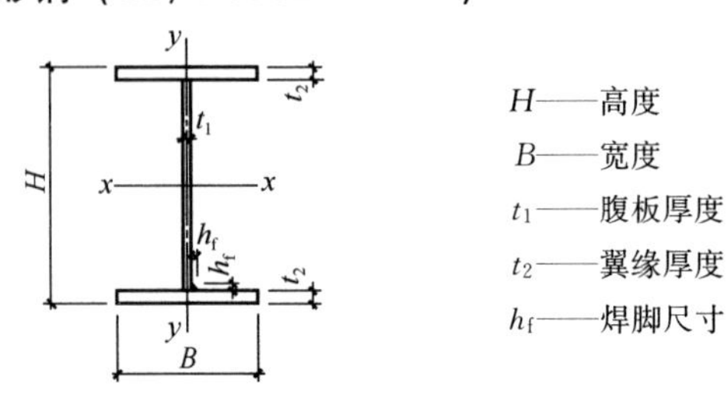

焊接H形钢的截面尺寸、截面面积、理论重量及截面特性参数　　表21.2-21

型号	尺寸 H (mm)	尺寸 B (mm)	尺寸 t_1 (mm)	尺寸 t_2 (mm)	截面面积 cm²	理论重量[a] kg/m	截面特性参数[b] x-x I_x cm⁴	x-x W_x cm³	x-x i_x cm	y-y I_y cm⁴	y-y W_y cm³	y-y i_y cm	角焊缝[c]焊脚尺寸 h_f mm
WH100×50	100	50	3.2	4.5	7.41	5.82	123	25	4.07	9	4	1.13	3
	100	50	4	5	8.60	6.75	137	27	3.99	10	4	1.10	4
WH100×75	100	75	4	6	12.52	9.83	222	44	4.21	42	11	1.84	4
WH100×100	100	100	4	6	15.52	12.18	288	58	4.31	100	20	2.54	4
	100	100	6	8	21.04	16.52	369	74	4.19	133	27	2.52	5
WH125×75	125	75	4	6	13.52	10.61	367	59	5.21	42	11	1.77	4
WH125×125	125	125	4	6	19.52	15.32	580	93	5.45	195	31	3.16	4
WH150×75	150	75	3.2	4.5	11.26	8.84	432	58	6.19	32	8	1.68	3
	150	75	4	6	14.52	11.40	554	74	6.18	42	11	1.71	4
	150	75	5	8	18.70	14.68	706	94	6.14	56	15	1.74	5
WH150×100	150	100	3.2	4.5	13.51	10.61	551	73	6.39	75	15	2.36	3
	150	100	4	6	17.52	13.75	710	95	6.37	100	20	2.39	4
	150	100	5	8	22.70	17.82	908	121	6.32	133	27	2.42	5
WH150×150	150	150	4	6	23.52	18.46	1021	136	6.59	338	45	3.79	4
	150	150	5	8	30.70	24.10	1311	175	6.54	450	60	3.83	5
	150	150	6	8	32.04	25.15	1331	178	6.45	450	60	3.75	5
WH200×100	200	100	3.2	4.5	15.11	11.86	1046	105	8.32	75	15	2.23	3
	200	100	4	6	19.52	15.32	1351	135	8.32	100	20	2.26	4
	200	100	5	8	25.20	19.78	1735	173	8.30	134	27	2.30	5
WH200×150	200	150	4	6	25.52	20.03	1916	192	8.66	338	45	3.64	4
	200	150	5	8	33.20	26.06	2473	247	8.63	450	60	3.68	5
WH200×200	200	200	5	8	41.20	32.34	3210	321	8.83	1067	107	5.09	5
	200	200	6	10	50.80	39.88	3905	390	8.77	1334	133	5.12	5
WH250×125	250	125	4	6	24.52	19.25	2682	215	10.46	195	31	2.82	4
	250	125	5	8	31.70	24.88	3463	277	10.45	261	42	2.87	5
	250	125	6	10	38.80	30.46	4210	337	10.42	326	52	2.90	5

续表

型号	尺寸				截面面积	理论重量[a]	截面特性参数[b]						角焊缝[c]焊脚尺寸
							x-x			y-y			
	H	B	t_1	t_2			I_x	W_x	i_x	I_y	W_y	i_y	h_f
	mm				cm^2	kg/m	cm^4	cm^3	cm	cm^4	cm^3	cm	mm
WH250×150	250	150	4	6	27.52	21.60	3129	250	10.66	338	45	3.50	4
	250	150	5	8	35.70	28.02	4049	324	10.65	450	60	3.55	5
	250	150	6	10	43.80	34.38	4931	394	10.61	563	75	3.58	5
	250	200	5	8	43.70	34.30	5221	418	10.93	1067	107	4.94	5
	250	200	5	10	51.50	40.43	6270	502	11.03	1334	133	5.09	5
	250	200	6	10	53.80	42.23	6372	510	10.88	1334	133	4.98	5
	250	200	6	12	61.56	48.32	7380	590	10.95	1600	160	5.10	6
WH250×250	250	250	6	10	63.80	50.08	7813	625	11.07	2605	208	6.39	5
	250	250	6	12	73.56	57.74	9081	726	11.11	3125	250	6.52	6
	250	250	8	14	87.76	68.89	10488	839	10.93	3647	292	6.45	6
WH300×200	300	200	6	8	49.04	38.50	7968	531	12.75	1067	107	4.66	5
	300	200	6	10	56.80	44.59	9511	634	12.94	1334	133	4.85	5
	300	200	6	12	64.56	50.68	11010	734	13.06	1600	160	4.98	6
	300	200	8	14	77.76	61.04	12802	853	12.83	1868	187	4.90	6
	300	200	10	16	90.80	71.28	14523	968	12.65	2136	214	4.85	6
WH300×250	300	250	6	10	66.80	52.44	11614	774	13.19	2605	208	6.24	5
	300	250	6	12	76.56	60.10	13500	900	13.28	3125	250	6.39	6
	300	250	8	14	91.76	72.03	15667	1044	13.07	3647	292	6.30	6
	300	250	10	16	106.80	83.84	17752	1183	12.89	4169	334	6.25	6
WH300×300	300	300	6	10	76.80	60.29	13718	915	13.36	4501	300	7.66	5
	300	300	8	12	94.08	73.85	16340	1089	13.18	5401	360	7.58	6
	300	300	8	14	105.76	83.02	18532	1235	13.24	6301	420	7.72	6
	300	300	10	16	122.80	96.40	20982	1399	13.07	7202	480	7.66	6
	300	300	10	18	134.40	105.50	23034	1536	13.09	8102	540	7.76	7
	300	300	12	20	151.20	118.69	25318	1688	12.94	9004	600	7.72	8
WH350×175	350	175	4.5	6	36.21	28.42	7661	438	14.55	536	61	3.85	4
	350	175	4.5	8	43.03	33.78	9586	548	14.93	715	82	4.08	4
	350	175	6	8	48.04	37.71	10052	574	14.47	715	82	3.86	5
	350	175	6	10	54.80	43.02	11915	681	14.75	894	102	4.04	5
	350	175	6	12	61.56	48.32	13733	785	14.94	1072	123	4.17	6
	350	175	8	12	68.08	53.44	14310	818	14.50	1073	123	3.97	6
	350	175	8	14	74.76	58.69	16064	918	14.66	1252	143	4.09	6
	350	175	10	16	87.80	68.92	18310	1046	14.44	1432	164	4.04	6

续表

型号	尺寸				截面面积	理论重量[a]	截面特性参数[b]						角焊缝[c]焊脚尺寸
	H	B	t_1	t_2			x-x			y-y			h_f
							I_x	W_x	i_x	I_y	W_y	i_y	
	mm				cm²	kg/m	cm⁴	cm³	cm	cm⁴	cm³	cm	mm
WH350×200	350	200	6	8	52.04	40.85	11222	641	14.68	1067	107	4.53	5
	350	200	6	10	59.80	46.94	13360	763	14.95	1334	133	4.72	5
	350	200	6	12	67.56	53.03	15447	883	15.12	1601	160	4.87	6
	350	200	8	10	66.40	52.12	13959	798	14.50	1335	133	4.48	5
	350	200	8	12	74.08	58.15	16025	916	14.71	1601	160	4.65	6
	350	200	8	14	81.76	64.18	18040	1031	14.85	1868	187	4.78	6
	350	200	10	16	95.80	75.20	20542	1174	14.64	2136	214	4.72	6
WH350×250	350	250	6	10	69.80	54.79	16251	929	15.26	2605	208	6.11	5
	350	250	6	12	79.56	62.45	18876	1079	15.40	3126	250	6.27	6
	350	250	8	12	86.08	67.57	19454	1112	15.03	3126	250	6.03	6
	350	250	8	14	95.76	75.17	21994	1257	15.16	3647	292	6.17	6
	350	250	10	16	111.80	87.76	25008	1429	14.96	4169	334	6.11	6
WH350×300	350	300	6	10	79.80	62.64	19142	1094	15.49	4501	300	7.51	5
	350	300	6	12	91.56	71.87	22305	1275	15.61	5401	360	7.68	6
	350	300	8	14	109.76	86.16	25948	1483	15.38	6301	420	7.58	6
	350	300	10	16	127.80	100.32	29474	1684	15.19	7203	480	7.51	6
	350	300	10	18	139.40	109.43	32370	1850	15.24	8103	540	7.62	7
WH350×350	350	350	6	12	103.56	81.29	25734	1470	15.76	8576	490	9.10	6
	350	350	8	14	123.76	97.15	29901	1709	15.54	10006	572	8.99	6
	350	350	8	16	137.44	107.89	33403	1909	15.59	11435	653	9.12	6
	350	350	10	16	143.80	112.88	33939	1939	15.36	11436	653	8.92	6
	350	350	10	18	157.40	123.56	37335	2133	15.40	12865	735	9.04	7
	350	350	12	20	177.20	139.10	41141	2351	15.24	14296	817	8.98	8
WH400×200	400	200	6	8	55.04	43.21	15126	756	16.58	1067	107	4.40	5
	400	200	6	10	62.80	49.30	17957	898	16.91	1334	133	4.61	5
	400	200	6	12	70.56	55.39	20729	1036	17.14	1601	160	4.76	6
	400	200	8	12	78.08	61.29	21615	1081	16.64	1602	160	4.53	6
	400	200	8	14	85.76	67.32	24301	1215	16.83	1868	187	4.67	6
	400	200	8	16	93.44	73.35	26929	1346	16.98	2135	213	4.78	6
	400	200	8	18	101.12	79.38	29501	1475	17.08	2402	240	4.87	7
	400	200	10	16	100.80	79.13	27760	1388	16.59	2136	214	4.60	6
	400	200	10	18	108.40	85.09	30305	1515	16.72	2403	240	4.71	7
	400	200	10	20	116.00	91.06	32795	1640	16.81	2670	267	4.80	7

续表

型号	尺寸 H (mm)	尺寸 B (mm)	尺寸 t_1 (mm)	尺寸 t_2 (mm)	截面面积 cm^2	理论重量[a] kg/m	截面特性参数[b] x-x I_x cm^4	x-x W_x cm^3	x-x i_x cm	y-y I_y cm^4	y-y W_y cm^3	y-y i_y cm	角焊缝[c]焊脚尺寸 h_f mm
WH400×250	400	250	6	10	72.80	57.15	21760	1088	17.29	2605	208	5.98	5
	400	250	6	12	82.56	64.81	25247	1262	17.49	3126	250	6.15	6
	400	250	8	14	99.76	78.31	29518	1476	17.20	3647	292	6.05	6
	400	250	8	16	109.44	85.91	32831	1642	17.32	4168	333	6.17	6
	400	250	8	18	119.12	93.51	36072	1804	17.40	4689	375	6.27	7
	400	250	10	16	116.80	91.69	33661	1683	16.98	4170	334	5.97	6
	400	250	10	18	126.40	99.22	36876	1844	17.08	4691	375	6.09	7
	400	250	10	20	136.00	106.76	40021	2001	17.15	5211	417	6.19	7
WH400×300	400	300	6	10	82.80	65.00	25564	1278	17.57	4501	300	7.37	5
	400	300	6	12	94.56	74.23	29764	1488	17.74	5401	360	7.56	6
	400	300	8	14	113.76	89.30	34735	1737	17.47	6302	420	7.44	6
	400	300	10	16	132.80	104.25	39563	1978	17.26	7203	480	7.36	6
	400	300	10	18	144.40	113.35	43448	2172	17.35	8103	540	7.49	7
	400	300	10	20	156.00	122.46	47248	2362	17.40	9003	600	7.60	7
	400	300	12	20	163.20	128.11	48026	2401	17.15	9005	600	7.43	8
WH400×400	400	400	8	14	141.76	111.28	45169	2258	17.85	14935	747	10.26	6
	400	400	8	18	173.12	135.90	55787	2789	17.95	19202	960	10.53	7
	400	400	10	16	164.80	129.37	51366	2568	17.65	17070	853	10.18	6
	400	400	10	18	180.40	141.61	56591	2830	17.71	19203	960	10.32	7
	400	400	10	20	196.00	153.86	61701	3085	17.74	21336	1067	10.43	7
	400	400	12	22	218.72	171.70	67452	3373	17.56	23472	1174	10.36	8
	400	400	12	25	242.00	189.97	74704	3735	17.57	26672	1334	10.50	8
	400	400	16	25	256.00	200.96	76133	3807	17.25	26679	1334	10.21	10
	400	400	20	32	323.20	253.71	93212	4661	16.98	34156	1708	10.28	12
	400	400	20	40	384.00	301.44	109568	5478	16.89	42688	2134	10.54	12
WH450×250	450	250	8	12	94.08	73.85	33938	1508	18.99	3127	250	5.77	6
	450	250	8	14	103.76	81.45	38288	1702	19.21	3648	292	5.93	6
	450	250	10	16	121.80	95.61	43774	1946	18.96	4170	334	5.85	6
	450	250	10	18	131.40	103.15	47928	2130	19.10	4691	375	5.97	7
	450	250	10	20	141.00	110.69	52002	2311	19.20	5212	417	6.08	7
	450	250	12	22	158.72	124.60	57112	2538	18.97	5735	459	6.01	8
	450	250	12	25	173.00	135.81	62910	2796	19.07	6516	521	6.14	8

续表

型号	尺寸 H	尺寸 B	尺寸 t_1	尺寸 t_2	截面面积	理论重量[a]	截面特性参数[b] x-x I_x	W_x	i_x	y-y I_y	W_y	i_y	角焊缝[c]焊脚尺寸 h_f
	mm				cm²	kg/m	cm⁴	cm³	cm	cm⁴	cm³	cm	mm
WH450×300	450	300	8	12	106.08	83.27	39694	1764	19.34	5402	360	7.14	6
	450	300	8	14	117.76	92.44	44944	1998	19.54	6302	420	7.32	6
	450	300	10	16	137.80	108.17	51312	2281	19.30	7203	480	7.23	6
	450	300	10	18	149.40	117.28	56331	2504	19.42	8103	540	7.36	7
	450	300	10	20	161.00	126.39	61253	2722	19.51	9003	600	7.48	7
	450	300	12	20	169.20	132.82	62402	2773	19.20	9006	600	7.30	8
	450	300	12	22	180.72	141.87	67196	2987	19.28	9906	660	7.40	8
	450	300	12	25	198.00	155.43	74213	3298	19.36	11256	750	7.54	8
WH450×400	450	400	8	14	145.76	114.42	58255	2589	19.99	14935	747	10.12	6
	450	400	10	16	169.80	133.29	66387	2951	19.77	17070	854	10.03	6
	450	400	10	18	185.40	145.54	73137	3251	19.86	19203	960	10.18	7
	450	400	10	20	201.00	157.79	79757	3545	19.92	21337	1067	10.30	7
	450	400	12	22	224.72	176.41	87364	3883	19.72	23473	1174	10.22	8
	450	400	12	25	248.00	194.68	96817	4303	19.76	26672	1334	10.37	8
WH500×250	500	250	8	12	98.08	76.99	42919	1717	20.92	3127	250	5.65	6
	500	250	8	14	107.76	84.59	48356	1934	21.18	3648	292	5.82	6
	500	250	8	16	117.44	92.19	53702	2148	21.38	4169	333	5.96	6
	500	250	10	16	126.80	99.54	55410	2216	20.90	4171	334	5.74	6
	500	250	10	18	136.40	107.07	60622	2425	21.08	4691	375	5.86	7
	500	250	10	20	146.00	114.61	65745	2630	21.22	5212	417	5.97	7
	500	250	12	22	164.72	129.31	72359	2894	20.96	5736	459	5.90	8
	500	250	12	25	179.00	140.52	79685	3187	21.10	6517	521	6.03	8
WH500×300	500	300	8	12	110.08	86.41	50065	2003	21.33	5402	360	7.01	6
	500	300	8	14	121.76	95.58	56625	2265	21.57	6302	420	7.19	6
	500	300	8	16	133.44	104.75	63075	2523	21.74	7202	480	7.35	6
	500	300	10	16	142.80	112.10	64784	2591	21.30	7204	480	7.10	6
	500	300	10	18	154.40	121.20	71081	2843	21.46	8104	540	7.24	7
	500	300	10	20	166.00	130.31	77271	3091	21.58	9004	600	7.36	7
	500	300	12	22	186.72	146.58	84935	3397	21.33	9907	660	7.28	8
	500	300	12	25	204.00	160.14	93800	3752	21.44	11256	750	7.43	8
WH500×400	500	400	8	14	149.76	117.56	73163	2927	22.10	14935	747	9.99	6
	500	400	10	16	174.80	137.22	83531	3341	21.86	17071	854	9.88	6
	500	400	10	18	190.40	149.46	92000	3680	21.98	19204	960	10.04	7

续表

型号	尺寸 H (mm)	B (mm)	t_1 (mm)	t_2 (mm)	截面面积 cm^2	理论重量[a] kg/m	截面特性参数[b] x-x I_x cm^4	W_x cm^3	i_x cm	y-y I_y cm^4	W_y cm^3	i_y cm	角焊缝[c]焊脚尺寸 h_f mm
WH500×400	500	400	10	20	206.00	161.71	100325	4013	22.07	21337	1067	10.18	7
	500	400	12	22	230.72	181.12	110086	4403	21.84	23473	1174	10.09	8
	500	400	12	25	254.00	199.39	122029	4881	21.92	26673	1334	10.25	8
WH500×500	500	500	10	18	226.40	177.72	112919	4517	22.33	37504	1500	12.87	7
	500	500	10	20	246.00	193.11	123378	4935	22.40	41671	1667	13.02	7
	500	500	12	22	274.72	215.66	135237	5409	22.19	45840	1834	12.92	8
	500	500	12	25	304.00	238.64	150258	6010	22.23	52090	2084	13.09	8
	500	500	20	25	340.00	266.90	156333	6253	21.44	52113	2085	12.38	12
WH600×300	600	300	8	14	129.76	101.86	84603	2820	25.53	6302	420	6.97	6
	600	300	10	16	152.80	119.95	97145	3238	25.21	7205	480	6.87	6
	600	300	10	18	164.40	129.05	106435	3548	25.44	8105	540	7.02	7
	600	300	10	20	176.00	138.16	115595	3853	25.63	9005	600	7.15	7
	600	300	12	22	198.72	156.00	127489	4250	25.33	9908	661	7.06	8
	600	300	12	25	216.00	169.56	140700	4690	25.52	11258	751	7.22	8
WH600×400	600	400	8	14	157.76	123.84	108646	3622	26.24	14936	747	9.73	6
	600	400	10	16	184.80	145.07	124436	4148	25.95	17071	854	9.61	6
	600	400	10	18	200.40	157.31	136930	4564	26.14	19205	960	9.79	7
	600	400	10	20	216.00	169.56	149248	4975	26.29	21338	1067	9.94	7
	600	400	10	25	255.00	200.18	179281	5976	26.52	26671	1334	10.23	8
	600	400	12	22	242.72	190.54	164256	5475	26.01	23475	1174	9.83	8
	600	400	12	28	289.28	227.08	199468	6649	26.26	29875	1494	10.16	8
	600	400	12	30	304.80	239.27	210866	7029	26.30	32008	1600	10.25	9
	600	400	14	32	331.04	259.87	224663	7489	26.05	34146	1707	10.16	9
WH700×300	700	300	10	18	174.40	136.90	150009	4286	29.33	8106	540	6.82	7
	700	300	10	20	186.00	146.01	162718	4649	29.58	9006	600	6.96	7
	700	300	10	25	215.00	168.78	193823	5538	30.03	11255	750	7.24	8
	700	300	12	22	210.72	165.42	179979	5142	29.23	9909	661	6.86	8
	700	300	12	25	228.00	178.98	198400	5669	29.50	11259	751	7.03	8
	700	300	12	28	245.28	192.54	216484	6185	29.71	12609	841	7.17	8
	700	300	12	30	256.80	201.59	228354	6524	29.82	13509	901	7.25	9
	700	300	12	36	291.36	228.72	263084	7517	30.05	16209	1081	7.46	9
	700	300	14	32	281.04	220.62	244365	6982	29.49	14415	961	7.16	9
	700	300	16	36	316.48	248.44	271340	7753	29.28	16221	1081	7.16	10

续表

型号	尺寸				截面面积	理论重量[a]	截面特性参数[b]						角焊缝[c]焊脚尺寸
							x-x			y-y			
	H	B	t_1	t_2			I_x	W_x	i_x	I_y	W_y	i_y	h_f
	mm				cm^2	kg/m	cm^4	cm^3	cm	cm^4	cm^3	cm	mm
WH700×350	700	350	10	18	192.40	151.03	170944	4884	29.81	12868	735	8.18	7
	700	350	10	20	206.00	161.71	185845	5310	30.04	14297	817	8.33	7
	700	350	10	25	240.00	188.40	222313	6352	30.44	17870	1021	8.63	8
	700	350	12	22	232.72	182.69	205270	5865	29.70	15730	899	8.22	8
	700	350	12	25	253.00	198.61	226890	6483	29.95	17874	1021	8.41	8
	700	350	12	28	273.28	214.52	248113	7089	30.13	20018	1144	8.56	8
	700	350	12	30	286.80	225.14	262044	7487	30.23	21447	1226	8.65	9
	700	350	12	36	327.36	256.98	302804	8652	30.41	25734	1471	8.87	9
	700	350	14	32	313.04	245.74	280090	8003	29.91	22881	1307	8.55	9
	700	350	16	36	352.48	276.70	311060	8887	29.71	25746	1471	8.55	10
WH700×400	700	400	10	18	210.40	165.16	191880	5482	30.20	19206	960	9.55	7
	700	400	10	20	226.00	177.41	208971	5971	30.41	21339	1067	9.72	7
	700	400	10	25	265.00	208.03	250802	7166	30.76	26672	1334	10.03	8
	700	400	12	22	254.72	199.96	230562	6587	30.09	23476	1174	9.60	8
	700	400	12	25	278.00	218.23	255379	7297	30.31	26676	1334	9.80	8
	700	400	12	28	301.28	236.50	279742	7993	30.47	29876	1494	9.96	8
	700	400	12	30	316.80	248.69	295734	8450	30.55	32009	1600	10.05	9
	700	400	12	36	363.36	285.24	342523	9786	30.70	38409	1920	10.28	9
	700	400	14	32	345.04	270.86	315815	9023	30.25	34148	1707	9.95	9
	700	400	16	36	388.48	304.96	350779	10022	30.05	38421	1921	9.94	10
WH800×300	800	300	10	18	184.40	144.75	202303	5058	33.12	8106	540	6.63	7
	800	300	10	20	196.00	153.86	219141	5479	33.44	9006	600	6.78	7
	800	300	10	25	225.00	176.63	260469	6512	34.02	11256	750	7.07	8
	800	300	12	22	222.72	174.84	243005	6075	33.03	9911	661	6.67	8
	800	300	12	25	240.00	188.40	267500	6688	33.39	11261	751	6.85	8
	800	300	12	28	257.28	201.96	291606	7290	33.67	12611	841	7.00	8
	800	300	12	30	268.80	211.01	307462	7687	33.82	13511	901	7.09	9
	800	300	12	36	303.36	238.14	354012	8850	34.16	16210	1081	7.31	9
	800	300	14	32	295.04	231.61	329793	8245	33.43	14417	961	6.99	9
	800	300	16	36	332.48	261.00	366873	9172	33.22	16225	1082	6.99	10
WH800×350	800	350	10	18	202.40	158.88	229826	5746	33.70	12869	735	7.97	7
	800	350	10	20	216.00	169.56	249568	6239	33.99	14298	817	8.14	7
	800	350	10	25	250.00	196.25	298021	7451	34.53	17871	1021	8.45	8

续表

型号	尺寸				截面面积	理论重量[a]	截面特性参数[b]						角焊缝[c]焊脚尺寸
							x-x			y-y			
	H	B	t_1	t_2			I_x	W_x	i_x	I_y	W_y	i_y	h_f
	mm				cm²	kg/m	cm⁴	cm³	cm	cm⁴	cm³	cm	mm
WH800×350	800	350	12	22	244.72	192.11	276305	6908	33.60	15732	899	8.02	8
	800	350	12	25	265.00	208.03	305052	7626	33.93	17875	1021	8.21	8
	800	350	12	28	285.28	223.94	333343	8334	34.18	20019	1144	8.38	8
	800	350	12	30	298.80	234.56	351952	8799	34.32	21448	1226	8.47	9
	800	350	12	36	339.36	266.40	406583	10165	34.61	25735	1471	8.71	9
	800	350	14	32	327.04	256.73	377006	9425	33.95	22883	1308	8.36	9
	800	350	16	36	368.48	289.26	419444	10486	33.74	25750	1471	8.36	10
WH800×400	800	400	10	18	220.40	173.01	257349	6434	34.17	19206	960	9.34	7
	800	400	10	20	236.00	185.26	279995	7000	34.44	21340	1067	9.51	7
	800	400	10	25	275.00	215.88	335573	8389	34.93	26673	1334	9.85	8
	800	400	10	28	298.40	234.24	368217	9205	35.13	29873	1494	10.01	8
	800	400	12	22	266.72	209.38	309604	7740	34.07	23478	1174	9.38	8
	800	400	12	25	290.00	227.65	342604	8565	34.37	26677	1334	9.59	8
	800	400	12	28	313.28	245.92	375080	9377	34.60	29877	1494	9.77	8
	800	400	12	32	344.32	270.29	417575	10439	34.82	34144	1707	9.96	9
	800	400	12	36	375.36	294.66	459155	11479	34.97	38410	1921	10.12	9
	800	400	14	32	359.04	281.85	424219	10605	34.37	34150	1708	9.75	9
	800	400	16	36	404.48	317.52	472016	11800	34.16	38425	1921	9.75	10
WH900×350	900	350	10	20	226.00	177.41	324091	7202	37.87	14299	817	7.95	7
	900	350	12	20	243.20	190.91	334692	7438	37.10	14304	817	7.67	8
	900	350	12	22	256.72	201.53	359575	7991	37.43	15733	899	7.83	8
	900	350	12	25	277.00	217.45	396465	8810	37.83	17877	1022	8.03	8
	900	350	12	28	297.28	233.36	432837	9619	38.16	20020	1144	8.21	8
	900	350	14	32	341.04	267.72	490274	10895	37.92	22886	1308	8.19	9
	900	350	14	36	367.92	288.82	536792	11929	38.20	25744	1471	8.36	9
	900	350	16	36	384.48	301.82	546253	12139	37.69	25753	1472	8.18	10
WH900×400	900	400	10	20	246.00	193.11	362818	8063	38.40	21341	1067	9.31	7
	900	400	12	20	263.20	206.61	373419	8298	37.67	21346	1067	9.01	8
	900	400	12	22	278.72	218.80	401982	8933	37.98	23479	1174	9.18	8
	900	400	12	25	302.00	237.07	444329	9874	38.36	26679	1334	9.40	8
	900	400	12	28	325.28	255.34	486083	10802	38.66	29879	1494	9.58	8
	900	400	12	30	340.80	267.53	513590	11413	38.82	32012	1601	9.69	9
	900	400	14	32	373.04	292.84	550575	12235	38.42	34152	1708	9.57	9

续表

型号	尺寸				截面面积	理论重量[a]	截面特性参数[b]						角焊缝[c]焊脚尺寸
							x-x			y-y			
	H	B	t_1	t_2			I_x	W_x	i_x	I_y	W_y	i_y	h_f
	mm				cm²	kg/m	cm⁴	cm³	cm	cm⁴	cm³	cm	mm
WH900×400	900	400	14	36	403.92	317.08	604016	13423	38.67	38419	1921	9.75	9
	900	400	14	40	434.80	341.32	656433	14587	38.86	42685	2134	9.91	10
	900	400	16	36	420.48	330.08	613477	13633	38.20	38428	1921	9.56	10
	900	400	16	40	451.20	354.19	665622	14792	38.41	42695	2135	9.73	10
WH1100×400	1100	400	12	20	287.20	225.45	585715	10649	45.16	21349	1067	8.62	8
	1100	400	12	22	302.72	237.64	629146	11439	45.59	23482	1174	8.81	8
	1100	400	12	25	326.00	255.91	693679	12612	46.13	26682	1334	9.05	8
	1100	400	12	28	349.28	274.18	757479	13772	46.57	29882	1494	9.25	8
	1100	400	14	30	385.60	302.70	818354	14879	46.07	32024	1601	9.11	9
	1100	400	14	32	401.04	314.82	859944	15635	46.31	34157	1708	9.23	9
	1100	400	14	36	431.92	339.06	942164	17130	46.70	38424	1921	9.43	9
	1100	400	16	40	483.20	379.31	1040801	18924	46.41	42701	2135	9.40	10
WH1100×500	1100	500	12	20	327.20	256.85	702368	12770	46.33	41682	1667	11.29	8
	1100	500	12	22	346.72	272.18	756993	13764	46.73	45849	1834	11.50	8
	1100	500	12	25	376.00	295.16	838158	15239	47.21	52098	2084	11.77	8
	1100	500	12	28	405.28	318.14	918401	16698	47.60	58348	2334	12.00	8
	1100	500	14	30	445.60	349.80	990134	18002	47.14	62524	2501	11.85	9
	1100	500	14	32	465.04	365.06	1042498	18955	47.35	66690	2668	11.98	9
	1100	500	14	36	503.92	395.58	1146019	20837	47.69	75024	3001	12.20	9
	1100	500	16	40	563.20	442.11	1265628	23011	47.40	83368	3335	12.17	10
WH1200×400	1200	400	14	20	322.40	253.08	739118	12319	47.88	21360	1068	8.14	9
	1200	400	14	22	337.84	265.20	790879	13181	48.38	23493	1175	8.34	9
	1200	400	14	25	361.00	283.39	867852	14464	49.03	26693	1335	8.60	9
	1200	400	14	28	384.16	301.57	944026	15734	49.57	29893	1495	8.82	9
	1200	400	14	30	399.60	313.69	994367	16573	49.88	32026	1601	8.95	9
	1200	400	14	32	415.04	325.81	1044356	17406	50.16	34159	1708	9.07	9
	1200	400	14	36	445.92	350.05	1143282	19055	50.63	38426	1921	9.28	9
	1200	400	16	40	499.20	391.87	1264230	21071	50.32	42705	2135	9.25	10
WH1200×450	1200	450	14	20	342.40	268.78	808745	13479	48.60	30402	1351	9.42	9
	1200	450	14	22	359.84	282.47	867211	14454	49.09	33439	1486	9.64	9
	1200	450	14	25	386.00	303.01	954154	15903	49.72	37995	1689	9.92	9
	1200	450	14	28	412.16	323.55	1040195	17337	50.24	42551	1891	10.16	9
	1200	450	14	30	429.60	337.24	1097057	18284	50.53	45589	2026	10.30	9

续表

型号	尺寸				截面面积 cm²	理论重量[a] kg/m	截面特性参数[b]						角焊缝[c]焊脚尺寸 h_f mm
	H	B	t_1	t_2			x-x			y-y			
	mm						I_x cm⁴	W_x cm³	i_x cm	I_y cm⁴	W_y cm³	i_y cm	
WH1200×450	1200	450	14	32	447.04	350.93	1153521	19225	50.80	48626	2161	10.43	9
	1200	450	14	36	481.92	378.31	1265261	21088	51.24	54701	2431	10.65	9
	1200	450	16	36	504.48	396.02	1289182	21486	50.55	54714	2432	10.41	10
	1200	450	16	40	539.20	423.27	1398844	23314	50.93	60788	2702	10.62	10
WH1200×500	1200	500	14	20	362.40	284.48	878371	14640	49.23	41693	1668	10.73	9
	1200	500	14	22	381.84	299.74	943542	15726	49.71	45860	1834	10.96	9
	1200	500	14	25	411.00	322.64	1040456	17341	50.31	52110	2084	11.26	9
	1200	500	14	28	440.16	345.53	1136364	18939	50.81	58359	2334	11.51	9
	1200	500	14	32	479.04	376.05	1262686	21045	51.34	66693	2668	11.80	9
	1200	500	14	36	517.92	406.57	1387241	23121	51.75	75026	3001	12.04	9
	1200	500	16	36	540.48	424.28	1411162	23519	51.10	75039	3002	11.78	10
	1200	500	16	40	579.20	454.67	1533457	25558	51.45	83372	3335	12.00	10
	1200	500	16	45	627.60	492.67	1683888	28065	51.80	93788	3752	12.22	11
WH1200×600	1200	600	14	30	519.60	407.89	1405127	23419	52.00	108026	3601	14.42	9
	1200	600	16	36	612.48	480.80	1655121	27585	51.98	129639	4321	14.55	10
	1200	600	16	40	659.20	517.47	1802684	30045	52.29	144038	4801	14.78	10
	1200	600	16	45	717.60	563.32	1984196	33070	52.58	162038	5401	15.03	11
WH1300×450	1300	450	16	25	425.00	333.63	1174948	18076	52.58	38011	1689	9.46	10
	1300	450	16	30	468.40	367.69	1343127	20663	53.55	45605	2027	9.87	10
	1300	450	16	36	520.48	408.58	1541391	23714	54.42	54717	2432	10.25	10
	1300	450	18	40	579.60	454.99	1701697	26180	54.18	60809	2703	10.24	11
	1300	450	18	45	622.80	488.90	1861130	28633	54.67	68403	3040	10.48	11
WH1300×500	1300	500	16	25	450.00	353.25	1276563	19639	53.26	52126	2085	10.76	10
	1300	500	16	30	498.40	391.24	1464117	22525	54.20	62542	2502	11.20	10
	1300	500	16	36	556.48	436.84	1685222	25926	55.03	75042	3002	11.61	10
	1300	500	18	40	619.60	486.39	1860511	28623	54.80	83393	3336	11.60	11
	1300	500	18	45	667.80	524.22	2038397	31360	55.25	93809	3752	11.85	11
WH1300×600	1300	600	16	30	558.40	438.34	1706097	26248	55.28	108042	3601	13.91	10
	1300	600	16	36	628.48	493.36	1972885	30352	56.03	129642	4321	14.36	10
	1300	600	18	40	699.60	549.19	2178137	33510	55.80	144059	4802	14.35	11
	1300	600	18	45	757.80	594.87	2392929	36814	56.19	162059	5402	14.62	11
	1300	600	20	50	840.00	659.40	2633000	40508	55.99	180080	6003	14.64	12

续表

型号	尺寸				截面面积 cm²	理论重量[a] kg/m	截面特性参数[b]						角焊缝[c]焊脚尺寸 h_f mm
	H	B	t_1	t_2			x-x			y-y			
	mm						I_x cm⁴	W_x cm³	i_x cm	I_y cm⁴	W_y cm³	i_y cm	
	1400	450	16	25	441.00	346.19	1391644	19881	56.18	38015	1690	9.28	10
	1400	450	16	30	484.40	380.25	1587924	22685	57.25	45608	2027	9.70	10
WH1400×450	1400	450	18	36	563.04	441.99	1858658	26552	57.46	54740	2433	9.86	11
	1400	450	18	40	597.60	469.12	2010115	28716	58.00	60814	2703	10.09	11
	1400	450	18	45	640.80	503.03	2196872	31384	58.55	68407	3040	10.33	11
	1400	500	16	25	466.00	365.81	1509821	21569	56.92	52129	2085	10.58	10
	1400	500	16	30	514.40	403.80	1728714	24696	57.97	62546	2502	11.03	10
WH1400×500	1400	500	18	36	599.04	470.25	2026141	28945	58.16	75065	3003	11.19	11
	1400	500	18	40	637.60	500.52	2195129	31359	58.68	83397	3336	11.44	11
	1400	500	18	45	685.80	538.35	2403501	34336	59.20	93814	3753	11.70	11
	1400	600	16	30	574.40	450.90	2010294	28718	59.16	108046	3602	13.72	10
	1400	600	16	36	644.48	505.92	2322074	33172	60.03	129645	4322	14.18	10
WH1400×600	1400	600	18	40	717.60	563.32	2565155	36645	59.79	144064	4802	14.17	11
	1400	600	18	45	775.80	609.00	2816759	40239	60.26	162064	5402	14.45	11
	1400	600	18	50	834.00	654.69	3064550	43779	60.62	180063	6002	14.69	11
	1500	500	18	25	511.00	401.14	1817190	24229	59.63	52154	2086	10.10	11
	1500	500	18	30	559.20	438.97	2068798	27584	60.82	62570	2503	10.58	11
WH1500×500	1500	500	18	36	617.04	484.38	2366148	31549	61.92	75069	3003	11.03	11
	1500	500	18	40	655.60	514.65	2561627	34155	62.51	83402	3336	11.28	11
	1500	500	20	45	732.00	574.62	2849616	37995	62.39	93844	3754	11.32	12
	1500	550	18	30	589.20	462.52	2230888	29745	61.53	83257	3028	11.89	11
WH1500×550	1500	550	18	36	653.04	512.64	2559084	34121	62.60	99894	3633	12.37	11
	1500	550	18	40	695.60	546.05	2774840	36998	63.16	110986	4036	12.63	11
	1500	550	20	45	777.00	609.95	3087857	41171	63.04	124875	4541	12.68	12
	1500	600	18	30	619.20	486.07	2392978	31906	62.17	108070	3602	13.21	11
	1500	600	18	36	689.04	540.90	2752019	36694	63.20	129669	4322	13.72	11
WH1500×600	1500	600	18	40	735.60	577.45	2988053	39841	63.73	144069	4802	13.99	11
	1500	600	20	45	822.00	645.27	3326099	44348	63.61	162094	5403	14.04	12
	1500	600	20	50	880.00	690.80	3612333	48164	64.07	180093	6003	14.31	12
	1600	600	18	30	637.20	500.20	2766520	34581	65.89	108075	3602	13.02	11
	1600	600	18	36	707.04	555.03	3177383	39717	67.04	129674	4322	13.54	11
WH1600×600	1600	600	18	40	753.60	591.58	3447731	43097	67.64	144074	4802	13.83	11
	1600	600	20	45	842.00	660.97	3839070	47988	67.52	162101	5403	13.88	12
	1600	600	20	50	900.00	706.50	4167500	52094	68.05	180100	6003	14.15	12

续表

型号	尺寸				截面面积	理论重量[a]	截面特性参数[b]						角焊缝[c]焊脚尺寸
							x-x			y-y			
	H	B	t_1	t_2			I_x	W_x	i_x	I_y	W_y	i_y	h_f
	mm				cm²	kg/m	cm⁴	cm³	cm	cm⁴	cm³	cm	mm
WH1600×650	1600	650	18	30	667.20	523.75	2951410	36893	66.51	137387	4227	14.35	11
	1600	650	18	36	743.04	583.29	3397570	42470	67.62	164849	5072	14.89	11
	1600	650	18	40	793.60	622.98	3691145	46139	68.20	183157	5636	15.19	11
	1600	650	20	45	887.00	696.30	4111174	51390	68.08	206069	6341	15.24	12
	1600	650	20	50	950.00	745.75	4467917	55849	68.58	228954	7045	15.52	12
WH1600×700	1600	700	18	30	697.20	547.30	3136300	39204	67.07	171575	4902	15.69	11
	1600	700	18	36	779.04	611.55	3617758	45222	68.15	205874	5882	16.26	11
	1600	700	18	40	833.60	654.38	3934558	49182	68.70	228741	6535	16.57	11
	1600	700	20	45	932.00	731.62	4383278	54791	68.58	257351	7353	16.62	12
	1600	700	20	50	1000.00	785.00	4768333	59604	69.05	285933	8170	16.91	12
WH1700×600	1700	600	18	30	655.20	514.33	3171922	37317	69.58	108080	3603	12.84	11
	1700	600	18	36	725.04	569.16	3638098	42801	70.84	129679	4323	13.37	11
	1700	600	18	40	771.60	605.71	3945089	46413	71.50	144079	4803	13.66	11
	1700	600	20	45	862.00	676.67	4394142	51696	71.40	162107	5404	13.71	12
	1700	600	20	50	920.00	722.20	4767667	56090	71.99	180107	6004	13.99	12
WH1700×650	1700	650	18	30	685.20	537.88	3381112	39778	70.25	137392	4227	14.16	11
	1700	650	18	36	761.04	597.42	3887338	45733	71.47	164854	5072	14.72	11
	1700	650	18	40	811.60	637.11	4220703	49655	72.11	183162	5636	15.02	11
	1700	650	20	45	907.00	712.00	4702358	55322	72.00	206076	6341	15.07	12
	1700	650	20	50	970.00	761.45	5108083	60095	72.57	228961	7045	15.36	12
WH1700×700	1700	700	18	32	742.48	582.85	3773285	44392	71.29	183013	5229	15.70	11
	1700	700	18	36	797.04	625.68	4136577	48666	72.04	205879	5882	16.07	11
	1700	700	18	40	851.60	668.51	4496316	52898	72.66	228745	6536	16.39	11
	1700	700	20	45	952.00	747.32	5010574	58948	72.55	257357	7353	16.44	12
	1700	700	20	50	1020.00	800.70	5448500	64100	73.09	285940	8170	16.74	12
WH1700×750	1700	750	18	32	774.48	607.97	3995891	47010	71.83	225080	6002	17.05	11
	1700	750	18	36	833.04	653.94	4385817	51598	72.56	253204	6752	17.43	11
	1700	750	18	40	891.60	699.91	4771929	56140	73.16	281329	7502	17.76	11
	1700	750	20	45	997.00	782.65	5318791	62574	73.04	316514	8440	17.82	12
	1700	750	20	50	1070.00	839.95	5788917	68105	73.55	351669	9378	18.13	12
WH1800×600	1800	600	18	30	673.20	528.46	3610084	40112	73.23	108085	3603	12.67	11
	1800	600	18	36	743.04	583.29	4135065	45945	74.60	129684	4323	13.21	11
	1800	600	18	40	789.60	619.84	4481027	49789	75.33	144084	4803	13.51	11

续表

型号	尺寸				截面面积	理论重量[a]	截面特性参数[b]						角焊缝[c]焊脚尺寸
							x-x			y-y			
	H	B	t_1	t_2			I_x	W_x	i_x	I_y	W_y	i_y	h_f
	mm				cm^2	kg/m	cm^4	cm^3	cm	cm^4	cm^3	cm	mm
WH1800×600	1800	600	20	45	882.00	692.37	4992314	55470	75.23	162114	5404	13.56	12
	1800	600	20	50	940.00	737.90	5413833	60154	75.89	180113	6004	13.84	12
WH1800×650	1800	650	18	30	703.20	552.01	3845074	42723	73.95	137397	4228	13.98	11
	1800	650	18	36	779.04	611.55	4415157	49057	75.28	164859	5073	14.55	11
	1800	650	18	40	829.60	651.24	4790841	53232	75.99	183167	5636	14.86	11
	1800	650	20	45	927.00	727.70	5338892	59321	75.89	206083	6341	14.91	12
	1800	650	20	50	990.00	777.15	5796750	64408	76.52	228968	7045	15.21	12
WH1800×700	1800	700	18	32	760.48	596.98	4286072	47623	75.07	183018	5229	15.51	11
	1800	700	18	36	815.04	639.81	4695248	52169	75.90	205884	5882	15.89	11
	1800	700	18	40	869.60	682.64	5100654	56674	76.59	228750	6536	16.22	11
	1800	700	20	45	972.00	763.02	5685471	63172	76.48	257364	7353	16.27	12
	1800	700	20	50	1040.00	816.40	6179667	68663	77.08	285947	8170	16.58	12
WH1800×750	1800	750	18	32	792.48	622.10	4536165	50402	75.66	225084	6002	16.85	11
	1800	750	18	36	851.04	668.07	4975340	55282	76.46	253209	6752	17.25	11
	1800	750	18	40	909.60	714.04	5410467	60116	77.12	281334	7502	17.59	11
	1800	750	20	45	1017.00	798.35	6032050	67023	77.01	316520	8441	17.64	12
	1800	750	20	50	1090.00	855.65	6562583	72918	77.59	351676	9378	17.96	12
WH1900×650	1900	650	18	30	721.20	566.14	4344196	45728	77.61	137402	4228	13.80	11
	1900	650	18	36	797.04	625.68	4981928	52441	79.06	164864	5073	14.38	11
	1900	650	18	40	847.60	665.37	5402459	56868	79.84	183172	5636	14.70	11
	1900	650	20	45	947.00	743.40	6021776	63387	79.74	206089	6341	14.75	12
	1900	650	20	50	1010.00	792.85	6534917	68789	80.44	228974	7045	15.06	12
WH1900×700	1900	700	18	32	778.48	611.11	4836882	50915	78.82	183023	5229	15.33	11
	1900	700	18	36	833.04	653.94	5294672	55733	79.72	205889	5883	15.72	11
	1900	700	18	40	887.60	696.77	5748472	60510	80.48	228755	6536	16.05	11
	1900	700	20	45	992.00	778.72	6408968	67463	80.38	257371	7353	16.11	12
	1900	700	20	50	1060.00	832.10	6962833	73293	81.05	285953	8170	16.42	12
WH1900×750	1900	750	18	34	839.76	659.21	5362276	56445	79.91	239152	6377	16.88	11
	1900	750	18	36	869.04	682.20	5607415	59025	80.33	253214	6752	17.07	11
	1900	750	18	40	927.60	728.17	6094485	64152	81.06	281338	7502	17.42	11
	1900	750	20	45	1037.00	814.05	6796159	71539	80.95	316527	8441	17.47	12
	1900	750	20	50	1110.00	871.35	7390750	77797	81.60	351683	9378	17.80	12

续表

型号	尺寸				截面面积	理论重量[a]	截面特性参数[b]						角焊缝[c]焊脚尺寸
							x-x			y-y			
	H	B	t_1	t_2			I_x	W_x	i_x	I_y	W_y	i_y	h_f
	mm				cm²	kg/m	cm⁴	cm³	cm	cm⁴	cm³	cm	mm
WH1900×800	1900	800	18	34	873.76	685.90	5658275	59561	80.47	290222	7256	18.23	11
	1900	800	18	36	905.04	710.46	5920159	62317	80.88	307289	7682	18.43	11
	1900	800	18	40	967.60	759.57	6440499	67795	81.59	341422	8536	18.78	11
	1900	800	20	45	1082.00	849.37	7183350	75614	81.48	384121	9603	18.84	12
	1900	800	20	50	1160.00	910.60	7818667	82302	82.10	426787	10670	19.18	12
WH2000×650	2000	650	18	30	739.20	580.27	4879378	48794	81.25	137407	4228	13.63	11
	2000	650	18	36	815.04	639.81	5588551	55886	82.81	164869	5073	14.22	11
	2000	650	18	40	865.60	679.50	6056457	60565	83.65	183177	5636	14.55	11
	2000	650	20	45	967.00	759.10	6752011	67520	83.56	206096	6341	14.60	12
	2000	650	20	50	1030.00	808.55	7323583	73236	84.32	228981	7046	14.91	12
WH2000×700	2000	700	18	32	796.48	625.24	5426616	54266	82.54	183027	5229	15.16	11
	2000	700	18	36	851.04	668.07	5935747	59357	83.51	205894	5883	15.55	11
	2000	700	18	40	905.60	710.90	6440670	64407	84.33	228760	6536	15.89	11
	2000	700	20	45	1012.00	794.42	7182064	71821	84.24	257377	7354	15.95	12
	2000	700	20	50	1080.00	847.80	7799000	77990	84.98	285960	8170	16.27	12
WH2000×750	2000	750	18	34	857.76	673.34	6010280	60103	83.71	239156	6378	16.70	11
	2000	750	18	36	887.04	696.33	6282942	62829	84.16	253219	6752	16.90	11
	2000	750	18	40	945.60	742.30	6824883	68249	84.96	281343	7502	17.25	11
	2000	750	20	45	1057.00	829.75	7612118	76121	84.86	316534	8441	17.31	12
	2000	750	20	50	1130.00	887.05	8274417	82744	85.57	351689	9378	17.64	12
WH2000×800	2000	800	18	34	891.76	700.03	6338851	63389	84.31	290227	7256	18.04	11
	2000	800	18	36	923.04	724.59	6630138	66301	84.75	307294	7682	18.25	11
	2000	800	20	40	1024.00	803.84	7327061	73271	84.59	341461	8537	18.26	12
	2000	800	20	45	1102.00	865.07	8042172	80422	85.43	384127	9603	18.67	12
	2000	800	20	50	1180.00	926.30	8749833	87498	86.11	426793	10670	19.02	12

续表

型号	尺寸				截面面积	理论重量[a]	截面特性参数[b]						角焊缝[c]焊脚尺寸 h_f
							x-x			y-y			
	H	B	t_1	t_2			I_x	W_x	i_x	I_y	W_y	i_y	
	mm				cm²	kg/m	cm⁴	cm³	cm	cm⁴	cm³	cm	mm
WH2000×850	2000	850	18	36	959.04	752.85	6977333	69773	85.30	368569	8672	19.60	11
	2000	850	18	40	1025.60	805.10	7593310	75933	86.05	409510	9636	19.98	11
	2000	850	20	45	1147.00	900.40	8472226	84722	85.94	460721	10840	20.04	12
	2000	850	20	50	1230.00	965.55	9225250	92253	86.60	511898	12045	20.40	12
	2000	850	20	55	1313.00	1030.71	9970389	99704	87.14	563074	13249	20.71	12

表列H形钢的板件宽厚比应根据钢材牌号和H形钢用于结构的类型验算腹板和翼缘的局部稳定性，当不满足时应按GB 50017及相关规范、规程的规定进行验算并采取相应措施（如设置加劲肋等）。

特定工作条件下的焊接H形钢板件宽厚比限值，应遵守相关现行国家规范、规程的规定。

注　[a] 表中理论重量未包括焊缝重量；

[b] 焊脚尺寸 h_f（h_k）未列入表中相关数值的计算；

[c] 翼缘板和腹板连接焊缝也可根据设计要求采用对接与角接组合焊缝，当采用对接与角接组合焊缝时，其加强焊脚尺寸 h_k 和熔透深度应符合本标准和相关设计资料的规定。

21.2.9 钢轨

表 21.2-22 钢轨规格及截面特性按《热轧轻轨》GB/T 11264—2012、《铁路用热轧钢轨》GB 2585—2007、《起重机用钢轨》YB/T 5055—2014 列出。

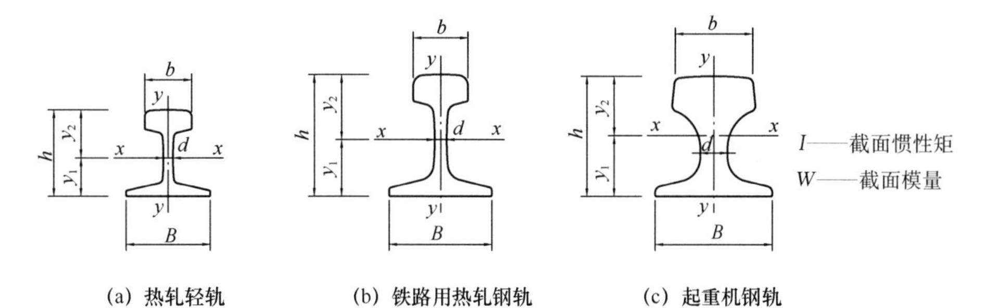

(a) 热轧轻轨 (b) 铁路用热轧钢轨 (c) 起重机钢轨

钢轨规格及截面特性 表 21.2-22

类别	型号	尺寸/mm				截面面积 A cm²	理论重量 kg/m	截面特性						
										x-x 轴			y-y 轴	
		h	B	b	d			y_1 /mm	y_2 /mm	I_x cm⁴	$W_1=\frac{I_x}{y_1}$ cm³	$W_2=\frac{I_x}{y_2}$ cm³	I_y cm⁴	W_y cm³
热轧轻轨	9kg/m	63.50	63.5	32.10	5.90	11.39	8.94	3.09	3.26	62.41		19.10		
	12kg/m	69.85	69.85	38.10	7.54	15.54	12.20	3.40	3.59	98.82		27.60		
	15kg/m	79.37	79.37	42.86	8.33	19.33	15.20	3.89	4.05	156.10		38.60		
	18kg/m	90.00	80.00	40.00	10.00	23.07	18.06	4.29	4.71	240.00	56.10	51.00	41.10	10.30
	22kg/m	93.66	93.66	50.80	10.72	28.39	22.30	4.52	4.85	339.00		69.60		
	24kg/m	107.00	92.00	51.00	10.90	31.24	24.46	5.31	5.40	486.00	91.64	90.12	80.46	17.49
	30kg/m	107.95	107.95	60.33	12.30	38.32	30.10	5.21	5.59	606.00		108.00		
铁路用热轧钢轨	38kg/m	134	114	68	13.0	49.5	38.86	6.67	6.73	1204.4	180.6	178.9	209.3	36.7
	43kg/m	140	114	70	14.5	57.0	44.75	6.90	7.10	1489.0	217.3	208.3	260.0	45.0
	50kg/m	152	132	70	15.5	65.8	51.65	7.10	8.10	2037.0	287.2	251.3	377.0	57.1
	60kg/m	176	150	73	16.5	77.45	60.80	8.12	9.48	3217	369.0	339.4	524	69.9
	75kg/m	192	150	75	20.0	95.037	74.60	8.82	10.38	4489	509	432	665	89
起重机钢轨	QU70	120	120	70	28	67.22	52.77	5.93	6.07	1083.25	182.80	178.34	319.67	53.28
	QU80	130	130	80	32	82.05	64.41	6.49	6.51	1530.12	235.95	234.86	472.14	72.64
	QU100	150	150	100	38	113.44	89.05	7.63	7.37	2806.11	367.87	380.64	919.70	122.63
	QU120	170	170	120	44	150.95	118.50	8.70	8.30	4796.71	551.41	577.85	1677.34	197.39

注：表中铁路用热轧钢轨理论重量按钢的密度为 7.85g/cm³ 计算。

21.3 型钢组合截面的截面特性

21.3.1 等边双角钢组合T形截面

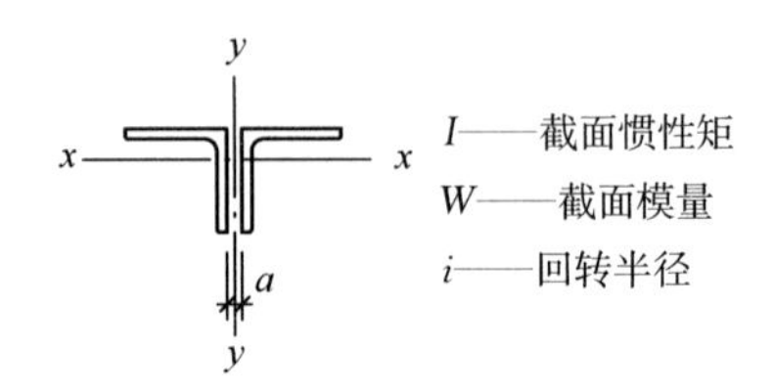

型号	两个角钢截面面积	两个角钢每米重量	x-x								
						0		4		6	
			I_x	W_x	i_x	W_y	i_y	W_y	i_y	W_y	i_y
	cm²	kg/m	cm⁴	cm³	cm	cm³	cm	cm³	cm	cm³	cm
2∟20×3	2.26	1.78	0.80	0.57	0.59	0.81	0.85	1.03	1.00	1.15	1.08
4	2.92	2.29	0.99	0.73	0.58	1.09	0.87	1.38	1.02	1.55	1.11
2∟25×3	2.86	2.25	1.63	0.92	0.76	1.26	1.05	1.52	1.20	1.66	1.27
4	3.72	2.92	2.05	1.18	0.74	1.69	1.07	2.04	1.22	2.24	1.30
2∟30×3	3.50	2.75	2.91	1.35	0.91	1.81	1.25	2.11	1.39	2.28	1.47
4	4.55	3.57	3.69	1.75	0.90	2.42	1.26	2.83	1.41	3.06	1.49
2∟36×3	4.22	3.31	5.16	1.98	1.11	2.60	1.49	2.95	1.63	3.14	1.70
4	5.51	4.33	6.59	2.57	1.09	3.47	1.51	3.95	1.65	4.21	1.73
5	6.76	5.31	7.90	3.13	1.08	4.36	1.52	4.96	1.67	5.30	1.75
2∟40×3	4.72	3.70	7.18	2.47	1.23	3.20	1.65	3.59	1.79	3.80	1.86
4	6.17	4.85	9.19	3.21	1.22	4.28	1.67	4.80	1.81	5.09	1.88
5	7.58	5.95	11.06	3.91	1.21	5.37	1.68	6.03	1.83	6.39	1.90
2∟45×3	5.32	4.18	10.35	3.15	1.39	4.05	1.85	4.48	1.99	4.71	2.06
4	6.97	5.47	13.31	4.11	1.38	5.41	1.87	5.99	2.01	6.30	2.08
5	8.58	6.74	16.07	5.02	1.37	6.78	1.89	7.51	2.03	7.91	2.10
6	10.15	7.97	18.65	5.89	1.36	8.16	1.90	9.05	2.05	9.53	2.12
2∟50×3	5.94	4.66	14.35	3.92	1.55	5.00	2.05	5.47	2.19	5.72	2.26
4	7.79	6.12	18.51	5.12	1.54	6.68	2.07	7.31	2.21	7.65	2.28
5	9.61	7.54	22.43	6.26	1.53	8.36	2.09	9.16	2.23	9.59	2.30
6	11.38	8.93	26.10	7.37	1.51	10.06	2.10	11.03	2.25	11.56	2.32
2∟56×3	6.69	5.25	20.38	4.95	1.75	6.27	2.29	6.79	2.43	7.06	2.50
4	8.78	6.89	26.37	6.48	1.73	8.37	2.31	9.07	2.45	9.44	2.52
5	10.83	8.50	32.03	7.94	1.72	10.47	2.33	11.36	2.47	11.83	2.54
6	12.84	10.08	37.39	9.36	1.71	12.59	2.34	13.67	2.48	14.25	2.56
7	14.81	11.62	42.46	10.73	1.69	14.72	2.36	16.00	2.50	16.68	2.58
8	16.73	13.14	47.25	12.05	1.68	16.87	2.38	18.34	2.52	19.13	2.60

表 21.3-1

y-y													
当两角钢背距离 a (mm) 为:													
8		10		12		14		16		18		20	
W_y	i_y	W_y	i_y	W_y	i_y	W_y	i_y	W_y	i_y	W_y	i_y	W_y	i_y
cm^3	cm	cm^3	cm	cm^3	cm	cm^3	cm	cm^3	cm	cm^3	cm	cm^3	cm
1.28	1.17	1.42	1.25										
1.73	1.19	1.91	1.28										
1.82	1.36	1.98	1.44										
2.44	1.38	2.66	1.47										
2.46	1.55	2.65	1.63										
3.30	1.57	3.55	1.65										
3.35	1.78	3.56	1.86										
4.49	1.80	4.78	1.89										
5.64	1.83	6.01	1.91										
4.02	1.94	4.26	2.01										
5.39	1.96	5.70	2.04										
6.77	1.98	7.17	2.06										
4.95	2.14	5.21	2.21										
6.63	2.16	6.97	2.24										
8.32	2.18	8.76	2.26										
10.04	2.20	10.56	2.28	11.10	2.36								
5.98	2.33	6.26	2.41	6.55	2.48								
8.01	2.36	8.38	2.43	8.77	2.51								
10.05	2.38	10.52	2.45	11.00	2.53								
12.10	2.40	12.67	2.48	13.26	2.56								
7.35	2.57	7.66	2.64	7.97	2.72								
9.83	2.59	10.24	2.67	10.66	2.74								
12.33	2.61	12.84	2.69	13.38	2.77								
14.85	2.63	15.47	2.71	16.11	2.79								
17.38	2.65	18.11	2.73	18.87	2.81								
19.94	2.67	20.78	2.75	21.65	2.83								

型号	两个角钢截面面积	两个角钢每米重量	x-x								
						0		4		6	
			I_x	W_x	i_x	W_y	i_y	W_y	i_y	W_y	i_y
	cm^2	kg/m	cm^4	cm^3	cm	cm^3	cm	cm^3	cm	cm^3	cm
2∟60×5	11.66	9.15	39.77	9.18	1.85	12.02	2.49	12.96	2.63	13.46	2.70
6	13.83	10.85	46.50	10.82	1.83	14.44	2.50	15.59	2.64	16.20	2.72
7	15.95	12.52	52.88	12.42	1.82	16.88	2.52	18.24	2.66	18.96	2.74
8	18.04	14.16	58.94	13.96	1.81	19.34	2.54	20.90	2.68	21.73	2.76
2∟63×4	9.96	7.81	38.06	8.27	1.96	10.59	2.59	11.36	2.72	11.78	2.79
5	12.29	9.64	46.35	10.16	1.94	13.25	2.61	14.23	2.74	14.75	2.82
6	14.58	11.44	54.24	11.99	1.93	15.92	2.62	17.11	2.76	17.75	2.83
7	16.82	13.21	61.74	13.77	1.92	18.60	2.64	20.01	2.78	20.76	2.85
8	19.03	14.94	68.89	15.49	1.90	21.31	2.66	22.94	2.80	23.80	2.87
10	23.31	18.30	82.19	18.79	1.88	26.77	2.69	28.85	2.84	29.95	2.91
2∟70×4	11.14	8.74	52.79	10.28	2.18	13.07	2.87	13.92	3.00	14.37	3.07
5	13.75	10.79	64.42	12.65	2.16	16.35	2.88	17.43	3.02	18.00	3.09
6	16.32	12.81	75.54	14.95	2.15	19.64	2.90	20.95	3.04	21.64	3.11
7	18.85	14.80	86.17	17.19	2.14	22.94	2.92	24.49	3.06	25.31	3.13
8	21.33	16.75	96.34	19.37	2.13	26.26	2.94	28.05	3.08	29.00	3.15
2∟75×5	14.82	11.64	79.91	14.60	2.32	18.76	3.08	19.91	3.22	20.52	3.29
6	17.59	13.81	93.81	17.27	2.31	22.54	3.10	23.93	3.24	24.67	3.31
7	20.32	15.95	107.14	19.87	2.30	26.32	3.12	27.97	3.26	28.84	3.33
8	23.01	18.06	119.93	22.40	2.28	30.13	3.13	32.03	3.27	33.03	3.35
9	25.65	20.14	132.19	24.87	2.27	33.95	3.15	36.11	3.29	37.25	3.37
10	28.25	22.18	143.97	27.28	2.26	37.79	3.17	40.22	3.31	41.49	3.38
2∟80×5	15.82	12.42	97.58	16.68	2.48	21.34	3.28	22.56	3.42	23.20	3.49
6	18.79	14.75	114.70	19.75	2.47	25.63	3.30	27.10	3.44	27.88	3.51
7	21.72	17.05	131.16	22.74	2.46	29.93	3.32	31.67	3.46	32.59	3.53
8	24.61	19.32	146.99	25.66	2.44	34.24	3.34	36.25	3.48	37.31	3.55
9	27.45	21.55	162.22	28.51	2.43	38.58	3.35	40.86	3.49	42.06	3.57
10	30.25	23.75	176.86	31.29	2.42	42.93	3.37	45.50	3.51	46.84	3.58
2∟90×6	21.27	16.70	165.54	25.22	2.79	32.41	3.70	34.06	3.84	34.92	3.91
7	24.60	19.31	189.66	29.07	2.78	37.84	3.72	39.78	3.86	40.79	3.93
8	27.89	21.89	212.94	32.85	2.76	43.29	3.74	45.52	3.88	46.69	3.95
9	31.13	24.44	235.43	36.53	2.75	48.75	3.75	51.29	3.89	52.62	3.96
10	34.33	26.95	257.16	40.14	2.74	54.24	3.77	57.08	3.91	58.57	3.98
12	40.61	31.88	298.44	47.13	2.71	65.28	3.80	68.75	3.95	70.56	4.02

续表

y-y													
当两角钢背距离 a（mm）为：													
8		10		12		14		16		18		20	
W_y	i_y	W_y	i_y	W_y	i_y	W_y	i_y	W_y	i_y	W_y	i_y	W_y	i_y
cm^3	cm	cm^3	cm	cm^3	cm	cm^3	cm	cm^3	cm	cm^3	cm	cm^3	cm
13.99	2.77	14.53	2.85	15.09	2.92								
16.83	2.79	17.49	2.87	18.17	2.95								
19.70	2.81	20.48	2.89	21.27	2.97								
22.60	2.83	23.48	2.91	24.40	2.99								
12.21	2.87	12.66	2.94	13.12	3.02								
15.30	2.89	15.86	2.96	16.45	3.04								
18.41	2.91	19.09	2.98	19.80	3.06								
21.54	2.93	22.35	3.01	23.18	3.08								
24.70	2.95	25.62	3.03	26.58	3.10	27.56	3.18						
31.09	2.99	32.26	3.07	33.46	3.15	34.70	3.23						
14.85	3.14	15.34	3.21	15.84	3.29	16.36	3.36						
18.60	3.16	19.21	3.24	19.85	3.31	20.50	3.39						
22.36	3.18	23.11	3.26	23.88	3.33	24.67	3.41						
26.16	3.20	27.03	3.28	27.94	3.36	28.86	3.43						
29.97	3.22	30.98	3.30	32.02	3.38	33.09	3.46						
21.15	3.36	21.81	3.43	22.48	3.50	23.17	3.58						
25.43	3.38	26.22	3.45	27.04	3.53	27.87	3.60						
29.74	3.40	30.67	3.47	31.62	3.55	32.60	3.63						
34.07	3.42	35.13	3.50	36.23	3.57	37.36	3.65						
38.42	3.44	39.63	3.52	40.87	3.59	42.15	3.67						
42.81	3.46	44.16	3.54	45.55	3.61	46.97	3.69						
23.86	3.56	24.55	3.63	25.26	3.71	25.99	3.78	26.74	3.86				
28.69	3.58	29.52	3.65	30.37	3.73	31.25	3.80	32.15	3.88				
33.53	3.60	34.51	3.67	35.51	3.75	36.54	3.83	37.60	3.90				
38.40	3.62	39.53	3.70	40.68	3.77	41.87	3.85	43.08	3.93				
43.30	3.64	44.57	3.72	45.88	3.79	47.22	3.87	48.59	3.95				
48.23	3.66	49.65	3.74	51.11	3.81	52.61	3.89	54.14	3.97				
35.81	3.98	36.72	4.05	37.66	4.12	38.63	4.20	39.62	4.27				
41.84	4.00	42.91	4.07	44.02	4.14	45.15	4.22	46.31	4.30				
47.90	4.02	49.13	4.09	50.40	4.17	51.71	4.24	53.04	4.32				
53.98	4.04	55.38	4.11	56.82	4.19	58.29	4.26	59.80	4.34				
60.09	4.06	61.66	4.13	63.27	4.21	64.91	4.28	66.59	4.36	68.31	4.44		
72.42	4.09	74.32	4.17	76.27	4.25	78.26	4.32	80.30	4.40	82.37	4.48		

型号	两个角钢截面面积	两个角钢每米重量	x-x								
						0		4		6	
			I_x	W_x	i_x	W_y	i_y	W_y	i_y	W_y	i_y
	cm^2	kg/m	cm^4	cm^3	cm	cm^3	cm	cm^3	cm	cm^3	cm
∟ 100×6	23.86	18.73	229.89	31.37	3.10	40.01	4.09	41.82	4.23	42.77	4.30
7	27.59	21.66	263.71	36.20	3.09	46.71	4.11	48.84	4.25	49.95	4.32
8	31.28	24.55	296.49	40.93	3.08	53.42	4.13	55.87	4.27	57.16	4.34
9	34.92	27.41	328.25	45.57	3.07	60.15	4.15	62.93	4.29	64.39	4.36
10	38.52	30.24	359.03	50.12	3.05	66.90	4.17	70.02	4.31	71.65	4.38
12	45.60	35.80	417.79	58.95	3.03	80.47	4.20	84.28	4.34	86.26	4.41
14	52.51	41.22	473.05	67.45	3.00	94.15	4.23	98.66	4.38	101.00	4.45
16	59.25	46.51	525.05	75.65	2.98	107.96	4.27	113.18	4.41	115.89	4.49
2∟ 110×7	30.39	23.86	354.32	44.09	3.41	56.48	4.52	58.80	4.65	60.01	4.72
8	34.48	27.06	398.92	49.90	3.40	64.58	4.54	67.25	4.67	68.65	4.74
10	42.52	33.38	484.37	61.20	3.38	80.84	4.57	84.24	4.71	86.00	4.78
12	50.40	39.56	565.10	72.10	3.35	97.20	4.61	101.34	4.75	103.48	4.82
14	58.11	45.62	641.42	82.62	3.32	113.67	4.64	118.56	4.78	121.10	4.85
2∟ 125×8	39.50	31.01	594.05	65.05	3.88	83.36	5.14	86.36	5.27	87.92	5.34
10	48.75	38.27	723.35	79.94	3.85	104.31	5.17	108.12	5.31	110.09	5.38
12	57.82	45.39	846.32	94.35	3.83	125.35	5.21	129.98	5.34	132.38	5.41
14	66.73	52.39	963.30	108.31	3.80	146.50	5.24	151.98	5.38	154.82	5.45
16	75.48	59.25	1074.63	121.85	3.77	167.78	5.27	174.13	5.41	177.40	5.48
2∟ 140×10	54.75	42.98	1029.30	101.16	4.34	130.73	5.78	134.94	5.92	137.12	5.98
12	65.02	51.04	1207.36	119.59	4.31	157.04	5.81	162.16	5.95	164.81	6.02
14	75.13	58.98	1377.62	137.50	4.28	183.46	5.85	189.51	5.98	192.63	6.06
16	85.08	66.79	1540.48	154.92	4.26	210.01	5.88	217.01	6.02	220.62	6.09
2∟ 150×8	47.50	37.29	1042.75	94.71	4.69	119.94	6.15	123.48	6.29	125.30	6.35
10	58.75	46.12	1275.00	116.70	4.66	150.01	6.19	154.49	6.32	156.80	6.39
12	69.82	54.81	1497.70	138.09	4.63	180.17	6.22	185.61	6.36	188.42	6.43
14	80.73	63.38	1711.28	158.91	4.60	210.43	6.25	216.87	6.39	220.18	6.46
15	86.13	67.61	1814.78	169.11	4.59	225.61	6.27	232.55	6.41	236.11	6.48
16	91.48	71.81	1916.16	179.18	4.58	240.83	6.28	248.27	6.42	252.09	6.49
2∟ 160×10	63.00	49.46	1559.06	133.39	4.97	170.67	6.58	175.42	6.72	177.87	6.78
12	74.88	58.78	1833.17	157.95	4.95	204.95	6.62	210.73	6.75	213.70	6.82
14	86.59	67.97	2096.72	181.90	4.92	239.33	6.65	246.16	6.79	249.67	6.86
16	98.13	77.04	2350.16	205.25	4.89	273.85	6.68	281.74	6.82	285.79	6.89

续表

y-y													
当两角钢背距离 a (mm) 为：													
8		10		12		14		16		18		20	
W_y	i_y	W_y	i_y	W_y	i_y	W_y	i_y	W_y	i_y	W_y	i_y	W_y	i_y
cm³	cm	cm³	cm	cm³	cm	cm³	cm	cm³	cm	cm³	cm	cm³	cm
43.75	4.37	44.75	4.44	45.78	4.51	46.83	4.58	47.91	4.66	49.01	4.73		
51.10	4.39	52.27	4.46	53.48	4.53	54.72	4.61	55.98	4.68	57.27	4.76		
58.48	4.41	59.83	4.48	61.22	4.55	62.64	4.63	64.09	4.70	65.57	4.78		
65.88	4.43	67.42	4.50	68.99	4.58	70.59	4.65	72.23	4.73	73.90	4.80		
73.32	4.45	75.03	4.52	76.79	4.60	78.58	4.67	80.41	4.75	82.28	4.83		
88.29	4.49	90.37	4.56	92.50	4.64	94.67	4.71	96.89	4.79	99.15	4.87		
103.40	4.53	105.85	4.60	108.36	4.68	110.92	4.75	113.52	4.83	116.18	4.91		
118.66	4.56	121.49	4.64	124.38	4.72	127.33	4.80	130.33	4.87	133.38	4.95		
61.25	4.79	62.52	4.86	63.82	4.94	65.15	5.01	66.51	5.08	67.90	5.16		
70.07	4.81	71.54	4.88	73.03	4.96	74.56	5.03	76.13	5.10	77.72	5.18		
87.81	4.85	89.66	4.92	91.56	5.00	93.49	5.07	95.46	5.15	97.47	5.22		
105.68	4.89	107.93	4.96	110.22	5.04	112.57	5.11	114.96	5.19	117.39	5.26		
123.69	4.93	126.34	5.00	129.05	5.08	131.81	5.15	134.62	5.23	137.48	5.31		
89.52	5.41	91.15	5.48	92.81	5.55	94.52	5.62	96.25	5.69	98.02	5.77		
112.11	5.45	114.17	5.52	116.28	5.59	118.43	5.66	120.62	5.74	122.85	5.81		
134.84	5.48	137.34	5.56	139.89	5.63	142.50	5.70	145.15	5.78	147.84	5.85		
157.71	5.52	160.66	5.59	163.67	5.67	166.73	5.74	169.85	5.82	173.02	5.89		
180.74	5.56	184.15	5.63	187.62	5.71	191.15	5.78	194.74	5.86	198.39	5.93		
139.34	6.05	141.61	6.12	143.92	6.20	146.27	6.27	148.67	6.34	151.11	6.41		
167.50	6.09	170.25	6.16	173.06	6.23	175.91	6.31	178.81	6.38	181.76	6.45		
195.82	6.13	199.06	6.20	202.36	6.27	205.72	6.34	209.13	6.42	212.60	6.49	216.12	6.57
224.29	6.16	228.03	6.23	231.84	6.31	235.71	6.38	239.64	6.46	243.64	6.53	247.69	6.61
127.17	6.42	129.07	6.49	131.00	6.56	132.98	6.63	134.99	6.70	137.03	6.77	139.11	6.85
159.16	6.46	161.56	6.53	164.01	6.60	166.50	6.67	169.03	6.74	171.61	6.82	174.23	6.89
191.28	6.50	194.20	6.57	197.16	6.64	200.18	6.71	203.25	6.78	206.36	6.86	209.53	6.93
223.55	6.53	226.99	6.60	230.48	6.67	234.03	6.75	237.64	6.82	241.31	6.89	245.03	6.97
239.75	6.55	243.44	6.62	247.20	6.69	251.03	6.76	254.91	6.84	258.85	6.91	262.85	6.99
255.99	6.56	259.95	6.64	263.98	6.71	268.07	6.78	272.23	6.86	276.45	6.93	280.73	7.01
180.37	6.85	182.91	6.92	185.50	6.99	188.14	7.06	190.81	7.13	193.53	7.21	196.30	7.28
216.73	6.89	219.81	6.96	222.95	7.03	226.14	7.10	229.38	7.17	232.67	7.25	236.01	7.32
253.24	6.93	256.87	7.00	260.56	7.07	264.32	7.14	268.13	7.21	271.99	7.29	275.92	7.36
289.91	6.96	294.10	7.03	298.36	7.10	302.68	7.18	307.07	7.25	311.53	7.32	316.04	7.40

型号	两个角钢截面面积	两个角钢每米重量	x-x								
						0		4		6	
			I_x	W_x	i_x	W_y	i_y	W_y	i_y	W_y	i_y
	cm^2	kg/m	cm^4	cm^3	cm	cm^3	cm	cm^3	cm	cm^3	cm
2∟180×12	84.48	66.32	2642.71	201.63	5.59	259.20	7.43	265.62	7.56	268.92	7.63
14	97.79	76.77	3028.96	232.51	5.57	302.61	7.46	310.19	7.60	314.07	7.67
16	110.93	87.08	3401.97	262.69	5.54	346.14	7.49	354.90	7.63	359.38	7.70
18	123.91	97.27	3762.25	292.21	5.51	389.82	7.53	399.77	7.66	404.86	7.73
2∟200×14	109.28	85.79	4207.09	289.40	6.20	373.41	8.27	381.75	8.40	386.02	8.47
16	124.03	97.36	4732.29	327.30	6.18	427.04	8.30	436.67	8.43	441.59	8.50
18	138.60	108.80	5241.27	364.44	6.15	480.81	8.33	491.75	8.47	497.34	8.53
20	153.01	120.11	5734.59	400.85	6.12	534.75	8.36	547.01	8.50	553.28	8.57
24	181.32	142.34	6676.40	471.55	6.07	643.20	8.42	658.16	8.56	665.80	8.63
2∟220×16	137.33	107.80	6374.72	399.09	6.81	516.51	9.10	527.02	9.23	532.39	9.30
18	153.50	120.50	7068.59	444.74	6.79	581.45	9.13	593.38	9.26	599.46	9.33
20	169.51	133.07	7742.97	489.55	6.76	646.55	9.16	659.92	9.30	666.74	9.37
22	185.35	145.50	8398.46	533.55	6.73	711.84	9.19	726.66	9.33	734.22	9.40
24	201.02	157.80	9035.66	576.78	6.70	777.32	9.22	793.63	9.36	801.94	9.43
26	216.53	169.97	9655.16	619.24	6.68	843.04	9.26	860.83	9.39	869.90	9.47
2∟250×18	175.68	137.91	10536.44	580.23	7.74	750.33	10.33	763.73	10.47	770.56	10.53
20	194.09	152.36	11558.68	639.32	7.72	834.16	10.37	849.17	10.50	856.81	10.57
22	212.33	166.68	12555.59	697.46	7.69	918.17	10.40	934.80	10.53	943.27	10.60
24	230.40	180.87	13527.86	754.68	7.66	1002.38	10.43	1020.66	10.57	1029.97	10.63
26	248.31	194.92	14476.17	810.99	7.64	1086.81	10.46	1106.76	10.60	1116.91	10.67
28	266.04	208.84	15401.20	866.43	7.61	1171.49	10.49	1193.12	10.63	1204.13	10.70
30	283.61	222.64	16303.60	921.02	7.58	1256.42	10.52	1279.76	10.66	1291.62	10.73
32	301.02	236.30	17184.03	974.79	7.56	1341.63	10.56	1366.68	10.70	1379.42	10.77
35	326.80	256.54	18464.88	1053.93	7.52	1470.00	10.60	1497.65	10.75	1511.70	10.82

续表

y-y													
当两角钢背距离 a（mm）为：													
8		10		12		14		16		18		20	
W_y	i_y	W_y	i_y	W_y	i_y	W_y	i_y	W_y	i_y	W_y	i_y	W_y	i_y
cm³	cm	cm³	cm	cm³	cm	cm³	cm	cm³	cm	cm³	cm	cm³	cm
272.27	7.70	275.68	7.77	279.14	7.84	282.66	7.91	286.23	7.98	289.85	8.05	293.52	8.12
318.02	7.74	322.04	7.81	326.11	7.88	330.25	7.95	334.45	8.02	338.70	8.09	343.02	8.16
363.94	7.77	368.57	7.84	373.27	7.91	378.03	7.98	382.86	8.06	387.76	8.13	392.73	8.20
410.04	7.80	415.29	7.87	420.62	7.95	426.02	8.02	431.50	8.09	437.05	8.16	442.68	8.24
390.36	8.54	394.76	8.61	399.22	8.67	403.75	8.75	408.33	8.82	412.98	8.89	417.69	8.96
446.59	8.57	451.66	8.64	456.80	8.71	462.02	8.78	467.30	8.85	472.65	8.92	478.07	9.00
503.01	8.60	508.76	8.67	514.59	8.75	520.50	8.82	526.48	8.89	532.54	8.96	538.68	9.03
559.63	8.64	566.07	8.71	572.60	8.78	579.21	8.85	585.91	8.92	592.69	9.00	599.54	9.07
673.55	8.71	681.39	8.78	689.34	8.85	697.38	8.92	705.52	9.00	713.75	9.07	722.08	9.14
537.83	9.37	543.35	9.44	548.93	9.50	554.59	9.57	560.33	9.65	566.13	9.72	572.00	9.79
605.64	9.40	611.89	9.47	618.23	9.54	624.64	9.61	631.13	9.68	637.70	9.75	644.35	9.83
673.65	9.43	680.65	9.51	687.74	9.58	694.91	9.65	702.18	9.72	709.52	9.79	716.95	9.86
741.88	9.47	749.64	9.54	757.49	9.61	765.44	9.68	773.48	9.75	781.61	9.83	789.83	9.90
810.36	9.50	818.88	9.57	827.50	9.65	836.22	9.72	845.05	9.79	853.97	9.86	862.99	9.94
879.08	9.54	888.38	9.61	897.78	9.68	907.29	9.75	916.91	9.83	926.63	9.90	936.45	9.97
777.47	10.60	784.47	10.67	791.55	10.74	798.71	10.81	805.95	10.88	813.28	10.95	820.68	11.02
864.55	10.64	872.38	10.71	880.30	10.78	888.31	10.85	896.40	10.92	904.59	10.99	912.86	11.06
951.85	10.67	960.52	10.74	969.29	10.81	978.15	10.88	987.11	10.95	996.17	11.02	1005.32	11.10
1039.38	10.70	1048.91	10.77	1058.53	10.84	1068.26	10.92	1078.10	10.99	1088.04	11.06	1098.07	11.13
1127.18	10.74	1137.56	10.81	1148.06	10.88	1158.66	10.95	1169.38	11.02	1180.20	11.10	1191.13	11.17
1215.25	10.77	1226.50	10.84	1237.87	10.91	1249.36	10.99	1260.96	11.06	1272.68	11.13	1284.52	11.20
1303.62	10.81	1315.74	10.88	1327.99	10.95	1340.37	11.02	1352.87	11.09	1365.49	11.17	1378.23	11.24
1392.29	10.84	1405.29	10.91	1418.43	10.98	1431.71	11.06	1445.11	11.13	1458.64	11.20	1472.30	11.28
1525.90	10.89	1540.24	10.96	1554.73	11.04	1569.35	11.11	1584.12	11.18	1599.02	11.26	1614.07	11.33

21.3.2　等边双角钢组合十字形截面

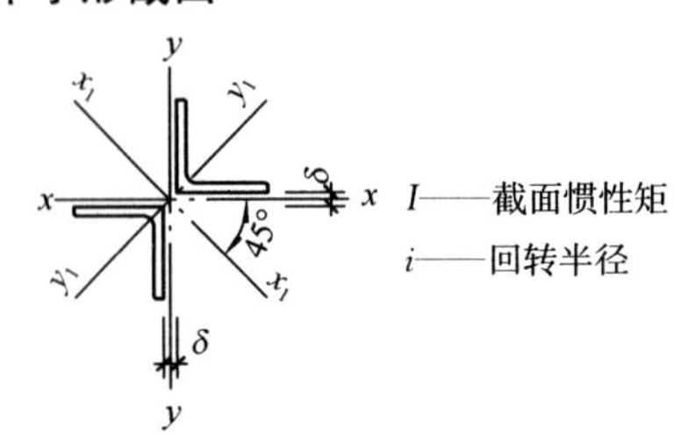

表 21.3-2

型号	两个角钢截面面积	两个角钢每米重量	x_1-x_1										y_1-y_1	
			I					i					I	i
			当两角钢背距离 δ（mm）为：											
			0	4	6	8	10	0	4	6	8	10		
	cm²	kg/m	cm⁴					cm					cm⁴	cm
2∟20×3	2.26	1.78	1.98	3.25	4.02	4.89	5.84	0.94	1.20	1.33	1.47	1.61	1.26	0.75
4	2.92	2.29	2.81	4.54	5.57	6.73	8.00	0.98	1.25	1.38	1.52	1.66	1.56	0.73
2∟25×3	2.86	2.25	3.71	5.60	6.72	7.95	9.30	1.14	1.40	1.53	1.67	1.80	2.59	0.95
4	3.72	2.92	5.21	7.78	9.28	10.94	12.74	1.18	1.45	1.58	1.72	1.85	3.24	0.93
2∟30×3	3.50	2.75	6.24	8.89	10.42	12.10	13.91	1.34	1.59	1.73	1.86	1.99	4.61	1.15
4	4.55	3.57	8.70	12.29	14.36	16.61	19.04	1.38	1.64	1.78	1.91	2.05	5.83	1.13
2∟36×3	4.22	3.31	10.5	14.22	16.32	18.59	21.03	1.58	1.84	1.97	2.10	2.23	8.18	1.39
4	5.51	4.33	14.6	19.57	22.41	25.46	28.74	1.63	1.88	2.02	2.15	2.28	10.44	1.38
5	6.76	5.31	18.9	25.24	28.82	32.67	36.79	1.67	1.93	2.06	2.20	2.33	12.49	1.36
2∟40×3	4.72	3.70	14.3	18.77	21.30	24.03	26.94	1.74	1.99	2.12	2.26	2.39	11.37	1.55
4	6.17	4.85	19.7	25.77	29.19	32.85	36.76	1.79	2.04	2.17	2.31	2.44	14.58	1.54
5	7.58	5.95	25.4	33.16	37.47	42.09	47.01	1.83	2.09	2.22	2.36	2.49	17.51	1.52
2∟45×3	5.32	4.18	20.1	25.67	28.79	32.12	35.67	1.94	2.20	2.33	2.46	2.59	16.41	1.76
4	6.97	5.47	27.6	35.16	39.36	43.85	48.61	1.99	2.25	2.38	2.51	2.64	21.12	1.74
5	8.58	6.74	35.5	45.12	50.43	56.09	62.09	2.03	2.29	2.42	2.56	2.69	25.49	1.72
6	10.15	7.97	43.9	55.56	62.00	68.83	76.08	2.08	2.34	2.47	2.60	2.74	29.53	1.71
2∟50×3	5.94	4.66	27.3	34.10	37.87	41.89	46.14	2.14	2.40	2.52	2.66	2.79	22.75	1.96
4	7.79	6.12	37.4	46.60	51.69	57.09	62.79	2.19	2.45	2.58	2.71	2.84	29.38	1.94
5	9.61	7.54	48.0	59.69	66.11	72.91	80.10	2.24	2.49	2.62	2.76	2.89	35.58	1.92
6	11.38	8.93	59.2	73.36	81.13	89.36	98.04	2.28	2.54	2.67	2.80	2.94	41.37	1.91
2∟56×3	6.69	5.25	37.9	46.43	51.06	55.97	61.15	2.38	2.64	2.76	2.89	3.02	32.28	2.20
4	8.78	6.89	51.9	63.31	69.55	76.15	83.09	2.43	2.69	2.81	2.95	3.08	41.84	2.18
5	10.83	8.50	66.5	80.92	88.79	97.10	105.8	2.48	2.73	2.86	2.99	3.13	50.85	2.17
6	12.84	10.08	81.7	99.24	108.8	118.8	129.4	2.52	2.78	2.91	3.04	3.17	59.32	2.15
7	14.81	11.62	97.6	118.3	129.5	141.3	153.7	2.57	2.83	2.96	3.09	3.22	67.27	2.13
8	16.73	13.14	114.2	138.1	151.0	164.6	178.8	2.61	2.87	3.00	3.14	3.27	74.73	2.11

续表

型号	两个角钢截面面积	两个角钢每米重量	x_1-x_1										y_1-y_1	
			I					i						
			当两角钢背距离 δ (mm) 为:										I	i
			0	4	6	8	10	0	4	6	8	10		
	cm²	kg/m	cm⁴					cm					cm⁴	cm
2∟60×5	11.66	9.15	81.1	97.6	106.5	115.9	125.7	2.64	2.89	3.02	3.15	3.28	63.13	2.33
6	13.83	10.85	99.5	119.5	130.3	141.7	153.6	2.68	2.94	3.07	3.20	3.33	73.79	2.31
7	15.95	12.52	118.8	142.3	155.0	168.4	182.3	2.73	2.99	3.12	3.25	3.38	83.84	2.29
8	18.04	14.16	138.8	165.9	180.5	195.9	212.0	2.77	3.03	3.16	3.30	3.43	93.32	2.27
2∟63×4	9.96	7.81	73.1	87.4	95.12	103.3	111.8	2.71	2.96	3.09	3.22	3.35	60.33	2.46
5	12.29	9.64	93.4	111.4	121.2	131.5	142.2	2.76	3.01	3.14	3.27	3.40	73.55	2.45
6	14.58	11.44	114.5	136.4	148.2	160.6	173.6	2.80	3.06	3.19	3.32	3.45	86.06	2.43
7	16.82	13.21	136.5	162.3	176.2	190.8	206.0	2.85	3.11	3.24	3.37	3.50	97.91	2.41
8	19.03	14.94	159.3	189.1	205.1	221.8	239.4	2.89	3.15	3.28	3.41	3.55	109.1	2.39
10	23.31	18.30	207.5	245.3	265.6	286.8	309.0	2.98	3.24	3.38	3.51	3.64	129.7	2.36
2∟70×4	11.14	8.74	99.4	116.8	126.3	136.1	146.4	2.99	3.24	3.37	3.50	3.63	83.60	2.74
5	13.75	10.79	126.7	148.8	160.6	173.0	186.0	3.04	3.29	3.42	3.55	3.68	102.2	2.73
6	16.32	12.81	155.1	181.8	196.1	211.1	226.8	3.08	3.34	3.47	3.60	3.73	119.9	2.71
7	18.85	14.80	184.5	215.9	232.8	250.4	268.8	3.13	3.38	3.51	3.65	3.78	136.7	2.69
8	21.33	16.75	214.9	251.2	270.6	290.9	312.0	3.17	3.43	3.56	3.69	3.82	152.7	2.68
2∟75×5	14.82	11.64	154.8	180.0	193.5	207.6	222.3	3.23	3.49	3.61	3.74	3.87	126.6	2.92
6	17.59	13.81	189.3	219.8	236.1	253.1	270.8	3.28	3.53	3.66	3.79	3.92	148.8	2.91
7	20.32	15.95	224.9	260.8	280.0	299.9	320.7	3.33	3.58	3.71	3.84	3.97	169.9	2.89
8	23.01	18.06	261.7	303.1	325.1	348.1	372.0	3.37	3.63	3.76	3.89	4.02	190.1	2.87
9	25.65	20.14	299.8	346.7	371.6	397.6	424.7	3.42	3.68	3.81	3.94	4.07	209.4	2.86
10	28.25	22.18	339.0	391.5	419.4	448.5	478.7	3.46	3.72	3.85	3.98	4.12	227.8	2.84
2∟80×5	15.82	12.42	186.8	215.2	230.4	246.3	262.7	3.44	3.69	3.82	3.94	4.07	154.7	3.13
6	18.79	14.75	228.0	262.5	280.9	300.0	319.8	3.48	3.74	3.87	4.00	4.13	182.0	3.11
7	21.72	17.05	270.7	311.2	332.8	355.2	378.5	3.53	3.79	3.91	4.04	4.17	208.1	3.10
8	24.61	19.32	314.7	361.4	386.2	412.0	438.8	3.58	3.83	3.96	4.09	4.22	233.2	3.08
9	27.45	21.55	360.0	413.0	441.1	470.3	500.6	3.62	3.88	4.01	4.14	4.27	257.2	3.06
10	30.25	23.75	406.8	466.0	497.4	530.0	563.9	3.67	3.92	4.05	4.19	4.32	280.2	3.04

续表

型号	两个角钢截面面积	两个角钢每米重量	x_1-x_1										y_1-y_1	
			I					i					I	i
			当两角钢背距离δ（mm）为：											
			0	4	6	8	10	0	4	6	8	10		
	cm²	kg/m	cm⁴					cm					cm⁴	cm
2∟90×6	21.27	16.70	320.9	364.1	386.9	410.7	435.2	3.88	4.14	4.26	4.39	4.52	262.5	3.51
7	24.60	19.31	380.3	431.0	457.8	485.6	514.4	3.93	4.19	4.31	4.44	4.57	300.9	3.50
8	27.89	21.89	441.3	499.7	530.5	562.5	595.6	3.98	4.23	4.36	4.49	4.62	337.9	3.48
9	31.13	24.44	504.0	570.2	605.1	641.3	678.7	4.02	4.28	4.41	4.54	4.67	373.5	3.46
10	34.33	26.95	568.5	642.5	681.5	722.0	763.8	4.07	4.33	4.46	4.59	4.72	407.8	3.45
12	40.61	31.88	702.6	792.6	840.0	889.0	939.7	4.16	4.42	4.55	4.68	4.81	472.4	3.41
2∟100×6	23.86	18.73	436.3	489.2	517.1	546.0	575.7	4.28	4.53	4.66	4.78	4.91	364.0	3.91
7	27.59	21.66	516.2	578.4	611.1	644.9	679.8	4.33	4.58	4.71	4.83	4.96	417.9	3.89
8	31.28	24.55	598.2	669.7	707.3	746.2	786.3	4.37	4.63	4.76	4.88	5.01	470.1	3.88
9	34.92	27.41	682.3	763.3	805.8	849.8	895.1	4.42	4.68	4.80	4.93	5.06	520.6	3.86
10	38.52	30.24	768.6	859.0	906.6	955.7	1006	4.47	4.72	4.85	4.98	5.11	569.4	3.84
12	45.60	35.80	947.4	1057	1115	1175	1236	4.56	4.82	4.94	5.08	5.21	661.9	3.81
14	52.51	41.22	1135	1265	1333	1403	1475	4.65	4.91	5.04	5.17	5.30	748.1	3.77
16	59.25	46.51	1331	1481	1559	1640	1723	4.74	5.00	5.13	5.26	5.39	828.3	3.74
2∟110×7	30.39	23.86	680.7	755.2	794.2	834.5	876.0	4.73	4.98	5.11	5.24	5.37	561.9	4.30
8	34.48	27.06	787.8	873.5	918.4	964.7	1012	4.78	5.03	5.16	5.29	5.42	633.0	4.28
10	42.52	33.38	1010	1118	1175	1233	1294	4.87	5.13	5.26	5.39	5.52	768.8	4.25
12	50.40	39.56	1242	1374	1442	1513	1586	4.96	5.22	5.35	5.48	5.61	896.3	4.22
14	58.11	45.62	1485	1640	1721	1804	1890	5.05	5.31	5.44	5.57	5.70	1016	4.18
2∟125×8	39.50	31.01	1142	1252	1309	1368	1428	5.38	5.63	5.76	5.88	6.01	941.8	4.88
10	48.75	38.27	1460	1598	1671	1745	1821	5.47	5.73	5.85	5.98	6.11	1148	4.85
12	57.82	45.39	1791	1959	2046	2136	2228	5.57	5.82	5.95	6.08	6.21	1343	4.82
14	66.73	52.39	2135	2333	2436	2541	2650	5.66	5.91	6.04	6.17	6.30	1527	4.78
16	75.48	59.25	2493	2721	2840	2961	3086	5.75	6.00	6.13	6.26	6.39	1702	4.75
2∟140×10	54.75	42.98	2026	2198	2287	2378	2472	6.08	6.34	6.46	6.59	6.72	1635	5.46
12	65.02	51.04	2480	2688	2796	2907	3020	6.18	6.43	6.56	6.69	6.81	1918	5.43
14	75.13	58.98	2950	3195	3322	3452	3586	6.27	6.52	6.65	6.78	6.91	2187	5.40
16	85.08	66.79	3437	3720	3866	4016	4169	6.36	6.61	6.74	6.87	7.00	2444	5.36
2∟150×8	47.50	37.29	1943	2099	2179	2262	2346	6.40	6.65	6.77	6.90	7.03	1655	5.90
10	58.75	46.12	2475	2671	2773	2877	2983	6.49	6.74	6.87	7.00	7.13	2026	5.87
12	69.82	54.81	3025	3263	3386	3512	3640	6.58	6.84	6.96	7.09	7.22	2380	5.84
14	80.73	63.38	3594	3874	4019	4167	4318	6.67	6.93	7.06	7.18	7.31	2719	5.80
15	86.13	67.61	3886	4187	4343	4502	4665	6.72	6.97	7.10	7.23	7.36	2882	5.78
16	91.48	71.81	4183	4505	4672	4842	5016	6.76	7.02	7.15	7.28	7.41	3042	5.77

续表

型号	两个角钢截面面积	两个角钢每米重量	x_1-x_1										y_1-y_1	
			I					i						
			当两角钢背距离 δ（mm）为：										I	i
			0	4	6	8	10	0	4	6	8	10		
	cm^2	kg/m	cm^4					cm					cm^4	cm
2∟160×10	63.00	49.46	2987	3209	3324	3442	3562	6.89	7.14	7.26	7.39	7.52	2475	6.27
12	74.88	58.78	3647	3916	4055	4197	4342	6.98	7.23	7.36	7.49	7.62	2911	6.24
14	86.59	67.97	4329	4645	4809	4976	5147	7.07	7.32	7.45	7.58	7.71	3330	6.20
16	98.13	77.04	5032	5397	5586	5778	5974	7.16	7.42	7.54	7.67	7.80	3731	6.17
2∟180×12	84.48	66.32	5131	5468	5642	5819	6000	7.79	8.05	8.17	8.30	8.43	4200	7.05
14	97.79	76.77	6079	6476	6680	6888	7101	7.88	8.14	8.27	8.39	8.52	4815	7.02
16	110.93	87.08	7054	7511	7747	7986	8230	7.97	8.23	8.36	8.48	8.61	5407	6.98
18	123.91	97.27	8057	8575	8842	9113	9389	8.06	8.32	8.45	8.58	8.70	5976	6.94
2∟200×14	109.28	85.79	8250	8736	8986	9240	9498	8.69	8.94	9.07	9.20	9.32	6687	7.82
16	124.03	97.36	9560	10120	10407	10699	10996	8.78	9.03	9.16	9.29	9.42	7522	7.79
18	138.60	108.80	10903	11537	11863	12194	12530	8.87	9.12	9.25	9.38	9.51	8329	7.75
20	153.01	120.11	12281	12990	13354	13724	14100	8.96	9.21	9.34	9.47	9.60	9109	7.72
24	181.32	142.34	15138	16000	16442	16891	17347	9.14	9.39	9.52	9.65	9.78	10590	7.64
2∟220×16	137.33	107.80	12599	13272	13617	13967	14323	9.58	9.83	9.96	10.08	10.21	10127	8.59
18	153.50	120.50	14353	15115	15505	15902	16304	9.67	9.92	10.05	10.18	10.31	11231	8.55
20	169.51	133.07	16148	17000	17436	17879	18329	9.76	10.01	10.14	10.27	10.40	12300	8.52
22	185.35	145.50	17984	18927	19410	19900	20397	9.85	10.11	10.23	10.36	10.49	13337	8.48
24	201.02	157.80	19861	20896	21425	21963	22508	9.94	10.20	10.32	10.45	10.58	14341	8.45
26	216.53	169.97	21780	22907	23484	24069	24663	10.03	10.29	10.41	10.54	10.67	15314	8.41
2∟250×18	175.68	137.91	20778	21754	22252	22758	23270	10.88	11.13	11.25	11.38	11.51	16738	9.76
20	194.09	152.36	23344	24434	24991	25555	26127	10.97	11.22	11.35	11.47	11.60	18364	9.73
22	212.33	166.68	25962	27168	27784	28408	29040	11.06	11.31	11.44	11.57	11.69	19946	9.69
24	230.40	180.87	28634	29956	30631	31315	32009	11.15	11.40	11.53	11.66	11.79	21485	9.66
26	248.31	194.92	31358	32798	33533	34278	35033	11.24	11.49	11.62	11.75	11.88	22983	9.62
28	266.04	208.84	34136	35695	36490	37296	38113	11.33	11.58	11.71	11.84	11.97	24439	9.58
30	283.61	222.64	36967	38645	39502	40369	41248	11.42	11.67	11.80	11.93	12.06	25855	9.55
32	301.02	236.30	39851	41650	42568	43498	44439	11.51	11.76	11.89	12.02	12.15	27231	9.51
35	326.80	256.54	44278	46259	47270	48293	49330	11.64	11.90	12.03	12.16	12.29	29222	9.46

21.3.3 不等边双角钢长边相连组合T形截面

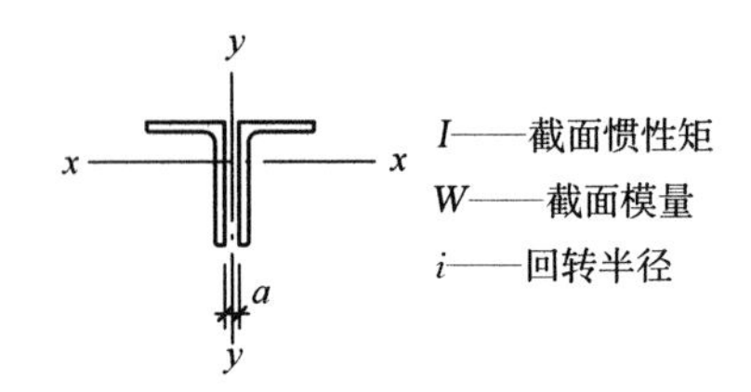

型号	两个角钢截面面积	两个角钢每米重量	x-x								
						0		4		6	
			I_x	W_x	i_x	W_y	i_y	W_y	i_y	W_y	i_y
	cm^2	kg/m	cm^4	cm^3	cm	cm^3	cm	cm^3	cm	cm^3	cm
2∟25×16×3	2.32	1.82	1.41	0.86	0.78	0.53	0.61	0.74	0.76	0.87	0.84
4	3.00	2.35	1.76	1.10	0.77	0.73	0.63	1.02	0.78	1.19	0.87
2∟32×20×3	2.98	2.34	3.05	1.44	1.01	0.82	0.74	1.07	0.89	1.21	0.97
4	3.88	3.04	3.86	1.86	1.00	1.12	0.76	1.46	0.91	1.66	0.99
2∟40×25×3	3.78	2.97	6.15	2.30	1.28	1.27	0.92	1.56	1.06	1.73	1.13
4	4.93	3.87	7.85	2.98	1.26	1.72	0.93	2.12	1.08	2.35	1.16
2∟45×28×3	4.30	3.37	8.90	2.94	1.44	1.59	1.02	1.91	1.15	2.10	1.23
4	5.61	4.41	11.40	3.82	1.43	2.14	1.03	2.58	1.18	2.84	1.25
2∟50×32×3	4.86	3.82	12.48	3.67	1.60	2.07	1.17	2.42	1.30	2.62	1.37
4	6.35	4.99	16.03	4.78	1.59	2.78	1.18	3.26	1.32	3.54	1.40
2∟56×36×3	5.49	4.31	17.76	4.65	1.80	2.61	1.31	3.00	1.44	3.22	1.51
4	7.18	5.64	22.90	6.06	1.79	3.50	1.33	4.03	1.46	4.33	1.53
5	8.83	6.93	27.73	7.43	1.77	4.41	1.34	5.10	1.48	5.48	1.56
2∟63×40×4	8.12	6.37	32.98	7.73	2.02	4.32	1.46	4.90	1.59	5.22	1.66
5	9.99	7.84	40.03	9.49	2.00	5.43	1.47	6.17	1.61	6.59	1.68
6	11.82	9.28	46.72	11.18	1.99	6.57	1.49	7.48	1.63	7.99	1.71
7	13.60	10.68	53.06	12.82	1.97	7.73	1.51	8.83	1.65	9.43	1.73
2∟70×45×4	9.11	7.15	45.93	9.64	2.25	5.45	1.64	6.08	1.77	6.43	1.84
5	11.22	8.81	55.90	11.84	2.23	6.84	1.66	7.66	1.79	8.11	1.86
6	13.29	10.43	65.40	13.98	2.22	8.26	1.67	9.26	1.81	9.81	1.88
7	15.31	12.02	74.45	16.06	2.20	9.71	1.69	10.90	1.83	11.56	1.90
2∟75×50×5	12.25	9.62	70.19	13.75	2.39	8.42	1.85	9.29	1.99	9.78	2.06
6	14.52	11.40	82.24	16.25	2.38	10.15	1.87	11.22	2.00	11.81	2.08
8	18.93	14.86	104.79	21.04	2.35	13.69	1.90	15.19	2.04	16.00	2.12
10	23.18	18.20	125.41	25.57	2.33	17.37	1.94	19.31	2.08	20.35	2.16
2∟80×50×5	12.75	10.01	83.91	15.55	2.57	8.43	1.82	9.31	1.95	9.81	2.02
6	15.12	11.87	98.42	18.39	2.55	10.16	1.83	11.26	1.97	11.86	2.04
7	17.45	13.70	112.33	21.16	2.54	11.93	1.85	13.23	1.99	13.95	2.06
8	19.73	15.49	125.65	23.85	2.52	13.73	1.86	15.25	2.00	16.08	2.08
2∟90×56×5	14.42	11.32	120.89	19.84	2.90	10.55	2.02	11.52	2.15	12.06	2.22
6	17.11	13.43	142.06	23.49	2.88	12.71	2.04	13.90	2.17	14.56	2.24
7	19.76	15.51	162.44	27.05	2.87	14.90	2.05	16.32	2.19	17.10	2.26
8	22.37	17.56	182.06	30.53	2.85	17.12	2.07	18.79	2.21	19.69	2.28

表 21.3-3

y-y													
当两角钢背距离 a（mm）为：													
8		10		12		14		16		18		20	
W_y	i_y	W_y	i_y	W_y	i_y	W_y	i_y	W_y	i_y	W_y	i_y	W_y	i_y
cm³	cm	cm³	cm	cm³	cm	cm³	cm	cm³	cm	cm³	cm	cm³	cm
1.00	0.93	1.15	1.02										
1.38	0.96	1.57	1.05										
1.37	1.05	1.54	1.14										
1.87	1.08	2.10	1.16										
1.92	1.21	2.11	1.30										
2.60	1.24	2.87	1.32										
2.30	1.31	2.51	1.39										
3.11	1.33	3.40	1.41										
2.84	1.45	3.07	1.53										
3.84	1.47	4.15	1.55										
3.45	1.59	3.70	1.66										
4.65	1.61	4.99	1.69										
5.89	1.63	6.32	1.71										
5.57	1.74	5.94	1.81										
7.03	1.76	7.50	1.84										
8.53	1.78	9.10	1.86										
10.07	1.81	10.74	1.89										
6.81	1.91	7.21	1.99	7.63	2.07								
8.58	1.94	9.09	2.01	9.62	2.09								
10.40	1.96	11.01	2.04	11.65	2.11								
12.25	1.98	12.97	2.06	13.73	2.14								
10.29	2.13	10.82	2.20	11.38	2.28								
12.43	2.15	13.09	2.23	13.77	2.30								
16.85	2.19	17.74	2.27	18.67	2.35								
21.44	2.24	22.58	2.31	23.76	2.40								
10.33	2.09	10.88	2.17	11.45	2.24	12.05	2.32						
12.49	2.11	13.16	2.19	13.86	2.27	14.58	2.34						
14.70	2.13	15.49	2.21	16.31	2.29	17.17	2.37						
16.95	2.15	17.87	2.23	18.82	2.31	19.80	2.39						
12.62	2.29	13.22	2.36	13.84	2.44	14.49	2.52	15.16	2.59				
15.25	2.31	15.97	2.39	16.73	2.46	17.52	2.54	18.33	2.62				
17.92	2.33	18.78	2.41	19.67	2.48	20.60	2.56	21.56	2.64				
20.64	2.35	21.63	2.43	22.66	2.51	23.73	2.59	24.84	2.67				

型号	两个角钢截面面积	两个角钢每米重量	x-x								
						0		4		6	
			I_x	W_x	i_x	W_y	i_y	W_y	i_y	W_y	i_y
	cm²	kg/m	cm⁴	cm³	cm	cm³	cm	cm³	cm	cm³	cm
2∟100×63×6	19.23	15.10	198.12	29.29	3.21	16.03	2.29	17.35	2.42	18.06	2.49
7	22.22	17.44	226.91	33.77	3.20	18.77	2.31	20.34	2.44	21.18	2.51
8	25.17	19.76	254.73	38.15	3.18	21.55	2.32	23.37	2.46	24.35	2.53
10	30.93	24.28	307.62	46.64	3.15	27.22	2.35	29.58	2.49	30.84	2.57
2∟100×80×6	21.27	16.70	214.07	30.38	3.17	25.67	3.11	27.20	3.24	28.01	3.31
7	24.60	19.31	245.46	35.05	3.16	29.99	3.12	31.80	3.26	32.76	3.32
8	27.89	21.89	275.85	39.62	3.15	34.34	3.14	36.43	3.27	37.54	3.34
10	34.33	26.95	333.74	48.49	3.12	43.12	3.17	45.80	3.31	47.22	3.38
2∟110×70×6	21.27	16.70	266.74	35.70	3.54	19.74	2.55	21.16	2.68	21.93	2.74
7	24.60	19.31	306.01	41.20	3.53	23.10	2.56	24.79	2.69	25.70	2.76
8	27.89	21.89	344.08	46.60	3.51	26.48	2.58	28.46	2.71	29.52	2.78
10	34.33	26.95	416.78	57.08	3.48	33.38	2.61	35.93	2.74	37.29	2.82
2∟125×80×7	28.19	22.13	455.96	53.72	4.02	30.08	2.92	31.96	3.05	32.98	3.12
8	31.98	25.10	513.53	60.83	4.01	34.46	2.94	36.66	3.07	37.83	3.13
10	39.42	30.95	624.09	74.66	3.98	43.35	2.97	46.18	3.10	47.68	3.17
12	46.70	36.66	728.82	88.03	3.95	52.42	3.00	55.91	3.13	57.77	3.20
2∟140×90×8	36.08	28.32	731.27	76.96	4.50	43.51	3.29	45.92	3.42	47.20	3.49
10	44.52	34.95	891.00	94.62	4.47	54.65	3.32	57.76	3.45	59.40	3.52
12	52.80	41.45	1043.18	111.75	4.44	65.97	3.35	69.81	3.49	71.83	3.56
14	60.91	47.82	1188.20	128.36	4.42	77.52	3.38	82.10	3.52	84.52	3.59
2∟150×90×8	37.68	29.58	884.10	87.72	4.84	43.55	3.23	45.99	3.35	47.30	3.42
10	46.52	36.52	1078.48	107.94	4.81	54.72	3.25	57.88	3.38	59.56	3.45
12	55.20	43.33	1264.16	127.58	4.79	66.10	3.28	70.01	3.42	72.07	3.48
14	63.71	50.01	1441.55	146.65	4.76	77.72	3.31	82.40	3.45	84.87	3.52
15	67.90	53.30	1527.25	155.99	4.74	83.63	3.33	88.71	3.47	91.39	3.54
16	72.05	56.56	1611.01	165.19	4.73	89.61	3.35	95.10	3.48	97.98	3.56
2∟160×100×10	50.63	39.74	1337.37	124.25	5.14	67.32	3.65	70.72	3.77	72.52	3.84
12	60.11	47.18	1569.82	146.99	5.11	81.19	3.68	85.39	3.81	87.60	3.87
14	69.42	54.49	1792.59	169.12	5.08	95.28	3.70	100.31	3.84	102.95	3.91
16	78.56	61.67	2006.11	190.66	5.05	109.64	3.74	115.52	3.87	118.60	3.94
2∟180×110×10	56.75	44.55	1912.50	157.92	5.81	81.31	3.97	85.01	4.10	86.96	4.16
12	67.42	52.93	2249.44	187.07	5.78	97.99	4.00	102.55	4.13	104.94	4.19
14	77.93	61.18	2573.82	215.51	5.75	114.90	4.03	120.35	4.16	123.21	4.23
16	88.28	69.30	2886.12	243.28	5.72	132.08	4.06	138.46	4.19	141.79	4.26
2∟200×125×12	75.82	59.52	3141.80	233.47	6.44	126.04	4.56	131.06	4.69	133.69	4.75
14	87.73	68.87	3601.94	269.30	6.41	147.60	4.59	153.59	4.72	156.72	4.78
16	99.48	78.09	4046.70	304.36	6.38	169.42	4.61	176.42	4.75	180.07	4.81
18	111.05	87.18	4476.61	338.67	6.35	191.54	4.64	199.58	4.78	203.76	4.85

续表

y-y													
当两角钢背距离 a（mm）为：													
8		10		12		14		16		18		20	
W_y	i_y	W_y	i_y	W_y	i_y	W_y	i_y	W_y	i_y	W_y	i_y	W_y	i_y
cm^3	cm	cm^3	cm	cm^3	cm	cm^3	cm	cm^3	cm	cm^3	cm	cm^3	cm
18.81	2.56	19.59	2.63	20.41	2.71	21.26	2.78	22.14	2.86	23.05	2.94		
22.07	2.58	23.00	2.65	23.97	2.73	24.97	2.80	26.00	2.88	27.07	2.96		
25.38	2.60	26.46	2.67	27.57	2.75	28.73	2.83	29.92	2.91	31.15	2.99		
32.17	2.64	33.54	2.72	34.96	2.79	36.44	2.87	37.95	2.95	39.51	3.03		
28.85	3.38	29.73	3.45	30.63	3.52	31.56	3.59	32.52	3.67	33.50	3.74		
33.75	3.39	34.78	3.47	35.85	3.54	36.94	3.61	38.07	3.69	39.22	3.77		
38.69	3.41	39.88	3.49	41.10	3.56	42.36	3.64	43.66	3.71	44.99	3.79		
48.68	3.45	50.19	3.53	51.75	3.60	53.35	3.68	54.99	3.75	56.67	3.83		
22.74	2.81	23.58	2.88	24.46	2.96	25.36	3.03	26.30	3.11	27.27	3.18	28.27	3.26
26.66	2.83	27.65	2.90	28.68	2.98	29.75	3.05	30.86	3.13	32.00	3.21	33.17	3.28
30.62	2.85	31.77	2.92	32.97	3.00	34.20	3.07	35.48	3.15	36.79	3.23	38.14	3.31
38.71	2.89	40.19	2.96	41.71	3.04	43.29	3.12	44.91	3.19	46.58	3.27	48.29	3.35
34.03	3.18	35.12	3.25	36.26	3.33	37.43	3.40	38.64	3.47	39.89	3.55	41.17	3.63
39.05	3.20	40.31	3.27	41.63	3.35	42.98	3.42	44.38	3.49	45.81	3.57	47.29	3.65
49.25	3.24	50.87	3.31	52.54	3.39	54.27	3.46	56.04	3.54	57.87	3.61	59.74	3.69
59.69	3.28	61.67	3.35	63.72	3.43	65.83	3.50	68.00	3.58	70.22	3.66	72.49	3.74
48.54	3.56	49.92	3.63	51.34	3.70	52.82	3.77	54.33	3.84	55.89	3.92	57.49	3.99
61.11	3.59	62.87	3.66	64.69	3.73	66.57	3.81	68.49	3.88	70.47	3.96	72.50	4.04
73.93	3.63	76.09	3.70	78.31	3.77	80.60	3.85	82.95	3.92	85.36	4.00	87.83	4.08
87.01	3.66	89.58	3.74	92.23	3.81	94.94	3.89	97.73	3.97	100.58	4.04	103.49	4.12
48.66	3.48	50.06	3.55	51.52	3.62	53.02	3.69	54.58	3.77	56.17	3.84	57.81	3.92
61.30	3.52	63.10	3.59	64.96	3.66	66.88	3.73	68.86	3.81	70.89	3.88	72.97	3.96
74.21	3.55	76.42	3.63	78.70	3.70	81.05	3.77	83.46	3.85	85.94	3.93	88.47	4.00
87.42	3.59	90.06	3.66	92.77	3.74	95.55	3.81	98.41	3.89	101.35	3.97	104.35	4.05
94.15	3.61	97.00	3.68	99.93	3.76	102.94	3.83	106.03	3.91	109.19	3.99	112.43	4.07
100.96	3.63	104.03	3.70	107.18	3.78	110.42	3.86	113.74	3.93	117.14	4.01	120.61	4.09
74.39	3.91	76.31	3.98	78.29	4.05	80.33	4.12	82.43	4.19	84.58	4.27	86.79	4.34
89.88	3.94	92.24	4.01	94.67	4.09	97.16	4.16	99.72	4.23	102.34	4.31	105.02	4.38
105.67	3.98	108.48	4.05	111.36	4.12	114.32	4.20	117.35	4.27	120.45	4.35	123.62	4.43
121.78	4.02	125.04	4.09	128.39	4.16	131.82	4.24	135.34	4.31	138.94	4.39	142.61	4.47
88.98	4.23	91.06	4.30	93.20	4.36	95.40	4.44	97.66	4.51	99.98	4.58	102.36	4.65
107.42	4.26	109.96	4.33	112.58	4.40	115.27	4.47	118.03	4.54	120.86	4.62	123.75	4.69
126.15	4.30	129.18	4.37	132.30	4.44	135.49	4.51	138.76	4.58	142.11	4.66	145.53	4.73
145.23	4.33	148.75	4.40	152.37	4.47	156.08	4.55	159.87	4.62	163.75	4.70	167.71	4.77
136.40	4.82	139.18	4.88	142.04	4.95	144.96	5.02	147.96	5.09	151.03	5.17	154.16	5.24
159.94	4.85	163.25	4.92	166.64	4.99	170.11	5.06	173.66	5.13	177.29	5.20	180.99	5.28
183.82	4.88	187.66	4.95	191.60	5.02	195.63	5.09	199.75	5.17	203.95	5.24	208.24	5.32
208.05	4.92	212.45	4.99	216.95	5.06	221.55	5.13	226.25	5.21	231.04	5.28	235.92	5.36

21.3.4 不等边双角钢短边相连组合T形截面

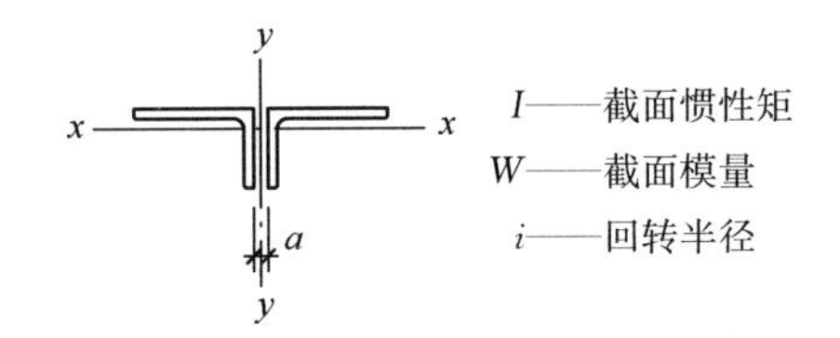

型号	两个角钢截面面积	两个角钢每米重量	x-x								
						0		4		6	
			I_x	W_x	i_x	W_y	i_y	W_y	i_y	W_y	i_y
	cm²	kg/m	cm⁴	cm³	cm	cm³	cm	cm³	cm	cm³	cm
2L25×16×3	2.32	1.82	0.44	0.38	0.44	1.25	1.16	1.49	1.32	1.62	1.40
4	3.00	2.35	0.55	0.48	0.43	1.67	1.18	1.99	1.34	2.17	1.42
2L32×20×3	2.98	2.34	0.92	0.61	0.55	2.05	1.48	2.34	1.63	2.50	1.71
4	3.88	3.04	1.14	0.78	0.54	2.73	1.50	3.13	1.66	3.34	1.74
2L40×25×3	3.78	2.97	1.87	0.98	0.70	3.20	1.84	3.56	1.99	3.75	2.07
4	4.93	3.87	2.36	1.26	0.69	4.26	1.86	4.75	2.01	5.01	2.09
2L45×28×3	4.30	3.37	2.68	1.24	0.79	4.05	2.06	4.45	2.21	4.66	2.28
4	5.61	4.41	3.39	1.60	0.78	5.40	2.08	5.94	2.23	6.23	2.31
2L50×32×3	4.86	3.82	4.05	1.64	0.91	4.99	2.27	5.44	2.41	5.68	2.49
4	6.35	4.99	5.16	2.12	0.90	6.66	2.29	7.26	2.44	7.58	2.51
2L56×36×3	5.49	4.31	5.85	2.09	1.03	6.26	2.53	6.76	2.67	7.02	2.75
4	7.18	5.64	7.48	2.72	1.02	8.35	2.55	9.02	2.70	9.37	2.77
5	8.83	6.93	8.99	3.31	1.01	10.44	2.57	11.28	2.72	11.72	2.80
2L63×40×4	8.12	6.37	10.47	3.39	1.14	10.57	2.86	11.31	3.01	11.70	3.09
5	9.99	7.84	12.62	4.14	1.12	13.22	2.89	14.15	3.03	14.64	3.11
6	11.82	9.28	14.62	4.86	1.11	15.87	2.91	16.99	3.06	17.59	3.13
7	13.60	10.68	16.49	5.55	1.10	18.52	2.93	19.84	3.08	20.54	3.16
2L70×45×4	9.11	7.15	15.10	4.34	1.29	13.05	3.17	13.87	3.31	14.30	3.39
5	11.22	8.81	18.27	5.30	1.28	16.31	3.19	17.34	3.34	17.88	3.41
6	13.29	10.43	21.23	6.24	1.26	19.58	3.21	20.83	3.36	21.48	3.44
7	15.31	12.02	24.02	7.13	1.25	22.85	3.23	24.32	3.38	25.08	3.46
2L75×50×5	12.25	9.62	25.23	6.59	1.43	18.73	3.39	19.83	3.53	20.41	3.60
6	14.52	11.40	29.40	7.76	1.42	22.48	3.41	23.81	3.55	24.51	3.63
8	18.93	14.86	37.06	9.98	1.40	30.00	3.45	31.80	3.60	32.73	3.67
10	23.18	18.20	43.93	12.07	1.38	37.55	3.49	39.82	3.64	41.00	3.71
2L80×50×5	12.75	10.01	25.65	6.64	1.42	21.30	3.66	22.46	3.80	23.07	3.88
6	15.12	11.87	29.90	7.82	1.41	25.56	3.68	26.97	3.82	27.70	3.90
7	17.45	13.70	33.91	8.96	1.39	29.83	3.70	31.48	3.85	32.34	3.92
8	19.73	15.49	37.71	10.06	1.38	34.10	3.72	36.00	3.87	36.98	3.94
2L90×56×5	14.42	11.32	36.65	8.42	1.59	26.96	4.10	28.26	4.25	28.93	4.32
6	17.11	13.43	42.84	9.93	1.58	32.35	4.12	33.92	4.27	34.73	4.34
7	19.76	15.51	48.71	11.39	1.57	37.75	4.15	39.59	4.29	40.54	4.37
8	22.37	17.56	54.30	12.82	1.56	43.15	4.17	45.26	4.31	46.36	4.39

表 21.3-4

y-y													
当两角钢背距离 a(mm)为:													
8		10		12		14		16		18		20	
W_y	i_y	W_y	i_y	W_y	i_y	W_y	i_y	W_y	i_y	W_y	i_y	W_y	i_y
cm³	cm	cm³	cm	cm³	cm	cm³	cm	cm³	cm	cm³	cm	cm³	cm
1.76	1.48	1.90	1.57										
2.35	1.51	2.54	1.60										
2.67	1.79	2.84	1.88										
3.57	1.82	3.80	1.90										
3.95	2.14	4.16	2.23										
5.28	2.17	5.56	2.25										
4.89	2.36	5.12	2.44										
6.53	2.39	6.84	2.47										
5.92	2.56	6.18	2.64										
7.91	2.59	8.25	2.67										
7.29	2.82	7.57	2.90										
9.73	2.85	10.11	2.93										
12.18	2.88	12.65	2.96										
12.11	3.16	12.52	3.24										
15.15	3.19	15.67	3.27										
18.20	3.21	18.82	3.29										
21.25	3.24	21.99	3.32										
14.74	3.46	15.20	3.54	15.66	3.62								
18.44	3.49	19.01	3.57	19.60	3.64								
22.15	3.51	22.83	3.59	23.54	3.67								
25.86	3.54	26.67	3.61	27.49	3.69								
21.00	3.68	21.61	3.76	22.23	3.83								
25.22	3.70	25.95	3.78	26.71	3.86								
33.70	3.75	34.68	3.83	35.69	3.91								
42.21	3.79	43.45	3.87	44.71	3.95								
23.69	3.95	24.33	4.03	24.98	4.10	25.65	4.18						
28.45	3.98	29.22	4.05	30.00	4.13	30.80	4.21						
33.21	4.00	34.11	4.08	35.03	4.16	35.97	4.23						
37.99	4.02	39.02	4.10	40.07	4.18	41.14	4.26						
29.63	4.39	30.33	4.47	31.05	4.55	31.79	4.62	32.54	4.70				
35.57	4.42	36.42	4.50	37.29	4.57	38.17	4.65	39.08	4.73				
41.52	4.44	42.51	4.52	43.53	4.60	44.57	4.68	45.62	4.76				
47.47	4.47	48.62	4.54	49.78	4.62	50.97	4.70	52.18	4.78				

型号	两个角钢截面面积	两个角钢每米重量	x-x								
						0		4		6	
			I_x	W_x	i_x	W_y	i_y	W_y	i_y	W_y	i_y
	cm²	kg/m	cm⁴	cm³	cm	cm³	cm	cm³	cm	cm³	cm
2L100×63×6	19.23	15.10	61.87	12.70	1.79	39.94	4.56	41.67	4.70	42.57	4.77
7	22.22	17.44	70.52	14.59	1.78	46.60	4.58	48.63	4.72	49.68	4.80
8	25.17	19.76	78.79	16.43	1.77	53.26	4.60	55.60	4.75	56.80	4.82
10	30.93	24.28	94.25	19.97	1.75	66.61	4.64	69.56	4.79	71.08	4.86
2L100×80×6	21.27	16.70	122.49	20.33	2.40	39.97	4.33	41.73	4.47	42.65	4.54
7	24.60	19.31	140.15	23.41	2.39	46.64	4.35	48.71	4.49	49.79	4.57
8	27.89	21.89	157.15	26.43	2.37	53.32	4.37	55.71	4.51	56.95	4.59
10	34.33	26.95	189.30	32.24	2.35	66.73	4.41	69.75	4.55	71.32	4.63
2L110×70×6	21.27	16.70	85.83	15.80	2.01	48.32	5.00	50.22	5.14	51.20	5.21
7	24.60	19.31	98.04	18.18	2.00	56.38	5.02	58.60	5.16	59.74	5.24
8	27.89	21.89	109.74	20.50	1.98	64.43	5.04	66.99	5.19	68.30	5.26
10	34.33	26.95	131.76	24.97	1.96	80.57	5.08	83.79	5.23	85.44	5.30
2L125×80×7	28.19	22.13	148.84	24.02	2.30	72.80	5.68	75.30	5.82	76.59	5.90
8	31.98	25.10	166.98	27.12	2.29	83.20	5.70	86.08	5.85	87.55	5.92
10	39.42	30.95	201.34	33.12	2.26	104.01	5.74	107.64	5.89	109.51	5.96
12	46.70	36.66	233.34	38.86	2.24	124.86	5.78	129.25	5.93	131.50	6.00
2L140×90×8	36.08	28.32	241.38	34.68	2.59	104.36	6.36	107.56	6.51	109.21	6.58
10	44.52	34.95	292.06	42.44	2.56	130.46	6.40	134.49	6.55	136.56	6.62
12	52.80	41.45	339.58	49.90	2.54	156.58	6.44	161.47	6.59	163.97	6.66
14	60.91	47.82	384.20	57.07	2.51	182.75	6.48	188.49	6.63	191.42	6.70
2L150×90×8	37.68	29.58	245.59	34.94	2.55	119.78	6.91	123.18	7.05	124.93	7.12
10	46.52	36.52	297.24	42.76	2.53	149.71	6.95	154.00	7.09	156.19	7.17
12	55.20	43.33	345.70	50.28	2.50	179.67	6.99	184.84	7.13	187.49	7.21
14	63.71	50.01	391.25	57.53	2.48	209.65	7.03	215.73	7.17	218.83	7.25
15	67.90	53.30	413.01	61.06	2.47	224.66	7.04	231.19	7.19	234.52	7.27
16	72.05	56.56	434.14	64.54	2.45	239.67	7.06	246.66	7.21	250.22	7.29
2L160×100×10	50.63	39.74	410.06	53.11	2.85	170.36	7.34	174.93	7.48	177.26	7.55
12	60.11	47.18	478.13	62.55	2.82	204.45	7.38	209.97	7.52	212.79	7.60
14	69.42	54.49	542.41	71.67	2.80	238.56	7.42	245.05	7.56	248.35	7.64
16	78.56	61.67	603.20	80.49	2.77	272.72	7.45	280.18	7.60	283.98	7.68
2L180×110×10	56.75	44.55	556.21	64.99	3.13	215.60	8.27	220.70	8.41	223.30	8.49
12	67.42	52.93	650.06	76.65	3.11	258.71	8.31	264.87	8.46	268.01	8.53
14	77.93	61.18	739.10	87.94	3.08	301.84	8.35	309.07	8.50	312.76	8.57
16	88.28	69.30	823.69	98.88	3.05	345.02	8.39	353.33	8.53	357.56	8.61
2L200×125×12	75.82	59.52	966.32	99.98	3.57	319.38	9.18	326.20	9.32	329.66	9.39
14	87.73	68.87	1101.65	114.88	3.54	372.62	9.22	380.61	9.36	384.68	9.43
16	99.48	78.09	1230.88	129.37	3.52	425.89	9.25	435.07	9.40	439.74	9.47
18	111.05	87.18	1354.37	143.47	3.49	479.20	9.29	489.59	9.44	494.87	9.51

续表

y-y													
当两角钢背距离 a(mm)为：													
8		10		12		14		16		18		20	
W_y	i_y	W_y	i_y	W_y	i_y	W_y	i_y	W_y	i_y	W_y	i_y	W_y	i_y
cm^3	cm	cm^3	cm	cm^3	cm	cm^3	cm	cm^3	cm	cm^3	cm	cm^3	cm
43.49	4.85	44.42	4.92	45.38	5.00	46.35	5.08	47.34	5.16	48.35	5.23		
50.76	4.87	51.85	4.95	52.97	5.03	54.11	5.10	55.26	5.18	56.44	5.26		
58.04	4.90	59.29	4.97	60.57	5.05	61.87	5.13	63.20	5.21	64.55	5.29		
72.63	4.94	74.21	5.02	75.81	5.10	77.45	5.18	79.11	5.26	80.80	5.34		
43.59	4.62	44.55	4.69	45.54	4.76	46.55	4.84	47.58	4.91	48.62	4.99		
50.90	4.64	52.03	4.71	53.18	4.79	54.36	4.86	55.56	4.94	56.79	5.02		
58.22	4.66	59.52	4.73	60.84	4.81	62.20	4.88	63.58	4.96	64.98	5.04		
72.92	4.70	74.56	4.78	76.23	4.85	77.93	4.93	79.67	5.01	81.44	5.08		
52.19	5.29	53.21	5.36	54.25	5.44	55.31	5.51	56.38	5.59	57.47	5.67	58.58	5.75
60.91	5.31	62.10	5.39	63.32	5.46	64.55	5.54	65.81	5.62	67.09	5.70	68.38	5.78
69.64	5.34	71.01	5.41	72.40	5.49	73.81	5.56	75.25	5.64	76.71	5.72	78.20	5.80
87.13	5.38	88.85	5.46	90.60	5.53	92.38	5.61	94.18	5.69	96.02	5.77	97.88	5.85
77.91	5.97	79.24	6.04	80.60	6.12	81.98	6.20	83.39	6.27	84.81	6.35	86.26	6.43
89.06	5.99	90.59	6.07	92.15	6.14	93.73	6.22	95.34	6.30	96.97	6.37	98.63	6.45
111.40	6.04	113.33	6.11	115.29	6.19	117.28	6.27	119.29	6.34	121.34	6.42	123.42	6.50
133.79	6.08	136.12	6.16	138.48	6.23	140.88	6.31	143.31	6.39	145.78	6.47	148.27	6.55
110.88	6.65	112.57	6.73	114.30	6.80	116.05	6.88	117.82	6.95	119.62	7.03	121.44	7.11
138.67	6.70	140.80	6.77	142.97	6.85	145.16	6.92	147.39	7.00	149.65	7.08	151.94	7.15
166.50	6.74	169.08	6.81	171.70	6.89	174.35	6.97	177.03	7.04	179.75	7.12	182.51	7.20
194.40	6.78	197.42	6.86	200.49	6.93	203.59	7.01	206.74	7.09	209.93	7.17	213.15	7.25
126.69	7.20	128.49	7.27	130.31	7.35	132.15	7.42	134.02	7.50	135.91	7.57	137.83	7.65
158.41	7.24	160.67	7.32	162.95	7.39	165.27	7.47	167.61	7.54	169.99	7.62	172.39	7.70
190.17	7.28	192.89	7.36	195.65	7.44	198.44	7.51	201.26	7.59	204.12	7.67	207.02	7.75
221.98	7.33	225.17	7.40	228.40	7.48	231.67	7.56	234.97	7.63	238.32	7.71	241.71	7.79
237.90	7.35	241.33	7.42	244.79	7.50	248.30	7.58	251.85	7.66	255.44	7.73	259.07	7.81
253.84	7.37	257.50	7.44	261.20	7.52	264.95	7.60	268.74	7.68	272.58	7.76	276.46	7.84
179.63	7.63	182.03	7.70	184.47	7.78	186.93	7.85	189.43	7.93	191.95	8.00	194.51	8.08
215.64	7.67	218.54	7.75	221.48	7.82	224.45	7.90	227.46	7.97	230.50	8.05	233.58	8.13
251.71	7.71	255.11	7.79	258.54	7.86	262.03	7.94	265.55	8.02	269.11	8.09	272.72	8.17
287.83	7.75	291.73	7.83	295.68	7.90	299.68	7.98	303.72	8.06	307.80	8.14	311.93	8.22
225.94	8.56	228.61	8.63	231.31	8.71	234.04	8.78	236.80	8.86	239.59	8.93	242.42	9.01
271.19	8.60	274.40	8.68	277.66	8.75	280.95	8.83	284.28	8.90	287.65	8.98	291.05	9.06
316.48	8.64	320.26	8.72	324.07	8.79	327.93	8.87	331.83	8.95	335.77	9.02	339.75	9.10
361.84	8.68	366.17	8.76	370.54	8.84	374.97	8.91	379.44	8.99	383.96	9.07	388.53	9.14
333.17	9.47	336.72	9.54	340.31	9.62	343.93	9.69	347.60	9.76	351.30	9.84	355.03	9.92
388.79	9.51	392.95	9.58	397.15	9.66	401.40	9.73	405.69	9.81	410.03	9.88	414.41	9.96
444.47	9.55	449.24	9.62	454.07	9.70	458.94	9.77	463.87	9.85	468.84	9.92	473.86	10.00
500.21	9.59	505.60	9.66	511.05	9.74	516.56	9.81	522.12	9.89	527.73	9.97	533.39	10.04

21.3.5 双槽钢组合截面(][和[ ]形截面)

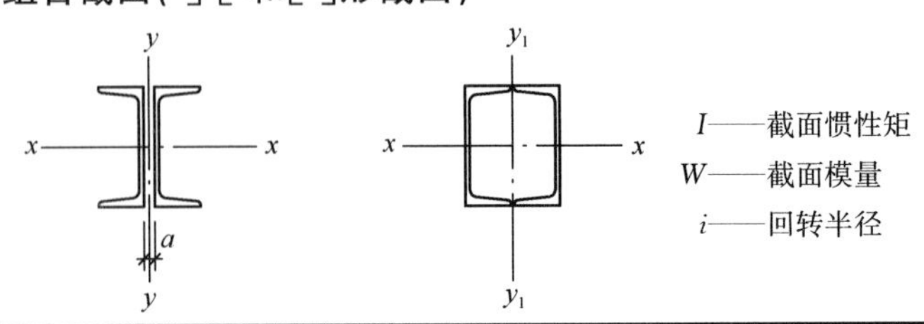

型号	两个槽钢截面面积	两个槽钢每米重量	x-x										
						0		4		6		8	
			I_x	W_x	i_x	W_y	i_y	W_y	i_y	W_y	i_y	W_y	i_y
	cm²	kg/m	cm⁴	cm³	cm	cm³	cm	cm³	cm	cm³	cm	cm³	cm
2[5	13.85	10.87	52.03	20.81	1.94	11.29	1.74	12.76	1.90				
2[6.3	16.89	13.26	102.45	32.53	2.46	14.12	1.83	15.85	1.99	16.77	2.07		
2[6.5	16.58	13.02	110.48	33.99	2.58	13.89	1.83	15.56	1.99	16.46	2.07		
2[8	20.49	16.08	202.60	50.65	3.14	17.40	1.91	19.40	2.06	20.47	2.14		
2[10	25.49	20.01	396.67	79.33	3.94	22.90	2.08	25.28	2.23	26.55	2.31	27.87	2.38
2[12	30.71	24.11	692.57	115.43	4.75	29.33	2.25	32.11	2.40	33.59	2.47	35.12	2.55
2[12.6	31.37	24.63	777.05	123.34	4.98	29.35	2.23	32.14	2.37	33.63	2.45	35.18	2.53
2[14a	37.02	29.06	1127.3	161.04	5.52	36.93	2.41	40.16	2.55	41.88	2.63	43.66	2.70
2[14b	42.62	33.45	1218.8	174.11	5.35	40.17	2.38	43.74	2.52	45.64	2.60	47.62	2.67
2[16a	43.91	34.47	1732.4	216.55	6.28	45.74	2.56	49.45	2.71	51.42	2.78	53.47	2.86
2[16b	50.31	39.49	1869.0	233.62	6.10	49.47	2.53	53.56	2.67	55.73	2.74	57.99	2.82
2[18a	51.38	40.34	2545.7	282.86	7.04	55.81	2.72	60.04	2.86	62.28	2.93	64.61	3.01
2[18b	58.58	45.99	2740.1	304.46	6.84	60.05	2.68	64.70	2.82	67.17	2.89	69.73	2.97
2[20a	57.66	45.26	3560.7	356.07	7.86	66.86	2.91	71.55	3.05	74.03	3.12	76.60	3.20
2[20b	65.66	51.54	3827.4	382.74	7.64	71.57	2.86	76.70	3.00	79.42	3.07	82.23	3.15
2[22a	63.67	49.98	4787.3	435.21	8.67	77.42	3.06	82.56	3.20	85.26	3.27	88.06	3.35
2[22b	72.47	56.89	5142.2	467.48	8.42	82.57	3.00	88.16	3.14	91.12	3.21	94.19	3.28
2[24a	68.41	53.70	6104.3	508.69	9.45	83.25	3.08	88.69	3.22	91.57	3.29	94.54	3.37
2[24b	78.01	61.24	6565.1	547.09	9.17	88.71	3.02	94.65	3.15	97.80	3.23	101.05	3.30
2[24c	87.61	68.78	7025.9	585.49	8.96	94.67	2.98	101.16	3.11	104.60	3.19	108.16	3.26
2[25a	69.81	54.80	6718.2	537.46	9.81	83.28	3.05	88.75	3.19	91.65	3.26	94.64	3.33
2[25b	79.81	62.65	7239.1	579.12	9.52	88.77	2.98	94.76	3.12	97.93	3.19	101.22	3.26
2[25c	89.81	70.50	7759.9	620.79	9.30	94.77	2.94	101.33	3.08	104.81	3.15	108.42	3.22
2[27a	78.55	61.66	8724.7	646.28	10.54	95.92	3.16	101.97	3.30	105.16	3.37	108.46	3.45
2[27b	89.35	70.14	9380.8	694.88	10.25	101.99	3.10	108.58	3.23	112.07	3.30	115.69	3.38
2[27c	100.15	78.62	10036.9	743.48	10.01	108.60	3.05	115.80	3.19	119.62	3.26	123.58	3.33
2[28a	80.05	62.84	9505.8	678.98	10.90	95.96	3.14	102.04	3.27	105.25	3.34	108.58	3.42
2[28b	91.25	71.63	10237.5	731.25	10.59	102.05	3.07	108.70	3.20	112.22	3.27	115.87	3.34
2[28c	102.45	80.42	10969.2	783.52	10.35	108.72	3.02	115.99	3.16	119.85	3.23	123.85	3.30
2[30a	87.77	68.90	12094.7	806.31	11.74	111.65	3.29	118.38	3.43	121.93	3.50	125.60	3.57
2[30b	99.77	78.32	12994.7	866.31	11.41	118.40	3.21	125.73	3.35	129.60	3.42	133.61	3.49
2[30c	111.77	87.74	13894.7	926.31	11.15	125.75	3.16	133.74	3.30	137.97	3.37	142.34	3.44
2[32a	97.00	76.14	15021.2	938.83	12.44	124.42	3.36	131.73	3.50	135.59	3.57	139.57	3.64
2[32b	109.80	86.19	16113.5	1007.09	12.11	131.75	3.29	139.70	3.42	143.90	3.49	148.24	3.56
2[32c	122.60	96.24	17205.8	1075.36	11.85	139.72	3.24	148.37	3.37	152.95	3.44	157.68	3.51
2[36a	121.78	95.60	23748.2	1319.34	13.96	170.51	3.67	179.68	3.80	184.49	3.87	189.45	3.94
2[36b	136.18	106.90	25303.4	1405.74	13.63	179.69	3.60	189.58	3.73	194.78	3.80	200.14	3.87
2[36c	150.58	118.21	26858.6	1492.14	13.36	189.60	3.55	200.28	3.68	205.90	3.75	211.70	3.82
2[40a	150.09	117.82	35155.3	1757.77	15.30	211.56	3.75	222.67	3.89	228.49	3.96	234.50	4.03
2[40b	166.09	130.38	37288.6	1864.43	14.98	222.69	3.70	234.64	3.83	240.92	3.90	247.40	3.97
2[40c	182.09	142.94	39422.0	1971.10	14.71	234.66	3.66	247.54	3.80	254.31	3.87	261.29	3.94

表 21.3-5

y-y												y_1-y_1		
当两槽钢背距离 a(mm)为：														
10		12		14		16		18		20				
W_y	i_y	W_y	i_y	W_y	i_y	W_y	i_y	W_y	i_y	W_y	i_y	I_{y1}	W_{y1}	i_{y1}
cm^3	cm	cm^3	cm	cm^3	cm	cm^3	cm	cm^3	cm	cm^3	cm	cm^4	cm^3	cm
												93.39	25.24	2.60
												138.69	34.67	2.87
												137.97	34.49	2.88
												202.62	47.12	3.15
29.24	2.47											325.81	67.88	3.58
36.71	2.63											490.70	92.58	4.00
36.78	2.61											507.38	95.73	4.02
45.50	2.78	47.40	2.86									726.55	125.27	4.43
49.66	2.75	51.78	2.83									921.51	153.58	4.65
55.58	2.93	57.76	3.01	60.00	3.09							1037.9	164.75	4.86
60.33	2.90	62.75	2.98	65.24	3.06							1300.1	200.01	5.08
67.01	3.09	69.48	3.16	72.02	3.24	74.64	3.32					1439.3	211.66	5.29
72.37	3.04	75.11	3.12	77.92	3.20	80.81	3.28					1782.1	254.59	5.52
79.25	3.27	81.98	3.35	84.78	3.43	87.66	3.51	90.61	3.59			1871.9	256.43	5.70
85.14	3.22	88.15	3.30	91.23	3.38	94.40	3.45	97.66	3.53			2310.1	308.01	5.93
90.95	3.42	93.92	3.50	96.97	3.58	100.10	3.66	103.30	3.74	106.58	3.82	2312.2	300.29	6.03
97.35	3.36	100.61	3.44	103.96	3.51	107.40	3.59	110.93	3.67	114.54	3.75	2847.7	360.46	6.27
97.61	3.44	100.76	3.52	104.00	3.59	107.33	3.67	110.74	3.75	114.22	3.83	2569.6	329.44	6.13
104.41	3.37	107.88	3.45	111.45	3.53	115.11	3.60	118.86	3.68	122.71	3.76	3168.8	396.10	6.37
111.85	3.33	115.65	3.41	119.56	3.49	123.58	3.56	127.70	3.64	131.92	3.72	3798.7	463.25	6.58
97.74	3.41	100.92	3.48	104.19	3.56	107.55	3.64	110.99	3.72	114.52	3.80	2647.4	339.41	6.16
104.62	3.34	108.13	3.41	111.73	3.49	115.44	3.57	119.25	3.65	123.14	3.73	3271.5	408.94	6.40
112.15	3.30	116.00	3.37	119.97	3.45	124.05	3.53	128.23	3.60	132.52	3.68	3927.6	478.98	6.61
111.87	3.52	115.38	3.60	118.98	3.67	122.68	3.75	126.47	3.83	130.35	3.91	3328.5	405.92	6.51
119.42	3.45	123.27	3.52	127.24	3.60	131.31	3.68	135.48	3.76	139.76	3.83	4072.6	484.83	6.75
127.67	3.41	131.89	3.48	136.23	3.56	140.69	3.63	145.27	3.71	149.97	3.79	4852.9	564.29	6.96
112.01	3.49	115.55	3.56	119.18	3.64	122.92	3.72	126.75	3.80	130.67	3.88	3420.5	417.13	6.54
119.64	3.42	123.53	3.49	127.54	3.57	131.66	3.64	135.88	3.72	140.21	3.80	4192.1	499.05	6.78
127.99	3.37	132.26	3.45	136.66	3.52	141.18	3.60	145.83	3.68	150.59	3.76	5001.3	581.55	6.99
129.39	3.64	133.28	3.72	137.28	3.79	141.38	3.87	145.58	3.95	149.88	4.03	4000.1	470.60	6.75
137.75	3.56	142.02	3.64	146.40	3.71	150.91	3.79	155.53	3.87	160.25	3.95	4887.7	561.80	7.00
146.87	3.51	151.53	3.59	156.33	3.66	161.26	3.74	166.32	3.82	171.50	3.90	5817.0	653.60	7.21
143.67	3.71	147.90	3.79	152.24	3.86	156.69	3.94	161.25	4.02	165.91	4.09	4786.9	543.97	7.03
152.73	3.64	157.35	3.71	162.10	3.78	166.97	3.86	171.97	3.94	177.09	4.02	5800.9	644.54	7.27
162.58	3.59	167.62	3.66	172.81	3.74	178.13	3.81	183.60	3.89	189.20	3.97	6860.9	745.75	7.48
194.55	4.02	199.79	4.09	205.16	4.17	210.67	4.24	216.30	4.32	222.06	4.40	7147.4	744.52	7.66
205.67	3.94	211.35	4.02	217.18	4.09	223.16	4.17	229.28	4.24	235.54	4.32	8502.3	867.58	7.90
217.68	3.90	223.83	3.97	230.15	4.04	236.63	4.12	243.27	4.20	250.06	4.27	9913.7	991.37	8.11
240.67	4.10	247.02	4.18	253.52	4.25	260.18	4.33	267.00	4.40	273.96	4.48	9645.6	964.56	8.02
254.06	4.05	260.91	4.12	267.94	4.19	275.14	4.27	282.52	4.35	290.05	4.42	11277.9	1105.67	8.24
268.47	4.01	275.86	4.08	283.44	4.16	291.21	4.23	299.17	4.31	307.31	4.39	12975.3	1247.63	8.44

21.3.6　常用组合截面回转半径的近似值

表 21.3-6

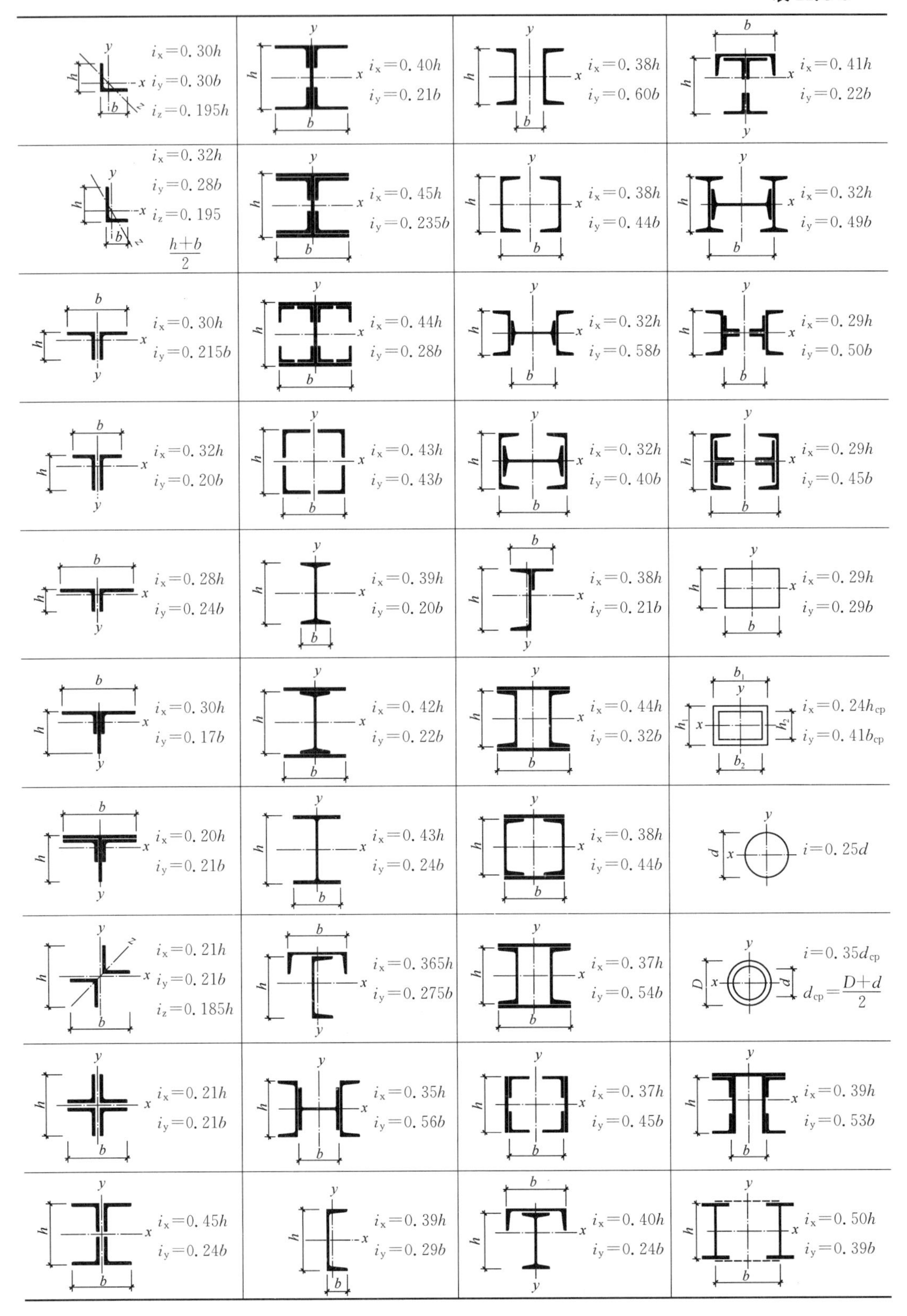

21.3.7 两个等边角钢组合时连接垫板的最大间距

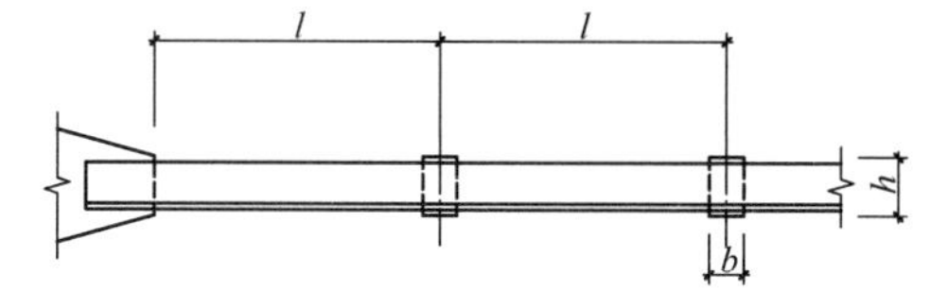

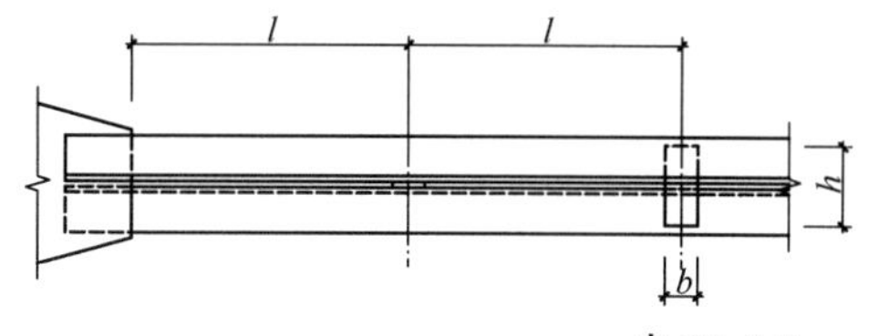

表 21.3-7

型号	(a) 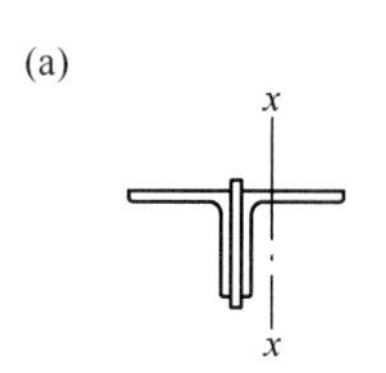			(b) 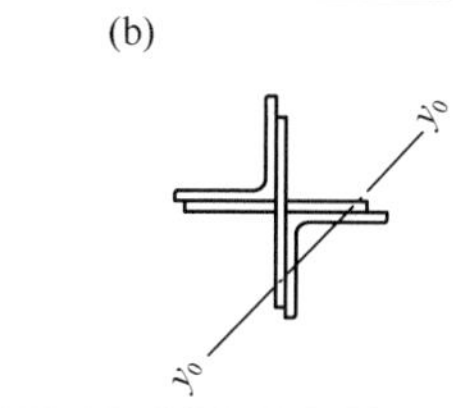		
	l(mm)		垫板尺寸 $b\times h$(mm)	l(mm)		垫板尺寸 $b\times h$(mm)
	受 压	受 拉		受 压	受 拉	
L30×30	360	720	50×50	230	460	50×55
L36×36	430	860	50×55	280	560	50×60
L40×40	485	970	50×60	310	620	50×65
L45×45	540	1080	50×65	350	700	50×75
L50×50	600	1200	60×70	390	780	60×85
L56×56	670	1340	60×75	435	870	60×100
L60×60	720	1440	60×80	460	920	60×105
L63×63	750	1500	60×85	490	980	60×110
L70×70	850	1700	60×90	550	1100	60×120
L75×75	900	1800	60×95	580	1160	60×130
L80×80	970	1940	60×100	620	1240	60×140
L90×90	1080	2160	60×110	700	1400	60×160
L100×100	1190	2380	60×120	770	1540	60×180
L110×110	1330	2660	70×130	855	1710	70×200
L125×125	1520	3040	70×145	980	1960	70×220
L140×140	1700	3400	80×160	1100	2200	80×250
L150×150	1830	3660	80×170	1170	2340	80×270
L160×160	1960	3920	90×180	1255	2510	90×280
L180×180	2200	4400	90×200	1410	2820	90×320
L200×200	2430	4860	90×220	1560	3120	90×360
L220×220	2670	5340	100×245	1710	3420	100×400
L250×250	3000	6000	100×275	1940	3880	100×460

注：1. 垫板间距按下列公式计算：

T 形连接时，
- 受压构件 $l=40i_x$
- 受拉构件 $l=80i_x$

十字形连接时，
- 受压构件 $l=40i_{y0}$
- 受拉构件 $l=80i_{y0}$

式中 i_x——取一个角钢平行于垫板的形心轴的截面回转半径；

i_{y0}——取一个角钢的最小截面回转半径。

2. 垫板厚度应根据节点板的厚度或连接构造要求确定。

3. 在受压构件的两个侧向支承点之间的垫板数不宜少于两个。

21.3.8 两个不等边角钢组合时连接垫板的最大间距

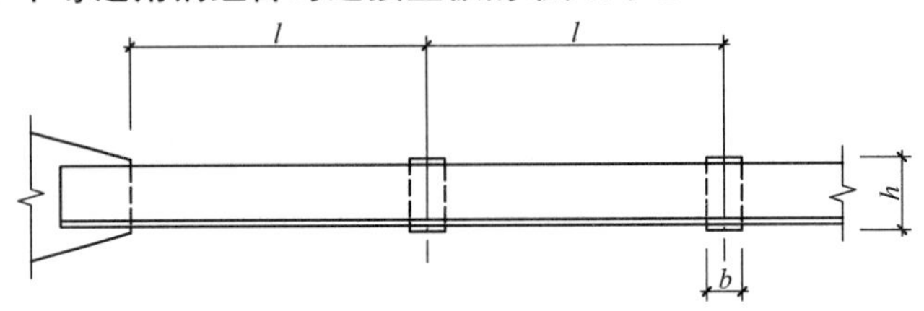

表 21.3-8

型号	(a)			(b) 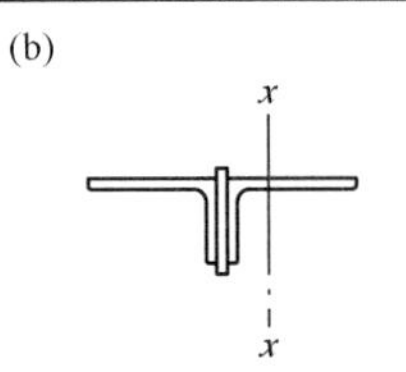		
	l(mm)		垫板尺寸 $b\times h$(mm)	l(mm)		垫板尺寸 $b\times h$(mm)
	受压	受拉		受压	受拉	
L32×20	215	430	50×50	400	800	50×40
L40×25	275	550	50×55	500	1000	50×40
L45×28	310	620	50×60	570	1140	50×45
L50×32	360	720	60×70	635	1270	60×50
L56×36	400	800	60×70	710	1420	60×50
L63×40	440	880	60×80	790	1580	60×55
L70×45	500	1000	60×85	880	1760	60×60
L75×50	550	1100	60×90	930	1860	60×65
L80×50	550	1100	60×95	1010	2020	60×65
L90×56	620	1240	60×110	1140	2280	60×75
L100×63	700	1400	60×120	1260	2520	60×85
L100×80	940	1880	60×120	1250	2500	60×100
L110×70	780	1560	70×130	1390	2780	70×90
L125×80	900	1800	70×145	1580	3160	70×100
L140×90	1000	2000	80×160	1770	3540	80×110
L150×90	980	1960	80×170	1890	3780	80×110
L160×100	1110	2220	90×180	2020	4040	90×120
L180×110	1220	2440	90×200	2290	4580	90×130
L200×125	1395	2790	90×220	2540	5080	90×145

注：1. 垫板间距按下列公式计算：

长肢相连时，
- 受压构件 $l=40i_y$
- 受拉构件 $l=80i_y$

短肢相连时，
- 受压构件 $l=40i_x$
- 受拉构件 $l=80i_x$

式中 i_y、i_x——均取一个角钢平行于垫板的形心轴的截面回转半径。

2. 垫板厚度应根据节点板的厚度或连接构造要求确定。

3. 在受压构件的两个侧向支承点之间的垫板数不宜少于两个。

21.3.9 两个槽钢组合时连接垫板的最大间距

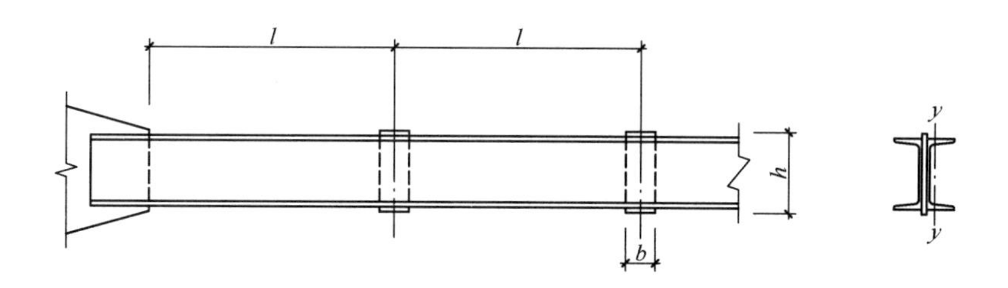

表 21.3-9

型号	l(mm)		垫板尺寸 b×h(mm)	型号	l(mm)		垫板尺寸 b×h(mm)
	受压	受拉			受压	受拉	
[5	440	880	50×65	[20	835	1670	90×220
[6.3	475	950	50×80	[22	880	1760	100×240
[6.5	480	960	50×80	[24	880	1760	100×260
[8	510	1020	50×100	[25	875	1750	100×270
[10	565	1130	60×120	[27	910	1820	110×290
[12	620	1240	60×140	[28	905	1810	110×300
[12.6	620	1240	60×145	[30	950	1900	110×320
[14	675	1350	60×160	[32	975	1950	110×340
[16	725	1450	80×180	[36	1070	2140	120×380
[18	780	1560	90×200	[40	1100	2200	130×420

注：1. 垫板间距按下列公式计算：

受压构件 $l=40i_y$

受拉构件 $l=80i_y$

式中 i_y——取一个槽钢平行于垫板的形心轴的截面回转半径。

2. 垫板厚度应根据节点板的厚度或连接构造要求确定。

3. 在受压构件的两个侧向支承点之间的垫板数不宜少于两个。

21.4　连接与节点计算

21.4.1　紧固件承载力

一、一个普通C级螺栓的承载力设计值

一个普通C级螺栓的承载力设计值　　表21.4-1

螺栓直径 d/mm	螺栓毛截面面积 A/mm^2	螺栓有效截面面积 A_e/mm^2	构件钢材的钢号	承压的承载力设计值 N_c^b/kN										受拉的承载力设计值 N_t^b/kN	受剪的承载力设计值 N_v^b/kN	
				当承压板的厚度 t/mm 为												
				5	6	7	8	10	12	14	16	18	20		单剪	双剪
12	1.131	0.84	Q235	18.3	22.0	25.6	29.3	36.6	43.9	51.2	58.6	65.9	73.2	14.3	15.8	31.7
			Q345	23.1	27.7	32.3	37.0	46.2	55.4	64.7	73.9	83.2	92.4			
			Q390	24.0	28.8	33.6	38.4	48.0	57.6	67.2	76.8	86.4	96.0			
			Q420	25.5	30.6	35.7	40.8	51.0	61.2	71.3	81.6	91.8	102.0			
			Q460	27.0	32.5	37.7	43.2	53.5	64.7	75.5	86.5	97.2	108.0			
			Q345GJ	24.0	28.8	33.6	38.4	48.0	57.6	67.2	76.8	86.4	96.0			
14	1.539	1.15	Q235	21.4	25.6	29.9	34.2	42.7	51.2	59.8	68.3	76.9	85.4	19.6	21.6	43.1
			Q345	27.0	32.3	37.7	43.1	53.9	64.7	75.5	86.2	97.0	107.8			
			Q390	28.0	33.6	39.2	44.8	56.0	67.2	78.4	89.6	100.8	112.0			
			Q420	29.7	35.7	41.6	47.6	59.5	71.3	83.3	95.2	107.1	119.0			
			Q460	31.5	37.7	44.1	50.5	63.0	75.5	88.2	100.8	113.4	126.0			
			Q345GJ	28.0	33.6	39.2	44.8	56.0	67.2	78.4	89.6	100.8	112.0			
16	2.011	1.57	Q235	24.4	29.3	34.2	39.0	48.8	58.6	68.3	78.1	87.8	97.6	26.7	28.1	56.3
			Q345	30.8	37.0	43.1	49.3	61.6	73.9	86.2	98.6	110.9	123.2			
			Q390	32.0	38.4	44.8	51.2	64.0	76.8	89.6	102.4	115.2	128.0			
			Q420	34.0	40.8	47.7	54.3	68.0	81.7	95.2	109.0	122.3	136.0			
			Q460	36.0	43.2	50.5	57.5	72.0	86.5	100.8	115.2	129.5	144.0			
			Q345GJ	32.0	38.4	44.8	51.2	64.0	76.8	89.6	102.4	115.2	128.0			
18	2.545	1.93	Q235	27.5	32.9	38.4	43.9	54.9	65.9	76.9	87.8	98.8	109.8	32.8	35.6	71.3
			Q345	34.7	41.6	48.5	55.4	69.3	83.2	97.0	110.9	124.7	138.6			
			Q390	36.0	43.2	50.4	57.6	72.0	86.4	100.8	115.2	129.6	144.0			
			Q420	38.3	45.8	53.5	61.2	76.5	91.8	107.1	122.3	137.6	153.0			
			Q460	40.6	48.5	56.7	64.8	81.0	97.2	113.5	129.5	145.8	162.0			
			Q345GJ	36.0	43.2	50.4	57.6	72.0	86.4	100.8	115.2	129.6	144.0			
20	3.142	2.45	Q235	30.5	36.6	42.7	48.8	61.0	73.2	85.4	97.6	109.8	122.0	41.7	44.0	88.0
			Q345	38.5	46.2	53.9	61.6	77.0	92.4	107.8	123.2	138.6	154.0			
			Q390	40.0	48.0	56.0	64.0	80.0	96.0	112.0	128.0	144.0	160.0			
			Q420	42.5	51.0	59.5	68.0	85.0	102.0	119.0	136.0	153.0	170.0			
			Q460	45.0	54.0	63.0	72.0	90.0	108.0	126.0	144.0	162.0	180.0			
			Q345GJ	40.0	48.0	56.0	64.0	80.0	96.0	112.0	128.0	144.0	160.0			

续表

螺栓直径 d/mm	螺栓毛截面面积 A/mm²	螺栓有效截面面积 A_e/mm²	构件钢材的钢号	承压的承载力设计值 N_c^b/kN										受拉的承载力设计值 N_t^b/kN	受剪的承载力设计值 N_v^b/kN	
				当承压板的厚度 t/mm 为												
				5	6	7	8	10	12	14	16	18	20		单剪	双剪
22	3.801	3.03	Q235	33.6	40.3	47.0	53.7	67.1	80.5	93.9	107.4	120.8	134.2	51.5	53.2	106.4
			Q345	42.4	50.8	59.3	67.8	84.7	101.6	118.6	135.5	152.5	169.4			
			Q390	44.0	52.8	61.6	70.4	88.0	105.6	123.2	140.8	158.4	176.0			
			Q420	46.8	56.2	65.3	74.8	93.5	112.2	130.9	149.7	168.3	187.0			
			Q460	49.6	59.5	69.3	79.2	99.0	118.7	138.5	158.5	178.2	198.0			
			Q345GJ	44.0	52.8	61.6	70.4	88.0	105.6	123.2	140.8	158.4	176.0			
24	4.524	3.53	Q235	36.6	43.9	51.2	58.6	73.2	87.8	102.5	117.1	131.8	146.4	60.0	63.3	126.7
			Q345	46.2	55.4	64.7	73.9	92.4	110.9	129.4	147.8	166.3	184.4			
			Q390	48.0	57.6	67.2	76.8	96.0	115.2	134.4	153.6	172.8	192.0			
			Q420	51.0	61.2	71.3	81.7	102.0	122.3	142.8	163.2	183.7	204.0			
			Q460	54.0	64.8	75.5	86.5	108.0	129.5	151.2	172.8	194.5	216.0			
			Q345GJ	48.0	57.6	67.2	76.8	96.0	115.2	134.4	153.6	172.8	192.0			
27	5.726	4.59	Q235	41.2	49.4	57.6	65.9	82.4	98.8	115.3	131.8	148.2	164.7	78.0	80.2	160.3
			Q345	52.0	62.4	72.8	83.2	104.0	124.7	145.5	166.3	187.1	207.0			
			Q390	54.0	64.8	75.6	86.4	108.0	129.6	151.2	172.8	194.4	216.0			
			Q420	57.4	68.9	80.3	91.9	114.9	137.8	160.8	183.6	206.6	229.6			
			Q460	60.8	72.9	85.0	97.2	121.6	145.8	170.1	194.4	218.7	243.0			
			Q345GJ	54.0	64.8	75.6	86.4	108.0	129.6	151.2	172.8	194.4	216.0			
30	7.069	5.61	Q235	45.8	54.9	64.1	73.2	91.5	109.8	128.1	146.4	164.7	183.0	95.4	99.0	197.9
			Q345	57.8	69.3	80.9	92.4	115.5	138.6	161.7	184.8	207.9	231.0			
			Q390	60.0	72.0	84.0	96.0	120.0	144.0	168.0	192.0	216.0	240.0			
			Q420	63.9	76.5	89.4	102.0	127.6	153.1	178.6	204.0	229.5	255.0			
			Q460	67.6	81.0	94.6	108.0	135.0	162.0	189.0	216.0	243.0	270.0			
			Q345GJ	60.0	72.0	84.0	96.0	120.0	144.0	168.0	192.0	216.0	240.0			

注：1. 表中螺栓的承载力设计值系按下列公式算得：

承压 $N_c^b = d\Sigma t f_c^b$；受拉 $N_t^b = \frac{\pi d^2}{4} f_t^b$；受剪 $N_v^b = n_v \frac{\pi d^2}{4} f_v^b$。

式中 N_c^b、N_t^b、N_v^b——分别为螺栓的承压、受拉和受剪承载力设计值；

f_c^b、f_t^b、f_v^b——分别为螺栓的抗压、抗拉和抗剪强度设计值，f_t^b、f_v^b 对于 4.6 级或 4.8 级分别为 170N/mm²、140N/mm²，f_c^b 对于 Q235、Q345、Q390、Q420、Q460、Q345GJ 分别为 305N/mm²、385N/mm²、400N/mm²、425N/mm²、450N/mm²、400N/mm²；

Σt——在不同受力方向中一个受力方向承压构件总厚度的较小者；

n_v——受剪面数目；

d、d_e——分别为螺栓杆直径、螺栓在螺纹处的有效直径。

2. 单角钢单面连接的螺栓，其承载力设计值应按表中数值乘以 0.85。

二、一个高强度螺栓摩擦型连接的承载力设计值

一个高强度螺栓摩擦型连接的承载力设计值 **表 21.4-2**

螺栓性能等级	构件钢材钢号	构件在连接处接触面的处理方法	μ	抗剪承载力设计值 N_v^b/kN											
				单剪						双剪					
				当螺栓直径为 d/mm											
				16	20	22	24	27	30	16	20	22	24	27	30
8.8级	Q235	喷硬质石英砂或铸钢棱角沙	0.45	32.4	50.6	60.8	70.9	93.2	113.4	64.8	101.3	121.5	141.8	186.3	226.8
		抛丸（喷砂）	0.40	28.8	45.0	54	63	82.8	100.8	57.6	90	108	126	165.6	201.6
		钢丝刷清除浮锈或未经处理的干净轧制表面	0.30	21.6	33.8	40.5	47.3	62.1	75.6	43.2	67.5	81	94.5	124.2	151.2
	Q345 Q390	喷硬质石英砂或铸钢棱角沙	0.45	32.4	50.7	60.8	70.9	93.2	113.4	64.8	101.2	121.5	141.8	186.3	226.8
		抛丸（喷砂）	0.40	28.8	45.0	54.0	63.0	82.8	100.8	57.6	90.0	108.0	126.0	165.6	201.6
		钢丝刷清除浮锈或未经处理的干净轧制表面	0.35	25.2	39.4	47.3	55.1	72.5	88.2	50.4	78.8	94.5	110.3	144.9	176.4
	Q420 Q460	喷硬质石英砂或铸钢棱角沙	0.45	32.4	50.7	60.8	70.9	93.2	113.4	64.8	101.2	121.5	141.8	186.3	226.8
		抛丸（喷砂）	0.40	28.8	45.0	54	63	82.8	100.8	57.6	90	108	126	165.6	201.6

续表

螺栓性能等级	构件钢材钢号	构件在连接处接触面的处理方法	μ	抗剪承载力设计值 N_v^b/kN											
				单剪						双剪					
				当螺栓直径为 d/mm											
				16	20	22	24	27	30	16	20	22	24	27	30
10.9 级	Q235	喷硬质石英砂或铸钢棱角沙	0.45	40.5	62.8	77	91.1	117.5	143.8	81	125.6	153.9	182.3	234.9	287.6
		抛丸（喷砂）	0.4	36	55.8	68.4	81	104.4	127.8	72	111.6	136.8	162	208	255.6
		钢丝刷清除浮锈或未经处理的干净轧制表面	0.3	27	41.9	51.3	60.8	78.3	95.9	54	83.7	102.6	121.5	156.6	191.7
	Q345 Q390	喷硬质石英砂或铸钢棱角沙	0.45	40.5	62.8	77	91.1	117.5	143.8	81	125.6	153.9	182.3	234.9	287.6
		抛丸（喷砂）	0.40	36	55.8	68.4	81	104.4	127.8	72	111.6	136.8	162	208	255.6
		钢丝刷清除浮锈或未经处理的干净轧制表面	0.35	31.5	48.8	59.9	70.9	91.4	111.8	63	97.7	119.7	141.8	182.7	223.7
	Q460 Q420	喷硬质石英砂或铸钢棱角沙	0.45	40.5	62.8	77	91.1	117.5	143.8	81	125.6	153.9	182.3	234.9	287.6
		抛丸（喷砂）	0.40	36	55.8	68.4	81	104.4	127.8	72	111.6	136.8	162	208	255.6

注：1. 表中高强度螺栓的受剪承载力设计值按下式算得：

$$N_c^b=0.9n_f\mu P$$

式中 n_f——传力的摩擦面数目；

μ——摩擦系数；

P——高强度螺栓的预拉力。

2. 单角钢单面连接的螺栓，其承载力设计值应按表中数值乘以 0.85。

三、一个高强度螺栓承压型连接的承载力设计值

一个高强度螺栓承压型连接的承载力设计值 **表 21.4-3**

螺栓的性能等级	螺栓直径 d/mm	螺栓毛截面面积 A/mm^2	螺栓有效截面面积 A_c/mm^2	构件钢材的钢号	承压承载力设计值									受拉的承载力设计值	受剪承载力设计值			
					当承压板厚度 t/mm 为										承剪面在螺杆处		承剪面在螺纹处	
					6	7	8	10	12	14	16	18	20		单剪	双剪	单剪	双剪
8.8级（10.9级）	16	201.1	156.6	Q235	45.1	52.6	60.2	75.2	90.2	105.3	120.3	135.4	150.4	62.6（78.3）	50.3（62.4）	100.5（124.6）	39.1（48.5）	78.3（91.1）
				Q345	56.6	66.1	75.5	94.4	113.3	132.2	151.0	169.9	188.8					
				Q390	59	68.9	78.7	98.4	118.1	137.8	157.4	177.1	196.8					
				Q420	62.8	73.3	83.9	104.8	125.7	146.7	167.7	188.7	210.0					
				Q460	66.7	77.8	89.0	111.2	133.4	155.7	177.9	200.2	222.4					
				Q345GJ	59	68.9	78.7	98.4	118.1	137.8	157.4	177.1	196.8					
	20	314.2	244.7	Q235	56.4	65.8	75.2	94.0	112.8	131.6	150.4	169.2	188.0	97.9（122.3）	78.5（97.3）	157.1（194.8）	61.2（75.9）	122.3（151.7）
				Q345	70.8	82.6	94.4	118.0	141.6	165.2	188.8	212.4	236.0					
				Q390	73.8	86.1	98.4	123.0	147.6	172.2	196.8	221.4	246.0					
				Q420	78.6	91.7	104.8	131.0	157.2	183.4	209.6	235.8	262.0					
				Q460	83.4	97.3	111.2	139.0	166.8	194.6	222.4	250.2	278.0					
				Q345GJ	73.8	86.1	98.4	123.0	147.6	172.2	196.8	221.4	246.0					
	22	380.1	303.3	Q235	62.0	72.4	82.7	103.4	124.1	144.8	165.4	186.1	206.8	121.3（151.6）	95.0（117.8）	190.1（235.7）	75.8（94.0）	151.6（188.0）
				Q345	77.9	90.9	103.8	129.8	155.8	181.7	207.7	233.6	259.6					
				Q390	81.2	94.7	108.2	135.3	162.4	189.4	216.5	243.5	270.6					
				Q420	86.4	100.9	115.2	144.1	172.9	201.8	230.5	259.3	288.2					
				Q460	91.7	107.0	122.2	152.9	183.5	214.1	244.6	275.2	305.8					
				Q345GJ	81.2	94.7	108.2	135.3	162.4	189.4	216.5	243.5	270.6					

续表

螺栓的性能等级	螺栓直径 d/mm	螺栓毛截面面积 A/mm^2	螺栓有效截面面积 A_e/mm^2	构件钢材的钢号	承压承载力设计值 当承压板厚度 t/mm 为 6	7	8	10	12	14	16	18	20	受拉的承载力设计值	受剪承载力设计值 承剪面在螺杆处 单剪	承剪面在螺杆处 双剪	承剪面在螺纹处 单剪	承剪面在螺纹处 双剪
8.8级(10.9级)	24	452.4	352.7	Q235	67.7	79.0	90.0	112.8	135.4	157.9	180.5	203.0	225.6	141.1(176.3)	113.1(140.2)	226.2(280.5)	88.2(109.4)	176.3(181.4)
				Q345	85.0	99.1	113.3	141.6	169.9	198.2	226.6	254.9	283.2					
				Q390	88.6	103.3	118.1	147.6	177.1	206.6	236.2	265.7	295.2					
				Q420	94.3	110.1	125.7	157.2	188.7	220.1	251.5	282.9	314.4					
				Q460	100.1	116.8	133.4	166.8	200.2	233.5	266.9	300.2	333.6					
				Q345GJ	88.6	103.3	118.1	147.6	177.1	206.6	236.2	265.7	295.2					
	27	572.6	459.6	Q235	76.1	88.8	101.5	126.9	152.3	177.7	203.0	228.4	253.8	183.8(229.8)	143.1(177.4)	286.3(355.0)	114.9(142.5)	229.8(284.9)
				Q345	95.6	111.5	127.4	159.3	191.2	223.0	254.9	286.7	318.6					
				Q390	99.6	116.2	132.8	166.1	199.3	232.5	265.7	298.9	332.1					
				Q420	106.1	123.8	141.5	176.9	212.2	247.7	282.9	318.3	353.7					
				Q460	112.5	131.3	150.1	187.7	225.2	262.8	300.2	337.8	375.3					
				Q345GJ	99.6	116.2	132.8	166.1	199.3	232.5	265.7	298.9	332.1					
	30	706.9	560.7	Q235	84.6	98.7	112.8	141.0	169.2	197.4	225.6	253.8	282.0	224.3(280.4)	176.7(219.1)	353.4(438.2)	140.2(173.8)	280.4(347.7)
				Q345	106.2	123.9	141.6	177.0	212.4	247.8	283.2	318.6	354.0					
				Q390	110.7	129.2	147.6	184.5	221.4	258.3	295.2	332.1	369.0					
				Q420	117.9	137.6	157.2	196.5	235.8	275.0	314.4	353.7	393.0					
				Q460	125.1	145.9	166.8	208.5	250.2	291.9	493.3	375.3	417.0					
				Q345GJ	110.7	129.2	147.6	184.5	221.4	258.3	295.2	332.1	369.0					

注：1. 表中承压型高强度螺栓承载力设计值按下式算得：

承压 $N_c^b=d\Sigma t f_c^b$；受拉 $N_t^b=\frac{\pi d_e^2}{4}f_t^b$；受剪 $N_v^b=n_v\frac{\pi d^2}{4}f_v^b$。

式中 N_c^b、N_t^b、N_v^b——分别为承压型高强度螺栓的承压、受拉和受剪承载力设计值；

f_c^b、f_t^b、f_v^b——分别为承压型高强度螺栓的抗压、抗拉和抗剪强度设计值，f_t^b、f_v^b 对于 8.8 级（10.9 级）分别为 400N/mm²（500N/mm²）、250N/mm²（310N/mm²），f_c^b 对于 Q235、Q345、Q390、Q420、Q460、Q345GJ 分别为 470N/mm²、590N/mm²、615N/mm²、655N/mm²、695N/mm²、615N/mm²；

Σt——在不同受力方向中一个受力方向承压构件总厚度的较小者；

n_v——受剪面数目；

d、d_e——分别为螺栓杆直径、螺栓在螺纹处的有效直径。

2. 单角钢单面连接的螺栓，其承载力设计值应按表中数值乘以 0.85。

21.4.2 焊接连接承载力

一、单位长度角焊缝的承载力

每1cm长度角焊缝的承载力设计值 **表21.4-4**

角焊缝的焊脚尺寸 h_f (mm)	抗拉、抗压、抗剪角焊缝承载力设计值 N_f^w（kN）							
	Q235构件采用自动焊、半自动焊和E43××型焊条的手工焊焊接	Q345、Q345GJ构件采用自动焊、半自动焊和E50××型焊条的手工焊焊接	Q390构件采用自动焊、半自动焊和E50(E55)××型焊条的手工焊焊接		Q420构件采用自动焊、半自动焊和E55(E60)××型焊条的手工焊焊接		Q460构件采用自动焊、半自动焊和E55(E60)××型焊条的手工焊焊接	
	E43××	E50××	E50××	E55××	E55××	E60××	E55××	E60××
3	3.36	4.20	4.20	4.62	4.62	5.04	4.62	5.04
4	4.48	5.60	5.60	6.16	6.16	6.71	6.16	6.71
5	5.60	7.00	7.00	7.70	7.70	8.40	7.70	8.40
6	6.72	8.40	8.40	9.24	9.24	10.08	9.24	10.08
8	8.96	11.20	11.20	12.32	12.32	13.43	12.32	13.43
10	11.20	14.00	14.00	15.40	15.40	16.79	15.40	16.79
12	13.44	16.80	16.80	18.48	18.48	20.14	18.48	20.14
14	15.68	19.60	19.60	21.56	21.56	23.50	21.56	23.50
16	17.92	22.40	22.40	24.64	24.64	26.86	24.64	26.86
18	20.16	25.20	25.20	27.72	27.72	30.21	27.72	30.21
20	22.40	28.00	28.00	30.80	30.80	33.58	30.80	33.58
22	24.64	30.80	30.80	33.88	33.88	36.93	33.88	36.93
24	26.88	33.60	33.60	36.96	36.96	40.29	36.96	40.29
26	29.12	36.40	36.40	40.04	40.04	43.64	40.04	43.64
28	31.36	39.20	39.20	43.12	43.12	47.00	43.12	47.00

注：1. 表中角焊缝的承载力设计值 N_f^w 按式 $N_f^w=0.7h_f f_f^w/100$ 算得，

式中 f_f^w——角焊缝的抗拉、抗压、抗剪强度设计值，对E43、E50、E55、E60分别为160N/mm²、200N/mm²、220N/mm²、240N/mm²；

2. 对施工条件较差的高空安装焊缝，表中承载力设计值应乘系数0.9；
3. 单角钢单面连接的角焊缝，表中承载力设计值应按表中的数值乘以0.85。

二、单位长度对接焊缝的承载力设计值

1. Q235、Q345、Q345GJ 构件采用自动焊、半自动焊和 E43、E50、E55 型焊条的手工焊接，每 1cm 长度对接焊缝的承载力设计值见下表。

每 1cm 长度对接焊缝的承载力设计值 **表 21.4-5**

板件的较小厚度 t（mm）	抗压承载力设计值 N_c^w（kN）			抗压、抗弯承载力设计值 N_t^w（kN）						抗剪承载力设计值 N_v^w（kN）		
				一级，二级焊缝			三级焊缝					
	Q235	Q345	Q345GJ	Q235	Q345	Q345GJ	Q235	Q345	Q345GJ	Q235	Q345	Q345GJ
4	8.6	12.2	12.4	8.6	12.2	12.4	7.4	10.4	10.6	5.0	7.0	7.2
6	12.9	18.3	18.6	12.9	18.3	18.6	11.1	15.6	15.9	7.5	10.5	10.8
8	17.2	24.4	24.8	17.2	24.4	24.8	14.8	20.8	21.2	10.0	14.0	14.4
10	21.5	30.5	31.0	21.5	30.5	31.0	18.5	26.0	26.5	12.5	17.5	18.0
12	25.8	36.6	37.2	25.8	36.6	37.2	22.2	31.2	31.8	15.0	21.0	21.6
14	30.1	42.7	43.4	30.1	42.7	43.4	25.9	36.4	37.1	17.5	24.5	25.2
16	34.4	48.8	49.6	34.4	48.8	49.6	29.6	41.6	42.4	20.0	28.0	28.8
18	36.9	53.1	55.8	36.9	53.1	55.8	31.5	45.0	47.7	21.6	30.6	32.4
20	41.0	59.0	62.0	41.0	59.0	62.0	35.0	50.0	53.0	24.0	34.0	36.0
22	45.1	64.9	63.8	45.1	64.9	63.8	38.5	55.0	58.3	26.4	37.4	39.6
24	49.2	70.8	69.6	49.2	70.8	69.6	42.0	60.0	63.6	28.8	40.8	43.2
25	51.2	73.8	72.5	51.2	73.8	72.5	43.7	62.5	66.3	30.0	42.5	45.0
26	53.3	76.7	80.6	53.3	76.7	80.6	45.5	65.0	68.9	31.2	44.2	46.8
28	57.4	82.6	86.8	57.4	82.6	86.8	49.0	70.0	72.4	22.6	47.6	50.4
30	61.5	88.5	93.0	61.5	88.5	93.0	52.5	75.0	79.5	36.0	51.0	54.0
32	64.0	94.4	99.2	64.0	94.4	99.2	54.6	80.0	84.8	38.4	54.4	57.6
34	65.6	100.3	105.4	65.6	100.3	105.4	56.0	85.0	90.1	40.8	57.8	61.2
36	73.8	106.2	104.4	73.8	106.2	104.4	63.0	90.0	88.2	43.2	61.2	61.2
38	77.9	112.1	110.2	77.9	112.1	110.2	66.5	95.0	93.1	45.6	64.6	64.6
40	82.0	118.0	116.0	82.0	118.0	116.0	70.0	100.0	98.0	48.0	68.0	68.0
42	84.0	121.8	121.8	84.0	121.8	121.8	71.4	102.9	102.9	48.3	69.3	71.4
44	88.0	127.6	127.6	88.0	127.6	127.6	74.8	107.8	107.8	50.6	72.6	74.8
46	92.0	133.4	133.4	92.0	133.4	133.4	78.2	112.7	112.7	52.9	75.9	78.2
48	96.0	139.2	139.2	96.0	139.2	139.2	81.6	117.6	117.6	55.2	95.7	81.6
50	100.0	145.0	145.0	100.0	145.0	145.0	85.0	122.5	122.5	57.5	82.5	85.0
52	104.0	150.8	148.2	104.0	150.8	148.2	88.4	127.4	124.8	59.8	85.8	85.8
54	108.0	156.6	153.9	108.0	156.6	153.9	91.8	132.3	129.6	62.1	89.1	89.1
56	112.0	162.4	159.6	112.0	162.4	159.6	95.2	137.2	134.4	64.4	92.4	92.4
58	116.0	168.2	165.3	116.0	168.2	165.3	98.6	142.1	139.2	66.7	95.7	95.7
60	120.0	164.0	171.0	120.0	164.0	171.0	102.0	147.0	144.0	69.0	99.0	99.0

注：焊缝的质量等级按照《钢结构设计标准》GB 50017 的规定确定。

2. Q390、Q420、Q460 构件采用自动焊、半自动焊和 E50、E55、E60 型焊条的手工焊接，每 1cm 长度对接焊缝的承载力设计值见下表。

每 1cm 长度对接焊缝的承载力设计值　　　　表 21.4-6

板件的较小厚度 t (mm)	抗压承载力设计值 N_c^w (kN)			抗压、抗弯承载力设计值 N_t^w (kN)						抗剪承载力设计值 N_v^w (kN)		
				一级，二级焊缝			三级焊缝					
	Q390	Q420	Q460	Q390	Q420	Q460	Q390	Q420	Q460	Q390	Q420	Q460
4	13.8	15.0	16.4	13.8	15.0	16.4	11.8	12.8	14.0	8.0	8.6	9.4
6	20.7	22.5	24.6	20.7	22.5	24.6	17.7	19.2	21.0	12.0	12.9	14.1
8	27.6	30.0	32.8	27.6	30.0	32.8	23.6	25.6	28.0	16.0	17.2	18.8
10	34.5	37.5	41.0	34.5	37.5	41.0	29.5	32.0	35.0	20.0	21.5	23.5
12	41.4	45.0	49.2	41.4	45.0	49.2	35.4	38.4	42.0	24.0	25.8	28.2
14	48.3	52.5	57.4	48.3	52.5	57.4	41.3	44.8	49.0	28.0	30.1	32.9
16	55.2	60.0	65.6	55.2	60.0	65.6	47.2	51.2	56.0	32.0	34.4	37.6
18	59.4	67.5	70.2	59.4	67.5	70.2	50.4	54.0	59.4	34.2	38.7	40.5
20	66.0	71.0	78.0	66.0	71.0	78.0	56.0	60.0	66.0	38.0	43.0	45.0
22	72.6	78.1	85.8	72.6	78.1	85.8	61.6	66.0	72.6	41.8	47.3	49.5
24	79.2	85.2	93.6	79.2	85.2	93.6	67.2	72.0	79.2	45.6	51.6	54.0
25	82.5	88.8	97.5	82.5	88.8	97.5	70.0	75.0	82.5	47.5	53.7	58.5
26	85.8	92.3	101.4	85.8	92.3	101.4	72.8	78.0	85.8	49.4	55.9	58.5
28	92.4	99.4	109.2	92.4	99.4	109.2	78.4	84.0	92.4	53.2	60.2	63.0
30	99.0	106.5	117.0	99.0	106.5	117.0	84.0	90.0	99.0	57.0	64.5	67.5
32	105.6	113.6	124.8	105.6	113.6	124.8	89.6	96.0	105.6	60.8	68.8	72.0
34	112.2	120.7	132.6	112.2	120.7	132.6	95.2	102.0	112.2	64.6	73.1	76.5
36	118.8	127.8	140.4	118.8	127.8	140.4	100.8	108.0	118.8	68.4	77.4	81.0
38	125.4	134.9	148.2	125.4	134.9	148.2	106.4	114.0	125.4	72.2	81.7	85.5
40	132.0	140.0	156.0	132.0	140.0	156.0	112.0	120.0	132.0	76.0	86.0	90.0
42	130.2	134.4	149.1	130.2	134.4	149.1	111.3	113.4	126.0	75.6	77.7	86.1
44	136.4	140.8	156.2	136.4	140.8	156.2	116.6	118.8	132.0	79.2	81.4	90.2
46	142.6	147.2	163.3	142.6	147.2	163.3	121.9	124.2	138.0	82.8	85.1	94.3
48	148.8	153.6	170.4	148.8	153.6	170.4	153.7	129.6	144.0	86.4	88.8	98.4
50	155.0	160.0	177.5	155.0	160.0	177.5	132.5	135.0	150.0	90.0	92.5	102.5
52	161.2	166.4	184.6	161.2	166.4	184.6	137.8	140.4	156.0	93.6	96.2	106.6
54	167.4	172.8	191.7	167.4	172.8	191.7	143.1	145.8	162.0	97.2	99.9	110.7
56	173.6	179.2	198.8	173.6	179.2	198.8	148.4	151.2	168.0	100.8	103.6	114.8
58	179.8	185.6	205.9	179.8	185.6	205.9	153.7	156.6	174.0	104.4	107.3	118.9
60	186.0	192.0	213.0	186.0	192.0	213.0	159.0	162.0	180.0	108.0	111.0	123.0

注：焊缝的质量等级按照《钢结构设计标准》GB 50017 的规定确定。

21.4.3 组合结构用抗剪连接件承载力

一、圆柱头焊钉连接件的抗剪承载力

圆柱头焊钉连接件的抗剪承载力设计值 表 21.4-7

焊钉直径 d/mm	截面面积 A_s/mm²	混凝土强度等级	一个焊钉抗剪承载力 N_v^c(kN)		焊钉直径 d/mm	截面面积 A_s/mm²	混凝土强度等级	一个焊钉抗剪承载力 N_v^c(kN)	
			$0.7A_sf_u$	$0.43A_s\sqrt{E_cf_c}$				$0.7A_sf_u$	$0.43A_s\sqrt{E_cf_c}$
10	78.5	C20 C30 C40	21.98	16.7 22.1 26.6	19	283.5	C20 C30 C40	79.38	60.3 79.8 96.0
13	132.7	C20 C30 C40	37.16	28.2 37.4 45.0	22	380.1	C20 C30 C40	106.43	80.9 107.1 128.8
16	201.1	C20 C30 C40	56.31	42.8 56.6 68.1	25	490.87	C20 C30 C40	137.44	104.4 138.2 166.3

二、槽钢连接件的抗剪承载力

每 1cm 长度槽钢连接件的抗剪承载力设计值 表 21.4-8

槽钢型号	混凝土强度等级	每 1cm 长度槽钢连接件的抗剪承载力/kN
[8	C20 C30 C40	135.0 178.8 251.1
[10	C20 C30 C40	140.4 185.8 223.6
[12 [12.6	C20 C30 C40	151.1 200.1 240.6